International Financial Reporting Standards (IFRS) 2016

Prof. Dr. Henning Zülch ist Inhaber des Lehrstuhls Rechnungswesen, Wirtschaftsprüfung und Controlling an der Handelshochschule Leipzig (HHL) – Leipzig Graduate School of Management. Die HHL, 1898 als Handelshochschule Leipzig entstanden und 1992 neu gegründet, ist Deutschlands älteste betriebswirtschaftliche Hochschule und zählt heute zu den führenden Business Schools in Europa. Die HHL ist eine private staatlich anerkannte universitäre Hochschule mit Promotions- und Habilitationsrecht. Henning Zülch ist überdies seit dem Wintersemester 2007/2008 Gastprofessor an der Universität Wien im Bereich „Selected Foreign Accounting Systems". Daneben ist er Autor mehrerer Monographien und von über 250 nationalen wie internationalen Zeitschriftenbeiträgen sowie Mitglied in zahlreichen wissenschaftlichen und berufsständischen Organisationen im Bereich der externen Rechnungslegung, Wirtschaftsprüfung und Corporate Governance. So ist er unter anderem Mitglied des Herausgeberbeirats des angesehenen U.S.-amerikanischen Journals „Issues in Accounting Education".

StB Prof. Dr. Matthias Hendler ist Professor für Unternehmensrechnung an der Hochschule Bochum. Nach seiner Promotion 2002 war er drei Jahre Mitglied der IFRS-Advisory-Group der KPMG, Düsseldorf. Dort war er verantwortlich für die fachliche Schulung von Mandanten und Mitarbeitern sowie die fachliche Unterstützung von Prüfungsteams. 2004 wurde er zum Steuerberater bestellt. Nach vier Jahren an der Fachhochschule Oldenburg/Ostfriesland/Wilhelmshaven ereilte ihn 2009 der Ruf nach Bochum.

Prof. Dr. Matthias Hendler ist Gesellschafter sowie Aufsichtsratsvorsitzender der DOSU AG Wirtschaftsprüfungsgesellschaft, Dortmund. Als ausgewiesener Spezialist in nationaler und internationaler Rechnungslegung ist er Leiter des IFRS-Competence-Center der DOSU AG, Dortmund. Dort ist er verantwortlich für die Prüfung von nach IFRS erstellten Konzernabschlüssen, die Begleitung und Beratung von Unternehmen in DPR-Verfahren sowie die fachliche Unterstützung von Unternehmen.

Prof. Dr. Matthias Hendler ist seit vielen Jahren Referent bei zahlreichen Seminaren sowie Inhouse-Schulungen und -Workshops zur nationalen und internationalen Rechnungslegung.

Kontakt: matthias@hendler.eu

Prof. Dr Henning Zülch holds the Chair of Accounting and Auditing at HHL — Leipzig Graduate School of Management. HHL, founded in 1898 as Handelshochschule Leipzig and reopened in 1992, is Germany's oldest business school. Today it is ranked among the leading business schools in Europe. HHL is a private and state-recognized university with the right to award doctorates and post-doctoral lecture qualifications. Moreover, Henning Zülch is visiting professor at the University of Vienna in the field of "Selected Foreign Accounting Systems" since the Fall Term 2007. In addition he is the author of several books and more than 250 national and international papers and articles, and a member of several scientific and professional organizations in the field of accounting, auditing and corporate governance. He is also a member of the editorial board of the respected U.S.-journal "Issues in Accounting Education".

Prof. Dr Matthias Hendler, Certified Tax Consultant, is chair of Accounting at the University of Applied Sciences Bochum. After his graduation in 2002 he was a member of the IFRS Advisory Group of KPMG, Düsseldorf for three years. There he was responsible for the professional instruction of clients and staff members as well as for the professional support of audit teams. In 2004 he was appointed as a Certified Tax Consultant. After four years at the University of Applied Sciences Oldenburg/Ostfriesland/Wilhelmshaven he was offered a chair by the University of Applied Sciences in Bochum in 2009.

Prof. Dr. Matthias Hendler is associate and chairman of the supervisory board of the DOSU AG (Dosu limited company) Wirtschaftsprüfungsgesellschaft, Dortmund. As a renowned expert in national and international financial reporting he is the director of the IFRS centre of excellence of DOSU AG, Dortmund. There he is responsible for the auditing of IFRS consolidated financial statements, the monitoring and consulting of companies in DPR-proceedings and the professional support of companies.

For several years now Prof. Dr. Matthias Hendler has been a speaker at numerous seminars and inhouse training workshops concerning national and international accounting.

Contact: matthias@hendler.eu

International Financial Reporting Standards (IFRS) 2016

Deutsch-Englische Textausgabe
der von der EU gebilligten Standards und Interpretationen

English & German edition
of the official standards and interpretations approved by the EU

*Mit einem Geleitwort und einer Einstiegshilfe
von Prof. Dr. Henning Zülch und Prof. Dr. Matthias Hendler*

*With a foreword and a primer
by Prof. Dr Henning Zülch and Prof. Dr Matthias Hendler*

WILEY

10. Ausgabe 2016

Library of Congress Card No.:
applied for

British Library Cataloguing-in-Publication Data
A catalogue record for this book is available from the British Library.

Bibliografische Information Der deutschen Nationalbibliothek
Die Deutsche Nationalbibliothek verzeichnet diese Publikation in der Deutschen Nationalbibliografie; detaillierte bibliografische Daten sind im Internet über http://dnb.d-nb.de abrufbar.

Bibliographic information published by the Deutsche Nationalbibliothek
Die Deutsche Nationalbibliothek lists this publication in the Deutsche Nationalbibliografie; detailed bibliographic data are available in the Internet at http://dnb.d-nb.de.

© 2016 WILEY-VCH Verlag GmbH & Co. KGaA, Weinheim

© 2016 WILEY-VCH Verlag GmbH & Co. KGaA, Weinheim

Printed in the Federal Republic of Germany

Gedruckt auf säurefreiem Papier

Satz Kühn & Weyh Software GmbH, Freiburg
Druck und Bindung CPI – Ebner & Spiegel, Ulm
Umschlaggestaltung Christian Kalkert, Birken-Honigsessen

ISBN: 978-3-527-50879-2

Printed in the Federal Republic of Germany

Printed on acid-free paper

Typesetting Kühn & Weyh Software GmbH, Freiburg
Printing and Binding CPI – Ebner & Spiegel, Ulm
Cover design Christian Kalkert, Birken-Honigsessen

ISBN: 978-3-527-50879-2

Hinweis des Verlags:

Bitte beachten Sie unseren besonderen Service: Änderungen, die von der EU zeitnah zur Erstveröffentlichung dieses Buchs genehmigt und veröffentlicht werden, können Sie gegebenenfalls online unter http://www.wiley-vch.de/publish/dt/books/ISBN978-3-527-50879-2/ abrufen.

Publisher' Note:

Please note our special service: Should any novelties or amendments be endorsed and published by the EU promptly after the first publication of this book, they will be made accessible online via http://www.wiley-vch.de/publish/dt/books/ISBN978-3-527-50879-2/.

Geleitwort / Foreword

Inhalt / Contents

Einstiegshilfe / Primer

Geleitwort

Die Globalisierung der Kapitalmärkte hat dazu geführt, dass die internationalen Rechnungslegungsvorschriften in jüngster Vergangenheit stark an Bedeutung gewonnen haben. Rechnungsleger weltweit sprechen keine nationalen Sprachen mehr, sondern eine internationale Sprache. Die gemeinsame Sprache der Rechnungsleger heißt „International Financial Reporting Standards (IFRS)" des International Accounting Standards Board (IASB).

Der Durchbruch der IFRS gelang in der Europäischen Union am 19. Juli 2002 mit der Verabschiedung der so genannten IAS-Verordnung durch das europäische Parlament und den Rat der Europäischen Union. Auf Grund dieser Verordnung sind kapitalmarktorientierte Unternehmen mit Sitz in der Europäischen Union verpflichtet ihren Konzernabschluss nach den Vorschriften der IFRS zu erstellen.

Zudem erstellen zahlreiche Unternehmen einen Konzernabschluss nach den IFRS, ohne dazu rechtlich verpflichtet zu sein. Häufig wird in diesem Zusammenhang von einer „freiwilligen" Erstellung nach den IFRS gesprochen. Davon kann aber nicht in allen Fällen die Rede sein, da eine mittelbare Verpflichtung häufig aus den Anforderungen von Kunden, Lieferanten, Banken, sonstigen Geschäftspartnern und/oder Investoren resultiert.

Auch in den USA setzen sich die IFRS weiter durch. Ausländische Unternehmen dürfen in Übereinstimmung mit den IFRS erstellte Berichte sowie Zwischenberichte bei der SEC einreichen, ohne diese auf US-GAAP überleiten zu müssen (Releases „33-8879, 34-57026").

Am 14. November 2008 hat die SEC zudem den Vorschlag einer Roadmap verabschiedet (Release „33-8982, 34-58960"; File No. S7-27-08), nach welcher US-amerikanische Emittenten verpflichtet wären, ab 2014 den Konzernabschluss nach IFRS zu erstellen. Von der SEC wurden seinerzeit über 200 Stellungnahmen zu dieser Roadmap ausgewertet. Einigkeit herrscht darüber, dass künftig nur noch ein „set of accounting standards" angewandt werden soll. Um dieses Ziel zu erreichen, läuft aktuell ein Konvergenzprojekt zwischen dem für die IFRS verantwortlichen IASB und dem für die US-GAAP zuständigen FASB, welches bis Mitte 2011 im Wesentlichen abgeschlossen sein sollte. Dies war indes nicht der Fall. Vielmehr wurde am 13. Juli 2012 der finale Bericht der Arbeitsgruppe der SEC veröffentlicht, in dem umfassend das Rechnungslegungssystem der IFRS sowie das Standardsetzungsverfahren des IASB im Hinblick auf eine Übernahme der IFRS in den USA analysiert wird. Eine Empfehlung für das weitere Vorgehen wird allerdings nicht seitens der SEC ausgesprochen. Ein sogenanntes Condorsement, d. h. eine fortschreitende Konvergenz der Regelungsbereiche mit dem Ziel eines U.S.-amerikanischen Endorsement scheint ein möglicher Weg einer IFRS-Akzeptanz zu sein. Der Chief Accountant der SEC hat am 8. Dezember 2014 in diesem Zusammenhang angekündigt, zeitnah und unvoreingenommen, d. h. ungeachtet bestehender Vorarbeiten, zu einer Entscheidung hinsichtlich der Einführung von IFRS gelangen zu wollen. Gleichwohl betonte der Chief Accountant in seiner Rede am 9. Dezember 2015, dass bereits 500 der größten Unternehmen in den USA nach IFRS berichten (siehe dessen Rede auf der „2015 AICPA National Conference on Maintaining High-Quality, Reliable Financial Reporting" unter http://www.sec.gov/news/speech/keynote-2015-aicpa-white. html).

Auf Grund der großen Zahl an Unternehmen und den detaillierten Vorschriften der IFRS, ist der Bedarf an IFRS-spezifischem Know-how enorm groß. Bei der Auseinandersetzung mit den IFRS stellt der interessierte Rechnungsleger schnell fest, dass die vom IASB verabschiedeten Standards in englischer Sprache veröffentlicht werden. Hilfreich ist dabei für viele Rechnungsleger eine deutsche Übersetzung der Standards. Dabei ist indes zu beachten, dass die deutsche Übersetzung an einigen Stellen ungenau oder sogar fehlerhaft ist.

In diesem Buch werden die englischen Texte der IFRS sowie deren offizielle Übersetzung durch die Europäische Union parallel dargestellt. Dies ermöglicht dem Leser, innerhalb kurzer Zeit sowohl auf den deutschen als auch auf den englischen Originaltext zurückzugreifen. Enthalten sind in diesem Buch die von der EU im europäischen Amtsblatt veröffentlichten Standards.

Ergänzend zu dieser Textausgabe ist im Wiley-Verlag das von Prof. Dr. Henning Zülch und Prof. Dr. Matthias Hendler verfasste Lehrbuch „Bilanzierung nach IFRS" erschienen. In diesem Lehrbuch werden die IFRS didaktisch aufbereitet und erläutert. Neben einer grundlegenden und prägnanten Einführung in die IFRS im europäischen Kontext werden die Bilanzierung der Hauptpositionen einer IFRS-Bilanz sowie bilanzielle Sonderbereiche wie etwa die Fertigungsaufträge, Steuerabgrenzung, Leasing oder Wertminderungen erläutert. Die Kernaussagen werden zu Beginn eines jeden Kapitels dargestellt, was dem Leser erleichtert, in kurzer Zeit einen umfassenden Überblick über die Regelungen zu erhalten. Praxisbeispiele und weiterführende Literaturhinweise runden die Darstellung der Sachverhalte ab. Das Lehrbuch stellt die Regelungen der IFRS zum Einzelabschluss dar. Ein Lehrbuch zum Konzernabschluss ist in Planung.

Die vorliegende Textausgabe hat den Redaktionsstand 1. Februar 2016. Neu in dieser Ausgabe sind unter anderem die Änderungen durch die „Jährlichen Verbesserungen", Zyklus 2012–2014, die Änderungen an IAS 16 und 41, an IFRS 11, an IAS 16 und 38, an IAS 1 und an IAS 27. Andere Projekte sind aktuell Gegenstand des EU-Endorsement-Prozesses. Diese Verlautbarungen befinden sich daher nicht in der vorliegenden Ausgabe.

Wir wünschen allen Lesern dieses Buches viel Freude und Erfolg bei der Arbeit mit den IFRS, und hoffen, dass Ihnen dieses Buch behilflich ist, sich in den zahlreichen Regelungen zu Recht zu finden! Anregungen und Hinweise können Sie an die Postadresse des Verlags oder an „Wirtschaft@Wiley-VCH.de" senden.

Leipzig und Münster
im Februar 2016

Professor Dr. Henning Zülch und
Professor Dr. Matthias Hendler

Foreword

Globalisation of capital markets has led to a sharp increase in the importance of international financial reporting regulations in recent years. Accountants worldwide no longer speak national languages but one international language. The common language of accountants is "International Financial Reporting Standards (IFRS)" of the International Accounting Standards Board (IASB).

IFRS's breakthrough in the European Union occurred on 19th July 2002 with the approval of the so-called IAS regulation by the European Parliament and the Council of the European Union. Under this regulation public listed companies governed by the law of a Member State are obliged to issue their consolidated financial statements in accordance with IFRS.

In addition, many companies account for under IFRS without being legally obliged to this. This is often referred to as "voluntary" IFRS-compliant reporting. This is not always strictly accurate, however, since a indirect obligation often results from the demands of customers, suppliers, banks, other business partners and/or investors.

The IFRS are also gaining wider acceptance in the United States. Non-domestic companies are allowed to file reports and interim reports with the SEC that have been compiled according to IFRS, without being obliged to translate them according to U.S. GAAP standards (Releases "33-8879, 34-57026").

Additionally the SEC issued a roadmap (Release "33-8982, 34-58960"; File No. S7-27-08) under which U.S. issuers may be required to use IFRS in 2014. The SEC evaluated at that time over 200 statements on this roadmap. It is common consensus that only one "set of accounting standards" is to be used in the future. To achieve this aim, there is a convergence project between the IASB (responsible standard setter for the IFRS standards) and the FASB (responsible standard setter for the U.S.GAAP), which should be essentially finished by mid-2011. However, this was not the case. Instead, the SEC's staff issued on July 13, 2012 its "Final Staff Report", in which it comprehensively analyzed the IFRS accounting system as well as the IASB's standard setting procedure regarding possible acceptance of IFRS in the U.S. However, a recommendation regarding next steps on the roadmap is not mentioned by the SEC. A so-called "condorsement" approach, i.e. an accelerated convergence of IFRS and U.S. GAAP with a view to a U.S. Endorsement, seems to be one option of IFRS acceptance in the U.S. On 8th December 2014, the SEC Chief Accountant has announced in this context to reach a decision regarding IFRS adoption in a timely, but unprejudiced manner. However, the Chief Accountant recently emphasized that by the end of 2015 up to 500 of the largest U.S. companies are already reporting under IFRS (see his speech before the 2015 AICPA National Conference on Maintaining High-Quality, Reliable Financial Reporting available at http://www.sec.gov/news/speech/keynote-2015-aicpa-white.html).

Owing to the large number of companies and the detailed rules of the IFRS, the demand for IRFS-specific expertise is huge. When dealing with the IFRS, the accountant soon realises that the standards issued by the IASB are published in English. A German translation of the standards is useful for many accountants. Here it must be borne in mind that the German translation is in some places inexact or even wrong.

This book presents both the English texts of the IFRS and the official translation by the European Union side by side. This will enable the reader to refer quickly to both the German and the original English text. This book contains the standards published by the EU in the Official Journal.

In addition to the publication on hand, Wiley-VCH has published a textbook called "Bilanzierung nach IFRS", written by Professor Dr Henning Zülch and Professor Dr Matthias Hendler. This textbook provides a plain overview of the IFRS. Headed by a basic and concise introduction to the IFRS in a European context, it offers clarifications on the main financial positions of an IFRS statement as well as on special categories such as construction contracts, deferred taxation, leasing contracts, and impairment. The most crucial points are summarized at the beginning of each chapter which enables the reader to gain a comprehensive insight into the respective standards very quickly. Presentation is completed by practical examples and tips for further reading. The textbook covers single-company statements; a publication on the reporting of affiliated entities is currently in process.

The present edition went to press on 1st February 2016. New in this edition are amongst others, the amendments by the annual improvements 2012–2014 cycle, and the amendments to IAS 16 and 41, to IFRS 11, to IAS 16 and 38, to IAS 1 and to IAS 27. Other regulations approved by the IASB, are part of the ongoing endorsement discussion in the European Union. These pronouncements are therefore not to be found in the present edition.

We wish all readers of this book much pleasure and success in their work with the IFRS and hope that this book helps them to find their way among the numerous rules! You can send your suggestions and comments to the publisher's postal address or to "Wirtschaft@Wiley-VCH.de".

Leipzig and Münster
February 2016

Professor Dr Henning Zülch and
Professor Dr Matthias Hendler

Inhalt

Contents

IFRIC Interpretations

Standing Interpretations Committee Interpretations

Die Verlautbarungen der IASB-Rechnungslegung

Eine Einstiegshilfe von
Professor Dr. Henning Zülch, Leipzig/Wien und Professor Dr. Matthias Hendler, Münster

Ausgangspunkt

Dieses einführende Kapitel soll Ihnen zunächst einen Einblick in das Regelwerk des IASB geben. Dies hilft Ihnen, den Stellenwert der zahlreichen, in diesem Textband veröffentlichten Standards und Interpretationen des IASB auszumachen. Folgende Fragen sind in diesem Zusammenhang zu klären:
- Welche Verlautbarungen existieren im Rahmen der IASB-Rechnungslegung und welche praktische Bedeutung bzw. Bindungswirkung besitzen diese einzelnen Verlautbarungen für die bilanzierenden Unternehmen?
- Was geschieht im Falle von Regelungslücken?
- Wie kann Ihnen die vorliegende Textausgabe im Rahmen der Bilanzierung nach IFRS weiterhelfen?

Die Verlautbarungen in der IASB-Rechnungslegung und ihre Bindungswirkung

Aufgrund der Dynamik des Wirtschaftslebens ist es unerlässlich, dass sich die Rechnungslegungsnormen permanent an die Umfeldbedingungen anpassen. Um der wirtschaftlichen Dynamik gerecht zu werden, erlässt das IASB eine Vielzahl von Verlautbarungen, die sich vor allem durch ihre Bindungswirkung für die bilanzierenden Unternehmen voneinander unterscheiden. Vor jedem IFRS bzw. IAS wird in der Originalausgabe des IASB der Hinweis gegeben, dass der jeweilige Standard in Verbindung mit seiner Zielsetzung, ggf. den Grundlagen für Schlussfolgerungen, dem Vorwort zu den International Financial Reporting Standards und dem Rahmenkonzept zu betrachten ist. Zudem werden vom IASB überdies die sogenannten Anwendungshilfen veröffentlicht. Im Folgenden werden die nachstehenden Verlautbarungen erläutert:
- das Vorwort zu den International Financial Reporting Standards,
- das Rahmenkonzept,
- die Rechnungslegungsstandards (IAS/IFRS),
- die Rechnungslegungsinterpretationen (SIC/IFRIC),
- die Grundlagen für Schlussfolgerungen und
- die sog. Anwendungshilfen (Anleitungen zur Standardanwendung/Anwendungsleitlinien/Anwendungsbeispiele).

Die Ausführungen im Vorwort zu den IFRS enthalten allgemeine Hinweise zur IASB-Rechnungslegung. So werden im **Vorwort** u. a. die Zielsetzung des IASB sowie der Anwendungsbereich, die Bindungswirkung sowie das förmliche Verfahren der Entwicklung und Verabschiedung der Rechnungslegungsstandards geklärt. Besonders relevant bezüglich der Bindungswirkung der Verlautbarungen sind dabei die Hinweise in IAS 1.16. IAS 1.16 bestimmt, dass ein Abschluss nicht als mit den IFRS übereinstimmend bezeichnet werden darf, solange er nicht sämtliche Anforderungen der IFRS erfüllt.

Das **Rahmenkonzept** des IASB bildet ein hierarchisch aufgebautes Grundsatzsystem, welches geleitet von der Zielsetzung der IASB-Rechnungslegung – Vermittlung entscheidungsnützlicher Informationen an die Abschlussadressaten – Basisgrundsätze und Qualitätsgrundsätze umschließt. Die **Basisgrundsätze** stellen die einem IFRS-Abschluss zu Grunde liegenden Rechnungslegungsannahmen dar. Zu ihnen zählen die Grundsätze der Unternehmensfortführung und der periodengerechten Erfolgsabgrenzung. Diese Grundsätze sind auch als handelsrechtliche Grundsätze ordnungsmäßiger Buchführung bekannt und inhaltlich nahezu identisch mit den handelsrechtlichen Regelungen. Mit den **Qualitätsgrundsätzen** werden die Anforderungen an Abschlussinformationen formuliert. Als qualitative Anforderungen gelten die Verständlichkeit, die Relevanz, die Zuverlässigkeit und die Vergleichbarkeit. Die qualitativen Anforderungen der Relevanz und der Zuverlässigkeit werden ihrerseits wiederum durch Nebenbedingungen begrenzt. Zu diesen Nebenbedingungen zählen die zeitnahe Berichterstattung, die Kosten-Nutzen-Abwägung und die Grundsatzabwägung. Mit Hilfe dieser Nebenbedingungen sollen mögliche Zielkonflikte zwischen den qualitativen Anforderungen der Relevanz und der Zuverlässigkeit ausgeräumt werden. Den Adressaten eines IFRS-Abschlusses sind letztlich unter Beachtung der bezeichneten Nebenbedingungen sowohl relevante als auch zuverlässige Abschlussinformationen zu vermitteln. Die angeführten Basisgrundsätze und Qualitätsgrundsätze werden überdies ergänzt durch weitere Rechnungslegungsgrundsätze, wie die Ansatz- und Bewertungsgrundsätze und die Kapitalerhaltungskonzepte des IASB. Diese Grundsätze werden ebenso wie die Basisgrundsätze und Qualitätsgrundsätze als Rahmengrundsätze der IASB-Rechnungslegung bezeichnet. Insgesamt ist festzuhalten: Das Rahmenkonzept dient als Auslegungs- und Orientierungshilfe und ist damit der konzeptionelle Bezugsrahmen für das Rechnungslegungssystem des IASB. Es richtet sich an das IASB, die Ersteller von IFRS-Abschlüssen, deren Prüfer sowie die Abschlussadressaten. Es dient darüber hinaus als Grundlage für die Erarbeitung neuer sowie die Auslegung bereits bestehender Rechnungslegungsstandards. Ihm wird nicht der Rang bzw. Verpflichtungscharakter eines Rechnungslegungsstandards zuteil. Unter Berufung auf das Rahmenkonzept darf auch nicht gegen einzelne Rechnungslegungsstandards verstoßen werden. Diese Textausgabe enthält das von der EU als Anhang des Kommentars zur IAS-Verordnung und den Rechnungslegungsrichtlinien im November 2003 veröffentlichte Rahmenkonzept. Indes ist darauf hinzuweisen, dass das IASB im Rahmen der Neuentwicklung des Rahmenkonzepts im Juli 2013 das Discussion Paper DP/2013/1 veröffentlicht hat, welches bis Januar 2014 kommentiert worden ist. Der entsprechende Exposure Draft wurde im Mai 2015 veröffentlicht und bis November 2015 kommentiert. Eine Entscheidung über das weitere Vorgehen soll in den nächsten sechs Monaten folgen. Der aktuelle Stand der Überarbeitung ist auf der Webseite des IASB ersichtlich (http://www.ifrs.org/current-projects/iasb-projects/pages/iasb-work-plan.aspx).

The IASB Financial Reporting Pronouncements

A Primer by
Professor Dr Henning Zülch, Leipzig/Vienna and Professor Dr Matthias Hendler, Münster

Starting point

To begin with, this introductory chapter offers an insight into the IASB rule set. This will help you to understand the relative importance of the many IASB standards and interpretations published in this volume. In this context the following questions will be addressed:
— What pronouncements exist within the context of IASB financial reporting and what practical significance or binding force do these individual pronouncements have for the reporting company?
— What happens when there are regulatory gaps?
— How can this book help you in the context of IFRS-compliant accounting?

The Pronouncements in IASB financial reporting and their binding force

The dynamics of business life make it essential that financial reporting standards adapt continuously to external conditions. To meet the demands of business dynamics the IASB issues a large number of pronouncements, which differ among themselves principally in terms of their mandatory effect for the reporting company. At the head of each IFRS or IAS in the original edition it is pointed out by the IASB that the standard in question is to be viewed in conjunction with its objective, the basis for conclusions, the Preface to the International Financial Reporting Standards and the framework. In addition the IASB also provides what it terms guidance. The following pronouncements will now be discussed in more detail:
— Preface to the International Financial Reporting Standards,
— Framework,
— International Accounting Standards/International Financial Reporting Standards (IASs/IFRSs),
— Financial reporting interpretations (SICs/IFRICs),
— Bases for conclusions and
— Guidance (application guidance/implementation guidance/illustrative examples).

The statements in the **Preface** to the IFRS contain general notes on IASB financial reporting. The Preface explains, among other things, the objectives of the IASB and the scope, the mandatory force and the due process for developing and approving financial reporting standards. Of particular importance in relation to the mandatory force of pronouncements are the references in IAS 1.16. IAS 1.16 stipulates that a financial statement cannot be described as IFRS-compliant unless it meets all IFRS requirements.

The IASB **Framework** forms a hierarchical system of principles which, headed by the IASB financial reporting objectives — to provide information to the users of financial statements that is useful in making economic decisions — comprises basic principles and qualitative characteristics of financial statements. The **basic principles** are embodied in the financial reporting assumptions on which an IFRS financial statement is based. These include the principles of the going concern and accounting on an accrual basis. These principles are also known as generally accepted accounting principles under German Commercial Code (GCC) and in content practically identical. The informational requirements of a financial statement are formulated under the **qualitative characteristics of financial statements.** The quality requirements are understandability, relevance, reliability and comparability. The qualitative characteristics of relevance and reliability are further modified by subsidiary conditions. These subsidiary conditions include timely reporting, the balance between benefit and cost and the balance between the qualitative characteristics. The aim of these subsidiary conditions is to eliminate potential conflicts between the qualitative characteristics of relevance and reliability. Through observance of the subsidiary conditions the user of an IFRS financial statement should finally receive relevant and reliable financial information. The above basic and qualitative characteristics are then supplemented by further financial reporting principles, such as the recognition and measurement principles and the IASB's capital maintenance concepts. These principles, like the basic principles and qualitative characteristics, are termed the Framework of IASB financial reporting. In summary, the Framework serves as an aid to interpretation and orientation and is thus the conceptual frame of reference for the IASB's financial reporting system. It is addressed to the IASB, the preparers of IFRS financial statements, auditors and users of the statements. It further serves as a basis for the elaboration of new financial reporting standards and the interpretation of existing ones. It is not assigned the status or mandatory nature of an Financial Reporting Standard. Nor can individual financial reporting standards be infringed by appeal to the Framework. This publication includes the conceptual framework as published by the European Union in November 2003 as an appendix to the commentary on the IAS regulation and accounting principles. As part of the revision of the conceptual framework, the IASB published the Discussion Paper DP/2013/1 in July 2013 which has been commented until January 2014. The respective Exposure Draft was issued in May 2015 and was open to public consultation until November 2015. A decision on the projet's direction is expected within the next six months. The status quo of the project can be accessed on the web page of the IASB (http://www.ifrs.org/current-projects/iasb-projects/pages/iasb-work-plan.aspx).

Zu den **Rechnungslegungsstandards** als dem Kernelement der IASB-Rechnungslegung zählen gem. IAS 1.7 die IAS und IFRS sowie die SIC und IFRIC. Die bis zur Restrukturierung des IASC im Jahre 2001 erlassenen Rechnungslegungsnormen heißen IAS bzw. SIC und die nach der Restrukturierung durch das IASB erlassenen Rechnungslegungsstandards tragen die Bezeichnung IFRS bzw. IFRIC. Dabei wird die Bezeichnung „IFRS" zusätzlich als Oberbegriff für sämtliche Rechnungslegungsstandards und Rechnungslegungsinterpretationen verwendet. Bis zu seiner Restrukturierung im Jahre 2001 hat das IASC 41 IAS erlassen und veröffentlicht, von denen 13 wieder aufgehoben oder zurückgezogen wurden und 28 derzeit gültig sind. Das zum 1. April 2001 als zentrales Entscheidungsorgan eingesetzte IASB hat bislang 15 IFRS veröffentlicht. Die Rechnungslegungsstandards befassen sich mit abgegrenzten Teilbereichen der IASB-Rechnungslegung. Sie folgen keiner einheitlichen Systematik und decken teilweise Bilanzposten (z. B. IAS 2 – Vorräte; IAS 16 – Sachanlagevermögen oder IAS 38 – Immaterielle Vermögenswerte) und bestimmte Probleme der Rechnungslegung (z. B. IAS 17 – Leasing) ab. Zum Teil behandeln sie die Gestaltung von Bestandteilen des Abschlusses (z. B. IAS 7 – Kapitalflussrechnung) oder Sonderfragen einzelner Branchen (z. B. IAS 41 – Landwirtschaft oder IFRS 4 – Versicherungsverträge). Die einzelnen IAS/IFRS sind meist wie folgt gegliedert:

- Zielsetzung,
- Anwendungsbereich,
- Definitionen (bei den IFRS im Anhang A),
- Bilanzierungsregeln,
- Offenlegungspflichten,
- Übergangsvorschriften,
- Zeitpunkt des Inkrafttretens und
- Anhang.

Für die Aufstellung eines IFRS-Abschlusses sind generell **alle gültigen IAS/IFRS verpflichtend anzuwenden.** Ein Rechnungslegungsstandard muss allerdings dann nicht angewendet werden, wenn seine Anwendung unwesentliche Auswirkungen auf die Vermögens-, Finanz- und Ertragslage des bilanzierenden Unternehmens hat (Wesentlichkeitsvorbehalt, IAS 8.8).

Die vor der Restrukturierung des IASC vom SIC erarbeiteten und veröffentlichten **Rechnungslegungsinterpretationen** werden SIC-Interpretationen genannt. Die im Anschluss daran vom IFRIC erlassenen und veröffentlichten Rechnungslegungsinterpretationen tragen die Bezeichnung IFRIC-Interpretationen. SIC- und IFRIC-Interpretationen gehören neben den IAS/IFRS zum Kern des IASB-Regelwerkes. Aktuell gelten insgesamt 26 Rechnungslegungsinterpretationen, wovon acht Interpretationen vom SIC und 18 Interpretationen bislang vom IFRIC veröffentlicht wurden und anzuwenden sind. Die Interpretationen des IFRIC beschäftigen sich u. a. mit Fragestellungen in Bezug auf die Bilanzierung von Entsorgungsverpflichtungen (IFRIC 1) oder in Bezug auf die Identifikation von Leasingverhältnissen (IFRIC 4). Mit den Interpretationen werden rechtzeitig Leitlinien für neue Fragen der Rechnungslegung für Unternehmen erarbeitet, die in den IFRS nicht gesondert behandelt werden, oder für solche Fragen, bei welchen sich unbefriedigende oder gegensätzliche Interpretationen entwickelt haben oder sich möglicherweise entwickeln werden. Die Rechnungslegungsinterpretationen werden zeitnah herausgegeben und beziehen sich nur auf Bilanzierungsfragen von allgemeinem Interesse. Sie werden konsistent zu den Rahmengrundsätzen und zu den bestehenden Rechnungslegungsstandards entwickelt. Die **Anwendung der Rechnungslegungsinterpretationen** ist, wie die der Rechnungslegungsstandards, verpflichtend. Die Interpretationen des IFRIC sind Normen, die Unternehmen zu beachten haben, wenn sie ihren Abschluss als IFRS-konform kennzeichnen wollen.

Die **Grundlagen für Schlussfolgerungen** fassen die Überlegungen des IASB bei der Entwicklung des entsprechenden Standards zusammen. Sie sind eine Art Gesetzesbegründung, in der festgehalten wird, welche alternativen Lösungen es für einen Sachverhalt gibt und warum sich der Board wie im Standard umgesetzt entschieden hat. Die Grundlagen für Schlussfolgerungen haben informativen Charakter. Bindungswirkung entfalten sie nicht.

Unter dem Begriff der **Anwendunghilfen** werden schließlich Anleitungen zur Standardanwendung, Anwendungsleitlinien sowie Anwendungsbeispiele verstanden. Allerdings gelten die Anleitungen zur Standardanwendung als integraler Bestandteil des jeweiligen Rechnungslegungsstandards (IAS 32, IAS 33 und IAS 39). Sie sind dementsprechend verpflichtend anzuwenden. Anwendungsleitlinien und Anwendungsbeispiele hingegen weisen einen geringeren Verpflichtungscharakter auf und bilden die Anwendungshilfen im engeren Sinne. Sie ergänzen den jeweiligen Rechnungslegungsstandard und stellen seine Umsetzbarkeit für die Bilanzierungspraxis klar. Anwendungsleitlinien wurden erstmals zu IAS 39 (Finanzinstrumente: Ansatz und Bewertung) veröffentlicht. Mittlerweile werden sie im Zusammenhang mit nahezu jedem neuen Rechnungslegungsstandard herausgegeben. Eine Anwendungsleitlinie ist so aufgebaut, dass sie Antworten auf die von Anwenderseite am häufigsten gestellten Fragen zur praktischen Umsetzung bestimmter Rechnungslegungsstandards vermittelt. Die Anwendungsleitlinien besitzen jedoch lediglich Empfehlungscharakter. Ebenso Empfehlungscharakter besitzen die Anwendungsbeispiele, welche wie die Anwendungsleitlinien nicht als Standardbestandteil gelten. Die Anwendungsbeispiele liefern praktische Umsetzungsbeispiele für den jeweiligen, durch den Rechnungslegungsstandard abzudeckenden bilanziellen Sachverhalt. Sie repräsentieren nicht die einzig zulässigen Umsetzungsmöglichkeiten der Standardregelungen und sind daher nicht als abschließend zu bezeichnen.

The **Financial Reporting Standards,** as the core element of IASB financial reporting, comprise, in accordance with IAS 1.7, the IAS and IFRS plus the SIC and IFRIC. The financial reporting standards issued up to the restructuring of the IASC in 2001 are known as IAS and SIC; the financial reporting standards issued after the restructuring by the IASB are termed IFRS and IFRIC. The term "IFRS" is also used as an umbrella term for all financial reporting standards and financial reporting interpretations. Up to the time of its restructuring in 2001 the IASC enacted and published 41 IAS, of which 13 have since been removed or withdrawn and 28 are currently in effect. The IASB, established in April 2001 as the central decision-making body, has published 15 IFRS so far. The Financial Reporting Standards adress separate subsections of IASB financial reporting. They do not follow a uniform system: some cover balance sheet items (eg, IAS 2 — Inventories; IAS 16 — Property, Plant and Equipment or IAS 38 — Intangible Assets); others cover special problems of financial reporting (eg, IAS 17 — Leases). Some deal with components of financial statements (eg, IAS 7 — Cash Flow Statements) or issues of special industries (eg, IAS 41 — Agriculture or IFRS 4 — Insurance Contracts). The individual IAS/IFRS are usually structured as follows:
— objective
— scope
— definitions (in IFRS in the Appendix A)
— recognition and measurement
— disclosures
— transitional provisions
— effective date
— appendix

In general, in preparing IFRS financial statements **IASs/IFRSs which became effective must be applied.** A Financial Reporting Standard need not be applied, however, if its application would have immaterial consequences for the financial position or financial performance of the reporting entity (materiality reservation, IAS 8.8).

Financial reporting interpretations developed and published by the SIC before the restructuring of the IASC are known as SIC interpretations. Accounting interpretations issued and published subsequently by the IFRIC are termed IFRIC interpretations. SIC and IFRIC interpretations belong, with the IASs/IFRSs, to the core of the IASB regulatory code. A total of 26 financial reporting interpretations are currently in effect: eight SIC interpretations and 18 IFRIC interpretations have so far been issued and should be applied. The IFRIC interpretations are concerned with, among other topics, issues relating to the "Changes in Existing Decommissioning, Restoration and Similar Liabilities" (IFRIC 1) or the identification of leases (IFRIC 4). The interpretation shall provide timely guidance on newly identified financial reporting issues not specifically addressed in an IFRS or issues where unsatisfactory or conflicting interpretations have developed or seem likely to develop. Financial reporting interpretations are published in a timely way and refer only to accounting problems of general interest. They are developed consistent with the framework principles and existing financial reporting standards. The **application of the financial reporting interpretations** is, like that of financial reporting standards, mandatory. IFRIC interpretations are standards that companies have to follow if they wish to describe their financial statements as IFRS-compliant.

The **Basis for Conclusions** summarizes the IASB's reasoning in the development of the standard in question. It is a kind of preamble which states what alternative solutions there are for a particular case and why the Board decided as it did on the implementation in the standard. Bases for conclusions have an informational character. They have no mandatory force.

The term **guidance** is used to denote application guidance, implementation guidance and illustrative examples. An application guidance, however, is an integral part of the corresponding financial reporting standard (IAS 32, IAS 33 and IAS 39). It must therefore mandatorily be applied. Implementation guidance and illustrative examples, on the other hand, have less of a mandatory character and constitute guidance in the narrower sense. They supplement the corresponding standard and present possible implementations in accounting practice. Implementation guidance was first published for IAS 39 (Financial Instruments: Recog-nition and Measurement). Now it is published in conjunction with almost every new financial reporting standard. An implementation guidance is so constructed as to provide answers to users' most frequently asked questions on the practical implementation of particular financial reporting standards. Implementation guidance has, however, only the status of recommendation. Also recommendatory are the illustrative examples, which, like the implementation guidance, are not considered part of the standard. The illustrative examples provide practical examples of implementations for the accounting scenarios covered by the financial reporting standard. They do not represent the only possible permissible implementations of the standard rules and cannot therefore be defined as exclusive.

Hierarchie des IASB-Regelwerkes und Behandlung von Regelungslücken

Die dargestellten Verlautbarungen des IASB können noch nicht als in sich geschlossenes Normensystem angesehen werden. Weder liegt eine hinreichend verbindliche Regelungsgrundlage vor, noch sind alle Regelungslücken geschlossen. Regelungslücken sind durch zweckgerechte Auslegung seitens der Bilanzierenden selbst zu schließen. Dieses Problem bestehender und auslegungsbedürftiger Regelungslücken erkannte das IASB und führte im Rahmen des im Dezember 2003 abgeschlossenen Improvements Project in IAS 8 (Bilanzierungs- und Bewertungsmethoden, Änderungen von Schätzungen und Fehlern) eine Normenhierarchie zur Schließung derartiger Regelungslücken ein. Diese Normenhierarchie stellte eine Überarbeitung der bislang in IAS 1 (Darstellung des Abschlusses) verankerten Hierarchie dar.

Als oberste Aufgabe von IFRS-Abschlüssen und damit als Ausgangspunkt der Normenhierarchie gilt gemäß IAS 1.15 in Verbindung mit OB12, die Vermögens-, Finanz- und Ertragslage sowie die Mittelzu- und -abflüsse eines Unternehmens den tatsächlichen Verhältnissen entsprechend abzubilden. Bestimmte Umstände können jedoch dazu führen, dass die Einhaltung einer Standardbestimmung oder einer Interpretationsregelung ein falsches Bild von der wirtschaftlichen Lage des bilanzierenden Unternehmens zeichnet. In diesen denkbaren aber vom IASB in IAS 1.23 als sehr seltenen Einzelfall bezeichneten Situationen soll von der speziellen Einzelnorm abgewichen und über die Abweichung detailliert berichtet werden.

Abgesehen von seltenen Ausnahmen führt die Anwendung der IFRS annahmengemäß zu Abschlüssen, die das verlangte tatsächliche Bild der wirtschaftlichen Lage eines Unternehmens zeichnen. Bei konkreten bilanziell zu erfassenden Sachverhalten sind daher gem. IAS 8.7 ausdrücklich die geltenden Rechnungslegungsstandards und Rechnungslegungsinterpretationen heranzuziehen. Sie sind folglich die Grundlage der IASB-Normenhierarchie. Ergänzt werden die Rechnungslegungsstandards und Rechnungslegungsinterpretationen durch die veröffentlichten Anwendungshilfen, welche gemäß IAS 8.7 ebenfalls zur Lösung bilanzieller Problemstellungen angewendet werden sollen. Sie entfalten – wie oben bereits ausgeführt – bis auf die Anleitungen zur Standardanwendung, die integraler Bestandteil einiger Rechnungslegungsstandards sind, allerdings keine so starke Bindungswirkung wie Rechnungslegungsstandards und Rechnungslegungsinterpretationen.

Existieren nun allerdings Regelungslücken in der IASB-Rechnungslegung, d. h., kann ein Sachverhalt mittels geltender Rechnungslegungsstandards, Rechnungslegungsinterpretationen und Anwendungshilfen nicht zweckgerecht in einem IFRS-Abschluss abgebildet werden, bieten den Bilanzierenden die Regelungen in IAS 8.10-8.12 Auslegungshilfe. In den genannten Regelungen werden nicht bestimmte Methoden zur Lückenschließung expliziert, sondern es werden die Anforderungen an die bilanzielle Lösung formuliert und die zur Auslegung heranzuziehenden Quellen konkretisiert.

Generell gilt: Die Unternehmensführung des bilanzierenden Unternehmens hat im Fall einer Regelungslücke gemäß IAS 8.10 bei ihrer Urteilsbildung die qualitativen Anforderungen der Relevanz und Zuverlässigkeit zu berücksichtigen. Diese zunächst sehr abstrakte und in der Praxis wenig hilfreiche Forderung wird in **IAS 8.11** und **IAS 8.12** dahingehend präzisiert, dass eine **„Auslegungshierarchie"** festgelegt wird:

- Zunächst sind die Vorschriften anderer Rechnungslegungsstandards (IAS/IFRS) und Rechnungslegungsinterpretationen (SIC/IFRIC), die auf den betreffenden Sachverhalt analog angewendet werden können (IAS 8.11 (a)), zu betrachten.
- In einem weiteren Schritt sind die im Rahmenkonzept vorgegebenen Definitionen wie auch die dort festgeschriebenen Ansatz- und Bewertungskriterien für Vermögenswerte, Schulden, Erträge und Aufwendungen zur Auslegung zu verwerten (IAS 8.11 (b)).
- Im Zusammenhang mit den beiden erstgenannten Auslegungshilfen sowie für die Fälle, in denen die genannten Auslegungshilfen bestehende Regelungslücken nicht schließen konnten, dürfen Verlautbarungen anderer Standardsetter (z. B. FASB oder ASB), anerkannte Branchenpraktiken und wissenschaftliche Kommentarliteratur zur Auslegung hinzugezogen werden. Allerdings muss sichergestellt sein, dass diese Verlautbarungen und Branchenpraktiken sowie die wissenschaftliche Kommentarliteratur mit den Vorschriften des IASB vereinbar sind (IAS 8.12). Zur wissenschaftlichen Kommentarliteratur zu zählen sind u. a. Schriften, die sich mit abgegrenzten bilanziellen Problemstellungen beschäftigen (Dissertationen), und Beiträge in anerkannten Fachzeitschriften.

Neben den aufgeführten und in IAS 8.11 und IAS 8.12 explizit vorgesehenen Auslegungshilfen sind zwei weitere Auslegungshilfen abschließend zu würdigen. Zum einen kann das Vorwort zu den IFRS noch als Auslegungshilfe angesehen werden. Obwohl eingangs dem Vorwort für die Anwendung und Auslegung von Rechnungslegungsstandards keine Bedeutung zugesprochen wurde, muss festgestellt werden, dass jeder künftige oder überarbeitete Rechnungslegungsstandard in Zusammenhang mit dem Vorwort zu den IFRS zu lesen ist. Das Vorwort zu den IFRS ist somit ebenso als eine Auslegungshilfe im weiteren Sinne zu verstehen. Zum anderen können Standardentwürfe oder Entwürfe von Rechnungslegungsinterpretationen zur Schließung von Regelungslücken herangezogen werden. Sollten die im Standardentwurf oder im Interpretationsentwurf vorgesehenen Bilanzierungs- und Bewertungsmethoden im Rahmen der öffentlichen Diskussion auf allgemeine Zustimmung stoßen, wird diesen Entwürfen der Status wissenschaftlicher Kommentarliteratur beigemessen. Stellen sich bei der endgültigen Verabschiedung der Rechnungslegungsstandards oder Rechnungslegungsinterpretationen allerdings Abweichungen zwischen Entwurf und verabschiedeter Norm heraus, sind vom bilanzierenden Unternehmen ggf. rückwirkende Anpassungen vorzunehmen. Nähere Informationen zur Schließung von Regelungslücken finden Sie auch im korrespondierenden Lehrbuch von Zülch|Hendler, Bilanzierung nach IFRS, ISBN 978-3-527-50370-4, auf den Seiten 44–48.

Hierarchy of the IASB regulatory code and treatment of regulatory gaps

The IASB pronouncements presented above cannot be viewed as a self-contained system of standards. No sufficiently mandatory regulatory base exists and not all regulatory gaps have been closed. Gaps in the regulations are to be closed by appropriate interpretation on the part of the accountant him- or herself. The IASB recognized this problem of regulatory gaps that existed and needed interpretation and under the Improvements Project, completed in December 2003, introduced in IAS 8 (Accounting Policies, Changes in Accounting Estimates, and Errors) a hierarchy of standards to close such regulatory gaps. This hierarchy of standards constitutes a reworking of the hierarchy previously established in IAS 1 (Presentation of Financial Statements).

The primary function of IFRS financial statements and thus the starting point of the hierarchy of standards is, according to IAS 1.15 in conjunction with OB12, to provide a fair presentation of the financial position, financial performance and cash flows of a company. Particular circumstances may, however, mean that compliance with the provisions of a standard or interpretation creates a false picture of the financial situation of the reporting company. In these situations — conceivable but described by the IASB in IAS 1.23 as extremely rare individual cases — departure from the particular requirement should be made and full details of the departure reported.

Rare exceptions apart, application of the IFRSs is presumed to result in financial statements that achieve the required fair presentation of the actual financial situation of a company. For concrete cases to be accounted for the applicable financial reporting standards and financial reporting interpretations according to IAS 8.7 should therefore be followed. Consequently, they are the basis of the IASB hierarchy of standards. The financial reporting standards and financial reporting interpretations are supplemented by guidance, which according to IAS 8.7 should also be used in the solving of accounting problems. As explained above, however, these guidances, apart from the application guidance, which are an integral component of some financial reporting standards, do not have the same mandatory force as financial reporting standards and financial reporting interpretations.

If, however, regulatory gaps exist in IASB financial reporting, ie, if a set of circumstances cannot be fairly presented in an IFRS financial statement by means of existing applicable financial reporting standards, financial reporting interpretations and guidances, the rules in IAS 8.10—8.12 offer the accountant interpretive help. These rules do not define specific ways of closing gaps; rather, they formulate the requirements of the accounting solution and specify the sources to be drawn on for interpretation.

The general rule is: in case of a regulatory gap, the management of the reporting company should, according to IAS 8.10, consider the qualitative demands of relevance and reliability in forming its judgement. This requirement, on the face of it very abstract and of little help in practice, is made more precise in **IAS 8.11** and **IAS 8.12** to the extent that a **"hierarchy of interpretation"** is established:

— First, the regulations of other Financial Reporting Standards (IASs/IFRSs) and Financial Reporting Interpretations (SICs/IFRICs) that can be applied by analogy to the case in question (IAS 8.11 (a)) should be considered.
— The next step is to evaluate both the definitions given in the Framework and the recognition criteria and measurement concepts stipulated there for assets, liabilities, income and expenses for the interpretation.
— In conjunction with the above two aids to interpretation and in cases where these aids to interpretation cannot close existing regulatory gaps, most recent pronouncements of other standardsetting bodies (eg, FASB or ASB), accepted industry practices and academic literature may be drawn upon for the interpretation. It must of course be ensured that these pronouncements, industry practices and academic literature are compatible with the rules of the IASB (IAS 8.12). Academic literature includes papers dealing with specific accounting topics (Ph.D.-Theses) and articles in accepted professional journals.

Finally, in addition to the aids to interpretation listed above and explicitly provided in IAS 8.11 and IAS 8.12, two more aids to interpretation are worthy of mention. Firstly, the Preface to the IFRS can be seen as another aid to interpretation. Although initially no significance was attributed to the Preface for the application and interpretation of financial reporting standards, it must be noted that every future or revised financial reporting standard is to be read in conjunction with the Preface of the IFRS. The Preface to the IFRS should therefore also be considered an aid to interpretation in a wider sense. Secondly, exposure drafts of financial reporting standards or interpretations can be drawn upon to close regulatory gaps. Should the accounting policies provided in the draft standards or interpretations meet with general agreement in public discussion, these drafts attain the status of academic literature. If, however, differences between the exposure draft and the issued standard become evident when the financial reporting standard or financial reporting interpretation is finally issued, retrospective adjustments should, if necessary, be made by the reporting company. Detailed information concerning the treatment of regulatory gaps in IFRS-accounting are available in our corresponding textbook written by Zülch| Hendler, Bilanzierung nach IFRS, ISBN 978-3-527-50370-4, on pages 44–48.

Bedeutung der vorliegenden Textausgabe

Die vorliegende Textausgabe umfasst die von der Europäischen Union (EU) gebilligten und veröffentlichten Rechnungslegungsnormen des IASB. Hierbei handelt es sich um die von der EU gebilligten Rechnungslegungsstandards (IAS/IFRS) und Rechnungslegungsinterpretationen (SIC/IFRIC). Ihre Billigung basiert auf einem speziellen Anerkennungsverfahren. Dieses Verfahren müssen neue wie überarbeitete Rechnungslegungsstandards und Rechnungslegungsinterpretationen bestehen, bevor sie auf EU-Ebene rechtskräftig werden. So vermeidet die EU, den Prozess der Entwicklung von Rechnungslegungsnormen, und damit letztlich der Rechnungslegungsgesetze, in die Hände einer privatrechtlichen Institution zu legen. Sie behält somit weiterhin die legislative Kompetenz.

Lassen Sie uns einen tieferen Blick in dieses Verfahren werfen, welches mittlerweile einen sehr großen Stellenwert in der europäischen Rechnungslegung einnimmt und die Basis dieser Textausgabe darstellt.

Im Rahmen des EU-Anerkennungsverfahrens von IASB-Rechnungslegungsnormen sind zwei Entscheidungsebenen voneinander zu unterscheiden: eine technische Ebene und eine politische Ebene. Auf der technischen Ebene ist eine Expertengruppe, die European Financial Reporting Advisory Group (EFRAG), eingesetzt worden. Die EFRAG hat sich zum Ziel gesetzt, die europäischen Interessen gegenüber dem IASB zu vertreten und die Arbeit der nationalen europäischen Rechnungslegungsgremien zu koordinieren. Überdies berät die EFRAG die Europäische Kommission in fachlichen Fragen. Die EFRAG holt Kommentare interessierter Rechnungslegungskreise (Theorie und Praxis) auf europäischer Ebene ein und schlägt der Kommission innerhalb von zwei Monaten nach Verabschiedung einer Rechnungslegungsnorm durch das IASB die Annahme oder Ablehnung der jeweiligen Norm vor. Die Europäische Kommission legt sodann den Vorschlag der EFRAG dem Accounting Regulatory Committee (ARC) vor. Das ARC ist der Regelungsausschuss für Rechnungslegung. Er bildet die politische Ebene des Anerkennungsverfahrens. In diesem Ausschuss, der unter dem Vorsitz der Europäischen Kommission steht, sind die europäischen Mitgliedstaaten vertreten. Das ARC ist im Rahmen eines vereinfachten Gesetzgebungsverfahrens zuständig für die europaweite Anerkennung der Rechnungslegungsnormen des IASB. Im Falle eines positiven Urteils über die Konformität der Normen mit den EU-Richtlinien werden diese von der Kommission freigegeben und dem Europäischen Parlament und dem Rat der Europäischen Union als EU-Verordnungsentwurf vorgeschlagen.

Damit verhindert wird, dass EU-spezifische IAS/IFRS entstehen, soll ein Rechnungslegungsstandard entweder in der vom IASB verabschiedeten Fassung oder überhaupt nicht übernommen werden. Die anerkannten Rechnungslegungsnormen des IASB werden als Kommissionsverordnung vollständig in allen Amtssprachen im Amtsblatt der EU veröffentlicht. Den aktuellen Stand des Anerkennungsverfahrens können Sie auch unter http://www.drsc.de/docs/standendorsement.pdf?b86b07933387b9140b7347cc707cc156 abrufen.

Das Rahmenkonzept des IASB wurde von der EU nicht gebilligt. In dieser Textausgabe ist das von der EU als Anhang des Kommentars zur IAS-Verordnung und den Rechnungslegungsrichtlinien im November 2003 veröffentlichte Rahmenkonzept abgedruckt. Den aktuellen Stand des Projekts zur Neuentwicklung des Rahmenkonzepts können Sie auf der Webseite des IASB einsehen (http://www.ifrs.org/Current-Projects/IASB-Projects/Pages/IASB-Work-Plan.aspx).

Bitte beachten Sie bei der Arbeit mit der Textausgabe – wie bereits im Geleitwort angedeutet –, dass Sie mit einer synoptischen Gegenüberstellung der Rechnungslegungsnormen in **englischer und deutscher Sprache** arbeiten. Vielfach treten in der deutschen Übersetzung Unzulänglichkeiten im Vergleich zum englischen Originaltext auf. Im Zweifel gilt: Ziehen Sie den Originaltext der IFRS zur Lösung einer bilanziellen Frage heran!

Significance of the present publication

The present publication comprises the financial reporting standards of the IASB-endorsed and published by the European Union (EU). These are primarily the financial reporting standards (IASs/IFRSs) and financial reporting interpretations (SICs/IFRICs) endorsed by the EU. Their endorsement is based on a specific endorsement procedure. Both new and amended financial reporting standards and financial reporting interpretations must pass through this procedure before they come into effect at the EU level. In this way the EU avoids putting the process of developing financial reporting standards, and thus eventually financial reporting laws, into the hands of a private institution. It thus continues to retain legislative authority.

Let us have a closer look into this procedure, which now occupies an extremely important position in European financial reporting and constitutes the basis of this publication.

Within the EU endorsement mechanism for IASB financial reporting standards two decision-making levels must be distinguished: a technical level and a political level. At the technical level a group of experts, the European Financial Reporting Advisory Group (EFRAG) has been established. EFRAG has set itself the aim of representing European interests vis-a-vis the IASB and co-ordinating the work of national European financial reporting bodies. EFRAG also advises the European Commission on technical matters. EFRAG gathers the opinions of financial reporting interest groups (theory and practice) at the European level and proposes to the Commission, within two months of the issuance of a financial reporting standard by the IASB, the endorsement or rejection of that standard. The European Commission then submits the EFRAG proposal to the Accounting Regulatory Committee (ARC). The ARC is the regulatory committee for financial reporting. It constitutes the political level of the endorsement mechanism. On this committee, which is chaired by the European Commission, the European member states are represented. The ARC is responsible within the context of a simplified legislative process for Europe-wide acceptance of IASB financial reporting standards. If the standard is judged to conform to EU directives, it is released by the commission and presented to the European Parliament and the council of the European Union as a draft regulation.

This prevents the creation of an EU-specific IAS/IFRS if a financial reporting standard is either not adopted, or not adopted in the form issued by the IASB. Adopted IASB financial reporting standards are published in full as a Commission decree in all official languages in the Official Journal of the EU. You can also view the current status of the endorsement process at http://www.drsc.de/docs/standendorsement.pdf?b86b07933387b9140b7347cc707cc156.

The framework of the IASB has not been approved by the EU. Included in this publication is the framework as made available to the public by the European Union in November 2003 as an appendix to the commentary on the IAS regulation and accounting principles. The status of the framework project can be accessed on the web page of the IASB (http://www.ifrs.org/Current-Projects/IASB-Projects/Pages/IASB-Work-Plan.aspx).

Please note when working with this publication — as already mentioned in the foreword — that you are working with a synoptical parallel presentation of the financial reporting standards in **German and in English.** Many inadequacies appear in the German translation when it is compared with the original English text. In case of doubt the original IASB text should be consulted when answering accounting questions!

Rahmenkonzept/Framework

International Accounting Standards

International Financial Reporting Standards

International Financial Reporting Interpretations
Committee
Interpretationen/Interpretations

Standing Interpretations Committee
Interpretationen/Interpretations

RAHMENKONZEPT FÜR DIE AUFSTELLUNG
UND DARSTELLUNG VON ABSCHLÜSSEN

in der von der Kommission der Europäischen Gemeinschaften im November 2003 veröffentlichten Fassung.

Im April 1989 wurde vom Board die Veröffentlichung des IASC Rahmenkonzepts im Juli 1989 genehmigt; seine Annahme durch den IASB erfolgte im April 2001.

INHALT

FRAMEWORK FOR THE PREPARATION AND PRESENTATION OF FINANCIAL STATEMENTS

as published by the Commission of the European Communities in November 2003.

The IASB Framework was approved by the IASC Board in April 1989 for publication in July 1989, and adopted by the IASB in April 2001.

Contents

VORWORT

Weltweit werden von vielen Unternehmen Abschlüsse für externe Adressaten aufgestellt und dargestellt. Obwohl solche Abschlüsse von Land zu Land Ähnlichkeiten aufweisen, bestehen auch Unterschiede, die vermutlich auf einer Vielzahl von sozialen, wirtschaftlichen und rechtlichen Umständen sowie darauf beruhen, dass die einzelnen Länder bei der Festlegung nationaler Vorschriften die Bedürfnisse der verschiedenen Abschlussadressaten berücksichtigt haben.

Diese unterschiedlichen Gegebenheiten haben zur Verwendung verschiedener Definitionen für die Abschlussposten geführt, beispielsweise für die Termini Vermögenswerte, Schulden, Eigenkapital, Erträge und Aufwendungen. Sie haben ferner zur Verwendung unterschiedlicher Kriterien für die Darstellung von Sachverhalten im Abschluss sowie zu unterschiedlichen Bewertungsgrundlagen geführt. Auch der Anwendungsbereich der Abschlüsse sowie die darin aufgeführten Angaben waren davon betroffen.

Das International Accounting Standards Committee (IASC) ist bestrebt, diese Unterschiede durch Harmonisierung der Vorschriften, Rechnungslegungsstandards und Verfahren hinsichtlich der Aufstellung und Darstellung von Abschlüssen zu verringern. Es ist der Ansicht, dass eine weitere Harmonisierung am besten dadurch erreicht werden kann, dass man sich auf die Abschlüsse konzentriert, deren Aufstellung zum Ziel hat, nützliche Informationen für wirtschaftliche Entscheidungen zu liefern.

Der Board des IASC ist überzeugt, dass die zu diesem Zweck aufgestellten Abschlüsse den gemeinsamen Bedürfnissen der meisten Adressaten gerecht werden. Dies ist darauf zurückzuführen, dass fast alle Adressaten wirtschaftliche Entscheidungen treffen, beispielsweise, um:

(a) zu entscheiden, wann ein Kapitalanteil zu kaufen, zu halten oder zu verkaufen ist;
(b) die Handlungen oder die Verantwortlichkeit des Managements zu beurteilen;
(c) die Fähigkeit des Unternehmens zu beurteilen, seine Arbeitnehmer zu entlohnen und ihnen weitere Vergünstigungen zu bieten;
(d) die Sicherheit der dem Unternehmen geliehenen Beträge zu beurteilen;
(e) die Festlegung der Steuerpolitik;
(f) ausschüttbare Gewinne und Dividenden zu bestimmen;
(g) Statistiken über das Volkseinkommen aufzustellen und zu nutzen; oder
(h) die Tätigkeiten von Unternehmen zu reglementieren.

Der Board erkennt allerdings an, dass insbesondere Regierungen andere oder zusätzliche Anforderungen für eigene Zwecke formulieren können. Doch diese Anforderungen dürfen die zum Nutzen der anderen Adressaten veröffentlichten Abschlüsse nicht beeinträchtigen, es sei denn, dass sie ebenfalls den Bedürfnissen dieser anderen Adressaten entsprechen.

Abschlüsse werden in der Regel gemäß einem Rechnungslegungsmodell auf der Grundlage historischer Anschaffungs- oder Herstellungskosten und dem Konzept der nominalen Kapitalerhaltung aufgestellt. Andere Modelle und Konzepte können unter der Zielsetzung, nützliche Informationen für wirtschaftliche Entscheidungen bereitzustellen, angemessener sein. Gleichwohl besteht derzeit kein Einvernehmen über eine Änderung. Das vorliegende Rahmenkonzept wurde so entwickelt, dass es sich auf eine Reihe verschiedener Rechnungslegungsmodelle sowie Kapital- und Kapitalerhaltungskonzepte anwenden lässt.

EINFÜHRUNG

Zweck und Status

1 Dieses Rahmenkonzept legt die Konzeptionen dar, die der Aufstellung und Darstellung von Abschlüssen für externe Adressaten zugrunde liegen. Das Rahmenkonzept verfolgt die nachfolgenden Zwecke:

(a) Unterstützung des Board des IASC bei der Entwicklung zukünftiger International Accounting Standards sowie bei der Überprüfung bereits bestehender International Accounting Standards;
(b) Unterstützung des Board des IASC bei der Förderung der Harmonisierung von Vorschriften, Rechnungslegungsstandards und Verfahren hinsichtlich der Darstellung von Abschlüssen, indem eine Grundlage für die Reduzierung der Anzahl alternativer Bilanzierungsmethoden, die nach den International Accounting Standards zulässig sind, geschaffen wird;
(c) Unterstützung der nationalen Standardsetter bei der Entwicklung nationaler Standards;
(d) Unterstützung der mit der Aufstellung von Abschlüssen befassten Personen bei der Anwendung der International Accounting Standards sowie bei der Behandlung von Themen, die noch Gegenstand eines International Accounting Standard sein werden;
(e) Unterstützung von Abschlussprüfern bei der Urteilsfindung, ob Abschlüsse den International Accounting Standards entsprechen;
(f) Unterstützung der Abschlussadressaten bei der Interpretation der Informationen aus den Abschlüssen, die gemäß den International Accounting Standards aufgestellt wurden; und
(g) Bereitstellung von Informationen über das Vorgehen bei der Formulierung der International Accounting Standards für die Personen, die sich für die Arbeit des IASC interessieren.

PREFACE

Financial statements are prepared and presented for external users by many enterprises around the world. Although such financial statements may appear similar from country to country, there are differences which have probably been caused by a variety of social, economic and legal circumstances and by different countries having in mind the needs of different users of financial statements when setting national requirements.

These different circumstances have led to the use of a variety of definitions of the elements of financial statements; that is, for example, assets, liabilities, equity, income and expenses. They have also resulted in the use of different criteria for the recognition of items in the financial statements and in a preference for different bases of measurement. The scope of the financial statements and the disclosures made in them have also been affected.

The International Accounting Standards Committee (IASC) is committed to narrowing these differences by seeking to harmonise regulations, accounting standards and procedures relating to the preparation and presentation of financial statements. It believes that further harmonisation can best be pursued by focusing on financial statements that are prepared for the purpose of providing information that is useful in making economic decisions.

The Board of IASC believes that financial statements prepared for this purpose meet the common needs of most users. This is because nearly all users are making economic decisions, for example, to:
(a)   decide when to buy, hold or sell an equity investment;
(b)   assess the stewardship or accountability of management;
(c)   assess the ability of the enterprise to pay and provide other benefits to its employees;
(d)   assess the security for amounts lent to the enterprise;
(e)   determine taxation policies;
(f)   determine distributable profits and dividends;
(g)   prepare and use national income statistics; or
(h)   regulate the activities of enterprises.

The Board recognises, however, that governments, in particular, may specify different or additional requirements for their own purposes. These requirements should not, however, affect financial statements published for the benefit of other users unless they also meet the needs of those other users.

Financial statements are most commonly prepared in accordance with an accounting model based on recoverable historical cost and the nominal financial capital maintenance concept. Other models and concepts may be more appropriate in order to meet the objective of providing information that is useful for making economic decisions although there is presently no consensus for change. This Framework has been developed so that it is applicable to a range of accounting models and concepts of capital and capital maintenance.

INTRODUCTION

Purpose and Status

This Framework sets out the concepts that underlie the preparation and presentation of financial statements for external **1** users. The purpose of the Framework is to:
(a)   assist the Board of IASC in the development of future International Accounting Standards and in its review of existing International Accounting Standards;
(b)   assist the Board of IASC in promoting harmonisation of regulations, accounting standards and procedures relating to the presentation of financial statements by providing a basis for reducing the number of alternative accounting treatments permitted by International Accounting Standards;
(c)   assist national standard-setting bodies in developing national standards;
(d)   assist preparers of financial statements in applying International Accounting Standards and in dealing with topics that have yet to form the subject of an International Accounting Standard;
(e)   assist auditors in forming an opinion as to whether financial statements conform with International Accounting Standards;
(f)   assist users of financial statements in interpreting the information contained in financial statements prepared in conformity with International Accounting Standards; and
(g)   provide those who are interested in the work of IASC with information about its approach to the formulation of International Accounting Standards.

2 Dieses Rahmenkonzept ist kein International Accounting Standard und definiert damit keine Grundsätze für bestimmte Fragen der Bewertung oder von Angaben. Keine Passage aus diesem Rahmenkonzept geht einem International Accounting Standard vor.

3 Der Board des IASC erkennt an, dass in einer begrenzten Anzahl von Fällen Konflikte zwischen dem Rahmenkonzept und einem International Accounting Standard bestehen können. In diesen Fällen, in denen ein Konflikt besteht, haben die Anforderungen aus dem International Accounting Standard Vorrang vor denjenigen aus dem Rahmenkonzept. Da sich aber der Board des IASC bei der Ausarbeitung künftiger Standards sowie bei der Überprüfung bereits bestehender Standards an dem Rahmenkonzept orientiert, wird sich die Zahl der Konfliktpunkte zwischen diesem Rahmenkonzept und den International Accounting Standards mit der Zeit verringern.

4 Der Board wird das Rahmenkonzept regelmäßig auf der Grundlage der damit gemachten Erfahrungen überarbeiten.

Anwendungsbereich

5 Das Rahmenkonzept beschäftigt sich mit folgenden Punkten:
(a) der Zielsetzung von Abschlüssen;
(b) den qualitativen Anforderungen, die den Nutzen der im Abschluss enthaltenen Informationen bestimmen;
(c) der Definition, Ansatz und Bewertung der Abschlussposten, aus denen der Abschluss besteht; und
(d) Kapital- und Kapitalerhaltungskonzepten.

6 Das Rahmenkonzept befasst sich mit Abschlüssen für allgemeine Zwecke (nachstehend „Abschlüsse" genannt) einschließlich der Konzernabschlüsse. Solche Abschlüsse werden mindestens einmal jährlich aufgestellt und publiziert und richten sich nach den gemeinsamen Informationsbedürfnissen eines weiten Adressatenkreises. Einige Adressaten können Informationen benötigen, die nicht im Abschluss enthalten sind, haben aber eventuell Einfluss, diese Informationen zu erhalten. Viele Adressaten hingegen müssen sich auf die Abschlüsse als ihre Hauptquelle für Finanzinformationen verlassen, daher sind diese Abschlüsse unter Berücksichtigung ihrer Bedürfnisse aufzustellen und darzustellen. Finanzberichte für besondere Zwecke, beispielsweise Börsenprospekte und Berechnungen für steuerliche Zwecke, fallen nicht unter den Anwendungsbereich dieses Rahmenkonzeptes. Dennoch kann das Rahmenkonzept für die Erstellung solcher besonderen Berichte zugrundegelegt werden, wenn deren Anforderungen dies gestatten.

7 Abschlüsse sind Teil des Prozesses der Rechnungslegung. Ein vollständiger Abschluss umfasst im Regelfall eine Bilanz, eine Gewinn- und Verlustrechnung, eine Kapitalflussrechnung (hier sind verschiedene Darstellungsformen möglich, beispielsweise eine Darstellung der Barmittelzu- und abflüsse oder eine Darstellung (sonstiger) Mittelzu- und abflüsse) sowie den Anhang und weitere Aufstellungen und Erläuterungen, die integraler Bestandteil des Abschlusses sind. Ferner kann er ergänzende Übersichten und Informationen enthalten, die auf den Darstellungen beruhen oder daraus abgeleitet werden und von denen man erwartet, dass sie in Verbindung mit diesen gelesen werden. Diese Aufstellungen und ergänzenden Informationen können beispielsweise Finanzinformationen zu Geschäftsfeldern und geographischen Segmenten und Angaben zu Auswirkungen von Preisänderungen behandeln. Abschlüsse enthalten allerdings keine Elemente wie Berichte der Mitglieder des Geschäftsführungs- und/oder Aufsichtsorgans oder dessen Vorsitzender, Analysen des Managements oder ähnliche Bestandteile, die in einem Geschäftsbericht enthalten sein können.

8 Das Rahmenkonzept gilt für die Abschlüsse aller privaten und öffentlichen Handels-, Industrie- und Dienstleistungsunternehmen, die Bericht erstatten. Ein berichterstattendes Unternehmen ist ein Unternehmen, das Adressaten hat, die sich auf die Abschlüsse als ihre wichtigste Quelle für Finanzinformationen über das Unternehmen verlassen.

Adressaten und ihre Informationsbedürfnisse

9 Zu den Abschlussadressaten gehören derzeitige und potenzielle Investoren, Arbeitnehmer, Kreditgeber, Lieferanten und weitere Kreditoren, Kunden, Regierungen sowie deren Institutionen und die Öffentlichkeit. Sie verwenden die Abschlüsse, um einige ihrer unterschiedlichen Informationsbedürfnisse zu befriedigen. Dazu gehören:
(a) *Investoren.* Die Bereitsteller von Risikokapital und ihre Berater sind mit den Risiken und Erträgen ihrer Investitionen befasst. Sie benötigen Informationen, um besser beurteilen zu können, ob sie kaufen, halten oder veräußern sollen. Auch Aktionäre sind interessiert an Informationen, mit denen sie die Fähigkeit des Unternehmens zur Dividendenausschüttung beurteilen können.
(b) *Arbeitnehmer.* Arbeitnehmer und ihre Vertretungen sind interessiert an Informationen über die Stabilität und Rentabilität ihrer Arbeitgeber. Ferner sind sie interessiert an Informationen, anhand derer sie die Fähigkeit des Unternehmens zur Zahlung von Löhnen und Gehältern, Altersversorgungsleistungen und zur Bereitstellung von Arbeitsplätzen beurteilen können.
(c) *Kreditgeber.* Kreditgeber sind interessiert an Informationen, mit denen sie beurteilen können, ob ihre Darlehen und die damit verbundenen Zinsen bei Fälligkeit gezahlt werden.

This Framework is not an International Accounting Standard and hence does not define standards for any particular **2** measurement or disclosure issue. Nothing in this Framework overrides any specific International Accounting Standard.

The Board of IASC recognises that in a limited number of cases there may be a conflict between the Framework and an **3** International Accounting Standard. In those cases where there is a conflict, the requirements of the International Accounting Standard prevail over those of the Framework. As, however, the Board of IASC will be guided by the Framework in the development of future Standards and in its review of existing Standards, the number of cases of conflict between the Framework and International Accounting Standards will diminish through time.

The Framework will be revised from time to time on the basis of the Board's experience of working with it.   **4**

Scope

The Framework deals with: **5**
(a)   the objective of financial statements;
(b)   the qualitative characteristics that determine the usefulness of information in financial statements;
(c)   the definition, recognition and measurement of the elements from which financial statements are constructed; and
(d)   concepts of capital and capital maintenance.

The Framework is concerned with general purpose financial statements (hereafter referred to as "financial statements") **6** including consolidated financial statements. Such financial statements are prepared and presented at least annually and are directed toward the common information needs of a wide range of users. Some of these users may require, and have the power to obtain, information in addition to that contained in the financial statements. Many users, however, have to rely on the financial statements as their major source of financial information and such financial statements should, therefore, be prepared and presented with their needs in view. Special purpose financial reports, for example, prospectuses and computations prepared for taxation purposes, are outside the scope of this Framework. Nevertheless, the Framework may be applied in the preparation of such special purpose reports where their requirements permit.

Financial statements form part of the process of financial reporting. A complete set of financial statements normally **7** includes a balance sheet, an income statement, a statement of changes in financial position (which may be presented in a variety of ways, for example, as a statement of cash flows or a statement of funds flow), and those notes and other statements and explanatory material that are an integral part of the financial statements. They may also include supplementary schedules and information based on or derived from, and expected to be read with, such statements. Such schedules and supplementary information may deal, for example, with financial information about industrial and geographical segments and disclosures about the effects of changing prices. Financial statements do not, however, include such items as reports by directors, statements by the chairman, discussion and analysis by management and similar items that may be included in a financial or annual report.

The Framework applies to the financial statements of all commercial, industrial and business reporting enterprises, **8** whether in the public or the private sectors. A reporting enterprise is an enterprise for which there are users who rely on the financial statements as their major source of financial information about the enterprise.

Users and Their Information Needs

The users of financial statements include present and potential investors, employees, lenders, suppliers and other trade **9** creditors, customers, governments and their agencies and the public. They use financial statements in order to satisfy some of their different needs for information. These needs include the following:
(a)   *Investors.* The providers of risk capital and their advisers are concerned with the risk inherent in, and return provided by, their investments. They need information to help them determine whether they should buy, hold or sell. Shareholders are also interested in information which enables them to assess the ability of the enterprise to pay dividends.
(b)   *Employees.* Employees and their representative groups are interested in information about the stability and profitability of their employers. They are also interested in information which enables them to assess the ability of the enterprise to provide remuneration, retirement benefits and employment opportunities.
(c)   *Lenders.* Lenders are interested in information that enables them to determine whether their loans, and the interest attaching to them, will be paid when due.

(d) *Lieferanten und andere Gläubiger.* Lieferanten und andere Gläubiger sind interessiert an Informationen, mit denen sie beurteilen können, ob die ihnen geschuldeten Beträge bei Fälligkeit gezahlt werden. Andere Gläubiger sind in der Regel kurzfristiger an einem Unternehmen interessiert als Gläubiger, sofern sie nicht von der Weiterführung des Unternehmens als wichtigem Kunden abhängen.

(e) *Kunden.* Kunden sind an Informationen über die Fortführung eines Unternehmens interessiert, vor allem dann, wenn sie eine langfristige Geschäftsbeziehung zu dem Unternehmen haben oder von diesem abhängen.

(f) *Regierungen und ihre Institutionen.* Regierungen und ihre Institutionen sind an der Zuteilung von Ressourcen und demnach an den Tätigkeiten des Unternehmens interessiert. Sie benötigen auch Informationen, um die Tätigkeiten der Unternehmen zu regulieren sowie die Steuerpolitik festzulegen, und sie benötigen Informationen als Grundlage für die Ermittlung des Volkseinkommens u. ä. Statistiken.

(g) *Öffentlichkeit.* Die Unternehmen können Mitglieder der Öffentlichkeit in vielerlei Hinsicht betreffen. So können Unternehmen beispielsweise in unterschiedlichster Form einen erheblichen Beitrag zur lokalen Wirtschaft leisten, dazu zählen auch die Anzahl der Beschäftigten des Unternehmens und ihre Unterstützung der lokalen Lieferanten. Abschlüsse können die Öffentlichkeit unterstützen, indem sie Informationen über die Tendenzen und jüngsten Entwicklungen der Prosperität des Unternehmens sowie über seine Tätigkeitsbereiche geben.

10   Obwohl die Abschlüsse nicht alle Informationsbedürfnisse dieser Adressaten erfüllen können, gibt es Bedürfnisse, die allen Adressaten gemein sind. Da Investoren dem Unternehmen Risikokapital zur Verfügung stellen, werden die Angaben aus den Abschlüssen, die ihrem Informationsbedarf entsprechen, auch den Informationsbedürfnissen der meisten anderen Adressaten entsprechen, die ein Abschluss erfüllen kann.

11   Das Management trägt die Hauptverantwortung für die Aufstellung und Darstellung des Abschlusses eines Unternehmens. Es ist ebenfalls an den im Abschluss enthaltenen Informationen interessiert, obwohl es Zugang zu weiteren Management- und Finanzinformationen hat, mit denen es seine Planungen und seine Entscheidungsfindung besser vornehmen und seiner Kontrollverantwortung besser nachkommen kann. Das Management kann Form und Inhalt solcher zusätzlichen Informationen festlegen, um seinen eigenen Bedürfnissen Rechnung zu tragen. Die Bereitstellung solcher Informationen fällt jedoch nicht unter den Anwendungsbereich dieses Rahmenkonzeptes. Doch die veröffentlichten Abschlüsse basieren auf den vom Management verwendeten Informationen über die Vermögens-, Finanz- und Ertragslage sowie Veränderungen in der Vermögens- und Finanzlage des Unternehmens.

DIE ZIELSETZUNG VON ABSCHLÜSSEN

12   Zielsetzung von Abschlüssen ist es, Informationen über die Vermögens-, Finanz- und Ertragslage sowie Veränderungen in der Vermögens- und Finanzlage eines Unternehmens zu geben, die für einen weiten Adressatenkreis bei dessen wirtschaftlichen Entscheidungen nützlich sind.

13   Die zu diesem Zweck aufgestellten Abschlüsse erfüllen die gemeinsamen Bedürfnisse der meisten Adressaten. Die Abschlüsse erfüllen jedoch nicht alle Informationen, die die Adressaten gegebenenfalls für ihre wirtschaftlichen Entscheidungen benötigen, da sie vor allem die wirtschaftlichen Auswirkungen der Ereignisse der Vergangenheit zeigen und nicht notwendigerweise auch andere Informationen als Finanzinformationen wiedergeben.

14   Abschlüsse zeigen auch die Ergebnisse der Führung des Unternehmens durch das Management und dessen Verantwortlichkeit für das ihm anvertraute Vermögen. Die Adressaten, die die Qualität oder die Effizienz des Managements beurteilen möchten, tun dies, um wirtschaftliche Entscheidungen zu treffen. Dazu gehört die Entscheidung, die Anteile an dem Unternehmen zu halten oder zu veräußern, sowie die Entscheidung, die Unternehmensleitung zu bestätigen oder zu ersetzen.

Vermögens-, Finanz- und Ertragslage sowie Veränderungen in der Vermögens- und Finanzlage

15   Die von den Abschlussadressaten getroffenen wirtschaftlichen Entscheidungen erfordern eine Beurteilung der Fähigkeit des Unternehmens, Zahlungsmittel und Zahlungsmitteläquivalente zu erwirtschaften, ferner des Zeitpunktes und der Wahrscheinlichkeit ihres Entstehens. Hiernach bestimmt sich letztendlich etwa die Fähigkeit eines Unternehmens, seine Beschäftigten und Lieferanten zu bezahlen, Zinsverpflichtungen einzuhalten, Darlehen zurückzuzahlen und Ausschüttungen an seine Eigentümer vorzunehmen. Die Adressaten können diese Fähigkeit zur Erwirtschaftung von Zahlungsmitteln und Zahlungsmitteläquivalenten besser beurteilen, wenn sie Informationen erhalten, die sich auf die Vermögens-, Finanz- und Ertragslage sowie auf Veränderungen in der Vermögens- und Finanzlage eines Unternehmens konzentrieren.

16   Die Vermögens- und Finanzlage eines Unternehmens wird von den wirtschaftlichen Ressourcen bestimmt, über die ein Unternehmen die Verfügungsmacht besitzt, seiner Vermögens- und Finanzstruktur, seiner Liquidität und Solvenz sowie seiner Anpassungsfähigkeit an Veränderungen in seinem Tätigkeitsumfeld. Informationen über die in der Verfügungsmacht des Unternehmens stehenden wirtschaftlichen Ressourcen und seine Fähigkeit in der Vergangenheit, den Ressourcenbestand zu ändern, sind nützlich, um die Fähigkeit des Unternehmens zur zukünftigen Erwirtschaftung von Zahlungsmitteln und Zahlungsmitteläquivalenten zu prognostizieren. Informationen über die Vermögens- und Finanzstruktur

(d) *Suppliers and other trade creditors.* Suppliers and other creditors are interested in information that enables them to determine whether amounts owing to them will be paid when due. Trade creditors are likely to be interested in an enterprise over a shorter period than lenders unless they are dependent upon the continuation of the enterprise as a major customer.

(e) *Customers.* Customers have an interest in information about the continuance of an enterprise, especially when they have a long-term involvement with, or are dependent on, the enterprise.

(f) *Governments and their agencies.* Governments and their agencies are interested in the allocation of resources and, therefore, the activities of enterprises. They also require information in order to regulate the activities of enterprises, determine taxation policies and as the basis for national income and similar statistics.

(g) *Public.* Enterprises affect members of the public in a variety of ways. For example, enterprises may make a substantial contribution to the local economy in many ways including the number of people they employ and their patronage of local suppliers. Financial statements may assist the public by providing information about the trends and recent developments in the prosperity of the enterprise and the range of its activities.

While all of the information needs of these users cannot be met by financial statements, there are needs which are common to all users. As investors are providers of risk capital to the enterprise, the provision of financial statements that meet their needs will also meet most of the needs of other users that financial statements can satisfy. **10**

The management of an enterprise has the primary responsibility for the preparation and presentation of the financial statements of the enterprise. Management is also interested in the information contained in the financial statements even though it has access to additional management and financial information that helps it carry out its planning, decision-making and control responsibilities. Management has the ability to determine the form and content of such additional information in order to meet its own needs. The reporting of such information, however, is beyond the scope of this Framework. Nevertheless, published financial statements are based on the information used by management about the financial position, performance and changes in financial position of the enterprise. **11**

THE OBJECTIVES OF FINANCIAL STATEMENTS

The objective of financial statements is to provide information about the financial position, performance and changes in financial position of an enterprise that is useful to a wide range of users in making economic decisions. **12**

Financial statements prepared for this purpose meet the common needs of most users. However, financial statements do not provide all the information that users may need to make economic decisions since they largely portray the financial effects of past events and do not necessarily provide non-financial information. **13**

Financial statements also show the results of the stewardship of management, or the accountability of management for the resources entrusted to it. Those users who wish to assess the stewardship or accountability of management do so in order that they may make economic decisions; these decisions may include, for example, whether to hold or sell their investment in the enterprise or whether to reappoint or replace the management. **14**

Financial Position, Performance and Changes in Financial Position

The economic decisions that are taken by users of financial statements require an evaluation of the ability of an enterprise to generate cash and cash equivalents and of the timing and certainty of their generation. This ability ultimately determines, for example, the capacity of an enterprise to pay its employees and suppliers, meet interest payments, repay loans and make distributions to its owners. Users are better able to evaluate this ability to generate cash and cash equivalents if they are provided with information that focuses on the financial position, performance and changes in financial position of an enterprise. **15**

The financial position of an enterprise is affected by the economic resources it controls, its financial structure, its liquidity and solvency, and its capacity to adapt to changes in the environment in which it operates. Information about the economic resources controlled by the enterprise and its capacity in the past to modify these resources is useful in predicting the ability of the enterprise to generate cash and cash equivalents in the future. Information about financial structure is useful in predicting future borrowing needs and how future profits and cash flows will be distributed among those with an interest in the enterprise; it is also useful in predicting how successful the enterprise is likely to be in raising further **16**

sind hilfreich bei der Beurteilung, wie viel Fremdkapital in der Zukunft benötigt wird und wie zukünftige Gewinne und Mittelzuflüsse unter denjenigen verteilt werden, die am Unternehmen beteiligt sind. Sie sind auch nützlich, um vorhersagen zu können, wie erfolgreich das Unternehmen voraussichtlich bei der Aufbringung weiterer Finanzmittel sein wird. Informationen über Liquidität und Solvenz helfen bei der Prognose, inwieweit das Unternehmen fähig sein wird, seinen finanziellen Verpflichtungen bei deren Fälligkeit nachzukommen. Liquidität bezieht sich auf die Verfügbarkeit von Zahlungsmitteln in der nahen Zukunft, nachdem die finanziellen Verpflichtungen für diesen Zeitraum berücksichtigt worden sind. Solvenz bezieht sich auf die langfristige Verfügbarkeit flüssiger Mittel zur Erfüllung finanzieller Verpflichtungen bei deren Fälligkeit.

17 Informationen über die Ertragskraft und insbesondere die Rentabilität eines Unternehmens sind für die Beurteilung potenzieller Veränderungen der wirtschaftlichen Ressourcen, über die das Unternehmen voraussichtlich in Zukunft die Verfügungsmacht besitzen wird, erforderlich. In dieser Hinsicht sind Informationen über die Schwankungen der Ertragskraft wichtig. Informationen über die Ertragskraft dienen der Vorhersage über die Fähigkeit des Unternehmens, Zahlungsmittel aus seiner bestehenden Ressourcengrundlage zu erwirtschaften. Mit ihnen kann auch beurteilt werden, wie wirksam das Unternehmen zusätzliche Ressourcen einsetzen könnte.

18 Informationen hinsichtlich der Veränderungen in der Vermögens- und Finanzlage eines Unternehmens helfen bei der Beurteilung seiner Investitions-, Finanzierungs- und betrieblichen Tätigkeiten während der Berichtsperiode. Diese Informationen bieten dem Adressaten eine Grundlage für die Beurteilung der Fähigkeit des Unternehmens zur Erwirtschaftung von Zahlungsmitteln und Zahlungsmitteläquivalenten sowie des Bedarfes des Unternehmens, diese Cashflows zu nutzen. Bei der Erstellung der Kapitalflussrechnung können die Fonds auf verschiedene Weise definiert werden, beispielsweise als Gesamtheit der finanziellen Ressourcen, Nettoumlaufvermögen, liquide Mittel oder Zahlungsmittel. In diesem Rahmenkonzept soll keine Definition von Fonds vorgegeben werden.

19 Informationen über die Vermögens- und Finanzlage werden in erster Linie über die Bilanz bereitgestellt. Informationen zur Ertragskraft werden in erster Linie über die Gewinn- und Verlustrechnung bereitgestellt. Informationen über Veränderungen in der Vermögens- und Finanzlage werden in den Abschlüssen in Form einer gesonderten Aufstellung bereitgestellt.

20 Die Bestandteile des Abschlusses stehen miteinander in Verbindung, da sie unterschiedliche Aspekte derselben Transaktionen oder anderer Ereignisse widerspiegeln. Obwohl jede Aufstellung Informationen enthält, die sich von denjenigen aus den anderen Aufstellungen unterscheiden, verfolgt keine nur einen einzigen Zweck oder liefert alle Informationen für einen spezifischen Bedarf der Adressaten. Eine Gewinn- und Verlustrechnung zeichnet beispielsweise nur ein unvollständiges Bild der Ertragskraft, wenn sie nicht in Verbindung mit der Bilanz und der Kapitalflussrechnung verwendet wird.

Anhang und ergänzende Übersichten

21 Der Abschluss enthält auch einen Anhang, ergänzende Übersichten und weitere Informationen. Er kann beispielsweise zusätzliche Angaben umfassen, die für das Informationsbedürfnis der Adressaten hinsichtlich der Posten in der Bilanz und der Gewinn- und Verlustrechnung relevant sind. Er kann Angaben über Risiken und Unsicherheiten enthalten, die das Unternehmen und seine Ressourcen betreffen (beispielsweise Bodenschätze), ferner Verpflichtungen, die in der Bilanz nicht erfasst sind. Informationen zu Geschäftssegmenten und geographischen Segmenten sowie die Auswirkungen von Preisänderungen auf das Unternehmen können ebenfalls in Form von ergänzenden Angaben gegeben werden.

ZU GRUNDE LIEGENDE ANNAHMEN

Periodenabgrenzung

22 Damit die Abschlüsse ihren Zielen gerecht werden, werden sie nach dem Konzept der Periodenabgrenzung aufgestellt. Gemäß diesem Konzept werden die Auswirkungen von Geschäftsvorfällen und anderen Ereignissen erfasst, wenn sie auftreten (und nicht wenn ein Zahlungsmittel oder ein Zahlungsmitteläquivalent eingeht oder bezahlt wird). Sie werden in der Periode in der Buchhaltung erfasst und im Abschluss der Periode ausgewiesen, der sie zuzurechnen sind. Abschlüsse, die nach dem Konzept der Periodenabgrenzung erstellt sind, bieten den Adressaten nicht nur Informationen über vergangene Geschäftsvorfälle einschließlich geleisteter und erhaltener Zahlungen, sondern sie informieren auch über künftige Zahlungsverpflichtungen sowie Ressourcen, die in der Zukunft zu Zahlungsmittelzuflüssen führen. Somit liefern sie die Art von Informationen über zurückliegende Geschäftsvorfälle und andere Ereignisse, die für die Adressaten bei deren wirtschaftlichen Entscheidungen besonders nützlich sind.

Unternehmensfortführung

23 Bei der Aufstellung von Abschlüssen wird im Regelfall von der Annahme der Unternehmensfortführung für den absehbaren Zeitraum ausgegangen. Daher wird angenommen, dass das Unternehmen weder die Absicht hat noch gezwungen ist, seine Tätigkeiten einzustellen oder deren Umfang wesentlich einzuschränken. Besteht eine derartige Absicht oder Notwendigkeit, so muss der Abschluss ggf. auf einer anderen Grundlage erstellt werden, die dann anzugeben ist.

finance. Information about liquidity and solvency is useful in predicting the ability of the enterprise to meet its financial commitments as they fall due. Liquidity refers to the availability of cash in the near future after taking account of financial commitments over this period. Solvency refers to the availability of cash over the longer term to meet financial commitments as they fall due.

Information about the performance of an enterprise, in particular its profitability, is required in order to assess potential 17 changes in the economic resources that it is likely to control in the future. Information about variability of performance is important in this respect. Information about performance is useful in predicting the capacity of the enterprise to generate cash flows from its existing resource base. It is also useful in forming judgements about the effectiveness with which the enterprise might employ additional resources.

Information concerning changes in the financial position of an enterprise is useful in order to assess its investing, finan- 18 cing and operating activities during the reporting period. This information is useful in providing the user with a basis to assess the ability of the enterprise to generate cash and cash equivalents and the needs of the enterprise to utilise those cash flows. In constructing a statement of changes in financial position, funds can be defined in various ways, such as all financial resources, working capital, liquid assets or cash. No attempt is made in this Framework to specify a definition of funds.

Information about financial position is primarily provided in a balance sheet. Information about performance is primarily 19 provided in an income statement. Information about changes in financial position is provided in the financial statements by means of a separate statement.

The component parts of the financial statements interrelate because they reflect different aspects of the same transactions 20 or other events. Although each statement provides information that is different from the others, none is likely to serve only a single purpose or provide all the information necessary for particular needs of users. For example, an income statement provides an incomplete picture of performance unless it is used in conjunction with the balance sheet and the statement of changes in financial position.

Notes and Supplementary Schedules

The financial statements also contain notes and supplementary schedules and other information. For example, they may 21 contain additional information that is relevant to the needs of users about the items in the balance sheet and income statement. They may include disclosures about the risks and uncertainties affecting the enterprise and any resources and obligations not recognised in the balance sheet (such as mineral reserves). Information about geographical and industry segments and the effect on the enterprise of changing prices may also be provided in the form of supplementary information.

UNDERLAYING ASSUMPTIONS

Accrual Basis

In order to meet their objectives, financial statements are prepared on the accrual basis of accounting. Under this basis, 22 the effects of transactions and other events are recognised when they occur (and not as cash or its equivalent is received or paid) and they are recorded in the accounting records and reported in the financial statements of the periods to which they relate. Financial statements prepared on the accrual basis inform users not only of past transactions involving the payment and receipt of cash but also of obligations to pay cash in the future and of resources that represent cash to be received in the future. Hence, they provide the type of information about past transactions and other events that is most useful to users in making economic decisions.

Going Concern

The financial statements are normally prepared on the assumption that an enterprise is a going concern and will continue 23 in operation for the foreseeable future. Hence, it is assumed that the enterprise has neither the intention nor the need to liquidate or curtail materially the scale of its operations; if such an intention or need exists, the financial statements may have to be prepared on a different basis and, if so, the basis used is disclosed.

QUALITATIVE ANFORDERUNGEN AN DEN ABSCHLUSS

24 Als qualitative Anforderungen gelten die Merkmale, durch welche die im Abschluss erteilten Informationen für die Adressaten nützlich werden. Die vier wichtigsten qualitativen Anforderungen sind Verständlichkeit, Relevanz, Verlässlichkeit und Vergleichbarkeit.

Verständlichkeit

25 Es ist für die Qualität der im Abschluss erteilten Informationen wesentlich, dass diese für die Adressaten leicht verständlich sind. Zu diesem Zweck wird bei den Adressaten vorausgesetzt, dass sie eine angemessene Kenntnis geschäftlicher und wirtschaftlicher Tätigkeiten und der Rechnungslegung sowie die Bereitschaft besitzen, die Informationen mit entsprechender Sorgfalt zu lesen. Informationen zu komplexen Themen, die auf Grund ihrer Relevanz für wirtschaftliche Entscheidungen der Adressaten im Abschluss enthalten sein müssen, dürfen jedoch nicht allein deswegen weggelassen werden, weil sie für bestimmte Adressaten zu schwer verständlich sein könnten.

Relevanz

26 Um nützlich zu sein, müssen die Informationen für die wirtschaftlichen Entscheidungen der Adressaten relevant sein. Informationen gelten dann als relevant, wenn sie die wirtschaftlichen Entscheidungen der Adressaten beeinflussen, indem sie ihnen bei der Beurteilung vergangener, derzeitiger oder zukünftiger Ereignisse helfen oder ihre Beurteilungen aus der Vergangenheit bestätigen oder korrigieren.

27 Die Aspekte der Prognose und der Bestätigung durch Informationen sind miteinander verknüpft. So sind beispielsweise Informationen über den derzeitigen Bestand und die Struktur des Besitzes von Vermögenswerten für die Adressaten relevant, etwa wenn sie sich bemühen, die Fähigkeit des Unternehmens zu prognostizieren, Chancen zu nutzen und auf ungünstige Situationen zu reagieren. Dieselben Informationen haben einen bestätigenden Charakter im Hinblick auf frühere Prognosen, beispielsweise zur Strukturierung des Unternehmens oder zum Resultat geplanter Tätigkeiten.

28 Informationen über die Vermögens-, Finanz- und Ertragslage in der Vergangenheit werden häufig als Grundlage für die Prognose der zukünftigen Vermögens-, Finanz- und Ertragslage sowie anderer Punkte verwendet, an denen die Adressaten direkt interessiert sind, beispielsweise die Zahlung von Dividenden, Löhnen und Gehältern, Kursveränderungen bei Wertpapieren und die Fähigkeit des Unternehmens, seinen Verpflichtungen bei Fälligkeit nachzukommen. Um für Prognosen verwendbar zu sein, müssen die Informationen nicht unbedingt in Form einer konkreten Prognoserechnung vorliegen. Allerdings wird die Möglichkeit, auf der Grundlage des Abschlusses Prognosen zu machen, durch die Darstellungsform der Informationen zu vergangenen Geschäftsvorfällen und Ereignissen beeinflusst. So besitzt beispielsweise die Gewinn- und Verlustrechnung einen höheren Wert für Voraussagen, wenn außergewöhnliche, ungewöhnliche und seltene Erträge und Aufwendungen separat angegeben werden.

Wesentlichkeit

29 Die Relevanz einer Information wird durch ihre Art und Wesentlichkeit bedingt. In einigen Fällen reicht allein die Art der Information für die Bestimmung ihrer Relevanz aus. So kann beispielsweise die Berichterstattung über ein neues Segment die Beurteilung der Risiken und Chancen für das Unternehmen beeinflussen, und zwar unabhängig von der Wesentlichkeit der vom neuen Segment in der Berichtsperiode erzielten Ergebnisse. In anderen Fällen sind sowohl Art als auch Wesentlichkeit von Bedeutung, beispielsweise bei Vorräten in jeder der Hauptkategorien, die für das Geschäft angemessen sind.

30 Informationen sind wesentlich, wenn ihr Weglassen oder ihre fehlerhafte Darstellung die auf der Basis des Abschlusses getroffenen wirtschaftlichen Entscheidungen der Adressaten beeinflussen könnten. Die Wesentlichkeit ist von der Größe des Postens oder des Fehlers abhängig, die sich nach den besonderen Umständen des Weglassens oder der fehlerhaften Darstellung ergibt. Somit ist die Wesentlichkeit eher eine Schwelle oder ein Grenzwert und weniger eine primäre qualitative Anforderung, die eine Information haben muss, um nützlich zu sein.

Verlässlichkeit

31 Um nützlich zu sein, müssen Informationen auch verlässlich sein. Informationen sind dann verlässlich, wenn sie keine wesentlichen Fehler enthalten und frei von verzerrenden Einflüssen sind und sich die Adressaten darauf verlassen können, dass sie glaubwürdig darstellen, was sie vorgeben darzustellen oder was vernünftigerweise inhaltlich von ihnen erwartet werden kann.

32 Informationen können zwar relevant, jedoch in ihrer Art oder Darstellung so unzuverlässig sein, dass ihr Ansatz möglicherweise irreführend ist. Sind beispielsweise Rechtsgültigkeit und Betrag eines Schadensersatzanspruches im Rahmen eines Gerichtsverfahrens strittig, kann es für das Unternehmen unangebracht sein, den vollen Betrag des Anspruches in der Bilanz anzusetzen. Gleichwohl kann es angebracht sein, den Betrag sowie die Umstände des Anspruches anzugeben.

QUALITATIVE CHARACTERISTICS OF FINANCIAL STATEMENTS

Qualitative characteristics are the attributes that make the information provided in financial statements useful to users. **24** The four principal qualitative characteristics are understandability, relevance, reliability and comparability.

Understandability

An essential quality of the information provided in financial statements is that it is readily understandable by users. For **25** this purpose, users are assumed to have a reasonable knowledge of business and economic activities and accounting and a willingness to study the information with reasonable diligence. However, information about complex matters that should be included in the financial statements because of its relevance to the economic decision-making needs of users should not be excluded merely on the grounds that it may be too difficult for certain users to understand.

Relevance

To be useful, information must be relevant to the decision-making needs of users. Information has the quality of relevance **26** when it influences the economic decisions of users by helping them evaluate past, present or future events or confirming, or correcting, their past evaluations.

The predictive and confirmatory roles of information are interrelated. For example, information about the current level **27** and structure of asset holdings has value to users when they endeavour to predict the ability of the enterprise to take advantage of opportunities and its ability to react to adverse situations. The same information plays a confirmatory role in respect of past predictions about, for example, the way in which the enterprise would be structured or the outcome of planned operations.

Information about financial position and past performance is frequently used as the basis for predicting future financial **28** position and performance and other matters in which users are directly interested, such as dividend and wage payments, security price movements and the ability of the enterprise to meet its commitments as they fall due. To have predictive value, information need not be in the form of an explicit forecast. The ability to make predictions from financial statements is enhanced, however, by the manner in which information on past transactions and events is displayed. For example, the predictive value of the income statement is enhanced if unusual, abnormal and infrequent items of income or expense are separately disclosed.

Materiality

The relevance of information is affected by its nature and materiality. In some cases, the nature of information alone is **29** sufficient to determine its relevance. For example, the reporting of a new segment may affect the assessment of the risks and opportunities facing the enterprise irrespective of the materiality of the results achieved by the new segment in the reporting period. In other cases, both the nature and materiality are important, for example, the amounts of inventories held in each of the main categories that are appropriate to the business.

Information is material if its omission or misstatement could influence the economic decisions of users taken on the basis **30** of the financial statements. Materiality depends on the size of the item or error judged in the particular circumstances of its omission or misstatement. Thus, materiality provides a threshold or cut-off point rather than being a primary qualitative characteristic which information must have if it is to be useful.

Reliability

To be useful, information must also be reliable. Information has the quality of reliability when it is free from material **31** error and bias and can be depended upon by users to represent faithfully that which it either purports to represent or could reasonably be expected to represent.

Information may be relevant but so unreliable in nature or representation that its recognition may be potentially mislead- **32** ing. For example, if the validity and amount of a claim for damages under a legal action are disputed, it may be inappropriate for the enterprise to recognise the full amount of the claim in the balance sheet, although it may be appropriate to disclose the amount and circumstances of the claim.

Glaubwürdige Darstellung

33 Um verlässlich zu sein, müssen Informationen die Geschäftsvorfälle und anderen Ereignisse glaubwürdig darstellen, die sie zum Inhalt haben oder die sie entweder vorgeben darzustellen oder von denen vernünftigerweise erwartet werden kann, dass sie sie darstellen. So hat beispielsweise eine Bilanz diejenigen Geschäftsvorfälle und Ereignisse glaubwürdig darzulegen, die bei einem Unternehmen am Abschlussstichtag zu Vermögenswerten, Schulden und Eigenkapital führen, die die Bedingungen für ihren Ansatz erfüllen.

34 Die meisten Finanzinformationen unterliegen dem Risiko, dass sie eine weniger glaubwürdige Darstellung dessen sind, was sie vorgeben darzustellen. Das ist nicht durch verzerrende Einflüsse bedingt, sondern vielmehr entweder den inhärenten Schwierigkeiten bei der Identifizierung der zu bewertenden Geschäftsvorfälle und anderen Ereignisse oder der Entwicklung und Anwendung von Bewertungs- und Darstellungstechniken zuzuschreiben, die diesen Geschäftsvorfällen und Ereignissen entsprechende Aussagen vermitteln können. In bestimmten Fällen kann die Bewertung der finanziellen Auswirkungen von Sachverhalten so ungewiss sein, dass die Unternehmen diese im Allgemeinen nicht in den Abschluss aufnehmen würden. Obwohl beispielsweise die meisten Unternehmen intern im Laufe der Zeit einen Geschäfts- oder Firmenwert erzeugen, ist es im Regelfall schwierig, diesen verlässlich zu bestimmen oder zu bewerten. In anderen Fällen kann es jedoch relevant sein, Sachverhalte zu erfassen und das mit ihrem Ansatz und ihrer Bewertung verbundene Fehlerrisiko anzugeben.

Wirtschaftliche Betrachtungsweise

35 Wenn die Informationen die Geschäftsvorfälle und anderen Ereignisse, die sie vorgeben darzustellen, glaubwürdig darstellen sollen, müssen sie gemäß ihrem tatsächlichen wirtschaftlichen Gehalt und nicht allein gemäß der rechtlichen Gestaltung bilanziert und dargestellt werden. Der wirtschaftliche Gehalt von Geschäftsvorfällen oder anderen Ereignissen stimmt nicht immer mit dem überein, was scheinbar aus ihrer rechtlichen Gestaltung oder Sachverhaltsgestaltung hervorgeht. Ein Unternehmen kann beispielsweise einen Vermögenswert an eine andere Partei so veräußern, dass das Eigentum formalrechtlich auf diese Partei übergeht. Es können Vereinbarungen bestehen, wonach dem Unternehmen der künftige wirtschaftliche Nutzen aus dem Vermögenswert weiterhin zukommt. Unter derartigen Umständen würde eine Berichterstattung über einen Verkauf den vorgenommenen Geschäftsvorfall nicht glaubwürdig darstellen (wenn tatsächlich eine Transaktion stattgefunden hat).

Neutralität

36 Damit die im Abschluss enthaltenen Informationen verlässlich sind, müssen sie neutral, also frei von verzerrenden Einflüssen sein. Abschlüsse sind nicht neutral, wenn sie durch Auswahl oder Darstellung der Informationen eine Entscheidung oder Beurteilung beeinflussen, um so ein vorher festgelegtes Resultat oder Ergebnis zu erzielen.

Vorsicht

37 Die mit der Aufstellung des Abschlusses befassten Personen müssen sich allerdings mit den Ungewissheiten auseinandersetzen, die mit vielen Ereignissen und Umständen unvermeidlich verbunden sind, beispielsweise mit der Wahrscheinlichkeit, zweifelhafte Forderungen einzutreiben, der voraussichtlichen Nutzungsdauer von technischen Anlagen und Betriebs- und Geschäftsausstattung sowie der Zahl von Garantieansprüchen, die auftreten können. Solchen Ungewissheiten wird durch die Angabe ihrer Art und ihres Umfanges sowie dadurch Rechnung getragen, dass bei der Aufstellung des Abschlusses die Vorsicht berücksichtigt wird. Vorsicht bedeutet, dass ein gewisses Maß an Sorgfalt bei der Ermessensausübung, die für die erforderlichen Schätzungen unter ungewissen Umständen erforderlich ist, einbezogen wird, so dass Vermögenswerte oder Erträge nicht zu hoch und Schulden oder Aufwendungen nicht zu niedrig angesetzt werden. Allerdings gestattet eine vorsichtige Vorgehensweise beispielsweise nicht, stille Reserven zu legen oder Rückstellungen überzubewerten, den bewusst zu niedrigen Ansatz von Vermögenswerten oder Erträgen oder den bewusst zu hohen Ansatz von Schulden oder Aufwendungen, da der Abschluss dann nicht neutral wäre und deshalb das Kriterium der Verlässlichkeit nicht erfüllen würde.

Vollständigkeit

38 Damit die im Abschluss enthaltenen Informationen verlässlich sind, müssen sie in den Grenzen von Wesentlichkeit und Kosten vollständig sein. Ein Weglassen kann dazu führen, dass die Informationen falsch oder irreführend und somit hinsichtlich ihrer Relevanz unzuverlässig und mangelhaft sind.

Vergleichbarkeit

39 Es muss den Adressaten möglich sein, die Abschlüsse eines Unternehmens über die Zeit hinweg zu vergleichen, damit sie Tendenzen in seiner Vermögens-, Finanz- und Ertragslage erkennen können. Die Adressaten müssen ebenfalls die Abschlüsse verschiedener Unternehmen vergleichen können, damit sie deren jeweilige Vermögens-, Finanz- und Ertragslage sowie Veränderungen in deren Vermögens- und Finanzlage beurteilen können. Daher müssen die Bewertung und Darstellung der ökonomischen Auswirkungen ähnlicher Geschäftsvorfälle und anderer Ereignisse innerhalb eines Unternehmens und für dieses über die Zeit hinweg sowie für verschiedene Unternehmen stetig vorgenommen werden.

Faithful Representation

To be reliable, information must represent faithfully the transactions and other events it either purports to represent or **33** could reasonably be expected to represent. Thus, for example, a balance sheet should represent faithfully the transactions and other events that result in assets, liabilities and equity of the enterprise at the reporting date which meet the recognition criteria.

Most financial information is subject to some risk of being less than a faithful representation of that which it purports to **34** portray. This is not due to bias, but rather to inherent difficulties either in identifying the transactions and other events to be measured or in devising and applying measurement and presentation techniques that can convey messages that correspond with those transactions and events. In certain cases, the measurement of the financial effects of items could be so uncertain that enterprises generally would not recognise them in the financial statements; for example, although most enterprises generate goodwill internally over time, it is usually difficult to identify or measure that goodwill reliably. In other cases, however, it may be relevant to recognise items and to disclose the risk of error surrounding their recognition and measurement.

Substance Over Form

If information is to represent faithfully the transactions and other events that it purports to represent, it is necessary that **35** they are accounted for and presented in accordance with their substance and economic reality and not merely their legal form. The substance of transactions or other events is not always consistent with that which is apparent from their legal or contrived form. For example, an enterprise may dispose of an asset to another party in such a way that the documentation purports to pass legal ownership to that party; nevertheless, agreements may exist that ensure that the enterprise continues to enjoy the future economic benefits embodied in the asset. In such circumstances, the reporting of a sale would not represent faithfully the transaction entered into (if indeed there was a transaction).

Neutrality

To be reliable, the information contained in financial statements must be neutral, that is, free from bias. Financial state- **36** ments are not neutral if, by the selection or presentation of information, they influence the making of a decision or judgement in order to achieve a predetermined result or outcome.

Prudence

The preparers of financial statements do, however, have to contend with the uncertainties that inevitably surround many **37** events and circumstances, such as the collectability of doubtful receivables, the probable useful life of plant and equipment and the number of warranty claims that may occur. Such uncertainties are recognised by the disclosure of their nature and extent and by the exercise of prudence in the preparation of the financial statements. Prudence is the inclusion of a degree of caution in the exercise of the judgements needed in making the estimates required under conditions of uncertainty, such that assets or income are not overstated and liabilities or expenses are not understated. However, the exercise of prudence does not allow, for example, the creation of hidden reserves or excessive provisions, the deliberate understatement of assets or income, or the deliberate overstatement of liabilities or expenses, because the financial statements would not be neutral and, therefore, not have the quality of reliability.

Completeness

To be reliable, the information in financial statements must be complete within the bounds of materiality and cost. An **38** omission can cause information to be false or misleading and thus unreliable and deficient in terms of its relevance.

Comparability

Users must be able to compare the financial statements of an enterprise through time in order to identify trends in its **39** financial position and performance. Users must also be able to compare the financial statements of different enterprises in order to evaluate their relative financial position, performance and changes in financial position. Hence, the measurement and display of the financial effect of like transactions and other events must be carried out in a consistent way throughout an enterprise and over time for that enterprise and in a consistent way for different enterprises.

40 Eine wichtige Folgerung aus der qualitativen Anforderung der Vergleichbarkeit schließt ein, dass die Adressaten über die bei der Aufstellung der Abschlüsse zu Grunde gelegten Bilanzierungs- und Bewertungsmethoden, Änderungen bei diesen Methoden und die Auswirkungen solcher Änderungen informiert werden. Adressaten müssen in der Lage sein, Unterschiede in den Bilanzierungs- und Bewertungsmethoden für ähnliche Geschäftsvorfälle und andere Ereignisse zu erkennen, die von einem Unternehmen von Periode zu Periode und von verschiedenen Unternehmen angewendet werden. Die Übereinstimmung mit den International Accounting Standards, einschließlich der Angabe der Bilanzierungs- und Bewertungsmethoden, hilft, die Vergleichbarkeit zu erreichen.

41 Die Notwendigkeit der Vergleichbarkeit darf nicht mit einer bloßen Einheitlichkeit verwechselt und nicht zu einem Hindernis für die Einführung verbesserter Rechnungslegungsstandards werden. Es ist für ein Unternehmen nicht zweckmäßig, einen Geschäftsvorfall oder ein anderes Ereignis weiterhin in derselben Art und Weise zu bilanzieren, wenn die angewandte Methode nicht mit den qualitativen Anforderungen der Relevanz und Verlässlichkeit übereinstimmt. Ferner ist es für ein Unternehmen auch nicht sachgerecht, seine Bilanzierungs- und Bewertungsmethoden beizubehalten, wenn relevantere und verlässlichere Alternativen bestehen.

42 Da die Adressaten die Vermögens-, Finanz- und Ertragslage sowie Veränderungen in der Vermögens- und Finanzlage eines Unternehmens im Zeitablauf vergleichen möchten, ist es wichtig, dass die Abschlüsse auch die entsprechenden Informationen für die vorhergehenden Perioden anführen.

Beschränkungen für relevante und verlässliche Informationen

Zeitnähe

43 Kommt es bei der Berichterstattung zu einer unangemessenen Verzögerung, so können die Informationen ihre Relevanz verlieren. Das Management muss in vielen Fällen die jeweiligen Vorteile einer zeitnahen Berichterstattung und einer Bereitstellung verlässlicher Informationen gegeneinander abwägen. Um Informationen zeitnah bereitzustellen, kann es häufig erforderlich sein zu berichten, bevor alle Aspekte eines Geschäftsvorfalles oder eines Ereignisses bekannt sind, wodurch die Verlässlichkeit gemindert ist. Wird umgekehrt die Berichterstattung hinausgezögert, bis alle Aspekte bekannt sind, mag die Information zwar äußerst verlässlich sein, jedoch ist sie für die Adressaten, die in der Zwischenzeit Entscheidungen treffen mussten, nur von geringem Nutzen. Um eine Ausgewogenheit zwischen Relevanz und Verlässlichkeit zu erreichen, ist die übergeordnete Überlegung zu berücksichtigen, wie den Bedürfnissen der Adressaten im Hinblick auf ihre wirtschaftlichen Entscheidungen am besten entsprochen werden kann.

Abwägung von Nutzen und Kosten

44 Die Abwägung von Nutzen und Kosten ist weniger eine qualitative Anforderung als vielmehr ein vorherrschender Sachzwang. Der aus einer Information abzuleitende Nutzen muss höher sein als die Kosten für die Bereitstellung der Information. Die Abschätzung von Nutzen und Kosten ist jedoch im Wesentlichen eine Ermessensfrage. Darüber hinaus sind die Kosten nicht notwendigerweise von den Adressaten zu tragen, die in den Genuss des Nutzens kommen. Nutzen kann auch anderen zugute kommen als den Adressaten, für die die Informationen bereitgestellt werden. Beispielsweise kann die Bereitstellung zusätzlicher Informationen für Kreditgeber die Fremdkapitalkosten eines Unternehmens senken. Aus diesen Gründen ist es schwierig, in jedem besonderen Fall einen Kosten-Nutzen-Test durchzuführen. Dennoch müssen die Standardsetter und die Personen, die die Abschlüsse aufstellen, sowie deren Adressaten sich dieses Sachzwanges bewusst sein.

Abwägung der qualitativen Anforderungen an den Abschluss

45 In der Praxis ist häufig ein Abwägen der qualitativen Anforderungen notwendig. In der Regel wird eine angemessene Ausgewogenheit zwischen den Anforderungen angestrebt, damit die Zielsetzung des Abschlusses erreicht wird. Die relative Bedeutung der Anforderungen in den einzelnen Fällen ist eine Frage fachkundiger Beurteilung.

Vermittlung eines den tatsächlichen Verhältnissen entsprechenden Bildes

46 Abschlüsse verfolgen häufig das Konzept, ein den tatsächlichen Verhältnissen entsprechendes Bild der Vermögens-, Finanz- und Ertragslage des Unternehmens sowie der Veränderungen in dessen Vermögens- und Finanzlage zu vermitteln. Obwohl sich dieses Rahmenkonzept nicht direkt mit solchen Überlegungen befasst, führt die Anwendung der grundlegenden qualitativen Anforderungen und der einschlägigen Rechnungslegungsstandards im Regelfall zu einem Abschluss, der das widerspiegelt, was im Allgemeinen als Vermittlung eines den tatsächlichen Verhältnissen entsprechenden Bildes verstanden wird.

DIE ABSCHLUSSPOSTEN

47 Der Abschluss zeigt die wirtschaftlichen Auswirkungen von Geschäftsvorfällen und anderen Ereignissen, indem er sie je nach ihren ökonomischen Merkmalen in große Klassen einteilt. Diese werden als Abschlussposten bezeichnet. Die in der

An important implication of the qualitative characteristic of comparability is that users be informed of the accounting policies employed in the preparation of the financial statements, any changes in those policies and the effects of such changes. Users need to be able to identify differences between the accounting policies for like transactions and other events used by the same enterprise from period to period and by different enterprises. Compliance with International Accounting Standards, including the disclosure of the accounting policies used by the enterprise, helps to achieve comparability. **40**

The need for comparability should not be confused with mere uniformity and should not be allowed to become an impediment to the introduction of improved accounting standards. It is not appropriate for an enterprise to continue accounting in the same manner for a transaction or other event if the policy adopted is not in keeping with the qualitative characteristics of relevance and reliability. It is also inappropriate for an enterprise to leave its accounting policies unchanged when more relevant and reliable alternatives exist. **41**

Because users wish to compare the financial position, performance and changes in financial position of an enterprise over time, it is important that the financial statements show corresponding information for the preceding periods. **42**

Constraints on Relevant and Reliable Information

Timeliness

If there is undue delay in the reporting of information it may lose its relevance. Management may need to balance the relative merits of timely reporting and the provision of reliable information. To provide information on a timely basis it may often be necessary to report before all aspects of a transaction or other event are known, thus impairing reliability. Conversely, if reporting is delayed until all aspects are known, the information may be highly reliable but of little use to users who have had to make decisions in the interim. In achieving a balance between relevance and reliability, the overriding consideration is how best to satisfy the economic decision-making needs of users. **43**

Balance between Benefit and Cost

The balance between benefit and cost is a pervasive constraint rather than a qualitative characteristic. The benefits derived from information should exceed the cost of providing it. The evaluation of benefits and costs is, however, substantially a judgmental process. Furthermore, the costs do not necessarily fall on those users who enjoy the benefits. Benefits may also be enjoyed by users other than those for whom the information is prepared; for example, the provision of further information to lenders may reduce the borrowing costs of an enterprise. For these reasons, it is difficult to apply a cost-benefit test in any particular case. Nevertheless, standard-setters in particular, as well as the preparers and users of financial statements, should be aware of this constraint. **44**

Balance between Qualitative Characteristics

In practice a balancing, or trade-off, between qualitative characteristics is often necessary. Generally the aim is to achieve an appropriate balance among the characteristics in order to meet the objective of financial statements. The relative importance of the characteristics in different cases is a matter of professional judgment. **45**

True and Fair View/Fair Presentation

Financial statements are frequently described as showing a true and fair view of, or as presenting fairly, the financial position, performance and changes in financial position of an enterprise. Although this Framework does not deal directly with such concepts, the application of the principal qualitative characteristics and of appropriate accounting standards normally results in financial statements that convey what is generally understood as a true and fair view of, or as presenting fairly such information. **46**

THE ELEMENTS OF FINANCIAL STATEMENTS

Financial statements portray the financial effects of transactions and other events by grouping them into broad classes according to their economic characteristics. These broad classes are termed the elements of financial statements. The ele- **47**

Bilanz direkt mit der Ermittlung der Vermögens- und Finanzlage verbundenen Posten sind Vermögenswerte, Schulden und Eigenkapital. Die in der Gewinn- und Verlustrechnung direkt mit der Ermittlung der Ertragskraft verbundenen Posten sind Erträge und Aufwendungen. Die Kapitalflussrechnung spiegelt im Regelfall Posten aus der Gewinn- und Verlustrechnung und Veränderungen von Posten aus der Bilanz wider. Daher werden in diesem Rahmenkonzept keine Posten angesprochen, die nur dieser Darstellung zuzuordnen sind.

48 Die Darstellung dieser Posten in der Bilanz und in der Gewinn- und Verlustrechnung erfordert eine Untereinteilung. So können beispielsweise Vermögenswerte und Schulden nach ihrer Art oder Funktion in der Geschäftätigkeit des Unternehmens eingeteilt werden, damit Informationen bereitgestellt werden, die für die Adressaten bei deren wirtschaftlichen Entscheidungen von größtmöglichem Nutzen sind.

Vermögens- und Finanzlage

49 Die unmittelbar mit der Ermittlung der Vermögens- und Finanzlage verbundenen Posten sind Vermögenswerte, Schulden und Eigenkapital. Diese werden wie folgt definiert:
(a) Ein Vermögenswert ist eine Ressource, die auf Grund von Ereignissen der Vergangenheit in der Verfügungsmacht des Unternehmens steht, und von der erwartet wird, dass dem Unternehmen aus ihr künftiger wirtschaftlicher Nutzen zufließt.
(b) Eine Schuld ist eine gegenwärtige Verpflichtung des Unternehmens, die aus Ereignissen der Vergangenheit entsteht und deren Erfüllung für das Unternehmen erwartungsgemäß mit einem Abfluss von Ressourcen mit wirtschaftlichem Nutzen verbunden ist.
(c) Eigenkapital ist der nach Abzug aller Schulden verbleibende Restbetrag der Vermögenswerte des Unternehmens.

50 Die Definitionen eines Vermögenswertes und einer Schuld kennzeichnen deren wesentlichen Merkmale, aber sie versuchen nicht, Kriterien festzulegen, die im Vorfeld der Prüfung des Bilanzansatzes erfüllt sein müssen. Somit umfassen die Definitionen auch Sachverhalte, die in der Bilanz nicht als Vermögenswerte oder Schulden angesetzt werden, weil sie die in den Paragraphen 82 bis 98 erörterten Kriterien für einen Ansatz nicht erfüllen. Insbesondere muss die Erwartung, dass künftiger wirtschaftlicher Nutzen einem Unternehmen zu- oder aus diesem abfließen wird, hinreichend sicher sein, damit das Kriterium der Wahrscheinlichkeit aus Paragraph 83 erfüllt ist, bevor ein Vermögenswert oder eine Schuld angesetzt wird.

51 Bei der Beurteilung, ob ein Sachverhalt die Definition eines Vermögenswertes, einer Schuld oder des Eigenkapitals erfüllt, müssen sein tatsächlicher wirtschaftlicher Gehalt und nicht allein seine rechtliche Gestaltung berücksichtigt werden. So ist beispielsweise im Falle von Finanzierungsleasing der tatsächliche wirtschaftliche Gehalt so ausgestaltet, dass der Leasingnehmer den wirtschaftlichen Nutzen aus dem Gebrauch des geleasten Vermögenswertes für den Großteil seiner Nutzungsdauer als Gegenleistung dafür erwirbt, dass er für dieses Recht eine Zahlungsverpflichtung eingeht, die in etwa dem beizulegenden Zeitwert des Vermögenswertes und den damit verbundenen Finanzierungskosten entspricht. Dadurch entstehen bei Finanzierungsleasing Sachverhalte, die die Definition eines Vermögenswertes und einer Schuld erfüllen und als solche in der Bilanz des Leasingnehmers angesetzt werden.

52 Bilanzen, die gemäß den derzeit geltenden International Accounting Standards aufgestellt werden, können Posten enthalten, die die Definitionen eines Vermögenswertes oder einer Schuld nicht erfüllen und nicht als Teil des Eigenkapitals gezeigt werden. Die Definitionen aus Paragraph 49 werden jedoch bei zukünftigen Überarbeitungen bestehender International Accounting Standards sowie bei der Formulierung neuer Standards zu Grunde gelegt werden.

Vermögenswerte

53 Der einem Vermögenswert innewohnende künftige wirtschaftliche Nutzen repräsentiert das Potenzial, direkt oder indirekt zum Zufluss von Zahlungsmitteln und Zahlungsmitteläquivalenten zum Unternehmen beizutragen. Dieses Potenzial kann zur Leistungserstellung als Teil der laufenden Geschäftätigkeit des Unternehmens gehören. Es kann auch in der Konvertierbarkeit in Zahlungsmittel oder Zahlungsmitteläquivalente oder in der Fähigkeit bestehen, den Mittelabfluss zu verringern, beispielsweise wenn ein alternatives Herstellungsverfahren die Produktionskosten vermindert.

54 Im Regelfall setzt ein Unternehmen seine Vermögenswerte ein, um Güter oder Dienstleistungen zu erzeugen, mit denen die Wünsche oder Bedürfnisse der Kunden befriedigt werden können. Da diese Güter oder Dienstleistungen diese Wünsche oder Bedürfnisse befriedigen können, sind die Kunden bereit, dafür zu zahlen und somit zum Cashflow des Unternehmens beizutragen. Zahlungsmittel an sich leisten dem Unternehmen einen Dienst, weil dieses damit über andere Ressourcen verfügen kann.

55 Der einem Vermögenswert innewohnende künftige wirtschaftliche Nutzen kann dem Unternehmen auf verschiedene Weise zufließen. Ein Vermögenswert kann beispielsweise
(a) allein oder in Verbindung mit anderen Vermögenswerten bei der Produktion von Gütern oder Dienstleistungen, die vom Unternehmen verkauft werden, genutzt werden;
(b) gegen andere Vermögenswerte eingetauscht werden;

ments directly related to the measurement of financial position in the balance sheet are assets, liabilities and equity. The elements directly related to the measurement of performance in the income statement are income and expenses. The statement of changes in financial position usually reflects income statement elements and changes in balance sheet elements; accordingly, this Framework identifies no elements that are unique to this statement.

The presentation of these elements in the balance sheet and the income statement involves a process of sub-classification. 48 For example, assets and liabilities may be classified by their nature or function in the business of the enterprise in order to display information in the manner most useful to users for purposes of making economic decisions.

Financial Position

The elements directly related to the measurement of financial position are assets, liabilities and equity. These are defined 49 as follows:
(a) An asset is a resource controlled by the enterprise as a resuit of past events and from which future economic benefits are expected to flow to the enterprise.
(b) A liability is a present obligation of the enterprise arising from past events, the settlement of which is expected to result in an outflow from the enterprise of resources embodying economic benefits.
(c) Equity is the residual interest in the assets of the enterprise after deducting all its liabilities.

The definitions of an asset and a liability identify their essential features but do not attempt to specify the criteria that 50 need to be met before they are recognised in the balance sheet. Thus, the definitions embrace items that are not recognised as assets or liabilities in the balance sheet because they do not satisfy the criteria for recognition discussed in paragraphs 82 to 98. In particular, the expectation that future economic benefits will flow to or from an enterprise must be sufficiently certain to meet the probability criterion in paragraph'83 before an asset or liability is recognised.

In assessing whether an item meets the definition of an asset, liability or equity, attention needs to be given to its under- 51 lying substance and economic reality and not merely its legal form. Thus, for example, in the case of finance leases, the substance and economic reality are that the lessee acquires the economic benefits of the use of the leased asset for the major part of its useful life in return for entering into an obligation to pay for that right an amount approximating to the fair value of the asset and the related finance charge. Hence, the finance lease gives rise to items that satisfy the definition of an asset and a liability and are recognised as such in the lessee's balance sheet.

Balance sheets drawn up in accordance with current International Accounting Standards may include items that do not 52 satisfy the definitions of an asset or liability and are not shown as part of equity. The definitions set out in paragraph 49 will, however, underlie future reviews of existing International Accounting Standards and the formulation of further Standards.

Assets

The future economic benefit embodied in an asset is the potential to contribute, directly or indirectly, to the flow of cash 53 and cash equivalents to the enterprise. The potential may be a productive one that is part of the operating activities of the enterprise. It may also take the form of convertibility into cash or cash equivalents or a capability to reduce cash outflows, such as when an alternative manufacturing process lowers the costs of production.

An enterprise usually employs its assets to produce goods or services capable of satisfying the wants or needs of custo- 54 mers; because these goods or services can satisfy these wants or needs, customers are prepared to pay for them and hence contribute to the cash flow of the enterprise. Cash itself renders a service to the enterprise because of its command over other resources.

The future economic benefits embodied in an asset may flow to the enterprise in a number of ways. For example, an asset 55 may be:
(a) used singly or in combination with other assets in the production of goods or services to be sold by the enterprise;
(b) exchanged for other assets;

(c) für die Begleichung einer Schuld genutzt werden; oder

(d) an die Eigentümer des Unternehmens verteilt werden.

56 Viele Vermögenswerte, beispielsweise Sachanlagen, sind materieller Natur. Vermögenswerte brauchen jedoch nicht unbedingt materieller Natur zu sein, folglich sind beispielsweise Patente und Copyrights auch Vermögenswerte, sofern erwartet wird, dass dem Unternehmen aus ihnen ein künftiger wirtschaftlicher Nutzen zufließt und dass das Unternehmen die Verfügungsmacht über sie besitzt.

57 Viele Vermögenswerte, beispielsweise Forderungen sowie Grundstücke und Bauten, sind mit gesetzlichen Rechten einschließlich des Eigentumsrechtes verbunden. Bei der Bestimmung, ob ein Vermögenswert vorliegt, ist das Eigentumsrecht nicht entscheidend. So liegt beispielsweise bei Grundstücken und Bauten, die auf Grund eines Leasingverhältnisses gehalten werden, ein Vermögenswert vor, wenn das Unternehmen die Verfügungsmacht über den aus den Grundstücken und Bauten erwarteten Nutzen ausübt. Obwohl die Fähigkeit eines Unternehmens, die Verfügungsmacht über den Nutzen auszuüben, im Regelfall auf gesetzlichen Rechten beruht, kann ein Sachverhalt auch ohne gesetzliche Verfügungsmacht der Definition eines Vermögenswertes entsprechen. Beispielsweise kann Know-how aus einer Entwicklungstätigkeit das Kriterium eines Vermögenswertes erfüllen, wenn ein Unternehmen durch Geheimhaltung dieses Know-hows die Verfügungsmacht über den daraus erwarteten Nutzen ausübt.

58 Die Vermögenswerte eines Unternehmens sind Ergebnis vergangener Geschäftsvorfälle oder anderer Ereignisse der Vergangenheit. Unternehmen erhalten Vermögenswerte im Regelfall durch Kauf oder Produktion, aber auch andere Geschäftsvorfälle oder Ereignisse können Vermögenswerte erzeugen. Zu den Beispielen zählen Grundstücke und Bauten, die ein Unternehmen vom Staat als Teil eines Programms zur Förderung des Wirtschaftswachstums in einem Gebiet erhält, sowie die Entdeckung von Erzlagerstätten. Geschäftsvorfälle oder Ereignisse, deren Eintreten für die Zukunft erwartet wird, erzeugen für sich gesehen keine Vermögenswerte, daher erfüllt beispielsweise die Absicht, Vorräte zu kaufen, nicht die Definition eines Vermögenswertes.

59 Es besteht eine enge Verknüpfung zwischen dem Tätigen von Ausgaben und dem Entstehen von Vermögenswerten, beides muss jedoch nicht notwendigerweise zusammenfallen. Folglich kann zwar die Tatsache, dass ein Unternehmen Ausgaben tätigt, ein substanzieller Hinweis darauf sein, dass künftiger wirtschaftlicher Nutzen angestrebt wurde, aber sie ist kein schlüssiger Beweis dafür, dass ein Posten beschafft wurde, der die Definition eines Vermögenswertes erfüllt. Gleichermaßen schließt das Fehlen einer dazugehörigen Ausgabe nicht aus, dass ein Sachverhalt die Definition eines Vermögenswertes erfüllt und damit für den Ansatz in der Bilanz in Frage kommt. Beispielsweise können auch Dinge, die dem Unternehmen geschenkt wurden, die Definition eines Vermögenswertes erfüllen.

Schulden

60 Ein wesentliches Merkmal einer Schuld ist die Tatsache, dass das Unternehmen eine gegenwärtige Verpflichtung hat. Eine Verpflichtung ist eine Pflicht oder Verantwortung, in bestimmter Weise zu handeln oder eine Leistung zu erbringen. Verpflichtungen können als Folge eines bindenden Vertrages oder einer gesetzlichen Vorschrift rechtlich durchsetzbar sein. Das gilt im Regelfall beispielsweise für Beträge, die für erhaltene Waren und Dienstleistungen zu zahlen sind. Verpflichtungen erwachsen jedoch auch aus dem üblichen Geschäftsgebaren, aus den Usancen und aus dem Wunsch, gute Geschäftsbeziehungen zu pflegen oder in angemessener Weise zu handeln. Entscheidet sich ein Unternehmen beispielsweise im Rahmen seiner Unternehmenspolitik dafür, Fehler an seinen Produkten zu beheben, selbst wenn diese erst nach Ablauf der Garantiezeit auftreten, so sind die Beträge, die erwartungsgemäß für bereits verkaufte Waren aufzuwenden sind, Schulden.

61 Es muss zwischen einer gegenwärtigen und einer zukünftigen Verpflichtung unterschieden werden. Die Entscheidung des Managements, in der Zukunft Vermögenswerte zu erwerben, führt an sich nicht zu einer gegenwärtigen Verpflichtung. Eine gegenwärtige Verpflichtung erwächst im Regelfall nur bei Lieferung des Vermögenswertes oder dann, wenn das Unternehmen eine unwiderrufliche Vereinbarung über den Erwerb des Vermögenswertes abschließt. Im letzten Fall bedeutet die Unwiderruflichkeit der Vereinbarung, dass die wirtschaftlichen Konsequenzen eines Versäumnisses, dieser Verpflichtung nachzukommen, beispielsweise auf Grund einer wesentlichen Vertragsstrafe, dem Unternehmen nur wenig, wenn überhaupt, Ermessensfreiheit lassen, den Abfluss von Ressourcen an eine andere Partei zu vermeiden.

62 Die Erfüllung einer gegenwärtigen Verpflichtung führt in der Regel dazu, dass das Unternehmen Ressourcen, die wirtschaftlichen Nutzen enthalten, aufgeben muss, um die Ansprüche der anderen Partei zu erfüllen. Die Erfüllung einer gegenwärtigen Verpflichtung kann auf verschiedene Weise erfolgen, beispielsweise durch:

(a) Zahlung flüssiger Mittel;

(b) Übertragung anderer Vermögenswerte;

(c) Erbringung von Dienstleistungen;

(d) Ersatz dieser Verpflichtung durch eine andere Verpflichtung; oder

(e) Umwandlung der Verpflichtung in Eigenkapital.

Eine Verpflichtung kann auch auf anderem Wege erlöschen, beispielsweise dadurch, dass ein Gläubiger auf seine Ansprüche verzichtet oder diese verliert.

(c)   used to settle a liability; or

(d)   distributed to the owners of the enterprise.

Many assets, for example, property, plant and equipment, have a physical form. However, physical form is not essential to **56** the existence of an asset; hence patents and copyrights, for example, are assets if future economic benefits are expected to flow from them to the enterprise and if they are controlled by the enterprise.

Many assets, for example, receivables and property, are associated with legal rights, including the right of ownership. In **57** determining the existence of an asset, the right of ownership is not essential; thus, for example, property held on a lease is an asset if the enterprise controls the benefits which are expected to flow from the property. Although the capacity of an enterprise to control benefits is usually the result of legal rights, an item may nonetheless satisfy the definition of an asset even when there is no legal control. For example, know-how obtained from a development activity may meet the definition of an asset when, by keeping that know-how secret, an enterprise controls the benefits that are expected to flow from it.

The assets of an enterprise result from past transactions or other past events. Enterprises normally obtain assets by pur- **58** chasing or producing them, but other transactions or events may generate assets; examples include property received by an enterprise from government as part of a programme to encourage economic growth in an area and the discovery of mineral deposits. Transactions or events expected to occur in the future do not in themselves give rise to assets; hence, for example, an intention to purchase inventory does not, of itself, meet the definition of an asset.

There is a close association between incurring expenditure and generating assets but the two do not necessarily coincide. **59** Hence, when an enterprise incurs expenditure, this may provide evidence that future economic benefits were sought but is not conclusive proof that an item satisfying the definition of an asset has been obtained. Similarly the absence of a related expenditure does not preclude an item from satisfying the definition of an asset and thus becoming a candidate for recognition in the balance sheet; for example, items that have been donated to the enterprise may satisfy the definition of an asset.

Liabilities

An essential characteristic of a liability is that the enterprise has a present obligation. An obligation is a duty or responsi- **60** bility to act or perform in a certain way. Obligations may be legally enforceable as a consequence of a binding contract or statutory requirement. This is normally the case, for example, with amounts payable for goods and services received. Obligations also arise, however, from normal business practice, custom and a desire to maintain good business relations or act in an equitable manner. If, for example, an enterprise decides as a matter of policy to rectify faults in its products even when these become apparent after the warranty period has expired, the amounts that are expected to be expended in respect of goods already sold are liabilities.

A distinction needs to be drawn between a present obligation and a future commitment. A decision by the management **61** of an enterprise to acquire assets in the future does not, of itself, give rise to a present obligation. An obligation normally arises only when the asset is delivered or the enterprise enters into an irrevocable agreement to acquire the asset. In the latter case, the irrevocable nature of the agreement means that the economic consequences of failing to honour the obligation, for example, because of the existence of a substantial penalty, leave the enterprise with little, if any, discretion to avoid the outflow of resources to another party.

The settlement of a present obligation usually involves the enterprise giving up resources embodying economic benefits in **62** order to satisfy the claim of the other party. Settlement of a present obligation may occur in a number of ways, for example, by:

(a)   payment of cash;

(b)   transfer of other assets;

(c)   provision of services;

(d)   replacement of that obligation with another obligation; or

(e)   conversion of the obligation to equity.

An obligation may also be extinguished by other means, such as a creditor waiving or forfeiting its rights.

63 Schulden resultieren aus vergangenen Geschäftsvorfällen oder anderen Ereignissen der Vergangenheit. So entstehen beispielsweise durch den Erwerb von Waren und die Inanspruchnahme von Dienstleistungen Verbindlichkeiten aus Lieferungen und Leistungen (sofern sie nicht im Voraus oder bei Lieferung bezahlt wurden), und der Erhalt eines Bankdarlehens führt zu der Verpflichtung, das Darlehen zurückzuzahlen. Ein Unternehmen kann auch künftige Preisnachlässe auf jährliche Einkäufe durch Kunden als Schulden ansetzen. In diesem Fall ist der Verkauf der Waren in der Vergangenheit der Geschäftsvorfall, der die Schulden verursacht.

64 Einige Schulden können nur mit einem erheblichen Maß an Schätzung bewertet werden. Einige Unternehmen beschreiben diese Schulden als Rückstellungen. In einigen Ländern werden derartige Rückstellungen nicht als Schulden im Sinne einer Verbindlichkeit angesehen, weil der Begriff der Verbindlichkeit sehr eng gefasst ist und nur die Beträge umfasst, die ohne Schätzung ermittelt werden können. Die Definition der Schulden aus Paragraph 49 verfolgt einen weiteren Ansatz. Danach stellt eine Rückstellung, wenn sie eine gegenwärtige Verpflichtung umfasst und den Rest der Definition erfüllt, eine Schuld dar, selbst wenn der Betrag geschätzt werden muss. Beispiele hierfür sind Rückstellungen für Garantieverpflichtungen und Rückstellungen für Pensionsverpflichtungen.

Eigenkapital

65 Obwohl das Eigenkapital in Paragraph 49 als eine Restgröße definiert ist, kann es in der Bilanz unterteilt werden. So können beispielsweise in einer Kapitalgesellschaft Gesellschafterbeiträge, Gewinnrücklagen vor oder nach Verwendung und Kapitalerhaltungsrücklagen gesondert ausgewiesen werden. Solche Aufgliederungen können für die Abschlussadressaten im Rahmen ihrer Entscheidungserfordernisse relevant sein, wenn sie auf gesetzliche oder andere Einschränkungen in der Fähigkeit des Unternehmens hinweisen, Ausschüttungen vorzunehmen oder das Eigenkapital anderweitig zu verwenden. Sie können auch die Tatsache widerspiegeln, dass Anteilseigner eines Unternehmens unterschiedliche Dividendenrechte oder unterschiedliche Rechte auf Rückzahlung von Kapital haben.

66 Die Dotierung von Rücklagen ist manchmal durch die gesellschaftsrechtlichen Statuten oder andere Gesetze vorgeschrieben, damit das Unternehmen und seine Gläubiger in einem höheren Maß vor den Auswirkungen von Verlusten geschützt sind. Andere Rücklagen können gebildet werden, wenn das nationale Steuerrecht bei einem Übertrag auf solche Rücklagen Befreiungen von der Besteuerung oder Steuervergünstigungen gewährt. Existenz und Höhe dieser gesetzlichen, statutarischen oder steuerlichen Rücklagen können für die Adressaten und deren wirtschaftliche Entscheidungen relevant sein. Zuführungen zu solchen Rücklagen sind als Verwendung von Gewinnrücklagen, nicht aber als Aufwendungen anzusehen.

67 Der Betrag, mit dem das Eigenkapital in der Bilanz ausgewiesen wird, hängt von der Ermittlung der Vermögenswerte und Schulden ab. Im Regelfall stimmt die Summe des Eigenkapitals nur zufällig überein mit dem Gesamtmarktwert der Aktien eines Unternehmens oder der Summe, die aus einer Veräußerung des Reinvermögens in Einzelteilen oder des Unternehmens als Ganzes auf Grundlage der Unternehmensfortführung erzielt werden könnte.

68 Handels-, Industrie- oder Dienstleistungstätigkeiten werden häufig von Unternehmen in Form von Einzelunternehmen, Personengesellschaften und Trusts sowie in verschiedenen Formen von staatlichen Unternehmen betrieben. Die rechtlichen Rahmenbedingungen für solche Unternehmen unterscheiden sich häufig von denjenigen, die für Kapitalgesellschaften gelten. Beispielsweise kann es, wenn überhaupt, nur sehr wenige Einschränkungen bezüglich der Verteilung von Eigenkapital an die Eigentümer oder andere Begünstigte geben. Dennoch sind die Definition des Eigenkapitals sowie die anderen Aspekte dieses Rahmenkonzeptes, die sich mit dem Eigenkapital befassen, auch für solche Unternehmen von Bedeutung.

Ertragskraft

69 Der Gewinn wird häufig herangezogen als Maßstab für die Ertragskraft oder als Grundlage für andere Berechnungen, wie beispielsweise der Verzinsung des eingesetzten Kapitals oder des Ergebnisses je Aktie. Die direkt mit der Ermittlung des Gewinnes verbundenen Posten sind Erträge und Aufwendungen. Die Erfassung und Bemessung von Erträgen und Aufwendungen und folglich des Gewinnes hängt teilweise von den Kapital- und Kapitalerhaltungskonzepten ab, die das Unternehmen bei der Aufstellung seines Abschlusses anwendet. Diese Konzepte werden in den Paragraphen 102 bis 110 erörtert.

70 Die Posten Erträge und Aufwendungen werden wie folgt definiert:
(a) Erträge stellen eine Zunahme des wirtschaftlichen Nutzens in der Berichtsperiode in Form von Zuflüssen oder Erhöhungen von Vermögenswerten oder einer Abnahme von Schulden dar, die zu einer Erhöhung des Eigenkapitals führen, welche nicht auf eine Einlage der Anteilseigner zurückzuführen ist.
(b) Aufwendungen stellen eine Abnahme des wirtschaftlichen Nutzens in der Berichtsperiode in Form von Abflüssen oder Verminderungen von Vermögenswerten oder einer Erhöhung von Schulden dar, die zu einer Abnahme des Eigenkapitals führen, welche nicht auf Ausschüttungen an die Anteilseigner zurückzuführen ist.

Liabilities result from past transactions or other past events. Thus, for example, the acquisition of goods and the use of **63** services give rise to trade payables (unless paid for in advance or on delivery) and the receipt of a bank loan results in an obligation to repay the loan. An enterprise may also recognise future rebates based on annual purchases by customers as liabilities; in this case, the sale of the goods in the past is the transaction that gives rise to the liability.

Some liabilities can be measured only by using a substantial degree of estimation. Some enterprises describe these liabil- **64** ities as provisions. In some countries, such provisions are not regarded as liabilities because the concept of a liability is defined narrowly so as to include only amounts that can be established without the need to make estimates. The definition of a liability in paragraph 49 follows a broader approach. Thus, when a provision involves a present obligation and satisfies the rest of the definition, it is a liability even if the amount has to be estimated. Examples include provisions for payments to be made under existing warranties and provisions to cover pension obligations.

Equity

Although equity is defined in paragraph 49 as a residual, it may be sub-classified in the balance sheet. For example, in a **65** corporate enterprise, funds contributed by shareholders, retained earnings, reserves representing appropriations of retained earnings and reserves representing capital maintenance adjustments may be shown separately. Such classifications can be relevant to the decision-making needs of the users of financial statements when they indicate legal or other restrictions on the ability of the enterprise to distribute or otherwise apply its equity. They may also reflect the fact that parties with ownership interests in an enterprise have differing rights in relation to the receipt of dividends or the repayment of capital.

The creation of reserves is sometimes required by statute or other law in order to give the enterprise and its creditors an **66** added measure of protection from the effects of losses. Other reserves may be established if national tax law grants exemptions from, or reductions in, taxation liabilities when transfers to such reserves are made. The existence and size of these legal, statutory and tax reserves is information that can be relevant to the decision-making needs of users. Transfers to such reserves are appropriations of retained earnings rather than expenses.

The amount at which equity is shown in the balance sheet is dependent on the measurement of assets and liabilities. **67** Normally, the aggregate amount of equity only by coincidence corresponds with the aggregate market value of the shares of the enterprise or the sum that could be raised by disposing of either the net assets on a piecemeal basis or the enterprise as a whole on a going concern basis.

Commercial, industrial and business activities are often undertaken by means of enterprises such as sole proprietorships, **68** partnerships and trusts and various types of government business undertakings. The legal and regulatory framework for such enterprises is often different from that applying to corporate enterprises. For example, there may be few, if any, restrictions on the distribution to owners or other beneficiaries of amounts included in equity. Nevertheless, the definition of equity and the other aspects of this Framework that deal with equity are appropriate for such enterprises.

Performance

Profit is frequently used as a measure of performance or as the basis for other measures, such as return on investment or **69** earnings per share. The elements directly related to the measurement of profit are income and expenses. The recognition and measurement of income and expenses, and hence profit, depends in part on the concepts of capital and capital maintenance used by the enterprise in preparing its financial statements. These concepts are discussed in paragraphs 102 to 110.

The elements of income and expenses are defined as follows: **70**
(a) Income is increases in economic benefits during the accounting period in the form of inflows or enhancements of assets or decreases of liabilities that result in increases in equity, other than those relating to contributions from equity participants.
(b) Expenses are decreases in economic benefits during the accounting period in the form of outflows or depletions of assets or incurrences of liabilities that result in decreases in equity, other than those relating to distributions to equity participants.

71   Die Definitionen von Erträgen und Aufwendungen kennzeichnen deren wesentliche Merkmale, aber sie versuchen keine Kriterien festzulegen, die erfüllt sein müssen, bevor sie in der Gewinn- und Verlustrechnung erfasst werden. Die Kriterien für die Erfassung von Erträgen und Aufwendungen werden in den Paragraphen 82 bis 98 erörtert.

72   Erträge und Aufwendungen können in der Gewinn- und Verlustrechnung auf unterschiedliche Weise dargestellt werden, damit sie für wirtschaftliche Entscheidungen relevante Informationen liefern. So ist es beispielsweise übliche Praxis, zwischen Ertrags- und Aufwandsposten zu unterscheiden, die aus der gewöhnlichen Tätigkeit des Unternehmens entstehen, und jenen, bei denen dies nicht der Fall ist. Diese Unterscheidung erfolgt auf der Grundlage, dass die Quelle eines Postens für die Beurteilung der Fähigkeit eines Unternehmens relevant ist, in der Zukunft Zahlungsmittel und Zahlungsmitteläquivalenten zu erwirtschaften. Beispielsweise ist es bei gelegentlichen Tätigkeiten wie der Veräußerung einer langfristigen Finanzinvestition unwahrscheinlich, dass sie regelmäßig auftreten. Bei einer solchen Unterscheidung sind Art und Tätigkeit des Unternehmens zu beachten. Posten, die sich aus der gewöhnlichen Tätigkeit eines Unternehmens ergeben, können bei einem anderen Unternehmen ungewöhnlich sein.

73   Die Unterscheidung zwischen verschiedenen Aufwands- und Ertragsposten sowie die Möglichkeit, diese in unterschiedlicher Art und Weise zu strukturieren, lassen auch verschiedene Ermittlungsformen zu, die Ertragskraft eines Unternehmens zu zeigen. Diese weisen einen unterschiedlichen Aggregierungsgrad auf. Die Gewinn- und Verlustrechnung kann beispielsweise Bruttogewinnspanne, Gewinn der gewöhnlichen Tätigkeit vor Steuern, Gewinn der gewöhnlichen Tätigkeit nach Steuern und Nettogewinn angeben.

Erträge

74   Die Definition der Erträge umfasst Erlöse und andere Erträge. Die einen fallen im Rahmen der gewöhnlichen Tätigkeit eines Unternehmens an und haben verschiedene Bezeichnungen, wie Umsatzerlöse, Dienstleistungsentgelte, Zinsen, Mieten, Dividenden und Lizenzerträge.

75   Andere Erträge stehen für weitere Posten, die die Definition von Erträgen erfüllen. Sie können im Rahmen der gewöhnlichen Tätigkeit eines Unternehmens anfallen oder nicht. Die anderen Erträge stellen eine Zunahme des wirtschaftlichen Nutzens dar und unterscheiden sich insofern ihrer Art nach nicht von Erlösen. Folglich werden sie in diesem Rahmenkonzept nicht als eigenständige Posten betrachtet.

76   Zu den anderen Erträgen zählen beispielsweise Erträge aus der Veräußerung von langfristigen Vermögenswerten. Die Definition der Erträge umfasst auch unrealisierte Erträge, beispielsweise Erträge aus der Neubewertung marktfähiger Wertpapiere sowie Erträge aus der Erhöhung des Buchwertes langfristiger Vermögenswerte. Werden andere Erträge in der Gewinn- und Verlustrechnung erfasst, so werden sie gewöhnlich gesondert gezeigt, da ihre Kenntnis für den Zweck, wirtschaftliche Entscheidungen zu treffen, hilfreich ist. Die anderen Erträge werden häufig nach Abzug der damit verbundenen Aufwendungen dargestellt.

77   Zugänge, Erweiterungen und Verbesserungen verschiedener Arten von Vermögenswerten sind gegebenenfalls als Erträge zu erfassen. Dazu zählen Zahlungsmittel, Forderungen sowie Waren und Dienstleistungen im Austausch für gelieferte Waren und Dienstleistungen. Erträge können auch aus der Abgeltung von Schulden resultieren. Ein Unternehmen kann beispielsweise einem Darlehensgeber Waren und Dienstleistungen liefern, um eine Schuld zu erfüllen und damit der Pflicht zu Rückzahlung eines noch ausstehenden Darlehens nachzukommen.

Aufwendungen

78   Die Definition der Aufwendungen umfasst sowohl Aufwendungen, die im Rahmen der gewöhnlichen Tätigkeit des Unternehmens anfallen, als auch andere Aufwendungen. Zu den Aufwendungen, die im Rahmen der gewöhnlichen Tätigkeit des Unternehmens anfallen, zählen beispielsweise die Umsatzkosten, Löhne und Gehälter sowie Abschreibungen. Gewöhnlich treten sie als Abfluss oder als Abnahme von Vermögenswerten auf, beispielsweise von Zahlungsmitteln und Zahlungsmitteläquivalenten, Vorräten und Sachanlagen.

79   Andere Aufwendungen stehen für weitere Posten, die die Definition von Aufwendungen erfüllen. Sie können im Rahmen der gewöhnlichen Tätigkeit eines Unternehmens entstehen oder nicht. Andere Aufwendungen stellen eine Abnahme des wirtschaftlichen Nutzens dar und unterscheiden sich insofern ihrer Art nach nicht von den Aufwendungen, die im Rahmen der gewöhnlichen Tätigkeit des Unternehmens anfallen. Folglich werden sie in diesem Rahmenkonzept nicht als eigenständige Posten betrachtet.

80   Zu den anderen Aufwendungen zählen beispielsweise auch Aufwendungen aus Naturkatastrophen, wie Brand und Überschwemmung, sowie Aufwendungen aus der Veräußerung von langfristigen Vermögenswerten. Die Definition der Aufwendungen umfasst auch unrealisierte andere Aufwendungen, beispielsweise Aufwendungen aus einem Anstieg des

The definitions of income and expenses identify their essential features but do not attempt to specify the criteria that would need to be met before they are recognised in the income statement. Criteria for the recognition of income and expenses are discussed in paragraphs 82 to 98. **71**

Income and expenses may be presented in the income statement in different ways so as to provide information that is relevant for economic decision-making. For example, it is common practice to distinguish between those items of income and expenses that arise in the course of the ordinary activities of the enterprise and those that do not. This distinction is made on the basis that the source of an item is relevant in evaluating the ability of the enterprise to generate cash and cash equivalents in the future; for example, incidental activities such as the disposal of a long-term investment are unlikely to recur on a regular basis. When distinguishing between items in this way consideration needs to be given to the nature of the enterprise and its operations. Items that arise from the ordinary activities of one enterprise may be unusual in respect of another. **72**

Distinguishing between items of income and expense and combining them in different ways also permits several measures of enterprise performance to be displayed. These have differing degrees of inclusiveness. For example, the income statement could display gross margin, profit from ordinary activities before taxation, profit from ordinary activities after taxation, and net profit. **73**

Income

The definition of income encompasses both revenue and gains. Revenue arises in the course of the ordinary activities of an enterprise and is referred to by a variety of different names including sales, fees, interest, dividends, royalties and rent. **74**

Gains represent other items that meet the definition of income and may, or may not, arise in the course of the ordinary activities of an enterprise. Gains represent increases in economic benefits and as such are no different in nature from revenue. Hence, they are not regarded as constituting a separate element in this Framework. **75**

Gains include, for example, those arising on the disposal of non-current assets. The definition of income also includes unrealised gains; for example, those arising on the revaluation of marketable securities and those resulting from increases in the carrying amount of long term assets. When gains are recognised in the income statement, they are usually displayed separately because knowledge of them is useful for the purpose of making economic decisions. Gains are often reported net of related expenses. **76**

Various kinds of assets may be received or enhanced by income; examples include cash, receivables and goods and services received in exchange for goods and services supplied. Income may also result from the settlement of liabilities. For example, an enterprise may provide goods and services to a lender in settlement of an obligation to repay an outstanding loan. **77**

Expenses

The definition of expenses encompasses losses as well as those expenses that arise in the course of the ordinary activities of the enterprise. Expenses that arise in the course of the ordinary activities of the enterprise include, for example, cost of sales, wages and depreciation. They usually take the form of an outflow or depletion of assets such as cash and cash equivalents, inventory, property, plant and equipment. **78**

Losses represent other items that meet the definition of expenses and may, or may not, arise in the course of the ordinary activities of the enterprise. Losses represent decreases in economic benefits and as such they are no different in nature from other expenses. Hence, they are not regarded as a separate element in this Framework. **79**

Losses include, for example, those resulting from disasters such as fire and flood, as well as those arising on the disposal of non-current assets. The definition of expenses also includes unrealised losses, for example, those arising from the effects of increases in the rate of exchange for a foreign currency in respect of the borrowings of an enterprise in that **80**

Wechselkurses einer Fremdwährung bei den aufgenommenen Krediten eines Unternehmens in der betreffenden Währung. Werden andere Aufwendungen in der Gewinn- und Verlustrechnung erfasst, so werden sie gewöhnlich gesondert gezeigt, da ihre Kenntnis für das Ziel, wirtschaftliche Entscheidungen zu treffen, hilfreich ist. Die anderen Aufwendungen werden häufig nach Abzug der damit verbundenen Erträge dargestellt.

Kapitalerhaltungsanpassungen

81   Die Neubewertung oder Anpassung von Vermögenswerten und Schulden führt zur Erhöhung oder Verminderung des Eigenkapitals. Obwohl solche Zunahmen oder Abnahmen der Definition von positiven und negativen Erfolgsbeiträgen entsprechen, werden sie entsprechend bestimmten Konzepten der Kapitalerhaltung nicht in die Gewinn- und Verlustrechnung aufgenommen. Stattdessen werden sie im Eigenkapital als Kapitalerhaltungsanpassungen oder Neubewertungsrücklagen aufgeführt. Diese Kapitalerhaltungskonzepte werden in den Paragraphen 102 bis 110 dieses Rahmenkonzeptes erörtert.

ERFASSUNG VON ABSCHLUSSPOSTEN

82   Unter Erfassung versteht man den Einbezug eines Sachverhaltes in der Bilanz oder in der Gewinn- und Verlustrechnung, der die Definition eines Abschlusspostens und die Kriterien für die Erfassung erfüllt und die in Paragraph 83 dargelegt sind. Dies erfordert eine verbale und quantitative Beschreibung des Sachverhaltes sowie die Einbeziehung in die Bilanz oder die Gewinn- und Verlustrechung. Sachverhalte, die die Kriterien für die Erfassung erfüllen, sind in der Bilanz oder der Gewinn- und Verlustrechnung zu erfassen. Wird es unterlassen, solch einen Sachverhalt zu erfassen, kann dieses weder durch die Angabe der verwendeten Bilanzierungs- und Bewertungsmethoden noch durch Anhangangaben oder Erläuterungen berichtigt werden.

83   Ein Sachverhalt, der die Definition eines Abschlusspostens erfüllt, ist zu erfassen, wenn
(a)   es wahrscheinlich ist, dass ein mit dem Sachverhalt verbundener künftiger wirtschaftlicher Nutzen dem Unternehmen zufließen oder von ihm abfließen wird; und
(b)   die Anschaffungs- oder Herstellungskosten oder der Wert des Sachverhaltes verlässlich bewertet werden können.

84   Bei der Beurteilung, ob ein Sachverhalt diese Kriterien erfüllt und daher im Abschluss zu erfassen ist, muss den in den Paragraphen 29 und 30 beschriebenen Wesentlichkeitsüberlegungen Rechnung getragen werden. Der Zusammenhang zwischen den Abschlussposten bedeutet, dass ein Sachverhalt, der die Definition und die Kriterien für die Erfassung in einem bestimmten Postens erfüllt, beispielsweise die eines Vermögenswertes, automatisch die Erfassung eines anderen Postens, beispielsweise eines Ertrages oder einer Schuld, nach sich zieht.

Die Wahrscheinlichkeit eines künftigen wirtschaftlichen Nutzens

85   Das Konzept der Wahrscheinlichkeit wird in den Kriterien der Erfassung verwendet, um auf den Grad an Unsicherheit hinzuweisen, mit dem der mit dem Sachverhalt verbundene künftige wirtschaftliche Nutzen dem Unternehmen zufließen oder von ihm abfließen wird. Das Konzept trägt der Unsicherheit Rechnung, die das Umfeld, in dem ein Unternehmen tätig ist, kennzeichnet. Die Beurteilung des mit dem Zufluss eines künftigen wirtschaftlichen Nutzens verbundenen Grades an Unsicherheit erfolgt auf der Grundlage der zum Zeitpunkt der Aufstellung des Abschlusses verfügbaren substanziellen Hinweise. Ist es beispielsweise wahrscheinlich, dass eine ausstehende Forderung an ein Unternehmen bezahlt werden wird, so ist es berechtigt, die Forderung als Vermögenswert anzusetzen, solange kein gegenteiliger substanzieller Hinweis vorliegt. Bei einer großen Menge von Forderungen wird jedoch im Regelfall ein gewisses Ausmaß von Zahlungsausfällen als wahrscheinlich erachtet. Folglich wird die erwartete Verminderung des wirtschaftlichen Nutzens als Aufwand erfasst.

Verlässlichkeit der Bewertung

86   Als zweites Kriterium für die Erfassung im Abschluss müssen diesem Sachverhalt Anschaffungs- oder Herstellungskosten oder andere Werte beizumessen sein, die, entsprechend den Paragraphen 31 bis 38 dieses Rahmenkonzeptes verlässlich bewertet werden können. In vielen Fällen müssen die Anschaffungs- oder Herstellungskosten oder ein anderer Wert geschätzt werden. Die Verwendung hinreichend genauer Schätzungen ist ein wesentlicher Teil der Aufstellung des Abschlusses, dessen Verlässlichkeit dadurch nicht beeinträchtigt wird. Ist eine hinreichend genaue Schätzung jedoch nicht möglich, wird der Sachverhalt nicht in der Bilanz oder in der Gewinn- und Verlustrechnung erfasst. So können beispielsweise die erwarteten Erlöse aus einem Rechtsstreit sowohl den Definitionen eines Vermögenswertes und eines Ertrages entsprechen und auch das Kriterium der Wahrscheinlichkeit für die Erfassung erfüllen. Kann die Höhe des Anspruches jedoch nicht verlässlich bewertet werden, so ist er nicht als Vermögenswert oder Ertrag zu erfassen. Die Existenz eines solchen Anspruches würde allerdings im Anhang, den Erläuterungen oder den ergänzenden Übersichten angegeben.

87   Ein Sachverhalt, der die Kriterien für die Erfassung aus Paragraph 83 zu einem bestimmten Zeitpunkt nicht erfüllt, kann diese zu einem späteren Zeitpunkt auf Grund nachfolgender Umstände oder Ereignisse erfüllen.

currency. When losses are recognised in the income statement, they are usually displayed separately because knowledge of them is useful for the purpose of making economic decisions. Losses are often reported net of related income.

Capital Maintenance Adjustments

The revaluation or restatement of assets and liabilities gives rise to increases or decreases in equity. While these increases **81** or decreases meet the definition of income and expenses, they are not included in the income statement under certain concepts of capital maintenance. Instead these items are included in equity as capital maintenance adjustments or revaluation reserves. These concepts of capital maintenance are discussed in paragraphs 102 to 110 of this Framework.

RECOGNITION OF THE ELEMENTS OF FINANCIAL STATEMENTS

Recognition is the process of incorporating in the balance sheet or income statement an item that meets the definition of **82** an element and satisfies the criteria for recognition set out in paragraph 83. It involves the depiction of the item in words and by a monetary amount and the inclusion of that amount in the balance sheet or income statement totals. Items that satisfy the recognition criteria should be recognised in the balance sheet or income statement. The failure to recognise such items is not rectified by disclosure of the accounting policies used nor by notes or explanatory material.

An item that meets the definition of an element should be recognised if: **83**
(a) it is probable that any future economic benefit associated with the item will flow to or from the enterprise; and
(b) the item has a cost or value that can be measured with reliability.

In assessing whether an item meets these criteria and therefore qualifies for recognition in the financial statements, regard **84** needs to be given to the materiality considerations discussed in paragraphs 29 and 30. The interrelationship between the elements means that an item that meets the definition and recognition criteria for a particular element, for example, an asset, automatically requires the recognition of another element, for example, income or a liability.

The Probability of Future Economic Benefit

The concept of probability is used in the recognition criteria to refer to the degree of uncertainty that the future economic **85** benefits associated with the item will flow to or from the enterprise. The concept is in keeping with the uncertainty that characterises the environment in which an enterprise operates. Assessments of the degree of uncertainty attaching to the flow of future economic benefits are made on the basis of the evidence available when the financial statements are prepared. For example, when it is probable that a receivable owed by an enterprise will be paid, it is then justifiable, in the absence of any evidence to the contrary, to recognise the receivable as an asset. For a large population of receivables, however, some degree of non-payment is normally considered probable; hence an expense representing the expected reduction in economic benefits is recognised.

Reliability of Measurement

The second criterion for the recognition of an item is that it possesses a cost or value that can be measured with reliability **86** as discussed in paragraphs 31 to 38 of this Framework. In many cases, cost or value must be estimated; the use of reasonable estimates is an essential part of the preparation of financial statements and does not undermine their reliability. When, however, a reasonable estimate cannot be made the item is not recognised in the balance sheet or income statement. For example, the expected proceeds from a lawsuit may meet the definitions of both an asset and income as well as the probability criterion for recognition; however, if it is not possible for the claim to be measured reliably, it should not be recognised as an asset or as income; the existence of the claim, however, would be disclosed in the notes, explanatory material or supplementary schedules.

An item that, at a particular point in time, fails to meet the recognition criteria in paragraph 83 may qualify for recogni- **87** tion at a later date as a result of subsequent circumstances or events.

88 Bei einem Sachverhalt, der zwar die wesentlichen Merkmale eines Abschlusspostens aufweist, die Kriterien für die Erfassung jedoch nicht erfüllt, kann trotzdem eine Angabe im Anhang, in den Erläuterungen oder den ergänzenden Darstellungen gerechtfertigt sein. Dies ist angemessen, wenn die Kenntnis des Sachverhaltes als relevant für die Beurteilung der Vermögens-, Finanz- und Ertragslage sowie der Veränderungen der Vermögens- und Finanzlage eines Unternehmens durch die Abschlussadressaten angesehen wird.

Ansatz von Vermögenswerten

89 Ein Vermögenswert wird in der Bilanz angesetzt, wenn es wahrscheinlich ist, dass der künftige wirtschaftliche Nutzen dem Unternehmen zufließen wird, und wenn seine Anschaffungs- oder Herstellungskosten oder ein anderer Wert verlässlich bewertet werden können.

90 Ein Vermögenswert wird nicht in der Bilanz angesetzt, wenn Ausgaben getätigt wurden, bei denen es unwahrscheinlich ist, dass dem Unternehmen über die aktuelle Berichtsperiode hinaus wirtschaftlicher Nutzen zufließen wird. Stattdessen wird ein solcher Geschäftsvorfall in der Gewinn- und Verlustrechnung als Aufwand erfasst. Diese Behandlung impliziert weder, dass das Management mit der Ausgabe keinen künftigen wirtschaftlichen Nutzen für das Unternehmen erzielen wollte, noch, dass das Management eine falsche Entscheidung getroffen hat. Sie impliziert einzig und allein, dass der Grad der Gewissheit, dass der künftige wirtschaftliche Nutzen, der dem Unternehmen über die aktuelle Berichtsperiode hinaus zufließen wird, nicht ausreicht, um den Ansatz eines Aktivpostens zu rechtfertigen.

Ansatz von Schulden

91 Eine Schuld wird in der Bilanz angesetzt, wenn es wahrscheinlich ist, dass sich aus der Erfüllung einer gegenwärtigen Verpflichtung ein direkter Abfluss von Ressourcen ergibt, die wirtschaftlichen Nutzen enthalten, und dass der Erfüllungsbetrag verlässlich bewertet werden kann. In der Praxis werden vertragliche Verpflichtungen, die beidseitig anteilig nicht erfüllt sind (beispielsweise Schulden für bestellte, aber noch nicht erhaltene Vorräte) im Regelfall im Abschluss nicht als Schuld erfasst. Allerdings können solche Verpflichtungen definitionsgemäß Schulden sein und, unter der Voraussetzung, dass die Kriterien für die Erfassung unter den besonderen Umständen erfüllt sind, erfasst werden. Unter solchen Umständen erfordert der Ansatz von Schulden die Erfassung der korrespondierenden Vermögenswerte oder Aufwendungen.

Erfassung von Erträgen

92 Erträge werden in der Gewinn- und Verlustrechnung erfasst, wenn es zu einer Zunahme des künftigen wirtschaftlichen Nutzens in Verbindung mit einer Zunahme bei einem Vermögenswert oder einer Abnahme bei einer Schuld gekommen ist, die verlässlich bewertet werden kann. Dies bedeutet letztlich, dass mit der Erfassung von Erträgen gleichzeitig die Erfassung einer Zunahme bei den Vermögenswerten oder einer Abnahme bei den Schulden verbunden ist (beispielsweise die Nettozunahme der Vermögenswerte beim Verkauf von Gütern oder Dienstleistungen oder die Abnahme der Schulden durch den Verzicht auf eine zu zahlende Verbindlichkeit).

93 Die Verfahren, die normalerweise in der Praxis für die Erfassung von Erträgen gewählt werden, beispielsweise die Anforderung, dass Erlöse, die regelmäßig im Rahmen der gewöhnlichen Tätigkeit anfallen, erfolgswirksam zu verrechnen sind, fallen unter die Anwendungsfälle der Kriterien dieses Rahmenkonzeptes. Solche Verfahren haben im Allgemeinen das Ziel, die Erfassung von Erträgen auf diejenigen Sachverhalte zu beschränken, die verlässlich bewertet werden können und die einen hinreichenden Grad an Sicherheit aufweisen.

Erfassung von Aufwendungen

94 Aufwendungen werden in der Gewinn- und Verlustrechnung erfasst, wenn es zu einer Abnahme des künftigen wirtschaftlichen Nutzens in Verbindung mit einer Abnahme bei einem Vermögenswert oder einer Zunahme bei einer Schuld gekommen ist, die verlässlich bewertet werden kann. Dies bedeutet letztlich, dass die Erfassung von Aufwendungen mit der gleichzeitigen Erfassung einer Zunahme bei den Schulden oder einer Abnahme bei den Vermögenswerten verbunden ist (beispielsweise die Rückstellung für Ansprüche der Arbeitnehmer oder die Abschreibung von Betriebs- und Geschäftsausstattung).

95 Aufwendungen werden in der Gewinn- und Verlustrechnung auf der Grundlage eines direkten Zusammenhanges zwischen den angefallenen Kosten und den entsprechenden Erträgen erfasst. Dieses Verfahren, das im Allgemeinen als Zuordnung von Aufwendungen zu Erlösen bezeichnet wird, umfasst die gleichzeitige und gemeinsame Erfassung von Erlösen und Aufwendungen, die unmittelbar und gemeinsam aus denselben Geschäftsvorfällen oder anderen Ereignissen resultieren. Beispielsweise werden die unterschiedlichen Komponenten der Umsatzkosten zur gleichen Zeit wie die Erträge aus dem Verkauf von Waren angesetzt. Die Anwendung dieses Konzeptes der sachlichen Abgrenzung gemäß dem Rahmenkonzept gestattet jedoch nicht die Erfassung von Posten in der Bilanz, die nicht die Definition von Vermögenswerten oder Schulden erfüllen.

An item that possesses the essential characteristics of an element but fails to meet the criteria for recognition may nonetheless warrant disclosure in the notes, explanatory material or in supplementary schedules. This is appropriate when
knowledge of the item is considered to be relevant to the evaluation of the financial position, performance and changes in
financial position of an enterprise by the users of financial statements.

Recognition of Assets

An asset is recognised in the balance sheet when it is probable that the future economic benefits will flow to the enterprise
and the asset has a cost or value that can be measured reliably.

An asset is not recognised in the balance sheet when expenditure has been incurred for which it is considered improbable
that economic benefits will flow to the enterprise beyond the current accounting period. Instead such a transaction results
in the recognition of an expense in the income statement. This treatment does not imply either that the intention of
management in incurring expenditure was other than to generate future economic benefits for the enterprise or that management was misguided. The only implication is that the degree of certainty that economic benefits will flow to the enterprise beyond the current accounting period is insufficient to warrant the recognition of an asset.

Recognition of Liabilities

A liability is recognised in the balance sheet when it is probable that an outflow of resources embodying economic benefits will result from the settlement of a present obligation and the amount at which the settlement will take place can be
measured reliably. In practice, obligations under contracts that are equally proportionately unperformed (for example,
liabilities for inventory ordered but not yet received) are generally not recognised as liabilities in the financial statements.
However, such obligations may meet the definition of liabilities and, provided the recognition criteria are met in the particular circumstances, may qualify for recognition. In such circumstances, recognition of liabilities entails recognition of
related assets or expenses.

Recognition of Income

Income is recognised in the income statement when an increase in future economic benefits related to an increase in an
asset or a decrease of a liability has arisen that can be measured reliably. This means, in effect, that recognition of income
occurs simultaneously with the recognition of increases in assets or decreases in liabilities (for example, the net increase
in assets arising on a sale of goods or services or the decrease in liabilities arising from the waiver of a debt payable).

The procedures normally adopted in practice for recognising income, for example, the requirement that revenue should
be earned, are applications of the recognition criteria in this Framework. Such procedures are generally directed at
restricting the recognition as income to those items that can be measured reliably and have a sufficient degree of certainty.

Recognition of Expenses

Expenses are recognised in the income statement when a decrease in future economic benefits related to a decrease in an
asset or an increase of a liability has arisen that can be measured reliably. This means, in effect, that recognition of
expenses occurs simultaneously with the recognition of an increase in liabilities or a decrease in assets (for example, the
accrual of employee entitlements or the depreciation of equipment).

Expenses are recognised in the income statement on the basis of a direct association between the costs incurred and the
earning of specific items of income. This process, commonly referred to as the matching of costs with revenues, involves
the simultaneous or combined recognition of revenues and expenses that result directly and jointly from the same transactions or other events; for example, the various components of expense making up the cost of goods sold are recognised
at the same time as the income derived from the sale of the goods. However, the application of the matching concept
under this Framework does not allow the recognition of items in the balance sheet which do not meet the definition of
assets or liabilities.

96 Wenn zu erwarten ist, dass wirtschaftlicher Nutzen über mehrere Berichtsperioden hinweg entsteht, und wenn der Zusammenhang mit dem Ertrag nur grob oder indirekt ermittelt werden kann, werden die Aufwendungen in der Gewinn- und Verlustrechnung auf der Grundlage systematischer und vernünftiger Verteilungsverfahren erfasst. Dies ist häufig bei der Erfassung von Aufwendungen erforderlich, die mit dem Verbrauch von Vermögenswerten, beispielsweise Sachanlagen, Geschäfts- oder Firmenwert, Patenten und Schutzrechten, verbunden sind. In diesen Fällen wird der Aufwand als planmäßige Abschreibung bezeichnet. Mit diesen Verteilungsverfahren sollen Aufwendungen in den Perioden erfasst werden, in denen der mit diesen Sachverhalten verbundene wirtschaftliche Nutzen verbraucht wird oder ausläuft.

97 Ein Aufwand wird unverzüglich in der Gewinn- und Verlustrechnung erfasst, wenn eine Ausgabe keinen künftigen wirtschaftlichen Nutzen bewirkt oder wenn, und in dem Maße wie künftiger wirtschaftlicher Nutzen nicht oder nicht mehr für eine Erfassung als Vermögenswert in der Bilanz in Betracht kommt.

98 Ein Aufwand wird auch in den Fällen in der Gewinn- und Verlustrechnung erfasst, in denen eine Schuld besteht, ohne dass die Erfassung eines Vermögenswertes in Betracht kommt, beispielsweise wenn eine Schuld aus einer Produktgarantie erwächst.

BEWERTUNG DER ABSCHLUSSPOSTEN

99 Bewertung bezeichnet das Verfahren zur Bestimmung der Geldbeträge, mit denen die Abschlussposten zu erfassen und in der Bilanz und in der Gewinn- und Verlustrechnung anzusetzen sind. Dies erfordert die Wahl einer bestimmten Bewertungsgrundlage.

100 In Abschlüssen werden verschiedene Bewertungsgrundlagen in unterschiedlichem Maße und in unterschiedlichen Kombinationen eingesetzt. Dazu gehören:

(a) *Historische Anschaffungs- oder Herstellungskosten.* Vermögenswerte werden mit dem Betrag der entrichteten Zahlungsmittel oder Zahlungsmitteläquivalente oder dem beizulegenden Zeitwert der Gegenleistung für ihren Erwerb zum Erwerbszeitpunkt erfasst. Schulden werden mit dem Betrag des im Austausch für die Verpflichtung erhaltenen Erlöses erfasst, oder in manchen Fällen (beispielsweise bei Ertragsteuern) mit dem Betrag an Zahlungsmitteln oder Zahlungsmitteläquivalenten, der erwartungsgemäß gezahlt werden muss, um die Schuld im normalen Geschäftsverlauf zu tilgen.

(b) *Tageswert.* Vermögenswerte werden mit dem Betrag an Zahlungsmitteln oder Zahlungsmitteläquivalenten erfasst, der für den Erwerb desselben oder eines entsprechenden Vermögenswertes zum gegenwärtigen Zeitpunkt gezahlt werden müsste. Schulden werden mit dem nicht diskontierten Betrag an Zahlungsmitteln oder Zahlungsmitteläquivalenten angesetzt, der für eine Begleichung der Verpflichtung zum gegenwärtigen Zeitpunkt erforderlich wäre.

(c) *Veräußerungswert (Erfüllungsbetrag).* Vermögenswerte werden mit dem Betrag an Zahlungsmitteln oder Zahlungsmitteläquivalenten angesetzt, der zum gegenwärtigen Zeitpunkt durch Veräußerung des Vermögenswertes im normalen Geschäftsverlauf erzielt werden könnte. Schulden werden mit dem Erfüllungsbetrag erfasst, d. h. zum nicht diskontierten Betrag an Zahlungsmitteln oder Zahlungsmitteläquivalenten, der erwartungsgemäß gezahlt werden muss, um die Schuld im normalen Geschäftsverlauf zu begleichen.

(d) *Barwert.* Vermögenswerte werden mit dem Barwert des künftigen Nettomittelzuflusses angesetzt, den dieser Posten erwartungsgemäß im normalen Geschäftsverlauf erzielen wird. Schulden werden zum Barwert des künftigen Nettomittelabflusses angesetzt, der erwartungsgemäß im normalen Geschäftsverlauf für eine Erfüllung der Schuld erforderlich ist.

101 Die von den Unternehmen bei der Aufstellung ihrer Abschlüsse am häufigsten eingesetzte Bewertungsgrundlage sind die historischen Anschaffungs- oder Herstellungskosten. Sie wird gewöhnlich mit anderen Bewertungsgrundlagen kombiniert. Beispielsweise werden Vorräte zum niedrigeren Betrag von Anschaffungs- oder Herstellungskosten und Nettoveräußerungswert geführt, marktfähige Wertpapiere können zum Marktwert und Pensionsverpflichtungen mit ihrem Barwert angesetzt werden. Ferner verwenden einige Unternehmen das Konzept der Tageswerte, um dem Umstand Rechnung zu tragen, dass das Rechnungslegungsmodell der historischen Anschaffungs- oder Herstellungskosten die Auswirkungen von Preisänderungen nicht monetärer Vermögenswerte nicht berücksichtigt.

KAPITAL- UND KAPITALERHALTUNGSKONZEPTE

Kapitalkonzepte

102 Die meisten Unternehmen wenden bei der Aufstellung ihrer Abschlüsse ein finanzwirtschaftliches Kapitalkonzept an. Im Rahmen eines finanzwirtschaftlichen Kapitalkonzeptes, wie investiertes Geld oder investierte Kaufkraft, ist Kapital ein Synonym für das Reinvermögen oder Eigenkapital des Unternehmens. Im Rahmen eines leistungswirtschaftlichen Kapitalkonzeptes, wie betriebliche Leistungsfähigkeit, wird Kapital als Produktionskapazität des Unternehmens, beispielsweise auf der Grundlage der Ausbringungsmenge pro Tag, angesehen.

When economic benefits are expected to arise over several accounting periods and the association with income can only **96** be broadly or indirectly determined, expenses are recognised in the income statement on the basis of systematic and rational allocation procedures. This is often necessary in recognising the expenses associated with the using up of assets such as property, plant, equipment, goodwill, patents and trademarks; in such cases the expense is referred to as depreciation or amortisation. These allocation procedures are intended to recognise expenses in the accounting periods in which the economic benefits associated with these items are consumed or expire.

An expense is recognised immediately in the income statement when an expenditure produces no future economic bene- **97** fits or when, and to the extent that, future economic benefits do not qualify, or cease to qualify, for recognition in the balance sheet as an asset.

An expense is also recognised in the income statement in those cases when a liability is incurred without the recognition **98** of an asset, as when a liability under a product warranty arises.

MEASUREMENTS OF THE ELEMENTS OF FINANCIAL STATEMENTS

Measurement is the process of determining the monetary amounts at which the elements of the financial statements are **99** to be recognised and carried in the balance sheet and income statement. This involves the selection of the particular basis of measurement.

A number of different measurement bases are employed to different degrees and in varying combinations in financial **100** statements. They include the following:
(a) *Historical cost.* Assets are recorded at the amount of cash or cash equivalents paid or the fair value of the consideration given to acquire them at the time of their acquisition. Liabilities are recorded at the amount of proceeds received in exchange for the obligation, or in some circumstances (for example, income taxes), at the amounts of cash or cash equivalents expected to be paid to satisfy the liability in the normal course of business.
(b) *Current cost.* Assets are carried at the amount of cash or cash equivalents that would have to be paid if the same or an equivalent asset was acquired currently. Liabilities are carried at the undiscounted amount of cash or cash equivalents that would be required to settle the obligation currently.
(c) *Realisable (settlement) value.* Assets are carried at the amount of cash or cash equivalents that could currently be obtained by selling the asset in an orderly disposal. Liabilities are carried at their settlement values; that is, the undiscounted amounts of cash or cash equivalents expected to be paid to satisfy the liabilities in the normal course of business.
(d) *Present value.* Assets are carried at the present discounted value of the future net cash inflows that the item is expected to generate in the normal course of business. Liabilities are carried at the present discounted value of the future net cash outflows that are expected to be required to settle the liabilities in the normal course of business.

The measurement basis most commonly adopted by enterprises in preparing their financial statements is historical cost. **101** This is usually combined with other measurement bases. For example, inventories are usually carried at the lower of cost and net realisable value, marketable securities may be carried at market value and pension liabilities are carried at their present value. Furthermore, some enterprises use the current cost basis as a response to the inability of the historical cost accounting model to deal with the effects of changing prices of non-monetary assets.

CONCEPTS OF CAPITAL AND CAPITAL MAINTENANCE

Concepts of Capital

A financial concept of capital is adopted by most enterprises in preparing their financial statements. Under a financial **102** concept of capital, such as invested money or invested purchasing power, capital is synonymous with the net assets or equity of the enterprise. Under a physical concept of capital, such as operating capability, capital is regarded as the productive capacity of the enterprise based on, for example, units of output per day.

103 Die Auswahl des geeigneten Kapitalkonzeptes durch das Unternehmen muss auf der Grundlage der Bedürfnisse der Abschlussadressaten erfolgen. Daher ist ein finanzwirtschaftliches Kapitalkonzept zu wählen, wenn die Adressaten des Abschlusses hauptsächlich an der Erhaltung des investierten Nominalkapitals oder der Kaufkraft des investierten Kapitals interessiert sind. Ist das Hauptanliegen der Adressaten jedoch die betriebliche Leistungsfähigkeit des Unternehmens, so ist ein leistungswirtschaftliches Kapitalkonzept anzuwenden. Das gewählte Konzept gibt einen Hinweis auf das bei der Ermittlung des Gewinnes angestrebte Ziel, selbst wenn bei der Umsetzung des Konzeptes einige Schwierigkeiten bei der Bewertung auftreten können.

Kapitalerhaltungskonzepte und Gewinnermittlung

104 Die Kapitalkonzepte in Paragraph 102 führen zu den folgenden Kapitalerhaltungskonzepten:

(a) *Finanzwirtschaftliche Kapitalerhaltung.* Nach diesem Konzept gilt ein Gewinn nur dann als erwirtschaftet, wenn der finanzielle (oder Geld-)Betrag des Reinvermögens am Ende der Berichtsperiode höher ist als der finanzielle (oder Geld-)Betrag des Reinvermögens zu Beginn der Berichtsperiode, nachdem alle Kapitalabführungen an die Anteilseigner und Kapitalzuführungen von den Anteilseignern im Laufe der Periode abgerechnet sind. Finanzwirtschaftliche Kapitalerhaltung kann entweder mit nominalen Geldeinheiten oder in Einheiten der konstanten Kaufkraft bewertet werden.

(b) *Leistungswirtschaftliche Kapitalerhaltung.* Nach diesem Konzept gilt ein Gewinn nur dann als erwirtschaftet, wenn die physische Produktionskapazität (oder betriebliche Leistungsfähigkeit) des Unternehmens (oder die für die Bereitstellung dieser Kapazität benötigten Ressourcen oder Mittel) am Ende der Periode höher ist als die physische Produktionskapazität zu Beginn der Periode, nachdem alle Kapitalabführungen an die Anteilseigner und Kapitalzuführungen von den Anteilseignern im Laufe der Periode abgerechnet sind.

105 Das Konzept der Kapitalerhaltung befasst sich damit, wie ein Unternehmen das Kapital definiert, das es erhalten möchte. Es liefert die Verbindung zwischen den Kapitalkonzepten und den Erfolgskonzepten, denn es liefert den Anhaltspunkt dafür, wie Gewinn bewertet wird. Es ist eine Voraussetzung für die Unterscheidung zwischen dem Kapitalertrag und der Kapitalrückzahlung eines Unternehmens. Nur die Zuflüsse von Vermögenswerten über die zur Erhaltung von Kapital erforderlichen Beträge hinaus dürfen als Gewinn und somit Kapitalertrag betrachtet werden. Folglich ist Gewinn der Restbetrag, nachdem die Aufwendungen (einschließlich angemessener Kapitalerhaltungsanpassungen) von den Erträgen abgezogen wurden. Übersteigen die Aufwendungen die Erträge, so ist der Restbetrag ein Periodenfehlbetrag.

106 Das Konzept der leistungswirtschaftlichen Kapitalerhaltung erfordert eine Bewertung auf der Grundlage von Tageswerten. Das Konzept der finanzwirtschaftlichen Kapitalerhaltung erfordert jedoch nicht die Verwendung einer bestimmten Bewertungsgrundlage. Die Auswahl einer Grundlage nach diesem Konzept ist abhängig von der Art des finanzwirtschaftlichen Kapitals, das das Unternehmen erhalten möchte.

107 Der grundlegende Unterschied zwischen den beiden Kapitalerhaltungskonzepten besteht in der Behandlung der Auswirkungen von Preisänderungen bei Vermögenswerten und Schulden des Unternehmens. Allgemein hat ein Unternehmen sein Kapital erhalten, wenn es am Ende der Periode so viel Kapital hat wie zu dessen Beginn. Jeder Betrag, der über denjenigen hinausgeht, der zur Erhaltung des zu Beginn der Periode vorhandenen Kapitals erforderlich ist, gilt als Gewinn.

108 Gemäß dem Konzept der finanzwirtschaftlichen Kapitalerhaltung, bei dem das Kapital in nominalen Geldeinheiten definiert wird, stellt der Gewinn die Zunahme des nominalen Geldkapitals im Laufe der Periode dar. Somit stellt der Anstieg der Preise für die Vermögenswerte, die in den Büchern gehalten werden, üblicherweise als Wertzuwachs bezeichnet, nach diesem Konzept Gewinn dar. Allerdings dürfen sie als solche erst nach Veräußerung der Vermögenswerte in einem Austauschvorgang angesetzt werden. Wird das Konzept der finanzwirtschaftlichen Kapitalerhaltung mit konstanten Einheiten der Kaufkraft definiert, stellt der Gewinn die Zunahme der investierten Kaufkraft der Periode dar. Folglich wird nur der Teil des Anstieges der Preise für die Vermögenswerte, der über den allgemeinen Preisanstieg hinausgeht, als Gewinn angesehen. Der Rest der Zunahme wird als Kapitalerhaltungsanpassung und damit als Teil des Eigenkapitals betrachtet.

109 Gemäß dem Konzept der leistungswirtschaftlichen Kapitalerhaltung, bei dem das Kapital als physische Produktionskapazität definiert wird, ist der Gewinn die Erhöhung dieses Kapitals in der Periode. Sämtliche Preisänderungen, die die Vermögenswerte und Schulden des Unternehmens betreffen, werden als Änderungen bei der Ermittlung der physischen Produktionskapazität des Unternehmens betrachtet. Sie werden folglich als Kapitalerhaltungsanpassungen, die Teil des Eigenkapitals sind, und nicht als Gewinn behandelt.

110 Die Wahl der Bewertungsgrundlagen und des Konzeptes der Kapitalerhaltung bedingen das bei der Aufstellung des Abschlusses verwendete Rechnungslegungsmodell. Verschiedene Rechnungslegungsmodelle weisen unterschiedliche Grade an Relevanz und Verlässlichkeit auf, und das Management muss hier, wie in anderen Bereichen, einen Ausgleich zwischen Relevanz und Verlässlichkeit anstreben. Dieses Rahmenkonzept ist auf verschiedene Rechnungslegungsmodelle anwendbar und bietet Unterstützung für die Aufstellung und Darstellung des nach dem ausgewählten Modell erstellten Abschlusses. Derzeit hat der Board des IASC nicht die Absicht, ein bestimmtes Modell vorzuschreiben. Dies ist nur unter besonderen Umständen der Fall, wie beispielsweise für die Unternehmen, die in der Währung eines hochinflationären Landes berichten. Diese Absicht wird jedoch angesichts der weltweiten Entwicklungen überprüft.

The selection of the appropriate concept of capital by an enterprise should be based on the needs of the users of its financial statements. Thus, a financial concept of capital should be adopted if the users of financial statements are primarily
concerned with the maintenance of nominal invested capital or the purchasing power of invested capital. If, however, the
main concern of users is with the operating capability of the enterprise, a physical concept of capital should be used. The
concept chosen indicates the goal to be attained in determining profit, even though there may be some measurement
difficulties in making the concept operational.

Concepts of Capital Maintenance and the Determination of Profit

The concepts of capital in paragraph 102 give rise to the following concepts of capital maintenance: **104**
(a) *Financial capital maintenance.* Under this concept a profit is earned only if the financial (or money) amount of the
    net assets at the end of the period exceeds the financial (or money) amount of net assets at the beginning of the
    period, after excluding any distributions to, and contributions from, owners during the period. Financial capital
    maintenance can be measured in either nominal monetary units or units of constant purchasing power.
(b) *Physical capital maintenance.* Under this concept a profit is earned only if the physical productive capacity (or oper-
    ating capability) of the enterprise (or the resources or funds needed to achieve that capacity) at the end of the period
    exceeds the physical productive capacity at the beginning of the period, after excluding any distributions to, and
    contributions from, owners during the period.

The concept of capital maintenance is concerned with how an enterprise defines the capital that it seeks to maintain. It **105**
provides the linkage between the concepts of capital and the concepts of profit because it provides the point of reference
by which profit is measured; it is a prerequisite for distinguishing between an enterprise's return on capital and its return
of capital; only inflows of assets in excess of amounts needed to maintain capital may be regarded as profit and therefore
as a return on capital. Hence, profit is the residual amount that remains after expenses (including capital maintenance
adjustments, where appropriate) have been deducted from income. If expenses exceed income the residual amount is a
net loss.

The physical capital maintenance concept requires the adoption of the current cost basis of measurement. The financial **106**
capital maintenance concept, however, does not require the use of a particular basis of measurement. Selection of the basis
under this concept is dependent on the type of financial capital that the enterprise is seeking to maintain.

The principal difference between the two concepts of capital maintenance is the treatment of the effects of changes in the **107**
prices of assets and liabilities of the enterprise. In general terms, an enterprise has maintained its capital if it has as much
capital at the end of the period as it had at the beginning of the period. Any amount over and above that required to
maintain the capital at the beginning of the period is profit.

Under the concept of financial capital maintenance where capital is defined in terms of nominal monetary units, profit **108**
represents the increase in nominal money capital over the period. Thus, increases in the prices of assets held over the
period, conventionally referred to as holding gains, are, conceptually, profits. They may not be recognised as such, however, until the assets are disposed of in an exchange transaction. When the concept of financial capital maintenance is
defined in terms of constant purchasing power units, profit represents the increase in invested purchasing power over the
period. Thus, only that part of the increase in the prices of assets that exceeds the increase in the general level of prices is
regarded as profit. The rest of the increase is treated as a capital maintenance adjustment and, hence, as part of equity.

Under the concept of physical capital maintenance when capital is defined in terms of the physical productive capacity, **109**
profit represents the increase in that capital over the period. All price changes affecting the assets and liabilities of the
enterprise are viewed as changes in the measurement of the physical productive capacity of the enterprise; hence, they are
treated as capital maintenance adjustments that are part of equity and not as profit.

The selection of the measurement bases and concept of capital maintenance will determine the accounting model used in **110**
the preparation of the financial statements. Different accounting models exhibit different degrees of relevance and reliability and, as in other areas, management must seek a balance between relevance and reliability. This Framework is applicable to a range of accounting models and provides guidance on preparing and presenting the financial statements constructed under the chosen model. At the present time, it is not the intention of the Board of IASC to prescribe a particular
model other than in exceptional circumstances, such as for those enterprises reporting in the currency of a hyperinflationary economy. This intention will, however, be reviewed in the light of world developments.

INTERNATIONAL ACCOUNTING STANDARD 1

Darstellung des Abschlusses

INHALT

INTERNATIONAL ACCOUNTING STANDARD 1

Presentation of Financial Statements

SUMMARY

ZIELSETZUNG

1 Dieser Standard schreibt die Grundlagen für die Darstellung eines Abschlusses für allgemeine Zwecke vor, um die Vergleichbarkeit sowohl mit den Abschlüssen des eigenen Unternehmens aus vorangegangenen Perioden als auch mit den Abschlüssen anderer Unternehmen zu gewährleisten. Er enthält grundlegende Vorschriften für die Darstellung von Abschlüssen, Anwendungsleitlinien für deren Struktur und Mindestanforderungen an deren Inhalt.

ANWENDUNGSBEREICH

2 Ein Unternehmen hat diesen Standard anzuwenden, wenn es Abschlüsse für allgemeine Zwecke in Übereinstimmung mit den International Financial Reporting Standards (IFRS) aufstellt und darstellt.

3 Die Erfassungs-, Bewertungs- und Angabenanforderungen für bestimmte Geschäftsvorfälle und andere Ereignisse werden in anderen IFRS behandelt.

4 Dieser Standard gilt nicht für die Struktur und den Inhalt verkürzter Zwischenabschlüsse, die gemäß IAS 34 *Zwischenberichterstattung* aufgestellt werden. Die Paragraphen 15–35 sind hingegen auf solche Abschlüsse anzuwenden. Dieser Standard gilt gleichermaßen für alle Unternehmen, unabhängig davon, ob sie einen Konzernabschluss gemäß IFRS 10 *Konzernabschlüsse*, oder einen Einzelabschluss gemäß IAS 27 *Einzelabschlüsse* vorlegen.

5 Die in diesem Standard verwendete Terminologie ist für gewinnorientierte Unternehmen einschließlich Unternehmen des öffentlichen Sektors geeignet. Nicht gewinnorientierte Unternehmen des privaten oder öffentlichen Sektors, die diesen Standard anwenden, müssen gegebenenfalls Bezeichnungen für einzelne Posten im Abschluss und für den Abschluss selbst anpassen.

6 In gleicher Weise haben Unternehmen, die kein Eigenkapital gemäß IAS 32 *Finanzinstrumente: Darstellung* haben (z. B. bestimmte offene Investmentfonds), sowie Unternehmen, deren Kapital kein Eigenkapital darstellt (z. B. bestimmte Genossenschaften) die Darstellung der Anteile der Mitglieder bzw. Anteilseigner im Abschluss entsprechend anzupassen.

DEFINITIONEN

7 Folgende Begriffe werden in diesem Standard mit der angegebenen Bedeutung verwendet:

Ein *Abschluss für allgemeine Zwecke* (auch als „Abschluss" bezeichnet) soll den Bedürfnissen von Adressaten gerecht werden, die nicht in der Lage sind, einem Unternehmen die Veröffentlichung von Berichten vorzuschreiben, die auf ihre spezifischen Informationsbedürfnisse zugeschnitten sind.

Undurchführbar: Die Anwendung einer Vorschrift ist undurchführbar, wenn sie trotz aller wirtschaftlich vernünftigen Anstrengungen des Unternehmens nicht angewandt werden kann.

International Financial Reporting Standards (IFRS) sind die vom International Accounting Standards Board (IASB) verabschiedeten Standards und Interpretationen. Sie umfassen:

(a) International Financial Reporting Standards;

(b) International Accounting Standards; und

(c) Interpretationen des *International Financial Reporting Interpretations Committee (IFRIC) bzw. des ehemaligen Standing Interpretations Committee (SIC)*.

Wesentlich: Auslassungen oder fehlerhafte Darstellungen eines Postens sind wesentlich, wenn sie einzeln oder insgesamt die auf der Basis des Abschlusses getroffenen wirtschaftlichen Entscheidungen der Adressaten beeinflussen könnten. Wesentlichkeit hängt vom Umfang und von der Art der Auslassung oder fehlerhaften Darstellung ab, wobei diese unter den gegebenen Begleitumständen beurteilt werden. Der Umfang oder die Art des Postens bzw. eine Kombination dieser beiden Aspekte, könnte dabei der entscheidende Faktor sein.

Ob eine Auslassung oder fehlerhafte Darstellung von Angaben die auf der Basis des Abschlusses getroffenen wirtschaftlichen Entscheidungen der Adressaten beeinflussen könnte und deshalb als wesentlich einzustufen ist, ist unter Berücksichtigung der Eigenschaften dieser Adressaten zu beurteilen. Paragraph 25 des *Rahmenkonzepts für die Aufstellung und Darstellung von Abschlüssen* besagt, dass „bei den Adressaten vorausgesetzt [wird], dass sie eine angemessene Kenntnis geschäftlicher und wirtschaftlicher Tätigkeiten und der Rechnungslegung sowie die Bereitschaft besitzen, die Informationen mit entsprechender Sorgfalt zu lesen". Deshalb ist bei der Beurteilung zu berücksichtigen, wie Adressaten mit den genannten Eigenschaften unter normalen Umständen in ihren wirtschaftlichen Entscheidungen beeinflusst werden könnten.

Der *Anhang* enthält zusätzliche Angaben zur Bilanz, zur Darstellung/zu den Darstellungen von Gewinn oder Verlust und sonstigem Ergebnis, zur Eigenkapitalveränderungsrechnung und zur Kapitalflussrechnung. Anhangangaben enthalten verbale Beschreibungen oder Aufgliederungen der im Abschluss enthaltenen Posten sowie Informationen über nicht ansatzpflichtige Posten.

OBJECTIVE

This Standard prescribes the basis for presentation of general purpose financial statements to ensure comparability both 1 with the entity's financial statements of previous periods and with the financial statements of other entities. It sets out overall requirements for the presentation of financial statements, guidelines for their structure and minimum requirements for their content.

SCOPE

An entity shall apply this Standard in preparing and presenting general purpose financial statements in accordance with 2 International Financial Reporting Standards (IFRSs).

Other IFRSs set out the recognition, measurement and disclosure requirements for specific transactions and other events. 3

This Standard does not apply to the structure and content of condensed interim financial statements prepared in accordance with IAS 34 *Interim Financial Reporting*. However, paragraphs 15—35 apply to such financial statements. This Standard applies equally to all entities, including those that present consolidated financial statements in accordance with IFRS 10 *Consolidated Financial Statements* and those that present separate financial statements in accordance with IAS 27 *Separate Financial Statements*.

This Standard uses terminology that is suitable for profit-oriented entities, including public sector business entities. If 5 entities with not-for-profit activities in the private sector or the public sector apply this Standard, they may need to amend the descriptions used for particular line items in the financial statements and for the financial statements themselves.

Similarly, entities that do not have equity as defined in IAS 32 *Financial Instruments: Presentation* (e.g. some mutual 6 funds) and entities whose share capital is not equity (e.g. some co-operative entities) may need to adapt the financial statement presentation of members' or unitholders' interests.

DEFINITIONS

The following terms are used in this Standard with the meanings specified: 7

General purpose financial statements (referred to as financial statements) are those intended to meet the needs of users who are not in a position to require an entity to prepare reports tailored to their particular information needs.

Impracticable Applying a requirement is impracticable when the entity cannot apply it after making every reasonable effort to do so.

International Financial Reporting Standards (IFRSs) are Standards and Interpretations adopted by the International Accounting Standards Board (IASB). They comprise:
(a)   International Financial Reporting Standards;
(b)   International Accounting Standards; and
(c)   Interpretations developed by the International Financial Reporting Interpretations Committee (IFRIC) or the former Standing Interpretations Committee (SIC).

Material Omissions or misstatements of items are material if they could, individually or collectively, influence the economic decisions that users make on the basis of the financial statements. Materiality depends on the size and nature of the omission or misstatement judged in the surrounding circumstances. The size or nature of the item, or a combination of both, could be the determining factor.

Assessing whether an omission or misstatement could influence economic decisions of users, and so be material, requires consideration of the characteristics of those users. The *Framework for the Preparation and Presentation of Financial Statements* states in paragraph 25 that 'users are assumed to have a reasonable knowledge of business and economic activities and accounting and a willingness to study the information with reasonable diligence.' Therefore, the assessment needs to take into account how users with such attributes could reasonably be expected to be influenced in making economic decisions.

Notes contain information in addition to that presented in the statement of financial position, statement(s) of profit or loss and other comprehensive income, statement of changes in equity and statement of cash flows. Notes provide narrative descriptions or disaggregations of items presented in those statements and information about items that do not qualify for recognition in those statements.

Das *sonstige Ergebnis* umfasst Ertrags- und Aufwandsposten (einschließlich Umgliederungsbeträgen), die nach anderen IFRS nicht im Gewinn oder Verlust erfasst werden dürfen oder müssen.

Das sonstige Ergebnis setzt sich aus folgenden Bestandteilen zusammen:

(a) Veränderungen der Neubewertungsrücklage (siehe IAS 16 *Sachanlagen* und IAS 38 *Immaterielle Vermögenswerte*);

(b) Neubewertungen von leistungsorientierten Versorgungsplänen (siehe IAS 19 *Leistungen an Arbeitnehmer);*

(c) Gewinne und Verluste aus der Umrechnung des Abschlusses eines ausländischen Geschäftsbetriebs (siehe IAS 21 *Auswirkungen von Wechselkursänderungen*);

(d) Gewinne und Verluste aus der Neubewertung von zur Veräußerung verfügbaren finanziellen Vermögenswerten (siehe IAS 39 *Finanzinstrumente: Ansatz und Bewertung*);

(e) der effektive Teil der Gewinne und Verluste aus Sicherungsinstrumenten bei einer Absicherung von Zahlungsströmen (siehe IAS 39).

Eigentümer sind die Inhaber von Instrumenten, die als Eigenkapital eingestuft werden.

Gewinn oder Verlust ist die Summe der Erträge abzüglich Aufwendungen, ohne Berücksichtigung der Bestandteile des sonstigen Ergebnisses.

Umgliederungsbeträge sind Beträge, die in der aktuellen oder einer früheren Periode als sonstiges Ergebnis erfasst wurden und in der aktuellen Periode in den Gewinn oder Verlust umgegliedert werden.

Das Gesamtergebnis ist die Veränderung des Eigenkapitals in einer Periode infolge von Geschäftsvorfällen und anderen Ereignissen, mit Ausnahme von Veränderungen, die sich aus Geschäftsvorfällen mit Eigentümern ergeben, die in ihrer Eigenschaft als Eigentümer handeln.

Das Gesamtergebnis umfasst alle Bestandteile des „Gewinns oder Verlusts" und des „sonstigen Ergebnisses".

8 In diesem Standard werden die Begriffe „sonstiges Ergebnis", „Gewinn oder Verlust" und „Gesamtergebnis" verwendet. Es steht einem Unternehmen jedoch frei, hierfür andere Bezeichnungen zu verwenden, solange deren Bedeutung klar verständlich ist. Beispielsweise könnte der Gewinn oder Verlust mit dem Begriff „Überschuss" bzw. „Fehlbetrag" bezeichnet werden.

8A Die folgenden Begriffe werden in IAS 32 *Finanzinstrumente: Darstellung* erläutert und im vorliegenden Standard in der in IAS 32 genannten Bedeutung verwendet:

(a) als Eigenkapitalinstrument eingestuftes kündbares Finanzinstrument (Erläuterung siehe IAS 32 Paragraphen 16A und 16B);

(b) als Eigenkapitalinstrument eingestuftes Instrument, das das Unternehmen dazu verpflichtet, einer anderen Partei im Falle der Liquidation einen proportionalen Anteil an seinem Nettovermögen zu liefern (Erläuterung siehe IAS 32 Paragraphen 16C und 16D).

ABSCHLUSS

Zweck des Abschlusses

9 Ein Abschluss ist eine strukturierte Abbildung der Vermögens-, Finanz- und Ertragslage eines Unternehmens. Die Zielsetzung eines Abschlusses ist es, Informationen über die Vermögens-, Finanz- und Ertragslage und die Cashflows eines Unternehmens bereitzustellen, die für ein breites Spektrum von Adressaten nützlich sind, um wirtschaftliche Entscheidungen zu treffen. Ein Abschluss legt ebenfalls Rechenschaft über die Ergebnisse der Verwaltung des dem Management anvertrauten Vermögens ab. Um diese Zielsetzung zu erfüllen, liefert ein Abschluss Informationen über:

(a) Vermögenswerte;

(b) Schulden;

(c) Eigenkapital;

(d) Erträge und Aufwendungen, einschließlich Gewinne und Verluste aus Veräußerungen langfristiger Vermögenswerte und aus Wertänderungen;

(e) Kapitalzuführungen von Eigentümern und Ausschüttungen an Eigentümer, die jeweils in ihrer Eigenschaft als Eigentümer handeln; und

(f) Cashflows eines Unternehmens.

Diese Informationen helfen den Adressaten zusammen mit den anderen Informationen im Anhang, die künftigen Cashflows des Unternehmens sowie insbesondere deren Zeitpunkt und Sicherheit des Entstehens vorauszusagen.

Vollständiger Abschluss

10 Ein vollständiger Abschluss besteht aus:

(a) einer Bilanz zum Abschlussstichtag;

(b) einer Darstellung von Gewinn oder Verlust und sonstigem Ergebnis („Gesamtergebnisrechnung") für die Periode;

(c) einer Eigenkapitalveränderungsrechnung für die Periode;

(d) einer Kapitalflussrechnung für die Periode;

Other comprehensive income comprises items of income and expense (including reclassification adjustments) that are not recognised in profit or loss as required or permitted by other IFRSs.

The components of other comprehensive income include:
(a)   changes in revaluation surplus (see IAS 16 *Property, Plant and Equipment* and IAS 38 *Intangible Assets*);
(b)   remeasurements of defined benefit plans (see IAS 19 *Employee Benefits*);
(c)   gains and losses arising from translating the financial statements of a foreign operation (see IAS 21 *The Effects of Changes in Foreign Exchange Rates*);
(d)   gains and losses on remeasuring available-for-sale financial assets (see IAS 39 *Financial Instruments: Recognition and Measurement*);
(e)   the effective portion of gains and losses on hedging instruments in a cash flow hedge (see IAS 39).

Owners are holders of instruments classified as equity.

Profit or loss is the total of income less expenses, excluding the components of other comprehensive income.

Reclassification adjustments are amounts reclassified to profit or loss in the current period that were recognised in other comprehensive income in the current or previous periods.

Total comprehensive income is the change in equity during a period resulting from transactions and other events, other than those changes resulting from transactions with owners in their capacity as owners.

Total comprehensive income comprises all components of 'profit or loss' and of 'other comprehensive income'.

8   Although this Standard uses the terms 'other comprehensive income', 'profit or loss' and 'total comprehensive income', an entity may use other terms to describe the totals as long as the meaning is clear. For example, an entity may use the term 'net income' to describe profit or loss.

8A   The following terms are described in IAS 32 *Financial Instruments: Presentation* and are used in this Standard with the meaning specified in IAS 32:
(a)   puttable financial instrument classified as an equity instrument (described in paragraphs 16A and 16B of IAS 32)
(b)   an instrument that imposes on the entity an obligation to deliver to another party a pro rata share of the net assets of the entity only on liquidation and is classified as an equity instrument (described in paragraphs 16C and 16D of IAS 32).

FINANCIAL STATEMENTS

Purpose of financial statements

9   Financial statements are a structured representation of the financial position and financial performance of an entity. The objective of financial statements is to provide information about the financial position, financial performance and cash flows of an entity that is useful to a wide range of users in making economic decisions. Financial statements also show the results of the management's stewardship of the resources entrusted to it. To meet this objective, financial statements provide information about an entity's:
(a)   assets;
(b)   liabilities;
(c)   equity;
(d)   income and expenses, including gains and losses;
(e)   contributions by and distributions to owners in their capacity as owners; and
(f)   cash flows.
This information, along with other information in the notes, assists users of financial statements in predicting the entity's future cash flows and, in particular, their timing and certainty.

Complete set of financial statements

10   A complete set of financial statements comprises:
(a)   a statement of financial position as at the end of the period;
(b)   a statement of profit or loss and other comprehensive income for the period;
(c)   a statement of changes in equity for the period;
(d)   a statement of cash flows for the period;

(e) dem Anhang, der eine Darstellung der wesentlichen Rechnungslegungsmethoden und sonstige Erläuterungen enthält;

(ea) Vergleichsinformationen hinsichtlich der vorangegangenen Periode, so wie in den Paragraphen 38 und 38A spezifiziert; und

(f) einer Bilanz zu Beginn der vorangegangenen Periode, wenn ein Unternehmen eine Rechnungslegungsmethode rückwirkend anwendet oder Posten im Abschluss rückwirkend anpasst oder Posten im Abschluss rückwirkend gemäß den Paragraphen 40A–40D umgliedert.

Ein Unternehmen kann für diese Bestandteile andere Bezeichnungen als die in diesem Standard vorgesehenen Begriffe verwenden. So kann ein Unternehmen beispielsweise die Bezeichnung „Gesamtergebnisrechnung" anstatt „Darstellung von Gewinn oder Verlust und sonstigem Ergebnis" verwenden.

10A Ein Unternehmen kann seinen Gewinn/Verlust und sein sonstiges Ergebnis in einer einzigen fortlaufenden Darstellung zeigen, in der Gewinn/Verlust und sonstiges Ergebnis in getrennten Abschnitten ausgewiesen sind. Diese fortlaufende Darstellung enthält an erster Stelle die Gewinn- und Verlustrechnung, gefolgt von der Aufstellung des sonstigen Ergebnisses. Ein Unternehmen kann seinen Gewinn/Verlust auch in einer gesonderten Gewinn- und Verlustrechnung darstellen. Ist dies der Fall, muss diese der Darstellung des Gesamtergebnisses unmittelbar vorangehen; diese wiederum muss mit Gewinn oder Verlust beginnen.

11 Ein Unternehmen hat alle Bestandteile des Abschlusses in einem vollständigen Abschluss gleichwertig darzustellen.

12 [gestrichen]

13 Viele Unternehmen veröffentlichen neben dem Abschluss einen durch das Management erstellten Bericht über die Unternehmenslage, der die wesentlichen Merkmale der Vermögens-, Finanz- und Ertragslage des Unternehmens sowie die wichtigsten Unsicherheiten, denen sich das Unternehmen gegenübersieht, beschreibt und erläutert. Ein solcher Bericht könnte einen Überblick geben über:

(a) die Hauptfaktoren und Einflüsse, welche die Ertragskraft bestimmen, einschließlich Veränderungen des Umfelds, in dem das Unternehmen tätig ist, die Reaktionen des Unternehmens auf diese Veränderungen und deren Auswirkungen sowie die Investitionspolitik des Unternehmens, durch die die Ertragskraft erhalten und verbessert werden soll, einschließlich der Dividendenpolitik;

(b) die Finanzierungsquellen des Unternehmens und das vom Unternehmen angestrebte Verhältnis von Fremd- zu Eigenkapital; sowie

(c) die gemäß den IFRS nicht in der Bilanz ausgewiesenen Ressourcen.

14 Viele Unternehmen veröffentlichen außerhalb ihres Abschlusses auch Berichte und Angaben, wie Umweltberichte und Wertschöpfungsrechnungen, insbesondere in Branchen, in denen Umweltfaktoren von Bedeutung sind, und in Fällen, in denen Arbeitnehmer als eine bedeutende Adressatengruppe betrachtet werden. Die Berichte und Angaben, die außerhalb des Abschlusses veröffentlicht werden, fallen nicht in den Anwendungsbereich der IFRS.

Allgemeine Merkmale

Vermittlung eines den tatsächlichen Verhältnissen entsprechenden Bilds und Übereinstimmung mit den IFRS

15 Abschlüsse haben die Vermögens-, Finanz- und Ertragslage sowie die Cashflows eines Unternehmens den tatsächlichen Verhältnissen entsprechend darzustellen. Eine den tatsächlichen Verhältnissen entsprechende Darstellung erfordert, dass die Auswirkungen der Geschäftsvorfälle sowie der sonstigen Ereignisse und Bedingungen übereinstimmend mit den im *Rahmenkonzept* enthaltenen Definitionen und Erfassungskriterien für Vermögenswerte, Schulden, Erträge und Aufwendungen glaubwürdig dargestellt werden. Die Anwendung der IFRS, gegebenenfalls um zusätzliche Angaben ergänzt, führt annahmegemäß zu Abschlüssen, die ein den tatsächlichen Verhältnissen entsprechendes Bild vermitteln.

16 Ein Unternehmen, dessen Abschluss mit den IFRS in Einklang steht, hat diese Tatsache in einer ausdrücklichen und uneingeschränkten Erklärung im Anhang anzugeben. Ein Unternehmen darf einen Abschluss nicht als mit den IFRS übereinstimmend bezeichnen, solange er nicht sämtliche Anforderungen der IFRS erfüllt.

17 Unter nahezu allen Umständen wird ein den tatsächlichen Verhältnissen entsprechendes Bild durch Übereinstimmung mit den anzuwendenden IFRS erreicht. Um ein den tatsächlichen Verhältnissen entsprechendes Bild zu vermitteln, hat ein Unternehmen außerdem Folgendes zu leisten:

(a) Auswahl und Anwendung der Rechnungslegungsmethoden gemäß IAS 8 *Rechnungslegungsmethoden, Änderungen von rechnungslegungsbezogenen Schätzungen und Fehler*. In IAS 8 ist eine Hierarchie der maßgeblichen Leitlinien aufgeführt, die das Management beim Fehlen eines spezifischen IFRS für einen Posten betrachtet;

(b) Darstellung von Informationen, einschließlich der Rechnungslegungsmethoden, auf eine Weise, die zu relevanten, verlässlichen, vergleichbaren und verständlichen Informationen führt; und

(c) Bereitstellung zusätzlicher Angaben, wenn die Anforderungen in den IFRS unzureichend sind, um es den Adressaten zu ermöglichen, die Auswirkungen einzelner Geschäftsvorfälle sowie sonstiger Ereignisse und Bedingungen auf die Vermögens-, Finanz- und Ertragslage des Unternehmens zu verstehen.

(e) notes, comprising significant accounting policies and other explanatory information;

(ea) comparative information in respect of the preceding period as specified in paragraphs 38 and 38A; and

(f) a statement of financial position as at the beginning of the preceding period when an entity applies an accounting policy retrospectively or makes a retrospective restatement of items in its financial statements, or when it reclassifies items in its financial statements in accordance with paragraphs 40A—40D.

An entity may use titles for the statements other than those used in this Standard. For example, an entity may use the title 'statement of comprehensive income' instead of 'statement of profit or loss and other comprehensive income'.

An entity may present a single statement of profit or loss and other comprehensive income, with profit or loss and other comprehensive income presented in two sections. The sections shall be presented together, with the profit or loss section presented first followed directly by the other comprehensive income section. An entity may present the profit or loss section in a separate statement of profit or loss. If so, the separate statement of profit or loss shall immediately precede the statement presenting comprehensive income, which shall begin with profit or loss. **10A**

An entity shall present with equal prominence all of the financial statements in a complete set of financial statements. **11**

[deleted] **12**

Many entities present, outside the financial statements, a financial review by management that describes and explains the main features of the entity's financial performance and financial position, and the principal uncertainties it faces. Such a report may include a review of: **13**

(a) the main factors and influences determining financial performance, including changes in the environment in which the entity operates, the entity's response to those changes and their effect, and the entity's policy for investment to maintain and enhance financial performance, including its dividend policy;

(b) the entity's sources of funding and its targeted ratio of liabilities to equity; and

(c) the entity's resources not recognised in the statement of financial position in accordance with IFRSs.

Many entities also present, outside the financial statements, reports and statements such as environmental reports and value added statements, particularly in industries in which environmental factors are significant and when employees are regarded as an important user group. Reports and statements presented outside financial statements are outside the scope of IFRSs. **14**

General features

Fair presentation and compliance with IFRSs

Financial statements shall present fairly the financial position, financial performance and cash flows of an entity. Fair presentation requires the faithful representation of the effects of transactions, other events and conditions in accordance with the definitions and recognition criteria for assets, liabilities, income and expenses set out in the *Framework*. The application of IFRSs, with additional disclosure when necessary, is presumed to result in financial statements that achieve a fair presentation. **15**

An entity whose financial statements comply with IFRSs shall make an explicit and unreserved statement of such compliance in the notes. An entity shall not describe financial statements as complying with IFRSs unless they comply with all the requirements of IFRSs. **16**

In virtually all circumstances, an entity achieves a fair presentation by compliance with applicable IFRSs. A fair presentation also requires an entity: **17**

(a) to select and apply accounting policies in accordance with IAS 8 *Accounting Policies, Changes in Accounting Estimates and Errors*. IAS 8 sets out a hierarchy of authoritative guidance that management considers in the absence of an IFRS that specifically applies to an item.

(b) to present information, including accounting policies, in a manner that provides relevant, reliable, comparable and understandable information.

(c) to provide additional disclosures when compliance with the specific requirements in IFRSs is insufficient to enable users to understand the impact of particular transactions, other events and conditions on the entity's financial position and financial performance.

18 Die Anwendung ungeeigneter Rechnungslegungsmethoden kann weder durch die Angabe der angewandten Methoden noch durch Anhangangaben oder zusätzliche Erläuterungen behoben werden.

19 In den äußerst seltenen Fällen, in denen das Management zu dem Ergebnis gelangt, dass die Einhaltung einer in einem IFRS enthaltenen Anforderung so irreführend wäre, dass sie zu einem Konflikt mit dem im *Rahmenkonzept* dargestellten Zweck führen würde, hat ein Unternehmen von dieser Anforderung unter Beachtung der Vorgaben des Paragraphen 20 abzuweichen, sofern die geltenden gesetzlichen Rahmenbedingungen eine solche Abweichung erfordern oder ansonsten nicht untersagen.

20 Weicht ein Unternehmen von einer in einem IFRS enthaltenen Vorschrift gemäß Paragraph 19 ab, hat es Folgendes anzugeben:
(a) dass das Management zu dem Ergebnis gekommen ist, dass der Abschluss die Vermögens-, Finanz- und Ertragslage sowie die Cashflows des Unternehmens den tatsächlichen Verhältnissen entsprechend darstellt;
(b) dass es die anzuwendenden IFRS befolgt hat, mit der Ausnahme, dass von einer bestimmten Anforderung abgewichen wurde, um ein den tatsächlichen Verhältnissen entsprechendes Bild zu vermitteln;
(c) die Bezeichnung des IFRS, von dem das Unternehmen abgewichen ist, die Art der Abweichung einschließlich der Bilanzierungsweise, die der IFRS erfordern würde, den Grund, warum diese Bilanzierungsweise unter den gegebenen Umständen so irreführend wäre, dass sie zu einem Konflikt mit der Zielsetzung des Abschlusses gemäß dem *Rahmenkonzept* führen würde, und die Bilanzierungsweise, die angewandt wurde; sowie
(d) für jede dargestellte Periode die finanziellen Auswirkungen der Abweichung auf jeden Abschlussposten, der bei Einhaltung der Vorschrift berichtet worden wäre.

21 Ist ein Unternehmen in einer früheren Periode von einer in einem IFRS enthaltenen Bestimmung abgewichen und wirkt sich eine solche Abweichung auf Beträge im Abschluss der aktuellen Periode aus, sind die in den Paragraphen 20 (c) und (d) vorgeschriebenen Angaben zu machen.

22 Paragraph 21 gilt beispielsweise dann, wenn ein Unternehmen in einer früheren Periode bei der Bewertung von Vermögenswerten oder Schulden von einer in einem IFRS enthaltenen Bestimmung abgewichen ist, und zwar so, dass sich aufgrund der Abweichung die Bewertung der Vermögenswerte und der Schulden ändert, die im Abschluss des Unternehmens für die aktuelle Periode ausgewiesen sind.

23 In den äußerst seltenen Fällen, in denen das Management zu dem Ergebnis gelangt, dass die Einhaltung einer in einem IFRS enthaltenen Anforderung so irreführend wäre, dass sie zu einem Konflikt mit der Zielsetzung des Abschlusses im Sinne des *Rahmenkonzepts* führen würde, aber die geltenden gesetzlichen Rahmenbedingungen ein Abweichen von der Anforderung verbieten, hat das Unternehmen die für irreführend erachteten Aspekte bestmöglich zu verringern, indem es Folgendes angibt:
(a) die Bezeichnung des betreffenden IFRS, die Art der Anforderung und den Grund, warum die Einhaltung der Anforderung unter den gegebenen Umständen so irreführend ist, dass sie nach Ansicht des Managements zu einem Konflikt mit der Zielsetzung des Abschlusses im Sinne des *Rahmenkonzepts* führt; sowie
(b) für jede dargestellte Periode die Anpassungen, die bei jedem Posten im Abschluss nach Ansicht des Managements zur Vermittlung eines den tatsächlichen Verhältnissen entsprechenden Bildes erforderlich wären.

24 Zwischen einer einzelnen Information und der Zielsetzung der Abschlüsse besteht dann ein Konflikt im Sinne der Paragraphen 19–23, wenn die einzelne Information die Geschäftsvorfälle, sonstigen Ereignisse und Bedingungen nicht so glaubwürdig darstellt, wie sie es entweder vorgibt oder wie es vernünftigerweise erwartet werden kann, und die einzelne Information folglich wahrscheinlich die wirtschaftlichen Entscheidungen der Abschlussadressaten beeinflusst. Wenn geprüft wird, ob die Einhaltung einer bestimmten Anforderung in einem IFRS so irreführend wäre, dass sie zu einem Konflikt mit der Zielsetzung des Abschlusses im Sinne des *Rahmenkonzepts* führen würde, prüft das Management,
(a) warum die Zielsetzung des Abschlusses unter den gegebenen Umständen nicht erreicht wird; und
(b) wie sich die besonderen Umstände des Unternehmens von denen anderer Unternehmen, die die Anforderung einhalten, unterscheiden. Wenn andere Unternehmen unter ähnlichen Umständen die Anforderung einhalten, gilt die widerlegbare Vermutung, dass die Einhaltung der Anforderung durch das Unternehmen nicht so irreführend wäre, dass sie zu einem Konflikt mit der Zielsetzung des Abschlusses im Sinne des *Rahmenkonzepts* führen würde.

Unternehmensfortführung

25 Bei der Aufstellung eines Abschlusses hat das Management die Fähigkeit des Unternehmens, den Geschäftsbetrieb fortzuführen, einzuschätzen. Ein Abschluss ist solange auf der Grundlage der Annahme der Unternehmensfortführung aufzustellen, bis das Management entweder beabsichtigt, das Unternehmen aufzulösen oder das Geschäft einzustellen oder bis das Management keine realistische Alternative mehr hat, als so zu handeln. Wenn dem Management bei seiner Einschätzung wesentliche Unsicherheiten bekannt sind, die sich auf Ereignisse oder Bedingungen beziehen und die erhebliche Zweifel an der Fortführungsfähigkeit des Unternehmens aufwerfen, sind diese Unsicherheiten anzugeben. Wird der Abschluss nicht auf der Grundlage der Annahme der Unternehmensfortführung aufgestellt, ist diese Tatsache gemeinsam mit den Grundlagen, auf denen der Abschluss basiert, und dem Grund, warum von einer Fortführung des Unternehmens nicht ausgegangen wird, anzugeben.

An entity cannot rectify inappropriate accounting policies either by disclosure of the accounting policies used or by notes or explanatory material. **18**

In the extremely rare circumstances in which management concludes that compliance with a requirement in an IFRS would be so misleading that it would conflict with the objective of financial statements set out in the *Framework,* the entity shall depart from that requirement in the manner set out in paragraph 20 if the relevant regulatory framework requires, or otherwise does not prohibit, such a departure. **19**

When an entity departs from a requirement of an IFRS in accordance with paragraph 19, it shall disclose: **20**
(a)   that management has concluded that the financial statements present fairly the entity's financial position, financial performance and cash flows;
(b)   that it has complied with applicable IFRSs, except that it has departed from a particular requirement to achieve a fair presentation;
(c)   the title of the IFRS from which the entity has departed, the nature of the departure, including the treatment that the IFRS would require, the reason why that treatment would be so misleading in the circumstances that it would conflict with the objective of financial statements set out in the *Framework,* and the treatment adopted; and
(d)   for each period presented, the financial effect of the departure on each item in the financial statements that would have been reported in complying with the requirement.

When an entity has departed from a requirement of an IFRS in a prior period, and that departure affects the amounts recognised in the financial statements for the current period, it shall make the disclosures set out in paragraph 20 (c) and (d). **21**

Paragraph 21 applies, for example, when an entity departed in a prior period from a requirement in an IFRS for the measurement of assets or liabilities and that departure affects the measurement of changes in assets and liabilities recognised in the current period's financial statements. **22**

In the extremely rare circumstances in which management concludes that compliance with a requirement in an IFRS would be so misleading that it would conflict with the objective of financial statements set out in the *Framework,* but the relevant regulatory framework prohibits departure from the requirement, the entity shall, to the maximum extent possible, reduce the perceived misleading aspects of compliance by disclosing: **23**
(a)   the title of the IFRS in question, the nature of the requirement, and the reason why management has concluded that complying with that requirement is so misleading in the circumstances that it conflicts with the objective of financial statements set out in the *Framework;* and
(b)   for each period presented, the adjustments to each item in the financial statements that management has concluded would be necessary to achieve a fair presentation.

For the purpose of paragraphs 19—23, an item of information would conflict with the objective of financial statements when it does not represent faithfully the transactions, other events and conditions that it either purports to represent or could reasonably be expected to represent and, consequently, it would be likely to influence economic decisions made by users of financial statements. When assessing whether complying with a specific requirement in an IFRS would be so misleading that it would conflict with the objective of financial statements set out in the *Framework,* management considers: **24**
(a)   why the objective of financial statements is not achieved in the particular circumstances; and
(b)   how the entity's circumstances differ from those of other entities that comply with the requirement. If other entities in similar circumstances comply with the requirement, there is a rebuttable presumption that the entity's compliance with the requirement would not be so misleading that it would conflict with the objective of financial statements set out in the *Framework.*

Going concern

When preparing financial statements, management shall make an assessment of an entity's ability to continue as a going concern. An entity shall prepare financial statements on a going concern basis unless management either intends to liquidate the entity or to cease trading, or has no realistic alternative but to do so. When management is aware, in making its assessment, of material uncertainties related to events or conditions that may cast significant doubt upon the entity's ability to continue as a going concern, the entity shall disclose those uncertainties. When an entity does not prepare financial statements on a going concern basis, it shall disclose that fact, together with the basis on which it prepared the financial statements and the reason why the entity is not regarded as a going concern. **25**

26 Bei der Einschätzung, ob die Annahme der Unternehmensfortführung angemessen ist, zieht das Management sämtliche verfügbaren Informationen über die Zukunft in Betracht, die mindestens zwölf Monate nach dem Abschlussstichtag umfasst, aber nicht auf diesen Zeitraum beschränkt ist. Der Umfang der Berücksichtigung ist von den Gegebenheiten jedes einzelnen Sachverhalts abhängig. Verfügte ein Unternehmen in der Vergangenheit über einen rentablen Geschäftsbetrieb und hat es schnellen Zugriff auf Finanzquellen, kann es ohne eine detaillierte Analyse die Schlussfolgerung ziehen, dass die Annahme der Unternehmensfortführung als Grundlage der Rechnungslegung angemessen ist. In anderen Fällen wird das Management zahlreiche Faktoren im Zusammenhang mit der derzeitigen und künftigen Rentabilität, Schuldentilgungsplänen und potenziellen Refinanzierungsquellen in Betracht ziehen müssen, bevor es selbst davon überzeugt ist, dass die Annahme der Unternehmensfortführung angemessen ist.

Konzept der Periodenabgrenzung

27 Ein Unternehmen hat seinen Abschluss, mit Ausnahme der Kapitalflussrechnung, nach dem Konzept der Periodenabgrenzung aufzustellen.

28 Wird der Abschluss nach dem Konzept der Periodenabgrenzung erstellt, werden Posten als Vermögenswerte, Schulden, Eigenkapital, Erträge und Aufwendungen (die Bestandteile des Abschlusses) dann erfasst, wenn sie die im *Rahmenkonzept* für die betreffenden Elemente enthaltenen Definitionen und Erfassungskriterien erfüllen.

Wesentlichkeit und Zusammenfassung von Posten

29 Ein Unternehmen hat jede wesentliche Gruppe gleichartiger Posten gesondert darzustellen. Posten einer nicht ähnlichen Art oder Funktion werden gesondert dargestellt, sofern sie nicht unwesentlich sind.

30 Abschlüsse resultieren aus der Verarbeitung einer großen Anzahl von Geschäftsvorfällen oder sonstigen Ereignissen, die strukturiert werden, indem sie gemäß ihrer Art oder ihrer Funktion zu Gruppen zusammengefasst werden. In der abschließenden Phase des Zusammenfassungs- und Gliederungsprozesses werden die zusammengefassten und klassifizierten Daten dargestellt, die als Posten in den Abschlussbestandteilen ausgewiesen werden. Ist ein Posten für sich allein betrachtet nicht von wesentlicher Bedeutung, wird er mit anderen Posten entweder in einem bestimmten Abschlussbestandteil oder in den Anhangangaben zusammengefasst. Ein Posten, der nicht wesentlich genug ist, eine gesonderte Darstellung in den genannten Abschlussbestandteilen zu rechtfertigen, kann dennoch eine gesonderte Darstellung in den Anhangangaben rechtfertigen.

30A Bei der Anwendung dieses Standards und anderer IFRS entscheidet das Unternehmen unter Berücksichtigung aller maßgeblichen Sachverhalte und Umstände, wie es die Informationen in den Abschlussbestandteilen einschließlich der Anhangangaben zusammenfasst. Ein Unternehmen darf die Verständlichkeit seiner Abschlussbestandteile nicht erschweren, indem es wesentliche Informationen dadurch verschleiert, dass es sie zusammen mit unwesentlichen Informationen aufführt oder dass es wesentliche Posten unterschiedlicher Art oder Funktion zusammenfasst.

31 Einige IFRS nennen die Informationen, die in den Abschlussbestandteilen einschließlich der Anhangangaben enthalten sein müssen. Ein Unternehmen braucht einer bestimmten Angabepflichtung eines IFRS nicht nachzukommen, wenn die anzugebende Information nicht wesentlich ist. Dies gilt selbst dann, wenn der IFRS bestimmte Anforderungen oder Mindestanforderungen vorgibt. Ein Unternehmen hat außerdem die Bereitstellung zusätzlicher Angaben in Betracht zu ziehen, wenn die Anforderungen in den IFRS unzureichend sind, um es den Adressaten des Abschlusses zu ermöglichen, die Auswirkungen einzelner Geschäftsvorfälle sowie sonstiger Ereignisse und Bedingungen auf die Vermögens-, Finanz- und Ertragslage des Unternehmens zu verstehen.

Saldierung von Posten

32 Ein Unternehmen darf Vermögenswerte und Schulden sowie Erträge und Aufwendungen nicht miteinander saldieren, sofern nicht die Saldierung von einem IFRS vorgeschrieben oder gestattet wird.

33 Ein Unternehmen hat Vermögenswerte und Schulden sowie Erträge und Aufwendungen gesondert auszuweisen. Saldierungen in der Gesamtergebnisrechnung, in der Bilanz oder in der gesonderten Gewinn- und Verlustrechnung (sofern erstellt) vermindern die Fähigkeit der Adressaten, Geschäftsvorfälle, sonstige Ereignisse oder Bedingungen zu verstehen und die künftigen Cashflows des Unternehmens zu schätzen, es sei denn, die Saldierung spiegelt den wirtschaftlichen Gehalt eines Geschäftsvorfalls oder eines sonstigen Ereignisses wider. Die Bewertung von Vermögenswerten nach Abzug von Wertberichtigungen – beispielsweise Abschläge für veraltete Bestände und Wertberichtigungen von Forderungen – ist keine Saldierung.

34 IAS 18 *Umsatzerlöse* definiert Umsatzerlöse und schreibt vor, dass Unternehmen diese zum beizulegenden Zeitwert der erhaltenen oder zu beanspruchenden Gegenleistung abzüglich der vom Unternehmen gewährten Preisnachlässe und Mengenrabatte bewerten. Ein Unternehmen wickelt im Verlaufe seiner gewöhnlichen Geschäftstätigkeit auch solche Geschäftsvorfälle ab, die selbst zu keinen Umsatzerlösen führen, die aber zusammen mit den Hauptumsatzaktivitäten anfallen. Die Ergebnisse solcher Geschäftsvorfälle sind durch die Saldierung aller Erträge mit den dazugehörigen Aufwen-

In assessing whether the going concern assumption is appropriate, management takes into account all available informa- **26** tion about the future, which is at least, but is not limited to, twelve months from the end of the reporting period. The degree of consideration depends on the facts in each case. When an entity has a history of profitable operations and ready access to financial resources, the entity may reach a conclusion that the going concern basis of accounting is appropriate without detailed analysis. In other cases, management may need to consider a wide range of factors relating to current and expected profitability, debt repayment schedules and potential sources of replacement financing before it can satisfy itself that the going concern basis is appropriate.

Accrual basis of accounting

An entity shall prepare its financial statements, except for cash flow information, using the accrual basis of accounting. **27**

When the accrual basis of accounting is used, an entity recognises items as assets, liabilities, equity, income and expenses **28** (the elements of financial statements) when they satisfy the definitions and recognition criteria for those elements in the *Framework*.

Materiality and aggregation

An entity shall present separately each material class of similar items. An entity shall present separately items of a **29** **dissimilar nature or function unless they are immaterial.**

Financial statements result from processing large numbers of transactions or other events that are aggregated into classes **30** according to their nature or function. The final stage in the process of aggregation and classification is the presentation of condensed and classified data, which form line items in the financial statements. If a line item is not individually material, it is aggregated with other items either in those statements or in the notes. An item that is not sufficiently material to warrant separate presentation in those statements may warrant separate presentation in the notes.

When applying this and other IFRSs an entity shall decide, taking into consideration all relevant facts and circumstances, **30A** how it aggregates information in the financial statements, which include the notes. An entity shall not reduce the understandability of its financial statements by obscuring material information with immaterial information or by aggregating material items that have different natures or functions.

Some IFRSs specify information that is required to be included in the financial statements, which include the notes. An **31** entity need not provide a specific disclosure required by an IFRS if the information resulting from that disclosure is not material. This is the case even if the IFRS contains a list of specific requirements or describes them as minimum requirements. An entity shall also consider whether to provide additional disclosures when compliance with the specific requirements in IFRS is insufficient to enable users of financial statements to understand the impact of particular transactions, other events and conditions on the entity's financial position and financial performance.

Offsetting

An entity shall not offset assets and liabilities or income and expenses, unless required or permitted by an IFRS. **32**

An entity reports separately both assets and liabilities, and income and expenses. Offsetting in the statements of compre- **33** hensive income or financial position or in the separate income statement (if presented), except when offsetting reflects the substance of the transaction or other event, detracts from the ability of users both to understand the transactions, other events and conditions that have occurred and to assess the entity's future cash flows. Measuring assets net of valuation allowances — for example, obsolescence allowances on inventories and doubtful debts allowances on receivables — is not offsetting.

IAS 18 *Revenue* defines revenue and requires an entity to measure it at the fair value of the consideration received or **34** receivable, taking into account the amount of any trade discounts and volume rebates the entity allows. An entity undertakes, in the course of its ordinary activities, other transactions that do not generate revenue but are incidental to the main revenue-generating activities. An entity presents the results of such transactions, when this presentation reflects the

dungen, die durch denselben Geschäftsvorfall entstehen, darzustellen, wenn diese Darstellung den Gehalt des Geschäftsvorfalles oder des sonstigen Ereignisses widerspiegelt. Einige Beispiele:

(a) Ein Unternehmen stellt Gewinne und Verluste aus der <u>Veräußerung langfristiger Vermögenswerte</u> einschließlich Finanzinvestitionen und betrieblicher Vermögenswerte dar, indem es von Veräußerungserlösen den Buchwert der Vermögenswerte und die damit in Zusammenhang stehenden Veräußerungskosten abzieht; und

(b) ein Unternehmen darf Ausgaben in Verbindung mit einer Rückstellung, die gemäß IAS 37 *Rückstellungen, Eventualverbindlichkeiten und Eventualforderungen* angesetzt wird und die gemäß einer vertraglichen Vereinbarung mit einem Dritten (z. B. Lieferantengewährleistung) erstattet wird, mit der entsprechenden <u>Rückerstattung</u> saldieren.

35 Außerdem stellt ein Unternehmen Gewinne und Verluste saldiert dar, die aus einer Gruppe von ähnlichen Geschäftsvorfällen entstehen, beispielsweise Gewinne und Verluste aus der Währungsumrechnung oder solche, die aus Finanzinstrumenten entstehen, die zu Handelszwecken gehalten werden. Ein Unternehmen hat solche Gewinne und Verluste jedoch, sofern sie wesentlich sind, gesondert auszuweisen.

Häufigkeit der Berichterstattung

36 Ein Unternehmen hat mindestens jährlich einen vollständigen Abschluss (einschließlich Vergleichsinformationen) aufzustellen. Wenn sich der Abschlussstichtag ändert und der Abschluss für einen Zeitraum aufgestellt wird, der länger oder kürzer als ein Jahr ist, hat ein Unternehmen zusätzlich zur Periode, auf die sich der Abschluss bezieht, Folgendes anzugeben:

(a) den Grund für die Verwendung einer längeren bzw. kürzeren Berichtsperiode und

(b) die Tatsache, dass Vergleichsbeträge des Abschlusses nicht vollständig vergleichbar sind.

37 Normalerweise stellt ein Unternehmen einen Abschluss gleichbleibend für einen Zeitraum von einem Jahr auf. Allerdings bevorzugen einige Unternehmen aus praktischen Gründen, über eine Periode von 52 Wochen zu berichten. Dieser Standard schließt diese Vorgehensweise nicht aus.

Vergleichsinformationen

Mindestvergleichsinformationen

38 **Sofern die IFRS nichts anderes erlauben oder vorschreiben, hat ein Unternehmen für alle im Abschluss der aktuellen Periode enthaltenen quantitativen Informationen Vergleichsinformationen hinsichtlich der vorangegangenen Periode anzugeben. Vergleichsinformationen sind in die verbalen und beschreibenden Informationen einzubeziehen, wenn sie für das Verständnis des Abschlusses der Berichtsperiode von Bedeutung sind.**

38A **Ein Unternehmen legt zumindest zwei Bilanzen, zwei Gesamtergebnisrechnungen, zwei gesonderte Gewinn- und Verlustrechnungen (falls vorgelegt), zwei Kapitalflussrechnungen und zwei Eigenkapitalveränderungsrechnungen und die zugehörigen Anhangangaben vor.**

38B In manchen Fällen sind verbale Informationen, die in den Abschlüssen der vorangegangenen Periode(n) gemacht wurden, auch für die Berichtsperiode von Bedeutung. Beispielsweise hat ein Unternehmen die Einzelheiten eines Rechtsstreits anzugeben, dessen Ausgang am Ende der vorangegangenen Berichtsperiode unsicher war und der noch entschieden werden muss. Die Adressaten können Nutzen aus der Offenlegung der Information ziehen, dass am Ende der vorangegangenen Berichtsperiode eine Unsicherheit bestand, und aus der Offenlegung von Informationen über die Schritte, die unternommen worden sind, um diese Unsicherheit zu beseitigen.

Zusätzliche Vergleichsinformationen

38C Ein Unternehmen kann zusätzlich zum nach den IFRS geforderten Mindestvergleichsabschluss vergleichende Informationen vorlegen, sofern diese Informationen gemäß den IFRS erstellt werden. Diese Vergleichsinformationen können aus einem oder mehreren Abschlüssen nach Paragraph 10 bestehen, brauchen aber keinen vollständigen Abschluss zu umfassen. In diesem Falle legt das Unternehmen zugehörige Anhangangaben für diese zusätzlichen Abschlüsse vor.

38D Ein Unternehmen kann z. B. eine dritte Darstellung von Gewinn oder Verlust und sonstigem Ergebnis vorlegen (dadurch würden die aktuelle Periode, die vorangegangene Periode und eine zusätzliche Vergleichsperiode vorgelegt). Das Unternehmen ist jedoch nicht gehalten, eine dritte Bilanz, eine dritte Kapitalflussrechnung oder eine dritte Eigenkapitalveränderungsrechnung (d. h. einen zusätzlichen Abschluss zu Vergleichszwecken) vorzulegen. Demgegenüber ist das Unternehmen verpflichtet, im Anhang zum Abschluss die Vergleichsinformationen im Hinblick auf diese zusätzliche Darstellung von Gewinn oder Verlust und sonstigem Ergebnis vorzulegen.

39 [gestrichen]

40 [gestrichen]

substance of the transaction or other event, by netting any income with related expenses arising on the same transaction. For example:

(a) an entity presents gains and losses on the disposal of non-current assets, including investments and operating assets, by deducting from the proceeds on disposal the carrying amount of the asset and related selling expenses; and

(b) an entity may net expenditure related to a provision that is recognised in accordance with IAS 37 *Provisions, Contingent Liabilities and Contingent Assets* and reimbursed under a contractual arrangement with a third party (for example, a supplier's warranty agreement) against the related reimbursement.

In addition, an entity presents on a net basis gains and losses arising from a group of similar transactions, for example, foreign exchange gains and losses or gains and losses arising on financial instruments held for trading. However, an entity presents such gains and losses separately if they are material. **35**

Frequency of reporting

An entity shall present a complete set of financial statements (including comparative information) at least annually. When an entity changes the end of its reporting period and presents financial statements for a period longer or shorter than one year, an entity shall disclose, in addition to the period covered by the financial statements: **36**

(a) the reason for using a longer or shorter period, and

(b) the fact that amounts presented in the financial statements are not entirely comparable.

Normally, an entity consistently prepares financial statements for a one-year period. However, for practical reasons, some entities prefer to report, for example, for a 52-week period. This Standard does not preclude this practice. **37**

Comparative information

Minimum comparative information

Except when IFRSs permit or require otherwise, an entity shall present comparative information in respect of the preceding period for all amounts reported in the current period's financial statements. An entity shall include comparative information for narrative and descriptive information if it is relevant to understanding the current period's financial statements. **38**

An entity shall present, as a minimum, two statements of financial position, two statements of profit or loss and other comprehensive income, two separate statements of profit or loss (if presented), two statements of cash flows and two statements of changes in equity, and related notes. **38A**

In some cases, narrative information provided in the financial statements for the preceding period(s) continues to be relevant in the current period. For example, an entity discloses in the current period details of a legal dispute, the outcome of which was uncertain at the end of the preceding period and is yet to be resolved. Users may benefit from the disclosure of information that the uncertainty existed at the end of the preceding period and from the disclosure of information about the steps that have been taken during the period to resolve the uncertainty. **38B**

Additional comparative information

An entity may present comparative information in addition to the minimum comparative financial statements required by IFRSs, as long as that information is prepared in accordance with IFRSs. This comparative information may consist of one or more statements referred to in paragraph 10, but need not comprise a complete set of financial statements. When this is the case, the entity shall present related note information for those additional statements. **38C**

For example, an entity may present a third statement of profit of loss and other comprehensive income (thereby presenting the current period, the preceding period and one additional comparative period). However, the entity is not required to present a third statement of financial position, a third statement of cash flows or a third statement of changes in equity (ie an additional financial statement comparative). The entity is required to present, in the notes to the financial statements, the comparative information related to that additional statement of profit or loss and other comprehensive income. **38D**

[deleted] **39**

[deleted] **40**

40A Ein Unternehmen legt zusätzlich zum Mindestvergleichsabschluss im Sinne von Paragraph 38A eine dritte zu Beginn der vorangegangenen Periode laufende Bilanz vor, wenn

(a) es eine Rechnungslegungsmethode rückwirkend anwendet, eine rückwirkende Anpassung der Posten in seinem Abschluss vornimmt oder die Posten in seinem Abschluss umgliedert; und

(b) die rückwirkende Anwendung, die rückwirkende Anpassung oder Umgliederung eine wesentliche Wirkung auf die Informationen in der Bilanz zu Beginn der vorangegangenen Periode zeitigt.

40B Unter den in Paragraph 40A beschriebenen Umständen legt ein Unternehmen drei Bilanzen zu folgenden Terminen vor:

(a) zum Ende der aktuellen Periode;

(b) zum Ende der vorangegangenen Periode und

(c) zu Beginn der vorangegangenen Periode.

40C Ist ein Unternehmen gehalten, gemäß Paragraph 40A eine zusätzliche Bilanz vorzulegen, muss es die nach den Paragraphen 41–44 und IAS 8 geforderten Angaben offenlegen. Allerdings muss es die zugehörigen Anhangangaben zur Eröffnungsbilanz der vorangegangenen Periode nicht offenlegen.

40D Der Stichtag dieser Eröffnungsbilanz entspricht dem Beginn der vorangegangenen Periode, unabhängig davon, ob der Abschluss eines Unternehmens vergleichende Informationen für frühere Perioden umfasst (so wie in Paragraph 38C gestattet).

41 Ändert ein Unternehmen die Darstellung oder Gliederung von Posten im Abschluss, hat es, außer wenn undurchführbar, auch die Vergleichsbeträge umzugliedern. Gliedert ein Unternehmen die Vergleichsbeträge um, muss es folgende Angaben offenlegen (einschließlich zu Beginn der vorangegangenen Periode):

(a) Art der Umgliederung;

(b) Betrag jedes umgegliederten Postens bzw. jeder umgegliederten Postengruppe; und

(c) Grund für die Umgliederung.

42 Ist die Umgliederung der Vergleichsbeträge undurchführbar, sind folgende Angaben erforderlich:

(a) der Grund für die unterlassene Umgliederung, sowie

(b) die Art der Anpassungen, die bei einer Umgliederung erfolgt wären.

43 Die Verbesserung der Vergleichbarkeit der Angaben zwischen den einzelnen Perioden hilft den Adressaten bei wirtschaftlichen Entscheidungen. Insbesondere können für Prognosezwecke Trends in den Finanzinformationen beurteilt werden. Unter bestimmten Umständen ist es undurchführbar, die Vergleichsbeträge für eine bestimmte vorangegangene Periode umzugliedern und so eine Vergleichbarkeit mit der aktuellen Periode zu erreichen. Beispielsweise ist es möglich, dass ein Unternehmen Daten in der(n) vorangegangenen Periode(n) auf eine Art erhoben hat, die eine Umgliederung nicht zulässt, und eine Wiederherstellung der Informationen undurchführbar ist.

44 IAS 8 führt aus, welche Anpassungen der Vergleichsinformationen bei der Änderung einer Rechnungslegungsmethode oder der Berichtigung eines Fehlers erforderlich sind.

Darstellungsstetigkeit

45 Ein Unternehmen hat die Darstellung und den Ausweis von Posten im Abschluss von einer Periode zur nächsten beizubehalten, es sei denn,

(a) aufgrund einer wesentlichen Änderung des Tätigkeitsfelds des Unternehmens oder eine Überprüfung der Darstellung seines Abschlusses zeigt sich, dass eine Änderung der Darstellung oder der Gliederung unter Berücksichtigung der in IAS 8 enthaltenen Kriterien zur Auswahl bzw. zur Anwendung der Rechnungslegungsmethoden zu einer besser geeigneten Darstellungsform führt; oder

(b) ein IFRS schreibt eine geänderte Darstellung vor.

46 Ein bedeutender Erwerb, eine bedeutende Veräußerung oder eine Überprüfung der Darstellungsform des Abschlusses könnte beispielsweise nahe legen, dass der Abschluss auf eine andere Art und Weise aufzustellen ist. Ein Unternehmen ändert die Darstellungsform nur dann, wenn aufgrund der Änderungen Informationen gegeben werden, die zuverlässig und für die Adressaten relevanter sind, und die geänderte Darstellungsform wahrscheinlich Bestand haben wird, damit die Vergleichbarkeit nicht beeinträchtigt wird. Wird die Darstellungsform in einer solchen Weise geändert, gliedert ein Unternehmen seine Vergleichsinformationen gemäß Paragraph 41 und 42 um.

An entity shall present a third statement of financial position as at the beginning of the preceding period in addition **40A** to the minimum comparative financial statements required in paragraph 38A if:

(a) _it applies an accounting policy retrospectively,_ makes a retrospective restatement of items in its financial statements or reclassifies items in its financial statements; and

(b) the retrospective application, retrospective restatement or the reclassification has a material effect on the information in the statement of financial position at the beginning of the preceding period.

In the circumstances described in paragraph 40A, an entity shall present three statements of financial position as at: **40B**

(a) the end of the current period;

(b) the end of the preceding period; and

(c) the beginning of the preceding period.

When an entity is required to present an additional statement of financial position in accordance with paragraph 40A, it **40C** must disclose the information required by paragraphs 41—44 and IAS 8. However, it need not present the related notes to the opening statement of financial position as at the beginning of the preceding period.

The date of that opening statement of financial position shall be as at the beginning of the preceding period regardless of **40D** whether an entity's financial statements present comparative information for earlier periods (as permitted in paragraph 38C).

If an entity changes the presentation or classification of items in its financial statements, it shall reclassify compara- **41** tive amounts unless reclassification is impracticable. When an entity reclassifies comparative amounts, it shall disclose (including as at the beginning of the preceding period):

(a) the nature of the reclassification;

(b) the amount of each item or class of items that is reclassified; and

(c) the reason for the reclassification.

When it is impracticable to reclassify comparative amounts, an entity shall disclose: **42**

(a) the reason for not reclassifying the amounts, and

(b) the nature of the adjustments that would have been made if the amounts had been reclassified.

Enhancing the inter-period comparability of information assists users in making economic decisions, especially by allow- **43** ing the assessment of trends in financial information for predictive purposes. In some circumstances, it is impracticable to reclassify comparative information for a particular prior period to achieve comparability with the current period. For example, an entity may not have collected data in the prior period(s) in a way that allows reclassification, and it may be impracticable to recreate the information.

IAS 8 sets out the adjustments to comparative information required when an entity changes an accounting policy or cor- **44** rects an error.

Consistency of presentation

An entity shall retain the presentation and classification of items in the financial statements from one period to the next **45** unless:

(a) it is apparent, following a significant change in the nature of the entity's operations or a review of its financial statements, that another presentation or classification would be more appropriate having regard to the criteria for the selection and application of accounting policies in IAS 8; or

(b) an IFRS requires a change in presentation.

For example, a significant acquisition or disposal, or a review of the presentation of the financial statements, might sug- **46** gest that the financial statements need to be presented differently. An entity changes the presentation of its financial statements only if the changed presentation provides information that is reliable and more relevant to users of the financial statements and the revised structure is likely to continue, so that comparability is not impaired. When making such changes in presentation, an entity reclassifies its comparative information in accordance with paragraphs 41 and 42.

STRUKTUR UND INHALT

Einführung

47 Dieser Standard verlangt bestimmte Angaben in der Bilanz, der Gesamtergebnisrechnung, der gesonderten Gewinn- und Verlustrechnung (sofern erstellt) und in der Eigenkapitalveränderungsrechnung und schreibt die Angabe weiterer Posten wahlweise in dem entsprechenden Abschlussbestandteil oder im Anhang vor. IAS 7 *Kapitalflussrechnungen* legt die Anforderungen an die Darstellung der Informationen zu Cashflows dar.

48 In diesem Standard wird der Begriff „Angabe" teilweise im weiteren Sinne als Posten verwendet, die im Abschluss aufzuführen sind. Angaben sind auch nach anderen IFRS vorgeschrieben. Sofern in diesem Standard oder in einem anderen IFRS nicht anders angegeben, sind solche Angaben im Abschluss zu machen.

Bezeichnung des Abschlusses

49 Ein Unternehmen hat einen Abschluss eindeutig als solchen zu bezeichnen und von anderen Informationen, die im gleichen Dokument veröffentlicht werden, zu unterscheiden.

50 IFRS werden nur auf den Abschluss angewandt und nicht unbedingt auf andere Informationen, die in einem Geschäftsbericht, in gesetzlich vorgeschriebenen Unterlagen oder in einem anderen Dokument dargestellt werden. Daher ist es wichtig, dass Adressaten in der Lage sind, die auf der Grundlage der IFRS erstellten Informationen von anderen Informationen zu unterscheiden, die für Adressaten nützlich sein können, aber nicht Gegenstand der Standards sind.

51 Ein Unternehmen hat jeden Bestandteil des Abschlusses und die Anhangangaben eindeutig zu bezeichnen. Zusätzlich sind die folgenden Informationen deutlich sichtbar darzustellen und zu wiederholen, falls es für das Verständnis der dargestellten Informationen notwendig ist:
  (a) der Name des berichtenden Unternehmens oder andere Mittel der Identifizierung sowie etwaige Änderungen dieser Angaben gegenüber dem vorangegangenen Abschlussstichtag;
  (b) ob es sich um den Abschluss eines einzelnen Unternehmen oder einer Unternehmensgruppe handelt;
  (c) der Abschlussstichtag oder die Periode, auf die sich der Abschluss oder die Anhangangaben beziehen;
  (d) die Darstellungswährung laut Definition in IAS 21; und
  (e) wie weit bei der Darstellung von Beträgen im Abschluss gerundet wurde.

52 Ein Unternehmen erfüllt die Vorschriften in Paragraph 51, indem es die Seiten, Aufstellungen, Anhangangaben, Spalten u. ä. mit entsprechenden Überschriften versieht. Die Wahl der besten Darstellungsform solcher Informationen erfordert ein ausgewogenes Urteilsvermögen. Veröffentlicht ein Unternehmen den Abschluss beispielsweise in elektronischer Form, werden möglicherweise keine getrennten Seiten verwendet; in diesem Fall sind die oben aufgeführten Angaben dergestalt zu machen, dass das Verständnis der im Abschluss enthaltenen Informationen gewährleistet ist.

53 Zum besseren Verständnis des Abschlusses stellt ein Unternehmen Informationen häufig in Tausend- oder Millioneneinheiten der Darstellungswährung dar. Dies ist akzeptabel, solange das Unternehmen angibt, wie weit gerundet wurde, und es keine wesentlichen Informationen weglässt.

Bilanz

Informationen, die in der Bilanz darzustellen sind

54 In der Bilanz sind zumindest nachfolgende Posten darzustellen:
  (a) Sachanlagen;
  (b) als Finanzinvestitionen gehaltene Immobilien;
  (c) immaterielle Vermögenswerte;
  (d) finanzielle Vermögenswerte (ohne die Beträge, die unter (e), (h) und (i) ausgewiesen werden);
  (e) nach der Equity-Methode bilanzierte Finanzanlagen;
  (f) biologische Vermögenswerte im Anwendungsbereich von IAS 41 *Landwirtschaft*;
  (g) Vorräte;
  (h) Forderungen aus Lieferungen und Leistungen und sonstige Forderungen;
  (i) Zahlungsmittel und Zahlungsmitteläquivalente;
  (j) die Summe der Vermögenswerte, die gemäß IFRS 5 *Zur Veräußerung gehaltene langfristige Vermögenswerte und aufgegebene Geschäftsbereiche* als zur Veräußerung gehalten eingestuft werden, und der Vermögenswerte, die zu einer als zur Veräußerung gehalten eingestuften Veräußerungsgruppe gehören;
  (k) Verbindlichkeiten aus Lieferungen und Leistungen und sonstige Verbindlichkeiten;
  (l) Rückstellungen;
  (m) finanzielle Verbindlichkeiten (ohne die Beträge, die unter (k) und (l) ausgewiesen werden);
  (n) Steuerschulden und -erstattungsansprüche gemäß IAS 12 *Ertragsteuern*;
  (o) latente Steueransprüche und -schulden gemäß IAS 12;

STRUCTURE AND CONTENT

Introduction

This Standard requires particular disclosures in the statement of financial position or of comprehensive income, in the **47**
separate income statement (if presented), or in the statement of changes in equity and requires disclosure of other line
items either in those statements or in the notes. IAS 7 *Statement of Cash Flows* sets out requirements for the presentation
of cash flow information.

This Standard sometimes uses the term 'disclosure' in a broad sense, encompassing items presented in the financial state- **48**
ments. Disclosures are also required by other IFRSs. Unless specified to the contrary elsewhere in this Standard or in
another IFRS, such disclosures may be made in the financial statements.

Identification of the financial statements

An entity shall clearly identify the financial statements and distinguish them from other information in the same pub- **49**
lished document.

IFRSs apply only to financial statements, and not necessarily to other information presented in an annual report, a regula- **50**
tory filing, or another document. Therefore, it is important that users can distinguish information that is prepared using
IFRSs from other information that may be useful to users but is not the subject of those requirements.

An entity shall clearly identify each financial statement and the notes. In addition, an entity shall display the following **51**
information prominently, and repeat it when necessary for the information presented to be understandable:
(a) the name of the reporting entity or other means of identification, and any change in that information from the end
     of the preceding reporting period; Lenzing AG
(b) whether the financial statements are of an individual entity or a group of entities; Consolidated Statement of
(c) the date of the end of the reporting period or the period covered by the set of financial statements or notes; period Jan - Dec 2005
(d) the presentation currency, as defined in IAS 21; and EUR
(e) the level of rounding used in presenting amounts in the financial statements.
                                    000 = thousand euros

An entity meets the requirements in paragraph 51 by presenting appropriate headings for pages, statements, notes, col- **52**
umns and the like. Judgement is required in determining the best way of presenting such information. For example, when
an entity presents the financial statements electronically, separate pages are not always used; an entity then presents the
above items to ensure that the information included in the financial statements can be understood.

An entity often makes financial statements more understandable by presenting information in thousands or millions of **53**
units of the presentation currency. This is acceptable as long as the entity discloses the level of rounding and does not
omit material information.

Statement of financial position

Information to be presented in the statement of financial position

The statement of financial position shall include line items that present the following amounts: **54**

(a) property, plant and equipment;
(b) investment property;
(c) intangible assets;
(d) financial assets (excluding amounts shown under (e), (h) and (i));
(e) investments accounted for using the equity method;
(f) biological assets within the scope of IAS 41 *Agriculture*;
(g) inventories;
(h) trade and other receivables;
(i) cash and cash equivalents;
(j) the total of assets classified as held for sale and assets included in disposal groups classified as held for sale in
     accordance with IFRS 5 *Non-current Assets Held for Sale and Discontinued Operations*;
(k) trade and other payables;
(l) provisions;
(m) financial liabilities (excluding amounts shown under (k) and (l));
(n) liabilities and assets for current tax, as defined in IAS 12 *Income Taxes*;
(o) deferred tax liabilities and deferred tax assets, as defined in IAS 12;

(p) die Schulden, die den Veräußerungsgruppen zugeordnet sind, die gemäß IFRS 5 als zur Veräußerung gehalten eingestuft werden;

(q) Nicht beherrschende Anteile, die im Eigenkapital dargestellt werden; sowie

(r) gezeichnetes Kapital und Rücklagen, die den Eigentümern der Muttergesellschaft zuzuordnen sind.

55   Ein Unternehmen hat in der Bilanz zusätzliche Posten (gegebenenfalls durch Einzeldarstellung der unter Paragraph 54 aufgeführten Posten), Überschriften und Zwischensummen darzustellen, wenn eine solche Darstellung für das Verständnis der Vermögens- und Finanzlage des Unternehmens relevant ist.

55A   Zwischensummen, die ein Unternehmen gemäß Paragraph 55 darstellt,

(a)   müssen aus Posten mit gemäß den IFRS angesetzten und bewerteten Beträgen bestehen;

(b)   müssen in einer Weise dargestellt und bezeichnet sein, die klar erkennen lässt, welche Posten in der Zwischensumme zusammengefasst sind;

(c)   müssen gemäß Paragraph 45 von Periode zu Periode stetig dargestellt werden; und

(d)   dürfen nicht stärker hervorgehoben werden als die gemäß den IFRS in der Bilanz darzustellenden Zwischensummen und Summen.

56   Wenn ein Unternehmen lang- und kurzfristige Vermögenswerte bzw. lang- und kurzfristige Schulden in der Bilanz getrennt ausweist, dürfen latente Steueransprüche (-schulden) nicht als kurzfristige Vermögenswerte (Schulden) ausgewiesen werden.

57   Dieser Standard schreibt nicht die Reihenfolge oder die Gliederung vor, in der ein Unternehmen die Posten darstellt. Paragraph 54 enthält lediglich eine Liste von Posten, die ihrem Wesen oder ihrer Funktion nach so unterschiedlich sind, dass sie einen getrennten Ausweis in der Bilanz erforderlich machen. Ferner gilt:

(a)   Posten werden hinzugefügt, wenn der Umfang, die Art oder die Funktion eines Postens oder eine Zusammenfassung ähnlicher Posten so sind, dass eine gesonderte Darstellung für das Verständnis der Vermögens- und Finanzlage des Unternehmens relevant ist; und

(b)   die verwendeten Bezeichnungen, die Reihenfolge der Posten oder die Zusammenfassung ähnlicher Posten können der Art des Unternehmens und seinen Geschäftsvorfällen entsprechend geändert werden, um Informationen zu liefern, die für das Verständnis der Vermögenslage des Unternehmens relevant sind. Beispielsweise kann ein Finanzinstitut die oben stehenden Beschreibungen anpassen, um Informationen zu liefern, die für die Geschäftstätigkeit eines Finanzinstituts relevant sind.

58   Die Entscheidung des Unternehmens, ob zusätzliche Posten gesondert ausgewiesen werden, basiert auf einer Einschätzung:

(a)   der Art und der Liquidität von Vermögenswerten;

(b)   der Funktion der Vermögenswerte innerhalb des Unternehmens; und

(c)   der Beträge, der Art und des Fälligkeitszeitpunkts von Schulden.

59   Die Anwendung unterschiedlicher Bewertungsgrundlagen für verschiedene Gruppen von Vermögenswerten lässt vermuten, dass sie sich in ihrer Art oder Funktion unterscheiden und deshalb als gesonderte Posten auszuweisen sind. Beispielsweise können bestimmte Gruppen von Sachanlagen gemäß IAS 16 zu Anschaffungs- oder Herstellungskosten oder zu neubewerteten Beträgen angesetzt werden.

Unterscheidung von Kurz- und Langfristigkeit

60   Ein Unternehmen hat gemäß den Paragraphen 66–76 kurzfristige und langfristige Vermögenswerte sowie kurzfristige und langfristige Schulden als getrennte Gliederungsgruppen in der Bilanz darzustellen, sofern nicht eine Darstellung nach der Liquidität zuverlässig und relevanter ist. Trifft diese Ausnahme zu, sind alle Vermögenswerte und Schulden nach ihrer Liquidität darzustellen.

61   Unabhängig davon, welche Methode der Darstellung gewählt wird, hat ein Unternehmen für jeden Vermögens- und Schuldposten, der Beträge zusammenfasst, von denen erwartet wird, dass sie:

(a)   bis zu zwölf Monate nach dem Abschlussstichtag und

(b)   nach mehr als zwölf Monaten nach dem Abschlussstichtag erfüllt werden,

den Betrag anzugeben, von dem erwartet wird, dass er nach mehr als zwölf Monaten realisiert oder erfüllt wird.

62   Bietet ein Unternehmen Güter oder Dienstleistungen innerhalb eines eindeutig identifizierbaren Geschäftszyklus an, so liefert eine getrennte Untergliederung von kurzfristigen und langfristigen Vermögenswerten und Schulden in der Bilanz nützliche Informationen, indem Nettovermögenswerte, die sich fortlaufend als kurzfristiges Nettobetriebskapital umschlagen, von denen unterschieden werden, die langfristigen Tätigkeiten des Unternehmens dienen. Zugleich werden Vermögenswerte, deren Realisierung innerhalb des laufenden Geschäftszyklus erwartet wird, und Schulden, deren Erfüllung in der gleichen Periode fällig wird, herausgestellt.

(p) liabilities included in disposal groups classified as held for sale in accordance with IFRS 5;

(q) non-controlling interest, presented within equity; and

(r) issued capital and reserves attributable to owners of the parent.

An entity shall present additional line items (including by disaggregating the line items listed in paragraph 54), headings and subtotals in the statement of financial position when such presentation is relevant to an understanding of the entity's financial position. 55

When an entity presents subtotals in accordance with paragraph 55, those subtotals shall: 55A

(a) be comprised of line items made up of amounts recognised and measured in accordance with IFRS;

(b) be presented and labelled in a manner that makes the line items that constitute the subtotal clear and understandable;

(c) be consistent from period to period, in accordance with paragraph 45; and

(d) not be displayed with more prominence than the subtotals and totals required in IFRS for the statement of financial position.

When an entity presents current and non-current assets, and current and non-current liabilities, as separate classifications in its statement of financial position, it shall not classify deferred tax assets (liabilities) as current assets (liabilities). 56

This Standard does not prescribe the order or format in which an entity presents items. Paragraph 54 simply lists items that are sufficiently different in nature or function to warrant separate presentation in the statement of financial position. In addition: 57

(a) line items are included when the size, nature or function of an item or aggregation of similar items is such that separate presentation is relevant to an understanding of the entity's financial position; and

(b) the descriptions used and the ordering of items or aggregation of similar items may be amended according to the nature of the entity and its transactions, to provide information that is relevant to an understanding of the entity's financial position. For example, a financial institution may amend the above descriptions to provide information that is relevant to the operations of a financial institution.

An entity makes the judgement about whether to present additional items separately on the basis of an assessment of: 58

(a) the nature and liquidity of assets;

(b) the function of assets within the entity; and

(c) the amounts, nature and timing of liabilities.

The use of different measurement bases for different classes of assets suggests that their nature or function differs and, therefore, that an entity presents them as separate line items. For example, different classes of property, plant and equipment can be carried at cost or at revalued amounts in accordance with IAS 16. 59

Current/non-current distinction

An entity shall present current and non-current assets, and current and non-current liabilities, as separate classifications in its statement of financial position in accordance with paragraphs 66—76 except when a presentation based on liquidity provides information that is reliable and more relevant. When that exception applies, an entity shall present all assets and liabilities in order of liquidity. 60

Whichever method of presentation is adopted, an entity shall disclose the amount expected to be recovered or settled after more than twelve months for each asset and liability line item that combines amounts expected to be recovered or settled: 61

(a) no more than twelve months after the reporting period, and

(b) more than twelve months after the reporting period.

When an entity supplies goods or services within a clearly identifiable operating cycle, separate classification of current and non-current assets and liabilities in the statement of financial position provides useful information by distinguishing the net assets that are continuously circulating as working capital from those used in the entity's long-term operations. It also highlights assets that are expected to be realised within the current operating cycle, and liabilities that are due for settlement within the same period. 62

63 Bei bestimmten Unternehmen, wie beispielsweise Finanzinstituten, bietet die Darstellung der Vermögens- und Schuldposten aufsteigend oder absteigend nach Liquidität Informationen, die zuverlässig und gegenüber der Darstellung nach Fristigkeiten relevanter sind, da das Unternehmen keine Waren oder Dienstleistungen innerhalb eines eindeutig identifizierbaren Geschäftszyklus anbietet.

64 Bei der Anwendung von Paragraph 60 darf das Unternehmen einige Vermögenswerte und Schulden nach Liquidität anordnen und andere wiederum nach Fristigkeiten darstellen, wenn hierdurch zuverlässige und relevantere Informationen zu erzielen sind. Eine gemischte Aufstellung ist möglicherweise dann angezeigt, wenn das Unternehmen in unterschiedlichen Geschäftsfeldern tätig ist.

65 Informationen über die erwarteten Realisierungszeitpunkte von Vermögenswerten und Schulden sind nützlich, um die Liquidität und Zahlungsfähigkeit eines Unternehmens zu beurteilen. IFRS 7 *Finanzinstrumente: Angaben* verlangt die Angabe der Fälligkeitstermine sowohl von finanziellen Vermögenswerten als auch von finanziellen Verbindlichkeiten. Finanzielle Vermögenswerte enthalten Forderungen aus Lieferungen und Leistungen sowie sonstige Forderungen, und finanzielle Verbindlichkeiten enthalten Verbindlichkeiten aus Lieferungen und Leistungen sowie sonstige Verbindlichkeiten. Informationen über den erwarteten Zeitpunkt der Realisierung von nicht monetären Vermögenswerten, wie z. B. Vorräten, und der Erfüllung von nicht monetären Schulden, wie z. B. Rückstellungen, sind ebenfalls nützlich, und zwar unabhängig davon, ob die Vermögenswerte und Schulden als langfristig oder kurzfristig eingestuft werden oder nicht. Beispielsweise gibt ein Unternehmen den Buchwert der Vorräte an, deren Realisierung nach mehr als zwölf Monaten nach dem Abschlussstichtag erwartet wird.

Kurzfristige Vermögenswerte

66 Ein Unternehmen hat einen Vermögenswert in folgenden Fällen als kurzfristig einzustufen:

(a) die Realisierung des Vermögenswerts wird innerhalb des normalen Geschäftszyklus erwartet, oder der Vermögenswert wird zum Verkauf oder Verbrauch innerhalb dieses Zeitraums gehalten;

(b) der Vermögenswert wird primär für Handelszwecke gehalten;

(c) die Realisierung des Vermögenswerts wird innerhalb von zwölf Monaten nach dem Abschlussstichtag erwartet; oder

(d) es handelt sich um Zahlungsmittel oder Zahlungsmitteläquivalente (gemäß der Definition in IAS 7), es sei denn, der Tausch oder die Nutzung des Vermögenswerts zur Erfüllung einer Verpflichtung sind für einen Zeitraum von mindestens zwölf Monaten nach dem Abschlussstichtag eingeschränkt.

Alle anderen Vermögenswerte sind als langfristig einzustufen.

67 Dieser Standard verwendet den Begriff „langfristig", um damit materielle, immaterielle und finanzielle Vermögenswerte mit langfristigem Charakter zu erfassen. Er untersagt nicht die Verwendung anderer Bezeichnungen, solange deren Bedeutung klar verständlich ist.

68 Der Geschäftszyklus eines Unternehmens ist der Zeitraum zwischen dem Erwerb von Vermögenswerten, die in einen Prozess eingehen, und deren Umwandlung in Zahlungsmittel oder Zahlungsmitteläquivalente. Ist der Geschäftszyklus des Unternehmens nicht eindeutig identifizierbar, wird von einem Zeitraum von zwölf Monaten ausgegangen. Kurzfristige Vermögenswerte umfassen Vorräte und Forderungen aus Lieferungen und Leistungen, die als Teil des gewöhnlichen Geschäftszyklus verkauft, verbraucht und realisiert werden, selbst wenn deren Realisierung nicht innerhalb von zwölf Monaten nach dem Bilanzstichtag erwartet wird. Zu kurzfristigen Vermögenswerten gehören ferner Vermögenswerte, die vorwiegend zu Handelszwecken gehalten werden (als Beispiel hierfür seien einige finanzielle Vermögenswerte angeführt, die gemäß IAS 39 als zu Handelszwecken gehalten eingestuft werden) sowie der kurzfristige Teil langfristiger finanzieller Vermögenswerte.

Kurzfristige Schulden

69 Ein Unternehmen hat eine Schuld in folgenden Fällen als kurzfristig einzustufen:

(a) die Erfüllung der Schuld wird innerhalb des normalen Geschäftszyklus erwartet;

(b) die Schuld wird primär für Handelszwecke gehalten;

(c) die Erfüllung der Schuld wird innerhalb von zwölf Monaten nach dem Bilanzstichtag erwartet; oder

(d) das Unternehmen hat kein uneingeschränktes Recht, die Erfüllung der Schuld um mindestens zwölf Monate nach dem Bilanzstichtag zu verschieben (siehe Paragraph 73). Ist die Schuld mit Bedingungen verbunden, nach denen diese aufgrund einer Option der Gegenpartei durch die Ausgabe von Eigenkapitalinstrumenten erfüllt werden kann, so beeinflusst dies ihre Einstufung nicht.

Alle anderen Schulden sind als langfristig einzustufen.

70 Einige kurzfristige Schulden, wie Verbindlichkeiten aus Lieferungen und Leistungen sowie Rückstellungen für personalbezogene Aufwendungen und andere betriebliche Aufwendungen, bilden einen Teil des kurzfristigen Betriebskapitals, das im normalen Geschäftszyklus des Unternehmens gebraucht wird. Solche betrieblichen Posten werden selbst dann als kurzfristige Schulden eingestuft, wenn sie später als zwölf Monate nach dem Abschlussstichtag fällig werden. Zur Unterteilung der Vermögenswerte und der Schulden des Unternehmens wird derselbe Geschäftszyklus herangezogen. Ist der Geschäftszyklus des Unternehmens nicht eindeutig identifizierbar, wird von einem Zeitraum von zwölf Monaten ausgegangen.

For some entities, such as financial institutions, a presentation of assets and liabilities in increasing or decreasing order of **63**
liquidity provides information that is reliable and more relevant than a current/non-current presentation because the
entity does not supply goods or services within a clearly identifiable operating cycle.

In applying paragraph 60, an entity is permitted to present some of its assets and liabilities using a current/non-current **64**
classification and others in order of liquidity when this provides information that is reliable and more relevant. The need
for a mixed basis of presentation might arise when an entity has diverse operations.

Information about expected dates of realisation of assets and liabilities is useful in assessing the liquidity and solvency of **65**
an entity. IFRS 7 *Financial Instruments: Disclosures* requires disclosure of the maturity dates of financial assets and financial liabilities. Financial assets include trade and other receivables, and financial liabilities include trade and other payables. Information on the expected date of recovery of non-monetary assets such as inventories and expected date of settlement for liabilities such as provisions is also useful, whether assets and liabilities are classified as current or as non-
current. For example, an entity discloses the amount of inventories that are expected to be recovered more than twelve
months after the reporting period.

Current assets

An entity shall classify an asset as current when:　　　　　　　　　　　　　　　　　　　　　　　　　 **66**
(a)　it expects to realise the asset, or intends to sell or consume it, in its normal operating cycle;
(b)　it holds the asset primarily for the purpose of trading;
(c)　it expects to realise the asset within twelve months after the reporting period; or
(d)　the asset is cash or a cash equivalent (as defined in IAS 7) unless the asset is restricted from being exchanged or used
　　　to settle a liability for at least twelve months after the reporting period.
An entity shall classify all other assets as non-current.

This Standard uses the term 'non-current' to include tangible, intangible and financial assets of a long-term nature. It **67**
does not prohibit the use of alternative descriptions as long as the meaning is clear.

The operating cycle of an entity is the time between the acquisition of assets for processing and their realisation in cash or **68**
cash equivalents. When the entity's normal operating cycle is not clearly identifiable, it is assumed to be 12 months. Current assets include assets (such as inventories and trade receivables) that are sold, consumed or realised as part of the
normal operating cycle even when they are not expected to be realised within 12 months after the reporting period. Current assets also include assets held primarily for the purpose of trading (examples include some financial assets classified
as held for trading in accordance with IAS 39) and the current portion of non-current financial assets.

Current liabilities

An entity shall classify a liability as current when:　　　　　　　　　　　　　　　　　　　　　　　　　　**69**
(a)　it expects to settle the liability in its normal operating cycle; *Lieferverbindlichkeiten*
(b)　it holds the liability primarily for the purpose of trading;
(c)　the liability is due to be settled within twelve months after the reporting period; or
(d)　it does not have an unconditional right to defer settlement of the liability for at least twelve months after the
　　　reporting period (see paragraph 73). Terms of a liability that could, at the option of the counterparty, result in
　　　its settlement by the issue of equity instruments do not affect its classification.
An entity shall classify all other liabilities as non-current.

Some current liabilities, such as trade payables and some accruals for employee and other operating costs, are part of the **70**
working capital used in the entity's normal operating cycle. An entity classifies such operating items as current liabilities
even if they are due to be settled more than twelve months after the reporting period. The same normal operating cycle
applies to the classification of an entity's assets and liabilities. When the entity's normal operating cycle is not clearly
identifiable, it is assumed to be twelve months.

71 Andere kurzfristige Schulden werden nicht als Teil des laufenden Geschäftszyklus beglichen, ihre Erfüllung ist aber innerhalb von zwölf Monaten nach dem Bilanzstichtag fällig, oder sie werden vorwiegend zu Handelszwecken gehalten. Hierzu gehören beispielsweise einige finanzielle Verbindlichkeiten, die gemäß IAS 39 als zu Handels„zwecken gehalten eingestuft werden, Kontokorrentkredite, der kurzfristige Teil langfristiger finanzieller Verbindlichkeiten, Dividendenverbindlichkeiten, Ertragsteuern und sonstige nicht handelbare Verbindlichkeiten. Finanzielle Verbindlichkeiten, die die langfristige Finanzierung sichern (und somit nicht zum im normalen Geschäftszyklus verwendeten Betriebskapital gehören) und die nicht innerhalb von zwölf Monaten nach dem Bilanzstichtag fällig sind, gelten vorbehaltlich der Paragraphen 74 und 75 als langfristige finanzielle Verbindlichkeiten.

72 Ein Unternehmen hat seine finanziellen Verbindlichkeiten als kurzfristig einzustufen, wenn deren Erfüllung innerhalb von zwölf Monaten nach dem Abschlussstichtag fällig wird, selbst wenn
(a) die ursprüngliche Laufzeit einen Zeitraum von mehr als zwölf Monaten umfasst, und
(b) eine Vereinbarung zur langfristigen Refinanzierung bzw. Umschuldung der Zahlungsverpflichtungen nach dem Abschlussstichtag, jedoch vor der Genehmigung zur Veröffentlichung des Abschlusses abgeschlossen wird.

73 Wenn das Unternehmen erwartet und verlangen kann, dass eine Verpflichtung im Rahmen einer bestehenden Kreditvereinbarung für mindestens zwölf Monate nach dem Abschlussstichtag refinanziert oder verlängert wird, gilt die Verpflichtung trotzdem selbst dann als langfristig, wenn sie sonst innerhalb eines kürzeren Zeitraums fällig wäre. In Situationen, in denen jedoch eine Refinanzierung bzw. eine Verlängerung nicht im Ermessen des Unternehmens liegt (was der Fall wäre, wenn keine Refinanzierungsvereinbarung vorläge), berücksichtigt das Unternehmen die Möglichkeit einer Refinanzierung nicht und stuft die betreffende Verpflichtung als kurzfristig ein.

74 Verletzt das Unternehmen am oder vor dem Abschlussstichtag eine Bestimmung einer langfristigen Kreditvereinbarung, so dass die Schuld sofort fällig wird, hat es die Schuld selbst dann als kurzfristig einzustufen, wenn der Kreditgeber nach dem Abschlussstichtag und vor der Genehmigung zur Veröffentlichung des Abschlusses nicht mehr auf Zahlung aufgrund der Verletzung besteht. Die Schuld wird deshalb als kurzfristig eingestuft, weil das Unternehmen am Abschlussstichtag kein uneingeschränktes Recht zur Verschiebung der Erfüllung der Verpflichtung um mindestens zwölf Monate nach dem Abschlussstichtag hat.

75 Ein Unternehmen stuft die Schuld hingegen als langfristig ein, falls der Kreditgeber bis zum Abschlussstichtag eine Nachfrist von mindestens zwölf Monaten nach dem Abschlussstichtag bewilligt, in der das Unternehmen die Verletzung beheben und der Kreditgeber keine sofortige Zahlung verlangen kann.

76 Bei Darlehen, die als kurzfristige Schulden eingestuft werden, gilt Folgendes: Wenn zwischen dem Abschlussstichtag und der Genehmigung zur Veröffentlichung des Abschlusses eines der nachfolgenden Ereignisse eintritt, sind diese als nicht berücksichtigungspflichtige Ereignisse gemäß IAS 10 *Ereignisse nach dem Abschlussstichtag* anzugeben:
(a) langfristige Refinanzierung;
(b) Behebung einer Verletzung einer langfristigen Kreditvereinbarung; sowie
(c) die Gewährung einer mindestens zwölf Monate nach dem Abschlussstichtag ablaufenden Nachfrist durch den Kreditgeber zur Behebung der Verletzung einer langfristigen Kreditvereinbarung.

Informationen, die entweder in der Bilanz oder im Anhang darzustellen sind

77 Ein Unternehmen hat weitere Unterposten entweder in der Bilanz oder in den Anhangangaben in einer für die Geschäftstätigkeit des Unternehmens geeigneten Weise anzugeben.

78 Der durch Untergliederungen gegebene Detaillierungsgrad hängt von den Anforderungen der IFRS und von Größe, Art und Funktion der einbezogenen Beträge ab. Zur Ermittlung der Grundlage von Untergliederungen zieht ein Unternehmen auch die in Paragraph 58 enthaltenen Entscheidungskriterien heran. Die Angabepflichten variieren für jeden Posten, beispielsweise:
(a) Sachanlagen werden gemäß IAS 16 in Gruppen aufgegliedert;
(b) Forderungen werden in Beträge, die von Handelskunden, nahe stehenden Unternehmen und Personen gefordert werden, sowie in Vorauszahlungen und sonstige Beträge gegliedert;
(c) Vorräte werden gemäß IAS 2 *Vorräte* in Klassen wie etwa Handelswaren, Roh-, Hilfs- und Betriebsstoffe, unfertige Erzeugnisse und Fertigerzeugnisse gegliedert;
(d) Rückstellungen werden in Rückstellungen für Leistungen an Arbeitnehmer und sonstige Rückstellungen gegliedert; und
(e) Eigenkapital und Rücklagen werden in verschiedene Gruppen, wie beispielsweise eingezahltes Kapital, Agio und Rücklagen gegliedert.

79 Ein Unternehmen hat entweder in der Bilanz oder in der Eigenkapitalveränderungsrechnung oder im Anhang Folgendes anzugeben:

Other current liabilities are not settled as part of the normal operating cycle, but are due for settlement within 12 months 71
after the reporting period or held primarily for the purpose of trading. Examples are some financial liabilities classified as
held for trading in accordance with IAS 39, bank overdrafts, and the current portion of non-current financial liabilities,
dividends payable, income taxes and other non-trade payables. Financial liabilities that provide financing on a long-term
basis (ie not part of the working capital used in the entity's normal operating cycle) and are not due for settlement
within 12 months after the reporting period are non-current liabilities, subject to paragraphs 74 and 75.

An entity classifies its financial liabilities as current when they are due to be settled within twelve months after the report- 72
ing period, even if:
(a)   the original term was for a period longer than twelve months, and
(b)   an agreement to refinance, or to reschedule payments, on a long-term basis is completed after the reporting period
      and before the financial statements are authorised for issue.

If an entity expects, and has the discretion, to refinance or roll over an obligation for at least twelve months after the 73
reporting period under an existing loan facility, it classifies the obligation as non-current, even if it would otherwise be
due within a shorter period. However, when refinancing or rolling over the obligation is not at the discretion of the entity
(for example, there is no arrangement for refinancing), the entity does not consider the potential to refinance the obligation and classifies the obligation as current.

When an entity breaches a provision of a long-term loan arrangement on or before the end of the reporting period with 74
the effect that the liability becomes payable on demand, it classifies the liability as current, even if the lender agreed, after
the reporting period and before the authorisation of the financial statements for issue, not to demand payment as a consequence of the breach. An entity classifies the liability as current because, at the end of the reporting period, it does not
have an unconditional right to defer its settlement for at least twelve months after that date.

However, an entity classifies the liability as non-current if the lender agreed by the end of the reporting period to provide 75
a period of grace ending at least twelve months after the reporting period, within which the entity can rectify the breach
and during which the lender cannot demand immediate repayment.

In respect of loans classified as current liabilities, if the following events occur between the end of the reporting period 76
and the date the financial statements are authorised for issue, those events are disclosed as non-adjusting events in accordance with IAS 10 *Events after the Reporting Period:*
(a)   refinancing on a long-term basis;
(b)   rectification of a breach of a long-term loan arrangement; and
(c)   the granting by the lender of a period of grace to rectify a breach of a long-term loan arrangement ending at least
      twelve months after the reporting period.

Information to be presented either in the statement of financial position or in the notes

An entity shall disclose, either in the statement of financial position or in the notes, further subclassifications of the line 77
items presented, classified in a manner appropriate to the entity's operations.

The detail provided in subclassifications depends on the requirements of IFRSs and on the size, nature and function of 78
the amounts involved. An entity also uses the factors set out in paragraph 58 to decide the basis of subclassification. The
disclosures vary for each item, for example:
(a)   items of property, plant and equipment are disaggregated into classes in accordance with IAS 16;
(b)   receivables are disaggregated into amounts receivable from trade customers, receivables from related parties, prepay-
      ments and other amounts;
(c)   inventories are disaggregated, in accordance with IAS 2 *Inventories,* into classifications such as merchandise, produc-
      tion supplies, materials, work in progress and finished goods;
(d)   provisions are disaggregated into provisions for employee benefits and other items; and
(e)   equity capital and reserves are disaggregated into various classes, such as paid-in capital, share premium and
      reserves.

An entity shall disclose the following, either in the statement of financial position or the statement of changes in equity, 79
or in the notes:

(a) für jede Klasse von Anteilen:
  (i) die Zahl der genehmigten Anteile;
  (ii) die Zahl der ausgegebenen und voll eingezahlten Anteile und die Anzahl der ausgegebenen und nicht voll eingezahlten Anteile;
  (iii) den Nennwert der Anteile oder die Aussage, dass die Anteile keinen Nennwert haben;
  (iv) eine Überleitungsrechnung der Zahl der im Umlauf befindlichen Anteile am Anfang und am Abschlussstichtag;
  (v) die Rechte, Vorzugsrechte und Beschränkungen für die jeweilige Kategorie von Anteilen einschließlich Beschränkungen bei der Ausschüttung von Dividenden und der Rückzahlung des Kapitals;
  (vi) Anteile an dem Unternehmen, die durch das Unternehmen selbst, seine Tochterunternehmen oder assoziierte Unternehmen gehalten werden; und
  (vii) Anteile, die für die Ausgabe aufgrund von Optionen und Verkaufsverträgen zurückgehalten werden, unter Angabe der Modalitäten und Beträge; sowie
(b) eine Beschreibung von Art und Zweck jeder Rücklage innerhalb des Eigenkapitals.

80 Ein Unternehmen ohne gezeichnetes Kapital, wie etwa eine Personengesellschaft oder ein Treuhandfonds, hat Informationen anzugeben, die dem in Paragraph 79 (a) Geforderten gleichwertig sind und Bewegungen während der Periode in jeder Eigenkapitalkategorie sowie die Rechte, Vorzugsrechte und Beschränkungen jeder Eigenkapitalkategorie zeigen.

80A Hat ein Unternehmen
(a) ein als Eigenkapitalinstrument eingestuftes kündbares Finanzinstrument oder
(b) ein als Eigenkapitalinstrument eingestuftes Instrument, das das Unternehmen dazu verpflichtet, einer anderen Partei im Falle der Liquidation einen proportionalen Anteil an seinem Nettovermögen zu liefern,
zwischen finanziellen Verbindlichkeiten und Eigenkapital umgegliedert, so hat es den in jeder Kategorie (d. h. bei den finanziellen Verbindlichkeiten oder dem Eigenkapital) ein bzw. ausgegliederten Betrag sowie den Zeitpunkt und die Gründe für die Umgliederung anzugeben.

Darstellung von Gewinn oder Verlust und sonstigem Ergebnis

81 [gestrichen]

81A Die Darstellung von Gewinn oder Verlust und sonstigem Ergebnis (Gesamtergebnisrechnung) muss neben den Abschnitten „Gewinn oder Verlust" und „sonstiges Ergebnis" Folgendes zeigen:
(a) den Gewinn oder Verlust;
(b) das sonstige Ergebnis insgesamt;
(c) das Gesamtergebnis für die Periode, d. h. die Summe aus Gewinn oder Verlust und sonstigem Ergebnis.
Legt ein Unternehmen eine gesonderte Gewinn- und Verlustrechnung vor, so sieht es in der Gesamtergebnisrechnung von dem Abschnitt „Gewinn oder Verlust" ab.

81B Zusätzlich zu den Abschnitten „Gewinn oder Verlust" und „sonstiges Ergebnis" hat ein Unternehmen den Gewinn oder Verlust und das sonstige Ergebnis für die Periode wie folgt zuzuordnen:
(a) den Gewinn oder Verlust der Periode, der:
  (i) den nicht beherrschenden Anteilen und
  (ii) den Eigentümern des Mutterunternehmens zuzurechnen ist.
(b) das Gesamtergebnis der Periode, das
  (i) den nicht beherrschenden Anteilen und
  (ii) den Eigentümern des Mutterunternehmens zuzurechnen ist.
Legt ein Unternehmen eine gesonderte Gewinn- und Verlustrechnung vor, muss diese die unter (a) geforderten Angaben enthalten.

Informationen, die im Abschnitt „Gewinn oder Verlust" oder in der gesonderten Gewinn- und Verlustrechnung auszuweisen sind

82 Zusätzlich zu den in anderen IFRS vorgeschriebenen Posten sind im Abschnitt „Gewinn oder Verlust" oder in der gesonderten Gewinn- und Verlustrechnung für die betreffende Periode die folgenden Posten auszuweisen:
(a) Umsatzerlöse;
(b) Finanzierungsaufwendungen;
(c) Gewinn- oder Verlustanteil von assoziierten Unternehmen und Gemeinschaftsunternehmen, die nach der Equity-Methode bilanziert werden;
(d) Steueraufwendungen;
(e) [gestrichen]
(ea) ein gesonderter Betrag für die Gesamtsumme der aufgegebenen Geschäftsbereiche (siehe IFRS 5).
(f)–(i) [gestrichen]

(a) for each class of share capital:
    (i) the number of shares authorised;
    (ii) the number of shares issued and fully paid, and issued but not fully paid;
    (iii) par value per share, or that the shares have no par value;
    (iv) a reconciliation of the number of shares outstanding at the beginning and at the end of the period;
    (v) the rights, preferences and restrictions attaching to that class including restrictions on the distribution of dividends and the repayment of capital;
    (vi) shares in the entity held by the entity or by its subsidiaries or associates; and
    (vii) shares reserved for issue under options and contracts for the sale of shares, including terms and amounts; and
(b) a description of the nature and purpose of each reserve within equity.

An entity without share capital, such as a partnership or trust, shall disclose information equivalent to that required by paragraph 79 (a), showing changes during the period in each category of equity interest, and the rights, preferences and restrictions attaching to each category of equity interest. **80**

If an entity has reclassified **80A**
(a) a puttable financial instrument classified as an equity instrument, or
(b) an instrument that imposes on the entity an obligation to deliver to another party a pro rata share of the net assets of the entity only on liquidation and is classified as an equity instrument
between financial liabilities and equity, it shall disclose the amount reclassified into and out of each category (financial liabilities or equity), and the timing and reason for that reclassification.

Statement of profit or loss and other comprehensive income

[deleted] **81**

The statement of profit or loss and other comprehensive income (statement of comprehensive income) shall present, in addition to the profit or loss and other comprehensive income sections: **81A**
(a) profit or loss;
(b) total other comprehensive income;
(c) comprehensive income for the period, being the total of profit or loss and other comprehensive income.
If an entity presents a separate statement of profit or loss it does not present the profit or loss section in the statement presenting comprehensive income.

An entity shall present the following items, in addition to the profit or loss and other comprehensive income sections, as allocation of profit or loss and other comprehensive income for the period: **81B**
(a) profit or loss for the period attributable to:
    (i) non-controlling interests, and
    (ii) owners of the parent.
(b) comprehensive income for the period attributable to:
    (i) non-controlling interests, and
    (ii) owners of the parent.
If an entity presents profit or loss in a separate statement it shall present (a) in that statement.

Information to be presented in profit or loss section or the statement of profit or loss

In addition to items required by other IFRSs, the profit or loss section or the statement of profit or loss shall include line items that present the following amounts for the period: **82**
(a) revenue;
(b) finance costs;
(c) share of the profit or loss of associates and joint ventures accounted for using the equity method;
(d) tax expense;
(e) [deleted]
(ea) a single amount for the total of discontinued operations (see IFRS 5).
(f)—(i) [deleted]

Informationen, die im Abschnitt „sonstiges Ergebnis" auszuweisen sind

82A Im Abschnitt „sonstiges Ergebnis" sind für die Beträge der Periode nachfolgende Posten auszuweisen:

(a) Posten des sonstigen Ergebnisses (mit Ausnahme der Beträge nach Paragraph b), nach Art des Betrags klassifiziert und getrennt nach den Posten, die gemäß anderen IFRS

(i) nicht zu einem späteren Zeitpunkt in den Gewinn oder Verlust umgegliedert werden; und

(ii) zu einem späteren Zeitpunkt in den Gewinn oder Verlust umgegliedert werden, sofern bestimmte Bedingungen erfüllt sind.

(b) Anteil von assoziierten Unternehmen und Gemeinschaftsunternehmen, die nach der Equity-Methode bilanziert werden, am sonstigen Ergebnis, getrennt nach den Posten, die gemäß anderen IFRS

(i) nicht zu einem späteren Zeitpunkt in den Gewinn oder Verlust umgegliedert werden; und

(ii) zu einem späteren Zeitpunkt in den Gewinn oder Verlust umgegliedert werden, sofern bestimmte Bedingungen erfüllt sind.

83–84 [gestrichen]

85 Ein Unternehmen hat in der/den Darstellung/en von Gewinn oder Verlust und sonstigem Ergebnis zusätzliche Posten (gegebenenfalls durch Einzeldarstellung der unter Paragraph 82 aufgeführten Posten), Überschriften und Zwischensummen einzufügen, wenn eine solche Darstellung für das Verständnis der Ertragslage des Unternehmens relevant ist.

85A Zwischensummen, die ein Unternehmen gemäß Paragraph 85 darstellt,

(a) müssen aus Posten mit gemäß den IFRS angesetzten und bewerteten Beträgen bestehen;

(b) müssen in einer Weise dargestellt und bezeichnet sein, die klar erkennen lässt, welche Posten in der Zwischensumme zusammengefasst sind;

(c) müssen gemäß Paragraph 45 von Periode zu Periode stetig dargestellt werden; und

(d) dürfen nicht stärker hervorgehoben werden als die gemäß den IFRS in der/den Darstellung/en von Gewinn oder Verlust und sonstigem Ergebnis auszuweisenden Zwischensummen und Summen.

85B Ein Unternehmen hat die Posten in der/den Darstellung/en von Gewinn oder Verlust und sonstigem Ergebnis so darzustellen, dass eine Abstimmung zwischen den gemäß Paragraph 85 dargestellten Zwischensummen und den Zwischensummen oder Summen, die die IFRS für solche Abschlussbestandteile vorschreiben, möglich ist.

86 Da sich die Auswirkungen der verschiedenen Tätigkeiten, Geschäftsvorfälle und sonstigen Ereignisse hinsichtlich ihrer Häufigkeit, ihres Gewinn- oder Verlustpotenzials sowie ihrer Vorhersagbarkeit unterscheiden, hilft die Darstellung der Erfolgsbestandteile beim Verständnis der erreichten Erfolgslage des Unternehmens sowie bei der Vorhersage der künftigen Erfolgslage. Ein Unternehmen nimmt in die Darstellung/en von Gewinn oder Verlust und sonstigem Ergebnis zusätzliche Posten auf und ändert die Bezeichnung und Gliederung einzelner Posten, wenn dies zur Erläuterung der Erfolgsbestandteile notwendig ist. Dabei müssen Faktoren wie Wesentlichkeit, Art und Funktion der Ertrags- und Aufwandsposten berücksichtigt werden. Beispielsweise kann ein Finanzinstitut die oben beschriebenen Darstellungen anpassen, um Informationen zu liefern, die für die Geschäftstätigkeit eines Finanzinstituts relevant sind. Ertrags- und Aufwandsposten werden nur saldiert, wenn die Bedingungen des Paragraphen 32 erfüllt sind.

87 Ein Unternehmen darf weder in der/den Aufstellung/en von Gewinn oder Verlust und sonstigem Ergebnis noch im Anhang Ertrags- oder Aufwandsposten als außerordentliche Posten darstellen.

Gewinn oder Verlust der Periode

88 Ein Unternehmen hat alle Ertrags- und Aufwandsposten der Periode im Gewinn oder Verlust zu erfassen, es sei denn, ein IFRS schreibt etwas anderes vor.

89 Einige IFRS nennen Umstände, aufgrund derer bestimmte Posten nicht in den Gewinn oder Verlust der aktuellen Periode eingehen. IAS 8 behandelt zwei solcher Fälle: die Berichtigung von Fehlern und die Auswirkungen von Änderungen der Rechnungslegungsmethoden. Andere IFRS verlangen oder gestatten, dass Bestandteile des sonstigen Ergebnisses, die im Sinne des *Rahmenkonzepts* als Erträge oder Aufwendungen zu definieren sind, bei der Ermittlung des Gewinns oder Verlusts nicht berücksichtigt werden (siehe Paragraph 7).

Sonstiges Ergebnis in der Periode

90 Ein Unternehmen hat entweder in der Darstellung von Gewinn oder Verlust und sonstigem Ergebnis oder im Anhang den Betrag der Ertragsteuern anzugeben, der auf die einzelnen Posten des sonstigen Ergebnisses, einschließlich der Umgliederungsbeträge, entfällt.

91 Ein Unternehmen kann die Posten des sonstigen Ergebnisses wie folgt darstellen:

(a) nach Berücksichtigung aller damit verbundenen steuerlichen Auswirkungen oder

(b) vor Berücksichtigung der damit verbundenen steuerlichen Auswirkungen, wobei die Summe der Ertragsteuern auf diese Bestandteile als zusammengefasster Betrag ausgewiesen wird.

Information to be presented in the other comprehensive income section

The other comprehensive income section shall present line items for the amounts for the period of:

(a) items of other comprehensive income (excluding amounts in paragraph (b)), classified by nature and grouped into those that, in accordance with other IFRSs:
  (i) will not be reclassified subsequently to profit or loss; and
  (ii) will be reclassified subsequently to profit or loss when specific conditions are met.

(b) the share of the other comprehensive income of associates and joint ventures accounted for using the equity method, separated into the share of items that, in accordance with other IFRSs:
  (i) will not be reclassified subsequently to profit or loss; and
  (ii) will be reclassified subsequently to profit or loss when specific conditions are met.

[deleted]   83—84

An entity shall present additional line items (including by disaggregating the line items listed in paragraph 82), head-   85
ings and subtotals in the statement(s) presenting profit or loss and other comprehensive income when such presentation is relevant to an understanding of the entity's financial performance.

When an entity presents subtotals in accordance with paragraph 85, those subtotals shall: 85A
(a) be comprised of line items made up of amounts recognised and measured in accordance with IFRS;
(b) be presented and labelled in a manner that makes the line items that constitute the subtotal clear and understand-
    able;
(c) be consistent from period to period, in accordance with paragraph 45; and
(d) not be displayed with more prominence than the subtotals and totals required in IFRS for the statement(s) present-
    ing profit or loss and other comprehensive income.

An entity shall present the line items in the statement(s) presenting profit or loss and other comprehensive income that   85B
reconcile any subtotals presented in accordance with paragraph 85 with the subtotals or totals required in IFRS for such
statement(s).

Because the effects of an entity's various activities, transactions and other events differ in frequency, potential for gain or 86
loss and predictability, disclosing the components of financial performance assists users in understanding the financial
performance achieved and in making projections of future financial performance. An entity includes additional line items
in the statement(s) presenting profit or loss and other comprehensive income and it amends the descriptions used and
the ordering of items when this is necessary to explain the elements of financial performance. An entity considers factors
including materiality and the nature and function of the items of income and expense. For example, a financial institution
may amend the descriptions to provide information that is relevant to the operations of a financial institution. An entity
does not offset income and expense items unless the criteria in paragraph 32 are met.

An entity shall not present any items of income or expense as extraordinary items, in the statement(s) presenting profit   87
or loss and other comprehensive income or in the notes.

Profit or loss for the period

An entity shall recognise all items of income and expense in a period in profit or loss unless an IFRS requires or permits   88
otherwise.

Some IFRSs specify circumstances when an entity recognises particular items outside profit or loss in the current period.   89
IAS 8 specifies two such circumstances: the correction of errors and the effect of changes in accounting policies. Other
IFRSs require or permit components of other comprehensive income that meet the *Framework*'s definition of income or
expense to be excluded from profit or loss (see paragraph 7).

Other comprehensive income for the period

An entity shall disclose the amount of income tax relating to each item of other comprehensive income, including reclas-   90
sification adjustments, either in the statement of profit or loss and other comprehensive income or in the notes.

An entity may present items of other comprehensive income either: 91
(a) net of related tax effects, or
(b) before related tax effects with one amount shown for the aggregate amount of income tax relating to those.

Wählt ein Unternehmen Alternative (b), hat es die Steuer zwischen den Posten, die anschließend in den Abschnitt „Gewinn oder Verlust" umgegliedert werden können, und den Posten, die anschließend nicht in den Abschnitt mit der Darstellung von Gewinn oder Verlust umgegliedert werden, aufzuteilen.

92 Ein Unternehmen hat Umgliederungsbeträge anzugeben, die sich auf Bestandteile des sonstigen Ergebnisses beziehen.

93 In anderen IFRS ist festgelegt, ob und wann Beträge, die vorher unter dem sonstigen Ergebnis erfasst wurden, in den Gewinn oder Verlust umgegliedert werden. Solche Umgliederungen werden in diesem Standard als „Umgliederungsbeträge" bezeichnet. Ein Umgliederungsbetrag wird mit dem zugehörigen Bestandteil des sonstigen Ergebnisses in der Periode berücksichtigt, in welcher der Anpassungsbetrag in den Gewinn oder Verlust umgegliedert wird. Beispielsweise gehen realisierte Gewinne aus dem Verkauf von zur Veräußerung verfügbaren finanziellen Vermögenswerte in den Gewinn oder Verlust der aktuellen Periode ein. Diese Beträge wurden in der aktuellen oder einer früheren Periode möglicherweise als nicht realisierte Gewinne im sonstigen Ergebnis ausgewiesen. Um eine doppelte Erfassung im Gesamtergebnis zu vermeiden, sind solche nicht realisierten Gewinne vom sonstigen Ergebnis in der Periode abzuziehen, in der die realisierten Gewinne in den Gewinn oder Verlust umgegliedert werden.

94 Ein Unternehmen kann Umgliederungsbeträge in der/den Darstellung(en) von Gewinn oder Verlust und sonstigem Ergebnis oder im Anhang darstellen. Bei einer Darstellung der Umgliederungsbeträge im Anhang sind die Posten des sonstigen Ergebnisses nach Berücksichtigung zugehöriger Umgliederungsbeträge anzugeben.

95 Umgliederungsbeträge entstehen beispielsweise beim Verkauf eines ausländischen Geschäftsbetriebs (siehe IAS 21), bei der Ausbuchung von zur Veräußerung verfügbaren finanziellen Vermögenswerten (siehe IAS 39) oder wenn eine abgesicherte erwartete Transaktion den Gewinn oder Verlust beeinflusst (siehe Paragraph 100 von IAS 39 in Zusammenhang mit der Absicherung von Zahlungsströmen).

96 Umgliederungsbeträge fallen bei Veränderungen der Neubewertungsrücklage, die gemäß IAS 16 oder IAS 38 angesetzt werden, oder bei Neubewertungen leistungsorientierter Versorgungspläne, die gemäß IAS 19 angesetzt werden, nicht an. Diese Bestandteile werden im sonstigen Ergebnis angesetzt und in späteren Perioden nicht in den Gewinn oder Verlust umgegliedert. Veränderungen der Neubewertungsrücklage können in späteren Perioden bei Nutzung des Vermögenswerts oder bei seiner Ausbuchung in die Gewinnrücklagen umgegliedert werden (siehe IAS 16 und IAS 38).

Informationen, die in der/den Darstellung/en von Gewinn oder Verlust und sonstigem Ergebnis oder im Anhang auszuweisen sind

97 Wenn Ertrags- oder Aufwandsposten wesentlich sind, hat ein Unternehmen Art und Betrag dieser Posten gesondert anzugeben.

98 Umstände, die zu einer gesonderten Angabe von Ertrags- und Aufwandsposten führen, können sein:
(a) außerplanmäßige Abschreibung der Vorräte auf den Nettoveräußerungswert oder der Sachanlagen auf den erzielbaren Betrag sowie die Wertaufholung solcher außerplanmäßigen Abschreibungen;
(b) eine Umstrukturierung der Tätigkeiten eines Unternehmens und die Auflösung von Rückstellungen für Umstrukturierungsaufwand;
(c) Veräußerung von Posten der Sachanlagen;
(d) Veräußerung von Finanzanlagen;
(e) aufgegebene Geschäftsbereiche;
(f) Beendigung von Rechtsstreitigkeiten; und
(g) sonstige Auflösungen von Rückstellungen.

99 Ein Unternehmen hat den im Gewinn oder Verlust erfassten Aufwand aufzugliedern und dabei Gliederungskriterien anzuwenden, die entweder auf der Art der Aufwendungen oder auf deren Funktion innerhalb des Unternehmens beruhen je nachdem, welche Darstellungsform verlässliche und relevantere Informationen ermöglicht.

100 Unternehmen wird empfohlen, die in Paragraph 99 geforderte Aufgliederung in der/den Darstellung/en von Gewinn oder Verlust und sonstigem Ergebnis auszuweisen.

101 Aufwendungen werden unterteilt, um die Erfolgsbestandteile, die sich bezüglich Häufigkeit, Gewinn- oder Verlustpotenzial und Vorhersagbarkeit unterscheiden können, hervorzuheben. Diese Informationen können auf zwei verschiedene Arten dargestellt werden.

102 Die erste Art der Aufgliederung wird als „Gesamtkostenverfahren" bezeichnet. Aufwendungen werden im Gewinn oder Verlust nach ihrer Art zusammengefasst (beispielsweise Abschreibungen, Materialeinkauf, Transportkosten, Leistungen an Arbeitnehmer, Werbekosten) und nicht nach ihrer Zugehörigkeit zu einzelnen Funktionsbereichen des Unternehmens umverteilt. Diese Methode ist einfach anzuwenden, da die betrieblichen Aufwendungen den einzelnen Funktionsbereichen nicht zugeordnet werden müssen. Ein Beispiel für eine Gliederung nach dem Gesamtkostenverfahren ist:

If an entity elects alternative (b), it shall allocate the tax between the items that might be reclassified subsequently to the profit or loss section and those that will not be reclassified subsequently to the profit or loss section.

An entity shall disclose reclassification adjustments relating to components of other comprehensive income. **92**

Other IFRSs specify whether and when amounts previously recognised in other comprehensive income are reclassified to **93** profit or loss. Such reclassifications are referred to in this Standard as reclassification adjustments. A reclassification adjustment is included with the related component of other comprehensive income in the period that the adjustment is reclassified to profit or loss. For example, gains realised on the disposal of available-for-sale financial assets are included in profit or loss of the current period. These amounts may have been recognised in other comprehensive income as unrealised gains in the current or previous periods. Those unrealised gains must be deducted from other comprehensive income in the period in which the realised gains are reclassified to profit or loss to avoid including them in total comprehensive income twice.

An entity may present reclassification adjustments in the statement(s) of profit or loss and other comprehensive income **94** or in the notes. An entity presenting reclassification adjustments in the notes presents the items of other comprehensive income after any related reclassification adjustments.

Reclassification adjustments arise, for example, on disposal of a foreign operation (see IAS 21), on derecognition of avail- **95** able-for-sale financial assets (see IAS 39) and when a hedged forecast transaction affects profit or loss (see paragraph 100 of IAS 39 in relation to cash flow hedges).

Reclassification adjustments do not arise on changes in revaluation surplus recognised in accordance with IAS 16 or **96** IAS 38 or on remeasurements of defined benefit plans recognised in accordance with IAS 19. These components are recognised in other comprehensive income and are not reclassified to profit or loss in subsequent periods. Changes in revaluation surplus may be transferred to retained earnings in subsequent periods as the asset is used or when it is derecognised (see IAS 16 and IAS 38).

Information to be presented in the statement(s) of profit or loss and other comprehensive income or in the notes

When items of income or expense are material, an entity shall disclose their nature and amount separately. **97**

Circumstances that would give rise to the separate disclosure of items of income and expense include: **98**
  (a) write-downs of inventories to net realisable value or of property, plant and equipment to recoverable amount, as well as reversals of such write-downs;
  (b) restructurings of the activities of an entity and reversals of any provisions for the costs of restructuring;
  (c) disposals of items of property, plant and equipment;
  (d) disposals of investments;
  (e) discontinued operations;
  (f) litigation settlements; and
  (g) other reversals of provisions.

An entity shall present an analysis of expenses recognised in profit or loss using a classification based on either their **99** nature or their function within the entity, whichever provides information that is reliable and more relevant.

Entities are encouraged to present the analysis in paragraph 99 in the statement(s) presenting profit or loss and other **100** comprehensive income.

Expenses are subclassified to highlight components of financial performance that may differ in terms of frequency, poten- **101** tial for gain or loss and predictability. This analysis is provided in one of two forms.

The first form of analysis is the 'nature of expense' method. An entity aggregates expenses within profit or loss according **102** to their nature (for example, depreciation, purchases of materials, transport costs, employee benefits and advertising costs), and does not reallocate them among functions within the entity. This method may be simple to apply because no allocations of expenses to functional classifications are necessary. An example of a classification using the nature of expense method is as follows:

Umsatzerlöse		X
Sonstige Erträge		X
Veränderung des Bestands an Fertigerzeugnissen und unfertigen Erzeugnissen	X	
Aufwendungen für Roh-, Hilfs- und Betriebsstoffe	X	
Aufwendungen für Leistungen an Arbeitnehmer	X	
Aufwand für planmäßige Abschreibungen	X	
Andere Aufwendungen	X	
Gesamtaufwand		(X)
Gewinn vor Steuern		X

103 Die zweite Art der Aufgliederung wird als „Umsatzkostenverfahren" bezeichnet und unterteilt die Aufwendungen nach ihrer funktionalen Zugehörigkeit als Teile der Umsatzkosten, beispielsweise der Aufwendungen für Vertriebs- oder Verwaltungsaktivitäten. Das Unternehmen hat diesem Verfahren zufolge zumindest die Umsatzkosten gesondert von anderen Aufwendungen zu erfassen. Diese Methode liefert den Adressaten oft relevantere Informationen als die Aufteilung nach Aufwandsarten, aber die Zuordnung von Aufwendungen zu Funktionen kann willkürlich sein und beruht auf erheblichen Ermessensentscheidungen. Ein Beispiel für eine Gliederung nach dem Umsatzkostenverfahren ist:

Umsatzerlöse	X
Umsatzkosten	(X)
Bruttogewinn	X
Sonstige Erträge	X
Vertriebskosten	(X)
Verwaltungsaufwendungen	(X)
Andere Aufwendungen	(X)
Gewinn vor Steuern	X

104 Ein Unternehmen, welches das Umsatzkostenverfahren anwendet, hat zusätzliche Informationen über die Art der Aufwendungen, einschließlich des Aufwands für planmäßige Abschreibungen und Amortisationen sowie Leistungen an Arbeitnehmer, anzugeben.

105 Die Wahl zwischen dem Umsatzkosten- und dem Gesamtkostenverfahren hängt von historischen und branchenbezogenen Faktoren und von der Art des Unternehmens ab. Beide Verfahren liefern Hinweise auf die Kosten, die sich direkt oder indirekt mit der Höhe des Umsatzes oder der Produktion des Unternehmens verändern können. Da jede der beiden Darstellungsformen für unterschiedliche Unternehmenstypen vorteilhaft ist, verpflichtet dieser Standard das Management zur Wahl der Darstellungsform, die zuverlässig und relevanter ist. Da Informationen über die Art von Aufwendungen für die Prognose künftiger Cashflows nützlich sind, werden bei Anwendung des Umsatzkostenverfahrens zusätzliche Angaben gefordert. In Paragraph 104 hat der Begriff „Leistungen an Arbeitnehmer" dieselbe Bedeutung wie in IAS 19.

Eigenkapitalveränderungsrechnung

Informationen, die in der Eigenkapitalveränderungsrechnung darzustellen sind

106 Ein Unternehmen hat gemäß Paragraph 10 eine Eigenkapitalveränderungsrechnung zu erstellen. Diese muss Folgendes enthalten:

(a) das Gesamtergebnis in der Berichtsperiode, wobei die Beträge, die den Eigentümern des Mutterunternehmens und den nicht beherrschenden Anteilen insgesamt zuzurechnen sind, getrennt auszuweisen sind;

(b) für jede Eigenkapitalkomponente die Auswirkungen einer rückwirkenden Anwendung oder rückwirkenden Anpassung, die gemäß IAS 8 bilanziert wurden, und

(c) [gestrichen]

(d) für jede Eigenkapitalkomponente eine Überleitungsrechnung für die Buchwerte zu Beginn und am Ende der Berichtsperiode, wobei Veränderungen gesondert auszuweisen sind, die zurückzuführen sind auf

(i) Gewinn oder Verlust,

(ii) sonstiges Ergebnis und

(iii) Transaktionen mit Eigentümern, die in dieser Eigenschaft handeln, wobei Einzahlungen von Eigentümern und Ausschüttungen an Eigentümer sowie Veränderungen bei Eigentumsanteilen an Tochterunternehmen, die keinen Verlust der Beherrschung nach sich ziehen, gesondert auszuweisen sind.

Informationen, die in der Eigenkapitalveränderungsrechnung oder im Anhang darzustellen sind

106A Ein Unternehmen hat in der Eigenkapitalveränderungsrechnung oder im Anhang für jede Eigenkapitalkomponente eine nach Posten gegliederte Analyse des sonstigen Einkommens vorzunehmen (siehe Paragraph 106 Buchstabe d Ziffer ii).

Revenue		X
Other income		X
Changes in inventories of finished goods and work in progress	X	
Raw materials and consumables used	X	
Employee benefits expense	X	
Depreciation and amortisation expense	X	
Other expenses	X	
Total expenses		(X)
Profit before tax		X

The second form of analysis is the 'function of expense' or 'cost of sales' method and classifies expenses according to their **103** function as part of cost of sales or, for example, the costs of distribution or administrative activities. At a minimum, an entity discloses its cost of sales under this method separately from other expenses. This method can provide more relevant information to users than the classification of expenses by nature, but allocating costs to functions may require arbitrary allocations and involve considerable judgement. An example of a classification using the function of expense method is as follows:

Revenue	X
Cost of sales	(X)
Gross profit	X
Other income	X
Distribution costs	(X)
Administrative expenses	(X)
Other expenses	(X)
Profit before tax	X

An entity classifying expenses by function shall disclose additional information on the nature of expenses, including **104** depreciation and amortisation expense and employee benefits expense.

The choice between the function of expense method and the nature of expense method depends on historical and industry **105** factors and the nature of the entity. Both methods provide an indication of those costs that might vary, directly or indirectly, with the level of sales or production of the entity. Because each method of presentation has merit for different types of entities, this Standard requires management to select the presentation that is reliable and more relevant. However, because information on the nature of expenses is useful in predicting future cash flows, additional disclosure is required when the function of expense classification is used. In paragraph 104, 'employee benefits' has the same meaning as in IAS 19.

Statement of changes in equity

Information to be presented in the statement of changes in equity

An entity shall present a statement of changes in equity as required by paragraph 10. The statement of changes in **106** equity includes the following information:
(a)   total comprehensive income for the period, showing separately the total amounts attributable to owners of the parent and to non-controlling interests;
(b)   for each component of equity, the effects of retrospective application or retrospective restatement recognised in accordance with IAS 8; and
(c)   [deleted]
(d)   for each component of equity, a reconciliation between the carrying amount at the beginning and the end of the period, separately disclosing changes resulting from:
(i)   profit or loss;
(ii)   other comprehensive income; and
(iii) transactions with owners in their capacity as owners, showing separately contributions by and distributions to owners and changes in ownership interests in subsidiaries that do not result in a loss of control.

Information to be presented in the statement of changes in equity or in the notes

For each component of equity an entity shall present, either in the statement of changes in equity or in the notes, an **106A** analysis of other comprehensive income by item (see paragraph 106 (d) (ii)).

107 Ein Unternehmen hat in der Eigenkapitalveränderungsrechnung oder im Anhang die Höhe der Dividenden, die während der Berichtsperiode als Ausschüttungen an Eigentümer angesetzt werden, sowie den entsprechenden Dividendenbetrag pro Aktie anzugeben.

108 Zu den in Paragraph 106 genannten Eigenkapitalbestandteilen gehören beispielsweise jede Kategorie des eingebrachten Kapitals, der kumulierte Saldo jeder Kategorie des sonstigen Ergebnisses und die Gewinnrücklagen.

109 Veränderungen des Eigenkapitals eines Unternehmens zwischen dem Beginn und dem Ende der Berichtsperiode spiegeln die Zu- oder Abnahme seines Nettovermögens während der Periode wider. Mit Ausnahme von Änderungen, die sich aus Transaktionen mit Eigentümern, die in ihrer Eigenschaft als Eigentümer handeln (z. B. Kapitaleinzahlungen, Rückerwerb von Eigenkapitalinstrumenten des Unternehmens und Dividenden), sowie den unmittelbar damit zusammenhängenden Transaktionskosten ergeben, stellt die Gesamtveränderung des Eigenkapitals während der betreffenden Periode den Gesamtertrag bzw. -aufwand einschließlich der Gewinne und Verluste dar, die während der betreffenden Periode durch die Aktivitäten des Unternehmens entstehen.

110 Nach IAS 8 sind zur Berücksichtigung von Änderungen der Rechnungslegungsmethoden, soweit durchführbar, rückwirkende Anpassungen erforderlich, sofern die Übergangsbestimmungen in einem anderen IFRS keine andere Erfassung vorschreiben. Ebenso sind nach IAS 8, soweit durchführbar, rückwirkende Anpassungen zur Fehlerberichtigung erforderlich. Rückwirkende Anpassungen und rückwirkende Fehlerberichtigungen stellen keine Eigenkapitalveränderungen dar, sondern sind Berichtigungen des Anfangssaldos der Gewinnrücklagen, sofern ein IFRS keine rückwirkende Anpassung eines anderen Eigenkapitalbestandteils verlangt. Paragraph 106 (b) schreibt die Angabe der Gesamtanpassung für jeden Eigenkapitalposten, die sich aus Änderungen der Rechnungslegungsmethoden und – getrennt davon – aus der Fehlerberichtigung ergibt, in der Eigenkapitalveränderungsrechnung vor. Diese Anpassungen sind für jede Vorperiode sowie für den Periodenanfang anzugeben.

Kapitalflussrechnung

111 Die Kapitalflussrechnung bietet den Adressaten eine Grundlage für die Beurteilung der Fähigkeit des Unternehmens, Zahlungsmittel und Zahlungsmitteläquivalente zu erwirtschaften, sowie des Bedarfs des Unternehmens, diese Cashflows zu verwenden. IAS 7 legt die Anforderungen für die Darstellung und Angabe von Informationen zu Cashflows fest.

Anhangangaben

Struktur

112 Der Anhang soll:
  (a) Informationen über die Grundlagen der Aufstellung des Abschlusses und die spezifischen Rechnungslegungsmethoden, die gemäß den Paragraphen 117–124 angewandt worden sind, darstellen;
  (b) die nach IFRS erforderlichen Informationen offen legen, die nicht in den anderen Abschlussbestandteilen ausgewiesen sind, und
  (c) Informationen bereitstellen, die nicht in anderen Abschlussbestandteilen ausgewiesen werden, für das Verständnis derselben jedoch relevant sind.

113 Ein Unternehmen hat die Anhangangaben, soweit durchführbar, systematisch darzustellen. Bei der Festlegung der Darstellungssystematik berücksichtigt das Unternehmen, wie sich diese auf die Verständlichkeit und Vergleichbarkeit ihrer Abschlüsse auswirkt. Jeder Posten in der Bilanz, der/den Darstellung/en von Gewinn oder Verlust und sonstigem Ergebnis, der Eigenkapitalveränderungsrechnung und der Kapitalflussrechnung muss mit einem Querverweis auf sämtliche zugehörigen Informationen im Anhang versehen sein.

114 Eine systematische Ordnung oder Gliederung der Anhangangaben bedeutet beispielsweise,
  (a) dass Tätigkeitsbereiche hervorgehoben werden, die nach Einschätzung des Unternehmens für das Verständnis seiner Vermögens-, Finanz- und Ertragslage besonders relevant sind, indem beispielsweise Informationen zu bestimmten betrieblichen Tätigkeiten zusammengefasst werden;
  (b) dass Informationen über Posten, die in ähnlicher Weise bewertet werden, beispielsweise über zum beizulegenden Zeitwert bewertete Vermögenswerte, zusammengefasst werden; oder
  (c) dass die Posten in der Reihenfolge ausgewiesen werden, in der sie in der/den Darstellung/en von Gewinn oder Verlust und sonstigem Ergebnis und der Bilanz aufgeführt sind, nämlich:
    (i) Bestätigung der Übereinstimmung mit IFRS (siehe Paragraph 16);
    (ii) Darstellung der wesentlichen angewandten Rechnungslegungsmethoden (siehe Paragraph 117);
    (iii) ergänzende Informationen zu den in der Bilanz, der/den Darstellung/en von Gewinn oder Verlust und sonstigem Ergebnis, der Eigenkapitalveränderungsrechnung und der Kapitalflussrechnung dargestellten Posten in der Reihenfolge, in der jeder Abschlussbestandteil und jeder Posten dargestellt wird; und
    (iv) andere Angaben, einschließlich:
      (1) Eventualverbindlichkeiten (siehe IAS 37) und nicht bilanzierte vertragliche Verpflichtungen, und

An entity shall present, either in the statement of changes in equity or in the notes, the amounts of dividends recog- **107** nised as distributions to owners during the period, and the related amount of dividends per share.

In paragraph 106, the components of equity include, for example, each class of contributed equity, the accumulated bal- **108** ance of each class of other comprehensive income and retained earnings.

Changes in an entity's equity between the beginning and the end of the reporting period reflect the increase or decrease in **109** its net assets during the period. Except for changes resulting from transactions with owners in their capacity as owners (such as equity contributions, reacquisitions of the entity's own equity instruments and dividends) and transaction costs directly related to such transactions, the overall change in equity during a period represents the total amount of income and expense, including gains and losses, generated by the entity's activities during that period.

IAS 8 requires retrospective adjustments to effect changes in accounting policies, to the extent practicable, except when **110** the transition provisions in another IFRS require otherwise. IAS 8 also requires restatements to correct errors to be made retrospectively, to the extent practicable. Retrospective adjustments and retrospective restatements are not changes in equity but they are adjustments to the opening balance of retained earnings, except when an IFRS requires retrospective adjustment of another component of equity. Paragraph 106 (b) requires disclosure in the statement of changes in equity of the total adjustment to each component of equity resulting from changes in accounting policies and, separately, from corrections of errors. These adjustments are disclosed for each prior period and the beginning of the period.

Statement of cash flows

Cash flow information provides users of financial statements with a basis to assess the ability of the entity to generate **111** cash and cash equivalents and the needs of the entity to utilise those cash flows. IAS 7 sets out requirements for the presentation and disclosure of cash flow information.

Notes

Structure

The notes shall: **112**
(a) present information about the basis of preparation of the financial statements and the specific accounting policies used in accordance with paragraphs 117—124;
(b) disclose the information required by IFRSs that is not presented elsewhere in the financial statements; and
(c) provide information that is not presented elsewhere in the financial statements, but is relevant to an understanding of any of them.

An entity shall, as far as practicable, present notes in a systematic manner. In determining a systematic manner, the **113** entity shall consider the effect on the understandability and comparability of its financial statements. An entity shall cross-reference each item in the statements of financial position and in the statement(s) of profit or loss and other comprehensive income, and in the statements of changes in equity and of cash flows to any related information in the notes.

Examples of systematic ordering or grouping of the notes include: **114**
(a) giving prominence to the areas of its activities that the entity considers to be most relevant to an understanding of its financial performance and financial position, such as grouping together information about particular operating activities;
(b) grouping together information about items measured similarly such as assets measured at fair value; or
(c) following the order of the line items in the statement(s) of profit or loss and other comprehensive income and the statement of financial position, such as:
  (i) statement of compliance with IFRSs (see paragraph 16);
  (ii) significant accounting policies applied (see paragraph 117);
  (iii) supporting information for items presented in the statements of financial position and in the statement(s) of profit or loss and other comprehensive income, and in the statements of changes in equity and of cash flows, in the order in which each statement and each line item is presented; and
  (iv) other disclosures, including
    (1) contingent liabilities (see IAS 37) and unrecognised contractual commitments; and

(2) nicht finanzielle Angaben, z. B. die Ziele und Methoden des Finanzrisikomanagements des Unternehmens (siehe IFRS 7).

115 [gestrichen]

116 Ein Unternehmen kann Informationen über die Grundlagen der Aufstellung des Abschlusses und die spezifischen Rechnungslegungsmethoden als gesonderten Teil des Abschlusses darstellen.

Angabe der Rechnungslegungsmethoden

117 **Ein Unternehmen hat in der Darstellung der maßgeblichen Rechnungslegungsmethoden Folgendes anzugeben:**
   (a)   die bei der Erstellung des Abschlusses herangezogene(n) Bewertungsgrundlage(n); und
   (b)   sonstige angewandte Rechnungslegungsmethoden, die für das Verständnis des Abschlusses relevant sind.

118 Es ist wichtig, dass ein Unternehmen die Adressaten über die verwendete(n) Bewertungsgrundlage(n) (z. B. historische Anschaffungs- oder Herstellungskosten, Tageswert, Nettoveräußerungswert, beizulegender Zeitwert oder erzielbarer Betrag) informiert, da die Grundlage, auf der der gesamte Abschluss aufgestellt ist, die Analyse der Adressaten maßgeblich beeinflussen kann. Wendet ein Unternehmen im Abschluss mehr als eine Bewertungsgrundlage an, wenn beispielsweise bestimmte Gruppen von Vermögenswerten neu bewertet werden, ist es ausreichend, einen Hinweis auf die Gruppen von Vermögenswerten und Schulden zu geben, auf die die jeweilige Bewertungsgrundlage angewandt wird.

119 Bei der Entscheidung darüber, ob eine bestimmte Rechnungslegungsmethode anzugeben ist, wägt das Management ab, ob die Angaben über die Art und Weise, wie Geschäftsvorfälle, sonstige Ereignisse und Bedingungen in der dargestellten Vermögens-, Finanz- und Ertragslage wiedergegeben werden, zum Verständnis der Adressaten beitragen. Jedes Unternehmen berücksichtigt die Art seiner Geschäftstätigkeit und die Rechnungslegungsmethoden, von denen die Adressaten des Abschlusses erwarten würden, dass sie für diesen Unternehmenstyp angegeben werden. Die Darstellung bestimmter Rechnungslegungsmethoden ist für Adressaten besonders vorteilhaft, wenn solche Methoden aus den in den IFRS zugelassenen Alternativen ausgewählt werden. Ein Beispiel ist die Angabe, ob ein Unternehmen den beizulegenden Zeitwert oder das Kostenmodell auf seine als Finanzinvestition gehaltene Immobilie anwendet (siehe IAS 40 *Als Finanzinvestition gehaltene Immobilien*). Einige IFRS schreiben die Angabe bestimmter Rechnungslegungsmethoden vor, einschließlich der Wahl, die die Unternehmensführung zwischen verschiedenen zulässigen Methoden trifft. Beispielsweise ist nach IAS 16 die Bewertungsgrundlage für Sachanlagen anzugeben.

120 [gestrichen]

121 Eine Rechnungslegungsmethode kann aufgrund der Tätigkeiten des Unternehmens eine wichtige Rolle spielen, selbst wenn die Beträge für die aktuelle sowie für frühere Perioden unwesentlich sind. Es ist ebenfalls zweckmäßig, jede wesentliche Rechnungslegungsmethode anzugeben, die zwar nicht von den IFRS vorgeschrieben ist, die das Unternehmen aber in Übereinstimmung mit IAS 8 auswählt und anwendet.

122 **Ein Unternehmen hat zusammen mit der Darstellung der wesentlichen Rechnungslegungsmethoden oder sonstigen Erläuterungen anzugeben, welche Ermessensentscheidungen – mit Ausnahme solcher, bei denen Schätzungen einfließen (siehe Paragraph 125) – das Management bei der Anwendung der Rechnungslegungsmethoden getroffen hat und welche Ermessensentscheidungen die Beträge im Abschluss am wesentlichsten beeinflussen.**

123 Die Anwendung der Rechnungslegungsmethoden unterliegt verschiedenen Ermessensausübungen des Managements – abgesehen von solchen, bei denen Schätzungen einfließen –, die die Beträge im Abschluss erheblich beeinflussen können. Das Management übt beispielsweise seinen Ermessensspielraum aus, wenn es festlegt,
   (a)   ob es sich bei den finanziellen Vermögenswerten um bis zur Endfälligkeit zu haltende Finanzinvestitionen handelt;
   (b)   wann alle wesentlichen mit dem rechtlichen Eigentum verbundenen Risiken und Chancen der finanziellen Vermögenswerte und des Leasingvermögens auf andere Unternehmen übertragen werden; und
   (c)   ob es sich bei bestimmten Warenverkaufsgeschäften im Wesentlichen um Finanzierungsvereinbarungen handelt, durch die folglich keine Umsatzerlöse erzielt werden.
   (d)   [gestrichen]

124 Einige gemäß Paragraph 122 erfolgte Angaben werden von anderen IFRS vorgeschrieben. So schreibt zum Beispiel IFRS 12 *Angaben zu Anteilen an anderen Unternehmen* einem Unternehmen vor, die Überlegungen offenzulegen, die zur Feststellung geführt haben, dass es ein anderes Unternehmen beherrscht. Nach IAS 40 *Als Finanzinvestition gehaltene Immobilien* sind die vom Unternehmen entwickelten Kriterien anzugeben, nach denen zwischen als Finanzinvestition gehaltenen, vom Eigentümer selbstgenutzten Immobilien und Immobilien, die zum Verkauf im Rahmen der gewöhnlichen Geschäftstätigkeit gehalten werden, unterschieden wird, sofern eine Zuordnung Schwierigkeiten bereitet.

Quellen von Schätzungsunsicherheiten

125 Ein Unternehmen hat im Anhang die wichtigsten zukunftsbezogenen Annahmen anzugeben sowie Angaben über sonstige am Abschlussstichtag wesentliche Quellen von Schätzungsunsicherheiten zu machen, durch die ein beträchtliches

(2) non-financial disclosures, eg the entity's financial risk management objectives and policies (see IFRS 7).

[deleted]   **115**

An entity may present notes providing information about the basis of preparation of the financial statements and specific   **116**
accounting policies as a separate section of the financial statements.

Disclosure of accounting policies

An entity shall disclose its significant accounting policies comprising: **117**
(a)   the measurement basis (or bases) used in preparing the financial statements; and
(b)   the other accounting policies used that are relevant to an understanding of the financial statements.

It is important for an entity to inform users of the measurement basis or bases used in the financial statements (for exam-   **118**
ple, historical cost, current cost, net realisable value, fair value or recoverable amount) because the basis on which an
entity prepares the financial statements significantly affects users' analysis. When an entity uses more than one measurement basis in the financial statements, for example when particular classes of assets are revalued, it is sufficient to provide
an indication of the categories of assets and liabilities to which each measurement basis is applied.

In deciding whether a particular accounting policy should be disclosed, management considers whether disclosure would   **119**
assist users in understanding how transactions, other events and conditions are reflected in reported financial performance and financial position. Each entity considers the nature of its operations and the policies that the users of its financial statements would expect to be disclosed for that type of entity. Disclosure of particular accounting policies is especially useful to users when those policies are selected from alternatives allowed in IFRSs. An example is disclosure of
whether an entity applies the fair value or cost model to its investment property (see IAS 40 *Investment Property*). Some
IFRSs specifically require disclosure of particular accounting policies, including choices made by management between
different policies they allow. For example, IAS 16 requires disclosure of the measurement bases used for classes of property, plant and equipment.

[deleted]   **120**

An accounting policy may be significant because of the nature of the entity's operations even if amounts for current and   **121**
prior periods are not material. It is also appropriate to disclose each significant accounting policy that is not specifically
required by IFRSs but the entity selects and applies in accordance with IAS 8.

An entity shall disclose, along with its significant accounting policies or other notes, the judgements, apart from   **122**
those involving estimations (see paragraph 125), that management has made in the process of applying the entity's
accounting policies and that have the most significant effect on the amounts recognised in the financial statements.

In the process of applying the entity's accounting policies, management makes various judgements, apart from those   **123**
involving estimations, that can significantly affect the amounts it recognises in the financial statements. For example,
management makes judgements in determining:
(a)   whether financial assets are held-to-maturity investments;
(b)   when substantially all the significant risks and rewards of ownership of financial assets and lease assets are trans-
      ferred to other entities; and
(c)   whether, in substance, particular sales of goods are financing arrangements and therefore do not give rise to revenue.
(d)   [deleted]

Some of the disclosures made in accordance with paragraph 122 are required by other IFRSs. For example IFRS 12 *Dis-*   **124**
closure of Interests in Other Entities requires an entity to disclose the judgements it has made in determining whether it
controls another entity. IAS 40 *Investment Property* requires disclosure of the criteria developed by the entity to distinguish investment property from owner-occupied property and from property held for sale in the ordinary course of business, when classification of the property is difficult.

Sources of estimation uncertainty

An entity shall disclose information about the assumptions it makes about the future, and other major sources of estima-   **125**
tion uncertainty at the end of the reporting period, that have a significant risk of resulting in a material adjustment to the

Risiko entstehen kann, dass innerhalb des nächsten Geschäftsjahres eine wesentliche Anpassung der Buchwerte der ausgewiesenen Vermögenswerte und Schulden erforderlich wird. Bezüglich solcher Vermögenswerte und Schulden sind im Anhang:

(a) ihre Art sowie

(b) ihre Buchwerte am Abschlussstichtag anzugeben.

126 Zur Bestimmung der Buchwerte bestimmter Vermögenswerte und Schulden ist eine Schätzung der Auswirkungen ungewisser künftiger Ereignisse auf solche Vermögenswerte und Schulden am Abschlussstichtag erforderlich. Fehlen beispielsweise kürzlich festgestellte Marktpreise, sind zukunftsbezogene Schätzungen erforderlich, um den erzielbaren Betrag bestimmter Gruppen von Sachanlagen, die Folgen technischer Veralterung für Bestände, Rückstellungen, die von dem künftigen Ausgang von Gerichtsverfahren abhängen, sowie langfristige Verpflichtungen gegenüber Arbeitnehmern, wie beispielsweise Pensionszusagen, zu bewerten. Diese Schätzungen beziehen Annahmen über Faktoren wie Risikoanpassungen von Cashflows oder der Abzinsungssätze, künftige Gehaltsentwicklungen und künftige, andere Kosten beeinflussende Preisänderungen mit ein.

127 Die Annahmen sowie andere Quellen von Schätzungsunsicherheiten, die gemäß Paragraph 125 angegeben werden, gelten für Schätzungen, die eine besonders schwierige, subjektive oder komplizierte Ermessensentscheidung des Managements erfordern. Je höher die Anzahl der Variablen bzw. der Annahmen, die sich auf die mögliche künftige Beseitigung bestehender Unsicherheiten auswirken, desto subjektiver und schwieriger wird die Ermessensausübung, so dass die Wahrscheinlichkeit einer nachträglichen, wesentlichen Anpassung der angesetzten Buchwerte der betreffenden Vermögenswerte und Schulden in der Regel im gleichen Maße steigt.

128 Die in Paragraph 125 vorgeschriebenen Angaben sind nicht für Vermögenswerte und Schulden erforderlich, bei denen ein beträchtliches Risiko besteht, dass sich ihre Buchwerte innerhalb des nächsten Geschäftsjahres wesentlich verändern, wenn diese am Abschlussstichtag zum beizulegenden Zeitwert auf der Basis kurz zuvor festgestellter Preisnotierungen in einem aktiven Markt für identische Vermögenswerte oder Schulden bewertet werden. Zwar besteht die Möglichkeit einer wesentlichen Änderung der beizulegenden Zeitwerte innerhalb des nächsten Geschäftsjahres, doch sind diese Änderungen nicht auf Annahmen oder sonstige Quellen einer Schätzungsunsicherheit am Abschlussstichtag zurückzuführen.

129 Ein Unternehmen macht die in Paragraph 125 vorgeschriebenen Angaben auf eine Weise, die es den Adressaten erleichtert, die Ermessensausübung des Managements bezüglich der Zukunft und anderer wesentlicher Quellen von Schätzungsunsicherheiten zu verstehen. Die Art und der Umfang der gemachten Angaben hängen von der Art der Annahmen sowie anderen Umständen ab. Beispiele für die Art der erforderlichen Angaben sind:

(a) die Art der Annahme bzw. der sonstigen Schätzungsunsicherheit;

(b) die Sensitivität der Buchwerte hinsichtlich der Methoden, der Annnahmen und der Schätzungen, die der Berechnung der Buchwerte zugrunde liegen unter Angabe der Gründe für die Sensitivität;

(c) die erwartete Beseitigung einer Unsicherheit sowie die Bandbreite der vernünftigerweise für möglich gehaltenen Gewinn oder Verlust innerhalb des nächsten Geschäftsjahres bezüglich der Buchwerte der betreffenden Vermögenswerte und Schulden; und

(d) eine Erläuterung der Anpassungen früherer Annahmen bezüglich solcher Vermögenswerte und Schulden, sofern die Unsicherheit weiter bestehen bleibt.

130 Dieser Standard schreibt einem Unternehmen nicht die Angabe von Budgets oder Prognosen im Rahmen des Paragraphen 125 vor.

131 Manchmal ist die Angabe des Umfangs der möglichen Auswirkungen einer Annahme bzw. einer anderen Quelle von Schätzungsunsicherheiten am Abschlussstichtag undurchführbar. In solchen Fällen hat das Unternehmen anzugeben, dass es aufgrund bestehender Kenntnisse im Rahmen des Möglichen liegt, dass innerhalb des nächsten Geschäftsjahres von den Annahmen abgewichen werden könnte, so dass eine wesentliche Anpassung des Buchwerts der betreffenden Vermögenswerte bzw. Schulden erforderlich ist. In allen Fällen hat das Unternehmen die Art und den Buchwert der durch die Annahme betroffenen einzelnen Vermögenswerte und Schulden (bzw. Vermögens- oder Schuldkategorien) anzugeben.

132 Die in Paragraph 122 vorgeschriebenen Angaben zu Ermessensentscheidungen des Managements bei der Anwendung der Rechnungslegungsmethoden des Unternehmens gelten nicht für die Angabe der Quellen von Schätzungsunsicherheiten gemäß Paragraph 125.

133 Andere IFRS verlangen die Angabe einiger Annahmen, die ansonsten gemäß Paragraph 125 erforderlich wären. Nach IAS 37 sind beispielsweise unter bestimmten Voraussetzungen die wesentlichen Annahmen bezüglich künftiger Ereignisse anzugeben, die die Rückstellungsarten beeinflussen könnten. Nach IFRS 13 *Bemessung des beizulegenden Zeitwerts* müssen wesentliche Annahmen (einschließlich der Bewertungstechnik(en) und des/der Inputfaktors/Inputfaktoren) angegeben werden, die das Unternehmen in die Bemessung des beizulegenden Zeitwerts von Vermögenswerten und Schulden einfließen lässt, die zum beizulegenden Zeitwert angesetzt werden.

carrying amounts of assets and liabilities within the next financial year. In respect of those assets and liabilities, the notes shall include details of:

(a)   their nature, and

(b)   their carrying amount as at the end of the reporting period.

Determining the carrying amounts of some assets and liabilities requires estimation of the effects of uncertain future **126** events on those assets and liabilities at the end of the reporting period. For example, in the absence of recently observed market prices, future-oriented estimates are necessary to measure the recoverable amount of classes of property, plant and equipment, the effect of technological obsolescence on inventories, provisions subject to the future outcome of litigation in progress, and long-term employee benefit liabilities such as pension obligations. These estimates involve assumptions about such items as the risk adjustment to cash flows or discount rates, future changes in salaries and future changes in prices affecting other costs.

The assumptions and other sources of estimation uncertainty disclosed in accordance with paragraph 125 relate to the **127** estimates that require management's most difficult, subjective or complex judgements. As the number of variables and assumptions affecting the possible future resolution of the uncertainties increases, those judgements become more subjective and complex, and the potential for a consequential material adjustment to the carrying amounts of assets and liabilities normally increases accordingly.

The disclosures in paragraph 125 are not required for assets and liabilities with a significant risk that their carrying **128** amounts might change materially within the next financial year if, at the end of the reporting period, they are measured at fair value based on a quoted price in an active market for an identical asset or liability. Such fair values might change materially within the next financial year but these changes would not arise from assumptions or other sources of estimation uncertainty at the end of the reporting period.

An entity presents the disclosures in paragraph 125 in a manner that helps users of financial statements to understand the **129** judgements that management makes about the future and about other sources of estimation uncertainty. The nature and extent of the information provided vary according to the nature of the assumption and other circumstances. Examples of the types of disclosures an entity makes are:

(a)   the nature of the assumption or other estimation uncertainty;

(b)   the sensitivity of carrying amounts to the methods, assumptions and estimates underlying their calculation, including the reasons for the sensitivity;

(c)   the expected resolution of an uncertainty and the range of reasonably possible outcomes within the next financial year in respect of the carrying amounts of the assets and liabilities affected; and

(d)   an explanation of changes made to past assumptions concerning those assets and liabilities, if the uncertainty remains unresolved.

This Standard does not require an entity to disclose budget information or forecasts in making the disclosures in para- **130** graph 125.

Sometimes it is impracticable to disclose the extent of the possible effects of an assumption or another source of estima- **131** tion uncertainty at the end of the reporting period. In such cases, the entity discloses that it is reasonably possible, on the basis of existing knowledge, that outcomes within the next financial year that are different from the assumption could require a material adjustment to the carrying amount of the asset or liability affected. In all cases, the entity discloses the nature and carrying amount of the specific asset or liability (or class of assets or liabilities) affected by the assumption.

The disclosures in paragraph 122 of particular judgements that management made in the process of applying the entity's **132** accounting policies do not relate to the disclosures of sources of estimation uncertainty in paragraph 125.

Other IFRSs require the disclosure of some of the assumptions that would otherwise be required in accordance with para- **133** graph 125. For example, IAS 37 requires disclosure, in specified circumstances, of major assumptions concerning future events affecting classes of provisions. IFRS 13 *Fair Value Measurement* requires disclosure of significant assumptions (including the valuation technique(s) and inputs) the entity uses when measuring the fair values of assets and liabilities that are carried at fair value.

Kapital

134 Ein Unternehmen hat Angaben zu veröffentlichen, die den Abschlussadressaten eine Beurteilung seiner Ziele, Methoden und Prozesse des Kapitalmanagements ermöglichen.

135 Zur Einhaltung des Paragraphen 134 hat das Unternehmen die folgenden Angaben zu machen:

(a) qualitative Angaben zu seinen Zielen, Methoden und Prozessen beim Kapitalmanagement, einschließlich

    (i) einer Beschreibung dessen, was als Kapital gemanagt wird;

    (ii) für den Fall, dass ein Unternehmen externen Mindestkapitalanforderungen unterliegt – der Art dieser Anforderungen und der Art und Weise, wie sie in das Kapitalmanagement einbezogen werden; und

    (iii) Angaben darüber, wie es seine Ziele für das Kapitalmanagement erfüllt;

(b) zusammenfassende quantitative Angaben darüber, was als Kapital gemanagt wird. Einige Unternehmen betrachten bestimmte finanzielle Verbindlichkeiten (wie einige Formen nachrangiger Verbindlichkeiten) als Teil des Kapitals. Für andere Unternehmen hingegen fallen bestimmte Eigenkapitalbestandteile (wie solche, die aus der Absicherung von Zahlungsströmen resultieren) nicht unter das Kapital;

(c) jede Veränderung, die gegenüber der vorangegangenen Periode bei (a) und (b) eingetreten ist.

(d) Angaben darüber, ob es in der Periode alle etwaigen externen Mindestkapitalanforderungen erfüllt hat, denen es unterliegt;

(e) für den Fall, dass das Unternehmen solche externen Mindestkapitalanforderungen nicht erfüllt hat, die Konsequenzen dieser Nichterfüllung.

Das Unternehmen stützt die vorstehend genannten Angaben auf die Informationen, die den Mitgliedern des Managements in Schlüsselpositionen intern vorgelegt werden.

136 Ein Unternehmen kann sein Kapital auf unterschiedliche Weise managen und einer Reihe unterschiedlicher Mindestkapitalanforderungen unterliegen. So kann ein Konglomerat im Versicherungs- und Bankgeschäft tätige Unternehmen umfassen, wobei diese Unternehmen ihrer Tätigkeit in verschiedenen Rechtskreisen nachgehen können. Würden zusammengefasste Angaben zu Mindestkapitalanforderungen und zur Art und Weise des Kapitalmanagements keine sachdienlichen Informationen liefern oder den Abschlussadressaten ein verzerrtes Bild der Kapitalressourcen eines Unternehmens vermitteln, so hat das Unternehmen zu jeder Mindestkapitalanforderung, der es unterliegt, gesonderte Angaben zu machen.

Als Eigenkapital eingestufte kündbare Finanzinstrumente

136A Zu kündbaren Finanzinstrumenten, die als Eigenkapitalinstrumente eingestuft sind, hat ein Unternehmen folgende Angaben zu liefern (sofern diese nicht bereits an anderer Stelle zu finden sind):

(a) zusammengefasste quantitative Daten zu dem als Eigenkapital eingestuften Betrag;

(b) Ziele, Methoden und Verfahren, mit deren Hilfe das Unternehmen seiner Verpflichtung nachkommen will, die Instrumente zurückzukaufen oder zunehmen, wenn die Inhaber dies verlangen, einschließlich aller Änderungen gegenüber der vorangegangenen Periode;

(c) der bei Rücknahme oder Rückkauf dieser Klasse von Finanzinstrumenten erwartete Mittelabfluss; und

(d) Informationen darüber, wie der bei Rücknahme oder Rückkauf erwartete Mittelabfluss ermittelt wurde.

Weitere Angaben

137 Das Unternehmen hat im Anhang Folgendes anzugeben:

(a) die Dividendenzahlungen des Unternehmens, die vorgeschlagen oder beschlossen wurden, bevor der Abschluss zur Veröffentlichung freigegeben wurde, die aber nicht als Ausschüttungen an die Eigentümer während der Periode im Abschluss bilanziert wurden, sowie den Betrag je Anteil; und

(b) den Betrag der kumulierten noch nicht bilanzierten Vorzugsdividenden.

138 Ein Unternehmen hat Folgendes anzugeben, wenn es nicht an anderer Stelle in Informationen angegeben wird, die zusammen mit dem Abschluss veröffentlicht werden:

(a) den Sitz und die Rechtsform des Unternehmens, das Land, in dem es als juristische Person registriert ist, und die Adresse des eingetragenen Sitzes (oder des Hauptsitzes der Geschäftstätigkeit, wenn dieser vom eingetragenen Sitz abweicht);

(b) eine Beschreibung der Art der Geschäftstätigkeit des Unternehmens und seiner Haupttätigkeiten;

(c) den Namen des Mutterunternehmens und des obersten Mutterunternehmens der Unternehmensgruppe und

(d) wenn seine Lebensdauer begrenzt ist, die Angabe der Lebensdauer.

ÜBERGANGSVORSCHRIFTEN UND ZEITPUNKT DES INKRAFTTRETENS

139 Dieser Standard ist erstmals in der ersten Berichtsperiode eines am 1. Januar 2009 oder danach beginnenden Geschäftsjahres anzuwenden. Eine frühere Anwendung ist zulässig. Wenn ein Unternehmen diesen Standard für eine frühere Berichtsperiode anwendet, so ist diese Tatsache anzugeben.

139A Durch IAS 27 (in der vom International Accounting Standards Board 2008 geänderten Fassung) wurde Paragraph 106 geändert. Diese Änderung ist erstmals in der ersten Periode eines am 1. Juli 2009 oder danach beginnenden Geschäfts-

Capital

An entity shall disclose information that enables users of its financial statements to evaluate the entity's objectives, policies **134**
and processes for managing capital.

To comply with paragraph 134, the entity discloses the following: **135**
(a) qualitative information about its objectives, policies and processes for managing capital, including:
    (i) a description of what it manages as capital;
    (ii) when an entity is subject to externally imposed capital requirements, the nature of those requirements and how those requirements are incorporated into the management of capital; and
    (iii) how it is meeting its objectives for managing capital.
(b) summary quantitative data about what it manages as capital. Some entities regard some financial liabilities (e.g. some forms of subordinated debt) as part of capital. Other entities regard capital as excluding some components of equity (e.g. components arising from cash flow hedges).
(c) any changes in (a) and (b) from the previous period.
(d) whether during the period it complied with any externally imposed capital requirements to which it is subject.
(e) when the entity has not complied with such externally imposed capital requirements, the consequences of such non-compliance.
The entity bases these disclosures on the information provided internally to key management personnel.

An entity may manage capital in a number of ways and be subject to a number of different capital requirements. For **136**
example, a conglomerate may include entities that undertake insurance activities and banking activities and those entities
may operate in several jurisdictions. When an aggregate disclosure of capital requirements and how capital is managed
would not provide useful information or distorts a financial statement user's understanding of an entity's capital
resources, the entity shall disclose separate information for each capital requirement to which the entity is subject.

Puttable financial instruments classified as equity

For puttable financial instruments classified as equity instruments, an entity shall disclose (to the extent not disclosed **136A**
elsewhere):
(a) summary quantitative data about the amount classified as equity;
(b) its objectives, policies and processes for managing its obligation to repurchase or redeem the instruments when required to do so by the instrument holders, including any changes from the previous period;
(c) the expected cash outflow on redemption or repurchase of that class of financial instruments; and
(d) information about how the expected cash outflow on redemption or repurchase was determined.

Other disclosures

An entity shall disclose in the notes: **137**
(a) the amount of dividends proposed or declared before the financial statements were authorised for issue but not recognised as a distribution to owners during the period, and the related amount per share; and
(b) the amount of any cumulative preference dividends not recognised.

An entity shall disclose the following, if not disclosed elsewhere in information published with the financial statements: **138**
(a) the domicile and legal form of the entity, its country of incorporation and the address of its registered office (or principal place of business, if different from the registered office);
(b) a description of the nature of the entity's operations and its principal activities;
(c) the name of the parent and the ultimate parent of the group; and
(d) if it is a limited life entity, information regarding the length of its life.

TRANSITION AND EFFECTIVE DATE

An entity shall apply this Standard for annual periods beginning on or after 1 January 2009. Earlier application is per- **139**
mitted. If an entity adopts this Standard for an earlier period, it shall disclose that fact.

IAS 27 (as amended by the International Accounting Standards Board in 2008) amended paragraph 106. An entity shall **139A**
apply that amendment for annual periods beginning on or after 1 July 2009. If an entity applies IAS 27 (amended 2008)

jahres anzuwenden. Wendet ein Unternehmen IAS 27 (in der 2008 geänderten Fassung) auf eine frühere Berichtsperiode an, so hat es auf diese Periode auch die genannte Änderung anzuwenden. Diese Änderung ist rückwirkend anzuwenden.

139B Durch *Kündbare Finanzinstrumente und bei Liquidation entstehende Verpflichtungen* (im Februar 2008 veröffentlichte Änderungen an IAS 32 und IAS 1) wurden der Paragraph 138 geändert und die Paragraphen 8A, 80A und 136A eingefügt. Diese Änderungen sind erstmals auf Geschäftsjahre anzuwenden, die am oder nach dem 1. Januar 2009 beginnen. Eine frühere Anwendung ist zulässig. Wendet ein Unternehmen diese Änderungen auf eine frühere Periode an, so muss es dies angeben und gleichzeitig die verbundenen Änderungen an IAS 32, IAS 39, IFRS 7 und IFRIC 2 *Geschäftsanteile an Genossenschaften und ähnliche Instrumente* anwenden.

139C Die Paragraphen 68 und 71 werden im Rahmen der *Verbesserungen der IFRS* vom Mai 2008 geändert. Diese Änderungen sind erstmals in der ersten Berichtsperiode eines am 1. Januar 2009 oder danach beginnenden Geschäftsjahres anzuwenden. Eine frühere Anwendung ist zulässig. Wendet ein Unternehmen diesen IFRS auf eine frühere Periode an, so ist dies anzugeben.

139D Paragraph 69 wurde durch die *Verbesserungen der IFRS* vom April 2009 geändert. Diese Änderungen sind erstmals in der ersten Berichtsperiode eines am 1. Januar 2010 oder danach beginnenden Geschäftsjahres anzuwenden. Eine frühere Anwendung ist zulässig. Wendet ein Unternehmen die Änderung für ein früheres Geschäftsjahr an, hat es dies anzugeben.

139F Durch die im Mai 2010 veröffentlichten *Verbesserungen an den IFRS* wurden die Paragraphen 106 und 107 geändert und der Paragraph 106A eingefügt. Diese Änderungen sind erstmals in der ersten Berichtsperiode eines am oder nach dem 1. Januar 2011 beginnenden Geschäftsjahres anzuwenden. Eine frühere Anwendung ist zulässig.

139H Durch IFRS 10 und IFRS 12, veröffentlicht im Mai 2011, wurden die Paragraphen 4, 119, 123 und 124 geändert. Ein Unternehmen hat diese Änderungen anzuwenden, wenn es IFRS 10 und IFRS 12 anwendet.

139I Durch IFRS 13, veröffentlicht im Mai 2011, wurden die Paragraphen 128 und 133 geändert. Ein Unternehmen hat die betreffenden Änderungen anzuwenden, wenn es IFRS 13 anwendet.

139J Mit *Darstellung von Posten des sonstigen Ergebnisses* (Änderung IAS 1), veröffentlicht im Juni 2011, wurden die Paragraphen 7, 10, 82, 85–87, 90, 91, 94, 100 und 115 geändert, die Paragraphen 10A, 81A, 81B und 82A angefügt und die Paragraphen 12, 81, 83 und 84 gestrichen. Unternehmen haben diese Änderungen auf Geschäftsjahre anzuwenden, die am oder nach dem 1. Juli 2012 beginnen. Eine frühere Anwendung ist zulässig. Wendet ein Unternehmen die Änderungen früher an, hat es dies anzugeben.

139K Durch IAS 19 *Leistungen an Arbeitnehmer* (in der im Juni 2011 geänderten Fassung) wurde die Definition für „sonstiges Ergebnis" in Paragraph 7 und Paragraph 96 geändert. Ein Unternehmen hat die betreffenden Änderungen anzuwenden, wenn es IAS 19 (in der im Juni 2011 geänderten Fassung) anwendet.

139L Mit den *Jährlichen Verbesserungen, Zyklus 2009–2011*, von Mai 2012 wurden die Paragraphen 10, 38 und 41 geändert, die Paragraphen 39–40 gestrichen sowie die Paragraphen 38A–38D und 40A–40D hinzugefügt. Diese Änderungen sind rückwirkend gemäß IAS 8 *Rechnungslegungsmethoden, Änderungen von rechnungslegungsbezogenen Schätzungen und Fehler* in der ersten Berichtsperiode eines am oder nach dem 1. Januar 2013 beginnenden Geschäftsjahres anzuwenden. Eine frühere Anwendung ist zulässig. Wendet ein Unternehmen die Änderung auf eine frühere Periode an, hat es dies anzugeben.

139P Mit der im Dezember 2014 veröffentlichten Verlautbarung *Angabeninitiative* (Änderungen an IAS 1) wurden die Paragraphen 10, 31, 54–55, 82A, 85, 113–114, 117, 119 und 122 geändert, die Paragraphen 30A, 55A und 85A–85B angefügt und die Paragraphen 115 und 120 gestrichen. Diese Änderungen sind auf Geschäftsjahre anzuwenden, die am oder nach dem 1. Januar 2016 beginnen. Eine frühere Anwendung ist zulässig. Die Unternehmen sind nicht verpflichtet, in Bezug auf diese Änderungen die in den Paragraphen 28–30 des IAS 8 geforderten Angaben zu machen.

RÜCKNAHME VON IAS 1 (ÜBERARBEITET 2003)

140 Der vorliegende Standard ersetzt IAS 1 *Darstellung des Abschlusses* (überarbeitet 2003) in der im Jahr 2005 geänderten Fassung.

for an earlier period, the amendment shall be applied for that earlier period. The amendment shall be applied retrospectively.

Puttable *Financial Instruments and Obligations Arising on Liquidation* (Amendments to IAS 32 and IAS 1), issued in February 2008, amended paragraph 138 and inserted paragraphs 8A, 80A and 136A. An entity shall apply those amendments for annual periods beginning on or after 1 January 2009. Earlier application is permitted. If an entity applies the amendments for an earlier period, it shall disclose that fact and apply the related amendments to IAS 32, IAS 39, IFRS 7 and IFRIC 2 *Members' Shares in Co-operative Entities and Similar Instruments* at the same time.   **139B**

Paragraphs 68 and 71 were amended by *Improvements to IFRSs* issued in May 2008. An entity shall apply those amendments for annual periods beginning on or after 1 January 2009. Earlier application is permitted. If an entity applies the amendments for an earlier period it shall disclose that fact.   **139C**

Paragraph 69 was amended by *Improvements to IFRSs* issued in April 2009. An entity shall apply that amendment for annual periods beginning on or after 1 January 2010. Earlier application is permitted. If an entity applies the amendment for an earlier period it shall disclose that fact.   **139D**

Paragraphs 106 and 107 were amended and paragraph 106A was added by *Improvements to IFRSs* issued in May 2010. An entity shall apply those amendments for annual periods beginning on or after 1 January 2011. Earlier application is permitted.   **139F**

IFRS 10 and IFRS 12, issued in May 2011, amended paragraphs 4, 119, 123 and 124. An entity shall apply those amendments when it applies IFRS 10 and IFRS 12.   **139H**

IFRS 13, issued in May 2011, amended paragraphs 128 and 133. An entity shall apply those amendments when it applies IFRS 13.   **139I**

Presentation of Items of Other Comprehensive Income (Amendments to IAS 1), issued in June 2011, amended paragraphs 7, 10, 82, 85—87, 90, 91, 94, 100 and 115, added paragraphs 10A, 81A, 81B and 82A, and deleted paragraphs 12, 81, 83 and 84. An entity shall apply those amendments for annual periods beginning on or after 1 July 2012. Earlier application is permitted. If an entity applies the amendments for an earlier period it shall disclose that fact.   **139J**

IAS 19 *Employee Benefits* (as amended in June 2011) amended the definition of 'other comprehensive income' in paragraph 7 and paragraph 96. An entity shall apply those amendments when it applies IAS 19 (as amended in June 2011).   **139K**

Annual Improvements 2009—2011 Cycle, issued in May 2012, amended paragraphs 10, 38 and 41, deleted paragraphs 39—40 and added paragraphs 38A—38D and 40A—40D. An entity shall apply that amendment retrospectively in accordance with IAS 8 *Accounting Policies, Changes in Accounting Estimates and Errors* for annual periods beginning on or after 1 January 2013. Earlier application is permitted. If an entity applies that amendment for an earlier period it shall disclose that fact.   **139L**

Disclosure Initiative (Amendments to IAS 1), issued in December 2014, amended paragraphs 10, 31, 54—55, 82A, 85, 113 —114, 117, 119 and 122, added paragraphs 30A, 55A and 85A—85B and deleted paragraphs 115 and 120. An entity shall apply those amendments for annual periods beginning on or after 1 January 2016. Earlier application is permitted. Entities are not required to disclose the information required by paragraphs 28—30 of IAS 8 in relation to these amendments.   **139P**

WITHDRAWAL OF IAS 1 (REVISED 2003)

This Standard supersedes IAS 1 *Presentation of Financial Statements* revised in 2003, as amended in 2005.   **140**

INTERNATIONAL ACCOUNTING STANDARD 2

Vorräte

INHALT

ZIELSETZUNG

1 Zielsetzung dieses Standards ist die Regelung der Bilanzierung von Vorräten. Die primäre Fragestellung ist dabei die Höhe der Anschaffungs- oder Herstellungskosten, die als Vermögenswert anzusetzen und fortzuschreiben sind, bis die entsprechenden Erlöse erfasst werden. Dieser Standard gibt Anwendungsleitlinien für die Ermittlung der Anschaffungs- oder Herstellungskosten und deren nachfolgende Erfassung als Aufwand einschließlich etwaiger Abwertungen auf den Nettoveräußerungswert. Er enthält außerdem Anleitungen zu den Verfahren, wie Anschaffungs- oder Herstellungskosten den Vorräten zugeordnet werden.

ANWENDUNGSBEREICH

2 Dieser Standard ist auf alle Vorräte anzuwenden mit folgenden Ausnahmen:

(a) unfertige Erzeugnisse im Rahmen von Fertigungsaufträgen einschließlich damit unmittelbar zusammenhängender Dienstleistungsverträge (siehe IAS 11 *Fertigungsaufträge);*

(b) Finanzinstrumente (siehe IAS 32: *Finanzinstrumente: Darstellung* und IAS 39: *Finanzinstrumente: Ansatz und Bewertung);* und

(c) biologische Vermögenswerte, die mit landwirtschaftlicher Tätigkeit im Zusammenhang stehen, und landwirtschaftliche Erzeugnisse zum Zeitpunkt der Ernte (siehe IAS 41 *Landwirtschaft).*

3 Dieser Standard ist nicht auf die Bewertung folgender Vorräte anzuwenden:

(a) Vorräte von Erzeugern land- und forstwirtschaftlicher Erzeugnisse, landwirtschaftliche Erzeugnisse nach der Ernte sowie Mineralien und mineralische Stoffe jeweils insoweit, als diese Erzeugnisse in Übereinstimmung mit der gut eingeführten Praxis ihrer Branche mit dem Nettoveräußerungswert bewertet werden. Werden solche Vorräte mit dem Nettoveräußerungswert bewertet, werden Wertänderungen im Periodenergebnis in der Berichtsperiode der Änderung erfasst.

(b) Vorräte von Warenmaklern/-händlern, die ihre Vorräte mit dem beizulegenden Zeitwert abzüglich der Veräußerungskosten bewerten. Werden solche Vorräte mit dem beizulegenden Zeitwert abzüglich der Veräußerungskosten bewertet, werden die Wertänderungen im Periodenergebnis in der Berichtsperiode der Änderung erfasst.

4 Die in Paragraph 3 (a) genannten Vorräte werden in bestimmten Stadien der Erzeugung mit dem Nettoveräußerungswert bewertet. Dies ist beispielsweise dann der Fall, wenn landwirtschaftliche Erzeugnisse geerntet oder Mineralien gefördert worden sind und ihr Verkauf durch ein Termingeschäft oder eine staatliche Garantie gesichert ist; des Weiteren, wenn ein aktiver Markt besteht, auf dem das Risiko der Unverkäuflichkeit vernachlässigt werden kann. Diese Vorräte sind nur von den Bewertungsvorschriften dieses Standards ausgeschlossen.

INTERNATIONAL ACCOUNTING STANDARD 2

Inventories

OBJECTIVE

The objective of this standard is to prescribe the accounting treatment for inventories. A primary issue in accounting for inventories is the amount of cost to be recognised as an asset and carried forward until the related revenues are recognised. This standard provides guidance on the determination of cost and its subsequent recognition as an expense, including any write-down to net realisable value. It also provides guidance on the cost formulas that are used to assign costs to inventories. **1**

SCOPE

This standard applies to all inventories, except: **2**
(a) work in progress arising under construction contracts, including directly related service contracts (see IAS 11 *Construction contracts*);
(b) financial instruments (see IAS 32 *Financial instruments: presentation* and IAS 39 *Financial instruments: recognition and measurement*); and
(c) biological assets related to agricultural activity and agricultural produce at the point of harvest (see IAS 41 *Agriculture*).

This standard does not apply to the measurement of inventories held by: **3**
(a) producers of agricultural and forest products, agricultural produce after harvest, and minerals and mineral products, to the extent that they are measured at net realisable value in accordance with well-established practices in those industries. When such inventories are measured at net realisable value, changes in that value are recognised in profit or loss in the period of the change;
(b) commodity broker-traders who measure their inventories at fair value less costs to sell. When such inventories are measured at fair value less costs to sell, changes in fair value less costs to sell are recognised in profit or loss in the period of the change.

The inventories referred to in paragraph 3 (a) are measured at net realisable value at certain stages of production. This **4** occurs, for example, when agricultural crops have been harvested or minerals have been extracted and sale is assured under a forward contract or a government guarantee, or when an active market exists and there is a negligible risk of failure to sell. These inventories are excluded from only the measurement requirements of this standard.

5 Makler/Händler kaufen bzw. verkaufen Waren für andere oder auf eigene Rechnung. Die in Paragraph 3 (b) genannten Vorräte werden hauptsächlich mit der Absicht erworben, sie kurzfristig zu verkaufen und einen Gewinn aus den Preisschwankungen oder der Makler-/Händlermarge zu erzielen. Wenn diese Vorräte mit dem beizulegenden Zeitwert abzüglich der Veräußerungskosten bewertet werden, sind sie nur von den Bewertungsvorschriften dieses Standards ausgeschlossen.

DEFINITIONEN

6 Die folgenden Begriffe werden in diesem Standard mit der angegebenen Bedeutung verwendet:

Vorräte sind Vermögenswerte,

(a) die zum Verkauf im normalen Geschäftsgang gehalten werden;

(b) die sich in der Herstellung für einen solchen Verkauf befinden; oder

(c) die als Roh-, Hilfs- und Betriebsstoffe dazu bestimmt sind, bei der Herstellung oder der Erbringung von Dienstleistungen verbraucht zu werden.

Der *Nettoveräußerungswert* ist der geschätzte, im normalen Geschäftsgang erzielbare Verkaufserlös abzüglich der geschätzten Kosten bis zur Fertigstellung und der geschätzten notwendigen Vertriebskosten.

Der *beizulegende Zeitwert* ist der Preis, der in einem geordneten Geschäftsvorfall zwischen Marktteilnehmern am Bemessungsstichtag für den Verkauf eines Vermögenswerts eingenommen bzw. für die Übertragung einer Schuld gezahlt würde. (Siehe IFRS 13 *Bemessung des beizulegenden Zeitwerts.*)

7 Der Nettoveräußerungswert bezieht sich auf den Nettobetrag, den ein Unternehmen aus dem Verkauf der Vorräte im Rahmen der gewöhnlichen Geschäftstätigkeit zu erzielen erwartet. Der beizulegende Zeitwert spiegelt den Preis wider, für den dieselben Vorräte im Hauptmarkt oder vorteilhaftesten Markt für die betreffenden Vorrat in einem geordneten Geschäftsvorfall zwischen Marktteilnehmern am Bemessungsstichtag verkauft werden könnte. Ersterer ist ein unternehmensspezifischer Wert; letzterer ist es nicht. Der Nettoveräußerungswert von Vorräten kann von dem beizulegenden Zeitwert abzüglich der Veräußerungskosten abweichen.

8 Vorräte umfassen zum Weiterverkauf erworbene Waren, wie beispielsweise von einem Einzelhändler zum Weiterverkauf erworbene Handelswaren, oder Grundstücke und Gebäude, die zum Weiterverkauf gehalten werden. Des Weiteren umfassen Vorräte vom Unternehmen hergestellte Fertigerzeugnisse und unfertige Erzeugnisse sowie Roh-, Hilfs- und Betriebsstoffe vor Eingang in den Herstellungsprozess. Im Falle eines Dienstleistungsunternehmens enthalten Vorräte die Kosten der in Paragraph 19 beschriebenen Leistungen, für die das Unternehmen noch keine entsprechenden Erlöse angesetzt hat (siehe IAS 18 *Erträge).*

BEWERTUNG VON VORRÄTEN

9 Vorräte sind mit dem niedrigeren Wert aus Anschaffungs- oder Herstellungskosten und Nettoveräußerungswert zu bewerten.

Anschaffungs- oder Herstellungskosten von Vorräten

10 In die Anschaffungs- oder Herstellungskosten von Vorräten sind alle Kosten des Erwerbs und der Herstellung sowie sonstige Kosten einzubeziehen, die angefallen sind, um die Vorräte an ihren derzeitigen Ort und in ihren derzeitigen Zustand zu versetzen.

Kosten des Erwerbs

11 Die Kosten des Erwerbs von Vorräten umfassen den Erwerbspreis, Einfuhrzölle und andere Steuern (sofern es sich nicht um solche handelt, die das Unternehmen später von den Steuerbehörden zurückerlangen kann), Transport- und Abwicklungskosten sowie sonstige Kosten, die dem Erwerb von Fertigerzeugnissen, Materialien und Leistungen unmittelbar zugerechnet werden können. Skonti, Rabatte und andere vergleichbare Beträge werden bei der Ermittlung der Kosten des Erwerbs abgezogen.

Herstellungskosten

12 Die Herstellungskosten von Vorräten umfassen die Kosten, die den Produktionseinheiten direkt zuzurechnen sind, wie beispielsweise Fertigungslöhne. Weiterhin umfassen sie systematisch zugerechnete fixe und variable Produktionsgemeinkosten, die bei der Verarbeitung der Ausgangsstoffe zu Fertigerzeugnissen anfallen. Fixe Produktionsgemeinkosten sind solche nicht direkt der Produktion zurechenbaren Kosten, die unabhängig vom Produktionsvolumen relativ konstant anfallen, wie beispielsweise Abschreibungen und Instandhaltungskosten von Betriebsgebäuden und -einrichtungen sowie die Kosten des Managements und der Verwaltung. Variable Produktionsgemeinkosten sind solche nicht direkt der Produktion zurechenbaren Kosten, die unmittelbar oder nahezu unmittelbar mit dem Produktionsvolumen variieren, wie beispielsweise Materialgemeinkosten und Fertigungsgemeinkosten.

Broker-traders are those who buy or sell commodities for others or on their own account. The inventories referred to in 5 paragraph 3 (b) are principally acquired with the purpose of selling in the near future and generating a profit from fluctuations in price or broker-traders' margin. When these inventories are measured at fair value less costs to sell, they are excluded from only the measurement requirements of this standard.

DEFINITIONS

The following terms are used in this standard with the meanings specified: ⑥

Inventories are assets:
(a) held for sale in the ordinary course of business;
(b) in the process of production for such sale; or
(c) in the form of materials or supplies to be consumed in the production process or in the rendering of services.

Net realisable value is the estimated selling price in the ordinary course of business less the estimated costs of completion and the estimated costs necessary to make the sale.

Fair value is the price that would be received to sell an asset or paid to transfer a liability in an orderly transaction between market participants at the measurement date. (See IFRS 13 *Fair Value Measurement*.)

Net realisable value refers to the net amount that an entity expects to realise from the sale of inventory in the ordinary 7 course of business. Fair value reflects the price at which an orderly transaction to sell the same inventory in the principal (or most advantageous) market for that inventory would take place between market participants at the measurement date. The former is an entity-specific value; the latter is not. Net realisable value for inventories may not equal fair value less costs to sell.

Inventories encompass goods purchased and held for resale, including, for example, merchandise purchased by a retailer 8 and held for resale, or land and other property held for resale. Inventories also encompass finished goods produced, or work in progress being produced, by the entity and include materials and supplies awaiting use in the production process. In the case of a service provider, inventories include the costs of the service, as described in paragraph 19, for which the entity has not yet recognised the related revenue (see IAS 18 *Revenue)*.

MEASUREMENT OF INVENTORIES

Inventories shall be measured at the lower of cost and net realisable value. 9

Cost of inventories

The cost of inventories shall comprise all costs of purchase, costs of conversion and other costs incurred in bringing the 10 inventories to their present location and condition.

Costs of purchase

+Borrowing costs →12

The costs of purchase of inventories comprise the purchase price, import duties and other taxes (other than those subse- 11 quently recoverable by the entity from the taxing authorities), and transport, handling and other costs directly attributable to the acquisition of finished goods, materials and services. Trade discounts, rebates and other similar items are deducted in determining the costs of purchase.

- financing element →18

Costs of conversion

+borrowing costs

The costs of conversion of inventories include costs directly related to the units of production, such as direct labour. They 12 also include a systematic allocation of fixed and variable production overheads that are incurred in converting materials into finished goods. Fixed production overheads are those indirect costs of production that remain relatively constant regardless of the volume of production, such as depreciation and maintenance of factory buildings and equipment, and the cost of factory management and administration. Variable production overheads are those indirect costs of production that vary directly, or nearly directly, with the volume of production, such as indirect materials and indirect labour.

13 Die Zurechnung fixer Produktionsgemeinkosten zu den Herstellungskosten basiert auf der normalen Kapazität der Produktionsanlagen. Die normale Kapazität ist das Produktionsvolumen, das im Durchschnitt über eine Anzahl von Perioden oder Saisons unter normalen Umständen und unter Berücksichtigung von Ausfällen aufgrund planmäßiger Instandhaltungen erwartet werden kann. Das tatsächliche Produktionsniveau kann zu Grunde gelegt werden, wenn es der Normalkapazität nahe kommt. Der auf die einzelne Produktionseinheit entfallende Betrag der fixen Gemeinkosten erhöht sich infolge eines geringen Produktionsvolumens oder eines Betriebsstillstandes nicht. Nicht zugerechnete fixe Gemeinkosten sind in der Periode ihres Anfalls als Aufwand zu erfassen. In Perioden mit ungewöhnlich hohem Produktionsvolumen mindert sich der auf die einzelne Produktionseinheit entfallende Betrag der fixen Gemeinkosten, so dass die Vorräte nicht über den Herstellungskosten bewertet werden. Variable Produktionsgemeinkosten werden den einzelnen Produktionseinheiten auf der Grundlage des tatsächlichen Einsatzes der Produktionsmittel zugerechnet.

14 Ein Produktionsprozess kann dazu führen, dass mehr als ein Produkt gleichzeitig produziert wird. Dies ist beispielsweise bei der Kuppelproduktion von zwei Hauptprodukten oder eines Haupt- und eines Nebenprodukts der Fall. Wenn die Herstellungskosten jedes Produkts nicht einzeln feststellbar sind, werden sie den Produkten auf einer vernünftigen und stetigen Basis zugerechnet. Die Zurechnung kann beispielsweise auf den jeweiligen Verkaufswerten der Produkte basieren, und zwar entweder in der Produktionsphase, in der die Produkte einzeln identifizierbar werden, oder nach Beendigung der Produktion. Die meisten Nebenprodukte sind ihrer Art nach unbedeutend. Wenn dies der Fall ist, werden sie häufig zum Nettoveräußerungswert bewertet, und dieser Wert wird von den Herstellungskosten des Hauptprodukts abgezogen. Damit unterscheidet sich der Buchwert des Hauptprodukts nicht wesentlich von seinen Herstellungskosten.

Sonstige Kosten

15 Sonstige Kosten werden nur insoweit in die Anschaffungs- oder Herstellungskosten der Vorräte einbezogen, als sie angefallen sind, um die Vorräte an ihren derzeitigen Ort und in ihren derzeitigen Zustand zu versetzen. Beispielsweise kann es sachgerecht sein, nicht produktionsbezogene Gemeinkosten oder die Kosten der Produktentwicklung für bestimmte Kunden in die Herstellungskosten der Vorräte einzubeziehen.

16 Beispiele für Kosten, die aus den Anschaffungs- oder Herstellungskosten von Vorräten ausgeschlossen sind und in der Periode ihres Anfalls als Aufwand behandelt werden, sind:
(a) anormale Beträge für Materialabfälle, Fertigungslöhne oder andere Produktionskosten;
(b) Lagerkosten, es sei denn, dass diese im Produktionsprozess vor einer weiteren Produktionsstufe erforderlich sind;
(c) Verwaltungsgemeinkosten, die nicht dazu beitragen, die Vorräte an ihren derzeitigen Ort und in ihren derzeitigen Zustand zu versetzen; und
(d) Vertriebskosten.

17 IAS 23 *Fremdkapitalkosten* identifiziert die bestimmten Umstände, bei denen Fremdkapitalkosten in die Anschaffungs- oder Herstellungskosten von Vorräten einbezogen werden.

18 Ein Unternehmen kann beim Erwerb von Vorräten Zahlungsziele in Anspruch nehmen. Wenn die Vereinbarung effektiv ein Finanzierungselement enthält, wird dieses Element, beispielsweise eine Differenz zwischen dem Erwerbspreis mit normalem Zahlungsziel und dem bezahlten Betrag, während des Finanzierungszeitraums als Zinsaufwand erfasst.

Herstellungskosten der Vorräte eines Dienstleistungsunternehmens

19 Sofern Dienstleistungsunternehmen Vorräte haben, werden sie mit den Herstellungskosten bewertet. Diese Kosten bestehen in erster Linie aus Löhnen und Gehältern sowie sonstigen Kosten des Personals, das unmittelbar für die Leistungserbringung eingesetzt ist; einschließlich der Kosten für die leitenden Angestellten und der zurechenbaren Gemeinkosten. Löhne und Gehälter sowie sonstige Kosten des Vertriebspersonals und des Personals der allgemeinen Verwaltung werden nicht einbezogen, sondern in der Periode ihres Anfalls als Aufwand erfasst. Herstellungskosten von Vorräten eines Dienstleistungsunternehmens umfassen weder Gewinnmargen noch nichtzuzurechnende Gemeinkosten, die jedoch oft in die von Dienstleistungsunternehmen berechneten Preise mit einbezogen werden.

Kosten der landwirtschaftlichen Erzeugnisse in Form von Ernten biologischer Vermögenswerte

20 Gemäß IAS 41 *Landwirtschaft* werden Vorräte, die landwirtschaftliche Erzeugnisse umfassen und die ein Unternehmen von seinen biologischen Vermögenswerten geerntet hat, beim erstmaligen Ansatz zum Zeitpunkt der Ernte zum beizulegenden Zeitwert abzüglich der Verkaufskosten zum Verkaufszeitpunkt bewertet. Dies sind die Kosten der Vorräte zum Zeitpunkt der Anwendung dieses Standards.

Verfahren zur Bewertung der Anschaffungs- oder Herstellungskosten

21 Zur Bewertung der Anschaffungs- und Herstellungskosten von Vorräten können vereinfachende Verfahren, wie beispielsweise die Standardkostenmethode oder die im Einzelhandel übliche Methode angewandt werden, wenn die Ergebnisse den tatsächlichen Anschaffungs- oder Herstellungskosten nahe kommen. Standardkosten berücksichtigen die normale Höhe des Materialeinsatzes und der Löhne sowie die normale Leistungsfähigkeit und Kapazitätsauslastung. Sie werden regelmäßig überprüft und, falls notwendig, an die aktuellen Gegebenheiten angepasst.

The allocation of fixed production overheads to the costs of conversion is based on the normal capacity of the production facilities. Normal capacity is the production expected to be achieved on average over a number of periods or seasons under normal circumstances, taking into account the loss of capacity resulting from planned maintenance. The actual level of production may be used if it approximates normal capacity. The amount of fixed overhead allocated to each unit of production is not increased as a consequence of low production or idle plant. Unallocated overheads are recognised as an expense in the period in which they are incurred. In periods of abnormally high production, the amount of fixed overhead allocated to each unit of production is decreased so that inventories are not measured above cost. Variable production overheads are allocated to each unit of production on the basis of the actual use of the production facilities. **13**

A production process may result in more than one product being produced simultaneously. This is the case, for example, when joint products are produced or when there is a main product and a by-product. When the costs of conversion of each product are not separately identifiable, they are allocated between the products on a rational and consistent basis. The allocation may be based, for example, on the relative sales value of each product either at the stage in the production process when the products become separately identifiable, or at the completion of production. Most by-products, by their nature, are immaterial. When this is the case, they are often measured at net realisable value and this value is deducted from the cost of the main product. As a result, the carrying amount of the main product is not materially different from its cost. **14**

Other costs

Other costs are included in the cost of inventories only to the extent that they are incurred in bringing the inventories to their present location and condition. For example, it may be appropriate to include non-production overheads or the costs of designing products for specific customers in the cost of inventories. **15**

Examples of costs excluded from the cost of inventories and recognised as expenses in the period in which they are incurred are: **16**
(a) abnormal amounts of wasted materials, labour or other production costs;
(b) storage costs, unless those costs are necessary in the production process before a further production stage;
(c) administrative overheads that do not contribute to bringing inventories to their present location and condition; and
(d) selling costs.

IAS 23 *Borrowing costs* identifies limited circumstances where borrowing costs are included in the cost of inventories. **17**

An entity may purchase inventories on deferred settlement terms. When the arrangement effectively contains a financing element, that element, for example a difference between the purchase price for normal credit terms and the amount paid, is recognised as interest expense over the period of the financing. **18**

Cost of inventories of a service provider

To the extent that service providers have inventories, they measure them at the costs of their production. These costs consist primarily of the labour and other costs of personnel directly engaged in providing the service, including supervisory personnel, and attributable overheads. Labour and other costs relating to sales and general administrative personnel are not included but are recognised as expenses in the period in which they are incurred. The cost of inventories of a service provider does not include profit margins or non-attributable overheads that are often factored into prices charged by service providers. **19**

Cost of agricultural produce harvested from biological assets

In accordance with IAS 41 *Agriculture* inventories comprising agricultural produce that an entity has harvested from its biological assets are measured on initial recognition at their fair value less costs to sell at the point of harvest. This is the cost of the inventories at that date for application of this Standard. **20**

Techniques for the measurement of cost

Techniques for the measurement of the cost of inventories, such as the standard cost method or the retail method, may be used for convenience if the results approximate cost. Standard costs take into account normal levels of materials and supplies, labour, efficiency and capacity utilisation. They are regularly reviewed and, if necessary, revised in the light of current conditions. **21**

22 Die im Einzelhandel verwendete Methode wird häufig angewandt, um eine große Anzahl rasch wechselnder Vorratsposten mit ähnlichen Bruttogewinnmargen zu bewerten, für die ein anderes Verfahren zur Bemessung der Anschaffungskosten nicht durchführbar oder wirtschaftlich nicht vertretbar ist. Die Anschaffungskosten der Vorräte werden durch Abzug einer angemessenen prozentualen Bruttogewinnmarge vom Verkaufspreis der Vorräte ermittelt. Der angewandte Prozentsatz berücksichtigt dabei auch solche Vorräte, deren ursprünglicher Verkaufspreis herabgesetzt worden ist. Häufig wird ein Durchschnittsprozentsatz für jede Einzelhandelsabteilung verwendet.

Kosten-Zuordnungsverfahren

23 Die Anschaffungs- oder Herstellungskosten solcher Vorräte, die normalerweise nicht austauschbar sind, und solcher Erzeugnisse, Waren oder Leistungen, die für spezielle Projekte hergestellt und ausgesondert werden, sind durch Einzelzuordnung ihrer individuellen Anschaffungs- oder Herstellungskosten zu bestimmen.

24 Eine Einzelzuordnung der Anschaffungs- oder Herstellungskosten bedeutet, dass bestimmten Vorräten spezielle Anschaffungs- oder Herstellungskosten zugeordnet werden. Dies ist das geeignete Verfahren für solche Gegenstände, die für ein spezielles Projekt ausgesondert worden sind, unabhängig davon, ob sie angeschafft oder hergestellt worden sind. Eine Einzelzuordnung ist jedoch ungeeignet, wenn es sich um eine große Anzahl von Vorräten handelt, die normalerweise untereinander austauschbar sind. Unter diesen Umständen könnten die Gegenstände, die in den Vorräten verblieben, danach ausgewählt werden, vorher bestimmte Auswirkungen auf das Periodenergebnis zu erzielen.

25 Die Anschaffungs- oder Herstellungskosten von Vorräten, die nicht in Paragraph 23 behandelt werden, sind nach dem *First-in-First-out*-Verfahren (FIFO) oder nach der Durchschnittsmethode zu ermitteln. Ein Unternehmen muss für alle Vorräte, die von ähnlicher Beschaffenheit und Verwendung für das Unternehmen sind, das gleiche Kosten-Zuordnungsverfahren anwenden. Für Vorräte von unterschiedlicher Beschaffenheit oder Verwendung können unterschiedliche Zuordnungsverfahren gerechtfertigt sein.

26 Vorräte, die in einem Geschäftssegment verwendet werden, können beispielsweise für das Unternehmen eine andere Verwendung haben als die gleiche Art von Vorräten, die in einem anderen Geschäftssegment eingesetzt werden. Ein Unterschied im geografischen Standort von Vorräten (oder in den jeweiligen Steuervorschriften) ist jedoch allein nicht ausreichend, um die Anwendung unterschiedlicher Kosten-Zuordnungsverfahren zu rechtfertigen.

27 Das FIFO-Verfahren geht von der Annahme aus, dass die zuerst erworbenen bzw. erzeugten Vorräte zuerst verkauft werden und folglich die am Ende der Berichtsperiode verbleibenden Vorräte diejenigen sind, die unmittelbar vorher gekauft oder hergestellt worden sind. Bei Anwendung der Durchschnittsmethode werden die Anschaffungs- oder Herstellungskosten von Vorräten als durchschnittlich gewichtete Kosten ähnlicher Vorräte zu Beginn der Periode und der Anschaffungs- oder Herstellungskosten ähnlicher, während der Periode gekaufter oder hergestellter Vorratsgegenstände ermittelt. Der gewogene Durchschnitt kann je nach den Gegebenheiten des Unternehmens auf Basis der Berichtsperiode oder gleitend bei jeder zusätzlich erhaltenen Lieferung berechnet werden.

Nettoveräußerungswert

28 Die Anschaffungs- oder Herstellungskosten von Vorräten sind unter Umständen nicht werthaltig, wenn die Vorräte beschädigt, ganz oder teilweise veraltet sind oder wenn ihr Verkaufspreis zurückgegangen ist. Die Anschaffungs- oder Herstellungskosten von Vorräten können auch nicht zu erzielen sein, wenn die geschätzten Kosten der Fertigstellung oder die geschätzten, bis zum Verkauf anfallenden Kosten gestiegen sind. Die Abwertung der Vorräte auf den niedrigeren Nettoveräußerungswert folgt der Ansicht, dass Vermögenswerte nicht mit höheren Beträgen angesetzt werden dürfen, als bei ihrem Verkauf oder Gebrauch voraussichtlich zu realisieren sind.

29 Wertminderungen von Vorräten auf den Nettoveräußerungswert erfolgen im Regelfall in Form von Einzelwertberichtigungen. In einigen Fällen kann es jedoch sinnvoll sein, ähnliche oder miteinander zusammenhängende Vorräte zusammenzufassen. Dies kann etwa bei Vorräten der Fall sein, die derselben Produktlinie angehören und einen ähnlichen Zweck oder Endverbleib haben, in demselben geografischen Gebiet produziert und vermarktet werden und praktisch nicht unabhängig von anderen Gegenständen aus dieser Produktlinie bewertet werden können. Es ist nicht sachgerecht, Vorräte auf Grundlage einer Untergliederung, wie zum Beispiel Fertigerzeugnisse, oder Vorräte eines bestimmten Geschäftssegmentes, niedriger zu bewerten. Dienstleistungsunternehmen erfassen im Allgemeinen die Herstellungskosten für jede mit einem gesonderten Verkaufspreis abzurechnende Leistung. Aus diesem Grund wird jede derartige Leistung als ein gesonderter Gegenstand des Vorratsvermögens behandelt.

30 Schätzungen des Nettoveräußerungswerts basieren auf den verlässlichsten substanziellen Hinweisen, die zum Zeitpunkt der Schätzungen im Hinblick auf den für die Vorräte voraussichtlich erzielbaren Betrag verfügbar sind. Diese Schätzungen berücksichtigen Preis- oder Kostenänderungen, die in unmittelbarem Zusammenhang mit Vorgängen nach der Berichtsperiode stehen insoweit, als diese Vorgänge Verhältnisse aufhellen, die bereits am Ende der Berichtsperiode bestanden haben.

The retail method is often used in the retail industry for measuring inventories of large numbers of rapidly changing items with similar margins for which it is impracticable to use other costing methods. The cost of the inventory is determined by reducing the sales value of the inventory by the appropriate percentage gross margin. The percentage used takes into consideration inventory that has been marked down to below its original selling price. An average percentage for each retail department is often used. 22

Cost formulas

The cost of inventories of items that are not ordinarily interchangeable and goods or services produced and segregated for specific projects shall be assigned by using specific identification of their individual costs. 23

Specific identification of cost means that specific costs are attributed to identified items of inventory. This is the appropriate treatment for items that are segregated for a specific project, regardless of whether they have been bought or produced. However, specific identification of costs is inappropriate when there are large numbers of items of inventory that are ordinarily interchangeable. In such circumstances, the method of selecting those items that remain in inventories could be used to obtain predetermined effects on profit or loss. 24

The cost of inventories, other than those dealt with in paragraph 23, shall be assigned by using the first-in, first-out (FIFO) or weighted average cost formula. An entity shall use the same cost formula for all inventories having a similar nature and use to the entity. For inventories with a different nature or use, different cost formulas may be justified. 25

For example, inventories used in one operating segment may have a use to the entity different from the same type of inventories used in another operating segment. However, a difference in geographical location of inventories (or in the respective tax rules), by itself, is not sufficient to justify the use of different cost formulas. 26

The FIFO formula assumes that the items of inventory that were purchased or produced first are sold first, and consequently the items remaining in inventory at the end of the period are those most recently purchased or produced. Under the weighted average cost formula, the cost of each item is determined from the weighted average of the cost of similar items at the beginning of a period and the cost of similar items purchased or produced during the period. The average may be calculated on a periodic basis, or as each additional shipment is received, depending upon the circumstances of the entity. 27

Net realisable value

The cost of inventories may not be recoverable if those inventories are damaged, if they have become wholly or partially obsolete, or if their selling prices have declined. The cost of inventories may also not be recoverable if the estimated costs of completion or the estimated costs to be incurred to make the sale have increased. The practice of writing inventories down below cost to net realisable value is consistent with the view that assets should not be carried in excess of amounts expected to be realised from their sale or use. 28

Inventories are usually written down to net realisable value item by item. In some circumstances, however, it may be appropriate to group similar or related items. This may be the case with items of inventory relating to the same product line that have similar purposes or end uses, are produced and marketed in the same geographical area, and cannot be practicably evaluated separately from other items in that product line. It is not appropriate to write inventories down on the basis of a classification of inventory, for example, finished goods, or all the inventories in a particular operating segment. Service providers generally accumulate costs in respect of each service for which a separate selling price is charged. Therefore, each such service is treated as a separate item. 29

Estimates of net realisable value are based on the most reliable evidence available at the time the estimates are made, of the amount the inventories are expected to realise. These estimates take into consideration fluctuations of price or cost directly relating to events occurring after the end of the period to the extent that such events confirm conditions existing at the end of the period. 30

31 Schätzungen des Nettoveräußerungswerts berücksichtigen weiterhin den Zweck, zu dem die Vorräte gehalten werden. Zum Beispiel basiert der Nettoveräußerungswert der Menge der Vorräte, die zur Erfüllung abgeschlossener Liefer- und Leistungsverträge gehalten werden, auf den vertraglich vereinbarten Preisen. Wenn die Verkaufsverträge nur einen Teil der Vorräte betreffen, basiert der Nettoveräußerungswert für den darüber hinausgehenden Teil auf allgemeinen Verkaufspreisen. Rückstellungen können von abgeschlossenen Verkaufsverträgen über Vorräte, die über die vorhandenen Bestände hinausgehen, oder von abgeschlossenen Einkaufsverträgen entstehen. Diese Rückstellungen werden nach IAS 37 *Rückstellungen, Eventualschulden und Eventualforderungen* behandelt.

32 Roh-, Hilfs- und Betriebsstoffe, die für die Herstellung von Vorräten bestimmt sind, werden nicht auf einen unter ihren Anschaffungs- oder Herstellungskosten liegenden Wert abgewertet, wenn die Fertigerzeugnisse, in die sie eingehen, voraussichtlich zu den Herstellungskosten oder darüber verkauft werden können. Wenn jedoch ein Preisrückgang für diese Stoffe darauf hindeutet, dass die Herstellungskosten der Fertigerzeugnisse über dem Nettoveräußerungswert liegen, werden die Stoffe auf den Nettoveräußerungswert abgewertet. Unter diesen Umständen können die Wiederbeschaffungskosten der Stoffe die beste verfügbare Bewertungsgrundlage für den Nettoveräußerungswert sein.

33 Der Nettoveräußerungswert wird in jeder Folgeperiode neu ermittelt. Wenn die Umstände, die früher zu einer Wertminderung der Vorräte auf einen Wert unter ihren Anschaffungs- oder Herstellungskosten geführt haben, nicht länger bestehen, oder wenn es aufgrund geänderter wirtschaftlicher Gegebenheiten einen substanziellen Hinweis auf eine Erhöhung des Nettoveräußerungswerts gibt, wird der Betrag der Wertminderung insoweit rückgängig gemacht (d. h. der Rückgang beschränkt sich auf den Betrag der ursprünglichen Wertminderung), dass der neue Buchwert dem niedrigeren Wert aus Anschaffungs- oder Herstellungskosten und berichtigtem Nettoveräußerungswert entspricht. Dies ist beispielsweise der Fall, wenn sich Vorräte, die aufgrund eines Rückgangs ihres Verkaufspreises zum Nettoveräußerungswert angesetzt waren, in einer Folgeperiode noch im Bestand befinden und sich ihr Verkaufspreis wieder erhöht hat.

ERFASSUNG ALS AUFWAND

34 Wenn Vorräte verkauft worden sind, ist der Buchwert dieser Vorräte in der Berichtsperiode als Aufwand zu erfassen, in der die zugehörigen Erträge realisiert sind. Alle Wertminderungen von Vorräten auf den Nettoveräußerungswert sowie alle Verluste bei den Vorräten sind in der Periode als Aufwand zu erfassen, in der die Wertminderungen vorgenommen wurden oder die Verluste eingetreten sind. Alle Wertaufholungen bei Vorräten, die sich aus einer Erhöhung des Nettoveräußerungswerts ergeben, sind als Verminderung des Materialaufwands in der Periode zu erfassen, in der die Wertaufholung eintritt.

35 Vorräte können auch anderen Vermögenswerten zugeordnet werden, zum Beispiel dann, wenn Vorräte als Teil selbsterstellter Sachanlagen verwendet werden. Vorräte, die auf diese Weise einem anderen Vermögenswert zugeordnet worden sind, werden über die Nutzungsdauer dieses Vermögenswertes als Aufwand erfasst.

ANGABEN

36 Abschlüsse haben die folgenden Angaben zu enthalten:
   (a) die angewandten Bilanzierungs- und Bewertungsmethoden für Vorräte einschließlich der Kosten-Zuordnungsverfahren;
   (b) den Gesamtbuchwert der Vorräte und die Buchwerte in einer unternehmensspezifischen Untergliederung;
   (c) den Buchwert der zum beizulegenden Zeitwert abzüglich Veräußerungskosten angesetzten Vorräte;
   (d) den Betrag der Vorräte, die als Aufwand in der Berichtsperiode erfasst worden sind;
   (e) den Betrag von Wertminderungen von Vorräten, die gemäß Paragraph 34 in der Berichtsperiode als Aufwand erfasst worden sind;
   (f) den Betrag von vorgenommenen Wertaufholungen, die gemäß Paragraph 34 als Verminderung des Materialaufwands in der Berichtsperiode erfasst worden sind;
   (g) die Umstände oder Ereignisse, die zu der Wertaufholung der Vorräte gemäß Paragraph 34 geführt haben; und
   (h) den Buchwert der Vorräte, die als Sicherheit für Verbindlichkeiten verpfändet sind.

37 Informationen über die Buchwerte unterschiedlicher Arten von Vorräten und das Ausmaß der Veränderungen dieser Vermögenswerte sind für die Adressaten der Abschlüsse nützlich. Verbreitet sind Untergliederungen der Vorräte in Handelswaren, Roh-, Hilfs- und Betriebsstoffe, unfertige Erzeugnisse und Fertigerzeugnisse. Die Vorräte eines Dienstleistungsunternehmens können einfach als unfertige Erzeugnisse bezeichnet werden.

38 Der Buchwert der Vorräte, der während der Periode als Aufwand erfasst worden ist, und der oft als Umsatzkosten bezeichnet wird, umfasst die Kosten, die zuvor Teil der Bewertung der verkauften Vorräte waren, sowie die nicht zugeordneten Produktionsgemeinkosten und anormale Produktionskosten der Vorräte. Die unternehmensspezifischen Umstände können die Einbeziehung weiterer Kosten, wie beispielsweise Vertriebskosten, rechtfertigen.

Estimates of net realisable value also take into consideration the purpose for which the inventory is held. For example, the net realisable value of the quantity of inventory held to satisfy firm sales or service contracts is based on the contract price. If the sales contracts are for less than the inventory quantities held, the net realisable value of the excess is based on general selling prices. Provisions may arise from firm sales contracts in excess of inventory quantities held or from firm purchase contracts. Such provisions are dealt with under IAS 37 *Provisions, contingent liabilities and contingent assets.* **31**

Materials and other supplies held for use in the production of inventories are not written down below cost if the finished products in which they will be incorporated are expected to be sold at or above cost. However, when a decline in the price of materials indicates that the cost of the finished products exceeds net realisable value, the materials are written down to net realisable value. In such circumstances, the replacement cost of the materials may be the best available measure of their net realisable value. **32**

A new assessment is made of net realisable value in each subsequent period. When the circumstances that previously caused inventories to be written down below cost no longer exist or when there is clear evidence of an increase in net realisable value because of changed economic circumstances, the amount of the write-down is reversed (i.e. the reversal is limited to the amount of the original write-down) so that the new carrying amount is the lower of the cost and the revised net realisable value. This occurs, for example, when an item of inventory that is carried at net realisable value, because its selling price has declined, is still on hand in a subsequent period and its selling price has increased. **33**

RECOGNITION AS AN EXPENSE

When inventories are sold, the carrying amount of those inventories shall be recognised as an expense in the period in **34** which the related revenue is recognised. The amount of any write-down of inventories to net realisable value and all losses of inventories shall be recognised as an expense in the period the write-down or loss occurs. The amount of any reversal of any write-down of inventories, arising from an increase in net realisable value, shall be recognised as a reduction in the amount of inventories recognised as an expense in the period in which the reversal occurs.

Some inventories may be allocated to other asset accounts, for example, inventory used as a component of self-con- **35** structed property, plant or equipment. Inventories allocated to another asset in this way are recognised as an expense during the useful life of that asset.

DISCLOSURE

The financial statements shall disclose: **36**
   (a)   the accounting policies adopted in measuring inventories, including the cost formula used;
   (b)   the total carrying amount of inventories and the carrying amount in classifications appropriate to the entity;
   (c)   the carrying amount of inventories carried at fair value less costs to sell;
   (d)   the amount of inventories recognised as an expense during the period;
   (e)   the amount of any write-down of inventories recognised as an expense in the period in accordance with paragraph 34;
   (f)   the amount of any reversal of any write-down that is recognised as a reduction in the amount of inventories recognised as expense in the period in accordance with paragraph 34;
   (g)   the circumstances or events that led to the reversal of a write-down of inventories in accordance with paragraph 34; and
   (h)   the carrying amount of inventories pledged as security for liabilities.

Information about the carrying amounts held in different classifications of inventories and the extent of the changes in **37** these assets is useful to financial statement users. Common classifications of inventories are merchandise, production supplies, materials, work in progress and finished goods. The inventories of a service provider may be described as work in progress.

The amount of inventories recognised as an expense during the period, which is often referred to as cost of sales, consists **38** of those costs previously included in the measurement of inventory that has now been sold and unallocated production overheads and abnormal amounts of production costs of inventories. The circumstances of the entity may also warrant the inclusion of other amounts, such as distribution costs.

39 Einige Unternehmen verwenden eine Gliederung für die Gesamtergebnisrechnung, die dazu führt, dass mit Ausnahme von den Anschaffungs- und Herstellungskosten der Vorräte, die während der Berichtsperiode als Aufwand erfasst wurden, andere Beträge angegeben werden. In diesem Format stellt ein Unternehmen eine Aufwandsanalyse dar, die eine auf der Art der Aufwendungen beruhenden Gliederung zugrunde legt. In diesem Fall gibt das Unternehmen die als Aufwand erfassten Kosten für Rohstoffe und Verbrauchsgüter, Personalkosten und andere Kosten zusammen mit dem Betrag der Nettobestandsveränderungen des Vorratsvermögens in der Berichtsperiode an.

ZEITPUNKT DES INKRAFTTRETENS

40 Dieser Standard ist erstmals in der ersten Berichtsperiode eines am 1. Januar 2005 oder danach beginnenden Geschäftsjahres anzuwenden. Eine frühere Anwendung wird empfohlen. Wenn ein Unternehmen diesen Standard für Berichtsperioden anwendet, die vor dem 1. Januar 2005 beginnen, so ist diese Tatsache anzugeben.

40C Durch IFRS 13, veröffentlicht im Mai 2011, wurde die Definition des beizulegenden Zeitwerts in Paragraph 6 geändert. Außerdem wurde Paragraph 7 geändert. Ein Unternehmen hat die betreffenden Änderungen anzuwenden, wenn es IFRS 13 anwendet.

RÜCKNAHME ANDERER VERLAUTBARUNGEN

41 Der vorliegende Standard ersetzt IAS 2 *Vorräte* (überarbeitet 1993).

42 Dieser Standard ersetzt SIC-1 *Stetigkeit – Unterschiedliche Verfahren zur Zuordnung der Anschaffungs- oder Herstellungskosten von Vorräten.*

Some entities adopt a format for profit or loss that results in amounts being disclosed other than the cost of inventories 39 recognised as an expense during the period. Under this format, an entity presents an analysis of expenses using a classification based on the nature of expenses. In this case, the entity discloses the costs recognised as an expense for raw materials and consumables, labour costs and other costs together with the amount of the net change in inventories for the period.

EFFECTIVE DATE

An entity shall apply this standard for annual periods beginning on or after 1 January 2005. Earlier application is encour- 40 aged. If an entity applies this standard for a period beginning before 1 January 2005, it shall disclose that fact.

IFRS 13, issued in May 2011, amended the definition of fair value in paragraph 6 and amended paragraph 7. An entity 40C shall apply those amendments when it applies IFRS 13.

WITHDRAWAL OF OTHER PRONOUNCEMENTS

This standard supersedes IAS 2 *Inventories* (revised in 1993). **41**

This standard supersedes SIC-1 *Consistency — different cost formulas for inventories.* **42**

INTERNATIONAL ACCOUNTING STANDARD 7

Kapitalflussrechnungen

ZIELSETZUNG

Informationen über die Cashflows eines Unternehmens vermitteln den Abschlussadressaten eine Grundlage zur Beurteilung der Fähigkeit des Unternehmens, Zahlungsmittel und Zahlungsmitteläquivalente zu erwirtschaften, sowie zur Einschätzung des Liquiditätsbedarfs des Unternehmens. Die von den Adressaten getroffenen wirtschaftlichen Entscheidungen setzen eine Einschätzung der Fähigkeit eines Unternehmens zum Erwirtschaften von Zahlungsmitteln und Zahlungsmitteläquivalenten sowie des Zeitpunkts und der Wahrscheinlichkeit des Erwirtschaftens voraus.

Die Zielsetzung dieses Standards besteht darin, Informationen über die historischen Bewegungen der Zahlungsmittel und Zahlungsmitteläquivalente eines Unternehmens bereitzustellen. Diese Informationen werden durch eine Kapitalflussrechnung zur Verfügung gestellt, welche die Cashflows der Berichtsperiode nach der betrieblichen Tätigkeit, der Investitions- und der Finanzierungstätigkeit gliedert.

ANWENDUNGSBEREICH

1 Ein Unternehmen hat eine Kapitalflussrechnung gemäß den Anforderungen dieses Standards zu erstellen und als integralen Bestandteil des Abschlusses für jede Periode darzustellen, für die Abschlüsse aufgestellt werden.

2 Dieser Standard ersetzt den im Juli 1977 verabschiedeten IAS 7 *Kapitalflussrechnung*.

3 Die Adressaten des Abschlusses eines Unternehmens sind daran interessiert, auf welche Weise das Unternehmen Zahlungsmittel und Zahlungsmitteläquivalente erwirtschaftet und verwendet. Dies gilt unabhängig von der Art der Tätigkeiten des Unternehmens und unabhängig davon, ob Zahlungsmittel als das Produkt des Unternehmens betrachtet werden können, wie es bei einem Finanzinstitut der Fall ist. Im Grunde genommen benötigen Unternehmen Zahlungsmittel aus denselben Gründen, wie unterschiedlich ihre wesentlichen erlöswirksamen Tätigkeiten auch sein mögen. Sie benötigen Zahlungsmittel zur Durchführung ihrer Tätigkeiten, zur Erfüllung ihrer finanziellen Verpflichtungen sowie zur Zahlung von Dividenden an ihre Investoren. Deshalb sind diesem Standard zufolge alle Unternehmen zur Aufstellung von Kapitalflussrechnungen verpflichtet.

INTERNATIONAL ACCOUNTING STANDARD 7

Statements of Cash Flows[1]

OBJECTIVE

Information about the cash flows of an entity is useful in providing users of financial statements with a basis to assess the ability of the entity to generate cash and cash equivalents and the needs of the entity to utilise those cash flows. The economic decisions that are taken by users require an evaluation of the ability of an entity to generate cash and cash equivalents and the timing and certainty of their generation.

The objective of this standard is to require the provision of information about the historical changes in cash and cash equivalents of an entity by means of a statement of cash flows which classifies cash flows during the period from operating, investing and financing activities.

SCOPE

An entity shall prepare a statement of cash flows in accordance with the requirements of this standard and shall present it as an integral part of its financial statements for each period for which financial statements are presented.   **1**

This standard supersedes IAS 7 *Statement of changes in financial position,* approved in July 1977.   **2**

Users of an entity's financial statements are interested in how the entity generates and uses cash and cash equivalents. This is the case regardless of the nature of the entity's activities and irrespective of whether cash can be viewed as the product of the entity, as may be the case with a financial institution. Entities need cash for essentially the same reasons however different their principal revenue-producing activities might be. They need cash to conduct their operations, to pay their obligations, and to provide returns to their investors. Accordingly, this standard requires all entities to present a statement of cash flows.   **3**

---

1   In September 2007 the IASB amended the title of IAS 7 from *Cash Flow Statements* to *Statement of Cash Flows* as a consequence of the revision of IAS 1 *Presentation of Financial Statements* in 2007.

NUTZEN VON KAPITALFLUSSINFORMATIONEN

4 In Verbindung mit den übrigen Bestandteilen des Abschlusses liefert die Kapitalflussrechnung Informationen, anhand derer die Abschlussadressaten die Änderungen im Nettovermögen eines Unternehmens und seine Finanzstruktur (einschließlich Liquidität und Solvenz) bewerten können. Weiterhin können die Adressaten die Fähigkeit des Unternehmens zur Beeinflussung der Höhe und des zeitlichen Anfalls von Cashflows bewerten, die es ihm erlaubt, auf veränderte Umstände und Möglichkeiten zu reagieren. Kapitalflussinformationen sind hilfreich für die Beurteilung der Fähigkeit eines Unternehmens, Zahlungsmittel und Zahlungsmitteläquivalente zu erwirtschaften, und ermöglichen den Abschlussadressaten die Entwicklung von Modellen zur Beurteilung und zum Vergleich des Barwerts der künftigen Cashflows verschiedener Unternehmen. Darüber hinaus verbessert eine Kapitalflussrechnung die Vergleichbarkeit der Darstellung der Ertragskraft unterschiedlicher Unternehmen, da die Auswirkungen der Verwendung verschiedener Bilanzierungs- und Bewertungsmethoden für dieselben Geschäftsvorfälle und Ereignisse eliminiert werden.

5 Historische Informationen über Cashflows werden häufig als Indikator für den Betrag, den Zeitpunkt und die Wahrscheinlichkeit künftiger Cashflows herangezogen. Außerdem sind die Informationen nützlich, um die Genauigkeit in der Vergangenheit vorgenommener Einschätzungen künftiger Cashflows zu prüfen und die Beziehung zwischen der Rentabilität und dem Netto-Cashflow sowie die Auswirkungen von Preisänderungen zu untersuchen.

DEFINITIONEN

6 Die folgenden Begriffe werden in diesem Standard mit der angegebenen Bedeutung verwendet:

Zahlungsmittel umfassen Barmittel und Sichteinlagen.

Zahlungsmitteläquivalente sind kurzfristige hochliquide Finanzinvestitionen, die jederzeit in festgelegte Zahlungsmittelbeträge umgewandelt werden können und nur unwesentlichen Werteschwankungsrisiken unterliegen.

Cashflows sind Zuflüsse und Abflüsse von Zahlungsmitteln und Zahlungsmitteläquivalenten.

Betriebliche Tätigkeiten sind die wesentlichen erlöswirksamen Tätigkeiten des Unternehmens sowie andere Tätigkeiten, die nicht den Investitions- oder Finanzierungstätigkeiten zuzuordnen sind.

Investitionstätigkeiten sind der Erwerb und die Veräußerung langfristiger Vermögenswerte und sonstiger Finanzinvestitionen, die nicht zu den Zahlungsmitteläquivalenten gehören.

Finanzierungstätigkeiten sind Tätigkeiten, die sich auf den Umfang und die Zusammensetzung des eingebrachten Kapitals und der Fremdkapitalaufnahme des Unternehmens auswirken.

Zahlungsmittel und Zahlungsmitteläquivalente

7 Zahlungsmitteläquivalente dienen dazu, kurzfristigen Zahlungsverpflichtungen nachkommen zu können. Sie werden gewöhnlich nicht zu Investitions- oder anderen Zwecken gehalten. Eine Finanzinvestition wird nur dann als Zahlungsmitteläquivalent eingestuft, wenn sie unmittelbar in einen festgelegten Zahlungsmittelbetrag umgewandelt werden kann und nur unwesentlichen Werteschwankungsrisiken unterliegt. Aus diesem Grund gehört eine Finanzinvestition im Regelfall nur dann zu den Zahlungsmitteläquivalenten, wenn sie – gerechnet vom Erwerbszeitpunkt – eine Restlaufzeit von nicht mehr als etwa drei Monaten besitzt. Kapitalbeteiligungen gehören grundsätzlich nicht zu den Zahlungsmitteläquivalenten, es sei denn, sie sind ihrem Wesen nach Zahlungsmitteläquivalente, wie beispielsweise im Fall von Vorzugsaktien mit kurzer Restlaufzeit und festgelegtem Einlösungszeitpunkt.

8 Verbindlichkeiten gegenüber Banken gehören grundsätzlich zu den Finanzierungstätigkeiten. In einigen Ländern bilden Kontokorrentkredite, die auf Anforderung rückzahlbar sind, jedoch einen integralen Bestandteil der Zahlungsmitteldisposition des Unternehmens. In diesen Fällen werden Kontokorrentkredite den Zahlungsmitteln und Zahlungsmitteläquivalenten zugerechnet. Ein Merkmal solcher Vereinbarungen mit den Banken sind häufige Schwankungen des Kontosaldos zwischen Soll- und Haben-Beständen.

9 Bewegungen zwischen den Komponenten der Zahlungsmittel oder Zahlungsmitteläquivalente sind nicht als Cashflows zu betrachten, da diese Bewegungen Teil der Zahlungsmitteldisposition eines Unternehmens sind und nicht Teil der betrieblichen Tätigkeit, der Investitions- oder Finanzierungstätigkeit. Zur Zahlungsmitteldisposition gehört auch die Investition überschüssiger Zahlungsmittel in Zahlungsmitteläquivalente.

DARSTELLUNG DER KAPITALFLUSSRECHNUNG

10 Die Kapitalflussrechnung hat Cashflows der Periode zu enthalten, die nach betrieblichen Tätigkeiten, Investitions- und Finanzierungstätigkeiten gegliedert werden.

11 Ein Unternehmen stellt die Cashflows aus betrieblicher Tätigkeit, Investitions- und Finanzierungstätigkeit in einer Weise dar, die seiner jeweiligen Geschäftstätigkeit möglichst angemessen ist. Die Gliederung nach Tätigkeitsbereichen liefert

BENEFITS OF CASH FLOW INFORMATION

A statement of cash flows, when used in conjunction with the rest of the financial statements, provides information that **4** enables users to evaluate the changes in net assets of an entity, its financial structure (including its liquidity and solvency) and its ability to affect the amounts and timing of cash flows in order to adapt to changing circumstances and opportunities. Cash flow information is useful in assessing the ability of the entity to generate cash and cash equivalents and enables users to develop models to assess and compare the present value of the future cash flows of different entities. It also enhances the comparability of the reporting of operating performance by different entities because it eliminates the effects of using different accounting treatments for the same transactions and events.

Historical cash flow information is often used as an indicator of the amount, timing and certainty of future cash flows. It **5** is also useful in checking the accuracy of past assessments of future cash flows and in examining the relationship between profitability and net cash flow and the impact of changing prices.

DEFINITIONS

The following terms are used in this standard with the meanings specified: **6**

 Cash comprises cash on hand and demand deposits.

 Cash equivalents are short-term, highly liquid investments that are readily convertible to known amounts of cash and which are subject to an insignificant risk of changes in value.

 Cash flows are inflows and outflows of cash and cash equivalents.

 Operating activities are the principal revenue-producing activities of the entity and other activities that are not investing or financing activities.

 Investing activities are the acquisition and disposal of long-term assets and other investments not included in cash equivalents.

 Financing activities are activities that result in changes in the size and composition of the contributed equity and borrowings of the entity.

Cash and cash equivalents

Cash equivalents are held for the purpose of meeting short-term cash commitments rather than for investment or other **7** purposes. For an investment to qualify as a cash equivalent it must be readily convertible to a known amount of cash and be subject to an insignificant risk of changes in value. Therefore, an investment normally qualifies as a cash equivalent only when it has a short maturity of, say, three months or less from the date of acquisition. Equity investments are excluded from cash equivalents unless they are, in substance, cash equivalents, for example in the case of preferred shares acquired within a short period of their maturity and with a specified redemption date.

Bank borrowings are generally considered to be financing activities. However, in some countries, bank overdrafts which **8** are repayable on demand form an integral part of an entity's cash management. In these circumstances, bank overdrafts are included as a component of cash and cash equivalents. A characteristic of such banking arrangements is that the bank balance often fluctuates from being positive to overdrawn.

Cash flows exclude movements between items that constitute cash or cash equivalents because these components are part **9** of the cash management of an entity rather than part of its operating, investing and financing activities. Cash management includes the investment of excess cash in cash equivalents.

PRESENTATION OF A STATEMENT OF CASH FLOWS

The statement of cash flows shall report cash flows during the period classified by operating, investing and financing **10** activities.

An entity presents its cash flows from operating, investing and financing activities in a manner which is most appropriate **11** to its business. Classification by activity provides information that allows users to assess the impact of those activities on

Informationen, anhand derer die Adressaten die Auswirkungen dieser Tätigkeiten auf die Vermögens- und Finanzlage des Unternehmens und die Höhe der Zahlungsmittel und Zahlungsmitteläquivalente beurteilen können. Weiterhin können diese Informationen eingesetzt werden, um die Beziehungen zwischen diesen Tätigkeiten zu bewerten.

12 Eine einziger Geschäftsvorfall umfasst unter Umständen Cashflows, die unterschiedlichen Tätigkeiten zuzurechnen sind. Wenn die Rückzahlung eines Darlehens beispielsweise sowohl Zinsen als auch Tilgung umfasst, kann der Zinsanteil unter Umständen als betriebliche Tätigkeit, der Tilgungsanteil als Finanzierungstätigkeit eingestuft werden.

Betriebliche Tätigkeit

13 Die Cashflows aus der betrieblichen Tätigkeit sind ein Schlüsselindikator dafür, in welchem Ausmaß es durch die Unternehmenstätigkeit gelungen ist, Zahlungsmittelüberschüsse zu erwirtschaften, die ausreichen, um Verbindlichkeiten zu tilgen, die Leistungsfähigkeit des Unternehmens zu erhalten, Dividenden zu zahlen und Investitionen zu tätigen, ohne dabei auf Quellen der Außenfinanzierung angewiesen zu sein. Informationen über die genauen Bestandteile der historischen Cashflows aus betrieblicher Tätigkeit sind in Verbindung mit anderen Informationen von Nutzen, um künftige Cashflows aus betrieblicher Tätigkeit zu prognostizieren.

14 Cashflows aus der betrieblichen Tätigkeit stammen in erster Linie aus der erlöswirksamen Tätigkeit des Unternehmens. Daher resultieren sie im Allgemeinen aus Geschäftsvorfällen und anderen Ereignissen, die als Ertrag oder Aufwand das Periodenergebnis beeinflussen. Im Folgenden werden Beispiele für Cashflows aus der betrieblichen Tätigkeit angeführt:
(a) Zahlungseingänge aus dem Verkauf von Gütern und der Erbringung von Dienstleistungen;
(b) Zahlungseingänge aus Nutzungsentgelten, Honoraren, Provisionen und anderen Erlösen;
(c) Auszahlungen an Lieferanten von Gütern und Dienstleistungen;
(d) Auszahlungen an und für Beschäftigte;
(e) Einzahlungen und Auszahlungen von Versicherungsunternehmen für Prämien, Schadensregulierungen, Leibrenten und andere Versicherungsleistungen;
(f) Zahlungen oder Rückerstattungen von Ertragsteuern, es sei denn, die Zahlungen können der Finanzierungs- und Investitionstätigkeit zugeordnet werden; und
(g) Einzahlungen und Auszahlungen für Handelsverträge.
Einige Geschäftsvorfälle, wie der Verkauf eines Postens aus dem Anlagevermögen, führen zu einem Gewinn bzw. Verlust, der sich auf den Gewinn oder Verlust der Periode auswirkt. Die entsprechenden Cashflows sind jedoch Cashflows aus dem Bereich der Investitionstätigkeit. Einige Cash-Zahlungen zur Herstellung oder zum Erwerb von Vermögenswerten, die zur Weitervermietung und zum anschließenden Verkauf gehalten werden, so wie in Paragraph 68A von IAS 16 *Sachanlagen* beschrieben, sind Cashflows aus betrieblichen Tätigkeiten. Die Casheinnahmen aus Miete und anschließendem Verkauf dieser Vermögenswerte sind ebenfalls Cashflows aus betrieblichen Tätigkeiten.

15 Ein Unternehmen hält unter Umständen Wertpapiere und Anleihen zu Handelszwecken. In diesem Fall ähneln diese Posten den zur Weiterveräußerung bestimmten Vorräten. Aus diesem Grund werden Cashflows aus dem Erwerb und Verkauf derartiger Wertpapiere als betriebliche Tätigkeit eingestuft. Ähnlich gelten von Finanzinstituten gewährte Kredite und Darlehen im Regelfall als betriebliche Tätigkeit, da sie mit der wesentlichen erlöswirksamen Tätigkeit dieses Unternehmens in Zusammenhang stehen.

Investitionstätigkeit

16 Die gesonderte Angabe der Cashflows aus der Investitionstätigkeit ist von Bedeutung, da die Cashflows das Ausmaß angeben, in dem Aufwendungen für Ressourcen getätigt wurden, die künftige Erträge und Cashflows erwirtschaften sollen. Lediglich Ausgaben, die in der Bilanz als Vermögenswert erfasst werden, können als Investitionstätigkeit eingestuft werden. Im Folgenden werden Beispiele für Cashflows aus Investitionstätigkeit angeführt:
(a) Auszahlungen für die Beschaffung von Sachanlagen, immateriellen und anderen langfristigen Vermögenswerten. Hierzu zählen auch Auszahlungen für aktivierte Entwicklungskosten und für selbst erstellte Sachanlagen;
(b) Einzahlungen aus dem Verkauf von Sachanlagen, immateriellen und anderen langfristigen Vermögenswerten;
(c) Auszahlungen für den Erwerb von Eigenkapital oder Schuldinstrumenten anderer Unternehmen und von Anteilen an Gemeinschaftsunternehmen (sofern diese Titel nicht als Zahlungsmitteläquivalente betrachtet oder zu Handelszwecken gehalten werden);
(d) Einzahlungen aus der Veräußerung von Eigenkapital- oder Schuldinstrumenten anderer Unternehmen und von Anteilen an Gemeinschaftsunternehmen (sofern diese Titel nicht als Zahlungsmitteläquivalente betrachtet oder zu Handelszwecken gehalten werden);
(e) Auszahlungen für Dritten gewährte Kredite und Darlehen (mit Ausnahme der von einem Finanzinstitut gewährten Kredite und Darlehen);
(f) Einzahlungen aus der Tilgung von Dritten gewährten Kredite und Darlehen (mit Ausnahme der von einem Finanzinstitut gewährten Kredite und Darlehen);
(g) Auszahlungen für standardisierte und andere Termingeschäfte, Options- und Swap-Geschäfte, es sei denn, diese Kontrakte werden zu Handelszwecken gehalten oder die Auszahlungen werden als Finanzierungstätigkeit eingestuft;

the financial position of the entity and the amount of its cash and cash equivalents. This information may also be used to evaluate the relationships among those activities.

A single transaction may include cash flows that are classified differently. For example, when the cash repayment of a **12** loan includes both interest and capital, the interest element may be classified as an operating activity and the capital element is classified as a financing activity.

Operating activities

The amount of cash flows arising from operating activities is a key indicator of the extent to which the operations of the **13** entity have generated sufficient cash flows to repay loans, maintain the operating capability of the entity, pay dividends and make new investments without recourse to external sources of financing. Information about the specific components of historical operating cash flows is useful, in conjunction with other information, in forecasting future operating cash flows.

Cash flows from operating activities are primarily derived from the principal revenue-producing activities of the entity. **14** Therefore, they generally result from the transactions and other events that enter into the determination of profit or loss. Examples of cash flows from operating activities are:
(a)   cash receipts from the sale of goods and the rendering of services;
(b)   cash receipts from royalties, fees, commissions and other revenue;
(c)   cash payments to suppliers for goods and services;
(d)   cash payments to and on behalf of employees;
(e)   cash receipts and cash payments of an insurance entity for premiums and claims, annuities and other policy benefits;
(f)   cash payments or refunds of income taxes unless they can be specifically identified with financing and investing activities; and
(g)   cash receipts and payments from contracts held for dealing or trading purposes.
Some transactions, such as the sale of an item of plant, may give rise to a gain or loss that is included in recognised profit or loss. The cash flows relating to such transactions are cash flows from investing activities. However, cash payments to manufacture or acquire assets held for rental to others and subsequently held for sale as described in paragraph 68A of IAS 16 *Property, Plant and Equipment* are cash flows from operating activities. The cash receipts from rents and subsequent sales of such assets are also cash flows from operating activities.

An entity may hold securities and loans for dealing or trading purposes, in which case they are similar to inventory **15** acquired specifically for resale. Therefore, cash flows arising from the purchase and sale of dealing or trading securities are classified as operating activities. Similarly, cash advances and loans made by financial institutions are usually classified as operating activities since they relate to the main revenue-producing activity of that entity.

Investing activities

The separate disclosure of cash flows arising from investing activities is important because the cash flows represent the **16** extent to which expenditures have been made for resources intended to generate future income and cash flows. Only expenditures that result in a recognised asset in the statement of financial position are eligible for classification as investing activities. Examples of cash flows arising from investing activities are:
(a)   cash payments to acquire property, plant and equipment, intangibles and other long-term assets. These payments include those relating to capitalised development costs and self-constructed property, plant and equipment;
(b)   cash receipts from sales of property, plant and equipment, intangibles and other long-term assets;
(c)   cash payments to acquire equity or debt instruments of other entities and interests in joint ventures (other than payments for those instruments considered to be cash equivalents or those held for dealing or trading purposes);
(d)   cash receipts from sales of equity or debt instruments of other entities and interests in joint ventures (other than receipts for those instruments considered to be cash equivalents and those held for dealing or trading purposes);
(e)   cash advances and loans made to other parties (other than advances and loans made by a financial institution);
(f)   cash receipts from the repayment of advances and loans made to other parties (other than advances and loans of a financial institution);
(g)   cash payments for futures contracts, forward contracts, option contracts and swap contracts except when the contracts are held for dealing or trading purposes, or the payments are classified as financing activities; and

(h) Einzahlungen aus standardisierten und anderen Termingeschäften, Options- und Swap-Geschäften, es sei denn, diese Verträge werden zu Handelszwecken gehalten oder die Einzahlungen werden als Finanzierungstätigkeit eingestuft.

Wenn ein Kontrakt als Sicherungsgeschäft, das sich auf ein bestimmbares Grundgeschäft bezieht, behandelt wird, werden die Cashflows des Kontrakts auf dieselbe Art und Weise eingestuft wie die Cashflows des gesicherten Grundgeschäfts.

Finanzierungstätigkeit

17 Die gesonderte Angabe der Cashflows aus der Finanzierungstätigkeit ist von Bedeutung, da sie für die Schätzung zukünftiger Ansprüche der Kapitalgeber gegenüber dem Unternehmen nützlich sind. Im Folgenden werden Beispiele für Cashflows aus der Finanzierungstätigkeit angeführt:

(a) Einzahlungen aus der Ausgabe von Anteilen oder anderen Eigenkapitalinstrumenten;

(b) Auszahlungen an Eigentümer zum Erwerb oder Rückkauf von (eigenen) Anteilen an dem Unternehmen;

(c) Einzahlungen aus der Ausgabe von Schuldverschreibungen, Schuldscheinen, Anleihen und hypothekarisch unterlegten Schuldtiteln sowie aus der Aufnahme von Darlehen und Hypotheken oder aus der Aufnahme anderer kurz- oder langfristiger Ausleihungen;

(d) Auszahlungen für die Rückzahlung von Ausleihungen; und

(e) Auszahlungen von Leasingnehmern zur Tilgung von Verbindlichkeiten aus Finanzierungs-Leasingverträgen.

DARSTELLUNG DER CASHFLOWS AUS DER BETRIEBLICHEN TÄTIGKEIT

18 Ein Unternehmen hat Cashflows aus der betrieblichen Tätigkeit in einer der beiden folgenden Formen darzustellen:

(a) direkte Methode, wobei die Hauptgruppen der Bruttoeinzahlungen und Bruttoauszahlungen angegeben werden; oder

(b) indirekte Methode, wobei das Periodenergebnis um Auswirkungen nicht zahlungswirksamer Geschäftsvorfälle oder Abgrenzungen von vergangenen oder künftigen betrieblichen Ein- oder Auszahlungen (einschließlich Rückstellungen) sowie um Ertrags- oder Aufwandsposten, die dem Investitions- oder Finanzierungsbereich zuzurechnen sind, berichtigt wird.

19 Unternehmen wird empfohlen, die Cashflows aus der betrieblichen Tätigkeit nach der direkten Methode darzustellen. Die direkte Methode stellt Informationen zur Verfügung, welche die Schätzung künftiger Cashflows erleichtern und bei Anwendung der indirekten Methode nicht verfügbar sind. Bei Anwendung der direkten Methode können Informationen über die Hauptgruppen von Bruttoeinzahlungen und Bruttoauszahlungen folgendermaßen abgeleitet werden:

(a) aus der Buchhaltung des Unternehmens; oder

(b) durch Korrekturen der Umsatzerlöse und der Umsatzkosten (Zinsen und ähnliche Erträge sowie Zinsaufwendungen und ähnliche Aufwendungen bei einem Finanzinstitut) sowie anderer Posten der Gesamtergebnisrechnung um

(i) Bestandsveränderungen der Periode bei den Vorräten und den Forderungen und Verbindlichkeiten aus Lieferungen und Leistungen;

(ii) andere zahlungsunwirksame Posten; und

(iii) andere Posten, die Cashflows in den Bereichen der Investition oder der Finanzierung darstellen.

20 Bei Anwendung der indirekten Methode wird der Netto-Cashflow aus der betrieblichen Tätigkeit durch Korrektur des Periodenergebnisses um die folgenden Größen ermittelt:

(a) Bestandsveränderungen der Periode bei den Vorräten und den Forderungen und Verbindlichkeiten aus Lieferungen und Leistungen;

(b) zahlungsunwirksame Posten, wie beispielsweise Abschreibungen, Rückstellungen, latente Steuern, unrealisierte Fremdwährungsgewinne und -verluste, nicht ausgeschüttete Gewinne von assoziierten Unternehmen und nicht beherrschende Anteile; sowie

(c) alle anderen Posten, die Cashflows in den Bereichen der Investition oder Finanzierung darstellen.

Alternativ kann der Netto-Cashflow aus betrieblicher Tätigkeit auch in der indirekten Methode durch Gegenüberstellung der Aufwendungen und Erträge aus der Gesamtergebnisrechnung sowie der Änderungen der Vorräte und der Forderungen und Verbindlichkeiten aus Lieferungen und Leistungen im Laufe der Periode ermittelt werden.

DARSTELLUNG DER CASHFLOWS AUS INVESTITIONS- UND FINANZIERUNGSTÄTIGKEIT

21 Ein Unternehmen hat die Hauptgruppen der Bruttoeinzahlungen und Bruttoauszahlungen separat auszuweisen, die aus Investitions- und Finanzierungstätigkeiten entstehen. Ausgenommen sind die Fälle, in denen die in den Paragraphen 22 und 24 beschriebenen Cashflows saldiert ausgewiesen werden.

(h)   cash receipts from futures contracts, forward contracts, option contracts and swap contracts except when the contracts are held for dealing or trading purposes, or the receipts are classified as financing activities.

When a contract is accounted for as a hedge of an identifiable position, the cash flows of the contract are classified in the same manner as the cash flows of the position being hedged.

Financing activities

The separate disclosure of cash flows arising from financing activities is important because it is useful in predicting claims   **17**
on future cash flows by providers of capital to the entity. Examples of cash flows arising from financing activities are:
(a)   cash proceeds from issuing shares or other equity instruments;
(b)   cash payments to owners to acquire or redeem the entity's shares;
(c)   cash proceeds from issuing debentures, loans, notes, bonds, mortgages and other short or long-term borrowings;
(d)   cash repayments of amounts borrowed; and
(e)   cash payments by a lessee for the reduction of the outstanding liability relating to a finance lease.

REPORTING CASH FLOWS FROM OPERATING ACTIVITIES

An entity shall report cash flows from operating activities using either: **18**
(a)   the direct method, whereby major classes of gross cash receipts and gross cash payments are disclosed; or
(b)   the indirect method, whereby profit or loss is adjusted for the effects of transactions of a non-cash nature, any deferrals or accruals of past or future operating cash receipts or payments, and items of income or expense associated with investing or financing cash flows.

Entities are encouraged to report cash flows from operating activities using the direct method. The direct method provides   **19**
information which may be useful in estimating future cash flows and which is not available under the indirect method.
Under the direct method, information about major classes of gross cash receipts and gross cash payments may be
obtained either:
(a)   from the accounting records of the entity; or
(b)   by adjusting sales, cost of sales (interest and similar income and interest expense and similar charges for a financial institution) and other items in the statement of comprehensive income for:
      (i)   changes during the period in inventories and operating receivables and payables;
      (ii)   other non-cash items; and
      (iii) other items for which the cash effects are investing or financing cash flows.

Under the indirect method, the net cash flow from operating activities is determined by adjusting profit or loss for the   **20**
effects of:
(a)   changes during the period in inventories and operating receivables and payables;
(b)   non-cash items such as depreciation, provisions, deferred taxes, unrealised foreign currency gains and losses, undistributed profits of associates, and non-controlling interests; and
(c)   all other items for which the cash effects are investing or financing cash flows.

Alternatively, the net cash flow from operating activities may be presented under the indirect method by showing the
revenues and expenses disclosed in the statement of comprehensive income and the changes during the period in inventories and operating receivables and payables.

REPORTING CASH FLOWS FROM INVESTING AND FINANCING ACTIVITIES

An entity shall report separately major classes of gross cash receipts and gross cash payments arising from investing and   **21**
financing activities, except to the extent that cash flows described in paragraphs 22 and 24 are reported on a net basis.

SALDIERTE DARSTELLUNG DER CASHFLOWS

22 Für Cashflows, die aus den folgenden betrieblichen Tätigkeiten, Investitions- oder Finanzierungstätigkeiten entstehen, ist ein saldierter Ausweis zulässig:

(a) Einzahlungen und Auszahlungen im Namen von Kunden, wenn die Cashflows eher auf Tätigkeiten des Kunden als auf Tätigkeiten des Unternehmens zurückzuführen sind;

(b) Einzahlungen und Auszahlungen für Posten mit großer Umschlagshäufigkeit, großen Beträgen und kurzen Laufzeiten.

23 Beispiele für die in Paragraph 22 (a) erwähnten Einzahlungen und Auszahlungen sind:

(a) Annahme und Rückzahlung von Sichteinlagen bei einer Bank;

(b) von einer Anlagegesellschaft für Kunden gehaltene Finanzmittel;

(c) Mieten, die für Grundstückseigentümer eingezogen und an diese weitergeleitet werden.

Beispiele für die in Paragraph 22 (b) erwähnten Einzahlungen und Auszahlungen sind Einzahlungen und Auszahlungen für:

(a) Darlehensbeträge gegenüber Kreditkartenkunden;

(b) den Kauf und Verkauf von Finanzinvestitionen;

(c) andere kurzfristige Ausleihungen, wie beispielsweise Kredite mit einer Laufzeit von bis zu drei Monaten.

24 Für Cashflows aus einer der folgenden Tätigkeiten eines Finanzinstituts ist eine saldierte Darstellung möglich:

(a) Einzahlungen und Auszahlungen für die Annahme und die Rückzahlung von Einlagen mit fester Laufzeit;

(b) Platzierung von Einlagen bei Finanzinstituten und Rücknahme von Einlagen anderer Finanzinstitute;

(c) Kredite und Darlehen für Kunden und die Rückzahlung dieser Kredite und Darlehen.

CASHFLOWS IN FREMDWÄHRUNG

25 Cashflows, die aus Geschäftsvorfällen in einer Fremdwährung entstehen, sind in der funktionalen Währung des Unternehmens zu erfassen, indem der Fremdwährungsbetrag mit dem zum Zahlungszeitpunkt gültigen Umrechnungskurs zwischen der funktionalen Währung und der Fremdwährung in die funktionale Währung umgerechnet wird.

26 Die Cashflows eines ausländischen Tochterunternehmens sind mit dem zum Zahlungszeitpunkt geltenden Wechselkurs zwischen der funktionalen Währung und der Fremdwährung in die funktionale Währung umzurechnen.

27 Cashflows, die in einer Fremdwährung abgewickelt werden, sind gemäß IAS 21 *Auswirkungen von Änderungen der Wechselkurse* auszuweisen. Dabei ist die Verwendung eines Wechselkurses zulässig, der dem tatsächlichen Kurs in etwa entspricht. So kann beispielsweise für die Erfassung von Fremdwährungstransaktionen oder für die Umrechnung der Cashflows eines ausländischen Tochterunternehmens ein gewogener Periodendurchschnittskurs verwendet werden. Eine Umrechnung der Cashflows eines ausländischen Tochterunternehmens zum Kurs am Abschlussstichtag ist jedoch gemäß IAS 21 nicht zulässig.

28 Nicht realisierte Gewinne und Verluste aus Wechselkursänderungen sind nicht als Cashflows zu betrachten. Die Auswirkungen von Wechselkursänderungen auf Zahlungsmittel und Zahlungsmitteläquivalente, die in Fremdwährung gehalten werden oder fällig sind, werden jedoch in der Kapitalflussrechnung erfasst, um den Bestand an Zahlungsmitteln und Zahlungsmitteläquivalenten zu Beginn und am Ende der Periode abzustimmen. Der Unterschiedsbetrag wird getrennt von den Cashflows aus betrieblicher Tätigkeit, Investitions- und Finanzierungstätigkeit ausgewiesen und umfasst die Differenzen etwaiger Wechselkursänderungen, die entstanden wären, wenn diese Cashflows mit dem Stichtagskurs umgerechnet worden wären.

29–30 [gestrichen]

ZINSEN UND DIVIDENDEN

31 Cashflows aus erhaltenen und gezahlten Zinsen und Dividenden sind jeweils gesondert anzugeben. Jede Ein- und Auszahlung ist stetig von Periode zu Periode entweder als betriebliche Tätigkeit, Investitions- oder Finanzierungstätigkeit zu einzustufen.

32 Der Gesamtbetrag der während einer Periode gezahlten Zinsen wird in der Kapitalflussrechnung angegeben unabhängig davon, ob der Betrag als Aufwand im Gewinn oder Verlust erfasst oder gemäß IAS 23 *Fremdkapitalkosten* aktiviert wird.

33 Gezahlte Zinsen sowie erhaltene Zinsen und Dividenden werden bei einem Finanzinstitut im Normalfall als Cashflows aus der betrieblichen Tätigkeit eingestuft. Im Hinblick auf andere Unternehmen besteht jedoch kein Einvernehmen über

REPORTING CASH FLOWS ON A NET BASIS

22

Cash flows arising from the following operating, investing or financing activities may be reported on a net basis:
(a) cash receipts and payments on behalf of customers when the cash flows reflect the activities of the customer rather than those of the entity; and
(b) cash receipts and payments for items in which the turnover is quick, the amounts are large, and the maturities are short.

Examples of cash receipts and payments referred to in paragraph 22 (a) are: 23
(a) the acceptance and repayment of demand deposits of a bank;
(b) funds held for customers by an investment entity; and
(c) rents collected on behalf of, and paid over to, the owners of properties.
Examples of cash receipts and payments referred to in paragraph 22 (b) are advances made for, and the repayment of:
(a) principal amounts relating to credit card customers;
(b) the purchase and sale of investments; and
(c) other short-term borrowings, for example, those which have a maturity period of three months or less.

Cash flows arising from each of the following activities of a financial institution may be reported on a net basis: 24
(a) cash receipts and payments for the acceptance and repayment of deposits with a fixed maturity date;
(b) the placement of deposits with and withdrawal of deposits from other financial institutions; and
(c) cash advances and loans made to customers and the repayment of those advances and loans.

FOREIGN CURRENCY CASH FLOWS

Cash flows arising from transactions in a foreign currency shall be recorded in an entity's functional currency by applying 25
to the foreign currency amount the exchange rate between the functional currency and the foreign currency at the date of
the cash flow.

The cash flows of a foreign subsidiary shall be translated at the exchange rates between the functional currency and the 26
foreign currency at the dates of the cash flows.

Cash flows denominated in a foreign currency are reported in a manner consistent with IAS 21 *The effects of changes in* 27
foreign exchange rates. This permits the use of an exchange rate that approximates the actual rate. For example, a weighted
average exchange rate for a period may be used for recording foreign currency transactions or the translation of the cash
flows of a foreign subsidiary. However, IAS 21 does not permit use of the exchange rate at the end of the reporting period
when translating the cash flows of a foreign subsidiary.

Unrealised gains and losses arising from changes in foreign currency exchange rates are not cash flows. However, the 28
effect of exchange rate changes on cash and cash equivalents held or due in a foreign currency is reported in the statement
of cash flows in order to reconcile cash and cash equivalents at the beginning and the end of the period. This amount is
presented separately from cash flows from operating, investing and financing activities and includes the differences, if
any, had those cash flows been reported at end of period exchange rates.

[Deleted] 29—30

INTEREST AND DIVIDENDS

Cash flows from interest and dividends received and paid shall each be disclosed separately. Each shall be classified in a 31
consistent manner from period to period as either operating, investing or financing activities.

The total amount of interest paid during a period is disclosed in the statement of cash flows whether it has been recog- 32
nised as an expense in the profit or loss or capitalised in accordance with IAS 23 *Borrowing Costs.*

Interest paid and interest and dividends received are usually classified as operating cash flows for a financial institution. 33
However, there is no consensus on the classification of these cash flows for other entities. Interest paid and interest and

die Zuordnung dieser Cashflows. Gezahlte Zinsen und erhaltene Zinsen und Dividenden können als Cashflows aus betrieblicher Tätigkeit eingestuft werden, da sie in die Ermittlung des Periodenergebnisses eingehen. Alternativ können gezahlte Zinsen und erhaltene Zinsen und Dividenden als Cashflows aus Finanzierungs- bzw. Investitionstätigkeit eingestuft werden, da sie Finanzierungsaufwendungen oder Erträge aus Investitionen sind.

34 Gezahlte Dividenden können als Finanzierungs-Cashflows eingestuft werden, da es sich um Finanzierungsaufwendungen handelt. Alternativ können gezahlte Dividenden als Bestandteil der Cashflows aus der betrieblichen Tätigkeit eingestuft werden, damit die Fähigkeit eines Unternehmens, Dividenden aus laufenden Cashflows zu zahlen, leichter beurteilt werden kann.

ERTRAGSTEUERN

35 Cashflows aus Ertragsteuern sind gesondert anzugeben und als Cashflows aus der betrieblichen Tätigkeit einzustufen, es sei denn, sie können bestimmten Finanzierungs- und Investitionsaktivitäten zugeordnet werden.

36 Ertragsteuern entstehen aus Geschäftsvorfällen, die zu Cashflows führen, die in einer Kapitalflussrechnung als betriebliche Tätigkeit, Investitions- oder Finanzierungstätigkeit eingestuft werden. Während Investitions- oder Finanzierungstätigkeiten in der Regel der entsprechende Steueraufwand zugeordnet werden kann, ist die Bestimmung der damit verbundenen steuerbezogenen Cashflows häufig nicht durchführbar und die Cashflows erfolgen unter Umständen in einer anderen Periode als die Cashflows des zugrunde liegenden Geschäftsvorfalls. Aus diesem Grund werden gezahlte Steuern im Regelfall als Cashflows aus der betrieblichen Tätigkeit eingestuft. Wenn die Zuordnung der steuerbezogenen Cashflows zu einem Geschäftsvorfall, der zu Cashflows aus Investitions- oder Finanzierungstätigkeiten führt, jedoch praktisch möglich ist, werden die steuerbezogenen Cashflows ebenso als Investitions- bzw. Finanzierungstätigkeit eingestuft. Wenn die steuerbezogenen Cashflows mehr als einer Tätigkeit zugeordnet werden, wird der Gesamtbetrag der gezahlten Steuern angegeben.

ANTEILE AN TOCHTERUNTERNEHMEN, ASSOZIIERTEN UNTERNEHMEN UND GEMEINSCHAFTSUNTERNEHMEN

37 Bei der Bilanzierung von Anteilen an einem assoziierten Unternehmen, einem Gemeinschaftsunternehmen oder an einem Tochterunternehmen nach der Equity- oder der Anschaffungskostenmethode beschränkt ein Investor seine Angaben in der Kapitalflussrechnung auf die Cashflows zwischen ihm und dem Beteiligungsunternehmen, beispielsweise auf Dividenden und Kredite.

38 Ein Unternehmen, das seine Anteile an einem assoziierten Unternehmen oder einem Gemeinschaftsunternehmen nach der Equity-Methode bilanziert, nimmt nur die Cashflows in die Kapitalflussrechnung auf, die mit seinen Anteilen an dem assoziierten Unternehmen oder dem Gemeinschaftsunternehmen sowie den Ausschüttungen und anderen Ein- und Auszahlungen zwischen ihm und dem assoziierten Unternehmen oder dem Gemeinschaftsunternehmen in Zusammenhang stehen.

ÄNDERUNGEN DER BETEILIGUNGSQUOTE AN TOCHTERUNTERNEHMEN UND SONSTIGEN GESCHÄFTSEINHEITEN

39 Die Summe der Cashflows aus der Übernahme oder dem Verlust der Beherrschung über Tochterunternehmen oder sonstige Geschäftseinheiten sind gesondert darzustellen und als Investitionstätigkeit einzustufen.

40 Ein Unternehmen hat im Hinblick auf die Übernahme oder den Verlust der Beherrschung über Tochterunternehmen oder sonstige Geschäftseinheiten, die während der Periode erfolgten, die folgenden zusammenfassenden Angaben zu machen:
(a) das gesamte gezahlte oder erhaltene Entgelt;
(b) den Teil des Entgelts, der aus Zahlungsmitteln und Zahlungsmitteläquivalenten bestand;
(c) den Betrag der Zahlungsmittel und Zahlungsmitteläquivalente der Tochterunternehmen oder sonstigen Geschäftseinheiten, über welche die Beherrschung erlangt oder verloren wurde; sowie
(d) die Beträge der nach Hauptgruppen gegliederten Vermögenswerte und Schulden mit Ausnahme der Zahlungsmittel und Zahlungsmitteläquivalente der Tochterunternehmen oder sonstigen Geschäftseinheiten, über welche die Beherrschung erlangt oder verloren wurde.

40A Eine Investmentgesellschaft im Sinne von IFRS 10 *Konzernabschlüsse* braucht die Paragraphen 40 (c) bzw. 40 (d) nicht auf einen Anteil an einem Tochterunternehmen anzuwenden, das ergebniswirksam zum beizulegenden Zeitwert bewertet werden muss.

41 Die gesonderte Darstellung der Auswirkungen der Cashflows aus der Übernahme oder dem Verlust der Beherrschung über Tochterunternehmen oder sonstige Geschäftseinheiten als eigenständige Posten sowie die gesonderte Angabe der

dividends received may be classified as operating cash flows because they enter into the determination of profit or loss. Alternatively, interest paid and interest and dividends received may be classified as financing cash flows and investing cash flows respectively, because they are costs of obtaining financial resources or returns on investments.

Dividends paid may be classified as a financing cash flow because they are a cost of obtaining financial resources. Alternatively, dividends paid may be classified as a component of cash flows from operating activities in order to assist users to determine the ability of an entity to pay dividends out of operating cash flows. **34**

TAXES ON INCOME

Cash flows arising from taxes on income shall be separately disclosed and shall be classified as cash flows from operating **35** activities unless they can be specifically identified with financing and investing activities.

Taxes on income arise on transactions that give rise to cash flows that are classified as operating, investing or financing **36** activities in a statement of cash flows. While tax expense may be readily identifiable with investing or financing activities, the related tax cash flows are often impracticable to identify and may arise in a different period from the cash flows of the underlying transaction. Therefore, taxes paid are usually classified as cash flows from operating activities. However, when it is practicable to identify the tax cash flow with an individual transaction that gives rise to cash flows that are classified as investing or financing activities the tax cash flow is classified as an investing or financing activity as appropriate. When tax cash flows are allocated over more than one class of activity, the total amount of taxes paid is disclosed.

INVESTMENTS IN SUBSIDIARIES, ASSOCIATES AND JOINT VENTURES

When accounting for an investment in an associate, a joint venture or a subsidiary accounted for by use of the equity or **37** cost method, an investor restricts its reporting in the statement of cash flows to the cash flows between itself and the investee, for example, to dividends and advances.

An entity that reports its interest in an associate or a joint venture using the equity method includes in its statement of **38** cash flows the cash flows in respect of its investments in the associate or joint venture, and distributions and other payments or receipts between it and the associate or joint venture.

CHANGES IN OWNERSHIP INTERESTS IN SUBSIDIARIES AND OTHER BUSINESSES

The aggregate cash flows arising from obtaining or losing control of subsidiaries or other businesses shall be presented **39** separately and classified as investing activities.

An entity shall disclose, in aggregate, in respect of both obtaining and losing control of subsidiaries or other businesses **40** during the period each of the following:
(a) the total consideration paid or received;
(b) the portion of the consideration consisting of cash and cash equivalents;
(c) the amount of cash and cash equivalents in the subsidiaries or other businesses over which control is obtained or lost; and
(d) the amount of the assets and liabilities other than cash or cash equivalents in the subsidiaries or other businesses over which control is obtained or lost, summarised by each major category.

An investment entity, as defined in IFRS 10 *Consolidated Financial Statements*, need not apply paragraphs 40 (c) or 40 **40A** (d) to an investment in a subsidiary that is required to be measured at fair value through profit or loss.

The separate presentation of the cash flow effects of obtaining or losing control of subsidiaries or other businesses as **41** single line items, together with the separate disclosure of the amounts of assets and liabilities acquired or disposed of,

Beträge der erworbenen oder veräußerten Vermögenswerte und Schuldposten erleichtert die Unterscheidung dieser Cashflows von den Cashflows aus der übrigen betrieblichen Tätigkeit, Investitions- und Finanzierungstätigkeit. Die Auswirkungen der Cashflows aus dem Verlust der Beherrschung werden nicht mit denen aus der Übernahme der Beherrschung saldiert.

42 Die Summe des Betrags der als Entgelt für die Übernahme oder den Verlust der Beherrschung über Tochterunternehmen oder sonstige Geschäftseinheiten gezahlten oder erhaltenen Mittel wird in der Kapitalflussrechnung abzüglich der im Rahmen solcher Transaktionen, Ereignisse oder veränderten Umstände erworbenen oder veräußerten Zahlungsmittel und Zahlungsmitteläquivalenten ausgewiesen.

42A Kapitalflüsse aus Änderungen der Eigentumsanteile an einem Tochterunternehmen, die nicht in einem Verlust der Beherrschung resultieren, sind als Kapitalflüsse aus Finanzierungstätigkeiten einzustufen, es sei denn, das Tochterunternehmen wird von einer Investmentgesellschaft im Sinne von IFRS 10 gehalten, und das Tochterunternehmen muss ergebniswirksam zum beizulegenden Zeitwert bewertet werden.

42B Änderungen der Eigentumsanteile an einem Tochterunternehmen, die nicht in einem Verlust der Beherrschung resultieren, wie beispielsweise ein späterer Kauf oder Verkauf von Eigenkapitalinstrumenten eines Tochterunternehmens werden als Eigenkapitaltransaktionen bilanziert (siehe IFRS 10), es sei denn, das Tochterunternehmen wird von einer Investmentgesellschaft gehalten, und das Tochterunternehmen muss ergebniswirksam zum beizulegenden Zeitwert bewertet werden. Demzufolge werden die daraus resultierenden Kapitalflüsse genauso wie die anderen in Paragraph 17 beschriebenen Geschäftsvorfälle mit Eigentümern eingestuft.

NICHT ZAHLUNGSWIRKSAME TRANSAKTIONEN

43 Investitions- und Finanzierungstransaktionen, für die keine Zahlungsmittel oder Zahlungsmitteläquivalente eingesetzt werden, sind nicht Bestandteil der Kapitalflussrechnung. Solche Transaktionen sind an anderer Stelle im Abschluss derart anzugeben, dass alle notwendigen Informationen über diese Investitions- und Finanzierungstransaktionen bereitgestellt werden.

44 Viele Investitions- und Finanzierungstätigkeiten haben keine direkten Auswirkungen auf die laufenden Cashflows, beeinflussen jedoch die Kapital- und Vermögensstruktur eines Unternehmens. Der Ausschluss nicht zahlungswirksamer Transaktionen aus der Kapitalflussrechnung ist mit der Zielsetzung der Kapitalflussrechnung konsistent, da sich diese Posten nicht auf Cashflows in der Berichtsperiode auswirken. Beispiele für nicht zahlungswirksame Transaktionen sind:
(a) der Erwerb von Vermögenswerten durch Übernahme direkt damit verbundener Schulden oder durch Finanzierungsleasing;
(b) der Erwerb eines Unternehmens gegen Ausgabe von Anteilen;
(c) die Umwandlung von Schulden in Eigenkapital.

BESTANDTEILE DER ZAHLUNGSMITTEL UND ZAHLUNGSMITTELÄQUIVALENTE

45 Ein Unternehmen hat die Bestandteile der Zahlungsmittel und Zahlungsmitteläquivalente anzugeben und eine Überleitungsrechnung zu erstellen, in der die Beträge der Kapitalflussrechnung den entsprechenden Bilanzposten gegenübergestellt werden.

46 Angesichts der Vielfalt der weltweiten Praktiken zur Zahlungsmitteldisposition und der Konditionen von Kreditinstituten sowie zur Erfüllung des IAS 1 *Darstellung des Abschlusses,* gibt ein Unternehmen die gewählte Methode für die Bestimmung der Zusammensetzung der Zahlungsmittel und Zahlungsmitteläquivalente an.

47 Die Auswirkungen von Änderungen der Methode zur Bestimmung der Zusammensetzung der Zahlungsmittel und Zahlungsmitteläquivalente, wie beispielsweise eine Änderung in der Einstufung von Finanzinstrumenten, die ursprünglich dem Beteiligungsportfolio des Unternehmens zugeordnet waren, werden gemäß IAS 8 *Rechnungslegungsmethoden, Änderungen rechnungslegungsbezogener Schätzungen und Fehler* offen gelegt.

WEITERE ANGABEN

48 Ein Unternehmen hat in Verbindung mit einer Stellungnahme des Managements den Betrag an wesentlichen Zahlungsmitteln und Zahlungsmitteläquivalenten anzugeben, die vom Unternehmen gehalten werden und über die der Konzern nicht verfügen kann.

49 Unter verschiedenen Umständen kann eine Unternehmensgruppe nicht über Zahlungsmittel und Zahlungsmitteläquivalente eines Unternehmens verfügen. Dazu zählen beispielsweise Zahlungsmittel und Zahlungsmitteläquivalente, die von

helps to distinguish those cash flows from the cash flows arising from the other operating, investing and financing activities. The cash flow effects of losing control are not deducted from those of obtaining control.

The aggregate amount of the cash paid or received as consideration for obtaining or losing control of subsidiaries or other **42** businesses is reported in the statement of cash flows net of cash and cash equivalents acquired or disposed of as part of such transactions, events or changes in circumstances.

Cash flows arising from changes in ownership interests in a subsidiary that do not result in a loss of control shall be **42A** classified as cash flows from financing activities, unless the subsidiary is held by an investment entity, as defined in IFRS 10, and is required to be measured at fair value through profit or loss.

Changes in ownership interests in a subsidiary that do not result in a loss of control, such as the subsequent purchase or **42B** sale by a parent of a subsidiary's equity instruments, are accounted for as equity transactions (see IFRS 10, unless the subsidiary is held by an investment entity and is required to be measured at fair value through profit or loss. Accordingly, the resulting cash flows are classified in the same way as other transactions with owners described in paragraph 17.

NON-CASH TRANSACTIONS

Investing and financing transactions that do not require the use of cash or cash equivalents shall be excluded from a state- **43** ment of cash flows. Such transactions shall be disclosed elsewhere in the financial statements in a way that provides all the relevant information about these investing and financing activities.

Many investing and financing activities do not have a direct impact on current cash flows although they do affect the **44** capital and asset structure of an entity. The exclusion of non-cash transactions from the statement of cash flows is consistent with the objective of a statement of cash flows as these items do not involve cash flows in the current period. Examples of non-cash transactions are:
(a) the acquisition of assets either by assuming directly related liabilities or by means of a finance lease;
(b) the acquisition of an entity by means of an equity issue; and
(c) the conversion of debt to equity.

COMPONENTS OF CASH AND CASH EQUIVALENTS

An entity shall disclose the components of cash and cash equivalents and shall present a reconciliation of the amounts in **45** its statement of cash flows with the equivalent items reported in the statement of financial position.

In view of the variety of cash management practices and banking arrangements around the world and in order to comply **46** with IAS 1 *Presentation of financial statements,* an entity discloses the policy which it adopts in determining the composition of cash and cash equivalents.

The effect of any change in the policy for determining components of cash and cash equivalents, for example, a change in **47** the classification of financial instruments previously considered to be part of an entity's investment portfolio, is reported in accordance with IAS 8 *Accounting policies, changes in accounting estimates and errors.*

OTHER DISCLOSURES

An entity shall disclose, together with a commentary by management, the amount of significant cash and cash equivalent **48** balances held by the entity that are not available for use by the group.

There are various circumstances in which cash and cash equivalent balances held by an entity are not available for use by **49** the group. Examples include cash and cash equivalent balances held by a subsidiary that operates in a country where

einem Tochterunternehmen in einem Land gehalten werden, in dem Devisenverkehrskontrollen oder andere gesetzliche Einschränkungen zum Tragen kommen. Die Verfügbarkeit über die Bestände durch das Mutterunternehmen oder andere Tochterunternehmen ist dann eingeschränkt.

50 Zusätzliche Angaben können für die Adressaten von Bedeutung sein, um die Finanzlage und Liquidität eines Unternehmens einschätzen zu können. Die Angabe dieser Informationen (in Verbindung mit einer Stellungnahme des Managements) wird empfohlen und kann folgende Punkte enthalten:

(a) Betrag der nicht ausgenutzten Kreditlinien, die für die künftige betriebliche Tätigkeit und zur Erfüllung von Verpflichtungen eingesetzt werden könnten, unter Angabe aller Beschränkungen der Verwendung dieser Kreditlinien;

(b) [gestrichen]

(c) die Summe des Betrags der Cashflows, die Erweiterungen der betrieblichen Kapazität betreffen, im Unterschied zu den Cashflows, die zur Erhaltung der Kapazität erforderlich sind; und

(d) Betrag der Cashflows aus betrieblicher Tätigkeit, aus der Investitionstätigkeit und aus der Finanzierungstätigkeit, aufgegliedert nach den einzelnen berichtspflichtigen Segmenten (siehe IFRS 8 *Segmentberichterstattung*).

51 Durch die gesonderte Angabe von Cashflows, die eine Erhöhung der Betriebskapazität darstellen, und Cashflows, die zur Erhaltung der Betriebskapazität erforderlich sind, kann der Adressat der Kapitalflussrechnung beurteilen, ob das Unternehmen geeignete Investitionen zur Erhaltung seiner Betriebskapazität vornimmt. Nimmt das Unternehmen nur unzureichende Investitionen zur Erhaltung seiner Betriebskapazität vor, schadet es unter Umständen der künftigen Rentabilität zu Gunsten der kurzfristigen Liquidität und der Ausschüttungen an Eigentümer.

52 Die Angabe segmentierter Cashflows verhilft den Adressaten der Kapitalflussrechnung zu einem besseren Verständnis der Beziehung zwischen den Cashflows des Unternehmens als Ganzem und den Cashflows seiner Bestandteile sowie der Verfügbarkeit und Variabilität der segmentierten Cashflows.

ZEITPUNKT DES INKRAFTTRETENS

53 Dieser Standard ist erstmals auf Abschlüsse für Perioden anzuwenden, die am oder nach dem 1. Januar 1994 beginnen.

54 Durch IAS 27 (in der vom International Accounting Standards Board 2008 geänderten Fassung) wurden die Paragraphen 39–42 geändert und die Paragraphen 42A und 42B hinzugefügt. Diese Änderungen sind erstmals in der ersten Periode eines am 1. Juli 2009 oder danach beginnenden Geschäftsjahres anzuwenden. Wendet ein Unternehmen IAS 27 (in der 2008 geänderten Fassung) auf eine frühere Periode an, so hat es auf diese Periode auch die genannten Änderungen anzuwenden. Diese Änderungen sind rückwirkend anzuwenden.

55 Paragraph 14 wird im Rahmen der *Verbesserungen der IFRS* vom Mai 2008 geändert. Diese Änderungen sind erstmals in der ersten Berichtsperiode eines am 1. Januar 2009 oder danach beginnenden Geschäftsjahres anzuwenden. Eine frühere Anwendung ist zulässig. Wenn ein Unternehmen diese Änderungen vor dem 1. Januar 2009 anwendet, hat es diese Tatsache anzugeben und Paragraph 68A von IAS 16 anzuwenden.

56 Paragraph 16 wurde durch die *Verbesserungen der IFRS* vom April 2009 geändert. Diese Änderungen sind erstmals in der ersten Berichtsperiode eines am 1. Januar 2010 oder danach beginnenden Geschäftsjahrs anzuwenden. Eine frühere Anwendung ist zulässig. Wendet ein Unternehmen die Änderung für ein früheres Geschäftsjahr an, hat es dies anzugeben.

57 Durch IFRS 10 und IFRS 11 *Gemeinsame Vereinbarungen,* veröffentlicht im Mai 2011, wurden die Paragraphen 37, 38 und 42B geändert sowie Paragraph 50 (b) gestrichen. Ein Unternehmen hat diese Änderungen anzuwenden, wenn es IFRS 10 und IFRS 11 anwendet.

58 Mit der im Oktober 2012 veröffentlichten Verlautbarung *Investmentgesellschaften (Investment Entities)* (Änderungen an IFRS 10, IFRS 12 und IAS 27) wurden die Paragraphen 42A und 42B geändert und Paragraph 40A hinzugefügt. Unternehmen haben diese Änderungen auf Geschäftsjahre anzuwenden, die am oder nach dem 1. Januar 2014 beginnen. Eine frühere Anwendung ist zulässig. Wendet ein Unternehmen diese Änderungen früher an, hat es alle in der Verlautbarung enthaltenen Änderungen gleichzeitig anzuwenden.

exchange controls or other legal restrictions apply when the balances are not available for general use by the parent or other subsidiaries.

Additional information may be relevant to users in understanding the financial position and liquidity of an entity. Disclo- **50** sure of this information, together with a commentary by management, is encouraged and may include:

(a) the amount of undrawn borrowing facilities that may be available for future operating activities and to settle capital commitments, indicating any restrictions on the use of these facilities;

(b) [deleted]

(c) the aggregate amount of cash flows that represent increases in operating capacity separately from those cash flows that are required to maintain operating capacity; and

(d) the amount of the cash flows arising from the operating, investing and financing activities of each reportable segment (see IFRS 8 *Operating segments*).

The separate disclosure of cash flows that represent increases in operating capacity and cash flows that are required to **51** maintain operating capacity is useful in enabling the user to determine whether the entity is investing adequately in the maintenance of its operating capacity. An entity that does not invest adequately in the maintenance of its operating capacity may be prejudicing future profitability for the sake of current liquidity and distributions to owners.

The disclosure of segmental cash flows enables users to obtain a better understanding of the relationship between the cash **52** flows of the business as a whole and those of its component parts and the availability and variability of segmental cash flows.

EFFECTIVE DATE

This standard becomes operative for financial statements covering periods beginning on or after 1 January 1994. **53**

IAS 27 (as amended by the International Accounting Standards Board in 2008) amended paragraphs 39—42 and added **54** paragraphs 42A and 42B. An entity shall apply those amendments for annual periods beginning on or after 1 July 2009. If an entity applies IAS 27 (amended 2008) for an earlier period, the amendments shall be applied for that earlier period. The amendments shall be applied retrospectively.

Paragraph 14 was amended by *Improvements to IFRSs* issued in May 2008. An entity shall apply that amendment for **55** annual periods beginning on or after 1 January 2009. Earlier application is permitted. If an entity applies the amendment for an earlier period it shall disclose that fact and apply paragraph 68A of IAS 16.

Paragraph 16 was amended by *Improvements to IFRSs* issued in April 2009. An entity shall apply that amendment for **56** annual periods beginning on or after 1 January 2010. Earlier application is permitted. If an entity applies the amendment for an earlier period it shall disclose that fact.

IFRS 10 and IFRS 11 *Joint Arrangements,* issued in May 2011, amended paragraphs 37, 38 and 42B and deleted paragraph **57** 50 (b). An entity shall apply those amendments when it applies IFRS 10 and IFRS 11.

Investment Entities (Amendments to IFRS 10, IFRS 12 and IAS 27), issued in October 2012, amended paragraphs 42A **58** and 42B and added paragraph 40A. An entity shall apply those amendments for annual periods beginning on or after 1 January 2014. Earlier application of *Investment Entities* is permitted. If an entity applies those amendments earlier it shall also apply all amendments included in *Investment Entities* at the same time.

INTERNATIONAL ACCOUNTING STANDARD 8

Rechnungslegungsmethoden, Änderungen von rechnungslegungsbezogenen Schätzungen und Fehler

ZIELSETZUNG

1 Dieser Standard schreibt die Kriterien zur Auswahl und Änderung der Rechnungslegungsmethoden sowie die bilanzielle Behandlung und Angabe von Änderungen der Rechnungslegungsmethoden, Änderungen von rechnungslegungsbezogenen Schätzungen sowie Fehlerkorrekturen vor. Der Standard soll die Relevanz und Zuverlässigkeit des Abschlusses eines Unternehmens sowie die Vergleichbarkeit dieser Abschlüsse im Zeitablauf sowie mit den Abschlüssen anderer Unternehmen verbessern.

2 Die Bestimmungen zur Angabe von Rechnungslegungsmethoden – davon ausgenommen: Änderungen von Rechnungslegungsmethoden – sind in IAS 1 *Darstellung des Abschlusses* aufgeführt.

ANWENDUNGSBEREICH

3 Dieser Standard ist bei der Auswahl und Anwendung von Rechnungslegungsmethoden sowie zur Berücksichtigung von Änderungen der Rechnungslegungsmethoden, Änderungen von rechnungslegungsbezogenen Schätzungen und Korrekturen von Fehlern aus früheren Perioden anzuwenden.

4 Die steuerlichen Auswirkungen der Korrekturen von Fehlern aus früheren Perioden und von rückwirkenden Anpassungen zur Umsetzung der Änderungen von Rechnungslegungsmethoden werden gemäß IAS 12 *Ertragsteuern* berücksichtigt und offen gelegt.

DEFINITIONEN

5 Die folgenden Begriffe werden in diesem Standard mit der angegebenen Bedeutung verwendet:

Rechnungslegungsmethoden sind die besonderen Prinzipien, grundlegende Überlegungen, Konventionen, Regeln und Praktiken, die ein Unternehmen bei der Aufstellung und Darstellung eines Abschlusses anwendet.

Eine *Änderung einer rechnungslegungsbezogenen Schätzung* ist eine Berichtigung des Buchwerts eines Vermögenswerts bzw. einer Schuld, oder der betragsmäßige, periodengerechte Verbrauch eines Vermögenswerts, der aus der Einschätzung des derzeitigen Status von Vermögenswerten und Schulden und aus der Einschätzung des künftigen Nutzens und künftiger Verpflichtungen im Zusammenhang mit Vermögenswerten und Schulden resultiert. Änderungen von rechnungslegungsbezogenen Schätzungen ergeben sich aus neuen Informationen oder Entwicklungen und sind somit keine Fehlerkorrekturen.

INTERNATIONAL ACCOUNTING STANDARD 8

Accounting policies, changes in accounting estimates and errors

OBJECTIVE

The objective of this standard is to prescribe the criteria for selecting and changing accounting policies, together with the accounting treatment and disclosure of changes in accounting policies, changes in accounting estimates and corrections of errors. The standard is intended to enhance the relevance and reliability of an entity's financial statements, and the comparability of those financial statements over time and with the financial statements of other entities. **1**

Disclosure requirements for accounting policies, except those for changes in accounting policies, are set out in IAS 1 *Presentation of financial statements*. **2**

SCOPE

This standard shall be applied in selecting and applying accounting policies, and accounting for changes in accounting policies, changes in accounting estimates and corrections of prior period errors. **3**

The tax effects of corrections of prior period errors and of retrospective adjustments made to apply changes in accounting policies are accounted for and disclosed in accordance with IAS 12 *Income taxes*. **4**

DEFINITIONS

The following terms are used in this standard with the meanings specified: **5**

Accounting policies are the specific principles, bases, conventions, rules and practices applied by an entity in preparing and presenting financial statements.

A *change in accounting estimate* is an adjustment of the carrying amount of an asset or a liability, or the amount of the periodic consumption of an asset, that results from the assessment of the present status of, and expected future benefits and obligations associated with, assets and liabilities. Changes in accounting estimates result from new information or new developments and, accordingly, are not corrections of errors.

International Financial Reporting Standards (IFRS) sind die vom International Accounting Standards Board (IASB) verabschiedeten Standards und Interpretationen. Sie umfassen:

(a) International Financial Reporting Standards;

(b) International Accounting Standards und

(c) Interpretationen des International Financial Reporting Interpretations Committee (IFRIC) bzw. des ehemaligen Standing Interpretations Committee (SIC).

Wesentlich: Auslassungen oder fehlerhafte Darstellungen von Posten sind wesentlich, wenn sie einzeln oder insgesamt die auf der Basis des Abschlusses getroffenen wirtschaftlichen Entscheidungen der Adressaten beeinflussen könnten. Wesentlichkeit hängt vom Umfang und von der Art eines Postens ab, der jeweils unter den besonderen Umständen der Auslassung oder der fehlerhaften Darstellung einer Angabe beurteilt wird. Der Umfang oder die Art dieses Postens, bzw. eine Kombination dieser beiden Aspekte, könnte der entscheidende Faktor sein.

Fehler aus früheren Perioden sind Auslassungen oder fehlerhafte Darstellungen in den Abschlüssen eines Unternehmens für eine oder mehrere Perioden, die sich aus einer Nicht- oder Fehlanwendung von zuverlässigen Informationen ergeben haben, die

(a) zu dem Zeitpunkt, an dem die Abschlüsse für die entsprechenden Perioden zur Veröffentlichung genehmigt wurden, zur Verfügung standen; und

(b) hätten eingeholt und bei der Aufstellung und Darstellung der entsprechenden Abschlüsse berücksichtigt werden können.

Diese Fehler umfassen die Auswirkungen von Rechenfehlern, Fehlern bei der Anwendung von Rechnungslegungsmethoden, Flüchtigkeitsfehlern oder Fehlinterpretationen von Sachverhalten, sowie von Betrugsfällen.

Die *rückwirkende Anwendung* besteht darin, eine neue Rechnungslegungsmethode auf Geschäftsvorfälle, sonstige Ereignisse und Bedingungen so anzuwenden, als wäre die Rechnungslegungsmethode stets angewandt worden

Die *rückwirkende Anpassung* ist die Korrektur einer Erfassung, Bewertung und Angabe von Beträgen aus Bestandteilen eines Abschlusses, so als ob ein Fehler in einer früheren Periode nie aufgetreten wäre.

Undurchführbar: Die Anwendung einer Vorschrift gilt dann als undurchführbar, wenn sie trotz aller angemessenen Anstrengungen des Unternehmens nicht angewandt werden kann. Für eine bestimmte frühere Periode ist die rückwirkende Anwendung einer Änderung einer Rechnungslegungsmethode bzw. eine rückwirkende Anpassung zur Fehlerkorrektur dann undurchführbar, wenn

(a) die Auswirkungen der rückwirkenden Anwendung bzw. rückwirkenden Anpassung nicht zu ermitteln sind;

(b) die rückwirkende Anwendung bzw. rückwirkende Anpassung Annahmen über die mögliche Absicht des Managements in der entsprechenden Periode erfordert; oder

(c) die rückwirkende Anwendung bzw. rückwirkende Anpassung umfangreiche Schätzungen der Beträge erforderlich macht und es unmöglich ist, objektive die Informationen aus diesen Schätzungen, die

    (i) einen Nachweis über die Sachverhalte vermitteln, die zu dem Zeitpunkt bestanden, zu dem die entsprechenden Beträge zu erfassen, zu bewerten oder anzugeben sind; und

    (ii) zur Verfügung gestanden hätten, als der Abschluss für jene frühere Periode zur Veröffentlichung genehmigt wurde,

    von sonstigen Informationen zu unterscheiden.

Die *prospektive Anwendung* der Änderung einer Rechnungslegungsmethode bzw. der Erfassung der Auswirkung der Änderung einer rechnungslegungsbezogenen Schätzung besteht darin,

(a) die neue Rechnungslegungsmethode auf Geschäftsvorfälle, sonstige Ereignisse und Bedingungen anzuwenden, die nach dem Zeitpunkt der Änderung der Rechnungslegungsmethode eintreten; und

(b) die Auswirkung der Änderung einer rechnungslegungsbezogenen Schätzung in der Berichtsperiode und in zukünftigen Perioden anzusetzen, die von der Änderung betroffen sind.

6 Die Beurteilung, ob die Auslassung oder fehlerhafte Darstellung von Angaben die auf der Basis des Abschlusses getroffenen wirtschaftlichen Entscheidungen der Adressaten beeinflussen könnten und deshalb als wesentlich einzustufen sind, bedarf einer Prüfung der Eigenschaften solcher Adressaten. Paragraph 25 des *Rahmenkonzepts für die Aufstellung und Darstellung von Abschlüssen* besagt, dass „bei den Adressaten vorausgesetzt wird, dass sie eine angemessene Kenntnis geschäftlicher und wirtschaftlicher Tätigkeiten und der Rechnungslegung sowie die Bereitschaft besitzen, die Informationen mit entsprechender Sorgfalt zu lesen". Deshalb hat eine solche Beurteilung die Frage zu berücksichtigen, wie solche Adressaten mit den genannten Eigenschaften erwartungsgemäß unter normalen Umständen bei den auf der Basis des Abschlusses getroffenen wirtschaftlichen Entscheidungen beeinflusst werden könnten.

RECHNUNGSLEGUNGSMETHODEN

Auswahl und Anwendung der Rechnungslegungsmethoden

7 Bezieht sich ein IFRS ausdrücklich auf einen Geschäftsvorfall oder auf sonstige Ereignisse oder Bedingungen, so ist bzw. sind die Rechnungslegungsmethode(n) für den entsprechenden Posten zu ermitteln, indem der IFRS angewandt wird.

International Financial Reporting Standards (IFRSs) are standards and interpretations adopted by the International Accounting Standards Board (IASB). They comprise:

(a) international financial reporting standards;

(b) international accounting standards; and

(c) interpretations developed by the International Financial Reporting Interpretations Committee (IFRIC) or the former Standing Interpretations Committee (SIC).

Material Omissions or misstatements of items are material if they could, individually or collectively, influence the economic decisions that users make on the basis of the financial statements. Materiality depends on the size and nature of the omission or misstatement judged in the surrounding circumstances. The size or nature of the item, or a combination of both, could be the determining factor.

Prior period errors are omissions from, and misstatements in, the entity's financial statements for one or more prior periods arising from a failure to use, or misuse of, reliable information that:

(a) was available when financial statements for those periods were authorised for issue; and

(b) could reasonably be expected to have been obtained and taken into account in the preparation and presentation of those financial statements.

Such errors include the effects of mathematical mistakes, mistakes in applying accounting policies, oversights or misinterpretations of facts, and fraud.

Retrospective application is applying a new accounting policy to transactions, other events and conditions as if that policy had always been applied.

Retrospective restatement is correcting the recognition, measurement and disclosure of amounts of elements of financial statements as if a prior period error had never occurred.

Impracticable Applying a requirement is impracticable when the entity cannot apply it after making every reasonable effort to do so. For a particular prior period, it is impracticable to apply a change in an accounting policy retrospectively or to make a retrospective restatement to correct an error if:

(a) the effects of the retrospective application or retrospective restatement are not determinable;

(b) the retrospective application or retrospective restatement requires assumptions about what management's intent would have been in that period; or

(c) the retrospective application or retrospective restatement requires significant estimates of amounts and it is impossible to distinguish objectively information about those estimates that:

(i)   provides evidence of circumstances that existed on the date(s) as at which those amounts are to be recognised, measured or disclosed; and

(ii) would have been available when the financial statements for that prior period were authorised for issue;

from other information.

Prospective application of a change in accounting policy and of recognising the effect of a change in an accounting estimate, respectively, are:

(a) applying the new accounting policy to transactions, other events and conditions occurring after the date as at which the policy is changed; and

(b) recognising the effect of the change in the accounting estimate in the current and future periods affected by the change.

Assessing whether an omission or misstatement could influence economic decisions of users, and so be material, requires **6** consideration of the characteristics of those users. The *Framework for the Preparation and Presentation of Financial Statements* states in paragraph 25 that 'users are assumed to have a reasonable knowledge of business and economic activities and accounting and a willingness to study the information with reasonable diligence.' Therefore, the assessment needs to take into account how users with such attributes could reasonably be expected to be influenced in making economic decisions.

ACCOUNTING POLICIES

Selection and application of accounting policies

When an IFRS specifically applies to a transaction, other event or condition, the accounting policy or policies applied to **7** that item shall be determined by applying the IFRS.

8 Die IFRS legen Rechnungslegungsmethoden fest, die aufgrund einer Schlussfolgerung des IASB zu einem Abschluss führt, der relevante und zuverlässige Informationen über die Geschäftsvorfälle, sonstigen Ereignisse und Bedingungen enthält, auf die sie zutreffen. Diese Methoden müssen nicht angewandt werden, wenn die Auswirkung ihrer Anwendung unwesentlich ist. Es ist jedoch nicht angemessen, unwesentliche Abweichungen von den IFRS vorzunehmen oder unberichtigt zu lassen, um eine bestimmte Darstellung der Vermögens-, Finanz- und Ertragslage oder der Cashflows eines Unternehmens zu erzielen.

9 Die IFRS gehen mit Anwendungsleitlinien einher, um Unternehmen bei der Umsetzung der Vorschriften zu helfen. In den Anwendungsleitlinien wird klar festgelegt, ob sie ein integraler Bestandteil der IFRS sind. Ist letzteres der Fall, sind die Anwendungsleitlinien als obligatorisch zu betrachten. Anwendungsleitlinien, die kein integraler Bestandteil der IFRS sind, enthalten keine Vorschriften zu den Abschlüssen.

10 Beim Fehlen eines IFRS, der ausdrücklich auf einen Geschäftsvorfall oder sonstige Ereignisse oder Bedingungen zutrifft, hat das Management darüber zu entscheiden, welche Rechnungslegungsmethode zu entwickeln und anzuwenden ist, um zu Informationen zu führen, die
(a) für die Bedürfnisse der wirtschaftlichen Entscheidungsfindung der Adressaten von Bedeutung sind und
(b) zuverlässig sind, in dem Sinne, dass der Abschluss
  (i) die Vermögens-, Finanz- und Ertragslage sowie die Cashflows des Unternehmens den tatsächlichen Verhältnissen entsprechend darstellt;
  (ii) den wirtschaftlichen Gehalt von Geschäftsvorfällen und sonstigen Ereignissen und Bedingungen widerspiegelt und nicht nur deren rechtliche Form;
  (iii) neutral ist, das heißt frei von verzerrenden Einflüssen;
  (iv) vorsichtig
  (v) in allen wesentlichen Gesichtspunkten vollständig ist.

11 Bei seiner Entscheidungsfindung im Sinne des Paragraphen 10 hat das Management sich auf folgende Quellen – in absteigender Reihenfolge – zu beziehen und deren Anwendung zu berücksichtigen:
(a) die Vorschriften der IFRS, die ähnliche und verwandte Fragen behandeln; und
(b) die im *Rahmenkonzept* enthaltenen Definitionen, Erfassungskriterien und Bewertungskonzepte für Vermögenswerte, Schulden, Erträge und Aufwendungen.

12 Bei seiner Entscheidungsfindung gemäß Paragraph 10 kann das Management außerdem die jüngsten Verlautbarungen anderer Standardsetter, die ein ähnliches konzeptionelles Rahmenkonzept zur Entwicklung von Rechnungslegungsmethoden einsetzen, sowie sonstige Rechnungslegungs-Verlautbarungen und anerkannte Branchenpraktiken berücksichtigen, sofern sie nicht mit den in Paragraph 11 enthaltenen Quellen in Konflikt stehen.

Stetigkeit der Rechnungslegungsmethoden

13 Ein Unternehmen hat seine Rechnungslegungsmethoden für ähnliche Geschäftsvorfälle, sonstige Ereignisse und Bedingungen stetig auszuwählen und anzuwenden, es sei denn, ein IFRS erlaubt bzw. schreibt die Kategorisierung von Sachverhalten vor, für die andere Rechnungslegungsmethoden zutreffend sind. Sofern ein IFRS eine derartige Kategorisierung vorschreibt oder erlaubt, ist eine geeignete Rechnungslegungsmethode auszuwählen und stetig für jede Kategorie anzuwenden.

Änderungen von Rechnungslegungsmethoden

14 Ein Unternehmen darf eine Rechnungslegungsmethode nur dann ändern, wenn die Änderung
(a) aufgrund eines IFRS erforderlich ist; oder
(b) dazu führt, dass der Abschluss zuverlässige und relevantere Informationen über die Auswirkungen von Geschäftsvorfällen, sonstigen Ereignissen oder Bedingungen auf die Vermögens-, Finanz- oder Ertragslage oder die Cashflows des Unternehmens vermittelt.

15 Die Adressaten der Abschlüsse müssen in der Lage sein, die Abschlüsse eines Unternehmens im Zeitablauf vergleichen zu können, um Tendenzen in der Vermögens-, Finanz- und Ertragslage sowie des Cashflows zu erkennen. Daher sind in jeder Periode und von einer Periode auf die nächste stets die gleichen Rechnungslegungsmethoden anzuwenden, es sei denn, die Änderung einer Rechnungslegungsmethode entspricht einem der in Paragraph 14 enthaltenen Kriterien.

16 Die folgenden Fälle sind keine Änderung der Bilanzierungs- oder Bewertungsmethoden:
(a) die Anwendung einer Rechnungslegungsmethode auf Geschäftsvorfälle, sonstige Ereignisse oder Bedingungen, die sich grundsätzlich von früheren Geschäftsvorfällen oder sonstigen Ereignissen oder Bedingungen unterscheiden; und
(b) die Anwendung einer neuen Rechnungslegungsmethode auf Geschäftsvorfälle oder sonstige Ereignisse oder Bedingungen, die früher nicht vorgekommen sind oder unwesentlich waren.

IFRSs set out accounting policies that the IASB has concluded result in financial statements containing relevant and reliable information about the transactions, other events and conditions to which they apply. Those policies need not be applied when the effect of applying them is immaterial. However, it is inappropriate to make, or leave uncorrected, immaterial departures from IFRSs to achieve a particular presentation of an entity's financial position, financial performance or cash flows. **8**

IFRSs are accompanied by guidance to assist entities in applying their requirements. All such guidance states whether it is an integral part of IFRSs. Guidance that is an integral part of IFRSs is mandatory. Guidance that is not an integral part of IFRSs does not contain requirements for financial statements. **9**

In the absence of an IFRS that specifically applies to a transaction, other event or condition, management shall use its judgement in developing and applying an accounting policy that results in information that is: **10**
(a)   relevant to the economic decision-making needs of users; and
(b)   reliable, in that the financial statements:
　　(i)   represent faithfully the financial position, financial performance and cash flows of the entity;
　　(ii)   reflect the economic substance of transactions, other events and conditions, and not merely the legal form;
　　(iii) are neutral, i.e. free from bias;
　　(iv) are prudent; and
　　(v)   are complete in all material respects.

In making the judgement described in paragraph 10, management shall refer to, and consider the applicability of, the following sources in descending order: **11**
(a)   the requirements in IFRSs dealing with similar and related issues; and
(b)   the definitions, recognition criteria and measurement concepts for assets, liabilities, income and expenses in the *Framework*.

In making the judgement described in paragraph 10, management may also consider the most recent pronouncements of other standard-setting bodies that use a similar conceptual framework to develop accounting standards, other accounting literature and accepted industry practices, to the extent that these do not conflict with the sources in paragraph 11. **12**

Consistency of accounting policies

An entity shall select and apply its accounting policies consistently for similar transactions, other events and conditions, unless an IFRS specifically requires or permits categorisation of items for which different policies may be appropriate. If an IFRS requires or permits such categorisation, an appropriate accounting policy shall be selected and applied consistently to each category. **13**

Changes in accounting policies

An entity shall change an accounting policy only if the change: **14**
(a)   is required by an IFRS; or
(b)   results in the financial statements providing reliable and more relevant information about the effects of transactions, other events or conditions on the entity's financial position, financial performance or cash flows.

Users of financial statements need to be able to compare the financial statements of an entity over time to identify trends in its financial position, financial performance and cash flows. Therefore, the same accounting policies are applied within each period and from one period to the next unless a change in accounting policy meets one of the criteria in paragraph 14. **15**

The following are not changes in accounting policies: **16**
(a)   the application of an accounting policy for transactions, other events or conditions that differ in substance from those previously occurring; and
(b)   the application of a new accounting policy for transactions, other events or conditions that did not occur previously or were immaterial.

17 Die erstmalige Anwendung einer Methode zur Neubewertung von Vermögenswerten nach IAS 16 *Sachanlagen* oder IAS 38 *Immaterielle Vermögenswerte* ist eine Änderung einer Rechnungslegungsmethode, die als Neubewertung im Rahmen des IAS 16 bzw. IAS 38 und nicht nach Maßgabe dieses Standards zu behandeln ist.

18 Die Paragraphen 19–31 finden auf die im Paragraphen 17 beschriebene Änderung der Rechnungslegungsmethode keine Anwendung.

Anwendung von Änderungen der Rechnungslegungsmehoden

19 Gemäß Paragraph 23

(a) hat ein Unternehmen eine Änderung der Rechnungslegungsmethoden aus der erstmaligen Anwendung eines IFRS nach den ggf. bestehenden spezifischen Übergangsvorschriften für den IFRS zu berücksichtigen; und

(b) sofern ein Unternehmen eine Rechnungslegungsmethode nach erstmaliger Anwendung eines IFRS ändert, der keine spezifischen Übergangsvorschriften zur entsprechenden Änderung enthält, oder aber die Rechnungslegungsmethoden freiwillig ändert, so hat es die Änderung rückwirkend anzuwenden.

20 Im Sinne dieses Standards handelt es sich bei einer früheren Anwendung eines IFRS nicht um eine freiwillige Änderung der Rechnungslegungsmethoden.

21 Bei Fehlen eines IFRS, der spezifisch auf eine oder sonstige Ereignisse oder Bedingungen zutrifft, kann das Management nach Paragraph 12 eine Rechnungslegungsmethode nach den jüngsten Verlautbarungen anderer Standardsetter anwenden, die ein ähnliches konzeptionelles Rahmenkonzept zur Entwicklung von Rechnungslegungsmethoden einsetzen. Falls das Unternehmen sich nach einer Änderung einer derartigen Verlautbarung dafür entscheidet, eine Rechnungslegungsmethode zu ändern, so ist diese Änderung entsprechend zu berücksichtigen und als freiwillige Änderung der Rechnungslegungsmethode auszuweisen.

Rückwirkende Anwendung

22 Wenn gemäß Paragraph 23 eine Rechnungslegungsmethoden in Übereinstimmung mit Paragraph 19 (a) oder (b) rückwirkend geändert wird, hat das Unternehmen den Eröffnungsbilanzwert eines jeden Bestandteils des Eigenkapitals für die früheste dargestellte Periode sowie die sonstigen vergleichenden Beträge für jede frühere dargestellte Periode so anzupassen, als ob die neue Rechnungslegungsmethode stets angewandt worden wäre.

Einschränkungen im Hinblick auf rückwirkende Anwendung

23 Ist eine rückwirkende Anwendung nach Paragraph 19 (a) oder (b) erforderlich, so ist eine Änderung der Rechnungslegungsmethoden rückwirkend anzuwenden, es sei denn, dass die Ermittlung der periodenspezifischen Effekte oder der kumulierten Auswirkung der Änderung undurchführbar ist.

24 Wenn die Ermittlung der periodenspezifischen Effekte einer Änderung der Rechnungslegungsmethoden bei vergleichbaren Informationen für eine oder mehrere ausgewiesene Perioden undurchführbar ist, so hat das Unternehmen die neue Rechnungslegungsmethode auf die Buchwerte der Vermögenswerte und Schulden zum Zeitpunkt der frühesten Periode, für die die rückwirkende Anwendung durchführbar ist – dies kann auch die Berichtsperiode sein – anzuwenden und die Eröffnungsbilanzwerte eines jeden betroffenen Eigenkapitalbestandteils für die entsprechende Periode entsprechend zu berichtigen.

25 Wenn die Ermittlung des kumulierten Effekts der Anwendung einer neuen Rechnungslegungsmethode auf alle früheren Perioden am Anfang der Berichtsperiode undurchführbar ist, so hat das Unternehmen die vergleichbaren Informationen dahingehend anzupassen, dass die neue Rechnungslegungsmethode prospektiv vom frühest möglichen Zeitpunkt an angewandt wird.

26 Wenn ein Unternehmen eine neue Rechnungslegungsmethode rückwirkend anwendet, so hat es die neue Rechnungslegungsmethode auf vergleichbare Informationen für frühere Perioden, so weit zurück, wie dies durchführbar ist, anzuwenden. Die rückwirkende Anwendung auf eine frühere Periode ist nur durchführbar, wenn die kumulierte Auswirkung auf die Beträge in sowohl der Eröffnungs- als auch der Abschlussbilanz für die entsprechende Periode ermittelt werden kann. Der Korrekturbetrag für frühere Perioden, die nicht im Abschluss dargestellt sind, wird im Eröffnungsbilanzwert jedes betroffenen Eigenkapitalbestandteils der frühesten dargestellten Periode verrechnet. Normalerweise werden die Gewinnrücklagen angepasst. Allerdings kann auch jeder andere Eigenkapitalbestandteil (beispielsweise, um einem IFRS zu entsprechen) angepasst werden. Jede andere Information, die sich auf frühere Perioden bezieht, beispielsweise Zeitreihen von Finanzkennzahlen, wird ebenfalls so weit zurück, wie dies durchführbar ist, rückwirkend angepasst.

27 Ist die rückwirkende Anwendung einer neuen Rechnungslegungsmethode für ein Unternehmen undurchführbar, weil es die kumulierte Auswirkung der Anwendung auf alle früheren Perioden nicht ermitteln kann, so hat das Unternehmen die neue Rechnungslegungsmethode in Übereinstimmung mit Paragraph 25 prospektiv ab Beginn der frühest möglichen Periode anzuwenden. Daher lässt das Unternehmen den Anteil der kumulierten Berichtigung der Vermögenswerte, Schul-

The initial application of a policy to revalue assets in accordance with IAS 16 *Property, plant and equipment* or IAS 38   17
Intangible assets is a change in an accounting policy to be dealt with as a revaluation in accordance with IAS 16 or IAS 38,
rather than in accordance with this standard.

Paragraphs 19—31 do not apply to the change in accounting policy described in paragraph 17.   **18**

Applying changes in accounting policies

Subject to paragraph 23:   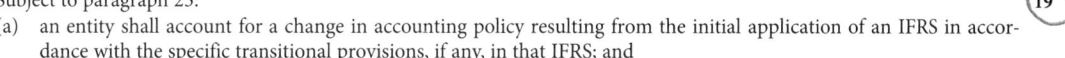 19
(a) an entity shall account for a change in accounting policy resulting from the initial application of an IFRS in accor-
    dance with the specific transitional provisions, if any, in that IFRS; and
(b) when an entity changes an accounting policy upon initial application of an IFRS that does not include specific tran-
    sitional provisions applying to that change, or changes an accounting policy voluntarily, it shall apply the change
    retrospectively.

For the purpose of this standard, early application of an IFRS is not a voluntary change in accounting policy.   **20**

In the absence of an IFRS that specifically applies to a transaction, other event or condition, management may, in accor- 21
dance with paragraph 12, apply an accounting policy from the most recent pronouncements of other standard-setting
bodies that use a similar conceptual framework to develop accounting standards. If, following an amendment of such a
pronouncement, the entity chooses to change an accounting policy, that change is accounted for and disclosed as a voluntary change in accounting policy.

Retrospective application

Subject to paragraph 23, when a change in accounting policy is applied retrospectively in accordance with paragraph 19 22
(a) or (b), the entity shall adjust the opening balance of each affected component of equity for the earliest prior period
presented and the other comparative amounts disclosed for each prior period presented as if the new accounting policy
had always been applied.

Limitations on retrospective application

When retrospective application is required by paragraph 19 (a) or (b), a change in accounting policy shall be applied 23
retrospectively except to the extent that it is impracticable to determine either the period-specific effects or the cumulative
effect of the change.

When it is impracticable to determine the period-specific effects of changing an accounting policy on comparative infor- 24
mation for one or more prior periods presented, the entity shall apply the new accounting policy to the carrying amounts
of assets and liabilities as at the beginning of the earliest period for which retrospective application is practicable, which
may be the current period, and shall make a corresponding adjustment to the opening balance of each affected component of equity for that period.

When it is impracticable to determine the cumulative effect, at the beginning of the current period, of applying a new 25
accounting policy to all prior periods, the entity shall adjust the comparative information to apply the new accounting
policy prospectively from the earliest date practicable.

When an entity applies a new accounting policy retrospectively, it applies the new accounting policy to comparative infor- 26
mation for prior periods as far back as is practicable. Retrospective application to a prior period is not practicable unless
it is practicable to determine the cumulative effect on the amounts in both the opening and closing statements of financial
positions for that period. The amount of the resulting adjustment relating to periods before those presented in the financial statements is made to the opening balance of each affected component of equity of the earliest prior period presented.
Usually the adjustment is made to retained earnings. However, the adjustment may be made to another component of
equity (for example, to comply with an IFRS). Any other information about prior periods, such as historical summaries of
financial data, is also adjusted as far back as is practicable.

When it is impracticable for an entity to apply a new accounting policy retrospectively, because it cannot determine the 27
cumulative effect of applying the policy to all prior periods, the entity, in accordance with paragraph 25, applies the new
policy prospectively from the start of the earliest period practicable. It therefore disregards the portion of the cumulative
adjustment to assets, liabilities and equity arising before that date. Changing an accounting policy is permitted even if it is

den und Eigenkapital vor dem entsprechenden Zeitpunkt außer Acht. Die Änderung einer Rechnungslegungsmethode ist selbst dann zulässig, wenn die prospektive Anwendung der entsprechenden Methode für keine frühere Periode durchführbar ist. Die Paragraphen 50–53 enthalten Leitlinien dafür, wann die Anwendung einer neuen Rechnungslegungsmethode auf eine oder mehrere frühere Perioden undurchführbar ist.

Angaben

28 Wenn die erstmalige Anwendung eines IFRS Auswirkungen auf die Berichtsperiode oder irgendeine frühere Periode hat oder derartige Auswirkungen haben könnte, es sei denn, die Ermittlung des Korrekturbetrags wäre undurchführbar, oder wenn die Anwendung eventuell Auswirkungen auf künftige Perioden hätte, hat das Unternehmen Folgendes anzugeben:
   (a) den Titel des Standards bzw. der Interpretation;
   (b) falls zutreffend, dass die Rechnungslegungsmethode in Übereinstimmung mit den Übergangsvorschriften geändert wird;
   (c) die Art der Änderung der Rechnungslegungsmethoden;
   (d) falls zutreffend, eine Beschreibung der Übergangsvorschriften;
   (e) falls zutreffend, die Übergangsvorschriften, die eventuell eine Auswirkung auf zukünftige Perioden haben könnten;
   (f) den Korrekturbetrag für die Berichtsperiode sowie, soweit durchführbar, für jede frühere dargestellte Periode:
       (i)   für jeden einzelnen betroffenen Posten des Abschlusses; und
       (ii) sofern IAS 33 *Ergebnis je Aktie* auf das Unternehmen anwendbar ist, für das unverwässerte und das verwässerte Ergebnis je Aktie;
   (g) den Korrekturbetrag, sofern durchführbar, im Hinblick auf Perioden vor denjenigen, die ausgewiesen werden; und
   (h) sofern eine rückwirkende Anwendung nach Paragraph 19 (a) oder (b) für eine bestimmte frühere Periode, oder aber für Perioden, die vor den ausgewiesenen Perioden liegen, undurchführbar ist, so sind die Umstände darzustellen, die zu jenem Zustand geführt haben, unter Angabe wie und ab wann die Änderung der Rechnungslegungsmethode angewandt wurde.
   In den Abschlüssen späterer Perioden müssen diese Angaben nicht wiederholt werden.

29 Sofern eine freiwillige Änderung der Rechnungslegungsmethoden Auswirkungen auf die Berichtsperiode oder irgendeine frühere Periode hat oder derartige Auswirkungen haben könnte, es sei denn, die Ermittlung des Korrekturbetrags ist undurchführbar oder hätte eventuell Auswirkungen auf künftige Perioden, hat das Unternehmen Folgendes anzugeben:
   (a) die Art der Änderung der Rechnungslegungsmethoden;
   (b) die Gründe, weswegen die Anwendung der neuen Rechnungslegungsmethode zuverlässige und relevantere Informationen vermittelt;
   (c) den Korrekturbetrag für die Berichtsperiode sowie, soweit durchführbar, für jede frühere dargestellte Periode:
       (i)   für jeden einzelnen betroffenen Posten des Abschlusses; und
       (ii) sofern IAS 33 auf das Unternehmen anwendbar ist, für das unverwässerte und das verwässerte Ergebnis je Aktie;
   (d) den Korrekturbetrag, sofern durchführbar, im Hinblick auf Perioden vor denjenigen, die ausgewiesen werden; und
   (e) sofern eine rückwirkende Anwendung für eine bestimmte frühere Periode, oder aber für Perioden, die vor den ausgewiesenen Perioden liegen, undurchführbar ist, so sind die Umstände darzustellen, die zu jenem Zustand geführt haben, unter Angabe wie und ab wann die Änderung der Rechnungslegungsmethode angewandt wurde.
   In den Abschlüssen späterer Perioden müssen diese Angaben nicht wiederholt werden.

30 Wenn ein Unternehmen einen neuen Standard oder eine neue Interpretation nicht angewandt hat, der/die herausgegeben wurde, aber noch nicht in Kraft getreten ist, so hat das Unternehmen folgende Angaben zu machen:
   (a) diese Tatsache; und
   (b) bekannte bzw. einigermaßen zuverlässig einschätzbare Informationen, die zur Beurteilung der möglichen Auswirkungen einer Anwendung des neuen Standards bzw. der neuen Interpretation auf den Abschluss des Unternehmens in der Periode der erstmaligen Anwendung relevant sind.

31 Unter Berücksichtigung des Paragraphen 30 erwägt ein Unternehmen die Angabe:
   (a) des Titels des neuen Standards bzw. der neuen Interpretation;
   (b) die Art der bevorstehenden Änderung/en der Rechnungslegungsmethoden;
   (c) des Zeitpunkts, ab welchem die Anwendung des Standards bzw. der Interpretation verlangt wird;
   (d) des Zeitpunkts, ab welchem es die erstmalige Anwendung des Standards bzw. der Interpretation beabsichtigt; und
   (e) entweder
       (i)   einer Diskussion der erwarteten Auswirkungen der erstmaligen Anwendung des Standards bzw. der Interpretation auf den Abschluss des Unternehmens; oder
       (ii) wenn diese Auswirkungen unbekannt oder nicht verlässlich abzuschätzen sind, einer Erklärung mit diesem Inhalt.

impracticable to apply the policy prospectively for any prior period. Paragraphs 50—53 provide guidance on when it is impracticable to apply a new accounting policy to one or more prior periods.

Disclosure

When initial application of an IFRS has an effect on the current period or any prior period, would have such an effect 28 except that it is impracticable to determine the amount of the adjustment, or might have an effect on future periods, an entity shall disclose:
(a) the title of the IFRS;
(b) when applicable, that the change in accounting policy is made in accordance with its transitional provisions;
(c) the nature of the change in accounting policy;
(d) when applicable, a description of the transitional provisions;
(e) when applicable, the transitional provisions that might have an effect on future periods;
(f) for the current period and each prior period presented, to the extent practicable, the amount of the adjustment:
  (i) for each financial statement line item affected; and
  (ii) if IAS 33 *Earnings per share* applies to the entity, for basic and diluted earnings per share;
(g) the amount of the adjustment relating to periods before those presented, to the extent practicable; and
(h) if retrospective application required by paragraph 19 (a) or (b) is impracticable for a particular prior period, or for periods before those presented, the circumstances that led to the existence of that condition and a description of how and from when the change in accounting policy has been applied.
Financial statements of subsequent periods need not repeat these disclosures.

When a voluntary change in accounting policy has an effect on the current period or any prior period, would have an 29 effect on that period except that it is impracticable to determine the amount of the adjustment, or might have an effect on future periods, an entity shall disclose:
(a) the nature of the change in accounting policy;
(b) the reasons why applying the new accounting policy provides reliable and more relevant information;
(c) for the current period and each prior period presented, to the extent practicable, the amount of the adjustment:
  (i) for each financial statement line item affected; and
  (ii) if IAS 33 applies to the entity, for basic and diluted earnings per share;
(d) the amount of the adjustment relating to periods before those presented, to the extent practicable; and
(e) if retrospective application is impracticable for a particular prior period, or for periods before those presented, the circumstances that led to the existence of that condition and a description of how and from when the change in accounting policy has been applied.
Financial statements of subsequent periods need not repeat these disclosures.

When an entity has not applied a new IFRS that has been issued but is not yet effective, the entity shall disclose: 30
(a) this fact; and
(b) known or reasonably estimable information relevant to assessing the possible impact that application of the new IFRS will have on the entity's financial statements in the period of initial application.

In complying with paragraph 30, an entity considers disclosing: 31
(a) the title of the new IFRS;
(b) the nature of the impending change or changes in accounting policy;
(c) the date by which application of the IFRS is required;
(d) the date as at which it plans to apply the IFRS initially; and
(e) either:
  (i) a discussion of the impact that initial application of the IFRS is expected to have on the entity's financial statements; or
  (ii) if that impact is not known or reasonably estimable, a statement to that effect.

ÄNDERUNGEN VON SCHÄTZUNGEN

32 Aufgrund der mit Geschäftstätigkeiten verbundenen Unsicherheiten können viele Posten in den Abschlüssen nicht präzise bewertet, sondern nur geschätzt werden. Eine Schätzung erfolgt auf der Grundlage der zuletzt verfügbaren verlässlichen Informationen. Beispielsweise können Schätzungen für folgende Sachverhalte erforderlich sein:

(a) risikobehaftete Forderungen;

(b) Überalterung von Vorräten;

(c) der beizulegende Zeitwert finanzieller Vermögenswerte oder Schulden;

(d) die Nutzungsdauer oder der erwartete Abschreibungsverlauf des künftigen wirtschaftlichen Nutzens von abschreibungsfähigen Vermögenswerten; und

(e) Gewährleistungsverpflichtungen.

33 Die Verwendung vernünftiger Schätzungen ist bei der Aufstellung von Abschlüssen unumgänglich und beeinträchtigt deren Verlässlichkeit nicht.

34 Eine Schätzung muss überarbeitet werden, wenn sich die Umstände, auf deren Grundlage die Schätzung erfolgt ist, oder als Ergebnis von neuen Informationen oder zunehmender Erfahrung ändern. Naturgemäß kann sich die Überarbeitung einer Schätzung nicht auf frühere Perioden beziehen und gilt auch nicht als Fehlerkorrektur.

35 Eine Änderung der verwendeten Bewertungsgrundlage ist eine Änderung der Rechnungslegungsmethoden und keine Änderung einer rechnungslegungsbezogenen Schätzung. Wenn es schwierig ist, eine Änderung der Rechnungslegungsmethoden von einer Änderung einer rechnungslegungsbezogenen Schätzung zu unterscheiden, gilt die entsprechende Änderung als eine Änderung einer rechnungslegungsbezogenen Schätzung.

36 Die Auswirkung der Änderung einer rechnungslegungsbezogenen Schätzung, außer es handelt sich um eine Änderung im Sinne des Paragraphen 37, ist prospektiv im Gewinn oder Verlust zu erfassen in:

(a) der Periode der Änderung, wenn die Änderung nur diese Periode betrifft; oder

(b) der Periode der Änderung und in späteren Perioden, sofern die Änderung sowohl die Berichtsperiode als auch spätere Perioden betrifft.

37 Soweit eine Änderung einer rechnungslegungsbezogenen Schätzung zu Änderungen der Vermögenswerte oder Schulden führt oder sich auf einen Eigenkapitalposten bezieht, hat die Erfassung dadurch zu erfolgen, dass der Buchwert des entsprechenden Vermögenswerts oder der Schuld oder Eigenkapitalposition in der Periode der Änderung angepasst wird.

38 Die prospektive Erfassung der Auswirkung der Änderung einer rechnungslegungsbezogenen Schätzung bedeutet, dass die Änderung auf Geschäftsvorfälle und sonstige Ereignisse und Bedingungen ab dem Zeitpunkt der Änderung der Schätzung angewandt wird. Eine Änderung einer rechnungslegungsbezogenen Schätzung kann nur den Gewinn oder Verlust der Berichtsperiode, oder aber den Gewinn oder Verlust sowohl der Berichtsperiode als auch zukünftiger Perioden betreffen. Beispielsweise betrifft die Änderung der Schätzung einer risikobehafteten Forderung nur den Gewinn oder Verlust der Berichtsperiode und wird daher in dieser erfasst. Dagegen betrifft die Änderung einer Schätzung hinsichtlich der Nutzungsdauer oder des erwarteten Abschreibungsverlaufs des künftigen wirtschaftlichen Nutzens eines abschreibungsfähigen Vermögenswerts den Abschreibungsaufwand der Berichtsperiode und jeder folgenden Periode der verbleibenden Restnutzungsdauer. In beiden Fällen werden die Erträge oder Aufwendungen in der Berichtsperiode berücksichtigt, soweit sie diese betreffen. Die mögliche Auswirkung auf zukünftige Perioden wird in diesen als Ertrag oder Aufwand erfasst.

Angaben

39 Ein Unternehmen hat die Art und den Betrag einer Änderung einer rechnungslegungsbezogenen Schätzung anzugeben, die eine Auswirkung in der Berichtsperiode hat oder von der erwartet wird, dass sie Auswirkungen in zukünftigen Perioden hat, es sei denn, dass die Angabe der Schätzung dieser Auswirkung auf zukünftige Perioden undurchführbar ist.

40 Erfolgt die Angabe des Betrags der Auswirkung auf zukünftige Perioden nicht, weil die Schätzung dieser Auswirkung undurchführbar ist, so hat das Unternehmen auf diesen Umstand hinzuweisen.

FEHLER

41 Fehler können im Hinblick auf die Erfassung, Bewertung, Darstellung oder Offenlegung von Bestandteilen eines Abschlusses entstehen. Ein Abschluss steht nicht im Einklang mit den IFRS, wenn er entweder wesentliche Fehler, oder aber absichtlich herbeigeführte unwesentliche Fehler enthält, um eine bestimmte Darstellung der Vermögens-, Finanz- oder Ertragslage oder Cashflows des Unternehmens zu erreichen. Potenzielle Fehler in der Berichtsperiode, die in der Periode entdeckt werden, sind zu korrigieren, bevor der Abschluss zur Veröffentlichung genehmigt wird. Jedoch werden wesentliche Fehler mitunter erst in einer nachfolgenden Periode entdeckt, und diese Fehler aus früheren Perioden werden in den Vergleichsinformationen im Abschluss für diese nachfolgende Periode korrigiert (s. Paragraphen 42–47).

As a result of the uncertainties inherent in business activities, many items in financial statements cannot be measured **32** with precision but can only be estimated. Estimation involves judgements based on the latest available, reliable information. For example, estimates may be required of:

(a) bad debts;

(b) inventory obsolescence;

(c) the fair value of financial assets or financial liabilities;

(d) the useful lives of, or expected pattern of consumption of the future economic benefits embodied in, depreciable assets; and

(e) warranty obligations.

The use of reasonable estimates is an essential part of the preparation of financial statements and does not undermine **33** their reliability.

An estimate may need revision if changes occur in the circumstances on which the estimate was based or as a result of **34** new information or more experience. By its nature, the revision of an estimate does not relate to prior periods and is not the correction of an error.

A change in the measurement basis applied is a change in an accounting policy, and is not a change in an accounting **35** estimate. When it is difficult to distinguish a change in an accounting policy from a change in an accounting estimate, the change is treated as a change in an accounting estimate.

The effect of a change in an accounting estimate, other than a change to which paragraph 37 applies, shall be recognised **36** prospectively by including it in profit or loss in:

(a) the period of the change, if the change affects that period only; or

(b) the period of the change and future periods, if the change affects both.

To the extent that a change in an accounting estimate gives rise to changes in assets and liabilities, or relates to an item of **37** equity, it shall be recognised by adjusting the carrying amount of the related asset, liability or equity item in the period of the change.

Prospective recognition of the effect of a change in an accounting estimate means that the change is applied to transac- **38** tions, other events and conditions from the date of the change in estimate. A change in an accounting estimate may affect only the current period's profit or loss, or the profit or loss of both the current period and future periods. For example, a change in the estimate of the amount of bad debts affects only the current period's profit or loss and therefore is recognised in the current period. However, a change in the estimated useful life of, or the expected pattern of consumption of the future economic benefits embodied in, a depreciable asset affects depreciation expense for the current period and for each future period during the asset's remaining useful life. In both cases, the effect of the change relating to the current period is recognised as income or expense in the current period. The effect, if any, on future periods is recognised as income or expense in those future periods.

Disclosure

An entity shall disclose the nature and amount of a change in an accounting estimate that has an effect in the current **39** period or is expected to have an effect in future periods, except for the disclosure of the effect on future periods when it is impracticable to estimate that effect.

If the amount of the effect in future periods is not disclosed because estimating it is impracticable, an entity shall disclose **40** that fact.

ERRORS

Errors can arise in respect of the recognition, measurement, presentation or disclosure of elements of financial statements. **41** Financial statements do not comply with IFRSs if they contain either material errors or immaterial errors made intentionally to achieve a particular presentation of an entity's financial position, financial performance or cash flows. Potential current period errors discovered in that period are corrected before the financial statements are authorised for issue. However, material errors are sometimes not discovered until a subsequent period, and these prior period errors are corrected in the comparative information presented in the financial statements for that subsequent period (see paragraphs 42—47).

42 Gemäß Paragraph 43 hat ein Unternehmen wesentliche Fehler aus früheren Perioden im ersten vollständigen Abschluss, der zur Veröffentlichung nach der Entdeckung der Fehler genehmigt wurde, rückwirkend zu korrigieren, indem

(a) die vergleichenden Beträge für die früher dargestellten Perioden, in denen der Fehler auftrat, angepasst werden; oder

(b) wenn der Fehler vor der frühesten dargestellten Periode aufgetreten ist, die Eröffnungssalden von Vermögenswerten, Schulden und Eigenkapital für die früheste dargestellte Periode angepasst werden.

Einschränkungen bei rückwirkender Anpassung

43 Ein Fehler aus einer früheren Periode ist durch rückwirkende Anpassung zu korrigieren, es sei denn, die Ermittlung der periodenspezifischen Effekte oder der kumulierten Auswirkung des Fehlers ist undurchführbar.

44 Wenn die Ermittlung der periodenspezifischen Effekte eines Fehlers auf die Vergleichsinformationen für eine oder mehrere frühere dargestellte Perioden undurchführbar ist, so hat das Unternehmen die Eröffnungssalden von Vermögenswerten, Schulden und Eigenkapital für die früheste Periode anzupassen, für die eine rückwirkende Anpassung durchführbar ist (es kann sich dabei um die Berichtsperiode handeln).

45 Wenn die Ermittlung der kumulierten Auswirkung eines Fehlers auf alle früheren Perioden am Anfang der Berichtsperiode undurchführbar ist, so hat das Unternehmen die Vergleichsinformationen dahingehend anzupassen, dass der Fehler prospektiv ab dem frühest möglichen Zeitpunkt korrigiert wird.

46 Die Korrektur eines Fehlers aus einer früheren Periode ist für die Periode, in der er entdeckt wurde, ergebnisneutral zu erfassen. Jede Information, die sich auf frühere Perioden bezieht, wie beispielsweise Zeitreihen von Finanzkennzahlen, wird so weit zurück angepasst, wie dies durchführbar ist.

47 Ist die betragsmäßige Ermittlung eines Fehlers (beispielsweise bei der Fehlanwendung einer Rechnungslegungsmethode) für alle früheren Perioden undurchführbar, so hat das Unternehmen die vergleichenden Informationen nach Paragraph 45 ab dem frühest möglichen Zeitpunkt prospektiv anzupassen. Daher lässt das Unternehmen den Anteil der kumulierten Anpassung der Vermögenswerte, Schulden und Eigenkapital vor dem entsprechenden Zeitpunkt außer Acht. Die Paragraphen 50–53 vermitteln Leitlinien darüber, wann die Korrektur eines Fehlers für eine oder mehrere frühere Perioden undurchführbar ist.

48 Korrekturen von Fehlern werden getrennt von Änderungen der rechnungslegungsbezogenen Schätzungen behandelt. rechnungslegungsbezogene Schätzungen sind ihrer Natur nach Annäherungen, die überarbeitungsbedürftig sein können, sobald zusätzliche Informationen bekannt werden. Beispielsweise handelt es sich bei einem Gewinn oder Verlust als Ergebnis eines Haftungsverhältnisses nicht um die Korrektur eines Fehlers.

Angaben von Fehlern aus früheren Perioden

49 Wenn Paragraph 42 angewandt wird, hat ein Unternehmen Folgendes anzugeben:

(a) die Art des Fehlers aus einer früheren Periode;

(b) die betragsmäßige Korrektur, soweit durchführbar, für jede frühere dargestellte Periode:

    (i) für jeden einzelnen betroffenen Posten des Abschlusses; und

    (ii) sofern IAS 33 auf das Unternehmen anwendbar ist, für das unverwässerte und das verwässerte Ergebnis je Aktie;

(c) die betragsmäßige Korrektur am Anfang der frühesten dargestellten Periode; und

(d) wenn eine rückwirkende Anpassung für eine bestimmte frühere Periode nicht durchführbar ist, so sind die Umstände dazustellen, die zu diesem Zustand geführt haben, unter Angabe wie und ab wann der Fehler beseitigt wurde.

In den Abschlüssen späterer Perioden müssen diese Angaben nicht wiederholt werden.

UNDURCHFÜHRBARKEIT HINSICHTLICH RÜCKWIRKENDER ANWENDUNG UND RÜCKWIRKENDER ANPASSUNG

50 Die Anpassung von Vergleichsinformationen für eine oder mehrere frühere Perioden zur Erzielung der Vergleichbarkeit mit der Berichtsperiode kann unter bestimmten Umständen undurchführbar sein. Beispielsweise wurden die Daten in der/den früheren Perioden eventuell nicht auf eine Art und Weise erfasst, die entweder die rückwirkende Anwendung einer neuen Rechnungslegungsmethode (darunter auch, im Sinne des Paragraphen 51–53, die prospektive Anwendung auf frühere Perioden) oder eine rückwirkende Anpassung ermöglicht, um einen Fehler aus einer früheren Periode zu korrigieren; auch kann die Wiederherstellung von Informationen undurchführbar sein.

51 Oftmals ist es bei der Anwendung einer Rechnungslegungsmethode auf Bestandteile eines Abschlusses, die im Zusammenhang mit Geschäftsvorfällen und sonstigen Ereignissen oder Bedingungen erfasst bzw. anzugeben sind, erforderlich, Schätzungen zu machen. Der Schätzungsprozess ist von Natur aus subjektiv, und Schätzungen können nach dem

Subject to paragraph 43, an entity shall correct material prior period errors retrospectively in the first set of financial **42** statements authorised for issue after their discovery by:
(a) restating the comparative amounts for the prior period(s) presented in which the error occurred; or
(b) if the error occurred before the earliest prior period presented, restating the opening balances of assets, liabilities and equity for the earliest prior period presented.

Limitations on retrospective restatement

A prior period error shall be corrected by retrospective restatement except to the extent that it is impracticable to deter- **43** mine either the period-specific effects or the cumulative effect of the error.

When it is impracticable to determine the period-specific effects of an error on comparative information for one or more **44** prior periods presented, the entity shall restate the opening balances of assets, liabilities and equity for the earliest period for which retrospective restatement is practicable (which may be the current period).

When it is impracticable to determine the cumulative effect, at the beginning of the current period, of an error on all prior **45** periods, the entity shall restate the comparative information to correct the error prospectively from the earliest date practicable.

The correction of a prior period error is excluded from profit or loss for the period in which the error is discovered. Any **46** information presented about prior periods, including any historical summaries of financial data, is restated as far back as is practicable.

When it is impracticable to determine the amount of an error (e.g. a mistake in applying an accounting policy) for all **47** prior periods, the entity, in accordance with paragraph 45, restates the comparative information prospectively from the earliest date practicable. It therefore disregards the portion of the cumulative restatement of assets, liabilities and equity arising before that date. Paragraphs 50-53 provide guidance on when it is impracticable to correct an error for one or more prior periods.

Corrections of errors are distinguished from changes in accounting estimates. Accounting estimates by their nature are **48** approximations that may need revision as additional information becomes known. For example, the gain or loss recognised on the outcome of a contingency is not the correction of an error.

Disclosure of prior period errors

In applying paragraph 42, an entity shall disclose the following: **49**
(a) the nature of the prior period error;
(b) for each prior period presented, to the extent practicable, the amount of the correction:
    (i)   for each financial statement line item affected; and
    (ii) if IAS 33 applies to the entity, for basic and diluted earnings per share;
(c) the amount of the correction at the beginning of the earliest prior period presented; and
(d) if retrospective restatement is impracticable for a particular prior period, the circumstances that led to the existence of that condition and a description of how and from when the error has been corrected.
Financial statements of subsequent periods need not repeat these disclosures.

IMPRACTICABILITY IN RESPECT OF RETROSPECTIVE APPLICATION AND RETROSPECTIVE RESTATEMENT

In some circumstances, it is impracticable to adjust comparative information for one or more prior periods to achieve **50** comparability with the current period. For example, data may not have been collected in the prior period(s) in a way that allows either retrospective application of a new accounting policy (including, for the purpose of paragraphs 51—53, its prospective application to prior periods) or retrospective restatement to correct a prior period error, and it may be impracticable to recreate the information.

It is frequently necessary to make estimates in applying an accounting policy to elements of financial statements recog- **51** nised or disclosed in respect of transactions, other events or conditions. Estimation is inherently subjective, and estimates may be developed after the reporting period. Developing estimates is potentially more difficult when retrospectively

Abschlussstichtag entwickelt werden. Die Entwicklung von Schätzungen ist potenziell schwieriger, wenn eine Rechnungslegungsmethode rückwirkend angewandt wird oder eine Anpassung rückwirkend vorgenommen wird, um einen Fehler aus einer früheren Periode zu korrigieren, weil ein eventuell längerer Zeitraum zurückliegt, seitdem der betreffende Geschäftsvorfall bzw. ein sonstiges Ereignis oder eine Bedingung eingetreten sind. Die Zielsetzung von Schätzungen im Zusammenhang mit früheren Perioden bleibt jedoch die gleiche wie für Schätzungen in der Berichtsperiode, nämlich, dass die Schätzung die Umstände widerspiegeln soll, die zurzeit des Geschäftsvorfalls oder sonstiger Ereignisse oder Bedingungen existierten.

52 Daher verlangt die rückwirkende Anwendung einer neuen Rechnungslegungsmethode oder die Korrektur eines Fehlers aus einer früheren Periode zur Unterscheidung dienliche Informationen, die
(a) einen Nachweis über die Umstände erbringen, die zu dem/den Zeitpunkt(en) existierten, als der Geschäftsvorfall oder sonstige Ereignisse oder Bedingungen eintraten, und
(b) zur Verfügung gestanden hätten, als die Abschlüsse für jene frühere Periode zur Veröffentlichung genehmigt wurden und sich von sonstigen Informationen unterscheiden. Für manche Arten von Schätzungen (z. B. eine Bemessung des beizulegenden Zeitwerts, die auf wesentlichen, nicht beobachtbaren Inputfaktoren basiert) ist die Unterscheidung dieser Informationsarten undurchführbar. Erfordert eine rückwirkende Anwendung oder eine rückwirkende Anpassung eine umfangreiche Schätzung, für die es unmöglich wäre, diese beiden Informationsarten voneinander zu unterscheiden, so ist die rückwirkende Anwendung der neuen Rechnungslegungsmethode bzw. die rückwirkende Korrektur des Fehlers aus einer früheren Periode undurchführbar.

53 Wird in einer früheren Periode eine neue Rechnungslegungsmethode angewandt bzw. eine betragsmäßige Korrektur vorgenommen, so ist nicht rückblickend zu verfahren; dies bezieht sich auf Annahmen hinsichtlich der Absichten des Managements in einer früheren Periode sowie auf Schätzungen der in einer früheren Periode erfassten, bewerteten oder ausgewiesenen Beträge. Wenn ein Unternehmen beispielsweise einen Fehler bei der Bewertung von finanziellen Vermögenswerten aus einer früheren Periode korrigiert, die vormals nach IAS 39 *Finanzinstrumente – Ansatz und Bewertung* als bis zur Endfälligkeit zu haltende Finanzinvestitionen klassifiziert wurden, so ändert dies nicht die Bewertungsgrundlage für die entsprechende Periode, falls das Management sich später entscheiden sollte, sie nicht bis zur Endfälligkeit zu halten. Wenn ein Unternehmen außerdem einen Fehler aus einer früheren Periode bei der Ermittlung seiner Haftung für den kumulierten Krankengeldanspruch nach IAS 19 *Leistungen an Arbeitnehmer* korrigiert, lässt es Informationen über eine ungewöhnlich heftige Grippesaison während der nächsten Periode außer Acht, die erst zur Verfügung standen, nachdem der Abschluss für die frühere Periode zur Veröffentlichung genehmigt wurde. Die Tatsache, dass zur Änderung vergleichender Informationen für frühere Perioden oftmals umfangreiche Schätzungen erforderlich sind, verhindert keine zuverlässige Anpassung bzw. Korrektur der vergleichenden Informationen.

ZEITPUNKT DES INKRAFTTRETENS

54 Dieser Standard ist erstmals in der ersten Berichtsperiode eines am 1. Januar 2005 oder danach beginnenden Geschäftsjahres anzuwenden. Eine frühere Anwendung wird empfohlen. Wenn ein Unternehmen diesen Standard für Berichtsperioden anwendet, die vor dem 1. Januar 2005 beginnen, so ist diese Tatsache anzugeben.

54C Durch IFRS 13 *Bemessung des beizulegenden Zeitwerts,* veröffentlicht im Mai 2011, wurde Paragraph 52 geändert. Ein Unternehmen hat die betreffende Änderung anzuwenden, wenn es IFRS 13 anwendet.

RÜCKNAHME ANDERER VERLAUTBARUNGEN

55 Dieser Standard ersetzt IAS 8 *Periodenergebnis, grundlegende Fehler und Änderungen der Rechnungslegungsmethoden* (überarbeitet 1993).

56 Dieser Standard ersetzt die folgenden Interpretationen:
(a) SIC-2 *Stetigkeit – Aktivierung von Fremdkapitalkosten*; sowie
(b) SIC-18 *Stetigkeit – Alternative Verfahren*.

applying an accounting policy or making a retrospective restatement to correct a prior period error, because of the longer period of time that might have passed since the affected transaction, other event or condition occurred. However, the objective of estimates related to prior periods remains the same as for estimates made in the current period, namely, for the estimate to reflect the circumstances that existed when the transaction, other event or condition occurred.

Therefore, retrospectively applying a new accounting policy or correcting a prior period error requires distinguishing **52** information that

(a) provides evidence of circumstances that existed on the date(s) as at which the transaction, other event or condition occurred, and

(b) would have been available when the financial statements for that prior period were authorised for issue

from other information. For some types of estimates (e.g. a fair value measurement that uses significant unobservable inputs), it is impracticable to distinguish these types of information. When retrospective application or retrospective restatement would require making a significant estimate for which it is impossible to distinguish these two types of information, it is impracticable to apply the new accounting policy or correct the prior period error retrospectively.

Hindsight should not be used when applying a new accounting policy to, or correcting amounts for, a prior period, either **53** in making assumptions about what management's intentions would have been in a prior period or estimating the amounts recognised, measured or disclosed in a prior period. For example, when an entity corrects a prior period error in measuring financial assets previously classified as held-to-maturity investments in accordance with IAS 39 *Financial instruments: recognition and measurement,* it does not change their basis of measurement for that period if management decided later not to hold them to maturity. In addition, when an entity corrects a prior period error in calculating its liability for employees' accumulated sick leave in accordance with IAS 19 *Employee benefits,* it disregards information about an unusually severe influenza season during the next period that became available after the financial statements for the prior period were authorised for issue. The fact that significant estimates are frequently required when amending comparative information presented for prior periods does not prevent reliable adjustment or correction of the comparative information.

EFFECTIVE DATE

An entity shall apply this standard for annual periods beginning on or after 1 January 2005. Earlier application is encour- **54** aged. If an entity applies this standard for a period beginning before 1 January 2005, it shall disclose that fact.

IFRS 13 *Fair Value Measurement,* issued in May 2011, amended paragraph 52. An entity shall apply that amendment **54C** when it applies IFRS 13.

WITHDRAWAL OF OTHER PRONOUNCEMENTS

This standard supersedes IAS 8 *Net profit or loss for the period, fundamental errors and changes in accounting policies,* **55** revised in 1993.

This standard supersedes the following interpretations: **56**

(a) SIC-2 *Consistency — capitalisation of borrowing costs;* and

(b) SIC-18 *Consistency — alternative methods.*

INTERNATIONAL ACCOUNTING STANDARD 10
Ereignisse nach der Berichtsperiode

INHALT

ZIELSETZUNG

1 Zielsetzung dieses Standards ist es, Folgendes zu regeln:

(a) wann ein Unternehmen Ereignisse nach dem Abschlussstichtag in seinem Abschluss zu berücksichtigen hat; und

(b) welche Angaben ein Unternehmen über den Zeitpunkt, zu dem der Abschluss zur Veröffentlichung genehmigt wurde, und über Ereignisse nach dem Abschlussstichtag zu machen hat.

Der Standard verlangt außerdem, dass ein Unternehmen seinen Abschluss nicht auf der Grundlage der Annahme der Unternehmensfortführung aufstellt, wenn Ereignisse nach dem Abschlussstichtag anzeigen, dass die Annahme der Unternehmensfortführung unangemessen ist.

ANWENDUNGSBEREICH

2 Dieser Standard ist auf die Bilanzierung und Angabe von Ereignissen nach dem Abschlussstichtag anzuwenden.

DEFINITIONEN

3 Die folgenden Begriffe werden in diesem Standard mit der angegebenen Bedeutung verwendet:

Ereignisse nach dem Abschlussstichtag sind vorteilhafte oder nachteilige Ereignisse, die zwischen dem Abschlussstichtag und dem Tag eintreten, an dem der Abschluss zur Veröffentlichung genehmigt wird. Es wird dabei zwischen zwei Arten von Ereignissen unterschieden:

(a) Ereignisse, die weitere substanzielle Hinweise zu Gegebenheiten liefern, die bereits am Abschlussstichtag vorgelegen haben *(berücksichtigungspflichtige Ereignisse nach dem Abschlussstichtag);* und

(b) Ereignisse, die Gegebenheiten anzeigen, die nach dem Abschlussstichtag eingetreten sind *(nicht zu berücksichtigende Ereignisse).*

4 Verfahren für die Genehmigung zur Veröffentlichung des Abschlusses können sich je nach Managementstruktur, gesetzlichen Vorschriften und den Abläufen bei den Vorarbeiten und der Erstellung des Abschlusses voneinander unterscheiden.

5 In einigen Fällen ist ein Unternehmen verpflichtet, seinen Abschluss den Eigentümern zur Genehmigung vorzulegen, nachdem der Abschluss veröffentlicht wurde. In solchen Fällen gilt der Abschluss zum Zeitpunkt der Veröffentlichung als zur Veröffentlichung genehmigt, und nicht erst, wenn die Eigentümer den Abschluss genehmigen.

INTERNATIONAL ACCOUNTING STANDARD 10

Events after the Reporting Period

SUMMARY

OBJECTIVE

The objective of this standard is to prescribe: 1
(a)   when an entity should adjust its financial statements for events after the reporting period; and
(b)   the disclosures that an entity should give about the date when the financial statements were authorised for issue and about events after the reporting period.
The standard also requires that an entity should not prepare its financial statements on a going concern basis if events after the reporting period indicate that the going concern assumption is not appropriate.

SCOPE

This standard shall be applied in the accounting for, and disclosure of, events after the reporting period.   2

DEFINITIONS

The following terms are used in this standard with the meanings specified: 3

Events after the reporting period are those events, favourable and unfavourable, that occur between the end of the reporting period and the date when the financial statements are authorised for issue. Two types of events can be identified:
(a)   those that provide evidence of conditions that existed at the end of the reporting period *(adjusting events after the reporting period);* and
(b)   those that are indicative of conditions that arose after the reporting period *(non-adjusting events after the reporting period).*

The process involved in authorising the financial statements for issue will vary depending upon the management struc- 4 ture, statutory requirements and procedures followed in preparing and finalising the financial statements.

In some cases, an entity is required to submit its financial statements to its shareholders for approval after the financial 5 statements have been issued. In such cases, the financial statements are authorised for issue on the date of issue, not the date when shareholders approve the financial statements.

Beispiel Das Management erstellt den Abschluss zum 31. Dezember 20X1 am 28. Februar 20X2 im Entwurf. Am 18. März 20X2 prüft das Geschäftsführungs- und/oder Aufsichtsorgan den Abschluss und genehmigt ihn zur Veröffentlichung. Das Unternehmen gibt sein Ergebnis und weitere ausgewählte finanzielle Informationen am 19. März 20X2 bekannt. Der Abschluss wird den Eigentümern und anderen Personen am 1. April 20X2 zugänglich gemacht. Der Abschluss wird auf der Jahresversammlung der Eigentümer am 15. Mai 20X2 genehmigt und dann am 17. Mai 20X2 bei einer Aufsichtsbehörde eingereicht.

Der Abschluss wird am 18. März 20X2 zur Veröffentlichung genehmigt (Tag der Genehmigung zur Veröffentlichung durch den Board).

6 In einigen Fällen ist das Unternehmen verpflichtet, den Abschluss einem Aufsichtsrat (ausschließlich aus Personen bestehend, die keine Vorstandsmitglieder sind) zur Genehmigung vorzulegen. In solchen Fällen ist der Abschluss zur Veröffentlichung genehmigt, wenn das Management die Vorlage an den Aufsichtsrat genehmigt.

Beispiel Am 18. März 20X2 genehmigt das Management den Abschluss zur Weitergabe an den Aufsichtsrat. Der Aufsichtsrat besteht ausschließlich aus Personen, die keine Vorstandsmitglieder sind, und kann Arbeitnehmervertreter und andere externe Interessenvertreter einschließen. Der Aufsichtsrat genehmigt den Abschluss am 26. März 20X2. Der Abschluss wird den Eigentümern und anderen Personen am 1. April 20X2 zugänglich gemacht. Die Eigentümer genehmigen den Abschluss auf ihrer Jahresversammlung am 15. Mai 20X2 und der Abschluss wird dann am 17. Mai 20X2 bei einer Aufsichtsbehörde eingereicht.

Der Abschluss wird am 18. März 20X2 zur Veröffentlichung genehmigt (Tag der Genehmigung zur Vorlage an den Aufsichtsrat durch das Management).

7 Ereignisse nach dem Abschlussstichtag schließen alle Ereignisse bis zu dem Zeitpunkt ein, an dem der Abschluss zur Veröffentlichung genehmigt wird, auch wenn diese Ereignisse nach Ergebnisbekanntgabe oder der Veröffentlichung anderer ausgewählter finanzieller Informationen eintreten.

ERFASSUNG UND BEWERTUNG

Berücksichtigungspflichtige Ereignisse nach dem Abschlussstichtag

8 Ein Unternehmen hat die in seinem Abschluss erfassten Beträge anzupassen, damit berücksichtigungspflichtige Ereignisse nach dem Abschlussstichtag abgebildet werden.

9 Im Folgenden werden Beispiele von berücksichtigungspflichtigen Ereignissen nach dem Abschlussstichtag genannt, die ein Unternehmen dazu verpflichten, die im Abschluss erfassten Beträge anzupassen, oder Sachverhalte zu erfassen, die bislang nicht erfasst waren:
(a) die Beilegung eines gerichtlichen Verfahrens nach dem Abschlussstichtag, womit bestätigt wird, dass das Unternehmen eine gegenwärtige Verpflichtung am Abschlussstichtag hatte. Jede zuvor angesetzte Rückstellung in Bezug auf dieses gerichtliche Verfahren wird vom Unternehmen in Übereinstimmung mit IAS 37 *Rückstellungen, Eventualverbindlichkeiten und Eventualforderungen* angepasst oder eine neue Rückstellung wird angesetzt. Das Unternehmen gibt nicht bloß eine Eventualverbindlichkeit an, weil die Beilegung zusätzliche substanzielle Hinweise liefert, die gemäß Paragraph 16 des IAS 37 berücksichtigt werden;
(b) das Erlangen von Informationen nach dem Abschlussstichtag darüber, dass ein Vermögenswert am Abschlussstichtag wertgemindert war oder dass der Betrag eines früher erfassten Wertminderungsaufwands für diesen Vermögenswert angepasst werden muss. Beispiel:
  (i) das nach dem Abschlussstichtag eingeleitete Insolvenzverfahren eines Kunden, das im Regelfall bestätigt, dass am Abschlussstichtag ein Wertverlust einer Forderung aus Lieferungen und Leistungen vorgelegen hat und dass das Unternehmen den Buchwert der Forderung aus Lieferungen und Leistungen anzupassen hat; und
  (ii) der Verkauf von Vorräten nach dem Abschlussstichtag kann den Nachweis über den Nettoveräußerungswert am Abschlussstichtag erbringen;
(c) die nach dem Abschlussstichtag erfolgte Ermittlung der Anschaffungskosten für erworbene Vermögenswerte oder der Erlöse für vor dem Abschlussstichtag verkaufte Vermögenswerte;
(d) die nach dem Abschlussstichtag erfolgte Ermittlung der Beträge für Zahlungen aus Gewinn- oder Erfolgsbeteiligungsplänen, wenn das Unternehmen am Abschlussstichtag eine gegenwärtige rechtliche oder faktische Verpflichtung hatte, solche Zahlungen aufgrund von vor diesem Zeitpunkt liegenden Ereignissen zu leisten (siehe IAS 19 *Leistungen an Arbeitnehmer);*
(e) die Entdeckung eines Betrugs oder von Fehlern, die zeigt, dass der Abschluss falsch ist.

Example The management of an entity completes draft financial statements for the year to 31 December 20X1 on 28 February 20X2. On 18 March 20X2, the board of directors reviews the financial statements and authorises them for issue. The entity announces its profit and selected other financial information on 19 March 20X2. The financial statements are made available to shareholders and others on 1 April 20X2. The shareholders approve the financial statements at their annual meeting on 15 May 20X2 and the approved financial statements are then filed with a regulatory body on 17 May 20X2.

The financial statements are authorised for issue on 18 March 20X2 (date of board authorisation for issue).

In some cases, the management of an entity is required to issue its financial statements to a supervisory board (made up **6** solely of non-executives) for approval. In such cases, the financial statements are authorised for issue when the management authorises them for issue to the supervisory board.

Example On 18 March 20X2, the management of an entity authorises financial statements for issue to its supervisory board. The supervisory board is made up solely of non-executives and may include representatives of employees and other outside interests. The supervisory board approves the financial statements on26 March 20X2. The financial statements are made available to shareholders and others on 1 April 20X2. The shareholders approve the financial statements at their annual meeting on 15 May 20X2 and the financial statements are then filed with a regulatory body on 17 May 20X2.

The financial statements are authorised for issue on 18 March 20X2 (date of management authorisation for issue to the supervisory board).

Events after the reporting period include all events up to the date when the financial statements are authorised for issue, **7** even if those events occur after the public announcement of profit or of other selected financial information.

RECOGNITION AND MEASUREMENT

Adjusting events after the reporting period

An entity shall adjust the amounts recognised in its financial statements to reflect adjusting events after the reporting **8** period.

The following are examples of adjusting events after the reporting period that require an entity to adjust the amounts **9** recognised in its financial statements, or to recognise items that were not previously recognised:
(a) the settlement after the reporting period of a court case that confirms that the entity had a present obligation at the end of the reporting period. The entity adjusts any previously recognised provision related to this court case in accordance with IAS 37 *Provisions, contingent liabilities and contingent assets* or recognises a new provision. The entity does not merely disclose a contingent liability because the settlement provides additional evidence that would be considered in accordance with paragraph 16 of IAS 37;
(b) the receipt of information after the reporting period indicating that an asset was impaired at the end of the reporting period, or that the amount of a previously recognised impairment loss for that asset needs to be adjusted. For example:
   (i)   the bankruptcy of a customer that occurs after the reporting period usually confirms that a loss existed at the end of the reporting period on a trade receivable and that the entity needs to adjust the carrying amount of the trade receivable; and
   (ii) the sale of inventories after the reporting period may give evidence about their net realisable value at the end of the reporting period;
(c) the determination after the reporting period of the cost of assets purchased, or the proceeds from assets sold, before the end of the reporting period;
(d) the determination after the reporting period of the amount of profit-sharing or bonus payments, if the entity had a present legal or constructive obligation at the end of the reporting period to make such payments as a result of events before that date (see IAS 19 *Employee benefits*);
(e) the discovery of fraud or errors that show that the financial statements are incorrect.

Nicht zu berücksichtigende Ereignisse nach dem Abschlussstichtag

10 Ein Unternehmen darf die im Abschluss erfassten Beträge nicht anpassen, um nicht zu berücksichtigende Ereignisse nach dem Abschlussstichtag abzubilden.

11 Ein Beispiel für nicht zu berücksichtigende Ereignisse nach dem Abschlussstichtag ist das Sinken des beizulegenden Zeitwerts von Finanzinvestitionen zwischen dem Abschlussstichtag und dem Tag, an dem der Abschluss zur Veröffentlichung genehmigt wird. Das Sinken des beizulegenden Zeitwerts hängt in der Regel nicht mit der Beschaffenheit der Finanzinvestitionen am Abschlussstichtag zusammen, sondern spiegelt Umstände wider, die nachträglich eingetreten sind. Daher passt ein Unternehmen die im Abschluss für Finanzinvestitionen erfassten Beträge nicht an. Gleichermaßen aktualisiert ein Unternehmen nicht die für Finanzinvestitionen angegebenen Beträge zum Abschlussstichtag, obwohl es notwendig sein kann, zusätzliche Angaben gemäß Paragraph 21 zu machen.

Dividenden

12 Wenn ein Unternehmen nach dem Abschlussstichtag Dividenden für Inhaber von Eigenkapitalinstrumenten (wie in IAS 32 *Finanzinstrumente: Darstellung* definiert) beschließt, darf das Unternehmen diese Dividenden zum Abschlussstichtag nicht als Schulden ansetzen.

13 Wenn Dividenden nach der Berichtsperiode, aber vor der Genehmigung zur Veröffentlichung des Abschlusses beschlossen werden, werden diese Dividenden am Abschlussstichtag nicht als Schulden angesetzt, da zu dem Zeitpunkt keine Verpflichtung dazu besteht. Diese Dividenden werden gemäß IAS 1 *Darstellung des Abschlusses* im Anhang angegeben.

UNTERNEHMENSFORTFÜHRUNG

14 Ein Unternehmen darf seinen Abschluss nicht auf der Grundlage der Annahme der Unternehmensfortführung aufstellen, wenn das Management nach dem Abschlussstichtag entweder beabsichtigt, das Unternehmen aufzulösen, den Geschäftsbetrieb einzustellen oder keine realistische Alternative mehr hat, als so zu handeln.

15 Eine Verschlechterung der Vermögens-, Finanz- und Ertragslage nach dem Abschlussstichtag kann ein Hinweis darauf sein, dass es notwendig ist, zu prüfen, ob die Aufstellung des Abschlusses unter der Annahme der Unternehmensfortführung weiterhin angemessen ist. Ist die Annahme der Unternehmensfortführung nicht länger angemessen, wirkt sich dies so entscheidend aus, dass dieser Standard eine fundamentale Änderung der Grundlage der Rechnungslegung fordert und nicht nur die Anpassung der im Rahmen der ursprünglichen Grundlage der Rechnungslegung erfassten Beträge.

16 IAS 1 spezifiziert die geforderten Angaben, wenn:
(a) der Abschluss nicht unter der Annahme der Unternehmensfortführung erstellt wird; oder
(b) dem Management wesentliche Unsicherheiten in Verbindung mit Ereignissen und Gegebenheiten bekannt sind, die erhebliche Zweifel an der Fortführbarkeit des Unternehmens aufwerfen. Die Ereignisse und Gegebenheiten, die Angaben erfordern, können nach dem Abschlussstichtag entstehen.

ANGABEN

Zeitpunkt der Genehmigung zur Veröffentlichung

17 Ein Unternehmen hat den Zeitpunkt anzugeben, an dem der Abschluss zur Veröffentlichung genehmigt wurde und wer diese Genehmigung erteilt hat. Wenn die Eigentümer des Unternehmens oder andere Personen die Möglichkeit haben, den Abschluss nach der Veröffentlichung zu ändern, hat das Unternehmen diese Tatsache anzugeben.

18 Für die Abschlussadressaten ist es wichtig zu wissen, wann der Abschluss zur Veröffentlichung genehmigt wurde, da der Abschluss keine Ereignisse nach diesem Zeitpunkt widerspiegelt.

Aktualisierung der Angaben über Gegebenheiten am Abschlussstichtag

19 Wenn ein Unternehmen Informationen über Gegebenheiten, die bereits am Abschlussstichtag vorgelegen haben, nach dem Abschlussstichtag erhält, hat es die betreffenden Angaben auf der Grundlage der neuen Informationen zu aktualisieren.

20 In einigen Fällen ist es notwendig, dass ein Unternehmen die Angaben im Abschluss aktualisiert, um die nach dem Abschlussstichtag erhaltenen Informationen widerzuspiegeln, auch wenn die Informationen nicht die Beträge betreffen, die im Abschluss erfasst sind. Ein Beispiel für die Notwendigkeit der Aktualisierung der Angaben ist ein substanzieller Hinweis nach dem Abschlussstichtag über das Vorliegen einer Eventualverbindlichkeit, die bereits am Abschlussstichtag bestanden hat. Zusätzlich zu der Betrachtung, ob sie als Rückstellung gemäß IAS 37 zu erfassen oder zu ändern ist, aktualisiert ein Unternehmen seine Angaben über die Eventualverbindlichkeit auf der Grundlage dieses substanziellen Hinweises.

Non-adjusting events after the reporting period

An entity shall not adjust the amounts recognised in its financial statements to reflect non-adjusting events after the 10 reporting period.

An example of a non-adjusting event after the reporting period is a decline in fair value of investments between the end 11 of the reporting period and the date when the financial statements are authorised for issue. The decline in fair value does not normally relate to the condition of the investments at the end of the reporting period, but reflects circumstances that have arisen subsequently. Therefore, an entity does not adjust the amounts recognised in its financial statements for the investments. Similarly, the entity does not update the amounts disclosed for the investments as at the end of the reporting period, although it may need to give additional disclosure under paragraph 21.

Dividends

If an entity declares dividends to holders of equity instruments (as defined in IAS 32 *Financial instruments: presentation*) 12 after the reporting period, the entity shall not recognise those dividends as a liability at the end of the reporting period.

If dividends are declared after the reporting period but before the financial statements are authorised for issue, the divi- 13 dends are not recognised as a liability at the end of the reporting period because no obligation exists at that time. Such dividends are disclosed in the notes in accordance with IAS 1 *Presentation of Financial Statements*.

GOING CONCERN

An entity shall not prepare its financial statements on a going concern basis if management determines after the reporting 14 period either that it intends to liquidate the entity or to cease trading, or that it has no realistic alternative but to do so.

Deterioration in operating results and financial position after the reporting period may indicate a need to consider 15 whether the going concern assumption is still appropriate. If the going concern assumption is no longer appropriate, the effect is so pervasive that this standard requires a fundamental change in the basis of accounting, rather than an adjustment to the amounts recognised within the original basis of accounting.

IAS 1 specifies required disclosures if: 16
(a)   the financial statements are not prepared on a going concern basis; or
(b)   management is aware of material uncertainties related to events or conditions that may cast significant doubt upon the entity's ability to continue as a going concern. The events or conditions requiring disclosure may arise after the reporting period.

DISCLOSURE

Date of authorisation for issue

An entity shall disclose the date when the financial statements were authorised for issue and who gave that authorisation. 17 If the entity's owners or others have the power to amend the financial statements after issue, the entity shall disclose that fact.

It is important for users to know when the financial statements were authorised for issue, because the financial statements 18 do not reflect events after this date.

Updating disclosure about conditions at the end of the reporting period

If an entity receives information after the reporting period about conditions that existed at the end of the reporting per- 19 iod, it shall update disclosures that relate to those conditions, in the light of the new information.

In some cases, an entity needs to update the disclosures in its financial statements to reflect information received after the 20 reporting period, even when the information does not affect the amounts that it recognises in its financial statements. One example of the need to update disclosures is when evidence becomes available after the reporting period about a contingent liability that existed at the end of the reporting period. In addition to considering whether it should recognise or change a provision under IAS 37, an entity updates its disclosures about the contingent liability in the light of that evidence.

Nicht zu berücksichtigende Ereignisse nach dem Abschlussstichtag

21 Sind nicht zu berücksichtigende Ereignisse nach dem Abschlussstichtag wesentlich, könnte deren unterlassene Angabe die auf der Grundlage des Abschlusses getroffenen wirtschaftlichen Entscheidungen der Adressaten beeinflussen. Demzufolge hat ein Unternehmen folgende Informationen über jede bedeutende Art von nicht zu berücksichtigenden Ereignissen nach dem Abschlussstichtag anzugeben:

(a) die Art des Ereignisses; und

(b) eine Schätzung der finanziellen Auswirkungen oder eine Aussage darüber, dass eine solche Schätzung nicht vorgenommen werden kann.

22 Im Folgenden werden Beispiele von nicht zu berücksichtigenden Ereignissen nach dem Abschlussstichtag genannt, die im Allgemeinen anzugeben sind:

(a) ein umfangreicher Unternehmenszusammenschluss nach dem Abschlussstichtag (IFRS 3 *Unternehmenszusammenschlüsse* erfordert in solchen Fällen besondere Angaben) oder die Veräußerung eines umfangreichen Tochterunternehmens;

(b) Bekanntgabe eines Plans für die Aufgabe von Geschäftsbereichen;

(c) umfangreiche Käufe von Vermögenswerten, Klassifizierung von Vermögenswerten als zur Veräußerung gehalten gemäß IFRS 5 *Zur Veräußerung gehaltene langfristige Vermögenswerte und aufgegebene Geschäftsbereiche,* andere Veräußerungen von Vermögenswerten oder Enteignung von umfangreichen Vermögenswerten durch die öffentliche Hand;

(d) die Zerstörung einer bedeutenden Produktionsstätte durch einen Brand nach dem Abschlussstichtag;

(e) Bekanntgabe oder Beginn der Durchführung einer umfangreichen Restrukturierung (siehe IAS 37);

(f) umfangreiche Transaktionen in Bezug auf Stammaktien und potenzielle Stammaktien nach dem Abschlussstichtag (IAS 33 *Ergebnis je Aktie* verlangt von einem Unternehmen, eine Beschreibung solcher Transaktionen anzugeben mit Ausnahme der Transaktionen, die Ausgaben von Gratisaktien bzw. Bonusaktien, Aktiensplitts oder umgekehrte Aktiensplitts betreffen, welche alle gemäß IAS 33 berücksichtigt werden müssen);

(g) ungewöhnlich große Änderungen der Preise von Vermögenswerten oder der Wechselkurse nach dem Abschlussstichtag;

(h) Änderungen der Steuersätze oder Steuervorschriften, die nach dem Abschlussstichtag in Kraft treten oder angekündigt werden und wesentliche Auswirkungen auf tatsächliche und latente Steueransprüche und -schulden haben (siehe IAS 12 *Ertragsteuern);*

(i) Eingehen wesentlicher Verpflichtungen oder Eventualverbindlichkeiten, zum Beispiel durch Zusage beträchtlicher Gewährleistungen; und

(j) Beginn umfangreicher Rechtsstreitigkeiten, die ausschließlich aufgrund von Ereignissen entstehen, die nach dem Abschlussstichtag eingetreten sind.

ZEITPUNKT DES INKRAFTTRETENS

23 Dieser Standard ist erstmals in der ersten Berichtsperiode eines am 1. Januar 2005 oder danach beginnenden Geschäftsjahres anzuwenden. Eine frühere Anwendung wird empfohlen. Wenn ein Unternehmen diesen Standard für Berichtsperioden anwendet, die vor dem 1. Januar 2005 beginnen, so ist diese Tatsache anzugeben.

23A Durch IFRS 13, veröffentlicht im Mai 2011, wurde Paragraph 11 geändert. Ein Unternehmen hat die betreffende Änderung anzuwenden, wenn es IFRS 13 anwendet.

RÜCKNAHME VON IAS 10 (ÜBERARBEITET 1999)

24 Dieser Standard ersetzt IAS 10 *Ereignisse nach dem Abschlussstichtag* (überarbeitet 1999).

Non-adjusting events after the reporting period

If non-adjusting events after the reporting period are material, non-disclosure could influence the economic decisions **21** that users make on the basis of the financial statements. Accordingly, an entity shall disclose the following for each material category of non-adjusting event after the reporting period:

(a) the nature of the event; and

(b) an estimate of its financial effect, or a statement that such an estimate cannot be made.

The following are examples of non-adjusting events after the reporting period that would generally result in disclosure: **22**

(a) a major business combination after the reporting period (IFRS 3 *Business combinations* requires specific disclosures in such cases) or disposing of a major subsidiary;

(b) announcing a plan to discontinue an operation;

(c) major purchases of assets, classification of assets as held for sale in accordance with IFRS 5 *Non-current assets held for sale and discontinued operations,* other disposals of assets, or expropriation of major assets by government;

(d) the destruction of a major production plant by a fire after the reporting period;

(e) announcing, or commencing the implementation of, a major restructuring (see IAS 37);

(f) major ordinary share transactions and potential ordinary share transactions after the reporting period (IAS 33 *Earnings per share* requires an entity to disclose a description of such transactions, other than when such transactions involve capitalisation or bonus issues, share splits or reverse share splits all of which are required to be adjusted under IAS 33);

(g) abnormally large changes after the reporting period in asset prices or foreign exchange rates;

(h) changes in tax rates or tax laws enacted or announced after the reporting period that have a significant effect on current and deferred tax assets and liabilities (see IAS 12 *Income taxes*);

(i) entering into significant commitments or contingent liabilities, for example, by issuing significant guarantees; and

(j) commencing major litigation arising solely out of events that occurred after the reporting period.

EFFECTIVE DATE

An entity shall apply this standard for annual periods beginning on or after 1 January 2005. Earlier application is encour- **23** aged. If an entity applies this standard for a period beginning before 1 January 2005, it shall disclose that fact.

IFRS 13, issued in May 2011, amended paragraph 11. An entity shall apply that amendment when it applies IFRS 13.   **23A**

WITHDRAWAL OF IAS 10 (REVISED 1999)

This standard supersedes IAS 10 *Events after the balance sheet date* (revised in 1999).   **24**

INTERNATIONAL ACCOUNTING STANDARD 11
Fertigungsaufträge

ZIELSETZUNG

Dieser Standard regelt die Bilanzierung von Erträgen und Aufwendungen in Verbindung mit Fertigungsaufträgen. Auf Grund der Natur der Tätigkeit bei Fertigungsaufträgen fallen das Datum, an dem die Tätigkeit begonnen wird, und das Datum, an dem sie beendet wird, in der Regel in verschiedene Bilanzierungsperioden. Die primäre Fragestellung bei der Bilanzierung von Fertigungsaufträgen besteht daher in der Verteilung der Auftragserlöse und der Auftragskosten auf Bilanzierungsperioden, in denen die Fertigungsleistung erbracht wird. Dieser Standard verwendet die Ansatzkriterien, die im *Rahmenkonzept für die Aufstellung und Darstellung von Abschlüssen* festgelegt sind, um zu bestimmen, wann Auftragserlöse und Auftragskosten in der Gesamtergebnisrechnung als Erträge und Aufwendungen zu berücksichtigen sind. Er gibt außerdem praktische Anleitungen zur Anwendung dieser Voraussetzungen.

ANWENDUNGSBEREICH

1   Dieser Standard ist auf die Bilanzierung von Fertigungsaufträgen bei Auftragnehmern anzuwenden.

2   Dieser Standard ersetzt den 1978 genehmigten IAS 11 *Bilanzierung von Fertigungsaufträgen*.

DEFINITIONEN

3   Die folgenden Begriffe werden in diesem Standard mit der angegebenen Bedeutung verwendet:

Ein *Fertigungsauftrag* ist ein Vertrag über die kundenspezifische Fertigung einzelner Gegenstände oder einer Anzahl von Gegenständen, die hinsichtlich Design, Technologie und Funktion oder hinsichtlich ihrer endgültigen Verwendung aufeinander abgestimmt oder voneinander abhängig sind.

Ein *Festpreisvertrag* ist ein Fertigungsauftrag, für den der Auftragnehmer einen festen Preis bzw. einen festgelegten Preis pro Outputeinheit vereinbart, wobei diese an eine Preisgleitklausel gekoppelt sein können.

Ein *Kostenzuschlagsvertrag* ist ein Fertigungsauftrag, bei dem der Auftragnehmer abrechenbare oder anderweitig festgelegte Kosten zuzüglich eines vereinbarten Prozentsatzes dieser Kosten oder ein festes Entgelt vergütet bekommt.

4   Ein Fertigungsauftrag kann für die Fertigung eines einzelnen Gegenstands, beispielsweise einer Brücke, eines Gebäudes, eines Dammes, einer Pipeline, einer Straße, eines Schiffes oder eines Tunnels, geschlossen werden. Ein Fertigungsauftrag kann sich auch auf die Fertigung von einer Anzahl von Vermögenswerten beziehen, die hinsichtlich Design, Technologie und Funktion oder hinsichtlich ihrer Verwendung aufeinander abgestimmt oder voneinander abhängig sind; Beispiele für solche Verträge sind diejenigen über den Bau von Raffinerien oder anderen komplexen Anlagen oder Ausrüstungen.

5   Im Sinne dieses Standards umfassen die Fertigungsaufträge
   (a)   Verträge über die Erbringung von Dienstleistungen, die direkt im Zusammenhang mit der Fertigung eines Vermögenswertes stehen, beispielsweise Dienstleistungen von Projektleitern und Architekten; und
   (b)   Verträge über den Abriss oder die Restaurierung von Vermögenswerten sowie die Wiederherstellung der Umwelt nach dem Abriss der Vermögenswerte.

INTERNATIONAL ACCOUNTING STANDARD 11

Construction contracts

SUMMARY

OBJECTIVE

The objective of this standard is to prescribe the accounting treatment of revenue and costs associated with construction contracts. Because of the nature of the activity undertaken in construction contracts, the date at which the contract activity is entered into and the date when the activity is completed usually fall into different accounting periods. Therefore, the primary issue in accounting for construction contracts is the allocation of contract revenue and contract costs to the accounting periods in which construction work is performed. This standard uses the recognition criteria established in the *Framework for the Preparation and Presentation of Financial Statements* to determine when contract revenue and contract costs should be recognised as revenue and expenses in the statement of comprehensive income. It also provides practical guidance on the application of these criteria.

SCOPE

This standard shall be applied in accounting for construction contracts in the financial statements of contractors. **1**

This standard supersedes IAS 11 *Accounting for construction contracts* approved in 1978. **2**

DEFINITIONS

The following terms are used in this standard with the meanings specified: **3**

A *construction contract* is a contract specifically negotiated for the construction of an asset or a combination of assets that are closely interrelated or interdependent in terms of their design, technology and function or their ultimate purpose or use.

A *fixed price contract* is a construction contract in which the contractor agrees to a fixed contract price, or a fixed rate per unit of output, which in some cases is subject to cost escalation clauses.

A *cost plus contract* is a construction contract in which the contractor is reimbursed for allowable or otherwise defined costs, plus a percentage of these costs or a fixed fee.

A construction contract may be negotiated for the construction of a single asset such as a bridge, building, dam, pipeline, **4** road, ship or tunnel. A construction contract may also deal with the construction of a number of assets which are closely interrelated or interdependent in terms of their design, technology and function or their ultimate purpose or use; examples of such contracts include those for the construction of refineries and other complex pieces of plant or equipment.

For the purposes of this standard, construction contracts include: **5**
(a) contracts for the rendering of services which are directly related to the construction of the asset, for example, those for the services of project managers and architects; and
(b) contracts for the destruction or restoration of assets, and the restoration of the environment following the demolition of assets.

6 Fertigungsaufträge werden auf mehrere Arten formuliert, die im Sinne dieses Standards in Festpreisverträge und Kostenzuschlagsverträge eingeteilt werden. Manche Fertigungsaufträge können sowohl Merkmale von Festpreisverträgen als auch von Kostenzuschlagsverträgen aufweisen, beispielsweise im Fall eines Kostenzuschlagsvertrags mit einem vereinbarten Höchstpreis. Unter solchen Umständen hat der Auftragnehmer alle Bedingungen aus den Paragraphen 23 und 24 zu beachten, um zu bestimmen, wann Auftragserlöse und Auftragsaufwendungen zu erfassen sind.

ZUSAMMENFASSUNG UND SEGMENTIERUNG VON FERTIGUNGSAUFTRÄGEN

7 Die Anforderungen aus diesem Standard sind in der Regel einzeln auf jeden Fertigungsauftrag anzuwenden. Unter bestimmten Voraussetzungen ist es jedoch erforderlich, den Standard auf die einzeln abgrenzbaren Teile eines einzelnen Vertrags oder einer Gruppe von Verträgen anzuwenden, um den wirtschaftlichen Gehalt eines Vertrags oder einer Gruppe von Verträgen zu bestimmen.

8 Umfasst ein Vertrag mehrere Vermögenswerte, so ist jede Fertigung als eigener Fertigungsauftrag zu behandeln, wenn
   (a) getrennte Angebote für jeden Vermögenswert unterbreitet wurden;
   (b) über jeden Vermögenswert separat verhandelt wurde und der Auftragnehmer sowie der Kunde die Vertragsbestandteile, die jeden einzelnen Vermögenswert betreffen, separat akzeptieren oder ablehnen konnten; und
   (c) Kosten und Erlöse jedes einzelnen Vermögenswerts getrennt ermittelt werden können.

9 Eine Gruppe von Verträgen mit einem einzelnen oder mehreren Kunden ist als ein einziger Fertigungsauftrag zu behandeln, wenn
   (a) die Gruppe von Verträgen als ein einziges Paket verhandelt wird;
   (b) die Verträge so eng miteinander verbunden sind, dass sie im Grunde Teil eines einzelnen Projekts mit einer Gesamtgewinnmarge sind; und
   (c) die Verträge gleichzeitig oder unmittelbar aufeinander folgend abgearbeitet werden.

10 Ein Vertrag kann einen Folgeauftrag auf Wunsch des Kunden zum Gegenstand haben oder kann um einen Folgeauftrag ergänzt werden. Der Folgeauftrag ist als separater Fertigungsauftrag zu behandeln, wenn
   (a) er sich hinsichtlich Design, Technologie oder Funktion wesentlich von dem ursprünglichen Vertrag unterscheidet; oder
   (b) die Preisverhandlungen für den Vertrag losgelöst von den ursprünglichen Verhandlungen geführt werden.

AUFTRAGSERLÖSE

11 Die Auftragserlöse umfassen:
   (a) den ursprünglich im Vertrag vereinbarten Erlös; und
   (b) Zahlungen für Abweichungen im Gesamtwerk, Ansprüche und Anreize,
      (i) sofern es wahrscheinlich ist, dass sie zu Erlösen führen; und
      (ii) soweit sie verlässlich ermittelt werden können.

12 Die Auftragserlöse werden zum beizulegenden Zeitwert des erhaltenen oder ausstehenden Entgelts bewertet. Diese Bewertung wird von einer Reihe von Ungewissheiten beeinflusst, die vom Ausgang zukünftiger Ereignisse abhängen. Häufig müssen die Schätzungen bei Eintreten von Ereignissen und der Klärung der Unsicherheiten angepasst werden. Daher kann es von einer Periode zur nächsten zu einer Erhöhung oder Minderung der Auftragserlöse kommen. Zum Beispiel:
   (a) Auftragnehmer und Kunde können Abweichungen oder Ansprüche vereinbaren, durch die die Auftragserlöse in einer späteren Periode als der Periode der ursprünglichen Preisvereinbarung erhöht oder gemindert werden;
   (b) der in einem Festpreisauftrag vereinbarte Erlös kann sich aufgrund von Preisgleitklauseln erhöhen;
   (c) der Betrag der Auftragserlöse kann durch Vertragsstrafen bei Verzug bei der Vertragserfüllung seitens des Auftragnehmers gemindert werden; oder
   (d) die Auftragserlöse erhöhen sich im Falle eines Festpreisauftragspreises pro Outputeinheit, wenn die Anzahl dieser Einheiten steigt.

13 Eine Abweichung ist eine Anweisung des Kunden zu einer Änderung des vertraglich zu erbringenden Leistungsumfangs. Eine Abweichung kann zu einer Erhöhung oder Minderung der Auftragserlöse führen. Beispiele für Abweichungen sind Änderungen an der Spezifikation oder dem Design des Vermögenswerts sowie Änderungen der Vertragsdauer. Ein Anspruch auf eine Abweichungszahlung ist in den Auftragserlösen enthalten, wenn
   (a) es wahrscheinlich ist, dass der Kunde die Abweichung sowie den daraus resultierenden Erlös akzeptiert; und
   (b) wenn dieser Erlös verlässlich ermittelt werden kann.

Construction contracts are formulated in a number of ways which, for the purposes of this standard, are classified as fixed **6** price contracts and cost plus contracts. Some construction contracts may contain characteristics of both a fixed price contract and a cost plus contract, for example in the case of a cost plus contract with an agreed maximum price. In such circumstances, a contractor needs to consider all the conditions in paragraphs 23 and 24 in order to determine when to recognise contract revenue and expenses.

COMBINING AND SEGMENTING CONSTRUCTION CONTRACTS

The requirements of this standard are usually applied separately to each construction contract. However, in certain cir- **7** cumstances, it is necessary to apply the standard to the separately identifiable components of a single contract or to a group of contracts together in order to reflect the substance of a contract or a group of contracts.

When a contract covers a number of assets, the construction of each asset shall be treated as a separate construction con- **8** tract when:
(a) separate proposals have been submitted for each asset;
(b) each asset has been subject to separate negotiation and the contractor and customer have been able to accept or reject that part of the contract relating to each asset; and
(c) the costs and revenues of each asset can be identified.

A group of contracts, whether with a single customer or with several customers, shall be treated as a single construction **9** contract when:
(a) the group of contracts is negotiated as a single package;
(b) the contracts are so closely interrelated that they are, in effect, part of a single project with an overall profit margin; and
(c) the contracts are performed concurrently or in a continuous sequence.

A contract may provide for the construction of an additional asset at the option of the customer or may be amended to **10** include the construction of an additional asset. The construction of the additional asset shall be treated as a separate construction contract when:
(a) the asset differs significantly in design, technology or function from the asset or assets covered by the original contract; or
(b) the price of the asset is negotiated without regard to the original contract price.

CONTRACT REVENUE

Contract revenue shall comprise: **11**
(a) the initial amount of revenue agreed in the contract; and
(b) variations in contract work, claims and incentive payments:
    (i)   to the extent that it is probable that they will result in revenue; and
    (ii) they are capable of being reliably measured.

Contract revenue is measured at the fair value of the consideration received or receivable. The measurement of contract **12** revenue is affected by a variety of uncertainties that depend on the outcome of future events. The estimates often need to be revised as events occur and uncertainties are resolved. Therefore, the amount of contract revenue may increase or decrease from one period to the next. For example:
(a) a contractor and a customer may agree variations or claims that increase or decrease contract revenue in a period subsequent to that in which the contract was initially agreed;
(b) the amount of revenue agreed in a fixed price contract may increase as a result of cost escalation clauses;
(c) the amount of contract revenue may decrease as a result of penalties arising from delays caused by the contractor in the completion of the contract; or
(d) when a fixed price contract involves a fixed price per unit of output, contract revenue increases as the number of units is increased.

A variation is an instruction by the customer for a change in the scope of the work to be performed under the contract. A **13** variation may lead to an increase or a decrease in contract revenue. Examples of variations are changes in the specifications or design of the asset and changes in the duration of the contract. A variation is included in contract revenue when:
(a) it is probable that the customer will approve the variation and the amount of revenue arising from the variation; and
(b) the amount of revenue can be reliably measured.

14 Ein Anspruch ist ein Betrag, den der Auftragnehmer dem Kunden oder einer anderen Partei als Vergütung für Kosten in Rechnung stellt, die nicht im Vertragspreis enthalten sind. Ein Anspruch kann beispielsweise aus einer vom Kunden verursachten Verzögerung, Fehlern in Spezifikation oder Design oder durch strittige Abweichungen vom Vertrag erwachsen. Die Bestimmung der Erlöse aus den Ansprüchen ist mit einem hohen Maß an Unsicherheit behaftet und häufig vom Ergebnis von Verhandlungen abhängig. Daher sind Ansprüche in den Auftragserlösen nur dann enthalten, wenn

(a) die Verhandlungen so weit fortgeschritten sind, dass der Kunde den Anspruch wahrscheinlich akzeptieren wird; und

(b) der Betrag, der wahrscheinlich vom Kunden akzeptiert wird, verlässlich bewertet werden kann.

15 Anreize sind Beträge, die zusätzlich an den Auftragnehmer gezahlt werden, wenn bestimmte Leistungsanforderungen erreicht oder überschritten werden. Beispielsweise kann ein Vertrag einen Anreiz für vorzeitige Erfüllung vorsehen. Die Anreize sind als Teil der Auftragserlöse zu berücksichtigen, wenn

(a) das Projekt so weit fortgeschritten ist, dass die Erreichung oder Überschreitung der Leistungsanforderungen wahrscheinlich ist; und

(b) der Betrag des Anreizes verlässlich bewertet werden kann.

AUFTRAGSKOSTEN

16 Die Auftragskosten umfassen:

(a) die direkt mit dem Vertrag verbundenen Kosten;

(b) alle allgemein dem Vertrag zurechenbaren Kosten; und

(c) sonstige Kosten, die dem Kunden vertragsgemäß gesondert in Rechnung gestellt werden können.

17 Die direkt mit dem Vertrag verbundenen Kosten umfassen:

(a) Fertigungslöhne einschließlich der Löhne bzw. Gehälter für die Auftragsüberwachung;

(b) Kosten für Fertigungsmaterial;

(c) planmäßige Abschreibungen der für die Vertragsleistung eingesetzten Maschinen und Anlagen;

(d) Kosten für den Transport von Maschinen, Anlagen und Material zum und vom Erfüllungsort;

(e) Kosten aus der Anmietung von Maschinen und Anlagen;

(f) Kosten für die Ausgestaltung und die technische Unterstützung, die mit dem Projekt direkt zusammenhängen;

(g) die geschätzten Kosten für Nachbesserung und Garantieleistungen einschließlich erwartete Gewährleistungskosten; und

(h) Ansprüche Dritter.

Diese Kosten können durch zusätzliche Erträge reduziert werden, die nicht in den Auftragserlösen enthalten sind, wie Verkaufserträge von überschüssigem Material oder von nicht mehr benötigten Anlagen nach Beendigung des Projekts.

18 Die allgemein den spezifischen Verträgen zurechenbaren Kosten umfassen:

(a) Versicherungen;

(b) Kosten für die Ausgestaltung und die technische Unterstützung, die nicht direkt in Zusammenhang mit dem Auftrag stehen; und

(c) Fertigungsgemeinkosten.

Diese Kosten werden mittels planmäßiger und sachgerechter Methoden zugerechnet, welche einheitlich und stetig auf alle Kosten mit ähnlichen Merkmalen angewandt werden. Die Zurechnung erfolgt auf der Basis einer normalen Kapazitätsauslastung. Zu den Fertigungsgemeinkosten zählen beispielsweise auch Kosten für die Lohnabrechnung der Beschäftigten im Fertigungsbereich. Zu den Kosten, die allgemein zur Vertragserfüllung gehören und einzelnen Verträgen zugeordnet werden können, zählen auch Fremdkapitalkosten.

19 Kosten, die dem Kunden vertragsgemäß gesondert in Rechnung gestellt werden können, können Kosten für die allgemeine Verwaltung sowie Entwicklungskosten umfassen, wenn ihre Erstattung in den Vertragsbedingungen vereinbart ist.

20 Kosten, die einzelnen Aufträgen nicht zugeordnet werden können, dürfen nicht als Kosten des Fertigungsauftrags berücksichtigt werden. Dazu gehören:

(a) Kosten der allgemeinen Verwaltung, sofern für sie keine Erstattung im Vertrag vereinbart wurde;

(b) Vertriebskosten;

(c) Forschungs- und Entwicklungskosten, sofern für sie keine Erstattung im Vertrag vereinbart wurde; und

(d) planmäßige Abschreibungen auf ungenutzte Anlagen und Maschinen, die nicht für die Abwicklung eines bestimmten Auftrags verwendet werden.

21 Die Auftragskosten umfassen alle dem Vertrag zurechenbaren Kosten ab dem Tag der Auftragserlangung bis zur Erfüllung des Vertrags. Kosten, die zur Erlangung eines konkreten Auftrags erforderlich sind, gehören ebenfalls zu den Auftragskosten, wenn sie einzeln identifiziert und verlässlich bewertet werden können und es wahrscheinlich ist, dass der Auftrag erhalten wird. Werden Kosten, die zur Erlangung eines Auftrags entstanden sind, in der Periode ihres Anfallens als Aufwand erfasst, so sind sie nicht den Auftragskosten zuzuordnen, wenn der Auftrag in einer späteren Periode eingeht.

A claim is an amount that the contractor seeks to collect from the customer or another party as reimbursement for costs **14** not included in the contract price. A claim may arise from, for example, customer caused delays, errors in specifications or design, and disputed variations in contract work. The measurement of the amounts of revenue arising from claims is subject to a high level of uncertainty and often depends on the outcome of negotiations. Therefore, claims are included in contract revenue only when:

(a) negotiations have reached an advanced stage such that it is probable that the customer will accept the claim; and
(b) the amount that it is probable will be accepted by the customer can be measured reliably.

Incentive payments are additional amounts paid to the contractor if specified performance standards are met or exceeded. **15** For example, a contract may allow for an incentive payment to the contractor for early completion of the contract. Incentive payments are included in contract revenue when:

(a) the contract is sufficiently advanced that it is probable that the specified performance standards will be met or exceeded; and
(b) the amount of the incentive payment can be measured reliably.

CONTRACT COSTS

Contract costs shall comprise: **16**
(a) costs that relate directly to the specific contract;
(b) costs that are attributable to contract activity in general and can be allocated to the contract; and
(c) such other costs as are specifically chargeable to the customer under the terms of the contract.

Costs that relate directly to a specific contract include: **17**
(a) site labour costs, including site supervision;
(b) costs of materials used in construction;
(c) depreciation of plant and equipment used on the contract;
(d) costs of moving plant, equipment and materials to and from the contract site;
(e) costs of hiring plant and equipment;
(f) costs of design and technical assistance that is directly related to the contract;
(g) the estimated costs of rectification and guarantee work, including expected warranty costs; and
(h) claims from third parties.
These costs may be reduced by any incidental income that is not included in contract revenue, for example income from the sale of surplus materials and the disposal of plant and equipment at the end of the contract.

Costs that may be attributable to contract activity in general and can be allocated to specific contracts include: **18**
(a) insurance;
(b) costs of design and technical assistance that are not directly related to a specific contract; and
(c) construction overheads.
Such costs are allocated using methods that are systematic and rational and are applied consistently to all costs having similar characteristics. The allocation is based on the normal level of construction activity. Construction overheads include costs such as the preparation and processing of construction personnel payroll. Costs that may be attributable to contract activity in general and can be allocated to specific contracts also include borrowing costs.

Costs that are specifically chargeable to the customer under the terms of the contract may include some general adminis- **19** tration costs and development costs for which reimbursement is specified in the terms of the contract.

Costs that cannot be attributed to contract activity or cannot be allocated to a contract are excluded from the costs of a **20** construction contract. Such costs include:
(a) general administration costs for which reimbursement is not specified in the contract;
(b) selling costs;
(c) research and development costs for which reimbursement is not specified in the contract; and
(d) depreciation of idle plant and equipment that is not used on a particular contract.

Contract costs include the costs attributable to a contract for the period from the date of securing the contract to the final **21** completion of the contract. However, costs that relate directly to a contract and are incurred in securing the contract are also included as part of the contract costs if they can be separately identified and measured reliably and it is probable that the contract will be obtained. When costs incurred in securing a contract are recognised as an expense in the period in which they are incurred, they are not included in contract costs when the contract is obtained in a subsequent period.

ERFASSUNG VON AUFTRAGSERLÖSEN UND AUFTRAGSKOSTEN

22 Ist das Ergebnis eines Fertigungsauftrags verlässlich zu schätzen, so sind die Auftragserlöse und Auftragskosten in Verbindung mit diesem Fertigungsauftrag entsprechend dem Leistungsfortschritt am Abschlussstichtag jeweils als Erträge und Aufwendungen zu erfassen. Ein erwarteter Verlust durch den Fertigungsauftrag ist gemäß Paragraph 36 sofort als Aufwand zu erfassen.

23 Im Falle eines Festpreisvertrags kann das Ergebnis eines Fertigungsauftrages verlässlich geschätzt werden, wenn alle folgenden Kriterien erfüllt sind:
    (a) die gesamten Auftragserlöse können verlässlich bewertet werden;
    (b) es ist wahrscheinlich, dass der wirtschaftliche Nutzen aus dem Vertrag dem Unternehmen zufließt;
    (c) sowohl die bis zur Fertigstellung des Auftrags noch anfallenden Kosten als auch der Grad der erreichten Fertigstellung können am Abschlussstichtag verlässlich bewertet werden; und
    (d) die Auftragskosten können eindeutig bestimmt und verlässlich bewertet werden, so dass die bislang entstandenen Auftragskosten mit früheren Schätzungen verglichen werden können.

24 Im Falle eines Kostenzuschlagsvertrags kann das Ergebnis eines Fertigungsauftrags verlässlich geschätzt werden, wenn alle folgenden Kriterien erfüllt sind:
    (a) es ist wahrscheinlich, dass der wirtschaftliche Nutzen aus dem Vertrag dem Unternehmen zufließt; und
    (b) die dem Vertrag zurechenbaren Auftragskosten können eindeutig bestimmt und verlässlich bewertet werden, unabhängig davon, ob sie gesondert abrechenbar sind.

25 Die Erfassung von Erträgen und Aufwendungen gemäß dem Leistungsfortschritt wird häufig als Methode der Gewinnrealisierung nach dem Fertigstellungsgrad bezeichnet. Gemäß dieser Methode werden die entsprechend dem Fertigstellungsgrad angefallenen Auftragskosten den Auftragserlösen zugeordnet. Hieraus ergibt sich eine Erfassung von Erträgen, Aufwendungen und Ergebnis entsprechend dem Leistungsfortschritt. Diese Methode liefert nützliche Informationen zum Stand der Vertragsarbeit sowie zur Leistung während einer Periode.

26 Gemäß der Methode der Gewinnrealisierung nach dem Fertigstellungsgrad werden die Auftragserlöse im Gewinn oder Verlust in den Bilanzierungsperioden, in denen die Leistung erbracht wird, als Ertrag erfasst. Auftragskosten werden im Gewinn oder Verlust im Regelfall in der Periode als Aufwand erfasst, in der die dazugehörige Leistung erbracht wird. Doch jeder erwartete Überschuss der gesamten Auftragskosten über die gesamten Auftragserlöse für den Auftrag wird gemäß Paragraph 36 sofort als Aufwand erfasst.

27 Einem Auftragnehmer können Auftragskosten entstehen, die mit einer zukünftigen Tätigkeit im Rahmen des Vertrags verbunden sind. Derartige Auftragskosten werden als Vermögenswert erfasst, wenn sie wahrscheinlich abrechenbar sind. Diese Kosten stellen einen vom Kunden geschuldeten Betrag dar und werden häufig als unfertige Leistungen bezeichnet.

28 Das Ergebnis eines Fertigungsauftrags kann nur dann verlässlich geschätzt werden, wenn die wirtschaftlichen Vorteile aus dem Vertrag dem Unternehmen wahrscheinlich zufließen. Entsteht jedoch eine Unsicherheit hinsichtlich der Möglichkeit, den Betrag zu berechnen, der bereits in den Auftragserlösen enthalten und bereits im Gewinn oder Verlust erfasst ist, wird der nicht einbringbare Betrag oder der Betrag, für den eine Bezahlung nicht mehr wahrscheinlich ist, als Aufwand und nicht als Berichtigung der Auftragserlöse erfasst.

29 Ein Unternehmen kann im Allgemeinen verlässliche Schätzungen vornehmen, wenn es einen Auftrag abgeschlossen hat, der
    (a) jeder Auftragspartei durchsetzbare Rechte und Pflichten bezüglich der zu erbringenden Leistung einräumt;
    (b) die gegenseitigen Leistungen; und
    (c) die Abwicklungs- und Erfüllungsmodalitäten festlegt.
    Darüber hinaus ist es in der Regel erforderlich, dass das Unternehmen über ein wirksames internes Budgetierungs- und Berichtssystem verfügt. Das Unternehmen überprüft und überarbeitet erforderlichenfalls mit Fortschreiten der Leistungserfüllung die Schätzungen der Auftragserlöse und der Auftragskosten. Die Notwendigkeit derartiger Korrekturen ist nicht unbedingt ein Hinweis darauf, dass das Ergebnis des Auftrags nicht verlässlich geschätzt werden kann.

30 Der Fertigstellungsgrad eines Auftrags kann mittels verschiedener Verfahren bestimmt werden. Das Unternehmen setzt die Methode ein, mit der die erbrachte Leistung verlässlich bewertet wird. Je nach Auftragsart umfassen diese Methoden
    (a) das Verhältnis der bis zum Stichtag angefallenen Auftragskosten zu den am Stichtag geschätzten gesamten Auftragskosten;
    (b) eine Begutachtung der erbrachten Leistung; oder
    (c) die Vollendung eines physischen Teils des Auftragswerks.
    Vom Kunden erhaltene Abschlagszahlungen und Anzahlungen spiegeln die erbrachte Leistung häufig nicht wider.

When the outcome of a construction contract can be estimated reliably, contract revenue and contract costs associated **22** with the construction contract shall be recognised as revenue and expenses respectively by reference to the stage of completion of the contract activity at the end of the reporting period. An expected loss on the construction contract shall be recognised as an expense immediately in accordance with paragraph 36.

In the case of a fixed price contract, the outcome of a construction contract can be estimated reliably when all the follow- **23** ing conditions are satisfied:
(a)   total contract revenue can be measured reliably;
(b)   it is probable that the economic benefits associated with the contract will flow to the entity;
(c)   both the contract costs to complete the contract and the stage of contract completion at the end of the reporting period can be measured reliably; and
(d)   the contract costs attributable to the contract can be clearly identified and measured reliably so that actual contract costs incurred can be compared with prior estimates.

In the case of a cost plus contract, the outcome of a construction contract can be estimated reliably when all the following **24** conditions are satisfied:
(a)   it is probable that the economic benefits associated with the contract will flow to the entity; and
(b)   the contract costs attributable to the contract, whether or not specifically reimbursable, can be clearly identified and measured reliably.

The recognition of revenue and expenses by reference to the stage of completion of a contract is often referred to as the **25** percentage of completion method. Under this method, contract revenue is matched with the contract costs incurred in reaching the stage of completion, resulting in the reporting of revenue, expenses and profit which can be attributed to the proportion of work completed. This method provides useful information on the extent of contract activity and performance during a period.

Under the percentage of completion method, contract revenue is recognised as revenue in profit or loss in the accounting **26** periods in which the work is performed. Contract costs are usually recognised as an expense in profit or loss in the accounting periods in which the work to which they relate is performed. However, any expected excess of total contract costs over total contract revenue for the contract is recognised as an expense immediately in accordance with paragraph 36.

A contractor may have incurred contract costs that relate to future activity on the contract. Such contract costs are recog- **27** nised as an asset provided it is probable that they will be recovered. Such costs represent an amount due from the customer and are often classified as contract work in progress.

The outcome of a construction contract can only be estimated reliably when it is probable that the economic benefits **28** associated with the contract will flow to the entity. However, when an uncertainty arises about the collectability of an amount already included in contract revenue, and already recognised in profit or loss, the uncollectable amount or the amount in respect of which recovery has ceased to be probable is recognised as an expense rather than as an adjustment of the amount of contract revenue.

An entity is generally able to make reliable estimates after it has agreed to a contract which establishes: **29**
(a)   each party's enforceable rights regarding the asset to be constructed;
(b)   the consideration to be exchanged; and
(c)   the manner and terms of settlement.
It is also usually necessary for the entity to have an effective internal financial budgeting and reporting system. The entity reviews and, when necessary, revises the estimates of contract revenue and contract costs as the contract progresses. The need for such revisions does not necessarily indicate that the outcome of the contract cannot be estimated reliably.

The stage of completion of a contract may be determined in a variety of ways. The entity uses the method that measures **30** reliably the work performed. Depending on the nature of the contract, the methods may include:
(a)   the proportion that contract costs incurred for work performed to date bear to the estimated total contract costs;
(b)   surveys of work performed; or
(c)   completion of a physical proportion of the contract work.
Progress payments and advances received from customers often do not reflect the work performed.

31 Wird der Leistungsfortschritt entsprechend den angefallenen Auftragskosten bestimmt, sind nur diejenigen Auftragskosten, die die erbrachte Leistung widerspiegeln, in diesen Kosten zu berücksichtigen. Beispiele für hier nicht zu berücksichtigende Kosten sind:

(a) Kosten für zukünftige Tätigkeiten in Verbindung mit dem Auftrag, beispielsweise Kosten für Materialien, die zwar an den Erfüllungsort geliefert oder dort zum Gebrauch gelagert, jedoch noch nicht installiert, gebraucht oder verwertet worden sind, mit Ausnahme von Materialien, die speziell für diesen Auftrag angefertigt wurden; und

(b) Vorauszahlungen an Subunternehmen für zu erbringende Leistungen im Rahmen des Unterauftrags.

32 Sofern das Ergebnis eines Fertigungsauftrags nicht verlässlich geschätzt werden kann,

(a) ist der Erlös nur in Höhe der angefallenen Auftragskosten zu erfassen, die wahrscheinlich einbringbar sind; und

(b) sind die Auftragskosten in der Periode, in der sie anfallen, als Aufwand zu erfassen.

Ein erwarteter Verlust durch den Fertigungsauftrag ist gemäß Paragraph 36 sofort als Aufwand zu erfassen.

33 In den frühen Phasen eines Auftrags kann sein Ergebnis häufig nicht verlässlich geschätzt werden. Dennoch kann es wahrscheinlich sein, dass das Unternehmen die angefallenen Auftragskosten decken wird. Daher werden die Auftragserlöse nur soweit erfasst, wie die angefallenen Kosten erwartungsgemäß gedeckt werden können. Da das Ergebnis des Auftrags nicht verlässlich geschätzt werden kann, wird kein Gewinn erfasst. Doch obwohl das Ergebnis des Auftrags nicht verlässlich zu schätzen ist, kann es wahrscheinlich sein, dass die gesamten Auftragskosten die gesamten Auftragserlöse übersteigen werden. In solchen Fällen wird dieser erwartete Differenzbetrag zwischen den gesamten Auftragskosten und dem gesamten Auftragserlös gemäß Paragraph 36 sofort als Aufwand erfasst.

34 Auftragskosten, die wahrscheinlich nicht gedeckt werden, werden sofort als Aufwand erfasst. Beispiele für solche Fälle, in denen die Einbringbarkeit angefallener Auftragskosten nicht wahrscheinlich ist und diese eventuell sofort als Aufwand zu erfassen sind, umfassen Aufträge,

(a) die nicht in vollem Umfang durchsetzbar sind, d. h. Aufträge mit sehr zweifelhafter Gültigkeit;

(b) deren Fertigstellung vom Ergebnis eines schwebenden Prozesses oder eines laufenden Gesetzgebungsverfahrens abhängig ist;

(c) die in Verbindung mit Vermögenswerten stehen, die wahrscheinlich beschlagnahmt oder enteignet werden;

(d) bei denen der Kunde seine Verpflichtungen nicht erfüllen kann; oder

(e) bei denen der Auftragnehmer nicht in der Lage ist, den Auftrag fertig zu stellen oder seine Auftragsverpflichtungen anderweitig zu erfüllen.

35 Wenn die Unsicherheiten, die eine verlässliche Schätzung des Ergebnisses des Auftrages behinderten, nicht länger bestehen, sind die zu dem Fertigungsauftrag gehörigen Erträge und Aufwendungen gemäß Paragraph 22 statt gemäß Paragraph 32 zu erfassen.

ERFASSUNG ERWARTETER VERLUSTE

36 Ist es wahrscheinlich, dass die gesamten Auftragskosten die gesamten Auftragserlöse übersteigen werden, sind die erwarteten Verluste sofort als Aufwand zu erfassen.

37 Die Höhe eines solchen Verlusts wird unabhängig von den folgenden Punkten bestimmt:

(a) ob mit der Auftragsarbeit bereits begonnen wurde;

(b) vom Fertigstellungsgrad der Auftragserfüllung; oder

(c) vom erwarteten Gewinnbetrag aus anderen Aufträgen, die gemäß Paragraph 9 nicht als einzelner Fertigungsauftrag behandelt werden.

VERÄNDERUNGEN VON SCHÄTZUNGEN

38 Die Methode der Gewinnrealisierung nach dem Fertigstellungsgrad wird auf kumulierter Basis in jeder Bilanzierungsperiode auf die laufenden Schätzungen von Auftragserlösen und Auftragskosten angewandt. Daher wird der Effekt einer veränderten Schätzung der Auftragserlöse oder Auftragskosten oder der Effekt einer veränderten Schätzung des Ergebnisses aus einem Auftrag als Änderung einer Schätzung behandelt (siehe IAS 8 *Rechnungslegungsmethoden, Änderungen von rechnungslegungsbezogenen Schätzungen und Fehler)*. Die veränderten Schätzungen gehen in die Berechnung des Betrags für Erträge und Aufwendungen im Gewinn oder Verlust der Periode, in der die Änderung vorgenommen wurde, sowie der nachfolgenden Perioden ein.

When the stage of completion is determined by reference to the contract costs incurred to date, only those contract costs **31** that reflect work performed are included in costs incurred to date. Examples of contract costs which are excluded are:

(a) contract costs that relate to future activity on the contract, such as costs of materials that have been delivered to a contract site or set aside for use in a contract but not yet installed, used or applied during contract performance, unless the materials have been made specially for the contract; and

(b) payments made to subcontractors in advance of work performed under the subcontract.

When the outcome of a construction contract cannot be estimated reliably: **32**

(a) revenue shall be recognised only to the extent of contract costs incurred that it is probable will be recoverable; and

(b) contract costs shall be recognised as an expense in the period in which they are incurred.

An expected loss on the construction contract shall be recognised as an expense immediately in accordance with paragraph 36.

During the early stages of a contract it is often the case that the outcome of the contract cannot be estimated reliably. **33** Nevertheless, it may be probable that the entity will recover the contract costs incurred. Therefore, contract revenue is recognised only to the extent of costs incurred that are expected to be recoverable. As the outcome of the contract cannot be estimated reliably, no profit is recognised. However, even though the outcome of the contract cannot be estimated reliably, it may be probable that total contract costs will exceed total contract revenues. In such cases, any expected excess of total contract costs over total contract revenue for the contract is recognised as an expense immediately in accordance with paragraph 36.

Contract costs that are not probable of being recovered are recognised as an expense immediately. Examples of circum- **34** stances in which the recoverability of contract costs incurred may not be probable and in which contract costs may need to be recognised as an expense immediately include contracts:

(a) that are not fully enforceable, i.e. their validity is seriously in question;

(b) the completion of which is subject to the outcome of pending litigation or legislation;

(c) relating to properties that are likely to be condemned or expropriated;

(d) where the customer is unable to meet its obligations; or

(e) where the contractor is unable to complete the contract or otherwise meet its obligations under the contract.

When the uncertainties that prevented the outcome of the contract being estimated reliably no longer exist, revenue and **35** expenses associated with the construction contract shall be recognised in accordance with paragraph 22 rather than in accordance with paragraph 32.

RECOGNITION OF EXPECTED LOSSES

When it is probable that total contract costs will exceed total contract revenue, the expected loss shall be recognised as an **36** expense immediately.

The amount of such a loss is determined irrespective of: **37**

(a) whether work has commenced on the contract;

(b) the stage of completion of contract activity; or

(c) the amount of profits expected to arise on other contracts which are not treated as a single construction contract in accordance with paragraph 9.

CHANGES IN ESTIMATES

The percentage of completion method is applied on a cumulative basis in each accounting period to the current estimates **38** of contract revenue and contract costs. Therefore, the effect of a change in the estimate of contract revenue or contract costs, or the effect of a change in the estimate of the outcome of a contract, is accounted for as a change in accounting estimate (see IAS 8 *Accounting policies, changes in accounting estimates and errors)*. The changed estimates are used in the determination of the amount of revenue and expenses recognised in profit or loss in the period in which the change is made and in subsequent periods.

ANGABEN

39 Folgende Angaben sind erforderlich:

(a) die in der Periode erfassten Auftragserlöse;

(b) die Methoden zur Ermittlung der in der Periode erfassten Auftragserlöse; und

(c) die Methoden zur Ermittlung des Fertigstellungsgrads laufender Projekte.

40 Ein Unternehmen hat jede der folgenden Angaben für am Abschlussstichtag laufende Projekte zu machen:

(a) die Summe der angefallenen Kosten und ausgewiesenen Gewinne (abzüglich etwaiger ausgewiesener Verluste);

(b) den Betrag erhaltener Anzahlungen; und

(c) den Betrag von Einbehalten.

41 Einbehalte sind Beträge für Teilabrechnungen, die erst bei Erfüllung von im Auftrag festgelegten Bedingungen oder bei erfolgter Fehlerbehebung bezahlt werden. Teilabrechnungen sind für eine auftragsgemäß erbrachte Leistung in Rechnung gestellte Beträge, unabhängig davon, ob sie vom Kunden bezahlt wurden oder nicht. Anzahlungen sind Beträge, die beim Auftragnehmer eingehen, bevor die dazugehörige Leistung erbracht ist.

42 Ein Unternehmen hat Folgendes anzugeben:

(a) Fertigungsaufträge mit aktivischem Saldo gegenüber Kunden als Vermögenswert; und

(b) Fertigungsaufträge mit passivischem Saldo gegenüber Kunden als Schulden.

43 Fertigungsaufträge mit aktivischem Saldo gegenüber Kunden setzen sich aus den Nettobeträge

(a) der angefallenen Kosten plus ausgewiesenen Gewinnen; abzüglich

(b) der Summe der ausgewiesenen Verluste und der Teilabrechnungen

für alle laufenden Aufträge zusammen, für die die angefallenen Kosten plus der ausgewiesenen Gewinne (abzüglich der ausgewiesenen Verluste) die Teilabrechnungen übersteigen.

44 Fertigungsaufträge mit passivischem Saldo gegenüber Kunden setzen sich aus den Nettobeträgen

(a) der angefallenen Kosten plus ausgewiesenen Gewinnen; abzüglich

(b) der Summe der ausgewiesenen Verluste und der Teilabrechnungen

für alle laufenden Aufträge zusammen, bei denen die Teilabrechnungen die angefallenen Kosten plus die ausgewiesenen Gewinne (abzüglich der ausgewiesenen Verluste) übersteigen.

45 Ein Unternehmen gibt alle Eventualverbindlichkeiten und Eventualforderungen gemäß IAS 37 *Rückstellungen, Eventualverbindlichkeiten und Eventualforderungen* an. Diese können beispielsweise aus Gewährleistungskosten, Ansprüchen, Vertragsstrafen oder möglichen Verlusten erwachsen.

ZEITPUNKT DES INKRAFTTRETENS

46 Dieser Standard ist erstmals in der ersten Berichtsperiode eines am 1. Januar 1995 oder danach beginnenden Geschäftsjahres anzuwenden.

DISCLOSURE

An entity shall disclose:
(a)   the amount of contract revenue recognised as revenue in the period;
(b)   the methods used to determine the contract revenue recognised in the period; and
(c)   the methods used to determine the stage of completion of contracts in progress.

39

An entity shall disclose each of the following for contracts in progress at the end of the reporting period:
(a)   the aggregate amount of costs incurred and recognised profits (less recognised losses) to date;
(b)   the amount of advances received; and
(c)   the amount of retentions.

40

Retentions are amounts of progress billings that are not paid until the satisfaction of conditions specified in the contract **41** for the payment of such amounts or until defects have been rectified. Progress billings are amounts billed for work performed on a contract whether or not they have been paid by the customer. Advances are amounts received by the contractor before the related work is performed.

An entity shall present:
(a)   the gross amount due from customers for contract work as an asset; and
(b)   the gross amount due to customers for contract work as a liability.

42

The gross amount due from customers for contract work is the net amount of:
(a)   costs incurred plus recognised profits; less
(b)   the sum of recognised losses and progress billings;
for all contracts in progress for which costs incurred plus recognised profits (less recognised losses) exceeds progress billings.

43

The gross amount due to customers for contract work is the net amount of:
(a)   costs incurred plus recognised profits; less
(b)   the sum of recognised losses and progress billings;
for all contracts in progress for which progress billings exceed costs incurred plus recognised profits (less recognised losses).

44

An entity discloses any contingent liabilities and contingent assets in accordance with IAS 37 *Provisions, contingent liabilities and contingent assets*. Contingent liabilities and contingent assets may arise from such items as warranty costs, claims, penalties or possible losses.

45

EFFECTIVE DATE

This standard becomes operative for financial statements covering periods beginning on or after 1 January 1995.

46

INTERNATIONAL ACCOUNTING STANDARD 12

Ertragsteuern

INHALT

ZIELSETZUNG

Die Zielsetzung dieses Standards ist die Regelung der Bilanzierung von Ertragsteuern. Die grundsätzliche Fragestellung bei der Bilanzierung von Ertragsteuern ist die Behandlung gegenwärtiger und künftiger steuerlicher Konsequenzen aus:

(a) der künftigen Realisierung (Erfüllung) des Buchwerts von Vermögenswerten (Schulden), welche in der Bilanz eines Unternehmens angesetzt sind; und

(b) Geschäftsvorfällen und anderen Ereignissen der Berichtsperiode, die im Abschluss eines Unternehmens erfasst sind.

Es ist dem Ansatz eines Vermögenswerts oder einer Schuld inhärent, dass das berichtende Unternehmen erwartet, den Buchwert dieses Vermögenswerts zu realisieren, bzw. diese Schuld zum Buchwert zu erfüllen. Falls es wahrscheinlich ist, dass die Realisierung oder die Erfüllung dieses Buchwerts zukünftige Steuerzahlungen erhöht (verringert), als dies der Fall wäre, wenn eine solche Realisierung oder eine solche Erfüllung keine steuerlichen Konsequenzen hätte, dann verlangt dieser Standard von einem Unternehmen, von bestimmten limitierten Ausnahmen abgesehen, die Bilanzierung einer latenten Steuerschuld (eines latenten Steueranspruchs).

Dieser Standard verlangt von einem Unternehmen die Bilanzierung der steuerlichen Konsequenzen von Geschäftsvorfällen und anderen Ereignissen grundsätzlich auf die gleiche Weise wie die Behandlung der Geschäftsvorfälle und anderen Ereignisse selbst. Demzufolge werden für Geschäftsvorfälle und andere Ereignisse, die im Gewinn oder Verlust erfasst werden, alle damit verbundenen steuerlichen Auswirkungen ebenfalls im Gewinn oder Verlust erfasst. Für Geschäftsvorfälle und andere Ereignisse, die außerhalb des Gewinns oder Verlusts (entweder im sonstigen Ergebnis oder direkt im Eigenkapital) erfasst werden, werden alle damit verbundenen steuerlichen Auswirkungen ebenfalls außerhalb des Gewinns oder Verlusts (entweder im sonstigen Ergebnis oder direkt im Eigenkapital) erfasst. Gleichermaßen beeinflusst der Ansatz latenter Steueransprüche und latenter Steuerschulden aus einem Unternehmenszusammenschluss den Betrag des aus diesem Unternehmenszusammenschluss entstandenen Geschäfts- oder Firmenwerts oder den Betrag des aus dem Erwerb zu einem Preis unter dem Marktwert erfassten Gewinnes.

INTERNATIONAL ACCOUNTING STANDARD 12

Income taxes

OBJECTIVE

The objective of this standard is to prescribe the accounting treatment for income taxes. The principal issue in accounting for income taxes is how to account for the current and future tax consequences of:

(a) the future recovery (settlement) of the carrying amount of assets (liabilities) that are recognised in an entity's statement of financial position; and

(b) transactions and other events of the current period that are recognised in an entity's financial statements.

It is inherent in the recognition of an asset or liability that the reporting entity expects to recover or settle the carrying amount of that asset or liability. If it is probable that recovery or settlement of that carrying amount will make future tax payments larger (smaller) than they would be if such recovery or settlement were to have no tax consequences, this standard requires an entity to recognise a deferred tax liability (deferred tax asset), with certain limited exceptions.

This standard requires an entity to account for the tax consequences of transactions and other events in the same way that it accounts for the transactions and other events themselves. Thus, for transactions and other events recognised in profit or loss, any related tax effects are also recognised in profit or loss. For transactions and other events recognised outside profit or loss (either in other comprehensive income or directly in equity), any related tax effects are also recognised outside profit or loss (either in other comprehensive income or directly in equity, respectively). Similarly, the recognition of deferred tax assets and liabilities in a business combination affects the amount of goodwill arising in that business combination or the amount of the bargain purchase gain recognised.

Dieser Standard befasst sich ebenfalls mit dem Ansatz latenter Steueransprüche als Folge bislang ungenutzter steuerlicher Verluste oder noch nicht genutzter Steuergutschriften, der Darstellung von Ertragsteuern im Abschluss und den Angabepflichten von Informationen zu den Ertragsteuern.

ANWENDUNGSBEREICH

1 Dieser Standard ist bei der Bilanzierung von Ertragsteuern anzuwenden.

2 Für die Zwecke dieses Standards umfassen Ertragsteuern alle in- und ausländischen Steuern auf Grundlage des zu versteuernden Ergebnisses. Zu den Ertragsteuern gehören auch Steuern wie Quellensteuern, welche von einem Tochterunternehmen, einem assoziierten Unternehmen oder einer gemeinsamen Vereinbarung aufgrund von Ausschüttungen an das berichtende Unternehmen geschuldet werden.

3 [gestrichen]

4 Dieser Standard befasst sich nicht mit den Methoden der Bilanzierung von Zuwendungen der öffentlichen Hand (siehe IAS 20 *Bilanzierung und Darstellung von Zuwendungen der öffentlichen Hand*) oder von investitionsabhängigen Steuergutschriften. Dieser Standard befasst sich jedoch mit der Bilanzierung temporärer Unterschiede, die aus solchen öffentlichen Zuwendungen oder investitionsabhängigen Steuergutschriften resultieren können.

DEFINITIONEN

5 Die folgenden Begriffe werden in diesem Standard mit der angegebenen Bedeutung verwendet:
Das *bilanzielle Ergebnis vor Steuern* ist der Gewinn oder Verlust vor Abzug des Steueraufwands.
Das *zu versteuernde Ergebnis (der steuerliche Verlust)* ist der nach den steuerlichen Vorschriften ermittelte Gewinn oder Verlust der Periode, aufgrund dessen die Ertragsteuern zahlbar (erstattungsfähig) sind.
Der *Steueraufwand (Steuerertrag)* ist die Summe des Betrags aus tatsächlichen Steuern und latenten Steuern, die in die Ermittlung des Ergebnisses der Periode eingeht.
Die *tatsächlichen Ertragsteuern* sind der Betrag der geschuldeten (erstattungsfähigen) Ertragsteuern, der aus dem zu versteuernden Einkommen (steuerlichen Verlust) der Periode resultiert.
Die *latenten Steuerschulden* sind die Beträge an Ertragsteuern, die in zukünftigen Perioden resultierend aus zu versteuernden temporären Differenzen zahlbar sind.
Die *latenten Steueransprüche* sind die Beträge an Ertragsteuern, die in zukünftigen Perioden erstattungsfähig sind, und aus:
(a) abzugsfähigen temporären Differenzen;
(b) dem Vortrag noch nicht genutzter steuerlicher Verluste; und
(c) dem Vortrag noch nicht genutzter steuerlicher Gewinne resultieren.
Temporäre Differenzen sind Unterschiedsbeträge zwischen dem Buchwert eines Vermögenswerts oder einer Schuld in der Bilanz und seiner bzw. ihrer steuerlichen Basis. Temporäre Differenzen können entweder:
(a) *zu versteuernde temporäre Differenzen* sein, die temporäre Unterschiede darstellen, die zu steuerpflichtigen Beträgen bei der Ermittlung des zu versteuernden Einkommens (steuerlichen Verlustes) zukünftiger Perioden führen, wenn der Buchwert des Vermögenswerts realisiert oder der Schuld erfüllt wird; oder
(b) *abzugsfähige temporäre Differenzen* sein, die temporäre Unterschiede darstellen, die zu Beträgen führen, die bei der Ermittlung des zu versteuernden Ergebnisses (steuerlichen Verlustes) zukünftiger Perioden abzugsfähig sind, wenn der Buchwert des Vermögenswertes realisiert oder eine Schuld erfüllt wird.
Die *steuerliche Basis* eines Vermögenswerts oder einer Schuld ist der diesem Vermögenswert oder dieser Schuld für steuerliche Zwecke beizulegende Betrag.

6 Der Steueraufwand (Steuerertrag) umfasst den tatsächlichen Steueraufwand (tatsächlichen Steuerertrag) und den latenten Steueraufwand (latenten Steuerertrag).

Steuerliche Basis

7 Die steuerliche Basis eines Vermögenswerts ist der Betrag, der für steuerliche Zwecke von allen zu versteuernden wirtschaftlichen Vorteilen abgezogen werden kann, die einem Unternehmen bei Realisierung des Buchwerts des Vermögenswerts zufließen werden. Sind diese wirtschaftlichen Vorteile nicht zu versteuern, dann ist die steuerliche Basis des Vermögenswerts gleich seinem Buchwert.

This standard also deals with the recognition of deferred tax assets arising from unused tax losses or unused tax credits, the presentation of income taxes in the financial statements and the disclosure of information relating to income taxes.

SCOPE

This standard shall be applied in accounting for income taxes. 1

For the purposes of this standard, income taxes include all domestic and foreign taxes which are based on taxable profits. 2 Income taxes also include taxes, such as withholding taxes, which are payable by a subsidiary, associate or joint arrangement on distributions to the reporting entity.

[deleted] 3

This standard does not deal with the methods of accounting for government grants (see IAS 20 *Accounting for government* 4 *grants and disclosure of government assistance)* or investment tax credits. However, this standard does deal with the accounting for temporary differences that may arise from such grants or investment tax credits.

DEFINITIONS

The following terms are used in this standard with the meanings specified: 5

Accounting profit is profit or loss for a period before deducting tax expense.

Taxable profit (tax loss) is the profit (loss) for a period, determined in accordance with the rules established by the taxation authorities, upon which income taxes are payable (recoverable).

Tax expense (tax income) is the aggregate amount included in the determination of profit or loss for the period in respect of current tax and deferred tax.

Current tax is the amount of income taxes payable (recoverable) in respect of the taxable profit (tax loss) for a period.

Deferred tax liabilities are the amounts of income taxes payable in future periods in respect of taxable temporary differences.

Deferred tax assets are the amounts of income taxes recoverable in future periods in respect of:

(a) deductible temporary differences;

(b) the carryforward of unused tax losses; and

(c) the carryforward of unused tax credits.

Temporary differences are differences between the carrying amount of an asset or liability in the statement of financial position and its tax base. Temporary differences may be either:

(a) *taxable temporary differences,* which are temporary differences that will result in taxable amounts in determining taxable profit (tax loss) of future periods when the carrying amount of the asset or liability is recovered or settled; or

(b) *deductible temporary differences,* which are temporary differences that will result in amounts that are deductible in determining taxable profit (tax loss) of future periods when the carrying amount of the asset or liability is recovered or settled.

The *tax base* of an asset or liability is the amount attributed to that asset or liability for tax purposes.

Tax expense (tax income) comprises current tax expense (current tax income) and deferred tax expense (deferred tax 6 income).

Tax base

The tax base of an asset is the amount that will be deductible for tax purposes against any taxable economic benefits that 7 will flow to an entity when it recovers the carrying amount of the asset. If those economic benefits will not be taxable, the tax base of the asset is equal to its carrying amount.

Beispiele

1 Eine Maschine kostet 100. In der Berichtsperiode und in früheren Perioden wurde für steuerliche Zwecke bereits eine Abschreibung von 30 abgezogen, und die verbleibenden Anschaffungskosten sind in zukünftigen Perioden entweder als Abschreibung oder durch einen Abzug bei der Veräußerung steuerlich abzugsfähig. Die sich aus der Nutzung der Maschine ergebenden Umsatzerlöse sind zu versteuern, ebenso ist jeder Veräußerungsgewinn aus dem Verkauf der Maschine zu versteuern bzw. jeder Veräußerungsverlust für steuerliche Zwecke abzugsfähig. *Die steuerliche Basis der Maschine beträgt 70.*

2 Forderungen aus Zinsen haben einen Buchwert von 100. Die damit verbundenen Zinserlöse werden bei Zufluss besteuert. *Die steuerliche Basis der Zinsforderungen beträgt Null.*

3 Forderungen aus Lieferungen und Leistungen haben einen Buchwert von 100. Die damit verbundenen Umsatzerlöse wurden bereits in das zu versteuernde Einkommen (den steuerlichen Verlust) einbezogen. *Die steuerliche Basis der Forderungen aus Lieferungen und Leistungen beträgt 100.*

4 Dividendenforderungen von einem Tochterunternehmen haben einen Buchwert von 100. Die Dividenden sind nicht zu versteuern. Dem Grunde nach ist der gesamte Buchwert des Vermögenswerts von dem zufließenden wirtschaftlichen Nutzen abzugsfähig. *Folglich beträgt die steuerliche Basis der Dividendenforderungen 100.(*)*

5 Eine Darlehensforderung hat einen Buchwert von 100. Die Rückzahlung des Darlehens wird keine steuerlichen Konsequenzen haben. *Die steuerliche Basis des Darlehens beträgt 100.*

(*) Bei dieser Analyse bestehen keine zu versteuernden temporären Differenzen. Eine alternative Analyse besteht, wenn der Dividendenforderung die steuerliche Basis Null zugeordnet wird und auf den sich ergebenden zu versteuernden temporären Unterschied von 100 ein Steuersatz von Null angewandt wird. In beiden Fällen besteht keine latente Steuerschuld.

8 Die steuerliche Basis einer Schuld ist deren Buchwert abzüglich aller Beträge, die für steuerliche Zwecke hinsichtlich dieser Schuld in zukünftigen Perioden abzugsfähig sind. Im Falle von im Voraus gezahlten Umsatzerlösen ist die steuerliche Basis der sich ergebenden Schuld ihr Buchwert abzüglich aller Beträge aus diesen Umsatzerlösen, die in Folgeperioden nicht besteuert werden.

Beispiele

1 Kurzfristige Schulden schließen Aufwandsabgrenzungen (sonstige Verbindlichkeiten) mit einem Buchwert von 100 ein. Der damit verbundene Aufwand wird für steuerliche Zwecke bei Zahlung erfasst. *Die steuerliche Basis der sonstigen Verbindlichkeiten ist Null.*

2 Kurzfristige Schulden schließen vorausbezahlte Zinserlöse mit einem Buchwert von 100 ein. Der damit verbundene Zinserlös wurde bei Zufluss besteuert. *Die steuerliche Basis der vorausbezahlten Zinsen ist Null.*

3 Kurzfristige Schulden schließen Aufwandsabgrenzungen (sonstige Verbindlichkeiten) mit einem Buchwert von 100 ein. Der damit verbundene Aufwand wurde für steuerliche Zwecke bereits abgezogen. *Die steuerliche Basis der sonstigen Verbindlichkeiten ist 100.*

4 Kurzfristige Schulden schließen passivierte Geldbußen und -strafen mit einem Buchwert von 100 ein. Geldbußen und -strafen sind steuerlich nicht abzugsfähig. *Die steuerliche Basis der passivierten Geldbußen und -strafen beträgt 100.(*)*

5 Eine Darlehensverbindlichkeit hat einen Buchwert von 100. Die Rückzahlung des Darlehens zieht keine steuerlichen Konsequenzen nach sich. *Die steuerliche Basis des Darlehens beträgt 100.*

(*) Bei dieser Analyse bestehen keine abzugsfähigen temporären Differenzen. Eine alternative Analyse besteht, wenn dem Gesamtbetrag der zahlbaren Geldstrafen und Geldbußen eine steuerliche Basis von Null zugeordnet wird und ein Steuersatz von Null auf den sich ergebenden abzugsfähigen temporären Unterschied von 100 angewandt wird. In beiden Fällen besteht kein latenter Steueranspruch

9 Einige Sachverhalte haben zwar eine steuerliche Basis, sie sind jedoch in der Bilanz nicht als Vermögenswerte oder Schulden angesetzt. Beispielsweise werden Forschungskosten bei der Bestimmung des bilanziellen Ergebnisses vor Steuern in der Periode, in welcher sie anfielen, als Aufwand erfasst, während ihr Abzug bei der Ermittlung des zu versteuernden Ergebnisses (steuerlichen Verlustes) möglicherweise erst in einer späteren Periode zulässig ist. Der Unterschiedsbetrag zwischen der steuerlichen Basis der Forschungskosten, der von den Steuerbehörden als ein in zukünftigen Perioden abzugsfähiger Betrag anerkannt wird, und dem Buchwert von Null ist eine abzugsfähige temporäre Differenz, die einen latenten Steueranspruch zur Folge hat.

10 Ist die steuerliche Basis eines Vermögenswerts oder einer Schuld nicht unmittelbar erkennbar, ist es hilfreich, das Grundprinzip, auf dem dieser Standard aufgebaut ist, heranzuziehen: Ein Unternehmen hat, mit wenigen festgelegten Ausnahmen, eine latente Steuerschuld (einen latenten Steueranspruch) dann zu bilanzieren, wenn die Realisierung oder die Erfüllung des Buchwerts des Vermögenswerts oder der Schuld zu zukünftigen höheren (niedrigeren) Steuerzahlungen führen

Examples

1 A machine cost 100. For tax purposes, depreciation of 30 has already been deducted in the current and prior periods and the remaining cost will be deductible in future periods, either as depreciation or through a deduction on disposal. Revenue generated by using the machine is taxable, any gain on disposal of the machine will be taxable and any loss on disposal will be deductible for tax purposes. *The tax base of the machine is 70.*

2. Interest receivable has a carrying amount of 100. The related interest revenue will be taxed on a cash basis. *The tax base of the interest receivable is nil.*

3. Trade receivables have a carrying amount of 100. The related revenue has already been included in taxable profit (tax loss). *The tax base of the trade receivables is 100.*

4. Dividends receivable from a subsidiary have a carrying amount of 100. The dividends are not taxable. In substance, the entire carrying amount of the asset is deductible against the economic benefits. Consequently, the tax base of the dividends receivable is 100(*).

5. A loan receivable has a carrying amount of 100. The repayment of the loan will have no tax consequences. *The tax base of the loan is 100.*

(*) Under this analysis, there is no taxable temporary difference. An alternative analysis is that the accrued dividends receivable have a tax base of nil and that a tax rate of nil is applied to the resulting taxable temporary difference of 100. Under both analyses, there is no deferred tax liability.

The tax base of a liability is its carrying amount, less any amount that will be deductible for tax purposes in respect of that liability in future periods. In the case of revenue which is received in advance, the tax base of the resulting liability is its carrying amount, less any amount of the revenue that will not be taxable in future periods. **8**

Examples

1 Current liabilities include accrued expenses with a carrying amount of 100. The related expense will be deducted for tax purposes on a cash basis. *The tax base of the accrued expenses is nil.*

2. Current liabilities include interest revenue received in advance, with a carrying amount of 100. The related interest revenue was taxed on a cash basis. *The tax base of the interest received in advance is nil.*

3. Current liabilities include accrued expenses with a carrying amount of 100. The related expense has already been deducted for tax purposes. *The tax base of the accrued expenses is 100.*

4. Current liabilities include accrued fines and penalties with a carrying amount of 100. Fines and penalties are not deductible for tax purposes. *The tax base of the accrued fines and penalties is 100(*).*

5. A loan payable has a carrying amount of 100. The repayment of the loan will have no tax consequences. *The tax base of the loan is 100.*

(*) Under this analysis, there is no deductible temporary difference. An alternative analysis is that the accrued fines and penalties payable have a tax base of nil and that a tax rate of nil is applied to the resulting deductible temporary difference of 100. Under both analyses, there is no deferred tax asset.

Some items have a tax base but are not recognised as assets and liabilities in the statement of financial position. For example, research costs are recognised as an expense in determining accounting profit in the period in which they are incurred but may not be permitted as a deduction in determining taxable profit (tax loss) until a later period. The difference between the tax base of the research costs, being the amount the taxation authorities will permit as a deduction in future periods, and the carrying amount of nil is a deductible temporary difference that results in a deferred tax asset. **9**

Where the tax base of an asset or liability is not immediately apparent, it is helpful to consider the fundamental principle **10**
upon which this Standard is based: that an entity shall, with certain limited exceptions, recognise a deferred tax liability (asset) whenever recovery or settlement of the carrying amount of an asset or liability would make future tax payments larger (smaller) than they would be if such recovery or settlement were to have no tax consequences. Example C following

würde, als dies der Fall wäre, wenn eine solche Realisierung oder Erfüllung keine steuerlichen Konsequenzen hätte. Beispiel C nach Paragraph 51A stellt Umstände dar, in denen es hilfreich sein kann, dieses Grundprinzip heranzuziehen, beispielsweise, wenn die steuerliche Basis eines Vermögenswerts oder einer Schuld von der erwarteten Art der Realisierung oder Erfüllung abhängt.

11 In einem Konzernabschluss werden temporäre Unterschiede durch den Vergleich der Buchwerte von Vermögenswerten und Schulden im Konzernabschluss mit der zutreffenden steuerlichen Basis ermittelt. Die steuerliche Basis wird durch Bezugnahme auf eine Steuererklärung für den Konzern in den Steuerrechtskreisen ermittelt, in denen eine solche Steuererklärung abgegeben wird. In anderen Steuerrechtskreisen wird die steuerliche Basis durch Bezugnahme auf die Steuererklärungen der einzelnen Unternehmen des Konzerns ermittelt.

BILANZIERUNG TATSÄCHLICHER STEUERSCHULDEN UND STEUERERSTATTUNGSANSPRÜCHE

12 Die tatsächlichen Ertragsteuern für die laufende und frühere Perioden sind in dem Umfang, in dem sie noch nicht bezahlt sind, als Schuld anzusetzen. Falls der auf die laufende und frühere Perioden entfallende und bereits bezahlte Betrag den für diese Perioden geschuldeten Betrag übersteigt, so ist der Unterschiedsbetrag als Vermögenswert anzusetzen.

13 Der in der Erstattung tatsächlicher Ertragsteuern einer früheren Periode bestehende Vorteil eines steuerlichen Verlustrücktrags ist als Vermögenswert anzusetzen.

14 Wenn ein steuerlicher Verlust zu einem Verlustrücktrag und zur Erstattung tatsächlicher Ertragsteuern einer früheren Periode genutzt wird, so bilanziert ein Unternehmen den Erstattungsanspruch als einen Vermögenswert in der Periode, in der der steuerliche Verlust entsteht, da es wahrscheinlich ist, dass der Nutzen aus dem Erstattungsanspruch dem Unternehmen zufließen wird und verlässlich ermittelt werden kann.

BILANZIERUNG LATENTER STEUERSCHULDEN UND LATENTER STEUERANSPRÜCHE

Zu versteuernde temporäre Differenzen

15 Für alle zu versteuernden temporären Differenzen ist eine latente Steuerschuld anzusetzen, es sei denn, die latente Steuerschuld erwächst aus:
(a) dem erstmaligen Ansatz des Geschäfts- oder Firmenwerts; oder
(b) dem erstmaligen Ansatz eines Vermögenswerts oder einer Schuld bei einem Geschäftsvorfall, der:
  (i) kein Unternehmenszusammenschluss ist; und
  (ii) zum Zeitpunkt des Geschäftsvorfalls weder das bilanzielle Ergebnis vor Steuern noch das zu versteuernde Ergebnis (den steuerlichen Verlust) beeinflusst.
Bei zu versteuernden temporären Differenzen in Verbindung mit Anteilen an Tochterunternehmen, Zweigniederlassungen und assoziierten Unternehmen sowie Anteilen an gemeinsamen Vereinbarungen ist jedoch eine latente Steuerschuld gemäß Paragraph 39 zu bilanzieren.

16 Definitionsgemäß wird bei dem Ansatz eines Vermögenswerts angenommen, dass sein Buchwert durch einen wirtschaftlichen Nutzen, der dem Unternehmen in zukünftigen Perioden zufließt, realisiert wird. Wenn der Buchwert des Vermögenswerts seine steuerliche Basis übersteigt, wird der Betrag des zu versteuernden wirtschaftlichen Nutzens den steuerlich abzugsfähigen Betrag übersteigen. Dieser Unterschiedsbetrag ist eine zu versteuernde temporäre Differenz, und die Zahlungsverpflichtung für die auf ihn in zukünftigen Perioden entstehenden Ertragsteuern ist eine latente Steuerschuld. Wenn das Unternehmen den Buchwert des Vermögenswerts realisiert, löst sich die zu versteuernde temporäre Differenz auf, und das Unternehmen erzielt ein zu versteuerndes Ergebnis. Dadurch ist es wahrscheinlich, dass das Unternehmen durch den Abfluss eines wirtschaftlichen Nutzens in Form von Steuerzahlungen belastet wird. Daher sind gemäß diesem Standard alle latenten Steuerschulden anzusetzen, ausgenommen bei Vorliegen gewisser Sachverhalte, die in den Paragraphen 15 und 39 beschrieben werden.

> **Beispiel** Ein Vermögenswert mit Anschaffungskosten von 150 hat einen Buchwert von 100. Die kumulierte planmäßige Abschreibung für Steuerzwecke beträgt 90, und der Steuersatz ist 25 %.
>
> *Die steuerliche Basis des Vermögenswertes beträgt 60 (Anschaffungskosten von 150 abzüglich der kumulierten steuerlichen Abschreibung von 90). Um den Buchwert von 100 zu realisieren, muss das Unternehmen ein zu versteuerndes Ergebnis von 100 erzielen, es kann aber lediglich eine steuerliche Abschreibung von 60 erfassen. Als Folge wird das Unternehmen bei Realisierung des Buchwerts des Vermögenswerts Ertragsteuern von 10 (25 % von 40) bezahlen. Der Unterschiedsbetrag zwischen dem Buchwert von 100 und der steuerlichen Basis von 60 ist eine zu versteuernde temporäre Differenz von 40. Daher bilanziert das Unternehmen eine latente Steuerschuld von 10 (25 % von 40), die die Ertragsteuern darstellen, die es bei Realisierung des Buchwerts des Vermögenswerts zu bezahlen hat.*

paragraph 51A illustrates circumstances when it may be helpful to consider this fundamental principle, for example, when the tax base of an asset or liability depends on the expected manner of recovery or settlement.

In consolidated financial statements, temporary differences are determined by comparing the carrying amounts of assets **11** and liabilities in the consolidated financial statements with the appropriate tax base. The tax base is determined by reference to a consolidated tax return in those jurisdictions in which such a return is filed. In other jurisdictions, the tax base is determined by reference to the tax returns of each entity in the group.

RECOGNITION OF CURRENT TAX LIABILITIES AND CURRENT TAX ASSETS

Current tax for current and prior periods shall, to the extent unpaid, be recognised as a liability. If the amount already **12** paid in respect of current and prior periods exceeds the amount due for those periods, the excess shall be recognised as an asset.

The benefit relating to a tax loss that can be carried back to recover current tax of a previous period shall be recognised as **13** an asset.

When a tax loss is used to recover current tax of a previous period, an entity recognises the benefit as an asset in the **14** period in which the tax loss occurs because it is probable that the benefit will flow to the entity and the benefit can be reliably measured.

RECOGNITION OF DEFERRED TAX LIABILITIES AND DEFERRED TAX ASSETS

Taxable temporary differences

A deferred tax liability shall be recognised for all taxable temporary differences, except to the extent that the deferred tax **15** liability arises from:
(a) the initial recognition of goodwill; or
(b) the initial recognition of an asset or liability in a transaction which:
   (i) is not a business combination; and
   (ii) at the time of the transaction, affects neither accounting profit nor taxable profit (tax loss).
However, for taxable temporary differences associated with investments in subsidiaries, branches and associates, and interests in joint arrangements, a deferred tax liability shall be recognised in accordance with paragraph 39.

It is inherent in the recognition of an asset that its carrying amount will be recovered in the form of economic benefits **16** that flow to the entity in future periods. When the carrying amount of the asset exceeds its tax base, the amount of taxable economic benefits will exceed the amount that will be allowed as a deduction for tax purposes. This difference is a taxable temporary difference and the obligation to pay the resulting income taxes in future periods is a deferred tax liability. As the entity recovers the carrying amount of the asset, the taxable temporary difference will reverse and the entity will have taxable profit. This makes it probable that economic benefits will flow from the entity in the form of tax payments. Therefore, this standard requires the recognition of all deferred tax liabilities, except in certain circumstances described in paragraphs 15 and 39.

Example An asset which cost 150 has a carrying amount of 100. Cumulative depreciation for tax purposes is 90 and the tax rate is 25 %.

The tax base of the asset is 60 (cost of 150 less cumulative tax depreciation of 90). To recover the carrying amount of 100, the entity must earn taxable income of 100, but will only be able to deduct tax depreciation of 60. Consequently, the entity will pay income taxes of 10 (40 at 25 %) when it recovers the carrying amount of the asset. The difference between the carrying amount of 100 and the tax base of 60 is a taxable temporary difference of 40. Therefore, the entity recognises a deferred tax liability of 10 (40 at 25 %) representing the income taxes that it will pay when it recovers the carrying amount of the asset.

17 Einige temporäre Differenzen können entstehen, wenn Ertrag oder Aufwand in einer Periode in das bilanzielle Ergebnis vor Steuern einbezogen werden, aber in einer anderen Periode in das zu versteuernde Ergebnis einfließen. Solche temporären Differenzen werden oft als zeitliche Ergebnisunterschiede bezeichnet. Im Folgenden sind Beispiele von temporären Differenzen dieser Art aufgeführt. Es handelt sich dabei um zu versteuernde temporäre Unterschiede, welche folglich zu latenten Steuerschulden führen:

(a) Zinserlöse werden im bilanziellen Ergebnis vor Steuern auf Grundlage einer zeitlichen Abgrenzung erfasst, sie können jedoch gemäß einigen Steuergesetzgebungen zum Zeitpunkt des Zuflusses der Zahlung als zu versteuerndes Ergebnis behandelt werden. Die steuerliche Basis aller derartigen in der Bilanz angesetzten Forderungen ist Null, weil die Umsatzerlöse das zu versteuernde Ergebnis erst mit Erhalt der Zahlung beeinflussen;

(b) die zur Ermittlung des zu versteuernden Ergebnis (steuerlichen Verlusts) verwendete Abschreibung kann sich von der zur Ermittlung des bilanziellen Ergebnisses vor Steuern verwendeten unterscheiden. Die temporäre Differenz ist der Unterschiedsbetrag zwischen dem Buchwert des Vermögenswerts und seiner steuerlichen Basis, der sich aus den ursprünglichen Anschaffungskosten des Vermögenswerts abzüglich aller von den Steuerbehörden zur Ermittlung des zu versteuernden Ergebnis des laufenden und für frühere Perioden zugelassenen Abschreibungen auf diesen Vermögenswert berechnet. Eine zu versteuernde temporäre Differenz entsteht und erzeugt eine latente Steuerschuld, wenn die steuerliche Abschreibungsrate über der berichteten Abschreibung liegt (falls die steuerliche Abschreibung langsamer ist als die berichtete, entsteht ein abzugsfähige temporäre Differenz, die zu einem latenten Steueranspruch führt); und

(c) Entwicklungskosten können bei der Ermittlung des bilanziellen Ergebnisses vor Steuern zunächst aktiviert und in späteren Perioden abgeschrieben werden; bei der Ermittlung des zu versteuernden Ergebnisses werden sie jedoch in der Periode abgezogen, in der sie anfallen. Solche Entwicklungskosten haben eine steuerliche Basis von Null, da sie bereits vom zu versteuernden Ergebnis abgezogen wurden. Die temporäre Differenz ist der Unterschiedsbetrag zwischen dem Buchwert der Entwicklungskosten und ihrer steuerlichen Basis von Null.

18 Temporäre Differenzen entstehen ebenfalls, wenn:

(a) die bei einem Unternehmenszusammenschluss erworbenen identifizierbaren Vermögenswerte und die übernommenen Schulden gemäß IFRS 3 *Unternehmenszusammenschlüsse* mit ihren beizulegenden Zeitwerten angesetzt werden, jedoch keine entsprechende Bewertungsanpassung für Steuerzwecke erfolgt (siehe Paragraph 19);

(b) Vermögenswerte neu bewertet werden und für Steuerzwecke keine entsprechende Bewertungsanpassung durchgeführt wird (siehe Paragraph 20);

(c) ein Geschäfts- oder Firmenwert bei einem Unternehmenszusammenschluss entsteht (siehe Paragraph 21);

(d) die steuerliche Basis eines Vermögenswerts oder einer Schuld beim erstmaligen Ansatz von dessen bzw. deren anfänglichem Buchwert abweicht, beispielsweise, wenn ein Unternehmen steuerfreie Zuwendungen der öffentlichen Hand für bestimmte Vermögenswerte erhält (siehe Paragraphen 22 und 33); oder

(e) der Buchwert von Anteilen an Tochterunternehmen, Zweigniederlassungen und assoziierten Unternehmen oder Anteilen an gemeinsamen Vereinbarungen sich verändert hat, so dass er sich von der steuerlichen Basis der Anteile unterscheidet (siehe Paragraphen 38–45).

Unternehmenszusammenschlüsse

19 Die bei einem Unternehmenszusammenschluss erworbenen identifizierbaren Vermögenswerte und übernommenen Schulden werden mit begrenzten Ausnahmen mit ihren beizulegenden Zeitwerten zum Erwerbszeitpunkt angesetzt. Temporäre Differenzen entstehen, wenn die steuerliche Basis der erworbenen identifizierbaren Vermögenswerte oder übernommenen identifizierbaren Schulden vom Unternehmenszusammenschluss nicht oder anders beeinflusst wird. Wenn beispielsweise der Buchwert eines Vermögenswertes auf seinen beizulegenden Zeitwert erhöht wird, die steuerliche Basis des Vermögenswerts jedoch weiterhin dem Betrag der Anschaffungskosten des früheren Eigentümers entspricht, führt dies zu einer zu versteuernden temporären Differenz, aus der eine latente Steuerschuld resultiert. Die sich ergebende latente Steuerschuld beeinflusst den Geschäfts- oder Firmenwert (siehe Paragraph 66).

Vermögenswerte, die zum beizulegenden Zeitwert angesetzt werden

20 IFRS gestatten oder fordern, dass bestimmte Vermögenswerte zum beizulegenden Zeitwert angesetzt oder neubewertet werden (siehe zum Beispiel IAS 16 *Sachanlagen*, IAS 38 *Immaterielle Vermögenswerte*, IAS 39 *Finanzinstrumente: Ansatz und Bewertung* und IAS 40 *Als Finanzinvestition gehaltene Immobilien*). In manchen Steuerrechtsordnungen beeinflusst die Neubewertung oder eine andere Anpassung eines Vermögenswerts auf den beizulegenden Zeitwert das zu versteuernde Ergebnis (den steuerlichen Verlust) der Berichtsperiode. Als Folge davon wird die steuerliche Basis des Vermögenswerts angepasst, und es entstehen keine temporären Differenzen. In anderen Steuerrechtsordnungen beeinflusst die Neubewertung oder Anpassung eines Vermögenswerts nicht das zu versteuernde Ergebnis der Periode der Neubewertung oder der Anpassung, und demzufolge wird die steuerliche Basis des Vermögenswerts nicht angepasst. Trotzdem führt die künftige Realisierung des Buchwerts zu einem zu versteuernden Zufluss an wirtschaftlichem Nutzen für das Unternehmen und der Betrag, der für Steuerzwecke abzugsfähig ist, wird von dem des wirtschaftlichen Nutzens abweichen. Der Unterschiedsbetrag zwischen dem Buchwert eines neubewerteten Vermögenswerts und seiner steuerlichen Basis ist eine temporäre Differenz und führt zu einer latenten Steuerschuld oder einem latenten Steueranspruch. Dies trifft auch zu, wenn:

Some temporary differences arise when income or expense is included in accounting profit in one period but is included 17
in taxable profit in a different period. Such temporary differences are often described as timing differences. The following
are examples of temporary differences of this kind which are taxable temporary differences and which therefore result in
deferred tax liabilities:

(a) interest revenue is included in accounting profit on a time proportion basis but may, in some jurisdictions, be
     included in taxable profit when cash is collected. The tax base of any receivable recognised in the statement of finan-
     cial position with respect to such revenues is nil because the revenues do not affect taxable profit until cash is col-
     lected;

(b) depreciation used in determining taxable profit (tax loss) may differ from that used in determining accounting
     profit. The temporary difference is the difference between the carrying amount of the asset and its tax base which is
     the original cost of the asset less all deductions in respect of that asset permitted by the taxation authorities in deter-
     mining taxable profit of the current and prior periods. A taxable temporary difference arises, and results in a
     deferred tax liability, when tax depreciation is accelerated (if tax depreciation is less rapid than accounting deprecia-
     tion, a deductible temporary difference arises, and results in a deferred tax asset); and

(c) development costs may be capitalised and amortised over future periods in determining accounting profit but
     deducted in determining taxable profit in the period in which they are incurred. Such development costs have a tax
     base of nil as they have already been deducted from taxable profit. The temporary difference is the difference
     between the carrying amount of the development costs and their tax base of nil.

Temporary differences also arise when: 18

(a) the identifiable assets acquired and liabilities assumed in a business combination are recognised at their fair values
     in accordance with IFRS 3 *Business Combinations,* but no equivalent adjustment is made for tax purposes (see para-
     graph 19);

(b) assets are revalued and no equivalent adjustment is made for tax purposes (see paragraph 20);

(c) goodwill arises in a business combination (see paragraph 21);

(d) the tax base of an asset or liability on initial recognition differs from its initial carrying amount, for example when
     an entity benefits from non-taxable government grants related to assets (see paragraphs 22 and 33); or

(e) the carrying amount of investments in subsidiaries, branches and associates or interests in joint arrangements
     becomes different from the tax base of the investment or interest (see paragraphs 38—45).

Business combinations

With limited exceptions, the identifiable assets acquired and liabilities assumed in a business combination are recognised 19
at their fair values at the acquisition date. Temporary differences arise when the tax bases of the identifiable assets
acquired and liabilities assumed are not affected by the business combination or are affected differently. For example,
when the carrying amount of an asset is increased to fair value but the tax base of the asset remains at cost to the previous
owner, a taxable temporary difference arises which results in a deferred tax liability. The resulting deferred tax liability
affects goodwill (see paragraph 66).

Assets carried at fair value

IFRSs permit or require certain assets to be carried at fair value or to be revalued (see, for example, IAS 16 *Property, plant* 20
and equipment, IAS 38 *Intangible assets,* IAS 39 *Financial instruments: recognition and measurement* and IAS 40 *Investment property).* In some jurisdictions, the revaluation or other restatement of an asset to fair value affects taxable profit
(tax loss) for the current period. As a result, the tax base of the asset is adjusted and no temporary difference arises. In
other jurisdictions, the revaluation or restatement of an asset does not affect taxable profit in the period of the revaluation
or restatement and, consequently, the tax base of the asset is not adjusted. Nevertheless, the future recovery of the carrying
amount will result in a taxable flow of economic benefits to the entity and the amount that will be deductible for tax
purposes will differ from the amount of those economic benefits. The difference between the carrying amount of a revalued asset and its tax base is a temporary difference and gives rise to a deferred tax liability or asset. This is true even if:

(a) das Unternehmen keine Veräußerung des Vermögenswerts beabsichtigt. In solchen Fällen wird der neubewertete Buchwert des Vermögenswerts durch seine Nutzung realisiert, und dies erzeugt zu versteuerndes Einkommen, das die in den Folgeperioden die steuerlich zulässige Abschreibung übersteigt; oder

(b) die Steuer auf Kapitalerträge aufgeschoben wird, wenn die Erlöse aus dem Verkauf des Vermögenswerts in ähnliche Vermögenswerte wieder angelegt werden. In solchen Fällen wird die Steuerzahlung endgültig bei Verkauf oder Nutzung der ähnlichen Vermögenswerte fällig.

Geschäfts- oder Firmenwert

21 Der bei einem Unternehmenszusammenschluss entstehende Geschäfts- oder Firmenwert wird als der Unterschiedsbetrag zwischen (a) und (b) bewertet:

(a) die Summe aus:

    (i) der übertragenen Gegenleistung, die gemäß IFRS 3 im Allgemeinen zu dem am Erwerbszeitpunkt geltenden beizulegenden Zeitwert bestimmt wird;

    (ii) dem Betrag aller nicht beherrschenden Anteile an dem erworbenen Unternehmen, die gemäß IFRS 3 ausgewiesen werden; und

    (iii) dem am Erwerbszeitpunkt geltenden beizulegenden Zeitwert des zuvor vom Erwerber gehaltenen Eigenkapitalanteils an dem erworbenen Unternehmen, wenn es sich um einen sukzessiven Unternehmenszusammenschluss handelt.

(b) der Saldo der zum Erwerbszeitpunkt bestehenden und gemäß IFRS 3 bewerteten Beträge der erworbenen identifizierbaren Vermögenswerte und der übernommenen Schulden.

Viele Steuerbehörden gestatten bei der Ermittlung des zu versteuernden Ergebnisses keine Verminderungen des Buchwerts des Geschäfts- oder Firmenwerts als abzugsfähigen betrieblichen Aufwand. Außerdem sind die Anschaffungskosten des Geschäfts- oder Firmenwerts nach solchen Rechtsordnungen häufig nicht abzugsfähig, wenn ein Tochterunternehmen sein zugrunde liegendes Geschäft veräußert. Bei dieser Rechtslage hat der Geschäfts- oder Firmenwert eine steuerliche Basis von Null. Jeglicher Unterschiedsbetrag zwischen dem Buchwert des Geschäfts- oder Firmenwerts und seiner steuerlichen Basis von Null ist eine zu versteuernde temporäre Differenz. Dieser Standard erlaubt jedoch nicht den Ansatz der entstehenden latenten Steuerschuld, weil der Geschäfts- oder Firmenwert als ein Restwert bewertet wird und der Ansatz der latenten Steuerschuld wiederum eine Erhöhung des Buchwerts des Geschäfts- oder Firmenwerts zur Folge hätte.

21A Nachträgliche Verringerungen einer latenten Steuerschuld, die nicht angesetzt ist, da sie aus einem erstmaligen Ansatz eines Geschäfts- oder Firmenwerts hervorging, werden angesehen, als wären sie aus dem erstmaligen Ansatz des Geschäfts- oder Firmenwerts entstanden und daher nicht gemäß Paragraph 15 (a) angesetzt. Wenn beispielsweise ein Unternehmen einen bei einem Unternehmenszusammenschluss erworbenen Geschäfts- oder Firmenwert, der eine steuerliche Basis von Null hat, mit 100 WE ansetzt, untersagt Paragraph 15 (a) dem Unternehmen, die daraus entstehende latente Steuerschuld anzusetzen. Wenn das Unternehmen nachträglich einen Wertminderungsaufwand von 20 WE für diesen Geschäfts- oder Firmenwert erfasst, so wird der Betrag der zu versteuernden temporären Differenz in Bezug auf den Geschäfts- oder Firmenwert von 100 WE auf 80 WE vermindert mit einer daraus ergebenden Wertminderung der nicht bilanzierten latenten Steuerschuld. Diese Wertminderung der nicht bilanzierten latenten Steuerschuld wird angesehen, als wäre sie aus dem erstmaligen Ansatz des Geschäfts- oder Firmenwerts entstanden, und ist daher vom Ansatz gemäß Paragraph 15 (a) ausgenommen.

21B Latente Steuerschulden für zu versteuernde temporäre Differenzen werden jedoch in Bezug auf den Geschäfts- oder Firmenwert in dem Maße angesetzt, in dem sie nicht aus dem erstmaligen Ansatz des Geschäfts- oder Firmenwerts hervorgehen. Wenn ein bei einem Unternehmenszusammenschluss erworbener Geschäfts- oder Firmenwert beispielsweise mit 100 WE angesetzt wird und mit einem Satz von 20 Prozent pro Jahr steuerlich abzugsfähig ist, beginnend im Erwerbsjahr, so beläuft sich die steuerliche Basis des Geschäfts- oder Firmenwerts bei erstmaligem Ansatz auf 100 WE und am Ende des Erwerbsjahres auf 80 WE. Wenn der Buchwert des Geschäfts- oder Firmenwerts am Ende des Erwerbsjahres unverändert bei 100 WE liegt, entsteht am Ende dieses Jahres eine zu versteuernde temporäre Differenz von 20 WE. Da diese zu versteuernde temporäre Differenz sich nicht auf den erstmaligen Ansatz des Geschäfts- oder Firmenwerts bezieht, wird die daraus entstehende latente Steuerschuld angesetzt.

Erstmaliger Ansatz eines Vermögenswerts oder einer Schuld

22 Beim erstmaligen Ansatz eines Vermögenswerts oder einer Schuld kann ein temporärer Unterschied entstehen, beispielsweise, wenn der Betrag der Anschaffungskosten eines Vermögenswerts teilweise oder insgesamt steuerlich nicht abzugsfähig ist. Die Bilanzierungsmethode für einen derartigen temporären Unterschied hängt von der Art des Geschäftsvorfalles ab, welcher dem erstmaligen Ansatz des Vermögenswerts oder der Verbindlichkeit zugrunde lag:

(a) bei einem Unternehmenszusammenschluss bilanziert ein Unternehmen alle latenten Steuerschulden oder latenten Steueransprüche, und dies, beeinflusst die Höhe des Geschäfts- oder Firmenwerts oder den Gewinn aus einem Erwerb zu einem Preis unter dem Marktwert (siehe Paragraph 19);

(b) falls der Geschäftsvorfall entweder das bilanzielle Ergebnis vor Steuern oder das zu versteuernde Ergebnis beeinflusst, bilanziert ein Unternehmen alle latenten Steuerschulden oder latenten Steueransprüche und erfasst den sich ergebenden latenten Steueraufwand oder Steuerertrag im Gewinn oder Verlust (siehe Paragraph 59);

(a) the entity does not intend to dispose of the asset. In such cases, the revalued carrying amount of the asset will be recovered through use and this will generate taxable income which exceeds the depreciation that will be allowable for tax purposes in future periods; or

(b) tax on capital gains is deferred if the proceeds of the disposal of the asset are invested in similar assets. In such cases, the tax will ultimately become payable on sale or use of the similar assets.

Goodwill

Goodwill arising in a business combination is measured as the excess of (a) over (b) below:

(a) the aggregate of:
  (i) the consideration transferred measured in accordance with IFRS 3, which generally requires acquisition-date fair value;
  (ii) the amount of any non-controlling interest in the acquiree recognised in accordance with IFRS 3; and
  (iii) in a business combination achieved in stages, the acquisition-date fair value of the acquirer's previously held equity interest in the acquiree.

(b) the net of the acquisition-date amounts of the identifiable assets acquired and liabilities assumed measured in accordance with IFRS 3.

Many taxation authorities do not allow reductions in the carrying amount of goodwill as a deductible expense in determining taxable profit. Moreover, in such jurisdictions, the cost of goodwill is often not deductible when a subsidiary disposes of its underlying business. In such jurisdictions, goodwill has a tax base of nil. Any difference between the carrying amount of goodwill and its tax base of nil is a taxable temporary difference. However, this standard does not permit the recognition of the resulting deferred tax liability because goodwill is measured as a residual and the recognition of the deferred tax liability would increase the carrying amount of goodwill.

Subsequent reductions in a deferred tax liability that is unrecognised because it arises from the initial recognition of goodwill are also regarded as arising from the initial recognition of goodwill and are therefore not recognised under paragraph 15 (a). For example, if in a business combination an entity recognises goodwill of CU100 that has a tax base of nil, paragraph 15 (a) prohibits the entity from recognising the resulting deferred tax liability. If the entity subsequently recognises an impairment loss of CU20 for that goodwill, the amount of the taxable temporary difference relating to the goodwill is reduced from CU100 to CU80, with a resulting decrease in the value of the unrecognised deferred tax liability. That decrease in the value of the unrecognised deferred tax liability is also regarded as relating to the initial recognition of the goodwill and is therefore prohibited from being recognised under paragraph 15 (a). **21A**

Deferred tax liabilities for taxable temporary differences relating to goodwill are, however, recognised to the extent they do not arise from the initial recognition of goodwill. For example, if in a business combination an entity recognises goodwill of CU100 that is deductible for tax purposes at a rate of 20 per cent per year starting in the year of acquisition, the tax base of the goodwill is CU100 on initial recognition and CU80 at the end of the year of acquisition. If the carrying amount of goodwill at the end of the year of acquisition remains unchanged at CU100, a taxable temporary difference of CU20 arises at the end of that year. Because that taxable temporary difference does not relate to the initial recognition of the goodwill, the resulting deferred tax liability is recognised. **21B**

Initial recognition of an asset or liability

A temporary difference may arise on initial recognition of an asset or liability, for example if part or all of the cost of an asset will not be deductible for tax purposes. The method of accounting for such a temporary difference depends on the nature of the transaction that led to the initial recognition of the asset or liability: **22**

(a) in a business combination, an entity recognises any deferred tax liability or asset and this affects the amount of goodwill or bargain purchase gain it recognises (see paragraph 19);

(b) if the transaction affects either accounting profit or taxable profit, an entity recognises any deferred tax liability or asset and recognises the resulting deferred tax expense or income in profit or loss (see paragraph 59);

(c) falls es sich bei dem Geschäftsvorfall nicht um einen Unternehmenszusammenschluss handelt und weder das bilanzielle Ergebnis vor Steuern noch das zu versteuernde Ergebnis beeinflusst werden, würde ein Unternehmen, falls keine Befreiung gemäß den Paragraphen 15 und 24 möglich ist, die sich ergebenden latenten Steuerschulden oder latenten Steueransprüche bilanzieren und den Buchwert des Vermögenswerts oder der Schuld in Höhe des gleichen Betrags berichtigen. Ein Abschluss würde jedoch durch solche Berichtigungen unklarer. Aus diesem Grund gestattet dieser Standard einem Unternehmen keine Bilanzierung der sich ergebenden latenten Steuerschuld oder des sich ergebenden latenten Steueranspruchs, weder beim erstmaligen Ansatz noch später (siehe nachstehendes Beispiel). Außerdem berücksichtigt ein Unternehmen auch keine späteren Änderungen der nicht erfassten latenten Steuerschulden oder latenten Steueransprüche infolge der Abschreibung des Vermögenswerts.

Beispiel zur Veranschaulichung des Paragraphen 22 (c) Ein Unternehmen beabsichtigt, einen Vermögenswert mit Anschaffungskosten von 1000 während seiner Nutzungsdauer von fünf Jahren zu verwenden und ihn dann zu einem Restwert von Null zu veräußern. Der Steuersatz beträgt 40 %. Die Abschreibung des Vermögenswerts ist steuerlich nicht abzugsfähig. Jeder Kapitalertrag bei einem Verkauf wäre steuerfrei, und jeder Verlust wäre nicht abzugsfähig.

Bei der Realisierung des Buchwertes des Vermögenswerts erzielt das Unternehmen ein zu versteuerndes Ergebnis von 1000 und bezahlt Steuern von 400. Das Unternehmen bilanziert die sich ergebende latente Steuerschuld von 400 nicht, da sie aus dem erstmaligen Ansatz des Vermögenswerts stammt.

In der Folgeperiode beträgt der Buchwert des Vermögenswerts 800. Bei der Erzielung eines zu versteuernden Ergebnisses von 800 bezahlt das Unternehmen Steuern in Höhe von 320. Das Unternehmen bilanziert die latente Steuerschuld von 320 nicht, da sie aus dem erstmaligen Ansatz des Vermögenswerts stammt.

23 Gemäß *IAS 32 Finanzinstrumente: Darstellung*, stuft der Emittent zusammengesetzter Finanzinstrumente (beispielsweise einer Wandelschuldverschreibung) die Schuldkomponente des Instrumentes als eine Schuld und die Eigenkapitalkomponente als Eigenkapital ein. Gemäß manchen Gesetzgebungen ist beim erstmaligen Ansatz die steuerliche Basis der Schuldkomponente gleich dem anfänglichen Betrag der Summe aus Schuld- und Eigenkapitalkomponente. Die entstehende zu versteuernde temporäre Differenz ergibt sich daraus, dass der erstmalige Ansatz der Eigenkapitalkomponente getrennt von derjenigen der Schuldkomponente erfolgt. Daher ist die in Paragraph 15 (b) dargestellte Ausnahme nicht anwendbar. Demzufolge bilanziert ein Unternehmen die sich ergebende latente Steuerschuld. Gemäß Paragraph 61A wird die latente Steuerschuld unmittelbar dem Buchwert der Eigenkapitalkomponente belastet. Gemäß Paragraph 58 werden nachfolgende Änderungen der latenten Steuerschuld im Gewinn oder Verlust als latente(r) Steueraufwand (Steuerertrag) erfasst.

Abzugsfähige temporäre Differenzen

24 Ein latenter Steueranspruch ist für alle abzugsfähigen temporären Differenzen in dem Maße zu bilanzieren, wie es wahrscheinlich ist, dass ein zu versteuerndes Ergebnis verfügbar sein wird, gegen das die abzugsfähige temporäre Differenz verwendet werden kann, es sei denn, der latente Steueranspruch stammt aus dem erstmaligen Ansatz eines Vermögenswerts oder einer Schuld zu einem Geschäftsvorfall, der

(a) kein Unternehmenszusammenschluss ist; und

(b) zum Zeitpunkt des Geschäftsvorfalls weder das bilanzielle Ergebnis vor Steuern noch das zu versteuernde Ergebnis (den steuerlichen Verlust) beeinflusst.

Für abzugsfähige temporäre Differenzen in Verbindung mit Anteilen an Tochterunternehmen, Zweigniederlassungen und assoziierten Unternehmen sowie Anteilen an gemeinsame Vereinbarungen ist ein latenter Steueranspruch jedoch gemäß Paragraph 44 zu bilanzieren.

25 Definitionsgemäß wird bei der Bilanzierung einer Schuld angenommen, dass deren Buchwert in künftigen Perioden durch einen Abfluss wirtschaftlich relevanter Unternehmensressourcen erfüllt wird. Beim Abfluss der Ressourcen vom Unternehmen können alle Beträge oder ein Teil davon bei der Ermittlung des zu versteuernden Ergebnisses einer Periode, die zeitlich auf die Periode der Passivierung der Schuld folgt, abzugsfähig sein. In solchen Fällen besteht eine temporäre Differenz zwischen dem Buchwert der Schuld und ihrer steuerlichen Basis. Dementsprechend entsteht ein latenter Steueranspruch im Hinblick auf die in künftigen Perioden erstattungsfähigen Ertragsteuern, wenn dieser Teil der Schuld bei der Ermittlung des zu versteuernden Ergebnisses abzugsfähig ist. Ist analog der Buchwert eines Vermögenswerts geringer als seine steuerliche Basis, entsteht aus dem Unterschiedsbetrag ein latenter Steueranspruch in Bezug auf die in künftigen Perioden erstattungsfähigen Ertragsteuern.

Beispiel Ein Unternehmen bilanziert eine Schuld von 100 für kumulierte Gewährleistungskosten hinsichtlich eines Produkts. Die Gewährleistungskosten für dieses Produkt sind für steuerliche Zwecke erst zu dem Zeitpunkt abzugsfähig, an dem das Unternehmen Gewährleistungsverpflichtungen zahlt. Der Steuersatz beträgt 25 %.

(c) if the transaction is not a business combination, and affects neither accounting profit nor taxable profit, an entity would, in the absence of the exemption provided by paragraphs 15 and 24, recognise the resulting deferred tax liability or asset and adjust the carrying amount of the asset or liability by the same amount. Such adjustments would make the financial statements less transparent. Therefore, this standard does not permit an entity to recognise the resulting deferred tax liability or asset, either on initial recognition or subsequently (see example below). Furthermore, an entity does not recognise subsequent changes in the unrecognised deferred tax liability or asset as the asset is depreciated.

Example illustrating paragraph 22 (c)   An entity intends to use an asset which cost 1000 throughout its useful life of five years and then dispose of it for a residual value of nil. The tax rate is 40 %. Depreciation of the asset is not deductible for tax purposes. On disposal, any capital gain would not be taxable and any capital loss would not be deductible.

As it recovers the carrying amount of the asset, the entity will earn taxable income of 1000 and pay tax of 400. The entity does not recognise the resulting deferred tax liability of 400 because it results from the initial recognition of the asset.

In the following year, the carrying amount of the asset is 800. In earning taxable income of 800, the entity will pay tax of 320. The entity does not recognise the deferred tax liability of 320 because it results from the initial recognition of the asset.

23   In accordance with IAS 32 *Financial instruments: presentation* the issuer of a compound financial instrument (for example, a convertible bond) classifies the instrument's liability component as a liability and the equity component as equity. In some jurisdictions, the tax base of the liability component on initial recognition is equal to the initial carrying amount of the sum of the liability and equity components. The resulting taxable temporary difference arises from the initial recognition of the equity component separately from the liability component. Therefore, the exception set out in paragraph 15 (b) does not apply. Consequently, an entity recognises the resulting deferred tax liability. In accordance with paragraph 61A, the deferred tax is charged directly to the carrying amount of the equity component. In accordance with paragraph 58, subsequent changes in the deferred tax liability are recognised in profit or loss as deferred tax expense (income).

Deductible temporary differences

24   A deferred tax asset shall be recognised for all deductible temporary differences to the extent that it is probable that taxable profit will be available against which the deductible temporary difference can be utilised, unless the deferred tax asset arises from the initial recognition of an asset or liability in a transaction that:
(a) is not a business combination; and
(b) at the time of the transaction, affects neither accounting profit nor taxable profit (tax loss).
However, for deductible temporary differences associated with investments in subsidiaries, branches and associates, and interests in joint arrangements, a deferred tax asset shall be recognised in accordance with paragraph 44.

25   It is inherent in the recognition of a liability that the carrying amount will be settled in future periods through an outflow from the entity of resources embodying economic benefits. When resources flow from the entity, part or all of their amounts may be deductible in determining taxable profit of a period later than the period in which the liability is recognised. In such cases, a temporary difference exists between the carrying amount of the liability and its tax base. Accordingly, a deferred tax asset arises in respect of the income taxes that will be recoverable in the future periods when that part of the liability is allowed as a deduction in determining taxable profit. Similarly, if the carrying amount of an asset is less than its tax base, the difference gives rise to a deferred tax asset in respect of the income taxes that will be recoverable in future periods.

Example   An entity recognises a liability of 100 for accrued product warranty costs. For tax purposes, the product warranty costs will not be deductible until the entity pays claims. The tax rate is 25 %.

Die steuerliche Basis der Schuld ist Null (Buchwert von 100 abzüglich des Betrags, der im Hinblick auf die Schulden in zukünftigen Perioden steuerlich abzugsfähig ist). Mit der Erfüllung der Schuld zu ihrem Buchwert verringert das Unternehmen seinkünftiges zu versteuerndes Ergebnis um einen Betrag von 100 und verringert folglich seine zukünftigen Steuerzahlungen um 25 (25 % von 100). Der Unterschiedsbetrag zwischen dem Buchwert von 100 und der steuerlichen Basis von Null ist eine abzugsfähige temporäre Differenz von 100. Daher bilanziert das Unternehmen einen latenten Steueranspruch von 25 (25 % von 100), vorausgesetzt, es ist wahrscheinlich, dass das Unternehmen in künftigen Perioden ein ausreichendes zu versteuerndes Ergebnis erwirtschaftet, um aus der Verringerung der Steuerzahlungen einen Vorteil zu ziehen.

26 Im Folgenden sind Beispiele von abzugsfähigen temporären Differenzen aufgeführt, die latente Steueransprüche zur Folge haben:

(a) Kosten der betrieblichen Altersversorgung können bei der Ermittlung des bilanziellen Ergebnisses vor Steuern entsprechend der Leistungserbringung durch den Arbeitnehmer abgezogen werden. Der Abzug zur Ermittlung des zu versteuernden Ergebnisses ist hingegen erst zulässig, wenn die Beiträge vom Unternehmen in einen Pensionsfonds eingezahlt werden oder wenn betriebliche Altersversorgungsleistungen vom Unternehmen bezahlt werden. Es besteht eine temporäre Differenz zwischen dem Buchwert der Schuld und ihrer steuerlichen Basis, wobei die steuerliche Basis der Schuld im Regelfall Null ist. Eine derartige abzugsfähige temporärer Differenz hat einen latenten Steueranspruch zur Folge, da die Verminderung des zu versteuernden Ergebnisses durch die Bezahlung von Beiträgen oder Versorgungsleistungen für das Unternehmen einen Zufluss an wirtschaftlichem Nutzen bedeutet;

(b) Forschungskosten werden in der Periode, in der sie anfallen, als Aufwand bei der Ermittlung des bilanziellen Ergebnisses vor Steuern erfasst, der Abzug bei der Ermittlung des zu versteuernden Ergebnisses (steuerlichen Verlustes) ist möglicherweise erst in einer späteren Periode zulässig. Der Unterschiedsbetrag zwischen der steuerlichen Basis der Forschungskosten als dem Betrag, dessen Abzug in zukünftigen Perioden von den Steuerbehörden erlaubt wird, und dem Buchwert von Null ist eine abzugsfähige temporäre Differenz, die einen latenten Steueranspruch zur Folge hat;

(c) die bei einem Unternehmenszusammenschluss erworbenen identifizierbaren Vermögenswerte und übernommenen Schulden werden mit begrenzten Ausnahmen mit ihren beizulegenden Zeitwerten zum Erwerbszeitpunkt angesetzt. Wird eine übernommene Schuld zum Erwerbszeitpunkt angesetzt, die damit verbundenen Kosten bei der Ermittlung des zu versteuernden Ergebnisses aber erst in einer späteren Periode in Abzug gebracht, entsteht eine abzugsfähige temporäre Differenz, die einen latenten Steueranspruch zur Folge hat. Ein latenter Steueranspruch entsteht ebenfalls, wenn der beizulegende Zeitwert eines erworbenen identifizierbaren Vermögenswerts geringer als seine steuerliche Basis ist. In beiden Fällen beeinflusst der sich ergebende latente Steueranspruch den Geschäfts- oder Firmenwert (siehe Paragraph 66); und

(d) bestimmte Vermögenswerte können zum beizulegenden Zeitwert bilanziert oder neubewertet sein, ohne dass eine entsprechende Bewertungsanpassung für steuerliche Zwecke durchgeführt wird (siehe Paragraph 20). Es entsteht eine abzugsfähige temporäre Differenz, wenn die steuerliche Basis des Vermögenswerts seinen Buchwert übersteigt.

27 Die Auflösung abzugsfähiger temporärer Differenzen führt zu Abzügen bei der Ermittlung des zu versteuernden Ergebnisses zukünftiger Perioden. Der wirtschaftliche Nutzen in der Form verminderter Steuerzahlungen fließt dem Unternehmen allerdings nur dann zu, wenn es ausreichende zu versteuernde Ergebnisse erzielt, gegen die die Abzüge saldiert werden können. Daher bilanziert ein Unternehmen latente Steueransprüche nur, wenn es wahrscheinlich ist, dass zu versteuernde Ergebnisse zur Verfügung stehen, gegen welche die abzugsfähigen temporären Differenzen verwendet werden können.

28 Es ist wahrscheinlich, dass das zu versteuernde Ergebnis zur Verfügung stehen wird, gegen das eine abzugsfähige temporäre Differenz verwendet werden kann, wenn ausreichende zu versteuernde temporäre Differenzen in Bezug auf die gleiche Steuerbehörde und das gleiche Steuersubjekt vorhanden sind, deren Auflösung erwartet wird:

(a) in der gleichen Periode wie die erwartete Auflösung der abzugsfähigen temporären Differenz; oder

(b) in Perioden, in die steuerliche Verluste aus dem latenten Steueranspruch zurückgetragen oder vorgetragen werden können.

In solchen Fällen wird der latente Steueranspruch in der Periode, in der die abzugsfähigen temporären Differenzen entstehen, bilanziert.

29 Liegen keine ausreichenden zu versteuernden temporären Differenzen in Bezug auf die gleiche Steuerbehörde und das gleiche Steuersubjekt vor, wird der latente Steueranspruch bilanziert, soweit

(a) es wahrscheinlich ist, dass dem Unternehmen ausreichende zu versteuernde Ergebnisse in Bezug auf die gleiche Steuerbehörde und das gleiche Steuersubjekt in der Periode der Auflösung der abzugsfähigen temporären Differenz (oder in den Perioden, in die ein steuerlicher Verlust infolge eines latenten Steueranspruches zurückgetragen oder vorgetragen werden kann) zur Verfügung stehen werden. Bei der Einschätzung, ob ein ausreichend zu versteuerndes Ergebnis in künftigen Perioden zur Verfügung stehen wird, lässt ein Unternehmen zu versteuernde Beträge außer Acht, die sich aus dem in künftigen Perioden erwarteten Entstehen von abzugsfähigen temporären Differenzen ergeben, weil der latente Steueranspruch aus diesen abzugsfähigen temporären Differenzen seinerseits ein künftiges zu versteuerndes Ergebnis voraussetzt, um genutzt zu werden; oder

(b) es bieten sich dem Unternehmen Steuergestaltungsmöglichkeiten zur Erzeugung eines zu versteuernden Ergebnisses in geeigneten Perioden.

The tax base of the liability is nil (carrying amount of 100, less the amount that will be deductible for tax purposes in respect of that liability in future periods). In settling the liability for its carrying amount, the entity will reduce its future taxable profit by an amount of 100 and, consequently, reduce its future tax payments by 25 (100 at 25 %). The difference between the carrying amount of 100 and the tax base of nil is a deductible temporary difference of 100. Therefore, the entity recognises a deferred tax asset of 25 (100 at 25 %), provided that it is probable that the entity will earn sufficient taxable profit in future periods to benefit from a reduction in tax payments.

The following are examples of deductible temporary differences which result in deferred tax assets: **26**

(a) retirement benefit costs may be deducted in determining accounting profit as service is provided by the employee, but deducted in determining taxable profit either when contributions are paid to a fund by the entity or when retirement benefits are paid by the entity. A temporary difference exists between the carrying amount of the liability and its tax base; the tax base of the liability is usually nil. Such a deductible temporary difference results in a deferred tax asset as economic benefits will flow to the entity in the form of a deduction from taxable profits when contributions or retirement benefits are paid;

(b) research costs are recognised as an expense in determining accounting profit in the period in which they are incurred but may not be permitted as a deduction in determining taxable profit (tax loss) until a later period. The difference between the tax base of the research costs, being the amount the taxation authorities will permit as a deduction in future periods, and the carrying amount of nil is a deductible temporary difference that results in a deferred tax asset;

(c) with limited exceptions, an entity recognises the identifiable assets acquired and liabilities assumed in a business combination at their fair values at the acquisition date. When a liability assumed is recognised at the acquisition date but the related costs are not deducted in determining taxable profits until a later period, a deductible temporary difference arises which results in a deferred tax asset. A deferred tax asset also arises when the fair value of an identifiable asset acquired is less than its tax base. In both cases, the resulting deferred tax asset affects goodwill (see paragraph 66); and

(d) certain assets may be carried at fair value, or may be revalued, without an equivalent adjustment being made for tax purposes (see paragraph 20). A deductible temporary difference arises if the tax base of the asset exceeds its carrying amount.

The reversal of deductible temporary differences results in deductions in determining taxable profits of future periods. **27** However, economic benefits in the form of reductions in tax payments will flow to the entity only if it earns sufficient taxable profits against which the deductions can be offset. Therefore, an entity recognises deferred tax assets only when it is probable that taxable profits will be available against which the deductible temporary differences can be utilised.

It is probable that taxable profit will be available against which a deductible temporary difference can be utilised when **28** there are sufficient taxable temporary differences relating to the same taxation authority and the same taxable entity which are expected to reverse:

(a) in the same period as the expected reversal of the deductible temporary difference; or

(b) in periods into which a tax loss arising from the deferred tax asset can be carried back or forward.

In such circumstances, the deferred tax asset is recognised in the period in which the deductible temporary differences arise.

When there are insufficient taxable temporary differences relating to the same taxation authority and the same taxable **29** entity, the deferred tax asset is recognised to the extent that:

(a) it is probable that the entity will have sufficient taxable profit relating to the same taxation authority and the same taxable entity in the same period as the reversal of the deductible temporary difference (or in the periods into which a tax loss arising from the deferred tax asset can be carried back or forward). In evaluating whether it will have sufficient taxable profit in future periods, an entity ignores taxable amounts arising from deductible temporary differences that are expected to originate in future periods, because the deferred tax asset arising from these deductible temporary differences will itself require future taxable profit in order to be utilised; or

(b) tax planning opportunities are available to the entity that will create taxable profit in appropriate periods.

30 Steuergestaltungsmöglichkeiten sind Aktionen, die das Unternehmen ergreifen würde, um ein zu versteuerndes Ergebnis in einer bestimmten Periode zu erzeugen oder zu erhöhen, bevor ein steuerlicher Verlust- oder Gewinnvortrag verfällt. Beispielsweise kann nach manchen Steuergesetzgebungen das zu versteuernde Ergebnis wie folgt erzeugt oder erhöht werden:

(a) durch Wahl der Besteuerung von Zinserträgen entweder auf der Grundlage des Zuflussprinzips oder der Abgrenzung als ausstehende Forderung;

(b) durch ein Hinausschieben von bestimmten zulässigen Abzügen vom zu versteuernden Ergebnis;

(c) durch Verkauf und möglicherweise Leaseback von Vermögenswerten, die einen Wertzuwachs erfahren haben, für die aber die steuerliche Basis noch nicht berichtigt wurde, um diesen Wertzuwachs zu erfassen; und

(d) durch Verkauf eines Vermögenswerts, der ein steuerfreies Ergebnis erzeugt (wie, nach manchen Steuergesetzgebungen möglich, einer Staatsobligation), damit ein anderer Vermögenswert gekauft werden kann, der zu versteuerndes Ergebnis erzeugt.

Wenn durch die Ausnutzung von Steuergestaltungsmöglichkeiten ein zu versteuerndes Ergebnis von einer späteren Periode in eine frühere Periode vorgezogen wird, hängt die Verwertung eines steuerlichen Verlust- oder Gewinnvortrags noch vom Vorhandensein künftiger zu versteuernder Ergebnisse ab, welche aus anderen Quellen als aus künftig noch entstehenden temporären Differenzen stammen.

31 Weist ein Unternehmen in der näheren Vergangenheit eine Folge von Verlusten auf, so hat es die Anwendungsleitlinien der Paragraphen 35 und 36 zu beachten.

32 [gestrichen]

Geschäfts- oder Firmenwert

32A Wenn der Buchwert eines bei einem Unternehmenszusammenschluss entstehenden Geschäfts- oder Firmenwerts geringer als seine steuerliche Basis ist, entsteht aus dem Unterschiedsbetrag ein latenter Steueranspruch. Der latente Steueranspruch, der aus dem erstmaligen Ansatz des Geschäfts- oder Firmenwerts hervorgeht, ist im Rahmen der Bilanzierung eines Unternehmenszusammenschlusses insofern anzusetzen, dass die Wahrscheinlichkeit besteht, dass ein zu versteuerndes Ergebnis bestehen wird, gegen das die abzugsfähigen temporären Differenzen aufgelöst werden können.

Erstmaliger Ansatz eines Vermögenswerts oder einer Schuld

33 Ein Fall eines latenten Steueranspruchs aus dem erstmaligen Ansatz eines Vermögenswerts liegt vor, wenn eine nicht zu versteuernde Zuwendung der öffentlichen Hand hinsichtlich eines Vermögenswerts bei der Bestimmung des Buchwerts des Vermögenswerts in Abzug gebracht wird, jedoch für steuerliche Zwecke nicht von dem abschreibungsfähigen Betrag (anders gesagt: der steuerlichen Basis) des Vermögenswerts abgezogen wird. Der Buchwert des Vermögenswerts ist geringer als seine steuerliche Basis, und dies führt zu einer abzugsfähigen temporären Differenz. Zuwendungen der öffentlichen Hand dürfen ebenfalls als passivischer Abgrenzungsposten angesetzt werden. In diesem Fall ergibt der Unterschiedsbetrag zwischen dem passivischen Abgrenzungsposten und seiner steuerlichen Basis von Null eine abzugsfähige temporäre Differenz. Unabhängig von der vom Unternehmen gewählten Darstellungsmethode darf das Unternehmen den sich ergebenden latenten Steueranspruch aufgrund der im Paragraph 22 aufgeführten Begründung nicht bilanzieren.

Noch nicht genutzte steuerliche Verluste und noch nicht genutzte Steuergutschriften

34 Ein latenter Steueranspruch für den Vortrag noch nicht genutzter steuerlicher Verluste und noch nicht genutzter Steuergutschriften ist in dem Umfang zu bilanzieren, in dem es wahrscheinlich ist, dass ein künftiges zu versteuerndes Ergebnis zur Verfügung stehen wird, gegen das die noch nicht genutzten steuerlichen Verluste und noch nicht genutzten Steuergutschriften verwendet werden können.

35 Die Kriterien für die Bilanzierung latenter Steueransprüche aus Vorträgen noch nicht steuerlicher genutzter Verluste und Steuergutschriften sind die gleichen wie die Kriterien für die Bilanzierung latenter Steueransprüche aus abzugsfähigen temporären Differenzen. Allerdings spricht das Vorhandensein noch nicht genutzter steuerlicher Verluste deutlich dafür, dass ein künftiges zu versteuerndes Ergebnis möglicherweise nicht zur Verfügung stehen wird. Weist ein Unternehmen in der näheren Vergangenheit eine Reihe von Verlusten auf, kann es daher latente Steueransprüche aus ungenutzten steuerlichen Verlusten oder ungenutzten Steuergutschriften nur in dem Maße bilanzieren, als es über ausreichende zu versteuernde temporäre Differenzen verfügt oder soweit überzeugende substanzielle Hinweise dafür vorliegen, dass ein ausreichendes zu versteuerndes Ergebnis zur Verfügung stehen wird, gegen das die ungenutzten steuerlichen Verluste oder ungenutzten Steuergutschriften vom Unternehmen verwendet werden können. In solchen Fällen sind gemäß Paragraph 82 der Betrag des latenten Steueranspruches und die substanziellen Hinweise, die den Ansatz rechtfertigen, anzugeben.

36 Bei der Beurteilung der Wahrscheinlichkeit, ob ein zu versteuerndes Ergebnis zur Verfügung stehen wird, gegen das noch nicht genutzte steuerliche Verluste oder noch nicht genutzte Steuergutschriften verwendet werden können, sind von einem Unternehmen die folgenden Kriterien zu beachten:

Tax planning opportunities are actions that the entity would take in order to create or increase taxable income in a parti- **30** cular period before the expiry of a tax loss or tax credit carryforward. For example, in some jurisdictions, taxable profit may be created or increased by:

(a) electing to have interest income taxed on either a received or receivable basis;
(b) deferring the claim for certain deductions from taxable profit;
(c) selling, and perhaps leasing back, assets that have appreciated but for which the tax base has not been adjusted to reflect such appreciation; and
(d) selling an asset that generates non-taxable income (such as, in some jurisdictions, a government bond) in order to purchase another investment that generates taxable income.

Where tax planning opportunities advance taxable profit from a later period to an earlier period, the utilisation of a tax loss or tax credit carryforward still depends on the existence of future taxable profit from sources other than future originating temporary differences.

When an entity has a history of recent losses, the entity considers the guidance in paragraphs 35 and 36. **31**

[deleted] **32**

Goodwill

If the carrying amount of goodwill arising in a business combination is less than its tax base, the difference gives rise to a **32A** deferred tax asset. The deferred tax asset arising from the initial recognition of goodwill shall be recognised as part of the accounting for a business combination to the extent that it is probable that taxable profit will be available against which the deductible temporary difference could be utilised.

Initial recognition of an asset or liability

One case when a deferred tax asset arises on initial recognition of an asset is when a non-taxable government grant related **33** to an asset is deducted in arriving at the carrying amount of the asset but, for tax purposes, is not deducted from the asset's depreciable amount (in other words its tax base); the carrying amount of the asset is less than its tax base and this gives rise to a deductible temporary difference. Government grants may also be set up as deferred income in which case the difference between the deferred income and its tax base of nil is a deductible temporary difference. Whichever method of presentation an entity adopts, the entity does not recognise the resulting deferred tax asset, for the reason given in paragraph 22.

Unused tax losses and unused tax credits

A deferred tax asset shall be recognised for the carryforward of unused tax losses and unused tax credits to the extent that **34** it is probable that future taxable profit will be available against which the unused tax losses and unused tax credits can be utilised.

The criteria for recognising deferred tax assets arising from the carryforward of unused tax losses and tax credits are the **35** same as the criteria for recognising deferred tax assets arising from deductible temporary differences. However, the existence of unused tax losses is strong evidence that future taxable profit may not be available. Therefore, when an entity has a history of recent losses, the entity recognises a deferred tax asset arising from unused tax losses or tax credits only to the extent that the entity has sufficient taxable temporary differences or there is convincing other evidence that sufficient taxable profit will be available against which the unused tax losses or unused tax credits can be utilised by the entity. In such circumstances, paragraph 82 requires disclosure of the amount of the deferred tax asset and the nature of the evidence supporting its recognition.

An entity considers the following criteria in assessing the probability that taxable profit will be available against which the **36** unused tax losses or unused tax credits can be utilised:

(a) ob das Unternehmen ausreichend zu versteuernde temporäre Differenzen in Bezug auf die gleiche Steuerbehörde und das gleiche Steuersubjekt hat, woraus zu versteuernde Beträge erwachsen, gegen die die noch nicht genutzten steuerlichen Verluste oder noch nicht genutzten Steuergutschriften vor ihrem Verfall verwendet werden können;

(b) ob es wahrscheinlich ist, dass das Unternehmen zu versteuernde Ergebnisse erzielen wird, bevor die noch nicht genutzten steuerlichen Verluste oder noch nicht genutzten Steuergutschriften verfallen;

(c) ob die noch nicht genutzten steuerlichen Verluste aus identifizierbaren Ursachen stammen, welche aller Wahrscheinlichkeit nach nicht wieder auftreten; und

(d) ob dem Unternehmen Steuergestaltungsmöglichkeiten (siehe Paragraph 30) zur Verfügung stehen, die ein zu versteuerndes Ergebnis in der Periode erzeugen, in der die noch nicht genutzten steuerlichen Verluste oder noch nicht genutzten Steuergutschriften verwendet werden können.

Der latente Steueranspruch wird in dem Umfang nicht bilanziert, in dem es unwahrscheinlich erscheint, dass das zu versteuernde Ergebnis zur Verfügung stehen wird, gegen das die noch nicht genutzten steuerlichen Verluste oder noch nicht genutzten Steuergutschriften verwendet werden können.

Erneute Beurteilung von nicht angesetzten latenten Steueransprüchen

37 Ein Unternehmen hat zu jedem Abschlussstichtag nicht bilanzierte latente Steueransprüche erneut zu beurteilen. Das Unternehmen setzt einen bislang nicht bilanzierten latenten Steueranspruch in dem Umfang an, in dem es wahrscheinlich geworden ist, dass ein künftiges zu versteuerndes Ergebnis die Realisierung des latenten Steueranspruches gestatten wird. Beispielsweise kann eine Verbesserung des Geschäftsumfeldes es wahrscheinlicher erscheinen lassen, dass das Unternehmen in der Lage sein wird, ein in der Zukunft ausreichend zu versteuerndes Ergebnis für den latenten Steueranspruch zu erzeugen, um die in Paragraph 24 oder 34 beschriebenen Ansatzkriterien zu erfüllen. Ein anderes Beispiel liegt vor, wenn ein Unternehmen latente Steueransprüche zum Zeitpunkt eines Unternehmenszusammenschlusses oder nachfolgend erneut beurteilt (siehe Paragraphen 67 und 68).

Anteile an Tochterunternehmen, Zweigniederlassungen und assoziierten Unternehmen sowie Anteile an gemeinsamen Vereinbarungen

38 Temporäre Differenzen entstehen, wenn der Buchwert von Anteilen an Tochterunternehmen, Zweigniederlassungen und assoziierten Unternehmen oder Anteilen an gemeinsamen Vereinbarungen (d. h. der Anteil des Mutterunternehmens oder des Eigentümers am Nettovermögen des Tochterunternehmens, der Zweigniederlassung, des assoziierten Unternehmens oder des Unternehmens, an dem Anteile gehalten werden, einschließlich des Buchwerts eines Geschäfts- oder Firmenwerts) sich gegenüber der steuerlichen Basis der Anteile (welcher häufig gleich den Anschaffungskosten ist) unterschiedlich entwickelt. Solche Unterschiede können aus einer Reihe unterschiedlicher Umstände entstehen, beispielsweise:

(a) dem Vorhandensein nicht ausgeschütteter Gewinne von Tochterunternehmen, Zweigniederlassungen, assoziierten Unternehmen und gemeinsamen Vereinbarungen;

(b) Änderungen der Wechselkurse, wenn ein Mutterunternehmen und sein Tochterunternehmen ihren jeweiligen Sitz in unterschiedlichen Ländern haben; und

(c) einer Verminderung des Buchwerts der Anteile an einem assoziierten Unternehmen auf seinen erzielbaren Betrag.

Im Konzernabschluss kann sich die temporäre Differenz von der temporären Differenz für die Anteile im Einzelabschluss des Mutterunternehmens unterscheiden, falls das Mutterunternehmen die Anteile in seinem Einzelabschluss zu den Anschaffungskosten oder dem Neubewertungsbetrag bilanziert.

39 **Ein Unternehmen hat eine latente Steuerschuld für alle zu versteuernden temporären Differenzen in Verbindung mit Anteilen an Tochterunternehmen, Zweigniederlassungen und assoziierten Unternehmen und Anteilen an gemeinsamen Vereinbarungen zu bilanzieren, ausgenommen in dem Umfang, in dem die beiden folgenden Bedingungen erfüllt sind:**

(a) **das Mutterunternehmen, der Anleger, das Partnerunternehmen oder der gemeinschaftlich Tätige ist in der Lage, den zeitlichen Verlauf der Auflösung der temporären Differenz zu steuern; und**

(b) **es ist wahrscheinlich, dass sich die temporäre Differenz in absehbarer Zeit nicht auflösen wird.**

40 Wenn ein Mutterunternehmen die Dividendenpolitik seines Tochterunternehmens beherrscht, ist es in der Lage, den Zeitpunkt der Auflösung der temporären Differenzen in Verbindung mit diesen Anteilen zu steuern (einschließlich der temporären Unterschiede, die nicht nur aus thesaurierten Gewinnen, sondern auch aus Unterschiedsbeträgen infolge von Währungsumrechnung resultieren). Außerdem wäre es häufig in der Praxis nicht möglich, den Betrag der Ertragsteuern zu bestimmen, der bei Auflösung der temporären Differenz zahlbar wäre. Daher hat das Mutterunternehmen eine latente Steuerschuld nicht zu bilanzieren, wenn es bestimmt hat, dass diese Gewinne in absehbarer Zeit nicht ausgeschüttet werden. Die gleichen Überlegungen gelten für Anteile an Zweigniederlassungen.

41 Ein Unternehmen weist die nicht monetären Vermögenswerte und Schulden in seiner funktionalen Währung aus (siehe IAS 21 *Auswirkungen von Wechselkursänderungen*). Wird das zu versteuernde Ergebnis oder der steuerliche Verlust (und somit die steuerliche Basis seiner nicht monetären Vermögenswerte und Schulden) in der Fremdwährung ausgedrückt, so

(a) whether the entity has sufficient taxable temporary differences relating to the same taxation authority and the same taxable entity, which will result in taxable amounts against which the unused tax losses or unused tax credits can be utilised before they expire;

(b) whether it is probable that the entity will have taxable profits before the unused tax losses or unused tax credits expire;

(c) whether the unused tax losses result from identifiable causes which are unlikely to recur; and

(d) whether tax planning opportunities (see paragraph 30) are available to the entity that will create taxable profit in the period in which the unused tax losses or unused tax credits can be utilised.

To the extent that it is not probable that taxable profit will be available against which the unused tax losses or unused tax credits can be utilised, the deferred tax asset is not recognised.

Reassessment of unrecognised deferred tax assets

At the end of the reporting period, an entity reassesses unrecognised deferred tax assets. The entity recognises a previously 37 unrecognised deferred tax asset to the extent that it has become probable that future taxable profit will allow the deferred tax asset to be recovered. For example, an improvement in trading conditions may make it more probable that the entity will be able to generate sufficient taxable profit in the future for the deferred tax asset to meet the recognition criteria set out in paragraph 24 or 34. Another example is when an entity reassesses deferred tax assets at the date of a business combination or subsequently (see paragraphs 67 and 68).

Investments in subsidiaries, branches and associates and interests in joint arrangements

Temporary differences arise when the carrying amount of investments in subsidiaries, branches and associates or interests 38 in joint arrangements (namely the parent or investor's share of the net assets of the subsidiary, branch, associate or investee, including the carrying amount of goodwill) becomes different from the tax base (which is often cost) of the investment or interest. Such differences may arise in a number of different circumstances, for example:

(a) the existence of undistributed profits of subsidiaries, branches, associates and joint arrangements;

(b) changes in foreign exchange rates when a parent and its subsidiary are based in different countries; and

(c) a reduction in the carrying amount of an investment in an associate to its recoverable amount.

In consolidated financial statements, the temporary difference may be different from the temporary difference associated with that investment in the parent's separate financial statements if the parent carries the investment in its separate financial statements at cost or revalued amount.

An entity shall recognise a deferred tax liability for all taxable temporary differences associated with investments in 39 subsidiaries, branches and associates, and interests in joint arrangements, except to the extent that both of the following conditions are satisfied:

(a) the parent, investor, joint venturer or joint operator is able to control the timing of the reversal of the temporary difference; and

(b) it is probable that the temporary difference will not reverse in the foreseeable future.

As a parent controls the dividend policy of its subsidiary, it is able to control the timing of the reversal of temporary 40 differences associated with that investment (including the temporary differences arising not only from undistributed profits but also from any foreign exchange translation differences). Furthermore, it would often be impracticable to determine the amount of income taxes that would be payable when the temporary difference reverses. Therefore, when the parent has determined that those profits will not be distributed in the foreseeable future the parent does not recognise a deferred tax liability. The same considerations apply to investments in branches.

The non-monetary assets and liabilities of an entity are measured in its functional currency (see IAS 21 *The effects of* 41 *changes in foreign exchange rates*). If the entity's taxable profit or tax loss (and, hence, the tax base of its non-monetary assets and liabilities) is determined in a different currency, changes in the exchange rate give rise to temporary differences

haben Änderungen der Wechselkurse temporäre Differenzen zur Folge, woraus sich eine latente Steuerschuld oder (unter Beachtung des Paragraphen 24) ein latenter Steueranspruch ergibt. Die sich ergebende latente Steuer wird im Gewinn oder Verlust erfasst (siehe Paragraph 58).

42 Ein Investor an einem assoziierten Unternehmen beherrscht dieses Unternehmen nicht und ist im Regelfall nicht in einer Position, dessen Dividendenpolitik zu bestimmen. Daher bilanziert ein Investor eine latente Steuerschuld aus einer zu versteuernden temporären Differenz in Verbindung mit seinem Anteil am assoziierten Unternehmen, falls nicht in einem Vertrag bestimmt ist, dass die Gewinne des assoziierten Unternehmens in absehbarer Zeit nicht ausgeschüttet werden. In einigen Fällen ist ein Investor möglicherweise nicht in der Lage, den Betrag der Steuern zu ermitteln, die bei der Realisierung der Anschaffungskosten seiner Anteile an einem assoziierten Unternehmen fällig wären. Er kann jedoch in solchen Fällen ermitteln, dass diese einem Mindestbetrag entsprechen oder ihn übersteigen. In solchen Fällen wird die latente Steuerschuld mit diesem Betrag bewertet.

43 Die zwischen den Parteien einer gemeinsamen Vereinbarung getroffene Vereinbarung befasst sich im Regelfall mit der Gewinnaufteilung und der Festsetzung, ob Entscheidungen in diesen Angelegenheiten die einstimmige Zustimmung aller Parteien oder einer Gruppe der Parteien erfordern. Wenn das Partnerunternehmen oder der gemeinschaftlich Tätige den zeitlichen Verlauf der Ausschüttung seines Anteils an den Gewinnen der gemeinsamen Vereinbarung steuern kann und wenn es wahrscheinlich ist, dass sein Gewinnanteil in absehbarer Zeit nicht ausgeschüttet wird, wird keine latente Steuerschuld bilanziert.

44 Ein Unternehmen hat einen latenten Steueranspruch für alle abzugsfähigen temporären Differenzen aus Anteilen an Tochterunternehmen, Zweigniederlassungen und assoziierten Unternehmen sowie Anteilen an gemeinsamen Vereinbarungen ausschließlich in dem Umfang zu bilanzieren, in dem es wahrscheinlich ist,
(a) dass sich die temporäre Differenz in absehbarer Zeit auflösen wird; und
(b) dass das zu versteuernde Ergebnis zur Verfügung stehen wird, gegen das die temporäre Differenz verwendet werden kann.

45 Bei der Entscheidung, ob ein latenter Steueranspruch für abzugsfähige temporäre Differenzen in Verbindung mit seinen Anteilen an Tochterunternehmen, Zweigniederlassungen und assoziierten Unternehmen sowie seinen Anteilen an gemeinsamen Vereinbarungen zu bilanzieren ist, hat ein Unternehmen die in den Paragraphen 28 bis 31 beschriebenen Anwendungsleitlinien zu beachten.

BEWERTUNG

46 Tatsächliche Ertragsteuerschulden (Ertragsteueransprüche) für die laufende Periode und für frühere Perioden sind mit dem Betrag zu bewerten, in dessen Höhe eine Zahlung an die Steuerbehörden (eine Erstattung von den Steuerbehörden) erwartet wird, und zwar auf der Grundlage von Steuersätzen (und Steuervorschriften), die am Abschlussstichtag gelten oder in Kürze gelten werden.

47 Latente Steueransprüche und latente Steuerschulden sind anhand der Steuersätze zu bewerten, deren Gültigkeit für die Periode, in der ein Vermögenswert realisiert wird oder eine Schuld erfüllt wird, erwartet wird. Dabei werden die Steuersätze (und Steuervorschriften) verwendet, die zum Abschlussstichtag gültig oder angekündigt sind.

48 Tatsächliche und latente Steueransprüche und Steuerschulden sind im Regelfall anhand der Steuersätze (und Steuervorschriften) zu bewerten, die Gültigkeit haben. In manchen Steuergesetzgebungen hat die Ankündigung von Steuersätzen (und Steuervorschriften) durch die Regierung jedoch die Wirkung einer tatsächlichen Inkraftsetzung. Die Inkraftsetzung kann erst mehrere Monate nach der Ankündigung erfolgen. Unter diesen Umständen sind Steueransprüche und Steuerschulden auf der Grundlage des angekündigten Steuersatzes (und der angekündigten Steuervorschriften) zu bewerten.

49 Sind unterschiedliche Steuersätze auf unterschiedliche Höhen des zu versteuernden Ergebnisses anzuwenden, sind latente Steueransprüche und latente Steuerschulden mit den Durchschnittssätzen zu bewerten, deren Anwendung für das zu versteuernde Ergebnis (den steuerlichen Verlust) in den Perioden erwartet wird, in denen sich die temporären Unterschiede erwartungsgemäß auflösen werden.

50 [gestrichen]

51 Die Bewertung latenter Steuerschulden und latenter Steueransprüche hat die steuerlichen Konsequenzen zu berücksichtigen, die daraus resultieren, in welcher Art und Weise ein Unternehmen zum Abschlussstichtag erwartet, den Buchwert seiner Vermögenswerte zu realisieren oder seiner Schulden zu erfüllen.

51A Gemäß mancher Steuergesetzgebungen kann die Art und Weise, in der ein Unternehmen den Buchwert eines Vermögenswerts realisiert oder den Buchwert einer Schuld erfüllt, entweder einen oder beide der folgenden Parameter beeinflussen:

that result in a recognised deferred tax liability or (subject to paragraph 24) asset. The resulting deferred tax is charged or credited to profit or loss (see paragraph 58).

An investor in an associate does not control that entity and is usually not in a position to determine its dividend policy. 42 Therefore, in the absence of an agreement requiring that the profits of the associate will not be distributed in the foreseeable future, an investor recognises a deferred tax liability arising from taxable temporary differences associated with its investment in the associate. In some cases, an investor may not be able to determine the amount of tax that would be payable if it recovers the cost of its investment in an associate, but can determine that it will equal or exceed a minimum amount. In such cases, the deferred tax liability is measured at this amount.

The arrangement between the parties to a joint arrangement usually deals with the distribution of the profits and identi- 43 fies whether decisions on such matters require the consent of all the parties or a group of the parties. When the joint venturer or joint operator can control the timing of the distribution of its share of the profits of the joint arrangement and it is probable that its share of the profits will not be distributed in the foreseeable future, a deferred tax liability is not recognised.

An entity shall recognise a deferred tax asset for all deductible temporary differences arising from investments in subsidi- 44 aries, branches and associates, and interests in joint arrangements, to the extent that, and only to the extent that, it is probable that:
(a)   the temporary difference will reverse in the foreseeable future; and
(b)   taxable profit will be available against which the temporary difference can be utilised.

In deciding whether a deferred tax asset is recognised for deductible temporary differences associated with its investments 45 in subsidiaries, branches and associates, and its interests in joint arrangements, an entity considers the guidance set out in paragraphs 28 to 31.

MEASUREMENT

Current tax liabilities (assets) for the current and prior periods shall be measured at the amount expected to be paid to 46 (recovered from) the taxation authorities, using the tax rates (and tax laws) that have been enacted or substantively enacted by the end of the reporting period.

Deferred tax assets and liabilities shall be measured at the tax rates that are expected to apply to the period when the asset 47 is realised or the liability is settled, based on tax rates (and tax laws) that have been enacted or substantively enacted by the end of the reporting period.

Current and deferred tax assets and liabilities are usually measured using the tax rates (and tax laws) that have been 48 enacted. However, in some jurisdictions, announcements of tax rates (and tax laws) by the government have the substantive effect of actual enactment, which may follow the announcement by a period of several months. In these circumstances, tax assets and liabilities are measured using the announced tax rate (and tax laws).

When different tax rates apply to different levels of taxable income, deferred tax assets and liabilities are measured using 49 the average rates that are expected to apply to the taxable profit (tax loss) of the periods in which the temporary differences are expected to reverse.

[deleted] 50

The measurement of deferred tax liabilities and deferred tax assets shall reflect the tax consequences that would follow 51 from the manner in which the entity expects, at the end of the reporting period, to recover or settle the carrying amount of its assets and liabilities.

In some jurisdictions, the manner in which an entity recovers (settles) the carrying amount of an asset (liability) may 51A affect either or both of:

(a) den anzuwendenden Steuersatz, wenn das Unternehmen den Buchwert des Vermögenswerts realisiert oder den Buchwert der Schuld erfüllt; und

(b) die steuerliche Basis des Vermögenswerts (der Schuld).

In solchen Fällen misst ein Unternehmen latente Steuerschulden und latente Steueransprüche unter Anwendung des Steuersatzes und der steuerlichen Basis, die der erwarteten Art und Weise der Realisierung oder der Erfüllung entsprechen.

Beispiel A   Ein Sachanlageposten hat einen Buchwert von 100 und eine steuerliche Basis von 60. Ein Steuersatz von 20 % wäre bei einem Verkauf des Postens anwendbar, und ein Steuersatz von 30 % wäre bei anderen Erträgen anwendbar.

Das Unternehmen bilanziert eine latente Steuerschuld von 8 (20 % von 40), falls es erwartet, den Posten ohne weitere Nutzung zu verkaufen, und eine latente Steuerschuld von 12 (30 % von 40), falls es erwartet, den Posten zu behalten und durch seine Nutzung seinen Buchwert zu realisieren.

Beispiel B   Ein Sachanlageposten mit Anschaffungskosten von 100 und einem Buchwert von 80 wird mit 150 neu bewertet. Für steuerliche Zwecke erfolgt keine entsprechende Bewertungsanpassung. Die kumulierte Abschreibung für steuerliche Zwecke ist 30, und der Steuersatz beträgt 30 %. Falls der Posten für mehr als die Anschaffungskosten verkauft wird, wird die kumulierte Abschreibung von 30 in das zu versteuernde Ergebnis einbezogen, die Verkaufserlöse, welche die Anschaffungskosten übersteigen, sind aber nicht zu versteuern.

Die steuerliche Basis des Postens ist 70, und es liegt eine zu versteuernde temporäre Differenz von 80 vor. Falls das Unternehmen erwartet, den Buchwert durch die Nutzung des Postens zu realisieren, muss es ein zu versteuerndes Ergebnis von 150 erzeugen, kann aber lediglich Abschreibungen von 70 in Abzug bringen. Auf dieser Grundlage besteht eine latente Steuerschuld von 24 (30 % von 80). Erwartet das Unternehmen die Realisierung des Buchwerts durch den sofortigen Verkauf des Postens für 150, wird die latente Steuerschuld wie folgt berechnet:

	Zu versteuernde temporäre Differenzen	Steuersatz	Latente Steuerschuld
Kumulierte steuerliche Abschreibung	30	30 %	9
Die Anschaffungskosten übersteigender Erlös	50	Null	–
Summe	80		9

(Hinweis: Gemäß Paragraph 61A wird die zusätzliche latente Steuer, die aus der Neubewertung erwächst, im sonstigen Ergebnis erfasst.)

Beispiel C   Der Sachverhalt entspricht Beispiel B, mit folgender Ausnahme: Falls der Posten für mehr als die Anschaffungskosten verkauft wird, wird die kumulierte steuerliche Abschreibung in das zu versteuernde Ergebnis aufgenommen (besteuert zu 30 %) und der Verkaufserlös wird mit 40 % besteuert (nach Abzug von inflationsbereinigten Anschaffungskosten von 110).

Falls das Unternehmen erwartet, den Buchwert durch Nutzung des Postens zu realisieren, muss es ein zu versteuerndes Ergebnis von 150 erzeugen, kann aber lediglich Abschreibungen von 70 in Abzug bringen. Auf dieser Grundlage beträgt die steuerliche Basis 70, besteht eine zu versteuernde temporäre Differenz von 80, und – wie in Beispiel B – eine latente Steuerschuld von 24 (30 % von 80).

Falls das Unternehmen erwartet, den Buchwert durch den sofortigen Verkauf des Postens für 150 zu realisieren, kann es die indizierten Anschaffungskosten von 110 in Abzug bringen. Der Reinerlös von 40 wird mit 40 % besteuert. Zusätzlich wird die kumulierte Abschreibung von 30 in das zu versteuernde Ergebnis mit aufgenommen und mit 30 % besteuert. Auf dieser Grundlage beträgt die steuerliche Basis 80 (110 abzüglich 30), besteht eine zu versteuernde temporäre Differenz von 70 und eine latente Steuerschuld von 25 (40 % von 40 und 30 % von 30). Ist die steuerliche Basis in diesem Beispiel nicht unmittelbar erkennbar, kann es hilfreich sein, das in Paragraph 10 beschriebene Grundprinzip heranzuziehen.

(Hinweis: Gemäß Paragraph 61A wird die zusätzliche latente Steuer, die aus der Neubewertung erwächst, im sonstigen Ergebnis erfasst.)

51B   Führt ein nach dem Neubewertungsmodell in IAS 16 bewerteter nicht abschreibungsfähiger Vermögenswert zu einer latenten Steuerschuld oder einem latenten Steueranspruch, ist bei der Bewertung der latenten Steuerschuld oder des latenten Steueranspruchs den steuerlichen Konsequenzen der Realisierung des Buchwerts dieses Vermögenswerts durch Verkauf Rechnung zu tragen, unabhängig davon, nach welcher Methode der Buchwert ermittelt worden ist. Sieht das Steuerrecht für den aus dem Verkauf eines Vermögenswerts zu versteuernden Betrag einen anderen Steuersatz vor als für den aus der Nutzung eines Vermögenswerts zu versteuernden Betrag, so ist bei der Bewertung der im Zusammenhang mit einem nicht abschreibungsfähigen Vermögenswert stehenden latenten Steuerschuld oder des entsprechenden latenten Steueranspruchs deshalb erstgenannter Steuersatz anzuwenden.

(a) the tax rate applicable when the entity recovers (settles) the carrying amount of the asset (liability); and
(b) the tax base of the asset (liability).
In such cases, an entity measures deferred tax liabilities and deferred tax assets using the tax rate and the tax base that are consistent with the expected manner of recovery or settlement.

Example A An item of property, plant and equipment has a carrying amount of 100 and a tax base of 60. A tax rate of 20 % would apply if the item were sold and a tax rate of 30 % would apply to other income.

The entity recognises a deferred tax liability of 8 (40 at 20 %) if it expects to sell the item without further use and a deferred tax liability of 12 (40 at 30 %) if it expects to retain the item and recover its carrying amount through use.

Example B An item of property, plant and equipment with a cost of 100 and a carrying amount of 80 is revalued to 150. No equivalent adjustment is made for tax purposes. Cumulative depreciation for tax purposes is 30 and the tax rate is 30 %. If the item is sold for more than cost, the cumulative tax depreciation of 30 will be included in taxable income but sale proceeds in excess of cost will not be taxable.

The tax base of the item is 70 and there is a taxable temporary difference of 80. If the entity expects to recover the carrying amount by using the item, it must generate taxable income of 150, but will only be able to deduct depreciation of 70. On this basis, there is a deferred tax liability of 24 (80 at 30 %). If the entity expects to recover the carrying amount by selling the item immediately for proceeds of 150, the deferred tax liability is computed as follows:

	Taxable Temporary Difference	Tax Rate	Deferred Tax Liability
Cumulative tax depreciation	30	30 %	9
Proceeds in excess of cost	50	nil	—
Total	80		9

(note: in accordance with paragraph 61A, the additional deferred tax that arises on the revaluation is recognised in other comprehensive income)

Example C The facts are as in example B, except that if the item is sold for more than cost, the cumulative tax depreciation will be included in taxable income (taxed at 30 %) and the sale proceeds will be taxed at 40 %, after deducting an inflation-adjusted cost of 110.

If the entity expects to recover the carrying amount by using the item, it must generate taxable income of 150, but will only be able to deduct depreciation of 70. On this basis, the tax base is 70, there is a taxable temporary difference of 80 and there is a deferred tax liability of 24 (80 at 30 %), as in example B.

If the entity expects to recover the carrying amount by selling the item immediately for proceeds of 150, the entity will be able to deduct the indexed cost of 110. The net proceeds of 40 will be taxed at 40 %. In addition, the cumulative tax depreciation of 30 will be included in taxable income and taxed at 30 %. On this basis, the tax base is 80 (110 less 30), there is a taxable temporary difference of 70 and there is a deferred tax liability of 25 (40 at 40 % plus 30 at 30 %). If the tax base is not immediately apparent in this example, it may be helpful to consider the fundamental principle set out in paragraph 10.

(note: in accordance with paragraph 61A, the additional deferred tax that arises on the revaluation is recognised in other comprehensive income)

If a deferred tax liability or deferred tax asset arises from a non-depreciable asset measured using the revaluation model **51B** in IAS 16, the measurement of the deferred tax liability or deferred tax asset shall reflect the tax consequences of recovering the carrying amount of the non-depreciable asset through sale, regardless of the basis of measuring the carrying amount of that asset. Accordingly, if the tax law specifies a tax rate applicable to the taxable amount derived from the sale of an asset that differs from the tax rate applicable to the taxable amount derived from using an asset, the former rate is applied in measuring the deferred tax liability or asset related to a non-depreciable asset.

51C Führt eine nach dem Zeitwertmodell in IAS 40 bewertete, als Finanzinvestition gehaltene Immobilie zu einer latenten Steuerschuld oder einem latenten Steueranspruch, besteht die widerlegbare Vermutung, dass der Buchwert der als Finanzinvestition gehaltenen Immobilie bei Verkauf realisiert wird. Sofern diese Vermutung nicht widerlegt ist, ist bei der Bewertung der latenten Steuerschuld oder des latenten Steueranspruchs daher den steuerlichen Konsequenzen einer vollständigen Realisierung des Buchwerts der Immobilie durch Verkauf Rechnung zu tragen. Diese Vermutung ist widerlegt, wenn die als Finanzinvestition gehaltene Immobilie abschreibungsfähig ist und im Rahmen eines Geschäftsmodells gehalten wird, das darauf abzielt, im Laufe der Zeit im Wesentlichen den gesamten wirtschaftlichen Nutzen dieser Immobilie aufzubrauchen, anstatt sie zu verkaufen. Wird die Vermutung widerlegt, gelten die Anforderungen der Paragraphen 51 und 51A.

Beispiel zur Veranschaulichung des Paragraphen 51C Eine als Finanzinvestition gehaltene Immobilie mit Anschaffungskosten von 100 und einem beizulegenden Zeitwert von 150 wird nach dem Zeitwertmodell in IAS 40 bewertet. Sie umfasst ein Grundstück mit Anschaffungskosten von 40 und einem beizulegenden Zeitwert von 60 sowie ein Gebäude mit Anschaffungskosten von 60 und einem beizulegenden Zeitwert von 90. Die Nutzungsdauer des Grundstücks ist unbegrenzt.

Die kumulative Abschreibung des Gebäudes zu Steuerzwecken beträgt 30. Nicht realisierte Veränderungen beim beizulegenden Zeitwert der als Finanzinvestition gehaltenen Immobilie wirken sich nicht auf den zu versteuernden Gewinn aus. Wird die als Finanzinvestition gehaltene Immobilie für mehr als die Anschaffungskosten verkauft, wird die Wertaufholung der kumulierten steuerlichen Abschreibung von 30 in den zu versteuernden Gewinn aufgenommen und mit einem regulären Satz von 30 % versteuert. Für Verkaufserlöse, die über die Anschaffungskosten hinausgehen, sieht das Steuerrecht Sätze von 25 % (Vermögenswerte, die weniger als zwei Jahre gehalten werden) und 20 % (Vermögenswerte, die zwei Jahre oder länger gehalten werden) vor.

Da die als Finanzinvestition gehaltene Immobilie nach dem Zeitwertmodell in IAS 40 bewertet wird, besteht die widerlegbare Vermutung, dass das Unternehmen den Buchwert dieser Immobilie zur Gänze über Verkauf realisieren wird. Wird diese Vermutung nicht widerlegt, spiegelt die latente Steuer auch dann die steuerlichen Konsequenzen der vollständigen Realisierung des Buchwerts der Immobilie durch Verkauf wider, wenn das Unternehmen vor dem Verkauf mit Mieteinnahmen aus dieser Immobilie rechnet.

Bei Verkauf ist die steuerliche Basis des Grundstücks 40 und liegt eine zu versteuernde temporäre Differenz von 20 (60 – 40) vor. Bei Verkauf ist die steuerliche Basis des Gebäudes 30 (60 – 30) und es liegt eine zu versteuernde temporäre Differenz von 60 (90 – 30) vor. Damit beträgt die zu versteuernde temporäre Differenz für die als Finanzinvestition gehaltene Immobilie insgesamt 80 (20 + 60).

Gemäß Paragraph 47 ist der Steuersatz der für die Periode, in der die als Finanzinvestition gehaltene Immobilie realisiert wird, erwartete Satz. Falls das Unternehmen erwartet, die Immobilie nach einer mehr als zweijährigen Haltezeit zu veräußern, errechnet sich die daraus resultierende latente Steuerschuld deshalb wie folgt:

	Zu versteuernde temporäre Differenz	Steuersatz	Latente Steuerschuld
Kumulierte steuerliche Abschreibung	30	30 %	9
Die Anschaffungskosten übersteigender Erlös	50	20 %	10
Summe	80		19

Falls das Unternehmen erwartet, die Immobilie nach einer weniger als zweijährigen Haltezeit zu veräußern, würde in der obigen Berechnung auf die über die Anschaffungskosten hinausgehenden Erlöse anstelle des Satzes von 20 % ein Satz von 25 % angewandt.

Wird das Gebäude stattdessen im Rahmen eines Geschäftsmodells gehalten, das nicht auf Veräußerung, sondern im Wesentlichen auf Verbrauch des gesamten wirtschaftlichen Nutzens im Laufe der Zeit abzielt, wäre diese Vermutung für das Gebäude widerlegt. Das Grundstück dagegen ist nicht abschreibungsfähig. Für das Grundstück wäre die Vermutung der Realisierung durch Verkauf deshalb nicht widerlegt. Dementsprechend würde die latente Steuerschuld die steuerlichen Konsequenzen einer Realisierung des Buchwerts des Gebäudes durch Nutzung und des Buchwerts des Grundstücks durch Verkauf widerspiegeln.

Bei Nutzung ist die steuerliche Basis des Gebäudes 30 (60 – 30) und liegt eine zu versteuernde temporäre Differenz von 60 (90 – 30) vor, woraus sich eine latente Steuerschuld von 18 (30 % von 60) ergibt.

Bei Verkauf ist die steuerliche Basis des Grundstücks 40 und liegt eine zu versteuernde temporäre Differenz von 20 (60 – 40) vor, woraus sich eine latente Steuerschuld von 4 (20 % von 20) ergibt.

Wird die Vermutung der Realisierung durch Verkauf für das Gebäude widerlegt, beträgt die latente Steuerschuld für die als Finanzinvestition gehaltene Immobilie folglich 22 (18 + 4).

If a deferred tax liability or asset arises from investment property that is measured using the fair value model in IAS 40, there is a rebuttable presumption that the carrying amount of the investment property will be recovered through sale. Accordingly, unless the presumption is rebutted, the measurement of the deferred tax liability or deferred tax asset shall reflect the tax consequences of recovering the carrying amount of the investment property entirely through sale. This presumption is rebutted if the investment property is depreciable and is held within a business model whose objective is to consume substantially all of the economic benefits embodied in the investment property over time, rather than through sale. If the presumption is rebutted, the requirements of paragraphs 51 and 51A shall be followed.

Example illustrating paragraph 51C   An investment property has a cost of 100 and fair value of 150. It is measured using the fair value model in IAS 40. It comprises land with a cost of 40 and fair value of 60 and a building with a cost of 60 and fair value of 90. The land has an unlimited useful life.

Cumulative depreciation of the building for tax purposes is 30. Unrealised changes in the fair value of the investment property do not affect taxable profit. If the investment property is sold for more than cost, the reversal of the cumulative tax depreciation of 30 will be included in taxable profit and taxed at an ordinary tax rate of 30 %. For sales proceeds in excess of cost, tax law specifies tax rates of 25 % for assets held for less than two years and 20 % for assets held for two years or more.

Because the investment property is measured using the fair value model in IAS 40, there is a rebuttable presumption that the entity will recover the carrying amount of the investment property entirely through sale. If that presumption is not rebutted, the deferred tax reflects the tax consequences of recovering the carrying amount entirely through sale, even if the entity expects to earn rental income from the property before sale.

The tax base of the land if it is sold is 40 and there is a taxable temporary difference of 20 (60 – 40). The tax base of the building if it is sold is 30 (60 – 30) and there is a taxable temporary difference of 60 (90 – 30). As a result, the total taxable temporary difference relating to the investment property is 80 (20 + 60).

In accordance with paragraph 47, the tax rate is the rate expected to apply to the period when the investment property is realised. Thus, the resulting deferred tax liability is computed as follows, if the entity expects to sell the property after holding it for more than two years:

	Taxable Temporary Difference	Tax Rate	Deferred Tax Liability
Cumulative tax depreciation	30	30 %	9
Proceeds in excess of cost	50	20 %	10
Total	80		19

If the entity expects to sell the property after holding it for less than two years, the above computation would be amended to apply a tax rate of 25 %, rather than 20 %, to the proceeds in excess of cost.

If, instead, the entity holds the building within a business model whose objective is to consume substantially all of the economic benefits embodied in the building over time, rather than through sale, this presumption would be rebutted for the building. However, the land is not depreciable. Therefore the presumption of recovery through sale would not be rebutted for the land. It follows that the deferred tax liability would reflect the tax consequences of recovering the carrying amount of the building through use and the carrying amount of the land through sale.

The tax base of the building if it is used is 30 (60 — 30) and there is a taxable temporary difference of 60 (90 — 30), resulting in a deferred tax liability of 18 (60 at 30 %).

The tax base of the land if it is sold is 40 and there is a taxable temporary difference of 20 (60 — 40), resulting in a deferred tax liability of 4 (20 at 20 %).

As a result, if the presumption of recovery through sale is rebutted for the building, the deferred tax liability relating to the investment property is 22 (18 + 4).

51D Die widerlegbare Vermutung nach Paragraph 51C gilt auch dann, wenn sich aus der Bewertung einer als Finanzinvestition gehaltenen Immobilie bei einem Unternehmenszusammenschluss eine latente Steuerschuld oder ein latenter Steueranspruch ergibt und das Unternehmen diese als Finanzinvestition gehaltene Immobilie in der Folge nach dem Modell des beizulegenden Zeitwerts bewertet.

51E Von den Paragraphen 51B–51D unberührt bleibt die Pflicht, bei Ansatz und Bewertung latenter Steueransprüche nach den Grundsätzen der Paragraphen 24–33 (abzugsfähige temporäre Differenzen) und 34–36 (noch nicht genutzte steuerliche Verluste und noch nicht genutzte Steuergutschriften) dieses Standards zu verfahren.

52A In manchen Ländern sind Ertragsteuern einem erhöhten oder verminderten Steuersatz unterworfen, falls das Nettoergebnis oder die Gewinnrücklagen teilweise oder vollständig als Dividenden an die Eigentümer des Unternehmens ausgezahlt werden. In einigen anderen Ländern werden Ertragsteuern erstattet oder sind nachzuzahlen, falls das Nettoergebnis oder die Gewinnrücklagen teilweise oder vollständig als Dividenden an die Eigentümer des Unternehmens ausgezahlt werden. Unter diesen Umständen sind die tatsächlichen und latenten Steueransprüche bzw. Steuerschulden mit dem Steuersatz, der auf nicht ausgeschüttete Gewinne anzuwenden ist, zu bewerten.

52B Unter den in Paragraph 52A beschriebenen Umständen sind die ertragsteuerlichen Konsequenzen von Dividendenzahlungen zu erfassen, wenn die Verpflichtung zur Dividendenausschüttung erfasst wird. Die ertragsteuerlichen Konsequenzen der Dividendenzahlungen sind mehr mit Geschäften oder Ereignissen der Vergangenheit verbunden als mit der Ausschüttung an die Eigentümer. Deshalb werden die ertragsteuerlichen Konsequenzen der Dividendenzahlungen, wie in Paragraph 58 gefordert, im Gewinn oder Verlust der Periode erfasst, es sei denn, dass sich die ertragsteuerlichen Konsequenzen der Dividendenzahlungen aus den Umständen ergeben, die in Paragraph 58 (a) und (b) beschrieben sind.

> **Beispiel zur Veranschaulichung der Paragraphen 52A und 52B** Das folgende Beispiel behandelt die Bewertung von tatsächlichen und latenten Steueransprüchen und -verbindlichkeiten eines Unternehmens in einem Land, in dem die Ertragsteuern auf nicht ausgeschüttete Gewinne (50 %) höher sind und ein Betrag erstattet wird, wenn die Gewinne ausgeschüttet werden. Der Steuersatz auf ausgeschüttete Gewinne beträgt 35 %. Am Abschlussstichtag, 31. Dezember 20X1, hat das Unternehmen keine Verbindlichkeiten für Dividenden, die zur Auszahlung nach dem Abschlussstichtag vorgeschlagen oder beschlossen wurden, passiviert. Daraus resultiert, dass im Jahr 20X1 keine Dividenden berücksichtigt wurden. Das zu versteuernde Einkommen für das Jahr 20X1 beträgt 100 000. Die zu versteuernde temporäre Differenz für das Jahre 20X1 beträgt 40 000.
>
> *Das Unternehmen erfasst eine tatsächliche Steuerschuld und einen tatsächlichen Steueraufwand von 50 000. Es wird kein Vermögenswert für den potenziell für künftige Dividendenzahlungen zu erstattenden Betrag bilanziert. Das Unternehmen bilanziert auch eine latente Steuerschuld und einen latenten Steueraufwand von 20 000 (50 % von 40 000), die die Ertragsteuern darstellen, die das Unternehmen bezahlen wird, wenn, es den Buchwert der Vermögenswerte realisiert oder den Buchwert der Schulden erfüllt, und zwar auf der Grundlage des Steuersatzes für nicht ausgeschüttete Gewinne.*
>
> Am 15. März 20X2 bilanziert das Unternehmen Dividenden aus früheren Betriebsergebnissen in Höhe von 10 000 als Verbindlichkeiten.
>
> *Das Unternehmen bilanziert am 15. März 20X2 die Erstattung von Ertragsteuern in Höhe von 1 500 (15 % der als Verbindlichkeit bilanzierten Dividendenzahlung) als einen tatsächlichen Steuererstattungsanspruch und als eine Minderung des Ertragsteueraufwands für das Jahr 20X2.*

53 Latente Steueransprüche und latente Steuerschulden sind nicht abzuzinsen.

54 Die verlässliche Bestimmung latenter Steueransprüche und latenter Steuerschulden auf der Grundlage einer Abzinsung erfordert eine detaillierte Aufstellung des zeitlichen Verlaufs der Auflösung jeder temporären Differenz. In vielen Fällen ist eine solche Aufstellung nicht durchführbar oder aufgrund ihrer Komplexität nicht vertretbar. Demzufolge ist die Verpflichtung zu einer Abzinsung latenter Steueransprüche und latenter Steuerschulden nicht sachgerecht. Ein Wahlrecht zur Abzinsung würde zu latenten Steueransprüchen und latenten Steuerschulden führen, die zwischen den Unternehmen nicht vergleichbar wären. Daher ist gemäß diesem Standard die Abzinsung latenter Steueransprüche und latenter Steuerschulden weder erforderlich noch gestattet.

55 Die Bestimmung temporärer Differenzen erfolgt aufgrund des Buchwerts eines Vermögenswerts oder einer Schuld. Dies trifft auch dann zu, wenn der Buchwert seinerseits auf Grundlage einer Abzinsung ermittelt wurde, beispielsweise im Falle von Pensionsverpflichtungen (siehe IAS 19 *Leistungen an Arbeitnehmer*).

56 Der Buchwert eines latenten Steueranspruchs ist zu jedem Abschlussstichtag zu überprüfen. Ein Unternehmen hat den Buchwert eines latenten Steueranspruchs in dem Umfang zu mindern, in dem es nicht mehr wahrscheinlich ist, dass ein ausreichend zu versteuerndes Ergebnis zur Verfügung stehen wird, um sich den latenten Steueranspruch entweder teilweise oder insgesamt zu Nutze zu machen. Alle derartigen Minderungen sind in dem Umfang wieder aufzuheben, in dem es wahrscheinlich wird, dass ein ausreichend zu versteuerndes Ergebnis zur Verfügung stehen wird.

The rebuttable presumption in paragraph 51C also applies when a deferred tax liability or a deferred tax asset arises from measuring investment property in a business combination if the entity will use the fair value model when subsequently measuring that investment property. **51D**

Paragraphs 51B—51D do not change the requirements to apply the principles in paragraphs 24—33 (deductible temporary differences) and paragraphs 34—36 (unused tax losses and unused tax credits) of this Standard when recognising and measuring deferred tax assets. **51E**

In some jurisdictions, income taxes are payable at a higher or lower rate if part or all of the net profit or retained earnings is paid out as a dividend to shareholders of the entity. In some other jurisdictions, income taxes may be refundable or payable if part or all of the net profit or retained earnings is paid out as a dividend to shareholders of the entity. In these circumstances, current and deferred tax assets and liabilities are measured at the tax rate applicable to undistributed profits. **52A**

In the circumstances described in paragraph 52A, the income tax consequences of dividends are recognised when a liability to pay the dividend is recognised. The income tax consequences of dividends are more directly linked to past transactions or events than to distributions to owners. Therefore, the income tax consequences of dividends are recognised in profit or loss for the period as required by paragraph 58 except to the extent that the income tax consequences of dividends arise from the circumstances described in paragraph 58 (a) and (b). **52B**

Example illustrating paragraphs 52A and 52B   The following example deals with the measurement of current and deferred tax assets and liabilities for an entity in a jurisdiction where income taxes are payable at a higher rate on undistributed profits (50 %) with an amount being refundable when profits are distributed. The tax rate on distributed profits is 35 %. At the end of the reporting period, 31 December 20X1, the entity does not recognise a liability for dividends proposed or declared after the reporting period. As a result, no dividends are recognised in the year 20X1. Taxable income for 20X1 is 100 000. The net taxable temporary difference for the year 20X1 is 40 000.

The entity recognises a current tax liability and a current income tax expense of 50 000. No asset is recognised for the amount potentially recoverable as a result of future dividends. The entity also recognises a deferred tax liability and deferred tax expense of 20 000 (40 000 at 50 %) representing the income taxes that the entity will pay when it recovers or settles the carrying amounts of its assets and liabilities based on the tax rate applicable to undistributed profits.

Subsequently, on 15 March 20X2 the entity recognises dividends of 10 000 from previous operating profits as a liability.

On 15 March 20X2, the entity recognises the recovery of income taxes of 1 500 (15 % of the dividends recognised as a liability) as a current tax asset and as a reduction of current income tax expense for 20X2.

Deferred tax assets and liabilities shall not be discounted. **53**

The reliable determination of deferred tax assets and liabilities on a discounted basis requires detailed scheduling of the timing of the reversal of each temporary difference. In many cases such scheduling is impracticable or highly complex. Therefore, it is inappropriate to require discounting of deferred tax assets and liabilities. To permit, but not to require, discounting would result in deferred tax assets and liabilities which would not be comparable between entities. Therefore, this standard does not require or permit the discounting of deferred tax assets and liabilities. **54**

Temporary differences are determined by reference to the carrying amount of an asset or liability. This applies even where that carrying amount is itself determined on a discounted basis, for example in the case of retirement benefit obligations (see IAS 19 *Employee benefits*). **55**

The carrying amount of a deferred tax asset shall be reviewed at the end of the reporting period. An entity shall reduce the carrying amount of a deferred tax asset to the extent that it is no longer probable that sufficient taxable profit will be available to allow the benefit of part or all of that deferred tax asset to be utilised. Any such reduction shall be reversed to the extent that it becomes probable that sufficient taxable profit will be available. **56**

57 Die Bilanzierung der Auswirkungen tatsächlicher und latenter Steuern eines Geschäftsvorfalls oder eines anderen Ereignisses hat mit der Bilanzierung des Geschäftsvorfalls oder des Ereignisses selbst konsistent zu sein. Dieses Prinzip wird in den Paragraphen 58 bis 68C festgelegt.

Erfassung im Gewinn oder Verlust

58 Tatsächliche und latente Steuern sind als Ertrag oder Aufwand zu erfassen und in den Gewinn oder Verlust einzubeziehen, ausgenommen in dem Umfang, in dem die Steuer herrührt aus:

(a) einem Geschäftsvorfall oder Ereignis, der bzw. das in der gleichen oder einer anderen Periode außerhalb des Gewinns oder Verlusts entweder im sonstigen Ergebnis oder direkt im Eigenkapital angesetzt wird (siehe Paragraphen 61A bis 65); oder

(b) einem Unternehmenszusammenschluss (mit Ausnahme des Erwerbs eines Tochterunternehmens durch eine Investmentgesellschaft im Sinne von IFRS 10 *Konzernabschlüsse*, wenn das Tochterunternehmen ergebniswirksam zum beizulegenden Zeitwert bewertet werden muss) (siehe Paragraphen 66 bis 68).

59 Die meisten latenten Steuerschulden und latenten Steueransprüche entstehen dort, wo Ertrag oder Aufwand in das bilanzielle Ergebnis vor Steuern einer Periode einbezogen werden, jedoch im zu versteuernden Ergebnis (steuerlichen Verlust) einer davon unterschiedlichen Periode erfasst werden. Die sich daraus ergebende latente Steuer wird im Gewinn oder Verlust erfasst. Beispiele dafür sind:

(a) Zinsen, Nutzungsentgelte oder Dividenden werden rückwirkend geleistet und in das bilanzielle Ergebnis vor Steuern auf Grundlage einer zeitlichen Zuordnung gemäß IAS 18 *Umsatzerlöse* einbezogen, die Berücksichtigung im zu versteuernden Ergebnis (steuerlichen Verlust) erfolgt aber auf Grundlage des Zahlungsmittelflusses; und

(b) Aufwendungen für immaterielle Vermögenswerte werden gemäß IAS 38 *Immaterielle Vermögenswerte* aktiviert und im Gewinn oder Verlust abgeschrieben, der Abzug für steuerliche Zwecke erfolgt aber, wenn sie anfallen.

60 Der Buchwert latenter Steueransprüche und latenter Steuerschulden kann sich verändern, auch wenn der Betrag der damit verbundenen temporären Differenzen nicht geändert wird. Dies kann beispielsweise aus Folgendem resultieren:

(a) einer Änderung der Steuersätze oder Steuervorschriften;

(b) einer erneuten Beurteilung der Realisierbarkeit latenter Steueransprüche; oder

(c) einer Änderung der erwarteten Art und Weise der Realisierung eines Vermögenswerts.

Die sich ergebende latente Steuer ist im Gewinn oder Verlust zu erfassen, ausgenommen in dem Umfang, in dem sie sich auf Posten bezieht, welche früher außerhalb des Gewinns oder Verlusts erfasst wurden (siehe Paragraph 63).

Posten, die außerhalb des Gewinns oder Verlusts erfasst werden

61 [gestrichen]

61A Tatsächliche Ertragsteuern und latente Steuern sind außerhalb des Gewinns oder Verlusts zu erfassen, wenn sich die Steuer auf Posten bezieht, die in der gleichen oder einer anderen Periode außerhalb des Gewinns oder Verlusts erfasst werden. Dementsprechend sind tatsächliche Ertragsteuern und latente Steuern in Zusammenhang mit Posten, die in der gleichen oder einer anderen Periode:

(a) im sonstigen Ergebnis erfasst werden, im sonstigen Ergebnis zu erfassen (siehe Paragraph 62).

(b) direkt im Eigenkapital erfasst werden, direkt im Eigenkapital zu erfassen (siehe Paragraph 62A).

62 Die International Financial Reporting Standards verlangen oder erlauben die Erfassung bestimmter Posten im sonstigen Ergebnis. Beispiele solcher Posten sind:

(a) eine Änderung im Buchwert infolge einer Neubewertung von Sachanlagevermögen (siehe IAS 16); und

(b) [gestrichen]

(c) Währungsdifferenzen infolge einer Umrechnung des Abschlusses eines ausländischen Geschäftsbetriebs (siehe IAS 21).

(d) [gestrichen]

62A Die International Financial Reporting Standards verlangen oder erlauben die unmittelbare Gutschrift oder Belastung bestimmter Posten im Eigenkapital. Beispiele solcher Posten sind:

(a) eine Anpassung des Anfangssaldos der Gewinnrücklagen infolge einer Änderung der Rechnungslegungsmethoden, die rückwirkend angewandt wird, oder infolge einer Fehlerkorrektur (siehe IAS 8 *Rechnungslegungsmethoden, Änderungen von rechnungslegungsbezogenen Schätzungen und Fehler*); und

(b) beim erstmaligen Ansatz der Eigenkapitalkomponente eines zusammengesetzten Finanzinstruments entstehende Beträge (siehe Paragraph 23).

Accounting for the current and deferred tax effects of a transaction or other event is consistent with the accounting for 57
the transaction or event itself. Paragraphs 58 to 68C implement this principle.

Items recognised in profit or loss

Current and deferred tax shall be recognised as income or an expense and included in profit or loss for the period, except 58
to the extent that the tax arises from:
(a)   a transaction or event which is recognised, in the same or a different period, outside profit or loss, either in other
      comprehensive income or directly in equity (see paragraphs 61A to 65); or
(b)   a business combination (other than the acquisition by an investment entity, as defined in IFRS 10 *Consolidated
      Financial Statements*, of a subsidiary that is required to be measured at fair value through profit or loss) (see para-
      graphs 66 to 68).

Most deferred tax liabilities and deferred tax assets arise where income or expense is included in accounting profit in one 59
period, but is included in taxable profit (tax loss) in a different period. The resulting deferred tax is recognised in profit or
loss. Examples are when:
(a)   interest, royalty or dividend revenue is received in arrears and is included in accounting profit on a time apportion-
      ment basis in accordance with IAS 18 *Revenue,* but is included in taxable profit (tax loss) on a cash basis; and
(b)   costs of intangible assets have been capitalised in accordance with IAS 38 and are being amortised in profit or loss,
      but were deducted for tax purposes when they were incurred.

The carrying amount of deferred tax assets and liabilities may change even though there is no change in the amount of 60
the related temporary differences. This can result, for example, from:
(a)   a change in tax rates or tax laws;
(b)   a reassessment of the recoverability of deferred tax assets; or
(c)   a change in the expected manner of recovery of an asset.
The resulting deferred tax is recognised in profit or loss, except to the extent that it relates to items previously recognised
outside profit or loss (see paragraph 63).

Items recognised outside profit or loss

[deleted]   **61**

Current tax and deferred tax shall be recognised outside profit or loss if the tax relates to items that are recognised, in the **61A**
same or a different period, outside profit or loss. Therefore, current tax and deferred tax that relates to items that are
recognised, in the same or a different period:
(a)   in other comprehensive income, shall be recognised in other comprehensive income (see paragraph 62).
(b)   directly in equity, shall be recognised directly in equity (see paragraph 62A).

International Financial Reporting Standards require or permit particular items to be recognised in other comprehensive **62**
income. Examples of such items are:
(a)   a change in carrying amount arising from the revaluation of property, plant and equipment (see IAS 16); and
(b)   [deleted]
(c)   exchange differences arising on the translation of the financial statements of a foreign operation (see IAS 21).
(d)   [deleted]

International Financial Reporting Standards require or permit particular items to be credited or charged directly to equity. **62A**
Examples of such items are:
(a)   an adjustment to the opening balance of retained earnings resulting from either a change in accounting policy that is
      applied retrospectively or the correction of an error (see IAS 8 *Accounting Policies, Changes in Accounting Estimates
      and Errors);* and
(b)   amounts arising on initial recognition of the equity component of a compound financial instrument (see paragraph
      23).

63 In außergewöhnlichen Umständen kann es schwierig sein, den Betrag der tatsächlichen und latenten Steuer zu ermitteln, der sich auf Posten bezieht, die außerhalb des Gewinns oder Verlusts (entweder im sonstigen Ergebnis oder direkt im Eigenkapital) erfasst werden. Dies kann beispielsweise der Fall sein, wenn:

(a) die Ertragsteuersätze abgestuft sind und es unmöglich ist, den Steuersatz zu ermitteln, zu dem ein bestimmter Bestandteil des zu versteuernden Ergebnisses (steuerlichen Verlusts) besteuert wurde;

(b) eine Änderung des Steuersatzes oder anderer Steuervorschriften einen latenten Steueranspruch oder eine latente Steuerschuld beeinflusst, der bzw. die vollständig oder teilweise mit einem Posten in Zusammenhang steht, der vorher außerhalb des Gewinns oder Verlusts erfasst wurde; oder

(c) ein Unternehmen entscheidet, dass ein latenter Steueranspruch zu bilanzieren ist oder nicht mehr in voller Höhe zu bilanzieren ist und der latente Steueranspruch sich (insgesamt oder teilweise) auf einen Posten bezieht, der vorher außerhalb des Gewinns oder Verlusts erfasst wurde.

In solchen Fällen wird die tatsächliche und latente Steuer in Bezug auf Posten, die außerhalb des Gewinns oder Verlusts erfasst werden, auf Basis einer angemessenen anteiligen Verrechnung der tatsächlichen und latenten Steuer des Unternehmens in der betreffenden Steuergesetzgebung errechnet, oder es wird ein anderes Verfahren gewählt, welches unter den vorliegenden Umständen eine sachgerechtere Verteilung ermöglicht.

64 IAS 16 legt nicht fest, ob ein Unternehmen in jeder Periode einen Betrag aus der Neubewertungsrücklage in die Gewinnrücklagen zu übertragen hat, der dem Unterschiedsbetrag zwischen der planmäßigen Abschreibung eines neubewerteten Vermögenswerts und der planmäßigen Abschreibung auf Basis der Anschaffungs- oder Herstellungskosten dieses Vermögenswerts entspricht. Falls ein Unternehmen eine solche Übertragung durchführt, ist der zu übertragende Betrag nach Abzug aller damit verbundenen latenten Steuern zu ermitteln. Entsprechende Überlegungen finden Anwendung auf Übertragungen bei der Veräußerung von Sachanlagen.

65 Wird ein Vermögenswert für steuerliche Zwecke neubewertet und bezieht sich diese Neubewertung auf eine bilanzielle Neubewertung einer früheren Periode oder auf eine, die erwartungsgemäß in einer künftigen Periode durchgeführt werden soll, werden die steuerlichen Auswirkungen sowohl der Neubewertung des Vermögenswerts als auch der Anpassung der steuerlichen Basis in den Perioden im sonstigen Ergebnis erfasst, in denen sie sich ereignen. Ist die Neubewertung für steuerliche Zwecke jedoch nicht mit einer bilanziellen Neubewertung einer früheren oder einer für zukünftige Perioden erwarteten bilanziellen Neubewertung verbunden, werden die steuerlichen Auswirkungen der Anpassung der steuerlichen Basis im Gewinn oder Verlust erfasst.

65A Wenn ein Unternehmen Dividenden an seine Eigentümer zahlt, kann es sein, dass es erforderlich ist, einen Teil der Dividenden im Namen der Eigentümer an die Steuerbehörden zu zahlen. In vielen Ländern wird diese Steuer als Quellensteuer bezeichnet. Ein solcher Betrag, der an die Steuerbehörden zu zahlen ist oder gezahlt wurde, ist direkt mit dem Eigenkapital als Teil der Dividenden zu verrechnen.

Latente Steuern als Folge eines Unternehmenszusammenschlusses

66 Wie in den Paragraphen 19 und 26 (c) erläutert, können temporäre Unterschiede bei einem Unternehmenszusammenschluss entstehen. Gemäß IFRS 3 bilanziert ein Unternehmen alle sich ergebenden latenten Steueransprüche (in dem Umfang, wie sie die Ansatzkriterien des Paragraphen 24 erfüllen) oder latente Steuerschulden als identifizierbare Vermögenswerte und Schulden zum Erwerbszeitpunkt. Folglich beeinflussen jene latenten Steueransprüche und latenten Steuerschulden den Betrag des Geschäfts- oder Firmenwerts oder den Gewinn, der aus einem Erwerb zu einem Preis unter Marktwert erfasst wurde. Gemäß Paragraph 15 (a) setzt ein Unternehmen jedoch keine latenten Steuerschulden an, die aus dem erstmaligen Ansatz eines Geschäfts- oder Firmenwerts entstanden sind.

67 Infolge eines Unternehmenszusammenschlusses könnte sich die Wahrscheinlichkeit, dass ein Erwerber einen latenten Steueranspruch aus der Zeit vor dem Zusammenschluss realisiert, ändern. Ein Erwerber kann es für wahrscheinlich halten, dass er seinen eigenen latenten Steueranspruch, der vor dem Unternehmenszusammenschluss nicht angesetzt war, realisieren wird. Beispielsweise kann ein Erwerber in der Lage sein, den Vorteil seiner noch nicht genutzten steuerlichen Verluste gegen das zukünftige zu versteuernde Einkommen des erworbenen Unternehmens zu verwenden. Infolge eines Unternehmenszusammenschlusses könnte es alternativ nicht mehr wahrscheinlich sein, dass mit zukünftig zu versteuerndem Ergebnis der latente Steueranspruch realisiert werden kann. In solchen Fällen bilanziert der Erwerber eine Änderung des latenten Steueranspruchs in der Periode des Unternehmenszusammenschlusses, schließt diesen jedoch nicht als Teil der Bilanzierung des Unternehmenszusammenschlusses ein. Deshalb berücksichtigt der Erwerber ihn bei der Bewertung des Geschäfts- oder Firmenwerts oder des Gewinns aus einem Erwerb zu einem Preis unter dem Marktwert, der bei einem Unternehmenszusammenschluss erfasst wird, nicht.

68 Der potenzielle Nutzen eines ertragsteuerlichen Verlustvortrags oder anderer latenter Steueransprüche des erworbenen Unternehmens könnte die Kriterien für einen gesonderten Ansatz zum Zeitpunkt der erstmaligen Bilanzierung eines Unternehmenszusammenschlusses nicht erfüllen, aber könnte nachträglich realisiert werden.

Ein Unternehmen hat erworbene latente Steuervorteile, die es nach dem Unternehmenszusammenschluss realisiert, wie folgt zu erfassen:

In exceptional circumstances it may be difficult to determine the amount of current and deferred tax that relates to items recognised outside profit or loss (either in other comprehensive income or directly in equity). This may be the case, for example, when: **63**

(a) there are graduated rates of income tax and it is impossible to determine the rate at which a specific component of taxable profit (tax loss) has been taxed;

(b) a change in the tax rate or other tax rules affects a deferred tax asset or liability relating (in whole or in part) to an item that was previously recognised outside profit or loss; or

(c) an entity determines that a deferred tax asset should be recognised, or should no longer be recognised in full, and the deferred tax asset relates (in whole or in part) to an item that was previously recognised outside profit or loss.

In such cases, the current and deferred tax related to items that are recognised outside profit or loss are based on a reasonable pro rata allocation of the current and deferred tax of the entity in the tax jurisdiction concerned, or other method that achieves a more appropriate allocation in the circumstances.

IAS 16 does not specify whether an entity should transfer each year from revaluation surplus to retained earnings an amount equal to the difference between the depreciation or amortisation on a revalued asset and the depreciation or amortisation based on the cost of that asset. If an entity makes such a transfer, the amount transferred is net of any related deferred tax. Similar considerations apply to transfers made on disposal of an item of property, plant or equipment. **64**

When an asset is revalued for tax purposes and that revaluation is related to an accounting revaluation of an earlier period, or to one that is expected to be carried out in a future period, the tax effects of both the asset revaluation and the adjustment of the tax base are recognised in other comprehensive income in the periods in which they occur. However, if the revaluation for tax purposes is not related to an accounting revaluation of an earlier period, or to one that is expected to be carried out in a future period, the tax effects of the adjustment of the tax base are recognised in profit or loss. **65**

When an entity pays dividends to its shareholders, it may be required to pay a portion of the dividends to taxation authorities on behalf of shareholders. In many jurisdictions, this amount is referred to as a withholding tax. Such an amount paid or payable to taxation authorities is charged to equity as a part of the dividends. **65A**

Deferred tax arising from a business combination

As explained in paragraphs 19 and 26 (c), temporary differences may arise in a business combination. In accordance with IFRS 3, an entity recognises any resulting deferred tax assets (to the extent that they meet the recognition criteria in paragraph 24) or deferred tax liabilities as identifiable assets and liabilities at the acquisition date. Consequently, those deferred tax assets and deferred tax liabilities affect the amount of goodwill or the bargain purchase gain the entity recognises. However, in accordance with paragraph 15 (a), an entity does not recognise deferred tax liabilities arising from the initial recognition of goodwill. **66**

As a result of a business combination, the probability of realising a pre-acquisition deferred tax asset of the acquirer could change. An acquirer may consider it probable that it will recover its own deferred tax asset that was not recognised before the business combination. For example, the acquirer may be able to utilise the benefit of its unused tax losses against the future taxable profit of the acquiree. Alternatively, as a result of the business combination it might no longer be probable that future taxable profit will allow the deferred tax asset to be recovered. In such cases, the acquirer recognises a change in the deferred tax asset in the period of the business combination, but does not include it as part of the accounting for the business combination. Therefore, the acquirer does not take it into account in measuring the goodwill or bargain purchase gain it recognises in the business combination. **67**

The potential benefit of the acquiree's income tax loss carryforwards or other deferred tax assets might not satisfy the criteria for separate recognition when a business combination is initially accounted for but might be realised subsequently. **68**

An entity shall recognise acquired deferred tax benefits that it realises after the business combination as follows:

(a) Erworbene latente Steuervorteile, die innerhalb des Bewertungszeitraums erfasst werden und sich aus neuen Informationen über Fakten und Umstände ergeben, die zum Erwerbszeitpunkt bestanden, sind zur Verringerung des Buchwerts eines Geschäfts- oder Firmenwerts, der in Zusammenhang mit diesem Erwerb steht, anzuwenden. Wenn der Buchwert dieses Geschäfts- oder Firmenwerts gleich Null ist, sind alle verbleibenden latenten Steuervorteile im Ergebnis zu erfassen.

(b) Alle anderen realisierten erworbenen latenten Steuervorteile sind im Ergebnis zu erfassen (oder nicht im Ergebnis, sofern es dieser Standards verlangt).

Tatsächliche und latente Steuern aus anteilsbasierten Vergütungen

68A In einigen Steuerrechtskreisen kann ein Unternehmen im Zusammenhang mit Vergütungen, die in Aktien, Aktienoptionen oder anderen Eigenkapitalinstrumenten des Unternehmens abgegolten werden, einen Steuerabzug (d. h. einen Betrag, der bei der Ermittlung des zu versteuernden Ergebnisses abzugsfähig ist) in Anspruch nehmen. Die Höhe dieses Steuerabzugs kann sich vom kumulativen Vergütungsaufwand unterscheiden und in einer späteren Bilanzierungsperiode anfallen. Beispielsweise kann ein Unternehmen in einigen Rechtskreisen den Verbrauch der als Entgelt für gewährte Aktienoptionen erhaltenen Arbeitsleistungen gemäß IFRS 2 *Anteilsbasierte Vergütung* als Aufwand erfassen, jedoch erst bei Ausübung der Aktienoptionen einen Steuerabzug geltend machen, dessen Höhe nach dem Aktienkurs des Unternehmens am Tag der Ausübung bemessen wird.

68B Wie bei den in den Paragraphen 9 und 26 (b) erörterten Forschungskosten ist der Unterschiedsbetrag zwischen dem Steuerwert der bisher erhaltenen Arbeitsleistungen (der von den Steuerbehörden als ein in künftigen Perioden abzugsfähiger Betrag anerkannt wird) und dem Buchwert von Null eine abzugsfähige temporäre Differenz, die einen latenten Steueranspruch zur Folge hat. Ist der Betrag, dessen Abzug in zukünftigen Perioden von den Steuerbehörden erlaubt ist, am Ende der Berichtsperiode nicht bekannt, ist er anhand der zu diesem Zeitpunkt verfügbaren Informationen zu schätzen. Wenn beispielsweise die Höhe des Betrags, der von den Steuerbehörden als in künftigen Perioden abzugsfähig anerkannt wird, vom Aktienkurs des Unternehmens zu einem künftigen Zeitpunkt abhängig ist, muss zur Ermittlung der abzugsfähigen temporären Differenz der Aktienkurs des Unternehmens am Ende der Berichtsperiode herangezogen werden.

68C Wie in Paragraph 68A aufgeführt, kann sich der steuerlich absetzbare Betrag (oder der gemäß Paragraph 68B gemessene geschätzte künftige Steuerabzug) von dem dazugehörigen kumulativen Bezugsaufwand unterscheiden. Paragraph 58 des Standards verlangt, dass tatsächliche und latente Steuern als Ertrag oder Aufwand zu erfassen und in den Gewinn oder Verlust der Periode einzubeziehen sind, ausgenommen in dem Umfang, in dem die Steuer (a) aus einer Transaktion oder einem Ereignis herrührt, die bzw. das in einer gleichen oder unterschiedlichen Periode außerhalb des Gewinns oder Verlusts erfasst wird, oder (b) aus einem Unternehmenszusammenschluss (mit Ausnahme des Erwerbs eines Tochterunternehmens durch eine Investmentgesellschaft, wenn das Tochterunternehmen ergebniswirksam zum beizulegenden Zeitwert bewertet werden muss). Wenn der steuerlich absetzbare Betrag (oder der geschätzte künftige Steuerabzug) den Betrag des dazugehörigen kumulativen Bezugsaufwands übersteigt, weist dies darauf hin, dass sich der Steuerabzug nicht nur auf den Bezugsaufwand, sondern auch auf einen Eigenkapitalposten bezieht. In dieser Situation ist der Überschuss der verbundenen tatsächlichen und latenten Steuern direkt im Eigenkapital zu erfassen.

DARSTELLUNG

Steueransprüche und Steuerschulden

69–70 [gestrichen]

Saldierung

71 Ein Unternehmen hat tatsächliche Steuererstattungsansprüche und tatsächliche Steuerschulden dann, und nur dann zu saldieren, wenn ein Unternehmen
(a) einen Rechtsanspruch hat, die erfassten Beträge miteinander zu verrechnen; und
(b) beabsichtigt, entweder den Ausgleich auf Nettobasis herbeizuführen, oder gleichzeitig mit der Realisierung des betreffenden Vermögenswerts die dazugehörige Verbindlichkeit abzulösen.

72 Obwohl tatsächliche Steuererstattungsansprüche und Steuerschulden voneinander getrennt angesetzt und bewertet werden, erfolgt eine Saldierung in der Bilanz dann, wenn die Kriterien analog erfüllt sind, die für Finanzinstrumente in IAS 32 angegeben sind. Ein Unternehmen wird im Regelfall ein einklagbares Recht zur Aufrechnung eines tatsächlichen Steuererstattungsanspruchs gegen eine tatsächliche Steuerschuld haben, wenn diese in Verbindung mit Ertragsteuern stehen, die von der gleichen Steuerbehörde erhoben werden, und die Steuerbehörde dem Unternehmen gestattet, eine einzige Nettozahlung zu leisten oder zu empfangen.

73 In einem Konzernabschluss wird ein tatsächlicher Steuererstattungsanspruch eines Konzernunternehmens nur dann gegen eine tatsächliche Steuerschuld eines anderen Konzernunternehmens saldiert, wenn die betreffenden Unternehmen

(a) Acquired deferred tax benefits recognised within the measurement period that result from new information about facts and circumstances that existed at the acquisition date shall be applied to reduce the carrying amount of any goodwill related to that acquisition. If the carrying amount of that goodwill is zero, any remaining deferred tax benefits shall be recognised in profit or loss.

(b) All other acquired deferred tax benefits realised shall be recognised in profit or loss (or, if this Standard so requires, outside profit or loss).

Current and deferred tax arising from share-based payment transactions

In some tax jurisdictions, an entity receives a tax deduction (i.e. an amount that is deductible in determining taxable **68A** profit) that relates to remuneration paid in shares, share options or other equity instruments of the entity. The amount of that tax deduction may differ from the related cumulative remuneration expense, and may arise in a later accounting period. For example, in some jurisdictions, an entity may recognise an expense for the consumption of employee services received as consideration for share options granted, in accordance with IFRS 2 *Share-based payment,* and not receive a tax deduction until the share options are exercised, with the measurement of the tax deduction based on the entity's share price at the date of exercise.

As with the research costs discussed in paragraphs 9 and 26 (b) of this standard, the difference between the tax base of the **68B** employee services received to date (being the amount the taxation authorities will permit as a deduction in future periods), and the carrying amount of nil, is a deductible temporary difference that results in a deferred tax asset. If the amount the taxation authorities will permit as a deduction in future periods is not known at the end of the period, it shall be estimated, based on information available at the end of the period. For example, if the amount that the taxation authorities will permit as a deduction in future periods is dependent upon the entity's share price at a future date, the measurement of the deductible temporary difference should be based on the entity's share price at the end of the period.

As noted in paragraph 68A, the amount of the tax deduction (or estimated future tax deduction, measured in accordance **68C** with paragraph 68B) may differ from the related cumulative remuneration expense. Paragraph 58 of the Standard requires that current and deferred tax should be recognised as income or an expense and included in profit or loss for the period, except to the extent that the tax arises from (a) a transaction or event that is recognised, in the same or a different period, outside profit or loss, or (b) a business combination (other than the acquisition by an investment entity of a subsidiary that is required to be measured at fair value through profit or loss). If the amount of the tax deduction (or estimated future tax deduction) exceeds the amount of the related cumulative remuneration expense, this indicates that the tax deduction relates not only to remuneration expense but also to an equity item. In this situation, the excess of the associated current or deferred tax should be recognised directly in equity.

PRESENTATION

Tax assets and tax liabilities

[deleted]   **69—70**

Offset

An entity shall offset current tax assets and current tax liabilities if, and only if, the entity: **71**
(a) has a legally enforceable right to set off the recognised amounts; and
(b) intends either to settle on a net basis, or to realise the asset and settle the liability simultaneously.

Although current tax assets and liabilities are separately recognised and measured they are offset in the statement of finan- **72** cial position subject to criteria similar to those established for financial instruments in IAS 32. An entity will normally have a legally enforceable right to set off a current tax asset against a current tax liability when they relate to income taxes levied by the same taxation authority and the taxation authority permits the entity to make or receive a single net payment.

In consolidated financial statements, a current tax asset of one entity in a group is offset against a current tax liability of **73** another entity in the group if, and only if, the entities concerned have a legally enforceable right to make or receive a

ein einklagbares Recht haben, nur eine einzige Nettozahlung zu leisten oder zu empfangen, und die Unternehmen beabsichtigen, auch lediglich eine Nettozahlung zu leisten oder zu empfangen bzw. gleichzeitig den Anspruch zu realisieren und die Schuld abzulösen.

74 Ein Unternehmen hat latente Steueransprüche und latente Steuerschulden dann, und nur dann zu saldieren, wenn

(a) das Unternehmen ein einklagbares Recht zur Aufrechnung tatsächlicher Steuererstattungsansprüche gegen tatsächliche Steuerschulden hat; und

(b) die latenten Steueransprüche und die latenten Steuerschulden sich auf Ertragsteuern beziehen, die von der gleichen Steuerbehörde erhoben werden für

(i) entweder dasselbe Steuersubjekt; oder

(ii) unterschiedliche Steuersubjekte, die beabsichtigen, in jeder künftigen Periode, in der die Ablösung oder Realisierung erheblicher Beträge an latenten Steuerschulden bzw. Steueransprüchen zu erwarten ist, entweder den Ausgleich der tatsächlichen Steuerschulden und Erstattungsansprüche auf Nettobasis herbeizuführen oder gleichzeitig mit der Realisierung der Ansprüche die Verpflichtungen abzulösen.

75 Um das Erfordernis einer detaillierten Aufstellung des zeitlichen Verlaufs der Auflösung jeder einzelnen temporären Differenz zu vermeiden, verlangt dieser Standard von einem Unternehmen die Saldierung eines latenten Steueranspruchs gegen eine latente Steuerschuld des gleichen Steuersubjektes dann, und nur dann, wenn diese sich auf Ertragsteuern beziehen, die von der gleichen Steuerbehörde erhoben werden, und das Unternehmen einen einklagbaren Anspruch auf Aufrechnung der tatsächlichen Steuererstattungsansprüche gegen tatsächliche Steuerschulden hat.

76 In seltenen Fällen kann ein Unternehmen einen einklagbaren Anspruch auf Aufrechnung haben und beabsichtigen, nur für einige Perioden einen Ausgleich auf Nettobasis durchzuführen, aber nicht für andere. In solchen seltenen Fällen kann eine detaillierte Aufstellung erforderlich sein, damit verlässlich festgestellt werden kann, ob die latente Steuerschuld eines Steuersubjekts zu erhöhten Steuerzahlungen in der gleichen Periode führen wird, in der ein latenter Steueranspruch eines anderen Steuersubjekts zu verminderten Zahlungen dieses zweiten Steuersubjekts führen wird.

Steueraufwand

Der gewöhnlichen Tätigkeit zuzurechnender Steueraufwand (Steuerertrag)

77 Der der gewöhnlichen Tätigkeit zuzurechnende Steueraufwand (Steuerertrag) ist in der/den Darstellung/en von Gewinn oder Verlust und sonstigem Ergebnis als Ergebnisbestandteil darzustellen.

77A [gestrichen]

Währungsdifferenzen aus latenten Auslandssteuerschulden oder -ansprüchen

78 IAS 21 verlangt die Erfassung bestimmter Währungsdifferenzen als Aufwand oder Ertrag, legt aber nicht fest, wo solche Unterschiedsbeträge in der Gesamtergebnisrechnung auszuweisen sind. Sind entsprechend Währungsdifferenzen aus latenten Auslandssteuerschulden oder latenten Auslandssteueransprüchen in der Gesamtergebnisrechnung erfasst, können demzufolge solche Unterschiedsbeträge auch als latenter Steueraufwand (Steuerertrag) ausgewiesen werden, falls anzunehmen ist, dass dieser Ausweis für die Informationsinteressen der Abschlussadressaten am geeignetsten ist.

ANGABEN

79 Die Hauptbestandteile des Steueraufwands (Steuerertrags) sind getrennt anzugeben.

80 Zu den Bestandteilen des Steueraufwands (Steuerertrags) kann Folgendes gehören:

(a) tatsächlicher Steueraufwand (Steuerertrag);

(b) alle in der Periode erfassten Anpassungen für periodenfremde tatsächliche Ertragsteuern;

(c) der Betrag des latenten Steueraufwands (Steuerertrags), der auf das Entstehen bzw. die Auflösung temporärer Differenzen zurückzuführen ist;

(d) der Betrag des latenten Steueraufwands (Steuerertrags), der auf Änderungen der Steuersätze oder der Einführung neuer Steuern beruht;

(e) der Betrag der Minderung des tatsächlichen Ertragsteueraufwands aufgrund der Nutzung bisher nicht berücksichtigter steuerlicher Verluste, aufgrund von Steuergutschriften oder infolge einer bisher nicht berücksichtigten temporären Differenz einer früheren Periode;

(f) der Betrag der Minderung des latenten Steueraufwands aufgrund bisher nicht berücksichtigter steuerlicher Verluste, aufgrund von Steuergutschriften oder infolge einer bisher nicht berücksichtigten temporären Differenz einer früheren Periode;

(g) der latente Steueraufwand infolge einer Abwertung oder Aufhebung einer früheren Abwertung eines latenten Steueranspruchs gemäß Paragraph 56; und

single net payment and the entities intend to make or receive such a net payment or to recover the asset and settle the liability simultaneously.

An entity shall offset deferred tax assets and deferred tax liabilities if, and only if: **74**
(a)   the entity has a legally enforceable right to set off current tax assets against current tax liabilities; and
(b)   the deferred tax assets and the deferred tax liabilities relate to income taxes levied by the same taxation authority on either:
    (i)   the same taxable entity; or
    (ii) different taxable entities which intend either to settle current tax liabilities and assets on a net basis, or to realise the assets and settle the liabilities simultaneously, in each future period in which significant amounts of deferred tax liabilities or assets are expected to be settled or recovered.

To avoid the need for detailed scheduling of the timing of the reversal of each temporary difference, this standard requires   **75**
an entity to set off a deferred tax asset against a deferred tax liability of the same taxable entity if, and only if, they relate to income taxes levied by the same taxation authority and the entity has a legally enforceable right to set off current tax assets against current tax liabilities.

In rare circumstances, an entity may have a legally enforceable right of set-off, and an intention to settle net, for some   **76**
periods but not for others. In such rare circumstances, detailed scheduling may be required to establish reliably whether the deferred tax liability of one taxable entity will result in increased tax payments in the same period in which a deferred tax asset of another taxable entity will result in decreased payments by that second taxable entity.

Tax expense

Tax expense (income) related to profit or loss from ordinary activities

The tax expense (income) related to profit or loss from ordinary activities shall be presented as part of profit or loss in the   **77**
statement(s) of profit or loss and other comprehensive income.

[deleted]   **77A**

Exchange differences on deferred foreign tax liabilities or assets

IAS 21 requires certain exchange differences to be recognised as income or expense but does not specify where such dif-   **78**
ferences should be presented in the statement of comprehensive income. Accordingly, where exchange differences on deferred foreign tax liabilities or assets are recognised in the statement of comprehensive income, such differences may be classified as deferred tax expense (income) if that presentation is considered to be the most useful to financial statement users.

DISCLOSURE

The major components of tax expense (income) shall be disclosed separately.   **79**

Components of tax expense (income) may include: **80**
(a)   current tax expense (income);
(b)   any adjustments recognised in the period for current tax of prior periods;
(c)   the amount of deferred tax expense (income) relating to the origination and reversal of temporary differences;
(d)   the amount of deferred tax expense (income) relating to changes in tax rates or the imposition of new taxes;
(e)   the amount of the benefit arising from a previously unrecognised tax loss, tax credit or temporary difference of a prior period that is used to reduce current tax expense;
(f)   the amount of the benefit from a previously unrecognised tax loss, tax credit or temporary difference of a prior period that is used to reduce deferred tax expense;
(g)   deferred tax expense arising from the write-down, or reversal of a previous write-down, of a deferred tax asset in accordance with paragraph 56; and

(h) der Betrag des Ertragsteueraufwands (Ertragsteuerertrags), der aus Änderungen der Rechnungslegungsmethoden und Fehlern resultiert, die nach IAS 8 im Gewinn oder Verlust erfasst wurden, weil sie nicht rückwirkend berücksichtigt werden können.

81 Weiterhin ist ebenfalls getrennt anzugeben:

(a) die Summe des Betrags tatsächlicher und latenter Steuern resultierend aus Posten, die direkt dem Eigenkapital belastet oder gutgeschrieben werden (siehe Paragraph 62A);

(ab) der mit jedem Bestandteil des sonstigen Ergebnisses in Zusammenhang stehende Ertragsteuerbetrag (siehe Paragraph 62 und IAS 1 (überarbeitet 2007);

(b) [gestrichen];

(c) eine Erläuterung der Beziehung zwischen Steueraufwand (Steuerertrag) und dem bilanziellen Ergebnis vor Steuern alternativ in einer der beiden folgenden Formen:

   (i) eine Überleitungsrechnung zwischen dem Steueraufwand (Steuerertrag) und dem Produkt aus dem) bilanziellen Ergebnis vor Steuern und dem anzuwendenden Steuersatz (den anzuwendenden Steuersätzen), wobei auch die Grundlage anzugeben ist, auf der der anzuwendende Steuersatz berechnet wird oder die anzuwendenden Steuersätze berechnet werden; oder

   (ii) eine Überleitungsrechnung zwischen dem durchschnittlichen effektiven Steuersatz und dem anzuwendenden Steuersatz, wobei ebenfalls die Grundlage anzugeben ist, auf welcher der anzuwendende Steuersatz errechnet wurde;

(d) eine Erläuterung zu Änderungen des anzuwendenden Steuersatzes bzw. der anzuwendenden Steuersätze im Vergleich zu der vorherigen Bilanzierungsperiode;

(e) der Betrag (und, falls erforderlich, das Datum des Verfalls) der abzugsfähigen temporären Differenzen, der noch nicht genutzten steuerlichen Verluste und der noch nicht genutzten Steuergutschriften, für welche in der Bilanz kein latenter Steueranspruch angesetzt wurde;

(f) die Summe des Betrags temporärer Differenzen im Zusammenhang mit Anteilen an Tochterunternehmen, Zweigniederlassungen und assoziierten Unternehmen sowie Anteilen an gemeinsamen Vereinbarungen, für die keine latenten Steuerschulden bilanziert worden sind (siehe Paragraph 39);

(g) bezüglich jeder Art temporärer Unterschiede und jeder Art noch nicht genutzter steuerlicher Verluste und noch nicht genutzter Steuergutschriften:

   (i) der Betrag der latenten Steueransprüche und latenten Steuerschulden, die in der Bilanz für jede dargestellte Periode angesetzt wurden;

   (ii) der Betrag des im Gewinn oder Verlust erfassten latenten Steuerertrags oder Steueraufwands, falls dies nicht bereits aus den Änderungen der in der Bilanz angesetzten Beträge hervorgeht;

(h) der Steueraufwand hinsichtlich aufgegebener Geschäftsbereiche für:

   (i) den auf die Aufgabe entfallenden Gewinn bzw. Verlust; und

   (ii) der Gewinn oder Verlust, soweit er aus der gewöhnlichen Tätigkeit des aufgegebenen Geschäftsbereiches resultiert, zusammen mit den Vergleichszahlen für jede dargestellte frühere Periode;

(i) der Betrag der ertragsteuerlichen Konsequenzen von Dividendenzahlungen an die Anteilseigner des Unternehmens, die vorgeschlagen oder beschlossen wurden, bevor der Abschluss zur Veröffentlichung genehmigt wurde, die aber nicht als Verbindlichkeit im Abschluss bilanziert wurden;

(j) wenn ein Unternehmenszusammenschluss, bei dem das Unternehmen der Erwerber ist, eine Änderung des Betrags verursacht, der für die latenten Steueransprüche vor dem Erwerb ausgewiesen wurde (siehe Paragraph 67), der Betrag dieser Änderung; und

(k) wenn die bei einem Unternehmenszusammenschluss erworbenen latenten Steuervorteile nicht zum Erwerbszeitpunkt erfasst wurden sondern erst danach (siehe Paragraph 68), eine Beschreibung des Ereignisses oder der Änderung des Umstands, welche begründen, dass die latenten Steuervorteile erfasst werden.

82 Ein Unternehmen hat den Betrag eines latenten Steueranspruchs und die substanziellen Hinweise für seinen Ansatz anzugeben, wenn

(a) die Realisierung des latenten Steueranspruchs von künftigen zu versteuernden Ergebnissen abhängt, die höher als die Ergebniseffekte aus der Auflösung bestehender zu versteuernder temporärer Differenzen sind; und

(b) das Unternehmen in der laufenden Periode oder der Vorperiode im gleichen Steuerrechtskreis, auf den sich der latente Steueranspruch bezieht, Verluste erlitten hat.

82A Unter den Umständen, wie sie in Paragraph 52A beschrieben sind, hat ein Unternehmen die Art der potenziellen ertragsteuerlichen Konsequenzen, die sich durch die Zahlung von Dividenden an die Eigentümer ergeben, anzugeben. Zusätzlich hat das Unternehmen die Beträge der potenziellen ertragsteuerlichen Konsequenzen, die praktisch bestimmbar sind, anzugeben und ob irgendwelche nicht bestimmbaren potenziellen ertragsteuerlichen Konsequenzen vorhanden sind.

83 [gestrichen]

84 Die gemäß Paragraph 81 (c) verlangten Angaben ermöglichen es Abschlussadressaten, zu verstehen, ob die Beziehung zwischen dem Steueraufwand (Steuerertrag) und bilanziellen Ergebnis vor Steuern ungewöhnlich ist, und die maßgeblichen Faktoren zu verstehen, die diese Beziehung in der Zukunft beeinflussen könnten. Die Beziehung zwischen dem

(h)   the amount of tax expense (income) relating to those changes in accounting policies and errors that are included in profit or loss in accordance with IAS 8, because they cannot be accounted for retrospectively.

The following shall also be disclosed separately: 81

(a)   the aggregate current and deferred tax relating to items that are charged or credited directly to equity (see paragraph 62A);

(ab) the amount of income tax relating to each component of other comprehensive income (see paragraph 62 and IAS 1 (as revised in 2007));

(b)   [deleted]

(c)   an explanation of the relationship between tax expense (income) and accounting profit in either or both of the following forms:
   (i)   a numerical reconciliation between tax expense (income) and the product of accounting profit multiplied by the applicable tax rate(s), disclosing also the basis on which the applicable tax rate(s) is (are) computed; or
   (ii)   a numerical reconciliation between the average effective tax rate and the applicable tax rate, disclosing also the basis on which the applicable tax rate is computed;

(d)   an explanation of changes in the applicable tax rate(s) compared to the previous accounting period;

(e)   the amount (and expiry date, if any) of deductible temporary differences, unused tax losses, and unused tax credits for which no deferred tax asset is recognised in the statement of financial position;

(f)   the aggregate amount of temporary differences associated with investments in subsidiaries, branches and associates and interests in joint arrangements, for which deferred tax liabilities have not been recognised (see paragraph 39);

(g)   in respect of each type of temporary difference, and in respect of each type of unused tax losses and unused tax credits:
   (i)   the amount of the deferred tax assets and liabilities recognised in the statement of financial position for each period presented;
   (ii)   the amount of the deferred tax income or expense recognised in profit or loss, if this is not apparent from the changes in the amounts recognised in the statement of financial position;

(h)   in respect of discontinued operations, the tax expense relating to:
   (i)   the gain or loss on discontinuance; and
   (ii)   the profit or loss from the ordinary activities of the discontinued operation for the period, together with the corresponding amounts for each prior period presented;

(i)   the amount of income tax consequences of dividends to shareholders of the entity that were proposed or declared before the financial statements were authorised for issue, but are not recognised as a liability in the financial statements;

(j)   if a business combination in which the entity is the acquirer causes a change in the amount recognised for its pre-acquisition deferred tax asset (see paragraph 67), the amount of that change; and

(k)   if the deferred tax benefits acquired in a business combination are not recognised at the acquisition date but are recognised after the acquisition date (see paragraph 68), a description of the event or change in circumstances that caused the deferred tax benefits to be recognised.

An entity shall disclose the amount of a deferred tax asset and the nature of the evidence supporting its recognition,   82 when:

(a)   the utilisation of the deferred tax asset is dependent on future taxable profits in excess of the profits arising from the reversal of existing taxable temporary differences; and

(b)   the entity has suffered a loss in either the current or preceding period in the tax jurisdiction to which the deferred tax asset relates.

In the circumstances described in paragraph 52A, an entity shall disclose the nature of the potential income tax conse-   82A quences that would result from the payment of dividends to its shareholders. In addition, the entity shall disclose the amounts of the potential income tax consequences practicably determinable and whether there are any potential income tax consequences not practicably determinable.

[deleted]   83

The disclosures required by paragraph 81 (c) enable users of financial statements to understand whether the relationship   84 between tax expense (income) and accounting profit is unusual and to understand the significant factors that could affect that relationship in the future. The relationship between tax expense (income) and accounting profit may be affected by

Steueraufwand (Steuerertrag) und dem bilanziellen Ergebnis vor Steuern kann durch steuerfreie Umsatzerlöse, bei der Ermittlung des zu versteuernden Ergebnisses (steuerlichen Verlusts) nicht abzugsfähigen Aufwand sowie durch die Auswirkungen steuerlicher Verluste und ausländischer Steuersätze beeinflusst werden.

85 Bei der Erklärung der Beziehung zwischen dem Steueraufwand (Steuerertrag) und dem bilanziellen Ergebnis vor Steuern ist ein Steuersatz anzuwenden, der für die Informationsinteressen der Abschlussadressaten am geeignetsten ist. Häufig ist der geeignetste Steuersatz der inländische Steuersatz des Landes, in dem das Unternehmen seinen Sitz hat. Dabei werden in die nationalen Steuersätze alle lokalen Steuern einbezogen, die entsprechend eines im Wesentlichen vergleichbaren Niveaus des zu versteuernden Ergebnisses (steuerlichen Verlusts) berechnet werden. Für ein Unternehmen, das in verschiedenen Steuerrechtskreisen tätig ist, kann es sinnvoller sein, anhand der für die einzelnen Steuerrechtskreise gültigen inländischen Steuersätze verschiedene Überleitungsrechnungen zu erstellen und diese zusammenzufassen. Das folgende Beispiel zeigt, wie sich die Auswahl des anzuwendenden Steuersatzes auf die Darstellung der Überleitungsrechnung auswirkt.

Beispiel zur Veranschaulichung von Paragraph 85   In 19X2 erzielt ein Unternehmen in seinem eigenen Steuerrechtskreis (Land A) ein Ergebnis vor Ertragsteuern von 1 500 (19X1: 2 000) und in Land B von 1 500 (19X1: 500). Der Steuersatz beträgt 30 % in Land A und 20 % in Land B. In Land A sind Aufwendungen von 100 (19X1: 200) steuerlich nicht abzugsfähig.

Nachstehend ein Beispiel einer Überleitungsrechnung für einen inländischen Steuersatz.

	19X1	19X2
Bilanzielles Ergebnis vor Steuern	2 500	3 000
Steuer zum inländischen Steuersatz von 30 %	750	900
Steuerauswirkung von steuerlich nicht abzugsfähigen Aufwendungen	60	30
Auswirkung der niedrigeren Steuersätze in Land B	(50)	(150)
Steueraufwand	760	780

Es folgt ein Beispiel einer Überleitungsrechnung, in der getrennte Überleitungsrechnungen für jeden einzelnen nationalen Steuerrechtskreis zusammengefasst wurden. Nach dieser Methode erscheint die Auswirkung der Unterschiedsbeträge zwischen dem eigenen inländischen Steuersatz des berichtenden Unternehmens und dem inländischen Steuersatz in anderen Steuerrechtskreisen nicht als ein getrennter Posten in der Überleitungsrechnung. Ein Unternehmen hat möglicherweise die Auswirkungen maßgeblicher Änderungen in den Steuersätzen oder die strukturelle Zusammensetzung von in unterschiedlichen Steuerrechtskreisen erzielten Gewinnen zu erörtern, um die Änderungen im anzuwendenden Steuersatz (den anzuwendenden Steuersätzen) wie gemäß Paragraph 81 (d) verlangt, zu erklären.

Bilanzielles Ergebnis vor Steuern	2 500	3 000
Steuer zum inländischen Steuersatz anzuwenden auf Gewinne in dem betreffenden Land	700	750
Steuerauswirkung von steuerlich nicht abzugsfähigen Aufwendungen	60	30
Steueraufwand	760	780

86 Der durchschnittliche effektive Steuersatz ist der Steueraufwand (Steuerertrag), geteilt durch das bilanzielle Ergebnis vor Steuern.

87 Es ist häufig nicht praktikabel, den Betrag der nicht bilanzierten latenten Steuerschulden aus Anteilen an Tochterunternehmen, Zweigniederlassungen und assoziierten Unternehmen sowie Anteilen an gemeinsamen Vereinbarungen zu berechnen (siehe Paragraph 39). Daher verlangt dieser Standard von einem Unternehmen die Angabe der Summe des Betrages der zugrunde liegenden temporären Differenzen, aber er verlangt keine Angabe der latenten Steuerschulden. Wo dies praktikabel ist, wird dem Unternehmen dennoch empfohlen, die Beträge der nicht bilanzierten latenten Steuerschulden anzugeben, da diese Angaben für die Adressaten des Abschlusses nützlich sein könnten.

87A Paragraph 82A fordert von einem Unternehmen die Art der potenziellen ertragsteuerlichen Konsequenzen, die aus der Zahlung von Dividenden an die Eigentümer resultieren würden, anzugeben. Ein Unternehmen gibt die wichtigen Bestandteile des ertragsteuerlichen Systems und die Faktoren an, die den Betrag der potenziellen ertragsteuerlichen Konsequenzen von Dividenden beeinflussen.

87B Manchmal wird es nicht durchführbar sein, den gesamten Betrag der potenziellen ertragsteuerlichen Konsequenzen, die aus der Zahlung von Dividenden an die Eigentümer resultieren würden, auszurechnen. Dies könnte zum Beispiel der Fall sein, wenn ein Unternehmen eine große Anzahl von ausländischen Tochtergesellschaften hat. Auch unter diesen Umständen ist es möglich, einen Teilbetrag leicht darzustellen. Zum Beispiel könnten in einem Konzern ein Mutterunternehmen

such factors as revenue that is exempt from taxation, expenses that are not deductible in determining taxable profit (tax loss), the effect of tax losses and the effect of foreign tax rates.

In explaining the relationship between tax expense (income) and accounting profit, an entity uses an applicable tax rate **85** that provides the most meaningful information to the users of its financial statements. Often, the most meaningful rate is the domestic rate of tax in the country in which the entity is domiciled, aggregating the tax rate applied for national taxes with the rates applied for any local taxes which are computed on a substantially similar level of taxable profit (tax loss). However, for an entity operating in several jurisdictions, it may be more meaningful to aggregate separate reconciliations prepared using the domestic rate in each individual jurisdiction. The following example illustrates how the selection of the applicable tax rate affects the presentation of the numerical reconciliation.

Example illustrating paragraph 85   In 19X2, an entity has accounting profit in its own jurisdiction (country A) of 1 500 (19X1: 2 000) and in country B of 1 500 (19X1: 500). The tax rate is 30 % in country A and 20 % in country B. In country A, expenses of 100 (19X1: 200) are not deductible for tax purposes.

The following is an example of a reconciliation to the domestic tax rate.

	19X1	19X2
Accounting profit	2 500	3 000
Tax at the domestic rate of 30 %	750	900
Tax effect of expenses that are not deductible for tax purposes	60	30
Effect of lower tax rates in country B	(50)	(150)
Tax expense	760	780

The following is an example of a reconciliation prepared by aggregating separate reconciliations for each national jurisdiction. Under this method, the effect of differences between the reporting entity's own domestic tax rate and the domestic tax rate in other jurisdictions does not appear as a separate item in the reconciliation. An entity may need to discuss the effect of significant changes in either tax rates, or the mix of profits earned in different jurisdictions, in order to explain changes in the applicable tax rate(s), as required by paragraph 81 (d).

	2 500	3 000
Accounting profit	2 500	3 000
Tax at the domestic rates applicable to profits in the country concerned	700	750
Tax effect of expenses that are not deductible for tax purposes	60	30
Tax expense	760	780

The average effective tax rate is the tax expense (income) divided by the accounting profit. **86**

It would often be impracticable to compute the amount of unrecognised deferred tax liabilities arising from investments **87** in subsidiaries, branches and associates and interests in joint arrangements (see paragraph 39). Therefore, this standard requires an entity to disclose the aggregate amount of the underlying temporary differences but does not require disclosure of the deferred tax liabilities. Nevertheless, where practicable, entities are encouraged to disclose the amounts of the unrecognised deferred tax liabilities because financial statement users may find such information useful.

Paragraph 82A requires an entity to disclose the nature of the potential income tax consequences that would result from **87A** the payment of dividends to its shareholders. An entity discloses the important features of the income tax systems and the factors that will affect the amount of the potential income tax consequences of dividends.

It would sometimes not be practicable to compute the total amount of the potential income tax consequences that would **87B** result from the payment of dividends to shareholders. This may be the case, for example, where an entity has a large number of foreign subsidiaries. However, even in such circumstances, some portions of the total amount may be easily determinable. For example, in a consolidated group, a parent and some of its subsidiaries may have paid income taxes at

und einige der Tochterunternehmen Ertragsteuern zu einem höheren Satz auf nicht ausgeschüttete Gewinne gezahlt haben und sich über den Betrag bewusst sein, der zurückerstattet würde, wenn die Dividenden später an die Eigentümer aus den konsolidierten Gewinnrücklagen gezahlt werden. In diesem Fall ist der erstattungsfähige Betrag anzugeben. Wenn dies zutrifft, muss das Unternehmen auch angeben, dass weitere potenzielle ertragsteuerliche Konsequenzen praktisch nicht bestimmbar sind. Im Abschluss des Mutterunternehmens sind Angaben über die potenziellen ertragsteuerlichen Konsequenzen zu machen, soweit vorhanden, die sich auf die Gewinnrücklagen des Mutterunternehmens beziehen.

87C Ein Unternehmen, das die Angaben nach Paragraph 82A machen muss, könnte darüber hinaus auch verpflichtet sein, Angaben zu den temporären Differenzen, die aus Anteilen an Tochterunternehmen, Zweigniederlassungen und assoziierten Unternehmen oder Anteilen an gemeinsamen Vereinbarungen stammen, zu machen. In diesem Fall beachtet das Unternehmen dies bei der Ermittlung der Angaben, die nach Paragraph 82A zu machen sind. Bei einem Unternehmen kann es zum Beispiel erforderlich sein, die Summe des Betrags temporärer Differenzen im Zusammenhang mit Anteilen an Tochterunternehmen, für die keine latenten Steuerschulden bilanziert worden sind (siehe auch Paragraph 81 (f)), anzugeben. Wenn es undurchführbar ist, den Betrag der nicht bilanzierten latenten Steuerschulden zu ermitteln (siehe auch Paragraph 87), könnte es sein, dass sich potenzielle Ertragsteuerbeträge, die sich aus Dividenden ergeben, die sich nicht ermitteln lassen, auf diese Tochterunternehmen beziehen.

88   Ein Unternehmen gibt alle steuerbezogenen Eventualverbindlichkeiten und Eventualforderungen – gemäß IAS 37 *Rückstellungen, Eventualverbindlichkeiten und Eventualforderungen* – an. Eventualverbindlichkeiten und Eventualforderungen können beispielsweise aus ungelösten Streitigkeiten mit den Steuerbehörden stammen. Ähnlich hierzu gibt ein Unternehmen, wenn Änderungen der Steuersätze oder Steuervorschriften nach dem Abschlussstichtag in Kraft treten oder angekündigt werden, alle wesentlichen Auswirkungen dieser Änderungen auf seine tatsächlichen und latenten Steueransprüche bzw. -schulden an (siehe IAS 10 *Ereignisse nach dem Abschlussstichtag*).

ZEITPUNKT DES INKRAFTTRETENS

89   Dieser Standard ist erstmals in der ersten Berichtsperiode eines am 1. Januar 1998 oder danach beginnenden Geschäftsjahres anzuwenden, es sei denn, in Paragraph 91 ist etwas anders angegeben. Wenn ein Unternehmen diesen Standard für Berichtsperioden anwendet, die vor dem 1. Januar 1998 beginnen, hat das Unternehmen die Tatsache anzugeben, dass es diesen Standard an Stelle von IAS 12 *Bilanzierung von Ertragsteuern,* genehmigt 1979, angewendet hat.

90   Dieser Standard ersetzt den 1979 genehmigten IAS 12 *Bilanzierung von Ertragsteuern.*

91   Die Paragraphen 52A, 52B, 65A, 81 (i), 82A, 87A, 87B, 87C und die Streichung der Paragraphen 3 und 50 sind erstmals in der ersten Berichtsperiode eines am 1. Januar 2001 oder danach beginnenden Geschäftsjahres anzuwenden.[1] In Übereinstimmung mit der im Jahr 1998 verabschiedeten, sprachlich präziseren Bestimmung für den Zeitpunkt des Inkrafttretens bezieht sich Paragraph 91 auf „Abschlüsse eines Geschäftsjahres". Paragraph 89 bezieht sich auf „Abschlüsse einer Berichtsperiode". Eine frühere Anwendung wird empfohlen. Wenn die frühere Anwendung den Abschluss beeinflusst, so ist dies anzugeben.

92   Infolge des IAS 1 (überarbeitet 2007) wurde die in allen IFRS verwendete Terminologie geändert. Außerdem wurden die Paragraphen 23, 52, 58, 60, 62, 63, 65, 68C, 77 und 81 geändert, Paragraph 61 gestrichen und die Paragraphen 61A, 62A und 77A hinzugefügt. Diese Änderungen sind erstmals in der ersten Berichtsperiode eines am 1. Januar 2009 oder danach beginnenden Geschäftsjahres anzuwenden. Wird IAS 1 (überarbeitet 2007) auf eine frühere Periode angewandt, sind diese Änderungen entsprechend auch anzuwenden.

93   **Paragraph 68 ist vom Zeitpunkt des Inkrafttretens des IFRS 3 (in der** vom International Accounting Standards Board **2008 überarbeiteten Fassung) prospektiv auf die Bilanzierung latenter Steueransprüche, die bei einem Unternehmenszusammenschluss erworben wurden, anzuwenden.**

94   Daher dürfen Unternehmen die Bilanzierung früherer Unternehmenszusammenschlüsse nicht anpassen, wenn Steuervorteile die Kriterien für eine gesonderte Erfassung zum Erwerbszeitpunkt nicht erfüllten und nach dem Erwerbszeitpunkt erfasst werden, es sei denn die Steuervorteile werden innerhalb des Bewertungszeitraums erfasst und stammen von neuen Informationen über Fakten und Umstände, die zum Erwerbszeitpunkt bestanden. Sonstige bilanzierte Steuervorteile sind im Gewinn oder Verlust zu erfassen (oder nicht im Gewinn oder Verlust, sofern es dieser Standards verlangt).

95   **Durch IFRS 3 (in der** vom International Accounting Standards Board **2008 überarbeiteten Fassung) wurden die Paragraphen 21 und 67 geändert und die Paragraphen 32A und 81 (j) und (k) hinzugefügt. Diese Änderungen sind erst-**

---

1   In Übereinstimmung mit der im Jahr 1998 verabschiedeten, sprachlich präziseren Bestimmung für den Zeitpunkt des Inkrafttretens bezieht sich Paragraph 91 auf „Abschlüsse eines Geschäftsjahres". Paragraph 89 bezieht sich auf „Abschlüsse einer Berichtsperiode".

a higher rate on undistributed profits and be aware of the amount that would be refunded on the payment of future dividends to shareholders from consolidated retained earnings. In this case, that refundable amount is disclosed. If applicable, the entity also discloses that there are additional potential income tax consequences not practicably determinable. In the parent's separate financial statements, if any, the disclosure of the potential income tax consequences relates to the parent's retained earnings.

An entity required to provide the disclosures in paragraph 82A may also be required to provide disclosures related to temporary differences associated with investments in subsidiaries, branches and associates or interests in joint arrangements. In such cases, an entity considers this in determining the information to be disclosed under paragraph 82A. For example, an entity may be required to disclose the aggregate amount of temporary differences associated with investments in subsidiaries for which no deferred tax liabilities have been recognised (see paragraph 81 (f)). If it is impracticable to compute the amounts of unrecognised deferred tax liabilities (see paragraph 87) there may be amounts of potential income tax consequences of dividends not practicably determinable related to these subsidiaries. **87C**

An entity discloses any tax-related contingent liabilities and contingent assets in accordance with IAS 37 *Provisions, contingent liabilities and contingent assets*. Contingent liabilities and contingent assets may arise, for example, from unresolved disputes with the taxation authorities. Similarly, where changes in tax rates or tax laws are enacted or announced after the reporting period, an entity discloses any significant effect of those changes on its current and deferred tax assets and liabilities (see IAS 10 *Events after the reporting period*). **88**

EFFECTIVE DATE

This standard becomes operative for financial statements covering periods beginning on or after 1 January 1998, except as specified in paragraph 91. If an entity applies this standard for financial statements covering periods beginning before 1 January 1998, the entity shall disclose the fact it has applied this standard instead of IAS 12 *Accounting for Taxes on Income*, approved in 1979. **89**

This standard supersedes IAS 12 *Accounting for taxes on income*, approved in 1979. **90**

Paragraphs 52A, 52B, 65A, 81 (i), 82A, 87A, 87B, 87C and the deletion of paragraphs 3 and 50 become operative for annual financial statements[1] covering periods beginning on or after 1 January 2001. Earlier adoption is encouraged. If earlier adoption affects the financial statements, an entity shall disclose that fact. **91**

IAS 1 (as revised in 2007) amended the terminology used throughout IFRSs. In addition it amended paragraphs 23, 52, 58, 60, 62, 63, 65, 68C, 77 and 81, deleted paragraph 61 and added paragraphs 61A, 62A and 77A. An entity shall apply those amendments for annual periods beginning on or after 1 January 2009. If an entity applies IAS 1 (revised 2007) for an earlier period, the amendments shall be applied for that earlier period. **92**

Paragraph 68 shall be applied prospectively from the effective date of IFRS 3 (as revised by the International Accounting Standards Board **in 2008) to the recognition of deferred tax assets acquired in business combinations. 93**

Therefore, entities shall not adjust the accounting for prior business combinations if tax benefits failed to satisfy the criteria for separate recognition as of the acquisition date and are recognised after the acquisition date, unless the benefits are recognised within the measurement period and result from new information about facts and circumstances that existed at the acquisition date. Other tax benefits recognised shall be recognised in profit or loss (or, if this Standard so requires, outside profit or loss). **94**

IFRS 3 (as revised by the International Accounting Standards Board **in 2008) amended paragraphs 21 and 67 and added paragraphs 32A and 81 (j) and (k). An entity shall apply those amendments for annual periods beginning on 95**

---

1 Paragraph 91 refers to 'annual financial statements' in line with more explicit language for writing effective dates adopted in 1998. Paragraph 89 refers to 'financial statements'.

mals in der ersten Berichtsperiode eines am 1. Juli 2009 oder danach beginnenden Geschäftsjahres anzuwenden. Wendet ein Unternehmen IFRS 3 (in der 2008 überarbeiteten Fassung) auf eine frühere Periode an, so hat es auf diese Periode auch diese Änderungen anzuwenden.

98 Mit *Latente Steuern: Realisierung zugrunde liegender Vermögenswerte* vom Dezember 2010 wurde Paragraph 52 in Paragraph 51A umbenannt, wurden Paragraph 10 und die Beispiele im Anschluss an Paragraph 51A geändert und die Paragraphen 51B und 51C samt nachfolgenden Beispiels sowie die Paragraphen 51D, 51E und 99 angefügt. Diese Änderungen sind erstmals auf Geschäftsjahre anzuwenden, die am oder nach dem 1. Januar 2012 beginnen. Eine frühere Anwendung ist zulässig. Wendet ein Unternehmen die Änderungen auf ein früheres Geschäftsjahr an, hat es dies anzugeben.

98A Durch IFRS 11 *Gemeinsame Vereinbarungen,* veröffentlicht im Mai 2011, wurden die Paragraphen 2, 15, 18 (e), 24, 38, 39, 43–45, 81 (f), 87 und 87C geändert. Ein Unternehmen hat die betreffenden Änderungen anzuwenden, wenn es IFRS 11 anwendet.

98B Mit *Darstellung von Posten des sonstigen Ergebnisses* (Änderung IAS 1), veröffentlicht im Juni 2011, wurde Paragraph 77 geändert und Paragraph 77A gestrichen. Ein Unternehmen hat diese Änderungen anzuwenden, wenn es IAS 1 (in der im Juni 2011 geänderten Fassung) anwendet.

98C Mit der im Oktober 2012 veröffentlichten Verlautbarung *Investmentgesellschaften (Investment Entities)* (Änderungen an IFRS 10, IFRS 12 und IAS 27) wurden die Paragraphen 58 und 68C geändert. Unternehmen haben diese Änderungen auf Geschäftsjahre anzuwenden, die am oder nach dem 1. Januar 2014 beginnen. Eine frühere Anwendung der Verlautbarung *Investmentgesellschaften (Investment Entities)* ist zulässig. Wendet ein Unternehmen diese Änderungen früher an, hat es alle in der Verlautbarung enthaltenen Änderungen gleichzeitig anzuwenden.

RÜCKNAHME VON SIC-21

99 Die in *Latente Steuern: Realisierung zugrunde liegender Vermögenswerte* vom Dezember 2010 vorgenommenen Änderungen ersetzen die SIC-Interpretation 21 *Ertragsteuern – Realisierung von neubewerteten, nicht planmäßig abzuschreibenden Vermögenswerten.*

or after 1 July 2009. If an entity applies IFRS 3 (revised 2008) for an earlier period, the amendments shall also be applied for that earlier period.

Paragraph 52 was renumbered as 51A, paragraph 10 and the examples following paragraph 51A were amended, and para- **98** graphs 51B and 51C and the following example and paragraphs 51D, 51E and 99 were added by *Deferred Tax: Recovery of Underlying Assets,* issued in December 2010. An entity shall apply those amendments for annual periods beginning on or after 1 January 2012. Earlier application is permitted. If an entity applies the amendments for an earlier period, it shall disclose that fact.

IFRS 11 *Joint Arrangements,* issued in May 2011, amended paragraphs 2, 15, 18 (e), 24, 38, 39, 43—45, 81 (f), 87 and 87C. **98A** An entity shall apply those amendments when it applies IFRS 11.

Presentation of Items of Other Comprehensive Income (Amendments to IAS 1), issued in June 2011, amended paragraph **98B** 77 and deleted paragraph 77A. An entity shall apply those amendments when it applies IAS 1 as amended in June 2011.

Investment Entities (Amendments to IFRS 10, IFRS 12 and IAS 27), issued in October 2012, amended paragraphs 58 and **98C** 68C. An entity shall apply those amendments for annual periods beginning on or after 1 January 2014. Earlier application of *Investment Entities* is permitted. If an entity applies those amendments earlier it shall also apply all amendments included in *Investment Entities* at the same time.

WITHDRAWAL OF SIC-21

The amendments made by *Deferred Tax: Recovery of Underlying Assets,* issued in December 2010, supersede SIC Interpre- **99** tation 21 *Income Taxes—Recovery of Revalued Non-Depreciable Assets.*

INTERNATIONAL ACCOUNTING STANDARD 16

Sachanlagen

ZIELSETZUNG

1 Zielsetzung dieses Standards ist es, die Bilanzierungsmethoden für Sachanlagen vorzuschreiben, damit Abschlussadressaten Informationen über Investitionen eines Unternehmens in Sachanlagen und Änderungen solcher Investitionen erkennen können. Die grundsätzlichen Fragen zur Bilanzierung von Sachanlagen betreffen den Ansatz der Vermögenswerte, die Bestimmung ihrer Buchwerte und der Abschreibungs- und Wertminderungsaufwendungen.

ANWENDUNGSBEREICH

2 Dieser Standard ist für die Bilanzierung der Sachanlagen anzuwenden, es sei denn, dass ein anderer Standard eine andere Behandlung erfordert oder zulässt.

3 Dieser Standard ist nicht anwendbar auf:
    (a) Sachanlagen, die gemäß IFRS 5 *Zur Veräußerung gehaltene langfristige Vermögenswerte und aufgegebene Geschäftsbereiche* als zur Veräußerung gehalten klassifiziert werden;
    (b) biologische Vermögenswerte, die mit landwirtschaftlicher Tätigkeit im Zusammenhang stehen; eine Ausnahme bilden fruchttragende Pflanzen (siehe IAS 41 *Landwirtschaft*). Dieser Standard ist auf fruchttragende Pflanzen, nicht jedoch auf deren Erzeugnisse anwendbar.
    (c) den Ansatz und die Bewertung von Vermögenswerten aus Exploration und Evaluierung (siehe IFRS 6 *Exploration und Evaluierung von Bodenschätzen*).
    (d) Abbau- und Schürfrechte sowie Bodenschätze wie Öl, Erdgas und ähnliche nicht-regenerative Ressourcen.
    Jedoch gilt dieser Standard für Sachanlagen, die verwendet werden, um die unter (b) bis (d) beschriebenen Vermögenswerte auszuüben bzw. zu erhalten.

4 Andere Standards können den Ansatz einer Sachanlage erforderlich machen, der auf einer anderen Methode als der in diesem Standard vorgeschriebenen beruht. So muss beispielsweise gemäß IAS 17 *Leasingverhältnisse* ein Unternehmen einen Ansatz einer geleasten Sachanlage nach dem Grundsatz der Übertragung von Risiken und Nutzenzugang bewerten. In solchen Fällen werden jedoch alle anderen Aspekte der Bilanzierungsmethoden für diese Vermögenswerte, einschließlich der Abschreibung, von diesem Standard vorgeschrieben.

INTERNATIONAL ACCOUNTING STANDARD 16

Property, plant and equipment

SUMMARY

OBJECTIVE

The objective of this standard is to prescribe the accounting treatment for property, plant and equipment so that users of **1** the financial statements can discern information about an entity's investment in its property, plant and equipment and the changes in such investment. The principal issues in accounting for property, plant and equipment are the recognition of the assets, the determination of their carrying amounts and the depreciation charges and impairment losses to be recognised in relation to them.

SCOPE

This standard shall be applied in accounting for property, plant and equipment except when another standard requires or **2** permits a different accounting treatment.

This standard does not apply to: **3**
(a) property, plant and equipment classified as held for sale in accordance with IFRS 5 *Non-current Assets Held for Sale and Discontinued Operations.*
(b) biological assets related to agricultural activity other than bearer plants (see IAS 41 *Agriculture*). This Standard applies to bearer plants but it does not apply to the produce on bearer plants.
(c) the recognition and measurement of exploration and evaluation assets (see IFRS 6 *Exploration for and Evaluation of Mineral Resources*).
(d) mineral rights and mineral reserves such as oil, natural gas and similar non-regenerative resources.
However, this standard applies to property, plant and equipment used to develop or maintain the assets described in (b)—(d).

Other standards may require recognition of an item of property, plant and equipment based on an approach different **4** from that in this standard. For example, IAS 17 *Leases* requires an entity to evaluate its recognition of an item of leased property, plant and equipment on the basis of the transfer of risks and rewards. However, in such cases other aspects of the accounting treatment for these assets, including depreciation, are prescribed by this standard.

5 Für ein Unternehmen, das das Anschaffungskostenmodel gemäß IAS 40 *Als Finanzinvestition gehaltene Immobilien* für als Finanzinvestition gehaltene Immobilien anwendet, ist das Anschaffungskostenmodell dieses Standards anzuwenden.

DEFINITIONEN

6 Die folgenden Begriffe werden in diesem Standard mit der angegebenen Bedeutung verwendet:

Eine *fruchttragende Pflanze* ist eine lebende Pflanze, die

(a) zur Herstellung oder Lieferung landwirtschaftlicher Erzeugnisse verwendet wird;

(b) erwartungsgemäß mehr als eine Periode Frucht tragen wird; und

(c) mit Ausnahme des Verkaufs nach Ende der Nutzbarkeit nur mit geringer Wahrscheinlichkeit als landwirtschaftliches Erzeugnis verkauft wird.

(In den Paragraphen 5A–5B von IAS 41 wird diese Definition einer fruchttragenden Pflanze weiter ausgeführt.)

Der *Buchwert* ist der Betrag, zu dem ein Vermögenswert nach Abzug aller kumulierten Abschreibungen und kumulierten Wertminderungsaufwendungen erfasst wird.

Anschaffungs- oder Herstellungskosten sind der zum Erwerb oder zur Herstellung eines Vermögenswerts entrichtete Betrag an Zahlungsmitteln oder Zahlungsmitteläquivalenten oder der beizulegende Zeitwert einer anderen Entgeltform zum Zeitpunkt des Erwerbs oder der Herstellung oder, falls zutreffend, der Betrag, der diesem Vermögenswert beim erstmaligen Ansatz gemäß den besonderen Bestimmungen anderer IFRS, wie beispielsweise IFRS 2 *Anteilsbasierte Vergütung*, beigelegt wird.

Der *Abschreibungsbetrag* ist die Differenz zwischen Anschaffungs- oder Herstellungskosten eines Vermögenswerts oder eines Ersatzbetrags und dem Restwert.

Abschreibung ist die systematische Verteilung des Abschreibungsvolumens eines Vermögenswerts über dessen Nutzungsdauer.

Der *unternehmensspezifische Wert* ist der Barwert der Cashflows, von denen ein Unternehmen erwartet, dass sie aus der fortgesetzten Nutzung eines Vermögenswerts und seinem Abgang am Ende seiner Nutzungsdauer oder bei Begleichung einer Schuld entstehen.

Der *beizulegende Zeitwert* ist der Preis, der in einem geordneten Geschäftsvorfall zwischen Marktteilnehmern am Bemessungsstichtag für den Verkauf eines Vermögenswerts eingenommen bzw. für die Übertragung einer Schuld gezahlt würde. (Siehe IFRS 13 *Bemessung des beizulegenden Zeitwerts.*)

Ein *Wertminderungsaufwand* ist der Betrag, um den der Buchwert eines Vermögenswerts seinen erzielbaren Betrag übersteigt.

Sachanlagen umfassen materielle Vermögenswerte,

(a) die für Zwecke der Herstellung oder der Lieferung von Gütern und Dienstleistungen, zur Vermietung an Dritte oder für Verwaltungszwecke gehalten werden; und die

(b) erwartungsgemäß länger als eine Periode genutzt werden.

Der *erzielbare Betrag* ist der höhere der beiden Beträge aus beizulegender Zeitwert abzüglich Veräußerungskosten und Nutzungswert eines Vermögenswerts.

Der *Restwert* eines Vermögenswerts ist der geschätzte Betrag, den ein Unternehmen derzeit bei Abgang des Vermögenswerts nach Abzug der bei Abgang voraussichtlich anfallenden Ausgaben erhalten würde, wenn der Vermögenswert alters- und zustandsmäßig schon am Ende seiner Nutzungsdauer angelangt wäre.

Die *Nutzungsdauer* ist:

(a) der Zeitraum, über den ein Vermögenswert voraussichtlich von einem Unternehmen nutzbar ist; oder

(b) die voraussichtlich durch den Vermögenswert im Unternehmen zu erzielende Anzahl an Produktionseinheiten oder ähnlichen Maßgrößen.

ERFASSUNG

7 Die Anschaffungs- oder Herstellungskosten einer Sachanlage sind als Vermögenswert anzusetzen, ausschließlich wenn,

(a) es wahrscheinlich ist, dass ein mit der Sachanlage verbundener künftiger wirtschaftlicher Nutzen dem Unternehmen zufließen wird, und wenn

(b) die Anschaffungs- oder Herstellungskosten der Sachanlage verlässlich bewertet werden können.

8 Posten wie Ersatzteile, Bereitschaftsausrüstungen und Wartungsgeräte werden gemäß diesem IFRS angesetzt, wenn sie die Begriffsbestimmung der Sachanlage erfüllen. Ansonsten werden diese Posten als Vorräte behandelt.

9 Dieser Standard schreibt für den Ansatz keine Maßeinheit hinsichtlich einer Sachanlage vor. Demzufolge ist bei der Anwendung der Ansatzkriterien auf die unternehmensspezifischen Gegebenheiten eine Beurteilung erforderlich. Es kann angemessen sein, einzelne unbedeutende Gegenstände, wie Press-, Gussformen und Werkzeuge, zusammenzufassen und die Kriterien auf den zusammengefassten Wert anzuwenden.

An entity using the cost model for investment property in accordance with IAS 40 *Investment Property* shall use the cost model in this Standard. 5

DEFINITIONS

The following terms are used in this standard with the meanings specified: 6

A *bearer plant* is a living plant that:
(a) is used in the production or supply of agricultural produce;
(b) is expected to bear produce for more than one period; and
(c) has a remote likelihood of being sold as agricultural produce, except for incidental scrap sales.
(Paragraphs 5A—5B of IAS 41 elaborate on this definition of a bearer plant.)

Carrying amount is the amount at which an asset is recognised after deducting any accumulated depreciation and accumulated impairment losses.

Cost is the amount of cash or cash equivalents paid or the fair value of the other consideration given to acquire an asset at the time of its acquisition or construction or, where applicable, the amount attributed to that asset when initially recognised in accordance with the specific requirements of other IFRSs, e.g. IFRS 2 *Share-based payment.*

Depreciable amount is the cost of an asset, or other amount substituted for cost, less its residual value.

Depreciation is the systematic allocation of the depreciable amount of an asset over its useful life.

Entity-specific value is the present value of the cash flows an entity expects to arise from the continuing use of an asset and from its disposal at the end of its useful life or expects to incur when settling a liability.

Fair value is the price that would be received to sell an asset or paid to transfer a liability in an orderly transaction between market participants at the measurement date. (See IFRS 13 *Fair Value Measurement.)*

An *impairment loss* is the amount by which the carrying amount of an asset exceeds its recoverable amount.

Property, plant and equipment are tangible items that:
(a) are held for use in the production or supply of goods or services, for rental to others, or for administrative purposes; and
(b) are expected to be used during more than one period.

Recoverable amount is the higher of an asset's fair value less costs to sell and its value in use.

The *residual value* of an asset is the estimated amount that an entity would currently obtain from disposal of the asset, after deducting the estimated costs of disposal, if the asset were already of the age and in the condition expected at the end of its useful life.

Useful life is:
(a) the period over which an asset is expected to be available for use by an entity; or
(b) the number of production or similar units expected to be obtained from the asset by an entity.

RECOGNITION

The cost of an item of property, plant and equipment shall be recognised as an asset if, and only if: 7
(a) it is probable that future economic benefits associated with the item will flow to the entity; and
(b) the cost of the item can be measured reliably.

Items such as spare parts, stand-by equipment and servicing equipment are recognised in accordance with this IFRS 8 when they meet the definition of property, plant and equipment. Otherwise, such items are classified as inventory.

This standard does not prescribe the unit of measure for recognition, i.e. what constitutes an item of property, plant and 9 equipment. Thus, judgement is required in applying the recognition criteria to an entity's specific circumstances. It may be appropriate to aggregate individually insignificant items, such as moulds, tools and dies, and to apply the criteria to the aggregate value.

10 Ein Unternehmen bewertet alle Kosten für Sachanlagen nach diesen Ansatzkriterien zu dem Zeitpunkt, an dem sie anfallen. Zu diesen Anschaffungs- und Herstellungskosten gehören die ursprünglich für den Erwerb oder den Bau der Sachanlage angefallenen Kosten sowie die Folgekosten, um etwas hinzuzufügen, sie zu ersetzen oder zu warten.

Erstmalige Anschaffungs- oder Herstellungskosten

11 Sachanlagen können aus Gründen der Sicherheit oder des Umweltschutzes erworben werden. Der Erwerb solcher Gegenstände steigert zwar nicht direkt den künftigen wirtschaftlichen Nutzen einer bereits vorhandenen Sachanlage, er kann aber notwendig sein, um den künftigen wirtschaftlichen Nutzen aus den anderen Vermögenswerten des Unternehmens überhaupt erst zu gewinnen. Solche Sachanlagen sind als Vermögenswerte anzusetzen, da sie es einem Unternehmen ermöglichen, künftigen wirtschaftlichen Nutzen aus den in Beziehung stehenden Vermögenswerten zusätzlich zu dem Nutzen zu ziehen, der ohne den Erwerb möglich gewesen wäre. So kann beispielsweise ein Chemieunternehmen bestimmte neue chemische Bearbeitungsverfahren einrichten, um die Umweltschutzvorschriften für die Herstellung und Lagerung gefährlicher chemischer Stoffe zu erfüllen. Damit verbundene Betriebsverbesserungen werden als Vermögenswert angesetzt, da das Unternehmen ohne sie keine Chemikalien herstellen und verkaufen kann. Der aus solchen Vermögenswerten und verbundenen Vermögenswerten entstehende Buchwert wird jedoch auf Wertminderung gemäß IAS 36 *Wertminderung von Vermögenswerten* überprüft.

Nachträgliche Anschaffungs- oder Herstellungskosten

12 Nach den Ansatzkriterien in Paragraph 7 erfasst ein Unternehmen die laufenden Wartungskosten für diese Sachanlage nicht in ihrem Buchwert. Diese Kosten werden sofort im Gewinn oder Verlust erfasst. Kosten für die laufende Wartung setzen sich vor allem aus Kosten für Lohn und Verbrauchsgüter zusammen und können auch Kleinteile beinhalten. Der Zweck dieser Aufwendungen wird häufig als „Reparaturen und Instandhaltungen" der Sachanlagen beschrieben.

13 Teile einiger Sachanlagen bedürfen in regelmäßigen Zeitabständen gegebenenfalls eines Ersatzes. Das gilt beispielsweise für einen Hochofen, der nach einer bestimmten Gebrauchszeit auszufüttern ist, oder für Flugzeugteile wie Sitze und Bordküchen, die über die Lebensdauer des Flugzeuges mehrfach ausgetauscht werden. Sachanlagen können auch erworben werden, um einen nicht so häufig wiederkehrenden Ersatz vorzunehmen, wie den Ersatz der Innenwände eines Gebäudes, oder um einen einmaligen Ersatz vorzunehmen. Nach den Ansatzkriterien in Paragraph 7 erfasst ein Unternehmen im Buchwert einer Sachanlage die Kosten für den Ersatz eines Teils eines solchen Gegenstandes zum Zeitpunkt des Anfalls der Kosten, wenn die Ansatzkriterien erfüllt sind. Der Buchwert jener Teile, die ersetzt wurden, wird gemäß den Ausbuchungsbestimmungen dieses Standards ausgebucht (siehe Paragraph 67–72).

14 Eine Voraussetzung für die Fortführung des Betriebs einer Sachanlage (z. B. eines Flugzeugs) kann die Durchführung regelmäßiger größerer Wartungen sein, ungeachtet dessen ob Teile ersetzt werden. Bei Durchführung jeder größeren Wartung werden die Kosten im Buchwert der Sachanlage als Ersatz erfasst, wenn die Ansatzkriterien erfüllt sind. Jeder verbleibende Buchwert der Kosten für die vorhergehende Wartung (im Unterschied zu physischen Teilen) wird ausgebucht. Dies erfolgt ungeachtet dessen, ob die Kosten der vorhergehenden Wartung der Transaktion zugeordnet wurden, bei der die Sachanlage erworben oder hergestellt wurde. Falls erforderlich können die geschätzten Kosten einer zukünftigen ähnlichen Wartung als Hinweis auf die Kosten benutzt werden, die für den jetzigen Wartungsbestandteil zum Zeitpunkt des Erwerbs oder der Herstellung der Sachanlage anfielen.

BEWERTUNG BEI ERSTMALIGEM ANSATZ

15 Eine Sachanlage, die als Vermögenswert anzusetzen ist, ist bei erstmaligem Ansatz mit ihren Anschaffungs- oder Herstellungskosten zu bewerten.

Bestandteile der Anschaffungs- oder Herstellungskosten

16 Die Anschaffungs- oder Herstellungskosten einer Sachanlage umfassen:
   (a) den Erwerbspreis einschließlich Einfuhrzölle und nicht erstattungsfähiger Umsatzsteuern nach Abzug von Rabatten, Boni und Skonti;
   (b) alle direkt zurechenbaren Kosten, die anfallen, um den Vermögenswert zu dem Standort und in den erforderlichen, vom Management beabsichtigten, betriebsbereiten Zustand zu bringen;
   (c) die erstmalig geschätzten Kosten für den Abbruch und die Beseitigung des Gegenstands und die Wiederherstellung des Standorts, an dem er sich befindet; die Verpflichtung, die ein Unternehmen entweder bei Erwerb des Gegenstands oder als Folge eingeht, wenn es ihn während einer gewissen Periode zu anderen Zwecken als zur Herstellung von Vorräten benutzt hat.

17 Beispiele für direkt zurechenbare Kosten sind:

An entity evaluates under this recognition principle all its property, plant and equipment costs at the time they are incurred. These costs include costs incurred initially to acquire or construct an item of property, plant and equipment and costs incurred subsequently to add to, replace part of, or service it. **10**

Initial costs

Items of property, plant and equipment may be acquired for safety or environmental reasons. The acquisition of such property, plant and equipment, although not directly increasing the future economic benefits of any particular existing item of property, plant and equipment, may be necessary for an entity to obtain the future economic benefits from its other assets. Such items of property, plant and equipment qualify for recognition as assets because they enable an entity to derive future economic benefits from related assets in excess of what could be derived had those items not been acquired. For example, a chemical manufacturer may install new chemical handling processes to comply with environmental requirements for the production and storage of dangerous chemicals; related plant enhancements are recognised as an asset because without them the entity is unable to manufacture and sell chemicals. However, the resulting carrying amount of such an asset and related assets is reviewed for impairment in accordance with IAS 36 *Impairment of assets.* **11**

Subsequent costs

Under the recognition principle in paragraph 7, an entity does not recognise in the carrying amount of an item of property, plant and equipment the costs of the day-to-day servicing of the item. Rather, these costs are recognised in profit or loss as incurred. Costs of day-to-day servicing are primarily the costs of labour and consumables, and may include the cost of small parts. The purpose of these expenditures is often described as for the 'repairs and maintenance' of the item of property, plant and equipment. **12**

Parts of some items of property, plant and equipment may require replacement at regular intervals. For example, a furnace may require relining after a specified number of hours of use, or aircraft interiors such as seats and galleys may require replacement several times during the life of the airframe. Items of property, plant and equipment may also be acquired to make a less frequently recurring replacement, such as replacing the interior walls of a building, or to make a nonrecurring replacement. Under the recognition principle in paragraph 7, an entity recognises in the carrying amount of an item of property, plant and equipment the cost of replacing part of such an item when that cost is incurred if the recognition criteria are met. The carrying amount of those parts that are replaced is derecognised in accordance with the derecognition provisions of this standard (see paragraphs 67—72). **13**

A condition of continuing to operate an item of property, plant and equipment (for example, an aircraft) may be performing regular major inspections for faults regardless of whether parts of the item are replaced. When each major inspection is performed, its cost is recognised in the carrying amount of the item of property, plant and equipment as a replacement if the recognition criteria are satisfied. Any remaining carrying amount of the cost of the previous inspection (as distinct from physical parts) is derecognised. This occurs regardless of whether the cost of the previous inspection was identified in the transaction in which the item was acquired or constructed. If necessary, the estimated cost of a future similar inspection may be used as an indication of what the cost of the existing inspection component was when the item was acquired or constructed. **14**

MEASUREMENT AT RECOGNITION

An item of property, plant and equipment that qualifies for recognition as an asset shall be measured at its cost. **15**

Elements of cost

The cost of an item of property, plant and equipment comprises: +borrowingcosts **16**

(a) its purchase price, including import duties and non-refundable purchase taxes, after deducting trade discounts and rebates;

(b) any costs directly attributable to bringing the asset to the location and condition necessary for it to be capable of operating in the manner intended by management;

(c) the initial estimate of the costs of dismantling and removing the item and restoring the site on which it is located, the obligation for which an entity incurs either when the item is acquired or as a consequence of having used the item during a particular period for purposes other than to produce inventories during that period.

Examples of directly attributable costs are: **17**

189

(a) für Leistungen an Arbeitnehmer (wie in IAS 19 *Leistungen an Arbeitnehmer* beschrieben), die direkt aufgrund der Herstellung oder Anschaffung der Sachanlage anfallen;

(b) Kosten der Standortvorbereitung;

(c) Kosten der erstmaligen Lieferung und Verbringung;

(d) Installations- und Montagekosten;

(e) Kosten für Testläufe, mit denen überprüft wird, ob der Vermögenswert ordentlich funktioniert, nach Abzug der Nettoerträge vom Verkauf aller Gegenstände, die während der Zeit, in der der Vermögenswert zum Standort und in den betriebsbereiten Zustand gebracht wurde, hergestellt wurden (wie auf der Testanlage gefertigte Muster); und

(f) Honorare.

18 Ein Unternehmen wendet IAS 2 *Vorräte* an für die Kosten aus Verpflichtungen für die Beseitigung, das Abräumen und die Wiederherstellung des Standorts, an dem sich ein Gegenstand befindet, die während einer bestimmten Periode infolge der Nutzung des Gegenstands zur Herstellung von Vorräten in der besagten Periode eingegangen wurden. Die Verpflichtungen für Kosten, die gemäß IAS 2 oder IAS 16 bilanziert werden, werden gemäß IAS 37 *Rückstellungen, Eventualverbindlichkeiten und Eventualforderungen* erfasst und bewertet.

19 Beispiele für Kosten, die nicht zu den Anschaffungs- oder Herstellungskosten von Sachanlagen gehören, sind:

(a) Kosten für die Eröffnung einer neuen Betriebsstätte;

(b) Kosten für die Einführung eines neuen Produkts oder einer neuen Dienstleistung (einschließlich Kosten für Werbung und verkaufsfördernde Maßnahmen);

(c) Kosten für die Geschäftsführung in einem neuen Standort oder mit einer neuen Kundengruppe (einschließlich Schulungskosten); und

(d) Verwaltungs- und andere allgemeine Gemeinkosten.

20 Die Erfassung von Anschaffungs- und Herstellungskosten im Buchwert einer Sachanlage endet, wenn sie sich an dem Standort und in dem vom Management beabsichtigten betriebsbereiten Zustand befindet. Kosten, die bei der Benutzung oder Verlagerung einer Sachanlage anfallen, sind nicht im Buchwert dieses Gegenstandes enthalten. Die nachstehenden Kosten gehören beispielsweise nicht zum Buchwert einer Sachanlage:

(a) Kosten, die anfallen während eine Sachanlage auf die vom Management beabsichtigte Weise betriebsbereit ist, die jedoch noch in Betrieb gesetzt werden muss, bzw. die ihren Betrieb noch nicht voll aufgenommen hat;

(b) erstmalige Betriebsverluste, wie diejenigen, die während der Nachfrage nach Produktionserhöhung des Gegenstandes auftreten; und

(c) Kosten für die Verlagerung oder Umstrukturierung eines Teils oder der gesamten Geschäftstätigkeit des Unternehmens.

21 Einige Geschäftstätigkeiten treten bei der Herstellung oder Entwicklung einer Sachanlage auf, sind jedoch nicht notwendig, um sie zu dem Standort und in den vom Management beabsichtigten betriebsbereiten Zustand zu bringen. Diese Nebengeschäfte können vor oder während der Herstellungs- oder Entwicklungstätigkeiten auftreten. Einnahmen können zum Beispiel erzielt werden, indem der Standort für ein Gebäude vor Baubeginn als Parkplatz genutzt wird. Da verbundene Geschäftstätigkeiten nicht notwendig sind, um eine Sachanlage zu dem Standort und in den vom Management beabsichtigten betriebsbereiten Zustand zu bringen, werden die Erträge und dazugehörigen Aufwendungen der Nebengeschäfte ergebniswirksam erfasst und in ihren entsprechenden Ertragsund Aufwandsposten ausgewiesen.

22 Die Ermittlung der Herstellungskosten für selbsterstellte Vermögenswerte folgt denselben Grundsätzen, die auch beim Erwerb von Vermögenswerten angewandt werden. Wenn ein Unternehmen ähnliche Vermögenswerte für den Verkauf im Rahmen seiner normalen Geschäftstätigkeit herstellt, sind die Herstellungskosten eines Vermögenswertes normalerweise dieselben wie die für die Herstellung der zu veräußernden Gegenstände (siehe IAS 2). Daher sind etwaige interne Gewinne aus diesen Kosten herauszurechnen. Gleichermaßen stellen auch die Kosten für ungewöhnliche Mengen an Ausschuss, unnötigen Arbeitsaufwand oder andere Faktoren keine Bestandteile der Herstellungskosten des selbst hergestellten Vermögenswerts dar. IAS 23 *Fremdkapitalkosten* legt Kriterien für die Aktivierung von Zinsen als Bestandteil des Buchwerts einer selbst geschaffenen Sachanlage fest.

22A Fruchttragende Pflanzen sind, bevor sie sich an ihrem Standort und in einem Zustand befinden, der die vom Management beabsichtigte Nutzung ermöglicht, in gleicher Weise zu bilanzieren wie selbst erstellte Sachanlagen. Die Bestimmungen zur „Herstellung" in diesem Standard sollten daher so verstanden werden, dass sie die erforderlichen Arbeiten zur Kultivierung der fruchttragenden Pflanzen einschließen, bis diese sich an ihrem Standort und in einem Zustand befinden, der die vom Management beabsichtigte Nutzung ermöglicht.

Bewertung der Anschaffungs- und Herstellungskosten

23 Die Anschaffungs- oder Herstellungskosten einer Sachanlage entsprechen dem Gegenwert des Barpreises am Erfassungstermin. Wird die Zahlung über das normale Zahlungsziel hinaus aufgeschoben, wird die Differenz zwischen dem Gegenwert des Barpreises und der zu leistenden Gesamtzahlung über den Zeitraum des Zahlungsziels als Zinsen erfasst, wenn diese Zinsen nicht gemäß IAS 23 aktiviert werden.

(a) costs of employee benefits (as defined in IAS 19 *Employee benefits*) arising directly from the construction or acquisition of the item of property, plant and equipment;

(b) costs of site preparation;

(c) initial delivery and handling costs;

(d) installation and assembly costs;

(e) costs of testing whether the asset is functioning properly, after deducting the net proceeds from selling any items produced while bringing the asset to that location and condition (such as samples produced when testing equipment); and

(f) professional fees.

An entity applies IAS 2 *Inventories* to the costs of obligations for dismantling, removing and restoring the site on which **18** an item is located that are incurred during a particular period as a consequence of having used the item to produce inventories during that period. The obligations for costs accounted for in accordance with IAS 2 or IAS 16 are recognised and measured in accordance with IAS 37 *Provisions, contingent liabilities and contingent assets*.

Examples of costs that are not costs of an item of property, plant and equipment are: **19**

(a) costs of opening a new facility;

(b) costs of introducing a new product or service (including costs of advertising and promotional activities);

(c) costs of conducting business in a new location or with a new class of customer (including costs of staff training); and

(d) administration and other general overhead costs.

Recognition of costs in the carrying amount of an item of property, plant and equipment ceases when the item is in the **20** location and condition necessary for it to be capable of operating in the manner intended by management. Therefore, costs incurred in using or redeploying an item are not included in the carrying amount of that item. For example, the following costs are not included in the carrying amount of an item of property, plant and equipment:

(a) costs incurred while an item capable of operating in the manner intended by management has yet to be brought into use or is operated at less than full capacity;

(b) initial operating losses, such as those incurred while demand for the item's output builds up; and

(c) costs of relocating or reorganising part or all of an entity's operations.

Some operations occur in connection with the construction or development of an item of property, plant and equipment, **21** but are not necessary to bring the item to the location and condition necessary for it to be capable of operating in the manner intended by management. These incidental operations may occur before or during the construction or development activities. For example, income may be earned through using a building site as a car park until construction starts. Because incidental operations are not necessary to bring an item to the location and condition necessary for it to be capable of operating in the manner intended by management, the income and related expenses of incidental operations are recognised in profit or loss and included in their respective classifications of income and expense.

The cost of a self-constructed asset is determined using the same principles as for an acquired asset. If an entity makes **22** similar assets for sale in the normal course of business, the cost of the asset is usually the same as the cost of constructing an asset for sale (see IAS 2). Therefore, any internal profits are eliminated in arriving at such costs. Similarly, the cost of abnormal amounts of wasted material, labour, or other resources incurred in self-constructing an asset is not included in the cost of the asset. IAS 23 *Borrowing costs* establishes criteria for the recognition of interest as a component of the carrying amount of a self-constructed item of property, plant and equipment.

Bearer plants are accounted for in the same way as self-constructed items of property, plant and equipment before they **22A** are in the location and condition necessary to be capable of operating in the manner intended by management. Consequently, references to 'construction' in this Standard should be read as covering activities that are necessary to cultivate the bearer plants before they are in the location and condition necessary to be capable of operating in the manner intended by management.

Measurement of cost

The cost of an item of property, plant and equipment is the cash price equivalent at the recognition date. If payment is **23** deferred beyond normal credit terms, the difference between the cash price equivalent and the total payment is recognised as interest over the period of credit unless such interest is capitalised in accordance with IAS 23.

24 Eine oder mehrere Sachanlagen können im Tausch gegen nicht-monetäre Vermögenswerte oder eine Kombination von monetären und nicht-monetären Vermögenswerten erworben werden. Die folgenden Ausführungen beziehen sich nur auf einen Tausch von einem nicht-monetären Vermögenswert gegen einen anderen, finden aber auch auf alle anderen im vorherstehenden Satz genannten Tauschvorgänge Anwendung. Die Anschaffungskosten einer solchen Sachanlage werden zum beizulegenden Zeitwert bewertet, es sei denn (a) dem Tauschgeschäft fehlt es an wirtschaftlicher Substanz, oder (b) weder der beizulegende Zeitwert des erhaltenen Vermögenswerts noch des aufgegebenen Vermögenswerts ist verlässlich messbar. Der erworbene Gegenstand wird in dieser Art bewertet, auch wenn ein Unternehmen den aufgegebenen Vermögenswert nicht sofort ausbuchen kann. Wenn der erworbene Gegenstand nicht zum beizulegenden Zeitwert bemessen wird, werden die Anschaffungskosten zum Buchwert des aufgegebenen Vermögenswerts bewertet.

25 Ein Unternehmen legt fest, ob ein Tauschgeschäft wirtschaftliche Substanz hat, indem es prüft, in welchem Umfang sich die künftigen Cashflows infolge der Transaktion voraussichtlich ändern. Ein Tauschgeschäft hat wirtschaftliche Substanz, wenn

(a) die Zusammensetzung (Risiko, Timing und Betrag) des Cashflows des erhaltenen Vermögenswerts sich von der Zusammensetzung des übertragenen Vermögenswerts unterscheiden; oder

(b) der unternehmensspezifische Wert des Teils der Geschäftstätigkeiten des Unternehmens, der von der Transaktion betroffen ist, sich aufgrund des Tauschgeschäfts ändert; bzw.

(c) die Differenz in (a) oder (b) sich im Wesentlichen auf den beizulegenden Zeitwert der getauschten Vermögenswerte bezieht.

Für den Zweck der Bestimmung ob ein Tauschgeschäft wirtschaftliche Substanz hat, spiegelt der unternehmensspezifische Wert des Teils der Geschäftstätigkeiten des Unternehmens, der von der Transaktion betroffen ist, Cashflows nach Steuern wider. Das Ergebnis dieser Analysen kann eindeutig sein, ohne dass ein Unternehmen detaillierte Kalkulationen erbringen muss.

26 Der beizulegende Zeitwert eines Vermögenswerts gilt als verlässlich ermittelbar, wenn (a) die Schwankungsbandbreite der sachgerechten Bemessungen des beizulegenden Zeitwerts für diesen Vermögenswert nicht signifikant ist oder (b) die Eintrittswahrscheinlichkeiten der verschiedenen Schätzungen innerhalb dieser Bandbreite vernünftig geschätzt und bei der Bemessung des beizulegenden Zeitwerts verwendet werden können. Wenn ein Unternehmen den beizulegenden Zeitwert des erhaltenen Vermögenswerts oder des aufgegebenen Vermögenswerts verlässlich bestimmen kann, dann wird der beizulegende Zeitwert des aufgegebenen Vermögenswerts benutzt, um die Anschaffungskosten des erhaltenen Vermögenswerts zu ermitteln, sofern der beizulegende Zeitwert des erhaltenen Vermögenswerts nicht eindeutiger zu ermitteln ist.

27 Die Anschaffungskosten einer Sachanlage, die ein Leasingnehmer im Rahmen eines Finanzierungs-Leasingverhältnisses besitzt, sind gemäß IAS 17 zu bestimmen.

28 Der Buchwert einer Sachanlage kann gemäß IAS 20 *Bilanzierung und Darstellung von Zuwendungen der öffentlichen Hand* um Zuwendungen der öffentlichen Hand gemindert werden.

FOLGEBEWERTUNG

29 Ein Unternehmen wählt als Rechnungslegungsmethoden entweder das Anschaffungskostenmodell nach Paragraph 30 oder das Neubewertungsmodell nach Paragraph 31 aus und wendet dann diese Methode auf eine gesamte Gruppe von Sachanlagen an.

Anschaffungskostenmodell

30 Nach dem Ansatz als Vermögenswert ist eine Sachanlage zu ihren Anschaffungskosten abzüglich der kumulierten Abschreibungen und kumulierten Wertminderungsaufwendungen anzusetzen.

Neubewertungsmodell

31 Eine Sachanlage, deren beizulegender Zeitwert verlässlich bestimmt werden kann, ist nach dem Ansatz als Vermögenswert zu einem Neubewertungsbetrag anzusetzen, der seinem beizulegenden Zeitwert am Tage der Neubewertung abzüglich nachfolgender kumulierter planmäßiger Abschreibungen und nachfolgender kumulierter Wertminderungsaufwendungen entspricht. Neubewertungen sind in hinreichend regelmäßigen Abständen vorzunehmen, um sicherzustellen, dass der Buchwert nicht wesentlich von dem abweicht, der unter Verwendung des beizulegenden Zeitwerts zum Abschlussstichtag ermittelt werden würde.

32–33 [gestrichen]

34 Die Häufigkeit der Neubewertungen hängt von den Änderungen des beizulegenden Zeitwerts der Sachanlagen ab, die neu bewertet werden. Eine erneute Bewertung ist erforderlich, wenn beizulegender Zeitwert und Buchwert eines neu bewerteten Vermögenswerts wesentlich voneinander abweichen. Bei manchen Sachanlagen kommt es zu signifikanten Schwan-

One or more items of property, plant and equipment may be acquired in exchange for a non-monetary asset or assets, or 24 a combination of monetary and non-monetary assets. The following discussion refers simply to an exchange of one non-monetary asset for another, but it also applies to all exchanges described in the preceding sentence. The cost of such an item of property, plant and equipment is measured at fair value unless (a) the exchange transaction lacks commercial substance or (b) the fair value of neither the asset received nor the asset given up is reliably measurable. The acquired item is measured in this way even if an entity cannot immediately derecognise the asset given up. If the acquired item is not measured at fair value, its cost is measured at the carrying amount of the asset given up.

An entity determines whether an exchange transaction has commercial substance by considering the extent to which its 25 future cash flows are expected to change as a result of the transaction. An exchange transaction has commercial substance if:

(a) the configuration (risk, timing and amount) of the cash flows of the asset received differs from the configuration of the cash flows of the asset transferred; or

(b) the entity-specific value of the portion of the entity's operations affected by the transaction changes as a result of the exchange; and

(c) the difference in (a) or (b) is significant relative to the fair value of the assets exchanged.

For the purpose of determining whether an exchange transaction has commercial substance, the entity-specific value of the portion of the entity's operations affected by the transaction shall reflect post-tax cash flows. The result of these analyses may be clear without an entity having to perform detailed calculations.

The fair value of an asset is reliably measurable if (a) the variability in the range of reasonable fair value measurements is 26 not significant for that asset or (b) the probabilities of the various estimates within the range can be reasonably assessed and used when measuring fair value. If an entity is able to measure reliably the fair value of either the asset received or the asset given up, then the fair value of the asset given up is used to measure the cost of the asset received unless the fair value of the asset received is more clearly evident.

The cost of an item of property, plant and equipment held by a lessee under a finance lease is determined in accordance 27 with IAS 17.

The carrying amount of an item of property, plant and equipment may be reduced by government grants in accordance 28 with IAS 20 *Accounting for government grants and disclosure of government assistance.*

MEASUREMENT AFTER RECOGNITION

An entity shall choose either the cost model in paragraph 30 or the revaluation model in paragraph 31 as its accounting 29 policy and shall apply that policy to an entire class of property, plant and equipment.

Cost model

After recognition as an asset, an item of property, plant and equipment shall be carried at its cost less any accumulated 30 depreciation and any accumulated impairment losses.

Revaluation model (land)

After recognition as an asset, an item of property, plant and equipment whose fair value can be measured reliably shall be 31 carried at a revalued amount, being its fair value at the date of the revaluation less any subsequent accumulated depreciation and subsequent accumulated impairment losses. Revaluations shall be made with sufficient regularity to ensure that the carrying amount does not differ materially from that which would be determined using fair value at the end of the reporting period.

[deleted] 32—33

The frequency of revaluations depends upon the changes in fair values of the items of property, plant and equipment 34 being revalued. When the fair value of a revalued asset differs materially from its carrying amount, a further revaluation is required. Some items of property, plant and equipment experience significant and volatile changes in fair value, thus

kungen des beizulegenden Zeitwerts, die eine jährliche Neubewertung erforderlich machen. Derart häufige Neubewertungen sind für Sachanlagen nicht erforderlich, bei denen sich der beizulegende Zeitwert nur geringfügig ändert. Stattdessen kann es hier notwendig sein, den Gegenstand nur alle drei oder fünf Jahre neu zu bewerten.

35 Bei Neubewertung einer Sachanlage wird deren Buchwert an den Neubewertungsbetrag angepasst. Zum Zeitpunkt der Neubewertung wird der Vermögenswert wie folgt behandelt:

(a) der Bruttobuchwert wird in einer Weise berichtigt, die mit der Neubewertung des Buchwerts in Einklang steht. So kann der Bruttobuchwert beispielsweise unter Bezugnahme auf beobachtbare Marktdaten oder proportional zur Veränderung des Buchwerts berichtigt werden. Die kumulierte Abschreibung zum Zeitpunkt der Neubewertung wird so berichtigt, dass sie nach Berücksichtigung kumulierter Wertminderungsaufwendungen der Differenz zwischen dem Bruttobuchwert und dem Buchwert der Anlage entspricht; oder

(b) die kumulierte Abschreibung wird gegen den Bruttobuchwert der Anlage ausgebucht.

Der Betrag, um den die kumulierte Abschreibung berichtigt wird, ist Bestandteil der Erhöhung oder Senkung des Buchwerts, der gemäß den Paragraphen 39 und 40 bilanziert wird.

36 Wird eine Sachanlage neu bewertet, ist die ganze Gruppe der Sachanlagen, zu denen der Gegenstand gehört, neu zu bewerten.

37 Unter einer Gruppe von Sachanlagen versteht man eine Zusammenfassung von Vermögenswerten, die sich durch ähnliche Art und ähnliche Verwendung in einem Unternehmen auszeichnen. Beispiele für eigenständige Gruppen sind:

(a) unbebaute Grundstücke;
(b) Grundstücke und Gebäude;
(c) Maschinen und technische Anlagen;
(d) Schiffe;
(e) Flugzeuge;
(f) Kraftfahrzeuge;
(g) Betriebsausstattung;
(h) Büroausstattung; und
(i) fruchttragende Pflanzen.

38 Die Gegenstände innerhalb einer Gruppe von Sachanlagen sind gleichzeitig neu zu bewerten, um eine selektive Neubewertung und eine Mischung aus fortgeführten Anschaffungs- oder Herstellungskosten und Neubewertungsbeträgen zu verschiedenen Zeitpunkten im Abschluss zu vermeiden. Jedoch darf eine Gruppe von Vermögenswerten auf fortlaufender Basis neu bewertet werden, sofern ihre Neubewertung in einer kurzen Zeitspanne vollendet wird und die Neubewertungen zeitgerecht durchgeführt werden.

39 Führt eine Neubewertung zu einer Erhöhung des Buchwerts eines Vermögenswerts, ist die Wertsteigerung im sonstigen Ergebnis zu erfassen und im Eigenkapital unter der Position Neubewertungsrücklage zu kumulieren. Allerdings wird der Wertzuwachs in dem Umfang im Gewinn oder Verlust erfasst, in dem er eine in der Vergangenheit im Gewinn oder Verlust erfasste Abwertung desselben Vermögenswerts aufgrund einer Neubewertung rückgängig macht.

40 Führt eine Neubewertung zu einer Verringerung des Buchwerts eines Vermögenswerts, ist die Wertminderung im Gewinn oder Verlust zu erfassen. Eine Verminderung ist jedoch direkt im sonstigen Ergebnis zu erfassen, soweit sie das Guthaben der entsprechenden Neubewertungsrücklage nicht übersteigt. Durch die im sonstigen Ergebnis erfasste Verminderung reduziert sich der Betrag, der im Eigenkapital unter der Position Neubewertungsrücklage kumuliert wird.

41 Bei einer Sachanlage kann die Neubewertungsrücklage im Eigenkapital direkt den Gewinnrücklagen zugeführt werden, sofern der Vermögenswert ausgebucht ist. Bei Stilllegung oder Veräußerung des Vermögenswerts kann es zu einer Übertragung der gesamten Rücklage kommen. Ein Teil der Rücklage kann allerdings schon bei Nutzung des Vermögenswerts durch das Unternehmen übertragen werden. In diesem Fall ist die übertragene Rücklage die Differenz zwischen der Abschreibung auf den neu bewerteten Buchwert und der Abschreibung auf Basis historischer Anschaffungs- oder Herstellungskosten. Übertragungen von der Neubewertungsrücklage in die Gewinnrücklagen erfolgen erfolgsneutral.

42 Die sich aus der Neubewertung von Sachanlagen eventuell ergebenden Konsequenzen für die Ertragsteuern werden gemäß IAS 12 *Ertragsteuern* erfasst und angegeben.

Abschreibung

43 Jeder Teil einer Sachanlage mit einem bedeutsamen Anschaffungswert im Verhältnis zum gesamten Wert des Gegenstands wird getrennt abgeschrieben.

44 Ein Unternehmen ordnet den erstmalig angesetzten Betrag einer Sachanlage zu ihren bedeutsamen Teilen zu und schreibt jedes dieser Teile getrennt ab. Es kann zum Beispiel angemessen sein, das Flugwerk und die Triebwerke eines Flugzeugs getrennt abzuschreiben, sei es als Eigentum oder aufgrund eines Finanzierungsleasings angesetzt. Wenn ein Unternehmen Sachanlagen erwirbt, die zu einem Operating-Leasingverhältnis gehören, bei dem es der Leasinggeber ist, kann es ebenso

necessitating annual revaluation. Such frequent revaluations are unnecessary for items of property, plant and equipment with only insignificant changes in fair value. Instead, it may be necessary to revalue the item only every three or five years.

When an item of property, plant and equipment is revalued, the carrying amount of that asset is adjusted to the revalued **35** amount. At the date of the revaluation, the asset is treated in one of the following ways:

(a) the gross carrying amount is adjusted in a manner that is consistent with the revaluation of the carrying amount of the asset. For example, the gross carrying amount may be restated by reference to observable market data or it may be restated proportionately to the change in the carrying amount. The accumulated depreciation at the date of the revaluation is adjusted to equal the difference between the gross carrying amount and the carrying amount of the asset after taking into account accumulated impairment losses; or

(b) the accumulated depreciation is eliminated against the gross carrying amount of the asset.

The amount of the adjustment of accumulated depreciation forms part of the increase or decrease in carrying amount that is accounted for in accordance with paragraphs 39 and 40.

If an item of property, plant and equipment is revalued, the entire class of property, plant and equipment to which that **36** asset belongs shall be revalued.

A class of property, plant and equipment is a grouping of assets of a similar nature and use in an entity's operations. The **37** following are examples of separate classes:

(a) land;
(b) land and buildings;
(c) machinery;
(d) ships;
(e) aircraft;
(f) motor vehicles;
(g) furniture and fixtures;
(h) office equipment; and
(i) bearer plants.

The items within a class of property, plant and equipment are revalued simultaneously to avoid selective revaluation of **38** assets and the reporting of amounts in the financial statements that are a mixture of costs and values as at different dates. However, a class of assets may be revalued on a rolling basis provided revaluation of the class of assets is completed within a short period and provided the revaluations are kept up to date.

If an asset's carrying amount is increased as a result of a revaluation, the increase shall be recognised in other comprehen- **39** sive income and accumulated in equity under the heading of revaluation surplus. However, the increase shall be recognised in profit or loss to the extent that it reverses a revaluation decrease of the same asset previously recognised in profit or loss.

If an asset's carrying amount is decreased as a result of a revaluation, the decrease shall be recognised in profit or loss. **40** However, the decrease shall be recognised in other comprehensive income to the extent of any credit balance existing in the revaluation surplus in respect of that asset. The decrease recognised in other comprehensive income reduces the amount accumulated in equity under the heading of revaluation surplus.

The revaluation surplus included in equity in respect of an item of property, plant and equipment may be transferred **41** directly to retained earnings when the asset is derecognised. This may involve transferring the whole of the surplus when the asset is retired or disposed of. However, some of the surplus may be transferred as the asset is used by an entity. In such a case, the amount of the surplus transferred would be the difference between depreciation based on the revalued carrying amount of the asset and depreciation based on the asset's original cost. Transfers from revaluation surplus to retained earnings are not made through profit or loss.

The effects of taxes on income, if any, resulting from the revaluation of property, plant and equipment are recognised and **42** disclosed in accordance with IAS 12 *Income taxes*.

Depreciation

Each part of an item of property, plant and equipment with a cost that is significant in relation to the total cost of the **43** item shall be depreciated separately.

An entity allocates the amount initially recognised in respect of an item of property, plant and equipment to its significant **44** parts and depreciates separately each such part. For example, it may be appropriate to depreciate separately the airframe and engines of an aircraft, whether owned or subject to a finance lease. Similarly, if an entity acquires property, plant and equipment subject to an operating lease in which it is the lessor, it may be appropriate to depreciate separately

angemessen sein, die Beträge getrennt abzuschreiben, die sich in den Anschaffungskosten dieses Gegenstandes widerspiegeln und die hinsichtlich der Marktbedingungen vorteilhaften oder nachteiligen Leasingbedingungen zuzuordnen sind.

45 Ein bedeutsamer Teil einer Sachanlage kann eine Nutzungsdauer und eine Abschreibungsmethode haben, die identisch mit denen eines anderen bedeutsamen Teils desselben Gegenstandes sind. Diese Teile können bei der Bestimmung des Abschreibungsaufwands zusammengefasst werden.

46 Soweit ein Unternehmen einige Teile einer Sachanlage getrennt abschreibt, schreibt es auch den Rest des Gegenstands getrennt ab. Der Rest besteht aus den Teilen des Gegenstands, die einzeln nicht bedeutsam sind. Wenn ein Unternehmen unterschiedliche Erwartungen in diese Teile setzt, können Angleichungsmethoden erforderlich werden, um den Rest in einer Weise abzuschreiben, die den Abschreibungsverlauf und/oder die Nutzungsdauer der Teile genau wiedergibt.

47 Ein Unternehmen kann sich auch für die getrennte Abschreibung der Teile eines Gegenstands entscheiden, deren Anschaffungskosten im Verhältnis zu den gesamten Anschaffungskosten des Gegenstands nicht signifikant sind.

48 Der Abschreibungsbetrag für jede Periode ist im Gewinn oder Verlust zu erfassen, soweit er nicht in die Buchwerte anderer Vermögenswerte einzubeziehen ist.

49 Der Abschreibungsbetrag einer Periode ist in der Regel im Gewinn oder Verlust zu erfassen. Manchmal wird jedoch der künftige wirtschaftliche Nutzen eines Vermögenswerts durch die Erstellung anderer Vermögenswerte verbraucht. In diesem Fall stellt der Abschreibungsbetrag einen Teil der Herstellungskosten des anderen Vermögenswerts dar und wird in dessen Buchwert einbezogen. Beispielsweise ist die Abschreibung von technischen Anlagen und Betriebs- und Geschäftsausstattung in den Herstellungskosten der Produktion von Vorräten enthalten (siehe IAS 2). Gleichermaßen kann die Abschreibung von Sachanlagen, die für Entwicklungstätigkeiten genutzt werden, in die Kosten eines immateriellen Vermögenswerts, der gemäß IAS 38 *Immaterielle Vermögenswerte* erfasst wird, eingerechnet werden.

Abschreibungsbetrag und Abschreibungsperiode

50 Der Abschreibungsbetrag eines Vermögenswerts ist planmäßig über seine Nutzungsdauer zu verteilen.

51 Der Restwert und die Nutzungsdauer eines Vermögenswerts sind mindestens zum Ende jedes Geschäftsjahres zu überprüfen, und wenn die Erwartungen von früheren Einschätzungen abweichen, sind Änderungen als Änderungen rechnungslegungsbezogener Schätzungen gemäß IAS 8 *Rechnungslegungsmethoden, Änderungen von rechnungslegungsbezogenen Schätzungen und Fehler* darzustellen.

52 Abschreibungen werden so lange, wie der Restwert des Vermögenswerts nicht höher als der Buchwert ist, erfasst, auch wenn der beizulegende Zeitwert des Vermögenswerts seinen Buchwert übersteigt. Reparatur und Instandhaltung eines Vermögenswerts widersprechen nicht der Notwendigkeit, Abschreibungen vorzunehmen.

53 Der Abschreibungsbetrag eines Vermögenswertes wird nach Abzug seines Restwertes ermittelt. In der Praxis ist der Restwert oft unbedeutend und daher für die Berechnung des Abschreibungsbetrags unwesentlich.

54 Der Restwert eines Vermögenswerts kann bis zu einem Betrag ansteigen, der entweder dem Buchwert entspricht oder ihn übersteigt. Wenn dies der Fall ist, fällt der Abschreibungsbetrag des Vermögenswerts auf Null, solange der Restwert anschließend nicht unter den Buchwert des Vermögenswerts gefallen ist.

55 Die Abschreibung eines Vermögenswerts beginnt, wenn er zur Verfügung steht, d. h. wenn er sich an seinem Standort und in dem vom Management beabsichtigten betriebsbereiten Zustand befindet. Die Abschreibung eines Vermögenswerts endet an dem Tag, an dem der Vermögenswert gemäß IFRS 5 als zur Veräußerung gehalten klassifiziert (oder in eine als zur Veräußerung gehalten klassifizierte Veräußerungsgruppe aufgenommen) wird, spätestens jedoch an dem Tag, an dem er ausgebucht wird, je nachdem, welcher Termin früher liegt. Demzufolge hört die Abschreibung nicht auf, wenn der Vermögenswert nicht mehr genutzt wird oder aus dem tatsächlichen Gebrauch ausgeschieden ist, es sei denn, der Vermögenswert ist völlig abgeschrieben. Allerdings kann der Abschreibungsbetrag gemäß den üblichen Abschreibungsmethoden gleich Null sein, wenn keine Produktion läuft.

56 Der künftige wirtschaftliche Nutzen eines Vermögenswerts wird vom Unternehmen hauptsächlich durch dessen Nutzung verbraucht. Wenn der Vermögenswert ungenutzt bleibt, können jedoch andere Faktoren, wie technische und gewerbliche Veralterung und Verschleiß, den potenziellen Nutzen mindern. Bei der Bestimmung der Nutzungsdauer eines Vermögenswerts werden deshalb alle folgenden Faktoren berücksichtigt:

(a) die erwartete Nutzung des Vermögenswerts. Diese wird durch Berücksichtigung der Kapazität oder der Ausbringungsmenge ermittelt;

(b) der erwartete physische Verschleiß in Abhängigkeit von Betriebsfaktoren wie der Anzahl der Schichten, in denen der Vermögenswert genutzt wird, und dem Reparatur- und Instandhaltungsprogramm sowie der Wartung und Pflege des Vermögenswerts während der Stillstandszeiten;

amounts reflected in the cost of that item that are attributable to favourable or unfavourable lease terms relative to market terms.

A significant part of an item of property, plant and equipment may have a useful life and a depreciation method that are **45** the same as the useful life and the depreciation method of another significant part of that same item. Such parts may be grouped in determining the depreciation charge.

To the extent that an entity depreciates separately some parts of an item of property, plant and equipment, it also depreci- **46** ates separately the remainder of the item. The remainder consists of the parts of the item that are individually not signifi- cant. If an entity has varying expectations for these parts, approximation techniques may be necessary to depreciate the remainder in a manner that faithfully represents the consumption pattern and/or useful life of its parts.

An entity may choose to depreciate separately the parts of an item that do not have a cost that is significant in relation to **47** the total cost of the item.

The depreciation charge for each period shall be recognised in profit or loss unless it is included in the carrying amount **48** of another asset.

The depreciation charge for a period is usually recognised in profit or loss. However, sometimes, the future economic **49** benefits embodied in an asset are absorbed in producing other assets. In this case, the depreciation charge constitutes part of the cost of the other asset and is included in its carrying amount. For example, the depreciation of manufacturing plant and equipment is included in the costs of conversion of inventories (see IAS 2). Similarly, depreciation of property, plant and equipment used for development activities may be included in the cost of an intangible asset recognised in accor- dance with IAS 38 *Intangible assets*.

Depreciable amount and depreciation period

The depreciable amount of an asset shall be allocated on a systematic basis over its useful life. **50**

The residual value and the useful life of an asset shall be reviewed at least at each financial year-end and, if expectations **51** differ from previous estimates, the change(s) shall be accounted for as a change in an accounting estimate in accordance with IAS 8 *Accounting policies, changes in accounting estimates and errors*.

Depreciation is recognised even if the fair value of the asset exceeds its carrying amount, as long as the asset's residual **52** value does not exceed its carrying amount. Repair and maintenance of an asset do not negate the need to depreciate it.

The depreciable amount of an asset is determined after deducting its residual value. In practice, the residual value of an **53** asset is often insignificant and therefore immaterial in the calculation of the depreciable amount.

The residual value of an asset may increase to an amount equal to or greater than the asset's carrying amount. If it does, **54** the asset's depreciation charge is zero unless and until its residual value subsequently decreases to an amount below the asset's carrying amount.

Depreciation of an asset begins when it is available for use, i.e. when it is in the location and condition necessary for it to **55** be capable of operating in the manner intended by management. Depreciation of an asset ceases at the earlier of the date that the asset is classified as held for sale (or included in a disposal group that is classified as held for sale) in accordance with IFRS 5 and the date that the asset is derecognised. Therefore, depreciation does not cease when the asset becomes idle or is retired from active use unless the asset is fully depreciated. However, under usage methods of depreciation the depreciation charge can be zero while there is no production.

The future economic benefits embodied in an asset are consumed by an entity principally through its use. However, other **56** factors, such as technical or commercial obsolescence and wear and tear while an asset remains idle, often result in the diminution of the economic benefits that might have been obtained from the asset. Consequently, all the following factors are considered in determining the useful life of an asset:
(a)   expected usage of the asset. Usage is assessed by reference to the asset's expected capacity or physical output;
(b)   expected physical wear and tear, which depends on operational factors such as the number of shifts for which the asset is to be used and the repair and maintenance programme, and the care and maintenance of the asset while idle;

(c) die technische oder gewerbliche Veralterung, die auf Änderungen oder Verbesserungen in der Produktion oder auf Änderungen in der Marktnachfrage nach den von diesem Vermögenswert erzeugten Gütern oder Leistungen zurückzuführen ist. Wird für die Zukunft mit einem Rückgang des Verkaufspreises eines mit Hilfe dieses Vermögenswerts erzeugten Produkts gerechnet, könnte dies ein Indikator dafür sein, dass sich der künftige wirtschaftliche Nutzen des Vermögenswerts aufgrund der für ihn erwarteten technischen oder gewerblichen Veralterung vermindert.

(d) rechtliche oder ähnliche Nutzungsbeschränkungen des Vermögenswerts wie das Ablaufen zugehöriger Leasingverträge.

57 Die Nutzungsdauer eines Vermögenswerts wird nach der voraussichtlichen Nutzbarkeit für das Unternehmen definiert. Die betriebliche Investitionspolitik kann vorsehen, dass Vermögenswerte nach einer bestimmten Zeit oder nach dem Verbrauch eines bestimmten Teils des künftigen wirtschaftlichen Nutzens des Vermögenswerts veräußert werden. Daher kann die voraussichtliche Nutzungsdauer eines Vermögenswerts kürzer sein als seine wirtschaftliche Nutzungsdauer. Die Bestimmung der voraussichtlichen Nutzungsdauer des Vermögenswerts basiert auf Schätzungen, denen Erfahrungswerte des Unternehmens mit vergleichbaren Vermögenswerten zugrunde liegen.

58 Grundstücke und Gebäude sind trennbare Vermögenswerte und als solche zu bilanzieren, auch wenn sie zusammen erworben wurden. Grundstücke haben mit einigen Ausnahme, wie Steinbrüche und Müllgruben, eine unbegrenzte Nutzungsdauer und werden deshalb nicht abgeschrieben. Gebäude haben eine begrenzte Nutzungsdauer und stellen daher abschreibungsfähige Vermögenswerte dar. Eine Wertsteigerung eines Grundstücks, auf dem ein Gebäude steht, berührt nicht die Bestimmung des Abschreibungsbetrags des Gebäudes.

59 Wenn die Anschaffungskosten für Grundstücke die Kosten für Abbau, Beseitigung und Wiederherstellung des Grundstücks beinhalten, so wird dieser Anteil des Grundstückwerts über den Zeitraum abgeschrieben, in dem Nutzen durch die Einbringung dieser Kosten erzielt wird. In einigen Fällen kann das Grundstück selbst eine begrenze Nutzungsdauer haben, es wird dann in der Weise abgeschrieben, dass der daraus entstehende Nutzen widergespiegelt wird.

Abschreibungsmethode

60 Die Abschreibungsmethode hat dem erwarteten Verlauf des Verbrauchs des künftigen wirtschaftlichen Nutzens des Vermögenswertes durch das Unternehmen zu entsprechen.

61 Die Abschreibungsmethode für Vermögenswerte ist mindestens am Ende eines jeden Geschäftsjahres zu überprüfen. Sofern erhebliche Änderungen in dem erwarteten künftigen wirtschaftlichen Nutzenverlauf der Vermögenswerte eingetreten sind, ist die Methode anzupassen, um den geänderten Verlauf widerzuspiegeln. Solch eine Änderung wird als Änderung einer rechnungslegungsbezogenen Schätzung gemäß IAS 8 dargestellt.

62 Für die planmäßige Abschreibung kommt eine Vielzahl an Methoden in Betracht, um den Abschreibungsbetrag eines Vermögenswerts systematisch über seine Nutzungsdauer zu verteilen. Zu diesen Methoden zählen die lineare und degressive Abschreibung sowie die leistungsabhängige Abschreibung. Die lineare Abschreibung ergibt einen konstanten Betrag über die Nutzungsdauer, sofern sich der Restwert des Vermögenswerts nicht ändert. Die degressive Abschreibungsmethode führt zu einem im Laufe der Nutzungsdauer abnehmenden Abschreibungsbetrag. Die leistungsabhängige Abschreibungsmethode ergibt einen Abschreibungsbetrag auf der Grundlage der voraussichtlichen Nutzung oder Leistung. Das Unternehmen wählt die Methode aus, die am genauesten den erwarteten Verlauf des Verbrauchs des künftigen wirtschaftlichen Nutzens des Vermögenswertes widerspiegelt. Diese Methode ist von Periode zu Periode stetig anzuwenden, es sei denn, dass sich der erwartete Verlauf des Verbrauchs jenes künftigen wirtschaftlichen Nutzens ändert.

62A Eine Abschreibungsmethode, die sich auf die Umsatzerlöse aus einer Tätigkeit stützt, die die Verwendung eines Vermögenswerts einschließt, ist nicht als sachgerecht zu betrachten. Die Umsatzerlöse bei einer Tätigkeit, die die Verwendung eines Vermögenswerts einschließt, spiegeln im Allgemeinen andere Faktoren als den Verbrauch des wirtschaftlichen Nutzens des Vermögenswerts wider. So werden die Umsatzerlöse beispielsweise durch andere Inputfaktoren und Prozesse, durch die Absatzmenge und durch Veränderungen bei Absatzvolumen und -preisen beeinflusst. Die Preiskomponente der Umsatzerlöse kann durch Inflation beeinflusst werden, was sich nicht auf den Verbrauch eines Vermögenswerts auswirkt.

Wertminderung

63 Um festzustellen, ob ein Gegenstand der Sachanlagen wertgemindert ist, wendet ein Unternehmen IAS 36 *Wertminderung von Vermögenswerten* an. Dieser Standard erklärt, wie ein Unternehmen den Buchwert seiner Vermögenswerte überprüft, wie es den erzielbaren Betrag eines Vermögenswerts ermittelt, und wann es einen Wertminderungsaufwand erfasst oder dessen Erfassung aufhebt.

64 [gestrichen]

(c) technical or commercial obsolescence arising from changes or improvements in production, or from a change in the market demand for the product or service output of the asset. Expected future reductions in the selling price of an item that was produced using an asset could indicate the expectation of technical or commercial obsolescence of the asset, which, in turn, might reflect a reduction of the future economic benefits embodied in the asset.

(d) legal or similar limits on the use of the asset, such as the expiry dates of related leases.

The useful life of an asset is defined in terms of the asset's expected utility to the entity. The asset management policy of the entity may involve the disposal of assets after a specified time or after consumption of a specified proportion of the future economic benefits embodied in the asset. Therefore, the useful life of an asset may be shorter than its economic life. The estimation of the useful life of the asset is a matter of judgement based on the experience of the entity with similar assets.   57

Land and buildings are separable assets and are accounted for separately, even when they are acquired together. With some exceptions, such as quarries and sites used for landfill, land has an unlimited useful life and therefore is not depreciated. Buildings have a limited useful life and therefore are depreciable assets. An increase in the value of the land on which a building stands does not affect the determination of the depreciable amount of the building.   58

If the cost of land includes the costs of site dismantlement, removal and restoration, that portion of the land asset is depreciated over the period of benefits obtained by incurring those costs. In some cases, the land itself may have a limited useful life, in which case it is depreciated in a manner that reflects the benefits to be derived from it.   59

Depreciation method

The depreciation method used shall reflect the pattern in which the asset's future economic benefits are expected to be consumed by the entity.   60

The depreciation method applied to an asset shall be reviewed at least at each financial year-end and, if there has been a significant change in the expected pattern of consumption of the future economic benefits embodied in the asset, the method shall be changed to reflect the changed pattern. Such a change shall be accounted for as a change in an accounting estimate in accordance with IAS 8.   61

A variety of depreciation methods can be used to allocate the depreciable amount of an asset on a systematic basis over its useful life. These methods include the straight-line method, the diminishing balance method and the units of production method. Straight-line depreciation results in a constant charge over the useful life if the asset's residual value does not change. The diminishing balance method results in a decreasing charge over the useful life. The units of production method results in a charge based on the expected use or output. The entity selects the method that most closely reflects the expected pattern of consumption of the future economic benefits embodied in the asset. That method is applied consistently from period to period unless there is a change in the expected pattern of consumption of those future economic benefits.   62

A depreciation method that is based on revenue that is generated by an activity that includes the use of an asset is not appropriate. The revenue generated by an activity that includes the use of an asset generally reflects factors other than the consumption of the economic benefits of the asset. For example, revenue is affected by other inputs and processes, selling activities and changes in sales volumes and prices. The price component of revenue may be affected by inflation, which has no bearing upon the way in which an asset is consumed.   62A

Impairment

To determine whether an item of property, plant and equipment is impaired, an entity applies IAS 36 *Impairment of assets*. That standard explains how an entity reviews the carrying amount of its assets, how it determines the recoverable amount of an asset, and when it recognises, or reverses the recognition of, an impairment loss.   63

[deleted]   64

Entschädigung für Wertminderung

65 Entschädigungen von Dritten für Sachanlagen, die wertgemindert, untergegangen oder außer Betrieb genommen wurden, sind im Gewinn oder Verlust zu erfassen, wenn die Entschädigungen zu Forderungen werden.

66 Wertminderungen oder der Untergang von Sachanlagen, damit verbundene Ansprüche auf oder Zahlungen von Entschädigungen von Dritten und jeglicher nachfolgender Erwerb oder nachfolgende Erstellung von Ersatzvermögenswerten sind einzelne wirtschaftliche Ereignisse und sind als solche separat wie folgt zu bilanzieren:
(a) Wertminderungen von Sachanlagen werden gemäß IAS 36 erfasst;
(b) Ausbuchungen von stillgelegten oder abgegangenen Sachanlagen werden gemäß diesem Standard festgelegt;
(c) Entschädigungen von Dritten für Sachanlagen, die wertgemindert, untergegangen oder außer Betrieb genommen wurden, sind im Gewinn oder Verlust zu erfassen, wenn sie zur Forderung werden; und
(d) die Anschaffungs- oder Herstellungskosten von Sachanlagen, die als Ersatz in Stand gesetzt, erworben oder erstellt wurden, werden nach diesem Standard ermittelt;

AUSBUCHUNG

67 Der Buchwert einer Sachanlage ist auszubuchen
(a) bei Abgang; oder
(b) wenn kein weiterer wirtschaftlicher Nutzen von seiner Nutzung oder seinem Abgang zu erwarten ist.

68 Die aus der Ausbuchung einer Sachanlage resultierenden Gewinne oder Verluste sind im Gewinn oder Verlust zu erfassen, wenn der Gegenstand ausgebucht ist (sofern IAS 17 nichts anderes bei Sale-and-leaseback-Transaktionen vorschreibt). Gewinne sind nicht als Erlöse auszuweisen.

68A Ein Unternehmen jedoch, das im Laufe seiner üblichen Geschäftstätigkeit regelmäßig Posten der Sachanlagen verkauft, die es zwecks Weitervermietung gehalten hat, überträgt diese Vermögenswerte zum Buchwert in die Vorräte, wenn sie nicht mehr vermietet werden und zum Verkauf anstehen. Die Erlöse aus dem Verkauf dieser Vermögenswerte werden gemäß IAS 18 Umsatzerlöse als *Umsatzerlöse* ausgewiesen. IFRS 5 findet keine Anwendung, wenn Vermögenswerte, die im Rahmen der üblichen Geschäftstätigkeit zum Verkauf gehalten werden, in die Vorräte übertragen werden.

69 Der Abgang einer Sachanlage kann auf verschiedene Arten erfolgen (z. B. Verkauf, Eintritt in ein Finanzierungsleasing oder Schenkung). Bei der Bestimmung des Abgangsdatums eines Gegenstands wendet das Unternehmen zur Erfassung der Erlöse aus dem Warenverkauf die Kriterien von IAS 18 *Umsatzerlöse* an. IAS 17 wird auf Abgänge durch Sale-and-leaseback-Transaktionen angewandt.

70 Wenn ein Unternehmen nach dem Ansatzgrundsatz in Paragraph 7 im Buchwert einer Sachanlage die Anschaffungskosten für den Ersatz eines Teils des Gegenstandes erfasst, dann bucht es den Buchwert des ersetzten Teils aus, ungeachtet dessen, ob das ersetzte Teil separat abgeschrieben wurde. Sollte die Ermittlung des Buchwerts des ersetzten Teils für ein Unternehmen praktisch nicht durchführbar sein, kann es die Kosten für die Ersetzung als Anhaltspunkt für die Anschaffungskosten des ersetzten Teils zum Zeitpunkt seines Kaufs oder seiner Erstellung verwenden.

71 Der Gewinn oder Verlust aus der Ausbuchung einer Sachanlage ist als Differenz zwischen dem Nettoveräußerungserlös, sofern vorhanden, und dem Buchwert des Gegenstands zu bestimmen.

72 Das erhaltene Entgelt beim Abgang einer Sachanlage ist zunächst mit dem beizulegenden Zeitwert zu erfassen. Wenn die Zahlung für den Gegenstand nicht sofort erfolgt, ist das erhaltene Entgelt beim erstmaligen Ansatz in Höhe des Gegenwerts des Barpreises zu erfassen. Der Unterschied zwischen dem Nominalbetrag des Entgelts und dem Gegenwert des Barpreises wird als Zinsertrag, der die Effektivverzinsung der Forderung widerspiegelt, gemäß IAS 18 erfasst.

ANGABEN

73 Für jede Gruppe von Sachanlagen sind im Abschluss folgende Angaben erforderlich:
(a) die Bewertungsgrundlagen für die Bestimmung des Bruttobuchwerts der Anschaffungs- oder Herstellungskosten;
(b) die verwendeten Abschreibungsmethoden;
(c) die zugrunde gelegten Nutzungsdauern oder Abschreibungssätze;
(d) der Bruttobuchwert und die kumulierten Abschreibungen (zusammengefasst mit den kumulierten Wertminderungsaufwendungen) zu Beginn und zum Ende der Periode; und
(e) eine Überleitung des Buchwerts zu Beginn und zum Ende der Periode unter gesonderter Angabe der
(i) Zugänge;
(ii) Vermögenswerte, die gemäß IFRS 5 als zur Veräußerung gehalten klassifiziert werden oder zu einer als zur Veräußerung gehalten klassifizierten Veräußerungsgruppe gehören, und andere Abgänge;

Compensation for impairment

Compensation from third parties for items of property, plant and equipment that were impaired, lost or given up shall be **65** included in profit or loss when the compensation becomes receivable.

Impairments or losses of items of property, plant and equipment, related claims for or payments of compensation from **66** third parties and any subsequent purchase or construction of replacement assets are separate economic events and are accounted for separately as follows:
(a) impairments of items of property, plant and equipment are recognised in accordance with IAS 36;
(b) derecognition of items of property, plant and equipment retired or disposed of is determined in accordance with this standard;
(c) compensation from third parties for items of property, plant and equipment that were impaired, lost or given up is included in determining profit or loss when it becomes receivable; and
(d) the cost of items of property, plant and equipment restored, purchased or constructed as replacements is determined in accordance with this standard.

DERECOGNITION

The carrying amount of an item of property, plant and equipment shall be derecognised: **67**
(a) on disposal; or
(b) when no future economic benefits are expected from its use or disposal.

The gain or loss arising from the derecognition of an item of property, plant and equipment shall be included in profit or **68** loss when the item is derecognised (unless IAS 17 requires otherwise on a sale and leaseback). Gains shall not be classified as revenue. *(offsetting)*

However, an entity that, in the course of its ordinary activities, routinely sells items of property, plant and equipment that **68A** it has held for rental to others shall transfer such assets to inventories at their carrying amount when they cease to be rented and become held for sale. The proceeds from the sale of such assets shall be recognised as revenue in accordance with IAS 18 *Revenue*. IFRS 5 does not apply when assets that are held for sale in the ordinary course of business are transferred to inventories.

The disposal of an item of property, plant and equipment may occur in a variety of ways (eg by sale, by entering into a **69** finance lease or by donation). In determining the date of disposal of an item, an entity applies the criteria in IAS 18 for recognising revenue from the sale of goods. IAS 17 applies to disposal by a sale and leaseback.

If, under the recognition principle in paragraph 7, an entity recognises in the carrying amount of an item of property, **70** plant and equipment the cost of a replacement for part of the item, then it derecognises the carrying amount of the replaced part regardless of whether the replaced part had been depreciated separately. If it is not practicable for an entity to determine the carrying amount of the replaced part, it may use the cost of the replacement as an indication of what the cost of the replaced part was at the time it was acquired or constructed.

The gain or loss arising from the derecognition of an item of property, plant and equipment shall be determined as the **71** difference between the net disposal proceeds, if any, and the carrying amount of the item.

The consideration receivable on disposal of an item of property, plant and equipment is recognised initially at its fair **72** value. If payment for the item is deferred, the consideration received is recognised initially at the cash price equivalent. The difference between the nominal amount of the consideration and the cash price equivalent is recognised as interest revenue in accordance with IAS 18 reflecting the effective yield on the receivable.

DISCLOSURE

The financial statements shall disclose, for each class of property, plant and equipment: **73**
(a) the measurement bases used for determining the gross carrying amount;
(b) the depreciation methods used;
(c) the useful lives or the depreciation rates used;
(d) the gross carrying amount and the accumulated depreciation (aggregated with accumulated impairment losses) at the beginning and end of the period; and
(e) a reconciliation of the carrying amount at the beginning and end of the period showing:
    (i) additions;
    (ii) assets classified as held for sale or included in a disposal group classified as held for sale in accordance with IFRS 5 and other disposals;

(iii) Erwerbe durch Unternehmenszusammenschlüsse;

(iv) Erhöhungen oder Verminderungen aufgrund von Neubewertungen gemäß den Paragraphen 31, 39, und 40 und von im sonstigen Ergebnis erfassten oder aufgehobenen Wertminderungsaufwendungen gemäß IAS 36;

(v) bei Gewinnen bzw. Verlusten gemäß IAS 36 erfasste Wertminderungsaufwendungen;

(vi) bei Gewinnen bzw. Verlusten gemäß IAS 36 aufgehobene Wertminderungsaufwendungen;

(vii) Abschreibungen;

(viii) Nettoumrechnungsdifferenzen aufgrund der Umrechnung von Abschlüssen von der funktionalen Währung in eine andere Darstellungswährung, einschließlich der Umrechnung einer ausländischen Betriebsstätte in die Darstellungswährung des berichtenden Unternehmens; und

(ix) andere Änderungen.

74 Folgende Angaben müssen in den Abschlüssen ebenso enthalten sein:

(a) das Vorhandensein und die Beträge von Beschränkungen von Verfügungsrechten sowie als Sicherheiten für Schulden verpfändete Sachanlagen;

(b) der Betrag an Ausgaben, der im Buchwert einer Sachanlage während ihrer Erstellung erfasst wird;

(c) der Betrag für vertragliche Verpflichtungen für den Erwerb von Sachanlagen; und

(d) der im Gewinn oder Verlust erfasste Entschädigungsbetrag von Dritten für Sachanlagen, die wertgemindert, untergegangen oder außer Betrieb genommen wurden, wenn er nicht separat in der Gesamtergebnisrechnung dargestellt wird.

75 Die Wahl der Abschreibungsmethode und die Bestimmung der Nutzungsdauer von Vermögenswerten bedürfen der Beurteilung. Deshalb gibt die Angabe der angewandten Methoden und der geschätzten Nutzungsdauern oder Abschreibungsraten den Abschlussadressaten Informationen, die es ihnen erlauben, die vom Management gewählten Rechnungslegungsmethoden einzuschätzen und Vergleiche mit anderen Unternehmen vorzunehmen. Aus ähnlichen Gründen ist es erforderlich, Angaben zu machen über

(a) die Abschreibung einer Periode, unabhängig davon ob sie im Gewinn oder Verlust erfasst wird oder als Teil der Anschaffungskosten anderer Vermögenswerte; und

(b) die kumulierte Abschreibung am Ende der Periode.

76 Gemäß IAS 8 hat ein Unternehmen die Art und Auswirkung einer veränderten rechnungslegungsbezogenen Schätzung, die für die aktuelle Periode eine wesentliche Bedeutung hat, oder die für folgende Perioden voraussichtlich von wesentlicher Bedeutung sein wird, darzulegen. Bei Sachanlagen entstehen möglicherweise derartige Angaben aus Änderungen von Schätzungen hinsichtlich

(a) Restwerte;

(b) geschätzte Kosten für den Abbruch, das Entfernen oder die Wiederherstellung von Sachanlagen;

(c) Nutzungsdauern; und

(d) Abschreibungsmethoden.

77 **Werden Sachanlagen neu bewertet, sind zusätzlich zu den in IFRS 13 vorgeschriebenen Angaben folgende Angaben erforderlich:**

(a) **den Stichtag der Neubewertung;**

(b) **ob ein unabhängiger Gutachter hinzugezogen wurde;**

(c) **[gestrichen]**

(d) **[gestrichen]**

(e) **für jede neu bewertete Gruppe von Sachanlagen der Buchwert, der angesetzt worden wäre, wenn die Vermögenswerte nach dem Anschaffungskostenmodell bewertet worden wären; und**

(f) **die Neubewertungsrücklage mit Angabe der Veränderung in der Periode und eventuell bestehender Ausschüttungsbeschränkungen an die Eigentümer.**

78 Gemäß IAS 36 macht ein Unternehmen Angaben über wertgeminderte Sachanlagen zusätzlich zu den gemäß Paragraph 73 (e) (iv)–(vi) erforderlichen Informationen.

79 Die Adressaten des Abschlusses können ebenso die folgenden Angaben als entscheidungsrelevant erachten:

(a) den Buchwert vorübergehend ungenutzter Sachanlagen;

(b) den Bruttobuchwert voll abgeschriebener, aber noch genutzter Sachanlagen;

(c) der Buchwert von Sachanlagen, die nicht mehr genutzt werden und die nicht gemäß IFRS 5 als zur Veräußerung gehalten klassifiziert werden; und

(d) bei Anwendung des Anschaffungskostenmodells die Angabe des beizulegenden Zeitwerts der Sachanlagen, sofern dieser wesentlich vom Buchwert abweicht.

Daher wird den Unternehmen die Angabe dieser Beträge empfohlen.

(iii) acquisitions through business combinations;

(iv) increases or decreases resulting from revaluations under paragraphs 31, 39 and 40 and from impairment losses recognised or reversed in other comprehensive income in accordance with IAS 36;

(v) impairment losses recognised in profit or loss in accordance with IAS 36;

(vi) impairment losses reversed in profit or loss in accordance with IAS 36;

(vii) depreciation;

(viii) the net exchange differences arising on the translation of the financial statements from the functional currency into a different presentation currency, including the translation of a foreign operation into the presentation currency of the reporting entity; and

(ix) other changes.

The financial statements shall also disclose: 74

(a) the existence and amounts of restrictions on title, and property, plant and equipment pledged as security for liabilities;

(b) the amount of expenditures recognised in the carrying amount of an item of property, plant and equipment in the course of its construction;

(c) the amount of contractual commitments for the acquisition of property, plant and equipment; and

(d) if it is not disclosed separately in the statement of comprehensive income, the amount of compensation from third parties for items of property, plant and equipment that were impaired, lost or given up that is included in profit or loss.

Selection of the depreciation method and estimation of the useful life of assets are matters of judgement. Therefore, dis- 75 closure of the methods adopted and the estimated useful lives or depreciation rates provides users of financial statements with information that allows them to review the policies selected by management and enables comparisons to be made with other entities. For similar reasons, it is necessary to disclose:

(a) depreciation, whether recognised in profit or loss or as a part of the cost of other assets, during a period; and

(b) accumulated depreciation at the end of the period.

In accordance with IAS 8 an entity discloses the nature and effect of a change in an accounting estimate that has an effect 76 in the current period or is expected to have an effect in subsequent periods. For property, plant and equipment, such disclosure may arise from changes in estimates with respect to:

(a) residual values;

(b) the estimated costs of dismantling, removing or restoring items of property, plant and equipment;

(c) useful lives; and

(d) depreciation methods.

If items of property, plant and equipment are stated at revalued amounts, the following shall be disclosed in addition 77 **to the disclosures required by IFRS 13:**

(a) the effective date of the revaluation;

(b) whether an independent valuer was involved;

(c) [deleted]

(d) [deleted]

(e) for each revalued class of property, plant and equipment, the carrying amount that would have been recognised had the assets been carried under the cost model; and

(f) the revaluation surplus, indicating the change for the period and any restrictions on the distribution of the balance to shareholders.

In accordance with IAS 36 an entity discloses information on impaired property, plant and equipment in addition to the 78 information required by paragraph 73 (e) (iv)—(vi).

Users of financial statements may also find the following information relevant to their needs: 79

(a) the carrying amount of temporarily idle property, plant and equipment;

(b) the gross carrying amount of any fully depreciated property, plant and equipment that is still in use;

(c) the carrying amount of property, plant and equipment retired from active use and not classified as held for sale in accordance with IFRS 5; and

(d) when the cost model is used, the fair value of property, plant and equipment when this is materially different from the carrying amount.

Therefore, entities are encouraged to disclose these amounts.

ÜBERGANGSVORSCHRIFTEN

80   Die Vorschriften der Paragraphen 24–26 hinsichtlich der erstmaligen Bewertung einer Sachanlage, die in einem Tauschvorgang erworben wurde, sind nur auf künftige Transaktionen prospektiv anzuwenden.

80A   Durch die *Jährlichen Verbesserungen an den IFRS, Zyklus 2010–2012*, wurde Paragraph 35 geändert. Ein Unternehmen hat diese Änderung auf alle Neubewertungen anzuwenden, die in Geschäftsjahren, die zu oder nach dem Zeitpunkt der erstmaligen Anwendung dieser Änderung beginnen, sowie im unmittelbar vorangehenden Geschäftsjahr erfasst werden. Ein Unternehmen kann auch für jegliche früher dargestellte Geschäftsjahre berichtigte Vergleichsangaben vorlegen, ist hierzu aber nicht verpflichtet. Legt ein Unternehmen für frühere Geschäftsjahre unberichtigte Vergleichsangaben vor, hat es die unberichtigten Angaben klar zu kennzeichnen, darauf hinzuweisen, dass diese auf einer anderen Grundlage beruhen und diese Grundlage zu erläutern.

ZEITPUNKT DES INKRAFTTRETENS UND ÜBERGANGSVORSCHRIFTEN

81   Dieser Standard ist erstmals in der ersten Periode eines am 1. Januar 2005 oder danach beginnenden Geschäftsjahres anzuwenden. Eine frühere Anwendung wird empfohlen. Wenn ein Unternehmen diesen Standard für Perioden anwendet, die vor dem 1. Januar 2005 beginnen, so ist diese Tatsache anzugeben.

81A   Die Änderungen in Paragraph 3 sind erstmals in der ersten Periode eines am 1. Januar 2006 oder danach beginnenden Geschäftsjahres anzuwenden. Wenn ein Unternehmen IFRS 6 für eine frühere Periode anwendet, so sind auch diese Änderungen für jene frühere Periode anzuwenden.

81B   Infolge des IAS 1 *Darstellung des Abschlusses* (überarbeitet 2007) wurde die in allen IFRS verwendete Terminologie geändert. Außerdem wurden die Paragraphen 39, 40 und 73 (e) (iv) geändert. Diese Änderungen sind erstmals in der ersten Berichtsperiode eines am 1. Januar 2009 oder danach beginnenden Geschäftsjahres anzuwenden. Wird IAS 1 (überarbeitet 2007) auf eine frühere Periode angewandt, sind diese Änderungen entsprechend auch anzuwenden.

81C   **Durch IFRS 3 *Unternehmenszusammenschlüsse* (in der** vom International Accounting Standards Board **2008 überarbeiteten Fassung) wurde Paragraph 44 geändert. Diese Änderung ist erstmals in der ersten Berichtsperiode eines am 1. Juli 2009 oder danach beginnenden Geschäftsjahres anzuwenden. Wendet ein Unternehmen IFRS 3 (in der 2008 überarbeiteten Fassung) auf eine frühere Periode an, so hat es auf diese Periode auch diese Änderung anzuwenden.**

81D   Die Paragraphen 6 und 69 werden im Rahmen der *Verbesserungen der IFRS* vom Mai 2008 geändert. Diese Änderungen sind erstmals in der ersten Berichtsperiode eines am 1. Januar 2009 oder danach beginnenden Geschäftsjahres anzuwenden. Eine frühere Anwendung ist zulässig. Falls ein Unternehmen diese Änderungen auf eine frühere Periode anwendet, so hat es diese Tatsache anzugeben und die entsprechenden Änderungen des IAS 7 *Kapitalflussrechnungen* gleichzeitig anzuwenden.

81E   Paragraph 5 wird im Rahmen der *Verbesserungen der IFRS* vom Mai 2008 geändert. Ein Unternehmen kann die Änderung prospektiv erstmals in der ersten Berichtsperiode eines am 1. Januar 2009 oder danach beginnenden Geschäftsjahres anwenden. Eine frühere Anwendung ist zulässig, sofern das Unternehmen gleichzeitig die Änderungen auf die Paragraphen 8, 9, 22, 48, 53, 53A, 53B, 54, 57 und 85B von IAS 40 anwendet. Wendet ein Unternehmen diese Änderungen auf eine frühere Periode an, so ist dies anzugeben.

81F   Durch IFRS 13, veröffentlicht im Mai 2011, wurde die Definition des beizulegenden Zeitwerts in Paragraph 6 geändert. Außerdem wurden die Paragraphen 26, 35 und 77 geändert und die Paragraphen 32 und 33 gestrichen. Ein Unternehmen hat die betreffenden Änderungen anzuwenden, wenn es IFRS 13 anwendet.

81G   Mit den *Jährlichen Verbesserungen, Zyklus 2009–2011*, von Mai 2012 wurde Paragraph 8 geändert. Diese Änderungen sind rückwirkend gemäß IAS 8 *Rechnungslegungsmethoden, Änderungen von rechnungslegungsbezogenen Schätzungen und Fehler* in der ersten Berichtsperiode eines am oder nach dem 1. Januar 2013 beginnenden Geschäftsjahres anzuwenden. Eine frühere Anwendung ist zulässig. Wendet ein Unternehmen die Änderung auf eine frühere Periode an, hat es dies anzugeben.

81H   Mit den im Dezember 2013 veröffentlichten *Jährlichen Verbesserungen an den IFRS, Zyklus 2010–2012*, wurde Paragraph 35 geändert und Paragraph 80A angefügt. Ein Unternehmen hat diese Änderung erstmals auf Geschäftsjahre anzuwenden, die am oder nach dem 1. Juli 2014 beginnen. Eine frühere Anwendung ist zulässig. Wendet ein Unternehmen diese Änderung auf eine frühere Periode an, hat es dies anzugeben.

81I   Mit der im Mai 2014 veröffentlichten *Klarstellung akzeptabler Abschreibungsmethoden* (Änderungen an IAS 16 und IAS 38) wurde Paragraph 56 geändert und Paragraph 62A angefügt. Diese Änderungen sind prospektiv auf am oder nach

TRANSITIONAL PROVISIONS

The requirements of paragraphs 24—26 regarding the initial measurement of an item of property, plant and equipment **80** acquired in an exchange of assets transaction shall be applied prospectively only to future transactions.

Paragraph 35 was amended by *Annual Improvements to IFRSs 2010—2012 Cycle*. An entity shall apply that amendment **80A** to all revaluations recognised in annual periods beginning on or after the date of initial application of that amendment and in the immediately preceding annual period. An entity may also present adjusted comparative information for any earlier periods presented, but it is not required to do so. If an entity presents unadjusted comparative information for any earlier periods, it shall clearly identify the information that has not been adjusted, state that it has been presented on a different basis and explain that basis.

EFFECTIVE DATE AND TRANSITION

An entity shall apply this standard for annual periods beginning on or after 1 January 2005. Earlier application is encour- **81** aged. If an entity applies this standard for a period beginning before 1 January 2005, it shall disclose that fact.

An entity shall apply the amendments in paragraph 3 for annual periods beginning on or after 1 January 2006. If an entity **81A** applies IFRS 6 for an earlier period, those amendments shall be applied for that earlier period.

IAS 1 *Presentation of Financial Statements* (as revised in 2007) amended the terminology used throughout IFRSs. In addi- **81B** tion it amended paragraphs 39, 40 and 73 (e) (iv). An entity shall apply those amendments for annual periods beginning on or after 1 January 2009. If an entity applies IAS 1 (revised 2007) for an earlier period, the amendments shall be applied for that earlier period.

IFRS 3 *Business Combinations* (as revised by the International Accounting Standards Board in 2008) amended para- 81C graph 44. An entity shall apply that amendment for annual periods beginning on or after 1 July 2009. If an entity applies IFRS 3 (revised 2008) for an earlier period, the amendment shall also be applied for that earlier period.

Paragraphs 6 and 69 were amended and paragraph 68A was added by *Improvements to IFRSs* issued in May 2008. An **81D** entity shall apply those amendments for annual periods beginning on or after 1 January 2009. Earlier application is permitted. If an entity applies the amendments for an earlier period it shall disclose that fact and at the same time apply the related amendments to IAS 7 *Statement of Cash Flows*.

Paragraph 5 was amended by *Improvements to IFRSs* issued in May 2008. An entity shall apply that amendment prospec- **81E** tively for annual periods beginning on or after 1 January 2009. Earlier application is permitted if an entity also applies the amendments to paragraphs 8, 9, 22, 48, 53, 53A, 53B, 54, 57 and 85B of IAS 40 at the same time. If an entity applies the amendment for an earlier period it shall disclose that fact.

IFRS 13, issued in May 2011, amended the definition of fair value in paragraph 6, amended paragraphs 26, 35 and 77 and **81F** deleted paragraphs 32 and 33. An entity shall apply those amendments when it applies IFRS 13.

Annual Improvements 2009—2011 Cycle, issued in May 2012, amended paragraph 8. An entity shall apply that amend- **81G** ment retrospectively in accordance with IAS 8 *Accounting Policies, Changes in Accounting Estimates and Errors* for annual periods beginning on or after 1 January 2013. Earlier application is permitted. If an entity applies that amendment for an earlier period it shall disclose that fact.

Annual Improvements to IFRSs 2010—2012 Cycle, issued in December 2013, amended paragraph 35 and added paragraph **81H** 80A. An entity shall apply that amendment for annual periods beginning on or after 1 July 2014. Earlier application is permitted. If an entity applies that amendment for an earlier period it shall disclose that fact.

Clarification of Acceptable Methods of Depreciation and Amortisation (Amendments to IAS 16 and IAS 38), issued in **81I** May 2014, amended paragraph 56 and added paragraph 62A. An entity shall apply those amendments prospectively for

dem 1. Januar 2016 beginnende Geschäftsjahre anzuwenden. Eine frühere Anwendung ist zulässig. Wendet ein Unternehmen diese Änderungen auf eine frühere Periode an, hat es dies anzugeben.

81K Mit der im Juni 2014 veröffentlichten Verlautbarung Landwirtschaft: Fruchttragende Pflanzen (Änderungen an IAS 16 und IAS 41) wurden die Paragraphen 3, 6 und 37 geändert sowie die Paragraphen 22A und 81L–81M angefügt. Diese Änderungen sind erstmals auf Geschäftsjahre anzuwenden, die am oder nach dem 1. Januar 2016 beginnen. Eine frühere Anwendung ist zulässig. Wendet ein Unternehmen diese Änderungen früher an, so ist dies anzugeben. Diese Änderungen sind mit Ausnahme der Darlegungen in Paragraph 81M rückwirkend gemäß IAS 8 anzuwenden.

81L In der Berichtsperiode, in der die Verlautbarung Landwirtschaft: Fruchttragende Pflanzen (Änderungen an IAS 16 und IAS 41) erstmals angewendet wird, braucht das Unternehmen die gemäß IAS 8 Paragraph 28 (f) für die laufende Periode vorgeschriebenen quantitativen Angaben nicht zu machen. Es muss jedoch die gemäß IAS 8 Paragraph 28 (f) vorgeschriebenen quantitativen Angaben für jede frühere dargestellte Periode machen.

81M Ein Unternehmen kann eine fruchttragende Pflanze zu Beginn der frühesten im Abschluss dargestellten Berichtsperiode, in der das Unternehmen die Verlautbarung Landwirtschaft: Fruchttragende Pflanzen (Änderungen an IAS 16 und IAS 41) erstmals anwendet, zu ihrem beizulegenden Zeitwert bewerten und diesen beizulegenden Zeitwert als Ersatz für Anschaffungs- oder Herstellungskosten an diesem Datum verwenden. Jede Differenz zwischen dem früheren Buchwert und dem Zeitwert ist zu Beginn der frühesten dargestellten Periode im Anfangssaldo der Gewinnrücklagen auszuweisen.

RÜCKNAHME ANDERER VERLAUTBARUNGEN

82 Dieser Standard ersetzt IAS 16 *Sachanlagen* (überarbeitet 1998).

83 Dieser Standard ersetzt die folgenden Interpretationen:
(a)   SIC-6 *Kosten der Anpassung vorhandener Software;*
(b)   SIC-14 *Sachanlagen – Entschädigung für die Wertminderung oder den Verlust von Gegenständen;* und
(c)   SIC-23 *Sachanlagen – Kosten für Großinspektionen oder Generalüberholungen.*

annual periods beginning on or after 1 January 2016. Earlier application is permitted. If an entity applies those amendments for an earlier period it shall disclose that fact.

Agriculture: Bearer Plants (Amendments to IAS 16 and IAS 41), issued in June 2014, amended paragraphs 3, 6 and 37 **81K** and added paragraphs 22A and 81L—81M. An entity shall apply those amendments for annual periods beginning on or after 1 January 2016. Earlier application is permitted. If an entity applies those amendments for an earlier period, it shall disclose that fact. An entity shall apply those amendments retrospectively, in accordance with IAS 8, except as specified in paragraph 81M.

In the reporting period when Agriculture: Bearer Plants (Amendments to IAS 16 and IAS 41) is first applied an entity **81L** need not disclose the quantitative information required by paragraph 28 (f) of IAS 8 for the current period. However, an entity shall present the quantitative information required by paragraph 28 (f) of IAS 8 for each prior period presented.

An entity may elect to measure an item of bearer plants at its fair value at the beginning of the earliest period presented in **81M** the financial statements for the reporting period in which the entity first applies Agriculture: Bearer Plants (Amendments to IAS 16 and IAS 41) and use that fair value as its deemed cost at that date. Any difference between the previous carrying amount and fair value shall be recognised in opening retained earnings at the beginning of the earliest period presented.

WITHDRAWAL OF OTHER PRONOUNCEMENTS

This standard supersedes IAS 16 *Property, plant and equipment* (revised in 1998).   **82**

This standard supersedes the following interpretations: **83**
(a)   SIC-6 *Costs of modifying existing software*;
(b)   SIC-14 *Property, plant and equipment — compensation for the impairment or loss of items;* and
(c)   SIC-23 *Property, plant and equipment — major inspection or overhaul costs.*

INTERNATIONAL ACCOUNTING STANDARD 17

Leasingverhältnisse

ZIELSETZUNG

1 Die Zielsetzung dieses Standards ist es, Leasingnehmern und Leasinggebern sachgerechte Rechnungslegungsmethoden und Angabepflichten vorzuschreiben, die in Verbindung mit Leasingverhältnissen anzuwenden sind.

ANWENDUNGSBEREICH

2 **Dieser Standard ist bei der Bilanzierung von allen Leasingverhältnissen anzuwenden, außer:**

(a) **Leasingverhältnissen in Bezug auf die Entdeckung und Verarbeitung von Mineralien, Öl, Erdgas und ähnlichen nicht regenerativen Ressourcen; und**

(b) **Lizenzvereinbarungen beispielsweise über Filme, Videoaufnahmen, Theaterstücke, Manuskripte, Patente und Urheberrechte.**

Dieser Standard ist jedoch nicht anzuwenden als Bewertungsgrundlage für:

(a) **von Leasingnehmern gehaltene Immobilien, die als Finanzinvestition bilanziert werden (siehe IAS 40 *Als Finanzinvestition gehaltene Immobilien);***

(b) **als Finanzinvestition gehaltene Immobilien, die von Leasinggebern im Rahmen eines Operating-Leasingverhältnisses vermietet werden (siehe IAS 40);**

(c) **biologische Vermögenswerte im Anwendungsbereich von IAS 41 *Landwirtschaft*, die von Leasingnehmern im Rahmen eines Finanzierungs-Leasingverhältnisses gehalten werden; oder**

(d) **biologische Vermögenswerte im Anwendungsbereich von IAS 41, die von Leasinggebern im Rahmen eines Operating-Leasingverhältnisses vermietet werden.**

3 Dieser Standard wird auf Vereinbarungen angewendet, die das Recht auf die Nutzung von Vermögenswerten übertragen, auch wenn wesentliche Leistungen des Leasinggebers in Verbindung mit dem Einsatz oder der Erhaltung solcher Vermögenswerte erforderlich sind. Dieser Standard findet keine Anwendung auf Vereinbarungen, die Dienstleistungsverträge sind, die nicht das Nutzungsrecht an Vermögenswerten von einem Vertragspartner auf den anderen übertragen.

DEFINITIONEN

4 Die folgenden Begriffe werden in diesem Standard mit der angegebenen Bedeutung verwendet:

Ein *Leasingverhältnis* ist eine Vereinbarung, bei der der Leasinggeber dem Leasingnehmer gegen eine Zahlung oder eine Reihe von Zahlungen das Recht auf Nutzung eines Vermögenswerts für einen vereinbarten Zeitraum überträgt.

Ein *Finanzierungsleasing* ist ein Leasingverhältnis, bei dem im Wesentlichen alle mit dem Eigentum verbundenen Risiken und Chancen eines Vermögenswerts übertragen werden. Dabei kann letztendlich das Eigentumsrecht übertragen werden oder nicht.

INTERNATIONAL ACCOUNTING STANDARD 17

Leases

SUMMARY

OBJECTIVE

The objective of this standard is to prescribe, for lessees and lessors, the appropriate accounting policies and disclosure to **1** apply in relation to leases.

SCOPE

This standard shall be applied in accounting for all leases other than: **2**
(a) leases to explore for or use minerals, oil, natural gas and similar non-regenerative resources; and
(b) licensing agreements for such items as motion picture films, video recordings, plays, manuscripts, patents and copyrights.
However, this standard shall not be applied as the basis of measurement for:
(a) property held by lessees that is accounted for as investment property (see IAS 40 *Investment property*);
(b) investment property provided by lessors under operating leases (see IAS 40);
(c) biological assets within the scope of IAS 41 *Agriculture* held by lessees under finance leases; or
(d) biological assets within the scope of IAS 41 provided by lessors under operating leases.

This standard applies to agreements that transfer the right to use assets even though substantial services by the lessor may **3** be called for in connection with the operation or maintenance of such assets. This standard does not apply to agreements that are contracts for services that do not transfer the right to use assets from one contracting party to the other.

DEFINITIONS

The following terms are used in this standard with the meanings specified: **4**

A *lease* is an agreement whereby the lessor conveys to the lessee in return for a payment or series of payments the right to use an asset for an agreed period of time.

A *finance lease* is a lease that transfers substantially all the risks and rewards incidental to ownership of an asset. Title may or may not eventually be transferred.

Ein *Operating-Leasingverhältnis* ist ein Leasingverhältnis, bei dem es sich nicht um ein Finanzierungsleasing handelt.

Ein *unkündbares Leasingverhältnis* ist ein Leasingverhältnis, das nur aufgelöst werden kann, wenn

(a) ein unwahrscheinliches Ereignis eintritt;

(b) der Leasinggeber seine Einwilligung dazu gibt;

(c) der Leasingnehmer mit demselben Leasinggeber ein neues Leasingverhältnis über denselben oder einen entsprechenden Vermögenswert eingeht; oder

(d) durch den Leasingnehmer ein derartiger zusätzlicher Betrag zu zahlen ist, dass schon bei Vertragsbeginn die Fortführung des Leasingverhältnisses hinreichend sicher ist.

Als *Beginn des Leasingverhältnisses* gilt der frühere der beiden folgenden Zeitpunkte: der Tag der Leasingvereinbarung oder der Tag, an dem sich die Vertragsparteien über die wesentlichen Bestimmungen der Leasingvereinbarung geeinigt haben. Zu diesem Zeitpunkt:

(a) wird ein Leasingverhältnis entweder als Operating-Leasingverhältnis oder als Finanzierungsleasing eingestuft; und

(b) im Falle eines Finanzierungsleasings werden die zu Beginn der Laufzeit des Leasingverhältnisses anzusetzenden Beträge bestimmt.

Der *Beginn der Laufzeit des Leasingverhältnisses* ist der Tag, ab dem der Leasingnehmer Anspruch auf die Ausübung seines Nutzungsrechts am Leasinggegenstand hat. Dies entspricht dem Tag des erstmaligen Ansatzes des Leasingverhältnisses (d. h. der entsprechenden Vermögenswerte, Schulden, Erträge oder Aufwendungen, die sich aus dem Leasingverhältnis ergeben).

Die *Laufzeit des Leasingverhältnisses* umfasst die unkündbare Zeitperiode, für die sich der Leasingnehmer vertraglich verpflichtet hat, den Vermögenswert zu mieten, sowie weitere Zeiträume, für die der Leasingnehmer mit oder ohne weitere Zahlungen eine Option ausüben kann, wenn zu Beginn des Leasingverhältnisses die Inanspruchnahme der Option durch den Leasingnehmer hinreichend sicher ist.

Die *Mindestleasingzahlungen* sind diejenigen Zahlungen, welche der Leasingnehmer während der Laufzeit des Leasingverhältnisses zu leisten hat oder zu denen er herangezogen werden kann, außer bedingten Mietzahlungen, Aufwand für Dienstleistungen und Steuern, die der Leasinggeber zu zahlen hat und die ihm erstattet werden, sowie

(a) beim Leasingnehmer alle von ihm oder von einer mit ihm verbundenen Partei garantierten Beträge; oder

(b) beim Leasinggeber jegliche Restwerte, die ihm garantiert wurden, entweder

   (i) vom Leasingnehmer;

   (ii) von einer mit dem Leasingnehmer verbundenen Partei; oder

   (iii) von einer vom Leasinggeber unabhängigen dritten Partei, die finanziell in der Lage ist, den Verpflichtungen der Garantie nachzukommen.

Besitzt der Leasingnehmer allerdings für den Vermögenswert eine Kaufoption zu einem Preis, der erwartungsgemäß deutlich niedriger als der zum möglichen Optionsausübungszeitpunkt beizulegende Zeitwert ist, so dass bereits bei Leasingbeginn die Ausübung der Option hinreichend sicher ist, dann umfassen die Mindestleasingzahlungen die während der Laufzeit des Leasingverhältnisses bis zum erwarteten Ausübungszeitpunkt dieser Kaufoption zu zahlenden Mindestraten sowie die für ihre Ausübung erforderliche Zahlung.

Der *beizulegende Zeitwert* ist der Betrag, zu dem zwischen sachverständigen, vertragswilligen und voneinander unabhängigen Geschäftspartnern ein Vermögenswert getauscht oder eine Schuld beglichen werden könnte.

Die *wirtschaftliche Nutzungsdauer* ist entweder

(a) der Zeitraum, in dem ein Vermögenswert voraussichtlich von einem oder mehreren Nutzern wirtschaftlich nutzbar ist; oder

(b) die voraussichtlich durch den Vermögenswert von einem oder mehreren Nutzern zu erzielende Anzahl an Produktionseinheiten oder ähnlichen Maßgrößen.

Die *Nutzungsdauer* ist der geschätzte verbleibende Zeitraum ab dem Beginn der Laufzeit des Leasingverhältnisses, ohne Beschränkung durch die Laufzeit des Leasingverhältnisses, über den der im Vermögenswert enthaltene wirtschaftliche Nutzen voraussichtlich vom Unternehmen verbraucht wird.

Der *garantierte Restwert* ist

(a) beim Leasingnehmer der Teil des Restwerts, der vom Leasingnehmer oder von einer mit dem Leasingnehmer verbundenen Partei garantiert wurde (der Betrag der Garantie ist der Höchstbetrag, der im Zweifelsfall zu zahlen ist); und

(b) beim Leasinggeber der Teil des Restwerts, der vom Leasingnehmer oder einer vom Leasinggeber unabhängigen dritten Partei garantiert wurde, die finanziell in der Lage ist, den Verpflichtungen der Garantie nachzukommen.

Der *nicht garantierte Restwert* ist derjenige Teil des Restwerts des Leasinggegenstandes, dessen Realisierung durch den Leasinggeber nicht gesichert ist oder nur durch eine mit dem Leasinggeber verbundene Partei garantiert wird.

Die *anfänglichen direkten Kosten* sind zusätzliche Kosten, die direkt den Verhandlungen und dem Abschluss eines Leasingvertrags zugerechnet werden können, mit Ausnahme derartiger Kosten, die Herstellern oder Händlern als Leasinggebern entstehen.

Die *Bruttoinvestition in ein Leasingverhältnis* ist die Summe aus:

(a) den vom Leasinggeber im Rahmen eines Finanzierungsleasings zu erhaltenen Mindestleasingzahlungen und

(b) einem nicht garantierten Restwert, der zugunsten des Leasinggebers anfällt.

Die *Nettoinvestition in ein Leasingverhältnis* ist die Bruttoinvestition in ein Leasingverhältnis abgezinst mit dem Zinssatz, der dem Leasingverhältnis zugrunde liegt.

An *operating lease* is a lease other than a finance lease.

A *non-cancellable lease* is a lease that is cancellable only:

(a) upon the occurrence of some remote contingency;

(b) with the permission of the lessor;

(c) if the lessee enters into a new lease for the same or an equivalent asset with the same lessor; or

(d) upon payment by the lessee of such an additional amount that, at inception of the lease, continuation of the lease is reasonably certain.

The *inception of the lease* is the earlier of the date of the lease agreement and the date of commitment by the parties to the principal provisions of the lease. As at this date:

(a) a lease is classified as either an operating or a finance lease; and

(b) in the case of a finance lease, the amounts to be recognised at the commencement of the lease term are determined.

The *commencement of the lease term* is the date from which the lessee is entitled to exercise its right to use the leased asset. It is the date of initial recognition of the lease (i.e. the recognition of the assets, liabilities, income or expenses resulting from the lease, as appropriate).

The *lease term* is the non-cancellable period for which the lessee has contracted to lease the asset together with any further terms for which the lessee has the option to continue to lease the asset, with or without further payment, when at the inception of the lease it is reasonably certain that the lessee will exercise the option.

Minimum lease payments are the payments over the lease term that the lessee is or can be required to make, excluding contingent rent, costs for services and taxes to be paid by and reimbursed to the lessor, together with:

(a) for a lessee, any amounts guaranteed by the lessee or by a party related to the lessee; or

(b) for a lessor, any residual value guaranteed to the lessor by:

    (i) the lessee;

    (ii) a party related to the lessee; or

    (iii) a third party unrelated to the lessor that is financially capable of discharging the obligations under the guarantee.

However, if the lessee has an option to purchase the asset at a price that is expected to be sufficiently lower than fair value at the date the option becomes exercisable for it to be reasonably certain, at the inception of the lease, that the option will be exercised, the minimum lease payments comprise the minimum payments payable over the lease term to the expected date of exercise of this purchase option and the payment required to exercise it.

Fair value is the amount for which an asset could be exchanged, or a liability settled, between knowledgeable, willing parties in an arm's length transaction.

Economic life is either:

(a) the period over which an asset is expected to be economically usable by one or more users; or

(b) the number of production or similar units expected to be obtained from the asset by one or more users.

Useful life is the estimated remaining period, from the commencement of the lease term, without limitation by the lease term, over which the economic benefits embodied in the asset are expected to be consumed by the entity.

Guaranteed residual value is:

(a) for a lessee, that part of the residual value that is guaranteed by the lessee or by a party related to the lessee (the amount of the guarantee being the maximum amount that could, in any event, become payable); and

(b) for a lessor, that part of the residual value that is guaranteed by the lessee or by a third party unrelated to the lessor that is financially capable of discharging the obligations under the guarantee.

Unguaranteed residual value is that portion of the residual value of the leased asset, the realisation of which by the lessor is not assured or is guaranteed solely by a party related to the lessor.

Initial direct costs are incremental costs that are directly attributable to negotiating and arranging a lease, except for such costs incurred by manufacturer or dealer lessors.

Gross investment in the lease is the aggregate of:

(a) the minimum lease payments receivable by the lessor under a finance lease; and

(b) any unguaranteed residual value accruing to the lessor.

Net investment in the lease is the gross investment in the lease discounted at the interest rate implicit in the lease.

Der *noch nicht realisierte Finanzertrag* bezeichnet die Differenz zwischen:

(a) der Bruttoinvestition in ein Leasingverhältnis und

(b) der Nettoinvestition in ein Leasingverhältnis.

Der dem *Leasingverhältnis zugrunde liegende Zinssatz* ist der Abzinsungssatz, bei dem zu Beginn des Leasingverhältnisses die Summe der Barwerte (a) der Mindestleasingzahlungen und (b) des nicht garantierten Restwertes der Summe (i) des beizulegenden Zeitwerts des Leasinggegenstands und (ii) der anfänglichen direkten Kosten des Leasinggebers entspricht.

Der *Grenzfremdkapitalzinssatz des Leasingnehmers* ist derjenige Zinssatz, den der Leasingnehmer bei einem vergleichbaren Leasingverhältnis zahlen müsste, oder, wenn dieser nicht ermittelt werden kann, derjenige Zinssatz, den der Leasingnehmer zu Beginn des Leasingverhältnisses vereinbaren müsste, wenn er für den Kauf des Vermögenswerts Fremdkapital für die gleiche Dauer und mit der gleichen Sicherheit aufnehmen würde.

Eine *Eventualmietzahlung* ist der Teil der Leasingzahlungen in einem Leasingverhältnis, der im Betrag nicht festgelegt ist, sondern von dem künftigen Wert eines anderen Faktors als des Zeitablaufs abhängt (beispielsweise künftige Verkaufsquote, künftige Nutzungsintensität, künftige Preisindizes, künftige Marktzinssätze).

5 Eine Leasingvereinbarung oder -verpflichtung kann eine Bestimmung enthalten, nach der die Leasingzahlungen angepasst werden, wenn zwischen dem Beginn des Leasingverhältnisses und dem Beginn der Laufzeit des Leasingverhältnisses Änderungen der Bau- oder Erwerbskosten für den Leasinggegenstand oder Änderungen anderer Kosten- oder Wertmaßstäbe, wie beispielsweise der allgemeinen Preisniveaus, oder der Kosten des Leasinggebers zur Finanzierung des Leasingverhältnisses eintreten. Für die Zwecke dieses Standards sind die Auswirkungen solcher Änderungen so zu behandeln, als hätten sie zu Beginn des Leasingverhältnisses stattgefunden.

6 Die Definition eines Leasingverhältnisses umfasst Vertragstypen für die Miete eines Vermögenswerts, die dem Mieter bei Erfüllung der vereinbarten Konditionen eine Option zum Erwerb der Eigentumsrechte an dem Vermögenswert einräumen. Diese Verträge werden manchmal als Mietkaufverträge bezeichnet.

6A In IAS 17 wird der Begriff „beizulegender Zeitwert" in einer Weise verwendet, die sich in einigen Aspekten von der Definition des beizulegenden Zeitwerts in IFRS 13 *Bemessung des beizulegenden Zeitwerts* unterscheidet. Wendet ein Unternehmen IAS 17 an, bemisst es den beizulegenden Zeitwert daher gemäß vorliegendem IAS und nicht gemäß IFRS 13.

EINSTUFUNG VON LEASINGVERHÄLTNISSEN

7 Grundlage für die Einstufung von Leasingverhältnissen in diesem Standard ist der Umfang, in welchem die mit dem Eigentum eines Leasinggegenstands verbundenen Risiken und Chancen beim Leasinggeber oder Leasingnehmer liegen. Zu den Risiken gehören die Verlustmöglichkeiten aufgrund von ungenutzten Kapazitäten oder technischer Überholung und Renditeabweichungen aufgrund geänderter wirtschaftlicher Rahmenbedingungen. Chancen können die Erwartungen eines Gewinn bringenden Einsatzes im Geschäftsbetrieb während der wirtschaftlichen Nutzungsdauer des Vermögenswerts und eines Gewinns aus einem Wertzuwachs oder aus der Realisierung eines Restwerts sein.

8 Ein Leasingverhältnis wird als Finanzierungsleasing eingestuft, wenn es im Wesentlichen alle Risiken und Chancen, die mit dem Eigentum verbunden sind, überträgt. Ein Leasingverhältnis wird als Operating-Leasingverhältnis eingestuft, wenn es nicht im Wesentlichen alle Risiken und Chancen, die mit dem Eigentum verbunden sind, überträgt.

9 Da die Transaktion zwischen einem Leasinggeber und einem Leasingnehmer auf einer zwischen ihnen geschlossenen Leasingvereinbarung basiert, ist die Verwendung einheitlicher Definitionen angemessen. Die Anwendung dieser Definitionen auf die unterschiedlichen Verhältnisse des Leasinggebers und Leasingnehmers kann dazu führen, dass sie dasselbe Leasingverhältnis unterschiedlich einstufen. Dies kann beispielsweise der Fall sein, wenn eine vom Leasingnehmer unabhängige Partei eine Restwertgarantie zugunsten des Leasinggebers einräumt.

10 Ob es sich bei einem Leasingverhältnis um ein Finanzierungsleasing oder um ein Operating-Leasingverhältnis handelt, hängt eher von dem wirtschaftlichen Gehalt der Vereinbarung als von einer bestimmten formalen Vertragsform ab.[1] Beispiele für Situationen, die für sich genommen oder in Kombination normalerweise zur Einstufung eines Leasingverhältnisses als Finanzierungsleasing führen würden, sind

(a) am Ende der Laufzeit des Leasingverhältnisses wird dem Leasingnehmer das Eigentum an dem Vermögenswert übertragen;

(b) der Leasingnehmer hat die Kaufoption, den Vermögenswert zu einem Preis zu erwerben, der erwartungsgemäß deutlich niedriger als der zum möglichen Optionsausübungszeitpunkt beizulegende Zeitwert des Vermögenswerts ist, so dass zu Beginn des Leasingverhältnisses hinreichend sicher ist, dass die Option ausgeübt wird;

(c) die Laufzeit des Leasingverhältnisses umfasst den überwiegenden Teil der wirtschaftlichen Nutzungsdauer des Vermögenswerts, auch wenn das Eigentumsrecht nicht übertragen wird;

---

1 Siehe auch SIC-27 *Beurteilung des wirtschaftlichen Gehalts von Transaktionen in der rechtlichen Form von Leasingverhältnissen.*

Unearned finance income is the difference between:

(a) the gross investment in the lease; and

(b) the net investment in the lease.

The *interest rate implicit in the lease* is the discount rate that, at the inception of the lease, causes the aggregate present value of (a) the minimum lease payments and (b) the unguaranteed residual value to be equal to the sum of (i) the fair value of the leased asset and (ii) any initial direct costs of the lessor.

The *lessee's incremental borrowing rate of interest* is the rate of interest the lessee would have to pay on a similar lease or, if that is not determinable, the rate that, at the inception of the lease, the lessee would incur to borrow over a similar term, and with a similar security, the funds necessary to purchase the asset.

Contingent rent is that portion of the lease payments that is not fixed in amount but is based on the future amount of a factor that changes other than with the passage of time (e.g. percentage of future sales, amount of future use, future price indices, future market rates of interest).

A lease agreement or commitment may include a provision to adjust the lease payments for changes in the construction **5** or acquisition cost of the leased property or for changes in some other measure of cost or value, such as general price levels, or in the lessor's costs of financing the lease, during the period between the inception of the lease and the commencement of the lease term. If so, the effect of any such changes shall be deemed to have taken place at the inception of the lease for the purposes of this standard.

The definition of a lease includes contracts for the hire of an asset that contain a provision giving the hirer an option to **6** acquire title to the asset upon the fulfilment of agreed conditions. These contracts are sometimes known as hire purchase contracts.

IAS 17 uses the term 'fair value' in a way that differs in some respects from the definition of fair value in IFRS 13 *Fair* **6A** *Value Measurement.* Therefore, when applying IAS 17 an entity measures fair value in accordance with IAS 17, not IFRS 13.

CLASSIFICATION OF LEASES

The classification of leases adopted in this standard is based on the extent to which risks and rewards incidental to owner- **7** ship of a leased asset lie with the lessor or the lessee. Risks include the possibilities of losses from idle capacity or technological obsolescence and of variations in return because of changing economic conditions. Rewards may be represented by the expectation of profitable operation over the asset's economic life and of gain from appreciation in value or realisation of a residual value.

A lease is classified as a finance lease if it transfers substantially all the risks and rewards incidental to ownership. A lease **8** is classified as an operating lease if it does not transfer substantially all the risks and rewards incidental to ownership.

Because the transaction between a lessor and a lessee is based on a lease agreement between them, it is appropriate to use **9** consistent definitions. The application of these definitions to the differing circumstances of the lessor and lessee may result in the same lease being classified differently by them. For example, this may be the case if the lessor benefits from a residual value guarantee provided by a party unrelated to the lessee.

Whether a lease is a finance lease or an operating lease depends on the substance of the transaction rather than the form **10** of the contract[1]. Examples of situations that individually or in combination would normally lead to a lease being classified as a finance lease are:

(a) the lease transfers ownership of the asset to the lessee by the end of the lease term;

(b) the lessee has the option to purchase the asset at a price that is expected to be sufficiently lower than the fair value at the date the option becomes exercisable for it to be reasonably certain, at the inception of the lease, that the option will be exercised;

(c) the lease term is for the major part of the economic life of the asset even if title is not transferred; >75 %

---

1 See also SIC-27 *Evaluating the substance of transactions involving the legal form of a lease.*

(d) zu Beginn des Leasingverhältnisses entspricht der Barwert der Mindestleasingzahlungen im Wesentlichen mindestens dem beizulegenden Zeitwert des Leasinggegenstands; und

(e) die Leasinggegenstände haben eine spezielle Beschaffenheit, so dass sie ohne wesentliche Veränderungen nur vom Leasingnehmer genutzt werden können.

11 Indikatoren für Situationen, die für sich genommen oder in Kombination mit anderen auch zu einem Leasingverhältnis führen könnten, das als Finanzierungsleasing eingestuft wird, sind:

(a) wenn der Leasingnehmer das Leasingverhältnis auflösen kann, werden die Verluste des Leasinggebers in Verbindung mit der Auflösung vom Leasingnehmer getragen;

(b) Gewinne oder Verluste, die durch Schwankungen des beizulegenden Zeitwerts des Restwerts entstehen, fallen dem Leasingnehmer zu (beispielsweise in Form einer Mietrückerstattung, die einem Großteil des Verkaufserlöses am Ende des Leasingverhältnisses entspricht); und

(c) der Leasingnehmer hat die Möglichkeit, das Leasingverhältnis für eine zweite Mietperiode zu einer Miete fortzuführen, die wesentlich niedriger als die marktübliche Miete ist.

12 Die Beispiele und Indikatoren in den Paragraphen 10 und 11 sind nicht immer schlüssig. Wenn aus anderen Merkmalen klar hervorgeht, dass ein Leasingverhältnis nicht im Wesentlichen alle Risiken und Chancen, die mit Eigentum verbunden sind, überträgt, wird es als Operating-Leasingverhältnis eingestuft. Dies kann beispielsweise der Fall sein, wenn das Eigentum an dem Vermögenswert am Ende des Leasingverhältnisses gegen eine variable Zahlung in der Höhe des jeweils beizulegenden Zeitwerts übertragen wird oder wenn Eventualmietzahlungen dazu führen, dass nicht im Wesentlichen alle derartigen Risiken und Chancen auf den Leasingnehmer übergehen.

13 Die Leasingeinstufung wird zu Beginn des Leasingverhältnisses vorgenommen. Wenn sich Leasingnehmer und Leasinggeber zu einem bestimmten Zeitpunkt darüber einig sind, die Bestimmungen des Leasingverhältnisses zu ändern, ohne dass das Leasingverhältnis neu abgeschlossen wird, und dies auf eine Art und Weise geschieht, die, wären die Bedingungen zu Beginn des Leasingverhältnisses bereits vorhanden gewesen, zu einer anderen Einstufung des Leasingverhältnisses gemäß den Kriterien der Paragraphen 7–12 geführt hätte, wird die geänderte Vereinbarung als eine neue Vereinbarung über deren Laufzeit betrachtet. Änderungen von Schätzungen (beispielsweise Änderungen einer Schätzung der wirtschaftlichen Nutzungsdauer oder des Restwertes des Leasingobjekts) oder Veränderungen von Sachverhalten (beispielsweise Zahlungsverzug des Leasingnehmers) geben allerdings keinen Anlass für eine neue Einstufung des Leasingverhältnisses für Rechnungslegungszwecke.

14–15 [gestrichen]

15A Umfasst ein Leasingverhältnis sowohl Grundstücks- als auch Gebäudekomponenten, stuft ein Unternehmen jede Komponente gemäß den Paragraphen 7–13 entweder als Finanzierungsleasing oder als Operating-Leasingverhältnis ein. Bei der Einstufung der Grundstückskomponente als Operating-Leasingverhältnis oder als Finanzierungsleasing muss unbedingt berücksichtigt werden, dass Grundstücke in der Regel eine unbegrenzte wirtschaftliche Nutzungsdauer haben.

16 Wann immer es zur Einstufung und Bilanzierung eines Leasingverhältnisses bei Grundstücken und Gebäuden notwendig ist, werden die Mindestleasingzahlungen (einschließlich einmaliger Vorauszahlungen) zwischen den Grundstücks- und Gebäudekomponenten nach dem Verhältnis der jeweiligen beizulegenden Zeitwerte der Leistungen für die Mietrechte für die Grundstückskomponente und die Gebäudekomponente des Leasingverhältnisses zu Beginn des Leasingverhältnisses aufgeteilt. Sollten die Leasingzahlungen zwischen diesen beiden Komponenten nicht zuverlässig aufgeteilt werden können, wird das gesamte Leasingverhältnis als Finanzierungsleasing eingestuft, solange nicht klar ist, dass beide Komponenten Operating-Leasingverhältnisse sind, in welchem Fall das gesamte Leasingverhältnis als Operating-Leasingverhältnis einzustufen ist.

17 Bei einem Leasing von Grundstücken und Gebäuden, bei dem der für die Grundstückskomponente gemäß Paragraph 20 anfänglich anzusetzende Wert unwesentlich ist, werden die Grundstücke und Gebäude bei der Einstufung des Leasingverhältnisses als eine Einheit betrachtet und gemäß den Paragraphen 7–13 als Finanzierungsleasing oder Operating-Leasingverhältnis eingestuft. In diesem Fall wird die wirtschaftliche Nutzungsdauer der Gebäude als wirtschaftliche Nutzungsdauer des gesamten Leasinggegenstandes angesehen.

18 Eine gesonderte Bewertung der Grundstücks- und Gebäudekomponenten ist nicht erforderlich, wenn es sich bei dem Anteil des Leasingnehmers an den Grundstücken und Gebäuden um als Finanzinvestition gehaltene Immobilien gemäß IAS 40 handelt und das Modell des beizulegenden Zeitwertes angewendet wird. Genaue Berechnungen werden bei dieser Bewertung nur dann verlangt, wenn die Einstufung einer oder beider Komponenten ansonsten unsicher wäre.

19 Gemäß IAS 40 hat ein Leasingnehmer die Möglichkeit, einen im Rahmen eines Operating-Leasingverhältnisses gehaltenen Immobilienanteil als Finanzinvestition einzustufen. In diesem Fall wird dieser Immobilienanteil wie ein Finanzierungsleasing bilanziert und außerdem für den angesetzten Vermögenswert das Modell des beizulegenden Zeitwerts angewendet. Der Leasingnehmer hat das Leasingverhältnis auch dann weiterhin als Finanzierungsleasing zu bilanzieren, wenn sich die Art des Immobilienanteils des Leasingnehmers durch spätere Ereignisse so ändert, dass er nicht mehr als eine als Finanzinvestition gehaltene Immobilie eingestuft werden kann. Dies ist beispielsweise der Fall, wenn der Leasingnehmer

(d)   at the inception of the lease the present value of the minimum lease payments amounts to at least substantially all of the fair value of the leased asset; and

(e)   the leased assets are of such a specialised nature that only the lessee can use them without major modifications.

Indicators of situations that individually or in combination could also lead to a lease being classified as a finance lease are: **11**

(a)   if the lessee can cancel the lease, the lessor's losses associated with the cancellation are borne by the lessee;

(b)   gains or losses from the fluctuation in the fair value of the residual accrue to the lessee (for example, in the form of a rent rebate equalling most of the sales proceeds at the end of the lease); and

(c)   the lessee has the ability to continue the lease for a secondary period at a rent that is substantially lower than market rent.

The examples and indicators in paragraphs 10 and 11 are not always conclusive. If it is clear from other features that the lease does not transfer substantially all risks and rewards incidental to ownership, the lease is classified as an operating lease. For example, this may be the case if ownership of the asset transfers at the end of the lease for a variable payment equal to its then fair value, or if there are contingent rents, as a result of which the lessee does not have substantially all such risks and rewards.   **12**

Lease classification is made at the inception of the lease. If at any time the lessee and the lessor agree to change the provisions of the lease, other than by renewing the lease, in a manner that would have resulted in a different classification of the lease under the criteria in paragraphs 7—12 if the changed terms had been in effect at the inception of the lease, the revised agreement is regarded as a new agreement over its term. However, changes in estimates (for example, changes in estimates of the economic life or of the residual value of the leased property), or changes in circumstances (for example, default by the lessee), do not give rise to a new classification of a lease for accounting purposes.   **13**

[deleted]   **14—15**

When a lease includes both land and buildings elements, an entity assesses the classification of each element as a finance or an operating lease separately in accordance with paragraphs 7-13. In determining whether the land element is an operating or a finance lease, an important consideration is that land normally has an indefinite economic life.   **15A**

Whenever necessary in order to classify and account for a lease of land and buildings, the minimum lease payments (including any lump-sum upfront payments) are allocated between the land and the buildings elements in proportion to the relative fair values of the leasehold interests in the land element and buildings element of the lease at the inception of the lease. If the lease payments cannot be allocated reliably between these two elements, the entire lease is classified as a finance lease, unless it is clear that both elements are operating leases, in which case the entire lease is classified as an operating lease.   **16**

For a lease of land and buildings in which the amount that would initially be recognised for the land element, in accordance with paragraph 20, is immaterial, the land and buildings may be treated as a single unit for the purpose of lease classification and classified as a finance or operating lease in accordance with paragraphs 7—13. In such a case, the economic life of the buildings is regarded as the economic life of the entire leased asset.   **17**

Separate measurement of the land and buildings elements is not required when the lessee's interest in both land and buildings is classified as an investment property in accordance with IAS 40 and the fair value model is adopted. Detailed calculations are required for this assessment only if the classification of one or both elements is otherwise uncertain.   **18**

In accordance with IAS 40, it is possible for a lessee to classify a property interest held under an operating lease as an investment property. If it does, the property interest is accounted for as if it were a finance lease and, in addition, the fair value model is used for the asset recognised. The lessee shall continue to account for the lease as a finance lease, even if a subsequent event changes the nature of the lessee's property interest so that it is no longer classified as investment property. This will be the case if, for example, the lessee: **19**

(a) die Immobilie selbst nutzt, die daraufhin zu Kosten in Höhe des beizulegenden Zeitwerts am Tag der Nutzungsänderung in den Bestand der vom Eigentümer selbst genutzten Immobilien übertragen wird; oder

(b) ein Untermietverhältnis eingeht, das im Wesentlichen alle Risiken und Chancen, die mit dem Eigentum an dem Anteil verbunden sind, auf eine unabhängige dritte Partei überträgt. Ein solches Untermietverhältnis wird vom Lizenznehmer als ein der dritten Partei eingeräumtes Finanzierungsleasing behandelt, auch wenn es von der dritten Partei selbst möglicherweise als Operating-Leasingverhältnis bilanziert wird.

LEASINGVERHÄLTNISSE IN DEN ABSCHLÜSSEN DER LEASINGNEHMER

Finanzierungs-Leasingverhältnisse

Erstmaliger Ansatz

20 Leasingnehmer haben Finanzierungs-Leasingverhältnisse zu Beginn der Laufzeit des Leasingverhältnisses als Vermögenswerte und Schulden in gleicher Höhe in ihrer Bilanz anzusetzen, und zwar in Höhe des zu Beginn des Leasingverhältnisses beizulegenden Zeitwerts des Leasinggegenstandes oder mit dem Barwert der Mindestleasingzahlungen, sofern dieser Wert niedriger ist. Bei der Berechnung des Barwerts der Mindestleasingzahlungen ist der dem Leasingverhältnis zugrunde liegende Zinssatz als Abzinsungssatz zu verwenden, sofern er in praktikabler Weise ermittelt werden kann. Ist dies nicht der Fall, ist der Grenzfremdkapitalzinssatz des Leasingnehmers anzuwenden. Dem als Vermögenswert angesetzten Betrag werden die anfänglichen direkten Kosten des Leasingnehmers hinzugerechnet.

21 Transaktionen und andere Ereignisse werden entsprechend ihrem wirtschaftlichen Gehalt und den finanzwirtschaftlichen Gegebenheiten und nicht ausschließlich nach Maßgabe der rechtlichen Form bilanziert und dargestellt. Obwohl der Leasingnehmer gemäß der rechtlichen Gestaltung einer Leasingvereinbarung kein Eigentumsrecht an dem Leasinggegenstand erwirbt, besteht die wirtschaftliche Substanz und finanzwirtschaftliche Realität im Falle des Finanzierungs-Leasingverhältnisses darin, dass der Leasingnehmer den wirtschaftlichen Nutzen aus dem Gebrauch des Leasinggegenstands für den überwiegenden Teil seiner wirtschaftlichen Nutzungsdauer erwirbt und sich im Gegenzug verpflichtet, für dieses Recht einen Betrag zu zahlen, der zu Beginn des Leasingverhältnisses dem beizulegenden Zeitwert des Vermögenswerts und den damit verbundenen Finanzierungskosten annähernd entspricht.

22 Werden solche Leasingtransaktionen nicht in der Bilanz des Leasingnehmers erfasst, so werden die wirtschaftlichen Ressourcen und die Höhe der Verpflichtungen eines Unternehmens zu niedrig dargestellt, wodurch finanzwirtschaftliche Kennzahlen verzerrt werden. Es ist daher angemessen, ein Finanzierungsleasing in der Bilanz des Leasingnehmers als Vermögenswert und als eine Verpflichtung für künftige Leasingzahlungen anzusetzen. Zu Beginn der Laufzeit des Leasingverhältnisses werden der Vermögenswert und die Verpflichtung für künftige Leasingzahlungen in gleicher Höhe in der Bilanz angesetzt. Davon ausgenommen sind die anfänglichen direkten Kosten des Lizenznehmers, die dem als Vermögenswert angesetzten Betrag hinzugerechnet werden.

23 Es ist nicht angemessen, Schulden aus Leasinggegenständen in den Abschlüssen als Abzug von Leasinggegenständen darzustellen. Wenn im Rahmen der Bilanz für die Darstellung der Schulden eine Unterscheidung zwischen kurzfristigen und langfristigen Schulden vorgenommen wird, wird dieselbe Unterscheidung für Schulden aus dem Leasingverhältnis vorgenommen.

24 Anfängliche direkte Kosten werden oft in Verbindung mit spezifischen Leasingaktivitäten verursacht, wie dem Aushandeln und Absichern von Leasingvereinbarungen. Die Kosten, die den Aktivitäten des Leasingnehmers für ein Finanzierungsleasing direkt zugerechnet werden können, werden dem als Vermögenswert angesetzten Betrag hinzugerechnet.

Folgebewertung

25 Die Mindestleasingzahlungen sind in die Finanzierungskosten und den Tilgungsanteil der Restschuld aufzuteilen. Die Finanzierungskosten sind so über die Laufzeit des Leasingverhältnisses zu verteilen, dass über die Perioden ein konstanter Zinssatz auf die verbliebene Schuld entsteht. Eventualmietzahlungen werden in der Periode, in der sie anfallen, als Aufwand erfasst.

26 Zur Vereinfachung der Berechnungen kann der Leasingnehmer in der Praxis Näherungsverfahren verwenden, um Finanzierungskosten den Perioden während der Laufzeit des Leasingverhältnisses zuzuordnen.

27 Ein Finanzierungsleasing führt in jeder Periode zu einem Abschreibungsaufwand bei abschreibungsfähigen Vermögenswerten sowie zu einem Finanzierungsaufwand. Die Abschreibungsgrundsätze für abschreibungsfähige Leasinggegenstände haben mit den Grundsätzen übereinzustimmen, die auf abschreibungsfähige Vermögenswerte angewandt werden, die sich im Eigentum des Unternehmens befinden; die Abschreibungen sind gemäß IAS 16 *Sachanlagen* und IAS 38 *Immaterielle Vermögenswerte* zu berechnen. Ist zu Ende des Leasingverhältnisses nicht hinreichend sicher, dass das Eigentum auf den Leasingnehmer übergeht, so ist der Vermögenswert über den kürzeren der beiden Zeiträume, Laufzeit des Leasingverhältnisses oder Nutzungsdauer, vollständig abzuschreiben.

(a) occupies the property, which is then transferred to owner-occupied property at a deemed cost equal to its fair value at the date of change in use; or

(b) grants a sublease that transfers substantially all of the risks and rewards incidental to ownership of the interest to an unrelated third party. Such a sublease is accounted for by the lessee as a finance lease to the third party, although it may be accounted for as an operating lease by the third party.

LEASES IN THE FINANCIAL STATEMENTS OF LESSEES

Finance leases

Initial recognition

20 At the commencement of the lease term, lessees shall recognise finance leases as assets and liabilities in their statements of financial position at amounts equal to the fair value of the leased property or, if lower, the present value of the minimum lease payments, each determined at the inception of the lease. The discount rate to be used in calculating the present value of the minimum lease payments is the interest rate implicit in the lease, if this is practicable to determine; if not, the lessee's incremental borrowing rate shall be used. Any initial direct costs of the lessee are added to the amount recognised as an asset.

21 Transactions and other events are accounted for and presented in accordance with their substance and financial reality and not merely with legal form. Although the legal form of a lease agreement is that the lessee may acquire no legal title to the leased asset, in the case of finance leases the substance and financial reality are that the lessee acquires the economic benefits of the use of the leased asset for the major part of its economic life in return for entering into an obligation to pay for that right an amount approximating, at the inception of the lease, the fair value of the asset and the related finance charge.

22 If such lease transactions are not reflected in the lessee's statement of financial position, the economic resources and the level of obligations of an entity are understated, thereby distorting financial ratios. Therefore, it is appropriate for a finance lease to be recognised in the lessee's statement of financial position both as an asset and as an obligation to pay future lease payments. At the commencement of the lease term, the asset and the liability for the future lease payments are recognised in the statement of financial position at the same amounts except for any initial direct costs of the lessee that are added to the amount recognised as an asset.

23 It is not appropriate for the liabilities for leased assets to be presented in the financial statements as a deduction from the leased assets. If for the presentation of liabilities in the statement of financial position a distinction is made between current and non-current liabilities, the same distinction is made for lease liabilities.

24 Initial direct costs are often incurred in connection with specific leasing activities, such as negotiating and securing leasing arrangements. The costs identified as directly attributable to activities performed by the lessee for a finance lease are added to the amount recognised as an asset.

Subsequent measurement

25 Minimum lease payments shall be apportioned between the finance charge and the reduction of the outstanding liability. The finance charge shall be allocated to each period during the lease term so as to produce a constant periodic rate of interest on the remaining balance of the liability. Contingent rents shall be charged as expenses in the periods in which they are incurred.

26 In practice, in allocating the finance charge to periods during the lease term, a lessee may use some form of approximation to simplify the calculation.

27 A finance lease gives rise to depreciation expense for depreciable assets as well as finance expense for each accounting period. The depreciation policy for depreciable leased assets shall be consistent with that for depreciable assets that are owned, and the depreciation recognised shall be calculated in accordance with IAS 16 *Property, plant and equipment* and IAS 38 *Intangible assets*. If there is no reasonable certainty that the lessee will obtain ownership by the end of the lease term, the asset shall be fully depreciated over the shorter of the lease term and its useful life.

28 Der Abschreibungsbetrag eines Leasinggegenstands wird planmäßig auf jede Bilanzierungsperiode während des Zeitraumes der erwarteten Nutzung verteilt, und zwar in Übereinstimmung mit den Abschreibungsgrundsätzen, die der Leasingnehmer auch auf in seinem Eigentum befindliche abschreibungsfähige Vermögenswerte anwendet. Ist der Eigentumsübergang auf den Leasingnehmer am Ende der Laufzeit des Leasingverhältnisses hinreichend sicher, so entspricht der Zeitraum der erwarteten Nutzung der Nutzungsdauer des Vermögenswerts. Andernfalls wird der Vermögenswert über den Kürzeren der beiden Zeiträume, Laufzeit des Leasingverhältnisses oder Nutzungsdauer, abgeschrieben.

29 Die Summe des Abschreibungsaufwands für den Vermögenswert und des Finanzierungsaufwands für die Periode entspricht nur in seltenen Fällen den Leasingzahlungen für die Periode. Es ist daher unangemessen, einfach die zu zahlenden Leasingzahlungen als Aufwand zu berücksichtigen. Folglich werden sich nach dem Beginn der Laufzeit des Leasingverhältnisses der Vermögenswert und die damit verbundene Schuld in ihrem Betrag vermutlich nicht mehr entsprechen.

30 Um zu beurteilen, ob ein Leasinggegenstand in seinem Wert gemindert ist, wendet ein Unternehmen IAS 36 *Wertminderung von Vermögenswerten* an.

31 Leasingnehmer haben bei einem Finanzierungsleasing zusätzlich zu den Vorschriften des IFRS 7 *Finanzinstrumente: Angaben* die folgenden Angaben zu machen:
(a) für jede Gruppe von Vermögenswerten den Nettobuchwert zum Abschlussstichtag;
(b) eine Überleitungsrechnung von der Summe der künftigen Mindestleasingzahlungen zum Abschlussstichtag zu deren Barwert. Ein Unternehmen hat zusätzlich die Summe der künftigen Mindestleasingzahlungen zum Abschlussstichtag und deren Barwert für jede der folgenden Perioden anzugeben:
(i) bis zu einem Jahr;
(ii) länger als ein Jahr und bis zu fünf Jahren;
(iii) länger als fünf Jahre;
(c) in der Periode als Aufwand erfasste Eventualmietzahlungen;
(d) die Summe der künftigen Mindestzahlungen aus Untermietverhältnissen zum Abschlussstichtag, deren Erhalt aufgrund von unkündbaren Untermietverhältnissen erwartet wird; und
(e) eine allgemeine Beschreibung der wesentlichen Leasingvereinbarungen des Leasingnehmers, einschließlich der Folgenden, aber nicht darauf beschränkt:
(i) die Grundlage, auf der Eventualmietzahlungen festgelegt sind;
(ii) das Bestehen und die Bestimmungen von Verlängerungs- oder Kaufoptionen und Preisanpassungsklauseln; und
(iii) durch Leasingvereinbarungen auferlegte Beschränkungen, wie solche, die Dividenden, zusätzliche Schulden und weitere Leasingverhältnisse betreffen.

32 Außerdem finden für Leasingnehmer von im Rahmen von Finanzierungs-Leasingverhältnissen geleasten Vermögenswerten die Angabepflichten gemäß IAS 16, IAS 36, IAS 38, IAS 40 und IAS 41 Anwendung.

Operating-Leasingverhältnisse

33 Leasingzahlungen innerhalb eines Operating-Leasingverhältnisses sind als Aufwand linear über die Laufzeit des Leasingverhältnisses zu erfassen, es sei denn, eine andere systematische Grundlage entspricht eher dem zeitlichen Verlauf des Nutzens für den Leasingnehmer.[2]

34 Bei einem Operating-Leasingverhältnis werden Leasingzahlungen (mit Ausnahme von Aufwendungen für Leistungen wie Versicherung und Instandhaltung) linear als Aufwand erfasst, es sei denn, eine andere systematische Grundlage entspricht dem zeitlichen Verlauf des Nutzens für den Leasingnehmer, selbst wenn die Zahlungen nicht auf dieser Grundlage erfolgen.

35 Leasingnehmer haben bei Operating-Leasingverhältnissen zusätzlich zu den Vorschriften des IFRS 7 die folgenden Angaben zu machen:
(a) die Summe der künftigen Mindestleasingzahlungen aufgrund von unkündbaren Operating-Leasingverhältnissen für jede der folgenden Perioden:
(i) bis zu einem Jahr;
(ii) länger als ein Jahr und bis zu fünf Jahren;
(iii) länger als fünf Jahre;
(b) die Summe der künftigen Mindestzahlungen aus Untermietverhältnissen zum Abschlussstichtag, deren Erhalt aufgrund von unkündbaren Untermietverhältnissen erwartet wird; und
(c) Zahlungen aus Leasingverhältnissen und Untermietverhältnissen, die in der Berichtsperiode als Aufwand erfasst sind, getrennt nach Beträgen für Mindestleasingzahlungen, Eventualmietzahlungen und Zahlungen aus Untermietverhältnissen;

---

2 Siehe auch SIC-15 *Operating-Leasingverhältnisse – Anreize*.

The depreciable amount of a leased asset is allocated to each accounting period during the period of expected use on a systematic basis consistent with the depreciation policy the lessee adopts for depreciable assets that are owned. If there is reasonable certainty that the lessee will obtain ownership by the end of the lease term, the period of expected use is the useful life of the asset; otherwise the asset is depreciated over the shorter of the lease term and its useful life. **28**

The sum of the depreciation expense for the asset and the finance expense for the period is rarely the same as the lease payments payable for the period, and it is, therefore, inappropriate simply to recognise the lease payments payable as an expense. Accordingly, the asset and the related liability are unlikely to be equal in amount after the commencement of the lease term. **29**

To determine whether a leased asset has become impaired, an entity applies IAS 36 *Impairment of assets*. **30**

Lessees shall, in addition to meeting the requirements of IFRS 7 *Financial instruments: disclosures,* make the following disclosures for finance leases: **31**
(a) for each class of asset, the net carrying amount at the end of the reporting period;
(b) a reconciliation between the total of future minimum lease payments at the end of the reporting period, and their present value. In addition, an entity shall disclose the total of future minimum lease payments at the end of the reporting period, and their present value, for each of the following periods:
    (i) not later than one year;
    (ii) later than one year and not later than five years;
    (iii) later than five years;
(c) contingent rents recognised as an expense in the period;
(d) the total of future minimum sublease payments expected to be received under non-cancellable subleases at the end of the reporting period;
(e) a general description of the lessee's material leasing arrangements, including, but not limited to, the following:
    (i) the basis on which contingent rent payable is determined;
    (ii) the existence and terms of renewal or purchase options and escalation clauses; and
    (iii) restrictions imposed by lease arrangements, such as those concerning dividends, additional debt, and further leasing.

In addition, the requirements for disclosure in accordance with IAS 16, IAS 36, IAS 38, IAS 40 and IAS 41 apply to lessees for assets leased under finance leases. **32**

Operating leases

Lease payments under an operating lease shall be recognised as an expense on a straight-line basis over the lease term unless another systematic basis is more representative of the time pattern of the user's benefit[2]. **33**

For operating leases, lease payments (excluding costs for services such as insurance and maintenance) are recognised as an expense on a straight-line basis unless another systematic basis is representative of the time pattern of the user's benefit, even if the payments are not on that basis. **34**

Lessees shall, in addition to meeting the requirements of IFRS 7, make the following disclosures for operating leases: **35**
(a) the total of future minimum lease payments under non-cancellable operating leases for each of the following periods:
    (i) not later than one year;
    (ii) later than one year and not later than five years;
    (iii) later than five years;
(b) the total of future minimum sublease payments expected to be received under non-cancellable subleases at the end of the reporting period;
(c) lease and sublease payments recognised as an expense in the period, with separate amounts for minimum lease payments, contingent rents, and sublease payments;

---

2 See also SIC-15 *Operating leases — incentives.*

(d) eine allgemeine Beschreibung der wesentlichen Leasingvereinbarungen des Leasingnehmers, einschließlich der Folgenden, aber nicht darauf beschränkt:

    (i) die Grundlage, auf der Eventualmietzahlungen festgelegt sind;

    (ii) das Bestehen und die Bestimmungen von Verlängerungs- oder Kaufoptionen und Preisanpassungsklauseln; und

    (iii) durch Leasingvereinbarungen auferlegte Beschränkungen, wie solche, die Dividenden, zusätzliche Schulden und weitere Leasingverhältnisse betreffen.

LEASINGVERHÄLTNISSE IN DEN ABSCHLÜSSEN DER LEASINGGEBER

Finanzierungs-Leasingverhältnisse

Erstmaliger Ansatz

36 Leasinggeber haben Vermögenswerte aus einem Finanzierungsleasing in ihren Bilanzen anzusetzen und sie als Forderungen darzustellen, und zwar in Höhe des Nettoinvestitionswerts aus dem Leasingverhältnis.

37 Bei einem Finanzierungsleasing werden im Wesentlichen alle mit dem rechtlichen Eigentum verbundenen Risiken und Chancen vom Leasinggeber übertragen, und daher werden die ausstehenden Leasingzahlungen vom Leasinggeber als Kapitalrückzahlung und Finanzertrag behandelt, um dem Leasinggeber seine Finanzinvestition zurückzuerstatten und ihn für seine Dienstleistungen zu entlohnen.

38 Dem Leasinggeber entstehen häufig anfängliche direkte Kosten, wie Provisionen, Rechtsberatungsgebühren und interne Kosten, die zusätzlich anfallen und direkt den Verhandlungen und dem Abschluss eines Leasingvertrags zugerechnet werden können. Davon ausgenommen sind Gemeinkosten, die beispielsweise durch das Verkaufs- und Marketingpersonal entstehen. Bei einem Finanzierungsleasing, an dem kein Hersteller oder Händler als Leasinggeber beteiligt ist, werden die anfänglichen direkten Kosten bei der erstmaligen Bewertung der Forderungen aus dem Finanzierungsleasing einbezogen und vermindern die Höhe der über die Laufzeit des Leasingverhältnissees zu erfassenden Erträge. Der dem Leasingverhältnis zugrunde liegende Zinssatz wird so festgelegt, dass die anfänglichen direkten Kosten automatisch in den Forderungen aus dem Finanzierungsleasing enthalten sind und nicht gesondert hinzugerechnet werden müssen. Die Kosten, die Herstellern oder Händlern als Leasinggeber im Zusammenhang mit den Verhandlungen und dem Abschluss eines Leasingvertrags entstehen, sind von der Definition der anfänglichen direkten Kosten ausgenommen. Folglich bleiben sie bei der Nettoinvestition in ein Leasingverhältnis unberücksichtigt und werden bei der Erfassung des Verkaufsgewinns, was bei einem Finanzierungsleasing normalerweise zu Beginn der Laufzeit des Leasingverhältnisses der Fall ist, als Aufwand erfasst.

Folgebewertung

39 Die Finanzerträge sind auf eine Weise zu erfassen, die eine konstante periodische Verzinsung der Nettoinvestition des Leasinggebers in das Finanzierungs-Leasingverhältnis widerspiegelt.

40 Ziel eines Leasinggebers ist es, die Finanzerträge über die Laufzeit des Leasingverhältnisses auf einer planmäßigen und vernünftigen Grundlage zu verteilen. Diese Ertragsverteilung basiert auf einer konstanten periodischen Verzinsung der Nettoinvestition des Leasinggebers in das Finanzierungs-Leasingverhältnis. Leasingzahlungen der Berichtsperiode, ausgenommen solcher für Dienstleistungen, werden mit der Bruttoinvestition in das Leasingverhältnis verrechnet, um sowohl den Nominalbetrag als auch den nicht realisierten Finanzertrag zu reduzieren.

41 Geschätzte nicht garantierte Restwerte, die für die Berechnung der Bruttoinvestition des Leasinggebers angesetzt werden, werden regelmäßig überprüft. Im Falle einer Minderung des geschätzten nicht garantierten Restwertes wird die Ertragsverteilung über die Laufzeit des Leasingverhältnisses berichtigt, und jede Minderung bereits abgegrenzter Beiträge wird unmittelbar erfasst.

41A Vermögenswerte aus einem Finanzierungsleasing, die gemäß IFRS 5 *Zur Veräußerung gehaltene langfristige Vermögenswerte und aufgegebene Geschäftsbereiche* als zur Veräußerung gehalten eingestuft werden (oder zu einer als zur Veräußerung gehalten eingestuften Veräußerungsgruppe gehören), sind gemäß diesem IFRS zu bilanzieren.

42 Hersteller oder Händler als Leasinggeber haben den Verkaufsgewinn oder -verlust nach der gleichen Methode im Periodenergebnis zu erfassen, die das Unternehmen bei direkten Verkaufsgeschäften anwendet. Werden künstlich niedrige Zinsen verwendet, so ist der Verkaufsgewinn auf die Höhe zu beschränken, die sich bei Berechnung mit einem marktüblichen Zinssatz ergeben hätte. Kosten, die Herstellern oder Händlern als Leasinggeber im Zusammenhang mit den Verhandlungen und dem Abschluss eines Leasingvertrags entstehen, sind bei der Erfassung des Verkaufsgewinns als Aufwand zu berücksichtigen.

(d) a general description of the lessee's significant leasing arrangements, including, but not limited to, the following:
   (i) the basis on which contingent rent payable is determined;
   (ii) the existence and terms of renewal or purchase options and escalation clauses; and
   (iii) restrictions imposed by lease arrangements, such as those concerning dividends, additional debt and further leasing.

LEASES IN THE FINANCIAL STATEMENTS OF LESSORS

Finance leases

Initial recognition

Lessors shall recognise assets held under a finance lease in their statements of financial position and present them as a **36** receivable at an amount equal to the net investment in the lease. *MLP: Non-cancellable lease payments, Guaranteed residual Gross Inv: value, Purchase option + Unguaranteed residual value*

Under a finance lease substantially all the risks and rewards incidental to legal ownership are transferred by the lessor, **37** and thus the lease payment receivable is treated by the lessor as repayment of principal and finance income to reimburse and reward the lessor for its investment and services. *Gross Inv - unearned finance income = Net investment in lease*

Initial direct costs are often incurred by lessors and include amounts such as commissions, legal fees and internal costs **38** that are incremental and directly attributable to negotiating and arranging a lease. They exclude general overheads such as those incurred by a sales and marketing team. For finance leases other than those involving manufacturer or dealer lessors, initial direct costs are included in the initial measurement of the finance lease receivable and reduce the amount of income recognised over the lease term. The interest rate implicit in the lease is defined in such a way that the initial direct costs are included automatically in the finance lease receivable; there is no need to add them separately. Costs incurred by manufacturer or dealer lessors in connection with negotiating and arranging a lease are excluded from the definition of initial direct costs. As a result, they are excluded from the net investment in the lease and are recognised as an expense when the selling profit is recognised, which for a finance lease is normally at the commencement of the lease term.

Subsequent measurement

The recognition of finance income shall be based on a pattern reflecting a constant periodic rate of return on the lessor's **39** net investment in the finance lease. *effective interest method*

A lessor aims to allocate finance income over the lease term on a systematic and rational basis. This income allocation is **40** based on a pattern reflecting a constant periodic return on the lessor's net investment in the finance lease. Lease payments relating to the period, excluding costs for services, are applied against the gross investment in the lease to reduce both the principal and the unearned finance income.

Estimated unguaranteed residual values used in computing the lessor's gross investment in the lease are reviewed regu- **41** larly. If there has been a reduction in the estimated unguaranteed residual value, the income allocation over the lease term is revised and any reduction in respect of amounts accrued is recognised immediately.

An asset under a finance lease that is classified as held for sale (or included in a disposal group that is classified as held for **41A** sale) in accordance with IFRS 5 *Non-current assets held for sale and discontinued operations* shall be accounted for in accordance with that IFRS.

Manufacturer or dealer lessors shall recognise selling profit or loss in the period, in accordance with the policy followed **42** by the entity for outright sales. If artificially low rates of interest are quoted, selling profit shall be restricted to that which would apply if a market rate of interest were charged. Costs incurred by manufacturer or dealer lessors in connection with negotiating and arranging a lease shall be recognised as an expense when the selling profit is recognised.

43 Händler oder Hersteller lassen ihren Kunden häufig die Wahl zwischen Erwerb oder Leasing eines Vermögenswerts. Aus dem Finanzierungsleasing eines Vermögenswerts durch einen Händler oder Hersteller als Leasinggeber ergeben sich zwei Arten von Erträgen:

(a) der Gewinn oder Verlust, der dem Gewinn oder Verlust aus dem direkten Verkauf des Leasinggegenstands zu normalen Verkaufspreisen entspricht und jegliche anwendbaren Mengen- oder Handelsrabatte widerspiegelt; und

(b) der Finanzertrag über die Laufzeit des Leasingverhältnisses.

44 Der zu Beginn der Laufzeit eines Leasingverhältnisses von einem Leasinggeber, der Händler oder Hersteller ist, zu erfassende Umsatzerlös ist der beizulegende Zeitwert des Vermögenswerts oder, wenn niedriger, der dem Leasinggeber zuzurechnende Barwert der Mindestleasingzahlungen, berechnet auf Grundlage eines marktüblichen Zinssatzes. Die zu Beginn der Laufzeit des Leasingverhältnisses zu erfassenden Umsatzkosten sind die Anschaffungs- oder Herstellungskosten bzw., falls abweichend, der Buchwert des Leasinggegenstands abzüglich des Barwerts des nicht garantierten Restwerts. Der Differenzbetrag zwischen dem Umsatzerlös und den Umsatzkosten ist der Verkaufsgewinn, der gemäß den vom Unternehmen bei direkten Verkäufen befolgten Grundsätzen erfasst wird.

45 Leasinggeber, die Händler oder Hersteller sind, verwenden manchmal künstlich niedrige Zinssätze, um das Interesse von Kunden zu wecken. Die Verwendung eines solchen Zinssatzes würde zum Verkaufszeitpunkt zur Erfassung eines übermäßig hohen Anteils des Gesamtertrags aus der Transaktion führen. Werden künstlich niedrige Zinsen verwendet, so ist der Verkaufsgewinn auf die Höhe zu beschränken, die sich bei Berechnung mit einem marktüblichen Zinssatz ergeben hätte.

46 Kosten, die einem Hersteller oder Händler als Leasinggeber bei den Verhandlungen und dem Abschluss eines Finanzierungsleasingvertrags entstehen, werden zu Beginn der Laufzeit des Leasingverhältnisses als Aufwand berücksichtigt, da sie in erster Linie mit dem Verkaufsgewinn des Händlers oder Herstellers in Zusammenhang stehen.

47 Leasinggeber haben bei Finanzierungs-Leasingverhältnissen zusätzlich zu den Vorschriften des IFRS 7 die folgenden Angaben zu machen:

(a) eine Überleitung von der Bruttoinvestition in das Leasingverhältnis am Abschlussstichtag zum Barwert der am Abschlussstichtag ausstehenden Mindestleasingzahlungen. Ein Unternehmen hat zusätzlich die Bruttoinvestition in das Leasingverhältnis und den Barwert der am Abschlussstichtag ausstehenden Mindestleasingzahlungen für jede der folgenden Perioden anzugeben:

(i) bis zu einem Jahr;

(ii) länger als ein Jahr und bis zu fünf Jahren;

(iii) länger als fünf Jahre;

(b) noch nicht realisierter Finanzertrag;

(c) die nicht garantierten Restwerte, die zu Gunsten des Leasinggebers anfallen;

(d) die kumulierten Wertberichtigungen für uneinbringliche ausstehende Mindestleasingzahlungen;

(e) in der Berichtsperiode als Ertrag erfasste bedingte Mietzahlungen;

(f) eine allgemeine Beschreibung der wesentlichen Leasingvereinbarungen des Leasinggebers.

48 Es ist häufig sinnvoll, auch die Bruttoinvestition, vermindert um die noch nicht realisierten Erträge, aus in der Berichtsperiode abgeschlossenem Neugeschäft, nach Abzug der entsprechenden Beträge für gekündigte Leasingverhältnisse, als Wachstumsindikator anzugeben.

Operating-Leasingverhältnisse

49 Leasinggeber haben Vermögenswerte, die Gegenstand von Operating-Leasingverhältnissen sind, in ihrer Bilanz entsprechend der Eigenschaften dieser Vermögenswerte darzustellen.

50 Leasingerträge aus Operating-Leasingverhältnissen sind als Ertrag linear über die Laufzeit des Leasingverhältnisses zu erfassen, es sei denn, eine andere planmäßige Verteilung entspricht eher dem zeitlichen Verlauf, in dem sich der aus dem Leasinggegenstand erzielte Nutzenvorteil verringert.[3]

51 Kosten, einschließlich Abschreibungen, die im Zusammenhang mit den Leasingerträgen anfallen, werden als Aufwand berücksichtigt. Leasingerträge (mit Ausnahme der Einnahmen aus Dienstleistungen wie Versicherungen und Instandhaltung) werden linear über die Laufzeit des Leasingverhältnisses erfasst, selbst wenn die Einnahmen nicht auf dieser Grundlage anfallen, es sei denn, eine andere planmäßige Verteilung entspricht eher dem zeitlichen Verlauf, in dem sich der aus dem Leasinggegenstand erzielte Nutzenvorteil verringert.

52 Die anfänglichen direkten Kosten, die dem Leasinggeber bei den Verhandlungen und dem Abschluss eines Operating-Leasingverhältnisses entstehen, werden dem Buchwert des Leasinggegenstandes hinzugerechnet und über die Laufzeit des Leasingverhältnisses auf gleiche Weise wie die Leasingerträge als Aufwand erfasst.

---

3 Siehe auch SIC-15 *Operating-Leasingverhältnisse – Anreize.*

Manufacturers or dealers often offer to customers the choice of either buying or leasing an asset. A finance lease of an asset by a manufacturer or dealer lessor gives rise to two types of income: **43**

(a) profit or loss equivalent to the profit or loss resulting from an outright sale of the asset being leased, at normal selling prices, reflecting any applicable volume or trade discounts; and

(b) finance income over the lease term.

The sales revenue recognised at the commencement of the lease term by a manufacturer or dealer lessor is the fair value **44** of the asset, or, if lower, the present value of the minimum lease payments accruing to the lessor, computed at a market rate of interest. The cost of sale recognised at the commencement of the lease term is the cost, or carrying amount if different, of the leased property less the present value of the unguaranteed residual value. The difference between the sales revenue and the cost of sale is the selling profit, which is recognised in accordance with the entity's policy for outright sales.

Manufacturer or dealer lessors sometimes quote artificially low rates of interest in order to attract customers. The use of **45** such a rate would result in an excessive portion of the total income from the transaction being recognised at the time of sale. If artificially low rates of interest are quoted, selling profit is restricted to that which would apply if a market rate of interest were charged.

Costs incurred by a manufacturer or dealer lessor in connection with negotiating and arranging a finance lease are recog- **46** nised as an expense at the commencement of the lease term because they are mainly related to earning the manufacturer's or dealer's selling profit.

Lessors shall, in addition to meeting the requirements in IFRS 7, disclose the following for finance leases: **47**

(a) a reconciliation between the gross investment in the lease at the end of the reporting period, and the present value of minimum lease payments receivable at the end of the reporting period. In addition, an entity shall disclose the gross investment in the lease and the present value of minimum lease payments receivable at the end of the reporting period, for each of the following periods:
   (i)   not later than one year;
   (ii) later than one year and not later than five years;
   (iii) later than five years;

(b) unearned finance income;

(c) the unguaranteed residual values accruing to the benefit of the lessor;

(d) the accumulated allowance for uncollectible minimum lease payments receivable;

(e) contingent rents recognised as income in the period;

(f) a general description of the lessor's material leasing arrangements.

As an indicator of growth it is often useful also to disclose the gross investment less unearned income in new business **48** added during the period, after deducting the relevant amounts for cancelled leases.

Operating leases

Lessors shall present assets subject to operating leases in their statements of financial position according to the nature of **49** the asset.

Lease income from operating leases shall be recognised in income on a straight-line basis over the lease term, unless **50** another systematic basis is more representative of the time pattern in which use benefit derived from the leased asset is diminished[3]. Accrued / deferred lease rental receivable

Costs, including depreciation, incurred in earning the lease income are recognised as an expense. Lease income (excluding **51** receipts for services provided such as insurance and maintenance) is recognised on a straight-line basis over the lease term even if the receipts are not on such a basis, unless another systematic basis is more representative of the time pattern in which use benefit derived from the leased asset is diminished.

Initial direct costs incurred by lessors in negotiating and arranging an operating lease shall be added to the carrying **52** amount of the leased asset and recognised as an expense over the lease term on the same basis as the lease income.

---

3   See also SIC-15 *Operating leases — incentives.*

53 Die Abschreibungsgrundsätze für abschreibungsfähige Leasinggegenstände haben mit den normalen Abschreibungsgrundsätzen des Leasinggebers für ähnliche Vermögenswerte überein zu stimmen; die Abschreibungen sind gemäß IAS 16 und IAS 38 zu berechnen.

54 Um zu beurteilen, ob ein Leasinggegenstand in seinem Wert gemindert ist, wendet ein Unternehmen IAS 36 an.

55 Hersteller oder Händler als Leasinggeber setzen keinen Verkaufsgewinn beim Abschluss eines Operating-Leasingverhältnisses an, weil es nicht einem Verkauf entspricht.

56 Leasinggeber haben bei Operating-Leasingverhältnissen zusätzlich zu den Vorschriften des IFRS 7 die folgenden Angaben zu machen:
(a) die Summe der künftigen Mindestleasingzahlungen aus unkündbaren Operating-Leasingverhältnissen als Gesamtbetrag und für jede der folgenden Perioden:
 (i) bis zu einem Jahr;
 (ii) länger als ein Jahr und bis zu fünf Jahren;
 (iii) länger als fünf Jahre;
(b) Summe der in der Berichtsperiode als Ertrag erfassten Eventualmietzahlungen
(c) eine allgemeine Beschreibung der Leasingvereinbarungen des Leasinggebers.

57 Außerdem finden für Leasinggeber von im Rahmen von Operating-Leasingverhältnissen vermieteten Vermögenswerten die Angabepflichten gemäß IAS 16, IAS 36, IAS 38, IAS 40 und IAS 41 Anwendung.

SALE-AND-LEASEBACK-TRANSAKTIONEN

58 Eine Sale-and-leaseback-Transaktion umfasst die Veräußerung eines Vermögenswerts und die Rückvermietung des gleichen Vermögenswerts. Die Leasingzahlungen und der Verkaufspreis stehen normalerweise in einem Zusammenhang, da sie in den Verhandlungen gemeinsam festgelegt werden. Die Behandlung einer Sale-and-leaseback-Transaktion hängt von der Art des betreffenden Leasingverhältnisses ab.

59 Wenn eine Sale-and-leaseback-Transaktion zu einem Finanzierungs-Leasingverhältnis führt, darf ein Überschuss der Verkaufserlöse über den Buchwert nicht unmittelbar als Ertrag des Verkäufer-Leasingnehmers erfasst werden. Stattdessen ist er abzugrenzen und über die Laufzeit des Leasingverhältnisses erfolgswirksam zu verteilen.

60 Wenn das Lease-Back ein Finanzierungs-Leasingverhältnis ist, stellt die Transaktion die Bereitstellung einer Finanzierung durch den Leasinggeber an den Leasingnehmer dar, mit dem Vermögenswert als Sicherheit. Aus diesem Grund ist es nicht angemessen, einen Überschuss der Verkaufserlöse über den Buchwert als Ertrag zu betrachten. Dieser Überschuss wird abgegrenzt und über die Laufzeit des Leasingverhältnisses erfolgswirksam verteilt.

61 Wenn eine Sale-and-leaseback-Transaktion zu einem Operating-Leasingverhältnis führt und es klar ist, dass die Transaktion zum beizulegenden Zeitwert getätigt wird, so ist jeglicher Gewinn oder Verlust sofort zu erfassen. Liegt der Veräußerungspreis unter dem beizulegenden Zeitwert, so ist jeder Gewinn oder Verlust unmittelbar zu erfassen, mit der Ausnahme, dass ein Verlust abzugrenzen und im Verhältnis zu den Leasingzahlungen über dem voraussichtlichen Nutzungszeitraum des Vermögenswertes erfolgswirksam zu verteilen ist, wenn dieser Verlust durch künftige, unter dem Marktpreis liegende Leasingzahlungen ausgeglichen wird. Für den Fall, dass der Veräußerungspreis den beizulegenden Zeitwert übersteigt, ist der den beizulegenden Zeitwert übersteigende Betrag abzugrenzen und über den Zeitraum, in dem der Vermögenswert voraussichtlich genutzt wird, erfolgswirksam zu verteilen.

62 Wenn das Lease-back ein Operating-Leasingverhältnis ist und die Leasingzahlungen und der Veräußerungspreis dem beizulegenden Zeitwert entsprechen, so handelt es sich faktisch um ein gewöhnliches Veräußerungsgeschäft, und jeglicher Gewinn oder Verlust wird unmittelbar erfasst.

63 Liegt bei einem Operating-Leasingverhältnis der beizulegende Zeitwert zum Zeitpunkt der Sale-and-leaseback-Transaktion unter dem Buchwert des Vermögenswerts, so ist ein Verlust in Höhe der Differenz zwischen dem Buchwert und dem beizulegenden Zeitwert sofort zu erfassen.

64 Beim Finanzierungsleasing ist eine solche Korrektur nicht notwendig, es sei denn, es handelt sich um eine Wertminderung. In diesem Fall wird der Buchwert gemäß IAS 36 auf den erzielbaren Betrag reduziert.

65 Angabepflichten für Leasingnehmer und Leasinggeber sind genauso auf Sale-and-leaseback-Transaktionen anzuwenden. Die erforderliche Beschreibung der wesentlichen Leasingvereinbarungen führt zu der Angabe von einzigartigen oder ungewöhnlichen Bestimmungen des Vertrags oder der Bedingungen der Sale-and-leaseback-Transaktionen.

The depreciation policy for depreciable leased assets shall be consistent with the lessor's normal depreciation policy for similar assets, and depreciation shall be calculated in accordance with IAS 16 and IAS 38. 53

To determine whether a leased asset has become impaired, an entity applies IAS 36. 54

A manufacturer or dealer lessor does not recognise any selling profit on entering into an operating lease because it is not the equivalent of a sale. 55

Lessors shall, in addition to meeting the requirements of IFRS 7, disclose the following for operating leases: 56
(a) the future minimum lease payments under non-cancellable operating leases in the aggregate and for each of the following periods:
    (i) not later than one year;
    (ii) later than one year and not later than five years;
    (iii) later than five years;
(b) total contingent rents recognised as income in the period;
(c) a general description of the lessor's leasing arrangements.

In addition, the disclosure requirements in IAS 16, IAS 36, IAS 38, IAS 40 and IAS 41 apply to lessors for assets provided under operating leases. 57

SALE AND LEASEBACK TRANSACTIONS

A sale and leaseback transaction involves the sale of an asset and the leasing back of the same asset. The lease payment and the sale price are usually interdependent because they are negotiated as a package. The accounting treatment of a sale and leaseback transaction depends upon the type of lease involved. 58

If a sale and leaseback transaction results in a finance lease, any excess of sales proceeds over the carrying amount shall not be immediately recognised as income by a seller-lessee. Instead, it shall be deferred and amortised over the lease term. 59

If the leaseback is a finance lease, the transaction is a means whereby the lessor provides finance to the lessee, with the asset as security. For this reason it is not appropriate to regard an excess of sales proceeds over the carrying amount as income. Such excess is deferred and amortised over the lease term. 60

If a sale and leaseback transaction results in an operating lease, and it is clear that the transaction is established at fair value, any profit or loss shall be recognised immediately. If the sale price is below fair value, any profit or loss shall be recognised immediately except that, if the loss is compensated for by future lease payments at below market price, it shall be deferred and amortised in proportion to the lease payments over the period for which the asset is expected to be used. If the sale price is above fair value, the excess over fair value shall be deferred and amortised over the period for which the asset is expected to be used. 61

If the leaseback is an operating lease, and the lease payments and the sale price are at fair value, there has in effect been a normal sale transaction and any profit or loss is recognised immediately. 62

For operating leases, if the fair value at the time of a sale and leaseback transaction is less than the carrying amount of the asset, a loss equal to the amount of the difference between the carrying amount and fair value shall be recognised immediately. 63

For finance leases, no such adjustment is necessary unless there has been an impairment in value, in which case the carrying amount is reduced to recoverable amount in accordance with IAS 36. 64

Disclosure requirements for lessees and lessors apply equally to sale and leaseback transactions. The required description of material leasing arrangements leads to disclosure of unique or unusual provisions of the agreement or terms of the sale and leaseback transactions. 65

66 Auf Sale-and-leaseback-Transaktionen können die getrennten Angabekriterien in IAS 1 *Darstellung des Abschlusses* zutreffen.

ÜBERGANGSVORSCHRIFTEN

67 Entsprechend Paragraph 68 wird eine retrospektive Anwendung dieses Standards empfohlen, aber nicht vorgeschrieben. Falls der Standard nicht retrospektiv angewandt wird, wird der Saldo eines jeden vorher existierenden Finanzierungs-Leasingverhältnisses als vom Leasinggeber zutreffend bestimmt angesehen und ist danach in Übereinstimmung mit den Vorschriften dieses Standards zu bilanzieren.

68 Ein Unternehmen, das bisher IAS 17 (überarbeitet 1997) angewandt hat, hat die mit diesem Standard vorgenommenen Änderungen entweder retrospektiv auf alle Leasingverhältnisse oder, bei keiner retrospektiven Anwendung von IAS 17 (überarbeitet 1997), auf alle Leasingverhältnisse anzuwenden, die seit der erstmaligen Anwendung dieses Standards abgeschlossen wurden.

68A **Ein Unternehmen muss die Einstufung der Grundstückskomponenten noch nicht abgelaufener Leasingverhältnisse zu dem Zeitpunkt, an dem es die in Paragraph 69A genannten Änderungen anwendet, neu beurteilen, und zwar auf der Grundlage von Informationen, die zu Beginn dieser Leasingverhältnisse vorlagen. Ein neu als Finanzierungsleasing eingestuftes Leasingverhältnis ist retrospektiv gemäß IAS 8 *Rechnungslegungsmethoden, Änderungen von rechnungslegungsbezogenen Schätzungen und Fehler* zu erfassen. Verfügt das Unternehmen jedoch nicht über die Informationen, die zur retrospektiven Anwendung der Änderungen erforderlich sind, dann**
   (a) **wendet es auf diese Leasingverhältnisse die Änderungen auf der Grundlage von Fakten und Umständen an, die zum Zeitpunkt der Anwendung der Änderungen bestanden, und**
   (b) **setzt es die Vermögenswerte und Schulden eines Grundstücksleasingverhältnisses, das nun als Finanzierungsleasing eingestuft wurde, auf der Grundlage der zu dem Zeitpunkt gültigen beizulegenden Zeitwerte an. Jegliche Differenz zwischen diesen beizulegenden Zeitwerten ist in den Gewinnrücklagen zu erfassen.**

ZEITPUNKT DES INKRAFTTRETENS

69 Dieser Standard ist erstmals in der ersten Berichtsperiode eines am 1. Januar 2005 oder danach beginnenden Geschäftsjahres anzuwenden. Eine frühere Anwendung wird empfohlen. Wenn ein Unternehmen diesen Standard für Berichtsperioden anwendet, die vor dem 1. Januar 2005 beginnen, so ist diese Tatsache anzugeben.

69A Die Paragraphen 14 und 15 wurden gestrichen. Die Paragraphen 15A und 68A wurden als Teil der *Verbesserungen der IFRS* vom April 2009 aufgenommen. Diese Änderungen sind erstmals in der ersten Berichtsperiode eines am 1. Januar 2010 oder danach beginnenden Geschäftsjahrs anzuwenden. Eine frühere Anwendung ist zulässig. Wendet ein Unternehmen die Änderungen für ein früheres Geschäftsjahr an, hat es dies anzugeben.

RÜCKNAHME VON IAS 17 (ÜBERARBEITET 1997)

70 Der vorliegende Standard ersetzt IAS 17 *Leasingverhältnisse* (überarbeitet 1997).

Sale and leaseback transactions may trigger the separate disclosure criteria in IAS 1 *Presentation of financial statements.* **66**

IAS 17

TRANSITIONAL PROVISIONS

Subject to paragraph 68, retrospective application of this standard is encouraged but not required. If the standard is not **67** applied retrospectively, the balance of any pre-existing finance lease is deemed to have been properly determined by the lessor and shall be accounted for thereafter in accordance with the provisions of this standard.

An entity that has previously applied IAS 17 (revised 1997) shall apply the amendments made by this standard retrospec- **68** tively for all leases or, if IAS 17 (revised 1997) was not applied retrospectively, for all leases entered into since it first applied that standard.

An entity shall reassess the classification of land elements of unexpired leases at the date it adopts the amendments 68A referred to in paragraph 69A on the basis of information existing at the inception of those leases. It shall recognise a lease newly classified as a finance lease retrospectively in accordance with IAS 8 *Accounting Policies, Changes in Accounting Estimates and Errors*. However, if an entity does not have the information necessary to apply the amendments retrospectively, it shall:
(a) apply the amendments to those leases on the basis of the facts and circumstances existing on the date it adopts the amendments; and
(b) recognise the asset and liability related to a land lease newly classified as a finance lease at their fair values on that date; any difference between those fair values is recognised in retained earnings.

EFFECTIVE DATE

An entity shall apply this standard for annual periods beginning on or after 1 January 2005. Earlier application is encour- **69** aged. If an entity applies this standard for a period beginning before 1 January 2005, it shall disclose that fact.

Paragraphs 14 and 15 were deleted, and paragraphs 15A and 68A were added as part of *Improvements to IFRSs* issued in **69A** April 2009. An entity shall apply those amendments for annual periods beginning on or after 1 January 2010. Earlier application is permitted. If an entity applies the amendments for an earlier period it shall disclose that fact.

WITHDRAWAL OF IAS 17 (REVISED 1997)

This standard supersedes IAS 17 *Leases* (revised in 1997). **70**

INTERNATIONAL ACCOUNTING STANDARD 18

Umsatzerlöse

INHALT

ZIELSETZUNG

Ertrag ist im *Rahmenkonzept für die Aufstellung und Darstellung von Abschlüssen* als Zunahme wirtschaftlichen Nutzens während der Bilanzierungsperiode in Form von Zuflüssen oder Wertesteigerungen von Vermögenswerten oder einer Verringerung von Schulden definiert, durch die sich das Eigenkapital unabhängig von Einlagen der Eigentümer erhöht. Erträge umfassen Umsatzerlöse sowie Gewinne und Verluste aus Veräußerungen langfristiger Vermögenswerte und aus Wertänderungen. Umsatzerlöse sind Erträge, die im Rahmen der gewöhnlichen Tätigkeit eines Unternehmens anfallen und eine Vielzahl unterschiedlicher Bezeichnungen haben, wie Verkaufserlöse, Dienstleistungsentgelte, Zinsen, Dividenden und Lizenzerträge. Zielsetzung dieses Standards ist es, die Behandlung von Umsatzerlösen festzulegen, die sich aus bestimmten Geschäftsvorfällen und Ereignissen ergeben.

Die primäre Fragestellung bei der Bilanzierung von Umsatzerlösen besteht darin, den Zeitpunkt zu bestimmen, wann die Umsatzerlöse zu erfassen sind. Umsatzerlöse sind zu erfassen, wenn hinreichend wahrscheinlich ist, dass dem Unternehmen ein künftiger wirtschaftlicher Nutzen erwächst und dieser verlässlich bestimmt werden kann. Dieser Standard bestimmt die Umstände, unter denen diese Voraussetzungen erfüllt sind und infolgedessen ein Umsatzerlös zu erfassen ist. Er gibt außerdem praktische Anleitungen zur Anwendung dieser Voraussetzungen.

ANWENDUNGSBEREICH

1 Dieser Standard ist auf die Bilanzierung von Umsatzerlösen anzuwenden, die sich aus folgenden Geschäftsvorfällen und Ereignissen ergeben:
   (a) dem Verkauf von Gütern;
   (b) dem Erbringen von Dienstleistungen; und
   (c) der Nutzung von Vermögenswerten des Unternehmens durch Dritte gegen Zinsen, Nutzungsentgelte und Dividenden.

2 Dieser Standard ersetzt den 1982 genehmigten IAS 18 *Erfassung von Umsatzerlösen*.

3 Güter schließen sowohl Erzeugnisse ein, die von einem Unternehmen für den Verkauf hergestellt worden sind, als auch Waren, die für den Weiterverkauf erworben worden sind, wie etwa Handelswaren, die von einem Einzelhändler gekauft worden sind, oder Grundstücke und andere Sachanlagen, die für den Weiterverkauf bestimmt sind.

4 Das Erbringen von Dienstleistungen umfasst typischerweise die Ausführung vertraglich vereinbarter Aufgaben über einen vereinbarten Zeitraum durch das Unternehmen. Die Leistungen können innerhalb einer einzelnen Periode oder auch über mehrere Perioden hinweg erbracht werden. Teilweise sind die Verträge für das Erbringen von Dienstleistungen direkt mit langfristigen Fertigungsaufträgen verbunden. Dies betrifft beispielsweise die Leistungen von Projektmanagern und Architekten. Umsatzerlöse, die aus diesen Verträgen resultieren, werden nicht in diesem Standard behandelt, sondern sind durch die Bestimmungen für Fertigungsaufträge in IAS 11 *Fertigungsaufträge* geregelt.

5 Die Nutzung von Vermögenswerten des Unternehmens durch Dritte führt zu Umsatzerlösen in Form von:
   (a) Zinsen – Entgelte für die Überlassung von Zahlungsmitteln oder Zahlungsmitteläquivalenten oder für die Stundung von Zahlungsansprüchen;
   (b) Nutzungsentgelten – Entgelte für die Überlassung langlebiger immaterieller Vermögenswerte des Unternehmens, beispielsweise Patente, Warenzeichen, Urheberrechte und Computersoftware; und

INTERNATIONAL ACCOUNTING STANDARD 18

Revenue

OBJECTIVE

Income is defined in the *Framework for the Preparation and Presentation of Financial Statements* as increases in economic benefits during the accounting period in the form of inflows or enhancements of assets or decreases of liabilities that result in increases in equity, other than those relating to contributions from equity participants. Income encompasses both revenue and gains. Revenue is income that arises in the course of ordinary activities of an entity and is referred to by a variety of different names, including sales, fees, interest, dividends and royalties. The objective of this standard is to prescribe the accounting treatment of revenue arising from certain types of transactions and events.

The primary issue in accounting for revenue is determining when to recognise revenue. Revenue is recognised when it is probable that future economic benefits will flow to the entity and these benefits can be measured reliably. This standard identifies the circumstances in which these criteria will be met and, therefore, revenue will be recognised. It also provides practical guidance on the application of these criteria.

SCOPE

This standard shall be applied in accounting for revenue arising from the following transactions and events: **1**
(a) the sale of goods;
(b) the rendering of services; and
(c) the use by others of entity assets yielding interest, royalties and dividends.

This standard supersedes IAS 18 *Revenue recognition* approved in 1982.   **2**

Goods includes goods produced by the entity for the purpose of sale and goods purchased for resale, such as merchandise **3** purchased by a retailer or land and other property held for resale.

The rendering of services typically involves the performance by the entity of a contractually agreed task over an agreed **4** period of time. The services may be rendered within a single period or over more than one period. Some contracts for the rendering of services are directly related to construction contracts, for example, those for the services of project managers and architects. Revenue arising from these contracts is not dealt with in this standard but is dealt with in accordance with the requirements for construction contracts as specified in IAS 11 *Construction contracts.*

The use by others of entity assets gives rise to revenue in the form of: **5**
(a) interest — charges for the use of cash or cash equivalents or amounts due to the entity;
(b) royalties — charges for the use of long-term assets of the entity, for example, patents, trademarks, copyrights and computer software; and

(c) Dividenden – Gewinnausschüttungen an die Inhaber von Kapitalbeteiligungen im Verhältnis zu den von ihnen gehaltenen Anteilen einer bestimmten Kapitalgattung.

6 Dieser Standard befasst sich nicht mit Umsatzerlösen aus:
(a) Leasingverträgen (siehe hierzu IAS 17 *Leasingverhältnisse);*
(b) Dividenden für Anteile, die nach der Equity-Methode bilanziert werden (siehe hierzu IAS 28 *Anteile an assoziierten Unternehmen und Gemeinschaftsunternehmen);*
(c) Versicherungsverträgen im Anwendungsbereich von IFRS 4 *Versicherungsverträge;*
(d) Änderungen des beizulegenden Zeitwerts finanzieller Vermögenswerte oder finanzieller Verbindlichkeiten bzw. deren Veräußerung (siehe IAS 39 *Finanzinstrumente: Ansatz und Bewertung);*
(e) Wertänderungen bei anderen kurzfristigen Vermögenswerten;
(f) dem erstmaligen Ansatz und aus Änderungen des beizulegenden Zeitwertes der biologischen Vermögenswerte, die mit landwirtschaftlicher Tätigkeit im Zusammenhang stehen (siehe IAS 41 *Landwirtschaft);*
(g) dem erstmaligen Ansatz landwirtschaftlicher Erzeugnisse (siehe IAS 41); und
(h) dem Abbau von Bodenschätzen.

DEFINITIONEN

7 Die folgenden Begriffe werden in diesem Standard mit der angegebenen Bedeutung verwendet:

Umsatzerlös ist der aus der gewöhnlichen Tätigkeit eines Unternehmens resultierende Bruttozufluss wirtschaftlichen Nutzens während der Berichtsperiode, der zu einer Erhöhung des Eigenkapitals führt, soweit er nicht aus Einlagen der Eigentümer stammt.

Der *beizulegende Zeitwert* ist der Preis, der in einem geordneten Geschäftsvorfall zwischen Marktteilnehmern am Bemessungsstichtag für den Verkauf eines Vermögenswerts eingenommen bzw. für die Übertragung einer Schuld gezahlt würde. (Siehe IFRS 13 *Bemessung des beizulegenden Zeitwerts.)*

8 Der Begriff Umsatzerlös umfasst nur Bruttozuflüsse wirtschaftlichen Nutzens, die ein Unternehmen für eigene Rechnung erhalten hat oder beanspruchen kann. Beträge, die im Interesse Dritter eingezogen werden, wie Umsatzsteuern und andere Verkehrsteuern, entfalten keinen wirtschaftlichen Nutzen für das Unternehmen und führen auch nicht zu einer Erhöhung des Eigenkapitals. Daher werden sie nicht unter den Begriff Umsatzerlös subsumiert. Gleiches gilt bei Vermittlungsgeschäften für die in den Bruttozuflüssen wirtschaftlichen Nutzens enthaltenen Beträge, die für den Auftraggeber erhoben werden und die nicht zu einer Erhöhung des Eigenkapitals des vermittelnden Unternehmens führen. Beträge, die das Unternehmen für Rechnung des Auftraggebers erhebt, stellen keinen Umsatzerlös dar. Umsatzerlös ist demgegenüber die Provision.

BEMESSUNG DER UMSATZERLÖSE

9 Umsatzerlöse sind zum beizulegenden Zeitwert des erhaltenen oder zu beanspruchenden Entgelts zu bemessen.[1]

10 Die Höhe des Umsatzerlöses eines Geschäftsvorfalls ist normalerweise vertraglich zwischen dem Unternehmen und dem Käufer bzw. dem Nutzer des Vermögenswerts festgelegt. Sie bemisst sich nach dem beizulegenden Zeitwert des erhaltenen oder zu beanspruchenden Entgelts abzüglich der vom Unternehmen gewährten Preisnachlässe und Mengenrabatte.

11 In den meisten Fällen besteht das Entgelt in Zahlungsmitteln oder Zahlungsmitteläquivalenten und entspricht der Umsatzerlös dem Betrag der erhaltenen oder zu beanspruchenden Zahlungsmittel oder Zahlungsmitteläquivalente. Wenn sich jedoch der Zufluss der Zahlungsmittel oder Zahlungsmitteläquivalente zeitlich verzögert, kann der beizulegende Zeitwert des Entgelts unter dem Nominalwert der erhaltenen oder zu beanspruchenden Zahlungsmittel liegen. Ein Unternehmen kann beispielsweise einem Käufer einen zinslosen Kredit gewähren oder als Entgelt für den Verkauf von Gütern vom Käufer einen, gemessen am Marktzins, unterverzinslichen Wechsel akzeptieren. Wenn die Vereinbarung effektiv einen Finanzierungsvorgang darstellt, bestimmt sich der beizulegende Zeitwert des Entgelts durch Abzinsung aller künftigen Einnahmen mit einem kalkulatorischen Zinssatz. Der zu verwendende Zinssatz ist der verlässlicher bestimmbare der beiden folgenden Zinssätze:
(a) der für eine vergleichbare Finanzierung bei vergleichbarer Bonität des Schuldners geltende Zinssatz; oder
(b) der Zinssatz, mit dem der Nominalbetrag der Einnahmen auf den gegenwärtigen Barzahlungspreis für die verkauften Erzeugnisse, Waren oder Dienstleistungen des Basisgeschäftes diskontiert wird.

Die Differenz zwischen dem beizulegenden Zeitwert und dem Nominalwert des Entgelts wird als Zinsertrag gemäß den Paragraphen 29 und 30 und gemäß IAS 39 erfasst.

---

1 Siehe auch SIC-31 *Erträge – Tausch von Werbedienstleistungen.*

(c)   dividends — distributions of profits to holders of equity investments in proportion to their holdings of a particular class of capital.

This standard does not deal with revenue arising from: 6

(a)   lease agreements (see IAS 17 *Leases*);
(b)   dividends arising from investments which are accounted for under the equity method (see IAS 28 *Investments in associates and Joint Ventures*);
(c)   insurance contracts within the scope of IFRS 4 *Insurance contracts*;
(d)   changes in the fair value of financial assets and financial liabilities or their disposal (see IAS 39 *Financial instruments: recognition and measurement*);
(e)   changes in the value of other current assets;
(f)   initial recognition and from changes in the fair value of biological assets related to agricultural activity (see IAS 41 *Agriculture*);
(g)   initial recognition of agricultural produce (see IAS 41); and
(h)   the extraction of mineral ores.

DEFINITIONS

The following terms are used in this standard with the meanings specified: 7

Revenue is the gross inflow of economic benefits during the period arising in the course of the ordinary activities of an entity when those inflows result in increases in equity, other than increases relating to contributions from equity participants.

Fair value is the price that would be received to sell an asset or paid to transfer a liability in an orderly transaction between market participants at the measurement date. (See IFRS 13 *Fair Value Measurement*.)

Revenue includes only the gross inflows of economic benefits received and receivable by the entity on its own account. 8
Amounts collected on behalf of third parties such as sales taxes, goods and services taxes and value added taxes are not economic benefits which flow to the entity and do not result in increases in equity. Therefore, they are excluded from revenue. Similarly, in an agency relationship, the gross inflows of economic benefits include amounts collected on behalf of the principal and which do not result in increases in equity for the entity. The amounts collected on behalf of the principal are not revenue. Instead, revenue is the amount of commission.

MEASUREMENT OF REVENUE

Revenue shall be measured at the fair value of the consideration received or receivable[1].   9

The amount of revenue arising on a transaction is usually determined by agreement between the entity and the buyer or 10
user of the asset. It is measured at the fair value of the consideration received or receivable taking into account the amount of any trade discounts and volume rebates allowed by the entity.

In most cases, the consideration is in the form of cash or cash equivalents and the amount of revenue is the amount of 11
cash or cash equivalents received or receivable. However, when the inflow of cash or cash equivalents is deferred, the fair value of the consideration may be less than the nominal amount of cash received or receivable. For example, an entity may provide interest free credit to the buyer or accept a note receivable bearing a below-market interest rate from the buyer as consideration for the sale of goods. When the arrangement effectively constitutes a financing transaction, the fair value of the consideration is determined by discounting all future receipts using an imputed rate of interest. The imputed rate of interest is the more clearly determinable of either:

(a)   the prevailing rate for a similar instrument of an issuer with a similar credit rating; or
(b)   a rate of interest that discounts the nominal amount of the instrument to the current cash sales price of the goods or services.

The difference between the fair value and the nominal amount of the consideration is recognised as interest revenue in accordance with paragraphs 29 and 30 and in accordance with IAS 39.

---

1   See also SIC-31 *Revenue — barter transactions involving advertising services*.

12 Der Tausch oder Swap von Erzeugnissen, Waren oder Dienstleistungen gegen Erzeugnisse, Waren oder Dienstleistungen, die gleichartig und gleichwertig sind, ist kein Geschäftsvorfall, der einen Umsatzerlös bewirkt. Dies ist häufig in Bezug auf Rohstoffe und Bedarfsgüter, wie Öl oder Milch, der Fall, wenn Lieferanten Vorräte an verschiedenen Standorten tauschen oder swappen, um eine zeitlich begrenzte Nachfrage an einem bestimmten Standort zu erfüllen. Werden Erzeugnisse, Waren oder Dienstleistungen gegen art- oder wertmäßig unterschiedliche Erzeugnisse, Waren oder Dienstleistungen ausgetauscht, stellt der Austausch einen Geschäftsvorfall dar, der einen Umsatzerlös bewirkt. Der Umsatzerlös bemisst sich nach dem beizulegenden Zeitwert der erhaltenen Erzeugnisse, Waren oder Dienstleistungen, korrigiert um den Betrag etwaiger zusätzlich geflossener Zahlungsmittel oder Zahlungsmitteläquivalente. Kann der beizulegende Zeitwert der erhaltenen Erzeugnisse, Waren oder Dienstleistungen nicht hinreichend verlässlich bestimmt werden, so bemisst sich der Umsatzerlös nach dem beizulegenden Zeitwert der aufgegebenen Erzeugnisse, Waren oder Dienstleistungen, korrigiert um den Betrag etwaiger zusätzlich geflossener Zahlungsmittel oder Zahlungsmitteläquivalente.

WERBELEISTUNGEN. ABGRENZUNG EINES GESCHÄFTSVORFALLS

13 Die Ansatzkriterien in diesem Standard werden in der Regel einzeln für jeden Geschäftsvorfall angewandt. Unter bestimmten Umständen ist es jedoch erforderlich, die Ansatzkriterien auf einzelne abgrenzbare Bestandteile eines Geschäftsvorfalls anzuwenden, um den wirtschaftlichen Gehalt des Geschäftsvorfalls zutreffend abzubilden. Wenn beispielsweise der Verkaufspreis eines Produkts einen bestimmbaren Betrag für nachfolgend zu erbringende Serviceleistungen enthält, wird dieser Betrag passivisch abgegrenzt und über den Zeitraum als Umsatzerlös erfasst, in dem die Leistungen erbracht werden. Umgekehrt werden die Ansatzkriterien auf zwei oder mehr Geschäftsvorfälle zusammen angewandt, wenn diese in einer Art und Weise miteinander verknüpft sind, dass die wirtschaftlichen Auswirkungen ohne Bezugnahme auf die Gesamtheit der Geschäftsvorfälle nicht verständlich zu erfassen sind. So kann beispielsweise ein Unternehmen Waren veräußern und gleichzeitig in einer getrennten Absprache einen späteren Rückkauf vereinbaren, der die wesentlichen Auswirkungen des Veräußerungsgeschäftes rückgängig macht; in einem solchen Fall werden die beiden Geschäfte zusammen behandelt.

VERKAUF VON GÜTERN

14 Erlöse aus dem Verkauf von Gütern sind zu erfassen, wenn die folgenden Kriterien erfüllt sind:
   (a) das Unternehmen hat die maßgeblichen Risiken und Chancen, die mit dem Eigentum der verkauften Waren und Erzeugnisse verbunden sind, auf den Käufer übertragen;
   (b) dem Unternehmen verbleibt weder ein weiter bestehendes Verfügungsrecht, wie es gewöhnlich mit dem Eigentum verbunden ist, noch eine wirksame Verfügungsgewalt über die verkauften Waren und Erzeugnisse;
   (c) die Höhe der Umsatzerlöse kann verlässlich bestimmt werden;
   (d) es ist wahrscheinlich, dass der wirtschaftliche Nutzen aus dem Geschäft dem Unternehmen zufließt; und
   (e) die im Zusammenhang mit dem Verkauf angefallenen oder noch anfallenden Kosten können verlässlich bestimmt werden.

15 Eine Beurteilung darüber, zu welchem Zeitpunkt ein Unternehmen die maßgeblichen Risiken und Chancen aus dem Eigentum auf den Käufer übertragen hat, erfordert eine Untersuchung der Gesamtumstände des Verkaufs. In den meisten Fällen fällt die Übertragung der Risiken und Chancen mit der rechtlichen Eigentumsübertragung oder dem Besitzübergang auf den Käufer zusammen. Dies gilt für den überwiegenden Teil der Verkäufe im Einzelhandel. In anderen Fällen vollzieht sich die Übertragung der Risiken und Chancen aber zu einem von der rechtlichen Eigentumsübertragung oder dem Besitzübergang abweichenden Zeitpunkt.

16 Wenn maßgebliche Eigentumsrisiken beim Unternehmen verbleiben, wird der Geschäftsvorfall nicht als Verkauf angesehen und der Umsatzerlös nicht erfasst. Ein Unternehmen kann maßgebliche Eigentumsrisiken auf verschiedene Art und Weise zurückbehalten. Beispiele für Sachverhalte, in denen das Unternehmen maßgebliche Risiken und Chancen eines Eigentümers zurückbehält, sind folgende Fälle:
   (a) wenn das Unternehmen Verpflichtungen aus Schlechterfüllung übernimmt, die über die geschäftsüblichen Garantie-/Gewährleistungsverpflichtungen hinausgehen;
   (b) wenn der Erhalt eines bestimmten Verkaufserlöses von den Erlösen aus dem Weiterverkauf der Waren oder Erzeugnisse durch den Käufer abhängig ist;
   (c) wenn die Gegenstände einschließlich Aufstellung und Montage geliefert werden, Aufstellung und Montage einen wesentlichen Vertragsbestandteil ausmachen, vom Unternehmen aber noch nicht erfüllt sind; und
   (d) wenn der Käufer unter bestimmten, im Kaufvertrag vereinbarten Umständen ein Rücktrittsrecht hat und das Unternehmen die Wahrscheinlichkeit eines Rücktritts nicht einschätzen kann.

17 Soweit nur unmaßgebliche Eigentumsrisiken beim Unternehmen verbleiben, wird das Geschäft als Verkauf angesehen und der Umsatzerlös erfasst. Beispielsweise kann sich der Verkäufer zur Sicherung seiner Forderungen das rechtliche Eigentum an den verkauften Gegenständen vorbehalten. In einem solchen Fall, in dem das Unternehmen die maßgeb-

When goods or services are exchanged or swapped for goods or services which are of a similar nature and value, the exchange is not regarded as a transaction which generates revenue. This is often the case with commodities like oil or milk where suppliers exchange or swap inventories in various locations to fulfil demand on a timely basis in a particular location. When goods are sold or services are rendered in exchange for dissimilar goods or services, the exchange is regarded as a transaction which generates revenue. The revenue is measured at the fair value of the goods or services received, adjusted by the amount of any cash or cash equivalents transferred. When the fair value of the goods or services received cannot be measured reliably, the revenue is measured at the fair value of the goods or services given up, adjusted by the amount of any cash or cash equivalents transferred. **12**

IDENTIFICATION OF THE TRANSACTION

The recognition criteria in this standard are usually applied separately to each transaction. However, in certain circumstances, it is necessary to apply the recognition criteria to the separately identifiable components of a single transaction in order to reflect the substance of the transaction. For example, when the selling price of a product includes an identifiable amount for subsequent servicing, that amount is deferred and recognised as revenue over the period during which the service is performed. Conversely, the recognition criteria are applied to two or more transactions together when they are linked in such a way that the commercial effect cannot be understood without reference to the series of transactions as a whole. For example, an entity may sell goods and, at the same time, enter into a separate agreement to repurchase the goods at a later date, thus negating the substantive effect of the transaction; in such a case, the two transactions are dealt with together. **13**

SALE OF GOODS

Revenue from the sale of goods shall be recognised when all the following conditions have been satisfied: **14**
(a) the entity has transferred to the buyer the significant risks and rewards of ownership of the goods;
(b) the entity retains neither continuing managerial involvement to the degree usually associated with ownership nor effective control over the goods sold;
(c) the amount of revenue can be measured reliably;
(d) it is probable that the economic benefits associated with the transaction will flow to the entity; and
(e) the costs incurred or to be incurred in respect of the transaction can be measured reliably.

The assessment of when an entity has transferred the significant risks and rewards of ownership to the buyer requires an examination of the circumstances of the transaction. In most cases, the transfer of the risks and rewards of ownership coincides with the transfer of the legal title or the passing of possession to the buyer. This is the case for most retail sales. In other cases, the transfer of risks and rewards of ownership occurs at a different time from the transfer of legal title or the passing of possession. **15**

If the entity retains significant risks of ownership, the transaction is not a sale and revenue is not recognised. An entity may retain a significant risk of ownership in a number of ways. Examples of situations in which the entity may retain the significant risks and rewards of ownership are: **16**
(a) when the entity retains an obligation for unsatisfactory performance not covered by normal warranty provisions;
(b) when the receipt of the revenue from a particular sale is contingent on the derivation of revenue by the buyer from its sale of the goods;
(c) when the goods are shipped subject to installation and the installation is a significant part of the contract which has not yet been completed by the entity; and
(d) when the buyer has the right to rescind the purchase for a reason specified in the sales contract and the entity is uncertain about the probability of return.

If an entity retains only an insignificant risk of ownership, the transaction is a sale and revenue is recognised. For example, a seller may retain the legal title to the goods solely to protect the collectability of the amount due. In such a case, if the entity has transferred the significant risks and rewards of ownership, the transaction is a sale and revenue is recog- **17**

lichen Eigentumsrisiken und -chancen übertragen hat, wird das Geschäft als Verkauf betrachtet und der Umsatzerlös erfasst. Ein anderer Fall, in dem dem Unternehmen nur unmaßgebliche Eigentumsrisiken verbleiben, sind Erlöse im Einzelhandel, deren Rückerstattung zugesagt ist, falls der Kunde mit der Ware nicht zufrieden ist. In diesem Fall wird der Umsatzerlös zum Zeitpunkt des Verkaufes erfasst, wenn der Verkäufer die künftigen Rücknahmen verlässlich schätzen kann und auf der Basis früherer Erfahrungen sowie anderer Einflussfaktoren eine entsprechende Schuld passiviert.

18 Ein Umsatzerlös wird nur erfasst, wenn es hinreichend wahrscheinlich ist, dass dem Unternehmen der mit dem Geschäft verbundene wirtschaftliche Nutzen zufließen wird. In einigen Fällen kann es sein, dass bis zum Erhalt des Entgelts oder bis zur Beseitigung von Unsicherheiten keine hinreichende Wahrscheinlichkeit besteht. Beispielsweise kann es unsicher sein, ob eine ausländische Behörde die Genehmigung für die Überweisung des Entgelts aus einem Verkauf ins Ausland erteilt. Wenn die Genehmigung vorliegt, ist die Unsicherheit beseitigt und der Umsatzerlös wird erfasst. Falls sich demgegenüber jedoch Zweifel an der Einbringlichkeit eines Betrags ergeben, der zutreffend bereits als Umsatzerlös erfasst worden ist, wird der uneinbringliche oder zweifelhafte Betrag als Aufwand erfasst und nicht etwa der ursprüngliche Umsatzerlös berichtigt.

19 Umsatzerlös und Aufwand aus demselben Geschäftsvorfall oder Ereignis werden zum selben Zeitpunkt erfasst; dieser Vorgang wird allgemein als Zuordnung von Aufwendungen zu Umsatzerlösen bezeichnet. Aufwendungen einschließlich solcher für Gewährleistungen und weiterer nach der Lieferung der Waren oder Erzeugnisse entstehender Kosten können normalerweise verlässlich bestimmt werden, wenn die anderen Bedingungen für die Erfassung des Umsatzerlöses erfüllt sind. Allerdings darf ein Umsatzerlös nicht erfasst werden, wenn der entsprechende Aufwand nicht verlässlich bestimmt werden kann; in diesen Fällen werden etwaige, für den Verkauf der Waren oder Erzeugnisse bereits erhaltene Entgelte als Schuld angesetzt.

ERBRINGEN VON DIENSTLEISTUNGEN

20 Wenn das Ergebnis eines Dienstleistungsgeschäfts verlässlich geschätzt werden kann, sind Umsatzerlöse aus Dienstleistungsgeschäften nach Maßgabe des Fertigstellungsgrads des Geschäfts am Abschlussstichtag zu erfassen. Das Ergebnis derartiger Geschäfte kann dann verlässlich geschätzt werden, wenn die folgenden Bedingungen insgesamt erfüllt sind:
(a) die Höhe der Umsatzerlöse kann verlässlich bestimmt werden;
(b) es ist wahrscheinlich, dass der wirtschaftliche Nutzen aus dem Geschäft dem Unternehmen zufließt;
(c) der Fertigstellungsgrad des Geschäftes am Abschlussstichtag kann verlässlich bestimmt werden; und
(d) die für das Geschäft angefallenen Kosten und die bis zu seiner vollständigen Abwicklung zu erwartenden Kosten können verlässlich bestimmt werden.[2]

21 Die Erfassung von Umsatzerlösen nach Maßgabe des Fertigstellungsgrads eines Geschäfts wird häufig als Methode der Gewinnrealisierung nach dem Fertigstellungsgrad bezeichnet. Nach dieser Methode werden die Umsatzerlöse in den Bilanzierungsperioden erfasst, in denen die jeweiligen Dienstleistungen erbracht werden. Die Erfassung von Umsatzerlösen auf dieser Grundlage liefert nützliche Informationen über den Umfang der Dienstleistungstätigkeiten und der Ertragskraft während einer Periode. IAS 11 fordert ebenfalls die Erfassung von Umsatzerlösen auf dieser Grundlage. Die Anforderungen dieses Standards sind im Allgemeinen auch auf die Erfassung von Umsatzerlösen und die Erfassung zugehöriger Aufwendungen aus Dienstleistungsgeschäften anwendbar.

22 Ein Umsatzerlös wird nur erfasst, wenn es hinreichend wahrscheinlich ist, dass dem Unternehmen der mit dem Geschäft verbundene wirtschaftliche Nutzen zufließen wird. Wenn sich jedoch Zweifel an der Einbringlichkeit eines Betrage ergeben, der zutreffend bereits als Umsatzerlös berücksichtigt worden ist, wird der uneinbringliche oder zweifelhafte Betrag als Aufwand erfasst und nicht etwa der ursprüngliche Umsatzerlös berichtigt.

23 Im Allgemeinen kann ein Unternehmen verlässliche Schätzungen vornehmen, wenn mit den anderen Vertragsparteien Folgendes vereinbart ist:
(a) gegenseitige, durchsetzbare Rechte bezüglich der zu erbringenden und zu empfangenden Dienstleistung;
(b) die gegenseitigen Entgelte; und
(c) die Abwicklungs- und Erfüllungsmodalitäten.
Darüber hinaus ist es in der Regel erforderlich, dass das Unternehmen über ein effektives Budgetierungs- und Berichtssystem verfügt. Während der Leistungserbringung überprüft und ändert das Unternehmen gegebenenfalls die Schätzungen der Umsatzerlöse. Die Notwendigkeit solcher Änderungen ist nicht unbedingt ein Hinweis darauf, dass das Ergebnis des Geschäfts nicht verlässlich geschätzt werden kann.

24 Der Fertigstellungsgrad eines Geschäfts kann mit unterschiedlichen Methoden bestimmt werden. Ein Unternehmen hat die Methode anzuwenden, die die erbrachten Leistungen verlässlich bemisst. Je nach der Art der Geschäfte können die Methoden Folgendes beinhalten:

---

2 Siehe auch SIC-27 *Beurteilung des wirtschaftlichen Gehalts von Transaktionen in der rechtlichen Form von Leasingverhältnissen* und SIC-31 *Erträge – Tausch von Werbeleistungen.*

nised. Another example of an entity retaining only an insignificant risk of ownership may be a retail sale when a refund is offered if the customer is not satisfied. Revenue in such cases is recognised at the time of sale provided the seller can reliably estimate future returns and recognises a liability for returns based on previous experience and other relevant factors.

Revenue is recognised only when it is probable that the economic benefits associated with the transaction will flow to the entity. In some cases, this may not be probable until the consideration is received or until an uncertainty is removed. For example, it may be uncertain that a foreign governmental authority will grant permission to remit the consideration from a sale in a foreign country. When the permission is granted, the uncertainty is removed and revenue is recognised. However, when an uncertainty arises about the collectability of an amount already included in revenue, the uncollectible amount or the amount in respect of which recovery has ceased to be probable is recognised as an expense, rather than as an adjustment of the amount of revenue originally recognised. **18**

Revenue and expenses that relate to the same transaction or other event are recognised simultaneously; this process is commonly referred to as the matching of revenues and expenses. Expenses, including warranties and other costs to be incurred after the shipment of the goods can normally be measured reliably when the other conditions for the recognition of revenue have been satisfied. However, revenue cannot be recognised when the expenses cannot be measured reliably; in such circumstances, any consideration already received for the sale of the goods is recognised as a liability. **19**

RENDERING OF SERVICES

When the outcome of a transaction involving the rendering of services can be estimated reliably, revenue associated with the transaction shall be recognised by reference to the stage of completion of the transaction at the end of the reporting period. The outcome of a transaction can be estimated reliably when all the following conditions are satisfied: **20**
(a)   the amount of revenue can be measured reliably;
(b)   it is probable that the economic benefits associated with the transaction will flow to the entity;
(c)   the stage of completion of the transaction at the end of the reporting period can be measured reliably; and
(d)   the costs incurred for the transaction and the costs to complete the transaction can be measured reliably[2].

The recognition of revenue by reference to the stage of completion of a transaction is often referred to as the percentage of completion method. Under this method, revenue is recognised in the accounting periods in which the services are rendered. The recognition of revenue on this basis provides useful information on the extent of service activity and performance during a period. IAS 11 also requires the recognition of revenue on this basis. The requirements of that standard are generally applicable to the recognition of revenue and the associated expenses for a transaction involving the rendering of services. **21**

Revenue is recognised only when it is probable that the economic benefits associated with the transaction will flow to the entity. However, when an uncertainty arises about the collectability of an amount already included in revenue, the uncollectible amount, or the amount in respect of which recovery has ceased to be probable, is recognised as an expense, rather than as an adjustment of the amount of revenue originally recognised. **22**

An entity is generally able to make reliable estimates after it has agreed to the following with the other parties to the transaction: **23**
(a)   each party's enforceable rights regarding the service to be provided and received by the parties;
(b)   the consideration to be exchanged; and
(c)   the manner and terms of settlement.
It is also usually necessary for the entity to have an effective internal financial budgeting and reporting system. The entity reviews and, when necessary, revises the estimates of revenue as the service is performed. The need for such revisions does not necessarily indicate that the outcome of the transaction cannot be estimated reliably.

The stage of completion of a transaction may be determined by a variety of methods. An entity uses the method that measures reliably the services performed. Depending on the nature of the transaction, the methods may include: **24**

---

2   See also SIC-27 *Evaluating the substance of transactions in the legal form of a lease* and SIC-31 *Revenue — barter transactions involving advertising services.*

(a) Feststellung der erbrachten Arbeitsleistungen;

(b) zum Stichtag erbrachte Leistungen als Prozentsatz der zu erbringenden Gesamtleistung; oder

(c) Verhältnis der zum Stichtag angefallenen Kosten zu den geschätzten Gesamtkosten des Geschäfts. Bei den zum Stichtag angefallenen Kosten sind nur die Kosten zu berücksichtigen, die sich auf die zum Stichtag erbrachten Leistungen beziehen. Bei den geschätzten Gesamtkosten der Transaktion sind nur Kosten zu berücksichtigen, die sich auf erbrachte oder noch zu erbringende Leistungen beziehen.

Abschlagszahlungen oder erhaltene Anzahlungen des Kunden geben die erbrachten Leistungen zumeist nicht wieder.

25 Wenn Dienstleistungen durch eine unbestimmte Zahl von Teilleistungen über einen bestimmten Zeitraum erbracht wurden, kann aus Praktikabilitätsgründen von einer linearen Erfassung der Umsatzerlöse innerhalb des bestimmen Zeitraums ausgegangen werden, es sei denn, dass eine andere Methode den Fertigstellungsgrad besser wiedergibt. Wenn eine bestimmte Teilleistung von erheblich größerer Bedeutung als die Übrigen ist, wird die Erfassung der Umsatzerlöse bis zu deren Erfüllung verschoben.

26 Ist das Ergebnis eines Dienstleistungsgeschäfts nicht verlässlich schätzbar, sind Umsatzerlöse nur in dem Ausmaß zu erfassen, in dem die angefallenen Aufwendungen wiedererlangt werden können.

27 In frühen Stadien eines Geschäftes ist das Ergebnis häufig nicht verlässlich zu schätzen. Dennoch kann es wahrscheinlich sein, dass das Unternehmen die für das Geschäft angefallenen Kosten zurückerhält. In diesem Fall werden Umsatzerlöse nur insoweit erfasst, als eine Erstattung der angefallenen Kosten zu erwarten ist. Da das Ergebnis des Geschäfts nicht verlässlich geschätzt werden kann, wird kein Gewinn erfasst.

28 Wenn weder das Ergebnis des Geschäfts verlässlich geschätzt werden kann noch eine hinreichende Wahrscheinlichkeit besteht, dass die angefallenen Kosten erstattet werden, werden keine Umsatzerlöse erfasst, sondern nur die angefallenen Kosten als Aufwand angesetzt. Wenn die Unsicherheiten, die eine verlässliche Schätzung des Auftragsergebnisses verhindert haben, nicht mehr bestehen, bestimmt sich die Erfassung der Umsatzerlöse nach Paragraph 20 und nicht nach Paragraph 26.

ZINSEN, NUTZUNGSENTGELTE UND DIVIDENDEN

29 Umsatzerlöse aus der Nutzung solcher Vermögenswerte des Unternehmens durch Dritte, die Zinsen, Nutzungsentgelte oder Dividenden erbringen, sind nach den Maßgaben in Paragraph 30 zu erfassen, wenn:

(a) es ist wahrscheinlich, dass der wirtschaftliche Nutzen aus dem Geschäft dem Unternehmen zufließt; und

(b) die Höhe der Umsatzerlöse verlässlich bestimmt werden kann.

30 Umsatzerlöse sind nach folgenden Maßgaben zu erfassen:

(a) Zinsen sind unter Anwendung der Effektivzinsmethode gemäß der Beschreibung in IAS 39, Paragraphen 9 und AG5–AG8, zu erfassen;

(b) Nutzungsentgelte sind periodengerecht in Übereinstimmung mit den Bestimmungen des zugrunde liegenden Vertrages zu erfassen; und

(c) Dividenden sind mit der Entstehung des Rechtsanspruchs des Anteileigners auf Zahlung zu erfassen.

31 [gestrichen]

32 Wenn bereits vor dem Erwerb einer verzinslichen Finanzinvestition unbezahlte Zinsen aufgelaufen sind, wird die folgende Zinszahlung auf die Zeit vor und nach dem Erwerb aufgeteilt. Nur der Teil, der auf die Zeit nach dem Erwerb entfällt, wird als Umsatzerlös ausgewiesen.

33 Nutzungsentgelte fallen in Übereinstimmung mit den zugrunde liegenden Vertragsbestimmungen an und werden normalerweise auf dieser Grundlage erfasst, sofern es unter Berücksichtigung des vertraglich Gewollten nicht wirtschaftlich angemessen ist, den Umsatzerlös auf einer anderen systematischen und sinnvollen Grundlage zu erfassen.

34 Ein Umsatzerlös wird nur erfasst, wenn es hinreichend wahrscheinlich ist, dass dem Unternehmen der mit dem Geschäft verbundene wirtschaftliche Nutzen zufließen wird. Wenn sich jedoch Zweifel an der Einbringlichkeit eines Betrages ergeben, der zutreffend bereits als Umsatzerlös berücksichtigt worden ist, wird der uneinbringliche oder zweifelhafte Betrag als Aufwand erfasst und nicht etwa der ursprüngliche Umsatzerlös berichtigt.

ANGABEN

35 Folgende Angaben sind erforderlich:

(a) Die für die Erfassung der Umsatzerlöse angewandten Rechnungslegungsmethoden einschließlich der Methoden zur Ermittlung des Fertigstellungsgrads bei Dienstleistungsgeschäften;

(a) surveys of work performed;

(b) services performed to date as a percentage of total services to be performed; or

(c) the proportion that costs incurred to date bear to the estimated total costs of the transaction. Only costs that reflect services performed to date are included in costs incurred to date. Only costs that reflect services performed or to be performed are included in the estimated total costs of the transaction.

Progress payments and advances received from customers often do not reflect the services performed.

For practical purposes, when services are performed by an indeterminate number of acts over a specified period of time, **25** revenue is recognised on a straight-line basis over the specified period unless there is evidence that some other method better represents the stage of completion. When a specific act is much more significant than any other acts, the recognition of revenue is postponed until the significant act is executed.

When the outcome of the transaction involving the rendering of services cannot be estimated reliably, revenue shall be **26** recognised only to the extent of the expenses recognised that are recoverable.

During the early stages of a transaction, it is often the case that the outcome of the transaction cannot be estimated reli- **27** ably. Nevertheless, it may be probable that the entity will recover the transaction costs incurred. Therefore, revenue is recognised only to the extent of costs incurred that are expected to be recoverable. As the outcome of the transaction cannot be estimated reliably, no profit is recognised.

When the outcome of a transaction cannot be estimated reliably and it is not probable that the costs incurred will be **28** recovered, revenue is not recognised and the costs incurred are recognised as an expense. When the uncertainties that prevented the outcome of the contract being estimated reliably no longer exist, revenue is recognised in accordance with paragraph 20 rather than in accordance with paragraph 26.

INTEREST, ROYALTIES AND DIVIDENDS

Revenue arising from the use by others of entity assets yielding interest, royalties and dividends shall be recognised on the **29** bases set out in paragraph 30 when:

(a) it is probable that the economic benefits associated with the transaction will flow to the entity; and

(b) the amount of the revenue can be measured reliably.

Revenue shall be recognised on the following bases: **30**

(a) interest shall be recognised using the effective interest method as set out in IAS 39, paragraphs 9 and AG5—AG8;

(b) royalties shall be recognised on an accrual basis in accordance with the substance of the relevant agreement; and

(c) dividends shall be recognised when the shareholder's right to receive payment is established.

[deleted] **31**

When unpaid interest has accrued before the acquisition of an interest-bearing investment, the subsequent receipt of **32** interest is allocated between pre-acquisition and post-acquisition periods; only the post-acquisition portion is recognised as revenue.

Royalties accrue in accordance with the terms of the relevant agreement and are usually recognised on that basis unless, **33** having regard to the substance of the agreement, it is more appropriate to recognise revenue on some other systematic and rational basis.

Revenue is recognised only when it is probable that the economic benefits associated with the transaction will flow to the **34** entity. However, when an uncertainty arises about the collectability of an amount already included in revenue, the uncollectible amount, or the amount in respect of which recovery has ceased to be probable, is recognised as an expense, rather than as an adjustment of the amount of revenue originally recognised.

DISCLOSURE

An entity shall disclose: **35**

(a) the accounting policies adopted for the recognition of revenue, including the methods adopted to determine the stage of completion of transactions involving the rendering of services;

(b) der Betrag jeder bedeutsamen Kategorie von Umsatzerlösen, die während der Berichtsperiode erfasst worden sind, wie Umsatzerlöse aus:

(i) dem Verkauf von Gütern;

(ii) dem Erbringen von Dienstleistungen;

(iii) Zinsen;

(iv) Nutzungsentgelten;

(v) Dividenden; und

(c) der Betrag von Umsatzerlösen aus Tauschgeschäften mit Waren oder Dienstleistungen, der in jeder bedeutsamen Kategorie von Umsatzerlösen enthalten ist.

36 Ein Unternehmen gibt alle Eventualverbindlichkeiten und Eventualforderungen gemäß IAS 37 *Rückstellungen, Eventualverbindlichkeiten und Eventualforderungen* an. Eventualverbindlichkeiten und Eventualforderungen können beispielsweise aufgrund von Gewährleistungskosten, Klagen, Vertragsstrafen oder möglichen Verlusten entstehen.

ZEITPUNKT DES INKRAFTTRETENS

37 Dieser Standard ist erstmals in der ersten Berichtsperiode eines am 1. Januar 1995 oder danach beginnenden Geschäftsjahres anzuwenden.

38 *Anschaffungskosten von Anteilen an Tochterunternehmen, gemeinschaftlich geführten Unternehmen oder assoziierten Unternehmen* (Änderungen zu IFRS 1 *Erstmalige Anwendung der International Financial Reporting Standards* und IAS 27 *Konzern- und Einzelabschlüsse*), herausgegeben im Mai 2008; Paragraph 32 wurde geändert. Diese Änderung ist prospektiv in der ersten Berichtsperiode eines am 1. Januar 2009 oder danach beginnenden Geschäftsjahres anzuwenden. Eine frühere Anwendung ist zulässig. Wendet ein Unternehmen die damit zusammenhängenden Änderungen der Paragraphen 4 und 38A des IAS 27 auf eine frühere Periode an, so ist gleichzeitig die Änderung in Paragraph 32 anzuwenden.

41 Durch IFRS 11 *Gemeinsame Vereinbarungen*, veröffentlicht im Mai 2011, wurde Paragraph 6 (b) geändert. Ein Unternehmen hat die betreffenden Änderungen anzuwenden, wenn es IFRS 11 anwendet.

42 Durch IFRS 13, veröffentlicht im Mai 2011, wurde die Definition des beizulegenden Zeitwerts in Paragraph 7 geändert. Ein Unternehmen hat die betreffende Änderung anzuwenden, wenn es IFRS 13 anwendet.

(b)   the amount of each significant category of revenue recognised during the period, including revenue arising from:
    (i)   the sale of goods;
    (ii)   the rendering of services;
    (iii)   interest;
    (iv)   royalties;
    (v)   dividends; and
(c)   the amount of revenue arising from exchanges of goods or services included in each significant category of revenue.

An entity discloses any contingent liabilities and contingent assets in accordance with IAS 37 *Provisions, contingent liabilities and contingent assets*. Contingent liabilities and contingent assets may arise from items such as warranty costs, claims, penalties or possible losses.   **36**

EFFECTIVE DATE

This standard becomes operative for financial statements covering periods beginning on or after 1 January 1995.   **37**

Cost of an Investment in a Subsidiary, Jointly Controlled Entity or Associate (Amendments to IFRS 1 *First-time Adoption*   **38**
of International Financial Reporting Standards and IAS 27 *Consolidated and Separate Financial Statements),* issued in May 2008, amended paragraph 32. An entity shall apply that amendment prospectively for annual periods beginning on or after 1 January 2009. Earlier application is permitted. If an entity applies the related amendments in paragraphs 4 and 38A of IAS 27 for an earlier period, it shall apply the amendment in paragraph 32 at the same time.

IFRS 11 *Joint Arrangements,* issued in May 2011, amended paragraph 6 (b). An entity shall apply that amendment when   **41** it applies IFRS 11.

IFRS 13, issued in May 2011, amended the definition of fair value in paragraph 7. An entity shall apply that amendment   **42** when it applies IFRS 13.

INTERNATIONAL ACCOUNTING STANDARD 19

Leistungen an Arbeitnehmer

INHALT

INTERNATIONAL ACCOUNTING STANDARD 19

Employee Benefits

SUMMARY

ZIELSETZUNG

1 Ziel des vorliegenden Standards ist die Regelung der Bilanzierung und der Angabepflichten für Leistungen an Arbeitnehmer. Nach diesem Standard ist ein Unternehmen verpflichtet,

(a) eine Schuld zu bilanzieren, wenn ein Arbeitnehmer Arbeitsleistungen im Austausch gegen in der Zukunft zu zahlende Leistungen erbracht hat; und

(b) Aufwand zu erfassen, wenn das Unternehmen den wirtschaftlichen Nutzen aus der im Austausch für spätere Leistungen von einem Arbeitnehmer erbrachten Arbeitsleistung vereinnahmt hat.

ANWENDUNGSBEREICH

2 Dieser Standard ist von Arbeitgebern bei der Bilanzierung sämtlicher Leistungen an Arbeitnehmer anzuwenden, ausgenommen Leistungen, auf die IFRS 2 *Anteilsbasierte Vergütung* Anwendung findet.

3 Der Standard behandelt nicht die eigene Berichterstattung von Versorgungsplänen für Arbeitnehmer (siehe IAS 26 *Bilanzierung und Berichterstattung von Altersversorgungsplänen).*

4 Der Standard bezieht sich unter anderem auf Leistungen an Arbeitnehmer, die

(a) gemäß formellen Plänen oder anderen formellen Vereinbarungen zwischen einem Unternehmen und einzelnen Arbeitnehmern, Arbeitnehmergruppen oder deren Vertretern gewährt werden;

(b) gemäß gesetzlichen Bestimmungen oder im Rahmen von tarifvertraglichen Vereinbarungen gewährt werden, durch die Unternehmen verpflichtet sind, Beiträge zu Plänen des Staates, eines Bundeslands, eines Industriezweigs oder zu anderen gemeinschaftlichen Plänen mehrerer Arbeitnehmer zu leisten; oder

(c) gemäß betrieblicher Praxis, die eine faktische Verpflichtung begründet, gewährt werden. Betriebliche Praxis begründet faktische Verpflichtungen, wenn das Unternehmen keine realistische Alternative zur Zahlung der Leistungen an Arbeitnehmer hat. Eine faktische Verpflichtung ist beispielsweise dann gegeben, wenn eine Änderung der üblichen betrieblichen Praxis zu einer unannehmbaren Schädigung des sozialen Klimas im Betrieb führen würde.

5 Leistungen an Arbeitnehmer beinhalten

(a) kurzfristig fällige Leistungen an Arbeitnehmer gemäß nachstehender Aufzählung, sofern davon ausgegangen wird, dass diese innerhalb von zwölf Monaten nach Ende der Berichtsperiode, in der die Arbeitnehmer die betreffenden Arbeitsleistungen erbringen, vollständig abgegolten werden:

   (i) Löhne, Gehälter und Sozialversicherungsbeiträge;

   (ii) Urlaubs- und Krankengeld;

   (iii) Gewinn- und Erfolgsbeteiligungen; und

   (iv) geldwerte Leistungen (wie medizinische Versorgung, Unterbringung und Dienstwagen sowie kostenlose oder vergünstigte Waren oder Dienstleistungen) für aktive Arbeitnehmer;

(b) Leistungen nach Beendigung des Arbeitsverhältnisses wie

   (i) Rentenleistungen (beispielsweise Renten und Pauschalzahlungen bei Renteneintritt); und

   (ii) Sonstige Leistungen nach Beendigung des Arbeitsverhältnisses wie Lebensversicherungen und medizinische Versorgung nach Beendigung des Arbeitsverhältnisses;

(c) andere langfristig fällige Leistungen an Arbeitnehmer, wie

   (i) langfristige vergütete Dienstfreistellungen wie Sonderurlaub nach langjähriger Dienstzeit oder Urlaub zur persönlichen Weiterbildung;

   (ii) Jubiläumsgelder oder andere Leistungen für langjährige Dienstzeiten; und

   (iii) Versorgungsleistungen im Falle der Erwerbsunfähigkeit und

(d) Leistungen aus Anlass der Beendigung des Arbeitsverhältnisses.

6 Leistungen an Arbeitnehmer beinhalten Leistungen sowohl an die Arbeitnehmer selbst als auch an von diesen wirtschaftlich abhängige Personen und können durch Zahlung (oder die Bereitstellung von Waren und Dienstleistungen) an die Arbeitnehmer direkt, an deren Ehepartner, Kinder oder sonstige von den Arbeitnehmern wirtschaftlich abhängige Personen oder an andere, wie z. B. Versicherungsunternehmen, erfüllt werden.

7 Ein Arbeitnehmer kann für ein Unternehmen Arbeitsleistungen auf Vollzeit- oder Teilzeitbasis, dauerhaft oder gelegentlich oder auch auf befristeter Basis erbringen. Für die Zwecke dieses Standards zählen Mitglieder des Geschäftsführungs- und/oder Aufsichtsorgans und sonstiges leitendes Personal zu den Arbeitnehmern.

OBJECTIVE

The objective of this Standard is to prescribe the accounting and disclosure for employee benefits. The Standard requires **1** an entity to recognise:

(a) a liability when an employee has provided service in exchange for employee benefits to be paid in the future; and

(b) an expense when the entity consumes the economic benefit arising from service provided by an employee in exchange for employee benefits.

SCOPE

This Standard shall be applied by an employer in accounting for all employee benefits, except those to which IFRS 2 **2** *Share-based Payment* applies.

This Standard does not deal with reporting by employee benefit plans (see IAS 26 *Accounting and Reporting by Retirement* **3** *Benefit Plans).*

The employee benefits to which this Standard applies include those provided: **4**

(a) under formal plans or other formal agreements between an entity and individual employees, groups of employees or their representatives;

(b) under legislative requirements, or through industry arrangements, whereby entities are required to contribute to national, state, industry or other multi-employer plans; or

(c) by those informal practices that give rise to a constructive obligation. Informal practices give rise to a constructive obligation where the entity has no realistic alternative but to pay employee benefits. An example of a constructive obligation is where a change in the entity's informal practices would cause unacceptable damage to its relationship with employees.

Employee benefits include: **5**

(a) short-term employee benefits, such as the following, if expected to be settled wholly before twelve months after the end of the annual reporting period in which the employees render the related services:
  (i) wages, salaries and social security contributions;
  (ii) paid annual leave and paid sick leave;
  (iii) profit-sharing and bonuses; and
  (iv) non-monetary benefits (such as medical care, housing, cars and free or subsidised goods or services) for current employees;

(b) post-employment benefits, such as the following:
  (i) retirement benefits (eg pensions and lump sum payments on retirement); and
  (ii) other post-employment benefits, such as post-employment life insurance and post-employment medical care;

(c) other long-term employee benefits, such as the following:
  (i) long-term paid absences such as long-service leave or sabbatical leave;
  (ii) jubilee or other long-service benefits; and
  (iii) long-term disability benefits; and

(d) termination benefits.

Employee benefits include benefits provided either to employees or to their dependants or beneficiaries and may be **6** settled by payments (or the provision of goods or services) made either directly to the employees, to their spouses, children or other dependants or to others, such as insurance companies.

An employee may provide services to an entity on a full-time, part-time, permanent, casual or temporary basis. For the **7** purpose of this Standard, employees include directors and other management personnel.

DEFINITIONEN

8 Die folgenden Begriffe werden im vorliegenden Standard mit der angegebenen Bedeutung verwendet:

Leistungen an Arbeitnehmer – Definitionen

Leistungen an Arbeitnehmer sind alle Formen von Entgelt, die ein Unternehmen im Austausch für die von Arbeitnehmern erbrachte Arbeitsleistung oder aus Anlass der Beendigung des Arbeitsverhältnisses gewährt.

Kurzfristig fällige Leistungen an Arbeitnehmer sind Leistungen an Arbeitnehmer (außer Leistungen aus Anlass der Beendigung des Arbeitsverhältnisses), bei denen zu erwarten ist, dass sie innerhalb von zwölf Monaten nach Ende der Periode, in der die entsprechende Arbeitsleistung erbracht wurde, vollständig abgegolten werden.

Leistungen nach Beendigung des Arbeitsverhältnisses sind Leistungen an Arbeitnehmer (außer Leistungen aus Anlass der Beendigung des Arbeitsverhältnisses und kurzfristig fällige Leistungen an Arbeitnehmer), die nach Beendigung des Arbeitsverhältnisses zu zahlen sind.

Andere langfristig fällige Leistungen an Arbeitnehmer sind alle Leistungen an Arbeitnehmer. Ausgenommen sind kurzfristig fällige Leistungen an Arbeitnehmer, Leistungen nach Beendigung des Arbeitsverhältnisses und Leistungen aus Anlass der Beendigung des Arbeitsverhältnisses.

Leistungen aus Anlass der Beendigung des Arbeitsverhältnisses sind Leistungen an Arbeitnehmer, die im Austausch für die Beendigung des Beschäftigungsverhältnisses eines Arbeitnehmers gezahlt werden und daraus resultieren, dass entweder

(a) ein Unternehmen die Beendigung des Beschäftigungsverhältnisses eines Arbeitnehmers vor dem regulären Renteneintrittszeitpunkt beschlossen hat; oder

(b) ein Arbeitnehmer im Austausch für die Beendigung des Beschäftigungsverhältnisses einem Leistungsangebot zugestimmt hat.

Definitionen bezüglich der Einordnung von Versorgungsplänen

Pläne für Leistungen nach Beendigung des Arbeitsverhältnisses sind formelle oder informelle Vereinbarungen, durch die ein Unternehmen einem oder mehreren Arbeitnehmern Leistungen nach Beendigung des Arbeitsverhältnisses gewährt.

Beitragsorientierte Pläne sind Pläne für Leistungen nach Beendigung des Arbeitsverhältnisses, bei denen ein Unternehmen festgelegte Beiträge an eine eigenständige Einheit (einen Fonds) entrichtet und weder rechtlich noch faktisch zur Zahlung darüber hinausgehender Beiträge verpflichtet ist, wenn der Fonds nicht über ausreichende Vermögenswerte verfügt, um alle Leistungen in Bezug auf Arbeitsleistungen der Arbeitnehmer in der Berichtsperiode und früheren Perioden zu erbringen.

Leistungsorientierte Pläne sind Pläne für Leistungen nach Beendigung des Arbeitsverhältnisses, die nicht unter die Definition der beitragsorientierten Pläne fallen.

Gemeinschaftliche Pläne mehrerer Arbeitgeber sind beitragsorientierte (außer staatlichen Plänen) oder leistungsorientierte Pläne (außer staatlichen Plänen), bei denen

(a) Vermögenswerte zusammengeführt werden, die von verschiedenen, nicht einer gemeinschaftlichen Beherrschung unterliegenden Unternehmen in den Plan eingebracht wurden; und

(b) diese Vermögenswerte zur Gewährung von Leistungen an Arbeitnehmer aus mehr als einem Unternehmen verwendet werden, ohne dass die Beitrags- und Leistungshöhe von dem Unternehmen, in dem die entsprechenden Arbeitnehmer beschäftigt sind, abhängen.

Definitionen bezüglich der Nettoschuld (Vermögenswert) aus leistungsorientierten Versorgungsplänen

Unter Nettoschuld (Vermögenswert) aus leistungsorientierten Versorgungsplänen versteht man Fehlbeträge oder Vermögensüberdeckungen, die entsprechend den Auswirkungen, die sich aus der Begrenzung eines Nettovermögenswerts aus leistungsorientierten Versorgungsplänen an die Vermögensobergrenze ergeben, angepasst werden.

Ein *Fehlbetrag oder eine Vermögensüberdeckung* ist

(a) der Barwert der definierten Leistungsverpflichtung abzüglich

(b) des beizulegenden Zeitwerts des Planvermögens (sofern zutreffend).

Die *Vermögensobergrenze* ist der Barwert eines wirtschaftlichen Nutzens in Form von Rückerstattungen aus dem Plan oder Minderungen künftiger Beitragszahlungen.

Der *Barwert einer leistungsorientierten Verpflichtung* ist der ohne Abzug von Planvermögen beizulegende Barwert erwarteter künftiger Zahlungen, die erforderlich sind, um die aufgrund von Arbeitnehmerleistungen in der Berichtsperiode oder früheren Perioden entstandenen Verpflichtungen abgelten zu können.

Planvermögen umfasst

(a) Vermögen, das durch einen langfristig ausgelegten Fonds zur Erfüllung von Leistungen an Arbeitnehmer gehalten wird; und

(b) qualifizierende Versicherungsverträge.

Vermögen, das durch einen langfristig ausgelegten Fonds zur Erfüllung von Leistungen an Arbeitnehmer gehalten wird, ist Vermögen (außer nicht übertragbaren Finanzinstrumenten, die vom berichtenden Unternehmen ausgegeben wurden), das

The following terms are used in this Standard with the meanings specified:

8

Definitions of employee benefits

Employee benefits are all forms of consideration given by an entity in exchange for service rendered by employees or for the termination of employment.

Short-term employee benefits are employee benefits (other than termination benefits) that are expected to be settled wholly before twelve months after the end of the annual reporting period in which the employees render the related service.

Post-employment benefits are employee benefits (other than termination benefits and short-term employee benefits) that are payable after the completion of employment.

Other long-term employee benefits are all employee benefits other than short-term employee benefits, postemployment benefits and termination benefits.

Termination benefits are employee benefits provided in exchange for the termination of an employee's employment as a result of either:

(a)   an entity's decision to terminate an employee's employment before the normal retirement date; or

(b)   an employee's decision to accept an offer of benefits in exchange for the termination of employment.

Definitions relating to classification of plans

Post-employment benefit plans are formal or informal arrangements under which an entity provides post-employment benefits for one or more employees.

Defined contribution plans are post-employment benefit plans under which an entity pays fixed contributions into a separate entity (a fund) and will have no legal or constructive obligation to pay further contributions if the fund does not hold sufficient assets to pay all employee benefits relating to employee service in the current and prior periods.

Defined benefit plans are post-employment benefit plans other than defined contribution plans.

Multi-employer plans are defined contribution plans (other than state plans) or defined benefit plans (other than state plans) that:

(a)   pool the assets contributed by various entities that are not under common control; and

(b)   use those assets to provide benefits to employees of more than one entity, on the basis that contribution and benefit levels are determined without regard to the identity of the entity that employs the employees.

Definitions relating to the net defined benefit liability (asset)

The *net defined benefit liability (asset)* is the deficit or surplus, adjusted for any effect of limiting a net defined benefit asset to the asset ceiling.

The *deficit or surplus* is:

(a)   the present value of the defined benefit obligation less

(b)   the fair value of plan assets (if any).

The *asset ceiling* is the present value of any economic benefits available in the form of refunds from the plan or reductions in future contributions to the plan.

The *present value of a defined benefit obligation* is the present value, without deducting any plan assets, of expected future payments required to settle the obligation resulting from employee service in the current and prior periods

Plan assets comprise:

(a)   assets held by a long-term employee benefit fund; and

(b)   qualifying insurance policies.

Assets held by a long-term employee benefit fund are assets (other than non-transferable financial instruments issued by the reporting entity) that:

(a) von einer Einheit (einem Fonds) gehalten wird, die von dem berichtenden Unternehmen rechtlich unabhängig ist und die ausschließlich besteht, um Leistungen an Arbeitnehmer zu zahlen oder zu finanzieren; und

(b) verfügbar ist, um ausschließlich die Leistungen an die Arbeitnehmer zu zahlen oder zu finanzieren, aber nicht für die Gläubiger des berichtenden Unternehmens verfügbar ist (auch nicht im Falle eines Insolvenzverfahren), und das nicht an das berichtende Unternehmen zurückgezahlt werden kann, es sei denn

(i) das verbleibende Vermögen des Fonds reicht aus, um alle Leistungsverpflichtungen gegenüber den Arbeitnehmern, die mit dem Plan oder dem berichtenden Unternehmen verbunden sind, zu erfüllen; oder

(ii) das Vermögen wird an das berichtende Unternehmen zurückgezahlt, um Leistungen an Arbeitnehmer, die bereits gezahlt wurden, zu erstatten.

Ein *qualifizierender Versicherungsvertrag* ist eine Versicherungspolice[1] eines Versicherers, der nicht zu den nahestehenden Unternehmen des berichtenden Unternehmens gehört (wie in IAS 24 *Angaben über Beziehungen zu nahe stehenden Unternehmen und Personen* definiert), wenn die Erlöse aus dem Vertrag

(a) nur verwendet werden können, um Leistungen an Arbeitnehmer aus einem leistungsorientierten Versorgungsplan zu zahlen oder zu finanzieren; und

(b) nicht den Gläubigern des berichtenden Unternehmens zur Verfügung stehen (auch nicht im Falle eines Insolvenzverfahrens) und nicht an das berichtende Unternehmen gezahlt werden können, es sei denn

(i) die Erlöse stellen Überschüsse dar, die für die Erfüllung sämtlicher Leistungsverpflichtungen gegenüber Arbeitnehmern im Zusammenhang mit dem Versicherungsvertrag nicht benötigt werden; oder

(ii) die Erlöse werden an das berichtende Unternehmen zurückgezahlt, um bereits gezahlte Leistungen an Arbeitnehmer zu erstatten.

Der *beizulegende Zeitwert* ist der Preis, der in einem geordneten Geschäftsvorfall zwischen Marktteilnehmern am Bemessungsstichtag für den Verkauf eines Vermögenswerts eingenommen bzw. für die Übertragung einer Schuld gezahlt würde. (Siehe IFRS 13 *Bemessung des beizulegenden Zeitwerts*.)

Definitionen bezüglich der Kosten aus leistungsorientierten Versorgungsplänen

Dienstzeitaufwand umfasst Folgendes:

(a) *Laufenden Dienstzeitaufwand:* Dies ist der Anstieg des Barwerts einer Leistungsverpflichtung, die aus einer Arbeitsleistung in der Berichtsperiode entsteht.

(b) *Nachzuverrechnenden Dienstzeitaufwand:* Dies ist die Veränderung des Barwerts einer Leistungsverpflichtung aus früheren Perioden, die aus einer Anpassung (Einführung, Rücknahme oder Veränderung eines leistungsorientierten Versorgungsplans) oder Kürzung des Plans (einer erheblichen unternehmensseitigen Senkung der Anzahl in einem Plan erfasster Arbeitnehmer) entsteht; und

(c) Gewinne oder Verluste bei Abgeltung.

Nettozinsen auf Nettoschulden (Vermögenswerte) aus leistungsorientierten Versorgungsplänen sind während der Berichtsperiode aufgrund des Verstreichens von Zeit eintretende Veränderungen der Nettoschulden (Vermögenswerte) aus leistungsorientierten Versorgungsplänen.

Neubewertungen von Nettoschulden (Vermögenswerten) aus leistungsorientierten Versorgungsplänen umfassen

(a) versicherungsmathematische Gewinne und Verluste;

(b) den Ertrag aus Planvermögen unter Ausschluss von Beträgen, die in den Nettozinsen auf Nettoschulden (Vermögenswerte) aus leistungsorientierten Versorgungsplänen enthalten sind; und

(c) Veränderungen bei der Auswirkung der Vermögensobergrenze unter Ausschluss von Beträgen, die in den Nettozinsen auf Nettoschulden (Vermögenswerte) aus leistungsorientierten Versorgungsplänen enthalten sind.

Versicherungsmathematische Gewinne und Verluste sind Veränderungen des Barwerts der definierten Leistungsverpflichtung aufgrund von

(a) erfahrungsbedingten Berichtigungen (die Auswirkungen der Abweichungen zwischen früheren versicherungsmathematischen Annahmen und der tatsächlichen Entwicklung); und

(b) Auswirkungen von Änderungen versicherungsmathematischer Annahmen.

Der *Ertrag aus dem Planvermögen* setzt sich aus Zinsen, Dividenden und anderen Umsatzerlösen aus dem Planvermögen zusammen und umfasst auch realisierte und nicht realisierte Gewinne und Verluste aus dem Planvermögen, abzüglich

(a) etwaiger Kosten für die Verwaltung des Plans; und

(b) vom Plan selbst zu entrichtender Steuern, soweit es sich nicht um Steuern handelt, die bereits in die versicherungsmathematischen Annahmen eingeflossen sind, die zur Bemessung des Barwerts der definierten Leistungsverpflichtung verwendet werden.

Eine *Abgeltung* ist ein Geschäftsvorfall, in dem alle weiteren gesetzlichen oder faktischen Verpflichtungen in Bezug auf einen Teil oder die Gesamtheit der in einem leistungsorientierten Versorgungsplan vorgesehenen Leistungen eliminiert werden, ausgenommen eine Zahlung von Leistungen direkt an Arbeitnehmer oder zu deren Gunsten, die in den Planbedingungen vorgesehen sowie in den versicherungsmathematischen Annahmen enthalten ist.

---

1 Eine qualifizierende Versicherungspolice ist nicht notwendigerweise ein Versicherungsvertrag gemäß Definition in IFRS 4 Versicherungsverträge

(a) are held by an entity (a fund) that is legally separate from the reporting entity and exists solely to pay or fund employee benefits; and

(b) are available to be used only to pay or fund employee benefits, are not available to the reporting entity's own creditors (even in bankruptcy), and cannot be returned to the reporting entity, unless either:

    (i) the remaining assets of the fund are sufficient to meet all the related employee benefit obligations of the plan or the reporting entity; or

    (ii) the assets are returned to the reporting entity to reimburse it for employee benefits already paid.

A *qualifying insurance policy* is an insurance policy[1] issued by an insurer that is not a related party (as defined in IAS 24 *Related Party Disclosures*) of the reporting entity, if the proceeds of the policy:

(a) can be used only to pay or fund employee benefits under a defined benefit plan; and

(b) are not available to the reporting entity's own creditors (even in bankruptcy) and cannot be paid to the reporting entity, unless either:

    (i) the proceeds represent surplus assets that are not needed for the policy to meet all the related employee benefit obligations; or

    (ii) the proceeds are returned to the reporting entity to reimburse it for employee benefits already paid.

Fair value is the price that would be received to sell an asset or paid to transfer a liability in an orderly transaction between market participants at the measurement date. (See IFRS 13 *Fair Value Measurement*.)

Definitions relating to defined benefit cost

Service cost comprises:

(a) *current service cost*, which is the increase in the present value of the defined benefit obligation resulting from employee service in the current period;

(b) *past service cost*, which is the change in the present value of the defined benefit obligation for employee service in prior periods, resulting from a plan amendment (the introduction or withdrawal of, or changes to, a defined benefit plan) or a curtailment (a significant reduction by the entity in the number of employees covered by a plan); and

(c) any gain or loss on settlement.

Net interest on the net defined benefit liability (asset) is the change during the period in the net defined benefit liability (asset) that arises from the passage of time.

    Remeasurements of the net defined benefit liability (asset) comprise:

(a) actuarial gains and losses;

(b) the return on plan assets, excluding amounts included in net interest on the net defined benefit liability (asset); and

(c) any change in the effect of the asset ceiling, excluding amounts included in net interest on the net defined benefit liability (asset).

    Actuarial gains and losses are changes in the present value of the defined benefit obligation resulting from:

(a) experience adjustments (the effects of differences between the previous actuarial assumptions and what has actually occurred); and

(b) the effects of changes in actuarial assumptions.

The *return on plan assets* is interest, dividends and other income derived from the plan assets, together with realised and unrealised gains or losses on the plan assets, less:

(a) any costs of managing plan assets; and

(b) any tax payable by the plan itself, other than tax included in the actuarial assumptions used to measure the present value of the defined benefit obligation.

A *settlement* is a transaction that eliminates all further legal or constructive obligations for part or all of the benefits provided under a defined benefit plan, other than a payment of benefits to, or on behalf of, employees that is set out in the terms of the plan and included in the actuarial assumptions.

---

1 A qualifying insurance policy is not necessarily an insurance contract, as defined in IFRS 4 Insurance Contracts.

KURZFRISTIG FÄLLIGE LEISTUNGEN AN ARBEITNEHMER

9 Kurzfristig fällige Leistungen an Arbeitnehmer umfassen Posten gemäß nachstehender Aufzählung, sofern davon ausgegangen wird, dass diese innerhalb von zwölf Monaten nach Ende der Berichtsperiode, in der die Arbeitnehmer die betreffenden Arbeitsleistungen erbringen, vollständig abgegolten werden:

(a) Löhne, Gehälter und Sozialversicherungsbeiträge;

(b) Urlaubs- und Krankengeld;

(c) Gewinn- und Erfolgsbeteiligungen; und

(d) geldwerte Leistungen (wie medizinische Versorgung, Unterbringung und Dienstwagen sowie kostenlose oder vergünstigte Waren oder Dienstleistungen) für aktive Arbeitnehmer.

10 Ein Unternehmen muss eine kurzfristig fällige Leistung an Arbeitnehmer nicht umgliedern, wenn sich die Erwartungen des Unternehmens bezüglich des Zeitpunkts der Abgeltung vorübergehend ändern. Verändern sich jedoch die Merkmale der Leistung (beispielsweise Umstellung von einer nicht ansammelbaren Leistung auf eine ansammelbare Leistung) oder sind Erwartungen bezüglich des Zeitpunkts der Abgeltung nicht vorübergehender Natur, wägt das Unternehmen ab, ob die Leistung noch der Definition einer kurzfristig fälligen Leistung an Arbeitnehmer entspricht.

Ansatz und Bewertung

Alle kurzfristig fälligen Leistungen an Arbeitnehmer

11 Hat ein Arbeitnehmer im Verlauf der Bilanzierungsperiode Arbeitsleistungen für ein Unternehmen erbracht, ist von dem Unternehmen der nicht diskontierte Betrag der kurzfristig fälligen Leistung zu erfassen, der voraussichtlich im Austausch für diese Arbeitsleistung gezahlt wird, und zwar

(a) als Schuld (abzugrenzender Aufwand) nach Abzug bereits geleisteter Zahlungen. Übersteigt der bereits gezahlte Betrag den nicht diskontierten Betrag der Leistungen, so hat das Unternehmen die Differenz als Vermögenswert zu aktivieren (aktivische Abgrenzung), soweit die Vorauszahlung beispielsweise zu einer Verringerung künftiger Zahlungen oder einer Rückerstattung führen wird.

(b) als Aufwand, es sei denn, ein anderer Standard verlangt oder erlaubt die Einbeziehung der Leistungen in die Anschaffungs- oder Herstellungskosten eines Vermögenswerts (siehe z. B. IAS 2 *Vorräte* und IAS 16 *Sachanlagen).*

12 Die Paragraphen 13, 16 und 19 erläutern, wie Paragraph 11 von einem Unternehmen auf kurzfristig fällige Leistungen an Arbeitnehmer in Form von vergüteter Abwesenheit und Gewinn- und Erfolgsbeteiligung anzuwenden ist.

Kurzfristig fällige Abwesenheitsvergütungen

13 Ein Unternehmen hat die erwarteten Kosten für kurzfristig fällige Leistungen an Arbeitnehmer in Form von vergüteten Abwesenheiten gemäß Paragraph 11 wie folgt zu erfassen:

(a) im Falle ansammelbarer Ansprüche, sobald die Arbeitnehmer Arbeitsleistungen erbracht haben, durch die sich ihre Ansprüche auf vergütete künftige Abwesenheit erhöhen.

(b) im Falle nicht ansammelbarer Ansprüche an dem Zeitpunkt, an dem die Abwesenheit eintritt.

14 Ein Unternehmen kann aus verschiedenen Gründen Vergütungen bei Abwesenheit von Arbeitnehmern zahlen, z. B. bei Urlaub, Krankheit, vorübergehender Arbeitsunfähigkeit, Erziehungsurlaub, Schöffentätigkeit oder bei Ableistung von Militärdienst. Ansprüche auf vergütete Abwesenheiten werden unterteilt in:

(a) ansammelbare Ansprüche; und

(b) nicht ansammelbare Ansprüche.

15 Ansammelbare Ansprüche auf vergütete Abwesenheit sind solche, die vorgetragen werden und in künftigen Perioden genutzt werden können, wenn der Anspruch in der Berichtsperiode nicht voll ausgeschöpft wird. Ansammelbare Ansprüche auf vergütete Abwesenheit können entweder unverfallbar (d. h. Arbeitnehmer haben bei ihrem Ausscheiden aus dem Unternehmen Anspruch auf einen Barausgleich für nicht in Anspruch genommene Leistungen) oder verfallbar sein (d. h. Arbeitnehmer haben bei ihrem Ausscheiden aus dem Unternehmen keinen Anspruch auf Barausgleich für nicht in Anspruch genommene Leistungen). Eine Verpflichtung entsteht, wenn Arbeitnehmer Leistungen erbringen, durch die sich ihr Anspruch auf künftige vergütete Abwesenheit erhöht. Die Verpflichtung entsteht selbst dann und ist zu erfassen, wenn die Ansprüche auf vergütete Abwesenheit verfallbar sind, wobei allerdings die Bewertung dieser Verpflichtung davon beeinflusst wird, dass Arbeitnehmer möglicherweise aus dem Unternehmen ausscheiden, bevor sie die angesammelten verfallbaren Ansprüche nutzen.

16 Ein Unternehmen hat die erwarteten Kosten ansammelbarer Ansprüche auf vergütete Abwesenheit mit dem zusätzlichen Betrag zu bewerten, den das Unternehmen aufgrund der zum Abschlussstichtag angesammelten, nicht genutzten Ansprüche voraussichtlich zahlen muss.

17 Bei dem im vorangegangenen Paragraphen beschriebenen Verfahren wird die Verpflichtung mit dem Betrag der zusätzlichen Zahlungen angesetzt, die voraussichtlich allein aufgrund der Tatsache entstehen, dass die Leistung ansammelbar

Short-term employee benefits include items such as the following, if expected to be settled wholly before twelve months **9** after the end of the annual reporting period in which the employees render the related services:
(a) wages, salaries and social security contributions;
(b) paid annual leave and paid sick leave;
(c) profit-sharing and bonuses; and
(d) non-monetary benefits (such as medical care, housing, cars and free or subsidised goods or services) for current employees.

An entity need not reclassify a short-term employee benefit if the entity's expectations of the timing of settlement change **10** temporarily. However, if the characteristics of the benefit change (such as a change from a non-accumulating benefit to an accumulating benefit) or if a change in expectations of the timing of settlement is not temporary, then the entity considers whether the benefit still meets the definition of short-term employee benefits.

Recognition and measurement

All short-term employee benefits

When an employee has rendered service to an entity during an accounting period, the entity shall recognise the undis- **11** counted amount of short-term employee benefits expected to be paid in exchange for that service:
(a) as a liability (accrued expense), after deducting any amount already paid. If the amount already paid exceeds the undiscounted amount of the benefits, an entity shall recognise that excess as an asset (prepaid expense) to the extent that the prepayment will lead to, for example, a reduction in future payments or a cash refund.
(b) as an expense, unless another IFRS requires or permits the inclusion of the benefits in the cost of an asset (see, for example, IAS 2 *Inventories* and IAS 16 *Property, Plant and Equipment*).

Paragraphs 13, 16 and 19 explain how an entity shall apply paragraph 11 to short-term employee benefits in the form of **12** paid absences and profit-sharing and bonus plans.

Short-term paid absences

An entity shall recognise the expected cost of short-term employee benefits in the form of paid absences under paragraph **13** 11 as follows:
(a) in the case of accumulating paid absences, when the employees render service that increases their entitlement to future paid absences.
(b) in the case of non-accumulating paid absences, when the absences occur.

An entity may pay employees for absence for various reasons including holidays, sickness and short-term disability, **14** maternity or paternity, jury service and military service. Entitlement to paid absences falls into two categories:
(a) accumulating; and
(b) non-accumulating.

Accumulating paid absences are those that are carried forward and can be used in future periods if the current period's **15** entitlement is not used in full. Accumulating paid absences may be either vesting (in other words, employees are entitled to a cash payment for unused entitlement on leaving the entity) or non-vesting (when employees are not entitled to a cash payment for unused entitlement on leaving). An obligation arises as employees render service that increases their entitlement to future paid absences. The obligation exists, and is recognised, even if the paid absences are non-vesting, although the possibility that employees may leave before they use an accumulated non-vesting entitlement affects the measurement of that obligation.

An entity shall measure the expected cost of accumulating paid absences as the additional amount that the entity expects **16** to pay as a result of the unused entitlement that has accumulated at the end of the reporting period.

The method specified in the previous paragraph measures the obligation at the amount of the additional payments that **17** are expected to arise solely from the fact that the benefit accumulates. In many cases, an entity may not need to make

ist. In vielen Fällen bedarf es keiner detaillierten Berechnungen des Unternehmens, um abschätzen zu können, dass keine wesentliche Verpflichtung aus ungenutzten Ansprüchen auf vergütete Abwesenheit existiert. Zum Beispiel ist eine Krankengeldverpflichtung wahrscheinlich nur dann wesentlich, wenn im Unternehmen formell oder informell Einvernehmen darüber herrscht, dass ungenutzte vergütete Abwesenheit für Krankheit als bezahlter Urlaub genommen werden kann.

Beispiel zur Veranschaulichung der Paragraphen 16 und 17 Ein Unternehmen beschäftigt 100 Mitarbeiter, die jeweils Anspruch auf fünf bezahlte Krankheitstage pro Jahr haben. Nicht in Anspruch genommene Krankheitstage können ein Kalenderjahr vorgetragen werden. Krankheitstage werden zuerst mit den Ansprüchen des laufenden Jahres und dann mit den etwaigen übertragenen Ansprüchen aus dem vorangegangenen Jahr (auf LIFO-Basis) verrechnet. Zum 30. Dezember 20X1 belaufen sich die durchschnittlich ungenutzten Ansprüche auf zwei Tage je Arbeitnehmer. Das Unternehmen erwartet, dass die bisherigen Erfahrungen auch in Zukunft zutreffen, und geht davon aus, dass in 20X2 92 Arbeitnehmer nicht mehr als fünf bezahlte Krankheitstage und die restlichen acht Arbeitnehmer im Durchschnitt sechseinhalb Tage in Anspruch nehmen werden.

Das Unternehmen erwartet, dass es aufgrund der zum 31. Dezember 20X1 ungenutzten angesammelten Ansprüche für zusätzliche zwölf Krankentage zahlen wird (das entspricht je eineinhalb Tagen für acht Arbeitnehmer). Daher bilanziert das Unternehmen eine Schuld in Höhe von 12 Tagen Krankengeld.

18 Nicht ansammelbare Ansprüche auf vergütete Abwesenheit können nicht vorgetragen werden: Sie verfallen, soweit die Ansprüche in der Berichtsperiode nicht vollständig genutzt werden, und berechtigen Arbeitnehmer auch nicht zum Erhalt eines Barausgleichs für ungenutzte Ansprüche bei Ausscheiden aus dem Unternehmen. Dies ist üblicherweise der Fall bei Krankengeld (soweit ungenutzte Ansprüche der Vergangenheit künftige Ansprüche nicht erhöhen), Erziehungsurlaub und vergüteter Abwesenheit bei Schöffentätigkeit oder Militärdienst. Ein Unternehmen erfasst eine Schuld oder einen Aufwand nicht vor dem Zeitpunkt der Abwesenheit, da die Arbeitsleistung der Arbeitnehmer den Wert des Leistungsanspruchs nicht erhöht.

Gewinn- und Erfolgsbeteiligungspläne

19 Ein Unternehmen hat die erwarteten Kosten eines Gewinn- oder Erfolgsbeteiligungsplanes gemäß Paragraph 11 dann, und nur dann, zu erfassen, wenn
   (a) das Unternehmen aufgrund von Ereignissen der Vergangenheit gegenwärtig eine rechtliche oder faktische Verpflichtung hat, solche Leistungen zu gewähren; und
   (b) die Höhe der Verpflichtung verlässlich geschätzt werden kann.
   Eine gegenwärtige Verpflichtung besteht dann, und nur dann, wenn das Unternehmen keine realistische Alternative zur Zahlung hat.

20 Einige Gewinnbeteiligungspläne sehen vor, dass Arbeitnehmer nur dann einen Gewinnanteil erhalten, wenn sie für einen festgelegten Zeitraum beim Unternehmen bleiben. Im Rahmen solcher Pläne entsteht dennoch eine faktische Verpflichtung für das Unternehmen, da Arbeitnehmer Arbeitsleistung erbringen, durch die sich der zu zahlende Betrag erhöht, sofern sie bis zum Ende des festgesetzten Zeitraums im Unternehmen verbleiben. Bei der Bewertung solcher faktischen Verpflichtungen ist zu berücksichtigen, dass möglicherweise einige Arbeitnehmer ausscheiden, ohne eine Gewinnbeteiligung zu erhalten.

Beispiel zur Veranschaulichung des Paragraphen 20 Ein Gewinnbeteiligungsplan verpflichtet ein Unternehmen zur Zahlung eines bestimmten Anteils vom Jahresgewinn an Arbeitnehmer, die während des ganzen Jahres beschäftigt sind. Wenn im Laufe des Jahres keine Arbeitnehmer ausscheiden, werden die insgesamt auszuzahlenden Gewinnbeteiligungen für das Jahr 3 % des Gewinns betragen. Das Unternehmen schätzt, dass sich die Zahlungen aufgrund der Mitarbeiterfluktuation auf 2,5 % des Gewinns reduzieren.

Das Unternehmen erfasst eine Schuld und einen Aufwand in Höhe von 2,5 % des Gewinns.

21 Möglicherweise ist ein Unternehmen rechtlich nicht zur Zahlung von Erfolgsbeteiligungen verpflichtet. In einigen Fällen ist dies jedoch betriebliche Praxis. In diesen Fällen besteht eine faktische Verpflichtung, da das Unternehmen keine realistische Alternative zur Zahlung der Erfolgsbeteiligung hat. Bei der Bewertung der faktischen Verpflichtung ist zu berücksichtigen, dass möglicherweise einige Arbeitnehmer ausscheiden, ohne eine Erfolgsbeteiligung zu erhalten.

22 Eine verlässliche Schätzung einer rechtlichen oder faktischen Verpflichtung eines Unternehmens hinsichtlich eines Gewinn- oder Erfolgsbeteiligungsplans ist dann und nur dann möglich, wenn
   (a) die formellen Regelungen des Plans eine Formel zur Bestimmung der Leistungshöhe enthalten;
   (b) das Unternehmen die zu zahlenden Beträge festlegt, bevor der Abschluss zur Veröffentlichung genehmigt wurde; oder
   (c) aufgrund früherer Praktiken die Höhe der faktischen Verpflichtung des Unternehmens eindeutig bestimmt ist.

detailed computations to estimate that there is no material obligation for unused paid absences. For example, a sick leave obligation is likely to be material only if there is a formal or informal understanding that unused paid sick leave may be taken as paid annual leave.

Example illustrating paragraphs 16 and 17   An entity has 100 employees, who are each entitled to five working days of paid sick leave for each year. Unused sick leave may be carried forward for one calendar year. Sick leave is taken first out of the current year's entitlement and then out of any balance brought forward from the previous year (a LIFO basis). At 31 December 20X1 the average unused entitlement is two days per employee. The entity expects, on the basis of experience that is expected to continue, that 92 employees will take no more than five days of paid sick leave in 20X2 and that the remaining eight employees will take an average of six and a half days each.

The entity expects that it will pay an additional twelve days of sick pay as a result of the unused entitlement that has accumulated at 31 December 20X1 (one and a half days each, for eight employees). Therefore, the entity recognises a liability equal to twelve days of sick pay.

Non-accumulating paid absences do not carry forward: they lapse if the current period's entitlement is not used in full   **18** and do not entitle employees to a cash payment for unused entitlement on leaving the entity. This is commonly the case for sick pay (to the extent that unused past entitlement does not increase future entitlement), maternity or paternity leave and paid absences for jury service or military service. An entity recognises no liability or expense until the time of the absence, because employee service does not increase the amount of the benefit.

Profit-sharing and bonus plans

An entity shall recognise the expected cost of profit-sharing and bonus payments under paragraph 11 when, and only   **19** when:

(a)   the entity has a present legal or constructive obligation to make such payments as a result of past events; and

(b)   a reliable estimate of the obligation can be made.

A present obligation exists when, and only when, the entity has no realistic alternative but to make the payments.

Under some profit-sharing plans, employees receive a share of the profit only if they remain with the entity for a specified   **20** period. Such plans create a constructive obligation as employees render service that increases the amount to be paid if they remain in service until the end of the specified period. The measurement of such constructive obligations reflects the possibility that some employees may leave without receiving profit-sharing payments.

Example illustrating paragraph 20   A profit-sharing plan requires an entity to pay a specified proportion of its profit for the year to employees who serve throughout the year. If no employees leave during the year, the total profit-sharing payments for the year will be 3 per cent of profit. The entity estimates that staff turnover will reduce the payments to 2.5 per cent of profit.

The entity recognises a liability and an expense of 2,5 per cent of profit.

An entity may have no legal obligation to pay a bonus. Nevertheless, in some cases, an entity has a practice of paying   **21** bonuses. In such cases, the entity has a constructive obligation because the entity has no realistic alternative but to pay the bonus. The measurement of the constructive obligation reflects the possibility that some employees may leave without receiving a bonus.

An entity can make a reliable estimate of its legal or constructive obligation under a profit-sharing or bonus plan when,   **22** and only when:

(a)   the formal terms of the plan contain a formula for determining the amount of the benefit;

(b)   the entity determines the amounts to be paid before the financial statements are authorised for issue; or

(c)   past practice gives clear evidence of the amount of the entity's constructive obligation.

23 Eine Verpflichtung aus Gewinn- und Erfolgsbeteiligungsplänen beruht auf der Arbeitsleistung der Arbeitnehmer und nicht auf einem Rechtsgeschäft mit den Eigentümern des Unternehmens. Deswegen werden die Kosten eines Gewinn- und Erfolgsbeteiligungsplans nicht als Gewinnausschüttung, sondern als Aufwand erfasst.

24 Sind Zahlungen aus Gewinn- und Erfolgsbeteiligungsplänen nicht in voller Höhe innerhalb von zwölf Monaten nach Ende der Berichtsperiode, in der die damit verbundene Arbeitsleistung von den Arbeitnehmern erbracht wurde, fällig, so fallen sie unter andere langfristig fällige Leistungen an Arbeitnehmer (siehe Paragraphen 153–158).

Angaben

25 Obgleich dieser Standard keine besonderen Angaben zu kurzfristig fälligen Leistungen an Arbeitnehmer vorschreibt, können solche Angaben nach Maßgabe anderer IFRS erforderlich sein. Zum Beispiel sind nach IAS 24 Angaben zu Leistungen an Mitglieder der Geschäftsleitung zu machen. Nach IAS 1 *Darstellung des Abschlusses* ist der Aufwand für die Leistungen an Arbeitnehmer anzugeben.

LEISTUNGEN NACH BEENDIGUNG DES ARBEITSVERHÄLTNISSES: UNTERSCHEIDUNG ZWISCHEN BEITRAGSORIENTIERTEN UND LEISTUNGSORIENTIERTEN VERSORGUNGSPLÄNEN

26 Leistungen nach Beendigung des Arbeitsverhältnisses umfassen u. a.:
  (a) Rentenleistungen (beispielsweise Renten und Pauschalzahlungen bei Renteneintritt); und
  (b) sonstige Leistungen nach Beendigung des Arbeitsverhältnisses wie Lebensversicherungen und medizinische Versorgung nach Beendigung des Arbeitsverhältnisses.
Vereinbarungen, nach denen ein Unternehmen solche Leistungen gewährt, werden als Pläne für Leistungen nach Beendigung des Arbeitsverhältnisses bezeichnet. Dieser Standard ist auf alle derartigen Vereinbarungen anzuwenden, unabhängig davon, ob diese die Errichtung einer eigenständigen Einheit vorsehen, an die Beiträge entrichtet und aus der Leistungen erbracht werden, oder nicht.

27 Pläne für Leistungen nach Beendigung des Arbeitsverhältnisses werden in Abhängigkeit von ihrem wirtschaftlichen Gehalt, der sich aus den grundlegenden Leistungsbedingungen und -voraussetzungen des Planes ergibt, entweder als leistungsorientiert oder als beitragsorientiert klassifiziert.

28 Im Rahmen beitragsorientierter Pläne ist die rechtliche oder faktische Verpflichtung eines Unternehmens auf den vom Unternehmen vereinbarten Beitrag zum Fonds begrenzt. Damit richtet sich die Höhe der Leistungen nach Beendigung des Arbeitsverhältnisses, die der Arbeitnehmer erhält, nach der Höhe der Beiträge, die das Unternehmen (und manchmal auch dessen Arbeitnehmer) an den betreffenden Plan oder an ein Versicherungsunternehmen gezahlt haben, sowie der Rendite aus der Anlage dieser Beiträge. Folglich werden das versicherungsmathematische Risiko (dass Leistungen geringer ausfallen können als erwartet) und das Anlagerisiko (dass die angelegten Vermögenswerte nicht ausreichen, um die erwarteten Leistungen zu erbringen) im Wesentlichen vom Arbeitnehmer getragen.

29 Beispiele für Situationen, in denen die Verpflichtung eines Unternehmens nicht auf die vereinbarten Beitragszahlungen an den Fonds begrenzt ist, liegen dann vor, wenn die rechtliche oder faktische Verpflichtung des Unternehmens dadurch gekennzeichnet ist, dass
  (a) die in einem Plan enthaltene Leistungsformel nicht ausschließlich auf die Beiträge abstellt, sondern dem Unternehmen die Zahlung weiterer Beiträge vorschreibt, falls das Vermögen zur Erfüllung der in der Leistungsformel des Plans vorgesehenen Leistungen nicht ausreicht;
  (b) eine bestimmte Mindestverzinsung der Beiträge entweder mittelbar über einen Leistungsplan oder unmittelbar garantiert wurde; oder
  (c) betriebsübliche Praktiken eine faktische Verpflichtung begründen. Eine faktische Verpflichtung kann beispielsweise entstehen, wenn ein Unternehmen in der Vergangenheit stets die Leistungen für ausgeschiedene Arbeitnehmer erhöht hat, um sie an die Inflation anzupassen, selbst wenn dazu keine rechtliche Verpflichtung bestand.

30 Im Rahmen leistungsorientierter Versorgungspläne
  (a) besteht die Verpflichtung des Unternehmens in der Gewährung der zugesagten Leistungen an aktive und ausgeschiedene Arbeitnehmer; und
  (b) werden das versicherungsmathematische Risiko (d. h., dass die Leistungen höhere Kosten als erwartet verursachen) sowie das Anlagerisiko im Wesentlichen vom Unternehmen getragen. Sollte die tatsächliche Entwicklung ungünstiger verlaufen als dies nach den versicherungsmathematischen Annahmen oder Renditeannahmen für die Vermögensanlage erwartet wurde, so kann sich die Verpflichtung des Unternehmens erhöhen.

31 In den Paragraphen 32–49 wird die Unterscheidung zwischen beitragsorientierten und leistungsorientierten Plänen im Rahmen von gemeinschaftlichen Plänen mehrerer Arbeitgeber, leistungsorientierten Plänen mit Risikoverteilung zwischen Unternehmen unter gemeinsamer Beherrschung, staatlichen Plänen und versicherten Leistungen erläutert.

An obligation under profit-sharing and bonus plans results from employee service and not from a transaction with the entity's owners. Therefore, an entity recognises the cost of profit-sharing and bonus plans not as a distribution of profit but as an expense.

23

If profit-sharing and bonus payments are not expected to be settled wholly before twelve months after the end of the annual reporting period in which the employees render the related service, those payments are other long-term employee benefits (see paragraphs 153—158).

24

Disclosure

Although this Standard does not require specific disclosures about short-term employee benefits, other IFRSs may require disclosures. For example, IAS 24 requires disclosures about employee benefits for key management personnel. IAS 1 *Presentation of Financial Statements* requires disclosure of employee benefits expense.

25

POST-EMPLOYMENT BENEFITS: DISTINCTION BETWEEN DEFINED CONTRIBUTION PLANS AND DEFINED BENEFIT PLANS

Post-employment benefits include items such as the following:

26

(a) retirement benefits (eg pensions and lump sum payments on retirement); and
(b) other post-employment benefits, such as post-employment life insurance and post-employment medical care.

Arrangements whereby an entity provides post-employment benefits are post-employment benefit plans. An entity applies this Standard to all such arrangements whether or not they involve the establishment of a separate entity to receive contributions and to pay benefits.

Post-employment benefit plans are classified as either defined contribution plans or defined benefit plans, depending on the economic substance of the plan as derived from its principal terms and conditions.

27

Under defined contribution plans the entity's legal or constructive obligation is limited to the amount that it agrees to contribute to the fund. Thus, the amount of the post-employment benefits received by the employee is determined by the amount of contributions paid by an entity (and perhaps also the employee) to a postemployment benefit plan or to an insurance company, together with investment returns arising from the contributions. In consequence, actuarial risk (that benefits will be less than expected) and investment risk (that assets invested will be insufficient to meet expected benefits) fall, in substance, on the employee.

28

Examples of cases where an entity's obligation is not limited to the amount that it agrees to contribute to the fund are when the entity has a legal or constructive obligation through:

29

(a) a plan benefit formula that is not linked solely to the amount of contributions and requires the entity to provide further contributions if assets are insufficient to meet the benefits in the plan benefit formula;
(b) a guarantee, either indirectly through a plan or directly, of a specified return on contributions; or
(c) those informal practices that give rise to a constructive obligation. For example, a constructive obligation may arise where an entity has a history of increasing benefits for former employees to keep pace with inflation even where there is no legal obligation to do so.

Under defined benefit plans:

30

(a) the entity's obligation is to provide the agreed benefits to current and former employees; and
(b) actuarial risk (that benefits will cost more than expected) and investment risk fall, in substance, on the entity. If actuarial or investment experience are worse than expected, the entity's obligation may be increased.

Paragraphs 32—49 explain the distinction between defined contribution plans and defined benefit plans in the context of multi-employer plans, defined benefit plans that share risks between entities under common control, state plans and insured benefits.

31

32 Ein gemeinschaftlicher Plan mehrerer Arbeitgeber ist von einem Unternehmen nach den Regelungen des Plans (einschließlich faktischer Verpflichtungen, die über die formalen Regelungsinhalte des Plans hinausgehen) als beitragsorientierter Plan oder als leistungsorientierter Plan einzustufen.

33 Beteiligt sich ein Unternehmen an einem gemeinschaftlichen Plan mehrerer Arbeitgeber, der als leistungsorientiert eingestuft ist, und trifft Paragraph 34 nicht zu, so hat das Unternehmen
  (a) seinen Anteil an der leistungsorientierten Verpflichtung, dem Planvermögen und den mit dem Plan verbundenen Kosten genauso zu bilanzieren wie bei jedem anderen leistungsorientierten Plan; und
  (b) die gemäß den Paragraphen 135–148 (unter Ausschluss von Paragraph 148 (d)) erforderlichen Angaben zu machen.

34 Falls keine ausreichenden Informationen zur Verfügung stehen, um einen leistungsorientierten gemeinschaftlichen Plan mehrerer Arbeitgeber wie einen leistungsorientierten Plan zu bilanzieren, hat das Unternehmen
  (a) den Plan wie einen beitragsorientierten Plan zu bilanzieren, d. h. gemäß den Paragraphen 51 und 52; und
  (b) die in Paragraph 148 vorgeschriebenen Angaben zu machen.

35 Ein leistungsorientierter gemeinschaftlicher Plan mehrerer Arbeitgeber liegt beispielsweise dann vor, wenn:
  (a) der Plan durch Umlagebeiträge finanziert wird: d. h. Beiträge werden ausreichend hoch angesetzt, damit die in der gleichen Periode fälligen Leistungen voraussichtlich voll gezahlt werden können, während die in der Berichtsperiode erdienten künftigen Leistungen aus künftigen Beiträgen gezahlt werden; und
  (b) sich die Höhe der Leistungen an Arbeitnehmer nach der Länge ihrer Dienstzeiten bemisst und die am Plan beteiligten Unternehmen keine realistische Möglichkeit zur Beendigung ihrer Mitgliedschaft haben, ohne einen Beitrag für die bis zum Tag des Ausscheidens aus dem Plan erdienten Leistungen ihrer Arbeitnehmer zu zahlen. Ein solcher Plan beinhaltet versicherungsmathematische Risiken für das Unternehmen: falls die tatsächlichen Kosten der bis zum Abschlussstichtag bereits erdienten Leistungen höher sind als erwartet, wird das Unternehmen entweder seine Beiträge erhöhen oder die Arbeitnehmer davon überzeugen müssen, Leistungsminderungen zu akzeptieren. Aus diesem Grund ist ein solcher Plan ein leistungsorientierter Plan.

36 Wenn ausreichende Informationen über einen gemeinschaftlichen leistungsorientierten Plan mehrerer Arbeitgeber verfügbar sind, erfasst das Unternehmen seinen Anteil an der leistungsorientierten Verpflichtung, dem Planvermögen und den Kosten für Leistungen nach Beendigung des Arbeitsverhältnisses in der gleichen Weise wie für jeden anderen leistungsorientierten Plan. Doch ist ein Unternehmen möglicherweise nicht in der Lage, seinen Anteil an der Vermögens-, Finanz- und Ertragslage des Plans für Bilanzierungszwecke hinreichend verlässlich zu bestimmen. Dies kann der Fall sein, wenn
  (a) der Plan die teilnehmenden Unternehmen versicherungsmathematischen Risiken in Bezug auf die aktiven und ausgeschiedenen Arbeitnehmer der anderen Unternehmen aussetzt, und so im Ergebnis keine stetige und verlässliche Grundlage für die Zuordnung der Verpflichtung, des Planvermögens und der Kosten auf die einzelnen, teilnehmenden Unternehmen existiert; oder
  (b) das Unternehmen keinen Zugang zu ausreichenden Informationen über den Plan hat, die den Vorschriften dieses Standards genügen.
  In diesen Fällen bilanziert das Unternehmen den Plan wie einen beitragsorientierten Plan und macht die in Paragraph 148 vorgeschriebenen Angaben.

37 Es kann eine vertragliche Vereinbarung zwischen dem gemeinschaftlichen Plan mehrerer Arbeitgeber und dessen Teilnehmern bestehen, worin festgelegt ist, wie der Überschuss aus dem Plan an die Teilnehmer verteilt wird (oder der Fehlbetrag finanziert wird). Ein Teilnehmer eines gemeinschaftlichen Plans mehrerer Arbeitgeber, der vereinbarungsgemäß als beitragsorientierter Plan gemäß Paragraph 34 bilanziert wird, hat den Vermögenswert oder die Schuld aus der vertraglichen Vereinbarung anzusetzen und die daraus entstehenden Erträge oder Aufwendungen im Gewinn oder Verlust zu erfassen.

> **Beispiel zur Veranschaulichung des Paragraphen 37**[2]   Ein Unternehmen beteiligt sich an einem leistungsorientierten Plan mehrerer Arbeitgeber, der jedoch keine auf IAS 19 basierenden Bewertungen des Plans erstellt. Das Unternehmen bilanziert den Plan daher als beitragsorientierten Plan. Eine nicht auf IAS 19 basierende Bewertung der Finanzierung weist einen Fehlbetrag des Plans von 100 Mio. WE[2] auf. Der Plan hat mit den beteiligten Arbeitgebern vertraglich einen Beitragsplan vereinbart, der innerhalb der nächsten fünf Jahre den Fehlbetrag beseitigen wird. Die vertraglich vereinbarten Gesamtbeiträge des Unternehmens belaufen sich auf 8 Mio. WE.
>
> *Das Unternehmen setzt nach Berücksichtigung des Zeitwertes des Geldes eine Schuld für die Beiträge und einen gleichhohen Aufwand im Gewinn oder Verlust an.*

38 Gemeinschaftliche Pläne mehrerer Arbeitgeber unterscheiden sich von gemeinschaftlich verwalteten Plänen. Ein gemeinschaftlich verwalteter Plan ist lediglich eine Zusammenfassung von Plänen einzelner Arbeitgeber, die es diesen ermöglicht, ihre

---

2   In diesem Standard werden Geldbeträge in „Währungseinheiten (WE)" ausgedrückt.

Multi-employer plans

An entity shall classify a multi-employer plan as a defined contribution plan or a defined benefit plan under the terms of **32** the plan (including any constructive obligation that goes beyond the formal terms).

If an entity participates in a multi-employer defined benefit plan, unless paragraph 34 applies, it shall: **33**
(a) account for its proportionate share of the defined benefit obligation, plan assets and cost associated with the plan in the same way as for any other defined benefit plan; and
(b) disclose the information required by paragraphs 135—148 (excluding paragraph 148 (d)).

When sufficient information is not available to use defined benefit accounting for a multi-employer defined benefit plan, **34** an entity shall:
(a) account for the plan in accordance with paragraphs 51 and 52 as if it were a defined contribution plan; and
(b) disclose the information required by paragraph 148.

One example of a multi-employer defined benefit plan is one where: **35**
(a) the plan is financed on a pay-as-you-go basis: contributions are set at a level that is expected to be sufficient to pay the benefits falling due in the same period; and future benefits earned during the current period will be paid out of future contributions; and
(b) employees' benefits are determined by the length of their service and the participating entities have no realistic means of withdrawing from the plan without paying a contribution for the benefits earned by employees up to the date of withdrawal. Such a plan creates actuarial risk for the entity: if the ultimate cost of benefits already earned at the end of the reporting period is more than expected, the entity will have either to increase its contributions or to persuade employees to accept a reduction in benefits. Therefore, such a plan is a defined benefit plan.

Where sufficient information is available about a multi-employer defined benefit plan, an entity accounts for its propor- **36** tionate share of the defined benefit obligation, plan assets and post-employment cost associated with the plan in the same way as for any other defined benefit plan. However, an entity may not be able to identify its share of the underlying financial position and performance of the plan with sufficient reliability for accounting purposes. This may occur if:
(a) the plan exposes the participating entities to actuarial risks associated with the current and former employees of other entities, with the result that there is no consistent and reliable basis for allocating the obligation, plan assets and cost to individual entities participating in the plan; or
(b) the entity does not have access to sufficient information about the plan to satisfy the requirements of this Standard.
In those cases, an entity accounts for the plan as if it were a defined contribution plan and discloses the information required by paragraph 148.

There may be a contractual agreement between the multi-employer plan and its participants that determines how the **37** surplus in the plan will be distributed to the participants (or the deficit funded). A participant in a multiemployer plan with such an agreement that accounts for the plan as a defined contribution plan in accordance with paragraph 34 shall recognise the asset or liability that arises from the contractual agreement and the resulting income or expense in profit or loss.

Example illustrating paragraph 37[2] An entity participates in a multi-employer defined benefit plan that does not prepare plan valuations on an IAS 19 basis. It therefore accounts for the plan as if it were a defined contribution plan. A non-IAS 19 funding valuation shows a deficit of CU100 million[2] in the plan. The plan has agreed under contract a schedule of contributions with the participating employers in the plan that will eliminate the deficit over the next five years. The entity's total contributions under the contract are CU8 million.

The entity recognises a liability for the contributions adjusted for the time value of money and an equal expense in profit or loss.

Multi-employer plans are distinct from group administration plans. A group administration plan is merely an aggregation **38** of single employer plans combined to allow participating employers to pool their assets for investment purposes and

---

2 In this Standard monetary amounts are denominated in 'currency units (CU)'.

jeweiligen Planvermögen für Zwecke der gemeinsamen Anlage zusammenzulegen und die Kosten der Vermögensanlage und der allgemeinen Verwaltung zu senken, wobei die Ansprüche der verschiedenen Arbeitgeber aber getrennt bleiben und nur Leistungen an ihre jeweiligen Arbeitnehmer betreffen. Gemeinschaftlich verwaltete Pläne verursachen keine besonderen Bilanzierungsprobleme, weil die erforderlichen Informationen jederzeit verfügbar sind, um sie wie jeden anderen Plan eines einzelnen Arbeitgebers zu behandeln, und weil solche Pläne die teilnehmenden Unternehmen keinen versicherungsmathematischen Risiken in Bezug auf aktive und ausgeschiedene Arbeitnehmer der anderen Unternehmen aussetzen. Die Definitionen in diesem Standard verpflichten ein Unternehmen, einen gemeinschaftlich verwalteten Plan entsprechend dem Regelungswerk des Plans (einschließlich möglicher faktischer Verpflichtungen, die über die formalen Regelungsinhalte hinausgehen) als einen beitragsorientierten Plan oder einen leistungsorientierten Plan einzuordnen.

39 Bei der Feststellung, wann eine im Zusammenhang mit der Auflösung eines leistungsorientierten Plans mehrerer Arbeitgeber oder des Ausscheidens des Unternehmens aus einem leistungsorientierten Plan mehrerer Arbeitgeber entstandene Schuld anzusetzen und wie sie zu bewerten ist, hat ein Unternehmen IAS 37 *Rückstellungen, Eventualschulden und Eventualforderungen* anzuwenden.

Leistungsorientierte Pläne, die Risiken auf verschiedene Unternehmen unter gemeinsamer Beherrschung verteilen

40 Leistungsorientierte Pläne, die Risiken auf mehrere, unter gemeinsamer Beherrschung stehende Unternehmen verteilen, wie auf ein Mutterunternehmen und seine Tochterunternehmen, gelten nicht als gemeinschaftliche Pläne mehrerer Arbeitgeber.

41 Ein an einem solchen Plan teilnehmendes Unternehmen hat Informationen über den gesamten Plan einzuholen, der nach dem vorliegenden Standard auf Grundlage von Annahmen, die für den gesamten Plan gelten, bewertet wird. Besteht eine vertragliche Vereinbarung oder eine ausgewiesene Richtlinie, die leistungsorientierten Nettokosten des gesamten, gemäß dem vorliegenden Standard bewerteten Plans einzelnen Unternehmen der Gruppe anzulasten, so hat das Unternehmen die angelasteten leistungsorientierten Nettokosten in seinem separaten Einzelabschluss oder dem Jahresabschluss zu erfassen. Gibt es keine derartige Vereinbarung oder Richtlinie, sind die leistungsorientierten Nettokosten von dem Unternehmen der Gruppe, das das rechtliche Trägerunternehmen des Plans ist, in seinem separatem Einzelabschluss oder in seinem Jahresabschluss zu erfassen. Die anderen Unternehmen der Gruppe haben in ihren separaten Einzelabschlüssen oder Jahresabschlüssen einen Aufwand zu erfassen, der ihrem in der betreffenden Berichtsperiode zu zahlenden Beitrag entspricht.

42 Für jedes einzelne Unternehmen der Gruppe stellt die Teilnahme an einem solchen Plan einen Geschäftsvorfall mit nahe stehenden Unternehmen und Personen dar. Daher hat ein Unternehmen in seinem separaten Einzelabschluss oder seinem Jahresabschluss die in Paragraph 149 vorgeschriebenen Angaben zu machen.

Staatliche Pläne

43 Ein Unternehmen hat einen staatlichen Plan genauso zu behandeln wie einen gemeinschaftlichen Plan mehrerer Arbeitgeber (siehe Paragraphen 32–39).

44 Staatliche Pläne werden durch die Gesetzgebung festgelegt, um alle Unternehmen (oder alle Unternehmen einer bestimmten Kategorie, wie z. B. in einem bestimmten Industriezweig) zu erfassen, und sie werden vom Staat, von regionalen oder überregionalen Einrichtungen des öffentlichen Rechts oder anderen Stellen (z. B. eigens dafür geschaffenen autonomen Institutionen) betrieben, welche nicht der Kontrolle oder Einflussnahme des berichtenden Unternehmens unterstehen. Einige von Unternehmen eingerichtete Pläne erbringen sowohl Pflichtleistungen – und ersetzen insofern die andernfalls über einen staatlichen Plan zu versichernden Leistungen – als auch zusätzliche freiwillige Leistungen. Solche Pläne sind keine staatlichen Pläne.

45 Staatliche Pläne werden als leistungsorientiert oder als beitragsorientiert eingestuft, je nachdem, welche Verpflichtung dem Unternehmen aus dem Plan erwachsen. Viele staatliche Pläne werden nach dem Umlageprinzip finanziert: die Beiträge werden dabei so festgesetzt, dass sie ausreichen, um die erwarteten fälligen Leistungen der gleichen Periode zu erbringen; künftige, in der laufenden Periode erdiente Leistungen werden aus künftigen Beiträgen erbracht. Dennoch besteht bei staatlichen Plänen in den meisten Fällen keine rechtliche oder faktische Verpflichtung des Unternehmens zur Zahlung dieser künftigen Leistungen: es ist nur dazu verpflichtet, die fälligen Beiträge zu entrichten, und wenn das Unternehmen keine dem staatlichen Plan angehörenden Mitarbeiter mehr beschäftigt, ist es auch nicht verpflichtet, die in früheren Jahren erdienten Leistungen der eigenen Mitarbeiter zu erbringen. Deswegen sind staatliche Pläne im Regelfall beitragsorientierte Pläne. In den Fällen, in denen staatliche Pläne leistungsorientierte Pläne sind, wendet ein Unternehmen die Vorschriften der Paragraphen 32–39 an.

Versicherte Leistungen

46 Ein Unternehmen kann einen Plan für Leistungen nach Beendigung des Arbeitsverhältnisses durch Zahlung von Versicherungsprämien finanzieren. Ein solcher Plan ist als beitragsorientierter Plan zu behandeln, es sei denn, das Unternehmen ist (unmittelbar oder mittelbar über den Plan) rechtlich oder faktisch dazu verpflichtet,

reduce investment management and administration costs, but the claims of different employers are segregated for the sole benefit of their own employees. Group administration plans pose no particular accounting problems because information is readily available to treat them in the same way as any other single employer plan and because such plans do not expose the participating entities to actuarial risks associated with the current and former employees of other entities. The definitions in this Standard require an entity to classify a group administration plan as a defined contribution plan or a defined benefit plan in accordance with the terms of the plan (including any constructive obligation that goes beyond the formal terms).

In determining when to recognise, and how to measure, a liability relating to the wind-up of a multi-employer defined **39** benefit plan, or the entity's withdrawal from a multi-employer defined benefit plan, an entity shall apply IAS 37 *Provisions, Contingent Liabilities and Contingent Assets*.

Defined benefit plans that share risks between entities under common control

Defined benefit plans that share risks between entities under common control, for example, a parent and its subsidiaries, **40** are not multi-employer plans.

An entity participating in such a plan shall obtain information about the plan as a whole measured in accordance with **41** this Standard on the basis of assumptions that apply to the plan as a whole. If there is a contractual agreement or stated policy for charging to individual group entities the net defined benefit cost for the plan as a whole measured in accordance with this Standard, the entity shall, in its separate or individual financial statements, recognise the net defined benefit cost so charged. If there is no such agreement or policy, the net defined benefit cost shall be recognised in the separate or individual financial statements of the group entity that is legally the sponsoring employer for the plan. The other group entities shall, in their separate or individual financial statements, recognise a cost equal to their contribution payable for the period.

Participation in such a plan is a related party transaction for each individual group entity. An entity shall therefore, in its **42** separate or individual financial statements, disclose the information required by paragraph 149.

State plans

An entity shall account for a state plan in the same way as for a multi-employer plan (see paragraphs 32—39). **43**

State plans are established by legislation to cover all entities (or all entities in a particular category, for example, a specific **44** industry) and are operated by national or local government or by another body (for example, an autonomous agency created specifically for this purpose) that is not subject to control or influence by the reporting entity. Some plans established by an entity provide both compulsory benefits, as a substitute for benefits that would otherwise be covered under a state plan, and additional voluntary benefits. Such plans are not state plans.

State plans are characterised as defined benefit or defined contribution, depending on the entity's obligation under the **45** plan. Many state plans are funded on a pay-as-you-go basis: contributions are set at a level that is expected to be sufficient to pay the required benefits falling due in the same period; future benefits earned during the current period will be paid out of future contributions. Nevertheless, in most state plans the entity has no legal or constructive obligation to pay those future benefits: its only obligation is to pay the contributions as they fall due and if the entity ceases to employ members of the state plan, it will have no obligation to pay the benefits earned by its own employees in previous years. For this reason, state plans are normally defined contribution plans. However, when a state plan is a defined benefit plan an entity applies paragraphs 32—39.

Insured benefits

An entity may pay insurance premiums to fund a post-employment benefit plan. The entity shall treat such a plan as a **46** defined contribution plan unless the entity will have (either directly, or indirectly through the plan) a legal or constructive obligation either:

(a) die Leistungen bei Fälligkeit entweder unmittelbar an die Arbeitnehmer zu zahlen; oder

(b) zusätzliche Beträge zu entrichten, falls der Versicherer nicht alle in der laufenden oder früheren Perioden erdienten Leistungen zahlt.

Wenn eine solche rechtliche oder faktische Verpflichtung beim Unternehmen verbleibt, ist der Plan als leistungsorientierter Plan zu behandeln.

47 Die durch einen Versicherungsvertrag versicherten Leistungen müssen keine direkte oder automatische Beziehung zur Verpflichtung des Unternehmens haben. Bei versicherten Plänen für Leistungen nach Beendigung des Arbeitsverhältnisses gilt die gleiche Unterscheidung zwischen Bilanzierung und Finanzierung wie bei anderen fondsfinanzierten Plänen.

48 Wenn ein Unternehmen eine Verpflichtung zu einer nach Beendigung des Arbeitsverhältnisses zu erbringenden Leistung über Beiträge zu einem Versicherungsvertrag finanziert und gemäß diesem eine rechtliche oder faktische Verpflichtung bei dem Unternehmen verbleibt (unmittelbar oder mittelbar über den Plan, durch den Mechanismus bei der Festlegung zukünftiger Beiträge oder, weil der Versicherer ein verbundenes Unternehmen ist), ist die Zahlung der Versicherungsprämien nicht als beitragsorientierte Vereinbarung einzustufen. Daraus folgt, dass das Unternehmen

(a) den qualifizierenden Versicherungsvertrag als Planvermögen erfasst (siehe Paragraph 8); und

(b) andere Versicherungsverträge als Erstattungsansprüche bilanziert (wenn die Verträge die Kriterien des Paragraphen 116 erfüllen).

49 Ist ein Versicherungsvertrag auf den Namen eines einzelnen Planbegünstigten oder auf eine Gruppe von Planbegünstigten ausgestellt und das Unternehmen weder rechtlich noch faktisch dazu verpflichtet, mögliche Verluste aus dem Versicherungsvertrag auszugleichen, so ist das Unternehmen auch nicht dazu verpflichtet, Leistungen unmittelbar an die Arbeitnehmer zu zahlen; die alleinige Verantwortung zur Zahlung der Leistungen liegt dann beim Versicherer. Im Rahmen solcher Verträge stellt die Zahlung der festgelegten Versicherungsprämien grundsätzlich die Abgeltung der Leistungsverpflichtung an Arbeitnehmer dar und nicht lediglich eine Finanzinvestition zur Erfüllung der Verpflichtung. Folglich existiert bei dem Unternehmen kein diesbezüglicher Vermögenswert und keine diesbezügliche Schuld mehr. Ein Unternehmen behandelt derartige Zahlungen daher wie Beiträge an einen beitragsorientierten Plan.

LEISTUNGEN NACH BEENDIGUNG DES ARBEITSVERHÄLTNISSES: BEITRAGSORIENTIERTE PLÄNE

50 Die Bilanzierung beitragsorientierter Pläne ist einfach, weil die Verpflichtung des berichtenden Unternehmens in jeder Periode durch die für diese Periode zu entrichtenden Beiträge bestimmt ist. Deswegen sind zur Bewertung von Verpflichtung oder Aufwand des Unternehmens keine versicherungsmathematischen Annahmen erforderlich und können keine versicherungsmathematischen Gewinne oder Verluste entstehen. Darüber hinaus werden die Verpflichtungen auf nicht abgezinster Basis bewertet, es sei denn, sie sind nicht in voller Höhe innerhalb von zwölf Monaten nach Ende der Periode fällig, in der die damit verbundenen Arbeitsleistungen erbracht werden.

Ansatz und Bewertung

51 Hat ein Arbeitnehmer im Verlauf einer Periode Arbeitsleistungen erbracht, so hat das Unternehmen den im Austausch für die Arbeitsleistung zu zahlenden Beitrag an einen beitragsorientierten Plan wie folgt anzusetzen:

(a) als Schuld (abzugrenzender Aufwand) nach Abzug bereits entrichteter Beiträge. Übersteigt der bereits gezahlte Beitrag denjenigen Beitrag, der der bis zum Abschlussstichtag erbrachten Arbeitsleistung entspricht, so hat das Unternehmen die Differenz als Vermögenswert zu aktivieren (aktivische Abgrenzung), sofern die Vorauszahlung beispielsweise zu einer Verringerung künftiger Zahlungen oder einer Rückerstattung führen wird.

(b) als Aufwand, es sei denn, ein anderer Standard verlangt oder erlaubt die Einbeziehung des Beitrags in die Anschaffungs- oder Herstellungskosten eines Vermögenswerts (siehe z. B. IAS 2 und IAS 16).

52 Soweit Beiträge an einen beitragsorientierten Plan voraussichtlich nicht innerhalb von zwölf Monaten nach Ende der jährlichen Periode, in die Arbeitnehmer die entsprechende Arbeitsleistung erbracht haben, in voller Höhe abgegolten werden, sind sie unter Anwendung des in Paragraph 83 angegebenen Abzinsungssatzes abzuzinsen.

Angaben

53 Der als Aufwand für einen beitragsorientierten Versorgungsplan erfasste Betrag ist im Abschluss des Unternehmens anzugeben.

54 Falls IAS 24 dies vorschreibt, sind auch über Beiträge an beitragsorientierte Versorgungspläne für Mitglieder der Geschäftsleitung Informationen vorzulegen.

(a) to pay the employee benefits directly when they fall due; or

(b) to pay further amounts if the insurer does not pay all future employee benefits relating to employee service in the current and prior periods.

If the entity retains such a legal or constructive obligation, the entity shall treat the plan as a defined benefit plan.

The benefits insured by an insurance policy need not have a direct or automatic relationship with the entity's obligation **47** for employee benefits. Post-employment benefit plans involving insurance policies are subject to the same distinction between accounting and funding as other funded plans.

Where an entity funds a post-employment benefit obligation by contributing to an insurance policy under which the **48** entity (either directly, indirectly through the plan, through the mechanism for setting future premiums or through a related party relationship with the insurer) retains a legal or constructive obligation, the payment of the premiums does not amount to a defined contribution arrangement. It follows that the entity:

(a) accounts for a qualifying insurance policy as a plan asset (see paragraph 8); and

(b) recognises other insurance policies as reimbursement rights (if the policies satisfy the criterion in paragraph 116).

Where an insurance policy is in the name of a specified plan participant or a group of plan participants and the entity **49** does not have any legal or constructive obligation to cover any loss on the policy, the entity has no obligation to pay benefits to the employees and the insurer has sole responsibility for paying the benefits. The payment of fixed premiums under such contracts is, in substance, the settlement of the employee benefit obligation, rather than an investment to meet the obligation. Consequently, the entity no longer has an asset or a liability. Therefore, an entity treats such payments as contributions to a defined contribution plan.

POST-EMPLOYMENT BENEFITS: DEFINED CONTRIBUTION PLANS

Accounting for defined contribution plans is straightforward because the reporting entity's obligation for each period is **50** determined by the amounts to be contributed for that period. Consequently, no actuarial assumptions are required to measure the obligation or the expense and there is no possibility of any actuarial gain or loss. Moreover, the obligations are measured on an undiscounted basis, except where they are not expected to be settled wholly before twelve months after the end of the annual reporting period in which the employees render the related service.

Recognition and measurement

When an employee has rendered service to an entity during a period, the entity shall recognise the contribution payable **51** to a defined contribution plan in exchange for that service:

(a) as a liability (accrued expense), after deducting any contribution already paid. If the contribution already paid exceeds the contribution due for service before the end of the reporting period, an entity shall recognise that excess as an asset (prepaid expense) to the extent that the prepayment will lead to, for example, a reduction in future payments or a cash refund.

(b) as an expense, unless another IFRS requires or permits the inclusion of the contribution in the cost of an asset (see, for example, IAS 2 and IAS 16).

When contributions to a defined contribution plan are not expected to be settled wholly before twelve months after the **52** end of the annual reporting period in which the employees render the related service, they shall be discounted using the discount rate specified in paragraph 83.

Disclosure

An entity shall disclose the amount recognised as an expense for defined contribution plans. **53**

Where required by IAS 24 an entity discloses information about contributions to defined contribution plans for key man- **54** agement personnel.

55 Die Bilanzierung leistungsorientierter Pläne ist komplex, weil zur Bewertung von Verpflichtung und Aufwand versicherungsmathematische Annahmen erforderlich sind und versicherungsmathematische Gewinne und Verluste auftreten können. Darüber hinaus wird die Verpflichtung auf abgezinster Basis bewertet, da sie möglicherweise erst viele Jahre nach Erbringung der damit zusammenhängenden Arbeitsleistung der Arbeitnehmer gezahlt wird.

Ansatz und Bewertung

56 Leistungsorientierte Versorgungspläne können durch die Zahlung von Beiträgen des Unternehmens, manchmal auch seiner Arbeitnehmer, an eine vom berichtenden Unternehmen unabhängige, rechtlich selbständige Einheit oder einen Fonds, aus der/dem die Leistungen an die Arbeitnehmer gezahlt werden, ganz oder teilweise finanziert sein, oder sie bestehen ohne Fondsdeckung. Die Zahlung der über einen Fonds finanzierten Leistungen hängt bei deren Fälligkeit nicht nur von der Vermögens- und Finanzlage und dem Anlageerfolg des Fonds ab, sondern auch von der Fähigkeit (und Bereitschaft) des Unternehmens, etwaige Fehlbeträge im Vermögen des Fonds auszugleichen. Daher trägt letztlich das Unternehmen die mit dem Plan verbundenen versicherungsmathematischen Risiken und Anlagerisiken. Der für einen leistungsorientierten Plan zu erfassende Aufwand entspricht daher nicht notwendigerweise dem in der Periode fälligen Beitrag.

57 Die Bilanzierung leistungsorientierter Pläne durch ein Unternehmen umfasst folgende Schritte:
(a)   Die Bestimmung des Fehlbetrags oder der Vermögensüberdeckung. Dies beinhaltet:
   (i)   die Anwendung einer versicherungsmathematischen Methode, nämlich des Verfahrens laufender Einmalprämien, zur verlässlichen Schätzung des dem Unternehmen tatsächlich entstehenden Aufwands für die Leistungen, die Arbeitnehmer im Austausch für in der laufenden Periode und in früheren Perioden erbrachte Arbeitsleistungen verdient haben (siehe Paragraphen 67–69). Dazu muss ein Unternehmen bestimmen, wie viel der Leistungen der laufenden und den früheren Perioden zuzuordnen ist (siehe Paragraphen 70–74), und Einschätzungen (versicherungsmathematische Annahmen) zu demographischen Variablen (z. B. Arbeitnehmerfluktuation und Sterbewahrscheinlichkeit) sowie zu finanziellen Variablen (z. B. künftige Gehaltssteigerungen oder Kostentrends für medizinische Versorgung) vornehmen, die die Kosten für die zugesagten Leistungen beeinflussen (siehe Paragraphen 75–98).
   (ii)   die Abzinsung dieser Leistungen zur Bestimmung des Barwerts der leistungsorientierten Verpflichtung und des Dienstzeitaufwands der laufenden Periode (siehe Paragraphen 67–69 und 83–86).
   (iii)   den Abzug des beizulegenden Zeitwerts von Planvermögenswerten (siehe Paragraphen 113–115) vom Barwert der leistungsorientierten Verpflichtung.
(b)   Die Bestimmung der Höhe der Nettoschuld aus leistungsorientierten Versorgungsplänen (Vermögenswert) als Betrag des gemäß (a) bestimmten Fehlbetrags bzw. der Vermögensüberdeckung. Dieser wird um die Auswirkungen einer Begrenzung des Nettovermögenswerts aus leistungsorientierten Versorgungsplänen auf die Vermögensobergrenze berichtigt.
(c)   Die Bestimmung der folgenden, ergebniswirksam anzusetzenden Beträge:
   (i)   laufender Dienstzeitaufwand (siehe Paragraphen 70–74).
   (ii)   nachzuverrechnender Dienstzeitaufwand und Gewinn oder Verlust bei Abgeltung (siehe Paragraphen 99–112).
   (iii)   Nettozinsen auf die Nettoschuld aus leistungsorientierten Versorgungsplänen (Vermögenswert) (siehe Paragraphen 123–126).
(d)   Die Bestimmung der Neubewertungen der Nettoschuld (Vermögenswert) aus einem leistungsorientierten Versorgungsplan. Diese sind unter „Sonstiges Ergebnis" anzusetzen und setzen sich zusammen aus:
   (i)   den versicherungsmathematischen Gewinnen und Verlusten (siehe Paragraphen 128 und 129);
   (ii)   dem Ertrag aus Planvermögen unter Ausschluss von Beträgen, die in den Nettozinsen auf Nettoschulden (Vermögenswerte) aus leistungsorientierten Versorgungsplänen enthalten sind (siehe Paragraph 130); und
   (iii)   Veränderungen in der Auswirkung der Vermögensobergrenze (siehe Paragraph 64) unter Ausschluss von Beträgen, die in den Nettozinsen auf Nettoschulden (Vermögenswert) aus leistungsorientierten Versorgungsplänen enthalten sind.
Wenn ein Unternehmen mehr als einen leistungsorientierten Versorgungsplan hat, sind diese Verfahren auf jeden wesentlichen Plan gesondert anzuwenden.

58 Ein Unternehmen hat die Nettoschuld (Vermögenswert) aus leistungsorientierten Versorgungsplänen so regelmäßig zu bestimmen, dass sichergestellt ist, dass sich die in den Abschlüssen angesetzten Beträge nicht wesentlich von den Beträgen unterscheiden, die sich bei Bestimmung am Abschlussstichtag ergäben.

59 Der vorliegende Standard empfiehlt, schreibt aber nicht vor, dass ein Unternehmen in die Bewertung aller wesentlichen Verpflichtungen, die die nach Beendigung des Arbeitsverhältnisses zu erbringende Leistungen betreffen, einen qualifizierten Versicherungsmathematiker einbezieht. Ein Unternehmen kann aus praktischen Gründen bereits vor dem Abschlussstichtag einen qualifizierten Versicherungsmathematiker mit einer detaillierten Bewertung der Verpflichtung beauftragen. Die Ergebnisse dieser Bewertung werden jedoch aktualisiert, um wesentlichen Geschäftsvorfällen und anderen wesent-

Accounting for defined benefit plans is complex because actuarial assumptions are required to measure the obligation **55** and the expense and there is a possibility of actuarial gains and losses. Moreover, the obligations are measured on a discounted basis because they may be settled many years after the employees render the related service.

Recognition and measurement

Defined benefit plans may be unfunded, or they may be wholly or partly funded by contributions by an entity, and some- **56** times its employees, into an entity, or fund, that is legally separate from the reporting entity and from which the employee benefits are paid. The payment of funded benefits when they fall due depends not only on the financial position and the investment performance of the fund but also on an entity's ability, and willingness, to make good any shortfall in the fund's assets. Therefore, the entity is, in substance, underwriting the actuarial and investment risks associated with the plan. Consequently, the expense recognised for a defined benefit plan is not necessarily the amount of the contribution due for the period.

Accounting by an entity for defined benefit plans involves the following steps: **57**
(a) determining the deficit or surplus. This involves:
  (i) using an actuarial technique, the projected unit credit method, to make a reliable estimate of the ultimate cost to the entity of the benefit that employees have earned in return for their service in the current and prior periods (see paragraphs 67—69). This requires an entity to determine how much benefit is attributable to the current and prior periods (see paragraphs 70—74) and to make estimates (actuarial assumptions) about demographic variables (such as employee turnover and mortality) and financial variables (such as future increases in salaries and medical costs) that will affect the cost of the benefit (see paragraphs 75—98).
  (ii) discounting that benefit in order to determine the present value of the defined benefit obligation and the current service cost (see paragraphs 67—69 and 83—86).
  (iii) deducting the fair value of any plan assets (see paragraphs 113—115) from the present value of the defined benefit obligation.
(b) determining the amount of the net defined benefit liability (asset) as the amount of the deficit or surplus determined in (a), adjusted for any effect of limiting a net defined benefit asset to the asset ceiling (see paragraph 64).
(c) determining amounts to be recognised in profit or loss:
  (i) current service cost (see paragraphs 70—74).
  (ii) any past service cost and gain or loss on settlement (see paragraphs 99—112).
  (iii) net interest on the net defined benefit liability (asset) (see paragraphs 123—126).
(d) determining the remeasurements of the net defined benefit liability (asset), to be recognised in other comprehensive income, comprising:
  (i) actuarial gains and losses (see paragraphs 128 and 129);
  (ii) return on plan assets, excluding amounts included in net interest on the net defined benefit liability (asset) (see paragraph 130); and
  (iii) any change in the effect of the asset ceiling (see paragraph 64), excluding amounts included in net interest on the net defined benefit liability (asset).
Where an entity has more than one defined benefit plan, the entity applies these procedures for each material plan separately.

An entity shall determine the net defined benefit liability (asset) with sufficient regularity that the amounts recognised in **58** the financial statements do not differ materially from the amounts that would be determined at the end of the reporting period.

This Standard encourages, but does not require, an entity to involve a qualified actuary in the measurement of all material **59** post-employment benefit obligations. For practical reasons, an entity may request a qualified actuary to carry out a detailed valuation of the obligation before the end of the reporting period. Nevertheless, the results of that valuation are updated for any material transactions and other material changes in circumstances (including changes in market prices and interest rates) up to the end of the reporting period.

lichen Veränderungen bei den Umständen (einschließlich Veränderungen bei Marktpreisen und Zinssätzen) bis zum Abschlussstichtag Rechnung zu tragen.

60 In einigen Fällen können die in diesem Standard dargestellten detaillierten Berechnungen durch Schätzungen, Durchschnittsbildung und vereinfachte Berechnungen verlässlich angenähert werden.

Bilanzierung der faktischen Verpflichtung

61 Ein Unternehmen hat nicht nur die aus dem formalen Regelungswerk eines leistungsorientierten Plans resultierenden rechtlichen Verpflichtungen zu bilanzieren, sondern auch alle faktischen Verpflichtungen, die aus betriebsüblichen Praktiken resultieren. Betriebliche Praxis begründet faktische Verpflichtungen, wenn das Unternehmen keine realistische Alternative zur Zahlung der Leistungen an Arbeitnehmer hat. Eine faktische Verpflichtung ist beispielsweise dann gegeben, wenn eine Änderung der üblichen betrieblichen Praxis zu einer unannehmbaren Schädigung des sozialen Klimas im Betrieb führen würde.

62 Die formalen Regelungen eines leistungsorientierten Plans können es einem Unternehmen gestatten, sich von seinen Verpflichtungen aus dem Plan zu befreien. Dennoch ist es gewöhnlich schwierig, Pläne (ohne Zahlungen) aufzuheben, wenn die Arbeitnehmer gehalten werden sollen. Solange das Gegenteil nicht belegt wird, erfolgt daher die Bilanzierung unter der Annahme, dass ein Unternehmen, das seinen Arbeitnehmer gegenwärtig solche Leistungen zusagt, dies während der erwarteten Restlebensarbeitszeit der Arbeitnehmer auch weiterhin tun wird.

Bilanz

63 Ein Unternehmen hat die Nettoschuld (Vermögenswert) aus leistungsorientierten Versorgungsplänen in der Bilanz anzusetzen.

64 Erzielt ein Unternehmen aus einem leistungsorientierten Plan eine Vermögensüberdeckung, hat es den Vermögenswert aus dem leistungsorientierten Versorgungsplan zum jeweils niedrigeren der folgenden Beträge anzusetzen:
(a) der Vermögensüberdeckung des leistungsorientierten Plans;
(b) der Vermögensobergrenze. Diese wird anhand des in Paragraph 83 aufgeführten Abzinsungssatzes bestimmt.

65 Ein Vermögenswert aus dem leistungsorientierten Versorgungsplan kann entstehen, wenn ein solcher Plan überdotiert ist oder versicherungsmathematische Gewinne entstanden sind. In diesen Fällen bilanziert das Unternehmen einen Vermögenswert, da
(a) das Unternehmen Verfügungsgewalt über eine Ressource besitzt, d. h. die Möglichkeit hat, aus der Überdotierung künftigen Nutzen zu ziehen;
(b) diese Verfügungsgewalt Ergebnis von Ereignissen der Vergangenheit ist (vom Unternehmen gezahlte Beiträge und von den Arbeitnehmern erbrachte Arbeitsleistung); und
(c) dem Unternehmen daraus künftige wirtschaftliche Vorteile entstehen, und zwar entweder in Form geminderter künftiger Beitragszahlungen oder in Form von Rückerstattungen, entweder unmittelbar an das Unternehmen selbst oder mittelbar an einen anderen Plan mit Vermögensunterdeckung. Die Vermögensobergrenze ist der Barwert dieser künftigen Vorteile.

Ansatz und Bewertung: Barwert leistungsorientierter Verpflichtungen und laufender Dienstzeitaufwand

66 Die letztendlichen Kosten eines leistungsorientierten Plans können durch viele Variablen beeinflusst werden, wie Endgehälter, Mitarbeiterfluktuation und Sterbewahrscheinlichkeit, Arbeitnehmerbeiträge und Kostentrends im Bereich der medizinischen Versorgung. Die tatsächlichen Kosten des Plans sind ungewiss und diese Ungewissheit besteht in der Regel über einen langen Zeitraum. Um den Barwert von Leistungsverpflichtungen nach Beendigung des Arbeitsverhältnisses und den damit verbundenen Dienstzeitaufwand einer Periode zu bestimmen, ist es erforderlich,
(a) eine versicherungsmathematische Bewertungsmethode anzuwenden (siehe Paragraphen 67–69);
(b) die Leistungen den Dienstjahren der Arbeitnehmer zuzuordnen (siehe Paragraphen 70–74); und
(c) versicherungsmathematische Annahmen zu treffen (siehe Paragraphen 75–98).

Versicherungsmathematische Bewertungsmethode

67 Zur Bestimmung des Barwerts einer leistungsorientierten Verpflichtung, des damit verbundenen Dienstzeitaufwands und, falls zutreffend, des nachzuverrechnenden Dienstzeitaufwands hat ein Unternehmen die Methode der laufenden Einmalprämien anzuwenden.

68 Die Methode der laufenden Einmalprämien (mitunter auch als Anwartschaftsansammlungsverfahren oder Anwartschaftsbarwertverfahren bezeichnet, weil Leistungsbausteine linear pro-rata oder der Planformel folgend den Dienstjahren zugeordnet werden) geht davon aus, dass in jedem Dienstjahr ein zusätzlicher Teil des Leistungsanspruchs erdient wird (siehe Paragraphen 70–74) und bewertet jeden dieser Leistungsbausteine separat, um so die endgültige Verpflichtung aufzubauen (siehe Paragraphen 75–98).

In some cases, estimates, averages and computational short cuts may provide a reliable approximation of the detailed **60** computations illustrated in this Standard.

Accounting for the constructive obligation

An entity shall account not only for its legal obligation under the formal terms of a defined benefit plan, but also for any **61** constructive obligation that arises from the entity's informal practices. Informal practices give rise to a constructive obligation where the entity has no realistic alternative but to pay employee benefits. An example of a constructive obligation is where a change in the entity's informal practices would cause unacceptable damage to its relationship with employees.

The formal terms of a defined benefit plan may permit an entity to terminate its obligation under the plan. Nevertheless, **62** it is usually difficult for an entity to terminate its obligation under a plan (without payment) if employees are to be retained. Therefore, in the absence of evidence to the contrary, accounting for postemployment benefits assumes that an entity that is currently promising such benefits will continue to do so over the remaining working lives of employees.

Statement of financial position

An entity shall recognise the net defined benefit liability (asset) in the statement of financial position. **63**

When an entity has a surplus in a defined benefit plan, it shall measure the net defined benefit asset at the lower of: **64**
(a) the surplus in the defined benefit plan; and
(b) the asset ceiling, determined using the discount rate specified in paragraph 83.

A net defined benefit asset may arise where a defined benefit plan has been overfunded or where actuarial gains have **65** arisen. An entity recognises a net defined benefit asset in such cases because:
(a) the entity controls a resource, which is the ability to use the surplus to generate future benefits;
(b) that control is a result of past events (contributions paid by the entity and service rendered by the employee); and
(c) future economic benefits are available to the entity in the form of a reduction in future contributions or a cash refund, either directly to the entity or indirectly to another plan in deficit. The asset ceiling is the present value of those future benefits.

Recognition and measurement: present value of defined benefit obligations and current service cost

The ultimate cost of a defined benefit plan may be influenced by many variables, such as final salaries, employee turnover **66** and mortality, employee contributions and medical cost trends. The ultimate cost of the plan is uncertain and this uncertainty is likely to persist over a long period of time. In order to measure the present value of the postemployment benefit obligations and the related current service cost, it is necessary:
(a) to apply an actuarial valuation method (see paragraphs 67—69);
(b) to attribute benefit to periods of service (see paragraphs 70—74); and
(c) to make actuarial assumptions (see paragraphs 75—98).

Actuarial valuation method

An entity shall use the projected unit credit method to determine the present value of its defined benefit obligations and **67** the related current service cost and, where applicable, past service cost.

The projected unit credit method (sometimes known as the accrued benefit method pro-rated on service or as the benefit/ **68** years of service method) sees each period of service as giving rise to an additional unit of benefit entitlement (see paragraphs 70—74) and measures each unit separately to build up the final obligation (see paragraphs 75—98).

Beispiel zur Veranschaulichung des Paragraphen 68 Bei Beendigung des Arbeitsverhältnisses ist eine Kapitalleistung in Höhe von 1 % des Endgehalts für jedes geleistete Dienstjahr zu zahlen. Im ersten Dienstjahr beträgt das Gehalt 10.000 WE und steigt erwartungsgemäß jedes Jahr um 7 % (bezogen auf den Vorjahresstand). Der angewendete Abzinsungssatz beträgt 10 % *per annum*. Die folgende Tabelle veranschaulicht, wie sich die Verpflichtung für einen Mitarbeiter aufbaut, der voraussichtlich am Ende des 5. Dienstjahres ausscheidet, wobei unterstellt wird, dass die versicherungsmathematischen Annahmen keinen Änderungen unterliegen. Zur Vereinfachung wird im Beispiel die ansonsten erforderliche Berücksichtigung der Wahrscheinlichkeit vernachlässigt, dass der Arbeitnehmer vor oder nach diesem Zeitpunkt ausscheidet.

Jahr	1	2	3	4	5
	WE	WE	WE	WE	WE
Leistung erdient in:					
– früheren Dienstjahren	0	131	262	393	524
– dem laufenden Dienstjahr (1 % des Endgehalts)	131	131	131	131	131
– dem laufenden und früheren Dienstjahren	131	262	393	524	655
Verpflichtung zu Beginn des Berichtszeitraums	–	89	196	324	476
Zinsen von 10 %	–	9	20	33	48
Laufender Dienstzeitaufwand	89	98	108	119	131
Verpflichtung am Ende des Berichtszeitraums	89	196	324	476	655

Anmerkung:

1 Die Verpflichtung zu Beginn des Berichtszeitraums entspricht dem Barwert der Leistungen, die früheren Dienstjahren zugeordnet werden.

2 Der laufende Dienstzeitaufwand entspricht dem Barwert der Leistungen, die dem laufenden Dienstjahr zugeordnet werden.

3 Die Verpflichtung am Ende des Berichtszeitraums entspricht dem Barwert der Leistungen, die dem laufenden und früheren Dienstjahren zugeordnet werden.

69 Die gesamte Verpflichtung für Leistungen nach Beendigung des Arbeitsverhältnisses ist vom Unternehmen abzuzinsen, auch wenn ein Teil der Verpflichtung voraussichtlich innerhalb von zwölf Monaten nach dem Abschlussstichtag abgegolten wird.

Zuordnung von Leistungen zu Dienstjahren

70 Bei der Bestimmung des Barwerts seiner leistungsorientierten Verpflichtungen, des damit verbundenen Dienstzeitaufwands und, sofern zutreffend, des nachzuverrechnenden Dienstzeitaufwands hat das Unternehmen die Leistungen den Dienstjahren so zuzuordnen, wie es die Planformel vorgibt. Führt die in späteren Dienstjahren erbrachte Arbeitsleistung der Arbeitnehmer allerdings zu einem wesentlich höheren Leistungsniveau als die in früheren Dienstjahren erbrachte Arbeitsleistung, so ist die Leistungszuordnung linear vorzunehmen, und zwar

(a) ab dem Zeitpunkt, zu dem die Arbeitsleistung des Arbeitnehmers erstmalig zu Leistungen aus dem Plan führt (unabhängig davon, ob die Gewährung der Leistungen vom Fortbestand des Arbeitsverhältnisses abhängig ist oder nicht); bis

(b) zu dem Zeitpunkt, ab dem die weitere Arbeitsleistung des Arbeitnehmers die Leistungen aus dem Plan, von Erhöhungen wegen Gehaltssteigerungen abgesehen, nicht mehr wesentlich erhöht.

71 Das Verfahren der laufenden Einmalprämien verlangt, dass das Unternehmen der laufenden Periode (zwecks Bestimmung des laufenden Dienstzeitaufwands) sowie der laufenden und früheren Perioden (zwecks Bestimmung des gesamten Barwerts der leistungsorientierten Verpflichtung) Leistungsteile zuordnet. Leistungsteile werden jenen Perioden zugeordnet, in denen die Verpflichtung, diese nach Beendigung des Arbeitsverhältnisses zu gewähren, entsteht. Diese Verpflichtung entsteht in dem Maße, wie die Arbeitnehmer ihre Arbeitsleistungen im Austausch für die ihnen nach Beendigung des Arbeitsverhältnisses vom Unternehmen erwartungsgemäß in späteren Berichtsperioden zu zahlenden Leistungen erbringen. Versicherungsmathematische Verfahren versetzen das Unternehmen in die Lage, diese Verpflichtung hinreichend verlässlich zu bewerten, um den Ansatz einer Schuld zu begründen.

Beispiele zur Veranschaulichung des Paragraphen 71

1 Ein leistungsorientierter Plan sieht bei Renteneintritt die Zahlung einer Kapitalleistung von 100 WE für jedes Dienstjahr vor.

Example illustrating paragraph 68   A lump sum benefit is payable on termination of service and equal to 1 per cent of final salary for each year of service. The salary in year 1 is CU10,000 and is assumed to increase at 7 per cent (compound) each year. The discount rate used is 10 per cent per year. The following table shows how the obligation builds up for an employee who is expected to leave at the end of year 5, assuming that there are no changes in actuarial assumptions. For simplicity, this example ignores the additional adjustment needed to reflect the probability that the employee may leave the entity at an earlier or later date.

Year	1	2	3	4	5
	CU	CU	CU	CU	CU
Benefit attributed to:					
— prior years	0	131	262	393	524
— current year (1 % of final salary)	131	131	131	131	131
— current and prior years	131	262	393	524	655
Opening obligation	—	89	196	324	476
Interest at 10 %	—	9	20	33	48
Current service cost	89	98	108	119	131
Closing obligation	89	196	324	476	655

Note:

1   The opening obligation is the present value of the benefit attributed to prior years.

2   The current service cost is the present value of the benefit attributed to the current year.

3   The closing obligation is the present value of the benefit attributed to current and prior years.

An entity discounts the whole of a post-employment benefit obligation, even if part of the obligation is expected to be   **69** settled before twelve months after the reporting period.

Attributing benefit to periods of service

In determining the present value of its defined benefit obligations and the related current service cost and, where applic-   **70** able, past service cost, an entity shall attribute benefit to periods of service under the plan's benefit formula. However, if an employee's service in later years will lead to a materially higher level of benefit than in earlier years, an entity shall attribute benefit on a straight-line basis from:
(a)   the date when service by the employee first leads to benefits under the plan (whether or not the benefits are conditional on further service) until
(b)   the date when further service by the employee will lead to no material amount of further benefits under the plan, other than from further salary increases.

The projected unit credit method requires an entity to attribute benefit to the current period (in order to determine cur-   **71** rent service cost) and the current and prior periods (in order to determine the present value of defined benefit obligations). An entity attributes benefit to periods in which the obligation to provide post-employment benefits arises. That obligation arises as employees render services in return for post-employment benefits that an entity expects to pay in future reporting periods. Actuarial techniques allow an entity to measure that obligation with sufficient reliability to justify recognition of a liability.

Examples illustrating paragraph 71

1   A defined benefit plan provides a lump sum benefit of CU100 payable on retirement for each year of service.

Jedem Dienstjahr wird eine Leistung von 100 WE zugeordnet. Der laufende Dienstzeitaufwand entspricht dem Barwert von 100 WE. Der gesamte Barwert der leistungsorientierten Verpflichtung entspricht dem Barwert von 100 WE, multipliziert mit der Anzahl der bis zum Abschlussstichtag geleisteten Dienstjahre.

Wenn die Leistung unmittelbar beim Ausscheiden des Arbeitnehmers aus dem Unternehmen fällig wird, geht der erwartete Zeitpunkt des Ausscheidens des Arbeitnehmers in die Berechnung des laufenden Dienstzeitaufwands und des Barwerts der leistungsorientierten Verpflichtung ein. Folglich sind beide Werte – wegen des Abzinsungseffektes – geringer als die Beträge, die sich bei Ausscheiden des Mitarbeiters am Abschlussstichtag ergeben würden.

2 Ein Plan sieht eine monatliche Rente von 0,2 % des Endgehalts für jedes Dienstjahr vor. Die Rente ist ab Vollendung des 65. Lebensjahres zu zahlen.

Jedem Dienstjahr wird eine Leistung in Höhe des zum erwarteten Zeitpunkt des Renteneintritts ermittelten Barwerts einer lebenslangen monatlichen Rente von 0,2 % des geschätzten Endgehalts zugeordnet. Diese ist ab dem erwarteten Tag des Renteneintritts bis zum erwarteten Todestag zu zahlen. Der laufende Dienstzeitaufwand entspricht dem Barwert dieser Leistung. Der Barwert der leistungsorientierten Verpflichtung entspricht dem Barwert monatlicher Rentenzahlungen in Höhe von 0,2 % des Endgehalts, multipliziert mit der Anzahl der bis zum Abschlussstichtag geleisteten Dienstjahre. Der laufende Dienstzeitaufwand und der Barwert der leistungsorientierten Verpflichtung werden abgezinst, weil die Rentenzahlungen erst mit Vollendung des 65. Lebensjahres beginnen.

72 Die erbrachte Arbeitsleistung eines Arbeitnehmers führt bei leistungsorientierten Plänen selbst dann zu einer Verpflichtung, wenn die Gewährung der Leistungen vom Fortbestand der Arbeitsverhältnisse abhängt (die Leistungen also noch nicht unverfallbar sind). Arbeitsleistung, die vor Eintritt der Unverfallbarkeit erbracht wurde, begründet eine faktische Verpflichtung, weil die bis zur vollen Anspruchsberechtigung noch zu erbringende Arbeitsleistung an jedem folgenden Abschlussstichtag sinkt. Das Unternehmen berücksichtigt bei der Bewertung seiner leistungsorientierten Verpflichtung die Wahrscheinlichkeit, dass einige Mitarbeiter die Unverfallbarkeitsvoraussetzungen nicht erfüllen. Auch wenn verschiedene Leistungen nach Beendigung des Arbeitsverhältnisses nur dann gezahlt werden, wenn nach dem Ausscheiden eines Arbeitnehmers ein bestimmtes Ereignis eintritt, z. B. im Falle der medizinischen Versorgung nach Beendigung des Arbeitsverhältnisses, entsteht gleichermaßen eine Verpflichtung bereits mit der Erbringung der Arbeitsleistung des Arbeitnehmers, wenn diese einen Leistungsanspruch bei Eintritt des bestimmten Ereignisses begründet. Die Wahrscheinlichkeit, dass das bestimmte Ereignis eintritt, beeinflusst die Verpflichtung in ihrer Höhe, nicht jedoch dem Grunde nach.

Beispiele zur Veranschaulichung des Paragraphen 72

1 Ein Plan zahlt eine Leistung von 100 WE für jedes Dienstjahr. Nach zehn Dienstjahren wird die Anwartschaft unverfallbar.

Jedem Dienstjahr wird eine Leistung von 100 WE zugeordnet. In jedem der ersten zehn Jahre ist im laufenden Dienstzeitaufwand und im Barwert der Verpflichtung die Wahrscheinlichkeit berücksichtigt, dass der Arbeitnehmer eventuell keine zehn Dienstjahre vollendet.

2 Aus einem Plan wird eine Leistung von 100 WE für jedes Dienstjahr gewährt, wobei Dienstjahre vor Vollendung des 25. Lebensjahres ausgeschlossen sind. Die Anwartschaft ist sofort unverfallbar.

Den vor Vollendung des 25. Lebensjahres erbrachten Dienstjahren wird keine Leistung zugeordnet, da die vor diesem Zeitpunkt erbrachte Arbeitsleistung (unabhängig vom Fortbestand des Arbeitsverhältnisses) keine Anwartschaft auf Leistungen begründet. Jedem Folgejahr wird eine Leistung von 100 WE zugeordnet.

73 Die Verpflichtung erhöht sich bis zu dem Zeitpunkt, ab dem weitere Arbeitsleistungen zu keiner wesentlichen Erhöhung der Leistungen mehr führen. Daher werden alle Leistungen Perioden zugeordnet, die zu diesem Zeitpunkt oder vorher enden. Die Leistung wird den einzelnen Bilanzierungsperioden nach Maßgabe der im Plan enthaltenen Formel zugeordnet. Falls jedoch die in späteren Jahren erbrachte Arbeitsleistung eines Arbeitnehmers wesentlich höhere Anwartschaften begründet als in früheren Jahren, so hat das Unternehmen die Leistungen linear über die Berichtsperioden bis zu dem Zeitpunkt zu verteilen, ab dem weitere Arbeitsleistungen des Arbeitnehmers zu keiner wesentlichen Erhöhung der Anwartschaft mehr führen. Begründet ist dies dadurch, dass letztendlich die im gesamten Zeitraum erbrachte Arbeitsleistung zu einer Anwartschaft auf diesem höheren Niveau führt.

Beispiele zur Veranschaulichung des Paragraphen 73

1 Ein Plan sieht eine einmalige Kapitalleistung von 1.000 WE vor, die nach zehn Dienstjahren unverfallbar wird. Für nachfolgende Dienstjahre sieht der Plan keine weiteren Leistungen mehr vor.

Jedem der ersten 10 Jahre wird eine Leistung von 100 WE (1.000 WE geteilt durch 10) zugeordnet.

Im laufenden Dienstzeitaufwand für jedes der ersten zehn Jahre wird die Wahrscheinlichkeit berücksichtigt, dass der Arbeitnehmer eventuell vor Vollendung von zehn Dienstjahren ausscheidet. Den folgenden Jahren wird keine Leistung zugeordnet.

A benefit of CU100 is attributed to each year. The current service cost is the present value of CU100. The present value of the defined benefit obligation is the present value of CU100, multiplied by the number of years of service up to the end of the reporting period.

If the benefit is payable immediately when the employee leaves the entity, the current service cost and the present value of the defined benefit obligation reflect the date at which the employee is expected to leave. Thus, because of the effect of discounting, they are less than the amounts that would be determined if the employee left at the end of the reporting period.

2   A plan provides a monthly pension of 0,2 per cent of final salary for each year of service. The pension is payable from the age of 65.

Benefit equal to the present value, at the expected retirement date, of a monthly pension of 0,2 per cent of the estimated final salary payable from the expected retirement date until the expected date of death is attributed to each year of service. The current service cost is the present value of that benefit. The present value of the defined benefit obligation is the present value of monthly pension payments of 0,2 per cent of final salary, multiplied by the number of years of service up to the end of the reporting period. The current service cost and the present value of the defined benefit obligation are discounted because pension payments begin at the age of 65.

Employee service gives rise to an obligation under a defined benefit plan even if the benefits are conditional on future **72** employment (in other words they are not vested). Employee service before the vesting date gives rise to a constructive obligation because, at the end of each successive reporting period, the amount of future service that an employee will have to render before becoming entitled to the benefit is reduced. In measuring its defined benefit obligation, an entity considers the probability that some employees may not satisfy any vesting requirements. Similarly, although some post-employment benefits, for example, post-employment medical benefits, become payable only if a specified event occurs when an employee is no longer employed, an obligation is created when the employee renders service that will provide entitlement to the benefit if the specified event occurs. The probability that the specified event will occur affects the measurement of the obligation, but does not determine whether the obligation exists.

Examples illustrating paragraph 72

1   A plan pays a benefit of CU100 for each year of service. The benefits vest after ten years of service.

A benefit of CU100 is attributed to each year. In each of the first ten years, the current service cost and the present value of the obligation reflect the probability that the employee may not complete ten years of service.

2   A plan pays a benefit of CU100 for each year of service, excluding service before the age of 25. The benefits vest immediately.

No benefit is attributed to service before the age of 25 because service before that date does not lead to benefits (conditional or unconditional). A benefit of CU100 is attributed to each subsequent year.

The obligation increases until the date when further service by the employee will lead to no material amount of further **73** benefits. Therefore, all benefit is attributed to periods ending on or before that date. Benefit is attributed to individual accounting periods under the plan's benefit formula. However, if an employee's service in later years will lead to a materially higher level of benefit than in earlier years, an entity attributes benefit on a straight-line basis until the date when further service by the employee will lead to no material amount of further benefits. That is because the employee's service throughout the entire period will ultimately lead to benefit at that higher level.

Examples illustrating paragraph 73

1   A plan pays a lump sum benefit of CU1,000 that vests after ten years of service. The plan provides no further benefit for subsequent service.

A benefit of CU100 (CU1,000 divided by ten) is attributed to each of the first ten years.

The current service cost in each of the first ten years reflects the probability that the employee may not complete ten years of service. No benefit is attributed to subsequent years.

2 Ein Plan zahlt bei Renteneintritt eine einmalige Kapitalleistung von 2.000 WE an alle Arbeitnehmer, die im Alter von 55 Jahren nach zwanzig Dienstjahren noch im Unternehmen beschäftigt sind oder an Arbeitnehmer, die unabhängig von ihrer Dienstzeit im Alter von 65 Jahren noch im Unternehmen beschäftigt sind.

Arbeitnehmer, die vor Vollendung des 35. Lebensjahres eintreten, erwerben erst mit Vollendung des 35. Lebensjahrs eine Anwartschaft auf Leistungen aus diesem Plan (ein Arbeitnehmer könnte mit 30 aus dem Unternehmen ausscheiden und mit 33 zurückkehren, ohne dass dies Auswirkungen auf die Höhe oder die Fälligkeit der Leistung hätte). Die Gewährung dieser Leistungen hängt von der Erbringung künftiger Arbeitsleistung ab. Zudem führt die Erbringung von Arbeitsleistung nach Vollendung des 55. Lebensjahres nicht zu einer wesentlichen Erhöhung der Anwartschaft. Für diese Arbeitnehmer ordnet das Unternehmen jedem Dienstjahr zwischen Vollendung des 35. und des 55. Lebensjahres eine Leistung von 100 WE (2.000 WE geteilt durch 20) zu.

Für Arbeitnehmer, die zwischen Vollendung des 35. und des 45. Lebensjahres eintreten, führt eine Dienstzeit von mehr als 20 Jahren nicht zu einer wesentlichen Erhöhung der Anwartschaft. Jedem der ersten 20 Dienstjahre dieser Arbeitnehmer ordnet das Unternehmen deswegen eine Leistung von 100 WE zu (2.000 WE geteilt durch 20).

Für Arbeitnehmer, die im Alter von 55 Jahren eintreten, führt eine Dienstzeit von mehr als 10 Jahren nicht zu einer wesentlichen Erhöhung der Anwartschaft. Jedem der ersten 10 Dienstjahre dieser Arbeitnehmer ordnet das Unternehmen eine Leistung von 200 WE zu (2.000 WE geteilt durch 10).

Im laufenden Dienstzeitaufwand und im Barwert der Verpflichtung wird für alle Arbeitnehmer die Wahrscheinlichkeit berücksichtigt, dass die für die Leistung erforderlichen Dienstjahre eventuell nicht erreicht werden.

3 Ein Plan für Leistungen der medizinischen Versorgung nach Beendigung des Arbeitsverhältnisses erstattet dem Arbeitnehmer 40 % der Kosten für medizinische Versorgung nach Beendigung des Arbeitsverhältnisses, wenn er nach mehr als 10 und weniger als 20 Dienstjahren ausscheidet und 50 % der Kosten, wenn er nach 20 oder mehr Jahren ausscheidet.

Nach Maßgabe der Leistungsformel des Plans ordnet das Unternehmen jedem der ersten 10 Dienstjahre 4 % (40 % geteilt durch 10) und jedem der folgenden 10 Dienstjahre 1 % (10 % geteilt durch 10) des Barwertes der erwarteten Kosten für medizinische Versorgung zu. Im laufenden Dienstzeitaufwand eines jeden Dienstjahres wird die Wahrscheinlichkeit berücksichtigt, dass der Arbeitnehmer die für die gesamten oder anteiligen Leistungen erforderlichen Dienstjahre eventuell nicht erreicht. Für Arbeitnehmer, deren Ausscheiden innerhalb von zehn Jahren erwartet wird, wird keine Leistung zugeordnet.

4 Ein Plan für Leistungen der medizinischen Versorgung nach Beendigung des Arbeitsverhältnisses erstattet dem Arbeitnehmer 10 % der Kosten für medizinische Versorgung nach Beendigung des Arbeitsverhältnisse, wenn er nach mehr als 10 und weniger als 20 Dienstjahren ausscheidet und 50 % der Kosten, wenn er nach 20 oder mehr Jahren ausscheidet.

Arbeitsleistung in späteren Jahren berechtigt zu wesentlich höheren Leistungen als Arbeitsleistung in früheren Jahren der Dienstzeit. Für Arbeitnehmer, die voraussichtlich nach 20 oder mehr Jahren ausscheiden, wird die Leistung daher linear gemäß Paragraph 71 verteilt. Arbeitsleistung nach mehr als 20 Jahren führt zu keiner wesentlichen Erhöhung der zugesagten Leistung. Deswegen wird jedem der ersten 20 Jahre ein Leistungsteil von 2,5 % des Barwerts der erwarteten Kosten der medizinischen Versorgung zugeordnet (50 % geteilt durch 20).

Für Arbeitnehmer, die voraussichtlich zwischen dem zehnten und dem zwanzigsten Jahr ausscheiden, wird jedem der ersten 10 Jahre eine Teilleistung von 1 % des Barwerts der erwarteten Kosten für die medizinische Versorgung zugeordnet.

Für diese Arbeitnehmer wird den Dienstjahren zwischen dem Ende des zehnten Jahres und dem geschätzten Datum des Ausscheidens keine Leistung zugeordnet.

Für Arbeitnehmer, deren Ausscheiden innerhalb von zehn Jahren erwartet wird, wird keine Leistung zugeordnet.

74 Entspricht die Höhe der zugesagten Leistung einem konstanten Anteil am Endgehalt für jedes Dienstjahr, so haben künftige Gehaltssteigerungen zwar Auswirkungen auf den zur Erfüllung der am Abschlussstichtag bestehenden, auf frühere Dienstjahre zurückgehenden Verpflichtung nötigen Betrag, sie führen jedoch nicht zu einer Erhöhung der Verpflichtung selbst. Deswegen

(a) begründen Gehaltssteigerungen in Bezug auf Paragraph 70 (b) keine zusätzliche Leistung an Arbeitnehmer, obwohl sich die Leistungshöhe am Endgehalt bemisst; und

(b) entspricht die jeder Berichtsperiode zugeordnete Leistung in ihrer Höhe einem konstanten Anteil desjenigen Gehalts, auf das sich die Leistung bezieht.

Beispiel zur Veranschaulichung des Paragraphen 74 Den Arbeitnehmern steht eine Leistung in Höhe von 3 % des Endgehalts für jedes Dienstjahr vor Vollendung des 55. Lebensjahres zu.

Jedem Dienstjahr bis zur Vollendung des 55. Lebensjahres wird eine Leistung in Höhe von 3 % des geschätzten Endgehalts zugeordnet. Dieses ist der Zeitpunkt, ab dem weitere Arbeitsleistung zu keiner wesentlichen Erhöhung der Leistung aus dem Plan mehr führt. Dienstzeiten nach Vollendung des 55. Lebensjahres wird keine Leistung zugeordnet.

2 A plan pays a lump sum retirement benefit of CU2,000 to all employees who are still employed at the age of 55 after twenty years of service, or who are still employed at the age of 65, regardless of their length of service.

For employees who join before the age of 35, service first leads to benefits under the plan at the age of 35 (an employee could leave at the age of 30 and return at the age of 33, with no effect on the amount or timing of benefits). Those benefits are conditional on further service. Also, service beyond the age of 55 will lead to no material amount of further benefits. For these employees, the entity attributes benefit of CU100 (CU2,000 divided by twenty) to each year from the age of 35 to the age of 55.

For employees who join between the ages of 35 and 45, service beyond twenty years will lead to no material amount of further benefits. For these employees, the entity attributes benefit of 100 (2,000 divided by twenty) to each of the first twenty years.

For an employee who joins at the age of 55, service beyond ten years will lead to no material amount of further benefits. For this employee, the entity attributes benefit of CU200 (CU2,000 divided by ten) to each of the first ten years.

For all employees, the current service cost and the present value of the obligation reflect the probability that the employee may not complete the necessary period of service.

3 A post-employment medical plan reimburses 40 per cent of an employee's post-employment medical costs if the employee leaves after more than ten and less than twenty years of service and 50 per cent of those costs if the employee leaves after twenty or more years of service.

Under the plan's benefit formula, the entity attributes 4 per cent of the present value of the expected medical costs (40 per cent divided by ten) to each of the first ten years and 1 per cent (10 per cent divided by ten) to each of the second ten years. The current service cost in each year reflects the probability that the employee may not complete the necessary period of service to earn part or all of the benefits. For employees expected to leave within ten years, no benefit is attributed.

4 A post-employment medical plan reimburses 10 per cent of an employee's post-employment medical costs if the employee leaves after more than ten and less than twenty years of service and 50 per cent of those costs if the employee leaves after twenty or more years of service.

Service in later years will lead to a materially higher level of benefit than in earlier years. Therefore, for employees expected to leave after twenty or more years, the entity attributes benefit on a straight-line basis under paragraph 71. Service beyond twenty years will lead to no material amount of further benefits. Therefore, the benefit attributed to each of the first twenty years is 2,5 per cent of the present value of the expected medical costs (50 per cent divided by twenty).

For employees expected to leave between ten and twenty years, the benefit attributed to each of the first ten years is 1 per cent of the present value of the expected medical costs.

For these employees, no benefit is attributed to service between the end of the tenth year and the estimated date of leaving.

For employees expected to leave within ten years, no benefit is attributed.

Where the amount of a benefit is a constant proportion of final salary for each year of service, future salary increases will **74** affect the amount required to settle the obligation that exists for service before the end of the reporting period, but do not create an additional obligation. Therefore:
(a) for the purpose of paragraph 70 (b), salary increases do not lead to further benefits, even though the amount of the benefits is dependent on final salary; and
(b) the amount of benefit attributed to each period is a constant proportion of the salary to which the benefit is linked.

Example illustrating paragraph 74   Employees are entitled to a benefit of 3 per cent of final salary for each year of service before the age of 55.

Benefit of 3 per cent of estimated final salary is attributed to each year up to the age of 55. This is the date when further service by the employee will lead to no material amount of further benefits under the plan. No benefit is attributed to service after that age.

Versicherungsmathematische Annahmen

75 Versicherungsmathematische Annahmen müssen unvoreingenommen und aufeinander abgestimmt sein.

76 Versicherungsmathematische Annahmen sind die bestmögliche Einschätzung eines Unternehmens zu Variablen, die die tatsächlichen Kosten für Leistungen nach Beendigung des Arbeitsverhältnisses bestimmen. Die versicherungsmathematischen Annahmen umfassen

(a) demografische Annahmen über die künftige Zusammensetzung der aktiven und ausgeschiedenen Arbeitnehmer (und deren Angehörigen), die für Leistungen in Frage kommen. Derartige demografische Annahmen beziehen sich auf

   (i) die Sterbewahrscheinlichkeit (siehe Paragraphen 81 und 82);

   (ii) Fluktuationsraten, Invalidisierungsraten und Frühverrentung;

   (iii) den Anteil der begünstigten Arbeitnehmer mit Angehörigen, die für Leistungen in Frage kommen;

   (iv) den Anteil der begünstigten Arbeitnehmer, die jeweils eine bestimmte, nach den Regelungen des Plans verfügbare Auszahlungsform wählen; und

   (v) die Raten der Inanspruchnahme von Leistungen aus Plänen zur medizinischen Versorgung.

(b) finanzielle Annahmen, zum Beispiel in Bezug auf:

   (i) den Zinssatz für die Abzinsung (siehe Paragraphen 83–86);

   (ii) das Leistungsniveau, unter Ausschluss von Leistungskosten, die seitens der Arbeitnehmer zu tragen sind, sowie das künftige Gehaltsniveau (siehe Paragraphen 87–95);

   (iii) im Falle von Leistungen im Rahmen medizinischer Versorgung, die künftigen Kosten im Bereich der medizinischen Versorgung, einschließlich der Kosten für die Behandlung von Ansprüchen (d. h. bei der Bearbeitung und Entscheidung von Ansprüchen entstehende Kosten einschließlich der Honorare für Anwälte und Sachverständige (siehe Paragraphen 96–98); und

   (iv) vom Plan zu tragende Steuern auf Beiträge für Dienstzeiten vor dem Berichtsstichtag oder auf Leistungen, die auf diese Dienstzeiten zurückgehen.

77 Versicherungsmathematische Annahmen sind unvoreingenommen, wenn sie weder unvorsichtig noch übertrieben vorsichtig sind.

78 Versicherungsmathematische Annahmen sind aufeinander abgestimmt, wenn sie die wirtschaftlichen Zusammenhänge zwischen Faktoren wie Inflation, Lohn- und Gehaltsteigerungen und Abzinsungssätzen widerspiegeln. Beispielsweise haben alle Annahmen, die in jeder künftigen Periode von einem bestimmten Inflationsniveau abhängen (wie Annahmen zu Zinssätzen, zu Lohnsteigerungen und zu Steigerungen von Sozialleistungen), für jede dieser Perioden von dem gleichen Inflationsniveau auszugehen.

79 Die Annahmen zum Zinssatz für die Abzinsung und andere finanzielle Annahmen werden vom Unternehmen mit nominalen (nominal festgesetzten) Werten festgelegt, es sei denn, Schätzungen auf Basis realer (inflationsbereinigter) Werte sind verlässlicher, wie z. B. in einer hochinflationären Volkswirtschaft (siehe IAS 29 *Rechnungslegung in Hochinflationsländern)* oder in Fällen, in denen die Leistung an einen Index gekoppelt ist und zugleich ein hinreichend entwickelter Markt für indexgebundene Anleihen in der gleichen Währung und mit gleicher Laufzeit vorhanden ist.

80 Annahmen zu finanziellen Variablen haben auf den am Abschlussstichtag bestehenden Erwartungen des Marktes für den Zeitraum zu beruhen, über den die Verpflichtungen zu erfüllen sind.

Versicherungsmathematische Annahmen: Sterbewahrscheinlichkeit

81 Bei der Bestimmung seiner Annahmen zur Sterbewahrscheinlichkeit hat ein Unternehmen seine bestmögliche Einschätzung der Sterbewahrscheinlichkeit der begünstigten Arbeitnehmer sowohl während des Arbeitsverhältnisses als auch danach zugrunde zu legen.

82 Bei der Einschätzung der tatsächlichen Kosten für die Leistung berücksichtigt ein Unternehmen erwartete Veränderungen bei der Sterbewahrscheinlichkeit, indem es beispielsweise Standardsterbetafeln anhand von Schätzungen über Verbesserungen der Sterbewahrscheinlichkeit abändert.

Versicherungsmathematische Annahmen: Abzinsungssatz

83 **Der Zinssatz, der zur Diskontierung der Verpflichtungen für die nach Beendigung des Arbeitsverhältnisses zu erbringenden Leistungen (finanziert oder nicht-finanziert) herangezogen wird, ist auf der Grundlage der Renditen zu bestimmen, die am Abschlussstichtag für hochwertige, festverzinsliche Unternehmensanleihen am Markt erzielt werden. Für Währungen ohne liquiden Markt für solche hochwertigen, festverzinslichen Unternehmensanleihen sind stattdessen die (am Abschlussstichtag geltenden) Marktrenditen für auf diese Währung lautende Staatsanleihen zu verwenden. Währung und Laufzeiten der zugrunde gelegten Unternehmens- oder Staatsanleihen haben mit der Währung und den voraussichtlichen Fristigkeiten der nach Beendigung der Arbeitsverhältnisse zu erfüllenden Verpflichtungen übereinzustimmen.**

Actuarial assumptions

Actuarial assumptions shall be unbiased and mutually compatible. **75**

Actuarial assumptions are an entity's best estimates of the variables that will determine the ultimate cost of providing **76** post-employment benefits. Actuarial assumptions comprise:
(a) demographic assumptions about the future characteristics of current and former employees (and their dependants) who are eligible for benefits. Demographic assumptions deal with matters such as:
    (i) mortality (see paragraphs 81 and 82);
    (ii) rates of employee turnover, disability and early retirement;
    (iii) the proportion of plan members with dependants who will be eligible for benefits;
    (iv) the proportion of plan members who will select each form of payment option available under the plan terms; and
    (v) claim rates under medical plans.
(b) financial assumptions, dealing with items such as:
    (i) the discount rate (see paragraphs 83—86);
    (ii) benefit levels, excluding any cost of the benefits to be met by employees, and future salary (see paragraphs 87—95);
    (iii) in the case of medical benefits, future medical costs, including claim handling costs (ie the costs that will be incurred in processing and resolving claims, including legal and adjuster's fees) (see paragraphs 96—98); and
    (iv) taxes payable by the plan on contributions relating to service before the reporting date or on benefits resulting from that service.

Actuarial assumptions are unbiased if they are neither imprudent nor excessively conservative. **77**

Actuarial assumptions are mutually compatible if they reflect the economic relationships between factors such as infla- **78** tion, rates of salary increase and discount rates. For example, all assumptions that depend on a particular inflation level (such as assumptions about interest rates and salary and benefit increases) in any given future period assume the same inflation level in that period.

An entity determines the discount rate and other financial assumptions in nominal (stated) terms, unless estimates in real **79** (inflation-adjusted) terms are more reliable, for example, in a hyperinflationary economy (see IAS 29 *Financial Reporting in Hyperinflationary Economies),* or where the benefit is index-linked and there is a deep market in index-linked bonds of the same currency and term.

Financial assumptions shall be based on market expectations, at the end of the reporting period, for the period over which **80** the obligations are to be settled.

Actuarial assumptions: mortality

An entity shall determine its mortality assumptions by reference to its best estimate of the mortality of plan members **81** both during and after employment.

In order to estimate the ultimate cost of the benefit an entity takes into consideration expected changes in mortality, for **82** example by modifying standard mortality tables with estimates of mortality improvements.

Actuarial assumptions: discount rate

The rate used to discount post-employment benefit obligations (both funded and unfunded) shall be determined by **83** **reference to market yields at the end of the reporting period on high quality corporate bonds. For currencies for which there is no deep market in such high quality corporate bonds, the market yields (at the end of the reporting period) on government bonds denominated in that currency shall be used. The currency and term of the corporate bonds or government bonds shall be consistent with the currency and estimated term of the post-employment benefit obligations.**

84 Der Abzinsungssatz ist eine versicherungsmathematische Annahme mit wesentlicher Auswirkung. Der Abzinsungssatz reflektiert den Zeitwert des Geldes, nicht jedoch das versicherungsmathematische Risiko oder das mit der Anlage des Fondsvermögens verbundene Anlagerisiko. Weiterhin gehen weder das unternehmensspezifische Ausfallrisiko, das die Gläubiger des Unternehmens tragen, noch das Risiko, dass die künftige Entwicklung von den versicherungsmathematischen Annahmen abweichen kann, in diesen Zinssatz ein.

85 Der Abzinsungssatz berücksichtigt die voraussichtliche Auszahlung der Leistungen im Zeitablauf. In der Praxis wird ein Unternehmen dies häufig durch die Verwendung eines einzigen gewichteten Durchschnittszinssatzes erreichen, in dem sich die Fälligkeiten, die Höhe und die Währung der zu zahlenden Leistungen widerspiegeln.

86 In einigen Fällen ist möglicherweise kein hinreichend liquider Markt für Anleihen mit ausreichend langen Laufzeiten vorhanden, die den geschätzten Fristigkeiten aller Leistungszahlungen entsprechen. In diesen Fällen verwendet ein Unternehmen für die Abzinsung kurzfristiger Zahlungen die jeweils aktuellen Marktzinssätze für entsprechende Laufzeiten, während es den Abzinsungssatz für längerfristige Fälligkeiten durch Extrapolation der aktuellen Marktzinssätze entlang der Renditekurve schätzt. Die Höhe des gesamten Barwerts einer leistungsorientierten Verpflichtung dürfte durch den Abzinsungssatz für den Teil der Leistungen, der erst nach Endfälligkeit der zur Verfügung stehenden Industrie- oder Staatsanleihen zu zahlen ist, kaum besonders empfindlich beeinflusst werden.

Versicherungsmathematische Annahmen: Gehälter, Leistungen und Kosten medizinischer Versorgung

87 Bei der Bewertung leistungsorientierter Verpflichtungen legt ein Unternehmen Folgendes zugrunde:
   (a) die aufgrund der Regelungen des Plans (oder aufgrund einer faktischen Verpflichtung auch über die Planregeln hinaus) am Abschlussstichtag zugesagten Leistungen;
   (b) geschätzte künftige Gehaltssteigerungen, die sich auf die zu zahlenden Leistungen auswirken;
   (c) die Auswirkung von Begrenzungen des Arbeitgeberanteils an den Kosten künftiger Leistungen;
   (d) Beiträge von Arbeitnehmern oder Dritten, die zu einer Verminderung der dem Unternehmen tatsächlich entstehenden Kosten für diese Leistungen führen; und
   (e) die geschätzten künftigen Änderungen beim Niveau staatlicher Leistungen, die sich auf die nach Maßgabe des leistungsorientierten Plans zu zahlenden Leistungen auswirken, jedoch nur dann, wenn entweder
      (i) diese Änderungen bereits vor dem Abschlussstichtag in Kraft getreten sind; oder
      (ii) die Erfahrungen der Vergangenheit, oder andere substanzielle Hinweise, darauf hindeuten, dass sich die staatlichen Leistungen in einer einigermaßen vorhersehbaren Weise ändern werden, z. B. in Anlehnung an künftige Veränderungen der allgemeinen Preis- oder Gehaltsniveaus.

88 Die versicherungsmathematischen Annahmen spiegeln Änderungen der künftigen Leistungen wider, die sich am Abschlussstichtag aus den formalen Regelungen des Plans (oder einer faktischen, darüber hinausgehenden Verpflichtung) ergeben. Dies ist z. B. der Fall, wenn
   (a) ein Unternehmen in der Vergangenheit stets die Leistungen erhöht hat, beispielsweise um die Auswirkungen der Inflation zu mindern, und nichts darauf hindeutet, dass diese Praxis in Zukunft geändert wird;
   (b) das Unternehmen entweder aufgrund der formalen Regelungen des Plans (oder aufgrund einer faktischen, darüber hinausgehenden Verpflichtung) oder aufgrund gesetzlicher Bestimmungen eine etwaige Vermögensüberdeckung im Plan zu Gunsten der begünstigten Arbeitnehmer verwenden muss (siehe Paragraph 108 (c)); oder
   (c) Die Leistungen in Reaktion auf ein Erfüllungsziel oder aufgrund anderer Kriterien schwanken. In den Regelungen des Plans kann beispielsweise festgelegt sein, dass bei unzureichendem Planvermögen verminderte Leistungen gezahlt oder Zusatzbeiträge der Arbeitnehmer verlangt werden. Die Bewertung der Verpflichtung spiegelt die bestmögliche Einschätzung der Auswirkungen des Erfüllungsziels oder anderer Kriterien wider.

89 Die versicherungsmathematischen Annahmen berücksichtigen nicht Änderungen der künftigen Leistungen, die sich am Abschlussstichtag nicht aus den formalen Regelungen des Plans (oder einer faktischen Verpflichtung) ergeben. Derartige Änderungen führen zu
   (a) nachzuverrechnendem Dienstzeitaufwand, soweit sie die Höhe von Leistungen für vor der Änderung erbrachte Arbeitsleistung ändern, und
   (b) laufendem Dienstzeitaufwand in den Perioden nach der Änderung, soweit sie die Höhe von Leistungen für nach der Änderung erbrachte Arbeitsleistung ändern.

90 Schätzungen künftiger Gehaltssteigerungen berücksichtigen Inflation, Betriebszugehörigkeit, Beförderungen und andere maßgebliche Faktoren wie Angebot und Nachfrage auf dem Arbeitsmarkt.

91 Einige leistungsorientierte Pläne begrenzen die Beiträge, die ein Unternehmen zu zahlen hat. Bei den tatsächlichen Kosten der Leistungen wird die Auswirkung einer Beitragsbegrenzung berücksichtigt. Die Auswirkung einer Beitragsbegrenzung wird für die jeweils kürzere Dauer der
   (a) geschätzten Lebensdauer des Unternehmens oder
   (b) der geschätzten Lebensdauer des Plans bestimmt.

One actuarial assumption that has a material effect is the discount rate. The discount rate reflects the time value of money **84** but not the actuarial or investment risk. Furthermore, the discount rate does not reflect the entity-specific credit risk borne by the entity's creditors, nor does it reflect the risk that future experience may differ from actuarial assumptions.

The discount rate reflects the estimated timing of benefit payments. In practice, an entity often achieves this by applying a **85** single weighted average discount rate that reflects the estimated timing and amount of benefit payments and the currency in which the benefits are to be paid.

In some cases, there may be no deep market in bonds with a sufficiently long maturity to match the estimated maturity of **86** all the benefit payments. In such cases, an entity uses current market rates of the appropriate term to discount shorter-term payments, and estimates the discount rate for longer maturities by extrapolating current market rates along the yield curve. The total present value of a defined benefit obligation is unlikely to be particularly sensitive to the discount rate applied to the portion of benefits that is payable beyond the final maturity of the available corporate or government bonds.

Actuarial assumptions: salaries, benefits and medical costs

An entity shall measure its defined benefit obligations on a basis that reflects: **87**
(a) the benefits set out in the terms of the plan (or resulting from any constructive obligation that goes beyond those terms) at the end of the reporting period;
(b) any estimated future salary increases that affect the benefits payable;
(c) the effect of any limit on the employer's share of the cost of the future benefits;
(d) contributions from employees or third parties that reduce the ultimate cost to the entity of those benefits; and
(e) estimated future changes in the level of any state benefits that affect the benefits payable under a defined benefit plan, if, and only if, either:
  (i) those changes were enacted before the end of the reporting period; or
  (ii) historical data, or other reliable evidence, indicate that those state benefits will change in some predictable manner, for example, in line with future changes in general price levels or general salary levels.

Actuarial assumptions reflect future benefit changes that are set out in the formal terms of a plan (or a constructive obli- **88** gation that goes beyond those terms) at the end of the reporting period. This is the case if, for example:
(a) the entity has a history of increasing benefits, for example, to mitigate the effects of inflation, and there is no indication that this practice will change in the future;
(b) the entity is obliged, by either the formal terms of a plan (or a constructive obligation that goes beyond those terms) or legislation, to use any surplus in the plan for the benefit of plan participants (see paragraph 108 (c)); or
(c) benefits vary in response to a performance target or other criteria. For example, the terms of the plan may state that it will pay reduced benefits or require additional contributions from employees if the plan assets are insufficient. The measurement of the obligation reflects the best estimate of the effect of the performance target or other criteria.

Actuarial assumptions do not reflect future benefit changes that are not set out in the formal terms of the plan (or a **89** constructive obligation) at the end of the reporting period. Such changes will result in:
(a) past service cost, to the extent that they change benefits for service before the change; and
(b) current service cost for periods after the change, to the extent that they change benefits for service after the change.

Estimates of future salary increases take account of inflation, seniority, promotion and other relevant factors, such as sup- **90** ply and demand in the employment market.

Some defined benefit plans limit the contributions that an entity is required to pay. The ultimate cost of the benefits takes **91** account of the effect of a limit on contributions. The effect of a limit on contributions is determined over the shorter of:
(a) the estimated life of the entity; and
(b) the estimated life of the plan.

92 Einige leistungsorientierte Pläne sehen eine Beteiligung der Arbeitnehmer oder Dritter an den Kosten des Plans vor. Arbeitnehmerbeiträge bedeuten für das Unternehmen eine Senkung der Kosten für die Leistungen. Ein Unternehmen berücksichtigt, ob Beiträge Dritter die Kosten der Leistungen für das Unternehmen senken oder ob sie ein Erstattungsanspruch gemäß Beschreibung in Paragraph 116 sind. Arbeitnehmerbeiträge oder Beiträge Dritter sind entweder in den formalen Regelungen des Plans festgelegt (oder ergeben sich aus einer faktischen, darüber hinausgehenden Verpflichtung) oder sie sind freiwillig. Freiwillige Beiträge durch Arbeitnehmer oder Dritte vermindern bei der Einzahlung der betreffenden Beiträge in den Plan den Dienstzeitaufwand.

93 In den formalen Regelungen des Plans festgelegte Beiträge von Arbeitnehmern oder Dritten vermindern entweder den Dienstzeitaufwand (wenn sie mit der Arbeitsleistung verknüpft sind) oder beeinflussen die Neubewertungen der Nettoschuld (Vermögenswert) aus leistungsorientierten Versorgungsplänen wenn sie nicht mit der Arbeitsleistung verknüpft sind. Nicht mit der Arbeitsleistung verknüpft sind Beiträge beispielsweise, wenn sie zur Senkung eines Fehlbetrags erforderlich sind, der aus Verlusten im Planvermögen oder aus versicherungsmathematischen Verlusten entstanden ist. Sind Beiträge von Arbeitnehmern oder Dritten mit der Arbeitsleistung verknüpft, so vermindern sie den Dienstzeitaufwand wie folgt:

(a) wenn die Höhe der Beiträge von der Anzahl der Dienstjahre abhängig ist, hat ein Unternehmen die Beiträge den Dienstzeiten nach der gleichen Methode zuzuordnen, wie Paragraph 70 es für die Zuordnung der Bruttoleistung vorschreibt (d. h. entweder nach der Beitragsformel des Plans oder linear); oder

(b) wenn die Höhe der Beiträge nicht von der Anzahl der Dienstjahre abhängig ist, ist es dem das Unternehmen gestattet, solche Beiträge als Minderung des Dienstzeitaufwands in der Periode zu erfassen, in der die zugehörige Arbeitsleistung erbracht wird. Von der Anzahl der Dienstjahre unabhängig sind Beiträge beispielsweise, wenn sie einen festen Prozentsatz des Gehalts des Arbeitnehmers oder einen festen Betrag über die Dienstzeit hinweg ausmachen oder vom Alter des Arbeitnehmers abhängen.

Paragraph A1 enthält zugehörige Anwendungsleitlinien.

94 Bei Beiträgen von Arbeitnehmern oder Dritten, bei denen die Zuordnung zu Dienstzeiten nach Paragraph 93 Buchstabe a erfolgt, führen Beitragsveränderungen zu:

(a) laufendem und nachzuverrechnendem Dienstzeitaufwand (sofern diese Änderungen nicht in den formalen Regelungen des Plans festgelegt sind und sich nicht aus einer faktischen Verpflichtung ergeben); oder

(b) versicherungsmathematischen Gewinnen und Verlusten (sofern diese Änderungen in den formalen Regelungen des Plans festgelegt sind oder sich aus einer faktischen Verpflichtung ergeben).

95 Einige Leistungen nach Beendigung des Arbeitsverhältnisses sind an Variable wie z. B. das Niveau staatlicher Altersversorgungsleistungen oder das der staatlichen medizinischen Versorgung gebunden. Bei der Bewertung dieser Leistungen werden erwartete Änderungen dieser Variablen aufgrund der Erfahrungen der Vergangenheit und anderer verlässlicher substanzieller Hinweise berücksichtigt.

96 Bei den Annahmen zu den Kosten medizinischer Versorgung sind erwartete Kostentrends für medizinische Dienstleistungen aufgrund von Inflation oder spezifischer Anpassungen der medizinischen Kosten zu berücksichtigen.

97 Die Bewertung von medizinischen Leistungen nach Beendigung des Arbeitsverhältnisses erfordert Annahmen über Höhe und Häufigkeit künftiger Ansprüche und über die Kosten zur Erfüllung dieser Ansprüche. Kosten der künftigen medizinischen Versorgung werden vom Unternehmen anhand eigener, aus Erfahrung gewonnener Daten geschätzt, wobei – falls erforderlich – Erfahrungswerte anderer Unternehmen, Versicherungsunternehmen, medizinischer Dienstleister und anderer Quellen hinzugezogen werden können. In die Schätzung der Kosten künftiger medizinischer Versorgung gehen die Auswirkungen technologischen Fortschritts, Änderungen der Inanspruchnahme von Gesundheitsfürsorgeleistungen oder der Bereitstellungsstrukturen sowie Änderungen des Gesundheitszustands der begünstigten Arbeitnehmer ein.

98 Die Höhe der geltend gemachten Ansprüche und deren Häufigkeit hängen insbesondere von Alter, Gesundheitszustand und Geschlecht der Arbeitnehmer (und ihrer Angehörigen) ab, wobei jedoch auch andere Faktoren wie der geografische Standort von Bedeutung sein können. Deswegen sind Erfahrungswerte aus der Vergangenheit anzupassen, soweit die demografische Zusammensetzung des vom Plan erfassten Personenbestands von der Zusammensetzung des Bestandes abweicht, der den historischen Daten zu Grunde liegt. Eine Anpassung ist auch dann erforderlich, wenn aufgrund verlässlicher substanzieller Hinweise davon ausgegangen werden kann, dass sich historische Trends nicht fortsetzen werden.

Nachzuverrechnender Dienstzeitaufwand und Gewinn oder Verlust bei Abgeltung

99 Vor der Bestimmung des nachzuverrechnenden Dienstzeitaufwands oder eines Gewinns oder Verlusts bei Abgeltung hat ein Unternehmen eine Neubewertung der Nettoschuld (Vermögenswert) aus leistungsorientierten Versorgungsplänen vorzunehmen. Hierbei stützt es sich auf den aktuellen beizulegenden Zeitwert des Planvermögens und aktuelle versicherungsmathematische Annahmen (unter Einschluss aktueller Marktzinssätze und anderer aktueller Marktpreise), in denen sich die Leistungen widerspiegeln, die im Rahmen des Plans vor dessen Anpassung, Kürzung oder Abgeltung angeboten werden.

100 Ein Unternehmen muss keine Unterscheidung zwischen nachzuverrechnendem Dienstzeitaufwand, der sich aus einer Plananpassung ergibt, nachzuverrechnendem Dienstzeitaufwand, der aus einer Kürzung entsteht, und Gewinn oder Ver-

Some defined benefit plans require employees or third parties to contribute to the cost of the plan. Contributions by employees reduce the cost of the benefits to the entity. An entity considers whether third-party contributions reduce the cost of the benefits to the entity, or are a reimbursement right as described in paragraph 116. Contributions by employees or third parties are either set out in the formal terms of the plan (or arise from a constructive obligation that goes beyond those terms), or are discretionary. Discretionary contributions by employees or third parties reduce service cost upon payment of these contributions to the plan. **92**

Contributions from employees or third parties set out in the formal terms of the plan either reduce service cost (if they are linked to service), or affect remeasurements of the net defined benefit liability (asset) (if they are not linked to service). An example of contributions that are not linked to service is when (the contributions are required to reduce a deficit arising from losses on plan assets or from actuarial losses). If contributions from employees or third parties are linked to service, those contributions reduce the service cost as follows: **93**

(a) if the amount of the contributions is dependent on the number of years of service, an entity shall attribute the contributions to periods of service using the same attribution method required by paragraph 70 for the gross benefit (ie either using the plan's contribution formula or on a straight-line basis); or

(b) if the amount of the contributions is independent of the number of years of service, the entity is permitted to recognise such contributions as a reduction of the service cost in the period in which the related service is rendered. Examples of contributions that are independent of the number of years of service include those that are a fixed percentage of the employee's salary, a fixed amount throughout the service period or dependent on the employee's age.

Paragraph A1 provides related application guidance.

For contributions from employees or third parties that are attributed to periods of service in accordance with paragraph 93 (a), changes in the contributions result in: **94**

(a) current and past service cost (if those changes are not set out in the formal terms of a plan and do not arise from a constructive obligation); or

(b) actuarial gains and losses (if those changes are set out in the formal terms of a plan, or arise from a constructive obligation).

Some post-employment benefits are linked to variables such as the level of state retirement benefits or state medical care. The measurement of such benefits reflects the best estimate of such variables, based on historical data and other reliable evidence. **95**

Assumptions about medical costs shall take account of estimated future changes in the cost of medical services, resulting from both inflation and specific changes in medical costs. **96**

Measurement of post-employment medical benefits requires assumptions about the level and frequency of future claims and the cost of meeting those claims. An entity estimates future medical costs on the basis of historical data about the entity's own experience, supplemented where necessary by historical data from other entities, insurance companies, medical providers or other sources. Estimates of future medical costs consider the effect of technological advances, changes in health care utilisation or delivery patterns and changes in the health status of plan participants. **97**

The level and frequency of claims is particularly sensitive to the age, health status and sex of employees (and their dependants) and may be sensitive to other factors such as geographical location. Therefore, historical data are adjusted to the extent that the demographic mix of the population differs from that of the population used as a basis for the data. They are also adjusted where there is reliable evidence that historical trends will not continue. **98**

Past service cost and gains and losses on settlement

Before determining past service cost, or a gain or loss on settlement, an entity shall remeasure the net defined benefit liability (asset) using the current fair value of plan assets and current actuarial assumptions (including current market interest rates and other current market prices) reflecting the benefits offered under the plan before the plan amendment, curtailment or settlement. **99**

An entity need not distinguish between past service cost resulting from a plan amendment, past service cost resulting from a curtailment and a gain or loss on settlement if these transactions occur together. In some cases, a plan amendment **100**

lust bei Abgeltung vornehmen, wenn diese Geschäftsvorfälle gemeinsam eintreten. In bestimmten Fällen tritt eine Plananpassung vor einer Abgeltung auf. Dies trifft beispielsweise zu, wenn ein Unternehmen die Leistungen im Rahmen des Plans verändert und diese geänderten Leistungen zu einem späteren Zeitpunkt erbringt. In derartigen Fällen setzt ein Unternehmen nachzuverrechnenden Dienstzeitaufwand vor einem eventuellen Gewinn oder Verlust bei Abgeltung an.

101 Eine Abgeltung tritt dann gemeinsam mit einer Anpassung und Kürzung eines Plans ein, wenn dieser mit dem Ergebnis aufgehoben wird, dass die Verpflichtung abgegolten wird und der Plan nicht mehr existiert. Die Aufhebung eines Plans stellt jedoch dann keine Abgeltung dar, wenn der Plan durch einen neuen ersetzt wird, der im Wesentlichen die gleichen Leistungen bietet.

Nachzuverrechnender Dienstzeitaufwand

102 Nachzuverrechnender Dienstzeitaufwand ist die Veränderung des Barwerts der leistungsorientierten Verpflichtung, die aus einer Anpassung oder Kürzung eines Plans entsteht.

103 Ein Unternehmen hat den nachzuverrechnenden Dienstzeitaufwand zum jeweils früheren der folgenden Zeitpunkte als Aufwand anzusetzen:
(a) dem Zeitpunkt, an dem die Anpassung oder Kürzung des Plans eintritt;
(b) dem Zeitpunkt, an dem das Unternehmen verbundene Umstrukturierungskosten (siehe IAS 37) oder Leistungen aus Anlass der Beendigung des Arbeitsverhältnisses (siehe Paragraph 165) ansetzt.

104 Eine Plananpassung liegt vor, wenn ein Unternehmen einen leistungsorientierten Plan einführt oder zurückzieht oder die Leistungen verändert, die im Rahmen eines bestehenden leistungsorientierten Plan zu zahlen sind.

105 Eine Kürzung liegt vor, wenn ein Unternehmen die Anzahl der durch einen Plan versicherten Arbeitnehmer erheblich verringert. Eine Kürzung kann die Folge eines einmaligen Ereignisses wie einer Werksschließung, einer Betriebseinstellung oder einer Aufhebung oder Aussetzung eines Plans sein.

106 Nachzuverrechnender Dienstzeitaufwand kann entweder positiv (wenn Leistungen eingeführt oder verändert werden und sich daraus eine Zunahme des Barwerts der leistungsorientierten Verpflichtung ergibt) oder negativ sein (wenn Leistungen zurückgezogen oder in der Weise verändert werden, dass der Barwert der leistungsorientierten Verpflichtung sinkt).

107 Vermindert ein Unternehmen die Leistungen, die im Rahmen eines bestehenden leistungsorientierten Plans zu zahlen sind, und erhöht es gleichzeitig andere Leistungen, die im Rahmen des Plans für die gleichen Arbeitnehmer zu zahlen sind, dann behandelt es die Änderung als eine einzige Nettoänderung.

108 Nachzuverrechnender Dienstzeitaufwand beinhaltet nicht
(a) die Auswirkungen von Unterschieden zwischen tatsächlichen und ursprünglich angenommenen Gehaltssteigerungen auf die Höhe der in früheren Jahren erdienten Leistungen (nachzuverrechnender Dienstzeitaufwand entsteht nicht, da die Gehaltsentwicklung über die versicherungsmathematischen Annahmen berücksichtigt ist);
(b) zu hoch oder zu niedrig geschätzte freiwillige Rentenerhöhungen, wenn das Unternehmen faktisch verpflichtet ist, derartige Erhöhungen zu gewähren (nachzuverrechnender Dienstzeitaufwand entsteht nicht, da solche Steigerungen über die versicherungsmathematischen Annahmen berücksichtigt sind);
(c) geschätzte Auswirkungen von Leistungsverbesserungen aus versicherungsmathematischen Gewinnen oder Erträgen aus dem Planvermögen, die vom Unternehmen schon im Abschluss erfasst wurden, wenn das Unternehmen nach den Regelungen des Plans (oder aufgrund einer faktischen, über diese Regelungen hinausgehenden Verpflichtung) oder aufgrund rechtlicher Bestimmungen dazu verpflichtet ist, eine Vermögensüberdeckung des Plans zu Gunsten der vom Plan erfassten Arbeitnehmer zu verwenden, und zwar selbst dann, wenn die Leistungserhöhung noch nicht formal zuerkannt wurde (die resultierende höhere Verpflichtung ist ein versicherungsmathematischer Verlust und kein nachzuverrechnender Dienstzeitaufwand, siehe Paragraph 88); und
(d) der Zuwachs an unverfallbaren Leistungen (d. h. Leistungen, die nicht vom Fortbestand der Arbeitsverhältnisse abhängen) wenn – ohne dass neue oder verbesserte Leistungen vorliegen – Arbeitnehmer Unverfallbarkeitsbedingungen erfüllen (in diesem Fall entsteht kein nachzuverrechnender Dienstzeitaufwand, weil das Unternehmen die geschätzten Kosten für die Gewährung der Leistungen als laufender Dienstzeitaufwand in der Periode erfasst, in der die Arbeitsleistung erbracht wurde.

Gewinne oder Verluste bei Abgeltung

109 Der Gewinn oder Verlust bei einer Abgeltung entspricht der Differenz zwischen
(a) dem Barwert der leistungsorientierten Verpflichtung, die abgegolten wird, wobei der Barwert am Tag der Abgeltung bestimmt wird, und
(b) dem Preis für die Abgeltung. Dieser schließt eventuell übertragenes Planvermögen sowie unmittelbar vom Unternehmen in Verbindung mit der Abgeltung geleistete Zahlungen ein.

occurs before a settlement, such as when an entity changes the benefits under the plan and settles the amended benefits later. In those cases an entity recognises past service cost before any gain or loss on settlement.

A settlement occurs together with a plan amendment and curtailment if a plan is terminated with the result that the obligation is settled and the plan ceases to exist. However, the termination of a plan is not a settlement if the plan is replaced by a new plan that offers benefits that are, in substance, the same. **101**

Past service cost

Past service cost is the change in the present value of the defined benefit obligation resulting from a plan amendment or curtailment. **102**

An entity shall recognise past service cost as an expense at the earlier of the following dates: **103**
(a)   when the plan amendment or curtailment occurs; and
(b)   when the entity recognises related restructuring costs (see IAS 37) or termination benefits (see paragraph 165).

A plan amendment occurs when an entity introduces, or withdraws, a defined benefit plan or changes the benefits payable under an existing defined benefit plan. **104**

A curtailment occurs when an entity significantly reduces the number of employees covered by a plan. A curtailment may arise from an isolated event, such as the closing of a plant, discontinuance of an operation or termination or suspension of a plan. **105**

Past service cost may be either positive (when benefits are introduced or changed so that the present value of the defined benefit obligation increases) or negative (when benefits are withdrawn or changed so that the present value of the defined benefit obligation decreases). **106**

Where an entity reduces benefits payable under an existing defined benefit plan and, at the same time, increases other benefits payable under the plan for the same employees, the entity treats the change as a single net change. **107**

Past service cost excludes: **108**
(a)   the effect of differences between actual and previously assumed salary increases on the obligation to pay benefits for service in prior years (there is no past service cost because actuarial assumptions allow for projected salaries);
(b)   underestimates and overestimates of discretionary pension increases when an entity has a constructive obligation to grant such increases (there is no past service cost because actuarial assumptions allow for such increases);
(c)   estimates of benefit improvements that result from actuarial gains or from the return on plan assets that have been recognised in the financial statements if the entity is obliged, by either the formal terms of a plan (or a constructive obligation that goes beyond those terms) or legislation, to use any surplus in the plan for the benefit of plan participants, even if the benefit increase has not yet been formally awarded (there is no past service cost because the resulting increase in the obligation is an actuarial loss, see paragraph 88); and
(d)   the increase in vested benefits (ie benefits that are not conditional on future employment, see paragraph 72) when, in the absence of new or improved benefits, employees complete vesting requirements (there is no past service cost because the entity recognised the estimated cost of benefits as current service cost as the service was rendered).

Gains and losses on settlement

The gain or loss on a settlement is the difference between: **109**
(a)   the present value of the defined benefit obligation being settled, as determined on the date of settlement; and
(b)   the settlement price, including any plan assets transferred and any payments made directly by the entity in connection with the settlement.

110 Ein Unternehmen hat einen Gewinn oder Verlust bei der Abgeltung eines leistungsorientierten Versorgungsplans dann anzusetzen, wenn die Abgeltung eintritt.

111 Eine Abgeltung von Versorgungsansprüchen liegt vor, wenn ein Unternehmen eine Vereinbarung eingeht, wonach alle weiteren rechtlichen oder faktischen Verpflichtungen für einen Teil oder auch die Gesamtheit der im Rahmen eines leistungsorientierten Plans zugesagten Leistungen eliminiert werden, soweit es sich nicht um eine Zahlung von Leistungen an Arbeitnehmer selbst oder zu deren Gunsten handelt, die in den Planbedingungen vorgesehen und in den versicherungsmathematischen Annahmen enthalten sind. Werden beispielsweise wesentliche Verpflichtungen des Arbeitgebers aus dem Versorgungsplan mittels Erwerb eines Versicherungsvertrags einmalig übertragen, stellt dies eine Abgeltung dar. Ein im Rahmen der Planbestimmungen durchgeführter pauschaler Barausgleich an begünstigte Arbeitnehmer im Austausch gegen deren Ansprüche auf den Empfang festgelegter Leistungen nach Beendigung des Arbeitsverhältnisses dagegen stellt keine Abgeltung dar.

112 In manchen Fällen erwirbt ein Unternehmen einen Versicherungsvertrag, um alle Ansprüche, die auf geleistete Arbeiten in der laufenden oder früheren Periode zurückgehen, abzudecken. Der Erwerb eines solchen Vertrags ist keine Abgeltung, wenn das Unternehmen für den Fall, dass der Versicherer die im Vertrag vorgesehenen Leistungen nicht zahlt, die rechtliche oder faktische Verpflichtung (siehe Paragraph 46) zur Zahlung weiterer Beträge behält. Die Paragraphen 116–119 behandeln den Ansatz und die Bewertung von Erstattungsansprüchen aus Versicherungsverträgen, die kein Planvermögen sind.

Ansatz und Bewertung: Planvermögen

Beizulegender Zeitwert des Planvermögens

113 Der beizulegende Zeitwert von Planvermögen wird bei der Ermittlung des Fehlbetrags oder der Vermögensüberdeckung abgezogen.

114 Nicht zum Planvermögen zählen fällige, aber noch nicht an den Fonds entrichtete Beiträge des berichtenden Unternehmens sowie nicht übertragbare Finanzinstrumente, die vom Unternehmen emittiert und vom Fonds gehalten werden. Das Planvermögen wird gemindert um jegliche Schulden des Fonds, die nicht im Zusammenhang mit den Versorgungsansprüchen der Arbeitnehmer stehen, zum Beispiel Verbindlichkeiten aus Lieferungen und Leistungen oder andere Verbindlichkeiten und Schulden die aus derivativen Finanzinstrumenten resultieren.

115 Soweit zum Planvermögen qualifizierende Versicherungsverträge gehören, die alle oder einige der zugesagten Leistungen hinsichtlich ihres Betrages und ihrer Fälligkeiten genau abdecken, ist der beizulegende Zeitwert der Versicherungsverträge annahmegemäß gleich dem Barwert der abgedeckten Verpflichtungen (vorbehaltlich jeder zu erfassenden Reduzierung, wenn die Beträge die aus dem Versicherungsverträgen beansprucht werden, nicht voll erzielbar sind).

Erstattungen

116 Nur wenn so gut wie sicher ist, dass eine andere Partei die Ausgaben zur Abgeltung der leistungsorientierten Verpflichtung teilweise oder ganz erstatten wird, hat ein Unternehmen
  (a) seinen Erstattungsanspruch als gesonderten Vermögenswert anzusetzen. Das Unternehmen hat den Vermögenswert zum beizulegenden Zeitwert zu bewerten.
  (b) Veränderungen beim beizulegenden Zeitwert seines Erstattungsanspruchs in der gleichen Weise aufzugliedern und anzusetzen wie Veränderungen beim beizulegenden Zeitwert des Planvermögens (siehe Paragraphen 124 und 125). Die gemäß Paragraph 120 angesetzten Kostenkomponenten eines leistungsorientierten Versorgungsplans können nach Abzug der Beträge, die sich auf Veränderungen beim Buchwert des Erstattungsanspruchs beziehen, angesetzt werden.

117 In einigen Fällen kann ein Unternehmen von einer anderen Partei, zum Beispiel einem Versicherer, erwarten, dass diese die Ausgaben zur Erfüllung der leistungsorientierten Verpflichtung ganz oder teilweise zahlt. Qualifizierende Versicherungsverträge, wie in Paragraph 8 definiert, sind Planvermögen. Ein Unternehmen bilanziert qualifizierende Versicherungsverträge genauso wie jedes andere Planvermögen und Paragraph 116 findet keine Anwendung (siehe auch Paragraphen 46–49 und 115).

118 Ist ein Versicherungsvertrag kein qualifizierender Versicherungsvertrag, dann ist dieser auch kein Planvermögen. In solchen Fällen wird Paragraph 116 angewendet: das Unternehmen erfasst den Erstattungsanspruch aus dem Versicherungsvertrag als separaten Vermögenswert und nicht als einen Abzug bei der Ermittlung des Fehlbetrags oder der Vermögensüberdeckung aus dem leistungsorientierten Versorgungsplan. Paragraph 140 (b) verpflichtet das Unternehmen zu einer kurzen Beschreibung des Zusammenhangs zwischen Erstattungsanspruch und zugehöriger Verpflichtung.

119 Entsteht der Erstattungsanspruch aus einem Versicherungsvertrag, der einige oder alle der aus einem leistungsorientierten Versorgungsplan zu zahlenden Leistungen hinsichtlich ihres Betrages und ihrer Fälligkeiten genau abdeckt, ist der beizu-

An entity shall recognise a gain or loss on the settlement of a defined benefit plan when the settlement occurs.

A settlement occurs when an entity enters into a transaction that eliminates all further legal or constructive obligation for part or all of the benefits provided under a defined benefit plan (other than a payment of benefits to, or on behalf of, employees in accordance with the terms of the plan and included in the actuarial assumptions). For example, a one-off transfer of significant employer obligations under the plan to an insurance company through the purchase of an insurance policy is a settlement; a lump sum cash payment, under the terms of the plan, to plan participants in exchange for their rights to receive specified post-employment benefits is not.

In some cases, an entity acquires an insurance policy to fund some or all of the employee benefits relating to employee service in the current and prior periods. The acquisition of such a policy is not a settlement if the entity retains a legal or constructive obligation (see paragraph 46) to pay further amounts if the insurer does not pay the employee benefits specified in the insurance policy. Paragraphs 116—119 deal with the recognition and measurement of reimbursement rights under insurance policies that are not plan assets.

Recognition and measurement: plan assets

Fair value of plan assets

The fair value of any plan assets is deducted in determining the deficit or surplus.

Plan assets exclude unpaid contributions due from the reporting entity to the fund, as well as any non-transferable financial instruments issued by the entity and held by the fund. Plan assets are reduced by any liabilities of the fund that do not relate to employee benefits, for example, trade and other payables and liabilities resulting from derivative financial instruments.

114

Where plan assets include qualifying insurance policies that exactly match the amount and timing of some or all of the benefits payable under the plan, the fair value of those insurance policies is deemed to be the present value of the related obligations (subject to any reduction required if the amounts receivable under the insurance policies are not recoverable in full).

Reimbursements

When, and only when, it is virtually certain that another party will reimburse some or all of the expenditure required to settle a defined benefit obligation, an entity shall:
(a)   recognise its right to reimbursement as a separate asset. The entity shall measure the asset at fair value.
(b)   disaggregate and recognise changes in the fair value of its right to reimbursement in the same way as for changes in the fair value of plan assets (see paragraphs 124 and 125). The components of defined benefit cost recognised in accordance with paragraph 120 may be recognised net of amounts relating to changes in the carrying amount of the right to reimbursement.

116

Sometimes, an entity is able to look to another party, such as an insurer, to pay part or all of the expenditure required to settle a defined benefit obligation. Qualifying insurance policies, as defined in paragraph 8, are plan assets. An entity accounts for qualifying insurance policies in the same way as for all other plan assets and paragraph 116 is not relevant (see paragraphs 46—49 and 115).

117

When an insurance policy held by an entity is not a qualifying insurance policy, that insurance policy is not a plan asset. Paragraph 116 is relevant to such cases: the entity recognises its right to reimbursement under the insurance policy as a separate asset, rather than as a deduction in determining the defined benefit deficit or surplus. Paragraph 140 (b) requires the entity to disclose a brief description of the link between the reimbursement right and the related obligation.

118

If the right to reimbursement arises under an insurance policy that exactly matches the amount and timing of some or all of the benefits payable under a defined benefit plan, the fair value of the reimbursement right is deemed to be the present

legende Zeitwert des Erstattungsanspruchs annahmegemäß gleich dem Barwert der abgedeckten Verpflichtung (vorbehaltlich jeder notwendigen Reduzierung, wenn die Erstattung nicht voll erzielbar ist).

Kostenkomponenten leistungsorientierter Versorgungspläne

120 Ein Unternehmen hat die Kostenkomponenten eines leistungsorientierten Versorgungsplans anzusetzen, es sei denn, ein anderer IFRS verlangt oder erlaubt die Einbeziehung der Leistungen in die Anschaffungs- oder Herstellungskosten eines Vermögenswerts wie folgt:
(a) Dienstzeitaufwand (siehe Paragraphen 66–112) in den Gewinn oder Verlust;
(b) Nettozinsen auf die Nettoschuld aus leistungsorientierten Versorgungsplänen (Vermögenswert) (siehe Paragraphen 123–126) in den Gewinn oder Verlust; und
(c) Neubewertungen der Nettoschuld aus leistungsorientierten Versorgungsplänen (Vermögenswert) (siehe Paragraphen 127–130) in das sonstige Ergebnis.

121 Andere IFRS schreiben die Einbeziehung bestimmter Kosten für Leistungen an Arbeitnehmer in die Kosten von Vermögenswerten, beispielsweise Vorräte und Sachanlagen, vor (siehe IAS 2 und IAS 16). In die Kosten von Vermögenswerten einbezogene Kosten von Leistungen nach Beendigung des Arbeitsverhältnisses beinhalten auch einen angemessenen Anteil der in Paragraph 120 aufgeführten Komponenten.

122 Neubewertungen der im sonstige Ergebnis angesetzten Nettoschuld aus leistungsorientierten Versorgungsplänen (Vermögenswert) dürfen in einer Folgeperiode nicht in den Gewinn oder Verlust umgegliedert werden. Das Unternehmen kann die im sonstige Ergebnis angesetzten Beträge jedoch innerhalb des Eigenkapitals übertragen.

Nettozinsen auf die Nettoschuld aus leistungsorientierten Versorgungsplänen (Vermögenswert)

123 Nettozinsen auf die Nettoschuld aus leistungsorientierten Versorgungsplänen (Vermögenswert) sind mittels Multiplikation der Nettoschuld aus leistungsorientierten Versorgungsplänen (Vermögenswert) mit dem in Paragraph 83 aufgeführten Abzinsungssatz zu ermitteln. Beide werden zu Beginn der jährlichen Berichtsperiode unter Berücksichtigung etwaiger Veränderungen ermittelt, die infolge der Beitrags- und Leistungszahlungen im Verlauf der Berichtsperiode bei der Nettoschuld aus leistungsorientierten Versorgungsplänen (Vermögenswert) eingetreten sind.

124 Die Nettozinsen auf die Nettoschuld aus leistungsorientierten Versorgungsplänen (Vermögenswert) können in der Weise betrachtet werden, dass sie Zinserträge auf Planvermögen, Zinsaufwand auf die definierte Leistungsverpflichtung und Zinsen auf die Auswirkung der in Paragraph 64 erwähnten Vermögensobergrenze umfassen.

125 Zinserträge auf Planvermögen sind ein Bestandteil der Erträge aus Planvermögen. Sie werden durch Multiplikation des beizulegenden Zeitwerts des Planvermögens mit dem in Paragraph 83 aufgeführten Abzinsungssatz ermittelt. Beide werden zu Beginn der jährlichen Berichtsperiode unter Berücksichtigung etwaiger, durch Beitrags- und Leistungszahlungen im Verlauf der Berichtsperiode eingetretener Veränderungen bei dem gehaltenen Planvermögen ermittelt. Die Differenz zwischen den Zinserträgen auf Planvermögen und den Erträgen aus Planvermögen wird in die Neubewertung der Nettoschuld aus leistungsorientierten Versorgungsplänen (Vermögenswert) einbezogen.

126 Die Zinsen auf die Auswirkung der Vermögensobergrenze sind Bestandteil der gesamten Veränderung bei der Auswirkung der Obergrenze. Ihre Ermittlung erfolgt mittels Multiplikation der Auswirkung der Vermögensobergrenze mit dem in Paragraph 83 aufgeführten Abzinsungssatz. Beide werden zu Beginn der jährlichen Berichtsperiode ermittelt. Die Differenz zwischen diesem Betrag und der gesamten Veränderung bei der Auswirkung der Obergrenze wird in die Neubewertung der Nettoschuld aus leistungsorientierten Versorgungsplänen (Vermögenswert) einbezogen.

Neubewertungen der Nettoschuld aus leistungsorientierten Versorgungsplänen (Vermögenswert)

127 Neubewertungen der Nettoschuld aus leistungsorientierten Versorgungsplänen umfassen:
(a) versicherungsmathematische Gewinne und Verluste (siehe Paragraphen 128 und 129);
(b) den Ertrag aus Planvermögen (siehe Paragraph 130) unter Ausschluss von Beträgen, die in den Nettozinsen auf die Nettoschuld aus leistungsorientierten Versorgungsplänen (Vermögenswert) enthalten sind (siehe Paragraph 125); und
(c) Veränderungen in der Auswirkung der Vermögensobergrenze unter Ausschluss von Beträgen, die in den Nettozinsen auf die Nettoschuld aus leistungsorientierten Versorgungsplänen (Vermögenswert) enthalten sind (siehe Paragraph 126).

128 Versicherungsmathematische Gewinne und Verluste entstehen aus Zu- oder Abnahmen des Barwerts der Verpflichtung aus leistungsorientierten Versorgungsplänen, die aufgrund von Veränderungen bei den versicherungsmathematischen Annahmen und erfahrungsbedingten Berichtigungen eintreten. Zu den Ursachen versicherungsmathematischer Gewinne und Verluste gehören beispielsweise:
(a) unerwartet hohe oder niedrige Fluktuationsraten, Frühverrentungs- oder Sterblichkeitsquoten bei den Arbeitnehmern; unerwartet hohe oder niedrige Steigerungen bei Löhnen und Sozialleistungen (sofern die formalen oder faktischen Regelungen eines Plans Leistungsanhebungen zum Inflationsausgleich vorsehen) oder bei den Kosten medizinischer Versorgung;

value of the related obligation (subject to any reduction required if the reimbursement is not recoverable in full).

Components of defined benefit cost

An entity shall recognise the components of defined benefit cost, except to the extent that another IFRS requires or per- **120**
mits their inclusion in the cost of an asset, as follows:
(a) service cost (see paragraphs 66—112) in profit or loss;
(b) net interest on the net defined benefit liability (asset) (see paragraphs 123—126) in profit or loss; and
(c) remeasurements of the net defined benefit liability (asset) (see paragraphs 127—130) in other comprehensive
income.

Other IFRSs require the inclusion of some employee benefit costs within the cost of assets, such as inventories and prop- **121**
erty, plant and equipment (see IAS 2 and IAS 16). Any post-employment benefit costs included in the cost of such assets
include the appropriate proportion of the components listed in paragraph 120.

Remeasurements of the net defined benefit liability (asset) recognised in other comprehensive income shall not be reclas- **122**
sified to profit or loss in a subsequent period. However, the entity may transfer those amounts recognised in other comprehensive income within equity.

Net interest on the net defined benefit liability (asset)

Net interest on the net defined benefit liability (asset) shall be determined by multiplying the net defined benefit liability **123**
(asset) by the discount rate specified in paragraph 83, both as determined at the start of the annual reporting period,
taking account of any changes in the net defined benefit liability (asset) during the period as a result of contribution and
benefit payments.

Net interest on the net defined benefit liability (asset) can be viewed as comprising interest income on plan assets, interest **124**
cost on the defined benefit obligation and interest on the effect of the asset ceiling mentioned in paragraph 64.

Interest income on plan assets is a component of the return on plan assets, and is determined by multiplying the fair value **125**
of the plan assets by the discount rate specified in paragraph 83, both as determined at the start of the annual reporting
period, taking account of any changes in the plan assets held during the period as a result of contributions and benefit
payments. The difference between the interest income on plan assets and the return on plan assets is included in the
remeasurement of the net defined benefit liability (asset).

Interest on the effect of the asset ceiling is part of the total change in the effect of the asset ceiling, and is determined by **126**
multiplying the effect of the asset ceiling by the discount rate specified in paragraph 83, both as determined at the start of
the annual reporting period. The difference between that amount and the total change in the effect of the asset ceiling is
included in the remeasurement of the net defined benefit liability (asset).

Remeasurements of the net defined benefit liability (asset)

Remeasurements of the net defined benefit liability (asset) comprise: **127**
(a) actuarial gains and losses (see paragraphs 128 and 129);
(b) the return on plan assets (see paragraph 130), excluding amounts included in net interest on the net defined benefit
liability (asset) (see paragraph 125); and
(c) any change in the effect of the asset ceiling, excluding amounts included in net interest on the net defined benefit
liability (asset) (see paragraph 126).

Actuarial gains and losses result from increases or decreases in the present value of the defined benefit obligation because **128**
of changes in actuarial assumptions and experience adjustments. Causes of actuarial gains and losses include, for example:
(a) unexpectedly high or low rates of employee turnover, early retirement or mortality or of increases in salaries, benefits
(if the formal or constructive terms of a plan provide for inflationary benefit increases) or medical costs;

(b) die Auswirkung von Änderungen bei den Annahmen über die Optionen für Leistungszahlungen;

(c) die Auswirkung von Änderungen bei den Schätzungen der Fluktuationsraten, Frühverrentungs- oder Sterblichkeitsquoten bei den Arbeitnehmern; Steigerungen bei Löhnen und Sozialleistungen (sofern die formalen oder faktischen Regelungen eines Plans Leistungsanhebungen zum Inflationsausgleich vorsehen) oder bei den Kosten medizinischer Versorgung;

(d) die Auswirkung von Änderungen des Abzinsungssatzes.

129 In versicherungsmathematischen Gewinnen und Verlusten sind keine Änderungen des Barwerts der definierten Leistungsverpflichtung enthalten, die durch die Einführung, Ergänzung, Kürzung oder Abgeltung des leistungsorientierten Versorgungsplans hervorgerufen werden. Ebenfalls nicht enthalten sind Änderungen bei den im Rahmen des leistungsorientierten Versorgungsplans fälligen Leistungen. Änderungen dieser Art führen zu nachzuverrechnendem Dienstzeitaufwand oder zu Gewinnen oder Verlusten bei Abgeltung.

130 Bei der Ermittlung des Ertrags aus Planvermögen zieht ein Unternehmen die Kosten für die Verwaltung des Planvermögens sowie vom Plan selbst zu entrichtende Steuern ab, soweit es sich nicht um Steuern handelt, die bereits in die versicherungsmathematischen Annahmen eingeflossen sind, die zur Bewertung der definierten Leistungsverpflichtung verwendet werden (Paragraph 76). Weitere Verwaltungskosten werden vom Ertrag aus Planvermögen nicht abgezogen.

Darstellung

Saldierung

131 Ein Unternehmen hat einen Vermögenswert aus einem Plan dann und nur dann mit der Schuld aus einem anderen Plan zu saldieren, wenn das Unternehmen:

(a) ein einklagbares Recht hat, die Vermögensüberdeckung des einen Plans zur Abgeltung von Verpflichtungen aus dem anderen Plan zu verwenden; und

(b) beabsichtigt, entweder die Abgeltung der Verpflichtungen auf Nettobasis herbeizuführen, oder gleichzeitig mit der Verwertung der Vermögensüberdeckung des einen Plans seine Verpflichtung aus dem anderen Plan abzugelten.

132 Die Kriterien für eine Saldierung gleichen annähernd denen für Finanzinstrumente gemäß IAS 32 *Finanzinstrumente: Darstellung*.

Unterscheidung von Kurz- und Langfristigkeit

133 Einige Unternehmen unterscheiden zwischen kurzfristigen und langfristigen Vermögenswerten oder Schulden. Dieser Standard enthält keine Regelungen, ob ein Unternehmen eine diesbezügliche Unterscheidung nach kurz- und langfristigen Aktiva oder Passiva aus Leistungen nach Beendigung des Arbeitsverhältnisses vorzunehmen hat.

Kostenkomponenten leistungsorientierter Versorgungspläne

134 Paragraph 120 schreibt vor, dass ein Unternehmen den Dienstzeitaufwand und die Nettozinsen auf die Nettoschuld aus leistungsorientierten Versorgungsplänen (Vermögenswert) im Gewinn oder Verlust anzusetzen hat. Dieser Standard enthält keine Regelungen, wie ein Unternehmen Dienstzeitaufwand und Nettozinsen auf die Nettoschuld aus leistungsorientierten Versorgungsplänen (Vermögenswert) darzustellen hat. Bei der Darstellung dieser Komponenten legt das Unternehmen IAS 1 zugrunde.

Angaben

135 Ein Unternehmen hat Angaben zu machen, die

(a) die Merkmale seiner leistungsorientierten Versorgungspläne und der damit verbundenen Risiken erläutern (siehe Paragraph 139);

(b) die in seinen Abschlüssen ausgewiesenen Beträge, die sich aus seinen leistungsorientierten Versorgungsplänen ergeben (siehe Paragraphen 140–144), feststellen und erläutern; und

(c) beschreiben, in welcher Weise seine leistungsorientierten Versorgungspläne Betrag, Fälligkeit und Unsicherheit künftiger Zahlungsströme des Unternehmens beeinflussen könnten (siehe Paragraphen 145–147).

136 Zur Erfüllung der in Paragraph 135 beschriebenen Zielsetzungen berücksichtigt ein Unternehmen alle nachstehend genannten Gesichtspunkte:

(a) den zur Erfüllung der Angabepflichten notwendigen Detaillierungsgrad;

(b) das Gewicht, das auf jede der verschiedenen Vorschriften zu legen ist;

(c) den Umfang einer vorzunehmenden Zusammenfassung oder Aufgliederung; und

(d) die Notwendigkeit zusätzlicher Angaben für Nutzer der Abschlüsse, damit diese die offengelegten quantitativen Informationen auswerten können.

(b) the effect of changes to assumptions concerning benefit payment options;

(c) the effect of changes in estimates of future employee turnover, early retirement or mortality or of increases in salaries, benefits (if the formal or constructive terms of a plan provide for inflationary benefit increases) or medical costs; and

(d) the effect of changes in the discount rate.

Actuarial gains and losses do not include changes in the present value of the defined benefit obligation because of the introduction, amendment, curtailment or settlement of the defined benefit plan, or changes to the benefits payable under the defined benefit plan. Such changes result in past service cost or gains or losses on settlement. **129**

In determining the return on plan assets, an entity deducts the costs of managing the plan assets and any tax payable by the plan itself, other than tax included in the actuarial assumptions used to measure the defined benefit obligation (paragraph 76). Other administration costs are not deducted from the return on plan assets. **130**

Presentation

Offset

An entity shall offset an asset relating to one plan against a liability relating to another plan when, and only when, the entity: **131**

(a) has a legally enforceable right to use a surplus in one plan to settle obligations under the other plan; and

(b) intends either to settle the obligations on a net basis, or to realise the surplus in one plan and settle its obligation under the other plan simultaneously.

The offsetting criteria are similar to those established for financial instruments in IAS 32 *Financial Instruments: Presentation.* **132**

Current/non-current distinction

Some entities distinguish current assets and liabilities from non-current assets and liabilities. This Standard does not specify whether an entity should distinguish current and non-current portions of assets and liabilities arising from post-employment benefits. **133**

Components of defined benefit cost

Paragraph 120 requires an entity to recognise service cost and net interest on the net defined benefit liability (asset) in profit or loss. This Standard does not specify how an entity should present service cost and net interest on the net defined benefit liability (asset). An entity presents those components in accordance with IAS 1. **134**

Disclosure

An entity shall disclose information that: **135**

(a) explains the characteristics of its defined benefit plans and risks associated with them (see paragraph 139);

(b) identifies and explains the amounts in its financial statements arising from its defined benefit plans (see paragraphs 140—144); and

(c) describes how its defined benefit plans may affect the amount, timing and uncertainty of the entity's future cash flows (see paragraphs 145—147).

To meet the objectives in paragraph 135, an entity shall consider all the following: **136**

(a) the level of detail necessary to satisfy the disclosure requirements;

(b) how much emphasis to place on each of the various requirements;

(c) how much aggregation or disaggregation to undertake; and

(d) whether users of financial statements need additional information to evaluate the quantitative information disclosed.

137 Reichen die gemäß diesem und anderen IFRS vorgelegten Angaben zur Erfüllung der Zielsetzungen in Paragraph 135 nicht aus, hat ein Unternehmen zusätzliche, zur Erfüllung dieser Zielsetzungen notwendige Angaben zu machen. Ein Unternehmen kann beispielsweise eine Analyse des Barwerts der definierten Leistungsverpflichtung vorlegen, in der Beschaffenheit, Merkmale und Risiken der Verpflichtung charakterisiert werden. In einer solchen Angabe können folgende Unterscheidungen getroffen werden:

(a) zwischen Beträgen, die aktiven begünstigten Arbeitnehmern, Anwärtern und Rentnern geschuldet werden.

(b) zwischen unverfallbaren Leistungen und angesammelten, aber nicht unverfallbar gewordenen Leistungen.

(c) zwischen bedingten Leistungen, künftigen Gehaltssteigerungen und sonstigen Leistungen.

138 Ein Unternehmen hat zu beurteilen, ob bei allen oder einigen Angaben eine Aufgliederung nach Plänen oder Gruppen von Plänen mit erheblich voneinander abweichenden Risiken vorzunehmen ist. Ein Unternehmen kann beispielsweise die Angaben zu Versorgungsplänen aufgliedern, die eines oder mehrere folgender Merkmale aufweisen:

(a) unterschiedliche geografische Standorte.

(b) unterschiedliche Merkmale wie Festgehaltspläne, Endgehaltspläne oder Pläne für medizinische Versorgung nach Beendigung des Arbeitsverhältnisses.

(c) unterschiedliche regulatorische Rahmen.

(d) unterschiedliche Berichtssegmente.

(e) Unterschiedliche Finanzierungsvereinbarungen (z. B. ohne Fondsdeckung, ganz oder teilweise finanziert).

Merkmale leistungsorientierter Versorgungspläne und der damit verbundenen Risiken

139 Unternehmen haben Folgendes anzugeben:

(a) Informationen über die Merkmale ihrer leistungsorientierten Versorgungspläne, unter Einschluss von:

(i) der Art der durch den Plan bereitgestellten Leistungen (z. B. leistungsorientierter Versorgungsplan auf Endgehaltsbasis oder beitragsorientierter Plan mit Garantie).

(ii) einer Beschreibung des regulatorischen Rahmens, innerhalb dessen der Versorgungsplan betrieben wird, beispielsweise der Höhe eventueller Anforderungen an die Mindestdotierungsverpflichtung sowie möglicher Auswirkungen des regulatorischen Rahmens auf den Plan. Dies kann beispielsweise die Vermögensobergrenze betreffen (siehe Paragraph 64).

(iii) eine Beschreibung der Verantwortlichkeiten anderer Unternehmen für die Führung des Plans. Dies kann beispielsweise die Verantwortlichkeiten von Treuhändern oder Vorstandsmitgliedern des Versorgungsplans betreffen.

(b) eine Beschreibung der Risiken, mit denen der Versorgungsplan das Unternehmen belastet. Hier ist das Hauptaugenmerk auf außergewöhnliche, unternehmens- oder planspezifische Risiken sowie erhebliche Risikokonzentrationen zu richten. Wird Planvermögen hauptsächlich in einer bestimmte Klasse von Anlagen wie beispielsweise Immobilien investiert, kann für das Unternehmen durch den Versorgungsplan eine Konzentration von Immobilienmarktrisiken entstehen.

(c) Eine Beschreibung von Ergänzungen, Kürzungen und Abgeltungen des Plans.

Erläuterung von in den Abschlüssen genannten Beträgen

140 Ein Unternehmen hat, sofern zutreffend, für jeden der folgenden Posten eine Überleitungsrechnung von der Eröffnungsbilanz zur Abschlussbilanz vorzulegen:

(a) die Nettoschuld aus leistungsorientierten Versorgungsplänen (Vermögenswert) mit getrennten Überleitungsrechnungen für:

(i) das Planvermögen;

(ii) den Barwert der definierten Leistungsverpflichtung;

(iii) die Auswirkung der Vermögensobergrenze.

(b) Erstattungsansprüche. Das Unternehmen hat außerdem eine Beschreibung der Beziehung zwischen einem Erstattungsanspruch und der zugehörigen Verpflichtung abzugeben.

141 In jeder der in Paragraph 140 aufgeführten Überleitungsrechnungen sind außerdem jeweils die folgenden Posten aufzuführen, sofern zutreffend:

(a) laufender Dienstzeitaufwand;

(b) Zinserträge oder -aufwendungen;

(c) Neubewertungen der Nettoschuld aus leistungsorientierten Versorgungsplänen (Vermögenswert) mit folgenden Einzelnachweisen:

(i) den Ertrag aus Planvermögen unter Ausschluss von Beträgen, die in den in (b) aufgeführten Zinsen enthalten sind;

(ii) Versicherungsmathematische Gewinne und Verluste, die aus Veränderungen bei den demografischen Annahmen entstehen (siehe Paragraph 76 (a));

(iii) Versicherungsmathematische Gewinne und Verluste, die aus Veränderungen bei den finanziellen Annahmen entstehen (siehe Paragraph 76 (b));

If the disclosures provided in accordance with the requirements in this Standard and other IFRSs are insufficient to meet the objectives in paragraph 135, an entity shall disclose additional information necessary to meet those objectives. For example, an entity may present an analysis of the present value of the defined benefit obligation that distinguishes the nature, characteristics and risks of the obligation. Such a disclosure could distinguish: **137**

(a) between amounts owing to active members, deferred members, and pensioners.

(b) between vested benefits and accrued but not vested benefits.

(c) between conditional benefits, amounts attributable to future salary increases and other benefits.

An entity shall assess whether all or some disclosures should be disaggregated to distinguish plans or groups of plans with materially different risks. For example, an entity may disaggregate disclosure about plans showing one or more of the following features: **138**

(a) different geographical locations.

(b) different characteristics such as flat salary pension plans, final salary pension plans or post-employment medical plans.

(c) different regulatory environments.

(d) different reporting segments.

(e) different funding arrangements (eg wholly unfunded, wholly or partly funded).

Characteristics of defined benefit plans and risks associated with them

An entity shall disclose: **139**

(a) information about the characteristics of its defined benefit plans, including:

    (i) the nature of the benefits provided by the plan (eg final salary defined benefit plan or contribution-based plan with guarantee).

    (ii) a description of the regulatory framework in which the plan operates, for example the level of any minimum funding requirements, and any effect of the regulatory framework on the plan, such as the asset ceiling (see paragraph 64).

    (iii) a description of any other entity's responsibilities for the governance of the plan, for example responsibilities of trustees or of board members of the plan.

(b) a description of the risks to which the plan exposes the entity, focused on any unusual, entity-specific or plan-specific risks, and of any significant concentrations of risk. For example, if plan assets are invested primarily in one class of investments, eg property, the plan may expose the entity to a concentration of property market risk.

(c) a description of any plan amendments, curtailments and settlements.

Explanation of amounts in the financial statements

An entity shall provide a reconciliation from the opening balance to the closing balance for each of the following, if applicable: **140**

(a) the net defined benefit liability (asset), showing separate reconciliations for:

    (i) plan assets.

    (ii) the present value of the defined benefit obligation.

    (iii) the effect of the asset ceiling.

(b) any reimbursement rights. An entity shall also describe the relationship between any reimbursement right and the related obligation.

Each reconciliation listed in paragraph 140 shall show each of the following, if applicable: **141**

(a) current service cost.

(b) interest income or expense.

(c) remeasurements of the net defined benefit liability (asset), showing separately:

    (i) the return on plan assets, excluding amounts included in interest in (b).

    (ii) actuarial gains and losses arising from changes in demographic assumptions (see paragraph 76 (a)).

    (iii) actuarial gains and losses arising from changes in financial assumptions (see paragraph 76 (b)).

(iv) Veränderungen der Auswirkung einer Begrenzung eines leistungsorientierten Versorgungsplans auf die Vermögensobergrenze unter Ausschluss von Beträgen, die in den Zinsen unter (b) enthalten sind. Ein Unternehmen hat außerdem anzugeben, wie es den verfügbaren maximalen wirtschaftlichen Nutzen ermittelt hat, d. h. ob es den Nutzen in Form von Rückerstattungen, in Form von geminderten künftigen Beitragszahlungen oder einer Kombination aus beidem erhalten würde.

(d) nachzuverrechnender Dienstzeitaufwand und Gewinne oder Verluste aus Abgeltungen. Nach Paragraph 100 ist es zulässig, dass zwischen nachzuverrechnendem Dienstzeitaufwand und Gewinnen oder Verlusten aus Abgeltungen keine Unterscheidung getroffen wird, wenn diese Geschäftsvorfälle gemeinsam eintreten.

(e) die Auswirkung von Wechselkursänderungen.

(f) Beiträge zum Versorgungsplan. Dabei sind Beiträge des Arbeitgebers und Beiträge begünstigter Arbeitnehmer getrennt auszuweisen.

(g) aus dem Plan geleistete Zahlungen. Dabei ist der im Zusammenhang mit Abgeltungen gezahlte Betrag getrennt auszuweisen.

(h) die Auswirkungen von Unternehmenszusammenschlüssen und Veräußerungen.

142 Ein Unternehmen hat den beizulegenden Zeitwert des Planvermögens in Klassen aufzugliedern, in denen die betreffenden Vermögenswerte nach Beschaffenheit und Risiko unterschieden werden. Dabei erfolgt in jeder Planvermögensklasse eine weitere Unterteilung in Vermögenswerte, für die eine Marktpreisnotierung in einem aktiven Markt besteht (gemäß Definition in IFRS 13 *Bemessung des beizulegenden Zeitwerts*[3]) und Vermögenswerte, bei denen dies nicht der Fall ist. Ein Unternehmen könnte unter Berücksichtigung des in Paragraph 136 erörterten Offenlegungsgrads beispielsweise zwischen Folgendem unterscheiden:

(a) Zahlungsmitteln und Zahlungsmitteläquivalenten;

(b) Eigenkapitalinstrumenten (getrennt nach Branche, Unternehmensgröße, geografischer Lage etc.);

(c) Schuldinstrumenten (getrennt nach Art des Emittenten, Kreditqualität, geografischer Lage etc.);

(d) Immobilien (getrennt nach geografischer Lage etc.);

(e) Derivaten (getrennt nach Art des dem Vertrag zugrunde liegenden Risikos, z. B. Zinsverträge, Devisenverträge, Eigenkapitalverträge, Kreditverträge, Langlebigkeits-Swaps etc.);

(f) Wertpapierfonds (getrennt nach Fondstyp);

(g) forderungsbesicherten Wertpapieren; und

(h) strukturierten Schulden.

143 Ein Unternehmen hat den beizulegenden Zeitwert seiner eigenen, als Planvermögen gehaltenen übertragbaren Finanzinstrumente anzugeben. Dasselbe gilt für den beizulegenden Zeitwert von Planvermögen in Form von Immobilien oder anderen Vermögenswerten, die das Unternehmen selbst nutzt.

144 Ein Unternehmen hat erhebliche versicherungsmathematische Annahmen zu nennen, die zur Ermittlung des Barwerts der definierten Leistungsverpflichtung eingesetzt werden (siehe Paragraph 76). Eine solche Angabe muss in absoluten Werten erfolgen (z. B. als absoluter Prozentsatz und nicht nur als Spanne zwischen verschiedenen Prozentsätzen und anderen Variablen). Legt ein Unternehmen für eine Gruppe von Plänen zusammenfassende Angaben vor, hat es diese Angaben in Form von gewichteten Durchschnitten oder vergleichsweise engen Schwankungsbreiten zu machen.

Betrag, Fälligkeit und Unsicherheit künftiger Zahlungsströme

145 Unternehmen haben Folgendes anzugeben:

(a) Eine Sensitivitätsbetrachtung jeder erheblichen versicherungsmathematischen Annahme (gemäß Angabe nach Paragraph 144) zum Ende der Berichtsperiode, in der aufgezeigt wird, in welcher Weise die definierte Leistungsverpflichtung durch Veränderungen bei den maßgeblichen versicherungsmathematischen Annahmen, die bei vernünftiger Betrachtungsweise zu dem betreffenden Datum möglich waren, beeinflusst worden wäre.

(b) die Methoden und Annahmen, die bei der Erstellung der in (a) vorgeschriebenen Sensitivitätsbetrachtungen eingesetzt wurden, sowie die Grenzen dieser Methoden.

(c) die Änderungen bei den Methoden und Annahmen, die bei der Erstellung der in (a) vorgeschriebenen Sensitivitätsbetrachtungen eingesetzt wurden, sowie die Gründe für diese Änderungen.

146 Ein Unternehmen hat eine Beschreibung der Strategien vorzulegen, die der Versorgungsplan bzw. das Unternehmen zum Ausgleich der Risiken auf der Aktiv- und Passivseite verwendet. Hierunter fällt auch die Nutzung von Annuitäten und anderer Techniken wie Langlebigkeits-Swaps zum Zweck des Risikomanagements.

---

3 Hat ein Unternehmen IFRS 13 bisher noch nicht angewendet, kann es sich auf Paragraph AG71 des IAS 39 *Finanzinstrumente: Ansatz und Bewertung* oder Paragraph B.5.4.3 des IFRS 9 *Finanzinstrumente* (Oktober 2010) beziehen, sofern zutreffend.

(iv) changes in the effect of limiting a net defined benefit asset to the asset ceiling, excluding amounts included in interest in (b). An entity shall also disclose how it determined the maximum economic benefit available, ie whether those benefits would be in the form of refunds, reductions in future contributions or a combination of both.

(d) past service cost and gains and losses arising from settlements. As permitted by paragraph 100, past service cost and gains and losses arising from settlements need not be distinguished if they occur together.

(e) the effect of changes in foreign exchange rates.

(f) contributions to the plan, showing separately those by the employer and by plan participants.

(g) payments from the plan, showing separately the amount paid in respect of any settlements.

(h) the effects of business combinations and disposals.

An entity shall disaggregate the fair value of the plan assets into classes that distinguish the nature and risks of those **142** assets, subdividing each class of plan asset into those that have a quoted market price in an active market (as defined in IFRS 13 *Fair Value Measurement*[3]) and those that do not. For example, and considering the level of disclosure discussed in paragraph 136, an entity could distinguish between:

(a) cash and cash equivalents;

(b) equity instruments (segregated by industry type, company size, geography etc);

(c) debt instruments (segregated by type of issuer, credit quality, geography etc);

(d) real estate (segregated by geography etc);

(e) derivatives (segregated by type of underlying risk in the contract, for example, interest rate contracts, foreign exchange contracts, equity contracts, credit contracts, longevity swaps etc);

(f) investment funds (segregated by type of fund);

(g) asset-backed securities; and

(h) structured debt.

An entity shall disclose the fair value of the entity's own transferable financial instruments held as plan assets, and the fair **143** value of plan assets that are property occupied by, or other assets used by, the entity.

An entity shall disclose the significant actuarial assumptions used to determine the present value of the defined benefit **144** obligation (see paragraph 76). Such disclosure shall be in absolute terms (eg as an absolute percentage, and not just as a margin between different percentages and other variables). When an entity provides disclosures in total for a grouping of plans, it shall provide such disclosures in the form of weighted averages or relatively narrow ranges.

Amount, timing and uncertainty of future cash flows

An entity shall disclose: **145**

(a) a sensitivity analysis for each significant actuarial assumption (as disclosed under paragraph 144) as of the end of the reporting period, showing how the defined benefit obligation would have been affected by changes in the relevant actuarial assumption that were reasonably possible at that date.

(b) the methods and assumptions used in preparing the sensitivity analyses required by (a) and the limitations of those methods.

(c) changes from the previous period in the methods and assumptions used in preparing the sensitivity analyses, and the reasons for such changes.

An entity shall disclose a description of any asset-liability matching strategies used by the plan or the entity, including the **146** use of annuities and other techniques, such as longevity swaps, to manage risk.

---

3 If an entity has not yet applied IFRS 13, it may refer to paragraph AG71 of IAS 39 Financial Instruments: Recognition and Measurement, or paragraph B.5.4.3 of IFRS 9 Financial Instruments (October 2010), if applicable.

147 Um die Auswirkung des leistungsorientierten Versorgungsplans auf die künftigen Zahlungsströme des Unternehmens auf-zuzeigen, hat ein Unternehmen folgende Angaben vorzulegen:

(a) eine Beschreibung der Finanzierungsvereinbarungen und Finanzierungsrichtlinien, die sich auf zukünftige Beiträge auswirken.

(b) die für die nächste jährliche Berichtsperiode erwarteten Beiträge zum Plan.

(c) Informationen über das Fälligkeitsprofil der definierten Leistungsverpflichtung. Hierunter fallen die gewichtete durchschnittliche Laufzeit der definierten Leistungsverpflichtung sowie eventuell weitere Angaben über die Vertei-lung der Fälligkeiten der Leistungszahlungen, beispielsweise in Form einer Fälligkeitsanalyse der Leistungszahlun-gen.

Gemeinschaftliche Pläne mehrerer Arbeitgeber

148 Beteiligt sich ein Unternehmen an einem gemeinschaftlichen Plan mehrerer Arbeitgeber, der als leistungsorientiert einge-stuft ist, so hat das Unternehmen folgende Angaben vorzulegen:

(a) eine Beschreibung der Finanzierungsvereinbarungen einschließlich einer Beschreibung der Methode, die zur Ermitt-lung des Beitragssatzes des Unternehmens verwendet wird, sowie einer Beschreibung der Mindestdotierungsver-pflichtung.

(b) eine Beschreibung des Umfangs, in dem das Unternehmen dem Plan gegenüber für die Verpflichtungen anderer Unternehmen gemäß den Bedingungen und Voraussetzungen des gemeinschaftlichen Plans mehrerer Arbeitgeber haftbar sein kann.

(c) Eine Beschreibung der eventuell vereinbarten Aufteilung von Fehlbeträgen oder Vermögensüberdeckungen bei:

   (i) Abwicklung des Plans; oder

   (ii) Ausscheiden des Unternehmens aus dem Plan.

(d) bilanziert das Unternehmen diesen Plan so, als handele es sich um einen beitragsorientierten Plan gemäß Paragraph 34, hat es zusätzlich zu den in (a)–(c) vorgeschriebenen Angaben und anstelle der in den Paragraphen 139–147 vor-geschriebenen Angaben Folgendes darzulegen:

   (i) den Sachverhalt, dass es sich bei dem Plan um einen leistungsorientierten Versorgungsplan handelt.

   (ii) den Grund für das Fehlen ausreichender Informationen, die das Unternehmen in die Lage versetzen würden, den Plan als leistungsorientierten Versorgungsplan zu bilanzieren.

   (iii) die für die nächste jährliche Berichtsperiode erwarteten Beiträge zum Plan.

   (iv) Informationen über Fehlbeträge oder Vermögensüberdeckungen im Plan, die sich auf die Höhe künftiger Bei-tragszahlungen auswirken könnten. Hierunter fallen auch die Grundlage, auf die sich das Unternehmen bei der Ermittlung des Fehlbetrags oder der Vermögensüberdeckung gestützt hat, sowie eventuelle Konsequenzen für das Unternehmen.

   (v) eine Angabe des Umfangs, in dem sich das Unternehmen im Vergleich zu anderen teilnehmenden Unterneh-men am Plan beteiligt. Werte, an denen sich eine solche Information ablesen ließe, sind beispielsweise der Anteil des Unternehmens an den gesamten Beiträgen zum Plan oder der Anteil des Unternehmens an der Gesamtzahl der aktiven und pensionierten begünstigten Arbeitnehmer sowie der ehemaligen begünstigten Arbeitnehmer mit Leistungsansprüchen, sofern diese Informationen zur Verfügung stehen.

Leistungsorientierte Pläne, die Risiken zwischen verschiedenen Unternehmen unter gemeinsamer Beherrschung aufteilen

149 Beteiligt sich ein Unternehmen an einem leistungsorientierten Versorgungsplan, der Risiken zwischen verschiedenen Unternehmen unter gemeinsamer Beherrschung aufteilt, hat es folgende Angaben vorzulegen:

(a) die vertragliche Vereinbarung oder erklärte Richtlinie zur Anlastung der leistungsorientierten Nettokosten oder den Sachverhalt, dass eine solche Richtlinie nicht besteht.

(b) die Richtlinie für die Ermittlung des Beitrags, den das Unternehmen zu zahlen hat.

(c) in Fällen, in denen das Unternehmen eine Zuweisung der leistungsorientierten Nettokosten gemäß Paragraph 41 bilanziert, sämtliche Informationen über den Plan, die insgesamt in den Paragraphen 135–147 vorgeschrieben wer-den.

(d) in Fällen, in denen das Unternehmen den für die Periode zu zahlenden Beitrag gemäß Paragraph 41 bilanziert, sämt-liche Informationen über den Plan, die insgesamt in den Paragraphen 135–137, 139, 142–144 und 147 (a) und (b) vorgeschrieben werden.

150 Die in Paragraph 149 (c) und (d) vorgeschriebenen Informationen können mittels Querverweis auf Angaben in den Abschlüssen eines anderen Gruppenunternehmens ausgewiesen werden, wenn

(a) in den Abschlüssen des betreffenden Gruppenunternehmens die verlangten Informationen über den Plan getrennt bestimmt und offengelegt werden.

(b) die Abschlüsse des betreffenden Gruppenunternehmens Nutzern der Abschlüsse zu den gleichen Bedingungen und zur gleichen Zeit wie oder früher als die Abschlüsse des Unternehmens zur Verfügung stehen.

To provide an indication of the effect of the defined benefit plan on the entity's future cash flows, an entity shall disclose: **147**

(a) a description of any funding arrangements and funding policy that affect future contributions.

(b) the expected contributions to the plan for the next annual reporting period.

(c) information about the maturity profile of the defined benefit obligation. This will include the weighted average duration of the defined benefit obligation and may include other information about the distribution of the timing of benefit payments, such as a maturity analysis of the benefit payments.

Multi-employer plans

If an entity participates in a multi-employer defined benefit plan, it shall disclose: **148**

(a) a description of the funding arrangements, including the method used to determine the entity's rate of contributions and any minimum funding requirements.

(b) a description of the extent to which the entity can be liable to the plan for other entities' obligations under the terms and conditions of the multi-employer plan.

(c) a description of any agreed allocation of a deficit or surplus on:
  (i) wind-up of the plan; or
  (ii) the entity's withdrawal from the plan.

(d) if the entity accounts for that plan as if it were a defined contribution plan in accordance with paragraph 34, it shall disclose the following, in addition to the information required by (a)—(c) and instead of the information required by paragraphs 139—147:
  (i) the fact that the plan is a defined benefit plan.
  (ii) the reason why sufficient information is not available to enable the entity to account for the plan as a defined benefit plan.
  (iii) the expected contributions to the plan for the next annual reporting period.
  (iv) information about any deficit or surplus in the plan that may affect the amount of future contributions, including the basis used to determine that deficit or surplus and the implications, if any, for the entity.
  (v) an indication of the level of participation of the entity in the plan compared with other participating entities. Examples of measures that might provide such an indication include the entity's proportion of the total contributions to the plan or the entity's proportion of the total number of active members, retired members, and former members entitled to benefits, if that information is available.

Defined benefit plans that share risks between entities under common control

If an entity participates in a defined benefit plan that shares risks between entities under common control, it shall disclose: **149**

(a) the contractual agreement or stated policy for charging the net defined benefit cost or the fact that there is no such policy.

(b) the policy for determining the contribution to be paid by the entity.

(c) if the entity accounts for an allocation of the net defined benefit cost as noted in paragraph 41, all the information about the plan as a whole required by paragraphs 135—147.

(d) if the entity accounts for the contribution payable for the period as noted in paragraph 41, the information about the plan as a whole required by paragraphs 135—137, 139, 142—144 and 147 (a) and (b).

The information required by paragraph 149 (c) and (d) can be disclosed by cross-reference to disclosures in another group entity's financial statements if: **150**

(a) that group entity's financial statements separately identify and disclose the information required about the plan; and

(b) that group entity's financial statements are available to users of the financial statements on the same terms as the financial statements of the entity and at the same time as, or earlier than, the financial statements of the entity.

Angabepflichten in anderen IFRS

151 Falls IAS 24 dies vorschreibt, hat das Unternehmen folgende Angaben zu machen:

(a) Geschäftsvorfälle mit nahestehenden Unternehmen und Personen bei Versorgungsplänen nach Beendigung des Arbeitsverhältnisses; und

(b) Leistungen nach Beendigung des Arbeitsverhältnisses für Mitglieder der Geschäftsleitung.

152 Falls IAS 37 dies vorschreibt, macht das Unternehmen Angaben über Eventualschulden, die aus Leistungen nach Beendigung des Arbeitsverhältnisses resultieren.

ANDERE LANGFRISTIG FÄLLIGE LEISTUNGEN AN ARBEITNEHMER

153 Andere langfristig fällige Leistungen an Arbeitnehmer umfassen Posten gemäß nachstehender Aufzählung, sofern nicht davon ausgegangen wird, dass diese innerhalb von zwölf Monaten nach Ende der Berichtsperiode, in der die Arbeitnehmer die betreffende Arbeitsleistung erbringen, vollständig beglichen werden:

(a) langfristige, vergütete Dienstfreistellungen wie Sonderurlaub nach langjähriger Dienstzeit oder Urlaub zur persönlichen Weiterbildung;

(b) Jubiläumsgelder oder andere Leistungen für langjährige Dienstzeiten;

(c) Versorgungsleistungen im Falle der Erwerbsunfähigkeit;

(d) Gewinn- und Erfolgsbeteiligungen; und

(e) aufgeschobene Vergütungen.

154 Die Bewertung anderer langfristig fälliger Leistungen an Arbeitnehmer unterliegt für gewöhnlich nicht den gleichen Unsicherheiten wie dies bei Leistungen nach Beendigung des Arbeitsverhältnisses der Fall ist. Aus diesem Grund schreibt dieser Standard eine vereinfachte Rechnungslegungsmethode für andere langfristig fällige Leistungen an Arbeitnehmer vor. Anders als bei der für Leistungen nach Beendigung des Arbeitsverhältnisses vorgeschriebenen Rechnungslegung werden Neubewertungen bei dieser Methode nicht im sonstigen Ergebnis angesetzt.

Ansatz und Bewertung

155 Bei Ansatz und Bewertung der Vermögensüberdeckung oder des Fehlbetrags in einem Versorgungsplan für andere langfristig fällige Leistungen an Arbeitnehmer hat ein Unternehmen die Paragraphen 56–98 und 113–115 anzuwenden. Bei Ansatz und Bewertung von Erstattungsansprüchen hat ein Unternehmen die Paragraphen 116–119 anzuwenden.

156 In Bezug auf andere langfristig fällige Leistungen an Arbeitnehmer hat ein Unternehmen die Nettosumme der folgenden Beträge im Gewinn oder Verlust anzusetzen, es sei denn, ein anderer IFRS verlangt oder erlaubt die Einbeziehung der Leistungen in die Anschaffungs- oder Herstellungskosten eines Vermögenswerts wie folgt:

(a) Dienstzeitaufwand (siehe Paragraphen 66–112).

(b) Nettozinsen auf die Nettoschuld aus leistungsorientierten Versorgungsplänen (Vermögenswert) (siehe Paragraphen 123–126), und

(c) Neubewertungen der Nettoschuld aus leistungsorientierten Versorgungsplänen (Vermögenswert) (siehe Paragraphen 127–130).

157 Zu den anderen langfristig fälligen Leistungen an Arbeitnehmer gehören auch die Leistungen bei langfristiger Erwerbsunfähigkeit. Hängt die Höhe der zugesagten Leistung von der Dauer der Dienstzeit ab, so entsteht die Verpflichtung mit der Ableistung der Dienstzeit. In die Bewertung der Verpflichtung gehen die Wahrscheinlichkeit des Eintritts von Leistungsfällen und die wahrscheinliche Dauer der Zahlungen ein. Ist die Höhe der zugesagten Leistung ungeachtet der Dienstjahre für alle erwerbsunfähigen Arbeitnehmer gleich, werden die erwarteten Kosten für diese Leistungen bei Eintritt des Ereignisses, durch das die Erwerbsunfähigkeit verursacht wird, als Aufwand erfasst.

Angaben

158 Dieser Standard verlangt keine besonderen Angaben über andere langfristig fällige Leistungen an Arbeitnehmer, jedoch können solche Angaben nach Maßgabe anderer IFRS erforderlich sein. Zum Beispiel sind nach IAS 24 Angaben zu Leistungen an Mitglieder der Geschäftsleitung zu machen. Nach IAS 1 ist der Aufwand für die Leistungen an Arbeitnehmer anzugeben.

LEISTUNGEN AUS ANLASS DER BEENDIGUNG DES ARBEITSVERHÄLTNISSES

159 In diesem Standard werden Leistungen aus Anlass der Beendigung des Arbeitsverhältnisses getrennt von anderen Leistungen an Arbeitnehmer behandelt, weil das Entstehen einer Verpflichtung durch die Beendigung des Arbeitsverhältnisses und nicht durch die vom Arbeitnehmer geleistete Arbeit begründet ist. Leistungen aus Anlass der Beendigung des Arbeitsverhältnisses entstehen entweder aufgrund der Entscheidung eines Unternehmens, das Arbeitsverhältnis zu been-

Disclosure requirements in other IFRSs

Where required by IAS 24 an entity discloses information about: 151
(a) related party transactions with post-employment benefit plans; and
(b) post-employment benefits for key management personnel.

Where required by IAS 37 an entity discloses information about contingent liabilities arising from post-employment   152
benefit obligations.

OTHER LONG-TERM EMPLOYEE BENEFITS

Other long-term employee benefits include items such as the following, if not expected to be settled wholly before twelve   153
months after the end of the annual reporting period in which the employees render the related service:
(a) long-term paid absences such as long-service or sabbatical leave;
(b) jubilee or other long-service benefits;
(c) long-term disability benefits;
(d) profit-sharing and bonuses; and
(e) deferred remuneration.

The measurement of other long-term employee benefits is not usually subject to the same degree of uncertainty as the   154
measurement of post-employment benefits. For this reason, this Standard requires a simplified method of accounting for
other long-term employee benefits. Unlike the accounting required for post-employment benefits, this method does not
recognise remeasurements in other comprehensive income.

Recognition and measurement

In recognising and measuring the surplus or deficit in another long-term employee benefit plan, an entity shall apply   155
paragraphs 56—98 and 113—115. An entity shall apply paragraphs 116—119 in recognising and measuring any reimbursement right.

For other long-term employee benefits, an entity shall recognise the net total of the following amounts in profit or loss,   156
except to the extent that another IFRS requires or permits their inclusion in the cost of an asset:
(a) service cost (see paragraphs 66—112);
(b) net interest on the net defined benefit liability (asset) (see paragraphs 123—126); and
(c) remeasurements of the net defined benefit liability (asset) (see paragraphs 127—130).

One form of other long-term employee benefit is long-term disability benefit. If the level of benefit depends on the length   157
of service, an obligation arises when the service is rendered. Measurement of that obligation reflects the probability that
payment will be required and the length of time for which payment is expected to be made. If the level of benefit is the
same for any disabled employee regardless of years of service, the expected cost of those benefits is recognised when an
event occurs that causes a long-term disability.

Disclosure

Although this Standard does not require specific disclosures about other long-term employee benefits, other IFRSs may   158
require disclosures. For example, IAS 24 requires disclosures about employee benefits for key management personnel.
IAS 1 requires disclosure of employee benefits expense.

TERMINATION BENEFITS

This Standard deals with termination benefits separately from other employee benefits because the event that gives rise to   159
an obligation is the termination of employment rather than employee service. Termination benefits result from either an
entity's decision to terminate the employment or an employee's decision to accept an entity's offer of benefits in exchange
for termination of employment.

den, oder der Entscheidung eines Arbeitnehmers, im Austausch für die Beendigung des Arbeitsverhältnisses ein Angebot des Unternehmens zur Zahlung von Leistungen anzunehmen.

160 Bei Leistungen an Arbeitnehmer, die aus einer Beendigung des Arbeitsverhältnisses auf Verlangen des Arbeitnehmers, ohne entsprechendes Angebot des Unternehmens entstehen, sowie bei Leistungen aufgrund zwingender Vorschriften bei Renteneintritt handelt es sich um Leistungen nach Beendigung des Arbeitsverhältnisses. Sie fallen daher nicht unter die Leistungen aus Anlass der Beendigung des Arbeitsverhältnisses. Mitunter bieten Unternehmen bei einer Beendigung des Arbeitsverhältnisses auf Verlangen des Arbeitnehmers niedrigere Leistungen aus Anlass der Beendigung des Arbeitsverhältnisses (d. h. im Wesentlichen eine Leistung nach Beendigung des Arbeitsverhältnisses) als bei einer Beendigung des Arbeitsverhältnisses auf Verlangen des Unternehmens. Die Differenz zwischen der Leistung, die bei Beendigung des Arbeitsverhältnisses auf Verlangen des Arbeitnehmers fällig wird, und der höheren Leistung bei Beendigung des Arbeitsverhältnisses auf Verlangen des Unternehmens stellt eine Leistung aus Anlass der Beendigung des Arbeitsverhältnisses dar.

161 Die Form der an den Arbeitnehmer gezahlten Leistung legt nicht fest, ob sie im Austausch für erbrachte Arbeitsleistungen oder im Austausch für die Beendigung des Arbeitsverhältnisses mit dem Arbeitnehmer gezahlt wird. Leistungen aus Anlass der Beendigung des Arbeitsverhältnisses sind in der Regel Pauschalzahlungen, können aber auch Folgendes umfassen:

(a) Verbesserung der Leistungen nach Beendigung des Arbeitsverhältnisses entweder mittelbar über einen Versorgungsplan oder unmittelbar.

(b) Lohnfortzahlung bis zum Ende einer bestimmten Kündigungsfrist, ohne dass der Arbeitnehmer weitere Arbeitsleistung erbringt, die dem Unternehmen wirtschaftlichen Nutzen verschafft.

162 Indikatoren, dass eine Leistung an Arbeitnehmer im Austausch für Arbeitsleistungen gezahlt wird, sind u. a.:

(a) Die Leistung hängt von der Erbringung künftiger Arbeitsleistungen ab (hierunter fallen auch Leistungen, die mit der Erbringung zukünftiger Arbeitsleistungen steigen).

(b) Die Leistung wird gemäß den Bedingungen des Versorgungsplans gezahlt.

163 Mitunter werden Leistungen aus Anlass der Beendigung des Arbeitsverhältnisses gemäß den Bedingungen eines bestehenden Versorgungsplans gezahlt. Solche Bedingungen können beispielsweise aufgrund der Gesetzgebung oder aufgrund vertraglicher oder tarifvertraglicher Vereinbarungen vorgegeben sein oder sich stillschweigend aus der bisherigen betrieblichen Praxis bei der Zahlung ähnlicher Leistungen ergeben. Weitere Beispiele sind Fälle, in denen ein Unternehmen ein Leistungsangebot länger als nur kurzfristig zur Verfügung stellt oder zwischen dem Angebot und dem erwarteten Tag der tatsächlichen Beendigung des Arbeitsverhältnisses mehr als nur ein kurzer Zeitraum liegt. Trifft dies zu, erwägt das Unternehmen, ob es damit einen neuen Versorgungsplan begründet hat und ob die Leistungen, die im Rahmen dieses Plans angeboten werden, Leistungen aus Anlass der Beendigung des Arbeitsverhältnisses oder Leistungen nach Beendigung des Arbeitsverhältnisses sind. Leistungen an Arbeitnehmer, die gemäß den Bedingungen eines Versorgungsplans gezahlt werden, sind Leistungen aus Anlass der Beendigung des Arbeitsverhältnisses, wenn sie aus der Entscheidung eines Unternehmens zur Beendigung des Arbeitsverhältnisses entstehen und außerdem nicht davon abhängen, ob künftig Arbeitsleistungen erbracht werden.

164 Einige Leistungen an Arbeitnehmer werden unabhängig vom Grund des Ausscheidens gezahlt. Die Zahlung solcher Leistungen ist gewiss (vorbehaltlich der Erfüllung etwaiger Unverfallbarkeits- oder Mindestdienstzeitkriterien), der Zeitpunkt der Zahlung ist jedoch ungewiss. Obwohl solche Leistungen in einigen Ländern als Entschädigungen, Abfindungen oder Abfertigungen bezeichnet werden, sind sie Leistungen nach Beendigung des Arbeitsverhältnisses und nicht Leistungen aus Anlass der Beendigung des Arbeitsverhältnisses, so dass ein Unternehmen sie demzufolge auch wie Leistungen nach Beendigung des Arbeitsverhältnisses bilanziert.

Ansatz

165 Ein Unternehmen hat Leistungen aus Anlass der Beendigung des Arbeitsverhältnisses zum jeweils früheren der folgenden Zeitpunkte als Schuld und Aufwand anzusetzen:

(a) wenn das Unternehmen das Angebot derartiger Leistungen nicht mehr zurückziehen kann; oder

(b) wenn das Unternehmen Kosten für eine Umstrukturierung ansetzt, die in den Anwendungsbereich von IAS 37 fallen und die Zahlung von Leistungen aus Anlass der Beendigung des Arbeitsverhältnisses beinhalten.

166 Bei Leistungen aus Anlass der Beendigung des Arbeitsverhältnisses, die infolge der Entscheidung eines Arbeitnehmers, ein Angebot von Leistungen im Austausch für die Beendigung des Arbeitsverhältnisses anzunehmen, zu zahlen sind, entspricht der Zeitpunkt, an dem das Unternehmen das Angebot der Leistungen aus Anlass der Beendigung des Arbeitsverhältnisses nicht mehr zurückziehen kann, dem jeweils früheren Zeitpunkt:

(a) an dem der Arbeitnehmer das Angebot annimmt; oder

(b) an dem eine Beschränkung (beispielsweise eine gesetzliche, aufsichtsbehördliche oder vertragliche Vorschrift oder sonstige Einschränkung) für die Fähigkeit des Unternehmens, das Angebot zurückzuziehen, wirksam wird. Dieser Zeitpunkt würde also eintreten, wenn das Angebot unterbreitet wird, sofern die Beschränkung zum Zeitpunkt des Angebots bereits bestand.

Termination benefits do not include employee benefits resulting from termination of employment at the request of the **160** employee without an entity's offer, or as a result of mandatory retirement requirements, because those benefits are post-employment benefits. Some entities provide a lower level of benefit for termination of employment at the request of the employee (in substance, a post-employment benefit) than for termination of employment at the request of the entity. The difference between the benefit provided for termination of employment at the request of the employee and a higher benefit provided at the request of the entity is a termination benefit.

The form of the employee benefit does not determine whether it is provided in exchange for service or in exchange for **161** termination of the employee's employment. Termination benefits are typically lump sum payments, but sometimes also include:

(a) enhancement of post-employment benefits, either indirectly through an employee benefit plan or directly.

(b) salary until the end of a specified notice period if the employee renders no further service that provides economic benefits to the entity.

Indicators that an employee benefit is provided in exchange for services include the following: **162**

(a) the benefit is conditional on future service being provided (including benefits that increase if further service is provided).

(b) the benefit is provided in accordance with the terms of an employee benefit plan.

Some termination benefits are provided in accordance with the terms of an existing employee benefit plan. For example, **163** they may be specified by statute, employment contract or union agreement, or may be implied as a result of the employer's past practice of providing similar benefits. As another example, if an entity makes an offer of benefits available for more than a short period, or there is more than a short period between the offer and the expected date of actual termination, the entity considers whether it has established a new employee benefit plan and hence whether the benefits offered under that plan are termination benefits or post-employment benefits. Employee benefits provided in accordance with the terms of an employee benefit plan are termination benefits if they both result from an entity's decision to terminate an employee's employment and are not conditional on future service being provided.

Some employee benefits are provided regardless of the reason for the employee's departure. The payment of such benefits **164** is certain (subject to any vesting or minimum service requirements) but the timing of their payment is uncertain. Although such benefits are described in some jurisdictions as termination indemnities or termination gratuities, they are post-employment benefits rather than termination benefits, and an entity accounts for them as post-employment benefits.

Recognition

An entity shall recognise a liability and expense for termination benefits at the earlier of the following dates: **165**

(a) when the entity can no longer withdraw the offer of those benefits; and

(b) when the entity recognises costs for a restructuring that is within the scope of IAS 37 and involves the payment of termination benefits.

For termination benefits payable as a result of an employee's decision to accept an offer of benefits in exchange for the **166** termination of employment, the time when an entity can no longer withdraw the offer of termination benefits is the earlier of:

(a) when the employee accepts the offer; and

(b) when a restriction (eg a legal, regulatory or contractual requirement or other restriction) on the entity's ability to withdraw the offer takes effect. This would be when the offer is made, if the restriction existed at the time of the offer.

167 Bei Leistungen aus Anlass der Beendigung des Arbeitsverhältnisses, die infolge der Entscheidung eines Unternehmens zur Beendigung eines Arbeitsverhältnisses zu zahlen sind, ist dem Unternehmen die Rücknahme des Angebots nicht mehr möglich, wenn es den betroffenen Arbeitnehmern einen Kündigungsplan mitgeteilt hat, der sämtliche nachstehenden Kriterien erfüllt:

(a) An den zum Abschluss des Plans erforderlichen Maßnahmen lässt sich ablesen, dass an dem Plan wahrscheinlich keine wesentlichen Änderungen mehr vorgenommen werden.

(b) Der Plan nennt die Anzahl der Arbeitnehmer, deren Arbeitsverhältnis beendet werden soll, deren Tätigkeitskategorien oder Aufgabenbereiche sowie deren Standorte und den erwarteten Beendigungstermin (der Plan muss aber nicht jeden einzelnen Arbeitnehmer nennen).

(c) Der Plan legt die Leistungen aus Anlass der Beendigung des Arbeitsverhältnisses, die Arbeitnehmer erhalten werden, hinreichend detailliert fest, so dass Arbeitnehmer Art und Höhe der Leistungen ermitteln können, die sie bei Beendigung ihres Arbeitsverhältnisses erhalten werden.

168 Setzt ein Unternehmen Leistungen aus Anlass der Beendigung des Arbeitsverhältnisses an, muss es unter Umständen auch eine Ergänzung des Plans oder eine Kürzung anderer Leistungen an Arbeitnehmer bilanzieren (siehe Paragraph 103).

Bewertung

169 Ein Unternehmen hat Leistungen aus Anlass der Beendigung des Arbeitsverhältnisses beim erstmaligen Ansatz zu bewerten. Spätere Änderungen sind entsprechend der jeweiligen Art der Leistung an Arbeitnehmer zu bewerten und anzusetzen. In Fällen, in denen die Leistungen aus Anlass der Beendigung des Arbeitsverhältnisses eine Verbesserung der Leistungen nach Beendigung des Arbeitsverhältnisses sind, hat das Unternehmen jedoch die Vorschriften für Leistungen nach Beendigung des Arbeitsverhältnisses anzuwenden. Andernfalls

(a) hat das Unternehmen in Fällen, in denen die Leistungen aus Anlass der Beendigung des Arbeitsverhältnisses voraussichtlich innerhalb von zwölf Monaten nach Ende der jährlichen Berichtsperiode, in der die Leistungen aus Anlass der Beendigung des Arbeitsverhältnisses angesetzt werden, vollständig abgegolten sein werden, die Vorschriften für *kurzfristig fällige Leistungen an Arbeitnehmer* anzuwenden.

(b) hat das Unternehmen in Fällen, in denen die Leistungen aus Anlass der Beendigung des Arbeitsverhältnisses voraussichtlich nicht innerhalb von zwölf Monaten nach Ende der jährlichen Berichtsperiode vollständig abgegolten sein werden, die Vorschriften für andere langfristig fällige Leistungen an Arbeitnehmer anzuwenden.

170 Da Leistungen aus Anlass der Beendigung des Arbeitsverhältnisses nicht im Austausch für Arbeitsleistungen gezahlt werden, sind die Paragraphen 70–74, die sich auf die Zuordnung der Leistung zu Dienstzeiten beziehen, hier nicht maßgeblich.

Beispiel zur Veranschaulichung der Paragraphen 159–170

Hintergrund

Infolge eines kürzlich abgeschlossenen Erwerbs plant ein Unternehmen, ein Werk in zehn Monaten zu schließen und zu dem Zeitpunkt die Arbeitsverhältnisse aller in dem Werk verbliebenen Arbeitnehmer zu beenden. Da das Unternehmen für die Erfüllung einer Reihe von Verträgen die Fachkenntnisse der im Werk beschäftigten Arbeitnehmer benötigt, gibt es folgenden Kündigungsplan bekannt.

Jeder Arbeitnehmer, der bis zur Werksschließung bleibt und Arbeitsleistungen erbringt, erhält am Tag der Beendigung des Arbeitsverhältnisses eine Barzahlung in Höhe von 30.000 WE. Arbeitnehmer, die vor der Werksschließung ausscheiden, erhalten 10.000 WE.

Im Werk sind 120 Arbeitnehmer beschäftigt. Zum Zeitpunkt der Bekanntgabe des Plans erwartet das Unternehmen, das 20 von ihnen vor der Schließung ausscheiden werden. Die insgesamt erwarteten Mittelabflüsse im Rahmen des Plans betragen also 3.200.00 WE (d. h. 20 × 10.000 WE + 100 × 30.000 WE). Wie in Paragraph 160 vorgeschrieben, bilanziert das Unternehmen Leistungen, die im Austausch für eine Beendigung des Arbeitsverhältnisses gezahlt werden, als Leistungen aus Anlass der Beendigung des Arbeitsverhältnisses und Leistungen, die im Austausch für Arbeitsleistungen gezahlt werden, als kurzfristige Leistungen an Arbeitnehmer.

Leistungen aus Anlass der Beendigung des Arbeitsverhältnisses

Die im Austausch für die Beendigung des Arbeitsverhältnisses gezahlte Leistung beträgt 10.000 WE. Dies ist der Betrag, den das Unternehmen für die Beendigung des Arbeitsverhältnisses zu zahlen hätte, unabhängig davon, ob die Arbeitnehmer bleiben und bis zur Schließung des Werks Arbeitsleistungen erbringen, oder ob sie vor der Schließung ausscheiden. Obgleich die Arbeitnehmer vor der Schließung ausscheiden können, ist die Beendigung der Arbeitsverhältnisse aller Arbeitnehmer die Folge der Unternehmensentscheidung, das Werk zu schließen und deren Arbeitsverhältnisse zu beenden (d. h. alle Arbeitnehmer scheiden aus dem Arbeitsverhältnis aus, wenn das Werk schließt). Deshalb setzt das Unternehmen eine Schuld von 1.200.000 WE (d. h. 120 × 10.000 WE) für die gemäß Versorgungsplan vorgesehenen Leistungen aus Anlass der Beendigung des Arbeitsverhältnisses an. Abhängig davon, welcher Zeitpunkt

For termination benefits payable as a result of an entity's decision to terminate an employee's employment, the entity can no longer withdraw the offer when the entity has communicated to the affected employees a plan of termination meeting all of the following criteria: **167**

(a)   Actions required to complete the plan indicate that it is unlikely that significant changes to the plan will be made.

(b)   The plan identifies the number of employees whose employment is to be terminated, their job classifications or functions and their locations (but the plan need not identify each individual employee) and the expected completion date.

(c)   The plan establishes the termination benefits that employees will receive in sufficient detail that employees can determine the type and amount of benefits they will receive when their employment is terminated.

When an entity recognises termination benefits, the entity may also have to account for a plan amendment or a curtailment of other employee benefits (see paragraph 103). **168**

Measurement

An entity shall measure termination benefits on initial recognition, and shall measure and recognise subsequent changes, in accordance with the nature of the employee benefit, provided that if the termination benefits are an enhancement to post-employment benefits, the entity shall apply the requirements for post-employment benefits. Otherwise: **169**

(a)   if the termination benefits are expected to be settled wholly before twelve months after the end of the annual reporting period in which the termination benefit is recognised, the entity shall apply the requirements for short-term employee benefits.

(b)   if the termination benefits are not expected to be settled wholly before twelve months after the end of the annual reporting period, the entity shall apply the requirements for other long-term employee benefits.

Because termination benefits are not provided in exchange for service, paragraphs 70—74 relating to the attribution of the benefit to periods of service are not relevant. **170**

Example illustrating paragraphs 159—170

Background

As a result of a recent acquisition, an entity plans to close a factory in ten months and, at that time, terminate the employment of all of the remaining employees at the factory. Because the entity needs the expertise of the employees at the factory to complete some contracts, it announces a plan of termination as follows.

Each employee who stays and renders service until the closure of the factory will receive on the termination date a cash payment of CU30,000. Employees leaving before closure of the factory will receive CU10,000.

There are 120 employees at the factory. At the time of announcing the plan, the entity expects 20 of them to leave before closure. Therefore, the total expected cash outflows under the plan are CU3,200,000 (ie 20 × CU10,000 + 100 × CU30,000). As required by paragraph 160, the entity accounts for benefits provided in exchange for termination of employment as termination benefits and accounts for benefits provided in exchange for services as short-term employee benefits.

Termination benefits

The benefit provided in exchange for termination of employment is CU10,000. This is the amount that an entity would have to pay for terminating the employment regardless of whether the employees stay and render service until closure of the factory or they leave before closure. Even though the employees can leave before closure, the termination of all employees' employment is a result of the entity's decision to close the factory and terminate their employment (ie all employees will leave employment when the factory closes). Therefore the entity recognises a liability of CU1,200,000 (ie 120 × CU10,000) for the termination benefits provided in accordance with the employee benefit plan at the earlier of when the plan of termination is announced and when the entity recognises the restructuring costs associated with the closure of the factory.

früher eintritt, erfolgt der Ansatz, wenn der Kündigungsplan bekannt gegeben wird oder wenn das Unternehmen die mit der Werksschließung verbundenen Umstrukturierungskosten ansetzt.

Im Austausch für Arbeitsleistungen gezahlte Leistungen

Die stufenweise steigenden Leistungen, die Arbeitnehmer erhalten, wenn sie über den vollen Zehnmonatszeitraum Arbeitsleistungen erbringen, gelten im Austausch für Arbeitsleistungen, die für die Dauer dieses Zeitraums erbracht werden. Das Unternehmen bilanziert sie als *kurzfristig fällige Leistungen an Arbeitnehmer,* weil es erwartet, sie früher als zwölf Monate nach dem Ende der jährlichen Berichtsperiode abzugelten. In diesem Beispiel ist keine Abzinsung erforderlich. Daher wird in jedem Monat während der Dienstzeit von zehn Monaten ein Aufwand von 200.000 WE (d. h. 2.000.000 ÷ 10) angesetzt, mit einem entsprechenden Anstieg im Buchwert der Schuld.

Angaben

171 Obgleich dieser Standard keine besonderen Angaben zu Leistungen aus Anlass der Beendigung des Arbeitsverhältnisses vorschreibt, können solche Angaben nach Maßgabe anderer IFRS erforderlich sein. Zum Beispiel sind nach IAS 24 Angaben zu Leistungen an Mitglieder der Geschäftsleitung zu machen. Nach IAS 1 ist der Aufwand für die Leistungen an Arbeitnehmer anzugeben.

ÜBERGANGSVORSCHRIFTEN UND DATUM DES INKRAFTTRETENS

172 Unternehmen haben diesen Standard auf Geschäftsjahre anzuwenden, die am oder nach dem 1. Januar 2013 beginnen. Eine frühere Anwendung ist zulässig. Wendet ein Unternehmen diesen Standard früher an, hat es dies anzugeben.

173 Ein Unternehmen hat diesen Standard in Übereinstimmung mit IAS 8 *Bilanzierungs- und Bewertungsmethoden, Änderungen von Schätzungen und Fehler* rückwirkend anzuwenden, es sei denn,
   (a) ein Unternehmen braucht den Buchwert von Vermögenswerten, die nicht in den Anwendungsbereich dieses Standards fallen, nicht um Änderungen bei den Kosten für Leistungen an Arbeitnehmer zu berichtigen, die bereits vor dem Tag der erstmaligen Anwendung im Buchwert enthalten waren. Der Tag der erstmaligen Anwendung entspricht dem Beginn der frühesten Berichtsperiode, die in den ersten Abschlüssen, in denen das Unternehmen diesen Standard übernimmt, ausgewiesen wird.
   (b) ein Unternehmen braucht in Abschlüssen für vor dem 1. Januar 2014 beginnende Berichtsperioden keine vergleichenden Informationen auszuweisen, die nach Paragraph 145 für Angaben über die Sensitivität der definierten Leistungsverpflichtung vorgeschrieben sind.

174 Durch IFRS 13, veröffentlicht im Mai 2011, wurde die Definition des beizulegenden Zeitwerts in Paragraph 8 geändert. Außerdem wurde Paragraph 113 geändert. Ein Unternehmen hat die betreffenden Änderungen anzuwenden, wenn es IFRS 13 anwendet.

175 Mit der im November 2013 veröffentlichten Verlautbarung *Leistungsorientierte Pläne: Arbeitnehmerbeiträge* (Änderungen an IAS 19) wurden die Paragraphen 93–94 geändert. Ein Unternehmen hat diese Änderungen gemäß IAS 8 *Bilanzierungs- und Bewertungsmethoden, Änderungen von Schätzungen und Fehler* rückwirkend auf Geschäftsjahre anzuwenden, die am oder nach dem 1. Juli 2014 beginnen. Eine frühere Anwendung ist zulässig. Wendet ein Unternehmen diese Änderungen früher an, hat es dies anzugeben.

176 Mit den im September 2014 veröffentlichten *Jährlichen Verbesserungen an den IFRS, Zyklus 2012–2014* wurde Paragraph 83 geändert und Paragraph 177 angefügt. Diese Änderungen sind auf Geschäftsjahre anzuwenden, die am oder nach dem 1. Januar 2016 beginnen. Eine frühere Anwendung ist zulässig. Wendet ein Unternehmen diese Änderungen früher an, hat es dies anzugeben.

177 Die in Paragraph 176 vorgenommenen Änderungen sind mit Beginn der frühesten Vergleichsperiode, die im ersten nach diesen Änderungen erstellten Abschluss dargestellt ist, anzuwenden. Alle Anpassungen aufgrund der erstmaligen Anwendung dieser Änderungen sind in den Gewinnrücklagen zu Beginn dieser Periode zu erfassen.

Benefits provided in exchange for service

The incremental benefits that employees will receive if they provide services for the full ten-month period are in exchange for services provided over that period. The entity accounts for them as short-term employee benefits because the entity expects to settle them before twelve months after the end of the annual reporting period. In this example, discounting is not required, so an expense of CU200,000 (ie CU2,000,000 ÷ 10) is recognised in each month during the service period of ten months, with a corresponding increase in the carrying amount of the liability.

Disclosure

Although this Standard does not require specific disclosures about termination benefits, other IFRSs may require disclosures. For example, IAS 24 requires disclosures about employee benefits for key management personnel. IAS 1 requires disclosure of employee benefits expense. **171**

TRANSITION AND EFFECTIVE DATE

An entity shall apply this Standard for annual periods beginning on or after 1 January 2013. Earlier application is permitted. If an entity applies this Standard for an earlier period, it shall disclose that fact. **172**

An entity shall apply this Standard retrospectively, in accordance with IAS 8 *Accounting Policies, Changes in Accounting Estimates and Errors,* except that: **173**
(a) an entity need not adjust the carrying amount of assets outside the scope of this Standard for changes in employee benefit costs that were included in the carrying amount before the date of initial application. The date of initial application is the beginning of the earliest prior period presented in the first financial statements in which the entity adopts this Standard.
(b) in financial statements for periods beginning before 1 January 2014, an entity need not present comparative information for the disclosures required by paragraph 145 about the sensitivity of the defined benefit obligation.

IFRS 13, issued in May 2011, amended the definition of fair value in paragraph 8 and amended paragraph 113. An entity shall apply those amendments when it applies IFRS 13. **174**

Defined Benefit Plans: Employee Contributions (Amendments to IAS 19), issued in November 2013, amended paragraphs 93—94. An entity shall apply those amendments for annual periods beginning on or after 1 July 2014 retrospectively in accordance with IAS 8 *Accounting Policies, Changes in Accounting Estimates and Errors.* Earlier application is permitted. If an entity applies those amendments for an earlier period, it shall disclose that fact. **175**

Annual Improvements to IFRSs 2012—2014 Cycle, issued in September 2014, amended paragraph 83 and added paragraph 177. An entity shall apply that amendment for annual periods beginning on or after 1 January 2016. Earlier application is permitted. If an entity applies that amendment for an earlier period it shall disclose that fact. **176**

An entity shall apply the amendment in paragraph 176 from the beginning of the earliest comparative period presented in the first financial statements in which the entity applies the amendment. Any initial adjustment arising from the application of the amendment shall be recognised in retained earnings at the beginning of that period. **177**

Anhang A

Anwendungsleitlinien

Dieser Anhang ist fester Bestandteil des IFRS. Er beschreibt die Anwendung der Paragraphen 92–93 und hat die gleiche bindende Kraft wie die anderen Teile des IFRS.

A1 Die Bilanzierungsvorschriften für Beiträge von Arbeitnehmern oder Dritten sind in nachstehender Übersicht dargestellt.

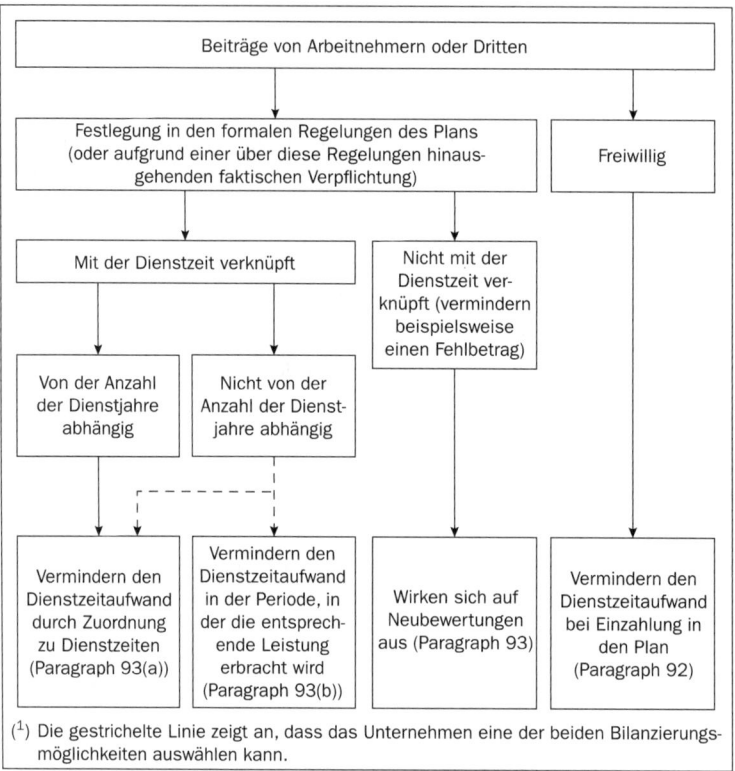

Appendix A

Application Guidance

This appendix is an integral part of the IFRS. It describes the application of paragraphs 92—93 and has the same authority as the other parts of the IFRS.

The accounting requirements for contributions from employees or third parties are illustrated in the diagram below.   **A1**

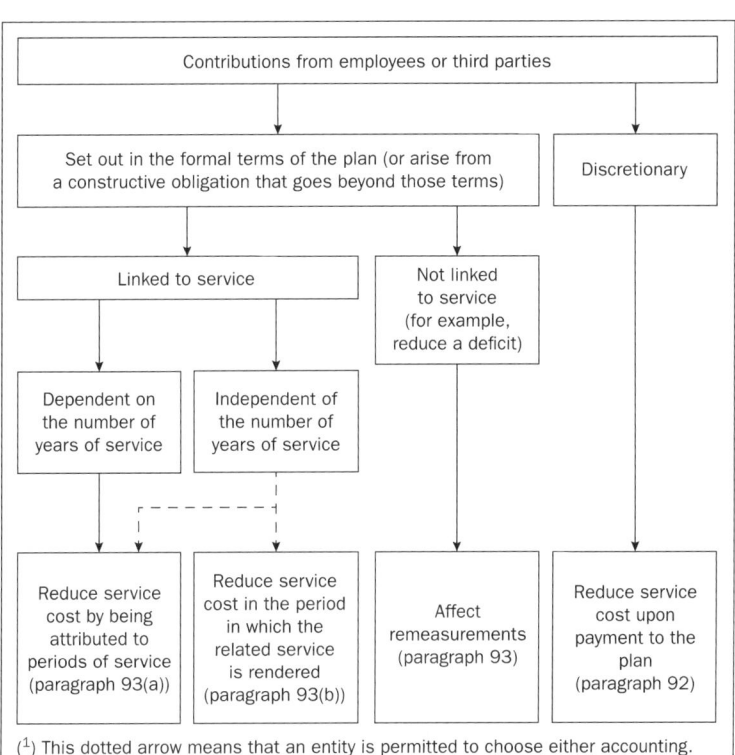

INTERNATIONAL ACCOUNTING STANDARD 20

Bilanzierung und Darstellung von Zuwendungen der öffentlichen Hand[1]

ANWENDUNGSBEREICH

1 Dieser Standard ist auf die Bilanzierung und Darstellung von Zuwendungen der öffentlichen Hand sowie auf die Angaben sonstiger Unterstützungsmaßnahmen der öffentlichen Hand anzuwenden.

2 Folgende Fragestellungen werden in diesem Standard nicht behandelt:

(a) die besonderen Probleme, die sich aus der Bilanzierung von Zuwendungen der öffentlichen Hand in Abschlüssen ergeben, die die Auswirkungen von Preisänderungen berücksichtigen, sowie die Frage, wie sich Zuwendungen der öffentlichen Hand auf zusätzliche Informationen ähnlicher Art auswirken;

(b) Beihilfen der öffentlichen Hand, die sich für ein Unternehmen als Vorteile bei der Ermittlung des versteuerbaren Gewinns oder versteuerbaren Verlusts auswirken oder die auf der Grundlage der Einkommensteuerschuld bestimmt oder begrenzt werden. Beispiele dafür sind Steuerstundungen, Investitionsteuergutschriften, erhöhte Abschreibungsmöglichkeiten und ermäßigte Einkommensteuersätze;

(c) Beteiligungen der öffentlichen Hand an Unternehmen;

(d) Zuwendungen der öffentlichen Hand, die von IAS 41 *Landwirtschaft* abgedeckt werden.

DEFINITIONEN

3 Die folgenden Begriffe werden in diesem Standard mit der angegebenen Bedeutung verwendet:

Öffentliche Hand bezieht sich auf Regierungsbehörden, Institutionen mit hoheitlichen Aufgaben und ähnliche Körperschaften, unabhängig davon, ob lokal, national oder international.

Beihilfen der öffentlichen Hand sind Maßnahmen der öffentlichen Hand, die dazu bestimmt sind, einem Unternehmen oder einer Reihe von Unternehmen, die bestimmte Kriterien erfüllen, einen besonderen wirtschaftlichen Vorteil zu gewähren. Beihilfen der öffentlichen Hand im Sinne dieses Standards umfassen keine indirekt bereitgestellten Vorteile aufgrund von Fördermaßnahmen, die auf die allgemeinen Wirtschaftsbedingungen Einfluss nehmen, wie beispielsweise die Bereitstellung von Infrastruktur in Entwicklungsgebieten oder die Auferlegung von Handelsbeschränkungen für Wettbewerber.

Zuwendungen der öffentlichen Hand sind Beihilfen der öffentlichen Hand, die an ein Unternehmen durch Übertragung von Mitteln gewährt werden und die zum Ausgleich für die vergangene oder künftige Erfüllung bestimmter Bedingungen im Zusammenhang mit der betrieblichen Tätigkeit des Unternehmens dienen. Davon ausgeschlossen sind bestimmte Formen von Beihilfen der öffentlichen Hand, die sich nicht angemessen bewerten lassen, sowie Geschäfte mit der öffentlichen Hand, die von der normalen Tätigkeit des Unternehmens nicht unterschieden werden können.[2]

---

1 Als Teil der *Verbesserungen der IFRS* vom Mai 2008 hat der IASB-Board die in diesem Standard verwendete Terminologie geändert, um mit den anderen IFRS konsistent zu sein:

(a) „zu versteuerndes Einkommen" wird geändert in „zu versteuernder Gewinn oder steuerlicher Verlust",

(b) „als Ertrag/Aufwand zu erfassen" wird geändert in „im Gewinn oder Verlust berücksichtigt",

(c) „dem Eigenkapital unmittelbar zuordnen" wird geändert in „außerhalb des Gewinns oder Verlusts berücksichtigt", und

(d) „Berichtigung einer Schätzung" wird geändert in „Änderung einer Schätzung".

2 Siehe auch SIC-10 *Beihilfen der öffentlichen Hand – Kein spezifischer Zusammenhang mit betrieblichen Tätigkeiten.*

INTERNATIONAL ACCOUNTING STANDARD 20

Accounting for government grants and disclosure of government assistance[1]

SCOPE

This standard shall be applied in accounting for, and in the disclosure of, government grants and in the disclosure of other 1 forms of government assistance.

This standard does not deal with: 2

(a) the special problems arising in accounting for government grants in financial statements reflecting the effects of changing prices or in supplementary information of a similar nature;

(b) government assistance that is provided for an entity in the form of benefits that are available in determining taxable profit or tax loss, or are determined or limited on the basis of income tax liability. Examples of such benefits are income tax holidays, investment tax credits, accelerated depreciation allowances and reduced income tax rates;

(c) government participation in the ownership of the entity;

(d) government grants covered by IAS 41 *Agriculture*.

DEFINITIONS

The following terms are used in this standard with the meanings specified: 3

Government refers to government, government agencies and similar bodies whether local, national or international.

Government assistance is action by government designed to provide an economic benefit specific to an entity or range of entities qualifying under certain criteria. Government assistance for the purpose of this standard does not include benefits provided only indirectly through action affecting general trading conditions, such as the provision of infrastructure in development areas or the imposition of trading constraints on competitors.

Government grants are assistance by government in the form of transfers of resources to an entity in return for past or future compliance with certain conditions relating to the operating activities of the entity. They exclude those forms of government assistance which cannot reasonably have a value placed upon them and transactions with government which cannot be distinguished from the normal trading transactions of the entity[2].

---

1 As part of *Improvements to IFRSs* issued in May 2008 the Board amended terminology used in this Standard to be consistent with other IFRSs as follows:

  (a) 'taxable income' was amended to 'taxable profit or tax loss';

  (b) 'recognised as income/expense' was amended to 'recognised in profit or loss';

  (c) 'credited directly to shareholders' interests/equity' was amended to 'recognised outside profit or loss'; and

  (d) 'revision to an accounting estimate' was amended to 'change in accounting estimate'.

2 See also SIC-10 *Government assistance — no specific relation to operating activities.*

Zuwendungen für Vermögenswerte sind Zuwendungen der öffentlichen Hand, die an die Hauptbedingung geknüpft sind, dass ein Unternehmen, um die Zuwendungsvoraussetzungen zu erfüllen, langfristige Vermögenswerte kauft, herstellt oder auf andere Weise erwirbt. Damit können auch Nebenbedingungen verbunden sein, die die Art oder den Standort der Vermögenswerte oder die Perioden, während derer sie zu erwerben oder zu halten sind, beschränken.

Erfolgsbezogene Zuwendungen sind Zuwendungen der öffentlichen Hand, die sich nicht auf Vermögenswerte beziehen.

Erlassbare Darlehen sind Darlehen, die der Darlehensgeber mit der Zusage gewährt, die Rückzahlung unter bestimmten im Voraus festgelegten Bedingungen zu erlassen.

Der *beizulegende Zeitwert* ist der Preis, der in einem geordneten Geschäftsvorfall zwischen Marktteilnehmern am Bemessungsstichtag für den Verkauf eines Vermögenswerts eingenommen bzw. für die Übertragung einer Schuld gezahlt würde. (Siehe IFRS 13 *Bemessung des beizulegenden Zeitwerts*.)

4   Beihilfen der öffentlichen Hand sind in vielfacher Weise möglich und variieren sowohl in der Art der gewährten Beihilfe als auch in den Bedingungen, die daran üblicherweise geknüpft sind. Der Zweck einer Beihilfe kann darin bestehen, ein Unternehmen zu ermutigen, eine Tätigkeit aufzunehmen, die es nicht aufgenommen hätte, wenn die Beihilfe nicht gewährt worden wäre.

5   Der Erhalt von Beihilfen der öffentlichen Hand durch ein Unternehmen kann aus zwei Gründen für die Aufstellung des Abschlusses wesentlich sein. Erstens muss bei erfolgter Mittelübertragung eine sachgerechte Behandlung für die Bilanzierung der Übertragung gefunden werden. Zweitens ist die Angabe des Umfangs wünschenswert, in dem das Unternehmen während der Berichtsperiode von derartigen Beihilfen profitiert hat. Dies erleichtert den Vergleich mit Abschlüssen früherer Perioden und mit denen anderer Unternehmen.

6   Die Zuwendungen der öffentlichen Hand werden manchmal anders bezeichnet, beispielsweise als Zuschüsse, Subventionen oder als Prämien.

ZUWENDUNGEN DER ÖFFENTLICHEN HAND

7   Eine Erfassung von Zuwendungen der öffentlichen Hand, einschließlich nicht monetärer Zuwendungen zum beizulegenden Zeitwert, erfolgt nur dann, wenn eine angemessene Sicherheit darüber besteht, dass:
    (a)   das Unternehmen die damit verbundenen Bedingungen erfüllen wird; und dass
    (b)   die Zuwendungen gewährt werden.

8   Zuwendungen der öffentlichen Hand werden nur erfasst, wenn eine angemessene Sicherheit darüber besteht, dass das Unternehmen die damit verbundenen Bedingungen erfüllen wird und dass die Zuwendungen gewährt werden. Der Zufluss einer Zuwendung liefert für sich allein keinen schlüssigen substanziellen Hinweis dafür, dass die mit der Zuwendung verbundenen Bedingungen erfüllt worden sind oder werden.

9   Die Art, in der eine Zuwendung gewährt wird, berührt die Bilanzierungsmethode, die auf die Zuwendung anzuwenden ist, nicht. Die Zuwendung ist in derselben Weise zu bilanzieren, unabhängig davon, ob die Zuwendung als Zahlung oder als Kürzung einer Verpflichtung gegenüber der öffentlichen Hand empfangen wurde.

10   Ein erlassbares Darlehen der öffentlichen Hand wird als finanzielle Zuwendung behandelt, wenn angemessene Sicherheit darüber besteht, dass das Unternehmen die Bedingungen für den Erlass des Darlehens erfüllen wird.

10A   Der Vorteil eines öffentlichen Darlehens zu einem unter dem Marktzins liegenden Zinssatz wird wie eine Zuwendung der öffentlichen Hand behandelt. Das Darlehen wird gemäß IAS 39 *Finanzinstrumente: Ansatz und Bewertung* angesetzt und bewertet. Der Vorteil des unter dem Marktzins liegenden Zinssatzes wird als Unterschiedsbetrag zwischen dem ursprünglichen Buchwert des Darlehens, der gemäß IAS 39 ermittelt wurde, und den erhaltenen Zahlungen bewertet. Der Vorteil ist gemäß diesem Standard zu bilanzieren. Ein Unternehmen hat die Bedingungen und Verpflichtungen zu berücksichtigen, die zu erfüllen waren oder in Zukunft noch zu erfüllen sind, wenn es um die Bestimmung der Kosten geht, für die der Vorteil des Darlehens einen Ausgleich darstellen soll.

11   Ist eine Zuwendung bereits erfasst worden, so ist jede damit verbundene Eventualverbindlichkeit oder Eventualforderung gemäß IAS 37 *Rückstellungen, Eventualverbindlichkeiten und Eventualforderungen*, zu behandeln.

12   Zuwendungen der öffentlichen Hand sind planmäßig im Gewinn oder Verlust zu erfassen, und zwar im Verlauf der Perioden, in denen das Unternehmen die entsprechenden Aufwendungen, die die Zuwendungen der öffentlichen Hand kompensieren sollen, als Aufwendungen ansetzt.

13   Für die Behandlung von Zuwendungen der öffentlichen Hand existieren zwei grundlegende Methoden: die Methode der Behandlung als Eigenkapital, wonach die finanzielle Zuwendung außerhalb des Gewinns oder Verlusts berücksichtigt wird, und die Methode der erfolgswirksamen Behandlung der Zuwendungen, wonach die finanzielle Zuwendung über eine oder mehrere Perioden im Gewinn oder Verlust berücksichtigt wird.

Grants related to assets are government grants whose primary condition is that an entity qualifying for them should purchase, construct or otherwise acquire long-term assets. Subsidiary conditions may also be attached restricting the type or location of the assets or the periods during which they are to be acquired or held.

Grants related to income are government grants other than those related to assets.

Forgivable loans are loans which the lender undertakes to waive repayment of under certain prescribed conditions.

Fair value is the price that would be received to sell an asset or paid to transfer a liability in an orderly transaction between market participants at the measurement date. (See IFRS 13 *Fair Value Measurement.*)

Government assistance takes many forms varying both in the nature of the assistance given and in the conditions which 4 are usually attached to it. The purpose of the assistance may be to encourage an entity to embark on a course of action which it would not normally have taken if the assistance was not provided.

The receipt of government assistance by an entity may be significant for the preparation of the financial statements for 5 two reasons. Firstly, if resources have been transferred, an appropriate method of accounting for the transfer must be found. Secondly, it is desirable to give an indication of the extent to which the entity has benefited from such assistance during the reporting period. This facilitates comparison of an entity's financial statements with those of prior periods and with those of other entities.

Government grants are sometimes called by other names such as subsidies, subventions, or premiums.   6

GOVERNMENT GRANTS

Government grants, including non-monetary grants at fair value, shall not be recognised until there is reasonable assur- (7) ance that:

(a) the entity will comply with the conditions attaching to them; and

(b) the grants will be received.

A government grant is not recognised until there is reasonable assurance that the entity will comply with the conditions 8 attaching to it, and that the grant will be received. Receipt of a grant does not of itself provide conclusive evidence that the conditions attaching to the grant have been or will be fulfilled.

The manner in which a grant is received does not affect the accounting method to be adopted in regard to the grant. Thus 9 a grant is accounted for in the same manner whether it is received in cash or as a reduction of a liability to the government.

A forgivable loan from government is treated as a government grant when there is reasonable assurance that the entity 10 will meet the terms for forgiveness of the loan.

The benefit of a government loan at a below-market rate of interest is treated as a government grant. The loan shall be 10A recognised and measured in accordance with IAS 39 *Financial Instruments: Recognition and Measurement.* The benefit of the below-market rate of interest shall be measured as the difference between the initial carrying value of the loan determined in accordance with IAS 39 and the proceeds received. The benefit is accounted for in accordance with this Standard. The entity shall consider the conditions and obligations that have been, or must be, met when identifying the costs for which the benefit of the loan is intended to compensate.

Once a government grant is recognised, any related contingent liability or contingent asset is treated in accordance with 11 IAS 37 *Provisions, contingent liabilities and contingent assets.*

Government grants shall be recognised in profit or loss on a systematic basis over the periods in which the entity recog- 12 nises as expenses the related costs for which the grants are intended to compensate.

There are two broad approaches to the accounting for government grants: the capital approach, under which a grant is 13 recognised outside profit or loss, and the income approach, under which a grant is recognised in profit or loss over one or more periods.

14 Die Verfechter der Behandlung als Eigenkapital argumentieren in folgender Weise:

(a) Zuwendungen der öffentlichen Hand sind eine Finanzierungshilfe, die in der Bilanz auch als solche zu behandeln ist und die nicht im Gewinn oder Verlust berücksichtigt wird, um mit den Aufwendungen saldiert zu werden, zu deren Finanzierung die Zuwendung gewährt wurde. Da keine Rückzahlung zu erwarten ist, sind sie außerhalb des Gewinns oder Verlusts zu berücksichtigen; und

(b) es ist unangemessen, die Zuwendungen der öffentlichen Hand im Gewinn oder Verlust zu berücksichtigen, da sie nicht verdient worden sind, sondern einen von der öffentlichen Hand gewährten Anreiz darstellen, ohne dass entsprechender Aufwand entsteht.

15 Die Argumente für eine erfolgswirksame Behandlung lauten folgendermaßen:

(a) da finanzielle Zuwendungen der öffentlichen Hand nicht von den Eigentümern zugeführt werden, dürfen sie nicht unmittelbar dem Eigenkapital zugeschrieben werden, sondern sind im Gewinn oder Verlust in der entsprechenden Periode zu berücksichtigen;

(b) Zuwendungen der öffentlichen Hand sind selten unentgeltlich. Das Unternehmen verdient sie durch die Beachtung der Bedingungen und mit der Erfüllung der vorgesehenen Verpflichtungen. Sie sollten daher im Gewinn oder Verlust berücksichtigt werden, und zwar im Verlauf der Perioden, in denen das Unternehmen die entsprechenden Aufwendungen, die die Zuwendungen der öffentlichen Hand kompensieren sollen, als Aufwendungen ansetzt.

(c) da Einkommensteuern und andere Steuern Aufwendungen sind, ist es logisch, auch finanzielle Zuwendungen der öffentlichen Hand, die eine Ausdehnung der Steuerpolitik darstellen, im Gewinn oder Verlust zu berücksichtigen.

16 Für die Methode der erfolgswirksamen Behandlung der Zuwendungen ist es von grundlegender Bedeutung, dass die Zuwendungen der öffentlichen Hand planmäßig im Gewinn oder Verlust berücksichtigt werden, und zwar im Verlauf der Perioden, in denen das Unternehmen die entsprechenden Aufwendungen, die die Zuwendungen der öffentlichen Hand kompensieren sollen, als Aufwendungen ansetzt. Die Erfassung von Zuwendungen im Gewinn oder Verlust auf der Grundlage ihres Zuflusses steht nicht in Übereinstimmung mit der Grundvoraussetzung der Periodenabgrenzung (siehe IAS 1 *Darstellung des Abschlusses*), und eine Erfassung bei Zufluss der Zuwendung ist nur zulässig, wenn für die Periodisierung der Zuwendung keine andere Grundlage als die des Zuflusszeitpunkts verfügbar ist.

17 In den meisten Fällen sind die Perioden, über welche die im Zusammenhang mit einer Zuwendung anfallenden Aufwendungen erfasst werden, leicht feststellbar. Daher werden Zuwendungen, die mit bestimmten Aufwendungen zusammenhängen, in der gleichen Periode wie diese im Gewinn oder Verlust erfasst. Entsprechend werden Zuwendungen für abschreibungsfähige Vermögenswerte über die Perioden und in dem Verhältnis im Gewinn oder Verlust erfasst, in dem die Abschreibung auf diese Vermögenswerte angesetzt wird.

18 Zuwendungen der öffentlichen Hand, die im Zusammenhang mit nicht abschreibungsfähigen Vermögenswerten gewährt werden, können ebenfalls die Erfüllung bestimmter Verpflichtungen voraussetzen und werden dann im Gewinn oder Verlust während der Perioden erfasst, die durch Aufwendungen infolge der Erfüllung der Verpflichtungen belastet werden. Beispielsweise kann eine Zuwendung in Form von Grund und Boden an die Bedingung gebunden sein, auf diesem Grundstück ein Gebäude zu errichten, und es kann angemessen sein, die Zuwendung während der Lebensdauer des Gebäudes im Gewinn oder Verlust zu berücksichtigen.

19 Zuwendungen können auch Teil eines Bündels von Fördermaßnahmen sein, die an eine Reihe von Bedingungen geknüpft sind. In solchen Fällen ist die Feststellung der Bedingungen, die die Aufwendungen der Perioden verursachen, in denen die Zuwendung vereinnahmt wird, sorgfältig durchzuführen. So kann es angemessen sein, einen Teil der Zuwendung auf der einen und einen anderen Teil auf einer anderen Grundlage zu verteilen.

20 Eine Zuwendung der öffentlichen Hand, die als Ausgleich für bereits angefallene Aufwendungen oder Verluste oder zur sofortigen finanziellen Unterstützung ohne künftig damit verbundenen Aufwand gezahlt wird, ist im Gewinn oder Verlust in der Periode zu erfassen, in der der entsprechende Anspruch entsteht.

21 In einigen Fällen kann eine Zuwendung gewährt werden, um ein Unternehmen sofort finanziell zu unterstützen, ohne dass mit dieser Zuwendung ein Anreiz verbunden wäre, bestimmte Aufwendungen zu tätigen. Derartige Zuwendungen können auf ein bestimmtes Unternehmen beschränkt sein und stehen unter Umständen nicht einer ganzen Klasse von Begünstigten zur Verfügung. Diese Umstände können eine Erfassung einer Zuwendung im Gewinn oder Verlust in der Periode erforderlich machen, in der das Unternehmen für eine Zuwendung in Betracht kommt, mit entsprechender Angabepflicht, um sicherzustellen, dass ihre Auswirkungen klar zu erkennen sind.

22 Eine Zuwendung der öffentlichen Hand kann einem Unternehmen zum Ausgleich von Aufwendungen oder Verlusten, die bereits in einer vorangegangenen Periode entstanden sind, gewährt werden. Solche Zuwendungen sind im Gewinn oder Verlust in der Periode zu erfassen, in der der entsprechende Anspruch entsteht, mit entsprechender Angabepflicht, um sicherzustellen, dass ihre Auswirkungen klar zu erkennen sind.

Those in support of the capital approach argue as follows: 14

(a) government grants are a financing device and should be dealt with as such in the statement of financial position rather than be recognised in profit or loss to offset the items of expense that they finance. Because no repayment is expected, such grants should be recognised outside profit or loss;

(b) it is inappropriate to recognise government grants in profit or loss, because they are not earned but represent an incentive provided by government without related costs.

Arguments in support of the income approach are as follows: 15

(a) because government grants are receipts from a source other than shareholders, they should not be recognised directly in equity but should be recognised in profit or loss in appropriate periods;

(b) government grants are rarely gratuitous. The entity earns them through compliance with their conditions and meeting the envisaged obligations. They should therefore be recognised in profit or loss over the periods in which the entity recognises as expenses the related costs for which the grant is intended to compensate;

(c) because income and other taxes are expenses, it is logical to deal also with government grants, which are an extension of fiscal policies, in profit or loss.

It is fundamental to the income approach that government grants should be recognised in profit or loss on a systematic 16 basis over the periods in which the entity recognises as expenses the related costs for which the grant is intended to compensate. Recognition of government grants in profit or loss on a receipts basis is not in accordance with the accrual accounting assumption (see IAS 1 *Presentation of Financial Statements*) and would be acceptable only if no basis existed for allocating a grant to periods other than the one in which it was received.

In most cases the periods over which an entity recognises the costs or expenses related to a government grant are readily 17 ascertainable. Thus grants in recognition of specific expenses are recognised in profit or loss in the same period as the relevant expenses. Similarly, grants related to depreciable assets are usually recognised in profit or loss over the periods and in the proportions in which depreciation expense on those assets is recognised.

Grants related to non-depreciable assets may also require the fulfilment of certain obligations and would then be recog- 18 nised in profit or loss over the periods that bear the cost of meeting the obligations. As an example, a grant of land may be conditional upon the erection of a building on the site and it may be appropriate to recognise the grant in profit or loss over the life of the building.

Grants are sometimes received as part of a package of financial or fiscal aids to which a number of conditions are 19 attached. In such cases, care is needed in identifying the conditions giving rise to costs and expenses which determine the periods over which the grant will be earned. It may be appropriate to allocate part of a grant on one basis and part on another.

A government grant that becomes receivable as compensation for expenses or losses already incurred or for the purpose 20 of giving immediate financial support to the entity with no future related costs shall be recognised in profit or loss of the period in which it becomes receivable.

In some circumstances, a government grant may be awarded for the purpose of giving immediate financial support to an 21 entity rather than as an incentive to undertake specific expenditures. Such grants may be confined to a particular entity and may not be available to a whole class of beneficiaries. These circumstances may warrant recognising a grant in profit or loss of the period in which the entity qualifies to receive it, with disclosure to ensure that its effect is clearly understood.

A government grant may become receivable by an entity as compensation for expenses or losses incurred in a previous 22 period. Such a grant is recognised in profit or loss of the period in which it becomes receivable, with disclosure to ensure that its effect is clearly understood.

Nicht monetäre Zuwendungen der öffentlichen Hand

23 Eine Zuwendung der öffentlichen Hand kann als ein nicht monetärer Vermögenswert, wie beispielsweise Grund und Boden oder andere Ressourcen, zur Verwertung im Unternehmen übertragen werden. Unter diesen Umständen gilt es als übliches Verfahren, den beizulegenden Zeitwert des nicht monetären Vermögenswertes festzustellen und sowohl die Zuwendung als auch den Vermögenswert zu diesem beizulegenden Zeitwert zu bilanzieren. Als Alternative wird manchmal sowohl der Vermögenswert als auch die Zuwendung zu einem Merkposten bzw. zu einem symbolischen Wert angesetzt.

Darstellung von Zuwendungen für Vermögenswerte

24 Zuwendungen der öffentlichen Hand für Vermögenswerte, einschließlich nicht monetärer Zuwendungen zum beizulegenden Zeitwert, sind in der Bilanz entweder als passivischer Abgrenzungsposten darzustellen oder bei der Feststellung des Buchwertes des Vermögenswertes abzusetzen.

25 Die zwei Methoden der Darstellung von Zuwendungen (oder von entsprechenden Anteilen der Zuwendungen) für Vermögenswerte sind im Abschluss als gleichwertig zu betrachten.

26 Der einen Methode zufolge wird die Zuwendung als passivischer Abgrenzungsposten berücksichtigt, die während der Nutzungsdauer des Vermögenswerts auf einer planmäßigen Grundlage im Gewinn oder Verlust zu erfassen ist.

27 Nach der anderen Methode wird die Zuwendung bei der Feststellung des Buchwerts des Vermögenswerts abgezogen. Die Zuwendung wird mittels eines reduzierten Abschreibungsbetrags über die Lebensdauer des abschreibungsfähigen Vermögenswerts im Gewinn oder Verlust erfasst.

28 Der Erwerb von Vermögenswerten und die damit zusammenhängenden Zuwendungen können im Cashflow eines Unternehmens größere Bewegungen verursachen. Aus diesem Grund und zur Darstellung der Bruttoinvestitionen in Vermögenswerte werden diese Bewegungen oft als gesonderte Posten in der Kapitalflussrechnung angegeben, und zwar unabhängig davon, ob die Zuwendung von dem entsprechenden Vermögenswert zum Zwecke der Darstellung in der Bilanz abgezogen wird oder nicht.

Darstellung von erfolgsbezogenen Zuwendungen

29 Erfolgsbezogene Zuwendungen werden entweder gesondert oder unter einem Hauptposten, wie beispielsweise „sonstige Erträge", als Ergebnisbestandteil dargestellt. Alternativ werden sie von den entsprechenden Aufwendungen abgezogen.

29A [gestrichen]

30 Die Befürworter der ersten Methode vertreten die Meinung, dass es unangebracht ist, Ertrags- und Aufwandsposten zu saldieren, und dass die Trennung der Zuwendung von den Aufwendungen den Vergleich mit anderen Aufwendungen, die nicht von einer Zuwendung beeinflusst sind, erleichtert. In Bezug auf die zweite Methode wird der Standpunkt vertreten, dass die Aufwendungen dem Unternehmen nicht entstanden wären, wenn die Zuwendung nicht verfügbar gewesen wäre, und dass die Darstellung der Aufwendungen ohne Saldierung der Zuwendung aus diesem Grund irreführend sein könnte.

31 Beide Vorgehensweisen sind als akzeptable Methoden zur Darstellung von erfolgsbezogenen Zuwendungen zu betrachten. Die Angabe der Zuwendungen kann für das richtige Verständnis von Abschlüssen notwendig sein. Es ist normalerweise angemessen, die Auswirkung von Zuwendungen auf jeden gesondert darzustellenden Ertrags- oder Aufwandsposten anzugeben.

Rückzahlung von Zuwendungen der öffentlichen Hand

32 Eine Zuwendung der öffentlichen Hand, die rückzahlungspflichtig wird, ist als Änderung einer Schätzung zu behandeln (vgl. IAS 8 *Rechnungslegungsmethoden, Änderungen von rechnungslegungsbezogenen Schätzungen und Fehler*). Die Rückzahlung einer erfolgsbezogenen Zuwendung ist zunächst mit dem nicht amortisierten, passivischen Abgrenzungsposten aus der Zuwendung zu verrechnen. Soweit die Rückzahlung diesen passivischen Abgrenzungsposten übersteigt oder für den Fall, dass ein solcher nicht vorhanden ist, ist die Rückzahlung sofort im Gewinn oder Verlust zu erfassen. Rückzahlungen von Zuwendungen für Vermögenswerte sind durch Zuschreibung zum Buchwert des Vermögenswerts oder durch Verminderung des passivischen Abgrenzungspostens um den rückzahlungspflichtigen Betrag zu korrigieren. Die kumulative zusätzliche Abschreibung, die bei einem Fehlen der Zuwendung bis zu diesem Zeitpunkt zu erfassen gewesen wäre, ist direkt im Gewinn oder Verlust zu berücksichtigen.

33 Umstände, die Anlass für eine Rückzahlung von Zuwendungen für Vermögenswerte sind, können es erforderlich machen, eine mögliche Minderung des neuen Buchwertes in Erwägung zu ziehen.

Non-monetary government grants

A government grant may take the form of a transfer of a non-monetary asset, such as land or other resources, for the use 23
of the entity. In these circumstances it is usual to assess the fair value of the non-monetary asset and to account for both
grant and asset at that fair value. An alternative course that is sometimes followed is to record both asset and grant at a
nominal amount.

Presentation of grants related to assets

Government grants related to assets, including non-monetary grants at fair value, shall be presented in the statement of 24
financial position either by setting up the grant as deferred income or by deducting the grant in arriving at the carrying
amount of the asset. *gross method*   *net method*

Two methods of presentation in financial statements of grants (or the appropriate portions of grants) related to assets are 25
regarded as acceptable alternatives.

One method recognises the grant as deferred income that is recognised in profit or loss on a systematic basis over the 26
useful life of the asset.

The other method deducts the grant in calculating the carrying amount of the asset. The grant is recognised in profit or 27
loss over the life of a depreciable asset as a reduced depreciation expense.

The purchase of assets and the receipt of related grants can cause major movements in the cash flow of an entity. For this 28
reason and in order to show the gross investment in assets, such movements are often disclosed as separate items in the
statement of cash flows regardless of whether or not the grant is deducted from the related asset for presentation purposes
in the statement of financial position.

Presentation of grants related to income

gross method
Grants related to income are presented as part of profit or loss, either separately or under a general heading such as 'Other 29
income'; alternatively, they are deducted in reporting the related expense.

[deleted]   *net method*   29A

Supporters of the first method claim that it is inappropriate to net income and expense items and that separation of the 30
grant from the expense facilitates comparison with other expenses not affected by a grant. For the second method it is
argued that the expenses might well not have been incurred by the entity if the grant had not been available and presentation of the expense without offsetting the grant may therefore be misleading.

Both methods are regarded as acceptable for the presentation of grants related to income. Disclosure of the grant may be 31
necessary for a proper understanding of the financial statements. Disclosure of the effect of the grants on any item of
income or expense which is required to be separately disclosed is usually appropriate.

Repayment of government grants

A government grant that becomes repayable shall be accounted for as a change in accounting estimate (see IAS 8 32
Accounting Policies, Changes in Accounting Estimates and Errors). Repayment of a grant related to income shall be applied
first against any unamortised deferred credit recognised in respect of the grant. To the extent that the repayment exceeds
any such deferred credit, or when no deferred credit exists, the repayment shall be recognised immediately in profit or
loss. Repayment of a grant related to an asset shall be recognised by increasing the carrying amount of the asset or reducing the deferred income balance by the amount repayable. The cumulative additional depreciation that would have been
recognised in profit or loss to date in the absence of the grant shall be recognised immediately in profit or loss.

Circumstances giving rise to repayment of a grant related to an asset may require consideration to be given to the possible 33
impairment of the new carrying amount of the asset.

BEIHILFEN DER ÖFFENTLICHEN HAND

34 Die Definition der Zuwendungen der öffentlichen Hand in Paragraph 3 schließt bestimmte Formen von Beihilfen der öffentlichen Hand, die sich nicht angemessen bewerten lassen, aus; dies gilt ebenso für Geschäfte mit der öffentlichen Hand, die von der normalen Tätigkeit des Unternehmens nicht unterschieden werden können.

35 Beispiele für Beihilfen, die sich nicht angemessen bewerten lassen, sind die unentgeltliche technische oder Markterschließungs-Beratung und die Bereitstellung von Garantien. Ein Beispiel für eine Beihilfe, die nicht von der normalen Tätigkeit des Unternehmens unterschieden werden kann, ist die staatliche Beschaffungspolitik, die für einen Teil des Umsatzes verantwortlich ist. Das Vorhandensein des Vorteils mag dabei zwar nicht in Frage gestellt sein, doch jeder Versuch, die betriebliche Tätigkeit von der Beihilfe zu trennen, könnte leicht willkürlich sein.

36 Die Bedeutung des Vorteils mit Bezug auf die vorgenannten Beispiele kann sich so darstellen, dass Art, Umfang und Laufzeit der Beihilfe anzugeben sind, damit der Abschluss nicht irreführend ist.

37 [gestrichen]

38 Dieser Standard behandelt die Bereitstellung von Infrastruktur durch Verbesserung des allgemeinen Verkehrs- und Kommunikationsnetzes und die Bereitstellung verbesserter Versorgungsanlagen, wie Bewässerung oder Wassernetze, die auf dauernder, unbestimmter Basis zum Vorteil eines ganzen Gemeinwesens verfügbar sind, nicht als Beihilfen der öffentlichen Hand.

ANGABEN

39 Folgende Angaben sind erforderlich:
   (a) die auf Zuwendungen der öffentlichen Hand angewandte Rechnungslegungsmethode, einschließlich der im Abschluss angewandten Darstellungsmethoden;
   (b) Art und Umfang der im Abschluss erfassten Zuwendungen der öffentlichen Hand und ein Hinweis auf andere Formen von Beihilfen der öffentlichen Hand, von denen das Unternehmen unmittelbar begünstigt wurde; und
   (c) unerfüllte Bedingungen und andere Erfolgsunsicherheiten im Zusammenhang mit im Abschluss erfassten Beihilfen der öffentlichen Hand.

ÜBERGANGSVORSCHRIFTEN

40 Unternehmen, die den Standard erstmals anwenden, haben:
   (a) die Angabepflichten zu erfüllen, wo dies angemessen ist; und
   (b) entweder:
       (i) ihren Abschluss wegen des Wechsels der Rechnungslegungsmethoden gemäß IAS 8 anzupassen oder
       (ii) die Bilanzierungsvorschriften des Standards nur auf solche Zuwendungen oder Teile davon anzuwenden, für die der Anspruch oder die Rückzahlung nach dem Zeitpunkt des Inkrafttretens des Standards entsteht.

ZEITPUNKT DES INKRAFTTRETENS

41 Dieser Standard ist erstmals in der ersten Berichtsperiode eines am 1. Januar 1984 oder danach beginnenden Geschäftsjahres anzuwenden.

42 Infolge des IAS 1 (überarbeitet 2007) wurde die in allen IFRS verwendete Terminologie geändert. Außerdem wurde Paragraph 29A geändert. Diese Änderungen sind erstmals in der ersten Berichtsperiode eines am 1. Januar 2009 oder danach beginnenden Geschäftsjahres anzuwenden. Wird IAS 1 (überarbeitet 2007) auf eine frühere Periode angewandt, sind diese Änderungen entsprechend auch anzuwenden.

43 Paragraph 37 wird gestrichen und Paragraph 10A wird im Rahmen der *Verbesserungen der IFRS* vom Mai 2008 hinzugefügt. Ein Unternehmen kann diese Änderungen prospektiv auf öffentliche Darlehen anwenden, die es in der ersten Berichtsperiode eines am 1. Januar 2009 oder danach beginnenden Geschäftsjahres erhalten hat. Eine frühere Anwendung ist zulässig. Wendet ein Unternehmen diese Änderungen auf eine frühere Periode an, so ist dies anzugeben.

45 Durch IFRS 13, veröffentlicht im Mai 2011, wurde die Definition des beizulegenden Zeitwerts in Paragraph 3 geändert. Ein Unternehmen hat die betreffende Änderung anzuwenden, wenn es IFRS 13 anwendet.

46 Mit *Darstellung von Posten des sonstigen Ergebnisses* (Änderung IAS 1), veröffentlicht im Juni 2011, wurde Paragraph 29 geändert und Paragraph 29A gestrichen. Ein Unternehmen hat diese Änderungen anzuwenden, wenn es IAS 1 (in der im Juni 2011 geänderten Fassung) anwendet.

Excluded from the definition of government grants in paragraph 3 are certain forms of government assistance which **34** cannot reasonably have a value placed upon them and transactions with government which cannot be distinguished from the normal trading transactions of the entity.

Examples of assistance that cannot reasonably have a value placed upon them are free technical or marketing advice and **35** the provision of guarantees. An example of assistance that cannot be distinguished from the normal trading transactions of the entity is a government procurement policy that is responsible for a portion of the entity's sales. The existence of the benefit might be unquestioned but any attempt to segregate the trading activities from government assistance could well be arbitrary.

The significance of the benefit in the above examples may be such that disclosure of the nature, extent and duration of **36** the assistance is necessary in order that the financial statements may not be misleading.

[deleted] **37**

In this standard, government assistance does not include the provision of infrastructure by improvement to the general **38** transport and communication network and the supply of improved facilities such as irrigation or water reticulation which is available on an ongoing indeterminate basis for the benefit of an entire local community.

DISCLOSURE

The following matters shall be disclosed: **39**
(a) the accounting policy adopted for government grants, including the methods of presentation adopted in the financial statements;
(b) the nature and extent of government grants recognised in the financial statements and an indication of other forms of government assistance from which the entity has directly benefited; and
(c) unfulfilled conditions and other contingencies attaching to government assistance that has been recognised.

TRANSITIONAL PROVISIONS

An entity adopting the standard for the first time shall: **40**
(a) comply with the disclosure requirements, where appropriate; and
(b) either:
    (i) adjust its financial statements for the change in accounting policy in accordance with IAS 8; or
    (ii) apply the accounting provisions of the standard only to grants or portions of grants becoming receivable or repayable after the effective date of the standard.

EFFECTIVE DATE

This standard becomes operative for financial statements covering periods beginning on or after 1 January 1984. **41**

IAS 1 (as revised in 2007) amended the terminology used throughout IFRSs. In addition it added paragraph 29A. An **42** entity shall apply those amendments for annual periods beginning on or after 1 January 2009. If an entity applies IAS 1 (revised 2007) for an earlier period, the amendments shall be applied for that earlier period.

Paragraph 37 was deleted and paragraph 10A added by *Improvements to IFRSs* issued in May 2008. An entity shall apply **43** those amendments prospectively to government loans received in periods beginning on or after 1 January 2009. Earlier application is permitted. If an entity applies the amendments for an earlier period it shall disclose that fact.

IFRS 13, issued in May 2011, amended the definition of fair value in paragraph 3. An entity shall apply that amendment **45** when it applies IFRS 13.

Presentation of Items of Other Comprehensive Income (Amendments to IAS 1), issued in June 2011, amended paragraph **46** 29 and deleted paragraph 29A. An entity shall apply those amendments when it applies IAS 1 as amended in June 2011.

INTERNATIONAL ACCOUNTING STANDARD 21

Auswirkungen von Wechselkursänderungen

ZIELSETZUNG

1 Für ein Unternehmen gibt es zwei Möglichkeiten, ausländische Geschäftsbeziehungen einzugehen. Entweder sind dies Geschäftsvorfälle in Fremdwährung, oder es handelt sich um ausländische Geschäftsbetriebe. Außerdem kann ein Unternehmen seinen Abschluss in einer Fremdwährung veröffentlichen. Ziel dieses Standards ist die Regelung, wie Fremdwährungstransaktionen und ausländische Geschäftsbetriebe in den Abschluss eines Unternehmens einzubeziehen sind und wie ein Abschluss in eine Darstellungswährung umzurechnen ist.

2 Die grundsätzliche Fragestellung lautet, welche(r) Wechselkurs(e) heranzuziehen sind und wie die Auswirkungen von Wechselkursänderungen der Wechselkurse im Abschluss zu berücksichtigen sind.

ANWENDUNGSBEREICH

3 Dieser Standard ist anzuwenden auf:[1]
   (a) die Bilanzierung von Geschäftsvorfällen und Salden in Fremdwährungen, mit Ausnahme von Geschäftsvorfällen und Salden, die sich auf Derivate beziehen, welche in den Anwendungsbereich von IAS 39 *Finanzinstrumente: Ansatz und Bewertung fallen;*
   (b) die Umrechnung der Vermögens-, Finanz- und Ertragslage ausländischer Geschäftsbetriebe, die durch Vollkonsolidierung oder durch die Equity-Methode in den Abschluss des Unternehmens einbezogen sind; und
   (c) die Umrechnung der Vermögens-, Finanz- und Ertragslage eines Unternehmens in eine Darstellungswährung.

4 IAS 39 ist auf viele Fremdwährungsderivate anzuwenden, die folglich aus dem Anwendungsbereich dieses Standards ausgeschlossen sind. Alle Fremdwährungsderivate, die nicht in den Anwendungsbereich von IAS 39 fallen (z. B. einige Fremdwährungsderivate, die in andere Kontrakte eingebettet sind), gehören dagegen in den Anwendungsbereich dieses Standards. Er ist ferner anzuwenden, wenn ein Unternehmen Beträge im Zusammenhang mit Derivaten von seiner funktionalen Währung in seine Darstellungswährung umrechnet.

5 Dieser Standard gilt nicht für die Bilanzierung von Sicherungsgeschäften für Fremdwährungsposten, einschließlich der Absicherung einer Nettoinvestition in einen ausländischen Geschäftsbetrieb. Für die Bilanzierung von Sicherungsgeschäften ist IAS 39 maßgeblich.

---

1 Siehe auch SIC-7 *Einführung des Euro.*

INTERNATIONAL ACCOUNTING STANDARD 21

The effects of changes in foreign exchange rates

SUMMARY

OBJECTIVE

An entity may carry on foreign activities in two ways. It may have transactions in foreign currencies or it may have for- **1** eign operations. In addition, an entity may present its financial statements in a foreign currency. The objective of this standard is to prescribe how to include foreign currency transactions and foreign operations in the financial statements of an entity and how to translate financial statements into a presentation currency.

The principal issues are which exchange rate(s) to use and how to report the effects of changes in exchange rates in the **2** financial statements.

SCOPE

This standard shall be applied[1]: **3**
(a) in accounting for transactions and balances in foreign currencies, except for those derivative transactions and balances that are within the scope of IAS 39 *Financial instruments: recognition and measurement*;
(b) in translating the results and financial position of foreign operations that are included in the financial statements of the entity by consolidation or the equity method; and
(c) in translating an entity's results and financial position into a presentation currency.

IAS 39 applies to many foreign currency derivatives and, accordingly, these are excluded from the scope of this standard. **4** However, those foreign currency derivatives that are not within the scope of IAS 39 (e.g. some foreign currency derivatives that are embedded in other contracts) are within the scope of this standard. In addition, this standard applies when an entity translates amounts relating to derivatives from its functional currency to its presentation currency.

This standard does not apply to hedge accounting for foreign currency items, including the hedging of a net investment **5** in a foreign operation. IAS 39 applies to hedge accounting.

---

1   See also SIC-7 *Introduction of the euro*.

6 Dieser Standard ist auf die Darstellung des Abschlusses eines Unternehmens in einer Fremdwährung anzuwenden und beschreibt, welche Anforderungen der daraus resultierende Abschluss erfüllen muss, um als mit den International Financial Reporting Standards übereinstimmend bezeichnet werden zu können. Bei Fremdwährungsumrechnungen von Finanzinformationen, die nicht diese Anforderungen erfüllen, legt dieser Standard die anzugebenden Informationen fest.

7 Nicht anzuwenden ist dieser Standard auf die Darstellung des Cashflows aus Fremdwährungstransaktionen in einer Kapitalflussrechnung oder die Umrechnung des Cashflows eines ausländischen Geschäftsbetriebs (siehe dazu IAS 7 *Kapitalflussrechnungen*).

DEFINITIONEN

8 Die folgenden Begriffe werden in diesem Standard mit der angegebenen Bedeutung verwendet:

Der *Stichtagskurs* ist der Kassakurs einer Währung am Abschlussstichtag.

Eine *Umrechnungsdifferenz* ist die Differenz, die sich ergibt, wenn die gleiche Anzahl von Währungseinheiten zu unterschiedlichen Wechselkursen in eine andere Währung umgerechnet wird.

Der *Wechselkurs* ist das Umtauschverhältnis zwischen zwei Währungen.

Der *beizulegende Zeitwert* ist der Preis, der in einem geordneten Geschäftsvorfall zwischen Marktteilnehmern am Bemessungsstichtag für den Verkauf eines Vermögenswerts eingenommen bzw. für die Übertragung einer Schuld gezahlt würde. (Siehe IFRS 13 *Bemessung des beizulegenden Zeitwerts.*)

Eine *Fremdwährung* ist jede Währung außer der funktionalen Währung des berichtenden Unternehmens.

Ein *ausländischer Geschäftsbetrieb* ist ein Tochterunternehmen, ein assoziiertes Unternehmen, eine gemeinsame Vereinbarung oder eine Niederlassung des berichtenden Unternehmens, dessen Geschäftstätigkeit in einem anderen Land angesiedelt oder in einer anderen Währung ausgeübt wird oder sich auf ein anderes Land oder eine andere Währung als die des berichtenden Unternehmens erstreckt.

Die *funktionale Währung* ist die Währung des primären Wirtschaftsumfelds, in dem das Unternehmen tätig ist.

Eine *Unternehmensgruppe* ist ein Mutterunternehmen mit all seinen Tochterunternehmen.

Monetäre Posten sind im Besitz befindliche Währungseinheiten sowie Vermögenswerte und Schulden, für die das Unternehmen eine feste oder bestimmbare Anzahl von Währungseinheiten erhält oder zahlen muss.

Eine *Nettoinvestition in einen ausländischen Geschäftsbetrieb* ist die Höhe des Anteils des berichtenden Unternehmens am Nettovermögen dieses Geschäftsbetriebs.

Die *Darstellungswährung* ist die Währung, in der die Abschlüsse veröffentlicht werden.

Der *Kassakurs* ist der Wechselkurs bei sofortiger Ausführung.

Ausführungen zu den Definitionen

Funktionale Währung

9 Das primäre Wirtschaftsumfeld eines Unternehmens ist normalerweise das Umfeld, in dem es hauptsächlich Zahlungsmittel erwirtschaftet und aufwendet. Bei der Bestimmung seiner funktionalen Währung hat ein Unternehmen die folgenden Faktoren zu berücksichtigen:

(a) die Währung,
   (i) die den größten Einfluss auf die Verkaufspreise seiner Waren und Dienstleistungen hat (dies ist häufig die Währung, in der die Verkaufspreise der Waren und Dienstleistungen angegeben und abgerechnet werden); und
   (ii) des Landes, dessen Wettbewerbskräfte und Bestimmungen für die Verkaufspreise seiner Waren und Dienstleistungen ausschlaggebend sind.

(b) die Währung, die den größten Einfluss auf die Lohn-, Material- und sonstigen mit der Bereitstellung der Waren und Dienstleistungen zusammenhängenden Kosten hat. (Dies ist häufig die Währung, in der diese Kosten angegeben und abgerechnet werden.)

10 Die folgenden Faktoren können ebenfalls Aufschluss über die funktionale Währung eines Unternehmens geben:

(a) die Währung, in der Mittel aus Finanzierungstätigkeiten (z. B. Ausgabe von Schuldverschreibungen oder Eigenkapitalinstrumenten) generiert werden.

(b) die Währung, in der Einnahmen aus betrieblicher Tätigkeit normalerweise einbehalten werden.

11 Bei der Bestimmung der funktionalen Währung eines ausländischen Geschäftsbetriebs und der Entscheidung, ob dessen funktionale Währung mit der des berichtenden Unternehmens identisch ist (in diesem Kontext entspricht das berichtende Unternehmen dem Unternehmen, das den ausländischen Geschäftsbetrieb als Tochterunternehmen, Niederlassung, assoziiertes Unternehmen oder gemeinsame Vereinbarung unterhält), werden die folgenden Faktoren herangezogen:

(a) ob die Tätigkeit des ausländischen Geschäftsbetriebs als erweiterter Bestandteil des berichtenden Unternehmens oder weitgehend unabhängig ausgeübt wird. Ersteres ist beispielsweise der Fall, wenn der ausländische Geschäftsbetrieb ausschließlich vom berichtenden Unternehmen importierte Güter verkauft und die erzielten Einnahmen wieder an dieses zurückleitet. Dagegen ist ein Geschäftsbetrieb als weitgehend unabhängig zu bezeichnen, wenn er überwiegend in seiner Landeswährung Zahlungsmittel und andere monetäre Posten ansammelt, Aufwendungen tätigt, Erträge erwirtschaftet und Fremdkapital aufnimmt.

This standard applies to the presentation of an entity's financial statements in a foreign currency and sets out requirements for the resulting financial statements to be described as complying with international financial reporting standards. For translations of financial information into a foreign currency that do not meet these requirements, this standard specifies information to be disclosed. **6**

This standard does not apply to the presentation in a statement of cash flows of the cash flows arising from transactions in a foreign currency, or to the translation of cash flows of a foreign operation (see IAS 7 *Statement of Cash Flows*). **7**

DEFINITIONS

The following terms are used in this standard with the meanings specified: **8**

Closing rate is the spot exchange rate at the end of the reporting period.

Exchange difference is the difference resulting from translating a given number of units of one currency into another currency at different exchange rates.

Exchange rate is the ratio of exchange for two currencies.

Fair value is the price that would be received to sell an asset or paid to transfer a liability in an orderly transaction between market participants at the measurement date. (See IFRS 13 *Fair Value Measurement.*)

Foreign currency is a currency other than the functional currency of the entity.

Foreign operation is an entity that is a subsidiary, associate, joint arrangement or branch of a reporting entity, the activities of which are based or conducted in a country or currency other than those of the reporting entity.

Functional currency is the currency of the primary economic environment in which the entity operates.

A *group* is a parent and all its subsidiaries.

Monetary items are units of currency held and assets and liabilities to be received or paid in a fixed or determinable number of units of currency.

Net investment in a foreign operation is the amount of the reporting entity's interest in the net assets of that operation.

Presentation currency is the currency in which the financial statements are presented.

Spot exchange rate is the exchange rate for immediate delivery.

Elaboration on the definitions

Functional currency

The primary economic environment in which an entity operates is normally the one in which it primarily generates and **9** expends cash. An entity considers the following factors in determining its functional currency:

(a) the currency:
  (i) that mainly influences sales prices for goods and services (this will often be the currency in which sales prices for its goods and services are denominated and settled); and
  (ii) of the country whose competitive forces and regulations mainly determine the sales prices of its goods and services;
(b) the currency that mainly influences labour, material and other costs of providing goods or services (this will often be the currency in which such costs are denominated and settled).

The following factors may also provide evidence of an entity's functional currency: **10**

(a) the currency in which funds from financing activities (i.e. issuing debt and equity instruments) are generated;
(b) the currency in which receipts from operating activities are usually retained.

The following additional factors are considered in determining the functional currency of a foreign operation, and **11** whether its functional currency is the same as that of the reporting entity (the reporting entity, in this context, being the entity that has the foreign operation as its subsidiary, branch, associate or joint arrangement):

(a) whether the activities of the foreign operation are carried out as an extension of the reporting entity, rather than being carried out with a significant degree of autonomy. An example of the former is when the foreign operation only sells goods imported from the reporting entity and remits the proceeds to it. An example of the latter is when the operation accumulates cash and other monetary items, incurs expenses, generates income and arranges borrowings, all substantially in its local currency;

(b) ob die Geschäftsvorfälle mit dem berichtenden Unternehmen bezogen auf das Gesamtgeschäftsvolumen des ausländischen Geschäftsbetriebes ein großes oder geringes Gewicht haben.

(c) ob sich die Cashflows aus der Tätigkeit des ausländischen Geschäftsbetriebs direkt auf die Cashflows des berichtenden Unternehmens auswirken und jederzeit dorthin zurückgeleitet werden können.

(d) ob die Cashflows aus der Tätigkeit des ausländischen Geschäftsbetriebs ausreichen, um vorhandene und im Rahmen des normalen Geschäftsgangs erwartete Schuldverpflichtungen zu bedienen, ohne dass hierfür Mittel vom berichtenden Unternehmen bereitgestellt werden.

12 Wenn die obigen Indikatoren gemischt auftreten und die funktionale Währung nicht klar ersichtlich ist, bestimmt die Geschäftsleitung nach eigenem Ermessen die funktionale Währung, welche die wirtschaftlichen Auswirkungen der zugrunde liegenden Geschäftsvorfälle, Ereignisse und Umstände am glaubwürdigsten darstellt. Dabei berücksichtigt die Geschäftsleitung vorrangig die in Paragraph 9 genannten primären Faktoren und erst dann die Indikatoren in den Paragraphen 10 und 11, die als zusätzliche substanzielle Hinweise zur Bestimmung der funktionalen Währung eines Unternehmens dienen sollen.

13 Die funktionale Währung eines Unternehmens spiegelt die zugrunde liegenden Geschäftsvorfälle, Ereignisse und Umstände wider, die für das Unternehmen relevant sind. Daraus folgt, dass eine funktionale Währung nach ihrer Festlegung nur dann geändert wird, wenn sich diese zugrunde liegenden Geschäftsvorfälle, Ereignisse und Umstände ebenfalls geändert haben.

14 Handelt es sich bei der funktionalen Währung um die Währung eines Hochinflationslandes, werden die Abschlüsse des Unternehmens gemäß IAS 29 *Rechnungslegung in Hochinflationsländern* angepasst. Ein Unternehmen kann eine Anpassung gemäß IAS 29 nicht dadurch umgehen, dass es beispielsweise eine andere funktionale Währung festlegt als die, die nach diesem Standard ermittelt würde (z. B. die funktionale Währung des Mutterunternehmens).

Nettoinvestition in einen ausländischen Geschäftsbetrieb

15 Ein Unternehmen kann über monetäre Posten in Form einer ausstehenden Forderung oder Verbindlichkeit gegenüber einem ausländischen Geschäftsbetrieb verfügen. Ein Posten, dessen Abwicklung auf absehbare Zeit weder geplant noch wahrscheinlich ist, stellt im Wesentlichen einen Teil der Nettoinvestition in diesen ausländischen Geschäftsbetrieb dar und wird gemäß den Paragraphen 32 und 33 behandelt. Zu solchen monetären Posten können langfristige Forderungen oder Darlehen, nicht jedoch Forderungen oder Verbindlichkeiten aus Lieferungen und Leistungen gezählt werden.

15A Bei dem Unternehmen, das über einen monetären Posten in Form einer ausstehenden Forderung oder Verbindlichkeit gegenüber einem in Paragraph 15 beschriebenen ausländischen Geschäftsbetrieb verfügt, kann es sich um jede Tochtergesellschaft der Gruppe handeln. Zum Beispiel: Ein Unternehmen hat zwei Tochtergesellschaften A und B, wobei B ein ausländischer Geschäftsbetrieb ist. Tochtergesellschaft A gewährt Tochtergesellschaft B einen Kredit. Die Forderung von Tochtergesellschaft A gegenüber Tochtergesellschaft B würde einen Teil der Nettoinvestition des Unternehmens in Tochtergesellschaft B darstellen, wenn die Rückzahlung des Darlehens auf absehbare Zeit weder geplant noch wahrscheinlich ist. Dies würde auch dann gelten, wenn die Tochtergesellschaft A selbst ein ausländischer Geschäftsbetrieb wäre.

Monetäre Posten

16 Das wesentliche Merkmal eines monetären Postens ist das Recht auf Erhalt (oder Verpflichtung zur Zahlung) einer festen oder bestimmbaren Anzahl von Währungseinheiten. Dazu zählen beispielsweise bar auszuzahlende Renten und andere Leistungen an Arbeitnehmer; bar zu begleichende Verpflichtungen und Bardividenden, die als Verbindlichkeit erfasst werden. Auch ein Vertrag über den Erhalt (oder die Lieferung) einer variablen Anzahl von Eigenkapitalinstrumenten des Unternehmens oder einer variablen Menge von Vermögenswerten, bei denen der zu erhaltende (oder zu zahlende) beizulegende Zeitwert einer festen oder bestimmbaren Anzahl von Währungseinheiten entspricht, ist als monetärer Posten anzusehen. Umgekehrt besteht das wesentliche Merkmal eines nicht monetären Postens darin, dass er mit keinerlei Recht auf Erhalt (bzw. keinerlei Verpflichtung zur Zahlung) einer festen oder bestimmbaren Anzahl von Währungseinheiten verbunden ist. Dazu zählen beispielsweise Vorauszahlungen für Waren und Dienstleistungen (z. B. Mietvorauszahlungen); Geschäfts- oder Firmenwert; immaterielle Vermögenswerte; Vorräte; Sachanlagen sowie Verpflichtungen, die durch nicht monetäre Vermögenswerte erfüllt werden.

ZUSAMMENFASSUNG DES IN DIESEM STANDARD VORGESCHRIEBENEN ANSATZES

17 Bei der Erstellung des Abschlusses legt jedes Unternehmen – unabhängig davon, ob es sich um ein einzelnes Unternehmen, ein Unternehmen mit ausländischem Geschäftsbetrieb (z. B. ein Mutterunternehmen) oder einen ausländischen Geschäftsbetrieb (z. B. ein Tochterunternehmen oder eine Niederlassung) handelt – gemäß den Paragraphen 9–14 seine funktionale Währung fest. Das Unternehmen rechnet die Fremdwährungsposten in die funktionale Währung um und weist die Auswirkungen einer solchen Umrechnung gemäß den Paragraphen 20–37 und 50 aus.

(b) whether transactions with the reporting entity are a high or a low proportion of the foreign operation's activities;

(c) whether cash flows from the activities of the foreign operation directly affect the cash flows of the reporting entity and are readily available for remittance to it;

(d) whether cash flows from the activities of the foreign operation are sufficient to service existing and normally expected debt obligations without funds being made available by the reporting entity.

When the above indicators are mixed and the functional currency is not obvious, management uses its judgement to determine the functional currency that most faithfully represents the economic effects of the underlying transactions, events and conditions. As part of this approach, management gives priority to the primary indicators in paragraph 9 before considering the indicators in paragraphs 10 and 11, which are designed to provide additional supporting evidence to determine an entity's functional currency. **12**

An entity's functional currency reflects the underlying transactions, events and conditions that are relevant to it. Accordingly, once determined, the functional currency is not changed unless there is a change in those underlying transactions, events and conditions. **13**

If the functional currency is the currency of a hyperinflationary economy, the entity's financial statements are restated in accordance with IAS 29 *Financial reporting in hyperinflationary economies.* An entity cannot avoid restatement in accordance with IAS 29 by, for example, adopting as its functional currency a currency other than the functional currency determined in accordance with this standard (such as the functional currency of its parent). **14**

Net investment in a foreign operation

An entity may have a monetary item that is receivable from or payable to a foreign operation. An item for which settlement is neither planned nor likely to occur in the foreseeable future is, in substance, a part of the entity's net investment in that foreign operation, and is accounted for in accordance with paragraphs 32 and 33. Such monetary items may include long-term receivables or loans. They do not include trade receivables or trade payables. **15**

The entity that has a monetary item receivable from or payable to a foreign operation described in paragraph 15 may be any subsidiary of the group. For example, an entity has two subsidiaries, A and B. Subsidiary B is a foreign operation. Subsidiary A grants a loan to Subsidiary B. Subsidiary A's loan receivable from Subsidiary B would be part of the entity's net investment in Subsidiary B if settlement of the loan is neither planned nor likely to occur in the foreseeable future. This would also be true if Subsidiary A were itself a foreign operation. **15A**

Monetary items

The essential feature of a monetary item is a right to receive (or an obligation to deliver) a fixed or determinable number of units of currency. Examples include: pensions and other employee benefits to be paid in cash; provisions that are to be settled in cash; and cash dividends that are recognised as a liability. Similarly, a contract to receive (or deliver) a variable number of the entity's own equity instruments or a variable amount of assets in which the fair value to be received (or delivered) equals a fixed or determinable number of units of currency is a monetary item. Conversely, the essential feature of a non-monetary item is the absence of a right to receive (or an obligation to deliver) a fixed or determinable number of units of currency. Examples include: amounts prepaid for goods and services (e.g. prepaid rent); goodwill; intangible assets; inventories; property, plant and equipment; and provisions that are to be settled by the delivery of a non-monetary asset. **16**

SUMMARY OF THE APPROACH REQUIRED BY THIS STANDARD

In preparing financial statements, each entity — whether a stand-alone entity, an entity with foreign operations (such as a parent) or a foreign operation (such as a subsidiary or branch) — determines its functional currency in accordance with paragraphs 9—14. The entity translates foreign currency items into its functional currency and reports the effects of such translation in accordance with paragraphs 20—37 and 50. **17**

18 Viele berichtende Unternehmen bestehen aus mehreren Einzelunternehmen (so umfasst eine Unternehmensgruppe ein Mutterunternehmen und ein oder mehrere Tochterunternehmen). Verschiedene Arten von Unternehmen, ob Mitglieder einer Unternehmensgruppe oder sonstige Unternehmen, können Beteiligungen an assoziierten Unternehmen oder gemeinsamen Vereinbarungen haben. Sie können auch Niederlassungen unterhalten. Es ist erforderlich, dass die Vermögens-, Finanz- und Ertragslage jedes einzelnen Unternehmens, das in das berichtende Unternehmen integriert ist, in die Währung umgerechnet wird, in der das berichtende Unternehmen seinen Abschluss veröffentlicht. Dieser Standard gestattet es einem berichtenden Unternehmen, seine Darstellungswährung (oder -währungen) frei zu wählen. Die Vermögens-, Finanz- und Ertragslage jedes einzelnen Unternehmens innerhalb des berichtenden Unternehmens, dessen funktionale Währung von der Darstellungswährung abweicht, ist gemäß den Paragraphen 38–50 umzurechnen.

19 Dieser Standard gestattet es auch einzelnen Unternehmen, die Abschlüsse erstellen, oder Unternehmen, die Einzelabschlüsse gemäß IAS 27 *Einzelabschlüsse* erstellen, ihre Abschlüsse in jeder beliebigen Währung (oder Währungen) zu veröffentlichen. Weicht die Darstellungswährung eines Unternehmens von seiner funktionalen Währung ab, ist seine Vermögens-, Finanz- und Ertragslage ebenfalls gemäß den Paragraphen 38–50 in die Darstellungswährung umzurechnen.

BILANZIERUNG VON FREMDWÄHRUNGSTRANSAKTIONEN IN DER FUNKTIONALEN WÄHRUNG

Erstmaliger Ansatz

20 Eine Fremdwährungstransaktion ist ein Geschäftsvorfall, dessen Wert in einer Fremdwährung angegeben ist oder der die Erfüllung in einer Fremdwährung erfordert, einschließlich Geschäftsvorfällen, die auftreten, wenn ein Unternehmen:
(a) Waren oder Dienstleistungen kauft oder verkauft, deren Preise in einer Fremdwährung angegeben sind;
(b) Mittel aufnimmt oder verleiht, wobei der Wert der Verbindlichkeiten oder Forderungen in einer Fremdwährung angegeben ist; oder
(c) auf sonstige Weise Vermögenswerte erwirbt oder veräußert oder Schulden eingeht oder begleicht, deren Wert in einer Fremdwährung angegeben ist.

21 Die Fremdwährungstransaktion ist erstmalig in der funktionalen Währung anzusetzen, indem der Fremdwährungsbetrag mit dem am jeweiligen Tag des Geschäftsvorfalls gültigen Kassakurs zwischen der funktionalen Währung und der Fremdwährung umgerechnet wird.

22 Der Tag des Geschäftsvorfalls ist der Tag, an dem der Geschäftsvorfall erstmals gemäß den International Financial Reporting Standards ansetzbar ist. Aus praktischen Erwägungen wird häufig ein Kurs verwendet, der einen Näherungswert für den aktuellen Kurs am Tag des Geschäftsvorfalls darstellt. So kann beispielsweise der Durchschnittskurs einer Woche oder eines Monats für alle Geschäftsvorfälle in der jeweiligen Fremdwährung verwendet werden. Bei stark schwankenden Wechselkursen ist jedoch die Verwendung von Durchschnittskursen für einen Zeitraum unangemessen.

Bilanzierung in Folgeperioden

23 Am Ende jedes Berichtszeitraums sind
(a) monetäre Posten in einer Fremdwährung zum Stichtagskurs umzurechnen;
(b) nicht monetäre Posten, die zu historischen Anschaffungs- oder Herstellungskosten in einer Fremdwährung bewertet wurden, zum Kurs am Tag des Geschäftsvorfalls umzurechnen; und
(c) nicht monetäre Posten, die zu ihrem beizulegenden Zeitwert in einer Fremdwährung bewertet werden, zu dem Kurs umzurechnen, der am Tag der Bemessung des beizulegenden Zeitwerts gültig war.

24 Der Buchwert eines Postens wird in Verbindung mit anderen einschlägigen Standards ermittelt. Beispielsweise können Sachanlagen zum beizulegenden Zeitwert oder zu den historischen Anschaffungs- oder Herstellungskosten gemäß IAS 16 *Sachanlagen* bewertet werden. Unabhängig davon, ob der Buchwert zu den historischen Anschaffungs- oder Herstellungskosten oder zum beizulegenden Zeitwert bestimmt wird, hat bei einer Ermittlung dieses Wertes in einer Fremdwährung eine Umrechnung in die funktionale Währung gemäß diesem Standard zu erfolgen.

25 Der Buchwert einiger Posten wird durch den Vergleich von zwei oder mehr Beträgen ermittelt. Beispielsweise entspricht der Buchwert von Vorräten gemäß IAS 2 *Vorräte* den Anschaffungs- bzw. Herstellungskosten oder dem Nettoveräußerungswert, je nachdem, welcher dieser Beträge der Niedrigere ist. Auf ähnliche Weise wird gemäß IAS 36 *Wertminderung von Vermögenswerten* der Buchwert eines Vermögenswertes, bei dem ein Anhaltspunkt auf Wertminderung vorliegt, zum Buchwert vor einer Erfassung des möglichen Wertminderungsaufwands oder zu seinem erzielbaren Betrag angesetzt, je nachdem, welcher von beiden der Niedrigere ist. Handelt es sich dabei um einen nicht monetären Vermögenswert, der in einer Fremdwährung bewertet wird, ergibt sich der Buchwert aus einem Vergleich zwischen:
(a) den Anschaffungs- oder Herstellungskosten oder gegebenenfalls dem Buchwert, die bzw. der zum Wechselkurs am Tag der Ermittlung dieses Wertes umgerechnet wird (d. h. zum Kurs am Tag des Geschäftsvorfalls bei einem Posten, der zu den historischen Anschaffungs- oder Herstellungskosten bewertet wird); und

Many reporting entities comprise a number of individual entities (e.g. a group is made up of a parent and one or more **18** subsidiaries). Various types of entities, whether members of a group or otherwise, may have investments in associates or joint arrangements. They may also have branches. It is necessary for the results and financial position of each individual entity included in the reporting entity to be translated into the currency in which the reporting entity presents its financial statements. This standard permits the presentation currency of a reporting entity to be any currency (or currencies). The results and financial position of any individual entity within the reporting entity whose functional currency differs from the presentation currency are translated in accordance with paragraphs 38—50.

This Standard also permits a stand-alone entity preparing financial statements or an entity preparing separate financial **19** statements in accordance with IAS 27 *Separate Financial Statements* to present its financial statements in any currency (or currencies). If the entity's presentation currency differs from its functional currency, its results and financial position are also translated into the presentation currency in accordance with paragraphs 38—50.

REPORTING FOREIGN CURRENCY TRANSACTIONS IN THE FUNCTIONAL CURRENCY

Initial recognition

A foreign currency transaction is a transaction that is denominated or requires settlement in a foreign currency, including **20** transactions arising when an entity:
(a)   buys or sells goods or services whose price is denominated in a foreign currency;
(b)   borrows or lends funds when the amounts payable or receivable are denominated in a foreign currency; or
(c)   otherwise acquires or disposes of assets, or incurs or settles liabilities, denominated in a foreign currency.

A foreign currency transaction shall be recorded, on initial recognition in the functional currency, by applying to the **21** foreign currency amount the spot exchange rate between the functional currency and the foreign currency at the date of the transaction.

The date of a transaction is the date on which the transaction first qualifies for recognition in accordance with interna- **22** tional financial reporting standards. For practical reasons, a rate that approximates the actual rate at the date of the transaction is often used, for example, an average rate for a week or a month might be used for all transactions in each foreign currency occurring during that period. However, if exchange rates fluctuate significantly, the use of the average rate for a period is inappropriate.

Reporting at the ends of subsequent reporting periods

At the end of each reporting period: **23**
(a)   foreign currency **monetary items shall be translated using the closing rate;**
(b)   **non-monetary items that are measured in terms of historical cost in a foreign currency shall be translated using the exchange rate at the date of the transaction;** and
(c)   **non-monetary items that are measured at fair value in a foreign currency shall be translated using the exchange rates at the date when the fair value was measured.**

The carrying amount of an item is determined in conjunction with other relevant standards. For example, property, plant **24** and equipment may be measured in terms of fair value or historical cost in accordance with IAS 16 *Property, plant and equipment.* Whether the carrying amount is determined on the basis of historical cost or on the basis of fair value, if the amount is determined in a foreign currency it is then translated into the functional currency in accordance with this standard.

The carrying amount of some items is determined by comparing two or more amounts. For example, the carrying amount **25** of inventories is the lower of cost and net realisable value in accordance with IAS 2 *Inventories.* Similarly, in accordance with IAS 36 *Impairment of assets,* the carrying amount of an asset for which there is an indication of impairment is the lower of its carrying amount before considering possible impairment losses and its recoverable amount. When such an asset is non-monetary and is measured in a foreign currency, the carrying amount is determined by comparing:
(a)   the cost or carrying amount, as appropriate, translated at the exchange rate at the date when that amount was determined (i.e. the rate at the date of the transaction for an item measured in terms of historical cost); and

(b) dem Nettoveräußerungswert oder gegebenenfalls dem erzielbaren Betrag, der zum Wechselkurs am Tag der Ermittlung dieses Wertes umgerechnet wird (d. h. zum Stichtagskurs am Abschlussstichtag).

Dieser Vergleich kann dazu führen, dass ein Wertminderungsaufwand in der funktionalen Währung, nicht aber in der Fremdwährung erfasst wird oder umgekehrt.

26 Sind mehrere Wechselkurse verfügbar, wird der Kurs verwendet, zu dem die zukünftigen Cashflows, die durch den Geschäftsvorfall oder Saldo dargestellt werden, hätten abgerechnet werden können, wenn sie am Bewertungsstichtag stattgefunden hätten. Sollte der Umtausch zwischen zwei Währungen vorübergehend ausgesetzt sein, ist der erste darauf folgende Kurs zu verwenden, zu dem ein Umtausch wieder möglich war.

Ansatz von Umrechnungsdifferenzen

27 Wie in Paragraph 3 angemerkt, werden Sicherungsgeschäfte für Fremdwährungsposten gemäß IAS 39 bilanziert. Bei der Bilanzierung von Sicherungsgeschäften ist ein Unternehmen verpflichtet, einige Umrechnungsdifferenzen anders zu behandeln, als es den Bestimmungen dieses Standards entspricht. IAS 39 verlangt beispielsweise, dass Umrechnungsdifferenzen bei monetären Posten, die als Sicherungsinstrumente zum Zwecke der Absicherung des Cashflows eingesetzt werden, für die Dauer der Wirksamkeit des Sicherungsgeschäfts zunächst im sonstigen Ergebnis zu erfassen sind.

28 Umrechnungsdifferenzen, die sich aus dem Umstand ergeben, dass monetäre Posten zu einem anderen Kurs abgewickelt oder umgerechnet werden als dem, zu dem sie bei der erstmaligen Erfassung während der Berichtsperiode oder in früheren Abschlüssen umgerechnet wurden, sind mit Ausnahme der in Paragraph 32 beschriebenen Fälle im Gewinn oder Verlust der Berichtsperiode zu erfassen, in der diese Differenzen entstehen.

29 Eine Umrechnungsdifferenz ergibt sich, wenn bei monetären Posten aus einer Fremdwährungstransaktion am Tag des Geschäftsvorfalls und am Tag der Abwicklung unterschiedliche Wechselkurse bestehen. Erfolgt die Abwicklung des Geschäftsvorfalls innerhalb der gleichen Bilanzierungsperiode wie die erstmalige Erfassung, wird die Umrechnungsdifferenz in dieser Periode berücksichtigt. Wird der Geschäftsvorfall jedoch in einer späteren Bilanzierungsperiode abgewickelt, so wird die Umrechnungsdifferenz, die in jeder dazwischen liegenden Periode bis zur Periode, in welcher der Ausgleich erfolgt, erfasst wird, durch die Änderungen der Wechselkurse während der Periode bestimmt.

30 Wird ein Gewinn oder Verlust aus einem nicht monetären Posten direkt im sonstigen Ergebnis erfasst, ist jeder Umrechnungsbestandteil dieses Gewinns oder Verlusts ebenfalls direkt im sonstigen Ergebnis zu erfassen. Umgekehrt gilt: Wird ein Gewinn oder Verlust aus einem nicht monetären Posten im Gewinn oder Verlust erfasst, ist jeder Umrechnungsbestandteil dieses Gewinns oder Verlusts ebenfalls im Gewinn oder Verlust zu erfassen.

31 Andere Standards schreiben die Erfassung von Gewinnen und Verlusten direkt im Eigenkapital vor. Beispielsweise besteht nach IAS 16 die Verpflichtung, einige Gewinne und Verluste aus der Neubewertung von Sachanlagen im sonstigen Ergebnis zu erfassen. Wird ein solcher Vermögenswert in einer Fremdwährung bewertet, ist der neubewertete Betrag gemäß Paragraph 23 (c) zum Kurs am Tag der Wertermittlung umzurechnen, was zu einer Umrechnungsdifferenz führt, die ebenfalls im sonstigen Ergebnis zu erfassen ist.

32 Umrechnungsdifferenzen aus einem monetären Posten, der Teil einer Nettoinvestition des berichtenden Unternehmens in einen ausländischen Geschäftsbetrieb ist (siehe Paragraph 15), sind im Einzelabschluss des berichtenden Unternehmens oder gegebenenfalls im Einzelabschluss des ausländischen Geschäftsbetriebs im Gewinn oder Verlust zu erfassen. In dem Abschluss, der den ausländischen Geschäftsbetrieb und das berichtende Unternehmen enthält (z. B. dem Konzernabschluss, wenn der ausländische Geschäftsbetrieb ein Tochterunternehmen ist), werden solche Umrechnungsdifferenzen zunächst im sonstigen Ergebnis erfasst und bei einer Veräußerung der Nettoinvestition gemäß Paragraph 48 vom Eigenkapital in den Gewinn oder Verlust umgegliedert.

33 Wenn ein monetärer Posten Teil einer Nettoinvestition des berichtenden Unternehmens in einen ausländischen Geschäftsbetrieb ist und in der funktionalen Währung des berichtenden Unternehmens angegeben wird, ergeben sich in den Einzelabschlüssen des ausländischen Geschäftsbetriebs Umrechnungsdifferenzen gemäß Paragraph 28. Wird ein solcher Posten in der funktionalen Währung des ausländischen Geschäftsbetriebs angegeben, entsteht im separaten Einzelabschluss des berichtenden Unternehmens eine Umrechnungsdifferenz gemäß Paragraph 28. Wird ein solcher Posten in einer anderen Währung als der funktionalen Währung des ausländischen Geschäftsbetriebs angegeben, entstehen im separaten Einzelabschluss des berichtenden Unternehmens und in den Einzelabschlüssen des ausländischen Geschäftsbetriebs Umrechnungsdifferenzen gemäß Paragraph 28. Derartige Umrechnungsdifferenzen werden in den Abschlüssen, die den ausländischen Geschäftsbetrieb und das berichtende Unternehmen umfassen (d. h. Abschlüssen, in denen der ausländische Geschäftsbetrieb konsolidiert oder nach der Equity-Methode bilanziert wird), im sonstigen Ergebnis erfasst.

34 Führt ein Unternehmen seine Bücher und Aufzeichnungen in einer anderen Währung als seiner funktionalen Währung, sind bei der Erstellung seines Abschlusses alle Beträge gemäß den Paragraphen 20–26 in die funktionale Währung umzurechnen. Daraus ergeben sich die gleichen Beträge in der funktionalen Währung, wie wenn die Posten ursprünglich in der

(b)   the net realisable value or recoverable amount, as appropriate, translated at the exchange rate at the date when that value was determined (e.g. the closing rate at the end of the reporting period).

The effect of this comparison may be that an impairment loss is recognised in the functional currency but would not be recognised in the foreign currency, or vice versa.

When several exchange rates are available, the rate used is that at which the future cash flows represented by the transaction or balance could have been settled if those cash flows had occurred at the measurement date. If exchangeability between two currencies is temporarily lacking, the rate used is the first subsequent rate at which exchanges could be made. **26**

Recognition of exchange differences

As noted in paragraph 3, IAS 39 applies to hedge accounting for foreign currency items. The application of hedge accounting requires an entity to account for some exchange differences differently from the treatment of exchange differences required by this standard. For example, IAS 39 requires that exchange differences on monetary items that qualify as hedging instruments in a cash flow hedge are recognised initially in other comprehensive income to the extent that the hedge is effective. **27**

Exchange differences arising on the settlement of monetary items or on translating monetary items at rates different from those at which they were translated on initial recognition during the period or in previous financial statements shall be recognised in profit or loss in the period in which they arise, except as described in paragraph 32. **28**

When monetary items arise from a foreign currency transaction and there is a change in the exchange rate between the transaction date and the date of settlement, an exchange difference results. When the transaction is settled within the same accounting period as that in which it occurred, all the exchange difference is recognised in that period. However, when the transaction is settled in a subsequent accounting period, the exchange difference recognised in each period up to the date of settlement is determined by the change in exchange rates during each period. **29**

When a gain or loss on a non-monetary item is recognised in other comprehensive income, any exchange component of that gain or loss shall be recognised in other comprehensive income. Conversely, when a gain or loss on a non-monetary item is recognised in profit or loss, any exchange component of that gain or loss shall be recognised in profit or loss. **30**

Other standards require some gains and losses to be recognised in other comprehensive income. For example, IAS 16 requires some gains and losses arising on a revaluation of property, plant and equipment to be recognised in other comprehensive income. When such an asset is measured in a foreign currency, paragraph 23 (c) of this standard requires the revalued amount to be translated using the rate at the date the value is determined, resulting in an exchange difference that is also recognised in equity. **31**

Exchange differences arising on a monetary item that forms part of a reporting entity's net investment in a foreign operation (see paragraph 15) shall be recognised in profit or loss in the separate financial statements of the reporting entity or the individual financial statements of the foreign operation, as appropriate. In the financial statements that include the foreign operation and the reporting entity (e.g. consolidated financial statements when the foreign operation is a subsidiary), such exchange differences shall be recognised initially in other comprehensive income and reclassified from equity to profit or loss on disposal of the net investment in accordance with paragraph 48. **32**

When a monetary item forms part of a reporting entity's net investment in a foreign operation and is denominated in the functional currency of the reporting entity, an exchange difference arises in the foreign operation's individual financial statements in accordance with paragraph 28. If such an item is denominated in the functional currency of the foreign operation, an exchange difference arises in the reporting entity's separate financial statements in accordance with paragraph 28. If such an item is denominated in a currency other than the functional currency of either the reporting entity or the foreign operation, an exchange difference arises in the reporting entity's separate financial statements and in the foreign operation's individual financial statements in accordance with paragraph 28. Such exchange differences are recognised in other comprehensive income in the financial statements that include the foreign operation and the reporting entity (i.e. financial statements in which the foreign operation is consolidated or accounted for using the equity method). **33**

When an entity keeps its books and records in a currency other than its functional currency, at the time the entity prepares its financial statements all amounts are translated into the functional currency in accordance with paragraphs 20—26. This produces the same amounts in the functional currency as would have occurred had the items been recorded **34**

funktionalen Währung erfasst worden wären. Beispielsweise werden monetäre Posten zum Stichtagskurs und nicht monetäre Posten, die zu den historischen Anschaffungs- oder Herstellungskosten bewertet werden, zum Wechselkurs am Tag des Geschäftsvorfalls, der zu ihrer Erfassung geführt hat, in die funktionale Währung umgerechnet.

Wechsel der funktionalen Währung

35 Bei einem Wechsel der funktionalen Währung hat das Unternehmen die für die neue funktionale Währung geltenden Umrechnungsverfahren prospektiv ab dem Zeitpunkt des Wechsels anzuwenden.

36 Wie in Paragraph 13 erwähnt, spiegelt die funktionale Währung eines Unternehmens die zugrunde liegenden Geschäftsvorfälle, Ereignisse und Umstände wider, die für das Unternehmen relevant sind. Daraus folgt, dass eine funktionale Währung nach ihrer Festlegung nur dann geändert werden kann, wenn sich diese zugrunde liegenden Geschäftsvorfälle, Ereignisse und Umstände ebenfalls geändert haben. Ein Wechsel der funktionalen Währung kann beispielsweise dann angebracht sein, wenn sich die Währung, die den größten Einfluss auf die Verkaufspreise der Waren und Dienstleistungen eines Unternehmens hat, ändert.

37 Die Auswirkungen eines Wechsels der funktionalen Währung werden prospektiv bilanziert. Das bedeutet, dass ein Unternehmen alle Posten zum Kurs am Tag des Wechsels in die neue funktionale Währung umrechnet. Die daraus resultierenden umgerechneten Beträge der nicht monetären Vermögenswerte werden als historische Anschaffungs- oder Herstellungskosten dieser Posten behandelt. Umrechnungsdifferenzen aus der Umrechnung eines ausländischen Geschäftsbetriebs, die bisher gemäß den Paragraphen 32 und 39 (c) im sonstigen Ergebnis erfasst wurden, werden erst bei dessen Veräußerung vom Eigenkapital in den Gewinn oder Verlust umgegliedert.

VERWENDUNG EINER ANDEREN DARSTELLUNGSWÄHRUNG ALS DER FUNKTIONALEN WÄHRUNG

Umrechnung in die Darstellungswährung

38 Ein Unternehmen kann seinen Abschluss in jeder beliebigen Währung (oder Währungen) veröffentlichen. Weicht die Darstellungswährung von der funktionalen Währung des Unternehmens ab, ist seine Vermögens-, Finanz- und Ertragslage in die Darstellungswährung umzurechnen. Beispielsweise gibt eine Unternehmensgruppe, die aus mehreren Einzelunternehmen mit verschiedenen funktionalen Währungen besteht, die Vermögens-, Finanz- und Ertragslage der einzelnen Unternehmen in einer gemeinsamen Währung an, so dass ein Konzernabschluss aufgestellt werden kann.

39 Die Vermögens-, Finanz- und Ertragslage eines Unternehmens, dessen funktionale Währung keine Währung eines Hochinflationslandes ist, wird nach folgenden Verfahren in eine andere Darstellungswährung umgerechnet:
   (a) Vermögenswerte und Schulden sind für jede vorgelegte Bilanz (d. h. einschließlich Vergleichsinformationen) zum jeweiligen Abschlussstichkurs umzurechnen;
   (b) Erträge und Aufwendungen sind für jede Darstellung von Gewinn oder Verlust und sonstigem Ergebnis (d. h. einschließlich Vergleichsinformationen) zum Wechselkurs am Tag des Geschäftsvorfalls umzurechnen; und
   (c) alle sich ergebenden Umrechnungsdifferenzen sind im sonstigen Ergebnis zu erfassen.

40 Aus praktischen Erwägungen wird zur Umrechnung von Ertrags- und Aufwandsposten häufig ein Kurs verwendet, der einen Näherungswert für den Umrechnungskurs am Tag des Geschäftsvorfalls darstellt, beispielsweise der Durchschnittskurs einer Periode. Bei stark schwankenden Wechselkursen ist jedoch die Verwendung von Durchschnittskursen für einen Zeitraum unangemessen.

41 Die in Paragraph 39 (c) genannten Umrechnungsdifferenzen ergeben sich aus:
   (a) der Umrechnung von Erträgen und Aufwendungen zu den Wechselkursen an den Tagen der Geschäftsvorfälle und der Vermögenswerte und Schulden zum Stichtagskurs.
   (b) der Umrechnung des Eröffnungswertes des Nettovermögens zu einem Stichtagskurs, der vom vorherigen Stichtagskurs abweicht.
   Diese Umrechnungsdifferenzen werden nicht im Gewinn oder Verlust erfasst, weil die Änderungen in den Wechselkursen nur einen geringen oder überhaupt keinen direkten Einfluss auf den gegenwärtigen und künftigen operativen Cashflow haben. Der kumulierte Betrag der Umrechnungsdifferenzen wird bis zum Abgang des ausländischen Geschäftsbetriebs in einem separaten Bestandteil des Eigenkapitals ausgewiesen. Beziehen sich die Umrechnungsdifferenzen auf einen ausländischen Geschäftsbetrieb, der konsolidiert wird, jedoch nicht vollständig im Besitz des Mutterunternehmens steht, so sind die kumulierten Umrechnungsdifferenzen, die aus nicht beherrschenden Anteilen stammen und diesen zuzurechnen sind, diesen nicht beherrschenden Anteil zuzuweisen und als Teil dessen in der Konzernbilanz anzusetzen.

42 Die Vermögens-, Finanz- und Ertragslage eines Unternehmens, dessen funktionale Währung die Währung eines Hochinflationslandes ist, wird nach folgenden Verfahren in eine andere Darstellungswährung umgerechnet:

initially in the functional currency. For example, monetary items are translated into the functional currency using the closing rate, and non-monetary items that are measured on a historical cost basis are translated using the exchange rate at the date of the transaction that resulted in their recognition.

Change in functional currency

When there is a change in an entity's functional currency, the entity shall apply the translation procedures applicable to the new functional currency prospectively from the date of the change. 35

As noted in paragraph 13, the functional currency of an entity reflects the underlying transactions, events and conditions that are relevant to the entity. Accordingly, once the functional currency is determined, it can be changed only if there is a change to those underlying transactions, events and conditions. For example, a change in the currency that mainly influences the sales prices of goods and services may lead to a change in an entity's functional currency. 36

The effect of a change in functional currency is accounted for prospectively. In other words, an entity translates all items into the new functional currency using the exchange rate at the date of the change. The resulting translated amounts for non-monetary items are treated as their historical cost. Exchange differences arising from the translation of a foreign operation previously recognised in other comprehensive income in accordance with paragraphs 32 and 39 (c) are not reclassified from equity to profit or loss until the disposal of the operation. 37

USE OF A PRESENTATION CURRENCY OTHER THAN THE FUNCTIONAL CURRENCY

Translation to the presentation currency

An entity may present its financial statements in any currency (or currencies). If the presentation currency differs from the entity's functional currency, it translates its results and financial position into the presentation currency. For example, when a group contains individual entities with different functional currencies, the results and financial position of each entity are expressed in a common currency so that consolidated financial statements may be presented. 38

The results and financial position of an entity whose functional currency is not the currency of a hyperinflationary economy shall be translated into a different presentation currency using the following procedures: 39
(a) assets and liabilities for each statement of financial position presented (i.e. including comparatives) shall be translated at the closing rate at the date of that statement of financial position;
(b) income and expenses for each statement presenting profit or loss and other comprehensive income (ie including comparatives) shall be translated at exchange rates at the dates of the transactions; and
(c) all resulting exchange differences shall be recognised in other comprehensive income.

For practical reasons, a rate that approximates the exchange rates at the dates of the transactions, for example an average rate for the period, is often used to translate income and expense items. However, if exchange rates fluctuate significantly, the use of the average rate for a period is inappropriate. 40

The exchange differences referred to in paragraph 39 (c) result from: 41
(a) translating income and expenses at the exchange rates at the dates of the transactions and assets and liabilities at the closing rate.
(b) translating the opening net assets at a closing rate that differs from the previous closing rate.
These exchange differences are not recognised in profit or loss because the changes in exchange rates have little or no direct effect on the present and future cash flows from operations. The cumulative amount of the exchange differences is presented in a separate component of equity until disposal of the foreign operation. When the exchange differences relate to a foreign operation that is consolidated but not wholly-owned, accumulated exchange differences arising from translation and attributable to non-controlling interests are allocated to, and recognised as part of, non-controlling interest in the consolidated statement of financial position.

The results and financial position of an entity whose functional currency is the currency of a hyperinflationary economy shall be translated into a different presentation currency using the following procedures: 42

(a) alle Beträge (d. h. Vermögenswerte, Schulden, Eigenkapitalposten, Erträge und Aufwendungen, einschließlich Vergleichsinformationen) sind zum Stichtagskurs der letzten Bilanz umzurechnen, mit folgender Ausnahme:

(b) bei der Umrechnung von Beträgen in die Währung eines Nicht-Hochinflationslandes sind als Vergleichswerte die Beträge heranzuziehen, die im betreffenden Vorjahresabschluss als Beträge des aktuellen Jahres ausgewiesen wurden (d. h. es erfolgt keine Anpassung zur Berücksichtigung späterer Preis- oder Wechselkursänderungen).

43 Handelt es sich bei der funktionalen Währung eines Unternehmens um die Währung eines Hochinflationslandes, hat das Unternehmen seinen Abschluss gemäß IAS 29 anzupassen, bevor es die in Paragraph 42 beschriebene Umrechnungsmethode anwendet. Davon ausgenommen sind Vergleichsbeträge, die in die Währung eines Nicht-Hochinflationslandes umgerechnet werden (siehe Paragraph 42 (b)). Wenn ein bisheriges Hochinflationsland nicht mehr als solches eingestuft wird und das Unternehmen seinen Abschluss nicht mehr gemäß IAS 29 anpasst, sind als historische Anschaffungs- oder Herstellungskosten für die Umrechnung in die Darstellungswährung die an das Preisniveau angepassten Beträge maßgeblich, die zu dem Zeitpunkt galten, an dem das Unternehmen mit der Anpassung seines Abschlusses aufgehört hat.

Umrechnung eines ausländischen Geschäftsbetriebs

44 Die Paragraphen 45–47 sind zusätzlich zu den Paragraphen 38–43 anzuwenden, wenn die Vermögens-, Finanz- und Ertragslage eines ausländischen Geschäftsbetriebs in eine Darstellungswährung umgerechnet wird, damit der ausländische Geschäftsbetrieb durch Vollkonsolidierung oder durch die Equity-Methode in den Abschluss des berichtenden Unternehmens einbezogen werden kann.

45 Die Einbeziehung der Finanz- und Ertragslage eines ausländischen Geschäftsbetriebs in den Abschluss des berichtenden Unternehmens folgt den üblichen Konsolidierungsverfahren. Dazu zählen etwa die Eliminierung konzerninterner Salden und konzerninterne Transaktionen eines Tochterunternehmens (siehe IFRS 10 *Konzernabschlüsse*). Ein konzerninterner monetärer Vermögenswert (oder eine konzerninterne monetäre Verbindlichkeit), ob kurzfristig oder langfristig, darf jedoch nur dann mit einem entsprechenden konzerninternen Vermögenswert (oder einer konzerninternen Verbindlichkeit) verrechnet werden, wenn das Ergebnis von Währungsschwankungen im Konzernabschluss ausgewiesen wird. Dies ist deshalb der Fall, weil der monetäre Posten eine Verpflichtung darstellt, eine Währung in eine andere umzuwandeln, und das berichtende Unternehmen einen Gewinn oder Verlust aus Währungsschwankungen zu verzeichnen hat. Demgemäß wird eine derartige Umrechnungsdifferenz im Konzernabschluss des berichtenden Unternehmens weiter im Gewinn oder Verlust erfasst, es sei denn, sie stammt aus Umständen, die in Paragraph 32 beschrieben wurden. In diesen Fällen wird sie bis zur Veräußerung des ausländischen Geschäftsbetriebs im sonstigen Ergebnis erfasst und in einem separaten Bestandteil des Eigenkapitals kumuliert.

46 Wird der Abschluss eines ausländischen Geschäftsbetriebs zu einem anderen Stichtag als dem des berichtenden Unternehmens aufgestellt, so erstellt dieser ausländische Geschäftsbetrieb häufig einen zusätzlichen Abschluss auf den Stichtag des berichtenden Unternehmens. Ist dies nicht der Fall, so kann gemäß IFRS 10 ein abweichender Stichtag verwendet werden, sofern der Unterschied nicht größer als drei Monate ist und Berichtigungen für die Auswirkungen aller bedeutenden Geschäftsvorfälle oder Ereignisse vorgenommen werden, die zwischen den abweichenden Stichtagen eingetreten sind. In einem solchen Fall werden die Vermögenswerte und Schulden des ausländischen Geschäftsbetriebs zum Wechselkurs am Abschlussstichtag des ausländischen Geschäftsbetriebs umgerechnet. Treten bis zum Abschlussstichtag des berichtenden Unternehmens erhebliche Wechselkursänderungen ein, so werden diese gemäß IFRS 10 berichtigt. Der gleiche Ansatz gilt für die Anwendung der Equity-Methode auf assoziierte Unternehmen und Gemeinschaftsunternehmen gemäß IAS 28 (in der 2011 geänderten Fassung).

47 Jeglicher im Zusammenhang mit dem Erwerb eines ausländischen Geschäftsbetriebs entstehende Geschäfts- oder Firmenwert und sämtliche am beizulegenden Zeitwert ausgerichteten Berichtigungen des Buchwerts der Vermögenswerte und Schulden, die aus dem Erwerb dieses ausländischen Geschäftsbetriebs resultieren, sind als Vermögenswerte und Schulden des ausländischen Geschäftsbetriebs zu behandeln. Sie werden daher in der funktionalen Währung des ausländischen Geschäftsbetriebs angegeben und sind gemäß den Paragraphen 39 und 42 zum Stichtagskurs umzurechnen.

Abgang oder teilweiser Abgang eines ausländischen Geschäftsbetriebs

48 Beim Abgang eines ausländischen Geschäftsbetriebs sind die entsprechenden kumulierten Umrechnungsdifferenzen, die bis zu diesem Zeitpunkt im sonstigen Ergebnis erfasst und in einem separaten Bestandteil des Eigenkapitals kumuliert wurden, in der gleichen Periode, in der auch der Gewinn oder Verlust aus dem Abgang erfasst wird, vom Eigenkapital in den Gewinn oder Verlust umzugliedern (als Umgliederungsbetrag) (siehe IAS 1 *Darstellung des Abschlusses* (überarbeitet 2007).

48A Zusätzlich zum Abgang des gesamten Anteils eines Unternehmens an einem ausländischen Geschäftsbetrieb werden folgende Fälle selbst dann als Abgänge bilanziert,

(a) wenn mit dem Abgang der Verlust der Beherrschung eines Tochterunternehmens, zu dem ein ausländischer Geschäftsbetrieb gehört, einhergeht. Dabei wird nicht berücksichtigt, ob das Unternehmen nach dem teilweisen Abgang einen nicht beherrschenden Anteil am ehemaligen Tochterunternehmen behält, und

(a) all amounts (i.e. assets, liabilities, equity items, income and expenses, including comparatives) shall be translated at the closing rate at the date of the most recent statement of financial position; except that

(b) when amounts are translated into the currency of a non-hyperinflationary economy, comparative amounts shall be those that were presented as current year amounts in the relevant prior year financial statements (i.e. not adjusted for subsequent changes in the price level or subsequent changes in exchange rates).

When an entity's functional currency is the currency of a hyperinflationary economy, the entity shall restate its financial **43** statements in accordance with IAS 29 before applying the translation method set out in paragraph 42, except for comparative amounts that are translated into a currency of a non-hyperinflationary economy (see paragraph 42 (b)). When the economy ceases to be hyperinflationary and the entity no longer restates its financial statements in accordance with IAS 29, it shall use as the historical costs for translation into the presentation currency the amounts restated to the price level at the date the entity ceased restating its financial statements.

Translation of a foreign operation

Paragraphs 45—47, in addition to paragraphs 38—43, apply when the results and financial position of a foreign operation **44** are translated into a presentation currency so that the foreign operation can be included in the financial statements of the reporting entity by consolidation or the equity method.

The incorporation of the results and financial position of a foreign operation with those of the reporting entity follows **45** normal consolidation procedures, such as the elimination of intragroup balances and intragroup transactions of a subsidiary (see IFRS 10 *Consolidated Financial Statements*). However, an intragroup monetary asset (or liability), whether short-term or long-term, cannot be eliminated against the corresponding intragroup liability (or asset) without showing the results of currency fluctuations in the consolidated financial statements. This is because the monetary item represents a commitment to convert one currency into another and exposes the reporting entity to a gain or loss through currency fluctuations. Accordingly, in the consolidated financial statements of the reporting entity, such an exchange difference is recognised in profit or loss or, if it arises from the circumstances described in paragraph 32, it is recognised in other comprehensive income and accumulated in a separate component of equity until the disposal of the foreign operation.

When the financial statements of a foreign operation are as of a date different from that of the reporting entity, the foreign **46** operation often prepares additional statements as of the same date as the reporting entity's financial statements. When this is not done, IFRS 10 allows the use of a different date provided that the difference is no greater than three months and adjustments are made for the effects of any significant transactions or other events that occur between the different dates. In such a case, the assets and liabilities of the foreign operation are translated at the exchange rate at the end of the reporting period of the foreign operation. Adjustments are made for significant changes in exchange rates up to the end of the reporting period of the reporting entity in accordance with IFRS 10. The same approach is used in applying the equity method to associates and joint ventures in accordance with IAS 28 (as amended in 2011).

Any goodwill arising on the acquisition of a foreign operation and any fair value adjustments to the carrying amounts of **47** assets and liabilities arising on the acquisition of that foreign operation shall be treated as assets and liabilities of the foreign operation. Thus they shall be expressed in the functional currency of the foreign operation and shall be translated at the closing rate in accordance with paragraphs 39 and 42.

Disposal or partial disposal of a foreign operation

On the disposal of a foreign operation, the cumulative amount of the exchange differences relating to that foreign opera- **48** tion, recognised in other comprehensive income and accumulated in a separate component of equity, shall be reclassified from equity to profit or loss (as a reclassification adjustment) when the gain or loss on disposal is recognised (see IAS 1 *Presentation of Financial Statements* (as revised in 2007)).

In addition to the disposal of an entity$apos$s entire interest in a foreign operation, the following partial disposals are **48A** accounted for as disposals:

(a) when the partial disposal involves the loss of control of a subsidiary that includes a foreign operation, regardless of whether the entity retains a non-controlling interest in its former subsidiary after the partial disposal; and

(b) wenn es sich bei dem zurückgehaltenen Anteil nach dem teilweisen Abgang eines Anteils an einer gemeinsamen Vereinbarung oder nach dem teilweisen Abgang eines Anteils in einem assoziierten Unternehmen, zu dem ein ausländischer Geschäftsbetrieb gehört, um einen finanziellen Vermögenswert handelt, zu dem ein ausländischer Geschäftsbetrieb gehört.

(c) [gestrichen]

48B Beim Abgang eines Tochterunternehmens, zu dem ein ausländischer Geschäftsbetrieb gehört, sind die kumulierten, zu diesem ausländischen Geschäftsbetrieb gehörenden Umrechnungsdifferenzen, die den nicht beherrschenden Anteilen zugeordnet waren, auszubuchen, aber nicht in den Gewinn oder Verlust umzugliedern.

48C Bei einem teilweisen Abgang eines Tochterunternehmens, zu dem ein ausländischer Geschäftsbetrieb gehört, ist der entsprechende Anteil an den kumulierten Umrechnungsdifferenzen, die im sonstigen Ergebnis erfasst sind, den nicht beherrschenden Anteilen an diesem ausländischen Geschäftsbetrieb wieder zuzuordnen. Bei allen anderen teilweisen Abgängen eines ausländischen Geschäftsbetriebs hat das Unternehmen nur den entsprechenden Anteil der kumulierten Umrechnungsdifferenzen in den Gewinn oder Verlust umzugliedern, der im sonstigen Ergebnis erfasst war.

48D Ein teilweiser Abgang eines Anteils eines Unternehmens an einem ausländischen Geschäftsbetrieb ist eine Verringerung der Beteiligungsquote eines Unternehmens an einem ausländischen Geschäftsbetrieb, davon ausgenommen sind jene in Paragraph 48A dargestellten Verringerungen, die als Abgänge bilanziert werden.

49 Ein Unternehmen kann seine Nettoinvestition in einen ausländischen Geschäftsbetrieb durch Verkauf, Liquidation, Kapitalrückzahlung oder Betriebsaufgabe, vollständig oder als Teil dieses Geschäftsbetriebs, ganz oder teilweise abgeben. Eine außerplanmäßige Abschreibung des Buchwerts eines ausländischen Geschäftsbetriebs aufgrund eigener Verluste oder aufgrund einer vom Anteilseigner erfassten Wertminderung ist nicht als teilweiser Abgang zu betrachten. Folglich wird auch kein Teil der Umrechnungsgewinne oder -verluste, die im sonstigen Ergebnis erfasst sind, zum Zeitpunkt der außerplanmäßigen Abschreibung in einem Gewinn oder Verlust umgegliedert.

STEUERLICHE AUSWIRKUNGEN SÄMTLICHER UMRECHNUNGSDIFFERENZEN

50 Gewinne und Verluste aus Fremdwährungstransaktionen sowie Umrechnungsdifferenzen aus der Umrechnung der Vermögens-, Finanz- und Ertragslage eines Unternehmens (einschließlich eines ausländischen Geschäftsbetriebs) können steuerliche Auswirkungen haben, die gemäß IAS 12 *Ertragsteuern* bilanziert werden.

ANGABEN

51 Die Bestimmungen zur funktionalen Währung in den Paragraphen 53 und 55–57 beziehen sich im Falle einer Unternehmensgruppe auf die funktionale Währung des Mutterunternehmens.

52 Folgende Angaben sind erforderlich:

(a) der Betrag der Umrechnungsdifferenzen, die im Gewinn oder Verlust erfasst wurden. Davon ausgenommen sind Umrechnungsdifferenzen aus Finanzinstrumenten, die gemäß IAS 39 über den Gewinn oder Verlust zu ihrem beizulegenden Zeitwert bewertet werden.

(b) der Saldo der Umrechnungsdifferenzen, der im sonstigen Ergebnis erfasst und in einem separaten Bestandteil des Eigenkapitals kumuliert wurde, und eine Überleitungsrechnung des Betrags solcher Umrechnungsdifferenzen zum Beginn und am Ende der Berichtsperiode.

53 Wenn die Darstellungswährung nicht der funktionalen Währung entspricht, ist dieser Umstand zusammen mit der Nennung der funktionalen Währung und einer Begründung für die Verwendung einer abweichenden Währung anzugeben.

54 Bei einem Wechsel der funktionalen Währung des berichtenden Unternehmens oder eines wesentlichen ausländischen Geschäftsbetriebs sind dieser Umstand und die Gründe anzugeben, die zur Umstellung der funktionalen Währung geführt haben.

55 Veröffentlicht ein Unternehmen seinen Abschluss in einer anderen Währung als seiner funktionalen Währung, darf es den Abschluss nur dann als mit den International Financial Reporting Standards übereinstimmend bezeichnen, wenn dieser sämtliche Anforderungen aller anzuwendenden IFRS dieser Standards sowie die in den Paragraphen 39 und 42 dargelegte Umrechnungsmethode erfüllt.

56 Ein Unternehmen stellt seinen Abschluss oder andere Finanzinformationen manchmal in einer anderen Währung als seiner funktionalen Währung dar, ohne die Anforderungen von Paragraph 55 zu erfüllen. Beispielsweise kommt es vor, dass ein Unternehmen nur ausgewählte Posten seines Abschlusses in eine andere Währung umrechnet, oder ein Unternehmen, dessen funktionale Währung nicht die Währung eines Hochinflationslandes ist, rechnet seinen Abschluss in eine

(b) when the retained interest after the partial disposal of an interest in a joint arrangement or a partial disposal of an interest in an associate that includes a foreign operation is a financial asset that includes a foreign operation.

(c) [deleted]

On disposal of a subsidiary that includes a foreign operation, the cumulative amount of the exchange differences relating to that foreign operation that have been attributed to the non-controlling interests shall be derecognised, but shall not be reclassified to profit or loss. **48B**

On the partial disposal of a subsidiary that includes a foreign operation, the entity shall re-attribute the proportionate share of the cumulative amount of the exchange differences recognised in other comprehensive income to the non-controlling interests in that foreign operation. In any other partial disposal of a foreign operation the entity shall reclassify to profit or loss only the proportionate share of the cumulative amount of the exchange differences recognised in other comprehensive income. **48C**

A partial disposal of an entity's interest in a foreign operation is any reduction in an entity's ownership interest in a foreign operation, except those reductions in paragraph 48A that are accounted for as disposals. **48D**

An entity may dispose or partially dispose of its interest in a foreign operation through sale, liquidation, repayment of share capital or abandonment of all, or part of, that entity. A write-down of the carrying amount of a foreign operation, either because of its own losses or because of an impairment recognised by the investor, does not constitute a partial disposal. Accordingly, no part of the foreign exchange gain or loss recognised in other comprehensive income is reclassified to profit or loss at the time of a write-down. **49**

TAX EFFECTS OF ALL EXCHANGE DIFFERENCES

Gains and losses on foreign currency transactions and exchange differences arising on translating the results and financial position of an entity (including a foreign operation) into a different currency may have tax effects. IAS 12 *Income taxes* applies to these tax effects. **50**

DISCLOSURE

In paragraphs 53 and 55—57 references to 'functional currency' apply, in the case of a group, to the functional currency of the parent. **51**

An entity shall disclose: **52**

(a) the amount of exchange differences recognised in profit or loss except for those arising on financial instruments measured at fair value through profit or loss in accordance with IAS 39; and

(b) net exchange differences recognised in other comprehensive income and accumulated in a separate component of equity, and a reconciliation of the amount of such exchange differences at the beginning and end of the period.

When the presentation currency is different from the functional currency, that fact shall be stated, together with disclosure of the functional currency and the reason for using a different presentation currency. **53**

When there is a change in the functional currency of either the reporting entity or a significant foreign operation, that fact and the reason for the change in functional currency shall be disclosed. **54**

When an entity presents its financial statements in a currency that is different from its functional currency, it shall describe the financial statements as complying with international financial reporting standards only if they comply with all the requirements of each applicable standard and each applicable interpretation of those standards, including the translation method set out in paragraphs 39 and 42. **55**

An entity sometimes presents its financial statements or other financial information in a currency that is not its functional currency without meeting the requirements of paragraph 55. For example, an entity may convert into another currency only selected items from its financial statements. Or, an entity whose functional currency is not the currency of a hyperinflationary economy may convert the financial statements into another currency by translating all items at the most recent **56**

andere Währung um, indem es für alle Posten den letzten Stichtagskurs verwendet. Derartige Umrechnungen entsprechen nicht den International Financial Reporting Standards und den in Paragraph 57 genannten erforderlichen Angaben.

57 Stellt ein Unternehmen seinen Abschluss oder andere Finanzinformationen in einer anderen Währung als seiner funktionalen oder seiner Darstellungswährung dar und werden die Anforderungen von Paragraph 55 nicht erfüllt, so hat das Unternehmen:

(a) die Informationen deutlich als zusätzliche Informationen zu kennzeichnen, um sie von den mit den International Financial Reporting Standards übereinstimmenden Informationen zu unterscheiden.

(b) die Währung anzugeben, in der die zusätzlichen Informationen dargestellt werden; und

(c) die funktionale Währung des Unternehmens und die verwendete Umrechnungsmethode zur Ermittlung der zusätzlichen Informationen anzugeben.

ZEITPUNKT DES INKRAFTTRETENS UND ÜBERGANGSVORSCHRIFTEN

58 Dieser Standard ist erstmals in der ersten Berichtsperiode eines am 1. Januar 2005 oder danach beginnenden Geschäftsjahres anzuwenden. Eine frühere Anwendung wird empfohlen. Wenn ein Unternehmen diesen Standard für Berichtsperioden anwendet, die vor dem 1. Januar 2005 beginnen, so ist diese Tatsache anzugeben.

58A *Nettoinvestition in einen ausländischen Geschäftsbetrieb* (Änderung des IAS 21), Dezember 2005, Hinzufügung von Paragraph 15A und Änderung von Paragraph 33. Diese Änderungen sind erstmals in der ersten Berichtsperiode eines am 1. Januar 2006 oder danach beginnenden Geschäftsjahrs anzuwenden. Eine frühere Anwendung wird empfohlen.

59 Ein Unternehmen hat Paragraph 47 prospektiv auf alle Erwerbe anzuwenden, die nach Beginn der Berichtsperiode, in der dieser Standard erstmalig angewendet wird, stattfinden. Eine retrospektive Anwendung des Paragraphen 47 auf frühere Erwerbe ist zulässig. Beim Erwerb eines ausländischen Geschäftsbetriebs, der prospektiv behandelt wird, jedoch vor dem Zeitpunkt der erstmaligen Anwendung dieses Standards stattgefunden hat, braucht das Unternehmen keine Berichtigung der Vorjahre vorzunehmen und kann daher, sofern angemessen, den Geschäfts- oder Firmenwert und die Anpassungen an den beizulegenden Zeitwert im Zusammenhang mit diesem Erwerb als Vermögenswerte und Schulden des Unternehmens und nicht als Vermögenswerte und Schulden des ausländischen Geschäftsbetriebs behandeln. Der Geschäfts- oder Firmenwert und die Anpassungen an den beizulegenden Zeitwert sind daher bereits in der funktionalen Währung des berichtenden Unternehmens angegeben, oder es handelt sich um nicht monetäre Fremdwährungsposten, die zu dem zum Zeitpunkt des Erwerbs geltenden Wechselkurs umgerechnet werden.

60 Alle anderen Änderungen, die sich aus der Anwendung dieses Standards ergeben, sind gemäß den Bestimmungen von IAS 8 *Rechnungslegungsmethoden, Änderungen von rechnungslegungsbezogenen Schätzungen und Fehler* zu bilanzieren.

60A Infolge des IAS 1 (überarbeitet 2007) wurde die in allen IFRS verwendete Terminologie geändert. Außerdem wurden die Paragraphen 27, 30–33, 37, 39, 41, 45, 48 und 52 geändert. Diese Änderungen sind erstmals in der ersten Berichtsperiode eines am 1. Januar 2009 oder danach beginnenden Geschäftsjahres anzuwenden. Wird IAS 1 (überarbeitet 2007) auf eine frühere Periode angewandt, sind diese Änderungen entsprechend auch anzuwenden.

60B Mit der 2008 geänderten Fassung des IAS 27 wurden die Paragraphen 48A–48D eingefügt und Paragraph 49 geändert. Diese Änderungen sind prospektiv auf die erste Berichtsperiode eines am oder nach dem 1. Juli 2009 beginnenden Geschäftsjahres anzuwenden. Wendet ein Unternehmen IAS 27 (in der 2008 geänderten Fassung) auf eine frühere Periode an, sind auch die Änderungen auf diese frühere Periode anzuwenden.

60D Durch die im Mai 2010 veröffentlichten *Verbesserungen an den IFRS* wurde Paragraph 60B geändert. Diese Änderung ist erstmals in der ersten Berichtsperiode eines am oder nach dem 1. Juli 2010 beginnenden Geschäftsjahres anzuwenden. Eine frühere Anwendung ist zulässig.

60F Durch IFRS 10 und IFRS 11 *Gemeinsame Vereinbarungen,* veröffentlicht im Mai 2011, wurden die Paragraphen 3 (b), 8, 11, 18, 19, 33, 44–46 und 48A geändert. Ein Unternehmen hat diese Änderungen anzuwenden, wenn es IFRS 10 und IFRS 11 anwendet.

60G Durch IFRS 13, veröffentlicht im Mai 2011, wurde die Definition des beizulegenden Zeitwerts in Paragraph 8 geändert. Außerdem wurde Paragraph 23 geändert. Ein Unternehmen hat die betreffenden Änderungen anzuwenden, wenn es IFRS 13 anwendet.

60H Mit *Darstellung von Posten des sonstigen Ergebnisses* (Änderung IAS 1), veröffentlicht im Juni 2011, wurde Paragraph 39 geändert. Ein Unternehmen hat die betreffende Änderung anzuwenden, wenn es IAS 1 (in der im Juni 2011 geänderten Fassung) anwendet.

closing rate. Such conversions are not in accordance with international financial reporting standards and the disclosures set out in paragraph 57 are required.

When an entity displays its financial statements or other financial information in a currency that is different from either **57** its functional currency or its presentation currency and the requirements of paragraph 55 are not met, it shall:

(a) clearly identify the information as supplementary information to distinguish it from the information that complies with international financial reporting standards;

(b) disclose the currency in which the supplementary information is displayed; and

(c) disclose the entity's functional currency and the method of translation used to determine the supplementary information.

EFFECTIVE DATE AND TRANSITION

An entity shall apply this standard for annual periods beginning on or after 1 January 2005. Earlier application is encour- **58** aged. If an entity applies this standard for a period beginning before 1 January 2005, it shall disclose that fact.

Net investment in a foreign operation (amendment to IAS 21), issued in December 2005, added paragraph 15A and **58A** amended paragraph 33. An entity shall apply those amendments for annual periods beginning on or after 1 January 2006. Earlier application is encouraged.

An entity shall apply paragraph 47 prospectively to all acquisitions occurring after the beginning of the financial reporting **59** period in which this standard is first applied. Retrospective application of paragraph 47 to earlier acquisitions is permitted. For an acquisition of a foreign operation treated prospectively but which occurred before the date on which this standard is first applied, the entity shall not restate prior years and accordingly may, when appropriate, treat goodwill and fair value adjustments arising on that acquisition as assets and liabilities of the entity rather than as assets and liabilities of the foreign operation. Therefore, those goodwill and fair value adjustments either are already expressed in the entity's functional currency or are non-monetary foreign currency items, which are reported using the exchange rate at the date of the acquisition.

All other changes resulting from the application of this standard shall be accounted for in accordance with the require- **60** ments of IAS 8 *Accounting policies, changes in accounting estimates and errors.*

IAS 1 (as revised in 2007) amended the terminology used throughout IFRSs. In addition it amended paragraphs 27, 30— **60A** 33, 37, 39, 41, 45, 48 and 52. An entity shall apply those amendments for annual periods beginning on or after 1 January 2009. If an entity applies IAS 1 (revised 2007) for an earlier period, the amendments shall be applied for that earlier period.

IAS 27 (as amended in 2008) added paragraphs 48A—48D and amended paragraph 49. An entity shall apply those **60B** amendments prospectively for annual periods beginning on or after 1 July 2009. If an entity applies IAS 27 (amended 2008) for an earlier period, the amendments shall be applied for that earlier period.

Paragraph 60B was amended by *Improvements to IFRSs* issued in May 2010. An entity shall apply that amendment for **60D** annual periods beginning on or after 1 July 2010. Earlier application is permitted.

IFRS 10 and IFRS 11 *Joint Arrangements,* issued in May 2011, amended paragraphs 3 (b), 8, 11, 18, 19, 33, 44—46 and **60F** 48A. An entity shall apply those amendments when it applies IFRS 10 and IFRS 11.

IFRS 13, issued in May 2011, amended the definition of fair value in paragraph 8 and amended paragraph 23. An entity **60G** shall apply those amendments when it applies IFRS 13.

Presentation of Items of Other Comprehensive Income (Amendments to IAS 1), issued in June 2011, amended paragraph **60H** 39. An entity shall apply that amendment when it applies IAS 1 as amended in June 2011.

RÜCKNAHME ANDERER VERLAUTBARUNGEN

61 Dieser Standard ersetzt IAS 21 *Auswirkungen von Wechselkursänderungen* (überarbeitet 1993).

62 Dieser Standard ersetzt die folgenden Interpretationen:

(a) SIC-11 *Fremdwährung – Aktivierung von Verlusten aus erheblichen Währungsabwertungen;*

(b) SIC-19 *Berichtswährung – Bewertung und Darstellung von Abschlüssen gemäß IAS 21 und IAS 29* und

(c) SIC-30 *Berichtswährung – Umrechnung von der Bewertungs- in die Darstellungswährung.*

WITHDRAWAL OF OTHER PRONOUNCEMENTS

This standard supersedes IAS 21 *The effects of changes in foreign exchange rates* (revised in 1993).   **61**

This standard supersedes the following interpretations: **62**
(a) SIC-11 *Foreign exchange — capitalisation of losses resulting from severe currency devaluations*;
(b) SIC-19 *Reporting currency — measurement and presentation of financial statements under IAS 21 and IAS 29*; and
(c) SIC-30 *Reporting currency — translation from measurement currency to presentation currency.*

INTERNATIONAL ACCOUNTING STANDARD 23

Fremdkapitalkosten

INHALT

GRUNDPRINZIP

1 Fremdkapitalkosten, die direkt dem Erwerb, dem Bau oder der Herstellung eines qualifizierten Vermögenswerts zugeordnet werden können, gehören zu den Anschaffungs- oder Herstellungskosten dieses Vermögenswerts. Andere Fremdkapitalkosten werden als Aufwand erfasst.

ANWENDUNGSBEREICH

2 Dieser Standard ist auf die bilanzielle Behandlung von Fremdkapitalkosten anzuwenden.

3 Der Standard befasst sich nicht mit den tatsächlichen oder kalkulatorischen Kosten des Eigenkapitals einschließlich solcher bevorrechtigter Kapitalbestandteile, die nicht als Schuld zu qualifizieren sind.

4 Ein Unternehmen ist nicht verpflichtet, den Standard auf Fremdkapitalkosten anzuwenden, die direkt dem Erwerb, dem Bau oder der Herstellung folgender Vermögenswerte zugerechnet werden können:
(a) qualifizierende Vermögenswerte, die zum beizulegenden Zeitwert bewertet werden, wie beispielsweise biologische Vermögenswerte im Anwendungsbereich von IAS 41 *Landwirtschaft*; oder
(b) Vorräte, die in großen Mengen wiederholt gefertigt oder auf andere Weise hergestellt werden.

DEFINITIONEN

5 In diesem Standard werden die folgenden Begriffe mit der angegebenen Bedeutung verwendet:
Fremdkapitalkosten sind Zinsen und weitere im Zusammenhang mit der Aufnahme von Fremdkapital angefallene Kosten eines Unternehmens.
Ein *qualifizierter Vermögenswert* ist ein Vermögenswert, für den ein beträchtlicher Zeitraum erforderlich ist, um ihn in seinen beabsichtigten gebrauchs- oder verkaufsfähigen Zustand zu versetzen.

6 Fremdkapitalkosten können Folgendes umfassen:
(a) Zinsaufwand, der nach der in IAS 39 *Finanzinstrumente: Ansatz und Bewertung* beschriebenen Effektivzinsmethode berechnet wird;
(b) [gestrichen]
(c) [gestrichen]
(d) Finanzierungskosten aus Finanzierungs-Leasingverhältnissen, die gemäß IAS 17 *Leasingverhältnisse* bilanziert werden; und
(e) Währungsdifferenzen aus Fremdwährungskrediten, soweit sie als Zinskorrektur anzusehen sind.

7 Je nach Art der Umstände kommen als qualifizierende Vermögenswerte in Betracht:
(a) Vorräte
(b) Fabrikationsanlagen

INTERNATIONAL ACCOUNTING STANDARD 23

Borrowing Costs

SUMMARY

CORE PRINCIPLE

Borrowing costs that are directly attributable to the acquisition, construction or production of a qualifying asset form part **1** of the cost of that asset. Other borrowing costs are recognised as an expense.

SCOPE

An entity shall apply this Standard in accounting for borrowing costs. **2**

The Standard does not deal with the actual or imputed cost of equity, including preferred capital not classified as a liabi- **3** lity.

An entity is not required to apply the Standard to borrowing costs directly attributable to the acquisition, construction or **4** production of:
(a) a qualifying asset measured at fair value, for example a biological asset within the scope of IAS 41 *Agriculture*; or
(b) inventories that are manufactured, or otherwise produced, in large quantities on a repetitive basis.

DEFINITIONS

This Standard uses the following terms with the meanings specified: **5**
  Borrowing costs are interest and other costs that an entity incurs in connection with the borrowing of funds.
  A *qualifying asset* is an asset that necessarily takes a substantial period of time to get ready for its intended use or sale.

Borrowing costs may include: **6**
(a) interest expense calculated using the effective interest method as described in IAS 39 *Financial Instruments: Recognition and Measurement;*
(b) [deleted]
(c) [deleted]
(d) finance charges in respect of finance leases recognised in accordance with IAS 17 *Leases;* and
(e) exchange differences arising from foreign currency borrowings to the extent that they are regarded as an adjustment to interest costs.

Depending on the circumstances, any of the following may be qualifying assets: **7**
(a) inventories
(b) manufacturing plants ppe

(c)   Energieversorgungseinrichtungen
(d)   immaterielle Vermögenswerte
(e)   als Finanzinvestitionen gehaltene Immobilien
(f)   fruchttragende Pflanzen.

Finanzielle Vermögenswerte und Vorräte, die über einen kurzen Zeitraum gefertigt oder auf andere Weise hergestellt werden, sind keine qualifizierten Vermögenswerte. Gleiches gilt für Vermögenswerte, die bereits bei Erwerb in ihrem beabsichtigten gebrauchs- oder verkaufsfähigen Zustand sind.

ANSATZ

8   Fremdkapitalkosten, die direkt dem Erwerb, dem Bau oder der Herstellung eines qualifizierten Vermögenswerts zugeordnet werden können, sind als Teil der Anschaffungs- oder Herstellungskosten dieses Vermögenswerts zu aktivieren. Andere Fremdkapitalkosten sind in der Periode ihres Anfalls als Aufwand zu erfassen.

9   Fremdkapitalkosten, die direkt dem Erwerb, dem Bau oder der Herstellung eines qualifizierten Vermögenswerts zugeordnet werden können, gehören zu den Anschaffungs- oder Herstellungskosten dieses Vermögenswerts. Solche Fremdkapitalkosten werden als Teil der Anschaffungs- oder Herstellungskosten des Vermögenswerts aktiviert, wenn wahrscheinlich ist, dass dem Unternehmen hieraus künftiger wirtschaftlicher Nutzen erwächst und die Kosten verlässlich bewertet werden können. Wenn ein Unternehmen IAS 29 *Rechnungslegung in Hochinflationsländern* anwendet, hat es gemäß Paragraph 21 des Standards jenen Teil der Fremdkapitalkosten als Aufwand zu erfassen, der als Ausgleich für die Inflation im entsprechenden Zeitraum dient.

Aktivierbare Fremdkapitalkosten

10   Die Fremdkapitalkosten, die direkt dem Erwerb, dem Bau oder der Herstellung eines qualifizierten Vermögenswerts zugeordnet werden können, sind solche Fremdkapitalkosten, die vermieden worden wären, wenn die Ausgaben für den qualifizierten Vermögenswert nicht getätigt worden wären. Wenn ein Unternehmen speziell für die Beschaffung eines bestimmten qualifizierten Vermögenswerts Mittel aufnimmt, können die Fremdkapitalkosten, die sich direkt auf diesen qualifizierten Vermögenswert beziehen, ohne weiteres bestimmt werden.

11   Es kann schwierig sein, einen direkten Zusammenhang zwischen bestimmten Fremdkapitalaufnahmen und einem qualifizierten Vermögenswert festzustellen und die Fremdkapitalaufnahmen zu bestimmen, die andernfalls hätten vermieden werden können. Solche Schwierigkeiten ergeben sich beispielsweise, wenn die Finanzierungstätigkeit eines Unternehmens zentral koordiniert wird. Schwierigkeiten treten auch dann auf, wenn ein Konzern verschiedene Schuldinstrumente mit unterschiedlichen Zinssätzen in Anspruch nimmt und diese Mittel zu unterschiedlichen Bedingungen an andere Unternehmen des Konzerns ausleiht. Andere Komplikationen erwachsen aus der Inanspruchnahme von Fremdwährungskrediten oder von Krediten, die an Fremdwährungen gekoppelt sind, wenn der Konzern in Hochinflationsländern tätig ist, sowie aus Wechselkursschwankungen. Dies führt dazu, dass der Betrag der Fremdkapitalkosten, die direkt einem qualifizierten Vermögenswert zugeordnet werden können, schwierig zu bestimmen ist und einer Ermessensentscheidung bedarf.

12   In dem Umfang, in dem ein Unternehmen Fremdmittel speziell für die Beschaffung eines qualifizierten Vermögenswerts aufnimmt, ist der Betrag der für diesen Vermögenswert aktivierbaren Fremdkapitalkosten als die tatsächlich in der Periode auf Grund dieser Fremdkapitalaufnahme angefallenen Fremdkapitalkosten abzüglich etwaiger Anlageerträge aus der vorübergehenden Zwischenanlage dieser Mittel zu bestimmen.

13   Die Finanzierungsvereinbarungen für einen qualifizierten Vermögenswert können dazu führen, dass ein Unternehmen die Mittel erhält und ihm die damit verbundenen Fremdkapitalkosten entstehen, bevor diese Mittel ganz oder teilweise für Zahlungen für den qualifizierten Vermögenswert verwendet werden. Unter diesen Umständen werden die Mittel häufig vorübergehend bis zur Verwendung für den qualifizierten Vermögenswert angelegt. Bei der Bestimmung des Betrages der aktivierbaren Fremdkapitalkosten einer Periode werden alle Anlageerträge, die aus derartigen Finanzinvestitionen erzielt worden sind, von den angefallenen Fremdkapitalkosten abgezogen.

14   In dem Umfang, in dem ein Unternehmen Mittel allgemein aufgenommen und für die Beschaffung eines qualifizierten Vermögenswerts verwendet hat, ist der Betrag der aktivierbaren Fremdkapitalkosten durch Anwendung eines Finanzierungskostensatzes auf die Ausgaben für diesen Vermögenswert zu bestimmen. Als Finanzierungskostensatz ist der gewogene Durchschnitt der Fremdkapitalkosten für solche Kredite des Unternehmens zugrunde zu legen, die während der Periode bestanden haben und nicht speziell für die Beschaffung eines qualifizierten Vermögenswerts aufgenommen worden sind. Der Betrag der während einer Periode aktivierten Fremdkapitalkosten darf den Betrag der in der betreffenden Periode angefallenen Fremdkapitalkosten nicht übersteigen.

(c)   power generation facilities
(d)   intangible assets
(e)   investment properties
(f)   bearer plants.

Financial assets, and inventories that are manufactured, or otherwise produced, over a short period of time, are not qualifying assets. Assets that are ready for their intended use or sale when acquired are not qualifying assets.

RECOGNITION

An entity shall capitalise borrowing costs that are directly attributable to the acquisition, construction or production of a qualifying asset as part of the cost of that asset. An entity shall recognise other borrowing costs as an expense in the period in which it incurs them. **8**

Borrowing costs that are directly attributable to the acquisition, construction or production of a qualifying asset are included in the cost of that asset. Such borrowing costs are capitalised as part of the cost of the asset when it is probable that they will result in future economic benefits to the entity and the costs can be measured reliably. When an entity applies IAS 29 *Financial Reporting in Hyperinflationary Economies*, it recognises as an expense the part of borrowing costs that compensates for inflation during the same period in accordance with paragraph 21 of that Standard. **9**

Borrowing costs eligible for capitalisation

The borrowing costs that are directly attributable to the acquisition, construction or production of a qualifying asset are those borrowing costs that would have been avoided if the expenditure on the qualifying asset had not been made. When an entity borrows funds specifically for the purpose of obtaining a particular qualifying asset, the borrowing costs that directly relate to that qualifying asset can be readily identified. **10**

It may be difficult to identify a direct relationship between particular borrowings and a qualifying asset and to determine the borrowings that could otherwise have been avoided. Such a difficulty occurs, for example, when the financing activity of an entity is coordinated centrally. Difficulties also arise when a group uses a range of debt instruments to borrow funds at varying rates of interest, and lends those funds on various bases to other entities in the group. Other complications arise through the use of loans denominated in or linked to foreign currencies, when the group operates in highly inflationary economies, and from fluctuations in exchange rates. As a result, the determination of the amount of borrowing costs that are directly attributable to the acquisition of a qualifying asset is difficult and the exercise of judgement is required. **11**

To the extent that an entity borrows funds specifically for the purpose of obtaining a qualifying asset, the entity shall determine the amount of borrowing costs eligible for capitalisation as the actual borrowing costs incurred on that borrowing during the period less any investment income on the temporary investment of those borrowings. **12**

The financing arrangements for a qualifying asset may result in an entity obtaining borrowed funds and incurring associated borrowing costs before some or all of the funds are used for expenditures on the qualifying asset. In such circumstances, the funds are often temporarily invested pending their expenditure on the qualifying asset. In determining the amount of borrowing costs eligible for capitalisation during a period, any investment income earned on such funds is deducted from the borrowing costs incurred. **13**

To the extent that an entity borrows funds generally and uses them for the purpose of obtaining a qualifying asset, the entity shall determine the amount of borrowing costs eligible for capitalisation by applying a capitalisation rate to the expenditures on that asset. The capitalisation rate shall be the weighted average of the borrowing costs applicable to the borrowings of the entity that are outstanding during the period, other than borrowings made specifically for the purpose of obtaining a qualifying asset. The amount of borrowing costs that an entity capitalises during a period shall not exceed the amount of borrowing costs it incurred during that period. **14**

15 In manchen Fällen ist es angebracht, alle Fremdkapitalaufnahmen des Mutterunternehmens und seiner Tochterunternehmen in die Berechnung des gewogenen Durchschnittes der Fremdkapitalkosten einzubeziehen. In anderen Fällen ist es angebracht, dass jedes Tochterunternehmen den für seine eigenen Fremdkapitalaufnahmen geltenden gewogenen Durchschnitt der Fremdkapitalkosten verwendet.

Buchwert des qualifizierten Vermögenswerts ist höher als der erzielbare Betrag

16 Ist der Buchwert oder sind die letztlich zu erwartenden Anschaffungs- oder Herstellungskosten des qualifizierten Vermögenswerts höher als der erzielbare Betrag dieses Gegenstands oder sein Nettoveräußerungswert, so wird der Buchwert gemäß den Bestimmungen anderer Standards außerplanmäßig abgeschrieben oder ausgebucht. In bestimmten Fällen wird der Betrag der außerplanmäßigen Abschreibung oder Ausbuchung gemäß diesen anderen Standards später wieder zugeschrieben bzw. eingebucht.

Beginn der Aktivierung

17 Die Aktivierung der Fremdkapitalkosten als Teil der Anschaffungs- oder Herstellungskosten eines qualifizierten Vermögenswerts ist am Anfangszeitpunkt aufzunehmen. Der Anfangszeitpunkt für die Aktivierung ist der Tag, an dem das Unternehmen alle der folgenden Bedingungen erfüllt:
(a) es fallen Ausgaben für den Vermögenswert an;
(b) es fallen Fremdkapitalkosten an; und
(c) es werden die erforderlichen Arbeiten durchgeführt, um den Vermögenswert für seinen beabsichtigten Gebrauch oder Verkauf herzurichten.

18 Ausgaben für einen qualifizierten Vermögenswert umfassen nur solche Ausgaben, die durch Barzahlungen, Übertragung anderer Vermögenswerte oder die Übernahme verzinslicher Schulden erfolgt sind. Die Ausgaben werden um alle erhaltenen Abschlagszahlungen und Zuwendungen in Verbindung mit dem Vermögenswert gekürzt (siehe IAS 20 *Bilanzierung und Darstellung von Zuwendungen der öffentlichen Hand*). Der durchschnittliche Buchwert des Vermögenswerts während einer Periode einschließlich der früher aktivierten Fremdkapitalkosten ist in der Regel ein vernünftiger Näherungswert für die Ausgaben, auf die der Finanzierungskostensatz in der betreffenden Periode angewendet wird.

19 Die Arbeiten, die erforderlich sind, um den Vermögenswert für seinen beabsichtigten Gebrauch oder Verkauf herzurichten, umfassen mehr als die physische Herstellung des Vermögenswerts. Darin eingeschlossen sind auch technische und administrative Arbeiten vor dem Beginn der physischen Herstellung, wie beispielsweise die Tätigkeiten, die mit der Beschaffung von Genehmigungen vor Beginn der physischen Herstellung verbunden sind. Davon ausgeschlossen ist jedoch das bloße Halten eines Vermögenswerts ohne jedwede Bearbeitung oder Entwicklung, die seinen Zustand verändert. Beispielsweise werden Fremdkapitalkosten, die während der Erschließung unbebauter Grundstücke anfallen, in der Periode aktiviert, in der die mit der Erschließung zusammenhängenden Arbeiten unternommen werden. Werden jedoch für Zwecke der Bebauung erworbene Grundstücke ohne eine damit verbundene Erschließungstätigkeit gehalten, sind Fremdkapitalkosten, die während dieser Zeit anfallen, nicht aktivierbar.

Unterbrechung der Aktivierung

20 Die Aktivierung von Fremdkapitalkosten ist auszusetzen, wenn die aktive Entwicklung eines qualifizierten Vermögenswerts für einen längeren Zeitraum unterbrochen wird.

21 Fremdkapitalkosten können während eines längeren Zeitraumes anfallen, in dem die Arbeiten, die erforderlich sind, um einen Vermögenswert für den beabsichtigten Gebrauch oder Verkauf herzurichten, unterbrochen sind. Bei diesen Kosten handelt es sich um Kosten für das Halten teilweise fertig gestellter Vermögenswerte, die nicht aktivierbar sind. Im Regelfall wird die Aktivierung von Fremdkapitalkosten allerdings nicht ausgesetzt, wenn das Unternehmen während einer Periode wesentliche technische und administrative Leistungen erbracht hat. Die Aktivierung von Fremdkapitalkosten wird ferner nicht ausgesetzt, wenn eine vorübergehende Verzögerung notwendiger Prozessbestandteil ist, um den Vermögenswert für seinen beabsichtigten Gebrauch oder Verkauf herzurichten. Beispielsweise läuft die Aktivierung über einen solchen längeren Zeitraum weiter, um den sich Brückenbauarbeiten auf Grund hoher Wasserstände verzögern, sofern mit derartigen Wasserständen innerhalb der Bauzeit in der betreffenden geographischen Region üblicherweise zu rechnen ist.

Ende der Aktivierung

22 Die Aktivierung von Fremdkapitalkosten ist zu beenden, wenn im Wesentlichen alle Arbeiten abgeschlossen sind, um den qualifizierten Vermögenswert für seinen beabsichtigten Gebrauch oder Verkauf herzurichten.

23 Ein Vermögenswert ist in der Regel dann für seinen beabsichtigten Gebrauch oder Verkauf fertig gestellt, wenn die physische Herstellung des Vermögenswerts abgeschlossen ist, auch wenn noch normale Verwaltungsarbeiten andauern. Wenn lediglich geringfügige Veränderungen ausstehen, wie die Ausstattung eines Gebäudes nach den Angaben des Käufers oder Benutzers, deutet dies darauf hin, dass im Wesentlichen alle Arbeiten abgeschlossen sind.

In some circumstances, it is appropriate to include all borrowings of the parent and its subsidiaries when computing a weighted average of the borrowing costs; in other circumstances, it is appropriate for each subsidiary to use a weighted average of the borrowing costs applicable to its own borrowings. **15**

Excess of the carrying amount of the qualifying asset over recoverable amount

When the carrying amount or the expected ultimate cost of the qualifying asset exceeds its recoverable amount or net realisable value, the carrying amount is written down or written off in accordance with the requirements of other Standards. In certain circumstances, the amount of the write-down or write-off is written back in accordance with those other Standards. **16**

Commencement of capitalisation

An entity shall begin capitalising borrowing costs as part of the cost of a qualifying asset on the commencement date. The commencement date for capitalisation is the date when the entity first meets all of the following conditions: **17**
(a) it incurs expenditures for the asset;
(b) it incurs borrowing costs; and
(c) it undertakes activities that are necessary to prepare the asset for its intended use or sale.

Expenditures on a qualifying asset include only those expenditures that have resulted in payments of cash, transfers of other assets or the assumption of interest-bearing liabilities. Expenditures are reduced by any progress payments received and grants received in connection with the asset (see IAS 20 *Accounting for Government Grants and Disclosure of Government Assistance*). The average carrying amount of the asset during a period, including borrowing costs previously capitalised, is normally a reasonable approximation of the expenditures to which the capitalisation rate is applied in that period. **18**

The activities necessary to prepare the asset for its intended use or sale encompass more than the physical construction of the asset. They include technical and administrative work prior to the commencement of physical construction, such as the activities associated with obtaining permits prior to the commencement of the physical construction. However, such activities exclude the holding of an asset when no production or development that changes the asset's condition is taking place. For example, borrowing costs incurred while land is under development are capitalised during the period in which activities related to the development are being undertaken. However, borrowing costs incurred while land acquired for building purposes is held without any associated development activity do not qualify for capitalisation. **19**

Suspension of capitalisation

An entity shall suspend capitalisation of borrowing costs during extended periods in which it suspends active development of a qualifying asset. **20**

An entity may incur borrowing costs during an extended period in which it suspends the activities necessary to prepare an asset for its intended use or sale. Such costs are costs of holding partially completed assets and do not qualify for capitalisation. However, an entity does not normally suspend capitalising borrowing costs during a period when it carries out substantial technical and administrative work. An entity also does not suspend capitalising borrowing costs when a temporary delay is a necessary part of the process of getting an asset ready for its intended use or sale. For example, capitalisation continues during the extended period that high water levels delay construction of a bridge, if such high water levels are common during the construction period in the geographical region involved. **21**

Cessation of capitalisation

An entity shall cease capitalising borrowing costs when substantially all the activities necessary to prepare the qualifying asset for its intended use or sale are complete. **22**

An asset is normally ready for its intended use or sale when the physical construction of the asset is complete even though routine administrative work might still continue. If minor modifications, such as the decoration of a property to the purchaser's or user's specification, are all that are outstanding, this indicates that substantially all the activities are complete. **23**

24 Wenn die Herstellung eines qualifizierten Vermögenswerts in Teilen abgeschlossen ist und die einzelnen Teile nutzbar sind, während der Herstellungsprozess für weitere Teile fortgesetzt wird, ist die Aktivierung der Fremdkapitalkosten zu beenden, wenn im Wesentlichen alle Arbeiten abgeschlossen sind, um den betreffenden Teil für den beabsichtigten Gebrauch oder Verkauf herzurichten.

25 Ein Gewerbepark mit mehreren Gebäuden, die jeweils einzeln genutzt werden können, ist ein Beispiel für einen qualifizierten Vermögenswert, bei dem einzelne Teile nutzbar sind, während andere Teile noch erstellt werden. Ein Beispiel für einen qualifizierten Vermögenswert, der fertig gestellt sein muss, bevor irgendein Teil genutzt werden kann, ist eine industrielle Anlage mit verschiedenen Prozessen, die nacheinander in verschiedenen Teilen der Anlage am selben Standort ablaufen, wie beispielsweise ein Stahlwerk.

ANGABEN

26 Folgende Angaben sind von einem Unternehmen zu machen:
   (a) der Betrag der in der Periode aktivierten Fremdkapitalkosten; und
   (b) der Finanzierungskostensatz, der bei der Bestimmung der aktivierbaren Fremdkapitalkosten zugrunde gelegt worden ist.

ÜBERGANGSVORSCHRIFTEN

27 Sofern die Anwendung dieses Standards zu einer Änderung der Bilanzierungs- und Bewertungsmethoden führt, ist der Standard auf die Fremdkapitalkosten für qualifizierte Vermögenswerte anzuwenden, deren Anfangszeitpunkt für die Aktivierung am oder nach dem Tag des Inkrafttretens liegt.

28 Ein Unternehmen kann jedoch einen beliebigen Tag vor dem Zeitpunkt des Inkrafttretens bestimmen und den Standard auf die Fremdkapitalkosten für alle qualifizierten Vermögenswerte anwenden, deren Anfangszeitpunkt für die Aktivierung am oder nach diesem Tag liegt.

ZEITPUNKT DES INKRAFTTRETENS

29 Dieser Standard ist erstmals in der ersten Berichtsperiode eines am 1. Januar 2009 oder danach beginnenden Geschäftsjahres anzuwenden. Eine frühere Anwendung ist zulässig. Wenn ein Unternehmen diesen Standard für Berichtsperioden vor dem 1. Januar 2009 anwendet, so ist diese Tatsache anzugeben.

29A Paragraph 6 wird im Rahmen der *Verbesserungen der IFRS* vom Mai 2008 geändert. Diese Änderungen sind erstmals in der ersten Berichtsperiode eines am 1. Januar 2009 oder danach beginnenden Geschäftsjahres anzuwenden. Eine frühere Anwendung ist zulässig. Wendet ein Unternehmen diese Änderungen auf eine frühere Periode an, so ist dies anzugeben.

RÜCKNAHME VON IAS 23 (ÜBERARBEITET 1993)

30 Der vorliegende Standard ersetzt IAS 23 *Fremdkapitalkosten* überarbeitet 1993.

When an entity completes the construction of a qualifying asset in parts and each part is capable of being used while construction continues on other parts, the entity shall cease capitalising borrowing costs when it completes substantially all the activities necessary to prepare that part for its intended use or sale. **24**

A business park comprising several buildings, each of which can be used individually, is an example of a qualifying asset for which each part is capable of being usable while construction continues on other parts. An example of a qualifying asset that needs to be complete before any part can be used is an industrial plant involving several processes which are carried out in sequence at different parts of the plant within the same site, such as a steel mill. **25**

DISCLOSURE

An entity shall disclose: **26**
(a) the amount of borrowing costs capitalised during the period; and
(b) the capitalisation rate used to determine the amount of borrowing costs eligible for capitalisation.

TRANSITIONAL PROVISIONS

When application of this Standard constitutes a change in accounting policy, an entity shall apply the Standard to borrowing costs relating to qualifying assets for which the commencement date for capitalisation is on or after the effective date. **27**

However, an entity may designate any date before the effective date and apply the Standard to borrowing costs relating to all qualifying assets for which the commencement date for capitalisation is on or after that date. **28**

EFFECTIVE DATE

An entity shall apply the Standard for annual periods beginning on or after 1 January 2009. Earlier application is permitted. If an entity applies the Standard from a date before 1 January 2009, it shall disclose that fact. **29**

Paragraph 6 was amended by *Improvements to IFRSs* issued in May 2008. An entity shall apply that amendment for annual periods beginning on or after 1 January 2009. Earlier application is permitted. If an entity applies the amendment for an earlier period it shall disclose that fact. **29A**

WITHDRAWAL OF IAS 23 (REVISED 1993)

This Standard supersedes IAS 23 *Borrowing Costs* revised in 1993. **30**

INTERNATIONAL ACCOUNTING STANDARD 24

Angaben über Beziehungen zu nahestehenden Unternehmen und Personen

ZIELSETZUNG

1 Dieser Standard soll sicherstellen, dass die Abschlüsse eines Unternehmens alle Angaben enthalten, die notwendig sind, um auf die Möglichkeit hinzuweisen, dass die Vermögens- und Finanzlage und der Gewinn oder Verlust des Unternehmens u. U. durch die Existenz nahestehender Unternehmen und Personen sowie durch Geschäftsvorfälle und ausstehende Salden (einschließlich Verpflichtungen) mit diesen beeinflusst worden sind.

ANWENDUNGSBEREICH

2 **Dieser Standard ist anzuwenden bei**
  (a) der Ermittlung von Beziehungen zu und Geschäftsvorfällen mit nahe stehenden Unternehmen und Personen
  (b) der Ermittlung der zwischen einem Unternehmen und den ihm nahestehenden Unternehmen und Personen ausstehenden Salden (einschließlich Verpflichtungen)
  (c) der Ermittlung der Umstände, unter denen die unter a und b genannten Sachverhalte angegeben werden müssen, und
  (d) der Bestimmung der zu diesen Sachverhalten zu liefernden Angaben

3 **Nach diesem Standard müssen in den nach IFRS 10 *Konzernabschlüsse* oder IAS 27 *Einzelabschlüsse* vorgelegten Konzern- und Einzelabschlüssen eines Mutterunternehmens oder von Anlegern, unter deren gemeinschaftlicher Führung oder maßgeblichem Einfluss ein Beteiligungsunternehmen steht, Beziehungen, Geschäftsvorfälle und ausstehende Salden (einschließlich Verpflichtungen) mit nahestehenden Unternehmen und Personen angegeben werden. Dieser Standard ist auch auf Einzelabschlüsse anzuwenden.**

4 Geschäftsvorfälle und ausstehende Salden mit nahestehenden Unternehmen und Personen einer Gruppe werden im Abschluss des Unternehmens angegeben. Bei der Aufstellung des Konzernabschlusses werden diese gruppeninternen Geschäftsvorfälle und ausstehenden Salden eliminiert; davon ausgenommen sind Transaktionen zwischen einer Investmentgesellschaft und ihren Tochterunternehmen, die ergebniswirksam zum beizulegenden Zeitwert bewertet werden.

ZWECK DER ANGABEN ÜBER BEZIEHUNGEN ZU NAHESTEHENDEN UNTERNEHMEN UND PERSONEN

5 Beziehungen zu nahestehenden Unternehmen und Personen sind in Handel und Gewerbe gängige Praxis. So wickeln Unternehmen oftmals Teile ihrer Geschäftstätigkeit über Tochterunternehmen, Gemeinschaftsunternehmen oder assoziierte Unternehmen ab. In einem solchen Fall hat das Unternehmen die Möglichkeit, durch Beherrschung, gemeinschaftliche Führung oder maßgeblichen Einfluss auf die Finanz- und Geschäftspolitik des Beteiligungsunternehmens einzuwirken.

6 Eine Beziehung zu nahestehenden Unternehmen und Personen könnte sich auf die Vermögens- und Finanzlage und den Gewinn oder Verlust eines Unternehmens auswirken. Nahestehende Unternehmen und Personen tätigen möglicherweise Geschäfte, die fremde Dritte nicht tätigen würden. So wird ein Unternehmen, das seinem Mutterunternehmen Güter zu Anschaffungs- oder Herstellungskosten verkauft, diese möglicherweise nicht zu den gleichen Konditionen an andere Kunden abgeben. Auch werden Geschäfte zwischen nahestehenden Unternehmen und Personen möglicherweise nicht zu den gleichen Beträgen abgewickelt wie zwischen fremden Dritten.

INTERNATIONAL ACCOUNTING STANDARD 24

Related Party Disclosures

OBJECTIVE

The objective of this Standard is to ensure that an entity's financial statements contain the disclosures necessary to draw **1** attention to the possibility that its financial position and profit or loss may have been affected by the existence of related parties and by transactions and outstanding balances, including commitments, with such parties.

SCOPE

This Standard shall be applied in: **2**
(a) identifying related party relationships and transactions;
(b) identifying outstanding balances, including commitments, between an entity and its related parties;
(c) identifying the circumstances in which disclosure of the items in (a) and (b) is required; and
(d) determining the disclosures to be made about those items.

This Standard requires disclosure of related party relationships, transactions and outstanding balances, including **3** **commitments, in the consolidated and separate financial statements of a parent or investors with joint control of, or significant influence over, an investee presented in accordance with IFRS 10 Consolidated Financial Statements or IAS 27 *Separate Financial Statements*. This Standard also applies to individual financial statements.**

Related party transactions and outstanding balances with other entities in a group are disclosed in an entity's financial **4** statements. Intragroup related party transactions and outstanding balances are eliminated, except for those between an investment entity and its subsidiaries measured at fair value through profit or loss, in the preparation of consolidated financial statements of the group.

PURPOSE OF RELATED PARTY DISCLOSURES

Related party relationships are a normal feature of commerce and business. For example, entities frequently carry on parts **5** of their activities through subsidiaries, joint ventures and associates. In those circumstances, the entity has the ability to affect the financial and operating policies of the investee through the presence of control, joint control or significant influence.

A related party relationship could have an effect on the profit or loss and financial position of an entity. Related parties **6** may enter into transactions that unrelated parties would not. For example, an entity that sells goods to its parent at cost might not sell on those terms to another customer. Also, transactions between related parties may not be made at the same amounts as between unrelated parties.

7 Eine Beziehung zu nahestehenden Unternehmen und Personen kann sich selbst dann auf den Gewinn oder Verlust oder die Vermögens- und Finanzlage eines Unternehmens auswirken, wenn keine Geschäfte mit nahestehenden Unternehmen und Personen stattfinden. Die bloße Existenz der Beziehung kann ausreichen, um die Geschäfte des berichtenden Unternehmens mit Dritten zu beeinflussen. So kann beispielsweise ein Tochterunternehmen seine Beziehungen zu einem Handelspartner beenden, wenn eine Schwestergesellschaft, die im gleichen Geschäftsfeld wie der frühere Geschäftspartner tätig ist, vom Mutterunternehmen erworben wurde. Ebensogut könnte eine Partei aufgrund des maßgeblichen Einflusses eines Dritten von einer Handlung unterlassen – ein Tochterunternehmen könnte beispielsweise von seinem Mutterunternehmen die Anweisung erhalten, keine Forschungs- und Entwicklungstätigkeiten auszuführen.

8 Sind die Abschlussadressaten über die Transaktionen, ausstehenden Salden (einschließlich Verpflichtungen) und Beziehungen eines Unternehmens mit nahestehenden Unternehmen und Personen im Bilde, kann dies aus den genannten Gründen ihre Einschätzung der Geschäftätigkeit des Unternehmens und der bestehenden Risiken und Chancen beeinflussen.

DEFINITIONEN

9 Die folgenden Begriffe werden in diesem Standard mit der angegebenen Bedeutung verwendet:

Nahestehende Unternehmen und Personen sind Personen oder Unternehmen, die dem abschlusserstellenden Unternehmen (in diesem Standard „berichtendes Unternehmen" genannt) nahestehen.

(a) Eine Person oder ein naher Familienangehöriger dieser Person steht einem berichtenden Unternehmen nahe, wenn sie/er

(i) das berichtende Unternehmen beherrscht oder an dessen gemeinschaftlicher Führung beteiligt ist

(ii) maßgeblichen Einfluss auf das berichtende Unternehmen hat oder

(iii) im Management des berichtenden Unternehmens oder eines Mutterunternehmens des berichtenden Unternehmens eine Schlüsselposition bekleidet

(b) Ein Unternehmen steht einem berichtenden Unternehmen nahe, wenn eine der folgenden Bedingungen erfüllt ist:

(i) Das Unternehmen und das berichtende Unternehmen gehören derselben Unternehmensgruppe an (was bedeutet, dass alle Mutterunternehmen, Tochterunternehmen und Schwestergesellschaften einander nahe stehen)

(ii) Eines der beiden Unternehmen ist ein assoziiertes Unternehmen oder ein Gemeinschaftsunternehmen des anderen (oder ein assoziiertes Unternehmen oder Gemeinschaftsunternehmen eines Unternehmens einer Gruppe, der auch das andere Unternehmen angehört)

(iii) Beide Unternehmen sind Gemeinschaftsunternehmen desselben Dritten

(iv) Eines der beiden Unternehmen ist ein Gemeinschaftsunternehmen eines dritten Unternehmens und das andere ist assoziiertes Unternehmen dieses dritten Unternehmens

(v) Das Unternehmen ist ein Plan für Leistungen nach Beendigung des Arbeitsverhältnisses zugunsten der Arbeitnehmer entweder des berichtenden Unternehmens oder eines dem berichtenden Unternehmen nahestehenden Unternehmens. Handelt es sich bei dem berichtenden Unternehmen selbst um einen solchen Plan, sind auch die in diesen Plan einzahlenden Arbeitgeber als dem berichtenden Unternehmen nahestehend zu betrachten

(vi) Das Unternehmen wird von einer unter Buchstabe a genannten Person beherrscht oder steht unter gemeinschaftlicher Führung, an der eine unter Buchstabe a genannte Person beteiligt ist

(vii) Eine unter Buchstabe a Ziffer i genannte Person hat maßgeblichen Einfluss auf das Unternehmen oder bekleidet im Management des Unternehmens (oder eines Mutterunternehmens des Unternehmens) eine Schlüsselposition

(viii) Das Unternehmen oder ein Mitglied einer Gruppe, der es angehört, erbringt für das berichtende Unternehmen oder dessen Mutterunternehmen Leistungen im Bereich des Managements in Schlüsselpositionen.

Ein *Geschäftsvorfall mit nahestehenden Unternehmen und Personen* ist eine Übertragung von Ressourcen, Dienstleistungen oder Verpflichtungen zwischen einem berichtenden Unternehmen und einem nahestehenden Unternehmen/ einer nahestehenden Person, unabhängig davon, ob dafür ein Entgelt in Rechnung gestellt wird.

Nahe Familienangehörige einer Person sind Familienmitglieder, von denen angenommen werden kann, dass sie bei ihren Transaktionen mit dem Unternehmen auf die Person Einfluss nehmen oder von ihr beeinflusst werden können. Dazu gehören

(a) Kinder und Ehegatte oder Lebenspartner dieser Person

(b) Kinder des Ehegatten oder Lebenspartners dieser Person und

(c) abhängige Angehörige dieser Person oder des Ehegatten oder Lebenspartners dieser Person

Vergütungen umfassen sämtliche Leistungen an Arbeitnehmer (gemäß Definition in IAS 19 *Leistungen an Arbeitnehmer*), einschließlich solcher, auf die IFRS 2 *Anteilsbasierte Vergütung* anzuwenden ist. Leistungen an Arbeitnehmer sind jede Form von Vergütung, die von dem Unternehmen oder in dessen Namen als Gegenleistung für erhaltene Dienstleistungen gezahlt wurden, zu zahlen sind oder bereitgestellt werden. Dazu gehören auch Entgelte, die von dem Unternehmen im Namen eines Mutterunternehmens gezahlt werden. Vergütungen umfassen:

(a) kurzfristig fällige Leistungen an Arbeitnehmer wie Löhne, Gehälter und Sozialversicherungsbeiträge, Urlaubs- und Krankengeld, Gewinn- und Erfolgsbeteiligungen (sofern diese binnen zwölf Monaten nach Ende der Berichtsperiode zu zahlen sind) sowie geldwerte Leistungen (wie medizinische Versorgung, Wohnung und Dienstwagen sowie kostenlose oder vergünstigte Waren oder Dienstleistungen) für aktive Arbeitnehmer

The profit or loss and financial position of an entity may be affected by a related party relationship even if related party transactions do not occur. The mere existence of the relationship may be sufficient to affect the transactions of the entity with other parties. For example, a subsidiary may terminate relations with a trading partner on acquisition by the parent of a fellow subsidiary engaged in the same activity as the former trading partner. Alternatively, one party may refrain from acting because of the significant influence of another—for example, a subsidiary may be instructed by its parent not to engage in research and development. **7**

For these reasons, knowledge of an entity's transactions, outstanding balances, including commitments, and relationships with related parties may affect assessments of its operations by users of financial statements, including assessments of the risks and opportunities facing the entity. **8**

DEFINITIONS

The following terms are used in this Standard with the meanings specified: **9**

A *related party* is a person or entity that is related to the entity that is preparing its financial statements (in this Standard referred to as the 'reporting entity').

(a) **A person or a close member of that person's family is related to a reporting entity if that person:**
   (i) **has control or joint control of the reporting entity;**
   (ii) **has significant influence over the reporting entity; or**
   (iii) **is a member of the key management personnel of the reporting entity or of a parent of the reporting entity.**

(b) **An entity is related to a reporting entity if any of the following conditions applies:**
   (i) **The entity and the reporting entity are members of the same group (which means that each parent, subsidiary and fellow subsidiary is related to the others).**
   (ii) **One entity is an associate or joint venture of the other entity (or an associate or joint venture of a member of a group of which the other entity is a member).**
   (iii) **Both entities are joint ventures of the same third party.**
   (iv) **One entity is a joint venture of a third entity and the other entity is an associate of the third entity.**
   (v) **The entity is a post-employment benefit plan for the benefit of employees of either the reporting entity or an entity related to the reporting entity. If the reporting entity is itself such a plan, the sponsoring employers are also related to the reporting entity.**
   (vi) **The entity is controlled or jointly controlled by a person identified in (a).**
   (vii) **A person identified in (a) (i) has significant influence over the entity or is a member of the key management personnel of the entity (or of a parent of the entity).**
   (viii) **The entity, or any member of a group of which it is a part, provides key management personnel services to the reporting entity or to the parent of the reporting entity.**

A *related party transaction* is a transfer of resources, services or obligations between a reporting entity and a related party, regardless of whether a price is charged.

Close members of the family of a person are those family members who may be expected to influence, or be influenced by, that person in their dealings with the entity and include:
(a) **that person's children and spouse or domestic partner;**
(b) **children of that person's spouse or domestic partner; and**
(c) **dependants of that person or that person's spouse or domestic partner.**

Compensation includes all employee benefits (as defined in IAS 19 *Employee Benefits)* including employee benefits to which IFRS 2 *Share-based Payment* applies. Employee benefits are all forms of consideration paid, payable or provided by the entity, or on behalf of the entity, in exchange for services rendered to the entity. It also includes such consideration paid on behalf of a parent of the entity in respect of the entity. Compensation includes:
(a) **short-term employee benefits, such as wages, salaries and social security contributions, paid annual leave and paid sick leave, profit-sharing and bonuses (if payable within twelve months of the end of the period) and non-monetary benefits (such as medical care, housing, cars and free or subsidised goods or services) for current employees;**

(b) Leistungen nach Beendigung des Arbeitsverhältnisses wie Renten, sonstige Altersversorgungsleistungen, Lebensversicherungen und medizinische Versorgung

(c) sonstige langfristig fällige Leistungen an Arbeitnehmer, einschließlich Sonderurlaub nach langjähriger Dienstzeit oder vergütete Dienstfreistellungen, Jubiläumsgelder oder andere Leistungen für langjährige Dienstzeit, Versorgungsleistungen im Falle der Erwerbsunfähigkeit und – sofern diese Leistungen nicht vollständig binnen zwölf Monaten nach Ende der Berichtsperiode zu zahlen sind – Gewinn- und Erfolgsbeteiligungen sowie später fällige Vergütungsbestandteile

(d) Leistungen aus Anlass der Beendigung des Arbeitsverhältnisses und

(e) anteilsbasierte Vergütungen.

Mitglieder des Managements in Schlüsselpositionen sind Personen, die direkt oder indirekt für die Planung, Leitung und Überwachung der Tätigkeiten des Unternehmens zuständig und verantwortlich sind; dies schließt Mitglieder der Geschäftsführungs- und Aufsichtsorgane ein.

Öffentliche Stellen sind Regierungsbehörden, Institutionen mit hoheitlichen Aufgaben und ähnliche Körperschaften, unabhängig davon, ob diese auf lokaler, nationaler oder internationaler Ebene angesiedelt sind.

Einer *öffentlichen Stelle nahestehende Unternehmen* sind Unternehmen, die von einer öffentlichen Stelle beherrscht werden oder unter gemeinschaftlicher Führung oder maßgeblichem Einfluss einer öffentlichen Stelle stehen.

Die Begriffe „Beherrschung" und „Investmentgesellschaft" sowie „gemeinschaftliche Führung" und „maßgeblicher Einfluss" werden in IFRS 10, IFRS 11 *Gemeinsame Vereinbarungen* bzw. IAS 28 *Anteile an assoziierten Unternehmen und Gemeinschaftsunternehmen* definiert. Im vorliegenden Standard werden sie gemäß den dort festgelegten Bedeutungen verwendet.

10 Bei der Betrachtung aller möglichen Beziehungen zu nahestehenden Unternehmen und Personen wird auf den wirtschaftlichen Gehalt der Beziehung und nicht allein auf die rechtliche Gestaltung abgestellt.

11 Im Rahmen dieses Standards nicht als nahestehende Unternehmen und Personen anzusehen sind

(a) zwei Unternehmen, die lediglich ein Geschäftsleitungsmitglied oder ein anderes Mitglieder des Managements in einer Schlüsselposition gemeinsam haben, oder bei denen ein Mitglied des Managements in einer Schlüsselposition bei dem einen Unternehmen maßgeblichen Einfluss auf das andere Unternehmen hat.

(b) zwei Partnerunternehmen, die lediglich die gemeinschaftliche Führung eines Gemeinschaftsunternehmens ausüben.

(c) (i) Kapitalgeber,
    (ii) Gewerkschaften,
    (iii) öffentliche Versorgungsunternehmen und
    (iv) Behörden und Institutionen einer öffentlichen Stelle, die das berichtende Unternehmen weder beherrscht noch gemeinschaftlich führt noch maßgeblich beeinflusst,
    lediglich aufgrund ihrer gewöhnlichen Geschäftsbeziehungen mit einem Unternehmen (dies gilt auch, wenn sie den Handlungsspielraum eines Unternehmens einengen oder am Entscheidungsprozess mitwirken können).

(d) einzelne Kunden, Lieferanten, Franchisegeber, Vertriebspartner oder Generalvertreter, mit denen ein Unternehmen ein erhebliches Geschäftsvolumen abwickelt, lediglich aufgrund der daraus resultierenden wirtschaftlichen Abhängigkeit.

12 In der Definition *Nahestehende Unternehmen und Personen* schließt *assoziiertes Unternehmen* auch Tochtergesellschaften des assoziierten Unternehmens und *Gemeinschaftsunternehmen* auch Tochtergesellschaften des Gemeinschaftsunternehmens ein. Aus diesem Grund sind beispielsweise die Tochtergesellschaft eines assoziierten Unternehmens und ein Gesellschafter, der maßgeblichen Einfluss auf das assoziierte Unternehmen ausübt, als nahestehend zu betrachten.

ANGABEN

Unternehmen jeder Art

13 Beziehungen zwischen einem Mutter- und seinen Tochterunternehmen sind anzugeben, unabhängig davon, ob Geschäftsvorfälle zwischen ihnen stattgefunden haben. Ein Unternehmen hat den Namen seines Mutterunternehmens und, falls abweichend, den Namen des obersten beherrschenden Unternehmens anzugeben. Veröffentlicht weder das Mutterunternehmen noch das oberste beherrschende Unternehmen einen Konzernabschluss, ist auch der Name des nächsthöheren Mutterunternehmens, das einen Konzernabschluss veröffentlicht, anzugeben.

14 Damit sich die Abschlussadressaten ein Urteil darüber bilden können, wie sich Beziehungen zu nahestehenden Unternehmen und Personen auf ein Unternehmen auswirken, sollten solche Beziehungen stets angegeben werden, wenn ein Beherrschungsverhältnis vorliegt, und zwar unabhängig davon, ob es zwischen den nahestehenden Unternehmen und Personen Geschäftsvorfälle gegeben hat.

15 Die Pflicht zur Angabe solcher Beziehungen zwischen einem Mutter- und seinen Tochterunternehmen besteht zusätzlich zu den Angabepflichten in IAS 27 und IFRS 12 *Angaben zu Anteilen an anderen Unternehmen.*

(b) post-employment benefits such as pensions, other retirement benefits, post-employment life insurance and post-employment medical care;

(c) other long-term employee benefits, including long-service leave or sabbatical leave, jubilee or other long-service benefits, long-term disability benefits and, if they are not payable wholly within twelve months after the end of the period, profit-sharing, bonuses and deferred compensation;

(d) termination benefits; and

(e) share-based payment.

Key management personnel are those persons having authority and responsibility for planning, directing and controlling the activities of the entity, directly or indirectly, including any director (whether executive or otherwise) of that entity.

Government refers to government, government agencies and similar bodies whether local, national or international.

A *government-related entity* is an entity that is controlled, jointly controlled or significantly influenced by a government.

The terms 'control' and 'investment entity', 'joint control', and 'significant influence' are defined in IFRS 10, IFRS 11 *Joint Arrangements* and IAS 28 *Investments in Associates and Joint Ventures* respectively and are used in this Standard with the meanings specified in those IFRSs.

In considering each possible related party relationship, attention is directed to the substance of the relationship and not merely the legal form. **10**

In the context of this Standard, the following are not related parties: **11**

(a) two entities simply because they have a director or other member of key management personnel in common or because a member of key management personnel of one entity has significant influence over the other entity.

(b) two joint venturers simply because they share joint control of a joint venture.

(c) (i) providers of finance,

(ii) trade unions,

(iii) public utilities, and

(iv) departments and agencies of a government that does not control, jointly control or significantly influence the reporting entity,

simply by virtue of their normal dealings with an entity (even though they may affect the freedom of action of an entity or participate in its decision-making process).

(d) a customer, supplier, franchisor, distributor or general agent with whom an entity transacts a significant volume of business, simply by virtue of the resulting economic dependence.

In the definition of a related party, an associate includes subsidiaries of the associate and a joint venture includes subsidiaries of the joint venture. Therefore, for example, an associate's subsidiary and the investor that has significant influence over the associate are related to each other. **12**

DISCLOSURES

All entities

Relationships between a parent and its subsidiaries shall be disclosed irrespective of whether there have been transactions between them. An entity shall disclose the name of its parent and, if different, the ultimate controlling party. If neither the entity's parent nor the ultimate controlling party produces consolidated financial statements available for public use, the name of the next most senior parent that does so shall also be disclosed. **13**

To enable users of financial statements to form a view about the effects of related party relationships on an entity, it is appropriate to disclose the related party relationship when control exists, irrespective of whether there have been transactions between the related parties. **14**

The requirement to disclose related party relationships between a parent and its subsidiaries is in addition to the disclosure requirements in IAS 27 and IFRS 12 *Disclosure of Interests in Other Entities.* **15**

16 In Paragraph 13 wird auf das nächsthöhere Mutterunternehmen verwiesen. Dabei handelt es sich um das erste Mutterunternehmen über dem unmittelbaren Mutterunternehmen, das einen Konzernabschluss veröffentlicht.

17 Ein Unternehmen hat die Vergütung der Mitglieder seines Managements in Schlüsselpositionen sowohl insgesamt als auch gesondert für jede der folgenden Kategorien anzugeben:
  (a) kurzfristig fällige Leistungen
  (b) Leistungen nach Beendigung des Arbeitsverhältnisses
  (c) andere langfristig fällige Leistungen
  (d) Leistungen aus Anlass der Beendigung des Arbeitsverhältnisses und
  (e) anteilsbasierte Vergütungen

17A Erhält ein Unternehmen von einem anderen Unternehmen („leistungserbringendes Unternehmen") Leistungen im Bereich des Managements in Schlüsselpositionen, sind die vom leistungserbringenden Unternehmen an seine Mitarbeiter oder Mitglieder des Geschäftsführungs- und/oder Aufsichtsorgan gezahlten oder zahlbaren Vergütungen von den Anforderungen des Paragraphen 17 ausgenommen.

18 Hat es bei einem Unternehmen in den Zeiträumen, auf die sich die Abschlüsse beziehen, Geschäftsvorfälle mit nahestehenden Unternehmen oder Personen gegeben, so hat es anzugeben, welcher Art seine Beziehung zu dem nahestehenden Unternehmen / der nahestehenden Person ist, und die Abschlussadressaten über diejenigen Geschäftsvorfälle und ausstehenden Salden (einschließlich Verpflichtungen) zu informieren, die diese benötigen, um die möglichen Auswirkungen dieser Beziehung auf den Abschluss nachzuvollziehen. Diese Angabepflichten bestehen zusätzlich zu den in Paragraph 17 genannten Pflichten. Diese Angaben müssen zumindest Folgendes umfassen:
  (a) die Höhe der Geschäftsvorfälle
  (b) die Höhe der ausstehenden Salden, einschließlich Verpflichtungen, und
    (i) deren Bedingungen und Konditionen – u. a., ob eine Besicherung besteht – sowie die Art der Leistungserfüllung und
    (ii) Einzelheiten gewährter oder erhaltener Garantien
  (c) Rückstellungen für zweifelhafte Forderungen im Zusammenhang mit ausstehenden Salden und
  (d) den während der Periode erfassten Aufwand für uneinbringliche oder zweifelhafte Forderungen gegenüber nahestehenden Unternehmen und Personen

18A Die Beträge, die das Unternehmen für die von einem leistungserbringenden Unternehmen entgegengenommenen Leistungen im Bereich des Managements in Schlüsselpositionen aufgewendet hat, sind anzugeben.

19 Die in Paragraph 18 vorgeschriebenen Angaben sind für jede der folgenden Kategorien gesondert vorzulegen:
  (a) das Mutterunternehmen
  (b) Unternehmen, unter deren gemeinschaftlicher Führung oder maßgeblichem Einfluss das Unternehmen steht;
  (c) Tochterunternehmen
  (d) assoziierte Unternehmen
  (e) Gemeinschaftsunternehmen, bei denen das Unternehmen ein Partnerunternehmen ist
  (f) Mitglieder des Managements in Schlüsselpositionen des Unternehmens oder dessen Mutterunternehmens und
  (g) sonstige nahestehende Unternehmen und Personen

20 Die in Paragraph 19 vorgeschriebene Aufschlüsselung der an nahestehende Unternehmen und Personen zu zahlenden oder von diesen zu fordernden Beträge in verschiedene Kategorien stellt eine Erweiterung der Angabepflichten des IAS 1 *Darstellung des Abschlusses* für die Informationen dar, die entweder in der Bilanz oder im Anhang darzustellen sind. Die Kategorien werden erweitert, um eine umfassendere Analyse der Salden nahestehender Unternehmen und Personen zu ermöglichen, und sind auf Geschäftsvorfälle mit nahestehenden Unternehmen und Personen anzuwenden.

21 Es folgen Beispiele von Geschäftsvorfällen, die anzugeben sind, wenn sie mit nahestehenden Unternehmen oder Personen abgewickelt werden:
  (a) Käufe oder Verkäufe (fertiger oder unfertiger) Güter
  (b) Käufe oder Verkäufe von Grundstücken, Bauten und anderen Vermögenswerten
  (c) geleistete oder bezogene Dienstleistungen
  (d) Leasingverhältnisse
  (e) Dienstleistungstransfers im Bereich Forschung und Entwicklung
  (f) Transfers aufgrund von Lizenzvereinbarungen
  (g) Transfers im Rahmen von Finanzierungsvereinbarungen (einschließlich Darlehen und Kapitaleinlagen in Form von Bar- oder Sacheinlagen)
  (h) Gewährung von Bürgschaften oder Sicherheiten

Paragraph 13 refers to the next most senior parent. This is the first parent in the group above the immediate parent that produces consolidated financial statements available for public use. **16**

An entity shall disclose key management personnel compensation in total and for each of the following categories: **17**
(a)   short-term employee benefits;
(b)   post-employment benefits;
(c)   other long-term benefits;
(d)   termination benefits; and
(e)   share-based payment.

If an entity obtains key management personnel services from another entity (the "management entity"), the entity is not required to apply the requirements in paragraph 17 to the compensation paid or payable by the management entity to the management entity's employees or directors. **17A**

If an entity has had related party transactions during the periods covered by the financial statements, it shall disclose the nature of the related party relationship as well as information about those transactions and outstanding balances, including commitments, necessary for users to understand the potential effect of the relationship on the financial statements. These disclosure requirements are in addition to those in paragraph 17. At a minimum, disclosures shall include: **18**
(a)   the amount of the transactions;
(b)   the amount of outstanding balances, including commitments, and:
    (i)   their terms and conditions, including whether they are secured, and the nature of the consideration to be provided in settlement; and
    (ii)   details of any guarantees given or received;
(c)   provisions for doubtful debts related to the amount of outstanding balances; and
(d)   the expense recognised during the period in respect of bad or doubtful debts due from related parties.

Amounts incurred by the entity for the provision of key management personnel services that are provided by a separate management entity shall be disclosed. **18A**

The disclosures required by paragraph 18 shall be made separately for each of the following categories: **19**
(a)   the parent;
(b)   entities with joint control of, or significant influence over, the entity;
(c)   subsidiaries;
(d)   associates;
(e)   joint ventures in which the entity is a joint venturer;
(f)   key management personnel of the entity or its parent; and
(g)   other related parties.

The classification of amounts payable to, and receivable from, related parties in the different categories as required in paragraph 19 is an extension of the disclosure requirement in IAS 1 *Presentation of Financial Statements* for information to be presented either in the statement of financial position or in the notes. The categories are extended to provide a more comprehensive analysis of related party balances and apply to related party transactions. **20**

The following are examples of transactions that are disclosed if they are with a related party: **21**
(a)   purchases or sales of goods (finished or unfinished);
(b)   purchases or sales of property and other assets;
(c)   rendering or receiving of services;
(d)   leases;
(e)   transfers of research and development;
(f)   transfers under licence agreements;
(g)   transfers under finance arrangements (including loans and equity contributions in cash or in kind);
(h)   provision of guarantees or collateral;

(i) Verpflichtungen, bei künftigem Eintritt oder Ausbleiben eines bestimmten Ereignisses etwas Bestimmtes zu tun, worunter auch (erfasste und nicht erfasste) erfüllungsbedürftige Verträge[1] fallen und

(j) die Erfüllung von Verbindlichkeiten für Rechnung des Unternehmens oder durch das Unternehmen für Rechnung dieses nahestehenden Unternehmens/dieser nahestehenden Person

22 Die Teilnahme eines Mutter- oder Tochterunternehmens an einem leistungsorientierten Plan, der Risiken zwischen den Unternehmen einer Gruppe aufteilt, stellt einen Geschäftsvorfall zwischen nahestehenden Unternehmen und Personen dar (siehe IAS 19 (in der im Juni 2011 geänderten Fassung) Paragraph 42).

23 Die Angabe, dass Geschäftsvorfälle mit nahestehenden Unternehmen und Personen unter den gleichen Bedingungen abgewickelt wurden wie Geschäftsvorfälle mit unabhängigen Geschäftspartnern, ist nur zulässig, wenn dies nachgewiesen werden kann.

24 **Gleichartige Posten dürfen zusammengefasst angegeben werden, es sei denn, eine gesonderte Angabe ist erforderlich, um die Auswirkungen der Geschäftsvorfälle mit nahestehenden Unternehmen und Personen auf den Abschluss des Unternehmens beurteilen zu können.**

Einer öffentlichen Stelle nahestehende Unternehmen

25 **Ein berichtendes Unternehmen ist von der in Paragraph 18 festgelegten Pflicht zur Angabe von Geschäftsvorfällen und ausstehenden Salden (einschließlich Verpflichtungen) mit nahestehenden Unternehmen und Personen befreit, wenn es sich bei diesen Unternehmen und Personen handelt um**

(a) **eine öffentliche Stelle, die das berichtende Unternehmen beherrscht, oder an dessen gemeinschaftlicher Führung beteiligt ist oder maßgeblichen Einfluss auf das berichtende Unternehmen hat; oder**

(b) **ein anderes Unternehmen, das als nahestehend zu betrachten ist, weil dieselbe öffentliche Stelle sowohl das berichtende als auch dieses andere Unternehmen beherrscht, oder an deren gemeinschaftlicher Führung beteiligt ist oder maßgeblichen Einfluss auf diese hat.**

26 **Nimmt ein berichtendes Unternehmen die Ausnahmeregelung des Paragraphen 25 in Anspruch, hat es zuden dort genannten Geschäftsvorfällen und dazugehörigen ausstehenden Salden Folgendes anzugeben:**

(a) **den Namen der öffentlichen Stelle und die Art ihrer Beziehung zu dem berichtenden Unternehmen (d. h. Beherrschung, gemeinschaftliche Führung oder maßgeblicher Einfluss)**

(b) **die folgenden Informationen und zwar so detailliert, dass die Abschlussadressaten die Auswirkungen der Geschäftsvorfälle mit nahestehenden Unternehmen und Personen auf dessen Abschluss beurteilen können:**

(i) **Art und Höhe jedes Geschäftsvorfalls, der für sich genommen signifikant ist, und**

(ii) **qualitativer oder quantitativer Umfang von Geschäftsvorfällen, die zwar nicht für sich genommen, aber in ihrer Gesamtheit signifikant sind. Hierunter fallen u. a. Geschäftsvorfälle der in Paragraph 21 genannten Art.**

27 Wenn das berichtende Unternehmen nach bestem Wissen und Gewissen den Grad der Detailliertheit der in Paragraph 26 Buchstabe b vorgeschriebenen Angaben bestimmt, trägt es der Nähe der Beziehung zu nahestehenden Unternehmen und Personen sowie anderen für die Bestimmung der Signifikanz des Geschäftsvorfalls Rechnung, d. h., ob dieser

(a) von seinem Umfang her signifikant ist

(b) zu marktunüblichen Bedingungen stattgefunden hat

(c) außerhalb des regulären Tagesgeschäfts anzusiedeln ist, wie der Kauf oder Verkauf von Unternehmen

(d) Regulierungs- oder Aufsichtsbehörden gemeldet wird

(e) der oberen Führungsebene gemeldet wird

(f) von den Anteilseignern genehmigt werden muss.

ZEITPUNKT DES INKRAFTTRETENS UND ÜBERGANGSVORSCHRIFTEN

28 Dieser Standard ist rückwirkend in der ersten Berichtsperiode eines am 1. Januar 2011 oder danach beginnenden Geschäftsjahres anzuwenden. Eine frühere Anwendung – ob des gesamten Standards oder der in den Paragraphen 25–27 vorgesehenen teilweisen Freistellung von Unternehmen, die einer öffentlichen Stelle nahestehen – ist zulässig. Wendet ein Unternehmen den gesamten Standard oder die teilweise Freistellung auf Berichtsperioden an, die vor dem 1. Januar 2011 beginnen, hat es dies anzugeben.

---

1 In IAS 37 *Rückstellungen, Eventualverbindlichkeiten und Eventualforderungen* werden erfüllungsbedürftige Verträge definiert als Verträge, bei denen beide Parteien ihre Verpflichtungen in keiner Weise oder teilweise zu gleichen Teilen erfüllt haben.

(i)   commitments to do something if a particular event occurs or does not occur in the future, including executory contracts[1] (recognised and unrecognised); and

(j)   settlement of liabilities on behalf of the entity or by the entity on behalf of that related party.

Participation by a parent or subsidiary in a defined benefit plan that shares risks between group entities is a transaction between related parties (see paragraph 42 of IAS 19 (as amended in 2011)). **22**

Disclosures that related party transactions were made on terms equivalent to those that prevail in arm's length transactions are made only if such terms can be substantiated. **23**

Items of a similar nature may be disclosed in aggregate except when separate disclosure is necessary for an understanding of the effects of related party transactions on the financial statements of the entity. **24**

Government-related entities

A reporting entity is exempt from the disclosure requirements of paragraph 18 in relation to related party transactions and outstanding balances, including commitments, with: **25**

(a)   **a government that has control, or joint control of, or significance influence over, the reporting entity; and**

(b)   **another entity that is a related party because the same government has control, or joint control of, or significance influence over, both the reporting entity and the other entity.**

If a reporting entity applies the exemption in paragraph 25, it shall disclose the following about the transactions and related outstanding balances referred to in paragraph 25: **26**

(a)   **the name of the government and the nature of its relationship with the reporting entity (ie control, joint control or significant influence);**

(b)   **the following information in sufficient detail to enable users of the entity's financial statements to understand the effect of related party transactions on its financial statements:**

   (i)   **the nature and amount of each individually significant transaction; and**

   (ii) **for other transactions that are collectively, but not individually, significant, a qualitative or quantitative indication of their extent. Types of transactions include those listed in paragraph 21.**

In using its judgement to determine the level of detail to be disclosed in accordance with the requirements in paragraph 26 (b), the reporting entity shall consider the closeness of the related party relationship and other factors relevant in establishing the level of significance of the transaction such as whether it is: **27**

(a)   significant in terms of size;

(b)   carried out on non-market terms;

(c)   outside normal day-to-day business operations, such as the purchase and sale of businesses;

(d)   disclosed to regulatory or supervisory authorities;

(e)   reported to senior management;

(f)   subject to shareholder approval.

EFFECTIVE DATE AND TRANSITION

An entity shall apply this Standard retrospectively for annual periods beginning on or after 1 January 2011. Earlier application is permitted, either of the whole Standard or of the partial exemption in paragraphs 25—27 for government-related entities. If an entity applies either the whole Standard or that partial exemption for a period beginning before 1 January 2011, it shall disclose that fact. **28**

---

1   IAS 37 *Provisions, Contingent Liabilities and Contingent Assets* defines executory contracts as contracts under which neither party has performed any of its obligations or both parties have partially performed their obligations to an equal extent.

28A Durch IFRS 10, IFRS 11 *Gemeinsame Vereinbarungen* und IFRS 12, veröffentlicht im Mai 2011, wurden die Paragraphen 3, 9, 11 (b), 15, 19 (b) und (e) und 25 geändert. Ein Unternehmen hat diese Änderungen anzuwenden, wenn es IFRS 10, IFRS 11 und IFRS 12 anwendet.

28B Mit der im Oktober 2012 veröffentlichten Verlautbarung *Investmentgesellschaften (Investment Entities)* (Änderungen an IFRS 10, IFRS 12 und IAS 27) wurden die Paragraphen 4 und 9 geändert. Unternehmen haben diese Änderungen auf Geschäftsjahre anzuwenden, die am oder nach dem 1. Januar 2014 beginnen. Eine frühere Anwendung der Verlautbarung *Investmentgesellschaften (Investment Entities)* ist zulässig. Wendet ein Unternehmen diese Änderungen früher an, hat es alle in der Verlautbarung enthaltenen Änderungen gleichzeitig anzuwenden.

28C Mit den im Dezember 2013 veröffentlichten *Jährlichen Verbesserungen an den IFRS, Zyklus 2010–2012*, wurde Paragraph 9 geändert und wurden die Paragraphen 17A und 18A angefügt. Ein Unternehmen hat diese Änderung erstmals auf Geschäftsjahre anzuwenden, die am oder nach dem 1. Juli 2014 beginnen. Eine frühere Anwendung ist zulässig. Wendet ein Unternehmen diese Änderung auf eine frühere Periode an, hat es dies anzugeben.

RÜCKNAHME VON IAS 24 (2003)

29 Dieser Standard ersetzt IAS 24 *Angaben über Beziehungen zu nahestehenden Unternehmen und Personen* (in der 2003 überarbeiteten Fassung).

IFRS 10, IFRS 11 *Joint Arrangements* and IFRS 12, issued in May 2011, amended paragraphs 3, 9, 11 (b), 15, 19 (b) and **28A** (e) and 25. An entity shall apply those amendments when it applies IFRS 10, IFRS 11 and IFRS 12.

Investment Entities (Amendments to IFRS 10, IFRS 12 and IAS 27), issued in October 2012, amended paragraphs 4 and 9. **28B** An entity shall apply those amendments for annual periods beginning on or after 1 January 2014. Earlier application of *Investment Entities* is permitted. If an entity applies those amendments earlier it shall also apply all amendments included in *Investment Entities* at the same time.

Annual Improvements to IFRSs 2010—2012 Cycle, issued in December 2013, amended paragraph 9 and added paragraphs **28C** 17A and 18A. An entity shall apply that amendment for annual periods beginning on or after 1 July 2014. Earlier application is permitted. If an entity applies that amendment for an earlier period it shall disclose that fact.

WITHDRAWAL OF IAS 24 (2003)

This Standard supersedes IAS 24 *Related Party Disclosures* (as revised in 2003). **29**

INTERNATIONAL ACCOUNTING STANDARD 26

Bilanzierung und Berichterstattung von Altersversorgungsplänen

ANWENDUNGSBEREICH

1 Dieser Standard ist auf Abschlüsse von Altersversorgungsplänen, bei denen die Erstellung solcher Abschlüsse vorgesehen ist, anzuwenden.

2 Altersversorgungspläne werden manchmal auch anders bezeichnet, beispielsweise als „Pensionsordnungen", „Versorgungswerke" oder „Betriebsrentenordnungen". Dieser Standard betrachtet einen Altersversorgungsplan als eine von den Arbeitgebern der Begünstigten des Plans losgelöste Berichteinheit. Alle anderen Standards sind auf die Abschlüsse von Altersversorgungsplänen anzuwenden, soweit sie nicht durch diesen Standard ersetzt werden.

3 Dieser Standard befasst sich mit der Bilanzierung und Berichterstattung eines Plans für die Gesamtheit aller Begünstigten. Er beschäftigt sich nicht mit Berichten an einzelne Begünstigte im Hinblick auf ihre Altersversorgungsansprüche.

4 IAS 19 *Leistungen an Arbeitnehmer* behandelt die Bestimmung der Aufwendungen für Versorgungsleistungen in den Abschlüssen von Arbeitgebern, die über solche Pläne verfügen. Der vorliegende Standard ergänzt daher IAS 19.

5 Ein Altersversorgungsplan kann entweder beitrags- oder leistungsorientiert sein. Bei vielen ist die Schaffung getrennter Fonds erforderlich, in die Beiträge einbezahlt und aus dem die Versorgungsleistungen ausbezahlt werden. Die Fonds können, müssen aber nicht über folgende Merkmale verfügen: rechtliche Eigenständigkeit und Vorhandensein von Treuhändern. Dieser Standard gilt unabhängig davon, ob ein solcher Fonds geschaffen wurde oder ob Treuhänder vorhanden sind.

6 Altersversorgungspläne, deren Vermögenswerte bei Versicherungsunternehmen angelegt werden, unterliegen den gleichen Rechnungslegungs- und Finanzierungsanforderungen wie selbstverwaltete Anlagen. Demgemäß fallen diese Pläne in den Anwendungsbereich dieses Standards, es sei denn, die Vereinbarung mit dem Versicherungsunternehmen ist im Namen eines bezeichneten Begünstigten oder einer Gruppe von Begünstigten abgeschlossen worden und die Verpflichtung aus der Versorgungszusage obliegt allein dem Versicherungsunternehmen.

7 Dieser Standard befasst sich nicht mit anderen Leistungsformen aus Arbeitsverhältnissen wie Abfindungen bei Beendigung des Arbeitsverhältnisses, Vereinbarungen über in die Zukunft verlagerte Vergütungsbestandteile, Vergütungen bei Ausscheiden nach langer Dienstzeit, Vorruhestandsregelungen oder Sozialpläne, Gesundheits- und Fürsorgeregelungen oder Erfolgsbeteiligungen. Öffentliche Sozialversicherungssysteme sind von dem Anwendungsbereich dieses Standards ebenfalls ausgeschlossen.

DEFINITIONEN

8 Die folgenden Begriffe werden in diesem Standard mit der angegebenen Bedeutung verwendet:

Altersversorgungspläne sind Vereinbarungen, durch die ein Unternehmen seinen Mitarbeitern Versorgungsleistungen bei oder nach Beendigung des Arbeitsverhältnisses gewährt (entweder in Form einer Jahresrente oder in Form einer einmaligen Zahlung), sofern solche Versorgungsleistungen bzw. die dafür erbrachten Beiträge vor der Pensionierung der Mitarbeiter aufgrund einer vertraglichen Vereinbarung oder aufgrund der betrieblichen Praxis bestimmt oder geschätzt werden können.

Beitragsorientierte Pläne sind Altersversorgungspläne, bei denen die als Versorgungsleistung zu zahlenden Beträge durch die Beiträge zu einem Fonds und den daraus erzielten Anlageerträgen bestimmt werden.

INTERNATIONAL ACCOUNTING STANDARD 26

Accounting and reporting by retirement benefit plans

SCOPE

This standard shall be applied in the financial statements of retirement benefit plans where such financial statements are **1** prepared.

Retirement benefit plans are sometimes referred to by various other names, such as 'pension schemes', 'superannuation **2** schemes' or 'retirement benefit schemes'. This standard regards a retirement benefit plan as a reporting entity separate from the employers of the participants in the plan. All other standards apply to the financial statements of retirement benefit plans to the extent that they are not superseded by this standard.

This standard deals with accounting and reporting by the plan to all participants as a group. It does not deal with reports **3** to individual participants about their retirement benefit rights.

IAS 19 *Employee benefits* is concerned with the determination of the cost of retirement benefits in the financial statements **4** of employers having plans. Hence this standard complements IAS 19.

Retirement benefit plans may be defined contribution plans or defined benefit plans. Many require the creation of sepa- **5** rate funds, which may or may not have separate legal identity and may or may not have trustees, to which contributions are made and from which retirement benefits are paid. This standard applies regardless of whether such a fund is created and regardless of whether there are trustees.

Retirement benefit plans with assets invested with insurance companies are subject to the same accounting and funding **6** requirements as privately invested arrangements. Accordingly, they are within the scope of this standard unless the contract with the insurance company is in the name of a specified participant or a group of participants and the retirement benefit obligation is solely the responsibility of the insurance company.

This standard does not deal with other forms of employment benefits such as employment termination indemnities, **7** deferred compensation arrangements, long-service leave benefits, special early retirement or redundancy plans, health and welfare plans or bonus plans. Government social security type arrangements are also excluded from the scope of this standard.

DEFINITIONS

The following terms are used in this standard with the meanings specified: **8**

    Retirement benefit plans are arrangements whereby an entity provides benefits for employees on or after termination of service (either in the form of an annual income or as a lump sum) when such benefits, or the contributions towards them, can be determined or estimated in advance of retirement from the provisions of a document or from the entity's practices.

    Defined contribution plans are retirement benefit plans under which amounts to be paid as retirement benefits are determined by contributions to a fund together with investment earnings thereon.

Leistungsorientierte Pläne sind Altersversorgungspläne, bei denen die als Versorgungsleistung zu zahlenden Beträge nach Maßgabe einer Formel bestimmt werden, die üblicherweise das Einkommen des Arbeitnehmers und/oder die Jahre seiner Dienstzeit berücksichtigt.

Fondsfinanzierung ist der Vermögenstransfer vom Arbeitgeber zu einer vom Unternehmen getrennten Einheit (einem Fonds), um die Erfüllung künftiger Verpflichtungen zur Zahlung von Altersversorgungsleistungen sicherzustellen.

Außerdem werden im Rahmen dieses Standards die folgenden Begriffe verwendet:

Die *Begünstigten* sind die Mitglieder eines Altersversorgungsplans und andere Personen, die gemäß dem Plan Ansprüche auf Leistungen haben.

Das *für Leistungen zur Verfügung stehende Nettovermögen* umfasst alle Vermögenswerte eines Altersversorgungsplans, abzüglich der Verbindlichkeiten mit Ausnahme des versicherungsmathematischen Barwertes der zugesagten Versorgungsleistungen.

Der *versicherungsmathematische Barwert der zugesagten Versorgungsleistungen* ist der Barwert der künftig zu erwartenden Versorgungszahlungen des Altersversorgungsplans an aktive und bereits ausgeschiedene Arbeitnehmer, soweit diese der bereits geleisteten Dienstzeit als erdient zuzurechnen sind.

Unverfallbare Leistungen sind erworbene Rechte auf künftige Leistungen, die nach den Bedingungen eines Altersversorgungsplans nicht von der Fortsetzung des Arbeitsverhältnisses abhängig sind.

9 Einige Altersversorgungspläne haben Geldgeber, die nicht mit den Arbeitgebern identisch sind; dieser Standard bezieht sich auch auf die Abschlüsse solcher Pläne.

10 Die Mehrzahl der Altersversorgungspläne beruht auf formalen Vereinbarungen. Einige Pläne sind ohne formale Grundlage, haben aber durch die bestehende Praxis des Arbeitgebers Verpflichtungscharakter erlangt. Im Allgemeinen ist es für einen Arbeitgeber schwierig, einen Altersversorgungsplan außer Kraft zu setzen, wenn Arbeitnehmer weiter beschäftigt werden, selbst wenn einige Pläne den Arbeitgebern gestatten, ihre Verpflichtungen unter diesen Versorgungsplänen einzuschränken. Sowohl für einen vertraglich geregelten als auch einen Versorgungsplan ohne formale Grundlage gelten die gleichen Grundsätze für die Bilanzierung und Berichterstattung.

11 Viele Altersversorgungspläne sehen die Bildung von separaten Fonds zur Entgegennahme von Beiträgen und für die Auszahlung von Leistungen vor. Solche Fonds können von Beteiligten verwaltet werden, welche das Fondsvermögen in unabhängiger Weise betreuen. Diese Beteiligten werden in einigen Ländern als Treuhänder bezeichnet. Der Begriff Treuhänder wird in diesem Standard verwendet, um in der Weise Beteiligte zu bezeichnen; dies gilt unabhängig davon, ob ein Treuhandfonds gebildet worden ist.

12 Altersversorgungspläne werden im Regelfall entweder als beitragsorientierte Pläne oder als leistungsorientierte Pläne bezeichnet. Beide verfügen über ihre eigenen charakteristischen Merkmale. Gelegentlich bestehen Pläne, welche Merkmale von beiden aufweisen. Solche Mischpläne werden im Rahmen dieses Standards wie leistungsorientierte Pläne behandelt.

BEITRAGSORIENTIERTE PLÄNE

13 Der Abschluss eines beitragsorientierten Plans hat eine Aufstellung des für Leistungen zur Verfügung stehenden Nettovermögens sowie eine Beschreibung der Grundsätze der Fondsfinanzierung zu enthalten.

14 Bei einem beitragsorientierten Plan ergibt sich die Höhe der zukünftigen Versorgungsleistungen für einen Begünstigten aus den Beiträgen des Arbeitgebers, des Begünstigten oder beiden sowie aus der Wirtschaftlichkeit und den Anlageerträgen des Fonds. Im Allgemeinen wird der Arbeitgeber durch seine Beiträge an den Fonds von seinen Verpflichtungen befreit. Die Beratung durch einen Versicherungsmathematiker ist im Regelfall nicht erforderlich, obwohl eine solche Beratung manchmal darauf abzielt, die künftigen Versorgungsleistungen, die sich unter Zugrundelegung der gegenwärtigen Beiträge und unterschiedlicher Niveaus zukünftiger Beiträge und Finanzerträge ergeben, zu schätzen.

15 Die Begünstigten sind an den Aktivitäten des Plans interessiert, da diese eine direkte Auswirkung auf die Höhe ihrer zukünftigen Versorgungsleistungen haben. Die Begünstigten möchten auch erfahren, ob Beiträge eingegangen sind und eine ordnungsgemäße Kontrolle stattgefunden hat, um ihre Rechte zu schützen. Ein Arbeitgeber hat ein Interesse an einer wirtschaftlichen und unparteiischen Abwicklung des Plans.

16 Zielsetzung der Berichterstattung von beitragsorientierten Plänen ist die regelmäßige Bereitstellung von Informationen über den Plan und die Ertragskraft der Kapitalanlagen. Dieses Ziel wird im Allgemeinen durch die Bereitstellung eines Abschlusses erfüllt, der Folgendes enthält:

(a) eine Beschreibung der maßgeblichen Tätigkeiten in der Periode und der Auswirkung aller Änderungen in Bezug auf den Versorgungsplan, sowie seiner Mitglieder und der Vertragsbedingungen;

(b) Aufstellungen zu den Geschäftsvorfällen und der Ertragskraft der Kapitalanlagen in der Periode sowie zu der Vermögens- und Finanzlage des Versorgungsplans am Ende der Periode; sowie

(c) eine Beschreibung der Kapitalanlagepolitik.

Defined benefit plans are retirement benefit plans under which amounts to be paid as retirement benefits are determined by reference to a formula usually based on employees' earnings and/or years of service.

Funding is the transfer of assets to an entity (the *fund*) separate from the employer's entity to meet future obligations for the payment of retirement benefits.

For the purposes of this standard the following terms are also used:

Participants are the members of a retirement benefit plan and others who are entitled to benefits under the plan.

Net assets available for benefits are the assets of a plan less liabilities other than the actuarial present value of promised retirement benefits.

Actuarial present value of promised retirement benefits is the present value of the expected payments by a retirement benefit plan to existing and past employees, attributable to the service already rendered.

Vested benefits are benefits, the rights to which, under the conditions of a retirement benefit plan, are not conditional on continued employment.

Some retirement benefit plans have sponsors other than employers; this standard also applies to the financial statements **9** of such plans.

Most retirement benefit plans are based on formal agreements. Some plans are informal but have acquired a degree of **10** obligation as a result of employers' established practices. While some plans permit employers to limit their obligations under the plans, it is usually difficult for an employer to cancel a plan if employees are to be retained. The same basis of accounting and reporting applies to an informal plan as to a formal plan.

Many retirement benefit plans provide for the establishment of separate funds into which contributions are made and out **11** of which benefits are paid. Such funds may be administered by parties who act independently in managing fund assets. Those parties are called trustees in some countries. The term trustee is used in this standard to describe such parties regardless of whether a trust has been formed.

Retirement benefit plans are normally described as either defined contribution plans or defined benefit plans, each having **12** their own distinctive characteristics. Occasionally plans exist that contain characteristics of both. Such hybrid plans are considered to be defined benefit plans for the purposes of this standard.

DEFINED CONTRIBUTION PLANS

The financial statements of a defined contribution plan shall contain a statement of net assets available for benefits and a **13** description of the funding policy.

Under a defined contribution plan, the amount of a participant's future benefits is determined by the contributions paid **14** by the employer, the participant, or both, and the operating efficiency and investment earnings of the fund. An employer's obligation is usually discharged by contributions to the fund. An actuary's advice is not normally required although such advice is sometimes used to estimate future benefits that may be achievable based on present contributions and varying levels of future contributions and investment earnings.

The participants are interested in the activities of the plan because they directly affect the level of their future benefits. **15** Participants are interested in knowing whether contributions have been received and proper control has been exercised to protect the rights of beneficiaries. An employer is interested in the efficient and fair operation of the plan.

The objective of reporting by a defined contribution plan is periodically to provide information about the plan and the **16** performance of its investments. That objective is usually achieved by providing financial statements, including the following:

(a) a description of significant activities for the period and the effect of any changes relating to the plan, and its membership and terms and conditions;

(b) statements reporting on the transactions and investment performance for the period and the financial position of the plan at the end of the period; and

(c) a description of the investment policies.

LEISTUNGSORIENTIERTE PLÄNE

17 Der Abschluss eines leistungsorientierten Plans hat zu enthalten, entweder:

    (a)   eine Aufstellung, woraus Folgendes zu ersehen ist:

        (i)   das für Leistungen zur Verfügung stehende Nettovermögen;

        (ii)   der versicherungsmathematische Barwert der zugesagten Versorgungsleistungen, wobei zwischen unverfallbaren und verfallbaren Ansprüchen unterschieden wird; sowie

        (iii)   eine sich ergebende Vermögensüber- oder -unterdeckung oder

    (b)   eine Aufstellung des für Leistungen zur Verfügung stehenden Nettovermögens, einschließlich entweder:

        (i)   einer Angabe, die den versicherungsmathematischen Barwert der zugesagten Versorgungsleistungen, unterschieden nach unverfallbaren und verfallbaren Ansprüchen, offen legt; oder

        (ii)   einen Verweis auf diese Information in einem beigefügten Gutachten eines Versicherungsmathematikers.

Falls zum Abschlussstichtag keine versicherungsmathematische Bewertung erfolgt ist, ist die aktuellste Bewertung als Grundlage heranzuziehen und der Bewertungsstichtag anzugeben.

18 Für die Zwecke des Paragraphen 17 sind dem versicherungsmathematischen Barwert der zugesagten Versorgungsleistungen die gemäß den Bedingungen des Plans für die bisher erbrachte Dienstzeit zugesagten Versorgungsleistungen zugrunde zu legen; hierbei dürfen entweder die gegenwärtigen oder die erwarteten künftigen Gehaltsniveaus berücksichtigt werden, wobei die verwendete Rechnungsgrundlage anzugeben ist. Auch jede Änderung der versicherungsmathematischen Annahmen, die sich erheblich auf den versicherungsmathematischen Barwert der zugesagten Versorgungsleistungen ausgewirkt hat, ist anzugeben.

19 Der Abschluss hat die Beziehung zwischen dem versicherungsmathematischen Barwert der zugesagten Versorgungsleistungen und dem für Leistungen zur Verfügung stehenden Nettovermögen sowie die Grundsätze für die über den Fonds erfolgende Finanzierung der zugesagten Versorgungsleistungen zu erläutern.

20 Die Zahlung zugesagter Versorgungsleistungen hängt bei einem leistungsorientierten Plan auch von dessen Vermögens- und Finanzlage und der Fähigkeit der Beitragszahler, auch künftig Beiträge zu leisten, sowie von der Ertragskraft der Kapitalanlagen in dem Fonds und der Wirtschaftlichkeit des Plans ab.

21 Ein leistungsorientierter Plan benötigt regelmäßige Beratung durch einen Versicherungsmathematiker, um seine Vermögens- und Finanzlage einzuschätzen, die Berechnungsannahmen zu überprüfen und um Empfehlungen für zukünftige Beitragsniveaus zu erhalten.

22 Ziel der Berichterstattung eines leistungsorientierten Plans ist es, in regelmäßigen Zeitabständen Informationen über seine Kapitalanlagen und Aktivitäten zu geben; diese müssen geeignet sein, das Verhältnis von angesammelten Ressourcen zu den Versorgungsleistungen im Zeitablauf zu beurteilen. Dieses Ziel wird im Allgemeinen durch die Bereitstellung eines Abschlusses erfüllt, der Folgendes enthält:

    (a)   eine Beschreibung der maßgeblichen Tätigkeiten in der Periode und der Auswirkung aller Änderungen in Bezug auf den Versorgungsplan, sowie seiner Mitglieder und der Vertragsbedingungen;

    (b)   Aufstellungen zu den Geschäftsvorfällen und der Ertragskraft der Kapitalanlagen der Periode sowie zu der Vermögens- und Finanzlage des Versorgungsplans am Ende der Periode;

    (c)   versicherungsmathematische Angaben, entweder als Teil der Aufstellungen oder durch einen separaten Bericht; sowie

    (d)   eine Beschreibung der Kapitalanlagepolitik.

Versicherungsmathematischer Barwert der zugesagten Versorgungsleistungen

23 Der Barwert der zu erwartenden Zahlungen eines Altersversorgungsplans kann unter Verwendung der gegenwärtigen oder der bis zur Pensionierung der Begünstigten erwarteten künftigen Gehaltsniveaus berechnet und berichtet werden.

24 Die Verwendung eines Ansatzes, der gegenwärtige Gehälter berücksichtigt, wird u. a. damit begründet, dass

    (a)   der versicherungsmathematische Barwert der zugesagten Versorgungsleistungen, definiert als Summe der Beträge, die jedem einzelnen Begünstigten derzeit zuzuordnen sind, auf diese Weise objektiver bestimmt werden kann als bei Zugrundelegung der erwarteten künftigen Gehaltsniveaus, weil weniger Annahmen zu treffen sind;

    (b)   auf eine Gehaltserhöhung zurückgehende Leistungserhöhungen erst zum Zeitpunkt der Gehaltserhöhung zu einer Verpflichtung des Plans werden; und

    (c)   der versicherungsmathematische Barwert der zugesagten Versorgungsleistungen unter dem Ansatz des gegenwärtigen Gehaltsniveaus im Falle einer Schließung oder Einstellung eines Versorgungsplans im Allgemeinen in engerer Beziehung zu dem zu zahlenden Betrag steht.

25 Die Verwendung eines Ansatzes, der die erwarteten künftigen Gehaltsniveaus berücksichtigt, wird u. a. damit begründet, dass:

    (a)   Finanzinformationen ausgehend von der Prämisse der Unternehmensfortführung erstellt werden sollten, ohne Rücksicht darauf, dass Annahmen zu treffen und Schätzungen vorzunehmen sind;

    (b)   sich bei Plänen, die auf das Entgelt zum Zeitpunkt der Pensionierung abstellen, die Leistungen nach den Gehältern zum Zeitpunkt oder nahe dem Zeitpunkt der Pensionierung bestimmen. Daher sind Gehälter, Beitragsniveaus und Verzinsung zu projizieren; sowie

The financial statements of a defined benefit plan shall contain either: **17**
(a) a statement that shows:
    (i)   the net assets available for benefits;
    (ii) the actuarial present value of promised retirement benefits, distinguishing between vested benefits and non-vested benefits; and
    (iii) the resulting excess or deficit; or
(b) a statement of net assets available for benefits, including either:
    (i)   a note disclosing the actuarial present value of promised retirement benefits, distinguishing between vested benefits and non-vested benefits; or
    (ii) a reference to this information in an accompanying actuarial report.
If an actuarial valuation has not been prepared at the date of the financial statements, the most recent valuation shall be used as a base and the date of the valuation disclosed.

For the purposes of paragraph 17, the actuarial present value of promised retirement benefits shall be based on the bene- **18** fits promised under the terms of the plan on service rendered to date using either current salary levels or projected salary levels with disclosure of the basis used. The effect of any changes in actuarial assumptions that have had a significant effect on the actuarial present value of promised retirement benefits shall also be disclosed.

The financial statements shall explain the relationship between the actuarial present value of promised retirement benefits **19** and the net assets available for benefits, and the policy for the funding of promised benefits.

Under a defined benefit plan, the payment of promised retirement benefits depends on the financial position of the plan **20** and the ability of contributors to make future contributions to the plan as well as the investment performance and operating efficiency of the plan.

A defined benefit plan needs the periodic advice of an actuary to assess the financial condition of the plan, review the **21** assumptions and recommend future contribution levels.

The objective of reporting by a defined benefit plan is periodically to provide information about the financial resources **22** and activities of the plan that is useful in assessing the relationships between the accumulation of resources and plan benefits over time. This objective is usually achieved by providing financial statements, including the following:
(a) a description of significant activities for the period and the effect of any changes relating to the plan, and its membership and terms and conditions;
(b) statements reporting on the transactions and investment performance for the period and the financial position of the plan at the end of the period;
(c) actuarial information either as part of the statements or by way of a separate report; and
(d) a description of the investment policies.

Actuarial present value of promised retirement benefits

The present value of the expected payments by a retirement benefit plan may be calculated and reported using current **23** salary levels or projected salary levels up to the time of retirement of participants.

The reasons given for adopting a current salary approach include: **24**
(a) the actuarial present value of promised retirement benefits, being the sum of the amounts presently attributable to each participant in the plan, can be calculated more objectively than with projected salary levels because it involves fewer assumptions;
(b) increases in benefits attributable to a salary increase become an obligation of the plan at the time of the salary increase; and
(c) the amount of the actuarial present value of promised retirement benefits using current salary levels is generally more closely related to the amount payable in the event of termination or discontinuance of the plan.

Reasons given for adopting a projected salary approach include: **25**
(a) financial information should be prepared on a going concern basis, irrespective of the assumptions and estimates that must be made;
(b) under final pay plans, benefits are determined by reference to salaries at or near retirement date; hence salaries, contribution levels and rates of return must be projected; and

(c) die Außerachtlassung künftiger Gehaltssteigerungen angesichts der Tatsache, dass der Finanzierung von Fonds überwiegend Gehaltsprojektionen zugrunde liegen, möglicherweise dazu führen kann, dass der Fonds eine offensichtliche Überdotierung aufweist, obwohl dies in Wirklichkeit nicht der Fall ist, oder er sich als angemessen dotiert darstellt, obwohl in Wirklichkeit eine Unterdotierung vorliegt.

26 Die Angabe des versicherungsmathematischen Barwertes zugesagter Versorgungsleistungen unter Berücksichtigung des gegenwärtigen Gehaltsniveaus in einem Abschluss des Plans dient als Hinweis auf die zum Zeitpunkt des Abschlusses bestehende Verpflichtung für erworbene Versorgungsleistungen. Die Angabe des versicherungsmathematischen Barwertes zugesagter Versorgungsleistungen unter Berücksichtigung der künftigen Gehälter dient ausgehend von der Prämisse der Unternehmensfortführung als Hinweis auf das Ausmaß der potenziellen Verpflichtung, die im Allgemeinen die Grundlage der Fondsfinanzierung darstellt. Zusätzlich zur Angabe des versicherungsmathematischen Barwertes zugesagter Versorgungsleistungen sind eventuell ausreichende Erläuterungen nötig, um genau anzugeben, in welchem Umfeld dieser Wert zu verstehen ist. Eine derartige Erläuterung kann in Form von Informationen über die Angemessenheit der geplanten zukünftigen Fondsfinanzierung und der Finanzierungspolitik aufgrund der Gehaltsprojektionen erfolgen. Dies kann in den Abschluss oder in das Gutachten des Versicherungsmathematikers einbezogen werden.

Häufigkeit versicherungsmathematischer Bewertungen

27 In vielen Ländern werden versicherungsmathematische Bewertungen nicht häufiger als alle drei Jahre erstellt. Falls zum Abschlussstichtag keine versicherungsmathematische Bewertung erstellt wurde, ist die aktuellste Bewertung als Grundlage heranzuziehen und der Bewertungsstichtag anzugeben.

Inhalt des Abschlusses

28 Für leistungsorientierte Pläne sind die Angaben in einem der nachfolgend beschriebenen Formate darzustellen, die die unterschiedliche Praxis bei der Angabe und Darstellung versicherungsmathematischer Informationen widerspiegeln:

(a) der Abschluss beinhaltet eine Aufstellung, die das für Leistungen zur Verfügung stehende Nettovermögen, den versicherungsmathematischen Barwert der zugesagten Versorgungsleistungen und eine sich ergebende Vermögensüber oder -unterdeckung zeigt. Der Abschluss des Plans beinhaltet auch eine Bewegungsbilanz des für Leistungen zur Verfügung stehenden Nettovermögens sowie Veränderungen im versicherungsmathematischen Barwert der zugesagten Versorgungsleistungen. Dem Abschluss kann auch ein separates versicherungsmathematisches Gutachten beigefügt sein, welches den versicherungsmathematischen Barwert der zugesagten Versorgungsleistungen bestätigt;

(b) einen Abschluss, der eine Aufstellung des für Leistungen zur Verfügung stehenden Nettovermögens und eine Bewegungsbilanz des für Leistungen zur Verfügung stehenden Nettovermögens einschließt. Der versicherungsmathematische Barwert der zugesagten Versorgungsleistungen wird im Anhang angegeben. Dem Abschluss kann auch ein versicherungsmathematisches Gutachten beigefügt sein, welches den versicherungsmathematischen Barwert der zugesagten Versorgungsleistungen bestätigt;

(c) einen Abschluss, der eine Aufstellung des für Leistungen zur Verfügung stehenden Nettovermögens und eine Bewegungsbilanz des für Leistungen zur Verfügung stehenden Nettovermögens, zusammen mit dem versicherungsmathematischen Barwert der zugesagten Versorgungsleistungen, der in einem separaten versicherungsmathematischen Gutachten enthalten ist, umfasst.

In jedem der gezeigten Formate kann dem Abschluss auch ein Bericht des Treuhänders in Form eines Berichtes des Managements sowie ein Kapitalanlagebericht beigefügt werden.

29 Die Befürworter der in den Paragraphen 28 (a) und 28 (b) gezeigten Formate vertreten die Auffassung, dass die Quantifizierung der zugesagten Versorgungsleistungen und anderer gemäß diesen Ansätzen gegebener Informationen es den Abschlussadressaten erleichtert, die gegenwärtige Lage des Plans und die Wahrscheinlichkeit, dass dieser seine Verpflichtungen erfüllen kann, zu beurteilen. Sie sind auch der Ansicht, dass die Abschlüsse in sich vollständig sein müssen und nicht auf begleitende Aufstellungen bauen dürfen. Von einigen wird jedoch auch die Auffassung vertreten, dass das unter Paragraph 28 (a) beschriebene Format den Eindruck einer bestehenden Verbindlichkeit hervorrufen könnte, wobei der versicherungsmathematische Barwert der zugesagten Versorgungsleistungen nach dieser Auffassung nicht alle Merkmale einer Verbindlichkeit besitzt.

30 Die Befürworter des in Paragraph 28 (c) gezeigten Formats vertreten die Auffassung, dass der versicherungsmathematische Barwert der zugesagten Versorgungsleistungen nicht in eine Aufstellung des für Versorgungsleistungen zur Verfügung stehenden Nettovermögens, wie in Paragraph 28 (a) gezeigt, einzubeziehen ist oder gemäß Paragraph 28 (b) im Anhang anzugeben ist, da dies einen direkten Vergleich mit dem Planvermögen nach sich ziehen würde und ein derartiger Vergleich nicht zulässig sein könnte. Dabei wird vorgebracht, dass Versicherungsmathematiker nicht notwendigerweise die versicherungsmathematischen Barwerte der zugesagten Versorgungsleistungen mit den Marktwerten der Kapitalanlagen vergleichen, sondern hierzu stattdessen möglicherweise den Barwert der aus diesen Kapitalanlagen erwarteten Mittelzuflüsse heranziehen. Daher ist es nach Auffassung derjenigen, die dieses Format bevorzugen, unwahrscheinlich, dass ein solcher Vergleich die generelle Beurteilung des Plans durch den Versicherungsmathematiker wiedergibt und so Missverständnisse entstehen. Zudem wird vorgebracht, dass die Informationen über die zugesagten Versorgungsleistungen, ob quantifiziert oder nicht, nur im gesonderten versicherungsmathematischen Gutachten aufgeführt werden sollten, da dort angemessene Erläuterungen gegeben werden können.

(c) failure to incorporate salary projections, when most funding is based on salary projections, may result in the reporting of an apparent overfunding when the plan is not overfunded, or in reporting adequate funding when the plan is underfunded.

The actuarial present value of promised retirement benefits based on current salaries is disclosed in the financial state- **26** ments of a plan to indicate the obligation for benefits earned to the date of the financial statements. The actuarial present value of promised retirement benefits based on projected salaries is disclosed to indicate the magnitude of the potential obligation on a going concern basis which is generally the basis for funding. In addition to disclosure of the actuarial present value of promised retirement benefits, sufficient explanation may need to be given so as to indicate clearly the context in which the actuarial present value of promised retirement benefits should be read. Such explanation may be in the form of information about the adequacy of the planned future funding and of the funding policy based on salary projections. This may be included in the financial statements or in the actuary's report.

Frequency of actuarial valuations

In many countries, actuarial valuations are not obtained more frequently than every three years. If an actuarial valuation **27** has not been prepared at the date of the financial statements, the most recent valuation is used as a base and the date of the valuation disclosed.

Financial statement content

For defined benefit plans, information is presented in one of the following formats which reflect different practices in the **28** disclosure and presentation of actuarial information:
(a) a statement is included in the financial statements that shows the net assets available for benefits, the actuarial present value of promised retirement benefits, and the resulting excess or deficit. The financial statements of the plan also contain statements of changes in net assets available for benefits and changes in the actuarial present value of promised retirement benefits. The financial statements may be accompanied by a separate actuary's report supporting the actuarial present value of promised retirement benefits;
(b) financial statements that include a statement of net assets available for benefits and a statement of changes in net assets available for benefits. The actuarial present value of promised retirement benefits is disclosed in a note to the statements. The financial statements may also be accompanied by a report from an actuary supporting the actuarial present value of promised retirement benefits; and
(c) financial statements that include a statement of net assets available for benefits and a statement of changes in net assets available for benefits with the actuarial present value of promised retirement benefits contained in a separate actuarial report.
In each format a trustees' report in the nature of a management or directors' report and an investment report may also accompany the financial statements.

Those in favour of the formats described in paragraph 28 (a) and (b) believe that the quantification of promised retire- **29** ment benefits and other information provided under those approaches help users to assess the current status of the plan and the likelihood of the plan's obligations being met. They also believe that financial statements should be complete in themselves and not rely on accompanying statements. However, some believe that the format described in paragraph 28 (a) could give the impression that a liability exists, whereas the actuarial present value of promised retirement benefits does not in their opinion have all the characteristics of a liability.

Those who favour the format described in paragraph 28 (c) believe that the actuarial present value of promised retirement **30** benefits should not be included in a statement of net assets available for benefits as in the format described in paragraph 28 (a) or even be disclosed in a note as in paragraph 28 (b), because it will be compared directly with plan assets and such a comparison may not be valid. They contend that actuaries do not necessarily compare actuarial present value of promised retirement benefits with market values of investments but may instead assess the present value of cash flows expected from the investments. Therefore, those in favour of this format believe that such a comparison is unlikely to reflect the actuary's overall assessment of the plan and that it may be misunderstood. Also, some believe that, regardless of whether quantified, the information about promised retirement benefits should be contained solely in the separate actuarial report where a proper explanation can be provided.

31 Dieser Standard stimmt der Auffassung zu, dass es gestattet werden sollte, die Angaben zu zugesagten Versorgungsleistungen in einem gesonderten versicherungsmathematischen Gutachten aufzuführen. Dagegen werden die Argumente gegen eine Quantifizierung des versicherungsmathematischen Barwertes der zugesagten Versorgungsleistungen abgelehnt. Dementsprechend sind die in Paragraph 28 (a) und 28 (b) beschriebenen Formate gemäß diesem Standard akzeptabel. Dies gilt auch für das in Paragraph 28 (c) beschriebene Format, solange dem Abschluss das versicherungsmathematische Gutachten, welches den versicherungsmathematischen Barwert der zugesagten Versorgungsleistungen aufzeigt, beigefügt wird und die Angaben einen Verweis auf das Gutachten enthalten.

ALLE PLÄNE

Bewertung des Planvermögens

32 Die Kapitalanlagen des Altersversorgungsplans sind zum beizulegenden Zeitwert zu bilanzieren. Im Falle von marktfähigen Wertpapieren ist der beizulegende Zeitwert gleich dem Marktwert. In den Fällen, in denen ein Plan Kapitalanlagen hält, für die eine Schätzung des beizulegenden Zeitwertes nicht möglich ist, ist der Grund für die Nichtverwendung des beizulegenden Zeitwertes anzugeben.

33 Im Falle von marktfähigen Wertpapieren ist der beizulegende Zeitwert normalerweise gleich dem Marktwert, da dieser für die Wertpapiere zum Abschlussstichtag und für deren Ertragskraft der Periode den zweckmäßigsten Bewertungsmaßstab darstellt. Für Wertpapiere mit einem festen Rückkaufswert, die erworben wurden, um die Verpflichtungen des Plans oder bestimmte Teile davon abzudecken, können Beträge auf der Grundlage der endgültigen Rückkaufswerte unter Annahme einer bis zur Fälligkeit konstanten Rendite angesetzt werden. In den Fällen, in denen eine Schätzung des beizulegenden Zeitwerts von Kapitalanlagen des Plans nicht möglich ist, wie im Fall einer hundertprozentigen Beteiligung an einem Unternehmen, ist der Grund für die Nichtverwendung des beizulegenden Zeitwerts anzugeben. In dem Maße, wie Kapitalanlagen zu anderen Beträgen als den Marktwerten oder beizulegenden Zeitwerten angegeben werden, ist der beizulegende Zeitwert im Allgemeinen ebenfalls anzugeben. Die im Rahmen der betrieblichen Tätigkeit des Fonds genutzten Vermögenswerte sind gemäß den entsprechenden Standards zu bilanzieren.

Angaben

34 Im Abschluss eines leistungs- oder beitragsorientierten Altersversorgungsplans sind ergänzend folgende Angaben zu machen:
(a) eine Bewegungsbilanz des für Leistungen zur Verfügung stehenden Nettovermögens;
(b) eine Zusammenfassung der maßgeblichen Bilanzierungs- und Bewertungsmethoden; sowie
(c) eine Beschreibung des Plans und der Auswirkung aller Änderungen im Plan während der Periode.

35 Falls zutreffend, schließen Abschlüsse, die von Altersversorgungsplänen erstellt werden, Folgendes ein:
(a) eine Aufstellung des für Leistungen zur Verfügung stehenden Nettovermögens, mit Angabe:
(i) der in geeigneter Weise aufgegliederten Vermögenswerte zum Ende der Periode;
(ii) der Grundlage der Bewertung der Vermögenswerte;
(iii) der Einzelheiten zu jeder einzelnen Kapitalanlage, die entweder 5 % des für Leistungen zur Verfügung stehenden Nettovermögens oder 5 % einer Wertpapiergattung oder -art übersteigt;
(iv) der Einzelheiten jeder Beteiligung am Arbeitgeber; sowie
(v) anderer Verbindlichkeiten als dem versicherungsmathematischen Barwert der zugesagten Versorgungsleistungen,
(b) eine Bewegungsbilanz des für Leistungen zur Verfügung stehenden Nettovermögens, die die folgenden Posten aufzeigt:
(i) Arbeitgeberbeiträge;
(ii) Arbeitnehmerbeiträge;
(iii) Anlageerträge wie Zinsen und Dividenden;
(iv) sonstige Erträge;
(v) gezahlte oder zu zahlende Leistungen (beispielsweise aufgegliedert nach Leistungen für Alterspensionen, Todes- und Erwerbsunfähigkeitsfälle sowie Pauschalzahlungen);
(vi) Verwaltungsaufwand;
(vii) andere Aufwendungen;
(viii) Ertragsteuern;
(ix) Gewinne und Verluste aus der Veräußerung von Kapitalanlagen und Wertänderungen der Kapitalanlagen; sowie
(x) Vermögensübertragungen von und an andere/n Pläne/n;
(c) eine Beschreibung der Grundsätze der Fondsfinanzierung;
(d) bei leistungsorientierten Plänen der versicherungsmathematische Barwert der zugesagten Versorgungsleistungen (eventuell unterschieden nach unverfallbaren und verfallbaren Ansprüchen) auf der Grundlage der gemäß diesem Plan zugesagten Versorgungsleistungen und der bereits geleisteten Dienstzeit sowie unter Berücksichtigung der gegenwärtigen oder der erwarteten künftigen Gehaltsniveaus; diese Angaben können in einem beigefügten versicherungsmathematischen Gutachten enthalten sein, das in Verbindung mit dem zugehörigen Abschluss zu lesen ist; sowie

This standard accepts the views in favour of permitting disclosure of the information concerning promised retirement benefits in a separate actuarial report. It rejects arguments against the quantification of the actuarial present value of promised retirement benefits. Accordingly, the formats described in paragraph 28 (a) and (b) are considered acceptable under this standard, as is the format described in paragraph 28 (c) so long as the financial statements contain a reference to, and are accompanied by, an actuarial report that includes the actuarial present value of promised retirement benefits. **31**

ALL PLANS

Valuation of plan assets

Retirement benefit plan investments shall be carried at fair value. In the case of marketable securities fair value is market value. Where plan investments are held for which an estimate of fair value is not possible disclosure shall be made of the reason why fair value is not used. **32**

In the case of marketable securities fair value is usually market value because this is considered the most useful measure of the securities at the report date and of the investment performance for the period. Those securities that have a fixed redemption value and that have been acquired to match the obligations of the plan, or specific parts thereof, may be carried at amounts based on their ultimate redemption value assuming a constant rate of return to maturity. Where plan investments are held for which an estimate of fair value is not possible, such as total ownership of an entity, disclosure is made of the reason why fair value is not used. To the extent that investments are carried at amounts other than market value or fair value, fair value is generally also disclosed. Assets used in the operations of the fund are accounted for in accordance with the applicable standards. **33**

Disclosure

The financial statements of a retirement benefit plan, whether defined benefit or defined contribution, shall also contain the following information: **34**
(a) a statement of changes in net assets available for benefits;
(b) a summary of significant accounting policies; and
(c) a description of the plan and the effect of any changes in the plan during the period.

Financial statements provided by retirement benefit plans include the following, if applicable: **35**
(a) a statement of net assets available for benefits disclosing:
    (i) assets at the end of the period suitably classified;
    (ii) the basis of valuation of assets;
    (iii) details of any single investment exceeding either 5 % of the net assets available for benefits or 5 % of any class or type of security;
    (iv) details of any investment in the employer; and
    (v) liabilities other than the actuarial present value of promised retirement benefits;
(b) a statement of changes in net assets available for benefits showing the following:
    (i) employer contributions;
    (ii) employee contributions;
    (iii) investment income such as interest and dividends;
    (iv) other income;
    (v) benefits paid or payable (analysed, for example, as retirement, death and disability benefits, and lump-sum payments);
    (vi) administrative expenses;
    (vii) other expenses;
    (viii) taxes on income;
    (ix) profits and losses on disposal of investments and changes in value of investments; and
    (x) transfers from and to other plans;
(c) a description of the funding policy;
(d) for defined benefit plans, the actuarial present value of promised retirement benefits (which may distinguish between vested benefits and non-vested benefits) based on the benefits promised under the terms of the plan, on service rendered to date and using either current salary levels or projected salary levels; this information may be included in an accompanying actuarial report to be read in conjunction with the related financial statements; and

(e) bei leistungsorientierten Plänen eine Beschreibung der maßgeblichen versicherungsmathematischen Annahmen und der zur Berechnung des versicherungsmathematischen Barwerts der zugesagten Versorgungsleistungen verwendeten Methode.

36 Der Abschluss eines Altersversorgungsplans enthält eine Beschreibung des Plans, entweder als Teil des Abschlusses oder in einem selbständigen Bericht. Darin kann Folgendes enthalten sein:

(a) die Namen der Arbeitgeber und der vom Plan erfassten Arbeitnehmergruppen;

(b) die Anzahl der Begünstigten, welche Leistungen erhalten, und die Anzahl der anderen Begünstigten, in geeigneter Gruppierung;

(c) die Art des Plans – beitrags- oder leistungsorientiert;

(d) eine Angabe dazu, ob Begünstigte an den Plan Beiträge leisten;

(e) eine Beschreibung der den Begünstigten zugesagten Versorgungsleistungen;

(f) eine Beschreibung aller Regelungen hinsichtlich einer Schließung des Plans; sowie

(g) Veränderungen in den Posten (a) bis (f) während der Periode, die durch den Abschluss behandelt wird.

Es ist nicht unüblich, auf andere den Plan beschreibende Unterlagen, die den Abschlussadressaten in einfacher Weise zugänglich sind, zu verweisen und lediglich Angaben zu nachträglichen Veränderungen aufzuführen.

ZEITPUNKT DES INKRAFTTRETENS

37 Dieser Standard ist erstmals in der ersten Berichtsperiode eines am 1. Januar 1988 oder danach beginnenden Geschäftsjahres von Altersversorgungsplänen anzuwenden.

(e) for defined benefit plans, a description of the significant actuarial assumptions made and the method used to calculate the actuarial present value of promised retirement benefits.

The report of a retirement benefit plan contains a description of the plan, either as part of the financial statements or in a **36** separate report. It may contain the following:
(a) the names of the employers and the employee groups covered;
(b) the number of participants receiving benefits and the number of other participants, classified as appropriate;
(c) the type of plan—defined contribution or defined benefit;
(d) a note as to whether participants contribute to the plan;
(e) a description of the retirement benefits promised to participants;
(f) a description of any plan termination terms; and
(g) changes in items (a) to (f) during the period covered by the report.
It is not uncommon to refer to other documents that are readily available to users and in which the plan is described, and to include only information on subsequent changes.

EFFECTIVE DATE

This standard becomes operative for financial statements of retirement benefit plans covering periods beginning on or **37** after 1 January 1988.

INTERNATIONAL ACCOUNTING STANDARD 27

Einzelabschlüsse

INHALT

ZIEL

1 Mit diesem Standard sollen die Anforderungen für die Bilanzierung und Darstellung von Anteilen an Tochterunternehmen, Gemeinschaftsunternehmen und assoziierten Unternehmen im Falle der Aufstellung eines Einzelabschlusses dazu festgelegt werden.

ANWENDUNGSBEREICH

2 **Dieser Standard ist auch bei der Bilanzierung von Anteilen an Tochterunternehmen, Gemeinschaftsunternehmen und assoziierten Unternehmen anzuwenden, wenn ein Unternehmen sich dafür entscheidet oder durch lokale Vorschriften gezwungen ist, einen Einzelabschluss aufzustellen.**

3 Der vorliegende Standard schreibt nicht vor, welche Unternehmen Einzelabschlüsse zu erstellen haben. Er gilt dann, wenn ein Unternehmen einen Einzelabschluss aufstellt, der den International Financial Reporting Standards entspricht.

DEFINITIONEN

4 **Die folgenden Begriffe werden in diesem Standard mit der angegebenen Bedeutung verwendet:**

Ein *Konzernabschluss* ist der Abschluss einer Unternehmensgruppe, in dem die Vermögenswerte, Schulden, das Eigenkapital, die Erträge, Aufwendungen und Cashflows des Mutterunternehmens und all seiner Tochterunternehmen so dargestellt werden, als handle es sich bei ihnen um ein einziges Unternehmen.

Einzelabschlüsse **sind die von einem Unternehmen aufgestellten Abschlüsse, bei denen das Unternehmen vorbehaltlich der Anforderungen dieses Standards wählen kann, ob es seine Anteile an Tochterunternehmen, Gemeinschaftsunternehmen und assoziierten Unternehmen zu Anschaffungskosten, nach IFRS 9 *Finanzinstrumente*, oder nach der in IAS 28 *Anteile an assoziierten Unternehmen und Gemeinschaftsunternehmen* beschriebenen Equity-Methode bilanziert.**

5 Die folgenden Begriffe werden in Anhang A von IFRS 10 *Konzernabschlüsse*, Anhang A von IFRS 11 *Gemeinsame Vereinbarungen*, und Paragraph 3 von IAS 28 *Anteile an assoziierten Unternehmen und Gemeinschaftsunternehmen*, definiert:
– assoziiertes Unternehmen
– Equity-Methode
– Beherrschung eines Beteiligungsunternehmens
– Unternehmensgruppe
– Investmentgesellschaft
– Gemeinschaftliche Führung
– Gemeinschaftsunternehmen
– Partnerunternehmen an einem Gemeinschaftsunternehmen
– Mutterunternehmen
– maßgeblicher Einfluss
– Tochterunternehmen.

6 Einzelabschlüsse werden zusätzlich zu einem Konzernabschluss oder dem Abschluss eines Anteilseigners vorgelegt, der keine Anteile an Tochterunternehmen, sondern Anteile an assoziierten Unternehmen oder Gemeinschaftsunternehmen hält, bei dem die Anteile an assoziierten Unternehmen oder Gemeinschaftsunternehmen gemäß IAS 28 anhand der Equity-Methode zu bilanzieren sind, sofern nicht die in den Paragraphen 8–8A genannten Umstände vorliegen.

7 Der Abschluss eines Unternehmens, das weder ein Tochterunternehmen noch ein assoziiertes Unternehmen besitzt oder Partnerunternehmen an einem gemeinschaftlich geführten Unternehmen ist, stellt keinen Einzelabschluss dar.

INTERNATIONAL ACCOUNTING STANDARD 27

Separate Financial Statements

SUMMARY

OBJECTIVE

The objective of this Standard is to prescribe the accounting and disclosure requirements for investments in subsidiaries, **1** joint ventures and associates when an entity prepares separate financial statements.

SCOPE

This Standard shall be applied in accounting for investments in subsidiaries, joint ventures and associates when an **2** **entity elects, or is required by local regulations, to present separate financial statements.**

This Standard does not mandate which entities produce separate financial statements. It applies when an entity prepares **3** separate financial statements that comply with International Financial Reporting Standards.

DEFINITIONS

The following terms are used in this Standard with the meanings specified: **4**

Consolidated financial statements **are the financial statements of a group in which the assets, liabilities, equity, income, expenses and cash flows of the parent and its subsidiaries are presented as those of a single economic entity.**

Separate financial statements **are those presented by an entity in which the entity could elect, subject to the requirements in this Standard, to account for its investments in subsidiaries, joint ventures and associates either at cost, in accordance with IFRS 9** *Financial Instruments***, or using the equity method as described in IAS 28** *Investments in Associates and Joint Ventures***.**

The following terms are defined in Appendix A of IFRS 10 *Consolidated Financial Statements*, Appendix A of IFRS 11 **5** *Joint Arrangements* and paragraph 3 of IAS 28 *Investments in Associates and Joint Ventures*:
— associate
— equity method
— control of an investee
— group
— investment entity
— joint control
— joint venture
— joint venturer
— parent
— significant influence
— subsidiary.

Separate financial statements are those presented in addition to consolidated financial statements or in addition to the **6** financial statements of an investor that does not have investments in subsidiaries but has investments in associates or joint ventures in which the investments in associates or joint ventures are required by IAS 28 to be accounted for using the equity method, other than in the circumstances set out in paragraphs 8—8A.

The financial statements of an entity that does not have a subsidiary, associate or joint venturer's interest in a joint ven- **7** ture are not separate financial statements.

8 Ein Unternehmen, das nach IFRS 10 Paragraph 4a von der Aufstellung eines Konzernabschlusses oder nach IAS 28 Paragraph 17 (geändert 2011) von der Anwendung der Equity-Methode befreit ist, kann einen Einzelabschluss als seinen einzigen Abschluss vorlegen.

8A Eine Investmentgesellschaft, die für den gesamten laufenden Zeitraum und für alle angegebenen Vergleichszeiträume für alle ihre Tochterunternehmen die Ausnahme von der Konsolidierung gemäß Paragraph 31 des IFRS 10 anwenden muss, stellt als ihre einzigen Abschlüsse Einzelabschlüsse auf.

AUFSTELLUNG EINES EINZELABSCHLUSSES

9 **Ein Einzelabschluss ist in Übereinstimmung mit allen anwendbaren IFRS aufzustellen, abgesehen von der Ausnahme in Paragraph 10.**

10 **Stellt ein Unternehmen Einzelabschlüsse auf, so hat es die Anteile an Tochterunternehmen, Gemeinschaftsunternehmen und assoziierten Unternehmen entweder**
   (a) **zu Anschaffungskosten oder**
   (b) **in Übereinstimmung mit IFRS 9 oder**
   (c) **anhand der in IAS 28 beschriebenen Equity-Methode zu bilanzieren.**

   Es muss für alle Kategorien von Anteilen die gleichen Rechnungslegungsmethoden verwenden. Zu Anschaffungskosten oder anhand der Equity-Methode bilanzierte Anteile sind nach IFRS 5 *Zur Veräußerung gehaltene langfristige Vermögenswerte und aufgegebene Geschäftsbereiche* zu bilanzieren, wenn sie als zur Veräußerung oder zur Ausschüttung gehalten eingestuft werden (oder zu einer Veräußerungsgruppe gehören, die als zur Veräußerung oder zur Ausschüttung gehalten eingestuft ist). Die Bewertung von Anteilen, welche gemäß IFRS 9 bilanziert werden, wird unter diesen Umständen beibehalten.

11 Spricht sich ein Unternehmen nach IAS 28 Paragraph 18 (geändert 2011) dafür aus, dass seine Anteile an assoziierten Unternehmen oder Gemeinschaftsunternehmen gemäß IFRS 9 erfolgswirksam zum beizulegenden Zeitwert bewertet werden sollen, so sind diese Anteile im Einzelabschluss ebenso zu bilanzieren.

11A Muss ein Mutterunternehmen nach Paragraph 31 des IFRS 10 seine Anteile an einem Tochterunternehmen gemäß IFRS 9 ergebniswirksam zum beizulegenden Zeitwert bewerten, so sind diese Anteile im Einzelabschluss ebenso zu bilanzieren.

11B Ein Mutterunternehmen, das den Status einer Investmentgesellschaft verliert oder erwirbt, hat diese Änderung seines Status ab dem Zeitpunkt, zu dem diese Änderung eintritt, folgendermaßen zu bilanzieren:
   (a) Wenn ein Unternehmen den Status einer Investmentgesellschaft verliert, hat es seine Anteile an einem Tochterunternehmen gemäß Paragraph 10 zu bilanzieren. Der Zeitpunkt der Statusänderung gilt als fiktives Erwerbsdatum. Bei der Bilanzierung der Anteile gemäß Paragraph 10 stellt der beizulegende Zeitwert des Tochterunternehmens zum fiktiven Erwerbsdatum die übertragene fiktive Gegenleistung dar.
      (i) [gestrichen]
      (ii) [gestrichen]
   (b) Wenn ein Unternehmen den Status einer Investmentgesellschaft erwirbt, hat es seine Anteile an einem Tochterunternehmen gemäß IFRS 9 ergebniswirksam zum beizulegenden Zeitwert zu bilanzieren. Die Differenz zwischen dem früheren Buchwert des Tochterunternehmens und seinem beizulegenden Zeitwert zum Zeitpunkt der Statusänderung wird in der Ergebnisrechnung als Gewinn oder Verlust ausgewiesen. Der kumulative Betrag eines etwaigen zuvor im sonstigen Ergebnis für diese Tochterunternehmen erfassten Gewinns oder Verlusts wird so behandelt, als hätte die Investmentgesellschaft diese Tochterunternehmen zum Zeitpunkt der Statusänderung veräußert.

12 Dividenden eines Tochterunternehmens, eines Gemeinschaftsunternehmens oder eines assoziierten Unternehmens werden im Einzelabschluss des Unternehmens erfasst, wenn dem Unternehmen der Rechtsanspruch auf die Dividende entsteht. Die Dividende wird im Gewinn oder Verlust angesetzt, sofern das Unternehmen sich nicht für die Anwendung der Equity-Methode entscheidet, bei der die Dividende als Verminderung des Buchwerts des Anteils erfasst wird.

13 Strukturiert ein Mutterunternehmen seine Unternehmensgruppe um, indem es ein neues Unternehmen als Mutterunternehmen einsetzt, und dabei
   (a) das neue Mutterunternehmen durch Ausgabe von Eigenkapitalinstrumenten im Tausch gegen vorhandene Eigenkapitalinstrumente des ursprünglichen Mutterunternehmens die Beherrschung über das ursprüngliche Mutterunternehmen erlangt,
   (b) die Vermögenswerte und Schulden der neuen Unternehmensgruppe und der ursprünglichen Unternehmensgruppe unmittelbar vor und nach der Umstrukturierung gleich sind; und
   (c) die Eigentümer des ursprünglichen Mutterunternehmens unmittelbar vor und nach der Umstrukturierung die gleichen Anteile (absolut wie relativ) am Nettovermögen der ursprünglichen und neuen Unternehmensgruppe halten,
   und das neue Mutterunternehmen seinen Anteil am ursprünglichen Mutterunternehmen in seinem Einzelabschluss nach Paragraph 10a bilanziert, so hat das neue Mutterunternehmen als Anschaffungskosten den Buchwert seines Anteils an den Eigenkapitalposten anzusetzen, der im Einzelabschluss des ursprünglichen Mutterunternehmens zum Zeitpunkt der Umstrukturierung ausgewiesen ist.

An entity that is exempted in accordance with paragraph 4 (a) of IFRS 10 from consolidation or paragraph 17 of IAS 28 (as amended in 2011) from applying the equity method may present separate financial statements as its only financial statements. **8**

An investment entity that is required, throughout the current period and all comparative periods presented, to apply the exception to consolidation for all of its subsidiaries in accordance with paragraph 31 of IFRS 10 presents separate financial statements as its only financial statements. **8A**

PREPARATION OF SEPARATE FINANCIAL STATEMENTS

Separate financial statements shall be prepared in accordance with all applicable IFRSs, except as provided in paragraph 10. **9**

When an entity prepares separate financial statements, it shall account for investments in subsidiaries, joint ventures and associates either: **10**
(a) at cost;
(b) in accordance with IFRS 9; or
(c) using the equity method as described in IAS 28.
  The entity shall apply the same accounting for each category of investments. Investments accounted for at cost or using the equity method shall be accounted for in accordance with IFRS 5 *Non-current Assets Held for Sale and Discontinued Operations* when they are classified as held for sale or for distribution (or included in a disposal group that is classified as held for sale or for distribution). The measurement of investments accounted for in accordance with IFRS 9 is not changed in such circumstances.

If an entity elects, in accordance with paragraph 18 of IAS 28 (as amended in 2011), to measure its investments in associates or joint ventures at fair value through profit or loss in accordance with IFRS 9, it shall also account for those investments in the same way in its separate financial statements. **11**

If a parent is required, in accordance with paragraph 31 of IFRS 10, to measure its investment in a subsidiary at fair value through profit or loss in accordance with IFRS 9, it shall also account for its investment in a subsidiary in the same way in its separate financial statements. **11A**

When a parent ceases to be an investment entity, or becomes an investment entity, it shall account for the change from the date when the change in status occurred, as follows: **11B**
(a) when an entity ceases to be an investment entity, the entity shall account for an investment in a subsidiary in accordance with paragraph 10. The date of the change of status shall be the deemed acquisition date. The fair value of the subsidiary at the deemed acquisition date shall represent the transferred deemed consideration when accounting for the investment in accordance with paragraph 10.
    (i) [deleted]
    (ii) [deleted]
(b) when an entity becomes an investment entity, it shall account for an investment in a subsidiary at fair value through profit or loss in accordance with IFRS 9. The difference between the previous carrying amount of the subsidiary and its fair value at the date of the change of status of the investor shall be recognised as a gain or loss in profit or loss. The cumulative amount of any gain or loss previously recognised in other comprehensive income in respect of those subsidiaries shall be treated as if the investment entity had disposed of those subsidiaries at the date of change in status.

Dividends from a subsidiary, a joint venture or an associate are recognised in the separate financial statements of an entity when the entity's right to receive the dividend is established. The dividend is recognised in profit or loss unless the entity elects to use the equity method, in which case the dividend is recognised as a reduction from the carrying amount of the investment. **12**

When a parent reorganises the structure of its group by establishing a new entity as its parent in a manner that satisfies the following criteria: **13**
(a) the new parent obtains control of the original parent by issuing equity instruments in exchange for existing equity instruments of the original parent;
(b) the assets and liabilities of the new group and the original group are the same immediately before and after the reorganisation; and
(c) the owners of the original parent before the reorganisation have the same absolute and relative interests in the net assets of the original group and the new group immediately before and after the reorganisation,
and the new parent accounts for its investment in the original parent in accordance with paragraph 10 (a) in its separate financial statements, the new parent shall measure cost at the carrying amount of its share of the equity items shown in the separate financial statements of the original parent at the date of the reorganisation.

14 Auch ein Unternehmen, bei dem es sich nicht um ein Mutterunternehmen handelt, könnte ein neues Unternehmen als sein Mutterunternehmen einsetzen und dabei die in Paragraph 13 genannten Kriterien erfüllen. Für solche Umstrukturierungen gelten die Anforderungen des Paragraphen 13 ebenfalls. Verweise auf das „ursprüngliche Mutterunternehmen" und die „ursprüngliche Unternehmensgruppe" sind in einem solchen Fall als Verweise auf das „ursprüngliche Unternehmen" zu verstehen.

ANGABEN

15 Bei den Angaben in seinem Einzelabschluss legt ein Unternehmen alle anwendbaren IFRS zugrunde, einschließlich der Anforderungen in den Paragraphen 16 und 17.

16 Werden Einzelabschlüsse für ein Mutterunternehmen aufgestellt, das sich gemäß IFRS 10 Paragraph 4a entschließt, keinen Konzernabschluss aufzustellen, müssen die Einzelabschlüsse folgende Angaben enthalten:

(a) die Tatsache, dass es sich bei den Abschlüssen um Einzelabschlüsse handelt; dass von der Befreiung von der Konsolidierung Gebrauch gemacht wurde; Name und Hauptniederlassung (sowie Gründungsland des Unternehmens, falls abweichend), dessen Konzernabschluss nach den Regeln der International Financial Reporting Standards zu Veröffentlichungszwecken erstellt wurde; und die Anschrift, unter welcher der Konzernabschluss erhältlich ist;

(b) eine Auflistung wesentlicher Anteile an Tochterunternehmen, Gemeinschaftsunternehmen und assoziierten Unternehmen unter Angabe

(i) des Namens dieser Beteiligungsunternehmen;

(ii) der Hauptniederlassung (sowie Gründungsland des Unternehmens, falls abweichend) dieser Beteiligungsunternehmen;

(iii) der Beteiligungsquote (und, soweit abweichend, der Stimmrechtsquote) an diesen Beteiligungsunternehmen;

(c) eine Beschreibung der Bilanzierungsmethode der unter b aufgeführten Anteile.

16A Stellt eine Investmentgesellschaft, bei der es sich um ein Mutterunternehmen (jedoch kein Mutterunternehmen im Sinne von Paragraph 16) handelt, gemäß Paragraph 8A als seine einzigen Abschlüsse Einzelabschlüsse auf, so hat sie dies anzugeben. In diesem Fall hat die Investmentgesellschaft auch die in IFRS 12 *Angaben zu Anteilen an anderen Unternehmen* für Investmentgesellschaften verlangten Angaben zu machen.

17 Stellt ein Mutterunternehmen (bei dem es sich nicht um ein Mutterunternehmen im Sinne der Paragraphen 16–16A handelt) oder ein an der gemeinschaftlichen Führung über ein Beteiligungsunternehmen beteiligter Anteilseigner oder ein Anteilseigner mit einem maßgeblichen Einfluss einen Einzelabschluss auf, macht das Mutterunternehmen oder der Anteilseigner Angaben, welche der Abschlüsse, auf die sie sich beziehen, gemäß IFRS 10, IFRS 11 oder IAS 28 (geändert 2011) aufgestellt wurden. Das Mutterunternehmen oder der Anteilseigner macht im Einzelabschluss zusätzlich folgende Angaben:

(a) die Tatsache, dass es sich bei den Abschlüssen um Einzelabschlüsse handelt und die Gründe, warum die Abschlüsse aufgestellt wurden, sofern nicht gesetzlich vorgeschrieben;

(b) eine Auflistung wesentlicher Anteile an Tochterunternehmen, Gemeinschaftsunternehmen und assoziierten Unternehmen unter Angabe

(i) des Namens dieser Beteiligungsunternehmen;

(ii) der Hauptniederlassung (sowie Gründungsland des Unternehmens, falls abweichend) dieser Beteiligungsunternehmen;

(iii) der Beteiligungsquote (und, soweit abweichend, der Stimmrechtsquote) an diesen Beteiligungsunternehmen;

(c) eine Beschreibung der Bilanzierungsmethode der unter b aufgeführten Anteile.

Das Mutterunternehmen oder der Anteilseigner geben auch an, welche der Abschlüsse, auf die sie sich beziehen, gemäß IFRS 10, IFRS 11 oder IAS 28 (geändert 2011) aufgestellt wurden.

ZEITPUNKT DES INKRAFTTRETENS UND ÜBERGANGSVORSCHRIFTEN

18 Dieser Standard ist erstmals in der ersten Berichtsperiode eines am 1. Januar 2013 oder danach beginnenden Geschäftsjahres anzuwenden. Eine frühere Anwendung ist zulässig. Wenn ein Unternehmen diesen Standard früher anwendet, so ist dies anzugeben und sind IFRS 10, IFRS 11, IFRS 12 und IAS 28 (geändert 2011) gleichzeitig anzuwenden.

18A Mit der im Oktober 2012 veröffentlichten Verlautbarung *Investmentgesellschaften (Investment Entities)* (Änderungen an IFRS 10, IFRS 12 und IAS 27) wurden die Paragraphen 5, 6, 17 und 18 geändert und die Paragraphen 8A, 11A–11B, 16A und 18B–18I angefügt. Unternehmen haben diese Änderungen auf Geschäftsjahre anzuwenden, die am oder nach dem 1. Januar 2014 beginnen. Eine frühere Anwendung ist zulässig. Wendet ein Unternehmen diese Änderungen früher an, hat es diesen Sachverhalt anzugeben und alle in der Verlautbarung enthaltenen Änderungen gleichzeitig anzuwenden.

18B Kommt ein Mutterunternehmen zum Zeitpunkt der erstmaligen Anwendung der Änderungen für Investmentgesellschaften (im Sinne dieses IFRS ist dies der Beginn der Berichtsperiode, für die die Änderungen zum ersten Mal angewendet werden) zu dem Schluss, dass es eine Investmentgesellschaft ist, so wendet es für seine Anteile an Tochterunternehmen die Paragraphen 18C–18I an.

Similarly, an entity that is not a parent might establish a new entity as its parent in a manner that satisfies the criteria in 14 paragraph 13. The requirements in paragraph 13 apply equally to such reorganisations. In such cases, references to 'original parent' and 'original group' are to the 'original entity'.

DISCLOSURE

An entity shall apply all applicable IFRSs when providing disclosures in its separate financial statements, including 15 the requirements in paragraphs 16 and 17.

When a parent, in accordance with paragraph 4 (a) of IFRS 10, elects not to prepare consolidated financial state- 16 ments and instead prepares separate financial statements, it shall disclose in those separate financial statements:

(a) the fact that the financial statements are separate financial statements; that the exemption from consolidation has been used; the name and principal place of business (and country of incorporation, if different) of the entity whose consolidated financial statements that comply with International Financial Reporting Standards have been produced for public use; and the address where those consolidated financial statements are obtainable.

(b) a list of significant investments in subsidiaries, joint ventures and associates, including:
   (i) the name of those investees.
   (ii) the principal place of business (and country of incorporation, if different) of those investees.
   (iii) its proportion of the ownership interest (and its proportion of the voting rights, if different) held in those investees.

(c) a description of the method used to account for the investments listed under (b).

When an investment entity that is a parent (other than a parent covered by paragraph 16) prepares, in accordance 16A with paragraph 8A, separate financial statements as its only financial statements, it shall disclose that fact. The investment entity shall also present the disclosures relating to investment entities required by IFRS 12 *Disclosure of Interests in Other Entities*.

When a parent (other than a parent covered by paragraphs 16—16A) or an investor with joint control of, or signifi- 17 cant influence over, an investee prepares separate financial statements, the parent or investor shall identify the financial statements prepared in accordance with IFRS 10, IFRS 11 or IAS 28 (as amended in 2011) to which they relate. The parent or investor shall also disclose in its separate financial statements:

(a) the fact that the statements are separate financial statements and the reasons why those statements are prepared if not required by law.

(b) a list of significant investments in subsidiaries, joint ventures and associates, including:
   (i) the name of those investees.
   (ii) the principal place of business (and country of incorporation, if different) of those investees.
   (iii) its proportion of the ownership interest (and its proportion of the voting rights, if different) held in those investees.

(c) a description of the method used to account for the investments listed under (b).

The parent or investor shall also identify the financial statements prepared in accordance with IFRS 10, IFRS 11 or IAS 28 (as amended in 2011) to which they relate.

EFFECTIVE DATE AND TRANSITION

An entity shall apply this Standard for annual periods beginning on or after 1 January 2013. Earlier application is per- 18 mitted. If an entity applies this Standard earlier, it shall disclose that fact and apply IFRS 10, IFRS 11, IFRS 12 and IAS 28 (as amended in 2011) at the same time.

Investment Entities (Amendments to IFRS 10, IFRS 12 and IAS 27), issued in October 2012, amended paragraphs 5, 6, 17 18A and 18, and added paragraphs 8A, 11A—11B, 16A and 18B—18I. An entity shall apply those amendments for annual periods beginning on or after 1 January 2014. Early adoption is permitted. If an entity applies those amendments earlier, it shall disclose that fact and apply all amendments included in *Investment Entities* at the same time.

If, at the date of initial application of the *Investment Entities* amendments (which, for the purposes of this IFRS, is the 18B beginning of the annual reporting period for which those amendments are applied for the first time), a parent concludes that it is an investment entity, it shall apply paragraphs 18C—18I to its investment in a subsidiary.

18C Zum Zeitpunkt der erstmaligen Anwendung hat eine Investmentgesellschaft, die ihre Anteile an einem Tochterunternehmen vormals zu Anschaffungskosten bewertet hat, diese Anteile ergebniswirksam zum beizulegenden Zeitwert zu bewerten, als ob die Vorschriften dieses IFRS schon immer gegolten hätten. Die Investmentgesellschaft nimmt rückwirkend eine Anpassung für das dem Zeitpunkt der erstmaligen Anwendung unmittelbar vorausgehende Geschäftsjahr sowie eine Anpassung des Ergebnisvortrags zu Beginn des unmittelbar vorausgehenden Zeitraums um etwaige Abweichungen zwischen folgenden Werten vor:

(a) dem früheren Buchwert des Anteils und

(b) dem beizulegenden Zeitwert des Anteils der Investmentgesellschaft an dem Tochterunternehmen.

18D Zum Zeitpunkt der erstmaligen Anwendung hat eine Investmentgesellschaft, die ihren Anteil an einem Tochterunternehmen bisher ergebnisneutral zum beizulegenden Zeitwert im sonstigen Ergebnis bewertet hat, diesen Anteil auch weiterhin zum beizulegenden Zeitwert zu bewerten. Der kumulative Betrag etwaiger Anpassungen des zuvor im sonstigen Ergebnis erfassten beizulegenden Zeitwerts ist zu Beginn des dem Zeitpunkt der erstmaligen Anwendung unmittelbar vorausgehenden Geschäftsjahrs in den Ergebnisvortrag zu übertragen.

18E Zum Zeitpunkt der erstmaligen Anwendung nimmt eine Investmentgesellschaft für einen Anteil an einem Tochterunternehmen, für das sie zuvor die in Paragraph 10 vorgesehene Möglichkeit zur ergebniswirksamen Bewertung zum beizulegenden Zeitwert gemäß IFRS 9 in Anspruch genommen hat, keine Anpassung an der früheren Bilanzierung vor.

18F Vor dem Zeitpunkt der Anwendung des IFRS 13 *Bemessung des beizulegenden Zeitwerts* verwendet eine Investmentgesellschaft als beizulegenden Zeitwert die Beträge, die zuvor den Investoren oder der Geschäftsleitung ausgewiesen wurden, sofern es sich dabei um die Beträge handelt, zu denen am Tag der Bewertung zwischen sachverständigen, vertragswilligen und voneinander unabhängigen Geschäftspartnern zu marktüblichen Bedingungen Anteile hätten getauscht werden können.

18G Ist die Bewertung der Anteile an einem Tochterunternehmen gemäß den Paragraphen 18C–18F undurchführbar (gemäß Definition in IAS 8 *Rechnungslegungsmethoden, Änderungen von rechnungslegungsbezogenen Schätzungen und Fehler*), wendet eine Investmentgesellschaft die Bestimmungen dieses IFRS zu Beginn des frühsten Zeitraums an, für den die Anwendung der Paragraphen 18C–18F durchführbar ist. Dies kann der aktuelle Berichtszeitraum sein. Der Investor nimmt rückwirkend eine Anpassung für das Geschäftsjahr vor, das dem Zeitpunkt der erstmaligen Anwendung unmittelbar vorausgeht, es sei denn, der Beginn des frühesten Zeitraums, für den die Anwendung dieses Paragraphen durchführbar ist, ist der aktuelle Berichtszeitraum. Liegt der Zeitpunkt, zu dem die Investmentgesellschaft die Bewertung des Tochterunternehmens zum beizulegenden Zeitwert bewerten kann, vor dem Beginn des unmittelbar vorausgehenden Zeitraums, nimmt die Investmentgesellschaft zu Beginn des unmittelbar vorausgehenden Zeitraums eine Anpassung des Eigenkapitals um etwaige Abweichungen zwischen folgenden Werten vor:

(a) dem früheren Buchwert des Anteils und

(b) dem beizulegenden Zeitwert des Anteils der Investmentgesellschaft an dem Tochterunternehmen.

Ist der Beginn des frühesten Zeitraums, für den die Anwendung dieses Paragraphen durchführbar ist, der aktuelle Berichtszeitraum, so wird die Anpassung des Eigenkapitals zu Beginn des aktuellen Berichtszeitraums erfasst.

18H Hat eine Investmentgesellschaft vor dem Zeitpunkt der erstmaligen Anwendung der Änderungen für Investmentgesellschaften einen Anteile an einem Tochterunternehmen veräußert oder die Beherrschung darüber verloren, so braucht sie für diesen Anteil keine Anpassung der früheren Bilanzierung vorzunehmen.

18I Ungeachtet der Bezugnahme auf das Geschäftsjahr, das dem Zeitpunkt der erstmaligen Anwendung unmittelbar vorausgeht (den „unmittelbar vorausgehenden Berichtszeitraum") in den Paragraphen 18C–18G kann ein Unternehmen auch angepasste vergleichende Angaben für frühere Zeiträume vorlegen, ist dazu aber nicht verpflichtet. Legt ein Unternehmen angepasste vergleichende Angaben für frühere Zeiträume vor, sind alle Bezugnahmen auf den „unmittelbar vorausgehenden Berichtszeitraum" in den Paragraphen 18C–18G als der „früheste ausgewiesene angepasste Vergleichszeitraum" zu verstehen. Legt ein Unternehmen unangepasste vergleichende Angaben für frühere Zeiträume vor, sind die unangepassten Angaben klar zu kennzeichnen. Außerdem ist darauf hinzuweisen, dass diese Angaben auf einer anderen Grundlage beruhen, und ist diese Grundlage zu erläutern.

18J Mit der im August 2014 veröffentlichten Verlautbarung *Equity-Methode in Einzelabschlüssen* (*Equity Method in Separate Financial Statements*) (Änderungen an IAS 27) wurden die Paragraphen 4–7, 10, 11B und 12 geändert. Diese Änderungen sind gemäß IAS 8 *Bilanzierungs- und Bewertungsmethoden, Änderungen von Schätzungen und Fehler* rückwirkend auf Geschäftsjahre anzuwenden, die am oder nach dem 1. Januar 2016 beginnen. Eine frühere Anwendung ist zulässig. Wendet ein Unternehmen diese Änderungen früher an, hat es dies anzugeben.

Verweise auf IFRS 9

19 Wendet ein Unternehmen diesen Standard an, aber noch nicht IFRS 9, so ist jeder Verweis auf IFRS 9 als Verweis auf IAS 39 *Finanzinstrumente: Ansatz und Bewertung* zu verstehen.

RÜCKNAHME VON IAS 27 (2008)

20 Dieser Standard kollidiert mit IFRS 10. Die beiden IFRS ersetzen zusammen IAS 27 *Konzern- und separate Einzelabschlüsse* (geändert 2008).

At the date of initial application, an investment entity that previously measured its investment in a subsidiary at cost shall instead measure that investment at fair value through profit or loss as if the requirements of this IFRS had always been effective. The investment entity shall adjust retrospectively the annual period immediately preceding the date of initial application and shall adjust retained earnings at the beginning of the immediately preceding period for any difference between: **18C**
(a) the previous carrying amount of the investment; and
(b) the fair value of the investor's investment in the subsidiary.

At the date of initial application, an investment entity that previously measured its investment in a subsidiary at fair value through other comprehensive income shall continue to measure that investment at fair value. The cumulative amount of any fair value adjustment previously recognised in other comprehensive income shall be transferred to retained earnings at the beginning of the annual period immediately preceding the date of initial application. **18D**

At the date of initial application, an investment entity shall not make adjustments to the previous accounting for an interest in a subsidiary that it had previously elected to measure at fair value through profit or loss in accordance with IFRS 9, as permitted in paragraph 10. **18E**

Before the date that IFRS 13 *Fair Value Measurement* is adopted, an investment entity shall use the fair value amounts previously reported to investors or to management, if those amounts represent the amount for which the investment could have been exchanged between knowledgeable, willing parties in an arm's length transaction at the date of the valuation. **18F**

If measuring the investment in the subsidiary in accordance with paragraphs 18C—18F is impracticable (as defined in IAS 8 *Accounting Policies, Changes in Accounting Estimates and Errors*), an investment entity shall apply the requirements of this IFRS at the beginning of the earliest period for which application of paragraphs 18C—18F is practicable, which may be the current period. The investor shall adjust retrospectively the annual period immediately preceding the date of initial application, unless the beginning of the earliest period for which application of this paragraph is practicable is the current period. When the date that it is practicable for the investment entity to measure the fair value of the subsidiary is earlier than the beginning of the immediately preceding period, the investor shall adjust equity at the beginning of the immediately preceding period for any difference between: **18G**
(a) the previous carrying amount of the investment; and
(b) the fair value of the investor's investment in the subsidiary.
If the earliest period for which application of this paragraph is practicable is the current period, the adjustment to equity shall be recognised at the beginning of the current period.

If an investment entity has disposed of, or lost control of, an investment in a subsidiary before the date of initial application of the *Investment Entities* amendments, the investment entity is not required to make adjustments to the previous accounting for that investment. **18H**

Notwithstanding the references to the annual period immediately preceding the date of initial application (the 'immediately preceding period') in paragraphs 18C—18G, an entity may also present adjusted comparative information for any earlier periods presented, but is not required to do so. If an entity does present adjusted comparative information for any earlier periods, all references to the 'immediately preceding period' in paragraphs 18C—18G shall be read as the 'earliest adjusted comparative period presented'. If an entity presents unadjusted comparative information for any earlier periods, it shall clearly identify the information that has not been adjusted, state that it has been prepared on a different basis, and explain that basis. **18I**

Equity Method in Separate Financial Statements (Amendments to IAS 27), issued in August 2014, amended paragraphs 4—7, 10, 11B and 12. An entity shall apply those amendments for annual periods beginning on or after 1 January 2016 retrospectively in accordance with IAS 8 *Accounting Policies, Changes in Accounting Estimates and Errors*. Earlier application is permitted. If an entity applies those amendments for an earlier period, it shall disclose that fact. **18J**

References to IFRS 9

If an entity applies this Standard but does not yet apply IFRS 9, any reference to IFRS 9 shall be read as a reference to IAS 39 *Financial Instruments: Recognition and Measurement*. **19**

WITHDRAWAL OF IAS 27 (2008)

This Standard is issued concurrently with IFRS 10. Together, the two IFRSs supersede IAS 27 *Consolidated and Separate Financial Statements* (as amended in 2008). **20**

INTERNATIONAL ACCOUNTING STANDARD 28

Anteile an assoziierten Unternehmen und Gemeinschaftsunternehmen

ZIEL

1 Mit diesem Standard sollen die Bilanzierung der Anteile an assoziierten Unternehmen vorgeschrieben und die Anforderungen für die Anwendung der Equity-Methode für die Bilanzierung von Anteilen an assoziierten Unternehmen und Gemeinschaftsunternehmen festgelegt werden.

ANWENDUNGSBEREICH

2 Dieser Standard gilt für alle Unternehmen, bei denen es sich um Eigentümer handelt, die ein Beteiligungsunternehmen gemeinschaftlich führen oder über einen maßgeblichen Einfluss darüber verfügen.

DEFINITIONEN

3 Die folgenden Begriffe werden in diesem Standard mit der angegebenen Bedeutung verwendet:

Ein *assoziiertes Unternehmen* ist ein Unternehmen, bei dem der Eigentümer über maßgeblichen Einfluss verfügt.

Ein *Konzernabschluss* ist der Abschluss einer Unternehmensgruppe, in dem die Vermögenswerte, Schulden, das Eigenkapital, die Erträge, Aufwendungen und Cashflows des Mutterunternehmens und all seiner Tochterunternehmen so dargestellt werden, als handle es sich bei ihnen um ein einziges Unternehmen.

Die *Equity-Methode* ist eine Bilanzierungsmethode, bei der die Anteile zunächst mit den Anschaffungskosten angesetzt werden, dieser Ansatz aber in der Folge um etwaige Veränderungen beim Anteil des Eigentümers am Nettovermögen des Beteiligungsunternehmens angepasst wird. Der Gewinn oder Verlust des Eigentümers schließt dessen Anteil am Gewinn oder Verlust des Beteiligungsunternehmens ein und das sonstige Gesamtergebnis des Eigentümers schließt dessen Anteil am sonstigen Gesamtergebnis des Beteiligungsunternehmens ein.

Eine *gemeinsame Vereinbarung* ist eine Vereinbarung, bei der zwei oder mehr Parteien die gemeinschaftliche Führung innehaben.

Gemeinschaftliche Führung ist die vertraglich vereinbarte Aufteilung der Führung der Vereinbarung und ist nur dann gegeben, wenn die mit dieser Geschäftstätigkeit verbundenen Entscheidungen die einstimmige Zustimmung der an der gemeinschaftlichen Führung beteiligten Parteien erfordern.

Ein *Gemeinschaftsunternehmen* ist eine gemeinschaftliche Vereinbarung, bei der die Parteien, die die gemeinschaftliche Führung innehaben, Rechte am Nettovermögen der Vereinbarung haben.

Ein *Partnerunternehmen* bezeichnet einen Partner an einem Gemeinschaftsunternehmen, der an der gemeinschaftlichen Führung dieses Gemeinschaftsunternehmens beteiligt ist.

Maßgeblicher Einfluss ist die Möglichkeit, an den finanz- und geschäftspolitischen Entscheidungen des Beteiligungsunternehmens mitzuwirken, nicht aber die Beherrschung oder die gemeinschaftliche Führung der Entscheidungsprozesse.

INTERNATIONAL ACCOUNTING STANDARD 28

Investments in Associates and Joint Ventures

SUMMARY

OBJECTIVE

The objective of this Standard is to prescribe the accounting for investments in associates and to set out the requirements for the application of the equity method when accounting for investments in associates and joint ventures.   1

SCOPE

This Standard shall be applied by all entities that are investors with joint control of, or significant influence over, an investee.   2

DEFINITIONS

The following terms are used in this Standard with the meanings specified: 3

An *associate* is an entity over which the investor has significant influence.

Consolidated financial statements are the financial statements of a group in which assets, liabilities, equity, income, expenses and cash flows of the parent and its subsidiaries are presented as those of a single economic entity.

The *equity method* is a method of accounting whereby the investment is initially recognised at cost and adjusted thereafter for the post-acquisition change in the investor's share of the investee's net assets. The investor's profit or loss includes its share of the investee's profit or loss and the investor's other comprehensive income includes its share of the investee's other comprehensive income.

A *joint arrangement* is an arrangement of which two or more parties have joint control.

Joint control is the contractually agreed sharing of control of an arrangement, which exists only when decisions about the relevant activities require the unanimous consent of the parties sharing control.

A *joint venture* is a joint arrangement whereby the parties that have joint control of the arrangement have rights to the net assets of the arrangement.

A *joint venturer* is a party to a joint venture that has joint control of that joint venture.

Significant influence is the power to participate in the financial and operating policy decisions of the investee but is not control or joint control of those policies.

4 Die folgenden Begriffe werden in IAS 27 Paragraph 4 *Einzelabschlüsse* und in IFRS 10 Anhang A *Konzernabschlüsse* definiert und in diesem Standard mit der in den IFRS, in denen sie festgelegt werden, angegebenen Bedeutung verwendet:
– Beherrschung eines Beteiligungsunternehmens
– Unternehmensgruppe
– Mutterunternehmen
– Einzelabschlüsse
– Tochterunternehmen.

MASSGEBLICHER EINFLUSS

5 Hält ein Unternehmen direkt oder indirekt (z. B. durch Tochterunternehmen) 20 % oder mehr der Stimmrechte an einem Beteiligungsunternehmen, so wird vermutet, dass ein maßgeblicher Einfluss des Unternehmens vorliegt, es sei denn, dies kann eindeutig widerlegt werden. Umgekehrt wird bei einem direkt oder indirekt (z. B. durch Tochterunternehmen) gehaltenen Stimmrechtsanteil des Unternehmens von weniger als 20 % vermutet, dass das Unternehmen nicht über maßgeblichen Einfluss verfügt, es sei denn, dieser Einfluss kann eindeutig nachgewiesen werden. Ein erheblicher Anteilsbesitz oder eine Mehrheitsbeteiligung eines anderen Eigentümers schließen nicht notwendigerweise aus, dass ein Unternehmen über maßgeblichen Einfluss verfügt.

6 Das Vorliegen eines oder mehrerer der folgenden Indikatoren lässt in der Regel auf einen maßgeblichen Einfluss des Unternehmens schließen:
(a) Vertretung im Geschäftsführungs- und/oder Aufsichtsorgan oder einem gleichartigen Leitungsgremium des Beteiligungsunternehmens;
(b) Teilnahme an den Entscheidungsprozessen, einschließlich der Teilnahme an Entscheidungen über Dividenden oder sonstige Ausschüttungen;
(c) wesentliche Geschäftsvorfälle zwischen dem Unternehmen und dem Beteiligungsunternehmen;
(d) Austausch von Führungspersonal; oder
(e) Bereitstellung bedeutender technischer Informationen.

7 Ein Unternehmen kann Aktienoptionsscheine, Aktienkaufoptionen, Schuld- oder Eigenkapitalinstrumente, die in Stammaktien oder in ähnliche Instrumente eines anderen Unternehmens umwandelbar sind, halten, deren Ausübung oder Umwandlung dem ausübenden Unternehmen die Möglichkeit gibt, zusätzliche Stimmrechte über die Finanz- und Geschäftspolitik eines anderen Unternehmens zu erlangen oder die Stimmrechte eines anderen Anteilsinhabers über diese zu beschränken (d. h. potenzielle Stimmrechte). Bei der Beurteilung der Frage, ob ein Unternehmen über maßgeblichen Einfluss verfügt, werden die Existenz und die Auswirkungen potenzieller Stimmrechte, die gegenwärtig ausgeübt oder umgewandelt werden können, einschließlich der von anderen Unternehmen gehaltenen potenziellen Stimmrechte berücksichtigt. Potenzielle Stimmrechte sind nicht als gegenwärtig ausübungsfähig oder umwandelbar anzusehen, wenn sie zum Beispiel erst zu einem künftigen Termin oder bei Eintritt eines künftigen Ereignisses ausgeübt oder umgewandelt werden können.

8 Bei der Beurteilung der Frage, ob potenzielle Stimmrechte zum maßgeblichen Einfluss beitragen, prüft das Unternehmen alle Tatsachen und Umstände, die die potenziellen Stimmrechte beeinflussen (einschließlich der Bedingungen für die Ausübung dieser Rechte und sonstiger vertraglicher Vereinbarungen, gleich ob in der Einzelfallbetrachtung oder im Zusammenhang), mit Ausnahme der Handlungsabsichten des Managements und der finanziellen Möglichkeiten einer Ausübung oder Umwandlung dieser potenziellen Rechte.

9 Ein Unternehmen verliert seinen maßgeblichen Einfluss über ein Beteiligungsunternehmen in dem Moment, in dem es die Möglichkeit verliert, an dessen finanz- und geschäftspolitischen Entscheidungsprozessen teilzuhaben Dies kann mit oder ohne Änderung der absoluten oder relativen Eigentumsverhältnisse der Fall sein. Ein solcher Verlust kann beispielsweise eintreten, wenn ein assoziiertes Unternehmen unter die Kontrolle staatlicher Behörden, Gerichte, Zwangsverwalter oder Aufsichtsbehörden gerät. Er könnte auch das Ergebnis vertraglicher Vereinbarungen sein.

EQUITY-METHODE

10 Bei der Equity-Methode werden die Anteile am assoziierten Unternehmen oder am Gemeinschaftsunternehmen zunächst mit den Anschaffungskosten angesetzt. In der Folge erhöht oder verringert sich der Buchwert der Anteile entsprechend dem Anteil des Eigentümers am Gewinn oder Verlust des Beteiligungsunternehmens. Der Anteil des Eigentümers am Gewinn oder Verlust des Beteiligungsunternehmens wird in dessen Gewinn oder Verlust ausgewiesen. Vom Beteiligungsunternehmen empfangene Ausschüttungen vermindern den Buchwert der Anteile. Änderungen des Buchwerts können auch aufgrund von Änderungen der Beteiligungsquote des Eigentümers notwendig sein, welche sich aufgrund von Änderungen im sonstigen Gesamtergebnis des Beteiligungsunternehmens ergeben. Solche Änderungen entstehen unter anderem infolge einer Neubewertung von Sachanlagevermögen und aus der Umrechnung von Fremdwährungsabschlüssen. Der Anteil des Eigentümers an diesen Änderungen wird im sonstigen Gesamtergebnis des Eigentümers erfasst (siehe IAS 1 *Darstellung des Abschlusses).*

The following terms are defined in paragraph 4 of IAS 27 *Separate Financial Statements* and in Appendix A of IFRS 10   **4**
Consolidated Financial Statements and are used in this Standard with the meanings specified in the IFRSs in which they
are defined:
— control of an investee
— group
— parent
— separate financial statements
— subsidiary.

SIGNIFICANT INFLUENCE

If an entity holds, directly or indirectly (e.g. through subsidiaries), 20 per cent or more of the voting power of the investee,   **5**
it is presumed that the entity has significant influence, unless it can be clearly demonstrated that this is not the case.
Conversely, if the entity holds, directly or indirectly (e.g. through subsidiaries), less than 20 per cent of the voting power
of the investee, it is presumed that the entity does not have significant influence, unless such influence can be clearly
demonstrated. A substantial or majority ownership by another investor does not necessarily preclude an entity from having significant influence.

The existence of significant influence by an entity is usually evidenced in one or more of the following ways: **6**
(a)   representation on the board of directors or equivalent governing body of the investee;
(b)   participation in policy-making processes, including participation in decisions about dividends or other distributions;
(c)   material transactions between the entity and its investee;
(d)   interchange of managerial personnel; or
(e)   provision of essential technical information.

An entity may own share warrants, share call options, debt or equity instruments that are convertible into ordinary   **7**
shares, or other similar instruments that have the potential, if exercised or converted, to give the entity additional voting
power or to reduce another party's voting power over the financial and operating policies of another entity (i.e. potential
voting rights). The existence and effect of potential voting rights that are currently exercisable or convertible, including
potential voting rights held by other entities, are considered when assessing whether an entity has significant influence.
Potential voting rights are not currently exercisable or convertible when, for example, they cannot be exercised or converted until a future date or until the occurrence of a future event.

In assessing whether potential voting rights contribute to significant influence, the entity examines all facts and circum-   **8**
stances (including the terms of exercise of the potential voting rights and any other contractual arrangements whether
considered individually or in combination) that affect potential rights, except the intentions of management and the
financial ability to exercise or convert those potential rights.

An entity loses significant influence over an investee when it loses the power to participate in the financial and operating   **9**
policy decisions of that investee. The loss of significant influence can occur with or without a change in absolute or relative ownership levels. It could occur, for example, when an associate becomes subject to the control of a government,
court, administrator or regulator. It could also occur as a result of a contractual arrangement.

EQUITY METHOD

Under the equity method, on initial recognition the investment in an associate or a joint venture is recognised at cost, and   **10**
the carrying amount is increased or decreased to recognise the investor's share of the profit or loss of the investee after
the date of acquisition. The investor's share of the investee's profit or loss is recognised in the investor's profit or loss.
Distributions received from an investee reduce the carrying amount of the investment. Adjustments to the carrying
amount may also be necessary for changes in the investor's proportionate interest in the investee arising from changes in
the investee's other comprehensive income. Such changes include those arising from the revaluation of property, plant
and equipment and from foreign exchange translation differences. The investor's share of those changes is recognised in
the investor's other comprehensive income (see IAS 1 *Presentation of Financial Statements*).

11 Werden Erträge auf Basis der erhaltenen Dividenden angesetzt, so spiegelt dies unter Umständen nicht in angemessener Weise die Erträge wider, die ein Eigentümer aus Anteilen an einem assoziierten Unternehmen oder einem Gemeinschaftsunternehmen erzielt hat, da die Dividenden u. U. nur unzureichend in Relation zur Ertragskraft des assoziierten Unternehmens oder des Gemeinschaftsunternehmens stehen. Da der Eigentümer in die gemeinschaftliche Führung des Beteiligungsunternehmens involviert ist oder über maßgeblichen Einfluss auf das Unternehmen verfügt, hat er einen Anteil an der Ertragskraft des assoziierten Unternehmens oder des Gemeinschaftsunternehmens und demzufolge am Rückfluss des eingesetzten Kapitals. Diese Beteiligung an der Ertragskraft bilanziert der Eigentümer, indem er den Umfang seines Abschlusses um seinen Gewinn- oder Verlustanteil am Beteiligungsunternehmen erweitert. Dementsprechend bietet die Anwendung der Equity-Methode mehr Informationen über das Nettovermögen und den Gewinn oder Verlust des Eigentümers.

12 Wenn potenzielle Stimmrechte oder sonstige Derivate mit potenziellen Stimmrechten bestehen, werden die Anteile des Unternehmens an einem assoziierten Unternehmen oder einem Gemeinschaftsunternehmen lediglich auf Grundlage der bestehenden Eigentumsanteile und nicht unter Berücksichtigung der möglichen Ausübung oder Umwandlung potenzieller Stimmrechte oder sonstiger derivativer Instrumente bestimmt, es sei denn, Paragraph 13 findet Anwendung.

13 In einigen Fällen hat ein Unternehmen ein Eigentumsrecht infolge einer Transaktion erworben und hat infolgedessen derzeit Recht auf die aus einem Eigentumsanteil herrührenden Erträge. Unter diesen Umständen wird der dem Unternehmen zugewiesene Betrag unter Berücksichtigung der eventuellen Ausübung dieser potenziellen Stimmrechte und des Rückgriffs auf sonstige derivative Instrumente festgelegt, aufgrund deren das Unternehmen derzeit die Erträge erhält.

14 IFRS 9 *Finanzinstrumente* findet keine Anwendung auf Anteile an assoziierten Unternehmen und Gemeinschaftsunternehmen, deren Bilanzierung nach der Equity-Methode erfolgt. Wenn Instrumente mit potenziellen Stimmrechten ihrem Wesen nach derzeit zu Erträgen aufgrund von Eigentumsanteilen an einem assoziierten Unternehmen oder einem Gemeinschaftsunternehmen führen, unterliegen die Instrumente nicht IFRS 9. In allen anderen Fällen, in denen es sich um Instrumente mit potenziellen Stimmrechten an einem assoziierten Unternehmen oder einem Gemeinschaftsunternehmen handelt, ist nach IFRS 9 zu bilanzieren.

15 Wenn ein Anteil oder ein Teil eines Anteils an einem assoziierten Unternehmen oder Gemeinschaftsunternehmens nach IFRS 5 *Zur Veräußerung gehaltene langfristige Vermögenswerte und aufgegebene Geschäftsbereiche* als zur Veräußerung gehalten eingestuft wird, ist der Anteil oder behaltene Teil des Anteils, der nicht als zur Veräußerung gehalten eingestuft wurde, als langfristiger Vermögenswert zu bilanzieren.

ANWENDUNG DER EQUITY-METHODE

16 Ein Unternehmen, das in die gemeinschaftliche Führung eines Beteiligungsunternehmens involviert ist oder einen maßgeblichen Einfluss auf das Beteiligungsunternehmen ausübt, bilanziert seinen Anteil an einem assoziierten Unternehmen oder einem Gemeinschaftsunternehmen nach der Equity-Methode, es sei denn, der Anteil fällt unter die Ausnahme nach Paragraph 17–19.

Ausnahmen von der Anwendung der Equity-Methode

17 Ein Unternehmen muss die Equity-Methode nicht auf seine Anteile an einem assoziierten Unternehmen oder einem Gemeinschaftsunternehmen anwenden, wenn das Unternehmen ein Mutterunternehmen ist, das von der Aufstellung eines Konzernabschlusses nach der Ausnahme vom Anwendungsbereich gemäß IFRS 10 Paragraph 4a befreit ist oder wenn alle folgenden Punkte zutreffen:

(a) das Unternehmen ist ein hundertprozentiges Tochterunternehmen oder ein teilweise im Besitz stehendes Tochterunternehmen eines anderen Unternehmens und die anderen Eigentümer, einschließlich der nicht stimmberechtigten, sind darüber unterrichtet, dass das Unternehmen die Equity-Methode nicht anwendet, und erheben dagegen keine Einwände;

(b) die Schuld- oder Eigenkapitalinstrumente des Unternehmens werden nicht am Kapitalmarkt (einer nationalen oder ausländischen Wertpapierbörse oder am Freiverkehrsmarkt, einschließlich lokaler und regionaler Börsen) gehandelt;

(c) das Unternehmen hat seine Abschlüsse nicht zum Zweck der Emission von Finanzinstrumenten jeglicher Klasse am Kapitalmarkt bei einer Börsenaufsicht oder sonstigen Aufsichtsbehörde eingereicht oder beabsichtigt dies zu tun;

(d) das oberste oder ein zwischengeschaltetes Mutterunternehmen stellt einen Konzernabschluss auf, der veröffentlicht wird und den IFRS entspricht.

18 Wird ein Anteil an einem assoziierten Unternehmen oder einem Gemeinschaftsunternehmen direkt oder indirekt von einem Unternehmen gehalten, bei dem es sich um eine Wagniskapital-Organisation, einen Investmentfonds, einen Unit Trust oder ähnliche Unternehmen, einschließlich fondsgebundener Versicherungen, handelt, kann sich das Unternehmen dafür entscheiden, die Anteile an diesen assoziierten Unternehmen und Gemeinschaftsunternehmen nach IFRS 9 erfolgswirksam zum beizulegenden Zeitwert zu bewerten.

The recognition of income on the basis of distributions received may not be an adequate measure of the income earned **11** by an investor on an investment in an associate or a joint venture because the distributions received may bear little relation to the performance of the associate or joint venture. Because the investor has joint control of, or significant influence over, the investee, the investor has an interest in the associate's or joint venture's performance and, as a result, the return on its investment. The investor accounts for this interest by extending the scope of its financial statements to include its share of the profit or loss of such an investee. As a result, application of the equity method provides more informative reporting of the investor's net assets and profit or loss.

When potential voting rights or other derivatives containing potential voting rights exist, an entity's interest in an associ- **12** ate or a joint venture is determined solely on the basis of existing ownership interests and does not reflect the possible exercise or conversion of potential voting rights and other derivative instruments, unless paragraph 13 applies.

In some circumstances, an entity has, in substance, an existing ownership as a result of a transaction that currently gives **13** it access to the returns associated with an ownership interest. In such circumstances, the proportion allocated to the entity is determined by taking into account the eventual exercise of those potential voting rights and other derivative instruments that currently give the entity access to the returns.

IFRS 9 *Financial Instruments* does not apply to interests in associates and joint ventures that are accounted for using the **14** equity method. When instruments containing potential voting rights in substance currently give access to the returns associated with an ownership interest in an associate or a joint venture, the instruments are not subject to IFRS 9. In all other cases, instruments containing potential voting rights in an associate or a joint venture are accounted for in accordance with IFRS 9.

Unless an investment, or a portion of an investment, in an associate or a joint venture is classified as held for sale in **15** accordance with IFRS 5 *Non-current Assets Held for Sale and Discontinued Operations,* the investment, or any retained interest in the investment not classified as held for sale, shall be classified as a non-current asset.

APPLICATION OF THE EQUITY METHOD

An entity with joint control of, or significant influence over, an investee shall account for its investment in an associate or **16** a joint venture using the equity method except when that investment qualifies for exemption in accordance with paragraphs 17—19.

Exemptions from applying the equity method

An entity need not apply the equity method to its investment in an associate or a joint venture if the entity is a parent **17** that is exempt from preparing consolidated financial statements by the scope exception in paragraph 4 (a) of IFRS 10 or if all the following apply:
(a) The entity is a wholly-owned subsidiary, or is a partially-owned subsidiary of another entity and its other owners, including those not otherwise entitled to vote, have been informed about, and do not object to, the entity not applying the equity method.
(b) The entity's debt or equity instruments are not traded in a public market (a domestic or foreign stock exchange or an over-the-counter market, including local and regional markets).
(c) The entity did not file, nor is it in the process of filing, its financial statements with a securities commission or other regulatory organisation, for the purpose of issuing any class of instruments in a public market.
(d) The ultimate or any intermediate parent of the entity produces consolidated financial statements available for public use that comply with IFRSs.

When an investment in an associate or a joint venture is held by, or is held indirectly through, an entity that is a venture **18** capital organisation, or a mutual fund, unit trust and similar entities including investment-linked insurance funds, the entity may elect to measure investments in those associates and joint ventures at fair value through profit or loss in accordance with IFRS 9.

19 Hält ein Unternehmen einen Anteil an einem assoziierten Unternehmen, von dem ein Teil indirekt über ein Unternehmen gehalten wird, bei dem es sich um eine Wagniskapital-Organisation, einen Investmentfonds, einen Unit Trust oder ähnliche Unternehmen, einschließlich fondsgebundener Versicherungen, handelt, kann sich das Unternehmen dafür entscheiden, diesen Teil des Anteils am assoziierten Unternehmen nach IFRS 9 erfolgswirksam zum beizulegenden Zeitwert zu bewerten, unabhängig davon, ob die Wagniskapital-Organisation, der Investmentfonds, der Unit Trust oder ähnliche Unternehmen, einschließlich fondsgebundener Versicherungen, einen maßgeblichen Einfluss über diesen Teil des Anteils ausüben. Entscheidet sich das Unternehmen für diesen Ansatz, kann es die Equity-Methode auf den verbleibenden Teil seines Anteils an einem assoziierten Unternehmen anwenden, der nicht von einer Wagniskapital-Organisation, einem Investmentfonds, einem Unit Trust oder ähnlichen Unternehmen, einschließlich fondsgebundener Versicherungen, gehalten wird.

Einstufung als „zur Veräußerung gehalten"

20 Ein Unternehmen wendet IFRS 5 auf einen Anteil oder einen Teil eines Anteils an einem assoziierten Unternehmen oder einem Gemeinschaftsunternehmen an, der die Kriterien für die Einstufung als „zur Veräußerung gehalten" erfüllt. Jeder behaltene Teil eines Anteils an einem assoziierten Unternehmen oder einem Gemeinschaftsunternehmen, der nicht als zur „zur Veräußerung gehalten" eingestuft wurde, ist nach der Equity-Methode zu bilanzieren, bis dass der Teil, der als „zur Veräußerung gehalten" eingestuft wurde, veräußert wird. Nach der Veräußerung bilanziert ein Unternehmen jeden behaltenen Anteil an einem assoziierten Unternehmen oder Gemeinschaftsunternehmen nach IFRS 9, es sei denn, bei dem behaltenen Anteil handelt es sich weiterhin um ein assoziiertes Unternehmen oder ein Gemeinschaftsunternehmen. In diesem Fall wendet das Unternehmen die Equity-Methode an.

21 Wenn ein Anteil oder ein Teil eines Anteils an einem assoziierten Unternehmen oder Gemeinschaftsunternehmen, der zuvor unter die Einstufung „zur Veräußerung gehalten" fiel, die hierfür erforderlichen Kriterien nicht mehr erfüllt, muss er rückwirkend ab dem Zeitpunkt, ab dem er als „zur Veräußerung gehalten" eingestuft wurde, nach der Equity-Methode bilanziert werden. Die Abschlüsse für die Perioden seit der Einstufung als „zur Veräußerung gehalten" sind entsprechend anzupassen.

Beendigung der Anwendung der Equity-Methode

22 Ein Unternehmen wendet die Equity-Methode wie folgt ab dem Zeitpunkt nicht mehr an, ab dem sein Anteil nicht mehr die Form eines assoziierten Unternehmens oder eines Gemeinschaftsunternehmens hat:

(a) **Nimmt der Anteil die Form eines Tochterunternehmens an, bilanziert das Unternehmen seinen Anteil nach IFRS 3 *Unternehmenszusammenschluss* und IFRS 10.**

(b) **Handelt es sich beim behaltenen Anteil am ehemaligen assoziierten Unternehmen oder Gemeinschaftsunternehmen um einen finanziellen Vermögenswert, bewertet das Unternehmen diesen Anteil zum beizulegenden Zeitwert. Der beizulegende Zeitwert des behaltenen Anteils ist als der beim erstmaligen Ansatz eines finanziellen Vermögenswerts ermittelte beizulegende Zeitwert gemäß IFRS 9 zu betrachten. Das Unternehmen weist im Gewinn oder Verlust jede nachfolgend genannte Differenz aus:**

  (i) **den beizulegenden Zeitwert jedes behaltenen Anteils und Erträge aus der Veräußerung eines Teils des Anteils an dem assoziierten Unternehmen oder Gemeinschaftsunternehmen und**

  (ii) **den Buchwert des Anteils zum Zeitpunkt der Beendigung der Anwendung der Equity-Methode.**

(c) **Wendet ein Unternehmen die Equity-Methode nicht mehr an, hat es alle zuvor im sonstigen Ergebnis in Bezug auf diesen Anteil erfassten Beträge auf der gleichen Grundlage auszuweisen wie für den Fall, dass das Beteiligungsunternehmen die dazugehörigen Vermögenswerte und Schulden direkt veräußert hätte.**

23 Falls daher ein zuvor vom Beteiligungsunternehmen im sonstigen Ergebnis erfasster Gewinn oder Verlust bei der Veräußerung der dazugehörigen Vermögenswerte oder Schulden in den Gewinn oder Verlust umgegliedert würde, gliedert das Unternehmen den Gewinn oder Verlust vom Eigenkapital in den Gewinn oder Verlust um (als einen Umgliederungsbetrag), wenn es die Equity-Methode nicht mehr anwendet. Hat z. B. ein assoziiertes Unternehmen oder ein Gemeinschaftsunternehmen kumulative Umrechnungsdifferenzen aus der Tätigkeit eines ausländischen Geschäftsbetriebs und das Unternehmen wendet die Equity-Methode nicht mehr an, gliedert das Unternehmen den Gewinn oder Verlust in ‚Gewinn oder Verlust' um, der zuvor als sonstiges Ergebnis in Bezug auf den ausländischen Geschäftsbetrieb erfasst wurde.

24 Wird ein Anteil an einem assoziierten Unternehmen zu einem Anteil an einem Gemeinschaftsunternehmen oder ein Anteil an einem Gemeinschaftsunternehmen zu einem Anteil an einem assoziierten Unternehmen, wendet das Unternehmen die Equity-Methode weiterhin an und bewertet den behaltenen Anteil nicht neu.

Änderungen der Eigentumsanteile

25 Wird der Eigentumsanteil an einem assoziierten Unternehmen oder einem Gemeinschaftsunternehmen vermindert, die Beteiligung aber weiterhin als assoziiertes Unternehmen bzw. Gemeinschaftsunternehmen eingestuft, gliedert das Unternehmen den Teil des Gewinns oder Verlusts in „Gewinn oder Verlust" um, der zuvor als sonstiges Gesamtergebnis ausgewiesen wurde und den verminderten Teil des Eigentumsanteils betrifft, falls dieser Gewinn oder Verlust ansonsten als „Gewinn oder Verlust" bei Veräußerung der dazugehörigen Vermögenswerte und Schulden umzugliedern wäre.

When an entity has an investment in an associate, a portion of which is held indirectly through a venture capital organisa- **19** tion, or a mutual fund, unit trust and similar entities including investment-linked insurance funds, the entity may elect to measure that portion of the investment in the associate at fair value through profit or loss in accordance with IFRS 9 regardless of whether the venture capital organisation, or the mutual fund, unit trust and similar entities including investment-linked insurance funds, has significant influence over that portion of the investment. If the entity makes that election, the entity shall apply the equity method to any remaining portion of its investment in an associate that is not held through a venture capital organisation, or a mutual fund, unit trust and similar entities including investment-linked insurance funds.

Classification as held for sale

An entity shall apply IFRS 5 to an investment, or a portion of an investment, in an associate or a joint venture that meets **20** the criteria to be classified as held for sale. Any retained portion of an investment in an associate or a joint venture that has not been classified as held for sale shall be accounted for using the equity method until disposal of the portion that is classified as held for sale takes place. After the disposal takes place, an entity shall account for any retained interest in the associate or joint venture in accordance with IFRS 9 unless the retained interest continues to be an associate or a joint venture, in which case the entity uses the equity method.

When an investment, or a portion of an investment, in an associate or a joint venture previously classified as held for sale **21** no longer meets the criteria to be so classified, it shall be accounted for using the equity method retrospectively as from the date of its classification as held for sale. Financial statements for the periods since classification as held for sale shall be amended accordingly.

Discontinuing the use of the equity method

An entity shall discontinue the use of the equity method from the date when its investment ceases to be an associate **22** or a joint venture as follows:
(a) If the investment becomes a subsidiary, the entity shall account for its investment in accordance with IFRS 3 *Business Combinations* and IFRS 10. Step - acquisition
(b) If the retained interest in the former associate or joint venture is a financial asset, the entity shall measure the retained interest at fair value. The fair value of the retained interest shall be regarded as its fair value on initial recognition as a financial asset in accordance with IFRS 9. The entity shall recognise in profit or loss any difference between:
  (i) the fair value of any retained interest and any proceeds from disposing of a part interest in the associate or joint venture; and
  (ii) the carrying amount of the investment at the date the equity method was discontinued.
(c) When an entity discontinues the use of the equity method, the entity shall account for all amounts previously recognised in other comprehensive income in relation to that investment on the same basis as would have been required if the investee had directly disposed of the related assets or liabilities.

Therefore, if a gain or loss previously recognised in other comprehensive income by the investee would be reclassified to **23** profit or loss on the disposal of the related assets or liabilities, the entity reclassifies the gain or loss from equity to profit or loss (as a reclassification adjustment) when the equity method is discontinued. For example, if an associate or a joint venture has cumulative exchange differences relating to a foreign operation and the entity discontinues the use of the equity method, the entity shall reclassify to profit or loss the gain or loss that had previously been recognised in other comprehensive income in relation to the foreign operation.

If an investment in an associate becomes an investment in a joint venture or an investment in a joint venture **24** becomes an investment in an associate, the entity continues to apply the equity method and does not remeasure the retained interest.

Changes in ownership interest

If an entity's ownership interest in an associate or a joint venture is reduced, but the investment continues to be classified **25** either as an associate or a joint venture respectively, the entity shall reclassify to profit or loss the proportion of the gain or loss that had previously been recognised in other comprehensive income relating to that reduction in ownership interest if that gain or loss would be required to be reclassified to profit or loss on the disposal of the related assets or liabilities.

Verfahren der Equity-Methode

26 Viele der für die Anwendung der Equity-Methode sachgerechten Verfahren ähneln den in IFRS 10 beschriebenen Konsolidierungsverfahren. Außerdem werden die Ansätze, die den Konsolidierungsverfahren beim Erwerb eines Tochterunternehmens zu Grunde liegen, auch bei der Bilanzierung eines Erwerbs von Anteilen an einem assoziierten Unternehmen oder einem Gemeinschaftsunternehmen übernommen.

27 Der Anteil einer Unternehmensgruppe an einem assoziierten Unternehmen oder einem Gemeinschaftsunternehmen ist die Summe der vom Mutterunternehmen und seinen Tochterunternehmen daran gehaltenen Anteile. Die von den anderen assoziierten Unternehmen oder Gemeinschaftsunternehmen der Unternehmensgruppe gehaltenen Anteile bleiben für diese Zwecke unberücksichtigt. Wenn ein assoziiertes Unternehmen oder ein Gemeinschaftsunternehmen Tochterunternehmen, assoziierte Unternehmen oder Gemeinschaftsunternehmen besitzt, sind bei der Anwendung der Equity-Methode der Gewinn oder Verlust, das sonstige Ergebnis und das Nettovermögen zu berücksichtigen, wie sie im Abschluss des assoziierten Unternehmens oder des Gemeinschaftsunternehmens (einschließlich dessen Anteils am Gewinn oder Verlust, sonstigen Ergebnis und Nettovermögen seiner assoziierten Unternehmen und Gemeinschaftsunternehmen) nach etwaigen Anpassungen zur Anwendung einheitlicher Rechnungslegungsmethoden (siehe Paragraphen 35 und 36) ausgewiesen werden.

28 Gewinne und Verluste aus „Upstream"- und „Downstream"-Transaktionen zwischen einem Unternehmen (einschließlich seiner konsolidierten Tochterunternehmen) und einem assoziierten Unternehmen oder einem Gemeinschaftsunternehmen sind im Abschluss des Unternehmens nur entsprechend der Anteile unabhängiger Eigentümer am assoziierten Unternehmen oder Gemeinschaftsunternehmen zu erfassen. „Upstream"-Transaktionen sind beispielsweise Verkäufe von Vermögenswerten eines assoziierten Unternehmens oder eines Gemeinschaftsunternehmens an den Eigentümer. „Downstream"-Transaktionen sind beispielsweise Verkäufe von Vermögenswerten oder Beiträge zu Vermögenswerten seitens des Eigentümers an sein assoziiertes Unternehmen oder sein Gemeinschaftsunternehmen. Der Anteil des Eigentümers am Gewinn oder Verlust des assoziierten Unternehmens oder Gemeinschaftsunternehmens aus solchen Transaktionen wird eliminiert.

29 Wird deutlich, dass „Downstream"-Transaktionen zu einer Minderung des Nettoveräußerungswerts der zu veräußernden oder beizutragenden Vermögenswerte oder zu einem Wertminderungsaufwand dieser Vermögenswerte führen, ist dieser Wertminderungsaufwand vom Eigentümer in voller Höhe anzusetzen. Wird deutlich, dass „Upstream"-Transaktionen zu einer Minderung des Nettoveräußerungswerts der zu erwerbenden Vermögenswerte oder zu einem Wertminderungsaufwand dieser Vermögenswerte führen, hat der Eigentümer seinen Teil an einem solchen Wertminderungsaufwand anzusetzen.

30 Der Beitrag eines nichtmonetären Vermögenswerts für ein assoziiertes Unternehmen oder ein Gemeinschaftsunternehmen im Austausch für einen Eigenkapitalanteil an dem assoziierten Unternehmen oder Gemeinschaftsunternehmen ist nach Paragraph 28 zu erfassen, es sei denn, der Beitrag hat keine wirtschaftliche Substanz im Sinne dieses in IAS 16 *Sachanlagen* erläuterten Begriffs. Fehlt einem solchen Beitrag die wirtschaftliche Substanz, wird der Gewinn oder Verlust als nicht realisiert betrachtet und nicht ausgewiesen, es sei denn, Paragraph 31 findet ebenfalls Anwendung. Solche nicht realisierten Gewinne und Verluste sind gegen den nach der Equity-Methode bilanzierten Anteil zu eliminieren und nicht als latente Gewinne oder Verluste in der Konzernbilanz des Unternehmens oder der Bilanz des Unternehmens auszuweisen, in der die Anteile nach der Equity-Methode bilanziert werden.

31 Erhält ein Unternehmen über einen Eigenkapitalanteil an einem assoziierten Unternehmen oder einem Gemeinschaftsunternehmen hinaus monetäre oder nichtmonetäre Vermögenswerte, weist das Unternehmen im Gewinn oder Verlust den Teil des Gewinns oder Verlusts am nichtmonetären Beitrag in voller Höhe aus, der sich auf die erhaltenen monetären oder nichtmonetären Vermögenswerte bezieht.

32 Anteile werden von dem Zeitpunkt an nach der Equity-Methode bilanziert, ab dem die Kriterien eines assoziierten Unternehmens oder eines Gemeinschaftsunternehmens erfüllt sind. Bei dem Anteilserwerb ist jede Differenz zwischen den Anschaffungskosten des Anteils und dem Anteil des Unternehmens am beizulegenden Nettozeitwert der identifizierbaren Vermögenswerte und Schulden des Beteiligungsunternehmens wie folgt zu bilanzieren:

(a) der mit einem assoziierten Unternehmen oder einem Gemeinschaftsunternehmen verbundene Geschäfts- oder Firmenwert ist im Buchwert des Anteils enthalten. Die planmäßige Abschreibung dieses Geschäfts- oder Firmenwerts ist untersagt;

(b) jeder Unterschiedsbetrag zwischen dem Anteil des Unternehmens am beizulegenden Nettozeitwert der identifizierbaren Vermögenswerte und Schulden des Beteiligungsunternehmens und den Anschaffungskosten des Anteils ist als Ertrag bei der Bestimmung des Anteils des Unternehmens am Gewinn oder Verlust des assoziierten Unternehmens oder des Gemeinschaftsunternehmens in der Periode, in der der Anteil erworben wurde, enthalten.

Der Anteil des Unternehmens an den vom assoziierten Unternehmen oder vom Gemeinschaftsunternehmen nach Erwerb verzeichneten Gewinnen oder Verlusten wird sachgerecht angepasst, um beispielsweise die planmäßige Abschreibung zu berücksichtigen, die bei abschreibungsfähigen Vermögenswerten auf der Basis ihrer beizulegenden Zeitwerte zum Erwerbszeitpunkt berechnet wird. Gleiches gilt für vom assoziierten Unternehmen oder Gemeinschaftsunternehmen erfasste Wertminderungsaufwendungen, z. B. für den Geschäfts- oder Firmenwert oder für Sachanlagen.

Equity method procedures

Many of the procedures that are appropriate for the application of the equity method are similar to the consolidation procedures described in IFRS 10. Furthermore, the concepts underlying the procedures used in accounting for the acquisition of a subsidiary are also adopted in accounting for the acquisition of an investment in an associate or a joint venture. **26**

A group's share in an associate or a joint venture is the aggregate of the holdings in that associate or joint venture by the parent and its subsidiaries. The holdings of the group's other associates or joint ventures are ignored for this purpose. When an associate or a joint venture has subsidiaries, associates or joint ventures, the profit or loss, other comprehensive income and net assets taken into account in applying the equity method are those recognised in the associate's or joint venture's financial statements (including the associate's or joint venture's share of the profit or loss, other comprehensive income and net assets of its associates and joint ventures), after any adjustments necessary to give effect to uniform accounting policies (see paragraphs 35 and 36). **27**

Gains and losses resulting from 'upstream' and 'downstream' transactions between an entity (including its consolidated subsidiaries) and its associate or joint venture are recognised in the entity's financial statements only to the extent of unrelated investors' interests in the associate or joint venture. 'Upstream' transactions are, for example, sales of assets from an associate or a joint venture to the investor. 'Downstream' transactions are, for example, sales or contributions of assets from the investor to its associate or its joint venture. The investor's share in the associate's or joint venture's gains or losses resulting from these transactions is eliminated. **28**

When downstream transactions provide evidence of a reduction in the net realisable value of the assets to be sold or contributed, or of an impairment loss of those assets, those losses shall be recognised in full by the investor. When upstream transactions provide evidence of a reduction in the net realisable value of the assets to be purchased or of an impairment loss of those assets, the investor shall recognise its share in those losses. **29**

The contribution of a non-monetary asset to an associate or a joint venture in exchange for an equity interest in the associate or joint venture shall be accounted for in accordance with paragraph 28, except when the contribution lacks commercial substance, as that term is described in IAS 16 *Property, Plant and Equipment*. If such a contribution lacks commercial substance, the gain or loss is regarded as unrealised and is not recognised unless paragraph 31 also applies. Such unrealised gains and losses shall be eliminated against the investment accounted for using the equity method and shall not be presented as deferred gains or losses in the entity's consolidated statement of financial position or in the entity's statement of financial position in which investments are accounted for using the equity method. **30**

If, in addition to receiving an equity interest in an associate or a joint venture, an entity receives monetary or nonmonetary assets, the entity recognises in full in profit or loss the portion of the gain or loss on the non-monetary contribution relating to the monetary or non-monetary assets received. **31**

An investment is accounted for using the equity method from the date on which it becomes an associate or a joint venture. On acquisition of the investment, any difference between the cost of the investment and the entity's share of the net fair value of the investee's identifiable assets and liabilities is accounted for as follows: **32**
(a) Goodwill relating to an associate or a joint venture is included in the carrying amount of the investment. Amortisation of that goodwill is not permitted.
(b) Any excess of the entity's share of the net fair value of the investee's identifiable assets and liabilities over the cost of the investment is included as income in the determination of the entity's share of the associate or joint venture's profit or loss in the period in which the investment is acquired.
Appropriate adjustments to the entity's share of the associate's or joint venture's profit or loss after acquisition are made in order to account, for example, for depreciation of the depreciable assets based on their fair values at the acquisition date. Similarly, appropriate adjustments to the entity's share of the associate's or joint venture's profit or loss after acquisition are made for impairment losses such as for goodwill or property, plant and equipment.

33 Das Unternehmen verwendet bei der Anwendung der Equity-Methode den letzten verfügbaren Abschluss des assoziierten Unternehmens oder des Gemeinschaftsunternehmens. Weicht der Abschlussstichtag des Unternehmens von dem des assoziierten Unternehmens oder des Gemeinschaftsunternehmens ab, muss das assoziierte Unternehmen oder das Gemeinschaftsunternehmen zur Verwendung durch das Unternehmen einen Zwischenabschluss auf den Stichtag des Unternehmens aufstellen, es sei denn, dies ist undurchführbar.

34 Wird in Übereinstimmung mit Paragraph 33 der bei der Anwendung der Equity-Methode herangezogene Abschluss eines assoziierten Unternehmens oder eines Gemeinschaftsunternehmens zu einem vom Unternehmen abweichenden Stichtag aufgestellt, so sind für die Auswirkungen bedeutender Geschäftsvorfälle oder anderer Ereignisse, die zwischen diesem Stichtag und dem Abschlussstichtag des Unternehmens eingetreten sind, Berichtigungen vorzunehmen. In jedem Fall darf der Zeitraum zwischen dem Abschlussstichtag des assoziierten Unternehmens oder des Gemeinschaftsunternehmens und dem des Unternehmens nicht mehr als drei Monate betragen. Die Länge der Berichtsperioden und die Abweichungen zwischen dem Abschlussstichtag müssen von Periode zu Periode gleich bleiben.

35 Bei der Aufstellung des Abschlusses des Unternehmens sind für ähnliche Geschäftsvorfälle und Ereignisse unter vergleichbaren Umständen einheitliche Rechnungslegungsmethoden anzuwenden.

36 Wenn das assoziierte Unternehmen oder das Gemeinschaftsunternehmen für ähnliche Geschäftsvorfälle und Ereignisse unter vergleichbaren Umständen andere Rechnungslegungsmethoden anwendet als das Unternehmen, sind für den Fall, dass der Abschluss des assoziierten Unternehmens oder des Gemeinschaftsunternehmens vom Unternehmen für die Anwendung der Equity-Methode herangezogen wird, die Rechnungslegungsmethoden an diejenigen des Unternehmens anzupassen.

37 Falls ein assoziiertes Unternehmen oder ein Gemeinschaftsunternehmen kumulative Vorzugsaktien ausgegeben hat, die von anderen Parteien als dem Unternehmen gehalten werden und als Eigenkapital ausgewiesen sind, berechnet das Unternehmen seinen Anteil an Gewinn oder Verlust nach Abzug der Dividende auf diese Vorzugsaktien, unabhängig davon, ob ein Dividendenbeschluss vorliegt.

38 Wenn der Anteil eines Unternehmens an den Verlusten eines assoziierten Unternehmens oder eines Gemeinschaftsunternehmens dem Wert seiner Beteiligung an diesen Unternehmen entspricht oder diesen übersteigt, erfasst das Unternehmen keine weiteren Verlustteile. Der Anteil an einem assoziierten Unternehmen oder einem Gemeinschaftsunternehmen ist der nach der Equity-Methode ermittelte Buchwert dieses Anteils zuzüglich sämtlicher langfristigen Anteile, die dem wirtschaftlichen Gehalt nach der Nettoinvestition des Unternehmens in das assoziierte Unternehmen oder das Gemeinschaftsunternehmen zuzuordnen sind. So stellt ein Posten, dessen Abwicklung auf absehbare Zeit weder geplant noch wahrscheinlich ist, seinem wirtschaftlichen Gehalt nach eine Erhöhung der Nettoinvestition in das assoziierte Unternehmen oder das Gemeinschaftsunternehmen dar. Solche Posten können Vorzugsaktien und langfristige Forderungen oder Darlehen einschließen, nicht aber Forderungen und Verbindlichkeiten aus Lieferungen und Leistungen oder langfristige Forderungen, für die angemessene Sicherheiten bestehen, wie etwa besicherte Kredite. Verluste, die nach der Equity-Methode erfasst werden und den Anteil des Unternehmens am Stammkapital übersteigen, werden den anderen Bestandteilen des Anteils des Unternehmens am assoziierten Unternehmen oder Gemeinschaftsunternehmen in umgekehrter Rangreihenfolge (d. h. ihrer Priorität bei der Liquidierung) zugeordnet.

39 Nachdem der Anteil des Unternehmens auf Null reduziert ist, werden zusätzliche Verluste nur in dem Umfang berücksichtigt und als Schuld angesetzt, wie das Unternehmen rechtliche oder faktische Verpflichtungen eingegangen ist oder Zahlungen für das assoziierte Unternehmen oder das Gemeinschaftsunternehmen geleistet hat. Weist das assoziierte Unternehmen oder das Gemeinschaftsunternehmen zu einem späteren Zeitpunkt Gewinne aus, berücksichtigt das Unternehmen seinen Anteil an den Gewinnen erst dann, wenn der Gewinnanteil den noch nicht erfassten Verlust abdeckt.

Wertminderungsaufwand

40 Nach Anwendung der Equity-Methode einschließlich der Berücksichtigung von Verlusten des assoziierten Unternehmens oder des Gemeinschaftsunternehmens in Übereinstimmung mit Paragraph 38 wendet das Unternehmen IAS 39 *Finanzinstrumente: Ansatz und Bewertung* an, um festzustellen, ob hinsichtlich der Nettoinvestition des Unternehmens beim assoziierten Unternehmen oder Gemeinschaftsunternehmen ein zusätzlicher Wertminderungsaufwand berücksichtigt werden muss.

41 Das Unternehmen wendet den IAS 39 auch an, um festzustellen, ob hinsichtlich der Anteile des Unternehmens am assoziierten Unternehmen oder Gemeinschaftsunternehmen ein zusätzlicher Wertminderungsaufwand erfasst ist, der keinen Teil der Nettoinvestition darstellt, und wie hoch der Betrag dieses Wertminderungsaufwands ist.

42 Da der im Buchwert eines Anteils an einem assoziierten Unternehmen oder einem Gemeinschaftsunternehmen eingeschlossene Geschäfts- oder Firmenwert nicht gesondert ausgewiesen wird, wird er nicht gesondert gemäß den Anforderungen für die Überprüfung der Wertminderung beim Geschäfts- oder Firmenwert nach IAS 36 *Wertminderung von Vermögenswerten* separat auf Wertminderung geprüft. Stattdessen wird der gesamte Buchwert des Anteils gemäß IAS 36 als ein einziger Vermögenswert auf Wertminderung geprüft, indem sein erzielbarer Betrag (der höhere der beiden Beträge

The most recent available financial statements of the associate or joint venture are used by the entity in applying the 33 equity method. When the end of the reporting period of the entity is different from that of the associate or joint venture, the associate or joint venture prepares, for the use of the entity, financial statements as of the same date as the financial statements of the entity unless it is impracticable to do so.

When, in accordance with paragraph 33, the financial statements of an associate or a joint venture used in applying 34 the equity method are prepared as of a date different from that used by the entity, adjustments shall be made for the effects of significant transactions or events that occur between that date and the date of the entity's financial statements. In any case, the difference between the end of the reporting period of the associate or joint venture and that of the entity shall be no more than three months. The length of the reporting periods and any difference between the ends of the reporting periods shall be the same from period to period.

The entity's financial statements shall be prepared using uniform accounting policies for like transactions and events 35 in similar circumstances.

If an associate or a joint venture uses accounting policies other than those of the entity for like transactions and events in 36 similar circumstances, adjustments shall be made to make the associate's or joint venture's accounting policies conform to those of the entity when the associate's or joint venture's financial statements are used by the entity in applying the equity method.

If an associate or a joint venture has outstanding cumulative preference shares that are held by parties other than the 37 entity and are classified as equity, the entity computes its share of profit or loss after adjusting for the dividends on such shares, whether or not the dividends have been declared.

If an entity's share of losses of an associate or a joint venture equals or exceeds its interest in the associate or joint venture, 38 the entity discontinues recognising its share of further losses. The interest in an associate or a joint venture is the carrying amount of the investment in the associate or joint venture determined using the equity method together with any long-term interests that, in substance, form part of the entity's net investment in the associate or joint venture. For example, an item for which settlement is neither planned nor likely to occur in the foreseeable future is, in substance, an extension of the entity's investment in that associate or joint venture. Such items may include preference shares and long-term receivables or loans, but do not include trade receivables, trade payables or any long-term receivables for which adequate collateral exists, such as secured loans. Losses recognised using the equity method in excess of the entity's investment in ordinary shares are applied to the other components of the entity's interest in an associate or a joint venture in the reverse order of their seniority (ie priority in liquidation).

After the entity's interest is reduced to zero, additional losses are provided for, and a liability is recognised, only to the 39 extent that the entity has incurred legal or constructive obligations or made payments on behalf of the associate or joint venture. If the associate or joint venture subsequently reports profits, the entity resumes recognising its share of those profits only after its share of the profits equals the share of losses not recognised.

Impairment losses

After application of the equity method, including recognising the associate's or joint venture's losses in accordance with 40 paragraph 38, the entity applies IAS 39 *Financial Instruments: Recognition and Measurement* to determine whether it is necessary to recognise any additional impairment loss with respect to its net investment in the associate or joint venture.

The entity also applies IAS 39 to determine whether any additional impairment loss is recognised with respect to its inter- 41 est in the associate or joint venture that does not constitute part of the net investment and the amount of that impairment loss.

Because goodwill that forms part of the carrying amount of an investment in an associate or a joint venture is not sepa- 42 rately recognised, it is not tested for impairment separately by applying the requirements for impairment testing goodwill in IAS 36 *Impairment of Assets*. Instead, the entire carrying amount of the investment is tested for impairment in accordance with IAS 36 as a single asset, by comparing its recoverable amount (higher of value in use and fair value less costs to sell) with its carrying amount, whenever application of IAS 39 indicates that the investment may be impaired. An

aus Nutzungswert und beizulegender Zeitwert abzüglich Veräußerungskosten) mit dem Buchwert immer dann verglichen wird, wenn sich bei der Anwendung des IAS 39 Hinweise darauf ergeben, dass der Anteil wertgemindert sein könnte. Ein Wertminderungsaufwand, der unter diesen Umständen erfasst wird, wird keinem Vermögenswert zugeordnet, d. h. auch nicht dem Geschäfts- oder Firmenwert, der Teil des Buchwerts eines Anteils an einem assoziierten Unternehmen oder einem Gemeinschaftsunternehmen ist. Folglich wird jede Umkehrung des Wertminderungsaufwands gemäß IAS 36 in dem Umfang ausgewiesen, in dem der erzielbare Ertrag des Anteils anschließend steigt. Bei der Bestimmung des gegenwärtigen Nutzungswerts der Anteile schätzt ein Unternehmen:

(a) seinen Anteil am Barwert der geschätzten, erwarteten künftigen Cashflows, die von dem assoziierten Unternehmen oder vom Gemeinschaftsunternehmen voraussichtlich erwirtschaftet werden, was sowohl die Cashflows aus den Tätigkeiten des assoziierten Unternehmens oder des Gemeinschaftsunternehmens und als auch die Erlöse aus der endgültigen Veräußerung des Anteils einschließt; oder

(b) den Barwert der geschätzten, erwarteten künftigen Cashflows, die aus den Dividenden des Anteils und seiner endgültigen Veräußerung resultieren.

Bei sachgemäßen Annahmen führen beide Methoden zu dem gleichen Ergebnis.

43 Der für einen Anteil an einem assoziierten Unternehmen oder einem Gemeinschaftsunternehmen erzielbare Betrag wird für jedes assoziierte Unternehmen oder Gemeinschaftsunternehmen einzeln bestimmt, es sei denn, ein einzelnes assoziiertes Unternehmen oder Gemeinschaftsunternehmen erzeugt keine Mittelzuflüsse aus der fortgesetzten Nutzung, die von denen anderer Vermögenswerte des Unternehmens größtenteils unabhängig sind.

EINZELABSCHLUSS

44 Anteile an assoziierten Unternehmen oder Gemeinschaftsunternehmen sind nach Paragraph 10 des IAS 27 (geändert 2011) im Einzelabschluss eines Unternehmens zu bilanzieren.

ZEITPUNKT DES INKRAFTTRETENS UND ÜBERGANGSVORSCHRIFTEN

45 Dieser Standard ist erstmals in der ersten Berichtsperiode eines am 1. Januar 2013 oder danach beginnenden Geschäftsjahres anzuwenden. Eine frühere Anwendung ist zulässig. Wendet ein Unternehmen diesen Standard früher an, so ist diese Tatsache anzugeben und sind IFRS 10, IFRS 11 *Gemeinschaftliche Vereinbarungen*, IFRS 12 *Angaben zu Anteilen an anderen Unternehmen* und IAS 27 (geändert 2011) gleichzeitig anzuwenden.

45B Mit der im August 2014 veröffentlichten *Verlautbarung Equity-Methode in Einzelabschlüssen* (*Equity Method in Separate Financial Statements*) (Änderungen an IAS 27) wurde Paragraph 25 geändert. Diese Änderung ist gemäß IAS 8 *Bilanzierungs- und Bewertungsmethoden, Änderungen von Schätzungen und Fehler* rückwirkend auf Geschäftsjahre anzuwenden, die am oder nach dem 1. Januar 2016 beginnen. Eine frühere Anwendung ist zulässig. Wendet ein Unternehmen diese Änderung auf eine frühere Periode an, hat es dies anzugeben.

Verweise auf IFRS 9

46 Wendet ein Unternehmen diesen Standard, aber noch nicht IFRS 9 an, so ist jeder Verweis auf IFRS 9 als Verweis auf IAS 39 verstehen.

RÜCKNAHME VON IAS 28 (2003)

47 Dieser Standard ersetzt IAS 28 *Anteile an assoziierten Unternehmen* (in der 2003 überarbeiteten Fassung).

impairment loss recognised in those circumstances is not allocated to any asset, including goodwill, that forms part of the carrying amount of the investment in the associate or joint venture. Accordingly, any reversal of that impairment loss is recognised in accordance with IAS 36 to the extent that the recoverable amount of the investment subsequently increases. In determining the value in use of the investment, an entity estimates:

(a) its share of the present value of the estimated future cash flows expected to be generated by the associate or joint venture, including the cash flows from the operations of the associate or joint venture and the proceeds from the ultimate disposal of the investment; or

(b) the present value of the estimated future cash flows expected to arise from dividends to be received from the investment and from its ultimate disposal.

Using appropriate assumptions, both methods give the same result.

The recoverable amount of an investment in an associate or a joint venture shall be assessed for each associate or joint **43** venture, unless the associate or joint venture does not generate cash inflows from continuing use that are largely independent of those from other assets of the entity.

SEPARATE FINANCIAL STATEMENTS

An investment in an associate or a joint venture shall be accounted for in the entity's separate financial statements in **44** accordance with paragraph 10 of IAS 27 (as amended in 2011).

EFFECTIVE DATE AND TRANSITION

An entity shall apply this Standard for annual periods beginning on or after 1 January 2013. Earlier application is per- **45** mitted. If an entity applies this Standard earlier, it shall disclose that fact and apply IFRS 10, IFRS 11 *Joint Arrangements*, IFRS 12 *Disclosure of Interests in Other Entities* and IAS 27 (as amended in 2011) at the same time.

Equity Method in Separate Financial Statements (Amendments to IAS 27), issued in August 2014, amended paragraph 25. **45B** An entity shall apply that amendment for annual periods beginning on or after 1 January 2016 retrospectively in accordance with IAS 8 *Accounting Policies, Changes in Accounting Estimates and Errors*. Earlier application is permitted. If an entity applies that amendment for an earlier period, it shall disclose that fact.

References to IFRS 9

If an entity applies this Standard but does not yet apply IFRS 9, any reference to IFRS 9 shall be read as a reference to **46** IAS 39.

WITHDRAWAL OF IAS 28 (2003)

This Standard supersedes IAS 28 *Investments in Associates* (as revised in 2003). **47**

INTERNATIONAL ACCOUNTING STANDARD 29

Rechnungslegung in Hochinflationsländern[1]

INHALT

ANWENDUNGSBEREICH

1 Dieser Standard ist auf Einzel- und Konzernabschlüsse von Unternehmen anzuwenden, deren funktionale Währung die eines Hochinflationslandes ist.

2 In einem Hochinflationsland ist eine Berichterstattung über die Vermögens-, Finanz- und Ertragslage in der lokalen Währung ohne Anpassung nicht zweckmäßig. Der Kaufkraftverlust ist so enorm, dass der Vergleich mit Beträgen, die aus früheren Geschäftsvorfällen und anderen Ereignissen resultieren, sogar innerhalb einer Bilanzierungsperiode irreführend ist.

3 Dieser Standard legt nicht fest, ab welcher Inflationsrate Hochinflation vorliegt. Die Notwendigkeit einer Anpassung des Abschlusses gemäß diesem Standard ist eine Ermessensfrage. Allerdings gibt es im wirtschaftlichen Umfeld eines Landes Anhaltspunkte, die auf Hochinflation hindeuten, nämlich u. a. folgende:

(a) Die Bevölkerung bevorzugt es, ihr Vermögen in nicht monetären Vermögenswerten oder in einer relativ stabilen Fremdwährung zu halten. Beträge in Inlandswährung werden unverzüglich investiert, um die Kaufkraft zu erhalten;

(b) die Bevölkerung rechnet nicht in der Inlandswährung, sondern in einer relativ stabilen Fremdwährung. Preise können in dieser Währung angegeben werden;

(c) Verkäufe und Käufe auf Kredit werden zu Preisen getätigt, die den für die Kreditlaufzeit erwarteten Kaufkraftverlust berücksichtigen, selbst wenn die Laufzeit nur kurz ist;

(d) Zinssätze, Löhne und Preise sind an einen Preisindex gebunden; und

(e) die kumulative Inflationsrate innerhalb von drei Jahren nähert sich oder überschreitet 100 %.

4 Es ist wünschenswert, dass alle Unternehmen, die in der Währung eines bestimmten Hochinflationslandes bilanzieren, diesen Standard ab demselben Zeitpunkt anwenden. In jedem Fall ist er vom Beginn der Berichtsperiode an anzuwenden, in der das Unternehmen erkennt, dass in dem Land, in dessen Währung es bilanziert, Hochinflation herrscht.

ANPASSUNG DES ABSCHLUSSES

5 Dass sich Preise im Laufe der Zeit ändern, ist auf verschiedene spezifische oder allgemeine politische, wirtschaftliche und gesellschaftliche Kräfte zurückzuführen. Spezifische Kräfte, wie Änderungen bei Angebot und Nachfrage und technischer Fortschritt, führen unter Umständen dazu, dass einzelne Preise unabhängig voneinander erheblich steigen oder sinken. Darüber hinaus führen allgemeine Kräfte unter Umständen zu einer Änderung des allgemeinen Preisniveaus und somit der allgemeinen Kaufkraft.

---

1 Als Teil der *Verbesserungen der IFRS* vom Mai 2008 hat der IASB-Board die in IAS 29 verwendete Terminologie wie folgt geändert, um mit den anderen IFRS konsistent zu sein: a) „Marktwert" wird in „beizulegender Zeitwert" und b) „Ergebnis" („results of operations") sowie „Ergebnis" („net income") werden in „Gewinn oder Verlust" geändert.

INTERNATIONAL ACCOUNTING STANDARD 29

Financial reporting in hyperinflationary economies[1]

SCOPE

This standard shall be applied to the financial statements, including the consolidated financial statements, of any entity **1** whose functional currency is the currency of a hyperinflationary economy.

In a hyperinflationary economy, reporting of operating results and financial position in the local currency without restate- **2** ment is not useful. Money loses purchasing power at such a rate that comparison of amounts from transactions and other events that have occurred at different times, even within the same accounting period, is misleading.

This standard does not establish an absolute rate at which hyperinflation is deemed to arise. It is a matter of judgement **3** when restatement of financial statements in accordance with this standard becomes necessary. Hyperinflation is indicated by characteristics of the economic environment of a country which include, but are not limited to, the following:

(a) the general population prefers to keep its wealth in non-monetary assets or in a relatively stable foreign currency. Amounts of local currency held are immediately invested to maintain purchasing power;

(b) the general population regards monetary amounts not in terms of the local currency but in terms of a relatively stable foreign currency. Prices may be quoted in that currency;

(c) sales and purchases on credit take place at prices that compensate for the expected loss of purchasing power during the credit period, even if the period is short;

(d) interest rates, wages and prices are linked to a price index; and

(e) the cumulative inflation rate over three years is approaching, or exceeds, 100 %.

It is preferable that all entities that report in the currency of the same hyperinflationary economy apply this standard **4** , from the same date. Nevertheless, this standard applies to the financial statements of any entity from the beginning of the reporting period in which it identifies the existence of hyperinflation in the country in whose currency it reports.

THE RESTATEMENT OF FINANCIAL STATEMENTS

Prices change over time as the result of various specific or general political, economic and social forces. Specific forces **5** such as changes in supply and demand and technological changes may cause individual prices to increase or decrease significantly and independently of each other. In addition, general forces may result in changes in the general level of prices and therefore in the general purchasing power of money.

---

1 As part of *Improvements to IFRSs* issued in May 2008, the Board changed terms used in IAS 29 to be consistent with other IFRSs as follows: (a) 'market value' was amended to 'fair value', and (b) 'results of operations' and 'net income' were amended to 'profit or loss'.

6 Unternehmen, die ihre Abschlüsse auf der Basis historischer Anschaffungs- und Herstellungskosten erstellen, tun dies ungeachtet der Änderungen des allgemeinen Preisniveaus oder bestimmter Preissteigerungen der angesetzten Vermögenswerte oder Schulden. Eine Ausnahme bilden die Vermögenswerte und Schulden, die das Unternehmen zum beizulegenden Zeitwert ansetzen muss oder dies freiwillig tut. So können z. B. Sachanlagen zum beizulegenden Zeitwert neu bewertet werden und biologische Vermögenswerte müssen in der Regel zum beizulegenden Zeitwert angesetzt werden. Einige Unternehmen erstellen ihre Abschlüsse jedoch nach dem Konzept der Tageswerte, das den Auswirkungen bestimmter Preisänderungen bei im Bestand befindlichen Vermögenswerten Rechnung trägt.

7 In einem Hochinflationsland sind Abschlüsse unabhängig davon, ob sie auf dem Konzept der historischen Anschaffungs- und Herstellungskosten oder dem der Tageswerte basieren, nur zweckmäßig, wenn sie in der am Abschlussstichtag geltenden Maßeinheit ausgedrückt sind. Daher gilt dieser Standard für den Abschluss von Unternehmen, die in der Währung eines Hochinflationslandes bilanzieren. Die in diesem Standard geforderten Informationen in Form einer Ergänzung zu einem nicht angepassten Abschluss darzustellen, ist nicht zulässig. Auch von einer separaten Darstellung des Abschlusses vor der Anpassung wird abgeraten.

8 Der Abschluss eines Unternehmens, dessen funktionale Währung die eines Hochinflationslandes ist, ist unabhängig davon, ob er auf dem Konzept der historischen Anschaffungs- und Herstellungskosten oder dem der Tageswerte basiert, in der am Bilanzstichtag geltenden Maßeinheit auszudrücken. Die in IAS 1 *Darstellung des Abschlusses* (in der 2007 überarbeiteten Fassung) geforderten Vergleichszahlen zur Vorperiode sowie alle anderen Informationen zu früheren Perioden sind ebenfalls in der am Bilanzstichtag geltenden Maßeinheit anzugeben. Für die Darstellung von Vergleichsbeträgen in einer anderen Darstellungswährung sind die Paragraphen 42 (b) und 43 des IAS 21 *Auswirkungen von Wechselkursänderungen* maßgeblich.

9 Der Gewinn oder Verlust aus der Nettoposition der monetären Posten ist in den Gewinn oder Verlust einzubeziehen und gesondert anzugeben.

10 Zur Anpassung des Abschlusses gemäß diesem Standard müssen bestimmte Verfahren angewandt sowie Ermessensentscheidungen getroffen werden. Eine periodenübergreifend konsequente Anwendung dieser Verfahren und Konsequenz bei den Ermessensentscheidungen ist wichtiger als die Exaktheit der daraus in den angepassten Abschlüssen resultierenden Beträge.

Abschlüsse auf Basis historischer Anschaffungs- und/oder Herstellungskosten

Bilanz

11 Beträge in der Bilanz, die noch nicht in der am Abschlussstichtag geltenden Maßeinheit ausgedrückt sind, werden anhand eines allgemeinen Preisindexes angepasst.

12 Monetäre Posten werden nicht angepasst, da sie bereits in der am Abschlussstichtag geltenden Geldeinheit ausgedrückt sind. Monetäre Posten sind im Bestand befindliche Geldmittel oder Posten, für die das Unternehmen Geld zahlt oder erhält.

13 Forderungen und Verbindlichkeiten, die vertraglich an Preisveränderungen gekoppelt sind, wie Indexanleihen und -kredite, werden vertragsgemäß angeglichen, um den zum Abschlussstichtag ausstehenden Betrag zu ermitteln. Diese Posten werden in der angepassten Bilanz zu diesem angeglichenen Betrag geführt.

14 Alle anderen Vermögenswerte und Schulden sind nicht monetär. Manche dieser nicht monetären Posten werden zu den am Bilanzstichtag geltenden Beträgen geführt, beispielsweise zum Nettoveräußerungswert und zum beizulegenden Zeitwert, und somit nicht angepasst. Alle anderen nicht monetären Vermögenswerte und Schulden werden angepasst.

15 Die meisten nicht monetären Posten werden zu ihren Anschaffungskosten bzw. fortgeführten Anschaffungskosten angesetzt und damit zu dem zum Erwerbszeitpunkt geltenden Betrag ausgewiesen. Die angepassten bzw. fortgeführten Anschaffungs- oder Herstellungskosten jedes Postens werden bestimmt, indem man auf die historischen Anschaffungs- oder Herstellungskosten und die kumulierten Abschreibungen die zwischen Anschaffungsdatum und Bilanzstichtag eingetretene Veränderung eines allgemeinen Preisindexes anwendet. Sachanlagen, Vorräte an Rohstoffen und Waren, Geschäfts- oder Firmenwerte, Patente, Warenzeichen und ähnliche Vermögenswerte werden somit ab ihrem Anschaffungsdatum angepasst. Vorräte an Halb- und Fertigerzeugnissen werden ab dem Datum angepasst, an dem die Anschaffungs- und Herstellungskosten angefallen sind.

16 In einigen seltenen Fällen lässt sich das Datum der Anschaffung der Sachanlagen aufgrund unvollständiger Aufzeichnungen möglicherweise nicht mehr genau feststellen oder schätzen. Unter diesen Umständen kann es bei erstmaliger Anwendung dieses Standards erforderlich sein, zur Ermittlung des Ausgangswerts für die Anpassung dieser Posten auf eine unabhängige professionelle Bewertung zurückzugreifen.

Entities that prepare financial statements on the historical cost basis of accounting do so without regard either to changes 6 in the general level of prices or to increases in specific prices of recognised assets or liabilities. The exceptions to this are those assets and liabilities that the entity is required, or chooses, to measure at fair value. For example, property, plant and equipment may be revalued to fair value and biological assets are generally required to be measured at fair value. Some entities, however, present financial statements that are based on a current cost approach that reflects the effects of changes in the specific prices of assets held.

In a hyperinflationary economy, financial statements, whether they are based on a historical cost approach or a current 7 cost approach, are useful only if they are expressed in terms of the measuring unit current at the end of the reporting period. As a result, this standard applies to the financial statements of entities reporting in the currency of a hyperinfla- tionary economy. Presentation of the information required by this standard as a supplement to unrestated financial state- ments is not permitted. Furthermore, separate presentation of the financial statements before restatement is discouraged.

The financial statements of an entity whose functional currency is the currency of a hyperinflationary economy, whether 8 they are based on a historical cost approach or a current cost approach, shall be stated in terms of the measuring unit current at the end of the reporting period. The corresponding figures for the previous period required by IAS 1 *Presenta- tion of Financial Statements* (as revised in 2007) and any information in respect of earlier periods shall also be stated in terms of the measuring unit current at the end of the reporting period. For the purpose of presenting comparative amounts in a different presentation currency, paragraphs 42 (b) and 43 of IAS 21 *The Effects of Changes in Foreign Exchange Rates* apply.

The gain or loss on the net monetary position shall be included in profit or loss and separately disclosed. 9

The restatement of financial statements in accordance with this standard requires the application of certain procedures as 10 well as judgement. The consistent application of these procedures and judgements from period to period is more impor- tant than the precise accuracy of the resulting amounts included in the restated financial statements.

Historical cost financial statements

Statement of financial position

Statement of financial position amounts not already expressed in terms of the measuring unit current at the end of the 11 reporting period are restated by applying a general price index.

Monetary items are not restated because they are already expressed in terms of the monetary unit current at the end of 12 the reporting period. Monetary items are money held and items to be received or paid in money.

Assets and liabilities linked by agreement to changes in prices, such as index linked bonds and loans, are adjusted in 13 accordance with the agreement in order to ascertain the amount outstanding at the end of the reporting period. These items are carried at this adjusted amount in the restated statement of financial position.

All other assets and liabilities are non-monetary. Some non-monetary items are carried at amounts current at the end of 14 the reporting period, such as net realisable value and fair value, so they are not restated. All other non-monetary assets and liabilities are restated.

Most non-monetary items are carried at cost or cost less depreciation; hence they are expressed at amounts current at 15 their date of acquisition. The restated cost, or cost less depreciation, of each item is determined by applying to its histor- ical cost and accumulated depreciation the change in a general price index from the date of acquisition to the end of the reporting period. For example, property, plant and equipment, inventories of raw materials and merchandise, goodwill, patents, trademarks and similar assets are restated from the dates of their purchase. Inventories of partly-finished and finished goods are restated from the dates on which the costs of purchase and of conversion were incurred.

Detailed records of the acquisition dates of items of property, plant and equipment may not be available or capable of 16 estimation. In these rare circumstances, it may be necessary, in the first period of application of this standard, to use an independent professional assessment of the value of the items as the basis for their restatement.

17 Es ist möglich, dass für die Perioden, für die dieser Standard eine Anpassung der Sachanlagen vorschreibt, kein allgemeiner Preisindex zur Verfügung steht. In diesen Fällen kann es erforderlich sein, auf eine Schätzung zurückzugreifen, die beispielsweise auf den Bewegungen des Wechselkurses der funktionalen Währung gegenüber einer relativ stabilen Fremdwährung basiert.

18 Bei einigen nicht monetären Posten wird nicht der Wert zum Zeitpunkt der Anschaffung oder des Abschlussstichtags, sondern ein anderer angesetzt. Dies gilt beispielsweise für Sachanlagen, die zu einem früheren Zeitpunkt neubewertet wurden. In diesen Fällen wird der Buchwert ab dem Datum der Neubewertung angepasst.

19 Der angepasste Wert eines nicht monetären Postens wird den einschlägigen IFRS entsprechend vermindert, wenn er den erzielbaren Betrag überschreitet. Bei Sachanlagen, Geschäfts- oder Firmenwerten, Patenten und Warenzeichen wird der angepasste Wert in solchen Fällen deshalb auf den erzielbaren Betrag und bei Vorräten auf den Nettoveräußerungswert herabgesetzt.

20 Es besteht die Möglichkeit, dass ein Beteiligungsunternehmen, das gemäß der Equity-Methode bilanziert wird, in der Währung eines Hochinflationslandes berichtet. Die Bilanz und die Gesamtergebnisrechnung eines solchen Beteiligungsunternehmens werden gemäß diesem Standard angepasst, damit der Anteil des Eigentümers am Nettovermögen und am Gewinn oder Verlust errechnet werden kann. Werden die angepassten Abschlüsse des Beteiligungsunternehmens in einer Fremdwährung ausgewiesen, so werden sie zum Stichtagskurs umgerechnet.

21 Die Auswirkungen der Inflation werden im Regelfall in den Fremdkapitalkosten erfasst. Es ist nicht sachgerecht, eine kreditfinanzierte Investition anzupassen und gleichzeitig den Teil der Fremdkapitalkosten zu aktivieren, der als Ausgleich für die Inflation im entsprechenden Zeitraum gedient hat. Dieser Teil der Fremdkapitalkosten wird in der Periode, in der diese Kosten anfallen, als Aufwand erfasst.

22 Ein Unternehmen kann Vermögenswerte im Rahmen eines Vertrags erwerben, der eine zinsfreie Stundung der Zahlung ermöglicht. Wenn die Zurechnung eines Zinsbetrags nicht durchführbar ist, werden solche Vermögenswerte ab dem Zahlungs- und nicht ab dem Erwerbszeitpunkt angepasst.

23 [gestrichen]

24 Zu Beginn der ersten Periode der Anwendung dieses Standards werden die Bestandteile des Eigenkapitals, mit Ausnahme der nicht ausgeschütteten Ergebnisse sowie etwaiger Neubewertungsrücklagen, vom Zeitpunkt ihrer Zuführung in das Eigenkapital anhand eines allgemeinen Preisindexes angepasst. Alle in früheren Perioden entstandenen Neubewertungsrücklagen werden eliminiert. Angepasste nicht ausgeschüttete Ergebnisse werden aus allen anderen Beträgen in der angepassten Bilanz abgeleitet.

25 Am Ende der ersten Periode und in den folgenden Perioden werden sämtliche Bestandteile des Eigenkapitals jeweils vom Beginn der Periode oder vom Zeitpunkt einer gegebenenfalls späteren Zuführung an anhand eines allgemeinen Preisindexes angepasst. Die Änderungen des Eigenkapitals in der Periode werden gemäß IAS 1 angegeben.

Gesamtergebnisrechnung

26 Gemäß diesem Standard sind alle Posten der Gesamtergebnisrechnung in der am Abschlussstichtag geltenden Maßeinheit auszudrücken. Dies bedeutet, dass alle Beträge anhand des allgemeinen Preisindexes anzupassen sind und zwar ab dem Zeitpunkt, zu dem die jeweiligen Erträge und Aufwendungen erstmals im Abschluss erfasst wurden.

Gewinn oder Verlust aus der Nettoposition der monetären Posten

27 Hat ein Unternehmen in einer Periode der Inflation mehr monetäre Forderungen als Verbindlichkeiten, so verliert es an Kaufkraft, während ein Unternehmen mit mehr monetären Verbindlichkeiten als Forderungen an Kaufkraft gewinnt, sofern die Forderungen und Verbindlichkeiten nicht an einen Preisindex gekoppelt sind. Ein solcher Gewinn oder Verlust aus der Nettoposition der monetären Posten lässt sich aus der Differenz aus der Anpassung der nicht monetären Vermögenswerte, des Eigenkapitals und der Posten aus der Gesamtergebnisrechnung sowie der Korrektur der indexgebundenen Forderungen und Verbindlichkeiten ableiten. Ein solcher Gewinn oder Verlust kann geschätzt werden, indem die Änderung eines allgemeinen Preisindexes auf den gewichteten Durchschnitt der in der Berichtsperiode verzeichneten Differenz zwischen monetären Forderungen und Verbindlichkeiten angewandt wird.

28 Der Gewinn bzw. Verlust aus der Nettoposition der monetären Posten wird im Gewinn oder Verlust aufgenommen. Die gemäß Paragraph 13 erfolgte Berichtigung der Forderungen und Verbindlichkeiten, die vertraglich an Preisänderungen gebunden sind, wird mit dem Gewinn oder Verlust aus der Nettoposition der monetären Posten saldiert. Andere Ertrags- und Aufwandsposten wie Zinserträge und Zinsaufwendungen sowie Währungsumrechnungsdifferenzen in Verbindung mit investierten oder aufgenommenen liquiden Mitteln werden auch mit der Nettoposition der monetären Posten in Beziehung gesetzt. Obwohl diese Posten gesondert angegeben werden, kann es hilfreich sein, sie in der Gesamtergebnisrechnung zusammen mit dem Gewinn oder Verlust aus der Nettoposition der monetären Posten darzustellen.

A general price index may not be available for the periods for which the restatement of property, plant and equipment is required by this standard. In these circumstances, it may be necessary to use an estimate based, for example, on the movements in the exchange rate between the functional currency and a relatively stable foreign currency. **17**

Some non-monetary items are carried at amounts current at dates other than that of acquisition or that of the statement of financial position, for example property, plant and equipment that has been revalued at some earlier date. In these cases, the carrying amounts are restated from the date of the revaluation. **18**

The restated amount of a non-monetary item is reduced, in accordance with appropriate IFRSs, when it exceeds its recoverable amount. For example, restated amounts of property, plant and equipment, goodwill, patents and trademarks are reduced to recoverable amount and restated amounts of inventories are reduced to net realisable value. **19**

An investee that is accounted for under the equity method may report in the currency of a hyperinflationary economy. The statement of financial position and statement of comprehensive income of such an investee are restated in accordance with this Standard in order to calculate the investor's share of its net assets and profit or loss. When the restated financial statements of the investee are expressed in a foreign currency they are translated at closing rates. **20**

The impact of inflation is usually recognised in borrowing costs. It is not appropriate both to restate the capital expenditure financed by borrowing and to capitalise that part of the borrowing costs that compensates for the inflation during the same period. This part of the borrowing costs is recognised as an expense in the period in which the costs are incurred. **21**

An entity may acquire assets under an arrangement that permits it to defer payment without incurring an explicit interest charge. Where it is impracticable to impute the amount of interest, such assets are restated from the payment date and not the date of purchase. **22**

[Deleted] **23**

At the beginning of the first period of application of this standard, the components of owners' equity, except retained earnings and any revaluation surplus, are restated by applying a general price index from the dates the components were contributed or otherwise arose. Any revaluation surplus that arose in previous periods is eliminated. Restated retained earnings are derived from all the other amounts in the restated statement of financial position. **24**

At the end of the first period and in subsequent periods, all components of owners' equity are restated by applying a general price index from the beginning of the period or the date of contribution, if later. The movements for the period in owners' equity are disclosed in accordance with IAS 1. **25**

Statement of comprehensive income

This standard requires that all items in the statement of comprehensive income are expressed in terms of the measuring unit current at the end of the reporting period. Therefore all amounts need to be restated by applying the change in the general price index from the dates when the items of income and expenses were initially recorded in the financial statements. **26**

Gain or loss on net monetary position

In a period of inflation, an entity holding an excess of monetary assets over monetary liabilities loses purchasing power and an entity with an excess of monetary liabilities over monetary assets gains purchasing power to the extent the assets and liabilities are not linked to a price level. This gain or loss on the net monetary position may be derived as the difference resulting from the restatement of non-monetary assets, owners' equity and items in the statement of comprehensive income and the adjustment of index linked assets and liabilities. The gain or loss may be estimated by applying the change in a general price index to the weighted average for the period of the difference between monetary assets and monetary liabilities. **27**

The gain or loss on the net monetary position is included in profit or loss. The adjustment to those assets and liabilities linked by agreement to changes in prices made in accordance with paragraph 13 is offset against the gain or loss on net monetary position. Other income and expense items, such as interest income and expense, and foreign exchange differences related to invested or borrowed funds, are also associated with the net monetary position. Although such items are separately disclosed, it may be helpful if they are presented together with the gain or loss on net monetary position in the statement of comprehensive income. **28**

Bilanz

29 Die zu Tageswerten angegebenen Posten werden nicht angepasst, da sie bereits in der am Abschlussstichtag geltenden Maßeinheit angegeben sind. Andere Posten in der Bilanz werden gemäß den Paragraphen 11 bis 25 angepasst.

Gesamtergebnisrechnung

30 Vor der Anpassung weist die zu Tageswerten aufgestellte Gesamtergebnisrechnung die Kosten zum Zeitpunkt der damit verbundenen Geschäftsvorfälle oder anderen Ereignisse aus. Umsatzkosten und planmäßige Abschreibungen werden zu den Tageswerten zum Zeitpunkt ihres Verbrauchs erfasst. Umsatzerlöse und andere Aufwendungen werden zu dem zum Zeitpunkt ihres Anfallens geltenden Geldbetrag erfasst. Daher sind alle Beträge anhand eines allgemeinen Preisindexes in die am Abschlussstichtag geltende Maßeinheit umzurechnen.

Gewinn oder Verlust aus der Nettoposition der monetären Posten

31 Der Gewinn oder Verlust aus der Nettoposition der monetären Posten wird gemäß den Paragraphen 27 und 28 bilanziert.

Steuern

32 Die Anpassung des Abschlusses gemäß diesem Standard kann zu Differenzen zwischen dem in der Bilanz ausgewiesenen Buchwert der einzelnen Vermögenswerte und Schulden und deren Steuerbemessungsgrundlage führen. Diese Differenzen werden gemäß IAS 12 *Ertragsteuern* bilanziert.

Kapitalflussrechnung

33 Nach diesem Standard müssen alle Posten der Kapitalflussrechnung in der am Abschlussstichtag geltenden Maßeinheit ausgedrückt werden.

Vergleichszahlen

34 Vergleichszahlen für die vorangegangene Periode werden unabhängig davon, ob sie auf dem Konzept der historischen Anschaffungs- und Herstellungskosten oder dem der Tageswerte basieren, anhand eines allgemeinen Preisindexes angepasst, damit der Vergleichsabschluss in der am Bilanzstichtag geltenden Maßeinheit dargestellt ist. Informationen zu früheren Perioden werden ebenfalls in der am Bilanzstichtag geltenden Maßeinheit ausgedrückt. Für die Darstellung von Vergleichsbeträgen in einer anderen Darstellungswährung sind die Paragraphen 42 (b) und 43 des IAS 21 maßgeblich.

Konzernabschlüsse

35 Ein Mutterunternehmen, das in der Währung eines Hochinflationslandes berichtet, kann Tochterunternehmen haben, die ihren Abschluss ebenfalls in der Währung eines hochinflationären Landes erstellen. Der Abschluss jedes dieser Tochterunternehmen ist anhand eines allgemeinen Preisindexes des Landes anzupassen, in dessen Währung das Tochterunternehmen bilanziert, bevor er vom Mutterunternehmen in den Konzernabschluss einbezogen wird. Handelt es sich bei dem Tochterunternehmen um ein ausländisches Tochterunternehmen, so wird der angepasste Abschluss zum Stichtagskurs umgerechnet. Die Abschlüsse von Tochterunternehmen, die nicht in der Währung eines Hochinflationslandes berichten, werden gemäß IAS 21 behandelt.

36 Werden Abschlüsse mit unterschiedlichen Abschlussstichtagen konsolidiert, sind alle Posten – ob monetär oder nicht – an die am Stichtag des Konzernabschlusses geltende Maßeinheit anzupassen.

Auswahl und Verwendung des allgemeinen Preisindexes

37 Zur Anpassung des Abschlusses gemäß diesem Standard muss ein allgemeiner Preisindex herangezogen werden, der die Veränderungen in der allgemeinen Kaufkraft widerspiegelt. Es ist wünschenswert, dass alle Unternehmen, die in der Währung derselben Volkswirtschaft berichten, denselben Index verwenden.

BEENDIGUNG DER HOCHINFLATION IN EINER VOLKSWIRTSCHAFT

38 Wenn ein bisheriges Hochinflationsland nicht mehr als solches eingestuft wird und das Unternehmen aufhört, seinen Abschluss gemäß diesem Standard zu erstellen, sind die Beträge, die in der am Ende der vorangegangenen Periode geltenden Maßeinheit ausgedrückt sind, als Grundlage für die Buchwerte in seinem darauffolgenden Abschluss heranzuziehen.

Current cost financial statements

Statement of financial position

Items stated at current cost are not restated because they are already expressed in terms of the measuring unit current at **29** the end of the reporting period. Other items in the statement of financial position are restated in accordance with paragraphs 11 to 25.

Statement of comprehensive income

The current cost statement of comprehensive income, before restatement, generally reports costs current at the time at **30** which the underlying transactions or events occurred. Cost of sales and depreciation are recorded at current costs at the time of consumption; sales and other expenses are recorded at their money amounts when they occurred. Therefore all amounts need to be restated into the measuring unit current at the end of the reporting period by applying a general price index.

Gain or loss on net monetary position

The gain or loss on the net monetary position is accounted for in accordance with paragraphs 27 and 28. **31**

Taxes

The restatement of financial statements in accordance with this standard may give rise to differences between the carrying **32** amount of individual assets and liabilities in the statement of financial position and their tax bases. These differences are accounted for in accordance with IAS 12 *Income taxes*.

Statement of cash flows

This standard requires that all items in the statement of cash flows are expressed in terms of the measuring unit current **33** at the end of the reporting period.

Corresponding figures

Corresponding figures for the previous reporting period, whether they were based on a historical cost approach or a cur- **34** rent cost approach, are restated by applying a general price index so that the comparative financial statements are presented in terms of the measuring unit current at the end of the reporting period. Information that is disclosed in respect of earlier periods is also expressed in terms of the measuring unit current at the end of the reporting period. For the purpose of presenting comparative amounts in a different presentation currency, paragraphs 42 (b) and 43 of IAS 21 apply.

Consolidated financial statements

A parent that reports in the currency of a hyperinflationary economy may have subsidiaries that also report in the curren- **35** cies of hyperinflationary economies. The financial statements of any such subsidiary need to be restated by applying a general price index of the country in whose currency it reports before they are included in the consolidated financial statements issued by its parent. Where such a subsidiary is a foreign subsidiary, its restated financial statements are translated at closing rates. The financial statements of subsidiaries that do not report in the currencies of hyperinflationary economies are dealt with in accordance with IAS 21.

If financial statements with different ends of the reporting periods are consolidated, all items, whether non-monetary or **36** monetary, need to be restated into the measuring unit current at the date of the consolidated financial statements.

Selection and use of the general price index

The restatement of financial statements in accordance with this standard requires the use of a general price index that **37** reflects changes in general purchasing power. It is preferable that all entities that report in the currency of the same economy use the same index.

ECONOMIES CEASING TO BE HYPERINFLATIONARY

When an economy ceases to be hyperinflationary and an entity discontinues the preparation and presentation of financial **38** statements prepared in accordance with this standard, it shall treat the amounts expressed in the measuring unit current at the end of the previous reporting period as the basis for the carrying amounts in its subsequent financial statements.

ANGABEN

39 Angegeben werden muss,

(a) dass der Abschluss und die Vergleichszahlen für frühere Perioden aufgrund von Änderungen der allgemeinen Kaufkraft der funktionalen Währung angepasst wurden und daher in der am Abschlussstichtag geltenden Maßeinheit angegeben sind;

(b) ob der Abschluss auf dem Konzept historischer Anschaffungs- und Herstellungskosten oder dem Konzept der Tageswerte basiert; und

(c) Art sowie Höhe des Preisindexes am Abschlussstichtag sowie Veränderungen des Indexes während der aktuellen und der vorangegangenen Periode.

40 Die in diesem Standard geforderten Angaben sind notwendig, um die Grundlage für die Behandlung der Inflationsauswirkungen im Abschluss zu verdeutlichen. Ferner sind sie dazu bestimmt, weitere Informationen zu geben, die für das Verständnis dieser Grundlage und der daraus resultierenden Beträge notwendig sind.

ZEITPUNKT DES INKRAFTTRETENS

41 Dieser Standard ist erstmals in der ersten Berichtsperiode eines am 1. Januar 1990 oder danach beginnenden Geschäftsjahres anzuwenden.

DISCLOSURES

The following disclosures shall be made: 39

(a) the fact that the financial statements and the corresponding figures for previous periods have been restated for the changes in the general purchasing power of the functional currency and, as a result, are stated in terms of the measuring unit current at the end of the reporting period;

(b) whether the financial statements are based on a historical cost approach or a current cost approach; and

(c) the identity and level of the price index at the end of the reporting period and the movement in the index during the current and the previous reporting period.

The disclosures required by this standard are needed to make clear the basis of dealing with the effects of inflation in the   40
financial statements. They are also intended to provide other information necessary to understand that basis and the resulting amounts.

EFFECTIVE DATE

This standard becomes operative for financial statements covering periods beginning on or after 1 January 1990.   **41**

INTERNATIONAL ACCOUNTING STANDARD 32

Finanzinstrumente: Darstellung

ZIELSETZUNG

1 [gestrichen]

2 Zielsetzung dieses Standards ist es, Grundsätze für die Darstellung von Finanzinstrumenten als Verbindlichkeiten oder Eigenkapital und für die Saldierung von finanziellen Vermögenswerten und finanziellen Verbindlichkeiten aufzustellen. Dies bezieht sich auf die Einstufung von Finanzinstrumenten – aus Sicht des Emittenten – in finanzielle Vermögenswerte, finanzielle Verbindlichkeiten und Eigenkapitalinstrumente, die Einstufung der damit verbundenen Zinsen, Dividenden, Verluste und Gewinne sowie die Voraussetzungen für die Saldierung von finanziellen Vermögenswerten und finanziellen Verbindlichkeiten.

3 Die in diesem Standard enthaltenen Grundsätze ergänzen die Grundsätze für den Ansatz und die Bewertung finanzieller Vermögenswerte und finanzieller Verbindlichkeiten in IAS 39 *Finanzinstrumente: Ansatz und Bewertung* und für die diesbezüglichen Angaben in IFRS 7 *Finanzinstrumente: Angaben*.

ANWENDUNGSBEREICH

4 **Dieser Standard ist von allen Unternehmen auf alle Arten von Finanzinstrumenten anzuwenden; davon ausgenommen sind:**

(a) Anteile an Tochterunternehmen, assoziierten Unternehmen und Gemeinschaftsunternehmen, die gemäß IFRS 10 *Konzernabschlüsse*, IAS 27 *Einzelabschlüsse* oder IAS 28 *Anteile an assoziierten Unternehmen und Gemeinschaftsunternehmen* bilanziert werden. In einigen Fällen muss oder darf ein Unternehmen jedoch nach IFRS 10, IAS 27 oder IAS 28 einen Anteil an einem Tochterunternehmen, einem assoziierten Unternehmen oder einem Gemeinschaftsunternehmen gemäß IFRS 9 bilanzieren; in diesen Fällen gelten die Vorgaben dieses IFRS. Der vorliegende Standard ist auch auf Derivate anzuwenden, die an einen Anteil an einem Tochterunternehmen, einem assoziierten Unternehmen oder einem Gemeinschaftsunternehmen gebunden sind.

(b) **Rechte und Verpflichtungen eines Arbeitgebers aus Altersversorgungsplänen, für die IAS 19** *Leistungen an Arbeitnehmer* **gilt.**

(c) **[gestrichen]**

INTERNATIONAL ACCOUNTING STANDARD 32

Financial instruments: presentation

OBJECTIVE

[deleted]   **1**

The objective of this standard is to establish principles for presenting financial instruments as liabilities or equity and for **2** offsetting financial assets and financial liabilities. It applies to the classification of financial instruments, from the perspective of the issuer, into financial assets, financial liabilities and equity instruments; the classification of related interest, dividends, losses and gains; and the circumstances in which financial assets and financial liabilities should be offset.

The principles in this standard complement the principles for recognising and measuring financial assets and financial **3** liabilities in IAS 39 *Financial instruments: recognition and measurement*, and for disclosing information about them in IFRS 7 *Financial instruments: disclosures*.

SCOPE

This Standard shall be applied by all entities to all types of financial instruments except: **4**

(a)   those interests in subsidiaries, associates or joint ventures that are accounted for in accordance with IFRS 10 *Consolidated Financial Statements*, IAS 27 *Separate Financial Statements* or IAS 28 *Investments in Associates and Joint Ventures*. However, in some cases, IFRS 10, IAS 27 or IAS 28 require or permits an entity to account for an interest in a subsidiary, associate or joint venture using IFRS 9; in those cases, entities shall apply the requirements of this Standard. Entities shall also apply this Standard to all derivatives linked to interests in subsidiaries, associates or joint ventures.

(b)   **employers' rights and obligations under employee benefit plans, to which IAS 19 *Employee benefits* applies;**

(c)   **[deleted]**

(d) Versicherungsverträge im Sinne der Definition von IFRS 4 *Versicherungsverträge*. Anzuwenden ist dieser Standard allerdings ist auf Derivate, die in Versicherungsverträge eingebettet sind, wenn IAS 39 von dem Unternehmen deren getrennte Bilanzierung verlangt. Ein Versicherer hat diesen Standard darüber hinaus auf finanzielle Garantien anzuwenden, wenn er zum Ansatz und zur Bewertung dieser Verträge IAS 39 anwendet. Entscheidet er sich jedoch gemäß Paragraph 4 (d) des IFRS 4, die finanziellen Garantien gemäß IFRS 4 anzusetzen und zu bewerten, so hat er IFRS 4 anzuwenden.

(e) Finanzinstrumente, die in den Anwendungsbereich von IFRS 4 fallen, da sie eine ermessensabhängige Überschussbeteiligung enthalten. Was die Unterscheidung zwischen finanziellen Verbindlichkeiten und Eigenkapitalinstrumenten angeht, muss der Emittent dieser Instrumente auf diese Überschussbeteiligung die Paragraphen 15–32 und A25–A35 dieses Standards nicht anwenden. Allen anderen Vorschriften dieses Standards unterliegen diese Instrumente allerdings. Außerdem ist der vorliegende Standard auf Derivate, die in diese Finanzinstrumente eingebettet sind, anzuwenden (siehe IAS 39).

(f) Finanzinstrumente, Verträge und Verpflichtungen im Zusammenhang mit anteilsbasierten Vergütungen, auf die IFRS 2 *Anteilsbasierte Vergütung* Anwendung findet, ausgenommen

  (i) in den Anwendungsbereich der Paragraphen 8–10 dieses Standards fallende Verträge, auf die dieser Standard anzuwenden ist,

  (ii) die Paragraphen 33 und 34 dieses Standards, die auf eigene Anteile anzuwenden sind, die im Rahmen von Mitarbeiteraktienoptionsplänen, Mitarbeiteraktienkaufplänen und allen anderen anteilsbasierten Vergütungsvereinbarungen erworben, verkauft, ausgegeben oder entwertet werden.

5–7 [gestrichen]

8 Dieser Standard ist auf Verträge über den Kauf oder Verkauf eines nicht finanziellen Postens anzuwenden, die durch einen Ausgleich in bar oder anderen Finanzinstrumenten oder durch den Tausch von Finanzinstrumenten, so als handle es sich bei den Verträgen um Finanzinstrumente, erfüllt werden können. Davon ausgenommen sind Verträge, die zwecks Empfang oder Lieferung nicht finanzieller Posten gemäß dem erwarteten Einkaufs-, Verkaufs- oder Nutzungsbedarf des Unternehmens geschlossen wurden und in diesem Sinne weiter behalten werden.

9 Die Abwicklung eines Vertrags über den Kauf oder Verkauf eines nicht finanziellen Postens durch Ausgleich in bar oder in anderen Finanzinstrumenten oder den Tausch von Finanzinstrumenten kann unter unterschiedlichen Rahmenbedingungen erfolgen, zu denen u. a. Folgende zählen:

(a) die Vertragsbedingungen gestatten es jedem Kontrahenten, den Vertrag durch Ausgleich in bar oder einem anderen Finanzinstrument bzw. durch Tausch von Finanzinstrumenten abzuwickeln;

(b) die Möglichkeit zu einem Ausgleich in bar oder einem anderen Finanzinstrument bzw. durch Tausch von Finanzinstrumenten ist zwar nicht explizit in den Vertragsbedingungen vorgesehen, doch erfüllt das Unternehmen ähnliche Verträge für gewöhnlich durch Ausgleich in bar oder einem anderen Finanzinstrument bzw. durch Tausch von Finanzinstrumenten (sei es durch Abschluss gegenläufiger Verträge mit der Vertragspartei oder durch Verkauf des Vertrags vor dessen Ausübung oder Verfall);

(c) bei ähnlichen Verträgen nimmt das Unternehmen den Vertragsgegenstand für gewöhnlich an und veräußert ihn kurz nach der Anlieferung wieder, um Gewinne aus kurzfristigen Preisschwankungen oder Händlermargen zu erzielen; und

(d) der nicht finanzielle Posten, der Gegenstand des Vertrags ist, kann jederzeit in Zahlungsmittel umgewandelt werden.

Ein Vertrag, auf den (b) oder (c) zutrifft, wird nicht zwecks Empfang oder Lieferung nicht finanzieller Posten gemäß dem erwarteten Einkaufs-, Verkaufs- oder Nutzungsbedarfs des Unternehmens geschlossen und fällt somit in den Anwendungsbereich dieses Standards. Andere Verträge, auf die Paragraph 8 zutrifft, werden im Hinblick darauf geprüft, ob sie zwecks Empfang oder Lieferung nicht finanzieller Posten gemäß dem erwarteten Einkaufs-, Verkaufs- oder Nutzungsbedarfs des Unternehmens geschlossen wurden und weiterhin zu diesem Zweck gehalten werden und somit in den Anwendungsbereich dieses Standards fallen.

10 Eine geschriebene Option auf den Kauf oder Verkauf eines nicht finanziellen Postens, der durch Ausgleich in bar oder anderen Finanzinstrumenten bzw. durch Tausch von Finanzinstrumenten gemäß Paragraph 9 (a) oder (d) erfüllt werden kann, fällt in den Anwendungsbereich dieses Standards. Solch ein Vertrag kann nicht zwecks Empfang oder Verkauf eines nicht finanziellen Postens gemäß dem erwarteten Einkaufs-, Verkaufs- oder Nutzungsbedarfs des Unternehmens geschlossen werden.

DEFINITIONEN (SIEHE AUCH PARAGRAPHEN A3–A23)

11 Die folgenden Begriffe werden in diesem Standard mit der angegebenen Bedeutung verwendet:

Ein *Finanzinstrument* ist ein Vertrag, der gleichzeitig bei dem einen Unternehmen zu einem finanziellen Vermögenswert und bei dem anderen Unternehmen zu einer finanziellen Verbindlichkeit oder einem Eigenkapitalinstrument führt.

Finanzielle Vermögenswerte umfassen:

(a) flüssige Mittel;

(b) ein Eigenkapitalinstrument eines anderen Unternehmens;

(d) insurance contracts as defined in IFRS 4 *Insurance contracts*. However, this standard applies to derivatives that are embedded in insurance contracts if IAS 39 requires the entity to account for them separately. Moreover, an issuer shall apply this standard to financial guarantee contracts if the issuer applies IAS 39 in recognising and measuring the contracts, but shall apply IFRS 4 if the issuer elects, in accordance with paragraph 4 (d) of IFRS 4, to apply IFRS 4 in recognising and measuring them;

(e) financial instruments that are within the scope of IFRS 4 because they contain a discretionary participation feature. The issuer of these instruments is exempt from applying to these features paragraphs 15—32 and AG25-AG35 of this standard regarding the distinction between financial liabilities and equity instruments. However, these instruments are subject to all other requirements of this standard. Furthermore, this standard applies to derivatives that are embedded in these instruments (see IAS 39);

(f) financial instruments, contracts and obligations under share-based payment transactions to which IFRS 2 *Share-based payment* applies, except for:

(i) contracts within the scope of paragraphs 8—10 of this standard, to which this standard applies;

(ii) paragraphs 33 and 34 of this standard, which shall be applied to treasury shares purchased, sold, issued or cancelled in connection with employee share option plans, employee share purchase plans, and all other share-based payment arrangements.

[deleted] 5—7

This standard shall be applied to those contracts to buy or sell a non-financial item that can be settled net in cash or 8
another financial instrument, or by exchanging financial instruments, as if the contracts were financial instruments, with the exception of contracts that were entered into and continue to be held for the purpose of the receipt or delivery of a non-financial item in accordance with the entity's expected purchase, sale or usage requirements.

There are various ways in which a contract to buy or sell a non-financial item can be settled net in cash or another finan- 9
cial instrument or by exchanging financial instruments. These include:

(a) when the terms of the contract permit either party to settle it net in cash or another financial instrument or by exchanging financial instruments;

(b) when the ability to settle net in cash or another financial instrument, or by exchanging financial instruments, is not explicit in the terms of the contract, but the entity has a practice of settling similar contracts net in cash or another financial instrument, or by exchanging financial instruments (whether with the counterparty, by entering into off-setting contracts or by selling the contract before its exercise or lapse);

(c) when, for similar contracts, the entity has a practice of taking delivery of the underlying and selling it within a short period after delivery for the purpose of generating a profit from short-term fluctuations in price or dealer's margin; and

(d) when the non-financial item that is the subject of the contract is readily convertible to cash.

A contract to which (b) or (c) applies is not entered into for the purpose of the receipt or delivery of the non-financial item in accordance with the entity's expected purchase, sale or usage requirements, and, accordingly, is within the scope of this standard. Other contracts to which paragraph 8 applies are evaluated to determine whether they were entered into and continue to be held for the purpose of the receipt or delivery of the non-financial item in accordance with the entity's expected purchase, sale or usage requirement, and accordingly, whether they are within the scope of this standard.

A written option to buy or sell a non-financial item that can be settled net in cash or another financial instrument, or by 10
exchanging financial instruments, in accordance with paragraph 9 (a) or (d) is within the scope of this standard. Such a contract cannot be entered into for the purpose of the receipt or delivery of the non-financial item in accordance with the entity's expected purchase, sale or usage requirements.

DEFINITIONS (SEE ALSO PARAGRAPHS AG3—AG23)

The following terms are used in this standard with the meanings specified: 11

A *financial instrument* is any contract that gives rise to a financial asset of one entity and a financial liability or equity instrument of another entity.

A *financial asset* is any asset that is:

(a) cash;

(b) an equity instrument of another entity;

(c) ein vertragliches Recht darauf,

    (i) flüssige Mittel oder andere finanzielle Vermögenswerte von einem anderen Unternehmen zu erhalten; oder

    (ii) finanzielle Vermögenswerte oder finanzielle Verbindlichkeiten mit einem anderen Unternehmen zu potenziell vorteilhaften Bedingungen zu tauschen; oder

(d) einen Vertrag, der in eigenen Eigenkapitalinstrumenten des Unternehmens erfüllt wird oder werden kann und bei dem es sich um Folgendes handelt:

    (i) ein nicht derivatives Finanzinstrument, das eine vertragliche Verpflichtung des Unternehmens enthält oder enthalten kann, eine variable Anzahl von Eigenkapitalinstrumenten des Unternehmens zu erhalten; oder

    (ii) ein derivatives Finanzinstrument, das nicht durch Austausch eines festen Betrags an flüssigen Mitteln oder anderen finanziellen Vermögenswerten gegen eine feste Zahl von Eigenkapitalinstrumenten des Unternehmens erfüllt wird oder werden kann. Nicht als Eigenkapitalinstrumente eines Unternehmens gelten zu diesem Zweck kündbare Finanzinstrumente, die gemäß den Paragraphen 16A und 16B als Eigenkapitalinstrumente eingestuft sind, Instrumente, die das Unternehmen dazu verpflichten, einer anderen Partei im Falle der Liquidation einen proportionalen Anteil an seinem Nettovermögen zu liefern und die gemäß den Paragraphen 16C und 16D als Eigenkapitalinstrumente eingestuft sind, oder Instrumente, bei denen es sich um Verträge über den künftigen Empfang oder die künftige Lieferung von Eigenkapitalinstrumenten des Unternehmens handelt.

Finanzielle Verbindlichkeiten umfassen:

(a) eine vertragliche Verpflichtung,

    (i) einem anderen Unternehmen flüssige Mittel oder einen anderen finanziellen Vermögenswert zu liefern, oder

    (ii) mit einem anderen Unternehmen finanzielle Vermögenswerte oder finanzielle Verbindlichkeiten zu potenziell nachteiligen Bedingungen auszutauschen; oder

(b) einen Vertrag, der in eigenen Eigenkapitalinstrumenten des Unternehmens erfüllt wird oder werden kann und bei dem es sich um Folgendes handelt:

    (i) ein nicht derivatives Finanzinstrument, das eine vertragliche Verpflichtung des Unternehmens enthält oder enthalten kann, eine variable Anzahl von Eigenkapitalinstrumenten des Unternehmens zu liefern; oder

    (ii) ein derivatives Finanzinstrument, das nicht durch Austausch eines festen Betrags an flüssigen Mitteln oder anderen finanziellen Vermögenswerten gegen eine feste Anzahl von Eigenkapitalinstrumenten des Unternehmens erfüllt wird oder werden kann. Rechte, Optionen oder Optionsscheine, die zum Erwerb einer festen Anzahl von Eigenkapitalinstrumenten des Unternehmens zu einem festen Betrag in beliebiger Währung berechtigen, stellen zu diesem Zweck Eigenkapitalinstrumente dar, wenn das Unternehmen sie anteilsgemäß allen gegenwärtigen Eigentümern derselben Klasse seiner nicht derivativen Eigenkapitalinstrumente anbietet. Die Eigenkapitalinstrumente eines Unternehmens umfassen zu diesem Zweck auch keine kündbaren Finanzinstrumente, die gemäß den Paragraphen 16A und 16B als Eigenkapitalinstrumente eingestuft sind, Instrumente, die das Unternehmen dazu verpflichten, einer anderen Partei im Falle der Liquidation einen proportionalen Anteil an seinem Nettovermögen zu liefern und die gemäß den Paragraphen 16C und 16D als Eigenkapitalinstrumente eingestuft sind, oder Instrumente, bei denen es sich um Verträge über den künftigen Empfang oder die künftige Lieferung von Eigenkapitalinstrumenten des Unternehmens handelt.

Abweichend davon wird ein Instrument, das der Definition einer finanziellen Verbindlichkeit entspricht, als Eigenkapitalinstrument eingestuft, wenn es über alle in den Paragraphen 16A und 16B oder 16C und 16D beschriebenen Merkmale verfügt und die dort genannten Bedingungen erfüllt.

Ein *Eigenkapitalinstrument* ist ein Vertrag, der einen Residualanspruch an den Vermögenswerten eines Unternehmens nach Abzug aller dazugehörigen Schulden begründet.

Der *beizulegende Zeitwert* ist der Preis, der in einem geordneten Geschäftsvorfall zwischen Marktteilnehmern am Bemessungsstichtag für den Verkauf eines Vermögenswerts eingenommen bzw. für die Übertragung einer Schuld gezahlt würde. (Siehe IFRS 13 *Bemessung des beizulegenden Zeitwerts.*)

Ein *kündbares Instrument* ist ein Finanzinstrument, das seinen Inhaber dazu berechtigt, es gegen flüssige Mittel oder andere finanzielle Vermögenswerte an den Emittenten zurückzugeben, oder das bei Eintritt eines ungewissen künftigen Ereignisses, bei Ableben des Inhabers oder bei dessen Eintritt in den Ruhestand automatisch an den Emittenten zurückgeht.

12 Die folgenden Begriffe sind in Paragraph 9 des IAS 39 definiert und werden im vorliegenden Standard mit der in IAS 39 angegebenen Bedeutung verwendet.

    – fortgeführte Anschaffungskosten eines finanziellen Vermögenswertes oder einer finanziellen Verbindlichkeit

    – zur Veräußerung verfügbare finanzielle Vermögenswerte

    – Ausbuchung

    – Derivat

    – Effektivzinsmethode

    – finanzielle Vermögenswerte oder finanzielle Verbindlichkeiten, die erfolgswirksam zum beizulegenden Zeitwert bewertet werden

    – Finanzielle Garantien

    – feste Verpflichtung

    – erwartete Transaktion

    – Wirksamkeit eines Sicherungsgeschäfts

(c)   a contractual right:
  (i)   to receive cash or another financial asset from another entity; or
  (ii)   to exchange financial assets or financial liabilities with another entity under conditions that are potentially favourable to the entity; or
(d)   a contract that will or may be settled in the entity's own equity instruments and is:
  (i)   a non-derivative for which the entity is or may be obliged to receive a variable number of the entity's own equity instruments; or
  (ii)   a derivative that will or may be settled other than by the exchange of a fixed amount of cash or another financial asset for a fixed number of the entity's own equity instruments. For this purpose the entity's own equity instruments do not include puttable financial instruments classified as equity instruments in accordance with paragraphs 16A and 16B, instruments that impose on the entity an obligation to deliver to another party a pro rata share of the net assets of the entity only on liquidation and are classified as equity instruments in accordance with paragraphs 16C and 16D, or instruments that are contracts for the future receipt or delivery of the entity's own equity instruments.

A *financial liability* is any liability that is:
(a)   a contractual obligation:
  (i)   to deliver cash or another financial asset to another entity; or
  (ii)   to exchange financial assets or financial liabilities with another entity under conditions that are potentially unfavourable to the entity; or
(b)   a contract that will or may be settled in the entity's own equity instruments and is:
  (i)   a non-derivative for which the entity is or may be obliged to deliver a variable number of the entity's own equity instruments; or
  (ii)   a derivative that will or may be settled other than by the exchange of a fixed amount of cash or another financial asset for a fixed number of the entity's own equity instruments. For this purpose, rights, options or warrants to acquire a fixed number of the entity's own equity instruments for a fixed amount of any currency are equity instruments if the entity offers the rights, options or warrants pro rata to all of its existing owners of the same class of its own non-derivative equity instruments. Also for this purpose the entity's own equity instruments do not include puttable financial instruments that are classified as equity instruments in accordance with paragraphs 16A and 16B, instruments that impose on the entity an obligation to deliver to another party a pro rata share of the net assets of the entity only on liquidation and are classified as equity instruments in accordance with paragraphs 16C and 16D, or instruments that are contracts for the future receipt or delivery of the entity's own equity instruments.

As an exception, an instrument that meets the definition of a financial liability is classified as an equity instrument if it has all the features and meets the conditions in paragraphs 16A and 16B or paragraphs 16C and 16D.

An *equity instrument* is any contract that evidences a residual interest in the assets of an entity after deducting all of its liabilities.

Fair value is the price that would be received to sell an asset or paid to transfer a liability in an orderly transaction between market participants at the measurement date. (See IFRS 13 *Fair Value Measurement*.)

A *puttable instrument* is a financial instrument that gives the holder the right to put the instrument back to the issuer for cash or another financial asset or is automatically put back to the issuer on the occurrence of an uncertain future event or the death or retirement of the instrument holder.

The following terms are defined in paragraph 9 of IAS 39 and are used in this standard with the meaning specified in IAS 39:   **12**
  —   amortised cost of a financial asset or financial liability,
  —   available-for-sale financial assets,
  —   derecognition,
  —   derivative,
  —   effective interest method,
  —   financial asset or financial liability at fair value through profit or loss,
  —   financial guarantee contract,
  —   firm commitment,
  —   forecast transaction,
  —   hedge effectiveness,

– Gesicherte Grundgeschäfte
– Sicherungsinstrument
– bis zur Endfälligkeit zu haltende Finanzinvestitionen
– Kredite und Forderungen
– marktüblicher Kauf oder Verkauf
– Transaktionskosten

13 Die Begriffe „Vertrag" und „vertraglich" bezeichnen in diesem Standard eine Vereinbarung zwischen zwei oder mehr Vertragsparteien, die normalerweise aufgrund ihrer rechtlichen Durchsetzbarkeit klare, für die einzelnen Vertragsparteien kaum oder gar nicht vermeidbare wirtschaftliche Folgen hat. Verträge und damit auch Finanzinstrumente können die verschiedensten Formen annehmen und müssen nicht in Schriftform abgefasst sein.

14 Der Begriff „Unternehmen" umfasst in diesem Standard Einzelpersonen, Personengesellschaften, Kapitalgesellschaften, Treuhänder und öffentliche Institutionen.

DARSTELLUNG

Schulden und Eigenkapital (siehe auch Paragraphen A13–A14J und A25–A29A)

15 Der Emittent eines Finanzinstruments hat das Finanzinstrument oder dessen Bestandteile beim erstmaligen Ansatz der wirtschaftlichen Substanz der vertraglichen Vereinbarung und den Begriffsbestimmungen für finanzielle Verbindlichkeiten, finanzielle Vermögenswerte und Eigenkapitalinstrumente entsprechend als finanzielle Verbindlichkeit, finanziellen Vermögenswert oder Eigenkapitalinstrument einzustufen.

16 Bei der Einstufung eines Finanzinstruments als Eigenkapitalinstrument oder als finanzielle Verbindlichkeit anhand der Begriffsbestimmungen in Paragraph 11 ist nur dann ein Eigenkapitalinstrument gegeben, wenn die folgenden Bedingungen (a) und (b) erfüllt sind.
(a) Das Finanzinstrument enthält keine vertragliche Verpflichtung,
    (i) einem anderen Unternehmen flüssige Mittel oder einen anderen finanziellen Vermögenswert zu liefern; oder
    (ii) mit einem anderen Unternehmen finanzielle Vermögenswerte oder finanzielle Verbindlichkeiten zu potenziell nachteiligen Bedingungen für den Emittenten auszutauschen.
(b) Kann das Finanzinstrument in Eigenkapitalinstrumenten des Emittenten erfüllt werden, handelt es sich um:
    (i) ein nicht derivatives Finanzinstrument, das für den Emittenten nicht mit einer vertraglichen Verpflichtung zur Lieferung einer variablen Anzahl eigener Eigenkapitalinstrumente verbunden ist; oder
    (ii) ein Derivat, das vom Emittenten nur durch Austausch eines festen Betrags an flüssigen Mitteln oder anderen finanziellen Vermögenswerten gegen eine feste Anzahl eigener Eigenkapitalinstrumente erfüllt wird. Rechte, Optionen oder Optionsscheine, die zum Erwerb einer festen Anzahl von Eigenkapitalinstrumenten des Unternehmens zu einem festen Betrag in beliebiger Währung berechtigen, stellen zu diesem Zweck Eigenkapitalinstrumente dar, wenn das Unternehmen sie anteilsgemäß allen gegenwärtigen Eigentümern derselben Klasse seiner nicht derivativen Eigenkapitalinstrumente anbietet. Die Eigenkapitalinstrumente eines Emittenten umfassen zu diesem Zweck zu weder Instrumente, die alle der in den Paragraphen 16A und 16B oder 16C und 16D beschriebenen Charakteristika aufweisen und die dort genannten Bedingungen erfüllen, noch Instrumente, die Verträge über den künftigen Empfang oder die künftige Lieferung von Eigenkapitalinstrumenten des Emittenten darstellen.
Eine vertragliche Verpflichtung, die zum künftigen Empfang oder zur künftigen Lieferung von Eigenkapitalinstrumenten des Emittenten führt oder führen kann, aber nicht die vorstehenden Bedingungen (a) und (b) erfüllt, ist kein Eigenkapitalinstrument. Dies gilt auch, wenn die vertragliche Verpflichtung aus einem Derivat resultiert. Abweichend davon wird ein Instrument, das der Definition einer finanziellen Verbindlichkeit entspricht, als Eigenkapitalinstrument eingestuft, wenn es über alle in den Paragraphen 16A und 16B oder 16C und 16D beschriebenen Merkmale verfügt und die dort genannten Bedingungen erfüllt.

Kündbare Instrumente

16A Der Emittent eines kündbaren Finanzinstruments ist vertraglich dazu verpflichtet, das Instrument bei Ausübung der Kündigungsoption gegen flüssige Mittel oder einen anderen finanziellen Vermögenswert zurückzukaufen oder zurückzunehmen. Abweichend von der Definition einer finanziellen Verbindlichkeit wird ein Instrument, das mit einer solchen Verpflichtung verbunden ist, als Eigenkapitalinstrument eingestuft, wenn es über alle folgenden Merkmale verfügt:
(a) Es gibt dem Inhaber das Recht, im Falle der Liquidation des Unternehmens einen proportionalen Anteil an dessen Nettovermögen zu erhalten. Das Nettovermögen eines Unternehmens stellen die Vermögenswerte dar, die nach Abzug aller anderen Forderungen gegen das Unternehmen verbleiben. Den proportionalen Anteil erhält man, indem
    (i) das Nettovermögen des Unternehmens bei Liquidation in Einheiten gleichen Betrags unterteilt und
    (ii) dieser Betrag mit der Anzahl der vom Inhaber des Finanzinstruments gehaltenen Einheiten multipliziert wird.
(b) Das Instrument zählt zu der Klasse von Instrumenten, die allen anderen im Rang nachgeht. Das Instrument fällt in diese Klasse, wenn es die folgenden Voraussetzungen erfüllt:

- hedged item,
- hedging instrument,
- held-to-maturity investments,
- loans and receivables,
- regular way purchase or sale,
- transaction costs.

In this standard, 'contract' and 'contractual' refer to an agreement between two or more parties that has clear economic **13** consequences that the parties have little, if any, discretion to avoid, usually because the agreement is enforceable by law. Contracts, and thus financial instruments, may take a variety of forms and need not be in writing.

In this standard, 'entity' includes individuals, partnerships, incorporated bodies, trusts and government agencies. **14**

PRESENTATION

Liabilities and equity (see also paragraphs AG13—AG14J and AG25—AG29A)

The issuer of a financial instrument shall classify the instrument, or its component parts, on initial recognition as a finan- **15** cial liability, a financial asset or an equity instrument in accordance with the substance of the contractual arrangement and the definitions of a financial liability, a financial asset and an equity instrument.

When an issuer applies the definitions in paragraph 11 to determine whether a financial instrument is an equity instru- **16** ment rather than a financial liability, the instrument is an equity instrument if, and only if, both conditions (a) and (b) below are met.
(a) The instrument includes no contractual obligation:
   (i) to deliver cash or another financial asset to another entity; or
   (ii) to exchange financial assets or financial liabilities with another entity under conditions that are potentially unfavourable to the issuer.
(b) If the instrument will or may be settled in the issuer's own equity instruments, it is:
   (i) a non-derivative that includes no contractual obligation for the issuer to deliver a variable number of its own equity instruments; or
   (ii) a derivative that will be settled only by the issuer exchanging a fixed amount of cash or another financial asset for a fixed number of its own equity instruments. For this purpose, rights, options or warrants to acquire a fixed number of the entity's own equity instruments for a fixed amount of any currency are equity instruments if the entity offers the rights, options or warrants pro rata to all of its existing owners of the same class of its own non-derivative equity instruments. Also, for these purposes the issuer's own equity instruments do not include instruments that have all the features and meet the conditions described in paragraphs 16A and 16B or paragraphs 16C and 16D, or instruments that are contracts for the future receipt or delivery of the issuer's own equity instruments.
A contractual obligation, including one arising from a derivative financial instrument, that will or may result in the future receipt or delivery of the issuer's own equity instruments, but does not meet conditions (a) and (b) above, is not an equity instrument. As an exception, an instrument that meets the definition of a financial liability is classified as an equity instrument if it has all the features and meets the conditions in paragraphs 16A and 16B or paragraphs 16C and 16D.

Puttable instruments

A puttable financial instrument includes a contractual obligation for the issuer to repurchase or redeem that instrument **16A** for cash or another financial asset on exercise of the put. As an exception to the definition of a financial liability, an instrument that includes such an obligation is classified as an equity instrument if it has all the following features:
(a) It entitles the holder to a pro rata share of the entity's net assets in the event of the entity's liquidation. The entity's net assets are those assets that remain after deducting all other claims on its assets. A pro rata share is determined by:
   (i) dividing the entity's net assets on liquidation into units of equal amount; and
   (ii) multiplying that amount by the number of the units held by the financial instrument holder.
(b) The instrument is in the class of instruments that is subordinate to all other classes of instruments. To be in such a class the instrument:

(i)   es hat keinen Vorrang vor anderen Forderungen gegen das in Liquidation befindliche Unternehmen und

(ii)   es muss nicht in ein anderes Instrument umgewandelt werden, um in die nachrangigste Klasse von Instrumenten zu fallen;

(c)   alle Finanzinstrumente der nachrangigsten Klasse haben die gleichen Merkmale. Sie sind beispielsweise allesamt kündbar, und die Formel oder Methode zur Berechnung des Rückkaufs oder Rücknahmepreises ist für alle Instrumente dieser Klasse gleich;

(d)   abgesehen von der vertraglichen Verpflichtung des Emittenten, das Instrument gegen flüssige Mittel oder einen anderen finanziellen Vermögenswert zurückzukaufen oder zurückzunehmen, ist das Instrument nicht mit der vertraglichen Verpflichtung verbunden, einem anderen Unternehmen flüssige Mittel oder einen anderen finanziellen Vermögenswert zu liefern oder mit einem anderen Unternehmen finanzielle Vermögenswerte oder finanzielle Verbindlichkeiten zu potenziell nachteiligen Bedingungen auszutauschen, und stellt es keinen Vertrag dar, der nach Buchstabe b der Definition von finanziellen Verbindlichkeiten in eigenen Eigenkapitalinstrumenten des Unternehmens erfüllt wird oder werden kann;

(e)   die für das Instrument über seine Laufzeit insgesamt erwarteten Cashflows beruhen im Wesentlichen auf den Gewinnen oder Verlusten während der Laufzeit, auf Veränderungen, die in dieser Zeit bei den bilanzwirksamen Nettovermögenswerten eintreten, oder auf Veränderungen, die während der Laufzeit beim beizulegenden Zeitwert der bilanzwirksamen und -unwirksamen Nettovermögenswerte des Unternehmens zu verzeichnen sind (mit Ausnahme etwaiger Auswirkungen des Instruments selbst).

16B   Ein Instrument wird dann als Eigenkapitalinstrument eingestuft, wenn es über alle oben genannten Merkmale verfügt und darüber hinaus der Emittent keine weiteren Finanzinstrumente oder Verträge hält, auf die Folgendes zutrifft:

(a)   die gesamten Cashflows beruhen im Wesentlichen auf Gewinnen oder Verlusten, auf Veränderungen bei den bilanzwirksamen Nettovermögenswerten oder auf Veränderungen beim beizulegenden Zeitwert der bilanzwirksamen und -unwirksamen Nettovermögenswerte des Unternehmens (mit Ausnahme etwaiger Auswirkungen des Instruments selbst) und

(b)   sie beschränken die Restrendite für die Inhaber des kündbaren Instruments erheblich oder legen diese fest.

Nicht berücksichtigen darf das Unternehmen hierbei nicht finanzielle Verträge, die mit dem Inhaber eines in Paragraph 16A beschriebenen Instruments geschlossen wurden und deren Konditionen die gleichen sind wie bei einem entsprechenden Vertrag, der zwischen einer dritten Partei und dem emittierenden Unternehmen geschlossen werden könnte. Kann das Unternehmen nicht feststellen, ob diese Bedingung erfüllt ist, so darf es das kündbare Instrument nicht als Eigenkapitalinstrument einstufen.

Instrumente oder Bestandteile derselben, die das Unternehmen dazu verpflichten, einer anderen Partei im Falle der Liquidation einen proportionalen Anteil an seinem Nettovermögen zu liefern

16C   Einige Finanzinstrumente sind für das emittierende Unternehmen mit der vertraglichen Verpflichtung verbunden, einem anderen Unternehmen im Falle der Liquidation einen proportionalen Anteil an seinem Nettovermögen zu liefern. Die Verpflichtung entsteht entweder, weil die Liquidation gewiss ist und sich der Kontrolle des Unternehmens entzieht (wie bei Unternehmen, deren Lebensdauer von Anfang an begrenzt ist) oder ungewiss ist, dem Inhaber des Instruments aber als Option zur Verfügung steht. Abweichend von der Definition einer finanziellen Verbindlichkeit wird ein Instrument, das mit einer solchen Verpflichtung verbunden ist, als Eigenkapitalinstrument eingestuft, wenn es über alle folgenden Merkmale verfügt:

(a)   Es gibt dem Inhaber das Recht, im Falle der Liquidation des Unternehmens einen proportionalen Anteil an dessen Nettovermögen zu erhalten. Das Nettovermögen eines Unternehmens stellen die Vermögenswerte dar, die nach Abzug aller anderen Forderungen gegen das Unternehmen verbleiben. Den proportionalen Anteil erhält man, indem

(i)   das Nettovermögen des Unternehmens bei Liquidation in Einheiten gleichen Betrags unterteilt und

(ii)   dieser Betrag mit der Anzahl der vom Inhaber des Finanzinstruments gehaltenen Einheiten multipliziert wird.

(b)   Das Instrument zählt zu der Klasse von Instrumenten, die allen anderen im Rang nachgeht. Das Instrument fällt in diese Klasse, wenn es die folgenden Voraussetzungen erfüllt:

(i)   es hat keinen Vorrang vor anderen Forderungen gegen das in Liquidation befindliche Unternehmen und

(ii)   es muss nicht in ein anderes Instrument umgewandelt werden, um in die nachrangigste Klasse von Instrumenten zu fallen.

(c)   Alle Finanzinstrumente der nachrangigsten Klasse müssen für das emittierende Unternehmen mit der gleichen vertraglichen Verpflichtung verbunden sein, im Falle der Liquidation einen proportionalen Anteil an seinem Nettovermögen zu liefern.

16D   Ein Instrument wird dann als Eigenkapitalinstrument eingestuft, wenn es über alle oben genannten Merkmale verfügt und darüber hinaus der Emittent keine weiteren Finanzinstrumente oder Verträge hält, auf die Folgendes zutrifft:

(a)   die gesamten Cashflows beruhen im Wesentlichen auf Gewinnen oder Verlusten, auf Veränderungen bei den bilanzwirksamen Nettovermögenswerten oder auf Veränderungen beim beizulegenden Zeitwert der bilanzwirksamen und -unwirksamen Nettovermögenswerte des Unternehmens (mit Ausnahme etwaiger Auswirkungen des Instruments selbst) und

(b)   sie beschränken die Restrendite für die Inhaber des kündbaren Instruments erheblich oder legen diese fest.

(i)   has no priority over other claims to the assets of the entity on liquidation, and

(ii) does not need to be converted into another instrument before it is in the class of instruments that is subordinate to all other classes of instruments.

(c)   All financial instruments in the class of instruments that is subordinate to all other classes of instruments have identical features. For example, they must all be puttable, and the formula or other method used to calculate the repurchase or redemption price is the same for all instruments in that class.

(d)   Apart from the contractual obligation for the issuer to repurchase or redeem the instrument for cash or another financial asset, the instrument does not include any contractual obligation to deliver cash or another financial asset to another entity, or to exchange financial assets or financial liabilities with another entity under conditions that are potentially unfavourable to the entity, and it is not a contract that will or may be settled in the entity's own equity instruments as set out in subparagraph (b) of the definition of a financial liability.

(e)   The total expected cash flows attributable to the instrument over the life of the instrument are based substantially on the profit or loss, the change in the recognised net assets or the change in the fair value of the recognised and unrecognised net assets of the entity over the life of the instrument (excluding any effects of the instrument).

For an instrument to be classified as an equity instrument, in addition to the instrument having all the above features, the issuer must have no other financial instrument or contract that has: **16B**

(a)   total cash flows based substantially on the profit or loss, the change in the recognised net assets or the change in the fair value of the recognised and unrecognised net assets of the entity (excluding any effects of such instrument or contract) and

(b)   the effect of substantially restricting or fixing the residual return to the puttable instrument holders.

For the purposes of applying this condition, the entity shall not consider non-financial contracts with a holder of an instrument described in paragraph 16A that have contractual terms and conditions that are similar to the contractual terms and conditions of an equivalent contract that might occur between a non-instrument holder and the issuing entity. If the entity cannot determine that this condition is met, it shall not classify the puttable instrument as an equity instrument.

Instruments, or components of instruments, that impose on the entity an obligation to deliver to another party a pro rata share of the net assets of the entity only on liquidation

Some financial instruments include a contractual obligation for the issuing entity to deliver to another entity a pro rata share of its net assets only on liquidation. The obligation arises because liquidation either is certain to occur and outside the control of the entity (for example, a limited life entity) or is uncertain to occur but is at the option of the instrument holder. As an exception to the definition of a financial liability, an instrument that includes such an obligation is classified as an equity instrument if it has all the following features: **16C**

(a)   It entitles the holder to a pro rata share of the entity's net assets in the event of the entity's liquidation. The entity's net assets are those assets that remain after deducting all other claims on its assets. A pro rata share is determined by:

(i)   dividing the net assets of the entity on liquidation into units of equal amount; and

(ii) multiplying that amount by the number of the units held by the financial instrument holder.

(b)   The instrument is in the class of instruments that is subordinate to all other classes of instruments. To be in such a class the instrument:

(i)   has no priority over other claims to the assets of the entity on liquidation, and

(ii) does not need to be converted into another instrument before it is in the class of instruments that is subordinate to all other classes of instruments.

(c)   All financial instruments in the class of instruments that is subordinate to all other classes of instruments must have an identical contractual obligation for the issuing entity to deliver a pro rata share of its net assets on liquidation.

For an instrument to be classified as an equity instrument, in addition to the instrument having all the above features, the issuer must have no other financial instrument or contract that has: **16D**

(a)   total cash flows based substantially on the profit or loss, the change in the recognised net assets or the change in the fair value of the recognised and unrecognised net assets of the entity (excluding any effects of such instrument or contract) and

(b)   the effect of substantially restricting or fixing the residual return to the instrument holders.

Nicht berücksichtigen darf das Unternehmen hierbei nicht finanzielle Verträge, die mit dem Inhaber eines in Paragraph 16C beschriebenen Instruments geschlossen wurden und deren Konditionen die gleichen sind wie bei einem entsprechenden Vertrag, der zwischen einer dritten Partei und dem emittierenden Unternehmen geschlossen werden könnte. Kann das Unternehmen nicht feststellen, ob diese Bedingung erfüllt ist, so darf es das Instrument nicht als Eigenkapitalinstrument einstufen.

Umgliederung von kündbaren Instrumenten und von Instrumenten, die das Unternehmen dazu verpflichten, einer anderen Partei im Falle der Liquidation einen proportionalen Anteil an seinem Nettovermögen zu liefern

16E Ein Finanzinstrument ist ab dem Zeitpunkt nach den Paragraphen 16A und 16B oder 16C und 16D als Eigenkapitalinstrument einzustufen, ab dem es alle in diesen Paragraphen beschriebenen Merkmale aufweist und die dort genannten Bedingungen erfüllt. Umzugliedern ist ein Finanzinstrument zu dem Zeitpunkt, zu dem es nicht mehr alle in diesen Paragraphen beschriebenen Merkmale aufweist oder die dort genannten Bedingungen nicht mehr erfüllt. Nimmt ein Unternehmen beispielsweise alle von ihm emittierten nicht kündbaren Instrumente zurück und weisen sämtliche ausstehenden kündbaren Instrumente alle in den Paragraphen 16A und 16B beschriebenen Merkmale auf und erfüllen alle dort genannten Bedingungen, so hat das Unternehmen die kündbaren Instrumente zu dem Zeitpunkt in Eigenkapitalinstrumente umzugliedern, zu dem es die nicht kündbaren Instrumente zurücknimmt.

16F Die Umgliederung eines Instruments gemäß Paragraph 16E ist von dem Unternehmen wie folgt zu bilanzieren:

(a) ein Eigenkapitalinstrument ist zu dem Zeitpunkt in eine finanzielle Verbindlichkeit umzugliedern, zu dem es nicht mehr alle in den Paragraphen 16A und 16B oder 16C und 16D beschriebenen Merkmale aufweist oder die dort genannten Bedingungen nicht mehr erfüllt. Die finanzielle Verbindlichkeit ist zu ihrem beizulegenden Zeitwert zum Zeitpunkt der Umgliederung zu bewerten. Das Unternehmen hat jede Differenz zwischen dem Buchwert des Eigenkapitalinstruments und dem beizulegenden Zeitwert der finanziellen Verbindlichkeit zum Zeitpunkt der Umgliederung im Eigenkapital zu erfassen;

(b) eine finanzielle Verbindlichkeit ist zu dem Zeitpunkt in Eigenkapital umzugliedern, zu dem das Instrument alle in den Paragraphen 16A und 16B oder 16C und 16D beschriebenen Merkmale aufweist und die dort genannten Bedingungen erfüllt. Ein Eigenkapitalinstrument ist zum Buchwert der finanziellen Verbindlichkeit zum Zeitpunkt der Umgliederung zu bewerten.

Keine vertragliche Verpflichtung zur Lieferung flüssiger Mittel oder anderer finanzieller Vermögenswerte (Paragraph 16 (a))

17 Außer unter den in den Paragraphen 16A und 16B bzw. 16C und 16D geschilderten Umständen ist ein wichtiger Anhaltspunkt bei der Entscheidung darüber, ob ein Finanzinstrument eine finanzielle Verbindlichkeit oder ein Eigenkapitalinstrument darstellt, das Vorliegen einer vertraglichen Verpflichtung, wonach die eine Vertragspartei (der Emittent) entweder der anderen (dem Inhaber) flüssige Mittel oder andere finanzielle Vermögenswerte liefern oder mit dem Inhaber finanzielle Vermögenswerte oder finanzielle Verbindlichkeiten unter für sie potenziell nachteiligen Bedingungen tauschen muss. Auch wenn der Inhaber eines Eigenkapitalinstruments u. U. zum Empfang einer anteiligen Dividende oder anderen Gewinnausschüttungen aus dem Eigenkapital berechtigt ist, unterliegt der Emittent doch keiner vertraglichen Verpflichtung zu derartigen Ausschüttungen, da ihm die Lieferung von flüssigen Mitteln oder anderen finanziellen Vermögenswerten an eine andere Vertragspartei nicht vorgeschrieben werden kann.

18 Die Einstufung in der Bilanz des Unternehmens wird durch die wirtschaftliche Substanz eines Finanzinstruments und nicht allein durch seine rechtliche Gestaltung bestimmt. Wirtschaftliche Substanz und rechtliche Gestaltung stimmen zwar in der Regel, aber nicht immer überein. So stellen einige Finanzinstrumente rechtlich ein Eigenkapital dar, sind aber aufgrund ihrer wirtschaftlichen Substanz Verbindlichkeiten, während andere Finanzinstrumente die Merkmale von Eigenkapitalinstrumenten mit denen finanzieller Verbindlichkeiten kombinieren. Hierzu folgende Beispiele:

(a) Eine Vorzugsaktie, die den obligatorischen Rückkauf durch den Emittenten zu einem festen oder festzulegenden Geldbetrag und zu einem fest verabredeten oder zu bestimmenden Zeitpunkt vorsieht oder dem Inhaber das Recht einräumt, vom Emittenten den Rückkauf des Finanzinstruments zu bzw. nach einem bestimmten Termin und zu einem festen oder festzulegenden Geldbetrag zu verlangen, ist als finanzielle Verbindlichkeit einzustufen.

(b) Finanzinstrumente, die den Inhaber berechtigen, sie gegen flüssige Mittel oder andere finanzielle Vermögenswerte an den Emittenten zurückzugeben („kündbare Instrumente"), stellen mit Ausnahme der nach den Paragraphen 16A und 16B oder 16C und 16D als Eigenkapitalinstrumente eingestuften Instrumente finanzielle Verbindlichkeiten dar. Ein Finanzinstrument ist selbst dann eine finanzielle Verbindlichkeit, wenn der Betrag an flüssigen Mitteln oder anderen finanziellen Vermögenswerten auf der Grundlage eines Indexes oder einer anderen veränderlichen Bezugsgröße ermittelt wird. Wenn der Inhaber über das Wahlrecht verfügt, das Finanzinstrument gegen flüssige Mittel oder andere finanzielle Vermögenswerte an den Emittenten zurückzugeben, erfüllt das kündbare Finanzinstrument die Definition einer finanziellen Verbindlichkeit, sofern es sich nicht um ein nach den Paragraphen 16A und 16B oder 16C und 16D als Eigenkapitalinstrument eingestuftes Instrument handelt. So können offene Investmentfonds, Unit Trusts, Personengesellschaften und bestimmte Genossenschaften ihre Anteilseigner bzw. Gesellschafter mit dem Recht ausstatten, ihre Anteile an dem Emittenten jederzeit gegen flüssige Mittel in Höhe ihres jeweiligen Anteils

For the purposes of applying this condition, the entity shall not consider non-financial contracts with a holder of an instrument described in paragraph 16C that have contractual terms and conditions that are similar to the contractual terms and conditions of an equivalent contract that might occur between a non-instrument holder and the issuing entity. If the entity cannot determine that this condition is met, it shall not classify the instrument as an equity instrument.

Reclassification of puttable instruments and instruments that impose on the entity an obligation to deliver to another party a pro rata share of the net assets of the entity only on liquidation

16E An entity shall classify a financial instrument as an equity instrument in accordance with paragraphs 16A and 16B or paragraphs 16C and 16D from the date when the instrument has all the features and meets the conditions set out in those paragraphs. An entity shall reclassify a financial instrument from the date when the instrument ceases to have all the features or meet all the conditions set out in those paragraphs. For example, if an entity redeems all its issued non-puttable instruments and any puttable instruments that remain outstanding have all the features and meet all the conditions in paragraphs 16A and 16B, the entity shall reclassify the puttable instruments as equity instruments from the date when it redeems the non-puttable instruments.

16F An entity shall account as follows for the reclassification of an instrument in accordance with paragraph 16E:

(a) It shall reclassify an equity instrument as a financial liability from the date when the instrument ceases to have all the features or meet the conditions in paragraphs 16A and 16B or paragraphs 16C and 16D. The financial liability shall be measured at the instrument's fair value at the date of reclassification. The entity shall recognise in equity any difference between the carrying value of the equity instrument and the fair value of the financial liability at the date of reclassification.

(b) It shall reclassify a financial liability as equity from the date when the instrument has all the features and meets the conditions set out in paragraphs 16A and 16B or paragraphs 16C and 16D. An equity instrument shall be measured at the carrying value of the financial liability at the date of reclassification.

No contractual obligation to deliver cash or another financial asset (paragraph 16 (a))

17 With the exception of the circumstances described in paragraphs 16A and 16B or paragraphs 16C and 16D, a critical feature in differentiating a financial liability from an equity instrument is the existence of a contractual obligation of one party to the financial instrument (the issuer) either to deliver cash or another financial asset to the other party (the holder) or to exchange financial assets or financial liabilities with the holder under conditions that are potentially unfavourable to the issuer. Although the holder of an equity instrument may be entitled to receive a pro rata share of any dividends or other distributions of equity, the issuer does not have a contractual obligation to make such distributions because it cannot be required to deliver cash or another financial asset to another party.

18 The substance of a financial instrument, rather than its legal form, governs its classification in the entity's statement of financial position. Substance and legal form are commonly consistent, but not always. Some financial instruments take the legal form of equity but are liabilities in substance and others may combine features associated with equity instruments and features associated with financial liabilities. For example:

(a) a preference share that provides for mandatory redemption by the issuer for a fixed or determinable amount at a fixed or determinable future date, or gives the holder the right to require the issuer to redeem the instrument at or after a particular date for a fixed or determinable amount, is a financial liability;

(b) a financial instrument that gives the holder the right to put it back to the issuer for cash or another financial asset (a puttable instrument) is a financial liability, except for those instruments classified as equity instruments in accordance with paragraphs 16A and 16B or paragraphs 16C and 16D. The financial instrument is a financial liability even when the amount of cash or other financial assets is determined on the basis of an index or other item that has the potential to increase or decrease. The existence of an option for the holder to put the instrument back to the issuer for cash or another financial asset means that the puttable instrument meets the definition of a financial liability, except for those instruments classified as equity instruments in accordance with paragraphs 16A and 16B or paragraphs 16C and 16D. For example, open-ended mutual funds, unit trusts, partnerships and some co-operative entities may provide their unitholders or members with a right to redeem their interests in the issuer at any time for cash, which results in the unitholders' or members' interests being classified as financial liabilities, except for those instruments classified as equity instruments in accordance with paragraphs 16A and 16B or paragraphs 16C and 16D. However, classification as a financial liability does not preclude the use of descriptors such as 'net asset value attributable to unitholders' and 'change in net asset value attributable to unitholders' in the financial statements of

am Eigenkapital des Emittenten einzulösen. Dies hat zur Folge, dass die Anteile von Anteilseignern oder Gesellschaftern mit Ausnahme der nach den Paragraphen 16A und 16B oder 16C und 16D als Eigenkapitalinstrumente eingestuften Instrumente als finanzielle Verbindlichkeiten eingestuft werden. Eine Einstufung als finanzielle Verbindlichkeit schließt jedoch die Verwendung beschreibender Zusätze wie „Anspruch der Anteilseigner auf das Nettovermögen" und „Änderung des Anspruchs der Anteilseigner auf das Nettovermögen" im Abschluss eines Unternehmens, das über kein gezeichnetes Kapital verfügt (wie dies bei einigen Investmentfonds und Unit Trusts der Fall ist, siehe erläuterndes Beispiel 7), oder die Verwendung zusätzlicher Angaben, aus denen hervorgeht, dass die Gesamtheit der von den Anteilseignern gehaltenen Anteile Posten wie Rücklagen, die der Definition von Eigenkapital entsprechen, und kündbare Finanzinstrumente, die dieser Definition nicht entsprechen, umfasst, nicht aus (siehe erläuterndes Beispiel 8).

19 Kann sich ein Unternehmen bei der Erfüllung einer vertraglichen Verpflichtung nicht uneingeschränkt der Lieferung flüssiger Mittel oder anderer finanzieller Vermögenswerte entziehen, so entspricht diese Verpflichtung mit Ausnahme der nach den Paragraphen 16A und 16B oder 16C und 16D als Eigenkapitalinstrumente eingestuften Instrumente der Definition einer finanziellen Verbindlichkeit. Hierzu folgende Beispiele:

(a) Ist die Fähigkeit eines Unternehmens zur Erfüllung der vertraglichen Verpflichtung beispielsweise durch fehlenden Zugang zu Fremdwährung oder die Notwendigkeit, von einer Aufsichtsbehörde eine Zahlungsgenehmigung zu erlangen, beschränkt, so entbindet dies das Unternehmen nicht von seiner vertraglichen Verpflichtung bzw. beeinträchtigt nicht das vertragliche Recht des Inhabers bezüglich des Finanzinstruments.

(b) Eine vertragliche Verpflichtung, die nur dann zu erfüllen ist, wenn eine Vertragspartei ihr Rückkaufsrecht in Anspruch nimmt, stellt eine finanzielle Verbindlichkeit dar, weil sich das Unternehmen in diesem Fall nicht uneingeschränkt der Lieferung von flüssigen Mitteln oder anderen finanziellen Vermögenswerten entziehen kann.

20 Ein Finanzinstrument, das nicht ausdrücklich eine vertragliche Verpflichtung zur Lieferung von flüssigen Mitteln oder anderen finanziellen Vermögenswerten enthält, kann eine solche Verpflichtung auch indirekt über die Vertragsbedingungen begründen, wie nachstehende Beispiele zeigen:

(a) Ein Finanzinstrument kann eine nicht finanzielle Verpflichtung enthalten, die nur dann zu erfüllen ist, wenn das Unternehmen keine Ausschüttung vornimmt oder das Instrument nicht zurückkauft. Kann das Unternehmen die Lieferung von flüssigen Mitteln oder anderen finanziellen Vermögenswerten nur durch Erfüllung der nicht finanziellen Verpflichtung umgehen, ist das Finanzinstrument als finanzielle Verbindlichkeit einzustufen.

(b) Ein Finanzinstrument ist auch dann eine finanzielle Verbindlichkeit, wenn das Unternehmen zur Erfüllung

(i) flüssige Mittel oder andere finanzielle Vermögenswerte oder

(ii) eigene Anteile, deren Wert wesentlich höher angesetzt wird als der der flüssigen Mittel oder anderen finanziellen Vermögenswerte, liefern muss.

Auch wenn das Unternehmen vertraglich nicht ausdrücklich zur Lieferung von flüssigen Mitteln oder anderen finanziellen Vermögenswerten verpflichtet ist, wird es sich aufgrund des Wertes der Anteile für einen Ausgleich in bar entscheiden. In jedem Fall wird dem Inhaber die Auszahlung eines Betrags garantiert, der der wirtschaftlichen Substanz nach mindestens dem bei Wahl einer Vertragserfüllung in bar zu entrichtenden Betrag entspricht (siehe Paragraph 21).

Erfüllung in Eigenkapitalinstrumenten des Unternehmens (Paragraph 16 (b))

21 Der Umstand, dass ein Vertrag den Empfang oder die Lieferung von Eigenkapitalinstrumenten des Unternehmens nach sich ziehen kann, reicht allein nicht aus, um ihn als Eigenkapitalinstrument einzustufen. Ein Unternehmen kann vertraglich berechtigt oder verpflichtet sein, eine variable Anzahl eigener Anteile oder anderer Eigenkapitalinstrumente zu empfangen oder zu liefern, deren Höhe so bemessen wird, dass der beizulegende Zeitwert der zu empfangenden oder zu liefernden Eigenkapitalinstrumente des Unternehmens dem in Bezug auf das vertragliche Recht oder die vertragliche Verpflichtung festgelegten Betrag entspricht. Das vertragliche Recht oder die vertragliche Verpflichtung kann sich auf einen festen Betrag oder auf einen ganz oder teilweise in Abhängigkeit von einer anderen Variablen als dem Marktpreis der Eigenkapitalinstrumente (z. B. einem Zinssatz, einem Warenpreis oder dem Preis für ein Finanzinstrument) schwankenden Betrag beziehen. Zwei Beispiele hierfür sind (a) ein Vertrag zur Lieferung von Eigenkapitalinstrumenten eines Unternehmens im Wert von WE 100[1] und (b) ein Vertrag zur Lieferung von Eigenkapitalinstrumenten des Unternehmens im Wert von 100 Unzen Gold. Auch wenn ein solcher Vertrag durch Lieferung von Eigenkapitalinstrumenten erfüllt werden muss oder kann, stellt er eine finanzielle Verbindlichkeit des Unternehmens dar. Es handelt sich nicht um ein Eigenkapitalinstrument, weil das Unternehmen zur Erfüllung des Vertrags eine variable Anzahl von Eigenkapitalinstrumenten verwendet. Dementsprechend begründet der Vertrag keinen Residualanspruch an den Vermögenswerten des Unternehmens nach Abzug aller Schulden.

22 Abgesehen von den in Paragraph 22A genannten Fällen ist ein Vertrag, zu dessen Erfüllung das Unternehmen eine feste Anzahl von Eigenkapitalinstrumenten gegen einen festen Betrag an flüssigen Mitteln oder anderen finanziellen Vermögenswerten (erhält oder) liefert, als Eigenkapitalinstrument einzustufen. So stellt eine ausgegebene Aktienoption, die die Vertragspartei gegen Entrichtung eines festgelegten Preises oder eines festgelegten Kapitalbetrags einer Anleihe zum Kauf einer festen Anzahl von Aktien des Unternehmens berechtigt, ein Eigenkapitalinstrument dar. Sollte sich der beizu-

---

1 In diesem Standard werden Geldbeträge in „Währungseinheiten" (WE) angegeben.

an entity that has no contributed equity (such as some mutual funds and unit trusts, see Illustrative Example 7) or the use of additional disclosure to show that total members' interests comprise items such as reserves that meet the definition of equity and puttable instruments that do not (see Illustrative Example 8).

19 If an entity does not have an unconditional right to avoid delivering cash or another financial asset to settle a contractual obligation, the obligation meets the definition of a financial liability, except for those instruments classified as equity instruments in accordance with paragraphs 16A and 16B or paragraphs 16C and 16D. For example:

(a) a restriction on the ability of an entity to satisfy a contractual obligation, such as lack of access to foreign currency or the need to obtain approval for payment from a regulatory authority, does not negate the entity's contractual obligation or the holder's contractual right under the instrument;

(b) a contractual obligation that is conditional on a counterparty exercising its right to redeem is a financial liability because the entity does not have the unconditional right to avoid delivering cash or another financial asset.

20 A financial instrument that does not explicitly establish a contractual obligation to deliver cash or another financial asset may establish an obligation indirectly through its terms and conditions. For example:

(a) a financial instrument may contain a non-financial obligation that must be settled if, and only if, the entity fails to make distributions or to redeem the instrument. If the entity can avoid a transfer of cash or another financial asset only by settling the non-financial obligation, the financial instrument is a financial liability;

(b) a financial instrument is a financial liability if it provides that on settlement the entity will deliver either:

(i)   cash or another financial asset; or

(ii) its own shares whose value is determined to exceed substantially the value of the cash or other financial asset.

Although the entity does not have an explicit contractual obligation to deliver cash or another financial asset, the value of the share settlement alternative is such that the entity will settle in cash. In any event, the holder has in substance been guaranteed receipt of an amount that is at least equal to the cash settlement option (see paragraph 21).

Settlement in the entity's own equity instruments (paragraph 16 (b))

21 A contract is not an equity instrument solely because it may result in the receipt or delivery of the entity's own equity instruments. An entity may have a contractual right or obligation to receive or deliver a number of its own shares or other equity instruments that varies so that the fair value of the entity's own equity instruments to be received or delivered equals the amount of the contractual right or obligation. Such a contractual right or obligation may be for a fixed amount or an amount that fluctuates in part or in full in response to changes in a variable other than the market price of the entity's own equity instruments (e.g. an interest rate, a commodity price or a financial instrument price). Two examples are (a) a contract to deliver as many of the entity's own equity instruments as are equal in value to CU100[1], and (b) a contract to deliver as many of the entity's own equity instruments as are equal in value to the value of 100 ounces of gold. Such a contract is a financial liability of the entity even though the entity must or can settle it by delivering its own equity instruments. It is not an equity instrument because the entity uses a variable number of its own equity instruments as a means to settle the contract. Accordingly, the contract does not evidence a residual interest in the entity's assets after deducting all of its liabilities.

22 Except as stated in paragraph 22A, a contract that will be settled by the entity (receiving or) delivering a fixed number of its own equity instruments in exchange for a fixed amount of cash or another financial asset is an equity instrument. For example, an issued share option that gives the counterparty a right to buy a fixed number of the entity's shares for a fixed price or for a fixed stated principal amount of a bond is an equity instrument. Changes in the fair value of a contract arising from variations in market interest rates that do not affect the amount of cash or other financial assets to be paid or

---

1   In this standard, monetary amounts are denominated in 'currency units' (CU).

legende Zeitwert eines Vertrags infolge von Schwankungen der Marktzinssätze ändern, ohne dass sich dies auf die Höhe der bei Vertragserfüllung zu entrichtenden flüssigen Mittel oder anderen Vermögenswerte auswirkt, so schließt dies die Einstufung des Vertrags als Eigenkapitalinstrument nicht aus. Sämtliche erhaltenen Vergütungen (wie beispielsweise das Agio auf eine geschriebene Option oder ein Optionsschein auf die eigenen Aktien des Unternehmens) werden direkt zum Eigenkapital hinzugerechnet. Sämtliche entrichteten Vergütungen (wie beispielsweise das auf eine erworbene Option gezahlte Agio) werden direkt vom Eigenkapital abgezogen. Änderungen des beizulegenden Zeitwerts eines Eigenkapitalinstruments sind im Abschluss nicht auszuweisen.

22A Handelt es sich bei den Eigenkapitalinstrumenten des Unternehmens, die es bei Vertragserfüllung entgegenzunehmen oder zu liefern hat, um kündbare Finanzinstrumente, die alle in den Paragraphen 16A und 16B beschriebenen Merkmale aufweisen und die dort genannten Bedingungen erfüllen, oder um Instrumente, die das Unternehmen dazu verpflichten, einer anderen Partei im Falle der Liquidation einen proportionalen Anteil an seinem Nettovermögen zu liefern und die alle in den Paragraphen 16C und 16D beschriebenen Merkmale aufweisen und die dort genannten Bedingungen erfüllen, so ist der Vertrag als finanzieller Vermögenswert bzw. finanzielle Verbindlichkeit einzustufen. Dies gilt auch für Verträge, zu deren Erfüllung das Unternehmen im Austausch gegen einen festen Betrag an flüssigen Mitteln oder anderen finanziellen Vermögenswerten eine feste Anzahl dieser Instrumente zu liefern hat.

23 Abgesehen von den in den Paragraphen 16A und 16B oder 16C und 16D beschriebenen Umständen begründet ein Vertrag, der ein Unternehmen zum Kauf eigener Eigenkapitalinstrumente gegen flüssige Mittel oder andere finanzielle Vermögenswerte verpflichtet, eine finanzielle Verbindlichkeit in Höhe des Barwerts des Rückkaufbetrags (beispielsweise in Höhe des Barwerts des Rückkaufpreises eines Termingeschäfts, des Ausübungskurses einer Option oder eines anderen Rückkaufbetrags). Dies ist auch dann der Fall, wenn der Vertrag selbst ein Eigenkapitalinstrument ist. Ein Beispiel hierfür ist die aus einem Termingeschäft resultierende Verpflichtung eines Unternehmens, eigene Eigenkapitalinstrumente gegen flüssige Mittel zurückzuerwerben. Die finanzielle Verbindlichkeit wird erstmals angesetzt (zum Barwert des Rückkaufpreises) und aus dem Eigenkapital umgegliedert. Anschließend wird sie gemäß IAS 39 bewertet. Läuft der Vertrag aus, ohne dass eine Lieferung erfolgt, wird der Buchwert der finanziellen Verbindlichkeit wieder in das Eigenkapital umgegliedert. Die vertragliche Verpflichtung eines Unternehmens zum Kauf eigener Eigenkapitalinstrumente begründet auch dann eine finanzielle Verbindlichkeit in Höhe des Barwertes des Rückkaufbetrags, wenn die Kaufverpflichtung nur bei Ausübung des Rückkaufrechts durch die Vertragspartei (z. B. durch Inanspruchnahme einer geschriebenen Verkaufsoption, welche die Vertragspartei zum Verkauf der Eigenkapitalinstrumente an das Unternehmen zu einem festen Preis berechtigt) zu erfüllen ist.

24 Ein Vertrag, zu dessen Erfüllung das Unternehmen eine feste Anzahl von Eigenkapitalinstrumenten gegen einen variablen Betrag an flüssigen Mitteln oder anderen finanziellen Vermögenswerten liefert oder erhält, ist als finanzieller Vermögenswert bzw. finanzielle Verbindlichkeit zu klassifizieren. Ein Beispiel ist ein Vertrag, bei dem das Unternehmen 100 Eigenkapitalinstrumente gegen flüssige Mittel im Wert von 100 Unzen Gold liefert.

Bedingte Erfüllungsvereinbarungen

25 Ein Finanzinstrument kann das Unternehmen zur Lieferung flüssiger Mittel oder anderer Vermögenswerte oder zu einer anderen als finanzielle Verbindlichkeit einzustufenden Erfüllung verpflichten, die vom Eintreten oder Nichteintreten ungewisser künftiger Ereignisse (oder dem Ausgang ungewisser Umstände), die außerhalb der Kontrolle sowohl des Emittenten als auch des Inhabers des Instruments liegen, abhängig sind. Hierzu zählen beispielsweise Änderungen eines Aktienindex, Verbraucherpreisindex, Zinssatzes oder steuerlicher Vorschriften oder die künftigen Erträge, das Periodenergebnis oder der Verschuldungsgrad des Emittenten. Der Emittent eines solchen Instruments kann sich der Lieferung flüssiger Mittel oder anderer finanzieller Vermögenswerte (oder einer anderen als finanzielle Verbindlichkeit einzustufenden Erfüllung des Vertrags) nicht uneingeschränkt entziehen, so dass eine finanzielle Verbindlichkeit des Emittenten vorliegt, es sei denn:

(a) der Teil der bedingten Erfüllungsvereinbarung, der eine Erfüllung in flüssigen Mitteln oder anderen finanziellen Vermögenswerten (oder eine andere als finanzielle Verbindlichkeit einzustufende Art der Erfüllung) erforderlich machen könnte, besteht nicht wirklich;

(b) der Emittent kann nur im Falle seiner Liquidation gezwungen werden, die Verpflichtung in flüssigen Mitteln oder anderen finanziellen Vermögenswerten (oder auf eine andere als finanzielle Verbindlichkeit einzustufende Weise) zu erfüllen; oder

(c) das Instrument verfügt über alle in den Paragraphen 16A und 16B beschriebenen Merkmale und erfüllt die dort genannten Bedingungen.

Erfüllungswahlrecht

26 Ein Derivat, das einer Vertragspartei die Art der Erfüllung freistellt (der Emittent oder Inhaber kann sich z. B. für einen Ausgleich in bar oder durch den Tausch von Aktien gegen flüssige Mittel entscheiden), stellt einen finanziellen Vermögenswert oder eine finanzielle Verbindlichkeit dar, sofern nicht alle Erfüllungsalternativen zu einer Einstufung als Eigenkapitalinstrument führen würden.

27 Ein Beispiel für ein als finanzielle Verbindlichkeit einzustufendes Derivat mit Erfüllungswahlrecht ist eine Aktienoption, bei der der Emittent die Wahl hat, ob er diese in bar oder durch den Tausch eigener Aktien gegen flüssige Mittel erfüllt.

received, or the number of equity instruments to be received or delivered, on settlement of the contract do not preclude the contract from being an equity instrument. Any consideration received (such as the premium received for a written option or warrant on the entity's own shares) is added directly to equity. Any consideration paid (such as the premium paid for a purchased option) is deducted directly from equity. Changes in the fair value of an equity instrument are not recognised in the financial statements.

If the entity's own equity instruments to be received, or delivered, by the entity upon settlement of a contract are puttable **22A** financial instruments with all the features and meeting the conditions described in paragraphs 16A and 16B, or instruments that impose on the entity an obligation to deliver to another party a pro rata share of the net assets of the entity only on liquidation with all of the features and meeting the conditions described in paragraphs 16C and 16D, the contract is a financial asset or a financial liability. This includes a contract that will be settled by the entity receiving or delivering a fixed number of such instruments in exchange for a fixed amount of cash or another financial asset.

With the exception of the circumstances described in paragraphs 16A and 16B or paragraphs 16C and 16D, a contract **23** that contains an obligation for an entity to purchase its own equity instruments for cash or another financial asset gives rise to a financial liability for the present value of the redemption amount (for example, for the present value of the forward repurchase price, option exercise price or other redemption amount). This is the case even if the contract itself is an equity instrument. One example is an entity's obligation under a forward contract to purchase its own equity instruments for cash. The financial liability is recognised initially (at the present value of the redemption amount), and is reclassified from equity. Subsequently, the financial liability is measured in accordance with IAS 39. If the contract expires without delivery, the carrying amount of the financial liability is reclassified to equity. An entity's contractual obligation to purchase its own equity instruments gives rise to a financial liability for the present value of the redemption amount even if the obligation to purchase is conditional on the counterparty exercising a right to redeem (e.g. a written put option that gives the counterparty the right to sell an entity's own equity instruments to the entity for a fixed price).

A contract that will be settled by the entity delivering or receiving a fixed number of its own equity instruments in **24** exchange for a variable amount of cash or another financial asset is a financial asset or financial liability. An example is a contract for the entity to deliver 100 of its own equity instruments in return for an amount of cash calculated to equal the value of 100 ounces of gold.

Contingent settlement provisions

A financial instrument may require the entity to deliver cash or another financial asset, or otherwise to settle it in such a **25** way that it would be a financial liability, in the event of the occurrence or non-occurrence of uncertain future events (or on the outcome of uncertain circumstances) that are beyond the control of both the issuer and the holder of the instrument, such as a change in a stock market index, consumer price index, interest rate or taxation requirements, or the issuer's future revenues, net income or debt-to-equity ratio. The issuer of such an instrument does not have the unconditional right to avoid delivering cash or another financial asset (or otherwise to settle it in such a way that it would be a financial liability). Therefore, it is a financial liability of the issuer unless:

(a) the part of the contingent settlement provision that could require settlement in cash or another financial asset (or otherwise in such a way that it would be a financial liability) is not genuine;

(b) the issuer can be required to settle the obligation in cash or another financial asset (or otherwise to settle it in such a way that it would be a financial liability) only in the event of liquidation of the issuer; or

(c) the instrument has all the features and meets the conditions in paragraphs 16A and 16B.

Settlement options

When a derivative financial instrument gives one party a choice over how it is settled (e.g. the issuer or the holder can **26** choose settlement net in cash or by exchanging shares for cash), it is a financial asset or a financial liability unless all of the settlement alternatives would result in it being an equity instrument.

An example of a derivative financial instrument with a settlement option that is a financial liability is a share option that **27** the issuer can decide to settle net in cash or by exchanging its own shares for cash. Similarly, some contracts to buy or sell

Ähnliches gilt für einige Verträge über den Kauf oder Verkauf eines nicht finanziellen Postens gegen Eigenkapitalinstrumente des Unternehmens, die ebenfalls in den Anwendungsbereich dieses Standards fallen, da sie wahlweise durch Lieferung des nicht finanziellen Postens oder durch einen Ausgleich in bar oder anderen finanziellen Vermögenswerten erfüllt werden können (siehe Paragraphen 8–10). Solche Verträge sind finanzielle Vermögenswerte oder finanzielle Verbindlichkeiten und keine Eigenkapitalinstrumente.

Zusammengesetzte Finanzinstrumente
(siehe auch Paragraphen A30–A35 und erläuternde Beispiele 9–12)

28 Der Emittent eines nicht derivativen Finanzinstruments hat anhand der Konditionen des Finanzinstruments festzustellen, ob das Instrument sowohl eine Fremd- als auch eine Eigenkapitalkomponente enthält. Diese Komponenten sind zu trennen und gemäß Paragraph 15 als finanzielle Verbindlichkeiten, finanzielle Vermögenswerte oder Eigenkapitalinstrumente einzustufen.

29 Bei einem Finanzinstrument, das (a) eine finanzielle Verbindlichkeit des Unternehmens begründet und (b) seinem Inhaber eine Option auf Umwandlung in ein Eigenkapitalinstrument des Unternehmens garantiert, sind diese beiden Komponenten vom Unternehmen getrennt zu erfassen. Wandelschuldverschreibungen oder ähnliche Instrumente, die der Inhaber in eine feste Anzahl von Stammaktien des Unternehmens umwandeln kann, sind Beispiele für zusammengesetzte Finanzinstrumente. Aus Sicht des Unternehmens besteht ein solches Instrument aus zwei Komponenten: einer finanziellen Verbindlichkeit (einer vertraglichen Vereinbarung zur Lieferung flüssiger Mittel oder anderer finanzieller Vermögenswerte) und einem Eigenkapitalinstrument (einer Kaufoption, die dem Inhaber für einen bestimmten Zeitraum das Recht auf Umwandlung in eine feste Anzahl Stammaktien des Unternehmens garantiert). Wirtschaftlich gesehen hat die Emission eines solchen Finanzinstruments im Wesentlichen die gleichen Auswirkungen wie die Emission eines Schuldinstruments mit vorzeitiger Kündigungsmöglichkeit, das gleichzeitig mit einem Bezugsrecht auf Stammaktien verknüpft ist, oder die Emission eines Schuldinstruments mit abtrennbaren Optionsscheinen zum Erwerb von Aktien. Dementsprechend hat ein Unternehmen in allen Fällen dieser Art die Fremd- und die Eigenkapitalkomponente getrennt in seiner Bilanz auszuweisen.

30 Die Einstufung der Fremd- und Eigenkapitalkomponenten eines wandelbaren Instruments wird auch dann beibehalten, wenn sich die Wahrscheinlichkeit ändert, dass die Tauschoption wahrgenommen wird; dies gilt auch dann, wenn die Wahrnehmung der Tauschoption für einige Inhaber wirtschaftlich vorteilhaft erscheint. Die Inhaber handeln nicht immer in der erwarteten Weise, weil zum Beispiel die steuerlichen Folgen aus der Umwandlung bei jedem Inhaber unterschiedlich sein können. Darüber hinaus ändert sich die Wahrscheinlichkeit der Umwandlung von Zeit zu Zeit. Die vertragliche Verpflichtung des Unternehmens zu künftigen Zahlungen bleibt so lange bestehen, bis sie durch Umwandlung, Fälligkeit des Instruments oder andere Umstände getilgt ist.

31 In IAS 39 geht es um die Bewertung finanzieller Vermögenswerte und finanzieller Verbindlichkeiten. Eigenkapitalinstrumente sind Finanzinstrumente, die einen Residualanspruch an den Vermögenswerten eines Unternehmens nach Abzug aller dazugehörigen Schulden begründen. Bei der Aufteilung des erstmaligen Buchwerts eines zusammengesetzten Finanzinstruments auf die Eigen- und Fremdkapitalkomponenten wird der Eigenkapitalkomponente der Restwert zugewiesen, der sich nach Abzug des getrennt für die Schuldkomponente ermittelten Betrags vom beizulegenden Zeitwert des gesamten Instruments ergibt. Der Wert der derivativen Ausstattungsmerkmale (z. B. einer Kaufoption), die in ein zusammengesetztes Finanzinstrument eingebettet sind und keine Eigenkapitalkomponente darstellen (z. B. eine Option zur Umwandlung in ein Eigenkapitalinstrument), wird der Schuldkomponente hinzugerechnet. Die Summe der Buchwerte, die beim erstmaligen Ansatz in der Bilanz für die Fremd- und die Eigenkapitalkomponente ermittelt werden, ist in jedem Fall gleich dem beizulegenden Zeitwert, der für das Finanzinstrument als Ganzes anzusetzen wäre. Durch den getrennten erstmaligen Ansatz der Komponenten des Instruments entstehen keine Gewinne oder Verluste.

32 Bei dem in Paragraph 31 beschriebenen Ansatz bestimmt der Emittent einer in Stammaktien umwandelbaren Anleihe zunächst den Buchwert der Schuldkomponente, indem er den beizulegenden Zeitwert einer ähnlichen, nicht mit einer Eigenkapitalkomponente verbundenen Verbindlichkeit (einschließlich aller eingebetteten derivativen Ausstattungsmerkmale ohne Eigenkapitalcharakter) ermittelt. Der Buchwert eines Eigenkapitalinstruments, der durch die Option auf Umwandlung des Instruments in Stammaktien repräsentiert wird, ergibt sich danach durch Subtraktion des beizulegenden Zeitwerts der finanziellen Verbindlichkeit vom beizulegenden Zeitwert des gesamten zusammengesetzten Finanzinstruments.

Eigene Anteile (siehe auch Paragraph A36)

33 Erwirbt ein Unternehmen seine eigenen Eigenkapitalinstrumente zurück, so sind diese Instrumente („eigene Anteile") vom Eigenkapital abzuziehen. Weder Kauf noch Verkauf, Ausgabe oder Einziehung von eigenen Eigenkapitalinstrumenten werden im Gewinn oder Verlust erfasst. Solche eigenen Anteile können vom Unternehmen selbst oder von anderen Konzernunternehmen erworben und gehalten werden. Alle gezahlten oder erhaltenen Entgelte sind direkt im Eigenkapital zu erfassen.

a non-financial item in exchange for the entity's own equity instruments are within the scope of this standard because they can be settled either by delivery of the non-financial item or net in cash or another financial instrument (see paragraphs 8—10). Such contracts are financial assets or financial liabilities and not equity instruments.

Compound financial instruments
(see also paragraphs AG30—AG35 and Illustrative Examples 9—12)

28 The issuer of a non-derivative financial instrument shall evaluate the terms of the financial instrument to determine whether it contains both a liability and an equity component. Such components shall be classified separately as financial liabilities, financial assets or equity instruments in accordance with paragraph 15.

29 An entity recognises separately the components of a financial instrument that (a) creates a financial liability of the entity and (b) grants an option to the holder of the instrument to convert it into an equity instrument of the entity. For example, a bond or similar instrument convertible by the holder into a fixed number of ordinary shares of the entity is a compound financial instrument. From the perspective of the entity, such an instrument comprises two components: a financial liability (a contractual arrangement to deliver cash or another financial asset) and an equity instrument (a call option granting the holder the right, for a specified period of time, to convert it into a fixed number of ordinary shares of the entity). The economic effect of issuing such an instrument is substantially the same as issuing simultaneously a debt instrument with an early settlement provision and warrants to purchase ordinary shares, or issuing a debt instrument with detachable share purchase warrants. Accordingly, in all cases, the entity presents the liability and equity components separately in its statement of financial position.

30 Classification of the liability and equity components of a convertible instrument is not revised as a result of a change in the likelihood that a conversion option will be exercised, even when exercise of the option may appear to have become economically advantageous to some holders. Holders may not always act in the way that might be expected because, for example, the tax consequences resulting from conversion may differ among holders. Furthermore, the likelihood of conversion will change from time to time. The entity's contractual obligation to make future payments remains outstanding until it is extinguished through conversion, maturity of the instrument or some other transaction.

31 IAS 39 deals with the measurement of financial assets and financial liabilities. Equity instruments are instruments that evidence a residual interest in the assets of an entity after deducting all of its liabilities. Therefore, when the initial carrying amount of a compound financial instrument is allocated to its equity and liability components, the equity component is assigned the residual amount after deducting from the fair value of the instrument as a whole the amount separately determined for the liability component. The value of any derivative features (such as a call option) embedded in the compound financial instrument other than the equity component (such as an equity conversion option) is included in the liability component. The sum of the carrying amounts assigned to the liability and equity components on initial recognition is always equal to the fair value that would be ascribed to the instrument as a whole. No gain or loss arises from initially recognising the components of the instrument separately.

32 Under the approach described in paragraph 31, the issuer of a bond convertible into ordinary shares first determines the carrying amount of the liability component by measuring the fair value of a similar liability (including any embedded non-equity derivative features) that does not have an associated equity component. The carrying amount of the equity instrument represented by the option to convert the instrument into ordinary shares is then determined by deducting the fair value of the financial liability from the fair value of the compound financial instrument as a whole.

Treasury shares (see also paragraph AG36)

33 If an entity reacquires its own equity instruments, those instruments (treasury shares) shall be deducted from equity. No gain or loss shall be recognised in profit or loss on the purchase, sale, issue or cancellation of an entity's own equity instruments. Such treasury shares may be acquired and held by the entity or by other members of the consolidated group. Consideration paid or received shall be recognised directly in equity.

34 Der Betrag der gehaltenen eigenen Anteile ist gemäß IAS 1 *Darstellung des Abschlusses* in der Bilanz oder im Anhang gesondert auszuweisen. Beim Rückerwerb eigener Eigenkapitalinstrumente von nahe stehende Unternehmen und Personen sind die Angabepflichten gemäß IAS 24 *Angaben über Beziehungen zu nahe stehenden Unternehmen und Personen* zu beachten.

Zinsen, Dividenden, Verluste und Gewinne (siehe auch Paragraph A37)

35 Zinsen, Dividenden, Verluste und Gewinne im Zusammenhang mit Finanzinstrumenten oder einer ihrer Komponenten, die finanzielle Verbindlichkeiten darstellen, sind aufwands- oder ertragswirksam zu erfassen. Ausschüttungen an Inhaber eines Eigenkapitalinstruments sind vom Unternehmen direkt vom Eigenkapital abzusetzen. Die Transaktionskosten einer Eigenkapitaltransaktion sind als Abzug vom Eigenkapital zu bilanzieren.

35A Die Ertragsteuer für die Ausschüttungen an Inhaber eines Eigenkapitalinstruments sowie für die Transaktionskosten einer Eigenkapitaltransaktion sind gemäß IAS 12 *Ertragsteuern* zu bilanzieren.

36 Die Einstufung eines Finanzinstruments als finanzielle Verbindlichkeit oder als Eigenkapitalinstrument ist ausschlaggebend dafür, ob die mit diesem Instrument verbundenen Zinsen, Dividenden, Verluste und Gewinne im Periodenergebnis als Erträge oder Aufwendungen erfasst werden. Daher sind auch Dividendenausschüttungen für Anteile, die insgesamt als Schulden angesetzt wurden, genauso als Aufwand zu erfassen wie beispielsweise Zinsen für eine Anleihe. Entsprechend sind auch mit dem Rückkauf oder der Refinanzierung von finanziellen Verbindlichkeiten verbundene Gewinne oder Verluste im Periodenergebnis zu erfassen, während hingegen der Rückkauf oder die Refinanzierung von Eigenkapitalinstrumenten als Bewegungen im Eigenkapital abgebildet werden. Änderungen des beizulegenden Zeitwerts eines Eigenkapitalinstruments sind nicht im Abschluss auszuweisen.

37 Einem Unternehmen entstehen bei Ausgabe oder Erwerb eigener Eigenkapitalinstrumente in der Regel verschiedene Kosten. Hierzu zählen beispielsweise Register- und andere behördliche Gebühren, Honorare für Rechtsberater, Wirtschaftsprüfer und andere professionelle Berater, Druckkosten und Börsenumsatzsteuern. Die Transaktionskosten einer Eigenkapitaltransaktion sind als Abzug vom Eigenkapital zu bilanzieren, soweit es sich um zusätzliche, der Eigenkapitaltransaktion direkt zurechenbare Kosten handelt, die andernfalls vermieden worden wären. Die Kosten einer eingestellten Eigenkapitaltransaktion sind als Aufwand zu erfassen.

38 Transaktionskosten, die mit der Ausgabe eines zusammengesetzten Finanzinstruments verbunden sind, sind den Fremd- und Eigenkapitalkomponenten des Finanzinstruments in dem Verhältnis zuzurechnen, wie die empfangene Gegenleistung zugeordnet wurde. Transaktionskosten, die sich insgesamt auf mehr als eine Transaktion beziehen, wie Kosten eines gleichzeitigen Zeichnungsangebots für neue Aktien und für die Börsennotierung bereits ausgegebener Aktien, sind anhand eines sinnvollen, bei ähnlichen Transaktionen verwendeten Schlüssels auf die einzelnen Transaktionen umzulegen.

39 Der Betrag der Transaktionskosten, der in der Periode als Abzug vom Eigenkapital bilanziert wurde, ist nach IAS 1 gesondert anzugeben.

40 Als Aufwendungen eingestufte Dividenden können in der/den Darstellung/en von Gewinn oder Verlust und sonstigem Ergebnis entweder mit Zinsaufwendungen für andere Verbindlichkeiten in einem Posten zusammengefasst oder gesondert ausgewiesen werden. Zusätzlich zu den Anforderungen dieses Standards sind bei Zinsen und Dividenden die Angabepflichten von IAS 1 und IFRS 7 zu beachten. Sofern jedoch, beispielsweise im Hinblick auf die steuerliche Abzugsfähigkeit, Unterschiede in der Behandlung von Dividenden und Zinsen bestehen, ist ein gesonderter Ausweis in der/den Darstellung/en von Gewinn oder Verlust und sonstigem Ergebnis wünschenswert. Bei den Berichtsangaben zu steuerlichen Einflüssen sind die Anforderungen gemäß IAS 12 zu erfüllen.

41 Gewinne und Verluste infolge von Änderungen des Buchwerts einer finanziellen Verbindlichkeit sind selbst dann als Ertrag oder Aufwand im Periodenergebnis zu erfassen, wenn sie sich auf ein Instrument beziehen, das einen Residualanspruch auf die Vermögenswerte des Unternehmens im Austausch gegen flüssige Mittel oder andere finanzielle Vermögenswerte begründet (siehe Paragraph 18 (b)). Nach IAS 1 sind Gewinne und Verluste, die durch die Neubewertung eines derartigen Instruments entstehen, gesondert in der Gesamtergebnisrechnung auszuweisen, wenn dies für die Erläuterung der Ertragslage des Unternehmens relevant ist.

Saldierung von finanziellen Vermögenswerten und finanziellen Verbindlichkeiten (siehe auch Paragraphen A38 und A39)

42 Finanzielle Vermögenswerte und Verbindlichkeiten sind nur dann zu saldieren und als Nettobetrag in der Bilanz anzugeben, wenn ein Unternehmen:

(a) zum gegenwärtigen Zeitpunkt einen Rechtsanspruch darauf hat, die erfassten Beträge miteinander zu verrechnen; und

(b) beabsichtigt, entweder den Ausgleich auf Nettobasis herbeizuführen, oder gleichzeitig mit der Verwertung des betreffenden Vermögenswertes die dazugehörige Verbindlichkeit abzulösen.

The amount of treasury shares held is disclosed separately either in the statement of financial position or in the notes, in accordance with IAS 1 *Presentation of financial statements*. An entity provides disclosure in accordance with IAS 24 *Related party disclosures* if the entity reacquires its own equity instruments from related parties. **34**

Interest, dividends, losses and gains (see also paragraph AG37)

Interest, dividends, losses and gains relating to a financial instrument or a component that is a financial liability shall be recognised as income or expense in profit or loss. Distributions to holders of an equity instrument shall be recognised by the entity directly in equity. Transaction costs of an equity transaction shall be accounted for as a deduction from equity. **35**

Income tax relating to distributions to holders of an equity instrument and to transaction costs of an equity transaction shall be accounted for in accordance with IAS 12 *Income Taxes*. **35A**

The classification of a financial instrument as a financial liability or an equity instrument determines whether interest, dividends, losses and gains relating to that instrument are recognised as income or expense in profit or loss. Thus, dividend payments on shares wholly recognised as liabilities are recognised as expenses in the same way as interest on a bond. Similarly, gains and losses associated with redemptions or refinancings of financial liabilities are recognised in profit or loss, whereas redemptions or refinancings of equity instruments are recognised as changes in equity. Changes in the fair value of an equity instrument are not recognised in the financial statements. **36**

An entity typically incurs various costs in issuing or acquiring its own equity instruments. Those costs might include registration and other regulatory fees, amounts paid to legal, accounting and other professional advisers, printing costs and stamp duties. The transaction costs of an equity transaction are accounted for as a deduction from equity to the extent that they are incremental costs directly attributable to the equity transaction that otherwise would have been avoided. The costs of an equity transaction that is abandoned are recognised as an expense. **37**

Transaction costs that relate to the issue of a compound financial instrument are allocated to the liability and equity components of the instrument in proportion to the allocation of proceeds. Transaction costs that relate jointly to more than one transaction (for example, costs of a concurrent offering of some shares and a stock exchange listing of other shares) are allocated to those transactions using a basis of allocation that is rational and consistent with similar transactions. **38**

The amount of transaction costs accounted for as a deduction from equity in the period is disclosed separately in accordance with IAS 1. **39**

Dividends classified as an expense may be presented in the statement(s) of profit or loss and other comprehensive income either with interest on other liabilities or as a separate item. In addition to the requirements of this Standard, disclosure of interest and dividends is subject to the requirements of IAS 1 and IFRS 7. In some circumstances, because of the differences between interest and dividends with respect to matters such as tax deductibility, it is desirable to disclose them separately in the statement(s) of profit or loss and other comprehensive income. Disclosures of the tax effects are made in accordance with IAS 12. **40**

Gains and losses related to changes in the carrying amount of a financial liability are recognised as income or expense in profit or loss even when they relate to an instrument that includes a right to the residual interest in the assets of the entity in exchange for cash or another financial asset (see paragraph 18 (b)). Under IAS 1 the entity presents any gain or loss arising from remeasurement of such an instrument separately in the statement of comprehensive income when it is relevant in explaining the entity's performance. **41**

Offsetting a financial asset and a financial liability (see also paragraphs AG38 and AG39)

A financial asset and a financial liability shall be offset and the net amount presented in the statement of financial position when, and only when, an entity: **42**
(a) currently has a legally enforceable right to set off the recognised amounts; and
(b) intends either to settle on a net basis, or to realise the asset and settle the liability simultaneously.

Wenn die Übertragung eines finanziellen Vermögenswertes die Voraussetzungen für eine Ausbuchung nicht erfüllt, dürfen der übertragene Vermögenswert und die verbundene Verbindlichkeit bei der Bilanzierung nicht saldiert werden (siehe IAS 39, Paragraph 36).

43 Finanzielle Vermögenswerte und finanzielle Verbindlichkeiten müssen diesem Standard zufolge auf Nettobasis dargestellt werden, wenn dadurch die erwarteten künftigen Cashflows eines Unternehmens aus dem Ausgleich von zwei oder mehreren verschiedenen Finanzinstrumenten abgebildet werden. Wenn ein Unternehmen das Recht hat, einen einzelnen Nettobetrag zu erhalten bzw. zu zahlen und dies auch zu tun beabsichtigt, hat es tatsächlich nur einen einzigen finanziellen Vermögenswert bzw. nur eine einzige finanzielle Verbindlichkeit. In anderen Fällen werden die finanziellen Vermögenswerte und finanziellen Verbindlichkeiten entsprechend ihrer Eigenschaft als Ressource oder Verpflichtung des Unternehmens voneinander getrennt dargestellt. Ein Unternehmen hat die gemäß der Paragraphen 13B–13E von IFRS 7 für erfasste Finanzinstrumente geforderten Informationen anzugeben, sofern diese Instrumente in den Anwendungsbereich von Paragraph 13A von IFRS 7 fallen.

44 Die Saldierung eines erfassten finanziellen Vermögenswertes mit einer erfassten finanziellen Verbindlichkeit einschließlich der Darstellung des Nettobetrags ist von der Ausbuchung eines finanziellen Vermögenswertes und einer finanziellen Verbindlichkeit in der Bilanz zu unterscheiden. Während die Saldierung nicht zur Erfassung von Gewinnen und Verlusten führt, hat die Ausbuchung eines Finanzinstruments aus der Bilanz nicht nur die Entfernung eines bis dahin bilanzwirksamen Postens, sondern möglicherweise auch die Erfassung von Gewinnen oder Verlusten zur Folge.

45 Der Anspruch auf Verrechnung ist ein auf vertraglicher oder anderer Grundlage beruhendes, einklagbares Recht eines Schuldners, eine Verbindlichkeit gegenüber einem Gläubiger ganz oder teilweise mit einer eigenen Forderung gegenüber diesem Gläubiger zu verrechnen oder anderweitig zu eliminieren. In außergewöhnlichen Fällen kann ein Schuldner berechtigt sein, eine Forderung gegenüber einem Dritten mit einer Verbindlichkeit gegenüber einem Gläubiger zu verrechnen, vorausgesetzt, dass zwischen allen drei Beteiligten eine eindeutige Vereinbarung über den Anspruch auf Verrechnung vorliegt. Da der Anspruch auf Verrechnung ein gesetzliches Recht ist, sind die Bedingungen, unter denen Verrechnungsvereinbarungen gültig sind, abhängig von den Gebräuchen des Rechtskreises, in dem sie getroffen werden; daher sind im Einzelfall immer die für das Vertragsverhältnis zwischen den Parteien maßgeblichen Rechtsvorschriften zu berücksichtigen.

46 Besteht ein einklagbarer Anspruch auf Verrechnung, wirkt sich dies nicht nur auf die Rechte und Pflichten aus, die mit den betreffenden finanziellen Vermögenswerten und Verbindlichkeiten verbunden sind, sondern kann auch die Ausfall- und Liquiditätsrisiken des Unternehmens beeinflussen. Das Bestehen eines solchen Rechts stellt für sich genommen aber noch keine hinreichende Voraussetzung für die Saldierung von Vermögens- und Schuldposten dar. Wenn keine Absicht besteht, dieses Recht auch tatsächlich wahrzunehmen oder die jeweiligen Forderungen und Verbindlichkeiten zum gleichen Zeitpunkt zu bedienen, wirkt es sich weder auf die Beträge noch auf den zeitlichen Anfall der erwarteten Cashflows eines Unternehmens aus. Beabsichtigt ein Unternehmen jedoch, von dem Anspruch auf Verrechnung Gebrauch zu machen oder die jeweiligen Forderungen und Verbindlichkeiten zum gleichen Zeitpunkt zu bedienen, spiegelt die Nettodarstellung des Vermögenswertes und der Verbindlichkeit die Beträge, den zeitlichen Anfall und die damit verbundenen Risiken künftiger Cashflows besser wider als die Bruttodarstellung. Die bloße Absicht einer oder beider Vertragsparteien, Forderungen und Verbindlichkeiten auf Nettobasis ohne rechtlich bindende Vereinbarung auszugleichen, stellt keine ausreichende Grundlage für eine bilanzielle Saldierung dar, da die mit den einzelnen finanziellen Vermögenswerten und Verbindlichkeiten verbundenen Rechte und Pflichten unverändert fortbestehen.

47 Die Absichten eines Unternehmens bezüglich der Erfüllung von einzelnen Vermögens- und Schuldposten können durch die üblichen Geschäftspraktiken, die Anforderungen der Finanzmärkte und andere Umstände beeinflusst werden, die die Fähigkeit zur Bedienung auf Nettobasis oder zur gleichzeitigen Bedienung begrenzen. Hat ein Unternehmen einen Anspruch auf Aufrechnung, beabsichtigt aber nicht, auf Nettobasis auszugleichen bzw. den Vermögenswert zu verwerten und gleichzeitig die Verbindlichkeit zu begleichen, werden die Auswirkungen dieses Anspruchs auf die Ausfallrisikoposition des Unternehmens gemäß Paragraph 36 des IFRS 7 angegeben.

48 Der gleichzeitige Ausgleich von zwei Finanzinstrumenten kann zum Beispiel durch direkten Austausch oder über eine Clearingstelle in einem organisierten Finanzmarkt erfolgen. In solchen Fällen findet tatsächlich nur ein einziger Finanzmitteltransfer statt, wobei weder ein Ausfall- noch ein Liquiditätsrisiko besteht. Erfolgt der Ausgleich über zwei voneinander getrennte (zu erhaltende bzw. zu leistende) Zahlungen, kann ein Unternehmen im Hinblick auf den vollen Betrag der betreffenden finanziellen Forderungen durchaus einem Ausfallrisiko und im Hinblick auf den vollen Betrag der finanziellen Verbindlichkeit einem Liquiditätsrisiko ausgesetzt sein. Auch wenn sie nur kurzzeitig auftreten, können solche Risikopositionen erheblich sein. Die Gewinnrealisierung eines finanziellen Vermögenswertes und die Begleichung einer finanziellen Verbindlichkeit werden nur dann als gleichzeitig behandelt, wenn die Geschäftsvorfälle zum selben Zeitpunkt stattfinden.

49 In nachstehend genannten Fällen sind die in Paragraph 42 genannten Voraussetzungen im Allgemeinen nicht erfüllt, so dass eine Saldierung unangemessen ist:

(a) wenn mehrere verschiedene Finanzinstrumente kombiniert werden, um die Merkmale eines einzelnen Finanzinstruments (eines „synthetischen Finanzinstruments") nachzuahmen;

In accounting for a transfer of a financial asset that does not qualify for derecognition, the entity shall not offset the transferred asset and the associated liability (see IAS 39, paragraph 36).

This Standard requires the presentation of financial assets and financial liabilities on a net basis when doing so reflects an **43**
entity's expected future cash flows from settling two or more separate financial instruments. When an entity has the right to receive or pay a single net amount and intends to do so, it has, in effect, only a single financial asset or financial liability. In other circumstances, financial assets and financial liabilities are presented separately from each other consistently with their characteristics as resources or obligations of the entity. An entity shall disclose the information required in paragraphs 13B—13E of IFRS 7 for recognised financial instruments that are within the scope of paragraph 13A of IFRS 7.

Offsetting a recognised financial asset and a recognised financial liability and presenting the net amount differs from the **44**
derecognition of a financial asset or a financial liability. Although offsetting does not give rise to recognition of a gain or loss, the derecognition of a financial instrument not only results in the removal of the previously recognised item from the statement of financial position but also may result in recognition of a gain or loss.

A right of set-off is a debtor's legal right, by contract or otherwise, to settle or otherwise eliminate all or a portion of an **45**
amount due to a creditor by applying against that amount an amount due from the creditor. In unusual circumstances, a debtor may have a legal right to apply an amount due from a third party against the amount due to a creditor provided that there is an agreement between the three parties that clearly establishes the debtor's right of set-off. Because the right of set-off is a legal right, the conditions supporting the right may vary from one legal jurisdiction to another and the laws applicable to the relationships between the parties need to be considered.

The existence of an enforceable right to set off a financial asset and a financial liability affects the rights and obligations **46**
associated with a financial asset and a financial liability and may affect an entity's exposure to credit and liquidity risk. However, the existence of the right, by itself, is not a sufficient basis for offsetting. In the absence of an intention to exercise the right or to settle simultaneously, the amount and timing of an entity's future cash flows are not affected. When an entity intends to exercise the right or to settle simultaneously, presentation of the asset and liability on a net basis reflects more appropriately the amounts and timing of the expected future cash flows, as well as the risks to which those cash flows are exposed. An intention by one or both parties to settle on a net basis without the legal right to do so is not sufficient to justify offsetting because the rights and obligations associated with the individual financial asset and financial liability remain unaltered.

An entity's intentions with respect to settlement of particular assets and liabilities may be influenced by its normal busi- **47**
ness practices, the requirements of the financial markets and other circumstances that may limit the ability to settle net or to settle simultaneously. When an entity has a right of set-off, but does not intend to settle net or to realise the asset and settle the liability simultaneously, the effect of the right on the entity's credit risk exposure is disclosed in accordance with paragraph 36 of IFRS 7.

Simultaneous settlement of two financial instruments may occur through, for example, the operation of a clearing house **48**
in an organised financial market or a face-to-face exchange. In these circumstances the cash flows are, in effect, equivalent to a single net amount and there is no exposure to credit or liquidity risk. In other circumstances, an entity may settle two instruments by receiving and paying separate amounts, becoming exposed to credit risk for the full amount of the asset or liquidity risk for the full amount of the liability. Such risk exposures may be significant even though relatively brief. Accordingly, realisation of a financial asset and settlement of a financial liability are treated as simultaneous only when the transactions occur at the same moment.

The conditions set out in paragraph 42 are generally not satisfied and offsetting is usually inappropriate when: **49**
(a)   several different financial instruments are used to emulate the features of a single financial instrument (a 'synthetic instrument');

(b) wenn aus Finanzinstrumenten mit gleichem Risikoprofil, aber unterschiedlichen Gegenparteien finanzielle Vermögenswerte und Verbindlichkeiten resultieren (wie bei einem Portfolio von Termingeschäften oder anderen Derivaten);

(c) wenn finanzielle oder andere Vermögenswerte als Sicherheit für finanzielle Verbindlichkeiten ohne Rückgriffsmöglichkeit verpfändet wurden;

(d) wenn finanzielle Vermögenswerte von einem Schuldner zur Begleichung einer Verpflichtung in ein Treuhandverhältnis gegeben werden, ohne dass diese Vermögenswerte vom Gläubiger zum Ausgleich der Verbindlichkeit akzeptiert worden sind (beispielsweise eine Tilgungsfondsvereinbarung); oder

(e) wenn bei Verpflichtungen, die aus Schadensereignissen entstehen, zu erwarten ist, dass diese durch Ersatzleistungen von Dritten beglichen werden, weil aus einem Versicherungsvertrag ein entsprechender Entschädigungsanspruch abgeleitet werden kann.

50 Ein Unternehmen, das mit einer einzigen Vertragspartei eine Reihe von Geschäften mit Finanzinstrumenten tätigt, kann mit dieser Vertragspartei einen Globalverrechnungsvertrag schließen. Ein solcher Vertrag sieht für den Fall von Nichtzahlung oder Kündigung bei einem einzigen Instrument die sofortige Aufrechnung bzw. Abwicklung aller unter den Rahmenvertrag fallenden Finanzinstrumente vor. Solche Rahmenverträge werden für gewöhnlich von Finanzinstituten verwendet, um sich gegen Verluste aus eventuellen Insolvenzverfahren oder anderen Umständen zu schützen, die dazu führen können, dass die Vertragspartei ihren Verpflichtungen nicht nachkommen kann. Ein Globalverrechnungsvertrag schafft normalerweise nur einen bedingten Anspruch auf Verrechnung, der nur im Rechtsweg durchgesetzt werden kann und die Gewinnrealisierung oder Begleichung eines einzelnen finanziellen Vermögenswertes oder einer einzelnen finanziellen Verbindlichkeit nur beeinflussen kann, wenn ein tatsächlicher Zahlungsverzug oder andere Umstände vorliegen, mit denen im gewöhnlichen Geschäftsverlauf nicht zu rechnen ist. Ein Globalverrechnungsvertrag stellt für sich genommen keine Grundlage für eine Saldierung in der Bilanz dar, es sei denn, die Verrechnungsvoraussetzungen gemäß Paragraph 42 werden ebenfalls erfüllt. Wenn finanzielle Vermögenswerte und finanzielle Verbindlichkeiten im Rahmen eines Globalverrechnungsvertrages nicht miteinander saldiert werden, sind die Auswirkungen des Vertrags auf das Ausfallrisiko des Unternehmens gemäß Paragraph 36 des IFRS 7 anzugeben.

ANGABEN

51–95 [gestrichen]

ZEITPUNKT DES INKRAFTTRETENS UND ÜBERGANGSVORSCHRIFTEN

96 Dieser Standard ist erstmals in der ersten Berichtsperiode eines am 1. Januar 2005 oder danach beginnenden Geschäftsjahres anzuwenden. Eine frühere Anwendung ist zulässig. Eine Anwendung dieses Standards für Berichtsperioden, die vor dem 1. Januar 2005 beginnen, ist jedoch nur bei zeitgleicher Anwendung von IAS 39 (herausgegeben 2003) in der im März 2004 geänderten Fassung gestattet. Wenn ein Unternehmen diesen Standard für Berichtsperioden anwendet, die vor dem 1. Januar 2005 beginnen, so ist dies anzugeben.

96A Nach *Kündbare Finanzinstrumente und bei Liquidation entstehende Verpflichtungen* (im Februar 2008 veröffentlichte Änderungen an IAS 32 und IAS 1) sind Finanzinstrumente, die alle in den Paragraphen 16A und 16B oder 16C und 16D beschriebenen Merkmale aufweisen und die dort genannten Bedingungen erfüllen, als Eigenkapitalinstrumente einzustufen; darüber hinaus werden in dem genannten Dokument die Paragraphen 11, 16, 17–19, 22, 23, 25, A13, A14 und A27 geändert und die Paragraphen 16A–16F, 22A, 96B, 96C, 97C, A14A–A14J und A29A eingefügt. Diese Änderungen sind erstmals auf Geschäftsjahre anzuwenden, die am oder nach dem 1. Januar 2009 beginnen. Eine frühere Anwendung ist zulässig. Wendet ein Unternehmen diese Änderungen auf eine frühere Periode an, so muss es dies angeben und gleichzeitig die verbundenen Änderungen der IAS 1, IAS 39, IFRS 7 und IFRIC 2 anwenden.

96B *Kündbare Finanzinstrumente und bei Liquidation entstehende Verpflichtungen* sieht eine eingeschränkte Ausnahme vom Anwendungsbereich vor, die von den Unternehmen folglich nicht analog anzuwenden ist.

96C Die Einstufung im Rahmen dieser Ausnahme ist auf die Bilanzierung der betreffenden Instrumente nach IAS 1, IAS 32, IAS 39 und IFRS 7 zu beschränken. Im Rahmen anderer Standards, wie IFRS 2 *Anteilsbasierte Vergütung*, sind die Instrumente dagegen nicht als Eigenkapitalinstrumente einzustufen.

97 Dieser Standard ist retrospektiv anzuwenden.

97A Infolge des IAS 1 (überarbeitet 2007) wurde die in allen IFRS verwendete Terminologie geändert. Außerdem wurde Paragraph 40 geändert. Diese Änderungen sind erstmals in der ersten Berichtsperiode eines am 1. Januar 2009 oder danach beginnenden Geschäftsjahres anzuwenden. Wird IAS 1 (überarbeitet 2007) auf eine frühere Periode angewandt, sind diese Änderungen entsprechend auch anzuwenden.

97B In der 2008 geänderten Fassung des IFRS 3 wurde Paragraph 4 (c) gestrichen. Diese Änderung ist erstmals in der ersten Berichtsperiode eines am oder nach dem 1. Juli 2009 beginnenden Geschäftsjahres anzuwenden. Wendet ein Unterneh-

(b) financial assets and financial liabilities arise from financial instruments having the same primary risk exposure (for example, assets and liabilities within a portfolio of forward contracts or other derivative instruments) but involve different counterparties;

(c) financial or other assets are pledged as collateral for non-recourse financial liabilities;

(d) financial assets are set aside in trust by a debtor for the purpose of discharging an obligation without those assets having been accepted by the creditor in settlement of the obligation (for example, a sinking fund arrangement); or

(e) obligations incurred as a result of events giving rise to losses are expected to be recovered from a third party by virtue of a claim made under an insurance contract.

An entity that undertakes a number of financial instrument transactions with a single counterparty may enter into a 'master netting arrangement' with that counterparty. Such an agreement provides for a single net settlement of all financial instruments covered by the agreement in the event of default on, or termination of, any one contract. These arrangements are commonly used by financial institutions to provide protection against loss in the event of bankruptcy or other circumstances that result in a counterparty being unable to meet its obligations. A master netting arrangement commonly creates a right of set-off that becomes enforceable and affects the realisation or settlement of individual financial assets and financial liabilities only following a specified event of default or in other circumstances not expected to arise in the normal course of business. A master netting arrangement does not provide a basis for offsetting unless both of the criteria in paragraph 42 are satisfied. When financial assets and financial liabilities subject to a master netting arrangement are not offset, the effect of the arrangement on an entity's exposure to credit risk is disclosed in accordance with paragraph 36 of IFRS 7. **50**

DISCLOSURE

[deleted] **51—95**

EFFECTIVE DATE AND TRANSITION

An entity shall apply this standard for annual periods beginning on or after 1 January 2005. Earlier application is permitted. An entity shall not apply this standard for annual periods beginning before 1 January 2005 unless it also applies IAS 39 (issued December 2003), including the amendments issued in March 2004. If an entity applies this standard for a period beginning before 1 January 2005, it shall disclose that fact. **96**

Puttable Financial Instruments and Obligations Arising on Liquidation (Amendments to IAS 32 and IAS 1), issued in February 2008, required financial instruments that contain all the features and meet the conditions in paragraphs 16A and 16B or paragraphs 16C and 16D to be classified as an equity instrument, amended paragraphs 11, 16, 17—19, 22, 23, 25, AG13, AG14 and AG27, and inserted paragraphs 16A—16F, 22A, 96B, 96C, 97C, AG14A—AG14J and AG29A. An entity shall apply those amendments for annual periods beginning on or after 1 January 2009. Earlier application is permitted. If an entity applies the changes for an earlier period, it shall disclose that fact and apply the related amendments to IAS 1, IAS 39, IFRS 7 and IFRIC 2 at the same time. **96A**

Puttable Financial Instruments and Obligations Arising on Liquidation introduced a limited scope exception; therefore, an entity shall not apply the exception by analogy. **96B**

The classification of instruments under this exception shall be restricted to the accounting for such an instrument under IAS 1, IAS 32, IAS 39 and IFRS 7. The instrument shall not be considered an equity instrument under other guidance, for example IFRS 2 *Share-based Payment*. **96C**

This standard shall be applied retrospectively. **97**

IAS 1 (as revised in 2007) amended the terminology used throughout IFRSs. In addition it amended paragraph 40. An entity shall apply those amendments for annual periods beginning on or after 1 January 2009. If an entity applies IAS 1 (revised 2007) for an earlier period, the amendments shall be applied for that earlier period. **97A**

IFRS 3 (as revised in 2008) deleted paragraph 4 (c). An entity shall apply that amendment for annual periods beginning on or after 1 July 2009. If an entity applies IFRS 3 (revised 2008) for an earlier period, the amendment shall also be **97B**

men IFRS 3 (in der 2008 geänderten Fassung) auf eine frühere Periode an, so ist auch diese Änderung auf die frühere Periode anzuwenden. Die Änderung gilt allerdings nicht für bedingte Gegenleistungen, die sich aus einem Unternehmenszusammenschluss ergeben haben, bei dem der Erwerbszeitpunkt vor der Anwendung von IFRS 3 (in der 2008 geänderten Fassung) liegt. Eine solche Gegenleistung ist stattdessen nach den Paragraphen 65A–65E der 2010 geänderten Fassung von IFRS 3 zu bilanzieren.

97C Wendet ein Unternehmen die in Paragraph 96A genannten Änderungen an, so muss es ein zusammengesetztes Finanzinstrument, das mit der Verpflichtung verbunden ist, einer anderen Partei bei Liquidation einen proportionalen Anteil an seinem Nettovermögen zu liefern, in eine Komponente „Verbindlichkeit" und eine Komponente „Eigenkapital" aufspalten. Wenn die Komponente „Verbindlichkeit" nicht länger aussteht, würde eine rückwirkende Anwendung dieser Änderungen an IAS 32 die Aufteilung in zwei Eigenkapitalkomponenten erfordern. Die erste wäre den Gewinnrücklagen zuzuordnen und wäre der kumulierte Zinszuwachs der Komponente „Verbindlichkeit". Die andere wäre die ursprüngliche Eigenkapitalkomponente. Wenn die Verbindlichkeitskomponente zum Zeitpunkt der Anwendung der Änderungen nicht mehr aussteht, muss das Unternehmen diese beiden Komponenten folglich nicht voneinander trennen.

97D Paragraph 4 wird im Rahmen der *Verbesserungen der IFRS* vom Mai 2008 geändert. Diese Änderungen sind erstmals in der ersten Berichtsperiode eines am 1. Januar 2009 oder danach beginnenden Geschäftsjahres anzuwenden. Eine frühere Anwendung ist zulässig. Falls ein Unternehmen diese Änderungen auf eine frühere Periode anwendet, so hat es diese Tatsache anzugeben und die entsprechenden Änderungen von Paragraph 3 des IFRS 7, Paragraph 1 des IAS 28 und Paragraph 1 des IAS 31 und (überarbeitet Mai 2008) gleichzeitig anzuwenden. Ein Unternehmen kann die Änderungen prospektiv anwenden.

97E Durch *Einstufung von Bezugsrechten* (veröffentlicht im Oktober 2009) wurden die Paragraphen 11 und 16 geändert. Diese Änderung ist erstmals in der ersten Berichtsperiode eines am 1. Februar 2010 oder danach beginnenden Geschäftsjahres anzuwenden. Eine frühere Anwendung ist zulässig. Wendet ein Unternehmen diese Änderung in einer früheren Berichtsperiode an, so hat es dies anzugeben.

97G Durch die im Mai 2010 veröffentlichten *Verbesserungen an IFRS* wurde Paragraph 97B geändert. Diese Änderung ist erstmals in der ersten Berichtsperiode eines am oder nach dem 1. Juli 2010 beginnenden Geschäftsjahres anzuwenden. Eine frühere Anwendung ist zulässig.

97I Durch IFRS 10 und IFRS 11, veröffentlicht im Mai 2011, wurden die Paragraphen 4 (a) und AG29 geändert. Ein Unternehmen hat diese Änderungen anzuwenden, wenn es IFRS 10 und IFRS 11 anwendet.

97J Durch IFRS 13, veröffentlicht im Mai 2011, wurde die Definition des beizulegenden Zeitwerts in Paragraph 11 geändert und wurden die Paragraphen 23 und AG31 geändert. Ein Unternehmen hat die betreffenden Änderungen anzuwenden, wenn es IFRS 13 anwendet.

97K Mit *Darstellung von Posten des sonstigen Ergebnisses* (Änderung IAS 1), veröffentlicht im Juni 2011, wurde Paragraph 40 geändert. Ein Unternehmen hat die betreffende Änderung anzuwenden, wenn es IAS 1 (in der im Juni 2011 geänderten Fassung) anwendet.

97L Mit der *Saldierung von finanziellen Vermögenswerten und finanziellen Verbindlichkeiten* (Änderungen zu IAS 32) vom Dezember 2011 wurden Paragraph AG38 gestrichen und die Paragraphen AG38A–AG38F angefügt. Diese Änderungen sind erstmals in der ersten Berichtsperiode eines am oder nach dem 1. Januar 2014 beginnenden Geschäftsjahres anzuwenden. Diese Änderungen sind rückwirkend anzuwenden. Eine frühere Anwendung ist zulässig. Wendet ein Unternehmen diese Änderungen zu einem früheren Termin an, so hat es diese Tatsache anzugeben und die nach *Angaben – Saldierung von finanziellen Vermögenswerten und finanziellen Verbindlichkeiten* (Änderungen zu IFRS 7) vom Dezember 2011 geforderten Angaben zu machen.

97M Mit den *Jährlichen Verbesserungen, Zyklus 2009–2011*, von Mai 2012 wurden die Paragraphen 35, 37 und 39 geändert und Paragraph 35A wurde hinzugefügt. Diese Änderungen sind rückwirkend gemäß IAS 8 *Rechnungslegungsmethoden, Änderungen von rechnungslegungsbezogenen Schätzungen und Fehler* in der ersten Berichtsperiode eines am oder nach dem 1. Januar 2013 beginnenden Geschäftsjahres anzuwenden. Eine frühere Anwendung ist zulässig. Wendet ein Unternehmen die Änderung auf eine frühere Periode an, hat es dies anzugeben.

97N Mit der im Oktober 2012 veröffentlichten Verlautbarung *Investmentgesellschaften (Investment Entities)* (Änderungen an IFRS 10, IFRS 12 und IAS 27) wurde Paragraph 4 geändert. Unternehmen haben diese Änderungen auf Geschäftsjahre anzuwenden, die am oder nach dem 1. Januar 2014 beginnen. Eine frühere Anwendung der Verlautbarung *Investmentgesellschaften (Investment Entities)* ist zulässig. Wendet ein Unternehmen diese Änderungen früher an, hat es alle in der Verlautbarung enthaltenen Änderungen gleichzeitig anzuwenden.

applied for that earlier period. However, the amendment does not apply to contingent consideration that arose from a business combination for which the acquisition date preceded the application of IFRS 3 (revised 2008). Instead, an entity shall account for such consideration in accordance with paragraphs 65A—65E of IFRS 3 (as amended in 2010).

When applying the amendments described in paragraph 96A, an entity is required to split a compound financial instrument with an obligation to deliver to another party a pro rata share of the net assets of the entity only on liquidation into separate liability and equity components. If the liability component is no longer outstanding, a retrospective application of those amendments to IAS 32 would involve separating two components of equity. The first component would be in retained earnings and represent the cumulative interest accreted on the liability component. The other component would represent the original equity component. Therefore, an entity need not separate these two components if the liability component is no longer outstanding at the date of application of the amendments. **97C**

Paragraph 4 was amended by *Improvements to IFRSs* issued in May 2008. An entity shall apply that amendment for annual periods beginning on or after 1 January 2009. Earlier application is permitted. If an entity applies the amendment for an earlier period it shall disclose that fact and apply for that earlier period the amendments to paragraph 3 of IFRS 7, paragraph 1 of IAS 28 and paragraph 1 of IAS 31 issued in May 2008. An entity is permitted to apply the amendment prospectively. **97D**

Paragraphs 11 and 16 were amended by *Classification of Rights Issues* issued in October 2009. An entity shall apply that amendment for annual periods beginning on or after 1 February 2010. Earlier application is permitted. If an entity applies the amendment for an earlier period, it shall disclose that fact. **97E**

Paragraph 97B was amended by *Improvements to IFRSs* issued in May 2010. An entity shall apply that amendment for annual periods beginning on or after 1 July 2010. Earlier application is permitted. **97G**

IFRS 10 and IFRS 11 *Joint Arrangements,* issued in May 2011, amended paragraphs 4 (a) and AG29. An entity shall apply those amendments when it applies IFRS 10 and IFRS 11. **97I**

IFRS 13, issued in May 2011, amended the definition of fair value in paragraph 11 and amended paragraphs 23 and AG31. An entity shall apply those amendments when it applies IFRS 13. **97J**

Presentation of Items of Other Comprehensive Income (Amendments to IAS 1), issued in June 2011, amended paragraph 40. An entity shall apply that amendment when it applies IAS 1 as amended in June 2011. **97K**

Offsetting Financial Assets and Financial Liabilities (Amendments to IAS 32), issued in December 2011, deleted paragraph AG38 and added paragraphs AG38A—AG38F. An entity shall apply those amendments for annual periods beginning on or after 1 January 2014. An entity shall apply those amendments retrospectively. Earlier application is permitted. If an entity applies those amendments from an earlier date, it shall disclose that fact and shall also make the disclosures required by *Disclosures—Offsetting Financial Assets and Financial Liabilities* (Amendments to IFRS 7) issued in December 2011. **97L**

Annual Improvements 2009—2011 Cycle, issued in May 2012, amended paragraphs 35, 37 and 39 and added paragraph 35A. An entity shall apply that amendment retrospectively in accordance with IAS 8 *Accounting Policies, Changes in Accounting Estimates and Errors* for annual periods beginning on or after 1 January 2013. Earlier application is permitted. If an entity applies that amendment for an earlier period it shall disclose that fact. **97M**

Investment Entities (Amendments to IFRS 10, IFRS 12 and IAS 27), issued in October 2012, amended paragraph 4. An entity shall apply that amendment for annual periods beginning on or after 1 January 2014. Earlier application of *Investment Entities* is permitted. If an entity applies that amendment earlier it shall also apply all amendments included in *Investment Entities* at the same time. **97N**

RÜCKNAHME ANDERER VERLAUTBARUNGEN

98 Dieser Standard ersetzt IAS 32 *Finanzinstrumente: Ansatz und Bewertung* in der 2000 überarbeiteten Fassung.[2]

99 Dieser Standard ersetzt die folgenden Interpretationen:
(a) SIC-5 *Einstufung von Finanzinstrumenten – Bedingte Erfüllungsvereinbarungen;*
(b) SIC-16 *Gezeichnetes Kapital – Rückgekaufte eigene Eigenkapitalinstrumente (eigene Anteile);* und
(c) SIC-17 *Eigenkapital – Kosten einer Eigenkapitaltransaktion.*

100 Dieser Standard widerruft die Entwurfsfassung der Interpretation SIC D34 *Financial Instruments – Instruments or Rights Redeemable by the Holder.*

Anhang

ANLEITUNGEN ZUR ANWENDUNG

Dieser Anhang ist Bestandteil des Standards.

A1 In diesen Anleitungen zur Anwendung wird die Umsetzung bestimmter Aspekte des Standards erläutert.

A2 Der Standard behandelt nicht den Ansatz bzw. die Bewertung von Finanzinstrumenten. Die Anforderungen bezüglich des Ansatzes und der Bewertung von finanziellen Vermögenswerten und finanziellen Verbindlichkeiten sind in IAS 39 dargelegt.

DEFINITIONEN (PARAGRAPHEN 11–14)

Finanzielle Vermögenswerte und finanzielle Verbindlichkeiten

A3 Zahlungsmittel (flüssige Mittel) stellen einen finanziellen Vermögenswert dar, weil sie das Austauschmedium und deshalb die Grundlage sind, auf der alle Geschäftsvorfälle im Abschluss bewertet und erfasst werden. Eine Einzahlung flüssiger Mittel auf ein laufendes Konto bei einer Bank oder einem ähnlichen Finanzinstitut ist ein finanzieller Vermögenswert, weil sie das vertragliche Recht des Einzahlenden darstellt, flüssige Mittel von der Bank zu erhalten bzw. einen Scheck oder ein ähnliches Finanzinstrument zu Gunsten eines Gläubigers zur Begleichung einer finanziellen Verbindlichkeit zu verwenden.

A4 Typische Beispiele für finanzielle Vermögenswerte, die ein vertragliches Recht darstellen, zu einem künftigen Zeitpunkt flüssige Mittel zu erhalten, und korrespondierend für finanzielle Verbindlichkeiten, die eine vertragliche Verpflichtung darstellen, zu einem künftigen Zeitpunkt flüssige Mittel zu liefern, sind:
(a) Forderungen und Verbindlichkeiten aus Lieferungen und Leistungen;
(b) Wechselforderungen und Wechselverbindlichkeiten;
(c) Darlehensforderungen und Darlehensverbindlichkeiten und
(d) Anleiheforderungen und Anleiheverbindlichkeiten.
In allen Fällen steht dem vertraglichen Recht der einen Vertragspartei, flüssige Mittel zu erhalten (oder der Verpflichtung, flüssige Mittel abzugeben), korrespondierend die vertragliche Zahlungsverpflichtung (oder das Recht, flüssige Mittel zu erhalten) der anderen Vertragspartei gegenüber.

A5 Andere Arten von Finanzinstrumenten sind solche, bei denen der (erwartete bzw. begebene) wirtschaftliche Nutzen nicht in flüssigen Mitteln, sondern in einem anderen finanziellen Vermögenswert besteht. Eine Wechselverbindlichkeit aus Regierungsanleihen räumt dem Inhaber beispielsweise das vertragliche Recht ein und verpflichtet den Emittenten vertraglich zur Übergabe von Regierungsanleihen und nicht von flüssigen Mitteln. Regierungsanleihen sind finanzielle Vermögenswerte, weil sie eine Verpflichtung der emittierenden Regierung auf Zahlung flüssiger Mittel darstellen. Wechsel stellen daher für den Wechselinhaber finanzielle Vermögenswerte dar, während sie für den Wechselemittenten finanzielle Verbindlichkeiten repräsentieren.

A6 Ewige Schuldinstrumente (wie beispielsweise ewige schuldrechtliche Papiere, ungesicherte Schuldverschreibungen und Schuldscheine) räumen dem Inhaber normalerweise ein vertragliches Recht darauf ein, auf unbestimmte Zeit zu festge-

---

2 Im August 2005 hat der IASB alle Angabepflichten zu Finanzinstrumenten in den IFRS 7 *Finanzinstrumente: Angaben* verlagert.

WITHDRAWAL OF OTHER PRONOUNCEMENTS

This standard supersedes IAS 32 *Financial instruments: disclosure and presentation* revised in 2000[2].   **98**

This standard supersedes the following interpretations: **99**
(a)   SIC-5 *Classification of financial instruments — contingent settlement provisions*;
(b)   SIC-16 *Share capital — reacquired own equity instruments (treasury shares)*; and
(c)   SIC-17 *Equity — costs of an equity transaction*.

This standard withdraws draft SIC Interpretation D34 *Financial instruments — instruments or rights redeemable by the*   **100**
holder.

Appendix

APPLICATION GUIDANCE

This appendix is an integral part of the standard.

This Application Guidance explains the application of particular aspects of the standard.   **AG1**

The standard does not deal with the recognition or measurement of financial instruments. Requirements about the recog-   **AG2**
nition and measurement of financial assets and financial liabilities are set out in IAS 39.

DEFINITIONS (PARAGRAPHS 11—14)

Financial assets and financial liabilities

Currency (cash) is a financial asset because it represents the medium of exchange and is therefore the basis on which all   **AG3**
transactions are measured and recognised in financial statements. A deposit of cash with a bank or similar financial institution is a financial asset because it represents the contractual right of the depositor to obtain cash from the institution or
to draw a cheque or similar instrument against the balance in favour of a creditor in payment of a financial liability.

Common examples of financial assets representing a contractual right to receive cash in the future and corresponding   **AG4**
financial liabilities representing a contractual obligation to deliver cash in the future are:
(a)   trade accounts receivable and payable;
(b)   notes receivable and payable;
(c)   loans receivable and payable; and
(d)   bonds receivable and payable.
In each case, one party's contractual right to receive (or obligation to pay) cash is matched by the other party's corresponding obligation to pay (or right to receive).

Another type of financial instrument is one for which the economic benefit to be received or given up is a financial asset   **AG5**
other than cash. For example, a note payable in government bonds gives the holder the contractual right to receive and
the issuer the contractual obligation to deliver government bonds, not cash. The bonds are financial assets because they
represent obligations of the issuing government to pay cash. The note is, therefore, a financial asset of the note holder and
a financial liability of the note issuer.

'Perpetual' debt instruments (such as 'perpetual' bonds, debentures and capital notes) normally provide the holder with   **AG6**
the contractual right to receive payments on account of interest at fixed dates extending into the indefinite future, either

---

2   In August 2005 the IASB relocated all disclosures relating to financial instruments to IFRS 7 *Financial instruments: disclosures.*

setzten Terminen Zinszahlungen zu erhalten. Der Inhaber hat hierbei kein Recht auf Rückerhalt des Kapitalbetrags, oder er hat dieses Recht zu Bedingungen, die den Erhalt sehr unwahrscheinlich machen bzw. ihn auf einen Termin in ferner Zukunft festlegen. Ein Unternehmen kann beispielsweise ein Finanzinstrument emittieren, mit dem es sich für alle Ewigkeit zu jährlichen Zahlungen zu einem vereinbarten Zinssatz von 8 % des ausgewiesenen Nennwertes oder Kapitalbetrags von WE 1 000 verpflichtet.[3] Wenn der marktgängige Zinssatz für das Finanzinstrument bei Ausgabe 8 % beträgt, übernimmt der Emittent eine vertragliche Verpflichtung zu einer Reihe von künftigen Zinszahlungen, deren beizulegender Zeitwert (Barwert) beim erstmaligen Ansatz WE 1 000 beträgt. Der Inhaber bzw. der Emittent des Finanzinstruments hat einen finanziellen Vermögenswert bzw. eine finanzielle Verbindlichkeit.

A7 Ein vertragliches Recht auf oder eine vertragliche Verpflichtung zu Empfang, Lieferung oder Übertragung von Finanzinstrumenten stellt selbst ein Finanzinstrument dar. Eine Kette von vertraglich vereinbarten Rechten oder Verpflichtungen erfüllt die Definition eines Finanzinstruments, wenn sie letztendlich zum Empfang oder zur Abgabe von Finanzmitteln oder zum Erwerb oder zur Emission von Eigenkapitalinstrumenten führt.

A8 Die Fähigkeit zur Wahrnehmung eines vertraglichen Rechts oder die Forderung zur Erfüllung einer vertraglichen Verpflichtung kann unbedingt oder abhängig vom Eintreten eines künftigen Ereignisses sein. Zum Beispiel ist eine Bürgschaft ein dem Kreditgeber vertraglich eingeräumtes Recht auf Empfang von Finanzmitteln durch den Bürgen und eine korrespondierende vertragliche Verpflichtung des Bürgen zur Zahlung an den Kreditgeber, wenn der Kreditnehmer seinen Verpflichtungen nicht nachkommt. Das vertragliche Recht und die vertragliche Verpflichtung bestehen aufgrund früherer Rechtsgeschäfte oder Geschäftsvorfälle (Übernahme der Bürgschaft), selbst wenn die Fähigkeit des Kreditgebers zur Wahrnehmung seines Rechts und die Anforderung an den Bürgen, seinen Verpflichtungen nachzukommen, von einem künftigen Verzug des Kreditnehmers abhängig sind. Vom Eintreten bestimmter Ereignisse abhängige Rechte und Verpflichtungen erfüllen die Definition von finanziellen Vermögenswerten bzw. finanziellen Verbindlichkeiten, selbst wenn solche Vermögenswerte und Verbindlichkeiten nicht immer im Abschluss bilanziert werden. Einige dieser bedingten Rechte und Verpflichtungen können Versicherungsverträge im Anwendungsbereich von IFRS 4 sein.

A9 Gemäß IAS 17 *Leasingverhältnisse* wird ein Leasingvertrag in erster Linie als Anspruch des Leasinggebers auf Erhalt bzw. Verpflichtung des Leasingnehmers zur Leistung einer Reihe von Zahlungen betrachtet, die in materieller Hinsicht der Zahlung von Zins und Tilgung bei einem Darlehensvertrag entsprechen. Der Leasinggeber bilanziert seine Investition als ausstehende Forderung aufgrund des Leasingvertrags und nicht als geleasten Vermögenswert. Ein Operating-Leasingverhältnis wird dagegen in erster Linie als nicht erfüllter Vertrag betrachtet, der den Leasinggeber verpflichtet, die künftige Nutzung eines Vermögenswertes im Austausch für eine Gegenleistung ähnlich einem Entgelt für eine Dienstleistung zu gestatten. Der Leasinggeber verbucht den geleasten Vermögenswert und nicht die gemäß Leasingvertrag ausstehende Forderung. Somit wird ein Finanzierungsleasing als Finanzinstrument und ein Operating-Leasingverhältnis nicht als Finanzinstrument betrachtet (außer im Hinblick auf einzelne jeweils fällige Zahlungen).

A10 Materielle Vermögenswerte (wie Vorräte oder Sachanlagen), geleaste Vermögenswerte und immaterielle Vermögenswerte (wie Patente oder Warenrechte) gelten nicht als finanzielle Vermögenswerte. Mit der Verfügungsgewalt über materielle und immaterielle Vermögenswerte ist zwar die Möglichkeit verbunden, Finanzmittelzuflüsse oder den Zufluss anderer finanzieller Vermögenswerte zu generieren, sie führt aber nicht zu einem bestehenden Rechtsanspruch auf flüssige Mittel oder andere finanzielle Vermögenswerte.

A11 Vermögenswerte (wie aktivische Abgrenzungen), bei denen der künftige wirtschaftliche Nutzen im Empfang von Waren oder Dienstleistungen und nicht im Recht auf Erhalt von flüssigen Mitteln oder anderen finanziellen Vermögenswerten besteht, sind keine finanziellen Vermögenswerte. Auch Posten wie passivische Abgrenzungen und die meisten Gewährleistungsverpflichtungen gelten nicht als finanzielle Verbindlichkeiten, da die aus ihnen resultierenden Nutzenabflüsse in der Bereitstellung von Gütern und Dienstleistungen und nicht in einer vertraglichen Verpflichtung zur Abgabe von flüssigen Mitteln oder anderen finanziellen Vermögenswerten bestehen.

A12 Verbindlichkeiten oder Vermögenswerte, die nicht auf einer vertraglichen Vereinbarung basieren (wie Ertragsteuern, die aufgrund gesetzlicher Vorschriften erhoben werden), gelten nicht als finanzielle Verbindlichkeiten oder finanzielle Vermögenswerte. Die Bilanzierung von Ertragsteuern wird in IAS 12 behandelt. Auch die in IAS 37 *Rückstellungen, Eventualverbindlichkeiten und Eventualforderungen* definierten faktischen Verpflichtungen werden nicht durch Verträge begründet und stellen keine finanziellen Verbindlichkeiten dar.

Eigenkapitalinstrumente

A13 Beispiele für Eigenkapitalinstrumente sind u.a. nicht kündbare Stammaktien, einige kündbare Instrumente (siehe Paragraphen 16A und 16B), einige Instrumente, die das Unternehmen dazu verpflichten, einer anderen Partei im Falle der Liquidation einen proportionalen Anteil an seinem Nettovermögen zu liefern (siehe Paragraphen 16C und 16D), einige Arten von Vorzugsaktien (siehe Paragraphen A25 und A26) sowie Optionsscheine oder geschriebene Verkaufsoptionen, die den Inhaber zur Zeichnung oder zum Kauf einer festen Anzahl nicht kündbarer Stammaktien des emittierenden

---

3 In diesen Leitlinien werden Geldbeträge in „Währungseinheiten" (WE) angegeben.

with no right to receive a return of principal or a right to a return of principal under terms that make it very unlikely or very far in the future. For example, an entity may issue a financial instrument requiring it to make annual payments in perpetuity equal to a stated interest rate of 8 per cent applied to a stated par or principal amount of CU1 000[3]. Assuming 8 per cent to be the market rate of interest for the instrument when issued, the issuer assumes a contractual obligation to make a stream of future interest payments having a fair value (present value) of CU1 000 on initial recognition. The holder and issuer of the instrument have a financial asset and a financial liability, respectively.

AG7 A contractual right or contractual obligation to receive, deliver or exchange financial instruments is itself a financial instrument. A chain of contractual rights or contractual obligations meets the definition of a financial instrument if it will ultimately lead to the receipt or payment of cash or to the acquisition or issue of an equity instrument.

AG8 The ability to exercise a contractual right or the requirement to satisfy a contractual obligation may be absolute, or it may be contingent on the occurrence of a future event. For example, a financial guarantee is a contractual right of the lender to receive cash from the guarantor, and a corresponding contractual obligation of the guarantor to pay the lender, if the borrower defaults. The contractual right and obligation exist because of a past transaction or event (assumption of the guarantee), even though the lender's ability to exercise its right and the requirement for the guarantor to perform under its obligation are both contingent on a future act of default by the borrower. A contingent right and obligation meet the definition of a financial asset and a financial liability, even though such assets and liabilities are not always recognised in the financial statements. Some of these contingent rights and obligations may be insurance contracts within the scope of IFRS 4.

AG9 Under IAS 17 *Leases* a finance lease is regarded as primarily an entitlement of the lessor to receive, and an obligation of the lessee to pay, a stream of payments that are substantially the same as blended payments of principal and interest under a loan agreement. The lessor accounts for its investment in the amount receivable under the lease contract rather than the leased asset itself. An operating lease, on the other hand, is regarded as primarily an uncompleted contract committing the lessor to provide the use of an asset in future periods in exchange for consideration similar to a fee for a service. The lessor continues to account for the leased asset itself rather than any amount receivable in the future under the contract. Accordingly, a finance lease is regarded as a financial instrument and an operating lease is not regarded as a financial instrument (except as regards individual payments currently due and payable).

AG10 Physical assets (such as inventories, property, plant and equipment), leased assets and intangible assets (such as patents and trademarks) are not financial assets. Control of such physical and intangible assets creates an opportunity to generate an inflow of cash or another financial asset, but it does not give rise to a present right to receive cash or another financial asset.

AG11 Assets (such as prepaid expenses) for which the future economic benefit is the receipt of goods or services, rather than the right to receive cash or another financial asset, are not financial assets. Similarly, items such as deferred revenue and most warranty obligations are not financial liabilities because the outflow of economic benefits associated with them is the delivery of goods and services rather than a contractual obligation to pay cash or another financial asset.

AG12 Liabilities or assets that are not contractual (such as income taxes that are created as a result of statutory requirements imposed by governments) are not financial liabilities or financial assets. Accounting for income taxes is dealt with in IAS 12. Similarly, constructive obligations, as defined in IAS 37 *Provisions, contingent liabilities and contingent assets*, do not arise from contracts and are not financial liabilities.

Equity instruments

AG13 Examples of equity instruments include non-puttable ordinary shares, some puttable instruments (see paragraphs 16A and 16B), some instruments that impose on the entity an obligation to deliver to another party a pro rata share of the net assets of the entity only on liquidation (see paragraphs 16C and 16D), some types of preference shares (see paragraphs AG25 and AG26), and warrants or written call options that allow the holder to subscribe for or purchase a fixed number of non-puttable ordinary shares in the issuing entity in exchange for a fixed amount of cash or another financial asset. An

---

3 In this guidance, monetary amounts are denominated in 'currency units' (CU).

Unternehmens gegen einen festen Betrag an flüssigen Mitteln oder anderen finanziellen Vermögenswerten berechtigt. Die Verpflichtung eines Unternehmens, gegen einen festen Betrag an flüssigen Mitteln oder anderen finanziellen Vermögenswerten eine feste Anzahl von Eigenkapitalinstrumenten auszugeben oder zu erwerben, ist (abgesehen von den in Paragraph 22A genannten Fällen) als Eigenkapitalinstrument des Unternehmens einzustufen. Wird das Unternehmen in einem solchen Vertrag jedoch zur Abgabe flüssiger Mittel oder anderer finanzieller Vermögenswerte verpflichtet, so entsteht (sofern es sich nicht um einen Vertrag handelt, der gemäß den Paragraphen 16A und 16B oder 16C und 16D als Eigenkapitalinstrument eingestuft ist) gleichzeitig eine Verbindlichkeit in Höhe des Barwertes des Rückkaufbetrags (siehe Paragraph A27 (a)). Ein Emittent nicht kündbarer Stammaktien geht eine Verbindlichkeit ein, wenn er förmliche Schritte für eine Gewinnausschüttung einleitet und damit den Anteilseignern gegenüber gesetzlich dazu verpflichtet wird. Dies kann nach einer Dividendenerklärung der Fall sein oder wenn das Unternehmen liquidiert wird und alle nach Begleichung der Schulden verbliebenen Vermögenswerte auf die Aktionäre zu verteilen sind.

A14 Eine erworbene Kaufoption oder ein ähnlicher erworbener Vertrag, der ein Unternehmen gegen Abgabe eines festen Betrags an flüssigen Mitteln oder anderen finanziellen Vermögenswerten zum Rückkauf einer festen Anzahl eigener Eigenkapitalinstrumente berechtigt, stellt (abgesehen von den in Paragraph 22A genannten Fällen) keinen finanziellen Vermögenswert des Unternehmens dar. Stattdessen werden sämtliche für einen solchen Vertrag entrichteten Entgelte vom Eigenkapital abgezogen.

Klasse von Instrumenten, die allen anderen im Rang nachgeht (Paragraph 16A Buchstabe b und Paragraph 16C Buchstabe b)

A14A Eines der in den Paragraphen 16A und 16C genannten Merkmale ist, dass das Finanzinstrument in die Klasse von Instrumenten fällt, die allen anderen im Rang nachgeht.

A14B Bei der Entscheidung darüber, ob ein Instrument in die nachrangigste Klasse fällt, bewertet das Unternehmen den Anspruch, der im Falle der Liquidation mit diesem Instrument verbunden ist, zu den zum Zeitpunkt der Einstufung herrschenden Bedingungen. Tritt bei maßgeblichen Umständen eine Veränderung ein, so hat das Unternehmen die Einstufung zu überprüfen. Gibt ein Unternehmen beispielsweise ein anderes Finanzinstrument aus oder nimmt ein solches zurück, so kann dies die Einstufung des betreffenden Instruments in die nachrangigste Instrumentenklasse in Frage stellen.

A14C Bei Liquidation des Unternehmens mit einem Vorzugsrecht verbunden zu sein, bedeutet nicht, dass das Instrument zu einem proportionalen Anteil am Nettovermögen des Unternehmens berechtigt. Im Falle der Liquidation mit einem Vorzugsrecht verbunden ist beispielsweise ein Instrument, das den Inhaber bei Liquidation nicht nur zu einem Anteil am Nettovermögen des Unternehmens, sondern auch zu einer festen Dividende berechtigt, während die anderen Instrumente in der nachrangigsten Klasse, die zu einem proportionalen Anteil am Nettovermögen berechtigen, bei Liquidation nicht mit dem gleichen Recht verbunden sind.

A14D Verfügt ein Unternehmen nur über eine Klasse von Finanzinstrumenten, so ist diese so zu behandeln, als ginge sie allen anderen im Rang nach.

Für das Instrument über seine Laufzeit insgesamt erwartete Cashflows (Paragraph 16A Buchstabe e)

A14E Die für das Instrument über seine Laufzeit insgesamt erwarteten Cashflows müssen im Wesentlichen auf den Gewinnen oder Verlusten während der Laufzeit, auf Veränderungen, die in dieser Zeit bei den bilanzwirksamen Nettovermögenswerten eintreten, oder auf Veränderungen, die während der Laufzeit beim beizulegenden Zeitwert der bilanzwirksamen und -unwirksamen Nettovermögenswerte des Unternehmens zu verzeichnen sind, beruhen. Gewinne oder Verluste sowie Veränderungen bei den bilanzwirksamen Nettovermögenswerten werden gemäß den einschlägigen IFRS bewertet.

Transaktionen eines Instrumenteninhabers, der nicht Eigentümer des Unternehmens ist (Paragraphen 16A und 16C)

A14F Der Inhaber eines kündbaren Finanzinstruments oder eines Instruments, das das Unternehmen dazu verpflichtet, einer anderen Partei im Falle der Liquidation einen proportionalen Anteil an seinem Nettovermögen zu liefern, kann in einer anderen Eigenschaft als der eines Eigentümers Transaktionen mit dem Unternehmen eingehen. So kann es sich bei dem Inhaber des Instruments auch um einen Beschäftigten des Unternehmens handeln. In diesem Fall sind bei der Beurteilung der Frage, ob das Instrument nach Paragraph 16A oder nach Paragraph 16C als Eigenkapitalinstrument eingestuft werden sollte, nur die Cashflows und die Vertragsbedingungen zu berücksichtigen, die sich auf den Inhaber des Instruments in seiner Eigenschaft als Eigentümer beziehen.

A14G Der Inhaber eines kündbaren Finanzinstruments oder eines Instruments, das das Unternehmen dazu verpflichtet, einer anderen Partei im Falle der Liquidation einen proportionalen Anteil an seinem Nettovermögen zu liefern, kann in einer anderen Eigenschaft als der eines Eigentümers Transaktionen mit dem Unternehmen eingehen. So kann es sich bei dem Inhaber des Instruments auch um einen Beschäftigten des Unternehmens handeln. In diesem Fall sind bei der Beurteilung der Frage, ob das Instrument nach Paragraph 16A oder nach Paragraph 16C als Eigenkapitalinstrument eingestuft werden sollte, nur die Cashflows und die Vertragsbedingungen zu berücksichtigen, die sich auf den Inhaber des Instruments in seiner Eigenschaft als Eigentümer beziehen.

entity's obligation to issue or purchase a fixed number of its own equity instruments in exchange for a fixed amount of cash or another financial asset is an equity instrument of the entity (except as stated in paragraph 22A). However, if such a contract contains an obligation for the entity to pay cash or another financial asset (other than a contract classified as equity in accordance with paragraphs 16A and 16B or paragraphs 16C and 16D), it also gives rise to a liability for the present value of the redemption amount (see paragraph AG27 (a)). An issuer of non-puttable ordinary shares assumes a liability when it formally acts to make a distribution and becomes legally obliged to the shareholders to do so. This may be the case following the declaration of a dividend or when the entity is being wound up and any assets remaining after the satisfaction of liabilities become distributable to shareholders.

A purchased call option or other similar contract acquired by an entity that gives it the right to reacquire a fixed number **AG14** of its own equity instruments in exchange for delivering a fixed amount of cash or another financial asset is not a financial asset of the entity (except as stated in paragraph 22A). Instead, any consideration paid for such a contract is deducted from equity.

The class of instruments that is subordinate to all other classes (paragraphs 16A (b) and 16C (b))

One of the features of paragraphs 16A and 16C is that the financial instrument is in the class of instruments that is sub- **AG14A** ordinate to all other classes.

When determining whether an instrument is in the subordinate class, an entity evaluates the instrument's claim on liqui- **AG14B** dation as if it were to liquidate on the date when it classifies the instrument. An entity shall reassess the classification if there is a change in relevant circumstances. For example, if the entity issues or redeems another financial instrument, this may affect whether the instrument in question is in the class of instruments that is subordinate to all other classes.

An instrument that has a preferential right on liquidation of the entity is not an instrument with an entitlement to a pro **AG14C** rata share of the net assets of the entity. For example, an instrument has a preferential right on liquidation if it entitles the holder to a fixed dividend on liquidation, in addition to a share of the entity's net assets, when other instruments in the subordinate class with a right to a pro rata share of the net assets of the entity do not have the same right on liquidation.

If an entity has only one class of financial instruments, that class shall be treated as if it were subordinate to all other **AG14D** classes.

Total expected cash flows attributable to the instrument over the life of the instrument (paragraph 16A (e))

The total expected cash flows of the instrument over the life of the instrument must be substantially based on the profit **AG14E** or loss, change in the recognised net assets or fair value of the recognised and unrecognised net assets of the entity over the life of the instrument. Profit or loss and the change in the recognised net assets shall be measured in accordance with relevant IFRSs.

Transactions entered into by an instrument holder other than as owner of the entity (paragraphs 16A and 16C)

The holder of a puttable financial instrument or an instrument that imposes on the entity an obligation to deliver to **AG14F** another party a pro rata share of the net assets of the entity only on liquidation may enter into transactions with the entity in a role other than that of an owner. For example, an instrument holder may also be an employee of the entity. Only the cash flows and the contractual terms and conditions of the instrument that relate to the instrument holder as an owner of the entity shall be considered when assessing whether the instrument should be classified as equity under paragraph 16A or paragraph 16C.

An example is a limited partnership that has limited and general partners. Some general partners may provide a guarantee **AG14G** to the entity and may be remunerated for providing that guarantee. In such situations, the guarantee and the associated cash flows relate to the instrument holders in their role as guarantors and not in their roles as owners of the entity. There-fore, such a guarantee and the associated cash flows would not result in the general partners being considered subordinate to the limited partners, and would be disregarded when assessing whether the contractual terms of the limited partnership instruments and the general partnership instruments are identical.

A14H Ein weiteres Beispiel ist eine Gewinn oder Verlustbeteiligungsvereinbarung, bei der den Instrumenteninhabern die Gewinne bzw. Verluste nach Maßgabe der im laufenden und vorangegangenen Geschäftsjahr geleisteten Dienste oder getätigten Geschäftsabschlüsse zugeteilt werden. Derartige Vereinbarungen werden mit den Instrumenteninhabern in ihrer Eigenschaft als Nicht Eigentümer geschlossen und sollten bei der Beurteilung der Frage, ob die in den Paragraphen 16A oder 16C genannten Merkmale gegeben sind, außer Acht gelassen werden. Gewinn oder Verlustbeteiligungsvereinbarungen, bei denen den Instrumenteninhabern Gewinne oder Verluste nach Maßgabe des Nennbetrags ihrer Instrumente im Vergleich zu anderen Instrumenten derselben Klasse zugeteilt werden, sind dagegen Transaktionen, bei denen die Instrumenteninhaber in ihrer Eigenschaft als Eigentümer agieren, und sollten deshalb bei der Beurteilung der Frage, ob die in den Paragraphen 16A oder 16C genannten Merkmale gegeben sind, berücksichtigt werden.

A14I Cashflows und Vertragsbedingungen einer Transaktion zwischen dem Instrumenteninhaber (als Nicht Eigentümer) und dem emittierenden Unternehmen müssen die gleichen sein wie bei einer entsprechenden Transaktion, die zwischen einer dritten Partei und dem emittierenden Unternehmen stattfinden könnte.

Keine anderen Finanzinstrumente oder Verträge über die gesamten Cashflows, die die Restrendite ihrer Inhaber erheblich beschränken oder festlegen (Paragraphen 16B und 16D)

A14J Ein Finanzinstrument, das ansonsten die in den Paragraphen 16A oder 16C genannten Kriterien erfüllt, wird als Eigenkapital eingestuft, wenn das Unternehmen keine anderen Finanzinstrumente oder Verträge hält, bei denen a) die gesamten Cashflows im Wesentlichen auf Gewinnen oder Verlusten, auf Veränderungen bei den bilanzwirksamen Nettovermögenswerten oder auf Veränderungen beim beizulegenden Zeitwert der bilanzwirksamen und -unwirksamen Nettovermögenswerte des Unternehmens beruhen, und die b) die Restrendite erheblich beschränken oder festlegen. Folgende Instrumente dürften, wenn sie unter handelsüblichen Konditionen mit unverbundenen Parteien geschlossen werden, einer Einstufung von Instrumenten, die ansonsten die in den Paragraphen 16A oder 16C genannten Kriterien erfüllen, als Eigenkapital im Wege stehen:

(a) Instrumente, deren gesamte Cashflows sich im Wesentlichen auf bestimmte Vermögenswerte des Unternehmens stützen,

(b) Instrumente, deren gesamte Cashflows sich auf einen Prozentsatz der Erlöse stützen,

(c) Verträge, mit denen einzelne Mitarbeiter eine Vergütung für ihre dem Unternehmen geleisteten Dienste erhalten sollen,

(d) Verträge, die als Gegenleistung für erbrachte Dienste oder gelieferte Waren zur Zahlung eines unerheblichen Prozentsatzes des Gewinns verpflichten.

Derivative Finanzinstrumente

A15 Finanzinstrumente umfassen originäre Instrumente (wie Forderungen, Zahlungsverpflichtungen oder Eigenkapitalinstrumente) und derivative Finanzinstrumente (wie Optionen, standardisierte und andere Termingeschäfte, Zinsswaps oder Währungsswaps). Derivative Finanzinstrumente erfüllen die Definition eines Finanzinstruments und fallen daher in den Anwendungsbereich dieses Standards.

A16 Derivative Finanzinstrumente begründen Rechte und Verpflichtungen, so dass Finanzrisiken, die in den zugrunde liegenden originären Finanzinstrumenten enthalten sind, als separate Rechte und Verpflichtungen zwischen den Vertragsparteien übertragen werden können. Zu Beginn räumen derivative Finanzinstrumente einer Vertragspartei ein vertragliches Recht auf Austausch von finanziellen Vermögenswerten oder finanziellen Verbindlichkeiten mit der anderen Vertragspartei unter potenziell vorteilhaften Bedingungen ein bzw. verpflichten vertraglich zum Austausch von finanziellen Vermögenswerten oder finanziellen Verbindlichkeiten mit der anderen Vertragspartei unter potenziell nachteiligen Bedingungen. Im Allgemeinen[4] führen sie bei Vertragsabschluss jedoch nicht zu einer Übertragung des zugrunde liegenden originären Finanzinstruments, und auch die Erfüllung solcher Verträge ist nicht unbedingt mit einer Übertragung des originären Finanzinstruments verknüpft. Einige Finanzinstrumente schließen sowohl ein Recht auf Austausch als auch eine Verpflichtung zum Austausch ein. Da die Bedingungen des Austauschs zu Beginn der Laufzeit des derivativen Finanzinstrumentes festgelegt werden und die Kurse auf den Finanzmärkten ständigen Veränderungen unterworfen sind, können die Bedingungen im Laufe der Zeit entweder vorteilhaft oder nachteilig werden.

A17 Eine Verkaufs- oder Kaufoption auf den Austausch finanzieller Vermögenswerte oder Verbindlichkeiten (also anderer Finanzinstrumente als den Eigenkapitalinstrumenten des Unternehmens) räumt dem Inhaber ein Recht auf einen potenziellen künftigen wirtschaftlichen Nutzen aufgrund der Veränderungen im beizulegenden Zeitwert der Basis ein, die dem Kontrakt zu Grunde liegt. Umgekehrt geht der Stillhalter einer Option eine Verpflichtung ein, auf einen potenziellen künftigen wirtschaftlichen Nutzen zu verzichten bzw. potenzielle Verluste aufgrund der Veränderungen im beizulegenden Zeitwert des betreffenden Finanzinstrumentes zu tragen. Das vertragliche Recht des Inhabers und die Verpflichtung des Stillhalters erfüllen die definitorischen Merkmale eines finanziellen Vermögenswertes bzw. einer finanziellen Verbindlichkeit. Das einem Optionsvertrag zugrunde liegende Finanzinstrument kann ein beliebiger finanzieller Vermögenswert einschließlich Aktien anderer Unternehmen und verzinslicher Instrumente sein. Eine Option kann den Stillhalter verpflichten, ein Schuldinstrument zu emittieren, anstatt einen finanziellen Vermögenswert zu übertragen, doch würde das dem

---

4 Dies trifft auf die meisten, jedoch nicht alle Derivate zu. Beispielsweise wird bei einigen kombinierten Zins-Währungsswaps der Nennbetrag bei Vertragsabschluss getauscht (und bei Vertragserfüllung zurückgetauscht).

Another example is a profit or loss sharing arrangement that allocates profit or loss to the instrument holders on the basis of services rendered or business generated during the current and previous years. Such arrangements are transactions with instrument holders in their role as non-owners and should not be considered when assessing the features listed in paragraph 16A or paragraph 16C. However, profit or loss sharing arrangements that allocate profit or loss to instrument holders based on the nominal amount of their instruments relative to others in the class represent transactions with the instrument holders in their roles as owners and should be considered when assessing the features listed in paragraph 16A or paragraph 16C.

The cash flows and contractual terms and conditions of a transaction between the instrument holder (in the role as a **AG14I** non-owner) and the issuing entity must be similar to an equivalent transaction that might occur between a non-instrument holder and the issuing entity.

No other financial instrument or contract with total cash flows that substantially fixes or restricts the residual return to the instrument holder (paragraphs 16B and 16D)

A condition for classifying as equity a financial instrument that otherwise meets the criteria in paragraph 16A or para- **AG14J** graph 16C is that the entity has no other financial instrument or contract that has (a) total cash flows based substantially on the profit or loss, the change in the recognised net assets or the change in the fair value of the recognised and unrecognised net assets of the entity and (b) the effect of substantially restricting or fixing the residual return. The following instruments, when entered into on normal commercial terms with unrelated parties, are unlikely to prevent instruments that otherwise meet the criteria in paragraph 16A or paragraph 16C from being classified as equity:
(a)   instruments with total cash flows substantially based on specific assets of the entity.
(b)   instruments with total cash flows based on a percentage of revenue.
(c)   contracts designed to reward individual employees for services rendered to the entity.
(d)   contracts requiring the payment of an insignificant percentage of profit for services rendered or goods provided.

Derivative financial instruments

Financial instruments include primary instruments (such as receivables, payables and equity instruments) and derivative **AG15** financial instruments (such as financial options, futures and forwards, interest rate swaps and currency swaps). Derivative financial instruments meet the definition of a financial instrument and, accordingly, are within the scope of this standard.

Derivative financial instruments create rights and obligations that have the effect of transferring between the parties to **AG16** the instrument one or more of the financial risks inherent in an underlying primary financial instrument. On inception, derivative financial instruments give one party a contractual right to exchange financial assets or financial liabilities with another party under conditions that are potentially favourable, or a contractual obligation to exchange financial assets or financial liabilities with another party under conditions that are potentially unfavourable. However, they generally[4] do not result in a transfer of the underlying primary financial instrument on inception of the contract, nor does such a transfer necessarily take place on maturity of the contract. Some instruments embody both a right and an obligation to make an exchange. Because the terms of the exchange are determined on inception of the derivative instrument, as prices in financial markets change those terms may become either favourable or unfavourable.

A put or call option to exchange financial assets or financial liabilities (i.e. financial instruments other than an entity's **AG17** own equity instruments) gives the holder a right to obtain potential future economic benefits associated with changes in the fair value of the financial instrument underlying the contract. Conversely, the writer of an option assumes an obligation to forgo potential future economic benefits or bear potential losses of economic benefits associated with changes in the fair value of the underlying financial instrument. The contractual right of the holder and obligation of the writer meet the definition of a financial asset and a financial liability, respectively. The financial instrument underlying an option contract may be any financial asset, including shares in other entities and interest-bearing instruments. An option may require the writer to issue a debt instrument, rather than transfer a financial asset, but the instrument underlying the option would constitute a financial asset of the holder if the option were exercised. The option-holder's right to exchange the financial asset under potentially favourable conditions and the writer's obligation to exchange the financial asset under

---

4   This is true of most, but not all derivatives, e.g. in some cross-currency interest rate swaps principal is exchanged on inception (and re-exchanged on maturity).

Optionsvertrag zugrunde liegende Finanzinstrument bei Nutzung des Optionsrechts einen finanziellen Vermögenswert des Inhabers darstellen. Das Recht des Optionsinhabers auf Austausch der Vermögenswerte unter potenziell vorteilhaften Bedingungen und die Verpflichtung des Stillhalters zur Abgabe von Vermögenswerten unter potenziell nachteiligen Bedingungen sind von den betreffenden, bei Ausübung der Option auszutauschenden finanziellen Vermögenswerten zu unterscheiden. Die Art des Inhaberrechts und die Verpflichtung des Stillhalters bleiben von der Wahrscheinlichkeit der Ausübung des Optionsrechts unberührt.

A18 Ein weiteres Beispiel für ein derivatives Finanzinstrument ist ein Termingeschäft, das in einem Zeitraum von sechs Monaten zu erfüllen ist und in dem ein Käufer sich verpflichtet, im Austausch gegen festverzinsliche Regierungsanleihen mit einem Nennbetrag von WE 1 000 000 flüssige Mittel im Wert von WE 1 000 000 zu liefern, und der Verkäufer sich verpflichtet, im Austausch gegen flüssige Mittel im Wert von WE 1 000 000 festverzinsliche Regierungsanleihen mit einem Nennbetrag von WE 1 000 000 zu liefern. Während des Zeitraums von sechs Monaten haben beide Vertragsparteien ein vertragliches Recht und eine vertragliche Verpflichtung zum Austausch von Finanzinstrumenten. Wenn der Marktpreis der Regierungsanleihen über WE 1 000 000 steigt, sind die Bedingungen für den Käufer vorteilhaft und für den Verkäufer nachteilig; wenn der Marktpreis unter WE 1 000 000 fällt, ist das Gegenteil der Fall. Der Käufer hat ein vertragliches Recht (einen finanziellen Vermögenswert) ähnlich dem Recht aufgrund einer gehaltenen Kaufoption und eine vertragliche Verpflichtung (eine finanzielle Verbindlichkeit) ähnlich einer Verpflichtung aufgrund einer geschriebenen Verkaufsoption; der Verkäufer hat hingegen ein vertragliches Recht (einen finanziellen Vermögenswert) ähnlich dem Recht aufgrund einer gehaltenen Verkaufsoption und eine vertragliche Verpflichtung (eine finanzielle Verbindlichkeit) ähnlich einer Verpflichtung aufgrund einer geschriebenen Kaufoption. Wie bei Optionen stellen diese vertraglichen Rechte und Verpflichtungen finanzielle Vermögenswerte und finanzielle Verbindlichkeiten dar, die von den den Geschäften zugrunde liegenden Finanzinstrumenten (den auszutauschenden Regierungsanleihen und flüssigen Mitteln) zu trennen und zu unterscheiden sind. Beide Vertragsparteien eines Termingeschäfts gehen eine zu einem vereinbarten Zeitpunkt zu erfüllende Verpflichtung ein, während die Erfüllung bei einem Optionsvertrag nur dann erfolgt, wenn der Inhaber der Option dies wünscht.

A19 Viele andere Arten von derivativen Finanzinstrumenten enthalten ein Recht auf bzw. eine Verpflichtung zu einem künftigen Austausch, einschließlich Zins- und Währungsswaps, Collars und Floors, Darlehenszusagen, NIFs (Note Issuance Facilities) und Akkreditive. Ein Zinsswap kann als Variante eines standardisierten Terminkontrakts betrachtet werden, bei dem die Vertragsparteien übereinkommen, künftig Geldbeträge auszutauschen, wobei der eine Betrag aufgrund eines variablen Zinssatzes und der andere aufgrund eines festen Zinssatzes berechnet wird. Futures-Kontrakte stellen eine weitere Variante von Terminkontrakten dar, die sich hauptsächlich dadurch unterscheiden, dass die Verträge standardisiert sind und an Börsen gehandelt werden.

Verträge über den Kauf oder Verkauf eines nicht finanziellen Postens (Paragraphen 8–10)

A20 Verträge über den Kauf oder Verkauf eines nicht finanziellen Postens erfüllen nicht die Definition eines Finanzinstruments, weil das vertragliche Recht einer Vertragspartei auf den Empfang nicht finanzieller Vermögenswerte oder Dienstleistungen und die korrespondierende Verpflichtung der anderen Vertragspartei keinen bestehenden Rechtsanspruch oder eine Verpflichtung auf Empfang, Lieferung oder Übertragung eines finanziellen Vermögenswertes begründen. Beispielsweise gelten Verträge, die eine Erfüllung ausschließlich durch Erhalt oder Lieferung eines nicht finanziellen Vermögenswertes (beispielsweise eine Option, ein standardisierter oder anderer Terminkontrakt über Silber) vorsehen, nicht als Finanzinstrumente. Dies trifft auf viele Warenverträge zu. Einige Warenverträge sind der Form nach standardisiert und werden in organisierten Märkten auf ähnliche Weise wie einige derivative Finanzinstrumente gehandelt. Ein standardisiertes Warentermingeschäft beispielsweise kann sofort gegen Bargeld gekauft und verkauft werden, weil es an einer Börse zum Handel zugelassen ist und häufig den Besitzer wechseln kann. Die Vertragsparteien, die den Vertrag kaufen bzw. verkaufen, handeln allerdings im Grunde genommen mit der dem Vertrag zugrunde liegenden Ware. Die Fähigkeit, einen Warenvertrag gegen flüssige Mittel zu kaufen bzw. zu verkaufen, die Leichtigkeit, mit der der Warenvertrag gekauft bzw. verkauft werden kann, und die Möglichkeit, einen Barausgleich mit der Verpflichtung zu vereinbaren, die Ware zu erhalten bzw. zu liefern, ändern nichts an der grundlegenden Eigenschaft des Vertrags, so dass ein Finanzinstrument gebildet würde. Dennoch fallen einige Verträge über den Kauf oder Verkauf nicht finanzieller Posten, die durch einen Ausgleich in bar oder anderen Finanzinstrumenten erfüllt werden können oder bei denen der nicht finanzielle Posten jederzeit in flüssige Mittel umgewandelt werden kann, in den Anwendungsbereich dieses Standards, so als handle es sich um Finanzinstrumente (siehe Paragraph 8).

A21 Ein Vertrag, der den Erhalt bzw. die Lieferung materieller Vermögenswerte enthält, begründet weder einen finanziellen Vermögenswert bei der einen Vertragspartei noch eine finanzielle Verbindlichkeit bei der anderen, es sei denn, dass eine entsprechende Zahlung oder Teilzahlung auf einen Zeitpunkt nach Übertragung der materiellen Vermögenswerte verschoben wird. Dies ist beim Kauf oder Verkauf von Gütern mittels Handelskredit der Fall.

A22 Einige Verträge beziehen sich zwar auf Waren, enthalten aber keine Erfüllung durch physische Entgegennahme bzw. Lieferung von Waren. Bei diesen Verträgen erfolgt die Erfüllung durch Barzahlungen, deren Höhe anhand einer im Vertrag vereinbarten Formel bestimmt wird, und nicht durch Zahlung von Festbeträgen. Der Kapitalwert einer Anleihe kann beispielsweise durch Zugrundelegung des Marktpreises für Öl berechnet werden, der bei Fälligkeit der Anleihe für eine feste Ölmenge besteht. Der Kapitalwert wird im Hinblick auf den Warenpreis indiziert, aber ausschließlich mit flüssigen Mitteln erbracht. Solche Verträge stellen Finanzinstrumente dar.

potentially unfavourable conditions are distinct from the underlying financial asset to be exchanged upon exercise of the option. The nature of the holder's right and of the writer's obligation are not affected by the likelihood that the option will be exercised.

Another example of a derivative financial instrument is a forward contract to be settled in six months' time in which one **AG18** party (the purchaser) promises to deliver CU1 000 000 cash in exchange for CU1 000 000 face amount of fixed rate government bonds, and the other party (the seller) promises to deliver CU1 000 000 face amount of fixed rate government bonds in exchange for CU1 000 000 cash. During the six months, both parties have a contractual right and a contractual obligation to exchange financial instruments. If the market price of the government bonds rises above CU1 000 000, the conditions will be favourable to the purchaser and unfavourable to the seller; if the market price falls below CU1 000 000, the effect will be the opposite. The purchaser has a contractual right (a financial asset) similar to the right under a call option held and a contractual obligation (a financial liability) similar to the obligation under a put option written; the seller has a contractual right (a financial asset) similar to the right under a put option held and a contractual obligation (a financial liability) similar to the obligation under a call option written. As with options, these contractual rights and obligations constitute financial assets and financial liabilities separate and distinct from the underlying financial instruments (the bonds and cash to be exchanged). Both parties to a forward contract have an obligation to perform at the agreed time, whereas performance under an option contract occurs only if and when the holder of the option chooses to exercise it.

Many other types of derivative instruments embody a right or obligation to make a future exchange, including interest **AG19** rate and currency swaps, interest rate caps, collars and floors, loan commitments, note issuance facilities and letters of credit. An interest rate swap contract may be viewed as a variation of a forward contract in which the parties agree to make a series of future exchanges of cash amounts, one amount calculated with reference to a floating interest rate and the other with reference to a fixed interest rate. Futures contracts are another variation of forward contracts, differing primarily in that the contracts are standardised and traded on an exchange.

Contracts to buy or sell non-financial items (paragraphs 8—10)

Contracts to buy or sell non-financial items do not meet the definition of a financial instrument because the contractual **AG20** right of one party to receive a non-financial asset or service and the corresponding obligation of the other party do not establish a present right or obligation of either party to receive, deliver or exchange a financial asset. For example, contracts that provide for settlement only by the receipt or delivery of a non-financial item (e.g. an option, futures or forward contract on silver) are not financial instruments. Many commodity contracts are of this type. Some are standardised in form and traded on organised markets in much the same fashion as some derivative financial instruments. For example, a commodity futures contract may be bought and sold readily for cash because it is listed for trading on an exchange and may change hands many times. However, the parties buying and selling the contract are, in effect, trading the underlying commodity. The ability to buy or sell a commodity contract for cash, the ease with which it may be bought or sold and the possibility of negotiating a cash settlement of the obligation to receive or deliver the commodity do not alter the fundamental character of the contract in a way that creates a financial instrument. Nevertheless, some contracts to buy or sell non-financial items that can be settled net or by exchanging financial instruments, or in which the non-financial item is readily convertible to cash, are within the scope of the standard as if they were financial instruments (see paragraph 8).

A contract that involves the receipt or delivery of physical assets does not give rise to a financial asset of one party and a **AG21** financial liability of the other party unless any corresponding payment is deferred past the date on which the physical assets are transferred. Such is the case with the purchase or sale of goods on trade credit.

Some contracts are commodity-linked, but do not involve settlement through the physical receipt or delivery of a com- **AG22** modity. They specify settlement through cash payments that are determined according to a formula in the contract, rather than through payment of fixed amounts. For example, the principal amount of a bond may be calculated by applying the market price of oil prevailing at the maturity of the bond to a fixed quantity of oil. The principal is indexed by reference to a commodity price, but is settled only in cash. Such a contract constitutes a financial instrument.

A23 Die Definition von Finanzinstrument umfasst auch Verträge, die zusätzlich zu finanziellen Vermögenswerten bzw. Verbindlichkeiten zu nicht finanziellen Vermögenswerten bzw. nicht finanziellen Verbindlichkeiten führen. Solche Finanzinstrumente räumen einer Vertragspartei häufig eine Option auf Austausch eines finanziellen Vermögenswertes gegen einen nicht finanziellen Vermögenswert ein. Eine an Öl gebundene Anleihe beispielsweise kann dem Inhaber das Recht auf Erhalt von regelmäßigen Zinszahlungen in festen zeitlichen Abständen und auf Erhalt eines festen Betrags an flüssigen Mitteln bei Fälligkeit mit der Option einräumen, den Kapitalbetrag gegen eine feste Menge an Öl einzutauschen. Ob die Ausübung einer solchen Option vorteilhaft ist, hängt davon ab, wie stark sich der beizulegende Zeitwert des Öls in Bezug auf das in der Anleihe festgesetzte Tauschverhältnis von Zahlungsmitteln gegen Öl (den Tauschpreis) verändert. Die Absichten des Anleihegläubigers, eine Option auszuüben, beeinflussen nicht die wirtschaftliche Substanz derjenigen Teile, die Vermögenswerte darstellen. Der finanzielle Vermögenswert des Inhabers und die finanzielle Verbindlichkeit des Emittenten machen die Anleihe zu einem Finanzinstrument, unabhängig von anderen Arten von Vermögenswerten und Schulden, die ebenfalls geschaffen werden.

A24 [gestrichen]

DARSTELLUNG

Schulden und Eigenkapital (Paragraphen 15–27)

Keine vertragliche Verpflichtung zur Abgabe flüssiger Mittel oder anderer finanzieller Vermögenswerte (Paragraphen 17–20)

A25 Vorzugsaktien können bei der Emission mit verschiedenen Rechten ausgestattet werden. Bei der Einstufung einer Vorzugsaktie als finanzielle Verbindlichkeit oder als Eigenkapitalinstrument bewertet ein Emittent die einzelnen Rechte, die mit der Aktie verbunden sind, um zu bestimmen, ob sie die wesentlichen Merkmale einer finanziellen Verbindlichkeit aufweist. So ist eine Vorzugsaktie, die einen Rückkauf zu einem bestimmten Zeitpunkt oder auf Wunsch des Inhabers vorsieht, eine finanzielle Verbindlichkeit, da der Emittent zur Abgabe finanzieller Vermögenswerte an den Aktieninhaber verpflichtet ist. Auch wenn ein Emittent der vertraglich vereinbarten Rückkaufverpflichtung von Vorzugsaktien aus Mangel an Finanzmitteln, aufgrund einer gesetzlich vorgeschriebenen Verfügungsbeschränkung oder ungenügender Gewinne oder Rückstellungen u. U. nicht nachkommen kann, wird die Verpflichtung dadurch nicht hinfällig. Eine Option des Emittenten auf Rückkauf der Aktien gegen flüssige Mittel erfüllt nicht die Definition einer finanziellen Verbindlichkeit, da der Emittent in diesem Fall nicht zur Übertragung finanzieller Vermögenswerte auf die Eigentümer verpflichtet ist, sondern der Rückkauf der Aktien ausschließlich in seinem Ermessen liegt. Eine Verpflichtung kann allerdings entstehen, wenn der Emittent seine Option ausübt. Normalerweise geschieht dies, indem er die Eigentümer formell von der Rückkaufabsicht unterrichtet.

A26 Wenn Vorzugsaktien nicht rückkauffähig sind, hängt ihre Einstufung von den anderen mit ihnen verbundenen Rechten ab. Die Einstufung erfolgt nach Maßgabe der wirtschaftlichen Substanz der vertraglichen Vereinbarungen und der Begriffsbestimmungen für finanzielle Verbindlichkeiten und Eigenkapitalinstrumente. Wenn Gewinnausschüttungen an Inhaber kumulativer oder nicht-kumulativer Vorzugsaktien im Ermessensspielraum des Emittenten liegen, gelten die Aktien als Eigenkapitalinstrumente. Nicht beeinflusst wird die Einstufung einer Vorzugsaktie als Eigenkapitalinstrument oder als finanzielle Verbindlichkeit beispielsweise durch:

(a) Ausschüttungen in der Vergangenheit;

(b) die Absicht, künftig Ausschüttungen vorzunehmen;

(c) eine mögliche nachteilige Auswirkung auf den Kurs der Stammaktien des Emittenten, falls keine Ausschüttungen vorgenommen werden (aufgrund von Beschränkungen hinsichtlich der Zahlung von Dividenden auf Stammaktien, wenn keine Dividenden auf Vorzugsaktien gezahlt werden);

(d) die Höhe der Rücklagen des Emittenten;

(e) eine Gewinn- oder Verlusterwartung des Emittenten für eine Berichtsperiode; oder

(f) die Fähigkeit oder Unfähigkeit des Emittenten, die Höhe seines Periodenergebnisses zu beeinflussen.

Erfüllung in Eigenkapitalinstrumenten des Unternehmens (Paragraphen 21–24)

A27 Die folgenden Beispiele veranschaulichen, wie die verschiedenen Arten von Verträgen über die Eigenkapitalinstrumente eines Unternehmens einzustufen sind:

(a) Ein Vertrag, zu dessen Erfüllung das Unternehmen ohne künftige Gegenleistung eine feste Anzahl von Eigenkapitalinstrumenten erhält oder liefert oder eine feste Anzahl eigener Anteile gegen einen festen Betrag an flüssigen Mitteln oder anderen finanziellen Vermögenswerten tauscht, ist (abgesehen von den in Paragraph 22A genannten Fällen) als Eigenkapitalinstrument einzustufen. Dementsprechend werden im Rahmen eines solchen Vertrags erhaltene oder entrichtete Entgelte direkt dem Eigenkapital zugeschrieben bzw. davon abgezogen. Ein Beispiel hierfür ist eine ausgegebene Aktienoption, die die andere Vertragspartei gegen Zahlung eines festen Betrags an flüssigen Mitteln zum Kauf einer festen Anzahl von Anteilen des Unternehmens berechtigt. Ist das Unternehmen jedoch vertraglich verpflichtet, seine eigenen Anteile zu einem fest verabredeten oder zu bestimmenden Zeitpunkt oder auf Verlangen gegen flüssige Mittel oder andere finanzielle Vermögenswerte zu kaufen (zurückzukaufen), hat es (abgesehen von Instrumenten, die alle in den Paragraphen 16A und 16B oder 16C und 16D beschriebenen Merkmale aufweisen und

The definition of a financial instrument also encompasses a contract that gives rise to a non-financial asset or non-financial liability in addition to a financial asset or financial liability. Such financial instruments often give one party an option to exchange a financial asset for a non-financial asset. For example, an oil-linked bond may give the holder the right to receive a stream of fixed periodic interest payments and a fixed amount of cash on maturity, with the option to exchange the principal amount for a fixed quantity of oil. The desirability of exercising this option will vary from time to time depending on the fair value of oil relative to the exchange ratio of cash for oil (the exchange price) inherent in the bond. The intentions of the bondholder concerning the exercise of the option do not affect the substance of the component assets. The financial asset of the holder and the financial liability of the issuer make the bond a financial instrument, regardless of the other types of assets and liabilities also created. **AG23**

[deleted] **AG24**

PRESENTATION

Liabilities and equity (paragraphs 15—27)

No contractual obligation to deliver cash or another financial asset (paragraphs 17—20)

Preference shares may be issued with various rights. In determining whether a preference share is a financial liability or an equity instrument, an issuer assesses the particular rights attaching to the share to determine whether it exhibits the fundamental characteristic of a financial liability. For example, a preference share that provides for redemption on a specific date or at the option of the holder contains a financial liability because the issuer has an obligation to transfer financial assets to the holder of the share. The potential inability of an issuer to satisfy an obligation to redeem a preference share when contractually required to do so, whether because of a lack of funds, a statutory restriction or insufficient profits or reserves, does not negate the obligation. An option of the issuer to redeem the shares for cash does not satisfy the definition of a financial liability because the issuer does not have a present obligation to transfer financial assets to the shareholders. In this case, redemption of the shares is solely at the discretion of the issuer. An obligation may arise, however, when the issuer of the shares exercises its option, usually by formally notifying the shareholders of an intention to redeem the shares. **AG25**

When preference shares are non-redeemable, the appropriate classification is determined by the other rights that attach to them. Classification is based on an assessment of the substance of the contractual arrangements and the definitions of a financial liability and an equity instrument. When distributions to holders of the preference shares, whether cumulative or non-cumulative, are at the discretion of the issuer, the shares are equity instruments. The classification of a preference share as an equity instrument or a financial liability is not affected by, for example: **AG26**
(a) a history of making distributions;
(b) an intention to make distributions in the future;
(c) a possible negative impact on the price of ordinary shares of the issuer if distributions are not made (because of restrictions on paying dividends on the ordinary shares if dividends are not paid on the preference shares);
(d) the amount of the issuer's reserves;
(e) an issuer's expectation of a profit or loss for a period; or
(f) an ability or inability of the issuer to influence the amount of its profit or loss for the period.

Settlement in the entity's own equity instruments (paragraphs 21—24)

The following examples illustrate how to classify different types of contracts on an entity's own equity instruments: **AG27**
(a) A contract that will be settled by the entity receiving or delivering a fixed number of its own shares for no future consideration, or exchanging a fixed number of its own shares for a fixed amount of cash or another financial asset, is an equity instrument (except as stated in paragraph 22A). Accordingly, any consideration received or paid for such a contract is added directly to or deducted directly from equity. One example is an issued share option that gives the counterparty a right to buy a fixed number of the entity's shares for a fixed amount of cash. However, if the contract requires the entity to purchase (redeem) its own shares for cash or another financial asset at a fixed or determinable date or on demand, the entity also recognises a financial liability for the present value of the redemption amount (with the exception of instruments that have all the features and meet the conditions in paragraphs 16A and 16B or paragraphs 16C and 16D). One example is an entity's obligation under a forward contract to repurchase a fixed number of its own shares for a fixed amount of cash.

die dort genannten Bedingungen erfüllen) gleichzeitig eine finanzielle Verbindlichkeit in Höhe des Barwertes des Rückkaufbetrags anzusetzen. Ein Beispiel hierfür ist die Verpflichtung eines Unternehmens bei einem Termingeschäft, eine feste Anzahl eigener Anteile gegen einen festen Betrag an flüssigen Mitteln zurückzukaufen;

(b) die Verpflichtung eines Unternehmens zum Kauf eigener Anteile gegen flüssige Mittel begründet (mit Ausnahme der in den Paragraphen 16A und 16B oder 16C und 16D genannten Fälle) auch dann eine finanzielle Verbindlichkeit in Höhe des Barwertes des Rückkaufbetrags, wenn die Anzahl der Anteile, zu deren Rückkauf das Unternehmen verpflichtet ist, nicht festgelegt ist oder die Verpflichtung nur bei Ausübung des Rückkaufrechts durch die Vertragspartei zu erfüllen ist. Ein Beispiel für eine solche vorbehaltliche Verpflichtung ist eine ausgegebene Option, die das Unternehmen zum Rückkauf eigener Anteile verpflichtet, wenn die Vertragspartei die Option ausübt;

(c) ein in bar oder durch andere finanzielle Vermögenswerte abgegoltener Vertrag stellt (mit Ausnahme der in den Paragraphen 16A und 16B oder 16C und 16D genannten Fälle) auch dann einen finanziellen Vermögenswert bzw. eine finanzielle Verbindlichkeit dar, wenn der zu erhaltende bzw. abzugebende Betrag an flüssigen Mitteln oder anderen finanziellen Vermögenswerten auf Änderungen des Marktpreises der Eigenkapitalinstrumente des Unternehmens beruht. Ein Beispiel hierfür ist eine Aktienoption mit Nettobarausgleich;

(d) Ein Vertrag, der durch eine variable Anzahl eigener Anteile des Unternehmens erfüllt wird, deren Wert einem festen Betrag oder einem von Änderungen einer zugrunde liegenden Variablen (beispielsweise eines Warenpreises) abhängigen Betrag entspricht, stellt einen finanziellen Vermögenswert bzw. eine finanzielle Verbindlichkeit dar. Ein Beispiel hierfür ist eine geschriebene Option auf den Kauf von Gold, die bei Ausübung netto in den Eigenkapitalinstrumenten des Unternehmens erfüllt wird, wobei sich die Anzahl der abzugebenden Instrumente nach dem Wert des Optionskontrakts bemisst. Ein derartiger Vertrag stellt auch dann einen finanziellen Vermögenswert bzw. eine finanzielle Verbindlichkeit dar, wenn die zugrunde liegende Variable der Kurs der eigenen Anteile des Unternehmens und nicht das Gold ist. Auch ein Vertrag, der einen Ausgleich durch eine bestimmte Anzahl eigener Anteile des Unternehmens vorsieht, die jedoch mit unterschiedlichen Rechten ausgestattet werden, so dass der Erfüllungsbetrag einem festen Betrag oder einem auf Änderungen einer zugrunde liegenden Variablen basierenden Betrag entspricht, ist als finanzieller Vermögenswert bzw. als finanzielle Verbindlichkeit einzustufen.

Bedingte Erfüllungsvereinbarungen (Paragraph 25)

A28 Ist ein Teil einer bedingten Erfüllungsvereinbarung, der einen Ausgleich in bar oder anderen finanziellen Vermögenswerten (oder eine andere als finanzielle Verbindlichkeit einzustufende Art der Erfüllung) erforderlich machen könnte, nicht echt, so hat die Erfüllungsvereinbarung gemäß Paragraph 25 keinen Einfluss auf die Einstufung eines Finanzinstruments. Somit ist ein Vertrag, der nur dann in bar oder durch eine variable Anzahl eigener Anteile zu erfüllen ist, wenn ein extrem seltenes, äußerst ungewöhnliches und sehr unwahrscheinliches Ereignis eintritt, als Eigenkapitalinstrument einzustufen. Auch die Erfüllung durch eine feste Anzahl eigener Anteile des Unternehmens kann unter bestimmten Umständen, die sich der Kontrolle des Unternehmens entziehen, vertraglich ausgeschlossen sein; ist das Eintreten dieser Umstände jedoch höchst unwahrscheinlich, ist eine Einstufung als Eigenkapitalinstrument angemessen.

Behandlung im Konzernabschluss

A29 Im Konzernabschluss weist ein Unternehmen die nicht beherrschenden Anteile – also die Anteile Dritter am Eigenkapital und Periodenergebnis seiner Tochterunternehmen – gemäß IAS 1 und IFRS 10 aus. Bei der Einstufung eines Finanzinstruments (oder eines seiner Bestandteile) im Konzernabschluss bestimmt ein Unternehmen anhand aller zwischen den Konzernmitgliedern und den Inhabern des Instruments vereinbarten Vertragsbedingungen, ob das Instrument den Konzern als Ganzes zur Lieferung flüssiger Mittel oder anderer finanzieller Vermögenswerte oder zu einer anderen Art der Erfüllung verpflichtet, die eine Einstufung als Verbindlichkeit nach sich zieht. Wenn ein Tochterunternehmen in einem Konzern ein Finanzinstrument emittiert und ein Mutterunternehmen oder ein anderes Konzernunternehmen mit den Inhabern des Instruments direkt zusätzliche Vertragsbedingungen (beispielsweise eine Garantie) vereinbart, liegen die Ausschüttungen oder der Rückkauf möglicherweise nicht mehr im Ermessen des Konzerns. Auch wenn es im Einzelabschluss des Tochterunternehmens angemessen sein kann, diese zusätzlichen Bedingungen bei der Einstufung des Instruments auszuklammern, sind die Auswirkungen anderer Vereinbarungen zwischen den Konzernmitgliedern und den Inhabern des Instruments zu berücksichtigen, um zu gewährleisten, dass der Konzernabschluss die vom Konzern als Ganzen eingegangenen Verträge und Transaktionen widerspiegelt. Soweit eine derartige Verpflichtung oder Erfüllungsvereinbarung besteht, ist das Instrument (oder dessen Bestandteil, auf den sich die Verpflichtung bezieht) im Konzernabschluss als finanzielle Verbindlichkeit einzustufen.

A29A Nach den Paragraphen 16A und 16B oder 16C und 16D werden bestimmte Arten von Instrumenten, die für das Unternehmen mit einer vertraglichen Verpflichtung verbunden sind, als Eigenkapitalinstrumente eingestuft. Dies stellt eine Ausnahme von den allgemeinen Einstufungsgrundsätzen dieses Standards dar. Nicht anzuwenden ist diese Ausnahme bei der Einstufung nicht beherrschender Anteile im Konzernabschluss. Aus diesem Grund werden Instrumente, die nach den Paragraphen 16A und 16B oder den Paragraphen 16C und 16D im Einzelabschluss als Eigenkapital eingestuft sind und bei denen es sich um nicht beherrschende Anteile handelt, im Konzernabschluss als Verbindlichkeiten eingestuft.

(b) An entity's obligation to purchase its own shares for cash gives rise to a financial liability for the present value of the redemption amount even if the number of shares that the entity is obliged to repurchase is not fixed or if the obligation is conditional on the counterparty exercising a right to redeem (except as stated in paragraphs 16A and 16B or paragraphs 16C and 16D). One example of a conditional obligation is an issued option that requires the entity to repurchase its own shares for cash if the counterparty exercises the option.

(c) A contract that will be settled in cash or another financial asset is a financial asset or financial liability even if the amount of cash or another financial asset that will be received or delivered is based on changes in the market price of the entity's own equity (except as stated in paragraphs 16A and 16B or paragraphs 16C and 16D). One example is a net cash-settled share option.

(d) A contract that will be settled in a variable number of the entity's own shares whose value equals a fixed amount or an amount based on changes in an underlying variable (e.g. a commodity price) is a financial asset or a financial liability. An example is a written option to buy gold that, if exercised, is settled net in the entity's own instruments by the entity delivering as many of those instruments as are equal to the value of the option contract. Such a contract is a financial asset or financial liability even if the underlying variable is the entity's own share price rather than gold. Similarly, a contract that will be settled in a fixed number of the entity's own shares, but the rights attaching to those shares will be varied so that the settlement value equals a fixed amount or an amount based on changes in an underlying variable, is a financial asset or a financial liability.

Contingent settlement provisions (paragraph 25)

AG28 Paragraph 25 requires that if a part of a contingent settlement provision that could require settlement in cash or another financial asset (or in another way that would result in the instrument being a financial liability) is not genuine, the settlement provision does not affect the classification of a financial instrument. Thus, a contract that requires settlement in cash or a variable number of the entity's own shares only on the occurrence of an event that is extremely rare, highly abnormal and very unlikely to occur is an equity instrument. Similarly, settlement in a fixed number of an entity's own shares may be contractually precluded in circumstances that are outside the control of the entity, but if these circumstances have no genuine possibility of occurring, classification as an equity instrument is appropriate.

Treatment in consolidated financial statements

AG29 In consolidated financial statements, an entity presents non-controlling interests—i.e. the interests of other parties in the equity and income of its subsidiaries—in accordance with IAS 1 and IFRS 10. When classifying a financial instrument (or a component of it) in consolidated financial statements, an entity considers all terms and conditions agreed between members of the group and the holders of the instrument in determining whether the group as a whole has an obligation to deliver cash or another financial asset in respect of the instrument or to settle it in a manner that results in liability classification. When a subsidiary in a group issues a financial instrument and a parent or other group entity agrees additional terms directly with the holders of the instrument (e.g. a guarantee), the group may not have discretion over distributions or redemption. Although the subsidiary may appropriately classify the instrument without regard to these additional terms in its individual financial statements, the effect of other agreements between members of the group and the holders of the instrument is considered in order to ensure that consolidated financial statements reflect the contracts and transactions entered into by the group as a whole. To the extent that there is such an obligation or settlement provision, the instrument (or the component of it that is subject to the obligation) is classified as a financial liability in consolidated financial statements.

AG29A Some types of instruments that impose a contractual obligation on the entity are classified as equity instruments in accordance with paragraphs 16A and 16B or paragraphs 16C and 16D. Classification in accordance with those paragraphs is an exception to the principles otherwise applied in this Standard to the classification of an instrument. This exception is not extended to the classification of non-controlling interests in the consolidated financial statements. Therefore, instruments classified as equity instruments in accordance with either paragraphs 16A and 16B or paragraphs 16C and 16D in the separate or individual financial statements that are non-controlling interests are classified as liabilities in the consolidated financial statements of the group.

Zusammengesetzte Finanzinstrumente (Paragraphen 28–32)

A30 Paragraph 28 gilt nur für die Emittenten nicht derivativer zusammengesetzter Finanzinstrumente. Zusammengesetzte Finanzinstrumente werden dort nicht aus Sicht der Inhaber behandelt. Die Trennung eingebetteter Derivate aus Sicht der Inhaber von zusammengesetzten Finanzinstrumenten, die sowohl Fremd- als auch Eigenkapitalmerkmale aufweisen, ist in IAS 39 geregelt.

A31 Eine übliche Form eines zusammengesetzten Finanzinstruments ist ein Schuldinstrument, das eine eingebettete Tauschoption wie in Stammaktien des Emittenten wandelbare Anleihen enthält und keine anderen Merkmale eines eingebetteten Derivats aufweist. Paragraph 28 verlangt vom Emittenten eines solchen Finanzinstruments, die Schuld- und die Eigenkapitalkomponente in der Bilanz wie folgt getrennt auszuweisen:

(a) Die Verpflichtung des Emittenten zu regelmäßigen Zins- und Kapitalzahlungen stellt eine finanzielle Verbindlichkeit dar, die solange besteht, wie das Instrument nicht gewandelt wird. Beim erstmaligen Ansatz entspricht der beizulegende Zeitwert der Schuldkomponente dem Barwert der vertraglich festgelegten künftigen Cashflows, die zum marktgängigen Zinssatz abgezinst werden, der zu diesem Zeitpunkt für Finanzinstrumente gültig ist, die einen vergleichbaren Kreditstatus haben und die bei gleichen Bedingungen zu im Wesentlichen den gleichen Cashflows führen, bei denen aber keine Tauschoption vorliegt.

(b) Das Eigenkapitalinstrument besteht in einer eingebetteten Option auf Wandlung der Schuld in Eigenkapital des Emittenten. Diese Option hat beim erstmaligen Ansatz auch dann einen Wert, wenn sie aus dem Geld ist.

A32 Bei Wandlung eines wandelbaren Instruments zum Fälligkeitstermin wird die Schuldkomponente ausgebucht und im Eigenkapital erfasst. Die ursprüngliche Eigenkapitalkomponente wird weiterhin als Eigenkapital geführt (kann jedoch von einem Eigenkapitalposten in einen anderen umgebucht werden). Bei der Umwandlung zum Fälligkeitstermin entsteht kein Gewinn oder Verlust.

A33 Wird ein wandelbares Instrument durch frühzeitige Rücknahme oder frühzeitigen Rückkauf, bei dem die ursprünglichen Wandlungsrechte unverändert bestehen bleiben, vor seiner Fälligkeit getilgt, werden das entrichtete Entgelt und alle Transaktionskosten für den Rückkauf oder die Rücknahme zum Zeitpunkt der Transaktion den Schuld- und Eigenkapitalkomponenten des Instruments zugeordnet. Die Aufteilung der entrichteten Entgelte und Transaktionskosten auf die beiden Komponenten muss nach der gleichen Methode erfolgen wie die ursprüngliche Aufteilung der vom Unternehmen bei der Emission des wandelbaren Instruments vereinnahmten Erlöse gemäß den Paragraphen 28–32.

A34 Nach der Aufteilung des Entgelts sind alle daraus resultierenden Gewinne oder Verluste nach den für die jeweilige Komponente maßgeblichen Rechnunglegungsgrundsätzen zu behandeln:

(a) der Gewinn oder Verlust, der sich auf die Schuldkomponente bezieht, wird im Gewinn oder Verlust erfasst; und

(b) der Betrag des Entgelts, der sich auf die Eigenkapitalkomponente bezieht, wird im Eigenkapital erfasst.

A35 Ein Unternehmen kann die Bedingungen eines wandelbaren Instruments ändern, um eine frühzeitige Wandlung herbeizuführen, beispielsweise durch das Angebot eines günstigeren Umtauschverhältnisses oder die Zahlung eines zusätzlichen Entgelts bei Wandlung vor einem festgesetzten Termin. Die Differenz, die zum Zeitpunkt der Änderung der Bedingungen zwischen dem beizulegenden Zeitwert des Entgelts, das der Inhaber bei Wandlung des Instruments gemäß den geänderten Bedingungen erhält, und dem beizulegenden Zeitwert des Entgelts, das der Inhaber gemäß den ursprünglichen Bedingungen erhalten hätte, besteht, werden im Gewinn oder Verlust als Aufwand erfasst.

Eigene Anteile (Paragraphen 33 und 34)

A36 Die eigenen Eigenkapitalinstrumente eines Unternehmens werden unabhängig vom Grund ihres Rückkaufs nicht als finanzieller Vermögenswert angesetzt. Paragraph 33 schreibt vor, dass zurückerworbene Eigenkapitalinstrumente vom Eigenkapital abzuziehen sind. Hält ein Unternehmen dagegen eigene Eigenkapitalinstrumente im Namen Dritter, wie dies etwa bei einem Finanzinstitut der Fall ist, das Eigenkapitalinstrumente im Namen eines Kunden hält, liegt ein Vermittlungsgeschäft vor, so dass diese Bestände nicht in die Bilanz des Unternehmens einfließen.

Zinsen, Dividenden, Verluste und Gewinne (Paragraphen 35–41)

A37 Das folgende Beispiel veranschaulicht die Anwendung des Paragraphen 35 auf ein zusammengesetztes Finanzinstrument. Es wird von der Annahme ausgegangen, dass eine nicht kumulative Vorzugsaktie in fünf Jahren gegen flüssige Mittel rückgabepflichtig ist, die Zahlung von Dividenden vor dem Rückkauftermin jedoch im Ermessen des Unternehmens liegt. Ein solches Instrument ist ein zusammengesetztes Finanzinstrument, dessen Schuldkomponente dem Barwert des Rückkaufbetrags entspricht. Die Abwicklung der Diskontierung dieser Komponente wird im Gewinn oder Verlust erfasst und als Zinsaufwendungen eingestuft. Alle gezahlten Dividenden beziehen sich auf die Eigenkapitalkomponente und werden dementsprechend als Ergebnisausschüttung erfasst. Eine ähnliche Bilanzierungsweise fände auch dann Anwendung, wenn der Rückkauf nicht obligatorisch, sondern auf Wunsch des Inhabers erfolgte oder die Verpflichtung bestünde, den Anteil in eine variable Anzahl von Stammaktien umzuwandeln, deren Höhe einem festen Betrag oder einem von Änderungen einer zugrunde liegenden Variablen (beispielsweise einer Ware) abhängigen Betrag entspricht. Werden dem Rückkaufbetrag jedoch noch nicht gezahlte Dividenden hinzugefügt, stellt das gesamte Instrument eine Verbindlichkeit dar. In diesem Fall sind alle Dividenden als Zinsaufwendungen einzustufen.

Compound financial instruments (paragraphs 28—32)

Paragraph 28 applies only to issuers of non-derivative compound financial instruments. Paragraph 28 does not deal with **AG30** compound financial instruments from the perspective of holders. IAS 39 deals with the separation of embedded derivatives from the perspective of holders of compound financial instruments that contain debt and equity features.

A common form of compound financial instrument is a debt instrument with an embedded conversion option, such as a **AG31** bond convertible into ordinary shares of the issuer, and without any other embedded derivative features. Paragraph 28 requires the issuer of such a financial instrument to present the liability component and the equity component separately in the statement of financial position, as follows:

(a) The issuer's obligation to make scheduled payments of interest and principal is a financial liability that exists as long as the instrument is not converted. On initial recognition, the fair value of the liability component is the present value of the contractually determined stream of future cash flows discounted at the rate of interest applied at that time by the market to instruments of comparable credit status and providing substantially the same cash flows, on the same terms, but without the conversion option.

(b) The equity instrument is an embedded option to convert the liability into equity of the issuer. This option has value on initial recognition even when it is out of the money.

On conversion of a convertible instrument at maturity, the entity derecognises the liability component and recognises it **AG32** as equity. The original equity component remains as equity (although it may be transferred from one line item within equity to another). There is no gain or loss on conversion at maturity.

When an entity extinguishes a convertible instrument before maturity through an early redemption or repurchase in **AG33** which the original conversion privileges are unchanged, the entity allocates the consideration paid and any transaction costs for the repurchase or redemption to the liability and equity components of the instrument at the date of the transaction. The method used in allocating the consideration paid and transaction costs to the separate components is consistent with that used in the original allocation to the separate components of the proceeds received by the entity when the convertible instrument was issued, in accordance with paragraphs 28—32.

Once the allocation of the consideration is made, any resulting gain or loss is treated in accordance with accounting principles applicable to the related component, as follows: **AG34**

(a) the amount of gain or loss relating to the liability component is recognised in profit or loss; and

(b) the amount of consideration relating to the equity component is recognised in equity.

An entity may amend the terms of a convertible instrument to induce early conversion, for example by offering a more **AG35** favourable conversion ratio or paying other additional consideration in the event of conversion before a specified date. The difference, at the date the terms are amended, between the fair value of the consideration the holder receives on conversion of the instrument under the revised terms and the fair value of the consideration the holder would have received under the original terms is recognised as a loss in profit or loss.

Treasury shares (paragraphs 33 and 34)

An entity's own equity instruments are not recognised as a financial asset regardless of the reason for which they are **AG36** reacquired. Paragraph 33 requires an entity that reacquires its own equity instruments to deduct those equity instruments from equity. However, when an entity holds its own equity on behalf of others, e.g. a financial institution holding its own equity on behalf of a client, there is an agency relationship and as a result those holdings are not included in the entity's statement of financial position.

Interest, dividends, losses and gains (paragraphs 35—41)

The following example illustrates the application of paragraph 35 to a compound financial instrument. Assume that a **AG37** non-cumulative preference share is mandatorily redeemable for cash in five years, but that dividends are payable at the discretion of the entity before the redemption date. Such an instrument is a compound financial instrument, with the liability component being the present value of the redemption amount. The unwinding of the discount on this component is recognised in profit or loss and classified as interest expense. Any dividends paid relate to the equity component and, accordingly, are recognised as a distribution of profit or loss. A similar treatment would apply if the redemption was not mandatory but at the option of the holder, or if the share was mandatorily convertible into a variable number of ordinary shares calculated to equal a fixed amount or an amount based on changes in an underlying variable (e.g. commodity). However, if any unpaid dividends are added to the redemption amount, the entire instrument is a liability. In such a case, any dividends are classified as interest expense.

A38 [gestrichen]

Kriterium, demzufolge ein Unternehmen ‚zum gegenwärtigen Zeitpunkt einen Rechtsanspruch darauf hat, die erfassten Beträge zu saldieren' (Paragraph 42 (a))

A38A Ein Rechtsanspruch auf Saldierung kann zum gegenwärtigen Zeitpunkt bereits bestehen oder durch ein künftiges Ereignis ausgelöst werden (so kann der Anspruch beispielsweise durch das Eintreten eines künftigen Ereignisses wie eines Ausfalls, einer Insolvenz oder eines Konkurses einer der Gegenparteien entstehen oder durchsetzbar werden). Selbst wenn der Rechtsanspruch auf Saldierung nicht von einem künftigen Ereignis abhängt, kann er lediglich im Rahmen eines normalen Geschäftsverlaufs oder im Falle eines Ausfalls, einer Insolvenz oder eines Konkurses einer oder sämtlicher Gegenparteien rechtlich durchsetzbar werden.

A38B Um das Kriterium von Paragraph 42 (a) zu erfüllen, muss ein Unternehmen zum gegenwärtigen Zeitpunkt einen Rechtsanspruch auf Saldierung haben. Dies bedeutet, dass der Rechtsanspruch auf Saldierung

(a) nicht von einem künftigen Ereignis abhängen darf und

(b) in allen nachfolgend genannten Fällen rechtlich durchsetzbar sein muss:

    (i) im normalen Geschäftsverlauf;

    (ii) im Falle eines Ausfalls und

    (iii) im Falle einer Insolvenz oder eines Konkurses des Unternehmens

    und sämtlicher Gegenparteien.

A38C Die Wesensart und der Umfang des Rechtsanspruchs auf Saldierung, einschließlich der an die Ausübung dieses Rechts geknüpften Bedingungen und des Umstands, ob es im Falle eines Ausfalls, einer Insolvenz oder eines Konkurses weiter fortbestehen würde, können von einer Rechtsordnung zur anderen variieren. Folglich kann nicht davon ausgegangen werden, dass der Rechtsanspruch auf Saldierung automatisch außerhalb des normalen Geschäftsverlaufs fortbesteht. So können z. B. Konkurs- oder Insolvenzrechtsvorschriften eines Landes den Rechtsanspruch auf Saldierung bei einem Konkurs oder einer Insolvenz in bestimmten Fällen untersagen oder einschränken.

A38D Die auf die Beziehungen zwischen den Parteien anwendbaren Rechtsvorschriften (wie z. B. Vertragsbestimmungen, die auf einen Vertrag anwendbaren Gesetze oder die auf die Parteien anwendbaren Ausfall-, Insolvenz- oder Konkursvorschriften) sind zu berücksichtigen, wenn es darum geht, sich zu vergewissern, dass der Rechtsanspruch auf Saldierung im Falle eines normalen Geschäftsverlaufs, eines Ausfalls, einer Insolvenz oder eines Konkurses des Unternehmens und sämtlicher Gegenparteien (wie in Paragraph A38B (b) erläutert) rechtlich durchsetzbar ist.

Kriterium, dass ein Unternehmen ‚beabsichtigt, entweder den Ausgleich auf Nettobasis herbeizuführen, oder gleichzeitig den betreffenden Vermögenswert zu realisieren und die dazugehörige Verbindlichkeit zu begleichen' (Paragraph 42 (b))

A38E Um das Kriterium von Paragraph 42 (b) zu erfüllen, muss ein Unternehmen beabsichtigen, entweder den Ausgleich auf Nettobasis herbeizuführen oder gleichzeitig den Vermögenswert zu realisieren und die dazugehörige Verbindlichkeit zu begleichen. Auch wenn ein Unternehmen berechtigt sein mag, einen Ausgleich auf Nettobasis herbeizuführen, kann es den Vermögenswert nach wie vor realisieren und die Verbindlichkeit gesondert begleichen.

A38F Kann ein Unternehmen Beträge so begleichen, dass das Ergebnis tatsächlich dem Ausgleich auf Nettobasis entspricht, erfüllt das Unternehmen das Kriterium für diesen Ausgleich im Sinne von Paragraph 42 (b). Dieser Fall ist gegeben, wenn – nur wenn – der Bruttoausgleichsmechanismus Merkmale aufweist, die ein Kredit- und Liquiditätsrisiko beseitigen oder zu einem unwesentlichen solchen führen sowie Forderungen und Verbindlichkeiten in einem einzigen Erfüllungsprozess oder -zyklus ausgleichen. So würde beispielsweise ein Bruttoausgleichsverfahren, dass sämtliche der nachfolgend genannten Merkmale aufweist, das Nettoausgleichskriterium von Paragraph 42 (b) erfüllen:

(a) finanzielle Vermögenswerte und finanzielle Verbindlichkeiten, die für eine Saldierung in Frage kommen, werden im selben Zeitpunkt zur Ausführung gegeben;

(b) sobald die finanziellen Vermögenswerte und finanziellen Verbindlichkeiten zur Ausführung gegeben wurden, sind die Parteien gehalten, der Ausgleichsverpflichtung nachzukommen;

(c) Cashflows aus Vermögenswerten und Verbindlichkeiten können nicht geändert werden, sobald letztere zur Ausführung gegeben wurden (es sei denn, die Ausführung kommt nicht zustande – siehe nachfolgend (d));

(d) Vermögenswerte und Verbindlichkeiten, die durch Wertpapiere besichert sind, werden mittels einer Wertpapierübertragung oder durch ein vergleichbares System ausgeglichen (z. B. Lieferung gegen Zahlung), so dass der Ausgleich für die entsprechende Forderung oder Verbindlichkeit, die durch die Wertpapiere unterlegt sind, nicht zustande kommt, wenn die Wertpapierübertragung nicht zustande kommt (und *vice versa);*

(e) jede im Sinne von Buchstabe d nicht zustande gekommene Transaktion wird erneut zur Ausführung gegeben, bis sie ausgeglichen ist;

[deleted] AG38

Criterion that an entity 'currently has a legally enforceable right to set off the recognised amounts' (paragraph 42 (a))

A right of set-off may be currently available or it may be contingent on a future event (for example, the right may be **AG38A** triggered or exercisable only on the occurrence of some future event, such as the default, insolvency or bankruptcy of one of the counterparties). Even if the right of set-off is not contingent on a future event, it may only be legally enforceable in the normal course of business, or in the event of default, or in the event of insolvency or bankruptcy, of one or all of the counterparties.

To meet the criterion in paragraph 42 (a), an entity must currently have a legally enforceable right of set-off. This means **AG38B** that the right of set-off:
(a) must not be contingent on a future event; and
(b) must be legally enforceable in all of the following circumstances:
    (i) the normal course of business;
    (ii) the event of default; and
    (iii) the event of insolvency or bankruptcy
of the entity and all of the counterparties.

The nature and extent of the right of set-off, including any conditions attached to its exercise and whether it would **AG38C** remain in the event of default or insolvency or bankruptcy, may vary from one legal jurisdiction to another. Consequently, it cannot be assumed that the right of set-off is automatically available outside of the normal course of business. For example, the bankruptcy or insolvency laws of a jurisdiction may prohibit, or restrict, the right of set-off in the event of bankruptcy or insolvency in some circumstances.

The laws applicable to the relationships between the parties (for example, contractual provisions, the laws governing the **AG38D** contract, or the default, insolvency or bankruptcy laws applicable to the parties) need to be considered to ascertain whether the right of set-off is enforceable in the normal course of business, in an event of default, and in the event of insolvency or bankruptcy, of the entity and all of the counterparties (as specified in paragraph AG38B (b)).

Criterion that an entity 'intends either to settle on a net basis, or to realise the asset and settle the liability simultaneously' (paragraph 42 (b))

To meet the criterion in paragraph 42 (b) an entity must intend either to settle on a net basis or to realise the asset and **AG38E** settle the liability simultaneously. Although the entity may have a right to settle net, it may still realise the asset and settle the liability separately.

If an entity can settle amounts in a manner such that the outcome is, in effect, equivalent to net settlement, the entity will **AG38F** meet the net settlement criterion in paragraph 42 (b). This will occur if, and only if, the gross settlement mechanism has features that eliminate or result in insignificant credit and liquidity risk, and that will process receivables and payables in a single settlement process or cycle. For example, a gross settlement system that has all of the following characteristics would meet the net settlement criterion in paragraph 42 (b):
(a) financial assets and financial liabilities eligible for set-off are submitted at the same point in time for processing;
(b) once the financial assets and financial liabilities are submitted for processing, the parties are committed to fulfil the settlement obligation;
(c) there is no potential for the cash flows arising from the assets and liabilities to change once they have been submitted for processing (unless the processing fails—see (d) below);
(d) assets and liabilities that are collateralised with securities will be settled on a securities transfer or similar system (for example, delivery versus payment), so that if the transfer of securities fails, the processing of the related receivable or payable for which the securities are collateral will also fail (and vice versa);
(e) any transactions that fail, as outlined in (d), will be re-entered for processing until they are settled;

(f) der Ausgleich wird von derselben Institution vorgenommen (z. B. eine Abwicklungsbank, eine Zentralbank oder einen Zentralverwahrer); und

(g) es besteht eine untertägige Kreditlinie, die ausreichende Überziehungsbeträge zur Verfügung stellt, um die Ausführung der Zahlungen am Erfüllungstag für jede Partei vornehmen zu können, und es ist so gut wie sicher, dass diese untertägige Kreditlinie nach Inanspruchnahme wieder ausgeglichen wird.

A39 Der Standard sieht keine spezielle Behandlung für so genannte „synthetische Finanzinstrumente" vor, worunter Gruppen einzelner Finanzinstrumente zu verstehen sind, die erworben und gehalten werden, um die Eigenschaften eines anderen Finanzinstruments nachzuahmen. Eine variabel verzinsliche langfristige Anleihe, die mit einem Zinsswap kombiniert wird, der den Erhalt variabler Zahlungen und die Leistung fester Zahlungen enthält, synthetisiert beispielsweise eine festverzinsliche langfristige Anleihe. Jedes der einzelnen Finanzinstrumente eines „synthetischen Finanzinstruments" stellt ein vertragliches Recht bzw. eine vertragliche Verpflichtung mit eigenen Laufzeiten und Vertragsbedingungen dar, so dass jedes Instrument für sich übertragen oder verrechnet werden kann. Jedes Finanzinstrument ist Risiken ausgesetzt, die von denen anderer Finanzinstrumente abweichen können. Wenn das eine Finanzinstrument eines „synthetischen Finanzinstruments" ein Vermögenswert und das andere eine Schuld ist, werden diese dementsprechend nur dann auf Nettobasis in der Unternehmensbilanz saldiert und ausgewiesen, wenn sie die Saldierungskriterien in Paragraph 42 erfüllen.

ANGABEN

Finanzielle Vermögenswerte und finanzielle Verbindlichkeiten, die erfolgswirksam zum beizulegenden Zeitwert bewertet werden (Paragraph 94 (f))

A40 [gestrichen]

(f) settlement is carried out through the same settlement institution (for example, a settlement bank, a central bank or a central securities depository); and

(g) an intraday credit facility is in place that will provide sufficient overdraft amounts to enable the processing of payments at the settlement date for each of the parties, and it is virtually certain that the intraday credit facility will be honoured if called upon.

The standard does not provide special treatment for so-called 'synthetic instruments', which are groups of separate finan- **AG39** cial instruments acquired and held to emulate the characteristics of another instrument. For example, a floating rate long-term debt combined with an interest rate swap that involves receiving floating payments and making fixed payments synthesises a fixed rate long-term debt. Each of the individual financial instruments that together constitute a 'synthetic instrument' represents a contractual right or obligation with its own terms and conditions and each may be transferred or settled separately. Each financial instrument is exposed to risks that may differ from the risks to which other financial instruments are exposed. Accordingly, when one financial instrument in a 'synthetic instrument' is an asset and another is a liability, they are not offset and presented in an entity's statement of financial position on a net basis unless they meet the criteria for offsetting in paragraph 42.

DISCLOSURE

Financial assets and financial liabilities at fair value through profit or loss (paragraph 94 (f))

[deleted]   **AG40**

INTERNATIONAL ACCOUNTING STANDARD 33

Ergebnis je Aktie

INHALT

ZIELSETZUNG

1 Ziel dieses Standards ist die Festlegung von Leitlinien für die Ermittlung und Darstellung des Ergebnisses je Aktie, um die Ertragskraft unterschiedlicher Unternehmen in einer Berichtsperiode und ein- und desselben Unternehmens in unterschiedlichen Berichtsperioden besser miteinander vergleichen zu können. Auch wenn die Aussagefähigkeit der Daten zum Ergebnis je Aktie aufgrund unterschiedlicher Rechnungslegungsmethoden bei der Ermittlung des „Ergebnisses" eingeschränkt ist, verbessert ein auf einheitliche Weise festgelegter Nenner die Finanzberichterstattung. Das Hauptaugenmerk dieses Standards liegt auf der Bestimmung des Nenners bei der Berechnung des Ergebnisses je Aktie.

ANWENDUNGSBEREICH

2 Dieser Standard ist anwendbar auf:
(a) den Einzelabschluss eines Unternehmens:
   (i) dessen Stammaktien oder potenzielle Stammaktien öffentlich (d. h. an einer in- oder ausländischen Börse oder außerbörslich, einschließlich an lokalen und regionalen Märkten) gehandelt werden; oder
   (ii) das seinen Abschluss zwecks Emission von Stammaktien auf einem öffentlichen Markt bei einer Wertpapieraufsichts- oder anderen Regulierungsbehörde einreicht; und
(b) den Konzernabschluss einer Unternehmensgruppe mit einem Mutterunternehmen:
   (i) dessen Stammaktien oder potenzielle Stammaktien öffentlich (d. h. an einer in- oder ausländischen Börse oder außerbörslich, einschließlich an lokalen und regionalen Märkten) gehandelt werden; oder
   (ii) das seinen Abschluss zwecks Emission von Stammaktien auf einem öffentlichen Markt bei einer Wertpapieraufsichts- oder anderen Regulierungsbehörde einreicht.

3 Ein Unternehmen, das das Ergebnis je Aktie angibt, hat dieses in Übereinstimmung mit diesem Standard zu ermitteln und anzugeben.

4 **Legt ein Unternehmen sowohl Konzernabschlüsse als auch Einzelabschlüsse nach IFRS 10** *Konzernabschlüsse* **bzw. IAS 27** *Einzelabschlüsse* **vor, so müssen sich die im vorliegenden Standard geforderten Angaben lediglich auf die konsolidierten Informationen stützen. Ein Unternehmen, das sich zur Angabe des Ergebnisses je Aktie auf der Grundlage seines Einzelabschlusses entscheidet, hat diese Ergebnisse ausschließlich in der Gesamtergebnisrechnung des Einzelabschlusses, nicht aber im Konzernabschluss anzugeben.**

INTERNATIONAL ACCOUNTING STANDARD 33

Earnings per share

OBJECTIVE

The objective of this standard is to prescribe principles for the determination and presentation of earnings per share, so as **1** to improve performance comparisons between different entities in the same reporting period and between different reporting periods for the same entity. Even though earnings per share data have limitations because of the different accounting policies that may be used for determining 'earnings', a consistently determined denominator enhances financial reporting. The focus of this standard is on the denominator of the earnings per share calculation.

SCOPE

This standard shall apply to: **2**
(a) the separate or individual financial statements of an entity:
  (i) whose ordinary shares or potential ordinary shares are traded in a public market (a domestic or foreign stock exchange or an over-the-counter market, including local and regional markets); or
  (ii) that files, or is in the process of filing, its financial statements with a securities commission or other regulatory organisation for the purpose of issuing ordinary shares in a public market; and
(b) the consolidated financial statements of a group with a parent:
  (i) whose ordinary shares or potential ordinary shares are traded in a public market (a domestic or foreign stock exchange or an over-the-counter market, including local and regional markets); or
  (ii) that files, or is in the process of filing, its financial statements with a securities commission or other regulatory organisation for the purpose of issuing ordinary shares in a public market.

An entity that discloses earnings per share shall calculate and disclose earnings per share in accordance with this standard. **3**

When an entity presents both consolidated financial statements and separate financial statements prepared in accordance with IFRS 10 *Consolidated Financial Statements* **and IAS 27** *Separate Financial Statements,* **respectively, the disclosures required by this Standard need be presented only on the basis of the consolidated information. An entity that chooses to disclose earnings per share based on its separate financial statements shall present such earnings per share information only in its statement of comprehensive income. An entity shall not present such earnings per share information in the consolidated financial statements.** **4**

4A Stellt ein Unternehmen die Ergebnisbestandteile gemäß Paragraph 10A von IAS 1 (in der 2011 geänderten Fassung) in einer gesonderten Gewinn- und Verlustrechnung dar, so hat es das Ergebnis je Aktie nur dort auszuweisen.

DEFINITIONEN

5 Die folgenden Begriffe werden in diesem Standard mit der angegebenen Bedeutung verwendet:

Unter *Verwässerungsschutz* versteht man eine Erhöhung des Ergebnisses je Aktie bzw. eine Reduzierung des Verlusts je Aktie aufgrund der Annahme, dass wandelbare Instrumente umgewandelt, Optionen oder Optionsscheine ausgeübt oder Stammaktien unter bestimmten Voraussetzungen ausgegeben werden.

Eine *Übereinkunft zur Ausgabe bedingt emissionsfähiger Aktien* ist eine Vereinbarung zur Ausgabe von Aktien, für die bestimmte Voraussetzungen erfüllt sein müssen.

Bedingt emissionsfähige Aktien sind Stammaktien, die gegen eine geringe oder gar keine Zahlung oder andere Art von Entgelt ausgegeben werden, sofern bestimmte Voraussetzungen einer Übereinkunft zur Ausgabe bedingt emissionsfähiger Aktien erfüllt sind.

Unter *Verwässerung* versteht man eine Reduzierung des Ergebnisses je Aktie bzw. eine Erhöhung des Verlusts je Aktie aufgrund der Annahme, dass wandelbare Instrumente umgewandelt, Optionen oder Optionsscheine ausgeübt oder Stammaktien unter bestimmten Voraussetzungen ausgegeben werden.

Optionen, Optionsscheine und ihre Äquivalente sind Finanzinstrumente, die ihren Inhaber zum Kauf von Stammaktien berechtigen.

Eine *Stammaktie* ist ein Eigenkapitalinstrument, das allen anderen Arten von Eigenkapitalinstrumenten nachgeordnet ist.

Eine *potenzielle Stammaktie* ist ein Finanzinstrument oder sonstiger Vertrag, das bzw. der dem Inhaber ein Anrecht auf Stammaktien verbriefen kann.

Verkaufsoptionen auf Stammaktien sind Verträge, die es dem Inhaber ermöglichen, über einen bestimmten Zeitraum Stammaktien zu einem bestimmten Kurs zu verkaufen.

6 Stammaktien erhalten erst einen Anteil am Ergebnis, nachdem andere Aktienarten, wie etwa Vorzugsaktien, bedient wurden. Ein Unternehmen kann unterschiedliche Arten von Stammaktien emittieren. Stammaktien der gleichen Art haben das gleiche Anrecht auf den Bezug von Dividenden.

7 Beispiele für potenzielle Stammaktien sind:
(a) finanzielle Verbindlichkeiten oder Eigenkapitalinstrumente, einschließlich Vorzugsaktien, die in Stammaktien umgewandelt werden können;
(b) Optionen und Optionsscheine;
(c) Aktien, die bei Erfüllung vertraglicher Bedingungen, wie dem Erwerb eines Unternehmens oder anderer Vermögenswerte, ausgegeben werden.

8 In IAS 32 *Finanzinstrumente: Darstellung* definierte Begriffe werden im vorliegenden Standard mit der in Paragraph 11 von IAS 32 angegebenen Bedeutung verwendet, sofern nichts anderes angegeben ist. IAS 32 definiert die Begriffe Finanzinstrument, finanzieller Vermögenswert, finanzielle Verbindlichkeit und Eigenkapitalinstrument und liefert Hinweise zur Anwendung dieser Definitionen. IFRS 13 *Bemessung des beizulegenden Zeitwerts* definiert den Begriff beizulegender Zeitwert und legt die Vorschriften zur Anwendung dieser Definition fest.

BEWERTUNG

Unverwässertes Ergebnis je Aktie

9 Ein Unternehmen hat für den den Stammaktionären des Mutterunternehmens zurechenbaren Gewinn oder Verlust das unverwässerte Ergebnis je Aktie zu ermitteln; sofern ein entsprechender Ausweis erfolgt, ist auch der diesen Stammaktionären zurechenbare Gewinn oder Verlust aus dem fortzuführenden Geschäft darzustellen.

10 Das unverwässerte Ergebnis je Aktie ist zu ermitteln, indem der den Stammaktionären des Mutterunternehmens zustehende Gewinn oder Verlust (Zähler) durch die gewichtete durchschnittliche Zahl der innerhalb der Berichtsperiode im Umlauf gewesenen Stammaktien (Nenner) dividiert wird.

11 Die Angabe des unverwässerten Ergebnisses je Aktie dient dem Zweck, einen Maßstab für die Beteiligung jeder Stammaktie eines Mutterunternehmens an der Ertragskraft des Unternehmens während des Berichtszeitraums bereitzustellen.

Ergebnis

12 Zur Ermittlung des unverwässerten Ergebnisses je Aktie verstehen sich die Beträge, die den Stammaktionären des Mutterunternehmens zugerechnet werden können im Hinblick auf:
(a) der Gewinn oder Verlust aus dem fortzuführenden Geschäft, das auf das Mutterunternehmen entfällt; und
(b) der dem Mutterunternehmen zuzurechnende Gewinn oder Verlust

If an entity presents items of profit or loss in a separate statement as described in paragraph 10A of IAS 1 *Presentation of* **4A** *Financial Statements* (as amended in 2011), it presents earnings per share only in that separate statement.

IAS 33

DEFINITIONS

The following terms are used in this standard with the meanings specified: **5**

Antidilution is an increase in earnings per share or a reduction in loss per share resulting from the assumption that convertible instruments are converted, that options or warrants are exercised, or that ordinary shares are issued upon the satisfaction of specified conditions.

A *contingent share agreement* is an agreement to issue shares that is dependent on the satisfaction of specified conditions.

Contingently issuable ordinary shares are ordinary shares issuable for little or no cash or other consideration upon the satisfaction of specified conditions in a contingent share agreement.

Dilution is a reduction in earnings per share or an increase in loss per share resulting from the assumption that convertible instruments are converted, that options or warrants are exercised, or that ordinary shares are issued upon the satisfaction of specified conditions.

Options, warrants and their equivalents are financial instruments that give the holder the right to purchase ordinary shares.

An *ordinary share* is an equity instrument that is subordinate to all other classes of equity instruments.

A *potential ordinary share* is a financial instrument or other contract that may entitle its holder to ordinary shares.

Put options on ordinary shares are contracts that give the holder the right to sell ordinary shares at a specified price for a given period.

Ordinary shares participate in profit for the period only after other types of shares such as preference shares have partici- **6** pated. An entity may have more than one class of ordinary shares. Ordinary shares of the same class have the same rights to receive dividends.

Examples of potential ordinary shares are: **7**
(a) financial liabilities or equity instruments, including preference shares, that are convertible into ordinary shares;
(b) options and warrants;
(c) shares that would be issued upon the satisfaction of conditions resulting from contractual arrangements, such as the purchase of a business or other assets.

Terms defined in IAS 32 *Financial Instruments: Presentation* are used in this Standard with the meanings specified in **8** paragraph 11 of IAS 32, unless otherwise noted. IAS 32 defines financial instrument, financial asset, financial liability and equity instrument, and provides guidance on applying those definitions. IFRS 13 *Fair Value Measurement* defines fair value and sets out requirements for applying that definition.

MEASUREMENT

Basic earnings per share

An entity shall calculate basic earnings per share amounts for profit or loss attributable to ordinary equity holders of the **9** parent entity and, if presented, profit or loss from continuing operations attributable to those equity holders.

Basic earnings per share shall be calculated by dividing profit or loss attributable to ordinary equity holders of the parent **10** entity (the numerator) by the weighted average number of ordinary shares outstanding (the denominator) during the period.

The objective of basic earnings per share information is to provide a measure of the interests of each ordinary share of a **11** parent entity in the performance of the entity over the reporting period.

Earnings

For the purpose of calculating basic earnings per share, the amounts attributable to ordinary equity holders of the parent **12** entity in respect of:
(a) profit or loss from continuing operations attributable to the parent entity; and
(b) profit or loss attributable to the parent entity;

als die Beträge in (a) und (b), bereinigt um die Nachsteuerbeträge von Vorzugsdividenden, Differenzen bei Erfüllung von Vorzugsaktien sowie ähnlichen Auswirkungen aus der Einstufung von Vorzugsaktien als Eigenkapital.

13   Alle Ertrags- und Aufwandsposten, die Stammaktionären des Mutterunternehmens zuzurechnen sind und in einer Periode erfasst werden, darunter auch Steueraufwendungen und als Verbindlichkeiten eingestufte Dividenden auf Vorzugsaktien, sind bei der Ermittlung des Ergebnisses, das den Stammaktionären des Mutterunternehmens zuzurechnen ist, zu berücksichtigen (siehe IAS 1).

14   Vom Gewinn oder Verlust abgezogen werden:
   (a)   der Nachsteuerbetrag jedweder für diese Periode beschlossener Vorzugsdividenden auf nicht kumulative Vorzugsaktien sowie
   (b)   der Nachsteuerbetrag der in dieser Periode für kumulative Vorzugsaktien benötigten Vorzugsdividenden, unabhängig davon, ob die Dividenden beschlossen wurden oder nicht. Nicht im Betrag der für diese Periode beschlossenen Vorzugsdividenden enthalten sind die während dieser Periode für frühere Perioden gezahlten oder beschlossenen Vorzugsdividenden auf kumulative Vorzugsaktien.

15   Vorzugsaktien, die mit einer niedrigen Ausgangsdividende ausgestattet sind, um einem Unternehmen einen Ausgleich dafür zu schaffen, dass es die Vorzugsaktien mit einem Abschlag verkauft hat, oder in späteren Perioden zu einer höheren Dividende berechtigen, um den Investoren einen Ausgleich dafür zu bieten, dass sie die Vorzugsaktien mit einem Aufschlag erwerben, werden auch als Vorzugsaktien mit steigender Gewinnberechtigung bezeichnet. Jeder Ausgabeabschlag bzw. -aufschlag bei Erstemission von Vorzugsaktien mit steigender Gewinnberechtigung wird unter Anwendung der Effektivzinsmethode den Gewinnrücklagen zugeführt und zur Ermittlung des Ergebnisses je Aktie als Vorzugsdividende behandelt.

16   Vorzugsaktien können durch ein Angebot des Unternehmens an die Inhaber zurückgekauft werden. Übersteigt der beizulegende Zeitwert der Vorzugsaktien dabei ihren Buchwert, so stellt diese Differenz für die Vorzugsaktionäre eine Rendite und für das Unternehmen eine Belastung seiner Gewinnrücklagen dar. Dieser Betrag wird bei der Berechnung des den Stammaktionären des Mutterunternehmens zurechenbaren Ergebnisses in Abzug gebracht.

17   Ein Unternehmen kann eine vorgezogene Umwandlung wandelbarer Vorzugsaktien herbeiführen, indem es die ursprünglichen Umwandlungsbedingungen vorteilhaft ändert oder ein zusätzliches Entgelt zahlt. Der Betrag, um den der beizulegende Zeitwert der Stammaktien bzw. des sonstigen gezahlten Entgelts den beizulegenden Zeitwert der unter den ursprünglichen Umwandlungsbedingungen auszugebenden Stammaktien übersteigt, stellt für die Vorzugsaktionäre eine Rendite dar und wird bei der Ermittlung des den Stammaktionären des Mutterunternehmens zuzurechnenden Ergebnisses in Abzug gebracht.

18   Sobald der Buchwert der Vorzugsaktien den beizulegenden Zeitwert des für sie gezahlten Entgelts übersteigt, wird der Differenzbetrag bei der Ermittlung des den Stammaktionären des Mutterunternehmens zuzurechnenden Ergebnisses hinzugezählt.

Aktien

19   Zur Berechnung des unverwässerten Ergebnisses je Aktie ist die Zahl der Stammaktien der gewichtete Durchschnitt der während der Periode im Umlauf gewesenen Stammaktien.

20   Die Verwendung eines gewichteten Durchschnitts trägt dem Umstand Rechnung, dass während der Periode möglicherweise nicht immer die gleiche Anzahl an Stammaktien in Umlauf war und das gezeichnete Kapital deshalb Schwankungen unterlegen haben kann. Die gewichtete durchschnittliche Zahl der Stammaktien, die während der Periode in Umlauf sind, ist die Zahl an Stammaktien, die am Anfang der Periode in Umlauf waren, bereinigt um die Zahl an Stammaktien, die während der Periode zurückgekauft oder ausgegeben wurden, multipliziert mit einem Zeitgewichtungsfaktor. Der Zeitgewichtungsfaktor ist das Verhältnis zwischen der Zahl von Tagen, an denen sich die betreffenden Aktien in Umlauf befanden, und der Gesamtzahl von Tagen der Periode. Ein angemessener Näherungswert für den gewichteten Durchschnitt ist in vielen Fällen ausreichend.

21   Normalerweise werden Aktien mit der Fälligkeit des Entgelts (im allgemeinen dem Tag ihrer Emission) in den gewichteten Durchschnitt aufgenommen. So werden
   (a)   Stammaktien, die gegen Barzahlung ausgegeben wurden, dann einbezogen, wenn die Geldzahlung eingefordert werden kann;
   (b)   Stammaktien, die gegen die freiwillige Wiederanlage von Dividenden auf Stamm- oder Vorzugsaktien ausgegeben wurden, einbezogen, sobald die Dividenden wiederangelegt sind;
   (c)   Stammaktien, die in Folge einer Umwandlung eines Schuldinstruments in Stammaktien ausgegeben wurden, ab dem Tag einbezogen, an dem keine Zinsen mehr anfallen;
   (d)   Stammaktien, die anstelle von Zinsen oder Kapital auf andere Finanzinstrumente ausgegeben wurden, ab dem Tag einbezogen, an dem keine Zinsen mehr anfallen;
   (e)   Stammaktien, die im Austausch für die Erfüllung einer Schuld des Unternehmens ausgegeben wurden, ab dem Erfüllungstag einbezogen;

shall be the amounts in (a) and (b) adjusted for the after-tax amounts of preference dividends, differences arising on the settlement of preference shares, and other similar effects of preference shares classified as equity.

All items of income and expense attributable to ordinary equity holders of the parent entity that are recognised in a period, including tax expense and dividends on preference shares classified as liabilities are included in the determination of profit or loss for the period attributable to ordinary equity holders of the parent entity (see IAS 1). **13**

The after-tax amount of preference dividends that is deducted from profit or loss is: **14**
(a) the after-tax amount of any preference dividends on non-cumulative preference shares declared in respect of the period; and
(b) the after-tax amount of the preference dividends for cumulative preference shares required for the period, whether or not the dividends have been declared. The amount of preference dividends for the period does not include the amount of any preference dividends for cumulative preference shares paid or declared during the current period in respect of previous periods.

Preference shares that provide for a low initial dividend to compensate an entity for selling the preference shares at a discount, or an above-market dividend in later periods to compensate investors for purchasing preference shares at a premium, are sometimes referred to as increasing rate preference shares. Any original issue discount or premium on increasing rate preference shares is amortised to retained earnings using the effective interest method and treated as a preference dividend for the purposes of calculating earnings per share. **15**

Preference shares may be repurchased under an entity's tender offer to the holders. The excess of the fair value of the consideration paid to the preference shareholders over the carrying amount of the preference shares represents a return to the holders of the preference shares and a charge to retained earnings for the entity. This amount is deducted in calculating profit or loss attributable to ordinary equity holders of the parent entity. **16**

Early conversion of convertible preference shares may be induced by an entity through favourable changes to the original conversion terms or the payment of additional consideration. The excess of the fair value of the ordinary shares or other consideration paid over the fair value of the ordinary shares issuable under the original conversion terms is a return to the preference shareholders, and is deducted in calculating profit or loss attributable to ordinary equity holders of the parent entity. **17**

Any excess of the carrying amount of preference shares over the fair value of the consideration paid to settle them is added in calculating profit or loss attributable to ordinary equity holders of the parent entity. **18**

Shares

For the purpose of calculating basic earnings per share, the number of ordinary shares shall be the weighted average number of ordinary shares outstanding during the period. **19**

Using the weighted average number of ordinary shares outstanding during the period reflects the possibility that the amount of shareholders' capital varied during the period as a result of a larger or smaller number of shares being outstanding at any time. The weighted average number of ordinary shares outstanding during the period is the number of ordinary shares outstanding at the beginning of the period, adjusted by the number of ordinary shares bought back or issued during the period multiplied by a time-weighting factor. The time-weighting factor is the number of days that the shares are outstanding as a proportion of the total number of days in the period; a reasonable approximation of the weighted average is adequate in many circumstances. **20**

Shares are usually included in the weighted average number of shares from the date consideration is receivable (which is generally the date of their issue), for example: **21**
(a) ordinary shares issued in exchange for cash are included when cash is receivable;
(b) ordinary shares issued on the voluntary reinvestment of dividends on ordinary or preference shares are included when dividends are reinvested;
(c) ordinary shares issued as a result of the conversion of a debt instrument to ordinary shares are included from the date that interest ceases to accrue;
(d) ordinary shares issued in place of interest or principal on other financial instruments are included from the date that interest ceases to accrue;
(e) ordinary shares issued in exchange for the settlement of a liability of the entity are included from the settlement date;

(f) Stammaktien, die anstelle von liquiden Mitteln als Entgelt für den Erwerb eines Vermögenswertes ausgegeben wurden, ab dem Datum der Erfassung des entsprechenden Erwerbs erfasst; und

(g) Stammaktien, die für die Erbringung von Dienstleistungen an das Unternehmen ausgegeben wurden, mit Erbringung der Dienstleistungen einbezogen.

Der Zeitpunkt der Einbeziehung von Stammaktien ergibt sich aus den Bedingungen ihrer Emission. Der wirtschaftliche Gehalt eines jeden im Zusammenhang mit der Emission stehenden Vertrags ist angemessen zu prüfen.

22 Stammaktien, die als Teil der übertragenen Gegenleistung bei einem Unternehmenszusammenschluss ausgegeben wurden, sind in der durchschnittlich gewichteten Anzahl der Aktien zum Erwerbszeitpunkt enthalten. Dies ist darauf zurückzuführen, dass der Erwerber die Gewinne und Verluste des erworbenen Unternehmens von dem Zeitpunkt an in seine Gesamtergebnisrechnung mit einbezieht.

23 Stammaktien, die bei Umwandlung eines wandlungspflichtigen Instruments ausgegeben werden, sind ab dem Zeitpunkt des Vertragsabschlusses in die Ermittlung des unverwässerten Ergebnisses je Aktie einzubeziehen.

24 Bedingt emissionsfähige Aktien werden als in Umlauf befindlich behandelt und erst ab dem Zeitpunkt in die Ermittlung des unverwässerten Ergebnisses je Aktie einbezogen, zu dem alle erforderlichen Voraussetzungen erfüllt (d. h. die Ereignisse eingetreten sind). Aktien, die ausschließlich nach Ablauf einer bestimmten Zeitspanne emissionsfähig sind, gelten nicht als bedingt emissionsfähige Aktien, da der Ablauf der Spanne gewiss ist. In Umlauf befindliche, bedingt rückgabefähige (d. h. unter dem Vorbehalt des Rückrufs stehende) Stammaktien gelten nicht als in Umlauf befindlich und werden solange bei der Ermittlung des unverwässerten Ergebnisses je Aktie unberücksichtigt gelassen, bis der Vorbehalt des Rückrufs nicht mehr gilt.

25 [gestrichen]

26 Der gewichtete Durchschnitt der in der Periode und allen übrigen dargestellten Perioden in Umlauf befindlichen Stammaktien ist zu berichtigen, wenn ein Ereignis eintritt, das die Zahl der in Umlauf befindlichen Stammaktien verändert, ohne dass damit eine entsprechende Änderung der Ressourcen einhergeht. Die Umwandlung potenzieller Stammaktien gilt nicht als ein solches Ereignis.

27 Nachstehend eine Reihe von Beispielen dafür, in welchen Fällen Stammaktien emittiert oder die in Umlauf befindlichen Aktien verringert werden können, ohne dass es zu einer entsprechenden Änderung der Ressourcen kommt:

(a) eine Kapitalisierung oder Ausgabe von Gratisaktien (auch als Dividende in Form von Aktien bezeichnet);

(b) ein Gratiselement bei jeder anderen Emission, beispielsweise einer Ausgabe von Bezugsrechten an die bestehenden Aktionäre;

(c) ein Aktiensplitt; und

(d) ein umgekehrter Aktiensplitt (Aktienzusammenlegung).

28 Bei einer Kapitalisierung, einer Ausgabe von Gratisaktien oder einem Aktiensplitt werden Stammaktien ohne zusätzliches Entgelt an die bestehenden Aktionäre ausgegeben. Damit erhöht sich die Zahl der in Umlauf befindlichen Stammaktien, ohne dass es zu einer Erhöhung der Ressourcen kommt. Die Zahl der vor Eintritt des Ereignisses in Umlauf befindlichen Stammaktien wird so um die anteilige Veränderung der Zahl umlaufender Stammaktien berichtigt, als wäre das Ereignis zu Beginn der ersten dargestellten Periode eingetreten. Beispielsweise wird bei einer zwei-zu-eins-Ausgabe von Gratisaktien die Zahl der vor der Emission in Umlauf befindlichen Stammaktien mit dem Faktor 3 multipliziert, um die neue Gesamtzahl an Stammaktien zu ermitteln, bzw. mit dem Faktor 2, um die Zahl der zusätzlichen Stammaktien zu erhalten.

29 In der Regel verringert sich bei einer Zusammenlegung von Stammaktien die Zahl der in Umlauf befindlichen Stammaktien, ohne dass es zu einer entsprechenden Verringerung der Ressourcen kommt. Findet insgesamt jedoch ein Aktienrückkauf zum beizulegenden Zeitwert statt, so ist die zahlenmäßige Verringerung der in Umlauf befindlichen Stammaktien das Ergebnis einer entsprechenden Abnahme an Ressourcen. Ein Beispiel hierfür wäre eine mit einer Sonderdividende verbundene Aktienzusammenlegung. Der gewichtete Durchschnitt der Stammaktien, die sich in der Periode, in der die Zusammenlegung erfolgt, in Umlauf befinden, wird zu dem Zeitpunkt, zu dem die Sonderdividende erfasst wird, an die verringerte Zahl von Stammaktien angepasst.

Verwässertes Ergebnis je Aktie

30 Ein Unternehmen hat die verwässerten Ergebnisse je Aktie für den den Stammaktionären des Mutterunternehmens zurechenbaren Gewinn oder Verlust zu ermitteln; sofern ein entsprechender Ausweis erfolgt, ist auch der jenen Stammaktionären zurechenbare Gewinn oder Verlust aus dem fortzuführenden Geschäft darzustellen.

31 Zur Berechnung des verwässerten Ergebnisses je Aktie hat ein Unternehmen den den Stammaktionären des Mutterunternehmens zurechenbaren Gewinn oder Verlust und den gewichteten Durchschnitt der in Umlauf befindlicher Stammaktien um alle Verwässerungseffekte potenzieller Stammaktien zu bereinigen.

(f) ordinary shares issued as consideration for the acquisition of an asset other than cash are included as of the date on which the acquisition is recognised; and

(g) ordinary shares issued for the rendering of services to the entity are included as the services are rendered.

The timing of the inclusion of ordinary shares is determined by the terms and conditions attaching to their issue. Due consideration is given to the substance of any contract associated with the issue.

Ordinary shares issued as part of the consideration transferred in a business combination are included in the weighted average number of shares from the acquisition date. This is because the acquirer incorporates into its statement of comprehensive income the acquiree's profits and losses from that date. **22**

Ordinary shares that will be issued upon the conversion of a mandatorily convertible instrument are included in the calculation of basic earnings per share from the date the contract is entered into. **23**

Contingently issuable shares are treated as outstanding and are included in the calculation of basic earnings per share only from the date when all necessary conditions are satisfied (i.e. the events have occurred). Shares that are issuable solely after the passage of time are not contingently issuable shares, because the passage of time is a certainty. Outstanding ordinary shares that are contingently returnable (i.e. subject to recall) are not treated as outstanding and are excluded from the calculation of basic earnings per share until the date the shares are no longer subject to recall. **24**

[deleted] **25**

The weighted average number of ordinary shares outstanding during the period and for all periods presented shall be adjusted for events, other than the conversion of potential ordinary shares, that have changed the number of ordinary shares outstanding without a corresponding change in resources. **26**

Ordinary shares may be issued, or the number of ordinary shares outstanding may be reduced, without a corresponding change in resources. Examples include: **27**

(a) a capitalisation or bonus issue (sometimes referred to as a stock dividend);

(b) a bonus element in any other issue, for example a bonus element in a rights issue to existing shareholders;

(c) a share split; and

(d) a reverse share split (consolidation of shares).

In a capitalisation or bonus issue or a share split, ordinary shares are issued to existing shareholders for no additional consideration. Therefore, the number of ordinary shares outstanding is increased without an increase in resources. The number of ordinary shares outstanding before the event is adjusted for the proportionate change in the number of ordinary shares outstanding as if the event had occurred at the beginning of the earliest period presented. For example, on a two-for-one bonus issue, the number of ordinary shares outstanding before the issue is multiplied by three to obtain the new total number of ordinary shares, or by two to obtain the number of additional ordinary shares. **28**

A consolidation of ordinary shares generally reduces the number of ordinary shares outstanding without a corresponding reduction in resources. However, when the overall effect is a share repurchase at fair value, the reduction in the number of ordinary shares outstanding is the result of a corresponding reduction in resources. An example is a share consolidation combined with a special dividend. The weighted average number of ordinary shares outstanding for the period in which the combined transaction takes place is adjusted for the reduction in the number of ordinary shares from the date the special dividend is recognised. **29**

Diluted earnings per share

An entity shall calculate diluted earnings per share amounts for profit or loss attributable to ordinary equity holders of the parent entity and, if presented, profit or loss from continuing operations attributable to those equity holders. **30**

For the purpose of calculating diluted earnings per share, an entity shall adjust profit or loss attributable to ordinary equity holders of the parent entity, and the weighted average number of shares outstanding, for the effects of all dilutive potential ordinary shares. **31**

32 Mit der Ermittlung des verwässerten Ergebnisses je Aktie wird das gleiche Ziel verfolgt wie mit der Ermittlung des unverwässerten Ergebnisses – nämlich, einen Maßstab für die Beteiligung jeder Stammaktie an der Ertragskraft eines Unternehmens zu schaffen – und gleichzeitig alle während der Periode in Umlauf befindlichen potenziellen Stammaktien mit Verwässerungseffekten zu berücksichtigen. Infolgedessen wird:

(a) der den Stammaktionären des Mutterunternehmens zurechenbare Gewinn oder Verlust um die Nachsteuerbeträge der Dividenden und Zinsen, die in der Periode für potenzielle Stammaktien mit Verwässerungseffekten erfasst werden, erhöht und um alle sonstigen Änderungen um Ertrag oder Aufwand, die sich aus der Umwandlung der verwässernden potenziellen Stammaktien ergäben, berichtigt; sowie

(b) der gewichtete Durchschnitt der in Umlauf befindlichen Stammaktien um den gewichteten Durchschnitt der zusätzlichen Stammaktien erhöht, die sich unter der Annahme einer Umwandlung aller verwässernden potenziellen Stammaktien in Umlauf befunden hätten.

Ergebnis

33 Zur Berechnung des verwässerten Ergebnisses je Aktie hat ein Unternehmen der den Stammaktionären des Mutterunternehmens zurechenbare gemäß Paragraph 12 ermittelte Gewinn oder Verlust um die Nachsteuerwirkungen folgender Posten zu bereinigen:

(a) alle Dividenden oder sonstigen Posten im Zusammenhang mit verwässernden potenziellen Stammaktien, die bei Berechnung des den Stammaktionären des Mutterunternehmens zurechenbaren Gewinns oder Verlusts, das gemäß Paragraph 12 ermittelt wurde, abgezogen wurden;

(b) alle Zinsen, die in der Periode im Zusammenhang mit verwässernden potenziellen Stammaktien erfasst wurden; und

(c) alle sonstigen Änderungen im Ertrag oder Aufwand, die sich aus der Umwandlung der verwässernden potenziellen Stammaktien ergäben.

34 Nach der Umwandlung potenzieller Stammaktien in Stammaktien fallen die in Paragraph 33 (a)–(c) genannten Sachverhalte nicht mehr an. Stattdessen sind die neuen Stammaktien zur Beteiligung am Gewinn oder Verlust berechtigt, das den Stammaktionären des Mutterunternehmens zusteht. Somit wird der nach Paragraph 12 ermittelte Gewinn oder Verlust, der den Stammaktionären des Mutterunternehmens zusteht, um die in Paragraph 33 (a)–(c) genannten Sachverhalte sowie die zugehörigen Steuern bereinigt. Die mit potenziellen Stammaktien verbundenen Aufwendungen umfassen die nach der Effektivzinsmethode bilanzierten Transaktionskosten und Disagien (s. Paragraph 9 des IAS 39 *Finanzinstrumente: Ansatz und Bewertung*, in der im Jahr 2003 überarbeiteten Fassung).

35 Aus der Umwandlung potenzieller Stammaktien können sich Änderungen bei den Erträgen oder Aufwendungen ergeben. So kann eine Verringerung der Zinsaufwendungen für potenzielle Stammaktien und die daraus folgende Erhöhung bzw. Reduzierung des Ergebnisses eine Erhöhung des Aufwands für einen nicht-freiwilligen Gewinnbeteiligungsplan für Arbeitnehmer zur Folge haben. Zur Berechnung des verwässerten Ergebnisses je Aktie wird der den Stammaktionären des Mutterunternehmens zurechenbare Gewinn oder Verlust um alle derartigen Änderungen bei den Erträgen oder Aufwendungen bereinigt.

Aktien

36 Bei der Berechnung des verwässerten Ergebnisses je Aktie entspricht die Zahl der Stammaktien dem gemäß den Paragraphen 19 und 26 berechneten gewichteten Durchschnitt der Stammaktien plus dem gewichteten Durchschnitt der Stammaktien, die bei Umwandlung aller verwässernden potenziellen Stammaktien in Stammaktien ausgegeben würden. Die Umwandlung verwässernder potenzieller Stammaktien in Stammaktien gilt mit dem Beginn der Periode als erfolgt oder, falls dieses Datum auf einen späteren Tag fällt, mit dem Tag, an dem die potenziellen Stammaktien emittiert wurden.

37 Verwässernde potenzielle Stammaktien sind gesondert für jede dargestellte Periode zu ermitteln. Bei den in den Zeitraum vom Jahresbeginn bis zum Stichtag einbezogenen verwässernden potenziellen Stammaktien handelt es sich nicht um einen gewichteten Durchschnitt der einzelnen Zwischenberechnungen.

38 Potenzielle Stammaktien werden für die Periode gewichtet, in der sie im Umlauf sind. Potenzielle Stammaktien, die während der Periode gelöscht wurden oder verfallen sind, werden bei der Berechnung des verwässerten Ergebnisses je Aktie nur für den Teil der Periode berücksichtigt, in dem sie im Umlauf waren. Potenzielle Stammaktien, die während der Periode in Stammaktien umgewandelt werden, werden vom Periodenbeginn bis zum Datum der Umwandlung bei der Berechnung des verwässerten Ergebnisses je Aktie berücksichtigt. Vom Zeitpunkt der Umwandlung an werden die daraus resultierenden Stammaktien sowohl in das unverwässerte als auch das verwässerte Ergebnis je Aktie einbezogen.

39 Die Bestimmung der Zahl der bei der Umwandlung verwässernder potenzieller Stammaktien auszugebenden Stammaktien erfolgt zu den für die potenziellen Stammaktien geltenden Bedingungen. Sofern für die Umwandlung mehr als eine Grundlage besteht, wird bei der Berechnung das aus Sicht des Inhabers der potenziellen Stammaktien vorteilhafteste Umwandlungsverhältnis oder der günstigste Ausübungskurs zu Grunde gelegt.

40 Ein Tochterunternehmen, Gemeinschaftsunternehmen oder assoziiertes Unternehmen kann an Parteien, mit Ausnahme des Mutterunternehmens oder der Anleger, unter deren gemeinschaftlicher Führung oder maßgeblichem Einfluss das Beteiligungsunternehmen steht, potenzielle Stammaktien ausgeben, die entweder in Stammaktien des Tochterunterneh-

The objective of diluted earnings per share is consistent with that of basic earnings per share—to provide a measure of **32** the interest of each ordinary share in the performance of an entity—while giving effect to all dilutive potential ordinary shares outstanding during the period. As a result:

(a) profit or loss attributable to ordinary equity holders of the parent entity is increased by the after-tax amount of dividends and interest recognised in the period in respect of the dilutive potential ordinary shares and is adjusted for any other changes in income or expense that would result from the conversion of the dilutive potential ordinary shares; and

(b) the weighted average number of ordinary shares outstanding is increased by the weighted average number of additional ordinary shares that would have been outstanding assuming the conversion of all dilutive potential ordinary shares.

Earnings

For the purpose of calculating diluted earnings per share, an entity shall adjust profit or loss attributable to ordinary **33** equity holders of the parent entity, as calculated in accordance with paragraph 12, by the after-tax effect of:

(a) any dividends or other items related to dilutive potential ordinary shares deducted in arriving at profit or loss attributable to ordinary equity holders of the parent entity as calculated in accordance with paragraph 12;

(b) any interest recognised in the period related to dilutive potential ordinary shares; and

(c) any other changes in income or expense that would result from the conversion of the dilutive potential ordinary shares.

After the potential ordinary shares are converted into ordinary shares, the items identified in paragraph 33 (a)—(c) no **34** longer arise. Instead, the new ordinary shares are entitled to participate in profit or loss attributable to ordinary equity holders of the parent entity. Therefore, profit or loss attributable to ordinary equity holders of the parent entity calculated in accordance with paragraph 12 is adjusted for the items identified in paragraph 33 (a)—(c) and any related taxes. The expenses associated with potential ordinary shares include transaction costs and discounts accounted for in accordance with the effective interest method (see paragraph 9 of IAS 39 *Financial instruments: recognition and measurement*, as revised in 2003).

The conversion of potential ordinary shares may lead to consequential changes in income or expenses. For example, the **35** reduction of interest expense related to potential ordinary shares and the resulting increase in profit or reduction in loss may lead to an increase in the expense related to a non-discretionary employee profit-sharing plan. For the purpose of calculating diluted earnings per share, profit or loss attributable to ordinary equity holders of the parent entity is adjusted for any such consequential changes in income or expense.

Shares

For the purpose of calculating diluted earnings per share, the number of ordinary shares shall be the weighted average **36** number of ordinary shares calculated in accordance with paragraphs 19 and 26, plus the weighted average number of ordinary shares that would be issued on the conversion of all the dilutive potential ordinary shares into ordinary shares. Dilutive potential ordinary shares shall be deemed to have been converted into ordinary shares at the beginning of the period or, if later, the date of the issue of the potential ordinary shares.

Dilutive potential ordinary shares shall be determined independently for each period presented. The number of dilutive **37** potential ordinary shares included in the year-to-date period is not a weighted average of the dilutive potential ordinary shares included in each interim computation.

Potential ordinary shares are weighted for the period they are outstanding. Potential ordinary shares that are cancelled or **38** allowed to lapse during the period are included in the calculation of diluted earnings per share only for the portion of the period during which they are outstanding. Potential ordinary shares that are converted into ordinary shares during the period are included in the calculation of diluted earnings per share from the beginning of the period to the date of conversion; from the date of conversion, the resulting ordinary shares are included in both basic and diluted earnings per share.

The number of ordinary shares that would be issued on conversion of dilutive potential ordinary shares is determined **39** from the terms of the potential ordinary shares. When more than one basis of conversion exists, the calculation assumes the most advantageous conversion rate or exercise price from the standpoint of the holder of the potential ordinary shares.

A subsidiary, joint venture or associate may issue to parties other than the parent or investors with joint control of, or **40** significant influence over, the investee potential ordinary shares that are convertible into either ordinary shares of the subsidiary, joint venture or associate, or ordinary shares of the parent or investors with joint control of, or significant

mens, Gemeinschaftsunternehmens oder assoziierten Unternehmens oder in Stammaktien des Mutterunternehmens oder der Anleger (der berichtenden Unternehmen) wandelbar sind, unter deren gemeinschaftlicher Führung oder maßgeblichem Einfluss das Beteiligungsunternehmen steht. Haben diese potenziellen Stammaktien des Tochterunternehmens, Gemeinschaftsunternehmens oder assoziierten Unternehmens einen Verwässerungseffekt auf das unverwässerte Ergebnis je Aktie des berichtenden Unternehmens, sind sie bei der Ermittlung des verwässerten Ergebnisses je Aktie einzubeziehen.

Potenzielle Stammaktien mit Verwässerungseffekt

41 Potenzielle Stammaktien sind nur dann als verwässernd zu betrachten, wenn ihre Umwandlung in Stammaktien das Ergebnis je Aktie aus dem fortzuführenden Geschäft kürzen bzw. den Periodenverlust je Aktie aus dem fortzuführenden Geschäft erhöhen würde.

42 Ein Unternehmen verwendet den auf das Mutterunternehmen entfallenden Gewinn oder Verlust aus dem fortzuführenden Geschäft als Kontrollgröße um festzustellen, ob bei potenziellen Stammaktien eine Verwässerung oder ein Verwässerungsschutz vorliegt. Der dem Mutterunternehmen zurechenbare Gewinn oder Verlust aus dem fortzuführenden Geschäft wird gemäß Paragraph 12 bereinigt und schließt dabei Posten aus aufgegebenen Geschäftsbereichen aus.

43 Bei potenziellen Stammaktien liegt ein Verwässerungsschutz vor, wenn ihre Umwandlung in Stammaktien das Ergebnis je Aktie aus dem fortzuführenden Geschäft erhöhen bzw. den Verlust je Aktie aus dem fortzuführenden Geschäft reduzieren würde. Die Berechnung des verwässerten Ergebnisses je Aktie erfolgt nicht unter der Annahme einer Umwandlung, Ausübung oder weiteren Emission von potenziellen Stammaktien, bei denen ein Verwässerungsschutz in Bezug auf das Ergebnis je Aktie vorliegen würde.

44 Bei der Beurteilung der Frage, ob bei potenziellen Stammaktien eine Verwässerung oder ein Verwässerungsschutz vorliegt, sind alle Emissionen oder Emissionsfolgen potenzieller Stammaktien getrennt statt in Summe zu betrachten. Die Reihenfolge, in der potenzielle Stammaktien beurteilt werden, kann einen Einfluss auf die Einschätzung haben, ob sie zu einer Verwässerung beitragen. Um die Verwässerung des unverwässerten Ergebnisses je Aktie zu maximieren, wird daher jede Emission oder Emissionsfolge potenzieller Stammaktien in der Reihenfolge vom höchsten bis zum geringsten Verwässerungseffekt betrachtet, d. h. potenzielle Stammaktien, bei denen ein Verwässerungseffekt vorliegt, mit dem geringsten „Ergebnis je zusätzlicher Aktie" werden vor denjenigen mit einem höheren Ergebnis je zusätzlicher Aktie in die Berechnung des verwässerten Ergebnisses je Aktie einbezogen. Optionen und Optionsscheine werden in der Regel zuerst berücksichtigt, weil sie den Zähler der Berechnung nicht beeinflussen.

Optionen, Optionsscheine und ihre Äquivalente

45 Bei der Berechnung des verwässerten Ergebnisses je Aktie hat ein Unternehmen von der Ausübung verwässernder Optionen und Optionsscheine des Unternehmens auszugehen. Die angenommenen Erlöse aus diesen Instrumenten werden so behandelt, als wären sie im Zuge der Emission von Stammaktien zum durchschnittlichen Marktpreis der Stammaktien während der Periode angefallen. Die Differenz zwischen der Zahl der ausgegebenen Stammaktien und der Zahl der Stammaktien, die zum durchschnittlichen Marktpreis der Stammaktien während der Periode ausgegeben worden wären, ist als Ausgabe von Stammaktien ohne Entgelt zu behandeln.

46 Optionen und Optionsscheine sind als verwässernd zu betrachten, wenn sie die Ausgabe von Stammaktien zu einem geringeren als Marktpreis Stammaktien während der Periode abzüglich des Ausgabepreises. Zur Ermittlung des verwässerten Ergebnisses je Aktie wird daher unterstellt, dass potenziellen Stammaktie die beiden folgenden Elemente umfassen:
   (a) einen Vertrag zur Ausgabe einer bestimmten Zahl von Stammaktien zu ihrem durchschnittlichen Marktpreis während der Periode. Bei diesen Stammaktien wird davon ausgegangen, dass sie einen marktgerechten Kurs aufweisen und weder ein Verwässerungseffekt noch ein Verwässerungsschutz vorliegt. Sie bleiben bei der Berechnung des verwässerten Ergebnisses je Aktie unberücksichtigt;
   (b) einen Vertrag zur entgeltlosen Ausgabe der verbleibenden Stammaktien. Diese Stammaktien erzielen keine Erlöse und wirken sich nicht auf den den in Umlauf befindlichen Stammaktien zuzurechnenden Gewinn oder Verlust aus. Daher liegt bei diesen Aktien ein Verwässerungseffekt vor und sind sie bei der Berechnung des verwässerten Ergebnisses je Aktie zu den in Umlauf befindlichen Stammaktien hinzuzuzählen.

47 Bei Optionen und Optionsscheinen tritt ein Verwässerungseffekt nur dann ein, wenn der durchschnittliche Marktpreis der Stammaktien während der Periode den Ausübungspreis der Optionen oder Optionsscheine übersteigt (d. h. wenn sie „im Geld" sind). In Vorjahren angegebene Ergebnisse je Aktie werden nicht rückwirkend um Kursveränderungen bei den Stammaktien berichtigt.

47A Bei Aktienoptionen und anderen anteilsbasierten Vergütungsvereinbarungen, für die IFRS 2 *Anteilsbasierte Vergütung* gilt, müssen der in Paragraph 46 genannte Ausgabepreis und der in Paragraph 47 genannte Ausübungspreis den (gemäß IFRS 2 bemessenen) beizulegenden Zeitwert aller Güter oder Dienstleistungen enthalten, die dem Unternehmen künftig im Rahmen der Aktienoption oder einer anderen anteilsbasierten Vergütungsvereinbarung zu liefern bzw. zu erbringen sind.

influence (the reporting entity) over, the investee. If these potential ordinary shares of the subsidiary, joint venture or associate have a dilutive effect on the basic earnings per share of the reporting entity, they are included in the calculation of diluted earnings per share.

Dilutive potential ordinary shares

Potential ordinary shares shall be treated as dilutive when, and only when, their conversion to ordinary shares would **41** decrease earnings per share or increase loss per share from continuing operations.

An entity uses profit or loss from continuing operations attributable to the parent entity as the control number to estab- **42** lish whether potential ordinary shares are dilutive or antidilutive. Profit or loss from continuing operations attributable to the parent entity is adjusted in accordance with paragraph 12 and excludes items relating to discontinued operations.

Potential ordinary shares are antidilutive when their conversion to ordinary shares would increase earnings per share or **43** decrease loss per share from continuing operations. The calculation of diluted earnings per share does not assume conversion, exercise, or other issue of potential ordinary shares that would have an antidilutive effect on earnings per share.

In determining whether potential ordinary shares are dilutive or antidilutive, each issue or series of potential ordinary **44** shares is considered separately rather than in aggregate. The sequence in which potential ordinary shares are considered may affect whether they are dilutive. Therefore, to maximise the dilution of basic earnings per share, each issue or series of potential ordinary shares is considered in sequence from the most dilutive to the least dilutive, i.e. dilutive potential ordinary shares with the lowest 'earnings per incremental share' are included in the diluted earnings per share calculation before those with a higher earnings per incremental share. Options and warrants are generally included first because they do not affect the numerator of the calculation.

Options, warrants and their equivalents

For the purpose of calculating diluted earnings per share, an entity shall assume the exercise of dilutive options and war- **45** rants of the entity. The assumed proceeds from these instruments shall be regarded as having been received from the issue of ordinary shares at the average market price of ordinary shares during the period. The difference between the number of ordinary shares issued and the number of ordinary shares that would have been issued at the average market price of ordinary shares during the period shall be treated as an issue of ordinary shares for no consideration.

Options and warrants are dilutive when they would result in the issue of ordinary shares for less than the average market **46** price of ordinary shares during the period. The amount of the dilution is the average market price of ordinary shares during the period minus the issue price. Therefore, to calculate diluted earnings per share, potential ordinary shares are treated as consisting of both the following:
(a) a contract to issue a certain number of the ordinary shares at their average market price during the period. Such ordinary shares are assumed to be fairly priced and to be neither dilutive nor antidilutive. They are ignored in the calculation of diluted earnings per share;
(b) a contract to issue the remaining ordinary shares for no consideration. Such ordinary shares generate no proceeds and have no effect on profit or loss attributable to ordinary shares outstanding. Therefore, such shares are dilutive and are added to the number of ordinary shares outstanding in the calculation of diluted earnings per share.

Options and warrants have a dilutive effect only when the average market price of ordinary shares during the period **47** exceeds the exercise price of the options or warrants (i.e. they are 'in the money'). Previously reported earnings per share are not retroactively adjusted to reflect changes in prices of ordinary shares.

For share options and other share-based payment arrangements to which IFRS 2 *Share-based Payment* applies, the issue **47A** price referred to in paragraph 46 and the exercise price referred to in paragraph 47 shall include the fair value (measured in accordance with IFRS 2) of any goods or services to be supplied to the entity in the future under the share option or other share-based payment arrangement.

48 Mitarbeiteraktienoptionen mit festen oder bestimmbaren Laufzeiten und verfallbare Stammaktien werden bei der Ermittlung des verwässerten Ergebnisses je Aktie als Optionen behandelt, obgleich sie eventuell von einer Anwartschaft abhängig sind. Sie werden zum Bewilligungsdatum als im Umlauf befindlich behandelt. Leistungsabhängige Mitarbeiteraktienoptionen werden als bedingt emissionsfähige Aktien behandelt, weil ihre Ausgabe neben dem Ablauf einer Zeitspanne auch von der Erfüllung bestimmter Bedingungen abhängig ist.

Wandelbare Instrumente

49 Der Verwässerungseffekt wandelbarer Instrumente ist gemäß den Paragraphen 33 und 36 im verwässerten Ergebnis je Aktie darzustellen.

50 Bei wandelbaren Vorzugsaktien liegt ein Verwässerungsschutz immer dann vor, wenn die Dividende, die in der laufenden Periode für diese Aktien angekündigt bzw. aufgelaufen ist, das bei einer Umwandlung je erhaltener Stammaktie unverwässerte Ergebnis je Aktie übersteigt. Bei wandelbaren Schuldtiteln liegt ein Verwässerungsschutz vor, wenn die zu erhaltende Verzinsung (nach Steuern und sonstigen Änderungen bei den Erträgen oder Aufwendungen) je Stammaktie bei einer Umwandlung das unverwässerte Ergebnis je Aktie übersteigt.

51 Die Rückzahlung oder vorgenommene Umwandlung wandelbarer Vorzugsaktien betrifft unter Umständen nur einen Teil der zuvor in Umlauf befindlichen wandelbaren Vorzugsaktien. Um zu ermitteln, ob bei den übrigen in Umlauf befindlichen Vorzugsaktien ein Verwässerungseffekt vorliegt, wird in diesen Fällen ein in Paragraph 17 genanntes zusätzliches Entgelt den Aktien zugerechnet, die zurückgezahlt oder umgewandelt werden. Zurückgezahlte oder umgewandelte und nicht zurückgezahlte oder umgewandelte Aktien werden getrennt voneinander betrachtet.

Bedingt emissionsfähige Aktien

52 Wie bei der Ermittlung des unverwässerten Ergebnisses je Aktie werden auch bedingt emissionsfähige Aktien als in Umlauf befindlich behandelt und in die Berechnung des verwässerten Ergebnisses je Aktie einbezogen, sofern die Bedingungen erfüllt (d. h. die Ereignisse eingetreten sind). Bedingt emissionsfähige Aktien werden mit Beginn der Periode (oder ab dem Tag der Vereinbarung zur bedingten Emission, falls dieser Termin später liegt) einbezogen. Falls die Bedingungen nicht erfüllt sind, basiert die Zahl der bedingt emissionsfähigen Aktien, die in die Berechnung des verwässerten Ergebnisses je Aktie einbezogen werden, auf der Zahl an Aktien, die auszugeben wären, falls das Ende der Periode mit dem Ende des Zeitraums, innerhalb dessen diese Bedingung eintreten kann, zusammenfiele. Sind die Bedingungen bei Ablauf der Periode, innerhalb der sie eintreten können, nicht erfüllt, sind rückwirkende Anpassungen nicht erlaubt.

53 Besteht die Bedingung einer bedingten Emission in der Erzielung oder Aufrechterhaltung eines bestimmten Ergebnisses und wurde dieser Betrag zum Ende des Berichtszeitraumes zwar erzielt, muss darüber hinaus aber für eine weitere Periode gehalten werden, so gelten die zusätzlichen Stammaktien als in Umlauf befindlich, falls bei der Ermittlung des verwässerten Ergebnisses je Aktie ein Verwässerungseffekt eintritt. In diesem Fall basiert die Ermittlung des verwässerten Ergebnisses je Aktie auf der Zahl von Stammaktien, die ausgegeben würden, wenn das Ergebnis am Ende der Berichtsperiode mit dem Ergebnis am Ende der Periode, innerhalb der diese Bedingung eintreten kann, identisch wäre. Da sich das Ergebnis in einer künftigen Periode verändern kann, werden bedingt emissionsfähige Aktien nicht vor Ende der Periode, innerhalb der diese Bedingung eintreten kann, in die Ermittlung des unverwässerten Ergebnisses einbezogen, da nicht alle erforderlichen Voraussetzungen erfüllt sind.

54 Die Zahl der bedingt emissionsfähigen Aktien kann vom künftigen Marktpreis der Stammaktien abhängen. Sollte dies zu einer Verwässerung führen, so basiert die Ermittlung des verwässerten Ergebnisses je Aktie auf der Zahl von Stammaktien, die ausgegeben würden, wenn der Marktpreis am Ende der Berichtsperiode mit dem Marktpreis am Ende der Periode, innerhalb der diese Bedingung eintreten kann, identisch wäre. Basiert die Bedingung auf einem Durchschnitt der Marktpreis über einen über die Berichtsperiode hinausgehenden Zeitraum, so wird der Durchschnitt für den abgelaufenen Zeitraum zugrunde gelegt. Da sich der Marktpreis in einer künftigen Periode verändern kann, werden bedingt emissionsfähige Aktien nicht vor Ende der Periode, innerhalb der diese Bedingung eintreten kann, in die Ermittlung des unverwässerten Ergebnisses je Aktie einbezogen, da nicht alle erforderlichen Voraussetzungen erfüllt sind.

55 Die Zahl der bedingt emissionsfähigen Aktien kann vom künftigen Ergebnis und den künftigen Kursen der Stammaktien abhängen. In solchen Fällen basiert die Zahl der Stammaktien, die in die Berechnung des verwässerten Ergebnisses je Aktie einbezogen werden, auf beiden Bedingungen (also dem bis dahin erzielten Ergebnis und dem aktuellen Börsenkurs am Ende des Berichtszeitraums). Bedingt emissionsfähige Aktien werden erst in die Ermittlung des verwässerten Ergebnisses je Aktie einbezogen, wenn beide Bedingungen erfüllt sind.

56 In anderen Fällen hängt die Zahl der bedingt emissionsfähigen Aktien von einer anderen Bedingung als dem Ergebnis oder Marktpreis (beispielsweise der Eröffnung einer bestimmten Zahl an Einzelhandelsgeschäften) ab. In diesen Fällen werden die bedingt emissionsfähigen Aktien unter der Annahme, dass die Bedingung bis zum Ende der Periode, innerhalb der sie eintreten kann, unverändert bleibt, dem Stand am Ende des Berichtszeitraums entsprechend in die Berechnung des verwässerten Ergebnisses je Aktie einbezogen.

Employee share options with fixed or determinable terms and non-vested ordinary shares are treated as options in the **48** calculation of diluted earnings per share, even though they may be contingent on vesting. They are treated as outstanding on the grant date. Performance-based employee share options are treated as contingently issuable shares because their issue is contingent upon satisfying specified conditions in addition to the passage of time.

Convertible instruments

The dilutive effect of convertible instruments shall be reflected in diluted earnings per share in accordance with para- **49** graphs 33 and 36.

Convertible preference shares are antidilutive whenever the amount of the dividend on such shares declared in or accu- **50** mulated for the current period per ordinary share obtainable on conversion exceeds basic earnings per share. Similarly, convertible debt is antidilutive whenever its interest (net of tax and other changes in income or expense) per ordinary share obtainable on conversion exceeds basic earnings per share.

The redemption or induced conversion of convertible preference shares may affect only a portion of the previously out- **51** standing convertible preference shares. In such cases, any excess consideration referred to in paragraph 17 is attributed to those shares that are redeemed or converted for the purpose of determining whether the remaining outstanding prefer- ence shares are dilutive. The shares redeemed or converted are considered separately from those shares that are not redeemed or converted.

Contingently issuable shares

As in the calculation of basic earnings per share, contingently issuable ordinary shares are treated as outstanding and **52** included in the calculation of diluted earnings per share if the conditions are satisfied (i.e. the events have occurred). Con- tingently issuable shares are included from the beginning of the period (or from the date of the contingent share agree- ment, if later). If the conditions are not satisfied, the number of contingently issuable shares included in the diluted earn- ings per share calculation is based on the number of shares that would be issuable if the end of the period were the end of the contingency period. Restatement is not permitted if the conditions are not met when the contingency period expires.

If attainment or maintenance of a specified amount of earnings for a period is the condition for contingent issue and if **53** that amount has been attained at the end of the reporting period but must be maintained beyond the end of the reporting period for an additional period, then the additional ordinary shares are treated as outstanding, if the effect is dilutive, when calculating diluted earnings per share. In that case, the calculation of diluted earnings per share is based on the number of ordinary shares that would be issued if the amount of earnings at the end of the reporting period were the amount of earnings at the end of the contingency period. Because earnings may change in a future period, the calculation of basic earnings per share does not include such contingently issuable ordinary shares until the end of the contingency period because not all necessary conditions have been satisfied.

The number of ordinary shares contingently issuable may depend on the future market price of the ordinary shares. In **54** that case, if the effect is dilutive, the calculation of diluted earnings per share is based on the number of ordinary shares that would be issued if the market price at the end of the reporting period were the market price at the end of the con- tingency period. If the condition is based on an average of market prices over a period of time that extends beyond the end of the reporting period, the average for the period of time that has lapsed is used. Because the market price may change in a future period, the calculation of basic earnings per share does not include such contingently issuable ordinary shares until the end of the contingency period because not all necessary conditions have been satisfied.

The number of ordinary shares contingently issuable may depend on future earnings and future prices of the ordinary **55** shares. In such cases, the number of ordinary shares included in the diluted earnings per share calculation is based on both conditions (i.e. earnings to date and the current market price at the end of the reporting period). Contingently issu- able ordinary shares are not included in the diluted earnings per share calculation unless both conditions are met.

In other cases, the number of ordinary shares contingently issuable depends on a condition other than earnings or market **56** price (for example, the opening of a specific number of retail stores). In such cases, assuming that the present status of the condition remains unchanged until the end of the contingency period, the contingently issuable ordinary shares are included in the calculation of diluted earnings per share according to the status at the end of the reporting period.

57 Bedingt emissionsfähige potenzielle Stammaktien (mit Ausnahme solcher, die einer Vereinbarung zur bedingten Emission unterliegen, wie bedingt emissionsfähige wandelbare Instrumente) werden folgendermaßen in die Berechnung des verwässerten Ergebnisses je Aktie einbezogen:

(a) Ein Unternehmen stellt fest, ob man bei den potenziellen Stammaktien davon ausgehen kann, dass sie aufgrund der für sie festgelegten Emissionsbedingungen nach Maßgabe der Bestimmungen über bedingt emissionsfähige Stammaktien in den Paragraphen 52–56 emissionsfähig sind; und

(b) sollten sich diese potenziellen Stammaktien im verwässerten Ergebnis je Aktie niederschlagen, stellt ein Unternehmen die entsprechenden Auswirkungen auf die Berechnung des verwässerten Ergebnisses je Aktie nach Maßgabe der Bestimmungen über Optionen und Optionsscheine (Paragraphen 45–48), der Bestimmungen über wandelbare Instrumente (Paragraphen 49–51), der Bestimmungen über Verträge, die in Stammaktien oder liquiden Mitteln erfüllt werden (Paragraphen 58–61) bzw. sonstiger Bestimmungen fest.

Bei der Ermittlung des verwässerten Ergebnisses je Aktie wird jedoch nur von einer Ausübung bzw. Umwandlung ausgegangen, wenn bei ähnlichen im Umlauf befindlichen potenziellen und unbedingten Stammaktien die gleiche Annahme zugrunde gelegt wird.

Verträge, die in Stammaktien oder liquiden Mitteln erfüllt werden können

58 Hat ein Unternehmen einen Vertrag geschlossen, bei dem es zwischen einer Erfüllung in Stammaktien oder in liquiden Mitteln wählen kann, so hat das Unternehmen davon auszugehen, dass der Vertrag in Stammaktien erfüllt wird, wobei die daraus resultierenden potenziellen Stammaktien im verwässerten Ergebnis je Aktie zu berücksichtigen sind, sofern ein Verwässerungseffekt vorliegt.

59 Wird ein solcher Vertrag zu Bilanzierungszwecken als Vermögenswert oder Schuld dargestellt oder enthält er eine Eigenkapital- und eine Schuldkomponente, so hat das Unternehmen den Zähler um etwaige Änderungen beim Gewinn oder Verlust zu berichten, die sich während der Periode ergeben hätten, wäre der Vertrag in vollem Umfang als Eigenkapitalinstrument eingestuft worden. Bei dieser Berichtigung wird ähnlich verfahren wie bei den nach Paragraph 33 erforderlichen Anpassungen.

60 Bei Verträgen, die nach Wahl des Inhabers in Stammaktien oder liquiden Mitteln erfüllt werden können, ist bei der Berechnung des verwässerten Ergebnisses je Aktie die Option mit dem stärkeren Verwässerungseffekt zugrunde zu legen.

61 Ein Beispiel für einen Vertrag, bei dem die Erfüllung in Stammaktien oder liquiden Mitteln erfolgen kann, ist ein Schuldinstrument, das dem Unternehmen bei Fälligkeit das uneingeschränkte Recht einräumt, den Kapitalbetrag in liquiden Mitteln oder in eigenen Stammaktien zu leisten. Ein weiteres Beispiel ist eine geschriebene Verkaufsoption, deren Inhaber die Wahl zwischen Erfüllung in Stammaktien oder in liquiden Mitteln hat.

Gekaufte Optionen

62 Verträge wie gekaufte Verkaufsoptionen und gekaufte Kaufoptionen (also Optionen, die das Unternehmen auf die eigenen Stammaktien hält) werden nicht in die Berechnung des verwässerten Ergebnisses je Aktie einbezogen, weil dies einem Verwässerungsschutz gleichkäme. Die Verkaufsoption würde nur ausgeübt, wenn der Ausübungspreis den Marktpreis überstiege, und die Kaufoption würde nur ausgeübt, wenn der Ausübungspreis unter dem Marktpreis läge.

Geschriebene Verkaufsoptionen

63 Verträge, die das Unternehmen zum Rückkauf seiner eigenen Aktien verpflichten (wie geschriebene Verkaufsoptionen und Terminkäufe), kommen bei der Berechnung des verwässerten Ergebnisses je Aktie zum Tragen, wenn ein Verwässerungseffekt vorliegt. Wenn diese Verträge innerhalb der Periode „im Geld" sind (d. h. der Ausübungs- oder Erfüllungspreis den durchschnittlichen Marktpreis in der Periode übersteigt), so ist der potenzielle Verwässerungseffekt auf das Ergebnis je Aktie folgendermaßen zu ermitteln:

(a) es ist anzunehmen, dass am Anfang der Periode eine ausreichende Menge an Stammaktien (zum durchschnittlichen Marktpreis während der Periode) emittiert werden, um die Mittel zur Vertragserfüllung zu beschaffen;

(b) es ist anzunehmen, dass die Erlöse aus der Emission zur Vertragserfüllung (also zum Rückkauf der Stammaktien) verwendet werden; und

(c) die zusätzlichen Stammaktien (die Differenz zwischen den als emittiert angenommenen Stammaktien und den aus der Vertragserfüllung vereinnahmten Stammaktien) sind in die Berechnung des verwässerten Ergebnisses je Aktie einzubeziehen.

RÜCKWIRKENDE ANPASSUNGEN

64 Nimmt die Zahl der in Umlauf befindlichen Stammaktien oder potenziellen Stammaktien durch eine Kapitalisierung, eine Emission von Gratisaktien oder einen Aktiensplitts zu bzw. durch einen umgekehrten Aktiensplit ab, so ist die Berechnung des unverwässerten und verwässerten Ergebnisses je Aktie für alle dargestellten Perioden rückwirkend zu

Contingently issuable potential ordinary shares (other than those covered by a contingent share agreement, such as con- **57** tingently issuable convertible instruments) are included in the diluted earnings per share calculation as follows:

(a) an entity determines whether the potential ordinary shares may be assumed to be issuable on the basis of the conditions specified for their issue in accordance with the contingent ordinary share provisions in paragraphs 52—56; and

(b) if those potential ordinary shares should be reflected in diluted earnings per share, an entity determines their impact on the calculation of diluted earnings per share by following the provisions for options and warrants in paragraphs 45—48, the provisions for convertible instruments in paragraphs 49—51, the provisions for contracts that may be settled in ordinary shares or cash in paragraphs 58—61, or other provisions, as appropriate.

However, exercise or conversion is not assumed for the purpose of calculating diluted earnings per share unless exercise or conversion of similar outstanding potential ordinary shares that are not contingently issuable is assumed.

Contracts that may be settled in ordinary shares or cash

When an entity has issued a contract that may be settled in ordinary shares or cash at the entity's option, the entity shall **58** presume that the contract will be settled in ordinary shares, and the resulting potential ordinary shares shall be included in diluted earnings per share if the effect is dilutive.

When such a contract is presented for accounting purposes as an asset or a liability, or has an equity component and a **59** liability component, the entity shall adjust the numerator for any changes in profit or loss that would have resulted during the period if the contract had been classified wholly as an equity instrument. That adjustment is similar to the adjustments required in paragraph 33.

For contracts that may be settled in ordinary shares or cash at the holder's option, the more dilutive of cash settlement **60** and share settlement shall be used in calculating diluted earnings per share.

An example of a contract that may be settled in ordinary shares or cash is a debt instrument that, on maturity, gives the **61** entity the unrestricted right to settle the principal amount in cash or in its own ordinary shares. Another example is a written put option that gives the holder a choice of settling in ordinary shares or cash.

Purchased options

Contracts such as purchased put options and purchased call options (i.e. options held by the entity on its own ordinary **62** shares) are not included in the calculation of diluted earnings per share because including them would be antidilutive. The put option would be exercised only if the exercise price were higher than the market price and the call option would be exercised only if the exercise price were lower than the market price.

Written put options

Contracts that require the entity to repurchase its own shares, such as written put options and forward purchase con- **63** tracts, are reflected in the calculation of diluted earnings per share if the effect is dilutive. If these contracts are 'in the money' during the period (i.e. the exercise or settlement price is above the average market price for that period), the potential dilutive effect on earnings per share shall be calculated as follows:

(a) it shall be assumed that at the beginning of the period sufficient ordinary shares will be issued (at the average market price during the period) to raise proceeds to satisfy the contract;

(b) it shall be assumed that the proceeds from the issue are used to satisfy the contract (i.e. to buy back ordinary shares); and

(c) the incremental ordinary shares (the difference between the number of ordinary shares assumed issued and the number of ordinary shares received from satisfying the contract) shall be included in the calculation of diluted earnings per share.

RETROSPECTIVE ADJUSTMENTS

If the number of ordinary or potential ordinary shares outstanding increases as a result of a capitalisation, bonus issue or **64** share split, or decreases as a result of a reverse share split, the calculation of basic and diluted earnings per share for all periods presented shall be adjusted retrospectively. If these changes occur after the reporting period but before the finan-

berichtigen. Treten diese Änderungen nach dem Abschlussstichtag, aber vor der Genehmigung zur Veröffentlichung des Abschlusses ein, sind die Berechnungen je Aktie für den Abschluss, der für diese Periode vorgelegt wird, sowie für die Abschlüsse aller früheren Perioden auf der Grundlage der neuen Zahl an Aktien vorzunehmen. Dabei ist anzugeben, dass die Berechnungen pro Aktie derartigen Änderungen in der Zahl der Aktien Rechnung tragen. Darüber hinaus sind für alle dargestellten Perioden die unverwässerten und verwässerten Ergebnisse je Aktie auch im Hinblick auf die Auswirkungen von rückwirkend berücksichtigten Fehlern und Anpassungen, die durch Änderungen der Rechnungslegungsmethoden bedingt sind, anzupassen.

65 Ein Unternehmen darf verwässerte Ergebnisse je Aktie, die in früheren Perioden ausgewiesen wurden, nicht aufgrund von Änderungen der Berechnungsannahmen zur Ergebnisermittlung je Aktie oder zwecks Umwandlung potenzieller Stammaktien in Stammaktien rückwirkend anpassen.

DARSTELLUNG

66 Ein Unternehmen hat in seiner Gesamtergebnisrechnung für jede Gattung von Stammaktien mit unterschiedlichem Anrecht auf Teilnahme am Gewinn oder Verlust das unverwässerte und das verwässerte Ergebnis je Aktie aus dem den Stammaktionären des Mutterunternehmens zurechenbaren Periodengewinn bzw. -verlust aus dem fortzuführenden Geschäft sowie den den Stammaktionären des Mutterunternehmens zurechenbaren Gewinn oder Verlust auszuweisen. Ein Unternehmen hat die unverwässerten und verwässerten Ergebnisse je Aktie in allen dargestellten Perioden gleichrangig auszuweisen.

67 Das Ergebnis je Aktie ist für jede Periode auszuweisen, für die eine Gesamtergebnisrechnung vorgelegt wird. Wird das verwässerte Ergebnis je Aktie für mindestens eine Periode ausgewiesen, so ist es, selbst wenn es dem unverwässerten Ergebnis je Aktie entspricht, für sämtliche Perioden auszuweisen. Stimmen unverwässertes und verwässertes Ergebnis je Aktie überein, so kann der doppelte Ausweis in einer Zeile in der Gesamtergebnisrechnung erfolgen.

67A Stellt ein Unternehmen die Ergebnisbestandteile gemäß Paragraph 10A von IAS 1 (in der 2011 geänderten Fassung) in einer gesonderten Gewinn- und Verlustrechnung dar, so hat es das unverwässerte und verwässerte Ergebnis je Aktie gemäß den Anforderungen in Paragraph 66 und 67 in dieser gesonderten Gewinn- und Verlustrechnung auszuweisen.

68 Ein Unternehmen, das die Aufgabe eines Geschäftsbereichs meldet, hat die unverwässerten und verwässerten Ergebnisse je Aktie für den aufgegebenen Geschäftsbereich entweder in der Gesamtergebnisrechnung oder im Anhang auszuweisen.

68A Stellt ein Unternehmen die Ergebnisbestandteile gemäß Paragraph 10A von IAS 1 (in der 2011 geänderten Fassung) in einer gesonderten Gewinn- und Verlustrechnung dar, so hat es das unverwässerte und verwässerte Ergebnis je Aktie für den aufgegebenen Geschäftsbereich gemäß den Anforderungen in Paragraph 68 in dieser gesonderten Aufstellung oder im Anhang auszuweisen.

69 Ein Unternehmen hat die unverwässerten und verwässerten Ergebnisse je Aktie auch dann auszuweisen, wenn die Beträge negativ (also als Verlust je Aktie) ausfallen.

ANGABEN

70 Ein Unternehmen hat Folgendes anzugeben:
(a) die Beträge, die es bei der Berechnung von unverwässerten und verwässerten Ergebnissen je Aktie als Zähler verwendet, sowie eine Überleitung der entsprechenden Beträge zu dem dem Mutterunternehmen zurechenbaren Gewinn oder Verlust. Der Überleitungsrechnung muss zu entnehmen sein, wie sich die einzelnen Instrumente auf das Ergebnis je Aktie auswirken.
(b) den gewichteten Durchschnitt der Stammaktien, der bei der Berechnung der unverwässerten und verwässerten Ergebnisse je Aktie als Nenner verwendet wurde, sowie eine Überleitungsrechnung dieser Nenner zueinander. Der Überleitungsrechnung muss zu entnehmen sein, wie sich die einzelnen Instrumente auf das Ergebnis je Aktie auswirken.
(c) die Instrumente (einschließlich bedingt emissionsfähiger Aktien), die das unverwässerte Ergebnis je Aktie in Zukunft potenziell verwässern könnten, aber nicht in die Berechnung des verwässerten Ergebnisses je Aktie eingeflossen sind, weil sie für die dargestellte(n) Periode(n) einer Verwässerung entgegenwirken.
(d) eine Beschreibung der Transaktionen mit Stammaktien oder potenziellen Stammaktien – mit Ausnahme derjenigen, die gemäß Paragraph 64 berücksichtigt werden –, die nach dem Abschlussstichtag zustande kommen und die – wenn sie vor Ende der Berichtsperiode stattgefunden hätten, die Zahl der am Ende der Periode in Umlauf befindlichen Stammaktien oder potenziellen Stammaktien erheblich verändert hätten.

71 Beispiele für die in Paragraph 70 (d) genannten Transaktionen sind:
(a) die Ausgabe von Aktien gegen liquide Mittel;
(b) die Ausgabe von Aktien, wenn die Erlöse dazu verwendet werden, zum Abschlussstichtag bestehende Schulden oder in Umlauf befindliche Vorzugsaktien zu tilgen;

cial statements are authorised for issue, the per share calculations for those and any prior period financial statements presented shall be based on the new number of shares. The fact that per share calculations reflect such changes in the number of shares shall be disclosed. In addition, basic and diluted earnings per share of all periods presented shall be adjusted for the effects of errors and adjustments resulting from changes in accounting policies accounted for retrospectively.

An entity does not restate diluted earnings per share of any prior period presented for changes in the assumptions used in **65** earnings per share calculations or for the conversion of potential ordinary shares into ordinary shares.

PRESENTATION

An entity shall present in the statement of comprehensive income basic and diluted earnings per share for profit or loss **66** from continuing operations attributable to the ordinary equity holders of the parent entity and for profit or loss attributable to the ordinary equity holders of the parent entity for the period for each class of ordinary shares that has a different right to share in profit for the period. An entity shall present basic and diluted earnings per share with equal prominence for all periods presented.

Earnings per share is presented for every period for which an statement of comprehensive income is presented. If diluted **67** earnings per share is reported for at least one period, it shall be reported for all periods presented, even if it equals basic earnings per share. If basic and diluted earnings per share are equal, dual presentation can be accomplished in one line in the statement of comprehensive income.

If an entity presents items of profit or loss in a separate statement as described in paragraph 10A of IAS 1 (as amended in **67A** 2011), it presents basic and diluted earnings per share, as required in paragraphs 66 and 67, in that separate statement.

An entity that reports a discontinued operation shall disclose the basic and diluted amounts per share for the discontin- **68** ued operation either in the statement of comprehensive income or in the notes.

If an entity presents items of profit or loss in a separate statement as described in paragraph 10A of IAS 1 (as amended in **68A** 2011), it presents basic and diluted earnings per share for the discontinued operation, as required in paragraph 68, in that separate statement or in the notes.

An entity shall present basic and diluted earnings per share, even if the amounts are negative (i.e. a loss per share). **69**

DISCLOSURE

An entity shall disclose the following: **70**
(a) the amounts used as the numerators in calculating basic and diluted earnings per share, and a reconciliation of those amounts to profit or loss attributable to the parent entity for the period. The reconciliation shall include the individual effect of each class of instruments that affects earnings per share;
(b) the weighted average number of ordinary shares used as the denominator in calculating basic and diluted earnings per share, and a reconciliation of these denominators to each other. The reconciliation shall include the individual effect of each class of instruments that affects earnings per share;
(c) instruments (including contingently issuable shares) that could potentially dilute basic earnings per share in the future, but were not included in the calculation of diluted earnings per share because they are antidilutive for the period(s) presented;
(d) a description of ordinary share transactions or potential ordinary share transactions, other than those accounted for in accordance with paragraph 64, that occur after the reporting period and that would have changed significantly the number of ordinary shares or potential ordinary shares outstanding at the end of the period if those transactions had occurred before the end of the reporting period.

Examples of transactions in paragraph 70 (d) include: **71**
(a) an issue of shares for cash;
(b) an issue of shares when the proceeds are used to repay debt or preference shares outstanding at the end of the reporting period;

(c) die Rücknahme von in Umlauf befindlichen Stammaktien;

(d) die Umwandlung oder Ausübung des Bezugsrechtes potenzieller, sich zum Abschlussstichtag im Umlauf befindlicher Stammaktien in Stammaktien;

(e) die Ausgabe von Optionen, Optionsscheinen oder wandelbaren Instrumenten; und

(f) die Erfüllung von Bedingungen, die die Ausgabe bedingt emissionsfähiger Aktien zur Folge hätten.

Die Ergebnisse je Aktie werden nicht um Transaktionen berichtigt, die nach dem Abschlussstichtag eintreten, da diese den zur Generierung des Ergebnisses verwendeten Kapitalbetrag nicht beeinflussen.

72 Finanzinstrumente und sonstige Verträge, die zu potenziellen Stammaktien führen, können Bedingungen enthalten, die die Messung des unverwässerten und verwässerten Ergebnisses je Aktie beeinflussen. Diese Bedingungen können entscheidend dafür sein, ob bei potenziellen Stammaktien ein Verwässerungseffekt vorliegt und, falls dem so ist, wie sich dies auf den gewichteten Durchschnitt der in Umlauf befindlichen Aktien sowie alle daraus resultierenden Berichtigungen des den Stammaktionären zuzurechnenden Periodenergebnisses auswirkt. Die Angabe der Vertragsbedingungen dieser Finanzinstrumente und anderer Verträge wird empfohlen, sofern dies nicht ohnehin vorgeschrieben ist (s. IFRS 7 *Finanzinstrumente: Angaben*).

73 Falls ein Unternehmen zusätzlich zum unverwässerten und verwässerten Ergebnis je Aktie Beträge je Aktie angibt, die mittels eines im Bericht enthaltenen Bestandteils des Periodengewinns ermittelt werden, der von diesem Standard abweicht, so sind derartige Beträge unter Verwendung des gemäß diesem Standard ermittelten gewichteten Durchschnitts von Stammaktien zu bestimmen. Unverwässerte und verwässerte Beträge je Aktie, die sich auf einen derartigen Bestandteil beziehen, sind gleichrangig anzugeben und im Anhang auszuweisen. Ein Unternehmen hat auf die Grundlage zur Ermittlung der(s) Nenner(s) hinzuweisen, einschließlich der Angabe, ob es sich bei den entsprechenden Beträgen je Aktie um Vor- oder Nachsteuerbeträge handelt. Bei Verwendung eines Bestandteils des Periodengewinns, der nicht als eigenständiger Posten in der Gesamtergebnisrechnung ausgewiesen wird, ist eine Überleitung zwischen diesem verwendeten Bestandteil zu einem in der Gesamtergebnisrechnung ausgewiesenen Posten herzustellen.

73A Paragraph 73 ist auch auf ein Unternehmen anwendbar, das zusätzlich zum unverwässerten und verwässerten Ergebnis je Aktie Beträge je Aktie angibt, die mittels eines im Bericht enthaltenen Ergebnisbestandteils ausgewiesen werden, der nicht von diesem Standard vorgeschrieben wird.

ZEITPUNKT DES INKRAFTTRETENS

74 Dieser Standard ist erstmals in der ersten Berichtsperiode eines am 1. Januar 2005 oder danach beginnenden Geschäftsjahres anzuwenden. Eine frühere Anwendung wird empfohlen. Wenn ein Unternehmen diesen Standard für Berichtsperioden anwendet, die vor dem 1. Januar 2005 beginnen, so ist dies anzugeben.

74A Infolge des IAS 1 (überarbeitet 2007) wurde die in allen IFRS verwendete Terminologie geändert. Außerdem wurden die Paragraphen 4A, 67A, 68A und 73A geändert. Diese Änderungen sind erstmals in der ersten Berichtsperiode eines am 1. Januar 2009 oder danach beginnenden Geschäftsjahres anzuwenden. Wird IAS 1 (überarbeitet 2007) auf eine frühere Periode angewandt, sind diese Änderungen entsprechend auch anzuwenden.

74B Durch IFRS 10 und IFRS 11 *Gemeinsame Vereinbarungen,* veröffentlicht im Mai 2011, wurden die Paragraphen 4, 40 und A11 geändert. Ein Unternehmen hat diese Änderungen anzuwenden, wenn es IFRS 10 und IFRS 11 anwendet.

74C Durch IFRS 13, veröffentlicht im Mai 2011, wurden die Paragraphen 8, 47A und A2 geändert. Ein Unternehmen hat die betreffenden Änderungen anzuwenden, wenn es IFRS 13 anwendet.

74D Mit *Darstellung von Posten des sonstigen Ergebnisses* (Änderung IAS 1), veröffentlicht im Juni 2011, wurden die Paragraphen 4A, 67A, 68A und 73A geändert. Ein Unternehmen hat diese Änderungen anzuwenden, wenn es IAS 1 (in der im Juni 2011 geänderten Fassung) anwendet.

RÜCKNAHME ANDERER VERLAUTBARUNGEN

75 Dieser Standard ersetzt IAS 33 *Ergebnis je Aktie* (im Jahr 1997 verabschiedet).

76 Dieser Standard ersetzt SIC-24 *Ergebnis je Aktie – Finanzinstrumente und sonstige Verträge, die in Aktien erfüllt werden können.*

(c) the redemption of ordinary shares outstanding;

(d) the conversion or exercise of potential ordinary shares outstanding at the end of the reporting period into ordinary shares;

(e) an issue of options, warrants, or convertible instruments; and

(f) the achievement of conditions that would result in the issue of contingently issuable shares.

Earnings per share amounts are not adjusted for such transactions occurring after the reporting period because such transactions do not affect the amount of capital used to produce profit or loss for the period.

Financial instruments and other contracts generating potential ordinary shares may incorporate terms and conditions **72** that affect the measurement of basic and diluted earnings per share. These terms and conditions may determine whether any potential ordinary shares are dilutive and, if so, the effect on the weighted average number of shares outstanding and any consequent adjustments to profit or loss attributable to ordinary equity holders. The disclosure of the terms and conditions of such financial instruments and other contracts is encouraged, if not otherwise required (see IFRS 7 *Financial instruments: disclosures*).

If an entity discloses, in addition to basic and diluted earnings per share, amounts per share using a reported component **73** of the statement of comprehensive income other than one required by this standard, such amounts shall be calculated using the weighted average number of ordinary shares determined in accordance with this standard. Basic and diluted amounts per share relating to such a component shall be disclosed with equal prominence and presented in the notes. An entity shall indicate the basis on which the numerator(s) is (are) determined, including whether amounts per share are before tax or after tax. If a component of the statement of comprehensive income is used that is not reported as a line item in the statement of comprehensive income, a reconciliation shall be provided between the component used and a line item that is reported in the statement of comprehensive income.

Paragraph 73 applies also to an entity that discloses, in addition to basic and diluted earnings per share, amounts per **73A** share using a reported item of profit or loss, other than one required by this Standard.

EFFECTIVE DATE

An entity shall apply this standard for annual periods beginning on or after 1 January 2005. Earlier application is encour- **74** aged. If an entity applies the standard for a period beginning before 1 January 2005, it shall disclose that fact.

IAS 1 (as revised in 2007) amended the terminology used throughout IFRSs. In addition it added paragraphs 4A, 67A, **74A** 68A and 73A. An entity shall apply those amendments for annual periods beginning on or after 1 January 2009. If an entity applies IAS 1 (revised 2007) for an earlier period, those amendments shall be applied for that earlier period.

IFRS 10 and IFRS 11 *Joint Arrangements*, issued in May 2011, amended paragraphs 4, 40 and A11. An entity shall apply **74B** those amendments when it applies IFRS 10 and IFRS 11.

IFRS 13, issued in May 2011, amended paragraphs 8, 47A and A2. An entity shall apply those amendments when it **74C** applies IFRS 13.

Presentation of Items of Other Comprehensive Income (Amendments to IAS 1), issued in June 2011, amended paragraphs **74D** 4A, 67A, 68A and 73A. An entity shall apply those amendments when it applies IAS 1 as amended in June 2011.

WITHDRAWAL OF OTHER PRONOUNCEMENTS

This standard supersedes IAS 33 *Earnings per share* (issued in 1997). **75**

This standard supersedes SIC-24 *Earnings per share—financial instruments and other contracts that may be settled in* **76** *shares*.

Anhang A
LEITLINIEN FÜR DIE ANWENDUNG

Dieser Anhang ist Bestandteil des Standards.

DER DEM MUTTERUNTERNEHMEN ZUZURECHNENDE GEWINN ODER VERLUST

A1 Zur Berechnung des Ergebnisses je Aktie auf der Grundlage des Konzernabschlusses bezieht sich der dem Mutterunternehmen zuzurechnende Gewinn oder Verlust auf den Gewinn oder Verlust des konsolidierten Unternehmens nach Berücksichtigung von nicht beherrschenden Anteilen.

BEZUGSRECHTSAUSGABE

A2 Durch die Ausgabe von Stammaktien zum Zeitpunkt der Ausübung oder Umwandlung potenzieller Stammaktien entsteht im Regelfall kein Bonuselement, weil die potenziellen Stammaktien normalerweise zum beizulegenden Zeitwert ausgegeben werden, was zu einer proportionalen Änderung der dem Unternehmen zur Verfügung stehenden Ressourcen führt. Bei einer Ausgabe von Bezugsrechten liegt der Ausübungskurs jedoch häufig unter dem beizulegenden Zeitwert der Aktien, so dass hier ein Bonuselement vorliegt (siehe Paragraph 27 (b)). Wird allen gegenwärtigen Aktionären eine Bezugsrechtsausgabe angeboten, ist die Zahl der Stammaktien, die zu verwenden ist, um für alle Perioden vor der Bezugsrechtsausgabe das unverwässerte und das verwässerte Ergebnis je Aktie zu berechnen, gleich der Zahl der sich vor der Ausgabe in Umlauf befindlichen Stammaktien, multipliziert mit folgendem Faktor:

$$\frac{\text{Beizulegender Zeitwert je Aktie unmittelbar vor der Bezugsrechtsausübung}}{\text{Theoretischer Zeitwert je Aktie nach dem Bezugsrecht}}$$

Der theoretische beizulegende Zeitwert je Aktie nach dem Bezugsrecht wird berechnet, indem die Summe der beizulegenden Zeitwerte der Aktien unmittelbar vor Ausübung der Bezugsrechte zu den Erlösen aus der Ausübung der Bezugsrechte hinzugezählt und durch die Anzahl der sich nach Ausübung der Bezugsrechte in Umlauf befindlichen Aktien geteilt wird. In Fällen, in denen die Bezugsrechte vor dem Ausübungsdatum getrennt von den Aktien öffentlich gehandelt werden sollen, wird der beizulegende Zeitwert am Schluss des letzten Handelstages, an dem die Aktien gemeinsam mit den Bezugsrechten gehandelt werden, bemessen.

KONTROLLGRÖSSE

A3 Um die Anwendung des in den Paragraphen 42 und 43 beschriebenen Begriffs der Kontrollgröße zu veranschaulichen, soll angenommen werden, dass ein Unternehmen aus fortgeführten Geschäftsbereichen einen dem Mutterunternehmen zurechenbaren Gewinn von 4800 WE[1], aus aufgegebenen Geschäftsbereichen einen dem Mutterunternehmen zurechenbaren Verlust von (7200 WE), einen dem Mutterunternehmen zurechenbaren Verlust von (2400 WE) und 2000 Stammaktien sowie 400 potenzielle in Umlauf befindliche Stammaktien hat. Das unverwässerte Ergebnis des Unternehmens je Aktie beträgt in diesem Fall 2,40 WE für fortgeführte Geschäftsbereiche, (3,60 WE) für aufgegebene Geschäftsbereiche und (1,20 WE) für den Verlust. Die 400 potenziellen Stammaktien werden in die Berechnung des verwässerten Ergebnisses je Aktie einbezogen, weil das resultierende Ergebnis von 2,00 WE je Aktie für fortgeführte Geschäftsbereiche verwässernd wirkt, wenn keine Auswirkung dieser 400 potenziellen Stammaktien auf den Gewinn oder Verlust angenommen wird. Weil der dem Mutterunternehmen zurechenbare Gewinn aus fortgeführten Geschäftsbereichen die Kontrollgröße ist, bezieht das Unternehmen auch diese 400 potenziellen Stammaktien in die Berechnung der übrigen Ergebnisse je Aktie ein, obwohl die resultierenden Ergebnisse je Aktie für die ihnen vergleichbaren unverwässerten Ergebnisse je Aktie einen Verwässerungsschutz darstellen; d. h., der Verlust je Aktie geringer ist [(3,00 WE) je Aktie für den Verlust aus aufgegebenen Geschäftsbereichen und (1,00 WE) je Aktie für den Verlust].

DURCHSCHNITTLICHER MARKTPREIS DER STAMMAKTIEN

A4 Zur Berechnung des verwässerten Ergebnisses je Aktie wird der durchschnittliche Marktpreis der Stammaktien, von deren Ausgabe ausgegangen wird, auf der Basis des durchschnittlichen Marktpreises während der Periode errechnet. Theoretisch könnte jede Markttransaktion mit den Stammaktien eines Unternehmens in die Bestimmung des durchschnittlichen Marktpreises einbezogen werden. In der Praxis reicht jedoch für gewöhnlich ein einfacher Durchschnitt aus den wöchentlichen oder monatlichen Kursen aus.

---

1 In diesen Leitlinien werden Geldbeträge in „Währungseinheiten" (WE) angegeben.

Appendix A
APPLICATION GUIDANCE

This appendix is an integral part of the standard.

PROFIT OR LOSS ATTRIBUTABLE TO THE PARENT ENTITY

For the purpose of calculating earnings per share based on the consolidated financial statements, profit or loss attributable **A1** to the parent entity refers to profit or loss of the consolidated entity after adjusting for non-controlling interests.

RIGHTS ISSUES

The issue of ordinary shares at the time of exercise or conversion of potential ordinary shares does not usually give rise to **A2** a bonus element. This is because the potential ordinary shares are usually issued for fair value, resulting in a proportionate change in the resources available to the entity. In a rights issue, however, the exercise price is often less than the fair value of the shares. Therefore, as noted in paragraph 27 (b), such a rights issue includes a bonus element. If a rights issue is offered to all existing shareholders, the number of ordinary shares to be used in calculating basic and diluted earnings per share for all periods before the rights issue is the number of ordinary shares outstanding before the issue, multiplied by the following factor:

$$\frac{\text{Fair value per share immediately before the exercise of rights}}{\text{Theoretical ex-rights fair value per share}}$$

The theoretical ex-rights fair value per share is calculated by adding the aggregate fair value of the shares immediately before the exercise of the rights to the proceeds from the exercise of the rights, and dividing by the number of shares outstanding after the exercise of the rights. Where the rights are to be publicly traded separately from the shares before the exercise date, fair value is measured at the close of the last day on which the shares are traded together with the rights.

CONTROL NUMBER

To illustrate the application of the control number notion described in paragraphs 42 and 43, assume that an entity has **A3** profit from continuing operations attributable to the parent entity of CU4800[1], a loss from discontinued operations attributable to the parent entity of (CU7200), a loss attributable to the parent entity of (CU2400), and 2000 ordinary shares and 400 potential ordinary shares outstanding. The entity's basic earnings per share is CU2,40 for continuing operations, (CU3,60) for discontinued operations and (CU1,20) for the loss. The 400 potential ordinary shares are included in the diluted earnings per share calculation because the resulting CU2,00 earnings per share for continuing operations is dilutive, assuming no profit or loss impact of those 400 potential ordinary shares. Because profit from continuing operations attributable to the parent entity is the control number, the entity also includes those 400 potential ordinary shares in the calculation of the other earnings per share amounts, even though the resulting earnings per share amounts are antidilutive to their comparable basic earnings per share amounts, i.e. the loss per share is less [(CU3,00) per share for the loss from discontinued operations and (CU1,00) per share for the loss].

AVERAGE MARKET PRICE OF ORDINARY SHARES

For the purpose of calculating diluted earnings per share, the average market price of ordinary shares assumed to be **A4** issued is calculated on the basis of the average market price of the ordinary shares during the period. Theoretically, every market transaction for an entity's ordinary shares could be included in the determination of the average market price. As a practical matter, however, a simple average of weekly or monthly prices is usually adequate.

---

1 In this guidance, monetary amounts are denominated in 'currency units' (CU).

A5 Im Allgemeinen sind die Schlusskurse für die Berechnung des durchschnittlichen Marktpreises ausreichend. Schwanken die Kurse allerdings mit großer Bandbreite, ergibt ein Durchschnitt aus den Höchst- und Tiefstkursen normalerweise einen repräsentativeren Kurs. Der durchschnittliche Marktpreis ist stets nach derselben Methode zu ermitteln, es sei denn, diese ist wegen geänderter Bedingungen nicht mehr repräsentativ. So könnte z. B. ein Unternehmen, das zur Errechnung des durchschnittlichen Marktpreises über mehrere Jahre relativ stabiler Kurse hinweg die Schlusskurse benutzt, zur Durchschnittsbildung aus Höchst- und Tiefstkursen übergehen, wenn starke Kursschwankungen einsetzen und die Schlusskurse keinen repräsentativen Durchschnittskurs mehr ergeben.

OPTIONEN, OPTIONSSCHEINE UND IHRE ÄQUIVALENTE

A6 Es wird davon ausgegangen, dass Optionen oder Optionsscheine für den Kauf wandelbarer Instrumente immer dann für diesen Zweck ausgeübt werden, wenn die Durchschnittskurse sowohl der wandelbaren Instrumente als auch der nach der Umwandlung zu beziehenden Stammaktien über dem Ausübungskurs der Optionen oder Optionsscheine liegen. Von einer Ausübung wird jedoch nur dann ausgegangen, wenn auch bei ähnlichen, eventuell in Umlauf befindlichen wandelbaren Instrumenten von einer Umwandlung ausgegangen wird.

A7 Optionen oder Optionsscheine können die Andienung schuldrechtlicher oder anderer Wertpapiere des Unternehmens (oder seines Mutterunternehmens oder eines Tochterunternehmens) zur Zahlung des gesamten Ausübungspreises oder eines Teiles davon ermöglichen oder erfordern. Bei der Berechnung des verwässerten Ergebnisses je Aktie wirken diese Optionen oder Optionsscheine verwässernd, wenn (a) der durchschnittliche Marktpreis der zugehörigen Stammaktien für die Periode den Ausübungskurs überschreitet oder (b) der Verkaufskurs des anzudienenden Instrumentes unter dem liegt, zu dem das Instrument der Options- oder Optionsscheinsvereinbarung entsprechend angedient werden kann und die sich ergebende Abzinsung zu einem effektiven Ausübungskurs unter dem Börsenkurs für die Stammaktien führt, die nach der Ausübung bezogen werden können. Bei der Berechnung des verwässerten Ergebnisses je Aktie wird davon ausgegangen, dass diese Optionen oder Optionsscheine ausgeübt und die schuldrechtlichen oder anderen Wertpapiere angedient werden sollen. Ist die Andienung liquider Mittel für den Options- oder Optionsscheininhaber vorteilhafter und lässt der Vertrag dies zu, wird von der Andienung liquider Mittel ausgegangen. Zinsen (abzüglich Steuern) auf schuldrechtliche Wertpapiere, von deren Andienung ausgegangen wird, werden dem Zähler als Berichtigung wieder hinzugerechnet.

A8 Ähnlich behandelt werden Vorzugsaktien mit ähnlichen Bestimmungen oder andere Wertpapiere, deren Umwandlungsoptionen dem Investor eine Barzahlung zu einem günstigeren Umwandlungssatz erlauben.

A9 Bei bestimmten Optionen oder Optionsscheinen sehen die Vertragsbedingungen eventuell vor, dass die durch Ausübung dieser Instrumente erzielten Erlöse für den Rückkauf schuldrechtlicher oder anderer Wertpapiere des Unternehmens (oder seines Mutter- oder eines Tochterunternehmens) verwendet werden. Bei der Berechnung des verwässerten Ergebnisses je Aktie wird davon ausgegangen, dass diese Optionen oder Optionsscheine ausgeübt wurden und der Erlös für den Kauf der schuldrechtlichen Wertpapiere zum durchschnittlichen Marktpreis und nicht für den Kauf von Stammaktien verwendet wird. Sollte der durch die angenommene Ausübung erzielte Erlös jedoch über den für den angenommenen Kauf schuldrechtlicher Wertpapiere aufgewandten Betrag hinausgehen, so wird diese Differenz bei der Berechnung des verwässerten Ergebnisses je Aktie berücksichtigt (d. h., es wird davon ausgegangen, dass sie für den Rückkauf von Stammaktien eingesetzt wurde). Zinsen (abzüglich Steuern) auf schuldrechtliche Wertpapiere, von deren Kauf ausgegangen wird, werden dem Zähler als Berichtigung wieder hinzugerechnet.

GESCHRIEBENE VERKAUFSOPTIONEN

A10 Zur Erläuterung der Anwendung von Paragraph 63 soll angenommen werden, dass sich von einem Unternehmen 120 geschriebene Verkaufsoptionen auf seine Stammaktien mit einem Ausübungskurs von 35 WE in Umlauf befinden. Der durchschnittliche Marktpreis für die Stammaktien des Unternehmens in der Periode beträgt 28 WE. Bei der Berechnung des verwässerten Ergebnisses je Aktie geht das Unternehmen davon aus, dass es zur Erfüllung seiner Verkaufsverpflichtung von 4200 WE zu Periodenbeginn 150 Aktien zu je 28 WE ausgegeben hat. Die Differenz zwischen den 150 ausgegebenen Stammaktien und den 120 Stammaktien aus der Erfüllung der Verkaufsoption (30 zusätzliche Stammaktien) wird bei der Berechnung des verwässerten Ergebnisses je Aktie auf den Nenner aufaddiert.

INSTRUMENTE VON TOCHTERUNTERNEHMEN, GEMEINSCHAFTSUNTERNEHMEN ODER ASSOZIIERTEN UNTERNEHMEN

A11 Potenzielle Stammaktien eines Tochterunternehmens, Gemeinschaftsunternehmens oder assoziierten Unternehmens, die entweder in Stammaktien des Tochterunternehmens, Gemeinschaftsunternehmens oder assoziierten Unternehmens oder in Stammaktien des Mutterunternehmens oder der Anleger (der berichtenden Unternehmen) wandelbar sind, unter deren gemeinschaftlicher Führung oder maßgeblichem Einfluss das Beteiligungsunternehmen steht, werden wie folgt in die Berechnung des verwässerten Ergebnisses je Aktie einbezogen:

(a) Durch ein Tochterunternehmen, Gemeinschaftsunternehmen oder assoziiertes Unternehmen ausgegebene Instrumente, die ihren Inhabern den Bezug von Stammaktien des Tochterunternehmens, Gemeinschaftsunternehmens

Generally, closing market prices are adequate for calculating the average market price. When prices fluctuate widely, how- **A5** ever, an average of the high and low prices usually produces a more representative price. The method used to calculate the average market price is used consistently unless it is no longer representative because of changed conditions. For example, an entity that uses closing market prices to calculate the average market price for several years of relatively stable prices might change to an average of high and low prices if prices start fluctuating greatly and the closing market prices no longer produce a representative average price.

OPTIONS, WARRANTS AND THEIR EQUIVALENTS

Options or warrants to purchase convertible instruments are assumed to be exercised to purchase the convertible instru- **A6** ment whenever the average prices of both the convertible instrument and the ordinary shares obtainable upon conversion are above the exercise price of the options or warrants. However, exercise is not assumed unless conversion of similar outstanding convertible instruments, if any, is also assumed.

Options or warrants may permit or require the tendering of debt or other instruments of the entity (or its parent or a **A7** subsidiary) in payment of all or a portion of the exercise price. In the calculation of diluted earnings per share, those options or warrants have a dilutive effect if (a) the average market price of the related ordinary shares for the period exceeds the exercise price or (b) the selling price of the instrument to be tendered is below that at which the instrument may be tendered under the option or warrant agreement and the resulting discount establishes an effective exercise price below the market price of the ordinary shares obtainable upon exercise. In the calculation of diluted earnings per share, those options or warrants are assumed to be exercised and the debt or other instruments are assumed to be tendered. If tendering cash is more advantageous to the option or warrant holder and the contract permits tendering cash, tendering of cash is assumed. Interest (net of tax) on any debt assumed to be tendered is added back as an adjustment to the numerator.

Similar treatment is given to preference shares that have similar provisions or to other instruments that have conversion **A8** options that permit the investor to pay cash for a more favourable conversion rate.

The underlying terms of certain options or warrants may require the proceeds received from the exercise of those instru- **A9** ments to be applied to redeem debt or other instruments of the entity (or its parent or a subsidiary). In the calculation of diluted earnings per share, those options or warrants are assumed to be exercised and the proceeds applied to purchase the debt at its average market price rather than to purchase ordinary shares. However, the excess proceeds received from the assumed exercise over the amount used for the assumed purchase of debt are considered (i.e. assumed to be used to buy back ordinary shares) in the diluted earnings per share calculation. Interest (net of tax) on any debt assumed to be purchased is added back as an adjustment to the numerator.

WRITTEN PUT OPTIONS

To illustrate the application of paragraph 63, assume that an entity has outstanding 120 written put options on its ordin- **A10** ary shares with an exercise price of CU35. The average market price of its ordinary shares for the period is CU28. In calculating diluted earnings per share, the entity assumes that it issued 150 shares at CU28 per share at the beginning of the period to satisfy its put obligation of CU4200. The difference between the 150 ordinary shares issued and the 120 ordinary shares received from satisfying the put option (30 incremental ordinary shares) is added to the denominator in calculating diluted earnings per share.

INSTRUMENTS OF SUBSIDIARIES, JOINT VENTURES OR ASSOCIATES

Potential ordinary shares of a subsidiary, joint venture or associate convertible into either ordinary shares of the subsidi- **A11** ary, joint venture or associate, or ordinary shares of the parent, or investors with joint control of, or significant influence (the reporting entity) over, the investee are included in the calculation of diluted earnings per share as follows:
(a) instruments issued by a subsidiary, joint venture or associate that enable their holders to obtain ordinary shares of the subsidiary, joint venture or associate are included in calculating the diluted earnings per share data of the subsidiary, joint venture or associate. Those earnings per share are then included in the reporting entity's earnings per

oder assoziierten Unternehmens ermöglichen, werden in die Berechnung des verwässerten Ergebnisses je Aktie des Tochterunternehmens, Gemeinschaftsunternehmens oder assoziierten Unternehmens einbezogen. Dieses Ergebnis je Aktie wird dann vom berichtenden Unternehmen in dessen Berechnungen des Ergebnisses je Aktie einbezogen, und zwar auf der Grundlage, dass das berichtende Unternehmen die Instrumente des Tochterunternehmens, Gemeinschaftsunternehmens oder assoziierten Unternehmens hält.

(b) Instrumente eines Tochterunternehmens, Gemeinschaftsunternehmens oder assoziierten Unternehmens, die in Stammaktien des berichtenden Unternehmens umgewandelt werden können, werden für die Berechnung des verwässerten Ergebnisses je Aktie als zu den potenziellen Stammaktien des berichtenden Unternehmens gehörend betrachtet. Ebenso werden auch von einem Tochterunternehmen, Gemeinschaftsunternehmen oder assoziierten Unternehmen für den Kauf von Stammaktien des berichtenden Unternehmens ausgegebene Optionen oder Optionsscheine bei der Berechnung des konsolidierten verwässerten Ergebnisses je Aktie als zu den potenziellen Stammaktien des berichtenden Unternehmens gehörend betrachtet.

A12 Um zu bestimmen, wie sich Instrumente, die von einem berichtenden Unternehmen ausgegeben wurden und in Stammaktien eines Tochterunternehmens, Gemeinschaftsunternehmens oder assoziierten Unternehmens umgewandelt werden können, auf das Ergebnis je Aktie auswirken, wird von der Umwandlung der Instrumente ausgegangen und der Zähler (der den Stammaktionären des Mutterunternehmens zurechenbare Gewinn oder Verlust) gemäß Paragraph 33 dementsprechend berichtigt. Zusätzlich dazu wird der Zähler mit Bezug auf jede Änderung berichtigt, die im Gewinn oder Verlust des berichtenden Unternehmens auftritt (z. B. Erträge nach der Dividenden- oder nach der Equity-Methode) und der erhöhten Stammaktienzahl des Tochterunternehmens, Gemeinschaftsunternehmens oder assoziierten Unternehmens zuzurechnen ist, die sich als Folge der angenommenen Umwandlung in Umlauf befindet. Der Nenner ist bei der Berechnung des verwässerten Ergebnisses je Aktie nicht betroffen, weil die Zahl der in Umlauf befindlichen Stammaktien des berichtenden Unternehmens sich bei Annahme der Umwandlung nicht ändern würde.

PARTIZIPIERENDE EIGENKAPITALINSTRUMENTE UND AUS ZWEI GATTUNGEN BESTEHENDE STAMMAKTIEN

A13 Zum Eigenkapital einiger Unternehmen gehören:

(a) Instrumente, die nach einer festgelegten Formel (z. B. zwei zu eins) an Stammaktien-Dividenden beteiligt werden, wobei in einigen Fällen für die Gewinnbeteiligung eine Obergrenze (z. B. bis zu einem bestimmten Höchstbetrag je Aktie) besteht.

(b) eine Stammaktien-Gattung, deren Dividendensatz von dem der anderen Stammaktien-Gattung abweicht, ohne jedoch vorrangige oder vorgehende Rechte zu haben.

A14 Zur Berechnung des verwässerten Ergebnisses je Aktie wird bei den in Paragraph A13 bezeichneten Instrumenten, die in Stammaktien umgewandelt werden können, von einer Umwandlung ausgegangen, wenn sie eine verwässernde Wirkung hat. Für die nicht in eine Stammaktien-Gattung umwandelbaren Instrumente wird der Gewinn oder Verlust entsprechend ihren Dividendenrechten oder anderen Rechten auf Beteiligung an nicht ausgeschütteten Gewinnen den unterschiedlichen Aktiengattungen und gewinnberechtigten Dividendenpapieren zugewiesen. Zur Berechnung des unverwässerten und verwässerten Ergebnisses je Aktie:

(a) wird das den Stammaktieninhabern des Mutterunternehmens zurechenbare Periodenergebnis (durch Gewinnreduzierung und Verlusterhöhung) um den Betrag der Dividenden angepasst, der in der Periode für jede Aktiengattung erklärt wurde, sowie um den vertraglichen Betrag der Dividenden (oder Zinsen auf Gewinnschuldverschreibungen), der für die Periode zu zahlen ist (z. B. ausgeschüttete, aber noch nicht ausgezahlte kumulative Dividenden).

(b) wird das verbleibende Periodenergebnis Stammaktien und partizipierenden Eigenkapitalinstrumenten in dem Umfang zugeteilt, in dem jedes Instrument am Gewinn oder Verlust beteiligt ist, so, als sei der gesamte Gewinn oder Verlust ausgeschüttet worden. Der gesamte jeder Gattung von Eigenkapitalinstrumenten zugewiesene Gewinn oder Verlust wird durch Addition des aus Dividenden und aus Gewinnbeteiligung zugeteilten Betrags bestimmt.

(c) wird der Gesamtbetrag des jeder Gattung von Eigenkapitalinstrumenten zugewiesenen Gewinns oder Verlusts durch die Zahl der in Umlauf befindlichen Instrumente geteilt, denen das Ergebnis zugewiesen wird, um das Ergebnis je Aktie für das Instrument zu bestimmen.

Zur Berechnung des verwässerten Ergebnisses je Aktie werden alle potenziellen Stammaktien, die als ausgegeben gelten, in die in Umlauf befindlichen Stammaktien einbezogen.

TEILWEISE BEZAHLTE AKTIEN

A15 Werden Stammaktien ausgegeben, jedoch nicht voll bezahlt, werden sie bei der Berechnung des unverwässerten Ergebnisses je Aktie in dem Umfang als Bruchteil einer Stammaktie angesehen, in dem sie während der Periode in Relation zu einer voll bezahlten Stammaktie dividendenberechtigt sind.

A16 Soweit teilweise bezahlte Aktien während der Periode nicht dividendenberechtigt sind, werden sie bei der Berechnung des verwässerten Ergebnisses je Aktie analog zu Optionen oder Optionsscheinen behandelt. Der unbezahlte Restbetrag gilt als für den Kauf von Stammaktien verwendeter Erlös. Die Zahl der in das verwässerte Ergebnis je Aktie einbezogenen Aktien ist die Differenz zwischen der Zahl der gezeichneten Aktien und der Zahl der Aktien, die als gekauft gelten.

share calculations based on the reporting entity's holding of the instruments of the subsidiary, joint venture or associate;

(b) instruments of a subsidiary, joint venture or associate that are convertible into the reporting entity's ordinary shares are considered among the potential ordinary shares of the reporting entity for the purpose of calculating diluted earnings per share. Likewise, options or warrants issued by a subsidiary, joint venture or associate to purchase ordinary shares of the reporting entity are considered among the potential ordinary shares of the reporting entity in the calculation of consolidated diluted earnings per share.

For the purpose of determining the earnings per share effect of instruments issued by a reporting entity that are converti-   **A12** ble into ordinary shares of a subsidiary, joint venture or associate, the instruments are assumed to be converted and the numerator (profit or loss attributable to ordinary equity holders of the parent entity) adjusted as necessary in accordance with paragraph 33. In addition to those adjustments, the numerator is adjusted for any change in the profit or loss recorded by the reporting entity (such as dividend income or equity method income) that is attributable to the increase in the number of ordinary shares of the subsidiary, joint venture or associate outstanding as a result of the assumed conversion. The denominator of the diluted earnings per share calculation is not affected because the number of ordinary shares of the reporting entity outstanding would not change upon assumed conversion.

PARTICIPATING EQUITY INSTRUMENTS AND TWO-CLASS ORDINARY SHARES

The equity of some entities includes: **A13**

(a) instruments that participate in dividends with ordinary shares according to a predetermined formula (for example, two for one) with, at times, an upper limit on the extent of participation (for example, up to, but not beyond, a specified amount per share);

(b) a class of ordinary shares with a different dividend rate from that of another class of ordinary shares but without prior or senior rights.

For the purpose of calculating diluted earnings per share, conversion is assumed for those instruments described in para-   **A14** graph A13 that are convertible into ordinary shares if the effect is dilutive. For those instruments that are not convertible into a class of ordinary shares, profit or loss for the period is allocated to the different classes of shares and participating equity instruments in accordance with their dividend rights or other rights to participate in undistributed earnings. To calculate basic and diluted earnings per share:

(a) profit or loss attributable to ordinary equity holders of the parent entity is adjusted (a profit reduced and a loss increased) by the amount of dividends declared in the period for each class of shares and by the contractual amount of dividends (or interest on participating bonds) that must be paid for the period (for example, unpaid cumulative dividends);

(b) the remaining profit or loss is allocated to ordinary shares and participating equity instruments to the extent that each instrument shares in earnings as if all of the profit or loss for the period had been distributed. The total profit or loss allocated to each class of equity instrument is determined by adding together the amount allocated for dividends and the amount allocated for a participation feature;

(c) the total amount of profit or loss allocated to each class of equity instrument is divided by the number of outstanding instruments to which the earnings are allocated to determine the earnings per share for the instrument.

For the calculation of diluted earnings per share, all potential ordinary shares assumed to have been issued are included in outstanding ordinary shares.

PARTLY PAID SHARES

Where ordinary shares are issued but not fully paid, they are treated in the calculation of basic earnings per share as a   **A15** fraction of an ordinary share to the extent that they were entitled to participate in dividends during the period relative to a fully paid ordinary share.

To the extent that partly paid shares are not entitled to participate in dividends during the period they are treated as the   **A16** equivalent of warrants or options in the calculation of diluted earnings per share. The unpaid balance is assumed to represent proceeds used to purchase ordinary shares. The number of shares included in diluted earnings per share is the difference between the number of shares subscribed and the number of shares assumed to be purchased.

INTERNATIONAL ACCOUNTING STANDARD 34
Zwischenberichterstattung

INHALT

ZIELSETZUNG

Die Zielsetzung dieses Standards ist, den Mindestinhalt eines Zwischenberichts sowie die Grundsätze für die Erfassung und Bewertung in einem vollständigen oder verkürzten Abschluss für eine Zwischenberichtsperiode vorzuschreiben. Eine rechtzeitige und verlässliche Zwischenberichterstattung erlaubt Investoren, Gläubigern und anderen Adressaten, die Fähigkeit eines Unternehmens, Periodenüberschüsse und Mittelzuflüsse zu erzeugen, sowie seine Vermögenslage und Liquidität besser zu beurteilen.

ANWENDUNGSBEREICH

1 Dieser Standard schreibt weder vor, welche Unternehmen Zwischenberichte zu veröffentlichen haben, noch wie häufig oder innerhalb welchen Zeitraums nach dem Ablauf einer Zwischenberichtsperiode dies zu erfolgen hat. Jedoch verlangen Regierungen, Aufsichtsbehörden, Börsen und sich mit der Rechnungslegung befassende Berufsverbände oft von Unternehmen, deren Schuld- oder Eigenkapitaltitel öffentlich gehandelt werden, die Veröffentlichung von Zwischenberichten. Dieser Standard ist anzuwenden, wenn ein Unternehmen pflichtgemäß oder freiwillig einen Zwischenbericht in Übereinstimmung mit den International Financial Reporting Standards veröffentlicht. Das International Accounting Standards Committee[1] empfiehlt Unternehmen, deren Wertpapiere öffentlich gehandelt werden, Zwischenberichte bereitzustellen, die hinsichtlich Erfassung, Bewertung und Angaben den Grundsätzen dieses Standards entsprechen. Unternehmen, deren Wertpapiere öffentlich gehandelt werden, wird insbesondere empfohlen
(a) Zwischenberichte wenigstens zum Ende der ersten Hälfte des Geschäftsjahres bereitzustellen; und
(b) ihre Zwischenberichte innerhalb von 60 Tagen nach Abschluss der Zwischenberichtsperiode verfügbar zu machen.

2 Jeder Finanzbericht, ob Abschluss eines Geschäftsjahres oder Zwischenbericht, ist hinsichtlich seiner Konformität mit den International Financial Reporting Standards gesondert zu beurteilen. Die Tatsache, dass ein Unternehmen während eines bestimmten Geschäftsjahres keine Zwischenberichterstattung vorgenommen hat oder Zwischenberichte erstellt hat, die nicht diesem Standard entsprechen, darf das Unternehmen nicht davon abhalten, den International Financial Reporting Standards entsprechende Abschlüsse eines Geschäftsjahres zu erstellen, wenn ansonsten auch so verfahren wird.

---

1 Der International Accounting Standards Board, der seine Tätigkeit im Jahr 2001 aufnahm, hat die Funktionen des International Accounting Standards Committee übernommen.

INTERNATIONAL ACCOUNTING STANDARD 34

Interim financial reporting

SUMMARY

OBJECTIVE

The objective of this standard is to prescribe the minimum content of an interim financial report and to prescribe the principles for recognition and measurement in complete or condensed financial statements for an interim period. Timely and reliable interim financial reporting improves the ability of investors, creditors, and others to understand an entity's capacity to generate earnings and cash flows and its financial condition and liquidity.

SCOPE

This standard does not mandate which entities should be required to publish interim financial reports, how frequently, or **1** how soon after the end of an interim period. However, governments, securities regulators, stock exchanges, and accountancy bodies often require entities whose debt or equity securities are publicly traded to publish interim financial reports. This standard applies if an entity is required or elects to publish an interim financial report in accordance with international financial reporting standards. The International Accounting Standards Committee[1] encourages publicly traded entities to provide interim financial reports that conform to the recognition, measurement, and disclosure principles set out in this standard. Specifically, publicly traded entities are encouraged:

(a) to provide interim financial reports at least as of the end of the first half of their financial year; and

(b) to make their interim financial reports available not later than 60 days after the end of the interim period.

Each financial report, annual or interim, is evaluated on its own for conformity to international financial reporting stan- **2** dards. The fact that an entity may not have provided interim financial reports during a particular financial year or may have provided interim financial reports that do not comply with this standard does not prevent the entity's annual financial statements from conforming to international financial reporting standards if they otherwise do so.

---

[1] The International Accounting Standards Committee was succeeded by the International Accounting Standards Board, which began operations in 2001.

3 Wenn der Zwischenbericht eines Unternehmens als mit den International Financial Reporting Standards übereinstimmend bezeichnet wird, hat er allen Anforderungen dieses Standards zu entsprechen. Paragraph 19 schreibt dafür bestimmte Angaben vor.

DEFINITIONEN

4 Die folgenden Begriffe werden in diesem Standard mit der angegebenen Bedeutung verwendet:

Eine *Zwischenberichtsperiode* ist eine Finanzberichtsperiode, die kürzer als ein gesamtes Geschäftsjahr ist.

Ein *Zwischenbericht* ist ein Finanzbericht, der einen vollständigen Abschluss (wie in IAS 1 *Darstellung des Abschlusses* (überarbeitet 2007) beschrieben) oder einen verkürzten Abschluss (wie in diesem Standard beschrieben) für eine Zwischenberichtsperiode enthält.

INHALT EINES ZWISCHENBERICHTS

5 IAS 1 definiert für einen vollständigen Abschluss folgende Bestandteile:

(a) eine Bilanz zum Abschlussstichtag;

(b) eine Darstellung von Gewinn oder Verlust und sonstigem Ergebnis („Gesamtergebnisrechnung") für die Periode;

(c) eine Eigenkapitalveränderungsrechnung für die Periode;

(d) eine Kapitalflussrechnung für die Periode;

(e) den Anhang, der eine Darstellung der wesentlichen Rechnungslegungsmethoden und sonstige Erläuterungen enthält;

(ea) Vergleichsinformationen hinsichtlich der vorangegangenen Periode, so wie in IAS 1 Paragraph 38 und 38A spezifiziert; und

(f) eine Bilanz zu Beginn der vorangegangenen Periode, wenn ein Unternehmen eine Rechnungslegungsmethode rückwirkend anwendet oder Posten im Abschluss rückwirkend anpasst oder sie rückwirkend gemäß IAS 1 Paragraph 40A–40D umgliedert.

Ein Unternehmen kann für die Aufstellungen andere Bezeichnungen als die in diesem Standard vorgesehenen Begriffe verwenden. So kann ein Unternehmen beispielsweise die Bezeichnung „Gesamtergebnisrechnung" anstatt „Darstellung von Gewinn oder Verlust und sonstigem Ergebnis" verwenden.

6 Im Interesse rechtzeitiger Informationen, aus Kostengesichtspunkten und um eine Wiederholung bereits berichteter Informationen zu vermeiden, kann ein Unternehmen dazu verpflichtet sein oder sich freiwillig dafür entscheiden, weniger Informationen an Zwischenberichtsterminen bereitzustellen als in seinen Abschlüssen eines Geschäftsjahres. Dieser Standard definiert den Mindestinhalt eines Zwischenberichts, der einen verkürzten Abschluss und ausgewählte erläuternde Anhangangaben enthält. Der Zwischenbericht soll eine Aktualisierung des letzten Abschlusses eines Geschäftsjahres darstellen. Dementsprechend konzentriert er sich auf neue Tätigkeiten, Ereignisse und Umstände und wiederholt nicht bereits berichtete Informationen.

7 Die Vorschriften in diesem Standard sollen den Unternehmen nicht verbieten bzw. sie nicht davon abhalten, an Stelle eines verkürzten Abschlusses und ausgewählter erläuternder Anhangangaben einen vollständigen Abschluss (wie in IAS 1 beschrieben) als Zwischenbericht zu veröffentlichen. Dieser Standard verbietet nicht und hält Unternehmen auch nicht davon ab, mehr als das Minimum der von diesem Standard vorgeschriebenen Posten oder ausgewählten erläuternden Anhangangaben in verkürzte Zwischenberichte aufzunehmen. Die Anwendungsleitlinien für Erfassung und Bewertung in diesem Standard gelten auch für vollständige Abschlüsse einer Zwischenberichtsperiode; solche Abschlüsse würden sowohl alle von diesem Standard geforderten Angaben (insbesondere die ausgewählten Anhangangaben in Paragraph 16) als auch die von anderen Standards geforderten Angaben umfassen.

Mindestbestandteile eines Zwischenberichts

8 Ein Zwischenbericht hat mindestens die folgenden Bestandteile zu enthalten:

(a) eine verkürzte Bilanz;

(b) eine verkürzte Darstellung oder verkürzte Darstellungen von Gewinn oder Verlust und sonstigem Ergebnis;

(c) eine verkürzte Eigenkapitalveränderungsrechnung;

(d) eine verkürzte Kapitalflussrechnung; und

(e) ausgewählte erläuternde Anhangangaben.

8A Stellt ein Unternehmen die Ergebnisbestandteile gemäß Paragraph 10A von IAS 1 (in der 2011 geänderten Fassung) in einer gesonderten Gewinn- und Verlustrechnung dar, so hat es die verkürzten Zwischenberichtsdaten dort auszuweisen.

Form und Inhalt von Zwischenabschlüssen

9 Wenn ein Unternehmen einen vollständigen Abschluss in seinem Zwischenbericht veröffentlicht, haben Form und Inhalt der Bestandteile des Abschlusses die Anforderungen des IAS 1 an vollständige Abschlüsse zu erfüllen.

If an entity's interim financial report is described as complying with international financial reporting standards, it must **3** comply with all of the requirements of this standard. Paragraph 19 requires certain disclosures in that regard.

DEFINITIONS

The following terms are used in this standard with the meanings specified: **4**

Interim period is a financial reporting period shorter than a full financial year.

Interim financial report means a financial report containing either a complete set of financial statements (as described in IAS 1 *Presentation of Financial Statements* (as revised in 2007)) or a set of condensed financial statements (as described in this Standard) for an interim period.

CONTENT OF AN INTERIM FINANCIAL REPORT

IAS 1 defines a complete set of financial statements as including the following components: **5**
(a) a statement of financial position as at the end of the period;
(b) a statement of profit or loss and other comprehensive income for the period;
(c) a statement of changes in equity for the period;
(d) a statement of cash flows for the period;
(e) notes, comprising significant accounting policies and other explanatory information;
(ea) comparative information in respect of the preceding period as specified in paragraphs 38 and 38A of IAS 1; and
(f) a statement of financial position as at the beginning of the preceding period when an entity applies an accounting policy retrospectively or makes a retrospective restatement of items in its financial statements, or when it reclassifies items in its financial statements in accordance with paragraphs 40A—40D of IAS 1.
An entity may use titles for the statements other than those used in this Standard. For example, an entity may use the title 'statement of comprehensive income' instead of 'statement of profit or loss and other comprehensive income'.

In the interest of timeliness and cost considerations and to avoid repetition of information previously reported, an entity **6** may be required to or may elect to provide less information at interim dates as compared with its annual financial statements. This standard defines the minimum content of an interim financial report as including condensed financial statements and selected explanatory notes. The interim financial report is intended to provide an update on the latest complete set of annual financial statements. Accordingly, it focuses on new activities, events, and circumstances and does not duplicate information previously reported.

Nothing in this standard is intended to prohibit or discourage an entity from publishing a complete set of financial statements (as described in IAS 1) in its interim financial report, rather than condensed financial statements and selected explanatory notes. Nor does this standard prohibit or discourage an entity from including in condensed interim financial statements more than the minimum line items or selected explanatory notes as set out in this standard. The recognition and measurement guidance in this standard applies also to complete financial statements for an interim period, and such statements would include all of the disclosures required by this standard (particularly the selected note disclosures in paragraph 16) as well as those required by other standards.

Minimum components of an interim financial report

An interim financial report shall include, at a minimum, the following components: **8**
(a) a condensed statement of financial position;
(b) a condensed statement or condensed statements of profit or loss and other comprehensive income;
(c) a condensed statement of changes in equity;
(d) a condensed statement of cash flows; and
(e) selected explanatory notes.

If an entity presents items of profit or loss in a separate statement as described in paragraph 10A of IAS 1 (as amended in **8A** 2011), it presents interim condensed information from that statement.

Form and content of interim financial statements

If an entity publishes a complete set of financial statements in its interim financial report, the form and content of those **9** statements shall conform to the requirements of IAS 1 for a complete set of financial statements.

10 Wenn ein Unternehmen einen verkürzten Abschluss in seinem Zwischenbericht veröffentlicht, hat dieser verkürzte Abschluss mindestens jede der Überschriften und Zwischensummen zu enthalten, die in seinem letzten Abschluss eines Geschäftsjahres enthalten waren, sowie die von diesem Standard vorgeschriebenen ausgewählten erläuternden Anhangangaben. Zusätzliche Posten oder Anhangangaben sind einzubeziehen, wenn ihr Weglassen den Zwischenbericht irreführend erscheinen lassen würde.

11 Ein Unternehmen hat in dem Abschluss, der die einzelnen Gewinn- oder Verlustposten für eine Zwischenberichtsperiode darstellt, das unverwässerte und das verwässerte Ergebnis je Aktie für diese Periode darzustellen, wenn es IAS 33 *Ergebnis je Aktie*[2] unterliegt.

11A Stellt ein Unternehmen die Ergebnisbestandteile gemäß Paragraph 10A von IAS 1 (in der 2011 geänderten Fassung) in einer gesonderten Gewinn- und Verlustrechnung dar, so hat es das unverwässerte und verwässerte Ergebnis je Aktie dort auszuweisen.

12 IAS 1 (überarbeitet 2007) enthält Anwendungsleitlinien zur Struktur des Abschlusses. Die Anwendungsleitlinien für IAS 1 geben Beispiele dafür, auf welche Weise die Darstellung der Bilanz, der Gesamtergebnisrechnung und der Eigenkapitalveränderungsrechnung erfolgen kann.

13 [gestrichen]

14 Ein Zwischenbericht wird auf konsolidierter Basis aufgestellt, wenn der letzte Abschluss eines Geschäftsjahres des Unternehmens ein Konzernabschluss war. Der Einzelabschluss des Mutterunternehmens stimmt mit dem Konzernabschluss in dem letzten Geschäftsbericht nicht überein oder ist damit nicht vergleichbar. Wenn der Geschäftsbericht eines Unternehmens zusätzlich zum Konzernabschluss den Einzelabschluss des Mutterunternehmens enthält, verlangt oder verbietet dieser Standard nicht die Einbeziehung des Einzelabschlusses des Mutterunternehmens in den Zwischenbericht des Unternehmens.

Erhebliche Ereignisse und Geschäftsvorfälle

15 Einem Zwischenbericht ist eine Erläuterung der Ereignisse und Geschäftsvorfälle beizufügen, die für das Verständnis der Veränderungen, die seit Ende des letzten Geschäftsjahres bei der Vermögens-, Finanz- und Ertragslage des Unternehmens eingetreten sind, erheblich sind. Mit den Informationen über diese Ereignisse und Geschäftsvorfälle werden die im letzten Geschäftsbericht enthaltenen einschlägigen Informationen aktualisiert.

15A Ein Adressat des Zwischenberichts eines Unternehmens wird auch Zugang zum letzten Geschäftsbericht dieses Unternehmens haben. Der Anhang eines Zwischenberichts muss deshalb keine Informationen enthalten, bei denen es sich nur um relativ unwesentliche Aktualisierungen der im Anhang des letzten Geschäftsberichtes enthaltenen Informationen handelt.

15B Nachstehend eine Aufstellung von Ereignissen und Geschäftsvorfällen, die bei Erheblichkeit angegeben werden müssten. Diese Aufzählung ist nicht vollständig:
   (a) Abschreibung von Vorräten auf den Nettoveräußerungswert und Rückbuchung solcher Abschreibungen;
   (b) Erfassung eines Aufwands aus der Wertminderung von finanziellen Vermögenswerten, Sachanlagen, immateriellen Vermögenswerten oder anderen Vermögenswerten sowie Aufhebung solcher Wertminderungsaufwendungen;
   (c) Auflösung etwaiger Rückstellungen für Restrukturierungsmaßnahmen;
   (d) Anschaffungen und Veräußerungen von Sachanlagen;
   (e) Verpflichtungen zum Kauf von Sachanlagen;
   (f) Beendigung von Rechtsstreitigkeiten;
   (g) Korrekturen von Fehlern aus früheren Perioden;
   (h) Veränderungen im Unternehmensumfeld oder bei den wirtschaftlichen Rahmenbedingungen, die sich auf den beizulegenden Zeitwert der finanziellen Vermögenswerte und Schulden des Unternehmens auswirken, unabhängig davon, ob diese Vermögenswerte oder Schulden zum beizulegenden Zeitwert oder zu fortgeführten Anschaffungskosten angesetzt werden;
   (i) jeder Kreditausfall oder Bruch einer Kreditvereinbarung, der nicht bei oder vor Ablauf der Berichtsperiode beseitigt ist;
   (j) Geschäftsvorfälle mit nahe stehenden Unternehmen und Personen;
   (k) Verschiebungen zwischen den verschiedenen Stufen der Fair-Value-Hierarchie, die zur Bestimmung des beizulegenden Zeitwerts von Finanzinstrumenten zugrunde gelegt wird;
   (l) Änderungen bei der Einstufung finanzieller Vermögenswerte, die auf eine geänderte Zweckbestimmung oder Nutzung dieser Vermögenswerte zurückzuführen sind, und
   (m) Änderungen bei Eventualverbindlichkeiten oder -forderungen.

---

2 Dieser Paragraph wurde durch die *Verbesserungen der IFRS* vom Mai 2008 geändert, um den Anwendungsbereich von IAS 34 zu klären.

If an entity publishes a set of condensed financial statements in its interim financial report, those condensed statements **10** shall include, at a minimum, each of the headings and subtotals that were included in its most recent annual financial statements and the selected explanatory notes as required by this standard. Additional line items or notes shall be included if their omission would make the condensed interim financial statements misleading.

In the statement that presents the components of profit or loss for an interim period, an entity shall present basic and **11** diluted earnings per share for that period when the entity is within the scope of IAS 33 *Earnings per Share*[2].

If an entity presents items of profit or loss in a separate statement as described in paragraph 10A of IAS 1 (as amended in **11A** 2011), it presents basic and diluted earnings per share in that statement.

IAS 1 (as revised in 2007) provides guidance on the structure of financial statements. The Implementation Guidance for **12** IAS 1 illustrates ways in which the statement of financial position, statement of comprehensive income and statement of changes in equity may be presented.

[deleted]   **13**

An interim financial report is prepared on a consolidated basis if the entity's most recent annual financial statements **14** were consolidated statements. The parent's separate financial statements are not consistent or comparable with the consolidated statements in the most recent annual financial report. If an entity's annual financial report included the parent's separate financial statements in addition to consolidated financial statements, this standard neither requires nor prohibits the inclusion of the parent's separate statements in the entity's interim financial report.

Significant events and transactions

An entity shall include in its interim financial report an explanation of events and transactions that are significant to an **15** understanding of the changes in financial position and performance of the entity since the end of the last annual reporting period. Information disclosed in relation to those events and transactions shall update the relevant information presented in the most recent annual financial report.

A user of an entity's interim financial report will have access to the most recent annual financial report of that entity. **15A** Therefore, it is unnecessary for the notes to an interim financial report to provide relatively insignificant updates to the information that was reported in the notes in the most recent annual financial report.

The following is a list of events and transactions for which disclosures would be required if they are significant: the list is **15B** not exhaustive.
(a)   the write-down of inventories to net realisable value and the reversal of such a write-down;
(b)   recognition of a loss from the impairment of financial assets, property, plant and equipment, intangible assets, or other assets, and the reversal of such an impairment loss;
(c)   the reversal of any provisions for the costs of restructuring;
(d)   acquisitions and disposals of items of property, plant and equipment;
(e)   commitments for the purchase of property, plant and equipment;
(f)   litigation settlements;
(g)   corrections of prior period errors;
(h)   changes in the business or economic circumstances that affect the fair value of the entity's financial assets and financial liabilities, whether those assets or liabilities are recognised at fair value or amortised cost;
(i)   any loan default or breach of a loan agreement that has not been remedied on or before the end of the reporting period;
(j)   related party transactions;
(k)   transfers between levels of the fair value hierarchy used in measuring the fair value of financial instruments;
(l)   changes in the classification of financial assets as a result of a change in the purpose or use of those assets; and
(m) changes in contingent liabilities or contingent assets.

---

2   This paragraph was amended by *Improvements to IFRSs* issued in May 2008 to clarify the scope of IAS 34.

15C Für viele der in Paragraph 15B genannten Posten liefern die einzelnen IFRS Leitlinien zu den entsprechenden Angabepflichten. Ist ein Ereignis oder Geschäftsvorfall für das Verständnis der Veränderungen, die seit Ende des letzten Geschäftsjahres bei der Vermögens-, Finanz- und Ertragslage eines Unternehmens eingetreten sind, erheblich, sollten die im Abschluss für das letzte Geschäftsjahr dazu enthaltenen Angaben im Zwischenbericht des Unternehmens erläutert und aktualisiert werden.

16 [gestrichen]

Weitere Angaben

16A Zusätzlich zur Angabe der Ereignisse und Geschäftsvorfälle von erheblicher Bedeutung gemäß den Paragraphen 15–15C hat ein Unternehmen die folgenden Informationen in die Anhangangaben seines Zwischenberichts aufzunehmen oder an anderer Stelle des Zwischenberichts offenzulegen. Die folgenden Angaben sind entweder im Zwischenabschluss selbst zu machen oder, mittels Querverweisen im Zwischenabschluss, in anderen Erklärungen, wie beispielsweise einem Lagebericht oder einem Bericht über die Risiken, die für die Abschlussadressaten zu den gleichen Bedingungen und zum gleichen Zeitpunkt wie der Zwischenabschluss verfügbar sind. Sind die Angaben mittels Querverweisen für die Abschlussadressaten nicht zu den gleichen Bedingungen und zum gleichen Zeitpunkt verfügbar, gilt der Zwischenabschluss als unvollständig. Diese Angaben sind normalerweise für den Zeitraum vom Geschäftsjahresbeginn bis zum Zwischenberichtstermin zu machen:

(a) eine Erklärung, dass im Zwischenabschluss dieselben Rechnungslegungsmethoden und Berechnungsmethoden angewandt werden wie im letzten Abschluss eines Geschäftsjahres oder, wenn diese Methoden geändert worden sind, eine Beschreibung der Art und Auswirkung der Änderung;

(b) erläuternde Bemerkungen über die Saisoneinflüsse oder die Konjunktureinflüsse auf die Geschäftstätigkeit innerhalb der Zwischenberichtsperiode;

(c) Art und Umfang von Sachverhalten, die Vermögenswerte, Schulden, Eigenkapital, Periodenergebnis oder Cashflows beeinflussen und die aufgrund ihrer Art, ihres Ausmaßes oder ihrer Häufigkeit ungewöhnlich sind;

(d) Art und Umfang von Änderungen bei Schätzungen von Beträgen, die in früheren Zwischenberichtsperioden des aktuellen Geschäftsjahres dargestellt wurden, oder Änderungen bei Schätzungen von Beträgen, die in früheren Geschäftsjahren dargestellt wurden;

(e) Emissionen, Rückkäufe und Rückzahlungen von Schuldverschreibungen oder Eigenkapitaltitel;

(f) gezahlte Dividenden (zusammengefasst oder je Aktie), gesondert für Stammaktien und sonstige Aktien;

(g) die folgenden Segmentinformationen (die Angabe von Segmentinformationen in einem Zwischenbericht eines Unternehmens wird nur verlangt, wenn IFRS 8 *Geschäftssegmente* das Unternehmen zur Angabe der Segmentinformationen in seinem Abschluss eines Geschäftsjahres verpflichtet):

   (i) Umsatzerlöse von externen Kunden, wenn sie in die Bemessungsgrundlage des Gewinns oder Verlusts des Segments mit einbezogen sind, der von der verantwortlichen Unternehmensinstanz überprüft wird oder dieser ansonsten regelmäßig übermittelt wird;

   (ii) Umsatzerlöse, die zwischen den Segmenten erwirtschaftet werden, wenn sie in die Bemessungsgrundlage des Gewinns oder Verlusts des Segments mit einbezogen sind, der von der verantwortlichen Unternehmensinstanz überprüft wird oder dieser ansonsten regelmäßig übermittelt wird;

   (iii) Bewertung des Gewinns oder Verlusts des Segments;

   (iv) die Gesamtvermögenswerte für ein bestimmtes berichtspflichtiges Segment, wenn diese Beträge dem Hauptentscheidungsträger regelmäßig übermittelt werden und deren Höhe sich im Vergleich zu den Angaben im letzten Abschluss eines Geschäftsjahres für dieses berichtspflichtige Segment wesentlich verändert hat.

   (v) Beschreibung der Unterschiede im Vergleich zum letzten Abschluss, die sich in der Segmentierungsgrundlage oder in der Bemessungsgrundlage des Gewinns oder Verlusts des Segments ergeben haben;

   (vi) Überleitungsrechnung für die Gesamtbetrag der Bewertungen des Gewinns oder Verlusts der berichtspflichtigen Segmente zum Gewinn oder Verlust des Unternehmens vor Steueraufwand (Steuerertrag) und Aufgabe von Geschäftsbereichen. Weist ein Unternehmen indes berichtspflichtigen Segmenten Posten wie Steueraufwand (Steuerertrag) zu, kann das Unternehmen für den Gesamtbetrag der Bewertungen des Gewinns oder Verlusts der Segmente zum Gewinn oder Verlust des Unternehmens seine Überleitungsrechnung nach Ausklammerung dieser Posten erstellen. Wesentliche Abstimmungsposten sind in dieser Überleitungsrechnung gesondert zu identifizieren und zu beschreiben;

(h) nach der Zwischenberichtsperiode eingetretene Ereignisse, die im Zwischenabschluss nicht berücksichtigt wurden;

(i) Auswirkung von Änderungen in der Zusammensetzung eines Unternehmens während der Zwischenberichtsperiode, einschließlich Unternehmenszusammenschlüsse, Erlangung oder Verlust der Beherrschung über Tochterunternehmen und langfristige Finanzinvestitionen, Restrukturierungsmaßnahmen sowie Aufgabe von Geschäftsbereichen. Im Fall von Unternehmenszusammenschlüssen sind die in IFRS 3 *Unternehmenszusammenschlüsse* geforderten Angaben zu machen.

(j) Bei Finanzinstrumenten die in IFRS 13 *Bemessung des beizulegenden Zeitwerts,* Paragraphen 91–93 (h), 94–96, 98 und 99 und in IFRS 7 *Finanzinstrumente: Angaben,* Paragraphen 25, 26 und 28–30, vorgeschriebenen Angaben zum beizulegenden Zeitwert.

Individual IFRSs provide guidance regarding disclosure requirements for many of the items listed in paragraph 15B. **15C** When an event or transaction is significant to an understanding of the changes in an entity's financial position or performance since the last annual reporting period, its interim financial report should provide an explanation of and an update to the relevant information included in the financial statements of the last annual reporting period.

[deleted] **16**

Other disclosures

In addition to disclosing significant events and transactions in accordance with paragraphs 15—15C, an entity shall **16A** include the following information, in the notes to its interim financial statements or elsewhere in the interim financial report. The following disclosures shall be given either in the interim financial statements or incorporated by cross-reference from the interim financial statements to some other statement (such as management commentary or risk report) that is available to users of the financial statements on the same terms as the interim financial statements and at the same time. If users of the financial statements do not have access to the information incorporated by cross-reference on the same terms and at the same time, the interim financial report is incomplete. The information shall normally be reported on a financial year-to-date basis.

(a) a statement that the same accounting policies and methods of computation are followed in the interim financial statements as compared with the most recent annual financial statements or, if those policies or methods have been changed, a description of the nature and effect of the change.

(b) explanatory comments about the seasonality or cyclicality of interim operations.

(c) the nature and amount of items affecting assets, liabilities, equity, net income or cash flows that are unusual because of their nature, size or incidence.

(d) the nature and amount of changes in estimates of amounts reported in prior interim periods of the current financial year or changes in estimates of amounts reported in prior financial years.

(e) issues, repurchases and repayments of debt and equity securities.

(f) dividends paid (aggregate or per share) separately for ordinary shares and other shares.

(g) the following segment information (disclosure of segment information is required in an entity's interim financial report only if IFRS 8 *Operating Segments* requires that entity to disclose segment information in its annual financial statements):

    (i) revenues from external customers, if included in the measure of segment profit or loss reviewed by the chief operating decision maker or otherwise regularly provided to the chief operating decision maker.

    (ii) intersegment revenues, if included in the measure of segment profit or loss reviewed by the chief operating decision maker or otherwise regularly provided to the chief operating decision maker.

    (iii) a measure of segment profit or loss.

    (iv) a measure of total assets and liabilities for a particular reportable segment if such amounts are regularly provided to the chief operating decision maker and if there has been a material change from the amount disclosed in the last annual financial statements for that reportable segment.

    (v) a description of differences from the last annual financial statements in the basis of segmentation or in the basis of measurement of segment profit or loss.

    (vi) a reconciliation of the total of the reportable segments' measures of profit or loss to the entity's profit or loss before tax expense (tax income) and discontinued operations. However, if an entity allocates to reportable segments items such as tax expense (tax income), the entity may reconcile the total of the segments' measures of profit or loss to profit or loss after those items. Material reconciling items shall be separately identified and described in that reconciliation.

(h) Events after the interim period that have not been reflected in the financial statements for the interim period.

(i) the effect of changes in the composition of the entity during the interim period, including business combinations, obtaining or losing control of subsidiaries and long-term investments, restructurings, and discontinued operations. In the case of business combinations, the entity shall disclose the information required by IFRS 3 *Business Combinations*.

(j) for financial instruments, the disclosures about fair value required by paragraphs 91—93 (h), 94—96, 98 and 99 of IFRS 13 *Fair Value Measurement* and paragraphs 25, 26 and 28—30 of IFRS 7 *Financial Instruments: Disclosures*.

(k) für Unternehmen, die den Status einer Investmentgesellschaft im Sinne von IFRS 10 *Konzernabschlüsse* erlangen oder ablegen, die gemäß IFRS 12 *Angaben zu Anteilen an anderen Unternehmen* Paragraph 9B verlangten Angaben.

17–18 [gestrichen]

Angabe der Übereinstimmung mit den IFRS

19 Wenn der Zwischenbericht eines Unternehmens den Vorschriften dieses Standards entspricht, ist diese Tatsache anzugeben. Ein Zwischenbericht darf nicht als mit den Standards übereinstimmend bezeichnet werden, solange er nicht allen Anforderungen der International Financial Reporting Standards entspricht.

Perioden, für die Zwischenabschlüsse aufzustellen sind

20 Zwischenberichte haben (verkürzte oder vollständige) Zwischenabschlüsse für Perioden wie folgt zu enthalten:

(a) eine Bilanz zum Ende der aktuellen Zwischenberichtsperiode und eine vergleichende Bilanz zum Ende des unmittelbar vorangegangenen Geschäftsjahres.

(b) Darstellungen von Gewinn oder Verlust und sonstigem Ergebnis für die aktuelle Zwischenberichtsperiode sowie kumuliert vom Beginn des aktuellen Geschäftsjahres bis zum Zwischenberichtstermin, mit vergleichenden Darstellungen von Gewinn oder Verlust und sonstigem Ergebnis für die vergleichbaren Zwischenberichtsperioden (zur aktuellen und zur vom Beginn des Geschäftsjahres bis zum kumulierten Zwischenberichtstermin fortgeführten Zwischenberichtsperiode) des unmittelbar vorangegangenen Geschäftsjahres. Gemäß IAS 1 (in der 2011 geänderten Fassung) darf ein Zwischenbericht für jede Berichtsperiode eine Darstellung/Darstellungen von Gewinn oder Verlust und sonstigem Ergebnis enthalten.

(c) eine Eigenkapitalveränderungsrechnung vom Beginn des aktuellen Geschäftsjahres bis zum Zwischenberichtstermin, mit einer vergleichenden Aufstellung für die vergleichbare Berichtsperiode vom Beginn des Geschäftsjahres an bis zum Zwischenberichtstermin des unmittelbar vorangegangenen Geschäftsjahres.

(d) eine vom Beginn des aktuellen Geschäftsjahres bis zum Zwischenberichtstermin erstellte Kapitalflussrechnung, mit einer vergleichenden Aufstellung für die vom Beginn des Geschäftsjahres an kumulierte Berichtsperiode des unmittelbar vorangegangenen Geschäftsjahres.

21 Für ein Unternehmen, dessen Geschäfte stark saisonabhängig sind, können Finanzinformationen über zwölf Monate bis zum Ende der Zwischenberichtsperiode sowie Vergleichsinformationen für die vorangegangene zwölfmonatige Berichtsperiode nützlich sein. Dementsprechend wird Unternehmen, deren Geschäfte stark saisonabhängig sind, empfohlen, solche Informationen zusätzlich zu den in dem vorangegangenen Paragraphen geforderten Informationen zu geben.

22 Anhang A veranschaulicht die darzustellenden Berichtsperioden von einem Unternehmen, das halbjährlich berichtet, sowie von einem Unternehmen, das vierteljährlich berichtet.

Wesentlichkeit

23 Bei der Entscheidung darüber, wie ein Posten zum Zweck der Zwischenberichterstattung zu erfassen, zu bewerten, zu klassifizieren oder anzugeben ist, ist die Wesentlichkeit im Verhältnis zu den Finanzdaten der Zwischenberichtsperiode einzuschätzen. Bei der Einschätzung der Wesentlichkeit ist zu beachten, dass Bewertungen in einem größeren Umfang auf Schätzungen aufbauen als die Bewertungen von jährlichen Finanzdaten.

24 IAS 1 und IAS 8 *Rechnungslegungsmethoden, Änderungen von rechnungslegungsbezogenen Schätzungen und Fehler* definieren einen Posten als wesentlich, wenn seine Auslassung oder fehlerhafte Angabe die wirtschaftlichen Entscheidungen von Adressaten der Abschlüsse beeinflussen könnte. IAS 1 verlangt die getrennte Angabe wesentlicher Posten, darunter (beispielsweise) aufgegebene Geschäftsbereiche, und IAS 8 verlangt die Angabe von Änderungen von *rechnungslegungsbezogenen* Schätzungen, von Fehlern und Änderungen der *Rechnungslegungsmethoden*. Beide Standards enthalten keine quantifizierten Leitlinien hinsichtlich der Wesentlichkeit.

25 Während die Einschätzung der Wesentlichkeit immer Ermessensentscheidungen erfordert, stützt dieser Standard aus Gründen der Verständlichkeit der Zwischenberichtszahlen die Entscheidung über Erfassung und Angabe von Daten auf die Daten für die Zwischenberichtsperiode selbst. So werden beispielsweise ungewöhnliche Posten, Änderungen der *Rechnungslegungsmethoden* oder der *rechnungslegungsbezogenen* Schätzungen sowie Fehler auf der Grundlage der Wesentlichkeit im Verhältnis zu den Daten der Zwischenberichtsperiode erfasst und angegeben, um irreführende Schlussfolgerungen zu vermeiden, die aus der Nichtangabe resultieren könnten. Das übergeordnete Ziel ist sicherzustellen, dass ein Zwischenbericht alle Informationen enthält, die für ein Verständnis der Vermögens-, Finanz- und Ertragslage eines Unternehmens während der Zwischenberichtsperiode wesentlich sind.

(k)   for entities becoming, or ceasing to be, investment entities, as defined in IFRS 10 *Consolidated Financial State-ments*, the disclosures in IFRS 12 *Disclosure of Interests in Other Entities* paragraph 9B.

[deleted]   17—18

Disclosure of compliance with IFRSs

If an entity's interim financial report is in compliance with this standard, that fact shall be disclosed. An interim financial   19
report shall not be described as complying with standards unless it complies with all of the requirements of international
financial reporting standards.

Periods for which interim financial statements are required to be presented

Interim reports shall include interim financial statements (condensed or complete) for periods as follows: 20
(a)   statement of financial position as of the end of the current interim period and a comparative statement of financial
      position as of the end of the immediately preceding financial year.
(b)   statements of profit or loss and other comprehensive income for the current interim period and cumulatively for the
      current financial year to date, with comparative statements of profit or loss and other comprehensive income for the
      comparable interim periods (current and year-to-date) of the immediately preceding financial year. As permitted by
      IAS 1 (as amended in 2011), an interim report may present for each period a statement or statements of profit or
      loss and other comprehensive income.
(c)   statement of changes in equity for the current financial year to date, with a comparative statement for the compar-
      able year-to-date period of the immediately preceding financial year.
(d)   statement of cash flows cumulatively for the current financial year to date, with a comparative statement for the
      comparable year-to-date period of the immediately preceding financial year.

For an entity whose business is highly seasonal, financial information for the 12 months up to the end of the interim   21
period and comparative information for the prior 12-month period may be useful. Accordingly, entities whose business is
highly seasonal are encouraged to consider reporting such information in addition to the information called for in the
preceding paragraph.

Appendix A illustrates the periods required to be presented by an entity that reports half-yearly and an entity that reports   22
quarterly.

Materiality

In deciding how to recognise, measure, classify, or disclose an item for interim financial reporting purposes, materiality   23
shall be assessed in relation to the interim period financial data. In making assessments of materiality, it shall be recognised that interim measurements may rely on estimates to a greater extent than measurements of annual financial data.

IAS 1 and IAS 8 *Accounting policies, changes in accounting estimates and errors* define an item as material if its omission   24
or misstatement could influence the economic decisions of users of the financial statements. IAS 1 requires separate disclosure of material items, including (for example) discontinued operations, and IAS 8 requires disclosure of changes in
accounting estimates, errors, and changes in accounting policies. The two standards do not contain quantified guidance
as to materiality.

While judgement is always required in assessing materiality, this standard bases the recognition and disclosure decision   25
on data for the interim period by itself for reasons of understandability of the interim figures. Thus, for example, unusual
items, changes in accounting policies or estimates, and errors are recognised and disclosed on the basis of materiality in
relation to interim period data to avoid misleading inferences that might result from nondisclosure. The overriding goal
is to ensure that an interim financial report includes all information that is relevant to understanding an entity's financial
position and performance during the interim period.

26 Wenn eine Schätzung eines in einer Zwischenberichtsperiode berichteten Betrags während der abschließenden Zwischen- berichtsperiode eines Geschäftsjahres wesentlich geändert wird, aber kein gesonderter Finanzbericht für diese abschlie- ßende Zwischenberichtsperiode veröffentlicht wird, sind die Art und der Betrag dieser Änderung der Schätzung im Anhang des jährlichen Abschlusses eines Geschäftsjahres für dieses Geschäftsjahr anzugeben.

27 IAS 8 verlangt die Angabe der Art und (falls durchführbar) des Betrags einer Änderung der Schätzung, die entweder eine wesentliche Auswirkung auf die Berichtsperiode hat oder von der angenommen wird, dass sie eine wesentliche Auswir- kung auf folgende Berichtsperioden haben wird. Paragraph 16 (d) dieses Standards verlangt entsprechende Angaben in einem Zwischenbericht. Beispiele umfassen Änderungen der Schätzung in der abschließenden Zwischenberichtsperiode, die sich auf außerplanmäßige Abschreibungen von Vorräten, Restrukturierungsmaßnahmen oder Wertminderungsauf- wand beziehen, die in einer früheren Zwischenberichtsperiode des Geschäftsjahres berichtet wurden. Die vom voran- gegangenen Paragraphen verlangten Angaben stimmen mit den Anforderungen des IAS 8 überein und sollen eng im Anwendungsbereich sein – sie beziehen sich nur auf die Änderung einer Schätzung. Ein Unternehmen ist nicht dazu ver- pflichtet, zusätzliche Finanzinformationen der Zwischenberichtsperiode in seinen Abschluss eines Geschäftsjahres einzu- beziehen.

ERFASSUNG UND BEWERTUNG

Gleiche Rechnungslegungsmethoden wie im jährlichen Abschluss

28 Ein Unternehmen hat in seinen Zwischenabschlüssen die gleichen *Rechnungslegungsmethoden* anzuwenden, die es in sei- nen jährlichen Abschlüssen eines Geschäftsjahres anwendet, mit Ausnahme von Änderungen der *Rechnungslegungs- methoden*, die nach dem Stichtag des letzten Abschlusses eines Geschäftsjahres vorgenommen wurden und die in dem nächsten Abschluss eines Geschäftsjahres wiederzugeben sind. Die Häufigkeit der Berichterstattung eines Unternehmens (jährlich, halb- oder vierteljährlich) darf die Höhe des Jahresergebnisses jedoch nicht beeinflussen. Um diese Zielsetzung zu erreichen, sind Bewertungen in Zwischenberichten unterjährig auf einer vom Geschäftsjahresbeginn bis zum Zwi- schenberichtstermin kumulierten Grundlage vorzunehmen.

29 Durch die Anforderung, dass ein Unternehmen die gleichen *Rechnungslegungsmethoden* in seinen Zwischenabschlüssen wie in seinen Abschlüssen eines Geschäftsjahres anzuwenden hat, könnte der Eindruck entstehen, dass Bewertungen in der Zwischen- berichtsperiode so vorgenommen werden, als ob jede Zwischenberichtsperiode als unabhängige Berichterstattungsperiode alleine zu betrachten wäre. Bei der Vorschrift, dass die Häufigkeit der Berichterstattung eines Unternehmens nicht die Bewer- tung seiner Jahresergebnisse beeinflussen darf, erkennt Paragraph 28 jedoch an, dass eine Zwischenberichtsperiode Teil eines umfassenderen Geschäftsjahres ist. Unterjährige Bewertungen vom Beginn des Geschäftsjahres bis zum Zwischenberichtster- min können die Änderungen von Schätzungen von Beträgen einschließen, die in früheren Zwischenberichtsperioden des aktuellen Geschäftsjahres berichtet wurden. Dennoch sind die Grundsätze zur Bilanzierung von Vermögenswerten, Schulden, Erträgen und Aufwendungen für die Zwischenberichtsperioden die gleichen wie in den Jahresabschlüssen.

30 Zur Veranschaulichung:
(a) die Grundsätze zur Erfassung und Bewertung von Aufwendungen aus außerplanmäßigen Abschreibungen von Vor- räten, Restrukturierungsmaßnahmen oder Wertminderungen in einer Zwischenberichtsperiode sind die gleichen wie die, die ein Unternehmen befolgen würde, wenn es nur einen Abschluss eines Geschäftsjahres aufstellen würde. Wenn jedoch solche Sachverhalte in einer Zwischenberichtsperiode erfasst und bewertet werden, und in einer der folgenden Zwischenberichtsperioden des Geschäftsjahres Schätzungen geändert werden, wird die ursprüngliche Schätzung in der folgenden Zwischenberichtsperiode entweder durch eine Abgrenzung von zusätzlichen Aufwen- dungen oder durch die Rückbuchung des bereits erfassten Betrags geändert;
(b) Kosten, die am Ende einer Zwischenberichtsperiode nicht die Definition eines Vermögenswerts erfüllen, werden in der Bilanz nicht abgegrenzt, um entweder zukünftige Informationen darüber abzuwarten, ob die Definition eines Vermögenswerts erfüllt wurde, oder um die Erträge über die Zwischenberichtsperioden innerhalb eines Geschäfts- jahres zu glätten; und
(c) Ertragsteueraufwand wird in jeder Zwischenberichtsperiode auf der Grundlage der besten Schätzung des gewichte- ten durchschnittlichen jährlichen Ertragsteuersatzes erfasst, der für das gesamte Geschäftsjahr erwartet wird. Beträge, die für den Ertragsteueraufwand in einer Zwischenberichtsperiode abgegrenzt wurden, werden gegebenen- falls in einer nachfolgenden Zwischenberichtsperiode des Geschäftsjahres angepasst, wenn sich die Schätzung des jährlichen Ertragsteuersatzes ändert.

31 Gemäß dem *Rahmenkonzept für die Aufstellung und Darstellung von Abschlüssen (das Rahmenkonzept)* versteht man unter Erfassung den „Einbezug eines Sachverhaltes in der Bilanz oder in der Gesamtergebnisrechnung, der die Definition eines Abschlusspostens und die Kriterien für die Erfassung erfüllt". Die Definitionen von Vermögenswerten, Schulden, Erträgen und Aufwendungen sind für die Erfassung sowohl am Abschlussstichtag als auch am Zwischenberichtsstichtag von grundlegender Bedeutung.

If an estimate of an amount reported in an interim period is changed significantly during the final interim period of the 26 financial year but a separate financial report is not published for that final interim period, the nature and amount of that change in estimate shall be disclosed in a note to the annual financial statements for that financial year.

IAS 8 requires disclosure of the nature and (if practicable) the amount of a change in estimate that either has a material 27 effect in the current period or is expected to have a material effect in subsequent periods. Paragraph 16 (d) of this standard requires similar disclosure in an interim financial report. Examples include changes in estimate in the final interim period relating to inventory write-downs, restructurings, or impairment losses that were reported in an earlier interim period of the financial year. The disclosure required by the preceding paragraph is consistent with the IAS 8 requirement and is intended to be narrow in scope — relating only to the change in estimate. An entity is not required to include additional interim period financial information in its annual financial statements.

RECOGNITION AND MEASUREMENT

Same accounting policies as annual

An entity shall apply the same accounting policies in its interim financial statements as are applied in its annual financial 28 statements, except for accounting policy changes made after the date of the most recent annual financial statements that are to be reflected in the next annual financial statements. However, the frequency of an entity's reporting (annual, half-yearly, or quarterly) shall not affect the measurement of its annual results. To achieve that objective, measurements for interim reporting purposes shall be made on a year-to-date basis.

Requiring that an entity apply the same accounting policies in its interim financial statements as in its annual statements 29 may seem to suggest that interim period measurements are made as if each interim period stands alone as an independent reporting period. However, by providing that the frequency of an entity's reporting shall not affect the measurement of its annual results, paragraph 28 acknowledges that an interim period is a part of a larger financial year. Year-to-date measurements may involve changes in estimates of amounts reported in prior interim periods of the current financial year. But the principles for recognising assets, liabilities, income, and expenses for interim periods are the same as in annual financial statements.

To illustrate: 30
(a) the principles for recognising and measuring losses from inventory write-downs, restructurings, or impairments in an interim period are the same as those that an entity would follow if it prepared only annual financial statements. However, if such items are recognised and measured in one interim period and the estimate changes in a subsequent interim period of that financial year, the original estimate is changed in the subsequent interim period either by accrual of an additional amount of loss or by reversal of the previously recognised amount;
(b) a cost that does not meet the definition of an asset at the end of an interim period is not deferred in the statement of financial position either to await future information as to whether it has met the definition of an asset or to smooth earnings over interim periods within a financial year; and
(c) income tax expense is recognised in each interim period based on the best estimate of the weighted average annual income tax rate expected for the full financial year. Amounts accrued for income tax expense in one interim period may have to be adjusted in a subsequent interim period of that financial year if the estimate of the annual income tax rate changes.

Under the *Framework for the Preparation and Presentation of Financial Statements* (the *Framework*), recognition is the 31 'process of incorporating in the statement of financial position or statement of comprehensive income an item that meets the definition of an element and satisfies the criteria for recognition'. The definitions of assets, liabilities, income, and expenses are fundamental to recognition, at the end of both annual and interim financial reporting periods.

32 Für Vermögenswerte werden die gleichen Kriterien hinsichtlich der Beurteilung des künftigen wirtschaftlichen Nutzens an Zwischenberichtsterminen und am Ende des Geschäftsjahres eines Unternehmens angewandt. Ausgaben, die aufgrund ihrer Art am Ende des Geschäftsjahres nicht die Bedingungen für einen Vermögenswert erfüllen würden, würden diese Bedingungen auch an Zwischenberichtsterminen nicht erfüllen. Gleichfalls hat eine Schuld an einem Zwischenberichtsstichtag ebenso wie am Abschlussstichtag eine zu diesem Zeitpunkt bestehende Verpflichtung darzustellen.

33 Ein unentbehrliches Merkmal von Erträgen und Aufwendungen ist, dass die entsprechenden Zugänge und Abgänge von Vermögenswerten und Schulden schon stattgefunden haben. Wenn diese Zugänge oder Abgänge stattgefunden haben, werden die zugehörigen Erträge und Aufwendungen erfasst. In allen anderen Fällen werden sie nicht erfasst. Das *Rahmenkonzept* besagt, „Aufwendungen werden in der Gesamtergebnisrechnung erfasst, wenn es zu einer Abnahme des künftigen wirtschaftlichen Nutzens in Verbindung mit einer Abnahme bei einem Vermögenswert oder einer Zunahme bei einer Schuld gekommen ist, die verlässlich bewertet werden kann. [Das] Rahmenkonzept gestattet jedoch nicht die Erfassung von Sachverhalten in der Bilanz, die nicht die Definition von Vermögenswerten oder Schulden erfüllen."

34 Bei der Bewertung der in seinen Abschlüssen dargestellten Vermögenswerte, Schulden, Erträge, Aufwendungen sowie Cashflows ist es einem Unternehmen, das nur jährlich berichtet, möglich, Informationen zu berücksichtigen, die während des gesamten Geschäftsjahres verfügbar sind. Tatsächlich beruhen seine Bewertungen auf einer vom Geschäftsjahresbeginn an bis zum Berichtstermin fortgeführten Grundlage.

35 Ein Unternehmen, das halbjährlich berichtet, verwendet Informationen, die in der Jahresmitte oder kurz danach verfügbar sind, um die Bewertungen in seinem Abschluss für die erste sechsmonatige Berichtsperiode durchzuführen, und Informationen, die am Jahresende oder kurz danach verfügbar sind, für die zwölfmonatige Berichtsperiode. Die Bewertungen für die zwölf Monate werden mögliche Änderungen von Schätzungen von Beträgen widerspiegeln, die für die erste sechsmonatige Berichtsperiode angegeben wurden. Die im Zwischenbericht für die erste sechsmonatige Berichtsperiode berichteten Beträge werden nicht rückwirkend angepasst. Die Paragraphen 16 (d) und 26 schreiben jedoch vor, dass Art und Betrag jeder wesentlichen Änderung von Schätzungen angegeben wird.

36 Ein Unternehmen, das häufiger als halbjährlich berichtet, bewertet Erträge und Aufwendungen auf einer von Geschäftsjahresbeginn an bis zum Zwischenberichtstermin fortgeführten Grundlage für jede Zwischenberichtsperiode, indem es Informationen verwendet, die verfügbar sind, wenn der jeweilige Abschluss aufgestellt wird. Erträge und Aufwendungen, die in der aktuellen Zwischenberichtsperiode dargestellt werden, spiegeln alle Änderungen von Schätzungen von Beträgen wider, die in früheren Zwischenberichtsperioden des Geschäftsjahres dargestellt wurden. Die in früheren Zwischenberichtsperioden berichteten Beträge werden nicht rückwirkend angepasst. Die Paragraphen 16 (d) und 26 schreiben jedoch vor, dass Art und Betrag jeder wesentlichen Änderung von Schätzungen angegeben wird.

Saisonal, konjunkturell oder gelegentlich erzielte Erträge

37 Erträge, die innerhalb eines Geschäftsjahres saisonal bedingt, konjunkturell bedingt oder gelegentlich erzielt werden, dürfen am Zwischenberichtsstichtag nicht vorgezogen oder abgegrenzt werden, wenn das Vorziehen oder die Abgrenzung am Ende des Geschäftsjahres des Unternehmens nicht angemessen wäre.

38 Beispiele umfassen Dividendenerträge, Nutzungsentgelte und Zuwendungen der öffentlichen Hand. Darüber hinaus erwirtschaften einige Unternehmen gleich bleibend mehr Erträge in bestimmten Zwischenberichtsperioden eines Geschäftsjahres als in anderen Zwischenberichtsperioden, beispielsweise saisonale Erträge von Einzelhändlern. Solche Erträge werden bei ihrer Entstehung erfasst.

Aufwendungen, die während des Geschäftsjahres unregelmäßig anfallen

39 Aufwendungen, die unregelmäßig während des Geschäftsjahres eines Unternehmens anfallen, sind für Zwecke der Zwischenberichterstattung dann und nur dann vorzuziehen oder abzugrenzen, wenn es auch am Ende des Geschäftsjahres angemessen wäre, diese Art der Aufwendungen vorzuziehen oder abzugrenzen.

Anwendung der Erfassungs- und Bewertungsgrundsätze

40 Anhang B enthält Beispiele zur Anwendung der grundlegenden, in den Paragraphen 28–39 dargestellten Erfassungs- und Bewertungsgrundsätze.

Verwendung von Schätzungen

41 Bei der Bewertung in einem Zwischenbericht ist sicherzustellen, dass die resultierenden Informationen verlässlich sind und dass alle wesentlichen Finanzinformationen, die für ein Verständnis der Vermögens-, Finanz- und Ertragslage des Unternehmens relevant sind, angemessen angegeben werden. Auch wenn die Bewertungen in Geschäftsberichten und in Zwischenberichten oft auf vernünftigen Schätzungen beruhen, wird die Aufstellung von Zwischenberichten in der Regel eine umfangreichere Verwendung von Schätzungsmethoden erfordern als die der jährlichen Rechnungslegung.

42 Anhang C enthält Beispiele für die Verwendung von Schätzungen in Zwischenberichtsperioden.

For assets, the same tests of future economic benefits apply at interim dates and at the end of an entity's financial year. **32** Costs that, by their nature, would not qualify as assets at financial year-end would not qualify at interim dates either. Similarly, a liability at the end of an interim reporting period must represent an existing obligation at that date, just as it must at the end of an annual reporting period.

An essential characteristic of income (revenue) and expenses is that the related inflows and outflows of assets and liabil- **33** ities have already taken place. If those inflows or outflows have taken place, the related revenue and expense are recognised; otherwise they are not recognised. The *Framework* says that 'expenses are recognised in the statement of comprehensive income when a decrease in future economic benefits related to a decrease in an asset or an increase of a liability has arisen that can be measured reliably... [The] *Framework* does not allow the recognition of items in the statement of financial position which do not meet the definition of assets or liabilities.'

In measuring the assets, liabilities, income, expenses, and cash flows reported in its financial statements, an entity that **34** reports only annually is able to take into account information that becomes available throughout the financial year. Its measurements are, in effect, on a year-to-date basis.

An entity that reports half-yearly uses information available by mid-year or shortly thereafter in making the measure- **35** ments in its financial statements for the first six-month period and information available by year-end or shortly thereafter for the 12-month period. The 12-month measurements will reflect possible changes in estimates of amounts reported for the first six-month period. The amounts reported in the interim financial report for the first six-month period are not retrospectively adjusted. Paragraphs 16 (d) and 26 require, however, that the nature and amount of any significant changes in estimates be disclosed.

An entity that reports more frequently than half-yearly measures income and expenses on a year-to-date basis for each **36** interim period using information available when each set of financial statements is being prepared. Amounts of income and expenses reported in the current interim period will reflect any changes in estimates of amounts reported in prior interim periods of the financial year. The amounts reported in prior interim periods are not retrospectively adjusted. Paragraphs 16 (d) and 26 require, however, that the nature and amount of any significant changes in estimates be disclosed.

Revenues received seasonally, cyclically, or occasionally

Revenues that are received seasonally, cyclically, or occasionally within a financial year shall not be anticipated or deferred **37** as of an interim date if anticipation or deferral would not be appropriate at the end of the entity's financial year.

Examples include dividend revenue, royalties, and government grants. Additionally, some entities consistently earn more **38** revenues in certain interim periods of a financial year than in other interim periods, for example, seasonal revenues of retailers. Such revenues are recognised when they occur.

Costs incurred unevenly during the financial year

Costs that are incurred unevenly during an entity's financial year shall be anticipated or deferred for interim reporting **39** purposes if, and only if, it is also appropriate to anticipate or defer that type of cost at the end of the financial year.

Applying the recognition and measurement principles

Appendix B provides examples of applying the general recognition and measurement principles set out in paragraphs **40** 28—39.

Use of estimates

The measurement procedures to be followed in an interim financial report shall be designed to ensure that the resulting **41** information is reliable and that all material financial information that is relevant to an understanding of the financial position or performance of the entity is appropriately disclosed. While measurements in both annual and interim financial reports are often based on reasonable estimates, the preparation of interim financial reports generally will require a greater use of estimation methods than annual financial reports.

Appendix C provides examples of the use of estimates in interim periods. **42**

ANPASSUNG BEREITS DARGESTELLTER ZWISCHENBERICHTSPERIODEN

43 Eine Änderung der *Rechnungslegungsmethoden* ist mit Ausnahme von Übergangsregelungen, die von einem neuen Standard oder von einer neuen Interpretation vorgeschrieben werden, darzustellen,

(a) indem eine Anpassung der Abschlüsse früherer Zwischenberichtsperioden des aktuellen Geschäftsjahres und vergleichbarer Zwischenberichtsperioden früherer Geschäftsjahre, die im Abschluss nach IAS 8 anzupassen sind, vorgenommen wird; oder

(b) wenn die Ermittlung der kumulierten Auswirkung der Anwendung einer neuen *Rechnungslegungsmethode* auf alle früheren Perioden am Anfang des Geschäftsjahres und der Anpassung von Abschlüssen früherer Zwischenberichtsperioden des laufenden Geschäftsjahres sowie vergleichbarer Zwischenberichtsperioden früherer Geschäftsjahre undurchführbar ist, die neue Rechnungslegungsmethode prospektiv ab dem frühest möglichen Datum anzuwenden.

44 Eine Zielsetzung des vorangegangenen Grundsatzes ist sicherzustellen, dass eine einzige *Rechnungslegungsmethode* auf eine bestimmte Gruppe von Geschäftsvorfällen über das gesamte Geschäftsjahr angewendet wird. Gemäß IAS 8 wird eine Änderung der *Rechnungslegungsmethoden* durch die rückwirkende Anwendung widerspiegelt, wobei Finanzinformationen aus früheren Berichtsperioden so weit wie vergangenheitsbezogen möglich angepasst werden. Wenn jedoch die Ermittlung des kumulierten Korrekturbetrags, der sich auf die früheren Geschäftsjahre bezieht, undurchführbar ist, ist gemäß IAS 8 die neue Methode prospektiv ab dem frühest möglichen Datum anzuwenden. Der Grundsatz in Paragraph 43 führt dazu, dass vorgeschrieben wird, dass alle Änderungen von *Rechnungslegungsmethoden* innerhalb des aktuellen Geschäftsjahres entweder rückwirkend oder, wenn dies undurchführbar ist, prospektiv spätestens ab Anfang des laufenden Geschäftsjahres zur Anwendung kommen.

45 Die Darstellung von Änderungen der *Rechnungslegungsmethoden* an einem Zwischenberichtstermin innerhalb des Geschäftsjahres zuzulassen, würde die Anwendung zweier verschiedener *Rechnungslegungsmethoden* auf eine bestimmte Gruppe von Geschäftsvorfällen innerhalb eines einzelnen Geschäftsjahres zulassen. Das Resultat wären Verteilungsschwierigkeiten bei der Zwischenberichterstattung, unklare Betriebsergebnisse und eine erschwerte Analyse und Verständlichkeit der Informationen im Zwischenbericht.

ZEITPUNKT DES INKRAFTTRETENS

46 Dieser Standard ist erstmals in der ersten Berichtsperiode eines am 1. Januar 1999 oder danach beginnenden Geschäftsjahres anzuwenden. Eine frühere Anwendung wird empfohlen.

47 Infolge des IAS 1 (überarbeitet 2007) wurde die in allen IFRS verwendete Terminologie geändert. Außerdem wurden die Paragraphen 4, 5, 8, 11, 12 und 20 geändert, Paragraph 13 wurde gestrichen, und die Paragraphen 8A und 11A wurden hinzugefügt. Diese Änderungen sind erstmals in der ersten Berichtsperiode eines am 1. Januar 2009 oder danach beginnenden Geschäftsjahres anzuwenden. Wird IAS 1 (überarbeitet 2007) auf eine frühere Periode angewandt, sind diese Änderungen entsprechend auch anzuwenden.

48 **Durch IFRS 3 (in der** vom International Accounting Standards Board **2008 überarbeiteten Fassung) wurde Paragraph 16 (i) geändert. Diese Änderung ist erstmals in der ersten Berichtsperiode eines am 1. Juli 2009 oder danach beginnenden Geschäftsjahres anzuwenden. Wendet ein Unternehmen IFRS 3 (in der 2008 überarbeiteten Fassung) auf eine frühere Periode an, so hat es auf diese Periode auch diese Änderung anzuwenden.**

49 Durch die im Mai 2010 veröffentlichten *Verbesserungen an den IFRS* wurden Paragraph 15 geändert, die Paragraphen 15A–15C und 16A eingefügt und die Paragraphen 16–18 gestrichen. Diese Änderungen sind erstmals in der ersten Berichtsperiode eines am oder nach dem 1. Januar 2011 beginnenden Geschäftsjahres anzuwenden. Eine frühere Anwendung ist zulässig. Wendet ein Unternehmen die Änderungen auf eine frühere Periode an, hat es dies anzugeben.

50 Durch IFRS 13, veröffentlicht im Mai 2011, wurde Paragraph 16A (j) angefügt. Ein Unternehmen hat die betreffende Änderung anzuwenden, wenn es IFRS 13 anwendet.

51 Mit *Darstellung von Posten des sonstigen Ergebnisses* (Änderung IAS 1), veröffentlicht im Juni 2011, wurden die Paragraphen 8, 8A, 11A und 20 geändert. Ein Unternehmen hat diese Änderungen anzuwenden, wenn es IAS 1 (in der im Juni 2011 geänderten Fassung) anwendet.

52 Mit den *Jährlichen Verbesserungen, Zyklus 2009–2011* von Mai 2012 wurde Paragraph 5 infolge der Änderung an IAS 1 *Darstellung des Abschlusses* geändert. Diese Änderungen sind rückwirkend gemäß IAS 8 *Rechnungslegungsmethoden, Änderungen von rechnungslegungsbezogenen Schätzungen und Fehler* in der ersten Berichtsperiode eines am oder nach dem 1. Januar 2013 beginnenden Geschäftsjahres anzuwenden. Eine frühere Anwendung ist zulässig. Wendet ein Unternehmen die Änderung auf eine frühere Periode an, hat es dies anzugeben.

53 Mit den *Jährlichen Verbesserungen, Zyklus 2009–2011*, von Mai 2012 wurde Paragraph 16A geändert. Diese Änderungen sind rückwirkend gemäß IAS 8 *Rechnungslegungsmethoden, Änderungen von rechnungslegungsbezogenen Schätzungen*

A change in accounting policy, other than one for which the transition is specified by a new IFRS, shall be reflected by: **43**

(a) restating the financial statements of prior interim periods of the current financial year and the comparable interim periods of any prior financial years that will be restated in the annual financial statements in accordance with IAS 8; or

(b) when it is impracticable to determine the cumulative effect at the beginning of the financial year of applying a new accounting policy to all prior periods, adjusting the financial statements of prior interim periods of the current financial year, and comparable interim periods of prior financial years to apply the new accounting policy prospectively from the earliest date practicable.

One objective of the preceding principle is to ensure that a single accounting policy is applied to a particular class of **44** transactions throughout an entire financial year. Under IAS 8, a change in accounting policy is reflected by retrospective application, with restatement of prior period financial data as far back as is practicable. However, if the cumulative amount of the adjustment relating to prior financial years is impracticable to determine, then under IAS 8 the new policy is applied prospectively from the earliest date practicable. The effect of the principle in paragraph 43 is to require that within the current financial year any change in accounting policy is applied either retrospectively or, if that is not practicable, prospectively, from no later than the beginning of the financial year.

To allow accounting changes to be reflected as of an interim date within the financial year would allow two differing **45** accounting policies to be applied to a particular class of transactions within a single financial year. The result would be interim allocation difficulties, obscured operating results, and complicated analysis and understandability of interim period information.

EFFECTIVE DATE

This standard becomes operative for financial statements covering periods beginning on or after 1 January 1999. Earlier **46** application is encouraged.

IAS 1 (as revised in 2007) amended the terminology used throughout IFRSs. In addition it amended paragraphs 4, 5, 8, **47** 11, 12 and 20, deleted paragraph 13 and added paragraphs 8A and 11A. An entity shall apply those amendments for annual periods beginning on or after 1 January 2009. If an entity applies IAS 1 (revised 2007) for an earlier period, the amendments shall be applied for that earlier period.

IFRS 3 (as revised by the International Accounting Standards Board **in 2008) amended paragraph 16 (i). An entity** **48** **shall apply that amendment for annual periods beginning on or after 1 July 2009. If an entity applies IFRS 3 (revised 2008) for an earlier period, the amendment shall also be applied for that earlier period.**

Paragraph 15 was amended, paragraphs 15A—15C and 16A were added and paragraphs 16—18 were deleted by Improve- **49** ments to IFRSs issued in May 2010. An entity shall apply those amendments for annual periods beginning on or after 1 January 2011. Earlier application is permitted. If an entity applies the amendments for an earlier period it shall disclose that fact.

IFRS 13, issued in May 2011, added paragraph 16A(j). An entity shall apply that amendment when it applies IFRS 13. **50**

Presentation of Items of Other Comprehensive Income (Amendments to IAS 1), issued in June 2011, amended paragraphs **51** 8, 8A, 11A and 20. An entity shall apply those amendments when it applies IAS 1 as amended in June 2011.

Annual Improvements 2009—2011 Cycle, issued in May 2012, amended paragraph 5 as a consequential amendment **52** derived from the amendment to IAS 1 *Presentation of Financial Statements*. An entity shall apply that amendment retrospectively in accordance with IAS 8 *Accounting Policies, Changes in Accounting Estimates and Errors* for annual periods beginning on or after 1 January 2013. Earlier application is permitted. If an entity applies that amendment for an earlier period it shall disclose that fact.

Annual Improvements 2009—2011 Cycle, issued in May 2012, amended paragraph 16A. An entity shall apply that amend- **53** ment retrospectively in accordance with IAS 8 *Accounting Policies, Changes in Accounting Estimates and Errors* for annual

und Fehler in der ersten Berichtsperiode eines am oder nach dem 1. Januar 2013 beginnenden Geschäftsjahres anzuwenden. Eine frühere Anwendung ist zulässig. Wendet ein Unternehmen die Änderung auf eine frühere Periode an, hat es dies anzugeben.

54 Mit der im Oktober 2012 veröffentlichten Verlautbarung *Investmentgesellschaften (Investment Entities)* (Änderungen an IFRS 10, IFRS 12 und IAS 27) wurde Paragraph 16A angefügt. Unternehmen haben diese Änderungen auf Geschäftsjahre anzuwenden, die am oder nach dem 1. Januar 2014 beginnen. Eine frühere Anwendung der Verlautbarung *Investmentgesellschaften (Investment Entities)* ist zulässig. Wendet ein Unternehmen diese Änderungen früher an, hat es alle in der Verlautbarung enthaltenen Änderungen gleichzeitig anzuwenden.

56 Mit den im September 2014 veröffentlichten *Jährlichen Verbesserungen an den IFRS, Zyklus 2012–2014* wurde Paragraph 16A geändert. Diese Änderungen sind rückwirkend gemäß IAS 8 *Rechnungslegungsmethoden, Änderungen von rechnungslegungsbezogenen Schätzungen und Fehler* in der ersten Berichtsperiode eines am oder nach dem 1. Januar 2016 beginnenden Geschäftsjahres anzuwenden. Eine frühere Anwendung ist zulässig. Wendet ein Unternehmen diese Änderungen früher an, hat es dies anzugeben.

57 Mit der im Dezember 2014 veröffentlichten Verlautbarung *Angabeninitiative* (Änderungen an IAS 1) wurde Paragraph 5 geändert. Diese Änderung ist auf Geschäftsjahre anzuwenden, die am oder nach dem 1. Januar 2016 beginnen. Eine frühere Anwendung ist zulässig.

periods beginning on or after 1 January 2013. Earlier application is permitted. If an entity applies that amendment for an earlier period it shall disclose that fact.

Investment Entities (Amendments to IFRS 10, IFRS 12 and IAS 27), issued in October 2012, added paragraph 16A. An **54** entity shall apply that amendment for annual periods beginning 1 January 2014. Earlier application of *Investment Entities* is permitted. If an entity applies that amendment earlier it shall also apply all amendments included in *Investment Entities* at the same time.

Annual Improvements to IFRSs 2012—2014 Cycle, issued in September 2014, amended paragraph 16A. An entity shall **56** apply that amendment retrospectively in accordance with IAS 8 *Accounting Policies, Changes in Accounting Estimates and Errors* for annual periods beginning on or after 1 January 2016. Earlier application is permitted. If an entity applies the amendment for an earlier period it shall disclose that fact.

Disclosure Initiative (Amendments to IAS 1), issued in December 2014, amended paragraph 5. An entity shall apply that **57** amendment for annual periods beginning on or after 1 January 2016. Earlier application of that amendment is permitted.

INTERNATIONAL ACCOUNTING STANDARD 36
Wertminderung von Vermögenswerten

ZIELSETZUNG

1 Die Zielsetzung dieses Standards ist es, die Verfahren vorzuschreiben, die ein Unternehmen anwendet, um sicherzustellen, dass seine Vermögenswerte nicht mit mehr als ihrem erzielbaren Betrag bewertet werden. Ein Vermögenswert wird mit mehr als seinem erzielbaren Betrag bewertet, wenn sein Buchwert den Betrag übersteigt, der durch die Nutzung oder den Verkauf des Vermögenswertes erzielt werden könnte. Wenn dies der Fall ist, wird der Vermögenswert als wertgemindert bezeichnet und der Standard verlangt, dass das Unternehmen einen Wertminderungsaufwand erfasst. Der Standard konkretisiert ebenso, wann ein Unternehmen einen Wertminderungsaufwand aufzuheben hat und schreibt Angaben vor.

ANWENDUNGSBEREICH

2 **Dieser Standard muss auf die Bilanzierung einer Wertminderung von allen Vermögenswerten angewendet werden; davon ausgenommen sind:**

(a) **Vorräte (siehe IAS 2 *Vorräte*);**

(b) **Vermögenswerte, die aus Fertigungsaufträgen entstehen (siehe IAS 11 *Fertigungsaufträge*);**

(c) **latente Steueransprüche (siehe IAS 12 *Ertragsteuern*);**

(d) **Vermögenswerte, die aus Leistungen an Arbeitnehmer resultieren (siehe IAS 19 *Leistungen an Arbeitnehmer*);**

(e) **finanzielle Vermögenswerte, die in den Anwendungsbereich des IAS 39 *Finanzinstrumente: Ansatz und Bewertung* fallen;**

INTERNATIONAL ACCOUNTING STANDARD 36

Impairment of assets

SUMMARY

OBJECTIVE

The objective of this standard is to prescribe the procedures that an entity applies to ensure that its assets are carried at **1** no more than their recoverable amount. An asset is carried at more than its recoverable amount if its carrying amount exceeds the amount to be recovered through use or sale of the asset. If this is the case, the asset is described as impaired and the standard requires the entity to recognise an impairment loss. The standard also specifies when an entity should reverse an impairment loss and prescribes disclosures.

SCOPE

This Standard shall be applied in accounting for the impairment of all assets, <u>other than:</u> ②

- **(a)** **inventories (see IAS 2 *Inventories*);**
- **(b)** **assets arising from construction contracts (see IAS 11 *Construction contracts*);**
- **(c)** **deferred tax assets (see IAS 12 *Income taxes*);**
- **(d)** **assets arising from employee benefits (see IAS 19 *Employee benefits*);**
- **(e)** **financial assets that are within the scope of IAS 39 *Financial instruments: recognition and measurement*;**

(f) als Finanzinvestition gehaltene Immobilien, die zum beizulegenden Zeitwert bewertet werden (siehe IAS 40 *Als Finanzinvestition gehaltene Immobilien*);

(g) mit landwirtschaftlicher Tätigkeit im Zusammenhang stehende biologische Vermögenswerte im Anwendungsbereich von IAS 41 *Landwirtschaft*, die zum beizulegenden Zeitwert abzüglich Kosten der Veräußerung bewertet werden

(h) abgegrenzte Anschaffungskosten und immaterielle Vermögenswerte, die aus den vertraglichen Rechten eines Versicherers aufgrund von Versicherungsverträgen entstehen, und in den Anwendungsbereich von IFRS 4 *Versicherungsverträge* fallen; und

(i) langfristige Vermögenswerte (oder Veräußerungsgruppen), die gemäß IFRS 5 *Zur Veräußerung gehaltene langfristige Vermögenswerte und aufgegebene Geschäftsbereiche* als zur Veräußerung gehalten klassifiziert werden.

3 Dieser Standard gilt nicht für Wertminderungen von Vorräten, Vermögenswerten aus Fertigungsaufträgen, latenten Steueransprüchen, in Verbindung mit Leistungen an Arbeitnehmer entstehenden Vermögenswerten oder Vermögenswerten, die als zur Veräußerung gehalten klassifiziert werden (oder zu einer als zur Veräußerung gehalten klassifizierten Veräußerungsgruppe gehören), da die auf diese Vermögenswerte anwendbaren bestehenden Standards Vorschriften für den Ansatz und die Bewertung dieser Vermögenswerte enthalten.

4 Dieser Standard ist auf finanzielle Vermögenswerte anzuwenden, die wie folgt eingestuft sind:

(a) Tochterunternehmen gemäß Definition in IFRS 10 *Konzernabschlüsse*;

(b) assoziierte Unternehmen, wie in IAS 28 *Anteile an assoziierten Unternehmen und Gemeinschaftsunternehmen* definiert; und

(c) Gemeinschaftsunternehmen, wie in IFRS 11 *Gemeinsame Vereinbarungen* definiert.

Bei Wertminderungen anderer finanzieller Vermögenswerte ist IAS 39 heranzuziehen.

5 Dieser Standard ist nicht auf finanzielle Vermögenswerte, die in den Anwendungsbereich von IAS 39 fallen, auf als Finanzinvestition gehaltene Immobilien, die zum beizulegenden Zeitwert gemäß IAS 40 bewertet werden, oder auf biologische Vermögenswerte, die mit landwirtschaftlicher Tätigkeit in Zusammenhang stehen und die gemäß IAS 41 zum beizulegenden Zeitwert abzüglich der Verkaufskosten bewertet werden, anzuwenden. Dieser Standard ist jedoch auf Vermögenswerte anzuwenden, die zum Neubewertungsbetrag (d. h. dem beizulegenden Zeitwert am Tag der Neubewertung abzüglich späterer, kumulierter Abschreibungen und abzüglich späterer, kumulierter Wertminderungsaufwands) nach anderen IFRS, wie den Neubewertungsmodellen gemäß IAS 16 *Sachanlagen* und IAS 38 *Immaterielle Vermögenswerte* angesetzt werden. Der einzige Unterschied zwischen dem beizulegenden Zeitwert eines Vermögenswerts und dessen beizulegendem Zeitwert abzüglich der Verkaufskosten besteht in den direkt dem Abgang des Vermögenswerts zurechenbaren Grenzkosten.

(a) (i) wenn die Veräußerungskosten unbedeutend sind, ist der erzielbare Betrag des neu bewerteten Vermögenswerts notwendigerweise fast identisch mit oder größer als dessen Neubewertungsbetrag. Nach Anwendung der Anforderungen für eine Neubewertung ist es in diesem Fall unwahrscheinlich, dass der neu bewertete Vermögenswert wertgemindert ist, und eine Schätzung des erzielbaren Betrages ist nicht notwendig.

(ii) [gestrichen]

(b) [gestrichen]

(c) wenn die Veräußerungskosten nicht unbedeutend sind, ist der beizulegende Zeitwert abzüglich der Verkaufskosten des neu bewerteten Vermögenswerts notwendigerweise geringer als sein beizulegender Zeitwert. Deshalb wird der neu bewertete Vermögenswert wertgemindert sein, wenn sein Nutzungswert geringer ist als sein Neubewertungsbetrag. Nach Anwendung der Anforderungen für eine Neubewertung wendet ein Unternehmen in diesem Fall diesen Standard an, um zu ermitteln, ob der Vermögenswert wertgemindert sein könnte.

DEFINITIONEN

6 Die folgenden Begriffe werden im vorliegenden Standard in den angegebenen Bedeutungen verwendet: [gestrichen]

(a) [gestrichen]

(b) [gestrichen]

(c) [gestrichen]

Der *beizulegende Zeitwert* ist der Preis, der in einem geordneten Geschäftsvorfall zwischen Marktteilnehmern am Bemessungsstichtag für den Verkauf eines Vermögenswerts eingenommen bzw. für die Übertragung einer Schuld gezahlt würde. (Siehe IFRS 13 *Bemessung des beizulegenden Zeitwerts*.)

Der *Buchwert* ist der Betrag, mit dem ein Vermögenswert nach Abzug aller kumulierten Abschreibungen (Amortisationen) und aller kumulierten Wertminderungsaufwendungen angesetzt wird.

Eine *zahlungsmittelgenerierende Einheit* ist die kleinste identifizierbare Gruppe von Vermögenswerten, die Mittelzuflüsse erzeugen, die weitestgehend unabhängig von den Mittelzuflüssen anderer Vermögenswerte oder anderer Gruppen von Vermögenswerten sind.

(f) investment property that is measured at fair value (see IAS 40 *Investment property*);

(g) biological assets related to agricultural activity within the scope of IAS 41 *Agriculture* that are measured at fair value less costs of disposal;

(h) deferred acquisition costs, and intangible assets, arising from an insurer's contractual rights under insurance contracts within the scope of IFRS 4 *Insurance contracts*; and

(i) non-current assets (or disposal groups) classified as held for sale in accordance with IFRS 5 *Non-current assets held for sale and discontinued operations*.

This standard does not apply to inventories, assets arising from construction contracts, deferred tax assets, assets arising 3 from employee benefits, or assets classified as held for sale (or included in a disposal group that is classified as held for sale) because existing standards applicable to these assets contain requirements for recognising and measuring these assets.

This Standard applies to financial assets classified as: 4

(a) subsidiaries, as defined in IFRS 10 *Consolidated Financial Statements*;

(b) associates, as defined in IAS 28 *Investments in Associates and Joint Ventures*; and

(c) joint ventures, as defined in IFRS 11 *Joint Arrangements*.

For impairment of other financial assets, refer to IAS 39.

This Standard does not apply to financial assets within the scope of IAS 39, investment property measured at fair value 5 within the scope of IAS 40, or biological assets related to agricultural activity measured at fair value less costs to sell within the scope of IAS 41. However, this Standard applies to assets that are carried at revalued amount (ie fair value at the date of the revaluation less any subsequent accumulated depreciation and subsequent accumulated impairment losses) in accordance with other IFRSs, such as the revaluation models in IAS 16 *Property, Plant and Equipment* and IAS 38 *Intangible Assets*. The only difference between an asset's fair value and its fair value less costs of disposal is the direct incremental costs attributable to the disposal of the asset.

(a) (i) If the disposal costs are negligible, the recoverable amount of the revalued asset is necessarily close to, or greater than, its revalued amount. In this case, after the revaluation requirements have been applied, it is unlikely that the revalued asset is impaired and recoverable amount need not be estimated.

    (ii) [deleted]

(b) [deleted]

(c) If the disposal costs are not negligible, the fair value less costs of disposal of the revalued asset is necessarily less than its fair value. Therefore, the revalued asset will be impaired if its value in use is less than its revalued amount. In this case, after the revaluation requirements have been applied, an entity applies this Standard to determine whether the asset may be impaired.

DEFINITIONS

The following terms are used in this Standard with the meanings specified: 6

[deleted]

(a) [deleted]

(b) [deleted]

(c) [deleted]

Fair value is the price that would be received to sell an asset or paid to transfer a liability in an orderly transaction between market participants at the measurement date. (See IFRS 13 *Fair Value Measurement*.)

Carrying amount is the amount at which an asset is recognised after deducting any accumulated depreciation (amortisation) and accumulated impairment losses thereon.

A *cash-generating unit* is the smallest identifiable group of assets that generates cash inflows that are largely independent of the cash inflows from other assets or groups of assets.

Gemeinschaftliche Vermögenswerte sind Vermögenswerte, außer dem Geschäfts- oder Firmenwert, die zu den künftigen Cashflows sowohl der zu prüfenden zahlungsmittelgenerierenden Einheit als auch anderer zahlungsmittelgenerierender Einheiten beitragen.

Die *Veräußerungskosten* sind zusätzliche Kosten, die dem Verkauf eines Vermögenswerts oder einer zahlungsmittelgenerierenden Einheit direkt zugeordnet werden können, mit Ausnahme der Finanzierungskosten und des Ertragsteueraufwands.

Das *Abschreibungsbetrag* umfasst die Anschaffungs- oder Herstellungskosten eines Vermögenswerts oder einen Ersatzbetrag abzüglich seines Restwertes.

Abschreibung (Amortisation) ist die systematische Verteilung des Abschreibungsvolumens eines Vermögenswerts über dessen Nutzungsdauer.[1]

Der *beizulegende Zeitwert abzüglich Kosten der Veräußerung* ist der Betrag, der durch den Verkauf eines Vermögenswerts oder einer zahlungsmittelgenerierenden Einheit in einer Transaktion zu Marktbedingungen zwischen sachverständigen, vertragswilligen Parteien nach Abzug der Veräußerungskosten erzielt werden könnte.

Ein *Wertminderungsaufwand* ist der Betrag, um den der Buchwert eines Vermögenswerts oder einer zahlungsmittelgenerierenden Einheit seinen erzielbaren Betrag übersteigt.

Der *erzielbare Betrag* eines Vermögenswerts oder einer zahlungsmittelgenerierenden Einheit ist der höhere der beiden Beträge aus beizulegendem Zeitwert abzüglich Kosten der Veräußerung und Nutzungswert.

Die *Nutzungsdauer* ist entweder

(a) die voraussichtliche Nutzungszeit des Vermögenswertes im Unternehmen; oder

(b) die voraussichtlich durch den Vermögenswert im Unternehmen zu erzielende Anzahl an Produktionseinheiten oder ähnlichen Maßgrößen.

Der *Nutzungswert* ist der Barwert der künftigen Cashflows, der voraussichtlich aus einem Vermögenswert oder einer zahlungsmittelgenerierenden Einheit abgeleitet werden kann.

IDENTIFIZIERUNG EINES VERMÖGENSWERTS, DER WERTGEMINDERT SEIN KÖNNTE

7 Die Paragraphen 8–17 konkretisieren, wann der erzielbare Betrag zu bestimmen ist. Diese Anforderungen benutzen den Begriff „ein Vermögenswert", sind aber ebenso auf einen einzelnen Vermögenswert wie auf eine zahlungsmittelgenerierende Einheit anzuwenden. Der übrige Teil dieses Standards ist folgendermaßen aufgebaut:

(a) Die Paragraphen 18–57 beschreiben die Anforderungen an die Bewertung des erzielbaren Betrages. Diese Anforderungen benutzen auch den Begriff „ein Vermögenswert", sind aber ebenso auf einen einzelnen Vermögenswert wie auf eine zahlungsmittelgenerierende Einheit anzuwenden.

(b) Die Paragraphen 58–108 beschreiben die Anforderungen an die Erfassung und die Bewertung von Wertminderungsaufwendungen. Die Erfassung und die Bewertung von Wertminderungsaufwendungen für einzelne Vermögenswerte, außer dem Geschäfts- oder Firmenwert, werden in den Paragraphen 58–64 behandelt. Die Paragraphen 65–108 behandeln die Erfassung und Bewertung von Wertminderungsaufwendungen für zahlungsmittelgenerierende Einheiten und den Geschäfts- oder Firmenwert.

(c) Die Paragraphen 109–116 beschreiben die Anforderungen an die Umkehr eines in früheren Perioden für einen Vermögenswert oder eine zahlungsmittelgenerierende Einheit erfassten Wertminderungsaufwands. Diese Anforderungen benutzen wiederum den Begriff „ein Vermögenswert", sind aber ebenso auf einen einzelnen Vermögenswert wie auf eine zahlungsmittelgenerierende Einheit anzuwenden. Zusätzliche Anforderungen sind für einen einzelnen Vermögenswert in den Paragraphen 117–121, für eine zahlungsmittelgenerierende Einheit in den Paragraphen 122 und 123 und für den Geschäfts- oder Firmenwert in den Paragraphen 124 und 125 festgelegt.

(d) Die Paragraphen 126–133 konkretisieren die Informationen, die über Wertminderungsaufwendungen und Wertaufholungen für Vermögenswerte und zahlungsmittelgenerierende Einheiten anzugeben sind. Die Paragraphen 134–137 konkretisieren zusätzliche Angabepflichten für zahlungsmittelgenerierende Einheiten, denen ein Geschäfts- oder Firmenwert bzw. immaterielle Vermögenswerte mit unbestimmter Nutzungsdauer zwecks Überprüfung auf Wertminderung zugeordnet wurden.

8 Ein Vermögenswert ist wertgemindert, wenn sein Buchwert seinen erzielbaren Betrag übersteigt. Die Paragraphen 12–14 beschreiben einige Anhaltspunkte dafür, dass sich eine Wertminderung ereignet haben könnte. Wenn einer von diesen Anhaltspunkten vorliegt, ist ein Unternehmen verpflichtet, eine formelle Schätzung des erzielbaren Betrags vorzunehmen. Wenn kein Anhaltspunkt für einen Wertminderungsaufwand vorliegt, verlangt dieser Standard von einem Unternehmen nicht, eine formale Schätzung des erzielbaren Betrags vorzunehmen, es sei denn, es ist etwas anderes in Paragraph 10 beschrieben.

9 Ein Unternehmen hat an jedem Abschlussstichtag einzuschätzen, ob irgendein Anhaltspunkt dafür vorliegt, dass ein Vermögenswert wertgemindert sein könnte. Wenn ein solcher Anhaltspunkt vorliegt, hat das Unternehmen den erzielbaren Betrag des Vermögenswerts zu schätzen.

---

1 Im Fall eines immateriellen Vermögenswerts wird grundsätzlich der Ausdruck Amortisation anstelle von Abschreibung benutzt. Beide Ausdrücke haben dieselbe Bedeutung.

Corporate assets are assets other than goodwill that contribute to the future cash flows of both the cash-generating unit under review and other cash-generating units.

Costs of disposal are incremental costs directly attributable to the disposal of an asset or cash-generating unit, excluding finance costs and income tax expense.

Depreciable amount is the cost of an asset, or other amount substituted for cost in the financial statements, less its residual value.

Depreciation (amortisation) is the systematic allocation of the depreciable amount of an asset over its useful life[1].

Fair value less costs of disposal is the amount obtainable from the sale of an asset or cash-generating unit in an arm's length transaction between knowledgeable, willing parties, less the costs of disposal.

An *impairment loss* is the amount by which the carrying amount of an asset or a cash-generating unit exceeds its recoverable amount.

The *recoverable amount* of an asset or a cash-generating unit is the higher of its fair value less costs of disposal and its value in use.

Useful life is either:
(a)   the period of time over which an asset is expected to be used by the entity; or
(b)   the number of production or similar units expected to be obtained from the asset by the entity.

Value in use is the present value of the future cash flows expected to be derived from an asset or cash-generating unit.

IDENTIFYING AN ASSET THAT MAY BE IMPAIRED

Paragraphs 8—17 specify when recoverable amount shall be determined. These requirements use the term 'an asset' but apply equally to an individual asset or a cash-generating unit. The remainder of this standard is structured as follows: **7**
(a)   paragraphs 18—57 set out the requirements for measuring recoverable amount. These requirements also use the term 'an asset' but apply equally to an individual asset and a cash-generating unit;
(b)   paragraphs 58—108 set out the requirements for recognising and measuring impairment losses. Recognition and measurement of impairment losses for individual assets other than goodwill are dealt with in paragraphs 58—64. Paragraphs 65—108 deal with the recognition and measurement of impairment losses for cash-generating units and goodwill;
(c)   paragraphs 109—116 set out the requirements for reversing an impairment loss recognised in prior periods for an asset or a cash-generating unit. Again, these requirements use the term 'an asset' but apply equally to an individual asset or a cash-generating unit. Additional requirements for an individual asset are set out in paragraphs 117—121, for a cash-generating unit in paragraphs 122 and 123, and for goodwill in paragraphs 124 and 125;
(d)   paragraphs 126—133 specify the information to be disclosed about impairment losses and reversals of impairment losses for assets and cash-generating units. Paragraphs 134—137 specify additional disclosure requirements for cash-generating units to which goodwill or intangible assets with indefinite useful lives have been allocated for impairment testing purposes.

An asset is impaired when its carrying amount exceeds its recoverable amount. Paragraphs 12—14 describe some indica-   **8**
tions that an impairment loss may have occurred. If any of those indications is present, an entity is required to make a formal estimate of recoverable amount. Except as described in paragraph 10, this standard does not require an entity to make a formal estimate of recoverable amount if no indication of an impairment loss is present.

An entity shall assess at the end of each reporting period whether there is any indication that an asset may be impaired. If   **9**
any such indication exists, the entity shall estimate the recoverable amount of the asset.

---

1   In the case of an intangible asset, the term 'amortisation' is generally used instead of 'depreciation'. The two terms have the same meaning.

10 Unabhängig davon, ob irgendein Anhaltspunkt für eine Wertminderung vorliegt, muss ein Unternehmen auch

(a) einen immateriellen Vermögenswert mit einer unbestimmten Nutzungsdauer oder einen noch nicht nutzungsbereiten immateriellen Vermögenswert jährlich auf Wertminderung überprüfen, indem sein Buchwert mit seinem erzielbaren Betrag verglichen wird. Diese Überprüfung auf Wertminderung kann zu jedem Zeitpunkt innerhalb des Geschäftsjahres durchgeführt werden, vorausgesetzt, sie wird immer zum gleichen Zeitpunkt jedes Jahres durchgeführt. Verschiedene immaterielle Vermögenswerte können zu unterschiedlichen Zeiten auf Wertminderung geprüft werden. Wenn ein solcher immaterieller Vermögenswert jedoch erstmals in der aktuellen jährlichen Periode angesetzt wurde, muss dieser immaterielle Vermögenswert vor Ende der aktuellen jährlichen Periode auf Wertminderung geprüft werden;

(b) den bei einem Unternehmenszusammenschluss erworbenen Geschäfts- oder Firmenwert jährlich auf Wertminderung gemäß den Paragraphen 80–99 überprüfen.

11 Die Fähigkeit eines immateriellen Vermögenswerts ausreichend künftigen wirtschaftlichen Nutzen zu erzeugen, um seinen Buchwert zu erzielen, unterliegt, bis der Vermögenswert zum Gebrauch zur Verfügung steht, für gewöhnlich größerer Ungewissheit, als nachdem er nutzungsbereit ist. Daher verlangt dieser Standard von einem Unternehmen, den Buchwert eines noch nicht zum Gebrauch verfügbaren immateriellen Vermögenswerts mindestens jährlich auf Wertminderung zu prüfen.

12 Bei der Beurteilung, ob irgendein Anhaltspunkt vorliegt, dass ein Vermögenswert wertgemindert sein könnte, hat ein Unternehmen mindestens die folgenden Anhaltspunkte zu berücksichtigen:
Externe Informationsquellen

(a) Es bestehen beobachtbare Anhaltspunkte dafür, dass der Wert des Vermögenswerts während der Periode deutlich stärker gesunken ist als dies durch den Zeitablauf oder die gewöhnliche Nutzung zu erwarten wäre.

(b) Während der Periode sind signifikante Veränderungen mit nachteiligen Folgen für das Unternehmen im technischen, marktbezogenen, ökonomischen oder gesetzlichen Umfeld, in welchem das Unternehmen tätig ist, oder in Bezug auf den Markt, für den der Vermögenswert bestimmt ist, eingetreten oder werden in der nächsten Zukunft eintreten.

(c) Die Marktzinssätze oder andere Marktrenditen haben sich während der Periode erhöht und solche Erhöhungen werden sich wahrscheinlich auf den Abzinsungssatz, der für die Berechnung des Nutzungswerts herangezogen wird, auswirken und den erzielbaren Betrag des Vermögenswertes wesentlich vermindern.

(d) Der Buchwert des Nettovermögens des Unternehmens ist größer als seine Marktkapitalisierung.
Interne Informationsquellen

(e) Es liegen substanzielle Hinweise für eine Überalterung oder einen physischen Schaden eines Vermögenswerts vor.

(f) Während der Periode haben sich signifikante Veränderungen mit nachteiligen Folgen für das Unternehmen in dem Umfang oder der Weise, in dem bzw. der der Vermögenswert genutzt wird oder aller Erwartung nach genutzt werden wird, ereignet oder werden für die nähere Zukunft erwartet. Diese Veränderungen umfassen die Stilllegung des Vermögenswerts, Planungen für die Einstellung oder Restrukturierung des Bereiches, zu dem ein Vermögenswert gehört, Planungen für den Abgang eines Vermögenswerts vor dem ursprünglich erwarteten Zeitpunkt und die Neueinschätzung der Nutzungsdauer eines Vermögenswerts als begrenzt anstatt unbegrenzt.[2]

(g) Das interne Berichtswesen liefert substanzielle Hinweise dafür, dass die wirtschaftliche Ertragskraft eines Vermögenswerts schlechter ist oder sein wird als erwartet.
Dividende von einem Tochterunternehmen, Gemeinschaftsunternehmen oder assoziierten Unternehmen

(h) Für Anteile an einem Tochterunternehmen, Gemeinschaftsunternehmen oder assoziierten Unternehmen erfasst der Eigentümer eine Dividende aus den Anteilen, und es kann nachweislich festgestellt werden, dass

(i) der Buchwert der Anteile im Einzelabschluss höher ist als die Buchwerte der Nettovermögenswerte des Beteiligungsunternehmens im Konzernabschluss; einschließlich des damit verbunden Geschäfts- oder Firmenwerts; oder

(ii) die Dividende höher ist als das Gesamtergebnis des Tochterunternehmens, Gemeinschaftsunternehmens oder assoziierten Unternehmens in der Periode, in der die Dividende festgestellt wird.

13 Die Liste in Paragraph 12 ist nicht erschöpfend. Ein Unternehmen kann andere Anhaltspunkte, dass ein Vermögenswert wertgemindert sein könnte, identifizieren, und diese würden das Unternehmen ebenso verpflichten, den erzielbaren Betrag des Vermögenswerts zu bestimmen, oder im Falle eines Geschäfts- oder Firmenwerts eine Wertminderungsüberprüfung gemäß den Paragraphen 80–99 vorzunehmen.

14 Substanzielle Hinweise aus dem internen Berichtswesen, die anzeigen, dass ein Vermögenswert wertgemindert sein könnte, schließen folgende Faktoren ein:

(a) Cashflows für den Erwerb des Vermögenswerts, oder nachfolgende Mittelerfordernisse für den Betrieb oder die Unterhaltung des Vermögenswerts, die signifikant höher sind als ursprünglich geplant;

---

2   Sobald ein Vermögenswert die Kriterien erfüllt, um als „zur Veräußerung gehalten" eingestuft zu werden (oder Teil einer Gruppe ist, die als zur Veräußerung gehalten eingestuft wird), wird er vom Anwendungsbereich dieses Standards ausgeschlossen und gemäß IFRS 5 *Zur Veräußerung gehaltene langfristige Vermögenswerte und aufgegebene Geschäftsbereiche* bilanziert.

Irrespective of whether there is any indication of impairment, an entity shall also: (10)

(a) test an intangible asset with an indefinite useful life or an intangible asset not yet available for use for impairment annually by comparing its carrying amount with its recoverable amount. This impairment test may be performed at any time during an annual period, provided it is performed at the same time every year. Different intangible assets may be tested for impairment at different times. However, if such an intangible asset was initially recognised during the current annual period, that intangible asset shall be tested for impairment before the end of the current annual period;

(b) test goodwill acquired in a business combination for impairment annually in accordance with paragraphs 80—99.

The ability of an intangible asset to generate sufficient future economic benefits to recover its carrying amount is usually 11 subject to greater uncertainty before the asset is available for use than after it is available for use. Therefore, this standard requires an entity to test for impairment, at least annually, the carrying amount of an intangible asset that is not yet available for use.

In assessing whether there is any indication that an asset may be impaired, an entity shall consider, as a minimum, (12) the following indications:

External sources of information

(a) there are observable indications that the asset's market value has declined during the period significantly more than would be expected as a result of the passage of time or normal use.

(b) significant changes with an adverse effect on the entity have taken place during the period, or will take place in the near future, in the technological, market, economic or legal environment in which the entity operates or in the market to which an asset is dedicated;

(c) market interest rates or other market rates of return on investments have increased during the period, and those increases are likely to affect the discount rate used in calculating an asset's value in use and decrease the asset's recoverable amount materially;

(d) the carrying amount of the net assets of the entity is more than its market capitalisation.

Internal sources of information

(e) evidence is available of obsolescence or physical damage of an asset;

(f) significant changes with an adverse effect on the entity have taken place during the period, or are expected to take place in the near future, in the extent to which, or manner in which, an asset is used or is expected to be used. These changes include the asset becoming idle, plans to discontinue or restructure the operation to which an asset belongs, plans to dispose of an asset before the previously expected date, and reassessing the useful life of an asset as finite rather than indefinite[2];

(g) evidence is available from internal reporting that indicates that the economic performance of an asset is, or will be, worse than expected.

Dividend from a subsidiary, joint venture or associate

(h) for an investment in a subsidiary, joint venture or associate, the investor recognises a dividend from the investment and evidence is available that:

(i) the carrying amount of the investment in the separate financial statements exceeds the carrying amounts in the consolidated financial statements of the investee's net assets, including associated goodwill; or

(ii) the dividend exceeds the total comprehensive income of the subsidiary, joint venture or associate in the period the dividend is declared.

The list in paragraph 12 is not exhaustive. An entity may identify other indications that an asset may be impaired and (13) these would also require the entity to determine the asset's recoverable amount or, in the case of goodwill, perform an impairment test in accordance with paragraphs 80—99.

Evidence from internal reporting that indicates that an asset may be impaired includes the existence of:

(a) cash flows for acquiring the asset, or subsequent cash needs for operating or maintaining it, that are significantly higher than those originally budgeted;

---

2 Once an asset meets the criteria to be classified as held for sale (or is included in a disposal group that is classified as held for sale), it is excluded from the scope of this standard and is accounted for in accordance with IFRS 5 *Non-current assets held for sale and discontinued operations.*

(b) tatsächliche Netto-Cashflows oder betriebliche Gewinne oder Verluste, die aus der Nutzung des Vermögenswerts resultieren, die signifikant schlechter als ursprünglich geplant sind;

(c) ein wesentlicher Rückgang der geplanten Netto-Cashflows oder des betrieblichen Ergebnisses oder eine signifikante Erhöhung der geplanten Verluste, die aus der Nutzung des Vermögenswertes resultieren; oder

(d) betriebliche Verluste oder Nettomittelabflüsse in Bezug auf den Vermögenswert, wenn die gegenwärtigen Beträge für die aktuelle Periode mit den veranschlagten Beträgen für die Zukunft zusammengefasst werden.

15 Wie in Paragraph 10 angegeben, verlangt dieser Standard, dass ein immaterieller Vermögenswert mit einer unbegrenzten Nutzungsdauer oder einer, der noch nicht zum Gebrauch verfügbar ist, und ein Geschäfts- oder Firmenwert mindestens jährlich auf Wertminderung zu überprüfen sind. Außer bei Anwendung der in Paragraph 10 dargestellten Anforderungen ist das Konzept der Wesentlichkeit bei der Feststellung, ob der erzielbare Betrag eines Vermögenswerts zu schätzen ist, heranzuziehen. Wenn frühere Berechnungen beispielsweise zeigen, dass der erzielbare Betrag eines Vermögenswerts erheblich über dessen Buchwert liegt, braucht das Unternehmen den erzielbaren Betrag des Vermögenswerts nicht erneut zu schätzen, soweit sich keine Ereignisse ereignet haben, die diese Differenz beseitigt haben könnten. Entsprechend kann eine frühere Analyse zeigen, dass der erzielbare Betrag eines Vermögenswerts auf einen (oder mehrere) der in Paragraph 12 aufgelisteten Anhaltspunkte nicht sensibel reagiert.

16 Zur Veranschaulichung von Paragraph 15 ist ein Unternehmen, wenn die Marktzinssätze oder andere Marktrenditen für Finanzinvestitionen während der Periode gestiegen sind, in den folgenden Fällen nicht verpflichtet, eine formale Schätzung des erzielbaren Betrages eines Vermögenswerts vorzunehmen,

(a) wenn der Abzinsungssatz, der bei der Berechnung des Nutzungswerts des Vermögenswerts benutzt wird, wahrscheinlich nicht von der Erhöhung dieser Marktrenditen beeinflusst wird. Eine Erhöhung der kurzfristigen Zinssätze muss sich beispielsweise nicht wesentlich auf den Abzinsungssatz auswirken, der für einen Vermögenswert benutzt wird, der noch eine lange Restnutzungsdauer hat;

(b) wenn der Abzinsungssatz, der bei der Berechnung des Nutzungswerts des Vermögenswerts benutzt wird, wahrscheinlich von der Erhöhung dieser Marktzinssätze betroffen ist, aber eine frühere Sensitivitätsanalyse des erzielbaren Betrags zeigt, dass

(i) es unwahrscheinlich ist, dass es zu einer wesentlichen Verringerung des erzielbaren Betrags kommen wird, weil die künftigen Cashflows wahrscheinlich ebenso steigen werden (in einigen Fällen kann ein Unternehmen beispielsweise in der Lage sein zu zeigen, dass es seine Erlöse anpasst, um jegliche Erhöhungen der Marktzinssätze zu kompensieren); oder

(ii) es unwahrscheinlich ist, dass die Abnahme des erzielbaren Betrags einen wesentlichen Wertminderungsaufwand zur Folge hat.

17 Wenn ein Anhaltspunkt vorliegt, dass ein Vermögenswert wertgemindert sein könnte, kann dies darauf hindeuten, dass die Restnutzungsdauer, die Abschreibungs-/Amortisationsmethode oder der Restwert des Vermögenswerts überprüft und entsprechend dem auf den Vermögenswert anwendbaren Standard angepasst werden muss, auch wenn kein Wertminderungsaufwand für den Vermögenswert erfasst wird.

BEWERTUNG DES ERZIELBAREN BETRAGS

18 Dieser Standard definiert den erzielbaren Betrag als den höheren der beiden Beträge aus beizulegendem Zeitwert abzüglich Kosten der Veräußerung und Nutzungswert eines Vermögenswerts oder einer zahlungsmittelgenerierenden Einheit. Die Paragraphen 19–57 beschreiben die Anforderungen an die Bewertung des erzielbaren Betrags. Diese Anforderungen benutzen den Begriff „ein Vermögenswert", sind aber ebenso auf einen einzelnen Vermögenswert wie auf eine zahlungsmittelgenerierende Einheit anzuwenden.

19 Es ist nicht immer erforderlich, sowohl den beizulegenden Zeitwert abzüglich Kosten der Veräußerung als auch den Nutzungswert eines Vermögenswerts zu bestimmen. Wenn einer dieser Werte den Buchwert des Vermögenswerts übersteigt, ist der Vermögenswert nicht wertgemindert und es ist nicht erforderlich, den anderen Wert zu schätzen.

20 Es kann möglich sein, den beizulegenden Zeitwert abzüglich der Kosten der Veräußerung auch dann zu bemessen, wenn keine Marktpreisnotierung für einen identischen Vermögenswert an einem aktiven Markt verfügbar ist. Manchmal wird es indes nicht möglich sein, den beizulegenden Zeitwert abzüglich der Kosten der Veräußerung zu bemessen, weil es keine Grundlage für eine verlässliche Schätzung des Preises gibt, zu dem unter aktuellen Marktbedingungen am Bemessungsstichtag ein *geordneter Geschäftsvorfall* zwischen *Marktteilnehmern* stattfinden würde, im Zuge dessen der Vermögenswert verkauft oder die Schuld übertragen würde. In diesem Fall kann das Unternehmen den Nutzungswert des Vermögenswerts als seinen erzielbaren Betrag verwenden.

21 Liegt kein Grund zu der Annahme vor, dass der Nutzungswert eines Vermögenswerts seinen beizulegenden Zeitwert abzüglich Kosten der Veräußerung wesentlich übersteigt, kann der beizulegende Zeitwert abzüglich Kosten der Veräußerung als erzielbarer Betrag des Vermögenswerts angesehen werden. Dies ist häufig bei Vermögenswerten der Fall, die zu Veräußerungszwecken gehalten werden. Das liegt daran, dass der Nutzungswert eines Vermögenswerts, der zu Veräußerungszwecken gehalten wird, hauptsächlich aus den Nettoveräußerungserlösen besteht, da die künftigen Cashflows aus der fortgesetzten Nutzung des Vermögenswerts bis zu seinem Abgang wahrscheinlich unbedeutend sein werden.

(b) actual net cash flows or operating profit or loss flowing from the asset that are significantly worse than those budgeted;

(c) a significant decline in budgeted net cash flows or operating profit, or a significant increase in budgeted loss, flowing from the asset; or

(d) operating losses or net cash outflows for the asset, when current period amounts are aggregated with budgeted amounts for the future.

As indicated in paragraph 10, this standard requires an intangible asset with an indefinite useful life or not yet available **15** for use and goodwill to be tested for impairment, at least annually. Apart from when the requirements in paragraph 10 apply, the concept of materiality applies in identifying whether the recoverable amount of an asset needs to be estimated. For example, if previous calculations show that an asset's recoverable amount is significantly greater than its carrying amount, the entity need not re-estimate the asset's recoverable amount if no events have occurred that would eliminate that difference. Similarly, previous analysis may show that an asset's recoverable amount is not sensitive to one (or more) of the indications listed in paragraph 12.

As an illustration of paragraph 15, if market interest rates or other market rates of return on investments have increased **16** during the period, an entity is not required to make a formal estimate of an asset's recoverable amount in the following cases:

(a) if the discount rate used in calculating the asset's value in use is unlikely to be affected by the increase in these market rates. For example, increases in short-term interest rates may not have a material effect on the discount rate used for an asset that has a long remaining useful life;

(b) if the discount rate used in calculating the asset's value in use is likely to be affected by the increase in these market rates but previous sensitivity analysis of recoverable amount shows that:

(i) it is unlikely that there will be a material decrease in recoverable amount because future cash flows are also likely to increase (e.g. in some cases, an entity may be able to demonstrate that it adjusts its revenues to compensate for any increase in market rates); or

(ii) the decrease in recoverable amount is unlikely to result in a material impairment loss.

If there is an indication that an asset may be impaired, this may indicate that the remaining useful life, the depreciation **17** (amortisation) method or the residual value for the asset needs to be reviewed and adjusted in accordance with the standard applicable to the asset, even if no impairment loss is recognised for the asset.

MEASURING RECOVERABLE AMOUNT

This standard defines recoverable amount as the higher of an asset's or cash-generating unit's fair value less costs to sell **18** and its value in use. Paragraphs 19—57 set out the requirements for measuring recoverable amount. These requirements use the term 'an asset' but apply equally to an individual asset or a cash-generating unit.

It is not always necessary to determine both an asset's fair value less costs of disposal and its value in use. If either of these **19** amounts exceeds the asset's carrying amount, the asset is not impaired and it is not necessary to estimate the other amount.

It may be possible to measure fair value less costs of disposal, even if there is not a quoted price in an active market for an **20** identical asset. However, sometimes it will not be possible to measure fair value less costs of disposal because there is no basis for making a reliable estimate of the price at which an orderly transaction to sell the asset would take place between market participants at the measurement date under current market conditions. In this case, the entity may use the asset's value in use as its recoverable amount.

If there is no reason to believe that an asset's value in use materially exceeds its fair value less costs of disposal, the asset's **21** fair value less costs of disposal may be used as its recoverable amount. This will often be the case for an asset that is held for disposal. This is because the value in use of an asset held for disposal will consist mainly of the net disposal proceeds, as the future cash flows from continuing use of the asset until its disposal are likely to be negligible.

22 Der erzielbare Betrag ist für einen einzelnen Vermögenswert zu bestimmen, es sei denn, ein Vermögenswert erzeugt keine Mittelzuflüsse, die weitestgehend unabhängig von denen anderer Vermögenswerte oder anderer Gruppen von Vermögenswerten sind. Wenn dies der Fall ist, ist der erzielbare Betrag für die zahlungsmittelgenerierende Einheit zu bestimmen, zu der der Vermögenswert gehört (siehe Paragraphen 65–103), es sei denn, dass entweder:

(a) der beizulegende Zeitwert abzüglich Kosten der Veräußerung des Vermögenswerts höher ist als sein Buchwert; oder

(b) der Nutzungswert des Vermögenswerts Schätzungen zufolge nahezu dem beizulegenden Zeitwert abzüglich der Kosten der Veräußerung entspricht, und der beizulegende Zeitwert abzüglich der Kosten der Veräußerung bemessen werden kann.

23 In einigen Fällen können Schätzungen, Durchschnittswerte und computergestützte abgekürzte Verfahren angemessene Annäherungen an die in diesem Standard dargestellten ausführlichen Berechnungen zur Bestimmung des beizulegenden Zeitwerts abzüglich Kosten der Veräußerung oder des Nutzungswerts liefern.

Bewertung des erzielbaren Betrags eines immateriellen Vermögenswerts mit einer unbegrenzten Nutzungsdauer

24 Paragraph 10 verlangt, dass ein immaterieller Vermögenswert mit einer unbegrenzten Nutzungsdauer jährlich auf Wertminderung zu überprüfen ist, wobei sein Buchwert mit seinem erzielbaren Betrag verglichen wird, unabhängig davon ob irgendetwas auf eine Wertminderung hindeutet. Die jüngsten ausführlichen Berechnungen des erzielbaren Betrags eines solchen Vermögenswerts, der in einer vorhergehenden Periode ermittelt wurde, können jedoch für die Überprüfung auf Wertminderung dieses Vermögenswerts in der aktuellen Periode benutzt werden, vorausgesetzt, dass alle nachstehenden Kriterien erfüllt sind:

(a) wenn der immaterielle Vermögenswert keine Mittelzuflüsse aus der fortgesetzten Nutzung erzeugt, die von denen anderer Vermögenswerte oder Gruppen von Vermögenswerten weitestgehend unabhängig sind, und daher als Teil der zahlungsmittelgenerierenden Einheit, zu der er gehört, auf Wertminderung überprüft wird, haben sich die diese Einheit bildenden Vermögenswerte und Schulden seit der letzten Berechnung des erzielbaren Betrags nicht wesentlich geändert;

(b) die letzte Berechnung des erzielbaren Betrags ergab einen Betrag, der den Buchwert des Vermögenswertes wesentlich überstieg; und

(c) auf der Grundlage einer Analyse der seit der letzten Berechnung des erzielbaren Betrags aufgetretenen Ereignisse und geänderten Umstände ist die Wahrscheinlichkeit, dass bei einer aktuellen Ermittlung der erzielbare Betrag niedriger als der Buchwert des Vermögenswerts sein würde, äußerst gering.

Beizulegender Zeitwert abzüglich Kosten der Veräußerung

25–27 [gestrichen]

28 Sofern die Kosten der Veräußerung nicht als Schulden angesetzt wurden, werden sie bei der Bemessung des beizulegenden Zeitwerts abzüglich der Kosten der Veräußerung abgezogen. Beispiele für derartige Kosten sind Gerichts- und Anwaltskosten, Börsenumsatzsteuern und ähnliche Transaktionssteuern, die Kosten für die Beseitigung des Vermögenswerts und die direkt zurechenbaren zusätzlichen Kosten, um den Vermögenswert in den entsprechenden Zustand für seinen Verkauf zu versetzen. Leistungen aus Anlass der Beendigung des Arbeitsverhältnisses (wie in IAS 19 *definiert*) und Aufwendungen, die mit der Verringerung oder Reorganisation eines Geschäftsfeldes nach dem Verkauf eines Vermögenswertes verbunden sind, sind indes keine direkt zurechenbaren zusätzlichen Kosten für die Veräußerung des Vermögenswerts.

29 Manchmal erfordert die Veräußerung eines Vermögenswerts, dass der Käufer eine Schuld übernimmt, und für den Vermögenswert und die Schuld ist nur ein einziger beizulegender Zeitwert abzüglich Kosten der Veräußerung vorhanden. Paragraph 78 erläutert, wie in solchen Fällen zu verfahren ist.

Nutzungswert

30 In der Berechnung des Nutzungswerts eines Vermögenswertes müssen sich die folgenden Elemente widerspiegeln:

(a) eine Schätzung der künftigen Cashflows, die das Unternehmen durch den Vermögenswert zu erzielen erhofft;

(b) Erwartungen im Hinblick auf eventuelle wertmäßige oder zeitliche Veränderungen dieser künftigen Cashflows;

(c) der Zinseffekt, der durch den risikolosen Zinssatz des aktuellen Markts dargestellt wird;

(d) der Preis für die mit dem Vermögenswert verbundene Unsicherheit; und

(e) andere Faktoren, wie Illiquidität, die Marktteilnehmer bei der Preisgestaltung der künftigen Cashflows, die das Unternehmen durch den Vermögenswert zu erzielen erhofft, widerspiegeln würden.

31 Die Schätzung des Nutzungswerts eines Vermögenswerts umfasst die folgenden Schritte:

(a) die Schätzung der künftigen Cashflows aus der fortgesetzten Nutzung des Vermögenswerts und aus seiner letztendlichen Veräußerung; sowie

(b) die Anwendung eines angemessenen Abzinsungssatzes für jene künftigen Cashflows.

Recoverable amount is determined for an individual asset, unless the asset does not generate cash inflows that are largely **(22)** independent of those from other assets or groups of assets. If this is the case, recoverable amount is determined for the cash-generating unit to which the asset belongs (see paragraphs 65—103), unless either:

(a) the asset's fair value less costs of disposal is higher than its carrying amount; or

(b) the asset's value in use can be estimated to be close to its fair value less costs of disposal and fair value less costs of disposal can be measured.

In some cases, estimates, averages and computational short cuts may provide reasonable approximations of the detailed **23** computations illustrated in this standard for determining fair value less costs of disposal or value in use.

Measuring the recoverable amount of an intangible asset with an indefinite useful life

Paragraph 10 requires an intangible asset with an indefinite useful life to be tested for impairment annually by comparing **24** its carrying amount with its recoverable amount, irrespective of whether there is any indication that it may be impaired. However, the most recent detailed calculation of such an asset's recoverable amount made in a preceding period may be used in the impairment test for that asset in the current period, provided all of the following criteria are met:

(a) if the intangible asset does not generate cash inflows from continuing use that are largely independent of those from other assets or groups of assets and is therefore tested for impairment as part of the cash-generating unit to which it belongs, the assets and liabilities making up that unit have not changed significantly since the most recent recoverable amount calculation;

(b) the most recent recoverable amount calculation resulted in an amount that exceeded the asset's carrying amount by a substantial margin; and

(c) based on an analysis of events that have occurred and circumstances that have changed since the most recent recoverable amount calculation, the likelihood that a current recoverable amount determination would be less than the asset's carrying amount is remote.

Fair value less costs of disposal

[deleted]   **25–27**

Costs of disposal, other than those that have been recognised as liabilities, are deducted in measuring fair value less costs **28** of disposal. Examples of such costs are legal costs, stamp duty and similar transaction taxes, costs of removing the asset, and direct incremental costs to bring an asset into condition for its sale. However, termination benefits (as defined in IAS 19) and costs associated with reducing or reorganising a business following the disposal of an asset are not direct incremental costs to dispose of the asset.

Sometimes, the disposal of an asset would require the buyer to assume a liability and only a single fair value less costs to **29** sell is available for both the asset and the liability. Paragraph 78 explains how to deal with such cases.

Value in use

The following elements shall be reflected in the calculation of an asset's value in use: **(30)**

(a) an estimate of the future cash flows the entity expects to derive from the asset;

(b) expectations about possible variations in the amount or timing of those future cash flows;

(c) the time value of money, represented by the current market risk-free rate of interest;

(d) the price for bearing the uncertainty inherent in the asset; and

(e) other factors, such as illiquidity, that market participants would reflect in pricing the future cash flows the entity expects to derive from the asset.

Estimating the value in use of an asset involves the following steps: **31**

(a) estimating the future cash inflows and outflows to be derived from continuing use of the asset and from its ultimate disposal; and

(b) applying the appropriate discount rate to those future cash flows.

32 Die in Paragraph 30 (b), (d) und (e) aufgeführten Elemente können entweder als Berichtigungen der künftigen Cashflows oder als Korrektur des Abzinsungssatzes widergespiegelt werden. Welchen Ansatz ein Unternehmen auch anwendet, um Erwartungen hinsichtlich eventueller wertmäßiger oder zeitlicher Änderungen der künftigen Cashflows widerzuspiegeln, es muss letztendlich der erwartete Barwert der künftigen Cashflows, d. h. der gewichtete Durchschnitt aller möglichen Ergebnisse widergespiegelt werden. Anhang A enthält zusätzliche Leitlinien für die Anwendung der Barwert-Methoden, um den Nutzungswert eines Vermögenswerts zu bewerten.

Grundlage für die Schätzungen der künftigen Cashflows

33 Bei der Ermittlung des Nutzungswerts muss ein Unternehmen:

(a) die Cashflow-Prognosen auf vernünftigen und vertretbaren Annahmen aufbauen, die die beste vom Management vorgenommene Einschätzung der ökonomischen Rahmenbedingungen repräsentieren, die für die Restnutzungsdauer eines Vermögenswerts bestehen werden. Ein größeres Gewicht ist dabei auf externe Hinweise zu legen;

(b) die Cashflow-Prognosen auf den jüngsten vom Management genehmigten Finanzplänen/Vorhersagen aufbauen, die jedoch alle geschätzten künftigen Mittelzuflüsse bzw. Mittelabflüsse, die aus künftigen Restrukturierungen oder aus der Verbesserung bzw. Erhöhung der Ertragskraft des Vermögenswertes erwartet werden, ausschließen sollen. Auf diesen Finanzplänen/Vorhersagen basierende Prognosen sollen sich auf einen Zeitraum von maximal fünf Jahren erstrecken, es sei denn, dass ein längerer Zeitraum gerechtfertigt werden kann;

(c) die Cashflow-Prognosen jenseits des Zeitraums schätzen, auf den sich die jüngsten Finanzpläne/Vorhersagen beziehen, unter Anwendung einer gleich bleibenden oder rückläufigen Wachstumsrate für die Folgejahre durch eine Extrapolation der Prognosen, die auf den Finanzplänen/Vorhersagen beruhen, es sei denn, dass eine steigende Rate gerechtfertigt werden kann. Diese Wachstumsrate darf die langfristige Durchschnittswachstumsrate für die Produkte, die Branchen oder das Land bzw. die Länder, in dem/denen das Unternehmen tätig ist, oder für den Markt, in welchem der Vermögenswert genutzt wird, nicht überschreiten, es sei denn, dass eine höhere Rate gerechtfertigt werden kann.

34 Das Management beurteilt die Angemessenheit der Annahmen, auf denen seine aktuellen Cashflow-Prognosen beruhen, indem es die Gründe für Differenzen zwischen den vorherigen Cashflow-Prognosen und den aktuellen Cashflows überprüft. Das Management hat sicherzustellen, dass die Annahmen, auf denen die aktuellen Cashflow-Prognosen beruhen, mit den effektiven Ergebnissen der Vergangenheit übereinstimmen, vorausgesetzt, dass die Auswirkungen von Ereignissen und Umständen, die, nachdem die effektiven Cashflows generiert waren, auftraten, dies als geeignet erscheinen lassen.

35 Detaillierte, eindeutige und verlässliche Finanzpläne/Vorhersagen für künftige Cashflows für längere Perioden als fünf Jahre sind in der Regel nicht verfügbar. Aus diesem Grund beruhen die Schätzungen des Managements über die künftigen Cashflows auf den jüngsten Finanzplänen/Vorhersagen für einen Zeitraum von maximal fünf Jahren. Das Management kann auch Cashflow-Prognosen verwenden, die sich auf Finanzpläne/Vorhersagen für einen längeren Zeitraum als fünf Jahre erstrecken, wenn es sicher ist, dass diese Prognosen verlässlich sind und es seine Fähigkeit unter Beweis stellen kann, basierend auf vergangenen Erfahrungen, die Cashflows über den entsprechenden längeren Zeitraum genau vorherzusagen.

36 Cashflow-Prognosen bis zum Ende der Nutzungsdauer eines Vermögenswerts werden durch die Extrapolation der Cashflow-Prognosen auf der Basis der Finanzpläne/Vorhersagen unter Verwendung einer Wachstumsrate für die Folgejahre vorgenommen. Diese Rate ist gleich bleibend oder fallend, es sei denn, dass eine Steigerung der Rate objektiven Informationen über den Verlauf des Lebenszyklus eines Produkts oder einer Branche entspricht. Falls angemessen, ist die Wachstumsrate gleich Null oder negativ.

37 Soweit die Bedingungen günstig sind, werden Wettbewerber wahrscheinlich in den Markt eintreten und das Wachstum beschränken. Deshalb ist es für ein Unternehmen schwierig, die durchschnittliche historische Wachstumsrate für die Produkte, die Branchen, das Land oder die Länder, in dem/denen das Unternehmen tätig ist, oder für den Markt für den der Vermögenswert genutzt wird, über einen längeren Zeitraum (beispielsweise zwanzig Jahre) zu überschreiten.

38 Bei der Verwendung der Informationen aus den Finanzplänen/Vorhersagen berücksichtigt ein Unternehmen, ob die Informationen auf vernünftigen und vertretbaren Annahmen beruhen und die beste Einschätzung des Managements der ökonomischen Rahmenbedingungen, die während der Restnutzungsdauer eines Vermögenswerts bestehen werden, darstellen.

Zusammensetzung der Schätzungen der künftigen Cashflows

39 In die Schätzungen der künftigen Cashflows sind die folgenden Elemente einzubeziehen:

(a) Prognosen der Mittelzuflüsse aus der fortgesetzten Nutzung des Vermögenswerts;

(b) Prognosen der Mittelabflüsse, die notwendigerweise entstehen, um Mittelzuflüsse aus der fortgesetzten Nutzung eines Vermögenswerts zu erzielen (einschließlich der Mittelabflüsse zur Vorbereitung des Vermögenswerts für seine Nutzung), die direkt oder auf einer vernünftigen und stetigen Basis dem Vermögenswert zugeordnet werden können; und

(c) Netto-Cashflows, die ggf. für den Abgang des Vermögenswerts am Ende seiner Nutzungsdauer eingehen (oder gezahlt werden).

The elements identified in paragraph 30 (b), (d) and (e) can be reflected either as adjustments to the future cash flows or as adjustments to the discount rate. Whichever approach an entity adopts to reflect expectations about possible variations in the amount or timing of future cash flows, the result shall be to reflect the expected present value of the future cash flows, i.e. the weighted average of all possible outcomes. Appendix A provides additional guidance on the use of present value techniques in measuring an asset's value in use. **32**

Basis for estimates of future cash flows

In measuring value in use an entity shall: **33**

(a) base cash flow projections on reasonable and supportable assumptions that represent management's best estimate of the range of economic conditions that will exist over the remaining useful life of the asset. Greater weight shall be given to external evidence;

(b) base cash flow projections on the most recent financial budgets/forecasts approved by management, but shall exclude any estimated future cash inflows or outflows expected to arise from future restructurings or from improving or enhancing the asset's performance. Projections based on these budgets/forecasts shall cover a maximum period of five years, unless a longer period can be justified;

(c) estimate cash flow projections beyond the period covered by the most recent budgets/forecasts by extrapolating the projections based on the budgets/forecasts using a steady or declining growth rate for subsequent years, unless an increasing rate can be justified. This growth rate shall not exceed the long-term average growth rate for the products, industries, or country or countries in which the entity operates, or for the market in which the asset is used, unless a higher rate can be justified.

Management assesses the reasonableness of the assumptions on which its current cash flow projections are based by examining the causes of differences between past cash flow projections and actual cash flows. Management shall ensure that the assumptions on which its current cash flow projections are based are consistent with past actual outcomes, provided the effects of subsequent events or circumstances that did not exist when those actual cash flows were generated make this appropriate. **34**

Detailed, explicit and reliable financial budgets/forecasts of future cash flows for periods longer than five years are generally not available. For this reason, management's estimates of future cash flows are based on the most recent budgets/forecasts for a maximum of five years. Management may use cash flow projections based on financial budgets/forecasts over a period longer than five years if it is confident that these projections are reliable and it can demonstrate its ability, based on past experience, to forecast cash flows accurately over that longer period. **35**

Cash flow projections until the end of an asset's useful life are estimated by extrapolating the cash flow projections based on the financial budgets/forecasts using a growth rate for subsequent years. This rate is steady or declining, unless an increase in the rate matches objective information about patterns over a product or industry lifecycle. If appropriate, the growth rate is zero or negative. **36**

When conditions are favourable, competitors are likely to enter the market and restrict growth. Therefore, entities will have difficulty in exceeding the average historical growth rate over the long term (say, 20 years) for the products, industries, or country or countries in which the entity operates, or for the market in which the asset is used. **37**

In using information from financial budgets/forecasts, an entity considers whether the information reflects reasonable and supportable assumptions and represents management's best estimate of the set of economic conditions that will exist over the remaining useful life of the asset. **38**

Composition of estimates of future cash flows

Estimates of future cash flows shall include: **39**

(a) projections of cash inflows from the continuing use of the asset;

(b) projections of cash outflows that are necessarily incurred to generate the cash inflows from continuing use of the asset (including cash outflows to prepare the asset for use) and can be directly attributed, or allocated on a reasonable and consistent basis, to the asset; and

(c) net cash flows, if any, to be received (or paid) for the disposal of the asset at the end of its useful life.

40 Schätzungen der künftigen Cashflows und des Abzinsungssatzes spiegeln stetige Annahmen über die auf die allgemeine Inflation zurückzuführenden Preissteigerungen wider. Wenn der Abzinsungssatz die Wirkung von Preissteigerungen, die auf die allgemeine Inflation zurückzuführen sind, einbezieht, werden die künftigen Cashflows in nominalen Beträgen geschätzt. Wenn der Abzinsungssatz die Wirkung von Preissteigerungen, die auf die allgemeine Inflation zurückzuführen sind, nicht einbezieht, werden die künftigen Cashflows in realen Beträgen geschätzt (schließen aber künftige spezifische Preissteigerungen oder -senkungen ein).

41 Die Prognosen der Mittelabflüsse schließen jene für die tägliche Wartung des Vermögenswerts als auch künftige Gemeinkosten ein, die der Nutzung des Vermögenswerts direkt zugerechnet oder auf einer vernünftigen und stetigen Basis zugeordnet werden können.

42 Wenn der Buchwert eines Vermögenswerts noch nicht alle Mittelabflüsse enthält, die anfallen werden, bevor dieser nutzungs- oder verkaufsbereit ist, enthält die Schätzung der künftigen Mittelabflüsse eine Schätzung aller weiteren künftigen Mittelabflüsse, die erwartungsgemäß anfallen werden, bevor der Vermögenswert nutzungs- oder verkaufsbereit ist. Dies ist beispielsweise der Fall für ein im Bau befindliches Gebäude oder bei einem noch nicht abgeschlossenen Entwicklungsprojekt.

43 Um Doppelzählungen zu vermeiden, beziehen die Schätzungen der künftigen Cashflows die folgenden Faktoren nicht mit ein:
(a) Mittelzuflüsse von Vermögenswerten, die Mittelzuflüsse erzeugen, die weitgehend unabhängig von den Mittelzuflüssen des zu prüfenden Vermögenswerts sind (beispielsweise finanzielle Vermögenswerte wie Forderungen); und
(b) Mittelabflüsse, die sich auf als Schulden angesetzte Verpflichtungen beziehen (beispielsweise Verbindlichkeiten, Pensionen oder Rückstellungen).

44 Künftige Cashflows sind für einen Vermögenswert in seinem gegenwärtigen Zustand zu schätzen. Schätzungen der künftigen Cashflows dürfen nicht die geschätzten künftigen Mittelzu- und -abflüsse umfassen, deren Entstehung erwartet wird, aufgrund
(a) einer künftigen Restrukturierung, zu der ein Unternehmen noch nicht verpflichtet ist; oder
(b) einer Verbesserung oder Erhöhung der Ertragskraft des Vermögenswerts.

45 Da die künftigen Cashflows für einen Vermögenswert in seinem gegenwärtigen Zustand geschätzt werden, spiegelt der Nutzungswert nicht die folgenden Faktoren wider:
(a) künftige Mittelabflüsse oder die dazugehörigen Kosteneinsparungen (beispielsweise durch die Verminderung des Personalaufwands) oder der erwartete Nutzen aus einer künftigen Restrukturierung, zu der ein Unternehmen noch nicht verpflichtet ist; oder
(b) künftige Mittelabflüsse, die die Ertragskraft des Vermögenswerts verbessern oder erhöhen werden, oder die dazugehörigen Mittelzuflüsse, die aus solchen Mittelabflüssen entstehen sollen.

46 Eine Restrukturierung ist ein vom Management geplantes und gesteuertes Programm, das entweder den Umfang der Geschäftstätigkeit oder die Weise, in der das Geschäft geführt wird, wesentlich verändert. IAS 37 *Rückstellungen, Eventualverbindlichkeiten und Eventualforderungen* konkretisiert, wann sich ein Unternehmen zu einer Restrukturierung verpflichtet hat.

47 Wenn ein Unternehmen zu einer Restrukturierung verpflichtet ist, sind wahrscheinlich einige Vermögenswerte von der Restrukturierung betroffen . Sobald das Unternehmen zur Restrukturierung verpflichtet ist,
(a) spiegeln seine zwecks Bestimmung des Nutzungswerts künftigen Schätzungen der Cashflows die Kosteneinsparungen und den sonstigen Nutzen aus der Restrukturierung wider (auf Basis der jüngsten vom Management gebilligten Finanzpläne/Vorhersagen); und
(b) werden seine Schätzungen künftiger Mittelabflüsse für die Restrukturierung in einer Restrukturierungsrückstellung in Übereinstimmung mit IAS 37 erfasst.
Das erläuternde Beispiel 5 veranschaulicht die Wirkung einer künftigen Restrukturierung auf die Berechnung des Nutzungswerts.

48 Bis ein Unternehmen Mittelabflüsse tätigt, die die Ertragskraft des Vermögenswerts verbessern oder erhöhen, enthalten die Schätzungen der künftigen Cashflows keine künftigen geschätzten Mittelzuflüsse, die infolge der Erhöhung des mit dem Mittelabfluss verbundenen wirtschaftlichen Nutzens zufließen werden (siehe erläuterndes Beispiel 6).

49 Schätzungen der künftigen Cashflows umfassen auch künftige Mittelabflüsse, die erforderlich sind, um den wirtschaftlichen Nutzen des Vermögenswerts auf dem gegenwärtigen Niveau zu halten. Wenn eine zahlungsmittelgenerierende Einheit aus Vermögenswerten mit verschiedenen geschätzten Nutzungsdauern besteht, die alle für den laufenden Betrieb der Einheit notwendig sind, wird bei der Schätzung der mit der Einheit verbundenen künftigen Cashflows der Ersatz von Vermögenswerten kürzerer Nutzungsdauer als Teil der täglichen Wartung der Einheit betrachtet. Ähnliches gilt, wenn ein einzelner Vermögenswert aus Bestandteilen mit unterschiedlichen Nutzungsdauern besteht, dann wird der Ersatz der Bestandteile kürzerer Nutzungsdauer als Teil der täglichen Wartung des Vermögenswerts betrachtet, wenn die vom Vermögenswert generierten künftigen Cashflows geschätzt werden.

Estimates of future cash flows and the discount rate reflect consistent assumptions about price increases attributable to **40** general inflation. Therefore, if the discount rate includes the effect of price increases attributable to general inflation, future cash flows are estimated in nominal terms. If the discount rate excludes the effect of price increases attributable to general inflation, future cash flows are estimated in real terms (but include future specific price increases or decreases).

Projections of cash outflows include those for the day-to-day servicing of the asset as well as future overheads that can be **41** attributed directly, or allocated on a reasonable and consistent basis, to the use of the asset.

When the carrying amount of an asset does not yet include all the cash outflows to be incurred before it is ready for use **42** or sale, the estimate of future cash outflows includes an estimate of any further cash outflow that is expected to be incurred before the asset is ready for use or sale. For example, this is the case for a building under construction or for a development project that is not yet completed.

To avoid double-counting, estimates of future cash flows do not include:
(a)   cash inflows from assets that generate cash inflows that are largely independent of the cash inflows from the asset under review (for example, financial assets such as receivables); and
(b)   cash outflows that relate to obligations that have been recognised as liabilities (for example, payables, pensions or provisions).

Future cash flows shall be estimated for the asset in its current condition. Estimates of future cash flows shall not include **44** estimated future cash inflows or outflows that are expected to arise from:
(a)   a future restructuring to which an entity is not yet committed; or
(b)   improving or enhancing the asset's performance.

Because future cash flows are estimated for the asset in its current condition, value in use does not reflect:
(a)   future cash outflows or related cost savings (for example reductions in staff costs) or benefits that are expected to arise from a future restructuring to which an entity is not yet committed; or
(b)   future cash outflows that will improve or enhance the asset's performance or the related cash inflows that are expected to arise from such outflows.

A restructuring is a programme that is planned and controlled by management and materially changes either the scope of **46** the business undertaken by an entity or the manner in which the business is conducted. IAS 37 *Provisions, contingent liabilities and contingent assets* contains guidance clarifying when an entity is committed to a restructuring.

When an entity becomes committed to a restructuring, some assets are likely to be affected by this restructuring. Once the **47** entity is committed to the restructuring:
(a)   its estimates of future cash inflows and cash outflows for the purpose of determining value in use reflect the cost savings and other benefits from the restructuring (based on the most recent financial budgets/forecasts approved by management); and
(b)   its estimates of future cash outflows for the restructuring are included in a restructuring provision in accordance with IAS 37.
Illustrative Example 5 illustrates the effect of a future restructuring on a value in use calculation.

Until an entity incurs cash outflows that improve or enhance the asset's performance, estimates of future cash flows do **48** not include the estimated future cash inflows that are expected to arise from the increase in economic benefits associated with the cash outflow (see Illustrative Example 6).

Estimates of future cash flows include future cash outflows necessary to maintain the level of economic benefits expected **49** to arise from the asset in its current condition. When a cash-generating unit consists of assets with different estimated useful lives, all of which are essential to the ongoing operation of the unit, the replacement of assets with shorter lives is considered to be part of the day-to-day servicing of the unit when estimating the future cash flows associated with the unit. Similarly, when a single asset consists of components with different estimated useful lives, the replacement of components with shorter lives is considered to be part of the day-to-day servicing of the asset when estimating the future cash flows generated by the asset.

50 In den Schätzungen der künftigen Cashflows sind folgende Elemente nicht enthalten:
(a) Mittelzu- oder -abflüsse aus Finanzierungstätigkeiten; oder
(b) Ertragsteuereinnahmen oder -zahlungen.

51 Geschätzte künftige Cashflows spiegeln Annahmen wider, die der Art und Weise der Bestimmung des Abzinsungssatzes entsprechen. Andernfalls würden die Wirkungen einiger Annahmen zweimal angerechnet oder ignoriert werden. Da der Zinseffekt bei der Diskontierung der künftigen Cashflows berücksichtigt wird, schließen diese Cashflows Mittelzu- oder -abflüsse aus Finanzierungstätigkeit aus. Da der Abzinsungssatz auf einer Vorsteuerbasis bestimmt wird, werden auch die künftigen Cashflows auf einer Vorsteuerbasis geschätzt.

52 Die Schätzung der Netto-Cashflows, die für den Abgang eines Vermögenswerts am Ende seiner Nutzungsdauer eingehen (oder gezahlt werden), muss dem Betrag entsprechen, den ein Unternehmen aus dem Verkauf des Vermögenswerts zwischen sachverständigen, vertragswilligen und voneinander unabhängigen Geschäftspartnern nach Abzug der geschätzten Veräußerungskosten erzielen könnte.

53 Die Schätzung der Netto-Cashflows, die für den Abgang eines Vermögenswertes am Ende seiner Nutzungsdauer eingehen (oder gezahlt werden), ist in einer ähnlichen Weise wie beim beizulegenden Zeitwert abzüglich Kosten der Veräußerung eines Vermögenswerts zu bestimmen, außer dass bei der Schätzung dieser Netto-Cashflows
(a) ein Unternehmen die Preise verwendet, die zum Zeitpunkt der Schätzung für ähnlichen Vermögenswerte gelten, die das Ende ihrer Nutzungsdauer erreicht haben und die unter Bedingungen betrieben wurden, die mit den Bedingungen vergleichbar sind, unter denen der Vermögenswert genutzt werden soll;
(b) das Unternehmen diese Preise im Hinblick auf die Auswirkungen künftiger Preiserhöhungen aufgrund der allgemeinen Inflation und spezieller künftiger Preissteigerungen/-senkungen anpasst. Wenn die Schätzungen der künftigen Cashflows aus der fortgesetzten Nutzung des Vermögenswerts und des Abzinsungssatzes die Wirkung der allgemeinen Inflation indes ausschließen, dann berücksichtigt das Unternehmen diese Wirkung auch nicht bei der Schätzung der Netto-Cashflows des Abgangs.

53A Der beizulegende Zeitwert ist ein anderer als der Nutzungswert. Der beizulegende Zeitwert spiegelt die Annahmen wider, die Marktteilnehmer bei der Preisbildung für den Vermögenswert anwenden würden. Der Nutzungswert dagegen spiegelt die Auswirkungen von Faktoren wider, die unternehmensspezifisch sein können und für Unternehmen allgemein nicht unbedingt zutreffen. Beispielsweise werden die folgenden Faktoren in dem Umfang, in dem für Marktteilnehmer kein Zugang zu ihnen bestünde, nicht im beizulegenden Zeitwert abgebildet:
(a) Aus der Zusammenfassung von Vermögenswerten gewonnener, zusätzlicher Wert (beispielsweise aus der Schaffung eines Portfolios von Immobilien an verschiedenen Standorten, die als Finanzinvestition gehalten werden);
(b) Synergien zwischen dem bewerteten und anderen Vermögenswerten;
(c) Gesetzliche Ansprüche oder Beschränkungen, die ausschließlich dem gegenwärtigen Eigentümer des Vermögenswerts zu eigen sind; und
(d) Steuerliche Vergünstigungen oder Belastungen, die ausschließlich dem gegenwärtigen Eigentümer des Vermögenswerts zu eigen sind.

Künftige Cashflows in Fremdwährung

54 Künftige Cashflows werden in der Währung geschätzt, in der sie generiert werden, und werden mit einem für diese Währung angemessenen Abzinsungssatz abgezinst. Ein Unternehmen rechnet den Barwert mithilfe des am Tag der Berechnung des Nutzungswerts geltenden Devisenkassakurses um.

Abzinsungssatz

55 Bei dem Abzinsungssatz (den Abzinsungssätzen) muss es sich um einen Zinssatz (Zinssätze) vor Steuern handeln, der (die) die gegenwärtigen Marktbewertungen folgender Faktoren widerspiegelt (widerspiegeln):
(a) den Zinseffekt; und
(b) die speziellen Risiken eines Vermögenswerts, für die die geschätzten künftigen Cashflows nicht angepasst wurden.

56 Ein Zinssatz, der die gegenwärtigen Markteinschätzungen des Zinseffekts und die speziellen Risiken eines Vermögenswerts widerspiegelt, ist die Rendite, die Investoren verlangen würden, wenn eine Finanzinvestition zu wählen wäre, die Cashflows über Beträge, Zeiträume und Risikoprofile erzeugen würde, die vergleichbar mit denen wären, die das Unternehmen von dem Vermögenswert zu erzielen erhofft. Dieser Zinssatz ist auf der Basis des Zinssatzes zu schätzen, der bei gegenwärtigen Markttransaktionen für vergleichbare Vermögenswerte verwendet wird, oder auf der Basis der durchschnittlich gewichteten Kapitalkosten eines börsennotierten Unternehmens, das einen einzelnen Vermögenswert (oder einen Bestand an Vermögenswerten) besitzt, der mit dem zu prüfenden Vermögenswert im Hinblick auf das Nutzungspotenzial und die Risiken vergleichbar ist. Der Abzinsungssatz (die Abzinsungssätze), der (die) zur Berechnung des Nutzungswerts eines Vermögenswerts verwendet wird (werden), darf (dürfen) jedoch keine Risiken widerspiegeln, für die die geschätzten künftigen Cashflows bereits angepasst wurden. Andernfalls würden die Wirkungen einiger Annahmen doppelt angerechnet.

Estimates of future cash flows shall not include:
(a)   cash inflows or outflows from financing activities; or
(b)   income tax receipts or payments.

Estimated future cash flows reflect assumptions that are consistent with the way the discount rate is determined. Other- **51**
wise, the effect of some assumptions will be counted twice or ignored. Because the time value of money is considered by discounting the estimated future cash flows, these cash flows exclude cash inflows or outflows from financing activities. Similarly, because the discount rate is determined on a pre-tax basis, future cash flows are also estimated on a pre-tax basis.

The estimate of net cash flows to be received (or paid) for the disposal of an asset at the end of its useful life shall be the **52**
amount that an entity expects to obtain from the disposal of the asset in an arm's length transaction between knowledge-able, willing parties, after deducting the estimated costs of disposal.

The estimate of net cash flows to be received (or paid) for the disposal of an asset at the end of its useful life is determined **53**
in a similar way to an asset's fair value less costs of disposal, except that, in estimating those net cash flows:
(a)   an entity uses prices prevailing at the date of the estimate for similar assets that have reached the end of their useful life and have operated under conditions similar to those in which the asset will be used;
(b)   the entity adjusts those prices for the effect of both future price increases due to general inflation and specific future price increases or decreases. However, if estimates of future cash flows from the asset's continuing use and the discount rate exclude the effect of general inflation, the entity also excludes this effect from the estimate of net cash flows on disposal.

Fair value differs from value in use. Fair value reflects the assumptions market participants would use when pricing the **53A**
asset. In contrast, value in use reflects the effects of factors that may be specific to the entity and not applicable to entities in general. For example, fair value does not reflect any of the following factors to the extent that they would not be generally available to market participants:
(a)   additional value derived from the grouping of assets (such as the creation of a portfolio of investment properties in different locations);
(b)   synergies between the asset being measured and other assets;
(c)   legal rights or legal restrictions that are specific only to the current owner of the asset; and
(d)   tax benefits or tax burdens that are specific to the current owner of the asset.

Foreign currency future cash flows

Future cash flows are estimated in the currency in which they will be generated and then discounted using a discount rate **54**
appropriate for that currency. An entity translates the present value using the spot exchange rate at the date of the value in use calculation.

Discount rate

The discount rate (rates) shall be a pre-tax rate (rates) that reflect(s) current market assessments of: **55**
(a)   the time value of money; and
(b)   the risks specific to the asset for which the future cash flow estimates have not been adjusted.

A rate that reflects current market assessments of the time value of money and the risks specific to the asset is the return **56**
that investors would require if they were to choose an investment that would generate cash flows of amounts, timing and risk profile equivalent to those that the entity expects to derive from the asset. This rate is estimated from the rate implicit in current market transactions for similar assets or from the weighted average cost of capital of a listed entity that has a single asset (or a portfolio of assets) similar in terms of service potential and risks to the asset under review. However, the discount rate(s) used to measure an asset's value in use shall not reflect risks for which the future cash flow estimates have been adjusted. Otherwise, the effect of some assumptions will be double-counted.

57 Wenn ein vermögenswertespezifischer Zinssatz nicht direkt über den Markt erhältlich ist, verwendet ein Unternehmen Ersatzfaktoren zur Schätzung des Abzinsungssatzes. Anhang A enthält zusätzliche Leitlinien zur Schätzung von Abzinsungssätzen unter diesen Umständen.

ERFASSUNG UND BEWERTUNG EINES WERTMINDERUNGSAUFWANDS

58 Die Paragraphen 59–64 beschreiben die Anforderungen an die Erfassung und Bewertung eines Wertminderungsaufwands für einen einzelnen Vermögenswert mit Ausnahme eines Geschäfts- oder Firmenwerts. Die Erfassung und Bewertung des Wertminderungsaufwands einer zahlungsmittelgenerierenden Einheit und eines Geschäfts- oder Firmenwerts werden in den Paragraphen 65–108 behandelt.

59 Dann, und nur dann, wenn der erzielbare Betrag eines Vermögenswertes geringer als sein Buchwert ist, ist der Buchwert des Vermögenswerts auf seinen erzielbaren Betrag zu verringern. Diese Verringerung stellt einen Wertminderungsaufwand dar.

60 Ein Wertminderungsaufwand ist sofort im Gewinn oder Verlust zu erfassen, es sei denn, dass der Vermögenswert zum Neubewertungsbetrag nach einem anderen Standard (beispielsweise nach dem Neubewertungsmodell in IAS 16) erfasst wird. Jeder Wertminderungsaufwand eines neu bewerteten Vermögenswertes ist als eine Neubewertungsabnahme in Übereinstimmung mit diesem anderen Standard zu behandeln.

61 Ein Wertminderungsaufwand eines nicht neu bewerteten Vermögenswerts wird im Periodenergebnis erfasst. Ein Wertminderungsaufwand eines neu bewerteten Vermögenswerts wird indes im sonstigen Ergebnis erfasst, soweit der Wertminderungsaufwand nicht den in der Neubewertungsrücklage für denselben Vermögenswert ausgewiesenen Betrag übersteigt. Ein solcher Wertminderungsaufwand eines neu bewerteten Vermögenswerts führt zu einer Minderung der entsprechenden Neubewertungsrücklage.

62 Wenn der geschätzte Betrag des Wertminderungsaufwands größer ist als der Buchwert des Vermögenswerts, hat ein Unternehmen dann, und nur dann, eine Schuld anzusetzen, wenn dies von einem anderen Standard verlangt wird.

63 Nach der Erfassung eines Wertminderungsaufwands ist der Abschreibungs-/Amortisationsaufwand eines Vermögenswerts in künftigen Perioden anzupassen, um den berichtigten Buchwert des Vermögenswerts, abzüglich eines etwaigen Restwerts systematisch über seine Restnutzungsdauer zu verteilen.

64 Wenn ein Wertminderungsaufwand erfasst worden ist, werden alle damit in Beziehung stehenden latenten Steueransprüche oder -schulden nach IAS 12 bestimmt, indem der berichtigte Buchwert des Vermögenswerts mit seiner steuerlichen Basis verglichen wird (siehe erläuterndes Beispiel 3).

ZAHLUNGSMITTELGENERIERENDE EINHEITEN UND GESCHÄFTS- ODER FIRMENWERT

65 Die Paragraphen 66–108 und Anhang C beschreiben die Anforderungen an die Identifizierung der zahlungsmittelgenerierenden Einheit, zu der ein Vermögenswert gehört, sowie an die Bestimmung des Buchwerts und die Erfassung der Wertminderungsaufwendungen für zahlungsmittelgenerierende Einheiten und Geschäfts- oder Firmenwerte.

Identifizierung der zahlungsmittelgenerierenden Einheit, zu der ein Vermögenswert gehört

66 Wenn irgendein Anhaltspunkt dafür vorliegt, dass ein Vermögenswert wertgemindert sein könnte, ist der erzielbare Betrag für den einzelnen Vermögenswert zu schätzen. Falls es nicht möglich ist, den erzielbaren Betrag für den einzelnen Vermögenswert zu schätzen, hat ein Unternehmen den erzielbaren Betrag der zahlungsmittelgenerierenden Einheit zu bestimmen, zu der der Vermögenswert gehört (die zahlungsmittelgenerierende Einheit des Vermögenswerts).

67 Der erzielbare Betrag eines einzelnen Vermögenswerts kann nicht bestimmt werden, wenn:
   (a) der Nutzungswert des Vermögenswerts nicht nah an seinem beizulegenden Zeitwert abzüglich Kosten der Veräußerung geschätzt werden kann (wenn beispielsweise die künftigen Cashflows aus der fortgesetzten Nutzung des Vermögenswertes nicht als unbedeutend eingeschätzt werden können); und
   (b) der Vermögenswert keine Mittelzuflüsse erzeugt, die weitestgehend unabhängig von denen anderer Vermögenswerte sind.
   In derartigen Fällen kann ein Nutzungswert und demzufolge ein erzielbarer Betrag nur für die zahlungsmittelgenerierende Einheit des Vermögenswerts bestimmt werden.

> **Beispiel** Ein Bergbauunternehmen besitzt eine private Eisenbahn zur Unterstützung seiner Bergbautätigkeit. Die private Eisenbahn könnte nur zum Schrottwert verkauft werden und sie erzeugt keine Mittelzuflüsse, die weitestgehend unabhängig von den Mittelzuflüssen der anderen Vermögenswerte des Bergwerks sind.

When an asset-specific rate is not directly available from the market, an entity uses surrogates to estimate the discount **57**
rate. Appendix A provides additional guidance on estimating the discount rate in such circumstances.

RECOGNISING AND MEASURING AN IMPAIRMENT LOSS

Paragraphs 59—64 set out the requirements for recognising and measuring impairment losses for an individual asset **58**
other than goodwill. Recognising and measuring impairment losses for cash-generating units and goodwill are dealt with
in paragraphs 65—108.

If, and only if, the recoverable amount of an asset is less than its carrying amount, the carrying amount of the asset shall **59**
be reduced to its recoverable amount. That reduction is an impairment loss.

An impairment loss shall be recognised immediately in profit or loss, unless the asset is carried at revalued amount in **60**
accordance with another standard (for example, in accordance with the revaluation model in IAS 16). Any impairment
loss of a revalued asset shall be treated as a revaluation decrease in accordance with that other standard.

An impairment loss on a non-revalued asset is recognised in profit or loss. However, an impairment loss on a revalued **61**
asset is recognised in other comprehensive income to the extent that the impairment loss does not exceed the amount in
the revaluation surplus for that same asset. Such an impairment loss on a revalued asset reduces the revaluation surplus
for that asset.

When the amount estimated for an impairment loss is greater than the carrying amount of the asset to which it relates, an **62**
entity shall recognise a liability if, and only if, that is required by another standard.

After the recognition of an impairment loss, the depreciation (amortisation) charge for the asset shall be adjusted in future **63**
periods to allocate the asset's revised carrying amount, less its residual value (if any), on a systematic basis over its remaining useful life.

If an impairment loss is recognised, any related deferred tax assets or liabilities are determined in accordance with IAS 12 **64**
by comparing the revised carrying amount of the asset with its tax base (see Illustrative Example 3).

CASH-GENERATING UNITS AND GOODWILL

Paragraphs 66—108 and Appendix C set out the requirements for identifying the cash-generating unit to which an asset **65**
belongs and determining the carrying amount of, and recognising impairment losses for, cash-generating units and goodwill.

Identifying the cash-generating unit to which an asset belongs

If there is any indication that an asset may be impaired, recoverable amount shall be estimated for the individual asset. If **66**
it is not possible to estimate the recoverable amount of the individual asset, an entity shall determine the recoverable
amount of the cash-generating unit to which the asset belongs (the asset's cash-generating unit).

The recoverable amount of an individual asset cannot be determined if: **67**
(a) the asset's value in use cannot be estimated to be close to its fair value less costs of disposal (for example, when the
     future cash flows from continuing use of the asset cannot be estimated to be negligible); and
(b) the asset does not generate cash inflows that are largely independent of those from other assets.
In such cases, value in use and, therefore, recoverable amount, can be determined only for the asset's cash-generating
unit.

Example   A mining entity owns a private railway to support its mining activities. The private railway could be sold
only for scrap value and it does not generate cash inflows that are largely independent of the cash inflows from the
other assets of the mine.

Es ist nicht möglich, den erzielbaren Betrag der privaten Eisenbahn zu schätzen, weil ihr Nutzungswert nicht bestimmt werden kann und wahrscheinlich von dem Schrottwert abweicht. Deshalb schätzt das Unternehmen den erzielbaren Betrag der zahlungsmittelgenerierenden Einheit, zu der die private Eisenbahn gehört, d. h. des Bergwerkes als Ganzes.

68 Wie in Paragraph 6 definiert, ist die zahlungsmittelgenerierende Einheit eines Vermögenswerts die kleinste Gruppe von Vermögenswerten, die den Vermögenswert enthält und Mittelzuflüsse erzeugt, die weitestgehend unabhängig von den Mittelzuflüssen anderer Vermögenswerte oder einer anderen Gruppe von Vermögenswerten sind. Die Identifizierung der zahlungsmittelgenerierenden Einheit eines Vermögenswerts erfordert Einschätzungen. Wenn der erzielbare Betrag nicht für einen einzelnen Vermögenswert bestimmt werden kann, identifiziert ein Unternehmen die kleinste Zusammenfassung von Vermögenswerten, die weitestgehend unabhängige Mittelzuflüsse erzeugt.

Beispiel Eine Busgesellschaft bietet Beförderungsleistungen im Rahmen eines Vertrags mit einer Gemeinde an, der auf fünf verschiedenen Strecken jeweils einen Mindestservice verlangt. Die auf jeder Strecke eingesetzten Vermögenswerte und die Cashflows von jeder Strecke können gesondert identifiziert werden. Auf einer der Stecken wird ein erheblicher Verlust erwirtschaftet.

Da das Unternehmen nicht die Möglichkeit hat, eine der Busrouten einzuschränken, ist die niedrigste Einheit identifizierbarer Mittelzuflüsse, die weitestgehend von den Mittelzuflüssen anderer Vermögenswerte oder anderer Gruppen von Vermögenswerten unabhängig sind, die von den fünf Routen gemeinsam erzeugten Mittelzuflüsse. Die zahlungsmittelgenerierende Einheit für jede der Strecken ist die Busgesellschaft als Ganzes.

69 Mittelzuflüsse sind die Zuflüsse von Zahlungsmitteln und Zahlungsmitteläquivalenten, die von Parteien außerhalb des Unternehmens zufließen. Bei der Identifizierung, ob die Mittelzuflüsse von einem Vermögenswert (oder einer Gruppe von Vermögenswerten) weitestgehend von den Mittelzuflüssen anderer Vermögenswerte (oder anderer Gruppen von Vermögenswerten) unabhängig sind, berücksichtigt ein Unternehmen verschiedene Faktoren einschließlich der Frage, wie das Management die Unternehmenstätigkeiten steuert (z. B. nach Produktlinien, Geschäftsfeldern, einzelnen Standorten, Bezirken oder regionalen Gebieten), oder wie das Management Entscheidungen über die Fortsetzung oder den Abgang der Vermögenswerte bzw. die Einstellung von Unternehmenstätigkeiten trifft. Das erläuternde Beispiel 1 enthält Beispiele für die Identifizierung einer zahlungsmittelgenerierenden Einheit.

70 Wenn ein aktiver Markt für die von einem Vermögenswert oder einer Gruppe von Vermögenswerten produzierten Erzeugnisse und erstellten Dienstleistungen besteht, ist dieser Vermögenswert oder diese Gruppe von Vermögenswerten als eine zahlungsmittelgenerierende Einheit zu identifizieren, auch wenn die produzierten Erzeugnisse oder erstellten Dienstleistungen ganz oder teilweise intern genutzt werden. Wenn die von einem Vermögenswert oder einer zahlungsmittelgenerierenden Einheit erzeugten Mittelzuflüsse von der Berechnung interner Verrechnungspreise betroffen sind, so hat ein Unternehmen die bestmöglichste Schätzung des Managements über den (die) künftigen Preis(e), der (die) bei Transaktionen zu marktüblichen Bedingungen erzielt werden könnte(n), zu verwenden, indem

(a) die zur Bestimmung des Nutzungswertes des Vermögenswertes oder der zahlungsmittelgenerierenden Einheit verwendeten künftigen Mittelzuflüsse geschätzt werden; und

(b) die künftigen Mittelabflüsse geschätzt werden, die zur Bestimmung des Nutzungswerts aller anderen von der Berechnung interner Verrechnungspreise betroffenen Vermögenswerte oder zahlungsmittelgenerierenden Einheiten verwendet werden.

71 Auch wenn ein Teil oder die gesamten produzierten Erzeugnisse und erstellten Dienstleistungen, die von einem Vermögenswert oder einer Gruppe von Vermögenswerten erzeugt werden, von anderen Einheiten des Unternehmens genutzt werden (beispielsweise Produkte für eine Zwischenstufe im Produktionsprozess), bildet dieser Vermögenswert oder diese Gruppe von Vermögenswerten eine gesonderte zahlungsmittelgenerierende Einheit, wenn das Unternehmen diese produzierten Erzeugnisse und erstellten Dienstleistungen auf einem aktiven Markt verkaufen kann. Das liegt daran, dass der Vermögenswert oder die Gruppe von Vermögenswerten Mittelzuflüsse erzeugen kann, die weitestgehend von den Mittelzuflüssen von anderen Vermögenswerten oder einer anderen Gruppe von Vermögenswerten unabhängig wären. Bei der Verwendung von Informationen, die auf Finanzplänen/Vorhersagen basieren, die sich auf eine solche zahlungsmittelgenerierende Einheit oder auf jeden anderen Vermögenswert bzw. jede andere zahlungsmittelgenerierende Einheit, die von der internen Verrechnungspreisermittlung betroffen ist, beziehen, passt ein Unternehmen diese Informationen an, wenn die internen Verrechnungspreise nicht die beste Schätzung des Managements über die künftigen Preise, die bei Transaktionen zu marktüblichen Bedingungen erzielt werden könnten, widerspiegeln.

72 Zahlungsmittelgenerierende Einheiten sind von Periode zu Periode für die gleichen Vermögenswerte oder Arten von Vermögenswerten stetig zu identifizieren, es sei denn, dass eine Änderung gerechtfertigt ist.

73 Wenn ein Unternehmen bestimmt, dass ein Vermögenswert zu einer anderen zahlungsmittelgenerierende Einheit als in den vorangegangenen Perioden gehört, oder dass die Arten von Vermögenswerten, die zu der zahlungsmittelgenerierenden Einheit des Vermögenswerts zusammengefasst werden, sich geändert haben, verlangt Paragraph 130 Angaben über die zahlungsmittelgenerierende Einheit, wenn ein Wertminderungsaufwand für die zahlungsmittelgenerierende Einheit erfasst oder aufgehoben wird.

It is not possible to estimate the recoverable amount of the private railway because its value in use cannot be determined and is probably different from scrap value. Therefore, the entity estimates the recoverable amount of the cash-generating unit to which the private railway belongs, i.e. the mine as a whole.

As defined in paragraph 6, an asset's cash-generating unit is the smallest group of assets that includes the asset and gen- (68) erates cash inflows that are largely independent of the cash inflows from other assets or groups of assets. Identification of an asset's cash-generating unit involves judgement. If recoverable amount cannot be determined for an individual asset, an entity identifies the lowest aggregation of assets that generate largely independent cash inflows.

Example A bus company provides services under contract with a municipality that requires minimum service on each of five separate routes. Assets devoted to each route and the cash flows from each route can be identified separately. One of the routes operates at a significant loss.

Because the entity does not have the option to curtail any one bus route, the lowest level of identifiable cash inflows that are largely independent of the cash inflows from other assets or groups of assets is the cash inflows generated by the five routes together. The cash-generating unit for each route is the bus company as a whole.

Cash inflows are inflows of cash and cash equivalents received from parties external to the entity. In identifying whether (69) cash inflows from an asset (or group of assets) are largely independent of the cash inflows from other assets (or groups of assets), an entity considers various factors, including how management monitors the entity's operations (such as by product lines, businesses, individual locations, districts or regional areas) or how management makes decisions about continuing or disposing of the entity's assets and operations. Illustrative Example 1 gives examples of identification of a cash-generating unit.

If an active market exists for the output produced by an asset or group of assets, that asset or group of assets shall be 70 identified as a cash-generating unit, even if some or all of the output is used internally. If the cash inflows generated by any asset or cash-generating unit are affected by internal transfer pricing, an entity shall use management's best estimate of future price(s) that could be achieved in arm's length transactions in estimating:
(a)   the future cash inflows used to determine the asset's or cash-generating unit's value in use; and
(b)   the future cash outflows used to determine the value in use of any other assets or cash-generating units that are affected by the internal transfer pricing.

Even if part or all of the output produced by an asset or a group of assets is used by other units of the entity (for example, (71) products at an intermediate stage of a production process), this asset or group of assets forms a separate cash-generating unit if the entity could sell the output on an active market. This is because the asset or group of assets could generate cash inflows that would be largely independent of the cash inflows from other assets or groups of assets. In using information based on financial budgets/forecasts that relates to such a cash-generating unit, or to any other asset or cash-generating unit affected by internal transfer pricing, an entity adjusts this information if internal transfer prices do not reflect management's best estimate of future prices that could be achieved in arm's length transactions.

Cash-generating units shall be identified consistently from period to period for the same asset or types of assets, unless a 72 change is justified.

If an entity determines that an asset belongs to a cash-generating unit different from that in previous periods, or that the 73 types of assets aggregated for the asset's cash-generating unit have changed, paragraph 130 requires disclosures about the cash-generating unit, if an impairment loss is recognised or reversed for the cash-generating unit.

Erzielbarer Betrag und Buchwert einer zahlungsmittelgenerierenden Einheit

74 Der erzielbare Betrag einer zahlungsmittelgenerierenden Einheit ist der höhere der beiden Beträge aus beizulegendem Zeitwert abzüglich Kosten der Veräußerung und Nutzungswert einer zahlungsmittelgenerierenden Einheit. Für den Zweck der Bestimmung des erzielbaren Betrags einer zahlungsmittelgenerierenden Einheit ist jeder Bezug in den Paragraphen 19–57 auf „einen Vermögenswert" als ein Bezug auf „eine zahlungsmittelgenerierende Einheit" zu verstehen.

75 Der Buchwert einer zahlungsmittelgenerierenden Einheit ist in Übereinstimmung mit der Art, in der der erzielbare Betrag einer zahlungsmittelgenerierenden Einheit bestimmt wird, zu ermitteln.

76 Der Buchwert einer zahlungsmittelgenerierenden Einheit

(a) enthält den Buchwert nur solcher Vermögenswerte, die der zahlungsmittelgenerierenden Einheit direkt zugerechnet oder auf einer vernünftigen und stetigen Basis zugeordnet werden können, und die künftige Mittelzuflüsse erzeugen werden, die bei der Bestimmung des Nutzungswerts der zahlungsmittelgenerierenden Einheit verwendet wurden; und

(b) enthält nicht den Buchwert irgendeiner angesetzten Schuld, es sei denn, dass der erzielbare Betrag der zahlungsmittelgenerierenden Einheit nicht ohne die Berücksichtigung dieser Schuld bestimmt werden kann.

Das liegt daran, dass der beizulegende Zeitwert abzüglich Kosten der Veräußerung und der Nutzungswert einer zahlungsmittelgenerierenden Einheit unter Ausschluss der Cashflows bestimmt werden, die sich auf die Vermögenswerte beziehen, die nicht Teil der zahlungsmittelgenerierenden Einheit sind und unter Ausschluss der bereits erfassten Schulden (siehe Paragraphen 28 und 43).

77 Soweit Vermögenswerte für die Beurteilung der Erzielbarkeit zusammengefasst werden, ist es wichtig, in die zahlungsmittelgenerierende Einheit alle Vermögenswerte einzubeziehen, die den entsprechenden Strom von Mittelzuflüssen erzeugen oder zur Erzeugung verwendet werden. Andernfalls könnte die zahlungsmittelgenerierende Einheit als voll erzielbar erscheinen, obwohl tatsächlich ein Wertminderungsaufwand eingetreten ist. In einigen Fällen können gewisse Vermögenswerte nicht einer zahlungsmittelgenerierenden Einheit auf einer vernünftigen und stetigen Basis zugeordnet werden, obwohl sie zu den geschätzten künftigen Cashflows einer zahlungsmittelgenerierenden Einheit beitragen. Dies kann beim Geschäfts- oder Firmenwert oder bei gemeinschaftlichen Vermögenswerten, wie den Vermögenswerten der Hauptverwaltung der Fall sein. Die Paragraphen 80–103 erläutern, wie mit diesen Vermögenswerten bei der Untersuchung einer zahlungsmittelgenerierenden Einheit auf eine Wertminderung zu verfahren ist.

78 Es kann notwendig sein, gewisse angesetzte Schulden zu berücksichtigen, um den erzielbaren Betrag einer zahlungsmittelgenerierenden Einheit zu bestimmen. Dies könnte auftreten, wenn der Verkauf einer zahlungsmittelgenerierenden Einheit den Käufer verpflichtet, die Schuld zu übernehmen. In diesem Fall entspricht der beizulegende Zeitwert abzüglich der Kosten der Veräußerung (oder die geschätzten Cashflows aus dem endgültigen Abgang) einer zahlungsmittelgenerierenden Einheit dem Preis für den gemeinsamen Verkauf der Vermögenswerte der zahlungsmittelgenerierenden Einheit und der Schuld, abzüglich der Kosten der Veräußerung. Um einen aussagekräftigen Vergleich zwischen dem Buchwert einer zahlungsmittelgenerierenden Einheit und ihrem erzielbaren Betrag anzustellen, wird der Buchwert der Schuld bei der Bestimmung beider Werte, also sowohl des Nutzungswerts als auch des Buchwerts der zahlungsmittelgenerierenden Einheit, abgezogen.

Beispiel Eine Gesellschaft betreibt ein Bergwerk in einem Staat, in dem der Eigentümer gesetzlich verpflichtet ist, den Bereich der Förderung nach Beendigung der Abbautätigkeiten wiederherzustellen. Die Instandsetzungsaufwendungen schließen die Wiederherstellung der Oberfläche mit ein, welche entfernt werden musste, bevor die Abbautätigkeiten beginnen konnten. Eine Rückstellung für die Aufwendungen für die Wiederherstellung der Oberfläche wurde zu dem Zeitpunkt der Entfernung der Oberfläche angesetzt. Der bereitgestellte Betrag wurde als Teil der Anschaffungskosten des Bergwerks erfasst und über die Nutzungsdauer des Bergwerks abgeschrieben. Der Buchwert der Rückstellung für die Wiederherstellungskosten beträgt 500 WE,(*) dies entspricht dem Barwert der Wiederherstellungskosten.

Das Unternehmen überprüft das Bergwerk auf eine Wertminderung. Die zahlungsmittelgenerierende Einheit des Bergwerks ist das Bergwerk als Ganzes. Das Unternehmen hat verschiedene Kaufangebote für das Bergwerk zu einem Preis von 800 WE erhalten. Dieser Preis berücksichtigt die Tatsache, dass der Käufer die Verpflichtung zur Wiederherstellung der Oberfläche übernehmen wird. Die Verkaufskosten für das Bergwerk sind unbedeutend. Der Nutzungswert des Bergwerks beträgt annähernd 1200 WE, ohne die Wiederherstellungskosten. Der Buchwert des Bergwerks beträgt 1000 WE.

Der beizulegende Zeitwert abzüglich Kosten der Veräußerung beträgt für die zahlungsmittelgenerierende Einheit 800 WE. Dieser Wert berücksichtigt die Wiederherstellungskosten, die bereits bereitgestellt worden sind. Infolgedessen wird der Nutzungswert der zahlungsmittelgenerierenden Einheit nach der Berücksichtigung der Wiederherstellungskosten bestimmt und auf 700 WE geschätzt (1200 WE minus 500 WE). Der Buchwert der zahlungsmittelgenerierenden Einheit beträgt 500 WE, dies entspricht dem Buchwert des Bergwerks (1000 WE), nach Abzug des Buchwertes der Rückstellungen für die Wiederherstellungskosten (500 WE). Der erzielbare Betrag der zahlungsmittelgenerierenden Einheit ist also höher als ihr Buchwert.

(*) In diesem Standard werden Geldbeträge in „Währungseinheiten" (WE) angegeben.

Recoverable amount and carrying amount of a cash-generating unit

The recoverable amount of a cash-generating unit is the higher of the cash-generating unit's fair value less costs to sell **74** and its value in use. For the purpose of determining the recoverable amount of a cash-generating unit, any reference in paragraphs 19—57 to 'an asset' is read as a reference to 'a cash-generating unit'.

The carrying amount of a cash-generating unit shall be determined on a basis consistent with the way the recoverable **75** amount of the cash-generating unit is determined.

The carrying amount of a cash-generating unit: **76**
(a) includes the carrying amount of only those assets that can be attributed directly, or allocated on a reasonable and consistent basis, to the cash-generating unit and will generate the future cash inflows used in determining the cash-generating unit's value in use; and
(b) does not include the carrying amount of any recognised liability, unless the recoverable amount of the cash-generating unit cannot be determined without consideration of this liability.
This is because fair value less costs of disposal and value in use of a cash-generating unit are determined excluding cash flows that relate to assets that are not part of the cash-generating unit and liabilities that have been recognised (see paragraphs 28 and 43).

When assets are grouped for recoverability assessments, it is important to include in the cash-generating unit all assets **77** that generate or are used to generate the relevant stream of cash inflows. Otherwise, the cash-generating unit may appear to be fully recoverable when in fact an impairment loss has occurred. In some cases, although some assets contribute to the estimated future cash flows of a cash-generating unit, they cannot be allocated to the cash-generating unit on a reasonable and consistent basis. This might be the case for goodwill or corporate assets such as head office assets. Paragraphs 80-103 explain how to deal with these assets in testing a cash-generating unit for impairment.

It may be necessary to consider some recognised liabilities to determine the recoverable amount of a cash-generating unit. **78** This may occur if the disposal of a cash-generating unit would require the buyer to assume the liability. In this case, the fair value less costs of disposal (or the estimated cash flow from ultimate disposal) of the cash-generating unit is the price to sell the assets of the cash-generating unit and the liability together, less the costs of disposal. To perform a meaningful comparison between the carrying amount of the cash-generating unit and its recoverable amount, the carrying amount of the liability is deducted in determining both the cash-generating unit's value in use and its carrying amount.

Example   A company operates a mine in a country where legislation requires that the owner must restore the site on completion of its mining operations. The cost of restoration includes the replacement of the overburden, which must be removed before mining operations commence. A provision for the costs to replace the overburden was recognised as soon as the overburden was removed. The amount provided was recognised as part of the cost of the mine and is being depreciated over the mine's useful life. The carrying amount of the provision for restoration costs is CU500(*) which is equal to the present value of the restoration costs.

The entity is testing the mine for impairment. The cash-generating unit for the mine is the mine as a whole. The entity has received various offers to buy the mine at a price of around CU800. This price reflects the fact that the buyer will assume the obligation to restore the overburden. Disposal costs for the mine are negligible. The value in use of the mine is approximately CU1200, excluding restoration costs. The carrying amount of the mine is CU1000.

The cash-generating unit's fair value less costs of disposal is CU800. This amount considers restoration costs that have already been provided for. As a consequence, the value in use for the cash-generating unit is determined after consideration of the restoration costs and is estimated to be CU700 (CU1200 less CU500). The carrying amount of the cash-generating unit is CU500, which is the carrying amount of the mine (CU1000) less the carrying amount of the provision for restoration costs (CU500). Therefore, the recoverable amount of the cash-generating unit exceeds its carrying amount.

(*)   In this standard, monetary amounts are denominated in 'currency units' (CU).

79 Aus praktischen Gründen wird der erzielbare Betrag einer zahlungsmittelgenerierenden Einheit manchmal nach Berücksichtigung der Vermögenswerte bestimmt, die nicht Teil der zahlungsmittelgenerierenden Einheit sind (beispielsweise Forderungen oder anderes Finanzvermögen) oder bereits erfasste Schulden (beispielsweise Verbindlichkeiten, Pensionen und andere Rückstellungen). In diesen Fällen wird der Buchwert der zahlungsmittelgenerierenden Einheit um den Buchwert solcher Vermögenswerte erhöht und um den Buchwert solcher Schulden vermindert.

Geschäfts- oder Firmenwert

Zuordnung von Geschäfts- oder Firmenwert zu zahlungsmittelgenerierenden Einheiten

80 **Zum Zweck der Überprüfung auf eine Wertminderung muss ein Geschäfts- oder Firmenwert, der bei einem Unternehmenszusammenschluss erworben wurde, vom Übernahmetag an jeder der zahlungsmittelgenerierenden Einheiten bzw. Gruppen von zahlungsmittelgenerierenden Einheiten des erwerbenden Unternehmens, die aus den Synergien des Zusammenschlusses Nutzen ziehen sollen, zugeordnet werden, unabhängig davon, ob andere Vermögenswerte oder Schulden des erwerbenden Unternehmens diesen Einheiten oder Gruppen von Einheiten bereits zugewiesen worden sind. Jede Einheit oder Gruppe von Einheiten, zu der der Geschäfts- oder Firmenwert so zugeordnet worden ist,**

   (a) **hat die niedrigste Ebene innerhalb des Unternehmens darzustellen, auf der der Geschäfts- oder Firmenwert für interne Managementzwecke überwacht wird; und**

   (b) **darf nicht größer sein als ein Geschäftssegment, wie es gemäß Paragraph 5 des IFRS 8 *Geschäftssegmente* vor der Zusammenfassung der Segmente festgelegt ist.**

81 Der bei einem Unternehmenszusammenschluss erworbene Geschäfts- oder Firmenwert ist ein Vermögenswert, der den künftigen wirtschaftlichen Nutzen anderer bei dem Unternehmenszusammenschluss erworbener Vermögenswerte darstellt, die nicht einzeln identifiziert und getrennt erfasst werden können. Der Geschäfts- oder Firmenwert erzeugt keine Cashflows, die unabhängig von anderen Vermögenswerten oder Gruppen von Vermögenswerten sind, und trägt oft zu den Cashflows von mehreren zahlungsmittelgenerierenden Einheiten bei. Manchmal kann ein Geschäfts oder Firmenwert nicht ohne Willkür einzelnen zahlungsmittelgenerierenden Einheiten sondern nur Gruppen von zahlungsmittelgenerierenden Einheiten zugeordnet werden. Daraus folgt, dass die niedrigste Ebene innerhalb der Einheit, auf der der Geschäfts- oder Firmenwert für interne Managementzwecke überwacht wird, manchmal mehrere zahlungsmittelgenerierende Einheiten, auf die sich der Geschäfts- oder Firmenwert zwar bezieht, zu denen er jedoch nicht zugeordnet werden kann, umfasst. Die in den Paragraphen 83–99 und Anhang C aufgeführten Verweise auf zahlungsmittelgenerierende Einheiten, denen ein Geschäfts- oder Firmenwert zugeordnet ist, sind ebenso als Verweise auf Gruppen von zahlungsmittelgenerierenden Einheiten, denen ein Geschäfts- oder Firmenwert zugeordnet ist, zu verstehen.

82 Die Anwendung der Anforderungen in Paragraph 80 führt dazu, dass der Geschäfts- oder Firmenwert auf einer Ebene auf eine Wertminderung überprüft wird, die die Art und Weise der Führung der Geschäftstätigkeit der Einheit widerspiegelt, mit der der Geschäfts- oder Firmenwert natürlich verbunden wäre. Die Entwicklung zusätzlicher Berichtssysteme ist daher selbstverständlich nicht erforderlich.

83 Eine zahlungsmittelgenerierende Einheit, zu der ein Geschäfts- oder Firmenwert zwecks Überprüfung auf eine Wertminderung zugeordnet ist, fällt eventuell nicht mit der Einheit zusammen, zu der der Geschäfts- oder Firmenwert gemäß IAS 21 *Auswirkungen von Wechselkursänderungen* für die Bewertung von Währungsgewinnen/-verlusten zugeordnet ist. Wenn IAS 21 von einer Einheit beispielsweise verlangt, dass der Geschäfts- oder Firmenwert für die Bewertung von Fremdwährungsgewinnen und -verlusten einer relativ niedrigen Ebene zugeordnet wird, wird damit nicht verlangt, dass die Überprüfung auf eine Wertminderung des Geschäfts- oder Firmenwerts auf der selben Ebene zu erfolgen hat, es sei denn, der Geschäfts- oder Firmenwert wird auch auf dieser Ebene für interne Managementzwecke überwacht.

84 Wenn die erstmalige Zuordnung eines bei einem Unternehmenszusammenschluss erworbenen Geschäfts- oder Firmenwerts nicht vor Ende der jährlichen Periode, in der der Unternehmenszusammenschluss stattfand, erfolgen kann, muss die erstmalige Zuordnung vor dem Ende der ersten jährlichen Periode, die nach dem Erwerbsdatum beginnt, erfolgt sein.

85 Wenn die erstmalige Bilanzierung für einen Unternehmenszusammenschluss am Ende der Periode, in der der Zusammenschluss stattfand, nur vorläufig festgestellt werden kann, hat der Erwerber gemäß IFRS 3 *Unternehmenszusammenschlüsse*:

   (a) mit jenen vorläufigen Werten die Bilanz für den Zusammenschluss zu erstellen; und

   (b) die Berichtigungen dieser vorläufigen Werte als Fertigstellung der ersten Bilanzierung innerhalb des Bewertungszeitraums, der zwölf Monate nach dem Erwerbsdatum nicht überschreiten darf, zu erfassen.

   Unter diesen Umständen könnte es auch nicht möglich sein, die erstmalige Zuordnung des bei dem Zusammenschluss erfassten Geschäfts- oder Firmenwerts vor dem Ende der Berichtperiode, in der der Zusammenschluss stattfand, fertig zu stellen. Wenn dies der Fall ist, gibt das Unternehmen die in Paragraph 133 geforderten Informationen an.

86 Wenn ein Geschäfts- oder Firmenwert einer zahlungsmittelgenerierenden Einheit zugeordnet wurde, und das Unternehmen einen Geschäftsbereich dieser Einheit veräußert, so ist der mit diesem veräußerten Geschäftsbereich verbundene Geschäfts- oder Firmenwert

   (a) bei der Feststellung des Gewinns oder Verlustes aus der Veräußerung im Buchwert des Geschäftsbereiches enthalten; und

For practical reasons, the recoverable amount of a cash-generating unit is sometimes determined after consideration of **79** assets that are not part of the cash-generating unit (for example, receivables or other financial assets) or liabilities that have been recognised (for example, payables, pensions and other provisions). In such cases, the carrying amount of the cash-generating unit is increased by the carrying amount of those assets and decreased by the carrying amount of those liabilities.

Goodwill

Allocating goodwill to cash-generating units

For the purpose of impairment testing, goodwill acquired in a business combination shall, from the acquisition date, 80 be allocated to each of the acquirer's cash-generating units, or groups of cash-generating units, that is expected to benefit from the synergies of the combination, irrespective of whether other assets or liabilities of the acquiree are assigned to those units or groups of units. Each unit or group of units to which the goodwill is so allocated shall:

(a) **represent the lowest level within the entity at which the goodwill is monitored for internal management purposes; and**

(b) **not be larger than an operating segment** as defined by paragraph 5 of IFRS 8 *Operating Segments* before aggregation.

Goodwill recognised in a business combination is an asset representing the future economic benefits arising from other **81** assets acquired in a business combination that are not individually identified and separately recognised. Goodwill does not generate cash flows independently of other assets or groups of assets, and often contributes to the cash flows of multiple cash-generating units. Goodwill sometimes cannot be allocated on a non-arbitrary basis to individual cash-generating units, but only to groups of cash-generating units. As a result, the lowest level within the entity at which the goodwill is monitored for internal management purposes sometimes comprises a number of cash-generating units to which the goodwill relates, but to which it cannot be allocated. References in paragraphs 83—99 and Appendix C to a cash-generating unit to which goodwill is allocated should be read as references also to a group of cash-generating units to which goodwill is allocated.

Applying the requirements in paragraph 80 results in goodwill being tested for impairment at a level that reflects the way **82** an entity manages its operations and with which the goodwill would naturally be associated. Therefore, the development of additional reporting systems is typically not necessary.

A cash-generating unit to which goodwill is allocated for the purpose of impairment testing may not coincide with the **83** level at which goodwill is allocated in accordance with IAS 21 *The effects of changes in foreign exchange rates* for the purpose of measuring foreign currency gains and losses. For example, if an entity is required by IAS 21 to allocate goodwill to relatively low levels for the purpose of measuring foreign currency gains and losses, it is not required to test the goodwill for impairment at that same level unless it also monitors the goodwill at that level for internal management purposes.

If the initial allocation of goodwill acquired in a business combination cannot be completed before the end of the annual **84** period in which the business combination is effected, that initial allocation shall be completed before the end of the first annual period beginning after the acquisition date.

In accordance with IFRS 3 *Business Combinations,* if the initial accounting for a business combination can be determined **85** only provisionally by the end of the period in which the combination is effected, the acquirer:

(a) accounts for the combination using those provisional values; and

(b) recognises any adjustments to those provisional values as a result of completing the initial accounting within the measurement period, which shall not exceed twelve months from the acquisition date.

In such circumstances, it might also not be possible to complete the initial allocation of the goodwill recognised in the combination before the end of the annual period in which the combination is effected. When this is the case, the entity discloses the information required by paragraph 133.

If goodwill has been allocated to a cash-generating unit and the entity disposes of an operation within that unit, the good- **86** will associated with the operation disposed of shall be:

(a) included in the carrying amount of the operation when determining the gain or loss on disposal; and

(b) auf der Grundlage der relativen Werte des veräußerten Geschäftsbereichs und dem Teil der zurückbehaltenen zahlungsmittelgenerierenden Einheit zu bewerten, es sei denn, das Unternehmen kann beweisen, dass eine andere Methode den mit dem veräußerten Geschäftsbereich verbundenen Geschäfts- oder Firmenwert besser widerspiegelt.

Beispiel Ein Unternehmen verkauft für 100 WE einen Geschäftsbereich, der Teil einer zahlungsmittelgenerierenden Einheit war, zu der ein Geschäfts- oder Firmenwert zugeordnet worden ist. Der zu der Einheit zugeordnete Geschäfts- oder Firmenwert kann nicht identifiziert oder mit einer Gruppe von Vermögenswerten auf einer niedrigeren Ebene als dieser Einheit verbunden werden, außer willkürlich. Der erzielbare Betrag des Teils der zurückbehaltenen zahlungsmittelgenerierenden Einheit beträgt 300 WE.

Da der zur zahlungsmittelgenerierenden Einheit zugeordnete Geschäfts- oder Firmenwert nicht unwillkürlich identifiziert oder mit einer Gruppe von Vermögenswerten auf einer niedrigeren Ebene als dieser Einheit verbunden werden kann, wird der mit diesem veräußerten Geschäftsbereich verbundene Geschäfts- oder Firmenwert auf der Grundlage der relativen Werte des veräußerten Geschäftsbereichs und dem Teil der zurückbehaltenen Einheit bewertet. 25 Prozent des zur zahlungsmittelgenerierenden Einheit zugeordneten Geschäfts- oder Firmenwerts sind deshalb im Buchwert des verkauften Geschäftsbereichs enthalten.

87 Wenn ein Unternehmen seine Berichtsstruktur in einer Art reorganisiert, die die Zusammensetzung einer oder mehrerer zahlungsmittelgenerierender Einheiten, zu denen ein Geschäfts- oder Firmenwert zugeordnet ist, ändert, muss der Geschäfts- oder Firmenwert zu den Einheiten neu zugeordnet werden. Diese Neuzuordnung hat unter Anwendung eines relativen Wertansatzes zu erfolgen, der dem ähnlich ist, der verwendet wird, wenn ein Unternehmen einen Geschäftsbereich innerhalb einer zahlungsmittelgenerierenden Einheit veräußert, es sei denn, das Unternehmen kann beweisen, dass eine andere Methode den mit den reorganisierten Einheiten verbundenen Geschäfts- oder Firmenwert besser widerspiegelt.

Beispiel Der Geschäfts- oder Firmenwert wurde bisher zur zahlungsmittelgenerierenden Einheit A zugeordnet. Der zu A zugeordnete Geschäfts- oder Firmenwert kann nicht identifiziert oder mit einer Gruppe von Vermögenswerten auf einer niedrigeren Ebene als A verbunden werden, außer willkürlich. A muss geteilt und in drei andere zahlungsmittelgenerierende Einheiten, B, C und D, integriert werden.

Da der zu A zugeordnete Geschäfts- oder Firmenwert nicht unwillkürlich identifiziert oder mit einer Gruppe von Vermögenswerten auf einer niedrigeren Ebene als A verbunden werden kann, wird er auf der Grundlage der relativen Werte der drei Teile von A, bevor diese Teile in B, C und D integriert werden, zu den Einheiten B, C und D neu zugeordnet.

Überprüfung von zahlungsmittelgenerierenden Einheiten mit einem Geschäfts- oder Firmenwert auf eine Wertminderung

88 Wenn sich der Geschäfts- oder Firmenwert, wie in Paragraph 81 beschrieben, auf eine zahlungsmittelgenerierende Einheit bezieht, dieser jedoch nicht zugeordnet ist, so ist die Einheit auf eine Wertminderung hin zu prüfen, wann immer es einen Anhaltspunkt gibt, dass die Einheit wertgemindert sein könnte, indem der Buchwert der Einheit ohne den Geschäfts- oder Firmenwert mit dem erzielbaren Betrag verglichen wird. Jeglicher Wertminderungsaufwand ist gemäß Paragraph 104 zu erfassen.

89 Wenn eine zahlungsmittelgenerierende Einheit, wie in Paragraph 88 beschrieben, einen immateriellen Vermögenswert mit einer unbegrenzten Nutzungsdauer, oder der noch nicht gebrauchsfähig ist, einschließt, und wenn dieser Vermögenswert nur als Teil der zahlungsmittelgenerierenden Einheit auf eine Wertminderung hin geprüft werden kann, so verlangt Paragraph 10, dass diese Einheit auch jährlich auf Wertminderung geprüft wird.

90 Eine zahlungsmittelgenerierende Einheit, der ein Geschäfts- oder Firmenwert zugeordnet worden ist, ist jährlich und, wann immer es einen Anhaltspunkt gibt, dass die Einheit wertgemindert sein könnte, zu prüfen, indem der Buchwert der Einheit, einschließlich des Geschäfts- oder Firmenwertes, mit dem erzielbaren Betrag verglichen wird. Wenn der erzielbare Betrag der Einheit höher ist als ihr Buchwert, so sind die Einheit und der ihr zugeordnete Geschäfts- oder Firmenwert als nicht wertgemindert anzusehen. Wenn der Buchwert der Einheit höher ist als ihr erzielbarer Betrag, so hat das Unternehmen den Wertminderungsaufwand gemäß Paragraph 104 zu erfassen.

91–95 [gestrichen]

Zeitpunkt der Prüfungen auf Wertminderung

96 Die jährliche Prüfung auf Wertminderung für zahlungsmittelgenerierende Einheiten mit zugeordnetem Geschäfts- oder Firmenwert kann im Laufe der jährlichen Periode jederzeit durchgeführt werden, vorausgesetzt, dass die Prüfung immer zur gleichen Zeit jedes Jahr stattfindet. Verschiedene zahlungsmittelgenerierende Einheiten können zu unterschiedlichen Zeiten auf Wertminderung geprüft werden. Wenn einige oder alle Geschäfts- oder Firmenwerte, die einer zahlungsmittelgenerierenden Einheit zugeordnet sind, bei einem Unternehmenszusammenschluss im Laufe der aktuellen jährlichen Periode erworben wurden, so ist diese Einheit auf Wertminderung vor Ablauf der aktuellen jährlichen Periode zu überprüfen.

(b)   measured on the basis of the relative values of the operation disposed of and the portion of the cash-generating unit retained, unless the entity can demonstrate that some other method better reflects the goodwill associated with the operation disposed of.

Example   An entity sells for CU100 an operation that was part of a cash-generating unit to which goodwill has been allocated. The goodwill allocated to the unit cannot be identified or associated with an asset group at a level lower than that unit, except arbitrarily. The recoverable amount of the portion of the cash-generating unit retained is CU300.

Because the goodwill allocated to the cash-generating unit cannot be non-arbitrarily identified or associated with an asset group at a level lower than that unit, the goodwill associated with the operation disposed of is measured on the basis of the relative values of the operation disposed of and the portion of the unit retained. Therefore, 25 per cent of the goodwill allocated to the cash-generating unit is included in the carrying amount of the operation that is sold.

87   If an entity reorganises its reporting structure in a way that changes the composition of one or more cash-generating units to which goodwill has been allocated, the goodwill shall be reallocated to the units affected. This reallocation shall be performed using a relative value approach similar to that used when an entity disposes of an operation within a cash-generating unit, unless the entity can demonstrate that some other method better reflects the goodwill associated with the reorganised units.

Example   Goodwill had previously been allocated to cash-generating unit A. The goodwill allocated to A cannot be identified or associated with an asset group at a level lower than A, except arbitrarily. A is to be divided and integrated into three other cash-generating units, B, C and D.

Because the goodwill allocated to A cannot be non-arbitrarily identified or associated with an asset group at a level lower than A, it is reallocated to units B, C and D on the basis of the relative values of the three portions of A before those portions are integrated with B, C and D.

Testing cash-generating units with goodwill for impairment

88   When, as described in paragraph 81, goodwill relates to a cash-generating unit but has not been allocated to that unit, the unit shall be tested for impairment, whenever there is an indication that the unit may be impaired, by comparing the unit's carrying amount, excluding any goodwill, with its recoverable amount. Any impairment loss shall be recognised in accordance with paragraph 104.

89   If a cash-generating unit described in paragraph 88 includes in its carrying amount an intangible asset that has an indefinite useful life or is not yet available for use and that asset can be tested for impairment only as part of the cash-generating unit, paragraph 10 requires the unit also to be tested for impairment annually.

90   A cash-generating unit to which goodwill has been allocated shall be tested for impairment annually, and whenever there is an indication that the unit may be impaired, by comparing the carrying amount of the unit, including the goodwill, with the recoverable amount of the unit. If the recoverable amount of the unit exceeds the carrying amount of the unit, the unit and the goodwill allocated to that unit shall be regarded as not impaired. If the carrying amount of the unit exceeds the recoverable amount of the unit, the entity shall recognise the impairment loss in accordance with paragraph 104.

91—95   [deleted]

Timing of impairment tests

96   The annual impairment test for a cash-generating unit to which goodwill has been allocated may be performed at any time during an annual period, provided the test is performed at the same time every year. Different cash-generating units may be tested for impairment at different times. However, if some or all of the goodwill allocated to a cash-generating unit was acquired in a business combination during the current annual period, that unit shall be tested for impairment before the end of the current annual period.

97 Wenn die Vermögenswerte, aus denen die zahlungsmittelgenerierende Einheit besteht, zu der der Geschäfts- oder Firmenwert zugeordnet worden ist, zur selben Zeit auf Wertminderung geprüft werden wie die Einheit, die den Geschäfts- oder Firmenwert enthält, so sind sie vor der den Geschäfts- oder Firmenwert enthaltenen Einheit zu überprüfen. Ähnlich ist es, wenn die zahlungsmittelgenerierenden Einheiten, aus denen eine Gruppe von zahlungsmittelgenerierenden Einheiten besteht, zu der der Geschäfts- oder Firmenwert zugeordnet worden ist, zur selben Zeit auf Wertminderung geprüft werden wie die Gruppe von Einheiten, die den Geschäfts- oder Firmenwert enthält; in diesem Fall sind die einzelnen Einheiten vor der den Geschäfts- oder Firmenwert enthaltenen Gruppe von Einheiten zu überprüfen.

98 Zum Zeitpunkt der Prüfung auf Wertminderung einer zahlungsmittelgenerierenden Einheit, der ein Geschäfts- oder Firmenwert zugeordnet worden ist, könnte es einen Anhaltspunkt auf eine Wertminderung bei einem Vermögenswert innerhalb der Einheit, die den Geschäfts- oder Firmenwert enthält, geben. Unter diesen Umständen prüft das Unternehmen zuerst den Vermögenswert auf eine Wertminderung und erfasst jeglichen Wertminderungsaufwand für diesen Vermögenswert, ehe es die den Geschäfts- oder Firmenwert enthaltende zahlungsmittelgenerierende Einheit auf eine Wertminderung überprüft. Entsprechend könnte es einen Anhaltspunkt auf eine Wertminderung bei einer zahlungsmittelgenerierenden Einheit innerhalb einer Gruppe von Einheiten, die den Geschäfts- oder Firmenwert enthält, geben. Unter diesen Umständen prüft das Unternehmen zuerst die zahlungsmittelgenerierende Einheit auf eine Wertminderung und erfasst jeglichen Wertminderungsaufwand für diese Einheit, ehe es die Gruppe von Einheiten, der der Geschäfts- oder Firmenwert zugeordnet ist, auf eine Wertminderung überprüft.

99 Die jüngste ausführliche Berechnung des erzielbaren Betrags einer zahlungsmittelgenerierenden Einheit, der ein Geschäfts- oder Firmenwert zugeordnet worden ist, der in einer vorhergehenden Periode ermittelt wurde, kann für die Überprüfung dieser Einheit auf Wertminderung in der aktuellen Periode benutzt werden, vorausgesetzt, dass alle folgenden Kriterien erfüllt sind:

(a) die Vermögenswerte und Schulden, die diese Einheit bilden, haben sich seit der letzten Berechnung des erzielbaren Betrages nicht wesentlich geändert;

(b) die letzte Berechnung des erzielbaren Betrags ergab einen Betrag, der den Buchwert der Einheit wesentlich überstieg; und

(c) auf der Grundlage einer Analyse der seit der letzten Berechnung des erzielbaren Betrags aufgetretenen Ereignisse und geänderten Umstände ist die Wahrscheinlichkeit, dass bei einer aktuellen Ermittlung der erzielbare Betrag niedriger als der aktuelle Buchwert des Vermögenswerts sein würde, äußerst gering.

Vermögenswerte des Unternehmens

100 Vermögenswerte des Unternehmens umfassen Vermögenswerte des Konzerns oder einzelner Unternehmensbereiche, wie das Gebäude der Hauptverwaltung oder eines Geschäftsbereichs, EDV-Ausrüstung oder ein Forschungszentrum. Die Struktur eines Unternehmens bestimmt, ob ein Vermögenswert die Definition dieses Standards für Vermögenswerte des Unternehmens einer bestimmten zahlungsmittelgenerierenden Einheit erfüllt. Die charakteristischen Merkmale von Vermögenswerten des Unternehmens sind, dass sie keine Mittelzuflüsse erzeugen, die unabhängig von anderen Vermögenswerten oder Gruppen von Vermögenswerten sind, und dass ihr Buchwert der zu prüfenden zahlungsmittelgenerierenden Einheit nicht vollständig zugeordnet werden kann.

101 Da Vermögenswerte des Unternehmens keine gesonderten Mittelzuflüsse erzeugen, kann der erzielbare Betrag eines einzelnen Vermögenswerts des Unternehmens nicht bestimmt werden, sofern das Management nicht den Verkauf des Vermögenswerts beschlossen hat. Wenn daher ein Anhaltspunkt dafür vorliegt, dass ein Vermögenswert des Unternehmens wertgemindert sein könnte, wird der erzielbare Betrag für die zahlungsmittelgenerierende Einheit oder die Gruppe von zahlungsmittelgenerierenden Einheiten bestimmt, zu der der Vermögenswert des Unternehmens gehört, der dann mit dem Buchwert dieser zahlungsmittelgenerierenden Einheit oder Gruppe von zahlungsmittelgenerierenden Einheiten verglichen wird. Jeglicher Wertminderungsaufwand ist gemäß Paragraph 104 zu erfassen.

102 Bei der Überprüfung einer zahlungsmittelgenerierenden Einheit auf eine Wertminderung hat ein Unternehmen alle Vermögenswerte des Unternehmens zu bestimmen, die zu der zu prüfenden zahlungsmittelgenerierenden Einheit in Beziehung stehen. Wenn ein Teil des Buchwerts eines Vermögenswerts des Unternehmens

(a) auf einer vernünftigen und stetigen Basis dieser Einheit zugeordnet werden kann, hat das Unternehmen den Buchwert der Einheit, einschließlich des Teils des Buchwerts des Vermögenswerts des Unternehmens, der der Einheit zugeordnet ist, mit deren erzielbaren Betrag zu vergleichen. Jeglicher Wertminderungsaufwand ist gemäß Paragraph 104 zu erfassen;

(b) nicht auf einer vernünftigen und stetigen Basis dieser Einheit zugeordnet werden kann, hat das Unternehmen

(i) den Buchwert der Einheit ohne den Vermögenswert des Unternehmens mit deren erzielbaren Betrag zu vergleichen und jeglichen Wertminderungsaufwand gemäß Paragraph 104 zu erfassen;

(ii) die kleinste Gruppe von zahlungsmittelgenerierenden Einheiten zu bestimmen, die die zu prüfende zahlungsmittelgenerierende Einheit einschließt und der ein Teil des Buchwerts des Vermögenswerts des Unternehmens auf einer vernünftigen und stetigen Basis zugeordnet werden kann; und

(iii) den Buchwert dieser Gruppe von zahlungsmittelgenerierenden Einheiten, einschließlich des Teils des Buchwerts des Vermögenswerts des Unternehmens, der dieser Gruppe von Einheiten zugeordnet ist, mit dem erzielbaren Betrag der Gruppe von Einheiten zu vergleichen. Jeglicher Wertminderungsaufwand ist gemäß Paragraph 104 zu erfassen.

103 Das erläuternde Beispiel 8 veranschaulicht die Anwendung dieser Anforderungen auf Vermögenswerte des Unternehmens.

If the assets constituting the cash-generating unit to which goodwill has been allocated are tested for impairment at the same time as the unit containing the goodwill, they shall be tested for impairment before the unit containing the goodwill. Similarly, if the cash-generating units constituting a group of cash-generating units to which goodwill has been allocated are tested for impairment at the same time as the group of units containing the goodwill, the individual units shall be tested for impairment before the group of units containing the goodwill. **97**

At the time of impairment testing a cash-generating unit to which goodwill has been allocated, there may be an indication **98** of an impairment of an asset within the unit containing the goodwill. In such circumstances, the entity tests the asset for impairment first, and recognises any impairment loss for that asset before testing for impairment the cash-generating unit containing the goodwill. Similarly, there may be an indication of an impairment of a cash-generating unit within a group of units containing the goodwill. In such circumstances, the entity tests the cash-generating unit for impairment first, and recognises any impairment loss for that unit, before testing for impairment the group of units to which the goodwill is allocated.

The most recent detailed calculation made in a preceding period of the recoverable amount of a cash-generating unit to **99** which goodwill has been allocated may be used in the impairment test of that unit in the current period provided all of the following criteria are met:
(a) the assets and liabilities making up the unit have not changed significantly since the most recent recoverable amount calculation;
(b) the most recent recoverable amount calculation resulted in an amount that exceeded the carrying amount of the unit by a substantial margin; and
(c) based on an analysis of events that have occurred and circumstances that have changed since the most recent recoverable amount calculation, the likelihood that a current recoverable amount determination would be less than the current carrying amount of the unit is remote.

Corporate assets

Corporate assets include group or divisional assets such as the building of a headquarters or a division of the entity, EDP **100** equipment or a research centre. The structure of an entity determines whether an asset meets this standard's definition of corporate assets for a particular cash-generating unit. The distinctive characteristics of corporate assets are that they do not generate cash inflows independently of other assets or groups of assets and their carrying amount cannot be fully attributed to the cash-generating unit under review.

Because corporate assets do not generate separate cash inflows, the recoverable amount of an individual corporate asset **101** cannot be determined unless management has decided to dispose of the asset. As a consequence, if there is an indication that a corporate asset may be impaired, recoverable amount is determined for the cash-generating unit or group of cash-generating units to which the corporate asset belongs, and is compared with the carrying amount of this cash-generating unit or group of cash-generating units. Any impairment loss is recognised in accordance with paragraph 104.

In testing a cash-generating unit for impairment, an entity shall identify all the corporate assets that relate to the cash-generating unit under review. If a portion of the carrying amount of a corporate asset: **102**
(a) can be allocated on a reasonable and consistent basis to that unit, the entity shall compare the carrying amount of the unit, including the portion of the carrying amount of the corporate asset allocated to the unit, with its recoverable amount. Any impairment loss shall be recognised in accordance with paragraph 104;
(b) cannot be allocated on a reasonable and consistent basis to that unit, the entity shall:
  (i) compare the carrying amount of the unit, excluding the corporate asset, with its recoverable amount and recognise any impairment loss in accordance with paragraph 104;
  (ii) identify the smallest group of cash-generating units that includes the cash-generating unit under review and to which a portion of the carrying amount of the corporate asset can be allocated on a reasonable and consistent basis; and
  (iii) compare the carrying amount of that group of cash-generating units, including the portion of the carrying amount of the corporate asset allocated to that group of units, with the recoverable amount of the group of units. Any impairment loss shall be recognised in accordance with paragraph 104.

Illustrative Example 8 illustrates the application of these requirements to corporate assets. **103**

Wertminderungsaufwand für eine zahlungsmittelgenerierende Einheit

104 Ein Wertminderungsaufwand ist dann, und nur dann, für eine zahlungsmittelgenerierende Einheit (die kleinste Gruppe von zahlungsmittelgenerierenden Einheiten, der ein Geschäfts- oder Firmenwert bzw. ein Vermögenswert des Unternehmens zugeordnet worden ist) zu erfassen, wenn der erzielbare Betrag der Einheit (Gruppe von Einheiten) geringer ist als der Buchwert der Einheit (Gruppe von Einheiten). Der Wertminderungsaufwand ist folgendermaßen zu verteilen, um den Buchwert der Vermögenswerte der Einheit (Gruppe von Einheiten) in der folgenden Reihenfolge zu vermindern:

(a) zuerst den Buchwert jeglichen Geschäfts- oder Firmenwerts, der der zahlungsmittelgenerierenden Einheit (Gruppe von Einheiten) zugeordnet ist; und

(b) dann anteilig die anderen Vermögenswerte der Einheit (Gruppe von Einheiten) auf Basis der Buchwerte jedes einzelnen Vermögenswerts der Einheit (Gruppe von Einheiten).

Diese Verminderungen der Buchwerte sind als Wertminderungsaufwendungen für einzelne Vermögenswerte zu behandeln und gemäß Paragraph 60 zu erfassen.

105 **Bei der Zuordnung eines Wertminderungsaufwands gemäß Paragraph 104 darf ein Unternehmen den Buchwert eines Vermögenswerts nicht unter den höchsten der folgenden Werte herabsetzen:**

(a) **seinen beizulegenden Zeitwert abzüglich der Kosten der Veräußerung (sofern bestimmbar);**

(b) **seinen Nutzungswert (sofern bestimmbar); und**

(c) **Null.**

Der Betrag des Wertminderungsaufwands, der andernfalls dem Vermögenswert zugeordnet worden wäre, ist anteilig den anderen Vermögenswerten der Einheit (Gruppe von Einheiten) zuzuordnen.

106 Ist die Schätzung des erzielbaren Betrags jedes einzelnen Vermögenswerts der zahlungsmittelgenerierenden Einheit nicht durchführbar, verlangt dieser Standard eine willkürliche Zuordnung des Wertminderungsaufwands auf die Vermögenswerte der Einheit, mit Ausnahme des Geschäfts- oder Firmenwerts, da alle Vermögenswerte der zahlungsmittelgenerierenden Einheit zusammenarbeiten.

107 Wenn der erzielbare Betrag eines einzelnen Vermögenswerts nicht bestimmt werden kann (siehe Paragraph 67),

(a) wird ein Wertminderungsaufwand für den Vermögenswert erfasst, wenn dessen Buchwert größer ist als der höhere der beiden Beträge aus beizulegendem Zeitwert abzüglich Kosten der Veräußerung und dem Ergebnis der in den Paragraphen 104 und 105 beschriebenen Zuordnungsverfahren; und

(b) wird kein Wertminderungsaufwand für den Vermögenswert erfasst, wenn die damit verbundene zahlungsmittelgenerierende Einheit nicht wertgemindert ist. Dies gilt auch dann, wenn der beizulegende Zeitwert abzüglich Kosten der Veräußerung des Vermögenswerts unter dessen Buchwert liegt.

Beispiel Eine Maschine wurde beschädigt, funktioniert aber noch, wenn auch nicht so gut wie vor der Beschädigung. Der beizulegende Zeitwert abzüglich Kosten der Veräußerung der Maschine ist geringer als deren Buchwert. Die Maschine erzeugt keine unabhängigen Mittelzuflüsse. Die kleinste identifizierbare Gruppe von Vermögenswerten, die die Maschine einschließt und die Mittelzuflüsse erzeugt, die weitestgehend unabhängig von den Mittelzuflüssen anderer Vermögenswerte sind, ist die Produktionslinie, zu der die Maschine gehört. Der erzielbare Betrag der Produktionslinie zeigt, dass die Produktionslinie als Ganzes nicht wertgemindert ist.

Annahme 1: Die vom Management genehmigten Pläne/Vorhersagen enthalten keine Verpflichtung des Managements, die Maschine zu ersetzen.

Der erzielbare Betrag der Maschine allein kann nicht geschätzt werden, da der Nutzungswert der Maschine

(a) *von deren beizulegendem Zeitwert abzüglich Kosten der Veräußerung abweichen kann; und*

(b) *nur für die zahlungsmittelgenerierende Einheit, zu der die Maschine gehört (die Produktionslinie), bestimmt werden kann.*

Die Produktionslinie ist nicht wertgemindert. Deshalb wird kein Wertminderungsaufwand für die Maschine erfasst. Dennoch kann es notwendig sein, dass das Unternehmen den Abschreibungszeitraum oder die Abschreibungsmethode für die Maschine neu festsetzt. Vielleicht ist ein kürzerer Abschreibungszeitraum oder eine schnellere Abschreibungsmethode erforderlich, um die erwartete Restnutzungsdauer der Maschine oder den Verlauf, nach dem der wirtschaftliche Nutzen von dem Unternehmen voraussichtlich verbraucht wird, widerzuspiegeln.

Annahme 2: Die vom Management gebilligten Pläne/Vorhersagen enthalten eine Verpflichtung des Managements, die Maschine zu ersetzen und sie in naher Zukunft zu verkaufen. Die Cashflows aus der fortgesetzten Nutzung der Maschine bis zu ihrem Verkauf werden als unbedeutend eingeschätzt.

Der Nutzungswert der Maschine kann als nah an deren beizulegenden Zeitwert abzüglich Kosten der Veräußerung geschätzt werden. Der erzielbare Betrag der Maschine kann demzufolge bestimmt werden, und die zahlungsmittelgenerierende Einheit, zu der die Maschine gehört (d. h. die Produktionslinie), wird nicht berücksichtigt. Da der beizulegende Zeitwert abzüglich Kosten der Veräußerung der Maschine geringer ist als deren Buchwert, wird ein Wertminderungsaufwand für die Maschine erfasst.

An impairment loss shall be recognised for a cash-generating unit (the smallest group of cash-generating units to which 104 goodwill or a corporate asset has been allocated) if, and only if, the recoverable amount of the unit (group of units) is less than the carrying amount of the unit (group of units). The impairment loss shall be allocated to reduce the carrying amount of the assets of the unit (group of units) in the following order:

(a) first, to reduce the carrying amount of any goodwill allocated to the cash-generating unit (group of units); and

(b) then, to the other assets of the unit (group of units) pro rata on the basis of the carrying amount of each asset in the unit (group of units).

These reductions in carrying amounts shall be treated as impairment losses on individual assets and recognised in accordance with paragraph 60.

In allocating an impairment loss in accordance with paragraph 104, an entity shall not reduce the carrying amount 105 of an asset below the highest of:

(a) its fair value less costs of disposal (if determinable);

(b) its value in use (if determinable); and

(c) zero.

The amount of the impairment loss that would otherwise have been allocated to the asset shall be allocated pro rata to the other assets of the unit (group of units).

If it is not practicable to estimate the recoverable amount of each individual asset of a cash-generating unit, this standard 106 requires an arbitrary allocation of an impairment loss between the assets of that unit, other than goodwill, because all assets of a cash-generating unit work together.

If the recoverable amount of an individual asset cannot be determined (see paragraph 67): 107

(a) an impairment loss is recognised for the asset if its carrying amount is greater than the higher of its fair value less costs of disposal and the results of the allocation procedures described in paragraphs 104 and 105; and

(b) no impairment loss is recognised for the asset if the related cash-generating unit is not impaired. This applies even if the asset's fair value less costs of disposal is less than its carrying amount.

Example A machine has suffered physical damage but is still working, although not as well as before it was damaged. The machine's fair value less costs of disposal is less than its carrying amount. The machine does not generate independent cash inflows. The smallest identifiable group of assets that includes the machine and generates cash inflows that are largely independent of the cash inflows from other assets is the production line to which the machine belongs. The recoverable amount of the production line shows that the production line taken as a whole is not impaired.

Assumption 1: budgets/forecasts approved by management reflect no commitment of management to replace the machine.

The recoverable amount of the machine alone cannot be estimated because the machine's value in use:

(a) *may differ from its fair value less costs of disposal; and*

(b) *can be determined only for the cash-generating unit to which the machine belongs (the production line).*

The production line is not impaired. Therefore, no impairment loss is recognised for the machine. Nevertheless, the entity may need to reassess the depreciation period or the depreciation method for the machine. Perhaps a shorter depreciation period or a faster depreciation method is required to reflect the expected remaining useful life of the machine or the pattern in which economic benefits are expected to be consumed by the entity.

Assumption 2: budgets/forecasts approved by management reflect a commitment of management to replace the machine and sell it in the near future. Cash flows from continuing use of the machine until its disposal are estimated to be negligible.

The machine's value in use can be estimated to be close to its fair value less costs of disposal. Therefore, the recoverable amount of the machine can be determined and no consideration is given to the cash-generating unit to which the machine belongs (i.e. the production line). Because the machine's fair value less costs of disposal is less than its carrying amount, an impairment loss is recognised for the machine.

108 Nach Anwendung der Anforderungen der Paragraphen 104 und 105 ist eine Schuld für jeden verbleibenden Restbetrag eines Wertminderungsaufwands einer zahlungsmittelgenerierenden Einheit dann, und nur dann, anzusetzen, wenn dies von einem anderen Standard verlangt wird.

WERTAUFHOLUNG

109 Die Paragraphen 110–116 beschreiben die Anforderungen an die Aufholung eines in früheren Perioden für einen Vermögenswert oder eine zahlungsmittelgenerierende Einheit erfassten Wertminderungsaufwands. Diese Anforderungen benutzen den Begriff „ein Vermögenswert", sind aber ebenso auf einen einzelnen Vermögenswert wie auf eine zahlungsmittelgenerierende Einheit anzuwenden. Zusätzliche Anforderungen sind für einen einzelnen Vermögenswert in den Paragraphen 117–121, für eine zahlungsmittelgenerierende Einheit in den Paragraphen 122 und 123 und für den Geschäfts- oder Firmenwert in den Paragraphen 124 und 125 festgelegt.

110 Ein Unternehmen hat an jedem Berichtsstichtag zu prüfen, ob irgendein Anhaltspunkt vorliegt, dass ein Wertminderungsaufwand, der für einen Vermögenswert mit Ausnahme eines Geschäfts- oder Firmenwerts in früheren Perioden erfasst worden ist, nicht länger besteht oder sich vermindert haben könnte. Wenn ein solcher Anhaltspunkt vorliegt, hat das Unternehmen den erzielbaren Betrag dieses Vermögenswerts zu schätzen.

111 **Bei der Beurteilung, ob irgendein Anhaltspunkt vorliegt, dass ein Wertminderungsaufwand, der für einen Vermögenswert mit Ausnahme eines Geschäfts- oder Firmenwerts in früheren Perioden erfasst wurde, nicht länger besteht oder sich verringert haben könnte, hat ein Unternehmen mindestens die folgenden Anhaltspunkte zu berücksichtigen:**
Externe Informationsquellen
(a) **Es bestehen beobachtbare Anhaltspunkte, dass der Wert des Vermögenswerts während der Periode signifikant gestiegen ist**
(b) **während der Periode sind signifikante Veränderungen mit günstigen Folgen für das Unternehmen in dem technischen, marktbezogenen, ökonomischen oder gesetzlichen Umfeld, in welchem das Unternehmen tätig ist oder in Bezug auf den Markt, auf den der Vermögenswert abzielt, eingetreten, oder werden in der näheren Zukunft eintreten;**
(c) **die Marktzinssätze oder andere Marktrenditen für Finanzinvestitionen sind während der Periode gesunken, und diese Rückgänge werden sich wahrscheinlich auf den Abzinsungssatz, der für die Berechnung des Nutzungswertes herangezogen wird, auswirken und den erzielbaren Betrag des Vermögenswertes wesentlich erhöhen;**

Interne Informationsquellen
(d) **während der Periode haben sich signifikante Veränderungen mit günstigen Folgen für das Unternehmen in dem Umfang oder der Weise, in dem bzw. der ein Vermögenswert genutzt wird oder aller Erwartung nach genutzt werden soll, ereignet oder werden für die nächste Zukunft erwartet. Diese Veränderungen enthalten Kosten, die während der Periode entstanden sind, um die Ertragskraft eines Vermögenswerts zu verbessern bzw. zu erhöhen oder den Betrieb zu restrukturieren, zu dem der Vermögenswert gehört;**
(e) **das interne Berichtswesen liefert substanzielle Hinweise dafür, dass die wirtschaftliche Ertragskraft eines Vermögenswerts besser ist oder sein wird als erwartet.**

112 Die Anhaltspunkte für eine mögliche Verringerung eines Wertminderungsaufwands in Paragraph 111 spiegeln weitestgehend die Anhaltspunkte für einen möglichen Wertminderungsaufwand nach Paragraph 12 wider.

113 Wenn ein Anhaltspunkt dafür vorliegt, dass ein erfasster Wertminderungsaufwand für einen Vermögenswert mit Ausnahme von einem Geschäfts- oder Firmenwert nicht mehr länger besteht oder sich verringert hat, kann dies darauf hindeuten, dass die Restnutzungsdauer, die Abschreibungs-/Amortisationsmethode oder der Restwert überprüft und in Übereinstimmung mit dem auf den Vermögenswert anzuwendenden Standard angepasst werden muss, auch wenn kein Wertminderungsaufwand für den Vermögenswert aufgehoben wird.

114 Ein in früheren Perioden für einen Vermögenswert mit Ausnahme eines Geschäfts- oder Firmenwerts erfasster Wertminderungsaufwand ist dann, und nur dann, aufzuheben, wenn sich seit der Erfassung des letzten Wertminderungsaufwands eine Änderung in den Schätzungen ergeben hat, die bei der Bestimmung des erzielbaren Betrags herangezogen wurden. Wenn dies der Fall ist, ist der Buchwert des Vermögenswerts auf seinen erzielbaren Betrag zu erhöhen, es sei denn, es ist in Paragraph 117 anders beschrieben. Diese Erhöhung ist eine Wertaufholung.

115 Eine Wertaufholung spiegelt eine Erhöhung des geschätzten Leistungspotenzials eines Vermögenswerts entweder durch Nutzung oder Verkauf seit dem Zeitpunkt wider, an dem ein Unternehmen zuletzt einen Wertminderungsaufwand für diesen Vermögenswert erfasst hat. Paragraph 130 verlangt von einem Unternehmen, die Änderung von Schätzungen zu identifizieren, die einen Anstieg des geschätzten Leistungspotenzials begründen. Beispiele für Änderungen von Schätzungen umfassen:
(a) eine Änderung der Grundlage des erzielbaren Betrags (d. h., ob der erzielbare Betrag auf dem beizulegendem Zeitwert abzüglich Kosten der Veräußerung oder auf dem Nutzungswert basiert);

After the requirements in paragraphs 104 and 105 have been applied, <u>a liability s</u>hall be recognised for any remaining amount of an impairment loss for a cash-generating unit <u>if, and only if, tha</u>t is required by another standard.

REVERSING AN IMPAIRMENT LOSS

Paragraphs 110—116 set out the requirements for reversing an impairment loss recognised for an asset or a cash-generat- **109** ing unit in prior periods. These requirements use the term 'an asset' but apply equally to an individual asset or a cash-generating unit. Additional requirements for an individual asset are set out in paragraphs 117—121, for a cash-generating unit in paragraphs 122 and 123 and for goodwill in paragraphs 124 and 125.

An entity shall assess at the end of each reporting period whether there is any indication that an impairment loss recog- **110** nised in prior periods for an asset other than goodwill may no longer exist or may have decreased. If any such indication exists, the entity shall estimate the recoverable amount of that asset.

In assessing whether there is any indication that an impairment loss recognised in prior periods for an asset other **111** **than goodwill may no longer exist or may have decreased, an entity shall consider, as a minimum, the following indications:**
External sources of information
(a) **there are observable indications that the asset's market value has increased significantly during the period.**
(b) **significant changes with a favourable effect on the entity have taken place during the period, or will take place in the near future, in the technological, market, economic or legal environment in which the entity operates or in the market to which the asset is dedicated;**
(c) **market interest rates or other market rates of return on investments have decreased during the period, and those decreases are likely to affect the discount rate used in calculating the asset's value in use and increase the asset's recoverable amount materially.**

Internal sources of information
(d) **significant changes with a favourable effect on the entity have taken place during the period, or are expected to take place in the near future, in the extent to which, or manner in which, the asset is used or is expected to be used. These changes include costs incurred during the period to improve or enhance the asset's performance or restructure the operation to which the asset belongs;**
(e) **evidence is available from internal reporting that indicates that the economic performance of the asset is, or will be, better than expected.**

Indications of a potential decrease in an impairment loss in paragraph 111 mainly mirror the indications of a potential **112** impairment loss in paragraph 12.

If there is an indication that an impairment loss recognised for an asset other than goodwill may no longer exist or may **113** have decreased, this may indicate that the remaining useful life, the depreciation (amortisation) method or the residual value may need to be reviewed and adjusted in accordance with the standard applicable to the asset, even if no impairment loss is reversed for the asset.

An impairment loss recognised in prior periods for an asset other than goodwill shall be reversed if, and only if, there has **114** been a change in the estimates used to determine the asset's recoverable amount since the last impairment loss was recognised. If this is the case, the carrying amount of the asset shall, except as described in paragraph 117, be increased to its recoverable amount. That increase is a reversal of an impairment loss.

A reversal of an impairment loss reflects an increase in the estimated service potential of an asset, either from use or from **115** sale, since the date when an entity last recognised an impairment loss for that asset. Paragraph 130 requires an entity to identify the change in estimates that causes the increase in estimated service potential. Examples of changes in estimates include:
(a) a change in the basis for recoverable amount (i.e. whether recoverable amount is based on fair value less costs of disposal or value in use);

(b) falls der erzielbare Betrag auf dem Nutzungswert basierte, eine Änderung in dem Betrag oder in dem zeitlichen Anfall der geschätzten künftigen Cashflows oder in dem Abzinsungssatz; oder

(c) falls der erzielbare Betrag auf dem beizulegenden Zeitwert abzüglich Kosten der Veräußerung basierte, eine Änderung der Schätzung der Bestandteile des beizulegenden Zeitwerts abzüglich Kosten der Veräußerung.

116 Der Nutzungswert eines Vermögenswerts kann den Buchwert des Vermögenswerts aus dem einfachen Grunde übersteigen, dass sich der Barwert der künftigen Mittelzuflüsse erhöht, wenn diese zeitlich näher kommen. Das Leistungspotenzial des Vermögenswerts hat sich indes nicht erhöht. Ein Wertminderungsaufwand wird daher nicht nur wegen des Zeitablaufs (manchmal als „Abwicklung" der Diskontierung bezeichnet) aufgehoben, auch wenn der erzielbare Betrag des Vermögenswertes dessen Buchwert übersteigt.

Wertaufholung für einen einzelnen Vermögenswert

117 Der infolge einer Wertaufholung erhöhte Buchwert eines Vermögenswerts mit Ausnahme von einem Geschäfts- oder Firmenwert darf nicht den Buchwert übersteigen, der bestimmt worden wäre (abzüglich der Amortisationen oder Abschreibungen), wenn in den früheren Jahren kein Wertminderungsaufwand erfasst worden wäre.

118 Jede Erhöhung des Buchwerts eines Vermögenswerts, mit Ausnahme eines Geschäfts- oder Firmenwerts, über den Buchwert hinaus, der bestimmt worden wäre (abzüglich der Amortisationen oder Abschreibungen), wenn in den früheren Jahren kein Wertminderungsaufwand erfasst worden wäre, ist eine Neubewertung. Bei der Bilanzierung einer solchen Neubewertung wendet ein Unternehmen den auf den Vermögenswert anwendbaren Standard an.

119 Eine Wertaufholung eines Vermögenswerts, mit Ausnahme von einem Geschäft- oder Firmenwert, ist sofort im Gewinn oder Verlust zu erfassen, es sei denn, dass der Vermögenswert zum Neubewertungsbetrag nach einem anderen Standard (beispielsweise nach dem Modell der Neubewertung in IAS 16) erfasst wird. Jede Wertaufholung eines neu bewerteten Vermögenswerts ist als eine Wertsteigerung durch Neubewertung gemäß diesem anderen Standard zu behandeln.

120 Eine Wertaufholung eines neu bewerteten Vermögenswerts wird im sonstigen Ergebnis mit einer entsprechenden Erhöhung der Neubewertungsrücklage für diesen Vermögenswert erfasst. Bis zu dem Betrag jedoch, zu dem ein Wertminderungsaufwand für denselben neu bewerteten Vermögenswert vorher im Gewinn oder Verlust erfasst wurde, wird eine Wertaufholung ebenso im Gewinn oder Verlust erfasst.

121 Nachdem eine Wertaufholung erfasst worden ist, ist der Abschreibungs-/Amortisationsaufwand des Vermögenswerts in künftigen Perioden anzupassen, um den berichtigten Buchwert des Vermögenswerts, abzüglich eines etwaigen Restbuchwerts systematisch auf seine Restnutzungsdauer zu verteilen.

Wertaufholung für eine zahlungsmittelgenerierende Einheit

122 Eine Wertaufholung für eine zahlungsmittelgenerierende Einheit ist den Vermögenswerten der Einheit, bis auf den Geschäfts- oder Firmenwert, anteilig des Buchwerts dieser Vermögenswerte zuzuordnen. Diese Erhöhungen der Buchwerte sind als Wertaufholungen für einzelne Vermögenswerte zu behandeln und gemäß Paragraph 119 zu erfassen.

123 Bei der Zuordnung einer Wertaufholung für eine zahlungsmittelgenerierende Einheit gemäß Paragraph 122 ist der Buchwert eines Vermögenswerts nicht über den niedrigeren der folgenden Werte zu erhöhen:

(a) seinen erzielbaren Betrag (sofern bestimmbar); und

(b) den Buchwert, der bestimmt worden wäre (abzüglich von Amortisationen oder Abschreibungen), wenn in früheren Perioden kein Wertminderungsaufwand für den Vermögenswert erfasst worden wäre.

Der Betrag der Wertaufholung, der andernfalls dem Vermögenswert zugeordnet worden wäre, ist anteilig den anderen Vermögenswerten der Einheit, mit Ausnahme des Geschäfts- oder Firmenwerts, zuzuordnen.

Wertaufholung für einen Geschäfts- oder Firmenwert

124 Ein für den Geschäfts- oder Firmenwert erfasster Wertminderungsaufwand darf nicht in den nachfolgenden Perioden aufgeholt werden.

125 IAS 38 *Immaterielle Vermögenswerte* verbietet den Ansatz eines selbst geschaffenen Geschäfts- oder Firmenwerts. Bei jeder Erhöhung des erzielbaren Betrags des Geschäfts- oder Firmenwerts, die in Perioden nach der Erfassung des Wertminderungsaufwands für diesen Geschäfts- oder Firmenwert stattfindet, wird es sich wahrscheinlich eher um einen selbst geschaffenen Geschäfts- oder Firmenwert, als um eine für den erworbenen Geschäfts- oder Firmenwert erfasste Wertaufholung handeln.

ANGABEN

126 Ein Unternehmen hat für jede Gruppe von Vermögenswerten die folgenden Angaben zu machen:

(a) die Höhe der im Gewinn oder Verlust während der Periode erfassten Wertminderungsaufwendungen und der/die Posten der Gesamtergebnisrechnung, in dem/denen jene Wertminderungsaufwendungen enthalten sind;

(b) if recoverable amount was based on value in use, a change in the amount or timing of estimated future cash flows or in the discount rate; or

(c) if recoverable amount was based on fair value less costs to sell, a change in estimate of the components of fair value less costs of disposal.

An asset's value in use may become greater than the asset's carrying amount simply because the present value of future **116** cash inflows increases as they become closer. However, the service potential of the asset has not increased. Therefore, an impairment loss is not reversed just because of the passage of time (sometimes called the 'unwinding' of the discount), even if the recoverable amount of the asset becomes higher than its carrying amount.

Reversing an impairment loss for an individual asset

The increased carrying amount of an asset other than goodwill attributable to a reversal of an impairment loss shall not **117** exceed the carrying amount that would have been determined (net of amortisation or depreciation) had no impairment loss been recognised for the asset in prior years.

Any increase in the carrying amount of an asset other than goodwill above the carrying amount that would have been **118** determined (net of amortisation or depreciation) had no impairment loss been recognised for the asset in prior years is a revaluation. In accounting for such a revaluation, an entity applies the standard applicable to the asset.

A reversal of an impairment loss for an asset other than goodwill shall be recognised immediately in profit or loss, unless **119** the asset is carried at revalued amount in accordance with another standard (for example, the revaluation model in IAS 16). Any reversal of an impairment loss of a revalued asset shall be treated as a revaluation increase in accordance with that other standard.

A reversal of an impairment loss on a revalued asset is recognised in other comprehensive income and increases the reva- **120** luation surplus for that asset. However, to the extent that an impairment loss on the same revalued asset was previously recognised in profit or loss, a reversal of that impairment loss is also recognised in profit or loss.

After a reversal of an impairment loss is recognised, the depreciation (amortisation) charge for the asset shall be adjusted **121** in future periods to allocate the asset's revised carrying amount, less its residual value (if any), on a systematic basis over its remaining useful life.

Reversing an impairment loss for a cash-generating unit

A reversal of an impairment loss for a cash-generating unit shall be allocated to the assets of the unit, except for goodwill, **122** pro rata with the carrying amounts of those assets. These increases in carrying amounts shall be treated as reversals of impairment losses for individual assets and recognised in accordance with paragraph 119.

In allocating a reversal of an impairment loss for a cash-generating unit in accordance with paragraph 122, the carrying **123** amount of an asset shall not be increased above the lower of:

(a) its recoverable amount (if determinable); and

(b) the carrying amount that would have been determined (net of amortisation or depreciation) had no impairment loss been recognised for the asset in prior periods.

The amount of the reversal of the impairment loss that would otherwise have been allocated to the asset shall be allocated pro rata to the other assets of the unit, except for goodwill.

Reversing an impairment loss for goodwill

An impairment loss recognised for goodwill shall not be reversed in a subsequent period. **124**

IAS 38 *Intangible assets* prohibits the recognition of internally generated goodwill. Any increase in the recoverable **125** amount of goodwill in the periods following the recognition of an impairment loss for that goodwill is likely to be an increase in internally generated goodwill, rather than a reversal of the impairment loss recognised for the acquired goodwill.

DISCLOSURE

An entity shall disclose the following for each class of assets: **126**

(a) the amount of impairment losses recognised in profit or loss during the period and the line item(s) of the statement of comprehensive income in which those impairment losses are included;

(b) die Höhe der im Gewinn oder Verlust während der Periode erfassten Wertaufholungen und der/die Posten der Gesamtergebnisrechnung, in dem/denen solche Wertminderungsaufwendungen aufgehoben wurden;

(c) die Höhe der Wertminderungsaufwendungen bei neu bewerteten Vermögenswerten, die während der Periode im sonstigen Ergebnis erfasst wurden;

(d) die Höhe der Wertaufholungen bei neu bewerteten Vermögenswerten, die während der Periode im sonstigen Ergebnis erfasst wurden.

127 Eine Gruppe von Vermögenswerten ist eine Zusammenfassung von Vermögenswerten, die sich durch eine ähnliche Art und Verwendung im Unternehmen auszeichnen.

128 Die in Paragraph 126 verlangten Informationen können gemeinsam mit anderen Informationen für diese Gruppe von Vermögenswerten angegeben werden. Diese Informationen könnten beispielsweise in eine Überleitungsrechnung des Buchwerts der Sachanlagen am Anfang und am Ende der Periode, wie in IAS 16 gefordert, einbezogen werden.

129 Ein Unternehmen, das gemäß IFRS 8 *Geschäftssegmente* Informationen für Segmente darstellt, hat für jedes berichtspflichtige Segment folgende Angaben zu machen:

(a) die Höhe des Wertminderungsaufwands, der während der Periode im Gewinn oder Verlust und im sonstigen Ergebnis erfasst wurde;

(b) die Höhe der Wertaufholung, die während der Periode im Gewinn oder Verlust und im sonstigen Ergebnis erfasst wurde.

130 **Ein Unternehmen hat für einen einzelnen Vermögenswert (einschließlich Geschäfts- oder Firmenwert) oder eine zahlungsmittelgenerierende Einheit, für den bzw. die während der Periode ein Wertminderungsaufwand erfasst oder aufgehoben wurde, Folgendes anzugeben:**

(a) **die Ereignisse und Umstände, die zu der Erfassung oder der Wertaufholung geführt haben;**

(b) **die Höhe des erfassten oder aufgehobenen Wertminderungsaufwands;**

(c) **für einen einzelnen Vermögenswert:**

    (i) **die Art des Vermögenswerts; und**

    (ii) **falls das Unternehmen gemäß IFRS 8 Informationen für Segmente darstellt, das berichtspflichtige Segment, zu dem der Vermögenswert gehört;**

(d) **für eine zahlungsmittelgenerierende Einheit:**

    (i) **eine Beschreibung der zahlungsmittelgenerierenden Einheit (beispielsweise, ob es sich dabei um eine Produktlinie, ein Werk, eine Geschäftstätigkeit, einen geografischen Bereich oder ein berichtspflichtiges Segment, wie in IFRS 8 definiert, handelt);**

    (ii) **die Höhe des erfassten oder aufgehobenen Wertminderungsaufwands bei der Gruppe von Vermögenswerten und, falls das Unternehmen gemäß IFRS 8 Informationen für Segmente darstellt, bei dem berichtspflichtigen Segment; und**

    (iii) **wenn sich die Zusammenfassung von Vermögenswerten für die Identifizierung der zahlungsmittelgenerierenden Einheit seit der vorhergehenden Schätzung des etwaig erzielbaren Betrags der zahlungsmittelgenerierenden Einheit geändert hat, eine Beschreibung der gegenwärtigen und der früheren Art der Zusammenfassung der Vermögenswerte sowie der Gründe für die Änderung der Art, wie die zahlungsmittelgenerierende Einheit identifiziert wird;**

(e) **den für den Vermögenswert (die zahlungsmittelgenerierende Einheit) erzielbaren Betrag und ob der für den Vermögenswert (die zahlungsmittelgenerierende Einheit) erzielbare Betrag dessen (deren) beizulegendem Zeitwert abzüglich der Veräußerungskosten oder dessen (deren) Nutzungswert entspricht;**

(f) **wenn der erzielbare Betrag dem beizulegenden Zeitwert abzüglich der Veräußerungskosten entspricht, hat das Unternehmen Folgendes anzugeben:**

    (i) **die Stufe der Bemessungshierarchie (siehe IFRS 13), auf der die Bemessung des beizulegenden Zeitwerts des Vermögenswerts (der zahlungsmittelgenerierenden Einheit) in ihrer Gesamtheit eingeordnet wird (wobei unberücksichtigt bleibt, ob die „Veräußerungskosten" beobachtbar sind);**

    (ii) **bei Bemessungen des beizulegenden Zeitwerts, die auf Stufe 2 und 3 der Bemessungshierarchie eingeordnet sind, eine Beschreibung der zur Bemessung des Zeitwerts abzüglich der Veräußerungskosten eingesetzten Bewertungstechnik(en). Wurde die Bewertungstechnik geändert, hat das Unternehmen dies ebenfalls anzugeben und die Änderung zu begründen; und**

    (iii) **bei Bemessungen des beizulegenden Zeitwerts, die auf Stufe 2 und 3 der Bemessungshierarchie eingeordnet sind, jede wesentliche Annahme, auf die das Management die Bestimmung des beizulegenden Zeitwerts abzüglich der Veräußerungskosten gestützt hat. Wesentliche Annahmen sind solche, auf die der für den Vermögenswert (die zahlungsmittelgenerierende Einheit) erzielbare Betrag am empfindlichsten reagiert. Wird der beizulegende Zeitwert abzüglich Veräußerungskosten im Rahmen einer Barwertermittlung bemessen, hat das Unternehmen auch den (die) bei der laufenden und der vorherigen Bemessung verwendeten Abzinsungssatz/(-sätze) anzugeben.**

(g) **wenn der erzielbare Betrag der Nutzungswert ist, der Abzinsungssatz (-sätze), der bei der gegenwärtigen und der vorhergehenden Schätzung (sofern vorhanden) des Nutzungswerts benutzt wurde.**

(b) the amount of reversals of impairment losses recognised in profit or loss during the period and the line item(s) of the statement of comprehensive income in which those impairment losses are reversed;

(c) the amount of impairment losses on revalued assets recognised in other comprehensive income during the period;

(d) the amount of reversals of impairment losses on revalued assets recognised in other comprehensive income during the period.

A class of assets is a grouping of assets of similar nature and use in an entity's operations. **127**

The information required in paragraph 126 may be presented with other information disclosed for the class of assets. For **128** example, this information may be included in a reconciliation of the carrying amount of property, plant and equipment, at the beginning and end of the period, as required by IAS 16.

An entity that reports segment information in accordance with IFRS 8 shall disclose the following for each reportable **129** segment:

(a) the amount of impairment losses recognised in profit or loss and in other comprehensive income during the period;

(b) the amount of reversals of impairment losses recognised in profit or loss and in other comprehensive income during the period.

An entity shall disclose the following for an individual asset (including goodwill) or a cash-generating unit, for which **130** **an impairment loss has been recognised or reversed during the period:**

(a) the events and circumstances that led to the recognition or reversal of the impairment loss;

(b) the amount of the impairment loss recognised or reversed;

(c) for an individual asset:

    (i) the nature of the asset; and

    (ii) if the entity reports segment information in accordance with IFRS 8, the reportable segment to which the asset belongs;

(d) for a cash-generating unit:

    (i) a description of the cash-generating unit (such as whether it is a product line, a plant, a business operation, a geographical area, or a reportable segment as defined in IFRS 8);

    (ii) the amount of the impairment loss recognised or reversed by class of assets and, if the entity reports segment information in accordance with IFRS 8, by reportable segment; and

    (iii) if the aggregation of assets for identifying the cash-generating unit has changed since the previous estimate of the cash-generating unit's recoverable amount (if any), a description of the current and former way of aggregating assets and the reasons for changing the way the cash-generating unit is identified;

(e) the recoverable amount of the asset (cash-generating unit) and whether the recoverable amount of the asset (cash-generating unit) is its fair value less costs of disposal or its value in use;

(f) if the recoverable amount is fair value less costs of disposal, the entity shall disclose the following information:

    (i) the level of the fair value hierarchy (see IFRS 13) within which the fair value measurement of the asset (cash-generating unit) is categorised in its entirety (without taking into account whether the 'costs of disposal' are observable);

    (ii) for fair value measurements categorised within Level 2 and Level 3 of the fair value hierarchy, a description of the valuation technique(s) used to measure fair value less costs of disposal. If there has been a change in valuation technique, the entity shall disclose that change and the reason(s) for making it; and

    (iii) for fair value measurements categorised within Level 2 and Level 3 of the fair value hierarchy, each key assumption on which management has based its determination of fair value less costs of disposal. Key assumptions are those to which the asset's (cash-generating unit's) recoverable amount is most sensitive. The entity shall also disclose the discount rate(s) used in the current measurement and previous measurement if fair value less costs of disposal is measured using a present value technique;

(g) if recoverable amount is value in use, the discount rate(s) used in the current estimate and previous estimate (if any) of value in use.

Schätzungen, die zur Bewertung der erzielbaren Beträge der zahlungsmittelgenerierenden Einheiten, die einen Geschäfts- oder Firmenwert oder immaterielle Vermögenswerte mit unbegrenzter Nutzungsdauer enthalten, benutzt werden

131 Ein Unternehmen hat für die Summe der Wertminderungsaufwendungen und die Summe der Wertaufholungen, die während der Periode erfasst wurden, und für die keine Angaben gemäß Paragraph 130 gemacht wurden, die folgenden Informationen anzugeben:

(a) die wichtigsten Gruppen von Vermögenswerten, die von Wertminderungsaufwendungen betroffen sind, sowie die wichtigsten Gruppen von Vermögenswerten, die von Wertaufholungen betroffen sind;

(b) die wichtigsten Ereignisse und Umstände, die zu der Erfassung dieser Wertminderungsaufwendungen und Wertaufholungen geführt haben.

132 Einem Unternehmen wird empfohlen, die während der Periode benutzten Annahmen zur Bestimmung des erzielbaren Betrags der Vermögenswerte (der zahlungsmittelgenerierenden Einheiten) anzugeben. Paragraph 134 verlangt indes von einem Unternehmen, Angaben über die Schätzungen zu machen, die für die Bewertung des erzielbaren Betrages einer zahlungsmittelgenerierenden Einheit benutzt werden, wenn ein Geschäfts- oder Firmenwert oder ein immaterieller Vermögenswert mit einer unbegrenzten Nutzungsdauer in dem Buchwert dieser Einheit enthalten ist.

133 Wenn gemäß Paragraph 84 irgendein Teil eines Geschäfts- oder Firmenwerts, der während der Periode bei einem Unternehmenszusammenschluss erworben wurde, zum Berichtsstichtag nicht zu einer zahlungsmittelgenerierenden Einheit (Gruppe von Einheiten) zugeordnet worden ist, muss der Betrag des nicht zugeordneten Geschäfts- oder Firmenwerts zusammen mit den Gründen, warum dieser Betrag nicht zugeordnet worden ist, angegeben werden.

Schätzungen, die zur Bewertung der erzielbaren Beträge der zahlungsmittelgenerierenden Einheiten, die einen Geschäfts- oder Firmenwert oder immaterielle Vermögenswerte mit unbegrenzter Nutzungsdauer enthalten, benutzt werden

134 Ein Unternehmen hat für jede zahlungsmittelgenerierende Einheit (Gruppe von Einheiten), für die der Buchwert des Geschäfts- oder Firmenwerts oder der immateriellen Vermögenswerte mit unbegrenzter Nutzungsdauer, die dieser Einheit (Gruppe von Einheiten) zugeordnet sind, signifikant ist im Vergleich zum Gesamtbuchwert des Geschäfts- oder Firmenwerts oder der immateriellen Vermögenswerte mit unbegrenzter Nutzungsdauer des Unternehmens, die unter (a) bis (f) geforderten Angaben zu machen:

(a) der Buchwert des der Einheit (Gruppe von Einheiten) zugeordneten Geschäfts- oder Firmenwerts;

(b) der Buchwert der der Einheit (Gruppe von Einheiten) zugeordneten immateriellen Vermögenswerten mit unbegrenzter Nutzungsdauer;

(c) die Grundlage, auf der der erzielbare Betrag der Einheit (Gruppe von Einheiten) bestimmt worden ist (d. h. der Nutzungswert oder der beizulegende Zeitwert abzüglich der Veräußerungskosten);

(d) wenn der erzielbare Betrag der Einheit (Gruppe von Einheiten) auf dem Nutzungswert basiert:

(i) eine Beschreibung jeder wesentlichen Annahme, auf der das Management seine Cashflow-Prognosen für den durch die jüngsten Finanzpläne/Vorhersagen abgedeckten Zeitraum aufgebaut hat. Die wesentlichen Annahmen sind diejenigen, auf die der erzielbare Betrag der Einheit (Gruppe von Einheiten) am sensibelsten reagiert.

(ii) eine Beschreibung des Managementansatzes zur Bestimmung der (des) zu jeder wesentlichen Annahme zugewiesenen Werte(s), ob diese Werte vergangene Erfahrungen widerspiegeln, oder ob sie ggf. mit externen Informationsquellen übereinstimmen, und wenn nicht, auf welche Art und aus welchem Grund sie sich von vergangenen Erfahrungen oder externen Informationsquellen unterscheiden;

(iii) der Zeitraum, für den das Management die Cashflows geplant hat, die auf den vom Management genehmigten Finanzplänen/Vorhersagen beruhen, und wenn für eine zahlungsmittelgenerierende Einheit (Gruppe von Einheiten) ein Zeitraum von mehr als fünf Jahren benutzt wird, eine Erklärung über den Grund, der diesen längeren Zeitraum rechtfertigt;

(iv) die Wachstumsrate, die zur Extrapolation der Cashflow-Prognosen jenseits des Zeitraums benutzt wird, auf den sich die jüngsten Finanzpläne/Vorhersagen beziehen, und die Rechtfertigung für die Anwendung jeglicher Wachstumsrate, die die langfristige durchschnittliche Wachstumsrate für die Produkte, Industriezweige oder Land bzw. Länder, in welchen das Unternehmen tätig ist oder für den Markt, für den die Einheit (Gruppe von Einheiten) bestimmt ist, übersteigt;

(v) der (die) auf die Cashflow-Prognosen angewendete Abzinsungssatz (-sätze);

(e) falls der erzielbare Betrag der Einheit (Gruppe von Einheiten) auf dem beizulegenden Zeitwert abzüglich der Kosten der Veräußerung basiert, die für die Bemessung des beizulegenden Zeitwerts abzüglich der Kosten der Veräußerung verwendete(n) Bewertungstechnik(en) Ein Unternehmen braucht die in IFRS 13 vorgeschriebenen Angaben nicht vorzulegen. Wenn der beizulegende Zeitwert abzüglich der Kosten der Veräußerung nicht anhand einer Marktpreisnotierung für eine identische Einheit (Gruppe von Einheiten) bemessen wird, hat ein Unternehmen folgende Angaben zu machen:

(i) jede wesentliche Annahme, die das Management bei der Bestimmung des beizulegenden Zeitwert abzüglich der Kosten der Veräußerung zugrunde legt. Die wesentlichen Annahmen sind diejenigen, auf die der erzielbare Betrag der Einheit (Gruppe von Einheiten) am sensibelsten reagiert.

Estimates used to measure recoverable amounts of cash-generating units containing goodwill or intangible assets with indefinite useful lives

An entity shall disclose the following information for the aggregate impairment losses and the aggregate reversals of 131 impairment losses recognised during the period for which no information is disclosed in accordance with paragraph 130:

(a)   the main classes of assets affected by impairment losses and the main classes of assets affected by reversals of impairment losses;

(b)   the main events and circumstances that led to the recognition of these impairment losses and reversals of impairment losses.

An entity is encouraged to disclose assumptions used to determine the recoverable amount of assets (cash-generating 132 units) during the period. However, paragraph 134 requires an entity to disclose information about the estimates used to measure the recoverable amount of a cash-generating unit when goodwill or an intangible asset with an indefinite useful life is included in the carrying amount of that unit.

If, in accordance with paragraph 84, any portion of the goodwill acquired in a business combination during the period 133 has not been allocated to a cash-generating unit (group of units) at the end of the reporting period, the amount of the unallocated goodwill shall be disclosed together with the reasons why that amount remains unallocated.

Estimates used to measure recoverable amounts of cash-generating units containing goodwill or intangible assets with indefinite useful lives

An entity shall disclose the information required by (a)—(f) for each cash-generating unit (group of units) for which 134 the carrying amount of goodwill or intangible assets with indefinite useful lives allocated to that unit (group of units) is significant in comparison with the entity's total carrying amount of goodwill or intangible assets with indefinite useful lives:

(a)   the carrying amount of goodwill allocated to the unit (group of units);

(b)   the carrying amount of intangible assets with indefinite useful lives allocated to the unit (group of units);

(c)   the basis on which the unit's (group of units') recoverable amount has been determined (i.e. value in use or fair value less costs of disposal);

(d)   if the unit's (group of units') recoverable amount is based on value in use:

(i)   each key assumption on which management has based its cash flow projections for the period covered by the most recent budgets/forecasts. Key assumptions are those to which the unit's (group of units') recoverable amount is most sensitive.

(ii)   a description of management's approach to determining the value(s) assigned to each key assumption, whether those value(s) reflect past experience or, if appropriate, are consistent with external sources of information, and, if not, how and why they differ from past experience or external sources of information;

(iii)   the period over which management has projected cash flows based on financial budgets/forecasts approved by management and, when a period greater than five years is used for a cash-generating unit (group of units), an explanation of why that longer period is justified;

(iv)   the growth rate used to extrapolate cash flow projections beyond the period covered by the most recent budgets/forecasts, and the justification for using any growth rate that exceeds the long-term average growth rate for the products, industries, or country or countries in which the entity operates, or for the market to which the unit (group of units) is dedicated;

(v)   the discount rate(s) applied to the cash flow projections;

(e)   if the unit's (group of units') recoverable amount is based on fair value less costs of disposal, the valuation technique(s) used to measure fair value less costs of disposal. An entity is not required to provide the disclosures required by IFRS 13. If fair value less costs of disposal is not measured using a quoted price for an identical unit (group of units), an entity shall disclose the following information:

(i)   each key assumption on which management has based its determination of fair value less costs of disposal. Key assumptions are those to which the unit's (group of units') recoverable amount is most sensitive.

(ii) eine Beschreibung des Managementansatzes zur Bestimmung der (des) zu jeder wesentlichen Annahme zugewiesenen Werte(s), ob diese Werte vergangene Erfahrungen widerspiegeln, oder ob sie ggf. mit externen Informationsquellen übereinstimmen, und wenn nicht, auf welche Art und aus welchem Grund sie sich von vergangenen Erfahrungen oder externen Informationsquellen unterscheiden.

(iiA) Die Stufe in der Bewertungshierarchie (siehe IFRS 13) auf der die Bemessung des beizulegenden Zeitwerts in ihrer Gesamtheit eingeordnet ist (ohne Rücksicht auf die Beobachtbarkeit der „Kosten der Veräußerung").

(iiB) Wenn in der Bewertungstechnik eine Änderung eingetreten ist, werden die Änderung und der Grund bzw. die Gründe hierfür angegeben.

Wird der beizulegende Zeitwert abzüglich der Kosten der Veräußerung unter Zugrundelegung diskontierter Cashflow-Prognosen bemessen, hat ein Unternehmen auch die folgenden Angaben zu machen:

(iii) die Periode, für die das Management Cashflows prognostiziert hat.

(iv) die Wachstumsrate, die zur Extrapolation der Cashflow-Prognosen verwendet wurde.

(v) der (die) auf die Cashflow-Prognosen angewandte(n) Abzinsungssatz (-sätze).

(f) wenn eine für möglich gehaltene Änderung einer wesentlichen Annahme, auf der das Management seine Bestimmung des erzielbaren Betrages der Einheit (Gruppe von Einheiten) aufgebaut hat, verursachen würde, dass der Buchwert der Einheit (Gruppe von Einheiten) deren erzielbaren Betrag übersteigt:

(i) der Betrag, mit dem der erzielbare Betrag der Einheit (Gruppe von Einheiten) deren Buchwert übersteigt;

(ii) der der wesentlichen Annahme zugewiesene Wert;

(iii) der Betrag, der die Änderung des Wertes der wesentlichen Annahme hervorruft, nach Einbezug aller nachfolgenden Auswirkungen dieser Änderung auf die anderen Variablen, die zur Bewertung des erzielbaren Betrages eingesetzt werden, damit der erzielbare Betrag der Einheit (Gruppe von Einheiten) gleich deren Buchwert ist.

135 Wenn ein Teil oder der gesamte Buchwert eines Geschäfts- oder Firmenwerts oder eines immateriellen Vermögenswerts mit unbegrenzter Nutzungsdauer mehreren zahlungsmittelgenerierenden Einheiten (Gruppen von Einheiten) zugeordnet ist, und der auf diese Weise jeder einzelnen Einheit (Gruppe von Einheiten) zugeordnete Betrag nicht signifikant ist, im Vergleich zu dem Gesamtbuchwert des Geschäfts- oder Firmenwerts oder des immateriellen Vermögenswerts mit unbegrenzter Nutzungsdauer des Unternehmens, ist diese Tatsache zusammen mit der Summe der Buchwerte des Geschäfts- oder Firmenwertes oder der immateriellen Vermögenswerte mit unbegrenzter Nutzungsdauer, die diesen Einheiten (Gruppen von Einheiten) zugeordnet sind, anzugeben. Wenn darüber hinaus die erzielbaren Beträge irgendeiner dieser Einheiten (Gruppen von Einheiten) auf denselben wesentlichen Annahmen beruhen und die Summe der Buchwerte des Geschäfts- oder Firmenwerts oder der immateriellen Vermögenswerte mit unbegrenzter Nutzungsdauer, die diesen Einheiten zugeordnet sind, signifikant ist im Vergleich zum Gesamtbuchwert des Geschäfts- oder Firmenwerts oder der immateriellen Vermögenswerte mit unbegrenzter Nutzungsdauer des Unternehmens, so hat ein Unternehmen Angaben über diese und die folgenden Tatsachen zu machen:

(a) die Summe der Buchwerte des diesen Einheiten (Gruppen von Einheiten) zugeordneten Geschäfts- oder Firmenwerts;

(b) die Summe der Buchwerte der diesen Einheiten (Gruppen von Einheiten) zugeordneten immateriellen Vermögenswerte mit unbegrenzter Nutzungsdauer;

(c) eine Beschreibung der wesentlichen Annahme(n);

(d) eine Beschreibung des Managementansatzes zur Bestimmung der (des) zu der (den) wesentlichen Annahme(n) zugewiesenen Werte(s), ob diese Werte vergangene Erfahrungen widerspiegeln, oder ob sie ggf. mit externen Informationsquellen übereinstimmen, und wenn nicht, auf welche Art und aus welchem Grund sie sich von vergangenen Erfahrungen oder externen Informationsquellen unterscheiden;

(e) wenn eine für möglich gehaltene Änderung der wesentlichen Annahme(n) verursachen würde, dass die Summe der Buchwerte der Einheiten (Gruppen von Einheiten) die Summe der erzielbaren Beträge übersteigen würde:

(i) der Betrag, mit dem die Summe der erzielbaren Beträge der Einheiten (Gruppen von Einheiten) die Summe der Buchwerte übersteigt;

(ii) der (die) der (den) wesentlichen Annahme(n) zugewiesene(n) Wert(e);

(iii) der Betrag, der die Änderung des (der) Werte(s) der wesentlichen Annahme(n) hervorruft, nach Einbeziehung aller nachfolgenden Auswirkungen dieser Änderung auf die anderen Variablen, die zur Bewertung des erzielbaren Betrags eingesetzt werden, damit die Summe der erzielbaren Beträge der Einheiten (Gruppen von Einheiten) gleich der Summe der Buchwerte ist.

136 Die jüngste ausführliche Berechnung des erzielbaren Betrags einer zahlungsmittelgenerierenden Einheit (Gruppe von Einheiten), der in einer vorhergehenden Periode ermittelt wurde, kann gemäß Paragraph 24 oder 99 vorgetragen werden und für die Überprüfung dieser Einheit (Gruppe von Einheiten) auf eine Wertminderung in der aktuellen Periode benutzt werden, vorausgesetzt, dass bestimmte Kriterien erfüllt sind. Ist dies der Fall, beziehen sich die Informationen für diese Einheit (Gruppe von Einheiten), die in den von den Paragraphen 134 und 135 verlangten Angaben eingegliedert sind, auf die Berechnung für den Vortrag des erzielbaren Betrags.

137 Das erläuternde Beispiel 9 veranschaulicht die von den Paragraphen 134 und 135 geforderten Angaben.

(ii) a description of management's approach to determining the value (or values) assigned to each key assumption, whether those values reflect past experience or, if appropriate, are consistent with external sources of information, and, if not, how and why they differ from past experience or external sources of information.

(iiA) the level of the fair value hierarchy (see IFRS 13) within which the fair value measurement is categorised in its entirety (without giving regard to the observability of 'costs of disposal').

(iiB) if there has been a change in valuation technique, the change and the reason(s) for making it.

If fair value less costs of disposal is measured using discounted cash flow projections, an entity shall disclose the following information:

(iii) the period over which management has projected cash flows.

(iv) the growth rate used to extrapolate cash flow projections.

(v) the discount rate(s) applied to the cash flow projections.

(f) if a reasonably possible change in a key assumption on which management has based its determination of the unit's (group of units') recoverable amount would cause the unit's (group of units') carrying amount to exceed its recoverable amount:

(i) the amount by which the unit's (group of units') recoverable amount exceeds its carrying amount;

(ii) the value assigned to the key assumption;

(iii) the amount by which the value assigned to the key assumption must change, after incorporating any consequential effects of that change on the other variables used to measure recoverable amount, in order for the unit's (group of units') recoverable amount to be equal to its carrying amount.

If some or all of the carrying amount of goodwill or intangible assets with indefinite useful lives is allocated across multiple cash-generating units (groups of units), and the amount so allocated to each unit (group of units) is not significant in comparison with the entity's total carrying amount of goodwill or intangible assets with indefinite useful lives, that fact shall be disclosed, together with the aggregate carrying amount of goodwill or intangible assets with indefinite useful lives allocated to those units (groups of units). In addition, if the recoverable amounts of any of those units (groups of units) are based on the same key assumption(s) and the aggregate carrying amount of goodwill or intangible assets with indefinite useful lives allocated to them is significant in comparison with the entity's total carrying amount of goodwill or intangible assets with indefinite useful lives, an entity shall disclose that fact, together with: 135

(a) the aggregate carrying amount of goodwill allocated to those units (groups of units);

(b) the aggregate carrying amount of intangible assets with indefinite useful lives allocated to those units (groups of units);

(c) a description of the key assumption(s);

(d) a description of management's approach to determining the value(s) assigned to the key assumption(s), whether those value(s) reflect past experience or, if appropriate, are consistent with external sources of information, and, if not, how and why they differ from past experience or external sources of information;

(e) if a reasonably possible change in the key assumption(s) would cause the aggregate of the units' (groups of units') carrying amounts to exceed the aggregate of their recoverable amounts:

(i) the amount by which the aggregate of the units' (groups of units') recoverable amounts exceeds the aggregate of their carrying amounts;

(ii) the value(s) assigned to the key assumption(s);

(iii) the amount by which the value(s) assigned to the key assumption(s) must change, after incorporating any consequential effects of the change on the other variables used to measure recoverable amount, in order for the aggregate of the units' (groups of units') recoverable amounts to be equal to the aggregate of their carrying amounts.

The most recent detailed calculation made in a preceding period of the recoverable amount of a cash-generating unit (group of units) may, in accordance with paragraph 24 or 99, be carried forward and used in the impairment test for that unit (group of units) in the current period provided specified criteria are met. When this is the case, the information for that unit (group of units) that is incorporated into the disclosures required by paragraphs 134 and 135 relate to the carried forward calculation of recoverable amount. 136

Illustrative Example 9 illustrates the disclosures required by paragraphs 134 and 135. 137

ÜBERGANGSVORSCHRIFTEN UND ZEITPUNKT DES INKRAFTTRETENS

138 [gestrichen]

139 **Ein Unternehmen hat diesen Standard anzuwenden:**
  (a) **auf einen Geschäfts- oder Firmenwert und immaterielle Vermögenswerte, die bei Unternehmenszusammen-schlüssen, für die das Datum des Vertragsabschlusses am oder nach dem 31. März 2004 liegt, erworben worden sind; und**
  (b) **prospektiv auf alle anderen Vermögenswerte vom Beginn der ersten jährlichen Periode, die am oder nach dem 31. März 2004 beginnt.**

140 Unternehmen, auf die der Paragraph 139 anwendbar ist, wird empfohlen, diesen Standard vor dem in Paragraph 139 spezifizierten Zeitpunkt des Inkrafttretens anzuwenden. Wenn ein Unternehmen diesen Standard vor dem Zeitpunkt des Inkrafttretens anwendet, hat es gleichzeitig IFRS 3 und IAS 38 (überarbeitet 2004) anzuwenden.

140A Infolge des IAS 1 *Darstellung des Abschlusses* (überarbeitet 2007) wurde die in allen IFRS verwendete Terminologie geändert. Außerdem wurden die Paragraphen 61, 120, 126 und 129 geändert. Diese Änderungen sind erstmals in der ersten Berichtsperiode eines am 1. Januar 2009 oder danach beginnenden Geschäftsjahres anzuwenden. Wird IAS 1 (überarbeitet 2007) auf eine frühere Periode angewandt, sind diese Änderungen entsprechend auch anzuwenden.

140B **Durch IFRS 3 (in der** vom International Accounting Standards Board **2008 überarbeiteten Fassung) wurden die Paragraphen 65, 81, 85 und 139 geändert; die Paragraphen 91–95 sowie 138 gestrichen und Anhang C hinzugefügt. Diese Änderungen sind erstmals in der ersten Berichtsperiode eines am 1. Juli 2009 oder danach beginnenden Geschäftsjahres anzuwenden. Wendet ein Unternehmen IFRS 3 (in der 2008 geänderten Fassung) auf eine frühere Periode an, so hat es auf diese Periode auch diese Änderungen anzuwenden.**

140C Paragraph 134 (e) wird im Rahmen der *Verbesserungen der IFRS* vom Mai 2008 geändert. Diese Änderungen sind erstmals in der ersten Berichtsperiode eines am 1. Januar 2009 oder danach beginnenden Geschäftsjahres anzuwenden. Eine frühere Anwendung ist zulässig. Wendet ein Unternehmen diese Änderung auf eine frühere Periode an, so ist dies anzugeben.

140D *Anschaffungskosten von Anteilen an Tochterunternehmen, gemeinschaftlich geführten Unternehmen oder assoziierten Unternehmen* (Änderungen zu IFRS 1 Erstmalige Anwendung der International Financial Reporting Standards und IAS 27), herausgegeben im Mai 2008; Paragraph 12 (h) wurde hinzugefügt. Diese Änderung ist prospektiv in der ersten Berichtsperiode eines am 1. Januar 2009 oder danach beginnenden Geschäftsjahres anzuwenden. Eine frühere Anwendung ist zulässig. Wendet ein Unternehmen die damit verbundenen Änderungen in den Paragraphen 4 und 38A des IAS 27 auf eine frühere Periode an, so ist gleichzeitig die Änderung des Paragraphen 12 (h) anzuwenden.

140E Paragraph 80 (b) wurde durch die *Verbesserungen der IFRS* vom April 2009 geändert. Diese Änderungen sind erstmals in der ersten Berichtsperiode eines am 1. Januar 2010 oder danach beginnenden Geschäftsjahres prospektiv anzuwenden. Eine frühere Anwendung ist zulässig. Wendet ein Unternehmen die Änderung für ein früheres Geschäftsjahr an, hat es dies anzugeben.

140H Durch IFRS 10 und IFRS 11, veröffentlicht im Mai 2011, wurde Paragraph 4; die Überschrift über Paragraph 12 (h) und Paragraph 12 (h) geändert. Ein Unternehmen hat diese Änderungen anzuwenden, wenn es IFRS 10 und IFRS 11 anwendet.

140I Durch IFRS 13, veröffentlicht im Mai 2011, wurden die Paragraphen 5, 6, 12, 20, 78, 105, 111, 130 und 134 geändert, die Paragraphen 25–27 gestrichen und die Paragraphen 25A und 53A hinzugefügt. Ein Unternehmen hat die betreffenden Änderungen anzuwenden, wenn es IFRS 13 anwendet.

140J Im Mai 2013 wurden die Paragraphen 130 und 134 sowie die Überschrift des Paragraphen 138 geändert. Diese Änderungen sind rückwirkend auf ein am oder nach dem 1. Januar 2014 beginnendes Geschäftsjahr anzuwenden. Eine frühere Anwendung ist zulässig. Diese Änderungen dürfen nur in Berichtsperioden (einschließlich Vergleichsperioden) angewandt werden, in denen auch IFRS 13 angewandt wird.

RÜCKNAHME VON IAS 36 (HERAUSGEGEBEN 1998)

141 Dieser Standard ersetzt IAS 36 *Wertminderung von Vermögenswerten* (herausgegeben 1998).

TRANSITIONAL PROVISIONS AND EFFECTIVE DATE

[deleted]   138

An entity shall apply this standard: 139
(a) to goodwill and intangible assets acquired in business combinations for which the agreement date is on or after 31 March 2004; and
(b) to all other assets prospectively from the beginning of the first annual period beginning on or after 31 March 2004.

Entities to which paragraph 139 applies are encouraged to apply the requirements of this standard before the effective   140 dates specified in paragraph 139. However, if an entity applies this standard before those effective dates, it also shall apply IFRS 3 and IAS 38 (as revised in 2004) at the same time.

IAS 1 *Presentation of Financial Statements* (as revised in 2007) amended the terminology used throughout IFRSs. In addi-   140A tion it amended paragraphs 61, 120, 126 and 129. An entity shall apply those amendments for annual periods beginning on or after 1 January 2009. If an entity applies IAS 1 (revised 2007) for an earlier period, the amendments shall be applied for that earlier period.

IFRS 3 (as revised by the International Accounting Standards Board **in 2008) amended paragraphs 65, 81, 85 and 139;**   140B **deleted paragraphs 91—95 and 138 and added Appendix C. An entity shall apply those amendments for annual periods beginning on or after 1 July 2009. If an entity applies IFRS 3 (revised 2008) for an earlier period, the amendments shall also be applied for that earlier period.**

Paragraph 134 (e) was amended by *Improvements to IFRSs* issued in May 2008. An entity shall apply that amendment for   140C annual periods beginning on or after 1 January 2009. Earlier application is permitted. If an entity applies the amendment for an earlier period it shall disclose that fact.

Cost of an Investment in a Subsidiary, Jointly Controlled Entity or Associate (Amendments to IFRS 1 *First-time Adoption*   140D *of International Financial Reporting Standards* and IAS 27), issued in May 2008, added paragraph 12 (h). An entity shall apply that amendment prospectively for annual periods beginning on or after 1 January 2009. Earlier application is permitted. If an entity applies the related amendments in paragraphs 4 and 38A of IAS 27 for an earlier period, it shall apply the amendment in paragraph 12 (h) at the same time.

Improvements to IFRSs issued in April 2009 amended paragraph 80 (b). An entity shall apply that amendment prospec-   140E tively for annual periods beginning on or after 1 January 2010. Earlier application is permitted. If an entity applies the amendment for an earlier period it shall disclose that fact.

IFRS 10 and IFRS 11, issued in May 2011, amended paragraph 4, the heading above paragraph 12 (h) and paragraph   140H 12 (h). An entity shall apply those amendments when it applies IFRS 10 and IFRS 11.

IFRS 13, issued in May 2011, amended paragraphs 5, 6, 12, 20, 78, 105, 111, 130 and 134, deleted paragraphs 25—27 and   140I added paragraphs 25A and 53A. An entity shall apply those amendments when it applies IFRS 13.

In May 2013 paragraphs 130 and 134 and the heading above paragraph 138 were amended. An entity shall apply those   140J amendments retrospectively for annual periods beginning on or after 1 January 2014. Earlier application is permitted. An entity shall not apply chose amendments in periods (including comparative periods) in which it does not also apply IFRS 13.

WITHDRAWAL OF IAS 36 (ISSUED 1998)

This standard supersedes IAS 36 *Impairment of assets* (issued in 1998).   141

Anhang A

DIE ANWENDUNG VON BARWERT-VERFAHREN ZUR BEWERTUNG DES NUTZUNGSWERTS

Dieser Anhang ist Bestandteil des Standards. Er enthält zusätzliche Leitlinien für die Anwendung von Barwert-Verfahren zur Ermittlung des Nutzungswerts. Obwohl in den Leitlinien der Begriff „Vermögenswert" benutzt wird, sind sie ebenso auf eine Gruppe von Vermögenswerten, die eine zahlungsmittelgenerierende Einheit bildet, anzuwenden.

DIE BESTANDTEILE EINER BARWERT-ERMITTLUNG

A1 Die folgenden Elemente erfassen gemeinsam die wirtschaftlichen Unterschiede zwischen den Vermögenswerten:
(a) eine Schätzung des künftigen Cashflows bzw. in komplexeren Fällen von Serien künftiger Cashflows, die das Unternehmen durch die Vermögenswerte zu erzielen erhofft;
(b) Erwartungen im Hinblick auf eventuelle wertmäßige oder zeitliche Veränderungen dieser Cashflows;
(c) der Zinseffekt, der durch den risikolosen Zinssatz des aktuellen Markts dargestellt wird;
(d) der Preis für die mit dem Vermögenswert verbundene Unsicherheit; und
(e) andere, manchmal nicht identifizierbare Faktoren (wie Illiquidität), die Marktteilnehmer bei der Preisgestaltung der künftigen Cashflows, die das Unternehmen durch die Vermögenswerte zu erzielen erhofft, widerspiegeln würden.

A2 Dieser Anhang stellt zwei Ansätze zur Berechnung des Barwerts gegenüber, jeder von ihnen kann den Umständen entsprechend für die Schätzung des Nutzungswerts eines Vermögenswerts benutzt werden. Bei dem „traditionellen" Ansatz sind die Berichtigungen für die im Paragraph A1 beschriebenen Faktoren (b)–(e) im Abzinsungssatz enthalten. Bei dem „erwarteten Cashflow" Ansatz verursachen die Faktoren (b), (d) und (e) Berichtigungen bei den risikobereinigten erwarteten Cashflows. Welchen Ansatz ein Unternehmen auch anwendet, um Erwartungen hinsichtlich eventueller wertmäßiger oder zeitlicher Änderungen der künftigen Cashflows widerzuspiegeln, letztendlich muss der erwartete Barwert der künftigen Cashflows, d. h. der gewichtete Durchschnitt aller möglichen Ergebnisse widergespiegelt werden.

ALLGEMEINE PRINZIPIEN

A3 Die Verfahren, die zur Schätzung künftiger Cashflows und Zinssätze benutzt werden, variieren von einer Situation zur anderen, je nach den Umständen, die den betreffenden Vermögenswert umgeben. Die folgenden allgemeinen Prinzipien regeln jedoch jede Anwendung von Barwert-Verfahren bei der Bewertung von Vermögenswerten:
(a) Zinssätze, die zur Abzinsung von Cashflows benutzt werden, haben die Annahmen widerzuspiegeln, die mit denen der geschätzten Cashflows übereinstimmen. Andernfalls würden die Wirkungen einiger Annahmen doppelt angerechnet oder ignoriert werden. Ein Abzinsungssatz von 12 Prozent könnte beispielsweise auf vertragliche Cashflows einer Darlehensforderung angewandt werden. Dieser Satz spiegelt die Erwartungen über künftigen Zahlungsverzug bei Darlehen mit besonderen Merkmalen wider. Derselbe 12 Prozent Zinssatz ist nicht zur Abzinsung erwarteter Cashflows zu verwenden, da solche Cashflows bereits die Annahmen über künftigen Zahlungsverzug widerspiegeln.
(b) Geschätzte Cashflows und Abzinsungssätze müssen sowohl frei von verzerrenden Einflüssen als auch von Faktoren sein, die nicht mit dem betreffenden Vermögenswert in Verbindung stehen. Ein verzerrender Einfluss wird beispielsweise in die Bewertung eingebracht, wenn geschätzte Netto-Cashflows absichtlich zu niedrig dargestellt werden, um die offensichtliche künftige Rentabilität eines Vermögenswerts zu verbessern.
(c) Geschätzte Cashflows oder Abzinsungssätze müssen eher die Bandbreite möglicher Ergebnisse widerspiegeln als einen einzigen Betrag, höchstwahrscheinlich den möglichen Mindest- oder Höchstbetrag.

TRADITIONELLER ANSATZ UND „ERWARTETER CASHFLOW" ANSATZ ZUR DARSTELLUNG DES BARWERTS

Traditioneller Ansatz

A4 Anwendungen der Bilanzierung eines Barwerts haben traditionell einen einzigen Satz geschätzter Cashflows und einen einzigen Abzinsungssatz benutzt, der oft als der „dem Risiko entsprechende Zinssatz" beschrieben wurde. In der Tat nimmt der traditionelle Ansatz an, dass eine einzige Abzinsungssatz-Regel alle Erwartungen über die künftigen Cashflows und den angemessenen Risikozuschlag enthalten kann. Daher legt der traditionelle Ansatz größten Wert auf die Auswahl des Abzinsungssatzes.

A5 Unter gewissen Umständen, wenn beispielsweise vergleichbare Vermögenswerte auf dem Markt beobachtet werden können, ist es relativ einfach einen traditionellen Ansatz anzuwenden. Für Vermögenswerte mit vertraglichen Cashflows stimmt dies mit der Art und Weise überein, in der die Marktteilnehmer die Vermögenswerte beschreiben, wie bei „einer 12-prozentigen Anleihe".

Appendix A

USING PRESENT VALUE TECHNIQUES TO MEASURE VALUE IN USE

This appendix is an integral part of the standard. It provides guidance on the use of present value techniques in measuring value in use. Although the guidance uses the term 'asset', it equally applies to a group of assets forming a cash-generating unit.

THE COMPONENTS OF A PRESENT VALUE MEASUREMENT

The following elements together capture the economic differences between assets: A1
(a) an estimate of the future cash flow, or in more complex cases, series of future cash flows the entity expects to derive from the asset;
(b) expectations about possible variations in the amount or timing of those cash flows;
(c) the time value of money, represented by the current market risk-free rate of interest;
(d) the price for bearing the uncertainty inherent in the asset; and
(e) other, sometimes unidentifiable, factors (such as illiquidity) that market participants would reflect in pricing the future cash flows the entity expects to derive from the asset.

This appendix contrasts two approaches to computing present value, either of which may be used to estimate the value in A2
use of an asset, depending on the circumstances. Under the 'traditional' approach, adjustments for factors (b)—(e) described in paragraph A1 are embedded in the discount rate. Under the 'expected cash flow' approach, factors (b), (d) and (e) cause adjustments in arriving at risk-adjusted expected cash flows. Whichever approach an entity adopts to reflect expectations about possible variations in the amount or timing of future cash flows, the result should be to reflect the expected present value of the future cash flows, i.e. the weighted average of all possible outcomes.

GENERAL PRINCIPLES

The techniques used to estimate future cash flows and interest rates will vary from one situation to another depending on A3
the circumstances surrounding the asset in question. However, the following general principles govern any application of present value techniques in measuring assets:
(a) interest rates used to discount cash flows should reflect assumptions that are consistent with those inherent in the estimated cash flows. Otherwise, the effect of some assumptions will be double-counted or ignored. For example, a discount rate of 12 per cent might be applied to contractual cash flows of a loan receivable. That rate reflects expectations about future defaults from loans with particular characteristics. That same 12 per cent rate should not be used to discount expected cash flows because those cash flows already reflect assumptions about future defaults;
(b) estimated cash flows and discount rates should be free from both bias and factors unrelated to the asset in question. For example, deliberately understating estimated net cash flows to enhance the apparent future profitability of an asset introduces a bias into the measurement;
(c) estimated cash flows or discount rates should reflect the range of possible outcomes rather than a single most likely, minimum or maximum possible amount.

TRADITIONAL AND EXPECTED CASH FLOW APPROACHES TO PRESENT VALUE

Traditional approach

Accounting applications of present value have traditionally used a single set of estimated cash flows and a single discount A4
rate, often described as 'the rate commensurate with the risk'. In effect, the traditional approach assumes that a single discount rate convention can incorporate all the expectations about the future cash flows and the appropriate risk premium. Therefore, the traditional approach places most of the emphasis on selection of the discount rate.

In some circumstances, such as those in which comparable assets can be observed in the marketplace, a traditional A5
approach is relatively easy to apply. For assets with contractual cash flows, it is consistent with the manner in which marketplace participants describe assets, as in 'a 12 per cent bond'.

A6 Der traditionelle Ansatz kann jedoch gewisse komplexe Bewertungsprobleme nicht angemessen behandeln, wie beispielsweise die Bewertung von nicht-finanziellen Vermögenswerten, für die es keinen Markt oder keinen vergleichbaren Posten gibt. Eine angemessene Suche nach „dem Risiko entsprechenden Zinssatz" verlangt eine Analyse von zumindest zwei Posten – einem Vermögenswert, der auf dem Markt existiert und einen beobachteten Zinssatz hat und dem zu bewertenden Vermögenswert. Der entsprechende Abzinsungssatz für die zu bewertenden Cashflows muss aus dem in diesem anderen Vermögenswert erkennbaren Zinssatz hergeleitet werden. Um diese Schlussfolgerung ziehen zu können, müssen die Merkmale der Cashflows des anderen Vermögenswerts ähnlich derer des zu bewertenden Vermögenswerts sein. Daher muss für die Bewertung folgendermaßen vorgegangen werden:

(a) Identifizierung des Satzes von Cashflows, die abgezinst werden;

(b) Identifizierung eines anderen Vermögenswerts auf dem Markt, der ähnliche Cashflow-Merkmale zu haben scheint;

(c) Vergleich der Cashflow-Sätze beider Posten um sicherzustellen, dass sie ähnlich sind (zum Beispiel: Sind beide Sätze vertragliche Cashflows, oder ist der eine ein vertraglicher und der andere ein geschätzter Cashflow?);

(d) Beurteilung, ob es bei einem Posten ein Element gibt, das es bei dem anderen nicht gibt (zum Beispiel: Ist einer weniger liquide als der andere?); und

(e) Beurteilung, ob beide Cashflow-Sätze sich bei sich ändernden wirtschaftlichen Bedingungen voraussichtlich ähnlich verhalten (d. h. variieren).

Erwarteter Cashflow-Ansatz

A7 In gewissen Situationen ist der „erwartete Cashflow"-Ansatz ein effektiveres Bewertungsinstrument als der traditionelle Ansatz. Bei der Erarbeitung einer Bewertung benutzt der „erwartete Cashflow"-Ansatz alle Erwartungen über mögliche Cashflows anstelle des einzigen Cashflows, der am ähnlichsten ist. Beispielsweise könnte ein Cashflow 100 WE, 200 WE oder 300 WE sein mit Wahrscheinlichkeiten von 10 Prozent bzw. 60 Prozent oder 30 Prozent. Der erwartete Cashflow beträgt 220 WE. Der „erwartete Cashflow"-Ansatz unterscheidet sich somit vom traditionellen Ansatz dadurch, dass er sich auf die direkte Analyse der betreffenden Cashflows und auf präzisere Darstellungen der bei der Bewertung benutzten Annahmen konzentriert.

A8 Der „erwartete Cashflow"-Ansatz erlaubt auch die Anwendung des Barwert-Verfahrens, wenn die zeitliche Abstimmung der Cashflows ungewiss ist. Beispielsweise könnte ein Cashflow von 1 000 WE in einem Jahr, zwei Jahren oder drei Jahren mit Wahrscheinlichkeiten von 10 Prozent bzw. 60 Prozent oder 30 Prozent erhalten werden. Das nachstehende Beispiel zeigt die Berechnung des erwarteten Barwerts in dieser Situation.

Barwert von 1 000 WE in 1 Jahr zu 5 %	952,38 WE	
Wahrscheinlichkeit	10,00 %	95,24 WE
Barwert von 1 000 WE in 2 Jahren zu 5,25 %	902,73 WE	
Wahrscheinlichkeit	60,00 %	541,64 WE
Barwert von 1 000 WE in 3 Jahren zu 5,50 %	851,61 WE	
Wahrscheinlichkeit	30,00 %	255,48 WE
Erwarteter Barwert		892,36 WE

A9 Der erwartete Barwert von 892,36 WE unterscheidet sich von der traditionellen Auffassung einer bestmöglichen Schätzung von 902,73 WE (die 60 Prozent Wahrscheinlichkeit). Eine auf dieses Beispiel angewendete traditionelle Barwertberechnung verlangt eine Entscheidung darüber, welche möglichen Zeitpunkte der Cashflows anzusetzen sind, und würde demzufolge die Wahrscheinlichkeiten anderer Zeitpunkte nicht widerspiegeln. Das beruht darauf, dass bei einer traditionellen Berechnung des Barwertes der Abzinsungssatz keine Ungewissheiten über die Zeitpunkte widerspiegeln kann.

A10 Die Benutzung von Wahrscheinlichkeiten ist ein wesentliches Element des „erwarteten Cashflow" Ansatzes. In Frage gestellt wird, ob die Zuweisung von Wahrscheinlichkeiten zu hohen subjektiven Schätzungen größere Präzision vermuten lässt, als dass sie in der Tat existiert. Die richtige Anwendung des traditionellen Ansatzes (wie in Paragraph A6 beschrieben) verlangt hingegen dieselben Schätzungen und dieselbe Subjektivität ohne die computerunterstützte Transparenz des „erwarteten Cashflow" Ansatzes zu liefern.

A11 Viele in der gegenwärtigen Praxis entwickelte Schätzungen beinhalten bereits informell die Elemente der erwarteten Cashflows. Außerdem werden Rechnungsleger oft mit der Notwendigkeit konfrontiert, einen Vermögenswert zu bewerten und dabei begrenzte Informationen über die Wahrscheinlichkeiten möglicher Cashflows zu benutzen. Ein Rechnungsleger könnte beispielsweise mit den folgenden Situationen konfrontiert werden:

(a) Der geschätzte Betrag liegt irgendwo zwischen 50 WE und 250 WE, aber kein Betrag, der in diesem Bereich liegt, kommt eher in Frage als irgendein ein anderer Betrag. Auf der Grundlage dieser begrenzten Information beläuft sich der geschätzte erwartete Cashflow auf 150 WE [(50 + 250)/2].

(b) Der geschätzte Betrag liegt irgendwo zwischen 50 WE und 250 WE und der wahrscheinlichste Betrag ist 100 WE. Die mit jedem Betrag verbundenen Wahrscheinlichkeiten sind unbekannt. Auf der Grundlage dieser begrenzten Information beläuft sich der geschätzte erwartete Cashflow auf 133,33 WE [(50 + 100 + 250)/3].

(c) Der geschätzte Betrag beträgt 50 WE (10 Prozent Wahrscheinlichkeit), 250 WE (30 Prozent Wahrscheinlichkeit) oder 100 WE (60 Prozent Wahrscheinlichkeit). Auf der Grundlage dieser begrenzten Information beläuft sich der geschätzte erwartete Cashflow auf 140 WE [(50 × 0,10) + (250 × 0,30) + (100 × 0,60)].

However, the traditional approach may not appropriately address some complex measurement problems, such as the **A6** measurement of non-financial assets for which no market for the item or a comparable item exists. A proper search for 'the rate commensurate with the risk' requires analysis of at least two items — an asset that exists in the marketplace and has an observed interest rate and the asset being measured. The appropriate discount rate for the cash flows being measured must be inferred from the observable rate of interest in that other asset. To draw that inference, the characteristics of the other asset's cash flows must be similar to those of the asset being measured. Therefore, the measurer must do the following:

(a) identify the set of cash flows that will be discounted;

(b) identify another asset in the marketplace that appears to have similar cash flow characteristics;

(c) compare the cash flow sets from the two items to ensure that they are similar (for example, are both sets contractual cash flows, or is one contractual and the other an estimated cash flow?);

(d) evaluate whether there is an element in one item that is not present in the other (for example, is one less liquid than the other?); and

(e) evaluate whether both sets of cash flows are likely to behave (i.e. vary) in a similar fashion in changing economic conditions.

Expected cash flow approach

The expected cash flow approach is, in some situations, a more effective measurement tool than the traditional approach. **A7** In developing a measurement, the expected cash flow approach uses all expectations about possible cash flows instead of the single most likely cash flow. For example, a cash flow might be CU100, CU200 or CU300 with probabilities of 10 per cent, 60 per cent and 30 per cent, respectively. The expected cash flow is CU220. The expected cash flow approach thus differs from the traditional approach by focusing on direct analysis of the cash flows in question and on more explicit statements of the assumptions used in the measurement.

The expected cash flow approach also allows use of present value techniques when the timing of cash flows is uncertain. **A8** For example, a cash flow of CU1 000 may be received in one year, two years or three years with probabilities of 10 per cent, 60 per cent and 30 per cent, respectively. The example below shows the computation of expected present value in that situation.

Present value of CU1 000 in 1 year at 5 %	CU952,38	
Probability	10,00 %	CU95,24
Present value of CU1 000 in 2 years at 5,25 %	CU902,73	
Probability	60,00 %	CU541,64
Present value of CU1 000 in 3 years at 5,50 %	CU851,61	
Probability	30,00 %	CU255,48
Expected present value		CU892,36

The expected present value of CU892,36 differs from the traditional notion of a best estimate of CU902,73 (the 60 per **A9** cent probability). A traditional present value computation applied to this example requires a decision about which of the possible timings of cash flows to use and, accordingly, would not reflect the probabilities of other timings. This is because the discount rate in a traditional present value computation cannot reflect uncertainties in timing.

The use of probabilities is an essential element of the expected cash flow approach. Some question whether assigning **A10** probabilities to highly subjective estimates suggests greater precision than, in fact, exists. However, the proper application of the traditional approach (as described in paragraph A6) requires the same estimates and subjectivity without providing the computational transparency of the expected cash flow approach.

Many estimates developed in current practice already incorporate the elements of expected cash flows informally. In addi- **A11** tion, accountants often face the need to measure an asset using limited information about the probabilities of possible cash flows. For example, an accountant might be confronted with the following situations:

(a) the estimated amount falls somewhere between CU50 and CU250, but no amount in the range is more likely than any other amount. Based on that limited information, the estimated expected cash flow is CU150 [(50 + 250)/2];

(b) the estimated amount falls somewhere between CU50 and CU250, and the most likely amount is CU100. However, the probabilities attached to each amount are unknown. Based on that limited information, the estimated expected cash flow is CU133,33 (50 + 100 + 250)/3];

(c) the estimated amount will be CU50 (10 per cent probability), CU250 (30 per cent probability), or CU100 (60 per cent probability). Based on that limited information, the estimated expected cash flow is CU140 [(50 × 0,10) + (250 × 0,30) + (100 × 0,60)].

In jedem Fall liefert der geschätzte erwartete Cashflow voraussichtlich eine bessere Schätzung des Nutzungswerts als wahrscheinlich der Mindestbetrag oder der Höchstbetrag alleine genommen.

A12 Die Anwendung eines „erwarteten Cashflow" Ansatzes ist abhängig von einer Kosten-Nutzen Auflage. In manchen Fällen kann ein Unternehmen Zugriff auf zahlreiche Daten haben und somit viele Cashflow Szenarien entwickeln. In anderen Fällen kann es sein, dass ein Unternehmen nicht mehr als die allgemeinen Darstellungen über die Schwankung der Cashflows ohne Berücksichtigung wesentlicher Kosten entwickeln kann. Das Unternehmen muss die Kosten für den Erhalt zusätzlicher Informationen mit der zusätzlichen Verlässlichkeit, die diese Informationen für die Bewertung bringen wird, abwägen.

A13 Einige behaupten, dass erwartete Cashflow-Verfahren ungeeignet für die Bewertung eines einzelnen Postens oder eines Postens mit einer begrenzten Anzahl von möglichen Ergebnissen sind. Sie geben ein Beispiel eines Vermögenswerts mit zwei möglichen Ergebnissen an: eine 90-prozentige Wahrscheinlichkeit, dass der Cashflow 10 WE und eine 10-prozentige Wahrscheinlichkeit, dass der Cashflow 1000 WE betragen wird. Sie beobachten, dass der erwartete Cashflow in diesem Beispiel 109 WE beträgt und kritisieren dieses Ergebnis, weil es keinen der Beträge darstellt, die letztendlich bezahlt werden könnten.

A14 Behauptungen, wie die gerade dargelegt, spiegeln die zugrunde liegende Unstimmigkeit hinsichtlich der Bewertungsziele wider. Wenn die Kumulierung der einzugehenden Kosten die Zielsetzung ist, könnten die erwarteten Cashflows keine repräsentativ glaubwürdige Schätzung der erwarteten Kosten erzeugen. Dieser Standard befasst sich indes mit der Bewertung des erzielbaren Betrags eines Vermögenswerts. Der erzielbare Betrag des Vermögenswerts aus diesem Beispiel ist voraussichtlich nicht 10 WE, selbst wenn dies der wahrscheinlichste Cashflow ist. Der Grund hierfür ist, dass eine Bewertung von 10 WE nicht die Ungewissheit des Cashflows bei der Bewertung des Vermögenswerts beinhaltet. Stattdessen wird der ungewisse Cashflow dargestellt, als wäre er ein gewisser Cashflow. Kein rational handelndes Unternehmen würde einen Vermögenswert mit diesen Merkmalen für 10 WE verkaufen.

ABZINSUNGSSATZ

A15 Welchen Ansatz ein Unternehmen auch für die Bewertung des Nutzungswerts eines Vermögenswerts wählt, die Zinssätze, die zur Abzinsung der Cashflows benutzt werden, dürfen nicht die Risiken widerspiegeln, aufgrund derer die geschätzten Cashflows angepasst worden sind. Andernfalls würden die Wirkungen einiger Annahmen doppelt angerechnet.

A16 Wenn ein vermögenswertespezifischer Zinssatz nicht direkt über den Markt erhältlich ist, verwendet ein Unternehmen Ersatzfaktoren zur Schätzung des Abzinsungssatzes. Ziel ist es, so weit wie möglich, die Marktbeurteilung folgender Faktoren zu schätzen:
(a) den Zinseffekt für die Perioden bis zum Ende der Nutzungsdauer des Vermögenswertes; und
(b) die in Paragraph A1 beschriebenen Faktoren (b), (d) und (e), soweit diese Faktoren keine Berichtigungen bei den geschätzten Cashflows verursacht haben.

A17 Als Ausgangspunkt kann ein Unternehmen bei der Erstellung einer solchen Schätzung die folgenden Zinssätze berücksichtigen:
(a) die durchschnittlich gewichteten Kapitalkosten des Unternehmens, die mithilfe von Verfahren wie dem Capital Asset Pricing Model bestimmt werden können;
(b) den Zinssatz für Neukredite des Unternehmens; und
(c) andere marktübliche Fremdkapitalzinssätze.

A18 Diese Zinssätze müssen jedoch angepasst werden,
(a) um die Art und Weise widerzuspiegeln, auf der der Markt die spezifischen Risiken, die mit den geschätzten Cashflows verbunden sind, bewerten würde; und
(b) um Risiken auszuschließen, die für die geschätzten Cashflows der Vermögenswerte nicht relevant sind, oder aufgrund derer bereits eine Anpassung der geschätzten Cashflows vorgenommen wurde.
Berücksichtigt werden Risiken, wie das Länderrisiko, das Währungsrisiko und das Preisrisiko.

A19 Der Abzinsungssatz ist unabhängig von der Kapitalstruktur des Unternehmens und von der Art und Weise, wie das Unternehmen den Kauf des Vermögenswerts finanziert, weil die künftig erwarteten Cashflows aus dem Vermögenswert nicht von der Art und Weise abhängen, wie das Unternehmen den Kauf des Vermögenswerts finanziert hat.

A20 Paragraph 55 verlangt, dass der benutzte Abzinsungssatz ein Vor-Steuer-Zinssatz ist. Wenn daher die Grundlage für die Schätzung des Abzinsungssatzes eine Betrachtung nach Steuern ist, ist diese Grundlage anzupassen, um einen Zinssatz vor Steuern widerzuspiegeln.

A21 Ein Unternehmen verwendet normalerweise einen einzigen Abzinsungssatz zur Schätzung des Nutzungswerts eines Vermögenswerts. Ein Unternehmen verwendet indes unterschiedliche Abzinsungssätze für die verschiedenen künftigen Perioden, wenn der Nutzungswert sensibel auf die unterschiedlichen Risiken in den verschiedenen Perioden oder auf die Laufzeitstruktur der Zinssätze reagiert.

In each case, the estimated expected cash flow is likely to provide a better estimate of value in use than the minimum, most likely or maximum amount taken alone.

The application of an expected cash flow approach is subject to a cost-benefit constraint. In some cases, an entity may **A12** have access to extensive data and may be able to develop many cash flow scenarios. In other cases, an entity may not be able to develop more than general statements about the variability of cash flows without incurring substantial cost. The entity needs to balance the cost of obtaining additional information against the additional reliability that information will bring to the measurement.

Some maintain that expected cash flow techniques are inappropriate for measuring a single item or an item with a limited **A13** number of possible outcomes. They offer an example of an asset with two possible outcomes: a 90 per cent probability that the cash flow will be CU10 and a 10 per cent probability that the cash flow will be CU1000. They observe that the expected cash flow in that example is CU109 and criticise that result as not representing either of the amounts that may ultimately be paid.

Assertions like the one just outlined reflect underlying disagreement with the measurement objective. If the objective is **A14** accumulation of costs to be incurred, expected cash flows may not produce a representationally faithful estimate of the expected cost. However, this standard is concerned with measuring the recoverable amount of an asset. The recoverable amount of the asset in this example is not likely to be CU10, even though that is the most likely cash flow. This is because a measurement of CU10 does not incorporate the uncertainty of the cash flow in the measurement of the asset. Instead, the uncertain cash flow is presented as if it were a certain cash flow. No rational entity would sell an asset with these characteristics for CU10.

DISCOUNT RATE

Whichever approach an entity adopts for measuring the value in use of an asset, interest rates used to discount cash flows **A15** should not reflect risks for which the estimated cash flows have been adjusted. Otherwise, the effect of some assumptions will be double-counted.

When an asset-specific rate is not directly available from the market, an entity uses surrogates to estimate the discount **A16** rate. The purpose is to estimate, as far as possible, a market assessment of:
(a)   the time value of money for the periods until the end of the asset's useful life; and
(b)   factors (b), (d) and (e) described in paragraph A1, to the extent those factors have not caused adjustments in arriving at estimated cash flows.

As a starting point in making such an estimate, the entity might take into account the following rates: **A17**
(a)   the entity's weighted average cost of capital determined using techniques such as the Capital Asset Pricing Model;
(b)   the entity's incremental borrowing rate; and
(c)   other market borrowing rates.

However, these rates must be adjusted: **A18**
(a)   to reflect the way that the market would assess the specific risks associated with the asset's estimated cash flows; and
(b)   to exclude risks that are not relevant to the asset's estimated cash flows or for which the estimated cash flows have been adjusted.
Consideration should be given to risks such as country risk, currency risk and price risk.

The discount rate is independent of the entity's capital structure and the way the entity financed the purchase of the asset, **A19** because the future cash flows expected to arise from an asset do not depend on the way in which the entity financed the purchase of the asset.

Paragraph 55 requires the discount rate used to be a pre-tax rate. Therefore, when the basis used to estimate the discount **A20** rate is post-tax, that basis is adjusted to reflect a pre-tax rate.

An entity normally uses a single discount rate for the estimate of an asset's value in use. However, an entity uses separate **A21** discount rates for different future periods where value in use is sensitive to a difference in risks for different periods or to the term structure of interest rates.

Anhang C

Dieser Anhang ist integraler Bestandteil des Standards.

PRÜFUNG AUF WERTMINDERUNG VON ZAHLUNGSMITTELGENERIERENDEN EINHEITEN MIT EINEM GESCHÄFTS- ODER FIRMENWERT UND NICHT BEHERRSCHENDEN ANTEILEN

C1 Gemäß IFRS 3 (in der vom International Accounting Standards Board 2008 überarbeiteten Fassung) bewertet und erfasst der Erwerber den Geschäfts- oder Firmenwert zum Erwerbszeitpunkt als den Unterschiedsbetrag zwischen (a) und (b) wie folgt:

(a)   die Summe aus:

(i)   der übertragenen Gegenleistung, die gemäß IFRS 3 im Allgemeinen zu dem am Erwerbszeitpunkt geltenden beizulegenden Zeitwert bestimmt wird;

(ii)   dem Betrag aller nicht beherrschenden Anteile an dem erworbenen Unternehmen, die gemäß IFRS 3 bewertet werden; und

(iii)   dem am Erwerbszeitpunkt geltenden beizulegenden Zeitwert des zuvor vom Erwerber gehaltenen Eigenkapitalanteils an dem erworbenen Unternehmen, wenn es sich um einen sukzessiven Unternehmenszusammenschluss handelt.

(b)   der Saldo der zum Erwerbszeitpunkt bestehenden und gemäß IFRS 3 bewerteten Beträge der erworbenen identifizierbaren Vermögenswerte und der übernommenen Schulden.

ZUORDNUNG EINES GESCHÄFTS- ODER FIRMENWERTS

C2 Paragraph 80 dieses Standards schreibt vor, dass ein Geschäfts- oder Firmenwert, der bei einem Unternehmenszusammenschluss erworben wurde, den zahlungsmittelgenerierenden Einheiten bzw. den Gruppen von zahlungsmittelgenerierenden Einheiten des Erwerbers, für die aus den Synergien des Zusammenschlusses ein Nutzen erwartet wird, zuzuordnen ist, unabhängig davon, ob andere Vermögenswerte oder Schulden des erworbenen Unternehmens diesen Einheiten oder Gruppen von Einheiten bereits zugewiesen worden sind. Es ist möglich, dass einige der aus einem Unternehmenszusammenschluss entstandenen Synergien einer zahlungsmittelgenerierenden Einheit zugeordnet werden, an der der nicht beherrschende Anteil nicht beteiligt ist.

PRÜFUNG AUF WERTMINDERUNG

C3 Eine Prüfung auf Wertminderung schließt den Vergleich des erzielbaren Betrags einer zahlungsmittelgenerierenden Einheit mit dem Buchwert der zahlungsmittelgenerierenden Einheit ein.

C4 Wenn ein Unternehmen nicht beherrschende Anteile als seinen proportionalen Anteil an den identifizierbaren Netto-Vermögenswerten eines Tochterunternehmens zum Erwerbszeitpunkt und nicht mit dem beizulegenden Zeitwert bestimmt, wird der den nicht beherrschenden Anteilen zugewiesene Geschäfts- oder Firmenwert in den erzielbaren Betrag der dazugehörigen zahlungsmittelgenerierenden Einheit einbezogen aber nicht im Konzernabschluss des Mutterunternehmens ausgewiesen. Folglich wird der Bruttobetrag des Buchwerts des zur Einheit zugeordneten Geschäfts- oder Firmenwerts ermittelt, um den dem nicht beherrschenden Anteil zuzurechnenden Geschäfts- oder Firmenwert einzuschließen. Dieser berichtigte Buchwert wird dann mit dem erzielbaren Betrag der Einheit verglichen, um zu bestimmen, ob die zahlungsmittelgenerierende Einheit wertgemindert ist.

ZUORDNUNG EINES WERTMINDERUNGSAUFWANDS

C5 Nach Paragraph 104 muss ein identifizierter Wertminderungsaufwand zuerst zugeordnet werden, um den Buchwert des der Einheit zugewiesenen Geschäfts- oder Firmenwerts zu reduzieren und dann den anderen Vermögenswerten der Einheit anteilig auf der Basis des Buchwerts eines jeden Vermögenswerts der Einheit zugewiesen werden.

C6 Wenn ein Tochterunternehmen oder ein Teil eines Tochterunternehmens mit einem nicht beherrschenden Anteil selbst eine zahlungsmittelgenerierende Einheit ist, wird der Wertminderungsaufwand zwischen dem Mutterunternehmen und dem nicht beherrschenden Anteil auf derselben Basis wie der Gewinn oder Verlust aufgeteilt.

C7 Wenn ein Tochterunternehmen oder ein Teil eines Tochterunternehmens mit einem nicht beherrschenden Anteil zu einer zahlungsmittelgenerierenden Einheit gehört, werden die Wertminderungsaufwendungen des Geschäfts- oder Firmenwerts den Teilen der zahlungsmittelgenerierenden Einheit, die einen nicht beherrschenden Anteil haben und den Teilen, die keinen haben, zugeordnet. Die Wertminderungsaufwendungen sind den Teilen der zahlungsmittelgenerierenden Einheit auf folgender Grundlage zuzuordnen:

This appendix is an integral part of the Standard.

IMPAIRMENT TESTING CASH-GENERATING UNITS WITH GOODWILL AND NON-CONTROLLING INTERESTS

In accordance with IFRS 3 (as revised by the International Accounting Standards Board in 2008), the acquirer measures **C1** and recognises goodwill as of the acquisition date as the excess of (a) over (b) below:

(a) the aggregate of:
  (i) the consideration transferred measured in accordance with IFRS 3, which generally requires acquisition-date fair value;
  (ii) the amount of any non-controlling interest in the acquiree measured in accordance with IFRS 3; and
  (iii) in a business combination achieved in stages, the acquisition-date fair value of the acquirer's previously held equity interest in the acquiree.
(b) the net of the acquisition-date amounts of the identifiable assets acquired and liabilities assumed measured in accordance with IFRS 3.

ALLOCATION OF GOODWILL

Paragraph 80 of this Standard requires goodwill acquired in a business combination to be allocated to each of the **C2** acquirer's cash-generating units, or groups of cash generating units, expected to benefit from the synergies of the combination, irrespective of whether other assets or liabilities of the acquiree are assigned to those units, or groups of units. It is possible that some of the synergies resulting from a business combination will be allocated to a cash-generating unit in which the non-controlling interest does not have an interest.

TESTING FOR IMPAIRMENT

Testing for impairment involves comparing the recoverable amount of a cash-generating unit with the carrying amount **C3** of the cash-generating unit.

If an entity measures non-controlling interests as its proportionate interest in the net identifiable assets of a subsidiary at **C4** the acquisition date, rather than at fair value, goodwill attributable to non-controlling interests is included in the recoverable amount of the related cash-generating unit but is not recognised in the parent's consolidated financial statements. As a consequence, an entity shall gross up the carrying amount of goodwill allocated to the unit to include the goodwill attributable to the non-controlling interest. This adjusted carrying amount is then compared with the recoverable amount of the unit to determine whether the cash-generating unit is impaired.

ALLOCATING AN IMPAIRMENT LOSS

Paragraph 104 requires any identified impairment loss to be allocated first to reduce the carrying amount of goodwill **C5** allocated to the unit and then to the other assets of the unit pro rata on the basis of the carrying amount of each asset in the unit.

If a subsidiary, or part of a subsidiary, with a non-controlling interest is itself a cash-generating unit, the impairment loss **C6** is allocated between the parent and the non-controlling interest on the same basis as that on which profit or loss is allocated.

If a subsidiary, or part of a subsidiary, with a non-controlling interest is part of a larger cash-generating unit, goodwill **C7** impairment losses are allocated to the parts of the cash-generating unit that have a non-controlling interest and the parts that do not. The impairment losses should be allocated to the parts of the cashgenerating unit on the basis of:

(a) in dem Umfang, dass sich die Wertminderung auf den in der zahlungsmittelgenerierenden Einheit enthaltenen Geschäfts- oder Firmenwert, den relativen Buchwerten des Geschäfts- oder Firmenwerts der Teile vor der Wertminderung bezieht; und

(b) in dem Umfang, dass sich die Wertminderung auf die in der zahlungsmittelgenerierenden Einheit enthaltenen identifizierbaren Vermögenswerte, den relativen Buchwerten der identifizierbaren Netto-Vermögenswerte der Teile vor der Wertminderung bezieht. Diese Wertminderungen werden den Vermögenswerten der Teile jeder Einheit anteilig zugeordnet, basierend auf dem Buchwert jedes Vermögenswerts des jeweiligen Teils.

In den Teilen, die einen nicht beherrschenden Anteil haben, wird der Wertminderungsaufwand zwischen dem Mutterunternehmen und dem nicht beherrschenden Anteil gleichermaßen, wie es beim Gewinn oder Verlust der Fall ist, aufgeteilt.

C8 Wenn sich ein einem nicht beherrschenden Anteil zugeordneter Wertminderungsaufwand auf den Geschäfts- oder Firmenwert bezieht, der nicht im Konzernabschluss des Mutterunternehmens ausgewiesen wird (siehe Paragraph C4), wird diese Wertminderung nicht als ein Wertminderungsaufwand des Geschäfts- oder Firmenwerts erfasst. In diesen Fällen wird nur der Wertminderungsaufwand, der sich auf den dem Mutterunternehmen zugeordneten Geschäfts- oder Firmenwert bezieht, als ein Wertminderungsaufwand des Geschäfts- oder Firmenwerts erfasst.

C9 Das erläuternde Beispiel 7 veranschaulicht die Prüfung auf Wertminderung einer zahlungsmittelgenerierenden Einheit mit einem Geschäfts- oder Firmenwert, die kein hundertprozentiges Tochterunternehmen ist.

(a) to the extent that the impairment relates to goodwill in the cash-generating unit, the relative carrying values of the goodwill of the parts before the impairment; and

(b) to the extent that the impairment relates to identifiable assets in the cash-generating unit, the relative carrying values of the net identifiable assets of the parts before the impairment. Any such impairment is allocated to the assets of the parts of each unit pro rata on the basis of the carrying amount of each asset in the part.

In those parts that have a non-controlling interest, the impairment loss is allocated between the parent and the non-controlling interest on the same basis as that on which profit or loss is allocated.

If an impairment loss attributable to a non-controlling interest relates to goodwill that is not recognised in the parent's consolidated financial statements (see paragraph C4), that impairment is not recognised as a goodwill impairment loss. In such cases, only the impairment loss relating to the goodwill that is allocated to the parent is recognised as a goodwill impairment loss. **C8**

Illustrative Example 7 illustrates the impairment testing of a non-wholly-owned cash-generating unit with goodwill. **C9**

INTERNATIONAL ACCOUNTING STANDARD 37

Rückstellungen, Eventualverbindlichkeiten und Eventualforderungen

INHALT

ZIELSETZUNG

Zielsetzung dieses Standards ist es, sicherzustellen, dass angemessene Ansatzkriterien und Bewertungsgrundlagen auf Rückstellungen, Eventualverbindlichkeiten und Eventualforderungen angewandt werden und, dass im Anhang ausreichend Informationen angegeben werden, die dem Leser die Beurteilung von Art, Fälligkeit und Höhe derselben ermöglichen.

ANWENDUNGSBEREICH

1 Dieser Standard ist von allen Unternehmen auf die Bilanzierung und Bewertung von Rückstellungen, Eventualverbindlichkeiten und Eventualforderungen anzuwenden. Hiervon ausgenommen sind:
(a) diejenigen, die aus noch zu erfüllenden Verträgen resultieren, außer der Vertrag ist belastend; und
(b) [gestrichen]
(c) diejenigen, die von einem anderen Standard abgedeckt werden.

2 Dieser Standard wird nicht auf Finanzinstrumente (einschließlich Garantien) angewandt, die in den Anwendungsbereich von IAS 39 *Finanzinstrumente: Ansatz und Bewertung* fallen.

3 Noch zu erfüllende Verträge sind Verträge, unter denen beide Parteien ihre Verpflichtungen in keiner Weise oder teilweise zu gleichen Teilen erfüllt haben. Dieser Standard ist nicht auf noch zu erfüllende Verträge anzuwenden, sofern diese nicht belastend sind.

4 [gestrichen]

5 Wenn ein anderer Standard eine bestimmte Rückstellung, Eventualverbindlichkeit oder Eventualforderung behandelt, hat ein Unternehmen den betreffenden Standard an Stelle dieses Standards anzuwenden. So werden zum Beispiel gewisse Rückstellungsarten in Standards zu folgenden Themen behandelt:

INTERNATIONAL ACCOUNTING STANDARD 37

Provisions, contingent liabilities and contingent assets

SUMMARY

OBJECTIVE

The objective of this standard is to ensure that appropriate recognition criteria and measurement bases are applied to provisions, contingent liabilities and contingent assets and that sufficient information is disclosed in the notes to enable users to understand their nature, timing and amount.

SCOPE

This standard shall be applied by all entities in accounting for provisions, contingent liabilities and contingent assets, **1** except:

(a)   those resulting from executory contracts, except where the contract is onerous; and

(b)   [deleted]

(c)   those covered by another standard.

This standard does not apply to financial instruments (including guarantees) that are within the scope of IAS 39 *Financial* **2** *instruments: recognition and measurement.*

Executory contracts are contracts under which neither party has performed any of its obligations or both parties have **3** partially performed their obligations to an equal extent. This standard does not apply to executory contracts unless they are onerous.

[deleted] **4**

When another Standard deals with a specific type of provision, contingent liability or contingent asset, an entity applies **5** that Standard instead of this Standard. For example, some types of provisions are addressed in Standards on:

(a) Fertigungsaufträge (siehe IAS 11 *Fertigungsaufträge*);

(b) Ertragsteuern (siehe IAS 12 *Ertragsteuern*);

(c) Leasingverhältnisse (siehe IAS 17 *Leasingverhältnisse*). IAS 17 enthält jedoch keine speziellen Vorschriften für die Behandlung von belastenden Operating-Leasingverhältnissen. In diesen Fällen ist der vorliegende Standard anzuwenden;

(d) Leistungen an Arbeitnehmer (siehe IAS 19 *Leistungen an Arbeitnehmer*);

(e) Versicherungsverträge (siehe IFRS 4 *Versicherungsverträge*). Dieser Standard ist indes auf alle anderen Rückstellungen, Eventualverbindlichkeiten und Eventualforderungen eines Versicherers anzuwenden, die sich nicht aus seinen vertraglichen Verpflichtungen und Rechten aus Versicherungsverträgen im Anwendungsbereich von IFRS 4 ergeben, und

(f) bedingte Gegenleistung eines Erwerbers bei einem Unternehmenszusammenschluss (siehe IFRS 3 *Unternehmenszusammenschlüsse*).

6 Einige als Rückstellungen behandelte Beträge können mit der Erfassung von Umsatzerlösen zusammenhängen; zum Beispiel in Fällen, in denen ein Unternehmen Bürgschaften gegen Gebühr übernimmt. Der vorliegende Standard behandelt nicht die Erfassung von Umsatzerlösen. IAS 18 *Umsatzerlöse* legt die Umstände dar, unter denen Umsatzerlöse erfasst werden, und gibt praktische Anleitungen zur Anwendung der Kriterien für eine Erfassung. Der vorliegende Standard hat keinen Einfluss auf die Anforderungen nach IAS 18.

7 Dieser Standard definiert Rückstellungen als Schulden, die bezüglich ihrer Fälligkeit oder ihrer Höhe ungewiss sind. In einigen Ländern wird der Begriff „Rückstellungen" auch im Zusammenhang mit Posten wie Abschreibungen, Wertminderung von Vermögenswerten und Wertberichtigungen von zweifelhaften Forderungen verwendet: dies sind Berichtigungen der Buchwerte von Vermögenswerten. Sie werden in vorliegendem Standard nicht behandelt.

8 Andere Standards legen fest, ob Ausgaben als Vermögenswerte oder als Aufwendungen behandelt werden. Diese Frage wird in dem vorliegendem Standard nicht behandelt. Entsprechend wird eine Aktivierung der bei der Bildung der Rückstellung erfassten Aufwendungen durch diesen Standard weder verboten noch vorgeschrieben.

9 Dieser Standard ist auf Rückstellungen für Restrukturierungsmaßnahmen (einschließlich aufgegebene Geschäftsbereiche) anzuwenden. Wenn eine Restrukturierungsmaßnahme der Definition eines aufgegebenen Geschäftsbereichs entspricht, können zusätzliche Angaben nach IFRS 5 *Zur Veräußerung gehaltene langfristige Vermögenswerte und aufgegebene Geschäftsbereiche* erforderlich werden.

DEFINITIONEN

10 Die folgenden Begriffe werden in diesem Standard mit der angegebenen Bedeutung verwendet:

Eine *Rückstellung* ist eine Schuld, die bezüglich ihrer Fälligkeit oder ihrer Höhe ungewiss ist.

Eine *Schuld* ist eine gegenwärtige Verpflichtung des Unternehmens, die aus Ereignissen der Vergangenheit entsteht und deren Erfüllung für das Unternehmen erwartungsgemäß mit einem Abfluss von Ressourcen mit wirtschaftlichem Nutzen verbunden ist.

Ein *verpflichtendes Ereignis* ist ein Ereignis, das eine rechtliche oder faktische Verpflichtung schafft, aufgrund derer das Unternehmen keine realistische Alternative zur Erfüllung der Verpflichtung hat.

Eine *rechtliche Verpflichtung* ist eine Verpflichtung, die sich ableitet aus

(a) einem Vertrag (aufgrund seiner expliziten oder impliziten Bedingungen);

(b) Gesetzen; oder

(c) sonstigen unmittelbaren Auswirkungen der Gesetze.

Eine *faktische Verpflichtung* ist eine aus den Aktivitäten eines Unternehmens entstehende Verpflichtung, wenn

(a) das Unternehmen durch sein bisher übliches Geschäftsgebaren, öffentlich angekündigte Maßnahmen oder eine ausreichend spezifische, aktuelle Aussage anderen Parteien gegenüber die Übernahme gewisser Verpflichtungen angedeutet hat; und

(b) das Unternehmen dadurch bei den anderen Parteien eine gerechtfertigte Erwartung geweckt hat, dass es diesen Verpflichtungen nachkommt.

Eine *Eventualverbindlichkeit* ist

(a) eine mögliche Verpflichtung, die aus vergangenen Ereignissen resultiert und deren Existenz durch das Eintreten oder Nichteintreten eines oder mehrerer unsicherer künftiger Ereignisse erst noch bestätigt wird, die nicht vollständig unter der Kontrolle des Unternehmens stehen, oder

(b) eine gegenwärtige Verpflichtung, die auf vergangenen Ereignissen beruht, jedoch nicht erfasst wird, weil

(i) ein Abfluss von Ressourcen mit wirtschaftlichem Nutzen mit der Erfüllung dieser Verpflichtung nicht wahrscheinlich ist, oder

(ii) die Höhe der Verpflichtung nicht ausreichend verlässlich geschätzt werden kann.

Eine Eventualforderung ist ein möglicher Vermögenswert, der aus vergangenen Ereignissen resultiert und dessen Existenz durch das Eintreten oder Nichteintreten eines oder mehrerer unsicherer künftiger Ereignisse erst noch bestätigt wird, die nicht vollständig unter der Kontrolle des Unternehmens stehen.

Ein *belastender Vertrag* ist ein Vertrag, bei dem die unvermeidbaren Kosten zur Erfüllung der vertraglichen Verpflichtungen höher sind als der erwartete wirtschaftliche Nutzen.

Eine *Restrukturierungsmaßnahme* ist ein Programm, das vom Management geplant und kontrolliert wird und entweder

(a) construction contracts (see IAS 11 *Construction Contracts*);
(b) income taxes (see IAS 12 *Income taxes*);
(c) leases (see IAS 17 *Leases*). However, as IAS 17 contains no specific requirements to deal with operating leases that have become onerous, this standard applies to such cases;
(d) employee benefits (see IAS 19 *Employee benefits*);
(e) insurance contracts (see IFRS 4 *Insurance Contracts*). However, this Standard applies to provisions, contingent liabilities and contingent assets of an insurer, other than those arising from its contractual obligations and rights under insurance contracts within the scope of IFRS 4; and
(f) contingent consideration of an acquirer in a business combination (see IFRS 3 *Business Combinations*).

Some amounts treated as provisions may relate to the recognition of revenue, for example where an entity gives guaran- **6** tees in exchange for a fee. This standard does not address the recognition of revenue. IAS 18 *Revenue* identifies the circumstances in which revenue is recognised and provides practical guidance on the application of the recognition criteria. This standard does not change the requirements of IAS 18.

This standard defines provisions as liabilities of uncertain timing or amount. In some countries the term 'provision' is **7** also used in the context of items such as depreciation, impairment of assets and doubtful debts: these are adjustments to the carrying amounts of assets and are not addressed in this standard.

Other standards specify whether expenditures are treated as assets or as expenses. These issues are not addressed in this **8** standard. Accordingly, this standard neither prohibits nor requires capitalisation of the costs recognised when a provision is made.

This standard applies to provisions for restructurings (including discontinued operations). When a restructuring meets **9** the definition of a discontinued operation, additional disclosures may be required by IFRS 5 *Non-current assets held for sale and discontinued operations*.

DEFINITIONS

The following terms are used in this standard with the meanings specified: **10**

A *provision* is a liability of uncertain timing or amount. >50 %

A *liability* is a present obligation of the entity arising from past events, the settlement of which is expected to result in an outflow from the entity of resources embodying economic benefits.

An *obligating event* is an event that creates a legal or constructive obligation that results in an entity having no realistic alternative to settling that obligation.

A *legal obligation* is an obligation that derives from:
(a) a contract (through its explicit or implicit terms);
(b) legislation; or
(c) other operation of law.

A *constructive obligation* is an obligation that derives from an entity's actions where:
(a) by an established pattern of past practice, published policies or a sufficiently specific current statement, the entity has indicated to other parties that it will accept certain responsibilities; and
(b) as a result, the entity has created a valid expectation on the part of those other parties that it will discharge those responsibilities.

A *contingent liability* is: possible 10-50 %
(a) a possible obligation that arises from past events and whose existence will be confirmed only by the occurrence or non-occurrence of one or more uncertain future events not wholly within the control of the entity; or
(b) a present obligation that arises from past events but is not recognised because:
(i) it is not probable that an outflow of resources embodying economic benefits will be required to settle the obligation; or
(ii) the amount of the obligation cannot be measured with sufficient reliability.

A *contingent asset* is a possible asset that arises from past events and whose existence will be confirmed only by the occurrence or non-occurrence of one or more uncertain future events not wholly within the control of the entity.

An *onerous contract* is a contract in which the unavoidable costs of meeting the obligations under the contract exceed the economic benefits expected to be received under it.

A *restructuring* is a programme that is planned and controlled by management, and materially changes either:

(a) das von dem Unternehmen abgedeckte Geschäftsfeld; oder

(b) die Art, in der dieses Geschäft durchgeführt wird, wesentlich verändert.

Rückstellungen und sonstige Schulden

11 Rückstellungen können dadurch von sonstigen Schulden, wie z. B. Verbindlichkeiten aus Lieferungen und Leistungen sowie abgegrenzten Schulden unterschieden werden, dass bei ihnen Unsicherheiten hinsichtlich des Zeitpunkts oder der Höhe der künftig erforderlichen Ausgaben bestehen. Als Beispiel:

(a) Verbindlichkeiten aus Lieferungen und Leistungen sind Schulden zur Zahlung von erhaltenen oder gelieferten Gütern oder Dienstleistungen, die vom Lieferanten in Rechnung gestellt oder formal vereinbart wurden; und

(b) abgegrenzte Schulden sind Schulden zur Zahlung von erhaltenen oder gelieferten Gütern oder Dienstleistungen, die weder bezahlt wurden, noch vom Lieferanten in Rechnung gestellt oder formal vereinbart wurden. Hierzu gehören auch an Mitarbeiter geschuldete Beträge (zum Beispiel im Zusammenhang mit der Abgrenzung von Urlaubsgeldern). Auch wenn zur Bestimmung der Höhe oder des zeitlichen Eintretens der abgegrenzten Schulden gelegentlich Schätzungen erforderlich sind, ist die Unsicherheit im Allgemeinen deutlich geringer als bei Rückstellungen.

Abgegrenzte Schulden werden häufig als Teil der Verbindlichkeiten aus Lieferungen und Leistungen und sonstige Verbindlichkeiten ausgewiesen, wohingegen der Ausweis von Rückstellungen separat erfolgt.

Beziehung zwischen Rückstellungen und Eventualverbindlichkeiten

12 Im Allgemeinen betrachtet sind alle Rückstellungen als unsicher anzusehen, da sie hinsichtlich ihrer Fälligkeit oder ihrer Höhe nicht sicher sind. Nach der Definition dieses Standards wird der Begriff „unsicher" jedoch für nicht bilanzierte Schulden und Vermögenswerte verwendet, die durch das Eintreten oder Nichteintreten eines oder mehrerer unsicherer künftiger Ereignisse bedingt sind, die nicht vollständig unter der Kontrolle des Unternehmens stehen. Des Weiteren wird der Begriff „Eventualverbindlichkeit" für Schulden verwendet, die die Ansatzkriterien nicht erfüllen.

13 Dieser Standard unterscheidet zwischen

(a) Rückstellungen – die als Schulden erfasst werden (unter der Annahme, dass eine verlässliche Schätzung möglich ist), da sie gegenwärtige Verpflichtungen sind und zur Erfüllung der Verpflichtungen ein Abfluss von Mitteln mit wirtschaftlichem Nutzen wahrscheinlich ist;

(b) Eventualverbindlichkeiten – die nicht als Schulden erfasst werden, da sie entweder

(i) mögliche Verpflichtungen sind, weil die Verpflichtung des Unternehmens noch bestätigt werden muss, die zu einem Abfluss von Ressourcen mit wirtschaftlichem Nutzen führen kann; oder

(ii) gegenwärtige Verpflichtungen sind, die nicht den Ansatzkriterien dieses Standards genügen (entweder weil ein Abfluss von Ressourcen mit wirtschaftlichem Nutzen zur Erfüllung dieser Verpflichtungen nicht wahrscheinlich ist oder weil die Höhe der Verpflichtung nicht ausreichend verlässlich geschätzt werden kann).

ERFASSUNG

Rückstellungen

14 Eine Rückstellung ist dann anzusetzen, wenn

(a) einem Unternehmen aus einem Ereignis der Vergangenheit eine gegenwärtige Verpflichtung (rechtlich oder faktisch) entstanden ist;

(b) der Abfluss von Ressourcen mit wirtschaftlichem Nutzen zur Erfüllung dieser Verpflichtung wahrscheinlich ist; und

(c) eine verlässliche Schätzung der Höhe der Verpflichtung möglich ist.

Sind diese Bedingungen nicht erfüllt, ist keine Rückstellung anzusetzen.

Gegenwärtige Verpflichtung

15 Vereinzelt gibt es Fälle, in denen unklar ist, ob eine gegenwärtige Verpflichtung existiert. In diesen Fällen führt ein Ereignis der Vergangenheit zu einer gegenwärtigen Verpflichtung, wenn unter Berücksichtigung aller verfügbaren substanziellen Hinweise für das Bestehen einer gegenwärtigen Verpflichtung zum Abschlussstichtag mehr dafür als dagegen spricht.

16 In fast allen Fällen wird es eindeutig sein, ob ein Ereignis der Vergangenheit zu einer gegenwärtigen Verpflichtung geführt hat. In Ausnahmefällen, zum Beispiel in einem Rechtsstreit, kann über die Frage gestritten werden, ob bestimmte Ereignisse eingetreten sind oder diese aus einer gegenwärtigen Verpflichtung resultieren. In diesem Fall bestimmt ein Unternehmen unter Berücksichtigung aller verfügbaren substanziellen Hinweise, einschließlich z. B. der Meinung von Sachverständigen, ob zum Abschlussstichtag eine gegenwärtige Verpflichtung besteht. Die zugrunde liegenden substanziellen Hinweise umfassen alle zusätzlichen, durch Ereignisse nach dem Abschlussstichtag entstandenen substanziellen Hinweise. Auf der Grundlage dieser substanziellen Hinweise

(a) setzt das Unternehmen eine Rückstellung an (wenn die Ansatzkriterien erfüllt sind), wenn zum Abschlussstichtag für das Bestehen einer gegenwärtigen Verpflichtung mehr dafür als dagegen spricht; und

(a)   the scope of a business undertaken by an entity; or

(b)   the manner in which that business is conducted.

Provisions and other liabilities

Provisions can be distinguished from other liabilities such as trade payables and accruals because there is uncertainty   **11**
about the timing or amount of the future expenditure required in settlement. By contrast:

(a)   trade payables are liabilities to pay for goods or services that have been received or supplied and have been invoiced
or formally agreed with the supplier; and

(b)   accruals are liabilities to pay for goods or services that have been received or supplied but have not been paid,
invoiced or formally agreed with the supplier, including amounts due to employees (for example, amounts relating
to accrued vacation pay). Although it is sometimes necessary to estimate the amount or timing of accruals, the
uncertainty is generally much less than for provisions.

Accruals are often reported as part of trade and other payables, whereas provisions are reported separately.

Relationship between provisions and contingent liabilities

In a general sense, all provisions are contingent because they are uncertain in timing or amount. However, within this   **12**
standard the term 'contingent' is used for liabilities and assets that are not recognised because their existence will be confirmed only by the occurrence or non-occurrence of one or more uncertain future events not wholly within the control of
the entity. In addition, the term 'contingent liability' is used for liabilities that do not meet the recognition criteria.

This standard distinguishes between: **13**

(a)   provisions—which are recognised as liabilities (assuming that a reliable estimate can be made) because they are present obligations and it is probable that an outflow of resources embodying economic benefits will be required to
settle the obligations; and

(b)   contingent liabilities—which are not recognised as liabilities because they are either:

(i)   possible obligations, as it has yet to be confirmed whether the entity has a present obligation that could lead to
an outflow of resources embodying economic benefits; or

(ii)   present obligations that do not meet the recognition criteria in this standard (because either it is not probable
that an outflow of resources embodying economic benefits will be required to settle the obligation, or a sufficiently reliable estimate of the amount of the obligation cannot be made).

RECOGNITION

Provisions

A provision shall be recognised when: **14**

(a)   an entity has a present obligation (legal or constructive) as a result of a past event;

(b)   it is probable that an outflow of resources embodying economic benefits will be required to settle the obligation; and

(c)   a reliable estimate can be made of the amount of the obligation.

If these conditions are not met, no provision shall be recognised.

Present obligation

In rare cases it is not clear whether there is a present obligation. In these cases, a past event is deemed to give rise to a   **15**
present obligation if, taking account of all available evidence, it is more likely than not that a present obligation exists at
the end of the reporting period.

In almost all cases it will be clear whether a past event has given rise to a present obligation. In rare cases, for example in   **16**
a law suit, it may be disputed either whether certain events have occurred or whether those events result in a present
obligation. In such a case, an entity determines whether a present obligation exists at the end of the reporting period by
taking account of all available evidence, including, for example, the opinion of experts. The evidence considered includes
any additional evidence provided by events after the reporting period. On the basis of such evidence:

(a)   where it is more likely than not that a present obligation exists at the end of the reporting period, the entity recognises a provision (if the recognition criteria are met); and

(b) gibt das Unternehmen eine Eventualverbindlichkeit an, wenn zum Abschlussstichtag für das Nichtbestehen einer gegenwärtigen Verpflichtung mehr Gründe dafür als dagegen sprechen, es sei denn, ein Abfluss von Ressourcen mit wirtschaftlichem Nutzen ist unwahrscheinlich (siehe Paragraph 86).

Ereignis der Vergangenheit

17 Ein Ereignis der Vergangenheit, das zu einer gegenwärtigen Verpflichtung führt, wird als verpflichtendes Ereignis bezeichnet. Ein Ereignis ist ein verpflichtendes Ereignis, wenn ein Unternehmen keine realistische Alternative zur Erfüllung der durch dieses Ereignis entstandenen Verpflichtung hat. Das ist nur der Fall,
(a) wenn die Erfüllung einer Verpflichtung rechtlich durchgesetzt werden kann; oder
(b) wenn, im Falle einer faktischen Verpflichtung, das Ereignis (das aus einer Handlung des Unternehmens bestehen kann) gerechtfertigte Erwartungen bei anderen Parteien hervorruft, dass das Unternehmen die Verpflichtung erfüllen wird.

18 Abschlüsse befassen sich mit der Vermögens- und Finanzlage eines Unternehmens zum Ende der Berichtsperiode und nicht mit der möglichen künftigen Situation. Daher wird keine Rückstellung für Aufwendungen der künftigen Geschäftstätigkeit angesetzt. In der Bilanz eines Unternehmens werden ausschließlich diejenigen Verpflichtungen angesetzt, die zum Abschlussstichtag bestehen.

19 Rückstellungen werden nur für diejenigen aus Ereignissen der Vergangenheit resultierenden Verpflichtungen angesetzt, die unabhängig von der künftigen Geschäftstätigkeit (z. B. die künftige Fortführung der Geschäftstätigkeit) eines Unternehmens entstehen. Beispiele für solche Verpflichtungen sind Strafgelder oder Aufwendungen für die Beseitigung unrechtmäßiger Umweltschäden; diese beiden Fälle würden unabhängig von der künftigen Geschäftstätigkeit des Unternehmens bei Erfüllung zu einem Abfluss von Ressourcen mit wirtschaftlichem Nutzen führen. Entsprechend setzt ein Unternehmen eine Rückstellung für den Aufwand für die Beseitigung einer Ölanlage oder eines Kernkraftwerkes insoweit an, als das Unternehmen zur Beseitigung bereits entstandener Schäden verpflichtet ist. Dagegen kann ein Unternehmen aufgrund von wirtschaftlichem Druck oder gesetzlichen Anforderungen planen oder vornehmen müssen, um seine Betriebstätigkeit künftig in einer bestimmten Weise zu ermöglichen (zum Beispiel die Installation von Rauchfiltern in einer bestimmten Fabrikart). Da das Unternehmen diese Ausgaben durch seine künftigen Aktivitäten vermeiden kann, zum Beispiel durch Änderung der Verfahren, hat es keine gegenwärtige Verpflichtung für diese künftigen Ausgaben und bildet auch keine Rückstellung.

20 Eine Verpflichtung betrifft immer eine andere Partei, gegenüber der die Verpflichtung besteht. Die Kenntnis oder Identifikation der Partei, gegenüber der die Verpflichtung besteht, ist jedoch nicht notwendig – sie kann sogar gegenüber der Öffentlichkeit in ihrer Gesamtheit bestehen. Da eine Verpflichtung immer eine Zusage an eine andere Partei beinhaltet, entsteht durch eine Entscheidung des Managements bzw. eines entsprechenden Gremiums noch keine faktische Verpflichtung zum Abschlussstichtag, wenn diese nicht den davon betroffenen Parteien vor dem Abschlussstichtag ausreichend ausführlich mitgeteilt wurde, so dass die Mitteilung eine gerechtfertigte Erwartung bei den Betroffenen hervorgerufen hat, dass das Unternehmen seinen Verpflichtungen nachkommt.

21 Ein Ereignis, das nicht unverzüglich zu einer Verpflichtung führt, kann aufgrund von Gesetzesänderungen oder Handlungen des Unternehmens (zum Beispiel eine ausreichend spezifische, aktuelle Aussage) zu einem späteren Zeitpunkt zu einer Verpflichtung führen. Beispielsweise kann zum Zeitpunkt der Verursachung von Umweltschäden keine Verpflichtung zur Beseitigung der Folgen bestehen. Die Verursachung der Schäden wird jedoch zu einem verpflichtenden Ereignis, wenn ein neues Gesetz deren Beseitigung vorschreibt oder das Unternehmen öffentlich die Verantwortung für die Beseitigung in einer Weise übernimmt, dass dadurch eine faktische Verpflichtung entsteht.

22 Wenn einzelne Bestimmungen eines Gesetzesentwurfs noch nicht endgültig feststehen, besteht eine Verpflichtung nur dann, wenn die Verabschiedung des Gesetzesentwurfs so gut wie sicher ist. Für die Zwecke dieses Standards wird eine solche Verpflichtung als rechtliche Verpflichtung behandelt. Auf Grund unterschiedlicher Verfahren bei der Verabschiedung von Gesetzen kann hier kein einzelnes Ereignis spezifiziert werden, bei dem die Verabschiedung eines Gesetzes so gut wie sicher ist. In vielen Fällen dürfte es unmöglich sein, die tatsächliche Verabschiedung eines Gesetzes mit Sicherheit vorherzusagen, solange es nicht verabschiedet ist.

Wahrscheinlicher Abfluss von Ressourcen mit wirtschaftlichem Nutzen

23 Damit eine Schuld die Voraussetzungen für den Ansatz erfüllt, muss nicht nur eine gegenwärtige Verpflichtung existieren, auch der Abfluss von Ressourcen mit wirtschaftlichem Nutzen muss im Zusammenhang mit der Erfüllung der Verpflichtung wahrscheinlich sein. Für die Zwecke dieses Standards,[1] wird ein Abfluss von Ressourcen oder ein anderes Ereignis als wahrscheinlich angesehen, wenn mehr dafür als dagegen spricht, d. h. die Wahrscheinlichkeit, dass das Ereignis eintritt, ist größer als die Wahrscheinlichkeit, dass es nicht eintritt. Ist die Existenz einer gegenwärtigen Verpflichtung nicht wahrscheinlich, so gibt das Unternehmen eine Eventualverbindlichkeit an, sofern ein Abfluss von Ressourcen mit wirtschaftlichem Nutzen nicht unwahrscheinlich ist (siehe Paragraph 86).

---

1 Die Auslegung von „wahrscheinlich" in diesem Standard als „mehr dafür als dagegen sprechend" ist nicht zwingend auf andere Standards anwendbar.

(b) where it is more likely that no present obligation exists at the end of the reporting period, the entity discloses a contingent liability, unless the possibility of an outflow of resources embodying economic benefits is remote (see paragraph 86).

Past event

A past event that leads to a present obligation is called an obligating event. For an event to be an obligating event, it is necessary that the entity has no realistic alternative to settling the obligation created by the event. This is the case only: **17**
(a) where the settlement of the obligation can be enforced by law; or
(b) in the case of a constructive obligation, where the event (which may be an action of the entity) creates valid expectations in other parties that the entity will discharge the obligation.

Financial statements deal with the financial position of an entity at the end of its reporting period and not its possible **18** position in the future. Therefore, no provision is recognised for costs that need to be incurred to operate in the future. The only liabilities recognised in an entity's statement of financial position are those that exist at the end of the reporting period.

It is only those obligations arising from past events existing independently of an entity's future actions (i.e. the future **19** conduct of its business) that are recognised as provisions. Examples of such obligations are penalties or clean-up costs for unlawful environmental damage, both of which would lead to an outflow of resources embodying economic benefits in settlement regardless of the future actions of the entity. Similarly, an entity recognises a provision for the decommissioning costs of an oil installation or a nuclear power station to the extent that the entity is obliged to rectify damage already caused. In contrast, because of commercial pressures or legal requirements, an entity may intend or need to carry out expenditure to operate in a particular way in the future (for example, by fitting smoke filters in a certain type of factory). Because the entity can avoid the future expenditure by its future actions, for example by changing its method of operation, it has no present obligation for that future expenditure and no provision is recognised.

An obligation always involves another party to whom the obligation is owed. It is not necessary, however, to know the **20** identity of the party to whom the obligation is owed—indeed the obligation may be to the public at large. Because an obligation always involves a commitment to another party, it follows that a management or board decision does not give rise to a constructive obligation at the end of the reporting period unless the decision has been communicated before the end of the reporting period to those affected by it in a sufficiently specific manner to raise a valid expectation in them that the entity will discharge its responsibilities.

An event that does not give rise to an obligation immediately may do so at a later date, because of changes in the law or **21** because an act (for example, a sufficiently specific public statement) by the entity gives rise to a constructive obligation. For example, when environmental damage is caused there may be no obligation to remedy the consequences. However, the causing of the damage will become an obligating event when a new law requires the existing damage to be rectified or when the entity publicly accepts responsibility for rectification in a way that creates a constructive obligation.

Where details of a proposed new law have yet to be finalised, an obligation arises only when the legislation is virtually **22** certain to be enacted as drafted. For the purpose of this standard, such an obligation is treated as a legal obligation. Differences in circumstances surrounding enactment make it impossible to specify a single event that would make the enactment of a law virtually certain. In many cases it will be impossible to be virtually certain of the enactment of a law until it is enacted.

Probable outflow of resources embodying economic benefits

For a liability to qualify for recognition there must be not only a present obligation but also the probability of an outflow **23** of resources embodying economic benefits to settle that obligation. For the purpose of this standard[1], an outflow of resources or other event is regarded as probable if the event is more likely than not to occur, i.e. the probability that the event will occur is greater than the probability that it will not. Where it is not probable that a present obligation exists, an entity discloses a contingent liability, unless the possibility of an outflow of resources embodying economic benefits is remote (see paragraph 86).

---

1 The interpretation of 'probable' in this standard as 'more likely than not' does not necessarily apply in other standards.

24 Bei einer Vielzahl ähnlicher Verpflichtungen (z. B. Produktgarantien oder ähnlichen Verträgen) wird die Wahrscheinlichkeit eines Mittelabflusses bestimmt, indem die Gruppe der Verpflichtungen als Ganzes betrachtet wird. Auch wenn die Wahrscheinlichkeit eines Abflusses im Einzelfall gering sein dürfte, kann ein Abfluss von Ressourcen zur Erfüllung dieser Gruppe von Verpflichtungen insgesamt durchaus wahrscheinlich sein. Ist dies der Fall, wird eine Rückstellung angesetzt (wenn die anderen Ansatzkriterien erfüllt sind).

Verlässliche Schätzung der Verpflichtung

25 Die Verwendung von Schätzungen ist ein wesentlicher Bestandteil bei der Aufstellung von Abschlüssen und beeinträchtigt nicht deren Verlässlichkeit. Dies gilt insbesondere im Falle von Rückstellungen, die naturgemäß in höherem Maße unsicher sind, als die meisten anderen Bilanzposten. Von äußerst seltenen Fällen abgesehen dürfte ein Unternehmen in der Lage sein, ein Spektrum möglicher Ergebnisse zu bestimmen und daher auch eine Schätzung der Verpflichtung vornehmen zu können, die für den Ansatz einer Rückstellung ausreichend verlässlich ist.

26 In äußerst seltenen Fällen kann eine bestehende Schuld nicht angesetzt werden, und zwar dann, wenn keine verlässliche Schätzung möglich ist. Diese Schuld wird als Eventualschuld angegeben (siehe Paragraph 86).

Eventualverbindlichkeiten

27 Ein Unternehmen darf keine Eventualverbindlichkeit ansetzen.

28 Eine Eventualverbindlichkeit ist nach Paragraph 86 anzugeben, sofern die Möglichkeit eines Abflusses von Ressourcen mit wirtschaftlichem Nutzen nicht unwahrscheinlich ist.

29 Haftet ein Unternehmen gesamtschuldnerisch für eine Verpflichtung, wird der Teil der Verpflichtung, dessen Übernahme durch andere Parteien erwartet wird, als Eventualverbindlichkeit behandelt. Das Unternehmen setzt eine Rückstellung für den Teil der Verpflichtung an, für den ein Abfluss von Ressourcen mit wirtschaftlichem Nutzen wahrscheinlich ist. Dies gilt nicht in den äußerst seltenen Fällen, in denen keine verlässliche Schätzung möglich ist.

30 Eventualverbindlichkeiten können sich anders entwickeln, als ursprünglich erwartet. Daher werden sie laufend daraufhin beurteilt, ob ein Abfluss von Ressourcen mit wirtschaftlichem Nutzen wahrscheinlich geworden ist. Ist ein Abfluss von künftigem wirtschaftlichem Nutzen für einen zuvor als Eventualverbindlichkeit behandelten Posten wahrscheinlich, so wird eine Rückstellung im Abschluss des Berichtszeitraums angesetzt, in dem die Änderung in Bezug auf die Wahrscheinlichkeit auftritt (mit Ausnahme der äußerst seltenen Fälle, in denen keine verlässliche Schätzung möglich ist).

Eventualforderungen

31 Ein Unternehmen darf keine Eventualforderungen ansetzen.

32 Eventualforderungen entstehen normalerweise aus ungeplanten oder unerwarteten Ereignissen, durch die dem Unternehmen die Möglichkeit eines Zuflusses von wirtschaftlichem Nutzen entsteht. Ein Beispiel ist ein Anspruch, den ein Unternehmen in einem gerichtlichen Verfahren mit unsicherem Ausgang durchzusetzen versucht.

33 Eventualforderungen werden nicht im Abschluss angesetzt, da dadurch Erträge erfasst würden, die möglicherweise nie realisiert werden. Ist die Realisation von Erträgen jedoch so gut wie sicher, ist der betreffende Vermögenswert nicht mehr als Eventualforderung anzusehen und dessen Ansatz ist angemessen.

34 Eventualforderungen sind nach Paragraph 89 anzugeben, wenn der Zufluss wirtschaftlichen Nutzens wahrscheinlich ist.

35 Eventualforderungen werden laufend beurteilt, um sicherzustellen, dass im Abschluss eine angemessene Entwicklung widergespiegelt wird. Wenn ein Zufluss wirtschaftlichen Nutzens so gut wie sicher geworden ist, werden der Vermögenswert und der diesbezügliche Ertrag im Abschluss des Berichtszeitraums erfasst, in dem die Änderung auftritt. Ist ein Zufluss wirtschaftlichen Nutzens wahrscheinlich geworden, gibt das Unternehmen eine Eventualforderung an (siehe Paragraph 89).

BEWERTUNG

Bestmögliche Schätzung

36 Der als Rückstellung angesetzte Betrag stellt die bestmögliche Schätzung der Ausgabe dar, die zur Erfüllung der gegenwärtigen Verpflichtung zum Abschlussstichtag erforderlich ist.

37 Die bestmögliche Schätzung der zur Erfüllung der gegenwärtigen Verpflichtung erforderlichen Ausgabe ist der Betrag, den das Unternehmen bei vernünftiger Betrachtung zur Erfüllung der Verpflichtung zum Abschlussstichtag oder zur Übertragung der Verpflichtung auf einen Dritten zu diesem Termin zahlen müsste. Oft dürfte die Erfüllung oder Übertragung einer Verpflichtung zum Abschlussstichtag unmöglich oder über die Maßen teuer sein. Die Schätzung des vom Unternehmen bei vernünftiger Betrachtung zur Erfüllung oder zur Übertragung der Verpflichtung zu zahlenden Betrags stellt trotzdem die bestmögliche Schätzung der zur Erfüllung der gegenwärtigen Verpflichtung zum Abschlussstichtag erforderlichen Ausgaben dar.

Where there are a number of similar obligations (e.g. product warranties or similar contracts) the probability that an outflow will be required in settlement is determined by considering the class of obligations as a whole. Although the likelihood of outflow for any one item may be small, it may well be probable that some outflow of resources will be needed to settle the class of obligations as a whole. If that is the case, a provision is recognised (if the other recognition criteria are met). **24**

Reliable estimate of the obligation

The use of estimates is an essential part of the preparation of financial statements and does not undermine their reliability. This is especially true in the case of provisions, which by their nature are more uncertain than most other items in the statement of financial position. Except in extremely rare cases, an entity will be able to determine a range of possible outcomes and can therefore make an estimate of the obligation that is sufficiently reliable to use in recognising a provision. **25**

In the extremely rare case where no reliable estimate can be made, a liability exists that cannot be recognised. That liability is disclosed as a contingent liability (see paragraph 86). **26**

Contingent liabilities

An entity shall not recognise a contingent liability. **27**

A contingent liability is disclosed, as required by paragraph 86, unless the possibility of an outflow of resources embodying economic benefits is remote. **28**

Where an entity is jointly and severally liable for an obligation, the part of the obligation that is expected to be met by other parties is treated as a contingent liability. The entity recognises a provision for the part of the obligation for which an outflow of resources embodying economic benefits is probable, except in the extremely rare circumstances where no reliable estimate can be made. **29**

Contingent liabilities may develop in a way not initially expected. Therefore, they are assessed continually to determine whether an outflow of resources embodying economic benefits has become probable. If it becomes probable that an outflow of future economic benefits will be required for an item previously dealt with as a contingent liability, a provision is recognised in the financial statements of the period in which the change in probability occurs (except in the extremely rare circumstances where no reliable estimate can be made). **30**

Contingent assets

An entity shall not recognise a contingent asset. **31**

Contingent assets usually arise from unplanned or other unexpected events that give rise to the possibility of an inflow of economic benefits to the entity. An example is a claim that an entity is pursuing through legal processes, where the outcome is uncertain. **32**

Contingent assets are not recognised in financial statements since this may result in the recognition of income that may never be realised. However, when the realisation of income is virtually certain, then the related asset is not a contingent asset and its recognition is appropriate. **33**

A contingent asset is disclosed, as required by paragraph 89, where an inflow of economic benefits is probable. **34**

Contingent assets are assessed continually to ensure that developments are appropriately reflected in the financial statements. If it has become virtually certain that an inflow of economic benefits will arise, the asset and the related income are recognised in the financial statements of the period in which the change occurs. If an inflow of economic benefits has become probable, an entity discloses the contingent asset (see paragraph 89). **35**

MEASUREMENT

Best estimate

The amount recognised as a provision shall be the best estimate of the expenditure required to settle the present obligation at the end of the reporting period. **36**

The best estimate of the expenditure required to settle the present obligation is the amount that an entity would rationally pay to settle the obligation at the end of the reporting period or to transfer it to a third party at that time. It will often be impossible or prohibitively expensive to settle or transfer an obligation at the end of the reporting period. However, the estimate of the amount that an entity would rationally pay to settle or transfer the obligation gives the best estimate of the expenditure required to settle the present obligation at the end of the reporting period. **37**

38 Die Schätzungen von Ergebnis und finanzieller Auswirkung hängen von der Bewertung des Managements, zusammen mit Erfahrungswerten aus ähnlichen Transaktionen und, gelegentlich, unabhängigen Sachverständigengutachten ab. Die zugrunde liegenden substanziellen Hinweise umfassen alle zusätzlichen, durch Ereignisse nach dem Abschlussstichtag entstandenen substanziellen Hinweise.

39 Unsicherheiten in Bezug auf den als Rückstellung anzusetzenden Betrag werden in Abhängigkeit von den Umständen unterschiedlich behandelt. Wenn die zu bewertende Rückstellung eine große Anzahl von Positionen umfasst, wird die Verpflichtung durch Gewichtung aller möglichen Ergebnisse mit den damit verbundenen Wahrscheinlichkeiten geschätzt. Dieses statistische Schätzungsverfahren wird als Erwartungswertmethode bezeichnet. Daher wird je nach Eintrittswahrscheinlichkeit eines Verlustbetrags, zum Beispiel 60 Prozent oder 90 Prozent, eine unterschiedlich hohe Rückstellung gebildet. Bei einer Bandbreite möglicher Ergebnisse, innerhalb derer die Wahrscheinlichkeit der einzelnen Punkte gleich groß ist, wird der Mittelpunkt der Bandbreite verwendet.

> **Beispiel**   Ein Unternehmen verkauft Güter mit einer Gewährleistung, nach der Kunden eine Erstattung der Reparaturkosten für Produktionsfehler erhalten, die innerhalb der ersten sechs Monate nach Kauf entdeckt werden. Bei kleineren Fehlern an allen verkauften Produkten würden Reparaturkosten in Höhe von 1 Million entstehen. Bei größeren Fehlern an allen verkauften Produkten würden Reparaturkosten in Höhe von 4 Millionen entstehen. Erfahrungswert und künftige Erwartungen des Unternehmens deuten darauf hin, dass 75 Prozent der verkauften Güter keine Fehler haben werden, 20 Prozent kleinere Fehler und 5 Prozent größere Fehler aufweisen dürften. Nach Paragraph 24 bestimmt ein Unternehmen die Wahrscheinlichkeit eines Abflusses der Verpflichtungen aus Gewährleistungen insgesamt.
>
> Der Erwartungswert für die Reparaturkosten beträgt:
>
> (75 % von Null) + (20 % von 1 Mio.) + (5 % von 4 Mio.) = 400 000

40 Wenn eine einzelne Verpflichtung bewertet wird, dürfte das jeweils wahrscheinlichste Ergebnis die bestmögliche Schätzung der Schuld darstellen. Aber auch in einem derartigen Fall betrachtet das Unternehmen die Möglichkeit anderer Ergebnisse. Wenn andere mögliche Ergebnisse entweder größtenteils über oder größtenteils unter dem wahrscheinlichsten Ergebnis liegen, ist die bestmögliche Schätzung ein höherer bzw. niedrigerer Betrag. Zum Beispiel: Wenn ein Unternehmen einen schwerwiegenden Fehler in einer großen, für einen Kunden gebauten Anlage beseitigen muss und das einzeln betrachtete, wahrscheinlichste Ergebnis sein mag, dass die Reparatur beim ersten Versuch erfolgreich ist und 1000 kostet, wird dennoch eine höhere Rückstellung gebildet, wenn ein wesentliches Risiko besteht, dass weitere Reparaturen erforderlich sind.

41 Die Bewertung der Rückstellung erfolgt vor Steuern, da die steuerlichen Konsequenzen von Rückstellungen und Veränderungen von Rückstellungen in IAS 12 behandelt werden.

Risiken und Unsicherheiten

42 Bei der bestmöglichen Schätzung einer Rückstellung sind die unvermeidbar mit vielen Ereignissen und Umständen verbundenen Risiken und Unsicherheiten zu berücksichtigen.

43 Risiko beschreibt die Unsicherheit zukünftiger Entwicklungen. Eine Risikoanpassung kann den Betrag erhöhen, mit dem eine Schuld bewertet wird. Bei einer Beurteilung unter unsicheren Umständen ist Vorsicht angebracht, damit Erträge bzw. Vermögenswerte nicht überbewertet und Aufwendungen bzw. Schulden nicht unterbewertet werden. Unsicherheiten rechtfertigen jedoch nicht die Bildung übermäßiger Rückstellungen oder eine vorsätzliche Überbewertung von Schulden. Wenn zum Beispiel die prognostizierten Kosten eines besonders nachteiligen Ergebnisses vorsichtig ermittelt werden, so wird dieses Ergebnis nicht absichtlich so behandelt, als sei es wahrscheinlicher als es tatsächlich ist. Sorgfalt ist notwendig, um die doppelte Berücksichtigung von Risiken und Unsicherheiten und die daraus resultierende Überbewertung einer Rückstellung zu vermeiden.

44 Die Angabe von Unsicherheiten im Zusammenhang mit der Höhe der Ausgaben wird in Paragraph 85 (b) behandelt.

Barwert

45 Bei einer wesentlichen Wirkung des Zinseffekts ist im Zusammenhang mit der Erfüllung der Verpflichtung eine Rückstellung in Höhe des Barwerts der erwarteten Ausgaben anzusetzen.

46 Auf Grund des Zinseffekts sind Rückstellungen für bald nach dem Abschlussstichtag erfolgende Mittelabflüsse belastender als diejenigen für Mittelabflüsse in derselben Höhe zu einem späteren Zeitpunkt. Wenn die Wirkung wesentlich ist, werden Rückstellungen daher abgezinst.

The estimates of outcome and financial effect are determined by the judgement of the management of the entity, supplemented by experience of similar transactions and, in some cases, reports from independent experts. The evidence considered includes any additional evidence provided by events after the reporting period. **38**

Uncertainties surrounding the amount to be recognised as a provision are dealt with by various means according to the circumstances. Where the provision being measured involves a large population of items, the obligation is estimated by weighting all possible outcomes by their associated probabilities. The name for this statistical method of estimation is 'expected value'. The provision will therefore be different depending on whether the probability of a loss of a given amount is, for example, 60 per cent or 90 per cent. Where there is a continuous range of possible outcomes, and each point in that range is as likely as any other, the mid-point of the range is used. **39**

> **Example** An entity sells goods with a warranty under which customers are covered for the cost of repairs of any manufacturing defects that become apparent within the first six months after purchase. If minor defects were detected in all products sold, repair costs of 1 million would result. If major defects were detected in all products sold, repair costs of 4 million would result. The entity's past experience and future expectations indicate that, for the coming year, 75 per cent of the goods sold will have no defects, 20 per cent of the goods sold will have minor defects and 5 per cent of the goods sold will have major defects. In accordance with paragraph 24, an entity assesses the probability of an outflow for the warranty obligations as a whole.
>
> The expected value of the cost of repairs is:
>
> (75 % of nil) + (20 % of 1m) + (5 % of 4m) = 400 000

Where a single obligation is being measured, the individual most likely outcome may be the best estimate of the liability. However, even in such a case, the entity considers other possible outcomes. Where other possible outcomes are either mostly higher or mostly lower than the most likely outcome, the best estimate will be a higher or lower amount. For example, if an entity has to rectify a serious fault in a major plant that it has constructed for a customer, the individual most likely outcome may be for the repair to succeed at the first attempt at a cost of 1000, but a provision for a larger amount is made if there is a significant chance that further attempts will be necessary. **40**

The provision is measured before tax, as the tax consequences of the provision, and changes in it, are dealt with under IAS 12. **41**

Risks and uncertainties

The risks and uncertainties that inevitably surround many events and circumstances shall be taken into account in reaching the best estimate of a provision. **42**

Risk describes variability of outcome. A risk adjustment may increase the amount at which a liability is measured. Caution is needed in making judgements under conditions of uncertainty, so that income or assets are not overstated and expenses or liabilities are not understated. However, uncertainty does not justify the creation of excessive provisions or a deliberate overstatement of liabilities. For example, if the projected costs of a particularly adverse outcome are estimated on a prudent basis, that outcome is not then deliberately treated as more probable than is realistically the case. Care is needed to avoid duplicating adjustments for risk and uncertainty with consequent overstatement of a provision. **43**

Disclosure of the uncertainties surrounding the amount of the expenditure is made under paragraph 85 (b). **44**

Present value

Where the effect of the time value of money is material, the amount of a provision shall be the present value of the expenditures expected to be required to settle the obligation. **45**

Because of the time value of money, provisions relating to cash outflows that arise soon after the reporting period are more onerous than those where cash outflows of the same amount arise later. Provisions are therefore discounted, where the effect is material. **46**

47 Der (die) Abzinsungssatz (-sätze) ist (sind) ein Satz (Sätze) vor Steuern, der (die) die aktuellen Markterwartungen im Hinblick auf den Zinseffekt sowie die für die Schuld spezifischen Risiken widerspiegelt. Risiken, an die die Schätzungen künftiger Cashflows angepasst wurden, dürfen keine Auswirkung auf den (die) Abzinsungssatz (-sätze) haben.

Künftige Ereignisse

48 Künftige Ereignisse, die den zur Erfüllung einer Verpflichtung erforderlichen Betrag beeinflussen können, sind bei der Höhe einer Rückstellung zu berücksichtigen, sofern es ausreichende objektive substanzielle Hinweise auf deren Eintritt gibt.

49 Erwartete künftige Ereignisse können bei der Bewertung von Rückstellungen von besonderer Bedeutung sein. Ein Unternehmen kann beispielsweise der Ansicht sein, dass die Kosten für Aufräumarbeiten bei Stilllegung eines Standorts durch künftige technologische Veränderungen reduziert werden. Der angesetzte Betrag berücksichtigt eine vernünftige Einschätzung technisch geschulter, objektiver Dritter und berücksichtigt alle verfügbaren substanziellen Hinweise wie zum Zeitpunkt der Aufräumarbeiten verfügbare Technologien. Daher sind beispielsweise die mit der zunehmenden Erfahrung bei Anwendung gegenwärtiger Technologien erwarteten Kostenminderungen oder die erwarteten Kosten für die Anwendung gegenwärtiger Technologien auf – verglichen mit den vorher ausgeführten Arbeiten – größere und komplexere Aufräumarbeiten zu berücksichtigen. Ein Unternehmen trifft jedoch keine Annahmen hinsichtlich der Entwicklung einer vollständig neuen Technologie für Aufräumarbeiten, wenn dies nicht durch ausreichend objektive substanzielle Hinweise gestützt wird.

50 Die Wirkung möglicher Gesetzesänderungen wird bei der Bewertung gegenwärtiger Verpflichtungen berücksichtigt, wenn ausreichend objektive substanzielle Hinweise vorliegen, dass die Verabschiedung der Gesetze so gut wie sicher ist. Die Vielzahl von Situationen in der Praxis macht die Festlegung eines einzelnen Ereignisses, das in jedem Fall ausreichend substanzielle objektive Hinweise liefern würde, unmöglich. Die substanziellen Hinweise müssen sich sowohl auf die Anforderungen der Gesetze als auch darauf, dass eine zeitnahe Verabschiedung und Umsetzung so gut wie sicher ist, erstrecken. In vielen Fällen dürften bis zur Verabschiedung der neuen Gesetze nicht hinreichend objektive substanzielle Hinweise vorliegen.

Erwarteter Abgang von Vermögenswerten

51 Gewinne aus dem erwarteten Abgang von Vermögenswerten sind bei der Bildung einer Rückstellung nicht zu berücksichtigen.

52 Gewinne aus dem erwarteten Abgang von Vermögenswerten werden bei der Bildung einer Rückstellung nicht berücksichtigt. Dies gilt selbst, wenn der erwartete Abgang eng mit dem Ereignis verbunden ist, aufgrund dessen die Rückstellung gebildet wird. Stattdessen erfasst das Unternehmen Gewinne aus dem erwarteten Abgang von Vermögenswerten nach dem Standard, der die betreffenden Vermögenswerte behandelt.

ERSTATTUNGEN

53 Wenn erwartet wird, dass die zur Erfüllung einer zurückgestellten Verpflichtung erforderlichen Ausgaben ganz oder teilweise von einer anderen Partei erstattet werden, ist die Erstattung nur zu erfassen, wenn es so gut wie sicher ist, dass das Unternehmen die Erstattung bei Erfüllung der Verpflichtung erhält. Die Erstattung ist als separater Vermögenswert zu behandeln. Der für die Erstattung angesetzte Betrag darf die Höhe der Rückstellung nicht übersteigen.

54 In der Gesamtergebnisrechnung kann der Aufwand zur Bildung einer Rückstellung nach Abzug der Erstattung netto erfasst werden.

55 In einigen Fällen kann ein Unternehmen von einer anderen Partei ganz oder teilweise die Zahlung der zur Erfüllung der zurückgestellten Verpflichtung erforderlichen Ausgaben erwarten (beispielsweise aufgrund von Versicherungsverträgen, Entschädigungsklauseln oder Gewährleistungen von Lieferanten). Entweder erstattet die andere Partei die vom Unternehmen gezahlten Beträge oder sie zahlt diese direkt.

56 In den meisten Fällen bleibt das Unternehmen für den gesamten entsprechenden Betrag haftbar, so dass es den gesamten Betrag begleichen muss, falls die Zahlung aus irgendeinem Grunde nicht durch Dritte erfolgt. In dieser Situation wird eine Rückstellung in voller Höhe der Schuld und ein separater Vermögenswert für die erwartete Erstattung angesetzt, wenn es so gut wie sicher ist, dass das Unternehmen die Erstattung bei Begleichung der Schuld erhalten wird.

57 In einigen Fällen ist das Unternehmen bei Nichtzahlung Dritter nicht für die entsprechenden Kosten haftbar. In diesem Fall hat das Unternehmen keine Schuld für diese Kosten und sie werden nicht in die Rückstellung einbezogen.

58 Wie in Paragraph 29 dargelegt, ist eine Verpflichtung, für die ein Unternehmen gesamtschuldnerisch haftet, insofern eine Eventualverbindlichkeit als eine Erfüllung der Verpflichtung durch andere Parteien erwartet wird.

The discount rate (or rates) shall be a pre-tax rate (or rates) that reflect(s) current market assessments of the time value of money and the risks specific to the liability. The discount rate(s) shall not reflect risks for which future cash flow estimates have been adjusted. **47**

Future events

Future events that may affect the amount required to settle an obligation shall be reflected in the amount of a provision where there is sufficient objective evidence that they will occur. **48**

Expected future events may be particularly important in measuring provisions. For example, an entity may believe that the cost of cleaning up a site at the end of its life will be reduced by future changes in technology. The amount recognised reflects a reasonable expectation of technically qualified, objective observers, taking account of all available evidence as to the technology that will be available at the time of the clean-up. Thus it is appropriate to include, for example, expected cost reductions associated with increased experience in applying existing technology or the expected cost of applying existing technology to a larger or more complex clean-up operation than has previously been carried out. However, an entity does not anticipate the development of a completely new technology for cleaning up unless it is supported by sufficient objective evidence. **49**

The effect of possible new legislation is taken into consideration in measuring an existing obligation when sufficient objective evidence exists that the legislation is virtually certain to be enacted. The variety of circumstances that arise in practice makes it impossible to specify a single event that will provide sufficient, objective evidence in every case. Evidence is required both of what legislation will demand and of whether it is virtually certain to be enacted and implemented in due course. In many cases sufficient objective evidence will not exist until the new legislation is enacted. **50**

Expected disposal of assets

Gains from the expected disposal of assets shall not be taken into account in measuring a provision. **51**

Gains on the expected disposal of assets are not taken into account in measuring a provision, even if the expected disposal is closely linked to the event giving rise to the provision. Instead, an entity recognises gains on expected disposals of assets at the time specified by the standard dealing with the assets concerned. **52**

REIMBURSEMENTS

Where some or all of the expenditure required to settle a provision is expected to be reimbursed by another party, the reimbursement shall be recognised when, and only when, it is virtually certain that reimbursement will be received if the entity settles the obligation. The reimbursement shall be treated as a separate asset. The amount recognised for the reimbursement shall not exceed the amount of the provision. **53**

In the statement of comprehensive income, the expense relating to a provision may be presented net of the amount recognised for a reimbursement. **54**

Sometimes, an entity is able to look to another party to pay part or all of the expenditure required to settle a provision (for example, through insurance contracts, indemnity clauses or suppliers' warranties). The other party may either reimburse amounts paid by the entity or pay the amounts directly. **55**

In most cases the entity will remain liable for the whole of the amount in question so that the entity would have to settle the full amount if the third party failed to pay for any reason. In this situation, a provision is recognised for the full amount of the liability, and a separate asset for the expected reimbursement is recognised when it is virtually certain that reimbursement will be received if the entity settles the liability. **56**

In some cases, the entity will not be liable for the costs in question if the third party fails to pay. In such a case the entity has no liability for those costs and they are not included in the provision. **57**

As noted in paragraph 29, an obligation for which an entity is jointly and severally liable is a contingent liability to the extent that it is expected that the obligation will be settled by the other parties. **58**

ANPASSUNG DER RÜCKSTELLUNGEN

59 Rückstellungen sind zu jedem Abschlussstichtag zu prüfen und anzupassen, damit sie die bestmögliche Schätzung widerspiegeln. Wenn es nicht mehr wahrscheinlich ist, dass mit der Erfüllung der Verpflichtung ein Abfluss von Ressourcen mit wirtschaftlichem Nutzen verbunden ist, ist die Rückstellung aufzulösen.

60 Bei Abzinsung spiegelt sich der Zeitablauf in der periodischen Erhöhung des Buchwerts einer Rückstellung wider. Diese Erhöhung wird als Fremdkapitalkosten erfasst.

VERBRAUCH VON RÜCKSTELLUNGEN

61 Eine Rückstellung ist nur für Ausgaben zu verbrauchen, für die sie ursprünglich gebildet wurde.

62 Gegen die ursprüngliche Rückstellung dürfen nur Ausgaben aufgerechnet werden, für die sie auch gebildet wurde. Die Aufrechnung einer Ausgabe gegen eine für einen anderen Zweck gebildete Rückstellung würde die Wirkung zweier unterschiedlicher Ereignisse verbergen.

ANWENDUNG DER BILANZIERUNGS- UND BEWERTUNGSVORSCHRIFTEN

Künftige betriebliche Verluste

63 Im Zusammenhang mit künftigen betrieblichen Verlusten sind keine Rückstellungen anzusetzen.

64 Künftige betriebliche Verluste entsprechen nicht der Definition einer Schuld nach Paragraph 10 und den in Paragraph 14 dargelegten allgemeinen Ansatzkriterien für Rückstellungen.

65 Die Erwartung künftiger betrieblicher Verluste ist ein Anzeichen für eine mögliche Wertminderung bestimmter Vermögenswerte des Unternehmensbereichs. Ein Unternehmen prüft diese Vermögenswerte auf Wertminderung nach IAS 36 *Wertminderung von Vermögenswerten*.

Belastende Verträge

66 Hat ein Unternehmen einen belastenden Vertrag, ist die gegenwärtige vertragliche Verpflichtung als Rückstellung anzusetzen und zu bewerten.

67 Zahlreiche Verträge (beispielsweise einige Standard-Kaufaufträge) können ohne Zahlung einer Entschädigung an eine andere Partei storniert werden. Daher besteht in diesen Fällen keine Verpflichtung. Andere Verträge begründen sowohl Rechte als auch Verpflichtungen für jede Vertragspartei. Wenn die Umstände dazu führen, dass ein solcher Vertrag belastend wird, fällt der Vertrag unter den Anwendungsbereich dieses Standards und es besteht eine anzusetzende Schuld. Noch zu erfüllende Verträge, die nicht belastend sind, fallen nicht in den Anwendungsbereich dieses Standards.

68 Dieser Standard definiert einen belastenden Vertrag als einen Vertrag, bei dem die unvermeidbaren Kosten zur Erfüllung der vertraglichen Verpflichtungen höher als der erwartete wirtschaftliche Nutzen sind. Die unvermeidbaren Kosten unter einem Vertrag spiegeln den Mindestbetrag der bei Ausstieg aus dem Vertrag anfallenden Nettokosten wider; diese stellen den niedrigeren Betrag von Erfüllungskosten und etwaigen aus der Nichterfüllung resultierenden Entschädigungszahlungen oder Strafgeldern dar.

69 Bevor eine separate Rückstellung für einen belastenden Vertrag erfasst wird, erfasst ein Unternehmen den Wertminderungsaufwand für Vermögenswerte, die mit dem Vertrag verbunden sind (siehe IAS 36).

Restrukturierungsmaßnahmen

70 Die folgenden beispielhaften Ereignisse können unter die Definition einer Restrukturierungsmaßnahme fallen:
 (a) Verkauf oder Beendigung eines Geschäftszweigs;
 (b) die Stilllegung von Standorten in einem Land oder einer Region oder die Verlegung von Geschäftsaktivitäten von einem Land oder einer Region in ein anderes bzw. eine andere;
 (c) Änderungen in der Struktur des Managements, z. B. Auflösung einer Managementebene; und
 (d) grundsätzliche Umorganisation mit wesentlichen Auswirkungen auf den Charakter und Schwerpunkt der Geschäftstätigkeit des Unternehmens.

71 Eine Rückstellung für Restrukturierungskosten wird nur angesetzt, wenn die in Paragraph 14 aufgeführten allgemeinen Ansatzkriterien für Rückstellungen erfüllt werden. Die Paragraphen 72–83 legen dar, wie die allgemeinen Ansatzkriterien auf Restrukturierungen anzuwenden sind.

CHANGES IN PROVISIONS

Provisions shall be reviewed at the end of the reporting period and adjusted to reflect the current best estimate. If it is no **59** longer probable that an outflow of resources embodying economic benefits will be required to settle the obligation, the provision shall be reversed. *Dr provision / CR expense*

Where discounting is used, the carrying amount of a provision increases in each period to reflect the passage of time. This **60** increase is recognised as borrowing cost.

USE OF PROVISIONS

A provision shall be used only for expenditures for which the provision was originally recognised. **61**

Dr provision / CR expense

Only expenditures that relate to the original provision are set against it. Setting expenditures against a provision that was **62** originally recognised for another purpose would conceal the impact of two different events.

APPLICATION OF THE RECOGNITION AND MEASUREMENT RULES

Future operating losses

Provisions shall not be recognised for future operating losses. **63**

Future operating losses do not meet the definition of a liability in paragraph 10 and the general recognition criteria set **64** out for provisions in paragraph 14.

An expectation of future operating losses is an indication that certain assets of the operation may be impaired. An entity **65** tests these assets for impairment under IAS 36 *Impairment of assets*.

Onerous contracts

If an entity has a contract that is onerous, the present obligation under the contract shall be recognised and measured as a **66** provision.

Many contracts (for example, some routine purchase orders) can be cancelled without paying compensation to the other **67** party, and therefore there is no obligation. Other contracts establish both rights and obligations for each of the contracting parties. Where events make such a contract onerous, the contract falls within the scope of this standard and a liability exists which is recognised. Executory contracts that are not onerous fall outside the scope of this standard.

This standard defines an onerous contract as a contract in which the unavoidable costs of meeting the obligations under **68** the contract exceed the economic benefits expected to be received under it. The unavoidable costs under a contract reflect the least net cost of exiting from the contract, which is the lower of the cost of fulfilling it and any compensation or penalties arising from failure to fulfil it.

Before a separate provision for an onerous contract is established, an entity recognises any impairment loss that has **69** occurred on assets dedicated to that contract (see IAS 36).

Restructuring

The following are examples of events that may fall under the definition of restructuring: **70**
(a) sale or termination of a line of business;
(b) the closure of business locations in a country or region or the relocation of business activities from one country or region to another;
(c) changes in management structure, for example, eliminating a layer of management; and
(d) fundamental reorganisations that have a material effect on the nature and focus of the entity's operations.

A provision for restructuring costs is recognised only when the general recognition criteria for provisions set out in para- **71** graph 14 are met. Paragraphs 72—83 set out how the general recognition criteria apply to restructurings.

72 Eine faktische Verpflichtung zur Restrukturierung entsteht nur, wenn ein Unternehmen

    (a) einen detaillierten, formalen Restrukturierungsplan hat, in dem zumindest die folgenden Angaben enthalten sind:

        (i) der betroffene Geschäftsbereich oder Teil eines Geschäftsbereichs;

        (ii) die wichtigsten betroffenen Standorte;

        (iii) Standort, Funktion und ungefähre Anzahl der Arbeitnehmer, die für die Beendigung ihres Beschäftigungsverhältnisses eine Abfindung erhalten werden;

        (iv) die entstehenden Ausgaben; und

        (v) der Umsetzungszeitpunkt des Plans; und

    (b) bei den Betroffenen eine gerechtfertigte Erwartung geweckt hat, dass die Restrukturierungsmaßnahmen durch den Beginn der Umsetzung des Plans oder die Ankündigung seiner wesentlichen Bestandteile den Betroffenen gegenüber durchgeführt wird.

73 Substanzielle Hinweise für den Beginn der Umsetzung eines Restrukturierungsplans in einem Unternehmen wären beispielsweise die Demontage einer Anlage oder der Verkauf von Vermögenswerten oder die öffentliche Ankündigung der Hauptpunkte des Plans. Eine öffentliche Ankündigung eines detaillierten Restrukturierungsplans stellt nur dann eine faktische Verpflichtung zur Restrukturierung dar, wenn sie ausreichend detailliert (d. h. unter Angabe der Hauptpunkte im Plan) ist, dass sie bei anderen Parteien, z. B. Kunden, Lieferanten und Mitarbeitern (oder deren Vertreter) gerechtfertigte Erwartungen hervorruft, dass das Unternehmen die Restrukturierung durchführen wird.

74 Voraussetzung dafür, dass ein Plan durch die Bekanntgabe an die Betroffenen zu einer faktischen Verpflichtung führt, ist, dass der Beginn der Umsetzung zum frühest möglichen Zeitpunkt geplant ist und in einem Zeitraum vollzogen wird, der bedeutende Änderungen am Plan unwahrscheinlich erscheinen lässt. Wenn der Beginn der Restrukturierungsmaßnahmen erst nach einer längeren Verzögerung erwartet wird oder ein unverhältnismäßig langer Zeitraum für die Durchführung vorgesehen ist, ist es unwahrscheinlich, dass der Plan in anderen die gerechtfertigte Erwartung einer gegenwärtigen Bereitschaft des Unternehmens zur Restrukturierung weckt, denn der Zeitrahmen gestattet dem Unternehmen, Änderungen am Plan vorzunehmen.

75 Allein durch einen Restrukturierungsbeschluss des Managements oder eines Aufsichtsorgans vor dem Abschlussstichtag entsteht noch keine faktische Verpflichtung zum Abschlussstichtag, sofern das Unternehmen nicht vor dem Abschlussstichtag:

    (a) mit der Umsetzung des Restrukturierungsplans begonnen hat; oder

    (b) den Betroffenen gegenüber die Hauptpunkte des Restrukturierungsplans ausreichend detailliert mitgeteilt hat, um in diesen eine gerechtfertigte Erwartung zu wecken, dass die Restrukturierung von dem Unternehmen durchgeführt wird.

Wenn ein Unternehmen mit der Umsetzung eines Restrukturierungsplans erst nach dem Abschlussstichtag beginnt oder den Betroffenen die Hauptpunkte erst nach dem Abschlussstichtag ankündigt, ist eine Angabe gemäß IAS 10 *Ereignisse nach dem Abschlussstichtag* erforderlich, sofern die Restrukturierung wesentlich und deren unterlassene Angabe die wirtschaftliche Entscheidung beeinflussen könnte, die Adressaten auf der Grundlage des Abschlusses treffen.

76 Auch wenn allein durch die Entscheidung des Managements noch keine faktische Verpflichtung entstanden ist, kann, zusammen mit anderen früheren Ereignissen, eine Verpflichtung aus einer solchen Entscheidung entstehen. Beispielsweise können Verhandlungen über Abfindungszahlungen mit Arbeitnehmervertretern oder Verhandlungen zum Verkauf von Bereichen mit Käufern unter dem Vorbehalt der Zustimmung des Aufsichtsgremiums abgeschlossen werden. Nachdem die Zustimmung erteilt und den anderen Parteien mitgeteilt wurde, hat das Unternehmen eine faktische Verpflichtung zur Restrukturierung, wenn die Bedingungen in Paragraph 72 erfüllt wurden.

77 In einigen Ländern liegt die letztendliche Entscheidungsbefugnis bei einem Gremium, in dem auch Vertreter anderer Interessen als die des Managements (z. B. Arbeitnehmer) vertreten sind, oder eine Bekanntgabe gegenüber diesen Vertretern kann vor der Entscheidung dieses Gremiums erforderlich sein. Da eine Entscheidung durch ein solches Gremium die Bekanntgabe an die genannten Vertreter erfordert, kann hieraus eine faktische Verpflichtung zur Restrukturierung resultieren.

78 Aus dem Verkauf von Bereichen entsteht keine Verpflichtung, bis dass das Unternehmen den Verkauf verbindlich abgeschlossen hat, d. h. ein bindender Kaufvertrag existiert.

79 Auch wenn das Unternehmen eine Entscheidung zum Verkauf eines Bereichs getroffen und diese Entscheidung öffentlich angekündigt hat, kann der Verkauf nicht als verpflichtend angesehen werden, solange kein Käufer identifiziert wurde und kein bindender Kaufvertrag existiert. Bevor nicht ein bindender Kaufvertrag besteht, kann das Unternehmen seine Meinung noch ändern und wird tatsächlich andere Maßnahmen ergreifen müssen, wenn kein Käufer zu akzeptablen Bedingungen gefunden werden kann. Wenn der Verkauf eines Bereichs im Rahmen einer Restrukturierung geplant ist, werden die Vermögenswerte des Bereichs nach IAS 36 auf Wertminderung geprüft. Wenn ein Verkauf nur Teil einer Restrukturierung darstellt, kann für die anderen Teile der Restrukturierung eine faktische Verpflichtung entstehen, bevor ein bindender Kaufvertrag existiert.

A constructive obligation to restructure arises only when an entity:

(a) has a detailed formal plan for the restructuring identifying at least:
    (i) the business or part of a business concerned;
    (ii) the principal locations affected;
    (iii) the location, function, and approximate number of employees who will be compensated for terminating their services;
    (iv) the expenditures that will be undertaken; and
    (v) when the plan will be implemented; and

(b) has raised a valid expectation in those affected that it will carry out the restructuring by starting to implement that plan or announcing its main features to those affected by it.

Evidence that an entity has started to implement a restructuring plan would be provided, for example, by dismantling plant or selling assets or by the public announcement of the main features of the plan. A public announcement of a detailed plan to restructure constitutes a constructive obligation to restructure only if it is made in such a way and in sufficient detail (i.e. setting out the main features of the plan) that it gives rise to valid expectations in other parties such as customers, suppliers and employees (or their representatives) that the entity will carry out the restructuring.

74

For a plan to be sufficient to give rise to a constructive obligation when communicated to those affected by it, its implementation needs to be planned to begin as soon as possible and to be completed in a timeframe that makes significant changes to the plan unlikely. If it is expected that there will be a long delay before the restructuring begins or that the restructuring will take an unreasonably long time, it is unlikely that the plan will raise a valid expectation on the part of others that the entity is at present committed to restructuring, because the timeframe allows opportunities for the entity to change its plans.

75

A management or board decision to restructure taken before the end of the reporting period does not give rise to a constructive obligation at the end of the reporting period unless the entity has, before the end of the reporting period:

(a) started to implement the restructuring plan; or

(b) announced the main features of the restructuring plan to those affected by it in a sufficiently specific manner to raise a valid expectation in them that the entity will carry out the restructuring.

If an entity starts to implement a restructuring plan, or announces its main features to those affected, only after the reporting period, disclosure is required under IAS 10 *Events after the reporting period*, if the restructuring is material and non-disclosure could influence the economic decisions that users make on the basis of the financial statements.

76

Although a constructive obligation is not created solely by a management decision, an obligation may result from other earlier events together with such a decision. For example, negotiations with employee representatives for termination payments, or with purchasers for the sale of an operation, may have been concluded subject only to board approval. Once that approval has been obtained and communicated to the other parties, the entity has a constructive obligation to restructure, if the conditions of paragraph 72 are met.

77

In some countries, the ultimate authority is vested in a board whose membership includes representatives of interests other than those of management (e.g. employees) or notification to such representatives may be necessary before the board decision is taken. Because a decision by such a board involves communication to these representatives, it may result in a constructive obligation to restructure.

No obligation arises for the sale of an operation until the entity is committed to the sale, i.e. there is a binding sale agreement.

Even when an entity has taken a decision to sell an operation and announced that decision publicly, it cannot be committed to the sale until a purchaser has been identified and there is a binding sale agreement. Until there is a binding sale agreement, the entity will be able to change its mind and indeed will have to take another course of action if a purchaser cannot be found on acceptable terms. When the sale of an operation is envisaged as part of a restructuring, the assets of the operation are reviewed for impairment, under IAS 36. When a sale is only part of a restructuring, a constructive obligation can arise for the other parts of the restructuring before a binding sale agreement exists.

80 Eine Restrukturierungsrückstellung darf nur die direkt im Zusammenhang mit der Restrukturierung entstehenden Ausgaben enthalten, die sowohl:

(a) zwangsweise im Zuge der Restrukturierung entstehen als auch

(b) nicht mit den laufenden Aktivitäten des Unternehmens im Zusammenhang stehen.

81 Eine Restrukturierungsrückstellung enthält keine Aufwendungen für:

(a) Umschulung oder Versetzung weiterbeschäftigter Mitarbeiter;

(b) Marketing; oder

(c) Investitionen in neue Systeme und Vertriebsnetze.

Diese Ausgaben entstehen für die künftige Geschäftstätigkeit und stellen zum Abschlussstichtag keine Restrukturierungsverpflichtungen dar. Solche Ausgaben werden auf derselben Grundlage erfasst, als wären sie unabhängig von einer Restrukturierung entstanden.

82 Bis zum Tag einer Restrukturierung entstehende, identifizierbare künftige betriebliche Verluste werden nicht als Rückstellung behandelt, sofern sie nicht im Zusammenhang mit einem belastenden Vertrag nach der Definition in Paragraph 10 stehen.

83 Gemäß Paragraph 51 sind Gewinne aus dem erwarteten Abgang von Vermögenswerten bei der Bewertung einer Restrukturierungsrückstellung nicht zu berücksichtigen; dies gilt selbst, wenn der Verkauf der Vermögenswerte als Teil der Restrukturierung geplant ist.

ANGABEN

84 Ein Unternehmen hat für jede Gruppe von Rückstellungen die folgenden Angaben zu machen:

(a) den Buchwert zu Beginn und zum Ende der Berichtsperiode;

(b) zusätzliche, in der Berichtsperiode gebildete Rückstellungen, einschließlich der Erhöhung von bestehenden Rückstellungen;

(c) während der Berichtsperiode verwendete (d. h. entstandene und gegen die Rückstellung verrechnete) Beträge;

(d) nicht verwendete Beträge, die während der Berichtsperiode aufgelöst wurden; und

(e) die Erhöhung des während der Berichtsperiode aufgrund des Zeitablaufs abgezinsten Betrags und die Auswirkung von Änderungen des Abzinsungssatzes.

Vergleichsinformationen sind nicht erforderlich.

85 Ein Unternehmen hat für jede Gruppe von Rückstellungen die folgenden Angaben zu machen:

(a) eine kurze Beschreibung der Art der Verpflichtung sowie der erwarteten Fälligkeiten resultierender Abflüsse von wirtschaftlichem Nutzen;

(b) die Angabe von Unsicherheiten hinsichtlich des Betrags oder der Fälligkeiten dieser Abflüsse. Falls die Angabe von adäquaten Informationen erforderlich ist, hat ein Unternehmen die wesentlichen Annahmen für künftige Ereignisse nach Paragraph 48 anzugeben; und

(c) die Höhe aller erwarteten Erstattungen unter Angabe der Höhe der Vermögenswerte, die für die jeweilige erwartete Erstattung angesetzt wurden.

86 Sofern die Möglichkeit eines Abflusses bei der Erfüllung nicht unwahrscheinlich ist, hat ein Unternehmen für jede Gruppe von Eventualverbindlichkeiten zum Abschlussstichtag eine kurze Beschreibung der Eventualverbindlichkeit und, falls praktikabel, die folgenden Angaben zu machen:

(a) eine Schätzung der finanziellen Auswirkungen, bewertet nach den Paragraphen 36–52;

(b) die Angabe von Unsicherheiten hinsichtlich des Betrags oder der Fälligkeiten von Abflüssen; und

(c) die Möglichkeit einer Erstattung.

87 Bei der Bestimmung, welche Rückstellungen oder Eventualverbindlichkeiten zu einer Gruppe zusammengefasst werden können, muss überlegt werden, ob die Positionen ihrer Art nach mit den Anforderungen der Paragraphen 85 (a) und (b) und 86 (a) und (b) in ausreichendem Maße übereinstimmen, um eine zusammengefasste Angabe zu rechtfertigen. Es kann daher angebracht sein, Beträge für Gewährleistungen für unterschiedliche Produkte als eine Rückstellungsgruppe zu behandeln. Es wäre jedoch nicht angebracht, Beträge für normale Gewährleistungsrückstellungen und Beträge, die durch Rechtsstreit geklärt werden müssen, als eine Gruppe von Rückstellungen zu behandeln.

88 Wenn aus denselben Umständen eine Rückstellung und eine Eventualverbindlichkeit entstehen, erfolgt die nach den Paragraphen 84–86 erforderliche Angabe vom Unternehmen in einer Art und Weise, die den Zusammenhang zwischen der Rückstellung und der Eventualverbindlichkeit aufzeigt.

89 Ist ein Zufluss von wirtschaftlichem Nutzen wahrscheinlich, so hat ein Unternehmen eine kurze Beschreibung der Art der Eventualforderungen zum Abschlussstichtag und, wenn praktikabel, eine Schätzung der finanziellen Auswirkungen, bewertet auf der Grundlage der Vorgaben für Rückstellungen gemäß den Paragraphen 36–52 anzugeben.

A restructuring provision shall include only the direct expenditures arising from the restructuring, which are those that **80** are both:

(a) necessarily entailed by the restructuring; and

(b) not associated with the ongoing activities of the entity.

A restructuring provision does not include such costs as: **81**

(a) retraining or relocating continuing staff;

(b) marketing; or

(c) investment in new systems and distribution networks.

These expenditures relate to the future conduct of the business and are not liabilities for restructuring at the end of the reporting period. Such expenditures are recognised on the same basis as if they arose independently of a restructuring.

Identifiable future operating losses up to the date of a restructuring are not included in a provision, unless they relate to **82** an onerous contract as defined in paragraph 10.

As required by paragraph 51, gains on the expected disposal of assets are not taken into account in measuring a restruc- **83** turing provision, even if the sale of assets is envisaged as part of the restructuring.

DISCLOSURE

For each class of provision, an entity shall disclose: **84**

(a) the carrying amount at the beginning and end of the period;

(b) additional provisions made in the period, including increases to existing provisions;

(c) amounts used (i.e. incurred and charged against the provision) during the period;

(d) unused amounts reversed during the period; and

(e) the increase during the period in the discounted amount arising from the passage of time and the effect of any change in the discount rate.

Comparative information is not required.

An entity shall disclose the following for each class of provision: **85**

(a) a brief description of the nature of the obligation and the expected timing of any resulting outflows of economic benefits;

(b) an indication of the uncertainties about the amount or timing of those outflows. Where necessary to provide adequate information, an entity shall disclose the major assumptions made concerning future events, as addressed in paragraph 48; and

(c) the amount of any expected reimbursement, stating the amount of any asset that has been recognised for that expected reimbursement.

Unless the possibility of any outflow in settlement is remote, an entity shall disclose for each class of contingent liability **86** at the end of the reporting period a brief description of the nature of the contingent liability and, where practicable:

(a) an estimate of its financial effect, measured under paragraphs 36—52;

(b) an indication of the uncertainties relating to the amount or timing of any outflow; and

(c) the possibility of any reimbursement.

In determining which provisions or contingent liabilities may be aggregated to form a class, it is necessary to consider **87** whether the nature of the items is sufficiently similar for a single statement about them to fulfil the requirements of paragraphs 85 (a) and (b) and 86 (a) and (b). Thus, it may be appropriate to treat as a single class of provision amounts relating to warranties of different products, but it would not be appropriate to treat as a single class amounts relating to normal warranties and amounts that are subject to legal proceedings.

Where a provision and a contingent liability arise from the same set of circumstances, an entity makes the disclosures **88** required by paragraphs 84—86 in a way that shows the link between the provision and the contingent liability.

Where an inflow of economic benefits is probable, an entity shall disclose a brief description of the nature of the contin- **89** gent assets at the end of the reporting period, and, where practicable, an estimate of their financial effect, measured using the principles set out for provisions in paragraphs 36—52.

90 Es ist wichtig, dass bei Angaben zu Eventualforderungen irreführende Angaben zur Wahrscheinlichkeit des Entstehens von Erträgen vermieden werden.

91 Werden nach den Paragraphen 86 und 89 erforderliche Angaben aus Gründen der Praktibilität nicht gemacht, so ist diese Tatsache anzugeben.

92 In äußerst seltenen Fällen kann damit gerechnet werden, dass die teilweise oder vollständige Angabe von Informationen nach den Paragraphen 84–89 die Lage des Unternehmens in einem Rechtsstreit mit anderen Parteien über den Gegenstand der Rückstellungen, Eventualverbindlichkeiten oder Eventualforderungen ernsthaft beeinträchtigt. In diesen Fällen muss das Unternehmen die Angaben nicht machen, es hat jedoch den allgemeinen Charakter des Rechtsstreits darzulegen, sowie die Tatsache, dass gewisse Angaben nicht gemacht wurden und die Gründe dafür.

ÜBERGANGSVORSCHRIFTEN

93 Die Auswirkungen der Anwendung dieses Standards zum Zeitpunkt seines Inkrafttretens (oder früher) ist als eine Berichtigung des Eröffnungsbilanzwerts der Gewinnrücklagen in der Berichtsperiode zu erfassen, in der der Standard erstmals angewendet wird. Unternehmen wird empfohlen, jedoch nicht zwingend vorgeschrieben, die Anpassung der Eröffnungsbilanz der Gewinnrücklagen für die früheste angegebene Berichtsperiode vorzunehmen und die vergleichenden Informationen anzupassen. Falls Vergleichsinformationen nicht angepasst werden, so ist diese Tatsache anzugeben.

94 [gestrichen]

ZEITPUNKT DES INKRAFTTRETENS

95 Dieser Standard ist erstmals in der ersten Berichtsperiode eines am 1. Juli 1999 oder danach beginnenden Geschäftsjahres anzuwenden. Eine frühere Anwendung wird empfohlen. Wenn ein Unternehmen diesen Standard für Berichtsperioden anwendet, die vor dem 1. Juli 1999 beginnen, so ist diese Tatsache anzugeben.

96 [gestrichen]

99 Mit den im Dezember 2013 veröffentlichten *Jährlichen Verbesserungen an den IFRS, Zyklus 2010–2012*, wurde aufgrund der Änderung von IFRS 3 Paragraph 5 geändert. Ein Unternehmen hat diese Änderung prospektiv auf Unternehmenszusammenschlüsse anzuwenden, für die die Änderung des IFRS 3 gilt.

It is important that disclosures for contingent assets avoid giving misleading indications of the likelihood of income arising. **90**

Where any of the information required by paragraphs 86 and 89 is not disclosed because it is not practicable to do so, that fact shall be stated. **91**

In extremely rare cases, disclosure of some or all of the information required by paragraphs 84—89 can be expected to prejudice seriously the position of the entity in a dispute with other parties on the subject matter of the provision, contingent liability or contingent asset. In such cases, an entity need not disclose the information, but shall disclose the general nature of the dispute, together with the fact that, and reason why, the information has not been disclosed. **92**

TRANSITIONAL PROVISIONS

The effect of adopting this standard on its effective date (or earlier) shall be reported as an adjustment to the opening balance of retained earnings for the period in which the standard is first adopted. Entities are encouraged, but not required, to adjust the opening balance of retained earnings for the earliest period presented and to restate comparative information. If comparative information is not restated, this fact shall be disclosed. **93**

[deleted] **94**

EFFECTIVE DATE

This standard becomes operative for annual financial statements covering periods beginning on or after 1 July 1999. Earlier application is encouraged. If an entity applies this standard for periods beginning before 1 July 1999, it shall disclose that fact. **95**

[deleted] **96**

Annual Improvements to IFRSs 2010—2012 Cycle, issued in December 2013, amended paragraph 5 as a consequential amendment derived from the amendment to IFRS 3. An entity shall apply that amendment prospectively to business combinations to which the amendment to IFRS 3 applies. **99**

INTERNATIONAL ACCOUNTING STANDARD 38
Immaterielle Vermögenswerte

INHALT

ZIELSETZUNG

1 Die Zielsetzung dieses Standards ist die Regelung der Bilanzierung immaterieller Vermögenswerte, die nicht in anderen Standards konkret behandelt werden. Dieser Standard verlangt von einem Unternehmen den Ansatz eines immateriellen Vermögenswerts dann, aber nur dann, wenn bestimmte Kriterien erfüllt sind. Der Standard bestimmt ferner, wie der Buchwert immaterieller Vermögenswerte zu ermitteln ist, und fordert bestimmte Angaben in Bezug auf immaterielle Vermögenswerte.

ANWENDUNGSBEREICH

2 Dieser Standard ist auf die bilanzielle Behandlung immaterieller Vermögenswerte anzuwenden, mit Ausnahme von:
  (a) immateriellen Vermögenswerten, die in den Anwendungsbereich eines anderen Standards fallen;
  (b) finanziellen Vermögenswerten, wie sie in IAS 32 *Finanzinstrumente: Darstellung* definiert sind;

INTERNATIONAL ACCOUNTING STANDARD 38

Intangible assets

SUMMARY

OBJECTIVE

The objective of this standard is to prescribe the accounting treatment for intangible assets that are not dealt with specifi- 1
cally in another standard. This standard requires an entity to recognise an intangible asset if, and only if, specified criteria
are met. The standard also specifies how to measure the carrying amount of intangible assets and requires specified disclosures about intangible assets.

SCOPE

This standard shall be applied in accounting for intangible assets, except: 2
(a)   intangible assets that are within the scope of another standard; *Inventories, leasing contracts, goodwill*
(b)   financial assets, as defined in IAS 32 *Financial instruments: presentation*;

(c) Ansatz und der Bewertung von Vermögenswerten aus Exploration und Evaluierung (siehe IFRS 6 *Exploration und Evaluierung von Bodenschätzen*); und

(d) Ausgaben für die Erschließung oder die Förderung und den Abbau von Mineralien, Öl, Erdgas und ähnlichen nicht regenerativen Ressourcen.

3 Wenn ein anderer Standard die Bilanzierung für eine bestimmte Art eines immateriellen Vermögenswerts vorschreibt, wendet ein Unternehmen diesen Standard anstatt des vorliegenden Standards an. Dieser Standard ist beispielsweise nicht anzuwenden auf:

(a) immaterielle Vermögenswerte, die von einem Unternehmen zum Verkauf im normalen Geschäftsgang gehalten werden (siehe IAS 2 *Vorräte* und IAS 11 *Fertigungsaufträge*);

(b) latente Steueransprüche (siehe IAS 12 *Ertragsteuern*);

(c) Leasingverhältnisse, die in den Anwendungsbereich von IAS 17 *Leasingverhältnisse* fallen;

(d) Vermögenswerte, die aus Leistungen an Arbeitnehmer resultieren (siehe IAS 19 *Leistungen an Arbeitnehmer*);

(e) finanzielle Vermögenswerte, wie sie in IAS 32 definiert sind. Der Ansatz und die Bewertung einiger finanzieller Vermögenswerte werden von IFRS 10 *Konzernabschlüsse*, IAS 27 *Einzelabschlüsse* und von IAS 28 *Anteile an assoziierten Unternehmen und Gemeinschaftsunternehmen* abgedeckt.

(f) einen bei einem Unternehmenszusammenschluss erworbenen Geschäfts- oder Firmenwert (siehe IFRS 3 *Unternehmenszusammenschlüsse*);

(g) abgegrenzte Anschaffungskosten und immaterielle Vermögenswerte, die aus den vertraglichen Rechten eines Versicherers aufgrund von Versicherungsverträgen entstehen und in den Anwendungsbereich von IFRS 4 *Versicherungsverträge* fallen. IFRS 4 führt spezielle Angabepflichten für diese abgegrenzten Anschaffungskosten auf, jedoch nicht für diese immateriellen Vermögenswerte. Daher sind die in diesem Standard aufgeführten Angabepflichten auf diese immateriellen Vermögenswerte anzuwenden;

(h) langfristige immaterielle Vermögenswerte, die gemäß IFRS 5 *Zur Veräußerung gehaltene langfristige Vermögenswerte und aufgegebene Geschäftsbereiche* als zur Veräußerung gehalten eingestuft werden (oder in einer als zur Veräußerung gehalten eingestuften Veräußerungsgruppe enthalten sind).

4 Einige immaterielle Vermögenswerte können in oder auf einer physischen Substanz enthalten sein, wie beispielsweise einer Compact Disk (im Fall von Computersoftware), einem Rechtsdokument (im Falle einer Lizenz oder eines Patents) oder einem Film. Bei der Feststellung, ob ein Vermögenswert, der sowohl immaterielle als auch materielle Elemente in sich vereint, gemäß IAS 16 *Sachanlagen* oder als immaterieller Vermögenswert gemäß dem vorliegenden Standard zu behandeln ist, beurteilt ein Unternehmen nach eigenem Ermessen, welches Element wesentlicher ist. Beispielsweise ist die Computersoftware für eine computergesteuerte Werkzeugmaschine, die ohne diese bestimmte Software nicht betriebsfähig ist, integraler Bestandteil der zugehörigen Hardware und wird daher als Sachanlage behandelt. Gleiches gilt für das Betriebssystem eines Computers. Wenn die Software kein integraler Bestandteil der zugehörigen Hardware ist, wird die Computersoftware als immaterieller Vermögenswert behandelt.

5 Dieser Standard bezieht sich u. a. auf Ausgaben für Werbung, Aus- und Weiterbildung, Gründung und Anlauf eines Geschäftsbetriebs sowie Forschungs- und Entwicklungsaktivitäten. Forschungs- und Entwicklungsaktivitäten zielen auf die Wissenserweiterung ab. Obwohl diese Aktivitäten zu einem Vermögenswert mit physischer Substanz (z. B. einem Prototypen) führen können, ist das physische Element des Vermögenswerts sekundär im Vergleich zu seiner immateriellen Komponente, d. h. das durch ihn verkörperte Wissen.

6 Im Falle eines Finanzierungsleasings kann der zu Grunde liegende Vermögenswert entweder materieller oder immaterieller Natur sein. Nach erstmaligem Ansatz bilanziert ein Leasingnehmer einen immateriellen Vermögenswert, den er im Rahmen eines Finanzierungsleasings nutzt, nach diesem Standard. Rechte aus Lizenzvereinbarungen, beispielsweise über Filmmaterial, Videoaufnahmen, Theaterstücke, Manuskripte, Patente und Urheberrechte sind aus dem Anwendungsbereich von IAS 17 ausgeschlossen und fallen in den Anwendungsbereich dieses Standards.

7 Der Ausschluss aus dem Anwendungsbereich eines Standards kann vorliegen, wenn bestimmte Aktivitäten oder Geschäftsvorfälle so speziell sind, dass sie zu Rechnungslegungsfragen führen, die gegebenenfalls auf eine andere Art und Weise zu behandeln sind. Derartige Fragen entstehen bei der Bilanzierung der Ausgaben für die Erschließung oder die Förderung und den Abbau von Erdöl, Erdgas und Bodenschätzen bei der rohstoffgewinnenden Industrie sowie im Fall von Versicherungsverträgen. Aus diesem Grunde bezieht sich dieser Standard nicht auf Ausgaben für derartige Aktivitäten und Verträge. Dieser Standard gilt jedoch für sonstige immaterielle Vermögenswerte (z. B. Computersoftware) und sonstige Ausgaben (z. B. Kosten für die Gründung und den Anlauf eines Geschäftsbetriebs), die in der rohstoffgewinnenden Industrie oder bei Versicherern genutzt werden bzw. anfallen.

DEFINITIONEN

8 **Die folgenden Begriffe werden im vorliegenden Standard mit den angegebenen Bedeutungen verwendet:**
[gestrichen]

(a) [gestrichen]

(b) [gestrichen]

(c) [gestrichen]

(c)   the recognition and measurement of exploration and evaluation assets (see IFRS 6 *Exploration for and evaluation of mineral resources*); and

(d)   expenditure on the development and extraction of, minerals, oil, natural gas and similar non-regenerative resources.

If another Standard prescribes the accounting for a specific type of intangible asset, an entity applies that Standard instead **3** of this Standard. For example, this Standard does not apply to:

(a)   intangible assets held by an entity for sale in the ordinary course of business (see IAS 2 *Inventories* and IAS 11 *Construction contracts*);

(b)   deferred tax assets (see IAS 12 *Income taxes*);

(c)   leases that are within the scope of IAS 17 *Leases*;

(d)   assets arising from employee benefits (see IAS 19 *Employee benefits*);

(e)   financial assets as defined in IAS 32. The recognition and measurement of some financial assets are covered by IFRS 10 *Consolidated Financial Statements*, IAS 27 *Separate Financial Statements* and IAS 28 *Investments in Associates and Joint Ventures*.

(f)   goodwill acquired in a business combination (see IFRS 3 *Business combinations*);

(g)   deferred acquisition costs, and intangible assets, arising from an insurer's contractual rights under insurance contracts within the scope of IFRS 4 *Insurance contracts*. IFRS 4 sets out specific disclosure requirements for those deferred acquisition costs but not for those intangible assets. Therefore, the disclosure requirements in this standard apply to those intangible assets;

(h)   non-current intangible assets classified as held for sale (or included in a disposal group that is classified as held for sale) in accordance with IFRS 5 *Non-current assets held for sale and discontinued operations*.

Some intangible assets may be contained in or on a physical substance such as a compact disc (in the case of computer **4** software), legal documentation (in the case of a licence or patent) or film. In determining whether an asset that incorporates both intangible and tangible elements should be treated under IAS 16 *Property, plant and equipment* or as an intangible asset under this standard, an entity uses judgement to assess which element is more significant. For example, computer software for a computer-controlled machine tool that cannot operate without that specific software is an integral part of the related hardware and it is treated as property, plant and equipment. The same applies to the operating system of a computer. When the software is not an integral part of the related hardware, computer software is treated as an intangible asset.

This standard applies to, among other things, expenditure on advertising, training, start-up, research and development **5** activities. Research and development activities are directed to the development of knowledge. Therefore, although these activities may result in an asset with physical substance (e.g. a prototype), the physical element of the asset is secondary to its intangible component, i.e. the knowledge embodied in it.

In the case of a finance lease, the underlying asset may be either tangible or intangible. After initial recognition, a lessee **6** accounts for an intangible asset held under a finance lease in accordance with this standard. Rights under licensing agreements for items such as motion picture films, video recordings, plays, manuscripts, patents and copyrights are excluded from the scope of IAS 17 and are within the scope of this standard.

Exclusions from the scope of a standard may occur if activities or transactions are so specialised that they give rise to **7** accounting issues that may need to be dealt with in a different way. Such issues arise in the accounting for expenditure on the exploration for, or development and extraction of, oil, gas and mineral deposits in extractive industries and in the case of insurance contracts. Therefore, this standard does not apply to expenditure on such activities and contracts. However, this standard applies to other intangible assets used (such as computer software), and other expenditure incurred (such as start-up costs), in extractive industries or by insurers.

DEFINITIONS

The following terms are used in this Standard with the meanings specified:

[deleted]

(a)   [deleted]

(b)   [deleted]

(c)   [deleted]

Abschreibung (Amortisation) ist die systematische Verteilung des gesamten Abschreibungsbetrags eines immateriellen Vermögenswerts über dessen Nutzungsdauer.

Ein *Vermögenswert* ist eine Ressource,

(a) die aufgrund von Ereignissen der Vergangenheit von einem Unternehmen beherrscht wird; und

(b) von der erwartet wird, dass dem Unternehmen durch sie künftiger wirtschaftlicher Nutzen zufließt.

Der *Buchwert* ist der Betrag, mit dem ein Vermögenswert in der Bilanz nach Abzug aller der auf ihn entfallenden kumulierten Amortisationen und kumulierten Wertminderungsaufwendungen angesetzt wird.

Die *Anschaffungs- oder Herstellungskosten* sind der zum Erwerb oder zur Herstellung eines Vermögenswerts entrichtete Betrag an Zahlungsmitteln oder Zahlungsmitteläquivalenten bzw. der beizulegende Zeitwert einer anderen Entgeltform zum Zeitpunkt des Erwerbs bzw. der Herstellung, oder wenn zutreffend, der diesem Vermögenswert beim erstmaligen Ansatz zugewiesene Betrag in Übereinstimmung mit den spezifischen Anforderungen anderer IFRS, wie z. B. IFRS 2 *Anteilsbasierte Vergütung*.

Der *Abschreibungsbetrag* ist die Differenz zwischen Anschaffungs- oder Herstellungskosten eines Vermögenswerts oder eines Ersatzbetrages und dem Restwert.

Entwicklung ist die Anwendung von Forschungsergebnissen oder von anderem Wissen auf einen Plan oder Entwurf für die Produktion von neuen oder beträchtlich verbesserten Materialien, Vorrichtungen, Produkten, Verfahren, Systemen oder Dienstleistungen. Die Entwicklung findet dabei vor Beginn der kommerziellen Produktion oder Nutzung statt.

Der *unternehmensspezifische Wert* ist der Barwert der Cashflows, von denen ein Unternehmen erwartet, dass sie aus der fortgesetzten Nutzung eines Vermögenswerts und seinem Abgang am Ende seiner Nutzungsdauer oder bei Begleichung einer Schuld entstehen.

Der *beizulegende Zeitwert* ist der Preis, der in einem geordneten Geschäftsvorfall zwischen Marktteilnehmern am Bemessungsstichtag für den Verkauf eines Vermögenswerts eingenommen bzw. für die Übertragung einer Schuld gezahlt würde. (Siehe IFRS 13 *Bemessung des beizulegenden Zeitwerts*.)

Ein *Wertminderungsaufwand* ist der Betrag, um den der Buchwert eines Vermögenswerts seinen erzielbaren Betrag übersteigt.

Ein *immaterieller Vermögenswert* ist ein identifizierbarer, nicht monetärer Vermögenswert ohne physische Substanz.

Monetäre Vermögenswerte sind im Bestand befindliche Geldmittel und Vermögenswerte, für die das Unternehmen einen festen oder bestimmbaren Geldbetrag erhält.

Forschung ist die eigenständige und planmäßige Suche mit der Aussicht, zu neuen wissenschaftlichen oder technischen Erkenntnissen zu gelangen.

Der *Restwert* eines immateriellen Vermögenswertes ist der geschätzte Betrag, den ein Unternehmen gegenwärtig bei Abgang des Vermögenswertes nach Abzug der geschätzten Veräußerungskosten erhalten würde, wenn der Vermögenswert alters- und zustandsgemäß schon am Ende seiner Nutzungsdauer angelangt wäre.

Die *Nutzungsdauer* ist

(a) der Zeitraum, über den ein Vermögenswert voraussichtlich von einem Unternehmen nutzbar ist; oder

(b) die voraussichtlich durch den Vermögenswert im Unternehmen zu erzielende Anzahl an Produktionseinheiten oder ähnlichen Maßgrößen.

Immaterielle Vermögenswerte

9 Unternehmen verwenden häufig Ressourcen oder gehen Schulden ein im Hinblick auf die Anschaffung, Entwicklung, Erhaltung oder Wertsteigerung immaterieller Ressourcen, wie beispielsweise wissenschaftliche oder technische Erkenntnisse, Entwurf und Implementierung neuer Prozesse oder Systeme, Lizenzen, geistiges Eigentum, Marktkenntnisse und Warenzeichen (einschließlich Markennamen und Verlagsrechte). Gängige Beispiele für Rechte und Werte, die unter diese Oberbegriffe fallen, sind Computersoftware, Patente, Urheberrechte, Filmmaterial, Kundenlisten, Hypothekenbedienungsrechte, Fischereilizenzen, Importquoten, Franchiseverträge, Kunden- oder Lieferantenbeziehungen, Kundenloyalität, Marktanteile und Absatzrechte.

10 Nicht alle der in Paragraph 9 beschriebenen Sachverhalte erfüllen die Definitionskriterien eines immateriellen Vermögenswerts, d. h. Identifizierbarkeit, Verfügungsgewalt über eine Ressource und Bestehen eines künftigen wirtschaftlichen Nutzens. Wenn ein in den Anwendungsbereich dieses Standards fallender Posten der Definition eines immateriellen Vermögenswerts nicht entspricht, werden die Kosten für seinen Erwerb oder seine interne Erstellung in der Periode als Aufwand erfasst, in der sie anfallen. Wird der Posten jedoch bei einem Unternehmenszusammenschluss erworben, ist er Teil des zum Erwerbszeitpunkt angesetzten Geschäfts- oder Firmenwerts (siehe Paragraph 68).

Identifizierbarkeit

11 Die Definition eines immateriellen Vermögenswerts verlangt, dass ein immaterieller Vermögenswert identifizierbar ist, um ihn vom Geschäfts- oder Firmenwert unterscheiden zu können. Der bei einem Unternehmenszusammenschluss erworbene Geschäfts- oder Firmenwert ist ein Vermögenswert, der den künftigen wirtschaftlichen Nutzen anderer bei

Amortisation is the systematic allocation of the depreciable amount of an intangible asset over its useful life.

An *asset* is a resource:

(a)   controlled by an entity as a result of past events; and

(b)   from which future economic benefits are expected to flow to the entity.

Carrying amount is the amount at which an asset is recognised in the statement of financial position after deducting any accumulated amortisation and accumulated impairment losses thereon.

Cost is the amount of cash or cash equivalents paid or the fair value of other consideration given to acquire an asset at the time of its acquisition or construction, or, when applicable, the amount attributed to that asset when initially recognised in accordance with the specific requirements of other IFRSs, e.g. IFRS 2 *Share-based payment*.

Depreciable amount is the cost of an asset, or other amount substituted for cost, less its residual value.

Development is the application of research findings or other knowledge to a plan or design for the production of new or substantially improved materials, devices, products, processes, systems or services before the start of commercial production or use.

Entity-specific value is the present value of the cash flows an entity expects to arise from the continuing use of an asset and from its disposal at the end of its useful life or expects to incur when settling a liability.

Fair value is the price that would be received to sell an asset or paid to transfer a liability in an orderly transaction between market participants at the measurement date. (See IFRS 13 *Fair Value Measurement.*)

An *impairment loss* is the amount by which the carrying amount of an asset exceeds its recoverable amount.

An *intangible asset* is an identifiable non-monetary asset without physical substance.

Monetary assets are money held and assets to be received in fixed or determinable amounts of money.

Research is original and planned investigation undertaken with the prospect of gaining new scientific or technical knowledge and understanding.

The *residual value* of an intangible asset is the estimated amount that an entity would currently obtain from disposal of the asset, after deducting the estimated costs of disposal, if the asset were already of the age and in the condition expected at the end of its useful life.

Useful life is:

(a)   the period over which an asset is expected to be available for use by an entity; or

(b)   the number of production or similar units expected to be obtained from the asset by an entity.

Intangible assets

Entities frequently expend resources, or incur liabilities, on the acquisition, development, maintenance or enhancement **9** of intangible resources such as scientific or technical knowledge, design and implementation of new processes or systems, licences, intellectual property, market knowledge and trademarks (including brand names and publishing titles). Common examples of items encompassed by these broad headings are computer software, patents, copyrights, motion picture films, customer lists, mortgage servicing rights, fishing licences, import quotas, franchises, customer or supplier relationships, customer loyalty, market share and marketing rights.

Not all the items described in paragraph 9 meet the definition of an intangible asset, i.e. identifiability, control over a **10** resource and existence of future economic benefits. If an item within the scope of this standard does not meet the definition of an intangible asset, expenditure to acquire it or generate it internally is recognised as an expense when it is incurred. However, if the item is acquired in a business combination, it forms part of the goodwill recognised at the acquisition date (see paragraph 68).

Identifiability

The definition of an intangible asset requires an intangible asset to be identifiable to distinguish it from goodwill. Good- **11** will recognised in a business combination is an asset representing the future economic benefits arising from other assets acquired in a business combination that are not individually identified and separately recognised. The future economic

dem Unternehmenszusammenschluss erworbenen Vermögenswerte darstellt, die nicht einzeln identifiziert und getrennt angesetzt werden können. Der künftige wirtschaftliche Nutzen kann das Ergebnis von Synergien zwischen den erworbenen identifizierbaren Vermögenswerten sein oder aber aus Vermögenswerten resultieren, die einzeln nicht im Abschluss angesetzt werden können.

12 Ein Vermögenswert ist identifizierbar, wenn:

(a) **er separierbar ist, d. h. er kann vom Unternehmen getrennt und verkauft, übertragen, lizenziert, vermietet oder getauscht werden. Dies kann einzeln oder in Verbindung mit einem Vertrag, einem identifizierbaren Vermögenswert oder einer identifizierbaren Schuld unabhängig davon erfolgen, ob das Unternehmen dies zu tun beabsichtigt; oder**

(b) **er aus vertraglichen oder anderen gesetzlichen Rechten entsteht, unabhängig davon, ob diese Rechte vom Unternehmen oder von anderen Rechten und Verpflichtungen übertragbar oder separierbar sind.**

Beherrschung

13 Ein Unternehmen hat Verfügungsgewalt über einen Vermögenswert, wenn es in der Lage ist, sich den künftigen wirtschaftlichen Nutzen, der aus der zu Grunde liegenden Ressource zufließt, zu verschaffen, und es den Zugriff Dritter auf diesen Nutzen beschränken kann. Die Verfügungsgewalt eines Unternehmens über den künftigen wirtschaftlichen Nutzen aus einem immateriellen Vermögenswert basiert normalerweise auf juristisch durchsetzbaren Ansprüchen. Sind derartige Rechtsansprüche nicht vorhanden, gestaltet sich der Nachweis der Verfügungsgewalt schwieriger. Allerdings ist die juristische Durchsetzbarkeit eines Rechts keine notwendige Voraussetzung für Verfügungsgewalt, da ein Unternehmen in der Lage sein kann, auf andere Weise Verfügungsgewalt über den künftigen wirtschaftlichen Nutzen auszuüben.

14 Marktkenntnisse und technische Erkenntnisse können zu künftigem wirtschaftlichen Nutzen führen. Ein Unternehmen hat Verfügungsgewalt über diesen Nutzen, wenn das Wissen geschützt wird, beispielsweise durch Rechtsansprüche wie Urheberrechte, einen eingeschränkten Handelsvertrag (wo zulässig) oder durch eine den Arbeitnehmern auferlegte gesetzliche Vertraulichkeitspflicht.

15 Ein Unternehmen kann über ein Team von Fachkräften verfügen und in der Lage sein, zusätzliche Mitarbeiterfähigkeiten zu identifizieren, die aufgrund von Schulungsmaßnahmen zu einem künftigen wirtschaftlichen Nutzen führen. Das Unternehmen kann auch erwarten, dass die Arbeitnehmer ihre Fähigkeiten dem Unternehmen weiterhin zur Verfügung stellen werden. Für gewöhnlich hat ein Unternehmen jedoch keine hinreichende Verfügungsgewalt über den voraussichtlichen künftigen wirtschaftlichen Nutzen, der ihm durch ein Team von Fachkräften und die Weiterbildung erwächst, damit diese Werte die Definition eines immateriellen Vermögenswerts erfüllen. Aus einem ähnlichen Grund ist es unwahrscheinlich, dass eine bestimmte Management- oder fachliche Begabung die Definition eines immateriellen Vermögenswerts erfüllt, es sei denn, dass deren Nutzung und der Erhalt des von ihr zu erwartenden künftigen wirtschaftlichen Nutzens durch Rechtsansprüche geschützt sind und sie zudem die übrigen Definitionskriterien erfüllt.

16 Ein Unternehmen kann über einen Kundenstamm oder Marktanteil verfügen und erwarten, dass die Kunden dem Unternehmen aufgrund seiner Bemühungen, Kundenbeziehungen und Kundenloyalität aufzubauen, treu bleiben werden. Fehlen jedoch die rechtlichen Ansprüche zum Schutz oder sonstige Mittel und Wege zur Kontrolle der Kundenbeziehungen oder der Loyalität der Kunden gegenüber dem Unternehmen, so hat das Unternehmen für gewöhnlich eine unzureichende Verfügungsgewalt über den voraussichtlichen wirtschaftlichen Nutzen aus Kundenbeziehungen und Kundenloyalität, damit solche Werte (z. B. Kundenstamm, Marktanteile, Kundenbeziehungen, Kundenloyalität) die Definition als immaterielle Vermögenswerte erfüllen. Sind derartige Rechtsansprüche zum Schutz der Kundenbeziehungen nicht vorhanden, erbringen Tauschtransaktionen für dieselben oder ähnliche nicht vertragsgebundene Kundenbeziehungen (wenn es sich nicht um einen Teil eines Unternehmenszusammenschlusses handelt) den Nachweis, dass ein Unternehmen dennoch fähig ist, Verfügungsgewalt über den voraussichtlichen künftigen wirtschaftlichen Nutzen aus den Kundenbeziehungen auszuüben. Da solche Tauschtransaktionen auch den Nachweis erbringen, dass Kundenbeziehungen separierbar sind, erfüllen diese Kundenbeziehungen die Definition eines immateriellen Vermögenswerts.

Künftiger wirtschaftlicher Nutzen

17 Der künftige wirtschaftliche Nutzen aus einem immateriellen Vermögenswert kann Erlöse aus dem Verkauf von Produkten oder der Erbringung von Dienstleistungen, Kosteneinsparungen oder andere Vorteile, die sich für das Unternehmen aus der Eigenverwendung des Vermögenswerts ergeben, enthalten. So ist es beispielsweise wahrscheinlich, dass die Nutzung geistigen Eigentums in einem Herstellungsprozess eher die künftigen Herstellungskosten reduziert, als dass es zu künftigen Erlössteigerungen führt.

ERFASSUNG UND BEWERTUNG

18 Der Ansatz eines Postens als immateriellen Vermögenswert verlangt von einem Unternehmen den Nachweis, dass dieser Posten

(a) der Definition eines immateriellen Vermögenswerts entspricht (siehe Paragraphen 8–17); und

(b) die Ansatzkriterien erfüllt (siehe Paragraphen 21–23).

benefits may result from synergy between the identifiable assets acquired or from assets that, individually, do not qualify for recognition in the financial statements.

An asset is identifiable if it either:
(a) is separable, ie is capable of being separated or divided from the entity and sold, transferred, licensed, rented or exchanged, either individually or together with a related contract, identifiable asset or liability, regardless of whether the entity intends to do so; or
(b) arises from contractual or other legal rights, regardless of whether those rights are transferable or separable from the entity or from other rights and obligations.

Control

An entity controls an asset if the entity has the power to obtain the future economic benefits flowing from the underlying 13
resource and to restrict the access of others to those benefits. The capacity of an entity to control the future economic benefits from an intangible asset would normally stem from legal rights that are enforceable in a court of law. In the absence of legal rights, it is more difficult to demonstrate control. However, legal enforceability of a right is not a necessary condition for control because an entity may be able to control the future economic benefits in some other way.

Market and technical knowledge may give rise to future economic benefits. An entity controls those benefits if, for exam- 14
ple, the knowledge is protected by legal rights such as copyrights, a restraint of trade agreement (where permitted) or by a legal duty on employees to maintain confidentiality.

An entity may have a team of skilled staff and may be able to identify incremental staff skills leading to future economic 15
benefits from training. The entity may also expect that the staff will continue to make their skills available to the entity. However, an entity usually has insufficient control over the expected future economic benefits arising from a team of skilled staff and from training for these items to meet the definition of an intangible asset. For a similar reason, specific management or technical talent is unlikely to meet the definition of an intangible asset, unless it is protected by legal rights to use it and to obtain the future economic benefits expected from it, and it also meets the other parts of the definition.

An entity may have a portfolio of customers or a market share and expect that, because of its efforts in building customer 16
relationships and loyalty, the customers will continue to trade with the entity. However, in the absence of legal rights to protect, or other ways to control, the relationships with customers or the loyalty of the customers to the entity, the entity usually has insufficient control over the expected economic benefits from customer relationships and loyalty for such items (e.g. portfolio of customers, market shares, customer relationships and customer loyalty) to meet the definition of intangible assets. In the absence of legal rights to protect customer relationships, exchange transactions for the same or similar non-contractual customer relationships (other than as part of a business combination) provide evidence that the entity is nonetheless able to control the expected future economic benefits flowing from the customer relationships. Because such exchange transactions also provide evidence that the customer relationships are separable, those customer relationships meet the definition of an intangible asset.

Future economic benefits

The future economic benefits flowing from an intangible asset may include revenue from the sale of products or services, 17
cost savings, or other benefits resulting from the use of the asset by the entity. For example, the use of intellectual property in a production process may reduce future production costs rather than increase future revenues.

RECOGNITION AND MEASUREMENT

The recognition of an item as an intangible asset requires an entity to demonstrate that the item meets: 18
(a)   the definition of an intangible asset (see paragraphs 8—17); and
(b)   the recognition criteria (see paragraphs 21—23).

Diese Anforderung besteht für Anschaffungs- oder Herstellungskosten, die erstmalig beim Erwerb oder der internen Erzeugung von immateriellen Vermögenswerten entstehen, und für später anfallende Kosten, um dem Vermögenswert etwas hinzuzufügen, ihn zu ersetzen oder zu warten.

19 Die Paragraphen 25–32 befassen sich mit der Anwendung der Kriterien für den Ansatz von einzeln erworbenen immateriellen Vermögenswerten, und die Paragraphen 33–43 befassen sich mit deren Anwendung auf immaterielle Vermögenswerte, die bei einem Unternehmenszusammenschluss erworben wurden. Paragraph 44 befasst sich mit der erstmaligen Bewertung von immateriellen Vermögenswerten, die durch eine Zuwendung der öffentlichen Hand erworben wurden, die Paragraphen 45–47 mit dem Tausch von immateriellen Vermögenswerten und die Paragraphen 48–50 mit der Behandlung von selbst geschaffenem Geschäfts- oder Firmenwert. Die Paragraphen 51–67 befassen sich mit dem erstmaligen Ansatz und der erstmaligen Bewertung von selbst geschaffenen immateriellen Vermögenswerten.

20 Immaterielle Vermögenswerte sind von Natur aus dergestalt,, dass es in vielen Fällen keine Erweiterungen eines solchen Vermögenswerts bzw. keinen Ersatz von Teilen eines solchen gibt. Demzufolge werden die meisten nachträglichen Ausgaben wahrscheinlich eher den erwarteten künftigen wirtschaftlichen Nutzen eines bestehenden immateriellen Vermögenswerts erhalten, als die Definition eines immateriellen Vermögenswertes und dessen Ansatzkriterien dieses Standards erfüllen. Zudem ist es oftmals schwierig, nachträgliche Ausgaben einem bestimmten immateriellen Vermögenswert direkt zuzuordnen und nicht dem Unternehmen als Ganzes. Aus diesem Grunde werden nachträgliche Ausgaben – Ausgaben, die nach erstmaligem Ansatz eines erworbenen immateriellen Vermögenswerts oder nach der Fertigstellung eines selbst geschaffenen immateriellen Vermögenswerts anfallen – nur selten im Buchwert eines Vermögenswerts erfasst. In Übereinstimmung mit Paragraph 63 werden nachträgliche Ausgaben für Markennamen, Drucktitel, Verlagsrechte, Kundenlisten und ihrem Wesen nach ähnliche Sachverhalte (ob extern erworben oder selbst geschaffen) immer im Gewinn oder Verlust erfasst, wenn sie anfallen. Dies beruht darauf, dass solche Ausgaben nicht von den Ausgaben für die Entwicklung des Unternehmens als Ganzes unterschieden werden können.

21 Ein immaterieller Vermögenswert ist dann anzusetzen, aber nur dann, wenn
(a)   es wahrscheinlich ist, dass dem Unternehmen der erwartete künftige wirtschaftliche Nutzen aus dem Vermögenswert zufließen wird; und
(b)   die Anschaffungs- oder Herstellungskosten des Vermögenswerts verlässlich bewertet werden können.

22 Ein Unternehmen hat die Wahrscheinlichkeit eines erwarteten künftigen wirtschaftlichen Nutzens anhand von vernünftigen und begründeten Annahmen zu beurteilen. Diese Annahmen beruhen auf der bestmöglichen Einschätzung seitens des Managements in Bezug auf die wirtschaftlichen Rahmenbedingungen, die über die Nutzungsdauer des Vermögenswerts bestehen werden.

23 Ein Unternehmen schätzt nach eigenem Ermessen aufgrund der zum Zeitpunkt des erstmaligen Ansatzes zur Verfügung stehenden substanziellen Hinweise den Grad der Sicherheit ein, der dem Zufluss an künftigem wirtschaftlichen Nutzen aus der Nutzung des Vermögenswerts zuzuschreiben ist, wobei externen substanziellen Hinweisen größeres Gewicht beizumessen ist.

24 Ein immaterieller Vermögenswert ist bei Zugang mit seinen Anschaffungs- oder Herstellungskosten zu bewerten.

Gesonderte Anschaffung

25 Der Preis, den ein Unternehmen für den gesonderten Erwerb eines immateriellen Vermögenswerts zahlt, wird normalerweise die Erwartungen über die Wahrscheinlichkeit widerspiegeln, dass der voraussichtliche künftige Nutzen aus dem Vermögenswert dem Unternehmen zufließen wird. Mit anderen Worten: das Unternehmen erwartet, dass ein Zufluss von wirtschaftlichem Nutzen entsteht, selbst wenn der Zeitpunkt oder die Höhe des Zuflusses unsicher sind. Das Ansatzkriterium aus Paragraph 21 (a) über die Wahrscheinlichkeit wird daher für gesondert erworbene immaterielle Vermögenswerte stets als erfüllt angesehen.

26 Zudem können die Anschaffungskosten des gesondert erworbenen immateriellen Vermögenswerts für gewöhnlich verlässlich bewertet werden. Dies gilt insbesondere dann, wenn der Erwerbspreis in Form von Zahlungsmitteln oder sonstigen monetären Vermögenswerten beglichen wird.

27 Die Anschaffungskosten eines gesondert erworbenen immateriellen Vermögenswertes umfassen:
(a)   den Erwerbspreis einschließlich Einfuhrzölle und nicht erstattungsfähiger Umsatzsteuern nach Abzug von Rabatten, Boni und Skonti; und
(b)   direkt zurechenbare Kosten für die Vorbereitung des Vermögenswerts auf seine beabsichtigte Nutzung.

28 Beispiele für direkt zurechenbare Kosten sind:
(a)   Aufwendungen für Leistungen an Arbeitnehmer (wie in IAS 19 definiert), die direkt anfallen, wenn der Vermögenswert in seinen betriebsbereiten Zustand versetzt wird;
(b)   Honorare, die direkt anfallen, wenn der Vermögenswert in seinen betriebsbereiten Zustand versetzt wird; und
(c)   Kosten für Testläufe, ob der Vermögenswert ordentlich funktioniert.

This requirement applies to costs incurred initially to acquire or internally generate an intangible asset and those incurred subsequently to add to, replace part of, or service it.

Paragraphs 25—32 deal with the application of the recognition criteria to separately acquired intangible assets, and paragraphs 33—43 deal with their application to intangible assets acquired in a business combination. Paragraph 44 deals with the initial measurement of intangible assets acquired by way of a government grant, paragraphs 45—47 with exchanges of intangible assets, and paragraphs 48—50 with the treatment of internally generated goodwill. Paragraphs 51—67 deal with the initial recognition and measurement of internally generated intangible assets. **19**

The nature of intangible assets is such that, in many cases, there are no additions to such an asset or replacements of part of it. Accordingly, most subsequent expenditures are likely to maintain the expected future economic benefits embodied in an existing intangible asset rather than meet the definition of an intangible asset and the recognition criteria in this standard. In addition, it is often difficult to attribute subsequent expenditure directly to a particular intangible asset rather than to the business as a whole. Therefore, only rarely will subsequent expenditure — expenditure incurred after the initial recognition of an acquired intangible asset or after completion of an internally generated intangible asset — be recognised in the carrying amount of an asset. Consistently with paragraph 63, subsequent expenditure on brands, mastheads, publishing titles, customer lists and items similar in substance (whether externally acquired or internally generated) is always recognised in profit or loss as incurred. This is because such expenditure cannot be distinguished from expenditure to develop the business as a whole. **20**

An intangible asset shall be recognised if, and only if: **21**
(a) it is probable that the expected future economic benefits that are attributable to the asset will flow to the entity; and
(b) the cost of the asset can be measured reliably.

An entity shall assess the probability of expected future economic benefits using reasonable and supportable assumptions that represent management's best estimate of the set of economic conditions that will exist over the useful life of the asset. **22**

An entity uses judgement to assess the degree of certainty attached to the flow of future economic benefits that are attributable to the use of the asset on the basis of the evidence available at the time of initial recognition, giving greater weight to external evidence. **23**

An intangible asset shall be measured initially at cost. **24**

Separate acquisition

Normally, the price an entity pays to acquire separately an intangible asset will reflect expectations about the probability that the expected future economic benefits embodied in the asset will flow to the entity. In other words, the entity expects there to be an inflow of economic benefits, even if there is uncertainty about the timing or the amount of the inflow. Therefore, the probability recognition criterion in paragraph 21 (a) is always considered to be satisfied for separately acquired intangible assets. **25**

In addition, the cost of a separately acquired intangible asset can usually be measured reliably. This is particularly so when the purchase consideration is in the form of cash or other monetary assets. **26**

The cost of a separately acquired intangible asset comprises:
(a) its purchase price, including import duties and non-refundable purchase taxes, after deducting trade discounts and rebates; and
(b) any directly attributable cost of preparing the asset for its intended use.

Examples of directly attributable costs are:
(a) costs of employee benefits (as defined in IAS 19) arising directly from bringing the asset to its working condition;
(b) professional fees arising directly from bringing the asset to its working condition; and
(c) costs of testing whether the asset is functioning properly.

29 Beispiele für Ausgaben, die nicht Teil der Anschaffungs- oder Herstellungskosten eines immateriellen Vermögenswerts sind:

(a) Kosten für die Einführung eines neuen Produkts oder einer neuen Dienstleistung (einschließlich Kosten für Werbung und verkaufsfördernde Maßnahmen);

(b) Kosten für die Geschäftsführung in einem neuen Standort oder mit einer neuen Kundengruppe (einschließlich Schulungskosten); und

(c) Verwaltungs- und andere Gemeinkosten.

30 Die Erfassung von Kosten im Buchwert eines immateriellen Vermögenswerts endet, wenn der Vermögenswert sich in dem betriebsbereiten wie vom Management gewünschten Zustand befindet. Kosten, die bei der Benutzung oder Verlagerung eines immateriellen Vermögenswerts anfallen, sind somit nicht in den Buchwert dieses Vermögenswerts eingeschlossen. Die nachstehenden Kosten sind beispielsweise nicht im Buchwert eines immateriellen Vermögenswerts erfasst:

(a) Kosten, die anfallen, wenn ein Vermögenswert, der auf die vom Management beabsichtigten Weise betriebsbereit ist, noch in Betrieb gesetzt werden muss; und

(b) erstmalige Betriebsverluste, wie diejenigen, die während der Nachfrage nach Produktionserhöhung des Vermögenswerts auftreten.

31 Einige Geschäftstätigkeiten treten bei der Entwicklung eines immateriellen Vermögenswerts auf, sind jedoch nicht notwendig, um den Vermögenswert in den vom Management beabsichtigten betriebsbereiten Zustand zu bringen. Diese verbundenen Geschäftstätigkeiten können vor oder bei den Entwicklungstätigkeiten auftreten. Da verbundene Geschäftstätigkeiten nicht notwendig sind, um einen Vermögenswert in den vom Management beabsichtigten betriebsbereiten Zustand zu bringen, werden die Einnahmen und dazugehörigen Ausgaben der verbundenen Geschäftstätigkeiten unmittelbar im Gewinn oder Verlust erfasst und unter den entsprechenden Posten von Erträgen und Aufwendungen ausgewiesen.

32 Wird die Zahlung für einen immateriellen Vermögenswert über das normale Zahlungsziel hinaus aufgeschoben, entsprechen seine Anschaffungskosten dem Gegenwert des Barpreises. Die Differenz zwischen diesem Betrag und der zu leistenden Gesamtzahlung wird über den Zeitraum des Zahlungszieles als Zinsaufwand erfasst, es sei denn, dass sie gemäß IAS 23 *Fremdkapitalkosten* aktiviert wird.

Erwerb im Rahmen eines Unternehmenszusammenschlusses

33 Wenn ein immaterieller Vermögenswert gemäß IFRS 3 *Unternehmenszusammenschlüsse* bei einem Unternehmenszusammenschluss erworben wird, entsprechen die Anschaffungskosten dieses immateriellen Vermögenswerts seinem beizulegenden Zeitwert zum Erwerbszeitpunkt. Der beizulegende Zeitwert eines immateriellen Vermögenswerts wird widerspiegeln, wie Marktteilnehmer am Erwerbszeitpunkt die Wahrscheinlichkeit einschätzen, dass der erwartete künftige wirtschaftliche Nutzen aus dem Vermögenswert dem Unternehmen zufließen wird. Mit anderen Worten: das Unternehmen erwartet, dass ein Zufluss von wirtschaftlichem Nutzen entsteht, selbst wenn der Zeitpunkt oder die Höhe des Zuflusses unsicher sind. Das Ansatzkriterium aus Paragraph 21 (a) über die Wahrscheinlichkeit wird für immaterielle Vermögenswerte, die bei Unternehmenszusammenschlüssen erworben wurden, stets als erfüllt angesehen. Wenn ein bei einem Unternehmenszusammenschluss erworbener Vermögenswert separierbar ist oder aus vertraglichen oder anderen gesetzlichen Rechten entsteht, gibt es genügend Informationen, um diesen Vermögenswert verlässlich zum beizulegenden Zeitwert zu bestimmen. Somit wird das verlässliche Bewertungskriterium aus Paragraph 21 (b) über die Wahrscheinlichkeit für immaterielle Vermögenswerte, die bei Unternehmenszusammenschlüssen erworben wurden, stets als erfüllt angesehen.

34 Gemäß diesem Standard und IFRS 3 (in der vom International Accounting Standards Board 2008 überarbeiteten Fassung) setzt ein Erwerber den immateriellen Vermögenswert des erworbenen Unternehmens zum Erwerbszeitpunkt separat vom Geschäfts- oder Firmenwert an, unabhängig davon, ob der Vermögenswert vor dem Unternehmenszusammenschluss vom erworbenen Unternehmen angesetzt wurde. Das bedeutet, dass der Erwerber ein aktives Forschungs- und Entwicklungsprojekt des erworbenen Unternehmens als einen vom Geschäfts- oder Firmenwert getrennten Vermögenswert ansetzt, wenn das Projekt die Definition eines immateriellen Vermögenswerts erfüllt. Ein laufendes Forschungs- und Entwicklungsprojekt eines erworbenen Unternehmens erfüllt die Definitionen eines immateriellen Vermögenswerts, wenn es:

(a) die Definitionen eines Vermögenswerts erfüllt; und

(b) identifizierbar ist, d. h. wenn es separierbar ist oder aus vertraglichen oder gesetzlichen Rechten entsteht.

Bei einem Unternehmenszusammenschluss erworbener immaterieller Vermögenswert

35 Wenn ein bei einem Unternehmenszusammenschluss erworbener immaterieller Vermögenswert separierbar ist oder aus vertraglichen oder anderen gesetzlichen Rechten entsteht, gibt es genügend Informationen, um diesen Vermögenswert verlässlich zum beizulegenden Zeitwert zu bestimmen. Wenn es für die Schätzungen, die zur Bestimmung des beizulegenden Zeitwerts eines immateriellen Vermögenswerts benutzt werden, eine Reihe möglicher Ergebnisse mit verschiedenen Wahrscheinlichkeiten gibt, geht diese Unsicherheit in die Bestimmung des beizulegenden Zeitwerts des Vermögenswerts ein.

Examples of expenditures that are not part of the cost of an intangible asset are:

(a) costs of introducing a new product or service (including costs of advertising and promotional activities);

(b) costs of conducting business in a new location or with a new class of customer (including costs of staff training); and

(c) administration and other general overhead costs.

Recognition of costs in the carrying amount of an intangible asset ceases when the asset is in the condition necessary for it to be capable of operating in the manner intended by management. Therefore, costs incurred in using or redeploying an intangible asset are not included in the carrying amount of that asset. For example, the following costs are not included in the carrying amount of an intangible asset:

(a) costs incurred while an asset capable of operating in the manner intended by management has yet to be brought into use; and

(b) initial operating losses, such as those incurred while demand for the asset's output builds up.

Some operations occur in connection with the development of an intangible asset, but are not necessary to bring the asset **31** to the condition necessary for it to be capable of operating in the manner intended by management. These incidental operations may occur before or during the development activities. Because incidental operations are not necessary to bring an asset to the condition necessary for it to be capable of operating in the manner intended by management, the income and related expenses of incidental operations are recognised immediately in profit or loss, and included in their respective classifications of income and expense.

If payment for an intangible asset is deferred beyond normal credit terms, its cost is the cash price equivalent. The differ- **32** ence between this amount and the total payments is recognised as interest expense over the period of credit unless it is capitalised in accordance with IAS 23 *Borrowing Costs*.

Acquisition as part of a business combination

In accordance with IFRS 3 *Business Combinations,* if an intangible asset is acquired in a business combination, the cost of **33** that intangible asset is its fair value at the acquisition date. The fair value of an intangible asset will reflect market partici- pants' expectations at the acquisition date about the probability that the expected future economic benefits embodied in the asset will flow to the entity. In other words, the entity expects there to be an inflow of economic benefits, even if there is uncertainty about the timing or the amount of the inflow. Therefore, the probability recognition criterion in paragraph 21 (a) is always considered to be satisfied for intangible assets acquired in business combinations. If an asset acquired in a business combination is separable or arises from contractual or other legal rights, sufficient information exists to measure reliably the fair value of the asset. Thus, the reliable measurement criterion in paragraph 21 (b) is always considered to be satisfied for intangible assets acquired in business combinations.

In accordance with this Standard and IFRS 3 (as revised by the International Accounting Standards Board in 2008), an **34** acquirer recognises at the acquisition date, separately from goodwill, an intangible asset of the acquiree, irrespective of whether the asset had been recognised by the acquiree before the business combination. This means that the acquirer recognises as an asset separately from goodwill an in-process research and development project of the acquiree if the project meets the definition of an intangible asset. An acquiree's in-process research and development project meets the definition of an intangible asset when it:

(a) meets the definition of an asset; and

(b) is identifiable, ie is separable or arises from contractual or other legal rights.

Intangible asset acquired in a business combination

If an intangible asset acquired in a business combination is separable or arises from contractual or other legal rights, **35** sufficient information exists to measure reliably the fair value of the asset. When, for the estimates used to measure an intangible asset's fair value, there is a range of possible outcomes with different probabilities, that uncertainty enters into the measurement of the asset's fair value.

36 Ein bei einem Unternehmenszusammenschluss erworbener immaterieller Vermögenswert könnte separierbar sein, jedoch nur in Verbindung mit einem Vertrag oder einem identifizierbaren Vermögenswert bzw. einer identifizierbaren Schuld. In diesen Fällen erfasst der Erwerber den immateriellen Vermögenswert getrennt vom Geschäfts- oder Firmenwert, aber zusammen mit dem entsprechenden Posten.

37 Der Erwerber kann eine Gruppe von ergänzenden immateriellen Vermögenswerten als einen einzigen Vermögenswert ansetzen, sofern die einzelnen Vermögenswerte in der Gruppe ähnliche Nutzungsdauern haben. Zum Beispiel werden die Begriffe „Marke" und „Markenname" häufig als Synonyme für Warenzeichen und andere Zeichen benutzt. Die vorhergehenden Begriffe sind jedoch allgemeine Marketing-Begriffe, die üblicherweise in Bezug auf eine Gruppe von ergänzenden Vermögenswerten, wie ein Warenzeichen (oder eine Dienstleistungsmarke) und den damit verbundenen Firmennamen, Geheimverfahren, Rezepten und technologischen Gutachten benutzt werden.

38–41 [gestrichen]

Nachträgliche Ausgaben für ein erworbenes laufendes Forschungs- und Entwicklungsprojekt

42 Forschungs- oder Entwicklungsausgaben, die
   (a) sich auf ein laufendes Forschungs- oder Entwicklungsprojekt beziehen, das gesondert oder bei einem Unternehmenszusammenschluss erworben und als ein immaterieller Vermögenswert angesetzt wurde; und
   (b) nach dem Erwerb dieses Projekts anfallen,
   sind gemäß den Paragraphen 54–62 zu bilanzieren.

43 Die Anwendung der Bestimmungen in den Paragraphen 54–62 bedeutet, dass nachträgliche Ausgaben für ein laufendes Forschungs- oder Entwicklungsprojekt, das gesondert oder bei einem Unternehmenszusammenschluss erworben und als ein immaterieller Vermögenswert angesetzt wurde
   (a) bei ihrem Anfall als Aufwand erfasst werden, wenn es sich um Forschungsausgaben handelt;
   (b) bei ihrem Anfall als Aufwand erfasst werden, wenn es sich um Entwicklungsausgaben handelt, die nicht die Ansatzkriterien eines immateriellen Vermögenswerts gemäß Paragraph 57 erfüllen; und
   (c) zum Buchwert des erworbenen aktiven Forschungs- oder Entwicklungsprojekt hinzugefügt werden, wenn es sich um Entwicklungsausgaben handelt, die die Ansatzkriterien gemäß Paragraph 57 erfüllen.

Erwerb durch eine Zuwendung der öffentlichen Hand

44 In manchen Fällen kann ein immaterieller Vermögenswert durch eine Zuwendung der öffentlichen Hand kostenlos oder zum Nominalwert der Gegenleistung erworben werden. Dies kann geschehen, wenn die öffentliche Hand einem Unternehmen immaterielle Vermögenswerte überträgt oder zuteilt, wie beispielsweise Flughafenlanderechte, Lizenzen zum Betreiben von Rundfunk- oder Fernsehanstalten, Importlizenzen oder -quoten oder Zugangsrechte für sonstige begrenzt zugängliche Ressourcen. Gemäß IAS 20 *Bilanzierung und Darstellung von Zuwendungen der öffentlichen Hand* kann sich ein Unternehmen dafür entscheiden, sowohl den immateriellen Vermögenswert als auch die Zuwendung zunächst mit dem beizulegenden Zeitwert anzusetzen. Entscheidet sich ein Unternehmen dafür, den Vermögenswert zunächst nicht mit dem beizulegenden Zeitwert anzusetzen, setzt das Unternehmen den Vermögenswert zunächst zu einem Nominalwert an (die andere durch IAS 20 gestattete Methode), zuzüglich aller direkt zurechenbaren Kosten für die Vorbereitung des Vermögenswerts auf seinen beabsichtigten Gebrauch.

Tausch von Vermögenswerten

45 Ein oder mehrere immaterielle Vermögenswerte können im Tausch gegen nicht monetäre Vermögenswerte oder eine Kombination von monetären und nicht monetären Vermögenswerten erworben werden. Die folgende Ausführungen beziehen sich nur auf einen Tausch von einem nicht monetären Vermögenswert gegen einen anderen, finden aber auch auf alle anderen im vorherstehenden Satz genannten Tauschvorgänge Anwendung. Die Anschaffungskosten eines solchen immateriellen Vermögenswerts werden zum beizulegenden Zeitwert bewertet, es sei denn, (a) dem Tauschgeschäft fehlt es an wirtschaftlicher Substanz, oder (b) weder der beizulegende Zeitwert des erhaltenen Vermögenswertes noch der des hingegebenen Vermögenswertes ist verlässlich bewertbar. Der erworbene Vermögenswert wird in dieser Art bewertet, auch wenn ein Unternehmen den hingegebenen Vermögenswert nicht sofort ausbuchen kann. Wenn der erworbene Vermögenswert nicht zum beizulegenden Zeitwert bewertet wird, werden die Anschaffungskosten zum Buchwert des hingegebenen Vermögenswerts bewertet.

46 Ein Unternehmen legt fest, ob ein Tauschgeschäft wirtschaftliche Substanz hat, indem es prüft, in welchem Umfang sich die künftigen Cashflows infolge der Transaktion voraussichtlich ändern. Ein Tauschgeschäft hat wirtschaftliche Substanz, wenn
   (a) die Zusammensetzung (d. h. Risiko, Timing und Betrag) des Cashflows des erhaltenen Vermögenswerts sich von der Zusammensetzung des übertragenen Vermögenswerts unterscheidet; oder
   (b) der unternehmensspezifische Wert des Teils der Geschäftstätigkeiten des Unternehmens, der von der Transaktion betroffen ist, sich aufgrund des Tauschgeschäfts ändert; bzw.
   (c) die Differenz in (a) oder (b) sich im Wesentlichen auf den beizulegenden Zeitwert der getauschten Vermögenswerte bezieht.

An intangible asset acquired in a business combination might be separable, but only together with a related contract, identifiable asset or liability. In such cases, the acquirer recognises the intangible asset separately from goodwill, but together with the related item. **36**

The acquirer may recognise a group of complementary intangible assets as a single asset provided the individual assets in the group have similar useful lives. For example, the terms 'brand' and 'brand name' are often used as synonyms for trademarks and other marks. However, the former are general marketing terms that are typically used to refer to a group of complementary assets such as a trademark (or service mark) and its related trade name, formulas, recipes and technological expertise. **37**

[deleted] **38—41**

Subsequent expenditure on an acquired in-process research and development project

Research or development expenditure that: **42**
(a) relates to an in-process research or development project acquired separately or in a business combination and recognised as an intangible asset; and
(b) is incurred after the acquisition of that project;
shall be accounted for in accordance with paragraphs 54—62.

Applying the requirements in paragraphs 54—62 means that subsequent expenditure on an in-process research or development project acquired separately or in a business combination and recognised as an intangible asset is: **43**
(a) recognised as an expense when incurred if it is research expenditure;
(b) recognised as an expense when incurred if it is development expenditure that does not satisfy the criteria for recognition as an intangible asset in paragraph 57; and
(c) added to the carrying amount of the acquired in-process research or development project if it is development expenditure that satisfies the recognition criteria in paragraph 57.

Acquisition by way of a government grant

In some cases, an intangible asset may be acquired free of charge, or for nominal consideration, by way of a government grant. This may happen when a government transfers or allocates to an entity intangible assets such as airport landing rights, licences to operate radio or television stations, import licences or quotas or rights to access other restricted resources. In accordance with IAS 20 *Accounting for government grants and disclosure of government assistance,* an entity may choose to recognise both the intangible asset and the grant initially at fair value. If an entity chooses not to recognise the asset initially at fair value, the entity recognises the asset initially at a nominal amount (the other treatment permitted by IAS 20) plus any expenditure that is directly attributable to preparing the asset for its intended use. **44**

Exchanges of assets

One or more intangible assets may be acquired in exchange for a non-monetary asset or assets, or a combination of monetary and non-monetary assets. The following discussion refers simply to an exchange of one non-monetary asset for another, but it also applies to all exchanges described in the preceding sentence. The cost of such an intangible asset is measured at fair value unless (a) the exchange transaction lacks commercial substance or (b) the fair value of neither the asset received nor the asset given up is reliably measurable. The acquired asset is measured in this way even if an entity cannot immediately derecognise the asset given up. If the acquired asset is not measured at fair value, its cost is measured at the carrying amount of the asset given up. **45**

An entity determines whether an exchange transaction has commercial substance by considering the extent to which its future cash flows are expected to change as a result of the transaction. An exchange transaction has commercial substance if: **46**
(a) the configuration (i.e. risk, timing and amount) of the cash flows of the asset received differs from the configuration of the cash flows of the asset transferred; or
(b) the entity-specific value of the portion of the entity's operations affected by the transaction changes as a result of the exchange; and
(c) the difference in (a) or (b) is significant relative to the fair value of the assets exchanged.

Für den Zweck der Bestimmung ob ein Tauschgeschäft wirtschaftliche Substanz hat, spiegelt der unternehmensspezifische Wert des Teils der Geschäftstätigkeiten des Unternehmens, der von der Transaktion betroffen ist, Cashflows nach Steuern wider. Das Ergebnis dieser Analysen kann eindeutig sein, ohne dass ein Unternehmen detaillierte Kalkulationen erbringen muss.

47 Paragraph 21 (b) beschreibt, dass die verlässliche Bewertung der Anschaffungskosten eines Vermögenswerts eine Voraussetzung für den Ansatz eines immateriellen Vermögenswerts ist. Der beizulegende Zeitwert eines immateriellen Vermögenswerts gilt als verlässlich ermittelbar, wenn (a) die Schwankungsbandbreite der sachgerechten Bemessungen des beizulegenden Zeitwerts für diesen Vermögenswert nicht signifikant ist oder (b) die Eintrittswahrscheinlichkeiten der verschiedenen Schätzungen innerhalb dieser Bandbreite vernünftig geschätzt und bei der Bemessung des beizulegenden Zeitwerts verwendet werden können. Wenn ein Unternehmen den beizulegenden Zeitwert des erhaltenen Vermögenswerts oder des aufgegebenen Vermögenswerts verlässlich bestimmen kann, dann wird der beizulegende Zeitwert des aufgegebenen Vermögenswerts benutzt, um die Anschaffungskosten zu ermitteln, sofern der beizulegende Zeitwert des erhaltenen Vermögenswerts nicht eindeutiger zu ermitteln ist.

Selbst geschaffener Geschäfts- oder Firmenwert

48 Ein selbst geschaffener Geschäfts- oder Firmenwert darf nicht aktiviert werden.

49 In manchen Fällen fallen Aufwendungen für die Erzeugung eines künftigen wirtschaftlichen Nutzens an, ohne dass ein immaterieller Vermögenswert geschaffen wird, der die Ansatzkriterien dieses Standards erfüllt. Derartige Aufwendungen werden oft als Beitrag zum selbst geschaffenen Geschäfts- oder Firmenwert beschrieben. Ein selbst geschaffener Geschäfts- oder Firmenwert wird nicht als Vermögenswert angesetzt, da dieser keine durch das Unternehmen kontrollierte identifizierbare Ressource (d. h. er ist weder separierbar noch aus vertraglichen oder gesetzlichen Rechten entstanden) handelt, deren Herstellungskosten verlässlich bemessen werden können.

50 In den zu irgendeinem Zeitpunkt auftretenden Unterschieden zwischen dem beizulegenden Zeitwert eines Unternehmens und dem Buchwert seiner identifizierbaren Nettovermögenswerte kann eine Bandbreite an Faktoren erfasst sein, die den beizulegenden Zeitwert des Unternehmens beeinflussen. Derartige Unterschiede stellen jedoch nicht die Anschaffungs- oder Herstellungskosten eines durch das Unternehmen beherrschten immateriellen Vermögenswerts dar.

Selbst geschaffene immaterielle Vermögenswerte

51 Manchmal ist es schwierig zu beurteilen, ob ein selbst geschaffener immaterieller Vermögenswert ansetzbar ist, da Probleme bestehen bei:
(a) der Feststellung, ob und wann es einen identifizierbaren Vermögenswert gibt, der einen voraussichtlichen künftigen wirtschaftlichen Nutzen erzeugen wird; und
(b) der verlässlichen Bestimmung der Herstellungskosten des Vermögenswerts. In manchen Fällen können die Kosten für die interne Herstellung eines immateriellen Vermögenswerts nicht von den Kosten unterschieden werden, die mit der Erhaltung oder Erhöhung des selbst geschaffenen Geschäfts- oder Firmenwerts des Unternehmens oder mit dem Tagesgeschäft in Verbindung stehen.
Neben den allgemeinen Bestimmungen für den Ansatz und die erstmalige Bewertung eines immateriellen Vermögenswertes wendet ein Unternehmen daher die Vorschriften und Anwendungsleitlinien der Paragraphen 52–67 auf alle selbst geschaffenen immateriellen Vermögenswerte an.

52 Um zu beurteilen, ob ein selbst geschaffener immaterieller Vermögenswert die Ansatzkriterien erfüllt, unterteilt ein Unternehmen den Erstellungsprozess des Vermögenswertes in
(a) eine Forschungsphase; und
(b) eine Entwicklungsphase.
Obwohl die Begriffe „Forschung" und „Entwicklung" definiert sind, haben die Begriffe „Forschungsphase" und „Entwicklungsphase" im Sinne dieses Standards eine umfassendere Bedeutung.

53 Kann ein Unternehmen die Forschungsphase nicht von der Entwicklungsphase eines internen Projekts zur Schaffung eines immateriellen Vermögenswerts trennen, behandelt das Unternehmen die mit diesem Projekt verbundenen Ausgaben so, als wären sie nur in der Forschungsphase angefallen.

Forschungsphase

54 Ein aus der Forschung (oder der Forschungsphase eines internen Projekts) entstehender immaterieller Vermögenswert darf nicht angesetzt werden. Ausgaben für Forschung (oder in der Forschungsphase eines internen Projekts) sind in der Periode als Aufwand zu erfassen, in der sie anfielen.

55 In der Forschungsphase eines internen Projekts kann ein Unternehmen nicht nachweisen, dass ein immaterieller Vermögenswert existiert, der einen voraussichtlichen künftigen wirtschaftlichen Nutzen erzeugen wird. Daher werden diese Ausgaben in der Periode als Aufwand erfasst, in der sie anfielen.

For the purpose of determining whether an exchange transaction has commercial substance, the entity-specific value of the portion of the entity's operations affected by the transaction shall reflect post-tax cash flows. The result of these analyses may be clear without an entity having to perform detailed calculations.

Paragraph 21 (b) specifies that a condition for the recognition of an intangible asset is that the cost of the asset can be **47** measured reliably. The fair value of an intangible asset is reliably measurable if (a) the variability in the range of reasonable fair value measurements is not significant for that asset or (b) the probabilities of the various estimates within the range can be reasonably assessed and used when measuring fair value. If an entity is able to measure reliably the fair value of either the asset received or the asset given up, then the fair value of the asset given up is used to measure cost unless the fair value of the asset received is more clearly evident.

Internally generated goodwill

Internally generated goodwill shall not be recognised as an asset. **48**

In some cases, expenditure is incurred to generate future economic benefits, but it does not result in the creation of an **49** intangible asset that meets the recognition criteria in this standard. Such expenditure is often described as contributing to internally generated goodwill. Internally generated goodwill is not recognised as an asset because it is not an identifiable resource (i.e. it is not separable nor does it arise from contractual or other legal rights) controlled by the entity that can be measured reliably at cost.

Differences between the fair value of an entity and the carrying amount of its identifiable net assets at any time may **50** capture a range of factors that affect the fair value of the entity. However, such differences do not represent the cost of intangible assets controlled by the entity.

Internally generated intangible assets

It is sometimes difficult to assess whether an internally generated intangible asset qualifies for recognition because of problems in: **51**
(a) identifying whether and when there is an identifiable asset that will generate expected future economic benefits; and
(b) determining the cost of the asset reliably. In some cases, the cost of generating an intangible asset internally cannot be distinguished from the cost of maintaining or enhancing the entity's internally generated goodwill or of running day-to-day operations.
Therefore, in addition to complying with the general requirements for the recognition and initial measurement of an intangible asset, an entity applies the requirements and guidance in paragraphs 52—67 to all internally generated intangible assets.

To assess whether an internally generated intangible asset meets the criteria for recognition, an entity classifies the generation of the asset into: **52**
(a) a research phase; and
(b) a development phase.
Although the terms 'research' and 'development' are defined, the terms 'research phase' and 'development phase' have a broader meaning for the purpose of this standard.

If an entity cannot distinguish the research phase from the development phase of an internal project to create an intangible asset, the entity treats the expenditure on that project as if it were incurred in the research phase only. **53**

Research phase

No intangible asset arising from research (or from the research phase of an internal project) shall be recognised. Expenditure on research (or on the research phase of an internal project) shall be recognised as an expense when it is incurred. **54**

In the research phase of an internal project, an entity cannot demonstrate that an intangible asset exists that will generate **55** probable future economic benefits. Therefore, this expenditure is recognised as an expense when it is incurred.

56 Beispiele für Forschungsaktivitäten sind:

(a) Aktivitäten, die auf die Erlangung neuer Erkenntnisse ausgerichtet sind;

(b) die Suche nach sowie die Beurteilung und endgültige Auswahl von Anwendungen für Forschungsergebnisse und für anderes Wissen;

(c) die Suche nach Alternativen für Materialien, Vorrichtungen, Produkte, Verfahren, Systeme oder Dienstleistungen; und

(d) die Formulierung, der Entwurf sowie die Beurteilung und endgültige Auswahl von möglichen Alternativen für neue oder verbesserte Materialien, Vorrichtungen, Produkte, Verfahren, Systeme oder Dienstleistungen.

Entwicklungsphase

57 Ein aus der Entwicklung (oder der Entwicklungsphase eines internen Projekts) entstehender immaterieller Vermögenswert ist dann und nur dann anzusetzen, wenn ein Unternehmen Folgendes nachweisen kann:

(a) Die Fertigstellung des immateriellen Vermögenswerts kann technisch soweit realisiert werden, dass er genutzt oder verkauft werden kann.

(b) Das Unternehmen beabsichtigt, den immateriellen Vermögenswert fertig zu stellen und ihn zu nutzen oder zu verkaufen;

(c) Das Unternehmen ist fähig, den immateriellen Vermögenswert zu nutzen oder zu verkaufen;

(d) Die Art und Weise, wie der immaterielle Vermögenswert voraussichtlich einen künftigen wirtschaftlichen Nutzen erzielen wird; das Unternehmen kann u. a. die Existenz eines Markts für die Produkte des immateriellen Vermögenswertes oder für den immateriellen Vermögenswert an sich oder, falls er intern genutzt werden soll, den Nutzen des immateriellen Vermögenswerts nachweisen.

(e) Adäquate technische, finanzielle und sonstige Ressourcen sind verfügbar, so dass die Entwicklung abgeschlossen und der immaterielle Vermögenswert genutzt oder verkauft werden kann.

(f) Das Unternehmen ist fähig, die dem immateriellen Vermögenswert während seiner Entwicklung zurechenbaren Ausgaben verlässlich zu bewerten.

58 In der Entwicklungsphase eines internen Projekts kann ein Unternehmen in manchen Fällen einen immateriellen Vermögenswert identifizieren und nachweisen, dass der Vermögenswert einen voraussichtlichen künftigen wirtschaftlichen Nutzen erzeugen wird. Dies ist darauf zurückzuführen, dass ein Projekt in der Entwicklungsphase weiter vorangeschritten ist als in der Forschungsphase.

59 Beispiele für Entwicklungsaktivitäten sind:

(a) der Entwurf, die Konstruktion und das Testen von Prototypen und Modellen vor Beginn der eigentlichen Produktion oder Nutzung;

(b) der Entwurf von Werkzeugen, Spannvorrichtungen, Prägestempeln und Gussformen unter Verwendung neuer Technologien;

(c) der Entwurf, die Konstruktion und der Betrieb einer Pilotanlage, die von ihrer Größe her für eine kommerzielle Produktion wirtschaftlich ungeeignet ist; und

(d) der Entwurf, die Konstruktion und das Testen einer ausgewählten Alternative für neue oder verbesserte Materialien, Vorrichtungen, Produkte, Verfahren, Systeme oder Dienstleistungen.

60 Um zu zeigen, wie ein immaterieller Vermögenswert einen voraussichtlichen künftigen wirtschaftlichen Nutzen erzeugen wird, beurteilt ein Unternehmen den aus dem Vermögenswert zu erzielenden künftigen wirtschaftlichen Nutzen, indem es die Grundsätze in IAS 36 *Wertminderung von Vermögenswerten* anwendet. Wird der Vermögenswert nur in Verbindung mit anderen Vermögenswerten einen wirtschaftlichen Nutzen erzeugen, wendet das Unternehmen das Konzept der zahlungsmittelgenerierenden Einheiten gemäß IAS 36 an.

61 Ob Ressourcen vorhanden sind, so dass ein immaterieller Vermögenswerte fertig gestellt und genutzt und der Nutzen aus ihm erlangt werden kann, lässt sich beispielsweise anhand eines Unternehmensplans nachweisen, der die benötigten technischen, finanziellen und sonstigen Ressourcen sowie die Fähigkeit des Unternehmens zur Sicherung dieser Ressourcen zeigt. In einigen Fällen weist ein Unternehmen die Verfügbarkeit von Fremdkapital mittels einer vom Kreditgeber erhaltenen Absichtserklärung, den Plan zu finanzieren, nach.

62 Die Kostenrechnungssysteme eines Unternehmens können oftmals die Herstellungskosten eines selbst erstellten immateriellen Vermögenswerts verlässlich ermitteln, wie beispielsweise Gehälter und sonstige Ausgaben, die bei der Sicherung von Urheberrechten oder Lizenzen oder bei der Entwicklung von Computersoftware anfallen.

63 Selbst geschaffene Markennamen, Drucktitel, Verlagsrechte, Kundenlisten sowie ihrem Wesen nach ähnliche Sachverhalte dürfen nicht als immaterielle Vermögenswerte angesetzt werden.

64 Ausgaben für selbst geschaffene Markennamen, Drucktitel, Verlagsrechte, Kundenlisten sowie dem Wesen nach ähnliche Sachverhalte können nicht von den Ausgaben für die Entwicklung des Unternehmens als Ganzes unterschieden werden. Aus diesem Grund werden solche Sachverhalte nicht als immaterielle Vermögenswerte angesetzt.

Examples of research activities are:

(a) activities aimed at obtaining new knowledge;

(b) the search for, evaluation and final selection of, applications of research findings or other knowledge;

(c) the search for alternatives for materials, devices, products, processes, systems or services; and

(d) the formulation, design, evaluation and final selection of possible alternatives for new or improved materials, devices, products, processes, systems or services.

Development phase

An intangible asset arising from development (or from the development phase of an internal project) shall be recognised **57** if, and only if, an entity can demonstrate all of the following:

(a) the technical feasibility of completing the intangible asset so that it will be available for use or sale;

(b) its intention to complete the intangible asset and use or sell it;

(c) its ability to use or sell the intangible asset;

(d) how the intangible asset will generate probable future economic benefits. Among other things, the entity can demonstrate the existence of a market for the output of the intangible asset or the intangible asset itself or, if it is to be used internally, the usefulness of the intangible asset; cost saving effect

(e) the availability of adequate technical, financial and other resources to complete the development and to use or sell the intangible asset;

(f) its ability to measure reliably the expenditure attributable to the intangible asset during its development.

In the development phase of an internal project, an entity can, in some instances, identify an intangible asset and demon- **58** strate that the asset will generate probable future economic benefits. This is because the development phase of a project is further advanced than the research phase.

Examples of development activities are: **59**

(a) the design, construction and testing of pre-production or pre-use prototypes and models;

(b) the design of tools, jigs, moulds and dies involving new technology;

(c) the design, construction and operation of a pilot plant that is not of a scale economically feasible for commercial production; and

(d) the design, construction and testing of a chosen alternative for new or improved materials, devices, products, processes, systems or services.

To demonstrate how an intangible asset will generate probable future economic benefits, an entity assesses the future **60** economic benefits to be received from the asset using the principles in IAS 36 *Impairment of assets*. If the asset will generate economic benefits only in combination with other assets, the entity applies the concept of cash-generating units in IAS 36.

Availability of resources to complete, use and obtain the benefits from an intangible asset can be demonstrated by, for **61** example, a business plan showing the technical, financial and other resources needed and the entity's ability to secure those resources. In some cases, an entity demonstrates the availability of external finance by obtaining a lender's indication of its willingness to fund the plan.

An entity's costing systems can often measure reliably the cost of generating an intangible asset internally, such as salary **62** and other expenditure incurred in securing copyrights or licences or developing computer software.

Internally generated brands, mastheads, publishing titles, customer lists and items similar in substance shall not be recog- **63** nised as intangible assets.

Expenditure on internally generated brands, mastheads, publishing titles, customer lists and items similar in substance **64** cannot be distinguished from the cost of developing the business as a whole. Therefore, such items are not recognised as intangible assets.

Herstellungskosten eines selbst geschaffenen immateriellen Vermögenswerts

65 Die Herstellungskosten eines selbst geschaffenen immateriellen Vermögenswerts im Sinne des Paragraphen 24 entsprechen der Summe der Kosten, die ab dem Zeitpunkt anfallen, ab dem immaterielle Vermögenswert die in den Paragraphen 21, 22 und 57 beschriebenen Ansatzkriterien erstmals erfüllt. Paragraph 71 untersagt die Nachaktivierung von Kosten, die zuvor bereits als Aufwand erfasst wurden.

66 Die Herstellungskosten eines selbst geschaffenen immateriellen Vermögenswerts umfassen alle direkt zurechenbaren Kosten, die erforderlich sind, den Vermögenswert zu entwerfen, herzustellen und so vorzubereiten, dass er für den vom Management beabsichtigten Gebrauch betriebsbereit ist. Beispiele für direkt zurechenbare Kosten sind:
(a) Kosten für Materialien und Dienstleistungen, die bei der Erzeugung des immateriellen Vermögenswerts genutzt oder verbraucht werden;
(b) Aufwendungen für Leistungen an Arbeitnehmer (wie in IAS 19 definiert), die bei der Erzeugung des immateriellen Vermögenswerts anfallen;
(c) Registrierungsgebühren eines Rechtsanspruchs; und
(d) Amortisationen der Patente und Lizenzen, die zur Erzeugung des immateriellen Vermögenswerts genutzt werden.
IAS 23 bestimmt, nach welchen Zinsen als Teil der Herstellungskosten eines selbst geschaffenen immateriellen Vermögenswerts angesetzt werden.

67 Keine Bestandteile der Herstellungskosten eines selbst geschaffenen immateriellen Vermögenswerts sind:
(a) Vertriebs- und Verwaltungsgemeinkosten sowie sonstige allgemeine Gemeinkosten, es sei denn, diese Kosten dienen direkt dazu, die Nutzung des Vermögenswerts vorzubereiten;
(b) identifizierte Ineffizienzen und anfängliche Betriebsverluste, die auftreten, bevor der Vermögenswert seine geplante Ertragskraft erreicht hat; und
(c) Ausgaben für die Schulung von Mitarbeitern im Umgang mit dem Vermögenswert.

Beispiel zur Veranschaulichung von Paragraph 65 Ein Unternehmen entwickelt einen neuen Produktionsprozess. Die in 20X5 angefallenen Ausgaben beliefen sich auf 1000 WE(*), wovon 900 WE vor dem 1. Dezember 20X5 und 100 WE zwischen dem 1. Dezember 20X5 und dem 31. Dezember 20X5 anfielen. Das Unternehmen kann beweisen, dass der Produktionsprozess zum 1. Dezember 20X5 die Kriterien für einen Ansatz als immaterieller Vermögenswert erfüllte. Der erzielbare Betrag des in diesem Prozess verankerten *Know-hows* (einschließlich künftiger Zahlungsmittelabflüsse, um den Prozess vor seiner eigentlichen Nutzung fertig zu stellen) wird auf 500 WE geschätzt.

Ende 20X5 wird der Produktionsprozess als immaterieller Vermögenswert mit Herstellungskosten in Höhe von 100 WE angesetzt (Ausgaben, die seit dem Zeitpunkt der Erfüllung der Ansatzkriterien, d. h. dem 1. Dezember 20X5, angefallen sind). Die Ausgaben in Höhe von 900 WE, die vor dem 1. Dezember 20X5 angefallen waren, werden als Aufwand erfasst, da die Ansatzkriterien erst ab dem 1. Dezember 20X5 erfüllt wurden. Diese Ausgaben sind Teil der in der Bilanz angesetzten Ausgaben des Produktionsprozesses.

In 20X6 betragen die angefallenen Ausgaben 2000 WE. Ende 20X6 wird der erzielbare Betrag des in diesem Prozess verankerten Know-hows (einschließlich künftiger Zahlungsmittelabflüsse, um den Prozess vor seiner eigentlichen Nutzung fertig zu stellen) auf 1900 WE geschätzt.

Ende 20X6 belaufen sich die Ausgaben für den Produktionsprozess auf 2100 WE (Ausgaben 100 WE werden Ende 20X5 erfasst plus Ausgaben 2000 WE in 20X6). Das Unternehmen erfasst einen Wertminderungsaufwand in Höhe von 200 WE, um den Buchwert des Prozesses vor dem Wertminderungsaufwand (2100 WE) an seinen erzielbaren Betrag (1900 WE) anzupassen. Dieser Wertminderungsaufwand wird in einer Folgeperiode wieder aufgehoben, wenn die in IAS 36 dargelegten Anforderungen für die Wertaufholung erfüllt sind.

(*) In diesem Standard werden Geldbeträge in „Währungseinheiten" (WE) angegeben.

ERFASSUNG EINES AUFWANDS

68 **Ausgaben für einen immateriellen Posten sind in der Periode als Aufwand zu erfassen, in der sie anfallen, es sei denn, dass:**
(a) **sie Teil der Anschaffungs- oder Herstellungskosten eines immateriellen Vermögenswerts sind, der die Ansatzkriterien erfüllt (siehe Paragraphen 18–67); oder**
(b) **der Posten bei einem Unternehmenszusammenschluss erworben wird und nicht als immaterieller Vermögenswert angesetzt werden kann. Ist dies der Fall, sind sie Teil des Betrags, der zum Erwerbszeitpunkt als Geschäfts- oder Firmenwert bilanziert wurde (siehe IFRS 3).**

69 Manchmal entstehen Ausgaben, mit denen für ein Unternehmen ein künftiger wirtschaftlicher Nutzen erzielt werden soll, ohne dass ein immaterieller Vermögenswert oder sonstiger Vermögenswert erworben oder geschaffen wird, der angesetzt werden kann. Im Falle der Lieferung von Gütern setzt ein Unternehmen solche Ausgaben dann als Aufwand an, wenn es ein Recht auf Zugang zu diesen Waren erhält. Im Falle der Erbringung von Dienstleistungen setzt ein Unternehmen sol-

Cost of an internally generated intangible asset

The cost of an internally generated intangible asset for the purpose of paragraph 24 is the sum of expenditure incurred 65 from the date when the intangible asset first meets the recognition criteria in paragraphs 21, 22 and 57. Paragraph 71 prohibits reinstatement of expenditure previously recognised as an expense.

The cost of an internally generated intangible asset comprises all directly attributable costs necessary to create, produce, 66 and prepare the asset to be capable of operating in the manner intended by management. Examples of directly attributable costs are:

(a)   costs of materials and services used or consumed in generating the intangible asset;

(b)   costs of employee benefits (as defined in IAS 19) arising from the generation of the intangible asset;

(c)   fees to register a legal right; and

(d)   amortisation of patents and licences that are used to generate the intangible asset.

IAS 23 specifies criteria for the recognition of interest as an element of the cost of an internally generated intangible asset.

The following are not components of the cost of an internally generated intangible asset: 67

(a)   selling, administrative and other general overhead expenditure unless this expenditure can be directly attributed to preparing the asset for use;

(b)   identified inefficiencies and initial operating losses incurred before the asset achieves planned performance; and

(c)   expenditure on training staff to operate the asset.

Example illustrating paragraph 65   An entity is developing a new production process. During 20X5, expenditure incurred was CU1000(*), of which CU900 was incurred before 1 December 20X5 and CU100 was incurred between 1 December 20X5 and 31 December 20X5. The entity is able to demonstrate that, at 1 December 20X5, the production process met the criteria for recognition as an intangible asset. The recoverable amount of the know-how embodied in the process (including future cash outflows to complete the process before it is available for use) is estimated to be CU500.

At the end of 20X5, the production process is recognised as an intangible asset at a cost of CU100 (expenditure incurred since the date when the recognition criteria were met, i.e. 1 December 20X5). The CU900 expenditure incurred before 1 December 20X5 is recognised as an expense because the recognition criteria were not met until 1 December 20X5. This expenditure does not form part of the cost of the production process recognised in the statement of financial position.

During 20X6, expenditure incurred is CU2000. At the end of 20X6, the recoverable amount of the know-how embodied in the process (including future cash outflows to complete the process before it is available for use) is estimated to be CU1900.

At the end of 20X6, the cost of the production process is CU2100 (CU100 expenditure recognised at the end of 20X5 plus CU2000 expenditure recognised in 20X6). The entity recognises an impairment loss of CU200 to adjust the carrying amount of the process before impairment loss (CU2100) to its recoverable amount (CU1900). This impairment loss will be reversed in a subsequent period if the requirements for the reversal of an impairment loss in IAS 36 are met.

(*)   In this standard, monetary amounts are denominated in 'currency units'.

RECOGNITION OF AN EXPENSE

Expenditure on an intangible item shall be recognised as an expense when it is incurred unless: 68

(a)   it forms part of the cost of an intangible asset that meets the recognition criteria (see paragraphs 18—67); or

(b)   the item is acquired in a business combination and cannot be recognised as an intangible asset. If this is the case, it forms part of the amount recognised as goodwill at the acquisition date (see IFRS 3).

In some cases, expenditure is incurred to provide future economic benefits to an entity, but no intangible asset or other 69 asset is acquired or created that can be recognised. In the case of the supply of goods, the entity recognises such expenditure as an expense when it has a right to access those goods. In the case of the supply of services, the entity recognises the expenditure as an expense when it receives the services. For example, expenditure on research is recognised as an expense

che Ausgaben dann als Aufwand an, wenn es die Dienstleistungen erhält. Beispielsweise werden Ausgaben für Forschung, außer wenn sie bei einem Unternehmenszusammenschluss anfallen, in der Periode als Aufwand erfasst, in der sie anfallen (siehe Paragraph 54). Weitere Beispiele für Ausgaben, die in der Periode als Aufwand erfasst werden, in der sie anfallen, sind:

(a) Ausgaben für die Gründung und den Anlauf eines Geschäftsbetriebs (d. h. Gründungs- und Anlaufkosten), es sei denn, diese Ausgaben sind in den Anschaffungs- oder Herstellungskosten eines Gegenstands der Sachanlagen gemäß IAS 16 enthalten. Zu Gründungs- und Anlaufkosten zählen Gründungskosten wie Rechts- und sonstige Kosten, die bei der Gründung einer juristischen Einheit anfallen, Ausgaben für die Eröffnung einer neuen Betriebsstätte oder eines neuen Geschäfts (d. h. Eröffnungskosten) oder Kosten für die Aufnahme neuer Tätigkeitsbereiche oder die Einführung neuer Produkte oder Verfahren (d. h. Anlaufkosten);

(b) Ausgaben für Aus- und Weiterbildungsaktivitäten;

(c) Ausgaben für Werbekampagnen und Maßnahmen der Verkaufsförderung (einschließlich Versandhauskataloge);

(d) Ausgaben für die Verlegung oder Umorganisation von Unternehmensteilen oder des gesamten Unternehmens.

69A Ein Unternehmen hat ein Recht auf den Zugang zu Gütern, wenn sich diese in seinem Besitz befinden. Ebenso hat ein Unternehmen ein Recht auf den Zugang zu Gütern, wenn sie im Sinne eines Liefervertrags von einem Lieferanten hergestellt wurden und das Unternehmen ihre Lieferung entgegen Bezahlung fordern kann. Dienstleistungen gelten dann als erhalten, wenn sie von einem Dienstleister gemäß einem Dienstleistungsvertrag mit dem Unternehmen erbracht werden und nicht, wenn das Unternehmen sie zur Erbringung einer anderen Dienstleistung nutzt (wie z. B. für Kundenwerbung).

70 Paragraph 68 schließt die Erfassung einer Vorauszahlung als ein Vermögenswert nicht aus, wenn die Zahlung für die Lieferung von Waren vor dem Erhalt des Rechts seitens des Unternehmens auf Zugang zu diesen Waren erfolgte. Ebenso schließt Paragraph 68 die Erfassung einer Vorauszahlung als ein Vermögenswert nicht aus, wenn die Zahlung für die Erbringung von Dienstleistungen vor dem Erhalt der Dienstleistungen erfolgte.

Keine Erfassung früherer Aufwendungen als Vermögenswert

71 Ausgaben für einen immateriellen Posten, die ursprünglich als Aufwand erfasst wurden, sind zu einem späteren Zeitpunkt nicht als Teil der Anschaffungs- oder Herstellungskosten eines immateriellen Vermögenswerts anzusetzen.

FOLGEBEWERTUNG

72 Ein Unternehmen hat als seine Rechnungslegungsmethode entweder das Anschaffungskostenmodell gemäß Paragraph 74 oder das Neubewertungsmodell gemäß Paragraph 75 zu wählen. Wird ein immaterieller Vermögenswert nach dem Neubewertungsmodell bilanziert, sind alle anderen Vermögenswerte seiner Gruppe ebenfalls nach demselben Modell zu bilanzieren, es sei denn, dass kein aktiver Markt für diese Vermögenswerte existiert.

73 Eine Gruppe immaterieller Vermögenswerte ist eine Zusammenfassung von Vermögenswerten, die hinsichtlich ihrer Art und ihrem Verwendungszweck innerhalb des Unternehmens ähnlich sind. Die Posten innerhalb einer Gruppe immaterieller Vermögenswerte werden gleichzeitig neu bewertet, um zu vermeiden, dass Vermögenswerte selektiv neubewertet werden und dass Beträge in den Abschlüssen dargestellt werden, die eine Mischung aus Anschaffungs- oder Herstellungskosten und neu bewerteten Beträgen zu unterschiedlichen Zeitpunkten darstellen.

Anschaffungskostenmodell

74 Nach erstmaligem Ansatz ist ein immaterieller Vermögenswert mit seinen Anschaffungs- oder Herstellungskosten anzusetzen, abzüglich aller kumulierten Amortisationen und aller kumulierten Wertminderungsaufwendungen.

Neubewertungsmodell

75 **Nach erstmaligem Ansatz ist ein immaterieller Vermögenswert mit einem Neubewertungsbetrag fortzuführen, der sein beizulegender Zeitwert zum Zeitpunkt der Neubewertung ist, abzüglich späterer kumulierter Amortisationen und späterer kumulierter Wertminderungsaufwendungen. Im Rahmen der unter diesen Standard fallenden Neubewertungen ist der beizulegende Zeitwert unter Bezugnahme auf einen aktiven Markt zu bemessen. Neubewertungen sind mit einer solchen Regelmäßigkeit vorzunehmen, dass der Buchwert des Vermögenswerts nicht wesentlich von seinem beizulegenden Zeitwert abweicht.**

76 Das Neubewertungsmodell untersagt

(a) die Neubewertung immaterieller Vermögenswerte, die zuvor nicht als Vermögenswerte angesetzt wurden; oder

(b) den erstmaligen Ansatz immaterieller Vermögenswerte mit von ihren Anschaffungs- oder Herstellungskosten abweichenden Beträgen.

77 Das Neubewertungsmodell wird angewandt, nachdem ein Vermögenswert zunächst mit seinen Anschaffungs- oder Herstellungskosten angesetzt wurde. Wird allerdings nur ein Teil der Anschaffungs- oder Herstellungskosten eines immateri-

when it is incurred (see paragraph 54), except when it is acquired as part of a business combination. Other examples of expenditure that is recognised as an expense when it is incurred include:

(a) expenditure on start-up activities (i.e. start-up costs), unless this expenditure is included in the cost of an item of property, plant and equipment in accordance with IAS 16. Start-up costs may consist of establishment costs such as legal and secretarial costs incurred in establishing a legal entity, expenditure to open a new facility or business (i.e. pre-opening costs) or expenditures for starting new operations or launching new products or processes (i.e. pre-operating costs);

(b) expenditure on training activities;

(c) expenditure on advertising and promotional activities (including mail order catalogues);

(d) expenditure on relocating or reorganising part or all of an entity.

69A An entity has a right to access goods when it owns them. Similarly, it has a right to access goods when they have been constructed by a supplier in accordance with the terms of a supply contract and the entity could demand delivery of them in return for payment. Services are received when they are performed by a supplier in accordance with a contract to deliver them to the entity and not when the entity uses them to deliver another service, for example, to deliver an advertisement to customers.

70 Paragraph 68 does not preclude an entity from recognising a prepayment as an asset when payment for goods has been made in advance of the entity obtaining a right to access those goods. Similarly, paragraph 68 does not preclude an entity from recognising a prepayment as an asset when payment for services has been made in advance of the entity receiving those services.

Past expenses not to be recognised as an asset

71 Expenditure on an intangible item that was initially recognised as an expense shall not be recognised as part of the cost of an intangible asset at a later date.

MEASUREMENT AFTER RECOGNITION

72 An entity shall choose either the cost model in paragraph 74 or the revaluation model in paragraph 75 as its accounting policy. If an intangible asset is accounted for using the revaluation model, all the other assets in its class shall also be accounted for using the same model, unless there is no active market for those assets.

73 A class of intangible assets is a grouping of assets of a similar nature and use in an entity's operations. The items within a class of intangible assets are revalued simultaneously to avoid selective revaluation of assets and the reporting of amounts in the financial statements representing a mixture of costs and values as at different dates.

Cost model

74 After initial recognition, an intangible asset shall be carried at its cost less any accumulated amortisation and any accumulated impairment losses.

Revaluation model

75 **After initial recognition, an intangible asset shall be carried at a revalued amount, being its fair value at the date of the revaluation less any subsequent accumulated amortisation and any subsequent accumulated impairment losses. For the purpose of revaluations under this Standard, fair value shall be measured by reference to an active market. Revaluations shall be made with such regularity that at the end of the reporting period the carrying amount of the asset does not differ materially from its fair value.**

76 The revaluation model does not allow:

(a) the revaluation of intangible assets that have not previously been recognised as assets; or

(b) the initial recognition of intangible assets at amounts other than cost.

77 The revaluation model is applied after an asset has been initially recognised at cost. However, if only part of the cost of an intangible asset is recognised as an asset because the asset did not meet the criteria for recognition until part of the way

ellen Vermögenswerts angesetzt, da der Vermögenswert die Ansatzkriterien erst zu einem späteren Zeitpunkt erfüllt hat (siehe Paragraph 65), kann das Neubewertungsmodell auf den gesamten Vermögenswert angewandt werden. Zudem kann das Neubewertungsmodell auf einen immateriellen Vermögenswert angewandt werden, der durch eine Zuwendung der öffentlichen Hand zuging und zu einem Nominalwert angesetzt wurde (siehe Paragraph 44).

78 Auch wenn ein den in Paragraph 8 beschriebenen Merkmalen entsprechender aktiver Markt für einen immateriellen Vermögenswert normalerweise nicht existiert, kann dies dennoch vorkommen. Zum Beispiel kann in manchen Ländern ein aktiver Markt für frei übertragbare Taxilizenzen, Fischereilizenzen oder Produktionsquoten bestehen. Allerdings gibt es keinen aktiven Markt für Markennamen, Drucktitel bei Zeitungen, Musik- und Filmverlagsrechte, Patente oder Warenzeichen, da jeder dieser Vermögenswerte einzigartig ist. Und obwohl immaterielle Vermögenswerte gekauft und verkauft werden, werden Verträge zwischen einzelnen Käufern und Verkäufern ausgehandelt, und Transaktionen finden relativ selten statt. Aus diesen Gründen gibt der für einen Vermögenswert gezahlte Preis möglicherweise keinen ausreichenden substanziellen Hinweis auf den beizulegenden Zeitwert eines anderen. Darüber hinaus stehen der Öffentlichkeit die Preise oft nicht zur Verfügung.

79 Die Häufigkeit von Neubewertungen ist abhängig vom Ausmaß der Schwankung (Volatilität) des beizulegenden Zeitwerts der einer Neubewertung unterliegenden immateriellen Vermögenswerte. Weicht der beizulegende Zeitwert eines neu bewerteten Vermögenswerts wesentlich von seinem Buchwert ab, ist eine weitere Neubewertung notwendig. Manche immateriellen Vermögenswerte können bedeutende und starke Schwankungen ihres beizulegenden Zeitwerts erfahren, wodurch eine jährliche Neubewertung erforderlich wird. Derartig häufige Neubewertungen sind bei immateriellen Vermögenswerten mit nur unbedeutenden Bewegungen des beizulegenden Zeitwerts nicht notwendig.

80 Bei Neubewertung eines immateriellen Vermögenswerts wird dessen Buchwert an den Neubewertungsbetrag angepasst. Zum Zeitpunkt der Neubewertung wird der Vermögenswert wie folgt behandelt:
(a) der Bruttobuchwert wird in einer Weise berichtigt, die mit der Neubewertung des Buchwerts in Einklang steht. So kann der Bruttobuchwert beispielsweise unter Bezugnahme auf beobachtbare Marktdaten oder proportional zur Veränderung des Buchwerts berichtigt werden. Die kumulierte Amortisation zum Zeitpunkt der Neubewertung wird so berichtigt, dass sie nach Berücksichtigung kumulierter Wertminderungsaufwendungen der Differenz zwischen dem Bruttobuchwert und dem Buchwert des Vermögenswerts entspricht; oder
(b) die kumulierte Amortisation wird gegen den Bruttobuchwert des Vermögenswerts ausgebucht.
Der Betrag, um den die kumulierte Amortisation berichtigt wird, ist Bestandteil der Erhöhung oder Senkung des Buchwerts, der gemäß den Paragraphen 85 und 86 bilanziert wird.

81 Kann ein immaterieller Vermögenswert einer Gruppe von neu bewerteten immateriellen Vermögenswerten aufgrund der fehlenden Existenz eines aktiven Markts für diesen Vermögenswert nicht neu bewertet werden, ist der Vermögenswert mit seinen Anschaffungs- oder Herstellungskosten anzusetzen, abzüglich aller kumulierten Amortisationen und Wertminderungsaufwendungen.

82 **Kann der beizulegende Zeitwert eines neu bewerteten immateriellen Vermögenswerts nicht länger unter Bezugnahme auf einen aktiven Markt bemessen werden, entspricht der Buchwert des Vermögenswerts seinem Neubewertungsbetrag, der zum Zeitpunkt der letzten Neubewertung unter Bezugnahme auf den aktiven Markt ermittelt wurde, abzüglich aller späteren kumulierten Amortisationen und Wertminderungsaufwendungen.**

83 Die Tatsache, dass ein aktiver Markt nicht länger für einen neu bewerteten immateriellen Vermögenswert besteht, kann darauf schließen lassen, dass der Vermögenswert möglicherweise in seinem Wert gemindert ist und gemäß IAS 36 geprüft werden muss.

84 Kann der beizulegende Zeitwert des Vermögenswerts zu einem späteren Bemessungsstichtag unter Bezugnahme auf einen aktiven Markt bestimmt werden, wird ab diesem Stichtag das Neubewertungsmodell angewandt.

85 Führt eine Neubewertung zu einer Erhöhung des Buchwerts eines immateriellen Vermögenswerts, ist die Wertsteigerung im sonstigen Ergebnis zu erfassen und im Eigenkapital unter der Position Neubewertungsrücklage zu kumulieren. Allerdings wird der Wertzuwachs in dem Umfang im Gewinn oder Verlust erfasst, wie er eine in der Vergangenheit im Gewinn oder Verlust erfasste Abwertung desselben Vermögenswerts aufgrund einer Neubewertung rückgängig macht.

86 Führt eine Neubewertung zu einer Verringerung des Buchwerts eines immateriellen Vermögenswerts, ist die Wertminderung im Gewinn oder Verlust zu erfassen. Eine Verminderung ist jedoch direkt im sonstigen Ergebnis zu erfassen, soweit sie das Guthaben der entsprechenden Neubewertungsrücklage nicht übersteigt. Durch die im sonstigen Ergebnis erfasste Verminderung reduziert sich der Betrag, der im Eigenkapital unter der Position Neubewertungsrücklage kumuliert wird.

87 Die im Eigenkapital eingestellte kumulative Neubewertungsrücklage kann bei Realisierung direkt in die Gewinnrücklagen umgebucht werden. Die gesamte Rücklage kann bei Stilllegung oder Veräußerung des Vermögenswerts realisiert werden. Ein Teil der Rücklage kann jedoch realisiert werden, während der Vermögenswert vom Unternehmen genutzt wird; in solch einem Fall entspricht der realisierte Rücklagenbetrag dem Unterschiedsbetrag zwischen der Amortisation auf Basis des neu bewerteten Buchwerts des Vermögenswerts und der Amortisation, die auf Basis der historischen Anschaffungs- oder Herstellungskosten des Vermögenswerts erfasst worden wäre. Die Umbuchung von der Neubewertungsrücklage in die Gewinnrücklagen erfolgt nicht über den Gewinn oder Verlust.

through the process (see paragraph 65), the revaluation model may be applied to the whole of that asset. Also, the revaluation model may be applied to an intangible asset that was received by way of a government grant and recognised at a nominal amount (see paragraph 44).

It is uncommon for an active market to exist for an intangible asset, although this may happen. For example, in some **78** jurisdictions, an active market may exist for freely transferable taxi licences, fishing licences or production quotas. However, an active market cannot exist for brands, newspaper mastheads, music and film publishing rights, patents or trademarks, because each such asset is unique. Also, although intangible assets are bought and sold, contracts are negotiated between individual buyers and sellers, and transactions are relatively infrequent. For these reasons, the price paid for one asset may not provide sufficient evidence of the fair value of another. Moreover, prices are often not available to the public.

The frequency of revaluations depends on the volatility of the fair values of the intangible assets being revalued. If the fair **79** value of a revalued asset differs materially from its carrying amount, a further revaluation is necessary. Some intangible assets may experience significant and volatile movements in fair value, thus necessitating annual revaluation. Such frequent revaluations are unnecessary for intangible assets with only insignificant movements in fair value.

When an intangible asset is revalued, the carrying amount of that asset is adjusted to the revalued amount. At the date of **80** the revaluation, the asset is treated in one of the following ways:

(a) the gross carrying amount is adjusted in a manner that is consistent with the revaluation of the carrying amount of the asset. For example, the gross carrying amount may be restated by reference to observable market data or it may be restated proportionately to the change in the carrying amount. The accumulated amortisation at the date of the revaluation is adjusted to equal the difference between the gross carrying amount and the carrying amount of the asset after taking into account accumulated impairment losses; or

(b) the accumulated amortisation is eliminated against the gross carrying amount of the asset.

The amount of the adjustment of accumulated amortisation forms part of the increase or decrease in the carrying amount that is accounted for in accordance with paragraphs 85 and 86.

If an intangible asset in a class of revalued intangible assets cannot be revalued because there is no active market for this **81** asset, the asset shall be carried at its cost less any accumulated amortisation and impairment losses.

If the fair value of a revalued intangible asset can no longer be measured by reference to an active market, the carry- 82 ing amount of the asset shall be its revalued amount at the date of the last revaluation by reference to the active market less any subsequent accumulated amortisation and any subsequent accumulated impairment losses.

The fact that an active market no longer exists for a revalued intangible asset may indicate that the asset may be impaired **83** and that it needs to be tested in accordance with IAS 36.

If the fair value of the asset can be measured by reference to an active market at a subsequent measurement date, the **84** revaluation model is applied from that date.

If an intangible asset's carrying amount is increased as a result of a revaluation, the increase shall be recognised in other **85** comprehensive income and accumulated in equity under the heading of revaluation surplus. However, the increase shall be recognised in profit or loss to the extent that it reverses a revaluation decrease of the same asset previously recognised in profit or loss.

If an intangible asset's carrying amount is decreased as a result of a revaluation, the decrease shall be recognised in profit **86** or loss. However, the decrease shall be recognised in other comprehensive income to the extent of any credit balance in the revaluation surplus in respect of that asset. The decrease recognised in other comprehensive income reduces the amount accumulated in equity under the heading of revaluation surplus.

The cumulative revaluation surplus included in equity may be transferred directly to retained earnings when the surplus **87** is realised. The whole surplus may be realised on the retirement or disposal of the asset. However, some of the surplus may be realised as the asset is used by the entity; in such a case, the amount of the surplus realised is the difference between amortisation based on the revalued carrying amount of the asset and amortisation that would have been recognised based on the asset's historical cost. The transfer from revaluation surplus to retained earnings is not made through profit or loss.

NUTZUNGSDAUER

88 Ein Unternehmen hat festzustellen, ob die Nutzungsdauer eines immateriellen Vermögenswerts begrenzt oder unbegrenzt ist, und wenn begrenzt, dann die Laufzeit dieser Nutzungsdauer bzw. die Anzahl der Produktions- oder ähnlichen Einheiten, die diese Nutzungsdauer bestimmen. Ein immaterieller Vermögenswert ist von einem Unternehmen so anzusehen, als habe er eine unbegrenzte Nutzungsdauer, wenn es aufgrund einer Analyse aller relevanten Faktoren keine vorhersehbare Begrenzung der Periode gibt, in der der Vermögenswert voraussichtlich Netto-Cashflows für das Unternehmen erzeugen wird.

89 Die Bilanzierung eines immateriellen Vermögenswerts basiert auf seiner Nutzungsdauer. Ein immaterieller Vermögenswert mit einer begrenzten Nutzungsdauer wird abgeschrieben (siehe Paragraphen 97–106), hingegen ein immaterieller Vermögenswert mit einer unbegrenzten Nutzungsdauer nicht (siehe Paragraphen 107–110). Die erläuternden Beispiele zu diesem Standard veranschaulichen die Bestimmung der Nutzungsdauer für verschiedene immaterielle Vermögenswerte und die daraus folgende Bilanzierung dieser Vermögenswerte, je nach ihrer festgestellten Nutzungsdauer.

90 Bei der Ermittlung der Nutzungsdauer eines immateriellen Vermögenswerts werden viele Faktoren in Betracht gezogen, so auch
(a) die voraussichtliche Nutzung des Vermögenswerts durch das Unternehmen und die Frage, ob der Vermögenswert unter einem anderen Management effizient eingesetzt werden könnte;
(b) für den Vermögenswert typische Produktlebenszyklen und öffentliche Informationen über die geschätzte Nutzungsdauer von ähnlichen Vermögenswerten, die auf ähnliche Weise genutzt werden;
(c) technische, technologische, kommerzielle oder andere Arten der Veralterung;
(d) die Stabilität der Branche, in der der Vermögenswert zum Einsatz kommt, und Änderungen in der Gesamtnachfrage nach den Produkten oder Dienstleistungen, die mit dem Vermögenswert erzeugt werden;
(e) voraussichtliche Handlungen seitens der Wettbewerber oder potenzieller Konkurrenten;
(f) die Höhe der Erhaltungsausgaben, die zur Erzielung des voraussichtlichen künftigen wirtschaftlichen Nutzens aus dem Vermögenswert erforderlich sind, sowie die Fähigkeit und Absicht des Unternehmens, dieses Niveau zu erreichen;
(g) der Zeitraum der Verfügungsgewalt über den Vermögenswert und rechtliche oder ähnliche Beschränkungen hinsichtlich der Nutzung des Vermögenswerts, wie beispielsweise der Verfalltermin zugrunde liegender Leasingverhältnisse; und
(h) ob die Nutzungsdauer des Vermögenswerts von der Nutzungsdauer anderer Vermögenswerte des Unternehmens abhängt.

91 Der Begriff „unbegrenzt" hat nicht dieselbe Bedeutung wie „endlos". Die Nutzungsdauer eines immateriellen Vermögenswerts spiegelt nur die Höhe der künftigen Erhaltungsausgaben wider, die zur Erhaltung des Vermögenswerts auf dem Niveau der Ertragskraft, die zum Zeitpunkt der Schätzung der Nutzungsdauer des Vermögenswerts festgestellt wurde, erforderlich sind sowie die Fähigkeit und Absicht des Unternehmens, dieses Niveau zu erreichen. Eine Schlussfolgerung, dass die Nutzungsdauer eines immateriellen Vermögenswerts unbegrenzt ist, darf nicht von den geplanten künftigen Ausgaben abhängen, die diejenigen übersteigen, die zur Erhaltung des Vermögenswerts auf diesem Niveau der Ertragskraft erforderlich sind.

92 Angesichts des durch die Vergangenheit belegten rasanten Technologiewandels sind Computersoftware und viele andere immaterielle Vermögenswerte technologischer Veralterung ausgesetzt. Daher wird ihre Nutzungsdauer oftmals kurz sein. Wird für die Zukunft mit einem Rückgang des Verkaufspreises eines mit Hilfe eines immateriellen Vermögenswerts erzeugten Produkts gerechnet, könnte dies ein Indikator dafür sein, dass sich der künftige wirtschaftliche Nutzen des Vermögenswerts aufgrund der für ihn erwarteten technischen oder gewerblichen Veralterung vermindert.

93 Die Nutzungsdauer eines immateriellen Vermögenswerts kann sehr lang sein bzw. sogar unbegrenzt. Ungewissheit rechtfertigt, die Nutzungsdauer eines immateriellen Vermögenswerts vorsichtig zu schätzen, allerdings rechtfertigt sie nicht die Wahl einer unrealistisch kurzen Nutzungsdauer.

94 **Die Nutzungsdauer eines immateriellen Vermögenswerts, der aus vertraglichen oder gesetzlichen Rechten entsteht, darf den Zeitraum der vertraglichen oder anderen gesetzlichen Rechte nicht überschreiten, kann jedoch kürzer sein, je nachdem über welche Periode das Unternehmen diesen Vermögenswert voraussichtlich einsetzt. Wenn die vertraglichen oder anderen gesetzlichen Rechte für eine begrenzte Dauer mit der Möglichkeit der Verlängerung übertragen werden, darf die Nutzungsdauer des immateriellen Vermögenswerts die Verlängerungsperiode(n) nur mit einschließen, wenn es bewiesen ist, dass das Unternehmen die Verlängerung ohne erhebliche Kosten unterstützt. Die Nutzungsdauer eines zurückerworbenen Rechts, das bei einem Unternehmenszusammenschluss als immaterieller Vermögenswert angesetzt wird, ist die restliche in dem Vertrag vereinbarte Periode, durch den dieses Recht zugestanden wurde, und darf keine Verlängerung enthalten.**

95 Es kann sowohl wirtschaftliche als auch rechtliche Faktoren geben, die die Nutzungsdauer eines immateriellen Vermögenswertes beeinflussen. Wirtschaftliche Faktoren bestimmen den Zeitraum, über den ein künftiger wirtschaftlicher Nutzen dem Unternehmen erwächst. Rechtliche Faktoren können den Zeitraum begrenzen, in dem ein Unternehmen Verfügungsgewalt über den Zugriff auf diesen Nutzen besitzt. Die Nutzungsdauer entspricht dem kürzeren der durch diese Faktoren bestimmten Zeiträume.

USEFUL LIFE

An entity shall assess whether the useful life of an intangible asset is finite or indefinite and, if finite, the length of, or **88** number of production or similar units constituting, that useful life. An intangible asset shall be regarded by the entity as having an indefinite useful life when, based on an analysis of all of the relevant factors, there is no foreseeable limit to the period over which the asset is expected to generate net cash inflows for the entity.

The accounting for an intangible asset is based on its useful life. An intangible asset with a finite useful life is amortised **89** (see paragraphs 97—106), and an intangible asset with an indefinite useful life is not (see paragraphs 107—110). The illustrative examples accompanying this standard illustrate the determination of useful life for different intangible assets, and the subsequent accounting for those assets based on the useful life determinations.

Many factors are considered in determining the useful life of an intangible asset, including: **90**
(a) the expected usage of the asset by the entity and whether the asset could be managed efficiently by another management team;
(b) typical product life cycles for the asset and public information on estimates of useful lives of similar assets that are used in a similar way;
(c) technical, technological, commercial or other types of obsolescence;
(d) the stability of the industry in which the asset operates and changes in the market demand for the products or services output from the asset;
(e) expected actions by competitors or potential competitors;
(f) the level of maintenance expenditure required to obtain the expected future economic benefits from the asset and the entity's ability and intention to reach such a level;
(g) the period of control over the asset and legal or similar limits on the use of the asset, such as the expiry dates of related leases; and
(h) whether the useful life of the asset is dependent on the useful life of other assets of the entity.

The term 'indefinite' does not mean 'infinite'. The useful life of an intangible asset reflects only that level of future main- **91** tenance expenditure required to maintain the asset at its standard of performance assessed at the time of estimating the asset's useful life, and the entity's ability and intention to reach such a level. A conclusion that the useful life of an intangible asset is indefinite should not depend on planned future expenditure in excess of that required to maintain the asset at that standard of performance.

Given the history of rapid changes in technology, computer software and many other intangible assets are susceptible to **92** technological obsolescence. Therefore, it will often be the case that their useful life is short. Expected future reductions in the selling price of an item that was produced using an intangible asset could indicate the expectation of technological or commercial obsolescence of the asset, which, in turn, might reflect a reduction of the future economic benefits embodied in the asset.

The useful life of an intangible asset may be very long or even indefinite. Uncertainty justifies estimating the useful life of **93** an intangible asset on a prudent basis, but it does not justify choosing a life that is unrealistically short.

The useful life of an intangible asset that arises from contractual or other legal rights shall not exceed the period of 94 the contractual or other legal rights, but may be shorter depending on the period over which the entity expects to use the asset. If the contractual or other legal rights are conveyed for a limited term that can be renewed, the useful life of the intangible asset shall include the renewal period(s) only if there is evidence to support renewal by the entity without significant cost. The useful life of a reacquired right recognised as an intangible asset in a business combination is the remaining contractual period of the contract in which the right was granted and shall not include renewal periods.

There may be both economic and legal factors influencing the useful life of an intangible asset. Economic factors deter- **95** mine the period over which future economic benefits will be received by the entity. Legal factors may restrict the period over which the entity controls access to these benefits. The useful life is the shorter of the periods determined by these factors.

96 Das folgenden Faktoren deuten darauf hin, dass ein Unternehmen die vertraglichen oder anderen gesetzlichen Rechte ohne wesentliche Kosten verlängern könnte:

(a) es gibt substanzielle Hinweise darauf, die möglicherweise auf Erfahrungen basieren, dass die vertraglichen oder anderen gesetzlichen Rechte verlängert werden. Wenn die Verlängerung von der Zustimmung eines Dritten abhängt, gehört der substanzielle Hinweis, dass der Dritte seine Zustimmung geben wird, dazu;

(b) es gibt substanzielle Hinweise, dass die erforderlichen Voraussetzungen für eine Verlängerung erfüllt sind; und

(c) die Verlängerungskosten sind für das Unternehmen unwesentlich im Vergleich zu dem künftigen wirtschaftlichen Nutzen, der dem Unternehmen durch diese Verlängerung zufließen wird.

Falls die Verlängerungskosten im Vergleich zu dem künftigen wirtschaftlichen Nutzen, der dem Unternehmen voraussichtlich durch diese Verlängerung zufließen wird, erheblich sind, stellen die Verlängerungskosten im Wesentlichen die Anschaffungskosten dar, um zum Verlängerungszeitpunkt einen neuen immateriellen Vermögenswert zu erwerben.

IMMATERIELLE VERMÖGENSWERTE MIT BEGRENZTER NUTZUNGSDAUER

Amortisationsperiode und Amortisationsmethode

97 **Der Abschreibungsbetrag eines immateriellen Vermögenswerts mit einer begrenzten Nutzungsdauer ist planmäßig über seine Nutzungsdauer zu verteilen. Die Abschreibung beginnt, sobald der Vermögenswert verwendet werden kann, d. h. wenn er sich an seinem Standort und in dem vom Management beabsichtigten betriebsbereiten Zustand befindet. Die Abschreibung ist an dem Tag zu beenden, an dem der Vermögenswert gemäß IFRS 5 als zur Veräußerung gehalten eingestuft (oder in eine als zur Veräußerung gehalten eingestufte Veräußerungsgruppe aufgenommen) wird, spätestens jedoch an dem Tag, an dem er ausgebucht wird. Die Amortisationsmethode hat dem erwarteten Verbrauch des zukünftigen wirtschaftlichen Nutzens des Vermögenswerts durch das Unternehmen zu entsprechen. Kann dieser Verlauf nicht verlässlich bestimmt werden, ist die lineare Abschreibungsmethode anzuwenden. Die für jede Periode anfallenden Amortisationen sind im Gewinn oder Verlust zu erfassen, es sei denn, dieser oder ein anderer Standard erlaubt oder fordert, dass sie in den Buchwert eines anderen Vermögenswerts einzubeziehen sind.**

98 Für die systematische Verteilung des Amortisationsvolumens eines Vermögenswerts über dessen Nutzungsdauer können verschiedene Amortisationsmethoden herangezogen werden. Zu diesen Methoden zählen die lineare und degressive Abschreibung sowie die leistungsabhängige Abschreibung. Die anzuwendende Methode wird auf der Grundlage des erwarteten Verbrauchs des künftigen wirtschaftlichen Nutzens dieses Vermögenswerts ausgewählt und von Periode zu Periode stetig angewandt, es sei denn, der erwartete Verbrauch des künftigen wirtschaftlichen Nutzens ändert sich.

98A Es besteht die widerlegbare Vermutung, dass eine Abschreibungsmethode, die sich auf die Umsatzerlöse aus einer Tätigkeit stützt, die die Verwendung eines immateriellen Vermögenswerts einschließt, als nicht sachgerecht zu betrachten ist. Umsatzerlöse aus einer Tätigkeit, die die Verwendung eines immateriellen Vermögenswerts einschließt, spiegeln in der Regel Faktoren wider, die nicht unmittelbar mit dem Verbrauch des wirtschaftlichen Nutzens dieses immateriellen Vermögenswerts in Verbindung stehen. So werden die Umsatzerlöse beispielsweise durch andere Inputfaktoren und Prozesse, durch die Absatzmenge und durch Veränderungen bei Absatzvolumen und -preisen beeinflusst. Die Preiskomponente der Umsatzerlöse kann durch Inflation beeinflusst werden, was sich nicht auf den Verbrauch eines Vermögenswerts auswirkt. Diese Vermutung kann nur widerlegt werden, wenn

(a) der immaterielle Vermögenswert gemäß Paragraph 98C nach seinen Erlösen bemessen wird oder

(b) nachgewiesen werden kann, dass eine starke Korrelation zwischen den Erlösen und dem Verbrauch des wirtschaftlichen Nutzens des immateriellen Vermögenswerts besteht.

98B Bei der Wahl einer sachgerechten Abschreibungsmethode im Sinne von Paragraph 98 könnte das Unternehmen den für den immateriellen Vermögenswert maßgeblichen begrenzenden Faktor bestimmen. So könnte beispielsweise in einem Vertrag, der die Rechte des Unternehmens auf Nutzung eines immateriellen Vermögenswerts regelt, diese Nutzung als eine im Voraus festgelegte Anzahl von Jahren (d. h. als ein Zeitraum), eine bestimmte Stückzahl oder ein Gesamtbetrag der zu erzielenden Umsatzerlöse festgelegt sein. Für die Feststellung der sachgerechten Abschreibungsbasis könnte die Ermittlung eines solchen maßgeblichen begrenzenden Faktors als Ausgangspunkt dienen, doch kann auch eine andere Basis herangezogen werden, wenn diese den erwarteten Verlauf des Verbrauchs des wirtschaftlichen Nutzens genauer abbildet.

98C In Fällen, in denen der für einen immateriellen Vermögenswert maßgebliche begrenzende Faktor die Erreichung einer Umsatzschwelle ist, können die zu erzielenden Umsatzerlöse eine angemessene Abschreibungsgrundlage darstellen. So könnte ein Unternehmen beispielsweise eine Konzession zur Exploration und Förderung von Gold aus einer Goldmine erwerben. Der Vertrag könnte vorsehen, dass er endet, wenn mit der Förderung Gesamtumsatzerlöse in bestimmter Höhe erzielt wurden (so könnte der Vertrag die Goldförderung aus der Mine so lange zulassen, bis mit dem Verkauf des Goldes Gesamtumsatzerlöse von 2 Mrd. WE erzielt wurden), und weder eine zeitliche noch eine mengenmäßige Vorgabe enthalten. In einem anderen Beispiel könnte das Recht auf Betrieb einer mautpflichtigen Straße so lange bestehen, bis mit den Gebühreneinnahmen Gesamtumsatzerlöse in bestimmter Höhe erzielt wurden (so könnte der Vertrag den Betrieb der mautpflichtigen Strecke so lange zulassen, bis die Gesamtgebühreneinnahmen 100 Mio. WE erreichen). In Fällen, in

Existence of the following factors, among others, indicates that an entity would be able to renew the contractual or other **96** legal rights without significant cost:

(a) there is evidence, possibly based on experience, that the contractual or other legal rights will be renewed. If renewal is contingent upon the consent of a third party, this includes evidence that the third party will give its consent;

(b) there is evidence that any conditions necessary to obtain renewal will be satisfied; and

(c) the cost to the entity of renewal is not significant when compared with the future economic benefits expected to flow to the entity from renewal.

If the cost of renewal is significant when compared with the future economic benefits expected to flow to the entity from renewal, the 'renewal' cost represents, in substance, the cost to acquire a new intangible asset at the renewal date.

INTANGIBLE ASSETS WITH FINITE USEFUL LIVES

Amortisation period and amortisation method

The depreciable amount of an intangible asset with a finite useful life shall be allocated on a systematic basis over its 97 useful life. Amortisation shall begin when the asset is available for use, i.e. when it is in the location and condition necessary for it to be capable of operating in the manner intended by management. Amortisation shall cease at the earlier of the date that the asset is classified as held for sale (or included in a disposal group that is classified as held for sale) in accordance with IFRS 5 and the date that the asset is derecognised. The amortisation method used shall reflect the pattern in which the asset's future economic benefits are expected to be consumed by the entity. If that pattern cannot be determined reliably, the straight-line method shall be used. The amortisation charge for each period shall be recognised in profit or loss unless this or another standard permits or requires it to be included in the carrying amount of another asset.

A variety of amortisation methods can be used to allocate the depreciable amount of an asset on a systematic basis over **98** its useful life. These methods include the straight-line method, the diminishing balance method and the units of production method. The method used is selected on the basis of the expected pattern of consumption of the expected future economic benefits embodied in the asset and is applied consistently from period to period, unless there is a change in the expected pattern of consumption of those future economic benefits.

There is a rebuttable presumption that an amortisation method that is based on the revenue generated by an activity that **98A** includes the use of an intangible asset is inappropriate. The revenue generated by an activity that includes the use of an intangible asset typically reflects factors that are not directly linked to the consumption of the economic benefits embodied in the intangible asset. For example, revenue is affected by other inputs and processes, selling activities and changes in sales volumes and prices. The price component of revenue may be affected by inflation, which has no bearing upon the way in which an asset is consumed. This presumption can be overcome only in the limited circumstances:

(a) in which the intangible asset is expressed as a measure of revenue, as described in paragraph 98C; or

(b) when it can be demonstrated that revenue and the consumption of the economic benefits of the intangible asset are highly correlated.

In choosing an appropriate amortisation method in accordance with paragraph 98, an entity could determine the predo- **98B** minant limiting factor that is inherent in the intangible asset. For example, the contract that sets out the entity's rights over its use of an intangible asset might specify the entity's use of the intangible asset as a predetermined number of years (ie time), as a number of units produced or as a fixed total amount of revenue to be generated. Identification of such a predominant limiting factor could serve as the starting point for the identification of the appropriate basis of amortisation, but another basis may be applied if it more closely reflects the expected pattern of consumption of economic benefits.

In the circumstance in which the predominant limiting factor that is inherent in an intangible asset is the achievement of **98C** a revenue threshold, the revenue to be generated can be an appropriate basis for amortisation. For example, an entity could acquire a concession to explore and extract gold from a gold mine. The expiry of the contract might be based on a fixed amount of total revenue to be generated from the extraction (for example, a contract may allow the extraction of gold from the mine until total cumulative revenue from the sale of gold reaches CU2 billion) and not be based on time or on the amount of gold extracted. In another example, the right to operate a toll road could be based on a fixed total amount of revenue to be generated from cumulative tolls charged (for example, a contract could allow operation of the toll road until the cumulative amount of tolls generated from operating the road reaches CU100 million). In the case in which revenue has been established as the predominant limiting factor in the contract for the use of the intangible asset,

denen im Vertrag über die Nutzung des immateriellen Vermögenswert die Umsatzerlöse als maßgeblicher begrenzender Faktor festgelegt sind, könnten die zu erzielenden Erlöse eine angemessene Grundlage für die Abschreibung des immateriellen Vermögenswerts darstellen, sofern für die zu erzielenden Umsatzerlöse im Vertrag ein fester Gesamtbetrag vorgesehen ist, auf dessen Grundlage die Abschreibung zu bestimmen ist.

99 Amortisationen werden allgemein im Gewinn oder Verlust erfasst. Manchmal fließt jedoch der künftige wirtschaftliche Nutzen eines Vermögenswerts in die Herstellung anderer Vermögenswerte ein. In diesem Fall stellt der Amortisationsbetrag einen Teil der Herstellungskosten des anderen Vermögenswerts dar und wird in dessen Buchwert einbezogen. Beispielsweise wird die Amortisation auf immaterielle Vermögenswerte, die in einem Herstellungsprozess verwendet werden, in den Buchwert der Vorräte einbezogen (siehe IAS 2 *Vorräte*).

Restwert

100 **Der Restwert eines immateriellen Vermögenswerts mit einer begrenzten Nutzugsdauer ist mit Null anzusetzen, es sei denn, dass**
  (a) eine Verpflichtung seitens einer dritten Partei besteht, den Vermögenswert am Ende seiner Nutzungsdauer zu erwerben; oder
  (b) ein aktiver Markt (gemäß Definition in IFRS 13) für den Vermögenswert besteht, und
    (i) der Restwert unter Bezugnahme auf diesen Markt ermittelt werden kann; und
    (ii) es wahrscheinlich ist, dass ein solcher Markt am Ende der Nutzungsdauer des Vermögenswerts bestehen wird.

101 Der Abschreibungsbetrag eines Vermögenswerts mit einer begrenzten Nutzungsdauer wird nach Abzug seines Restwerts ermittelt. Ein anderer Restwert als Null impliziert, dass ein Unternehmen von einer Veräußerung des immateriellen Vermögenswerts vor dem Ende seiner wirtschaftlichen Nutzungsdauer ausgeht.

102 Eine Schätzung des Restwerts eines Vermögenswerts beruht auf dem bei Abgang erzielbaren Betrag unter Verwendung von Preisen, die zum geschätzten Zeitpunkt des Verkaufs eines ähnlichen Vermögenswerts galten, der das Ende seiner Nutzungsdauer erreicht hat und unter ähnlichen Bedingungen zum Einsatz kam wie der künftig einzusetzende Vermögenswert. Der Restwert wird mindestens am Ende jedes Geschäftsjahres überprüft. Eine Änderung des Restwerts eines Vermögenswerts wird als Änderung einer Schätzung gemäß IAS 8 *Rechnungslegungsmethoden, Änderungen von rechnungslegungsbezogenen Schätzungen und Fehler* angesetzt.

103 Der Restwert eines Vermögenswerts kann bis zu einem Betrag ansteigen, der entweder dem Buchwert entspricht oder ihn übersteigt. Wenn dies der Fall ist, fällt der Amortisationsbetrag des Vermögenswerts auf Null, solange der Restwert anschließend nicht unter den Buchwert des Vermögenswerts gefallen ist.

Überprüfung der Amortisationsperiode und der Amortisationsmethode

104 Die Amortisationsperiode und die Amortisationsmethode sind für einen immateriellen Vermögenswert mit einer begrenzten Nutzungsdauer mindestens zum Ende jedes Geschäftsjahres zu überprüfen. Unterscheidet sich die erwartete Nutzungsdauer des Vermögenswerts von vorangegangenen Schätzungen, ist die Amortisationsperiode entsprechend zu ändern. Hat sich der erwartete Abschreibungsverlauf des Vermögenswerts geändert, ist eine andere Amortisationsmethode zu wählen, um dem veränderten Verlauf Rechnung zu tragen. Derartige Änderungen sind als Änderungen einer rechnungslegungsbezogenen Schätzung gemäß IAS 8 zu berücksichtigen.

105 Während der Lebensdauer eines immateriellen Vermögenswerts kann es sich zeigen, dass die Schätzung hinsichtlich seiner Nutzungsdauer nicht sachgerecht ist. Beispielsweise kann die Erfassung eines Wertminderungsaufwands darauf hindeuten, dass die Amortisationsperiode geändert werden muss.

106 Der Verlauf des künftigen wirtschaftlichen Nutzens, der einem Unternehmen aus einem immateriellen Vermögenswert voraussichtlich zufließen wird, kann sich mit der Zeit ändern. Beispielsweise kann es sich zeigen, dass eine degressive Amortisation geeigneter ist als eine lineare. Ein anderes Beispiel ist, wenn sich die Nutzung der mit einer Lizenz verbundenen Rechte verzögert, bis in Bezug auf andere Bestandteile des Unternehmensplans Maßnahmen ergriffen worden sind. In diesem Fall kann der wirtschaftliche Nutzen aus dem Vermögenswert höchstwahrscheinlich erst in späteren Perioden erzielt werden.

IMMATERIELLE VERMÖGENSWERTE MIT UNBEGRENZTER NUTZUNGSDAUER

107 Ein immaterieller Vermögenswert mit einer unbegrenzten Nutzungsdauer darf nicht abgeschrieben werden.

108 Von einem Unternehmen wird gemäß IAS 36 verlangt, einen immateriellen Vermögenswert mit einer unbegrenzten Nutzungsdauer auf Wertminderung zu überprüfen, indem sein erzielbarer Betrag mit seinem Buchwert
  (a) jährlich, und
  (b) wann immer es einen Anhaltspunkt dafür gibt, dass der immaterielle Vermögenswert wertgemindert sein könnte, verglichen wird.

the revenue that is to be generated might be an appropriate basis for amortising the intangible asset, provided that the contract specifies a fixed total amount of revenue to be generated on which amortisation is to be determined.

Amortisation is usually recognised in profit or loss. However, sometimes the future economic benefits embodied in an 99 asset are absorbed in producing other assets. In this case, the amortisation charge constitutes part of the cost of the other asset and is included in its carrying amount. For example, the amortisation of intangible assets used in a production process is included in the carrying amount of inventories (see IAS 2 *Inventories*).

Residual value

The residual value of an intangible asset with a finite useful life shall be assumed to be zero unless: 100
(a)   there is a commitment by a third party to purchase the asset at the end of its useful life; or
(b)   there is an active market (as defined in IFRS 13) for the asset and:
    (i)   residual value can be determined by reference to that market; and
    (ii)   it is probable that such a market will exist at the end of the asset's useful life.

The depreciable amount of an asset with a finite useful life is determined after deducting its residual value. A residual 101 value other than zero implies that an entity expects to dispose of the intangible asset before the end of its economic life.

An estimate of an asset's residual value is based on the amount recoverable from disposal using prices prevailing at the 102 date of the estimate for the sale of a similar asset that has reached the end of its useful life and has operated under conditions similar to those in which the asset will be used. The residual value is reviewed at least at each financial year-end. A change in the asset's residual value is accounted for as a change in an accounting estimate in accordance with IAS 8 *Accounting policies, changes in accounting estimates and errors.*

The residual value of an intangible asset may increase to an amount equal to or greater than the asset's carrying amount. 103 If it does, the asset's amortisation charge is zero unless and until its residual value subsequently decreases to an amount below the asset's carrying amount.

Review of amortisation period and amortisation method

The amortisation period and the amortisation method for an intangible asset with a finite useful life shall be reviewed at (104) least at each financial year-end. If the expected useful life of the asset is different from previous estimates, the amortisation period shall be changed accordingly. If there has been a change in the expected pattern of consumption of the future economic benefits embodied in the asset, the amortisation method shall be changed to reflect the changed pattern. Such changes shall be accounted for as changes in accounting estimates in accordance with IAS 8.

During the life of an intangible asset, it may become apparent that the estimate of its useful life is inappropriate. For 105 example, the recognition of an impairment loss may indicate that the amortisation period needs to be changed.

Over time, the pattern of future economic benefits expected to flow to an entity from an intangible asset may change. For 106 example, it may become apparent that a diminishing balance method of amortisation is appropriate rather than a straight-line method. Another example is if use of the rights represented by a licence is deferred pending action on other components of the business plan. In this case, economic benefits that flow from the asset may not be received until later periods.

INTANGIBLE ASSETS WITH INDEFINITE USEFUL LIVES

An intangible asset with an indefinite useful life shall not be amortised.   (107)

In accordance with IAS 36, an entity is required to test an intangible asset with an indefinite useful life for impairment by (108) comparing its recoverable amount with its carrying amount:
(a)   annually; and
(b)   whenever there is an indication that the intangible asset may be impaired.

Überprüfung der Einschätzung der Nutzungsdauer

109 Die Nutzungsdauer eines immateriellen Vermögenswerts, der nicht abgeschrieben wird, ist in jeder Periode zu überprüfen, ob für diesen Vermögenswert weiterhin die Ereignisse und Umstände die Einschätzung einer unbegrenzten Nutzungsdauer rechtfertigen. Ist dies nicht der Fall, ist die Änderung der Einschätzung der Nutzungsdauer von unbegrenzt auf begrenzt als Änderung einer rechnungslegungsbezogenen Schätzung gemäß IAS 8 anzusetzen.

110 Gemäß IAS 36 ist die Neubewertung der Nutzungsdauer eines immateriellen Vermögenswerts als begrenzt und nicht mehr als unbegrenzt ein Hinweis darauf, dass dieser Vermögenswert wertgemindert sein könnte. Demzufolge prüft das Unternehmen den Vermögenswert auf Wertminderung, indem es seinen erzielbaren Betrag, wie gemäß IAS 36 festgelegt, mit seinem Buchwert vergleicht und jeden Überschuss des Buchwerts über den erzielbaren Betrag als Wertminderungsaufwand erfasst.

ERZIELBARKEIT DES BUCHWERTS – WERTMINDERUNGSAUFWAND

111 Um zu beurteilen, ob ein immaterieller Vermögenswert in seinem Wert gemindert ist, wendet ein Unternehmen IAS 36 an. Dieser Standard erklärt, wann und wie ein Unternehmen den Buchwert seiner Vermögenswerte überprüft, wie es den erzielbaren Betrag eines Vermögenswerts bestimmt, und wann es einen Wertminderungsaufwand erfasst oder aufhebt.

STILLLEGUNGEN UND ABGÄNGE

112 Ein immaterieller Vermögenswert ist auszubuchen:
   (a) bei Abgang; oder
   (b) wenn kein weiterer wirtschaftlicher Nutzen von seiner Nutzung oder seinem Abgang zu erwarten ist.

113 Die aus der Ausbuchung eines immateriellen Vermögenswerts resultierenden Gewinne oder Verluste sind als Differenz zwischen dem eventuellen Nettoveräußerungserlös und dem Buchwert des Vermögenswertes zu bestimmen. Diese Differenz ist bei Ausbuchung des Vermögenswerts im Gewinn oder Verlust zu erfassen (sofern IAS 17 Leasingverhältnisse bei Sale-and-leaseback-Transaktionen nichts anderes verlangt). Gewinne sind nicht als Erlöse auszuweisen.

114 Der Abgang eines immateriellen Vermögenswerts kann auf verschiedene Arten erfolgen (z. B. Verkauf, Eintritt in ein Finanzierungsleasing oder Schenkung). Bei der Bestimmung des Abgangsdatums eines solchen Vermögenswerts wendet das Unternehmen zur Erfassung der Erträge aus dem Warenverkauf die Kriterien von IAS 18 *Umsatzerlöse* an. IAS 17 wird auf Abgänge durch Sale-and-leaseback-Transaktionen angewendet.

115 Wenn ein Unternehmen nach dem Ansatzgrundsatz in Paragraph 21 im Buchwert eines Vermögenswerts die Anschaffungskosten für den Ersatz eines Teils des immateriellen Vermögenswerts erfasst, dann bucht es den Buchwert des ersetzten Teils aus. Wenn es dem Unternehmen nicht möglich ist, den Buchwert des ersetzten Teils zu ermitteln, kann es die Anschaffungskosten für den Ersatz als Hinweis für seine Anschaffungskosten zum Zeitpunkt seines Erwerbs oder seiner Generierung nehmen.

115A Im Fall eines bei einem Unternehmenszusammenschluss zurückerworbenen Rechts, und wenn dieses Recht später an einen Dritten weitergegeben (verkauft) wird, ist der dazugehörige Buchwert, sofern vorhanden, zu verwenden, um den Gewinn bzw. Verlust bei der Weitergabe zu bestimmen.

116 Das erhaltene Entgelt beim Abgang eines immateriellen Vermögenswerts ist zunächst mit dem beizulegenden Zeitwert anzusetzen. Wenn die Zahlung für den immateriellen Vermögenswert nicht sofort erfolgt, ist das erhaltene Entgelt zunächst in Höhe des Gegenwerts des Barpreises anzusetzen. Der Unterschied zwischen dem Nominalbetrag des Entgelts und dem Gegenwert des Barpreises wird als Zinsertrag, der die Effektivverzinsung der Forderung widerspiegelt, gemäß IAS 18 erfasst.

117 Die Amortisation eines immateriellen Vermögenswertes mit einer begrenzten Nutzungsdauer hört nicht auf, wenn der immaterielle Vermögenswert nicht mehr genutzt wird, sofern der Vermögenswert nicht vollkommen amortisiert ist oder gemäß IFRS 5 als zur Veräußerung gehalten eingestuft wird (oder zu einer als zur Veräußerung gehalten eingestuften Veräußerungsgruppe gehört).

ANGABEN

Allgemeines

118 Für jede Gruppe immaterieller Vermögenswerte sind vom Unternehmen folgende Angaben zu machen, wobei zwischen selbst geschaffenen immateriellen Vermögenswerten und sonstigen immateriellen Vermögenswerten zu unterscheiden ist:
   (a) ob die Nutzungsdauern unbegrenzt oder begrenzt sind, und wenn begrenzt, die zu Grunde gelegten Nutzungsdauern und die angewandten Amortisationssätze;

Review of useful life assessment

The useful life of an intangible asset that is not being amortised shall be reviewed each period to determine whether events **(109)** and circumstances continue to support an indefinite useful life assessment for that asset. If they do not, the change in the useful life assessment from indefinite to finite shall be accounted for as a change in an accounting estimate in accordance with IAS 8.

In accordance with IAS 36, reassessing the useful life of an intangible asset as finite rather than indefinite is an indicator **110** that the asset may be impaired. As a result, the entity tests the asset for impairment by comparing its recoverable amount, determined in accordance with IAS 36, with its carrying amount, and recognising any excess of the carrying amount over the recoverable amount as an impairment loss.

RECOVERABILITY OF THE CARRYING AMOUNT — IMPAIRMENT LOSSES

To determine whether an intangible asset is impaired, an entity applies IAS 36. That standard explains when and how an **111** entity reviews the carrying amount of its assets, how it determines the recoverable amount of an asset and when it recognises or reverses an impairment loss.

RETIREMENTS AND DISPOSALS

An intangible asset shall be derecognised: **(112)**
(a)   on disposal; or
(b)   when no future economic benefits are expected from its use or disposal.

The gain or loss arising from the derecognition of an intangible asset shall be determined as the difference between the **(113)** net disposal proceeds, if any, and the carrying amount of the asset. It shall be recognised in profit or loss when the asset is derecognised (unless IAS 17 requires otherwise on a sale and leaseback). Gains shall not be classified as revenue.

The disposal of an intangible asset may occur in a variety of ways (e.g. by sale, by entering into a finance lease, or by **114** donation). In determining the date of disposal of such an asset, an entity applies the criteria in IAS 18 *Revenue* for recognising revenue from the sale of goods. IAS 17 applies to disposal by a sale and leaseback.

If in accordance with the recognition principle in paragraph 21 an entity recognises in the carrying amount of an asset **115** the cost of a replacement for part of an intangible asset, then it derecognises the carrying amount of the replaced part. If it is not practicable for an entity to determine the carrying amount of the replaced part, it may use the cost of the replacement as an indication of what the cost of the replaced part was at the time it was acquired or internally generated.

In the case of a reacquired right in a business combination, if the right is subsequently reissued (sold) to a third party, the **115A** related carrying amount, if any, shall be used in determining the gain or loss on reissue.

The consideration receivable on disposal of an intangible asset is recognised initially at its fair value. If payment for the **116** intangible asset is deferred, the consideration received is recognised initially at the cash price equivalent. The difference between the nominal amount of the consideration and the cash price equivalent is recognised as interest revenue in accordance with IAS 18 reflecting the effective yield on the receivable.

Amortisation of an intangible asset with a finite useful life does not cease when the intangible asset is no longer used, **(117)** unless the asset has been fully depreciated or is classified as held for sale (or included in a disposal group that is classified as held for sale) in accordance with IFRS 5.

DISCLOSURE

General

An entity shall disclose the following for each class of intangible assets, distinguishing between internally generated intan- **(118)** gible assets and other intangible assets:
(a)   whether the useful lives are indefinite or finite and, if finite, the useful lives or the amortisation rates used;

(b) die für immaterielle Vermögenswerte mit begrenzten Nutzungsdauern verwendeten Amortisationsmethoden;

(c) der Bruttobuchwert und die kumulierte Amortisation (zusammengefasst mit den kumulierten Wertminderungsaufwendungen) zu Beginn und zum Ende der Periode;

(d) der/die Posten der Gesamtergebnisrechnung, in dem/denen die Amortisationen auf immaterielle Vermögenswerte enthalten sind;

(e) eine Überleitung des Buchwerts zu Beginn und zum Ende der Periode unter gesonderter Angabe der:

(i) Zugänge, wobei solche aus unternehmensinterner Entwicklung, solche aus gesondertem Erwerb und solche aus Unternehmenszusammenschlüssen separat zu bezeichnen sind;

(ii) Vermögenswerte, die gemäß IFRS 5 als zur Veräußerung gehalten eingestuft werden oder zu einer als zur Veräußerung gehalten eingestuften Veräußerungsgruppe gehören, und andere Abgänge;

(iii) Erhöhungen oder Verminderungen während der Periode aufgrund von Neubewertungen gemäß den Paragraphen 75, 85, und 86 und von im sonstigen Ergebnis erfassten oder aufgehobenen Wertminderungsaufwendungen gemäß IAS 36 (falls vorhanden),

(iv) Wertminderungsaufwendungen, die während der Periode im Gewinn oder Verlust gemäß IAS 36 erfasst wurden (falls vorhanden);

(v) Wertminderungsaufwendungen, die während der Periode im Gewinn oder Verlust gemäß IAS 36 rückgängig gemacht wurden (falls vorhanden);

(vi) jede Amortisation, die während der Periode erfasst wurde;

(vii) Nettoumrechnungsdifferenzen aufgrund der Umrechnung von Abschlüssen in die Darstellungswährung und der Umrechnung einer ausländischen Betriebsstätte in die Darstellungswährung des Unternehmens; und

(viii) sonstige Buchwertänderungen während der Periode.

119 Eine Gruppe immaterieller Vermögenswerte ist eine Zusammenfassung von Vermögenswerten, die hinsichtlich ihrer Art und ihrem Verwendungszweck innerhalb des Unternehmens ähnlich sind. Beispiele für separate Gruppen können sein:

(a) Markennamen;

(b) Drucktitel und Verlagsrechte;

(c) Computersoftware;

(d) Lizenzen und Franchiseverträge;

(e) Urheberrechte, Patente und sonstige gewerbliche Schutzrechte, Nutzungs- und Betriebskonzessionen;

(f) Rezepte, Geheimverfahren, Modelle, Entwürfe und Prototypen; und

(g) immaterielle Vermögenswerte in Entwicklung.

Die oben bezeichneten Gruppen werden in kleinere (größere) Gruppen aufgegliedert (zusammengefasst), wenn den Abschlussadressaten dadurch relevantere Informationen zur Verfügung gestellt werden.

120 Zusätzlich zu den in Paragraph 118 (e) (iii)–(v) geforderten Informationen veröffentlicht ein Unternehmen Informationen über im Wert geminderte immaterielle Vermögenswerte gemäß IAS 36.

121 IAS 8 verlangt vom Unternehmen die Angabe der Art und des Betrags einer Änderung der Schätzung, die entweder eine wesentliche Auswirkung auf die Berichtsperiode hat oder von der angenommen wird, dass sie eine wesentliche Auswirkung auf spätere Perioden haben wird. Derartige Angaben resultieren möglicherweise aus Änderungen in Bezug auf

(a) die Einschätzung der Nutzungsdauer eines immateriellen Vermögenswerts;

(b) die Amortisationsmethode; oder

(c) Restwerte.

122 Darüber hinaus hat ein Unternehmen Folgendes anzugeben:

(a) für einen immateriellen Vermögenswert, dessen Nutzungsdauer als unbegrenzt eingeschätzt wurde, den Buchwert dieses Vermögenswerts und die Gründe für die Einschätzung seiner unbegrenzten Nutzungsdauer. Im Rahmen der Begründung muss das Unternehmen den/die Faktor(en) beschreiben, der/die bei der Ermittlung der unbegrenzten Nutzungsdauer des Vermögenswerts eine wesentliche Rolle spielte(n);

(b) eine Beschreibung, den Buchwert und den verbleibenden Amortisationszeitraum eines jeden einzelnen immateriellen Vermögenswerts, der für den Abschluss des Unternehmens von wesentlicher Bedeutung ist;

(c) für immaterielle Vermögenswerte, die durch eine Zuwendung der öffentlichen Hand erworben und zunächst mit dem beizulegenden Zeitwert angesetzt wurden (siehe Paragraph 44):

(i) den beizulegenden Zeitwert, der für diese Vermögenswerte zunächst angesetzt wurde;

(ii) ihren Buchwert; und

(iii) ob sie in der Folgebewertung nach dem Anschaffungskostenmodell oder nach dem Neubewertungsmodell bewertet werden;

(d) das Bestehen und die Buchwerte immaterieller Vermögenswerte, mit denen ein beschränktes Eigentumsrecht verbunden ist, und die Buchwerte immaterieller Vermögenswerte, die als Sicherheit für Verbindlichkeiten begeben sind;

(e) der Betrag für vertragliche Verpflichtungen für den Erwerb immaterieller Vermögenswerte.

123 Wenn ein Unternehmen den/die Faktor(en) beschreibt, der/die bei der Ermittlung, dass die Nutzungsdauer eines immateriellen Vermögenswerts unbegrenzt ist, eine wesentliche Rolle spielte(n), berücksichtigt das Unternehmen die in Paragraph 90 aufgeführten Faktoren.

(b) the amortisation methods used for intangible assets with finite useful lives;

(c) the gross carrying amount and any accumulated amortisation (aggregated with accumulated impairment losses) at the beginning and end of the period;

(d) the line item(s) of the statement of comprehensive income in which any amortisation of intangible assets is included;

(e) a reconciliation of the carrying amount at the beginning and end of the period showing:

    (i) additions, indicating separately those from internal development, those acquired separately, and those acquired through business combinations;

    (ii) assets classified as held for sale or included in a disposal group classified as held for sale in accordance with IFRS 5 and other disposals;

    (iii) increases or decreases during the period resulting from revaluations under paragraphs 75, 85 and 86 and from impairment losses recognised or reversed in other comprehensive income in accordance with IAS 36 (if any);

    (iv) impairment losses recognised in profit or loss during the period in accordance with IAS 36 (if any);

    (v) impairment losses reversed in profit or loss during the period in accordance with IAS 36 (if any);

    (vi) any amortisation recognised during the period;

    (vii) net exchange differences arising on the translation of the financial statements into the presentation currency, and on the translation of a foreign operation into the presentation currency of the entity; and

    (viii) other changes in the carrying amount during the period.

119 A class of intangible assets is a grouping of assets of a similar nature and use in an entity's operations. Examples of separate classes may include:

(a) brand names;

(b) mastheads and publishing titles;

(c) computer software;

(d) licences and franchises;

(e) copyrights, patents and other industrial property rights, service and operating rights;

(f) recipes, formulae, models, designs and prototypes; and

(g) intangible assets under development.

The classes mentioned above are disaggregated (aggregated) into smaller (larger) classes if this results in more relevant information for the users of the financial statements.

120 An entity discloses information on impaired intangible assets in accordance with IAS 36 in addition to the information required by paragraph 118 (e) (iii)—(v).

121 IAS 8 requires an entity to disclose the nature and amount of a change in an accounting estimate that has a material effect in the current period or is expected to have a material effect in subsequent periods. Such disclosure may arise from changes in:

(a) the assessment of an intangible asset's useful life;

(b) the amortisation method; or

(c) residual values.

122 An entity shall also disclose:

(a) for an intangible asset assessed as having an indefinite useful life, the carrying amount of that asset and the reasons supporting the assessment of an indefinite useful life. In giving these reasons, the entity shall describe the factor(s) that played a significant role in determining that the asset has an indefinite useful life;

(b) a description, the carrying amount and remaining amortisation period of any individual intangible asset that is material to the entity's financial statements;

(c) for intangible assets acquired by way of a government grant and initially recognised at fair value (see paragraph 44):

    (i) the fair value initially recognised for these assets;

    (ii) their carrying amount; and

    (iii) whether they are measured after recognition under the cost model or the revaluation model;

(d) the existence and carrying amounts of intangible assets whose title is restricted and the carrying amounts of intangible assets pledged as security for liabilities;

(e) the amount of contractual commitments for the acquisition of intangible assets.

123 When an entity describes the factor(s) that played a significant role in determining that the useful life of an intangible asset is indefinite, the entity considers the list of factors in paragraph 90.

Folgebewertung von immateriellen Vermögenswerten nach dem Neubewertungsmodell

124 Werden immaterielle Vermögenswerte zu ihrem Neubewertungsbetrag bilanziert, sind vom Unternehmen folgende Angaben zu machen:

(a) für jede Gruppe immaterieller Vermögenswerte:

(i) den Stichtag der Neubewertung;

(ii) den Buchwert der neu bewerteten immateriellen Vermögenswerte; und

(iii) den Buchwert, der angesetzt worden wäre, wenn die neu bewertete Gruppe von immateriellen Vermögenswerten nach dem Anschaffungskostenmodell in Paragraph 74 bewertet worden wäre; und

(b) den Betrag der sich auf immaterielle Vermögenswerte beziehenden Neubewertungsrücklage zu Beginn und zum Ende der Periode unter Angabe der Änderungen während der Periode und jeglicher Ausschüttungsbeschränkungen an die Eigentümer.

(c) [gestrichen]

125 Für Angabezwecke kann es erforderlich sein, die Gruppen neu bewerteter Vermögenswerte in größere Gruppen zusammenzufassen. Gruppen werden jedoch nicht zusammengefasst, wenn dies zu einer Kombination von Werten innerhalb einer Gruppe von immateriellen Vermögenswerten führen würde, die sowohl nach dem Anschaffungskostenmodell als auch nach dem Neubewertungsmodell bewertete Beträge enthält.

Forschungs- und Entwicklungsausgaben

126 Ein Unternehmen hat die Summe der Ausgaben für Forschung und Entwicklung offen zu legen, die während der Periode als Aufwand erfasst wurden.

127 Forschungs- und Entwicklungsausgaben umfassen sämtliche Ausgaben, die Forschungs- oder Entwicklungsaktivitäten direkt zurechenbar sind (siehe die Paragraphen 66 und 67 als Orientierungshilfe für die Arten von Ausgaben, die im Rahmen der Angabevorschriften in Paragraph 126 einzubeziehen sind).

Sonstige Informationen

128 Einem Unternehmen wird empfohlen, aber nicht vorgeschrieben, die folgenden Informationen offen zu legen:

(a) eine Beschreibung jedes vollständig abgeschriebenen, aber noch genutzten immateriellen Vermögenswertes; und

(b) eine kurze Beschreibung wesentlicher immaterieller Vermögenswerte, die unter der Verfügungsgewalt des Unternehmens stehen, jedoch nicht als Vermögenswerte angesetzt sind, da sie die Ansatzkriterien in diesem Standard nicht erfüllten oder weil sie vor Inkrafttreten der im Jahr 1998 herausgegebenen Fassung von IAS 38 *Immaterielle Vermögenswerte* erworben oder geschaffen wurden.

ÜBERGANGSVORSCHRIFTEN UND ZEITPUNKT DES INKRAFTTRETENS

129 [gestrichen]

130 Ein Unternehmen hat diesen Standard anzuwenden:

(a) bei der Bilanzierung immaterieller Vermögenswerte, die bei Unternehmenszusammenschlüssen mit Datum des Vertragsabschlusses am 31. März 2004 oder danach erworben wurden; und

(b) prospektiv bei der Bilanzierung aller anderen immateriellen Vermögenswerten in der ersten jährlichen Periode eines am 31. März 2004 oder danach beginnenden Geschäftsjahres. Das Unternehmen hat somit den zu dem Zeitpunkt angesetzten Buchwert der immateriellen Vermögenswerte nicht anzupassen. Zu diesem Zeitpunkt muss das Unternehmen jedoch diesen Standard zur Neueinschätzung der Nutzungsdauer solcher immateriellen Vermögenswerte anwenden. Falls infolge dieser Neueinschätzung das Unternehmen seine Einschätzung der Nutzungsdauer eines Vermögenswerts ändert, ist diese Änderung gemäß IAS 8 als eine Änderung einer Schätzung zu berücksichtigen.

130A Die Änderungen in Paragraph 2 sind erstmals in der ersten Berichtsperiode eines am 1. Januar 2006 oder danach beginnenden Geschäftsjahres anzuwenden. Wenn ein Unternehmen IFRS 6 für eine frühere Periode anwendet, so sind auch diese Änderungen für jene frühere Periode anzuwenden.

130B Infolge des IAS 1 *Darstellung des Abschlusses* (überarbeitet 2007) wurde die in allen IFRS verwendete Terminologie geändert. Außerdem wurden die Paragraphen 85, 86 und 118 (e) (iii) geändert. Diese Änderungen sind erstmals in der ersten Berichtsperiode eines am 1. Januar 2009 oder danach beginnenden Geschäftsjahres anzuwenden. Wird IAS 1 (überarbeitet 2007) auf eine frühere Periode angewandt, sind diese Änderungen entsprechend auch anzuwenden.

130C Durch IFRS 3 (überarbeitet 2008) wurden die Paragraphen 12, 33–35, 68, 69, 94 und 130 geändert, die Paragraphen 38 und 129 gestrichen sowie Paragraph 115A hinzugefügt. Die Paragraphen 36 und 37 wurden durch die *Verbesserungen der IFRS* vom April 2009 geändert. Diese Änderungen sind erstmals in der ersten Berichtsperiode eines am 1. Juli 2009 oder

Intangible assets measured after recognition using the revaluation model

If intangible assets are accounted for at revalued amounts, an entity shall disclose the following: **124**
(a) by class of intangible assets:
  (i)   the effective date of the revaluation;
  (ii) the carrying amount of revalued intangible assets; and
  (iii) the carrying amount that would have been recognised had the revalued class of intangible assets been measured after recognition using the cost model in paragraph 74; and
(b) the amount of the revaluation surplus that relates to intangible assets at the beginning and end of the period, indicating the changes during the period and any restrictions on the distribution of the balance to shareholders.
(c) [deleted]

It may be necessary to aggregate the classes of revalued assets into larger classes for disclosure purposes. However, classes **125** are not aggregated if this would result in the combination of a class of intangible assets that includes amounts measured under both the cost and revaluation models.

Research and development expenditure

An entity shall disclose the aggregate amount of research and development expenditure recognised as an expense during **126** the period.

Research and development expenditure comprises all expenditure that is directly attributable to research or development **127** activities (see paragraphs 66 and 67 for guidance on the type of expenditure to be included for the purpose of the disclosure requirement in paragraph 126).

Other information

An entity is encouraged, but not required, to disclose the following information: **128**
(a) a description of any fully amortised intangible asset that is still in use; and
(b) a brief description of significant intangible assets controlled by the entity but not recognised as assets because they did not meet the recognition criteria in this standard or because they were acquired or generated before the version of IAS 38 *Intangible assets* issued in 1998 was effective.

TRANSITIONAL PROVISIONS AND EFFECTIVE DATE

[deleted] **129**

An entity shall apply this standard: **130**
(a) to the accounting for intangible assets acquired in business combinations for which the agreement date is on or after 31 March 2004; and
(b) to the accounting for all other intangible assets prospectively from the beginning of the first annual period beginning on or after 31 March 2004. Thus, the entity shall not adjust the carrying amount of intangible assets recognised at that date. However, the entity shall, at that date, apply this standard to reassess the useful lives of such intangible assets. If, as a result of that reassessment, the entity changes its assessment of the useful life of an asset, that change shall be accounted for as a change in an accounting estimate in accordance with IAS 8.

An entity shall apply the amendments in paragraph 2 for annual periods beginning on or after 1 January 2006. If an entity **130A** applies IFRS 6 an earlier period, those amendments shall be applied for that earlier period.

IAS 1 *Presentation of Financial Statements* (as revised in 2007) amended the terminology used throughout IFRSs. In addi- **130B** tion it amended paragraphs 85, 86 and 118 (e) (iii). An entity shall apply those amendments for annual periods beginning on or after 1 January 2009. If an entity applies IAS 1 (revised 2007) for an earlier period, the amendments shall be applied for that earlier period.

IFRS 3 (as revised in 2008) amended paragraphs 12, 33—35, 68, 69, 94 and 130, deleted paragraphs 38 and 129 and added **130C** paragraph 115A. *Improvements to IFRSs* issued in April 2009 amended paragraphs 36 and 37. An entity shall apply those amendments prospectively for annual periods beginning on or after 1 July 2009. Therefore, amounts recognised for intan-

danach beginnenden Geschäftsjahres prospektiv anzuwenden. Deshalb werden Beträge, die für immaterielle Vermögenswerte und den Geschäfts- oder Firmenwert bei früheren Unternehmenszusammenschlüssen angesetzt wurden, nicht angepasst. Wenn ein Unternehmen IFRS 3 (überarbeitet 2008) auf eine frühere Periode anwendet, sind auch diese Änderungen entsprechend auf diese frühere Periode anzuwenden und ist dies anzugeben.

130D Die Paragraphen 69, 70 und 98 werden im Rahmen der *Verbesserungen der IFRS* vom Mai 2008 geändert und Paragraph 69A wird entsprechend hinzugefügt. Diese Änderungen sind erstmals in der ersten Berichtsperiode eines am 1. Januar 2009 oder danach beginnenden Geschäftsjahres anzuwenden. Eine frühere Anwendung ist zulässig. Wendet ein Unternehmen diese Änderungen auf eine frühere Periode an, so ist dies anzugeben.

130E [gestrichen]

130F Durch IFRS 10 und IFRS 11 *Gemeinsame Vereinbarungen,* veröffentlicht im Mai 2011, wurde Paragraph 3 (e) geändert. Ein Unternehmen hat die betreffende Änderung anzuwenden, wenn es IFRS 10 und IFRS 11 anwendet.

130G Durch IFRS 13, veröffentlicht im Mai 2011, wurden die Paragraphen 8, 33, 47, 50, 75, 78, 82, 84, 100 und 124 geändert und die Paragraphen 39–41 sowie 130E gestrichen. Ein Unternehmen hat die betreffenden Änderungen anzuwenden, wenn es IFRS 13 anwendet.

130H Mit den im Dezember 2013 veröffentlichten *Jährlichen Verbesserungen an den IFRS, Zyklus 2010–2012,* wurde Paragraph 80 geändert. Ein Unternehmen hat diese Änderung erstmals auf Geschäftsjahre anzuwenden, die am oder nach dem 1. Juli 2014 beginnen. Eine frühere Anwendung ist zulässig. Wendet ein Unternehmen diese Änderung auf eine frühere Periode an, hat es dies anzugeben.

130I Ein Unternehmen wendet die durch die *Jährlichen Verbesserungen an den IFRS, Zyklus 2010–2012,* vorgenommene Änderung auf alle Neubewertungen an, die in Geschäftsjahren erfasst werden, die zu oder nach dem Zeitpunkt der erstmaligen Anwendung dieser Änderung beginnen, sowie im unmittelbar vorangehenden Geschäftsjahr erfasst werden. Ein Unternehmen kann auch für jegliche früher dargestellte Geschäftsjahre berichtigte Vergleichsangaben vorlegen, ist hierzu aber nicht verpflichtet. Legt ein Unternehmen für frühere Geschäftsjahre unberichtigte Vergleichsangaben vor, hat es die unberichtigten Angaben klar zu kennzeichnen, darauf hinzuweisen, dass diese auf einer anderen Grundlage beruhen und diese Grundlage zu erläutern.

130J Mit der im Mai 2014 veröffentlichten *Klarstellung akzeptabler Abschreibungsmethoden* (Änderungen an IAS 16 und IAS 38) wurden die Paragraphen 92 und 98 geändert und die Paragraphen 98A–98C angefügt. Diese Änderungen sind prospektiv auf am oder nach dem 1. Januar 2016 beginnende Geschäftsjahre anzuwenden. Eine frühere Anwendung ist zulässig. Wendet ein Unternehmen diese Änderungen auf eine frühere Periode an, hat es dies anzugeben.

Tausch von ähnlichen Vermögenswerten

131 Die Vorschrift in den Paragraphen 129 und 130 (b), diesen Standard prospektiv anzuwenden, bedeutet, dass bei der Bewertung eines Tausches von Vermögenswerten vor Inkrafttreten dieses Standards auf der Grundlage des Buchwerts des hingegebenen Vermögenswerts das Unternehmen den Buchwert des erworbenen Vermögenswerts nicht berichtigt, um den beizulegenden Zeitwert zum Erwerbszeitpunkt widerzuspiegeln.

Frühzeitige Anwendung

132 Unternehmen, auf die der Paragraph 130 anwendbar ist, wird empfohlen, diesen Standard vor dem in Paragraph 130 spezifizierten Zeitpunkt des Inkrafttretens anzuwenden. Wenn ein Unternehmen diesen Standard vor dem Zeitpunkt des Inkrafttretens anwendet, hat es gleichzeitig IFRS 3 und IAS 36 (überarbeitet 2004) anzuwenden.

RÜCKNAHME VON IAS 38 (HERAUSGEGEBEN 1998)

133 Der vorliegende Standard ersetzt IAS 38 *Immaterielle Vermögenswerte* (herausgegeben 1998).

gible assets and goodwill in prior business combinations shall not be adjusted. If an entity applies IFRS 3 (revised 2008) for an earlier period, it shall apply the amendments for that earlier period and disclose that fact.

Paragraphs 69, 70 and 98 were amended and paragraph 69A was added by *Improvements to IFRSs* issued in May 2008. An **130D** entity shall apply those amendments for annual periods beginning on or after 1 January 2009. Earlier application is permitted. If an entity applies the amendments for an earlier period it shall disclose that fact.

[deleted] **130E**

IFRS 10 and IFRS 11 *Joint Arrangements,* issued in May 2011, amended paragraph 3 (e). An entity shall apply that **130F** amendment when it applies IFRS 10 and IFRS 11.

IFRS 13, issued in May 2011, amended paragraphs 8, 33, 47, 50, 75, 78, 82, 84, 100 and 124 and deleted paragraphs 39— **130G** 41 and 130E. An entity shall apply those amendments when it applies IFRS 13.

Annual Improvements to IFRSs 2010—2012 Cycle, issued in December 2013, amended paragraph 80. An entity shall apply **130H** that amendment for annual periods beginning on or after 1 July 2014. Earlier application is permitted. If an entity applies that amendment for an earlier period it shall disclose that fact.

An entity shall apply the amendment made by *Annual Improvements to IFRSs 2010—2012 Cycle* to all revaluations recog- **130I** nised in annual periods beginning on or after the date of initial application of that amendment and in the immediately preceding annual period. An entity may also present adjusted comparative information for any earlier periods presented, but it is not required to do so. If an entity presents unadjusted comparative information for any earlier periods, it shall clearly identify the information that has not been adjusted, state that it has been presented on a different basis and explain that basis.

Clarification of Acceptable Methods of Depreciation and Amortisation (Amendments to IAS 16 and IAS 38), issued in **130J** May 2014, amended paragraphs 92 and 98 and added paragraphs 98A—98C. An entity shall apply those amendments prospectively for annual periods beginning on or after 1 January 2016. Earlier application is permitted. If an entity applies those amendments for an earlier period it shall disclose that fact.

Exchanges of similar assets

The requirement in paragraphs 129 and 130 (b) to apply this standard prospectively means that if an exchange of assets **131** was measured before the effective date of this standard on the basis of the carrying amount of the asset given up, the entity does not restate the carrying amount of the asset acquired to reflect its fair value at the acquisition date.

Early application

Entities to which paragraph 130 applies are encouraged to apply the requirements of this standard before the effective **132** dates specified in paragraph 130. However, if an entity applies this standard before those effective dates, it also shall apply IFRS 3 and IAS 36 (as revised in 2004) at the same time.

WITHDRAWAL OF IAS 38 (ISSUED 1998)

This standard supersedes IAS 38 *Intangible assets* (issued in 1998). **133**

INTERNATIONAL ACCOUNTING STANDARD 39

Finanzinstrumente: Ansatz und Bewertung

INHALT

ZIELSETZUNG

1 Zielsetzung des vorliegenden Standards ist es, Grundsätze für den Ansatz und die Bewertung finanzieller Vermögenswerte, finanzieller Verbindlichkeiten und einiger Verträge zum Kauf oder Verkauf nicht finanzieller Posten aufzustellen. Anforderungen für die Darstellung von Informationen zu Finanzinstrumenten sind in IAS 32 *Finanzinstrumente: Darstellung* dargelegt. Vorschriften über Angaben zu Finanzinstrumenten sind in IFRS 7 *Finanzinstrumente: Angaben* dargelegt.

ANWENDUNGSBEREICH

2 Dieser Standard ist von allen Unternehmen auf alle Arten von Finanzinstrumenten anzuwenden, davon ausgenommen sind:

(a) Anteile an Tochterunternehmen, assoziierten Unternehmen und Gemeinschaftsunternehmen, die gemäß IFRS 10 *Konzernabschlüsse*, IAS 27 *Einzelabschlüsse* oder IAS 28 *Anteile an assoziierten Unternehmen und Gemeinschaftsunternehmen* bilanziert werden. In einigen Fällen muss oder darf ein Unternehmen jedoch nach IFRS 10, IAS 27 oder IAS 28 einen Anteil an einem Tochterunternehmen, einem assoziierten Unternehmen oder einem Gemeinschaftsunternehmen nach allen oder einem Teil der Vorgaben dieses Standards bilanzieren. Ebenfalls anzuwenden

INTERNATIONAL ACCOUNTING STANDARD 39

Financial instruments: recognition and measurement

SUMMARY

OBJECTIVE

The objective of this standard is to establish principles for recognising and measuring financial assets, financial liabilities 1
and some contracts to buy or sell non-financial items. Requirements for presenting information about financial instruments are in IAS 32 *Financial instruments: presentation*. Requirements for disclosing information about financial instruments are in IFRS 7 *Financial instruments: disclosures.*

SCOPE

This Standard shall be applied by all entities to all types of financial instruments except: 2
(a) those interests in subsidiaries, associates and joint ventures that are accounted for in accordance with IFRS 10 *Consolidated Financial Statements*, IAS 27 *Separate Financial Statements* or IAS 28 *Investments in Associates and Joint Ventures*. However, in some cases, IFRS 10, IAS 27 or IAS 28 require or permit an entity to account for an interest in a subsidiary, associate or joint venture in accordance with some or all of the requirements of this Standard. Entities

ist er auf Derivate auf einen Anteil an einem Tochterunternehmen, einem assoziierten Unternehmen oder einem Gemeinschaftsunternehmen, sofern das Derivat nicht der Definition eines Eigenkapitalinstruments des Unternehmens in IAS 32 *Finanzinstrumente: Darstellung* entspricht.

(b) Rechte und Verpflichtungen aus Leasingverhältnissen, für die IAS 17 *Leasingverhältnisse* gilt. Allerdings unterliegen

    (i) Forderungen aus Leasingverhältnissen, die vom Leasinggeber angesetzt wurden, den im vorliegenden Standard enthaltenen Vorschriften zur Ausbuchung und Wertminderung (siehe Paragraphen 15–37, 58, 59, 63–65 und Anhang A Paragraphen A36–A52 und A84–A93);

    (ii) Verbindlichkeiten aus Finanzierungsleasingverhältnissen, die vom Leasingnehmer angesetzt wurden, den im vorliegenden Standard enthaltenen Vorschriften zur Ausbuchung (siehe Paragraphen 39–42 und Anhang A Paragraphen A57–A63); und

    (iii) in Leasingverhältnisse eingebettete Derivate den im vorliegenden Standard enthaltenen Vorschriften für eingebettete Derivate (siehe Paragraphen 10–13 und Anhang A Paragraphen A27–A33).

(c) Rechte und Verpflichtungen eines Arbeitgebers aus Altersversorgungsplänen, für die IAS 19 *Leistungen an Arbeitnehmer* gilt.

(d) Finanzinstrumente, die von dem Unternehmen emittiert wurden und der Definition eines Eigenkapitalinstruments gemäß IAS 32 (einschließlich Optionen und Optionsscheinen) entsprechen oder die gemäß den Paragraphen 16A und 16B oder 16C und 16D des IAS 32 als Eigenkapitalinstrumente einzustufen sind. Der Inhaber solcher Eigenkapitalinstrumente hat den vorliegenden Standard jedoch auf diese Instrumente anzuwenden, es sei denn, es liegt der unter (a) genannte Ausnahmefall vor.

(e) Rechte und Verpflichtungen aus (i) einem Versicherungsvertrag im Sinne von IFRS 4 *Versicherungsverträge*, bei denen es sich nicht um Rechte und Verpflichtungen eines Emittenten aus einem Versicherungsvertrag handelt, der der Definition einer finanziellen Garantie in Paragraph 9 entspricht, oder aus (ii) einem Vertrag, der aufgrund der Tatsache, dass er eine ermessensabhängige Überschussbeteiligung vorsieht, in den Anwendungsbereich von IFRS 4 fällt. Für ein Derivat, das in einen unter IFRS 4 fallenden Vertrag eingebettet ist, gilt dieser Standard aber dennoch, wenn das Derivat nicht selbst ein Vertrag ist, der in den Anwendungsbereich von IFRS 4 fällt (siehe Paragraphen 10–13 und Anhang A Paragraphen A27–A33 dieses Standards). Hat ein Finanzgarantiegeber darüber hinaus zuvor ausdrücklich erklärt, dass er diese Garantien als Versicherungsverträge betrachtet, und hat er sie nach den für Versicherungsverträge geltenden Vorschriften bilanziert, so kann er auf diese finanziellen Garantien diesen Standard oder IFRS 4 anwenden (siehe Paragraph A4 und A4A). Der Garantiegeber kann diese Entscheidung vertragsweise fällen, doch ist sie für jeden Vertrag unwiderruflich.

(f) [gestrichen]

(g) jedes Termingeschäft zwischen einem Erwerber und einem verkaufenden Anteilseigner, das darauf gerichtet ist, ein Unternehmen zu erwerben oder zu veräußern, und das zu einem Unternehmenszusammenschluss im Sinne von IFRS 3 *Unternehmenszusammenschlüsse* zu einem künftigen Erwerbszeitpunkt führt. Die Laufzeit des Termingeschäfts sollte einen Zeitraum nicht überschreiten, der vernünftigerweise zum Einholen der Genehmigungen und Vollendung der Transaktion erforderlich ist.

(h) Kreditzusagen, bei denen es sich nicht um die in Paragraph 4 beschriebenen Zusagen handelt. Auf Kreditzusagen, die nicht unter diesen Standard fallen, hat der Emittent IAS 37 *Rückstellungen, Eventualverbindlichkeiten und Eventualforderungen* anzuwenden. Alle Kreditzusagen fallen jedoch unter die Ausbuchungsvorschriften dieses Standards (siehe Paragraphen 15–42 und Anhang A Paragraphen A36–A63).

(i) Finanzinstrumente, Verträge und Verpflichtungen im Zusammenhang mit anteilsbasierten Vergütungen, für die IFRS 2 *Anteilsbasierte Vergütung* gilt. Davon ausgenommen sind die in den Anwendungsbereich der Paragraphen 5–7 dieses Standards fallenden Verträge, für die dieser Standard somit gilt.

(j) Ansprüche auf Zahlungen zur Erstattung von Ausgaben, zu denen das Unternehmen verpflichtet ist, um eine Verbindlichkeit zu begleichen, die es gemäß IAS 37 als Rückstellung ansetzt oder für die es in einer früheren Periode gemäß IAS 37 eine Rückstellung angesetzt hat.

3 [gestrichen]

4 In den Anwendungsbereich dieses Standards fallen folgende Kreditzusagen:

(a) Kreditzusagen, die das Unternehmen als finanzielle Verbindlichkeiten einstuft, die erfolgswirksam zum beizulegenden Zeitwert bewertet werden. Ein Unternehmen, das die aus seinen Kreditzusagen resultierenden Vermögenswerte in der Vergangenheit für gewöhnlich kurz nach der Ausreichung verkauft hat, hat diesen Standard auf all seine Kreditzusagen derselben Klasse anzuwenden.

(b) Kreditzusagen, die durch einen Ausgleich in bar oder durch Lieferung oder Emission eines anderen Finanzinstruments erfüllt werden können. Bei diesen Kreditzusagen handelt es sich um Derivate. Eine Kreditzusage gilt nicht allein aufgrund der Tatsache, dass das Darlehen in Tranchen ausgezahlt wird (beispielsweise ein Hypothekenkredit, der gemäß dem Baufortschritt in Tranchen ausgezahlt wird) als im Wege eines Nettoausgleichs erfüllt.

(c) Zusagen, einen Kredit unter dem Marktzinssatz zur Verfügung zu stellen. Zur Folgebewertung der aus derartigen Zusagen resultierenden Verbindlichkeiten siehe Paragraph 47 (d).

5 Dieser Standard ist auf Verträge über den Kauf oder Verkauf eines nicht finanziellen Postens anzuwenden, die durch einen Ausgleich in bar oder anderen Finanzinstrumenten oder durch den Tausch von Finanzinstrumenten, so als handle es sich bei den Verträgen um Finanzinstrumente, erfüllt werden können. Davon ausgenommen sind Verträge, die zwecks Emp-

shall also apply this Standard to derivatives on an interest in a subsidiary, associate or joint venture unless the derivative meets the definition of an equity instrument of the entity in IAS 32 *Financial Instruments: Presentation.*

(b) rights and obligations under leases to which IAS 17 *Leases* applies. However:

    (i) lease receivables recognised by a lessor are subject to the derecognition and impairment provisions of this standard (see paragraphs 15—37, 58, 59, 63—65 and Appendix A paragraphs AG36—AG52 and AG84—AG93);

    (ii) finance lease payables recognised by a lessee are subject to the derecognition provisions of this standard (see paragraphs 39—42 and Appendix A paragraphs AG57—AG63); and

    (iii) derivatives that are embedded in leases are subject to the embedded derivatives provisions of this standard (see paragraphs 10—13 and Appendix A paragraphs AG27—AG33);

(c) employers' rights and obligations under employee benefit plans, to which IAS 19 *Employee benefits* applies;

(d) financial instruments issued by the entity that meet the definition of an equity instrument in IAS 32 (including options and warrants) or that are required to be classified as an equity instrument in accordance with paragraphs 16A and 16B or paragraphs 16C and 16D of IAS 32. However, the holder of such equity instruments shall apply this Standard to those instruments, unless they meet the exception in (a) above.

(e) rights and obligations arising under (i) an insurance contract as defined in IFRS 4 *Insurance contracts,* other than an issuer's rights and obligations arising under an insurance contract that meets the definition of a financial guarantee contract in paragraph 9, or (ii) a contract that is within the scope of IFRS 4 because it contains a discretionary participation feature. However, this standard applies to a derivative that is embedded in a contract within the scope of IFRS 4 if the derivative is not itself a contract within the scope of IFRS 4 (see paragraphs 10—13 and Appendix A paragraphs AG27—AG33 of this standard). Moreover, if an issuer of financial guarantee contracts has previously asserted explicitly that it regards such contracts as insurance contracts and has used accounting applicable to insurance contracts, the issuer may elect to apply either this standard or IFRS 4 to such financial guarantee contracts (see paragraphs AG4 and AG4A). The issuer may make that election contract by contract, but the election for each contract is irrevocable;

(f) [deleted]

(g) any forward contract between an acquirer and a selling shareholder to buy or sell an acquiree that will result in a business combination within the scope of IFRS 3 *Business Combinations* at a future acquisition date. The term of the forward contract should not exceed a reasonable period normally necessary to obtain any required approvals and to complete the transaction.

(h) loan commitments other than those loan commitments described in paragraph 4. An issuer of loan commitments shall apply IAS 37 *Provisions, contingent liabilities and contingent assets* to loan commitments that are not within the scope of this standard. However, all loan commitments are subject to the derecognition provisions of this standard (see paragraphs 15—42 and Appendix A paragraphs AG36—AG63);

(i) financial instruments, contracts and obligations under share-based payment transactions to which IFRS 2 *Share-based payment* applies, except for contracts within the scope of paragraphs 5—7 of this standard, to which this standard applies;

(j) rights to payments to reimburse the entity for expenditure it is required to make to settle a liability that it recognises as a provision in accordance with IAS 37, or for which, in an earlier period, it recognised a provision in accordance with IAS 37.

[deleted]   **3**

The following loan commitments are within the scope of this standard: **4**

(a) loan commitments that the entity designates as financial liabilities at fair value through profit or loss. An entity that has a past practice of selling the assets resulting from its loan commitments shortly after origination shall apply this standard to all its loan commitments in the same class;

(b) loan commitments that can be settled net in cash or by delivering or issuing another financial instrument. These loan commitments are derivatives. A loan commitment is not regarded as settled net merely because the loan is paid out in instalments (for example, a mortgage construction loan that is paid out in instalments in line with the progress of construction);

(c) commitments to provide a loan at a below-market interest rate. Paragraph 47 (d) specifies the subsequent measurement of liabilities arising from these loan commitments.

This standard shall be applied to those contracts to buy or sell a non-financial item that can be settled net in cash or **5** another financial instrument, or by exchanging financial instruments, as if the contracts were financial instruments, with the exception of contracts that were entered into and continue to be held for the purpose of the receipt or delivery of a

fang oder Lieferung nicht finanzieller Posten gemäß dem erwarteten Einkaufs-, Verkaufs- oder Nutzungsbedarf des Unternehmens geschlossen wurden und in diesem Sinne weiter behalten werden.

6 Die Abwicklung eines Vertrags über den Kauf oder Verkauf eines nicht finanziellen Postens durch Ausgleich in bar oder in anderen Finanzinstrumenten oder den Tausch von Finanzinstrumenten kann unter unterschiedlichen Rahmenbedingungen erfolgen, zu denen u. a. Folgende zählen:

(a) die Vertragsbedingungen gestatten es jedem Kontrahenten, den Vertrag durch Ausgleich in bar oder einem anderen Finanzinstrument bzw. durch Tausch von Finanzinstrumenten abzuwickeln;

(b) die Möglichkeit zu einem Ausgleich in bar oder einem anderen Finanzinstrument bzw. durch Tausch von Finanzinstrumenten ist zwar nicht explizit in den Vertragsbedingungen vorgesehen, doch erfüllt das Unternehmen ähnliche Verträge für gewöhnlich durch Ausgleich in bar oder einem anderen Finanzinstrument bzw. durch Tausch von Finanzinstrumenten (sei es durch Abschluss gegenläufiger Verträge mit der Vertragspartei oder durch Verkauf des Vertrags vor dessen Ausübung oder Verfall);

(c) bei ähnlichen Verträgen nimmt das Unternehmen den Vertragsgegenstand für gewöhnlich an und veräußert ihn kurz nach der Anlieferung wieder, um Gewinne aus kurzfristigen Preisschwankungen oder Händlermargen zu erzielen; und

(d) der nicht finanzielle Posten, der Gegenstand des Vertrags ist, kann jederzeit in Zahlungsmittel umgewandelt werden.

Ein Vertrag, auf den (b) oder (c) zutrifft, wird nicht zwecks Empfang oder Lieferung nicht finanzieller Posten gemäß dem erwarteten Einkaufs-, Verkaufs- oder Nutzungsbedarfs des Unternehmen geschlossen und fällt somit in den Anwendungsbereich dieses Standards. Andere Verträge, auf die Paragraph 5 zutrifft, werden im Hinblick darauf geprüft, ob sie zwecks Empfang oder Lieferung nicht finanzieller Posten gemäß dem erwarteten Einkaufs-, Verkaufs- oder Nutzungsbedarf des Unternehmens geschlossen wurden und weiterhin zu diesem Zweck gehalten werden und somit in den Anwendungsbereich dieses Standards fallen.

7 Eine geschriebene Option auf den Kauf oder Verkauf eines nicht finanziellen Postens, der durch Ausgleich in bar oder anderen Finanzinstrumenten bzw. durch Tausch von Finanzinstrumenten gemäß Paragraph 6 (a) oder (d) erfüllt werden kann, fällt in den Anwendungsbereich dieses Standards. Solch ein Vertrag kann nicht zwecks Empfang oder Verkauf eines nicht finanziellen Postens gemäß dem erwarteten Einkaufs-, Verkaufs- oder Nutzungsbedarf des Unternehmens geschlossen werden.

DEFINITIONEN

8 Die in IAS 32 definierten Begriffe werden im vorliegenden Standard mit der in Paragraph 11 des IAS 32 angegebenen Bedeutung verwendet. IAS 32 definiert die folgenden Begriffe
– Finanzinstrument
– finanzieller Vermögenswert
– finanzielle Verbindlichkeit
– Eigenkapitalinstrument
und gibt Hinweise zur Anwendung dieser Definitionen.

9 **Die folgenden Begriffe werden im vorliegenden Standard in den angegebenen Bedeutungen verwendet:**

Definition eines Derivats

Ein *Derivat* ist ein Finanzinstrument oder ein anderer Vertrag, der in den Anwendungsbereich des vorliegenden Standards (siehe Paragraphen 2–7) fällt und alle drei nachstehenden Merkmale aufweist:

(a) seine Wertentwicklung ist an einen bestimmten Zinssatz, den Preis eines Finanzinstruments, einen Rohstoffpreis, Wechselkurs, Preis- oder Zinsindex, ein Bonitätsrating oder einen Kreditindex oder eine ähnliche Variable gekoppelt, sofern bei einer nicht finanziellen Variablen diese nicht spezifisch für eine der Vertragsparteien ist (auch „Basis" genannt);

(b) es erfordert keine Anfangsauszahlung oder eine, die im Vergleich zu anderen Vertragsformen, von denen zu erwarten ist, dass sie in ähnlicher Weise auf Änderungen der Marktbedingungen reagieren, geringer ist; und

(c) es wird zu einem späteren Zeitpunkt beglichen.

Definitionen von vier Kategorien von Finanzinstrumenten[1]

Ein *finanzieller Vermögenswert oder eine finanzielle Verbindlichkeit gilt als erfolgswirksam zum beizulegenden Zeitwert bewertet,* wenn er/sie eine der beiden folgenden Bedingungen erfüllt:

(a) Er/sie ist als zu Handelszwecken gehalten eingestuft. Dies ist dann der Fall, wenn der Vermögenswert/die Verbindlichkeit:

(i) hauptsächlich mit der Absicht erworben oder eingegangen wurde, kurzfristig verkauft oder zurückgekauft zu werden,

---

1 In dem im Oktober 2010 veröffentlichten IFRS 9 Finanzinstrumente und dem im November 2013 veröffentlichten IFRS 9 Finanzinstrumente (Bilanzierung von Sicherungsgeschäften und Änderungen an IFRS 9, IFRS 7 und IAS 39) wurden die „Definitionen von vier Kategorien von Finanzinstrumenten" in Paragraph 9 des IAS 39 gestrichen.

non-financial item in accordance with the entity's expected purchase, sale or usage requirements.

There are various ways in which a contract to buy or sell a non-financial item can be settled net in cash or another financial instrument or by exchanging financial instruments. These include: **6**

(a)   when the terms of the contract permit either party to settle it net in cash or another financial instrument or by exchanging financial instruments;

(b)   when the ability to settle net in cash or another financial instrument, or by exchanging financial instruments, is not explicit in the terms of the contract, but the entity has a practice of settling similar contracts net in cash or another financial instrument or by exchanging financial instruments (whether with the counterparty, by entering into offsetting contracts or by selling the contract before its exercise or lapse);

(c)   when, for similar contracts, the entity has a practice of taking delivery of the underlying and selling it within a short period after delivery for the purpose of generating a profit from short-term fluctuations in price or dealer's margin; and

(d)   when the non-financial item that is the subject of the contract is readily convertible to cash.

A contract to which (b) or (c) applies is not entered into for the purpose of the receipt or delivery of the non-financial item in accordance with the entity's expected purchase, sale or usage requirements and, accordingly, is within the scope of this standard. Other contracts to which paragraph 5 applies are evaluated to determine whether they were entered into and continue to be held for the purpose of the receipt or delivery of the non-financial item in accordance with the entity's expected purchase, sale or usage requirements and, accordingly, whether they are within the scope of this standard.

A written option to buy or sell a non-financial item that can be settled net in cash or another financial instrument, or by **7** exchanging financial instruments, in accordance with paragraph 6 (a) or (d) is within the scope of this standard. Such a contract cannot be entered into for the purpose of the receipt or delivery of the non-financial item in accordance with the entity's expected purchase, sale or usage requirements.

DEFINITIONS

The terms defined in IAS 32 are used in this standard with the meanings specified in paragraph 11 of IAS 32. IAS 32 **8** defines the following terms:

— financial instrument,

— financial asset,

— financial liability,

— equity instrument,

and provides guidance on applying those definitions.

The following terms are used in this standard with the meanings specified: **9**

Definition of a derivative

A *derivative* is a financial instrument or other contract within the scope of this standard (see paragraphs 2—7) with all three of the following characteristics:

(a)   its value changes in response to the change in a specified interest rate, financial instrument price, commodity price, foreign exchange rate, index of prices or rates, credit rating or credit index, or other variable, provided in the case of a non-financial variable that the variable is not specific to a party to the contract (sometimes called the 'underlying');

(b)   it requires no initial net investment or an initial net investment that is smaller than would be required for other types of contracts that would be expected to have a similar response to changes in market factors; and

(c)   it is settled at a future date.

Definitions of four categories of financial instruments[1]

A *financial asset or financial liability at fair value through profit or loss* is a financial asset or financial liability that meets any of the following conditions.

(a)   It is classified as held for trading. A financial asset or financial liability is classified as held for trading if:

(i)   it is acquired or incurred principally for the purpose of selling or repurchasing it in the near term;

---

1   IFRS 9 *Financial Instruments* (issued in October 2010) and IFRS 9 *Financial Instruments (Hedge Accounting and amendments to IFRS 9, IFRS 7 and IAS 39)* (issued in November 2013) deleted the "Definitions of four categories of financial instruments" in paragraph 9 of IAS 39.

(ii) beim erstmaligen Ansatz Teil eines Portfolios eindeutig identifizierter und gemeinsam verwalteter Finanzinstrumente ist, bei dem es in jüngerer Vergangenheit nachweislich kurzfristige Gewinnmitnahmen gab, oder

(iii) ein Derivat ist (mit Ausnahme solcher, die als finanzielle Garantie oder Sicherheitsinstrument designiert wurden und als solche effektiv sind);

(aa) Es handelt sich um eine bedingte Gegenleistung eines Erwerbers bei einem Unternehmenszusammenschluss, für den IFRS 3 *Unternehmenszusammenschlüsse* gilt;

(b) Beim erstmaligen Ansatz wird er/sie vom Unternehmen als erfolgswirksam zum beizulegenden Zeitwert bewertet eingestuft. Ein Unternehmen darf eine solche Einstufung nur vornehmen, wenn dies nach Paragraph 11A zulässig ist oder dadurch zweckdienlichere Informationen vermittelt werden, weil entweder

(i) Inkongruenzen bei der Bewertung oder beim Ansatz (zuweilen als „Rechnungslegungsanomalie" bezeichnet), die entstehen, wenn die Bewertung von Vermögenswerten oder Verbindlichkeiten oder die Erfassung von Gewinnen und Verlusten auf unterschiedlicher Grundlage erfolgt, beseitigt oder erheblich verringert werden; oder

(ii) eine Gruppe von finanziellen Vermögenswerten und/oder finanziellen Verbindlichkeiten gemäß einer dokumentierten Risikomanagement- oder Anlagestrategie gesteuert und ihre Wertentwicklung anhand des beizulegenden Zeitwertes beurteilt wird und die auf dieser Grundlage ermittelten Informationen zu dieser Gruppe intern an Personen in Schlüsselpositionen des Unternehmens (im Sinne von IAS 24 *Angaben zu Beziehungen über nahe stehende Parteien* in der 2003 überarbeiteten Fassung), wie das Geschäftsführungs- und/oder Aufsichtsorgan und den Vorstandsvorsitzenden, weitergereicht werden.

Nach den Paragraphen 9–11 und B4 des IFRS 7 muss das Unternehmen Angaben über finanzielle Vermögenswerte und Verbindlichkeiten machen, die es als „erfolgswirksam zum beizulegenden Zeitwert bewertet" eingestuft hat, und darüber hinaus darlegen, wie es diese Bedingungen erfüllt hat. Bei Instrumenten, die die unter (ii) genannten Kriterien erfüllen, schließt dies auch eine ausführliche Erläuterung ein, wie die Einstufung als „erfolgswirksam zum beizulegenden Zeitwert bewertet" mit der dokumentierten Risikomanagement- oder Anlagestrategie des Unternehmens in Einklang steht.

Finanzinvestitionen in Eigenkapitalinstrumente, für die kein auf einem aktiven Markt notierter Preis vorliegt und deren beizulegender Zeitwert nicht verlässlich ermittelt werden kann (siehe Paragraph 46 (c) sowie die Paragraphen A80 und A81 in Anhang A) sind von einer Einstufung als „erfolgswirksam zum beizulegenden Zeitwert bewertet" ausgeschlossen.

Es sei darauf hingewiesen, dass IFRS 13 *Bemessung des beizulegenden Zeitwerts* die Vorschriften für die Bemessung des beizulegenden Zeitwerts einen finanziellen Vermögenswerts oder einer finanziellen Verbindlichkeit festlegt, die (ob durch Einstufung oder auf andere Weise) zum beizulegenden Zeitwert bewertet wird, oder deren beizulegender Zeitwert angegeben wird.

Bis zur Endfälligkeit zu haltende Finanzinvestitionen sind nicht derivative finanzielle Vermögenswerte mit festen oder bestimmbaren Zahlungen und fester Laufzeit, die das Unternehmen bis zur Endfälligkeit halten will und kann (siehe Anhang A Paragraphen A16–A25). Davon ausgenommen sind:

(a) solche, die das Unternehmen beim erstmaligen Ansatz als erfolgswirksam zum beizulegenden Zeitwert zu bewerten bestimmt;

(b) solche, die das Unternehmen als zur Veräußerung verfügbar bestimmt; und

(c) solche, die der Definition von Krediten und Forderungen entsprechen.

Ein Unternehmen darf finanzielle Vermögenswerte nicht als bis zur Endfälligkeit zu halten einstufen, wenn es im laufenden oder in den vorangegangenen zwei Geschäftsjahren mehr als einen (in Relation zur Gesamtzahl) unwesentlichen Teil der bis zur Endfälligkeit zu haltenden Finanzinvestitionen vor Endfälligkeit verkauft oder umgegliedert hat; davon ausgenommen sind Verkäufe oder Umgliederungen, die

(i) so nahe am Endfälligkeits- oder Ausübungstermin des finanziellen Vermögenswertes liegen (z. B. weniger als drei Monate vor Ablauf), dass Veränderungen des Marktzinses keine wesentlichen Auswirkungen auf den beizulegenden Zeitwert des finanziellen Vermögenswertes hätten;

(ii) stattfinden, nachdem das Unternehmen durch planmäßige oder vorzeitige Zahlungen nahezu den gesamten ursprünglichen Kapitalbetrag des finanziellen Vermögenswertes eingezogen hat; oder

(iii) auf ein einmaliges Ereignis zurückzuführen sind, das sich der Kontrolle des Unternehmens entzieht, sich nicht wiederholen wird und von diesem praktisch nicht vorhergesehen werden konnte.

Kredite und Forderungen sind nicht derivative finanzielle Vermögenswerte mit festen oder bestimmbaren Zahlungen, die nicht in einem aktiven Markt notiert sind. Davon ausgenommen sind

(a) solche, die das Unternehmen sofort oder in naher Zukunft zu verkaufen beabsichtigt und die damit als zu Handelszwecken gehalten einzustufen sind, und solche, die das Unternehmen beim erstmaligen Ansatz als erfolgswirksam zum beizulegenden Zeitwert zu bewerten bestimmt;

(b) solche, die das Unternehmen beim erstmaligen Ansatz als zur Veräußerung verfügbar bestimmt; oder

(c) solche, bei denen der Inhaber seine ursprüngliche Investition aus anderen Gründen als einer Bonitätsverschlechterung nicht mehr nahezu vollständig wiedererlangen könnte und die damit als zur Veräußerung verfügbar einzustufen sind.

Ein erworbener Anteil an einem Pool von Vermögenswerten, die weder Kredite noch Forderungen sind (wie einem offenen Investment- oder ähnlichen Fonds), zählt nicht als Kredit oder Forderung.

Zur Veräußerung verfügbare finanzielle Vermögenswerte sind nicht derivative finanzielle Vermögenswerte, die als zur Veräußerung verfügbar bestimmt wurden oder weder als (a) Kredite und Forderungen, (b) bis zur Endfälligkeit zu haltende Investitionen oder (c) finanzielle Vermögenswerte, die erfolgswirksam zum beizulegenden Zeitwert bewertet werden, eingestuft sind.

(ii) on initial recognition it is part of a portfolio of identified financial instruments that are managed together and for which there is evidence of a recent actual pattern of short-term profit-taking; or

(iii) it is a derivative (except for a derivative that is a financial guarantee contract or a designated and effective hedging instrument).

(aa) It is contingent consideration of an acquirer in a business combination to which IFRS 3 *Business Combinations* **applies.**

(b) Upon initial recognition it is designated by the entity as at fair value through profit or loss. An entity may use this designation only when permitted by paragraph 11A, or when doing so results in more relevant information, because either:

(i) it eliminates or significantly reduces a measurement or recognition inconsistency (sometimes referred to as 'an accounting mismatch') that would otherwise arise from measuring assets or liabilities or recognising the gains and losses on them on different bases; or

(ii) a group of financial assets, financial liabilities or both is managed and its performance is evaluated on a fair value basis, in accordance with a documented risk management or investment strategy, and information about the group is provided internally on that basis to the entity's key management personnel (as defined in IAS 24 *Related party disclosures* (as revised in 2003)), for example the entity's board of directors and chief executive officer.

In IFRS 7, paragraphs 9—11 and B4 require the entity to provide disclosures about financial assets and financial liabilities it has designated as at fair value through profit or loss, including how it has satisfied these conditions. For instruments qualifying in accordance with (ii) above, that disclosure includes a narrative description of how designation as at fair value through profit or loss is consistent with the entity's documented risk management or investment strategy.

Investments in equity instruments that do not have a quoted market price in an active market, and whose fair value cannot be reliably measured (see paragraph 46 (c) and Appendix A paragraphs AG80 and AG81), shall not be designated as at fair value through profit or loss.

It should be noted that IFRS 13 *Fair Value Measurement* sets out the requirements for measuring the fair value of a financial asset or financial liability, whether by designation or otherwise, or whose fair value is disclosed.

Held-to-maturity investments are non-derivative financial assets with fixed or determinable payments and fixed maturity that an entity has the positive intention and ability to hold to maturity (see Appendix A paragraphs AG16—AG25) other than:

(a) those that the entity upon initial recognition designates as at fair value through profit or loss;

(b) those that the entity designates as available for sale; and

(c) those that meet the definition of loans and receivables.

An entity shall not classify any financial assets as held to maturity if the entity has, during the current financial year or during the two preceding financial years, sold or reclassified more than an insignificant amount of held-to-maturity investments before maturity (more than insignificant in relation to the total amount of held-to-maturity investments) other than sales or reclassifications that:

(i) are so close to maturity or the financial asset's call date (for example, less than three months before maturity) that changes in the market rate of interest would not have a significant effect on the financial asset's fair value;

(ii) occur after the entity has collected substantially all of the financial asset's original principal through scheduled payments or prepayments; or

(iii) are attributable to an isolated event that is beyond the entity's control, is non-recurring and could not have been reasonably anticipated by the entity.

Loans and receivables are non-derivative financial assets with fixed or determinable payments that are not quoted in an active market, other than:

(a) those that the entity intends to sell immediately or in the near term, which shall be classified as held for trading, and those that the entity upon initial recognition designates as at fair value through profit or loss;

(b) those that the entity upon initial recognition designates as available for sale; or

(c) those for which the holder may not recover substantially all of its initial investment, other than because of credit deterioration, which shall be classified as available for sale.

An interest acquired in a pool of assets that are not loans or receivables (for example, an interest in a mutual fund or a similar fund) is not a loan or receivable.

Available-for-sale financial assets are those non-derivative financial assets that are designated as available for sale or are not classified as (a) loans and receivables, (b) held-to-maturity investments or (c) financial assets at fair value through profit or loss.

Definition einer finanziellen Garantie

Eine *finanzielle Garantie* ist ein Vertrag, bei dem der Garantiegeber zur Leistung bestimmter Zahlungen verpflichtet ist, die den Garantienehmer für einen Verlust entschädigen, der entsteht, weil ein bestimmter Schuldner seinen Zahlungsverpflichtungen nicht fristgemäß und den ursprünglichen oder veränderten Bedingungen eines Schuldinstruments entsprechend nachkommt.

Definitionen in Bezug auf Ansatz und Bewertung

Als *fortgeführte Anschaffungskosten eines finanziellen Vermögenswertes oder einer finanziellen Verbindlichkeit* wird der Betrag bezeichnet, mit dem ein finanzieller Vermögenswert oder eine finanzielle Verbindlichkeit beim erstmaligen Ansatz bewertet wurde, abzüglich Tilgungen, zuzüglich oder abzüglich der kumulierten Amortisation einer etwaigen Differenz zwischen dem ursprünglichen Betrag und dem bei Endfälligkeit rückzahlbaren Betrag unter Anwendung der Effektivzinsmethode sowie abzüglich einer etwaigen Minderung (entweder direkt oder mithilfe eines Wertberichtigungskontos) für Wertminderungen oder Uneinbringlichkeit.

Die *Effektivzinsmethode* ist eine Methode zur Berechnung der fortgeführten Anschaffungskosten eines finanziellen Vermögenswertes oder einer finanziellen Verbindlichkeit (oder einer Gruppe von finanziellen Vermögenswerten oder Verbindlichkeiten) und der Allokation von Zinserträgen und Zinsaufwendungen auf die jeweiligen Perioden. Der *Effektivzinssatz* ist der Zinssatz, mit dem die geschätzten künftigen Ein- und Auszahlungen über die erwartete Laufzeit des Finanzinstruments oder gegebenenfalls eine kürzere Periode exakt auf den Nettobuchwert des finanziellen Vermögenswertes oder der finanziellen Verbindlichkeit abgezinst werden. Bei der Ermittlung des Effektivzinssatzes hat ein Unternehmen zur Schätzung der Cashflows alle vertraglichen Bedingungen des Finanzinstruments (wie Vorauszahlungen, Kauf- und andere Optionen) zu berücksichtigen, künftige Kreditausfälle aber außer Acht zu lassen. In diese Berechnung fließen alle unter den Vertragspartnern gezahlten oder erhaltenen Gebühren und sonstige Entgelte ein, die integraler Bestandteil des Effektivzinssatzes (siehe IAS 18 *Erträge),* der Transaktionskosten und aller anderen Agien und Disagien sind. Es wird davon ausgegangen, dass Cashflows und erwartete Laufzeit einer Gruppe ähnlicher Finanzinstrumente verlässlich geschätzt werden können. In den seltenen Fällen, in denen es nicht möglich ist, Cashflows oder erwartete Laufzeit eines Finanzinstruments (oder einer Gruppe von Finanzinstrumenten) verlässlich zu bestimmen, hat das Unternehmen über die gesamte vertragliche Laufzeit des Finanzinstruments (oder der Gruppe von Finanzinstrumenten) die vertraglichen Cashflows zugrunde zu legen.

Unter *Ausbuchung* versteht man die Entfernung eines finanziellen Vermögenswertes oder einer finanziellen Verbindlichkeit aus der Bilanz eines Unternehmens.

Der *beizulegende Zeitwert* ist der Preis, der in einem geordneten Geschäftsvorfall zwischen Marktteilnehmern am Bemessungsstichtag für den Verkauf eines Vermögenswerts eingenommen bzw. für die Übertragung einer Schuld gezahlt würde. (Siehe IFRS 13.)

Unter einem *marktüblichen Kauf oder Verkauf* versteht man einen Kauf oder Verkauf eines finanziellen Vermögenswertes im Rahmen eines Vertrags, der die Lieferung des Vermögenswertes innerhalb eines Zeitraums vorsieht, der üblicherweise durch Vorschriften oder Konventionen des jeweiligen Marktes festgelegt wird.

Transaktionskosten sind zusätzliche Kosten, die dem Erwerb, der Emission oder der Veräußerung eines finanziellen Vermögenswertes oder einer finanziellen Verbindlichkeit unmittelbar zuzurechnen sind (siehe Anhang A Paragraph A13). Zusätzliche Kosten sind solche, die nicht entstanden wären, wenn das Unternehmen das Finanzinstrument nicht erworben, emittiert oder veräußert hätte.

Definitionen zur Bilanzierung von Sicherungsgeschäften

Eine *feste Verpflichtung* ist eine rechtlich bindende Vereinbarung zum Austausch einer bestimmten Menge an Ressourcen zu einem festgesetzten Preis und einem festgesetzten Zeitpunkt oder Zeitpunkten.

Eine *erwartete Transaktion* ist eine noch nicht fest zugesagte, aber voraussichtlich eintretende künftige Transaktion.

Ein *Sicherungsinstrument* ist ein designierter derivativer oder (im Falle einer Absicherung von Währungsrisiken) nicht derivativer finanzieller Vermögenswert bzw. eine nicht derivative finanzielle Verbindlichkeit, von deren beizulegendem Zeitwert oder Cashflows erwartet wird, dass sie Änderungen des beizulegenden Zeitwertes oder der Cashflows eines designierten Grundgeschäfts kompensieren (in den Paragraphen 72–77 und Anhang A Paragraphen A94–A97 wird die Definition eines Sicherungsinstruments weiter ausgeführt).

Ein gesichertes *Grundgeschäft* ist ein Vermögenswert, eine Verbindlichkeit, eine feste Verpflichtung, eine erwartete und mit hoher Wahrscheinlichkeit eintretende künftige Transaktion oder eine Nettoinvestition in einen ausländischen Geschäftsbetrieb, die/der (a) das Unternehmen dem Risiko einer Änderung des beizulegenden Zeitwertes oder der künftigen Cashflows aussetzt und (b) als gesichert designiert wird (in den Paragraphen 78–84 und Anhang A Paragraphen A98–A101 wird die Definition des gesicherten Grundgeschäfts weiter ausgeführt).

Unter *Wirksamkeit eines Sicherungsgeschäfts* versteht man das Ausmaß, in dem Veränderungen beim beizulegenden Zeitwert oder den Cashflows des Grundgeschäfts, die einem gesicherten Risiko zugerechnet werden können, durch Veränderungen beim beizulegenden Zeitwert oder den Cashflows des Sicherungsinstruments ausgeglichen werden (siehe Anhang A Paragraphen A105–A113).

Definition of a financial guarantee contract

A *financial guarantee contract* is a contract that requires the issuer to make specified payments to reimburse the holder for a loss it incurs because a specified debtor fails to make payment when due in accordance with the original or modified terms of a debt instrument.

Definitions relating to recognition and measurement

The *amortised cost of a financial asset or financial liability* is the amount at which the financial asset or financial liability is measured at initial recognition minus principal repayments, plus or minus the cumulative amortisation using the effective interest method of any difference between that initial amount and the maturity amount, and minus any reduction (directly or through the use of an allowance account) for impairment or uncollectability.

The *effective interest method* is a method of calculating the amortised cost of a financial asset or a financial liability (or group of financial assets or financial liabilities) and of allocating the interest income or interest expense over the relevant period. The *effective interest rate* is the rate that exactly discounts estimated future cash payments or receipts through the expected life of the financial instrument or, when appropriate, a shorter period to the net carrying amount of the financial asset or financial liability. When calculating the effective interest rate, an entity shall estimate cash flows considering all contractual terms of the financial instrument (for example, prepayment, call and similar options) but shall not consider future credit losses. The calculation includes all fees and points paid or received between parties to the contract that are an integral part of the effective interest rate (see IAS 18 *Revenue),* transaction costs, and all other premiums or discounts. There is a presumption that the cash flows and the expected life of a group of similar financial instruments can be estimated reliably. However, in those rare cases when it is not possible to estimate reliably the cash flows or the expected life of a financial instrument (or group of financial instruments), the entity shall use the contractual cash flows over the full contractual term of the financial instrument (or group of financial instruments).

Derecognition is the removal of a previously recognised financial asset or financial liability from an entity's statement of financial position.

Fair value is the price that would be received to sell an asset or paid to transfer a liability in an orderly transaction between market participants at the measurement date. (See IFRS 13.)

A *regular way purchase or sale* is a purchase or sale of a financial asset under a contract whose terms require delivery of the asset within the time frame established generally by regulation or convention in the marketplace concerned.

Transaction costs are incremental costs that are directly attributable to the acquisition, issue or disposal of a financial asset or financial liability (see Appendix A paragraph AG13). An incremental cost is one that would not have been incurred if the entity had not acquired, issued or disposed of the financial instrument.

Definitions relating to hedge accounting

A *firm commitment* is a binding agreement for the exchange of a specified quantity of resources at a specified price on a specified future date or dates.

A *forecast transaction* is an uncommitted but anticipated future transaction.

A *hedging instrument* is a designated derivative or (for a hedge of the risk of changes in foreign currency exchange rates only) a designated non-derivative financial asset or non-derivative financial liability whose fair value or cash flows are expected to offset changes in the fair value or cash flows of a designated hedged item (paragraphs 72—77 and Appendix A paragraphs AG94—AG97 elaborate on the definition of a hedging instrument).

A *hedged item* is an asset, liability, firm commitment, highly probable forecast transaction or net investment in a foreign operation that (a) exposes the entity to risk of changes in fair value or future cash flows and (b) is designated as being hedged (paragraphs 78—84 and Appendix A paragraphs AG98—AG101 elaborate on the definition of hedged items).

Hedge effectiveness is the degree to which changes in the fair value or cash flows of the hedged item that are attributable to a hedged risk are offset by changes in the fair value or cash flows of the hedging instrument (see Appendix A paragraphs AG105—AG113).

EINGEBETTETE DERIVATE

10 Ein eingebettetes Derivat ist Bestandteil eines hybriden (zusammengesetzten) Finanzinstruments, das auch einen nicht derivativen Basisvertrag enthält, mit dem Ergebnis, dass ein Teil der Cashflows des zusammengesetzten Finanzinstruments ähnlichen Schwankungen unterliegt wie ein freistehendes Derivat. Ein eingebettetes Derivat verändert einen Teil oder alle Cashflows aus einem Kontrakt in Abhängigkeit von einem bestimmten Zinssatz, Preis eines Finanzinstruments, Rohstoffpreis, Wechselkurs, Preis- oder Kursindex, Bonitätsrating oder -index oder einer anderen Variablen, sofern bei einer nicht finanziellen Variablen diese nicht spezifisch für eine der Vertragsparteien ist. Ein Derivat, das mit einem Finanzinstrument verbunden, aber unabhängig von diesem vertraglich übertragbar ist oder mit einer anderen Vertragspartei geschlossen wurde, ist kein eingebettetes derivatives Finanzinstrument, sondern ein eigenständiges Finanzinstrument.

11 Ein eingebettetes Derivat ist vom Basisvertrag zu trennen und nur dann nach Maßgabe des vorliegenden Standards als Derivat zu bilanzieren, wenn:

(a) seine wirtschaftlichen Merkmale und Risiken nicht eng mit den wirtschaftlichen Merkmalen und Risiken des Basisvertrags verbunden sind (siehe Anhang A Paragraphen A30 und A33);

(b) ein eigenständiges Instrument mit gleichen Vertragsbedingungen der Definition eines Derivats entspräche; und

(c) das hybride (zusammengesetzte) Finanzinstrument nicht ergebniswirksam zum beizulegenden Zeitwert bewertet wird (d. h. ein Derivat, das in einem ergebniswirksam zum beizulegenden Zeitwert bewerteten finanziellen Vermögenswert oder einer finanziellen Verbindlichkeit eingebettet ist, ist nicht zu trennen).

Wird ein eingebettetes Derivat getrennt, so ist der Basisvertrag, wenn es sich dabei um ein Finanzinstrument handelt, nach vorliegendem Standard und wenn es sich nicht um ein Finanzinstrument handelt, nach anderen einschlägigen Standards zu bilanzieren. Nicht geregelt wird in diesem Standard, ob ein eingebettetes Derivat in der Bilanz gesondert auszuweisen ist.

11A Wenn ein Vertrag ein oder mehrere eingebettete Derivate enthält, kann ein Unternehmen ungeachtet Paragraph 11 den gesamten hybriden (zusammengesetzten) Vertrag als erfolgswirksam zum beizulegenden Zeitwert bewerteten finanziellen Vermögenswert bzw. finanzielle Verbindlichkeit einstufen. Davon ausgenommen sind Fälle, in denen

(a) das/die eingebettete(n) Derivat(e) die vertraglich vorgeschriebenen Cashflows nur unerheblich verändert/verändern; oder

(b) bei erstmaliger Beurteilung eines vergleichbaren hybriden (zusammengesetzten) Instruments ohne oder mit nur geringem Analyseaufwand ersichtlich ist, dass eine Abtrennung des bzw. der eingebetteten Derivats/Derivate unzulässig ist, wie beispielsweise bei einer in einen Kredit eingebetteten Vorfälligkeitsoption, die den Kreditnehmer zu einer vorzeitigen Rückzahlung des Kredits etwa in Höhe der fortgeführten Anschaffungskosten berechtigt.

12 Wenn ein Unternehmen nach diesem Standard verpflichtet ist, ein eingebettetes Derivat getrennt von dessen Basisvertrag zu erfassen, eine gesonderte Bewertung des eingebetteten Derivats aber weder bei Erwerb noch an einem der folgenden Abschlussstichtage möglich ist, hat es den gesamten hybriden (zusammengesetzten) Vertrag als erfolgswirksam zum beizulegenden Zeitwert bewertet einzustufen. Auch wenn ein Unternehmen nicht in der Lage ist, das eingebettete Derivat, das bei Umgliederung eines hybriden (zusammengesetzten) Vertrags aus der Kategorie ergebniswirksam zum beizulegenden Zeitwert bewertet vom Basisvertrag zu trennen wäre, gesondert zu bewerten, darf es eine solche Umgliederung nicht vornehmen. In einem solchen Fall bleibt der hybride (zusammengesetzte) Vertrag zur Gänze als erfolgswirksam zum beizulegenden Zeitwert bewertet eingestuft.

13 Wenn es einem Unternehmen nicht möglich ist, anhand der Bedingungen eines eingebetteten Derivats dessen beizulegenden Zeitwert verlässlich zu bemessen (z. B. weil das eingebettete Derivat auf einem Eigenkapitalinstrument basiert, bei dem in einem aktiven Markt für ein identisches Instrument keine Preisnotierung, d. h. ein Inputfaktor auf Stufe 1, besteht), dann entspricht der beizulegende Zeitwert des eingebetteten Derivats der Differenz zwischen dem beizulegenden Zeitwert des hybriden (zusammengesetzten) Finanzinstruments und dem beizulegenden Zeitwert des Basisvertrags. Wenn das Unternehmen den beizulegenden Zeitwert des eingebetteten Derivats nach dieser Methode nicht bestimmen kann, findet Paragraph 12 Anwendung und das hybride (zusammengesetzte) Finanzinstrument wird als erfolgswirksam zum beizulegenden Zeitwert bewertet eingestuft.

ANSATZ UND AUSBUCHUNG

Erstmaliger Ansatz

14 Ein Unternehmen hat einen finanziellen Vermögenswert oder eine finanzielle Verbindlichkeit nur dann in seiner Bilanz anzusetzen, wenn es Vertragspartei des Finanzinstruments wird. (Zum marktüblichen Erwerb eines finanziellen Vermögenswertes siehe Paragraph 38.)

EMBEDDED DERIVATIVES

An embedded derivative is a component of a hybrid (combined) instrument that also includes a non-derivative host con- **10** tract — with the effect that some of the cash flows of the combined instrument vary in a way similar to a standalone derivative. An embedded derivative causes some or all of the cash flows that otherwise would be required by the contract to be modified according to a specified interest rate, financial instrument price, commodity price, foreign exchange rate, index of prices or rates, credit rating or credit index, or other variable, provided in the case of a non-financial variable that the variable is not specific to a party to the contract. A derivative that is attached to a financial instrument but is contractually transferable independently of that instrument, or has a different counterparty from that instrument, is not an embedded derivative, but a separate financial instrument.

An embedded derivative shall be separated from the host contract and accounted for as a derivative under this standard **11** if, and only if:
(a)   the economic characteristics and risks of the embedded derivative are not closely related to the economic character-istics and risks of the host contract (see Appendix A paragraphs AG30 and AG33);
(b)   a separate instrument with the same terms as the embedded derivative would meet the definition of a derivative; and
(c)   the hybrid (combined) instrument is not measured at fair value with changes in fair value recognised in profit or loss (i.e. a derivative that is embedded in a financial asset or financial liability at fair value through profit or loss is not separated).
If an embedded derivative is separated, the host contract shall be accounted for under this standard if it is a financial instrument, and in accordance with other appropriate standards if it is not a financial instrument. This standard does not address whether an embedded derivative shall be presented separately in the statement of financial position.

Notwithstanding paragraph 11, if a contract contains one or more embedded derivatives, an entity may designate the **11A** entire hybrid (combined) contract as a financial asset or financial liability at fair value through profit or loss unless:
(a)   the embedded derivative(s) does not significantly modify the cash flows that otherwise would be required by the contract; or
(b)   it is clear with little or no analysis when a similar hybrid (combined) instrument is first considered that separation of the embedded derivative(s) is prohibited, such as a prepayment option embedded in a loan that permits the holder to prepay the loan for approximately its amortised cost.

If an entity is required by this Standard to separate an embedded derivative from its host contract, but is unable to mea- **12** sure the embedded derivative separately either at acquisition or at the end of a subsequent financial reporting period, it shall designate the entire hybrid (combined) contract as at fair value through profit or loss. Similarly, if an entity is unable to measure separately the embedded derivative that would have to be separated on reclassification of a hybrid (combined) contract out of the fair value through profit or loss category, that reclassification is prohibited. In such circumstances the hybrid (combined) contract remains classified as at fair value through profit or loss in its entirety.

If an entity is unable to measure reliably the fair value of an embedded derivative on the basis of its terms and conditions **13** (for example, because the embedded derivative is based on an equity instrument that does not have a quoted price in an active market for an identical instrument, ie a Level 1 input), the fair value of the embedded derivative is the difference between the fair value of the hybrid (combined) instrument and the fair value of the host contract. If the entity is unable to measure the fair value of the embedded derivative using this method, paragraph 12 applies and the hybrid (combined) instrument is designated as at fair value through profit or loss.

RECOGNITION AND DERECOGNITION

Initial recognition

An entity shall recognise a financial asset or a financial liability in its statement of financial position when, and only **14** when, the entity becomes a party to the contractual provisions of the instrument. (See paragraph 38 with respect to regu-lar way purchases of financial assets.)

Ausbuchung eines finanziellen Vermögenswertes

15 Bei Konzernabschlüssen werden die Paragraphen 16–23 und die Paragraphen AG34–AG52 des Anhangs A auf Konzernebene angewandt. Ein Unternehmen konsolidiert folglich zuerst alle Tochterunternehmen gemäß IFRS 10 und wendet auf die daraus resultierende Unternehmensgruppe dann die Paragraphen 16–23 und die Paragraphen AG34–AG52 des Anhangs A an.

16 Vor Beurteilung der Frage, ob und in welcher Höhe gemäß den Paragraphen 17–23 eine Ausbuchung zulässig ist, bestimmt ein Unternehmen, ob diese Paragraphen auf einen Teil des finanziellen Vermögenswertes (oder einen Teil einer Gruppe ähnlicher finanzieller Vermögenswerte) oder auf einen finanziellen Vermögenswert (oder eine Gruppe ähnlicher finanzieller Vermögenswerte) in seiner Gesamtheit anzuwenden ist, und verfährt dabei wie folgt.

(a) Die Paragraphen 17–23 sind nur dann auf einen Teil eines finanziellen Vermögenswertes (oder einen Teil einer Gruppe ähnlicher finanzieller Vermögenswerte) anzuwenden, wenn der Teil, der für eine Ausbuchung in Erwägung gezogen wird, eine der drei folgenden Voraussetzungen erfüllt.

   (i) Der Teil enthält nur speziell abgegrenzte Cashflows eines finanziellen Vermögenswertes (oder einer Gruppe ähnlicher finanzieller Vermögenswerte). Geht ein Unternehmen beispielsweise einen Zinsstrip ein, bei dem die Vertragspartei ein Anrecht auf die Zinszahlungen, nicht aber auf die Tilgungen aus dem Schuldinstrument erhält, sind auf die Zinszahlungen die Paragraphen 17–23 anzuwenden.

   (ii) Der Teil umfasst lediglich einen exakt proportionalen (pro rata) Teil an den Cashflows eines finanziellen Vermögenswertes (oder einer Gruppe ähnlicher finanzieller Vermögenswerte). Geht ein Unternehmen beispielsweise eine Vereinbarung ein, bei der die Vertragspartei ein Anrecht auf 90 Prozent aller Cashflows eines Schuldinstruments erhält, sind auf 90 Prozent dieser Cashflows die Paragraphen 17–23 anzuwenden. Bei mehr als einer Vertragspartei wird von den einzelnen Parteien nicht verlangt, dass sie einen entsprechenden Anteil an den Cashflows haben, sofern das übertragende Unternehmen einen exakt proportionalen Teil hat.

   (iii) Der Teil umfasst lediglich einen exakt proportionalen (pro rata) Teil an speziell abgegrenzten Cashflows eines finanziellen Vermögenswertes (oder einer Gruppe ähnlicher finanzieller Vermögenswerte). Geht ein Unternehmen beispielsweise eine Vereinbarung ein, bei der die Vertragspartei ein Anrecht auf 90 Prozent der Zinszahlungen eines Schuldinstruments erhält, sind auf 90 Prozent dieser Zinszahlungen die Paragraphen 17–23 anzuwenden. Bei mehr als einer Vertragspartei wird von den einzelnen Parteien nicht verlangt, dass sie einen proportionalen Teil an den speziell abgegrenzten Cashflows haben, sofern das übertragende Unternehmen einen exakt proportionalen Teil hat.

(b) In allen anderen Fällen sind die Paragraphen 17–23 auf den finanziellen Vermögenswert (oder auf die Gruppe ähnlicher finanzieller Vermögenswerte) insgesamt anzuwenden. Wenn ein Unternehmen beispielsweise (i) sein Anrecht auf die ersten oder letzten 90 Prozent der Zahlungseingänge aus einem finanziellen Vermögenswert (oder einer Gruppe finanzieller Vermögenswerte), oder (ii) sein Anrecht auf 90 Prozent der Cashflows aus einer Gruppe von Forderungen überträgt, gleichzeitig aber eine Garantie abgibt, dem Käufer sämtliche Zahlungsausfälle bis in Höhe von 8 Prozent des Kapitalbetrags der Forderungen zu erstatten, sind die Paragraphen 17–23 auf den finanziellen Vermögenswert (oder die Gruppe ähnlicher finanzieller Vermögenswerte) insgesamt anzuwenden.

In den Paragraphen 17–26 bezieht sich der Begriff „finanzieller Vermögenswert" entweder auf einen Teil eines finanziellen Vermögenswertes (oder einen Teil einer Gruppe ähnlicher finanzieller Vermögenswerte) wie unter (a) beschrieben oder einen finanziellen Vermögenswert (oder eine Gruppe ähnlicher finanzieller Vermögenswerte) insgesamt.

17 Ein Unternehmen darf einen finanziellen Vermögenswert nur dann ausbuchen, wenn:

(a) sein vertragliches Anrecht auf Cashflows aus einem finanziellen Vermögenswert ausläuft; oder

(b) es den finanziellen Vermögenswert den Paragraphen 18 und 19 entsprechend überträgt und die Übertragung für eine Ausbuchung gemäß Paragraph 20 in Frage kommt.

(Zum marktüblichen Verkauf finanzieller Vermögenswerte siehe Paragraph 38.)

18 Ein Unternehmen überträgt nur dann einen finanziellen Vermögenswert, wenn es entweder:

(a) sein vertragliches Anrecht auf den Bezug von Cashflows aus dem finanziellen Vermögenswert überträgt; oder

(b) sein vertragliches Anrecht auf den Bezug von Cashflows aus finanziellen Vermögenswerten zwar behält, sich im Rahmen einer Vereinbarung, die die Bedingungen in Paragraph 19 erfüllt, aber vertraglich zur Zahlung der Cashflows an einen oder mehrere Empfänger verpflichtet.

19 Behält ein Unternehmen sein vertragliches Anrecht auf den Bezug von Cashflows aus einem finanziellen Vermögenswert (dem „ursprünglichen Vermögenswert"), verpflichtet sich aber vertraglich zur Zahlung dieser Cashflows an ein oder mehrere Unternehmen (die „Endempfänger"), so behandelt es die Transaktion nur dann als eine Übertragung eines finanziellen Vermögenswertes, wenn folgende drei Bedingungen erfüllt sind.

(a) Das Unternehmen ist nur dann zu Zahlungen an die Endempfänger verpflichtet, wenn es die entsprechenden Beträge aus dem ursprünglichen Vermögenswert vereinnahmt. Kurzfristige Vorauszahlungen, die das Unternehmen zum vollständigen Einzug des geliehenen Betrags zuzüglich aufgelaufener Zinsen zum Marktzinssatz berechtigen, verstoßen gegen diese Bedingung nicht.

(b) Das Unternehmen darf den ursprünglichen Vermögenswert laut Übertragungsvertrag weder verkaufen noch verpfänden, es sei denn, dies dient der Absicherung seiner Verpflichtung, den Endempfängern die Cashflows zu zahlen.

Derecognition of a financial asset

In consolidated financial statements, paragraphs 16—23 and Appendix A paragraphs AG34—AG52 are applied at a con-   **15**
solidated level. Hence, an entity first consolidates all subsidiaries in accordance with IFRS 10 and then applies paragraphs
16—23 and Appendix A paragraphs AG34—AG52 to the resulting group.

Before evaluating whether, and to what extent, derecognition is appropriate under paragraphs 17—23, an entity deter-   **16**
mines whether those paragraphs should be applied to a part of a financial asset (or a part of a group of similar financial
assets) or a financial asset (or a group of similar financial assets) in its entirety, as follows.
(a)   Paragraphs 17—23 are applied to a part of a financial asset (or a part of a group of similar financial assets) if, and
only if, the part being considered for derecognition meets one of the following three conditions.
  (i)   The part comprises only specifically identified cash flows from a financial asset (or a group of similar financial
assets). For example, when an entity enters into an interest rate strip whereby the counterparty obtains the
right to the interest cash flows, but not the principal cash flows from a debt instrument, paragraphs 17—23 are
applied to the interest cash flows.
  (ii) The part comprises only a fully proportionate (pro rata) share of the cash flows from a financial asset (or a
group of similar financial assets). For example, when an entity enters into an arrangement whereby the counterparty obtains the rights to a 90 per cent share of all cash flows of a debt instrument, paragraphs 17—23 are
applied to 90 per cent of those cash flows. If there is more than one counterparty, each counterparty is not
required to have a proportionate share of the cash flows provided that the transferring entity has a fully proportionate share.
  (iii) The part comprises only a fully proportionate (pro rata) share of specifically identified cash flows from a financial asset (or a group of similar financial assets). For example, when an entity enters into an arrangement
whereby the counterparty obtains the rights to a 90 per cent share of interest cash flows from a financial asset,
paragraphs 17—23 are applied to 90 per cent of those interest cash flows. If there is more than one counterparty, each counterparty is not required to have a proportionate share of the specifically identified cash flows
provided that the transferring entity has a fully proportionate share.
(b)   In all other cases, paragraphs 17—23 are applied to the financial asset in its entirety (or to the group of similar
financial assets in their entirety). For example, when an entity transfers (i) the rights to the first or the last 90 per
cent of cash collections from a financial asset (or a group of financial assets), or (ii) the rights to 90 per cent of the
cash flows from a group of receivables, but provides a guarantee to compensate the buyer for any credit losses up to
8 per cent of the principal amount of the receivables, paragraphs 17—23 are applied to the financial asset (or a group
of similar financial assets) in its entirety.
In paragraphs 17—26, the term 'financial asset' refers to either a part of a financial asset (or a part of a group of similar
financial assets) as identified in (a) above or, otherwise, a financial asset (or a group of similar financial assets) in its
entirety.

An entity shall derecognise a financial asset when, and only when: **17**
(a)   the contractual rights to the cash flows from the financial asset expire; or
(b)   it transfers the financial asset as set out in paragraphs 18 and 19 and the transfer qualifies for derecognition in accordance with paragraph 20.
(See paragraph 38 for regular way sales of financial assets.)

An entity transfers a financial asset if, and only if, it either: **18**
(a)   transfers the contractual rights to receive the cash flows of the financial asset; or
(b)   retains the contractual rights to receive the cash flows of the financial asset, but assumes a contractual obligation to
pay the cash flows to one or more recipients in an arrangement that meets the conditions in paragraph 19.

When an entity retains the contractual rights to receive the cash flows of a financial asset (the 'original asset'), but assumes   **19**
a contractual obligation to pay those cash flows to one or more entities (the 'eventual recipients'), the entity treats the
transaction as a transfer of a financial asset if, and only if, all of the following three conditions are met.
(a)   The entity has no obligation to pay amounts to the eventual recipients unless it collects equivalent amounts from the
original asset. Short-term advances by the entity with the right of full recovery of the amount lent plus accrued interest at market rates do not violate this condition.
(b)   The entity is prohibited by the terms of the transfer contract from selling or pledging the original asset other than as
security to the eventual recipients for the obligation to pay them cash flows.

(c) Das Unternehmen ist verpflichtet, die für die Endempfänger eingenommenen Cashflows ohne wesentliche Verzögerung weiterzuleiten. Auch ist es nicht befugt, solche Cashflows während der kurzen Erfüllungsperiode vom Inkassotag bis zum geforderten Überweisungstermin an die Endempfänger zu reinvestieren, außer in Zahlungsmittel oder Zahlungsmitteläquivalente (im Sinne von IAS 7 *Kapitalflussrechnungen),* wobei die Zinsen aus solchen Finanzinvestitionen an die Endempfänger weiterzugeben sind.

20 Überträgt ein Unternehmen einen finanziellen Vermögenswert (siehe Paragraph 18), so hat es zu bewerten, in welchem Umfang die mit dem Eigentum dieses Vermögenswertes verbundenen Risiken und Chancen bei ihm verbleiben. In diesem Fall gilt Folgendes:

(a) Wenn das Unternehmen so gut wie alle mit dem Eigentum des finanziellen Vermögenswertes verbundenen Risiken und Chancen überträgt, hat es den finanziellen Vermögenswert auszubuchen und alle bei dieser Übertragung entstandenen oder behaltenen Rechte und Verpflichtungen gesondert als Vermögenswerte oder Verbindlichkeiten anzusetzen.

(b) Wenn das Unternehmen so gut wie alle mit dem Eigentum des finanziellen Vermögenswertes verbundenen Risiken und Chancen behält, hat es den finanziellen Vermögenswert weiterhin zu erfassen.

(c) Wenn das Unternehmen so gut wie alle mit dem Eigentum des finanziellen Vermögenswertes verbundenen Risiken und Chancen weder überträgt noch behält, hat es zu bestimmen, ob es die Verfügungsgewalt über den finanziellen Vermögenswert behalten hat. In diesem Fall gilt Folgendes:

(i) Wenn das Unternehmen die Verfügungsgewalt nicht behalten hat, ist der finanzielle Vermögenswert auszubuchen und sind alle bei dieser Übertragung entstandenen oder behaltenen Rechte und Verpflichtungen gesondert als Vermögenswerte oder Verbindlichkeiten anzusetzen.

(ii) Wenn das Unternehmen die Verfügungsgewalt behalten hat, ist der finanzielle Vermögenswert nach Maßgabe des anhaltenden Engagements des Unternehmens weiter zu erfassen (siehe Paragraph 30).

21 In welchem Umfang Risiken und Chancen übertragen werden (siehe Paragraph 20), wird festgestellt, indem die Risikopositionen des Unternehmens vor und nach der Übertragung mit Veränderungen bei Höhe und Eintrittszeitpunkt der Netto-Cashflows des übertragenen Vermögenswertes verglichen werden. Ein Unternehmen hat so gut wie alle mit dem Eigentum eines finanziellen Vermögenswertes verbundenen Risiken und Chancen behalten, wenn sich seine Anfälligkeit für Schwankungen des Barwertes der künftigen Netto-Cashflows durch die Übertragung nicht wesentlich geändert hat (z. B. weil das Unternehmen einen finanziellen Vermögenswert gemäß einer Vereinbarung über dessen Rückkauf zu einem festen Preis oder zum Verkaufspreis zuzüglich einer Verzinsung veräußert hat). Ein Unternehmen hat so gut wie alle mit dem Eigentum eines finanziellen Vermögenswertes verbundenen Risiken und Chancen übertragen, wenn seine Anfälligkeit für solche Schwankungen im Vergleich zur gesamten Schwankungsbreite des Barwerts der mit dem finanziellen Vermögenswert verbundenen künftigen Netto-Cashflows nicht mehr signifikant ist (z. B. weil das Unternehmen einen finanziellen Vermögenswert lediglich mit der Option verkauft hat, ihn zu dem zum Zeitpunkt des Rückkaufs beizulegenden Zeitwert zurückzukaufen, oder weil es im Rahmen einer Vereinbarung, wie einer Kredit-Unterbeteiligung, die die Bedingungen in Paragraph 19 erfüllt, einen exakt proportionalen Teil der Cashflows eines größeren finanziellen Vermögenswertes übertragen hat).

22 Oft ist es offensichtlich, ob ein Unternehmen so gut wie alle Risiken und Chancen übertragen oder behalten hat, so dass es keiner weiteren Berechnungen bedarf. In anderen Fällen wird es notwendig sein, die Anfälligkeit des Unternehmens für Schwankungen des Barwerts der künftigen Netto-Cashflows vor und nach der Übertragung zu berechnen und zu vergleichen. Zur Berechnung und zum Vergleich wird ein angemessener aktueller Marktzins als Abzinsungssatz benutzt. Jede für möglich gehaltene Schwankung der Netto-Cashflows wird berücksichtigt, wobei den Ergebnissen mit einer größeren Eintrittswahrscheinlichkeit größeres Gewicht beigemessen wird.

23 Ob das Unternehmen die Verfügungsgewalt über den übertragenen Vermögenswert behalten hat (siehe Paragraph 20 (c)), hängt von der Fähigkeit des Empfängers ab, den Vermögenswert zu verkaufen. Wenn der Empfänger den Vermögenswert faktisch in seiner Gesamtheit an eine nicht verbundene dritte Partei verkaufen und diese Möglichkeit einseitig wahrnehmen kann, ohne für die Übertragung weitere Einschränkungen zu verhängen, hat das Unternehmen die Verfügungsgewalt nicht behalten. In allen anderen Fällen hat das Unternehmen die Verfügungsgewalt behalten.

Übertragungen, die die Bedingungen für eine Ausbuchung erfüllen (siehe Paragraph 20 (a) und (c) (i))

24 Überträgt ein Unternehmen einen finanziellen Vermögenswert unter den für eine vollständige Ausbuchung erforderlichen Bedingungen und behält dabei das Recht, diesen Vermögenswert gegen eine Gebühr zu verwalten, hat es für diesen Verwaltungs-/Abwicklungsvertrag entweder einen Vermögenswert oder eine Verbindlichkeit aus dem Bedienungsrecht zu erfassen. Wenn diese Gebühr voraussichtlich keine angemessene Vergütung für die Verwaltung bzw. Abwicklung durch das Unternehmen darstellen, ist eine Verbindlichkeit für die Verwaltungs- bzw. Abwicklungsverpflichtung zum beizulegenden Zeitwert zu erfassen. Wenn die Gebühr für die Verwaltung bzw. Abwicklung eine angemessene Kompensierung voraussichtlich übersteigt, ist ein Vermögenswert aus dem Verwaltungsrecht zu einem Betrag zu erfassen, der auf der Grundlage einer Verteilung des Buchwertes des größeren finanziellen Vermögenswertes gemäß Paragraph 27 bestimmt wird.

(c) The entity has an obligation to remit any cash flows it collects on behalf of the eventual recipients without material delay. In addition, the entity is not entitled to reinvest such cash flows, except for investments in cash or cash equivalents (as defined in IAS 7 *Statement of Cash Flows*) during the short settlement period from the collection date to the date of required remittance to the eventual recipients, and interest earned on such investments is passed to the eventual recipients.

20 When an entity transfers a financial asset (see paragraph 18), it shall evaluate the extent to which it retains the risks and rewards of ownership of the financial asset. In this case:

(a) if the entity transfers substantially all the risks and rewards of ownership of the financial asset, the entity shall derecognise the financial asset and recognise separately as assets or liabilities any rights and obligations created or retained in the transfer;

(b) if the entity retains substantially all the risks and rewards of ownership of the financial asset, the entity shall continue to recognise the financial asset;

(c) if the entity neither transfers nor retains substantially all the risks and rewards of ownership of the financial asset, the entity shall determine whether it has retained control of the financial asset. In this case:

(i) if the entity has not retained control, it shall derecognise the financial asset and recognise separately as assets or liabilities any rights and obligations created or retained in the transfer;

(ii) if the entity has retained control, it shall continue to recognise the financial asset to the extent of its continuing involvement in the financial asset (see paragraph 30).

21 The transfer of risks and rewards (see paragraph 20) is evaluated by comparing the entity's exposure, before and after the transfer, with the variability in the amounts and timing of the net cash flows of the transferred asset. An entity has retained substantially all the risks and rewards of ownership of a financial asset if its exposure to the variability in the present value of the future net cash flows from the financial asset does not change significantly as a result of the transfer (e.g. because the entity has sold a financial asset subject to an agreement to buy it back at a fixed price or the sale price plus a lender's return). An entity has transferred substantially all the risks and rewards of ownership of a financial asset if its exposure to such variability is no longer significant in relation to the total variability in the present value of the future net cash flows associated with the financial asset (e.g. because the entity has sold a financial asset subject only to an option to buy it back at its fair value at the time of repurchase or has transferred a fully proportionate share of the cash flows from a larger financial asset in an arrangement, such as a loan sub-participation, that meets the conditions in paragraph 19).

22 Often it will be obvious whether the entity has transferred or retained substantially all risks and rewards of ownership and there will be no need to perform any computations. In other cases, it will be necessary to compute and compare the entity's exposure to the variability in the present value of the future net cash flows before and after the transfer. The computation and comparison is made using as the discount rate an appropriate current market interest rate. All reasonably possible variability in net cash flows is considered, with greater weight being given to those outcomes that are more likely to occur.

23 Whether the entity has retained control (see paragraph 20 (c)) of the transferred asset depends on the transferee's ability to sell the asset. If the transferee has the practical ability to sell the asset in its entirety to an unrelated third party and is able to exercise that ability unilaterally and without needing to impose additional restrictions on the transfer, the entity has not retained control. In all other cases, the entity has retained control.

Transfers that qualify for derecognition (see paragraph 20 (a) and (c) (i))

24 If an entity transfers a financial asset in a transfer that qualifies for derecognition in its entirety and retains the right to service the financial asset for a fee, it shall recognise either a servicing asset or a servicing liability for that servicing contract. If the fee to be received is not expected to compensate the entity adequately for performing the servicing, a servicing liability for the servicing obligation shall be recognised at its fair value. If the fee to be received is expected to be more than adequate compensation for the servicing, a servicing asset shall be recognised for the servicing right at an amount determined on the basis of an allocation of the carrying amount of the larger financial asset in accordance with paragraph 27.

25 Wenn ein finanzieller Vermögenswert infolge einer Übertragung vollständig ausgebucht wird, die Übertragung jedoch dazu führt, dass das Unternehmen einen neuen finanziellen Vermögenswert erhält bzw. eine neue finanzielle Verbindlichkeit oder eine Verbindlichkeit aus der Verwaltungs- bzw. Abwicklungsverpflichtung übernimmt, hat das Unternehmen den neuen finanziellen Vermögenswert, die neue finanzielle Verbindlichkeit oder die Verbindlichkeit aus der Verwaltungs- bzw. Abwicklungsverpflichtung zum beizulegenden Zeitwert zu erfassen.

26 Bei der vollständigen Ausbuchung eines finanziellen Vermögenswertes ist die Differenz zwischen:
(a) dem Buchwert und
(b) der Summe aus (i) dem erhaltenen Entgelt (einschließlich jedes neu erhaltenen Vermögenswertes abzüglich jeder neu übernommenen Verbindlichkeit) und (ii) aller kumulierten Gewinne oder Verluste, die im sonstigen Ergebnis erfasst wurden (siehe Paragraph 55 (b)),
ergebniswirksam zu erfassen.

27 Ist der übertragene Vermögenswert Teil eines größeren Vermögenswertes (z. B. wenn ein Unternehmen Zinszahlungen, die Teil eines Schuldinstruments sind, überträgt, siehe Paragraph 16 (a)) und der übertragene Teil die Bedingungen für eine vollständige Ausbuchung erfüllt, ist der frühere Buchwert des größeren finanziellen Vermögenswertes zwischen dem Teil, der weiter erfasst wird, und dem Teil, der ausgebucht wird, auf der Grundlage der relativen beizulegenden Zeitwerte dieser Teile am Übertragungstag aufzuteilen. Zu diesem Zweck ist ein einbehaltener Vermögenswert aus dem Verwaltungsrecht als ein Teil, der weiter erfasst wird, zu behandeln. Die Differenz zwischen:
(a) dem Buchwert, der dem ausgebuchten Teil zugeordnet wurde, und
(b) der Summe aus (i) dem für den ausgebuchten Teil erhaltenen Entgelt (einschließlich jedes neu erhaltenen Vermögenswertes abzüglich jeder neu übernommenen Verbindlichkeit) und (ii) aller kumulierten ihm zugeordneten Gewinne oder Verluste, die im sonstigen Ergebnis erfasst wurden (siehe Paragraph 55 (b)),
ist ergebniswirksam zu erfassen. Ein kumulierter Gewinn oder Verlust, der im sonstigen Ergebnis erfasst wurde, wird zwischen dem Teil, der weiter erfasst wird, und dem Teil, der ausgebucht wurde, auf der Grundlage der relativen beizulegenden Zeitwerte dieser Teile aufgeteilt.

28 Teilt ein Unternehmen den vorherigen Buchwert eines größeren finanziellen Vermögenswerts zwischen dem weiterhin angesetzten Teil und dem nunmehr ausgebuchten Teil auf, muss der beizulegende Zeitwert des weiterhin angesetzten Teils bemessen werden. Hat das Unternehmen in der Vergangenheit ähnliche Teile wie den weiter erfassten verkauft, oder gibt es andere Markttransaktionen für solche Teile, so liefern die Preise der letzten Transaktionen die beste Schätzung für seinen beizulegenden Zeitwert. Gibt es für den Teil, der weiter erfasst wird, keine Preisnotierungen oder aktuelle Markttransaktionen zur Belegung des beizulegenden Zeitwerts, so besteht die beste Schätzung in der Differenz zwischen dem beizulegenden Zeitwert des größeren finanziellen Vermögenswertes als Ganzem und dem vom Empfänger für den ausgebuchten Teil vereinnahmten Entgelt.

Übertragungen, die die Bedingungen für eine Ausbuchung nicht erfüllen (siehe Paragraph 20 (b))

29 Führt eine Übertragung nicht zu einer Ausbuchung, da das Unternehmen so gut wie alle mit dem Eigentum des übertragenen Vermögenswertes verbundenen Risiken und Chancen behalten hat, so hat das Unternehmen den übertragenen Vermögenswert in seiner Gesamtheit weiter zu erfassen und für das erhaltene Entgelt eine finanzielle Verbindlichkeit zu erfassen. In den folgenden Perioden hat das Unternehmen alle Erträge aus dem übertragenen Vermögenswert und alle Aufwendungen für die finanzielle Verbindlichkeit zu erfassen.

Anhaltendes Engagement bei übertragenen Vermögenswerten (siehe Paragraph 20 (c) (ii))

30 Wenn ein Unternehmen so gut wie alle mit dem Eigentum eines übertragenen Vermögenswertes verbundenen Risiken und Chancen weder überträgt noch behält und die Verfügungsgewalt über den übertragenen Vermögenswert behält, hat es den übertragenen Vermögenswert nach Maßgabe seines anhaltenden Engagements weiter zu erfassen. Ein anhaltendes Engagement des Unternehmens an dem übertragenen Vermögenswert ist in dem Maße gegeben, in dem es Wertänderungen des übertragenen Vermögenswertes ausgesetzt ist. Zum Beispiel:
(a) Wenn das anhaltende Engagement eines Unternehmens der Form nach den übertragenen Vermögenswert garantiert, ist der Umfang dieses anhaltenden Engagements entweder der Betrag des Vermögenswertes oder der Höchstbetrag des erhaltenen Entgelts, den das Unternehmen eventuell zurückzahlen müsste („der garantierte Betrag"), je nachdem, welcher von beiden der Niedrigere ist.
(b) Wenn das anhaltende Engagement des Unternehmens der Form nach eine geschriebene oder eine erworbene Option (oder beides) auf den übertragenen Vermögenswert ist, so ist der Umfang des anhaltenden Engagements des Unternehmens der Betrag des übertragenen Vermögenswertes, den das Unternehmen zurückkaufen kann. Im Fall einer geschriebenen Verkaufsoption auf einen Vermögenswert, der zum beizulegenden Zeitwert bewertet wird, ist der Umfang des anhaltenden Engagements des Unternehmens allerdings auf den beizulegenden Zeitwert des übertragenen Vermögenswertes oder den Ausübungspreis der Option – je nachdem, welcher von beiden der Niedrigere ist – begrenzt (siehe Paragraph A48).
(c) Wenn das anhaltende Engagement des Unternehmens der Form nach eine Option ist, die durch Barausgleich oder vergleichbare Art auf den übertragenen Vermögenswert erfüllt wird, wird der Umfang des anhaltenden Engagements des Unternehmens in der gleichen Weise wie bei Optionen, die nicht durch Barausgleich erfüllt werden, ermittelt (siehe Buchstabe (b)).

If, as a result of a transfer, a financial asset is derecognised in its entirety but the transfer results in the entity obtaining a **25** new financial asset or assuming a new financial liability, or a servicing liability, the entity shall recognise the new financial asset, financial liability or servicing liability at fair value.

On derecognition of a financial asset in its entirety, the difference between: **26**
(a) the carrying amount; and
(b) the sum of (i) the consideration received (including any new asset obtained less any new liability assumed) and (ii) any cumulative gain or loss that had been recognised in other comprehensive income (see paragraph 55 (b));
shall be recognised in profit or loss.

If the transferred asset is part of a larger financial asset (e.g. when an entity transfers interest cash flows that are part of a **27** debt instrument, see paragraph 16 (a)) and the part transferred qualifies for derecognition in its entirety, the previous carrying amount of the larger financial asset shall be allocated between the part that continues to be recognised and the part that is derecognised, based on the relative fair values of those parts on the date of the transfer. For this purpose, a retained servicing asset shall be treated as a part that continues to be recognised. The difference between:
(a) the carrying amount allocated to the part derecognised; and
(b) the sum of (i) the consideration received for the part derecognised (including any new asset obtained less any new liability assumed) and (ii) any cumulative gain or loss allocated to it that had been recognised in other comprehensive income (see paragraph 55 (b));
shall be recognised in profit or loss. A cumulative gain or loss that had been recognised in other comprehensive income is allocated between the part that continues to be recognised and the part that is derecognised, based on the relative fair values of those parts.

When an entity allocates the previous carrying amount of a larger financial asset between the part that continues to be **28** recognised and the part that is derecognised, the fair value of the part that continues to be recognised needs to be measured. When the entity has a history of selling parts similar to the part that continues to be recognised or other market transactions exist for such parts, recent prices of actual transactions provide the best estimate of its fair value. When there are no price quotes or recent market transactions to support the fair value of the part that continues to be recognised, the best estimate of the fair value is the difference between the fair value of the larger financial asset as a whole and the consideration received from the transferee for the part that is derecognised.

Transfers that do not qualify for derecognition (see paragraph 20 (b))

If a transfer does not result in derecognition because the entity has retained substantially all the risks and rewards of own- **29** ership of the transferred asset, the entity shall continue to recognise the transferred asset in its entirety and shall recognise a financial liability for the consideration received. In subsequent periods, the entity shall recognise any income on the transferred asset and any expense incurred on the financial liability.

Continuing involvement in transferred assets (see paragraph 20 (c) (ii))

If an entity neither transfers nor retains substantially all the risks and rewards of ownership of a transferred asset, and **30** retains control of the transferred asset, the entity continues to recognise the transferred asset to the extent of its continuing involvement. The extent of the entity's continuing involvement in the transferred asset is the extent to which it is exposed to changes in the value of the transferred asset. For example:
(a) when the entity's continuing involvement takes the form of guaranteeing the transferred asset, the extent of the entity's continuing involvement is the lower of (i) the amount of the asset and (ii) the maximum amount of the consideration received that the entity could be required to repay (the guarantee amount);
(b) when the entity's continuing involvement takes the form of a written or purchased option (or both) on the transferred asset, the extent of the entity's continuing involvement is the amount of the transferred asset that the entity may repurchase. However, in case of a written put option on an asset that is measured at fair value, the extent of the entity's continuing involvement is limited to the lower of the fair value of the transferred asset and the option exercise price (see paragraph AG48);
(c) when the entity's continuing involvement takes the form of a cash-settled option or similar provision on the transferred asset, the extent of the entity's continuing involvement is measured in the same way as that which results from non-cash settled options as set out in (b) above.

31 Wenn ein Unternehmen einen Vermögenswert weiterhin nach Maßgabe seines anhaltenden Engagements erfasst, hat es auch eine damit verbundene Verbindlichkeit zu erfassen. Ungeachtet der anderen Bewertungsvorschriften dieses Standards werden der übertragene Vermögenswert und die damit verbundene Verbindlichkeit so bewertet, dass den Rechten und Verpflichtungen, die das Unternehmen behalten hat, Rechnung getragen wird. Die verbundene Verbindlichkeit wird so bewertet, dass der Nettobuchwert aus übertragenem Vermögenswert und verbundener Verbindlichkeit:

(a) den fortgeführten Anschaffungskosten der von dem Unternehmen behaltenen Rechte und Verpflichtungen entspricht, falls der übertragene Vermögenswert zu fortgeführten Anschaffungskosten bewertet wird; oder

(b) gleich dem beizulegenden Zeitwert der von dem Unternehmen behaltenen Rechte und Verpflichtungen ist, wenn diese eigenständig bewertet würden, falls der übertragene Vermögenswert zum beizulegenden Zeitwert bewertet wird.

32 Das Unternehmen hat alle Erträge aus dem übertragenen Vermögenswert weiterhin nach Maßgabe seines anhaltenden Engagements zu erfassen sowie alle Aufwendungen für damit verbundene Verbindlichkeiten.

33 Bei der Folgebewertung werden Änderungen im beizulegenden Zeitwert des übertragenen Vermögenswertes und der damit verbundenen Verbindlichkeit gemäß Paragraph 55 gleichartig erfasst und nicht miteinander saldiert.

34 Erstreckt sich das anhaltende Engagement des Unternehmens nur auf einen Teil eines finanziellen Vermögenswertes (z. B. wenn ein Unternehmen die Option behält, einen Teil des übertragenen Vermögenswertes zurückzukaufen, oder nach wie vor einen Residualanspruch hat, der nicht dazu führt, dass es so gut wie alle mit dem Eigentum verbundenen Risiken und Chancen behält, und das Unternehmen auch weiterhin die Verfügungsgewalt besitzt), hat das Unternehmen den früheren Buchwert des finanziellen Vermögenswertes zwischen dem Teil, der von ihm gemäß des anhaltenden Engagements weiter erfasst wird, und dem Teil, den es nicht länger erfasst, auf Grundlage der relativen beizulegenden Zeitwerte dieser Teile am Übertragungstag, aufzuteilen. Zu diesem Zweck gelten die Bestimmungen des Paragraphen 28. Die Differenz zwischen:

(a) dem Buchwert, der dem nicht länger erfassten Teil zugeordnet wurde; und

(b) der Summe aus (i) dem für den nicht länger erfassten Teil erhaltenen Entgelt und (ii) allen ihm zugeordneten kumulierten Gewinne oder Verluste, die im sonstigen Ergebnis erfasst wurden (siehe Paragraph 55 (b)),

ist ergebniswirksam zu erfassen. Ein kumulierter Gewinn oder Verlust, der im sonstigen Ergebnis erfasst wurde, wird zwischen dem Teil, der weiter erfasst wird, und dem Teil der nicht länger erfasst wird, auf der Grundlage der relativen beizulegenden Zeitwerte dieser Teile aufgeteilt.

35 Wird der übertragene Vermögenswert zu fortgeführten Anschaffungskosten bewertet, kann die nach diesem Standard bestehende Möglichkeit, eine finanzielle Verbindlichkeit erfolgswirksam zum beizulegenden Zeitwert zu bewerten, für die verbundene Verbindlichkeit nicht in Anspruch genommen werden.

Alle Übertragungen

36 Wird ein übertragener Vermögenswert weiterhin erfasst, darf er nicht mit der verbundenen Verbindlichkeit saldiert werden. Ebensowenig darf ein Unternehmen Erträge aus dem übertragenen Vermögenswert mit Aufwendungen saldieren, die für die verbundene Verbindlichkeit angefallen sind (siehe IAS 32 Paragraph 42).

37 Bietet der Übertragende dem Empfänger nicht zahlungswirksame Sicherheiten (wie Schuld- oder Eigenkapitalinstrumente), hängt die Bilanzierung der Sicherheit durch den Übertragenden und den Empfänger davon ab, ob Letzterer das Recht hat, die Sicherheit zu verkaufen oder weiter zu verpfänden, und davon, ob der Übertragende ausgefallen ist. Zu bilanzieren ist die Sicherheit wie folgt:

(a) Hat der Empfänger das vertrags- oder gewohnheitsmäßige Recht, die Sicherheit zu verkaufen oder weiter zu verpfänden, dann hat der Übertragende sie in seiner Bilanz getrennt von anderen Vermögenswerten neu einzustufen (z. B. als verliehenen Vermögenswert, verpfändetes Eigenkapitalinstrument oder Rückkaufforderung).

(b) Verkauft der Empfänger die an ihn verpfändete Sicherheit, hat er für seine Verpflichtung, die Sicherheit zurückzugeben, den Veräußerungserlös und zum beizulegenden Zeitwert bewertete Verbindlichkeit zu erfassen.

(c) Ist der Übertragende dem Vertrag zufolge ausgefallen und nicht länger zur Rückforderung der Sicherheit berechtigt, so hat er die Sicherheit auszubuchen und der Empfänger sie als seinen Vermögenswert anzusetzen und zum beizulegenden Zeitwert zu bewerten, bzw. – wenn er die Sicherheit bereits verkauft hat – seine Verpflichtung zur Rückgabe der Sicherheit auszubuchen.

(d) Mit Ausnahme der Bestimmungen unter (c) hat der Übertragende die Sicherheit weiterhin als seinen Vermögenswert anzusetzen und darf der Empfänger die Sicherheit nicht als einen Vermögenswert ansetzen.

Marktüblicher Kauf und Verkauf eines finanziellen Vermögenswertes

38 Ein marktüblicher Kauf oder Verkauf eines finanziellen Vermögenswertes ist entweder zum Handels- oder zum Erfüllungstag anzusetzen bzw. auszubuchen (siehe Anhang A Paragraphen A53–A56).

When an entity continues to recognise an asset to the extent of its continuing involvement, the entity also recognises an 31 associated liability. Despite the other measurement requirements in this standard, the transferred asset and the associated liability are measured on a basis that reflects the rights and obligations that the entity has retained. The associated liability is measured in such a way that the net carrying amount of the transferred asset and the associated liability is:

(a) the amortised cost of the rights and obligations retained by the entity, if the transferred asset is measured at amortised cost; or

(b) equal to the fair value of the rights and obligations retained by the entity when measured on a stand-alone basis, if the transferred asset is measured at fair value.

The entity shall continue to recognise any income arising on the transferred asset to the extent of its continuing involvement and shall recognise any expense incurred on the associated liability. 32

For the purpose of subsequent measurement, recognised changes in the fair value of the transferred asset and the associated liability are accounted for consistently with each other in accordance with paragraph 55, and shall not be offset. 33

If an entity's continuing involvement is in only a part of a financial asset (e.g. when an entity retains an option to repurchase part of a transferred asset, or retains a residual interest that does not result in the retention of substantially all the risks and rewards of ownership and the entity retains control), the entity allocates the previous carrying amount of the financial asset between the part it continues to recognise under continuing involvement, and the part it no longer recognises on the basis of the relative fair values of those parts on the date of the transfer. For this purpose, the requirements of paragraph 28 apply. The difference between: 34

(a) the carrying amount allocated to the part that is no longer recognised; and

(b) the sum of (i) the consideration received for the part no longer recognised and (ii) any cumulative gain or loss allocated to it that had been recognised in other comprehensive income (see paragraph 55 (b));

shall be recognised in profit or loss. A cumulative gain or loss that had been recognised in other comprehensive income is allocated between the part that continues to be recognised and the part that is no longer recognised on the basis of the relative fair values of those parts.

If the transferred asset is measured at amortised cost, the option in this standard to designate a financial liability as at fair 35 value through profit or loss is not applicable to the associated liability.

All transfers

If a transferred asset continues to be recognised, the asset and the associated liability shall not be offset. Similarly, the 36 entity shall not offset any income arising from the transferred asset with any expense incurred on the associated liability (see IAS 32 paragraph 42).

If a transferor provides non-cash collateral (such as debt or equity instruments) to the transferee, the accounting for the 37 collateral by the transferor and the transferee depends on whether the transferee has the right to sell or repledge the collateral and on whether the transferor has defaulted. The transferor and transferee shall account for the collateral as follows:

(a) If the transferee has the right by contract or custom to sell or repledge the collateral, then the transferor shall reclassify that asset in its statement of financial position (e.g. as a loaned asset, pledged equity instruments or repurchase receivable) separately from other assets.

(b) If the transferee sells collateral pledged to it, it shall recognise the proceeds from the sale and a liability measured at fair value for its obligation to return the collateral.

(c) If the transferor defaults under the terms of the contract and is no longer entitled to redeem the collateral, it shall derecognise the collateral, and the transferee shall recognise the collateral as its asset initially measured at fair value or, if it has already sold the collateral, derecognise its obligation to return the collateral.

(d) Except as provided in (c), the transferor shall continue to carry the collateral as its asset, and the transferee shall not recognise the collateral as an asset.

Regular way purchase or sale of a financial asset

A regular way purchase or sale of financial assets shall be recognised and derecognised, as applicable, using trade date 38 accounting or settlement date accounting (see Appendix A paragraphs AG53—AG56).

Ausbuchung einer finanziellen Verbindlichkeit

39 Ein Unternehmen darf eine finanzielle Verbindlichkeit (oder einen Teil derselben) nur dann aus seiner Bilanz entfernen, wenn diese getilgt ist – d. h. die im Vertrag genannten Verpflichtungen erfüllt oder aufgehoben sind oder auslaufen.

40 Ein Austausch von Schuldinstrumenten mit grundverschiedenen Vertragsbedingungen zwischen einem bestehenden Kreditnehmer und Kreditgeber ist wie eine Tilgung der ursprünglichen finanziellen Verbindlichkeit und ein Ansatz einer neuen finanziellen Verbindlichkeit zu behandeln. Gleiches gilt, wenn die Vertragsbedingungen einer bestehenden finanziellen Verbindlichkeit oder eines Teils davon wesentlich geändert werden (wobei keine Rolle spielt, ob dies auf die finanziellen Schwierigkeiten des Schuldners zurückzuführen ist oder nicht).

41 Die Differenz zwischen dem Buchwert einer getilgten oder auf eine andere Partei übertragenen finanziellen Verbindlichkeit (oder eines Teils derselben) und dem gezahlten Entgelt, einschließlich übertragener nicht zahlungswirksamer Vermögenswerte oder übernommener Verbindlichkeiten, ist ergebniswirksam zu erfassen.

42 Kauft ein Unternehmen einen Teil einer finanziellen Verbindlichkeit zurück, so hat es den früheren Buchwert der finanziellen Verbindlichkeit zwischen dem weiter erfassten und dem ausgebuchten Teil auf der Grundlage der relativen beizulegenden Zeitwerte dieser Teile am Rückkauftag aufzuteilen. Die Differenz zwischen (a) dem Buchwert, der dem ausgebuchten Teil zugeordnet wurde, und (b) dem für den ausgebuchten Teil gezahlten Entgelt, einschließlich übertragener nicht zahlungswirksamer Vermögenswerte oder übernommener Verbindlichkeiten, ist ergebniswirksam zu erfassen.

BEWERTUNG

Erstmalige Bewertung finanzieller Vermögenswerte und Verbindlichkeiten

43 Beim erstmaligen Ansatz eines finanziellen Vermögenswertes oder einer finanziellen Verbindlichkeit hat ein Unternehmen diese zu ihrem beizulegenden Zeitwert zu bewerten, bei finanziellen Vermögenswerten oder Verbindlichkeiten, die nicht erfolgswirksam zum beizulegenden Zeitwert bewertet werden, zudem unter Einbeziehung von Transaktionskosten, die direkt dem Erwerb des Vermögenswerts oder der Emission der Verbindlichkeit zuzurechnen sind.

43A **Besteht jedoch zwischen dem beizulegenden Zeitwert des finanziellen Vermögenswerts oder der finanziellen Verbindlichkeit beim erstmaligen Ansatz und dem Transaktionspreis eine Differenz, wendet ein Unternehmen Paragraph AG76 an.**

44 Bilanziert ein Unternehmen einen Vermögenswert, der in den folgenden Perioden zu Anschaffungskosten oder fortgeführten Anschaffungskosten bewertet wird, zum Erfüllungstag, so wird er am Handelstag erstmalig zu seinem beizulegenden Zeitwert erfasst (siehe Anhang A Paragraphen A53–A56).

Folgebewertung finanzieller Vermögenswerte

45 Zum Zwecke der Folgebewertung eines finanziellen Vermögenswertes nach dessen erstmaligem Ansatz stuft der vorliegende Standard finanzielle Vermögenswerte in die folgenden vier in Paragraph 9 definierten Kategorien ein:
(a) finanzielle Vermögenswerte, die erfolgswirksam zum beizulegenden Zeitwert bewertet werden;
(b) bis zur Endfälligkeit zu haltende Finanzinvestitionen;
(c) Kredite und Forderungen; und
(d) zur Veräußerung verfügbare finanzielle Vermögenswerte.
Diese Kategorien sind für die Bewertung und die erfolgswirksame Erfassung nach diesem Standard maßgeblich. Für den Ausweis im Abschluss kann das Unternehmen für diese Kategorien andere Bezeichnungen oder Einteilungen verwenden. Die in IFRS 7 vorgeschriebenen Informationen hat das Unternehmen im Anhang anzugeben.

46 Mit Ausnahme der nachfolgend genannten finanziellen Vermögenswerte hat ein Unternehmen finanzielle Vermögenswerte, einschließlich derivativer Finanzinstrumente mit positivem Marktwert, nach dem erstmaligen Ansatz zu deren beizulegendem Zeitwert zu bewerten, ohne die Transaktionskosten, die u. U. beim Verkauf oder einer anders gearteten Veräußerung anfielen, in Abzug zu bringen:
(a) Kredite und Forderungen im Sinne von Paragraph 9, die unter Anwendung der Effektivzinsmethode zu fortgeführten Anschaffungskosten bewertet werden;
(b) bis zur Endfälligkeit zu haltende Finanzinvestitionen im Sinne von Paragraph 9, die unter Anwendung der Effektivzinsmethode zu fortgeführten Anschaffungskosten bewertet werden; und
(c) Finanzinvestitionen in Eigenkapitalinstrumente, für die kein auf einem aktiven Markt notierter Preis vorliegt und deren beizulegender Zeitwert nicht verlässlich ermittelt werden kann, sowie Derivate auf solche nicht notierte Eigenkapitalinstrumente, die nur durch Andienung erfüllt werden können; diese sind mit den Anschaffungskosten zu bewerten (siehe Anhang A Paragraphen A80 und A81).
Als gesicherte Grundgeschäfte designierte finanzielle Vermögenswerte sind nach den Bilanzierungsvorschriften für Sicherungsgeschäfte der Paragraphen 89–102 zu bewerten. Alle finanziellen Vermögenswerte außer denen, die erfolgswirksam zum beizulegenden Zeitwert bewertet werden, sind gemäß den Paragraphen 58–70 und Anhang A Paragraphen A84–A93 auf Wertminderung zu überprüfen.

Derecognition of a financial liability

An entity shall remove a financial liability (or a part of a financial liability) from its statement of financial position when, 39 and only when, it is extinguished — i.e. when the obligation specified in the contract is discharged or cancelled or expires.

An exchange between an existing borrower and lender of debt instruments with substantially different terms shall be 40 accounted for as an extinguishment of the original financial liability and the recognition of a new financial liability. Similarly, a substantial modification of the terms of an existing financial liability or a part of it (whether or not attributable to the financial difficulty of the debtor) shall be accounted for as an extinguishment of the original financial liability and the recognition of a new financial liability.

The difference between the carrying amount of a financial liability (or part of a financial liability) extinguished or trans- 41 ferred to another party and the consideration paid, including any non-cash assets transferred or liabilities assumed, shall be recognised in profit or loss.

If an entity repurchases a part of a financial liability, the entity shall allocate the previous carrying amount of the financial 42 liability between the part that continues to be recognised and the part that is derecognised based on the relative fair values of those parts on the date of the repurchase. The difference between (a) the carrying amount allocated to the part de-recognised and (b) the consideration paid, including any non-cash assets transferred or liabilities assumed, for the part derecognised shall be recognised in profit or loss.

MEASUREMENT

Initial measurement of financial assets and financial liabilities

When a financial asset or financial liability is recognised initially, an entity shall measure it at its fair value plus, in the 43 case of a financial asset or financial liability not at fair value through profit or loss, transaction costs that are directly attributable to the acquisition or issue of the financial asset or financial liability.

However, if the fair value of the financial asset or financial liability at initial recognition differs from the transaction 43A price, an entity shall apply paragraph AG76.

When an entity uses settlement date accounting for an asset that is subsequently measured at cost or amortised cost, the 44 asset is recognised initially at its fair value on the trade date (see Appendix A paragraphs AG53—AG56).

Subsequent measurement of financial assets

For the purpose of measuring a financial asset after initial recognition, this standard classifies financial assets into the 45 following four categories defined in paragraph 9:
(a) financial assets at fair value through profit or loss;
(b) held-to-maturity investments;
(c) loans and receivables; and
(d) available-for-sale financial assets.
These categories apply to measurement and profit or loss recognition under this standard. The entity may use other descriptors for these categories or other categorisations when presenting information in the financial statements. The entity shall disclose in the notes the information required by IFRS 7.

After initial recognition, an entity shall measure financial assets, including derivatives that are assets, at their fair values, 46 without any deduction for transaction costs it may incur on sale or other disposal, except for the following financial assets:
(a) loans and receivables as defined in paragraph 9, which shall be measured at amortised cost using the effective inter-est method;
(b) held-to-maturity investments as defined in paragraph 9, which shall be measured at amortised cost using the effec-tive interest method; and
(c) investments in equity instruments that do not have a quoted market price in an active market and whose fair value cannot be reliably measured and derivatives that are linked to and must be settled by delivery of such unquoted equity instruments, which shall be measured at cost (see Appendix A paragraphs AG80 and AG81).
Financial assets that are designated as hedged items are subject to measurement under the hedge accounting requirements in paragraphs 89—102. All financial assets except those measured at fair value through profit or loss are subject to review for impairment in accordance with paragraphs 58—70 and Appendix A paragraphs AG84—AG93.

Folgebewertung finanzieller Verbindlichkeiten

47 Nach ihrem erstmaligen Ansatz sind alle finanziellen Verbindlichkeiten durch das Unternehmen unter Anwendung der Effektivzinsmethode zu fortgeführten Anschaffungskosten zu bewerten. Davon ausgenommen sind:

(a) finanzielle Verbindlichkeiten, die erfolgswirksam zum beizulegenden Zeitwert bewertet werden. Solche Verbindlichkeiten, einschließlich derivativer Finanzinstrumente in Form von Schulden, sind zum beizulegenden Zeitwert zu bewerten. Ausgenommen sind derivative Verbindlichkeiten, die mit einem Eigenkapitalinstrument, für das keine Preisnotierung in einem aktiven Markt für ein identisches Instrument (d. h. ein Inputfaktor auf Stufe 1) besteht, verknüpft sind und durch Übergabe dieses Eigenkapitalinstruments abgewickelt werden müssen. Lässt sich dessen beizulegender Zeitwert nicht anderweitig verlässlich bemessen, ist eine solche Verbindlichkeit zu den Anschaffungskosten zu bewerten.

(b) finanzielle Verbindlichkeiten, die entstehen, wenn die Übertragung eines finanziellen Vermögenswertes nicht zu einer Ausbuchung berechtigt oder die Bilanzierung unter Zugrundelegung eines anhaltenden Engagements erfolgt. Bei der Bewertung derartiger finanzieller Verbindlichkeiten ist nach den Paragraphen 29 und 31 zu verfahren.

(c) die in Paragraph 9 definierten finanziellen Garantien. Nach dem erstmaligen Ansatz hat der Emittent eines solchen Vertrags (sofern Paragraph 47 (a) oder (b) nicht anwendbar ist) bei dessen Bewertung den höheren der beiden folgenden Beträge zugrundezulegen:

(i) den gemäß IAS 37 bestimmten Betrag; und

(ii) den ursprünglich erfassten Betrag (siehe Paragraph 43), gegebenenfalls abzüglich der gemäß IAS 18 erfassten kumulierten Amortisation.

(d) Zusagen, einen Kredit unter dem Marktzinssatz zur Verfügung zu stellen. Nach erstmaligem Ansatz hat das Unternehmen, das eine solche Zusage erteilt (außer für den Fall, dass Paragraph 47 (a) Anwendung findet), bei deren Bewertung den höheren der beiden folgenden Beträge zugrundezulegen:

(i) den gemäß IAS 37 bestimmten Betrag; und

(ii) dem ursprünglich erfassten Betrag (siehe Paragraph 43), gegebenenfalls abzüglich der gemäß IAS 18 erfassten kumulierten Amortisationen.

Als gesicherte Grundgeschäfte designierte finanzielle Verbindlichkeiten sind nach den Bilanzierungsvorschriften für Sicherungsgeschäfte der Paragraphen 89–102 zu bewerten.

Überlegungen zur Bewertung zum beizulegenden Zeitwert

48–49 [gestrichen]

Umgliederungen

50 Ein Unternehmen

(a) darf ein Derivat nicht aus der Kategorie der erfolgswirksam zum beizulegenden Zeitwert zu bewertenden Finanzinstrumente umgliedern, solange dieses gehalten wird oder begeben ist,

(b) darf kein Finanzinstrument aus der Kategorie der erfolgswirksam zum beizulegenden Zeitwert zu bewertenden Finanzinstrumente umgliedern, wenn es vom Unternehmen beim erstmaligen Ansatz dazu bestimmt wurde, erfolgswirksam zum beizulegenden Zeitwert bewertet zu werden, und

(c) darf einen finanziellen Vermögenswert, der nicht mehr in der Absicht gehalten wird, ihn kurzfristig zu veräußern oder zurückzukaufen (auch wenn er möglicherweise zu diesem Zweck erworben oder eingegangen wurde), aus der Kategorie der erfolgswirksam zum beizulegenden Zeitwert zu bewertenden Finanzinstrumente umgliedern, wenn die in den Paragraphen 50B oder 50D genannten Bedingungen erfüllt sind.

Nach erstmaligem Ansatz darf ein Finanzinstrument nicht in die Kategorie der erfolgswirksam zum beizulegenden Zeitwert zu bewertenden Finanzinstrumente umgegliedert werden.

50A Bei den folgenden Änderungen der Umstände handelt es sich nicht um Umgliederungen im Sinne von Paragraph 50:

(a) ein Derivat, das zuvor ein designiertes und wirksames Sicherungsinstrument bei einer Absicherung von Zahlungsströmen oder einem Nettoinvestitionssicherungsgeschäft war, kommt als solches nicht mehr in Frage;

(b) ein Derivat wird ein designiertes und wirksames Sicherungsinstrument bei einer Absicherung von Zahlungsströmen oder einem Nettoinvestitionssicherungsgeschäft;

(c) finanzielle Vermögenswerte werden umgegliedert, wenn eine Versicherungsgesellschaft ihre Rechnungslegungsmethoden gemäß Paragraph 45 von IFRS 4 ändert.

50B Ein unter Paragraph 50 Buchstabe c fallender finanzieller Vermögenswert darf nur unter außergewöhnlichen Umständen aus der Kategorie der erfolgswirksam zum beizulegenden Zeitwert zu bewertenden Finanzinstrumente umgegliedert werden (davon ausgenommen sind die in Paragraph 50D beschriebenen finanziellen Vermögenswerte).

50C Gliedert ein Unternehmen einen finanziellen Vermögenswert gemäß Paragraph 50B aus der Kategorie der erfolgswirksam zum beizulegenden Zeitwert zu bewertenden Finanzinstrumente um, hat es dabei den beizulegenden Zeitwert dieses Vermögenswertes zum Zeitpunkt der Umgliederung zugrunde zu legen. Gewinne oder Verluste, die bereits erfolgswirksam erfasst wurden, dürfen nicht rückgebucht werden. Als neue bzw. fortgeführte Anschaffungskosten wird der beizulegende Zeitwert des finanziellen Vermögenswertes zum Zeitpunkt der Umgliederung ausgewiesen.

Subsequent measurement of financial liabilities

After initial recognition, an entity shall measure all financial liabilities at amortised cost using the effective interest 47 method, except for:

(a) financial liabilities at fair value through profit or loss. Such liabilities, including derivatives that are liabilities, shall be measured at fair value except for a derivative liability that is linked to and must be settled by delivery of an equity instrument that does not have a quoted price in an active market for an identical instrument (i.e. a Level 1 input) whose fair value cannot otherwise be reliably measured, which shall be measured at cost.

(b) financial liabilities that arise when a transfer of a financial asset does not qualify for derecognition or when the continuing involvement approach applies. Paragraphs 29 and 31 apply to the measurement of such financial liabilities;

(c) financial guarantee contracts as defined in paragraph 9. After initial recognition, an issuer of such a contract shall (unless paragraph 47 (a) or (b) applies) measure it at the higher of:
   (i) the amount determined in accordance with IAS 37; and
   (ii) the amount initially recognised (see paragraph 43) less, when appropriate, cumulative amortisation recognised in accordance with IAS 18;

(d) commitments to provide a loan at a below-market interest rate. After initial recognition, an issuer of such a commitment shall (unless paragraph 47 (a) applies) measure it at the higher of:
   (i) the amount determined in accordance with IAS 37; and
   (ii) the amount initially recognised (see paragraph 43) less, when appropriate, cumulative amortisation recognised in accordance with IAS 18.

Financial liabilities that are designated as hedged items are subject to the hedge accounting requirements in paragraphs 89—102.

Fair value measurement considerations

[deleted]   48—49

Reclassifications

An entity: 50
(a) shall not reclassify a derivative out of the fair value through profit or loss category while it is held or issued;
(b) shall not reclassify any financial instrument out of the fair value through profit or loss category if upon initial recognition it was designated by the entity as at fair value through profit or loss; and
(c) may, if a financial asset is no longer held for the purpose of selling or repurchasing it in the near term (notwithstanding that the financial asset may have been acquired or incurred principally for the purpose of selling or repurchasing it in the near term), reclassify that financial asset out of the fair value through profit or loss category if the requirements in paragraph 50b or 50d are met.

An entity shall not reclassify any financial instrument into the fair value through profit or loss category after initial recognition.

The following changes in circumstances are not reclassifications for the purposes of paragraph 50:   50A
(a) a derivative that was previously a designated and effective hedging instrument in a cash flow hedge or net investment hedge no longer qualifies as such;
(b) a derivative becomes a designated and effective hedging instrument in a cash flow hedge or net investment hedge;
(c) financial assets are reclassified when an insurance company changes its accounting policies in accordance with paragraph 45 of IFRS 4.

A financial asset to which paragraph 50 (c) applies (except a financial asset of the type described in paragraph 50D) may 50B be reclassified out of the fair value through profit or loss category only in rare circumstances.

If an entity reclassifies a financial asset out of the fair value through profit or loss category in accordance with paragraph 50C 50B, the financial asset shall be reclassified at its fair value on the date of reclassification. Any gain or loss already recognised in profit or loss shall not be reversed. The fair value of the financial asset on the date of reclassification becomes its new cost or amortised cost, as applicable.

50D Ein unter Paragraph 50 Buchstabe c fallender finanzieller Vermögenswert, der der Definition Kredite und Forderungen entsprochen hätte (wenn er beim erstmaligen Ansatz nicht als zu Handelszwecken gehalten hätte eingestuft werden müssen) kann aus der Kategorie der erfolgswirksam zum beizulegenden Zeitwert zu bewertenden Finanzinstrumente umgegliedert werden, wenn das Unternehmen die Absicht hat und in der Lage ist, ihn auf absehbare Zeit oder bis zu seiner Fälligkeit zu halten.

50E Ein als zur Veräußerung verfügbar eingestufter finanzieller Vermögenswert, der der Definition Kredite und Forderungen entsprochen hätte (wenn er nicht als zur Veräußerung verfügbar eingestuft worden wäre) kann aus der Kategorie zur Veräußerung verfügbar in die Kategorie Kredite und Forderungen umgegliedert werden, wenn das Unternehmen die Absicht hat und in der Lage ist, ihn auf absehbare Zeit oder bis zu seiner Fälligkeit zu halten.

50F Gliedert ein Unternehmen einen finanziellen Vermögenswert gemäß Paragraph 50D aus der Kategorie der erfolgswirksam zum beizulegenden Zeitwert zu bewertenden Finanzinstrumente oder gemäß Paragraph 50E aus der Kategorie zur Veräußerung verfügbar um, so hat es dabei den beizulegenden Zeitwert zum Zeitpunkt der Umgliederung zugrunde zu legen. Bei finanziellen Vermögenswerten, die gemäß Paragraph 50D umgegliedert wurden, dürfen Gewinne oder Verluste, die bereits erfolgswirksam erfasst wurden, nicht rückgebucht werden. Als neue bzw. fortgeführte Anschaffungskosten wird der beizulegende Zeitwert des finanziellen Vermögenswerts zum Zeitpunkt der Umgliederung ausgewiesen. Bei finanziellen Vermögenswerten, die gemäß Paragraph 50E aus der Kategorie zur Veräußerung verfügbar umgegliedert wurden, sind alle mit diesem Vermögenswert verbundenen früheren Gewinne oder Verluste, die gemäß Paragraph 55 Buchstabe b im sonstigen Ergebnis erfasst wurden, gemäß Paragraph 54 zu bilanzieren.

51 Falls es aufgrund einer geänderten Absicht oder Fähigkeit nicht länger sachgerecht ist, eine Finanzinvestition als bis zur Fälligkeit zu halten einzustufen, ist eine Umgliederung als zur Veräußerung verfügbar und eine Neubewertung zum beizulegenden Zeitwert vorzunehmen und die Differenz zwischen dem Buchwert und dem beizulegenden Zeitwert gemäß Paragraph 55 (b) zu erfassen.

52 Wann immer Verkäufe oder Umgliederungen eines mehr als unerheblichen Betrags von bis zur Endfälligkeit zu haltenden Finanzinvestitionen keine der in Paragraph 9 genannten Bedingungen erfüllen, sind alle übrigen bis zur Endfälligkeit zu haltenden Finanzinstrumente in „zur Veräußerung verfügbar" umzugliedern. Bei solchen Umgliederungen ist die Differenz zwischen dem Buchwert und dem beizulegenden Zeitwert gemäß Paragraph 55 (b) zu erfassen.

53 Wird für einen finanziellen Vermögenswert oder eine finanzielle Verbindlichkeit eine verlässliche Bewertung verfügbar, die bislang nicht vorlag, und muss der Vermögenswert oder die Verbindlichkeit zum beizulegenden Zeitwert bewertet werden, wenn eine verlässliche Bewertung verfügbar ist (siehe Paragraphen 46 (c) und 47), ist der Vermögenswert oder die Verbindlichkeit zum beizulegenden Zeitwert neu zu bewerten und die Differenz zwischen dem Buchwert und dem beizulegenden Zeitwert gemäß Paragraph 55 zu erfassen.

54 Falls es aufgrund einer geänderten Absicht oder Fähigkeit oder in dem seltenen Fall, dass der beizulegende Zeitwert nicht länger verlässlich bestimmt werden kann (siehe Paragraphen 46 (c) und 47), oder aufgrund der Tatsache, dass die in Paragraph 9 genannten „zwei vorangegangenen Geschäftsjahre" abgelaufen sind, nunmehr sachgerecht ist, einen finanziellen Vermögenswert oder eine finanzielle Verbindlichkeit anstatt zum beizulegenden Zeitwert zu den Anschaffungskosten oder fortgeführten Anschaffungskosten anzusetzen, so wird der zu diesem Zeitpunkt zum beizulegenden Zeitwert bewertete Buchwert des finanziellen Vermögenswertes oder der finanziellen Verbindlichkeit zu den neuen Anschaffungs- bzw. fortgeführten Anschaffungskosten. Jeglicher in Übereinstimmung mit Paragraph 55 (b) im sonstigen Ergebnis erfasste frühere Gewinn oder Verlust aus diesem Vermögenswert ist folgendermaßen zu behandeln:

(a) Bei einem finanziellen Vermögenswert mit fester Laufzeit ist der Gewinn oder Verlust über die Restlaufzeit der bis zur Endfälligkeit zu haltenden Finanzinvestition mittels der Effektivzinsmethode ergebniswirksam aufzulösen. Auch jede Differenz zwischen den neuen fortgeführten Anschaffungskosten und dem bei Endfälligkeit rückzahlbaren Betrag ist mittels der Effektivzinsmethode über die Restlaufzeit des finanziellen Vermögenswertes aufzulösen, wobei wie bei einer Verteilung von Agien und Disagien zu verfahren ist. Wird nachträglich eine Wertminderung für den finanziellen Vermögenswert festgestellt, ist jeder im sonstigen Ergebnis erfasste Gewinn oder Verlust gemäß Paragraph 67 im Periodenergebnis zu erfassen.

(b) Im Falle eines finanziellen Vermögenswerts ohne feste Laufzeit ist der Gewinn oder Verlust im Periodenergebnis zu erfassen, wenn der finanzielle Vermögenswert verkauft oder anderweitig abgegeben wird. Wird nachträglich eine Wertminderung für den finanziellen Vermögenswert festgestellt, ist jeder im sonstigen Ergebnis erfasste Gewinn oder Verlust gemäß Paragraph 67 im Periodenergebnis zu erfassen.

Gewinne und Verluste

55 Gewinne oder Verluste, die aus einer Änderung des beizulegenden Zeitwerts von finanziellen Vermögenswerten oder Verbindlichkeit, die nicht Teil eines Sicherungsgeschäfts sind, resultieren (siehe die Paragraphen 89–102), sind wie folgt zu erfassen:

(a) Gewinne oder Verluste aus einem finanziellen Vermögenswert bzw. einer finanziellen Verbindlichkeit, der/die erfolgswirksam zum beizulegenden Zeitwert bewertet wird, sind im Gewinn oder Verlust zu erfassen.

(b) Ein Gewinn oder Verlust aus einem zur Veräußerung verfügbaren finanziellen Vermögenswert ist solange im sonstigen Ergebnis zu erfassen, mit Ausnahme von Wertberichtigungen (siehe Paragraphen 67–70) und von Gewinnen und Verlusten aus der Währungsumrechnung (siehe Anhang A Paragraph A83), bis der finanzielle Vermögenswert ausgebucht

A financial asset to which paragraph 50 (c) applies that would have met the definition of loans and receivables (if the **50D** financial asset had not been required to be classified as held for trading at initial recognition) may be reclassified out of the fair value through profit or loss category if the entity has the intention and ability to hold the financial asset for the foreseeable future or until maturity.

A financial asset classified as available for sale that would have met the definition of loans and receivables (if it had not **50E** been designated as available for sale) may be reclassified out of the available-for-sale category to the loans and receivables category if the entity has the intention and ability to hold the financial asset for the foreseeable future or until maturity.

If an entity reclassifies a financial asset out of the fair value through profit or loss category in accordance with paragraph **50F** 50D or out of the available-for-sale category in accordance with paragraph 50E, it shall reclassify the financial asset at its fair value on the date of reclassification. For a financial asset reclassified in accordance with paragraph 50D, any gain or loss already recognised in profit or loss shall not be reversed. The fair value of the financial asset on the date of reclassification becomes its new cost or amortised cost, as applicable. For a financial asset reclassified out of the available-for-sale category in accordance with paragraph 50E, any previous gain or loss on that asset that has been recognised in other comprehensive income in accordance with paragraph 55 (b) shall be accounted for in accordance with paragraph 54.

If, as a result of a change in intention or ability, it is no longer appropriate to classify an investment as held to maturity, it **51** shall be reclassified as available for sale and remeasured at fair value, and the difference between its carrying amount and fair value shall be accounted for in accordance with paragraph 55 (b).

Whenever sales or reclassification of more than an insignificant amount of held-to-maturity investments do not meet any **52** of the conditions in paragraph 9, any remaining held-to-maturity investments shall be reclassified as available for sale. On such reclassification, the difference between their carrying amount and fair value shall be accounted for in accordance with paragraph 55 (b).

If a reliable measure becomes available for a financial asset or financial liability for which such a measure was previously **53** not available, and the asset or liability is required to be measured at fair value if a reliable measure is available (see paragraphs 46 (c) and 47), the asset or liability shall be remeasured at fair value, and the difference between its carrying amount and fair value shall be accounted for in accordance with paragraph 55.

If, as a result of a change in intention or ability or in the rare circumstance that a reliable measure of fair value is no longer **54** available (see paragraphs 46 (c) and 47) or because the 'two preceding financial years' referred to in paragraph 9 have passed, it becomes appropriate to carry a financial asset or financial liability at cost or amortised cost rather than at fair value, the fair value carrying amount of the financial asset or the financial liability on that date becomes its new cost or amortised cost, as applicable. Any previous gain or loss on that asset that has been recognised in other comprehensive income in accordance with paragraph 55 (b) shall be accounted for as follows:

(a) In the case of a financial asset with a fixed maturity, the gain or loss shall be amortised to profit or loss over the remaining life of the held-to-maturity investment using the effective interest method. Any difference between the new amortised cost and maturity amount shall also be amortised over the remaining life of the financial asset using the effective interest method, similar to the amortisation of a premium and a discount. If the financial asset is subsequently impaired, any gain or loss that has been recognised in other comprehensive income is reclassified from equity to profit or loss in accordance with paragraph 67.

(b) In the case of a financial asset that does not have a fixed maturity, the gain or loss shall be recognised in profit or loss when the financial asset is sold or otherwise disposed of. If the financial asset is subsequently impaired any previous gain or loss that has been recognised in other comprehensive income is reclassified from equity to profit or loss in accordance with paragraph 67.

Gains and losses

A gain or loss arising from a change in the fair value of a financial asset or financial liability that is not part of a hedging **55** relationship (see paragraphs 89—102), shall be recognised, as follows.

(a) A gain or loss on a financial asset or financial liability classified as at fair value through profit or loss shall be recognised in profit or loss.

(b) A gain or loss on an available-for-sale financial asset shall be recognised in other comprehensive income, except for impairment losses (see paragraphs 67—70) and foreign exchange gains and losses (see Appendix A paragraph AG83), until the financial asset is derecognised. At that time, the cumulative gain or loss previously recognised in

wird. Zu diesem Zeitpunkt ist der zuvor im sonstigen Ergebnis erfasste kumulierte Gewinn oder Verlust vom Eigenkapital in den Gewinn oder Verlust umzugliedern und als Umgliederungsbetrag auszuweisen (siehe IAS 1 *Darstellung des Abschlusses* (überarbeitet 2007). Die mittels der Effektivzinsmethode berechneten Zinsen (siehe Paragraph 9) sind dagegen in der Gesamtergebnisrechnung zu erfassen (siehe IAS 18). Dividenden auf zur Veräußerung verfügbare Eigenkapitalinstrumente sind mit der Entstehung des Rechtsanspruchs des Unternehmens auf Zahlung bei Gewinnen oder Verlusten zu erfassen (siehe IAS 18).

56 Gewinne oder Verluste aus finanziellen Vermögenswerten und Verbindlichkeiten, die zu ihren fortgeführten Anschaffungskosten angesetzt werden (siehe Paragraphen 46 und 47), werden bei Ausbuchung oder Wertminderung des finanziellen Vermögenswerts/der finanziellen Verbindlichkeit sowie im Rahmen von Amortisationen im Gewinn oder Verlust erfasst. Bei finanziellen Vermögenswerten oder Verbindlichkeiten, die gesicherte Grundgeschäfte darstellen (siehe Paragraphen 78–84 und Anhang A Paragraphen A98–A101) erfolgt die Bilanzierung der Gewinne bzw. Verluste dagegen gemäß den Paragraphen 89–102.

57 Bilanziert ein Unternehmen finanzielle Vermögenswerte zum Erfüllungstag (siehe Paragraph 38 und Anhang A Paragraphen A53 und A56), sind Änderungen beim beizulegenden Zeitwert eines Vermögenswertes, der in der Zeit zwischen dem Handelstag und dem Erfüllungstag entgegenzunehmen ist, nicht für solche zu erfassen, die zu ihren Anschaffungskosten oder fortgeführten Anschaffungskosten angesetzt werden (davon ausgenommen sind Wertberichtigungen). Bei Vermögenswerten, die zum beizulegenden Zeitwert angesetzt werden, wird die Änderung des beizulegenden Zeitwertes jedoch gemäß Paragraph 55 entweder im Gewinn oder Verlust oder im sonstigen Ergebnis erfasst.

Wertminderung und Uneinbringlichkeit von finanziellen Vermögenswerten

58 Ein Unternehmen hat an jedem Abschlussstichtag zu ermitteln, ob es objektive Hinweise darauf gibt, dass bei einem finanziellen Vermögenswert oder einer Gruppe von finanziellen Vermögenswerten eine Wertminderung eingetreten ist. Liegen derartige Hinweise vor, hat das Unternehmen zur Bestimmung der Höhe der Wertberichtigung Paragraph 63 (für zu fortgeführten Anschaffungskosten angesetzte finanzielle Vermögenswerte), Paragraph 66 (für zu Anschaffungskosten angesetzte finanzielle Vermögenswerte) oder Paragraph 67 (für zur Veräußerung verfügbare finanzielle Vermögenswerte) anzuwenden.

59 Bei einem finanziellen Vermögenswert oder eine Gruppe von finanziellen Vermögenswerten liegt nur dann theoretisch und praktisch eine Wertminderung vor, wenn infolge eines oder mehrerer Ereignisse, die nach dem erstmaligen Ansatz des Vermögenswertes eingetreten sind (ein „Schadensfall"), ein objektiver Hinweis auf eine Wertminderung vorliegt und dieser Schadensfall (oder -fälle) eine verlässlich schätzbare Auswirkung auf die erwarteten künftigen Cashflows des finanziellen Vermögenswertes oder der Gruppe der finanziellen Vermögenswerte hat. Es ist möglich, dass die Wertminderung nicht auf ein einzelnes, singuläres Ereignis zurückgeführt werden kann, sondern durch ein Zusammentreffen mehrerer Ereignisse verursacht wurde. Verluste aus künftig erwarteten Ereignissen, dürfen ungeachtete ihrer Eintrittswahrscheinlichkeit nicht erfasst werden. Als objektive Hinweise auf eine Wertminderung eines finanziellen Vermögenswertes oder einer Gruppe von Vermögenswerten gelten auch beobachtbare Daten zu den folgenden Schadensfällen, von denen der Inhaber des Vermögenswertes Kenntnis erlangt:

(a) erhebliche finanzielle Schwierigkeiten des Emittenten oder des Schuldners;

(b) ein Vertragsbruch wie beispielsweise ein Ausfall oder Verzug von Zins- oder Tilgungszahlungen;

(c) Zugeständnisse, die der Kreditgeber dem Kreditnehmer aus wirtschaftlichen oder rechtlichen Gründen im Zusammenhang mit den finanziellen Schwierigkeiten des Kreditnehmers macht, ansonsten aber nicht gewähren würde;

(d) eine erhöhte Wahrscheinlichkeit, dass der Kreditnehmer in Insolvenz oder ein sonstiges Sanierungsverfahren geht;

(e) das durch finanzielle Schwierigkeiten bedingte Verschwinden eines aktiven Markts für diesen finanziellen Vermögenswert; oder

(f) beobachtbare Daten, die auf eine messbare Verringerung der erwarteten künftigen Cashflows aus einer Gruppe von finanziellen Vermögenswerten seit deren erstmaligem Ansatz hinweisen, auch wenn die Verringerung noch nicht den einzelnen finanziellen Vermögenswerten der Gruppe zugeordnet werden kann, einschließlich:

(i) nachteiliger Veränderungen beim Zahlungsstand von Kreditnehmern in der Gruppe (z. B. eine größere Zahl von Zahlungsaufschüben oder Kreditkarteninhabern, die ihr Kreditlimit erreicht haben und den niedrigsten Monatsbetrag zahlen); oder

(ii) volkswirtschaftlicher oder regionaler wirtschaftlicher Rahmenbedingungen, die mit Ausfällen bei den Vermögenswerten der Gruppe korrelieren (z. B. eine Steigerung der Arbeitslosenquote in der Region des Kreditnehmers, ein Verfall der Immobilienpreise für Hypotheken in dem betreffenden Gebiet, ein Rückgang der Ölpreise für Kredite an Erdölproduzenten oder nachteilige Entwicklungen in einem Wirtschaftszweig, die die Kreditnehmer der Gruppe beinträchtigen).

60 Das Verschwinden eines aktiven Marktes infolge der Einstellung des öffentlichen Handels mit Wertpapieren eines Unternehmens ist kein Hinweis auf eine Wertminderung. Auch die Herabstufung des Bonitätsratings eines Unternehmens ist für sich genommen kein Hinweis auf eine Wertminderung, kann aber zusammen mit anderen verfügbaren Informationen auf eine Wertminderung hindeuten. Eine Abnahme des beizulegenden Zeitwertes eines finanziellen Vermögenswertes unter seine Anschaffungskosten oder fortgeführten Anschaffungskosten ist nicht notwendigerweise ein Hinweis auf eine Wertminderung (z. B. eine Abnahme des beizulegenden Zeitwertes eines gehaltenen Schuldinstruments, die durch einen Anstieg des risikolosen Zinssatzes entsteht).

other comprehensive income shall be reclassified from equity to profit or loss as a reclassification adjustment (see IAS 1 *Presentation of Financial Statements* (as revised in 2007)). However, interest calculated using the effective interest method (see paragraph 9) is recognised in profit or loss (see IAS 18). Dividends on an available-for-sale equity instrument are recognised in profit or loss when the entity's right to receive payment is established (see IAS 18).

56 For financial assets and financial liabilities carried at amortised cost (see paragraphs 46 and 47), a gain or loss is recognised in profit or loss when the financial asset or financial liability is derecognised or impaired, and through the amortisation process. However, for financial assets or financial liabilities that are hedged items (see paragraphs 78—84 and Appendix A paragraphs AG98—AG101) the accounting for the gain or loss shall follow paragraphs 89—102.

57 If an entity recognises financial assets using settlement date accounting (see paragraph 38 and Appendix A paragraphs AG53 and AG56), any change in the fair value of the asset to be received during the period between the trade date and the settlement date is not recognised for assets carried at cost or amortised cost (other than impairment losses). For assets carried at fair value, however, the change in fair value shall be recognised in profit or loss or in equity, as appropriate under paragraph 55.

Impairment and uncollectability of financial assets

58 An entity shall assess at the end of the reporting period whether there is any objective evidence that a financial asset or group of financial assets is impaired. If any such evidence exists, the entity shall apply paragraph 63 (for financial assets carried at amortised cost), paragraph 66 (for financial assets carried at cost) or paragraph 67 (for available-for-sale financial assets) to determine the amount of any impairment loss.

59 A financial asset or a group of financial assets is impaired and impairment losses are incurred if, and only if, there is objective evidence of impairment as a result of one or more events that occurred after the initial recognition of the asset (a 'loss event') and that loss event (or events) has an impact on the estimated future cash flows of the financial asset or group of financial assets that can be reliably estimated. It may not be possible to identify a single, discrete event that caused the impairment. Rather the combined effect of several events may have caused the impairment. Losses expected as a result of future events, no matter how likely, are not recognised. Objective evidence that a financial asset or group of assets is impaired includes observable data that comes to the attention of the holder of the asset about the following loss events:

(a) significant financial difficulty of the issuer or obligor;

(b) a breach of contract, such as a default or delinquency in interest or principal payments;

(c) the lender, for economic or legal reasons relating to the borrower's financial difficulty, granting to the borrower a concession that the lender would not otherwise consider;

(d) it becoming probable that the borrower will enter bankruptcy or other financial reorganisation;

(e) the disappearance of an active market for that financial asset because of financial difficulties; or

(f) observable data indicating that there is a measurable decrease in the estimated future cash flows from a group of financial assets since the initial recognition of those assets, although the decrease cannot yet be identified with the individual financial assets in the group, including:

(i) adverse changes in the payment status of borrowers in the group (e.g. an increased number of delayed payments or an increased number of credit card borrowers who have reached their credit limit and are paying the minimum monthly amount); or

(ii) national or local economic conditions that correlate with defaults on the assets in the group (e.g. an increase in the unemployment rate in the geographical area of the borrowers, a decrease in property prices for mortgages in the relevant area, a decrease in oil prices for loan assets to oil producers, or adverse changes in industry conditions that affect the borrowers in the group).

60 The disappearance of an active market because an entity's financial instruments are no longer publicly traded is not evidence of impairment. A downgrade of an entity's credit rating is not, of itself, evidence of impairment, although it may be evidence of impairment when considered with other available information. A decline in the fair value of a financial asset below its cost or amortised cost is not necessarily evidence of impairment (for example, a decline in the fair value of an investment in a debt instrument that results from an increase in the risk-free interest rate).

61 Zusätzlich zu den in Paragraph 59 genannten Ereignissen sind auch Informationen über signifikante Änderungen im technologischen, marktbezogenen, wirtschaftlichen oder rechtlichen Umfeld des Emittenten, die sich für diesen nachteilig auswirken, ein objektiver Hinweis auf eine Wertminderung eines gehaltenen Eigenkapitalinstruments und deuten darauf hin, dass die Ausgabe für das Eigenkapitalinstrument möglicherweise nicht zurückerlangt werden kann. Ein signifikanter oder länger anhaltender Rückgang des beizulegenden Zeitwertes eines gehaltenen Eigenkapitalinstruments unter dessen Anschaffungskosten ist ebenfalls ein objektiver Hinweis auf eine Wertminderung.

62 In einigen Fällen mögen die beobachtbaren Daten, die für die Schätzung der Wertberichtigung eines finanziellen Vermögenswertes erforderlich sind, nur begrenzt vorhanden oder für die gegenwärtigen Umstände nicht länger in vollem Umfang relevant sein. Dies kann beispielsweise der Fall sein, wenn ein Kreditnehmer sich in finanziellen Schwierigkeiten befindet und nur wenige historische Daten über vergleichbare Kreditnehmer vorliegen. In solchen Fällen stützt sich ein Unternehmen zur Schätzung der Höhe einer Wertberichtigung auf seine Erfahrungen. Gleiches gilt, wenn ein Unternehmen beobachtbare Daten für eine Gruppe von finanziellen Vermögenswerten an die aktuellen Umstände anpassen will (siehe Paragraph A89). Vernünftige Schätzungen sind bei der Aufstellung von Abschlüssen unumgänglich und beeinträchtigen deren Verlässlichkeit nicht.

Finanzielle Vermögenswerte, die zu fortgeführten Anschaffungskosten bilanziert werden

63 Gibt es einen objektiven Hinweis darauf, dass bei Krediten und Forderungen oder bis zur Endfälligkeit zu haltenden Finanzinvestitionen, die zu fortgeführten Anschaffungskosten bilanziert werden, eine Wertminderung eingetreten ist, so ergibt sich die Höhe des Verlusts aus der Differenz zwischen dem Buchwert des Vermögenswertes und dem Barwert der erwarteten künftigen Cashflows (mit Ausnahme künftiger, noch nicht erlittener Kreditausfälle), abgezinst mit dem ursprünglichen Effektivzinssatz des finanziellen Vermögenswertes (d. h. dem bei erstmaligem Ansatz ermittelten Zinssatz). Der Buchwert des Vermögenswertes ist entweder direkt oder unter Verwendung eines Wertberichtigungskontos zu reduzieren. Der Verlustbetrag ist ergebniswirksam zu erfassen.

64 Ein Unternehmen stellt zunächst fest, ob bei finanziellen Vermögenswerten, die für sich genommen bedeutsam sind, ein objektiver Hinweis auf individuelle Wertminderung und bei finanziellen Vermögenswerten, die für sich genommen nicht bedeutsam sind (siehe Paragraph 59), ein objektiver Hinweis auf individuelle oder kollektive Wertminderung vorliegt. Stellt ein Unternehmen fest, dass bei einem einzeln untersuchten finanziellen Vermögenswert, ob bedeutsam oder nicht, kein objektiver Hinweis auf Wertminderung vorliegt, nimmt es diesen in eine Gruppe finanzieller Vermögenswerte mit vergleichbaren Ausfallrisikoprofilen auf und untersucht sie gemeinsam auf Wertminderung. Vermögenswerte, die einzeln auf Wertminderung untersucht werden und für die eine Wertberichtigung neu bzw. weiterhin erfasst wird, werden nicht in eine gemeinsame Wertminderungsbeurteilung einbezogen.

65 Verringert sich die Höhe der Wertberichtigung in einer der folgenden Perioden und kann diese Verringerung objektiv auf einen nach der Erfassung der Wertminderung aufgetretenen Sachverhalt (wie die Verbesserung des Bonitätsratings eines Schuldners) zurückgeführt werden, ist die früher erfasste Wertberichtigung entweder direkt oder durch Anpassung des Wertberichtigungskontos rückgängig zu machen. Dies darf zum Zeitpunkt der Wertaufholung jedoch nicht dazu führen, dass der Buchwert des finanziellen Vermögenswertes über den Betrag der fortgeführten Anschaffungskosten hinausgeht, der sich ergeben hätte, wenn die Wertminderung nicht erfasst worden wäre. Der Betrag der Wertaufholung ist ergebniswirksam zu erfassen.

Finanzielle Vermögenswerte, die zu Anschaffungskosten angesetzt werden

66 Gibt es objektive Hinweise darauf, dass bei einem nicht notierten Eigenkapitalinstrument, das nicht zum beizulegenden Zeitwert angesetzt wird, weil sein beizulegender Zeitwert nicht verlässlich ermittelt werden kann, oder bei einem derivativen Vermögenswert, der mit diesem nicht notierten Eigenkapitalinstrument verknüpft ist und nur durch Andienung erfüllt werden kann, eine Wertminderung eingetreten ist, so ergibt sich der Betrag der Wertberichtigung aus der Differenz zwischen dem Buchwert des finanziellen Vermögenswertes und dem Barwert der geschätzten künftigen Cashflows, die mit der aktuellen Marktrendite eines vergleichbaren finanziellen Vermögenswertes abgezinst werden (siehe Paragraph 46 (c) und Anhang A Paragraph A80 und A81). Solche Wertberichtigungen dürfen nicht rückgängig gemacht werden.

Zur Veräußerung verfügbare finanzielle Vermögenswerte

67 Wenn ein Rückgang des beizulegenden Zeitwerts eines zur Veräußerung verfügbaren finanziellen Vermögenswertes im sonstigen Ergebnis erfasst wurde und ein objektiver Hinweis auf Wertminderung dieses Vermögenswerts vorliegt (siehe Paragraph 59), ist der direkt im Eigenkapital angesetzte kumulierte Verlust vom Eigenkapital in Gewinn oder Verlust umzugliedern, auch wenn der finanzielle Vermögenswert nicht ausgebucht wurde.

68 Der gemäß Paragraph 67 aus dem Eigenkapital in den Gewinn oder Verlust umgegliederte kumulierte Verlust ist die Differenz zwischen den Anschaffungskosten (abzüglich etwaiger Tilgungen und Amortisationen) und dem aktuellen beizulegenden Zeitwert, abzüglich etwaiger, bereits früher ergebniswirksam erfasster Wertberichtigungen dieses finanziellen Vermögenswertes.

69 Ergebniswirksam erfasste Wertberichtigungen für ein gehaltenes Eigenkapitalinstrument, das als zur Veräußerung verfügbar eingestuft wird, dürfen nicht ergebniswirksam rückgängig gemacht werden.

In addition to the types of events in paragraph 59, objective evidence of impairment for an investment in an equity instrument includes information about significant changes with an adverse effect that have taken place in the technological, market, economic or legal environment in which the issuer operates, and indicates that the cost of the investment in the equity instrument may not be recovered. A significant or prolonged decline in the fair value of an investment in an equity instrument below its cost is also objective evidence of impairment. **61**

In some cases the observable data required to estimate the amount of an impairment loss on a financial asset may be limited or no longer fully relevant to current circumstances. For example, this may be the case when a borrower is in financial difficulties and there are few available historical data relating to similar borrowers. In such cases, an entity uses its experienced judgement to estimate the amount of any impairment loss. Similarly an entity uses its experienced judgement to adjust observable data for a group of financial assets to reflect current circumstances (see paragraph AG89). The use of reasonable estimates is an essential part of the preparation of financial statements and does not undermine their reliability. **62**

Financial assets carried at amortised cost

If there is objective evidence that an impairment loss on loans and receivables or held-to-maturity investments carried at amortised cost has been incurred, the amount of the loss is measured as the difference between the asset's carrying amount and the present value of estimated future cash flows (excluding future credit losses that have not been incurred) discounted at the financial asset's original effective interest rate (i.e. the effective interest rate computed at initial recognition). The carrying amount of the asset shall be reduced either directly or through use of an allowance account. The amount of the loss shall be recognised in profit or loss. **63**

An entity first assesses whether objective evidence of impairment exists individually for financial assets that are individually significant, and individually or collectively for financial assets that are not individually significant (see paragraph 59). If an entity determines that no objective evidence of impairment exists for an individually assessed financial asset, whether significant or not, it includes the asset in a group of financial assets with similar credit risk characteristics and collectively assesses them for impairment. Assets that are individually assessed for impairment and for which an impairment loss is or continues to be recognised are not included in a collective assessment of impairment. **64**

If, in a subsequent period, the amount of the impairment loss decreases and the decrease can be related objectively to an event occurring after the impairment was recognised (such as an improvement in the debtor's credit rating), the previously recognised impairment loss shall be reversed either directly or by adjusting an allowance account. The reversal shall not result in a carrying amount of the financial asset that exceeds what the amortised cost would have been had the impairment not been recognised at the date the impairment is reversed. The amount of the reversal shall be recognised in profit or loss. **65**

Financial assets carried at cost

If there is objective evidence that an impairment loss has been incurred on an unquoted equity instrument that is not carried at fair value because its fair value cannot be reliably measured, or on a derivative asset that is linked to and must be settled by delivery of such an unquoted equity instrument, the amount of the impairment loss is measured as the difference between the carrying amount of the financial asset and the present value of estimated future cash flows discounted at the current market rate of return for a similar financial asset (see paragraph 46 (c) and Appendix A paragraphs AG80 and AG81). Such impairment losses shall not be reversed. **66**

Available-for-sale financial assets

When a decline in the fair value of an available-for-sale financial asset has been recognised in other comprehensive income and there is objective evidence that the asset is impaired (see paragraph 59), the cumulative loss that had been recognised in other comprehensive income shall be reclassified from equity to profit or loss as a reclassification adjustment even though the financial asset has not been derecognised. **67**

The amount of the cumulative loss that is reclassified from equity to profit or loss under paragraph 67 shall be the difference between the acquisition cost (net of any principal repayment and amortisation) and current fair value, less any impairment loss on that financial asset previously recognised in profit or loss. **68**

Impairment losses recognised in profit or loss for an investment in an equity instrument classified as available for sale shall not be reversed through profit or loss. **69**

70 Wenn sich der beizulegende Zeitwert eines Schuldinstruments, das als zur Veräußerung verfügbar eingestuft wurde, in einer folgenden Periode erhöht und sich diese Erhöhung objektiv auf ein Ereignis zurückführen lässt, das nach der ergebniswirksamen Verbuchung der Wertminderung eingetreten ist, ist die Wertberichtigung rückgängig zu machen und der Betrag der Wertaufholung ergebniswirksam zu erfassen.

SICHERUNGSGESCHÄFTE

71 Besteht zwischen einem Sicherungsinstrument und einem in den Paragraphen 85–88 und Anhang A Paragraphen A102–A104 beschriebenen gesicherten Grundgeschäft eine designierte Sicherungsbeziehung, so werden die Gewinne und Verluste aus dem Sicherungsinstrument und dem gesicherten Grundgeschäft nach den Paragraphen 89–102 bilanziert.

Sicherungsinstrumente

Qualifizierende Instrumente

72 Sofern die in Paragraph 88 genannten Bedingungen erfüllt sind, werden in diesem Standard die Umstände, unter denen ein Derivat zum Sicherungsinstrument bestimmt werden kann, nicht beschränkt; davon ausgenommen sind nur bestimmte geschriebene Optionen (siehe Anhang A Paragraph A94). Nicht derivative finanzielle Vermögenswerte oder Verbindlichkeiten können jedoch nur als Sicherungsinstrumente bestimmt werden, wenn sie der Absicherung eines Währungsrisikos dienen sollen.

73 Für die Bilanzierung von Sicherungsgeschäften können als Sicherungsinstrumente nur Finanzinstrumente bestimmt werden, an denen eine nicht zum berichtenden Unternehmen gehörende externe Partei (d. h. außerhalb der Unternehmensgruppe oder des einzelnen Unternehmens, über die/das berichtet wird) beteiligt ist. Zwar können einzelne Unternehmen innerhalb eines Konzerns oder einzelne Abteilungen innerhalb eines Unternehmens mit anderen Unternehmen des gleichen Konzerns oder anderen Abteilungen des gleichen Unternehmens Sicherungsgeschäfte tätigen, doch werden solche konzerninternen Transaktionen bei der Konsolidierung eliminiert und kommen somit für eine Bilanzierung von Sicherungsgeschäften im Konzernabschluss der Unternehmensgruppe nicht in Frage. Sie können jedoch die Bedingungen für eine Bilanzierung von Sicherungsgeschäften in den Einzelabschlüssen einzelner Unternehmen der Gruppe erfüllen, sofern sie nicht zu dem Einzelunternehmen gehören, über das berichtet wird.

Bestimmung von Sicherungsinstrumenten

74 In der Regel existiert für ein Sicherungsinstrument in seiner Gesamtheit nur ein einziger beizulegender Zeitwert, und die Faktoren, die bei diesem zu Änderungen führen, bedingen sich gegenseitig. Daher wird eine Sicherungsbeziehung von einem Unternehmen stets für ein Sicherungsinstrument in seiner Gesamtheit designiert. Die einzigen zulässigen Ausnahmen sind:
    (a) die Trennung eines Optionskontrakts in inneren Wert und Zeitwert, wobei nur die Änderung des inneren Werts einer Option als Sicherungsinstrument bestimmt und die Änderung des Zeitwerts ausgeklammert wird; sowie
    (b) die Trennung von Zinskomponente und Kassakurs eines Terminkontrakts.
    Diese Ausnahmen werden zugelassen, da der innere Wert der Option und die Prämie eines Terminkontrakts in der Regel getrennt bewertet werden können. Eine dynamische Sicherungsstrategie, bei der sowohl der innere Wert als auch der Zeitwert eines Optionskontrakts bewertet werden, kann die Bedingungen für die Bilanzierung von Sicherungsgeschäften erfüllen.

75 In einer Sicherungsbeziehung kann ein Teil des gesamten Sicherungsinstruments, beispielsweise 50 Prozent des Nominalvolumens, als Sicherungsinstrument bestimmt werden. Jedoch kann eine Sicherungsbeziehung nicht nur für einen Teil der Zeit, über den das Sicherungsinstrument noch läuft, bestimmt werden.

76 Ein einzelnes Sicherungsinstrument kann zur Absicherung verschiedener Risiken eingesetzt werden, wenn (a) die abzusichernden Risiken eindeutig ermittelt werden können, (b) die Wirksamkeit des Sicherungsgeschäfts nachgewiesen werden kann und (c) es möglich ist, eine exakte Zuordnung des Sicherungsinstruments zu den verschiedenen Risikopositionen zu gewährleisten.

77 Zwei oder mehrere Derivate oder Anteile davon (oder im Falle der Absicherung eines Währungsrisikos zwei oder mehrere nicht derivative Instrumente oder Anteile davon bzw. eine Kombination aus derivativen und nicht derivativen Instrumenten oder Anteilen davon) können auch dann in Verbindung berücksichtigt und zusammen als Sicherungsinstrument eingesetzt werden, wenn das/die aus einigen Derivaten resultierende(n) Risiko/Risiken das/die aus anderen resultierende (n) Risiko/Risiken ausgleicht/ausgleichen. Ein Collar oder ein anderes derivatives Finanzinstrument, bei dem eine geschriebene Option mit einer erworbenen Option kombiniert wird, erfüllt jedoch nicht die Anforderungen an ein Sicherungsinstrument, wenn es sich netto um eine geschriebene Option handelt (für die eine Nettoprämie vereinnahmt wird). Ebenso können zwei oder mehrere Finanzinstrumente (oder Anteile davon) als Sicherungsinstrumente designiert werden, jedoch nur wenn keines von ihnen eine geschriebene Option bzw. netto eine geschriebene Option ist.

If, in a subsequent period, the fair value of a debt instrument classified as available for sale increases and the increase can be objectively related to an event occurring after the impairment loss was recognised in profit or loss, the impairment loss shall be reversed, with the amount of the reversal recognised in profit or loss. **70**

HEDGING

If there is a designated hedging relationship between a hedging instrument and a hedged item as described in paragraphs 85—88 and Appendix A paragraphs AG102—AG104, accounting for the gain or loss on the hedging instrument and the hedged item shall follow paragraphs 89—102. **71**

Hedging instruments

Qualifying instruments

This standard does not restrict the circumstances in which a derivative may be designated as a hedging instrument provided the conditions in paragraph 88 are met, except for some written options (see Appendix A paragraph AG94). However, a non-derivative financial asset or non-derivative financial liability may be designated as a hedging instrument only for a hedge of a foreign currency risk. **72**

For hedge accounting purposes, only instruments that involve a party external to the reporting entity (i.e. external to the group or individual entity that is being reported on) can be designated as hedging instruments. Although individual entities within a consolidated group or divisions within an entity may enter into hedging transactions with other entities within the group or divisions within the entity, any such intragroup transactions are eliminated on consolidation. Therefore, such hedging transactions do not qualify for hedge accounting in the consolidated financial statements of the group. However, they may qualify for hedge accounting in the individual or separate financial statements of individual entities within the group provided that they are external to the individual entity that is being reported on. **73**

Designation of hedging instruments

There is normally a single fair value measure for a hedging instrument in its entirety, and the factors that cause changes in fair value are co-dependent. Thus, a hedging relationship is designated by an entity for a hedging instrument in its entirety. The only exceptions permitted are: **74**

(a) separating the intrinsic value and time value of an option contract and designating as the hedging instrument only the change in intrinsic value of an option and excluding change in its time value; and

(b) separating the interest element and the spot price of a forward contract.

These exceptions are permitted because the intrinsic value of the option and the premium on the forward can generally be measured separately. A dynamic hedging strategy that assesses both the intrinsic value and time value of an option contract can qualify for hedge accounting.

A proportion of the entire hedging instrument, such as 50 per cent of the notional amount, may be designated as the hedging instrument in a hedging relationship. However, a hedging relationship may not be designated for only a portion of the time period during which a hedging instrument remains outstanding. **75**

A single hedging instrument may be designated as a hedge of more than one type of risk provided that (a) the risks hedged can be identified clearly; (b) the effectiveness of the hedge can be demonstrated; and (c) it is possible to ensure that there is specific designation of the hedging instrument and different risk positions. **76**

Two or more derivatives, or proportions of them (or, in the case of a hedge of currency risk, two or more non-derivatives or proportions of them, or a combination of derivatives and non-derivatives or proportions of them), may be viewed in combination and jointly designated as the hedging instrument, including when the risk(s) arising from some derivatives offset(s) those arising from others. However, an interest rate collar or other derivative instrument that combines a written option and a purchased option does not qualify as a hedging instrument if it is, in effect, a net written option (for which a net premium is received). Similarly, two or more instruments (or proportions of them) may be designated as the hedging instrument only if none of them is a written option or a net written option. **77**

Qualifizierende Grundgeschäfte

78 Ein gesichertes Grundgeschäft kann ein bilanzierter Vermögenswert oder eine bilanzierte Verbindlichkeit, eine bilanzunwirksame feste Verpflichtung, eine erwartete und mit hoher Wahrscheinlichkeit eintretende künftige Transaktion oder eine Nettoinvestition in einen ausländischen Geschäftsbetrieb sein. Dabei kann es sich (a) um einen einzelnen Vermögenswert, eine einzelne Verbindlichkeit, eine einzelne feste Verpflichtung, eine erwartete und mit hoher Wahrscheinlichkeit eintretende künftige Einzeltransaktion oder eine einzelne Nettoinvestition in einen ausländischen Geschäftsbetrieb oder (b) um eine Gruppe von Vermögenswerten, Verbindlichkeiten, festen Verpflichtungen, erwarteten und mit hoher Wahrscheinlichkeit eintretenden künftigen Transaktionen oder Nettoinvestitionen in ausländische Geschäftsbetriebe mit vergleichbarem Risikoprofil oder (c) bei der Absicherung eines Portfolios gegen Zinsänderungsrisiken um einen Teil eines Portfolios an finanziellen Vermögenswerten oder Verbindlichkeiten, die demselben Risiko unterliegen, handeln.

79 Im Gegensatz zu Krediten und Forderungen kann eine bis zur Endfälligkeit zu haltende Finanzinvestition kein im Hinblick auf Zins- oder Kündigungsrisiken gesichertes Grundgeschäft sein, da die Einstufung als bis zur Endfälligkeit zu haltende Finanzinvestition die Absicht voraussetzt, die Finanzinvestition ohne Rücksicht auf zinsänderungsbedingte Schwankungen des beizulegenden Zeitwerts oder der Cashflows einer solchen Finanzinvestition auch tatsächlich bis zur Endfälligkeit zu halten. Eine bis zur Endfälligkeit zu haltende Finanzinvestition kann jedoch ein Grundgeschäft zur Absicherung von Währungs- und Ausfallrisiken sein.

80 Für die Bilanzierung von Sicherungsgeschäften können als gesicherte Grundgeschäfte nur Vermögenswerte, Verbindlichkeiten, feste Verpflichtungen oder erwartete und mit hoher Wahrscheinlichkeit eintretende künftige Transaktionen bestimmt werden, an denen eine nicht zum Unternehmen gehörende externe Partei beteiligt ist. Daraus folgt, dass Transaktionen zwischen Unternehmen derselben Unternehmensgruppe nur in den Einzelabschlüssen dieser Unternehmen, nicht aber im Konzernabschluss der Unternehmensgruppe als Sicherungsgeschäfte bilanziert werden können; davon ausgenommen sind die Konzernabschlüsse einer Investmentgesellschaft im Sinne von IFRS 10: in diesem Fall werden Transaktionen zwischen einer Investmentgesellschaft und ihren Tochterunternehmen, die ergebniswirksam zum beizulegenden Zeitwert bewertet werden, im Konzernabschluss dieses Konzernabschlusses nicht eliminiert. Eine Ausnahme stellt das Währungsrisiko aus einem konzerninternen monetären Posten (z. B. eine Verbindlichkeit/Forderung zwischen zwei Tochtergesellschaften) dar, das die Voraussetzung für ein Grundgeschäft im Konzernabschluss erfüllt, wenn es zu Gewinnen oder Verlusten aus einer Wechselkursrisikoposition führt, die gemäß IAS 21 *Auswirkungen von Wechselkursänderungen* bei der Konsolidierung nicht vollkommen eliminiert werden. Gemäß IAS 21 werden Wechselkursgewinne und -verluste von konzerninternen monetären Posten bei der Konsolidierung nicht vollkommen eliminiert, wenn der konzerninterne monetäre Posten zwischen zwei Unternehmen des Konzerns mit unterschiedlichen funktionalen Währungen abgewickelt wird. Des Weiteren können Währungsrisiken einer höchstwahrscheinlich eintretenden künftigen konzerninternen Transaktion die Kriterien eines gesicherten Grundgeschäfts für den Konzernabschluss erfüllen, sofern die Transaktion in einer anderen Währung als der funktionalen Währung des Unternehmens, das diese Transaktion abschließt, abgewickelt wird und sich das Währungsrisiko im Konzernergebnis niederschlägt.

Bestimmung finanzieller Posten als gesicherte Grundgeschäfte

81 Ist das gesicherte Grundgeschäft ein finanzieller Vermögenswert oder eine finanzielle Verbindlichkeit, so kann sich die Absicherung – sofern deren Wirksamkeit ermittelt werden kann – auf Risiken beschränken, denen lediglich ein Teil seiner Cashflows oder seines beizulegenden Zeitwertes ausgesetzt ist (wie ein oder mehrere ausgewählte vertragliche Cashflows oder Teile derer oder ein Anteil am beizulegenden Zeitwert). So kann beispielsweise ein identifizierbarer und gesondert bewertbarer Teil des Zinsrisikos eines zinstragenden Vermögenswertes oder einer zinstragenden Verbindlichkeit als ein gesichertes Risiko bestimmt werden (wie z. B. ein risikoloser Zinssatz oder ein Benchmarkzinsteil des gesamten Zinsrisikos eines gesicherten Finanzinstruments).

81A Bei der Absicherung des beizulegenden Zeitwerts gegen das Zinsänderungsrisiko eines Portfolios finanzieller Vermögenswerte oder Verbindlichkeiten (und nur im Falle einer solchen Absicherung) kann der abgesicherte Teil anstatt als einzelner Vermögenswert (oder einzelne Verbindlichkeit) in Form eines Währungsbetrags (z. B. eines Dollar-, Euro-, Pfund- oder Rand-Betrags) festgelegt werden. Auch wenn das Portfolio für Zwecke des Risikomanagements Vermögenswerte und Verbindlichkeiten beinhalten kann, ist der festgelegte Betrag ein Betrag von Vermögenswerten oder ein Betrag von Verbindlichkeiten. Die Festlegung eines Nettobetrags (z. B. von Vermögenswerten und Verbindlichkeiten) ist nicht statthaft. Das Unternehmen kann einen Teil des mit diesem festgelegten Betrag verbundenen Zinsänderungsrisikos absichern. So kann es beispielsweise bei der Absicherung eines Portfolios aus vorzeitig rückzahlbaren Vermögenswerten etwaige Änderungen des beizulegenden Zeitwerts, die auf Änderungen beim abgesicherten Zinssatz zurückzuführen sind, auf Grundlage der erwarteten statt der vertraglichen Zinsanpassungstermine absichern. [...].

Bestimmung nicht finanzieller Posten als gesicherte Grundgeschäfte

82 Handelt es sich bei dem gesicherten Grundgeschäft nicht um einen finanziellen Vermögenswert oder eine finanzielle Verbindlichkeit, so ist es entweder als ein gegen Währungsrisiken oder als ein insgesamt gegen alle Risiken gesichertes Geschäft zu bestimmen, denn zu ermitteln, in welchem Verhältnis die Veränderungen bei Cashflows und beizulegendem Zeitwert den einzelnen Risiken zuzuordnen sind, wäre mit Ausnahme des Währungsrisikos äußerst schwierig.

Hedged items

Qualifying items

A hedged item can be a recognised asset or liability, an unrecognised firm commitment, a highly probable forecast trans-   **78** action or a net investment in a foreign operation. The hedged item can be (a) a single asset, liability, firm commitment, highly probable forecast transaction or net investment in a foreign operation, (b) a group of assets, liabilities, firm commitments, highly probable forecast transactions or net investments in foreign operations with similar risk characteristics or (c) in a portfolio hedge of interest rate risk only, a portion of the portfolio of financial assets or financial liabilities that share the risk being hedged.

Unlike loans and receivables, a held-to-maturity investment cannot be a hedged item with respect to interest-rate risk or   **79** prepayment risk because designation of an investment as held to maturity requires an intention to hold the investment until maturity without regard to changes in the fair value or cash flows of such an investment attributable to changes in interest rates. However, a held-to-maturity investment can be a hedged item with respect to risks from changes in foreign currency exchange rates and credit risk.

For hedge accounting purposes, only assets, liabilities, firm commitments or highly probable forecast transactions that   **80** involve a party external to the entity can be designated as hedged items. It follows that hedge accounting can be applied to transactions between entities in the same group only in the individual or separate financial statements of those entities and not in the consolidated financial statements of the group, except for the consolidated financial statements of an investment entity, as defined in IFRS 10, where transactions between an investment entity and its subsidiaries measured at fair value through profit or loss will not be eliminated in the consolidated financial statements. As an exception, the foreign currency risk of an intragroup monetary item (e.g. a payable/receivable between two subsidiaries) may qualify as a hedged item in the consolidated financial statements if it results in an exposure to foreign exchange rate gains or losses that are not fully eliminated on consolidation in accordance with IAS 21 *The effects of changes in foreign exchange rates*. In accordance with IAS 21, foreign exchange rate gains and losses on intragroup monetary items are not fully eliminated on consolidation when the intragroup monetary item is transacted between two group entities that have different functional currencies. In addition, the foreign currency risk of a highly probable forecast intragroup transaction may qualify as a hedged item in consolidated financial statements provided that the transaction is denominated in a currency other than the functional currency of the entity entering into that transaction and the foreign currency risk will affect consolidated profit or loss.

Designation of financial items as hedged items

If the hedged item is a financial asset or financial liability, it may be a hedged item with respect to the risks associated   **81** with only a portion of its cash flows or fair value (such as one or more selected contractual cash flows or portions of them or a percentage of the fair value) provided that effectiveness can be measured. For example, an identifiable and separately measurable portion of the interest rate exposure of an interest-bearing asset or interest-bearing liability may be designated as the hedged risk (such as a risk-free interest rate or benchmark interest rate component of the total interest rate exposure of a hedged financial instrument).

In a fair value hedge of the interest rate exposure of a portfolio of financial assets or financial liabilities (and only in such   **81A** a hedge), the portion hedged may be designated in terms of an amount of a currency (e.g. an amount of dollars, euro, pounds or rand) rather than as individual assets (or liabilities). Although the portfolio may, for risk management purposes, include assets and liabilities, the amount designated is an amount of assets or an amount of liabilities. Designation of a net amount including assets and liabilities is not permitted. The entity may hedge a portion of the interest rate risk associated with this designated amount. For example, in the case of a hedge of a portfolio containing prepayable assets, the entity may hedge the change in fair value that is attributable to a change in the hedged interest rate on the basis of expected, rather than contractual, repricing dates. [...].

Designation of non-financial items as hedged items

If the hedged item is a non-financial asset or non-financial liability, it shall be designated as a hedged item (a) for foreign   **82** currency risks, or (b) in its entirety for all risks, because of the difficulty of isolating and measuring the appropriate portion of the cash flows or fair value changes attributable to specific risks other than foreign currency risks.

Bestimmung von Gruppen von Posten als gesicherte Grundgeschäfte

83 Gleichartige Vermögenswerte oder Verbindlichkeiten sind nur dann zusammenzufassen und als Gruppe gegen Risiken abzusichern, wenn die einzelnen Vermögenswerte oder Verbindlichkeiten in der Gruppe demselben, als abgesichert bestimmten Risikofaktor unterliegen. Des Weiteren muss zu erwarten sein, dass die dem abgesicherten Risiko der einzelnen Posten der Gruppe zuzurechnende Änderung des beizulegenden Zeitwerts zu der dem abgesicherten Risiko der gesamten Gruppe zuzurechnenden Änderung des beizulegenden Zeitwerts in etwa in einem proportionalen Verhältnis steht.

84 Da ein Unternehmen die Wirksamkeit einer Absicherung beurteilt, indem es die Änderung des beizulegenden Zeitwerts oder des Cashflows eines Sicherungsinstruments (oder einer Gruppe gleichartiger Sicherungsinstrumente) mit den entsprechenden Änderungen beim Grundgeschäft (oder einer Gruppe gleichartiger Grundgeschäfte) vergleicht, kommt ein Vergleich, bei dem ein Sicherungsinstrument nicht einem bestimmten Grundgeschäft, sondern einer gesamten Nettoposition (z. B. dem Saldo aller festverzinslichen Vermögenswerte und festverzinslichen Verbindlichkeiten mit vergleichbaren Laufzeiten) gegenübergestellt wird, nicht für eine Bilanzierung von Sicherungsgeschäften in Frage.

Bilanzierung von Sicherungsgeschäften

85 Bei der Bilanzierung von Sicherungsgeschäften wird der kompensatorische Effekt von Änderungen des beizulegenden Zeitwerts des Sicherungsinstruments und des Grundgeschäfts in der Gesamtergebnisrechnung erfasst.

86 Es gibt drei Arten von Sicherungsgeschäften:
(a) *Absicherung des beizulegenden Zeitwerts:* Eine Absicherung des Risikos, dass sich der beizulegende Zeitwert eines bilanzierten Vermögenswertes oder einer bilanzierten Verbindlichkeit oder einer bilanzunwirksamen festen Verpflichtung oder eines genau bezeichneten, auf ein bestimmtes Risiko zurückzuführenden Teils eines solchen Vermögenswertes, einer solchen Verbindlichkeit oder festen Verpflichtung ändert und auf den Gewinn oder Verlust auswirkt.
(b) *Absicherung von Zahlungsströmen:* Eine Absicherung gegen das Risiko schwankender Zahlungsströme, das (i) auf ein bestimmtes mit dem bilanzierten Vermögenswert oder der bilanzierten Verbindlichkeit (wie beispielsweise ein Teil oder alle künftigen Zinszahlungen einer variabel verzinslichen Schuld) oder dem mit einer erwarteten und mit hoher Wahrscheinlichkeit eintretenden künftigen Transaktion verbundenes Risiko zurückzuführen ist und (ii) Auswirkungen auf den Gewinn oder Verlust haben könnte.
(c) *Absicherung einer Nettoinvestition in einen ausländischen Geschäftsbetrieb,* im Sinne von IAS 21.

87 Eine Absicherung des Währungsrisikos einer festen Verpflichtung kann als eine Absicherung des beizulegenden Zeitwerts oder als eine Absicherung von Zahlungsströmen bilanziert werden.

88 **Eine Sicherungsbeziehung erfüllt nur dann die Voraussetzungen für die Bilanzierung von Sicherungsgeschäften gemäß den Paragraphen 89–102, wenn alle folgenden Bedingungen erfüllt sind:**
(a) **Zu Beginn der Absicherung sind sowohl die Sicherungsbeziehung als auch die Risikomanagementzielsetzungen und -strategien, die das Unternehmen im Hinblick auf die Absicherung verfolgt, formal festzulegen und zu dokumentieren. Diese Dokumentation hat die Festlegung des Sicherungsinstruments, des Grundgeschäfts oder der abgesicherten Transaktion und die Art des abzusichernden Risikos zu beinhalten sowie eine Beschreibung, wie das Unternehmen die Wirksamkeit des Sicherungsinstruments bei der Kompensation der Risiken aus Änderungen des beizulegenden Zeitwertes oder der Cashflows des gesicherten Grundgeschäfts bestimmen wird.**
(b) **Es wird davon ausgegangen, dass das Ziel, Änderungen bei beizulegendem Zeitwert oder Cashflows, die dem abgesicherten Risiko zuzuordnen sind, der für diese spezielle Sicherungsbeziehung ursprünglich dokumentierten Risikomanagementstrategie entsprechend zu kompensieren, mit der betreffenden Absicherung mit hoher Wahrscheinlichkeit erreicht wird (siehe Anhang A Paragraphen A105–A113).**
(c) **Bei Absicherungen von Zahlungsströmen muss eine der Absicherung zugrunde liegende erwartete künftige Transaktion eine hohe Eintrittswahrscheinlichkeit haben und Risiken im Hinblick auf Schwankungen der Zahlungsströme ausgesetzt sein, die sich letztlich im Gewinn oder Verlust niederschlagen könnten.**
(d) **Die Wirksamkeit des Sicherungsgeschäfts ist verlässlich bestimmbar, d. h. der beizulegende Zeitwert oder die Cashflows des Grundgeschäfts, die auf das abgesicherte Risiko zurückzuführen sind, und der beizulegende Zeitwert des Sicherungsinstruments können verlässlich bestimmt werden.**
(e) **Das Sicherungsgeschäft wird fortlaufend bewertet und für sämtliche Rechnungslegungsperioden, für die es designiert wurde, als faktisch hoch wirksam beurteilt.**

Absicherung des beizulegenden Zeitwertes

89 Erfüllt die Absicherung des beizulegenden Zeitwertes im Verlauf der Periode die in Paragraph 88 genannten Voraussetzungen, so ist sie wie folgt zu bilanzieren:
(a) der Gewinn oder Verlust aus der erneuten Bewertung des Sicherungsinstruments zum beizulegenden Zeitwert (für ein derivatives Sicherungsinstrument) oder die Währungskomponente seines gemäß IAS 21 bewerteten Buchwertes (für nicht derivative Sicherungsinstrumente) ist im Gewinn oder Verlust zu erfassen; und

Designation of groups of items as hedged items

Similar assets or similar liabilities shall be aggregated and hedged as a group only if the individual assets or individual **83** liabilities in the group share the risk exposure that is designated as being hedged. Furthermore, the change in fair value attributable to the hedged risk for each individual item in the group shall be expected to be approximately proportional to the overall change in fair value attributable to the hedged risk of the group of items.

Because an entity assesses hedge effectiveness by comparing the change in the fair value or cash flow of a hedging instru- **84** ment (or group of similar hedging instruments) and a hedged item (or group of similar hedged items), comparing a hedging instrument with an overall net position (e.g. the net of all fixed rate assets and fixed rate liabilities with similar maturities), rather than with a specific hedged item, does not qualify for hedge accounting.

Hedge accounting

Hedge accounting recognises the offsetting effects on profit or loss of changes in the fair values of the hedging instrument **85** and the hedged item.

Hedging relationships are of three types: **86**
(a) *fair value hedge*: a hedge of the exposure to changes in fair value of a recognised asset or liability or an unrecognised firm commitment, or an identified portion of such an asset, liability or firm commitment, that is attributable to a particular risk and could affect profit or loss;
(b) *cash flow hedge*: a hedge of the exposure to variability in cash flows that (i) is attributable to a particular risk associated with a recognised asset or liability (such as all or some future interest payments on variable rate debt) or a highly probable forecast transaction and (ii) could affect profit or loss;
(c) *hedge of a net investment in a foreign operation* as defined in IAS 21.

A hedge of the foreign currency risk of a firm commitment may be accounted for as a fair value hedge or as a cash flow **87** hedge.

A hedging relationship qualifies for hedge accounting under paragraphs 89—102 if, and only if, all of the following **88** **conditions are met.**
(a) At the inception of the hedge there is formal designation and documentation of the hedging relationship and the entity's risk management objective and strategy for undertaking the hedge. That documentation shall include identification of the hedging instrument, the hedged item or transaction, the nature of the risk being hedged and how the entity will assess the hedging instrument's effectiveness in offsetting the exposure to changes in the hedged item's fair value or cash flows attributable to the hedged risk.
(b) The hedge is expected to be highly effective (see Appendix A paragraphs AG105—AG113) in achieving offsetting changes in fair value or cash flows attributable to the hedged risk, consistently with the originally documented risk management strategy for that particular hedging relationship.
(c) For cash flow hedges, a forecast transaction that is the subject of the hedge must be highly probable and must present an exposure to variations in cash flows that could ultimately affect profit or loss.
(d) The effectiveness of the hedge can be reliably measured, ie the fair value or cash flows of the hedged item that are attributable to the hedged risk and the fair value of the hedging instrument can be reliably measured.
(e) The hedge is assessed on an ongoing basis and determined actually to have been highly effective throughout the financial reporting periods for which the hedge was designated.

Fair value hedges

If a fair value hedge meets the conditions in paragraph 88 during the period, it shall be accounted for as follows: **89**
(a) the gain or loss from remeasuring the hedging instrument at fair value (for a derivative hedging instrument) or the foreign currency component of its carrying amount measured in accordance with IAS 21 (for a non-derivative hedging instrument) shall be recognised in profit or loss; and

(b) der Buchwert eines Grundgeschäfts ist um den dem abgesicherten Risiko zuzurechnenden Gewinn oder Verlust aus dem Grundgeschäft anzupassen und im Gewinn oder Verlust zu erfassen. Dies gilt für den Fall, dass das Grundgeschäft ansonsten zu den Anschaffungskosten bewertet wird. Der dem abgesicherten Risiko zuzurechnende Gewinn oder Verlust ist im Gewinn oder Verlust zu erfassen, wenn es sich bei dem Grundgeschäft um einen zur Veräußerung verfügbaren finanziellen Vermögenswert handelt.

89A Bei einer Absicherung des beizulegenden Zeitwertes gegen das Zinsänderungsrisiko eines Teils eines Portfolios finanzieller Vermögenswerte oder finanzieller Verbindlichkeiten (und nur im Falle einer solchen Absicherung) kann die Anforderung von Paragraph 89 (b) erfüllt werden, indem der dem Grundgeschäft zuzurechnende Gewinn oder Verlust entweder durch:

(a) einen einzelnen gesonderten Posten innerhalb der Vermögenswerte für jene Zinsanpassungsperioden, in denen das Grundgeschäft ein Vermögenswert ist, oder

(b) einen einzelnen gesonderten Posten innerhalb der Verbindlichkeiten für jene Zinsanpassungsperioden, in denen das Grundgeschäft eine Verbindlichkeit ist.

Die unter (a) und (b) genannten gesonderten Posten sind in unmittelbarer Nähe der finanziellen Vermögenswerte bzw. Verbindlichkeiten darzustellen. Die in diesen gesonderten Posten ausgewiesenen Beträge sind bei der Ausbuchung der dazugehörigen Vermögenswerte oder Verbindlichkeiten aus der Bilanz zu entfernen.

90 Werden nur bestimmte, mit dem Grundgeschäft verbundene Risiken abgesichert, sind erfasste Änderungen des beizulegenden Zeitwertes eines Grundgeschäfts, die nicht dem abgesicherten Risiko zuzurechnen sind, nach einer der beiden Methoden in Paragraph 55 zu bilanzieren.

91 **Ein Unternehmen hat die in Paragraph 89 dargelegte Bilanzierung von Sicherungsgeschäften künftig einzustellen, wenn**

(a) **das Sicherungsinstrument ausläuft oder veräußert, beendet oder ausgeübt wird. In diesem Sinne gilt die Ersetzung oder Fortsetzung eines Sicherungsinstruments durch ein anderes nicht als Auslaufen oder Beendigung, wenn eine derartige Ersetzung oder Fortsetzung Teil der dokumentierten Sicherungsstrategie des Unternehmens ist. Ebenfalls nicht als Auslaufen oder Beendigung eines Sicherungsinstruments zu betrachten ist es, wenn**

(i) **die Parteien des Sicherungsinstruments infolge bestehender oder neu erlassener Gesetzes- oder Regulierungsvorschriften vereinbaren, dass eine oder mehrere Clearing-Parteien ihre ursprüngliche Gegenpartei ersetzen und diese die neue Gegenpartei aller Parteien wird. Eine Clearing-Gegenpartei in diesem Sinne ist eine zentrale Gegenpartei (mitunter „Clearingstelle" oder „Clearinghaus" genannt) oder ein bzw. mehrere Unternehmen, wie ein Mitglied einer Clearingstelle oder ein Kunde eines Mitglieds einer Clearingstelle, die als Gegenpartei auftreten, damit das Clearing durch eine zentrale Gegenpartei erfolgt. Ersetzen die Parteien des Sicherungsinstruments ihre ursprünglichen Gegenparteien allerdings durch unterschiedliche Gegenparteien, so gilt dieser Paragraph nur dann, wenn jede dieser Parteien ihr Clearing bei derselben zentralen Gegenpartei durchführt;**

(ii) **etwaige andere Änderungen beim Sicherungsinstrument nicht über den für eine solche Ersetzung der Gegenpartei notwendigen Umfang hinausgehen. Auch müssen derartige Änderungen auf solche beschränkt sein, die den Bedingungen entsprechen, die zu erwarten wären, wenn das Sicherungsinstrument von Anfang an bei der Clearing-Gegenpartei gecleart worden wäre. Hierzu zählen auch Änderungen bei den Anforderungen an Sicherheiten, den Rechten auf Aufrechnung von Forderungen und Verbindlichkeiten und den erhobenen Entgelten.**

(b) **das Sicherungsgeschäft nicht mehr die in Paragraph 88 genannten Kriterien für eine Bilanzierung solcher Geschäfte erfüllt; oder**

(c) **das Unternehmen die Designation zurückzieht.**

92 Jede auf Paragraph 89 (b) beruhende Berichtigung des Buchwertes eines gesicherten Finanzinstruments, das zu fortgeführten Anschaffungskosten bewertet wird (oder im Falle einer Absicherung eines Portfolios gegen Zinsänderungsrisiken des gesonderten Bilanzposten, wie in Paragraph 89A beschrieben) ist ergebniswirksam aufzulösen. Sobald es eine Berichtigung gibt, kann die Auflösung beginnen, sie darf aber nicht später als zu dem Zeitpunkt beginnen, an dem das Grundgeschäft nicht mehr um Änderungen des beizulegenden Zeitwertes, die auf das abzusichernde Risiko zurückzuführen sind, angepasst wird. Die Berichtigung basiert auf einem zum Zeitpunkt des Amortisationsbeginns neu berechneten Effektivzinssatz. Wenn jedoch im Falle einer Absicherung des beizulegenden Zeitwerts gegen Zinsänderungsrisiken eines Portfolios finanzieller Vermögenswerte oder finanzieller Verbindlichkeiten (und nur bei einer solchen Absicherung) eine Amortisation unter Einsatz eines neu berechneten Effektivzinssatzes nicht durchführbar ist, so ist der Korrekturbetrag mittels einer linearen Amortisationsmethode aufzulösen. Der Korrekturbetrag ist bis zur Fälligkeit des Finanzinstruments oder im Falle der Absicherung eines Portfolios gegen Zinsänderungsrisiken bei Ablauf des entsprechenden Zinsanpassungstermins vollständig aufzulösen.

93 Wird eine bilanzunwirksame feste Verpflichtung als Grundgeschäft designiert, so wird die nachfolgende kumulierte Änderung des beizulegenden Zeitwertes der festen Verpflichtung, die dem gesicherten Risiko zuzuordnen ist, als Vermögenswert oder Verbindlichkeit mit einem entsprechendem Gewinn oder Verlust im Gewinn oder Verlust erfasst (siehe Paragraph 89 (b)). Die Änderungen des beizulegenden Zeitwerts des Sicherungsinstruments sind ebenfalls im Gewinn oder Verlust zu erfassen.

(b) the gain or loss on the hedged item attributable to the hedged risk shall adjust the carrying amount of the hedged item and be recognised in profit or loss. This applies if the hedged item is otherwise measured at cost. Recognition of the gain or loss attributable to the hedged risk in profit or loss applies if the hedged item is an available-for-sale financial asset.

For a fair value hedge of the interest rate exposure of a portion of a portfolio of financial assets or financial liabilities (and only in such a hedge), the requirement in paragraph 89 (b) may be met by presenting the gain or loss attributable to the hedged item either: **89A**
(a) in a single separate line item within assets, for those repricing time periods for which the hedged item is an asset; or
(b) in a single separate line item within liabilities, for those repricing time periods for which the hedged item is a liability.
The separate line items referred to in (a) and (b) above shall be presented next to financial assets or financial liabilities. Amounts included in these line items shall be removed from the statement of financial position when the assets or liabilities to which they relate are derecognised.

If only particular risks attributable to a hedged item are hedged, recognised changes in the fair value of the hedged item unrelated to the hedged risk are recognised as set out in paragraph 55. **90**

An entity shall discontinue prospectively the hedge accounting specified in paragraph 89 if: **91**
(a) the hedging instrument expires or is sold, terminated or exercised. For this purpose, the replacement or rollover of a hedging instrument into another hedging instrument is not an expiration or termination if such replacement or rollover is part of the entity's documented hedging strategy. Additionally, for this purpose there is not an expiration or termination of the hedging instrument if:
 (i) as a consequence of laws or regulations or the introduction of laws or regulations, the parties to the hedging instrument agree that one or more clearing counterparties replace their original counterparty to become the new counterparty to each of the parties. For this purpose, a clearing counterparty is a central counterparty (sometimes called a 'clearing organisation' or 'clearing agency') or an entity or entities, for example, a clearing member of a clearing organisation or a client of a clearing member of a clearing organisation, that are acting as counterparty in order to effect clearing by a central counterparty. However, when the parties to the hedging instrument replace their original counterparties with different counterparties this paragraph shall apply only if each of those parties effects clearing with the same central counterparty.
 (ii) other changes, if any, to the hedging instrument are limited to those that are necessary to effect such a replacement of the counterparty. Such changes are limited to those that are consistent with the terms that would be expected if the hedging instrument were originally cleared with the clearing counterparty. These changes include changes in the collateral requirements, rights to offset receivables and payables balances, and charges levied.
(b) the hedge no longer meets the criteria for hedge accounting in paragraph 88; or
(c) the entity revokes the designation.

Any adjustment arising from paragraph 89 (b) to the carrying amount of a hedged financial instrument for which the effective interest method is used (or, in the case of a portfolio hedge of interest rate risk, to the separate line item in the statement of financial position described in paragraph 89A) shall be amortised to profit or loss. Amortisation may begin as soon as an adjustment exists and shall begin no later than when the hedged item ceases to be adjusted for changes in its fair value attributable to the risk being hedged. The adjustment is based on a recalculated effective interest rate at the date amortisation begins. However, if, in the case of a fair value hedge of the interest rate exposure of a portfolio of financial assets or financial liabilities (and only in such a hedge), amortising using a recalculated effective interest rate is not practicable, the adjustment shall be amortised using a straight-line method. The adjustment shall be amortised fully by maturity of the financial instrument or, in the case of a portfolio hedge of interest rate risk, by expiry of the relevant repricing time period. **92**

When an unrecognised firm commitment is designated as a hedged item, the subsequent cumulative change in the fair value of the firm commitment attributable to the hedged risk is recognised as an asset or liability with a corresponding gain or loss recognised in profit or loss (see paragraph 89 (b)). The changes in the fair value of the hedging instrument are also recognised in profit or loss. **93**

94 Geht ein Unternehmen eine feste Verpflichtung ein, einen Vermögenswert zu erwerben oder eine Verbindlichkeit zu übernehmen, der/die im Rahmen einer Absicherung eines beizulegenden Zeitwerts ein Grundgeschäft darstellt, wird der Buchwert des Vermögenswertes oder der Verbindlichkeit, der aus der Erfüllung der festen Verpflichtung des Unternehmens hervorgeht, im Zugangszeitpunkt um die kumulierte Änderung des beizulegenden Zeitwertes der festen Verpflichtung, der auf das in der Bilanz erfasste abgesicherte Risiko zurückzuführen ist, berichtigt.

Absicherung von Zahlungsströmen

95 Erfüllt die Absicherung von Zahlungsströmen im Verlauf der Periode die in Paragraph 88 genannten Voraussetzungen, so hat die Bilanzierung folgendermaßen zu erfolgen:

(a) der Teil des Gewinns oder Verlusts aus einem Sicherungsinstrument, der als wirksame Absicherung ermittelt wird (siehe Paragraph 88), ist im sonstigen Ergebnis zu erfassen; und

(b) der unwirksame Teil des Gewinns oder Verlusts aus dem Sicherungsinstruments ist im Gewinn oder Verlust zu erfassen.

96 Ausführlicher dargestellt wird eine Absicherung von Zahlungsströmen folgendermaßen bilanziert:

(a) die eigenständige, mit dem Grundgeschäft verbundene Eigenkapitalkomponente wird um den niedrigeren der folgenden Beträge (in absoluten Zahlen) berichtigt:

(i) den kumulierten Gewinn oder Verlust aus dem Sicherungsinstrument seit Beginn der Sicherungsbeziehung; und

(ii) die kumulierte Änderung des beizulegenden Zeitwertes (Barwertes) der erwarteten künftigen Cashflows aus dem Grundgeschäft seit Beginn der Sicherungsbeziehung;

(b) ein verbleibender Gewinn oder Verlust aus einem Sicherungsinstrument oder einer bestimmten Komponente davon (das keine effektive Sicherung darstellt) wird im Gewinn oder Verlust erfasst; und

(c) sofern die dokumentierte Risikomanagementstrategie eines Unternehmens für eine bestimmte Sicherungsbeziehung einen bestimmten Teil des Gewinns oder Verlusts oder damit verbundener Cashflows aus einem Sicherungsinstrument von der Beurteilung der Wirksamkeit der Sicherungsbeziehung ausschließt (siehe Paragraph 74, 75 und 88 (a)), so ist dieser ausgeschlossene Gewinn- oder Verlustteil gemäß Paragraph 55 zu erfassen.

97 **Resultiert eine Absicherung einer erwarteten Transaktion später im Ansatz eines finanziellen Vermögenswerts oder einer finanziellen Verbindlichkeit, sind die damit verbundenen Gewinne oder Verluste, die gemäß Paragraph 95 im sonstigen Gesamtergebnis erfasst wurden, in derselben Periode oder denselben Perioden als Umgliederungsbetrag (siehe IAS 1 (überarbeitet 2007)) vom Eigenkapital in den Gewinn oder Verlust umzugliedern, in denen die abgesicherten erwarteten Zahlungsströme den Gewinn oder Verlust beeinflussen (z. B. in den Perioden, in denen Zinserträge oder Zinsaufwendungen erfasst werden). Erwartet ein Unternehmen jedoch, dass der gesamte oder ein Teil des im sonstigen Gesamtergebnis erfassten Verlusts in einer oder mehreren der folgenden Perioden nicht wieder hereingeholt wird, hat es den voraussichtlich nicht wieder hereingeholten Betrag als Umgliederungsbetrag in den Gewinn oder Verlust umzubuchen.**

98 Resultiert eine Absicherung einer erwarteten Transaktion später im Ansatz eines nicht finanziellen Vermögenswertes oder einer nicht finanziellen Verbindlichkeit oder wird eine erwartete Transaktion für einen nicht finanziellen Vermögenswert oder eine nicht finanzielle Verbindlichkeit zu einer festen Verpflichtung, für die die Bilanzierung für die Absicherung des beizulegenden Zeitwertes angewendet wird, hat das Unternehmen den nachfolgenden Punkt (a) oder (b) anzuwenden:

(a) Die entsprechenden Gewinne und Verluste, die gemäß Paragraph 95 im sonstigen Ergebnis erfasst wurden, sind in den Gewinn oder Verlust derselben Periode oder der Perioden umzugliedern, in denen der erworbene Vermögenswert oder die übernommene Verbindlichkeit den Gewinn oder Verlust beeinflusst (wie z. B. in den Perioden, in denen Abschreibungsaufwendungen oder Umsatzkosten erfasst werden) und als Umgliederungsbeträge auszuweisen (siehe IAS 1 (überarbeitet 2007)). Erwartet ein Unternehmen jedoch, dass der gesamte oder ein Teil des im sonstigen Ergebnis erfassten Verlusts in einer oder mehreren Perioden nicht wieder hereingeholt wird, hat es den voraussichtlich nicht wieder hereingeholten Betrag vom Eigenkapital in den Gewinn oder Verlust umzugliedern und als Umgliederungsbetrag auszuweisen.

(b) Die entsprechenden Gewinne und Verluste, die gemäß Paragraph 95 im sonstigen Ergebnis erfasst wurden, werden entfernt und Teil der Anschaffungskosten im Zugangszeitpunkt oder eines anderweitigen Buchwertes des Vermögenswertes oder der Verbindlichkeit.

99 Ein Unternehmen hat sich bei seiner Rechnungslegungsmethode entweder für Punkt (a) oder für (b) des Paragraphen 98 zu entscheiden und diese Methode konsequent auf alle Sicherungsbeziehungen anzuwenden, auf die sich Paragraph 98 bezieht.

100 **Bei anderen als den in Paragraph 97 und 98 angeführten Absicherungen von Zahlungsströmen sind die Beträge, die im sonstigen Gesamtergebnis erfasst wurden, in derselben Periode oder denselben Perioden als Umgliederungsbetrag (siehe IAS 1 (überarbeitet 2007)) vom Eigenkapital in den Gewinn oder Verlust umzugliedern, in denen die abgesicherten erwarteten Zahlungsströme den Gewinn oder Verlust beeinflussen (z. B. wenn ein erwarteter Verkauf stattfindet).**

When an entity enters into a firm commitment to acquire an asset or assume a liability that is a hedged item in a fair **94** value hedge, the initial carrying amount of the asset or liability that results from the entity meeting the firm commitment is adjusted to include the cumulative change in the fair value of the firm commitment attributable to the hedged risk that was recognised in the statement of financial position.

Cash flow hedges

If a cash flow hedge meets the conditions in paragraph 88 during the period, it shall be accounted for as follows: **95**

(a)   the portion of the gain or loss on the hedging instrument that is determined to be an effective hedge (see paragraph 88) shall be recognised in other comprehensive income; and

(b)   the ineffective portion of the gain or loss on the hedging instrument shall be recognised in profit or loss.

More specifically, a cash flow hedge is accounted for as follows: **96**

(a)   the separate component of equity associated with the hedged item is adjusted to the lesser of the following (in absolute amounts):

(i)   the cumulative gain or loss on the hedging instrument from inception of the hedge; and

(ii)   the cumulative change in fair value (present value) of the expected future cash flows on the hedged item from inception of the hedge;

(b)   any remaining gain or loss on the hedging instrument or designated component of it (that is not an effective hedge) is recognised in profit or loss; and

(c)   if an entity's documented risk management strategy for a particular hedging relationship excludes from the assessment of hedge effectiveness a specific component of the gain or loss or related cash flows on the hedging instrument (see paragraphs 74, 75 and 88 (a)), that excluded component of gain or loss is recognised in accordance with paragraph 55.

If a hedge of a forecast transaction subsequently results in the recognition of a financial asset or a financial liability, **97** **the associated gains or losses that were recognised in other comprehensive income in accordance with paragraph 95 shall be reclassified from equity to profit or loss as a reclassification adjustment (see IAS 1 (as revised in 2007)) in the same period or periods during which the hedged forecast cash flows affect profit or loss (such as in the periods that interest income or interest expense is recognised). However, if an entity expects that all or a portion of a loss recognised in other comprehensive income will not be recovered in one or more future periods, it shall reclassify into profit or loss as a reclassification adjustment the amount that is not expected to be recovered.**

If a hedge of a forecast transaction subsequently results in the recognition of a non-financial asset or a non-financial **98** liability, or a forecast transaction for a non-financial asset or non-financial liability becomes a firm commitment for which fair value hedge accounting is applied, then the entity shall adopt (a) or (b) below:

(a)   It reclassifies the associated gains and losses that were recognised in other comprehensive income in accordance with paragraph 95 to profit or loss as a reclassification adjustment (see IAS 1 (revised 2007)) in the same period or periods during which the asset acquired or liability assumed affects profit or loss (such as in the periods that depreciation expense or cost of sales is recognised). However, if an entity expects that all or a portion of a loss recognised in other comprehensive income will not be recovered in one or more future periods, it shall reclassify from equity to profit or loss as a reclassification adjustment the amount that is not expected to be recovered.

(b)   It removes the associated gains and losses that were recognised in other comprehensive income in accordance with paragraph 95, and includes them in the initial cost or other carrying amount of the asset or liability.

An entity shall adopt either (a) or (b) in paragraph 98 as its accounting policy and shall apply it consistently to all hedges **99** to which paragraph 98 relates.

For cash flow hedges other than those covered by paragraphs 97 and 98, amounts that had been recognised in other **100** **comprehensive income shall be reclassified from equity to profit or loss as a reclassification adjustment (see IAS 1 (revised 2007)) in the same period or periods during which the hedged forecast cash flows affect profit or loss (for example, when a forecast sale occurs).**

101 In allen nachstehend genannten Fällen hat ein Unternehmen die in den Paragraphen 95–100 beschriebene Bilanzierung von Sicherungsgeschäften einzustellen:

(a) Das Sicherungsinstrument läuft aus oder wird veräußert, beendet oder ausgeübt. In diesem Fall verbleibt der kumulierte Gewinn oder Verlust aus dem Sicherungsinstrument, der im Zeitraum der Wirksamkeit der Sicherungsbeziehung im sonstigen Ergebnis erfasst wurde (siehe Paragraph 95 (a)), als gesonderter Posten im Eigenkapital, bis die vorhergesehene Transaktion eingetreten ist. Tritt die Transaktion ein, kommen Paragraph 97, 98 oder 100 zur Anwendung. Für die Zwecke dieses Unterabsatzes gilt die Ersetzung oder Fortsetzung eines Sicherungsinstruments durch ein anderes Sicherungsinstrument nicht als Auslaufen oder Beendigung, wenn eine solche Ersetzung oder Fortsetzung Teil der dokumentierten Sicherungsstrategie des Unternehmens ist. Für die Zwecke dieses Unterabsatzes liegt ebenfalls kein Auslaufen oder keine Beendigung des Sicherungsinstruments vor, wenn

(i) die Parteien des Sicherungsinstruments infolge bestehender oder neu erlassener Gesetzes- oder Regulierungsvorschriften vereinbaren, dass eine oder mehrere Clearing-Parteien ihre ursprüngliche Gegenpartei ersetzen und damit die neue Gegenpartei aller Parteien wird. Eine Clearing- Gegenpartei in diesem Sinne ist eine zentrale Gegenpartei (mitunter „Clearingstelle" oder „Clearinghaus" genannt) oder ein bzw. mehrere Unternehmen, beispielsweise ein Mitglied einer Clearingstelle oder ein Kunde eines Mitglieds einer Clearingstelle, die als Gegenpartei auftreten, damit das Clearing durch eine zentrale Gegenpartei erfolgt. Ersetzen die Parteien des Sicherungsinstruments ihre ursprünglichen Gegenparteien allerdings durch unterschiedliche Gegenparteien, so gilt dieser Paragraph nur dann, wenn jede dieser Parteien ihr Clearing bei derselben zentralen Gegenpartei durchführt;

(ii) etwaige andere Änderungen beim Sicherungsinstrument nicht über den für eine solche Ersetzung der Gegenpartei notwendigen Umfang hinausgehen. Auch müssen derartige Änderungen auf solche beschränkt sein, die den Bedingungen entsprechen, die zu erwarten wären, wenn das Sicherungsinstrument von Anfang an bei der Clearing-Gegenpartei gecleart worden wäre. Hierzu zählen auch Änderungen bei den Anforderungen an Sicherheiten, den Rechten auf Aufrechnung von Forderungen und Verbindlichkeiten und den erhobenen Entgelten.

(b) Das Sicherungsgeschäft erfüllt nicht mehr die in Paragraph 88 genannten Kriterien für die Bilanzierung solcher Geschäfte. In diesem Fall wird der kumulierte Gewinn oder Verlust aus dem Sicherungsinstrument, der seit der Periode, als die Sicherungsbeziehung als wirksam eingestuft wurde, im sonstigen Ergebnis erfasst wird (siehe Paragraph 95 (a)), weiterhin gesondert im Eigenkapital ausgewiesen, bis die vorhergesehene Transaktion eingetreten ist. Tritt die Transaktion ein, so kommen Paragraph 97, 98 und 100 zur Anwendung.

(c) Mit dem Eintritt der erwarteten Transaktion wird nicht mehr gerechnet, so dass in diesem Fall alle entsprechenden kumulierten Gewinne oder Verluste aus dem Sicherungsinstrument, die seit der Periode, als die Sicherungsbeziehung als wirksam eingestuft wurde, im sonstigen Ergebnis erfasst werden (siehe Paragraph 95 (a)), vom Eigenkapital in den Gewinn oder Verlust umzugliedern sind. Auch wenn der Eintritt einer erwarteten Transaktion nicht mehr hoch wahrscheinlich ist (siehe Paragraph 88 (c)), kann damit jedoch immer noch gerechnet werden.

(d) Das Unternehmen zieht die Designation zurück. Für Absicherungen einer erwarteten Transaktion wird der kumulierte Gewinn oder Verlust aus dem Sicherungsinstrument, der seit der Periode, als die Sicherungsbeziehung als wirksam eingestuft wurde, im sonstigen Ergebnis erfasst wird (siehe Paragraph 95 (a)), weiterhin gesondert im Eigenkapital ausgewiesen, bis die erwartete Transaktion eingetreten ist oder deren Eintritt nicht mehr erwartet wird. Tritt die Transaktion ein, so kommen Paragraph 97, 98 und 100 zur Anwendung. Wenn der Eintritt der Transaktion nicht mehr erwartet wird, ist der im sonstigen Ergebnis erfasste kumulierte Gewinn oder Verlust vom Eigenkapital in den Gewinn oder Verlust umzugliedern.

Absicherungen einer Nettoinvestition

102 Absicherungen einer Nettoinvestition in einen ausländischen Geschäftsbetrieb, einschließlich einer Absicherung eines monetären Postens, der als Teil der Nettoinvestition behandelt wird (siehe IAS 21), sind in gleicher Weise zu bilanzieren wie die Absicherung von Zahlungsströmen:

(a) der Teil des Gewinns oder Verlusts aus einem Sicherungsinstrument, der als effektive Absicherung ermittelt wird (siehe Paragraph 88) ist im sonstigen Ergebnis zu erfassen; und

(b) der ineffektive Teil ist ergebniswirksam zu erfassen.

Der Gewinn oder Verlust aus einem Sicherungsinstrument, der dem effektiven Teil der Sicherungsbeziehung zuzurechnen ist und im sonstigen Ergebnis erfasst wurde, ist bei der Veräußerung oder teilweisen Veräußerung des ausländischen Geschäftsbetriebs gemäß IAS 21, Paragraphen 48–49 vom Eigenkapital in den Gewinn oder Verlust als Umgliederungsbetrag (siehe IAS 1 (überarbeitet 2007)) umzugliedern.

ZEITPUNKT DES INKRAFTTRETENS UND ÜBERGANGSVORSCHRIFTEN

103 Dieser Standard (einschließlich der im März 2004 herausgegebenen Änderungen) ist erstmals in der ersten Periode eines am 1. Januar 2005 oder danach beginnenden Geschäftsjahres anzuwenden. Eine frühere Anwendung ist zulässig. Dieser Standard (einschließlich der im März 2004 herausgegebenen Änderungen) darf nicht auf Perioden eines vor dem 1. Januar 2005 beginnenden Geschäftsjahres angewandt werden, es sei denn, das Unternehmen wendet ebenfalls IAS 32 (herausgegeben Dezember 2003) an. Wenn ein Unternehmen diesen Standard für Perioden anwendet, die vor dem 1. Januar 2005 beginnen, so ist dies anzugeben.

In any of the following circumstances an entity shall discontinue prospectively the hedge accounting specified in paragraphs 95—100: **101**

(a) The hedging instrument expires or is sold, terminated or exercised. In this case, the cumulative gain or loss on the hedging instrument that has been recognised in other comprehensive income from the period when the hedge was effective (see paragraph 95 (a)) shall remain separately in equity until the forecast transaction occurs. When the transaction occurs, paragraph 97, 98 or 100 applies. For the purpose of this subparagraph, the replacement or rollover of a hedging instrument into another hedging instrument is not an expiration or termination if such replacement or rollover is part of the entity's documented hedging strategy. Additionally, for the purpose of this subparagraph there is not an expiration or termination of the hedging instrument if:

(i) as a consequence of laws or regulations or the introduction of laws or regulations, the parties to the hedging instrument agree that one or more clearing counterparties replace their original counterparty to become the new counterparty to each of the parties. For this purpose, a clearing counterparty is a central counterparty (sometimes called a 'clearing organisation' or 'clearing agency') or an entity or entities, for example, a clearing member of a clearing organisation or a client of a clearing member of a clearing organisation, that are acting as counterparty in order to effect clearing by a central counterparty. However, when the parties to the hedging instrument replace their original counterparties with different counterparties this paragraph shall apply only if each of those parties effects clearing with the same central counterparty.

(ii) other changes, if any, to the hedging instrument are limited to those that are necessary to effect such a replacement of the counterparty. Such changes are limited to those that are consistent with the terms that would be expected if the hedging instrument were originally cleared with the clearing counterparty. These changes include changes in the collateral requirements, rights to offset receivables and payables balances, and charges levied.

(b) The hedge no longer meets the criteria for hedge accounting in paragraph 88. In this case, the cumulative gain or loss on the hedging instrument that has been recognised in other comprehensive income from the period when the hedge was effective (see paragraph 95 (a)) shall remain separately in equity until the forecast transaction occurs. When the transaction occurs, paragraph 97, 98 or 100 applies.

(c) The forecast transaction is no longer expected to occur, in which case any related cumulative gain or loss on the hedging instrument that has been recognised in other comprehensive income from the period when the hedge was effective (see paragraph 95 (a)) shall be reclassified from equity to profit or loss as a reclassification adjustment. A forecast transaction that is no longer highly probable (see paragraph 88 (c)) may still be expected to occur.

(d) The entity revokes the designation. For hedges of a forecast transaction, the cumulative gain or loss on the hedging instrument that has been recognised in other comprehensive income from the period when the hedge was effective (see paragraph 95 (a)) shall remain separately in equity until the forecast transaction occurs or is no longer expected to occur. When the transaction occurs, paragraph 97, 98 or 100 applies. If the transaction is no longer expected to occur, the cumulative gain or loss that had been recognised in other comprehensive income shall be reclassified from equity to profit or loss as a reclassification adjustment.

Hedges of a net investment

Hedges of a net investment in a foreign operation, including a hedge of a monetary item that is accounted for as part of the net investment (see IAS 21), shall be accounted for similarly to cash flow hedges: **102**

(a) the portion of the gain or loss on the hedging instrument that is determined to be an effective hedge (see paragraph 88) shall be recognised in other comprehensive income; and

(b) the ineffective portion shall be recognised in profit or loss.

The gain or loss on the hedging instrument relating to the effective portion of the hedge that has been recognised in other comprehensive income shall be reclassified from equity to profit or loss as a reclassification adjustment (see IAS 1 (revised 2007)) in accordance with paragraphs 48—49 of IAS 21 on the disposal or partial disposal of the foreign operation.

EFFECTIVE DATE AND TRANSITION

An entity shall apply this standard (including the amendments issued in March 2004) for annual periods beginning on or after 1 January 2005. Earlier application is permitted. An entity shall not apply this standard (including the amendments issued in March 2004) for annual periods beginning before 1 January 2005 unless it also applies IAS 32 (issued December 2003). If an entity applies this standard for a period beginning before 1 January 2005, it shall disclose that fact. **103**

103A Ein Unternehmen hat die Änderungen in Paragraph 2 (j) auf Geschäftsjahre anzuwenden, die am oder nach dem 1. Januar 2006 beginnen. Falls das Unternehmen IFRIC 5 *Rechte auf Anteile an Fonds für Entsorgung, Wiederherstellung und Umweltsanierung* auf eine frühere Periode anwendet, ist die oben genannte Änderung auch auf diese frühere Periode anzuwenden.

103B Durch *finanzielle Garantien* (Änderungen des IAS 39 und des IFRS 4), die im August 2005 veröffentlicht wurden, wurden die Paragraphen 2 (e) und (h), 4, 47 und A4 geändert, Paragraph A4A wurde hinzugefügt, ebenfalls wurde in Paragraph 9 eine neue Definition der finanziellen Garantie hinzugefügt und Paragraph 3 gestrichen. Diese Änderungen sind erstmals in der ersten Periode eines am 1. Januar 2006 oder danach beginnenden Geschäftsjahres anzuwenden. Eine frühere Anwendung wird empfohlen. Falls ein Unternehmen diese Änderungen auf eine frühere Periode anwendet, so hat es dies anzugeben und gleichzeitig die entsprechenden Änderungen des IAS 32[2] und des IFRS 4 anzuwenden.

103C Infolge des IAS 1 (überarbeitet 2007) wurde die in allen IFRS verwendete Terminologie geändert. Außerdem wurden die Paragraphen 26, 27, 34, 54, 55, 57, 67, 68, 95 (a), 97, 98, 100, 102, 105, 108, A4D, A4E (d) (i), A56, A67, A83 und A99B geändert. Diese Änderungen sind erstmals in der ersten Berichtsperiode eines am 1. Januar 2009 oder danach beginnenden Geschäftsjahres anzuwenden. Wird IAS 1 (überarbeitet 2007) auf eine frühere Periode angewandt, sind diese Änderungen entsprechend auch anzuwenden.

103D In der 2008 geänderten Fassung des IFRS 3 wurde Paragraph 2 (f) gestrichen. Diese Änderung ist erstmals in der ersten Berichtsperiode eines am oder nach dem 1. Juli 2009 beginnenden Geschäftsjahres anzuwenden. Wendet ein Unternehmen IFRS 3 (in der 2008 geänderten Fassung) auf eine frühere Periode an, so ist auch diese Änderung auf die frühere Periode anzuwenden. Die Änderung gilt allerdings nicht für bedingte Gegenleistungen, die sich aus einem Unternehmenszusammenschluss ergeben haben, bei dem der Erwerbszeitpunkt vor der Anwendung von IFRS 3 (in der 2008 geänderten Fassung) liegt. Eine solche Gegenleistung ist stattdessen nach den Paragraphen 65A–65E der 2010 geänderten Fassung des IFRS 3 zu bilanzieren.

103E Durch IAS 27 (in der vom International Accounting Standards Board 2008 geänderten Fassung) wurde Paragraph 102 geändert. Diese Änderung ist erstmals in der ersten Periode eines am 1. Juli 2009 oder danach beginnenden Geschäftsjahres anzuwenden. Wendet ein Unternehmen IAS 27 (in der 2008 geänderten Fassung) auf eine frühere Periode an, so hat es auf diese Periode auch die genannte Änderung anzuwenden.

103F Die Änderung in Paragraph 2 ist erstmals auf Geschäftsjahre anzuwenden, die am oder nach dem 1. Januar 2009 beginnen. Wendet ein Unternehmen *Kündbare Finanzinstrumente und bei Liquidation entstehende Verpflichtungen* (im Februar 2008 veröffentlichte Änderungen an IAS 32 und IAS 1) auf eine frühere Periode an, so ist auch die Änderung in Paragraph 2 auf diese frühere Periode anzuwenden.

103G Die Paragraphen A99BA, A99E, A99F, A110A und A110B sind rückwirkend in der ersten Periode eines am 1. Juli 2009 oder danach beginnenden Geschäftsjahres gemäß IAS 8 *Rechnungslegungsmethoden, Änderungen von rechnungslegungsbezogenen Schätzungen und Fehler* anzuwenden. Eine frühere Anwendung ist zulässig. Falls ein Unternehmen *Geeignete Grundgeschäfte* (Änderung des IAS 39) für Perioden anwendet, die vor dem 1. Juli 2009 beginnen, so ist dies anzugeben.

103H Durch *Umgliederung finanzieller Vermögenswerte* (im Oktober 2008 veröffentlichte Änderungen an IAS 39 und IFRS 7) wurden die Paragraphen 50 und A8 geändert und die Paragraphen 50B-50F hinzugefügt. Diese Änderungen sind ab dem 1. Juli 2008 anzuwenden. Umgliederungen gemäß den Paragraphen 50B, 50D oder 50E dürfen nicht vor dem 1. Juli 2008 vorgenommen werden. Umgliederungen ab dem 1. November 2008 dürfen erst an dem Tag wirksam werden, an dem sie tatsächlich vorgenommen wurden. Umgliederungen gemäß den Paragraphen 50B, 50D oder 50E dürfen nicht rückwirkend auf Perioden vor dem 1. Juli 2008 angewandt werden.

103I Durch *Umgliederung finanzieller Vermögenswerte ö Zeitpunkt des Inkrafttretens und Übergangsvorschriften* (im November 2008 veröffentlichte Änderungen an IAS 39 und IFRS 7) wurde Paragraph 103H geändert. Diese Änderung ist ab dem 1. Juli 2008 anzuwenden.

103J Die durch *Eingebettete Derivate* (im März 2009 veröffentlichte Änderungen an IFRIC 9 und IAS 39) geänderte Fassung des Paragraphen 12 ist erstmals in der ersten Berichtsperiode eines am 30. Juni 2009 oder danach endenden Geschäftsjahrs anzuwenden.

103K Die Paragraphen 2 (g), 97, 100 und A30 (g) wurden durch die *Verbesserungen der IFRS* vom April 2009 geändert. Ein Unternehmen hat die Änderungen der Paragraphen 2 (g), 97 und 100 für Berichtsperioden eines am 1. Januar 2010 oder danach beginnenden Geschäftsjahres prospektiv auf alle noch nicht abgelaufenen Verträge anzuwenden. Die Änderung des Paragraphen A30 (g) ist erstmals in der ersten Berichtsperiode eines am 1. Januar 2010 oder danach beginnenden Geschäftsjahres anzuwenden. Eine frühere Anwendung ist zulässig. Wendet ein Unternehmen die Änderung für ein früheres Geschäftsjahr an, hat es dies anzugeben.

---

2 Wenn ein Unternehmen IFRS 7 anwendet, wird der Verweis auf IAS 32 durch einen Verweis auf IFRS 7 ersetzt.

An entity shall apply the amendment in paragraph 2 (j) for annual periods beginning on or after 1 January 2006. If an **103A** entity applies IFRIC 5 *Rights to interests arising from decommissioning, restoration and environmental rehabilitation funds* for an earlier period, this amendment shall be applied for that earlier period.

Financial guarantee contracts (amendments to IAS 39 and IFRS 4), issued in August 2005, amended paragraphs 2 (e) and **103B** (h), 4, 47 and AG4, added paragraph AG4A, added a new definition of financial guarantee contracts in paragraph 9, and deleted paragraph 3. An entity shall apply those amendments for annual periods beginning on or after 1 January 2006. Earlier application is encouraged. If an entity applies these changes for an earlier period, it shall disclose that fact and apply the related amendments to IAS 32² and IFRS 4 at the same time.

IAS 1 (as revised in 2007) amended the terminology used throughout IFRSs. In addition it amended paragraphs 26, 27, **103C** 34, 54, 55, 57, 67, 68, 95 (a), 97, 98, 100, 102, 105, 108, AG4D, AG4E (d) (i), AG56, AG67, AG83 and AG99B. An entity shall apply those amendments for annual periods beginning on or after 1 January 2009. If an entity applies IAS 1 (revised 2007) for an earlier period, the amendments shall be applied for that earlier period.

IFRS 3 (as revised in 2008) deleted paragraph 2 (f). An entity shall apply that amendment for annual periods beginning **103D** on or after 1 July 2009. If an entity applies IFRS 3 (revised 2008) for an earlier period, the amendment shall also be applied for that earlier period. However, the amendment does not apply to contingent consideration that arose from a business combination for which the acquisition date preceded the application of IFRS 3 (revised 2008). Instead, an entity shall account for such consideration in accordance with paragraphs 65A—65E of IFRS 3 (as amended in 2010).

IAS 27 (as amended by the International Accounting Standards Board in 2008) amended paragraph 102. An entity shall **103E** apply that amendment for annual periods beginning on or after 1 July 2009. If an entity applies IAS 27 (amended 2008) for an earlier period, the amendment shall be applied for that earlier period.

An entity shall apply the amendment in paragraph 2 for annual periods beginning on or after 1 January 2009. If an entity **103F** applies *Puttable Financial Instruments and Obligations Arising on Liquidation* (Amendments to IAS 32 and IAS 1), issued in February 2008, for an earlier period, the amendment in paragraph 2 shall be applied for that earlier period.

An entity shall apply paragraphs AG99BA, AG99E, AG99F, AG110A and AG110B retrospectively for annual periods **103G** beginning on or after 1 July 2009, in accordance with IAS 8 *Accounting Policies, Changes in Accounting Estimates and Errors.* Earlier application is permitted. If an entity applies *Eligible Hedged Items* (Amendment to IAS 39) for periods beginning before 1 July 2009, it shall disclose that fact.

Reclassification of Financial Assets (Amendments to IAS 39 and IFRS 7), issued in October 2008, amended paragraphs 50 **103H** and AG8, and added paragraphs 50B-50F. An entity shall apply those amendments on or after 1 July 2008. An entity shall not reclassify a financial asset in accordance with paragraph 50B, 50D or 50E before 1 July 2008. Any reclassification of a financial asset made on or after 1 November 2008 shall take effect only from the date when the reclassification is made. Any reclassification of a financial asset in accordance with paragraph 50B, 50D or 50E shall not be applied retrospectively before 1 July 2008.

Reclassification of Financial Assets — Effective Date and Transition (Amendments to IAS 39 and IFRS 7), issued in **103I** November 2008, amended paragraph 103H. An entity shall apply that amendment on or after 1 July 2008.

An entity shall apply paragraph 12, as amended by *Embedded Derivatives* (Amendments to IFRIC 9 and IAS 39), issued **103J** in March 2009, for annual periods ending on or after 30 June 2009.

Improvements to IFRSs issued in April 2009 amended paragraphs 2 (g), 97, 100 and AG30 (g). An entity shall apply the **103K** amendments to paragraphs 2 (g), 97 and 100 prospectively to all unexpired contracts for annual periods beginning on or after 1 January 2010. An entity shall apply the amendment to paragraph AG30 (g) for annual periods beginning on or after 1 January 2010. Earlier application is permitted. If an entity applies the amendment for an earlier period it shall disclose that fact.

---

2   When an entity applies IFRS 7, the reference to IAS 32 is replaced by a reference to IFRS 7.

103N Durch die im Mai 2010 veröffentlichten *Verbesserungen an den IFRS* wurde Paragraph 103D geändert. Diese Änderung ist erstmals in der ersten Berichtsperiode eines am oder nach dem 1. Juli 2010 beginnenden Geschäftsjahres anzuwenden. Eine frühere Anwendung ist zulässig.

103P Durch IFRS 10 und IFRS 11 *Gemeinsame Vereinbarungen,* veröffentlicht im Mai 2011, änderten sich die Paragraphen 2 (a), 15, A3, A36–A38 und A41 (a). Ein Unternehmen hat diese Änderungen anzuwenden, wenn es IFRS 10 und IFRS 11 anwendet.

103Q Durch IFRS 13, veröffentlicht im Mai 2011, wurde(n) die Paragraphen 9, 13, 28, 47, 88, AG46, AG52, AG64, AG76, AG76A, AG80, AG81 und AG96 geändert, der Paragraph 43A hinzugefügt und die Paragraphen 48–49, AG69–AG75, AG77–AG79 und AG82 gestrichen. Ein Unternehmen hat die betreffenden Änderungen anzuwenden, wenn es IFRS 13 anwendet.

103R Mit der im Oktober 2012 veröffentlichten Verlautbarung *Investmentgesellschaften (Investment Entities)* (Änderungen an IFRS 10, IFRS 12 und IAS 27) wurden die Paragraphen 2 und 80 geändert. Unternehmen haben diese Änderungen auf Geschäftsjahre anzuwenden, die am oder nach dem 1. Januar 2014 beginnen. Eine frühere Anwendung der Verlautbarung *Investmentgesellschaften (Investment Entities)* ist zulässig. Wendet ein Unternehmen diese Änderungen früher an, hat es alle in der Verlautbarung enthaltenen Änderungen gleichzeitig anzuwenden.

104 Dieser Standard ist rückwirkend anzuwenden mit Ausnahme der Darlegungen in den Paragraphen 105–108. Der Eröffnungsbilanzwert der Gewinnrücklagen für die früheste vorangegangene dargestellte Periode sowie alle anderen Vergleichsbeträge sind so anzupassen, als wäre dieser Standard immer angewandt worden, es sei denn, eine solche Anpassung wäre nicht möglich. Ist dies der Fall, hat das Unternehmen dies anzugeben und aufzuführen, inwieweit die Informationen angepasst wurden.

105 Ein Unternehmen darf bei erstmaliger Anwendung dieses Standards einen früher angesetzten Vermögenswert als zur Veräußerung verfügbar einstufen. Bei jedem derartigen Vermögenswert hat ein Unternehmen alle kumulierten Änderungen des beizulegenden Zeitwerts in einem getrennten Posten des Eigenkapitals bis zur nachfolgenden Ausbuchung oder Wertminderung zu erfassen und dann diesen kumulierten Gewinn oder Verlust als Umgliederungsbetrag in den Gewinn oder Verlust umzugliedern (siehe IAS 1 (überarbeitet 2007)). Außerdem hat das Unternehmen:
(a) den finanziellen Vermögenswert mittels der neuen Einstufung an die Vergleichsabschlüsse anzupassen; und
(b) den beizulegenden Zeitwert der finanziellen Vermögenswerte zum Zeitpunkt der Einstufung sowie deren Klassifizierung und den Buchwert in den vorhergehenden Abschlüssen anzugeben.

105A Die Paragraphen 11A, 48A, A4B–A4K, A33A und A33B sowie die Änderungen der Paragraphen 9, 12 und 13 aus dem Jahr 2005 sind erstmals in der Periode eines am 1. Januar 2006 oder danach beginnenden Geschäftsjahres anzuwenden. Eine frühere Anwendung wird empfohlen.

105B Ein Unternehmen, das die Paragraphen 11A, 48A, A4B–A4K, A33A und A33B sowie die Änderungen der Paragraphen 9, 12 und 13 aus dem Jahr 2005 erstmals für Geschäftsjahre anwendet, die vor dem 1. Januar 2006 beginnen,
(a) darf früher angesetzte finanzielle Vermögenswerte oder Verbindlichkeiten bei der erstmaligen Anwendung der neuen und geänderten Paragraphen als erfolgswirksam zum beizulegenden Zeitwert bewertet einstufen, wenn sie zu diesem Zeitpunkt die Kriterien für eine derartige Einstufung erfüllten. Bei vor dem 1. September 2005 beginnenden Geschäftsjahren braucht diese Einstufung erst zum 1. September 2005 vorgenommen zu werden und kann auch finanzielle Vermögenswerte und finanzielle Verbindlichkeiten umfassen, die zwischen dem Beginn des betreffenden Geschäftsjahres und dem 1. September 2005 angesetzt wurden. Ungeachtet Paragraph 91 ist bei allen finanziellen Vermögenswerten und Verbindlichkeiten, die gemäß diesem Unterparagraphen als erfolgswirksam zum beizulegenden Zeitwert bewertet eingestuft werden und bisher im Rahmen der Bilanzierung von Sicherungsgeschäften als gesicherte Grundgeschäft designiert waren, diese Designation zum gleichen Zeitpunkt aufzuheben, zu dem ihre Einstufung als erfolgswirksam zum beizulegenden Zeitwert bewertet erfolgt.
(b) hat den beizulegenden Zeitwert von gemäß Unterparagraph (a) eingestuften finanziellen Vermögenswerten bzw. Verbindlichkeiten zum Zeitpunkt der Einstufung sowie deren Klassifizierung und Buchwert in den vorhergehenden Abschlüssen anzugeben.
(c) hat die Einstufung finanzieller Vermögenswerte bzw. Verbindlichkeiten, die bisher als erfolgswirksam zum beizulegenden Zeitwert bewertet designiert waren, aufzuheben, wenn diese den neuen und geänderten Paragraphen zufolge die Kriterien für eine solche Einstufung nicht mehr erfüllen. Wird ein finanzieller Vermögenswert bzw. eine finanzielle Verbindlichkeit nach Aufhebung der Einstufung zu fortgeführten Anschaffungskosten bewertet, gilt der Tag, an dem die Einstufung aufgehoben wurde, als Zeitpunkt des erstmaligen Ansatzes.
(d) hat den beizulegenden Zeitwert finanzieller Vermögenswerte bzw. Verbindlichkeiten, deren Einstufung gemäß Unterparagraph (c) aufgehoben wurde, zum Zeitpunkt dieser Aufhebung sowie ihre neuen Klassifizierungen anzugeben.

105C Ein Unternehmen, das die Paragraphen 11A, 48A, A4B–A4K, A33A und A33B sowie die Änderungen der Paragraphen 9, 12 und 13 aus dem Jahr 2005 für Geschäftsjahre anwendet, die am oder nach dem 1. Januar 2006 beginnen,

Paragraph 103D was amended by *Improvements to IFRSs* issued in May 2010. An entity shall apply that amendment for annual periods beginning on or after 1 July 2010. Earlier application is permitted. **103N**

IFRS 10 and IFRS 11 *Joint Arrangements,* issued in May 2011, amended paragraphs 2 (a), 15, AG3, AG36—AG38 and AG41 (a). An entity shall apply those amendments when it applies IFRS 10 and IFRS 11. **103P**

IFRS 13, issued in May 2011, amended paragraphs 9, 13, 28, 47, 88, AG46, AG52, AG64, AG76, AG76A, AG80, AG81 and AG96, added paragraph 43A and deleted paragraphs 48—49, AG69—AG75, AG77—AG79 and AG82. An entity shall apply those amendments when it applies IFRS 13. **103Q**

Investment Entities (Amendments to IFRS 10, IFRS 12 and IAS 27), issued in October 2012, amended paragraphs 2 and 80. An entity shall apply those amendments for annual periods beginning on or after 1 January 2014. Earlier application of *Investment Entities* is permitted. If an entity applies those amendments earlier it shall also apply all amendments included in *Investment Entities* at the same time. **103R**

This standard shall be applied retrospectively except as specified in paragraphs 105—108. The opening balance of retained earnings for the earliest prior period presented and all other comparative amounts shall be adjusted as if this standard had always been in use unless restating the information would be impracticable. If restatement is impracticable, the entity shall disclose that fact and indicate the extent to which the information was restated. **104**

When this standard is first applied, an entity is permitted to designate a previously recognised financial asset as available for sale. For any such financial asset, the entity shall recognise all cumulative changes in fair value in a separate component of equity until subsequent derecognition or impairment, when the entity shall reclassify that cumulative gain or loss from equity to profit or loss as a reclassification adjustment (see IAS 1 (revised 2007)). The entity shall also: **105**
(a) restate the financial asset using the new designation in the comparative financial statements; and
(b) disclose the fair value of the financial assets at the date of designation and their classification and carrying amount in the previous financial statements.

An entity shall apply paragraphs 11A, 48A, AG4B—AG4K, AG33A and AG33B and the 2005 amendments in paragraphs 9, 12 and 13 for annual periods beginning on or after 1 January 2006. Earlier application is encouraged. **105A**

An entity that first applies paragraphs 11A, 48A, AG4B—AG4K, AG33A and AG33B and the 2005 amendments in paragraphs 9, 12 and 13 in its annual period beginning before 1 January 2006: **105B**
(a) is permitted, when those new and amended paragraphs are first applied, to designate as at fair value through profit or loss any previously recognised financial asset or financial liability that then qualifies for such designation. When the annual period begins before 1 September 2005, such designations need not be completed until 1 September 2005 and may also include financial assets and financial liabilities recognised between the beginning of that annual period and 1 September 2005. Notwithstanding paragraph 91, any financial assets and financial liabilities designated as at fair value through profit or loss in accordance with this subparagraph that were previously designated as the hedged item in fair value hedge accounting relationships shall be de-designated from those relationships at the same time they are designated as at fair value through profit or loss;
(b) shall disclose the fair value of any financial assets or financial liabilities designated in accordance with subparagraph (a) at the date of designation and their classification and carrying amount in the previous financial statements;
(c) shall de-designate any financial asset or financial liability previously designated as at fair value through profit or loss if it does not qualify for such designation in accordance with those new and amended paragraphs. When a financial asset or financial liability will be measured at amortised cost after de-designation, the date of de-designation is deemed to be its date of initial recognition;
(d) shall disclose the fair value of any financial assets or financial liabilities de-designated in accordance with subparagraph (c) at the date of de-designation and their new classifications.

An entity that first applies paragraphs 11A, 48A, AG4B—AG4K, AG33A and AG33B and the 2005 amendments in paragraphs 9, 12 and 13 in its annual period beginning on or after 1 January 2006: **105C**

(a) hat die Einstufung *finanzieller Vermögenswerte oder Verbindlichkeiten, die bisher als erfolgswirksam zum beizulegenden Zeitwert bewertet eingestuft waren, nur dann aufzuheben, wenn diese den neuen und geänderten Paragraphen zufolge die Kriterien für eine solche Einstufung nicht mehr erfüllen.* Wird ein finanzieller Vermögenswert bzw. eine finanzielle Verbindlichkeit nach Aufhebung der Einstufung zu fortgeführten Anschaffungskosten bewertet, gilt der Tag, an dem die Einstufung aufgehoben wurde, als Zeitpunkt des erstmaligen Ansatzes.

(b) darf vorher angesetzte finanzielle Vermögenswerte bzw. Verbindlichkeiten nicht als erfolgswirksam zum beizulegenden Zeitwert einstufen.

(c) hat den beizulegenden Zeitwert finanzieller Vermögenswerte bzw. Verbindlichkeiten, deren Einstufung gemäß Unterparagraph (a) aufgehoben wurde, zum Zeitpunkt dieser Aufhebung sowie ihre neuen Klassifizierungen anzugeben.

105D Ein Unternehmen hat seine Vergleichsabschlüsse an die neuen Einstufungen nach Paragraph 105B bzw. 105C anzupassen, sofern ein finanzieller Vermögenswert, eine finanzielle Verbindlichkeit oder eine Gruppe von finanziellen Vermögenswerten und/oder Verbindlichkeiten, die als erfolgswirksam zum beizulegenden Zeitwert bewertet eingestuft werden, *die in Paragraph 9 (b) (i), 9 (b) (ii) oder 11A genannten Kriterien* zu Beginn der Vergleichsperiode *oder, bei einem Erwerb nach Beginn der Vergleichsperiode, zum Zeitpunkt des erstmaligen Ansatzes erfüllt hätte.*

106 Ein Unternehmen hat die Ausbuchungsvorschriften der Paragraphen 15–37 und der Paragraphen A36–A52 des Anhangs A prospektiv anzuwenden, es sei denn Paragraph 107 lässt etwas anderes zu. Dementsprechend darf das Unternehmen Vermögenswerte, die es infolge einer Transaktion, die vor dem 1. Januar 2004 stattfand, gemäß IAS 39 (in der im Jahr 2000 überarbeiteten Fassung) ausgebucht hat, die nach dem vorliegenden Standard aber nicht ausgebucht würden, nicht erfassen.

107 Ungeachtet Paragraph 106 kann ein Unternehmen die Ausbuchungsvorschriften der Paragraphen 15–37 und der Paragraphen A36–A52 des Anhangs A rückwirkend ab einem vom Unternehmen beliebig zu wählenden Zeitpunkt anwenden, sofern die Informationen, die erforderlich waren, um IAS 39 auf Vermögenswerte und Verbindlichkeiten anzuwenden, die infolge vergangener Transaktionen ausgebucht wurden, zum Zeitpunkt der erstmaligen Bilanzierung dieser Transaktionen vorlagen.

107A Unbeschadet der Bestimmungen in Paragraph 104 kann ein Unternehmen die Vorschriften im letzten Satz von Paragraph A76 und in Paragraph A76A alternativ auf eine der beiden folgenden Arten anwenden:

(a) prospektiv auf Transaktionen, die nach dem 25. Oktober 2002 abgeschlossen wurden; oder

(b) prospektiv auf Transaktionen, die nach dem 1. Januar 2004 abgeschlossen wurden.

108 Ein Unternehmen darf den Buchwert nicht finanzieller Vermögenswerte und nicht finanzieller Verbindlichkeiten nicht anpassen, um Gewinne und Verluste aus Absicherungen von Zahlungsströmen, die vor dem Beginn des Geschäftsjahres, in dem der vorliegende Standard zuerst angewendet wurde, in den Buchwert eingeschlossen waren, auszuschließen. Zu Beginn der Berichtsperiode, in der der vorliegende Standard erstmalig angewendet wird, ist jeder außerhalb des Gewinns oder Verlusts (im sonstigen Ergebnis oder direkt im Eigenkapital) erfasste Betrag für eine Absicherung einer festen Verpflichtung, die gemäß diesem Standard als eine Absicherung eines beizulegenden Zeitwerts behandelt wird, in einen Vermögenswert oder eine Verbindlichkeit umzugliedern, mit Ausnahme einer Absicherung des Währungsrisikos, die weiterhin als Absicherung von Zahlungsströmen behandelt wird.

108A Der letzte Satz des Paragraphen 80 sowie die Paragraphen A99A und A99B sind erstmals in der ersten Periode eines am 1. Januar 2006 oder danach beginnenden Geschäftsjahres anzuwenden. Eine frühere Anwendung wird empfohlen. Wenn ein Unternehmen eine erwartete externe Transaktion, die

(a) auf die funktionale Währung des Unternehmens lautet, das die Transaktion abschließt,

(b) zu einem Risiko führt, das sich auf das Konzernergebnis auswirkt (d. h. auf eine andere Währung als die Darstellungswährung des Konzerns lautet), und

(c) die Kriterien für die Bilanzierung von Sicherungsgeschäften erfüllen würde, wenn sie nicht auf die funktionale Währung des abschließenden Unternehmens lautete,

als gesichertes Grundgeschäft eingestuft hat, kann es auf die Periode(n) vor dem Zeitpunkt der Anwendung des letzten Satzes des Paragraphen 80 und der Paragraphen A99A und A99B im Konzernabschluss die Bilanzierung für Sicherungsgeschäfte anwenden.

108B Ein Unternehmen muss den Paragraphen A99B nicht auf Vergleichsinformationen anwenden, die sich auf Perioden vor dem Zeitpunkt der Anwendung des letzten Satzes des Paragraphen 80 und des Paragraphen A99A beziehen.

108C Die Paragraphen 9, 73 und A8 wurden durch die *Verbesserungen der IFRS* vom Mai 2008 geändert und Paragraph 50A wurde durch sie hinzugefügt. Paragraph 80 wurde durch die *Verbesserungen der IFRS* vom April 2009 geändert. Diese Änderungen sind erstmals in der ersten Berichtsperiode eines am 1. Januar 2009 oder danach beginnenden Geschäftsjahrs anzuwenden. Ein Unternehmen wendet die Änderungen von Paragraph 9 und Paragraph 50A ab dem Termin und auf die Art und Weise an, die es für die Änderungen von 2005 wie in Paragraph 105A beschrieben zugrunde legte. Eine frühere Anwendung aller Änderungen ist zulässig. Wendet ein Unternehmen die Änderungen für ein früheres Geschäftsjahr an, hat es dies anzugeben.

(a) shall de-designate any financial asset or financial liability previously designated as at fair value through profit or loss only if it does not qualify for such designation in accordance with those new and amended paragraphs. When a financial asset or financial liability will be measured at amortised cost after de-designation, the date of de-designation is deemed to be its date of initial recognition;

(b) shall not designate as at fair value through profit or loss any previously recognised financial assets or financial liabilities;

(c) shall disclose the fair value of any financial assets or financial liabilities de-designated in accordance with subparagraph (a) at the date of de-designation and their new classifications.

105D An entity shall restate its comparative financial statements using the new designations in paragraph 105B or 105C provided that, in the case of a financial asset, financial liability, or group of financial assets, financial liabilities or both, designated as at fair value through profit or loss, those items or groups would have met the criteria in paragraph 9 (b) (i), 9 (b) (ii) or 11A at the beginning of the comparative period or, if acquired after the beginning of the comparative period, would have met the criteria in paragraph 9 (b) (i), 9 (b) (ii) or 11A at the date of initial recognition.

106 Except as permitted by paragraph 107, an entity shall apply the derecognition requirements in paragraphs 15—37 and Appendix A paragraphs AG36—AG52 prospectively. Accordingly, if an entity derecognised financial assets under IAS 39 (revised 2000) as a result of a transaction that occurred before 1 January 2004 and those assets would not have been derecognised under this standard, it shall not recognise those assets.

107 Notwithstanding paragraph 106, an entity may apply the derecognition requirements in paragraphs 15—37 and Appendix A paragraphs AG36—AG52 retrospectively from a date of the entity's choosing, provided that the information needed to apply IAS 39 to assets and liabilities derecognised as a result of past transactions was obtained at the time of initially accounting for those transactions.

107A Notwithstanding paragraph 104, an entity may apply the requirements in the last sentence of paragraph AG76, and paragraph AG76A, in either of the following ways:

(a) prospectively to transactions entered into after 25 October 2002; or

(b) prospectively to transactions entered into after 1 January 2004.

108 An entity shall not adjust the carrying amount of non-financial assets and non-financial liabilities to exclude gains and losses related to cash flow hedges that were included in the carrying amount before the beginning of the financial year in which this Standard is first applied. At the beginning of the financial period in which this Standard is first applied, any amount recognised outside profit or loss (in other comprehensive income or directly in equity) for a hedge of a firm commitment that under this Standard is accounted for as a fair value hedge shall be reclassified as an asset or liability, except for a hedge of foreign currency risk that continues to be treated as a cash flow hedge.

108A An entity shall apply the last sentence of paragraph 80, and paragraphs AG99A and AG99B, for annual periods beginning on or after 1 January 2006. Earlier application is encouraged. If an entity has designated as the hedged item an external forecast transaction that:

(a) is denominated in the functional currency of the entity entering into the transaction;

(b) gives rise to an exposure that will have an effect on consolidated profit or loss (i.e. is denominated in a currency other than the group's presentation currency); and

(c) would have qualified for hedge accounting had it not been denominated in the functional currency of the entity entering into it;

it may apply hedge accounting in the consolidated financial statements in the period(s) before the date of application of the last sentence of paragraph 80, and paragraphs AG99A and AG99B.

108B An entity need not apply paragraph AG99B to comparative information relating to periods before the date of application of the last sentence of paragraph 80 and paragraph AG99A.

108C Paragraphs 9, 73 and AG8 were amended and paragraph 50A added by *Improvements to IFRSs* issued in May 2008. Paragraph 80 was amended by *Improvements to IFRSs* issued in April 2009. An entity shall apply those amendments for annual periods beginning on or after 1 January 2009. An entity shall apply the amendments in paragraphs 9 and 50A as of the date and in the manner it applied the 2005 amendments described in paragraph 105A. Earlier application of all the amendments is permitted. If an entity applies the amendments for an earlier period it shall disclose that fact.

108D Durch die im Juni 2013 unter dem Titel Novation von Derivaten und Fortsetzung der Bilanzierung von Sicherungsgeschäften veröffentlichte Änderung des IAS 39 wurden die Paragraphen 91 und 101 geändert und der Paragraph AG113A angefügt. Diese Paragraphen sind erstmals auf ein am oder nach dem 1. Januar 2014 beginnendes Geschäftsjahr anzuwenden. Diese Änderungen sind im Einklang mit IAS 8 Rechnungslegungsmethoden, Änderungen von rechnungslegungsbezogenen Schätzungen und Fehler rückwirkend anzuwenden. Eine frühere Anwendung ist zulässig. Wendet ein Unternehmen diese Änderungen auf eine frühere Periode an, hat es dies anzugeben.

108F Mit den im Dezember 2013 veröffentlichten *Jährlichen Verbesserungen an den IFRS, Zyklus 2010–2012*, wurde aufgrund der Änderung von IFRS 3 Paragraph 9 geändert. Ein Unternehmen hat diese Änderung prospektiv auf Unternehmenszusammenschlüsse anzuwenden, für die die Änderung des IFRS 3 gilt.

RÜCKNAHME ANDERER VERLAUTBARUNGEN

109 Dieser Standard ersetzt IAS 39 *Finanzinstrumente: Ansatz und Bewertung* in der im Oktober 2000 überarbeiteten Fassung.

110 Dieser Standard und die dazugehörigen Anwendungsleitlinien ersetzen die vom IAS 39 Implementation Guidance Committee herausgegebenen Anwendungsleitlinien, die vom früheren IASC festgelegt wurden.

Anhang A
Leitlinien für die Anwendung

Dieser Anhang ist Bestandteil des Standards.

ANWENDUNGSBEREICH (Paragraphen 2–7)

A1 Einige Verträge sehen eine Zahlung auf der Basis klimatischer, geologischer oder sonstiger physikalischer Variablen vor. (Verträge basierend auf klimatischen Variablen werden gelegentlich auch als „Wetterderivate" bezeichnet.) Wenn diese Verträge nicht im Anwendungsbereich von IFRS 4 liegen, fallen sie in den Anwendungsbereich dieses Standards.

A2 Die Vorschriften für Versorgungspläne für Arbeitnehmer, die in den Anwendungsbereich von IAS 26 *Bilanzierung und Berichterstattung von Altersversorgungsplänen* fallen, und für Verträge über Nutzungsentgelte, die an das Umsatzvolumen oder die Höhe der Erträge aus Dienstleistungen gekoppelt sind und nach IAS 18 bilanziert werden, werden durch den vorliegenden Standard nicht geändert.

A3 Gelegentlich tätigt ein Unternehmen aus seiner Sicht „strategische Investitionen" in von anderen Unternehmen emittierte Eigenkapitalinstrumente mit der Absicht, eine langfristige Geschäftsbeziehung zu dem Unternehmen, in das investiert wird, aufzubauen oder zu vertiefen. Der Investor oder das Partnerunternehmen müssen anhand von IAS 28 feststellen, ob für die Bilanzierung einer solchen Finanzinvestition die Equity-Methode sachgerecht ist. Ist die Equity-Methode nicht sachgerecht, wendet das Unternehmen den vorliegenden Standard auf die betreffende strategische Investition an.

A3A Dieser Standard gilt für finanzielle Vermögenswerte und Verbindlichkeiten von Versicherern, mit Ausnahme der Rechte und Verpflichtungen, die Paragraph 2 (e) ausschließt, da sie sich aus Verträgen im Anwendungsbereich von IFRS 4 ergeben.

A4 Finanzielle Garantien können verschiedene Rechtsformen haben (Garantie, einige Arten von Akkreditiven, Verzugs-Kreditderivat, Versicherungsvertrag, o. ä.), die für ihre Behandlung in der Rechnungslegung aber unerheblich sind. Wie sie behandelt werden sollten, zeigen folgende Beispiele (siehe Paragraph 2 (e)):

(a) Auch wenn eine finanzielle Garantie der Definition eines Versicherungsvertrags nach IFRS 4 entspricht, wendet der Garantiegeber diesen Standard an, wenn das übertragene Risiko signifikant ist. Hat der Garantiegeber jedoch zuvor ausdrücklich erklärt, dass er solche Verträge als Versicherungsverträge betrachtet und auf Versicherungsverträge anwendbare Rechnungslegungsmethoden verwendet hat, dann kann er wählen, ob er auf solche finanziellen Garantien diesen Standard oder IFRS 4 anwendet. Wenn der Garantiegeber diesen Standard anwendet, hat er gemäß Paragraph 43 eine finanzielle Garantie erstmalig zum beizulegenden Zeitwert anzusetzen. Wenn diese finanzielle Garantie in einem eigenständigen Geschäft zwischen voneinander unabhängigen Geschäftspartnern einer nicht nahe stehenden Partei gewährt wurde, entspricht ihr beizulegender Zeitwert bei Vertragsabschluss der erhaltenen Prämie, solange das Gegenteil nicht belegt ist. Wenn die finanzielle Garantie bei Vertragsabschluss nicht als erfolgswirksam zum beizulegenden Zeitwert bewertet eingestuft wurde, oder sofern die Paragraphen 29–37 und A47–A52 nicht anwendbar sind (wenn die Übertragung eines finanziellen Vermögenswertes nicht die Bedingungen für eine Ausbuchung erfüllt oder ein anhaltendes Engagements zugrunde gelegt wird), bewertet der Garantiegeber sie anschließend zum höheren Wert von:

(i) dem gemäß IAS 37 bestimmten Betrag; und

Novation of Derivatives and Continuation of Hedge Accounting (Amendments to IAS 39), issued in June 2013, amended **108D** paragraphs 91 and 101 and added paragraph AG113A. An entity shall apply those paragraphs for annual periods beginning on or after 1 January 2014. An entity shall apply those amendments retrospectively in accordance with IAS 8 *Accounting Policies, Changes in Accounting Estimates and Errors.* Earlier application is permitted. If an entity applies those amendments for an earlier period it shall disclose that fact.

Annual Improvements to IFRSs 2010—2012 Cycle, issued in December 2013, amended paragraph 9 as a consequential **108F** amendment derived from the amendment to IFRS 3. An entity shall apply that amendment prospectively to business combinations to which the amendment to IFRS 3 applies.

WITHDRAWAL OF OTHER PRONOUNCEMENTS

This standard supersedes IAS 39 *Financial instruments: recognition and measurement* revised in October 2000. **109**

This standard and the accompanying Implementation Guidance supersede the Implementation Guidance issued by the **110** IAS 39 Implementation Guidance Committee, established by the former IASC.

Appendix A

Application guidance

This appendix is an integral part of the standard.

SCOPE (paragraphs 2—7)

Some contracts require a payment based on climatic, geological or other physical variables. (Those based on climatic variables **AG1** ables are sometimes referred to as 'weather derivatives'.) If those contracts are not within the scope of IFRS 4, they are within the scope of this standard.

This standard does not change the requirements relating to employee benefit plans that comply with IAS 26 *Accounting* **AG2** *and reporting by retirement benefit plans* and royalty agreements based on the volume of sales or service revenues that are accounted for under IAS 18.

Sometimes, an entity makes what it views as a 'strategic investment' in equity instruments issued by another entity, with **AG3** the intention of establishing or maintaining a long-term operating relationship with the entity in which the investment is made. The investor or joint venturer entity uses IAS 28 to determine whether the equity method of accounting is appropriate for such an investment. If the equity method is not appropriate, the entity applies this Standard to that strategic investment.

This standard applies to the financial assets and financial liabilities of insurers, other than rights and obligations that **AG3A** paragraph 2 (e) excludes because they arise under contracts within the scope of IFRS 4.

Financial guarantee contracts may have various legal forms, such as a guarantee, some types of letter of credit, a credit **AG4** default contract or an insurance contract. Their accounting treatment does not depend on their legal form. The following are examples of the appropriate treatment (see paragraph 2 (e)):
(a) Although a financial guarantee contract meets the definition of an insurance contract in IFRS 4 if the risk transferred is significant, the issuer applies this standard. Nevertheless, if the issuer has previously asserted explicitly that it regards such contracts as insurance contracts and has used accounting applicable to insurance contracts, the issuer may elect to apply either this standard or IFRS 4 to such financial guarantee contracts. If this standard applies, paragraph 43 requires the issuer to recognise a financial guarantee contract initially at fair value. If the financial guarantee contract was issued to an unrelated party in a stand-alone arm's length transaction, its fair value at inception is likely to equal the premium received, unless there is evidence to the contrary. Subsequently, unless the financial guarantee contract was designated at inception as at fair value through profit or loss or unless paragraphs 29—37 and AG47—AG52 apply (when a transfer of a financial asset does not qualify for derecognition or the continuing involvement approach applies), the issuer measures it at the higher of:
    (i) the amount determined in accordance with IAS 37; and

(ii) dem erstmalig angesetzten Betrag abzüglich, der gemäß IAS 18 (siehe Paragraph 47 (c)) erfassten kumulativen Abschreibung, wenn zutreffend.

(b) Bei einigen kreditbezogenen Garantien muss der Garantienehmer, um eine Zahlung zu erhalten weder dem Risiko ausgesetzt sein, dass der Schuldner fällige Zahlungen aus dem durch eine Garantie unterlegten Vermögenswert nicht leistet, noch aufgrund dessen einen Schaden erlitten haben. Ein Beispiel hierfür ist eine Garantie, die Zahlungen für den Fall vorsieht, dass bei einem bestimmten Bonitätsrating oder Kreditindex Änderungen eintreten. Bei solchen Garantien handelt es sich laut Definition in diesem Standard nicht um finanzielle Garantien und laut Definition in IFRS 4 auch nicht um Versicherungsverträge. Solche Garantien sind Derivate und der Garantiegeber wendet diesen Standard auf sie an.

(c) Wenn eine finanzielle Garantie in Verbindung mit einem Warenverkauf gewährt wurde, wendet der Garantiegeber IAS 18 an und bestimmt, wann er den Ertrag aus der Garantie und aus dem Warenverkauf erfasst.

A4A Erklärungen, wonach ein Garantiegeber Verträge als Versicherungsverträge betrachtet, finden sich in der Regel im Schriftwechsel des Garantiegebers mit Kunden und Regulierungsbehörden, in Verträgen, Geschäftsunterlagen und im Abschluss. Versicherungsverträge unterliegen außerdem oft Bilanzierungsvorschriften, die sich von den Vorschriften für andere Transaktionstypen, wie Verträge von Banken oder Handelsgesellschaften, unterscheiden. In solchen Fällen wird der Abschluss des Garantiegebers in der Regel eine Erklärung enthalten, dass er jene Bilanzierungsvorschriften verwendet hat.

DEFINITIONEN (Paragraphen 8 und 9)

Einstufung als erfolgswirksam zum beizulegenden Zeitwert bewertet

A4B Gemäß Paragraph 9 dieses Standards darf ein Unternehmen einen finanziellen Vermögenswert, eine finanzielle Verbindlichkeit oder eine Gruppe von Finanzinstrumenten (finanziellen Vermögenswerten, finanziellen Verbindlichkeiten oder einer Kombination aus beidem) als erfolgswirksam zum beizulegenden Zeitwert bewertet einstufen, wenn dadurch relevantere Informationen vermittelt werden.

A4C Die Entscheidung eines Unternehmens zur Einstufung eines finanziellen Vermögenswertes bzw. einer finanziellen Verbindlichkeit als erfolgswirksam zum beizulegenden Zeitwert bewertet ist mit der Entscheidung für eine Rechnungslegungsmethode vergleichbar (auch wenn anders als bei einer gewählten Rechnungslegungsmethode keine konsequente Anwendung auf alle ähnlichen Geschäftsvorfälle verlangt wird). Wenn ein Unternehmen ein derartiges Wahlrecht hat, muss die gewählte Methode gemäß Paragraph 14 (b) des IAS 8 *Bilanzierungs- und Bewertungsmethoden, Änderungen von Schätzungen und Fehler* dazu führen, dass der Abschluss zuverlässige und relevante Informationen über die Auswirkungen von Geschäftsvorfällen, sonstigen Ereignissen und Bedingungen auf die Vermögens-, Finanz- oder Ertragslage des Unternehmens vermittelt. Für die Einstufung als erfolgswirksam zum beizulegenden Zeitwert bewertet werden in Paragraph 9 die beiden Umstände genannt, unter denen die Bedingung relevanterer Informationen erfüllt wird. Dementsprechend muss ein Unternehmen, das sich für eine Einstufung gemäß Paragraph 9 entscheidet, nachweisen, dass einer dieser beiden Umstände (oder alle beide) zutrifft/ zutreffen.

Paragraph 9 (b) (i): Durch die Einstufung wird eine ansonsten entstehende Inkongruenz bei der Bewertung oder beim Ansatz beseitigt oder erheblich verringert

A4D Nach IAS 39 richtet sich die Bewertung eines finanziellen Vermögenswertes oder einer finanziellen Verbindlichkeit und die Erfassung der Bewertungsänderungen danach, wie der Posten eingestuft wurde und ob er Teil einer designierten Sicherungsbeziehung ist. Diese Vorschriften können zu Inkongruenzen bei der Bewertung oder beim Ansatz führen (auch als „Rechnungslegungsanomalie" bezeichnet). Dies ist z. B. dann der Fall, wenn ein finanzieller Vermögenswert, ohne die Möglichkeit als erfolgswirksam zum beizulegenden Zeitwert bewertet eingestuft zu werden, als zur Veräußerung verfügbar eingestuft wird (wodurch die meisten Änderungen des beizulegenden Zeitwertes im sonstigen Ergebnis erfasst werden) und eine nach Auffassung des Unternehmens zugehörige Verbindlichkeit zu fortgeführten Anschaffungskosten (d. h. ohne Erfassung von Änderungen des beizulegenden Zeitwertes) bewertet wird. Unter solchen Umständen mag ein Unternehmen zu dem Schluss kommen, dass sein Abschluss relevantere Informationen vermitteln würde, wenn sowohl der Vermögenswert als auch die Verbindlichkeit als erfolgswirksam zum beizulegenden Zeitwert bewertet eingestuft würden.

A4E Die folgenden Beispiele veranschaulichen, wann diese Bedingung erfüllt sein könnte. In allen Fällen darf ein Unternehmen diese Bedingung nur dann für die Einstufung finanzieller Vermögenswerte bzw. Verbindlichkeiten als erfolgswirksam zum beizulegenden Zeitwert bewertet heranziehen, wenn es den Grundsatz in Paragraph 9 (b) (i) erfüllt.

(a) Ein Unternehmen hat Verbindlichkeiten, deren Zahlungsströme vertraglich an die Wertentwicklung von Vermögenswerten gekoppelt sind, die ansonsten als zur Veräußerung verfügbar eingestuft würden. Beispiel: Ein Versicherer hat Verbindlichkeiten mit einer ermessensabhängigen Überschussbeteiligung, deren Höhe von den realisierten und/oder nicht realisierten Kapitalerträgen eines bestimmten Portfolios von Vermögenswerten des Versicherers abhängt. Spiegelt die Bewertung dieser Verbindlichkeiten die aktuellen Marktpreise wider, bedeutet eine Einstufung der Vermögenswerte als erfolgswirksam zum beizulegenden Zeitwert bewertet, dass Änderungen des beizulegenden Zeitwertes der finanziellen Vermögenswerte in der gleichen Periode wie die zugehörigen Änderungen des Wertes der Verbindlichkeiten erfolgswirksam erfasst werden.

(ii) the amount initially recognised less, when appropriate, cumulative amortisation recognised in accordance with IAS 18 (see paragraph 47 (c)).

(b) Some credit-related guarantees do not, as a precondition for payment, require that the holder is exposed to, and has incurred a loss on, the failure of the debtor to make payments on the guaranteed asset when due. An example of such a guarantee is one that requires payments in response to changes in a specified credit rating or credit index. Such guarantees are not financial guarantee contracts, as defined in this standard, and are not insurance contracts, as defined in IFRS 4. Such guarantees are derivatives and the issuer applies this standard to them.

(c) If a financial guarantee contract was issued in connection with the sale of goods, the issuer applies IAS 18 in determining when it recognises the revenue from the guarantee and from the sale of goods.

Assertions that an issuer regards contracts as insurance contracts are typically found throughout the issuer's communications with customers and regulators, contracts, business documentation and financial statements. Furthermore, insurance contracts are often subject to accounting requirements that are distinct from the requirements for other types of transaction, such as contracts issued by banks or commercial companies. In such cases, an issuer's financial statements typically include a statement that the issuer has used those accounting requirements.   AG4A

DEFINITIONS (paragraphs 8 and 9)

Designation as at fair value through profit or loss

Paragraph 9 of this standard allows an entity to designate a financial asset, a financial liability, or a group of financial instruments (financial assets, financial liabilities or both) as at fair value through profit or loss provided that doing so results in more relevant information.   AG4B

The decision of an entity to designate a financial asset or financial liability as at fair value through profit or loss is similar to an accounting policy choice (although, unlike an accounting policy choice, it is not required to be applied consistently to all similar transactions). When an entity has such a choice, paragraph 14 (b) of IAS 8 *Accounting policies, changes in accounting estimates and errors* requires the chosen policy to result in the financial statements providing reliable and more relevant information about the effects of transactions, other events and conditions on the entity's financial position, financial performance or cash flows. In the case of designation as at fair value through profit or loss, paragraph 9 sets out the two circumstances when the requirement for more relevant information will be met. Accordingly, to choose such designation in accordance with paragraph 9, the entity needs to demonstrate that it falls within one (or both) of these two circumstances.   AG4C

Paragraph 9 (b) (i): Designation eliminates or significantly reduces a measurement or recognition inconsistency that would otherwise arise

Under IAS 39, measurement of a financial asset or financial liability and classification of recognised changes in its value are determined by the item's classification and whether the item is part of a designated hedging relationship. Those requirements can create a measurement or recognition inconsistency (sometimes referred to as an 'accounting mismatch') when, for example, in the absence of designation as at fair value through profit or loss, a financial asset would be classified as available for sale (with most changes in fair value recognised in other comprehensive income) and a liability the entity considers related would be measured at amortised cost (with changes in fair value not recognised). In such circumstances, an entity may conclude that its financial statements would provide more relevant information if both the asset and the liability were classified as at fair value through profit or loss.   AG4D

The following examples show when this condition could be met. In all cases, an entity may use this condition to designate financial assets or financial liabilities as at fair value through profit or loss only if it meets the principle in paragraph 9 (b) (i).   AG4E

(a) An entity has liabilities whose cash flows are contractually based on the performance of assets that would otherwise be classified as available for sale. For example, an insurer may have liabilities containing a discretionary participation feature that pay benefits based on realised and/or unrealised investment returns of a specified pool of the insurer's assets. If the measurement of those liabilities reflects current market prices, classifying the assets as at fair value through profit or loss means that changes in the fair value of the financial assets are recognised in profit or loss in the same period as related changes in the value of the liabilities.

(b) Ein Unternehmen hat Verbindlichkeiten aus Versicherungsverträgen, in deren Bewertung aktuelle Informationen einfließen (wie durch Paragraph 24 des IFRS 4 gestattet), und aus seiner Sicht zugehörige finanzielle Vermögenswerte, die ansonsten als zur Veräußerung verfügbar eingestuft oder zu fortgeführten Anschaffungskosten bewertet würden.

(c) Ein Unternehmen hat finanzielle Vermögenswerte und/oder Verbindlichkeiten, die dem gleichen Risiko unterliegen, wie z. B. dem Zinsänderungsrisiko, das zu gegenläufigen Veränderungen der beizulegenden Zeitwerte führt, die sich weitgehend aufheben. Jedoch würden nur einige Instrumente erfolgswirksam zum beizulegenden Zeitwert bewertet werden (d. h. sind Derivate oder als zu Handelszwecken gehalten eingestuft). Es ist auch möglich, dass die Voraussetzungen für die Bilanzierung von Sicherungsgeschäften nicht erfüllt werden, z. B. weil das in Paragraph 88 genannte Kriterium der Wirksamkeit nicht gegeben ist.

(d) Ein Unternehmen hat finanzielle Vermögenswerte, finanzielle Verbindlichkeiten oder beides, die dem gleichen Risiko unterliegen, wie z. B. dem Zinsänderungsrisiko, das zu gegenläufigen Veränderungen der beizulegenden Zeitwerte führt, die sich weitgehend aufheben. Keines der Instrumente ist ein Derivat, so dass das Unternehmen nicht die Voraussetzungen für die Bilanzierung von Sicherungsgeschäften erfüllt. Ohne eine Bilanzierung als Sicherungsgeschäft kommt es darüber hinaus bei der Erfassung von Gewinnen und Verlusten zu erheblichen Inkongruenzen. Zum Beispiel:

(i) das Unternehmen hat ein Portfolio festverzinslicher Vermögenswerte, die ansonsten als zur Veräußerung verfügbar eingestuft würden, mit festverzinslichen Schuldverschreibungen refinanziert, wobei sich die Änderungen der beizulegenden Zeitwerte weitgehend aufheben. Durch den einheitlichen Ausweis der Vermögenswerte und der Schuldverschreibungen als erfolgswirksam zum beizulegenden Zeitwert bewertet wird die Inkongruenz berichtigt, die sich andernfalls dadurch ergeben hätte, dass die Vermögenswerte zum beizulegenden Zeitwert bei Erfassung der Wertänderungen im sonstigen Ergebnis und die Schuldverschreibungen zu fortgeführten Anschaffungskosten bewertet worden wären.

(ii) das Unternehmen hat eine bestimmte Gruppe von Krediten durch die Emission gehandelter Anleihen refinanziert, wobei sich die Änderungen der beizulegenden Zeitwerte weitgehend aufheben. Wenn das Unternehmen darüber hinaus die Anleihen regelmäßig kauft und verkauft, die Kredite dagegen nur selten, wenn überhaupt, kauft und verkauft, wird durch den einheitlichen Ausweis der Kredite und Anleihen als erfolgswirksam zum beizulegenden Zeitwert bewertet die Inkongruenz bezüglich des Zeitpunktes der Erfolgserfassung beseitigt, die sonst aus ihrer Bewertung zu fortgeführten Anschaffungskosten und der Erfassung eines Gewinns bzw. Verlusts bei jedem Anleihe-Rückkauf resultieren würde.

A4F In Fällen wie den im vorstehenden Paragraphen beschriebenen Beispielen lassen sich dadurch, dass finanzielle Vermögenswerte und Verbindlichkeiten, auf die sonst andere Bewertungsmaßstäbe Anwendung fänden, beim erstmaligen Ansatz als erfolgswirksam zum beizulegenden Zeitwert bewertet eingestuft werden, Inkongruenzen bei der Bewertung oder beim Ansatz beseitigen oder erheblich verringern und relevantere Informationen vermitteln. Aus Praktikabilitätsgründen braucht das Unternehmen nicht alle Vermögenswerte und Verbindlichkeiten, die bei der Bewertung oder beim Ansatz zu Inkongruenzen führen, genau zeitgleich einzugehen. Eine angemessene Verzögerung wird zugestanden, sofern jede Transaktion bei ihrem erstmaligen Ansatz als erfolgswirksam zum beizulegenden Zeitwert bewertet eingestuft wird und etwaige verbleibende Transaktionen zu diesem Zeitpunkt voraussichtlich eintreten werden.

A4G Es wäre nicht zulässig, nur einige finanzielle Vermögenswerte und Verbindlichkeiten, die Ursache der Inkongruenzen sind, als erfolgswirksam zum beizulegenden Zeitwert bewertet einzustufen, wenn die Inkongruenzen dadurch nicht beseitigt oder erheblich verringert und folglich keine relevanteren Informationen vermittelt würden. Zulässig wäre es dagegen, aus einer Vielzahl ähnlicher finanzieller Vermögenswerte oder Verbindlichkeiten nur einige wenige einzustufen, wenn die Inkongruenzen dadurch erheblich (und möglicherweise stärker als mit anderen zulässigen Einstufungen) verringert würden. Beispiel: Angenommen, ein Unternehmen hat eine Reihe ähnlicher finanzieller Verbindlichkeiten über insgesamt WE 100[3] und eine Reihe ähnlicher finanzieller Vermögenswerte über insgesamt WE 50, die jedoch nach unterschiedlichen Bewertungsmethoden bewertet werden. Das Unternehmen kann die Bewertungsinkongruenzen erheblich verringern, indem es beim erstmaligen Ansatz alle Vermögenswerte, jedoch nur einige Verbindlichkeiten (z. B. einzelne Verbindlichkeiten über eine Summe von WE 45) als erfolgswirksam zum beizulegenden Zeitwert bewertet einstuft. Da ein Finanzinstrument jedoch immer nur als Ganzes als erfolgswirksam zum beizulegenden Zeitwert bewertet eingestuft werden kann, muss das Unternehmen in diesem Beispiel eine oder mehrere Verbindlichkeiten in ihrer Gesamtheit designieren. Das Unternehmen darf die Einstufung weder auf eine Komponente einer Verbindlichkeit (z. B. Wertänderungen, die nur einem Risiko zuzurechnen sind, wie etwa Änderungen eines Referenzzinssatzes) noch auf einen Anteil einer Verbindlichkeit (d. h. einen Prozentsatz) beschränken.

Paragraph 9 (b) (ii): Eine Gruppe von finanziellen Vermögenswerten und/oder Verbindlichkeiten wird gemäß einer dokumentierten Risikomanagement- oder Anlagestrategie zum beizulegenden Zeitwert gesteuert und ihre Wertentwicklung entsprechend beurteilt

A4H Ein Unternehmen kann eine Gruppe von finanziellen Vermögenswerten und/oder Verbindlichkeiten so steuern und ihre Wertentwicklung so beurteilen, dass die erfolgswirksame Bewertung dieser Gruppe mit dem beizulegenden Zeitwert zu

---

3 In diesem Standard werden Geldbeträge in „Währungseinheiten" (WE) angegeben.

(b) An entity has liabilities under insurance contracts whose measurement incorporates current information (as permitted by IFRS 4, paragraph 24), and financial assets it considers related that would otherwise be classified as available for sale or measured at amortised cost.

(c) An entity has financial assets, financial liabilities or both that share a risk, such as interest rate risk, that gives rise to opposite changes in fair value that 10 d to offset each other. However, only some of the instruments would be measured at fair value through profit or loss (i.e. are derivatives, or are classified as held for trading). It may also be the case that the requirements for hedge accounting are not met, for example because the requirements for effectiveness in paragraph 88 are not met.

(d) An entity has financial assets, financial liabilities or both that share a risk, such as interest rate risk, that gives rise to opposite changes in fair value that 10 d to offset each other and the entity does not qualify for hedge accounting because none of the instruments is a derivative. Furthermore, in the absence of hedge accounting there is a significant inconsistency in the recognition of gains and losses. For example:

   (i) the entity has financed a portfolio of fixed rate assets that would otherwise be classified as available for sale with fixed rate debentures whose changes in fair value 10 d to offset each other. Reporting both the assets and the debentures at fair value through profit or loss corrects the inconsistency that would otherwise arise from measuring the assets at fair value with changes recognised in other comprehensive income and the debentures at amortised cost;

   (ii) the entity has financed a specified group of loans by issuing traded bonds whose changes in fair value 10 d to offset each other. If, in addition, the entity regularly buys and sells the bonds but rarely, if ever, buys and sells the loans, reporting both the loans and the bonds at fair value through profit or loss eliminates the inconsistency in the timing of recognition of gains and losses that would otherwise result from measuring them both at amortised cost and recognising a gain or loss each time a bond is repurchased.

AG4F In cases such as those described in the preceding paragraph, to designate, at initial recognition, the financial assets and financial liabilities not otherwise so measured as at fair value through profit or loss may eliminate or significantly reduce the measurement or recognition inconsistency and produce more relevant information. For practical purposes, the entity need not enter into all of the assets and liabilities giving rise to the measurement or recognition inconsistency at exactly the same time. A reasonable delay is permitted provided that each transaction is designated as at fair value through profit or loss at its initial recognition and, at that time, any remaining transactions are expected to occur.

AG4G It would not be acceptable to designate only some of the financial assets and financial liabilities giving rise to the inconsistency as at fair value through profit or loss if to do so would not eliminate or significantly reduce the inconsistency and would therefore not result in more relevant information. However, it would be acceptable to designate only some of a number of similar financial assets or similar financial liabilities if doing so achieves a significant reduction (and possibly a greater reduction than other allowable designations) in the inconsistency. For example, assume an entity has a number of similar financial liabilities that sum to CU100[3] and a number of similar financial assets that sum to CU50 but are measured on a different basis. The entity may significantly reduce the measurement inconsistency by designating at initial recognition all of the assets but only some of the liabilities (for example, individual liabilities with a combined total of CU45) as at fair value through profit or loss. However, because designation as at fair value through profit or loss can be applied only to the whole of a financial instrument, the entity in this example must designate one or more liabilities in their entirety. It could not designate either a component of a liability (e.g. changes in value attributable to only one risk, such as changes in a benchmark interest rate) or a proportion (i.e. percentage) of a liability.

Paragraph 9 (b) (ii): A group of financial assets, financial liabilities or both is managed and its performance is evaluated on a fair value basis, in accordance with a documented risk management or investment strategy

AG4H An entity may manage and evaluate the performance of a group of financial assets, financial liabilities or both in such a way that measuring that group at fair value through profit or loss results in more relevant information. The focus in this

---

3 In this standard, monetary amounts are denominated in 'currency units' (CU).

relevanteren Informationen führt. In diesem Fall liegt das Hauptaugenmerk nicht auf der Art der Finanzinstrumente, sondern auf der Art und Weise, wie das Unternehmen diese steuert und ihre Wertentwicklung beurteilt.

A4I Die folgenden Beispiele veranschaulichen, wann diese Bedingung erfüllt sein könnte. In allen Fällen darf ein Unternehmen diese Bedingung nur dann für die Einstufung finanzieller Vermögenswerte bzw. Verbindlichkeiten als erfolgswirksam zum beizulegenden Zeitwert bewertet heranziehen, wenn es den Grundsatz in Paragraph 9 (b) (ii) erfüllt.

(a) Das Unternehmen ist eine Beteiligungsgesellschaft, ein Investmentfonds, ein Unit Trust oder ein ähnliches Unternehmen, dessen Geschäftszweck in der Anlage in finanziellen Vermögenswerten besteht mit der Absicht, einen Gewinn aus der Gesamtrendite in Form von Zinsen oder Dividenden sowie Änderungen des beizulegenden Zeitwertes zu erzielen. IAS 28 gestattet die erfolgswirksame Bewertung solcher Finanzinvestitionen zum beizulegenden Zeitwert gemäß vorliegendem Standard. Ein Unternehmen kann die gleiche Bilanzierungsmethode auch auf andere Finanzinvestitionen anwenden, die auf Gesamtertragsbasis gesteuert werden, bei denen sein Einfluss jedoch nicht groß genug ist, um in den Anwendungsbereich des IAS 28 zu fallen.

(b) Das Unternehmen hat finanzielle Vermögenswerte und Verbindlichkeiten, die ein oder mehrere Risiken teilen und gemäß einer dokumentierten Richtlinie zum Asset-Liability-Management gesteuert und beurteilt werden. Ein Beispiel wäre ein Unternehmen, das „strukturierte Produkte" mit mehreren eingebetteten Derivaten emittiert hat und die daraus resultierenden Risiken mit einer Mischung aus derivativen und nicht-derivativen Finanzinstrumenten auf Basis des beizulegenden Zeitwertes steuert. Ein ähnliches Beispiel wäre ein Unternehmen, das festverzinsliche Kredite ausreicht und das daraus resultierende Risiko einer Änderung des Referenzzinssatzes mit einer Mischung aus derivativen und nicht-derivativen Finanzinstrumenten steuert.

(c) Das Unternehmen ist ein Versicherer, der ein Portfolio von finanziellen Vermögenswerten hält, dieses Portfolio im Hinblick auf eine größtmögliche Gesamtrendite (d. h. Zinsen oder Dividenden und Änderungen des beizulegenden Zeitwertes) steuert und seine Wertentwicklung auf dieser Grundlage beurteilt. Das Portfolio kann zur Deckung bestimmter Verbindlichkeiten und/oder Eigenkapital dienen. Werden mit dem Portfolio bestimmte Verbindlichkeiten gedeckt, kann die Bedingung in Paragraph 9 (b) (ii) in Bezug auf die Vermögenswerte unabhängig davon erfüllt sein, ob der Versicherer die Verbindlichkeiten ebenfalls auf Grundlage des beizulegenden Zeitwertes steuert und beurteilt. Die Bedingung in Paragraph 9 (b) (ii) kann erfüllt sein, wenn der Versicherer das Ziel verfolgt, die Gesamtrendite aus den Vermögenswerten langfristig zu maximieren, und zwar selbst dann, wenn die an die Inhaber von Verträgen mit Überschussbeteiligung ausgezahlten Beträge von anderen Faktoren, wie z. B. der Höhe der in einem kürzeren Zeitraum (z. B. einem Jahr) erzielten Gewinne, abhängen oder im Ermessen des Versicherers liegen.

A4J Wie bereits erwähnt, bezieht sich diese Bedingung auf die Art und Weise, wie das Unternehmen die betreffende Gruppe von Finanzinstrumenten steuert und ihre Wertentwicklung beurteilt. Dementsprechend hat ein Unternehmen, das Finanzinstrumente auf Grundlage dieser Bedingung als erfolgswirksam zum beizulegenden Zeitwert bewertet einstuft, (vorbehaltlich der vorgeschriebenen Einstufung beim erstmaligen Ansatz) alle in Frage kommenden Finanzinstrumente, die gemeinsam gesteuert und beurteilt werden, ebenfalls so einzustufen.

A4K Die Dokumentation über die Strategie des Unternehmens muss nicht umfangreich sein, aber den Nachweis der Übereinstimmung mit Paragraph 9 (b) (ii) erbringen. Eine solche Dokumentation ist nicht für jeden einzelnen Posten erforderlich, sondern kann auch auf Basis eines Portfolios erfolgen. Beispiel: Wenn aus dem System zur Steuerung der Wertentwicklung für eine Abteilung – das von Personen in Schlüsselpositionen des Unternehmens genehmigt wurde – eindeutig hervorgeht, dass die Wertentwicklung auf Basis der Gesamtrendite beurteilt wird, ist für den Nachweis der Übereinstimmung mit Paragraph 9 (b) (ii) keine weitere Dokumentation notwendig.

Effektivzinssatz

A5 In einigen Fällen werden finanzielle Vermögenswerte mit einem hohen Disagio erworben, das die angefallenen Kreditausfälle widerspiegelt. Diese angefallenen Kreditausfälle sind bei der Ermittlung des Effektivzinssatzes in die geschätzten Cashflows einzubeziehen.

A6 Bei Anwendung der Effektivzinsmethode werden alle in die Berechnung des Effektivzinssatzes einfließenden Gebühren, gezahlten oder erhaltenen Entgelte, Transaktionskosten und anderen Agien oder Disagien normalerweise über die erwartete Laufzeit des Finanzinstruments amortisiert. Beziehen sich die Gebühren, gezahlten oder erhaltenen Entgelte, Transaktionskosten, Agien oder Disagien jedoch auf einen kürzeren Zeitraum, so ist dieser Zeitraum zugrunde zu legen. Dies ist dann der Fall, wenn die Variable, auf die sich die Gebühren, gezahlten oder erhaltenen Entgelte, Transaktionskosten, Agien oder Disagien beziehen, vor der voraussichtlichen Fälligkeit des Finanzinstruments an Marktverhältnisse angepasst wird. In einem solchen Fall ist als angemessene Amortisationsperiode der Zeitraum bis zum nächsten Anpassungstermin zu wählen. Spiegelt ein Agio oder Disagio auf ein variabel verzinstes Finanzinstrument beispielsweise die seit der letzten Zinszahlung angefallenen Zinsen oder die Marktzinsänderungen seit der letzten Anpassung des variablen Zinssatzes an die Marktverhältnisse wider, so wird dieses bis zum nächsten Zinsanpassungstermin amortisiert. Dies ist darauf zurückzuführen, dass das Agio oder Disagio für den Zeitraum bis zum nächsten Zinsanpassungstermin gilt, da die Variable, auf die sich das Agio oder Disagio bezieht (das heißt der Zinssatz), zu diesem Zeitpunkt an die Marktverhältnisse angepasst wird. Ist das Agio oder Disagio dagegen durch eine Änderung des Kredit-Spreads auf die im Finanzinstrument angegebene variable Verzinsung oder durch andere, nicht an den Marktzins gekoppelte Variablen entstanden, erfolgt die Amortisation über die erwartete Laufzeit des Finanzinstruments.

instance is on the way the entity manages and evaluates performance, rather than on the nature of its financial instruments.

The following examples show when this condition could be met. In all cases, an entity may use this condition to designate **AG4I** financial assets or financial liabilities as at fair value through profit or loss only if it meets the principle in paragraph 9 (b) (ii).

(a) The entity is a venture capital organisation, mutual fund, unit trust or similar entity whose business is investing in financial assets with a view to profiting from their total return in the form of interest or dividends and changes in fair value. IAS 28 allows such investments to be measured at fair value through profit or loss in accordance with this Standard. An entity may apply the same accounting policy to other investments managed on a total return basis but over which its influence is insufficient for them to be within the scope of IAS 28.

(b) The entity has financial assets and financial liabilities that share one or more risks and those risks are managed and evaluated on a fair value basis in accordance with a documented policy of asset and liability management. An example could be an entity that has issued 'structured products' containing multiple embedded derivatives and manages the resulting risks on a fair value basis using a mix of derivative and non-derivative financial instruments. A similar example could be an entity that originates fixed interest rate loans and manages the resulting benchmark interest rate risk using a mix of derivative and non-derivative financial instruments.

(c) The entity is an insurer that holds a portfolio of financial assets, manages that portfolio so as to maximise its total return (i.e. interest or dividends and changes in fair value), and evaluates its performance on that basis. The portfolio may be held to back specific liabilities, equity or both. If the portfolio is held to back specific liabilities, the condition in paragraph 9 (b) (ii) may be met for the assets regardless of whether the insurer also manages and evaluates the liabilities on a fair value basis. The condition in paragraph 9 (b) (ii) may be met when the insurer's objective is to maximise total return on the assets over the longer term even if amounts paid to holders of participating contracts depend on other factors such as the amount of gains realised in a shorter period (e.g. a year) or are subject to the insurer's discretion.

As noted above, this condition relies on the way the entity manages and evaluates performance of the group of financial **AG4J** instruments under consideration. Accordingly, (subject to the requirement of designation at initial recognition) an entity that designates financial instruments as at fair value through profit or loss on the basis of this condition shall so designate all eligible financial instruments that are managed and evaluated together.

Documentation of the entity's strategy need not be extensive but should be sufficient to demonstrate compliance with **AG4K** paragraph 9 (b) (ii). Such documentation is not required for each individual item, but may be on a portfolio basis. For example, if the performance management system for a department — as approved by the entity's key management personnel — clearly demonstrates that its performance is evaluated on a total return basis, no further documentation is required to demonstrate compliance with paragraph 9 (b) (ii).

Effective interest rate

In some cases, financial assets are acquired at a deep discount that reflects incurred credit losses. Entities include such **AG5** incurred credit losses in the estimated cash flows when computing the effective interest rate.

When applying the effective interest method, an entity generally amortises any fees, points paid or received, transaction **AG6** costs and other premiums or discounts included in the calculation of the effective interest rate over the expected life of the instrument. However, a shorter period is used if this is the period to which the fees, points paid or received, transaction costs, premiums or discounts relate. This will be the case when the variable to which the fees, points paid or received, transaction costs, premiums or discounts relate is repriced to market rates before the expected maturity of the instrument. In such a case, the appropriate amortisation period is the period to the next such repricing date. For example, if a premium or discount on a floating rate instrument reflects interest that has accrued on the instrument since interest was last paid, or changes in market rates since the floating interest rate was reset to market rates, it will be amortised to the next date when the floating interest is reset to market rates. This is because the premium or discount relates to the period to the next interest reset date because, at that date, the variable to which the premium or discount relates (i.e. interest rates) is reset to market rates. If, however, the premium or discount results from a change in the credit spread over the floating rate specified in the instrument, or other variables that are not reset to market rates, it is amortised over the expected life of the instrument.

A7 Bei variabel verzinslichen finanziellen Vermögenswerten und Verbindlichkeiten führt die periodisch vorgenommene Neuschätzung der Cashflows, die der Änderung der Marktverhältnisse Rechnung trägt, zu einer Änderung des Effektivzinssatzes. Wird ein variabel verzinslicher finanzieller Vermögenswert oder eine variabel verzinsliche finanzielle Verbindlichkeit zunächst mit einem Betrag angesetzt, der dem bei Endfälligkeit zu erhaltenden bzw. zu zahlenden Kapitalbetrag entspricht, hat die Neuschätzung künftiger Zinszahlungen in der Regel keine wesentlichen Auswirkungen auf den Buchwert des Vermögenswertes bzw. der Verbindlichkeit.

A8 Ändert ein Unternehmen seine Schätzungen bezüglich der Mittelabflüsse oder -zuflüsse, ist der Buchwert des finanziellen Vermögenswerts oder der finanziellen Verbindlichkeit (oder der Gruppe von Finanzinstrumenten) so anzupassen, dass er die tatsächlichen und geänderten geschätzten Cashflows wiedergibt. Das Unternehmen berechnet den Buchwert neu, indem es den Barwert der geschätzten künftigen Cashflows mit dem ursprünglichen Effektivzinssatz des Finanzinstruments bzw. mit dem revidierten gemäß Paragraph 92 berechneten Effektivzinssatz ermittelt. Die Berichtigung wird als Ertrag oder Aufwand im Gewinn oder Verlust erfasst. Wird ein finanzieller Vermögenswert gemäß Paragraph 50B, 50D oder 50E neu eingestuft und erhöht ein Unternehmen in der Folge seine Schätzungen bezüglich der künftigen Mittelzuflüsse, da diese Bareinnahmen in verstärktem Maße zurück erlangt werden können, so ist der Effekt dieser Steigerung als eine Berichtigung des Effektivzinssatzes ab dem Termin der geänderten Schätzung und nicht als Berichtigung des Buchwerts des Vermögenswerts ab dem Termin der geänderten Schätzung auszuweisen.

Derivate

A9 Typische Beispiele für Derivate sind Futures und Forwards sowie Swaps und Optionen. Ein Derivat hat in der Regel einen Nennbetrag in Form eines Währungsbetrags, einer Anzahl von Aktien, einer Anzahl von Einheiten gemessen in Gewicht oder Volumen oder anderer im Vertrag genannter Einheiten. Ein Derivat beinhaltet jedoch nicht die Verpflichtung aufseiten des Inhabers oder Stillhalters, den Nennbetrag bei Vertragsabschluss auch tatsächlich zu investieren oder in Empfang zu nehmen. Alternativ könnte ein Derivat zur Zahlung eines festen Betrags oder eines Betrages, der sich infolge des Eintritts eines künftigen, vom Nennbetrag unabhängigen Sachverhalts (jedoch nicht proportional zu einer Änderung des Basiswertes) ändern kann, verpflichten. So kann beispielsweise eine Vereinbarung zu einer feste Zahlung von WE 1 000[4] verpflichten, wenn der 6-Monats-LIBOR um 100 Basispunkte steigt. Eine derartige Vereinbarung stellt auch ohne die Angabe eines Nennbetrags ein Derivat dar.

A10 Unter die Definition eines Derivats fallen in diesem Standard Verträge, die auf Bruttobasis durch Lieferung des zugrunde liegenden Postens erfüllt werden (beispielsweise ein Forward-Geschäft über den Kauf eines festverzinslichen Schuldinstruments). Ein Unternehmen kann einen Vertrag über den Kauf oder Verkauf eines nicht finanziellen Postens geschlossen haben, der durch einen Ausgleich in bar oder anderen Finanzinstrumenten oder durch den Tausch von Finanzinstrumenten erfüllt werden kann (beispielsweise ein Vertrag über den Kauf oder Verkauf eines Rohstoffs zu einem festen Preis zu einem zukünftigen Termin). Ein derartiger Vertrag fällt in den Anwendungsbereich dieses Standards, soweit er nicht zum Zweck der Lieferung eines nicht finanziellen Postens gemäß dem voraussichtlichen Einkaufs-, Verkaufs- oder Nutzungsbedarf des Unternehmens geschlossen wurde und in diesem Sinne weiter gehalten wird (siehe Paragraphen 5–7).

A11 Eines der Kennzeichen eines Derivats besteht darin, dass es eine Anfangsauszahlung erfordert, die im Vergleich zu anderen Vertragsformen, von denen zu erwarten ist, dass sie in ähnlicher Weise auf Änderungen der Marktbedingungen reagieren, geringer ist. Ein Optionsvertrag erfüllt diese Definition, da die Prämie geringer ist als die Investition, die für den Erwerb des zugrunde liegenden Finanzinstruments, an das die Option gekoppelt ist, erforderlich wäre. Ein Währungsswap, der zu Beginn einen Tausch verschiedener Währungen mit dem gleichen beizulegenden Zeitwert erfordert, erfüllt diese Definition, da keine Anfangsauszahlung erforderlich ist.

A12 Durch einen marktüblichen Kauf oder Verkauf entsteht zwischen dem Handelstag und dem Erfüllungstag eine Festpreisverpflichtung, die die Definition eines Derivats erfüllt. Auf Grund der kurzen Dauer der Verpflichtung wird ein solcher Vertrag jedoch nicht als Derivat erfasst. Stattdessen schreibt dieser Standard eine spezielle Bilanzierung für solche „marktüblichen" Verträge vor (siehe Paragraph 38 und A53–A56).

A12A Die Definition eines Derivats bezieht sich auf nicht finanzielle Variablen, die nicht spezifisch für eine Partei des Vertrages sind. Diese beinhalten einen Index zu Erdbebenschäden in einem bestimmten Gebiet und einen Index zu Temperaturen in einer bestimmten Stadt. Nicht finanzielle Variablen, die spezifisch für eine Partei dieses Vertrages sind, beinhalten den Eintritt oder Nichteintritt eines Feuers, das einen Vermögenswert einer Vertragspartei beschädigt oder zerstört. Eine Änderung des beizulegenden Zeitwerts eines nicht finanziellen Vermögenswertes ist spezifisch für den Eigentümer, wenn der beizulegende Zeitwert nicht nur Änderungen der Marktpreise für solche Vermögenswerte (eine finanzielle Variable) widerspiegelt, sondern auch den Zustand des bestimmten, im Eigentum befindlichen nicht finanziellen Vermögenswert (eine nicht finanzielle Variable). Wenn beispielsweise eine Garantie über den Restwert eines bestimmten Fahrzeugs den Garantiegeber dem Risiko von Änderungen des physischen Zustands des Fahrzeugs aussetzt, so ist die Änderung dieses Restwertes spezifisch für den Eigentümer des Fahrzeugs.

---

4 In diesem Standard werden Geldbeträge in „Währungseinheiten" (WE) angegeben.

For floating rate financial assets and floating rate financial liabilities, periodic re-estimation of cash flows to reflect movements in market rates of interest alters the effective interest rate. If a floating rate financial asset or floating rate financial liability is recognised initially at an amount equal to the principal receivable or payable on maturity, re-estimating the future interest payments normally has no significant effect on the carrying amount of the asset or liability.

If an entity revises its estimates of payments or receipts, the entity shall adjust the carrying amount of the financial asset **AG8** or financial liability (or group of financial instruments) to reflect actual and revised estimated cash flows. The entity recalculates the carrying amount by computing the present value of estimated future cash flows at the financial instrument's original effective interest rate or, when applicable, the revised effective interest rate calculated in accordance with paragraph 92. The adjustment is recognised in profit or loss as income or expense. If a financial asset is reclassified in accordance with paragraph 50B, 50D or 50E, and the entity subsequently increases its estimates of future cash receipts as a result of increased recoverability of those cash receipts, the effect of that increase shall be recognised as an adjustment to the effective interest rate from the date of the change in estimate rather than as an adjustment to the carrying amount of the asset at the date of the change in estimate.

Derivatives

Typical examples of derivatives are futures and forward, swap and option contracts. A derivative usually has a notional **AG9** amount, which is an amount of currency, a number of shares, a number of units of weight or volume or other units specified in the contract. However, a derivative instrument does not require the holder or writer to invest or receive the notional amount at the inception of the contract. Alternatively, a derivative could require a fixed payment or payment of an amount that can change (but not proportionally with a change in the underlying) as a result of some future event that is unrelated to a notional amount. For example, a contract may require a fixed payment of CU1 000[4] if six-month LIBOR increases by 100 basis points. Such a contract is a derivative even though a notional amount is not specified.

The definition of a derivative in this standard includes contracts that are settled gross by delivery of the underlying item **AG10** (e.g. a forward contract to purchase a fixed rate debt instrument). An entity may have a contract to buy or sell a non-financial item that can be settled net in cash or another financial instrument or by exchanging financial instruments (e.g. a contract to buy or sell a commodity at a fixed price at a future date). Such a contract is within the scope of this standard unless it was entered into and continues to be held for the purpose of delivery of a non-financial item in accordance with the entity's expected purchase, sale or usage requirements (see paragraphs 5—7).

One of the defining characteristics of a derivative is that it has an initial net investment that is smaller than would be **AG11** required for other types of contracts that would be expected to have a similar response to changes in market factors. An option contract meets that definition because the premium is less than the investment that would be required to obtain the underlying financial instrument to which the option is linked. A currency swap that requires an initial exchange of different currencies of equal fair values meets the definition because it has a zero initial net investment.

A regular way purchase or sale gives rise to a fixed price commitment between trade date and settlement date that meets **AG12** the definition of a derivative. However, because of the short duration of the commitment it is not recognised as a derivative financial instrument. Rather, this standard provides for special accounting for such regular way contracts (see paragraphs 38 and AG53—AG56).

The definition of a derivative refers to non-financial variables that are not specific to a party to the contract. These include **AG12A** an index of earthquake losses in a particular region and an index of temperatures in a particular city. Non-financial variables specific to a party to the contract include the occurrence or non-occurrence of a fire that damages or destroys an asset of a party to the contract. A change in the fair value of a non-financial asset is specific to the owner if the fair value reflects not only changes in market prices for such assets (a financial variable) but also the condition of the specific non-financial asset held (a non-financial variable). For example, if a guarantee of the residual value of a specific car exposes the guarantor to the risk of changes in the car's physical condition, the change in that residual value is specific to the owner of the car.

---

4   In this standard, monetary amounts are denominated in 'currency units' (CU).

Transaktionskosten

A13 Zu den Transaktionskosten gehören an Vermittler (einschließlich als Verkaufsvertreter agierende Mitarbeiter), Berater, Makler und Händler gezahlte Gebühren und Provisionen, an Aufsichtsbehörden und Wertpapierbörsen zu entrichtende Abgaben sowie Steuern und Gebühren. Unter Transaktionskosten fallen weder Agio oder Disagio für Schuldinstrumente, Finanzierungskosten oder interne Verwaltungs- oder Haltekosten.

Zu Handelszwecken gehaltene finanzielle Vermögenswerte und Verbindlichkeiten

A14 Handel ist normalerweise durch eine aktive und häufige Kauf- und Verkaufstätigkeit gekennzeichnet, und zu Handelszwecken gehaltene Finanzinstrumente dienen im Regelfall der Gewinnerzielung aus kurzfristigen Schwankungen der Preise oder Händlermargen.

A15 Zu den zu Handelszwecken gehaltenen finanziellen Verbindlichkeiten gehören:

(a) derivative Verbindlichkeiten, die nicht als Sicherungsinstrumente bilanziert werden;

(b) Lieferverpflichtungen eines Leerverkäufers (eines Unternehmens, das geliehene, noch nicht in seinem Besitz befindliche finanzielle Vermögenswerte verkauft);

(c) finanzielle Verbindlichkeiten, die mit der Absicht eingegangen wurden, in kurzer Frist zurückgekauft zu werden (beispielsweise ein notiertes Schuldinstrument, das vom Emittenten je nach Änderung seines beizulegenden Zeitwerts kurzfristig zurückgekauft werden kann); und

(d) finanzielle Verbindlichkeiten, die Teil eines Portfolios eindeutig identifizierter und gemeinsam verwalteter Finanzinstrumente sind, für die in der jüngeren Vergangenheit Nachweise für kurzfristige Gewinnmitnahmen bestehen.

Allein die Tatsache, dass eine Verbindlichkeit zur Finanzierung von Handelsaktivitäten verwendet wird, genügt nicht, um sie als „zu Handelszwecken gehalten" einzustufen.

Bis zur Endfälligkeit zu haltende Finanzinvestitionen

A16 Ein Unternehmen hat nicht die feste Absicht, eine Investition in einen finanziellen Vermögenswert mit fester Laufzeit bis zur Endfälligkeit zu halten, wenn:

(a) das Unternehmen beabsichtigt, den finanziellen Vermögenswert für einen nicht definierten Zeitraum zu halten;

(b) das Unternehmen jederzeit bereit ist, den finanziellen Vermögenswert (außer in nicht wiederkehrenden, vom Unternehmen nicht vernünftigerweise vorhersehbaren Situationen) als Reaktion auf Änderungen der Marktzinsen oder -risiken, des Liquiditätsbedarfs, Änderungen der Verfügbarkeit und Verzinsung alternativer Finanzinvestitionen, Änderungen der Finanzierungsquellen und -bedingungen oder Änderungen des Währungsrisikos zu verkaufen; oder

(c) der Emittent das Recht hat, den finanziellen Vermögenswert zu einem Betrag zu begleichen, der wesentlich unter den fortgeführten Anschaffungskosten liegt.

A17 Ein Schuldinstrument mit variabler Verzinsung kann die Kriterien für eine bis zur Endfälligkeit zu haltende Finanzinvestition erfüllen. Eigenkapitalinstrumente können keine bis zur Endfälligkeit zu haltenden Finanzinvestitionen sein, da sie entweder eine unbegrenzte Laufzeit haben (wie beispielsweise Stammaktien) oder weil die Beträge, die der Inhaber empfangen kann, in nicht vorherbestimmbarer Weise schwanken können (wie bei Aktienoptionen, Optionsscheinen und ähnlichen Rechten). In Bezug auf die Definition der bis zur Endfälligkeit zu haltenden Finanzinvestitionen bedeuten feste oder bestimmbare Zahlungen und feste Laufzeiten, dass eine vertragliche Vereinbarung existiert, die die Höhe und den Zeitpunkt von Zahlungen an den Inhaber wie Zins- oder Kapitalzahlungen definiert. Ein signifikantes Risiko von Zahlungsausfällen schließt die Einstufung eines finanziellen Vermögenswertes als bis zur Endfälligkeit zu haltende Finanzinvestition nicht aus, solange die vertraglich vereinbarten Zahlungen fest oder bestimmbar sind und die anderen Kriterien für diese Einstufung erfüllt werden. Sehen die Bedingungen eines ewigen Schuldinstruments Zinszahlungen für einen unbestimmten Zeitraum vor, kann es nicht als „bis zur Endfälligkeit zu halten" klassifiziert werden, weil es keinen Fälligkeitstermin gibt.

A18 Ein durch den Emittenten kündbarer finanzieller Vermögenswert erfüllt die Kriterien einer bis zur Endfälligkeit zu haltenden Finanzinvestition, wenn der Inhaber beabsichtigt und in der Lage ist, diesen bis zur Kündigung oder Fälligkeit zu halten und er den vollständigen Buchwert der Finanzinvestition im Wesentlichen wiedererlangen wird. Die Kündigungsoption des Emittenten verkürzt bei Ausübung lediglich die Laufzeit des Vermögenswertes. Eine Einstufung als bis zur Endfälligkeit zu haltender Vermögenswert kommt jedoch nicht in Betracht, wenn der Vermögenswert in einer Weise gekündigt werden kann, die es dem Inhaber unmöglich macht, den Buchwert im Wesentlichen zurückzuerlangen. Bei der Bestimmung, ob der Buchwert im Wesentlichen wiedererlangt werden kann, sind Agien sowie aktivierte Transaktionskosten zu berücksichtigen.

A19 Ein durch den Inhaber kündbarer finanzieller Vermögenswert (d. h., der Inhaber hat das Recht, vom Emittenten die Rückzahlung oder anderweitige Rücknahme des finanziellen Vermögenswertes vor Fälligkeit zu verlangen) kann nicht als bis zur Endfälligkeit zu haltende Finanzinvestition eingestuft werden, weil das Bezahlen einer Verkaufsmöglichkeit bei einem finanziellen Vermögenswert im Widerspruch zur festen Absicht steht, den finanziellen Vermögenswert bis zur Endfälligkeit zu halten.

Transaction costs

Transaction costs include fees and commissions paid to agents (including employees acting as selling agents), advisers, brokers and dealers, levies by regulatory agencies and securities exchanges, and transfer taxes and duties. Transaction costs do not include debt premiums or discounts, financing costs or internal administrative or holding costs. **AG13**

Financial assets and financial liabilities held for trading

Trading generally reflects active and frequent buying and selling, and financial instruments held for trading generally are used with the objective of generating a profit from short-term fluctuations in price or dealer's margin. **AG14**

Financial liabilities held for trading include: **AG15**
(a)   derivative liabilities that are not accounted for as hedging instruments;
(b)   obligations to deliver financial assets borrowed by a short seller (i.e. an entity that sells financial assets it has borrowed and does not yet own);
(c)   financial liabilities that are incurred with an intention to repurchase them in the near term (e.g. a quoted debt instrument that the issuer may buy back in the near term depending on changes in its fair value); and
(d)   financial liabilities that are part of a portfolio of identified financial instruments that are managed together and for which there is evidence of a recent pattern of short-term profit-taking.
The fact that a liability is used to fund trading activities does not in itself make that liability one that is held for trading.

Held-to-maturity investments

An entity does not have a positive intention to hold to maturity an investment in a financial asset with a fixed maturity if: **AG16**
(a)   the entity intends to hold the financial asset for an undefined period;
(b)   the entity stands ready to sell the financial asset (other than if a situation arises that is non-recurring and could not have been reasonably anticipated by the entity) in response to changes in market interest rates or risks, liquidity needs, changes in the availability of and the yield on alternative investments, changes in financing sources and terms or changes in foreign currency risk; or
(c)   the issuer has a right to settle the financial asset at an amount significantly below its amortised cost.

A debt instrument with a variable interest rate can satisfy the criteria for a held-to-maturity investment. Equity instruments cannot be held-to-maturity investments either because they have an indefinite life (such as ordinary shares) or because the amounts the holder may receive can vary in a manner that is not predetermined (such as for share options, warrants and similar rights). With respect to the definition of held-to-maturity investments, fixed or determinable payments and fixed maturity mean that a contractual arrangement defines the amounts and dates of payments to the holder, such as interest and principal payments. A significant risk of non-payment does not preclude classification of a financial asset as held to maturity as long as its contractual payments are fixed or determinable and the other criteria for that classification are met. If the terms of a perpetual debt instrument provide for interest payments for an indefinite period, the instrument cannot be classified as held to maturity because there is no maturity date. **AG17**

The criteria for classification as a held-to-maturity investment are met for a financial asset that is callable by the issuer if the holder intends and is able to hold it until it is called or until maturity and the holder would recover substantially all of its carrying amount. The call option of the issuer, if exercised, simply accelerates the asset's maturity. However, if the financial asset is callable on a basis that would result in the holder not recovering substantially all of its carrying amount, the financial asset cannot be classified as a held-to-maturity investment. The entity considers any premium paid and capitalised transaction costs in determining whether the carrying amount would be substantially recovered. **AG18**

A financial asset that is puttable (i.e. the holder has the right to require that the issuer repay or redeem the financial asset before maturity) cannot be classified as a held-to-maturity investment because paying for a put feature in a financial asset is inconsistent with expressing an intention to hold the financial asset until maturity. **AG19**

A20 Bei den meisten finanziellen Vermögenswerten ist der beizulegende Zeitwert als Bewertungsmaßstab den fortgeführten Anschaffungskosten vorzuziehen. Eine Ausnahme bildet hierbei die Kategorie der bis zur Endfälligkeit zu haltenden Finanzinvestitionen, allerdings nur für den Fall, dass das Unternehmen die feste Absicht hat und in der Lage ist, die Finanzinvestition bis zur Endfälligkeit zu halten. Sollte es aufgrund der Unternehmensaktivitäten Zweifel an der Absicht und Fähigkeit geben, besagte Finanzinvestitionen bis zur Endfälligkeit zu halten, so schließt Paragraph 9 die Anwendung der Ausnahmeregelung für einen angemessenen Zeitraum aus.

A21 Ein äußerst unwahrscheinliches „Katastrophenszenario" wie ein Run auf eine Bank oder eine vergleichbare Situation für ein Versicherungsunternehmen wird von einem Unternehmen bei der Bestimmung der festen Absicht oder Fähigkeit, eine Finanzinvestition bis zur Endfälligkeit zu halten, nicht berücksichtigt.

A22 Verkäufe vor Endfälligkeit können die in Paragraph 9 genannten Kriterien erfüllen – und stellen daher die Absicht des Unternehmens, die Finanzinvestition bis zur Endfälligkeit zu halten, nicht in Frage –, wenn sie auf einen der folgenden Sachverhalte zurückzuführen sind:
  (a) eine wesentliche Bonitätsverschlechterung des Emittenten. Beispielsweise stellt ein Verkauf nach einer Herabstufung des Bonitätsratings durch eine externe Ratingagentur nicht die Absicht des Unternehmens in Frage, andere Finanzinvestitionen bis zur Endfälligkeit zu halten, wenn die Herabstufung einen objektiven Hinweis auf eine wesentliche Verschlechterung der Bonität des Emittenten gegenüber dem Bonitätsrating beim erstmaligen Ansatz liefert. In ähnlicher Weise erlauben interne Ratings zur Einschätzung von Risikopositionen die Identifikation von Emittenten, deren Bonität sich wesentlich verschlechtert hat, sofern die Methode, mit der das Unternehmen die internen Ratings vergibt und ändert, zu einem konsistenten, verlässlichen und objektiven Maßstab für die Bonität des Emittenten führt. Liegen Nachweise für eine Wertminderung eines finanziellen Vermögenswertes vor (siehe Paragraph 58 und 59), wird die Bonitätsverschlechterung häufig als wesentlich angesehen.
  (b) eine Änderung der Steuergesetzgebung, mit der die Steuerbefreiung von Zinsen auf die bis zur Endfälligkeit zu haltenden Finanzinvestitionen abgeschafft oder wesentlich reduziert wird (außer Änderungen der Steuergesetzgebung, die die auf Zinserträge anwendbaren Grenzsteuersätze verändern).
  (c) ein bedeutender Unternehmenszusammenschluss oder eine bedeutende Veräußerung (wie der Verkauf eines Unternehmenssegments), der/die zur Aufrechterhaltung der aktuellen Zinsrisikoposition oder Kreditrisikopolitik des Unternehmens den Verkauf oder die Übertragung von bis zur Endfälligkeit zu haltenden Finanzinvestitionen erforderlich macht (auch wenn ein Unternehmenszusammenschluss einen Sachverhalt darstellt, der der Kontrolle des Unternehmens unterliegt, können Änderungen des Anlageportfolios zur Aufrechterhaltung der Zinsrisikoposition oder der Kreditrisikopolitik eher Folge als Ursache dieses Zusammenschlusses sein).
  (d) eine wesentliche Änderung der gesetzlichen oder aufsichtsrechtlichen Bestimmungen im Hinblick auf die Zulässigkeit von Finanzinvestitionen oder den zulässigen Höchstbetrag für bestimmte Finanzanlagen, die das Unternehmen zwingt, bis zur Endfälligkeit zu haltende Finanzinvestitionen vorzeitig zu veräußern.
  (e) eine wesentliche Erhöhung der von der für den Industriezweig aufsichtsrechtlich geforderten Eigenkapitalausstattung, die das Unternehmen zwingt, den Bestand von bis zur Endfälligkeit zu haltenden Finanzinvestitionen durch Verkäufe zu reduzieren.
  (f) eine wesentliche Erhöhung der aufsichtsrechtlichen Risikogewichtung von bis zur Endfälligkeit zu haltenden Finanzinvestitionen.

A23 Ein Unternehmen verfügt nicht über die nachgewiesene Fähigkeit, eine Investition in einen finanziellen Vermögenswert mit fester Laufzeit bis zur Endfälligkeit zu halten, wenn:
  (a) es nicht die erforderlichen finanziellen Ressourcen besitzt, um eine Finanzinvestition bis zur Endfälligkeit zu halten; oder
  (b) es bestehenden gesetzlichen oder anderen Beschränkungen unterliegt, die seine Absicht, einen finanziellen Vermögenswert bis zur Endfälligkeit zu halten, zunichte machen könnten. (Gleichwohl bedeutet die Kaufoption des Emittenten nicht zwangsläufig, dass die Absicht eines Unternehmens, einen finanziellen Vermögenswert bis zur Endfälligkeit zu halten, zunichte gemacht wird – siehe Paragraph A18.)

A24 Andere als die in Paragraph A16–A23 beschriebenen Umstände können darauf hindeuten, dass ein Unternehmen nicht die feste Absicht hat oder nicht über die Fähigkeit verfügt, eine Finanzinvestition bis zur Endfälligkeit zu halten.

A25 Die Absicht oder Fähigkeit, eine Finanzinvestition bis zur Endfälligkeit zu halten, ist vom Unternehmen nicht nur beim erstmaligen Ansatz der betreffenden finanziellen Vermögenswerte, sondern auch an jedem nachfolgenden Abschlussstichtag zu beurteilen.

Kredite und Forderungen

A26 Alle nicht derivativen finanziellen Vermögenswerte mit festen oder bestimmbaren Zahlungen (einschließlich Kredite, Forderungen aus Lieferungen und Leistungen, Investitionen in Schuldinstrumente und Bankeinlagen) können potenziell die Definition von Krediten und Forderungen erfüllen. Von einer Einstufung als Kredite und Forderungen ausgenommen sind allerdings an einem aktiven Markt notierte finanzielle Vermögenswerte (beispielsweise notierte Schuldinstrumente, siehe Paragraph A71). Finanzielle Vermögenswerte, die nicht der Definition von Krediten und Forderungen entsprechen,

For most financial assets, fair value is a more appropriate measure than amortised cost. The held-to-maturity classification is an exception, but only if the entity has a positive intention and the ability to hold the investment to maturity. When an entity's actions cast doubt on its intention and ability to hold such investments to maturity, paragraph 9 precludes the use of the exception for a reasonable period of time.

A disaster scenario that is only remotely possible, such as a run on a bank or a similar situation affecting an insurer, is not something that is assessed by an entity in deciding whether it has the positive intention and ability to hold an investment to maturity. **AG21**

Sales before maturity could satisfy the condition in paragraph 9 — and therefore not raise a question about the entity's intention to hold other investments to maturity — if they are attributable to any of the following: **AG22**

(a) a significant deterioration in the issuer's creditworthiness. For example, a sale following a downgrade in a credit rating by an external rating agency would not necessarily raise a question about the entity's intention to hold other investments to maturity if the downgrade provides evidence of a significant deterioration in the issuer's creditworthiness judged by reference to the credit rating at initial recognition. Similarly, if an entity uses internal ratings for assessing exposures, changes in those internal ratings may help to identify issuers for which there has been a significant deterioration in creditworthiness, provided the entity's approach to assigning internal ratings and changes in those ratings give a consistent, reliable and objective measure of the credit quality of the issuers. If there is evidence that a financial asset is impaired (see paragraphs 58 and 59), the deterioration in creditworthiness is often regarded as significant;

(b) a change in tax law that eliminates or significantly reduces the tax-exempt status of interest on the held-to-maturity investment (but not a change in tax law that revises the marginal tax rates applicable to interest income);

(c) a major business combination or major disposition (such as a sale of a segment) that necessitates the sale or transfer of held-to-maturity investments to maintain the entity's existing interest rate risk position or credit risk policy (although the business combination is an event within the entity's control, the changes to its investment portfolio to maintain an interest rate risk position or credit risk policy may be consequential rather than anticipated);

(d) a change in statutory or regulatory requirements significantly modifying either what constitutes a permissible investment or the maximum level of particular types of investments, thereby causing an entity to dispose of a held-to-maturity investment;

(e) a significant increase in the industry's regulatory capital requirements that causes the entity to downsize by selling held-to-maturity investments;

(f) a significant increase in the risk weights of held-to-maturity investments used for regulatory risk-based capital purposes.

An entity does not have a demonstrated ability to hold to maturity an investment in a financial asset with a fixed maturity if: **AG23**

(a) it does not have the financial resources available to continue to finance the investment until maturity; or

(b) it is subject to an existing legal or other constraint that could frustrate its intention to hold the financial asset to maturity. (However, an issuer's call option does not necessarily frustrate an entity's intention to hold a financial asset to maturity — see paragraph AG18.)

Circumstances other than those described in paragraphs AG16—AG23 can indicate that an entity does not have a positive intention or the ability to hold an investment to maturity. **AG24**

An entity assesses its intention and ability to hold its held-to-maturity investments to maturity not only when those financial assets are initially recognised, but also at the end of each subsequent reporting period. **AG25**

Loans and receivables

Any non-derivative financial asset with fixed or determinable payments (including loan assets, trade receivables, investments in debt instruments and deposits held in banks) could potentially meet the definition of loans and receivables. However, a financial asset that is quoted in an active market (such as a quoted debt instrument, see paragraph AG71) does not qualify for classification as a loan or receivable. Financial assets that do not meet the definition of loans and receivables may be classified as held-to-maturity investments if they meet the conditions for that classification (see para- **AG26**

können als bis zur Endfälligkeit zu haltende Finanzinvestitionen eingestuft werden, sofern sie die hierfür erforderlichen Voraussetzungen erfüllen (siehe Paragraph 9 und A16–A25). Beim erstmaligen Ansatz eines finanziellen Vermögenswertes, der ansonsten als Kredit oder Forderung eingestuft würde, kann dieser als „erfolgswirksam zum beizulegenden Zeitwert bewertet" oder als „zur Veräußerung verfügbar" eingestuft werden.

EINGEBETTETE DERIVATE (Paragraphen 10–13)

A27 Wenn der Basisvertrag keine angegebene oder vorbestimmte Laufzeit hat und einen Residualanspruch am Reinvermögen eines Unternehmens begründet, sind seine wirtschaftlichen Merkmale und Risiken die eines Eigenkapitalinstruments, und ein eingebettetes Derivat müsste Eigenkapitalmerkmale in Bezug auf das gleiche Unternehmen aufweisen, um als eng mit dem Basisvertrag verbunden zu gelten. Wenn der Basisvertrag kein Eigenkapitalinstrument darstellt und die Definition eines Finanzinstruments erfüllt, sind seine wirtschaftlichen Merkmale und Risiken die eines Schuldinstruments.

A28 Eingebettete Derivate ohne Optionscharakter (wie etwa ein eingebetteter Forward oder Swap), sind auf der Grundlage ihrer angegebenen oder unausgesprochen enthaltenen materiellen Bedingungen vom zugehörigen Basisvertrag zu trennen, so dass sie beim erstmaligen Ansatz einen beizulegenden Zeitwert von Null aufweisen. Eingebettete Derivate mit Optionscharakter (wie eingebettete Verkaufsoptionen, Kaufoptionen, Caps, Floors oder Swaptions) sind auf der Grundlage der angegebenen Bedingungen des Optionsmerkmals vom Basisvertrag zu trennen. Der anfängliche Buchwert des Basisinstruments entspricht dem Restbetrag nach Trennung vom eingebetteten Derivat.

A29 Mehrere in ein Instrument eingebettete Derivate werden normalerweise als ein einziges zusammengesetztes eingebettetes Derivat behandelt. Davon ausgenommen sind jedoch als Eigenkapital eingestufte eingebettete Derivate (siehe IAS 32), die gesondert von den als Vermögenswerte oder Verbindlichkeiten eingestuften zu bilanzieren sind. Eine gesonderte Bilanzierung erfolgt auch dann, wenn sich die in ein Instrument eingebetteten Derivate unterschiedlichem Risiko ausgesetzt sind und jederzeit getrennt werden können und unabhängig voneinander sind.

A30 In den folgenden Beispielen sind die wirtschaftlichen Merkmale und Risiken eines eingebetteten Derivats nicht eng mit dem Basisvertrag verbunden (Paragraph 11 (a)). In diesen Beispielen und in der Annahme, dass die Bedingungen aus Paragraph 11 (b) und (c) erfüllt sind, bilanziert ein Unternehmen das eingebettete Derivat getrennt von seinem Basisvertrag.

  (a) Eine in ein Instrument eingebettete Verkaufsoption, die es dem Inhaber ermöglicht, vom Emittenten den Rückkauf des Instruments für einen an einen Eigenkapital- oder Rohstoffpreis oder -index gekoppelten Betrag an Zahlungsmitteln oder anderen Vermögenswerten zu verlangen, ist nicht eng mit dem Basisvertrag verbunden.

  (b) Eine in ein Eigenkapitalinstrument eingebettete Kaufoption, die dem Emittenten den Rückkauf dieses Eigenkapitalinstruments zu einem bestimmten Preis ermöglicht, ist aus Sicht des Inhabers nicht eng mit dem originären Eigenkapitalinstrument verbunden (aus Sicht des Emittenten stellt die Kaufoption ein Eigenkapitalinstrument dar und fällt, sofern die Kriterien für eine derartige Einstufung gemäß IAS 32 erfüllt sind, nicht in den Anwendungsbereich dieses Standards.).

  (c) Eine Option oder automatische Regelung zur Verlängerung der Restlaufzeit eines Schuldinstruments ist nicht eng mit dem originären Schuldinstrument verbunden, es sei denn, zum Zeitpunkt der Verlängerung findet gleichzeitig eine Anpassung an den ungefähren herrschenden Marktzins statt. Wenn ein Unternehmen ein Schuldinstrument emittiert und der Inhaber dieses Schuldinstruments einem Dritten eine Kaufoption auf das Schuldinstrument einräumt, stellt die Kaufoption für den Fall, dass der Emittent bei ihrer Ausübung dazu verpflichtet werden kann, sich an der Vermarktung des Schuldinstruments zu beteiligen oder diese zu erleichtern, für diesen eine Verlängerung der Laufzeit des Schuldinstruments dar.

  (d) In ein Schuldinstrument oder einen Versicherungsvertrag eingebettete eigenkapitalindizierte Zins- oder Kapitalzahlungen – bei denen die Höhe der Zinsen oder des Kapitalbetrags an den Wert von Eigenkapitalinstrumenten gekoppelt ist – sind nicht eng mit dem Basisinstrument verbunden, da das Basisinstrument und das eingebettete Derivat unterschiedlichen Risiken ausgesetzt sind.

  (e) In ein Schuldinstrument oder einen Versicherungsvertrag eingebettete güterindizierte Zins- oder Kapitalzahlungen – bei denen die Höhe der Zinsen oder des Kapitalbetrags an den Preis eines Gutes (z. B. Gold) gebunden ist – sind nicht eng mit dem Basisinstrument verbunden, da das Basisinstrument und das eingebettete Derivat unterschiedlichen Risiken ausgesetzt sind.

  (f) Ein in ein wandelbares Schuldinstrument eingebettetes Recht auf Umwandlung in Eigenkapital ist aus Sicht des Inhabers des Instruments nicht eng mit dem Basisschuldinstrument verbunden (aus Sicht des Emittenten stellt die Option zur Umwandlung in Eigenkapital ein Eigenkapitalinstrument dar und fällt, sofern die Kriterien für eine derartige Einstufung gemäß IAS 32 erfüllt sind, nicht in den Anwendungsbereich dieses Standards.)

  (g) Eine Kaufs-, Verkaufs- oder Vorauszahlungsoption, die in einen Basisvertrag oder Basis-Versicherungsvertrag eingebettet ist, ist nicht eng mit dem Basisvertrag verbunden,

      (i) wenn der Ausübungspreis der Option an jedem Ausübungszeitpunkt nicht annähernd gleich den fortgeführten Anschaffungskosten des Basis-Schuldinstruments oder des Buchwertes des Basis-Versicherungsvertrages ist oder

graphs 9 and AG16—AG25). On initial recognition of a financial asset that would otherwise be classified as a loan or receivable, an entity may designate it as a financial asset at fair value through profit or loss, or available for sale.

EMBEDDED DERIVATIVES (paragraphs 10—13)

If a host contract has no stated or predetermined maturity and represents a residual interest in the net assets of an entity, **AG27** then its economic characteristics and risks are those of an equity instrument, and an embedded derivative would need to possess equity characteristics related to the same entity to be regarded as closely related. If the host contract is not an equity instrument and meets the definition of a financial instrument, then its economic characteristics and risks are those of a debt instrument.

An embedded non-option derivative (such as an embedded forward or swap) is separated from its host contract on the **AG28** basis of its stated or implied substantive terms, so as to result in it having a fair value of zero at initial recognition. An embedded option-based derivative (such as an embedded put, call, cap, floor or swaption) is separated from its host contract on the basis of the stated terms of the option feature. The initial carrying amount of the host instrument is the residual amount after separating the embedded derivative.

Generally, multiple embedded derivatives in a single instrument are treated as a single compound embedded derivative. **AG29** However, embedded derivatives that are classified as equity (see IAS 32) are accounted for separately from those classified as assets or liabilities. In addition, if an instrument has more than one embedded derivative and those derivatives relate to different risk exposures and are readily separable and independent of each other, they are accounted for separately from each other.

The economic characteristics and risks of an embedded derivative are not closely related to the host contract (paragraph **AG30** 11 (a)) in the following examples. In these examples, assuming the conditions in paragraph 11 (b) and (c) are met, an entity accounts for the embedded derivative separately from the host contract.

(a) A put option embedded in an instrument that enables the holder to require the issuer to reacquire the instrument for an amount of cash or other assets that varies on the basis of the change in an equity or commodity price or index is not closely related to a host debt instrument.

(b) A call option embedded in an equity instrument that enables the issuer to reacquire that equity instrument at a specified price is not closely related to the host equity instrument from the perspective of the holder (from the issuer's perspective, the call option is an equity instrument provided it meets the conditions for that classification under IAS 32, in which case it is excluded from the scope of this standard).

(c) An option or automatic provision to extend the remaining term to maturity of a debt instrument is not closely related to the host debt instrument unless there is a concurrent adjustment to the approximate current market rate of interest at the time of the extension. If an entity issues a debt instrument and the holder of that debt instrument writes a call option on the debt instrument to a third party, the issuer regards the call option as extending the term to maturity of the debt instrument provided the issuer can be required to participate in or facilitate the remarketing of the debt instrument as a result of the call option being exercised.

(d) Equity-indexed interest or principal payments embedded in a host debt instrument or insurance contract — by which the amount of interest or principal is indexed to the value of equity instruments — are not closely related to the host instrument because the risks inherent in the host and the embedded derivative are dissimilar.

(e) Commodity-indexed interest or principal payments embedded in a host debt instrument or insurance contract — by which the amount of interest or principal is indexed to the price of a commodity (such as gold) — are not closely related to the host instrument because the risks inherent in the host and the embedded derivative are dissimilar.

(f) An equity conversion feature embedded in a convertible debt instrument is not closely related to the host debt instrument from the perspective of the holder of the instrument (from the issuer's perspective, the equity conversion option is an equity instrument and excluded from the scope of this standard provided it meets the conditions for that classification under IAS 32).

(g) A call, put, or prepayment option embedded in a host debt contract or host insurance contract is not closely related to the host contract unless:

(i) the option's exercise price is approximately equal on each exercise date to the amortised cost of the host debt instrument or the carrying amount of the host insurance contract; or

(ii) wenn der Ausübungspreis einer Vorauszahlungsoption den Kreditgeber für einen Betrag bis zum geschätzten Barwert der für die Restdauer des Basisvertrags nicht erhaltenen Zinsen entschädigt. Der Betrag der nicht erhaltenen Zinsen errechnet sich aus dem im Voraus gezahlten Kapitalbetrag multipliziert mit dem Zinsunterschiedsbetrag. Beim Zinsunterschiedsbetrag handelt es sich um den Betrag, um den der Effektivzinssatz des Basisvertrags den Effektivzinssatz übersteigt, den das Unternehmen zum Vorauszahlungstermin erhalten würde, wenn es den im Voraus gezahlten Kapitalbetrag für die Restdauer des Basisvertrags in einen ähnlichen Vertrag reinvestieren würde.

Die Beurteilung, ob die Kaufs- oder Verkaufsoption eng mit dem Basisvertrag verbunden ist, erfolgt vor Abtrennung der Eigenkapitalkomponente einer Wandelschuldverschreibung gemäß IAS 32.

(h) Kreditderivate, die in ein Basisschuldinstrument eingebettet sind und einer Vertragspartei (dem „Begünstigten") die Möglichkeit einräumen, das Ausfallrisiko eines bestimmten Referenzvermögenswertes, der sich unter Umständen nicht in seinem Eigentum befindet, auf eine andere Vertragspartei (den „Garantiegeber") zu übertragen, sind nicht eng mit dem Basisschuldinstrument verbunden. Solche Kreditderivate ermöglichen es dem Garantiegeber, das mit dem Referenzvermögenswert verbundene Ausfallrisiko zu übernehmen, ohne dass sich der dazugehörige Referenzvermögenswert direkt in seinem Besitz befinden muss.

A31 Ein Beispiel für ein hybrides Instrument ist ein Finanzinstrument, das den Inhaber berechtigt, das Finanzinstrument im Tausch gegen einen an einen Eigenkapital- oder Güterindex, der zu- oder abnehmen kann, gekoppelten Betrag an Zahlungsmitteln oder anderen finanziellen Vermögenswerten an den Emittenten zurückzuverkaufen („kündbares Instrument"). Soweit der Emittent das kündbare Instrument beim erstmaligen Ansatz nicht als finanzielle Verbindlichkeit einstuft, die erfolgswirksam zum beizulegenden Zeitwert bewertet wird, ist er verpflichtet, ein eingebettetes Derivat (d. h. die indexgebundene Kapitalzahlung) gemäß Paragraph 11 getrennt zu erfassen, weil der Basisvertrag ein Schuldinstrument gemäß Paragraph A27 darstellt und die indexgebundene Kapitalzahlung gemäß Paragraph 30 (a) nicht eng mit dem Basisschuldinstrument verbunden ist. Da die Kapitalzahlung zu- und abnehmen kann, handelt es sich beim eingebetteten Derivat um ein Derivat ohne Optionscharakter, dessen Wert an die zugrunde liegende Variable gekoppelt ist.

A32 Im Falle eines kündbaren Instruments, das jederzeit gegen einen Betrag an Zahlungsmitteln in Höhe des entsprechenden Anteils am Reinvermögen des Unternehmens zurückgegeben werden kann (wie Anteile an einem offenen Investmentfonds oder einige fondsgebundene Investmentprodukte), wird das zusammengesetzte Finanzinstrument durch Trennung des eingebetteten Derivats und Bilanzierung der einzelnen Bestandteile mit dem Rückzahlungsbetrag bewertet, der am Abschlussstichtag zahlbar wäre, wenn der Inhaber sein Recht auf Rückverkauf des Instruments an den Emittenten wahrnehmen würde.

A33 In den folgenden Beispielen sind die wirtschaftlichen Merkmale und Risiken eines eingebetteten Derivats eng mit den wirtschaftlichen Merkmalen und Risiken des Basisvertrags verbunden. In diesen Beispielen wird das eingebettete Derivat nicht gesondert vom Basisvertrag bilanziert.

(a) Ein eingebettetes Derivat, in dem das Basisobjekt ein Zinssatz oder ein Zinsindex ist, der den Betrag der ansonsten aufgrund des verzinslichen Basis-Schuldinstruments oder Basis-Versicherungsvertrages zahlbaren oder zu erhaltenden Zinsen ändern kann, ist eng mit dem Basisvertrag verbunden, es sei denn das strukturierte Finanzinstrument kann in einer Weise erfüllt werden, dass der Inhaber im Wesentlichen nicht all seine Einlagen zurückerhält, oder das eingebettete Derivat kann zumindest die anfängliche Verzinsung des Basisvertrages des Inhabers verdoppeln, und damit kann sich eine Verzinsung ergeben, die mindestens das Zweifache des Marktzinses für einen Vertrag mit den gleichen Bedingungen wie der Basisvertrag beträgt.

(b) Eine eingebettete Ober- oder Untergrenze auf Zinssätze eines Schuldinstruments oder Versicherungsvertrages ist eng mit dem Basisvertrag verbunden, wenn zum Zeitpunkt des Abschlusses des Vertrages die Zinsobergrenze gleich oder höher als der herrschende Marktzins ist oder die Zinsuntergrenze gleich oder unter dem herrschenden Marktzins liegt und die Zinsober- oder -untergrenze im Verhältnis zum Basisvertrag keine Hebelwirkung aufweist. Ebenso sind in einem Vertrag enthaltene Vorschriften zum Kauf oder Verkauf eines Vermögenswertes (z. B. eines Rohstoffs), die einen Cap und Floor auf den für den Vermögenswert zu zahlenden oder zu erhaltenden Preis vorsehen, eng mit dem Basisvertrag verbunden, wenn sowohl Cap als auch Floor zu Beginn aus dem Geld waren und keine Hebelwirkung aufwiesen.

(c) Ein eingebettetes Fremdwährungsderivat, das Ströme von Kapital- oder Zinszahlungen erzeugt, die auf eine Fremdwährung lauten und in ein Basisschuldinstrument eingebettet sind (z. B. eine Doppelwährungsanleihe), ist eng mit dem Basisschuldinstrument verbunden. Ein solches Derivat wird nicht von seinem Basisinstrument getrennt, da IAS 21 vorschreibt, dass Fremdwährungsgewinne und -verluste aus monetären Posten im Gewinn oder Verlust erfasst werden.

(d) Ein eingebettetes Fremdwährungsderivat in einem Basisvertrag, der ein Versicherungsvertrag bzw. kein Finanzinstrument ist (wie ein Kauf- oder Verkaufvertrag für einen nicht-finanziellen Vermögenswert, dessen Preis auf eine Fremdwährung lautet), ist eng mit dem Basisvertrag verbunden, sofern es keine Hebelwirkung aufweist, keine Optionsklausel beinhaltet und Zahlungen in einer der folgenden Währungen erfordert:

(i) die funktionale Währung einer substanziell an dem Vertrag beteiligten Partei;

(ii) der im internationalen Handel üblichen Währung für die hiermit verbundenen erworbenen oder gelieferten Waren oder Dienstleistungen (z. B. US-Dollar bei Erdölgeschäften) oder

(ii) the exercise price of a prepayment option reimburses the lender for an amount up to the approximate present value of lost interest for the remaining term of the host contract. Lost interest is the product of the principal amount prepaid multiplied by the interest rate differential. The interest rate differential is the excess of the effective interest rate of the host contract over the effective interest rate the entity would receive at the prepayment date if it reinvested the principal amount prepaid in a similar contract for the remaining term of the host contract.

The assessment of whether the call or put option is closely related to the host debt contract is made before separating the equity element of a convertible debt instrument in accordance with IAS 32.

(h) Credit derivatives that are embedded in a host debt instrument and allow one party (the 'beneficiary') to transfer the credit risk of a particular reference asset, which it may not own, to another party (the 'guarantor') are not closely related to the host debt instrument. Such credit derivatives allow the guarantor to assume the credit risk associated with the reference asset without directly owning it.

An example of a hybrid instrument is a financial instrument that gives the holder a right to put the financial instrument **AG31** back to the issuer in exchange for an amount of cash or other financial assets that varies on the basis of the change in an equity or commodity index that may increase or decrease (a 'puttable instrument'). Unless the issuer on initial recognition designates the puttable instrument as a financial liability at fair value through profit or loss, it is required to separate an embedded derivative (i.e. the indexed principal payment) under paragraph 11 because the host contract is a debt instrument under paragraph AG27 and the indexed principal payment is not closely related to a host debt instrument under paragraph AG30 (a). Because the principal payment can increase and decrease, the embedded derivative is a non-option derivative whose value is indexed to the underlying variable.

In the case of a puttable instrument that can be put back at any time for cash equal to a proportionate share of the net **AG32** asset value of an entity (such as units of an open-ended mutual fund or some unit-linked investment products), the effect of separating an embedded derivative and accounting for each component is to measure the combined instrument at the redemption amount that is payable at the end of the reporting period if the holder exercised its right to put the instrument back to the issuer.

The economic characteristics and risks of an embedded derivative are closely related to the economic characteristics and **AG33** risks of the host contract in the following examples. In these examples, an entity does not account for the embedded derivative separately from the host contract.

(a) An embedded derivative in which the underlying is an interest rate or interest rate index that can change the amount of interest that would otherwise be paid or received on an interest-bearing host debt contract or insurance contract is closely related to the host contract unless the combined instrument can be settled in such a way that the holder would not recover substantially all of its recognised investment or the embedded derivative could at least double the holder's initial rate of return on the host contract and could result in a rate of return that is at least twice what the market return would be for a contract with the same terms as the host contract.

(b) An embedded floor or cap on the interest rate on a debt contract or insurance contract is closely related to the host contract, provided the cap is at or above the market rate of interest and the floor is at or below the market rate of interest when the contract is issued, and the cap or floor is not leveraged in relation to the host contract. Similarly, provisions included in a contract to purchase or sell an asset (e.g. a commodity) that establish a cap and a floor on the price to be paid or received for the asset are closely related to the host contract if both the cap and floor were out of the money at inception and are not leveraged.

(c) An embedded foreign currency derivative that provides a stream of principal or interest payments that are denominated in a foreign currency and is embedded in a host debt instrument (e.g. a dual currency bond) is closely related to the host debt instrument. Such a derivative is not separated from the host instrument because IAS 21 requires foreign currency gains and losses on monetary items to be recognised in profit or loss.

(d) An embedded foreign currency derivative in a host contract that is an insurance contract or not a financial instrument (such as a contract for the purchase or sale of a non-financial item where the price is denominated in a foreign currency) is closely related to the host contract provided it is not leveraged, does not contain an option feature, and requires payments denominated in one of the following currencies:

(i) the functional currency of any substantial party to that contract;

(ii) the currency in which the price of the related good or service that is acquired or delivered is routinely denominated in commercial transactions around the world (such as the US dollar for crude oil transactions); or

(iii) einer Währung, die in dem wirtschaftlichen Umfeld, in dem die Transaktion stattfindet, in Verträgen über den Kauf oder Verkauf nicht finanzieller Posten üblicherweise verwendet wird (z. B. eine relativ stabile und liquide Währung, die üblicherweise bei lokalen Geschäftstransaktionen oder im Außenhandel verwendet wird).

(e) Eine in einen Zins- oder Kapitalstrip eingebettete Vorfälligkeitsoption ist eng mit dem Basisvertrag verbunden, wenn der Basisvertrag (i) anfänglich aus der Trennung des Rechts auf Empfang vertraglich festgelegter Cashflows eines Finanzinstruments resultierte, in das ursprünglich kein Derivat eingebettet war, und (ii) keine Bedingungen beinhaltet, die nicht auch Teil des ursprünglichen originären Schuldinstruments sind.

(f) Ein in einen Basisvertrag in Form eines Leasingverhältnisses eingebettetes Derivat ist eng mit dem Basisvertrag verbunden, wenn das eingebettete Derivat (i) ein an die Inflation gekoppelter Index wie z. B. im Falle einer Anbindung von Leasingzahlungen an einen Verbraucherpreisindex (vorausgesetzt, das Leasingverhältnis wurde nicht als Leveraged-Lease-Finanzierung gestaltet und der Index ist an die Inflationsentwicklung im Wirtschaftsumfeld des Unternehmens geknüpft), (ii) Eventualmietzahlungen auf Umsatzbasis oder (iii) Eventualmietzahlungen basierend auf variablen Zinsen ist.

(g) Ein fondsgebundenes Merkmal, das in einem Basis-Finanzinstrument oder Basis-Versicherungsvertrag eingebettet ist, ist eng mit dem Basisinstrument bzw. Basisvertrag verbunden, wenn die anteilsbestimmten Zahlungen zum aktuellen Wert der Anteilseinheiten bestimmt werden, die dem beizulegenden Zeitwert der Vermögenswerte des Fonds entsprechen. Ein fondsgebundenes Merkmal ist eine vertragliche Bestimmung, die Zahlungen in Anteilseinheiten eines internen oder externen Investmentfonds vorschreibt.

(h) Ein Derivat, das in einen Versicherungsvertrag eingebettet ist, ist eng mit dem Basis-Versicherungsvertrag verbunden, wenn das eingebettete Derivat und der Basis-Versicherungsvertrag so voneinander abhängig sind, dass das Unternehmen das eingebettete Derivat nicht abgetrennt (d. h. ohne Berücksichtigung des Basisvertrags) bewerten kann.

Instrumente mit eingebetteten Derivaten

A33A Wenn ein Unternehmen Vertragspartei eines hybriden (zusammengesetzten) Finanzinstruments mit einem oder mehreren eingebetteten Derivaten wird, ist es gemäß Paragraph 11 verpflichtet, jedes derartige eingebettete Derivat zu identifizieren, zu beurteilen, ob es vom Basisvertrag getrennt werden muss, und die zu trennenden Derivate beim erstmaligen Ansatz und zu den folgenden Abschlussstichtagen zum beizulegenden Zeitwert zu bewerten. Diese Vorschriften können komplexer sein oder zu weniger verlässlichen Wertansätzen führen, als wenn das gesamte Instrument erfolgswirksam zum beizulegenden Zeitwert bewertet würde. Aus diesem Grund gestattet dieser Standard eine Einstufung des gesamten Instruments als erfolgswirksam zum beizulegenden Zeitwert bewertet.

A33B Eine solche Einstufung ist unabhängig davon zulässig, ob eine Trennung der eingebetteten Derivate vom Basisvertrag nach Maßgabe von Paragraph 11 vorgeschrieben oder verboten ist. Paragraph 11A würde jedoch in den in Paragraph 11A (a) und (b) beschriebenen Fällen keine Einstufung des hybriden (zusammengesetzten) Finanzinstruments als erfolgswirksam zum beizulegenden Zeitwert zu bewerten rechtfertigen, weil dadurch die Komplexität nicht verringert oder die Verlässlichkeit nicht erhöht würde.

ANSATZ UND AUSBUCHUNG (Paragraphen 14–42)

Erstmaliger Ansatz (Paragraph 14)

A34 Nach dem in Paragraph 14 dargelegten Grundsatz hat ein Unternehmen sämtliche vertraglichen Rechte und Verpflichtungen im Zusammenhang mit Derivaten in seiner Bilanz als Vermögenswerte bzw. Verbindlichkeiten anzusetzen. Davon ausgenommen sind Derivate, die verhindern, dass eine Übertragung finanzieller Vermögenswerte als Verkauf bilanziert wird (siehe Paragraph A49). Erfüllt die Übertragung eines finanziellen Vermögenswertes nicht die Bedingungen für eine Ausbuchung, wird der übertragene Vermögenswert vom Empfänger nicht als Vermögenswert angesetzt (siehe Paragraph A50).

A35 Im Folgenden werden Beispiele für die Anwendung des in Paragraph 14 aufgestellten Grundsatzes aufgeführt:

(a) unbedingte Forderungen und Verbindlichkeiten sind als Vermögenswert oder Verbindlichkeit anzusetzen, wenn das Unternehmen Vertragspartei wird und infolgedessen das Recht auf Empfang oder die rechtliche Verpflichtung zur Zahlung flüssiger Mittel hat.

(b) Vermögenswerte und Verbindlichkeiten, die infolge einer festen Verpflichtung zum Kauf oder Verkauf von Gütern oder Dienstleistungen zu erwerben bzw. einzugehen sind, sind im Allgemeinen erst dann anzusetzen, wenn mindestens eine Vertragspartei den Vertrag erfüllt hat. So wird beispielsweise ein Unternehmen, das eine feste Bestellung entgegennimmt, zum Zeitpunkt der Auftragszusage im Allgemeinen keinen Vermögenswert ansetzen (und das den Auftrag erteilende Unternehmen wird keine Verbindlichkeit bilanzieren), sondern den Ansatz erst dann vornehmen, wenn die bestellten Waren versandt oder geliefert oder die Dienstleistungen erbracht wurden. Fällt eine feste Verpflichtung zum Kauf oder Verkauf nicht finanzieller Posten gemäß Paragraph 5–7 in den Anwendungsbereich dieses Standards, wird ihr beizulegender Nettozeitwert am Tag, an dem die Verpflichtung eingegangen wurde, als Vermögenswert oder Verbindlichkeit angesetzt (siehe (c) unten). Wird eine bisher nicht bilanzwirksame feste Verpflichtung bei einer Absicherung des beizulegenden Zeitwerts als gesichertes Grundgeschäft designiert, so sind alle Änderungen des beizulegenden Nettozeitwerts, die auf das gesicherte Risiko zurückzuführen sind, nach Beginn der Absicherung als Vermögenswert oder Verbindlichkeit zu erfassen (siehe Paragraph 93 und 94).

(iii) a currency that is commonly used in contracts to purchase or sell non-financial items in the economic environment in which the transaction takes place (e.g. a relatively stable and liquid currency that is commonly used in local business transactions or external trade).

(e) An embedded prepayment option in an interest-only or principal-only strip is closely related to the host contract provided the host contract (i) initially resulted from separating the right to receive contractual cash flows of a financial instrument that, in and of itself, did not contain an embedded derivative, and (ii) does not contain any terms not present in the original host debt contract.

(f) An embedded derivative in a host lease contract is closely related to the host contract if the embedded derivative is (i) an inflation-related index such as an index of lease payments to a consumer price index (provided that the lease is not leveraged and the index relates to inflation in the entity's own economic environment), (ii) contingent rentals based on related sales or (iii) contingent rentals based on variable interest rates.

(g) A unit-linking feature embedded in a host financial instrument or host insurance contract is closely related to the host instrument or host contract if the unit-denominated payments are measured at current unit values that reflect the fair values of the assets of the fund. A unit-linking feature is a contractual term that requires payments denominated in units of an internal or external investment fund.

(h) A derivative embedded in an insurance contract is closely related to the host insurance contract if the embedded derivative and host insurance contract are so interdependent that an entity cannot measure the embedded derivative separately (i.e. without considering the host contract).

Instruments containing embedded derivatives

When an entity becomes a party to a hybrid (combined) instrument that contains one or more embedded derivatives, **AG33A** paragraph 11 requires the entity to identify any such embedded derivative, assess whether it is required to be separated from the host contract and, for those that are required to be separated, measure the derivatives at fair value at initial recognition and subsequently. These requirements can be more complex, or result in less reliable measures, than measuring the entire instrument at fair value through profit or loss. For that reason this standard permits the entire instrument to be designated as at fair value through profit or loss.

Such designation may be used whether paragraph 11 requires the embedded derivatives to be separated from the host **AG33B** contract or prohibits such separation. However, paragraph 11A would not justify designating the hybrid (combined) instrument as at fair value through profit or loss in the cases set out in paragraph 11A (a) and (b) because doing so would not reduce complexity or increase reliability.

RECOGNITION AND DERECOGNITION (paragraphs 14—42)

Initial recognition (paragraph 14)

As a consequence of the principle in paragraph 14, an entity recognises all of its contractual rights and obligations under **AG34** derivatives in its statement of financial position as assets and liabilities, respectively, except for derivatives that prevent a transfer of financial assets from being accounted for as a sale (see paragraph AG49). If a transfer of a financial asset does not qualify for derecognition, the transferee does not recognise the transferred asset as its asset (see paragraph AG50).

The following are examples of applying the principle in paragraph 14: **AG35**

(a) unconditional receivables and payables are recognised as assets or liabilities when the entity becomes a party to the contract and, as a consequence, has a legal right to receive or a legal obligation to pay cash;

(b) assets to be acquired and liabilities to be incurred as a result of a firm commitment to purchase or sell goods or services are generally not recognised until at least one of the parties has performed under the agreement. For example, an entity that receives a firm order does not generally recognise an asset (and the entity that places the order does not recognise a liability) at the time of the commitment but, rather, delays recognition until the ordered goods or services have been shipped, delivered or rendered. If a firm commitment to buy or sell non-financial items is within the scope of this standard under paragraphs 5—7, its net fair value is recognised as an asset or liability on the commitment date (see (c) below). In addition, if a previously unrecognised firm commitment is designated as a hedged item in a fair value hedge, any change in the net fair value attributable to the hedged risk is recognised as an asset or liability after the inception of the hedge (see paragraphs 93 and 94);

(c) ein Forward-Geschäft, das in den Anwendungsbereich dieses Standards fällt (siehe Paragraph 2–7), ist mit dem Tag, an dem die vertragliche Verpflichtung eingegangen wurde, und nicht erst am Erfüllungstag als Vermögenswert oder Verbindlichkeit anzusetzen. Wenn ein Unternehmen Vertragspartei bei einem Forward-Geschäft wird, haben das Recht und die Verpflichtung häufig den gleichen beizulegenden Zeitwert, so dass der beizulegende Nettozeitwert des Forward-Geschäfts Null ist. Ist der beizulegende Nettozeitwert des Rechts und der Verpflichtung nicht Null, ist der Vertrag als Vermögenswert oder Verbindlichkeit anzusetzen.

(d) Optionsverträge, die in den Anwendungsbereich dieses Standards fallen (siehe Paragraph 2–7), werden als Vermögenswerte oder Verbindlichkeiten angesetzt, wenn der Inhaber oder Stillhalter Vertragspartei wird.

(e) geplante künftige Geschäftsvorfälle sind, unabhängig von ihrer Eintrittswahrscheinlichkeit, keine Vermögenswerte oder Verbindlichkeiten, da das Unternehmen nicht Vertragspartei geworden ist.

Ausbuchung eines finanziellen Vermögenswertes (Paragraphen 15–37)

A36 Das folgende Prüfschema in Form eines Flussdiagramms veranschaulicht, ob und in welchem Umfang ein finanzieller Vermögenswert ausgebucht wird.

(c) a forward contract that is within the scope of this standard (see paragraphs 2—7) is recognised as an asset or a liability on the commitment date, rather than on the date on which settlement takes place. When an entity becomes a party to a forward contract, the fair values of the right and obligation are often equal, so that the net fair value of the forward is zero. If the net fair value of the right and obligation is not zero, the contract is recognised as an asset or liability;

(d) option contracts that are within the scope of this standard (see paragraphs 2—7) are recognised as assets or liabilities when the holder or writer becomes a party to the contract;

(e) planned future transactions, no matter how likely, are not assets and liabilities because the entity has not become a party to a contract.

Derecognition of a financial asset (paragraphs 15—37)

The following flow chart illustrates the evaluation of whether and to what extent a financial asset is derecognised. AG36

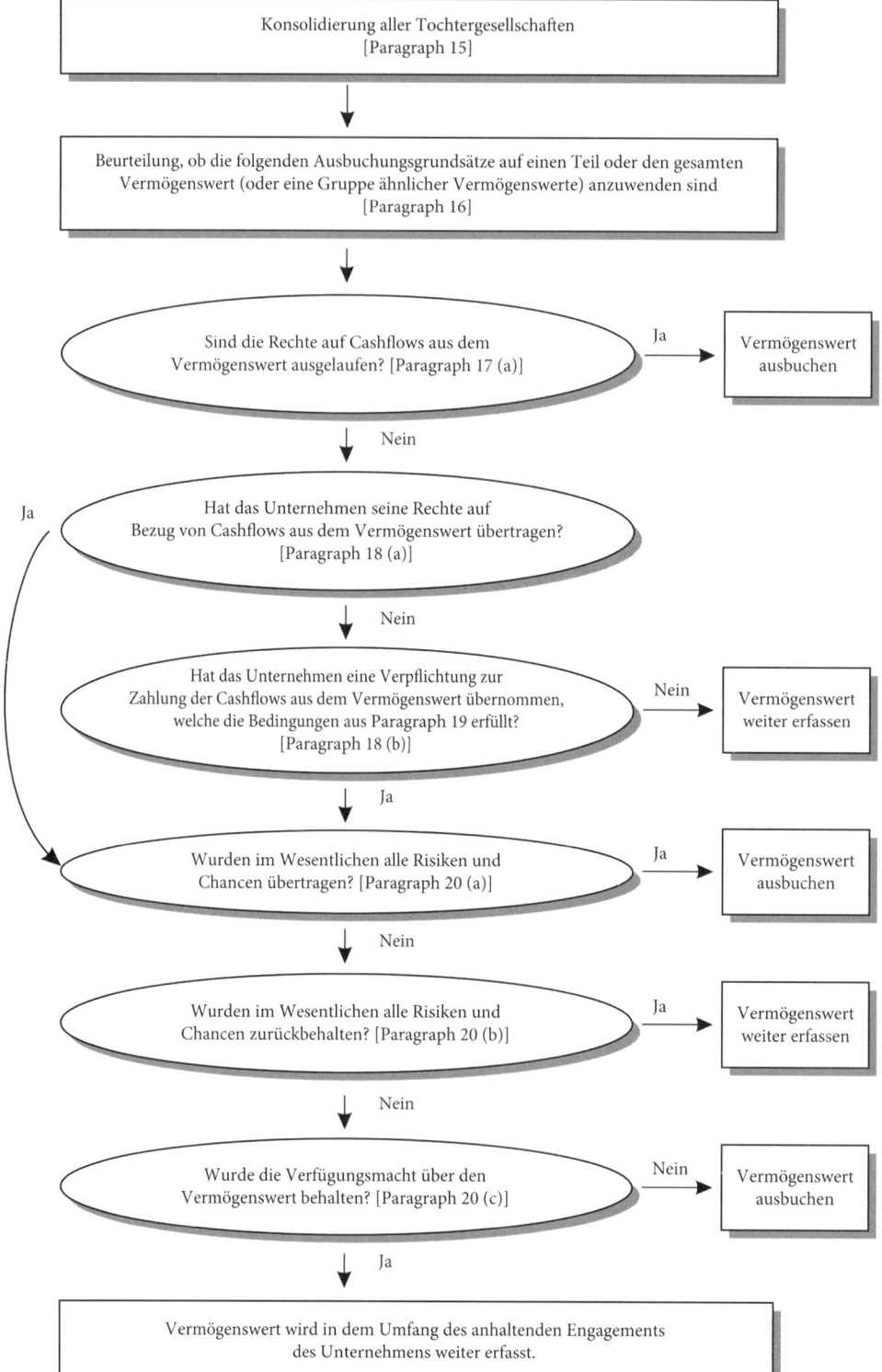

Konsolidierung aller Tochtergesellschaften
[Paragraph 15]

Beurteilung, ob die folgenden Ausbuchungsgrundsätze auf einen Teil oder den gesamten Vermögenswert (oder eine Gruppe ähnlicher Vermögenswerte) anzuwenden sind
[Paragraph 16]

Sind die Rechte auf Cashflows aus dem Vermögenswert ausgelaufen? [Paragraph 17 (a)]

Ja → Vermögenswert ausbuchen

Nein

Hat das Unternehmen seine Rechte auf Bezug von Cashflows aus dem Vermögenswert übertragen? [Paragraph 18 (a)]

Nein

Hat das Unternehmen eine Verpflichtung zur Zahlung der Cashflows aus dem Vermögenswert übernommen, welche die Bedingungen aus Paragraph 19 erfüllt? [Paragraph 18 (b)]

Nein → Vermögenswert weiter erfassen

Ja

Wurden im Wesentlichen alle Risiken und Chancen übertragen? [Paragraph 20 (a)]

Ja → Vermögenswert ausbuchen

Nein

Wurden im Wesentlichen alle Risiken und Chancen zurückbehalten? [Paragraph 20 (b)]

Ja → Vermögenswert weiter erfassen

Nein

Wurde die Verfügungsmacht über den Vermögenswert behalten? [Paragraph 20 (c)]

Nein → Vermögenswert ausbuchen

Ja

Vermögenswert wird in dem Umfang des anhaltenden Engagements des Unternehmens weiter erfasst.

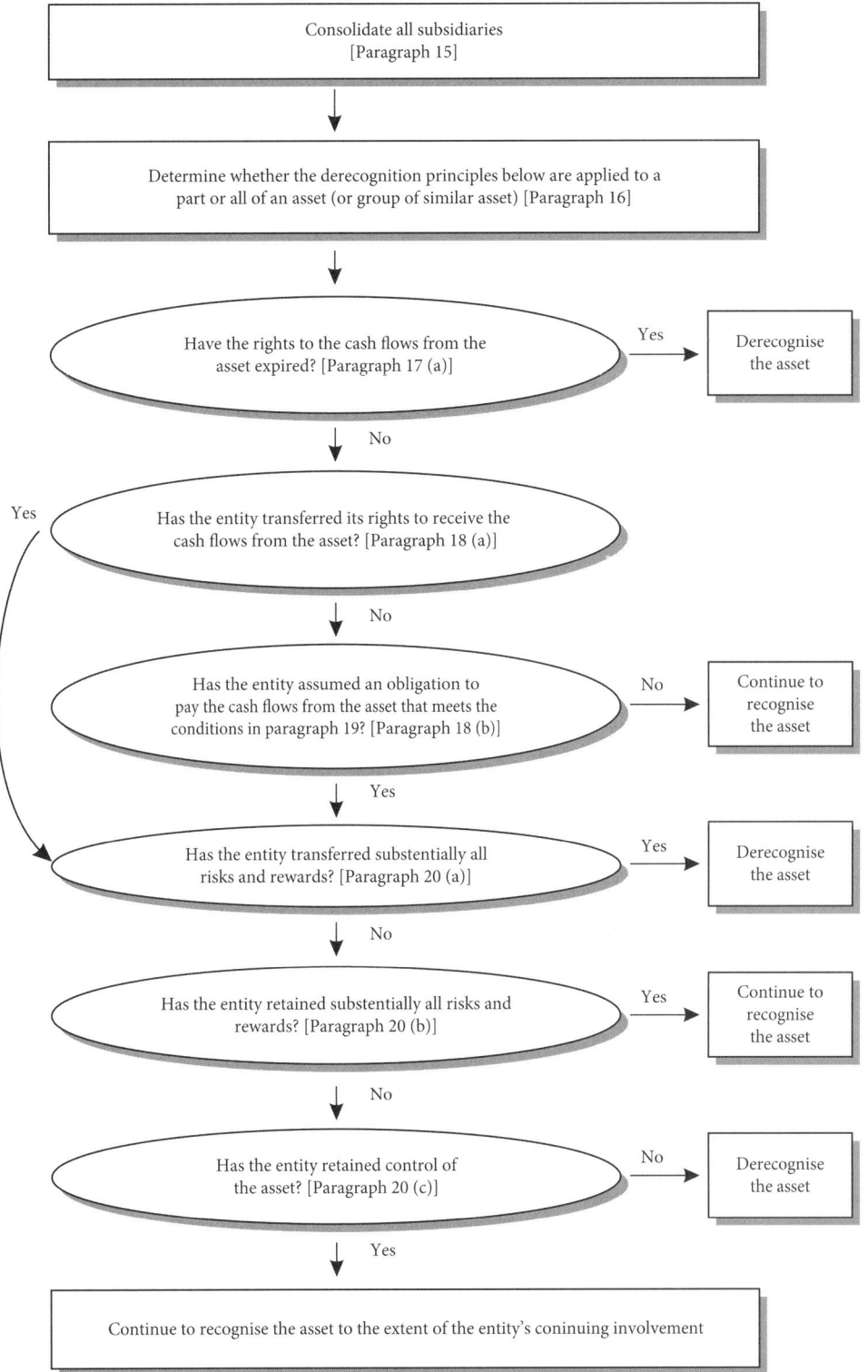

Vereinbarungen, bei denen ein Unternehmen die vertraglichen Rechte auf den Bezug von Cashflows aus finanziellen Vermögenswerten zurückbehält, jedoch eine vertragliche Verpflichtung zur Zahlung der Cashflows an einen oder mehrere Empfänger übernimmt (Paragraph 18 (b))

A37 Die in Paragraph 18 (b) beschriebene Situation (in der ein Unternehmen die vertraglichen Rechte auf den Bezug von Cashflows aus finanziellen Vermögenswerten zurückbehält, jedoch eine vertragliche Verpflichtung zur Zahlung der Cashflows an einen oder mehrere Empfänger übernimmt) trifft beispielsweise dann zu, wenn das Unternehmen eine Zweckgesellschaft oder ein Treuhandfonds ist, die an Eigentümer eine nutzbringende Beteiligung an den zugrunde liegenden finanziellen Vermögenswerten, deren Eigentümer sie ist, ausgibt und die Verwaltung bzw. Abwicklung dieser finanziellen Vermögenswerte übernimmt. In diesem Fall kommen die finanziellen Vermögenswerte für eine Ausbuchung in Betracht, sofern die Bedingungen in Paragraph 19 und 20 erfüllt sind.

A38 In Anwendung von Paragraph 19 könnte das Unternehmen beispielsweise der Herausgeber des finanziellen Vermögenswertes sein, oder es könnte sich um einen Konzern mit einer konsolidierten Zweckgesellschaft handeln, die den finanziellen Vermögenswert erworben hat und die Cashflows an nicht verbundene Dritteigentümer weitergibt.

Beurteilung der Übertragung der mit dem Eigentum verbundenen Risiken und Chancen (Paragraph 20)

A39 Beispiele für Fälle, in denen ein Unternehmen im Wesentlichen alle mit dem Eigentum verbundenen Risiken und Chancen überträgt, sind:

(a) ein unbedingter Verkauf eines finanziellen Vermögenswertes;

(b) ein Verkauf eines finanziellen Vermögenswertes in Kombination mit einer Option, den finanziellen Vermögenswert zu dessen beizulegendem Zeitwert zum Zeitpunkt des Rückkaufs zurückzukaufen; und

(c) ein Verkauf eines finanziellen Vermögenswertes in Kombination mit einer Verkaufs- oder Kaufoption, die weit aus dem Geld ist (d. h. einer Option, die so weit aus dem Geld ist, dass es äußerst unwahrscheinlich ist, dass sie vor Fälligkeit im Geld sein wird).

A40 Beispiele für Fälle, in denen ein Unternehmen im Wesentlichen alle mit dem Eigentum verbundenen Risiken und Chancen zurückbehält, sind:

(a) ein Verkauf, kombiniert mit einem Rückkauf, bei dem der Rückkaufspreis festgelegt ist oder dem Verkaufspreis zuzüglich einer Verzinsung entspricht;

(b) eine Wertpapierleihe;

(c) ein Verkauf eines finanziellen Vermögenswertes, gekoppelt mit einem Total Return-Swap, bei dem das Marktrisiko auf das Unternehmen zurückübertragen wird;

(d) ein Verkauf eines finanziellen Vermögenswertes in Kombination mit einer Verkaufs- oder Kaufoption, die weit im Geld ist (d. h. einer Option, die so weit im Geld ist, dass es äußerst unwahrscheinlich ist, dass sie vor Fälligkeit aus dem Geld sein wird); und

(e) ein Verkauf kurzfristiger Forderungen, bei dem das Unternehmen eine Garantie auf Entschädigung des Empfängers für wahrscheinlich eintretende Kreditausfälle übernimmt.

A41 Wenn ein Unternehmen feststellt, dass es mit der Übertragung so gut wie alle mit dem Eigentum des finanziellen Vermögenswertes verbundenen Risiken und Chancen übertragen hat, wird der übertragene Vermögenswert in künftigen Perioden nicht mehr erfasst, es sei denn, er wird in einem neuen Geschäftsvorfall zurückerworben.

Beurteilung der Übertragung der Verfügungsgewalt

A42 Ein Unternehmen hat die Verfügungsgewalt über einen übertragenen Vermögenswert nicht behalten, wenn der Empfänger die tatsächliche Fähigkeit zur Veräußerung des übertragenen Vermögenswertes besitzt. Ein Unternehmen hat die Verfügungsgewalt über einen übertragenen Vermögenswert behalten, wenn der Empfänger nicht die tatsächliche Fähigkeit zur Veräußerung des übertragenen Vermögenswertes besitzt. Der Empfänger verfügt über die tatsächliche Fähigkeit zum Veräußerung des übertragenen Vermögenswertes, wenn dieser an einem aktiven Markt gehandelt wird, da er den übertragenen Vermögenswert bei Bedarf am Markt wieder erwerben könnte, falls er ihn an das Unternehmen zurückgeben muss. Beispielsweise kann ein Empfänger über die tatsächliche Fähigkeit zum Verkauf eines übertragenen Vermögenswertes verfügen, wenn dem Unternehmen zwar eine Rückkaufsoption eingeräumt wurde, der Empfänger den übertragenen Vermögenswert jedoch bei Ausübung der Option jederzeit am Markt erwerben kann. Der Empfänger verfügt nicht über die tatsächliche Fähigkeit zum Verkauf des übertragenen Vermögenswertes, wenn sich das Unternehmen eine derartige Option vorbehält und der Empfänger den übertragenen Vermögenswert nicht jederzeit erwerben kann, falls das Unternehmen seine Option ausübt.

A43 Der Empfänger verfügt nur dann über die tatsächliche Fähigkeit zur Veräußerung des übertragenen Vermögenswertes, wenn er ihn als Ganzes an einen außen stehenden Dritten veräußern und von dieser Fähigkeit einseitig Gebrauch machen kann, ohne dass die Übertragung zusätzlichen Beschränkungen unterliegt. Die entscheidende Frage lautet, welche Möglichkeiten der Empfänger tatsächlich hat und nicht, welche vertraglichen Verfügungsmöglichkeiten oder -verbote ihm in Bezug auf den übertragenen Vermögenswert zustehen bzw. auferlegt sind. Insbesondere gilt:

(a) ein vertraglich eingeräumtes Recht auf Veräußerung eines übertragenen Vermögenswertes hat kaum eine tatsächliche Auswirkung, wenn für den übertragenen Vermögenswert kein Markt vorhanden ist; und

Arrangements under which an entity retains the contractual rights to receive the cash flows of a financial asset, but assumes a contractual obligation to pay the cash flows to one or more recipients (paragraph 18 (b))

The situation described in paragraph 18 (b) (when an entity retains the contractual rights to receive the cash flows of the financial asset, but assumes a contractual obligation to pay the cash flows to one or more recipients) occurs, for example, if the entity is a trust, and issues to investors beneficial interests in the underlying financial assets that it owns and provides servicing of those financial assets. In that case, the financial assets qualify for derecognition if the conditions in paragraphs 19 and 20 are met. **AG37**

In applying paragraph 19, the entity could be, for example, the originator of the financial asset, or it could be a group that includes a subsidiary that has acquired the financial asset and passes on cash flows to unrelated third party investors. **AG38**

Evaluation of the transfer of risks and rewards of ownership (paragraph 20)

Examples of when an entity has transferred substantially all the risks and rewards of ownership are: **AG39**
(a)   an unconditional sale of a financial asset;
(b)   a sale of a financial asset together with an option to repurchase the financial asset at its fair value at the time of repurchase; and
(c)   a sale of a financial asset together with a put or call option that is deeply out of the money (i.e. an option that is so far out of the money it is highly unlikely to go into the money before expiry).

Examples of when an entity has retained substantially all the risks and rewards of ownership are: **AG40**
(a)   a sale and repurchase transaction where the repurchase price is a fixed price or the sale price plus a lender's return;
(b)   a securities lending agreement;
(c)   a sale of a financial asset together with a total return swap that transfers the market risk exposure back to the entity;
(d)   a sale of a financial asset together with a deep in-the-money put or call option (i.e. an option that is so far in the money that it is highly unlikely to go out of the money before expiry); and
(e)   a sale of short-term receivables in which the entity guarantees to compensate the transferee for credit losses that are likely to occur.

If an entity determines that as a result of the transfer, it has transferred substantially all the risks and rewards of ownership of the transferred asset, it does not recognise the transferred asset again in a future period, unless it reacquires the transferred asset in a new transaction. **AG41**

Evaluation of the transfer of control

An entity has not retained control of a transferred asset if the transferee has the practical ability to sell the transferred asset. An entity has retained control of a transferred asset if the transferee does not have the practical ability to sell the transferred asset. A transferee has the practical ability to sell the transferred asset if it is traded in an active market because the transferee could repurchase the transferred asset in the market if it needs to return the asset to the entity. For example, a transferee may have the practical ability to sell a transferred asset if the transferred asset is subject to an option that allows the entity to repurchase it, but the transferee can readily obtain the transferred asset in the market if the option is exercised. A transferee does not have the practical ability to sell the transferred asset if the entity retains such an option and the transferee cannot readily obtain the transferred asset in the market if the entity exercises its option. **AG42**

The transferee has the practical ability to sell the transferred asset only if the transferee can sell the transferred asset in its entirety to an unrelated third party and is able to exercise that ability unilaterally and without imposing additional restrictions on the transfer. The critical question is what the transferee is able to do in practice, not what contractual rights the transferee has concerning what it can do with the transferred asset or what contractual prohibitions exist. In particular: **AG43**
(a)   a contractual right to dispose of the transferred asset has little practical effect if there is no market for the transferred asset; and

(b) die Fähigkeit, einen übertragenen Vermögenswert zu veräußern, hat kaum eine tatsächliche Auswirkung, wenn von ihr nicht frei Gebrauch gemacht werden kann. Aus diesem Grund gilt:

    (i) die Fähigkeit des Empfängers, einen übertragenen Vermögenswert zu veräußern, muss von den Handlungen Dritter unabhängig sein (d. h. es muss sich um eine einseitige Fähigkeit handeln); und

    (ii) der Empfänger muss in der Lage sein, den übertragenen Vermögenswert ohne einschränkende Bedingungen oder Auflagen für die Übertragung zu veräußern (z. B. Bedingungen bezüglich der Bedienung eines Kredits oder eine Option, die den Empfänger zum Rückkauf des Vermögenswertes berechtigt).

A44 Allein die Tatsache, dass der Empfänger den übertragenen Vermögenswert wahrscheinlich nicht veräußern kann, bedeutet noch nicht, dass der Übertragende die Verfügungsgewalt über den übertragenen Vermögenswert behalten hat. Die Verfügungsgewalt wird vom Übertragenden jedoch weiterhin ausgeübt, wenn eine Verkaufsoption oder Garantie den Empfänger davon abhält, den übertragenen Vermögenswert zu veräußern. Ist beispielsweise der Wert einer Verkaufsoption oder Garantie ausreichend hoch, wird der Empfänger vom Verkauf des übertragenen Vermögenswertes abgehalten, da er ihn tatsächlich nicht ohne eine ähnliche Option oder andere einschränkende Bedingungen an einen Dritten verkaufen würde. Stattdessen würde der Empfänger den übertragenen Vermögenswert aufgrund der mit der Garantie oder Verkaufsoption verbundenen Berechtigung zum Empfang von Zahlungen weiter halten. In diesem Fall hat der Übertragende die Verfügungsgewalt an dem übertragenen Vermögenswert behalten.

Übertragungen, die die Bedingungen für eine Ausbuchung erfüllen

A45 Ein Unternehmen kann als Gegenleistung für die Verwaltung bzw. Abwicklung der übertragenen Vermögenswerte das Recht auf den Empfang eines Teils der Zinszahlungen auf diese Vermögenswerte zurückbehalten. Der Anteil der Zinszahlungen, auf die das Unternehmen bei Beendigung oder Übertragung des Verwaltungs-/Abwicklungsvertrags verzichten würde, ist dem Vermögenswert oder der Verbindlichkeit aus dem Verwaltungsrecht zuzuordnen. Der Anteil der Zinszahlungen, der dem Unternehmen weiterhin zustehen würde, stellt eine Forderung aus Zinsstrip dar. Würde das Unternehmen beispielsweise nach Beendigung oder Übertragung des Verwaltungs-/Abwicklungsvertrags auf keine Zinszahlungen verzichten, ist die gesamte Zinsspanne als Forderung aus Zinsstrip zu behandeln. Bei Anwendung von Paragraph 27 werden zur Aufteilung des Buchwertes der Forderung zwischen dem Teil des Vermögenswertes, der ausgebucht wird, und dem Teil, der weiterhin erfasst bleibt, die beizulegenden Zeitwerte des Vermögenswertes aus dem Verwaltungsrecht und der Forderung aus Zinsstrip zugrunde gelegt. Falls keine Verwaltungs-/Abwicklungsgebühr festgelegt wurde oder die zu erhaltende Gebühr voraussichtlich keine angemessene Vergütung für die Verwaltung bzw. Abwicklung durch das Unternehmen darstellt, ist eine Verbindlichkeit für die Verwaltungs- bzw. Abwicklungsverpflichtung zum beizulegenden Zeitwert zu erfassen.

A46 Bei der Bemessung der beizulegenden Zeitwerte des weiterhin angesetzten Teils und des ausgebuchten Teils für die Zwecke der Anwendung von Paragraph 27 wendet ein Unternehmen zusätzlich zu Paragraph 28 die Vorschriften für die Bemessung des beizulegenden Zeitwerts aus IFRS 13 an.

Übertragungen, die die Bedingungen für eine Ausbuchung nicht erfüllen

A47 Das folgende Beispiel ist eine Anwendung des in Paragraph 29 aufgestellten Grundsatzes. Wenn ein übertragener Vermögenswert aufgrund einer von einem Unternehmen gewährten Garantie für Ausfallverluste aus dem übertragenen Vermögenswert nicht ausgebucht werden kann, weil das Unternehmen so gut wie alle mit dem Eigentum des übertragenen Vermögenswertes verbundenen Risiken und Chancen zurückbehalten hat, wird der übertragene Vermögenswert weiter in seiner Gesamtheit und das erhaltene Entgelt als Verbindlichkeit erfasst.

Anhaltendes Engagement bei übertragenen Vermögenswerten

A48 Im Folgenden sind Beispiele für die Bewertung eines übertragenen Vermögenswertes und der zugehörigen Verbindlichkeit gemäß Paragraph 30 aufgeführt.

Alle Vermögenswerte

(a) Wenn ein übertragener Vermögenswert aufgrund einer von einem Unternehmen gewährten Garantie zur Zahlung von Ausfallverlusten aus dem übertragenen Vermögenswert nicht nach Maßgabe des anhaltenden Engagements ausgebucht werden kann, ist der übertragene Vermögenswert zum Zeitpunkt der Übertragung mit dem niedrigeren Wert aus (i) dem Buchwert des Vermögenswertes und (ii) dem Höchstbetrag des erhaltenen Entgelts, den das Unternehmen eventuell zurückzahlen müsste (dem „garantierten Betrag") zu bewerten. Die zugehörige Verbindlichkeit wird bei Zugang mit dem Garantiebetrag zuzüglich des beizulegenden Zeitwerts der Garantie (der normalerweise dem für die Garantie erhaltenen Entgelt entspricht) bewertet. Anschließend ist der anfängliche beizulegende Zeitwert der Garantie zeitproportional im Gewinn oder Verlust zu erfassen (siehe IAS 18) und der Buchwert des Vermögenswertes um etwaige Wertminderungsaufwendungen zu kürzen.

(b) an ability to dispose of the transferred asset has little practical effect if it cannot be exercised freely. For that reason:

  (i) the transferee's ability to dispose of the transferred asset must be independent of the actions of others (i.e. it must be a unilateral ability); and

  (ii) the transferee must be able to dispose of the transferred asset without needing to attach restrictive conditions or 'strings' to the transfer (e.g. conditions about how a loan asset is serviced or an option giving the transferee the right to repurchase the asset).

That the transferee is unlikely to sell the transferred asset does not, of itself, mean that the transferor has retained control **AG44** of the transferred asset. However, if a put option or guarantee constrains the transferee from selling the transferred asset, then the transferor has retained control of the transferred asset. For example, if a put option or guarantee is sufficiently valuable it constrains the transferee from selling the transferred asset because the transferee would, in practice, not sell the transferred asset to a third party without attaching a similar option or other restrictive conditions. Instead, the transferee would hold the transferred asset so as to obtain payments under the guarantee or put option. Under these circumstances the transferor has retained control of the transferred asset.

Transfers that qualify for derecognition

An entity may retain the right to a part of the interest payments on transferred assets as compensation for servicing those **AG45** assets. The part of the interest payments that the entity would give up upon termination or transfer of the servicing contract is allocated to the servicing asset or servicing liability. The part of the interest payments that the entity would not give up is an interest-only strip receivable. For example, if the entity would not give up any interest upon termination or transfer of the servicing contract, the entire interest spread is an interest-only strip receivable. For the purposes of applying paragraph 27, the fair values of the servicing asset and interest-only strip receivable are used to allocate the carrying amount of the receivable between the part of the asset that is derecognised and the part that continues to be recognised. If there is no servicing fee specified or the fee to be received is not expected to compensate the entity adequately for performing the servicing, a liability for the servicing obligation is recognised at fair value.

When measuring the fair values of the part that continues to be recognised and the part that is derecognised for the **AG46** purposes of applying paragraph 27, an entity applies the fair value measurement requirements in IFRS 13 in addition to paragraph 28.

Transfers that do not qualify for derecognition

The following is an application of the principle outlined in paragraph 29. If a guarantee provided by the entity for default **AG47** losses on the transferred asset prevents a transferred asset from being derecognised because the entity has retained substantially all the risks and rewards of ownership of the transferred asset, the transferred asset continues to be recognised in its entirety and the consideration received is recognised as a liability.

Continuing involvement in transferred assets

The following are examples of how an entity measures a transferred asset and the associated liability under paragraph 30. **AG48**

All assets

(a) If a guarantee provided by an entity to pay for default losses on a transferred asset prevents the transferred asset from being derecognised to the extent of the continuing involvement, the transferred asset at the date of the transfer is measured at the lower of (i) the carrying amount of the asset and (ii) the maximum amount of the consideration received in the transfer that the entity could be required to repay (the guarantee amount). The associated liability is initially measured at the guarantee amount plus the fair value of the guarantee (which is normally the consideration received for the guarantee). Subsequently, the initial fair value of the guarantee is recognised in profit or loss on a time proportion basis (see IAS 18) and the carrying value of the asset is reduced by any impairment losses.

Zu fortgeführten Anschaffungskosten bewertete Vermögenswerte

(b) Wenn die Verpflichtung eines Unternehmens aufgrund einer geschriebenen Verkaufsoption oder das Recht eines Unternehmens aufgrund einer gehaltenen Kaufoption dazu führt, dass ein übertragener Vermögenswert nicht ausgebucht werden kann, und der übertragene Vermögenswert zu fortgeführten Anschaffungskosten bewertet wird, ist die zugehörige Verbindlichkeit mit deren Anschaffungskosten (also dem erhaltenen Entgelt), bereinigt um die Amortisation der Differenz zwischen den Anschaffungskosten und den fortgeführten Anschaffungskosten des übertragenen Vermögenswertes am Fälligkeitstermin der Option, zu bewerten. Als Beispiel soll angenommen werden, dass die fortgeführten Anschaffungskosten und der Buchwert des Vermögenswertes zum Zeitpunkt der Übertragung WE 98 betragen und das erhaltene Entgelt WE 95 beträgt. Am Ausübungstag der Option werden die fortgeführten Anschaffungskosten des Vermögenswertes bei WE 100 liegen. Der anfängliche Buchwert der entsprechenden Verbindlichkeit beträgt WE 95; die Differenz zwischen WE 95 und WE 100 ist unter Anwendung der Effektivzinsmethode im Gewinn oder Verlust zu erfassen. Bei Ausübung der Option wird die Differenz zwischen dem Buchwert der zugehörigen Verbindlichkeit und dem Ausübungspreis im Gewinn oder Verlust erfasst.

Vermögenswerte, die zum beizulegenden Zeitwert bewertet werden

(c) Wenn ein übertragener Vermögenswert aufgrund einer vom Unternehmen zurückbehaltenen Kaufoption nicht ausgebucht werden kann und der übertragene Vermögenswert zum beizulegenden Zeitwert bewertet wird, erfolgt die Bewertung des Vermögenswertes weiterhin zum beizulegenden Zeitwert. Die zugehörige Verbindlichkeit wird (i) zum Ausübungspreis der Option, abzüglich des Zeitwertes der Option, wenn diese im oder am Geld ist, oder (ii) zum beizulegenden Zeitwert des übertragenen Vermögenswertes, abzüglich des Zeitwertes der Option, wenn diese aus dem Geld ist, bewertet. Durch Berichtigung der Bewertung der zugehörigen Verbindlichkeit wird gewährleistet, dass der Nettobuchwert des Vermögenswertes und der zugehörigen Verbindlichkeit dem beizulegenden Zeitwert dem Recht aus der Kaufoption entspricht. Beträgt beispielsweise der beizulegende Zeitwert des zugrunde liegenden Vermögenswertes WE 80, der Ausübungspreis der Option WE 95 und der Zeitwert der Option WE 5, so entspricht der Buchwert der entsprechenden Verbindlichkeit WE 75 (WE 80 – WE 5) und der Buchwert des übertragenen Vermögenswertes WE 80 (also seinem beizulegenden Zeitwert).

(d) Wenn ein übertragener Vermögenswert aufgrund einer geschriebenen Verkaufsoption eines Unternehmens nicht ausgebucht werden kann und der übertragene Vermögenswert zum beizulegenden Zeitwert bewertet wird, erfolgt die Bewertung der zugehörigen Verbindlichkeit zum Ausübungspreis der Option plus deren Zeitwert. Die Bewertung des Vermögenswertes zum beizulegenden Zeitwert ist auf den niedrigeren Wert aus beizulegendem Zeitwert und Ausübungspreis der Option beschränkt, da das Unternehmen keinen Anspruch auf Steigerungen des beizulegenden Zeitwertes des übertragenen Vermögenswertes hat, die über den Ausübungspreis der Option hinausgehen. Dadurch wird gewährleistet, dass der Nettobuchwert des Vermögenswertes und der zugehörigen Verbindlichkeit dem beizulegenden Zeitwert der Verpflichtung aus der Verkaufsoption entspricht. Beträgt beispielsweise der beizulegende Zeitwert des zugrunde liegenden Vermögenswertes WE 120, der Ausübungspreis der Option WE 100 und der Zeitwert der Option WE 5, so entspricht der Buchwert der zugehörigen Verbindlichkeit WE 105 (WE 100 + WE 5) und der Buchwert des Vermögenswertes WE 100 (in diesem Fall dem Ausübungspreis der Option).

(e) Wenn ein übertragener Vermögenswert aufgrund eines Collar in Form einer erworbenen Kaufoption und geschriebenen Verkaufsoption nicht ausgebucht werden kann und der Vermögenswert zum beizulegenden Zeitwert bewertet wird, erfolgt seine Bewertung weiterhin zum beizulegenden Zeitwert. Die zugehörige Verbindlichkeit wird (i) mit der Summe aus dem Ausübungspreis der Kaufoption und dem beizulegenden Zeitwert der Verkaufsoption, abzüglich des Zeitwertes der Kaufoption, wenn diese im oder am Geld ist, oder (ii) mit der Summe aus dem beizulegenden Zeitwert des Vermögenswertes und dem beizulegenden Zeitwert der Verkaufsoption, abzüglich des Zeitwertes der Kaufoption, wenn diese aus dem Geld ist, bewertet. Durch Berichtigung der zugehörigen Verbindlichkeit wird gewährleistet, dass der Nettobuchwert des Vermögenswertes und der zugehörigen Verbindlichkeit dem beizulegenden Zeitwert der vom Unternehmen gehaltenen und geschriebenen Optionen entspricht. Als Beispiel soll angenommen werden, dass ein Unternehmen einen finanziellen Vermögenswert überträgt, der zum beizulegenden Zeitwert bewertet wird. Gleichzeitig erwirbt es eine Kaufoption mit einem Ausübungspreis von WE 120 und schreibt eine Verkaufsoption mit einem Ausübungspreis von WE 80. Der beizulegende Zeitwert des Vermögenswertes zum Zeitpunkt der Übertragung beträgt WE 100. Der Zeitwert der Verkaufs- und Kaufoption liegt bei WE 1 bzw. WE 5. In diesem Fall setzt das Unternehmen einen Vermögenswert in Höhe von WE 100 (dem beizulegenden Zeitwert des Vermögenswertes) und eine Verbindlichkeit in Höhe von WE 96 [(WE 100 + WE 1) – WE 5] an. Daraus ergibt sich ein Nettobuchwert von WE 4, der dem beizulegenden Zeitwert der vom Unternehmen gehaltenen und geschriebenen Optionen entspricht.

Alle Übertragungen

A49 Soweit die Übertragung eines finanziellen Vermögenswertes nicht die Kriterien für eine Ausbuchung erfüllt, werden die im Zusammenhang mit der Übertragung vertraglich eingeräumten Rechte oder Verpflichtungen des Übertragenden nicht gesondert als Derivate bilanziert, wenn ein Ansatz des Derivats einerseits und des übertragenen Vermögenswertes oder der aus der Übertragung stammenden Verbindlichkeit andererseits dazu führen würde, dass die gleichen Rechte bzw. Verpflichtungen doppelt erfasst werden. Beispielsweise kann eine vom Übertragenden zurückbehaltene Kaufoption dazu führen, dass eine Übertragung finanzieller Vermögenswerte nicht als Veräußerung bilanziert werden kann. In diesem Fall wird die Kaufoption nicht gesondert als derivativer Vermögenswert angesetzt.

Assets measured at amortised cost

(b)   If a put option obligation written by an entity or call option right held by an entity prevents a transferred asset from being derecognised and the entity measures the transferred asset at amortised cost, the associated liability is measured at its cost (i.e. the consideration received) adjusted for the amortisation of any difference between that cost and the amortised cost of the transferred asset at the expiration date of the option. For example, assume that the amortised cost and carrying amount of the asset on the date of the transfer is CU98 and that the consideration received is CU95. The amortised cost of the asset on the option exercise date will be CU100. The initial carrying amount of the associated liability is CU95 and the difference between CU95 and CU100 is recognised in profit or loss using the effective interest method. If the option is exercised, any difference between the carrying amount of the associated liability and the exercise price is recognised in profit or loss.

Assets measured at fair value

(c)   If a call option right retained by an entity prevents a transferred asset from being derecognised and the entity measures the transferred asset at fair value, the asset continues to be measured at its fair value. The associated liability is measured at (i) the option exercise price less the time value of the option if the option is in or at the money, or (ii) the fair value of the transferred asset less the time value of the option if the option is out of the money. The adjustment to the measurement of the associated liability ensures that the net carrying amount of the asset and the associated liability is the fair value of the call option right. For example, if the fair value of the underlying asset is CU80, the option exercise price is CU95 and the time value of the option is CU5, the carrying amount of the associated liability is CU75 (CU80 – CU5) and the carrying amount of the transferred asset is CU80 (i.e. its fair value).

(d)   If a put option written by an entity prevents a transferred asset from being derecognised and the entity measures the transferred asset at fair value, the associated liability is measured at the option exercise price plus the time value of the option. The measurement of the asset at fair value is limited to the lower of the fair value and the option exercise price because the entity has no right to increases in the fair value of the transferred asset above the exercise price of the option. This ensures that the net carrying amount of the asset and the associated liability is the fair value of the put option obligation. For example, if the fair value of the underlying asset is CU120, the option exercise price is CU100 and the time value of the option is CU5, the carrying amount of the associated liability is CU105 (CU100 + CU5) and the carrying amount of the asset is CU100 (in this case the option exercise price).

(e)   If a collar, in the form of a purchased call and written put, prevents a transferred asset from being derecognised and the entity measures the asset at fair value, it continues to measure the asset at fair value. The associated liability is measured at (i) the sum of the call exercise price and fair value of the put option less the time value of the call option, if the call option is in or at the money, or (ii) the sum of the fair value of the asset and the fair value of the put option less the time value of the call option if the call option is out of the money. The adjustment to the associated liability ensures that the net carrying amount of the asset and the associated liability is the fair value of the options held and written by the entity. For example, assume an entity transfers a financial asset that is measured at fair value while simultaneously purchasing a call with an exercise price of CU120 and writing a put with an exercise price of CU80. Assume also that the fair value of the asset is CU100 at the date of the transfer. The time value of the put and call are CU1 and CU5 respectively. In this case, the entity recognises an asset of CU100 (the fair value of the asset) and a liability of CU96 [(CU100 + CU1) – CU5]. This gives a net asset value of CU4, which is the fair value of the options held and written by the entity.

All transfers

To the extent that a transfer of a financial asset does not qualify for derecognition, the transferor's contractual rights or **AG49** obligations related to the transfer are not accounted for separately as derivatives if recognising both the derivative and either the transferred asset or the liability arising from the transfer would result in recognising the same rights or obligations twice. For example, a call option retained by the transferor may prevent a transfer of financial assets from being accounted for as a sale. In that case, the call option is not separately recognised as a derivative asset.

A50 Soweit die Übertragung eines finanziellen Vermögenswertes nicht die Kriterien für eine Ausbuchung erfüllt, wird der übertragene Vermögenswert vom Empfänger nicht als Vermögenswert angesetzt. Der Empfänger bucht die Zahlung oder andere entrichtete Entgelte aus und setzt eine Forderung gegenüber dem Übertragenden an. Hat der Übertragende sowohl das Recht als auch die Verpflichtung, die Verfügungsgewalt über den gesamten übertragenen Vermögenswert gegen einen festen Betrag zurückzuerwerben (wie dies beispielsweise bei einer Rückkaufsvereinbarung der Fall ist), kann der Empfänger seine Forderung als Kredit oder Forderung ansetzen.

Beispiele

A51 Die folgenden Beispiele veranschaulichen die Anwendung der Ausbuchungsgrundsätze dieses Standards.

(a) *Rückkaufvereinbarungen und Wertpapierleihe.* Wenn ein finanzieller Vermögenswert verkauft und gleichzeitig eine Vereinbarung über dessen Rückkauf zu einem festen Preis oder zum Verkaufspreis zuzüglich einer Verzinsung geschlossen wird oder ein finanzieller Vermögenswert mit der vertraglichen Verpflichtung zur Rückgabe an den Übertragenden verliehen wird, erfolgt keine Ausbuchung, weil der Übertragende so gut wie alle mit dem Eigentum verbundenen Risiken und Chancen zurückbehält. Erwirbt der Empfänger das Recht, den Vermögenswert zu verkaufen oder zu verpfänden, dann hat der Übertragende diesen Vermögenswert in der Bilanz umzugliedern, z. B. als ausgeliehenen Vermögenswert oder ausstehenden Rückkauf.

(b) *Rückkaufvereinbarungen und Wertpapierleihe – im Wesentlichen gleiche Vermögenswerte.* Wenn ein finanzieller Vermögenswert verkauft und gleichzeitig eine Vereinbarung über den Rückkauf des gleichen oder im Wesentlichen gleichen Vermögenswertes zu einem festen Preis oder zum Verkaufspreis zuzüglich einer Verzinsung geschlossen wird oder ein finanzieller Vermögenswert mit der vertraglichen Verpflichtung zur Rückgabe des gleichen oder im Wesentlichen gleichen Vermögenswertes an den Übertragenden ausgeliehen oder verliehen wird, erfolgt keine Ausbuchung, weil der Übertragende so gut wie alle mit dem Eigentum verbundenen Risiken und Chancen zurückbehält.

(c) *Rückkaufvereinbarungen und Wertpapierleihe – Substitutionsrecht.* Wenn eine Rückkaufvereinbarung mit einem festen Rückkaufpreis oder einem Preis, der dem Verkaufspreis zuzüglich einer Verzinsung entspricht, oder ein ähnliches Wertpapierleihgeschäft dem Empfänger das Recht einräumt, den übertragenen Vermögenswert am Rückkauftermin durch ähnliche Vermögenswerte mit dem gleichen beizulegenden Zeitwert zu ersetzen, wird der im Rahmen einer Rückkaufvereinbarung oder Wertpapierleihe verkaufte oder verliehene Vermögenswert nicht ausgebucht, weil der Übertragende so gut wie alle mit dem Eigentum verbundenen Risiken und Chancen zurückbehält.

(d) *Vorrecht auf Rückkauf zum beizulegenden Zeitwert.* Wenn ein Unternehmen einen finanziellen Vermögenswert verkauft und nur im Falle einer anschließenden Veräußerung durch den Empfänger ein Vorrecht auf Rückkauf zum beizulegenden Zeitwert zurückbehält, ist dieser Vermögenswert auszubuchen, weil das Unternehmen so gut wie alle mit dem Eigentum verbundenen Risiken und Chancen übertragen hat.

(e) *Wash Sale.* Der Rückerwerb eines finanziellen Vermögenswertes kurz nach dessen Verkauf wird manchmal als „Wash Sale" bezeichnet. Ein solcher Rückkauf schließt eine Ausbuchung nicht aus, sofern die ursprüngliche Transaktion die Kriterien für eine Ausbuchung erfüllte. Nicht zulässig ist eine Ausbuchung des Vermögenswertes jedoch, wenn gleichzeitig mit einer Vereinbarung über den Verkauf eines finanziellen Vermögenswertes eine Vereinbarung über dessen Rückerwerb zu einem festen Preis oder dem Verkaufspreis zuzüglich einer Verzinsung geschlossen wird.

(f) *Verkaufsoptionen und Kaufoptionen, die weit im Geld sind.* Wenn ein übertragener finanzieller Vermögenswert vom Übertragenden zurückerworben werden kann und die Kaufoption weit im Geld ist, erfüllt die Übertragung nicht die Bedingungen für eine Ausbuchung, weil der Übertragende so gut wie alle mit dem Eigentum verbundenen Risiken und Chancen zurückbehalten hat. Gleiches gilt, wenn der übertragene finanzielle Vermögenswert vom Empfänger zurückveräußert werden kann und die Verkaufsoption weit im Geld ist. Auch in diesem Fall erfüllt die Übertragung nicht die Bedingungen für eine Ausbuchung, weil der Übertragende so gut wie alle mit dem Eigentum verbundenen Risiken und Chancen zurückbehalten hat.

(g) *Verkaufsoptionen und Kaufoptionen, die weit aus dem Geld sind.* Ein finanzieller Vermögenswert, der nur in Verbindung mit einer weit aus dem Geld liegenden vom Empfänger gehaltenen Verkaufsoption oder einer weit aus dem Geld liegenden vom Übertragenden gehaltenen Kaufoption übertragen wird, ist auszubuchen, weil der Übertragende so gut wie alle mit dem Eigentum verbundenen Risiken und Chancen übertragen hat.

(h) *Jederzeit verfügbare Vermögenswerte mit einer Kaufoption, die weder weit im Geld noch weit aus dem Geld ist.* Hält ein Unternehmen eine Kaufoption auf einen am Markt jederzeit verfügbaren Vermögenswert und ist die Option weder weit im noch weit aus dem Geld, so ist der Vermögenswert auszubuchen. Dies ist damit zu begründen, dass das Unternehmen (i) so gut wie alle mit dem Eigentum verbundenen Risiken und Chancen weder behalten noch übertragen und (ii) nicht die Verfügungsgewalt behalten hat. Ist der Vermögenswert jedoch nicht jederzeit am Markt verfügbar, ist eine Ausbuchung in der Höhe des Teils des Vermögenswertes, der der Kaufoption unterliegt, ausgeschlossen, weil das Unternehmen die Verfügungsgewalt über den Vermögenswert behalten hat.

(i) *Ein nicht jederzeit verfügbarer Vermögenswert, der einer von einem Unternehmen geschriebenen Verkaufsoption unterliegt, die weder weit im Geld noch weit aus dem Geld ist.* Wenn ein Unternehmen einen nicht jederzeit am Markt verfügbaren Vermögenswert überträgt und eine Verkaufsoption schreibt, die nicht weit aus dem Geld ist, werden aufgrund der geschriebenen Verkaufsoption so gut wie alle mit dem Eigentum verbundenen Risiken und Chancen weder behalten noch übertragen. Das Unternehmen übt weiterhin die Verfügungsgewalt über den Vermögenswert aus, wenn der Wert der Verkaufsoption so hoch ist, dass der Empfänger vom Verkauf des Vermögenswertes abgehalten wird. In diesem Fall ist der Vermögenswert nach Maßgabe des anhaltenden Engagements des Übertragenden weiterhin anzusetzen (siehe Paragraph A44). Das Unternehmen überträgt die Verfügungsgewalt über den Ver-

To the extent that a transfer of a financial asset does not qualify for derecognition, the transferee does not recognise the **AG50** transferred asset as its asset. The transferee derecognises the cash or other consideration paid and recognises a receivable from the transferor. If the transferor has both a right and an obligation to reacquire control of the entire transferred asset for a fixed amount (such as under a repurchase agreement), the transferee may account for its receivable as a loan or receivable.

Examples

The following examples illustrate the application of the derecognition principles of this standard.   **AG51**

(a) *Repurchase agreements and securities lending.* If a financial asset is sold under an agreement to repurchase it at a fixed price or at the sale price plus a lender's return or if it is loaned under an agreement to return it to the transferor, it is not derecognised because the transferor retains substantially all the risks and rewards of ownership. If the transferee obtains the right to sell or pledge the asset, the transferor reclassifies the asset in its statement of financial position, for example, as a loaned asset or repurchase receivable.

(b) *Repurchase agreements and securities lending — assets that are substantially the same.* If a financial asset is sold under an agreement to repurchase the same or substantially the same asset at a fixed price or at the sale price plus a lender's return or if a financial asset is borrowed or loaned under an agreement to return the same or substantially the same asset to the transferor, it is not derecognised because the transferor retains substantially all the risks and rewards of ownership.

(c) *Repurchase agreements and securities lending — right of substitution.* If a repurchase agreement at a fixed repurchase price or a price equal to the sale price plus a lender's return, or a similar securities lending transaction, provides the transferee with a right to substitute assets that are similar and of equal fair value to the transferred asset at the repurchase date, the asset sold or lent under a repurchase or securities lending transaction is not derecognised because the transferor retains substantially all the risks and rewards of ownership.

(d) *Repurchase right of first refusal at fair value.* If an entity sells a financial asset and retains only a right of first refusal to repurchase the transferred asset at fair value if the transferee subsequently sells it, the entity derecognises the asset because it has transferred substantially all the risks and rewards of ownership.

(e) *Wash sale transaction.* The repurchase of a financial asset shortly after it has been sold is sometimes referred to as a wash sale. Such a repurchase does not preclude derecognition provided that the original transaction met the derecognition requirements. However, if an agreement to sell a financial asset is entered into concurrently with an agreement to repurchase the same asset at a fixed price or the sale price plus a lender's return, then the asset is not derecognised.

(f) *Put options and call options that are deeply in the money.* If a transferred financial asset can be called back by the transferor and the call option is deeply in the money, the transfer does not qualify for derecognition because the transferor has retained substantially all the risks and rewards of ownership. Similarly, if the financial asset can be put back by the transferee and the put option is deeply in the money, the transfer does not qualify for derecognition because the transferor has retained substantially all the risks and rewards of ownership.

(g) *Put options and call options that are deeply out of the money.* A financial asset that is transferred subject only to a deep out-of-the-money put option held by the transferee or a deep out-of-the-money call option held by the transferor is derecognised. This is because the transferor has transferred substantially all the risks and rewards of ownership.

(h) *Readily obtainable assets subject to a call option that is neither deeply in the money nor deeply out of the money.* If an entity holds a call option on an asset that is readily obtainable in the market and the option is neither deeply in the money nor deeply out of the money, the asset is derecognised. This is because the entity (i) has neither retained nor transferred substantially all the risks and rewards of ownership, and (ii) has not retained control. However, if the asset is not readily obtainable in the market, derecognition is precluded to the extent of the amount of the asset that is subject to the call option because the entity has retained control of the asset.

(i) *A not readily obtainable asset subject to a put option written by an entity that is neither deeply in the money nor deeply out of the money.* If an entity transfers a financial asset that is not readily obtainable in the market, and writes a put option that is not deeply out of the money, the entity neither retains nor transfers substantially all the risks and rewards of ownership because of the written put option. The entity retains control of the asset if the put option is sufficiently valuable to prevent the transferee from selling the asset, in which case the asset continues to be recognised to the extent of the transferor's continuing involvement (see paragraph AG44). The entity transfers control of the asset if the put option is not sufficiently valuable to prevent the transferee from selling the asset, in which case the asset is derecognised.

mögenswert, wenn der Wert der Verkaufsoption nicht hoch genug ist, um den Empfänger von einem Verkauf des Vermögenswertes abzuhalten. In diesem Fall ist der Vermögenswert auszubuchen.

(j) *Vermögenswerte, die einer Verkaufs- oder Kaufoption oder einer Forwardrückkaufsvereinbarung zum beizulegenden Zeitwert unterliegen.* Ein finanzieller Vermögenswert, dessen Übertragung nur mit einer Verkaufs- oder Kaufoption oder einer Forwardrückkaufsvereinbarung verbunden ist, deren Ausübungs- oder Rückkaufspreis dem beizulegenden Zeitwert des finanziellen Vermögenswertes zum Zeitpunkt des Rückerwerbs entspricht, ist auszubuchen, weil so gut wie alle mit dem Eigentum verbundenen Risiken und Chancen übertragen werden.

(k) *Kauf- oder Verkaufsoptionen mit Barausgleich.* Die Übertragung eines finanziellen Vermögenswertes, der einer Verkaufs- oder Kaufoption oder einer Forwardrückkaufsvereinbarung mit Nettobarausgleich unterliegt, ist im Hinblick darauf zu beurteilen, ob so gut wie alle mit dem Eigentum verbundenen Risiken und Chancen behalten oder übertragen wurden. Hat das Unternehmen nicht so gut wie alle mit dem Eigentum des übertragenen Vermögenswertes verbundenen Risiken und Chancen zurückbehalten, ist zu bestimmen, ob es weiterhin die Verfügungsgewalt über den übertragenen Vermögenswert ausübt. Die Tatsache, dass die Verkaufs- oder Kaufoption oder die Forwardrückkaufsvereinbarung durch einen Ausgleich in bar erfüllt wird, bedeutet nicht automatisch, dass das Unternehmen die Verfügungsgewalt übertragen hat (siehe Paragraph A44 und (g), (h) und (i) oben).

(l) *Rückübertragungsanspruch.* Ein Rückübertragungsanspruch ist eine bedingungslose Rückkaufoption (Kaufoption), die dem Unternehmen das Recht gibt, übertragene Vermögenswerte unter dem Vorbehalt bestimmter Beschränkungen zurückzuverlangen. Sofern eine derartige Option dazu führt, dass das Unternehmen so gut wie alle mit dem Eigentum verbundenen Risiken und Chancen weder behält noch überträgt, ist eine Ausbuchung nur in Höhe des Betrags ausgeschlossen, der unter dem Vorbehalt des Rückkaufs steht (unter der Annahme, dass der Empfänger die Vermögenswerte nicht veräußern kann). Wenn beispielsweise der Buchwert und der Erlös aus der Übertragung von Krediten WE 100 000 beträgt und jeder einzelne Kredit zurückerworben werden kann, die Summe aller zurückerworbenen Kredite jedoch WE 10 000 nicht übersteigen darf, erfüllen WE 90 000 der Kredite die Bedingungen für eine Ausbuchung.

(m) *Clean-up-Calls.* Ein Unternehmen, bei dem es sich um einen Übertragenden handeln kann, das übertragene Vermögenswerte verwaltet bzw. abwickelt, kann einen *Clean-up-Call* für den Kauf der verbleibenden übertragenen Vermögenswerte halten, wenn die Höhe der ausstehenden Vermögenswerte unter einen bestimmten Grenzwert fällt, bei dem die Kosten für die Verwaltung bzw. Abwicklung dieser Vermögenswerte den damit verbundenen Nutzen übersteigen. Sofern ein solcher *Clean-up-Call dazu* führt, dass das Unternehmen so gut wie alle mit dem Eigentum verbundenen Risiken und Chancen weder behält noch überträgt, und der Empfänger die Vermögenswerte nicht veräußern kann, ist eine Ausbuchung nur in dem Umfang der Vermögenswerte ausgeschlossen, der Gegenstand der Kaufoption ist.

(n) *Nachrangige zurückbehaltene Anteile und Kreditgarantien.* Ein Unternehmen kann dem Empfänger eine Kreditsicherheit gewähren, indem es einige oder alle am übertragenen Vermögenswert zurückbehaltenen Anteile nachordnet. Alternativ kann ein Unternehmen dem Empfänger eine Kreditsicherheit in Form einer unbeschränkten oder auf einen bestimmten Betrag beschränkten Kreditgarantie gewähren. Behält das Unternehmen so gut wie alle mit dem Eigentum des übertragenen Vermögenswerts verbundenen Risiken und Chancen, ist dieser Vermögenswert weiterhin in seiner Gesamtheit zu erfassen. Wenn das Unternehmen einige, aber nicht so gut wie alle mit dem Eigentum verbundenen Risiken und Chancen zurückbehält und weiterhin die Verfügungsgewalt ausübt, ist eine Ausbuchung in der Höhe des Betrags an flüssigen Mitteln oder anderen Vermögenswerten ausgeschlossen, den das Unternehmen eventuell zahlen müsste.

(o) *Total Return-Swaps.* Ein Unternehmen kann einen finanziellen Vermögenswert an einen Empfänger verkaufen und mit diesem einen Total Return-Swap vereinbaren, bei dem sämtliche Zinszahlungsströme aus dem zugrunde liegenden Vermögenswert im Austausch gegen eine feste Zahlung oder eine variable Ratenzahlung an das Unternehmen zurückfließen und alle Erhöhungen oder Kürzungen des beizulegenden Zeitwerts des zugrunde liegenden Vermögenswertes vom Unternehmen übernommen werden. In diesem Fall darf kein Teil des Vermögenswertes ausgebucht werden.

(p) *Zinsswaps.* Ein Unternehmen kann einen festverzinslichen finanziellen Vermögenswert auf einen Empfänger übertragen und mit diesem einen Zinsswap vereinbaren, bei dem der Empfänger einen festen Zinssatz erhält und einen variablen Zinssatz auf der Grundlage eines Nennbetrags, der dem Kapitalbetrag des übertragenen finanziellen Vermögenswertes entspricht, zahlt. Der Zinsswap schließt die Ausbuchung des übertragenen Vermögenswertes nicht aus, sofern die Zahlungen auf den Swap nicht von Zahlungen auf den übertragenen Vermögenswert abhängen.

(q) *Amortisierende Zinsswaps.* Ein Unternehmen kann einen festverzinslichen finanziellen Vermögenswert, der im Laufe der Zeit zurückgezahlt wird, auf einen Empfänger übertragen und mit diesem einen amortisierenden Zinsswap vereinbaren, bei dem der Empfänger einen festen Zinssatz erhält und einen variablen Zinssatz auf der Grundlage eines Nennbetrags zahlt. Amortisiert sich der Nennbetrag des Swaps so, dass er zu jedem beliebigen Zeitpunkt dem jeweils ausstehenden Kapitalbetrag des übertragenen finanziellen Vermögenswertes entspricht, würde der Swap im Allgemeinen dazu führen, dass ein wesentliches Vorauszahlungsrisiko beim Unternehmen verbleibt. In diesem Fall hat es den übertragenen Vermögenswert entweder zur Gänze oder nach Maßgabe seines anhaltenden Engagements weiter zu erfassen. Ist die Amortisation des Nennbetrags des Swaps nicht an den ausstehenden Kapitalbetrag des übertragenen Vermögenswertes gekoppelt, so würde dieser Swap nicht dazu führen, dass das Vorauszahlungsrisiko in Bezug auf den Vermögenswert beim Unternehmen verbleibt. Folglich wäre eine Ausbuchung des übertragenen Vermögenswertes nicht ausgeschlossen, sofern die Zahlungen im Rahmen des Swaps nicht von Zinszahlungen auf den übertragenen Vermögenswert abhängen und der Swap nicht dazu führt, dass das Unternehmen andere wesentliche Risiken und Chancen zurückbehält.

(j) *Assets subject to a fair value put or call option or a forward repurchase agreement.* A transfer of a financial asset that is subject only to a put or call option or a forward repurchase agreement that has an exercise or repurchase price equal to the fair value of the financial asset at the time of repurchase results in derecognition because of the transfer of substantially all the risks and rewards of ownership.

(k) *Cash settled call or put options.* An entity evaluates the transfer of a financial asset that is subject to a put or call option or a forward repurchase agreement that will be settled net in cash to determine whether it has retained or transferred substantially all the risks and rewards of ownership. If the entity has not retained substantially all the risks and rewards of ownership of the transferred asset, it determines whether it has retained control of the transferred asset. That the put or the call or the forward repurchase agreement is settled net in cash does not automatically mean that the entity has transferred control (see paragraphs AG44 and (g), (h) and (i) above).

(l) *Removal of accounts provision.* A removal of accounts provision is an unconditional repurchase (call) option that gives an entity the right to reclaim assets transferred subject to some restrictions. Provided that such an option results in the entity neither retaining nor transferring substantially all the risks and rewards of ownership, it precludes derecognition only to the extent of the amount subject to repurchase (assuming that the transferee cannot sell the assets). For example, if the carrying amount and proceeds from the transfer of loan assets are CU100 000 and any individual loan could be called back but the aggregate amount of loans that could be repurchased could not exceed CU10 000, CU90 000 of the loans would qualify for derecognition.

(m) *Clean-up calls.* An entity, which may be a transferor, that services transferred assets may hold a clean-up call to purchase remaining transferred assets when the amount of outstanding assets falls to a specified level at which the cost of servicing those assets becomes burdensome in relation to the benefits of servicing. Provided that such a clean-up call results in the entity neither retaining nor transferring substantially all the risks and rewards of ownership and the transferee cannot sell the assets, it precludes derecognition only to the extent of the amount of the assets that is subject to the call option.

(n) *Subordinated retained interests and credit guarantees.* An entity may provide the transferee with credit enhancement by subordinating some or all of its interest retained in the transferred asset. Alternatively, an entity may provide the transferee with credit enhancement in the form of a credit guarantee that could be unlimited or limited to a specified amount. If the entity retains substantially all the risks and rewards of ownership of the transferred asset, the asset continues to be recognised in its entirety. If the entity retains some, but not substantially all, of the risks and rewards of ownership and has retained control, derecognition is precluded to the extent of the amount of cash or other assets that the entity could be required to pay.

(o) *Total return swaps.* An entity may sell a financial asset to a transferee and enter into a total return swap with the transferee, whereby all of the interest payment cash flows from the underlying asset are remitted to the entity in exchange for a fixed payment or variable rate payment and any increases or declines in the fair value of the underlying asset are absorbed by the entity. In such a case, derecognition of all of the asset is prohibited.

(p) *Interest rate swaps.* An entity may transfer to a transferee a fixed rate financial asset and enter into an interest rate swap with the transferee to receive a fixed interest rate and pay a variable interest rate based on a notional amount that is equal to the principal amount of the transferred financial asset. The interest rate swap does not preclude derecognition of the transferred asset provided the payments on the swap are not conditional on payments being made on the transferred asset.

(q) *Amortising interest rate swaps.* An entity may transfer to a transferee a fixed rate financial asset that is paid off over time, and enter into an amortising interest rate swap with the transferee to receive a fixed interest rate and pay a variable interest rate based on a notional amount. If the notional amount of the swap amortises so that it equals the principal amount of the transferred financial asset outstanding at any point in time, the swap would generally result in the entity retaining substantial prepayment risk, in which case the entity either continues to recognise all of the transferred asset or continues to recognise the transferred asset to the extent of its continuing involvement. Conversely, if the amortisation of the notional amount of the swap is not linked to the principal amount outstanding of the transferred asset, such a swap would not result in the entity retaining prepayment risk on the asset. Hence, it would not preclude derecognition of the transferred asset provided the payments on the swap are not conditional on interest payments being made on the transferred asset and the swap does not result in the entity retaining any other significant risks and rewards of ownership on the transferred asset.

A52 Dieser Paragraph veranschaulicht die Anwendung des Ansatzes des anhaltenden Engagements in Fällen, in denen das anhaltende Engagement des Unternehmens einen Teil eines finanziellen Vermögenswerts betrifft.

Es wird angenommen, dass ein Unternehmen ein Portfolio vorzeitig rückzahlbarer Kredite mit einem Kupon- und Effektivzinssatz von 10 % und einem Kapitalbetrag und fortgeführten Anschaffungskosten in Höhe von WE 10 000 besitzt. Das Unternehmen schließt eine Transaktion ab, mit der der Empfänger gegen eine Zahlung von WE 9115 ein Recht auf die Tilgungsbeträge in Höhe von WE 9000 zuzüglich eines Zinssatzes von 9,5 % auf diese Beträge erwirbt. Das Unternehmen behält die Rechte an WE 1000 der Tilgungsbeträge zuzüglich eines Zinssatzes von 10 % auf diesen Betrag zuzüglich der Überschussspanne von 0,5 % auf den verbleibenden Kapitalbetrag in Höhe von WE 9000. Die Zahlungseingänge aus vorzeitigen Rückzahlungen werden zwischen dem Unternehmen und dem Empfänger im Verhältnis von 1:9 aufgeteilt; alle Ausfälle werden jedoch vom Anteil des Unternehmens in Höhe von WE 1000 abgezogen, bis dieser Anteil erschöpft ist. Der beizulegende Zeitwert der Darlehen am Tag des Geschäftsvorfalls beträgt 10 100 WE und der beizulegende Zeitwert des Zinsüberschusses von 0,5 % beträgt 40 WE.

Das Unternehmen stellt fest, dass es einige mit dem Eigentum verbundene wesentliche Risiken und Chancen (beispielsweise ein wesentliches Vorauszahlungsrisiko) übertragen, jedoch auch einige mit dem Eigentum verbundene wesentliche Risiken und Chancen (aufgrund seines nachrangigen zurückbehaltenen Anteils) behalten hat und außerdem weiterhin die Verfügungsgewalt ausübt. Es wendet daher das Konzept des anhaltenden Engagements an.

Bei der Anwendung dieses Standards analysiert das Unternehmen die Transaktion als (a) Beibehaltung eines zurückbehaltenen Anteils von WE 1000 sowie (b) Nachordnung dieses zurückbehaltenen Anteils, um dem Empfänger eine Kreditsicherheit für Kreditausfälle zu gewähren.

Das Unternehmen berechnet, dass WE 9090 (90 % × WE 10 100) des erhaltenen Entgelts in Höhe von WE 9115 der Gegenleistung für einen Anteil von 90 % entsprechen. Der Rest des erhaltenen Entgelts (WE 25) entspricht der Gegenleistung, die das Unternehmen für die Nachordnung seines zurückbehaltenen Anteils erhalten hat, um dem Empfänger eine Kreditsicherheit für Kreditausfälle zu gewähren. Die Überschussspanne von 0,5 % stellt ebenfalls eine für die Kreditsicherheit erhaltene Gegenleistung dar. Dementsprechend beträgt die für die Kreditsicherheit erhaltene Gegenleistung insgesamt WE 65 (WE 25 + WE 40).

Das Unternehmen berechnet den Gewinn oder Verlust beim Verkauf eines Anteils von 90 % an den Zahlungsströmen. In der Annahme, dass für den übertragenen Teil in Höhe von 90 % und den zurückbehaltenen Teil in Höhe von 10 % am Tag der Übertragung keine separaten beizulegenden Zeitwerte zur Verfügung stehen, teilt das Unternehmen den Buchwert des Vermögenswerts gemäß Paragraph 28 wie folgt auf:

	Beizulegender Zeitwert	Prozentualer Anteil	Zugewiesener Buchwert
Übertragener Teil	9 090	90 %	9 000
Zurückbehaltener Teil	1 010	10 %	1 000
Summe	**10 100**		**10 000**

Zur Berechnung des Gewinns oder Verlusts aus dem Verkauf des 90-prozentigen Anteils an den Cashflows zieht das Unternehmen den zugewiesenen Buchwert des übertragenen Anteils von der erhaltenen Gegenleistung ab. Daraus ergibt sich ein Wert von WE 90 (WE 9090 – WE 9000). Der Buchwert des vom Unternehmen zurückbehaltenen Anteils beträgt WE 1000.

Außerdem erfasst das Unternehmen das anhaltende Engagement, das durch Nachordnung seines zurückbehaltenen Anteils für Kreditverluste entsteht. Folglich setzt es einen Vermögenswert in Höhe von WE 1000 (den Höchstbetrag an Cashflows, den es aufgrund der Nachordnung nicht erhalten würde) und eine zugehörige Verbindlichkeit in Höhe von WE 1065 an (den Höchstbetrag an Cashflows, den es aufgrund der Nachordnung nicht erhalten würde, d. h. WE 1000 zuzüglich des beizulegenden Zeitwertes der Nachordnung in Höhe von WE 65).

Unter Einbeziehung aller vorstehenden Informationen wird die Transaktion wie folgt gebucht:

	Soll	Haben
Ursprünglicher Vermögenswert	–	9 000
Angesetzter Vermögenswert bezüglich Nachordnung des Residualanspruchs	1 000	–
Vermögenswert für das in Form einer Überschussspanne erhaltene Entgelt	40	–
Gewinn oder Verlust (Gewinn bei der Übertragung)	–	90
Schuld	–	1 065
Erhaltene Zahlung	9 115	–
Summe	**10 155**	**10 155**

Assume an entity has a portfolio of prepayable loans whose coupon and effective interest rate is 10 per cent and whose principal amount and amortised cost is CU10 000. It enters into a transaction in which, in return for a payment of CU9115, the transferee obtains the right to CU9000 of any collections of principal plus interest thereon at 9,5 per cent. The entity retains rights to CU1000 of any collections of principal plus interest thereon at 10 per cent, plus the excess spread of 0,5 per cent on the remaining CU9000 of principal. Collections from prepayments are allocated between the entity and the transferee proportionately in the ratio of 1:9, but any defaults are deducted from the entity's interest of CU1000 until that interest is exhausted. The fair value of the loans at the date of the transaction is CU10 100 and the fair value of the excess spread of 0.5 per cent is CU40.

The entity determines that it has transferred some significant risks and rewards of ownership (for example, significant prepayment risk) but has also retained some significant risks and rewards of ownership (because of its subordinated retained interest) and has retained control. It therefore applies the continuing involvement approach.

To apply this standard, the entity analyses the transaction as (a) a retention of a fully proportionate retained interest of CU1000, plus (b) the subordination of that retained interest to provide credit enhancement to the transferee for credit losses.

The entity calculates that CU9090 (90 per cent × CU10 100) of the consideration received of CU9115 represents the consideration for a fully proportionate 90 per cent share. The remainder of the consideration received (CU25) represents consideration received for subordinating its retained interest to provide credit enhancement to the transferee for credit losses. In addition, the excess spread of 0,5 per cent represents consideration received for the credit enhancement. Accordingly, the total consideration received for the credit enhancement is CU65 (CU25 + CU40).

The entity calculates the gain or loss on the sale of the 90 per cent share of cash flows. Assuming that separate fair values of the 90 per cent part transferred and the 10 per cent part retained are not available at the date of the transfer, the entity allocates the carrying amount of the asset in accordance with paragraph 28 as follows:

	Fair value	Percentage	Allocated carrying amount
Portion transferred	9 090	90 %	9 000
Portion retained	1 010	10 %	1 000
Total	**10 100**		**10 000**

The entity computes its gain or loss on the sale of the 90 per cent share of the cash flows by deducting the allocated carrying amount of the portion transferred from the consideration received, i.e. CU90 (CU9090 – CU9000). The carrying amount of the portion retained by the entity is CU1000.

In addition, the entity recognises the continuing involvement that results from the subordination of its retained interest for credit losses. Accordingly, it recognises an asset of CU1000 (the maximum amount of the cash flows it would not receive under the subordination), and an associated liability of CU1065 (which is the maximum amount of the cash flows it would not receive under the subordination, i.e. CU1000 plus the fair value of the subordination of CU65).

The entity uses all of the above information to account for the transaction as follows:

	Debit	Credit
Original asset	—	9 000
Asset recognised for subordination or the residual interest	1 000	—
Asset for the consideration received in the form of excess spread	40	—
Profit or loss (gain on transfer)	—	90
Liability	—	1 065
Cash received	9 115	—
Total	**10 155**	**10 155**

Unmittelbar nach der Transaktion beträgt der Buchwert des Vermögenswertes WE 2040, bestehend aus WE 1000 (den Kosten, die dem den zurückbehaltenen Anteil zugewiesen sind) und WE 1040 (dem zusätzlichen anhaltenden Engagement des Unternehmens aufgrund der Nachordnung seines zurückbehaltenen Anteils für Kreditverluste, wobei in diesem Betrag auch die Überschussspanne von WE 40 enthalten ist).

In den Folgeperioden erfasst das Unternehmen zeitproportional das für die Kreditsicherheit erhaltene Entgelt (WE 65), grenzt die Zinsen auf den erfassten Vermögenswert unter Anwendung der Effektivzinsmethode ab und erfasst etwaige Kreditwertminderungen auf die angesetzten Vermögenswerte. Als Beispiel für Letzteres soll angenommen werden, dass im darauffolgenden Jahr ein Kreditwertminderungsaufwand für die zugrunde liegenden Kredite in Höhe von WE 300 anfällt. Das Unternehmen schreibt den angesetzten Vermögenswert um WE 600 ab (WE 300 für seinen zurückbehaltenen Anteil und WE 300 für das zusätzliche anhaltende Engagement, das durch Nachordnung des zurückbehaltenen Anteils für Kreditverluste entsteht) und verringert die erfasste Verbindlichkeit um WE 300. Netto wird der Gewinn oder Verlust also mit einer Kreditwertminderung von WE 300 belastet.

Marktüblicher Kauf und Verkauf eines finanziellen Vermögenswertes (Paragraph 38)

A53 Ein marktüblicher Kauf oder Verkauf eines finanziellen Vermögenswertes ist entweder zum Handelstag oder zum Erfüllungstag, wie in Paragraph A55 und A56 beschrieben, zu bilanzieren. Die gewählte Methode ist konsequent auf alle Käufe und Verkäufe finanzieller Vermögenswerte anzuwenden, die der gleichen Kategorie von finanziellen Vermögenswerten gemäß Definition in Paragraph 9 angehören. Für diese Zwecke bilden zu Handelszwecken gehaltene Vermögenswerte eine eigenständige Kategorie, die von den Vermögenswerten zu unterscheiden ist, die als „erfolgswirksam zum beizulegenden Zeitwert bewertet" eingestuft werden.

A54 Ein Vertrag, der einen Nettoausgleich für eine Änderung des Vertragswertes vorschreibt oder gestattet, stellt keinen marktüblichen Vertrag dar. Ein solcher Vertrag ist hingegen im Zeitraum zwischen Handels- und Erfüllungstag wie ein Derivat zu bilanzieren.

A55 Der Handelstag ist der Tag, an dem das Unternehmen die Verpflichtung zum Kauf oder Verkauf eines Vermögenswertes eingegangen ist. Die Bilanzierung zum Handelstag bedeutet (a) den Ansatz eines zu erhaltenden Vermögenswertes und der dafür zu zahlenden Verbindlichkeit am Handelstag und (b) die Ausbuchung eines verkauften Vermögenswertes, die Erfassung etwaiger Gewinne oder Verluste aus dem Abgang und die Einbuchung einer Forderung gegenüber dem Käufer auf Zahlung am Handelstag. In der Regel beginnen Zinsen für den Vermögenswert und die korrespondierende Verbindlichkeit nicht vor dem Erfüllungstag bzw. dem Eigentumsübergang aufzulaufen.

A56 Der Erfüllungstag ist der Tag, an dem ein Vermögenswert an oder durch das Unternehmen geliefert wird. Die Bilanzierung zum Erfüllungstag bedeutet (a) den Ansatz eines Vermögenswertes am Tag seines Eingangs beim Unternehmen und (b) die Ausbuchung eines Vermögenswertes und die Erfassung eines etwaigen Gewinns oder Verlusts aus dem Abgang am Tag seiner Übergabe durch das Unternehmen. Wird die Bilanzierung zum Erfüllungstag angewandt, so hat das Unternehmen jede Änderung des beizulegenden Zeitwerts eines zu erhaltenden Vermögenswertes in der Zeit zwischen Handels- und Erfüllungstag in der gleichen Weise zu erfassen, wie es den erworbenen Vermögenswert bewertet. Mit anderen Worten wird eine Änderung des Wertes bei Vermögenswerten, die zu Anschaffungskosten oder fortgeführten Anschaffungskosten angesetzt werden, nicht erfasst; bei Vermögenswerten, die als erfolgswirksam zum beizulegenden Zeitwert bewertet eingestuft sind, erfolgt eine Erfassung im Gewinn oder Verlust und bei Vermögenswerten, die als zur Veräußerung verfügbar eingestuft sind, eine Erfassung im Eigenkapital.

Ausbuchung einer finanziellen Verbindlichkeit (Paragraphen 39–42)

A57 Eine finanzielle Verbindlichkeit (oder ein Teil davon) ist getilgt, wenn der Schuldner entweder:

(a) die Verbindlichkeit (oder einen Teil davon) durch Zahlung an den Gläubiger beglichen hat, was in der Regel durch Zahlungsmittel, andere finanzielle Vermögenswerte, Waren oder Dienstleistungen erfolgt; oder

(b) per Gesetz oder durch den Gläubiger rechtlich von seiner ursprünglichen Verpflichtung aus der Verbindlichkeit (oder einem Teil davon) entbunden wird. (Wenn der Schuldner eine Garantie gegeben hat, kann diese Bedingung noch erfüllt sein.)

A58 Wird ein Schuldinstrument von seinem Emittenten zurückgekauft, ist die Verbindlichkeit auch dann getilgt, wenn der Emittent ein Market Maker für dieses Instrument ist oder beabsichtigt, es kurzfristig wieder zu veräußern.

A59 Die Zahlung an eine dritte Partei, einschließlich eines Treuhandfonds (gelegentlich auch als „In-Substance-Defeasance" bezeichnet), bedeutet für sich genommen nicht, dass der Schuldner von seiner ursprünglichen Verpflichtung dem Gläubiger gegenüber entbunden ist, sofern er nicht rechtlich hieraus entbunden wurde.

Immediately following the transaction, the carrying amount of the asset is CU2040 comprising CU1000, representing the allocated cost of the portion retained, and CU1040, representing the entity's additional continuing involvement from the subordination of its retained interest for credit losses (which includes the excess spread of CU40).

In subsequent periods, the entity recognises the consideration received for the credit enhancement (CU65) on a time proportion basis, accrues interest on the recognised asset using the effective interest method and recognises any credit impairment on the recognised assets. As an example of the latter, assume that in the following year there is a credit impairment loss on the underlying loans of CU300. The entity reduces its recognised asset by CU600 (CU300 relating to its retained interest and CU300 relating to the additional continuing involvement that arises from the subordination of its retained interest for credit losses), and reduces its recognised liability by CU300. The net result is a charge to profit or loss for credit impairment of CU300.

Regular way purchase or sale of a financial asset (paragraph 38)

AG53 A regular way purchase or sale of financial assets is recognised using either trade date accounting or settlement date accounting as described in paragraphs AG55 and AG56. The method used is applied consistently for all purchases and sales of financial assets that belong to the same category of financial assets defined in paragraph 9. For this purpose assets that are held for trading form a separate category from assets designated at fair value through profit or loss.

AG54 A contract that requires or permits net settlement of the change in the value of the contract is not a regular way contract. Instead, such a contract is accounted for as a derivative in the period between the trade date and the settlement date.

AG55 The trade date is the date that an entity commits itself to purchase or sell an asset. Trade date accounting refers to (a) the recognition of an asset to be received and the liability to pay for it on the trade date, and (b) derecognition of an asset that is sold, recognition of any gain or loss on disposal and the recognition of a receivable from the buyer for payment on the trade date. Generally, interest does not start to accrue on the asset and corresponding liability until the settlement date when title passes.

AG56 The settlement date is the date that an asset is delivered to or by an entity. Settlement date accounting refers to (a) the recognition of an asset on the day it is received by the entity, and (b) the derecognition of an asset and recognition of any gain or loss on disposal on the day that it is delivered by the entity. When settlement date accounting is applied an entity accounts for any change in the fair value of the asset to be received during the period between the trade date and the settlement date in the same way as it accounts for the acquired asset. In other words, the change in value is not recognised for assets carried at cost or amortised cost; it is recognised in profit or loss for assets classified as financial assets at fair value through profit or loss; and it is recognised in other comprehensive income for assets classified as available for sale.

Derecognition of a financial liability (paragraphs 39—42)

AG57 A financial liability (or part of it) is extinguished when the debtor either:
(a) discharges the liability (or part of it) by paying the creditor, normally with cash, other financial assets, goods or services; or
(b) is legally released from primary responsibility for the liability (or part of it) either by process of law or by the creditor. (If the debtor has given a guarantee this condition may still be met.)

AG58 If an issuer of a debt instrument repurchases that instrument, the debt is extinguished even if the issuer is a market maker in that instrument or intends to resell it in the near term.

AG59 Payment to a third party, including a trust (sometimes called 'in-substance defeasance'), does not, by itself, relieve the debtor of its primary obligation to the creditor, in the absence of legal release.

A60 Wenn ein Schuldner einer dritten Partei eine Zahlung für die Übernahme einer Verpflichtung leistet und seinen Gläubiger davon unterrichtet, dass die dritte Partei seine Schuldverpflichtung übernommen hat, bucht der Schuldner die Schuldverpflichtung nicht aus, es sei denn, die Bedingung aus Paragraph A57 (b) ist erfüllt. Wenn ein Schuldner einer dritten Partei eine Zahlung für die Übernahme einer Verpflichtung leistet und von seinem Gläubiger hieraus rechtlich entbunden wird, hat der Schuldner die Schuld getilgt. Vereinbart der Schuldner jedoch, Zahlungen auf die Schuld direkt an die dritte Partei oder den ursprünglichen Gläubiger zu leisten, erfasst der Schuldner eine neue Schuldverpflichtung gegenüber der dritten Partei.

A61 Obwohl eine rechtliche Entbindung, sei es per Gerichtsentscheid oder durch den Gläubiger, zur Ausbuchung einer Verbindlichkeit führt, kann das Unternehmen unter Umständen eine neue Verbindlichkeit ansetzen, falls die für eine Ausbuchung erforderlichen Kriterien aus den Paragraphen 15–37 für übertragene finanzielle Vermögenswerte nicht erfüllt sind. Wenn diese Kriterien nicht erfüllt sind, werden die übertragenen Vermögenswerte nicht ausgebucht, und das Unternehmen setzt eine neue Verbindlichkeit für die übertragenen Vermögenswerte an.

A62 Vertragsbedingungen gelten als substanziell verschieden im Sinne von Paragraph 40, wenn der abgezinste Barwert der Cashflows unter den neuen Vertragsbedingungen, einschließlich etwaiger Gebühren, die netto unter Anrechnung erhaltener und unter Anwendung des ursprünglichen Effektivzinssatzes abgezinster Gebühren gezahlt wurden, mindestens 10 Prozent von dem abgezinsten Barwert der restlichen Cashflows der ursprünglichen finanziellen Verbindlichkeit abweicht. Wird ein Austausch von Schuldinstrumenten oder die Änderung der Vertragsbedingungen wie eine Tilgung bilanziert, so sind alle angefallenen Kosten oder Gebühren als Teil des Gewinns oder Verlusts aus der Tilgung zu buchen. Wird der Austausch oder die Änderung nicht wie eine Tilgung erfasst, so führen gegebenenfalls angefallene Kosten oder Gebühren zu einer Anpassung des Buchwertes der Verbindlichkeit und werden über die Restlaufzeit der geänderten Verbindlichkeit amortisiert.

A63 In einigen Fällen wird der Schuldner vom Gläubiger aus seiner gegenwärtigen Zahlungsverpflichtung entlassen, leistet jedoch eine Zahlungsgarantie für den Fall, dass die Partei, die die ursprüngliche Verpflichtung übernommen hat, dieser nicht nachkommt. In diesem Fall hat der Schuldner:

(a) eine neue finanzielle Verbindlichkeit basierend auf dem beizulegenden Zeitwert der Garantieverpflichtung anzusetzen; und

(b) einen Gewinn oder Verlust zu erfassen, der der Differenz zwischen (i) etwaigen gezahlten Erlösen und (ii) dem Buchwert der ursprünglichen finanziellen Verbindlichkeit abzüglich des beizulegenden Zeitwertes der neuen finanziellen Verbindlichkeit entspricht.

BEWERTUNG (Paragraphen 43–70)

Erstmalige Bewertung finanzieller Vermögenswerte und Verbindlichkeiten (Paragraph 43)

A64 Der beizulegende Zeitwert eines Finanzinstruments entspricht beim erstmaligen Ansatz normalerweise dem Transaktionspreis (d. h. dem beizulegenden Zeitwert der empfangenen Gegenleistung, siehe auch IFRS 13 und Paragraph AG76). Betrifft ein Teil der gegebenen oder empfangenen Gegenleistung jedoch etwas anderes als das Finanzinstrument, bewertet ein Unternehmen den beizulegenden Zeitwert des Finanzinstruments. Der beizulegende Zeitwert eines langfristigen Darlehens oder einer zinslosen Forderung kann als der Barwert aller künftigen Bareinnahmen bemessen werden, der zu den herrschenden Marktzinsen für ein ähnliches Instrument mit einer ähnlichen Bonitätsbeurteilung abgezinst wird (ähnlich im Hinblick auf Währung, Laufzeit, Zinstyp und andere Faktoren). Jeder zusätzlich geliehene Betrag ist ein Aufwand oder eine Ertragsminderung, sofern er nicht für einen Ansatz als andere Art von Vermögenstyp in Frage kommt.

A65 Wenn ein Unternehmen einen Kredit ausreicht, der zu einem marktunüblichen Zinssatz verzinst wird (z. B. zu 5 Prozent, wenn der Marktzinssatz für ähnliche Kredite 8 Prozent beträgt), und als Entschädigung ein im Voraus gezahltes Entgelt erhält, setzt das Unternehmen den Kredit zu dessen beizulegendem Zeitwert an, d. h. abzüglich des erhaltenen Entgelts. Das Unternehmen schreibt das Disagio erfolgswirksam unter Anwendung der Effektivzinsmethode zu.

Folgebewertung finanzieller Vermögenswerte (Paragraph 45 und 46)

A66 Wird ein Finanzinstrument, das zunächst als finanzieller Vermögenswert angesetzt wurde, zum beizulegenden Zeitwert bewertet und fällt dieser unter Null, so ist dieses Finanzinstrument eine finanzielle Verbindlichkeit gemäß Paragraph 47.

A67 Das folgende Beispiel beschreibt die Behandlung von Transaktionskosten bei der erstmaligen Bewertung und der Folgebewertung von zur Veräußerung verfügbaren finanziellen Vermögenswerten. Ein Vermögenswert wird für WE 100 zuzüglich einer Kaufprovision von WE 2 erworben. Beim erstmaligen Ansatz wird der Vermögenswert mit WE 102 angesetzt. Der nächste Abschlussstichtag ist ein Tag später, an dem der notierte Marktpreis für den Vermögenswert WE 100 beträgt. Beim Verkauf des Vermögenswertes wäre eine Provision von WE 3 zu entrichten. Zu diesem Zeitpunkt wäre der Vermögenswert mit WE 100 zu bewerten (ohne Berücksichtigung der etwaigen Provision im Verkaufsfall) und ein Verlust von WE 2 im Eigenkapital zu erfas-

If a debtor pays a third party to assume an obligation and notifies its creditor that the third party has assumed its debt **AG60** obligation, the debtor does not derecognise the debt obligation unless the condition in paragraph AG57 (b) is met. If the debtor pays a third party to assume an obligation and obtains a legal release from its creditor, the debtor has extinguished the debt. However, if the debtor agrees to make payments on the debt to the third party or direct to its original creditor, the debtor recognises a new debt obligation to the third party.

Although legal release, whether judicially or by the creditor, results in derecognition of a liability, the entity may recognise **AG61** a new liability if the derecognition criteria in paragraphs 15—37 are not met for the financial assets transferred. If those criteria are not met, the transferred assets are not derecognised, and the entity recognises a new liability relating to the transferred assets.

For the purpose of paragraph 40, the terms are substantially different if the discounted present value of the cash flows **AG62** under the new terms, including any fees paid net of any fees received and discounted using the original effective interest rate, is at least 10 per cent different from the discounted present value of the remaining cash flows of the original financial liability. If an exchange of debt instruments or modification of terms is accounted for as an extinguishment, any costs or fees incurred are recognised as part of the gain or loss on the extinguishment. If the exchange or modification is not accounted for as an extinguishment, any costs or fees incurred adjust the carrying amount of the liability and are amortised over the remaining term of the modified liability.

In some cases, a creditor releases a debtor from its present obligation to make payments, but the debtor assumes a guar- **AG63** antee obligation to pay if the party assuming primary responsibility defaults. In this circumstance the debtor:
(a)   recognises a new financial liability based on the fair value of its obligation for the guarantee; and
(b)   recognises a gain or loss based on the difference between (i) any proceeds paid and (ii) the carrying amount of the original financial liability less the fair value of the new financial liability.

MEASUREMENT (paragraphs 43—70)

Initial measurement of financial assets and financial liabilities (paragraph 43)

The fair value of a financial instrument on initial recognition is normally the transaction price (ie the fair value of the **AG64** consideration given or received, see also IFRS 13 and paragraph AG76). However, if part of the consideration given or received is for something other than the financial instrument, an entity shall measure the fair value of the financial instrument. For example, the fair value of a long-term loan or receivable that carries no interest can be measured as the present value of all future cash receipts discounted using the prevailing market rate(s) of interest for a similar instrument (similar as to currency, term, type of interest rate and other factors) with a similar credit rating. Any additional amount lent is an expense or a reduction of income unless it qualifies for recognition as some other type of asset.

If an entity originates a loan that bears an off-market interest rate (e.g. 5 per cent when the market rate for similar loans is **AG65** 8 per cent), and receives an up-front fee as compensation, the entity recognises the loan at its fair value, i.e. net of the fee it receives. The entity accretes the discount to profit or loss using the effective interest rate method.

Subsequent measurement of financial assets (paragraphs 45 and 46)

If a financial instrument that was previously recognised as a financial asset is measured at fair value and its fair value falls **AG66** below zero, it is a financial liability measured in accordance with paragraph 47.

The following example illustrates the accounting for transaction costs on the initial and subsequent measurement of an **AG67** available-for-sale financial asset. An asset is acquired for CU100 plus a purchase commission of CU2. Initially, the asset is recognised at CU102. The end of the reporting period occurs one day later, when the quoted market price of the asset is CU100. If the asset were sold, a commission of CU3 would be paid. On that date, the asset is measured at CU100 (without regard to the possible commission on sale) and a loss of CU2 is recognised in other comprehensive income. If the available-for-sale financial asset has fixed or determinable payments, the transaction costs are amortised to profit or loss using

sen. Wenn der zur Veräußerung verfügbare finanzielle Vermögenswert feste oder bestimmbare Zahlungen hat, werden die Transaktionskosten unter Anwendung der Effektivzinsmethode erfolgswirksam abgeschrieben. Wenn der zur Veräußerung verfügbare finanzielle Vermögenswert keine festen oder bestimmbaren Zahlungen hat, werden die Transaktionskosten erfolgswirksam erfasst, wenn der Vermögenswert ausgebucht oder wertgemindert ist.

A68 Als Kredite und Forderungen eingestufte Instrumente werden ungeachtet der Absicht des Unternehmens, sie bis zur Endfälligkeit zu halten zu ihren fortgeführten Anschaffungskosten bewertet.

A69–A75 [gestrichen]

A76 Der beste Beleg für den beizulegenden Zeitwert eines Finanzinstruments entspricht beim erstmaligen Ansatz normalerweise dem Transaktionspreis (d. h. dem beizulegenden Zeitwert der gegebenen oder empfangenen Gegenleistung, siehe auch IFRS 13). Stellt ein Unternehmen fest, dass zwischen dem beizulegenden Zeitwert beim erstmaligen Ansatz und dem in Paragraph 43A genannten Transaktionspreis eine Differenz besteht, bilanziert das Unternehmen das betreffende Instrument zu dem betreffenden Datum wie folgt:

(a) Nach der in Paragraph 43 vorgeschriebenen Bewertung, wenn der betreffende beizulegende Zeitwert durch eine Marktpreisnotierung in einem aktiven Markt für einen identischen Vermögenswert bzw. eine identische Schuld (d. h. einen Inputfaktor auf Stufe 1) oder auf der Grundlage einer Bewertungstechnik, die nur Daten aus beobachtbaren Märkten verwendet, belegt wird. Das Unternehmen setzt die Differenz zwischen dem beizulegenden Zeitwert beim erstmaligen Ansatz und dem Transaktionspreis als Gewinn oder Verlust an.

(b) in allen anderen Fällen zu der in Paragraph 43 vorgeschriebenen Bewertung. Diese wird zur Abgrenzung der Differenz zwischen dem beizulegenden Zeitwert beim erstmaligen Ansatz und dem Transaktionspreis berichtigt. Nach dem erstmaligen Ansatz setzt das Unternehmen diese abgegrenzte Differenz nur in dem Umfang als Gewinn oder Verlust an, in dem diese aus einer Veränderung eines Faktors (einschließlich des Zeitfaktors) entsteht, den Marktteilnehmer bei einer Preisfestlegung für den Vermögenswert oder die Schuld beachten würden.

A76A Die nachträgliche Bewertung eines finanziellen Vermögenswerts oder einer finanziellen Verbindlichkeit und der nachträgliche Ansatz von Gewinnen und Verlusten muss mit der Vorschriften dieses IFRS im Einklang stehen.

A77–A79 [gestrichen]

Kein aktiver Markt: Eigenkapitalinstrumente

A80 Der beizulegende Zeitwert von Finanzinvestitionen in Eigenkapitalinstrumente, die über keine Preisnotierung auf einem aktiven Markt für ein identisches Finanzinstrument verfügen (d. h. einen Inputfaktor auf Stufe 1), sowie von Derivaten, die mit ihnen verbunden sind und die durch Übergabe solcher Eigenkapitalinstrumente beglichen werden müssen (siehe Paragraphen 46 (c) und 47), kann verlässlich bemessen werden, wenn (a) die Schwankungsbandbreite der vernünftigen Bemessungen des beizulegenden Zeitwerts für dieses Instrument nicht signifikant ist oder (b) die Eintrittswahrscheinlichkeiten der verschiedenen Schätzungen innerhalb dieser Bandbreite auf angemessene Weise beurteilt und bei der Bemessung des beizulegenden Zeitwerts verwendet werden können.

A81 Es gibt zahlreiche Situationen, in denen die Schwankungsbandbreite der vernünftigen Bemessungen des beizulegenden Zeitwerts von Finanzinvestitionen in Eigenkapitalinstrumente, die über keinen auf einem aktiven Markt notierten Preis für identische Instrumente (d. h. einen Inputfaktor auf Stufe 1) verfügen, sowie Derivaten, die mit solchen Eigenkapitalinstrumenten verbunden sind und durch deren Übergabe beglichen werden müssen (siehe Paragraphen 46 (c) und 47), voraussichtlich nicht signifikant ist. In der Regel ist die Bemessung des beizulegenden Zeitwerts derartiger finanzieller Vermögenswerte, die ein Unternehmen von einem Dritten erworben hat, möglich. Wenn jedoch die Schwankungsbandbreite der sachgerechten Bemessungen des beizulegenden Zeitwerts erheblich ist und die Eintrittswahrscheinlichkeiten der verschiedenen Schätzungen nicht auf angemessene Weise beurteilt werden können, ist eine Bewertung des Finanzinstruments zum beizulegenden Zeitwert für das Unternehmen ausgeschlossen.

A82 [gestrichen]

Gewinne und Verluste (Paragraphen 55–57)

A83 Ein Unternehmen wendet auf finanzielle Vermögenswerte und Verbindlichkeiten, die monetäre Posten im Sinne von IAS 21 sind und auf eine Fremdwährung lauten, IAS 21 an. Gemäß IAS 21 sind alle Gewinne und Verluste aus der Währungsumrechnung eines monetären Vermögenswertes und einer monetären Verbindlichkeit im Gewinn oder Verlust zu erfassen. Eine Ausnahme ist ein monetärer Posten, der als Sicherungsinstrument entweder zum Zwecke der Absicherung von Zahlungsströmen (siehe Paragraphen 95–101) oder zur Absicherung einer Nettoinvestition (siehe Paragraph 102) eingesetzt wird. Zum Zwecke der Erfassung von Gewinnen und Verlusten aus der Währungsumrechnung gemäß IAS 21 wird ein zur Veräußerung verfügbarer monetärer Vermögenswert so behandelt, als würde er zu fortgeführten Anschaffungskosten in der Fremdwährung bilanziert. Dementsprechend werden für solche finanziellen Vermögenswerte Umrechnungsdifferenzen aus Änderungen der fortgeführten Anschaffungskosten erfolgswirksam erfasst, und andere Änderungen des Buchwerts gemäß Paragraph 55 (b) erfasst. Im Hinblick auf zur Veräußerung verfügbare finanzielle Vermögenswerte,

the effective interest method. If the available-for-sale financial asset does not have fixed or determinable payments, the transaction costs are recognised in profit or loss when the asset is derecognised or becomes impaired.

Instruments that are classified as loans and receivables are measured at amortised cost without regard to the entity's intention to hold them to maturity. **AG68**

[deleted] **AG69–AG75**

The best evidence of the fair value of a financial instrument at initial recognition is normally the transaction price (i.e. the **AG76** fair value of the consideration given or received, see also IFRS 13). If an entity determines that the fair value at initial recognition differs from the transaction price as mentioned in paragraph 43A, the entity shall account for that instrument at that date as follows:

(a) at the measurement required by paragraph 43 if that fair value is evidenced by a quoted price in an active market for an identical asset or liability (i.e. a Level 1 input) or based on a valuation technique that uses only data from observable markets. An entity shall recognise the difference between the fair value at initial recognition and the transaction price as a gain or loss.

(b) in all other cases, at the measurement required by paragraph 43, adjusted to defer the difference between the fair value at initial recognition and the transaction price. After initial recognition, the entity shall recognise that deferred difference as a gain or loss only to the extent that it arises from a change in a factor (including time) that market participants would take into account when pricing the asset or liability.

The subsequent measurement of the financial asset or financial liability and the subsequent recognition of gains and losses **AG76A** shall be consistent with the requirements of this Standard.

[deleted] **AG77–AG79**

No active market: equity instruments

The fair value of investments in equity instruments that do not have a quoted price in an active market for an identical **AG80** instrument (ie a Level 1 input) and derivatives that are linked to and must be settled by delivery of such an equity instrument (see paragraphs 46 (c) and 47) is reliably measurable if (a) the variability in the range of reasonable fair value measurements is not significant for that instrument or (b) the probabilities of the various estimates within the range can be reasonably assessed and used when measuring fair value.

There are many situations in which the variability in the range of reasonable fair value measurements of investments in **AG81** equity instruments that do not have a quoted price in an active market for an identical instrument (ie a Level 1 input) and derivatives that are linked to and must be settled by delivery of such an equity instrument (see paragraphs 46 (c) and 47) is likely not to be significant. Normally it is possible to measure the fair value of a financial asset that an entity has acquired from an outside party. However, if the range of reasonable fair value measurements is significant and the probabilities of the various estimates cannot be reasonably assessed, an entity is precluded from measuring the instrument at fair value.

[deleted] **AG82**

Gains and losses (paragraphs 55—57)

An entity applies IAS 21 to financial assets and financial liabilities that are monetary items in accordance with IAS 21 and **AG83** denominated in a foreign currency. Under IAS 21, any foreign exchange gains and losses on monetary assets and monetary liabilities are recognised in profit or loss. An exception is a monetary item that is designated as a hedging instrument in either a cash flow hedge (see paragraphs 95—101) or a hedge of a net investment (see paragraph 102). For the purpose of recognising foreign exchange gains and losses under IAS 21, a monetary available-for-sale financial asset is treated as if it were carried at amortised cost in the foreign currency. Accordingly, for such a financial asset, exchange differences resulting from changes in amortised cost are recognised in profit or loss and other changes in carrying amount are recognised in accordance with paragraph 55 (b). For available-for-sale financial assets that are not monetary items under IAS 21 (for example, equity instruments), the gain or loss that is recognised in other comprehensive income under paragraph 55 (b) includes any related foreign exchange component. If there is a hedging relationship between a non-derivative

die keine monetären Posten gemäß IAS 21 darstellen (Eigenkapitalinstrumente beispielsweise), beinhalten die direkt gemäß Paragraph 55 (b) im sonstigen Ergebnis erfassten Gewinne oder Verluste jeden dazugehörigen Fremdwährungsbestandteil. Besteht zwischen einem nicht derivativen monetären Vermögenswert und einer nicht derivativen monetären Verbindlichkeit eine Sicherungsbeziehung, werden Änderungen des Fremdwährungsbestandteils dieser Finanzinstrumente erfolgswirksam erfasst.

Wertminderung und Uneinbringlichkeit von finanziellen Vermögenswerten (Paragraphen 58–70)

Finanzielle Vermögenswerte, die zu fortgeführten Anschaffungskosten bilanziert werden (Paragraphen 63–65)

A84 Die Bewertung einer Wertminderung eines finanziellen Vermögenswertes, der zu fortgeführten Anschaffungskosten bilanziert wird, erfolgt unter Verwendung des ursprünglichen effektiven Zinssatzes des Finanzinstruments, da eine Abzinsung unter Verwendung eines aktuellen Marktzinses zu einer auf dem beizulegenden Zeitwert basierenden Bewertung des finanziellen Vermögenswertes führen würde, der ansonsten mit den fortgeführten Anschaffungskosten bewertet wird. Wenn die Bedingungen eines Kredits, einer Forderung oder einer bis zur Endfälligkeit gehaltenen Finanzinvestition aufgrund finanzieller Schwierigkeiten des Kreditnehmers oder des Emittenten neu verhandelt oder anderweitig geändert werden, wird die Wertminderung mithilfe des ursprünglichen vor der Änderung anwendbaren Effektivzinssatzes bewertet. Cashflows kurzfristiger Forderungen werden nicht abgezinst, falls der Abzinsungseffekt unwesentlich ist. Ist ein Kredit, eine Forderung oder eine bis zur Endfälligkeit zu haltende Finanzinvestition mit einem variablen Zinssatz ausgestattet, entspricht der zur Bewertung des Wertminderungsaufwands verwendete Abzinsungssatz gemäß Paragraph 63 dem (den) nach Maßgabe des Vertrags festgesetzten aktuellen effektiven Zinssatz(-sätzen). Ein Gläubiger kann aus praktischen Gründen die Wertminderung eines zu fortgeführten Anschaffungskosten bilanzierten finanziellen Vermögenswerts auf der Grundlage eines beizulegenden Zeitwerts des Finanzinstruments unter Verwendung eines beobachtbaren Marktpreises bewerten. Die Berechnung des Barwertes der geschätzten künftigen Cashflows eines besicherten finanziellen Vermögenswertes spiegelt die Cashflows wider, die aus einer Zwangsvollstreckung entstehen können, abzüglich der Kosten für den Erwerb und den Verkauf der Sicherheit, je nachdem ob eine Zwangsvollstreckung wahrscheinlich ist oder nicht.

A85 Das Verfahren zur Schätzung der Wertminderung berücksichtigt alle Ausfallrisikopositionen, nicht nur die geringer Bonität. Verwendet ein Unternehmen beispielsweise ein internes Bonitätsbewertungssystem, berücksichtigt es alle Bonitätsbewertungen und nicht nur diejenigen, die eine erhebliche Bonitätsverschlechterung widerspiegeln.

A86 Das Verfahren zur Schätzung der Höhe eines Wertminderungsaufwands kann sich entweder aus einem einzelnen Betrag oder aus einer Bandbreite möglicher Beträge ergeben. Im letzteren Fall erfasst ein Unternehmen einen Wertminderungsaufwand, der der bestmöglichen Schätzung innerhalb der Bandbreite[5] entspricht, wobei alle vor Herausgabe des Abschlusses relevanten Informationen über die zum Abschlussstichtag herrschenden Bedingungen berücksichtigt werden.

A87 Zum Zwecke einer gemeinsamen Wertminderungsbeurteilung werden finanzielle Vermögenswerte zusammengefasst, die ähnliche Ausfallrisikoeigenschaften haben, die über die Fähigkeit des Schuldners Auskunft geben, alle fälligen Beträge nach Maßgabe der vertraglichen Bedingungen zu begleichen (zum Beispiel auf der Grundlage eines Bewertungs- oder Einstufungsprozesses hinsichtlich des Ausfallrisikos, der die Art des Vermögenswertes, die Branche, den geographischen Standort, die Art der Sicherheiten, den Verzugsstatus und andere relevante Faktoren berücksichtigt). Die ausgewählten Eigenschaften sind für die Schätzung künftiger Cashflows für Gruppen solcher Vermögenswerte relevant, da sie einen Hinweis auf die Fähigkeit des Schuldners liefern, alle fälligen Beträge nach Maßgabe der vertraglichen Bedingungen der beurteilten Vermögenswerte zu begleichen. Die Wahrscheinlichkeiten von Verlusten und andere Statistiken zu Verlusten unterscheiden jedoch auf Gruppenebene zwischen (a) Vermögenswerten, die einzeln auf Wertminderung bewertet und als nicht wertgemindert beurteilt wurden und (b) Vermögenswerten, die nicht einzeln auf Wertminderung bewertet wurden, was dazu führt, dass ein anderer Wertminderungsbetrag erforderlich sein kann. Hat ein Unternehmen keine Gruppe von Vermögenswerten mit ähnlichen Risikoeigenschaften, wird keine zusätzliche Einschätzung vorgenommen.

A88 Gruppenweise erfasste Wertminderungsaufwendungen stellen eine Zwischenstufe dar bis zur Identifizierung der Wertminderungsaufwendungen für die einzelnen Vermögenswerte innerhalb der Gruppe von finanziellen Vermögenswerten, die gemeinsam auf Wertminderung beurteilt werden. Sobald Informationen zur Verfügung stehen, die ausdrücklich den Nachweis über Verluste bei einzeln wertgeminderten Vermögenswerten innerhalb einer Gruppe erbringen, werden diese Vermögenswerte aus der Gruppe entfernt.

A89 Künftige Cashflows aus einer Gruppe finanzieller Vermögenswerte, die gemeinsam auf Wertminderung beurteilt werden, werden aufgrund der historischen Ausfallquote für Vermögenswerte mit ähnlichen Ausfallrisikoeigenschaften wie diejenigen der Gruppe geschätzt. Unternehmen, die keine unternehmensspezifische Forderungsausfallquoten oder unzureichende Erfahrungswerte haben, verwenden die Erfahrung von Vergleichsunternehmen derselben Branche für vergleichbare Gruppen finanzieller Vermögenswerte. Die historische Ausfallquote wird auf Grundlage der aktuellen beobachtbaren Daten angepasst, um die Auswirkungen des aktuellen Umfelds widerzuspiegeln, die nicht die Periode, auf der die historische Ausfallquote beruht, betrafen, und um die Auswirkungen des Umfelds in der historischen Periode, die nicht mehr

---

5 IAS 37, Paragraph 39 enthält eine Anwendungsleitlinie über die Ermittlung der bestmöglichen Schätzung innerhalb einer Bandbreite möglicher Ergebnisse.

monetary asset and a non-derivative monetary liability, changes in the foreign currency component of those financial instruments are recognised in profit or loss.

Impairment and uncollectability of financial assets (paragraphs 58—70)

Financial assets carried at amortised cost (paragraphs 63—65)

Impairment of a financial asset carried at amortised cost is measured using the financial instrument's original effective interest rate because discounting at the current market rate of interest would, in effect, impose fair value measurement on financial assets that are otherwise measured at amortised cost. If the terms of a loan, receivable or held-to-maturity investment are renegotiated or otherwise modified because of financial difficulties of the borrower or issuer, impairment is measured using the original effective interest rate before the modification of terms. Cash flows relating to short-term receivables are not discounted if the effect of discounting is immaterial. If a loan, receivable or held-to-maturity investment has a variable interest rate, the discount rate for measuring any impairment loss under paragraph 63 is the current effective interest rate(s) determined under the contract. As a practical expedient, a creditor may measure impairment of a financial asset carried at amortised cost on the basis of an instrument's fair value using an observable market price. The calculation of the present value of the estimated future cash flows of a collateralised financial asset reflects the cash flows that may result from foreclosure less costs for obtaining and selling the collateral, whether or not foreclosure is probable. **AG84**

The process for estimating impairment considers all credit exposures, not only those of low credit quality. For example, if an entity uses an internal credit grading system it considers all credit grades, not only those reflecting a severe credit deterioration. **AG85**

The process for estimating the amount of an impairment loss may result either in a single amount or in a range of possible amounts. In the latter case, the entity recognises an impairment loss equal to the best estimate within the range[5] taking into account all relevant information available before the financial statements are issued about conditions existing at the end of the reporting period. **AG86**

For the purpose of a collective evaluation of impairment, financial assets are grouped on the basis of similar credit risk characteristics that are indicative of the debtors' ability to pay all amounts due according to the contractual terms (for example, on the basis of a credit risk evaluation or grading process that considers asset type, industry, geographical location, collateral type, past-due status and other relevant factors). The characteristics chosen are relevant to the estimation of future cash flows for groups of such assets by being indicative of the debtors' ability to pay all amounts due according to the contractual terms of the assets being evaluated. However, loss probabilities and other loss statistics differ at a group level between (a) assets that have been individually evaluated for impairment and found not to be impaired and (b) assets that have not been individually evaluated for impairment, with the result that a different amount of impairment may be required. If an entity does not have a group of assets with similar risk characteristics, it does not make the additional assessment. **AG87**

Impairment losses recognised on a group basis represent an interim step pending the identification of impairment losses on individual assets in the group of financial assets that are collectively assessed for impairment. As soon as information is available that specifically identifies losses on individually impaired assets in a group, those assets are removed from the group. **AG88**

Future cash flows in a group of financial assets that are collectively evaluated for impairment are estimated on the basis of historical loss experience for assets with credit risk characteristics similar to those in the group. Entities that have no entity-specific loss experience or insufficient experience, use peer group experience for comparable groups of financial assets. Historical loss experience is adjusted on the basis of current observable data to reflect the effects of current conditions that did not affect the period on which the historical loss experience is based and to remove the effects of conditions in the historical period that do not exist currently. Estimates of changes in future cash flows reflect and are directionally consistent with changes in related observable data from period to period (such as changes in unemployment rates, prop- **AG89**

---

5   IAS 37, paragraph 39 contains guidance on how to determine the best estimate in a range of possible outcomes.

aktuell sind, zu eliminieren. Schätzungen von Änderungen der künftigen Cashflows spiegeln die Änderungen der in Zusammenhang stehenden beobachtbaren Daten von einer Periode zur anderen wider und sind mit diesen hinsichtlich der Richtung der Änderung konsistent (wie Änderungen der Arbeitslosenquote, Grundstückspreise, Warenpreise, des Zahlungsstatus oder anderer Faktoren, die einen Hinweis auf entstandene Verluste innerhalb der Gruppe und deren Ausmaß liefern). Die Methoden und Annahmen zur Schätzung der künftigen Cashflows werden regelmäßig überprüft, um Differenzen zwischen geschätzten Ausfällen und aktuellen Ausfällen zu verringern.

A90 Als Beispiel für die Anwendung des Paragraphen A89 kann ein Unternehmen aufgrund der historischen Quoten feststellen, dass einer der Hauptgründe für den Forderungsausfall bei Kreditkartenforderungen der Tod des Kreditnehmers ist. Das Unternehmen kann beobachten, dass sich die Sterblichkeitsrate von einem Jahr zum anderen nicht ändert. Dennoch ist anzunehmen, dass einige der Kreditnehmer aus der Gruppe der Kreditkartenforderungen in diesem Jahr verstorben sind, was auf einen Wertminderungsaufwand bei diesen Krediten hinweist, selbst wenn sich das Unternehmen zum Jahresende noch nicht bewusst ist, welche Kreditnehmer konkret gestorben sind. Es wäre angemessen, für diese „eingetretenen aber nicht bekannt gewordenen" Verluste einen Wertminderungsaufwand zu erfassen. Es wäre jedoch nicht angemessen, einen Wertminderungsaufwand für Sterbefälle, die erwartungsgemäß in künftigen Perioden eintreten, zu erfassen, da das erforderliche Verlustereignis (der Tod des Kreditnehmers) noch nicht eingetreten ist.

A91 Bei der Verwendung von historischen Ausfallquoten zur Schätzung der künftigen Cashflows ist es wichtig, dass die Informationen über die historischen Ausfallquoten auf Gruppen angewandt werden, die gleichermaßen definiert sind, wie die Gruppen, für die diese historischen Quoten beobachtet wurden. Durch den Einsatz dieser Methode kann daher für jede Gruppe auf Informationen über vergangene Ausfallquoten von Gruppen von Vermögenswerten mit ähnlichen Ausfalleigenschaften und relevanten beobachtbaren Daten, die die aktuellen Bedingungen widerspiegeln, zurückgegriffen werden.

A92 Auf Formeln basierende Ansätze oder statistische Methoden können für die Bestimmung der Wertminderungsaufwendungen innerhalb einer Gruppe finanzieller Vermögenswerte (z. B. für kleinere Restschulden) verwendet werden, solange sie den Anforderungen in den Paragraphen 63–65 und A87–A91 entsprechen. Jede verwendete Methode würde den Zinseffekt mit einbeziehen, die Cashflows für die gesamte Restlaufzeit eines Vermögenswertes (nicht nur des kommende Jahres) berücksichtigen, das Alter der Kredite innerhalb des Portfolios berücksichtigen und zu keinem Wertminderungsaufwand beim erstmaligen Ansatz eines finanziellen Vermögenswertes führen.

Zinsertrag nach Erfassung einer Wertminderung

A93 Sobald ein finanzieller Vermögenswert oder eine Gruppe von ähnlichen finanziellen Vermögenswerten aufgrund eines Wertminderungsaufwands abgeschrieben wurde, wird der Zinsertrag danach mithilfe des Zinssatzes erfasst, der zur Abzinsung der künftigen Cashflows bei der Bestimmung des Wertminderungsaufwands verwendet wurde.

SICHERUNGSGESCHÄFTE (Paragraphen 71–102)

Sicherungsinstrumente (Paragraphen 72–77)

Qualifizierende Instrumente (Paragraphen 72 und 73)

A94 Der mögliche Verlust aus einer von einem Unternehmen geschriebenen Option kann erheblich höher ausfallen als der mögliche Wertzuwachs des dazugehörigen Grundgeschäfts. Mit anderen Worten ist eine geschriebene Option kein wirksames Mittel zur Reduzierung des Gewinn- oder Verlustrisikos eines Grundgeschäfts. Eine geschriebene Option erfüllt daher nicht die Kriterien eines Sicherungsinstruments, es sei denn, sie wird zur Glattstellung einer erworbenen Option eingesetzt; hierzu gehören auch Optionen, die in ein anderes Finanzinstrument eingebettet sind (beispielsweise eine geschriebene Kaufoption, mit der das Risiko aus einer kündbaren Verbindlichkeit abgesichert werden soll). Eine erworbene Option hingegen führt zu potenziellen Gewinnen, die entweder den Verlusten entsprechen oder diese übersteigen; sie beinhaltet daher die Möglichkeit, das Gewinn- oder Verlustrisiko aus Änderungen des beizulegenden Zeitwertes oder der Cashflows zu reduzieren. Sie kann folglich die Kriterien eines Sicherungsinstruments erfüllen.

A95 Eine bis zur Endfälligkeit zu haltende Finanzinvestition, die mit den fortgeführten Anschaffungskosten bilanziert wird, kann zur Absicherung eines Währungsrisikos als Sicherungsinstrument eingesetzt werden.

A96 Eine Anlage in ein Eigenkapitalinstrument, für das keine Marktpreisnotierung in einem aktiven Markt für ein identisches Instrument (d. h. ein Inputfaktor auf Stufe 1) besteht, wird nicht zum beizulegenden Zeitwert angesetzt, weil dessen beizulegender Zeitwert sich anderweitig nicht verlässlich bemessen lässt. Eine Anlage in ein Derivat, das mit einem solchen Eigenkapitalinstrument (siehe Paragraphen 46 (c) und 47) verbunden ist und durch Übergabe eines solchen Eigenkapitalinstruments beglichen werden muss, kann nicht als Sicherungsinstrument eingesetzt werden.

A97 Die eigenen Eigenkapitalinstrumente eines Unternehmens sind keine finanziellen Vermögenswerte oder Verbindlichkeiten des Unternehmens und können daher nicht als Sicherungsinstrumente eingesetzt werden.

erty prices, commodity prices, payment status or other factors that are indicative of incurred losses in the group and their magnitude). The methodology and assumptions used for estimating future cash flows are reviewed regularly to reduce any differences between loss estimates and actual loss experience.

As an example of applying paragraph AG89, an entity may determine, on the basis of historical experience, that one of **AG90** the main causes of default on credit card loans is the death of the borrower. The entity may observe that the death rate is unchanged from one year to the next. Nevertheless, some of the borrowers in the entity's group of credit card loans may have died in that year, indicating that an impairment loss has occurred on those loans, even if, at the yearend, the entity is not yet aware which specific borrowers have died. It would be appropriate for an impairment loss to be recognised for these 'incurred but not reported' losses. However, it would not be appropriate to recognise an impairment loss for deaths that are expected to occur in a future period, because the necessary loss event (the death of the borrower) has not yet occurred.

When using historical loss rates in estimating future cash flows, it is important that information about historical loss rates **AG91** is applied to groups that are defined in a manner consistent with the groups for which the historical loss rates were observed. Therefore, the method used should enable each group to be associated with information about past loss experience in groups of assets with similar credit risk characteristics and relevant observable data that reflect current conditions.

Formula-based approaches or statistical methods may be used to determine impairment losses in a group of financial **AG92** assets (e.g. for smaller balance loans) as long as they are consistent with the requirements in paragraphs 63—65 and AG87—AG91. Any model used would incorporate the effect of the time value of money, consider the cash flows for all of the remaining life of an asset (not only the next year), consider the age of the loans within the portfolio and not give rise to an impairment loss on initial recognition of a financial asset.

Interest income after impairment recognition

Once a financial asset or a group of similar financial assets has been written down as a result of an impairment loss, **AG93** interest income is thereafter recognised using the rate of interest used to discount the future cash flows for the purpose of measuring the impairment loss.

HEDGING (paragraphs 71—102)

Hedging instruments (paragraphs 72—77)

Qualifying instruments (paragraphs 72 and 73)

The potential loss on an option that an entity writes could be significantly greater than the potential gain in value of a **AG94** related hedged item. In other words, a written option is not effective in reducing the profit or loss exposure of a hedged item. Therefore, a written option does not qualify as a hedging instrument unless it is designated as an offset to a purchased option, including one that is embedded in another financial instrument (for example, a written call option used to hedge a callable liability). In contrast, a purchased option has potential gains equal to or greater than losses and therefore has the potential to reduce profit or loss exposure from changes in fair values or cash flows. Accordingly, it can qualify as a hedging instrument.

A held-to-maturity investment carried at amortised cost may be designated as a hedging instrument in a hedge of foreign **AG95** currency risk.

An investment in an equity instrument that does not have a quoted price in an active market for an identical instrument **AG96** (ie a Level 1 input) is not carried at fair value because its fair value cannot otherwise be reliably measured or a derivative that is linked to and must be settled by delivery of such an equity instrument (see paragraphs 46 (c) and 47) cannot be designated as a hedging instrument.

An entity's own equity instruments are not financial assets or financial liabilities of the entity and therefore cannot be **AG97** designated as hedging instruments.

Qualifizierende Grundgeschäfte (Paragraphen 78–80)

A98 Eine feste Verpflichtung zum Erwerb eines Unternehmens im Rahmen eines Unternehmenszusammenschlusses kann nicht als Grundgeschäft gelten, mit Ausnahme der damit verbundenen Währungsrisiken, da die anderen abzusichernden Risiken nicht gesondert ermittelt und bewertet werden können. Bei diesen anderen Risiken handelt es sich um allgemeine Geschäftsrisiken.

A99 Eine nach der Equity-Methode bilanzierte Finanzinvestition kann kein Grundgeschäft zur Absicherung des beizulegenden Zeitwerts sein, da bei der Equity-Methode der Anteil des Investors am Gewinn oder Verlust des assoziierten Unternehmens und nicht die Veränderung des beizulegenden Zeitwerts der Finanzinvestition erfolgswirksam erfasst wird. Aus einem ähnlichem Grund kann eine Finanzinvestition in ein konsolidiertes Tochterunternehmen kein Grundgeschäft zur Absicherung des beizulegenden Zeitwertes sein, da bei einer Konsolidierung der Periodengewinn oder -verlust einer Tochtergesellschaft und nicht etwaige Änderungen des beizulegenden Zeitwerts der Finanzinvestition erfolgswirksam erfasst wird. Anders verhält es sich bei der Absicherung einer Nettoinvestition in einen ausländischen Geschäftsbetrieb, da es sich hierbei um die Absicherung eines Währungsrisikos handelt und nicht um die Absicherung des beizulegenden Zeitwertes hinsichtlich etwaiger Änderungen des Investitionswertes.

A99A In Paragraph 80 heißt es, dass das Währungsrisiko einer höchstwahrscheinlich eintretenden künftigen konzerninternen Transaktion die Kriterien eines gesicherten Grundgeschäfts in einem Cashflow-Sicherungsgeschäft für den Konzernabschluss erfüllen kann, sofern die Transaktion auf eine andere Währung lautet als die funktionale Währung des Unternehmens, das diese Transaktion abschließt, und das Währungsrisiko sich im Konzernergebnis niederschlägt. Diesbezüglich kann es sich bei einem Unternehmen um ein Mutterunternehmen, Tochterunternehmen, assoziiertes Unternehmen, ein Gemeinschaftsunternehmen oder eine Niederlassung handeln. Wenn das Währungsrisiko einer erwarteten künftigen konzerninternen Transaktion sich nicht im Konzernergebnis niederschlägt, kann die konzerninterne Transaktion nicht die Definition eines gesicherten Grundgeschäfts erfüllen. Dies ist in der Regel der Fall für Zahlungen von Nutzungsentgelten, Zinsen oder Verwaltungsgebühren zwischen Mitgliedern desselben Konzerns, sofern es sich nicht um eine entsprechende externe Transaktion handelt. Wenn das Währungsrisiko einer erwarteten künftigen konzerninternen Transaktion sich jedoch im Konzernergebnis niederschlägt, kann die konzerninterne Transaktion die Definition eines gesicherten Grundgeschäfts erfüllen. Ein Beispiel hierfür sind erwartete Verkäufe oder Käufe von Vorräten zwischen Mitgliedern desselben Konzerns, wenn die Vorräte an eine Partei außerhalb des Konzerns weiterverkauft werden. Ebenso kann ein erwarteter künftiger Verkauf von Sachanlagen des Konzernunternehmens, welches diese gefertigt hat, an ein anderes Konzernunternehmen, welches diese Sachanlagen in seinem Betrieb benutzen wird, das Konzernergebnis beeinflussen. Dies könnte beispielsweise der Fall sein, weil die Sachanlage von dem erwerbenden Unternehmen abgeschrieben wird, und der erstmalig für diese Sachanlage angesetzte Betrag sich ändern könnte, wenn die erwartete künftige konzerninterne Transaktion in einer anderen Währung als der funktionalen Währung des erwerbenden Unternehmens durchgeführt wird.

A99B Wenn eine Absicherung einer erwarteten konzerninternen Transaktion die Kriterien für eine Bilanzierung als Sicherungsbeziehung erfüllt, sind alle gemäß Paragraph 95 (a) im sonstigen Ergebnis erfassten Gewinne oder Verluste in derselben Periode oder denselben Perioden, in denen das Währungsrisiko der abgesicherten Transaktion das Konzernergebnis beeinflusst, vom Eigenkapital in den Gewinn oder Verlust umzugliedern und als Umgliederungsbeträge auszuweisen.

A99BA Ein Unternehmen kann in einer Sicherungsbeziehung alle Änderungen der Cashflows oder des beizulegenden Zeitwerts eines Grundgeschäfts designieren. Es können auch nur die oberhalb oder unterhalb eines festgelegten Preises oder einer anderen Variablen liegenden Änderungen der Cashflows oder des beizulegenden Zeitwerts eines gesicherten Grundgeschäfts designiert werden (einseitiges Risiko). Bei einem gesicherten Grundgeschäft spiegelt der innere Wert einer Option, die (in der Annahme, dass ihre wesentlichen Bedingungen denen des designierten Risikos entsprechen) als Sicherungsinstrument erworben wurde, ein einseitiges Risiko wider, ihr Zeitwert dagegen nicht. Ein Unternehmen kann beispielsweise die Schwankung künftiger Cashflow-Ergebnisse designieren, die aus einer Preiserhöhung bei einem erwarteten Warenkauf resultieren. In einem solchen Fall werden nur Cashflow-Verluste designiert, die aus der Erhöhung des Preises oberhalb des festgelegten Grenzwerts resultieren. Das abgesicherte Risiko umfasst nicht den Zeitwert einer erworbenen Option, da der Zeitwert kein Bestandteil der erwarteten Transaktion ist, der den Gewinn oder Verlust beeinflusst (Paragraph 86 (b)).

Bestimmung von finanziellen Posten als gesicherte Grundgeschäfte (Paragraphen 81 und 81A)

A99C Ein Unternehmen kann […] alle Cashflows des gesamten finanziellen Vermögenswertes oder der finanziellen Verbindlichkeit als Grundgeschäft bestimmen und sie gegen nur ein bestimmtes Risiko absichern (z. B. gegen Änderungen, die den Veränderungen des LIBOR zuzurechnen sind). Beispielsweise kann ein Unternehmen im Falle einer finanziellen Verbindlichkeit, deren Effektivzinssatz 100 Basispunkten unter dem LIBOR liegt, die gesamte Verbindlichkeit (d. h der Kapitalbetrag zuzüglich der Zinsen zum LIBOR abzüglich 100 Basispunkte) als Grundgeschäft bestimmen und die gesamte Verbindlichkeit gegen Änderungen des beizulegenden Zeitwertes oder der Cashflows, die auf Veränderungen des LIBORs zurückzuführen sind, absichern. Das Unternehmen kann auch einen anderen Hedge-Faktor als eins zu eins wählen, um die Wirksamkeit der Absicherung, wie in Paragraph A100 beschrieben, zu verbessern.

Qualifying items (paragraphs 78—80)

A firm commitment to acquire a business in a business combination cannot be a hedged item, except for foreign exchange **AG98** risk, because the other risks being hedged cannot be specifically identified and measured. These other risks are general business risks.

An equity method investment cannot be a hedged item in a fair value hedge because the equity method recognises in **AG99** profit or loss the investor's share of the associate's profit or loss, rather than changes in the investment's fair value. For a similar reason, an investment in a consolidated subsidiary cannot be a hedged item in a fair value hedge because consolidation recognises in profit or loss the subsidiary's profit or loss, rather than changes in the investment's fair value. A hedge of a net investment in a foreign operation is different because it is a hedge of the foreign currency exposure, not a fair value hedge of the change in the value of the investment.

Paragraph 80 states that in consolidated financial statements the foreign currency risk of a highly probable forecast **AG99A** intragroup transaction may qualify as a hedged item in a cash flow hedge, provided the transaction is denominated in a currency other than the functional currency of the entity entering into that transaction and the foreign currency risk will affect consolidated profit or loss. For this purpose an entity can be a parent, subsidiary, associate, joint venture or branch. If the foreign currency risk of a forecast intragroup transaction does not affect consolidated profit or loss, the intragroup transaction cannot qualify as a hedged item. This is usually the case for royalty payments, interest payments or management charges between members of the same group unless there is a related external transaction. However, when the foreign currency risk of a forecast intragroup transaction will affect consolidated profit or loss, the intragroup transaction can qualify as a hedged item. An example is forecast sales or purchases of inventories between members of the same group if there is an onward sale of the inventory to a party external to the group. Similarly, a forecast intragroup sale of plant and equipment from the group entity that manufactured it to a group entity that will use the plant and equipment in its operations may affect consolidated profit or loss. This could occur, for example, because the plant and equipment will be depreciated by the purchasing entity and the amount initially recognised for the plant and equipment may change if the forecast intragroup transaction is denominated in a currency other than the functional currency of the purchasing entity.

If a hedge of a forecast intragroup transaction qualifies for hedge accounting, any gain or loss that is recognised in other **AG99B** comprehensive income in accordance with paragraph 95 (a) shall be reclassified from equity to profit or loss as a reclassification adjustment in the same period or periods during which the foreign currency risk of the hedged transaction affects consolidated profit or loss.

An entity can designate all changes in the cash flows or fair value of a hedged item in a hedging relationship. An entity **AG99BA** can also designate only changes in the cash flows or fair value of a hedged item above or below a specified price or other variable (a one-sided risk). The intrinsic value of a purchased option hedging instrument (assuming that it has the same principal terms as the designated risk), but not its time value, reflects a one-sided risk in a hedged item. For example, an entity can designate the variability of future cash flow outcomes resulting from a price increase of a forecast commodity purchase. In such a situation, only cash flow losses that result from an increase in the price above the specified level are designated. The hedged risk does not include the time value of a purchased option because the time value is not a component of the forecast transaction that affects profit or loss (paragraph 86 (b)).

Designation of financial items as hedged items (paragraphs 81 and 81A)

[...] The entity may designate all of the cash flows of the entire financial asset or financial liability as the hedged item and **AG99C** hedge them for only one particular risk (e.g. only for changes that are attributable to changes in LIBOR). For example, in the case of a financial liability whose effective interest rate is 100 basis points below LIBOR, an entity can designate as the hedged item the entire liability (i.e. principal plus interest at LIBOR minus 100 basis points) and hedge the change in the fair value or cash flows of that entire liability that is attributable to changes in LIBOR. The entity may also choose a hedge ratio of other than one to one in order to improve the effectiveness of the hedge as described in paragraph AG100.

A99D Wenn ein festverzinsliches Finanzinstrument einige Zeit nach seiner Emission abgesichert wird und sich die Zinssätze zwischenzeitlich geändert haben, kann das Unternehmen einen Teil bestimmen, der einem Richtzinssatz entspricht [...]. Als Beispiel wird angenommen, dass ein Unternehmen einen festverzinslichen finanziellen Vermögenswert über WE 100 mit einem Effektivzinssatz von 6 Prozent zu einem Zeitpunkt emittiert, an dem der LIBOR 4 Prozent beträgt. Die Absicherung dieses Vermögenswertes beginnt zu einem späteren Zeitpunkt, zu dem der LIBOR auf 8 Prozent gestiegen ist und der beizulegende Zeitwert des Vermögenswertes auf WE 90 gefallen ist. Das Unternehmen berechnet, dass der Effektivzinssatz 9,5 Prozent betragen würde, wenn es den Vermögenswert zu dem Zeitpunkt erworben hätte, als es ihn erstmalig als Grundgeschäft zu seinem zu diesem Zeitpunkt geltenden beizulegenden Zeitwert von WE 90 bestimmt hätte. [...]. Das Unternehmen kann einen Anteil des LIBOR von 8 Prozent bestimmen, der zum einen Teil aus den vertraglichen Zinszahlungen und zum anderen Teil aus der Differenz zwischen dem aktuellen beizulegenden Zeitwert (d. h. WE 90) und dem bei Fälligkeit zu zahlenden Betrag (d. h. WE 100) besteht.

A99E Nach Paragraph 81 kann ein Unternehmen auch einen Teil der Änderung des beizulegenden Zeitwerts oder der Cashflow-Schwankungen eines Finanzinstruments designieren. So können beispielsweise

(a) alle Cashflows eines Finanzinstruments für Änderungen der Cashflows oder des beizulegenden Zeitwerts, die einigen (aber nicht allen) Risiken zuzuordnen sind, designiert werden; oder

(b) einige (aber nicht alle) Cashflows eines Finanzinstruments für Änderungen der Cashflows oder des beizulegenden Zeitwerts, die allen bzw. nur einigen Risiken zuzuordnen sind, designiert werden (d. h. ein „Teil" der Cashflows des Finanzinstruments kann für Änderungen, die allen bzw. nur einigen Risiken zuzuordnen sind, designiert werden).

A99F Die designierten Risiken und Teilrisiken sind dann für eine Bilanzierung als Sicherungsbeziehung geeignet, wenn sie einzeln identifizierbare Bestandteile des Finanzinstruments sind, und Änderungen der Cashflows oder des beizulegenden Zeitwerts des gesamten Finanzinstruments, die auf Veränderungen der ermittelten Risiken und Anteilen beruhen, verlässlich bewertet werden können. Zum Beispiel:

(a) Bei festverzinslichen Finanzinstrumenten, die für den Fall, dass sich ihr beizulegender Zeitwert durch Änderung eines risikolosen Zinssatzes oder Benchmarkzinssatzes ändert, abgesichert sind, wird der risikolose Zinssatz oder Benchmarkzinssatz in der Regel sowohl als einzeln identifizierbarer Bestandteil des Finanzinstruments wie auch als verlässlich bewertbar betrachtet.

(b) Die Inflation ist weder einzeln identifizierbar noch verlässlich bewertbar und kann nicht als Risiko oder Teil eines Finanzinstruments designiert werden, es sei denn, die unter (c) genannten Anforderungen sind erfüllt.

(c) Ein vertraglich genau designierter Inflationsanteil der Cashflows einer anerkannten inflationsgebundenen Anleihe ist (unter der Voraussetzung, dass keine separate Bilanzierung als eingebettetes Derivat erforderlich ist) so lange einzeln identifizierbar und verlässlich bewertbar, wie andere Cashflows des Instruments von dem Inflationsanteil nicht betroffen sind.

Bestimmung nicht finanzieller Posten als gesicherte Grundgeschäfte (Paragraph 82)

A100 Preisänderungen eines Bestandteils oder einer Komponente eines nicht finanziellen Vermögenswertes oder einer nicht finanziellen Verbindlichkeit haben in der Regel keine vorhersehbaren, getrennt bestimmbaren Auswirkungen auf den Preis des Postens, die mit den Auswirkungen z. B. einer Änderung des Marktzinses auf den Kurs einer Anleihe vergleichbar wären. Daher kann ein nicht finanzieller Vermögenswert oder eine nicht finanzielle Verbindlichkeit nur insgesamt oder für Währungsrisiken als Grundgeschäft bestimmt werden. Gibt es einen Unterschied zwischen den Bedingungen des Sicherungsinstruments und des Grundgeschäfts (wie für die Absicherung eines geplanten Kaufs von brasilianischem Kaffee durch ein Forwardgeschäft auf den Kauf von kolumbianischem Kaffee zu ansonsten vergleichbaren Bedingungen), kann die Sicherungsbeziehung dennoch als solche gelten, sofern alle Voraussetzungen aus Paragraph 88, einschließlich derjenigen, dass die Absicherung als in hohem Maße tatsächlich wirksam eingeschätzt wird, erfüllt sind. Für diesen Zweck kann der Wert des Sicherungsinstruments größer oder kleiner als der des Grundgeschäfts sein, wenn dadurch die Wirksamkeit der Sicherungsbeziehung verbessert wird. Eine Regressionsanalyse könnte beispielsweise durchgeführt werden, um einen statistischen Zusammenhang zwischen dem Grundgeschäft (z. B. einer Transaktion mit brasilianischem Kaffee) und dem Sicherungsinstrument (z. B. einer Transaktion mit kolumbianischem Kaffee) aufzustellen. Gibt es einen validen statistischen Zusammenhang zwischen den beiden Variablen (d. h zwischen dem Preis je Einheit von brasilianischem Kaffee und kolumbianischem Kaffee), kann die Steigung der Regressionskurve zur Feststellung des Hedge-Faktors, der die erwartete Wirksamkeit maximiert, verwendet werden. Liegt beispielsweise die Steigung der Regressionskurve bei 1,02, maximiert ein Hedge-Faktor, der auf 0,98 Mengeneinheiten der gesicherten Posten zu 1,00 Mengeneinheiten der Sicherungsinstrumente basiert, die erwartete Wirksamkeit. Die Sicherungsbeziehung kann jedoch zu einer Unwirksamkeit führen, die im Zeitraum der Sicherungsbeziehung im Gewinn oder Verlust erfasst wird.

Bestimmung von Gruppen von Posten als gesicherte Grundgeschäfte (Paragraphen 83 und 84)

A101 Eine Absicherung einer gesamten Nettoposition (z. B. der Saldo aller festverzinslichen Vermögenswerte und festverzinslichen Verbindlichkeiten mit ähnlichen Laufzeiten) im Gegensatz zu einer Absicherung eines einzelnen Postens erfüllt nicht die Kriterien für eine Bilanzierung als Sicherungsgeschäft. Allerdings können bei einem solchen Sicherungszusammenhang annähernd die gleichen Auswirkungen auf den Gewinn oder Verlust erzielt werden wie bei einer Bilanzierung von Sicherungsgeschäften, wenn nur ein Teil der zugrunde liegenden Posten als Grundgeschäft bestimmt wird. Wenn beispielsweise eine Bank über Vermögenswerte von WE 100 und Verbindlichkeiten in Höhe von WE 90 verfügt, deren Risiken und Laufzeiten in ähnlich sind, und die Bank das verbleibende Nettorisiko von WE 10 absichert, so kann sie WE 10 dieser Vermögenswerte als Grundgeschäft bestimmen. Eine solche Bestimmung kann erfolgen, wenn es sich bei den

In addition, if a fixed rate financial instrument is hedged some time after its origination and interest rates have changed **AG** in the meantime, the entity can designate a portion equal to a benchmark rate [...].. For example, assume an entity origi- **99D** nates a fixed rate financial asset of CU100 that has an effective interest rate of 6 per cent at a time when LIBOR is 4 per cent. It begins to hedge that asset some time later when LIBOR has increased to 8 per cent and the fair value of the asset has decreased to CU90. The entity calculates that if it had purchased the asset on the date it first designates it as the hedged item for its then fair value of CU90, the effective yield would have been 9,5 per cent. [...].The entity can designate a LIBOR portion of 8 per cent that consists partly of the contractual interest cash flows and partly of the difference between the current fair value (i.e. CU90) and the amount repayable on maturity (i.e. CU100).

Paragraph 81 permits an entity to designate something other than the entire fair value change or cash flow variability of a **AG99E** financial instrument. For example:

(a) all of the cash flows of a financial instrument may be designated for cash flow or fair value changes attributable to some (but not all) risks; or

(b) some (but not all) of the cash flows of a financial instrument may be designated for cash flow or fair value changes attributable to all or only some risks (ie a 'portion' of the cash flows of the financial instrument may be designated for changes attributable to all or only some risks).

To be eligible for hedge accounting, the designated risks and portions must be separately identifiable components of the **AG99F** financial instrument, and changes in the cash flows or fair value of the entire financial instrument arising from changes in the designated risks and portions must be reliably measurable. For example:

(a) for a fixed rate financial instrument hedged for changes in fair value attributable to changes in a risk-free or benchmark interest rate, the risk-free or benchmark rate is normally regarded as both a separately identifiable component of the financial instrument and reliably measurable;

(b) inflation is not separately identifiable and reliably measurable and cannot be designated as a risk or a portion of a financial instrument unless the requirements in (c) are met;

(c) a contractually specified inflation portion of the cash flows of a recognised inflation-linked bond (assuming there is no requirement to account for an embedded derivative separately) is separately identifiable and reliably measurable as long as other cash flows of the instrument are not affected by the inflation portion.

Designation of non-financial items as hedged items (paragraph 82)

Changes in the price of an ingredient or component of a non-financial asset or non-financial liability generally do not **AG100** have a predictable, separately measurable effect on the price of the item that is comparable to the effect of, say, a change in market interest rates on the price of a bond. Thus, a non-financial asset or non-financial liability is a hedged item only in its entirety or for foreign exchange risk. If there is a difference between the terms of the hedging instrument and the hedged item (such as for a hedge of the forecast purchase of Brazilian coffee using a forward contract to purchase Colombian coffee on otherwise similar terms), the hedging relationship nonetheless can qualify as a hedge relationship provided all the conditions in paragraph 88 are met, including that the hedge is expected to be highly effective. For this purpose, the amount of the hedging instrument may be greater or less than that of the hedged item if this improves the effectiveness of the hedging relationship. For example, a regression analysis could be performed to establish a statistical relationship between the hedged item (e.g. a transaction in Brazilian coffee) and the hedging instrument (e.g. a transaction in Colombian coffee). If there is a valid statistical relationship between the two variables (i.e. between the unit prices of Brazilian coffee and Colombian coffee), the slope of the regression line can be used to establish the hedge ratio that will maximise expected effectiveness. For example, if the slope of the regression line is 1,02, a hedge ratio based on 0,98 quantities of hedged items to 1,00 quantities of the hedging instrument maximises expected effectiveness. However, the hedging relationship may result in ineffectiveness that is recognised in profit or loss during the term of the hedging relationship.

Designation of groups of items as hedged items (paragraphs 83 and 84)

A hedge of an overall net position (e.g. the net of all fixed rate assets and fixed rate liabilities with similar maturities), **AG101** rather than of a specific hedged item, does not qualify for hedge accounting. However, almost the same effect on profit or loss of hedge accounting for this type of hedging relationship can be achieved by designating as the hedged item part of the underlying items. For example, if a bank has CU100 of assets and CU90 of liabilities with risks and terms of a similar nature and hedges the net CU10 exposure, it can designate as the hedged item CU10 of those assets. This designation can be used if such assets and liabilities are fixed rate instruments, in which case it is a fair value hedge, or if they are variable rate instruments, in which case it is a cash flow hedge. Similarly, if an entity has a firm commitment to make a purchase in a foreign currency of CU100 and a firm commitment to make a sale in the foreign currency of CU90, it can hedge the

besagten Vermögenswerten und Verbindlichkeiten um festverzinsliche Instrumente handelt, was in diesem Fall einer Absicherung des beizulegenden Zeitwertes entspricht, oder wenn es sich um variabel verzinsliche Instrumente handelt, wobei es sich dann um eine Absicherung von Cashflows handelt. Ähnlich wäre dies im Falle eines Unternehmens, das eine feste Verpflichtung zum Kauf in einer Fremdwährung in Höhe von WE 100 sowie eine feste Verpflichtung zum Verkauf in dieser Währung in Höhe von WE 90 eingegangen ist; in diesem Fall kann es den Nettobetrag von WE 10 durch den Kauf eines Derivats absichern, das als Sicherungsinstrument zum Erwerb von WE 10 als Teil der festen Verpflichtung zum Kauf von WE 100 bestimmt wird.

Bilanzierung von Sicherungsgeschäften (Paragraphen 85–102)

A102   Ein Beispiel für die Absicherung des beizulegenden Zeitwerts ist die Absicherung des Risikos aus einer Änderung des beizulegenden Zeitwerts eines festverzinslichen Schuldinstruments aufgrund einer Zinsänderung. Eine solche Sicherungsbeziehung kann vonseiten des Emittenten oder des Inhabers des Schuldinstruments eingegangen werden.

A103   Ein Beispiel für eine Absicherung von Cashflows ist der Einsatz eines Swap-Kontrakts, mit dem variabel verzinsliche Verbindlichkeiten gegen festverzinsliche Verbindlichkeiten getauscht werden (d. h eine Absicherung gegen Risiken aus einer künftigen Transaktion, wobei die abgesicherten künftigen Cashflows hierbei die künftigen Zinszahlungen darstellen).

A104   Die Absicherung einer festen Verpflichtung (z. B. eine Absicherung gegen Risiken einer Änderung des Kraftstoffpreises im Rahmen einer nicht bilanzierten vertraglichen Verpflichtung eines Energieversorgers zum Kauf von Kraftstoff zu einem festgesetzten Preis) ist eine Absicherung des Risikos einer Änderung des beizulegenden Zeitwerts. Demzufolge stellt solch eine Sicherungsbeziehung eine Absicherung des beizulegenden Zeitwertes dar. Nach Paragraph 87 könnte jedoch eine Absicherung des Währungsrisikos einer festen Verpflichtung alternativ als eine Absicherung von Cashflows behandelt werden.

Beurteilung der Wirksamkeit einer Sicherungsbeziehung

A105   Eine Sicherungsbeziehung wird nur dann als hochwirksam angesehen, wenn die beiden folgenden Voraussetzungen erfüllt sind:

(a)   Zu Beginn der Sicherungsbeziehung und in den darauf folgenden Perioden wird die Absicherung als in hohem Maße wirksam hinsichtlich der Erreichung einer Kompensation der Risiken aus Änderungen des beizulegenden Zeitwertes oder der Cashflows in Bezug auf das abgesicherte Risiko eingeschätzt. Eine solche Einschätzung kann auf verschiedene Weisen nachgewiesen werden, u. a. durch einen Vergleich bisheriger Änderungen des beizulegenden Zeitwertes oder der Cashflows des Grundgeschäfts, die auf das abgesicherte Risiko zurückzuführen sind, mit bisherigen Änderungen des beizulegenden Zeitwertes oder der Cashflows des Sicherungsinstruments oder durch den Nachweis einer hohen statistischen Korrelation zwischen dem beizulegenden Zeitwert oder den Cashflows des Grundgeschäfts und denen des Sicherungsinstruments. Das Unternehmen kann einen anderen Hedge-Faktor als eins zu eins wählen, um die Wirksamkeit der Absicherung, wie in Paragraph A100 beschrieben, zu verbessern.

(b)   Die aktuellen Ergebnisse der Sicherungsbeziehung liegen innerhalb einer Bandbreite von 80–125 Prozent. Sehen die aktuellen Ergebnisse so aus, dass beispielsweise der Verlust aus einem Sicherungsinstrument WE 120 und der Gewinn aus dem monetären Instrument WE 100 beträgt, so kann die Kompensation anhand der Berechnung 120/100 bewertet werden, was einem Ergebnis von 120 Prozent oder anhand von 100/120 einem Ergebnis von 83 Prozent entspricht. Angenommen, dass in diesem Beispiel die Sicherungsbeziehung die Voraussetzungen unter (a) erfüllt, würde das Unternehmen daraus schließen, dass die Sicherungsbeziehung in hohem Maße wirksam gewesen ist.

A106   Eine Beurteilung der Wirksamkeit von Sicherungsinstrumenten hat mindestens zum Zeitpunkt der Aufstellung des jährlichen Abschlusses oder des Zwischenabschlusses zu erfolgen.

A107   Dieser Standard schreibt keine bestimmte Methode zur Beurteilung der Wirksamkeit einer Sicherungsbeziehung vor. Die von einem Unternehmen gewählte Methode zur Beurteilung der Wirksamkeit einer Sicherungsbeziehung richtet sich nach seiner Risikomanagementstrategie. Wenn beispielsweise die Risikomanagementstrategie eines Unternehmens vorsieht, die Höhe des Sicherungsinstruments periodisch anzupassen, um Änderungen der abgesicherten Position widerzuspiegeln, hat das Unternehmen den Nachweis zu erbringen, dass die Sicherungsbeziehung nur für die Periode als in hohem Maße wirksam eingeschätzt wird, bis die Höhe des Sicherungsinstruments das nächste Mal angepasst wird. In manchen Fällen werden für verschiedene Sicherungsbeziehungen unterschiedliche Methoden verwendet. In der Dokumentation seiner Sicherungsstrategie macht ein Unternehmen Angaben über die zur Beurteilung der Wirksamkeit eingesetzten Methoden und Verfahren. Diese sollten auch angeben, ob bei der Beurteilung sämtliche Gewinne oder Verluste aus einem Sicherungsinstrument berücksichtigt werden oder ob der Zeitwert des Instruments unberücksichtigt bleibt.

A107A   [...].

A108   Sind die wesentlichen Bedingungen des Sicherungsinstruments und des gesicherten Vermögenswertes, der gesicherten Verbindlichkeit, der festen Verpflichtung oder der sehr wahrscheinlichen vorhergesehenen Transaktion gleich, so ist wahrscheinlich, dass sich die Änderungen des beizulegenden Zeitwertes und der Cashflows, die auf das abgesicherte Risiko zurückzuführen sind, gegenseitig vollständig ausgleichen, und dies gilt sowohl zu Beginn der Sicherungsbeziehung als auch danach. So ist beispielsweise ein Zinsswap voraussichtlich ein wirksames Sicherungsinstrumentbeziehung, wenn

net amount of CU10 by acquiring a derivative and designating it as a hedging instrument associated with CU10 of the firm purchase commitment of CU100.

Hedge accounting (paragraphs 85—102)

An example of a fair value hedge is a hedge of exposure to changes in the fair value of a fixed rate debt instrument as a result of changes in interest rates. Such a hedge could be entered into by the issuer or by the holder. **AG102**

An example of a cash flow hedge is the use of a swap to change floating rate debt to fixed rate debt (i.e. a hedge of a future transaction where the future cash flows being hedged are the future interest payments). **AG103**

A hedge of a firm commitment (e.g. a hedge of the change in fuel price relating to an unrecognised contractual commitment by an electric utility to purchase fuel at a fixed price) is a hedge of an exposure to a change in fair value. Accordingly, such a hedge is a fair value hedge. However, under paragraph 87 a hedge of the foreign currency risk of a firm commitment could alternatively be accounted for as a cash flow hedge. **AG104**

Assessing hedge effectiveness

A hedge is regarded as highly effective only if both of the following conditions are met: **AG105**

(a) At the inception of the hedge and in subsequent periods, the hedge is expected to be highly effective in achieving offsetting changes in fair value or cash flows attributable to the hedged risk during the period for which the hedge is designated. Such an expectation can be demonstrated in various ways, including a comparison of past changes in the fair value or cash flows of the hedged item that are attributable to the hedged risk with past changes in the fair value or cash flows of the hedging instrument, or by demonstrating a high statistical correlation between the fair value or cash flows of the hedged item and those of the hedging instrument. The entity may choose a hedge ratio of other than one to one in order to improve the effectiveness of the hedge as described in paragraph AG100.

(b) The actual results of the hedge are within a range of 80—125 per cent. For example, if actual results are such that the loss on the hedging instrument is CU120 and the gain on the cash instrument is CU100, offset can be measured by 120/100, which is 120 per cent, or by 100/120, which is 83 per cent. In this example, assuming the hedge meets the condition in (a), the entity would conclude that the hedge has been highly effective.

Effectiveness is assessed, at a minimum, at the time an entity prepares its annual or interim financial statements. **AG106**

This standard does not specify a single method for assessing hedge effectiveness. The method an entity adopts for assessing hedge effectiveness depends on its risk management strategy. For example, if the entity's risk management strategy is to adjust the amount of the hedging instrument periodically to reflect changes in the hedged position, the entity needs to demonstrate that the hedge is expected to be highly effective only for the period until the amount of the hedging instrument is next adjusted. In some cases, an entity adopts different methods for different types of hedges. An entity's documentation of its hedging strategy includes its procedures for assessing effectiveness. Those procedures state whether the assessment includes all of the gain or loss on a hedging instrument or whether the instrument's time value is excluded. **AG107**

[...]. **AG107A**

If the principal terms of the hedging instrument and of the hedged asset, liability, firm commitment or highly probable forecast transaction are the same, the changes in fair value and cash flows attributable to the risk being hedged may be likely to offset each other fully, both when the hedge is entered into and afterwards. For example, an interest rate swap is likely to be an effective hedge if the notional and principal amounts, term, repricing dates, dates of interest and principal receipts and payments, and basis for measuring interest rates are the same for the hedging instrument and the hedged **AG108**

Nominal- und Kapitalbetrag, Laufzeiten, Zinsanpassungstermine, die Zeitpunkte der Zins- und Tilgungsein- und -auszahlungen sowie die Bemessungsgrundlage zur Festsetzung der Zinsen für das Sicherungsinstrument und das Grundgeschäft gleich sind. Außerdem ist die Absicherung eines erwarteten Warenkaufs, dessen Eintritt hoch wahrscheinlich ist, durch ein Forwardgeschäft eine hoch wirksam, sofern:

(a) das Forwardgeschäft den Erwerb einer Ware der gleichen Art und Menge, zum gleichen Zeitpunkt und Ort wie das erwartete Grundgeschäft zum Gegenstand hat;

(b) der beizulegende Zeitwert des Forwardgeschäfts zu Beginn Null ist; und

(c) entweder die Änderung des Disagios oder des Agios des Forwardgeschäfts aus der Beurteilung der Wirksamkeit herausgenommen und direkt im Gewinn oder Verlust erfasst wird oder die Änderung der erwarteten Cashflows aus der erwarteten Transaktion, deren Eintritt hoch wahrscheinlich ist, auf dem Forwardkurs der zugrunde liegenden Ware basiert.

A109 Manchmal kompensiert das Sicherungsinstrument nur einen Teil des abgesicherten Risikos. So dürfte eine Sicherungsbeziehung nur zum Teil wirksam sein, wenn das Sicherungsinstrument und das Grundgeschäft auf verschiedene Währungen lauten und beide sich nicht parallel entwickeln. Des gleichen dürfte die Absicherung eines Zinsrisikos mithilfe eines derivativen Finanzinstruments nur bedingt wirksam sein, wenn ein Teil der Änderung des beizulegenden Zeitwerts des derivativen Finanzinstruments auf das Ausfallrisiko der Gegenseite zurückzuführen ist.

A110 Um die Kriterien für eine Bilanzierung als Sicherungsgeschäft zu erfüllen, muss sich die Sicherungsbeziehung nicht nur auf allgemeine Geschäftsrisiken sondern auf ein bestimmtes, identifizier- und bestimmbares Risiko beziehen und sich letztlich auf den Gewinn oder Verlust des Unternehmens auswirken. Die Absicherung gegen Veralterung von materiellen Vermögenswerten oder gegen das Risiko einer staatlichen Enteignung von Gegenständen kann nicht als Sicherungsgeschäft bilanziert werden, denn die Wirksamkeit lässt sich nicht bewerten, da die hiermit verbundenen Risiken nicht verlässlich geschätzt werden können.

A110A Nach Paragraph 74 (a) kann ein Unternehmen inneren Wert und Zeitwert eines Optionskontrakts voneinander trennen und nur die Änderung des inneren Werts des Optionskontrakts als Sicherungsinstrument designieren. Eine solche Designation kann zu einer Sicherungsbeziehung führen, mit der sich Veränderungen der Cashflows, die durch ein abgesichertes einseitiges Risiko einer erwarteten Transaktion bedingt sind, äußerst wirksam kompensieren lassen, wenn die wesentlichen Bedingungen der erwarteten Transaktion und des Sicherungsinstruments gleich sind.

A110B Designiert ein Unternehmen eine erworbene Option zur Gänze als Sicherungsinstrument eines einseitigen Risikos einer erwarteten Transaktion, wird die Sicherungsbeziehung nicht gänzlich wirksam sein, da die gezahlte Optionsprämie den Zeitwert einschließt, ein designiertes einseitiges Risiko Paragraph A99BA zufolge den Zeitwert einer Option aber nicht einschließt. In diesem Fall wird es folglich keinen vollständigen Ausgleich zwischen den Cashflows aus dem Zeitwert der gezahlten Optionsprämie und dem designierten abgesicherten Risiko geben.

A111 Im Falle eines Zinsänderungsrisikos kann die Wirksamkeit einer Sicherungsbeziehung durch die Erstellung eines Fälligkeitsplans für finanzielle Vermögenswerte und Verbindlichkeiten beurteilt werden, aus dem das Nettozinsänderungsrisiko für jede Periode hervorgeht, vorausgesetzt das Nettorisiko ist mit einem besonderen Vermögenswert oder einer besonderen Verbindlichkeit verbunden (oder einer besonderen Gruppe von Vermögenswerten oder Verbindlichkeiten bzw. einem bestimmten Teil davon), auf die das Nettorisiko zurückzuführen ist, und die Wirksamkeit der Absicherung wird in Bezug auf diesen Vermögenswert oder diese Verbindlichkeit beurteilt.

A112 Bei der Beurteilung der Wirksamkeit einer Sicherungsbeziehung berücksichtigt ein Unternehmen in der Regel den Zeitwert des Geldes. Der feste Zinssatz eines Grundgeschäfts muss dabei nicht exakt mit dem festen Zinssatz eines zur Absicherung des beizulegenden Zeitwertes bestimmten Swaps übereinstimmen. Auch muss der variable Zinssatz eines zinstragenden Vermögenswertes oder einer Verbindlichkeit nicht mit dem variablen Zinssatz eines zur Absicherung von Zahlungsströmen bestimmten Swaps übereinstimmen. Der beizulegende Zeitwert eines Swaps ergibt sich aus seinem Nettoausgleich. So können die festen und variablen Zinssätze eines Swaps ausgetauscht werden, ohne dass dies Auswirkungen auf den Nettoausgleich hat, wenn beide in gleicher Höhe getauscht werden.

A113 Wenn die Kriterien für die Wirksamkeit einer Sicherungsbeziehung nicht erfüllt werden, stellt das Unternehmen die Bilanzierung von Sicherungsgeschäften ab dem Zeitpunkt ein, an dem die Wirksamkeit der Sicherungsbeziehung letztmals nachgewiesen wurde. Wenn jedoch ein Unternehmen das Ereignis oder die Änderung des Umstands, wodurch die Sicherungsbeziehung die Wirksamkeitskriterien nicht mehr erfüllte, identifiziert und nachweist, dass die Sicherungsbeziehung vor Eintritt des Ereignisses oder des geänderten Umstands wirksam war, stellt das Unternehmen die Bilanzierung des Sicherungsgeschäfts ab dem Zeitpunkt des Ereignisses oder der Änderung des Umstands ein.

A113A Um Zweifeln vorzubeugen, sind die Auswirkungen der Ersetzung der ursprünglichen Gegenpartei durch eine Clearing-Gegenpartei und der in Paragraph 91 (a) (ii) und Paragraph 101 (a) (ii) dargelegten dazugehörigen Änderungen bei der Bewertung des Sicherungsinstruments und damit auch bei der Beurteilung und Bewertung der Wirksamkeit der Sicherungsbeziehung zu berücksichtigen.

item. In addition, a hedge of a highly probable forecast purchase of a commodity with a forward contract is likely to be highly effective if:

(a) the forward contract is for the purchase of the same quantity of the same commodity at the same time and location as the hedged forecast purchase;

(b) the fair value of the forward contract at inception is zero; and

(c) either the change in the discount or premium on the forward contract is excluded from the assessment of effectiveness and recognised in profit or loss or the change in expected cash flows on the highly probable forecast transaction is based on the forward price for the commodity.

Sometimes the hedging instrument offsets only part of the hedged risk. For example, a hedge would not be fully effective **AG109** if the hedging instrument and hedged item are denominated in different currencies that do not move in tandem. Also, a hedge of interest rate risk using a derivative would not be fully effective if part of the change in the fair value of the derivative is attributable to the counterparty's credit risk.

To qualify for hedge accounting, the hedge must relate to a specific identified and designated risk, and not merely to the **AG110** entity's general business risks, and must ultimately affect the entity's profit or loss. A hedge of the risk of obsolescence of a physical asset or the risk of expropriation of property by a government is not eligible for hedge accounting; effectiveness cannot be measured because those risks are not measurable reliably.

Paragraph 74 (a) permits an entity to separate the intrinsic value and time value of an option contract and designate as **AG110A** the hedging instrument only the change in the intrinsic value of the option contract. Such a designation may result in a hedging relationship that is perfectly effective in achieving offsetting changes in cash flows attributable to a hedged one-sided risk of a forecast transaction, if the principal terms of the forecast transaction and hedging instrument are the same.

If an entity designates a purchased option in its entirety as the hedging instrument of a one-sided risk arising from a **AG110B** forecast transaction, the hedging relationship will not be perfectly effective. This is because the premium paid for the option includes time value and, as stated in paragraph AG99BA, a designated one-sided risk does not include the time value of an option. Therefore, in this situation, there will be no offset between the cash flows relating to the time value of the option premium paid and the designated hedged risk.

In the case of interest rate risk, hedge effectiveness may be assessed by preparing a maturity schedule for financial assets **AG111** and financial liabilities that shows the net interest rate exposure for each time period, provided that the net exposure is associated with a specific asset or liability (or a specific group of assets or liabilities or a specific portion of them) giving rise to the net exposure, and hedge effectiveness is assessed against that asset or liability.

In assessing the effectiveness of a hedge, an entity generally considers the time value of money. The fixed interest rate on a **AG112** hedged item need not exactly match the fixed interest rate on a swap designated as a fair value hedge. Nor does the variable interest rate on an interest-bearing asset or liability need to be the same as the variable interest rate on a swap designated as a cash flow hedge. A swap's fair value derives from its net settlements. The fixed and variable rates on a swap can be changed without affecting the net settlement if both are changed by the same amount.

If an entity does not meet hedge effectiveness criteria, the entity discontinues hedge accounting from the last date on **AG113** which compliance with hedge effectiveness was demonstrated. However, if the entity identifies the event or change in circumstances that caused the hedging relationship to fail the effectiveness criteria, and demonstrates that the hedge was effective before the event or change in circumstances occurred, the entity discontinues hedge accounting from the date of the event or change in circumstances.

For the avoidance of doubt, the effects of replacing the original counterparty with a clearing counterparty and making the **AG113A** associated changes as described in paragraphs 91 (a) (ii) and 101 (a) (ii) shall be reflected in the measurement of the hedging instrument and therefore in the assessment of hedge effectiveness and the measurement of hedge effectiveness.

Bilanzierung der Absicherung des beizulegenden Zeitwerts zur Absicherung eines Portfolios gegen Zinsänderungsrisiken

A114 Für die Absicherung eines beizulegenden Zeitwerts gegen das mit einem Portfolio von finanziellen Vermögenswerten und Verbindlichkeiten verbundene Zinsänderungsrisiko wären die Anforderungen dieses Standards erfüllt, wenn das Unternehmen die unter den nachstehenden Punkten (a)–(i) und den Paragraphen A115–A132 dargelegten Verfahren einhält.

(a) Das Unternehmen identifiziert als Teil seines Risikomanagement-Prozesses ein Portfolio von Posten, deren Zinsänderungsrisiken abgesichert werden sollen. Das Portfolio kann nur Vermögenswerte, nur Verbindlichkeiten oder auch beides, Vermögenswerte und Verbindlichkeiten umfassen. Das Unternehmen kann zwei oder mehrere Portfolios bestimmen (seine zur Veräußerung verfügbaren Vermögenswerte können beispielsweise in einem gesonderten Portfolio zusammengefasst werden), wobei es die nachstehenden Anleitungen für jedes Portfolio gesondert anwendet.

(b) Das Unternehmen teilt das Portfolio nach Zinsanpassungsperioden auf, die nicht auf vertraglich fixierten, sondern vielmehr auf erwarteten Zinsanpassungsterminen basieren. Diese Aufteilung in Zinsanpassungsperioden kann auf verschiedene Weise durchgeführt werden, einschließlich in Form einer Aufstellung von Cashflows in den Perioden, in denen sie erwartungsgemäß anfallen, oder einer Aufstellung von nominalen Kapitalbeträgen in allen Perioden, bis zum erwarteten Zeitpunkt der Zinsanpassung.

(c) Auf Grundlage dieser Aufteilung legt das Unternehmen den Betrag fest, den es absichern möchte. Als Grundgeschäft bestimmt das Unternehmen aus dem identifizierten Portfolio einen Betrag von Vermögenswerten oder Verbindlichkeiten (jedoch keinen Nettobetrag), der dem abzusichernden Betrag entspricht. [...].

(d) Das Unternehmen bestimmt das abzusichernde Zinsänderungsrisiko. Dieses Risiko könnte einen Teil des Zinsänderungsrisikos jedes Postens innerhalb der abgesicherten Position darstellen, wie beispielsweise ein Richtzinssatz (z. B. LIBOR).

(e) Das Unternehmen bestimmt ein oder mehrere Sicherungsinstrumente für jede Zinsanpassungsperiode.

(f) Gemäß den zuvor erwähnten Einstufungen aus (c)–(e) beurteilt das Unternehmen zu Beginn und in den Folgeperioden, ob es die Sicherungsbeziehung innerhalb der für die Absicherung relevanten Periode als in hohem Maße wirksam einschätzt.

(g) Das Unternehmen bewertet regelmäßig die Änderung des beizulegenden Zeitwertes des Grundgeschäfts (wie unter (c) bestimmt), die auf das abgesicherte Risiko zurückzuführen ist (wie unter (d) bestimmt) [...]. Sofern bestimmt wird, dass die Sicherungsbeziehung zum Zeitpunkt ihrer Beurteilung gemäß der vom Unternehmen dokumentierten Methode zur Beurteilung der Wirksamkeit tatsächlich in hohem Maße wirksam war, erfasst das Unternehmen die Änderung des beizulegenden Zeitwertes des Grundgeschäfts erfolgswirksam im Gewinn oder Verlust und in einem der beiden Posten der Bilanz, wie im Paragraphen 89A beschrieben. Die Änderung des beizulegenden Zeitwertes braucht nicht einzelnen Vermögenswerten oder Verbindlichkeiten zugeordnet zu werden.

(h) Das Unternehmen bestimmt die Änderung des beizulegenden Zeitwerts des/der Sicherungsinstrument(s)e (wie unter (e) festgelegt) und erfasst sie im Gewinn oder Verlust als Gewinn oder Verlust. Der beizulegende Zeitwert des/der Sicherungsinstrument(s)e wird in der Bilanz als Vermögenswert oder Verbindlichkeit angesetzt.

(i) Jede Unwirksamkeit[6] wird im Gewinn oder Verlust als Differenz zwischen der Änderung des unter (g) erwähnten beizulegenden Zeitwertes und desjenigen unter (h) erwähnten erfasst.

A115 Nachstehend wird dieser Ansatz detaillierter beschrieben. Der Ansatz ist nur auf eine Absicherung des beizulegenden Zeitwertes gegen ein Zinsänderungsrisiko in Bezug auf ein Portfolio von finanziellen Vermögenswerten oder finanziellen Verbindlichkeiten anzuwenden.

A116 Das in Paragraph A114 (a) identifizierte Portfolio könnte Vermögenswerte und Verbindlichkeiten beinhalten. Alternativ könnte es sich auch um ein Portfolio handeln, das nur Vermögenswerte oder nur Verbindlichkeiten umfasst. Das Portfolio wird verwendet, um die Höhe der abzusichernden Vermögenswerte oder Verbindlichkeiten zu bestimmen. Das Portfolio als solches wird jedoch nicht als Grundgeschäft bestimmt.

A117 Bei der Anwendung von Paragraph A114 (b) legt das Unternehmen den erwarteten Zinsanpassungstermin eines Postens auf den früheren der Termine fest, wenn dieser Posten erwartungsgemäß fällig wird oder an die Marktzinsen angepasst wird. Die erwarteten Zinsanpassungstermine werden zu Beginn der Sicherungsbeziehung und während seiner Laufzeit geschätzt, sie basieren auf historischen Erfahrungen und anderen verfügbaren Informationen, einschließlich Informationen und Erwartungen über Vorfälligkeitsquoten, Zinssätze und die Wechselwirkung zwischen diesen. Ohne unternehmensspezifische Erfahrungswerte oder bei unzureichenden Erfahrungswerten verwenden Unternehmen die Erfahrungen vergleichbarer Unternehmen für vergleichbare Finanzinstrumente. Diese Schätzwerte werden regelmäßig überprüft und im Hinblick auf Erfahrungswerte angepasst. Im Falle eines festverzinslichen, vorzeitig rückzahlbaren Postens ist der erwartete Zinsanpassungstermin der Zeitpunkt, an dem die Rückzahlung erwartet wird, es sei denn, es findet zu einem früheren Zeitpunkt eine Zinsanpassung an Marktzinsen statt. Bei einer Gruppe von vergleichbaren Posten kann die Aufteilung in Perioden aufgrund von erwarteten Zinsanpassungsterminen in der Form durchgeführt werden, dass ein Pro-

---

6   Die gleichen Wesentlichkeitsüberlegungen gelten in diesem Zusammenhang wie auch im Rahmen aller IFRS.

Fair value hedge accounting for a portfolio hedge of interest rate risk

For a fair value hedge of interest rate risk associated with a portfolio of financial assets or financial liabilities, an entity **AG** would meet the requirements of this standard if it complies with the procedures set out in (a)—(i) and paragraphs **114** AG115—AG132 below.

(a) As part of its risk management process the entity identifies a portfolio of items whose interest rate risk it wishes to hedge. The portfolio may comprise only assets, only liabilities or both assets and liabilities. The entity may identify two or more portfolios (e.g. the entity may group its available-for-sale assets into a separate portfolio), in which case it applies the guidance below to each portfolio separately.

(b) The entity analyses the portfolio into repricing time periods based on expected, rather than contractual, repricing dates. The analysis into repricing time periods may be performed in various ways, including scheduling cash flows into the periods in which they are expected to occur, or scheduling notional principal amounts into all periods until repricing is expected to occur.

(c) On the basis of this analysis, the entity decides the amount it wishes to hedge. The entity designates as the hedged item an amount of assets or liabilities (but not a net amount) from the identified portfolio equal to the amount it wishes to designate as being hedged. [...].

(d) The entity designates the interest rate risk it is hedging. This risk could be a portion of the interest rate risk in each of the items in the hedged position, such as a benchmark interest rate (e.g. LIBOR).

(e) The entity designates one or more hedging instruments for each repricing time period.

(f) Using the designations made in (c)—(e) above, the entity assesses at inception and in subsequent periods, whether the hedge is expected to be highly effective during the period for which the hedge is designated.

(g) Periodically, the entity measures the change in the fair value of the hedged item (as designated in (c)) that is attributable to the hedged risk (as designated in (d)), [...]. Provided that the hedge is determined actually to have been highly effective when assessed using the entity's documented method of assessing effectiveness, the entity recognises the change in fair value of the hedged item as a gain or loss in profit or loss and in one of two line items in the statement of financial position as described in paragraph 89A. The change in fair value need not be allocated to individual assets or liabilities.

(h) The entity measures the change in fair value of the hedging instrument(s) (as designated in (e)) and recognises it as a gain or loss in profit or loss. The fair value of the hedging instrument(s) is recognised as an asset or liability in the statement of financial position.

(i) Any ineffectiveness[6] will be recognised in profit or loss as the difference between the change in fair value referred to in (g) and that referred to in (h).

This approach is described in more detail below. The approach shall be applied only to a fair value hedge of the interest **AG115** rate risk associated with a portfolio of financial assets or financial liabilities.

The portfolio identified in paragraph AG114 (a) could contain assets and liabilities. Alternatively, it could be a portfolio **AG116** containing only assets, or only liabilities. The portfolio is used to determine the amount of the assets or liabilities the entity wishes to hedge. However, the portfolio is not itself designated as the hedged item.

In applying paragraph AG114 (b), the entity determines the expected repricing date of an item as the earlier of the **AG117** dates when that item is expected to mature or to reprice to market rates. The expected repricing dates are estimated at the inception of the hedge and throughout the term of the hedge, based on historical experience and other available information, including information and expectations regarding prepayment rates, interest rates and the interaction between them. Entities that have no entity-specific experience or insufficient experience use peer group experience for comparable financial instruments. These estimates are reviewed periodically and updated in the light of experience. In the case of a fixed rate item that is prepayable, the expected repricing date is the date on which the item is expected to prepay unless it reprices to market rates on an earlier date. For a group of similar items, the analysis into time periods based on expected repricing dates may take the form of allocating a percentage of the group, rather than individual items, to each time period. An entity may apply other methodologies for such allocation purposes. For example, it may use a prepayment rate multiplier for allocating amortising loans to time periods based on expected repricing dates. However,

---

6 The same materiality considerations apply in this context as apply throughout IFRSs.

zentsatz der Gruppe und nicht einzelne Posten jeder Periode zugewiesen werden. Für solche Zuordnungszwecke dürfen auch andere Methoden verwendet werden. Für die Zuordnung von Tilgungsdarlehen auf Perioden, die auf erwarteten Zinsanpassungsterminen basieren, kann beispielsweise ein Multiplikator für Vorfälligkeitsquoten verwendet werden. Die Methode für eine solche Zuordnung hat jedoch in Übereinstimmung mit dem Risikomanagementverfahren und der -zielsetzung des Unternehmens zu erfolgen.

A118 Ein Beispiel für eine in Paragraph A114 (c) beschriebene Bestimmung: Wenn in einer bestimmten Zinsanpassungsperiode ein Unternehmen schätzt, dass es festverzinsliche Vermögenswerte von WE 100 und festverzinsliche Verbindlichkeiten von WE 80 hat und beschließt, die gesamte Nettoposition von WE 20 abzusichern, so bestimmt es Vermögenswerte in Höhe von WE 20 (einen Teil der Vermögenswerte) als Grundgeschäft.[7] Die Bestimmung wird vorwiegend als „Betrag einer Währung" (z. B. ein Betrag in Dollar, Euro, Pfund oder Rand) und nicht als einzelne Vermögenswerte bezeichnet. Daraus folgt, dass alle Vermögenswerte (oder Verbindlichkeiten), aus denen der abgesicherte Betrag resultiert, d. h. im vorstehenden Beispiel alle Vermögenswerte von WE 100, folgende Kriterien erfüllen müssen: Posten, deren beizulegender Zeitwerte sich bei Änderung der abgesicherten Zinssätze ändern [...].

A119 Das Unternehmen hat auch die anderen in Paragraph 88 (a) aufgeführten Anforderungen zur Bestimmung und Dokumentation zu erfüllen. Die Unternehmenspolitik bezüglich aller Faktoren, die zur Identifizierung des abzusichernden Betrags und zur Beurteilung der Wirksamkeit verwendet werden, wird bei einer Absicherung eines Portfolios gegen Zinsänderungsrisiken durch die Bestimmung und Dokumentation festgelegt. Folgende Faktoren sind eingeschlossen:

(a) welche Vermögenswerte und Verbindlichkeiten in eine Absicherung des Portfolios einzubeziehen sind und auf welcher Basis sie aus dem Portfolio entfernt werden können.

(b) wie Zinsanpassungstermine geschätzt werden, welche Annahmen von Zinssätzen den Schätzungen von Vorfälligkeitsquoten unterliegen und welches die Basis für die Änderung dieser Schätzungen ist. Dieselbe Methode wird sowohl für die erstmaligen Schätzungen, die zu dem Zeitpunkt erfolgen, wenn ein Vermögenswert oder eine Verbindlichkeit in das gesicherte Portfolio eingebracht wird, als auch für alle späteren Korrekturen dieser Schätzwerte verwendet.

(c) die Anzahl und Dauer der Zinsanpassungsperioden.

(d) wie häufig das Unternehmen die Wirksamkeit überprüfen wird [...].

(e) die verwendete Methode, um den Betrag der Vermögenswerte oder Verbindlichkeiten, die als Grundgeschäft eingesetzt werden, zu bestimmen [...].

(f) [...]. ob das Unternehmen die Wirksamkeit für jede Zinsanpassungsperiode einzeln prüfen wird, für alle Perioden gemeinsam oder eine Kombination von beidem durchführen wird.

Die für die Bestimmung und Dokumentation der Sicherungsbeziehung festgelegten Methoden haben den Risikomanagementverfahren und der -zielsetzung des Unternehmens zu entsprechen. Die Methoden sind nicht willkürlich zu ändern. Sie müssen auf Grundlage der Änderungen der Bedingungen am Markt und anderer Faktoren gerechtfertigt sein und auf den Risikomanagementverfahren und der -zielsetzung des Unternehmens beruhen und mit diesen in Einklang stehen.

A120 Das Sicherungsinstrument, auf das in Paragraph A114 (e) verwiesen wird, kann ein einzelnes Derivat oder ein Portfolio von Derivaten sein, die alle dem nach Paragraph A114 (d) bestimmten gesicherten Zinsänderungsrisiko ausgesetzt sind (z. B. ein Portfolio von Zinsswaps die alle dem Risiko des LIBOR ausgesetzt sind). Ein solches Portfolio von Derivaten kann kompensierende Risikopositionen enthalten. Es kann jedoch keine geschriebenen Optionen oder geschriebenen Nettooptionen enthalten, weil der Standard[8] nicht zulässt, dass solche Optionen als Sicherungsinstrumente eingesetzt werden (außer wenn eine geschriebene Option als Kompensation für eine Kaufoption eingesetzt wird). Wenn das Sicherungsinstrument den nach Paragraph A114 (c) bestimmten Betrag für mehr als eine Zinsanpassungsperiode absichert, wird er allen abzusichernden Perioden zugeordnet. Das gesamte Sicherungsinstrument muss jedoch diesen Zinsanpassungsperioden zugeordnet werden, da der Standard[9] untersagt, eine Sicherungsbeziehung nur für einen Teil der Zeit, in der das Sicherungsinstrument in Umlauf ist, einzusetzen.

A121 Bewertet ein Unternehmen die Änderung des beizulegenden Zeitwerts eines vorzeitig rückzahlbaren Postens gemäß Paragraph A114 (g), wird der beizulegende Zeitwert des vorzeitig rückzahlbaren Postens auf zwei Arten durch die Änderung des Zinssatzes beeinflusst: Sie beeinflusst den beizulegenden Zeitwert der vertraglichen Cashflows und den beizulegenden Zeitwert der Vorfälligkeitsoption, die in dem vorzeitig rückzahlbarem Posten enthalten ist. Paragraph 81 des Standards gestattet einem Unternehmen, einen Teil eines finanziellen Vermögenswertes oder einer finanziellen Verbindlichkeit, der einem gemeinsamen Risiko ausgesetzt ist, als Grundgeschäft zu bestimmen, sofern die Wirksamkeit bewertet werden kann. [...].

A122 Der Standard gibt nicht die zur Bestimmung des in Paragraph A114 (g) genannten Betrags verwendeten Methoden vor, insbesondere nicht zur Änderung des beizulegenden Zeitwertes des Grundgeschäfts, das dem abgesicherten Risiko zuzuordnen ist. [...]. Es ist unangebracht zu vermuten, dass Änderungen des beizulegenden Zeitwertes des Grundgeschäfts den Änderungen des Sicherungsinstruments wertmäßig gleichen.

---

7 Dieser Standard erlaubt einem Unternehmen, jeden Betrag verfügbarer, qualifizierender Vermögenswerten oder Verbindlichkeiten zu bestimmen, d. h in diesem Beispiel jeden Betrag von Vermögenswerten zwischen WE 0 und WE 100.

8 Siehe Paragraphen 77 und A94

9 Siehe Paragraph 75

the methodology for such an allocation shall be in accordance with the entity's risk management procedures and objectives.

As an example of the designation set out in paragraph AG114 (c), if in a particular repricing time period an entity esti- **AG118** mates that it has fixed rate assets of CU100 and fixed rate liabilities of CU80 and decides to hedge all of the net position of CU20, it designates as the hedged item assets in the amount of CU20 (a portion of the assets)[7] The designation is expressed as an 'amount of a currency' (e.g. an amount of dollars, euro, pounds or rand) rather than as individual assets. It follows that all of the assets (or liabilities) from which the hedged amount is drawn — i.e. all of the CU100 of assets in the above example — must be items whose fair value changes in response to changes in the interest rate being hedged [...].

The entity also complies with the other designation and documentation requirements set out in paragraph 88 (a). For a **AG119** portfolio hedge of interest rate risk, this designation and documentation specifies the entity's policy for all of the variables that are used to identify the amount that is hedged and how effectiveness is measured, including the following:
(a) which assets and liabilities are to be included in the portfolio hedge and the basis to be used for removing them from the portfolio;
(b) how the entity estimates repricing dates, including what interest rate assumptions underlie estimates of prepayment rates and the basis for changing those estimates. The same method is used for both the initial estimates made at the time an asset or liability is included in the hedged portfolio and for any later revisions to those estimates;
(c) the number and duration of repricing time periods;
(d) how often the entity will test effectiveness [...];
(e) the methodology used by the entity to determine the amount of assets or liabilities that are designated as the hedged item [...];
(f) [...]. whether the entity will test effectiveness for each repricing time period individually, for all time periods in aggregate, or by using some combination of the two.
The policies specified in designating and documenting the hedging relationship shall be in accordance with the entity's risk management procedures and objectives. Changes in policies shall not be made arbitrarily. They shall be justified on the basis of changes in market conditions and other factors and be founded on and consistent with the entity's risk management procedures and objectives.

The hedging instrument referred to in paragraph AG114 (e) may be a single derivative or a portfolio of derivatives all of **AG120** which contain exposure to the hedged interest rate risk designated in paragraph AG114 (d) (e.g. a portfolio of interest rate swaps all of which contain exposure to LIBOR). Such a portfolio of derivatives may contain offsetting risk positions. However, it may not include written options or net written options, because the standard[8] does not permit such options to be designated as hedging instruments (except when a written option is designated as an offset to a purchased option). If the hedging instrument hedges the amount designated in paragraph AG114 (c) for more than one repricing time period, it is allocated to all of the time periods that it hedges. However, the whole of the hedging instrument must be allocated to those repricing time periods because the standard[9] does not permit a hedging relationship to be designated for only a portion of the time period during which a hedging instrument remains outstanding.

When the entity measures the change in the fair value of a prepayable item in accordance with paragraph AG114 (g), a **AG121** change in interest rates affects the fair value of the prepayable item in two ways: it affects the fair value of the contractual cash flows and the fair value of the prepayment option that is contained in a prepayable item. Paragraph 81 of the standard permits an entity to designate a portion of a financial asset or financial liability, sharing a common risk exposure, as the hedged item, provided effectiveness can be measured. [...].

The standard does not specify the techniques used to determine the amount referred to in paragraph AG114 (g), namely **AG122** the change in the fair value of the hedged item that is attributable to the hedged risk. [...]. It is not appropriate to assume that changes in the fair value of the hedged item equal changes in the value of the hedging instrument.

---

7 The standard permits an entity to designate any amount of the available qualifying assets or liabilities, i.e. in this example any amount of assets between CU0 and CU100.
8 See paragraphs 77 and AG94.
9 See paragraph 75.

A123 Wenn das Grundgeschäft für eine bestimmte Zinsanpassungsperiode ein Vermögenswert ist, verlangt Paragraph 89A, dass die Änderung seines Wertes in einem gesonderten Posten innerhalb der Vermögenswerte dargestellt wird. Wenn dagegen das Grundgeschäft für eine bestimmte Zinsanpassungsperiode eine Verbindlichkeit ist, wird die Änderung ihres Wertes in einem gesonderten Posten innerhalb der Verbindlichkeiten dargestellt. Hierbei handelt es sich um die gesonderten Posten, auf die sich Paragraph A114 (g) bezieht. Eine detaillierte Zuordnung zu einzelnen Vermögenswerten (oder Verbindlichkeiten) wird nicht verlangt.

A124 Paragraph A114 (i) weist darauf hin, dass Unwirksamkeit in dem Maße auftritt, in dem die Änderung des beizulegenden Zeitwertes des dem gesicherten Risiko zuzurechnenden Grundgeschäfts sich von der Änderung des beizulegenden Zeitwertes des Sicherungsderivats unterscheidet. Eine solche Differenz kann aus verschiedenen Gründen auftreten, u. a.:
  (a) [...];
  (b) Posten aus dem gesicherten Portfolio wurden wertgemindert oder ausgebucht;
  (c) die Zahlungstermine des Sicherungsinstruments und des Grundgeschäfts sind verschieden; und
  (d) andere Gründe [...].
Eine solche Unwirksamkeit[10] ist zu identifizieren und erfolgswirksam zu erfassen.

A125 Die Wirksamkeit der Absicherung wird im Allgemeinen verbessert:
  (a) wenn das Unternehmen die Posten mit verschiedenen Rückzahlungseigenschaften auf eine Art aufteilt, die die Verhaltensunterschiede vor vorzeitigen Rückzahlungen berücksichtigt.
  (b) wenn die Anzahl der Posten im Portfolio größer ist. Wenn nur wenige Posten zu dem Portfolio gehören, ist eine relativ hohe Unwirksamkeit wahrscheinlich, wenn bei einem der Posten eine Vorauszahlung früher oder später als erwartet erfolgt. Wenn dagegen das Portfolio viele Posten umfasst, kann das Verhalten von Vorauszahlungen genauer vorausgesagt werden.
  (c) wenn die verwendeten Zinsanpassungsperioden kürzer sind (z. B. Zinsanpassungsperioden von 1 Monat anstelle von 3 Monaten) Kürzere Zinsanpassungsperioden verringern den Effekt von Inkongruenz zwischen dem Zinsanpassungs- und dem Zahlungstermin (innerhalb der Zinsanpassungsperioden) des Grundgeschäfts und des Sicherungsinstruments.
  (d) je größer die Häufigkeit ist, mit der der Betrag des Sicherungsinstruments angepasst wird, um Änderungen des Grundgeschäfts widerzuspiegeln (z. B. aufgrund von Änderungen der Erwartungen bei den vorzeitigen Rückzahlungen).

A126 Ein Unternehmen überprüft regelmäßig die Wirksamkeit. [...]

A127 Bei der Bewertung der Wirksamkeit unterscheidet das Unternehmen zwischen Überarbeitungen der geschätzten Zinsanpassungstermine der bestehenden Vermögenswerte (oder Verbindlichkeiten) und der Emission neuer Vermögenswerte (oder Verbindlichkeiten), wobei nur erstere Unwirksamkeit auslösen. [...]. Sobald eine Unwirksamkeit, wie zuvor erwähnt, erfasst wurde, erstellt das Unternehmen für jede Zinsanpassungsperiode eine neue Schätzung der gesamten Vermögenswerte (oder Verbindlichkeiten),wobei neue Vermögenswerte (oder Verbindlichkeiten), die seit der letzten Überprüfung der Wirksamkeit emittiert wurden, einbezogen werden, und bestimmt einen neuen Betrag für das Grundgeschäft und einen neuen Prozentsatz für die Absicherung. [...].

A128 Posten, die ursprünglich in eine Zinsanpassungsperiode aufgeteilt wurden, können ausgebucht sein, da vorzeitige Rückzahlungen oder Abschreibungen aufgrund von Wertminderung oder Verkauf früher als erwartet stattfanden. In diesem Falle ist der Änderungsbetrag des beizulegenden Zeitwerts des gesonderten Postens (siehe Paragraph A114 (g)), der sich auf den ausgebuchten Posten bezieht, aus der Bilanz zu entfernen und in den Gewinn oder Verlust, der bei der Ausbuchung des Postens entsteht, einzubeziehen. Zu diesem Zweck ist es notwendig, die Zinsanpassungsperiode(n) zu kennen, der der ausgebuchte Posten zugeteilt war, um ihn aus dieser/diesen zu entfernen und um folglich den Betrag aus dem gesonderten Posten (siehe Paragraph A114 (g)) zu entfernen. Wenn bei der Ausbuchung eines Postens die Zinsanpassungsperiode bestimmt werden kann, zu der er gehörte, wird er aus dieser Periode entfernt. Ist dies nicht möglich, wird er aus der frühesten Periode entfernt, wenn die Ausbuchung aufgrund höher als erwarteter vorzeitiger Rückzahlungen stattfand, oder allen Perioden zugeordnet, die den ausgebuchten Posten in einer systematischen und vernünftigen Weise enthalten, sofern der Posten verkauft oder wertgemindert wurde.

A129 Jeder sich auf eine bestimmte Periode beziehender Betrag, der bei Ablauf der Periode nicht ausgebucht wurde, wird im Gewinn oder Verlust für diesen Zeitraum erfasst (siehe Paragraph 89A). [...].

A130 [...].

A131 Wenn der gesicherte Betrag für die Zinsanpassungsperiode verringert wird, ohne dass die zugehörigen Vermögenswerte (oder Verbindlichkeiten) ausgebucht werden, ist der zu der Wertminderung gehörende Betrag, der in dem gesonderten Posten, wie in Paragraph A114 (g) beschrieben, enthalten ist, gemäß Paragraph 92 abzuschreiben.

A132 Ein Unternehmen möchte eventuell den in den Paragraphen A114–A131 dargelegten Ansatz auf die Absicherung eines Portfolios, das zuvor als Absicherung von Zahlungsströmen gemäß IAS 39 bilanziert wurde, anwenden. Dieses Unterneh-

---

10 Die gleichen Wesentlichkeitsüberlegungen gelten in diesem Zusammenhang wie auch im Rahmen aller IFRS.

Paragraph 89A requires that if the hedged item for a particular repricing time period is an asset, the change in its value is presented in a separate line item within assets. Conversely, if the hedged item for a particular repricing time period is a liability, the change in its value is presented in a separate line item within liabilities. These are the separate line items referred to in paragraph AG114 (g). Specific allocation to individual assets (or liabilities) is not required.

Paragraph AG114 (i) notes that ineffectiveness arises to the extent that the change in the fair value of the hedged item **AG124** that is attributable to the hedged risk differs from the change in the fair value of the hedging derivative. Such a difference may arise for a number of reasons, including:
(a)   [...];
(b)   items in the hedged portfolio becoming impaired or being derecognised;
(c)   the payment dates of the hedging instrument and the hedged item being different; and
(d)   other causes [...].
Such ineffectiveness[10] shall be identified and recognised in profit or loss.

Generally, the effectiveness of the hedge will be improved: **AG125**
(a)   if the entity schedules items with different prepayment characteristics in a way that takes account of the differences in prepayment behaviour;
(b)   when the number of items in the portfolio is larger. When only a few items are contained in the portfolio, relatively high ineffectiveness is likely if one of the items prepays earlier or later than expected. Conversely, when the portfolio contains many items, the prepayment behaviour can be predicted more accurately;
(c)   when the repricing time periods used are narrower (e.g. 1-month as opposed to 3-month repricing time periods). Narrower repricing time periods reduce the effect of any mismatch between the repricing and payment dates (within the repricing time period) of the hedged item and those of the hedging instrument;
(d)   the greater the frequency with which the amount of the hedging instrument is adjusted to reflect changes in the hedged item (e.g. because of changes in prepayment expectations).

An entity tests effectiveness periodically. [...] **AG126**

When measuring effectiveness, the entity distinguishes revisions to the estimated repricing dates of existing assets (or **AG127** liabilities) from the origination of new assets (or liabilities), with only the former giving rise to ineffectiveness. [...]. Once ineffectiveness has been recognised as set out above, the entity establishes a new estimate of the total assets (or liabilities) in each repricing time period, including new assets (or liabilities) that have been originated since it last tested effectiveness, and designates a new amount as the hedged item and a new percentage as the hedged percentage. [...]

Items that were originally scheduled into a repricing time period may be derecognised because of earlier than expected **AG128** prepayment or write-offs caused by impairment or sale. When this occurs, the amount of change in fair value included in the separate line item referred to in paragraph AG114 (g) that relates to the derecognised item shall be removed from the statement of financial position, and included in the gain or loss that arises on derecognition of the item. For this purpose, it is necessary to know the repricing time period(s) into which the derecognised item was scheduled, because this determines the repricing time period(s) from which to remove it and hence the amount to remove from the separate line item referred to in paragraph AG114 (g). When an item is derecognised, if it can be determined in which time period it was included, it is removed from that time period. If not, it is removed from the earliest time period if the derecognition resulted from higher than expected prepayments, or allocated to all time periods containing the derecognised item on a systematic and rational basis if the item was sold or became impaired.

In addition, any amount relating to a particular time period that has not been derecognised when the time period expires **AG129** is recognised in profit or loss at that time (see paragraph 89A). [...]

[...]. **AG130**

If the hedged amount for a repricing time period is reduced without the related assets (or liabilities) being derecognised, **AG131** the amount included in the separate line item referred to in paragraph AG114 (g) that relates to the reduction shall be amortised in accordance with paragraph 92.

An entity may wish to apply the approach set out in paragraphs AG114—AG131 to a portfolio hedge that had previously **AG132** been accounted for as a cash flow hedge in accordance with IAS 39. Such an entity would revoke the previous designation

---

10   The same materiality considerations apply in this context as apply throughout IFRSs.

men würde den vorherigen Einsatz der Absicherung von Zahlungsströmen gemäß Paragraph 101 (d) rückgängig machen und die Anforderungen dieses Paragraphen anwenden. Es würde gleichzeitig das Sicherungsgeschäft als Absicherung des beizulegenden Zeitwertes neu bestimmen und den in den Paragraphen A114–A131 beschriebenen Ansatz prospektiv auf die nachfolgenden Bilanzierungsperioden anwenden.

ÜBERGANG (Paragraphen 103–108B)

A133   Ein Unternehmen kann eine künftige konzerninterne Transaktion als ein gesichertes Grundgeschäft zu Beginn eines Geschäftsjahres, das am oder nach dem 1. Januar 2005 beginnt (oder im Sinne einer Anpassung der Vergleichsinformationen zu Beginn einer früheren Vergleichsperiode), im Rahmen eines Sicherungsgeschäfts designiert haben, das die Voraussetzungen für eine Bilanzierung als Sicherungsbeziehung gemäß diesem Standard erfüllt (im Rahmen der Änderung des letzten Satzes von Paragraph 80). Ein solches Unternehmen kann diese Einstufung dazu nutzen, die Bilanzierung von Sicherungsgeschäften auf den Konzernabschluss ab Beginn des Geschäftsjahres anzuwenden, das am oder nach dem 1. Januar 2005 beginnt (oder zu Beginn einer früheren Vergleichsperiode). Ein solches Unternehmen hat ebenso die Paragraphen A99A und A99B ab Beginn des Geschäftsjahres anzuwenden, das am oder nach dem 1. Januar 2005 beginnt. Gemäß Paragraph 108B hat es jedoch Paragraph A99B nicht auf Vergleichsinformationen für frühere Perioden anzuwenden.

of a cash flow hedge in accordance with paragraph 101 (d), and apply the requirements set out in that paragraph. It would also redesignate the hedge as a fair value hedge and apply the approach set out in paragraphs AG114—AG131 prospectively to subsequent accounting periods.

TRANSITION (paragraphs 103—108b)

AG133 An entity may have designated a forecast intragroup transaction as a hedged item at the start of an annual period beginning on or after 1 January 2005 (or, for the purpose of restating comparative information, the start of an earlier comparative period) in a hedge that would qualify for hedge accounting in accordance with this standard (as amended by the last sentence of paragraph 80). Such an entity may use that designation to apply hedge accounting in consolidated financial statements from the start of the annual period beginning on or after 1 January 2005 (or the start of the earlier comparative period). Such an entity shall also apply paragraphs AG99A and AG99B from the start of the annual period beginning on or after 1 January 2005. However, in accordance with paragraph 108B, it need not apply paragraph AG99B to comparative information for earlier periods.

INTERNATIONAL ACCOUNTING STANDARD 40

Als Finanzinvestition gehaltene Immobilien

ZIELSETZUNG

1 Die Zielsetzung dieses Standards ist die Regelung der Bilanzierung für als Finanzinvestition gehaltene Immobilien und die damit verbundenen Angabeerfordernisse.

ANWENDUNGSBEREICH

2 Dieser Standard ist für den Ansatz und die Bewertung von als Finanzinvestition gehaltenen Immobilien sowie für die Angaben zu diesen Immobilien anzuwenden.

3 Dieser Standard bezieht sich u. a. auf die Bewertung von als Finanzinvestition gehaltenen Immobilien im Abschluss eines Leasingnehmers, die als Finanzierungsleasingverhältnis bilanziert werden, sowie die Bewertung als Finanzinvestition gehaltener Immobilien im Abschluss eines Leasinggebers, die im Rahmen eines OperatingLeasingverhältnisses an einen Leasingnehmer vermietet wurden. Dieser Standard regelt keine Sachverhalte, die in IAS 17 *Leasingverhältnisse* behandelt werden, einschließlich

(a) der Einstufung der Leasingverhältnisse als Finanzierungs- oder Operating-Leasingverhältnisse;

(b) der Erfassung von Leasingerträgen aus als Finanzinvestition gehaltenen Immobilien (siehe auch IAS 18 *Umsatzerlöse*);

(c) der Bewertung geleaster Immobilien, die als Operating-Leasingverhältnis bilanziert werden, im Abschluss eines Leasingnehmers,;

(d) der Bewertung der Nettoinvestition in ein Finanzierungsleasingverhältnis im Abschluss eines Leasinggebers;

(e) der Bilanzierung von Sale-and-leaseback-Transaktionen; und

(f) der Angaben über Finanzierungs- und Operating-Leasingverhältnisse.

4 Dieser Standard ist nicht anwendbar auf:

(a) biologische Vermögenswerte, die mit landwirtschaftlicher Tätigkeit im Zusammenhang stehen (siehe IAS 41 *Landwirtschaft* und IAS 16 *Sachanlagen*); und

(b) Abbau- und Schürfrechte sowie Bodenschätze wie Öl, Erdgas und ähnliche nicht-regenerative Ressourcen.

INTERNATIONAL ACCOUNTING STANDARD 40

Investment property

SUMMARY

OBJECTIVE

The objective of this standard is to prescribe the accounting treatment for investment property and related disclosure **1** requirements.

SCOPE

This standard shall be applied in the recognition, measurement and disclosure of investment property. **2**

Among other things, this standard applies to the measurement in a lessee's financial statements of investment property **3** interests held under a lease accounted for as a finance lease and to the measurement in a lessor's financial statements of investment property provided to a lessee under an operating lease. This standard does not deal with matters covered in IAS 17 *Leases*, including:
(a) classification of leases as finance leases or operating leases;
(b) recognition of lease income from investment property (see also IAS 18 *Revenue*);
(c) measurement in a lessee's financial statements of property interests held under a lease accounted for as an operating lease;
(d) measurement in a lessor's financial statements of its net investment in a finance lease;
(e) accounting for sale and leaseback transactions; and
(f) disclosure about finance leases and operating leases.

This standard does not apply to: **4**
(a) biological assets related to agricultural activity (see IAS 41 *Agriculture* and IAS 16 *Property, Plant and Equipment*); and
(b) mineral rights and mineral reserves such as oil, natural gas and similar non-regenerative resources.

DEFINITIONEN

5 Die folgenden Begriffe werden in diesem Standard mit der angegebenen Bedeutung verwendet:

Der *Buchwert* ist der Betrag, mit dem ein Vermögenswert in der Bilanz erfasst wird.

Anschaffungs- oder Herstellungskosten sind der zum Erwerb oder zur Herstellung eines Vermögenswerts entrichtete Betrag an Zahlungsmitteln oder Zahlungsmitteläquivalenten oder der beizulegende Zeitwert einer anderen Entgeltform zum Zeitpunkt des Erwerbs oder der Herstellung oder, falls zutreffend, der Betrag, der diesem Vermögenswert beim erstmaligen Ansatz gemäß den besonderen Bestimmungen anderer IFRS, wie IFRS 2 *Anteilsbasierte Vergütung,* beigelegt wird.

Der *beizulegende Zeitwert* ist der Preis, der in einem geordneten Geschäftsvorfall zwischen Marktteilnehmern am Bemessungsstichtag für den Verkauf eines Vermögenswerts eingenommen bzw. für die Übertragung einer Schuld gezahlt würde. (Siehe IFRS 13 *Bemessung des beizulegenden Zeitwerts*.)

Als Finanzinvestition gehaltene Immobilien sind Immobilien (Grundstücke oder Gebäude – oder Teile von Gebäuden – oder beides), die (vom Eigentümer oder vom Leasingnehmer im Rahmen eines Finanzierungsleasingverhältnisses) zur Erzielung von Mieteinnahmen und/oder zum Zwecke der Wertsteigerung gehalten werden und nicht

(a) zur Herstellung oder Lieferung von Gütern bzw. zur Erbringung von Dienstleistungen oder für Verwaltungszwecke; oder

(b) im Rahmen der gewöhnlichen Geschäftstätigkeit des Unternehmens verkauft werden.

Vom Eigentümer selbst genutzte Immobilien sind Immobilien, die (vom Eigentümer oder vom Leasingnehmer im Rahmen eines Finanzierungsleasingverhältnisses) zum Zwecke der Herstellung oder der Lieferung von Gütern bzw. der Erbringung von Dienstleistungen oder für Verwaltungszwecke gehalten werden.

Einstufung einer Immobilie als Finanzinvestition oder als vom Eigentümer selbstgenutzte Immobilie

6 **Eine von einem Leasingnehmer im Rahmen eines Operating-Leasingverhältnisses gehaltene *Immobilie* kann dann, und nur dann als eine als Finanzinvestition gehaltene Immobilie eingestuft und bilanziert werden, wenn diese Immobilie ansonsten die Definition von als Finanzinvestition gehaltenen Immobilien erfüllen würde und der Leasingnehmer auf den erfassten Vermögenswert das in den Paragraphen 33–55 beschriebene Modell des beizulegenden Zeitwerts anwendet. Diese alternative Einstufung kann für jede Immobilie einzeln gewählt werden. Sobald die alternative Einstufung jedoch für eine im Rahmen eines Operating-Leasingverhältnisses gehaltene Immobilie gewählt wurde, sind alle als Finanzinvestition gehaltenen Immobilien nach dem Modell des beizulegenden Zeitwertes zu bilanzieren. Bei Wahl dieser alternativen Einstufung ist jede so eingestufte Immobilie in die Angaben nach den Paragraphen 74–78 einzubeziehen.**

7 Als Finanzinvestition gehaltene Immobilien werden zur Erzielung von Mieteinnahmen und/oder zum Zwecke der Wertsteigerung gehalten. Daher erzeugen als Finanzinvestition gehaltene Immobilien Cashflows, die weitgehend unabhängig von den anderen vom Unternehmen gehaltenen Vermögenswerten anfallen. Darin unterscheiden sich als Finanzinvestition gehaltene Immobilien von vom Eigentümer selbst genutzten Immobilien. Die Herstellung oder die Lieferung von Gütern bzw. die Erbringung von Dienstleistungen (oder die Nutzung der Immobilien für Verwaltungszwecke) führt zu Cashflows, die nicht nur den als Finanzinvestition gehaltenen Immobilien, sondern auch anderen Vermögenswerten, die im Herstellungs- oder Lieferprozess genutzt werden, zuzurechnen sind. IAS 16 ist auf die vom Eigentümer selbst genutzten Immobilien anzuwenden.

8 Beispiele für als Finanzinvestition gehaltene Immobilien sind:

(a) Grundstücke, die langfristig zum Zwecke der Wertsteigerung und nicht kurzfristig zum Verkauf im Rahmen der gewöhnlichen Geschäftstätigkeit gehalten werden;

(b) Grundstücke, die für eine gegenwärtig unbestimmte künftige Nutzung gehalten werden. (Legt ein Unternehmen nicht fest, ob das Grundstück zur Selbstnutzung oder kurzfristig zum Verkauf im Rahmen der gewöhnlichen Geschäftstätigkeit gehalten wird, ist das Grundstück als zum Zwecke der Wertsteigerung gehalten zu behandeln);

(c) ein Gebäude, welches sich im Besitz des Unternehmens befindet (oder vom Unternehmen im Rahmen eines Finanzierungsleasingverhältnisses gehalten wird) und im Rahmen eines oder mehrerer Operating-Leasingverhältnisse vermietet wird;

(d) ein leer stehendes Gebäude, welches zur Vermietung im Rahmen eines oder mehrerer Operating-Leasingverhältnisse gehalten wird.

(e) Immobilien, die für die künftige Nutzung als Finanzinvestition erstellt oder entwickelt werden.

9 Beispiele, die keine als Finanzinvestition gehaltenen Immobilien darstellen und daher nicht in den Anwendungsbereich dieses Standards fallen, sind:

(a) Immobilien, die zum Verkauf im Rahmen der gewöhnlichen Geschäftstätigkeit oder des Erstellungs- oder Entwicklungsprozesses für einen solchen Verkauf beabsichtigt sind (siehe IAS 2 *Vorräte),* beispielsweise Immobilien, die ausschließlich zum Zwecke der Weiterveräußerung in naher Zukunft oder für die Entwicklung und den Weiterverkauf erworben wurden;

(b) für Dritte erstellte oder entwickelte Immobilien (siehe IAS 11 *Fertigungsaufträge);*

DEFINITIONS

The following terms are used in this standard with the meanings specified:

Carrying amount is the amount at which an asset is recognised in the statement of financial position.

Cost is the amount of cash or cash equivalents paid or the fair value of other consideration given to acquire an asset at the time of its acquisition or construction or, where applicable, the amount attributed to that asset when initially recognised in accordance with the specific requirements of other IFRSs, e.g. IFRS 2 *Share-based payment.*

Fair value is the price that would be received to sell an asset or paid to transfer a liability in an orderly transaction between market participants at the measurement date. (See IFRS 13 *Fair Value Measurement.*)

Investment property is property (land or a building — or part of a building — or both) held (by the owner or by the lessee under a finance lease) to earn rentals or for capital appreciation or both, rather than for:

(a) use in the production or supply of goods or services or for administrative purposes; or

(b) sale in the ordinary course of business.

Owner-occupied property is property held (by the owner or by the lessee under a finance lease) for use in the production or supply of goods or services or for administrative purposes.

Classification of property as investment property or owner-occupied property

A *property interest* that is held by a lessee under an operating lease may be classified and accounted for as investment property if, and only if, the property would otherwise meet the definition of an investment property and the lessee uses the fair value model set out in paragraphs 33—55 for the asset recognised. This classification alternative is available on a property-by-property basis. However, once this classification alternative is selected for one such property interest held under an operating lease, all property classified as investment property shall be accounted for using the fair value model. When this classification alternative is selected, any interest so classified is included in the disclosures required by paragraphs 74—78.   6

Investment property is held to earn rentals or for capital appreciation or both. Therefore, an investment property generates cash flows largely independently of the other assets held by an entity. This distinguishes investment property from owner-occupied property. The production or supply of goods or services (or the use of property for administrative purposes) generates cash flows that are attributable not only to property, but also to other assets used in the production or supply process. IAS 16 applies to owner-occupied property.   7

The following are examples of investment property: 8

(a) land held for long-term capital appreciation rather than for short-term sale in the ordinary course of business;

(b) land held for a currently undetermined future use. (If an entity has not determined that it will use the land as owner-occupied property or for short-term sale in the ordinary course of business, the land is regarded as held for capital appreciation;)

(c) a building owned by the entity (or held by the entity under a finance lease) and leased out under one or more operating leases;

(d) a building that is vacant but is held to be leased out under one or more operating leases.

(e) property that is being constructed or developed for future use as investment property.

The following are examples of items that are not investment property and are therefore outside the scope of this Standard: 9

(a) property intended for sale in the ordinary course of business or in the process of construction or development for such sale (see IAS 2 *Inventories),* for example, property acquired exclusively with a view to subsequent disposal in the near future or for development and resale;

(b) property being constructed or developed on behalf of third parties (see IAS 11 *Construction contracts);*

(c) vom Eigentümer selbst genutzte Immobilien (siehe IAS 16), einschließlich (neben anderen) der Immobilien, die künftig vom Eigentümer selbst genutzt werden sollen, Immobilien, die für die zukünftige Entwicklung und anschließende Selbstnutzung gehalten werden, von Arbeitnehmern genutzte Immobilien (unabhängig davon, ob die Arbeitnehmer einen marktgerechten Mietzins zahlen oder nicht) und vom Eigentümer selbst genutzte Immobilien, die zur Weiterveräußerung bestimmt sind;

(d) [gestrichen]

(e) Immobilien, die im Rahmen eines Finanzierungsleasingverhältnisses an ein anderes Unternehmen vermietet wurden.

10 Einige Immobilien werden teilweise zur Erzielung von Mieteinnahmen oder zum Zwecke der Wertsteigerung und teilweise zum Zwecke der Herstellung oder Lieferung von Gütern bzw. der Erbringung von Dienstleistungen oder für Verwaltungszwecke gehalten. Wenn diese Teile gesondert verkauft (oder im Rahmen eines Finanzierungsleasingverhältnisses gesondert vermietet) werden können, bilanziert das Unternehmen diese Teile getrennt. Können die Teile nicht gesondert verkauft werden, stellen die gehaltenen Immobilien nur dann eine Finanzinvestition dar, wenn der Anteil, der für Zwecke der Herstellung oder Lieferung von Gütern bzw. Erbringung von Dienstleistungen oder für Verwaltungszwecke gehalten wird, unbedeutend ist.

11 In einigen Fällen bietet ein Unternehmen den Mietern von ihm gehaltener Immobilien Nebenleistungen an. Ein Unternehmen behandelt solche Immobilien dann als Finanzinvestition, wenn die Leistungen für die Vereinbarung insgesamt unbedeutend sind. Ein Beispiel hierfür sind Sicherheits- und Instandhaltungsleistungen seitens des Eigentümers eines Verwaltungsgebäudes für die das Gebäude nutzenden Mieter.

12 In anderen Fällen sind die erbrachten Leistungen wesentlich. Besitzt und führt ein Unternehmen beispielsweise ein Hotel, ist der den Gästen angebotene Service von wesentlicher Bedeutung für die gesamte Vereinbarung. Daher ist ein vom Eigentümer geführtes Hotel eine vom Eigentümer selbst genutzte und keine als Finanzinvestition gehaltene Immobilie.

13 Die Bestimmung, ob die Nebenleistungen so bedeutend sind, dass Immobilien nicht die Kriterien einer Finanzinvestition erfüllen, kann schwierig sein. Beispielsweise überträgt der Hoteleigentümer manchmal einige Verantwortlichkeiten im Rahmen eines Geschäftsführungsvertrags auf Dritte. Die Regelungen solcher Verträge variieren beträchtlich. Einerseits kann die Position des Eigentümers substanziell der eines passiven Eigentümers entsprechen. Andererseits kann der Eigentümer einfach alltägliche Funktionen ausgelagert haben, während er weiterhin die wesentlichen Risiken aus Schwankungen der Cashflows, die aus dem Betrieb des Hotels herrühren, trägt.

14 Die Feststellung, ob eine Immobilie die Kriterien einer als Finanzinvestition gehaltenen Immobilie erfüllt, erfordert eine Beurteilung. Damit ein Unternehmen diese Beurteilung einheitlich in Übereinstimmung mit der Definition für als Finanzinvestition gehaltene Immobilien und den damit verbundenen Anwendungsleitlinien in den Paragraphen 7–13 vornehmen kann, legt es Kriterien fest. Gemäß Paragraph 75 (c) ist ein Unternehmen zur Angabe dieser Kriterien verpflichtet, sofern eine Zuordnung Schwierigkeiten bereitet.

14A Eine Beurteilung ist auch erforderlich, um festzulegen, ob es sich beim Erwerb einer als Finanzinvestition gehaltenen Immobilie um den Erwerb eines Vermögenswerts oder einer Gruppe von Vermögenswerten oder um einen Unternehmenszusammenschluss im Anwendungsbereich von IFRS 3 *Unternehmenszusammenschlüsse* handelt. Bei der Bestimmung, ob es sich um einen Unternehmenszusammenschluss handelt, sollte auf IFRS 3 Bezug genommen werden. Die Erörterung in den Paragraphen 7–14 des vorliegenden Standards bezieht sich auf die Frage, ob eine Immobilie vom Eigentümer selbst genutzt oder als Finanzinvestition gehalten wird, und nicht darauf, ob der Erwerb der Immobilie einen Unternehmenszusammenschluss im Sinne des IFRS 3 darstellt oder nicht. Um zu bestimmen, ob ein bestimmtes Geschäft der Definition eines Unternehmenszusammenschlusses in IFRS 3 entspricht und eine als Finanzinvestition gehaltene Immobilie im Sinne des vorliegenden Standards umfasst, müssen beide Standards unabhängig voneinander angewandt werden.

15 In einigen Fällen besitzt ein Unternehmen Immobilien, die an sein Mutterunternehmen oder ein anderes Tochterunternehmen vermietet und von diesen genutzt werden. Die Immobilien stellen im Konzernabschluss keine als Finanzinvestition gehaltenen Immobilien dar, da sie aus der Sicht des Konzerns selbstgenutzt sind. Aus der Sicht des Unternehmens, welches Eigentümer der Immobilie ist, handelt es sich jedoch um eine als Finanzinvestition gehaltene Immobilie, sofern die Definition nach Paragraph 5 erfüllt ist. Daher behandelt der Leasinggeber die Immobilie in seinem Einzelabschluss als Finanzinvestition.

ERFASSUNG

16 Als Finanzinvestition gehaltene Immobilien sind dann, und nur dann, als Vermögenswert anzusetzen, wenn

(a) es wahrscheinlich ist, dass dem Unternehmen der künftige wirtschaftliche Nutzen, der mit den als Finanzinvestition gehaltenen Immobilien verbunden ist, zufließen wird; und

(b) die Anschaffungs- oder Herstellungskosten der als Finanzinvestition gehaltenen Immobilien verlässlich bewertet werden können.

(c) owner-occupied property (see IAS 16), including (among other things) property held for future use as owner-occupied property, property held for future development and subsequent use as owner-occupied property, property occupied by employees (whether or not the employees pay rent at market rates) and owner-occupied property awaiting disposal;

(d) [deleted]

(e) property that is leased to another entity under a finance lease.

Some properties comprise a portion that is held to earn rentals or for capital appreciation and another portion that is held for use in the production or supply of goods or services or for administrative purposes. If these portions could be sold separately (or leased out separately under a finance lease), an entity accounts for the portions separately. If the portions could not be sold separately, the property is investment property only if an insignificant portion is held for use in the production or supply of goods or services or for administrative purposes. **10**

In some cases, an entity provides ancillary services to the occupants of a property it holds. An entity treats such a property as investment property if the services are insignificant to the arrangement as a whole. An example is when the owner of an office building provides security and maintenance services to the lessees who occupy the building. **11**

In other cases, the services provided are significant. For example, if an entity owns and manages a hotel, services provided to guests are significant to the arrangement as a whole. Therefore, an owner-managed hotel is owner-occupied property, rather than investment property. **12**

It may be difficult to determine whether ancillary services are so significant that a property does not qualify as investment property. For example, the owner of a hotel sometimes transfers some responsibilities to third parties under a management contract. The terms of such contracts vary widely. At one end of the spectrum, the owner's position may, in substance, be that of a passive investor. At the other end of the spectrum, the owner may simply have outsourced day-to-day functions while retaining significant exposure to variation in the cash flows generated by the operations of the hotel. **13**

Judgement is needed to determine whether a property qualifies as investment property. An entity develops criteria so that it can exercise that judgement consistently in accordance with the definition of investment property and with the related guidance in paragraphs 7–13. Paragraph 75 (c) requires an entity to disclose these criteria when classification is difficult. **14**

Judgement is also needed to determine whether the acquisition of investment property is the acquisition of an asset or a group of assets or a business combination within the scope of IFRS 3 *Business Combinations*. Reference should be made to IFRS 3 to determine whether it is a business combination. The discussion in paragraphs 7—14 of this Standard relates to whether or not property is owner-occupied property or investment property and not to determining whether or not the acquisition of property is a business combination as defined in IFRS 3. Determining whether a specific transaction meets the definition of a business combination as defined in IFRS 3 and includes an investment property as defined in this Standard requires the separate application of both Standards. **14A**

In some cases, an entity owns property that is leased to, and occupied by, its parent or another subsidiary. The property does not qualify as investment property in the consolidated financial statements, because the property is owner-occupied from the perspective of the group. However, from the perspective of the entity that owns it, the property is investment property if it meets the definition in paragraph 5. Therefore, the lessor treats the property as investment property in its individual financial statements. **15**

RECOGNITION

Investment property shall be recognised as an asset when, and only when: **16**

(a) it is probable that the future economic benefits that are associated with the investment property will flow to the entity; and

(b) the cost of the investment property can be measured reliably.

17 Nach diesem Ansatz bewertet ein Unternehmen alle Anschaffungs- oder Herstellungskosten der als Finanzinvestition gehaltenen Immobilien zum Zeitpunkt ihres Anfalls. Hierzu zählen die anfänglich anfallenden Kosten für den Erwerb von als Finanzinvestition gehaltenen Immobilien sowie die späteren Kosten für den Ausbau, die teilweise Ersetzung oder Instandhaltung einer Immobilie.

18 Gemäß dem Ansatz in Paragraph 16 beinhaltet der Buchwert von als Finanzinvestition gehaltenen Immobilien nicht die Kosten der täglichen Instandhaltung dieser Immobilie. Diese Kosten werden sofort im Gewinn oder Verlust erfasst. Bei den Kosten der täglichen Instandhaltung handelt es sich in erster Linie um Personalkosten und Kosten für Verbrauchsgüter, die auch Kosten für kleinere Teile umfassen können. Als Zweck dieser Aufwendungen wird häufig „Reparaturen und Instandhaltung" der Immobilie angegeben.

19 Ein Teil der als Finanzinvestition gehaltenen Immobilien kann durch Ersetzung erworben worden sein. Beispielsweise können die ursprünglichen Innenwände durch neue Wände ersetzt worden sein. Gemäß dem Ansatz berücksichtigt ein Unternehmen im Buchwert von als Finanzinvestition gehaltenen Immobilien die Kosten für die Ersetzung eines Teils bestehender als Finanzinvestition gehaltener Immobilien zum Zeitpunkt ihres Anfalls, sofern die Ansatzkriterien erfüllt sind. Der Buchwert der ersetzten Teile wird gemäß den in diesem Standard aufgeführten Ausbuchungsvorschriften ausgebucht.

BEWERTUNG BEI ERSTMALIGEM ANSATZ

20 Als Finanzinvestition gehaltene Immobilien sind bei Zugang mit ihren Anschaffungs- oder Herstellungskosten zu bewerten. Die Transaktionskosten sind in die erstmalige Bewertung mit einzubeziehen.

21 Die Kosten der erworbenen als Finanzinvestition gehaltenen Immobilien umfassen den Erwerbspreis und die direkt zurechenbaren Kosten. Zu den direkt zurechenbaren Kosten zählen beispielsweise Honorare und Gebühren für Rechtsberatung, auf die Übertragung der Immobilien anfallende Steuern und andere Transaktionskosten.

22 [gestrichen]

23 Die Anschaffungs- oder Herstellungskosten der als Finanzinvestition gehaltenen Immobilien erhöhen sich nicht durch:
   (a) Anlaufkosten (es sei denn, dass diese notwendig sind, um die als Finanzinvestition gehaltenen Immobilien in den vom Management beabsichtigten betriebsbereiten Zustand zu versetzen),
   (b) anfängliche Betriebsverluste, die anfallen, bevor die als Finanzinvestition gehaltenen Immobilien die geplante Belegungsquote erreichen, oder
   (c) ungewöhnlich hohe Materialabfälle, Personalkosten oder andere Ressourcen, die bei der Erstellung oder Entwicklung der als Finanzinvestition gehaltenen Immobilien anfallen.

24 Erfolgt die Bezahlung der als Finanzinvestition gehaltenen Immobilien auf Ziel, entsprechen die Anschaffungs- oder Herstellungskosten dem Gegenwert bei Barzahlung. Die Differenz zwischen diesem Betrag und der zu leistenden Gesamtzahlung wird über den Zeitraum des Zahlungsziels als Zinsaufwand erfasst.

25 Die anfänglichen Kosten geleaster Immobilien, die als Finanzinvestition eingestuft sind, sind gemäß den in Paragraph 20 des IAS 17 enthaltenen Vorschriften für Finanzierungsleasingverhältnisse anzusetzen, d. h. in Höhe des beizulegenden Zeitwerts des Vermögenswerts oder mit dem Barwert der Mindestleasingzahlungen, sofern dieser Wert niedriger ist. Gemäß dem gleichen Paragraphen ist ein Betrag in gleicher Höhe als Schuld anzusetzen.

26 Für diesen Zweck werden alle für ein Leasingverhältnis geleisteten Sonderzahlungen den Mindestleasingzahlungen zugerechnet und sind daher in den Anschaffungs- oder Herstellungskosten des Vermögenswertes enthalten, werden jedoch von den Schulden ausgenommen. Ist eine geleaste Immobilie als Finanzinvestition eingestuft, wird das Recht an der Immobilie und nicht die Immobilie selbst mit dem beizulegenden Zeitwert bilanziert. Anwendungsleitlinien zur Bemessung des beizulegenden Zeitwerts von Immobilien sind in den Paragraphen 33–52 über das Modell des beizulegenden Zeitwerts sowie in IFRS 13 enthalten. Diese Anwendungsleitlinien gelten auch für die Bemessung des beizulegenden Zeitwerts, wenn dieser Wert für die Anschaffungs- oder Herstellungskosten beim erstmaligen Ansatz herangezogen wird.

27 Eine oder mehrere als Finanzinvestition gehaltene Immobilien können im Austausch gegen einen oder mehrere nicht monetäre Vermögenswerte oder eine Kombination aus monetären und nicht monetären Vermögenswerten erworben werden. Die folgenden Ausführungen beziehen sich auf einen Tausch von einem nicht monetären Vermögenswert gegen einen anderen, finden aber auch auf alle anderen im vorstehenden Satz genannten Tauschvorgänge Anwendung. Die Anschaffungs- oder Herstellungskosten solcher als Finanzinvestition gehaltenen Immobilien werden mit dem beizulegenden Zeitwert bewertet, es sei denn, (a) der Tauschvorgang hat keinen wirtschaftlichen Gehalt, oder (b) weder der beizulegende Zeitwert des erhaltenen noch des aufgegebenen Vermögenswerts ist zuverlässig ermittelbar. Der erworbene Vermögenswert wird in dieser Art bewertet, auch wenn ein Unternehmen den aufgegebenen Vermögenswert nicht sofort ausbuchen kann. Wenn der erworbene Vermögenswert nicht zum beizulegenden Zeitwert bewertet wird, werden die Anschaffungskosten zum Buchwert des aufgegebenen Vermögenswerts bewertet.

An entity evaluates under this recognition principle all its investment property costs at the time they are incurred. These costs include costs incurred initially to acquire an investment property and costs incurred subsequently to add to, replace part of, or service a property. **17**

Under the recognition principle in paragraph 16, an entity does not recognise in the carrying amount of an investment property the costs of the day-to-day servicing of such a property. Rather, these costs are recognised in profit or loss as incurred. Costs of day-to-day servicing are primarily the cost of labour and consumables, and may include the cost of minor parts. The purpose of these expenditures is often described as for the 'repairs and maintenance' of the property. **18**

Parts of investment properties may have been acquired through replacement. For example, the interior walls may be replacements of original walls. Under the recognition principle, an entity recognises in the carrying amount of an investment property the cost of replacing part of an existing investment property at the time that cost is incurred if the recognition criteria are met. The carrying amount of those parts that are replaced is derecognised in accordance with the derecognition provisions of this standard. **19**

MEASUREMENT AT RECOGNITION

An investment property shall be measured initially at its cost. Transaction costs shall be included in the initial measurement. **20**

The cost of a purchased investment property comprises its purchase price and any directly attributable expenditure. Directly attributable expenditure includes, for example, professional fees for legal services, property transfer taxes and other transaction costs. **21**

[deleted] **22**

The cost of an investment property is not increased by: **23**
(a) start-up costs (unless they are necessary to bring the property to the condition necessary for it to be capable of operating in the manner intended by management);
(b) operating losses incurred before the investment property achieves the planned level of occupancy; or
(c) abnormal amounts of wasted material, labour or other resources incurred in constructing or developing the property.

If payment for an investment property is deferred, its cost is the cash price equivalent. The difference between this amount and the total payments is recognised as interest expense over the period of credit. **24**

The initial cost of a property interest held under a lease and classified as an investment property shall be as prescribed for a finance lease by paragraph 20 of IAS 17, i.e. the asset shall be recognised at the lower of the fair value of the property and the present value of the minimum lease payments. An equivalent amount shall be recognised as a liability in accordance with that same paragraph.

Any premium paid for a lease is treated as part of the minimum lease payments for this purpose, and is therefore included in the cost of the asset, but is excluded from the liability. If a property interest held under a lease is classified as investment property, the item accounted for at fair value is that interest and not the underlying property. Guidance on measuring the fair value of a property interest is set out for the fair value model in paragraphs 33—52 and in IFRS 13. That guidance is also relevant to the measurement of fair value when that value is used as cost for initial recognition purposes. **26**

One or more investment properties may be acquired in exchange for a non-monetary asset or assets, or a combination of monetary and non-monetary assets. The following discussion refers to an exchange of one non-monetary asset for another, but it also applies to all exchanges described in the preceding sentence. The cost of such an investment property is measured at fair value unless (a) the exchange transaction lacks commercial substance or (b) the fair value of neither the asset received nor the asset given up is reliably measurable. The acquired asset is measured in this way even if an entity cannot immediately derecognise the asset given up. If the acquired asset is not measured at fair value, its cost is measured at the carrying amount of the asset given up. **27**

28 Ein Unternehmen legt fest, ob ein Tauschgeschäft wirtschaftliche Substanz hat, indem es prüft, in welchem Umfang sich die künftigen Cashflows infolge der Transaktion voraussichtlich ändern. Ein Tauschgeschäft hat wirtschaftliche Substanz, wenn

(a) die Zusammensetzung (Risiko, Zeit und Höhe) des Cashflows des erhaltenen Vermögenswertes sich von der Zusammensetzung des Cashflows des übertragenen Vermögenswertes unterscheidet, oder

(b) der unternehmensspezifische Wert jenes Teils der Geschäftstätigkeit des Unternehmens, der vom Tauschvorgang betroffen ist, sich durch den Tauschvorgang ändert, und

(c) die Differenz in (a) oder (b) sich im Wesentlichen auf den beizulegenden Zeitwert der getauschten Vermögenswerte bezieht.

Für den Zweck der Bestimmung ob ein Tauschgeschäft wirtschaftliche Substanz hat, spiegelt der unternehmensspezifische Wert des Teils der Geschäftstätigkeiten des Unternehmens, der von der Transaktion betroffen ist, Cashflows nach Steuern wider. Das Ergebnis dieser Analysen kann eindeutig sein, ohne dass ein Unternehmen detaillierte Kalkulationen erbringen muss.

29 Der beizulegende Zeitwert eines Vermögenswerts gilt als verlässlich ermittelbar, wenn (a) die Schwankungsbandbreite der sachgerechten Bemessungen des beizulegenden Zeitwerts für diesen Vermögenswert nicht signifikant ist oder (b) die Eintrittswahrscheinlichkeiten der verschiedenen Schätzungen innerhalb dieser Bandbreite vernünftig geschätzt und bei der Bemessung des beizulegenden Zeitwerts verwendet werden können. Wenn das Unternehmen den beizulegenden Zeitwert des erhaltenen Vermögenswerts oder des aufgegebenen Vermögenswerts verlässlich bestimmen kann, dann wird der beizulegende Zeitwert des aufgegebenen Vermögenswerts benutzt, um die Anschaffungskosten zu ermitteln, sofern der beizulegende Zeitwert des erhaltenen Vermögenswerts nicht eindeutiger zu ermitteln ist.

FOLGEBEWERTUNG

Rechnungslegungsmethode

30 Mit den in den Paragraphen 32A und 34 dargelegten Ausnahmen hat ein Unternehmen als seine Rechnungslegungsmethoden entweder das Modell des beizulegenden Zeitwerts gemäß den Paragraphen 33–55 oder das Anschaffungskostenmodell gemäß Paragraph 56 zu wählen und diese Methode auf alle als Finanzinvestition gehaltene Immobilien anzuwenden.

31 IAS 8 *Rechnungslegungsmethoden, Änderungen von rechnungslegungsbezogenen Schätzungen und Fehler* schreibt vor, dass eine freiwillige Änderung einer Rechnungslegungsmethode nur dann vorgenommen werden darf, wenn die Änderung zu einem Abschluss führt, der verlässliche und sachgerechtere Informationen über die Auswirkungen der Ereignisse, Geschäftsvorfälle oder Bedingungen auf die Vermögens- und Ertragslage oder die Cashflows des Unternehmens gibt. Es ist höchst unwahrscheinlich, dass ein Wechsel vom Modell des beizulegenden Zeitwerts zum Anschaffungskostenmodell eine sachgerechtere Darstellung zur Folge hat.

32 Der vorliegende Standard verlangt von allen Unternehmen die Bemessung des beizulegenden Zeitwerts der als Finanzinvestition gehaltenen Immobilien, sei es zum Zwecke der Bewertung (wenn das Unternehmen das Modell des beizulegenden Zeitwerts verwendet) oder der Angabe (wenn es sich für das Anschaffungskostenmodell entschieden hat). Obwohl ein Unternehmen nicht dazu verpflichtet ist, wird ihm empfohlen, den beizulegenden Zeitwert der als Finanzinvestition gehaltenen Immobilien auf der Grundlage einer Bewertung durch einen unabhängigen Gutachter, der eine anerkannte, maßgebliche berufliche Qualifikation und aktuelle Erfahrungen mit der Lage und der Art der zu bewertenden Immobilien hat, zu bestimmen.

32A Ein Unternehmen kann

(a) entweder das Modell des beizulegenden Zeitwerts oder das Anschaffungskostenmodell für alle als Finanzinvestition gehaltene Immobilien wählen, die Verbindlichkeiten bedecken, aufgrund derer die Höhe der Rückzahlungen direkt von dem beizulegenden Zeitwert von bestimmten Vermögenswerten einschließlich von als Finanzinvestition gehaltenen Immobilien bzw. den Kapitalerträgen daraus bestimmt wird; und

(b) entweder das Modell des beizulegenden Zeitwerts oder das Anschaffungskostenmodell für alle anderen als Finanzinvestition gehaltenen Immobilien wählen, ungeachtet der in (a) getroffenen Wahl.

32B Einige Versicherer und andere Unternehmen unterhalten einen internen Immobilienfonds, der fiktive Anteilseinheiten ausgibt, die teilweise von Investoren in verbundenen Verträgen und teilweise vom Unternehmen gehalten werden. Paragraph 32A untersagt einem Unternehmen, die im Fonds gehaltenen Immobilien teilweise zu Anschaffungskosten und teilweise zum beizulegenden Zeitwert zu bewerten.

32C Wenn ein Unternehmen verschiedene Modelle für die beiden in Paragraph 32A beschriebenen Kategorien wählt, sind Verkäufe von als Finanzinvestition gehaltenen Immobilien zwischen Beständen von Vermögenswerten, die nach verschiedenen Modellen bewertet werden, zum beizulegenden Zeitwert anzusetzen und die kumulativen Änderungen des beizulegenden Zeitwerts sind im Gewinn oder Verlust zu erfassen. Wenn eine als Finanzinvestition gehaltene Immobilie von einem Bestand, für den das Modell des beizulegenden Zeitwerts verwendet wird, an einen Bestand, für den das Anschaffungskostenmodell verwendet wird, verkauft wird, wird demzufolge der beizulegende Zeitwert der Immobilie zum Zeitpunkt des Verkaufs als deren Anschaffungskosten angesehen.

An entity determines whether an exchange transaction has commercial substance by considering the extent to which its **28** future cash flows are expected to change as a result of the transaction. An exchange transaction has commercial substance if:

(a) the configuration (risk, timing and amount) of the cash flows of the asset received differs from the configuration of the cash flows of the asset transferred; or

(b) the entity-specific value of the portion of the entity's operations affected by the transaction changes as a result of the exchange; and

(c) the difference in (a) or (b) is significant relative to the fair value of the assets exchanged.

For the purpose of determining whether an exchange transaction has commercial substance, the entity-specific value of the portion of the entity's operations affected by the transaction shall reflect post-tax cash flows. The result of these analyses may be clear without an entity having to perform detailed calculations.

The fair value of an asset is reliably measurable if (a) the variability in the range of reasonable fair value measurements is **29** not significant for that asset or (b) the probabilities of the various estimates within the range can be reasonably assessed and used when measuring fair value. If the entity is able to measure reliably the fair value of either the asset received or the asset given up, then the fair value of the asset given up is used to measure cost unless the fair value of the asset received is more clearly evident.

MEASUREMENT AFTER RECOGNITION

Accounting policy

With the exceptions noted in paragraphs 32A and 34, an entity shall choose as its accounting policy either the fair value **30** model in paragraphs 33—55 or the cost model in paragraph 56 and shall apply that policy to all of its investment property.

IAS 8 *Accounting Policies, Changes in Accounting Estimates and Errors* states that a voluntary change in accounting policy **31** shall be made only if the change results in the financial statements providing reliable and more relevant information about the effects of transactions, other events or conditions on the entity's financial position, financial performance or cash flows. It is highly unlikely that a change from the fair value model to the cost model will result in a more relevant presentation.

This Standard requires all entities to measure the fair value of investment property, for the purpose of either measurement **32** (if the entity uses the fair value model) or disclosure (if it uses the cost model). An entity is encouraged, but not required, to measure the fair value of investment property on the basis of a valuation by an independent valuer who holds a recognised and relevant professional qualification and has recent experience in the location and category of the investment property being valued.

An entity may: **32A**

(a) choose either the fair value model or the cost model for all investment property backing liabilities that pay a return linked directly to the fair value of, or returns from, specified assets including that investment property; and

(b) choose either the fair value model or the cost model for all other investment property, regardless of the choice made in (a).

Some insurers and other entities operate an internal property fund that issues notional units, with some units held by **32B** investors in linked contracts and others held by the entity. Paragraph 32A does not permit an entity to measure the property held by the fund partly at cost and partly at fair value.

If an entity chooses different models for the two categories described in paragraph 32A, sales of investment property **32C** between pools of assets measured using different models shall be recognised at fair value and the cumulative change in fair value shall be recognised in profit or loss. Accordingly, if an investment property is sold from a pool in which the fair value model is used into a pool in which the cost model is used, the property's fair value at the date of the sale becomes its deemed cost.

Modell des beizulegenden Zeitwerts

33 Nach dem erstmaligen Ansatz hat ein Unternehmen, welches das Modell des beizulegenden Zeitwertes gewählt hat, alle als Finanzinvestition gehaltenen Immobilien mit Ausnahme der in Paragraph 53 beschriebenen Fälle mit dem beizulegenden Zeitwert zu bewerten.

34 Ist eine im Rahmen eines Operating-Leasingverhältnisses geleaste Immobilie als Finanzinvestition gemäß Paragraph 6 eingestuft, besteht die in Paragraph 30 genannte Wahlfreiheit nicht, sondern es muss das Modell des beizulegenden Zeitwerts angewendet werden.

35 Ein Gewinn oder Verlust, der durch die Änderung des beizulegenden Zeitwerts der als Finanzinvestition gehaltenen Immobilien entsteht, ist im Gewinn oder Verlust der Periode zu berücksichtigen, in der er entstanden ist.

36–39 [gestrichen]

40 Bei der Bemessung des beizulegenden Zeitwerts der als Finanzinvestition gehaltenen Immobilien gemäß IFRS 13 stellt ein Unternehmen sicher, dass sich darin neben anderen Dingen die Mieterträge aus den gegenwärtigen Mietverhältnissen sowie andere Annahmen widerspiegeln, auf die sich Marktteilnehmer unter den aktuellen Marktbedingungen bei der Preisbildung für die als Finanzinvestition gehaltene Immobilie stützen würden.

41 Paragraph 25 nennt die Grundlage für den erstmaligen Ansatz der Anschaffungskosten für ein Recht an einer geleasten Immobilie. Paragraph 33 schreibt erforderlichenfalls eine Neubewertung der geleasten Immobilie mit dem beizulegenden Zeitwert vor. Bei einem zu Marktpreisen abgeschlossenen Leasingverhältnis sollte der beizulegende Zeitwert eines Rechts an einer geleasten Immobilie zum Zeitpunkt des Erwerbs, abzüglich aller erwarteten Leasingzahlungen (einschließlich der Leasingzahlungen im Zusammenhang mit den erfassten Schulden), Null sein. Dieser beizulegende Zeitwert ändert sich nicht, unabhängig davon, ob geleaste Vermögenswerte und Schulden für Rechnungslegungszwecke mit dem beizulegenden Zeitwert oder mit dem Barwert der Mindestleasingzahlungen gemäß Paragraph 20 des IAS 17 angesetzt werden. Die Neubewertung eines geleasten Vermögenswerts von den Anschaffungskosten gemäß Paragraph 25 zum beizulegenden Zeitwert gemäß Paragraph 33 darf daher zu keinem anfänglichen Gewinn oder Verlust führen, sofern der beizulegende Zeitwert nicht zu verschiedenen Zeitpunkten ermittelt wird. Dies könnte dann der Fall sein, wenn nach dem ersten Ansatz das Modell des beizulegenden Zeitwerts gewählt wird.

42–47 [gestrichen]

48 Wenn ein Unternehmen eine als Finanzinvestition gehaltene Immobilie erstmals erwirbt (oder wenn eine bereits vorhandene Immobilie nach einer Nutzungsänderung erstmals als Finanzinvestition gehalten wird), liegen in Ausnahmefällen eindeutige Hinweise vor, dass die Schwankungsbandbreite sachgerechter Bemessungen des beizulegenden Zeitwerts so groß und die Eintrittswahrscheinlichkeiten der verschiedenen Ergebnisse so schwierig zu ermitteln sind, dass die Zweckmäßigkeit der Verwendung eines einzelnen Schätzwerts für den beizulegenden Zeitwert zu verneinen ist. Dies kann darauf hindeuten, dass der beizulegende Zeitwert der als Finanzinvestition gehaltenen Immobilie nicht fortlaufend verlässlich bestimmt werden kann (siehe Paragraph 53).

49 [gestrichen]

50 Bei der Bestimmung des Buchwerts von als Finanzinvestition gehaltenen Immobilien nach dem Modell des beizulegenden Zeitwerts hat das Unternehmen Vermögenswerte und Schulden, die bereits als solche einzeln erfasst wurden, nicht erneut anzusetzen. Zum Beispiel:

(a) Ausstattungsgegenstände wie Aufzug oder Klimaanlage sind häufig ein integraler Bestandteil des Gebäudes und im Allgemeinen in den beizulegenden Zeitwert der als Finanzinvestition gehaltenen Immobilien mit einzubeziehen und nicht gesondert als Sachanlage zu erfassen;

(b) der beizulegende Zeitwert eines im möblierten Zustand vermieteten Bürogebäudes schließt im Allgemeinen den beizulegenden Zeitwert der Möbel mit ein, da die Mieteinnahmen sich auf das möblierte Bürogebäude beziehen. Sind Möbel im beizulegenden Zeitwert der als Finanzinvestition gehaltenen Immobilien enthalten, erfasst das Unternehmen die Möbel nicht als gesonderten Vermögenswert;

(c) der beizulegende Zeitwert der als Finanzinvestition gehaltenen Immobilien beinhaltet nicht im Voraus bezahlte oder abgegrenzte Mieten aus Operating-Leasingverhältnissen, da das Unternehmen diese als gesonderte Schuld oder gesonderten Vermögenswert erfasst;

(d) der beizulegende Zeitwert von geleasten als Finanzinvestition gehaltenen Immobilien spiegelt die erwarteten Cashflows wider (einschließlich erwarteter Eventualmietzahlungen). Wurden bei der Bewertung einer Immobilie die erwarteten Zahlungen nicht berücksichtigt, müssen daher zur Bestimmung des Buchwerts von als Finanzinvestition gehaltenen Immobilien nach dem Modell des beizulegenden Zeitwerts alle erfassten Schulden aus dem Leasingverhältnis wieder hinzugefügt werden.

51 [gestrichen]

52 In einigen Fällen erwartet ein Unternehmen, dass der Barwert der mit einer als Finanzinvestition gehaltenen Immobilie verbundenen Auszahlungen (andere als die Auszahlungen, die sich auf erfasste Schulden beziehen) den Barwert der damit

Fair value model

After initial recognition, an entity that chooses the fair value model shall measure all of its investment property at fair **33** value, except in the cases described in paragraph 53.

When a property interest held by a lessee under an operating lease is classified as an investment property under paragraph **34** 6, paragraph 30 is not elective; the fair value model shall be applied.

A gain or loss arising from a change in the fair value of investment property shall be recognised in profit or loss for the **35** period in which it arises.

[deleted] **36—39**

When measuring the fair value of investment property in accordance with IFRS 13, an entity shall ensure that the fair **40** value reflects, among other things, rental income from current leases and other assumptions that market participants would use when pricing the investment property under current market conditions.

Paragraph 25 specifies the basis for initial recognition of the cost of an interest in a leased property. Paragraph 33 requires **41** the interest in the leased property to be remeasured, if necessary, to fair value. In a lease negotiated at market rates, the fair value of an interest in a leased property at acquisition, net of all expected lease payments (including those relating to recognised liabilities), should be zero. This fair value does not change regardless of whether, for accounting purposes, a leased asset and liability are recognised at fair value or at the present value of minimum lease payments, in accordance with paragraph 20 of IAS 17. Thus, remeasuring a leased asset from cost in accordance with paragraph 25 to fair value in accordance with paragraph 33 should not give rise to any initial gain or loss, unless fair value is measured at different times. This could occur when an election to apply the fair value model is made after initial recognition.

[deleted] **42—47**

In exceptional cases, there is clear evidence when an entity first acquires an investment property (or when an existing **48** property first becomes investment property after a change in use) that the variability in the range of reasonable fair value measurements will be so great, and the probabilities of the various outcomes so difficult to assess, that the usefulness of a single measure of fair value is negated. This may indicate that the fair value of the property will not be reliably measurable on a continuing basis (see paragraph 53).

[deleted] **49**

In determining the carrying amount of investment property under the fair value model, an entity does not double-count **50** assets or liabilities that are recognised as separate assets or liabilities. For example:
(a) equipment such as lifts or air-conditioning is often an integral part of a building and is generally included in the fair value of the investment property, rather than recognised separately as property, plant and equipment;
(b) if an office is leased on a furnished basis, the fair value of the office generally includes the fair value of the furniture, because the rental income relates to the furnished office. When furniture is included in the fair value of investment property, an entity does not recognise that furniture as a separate asset;
(c) the fair value of investment property excludes prepaid or accrued operating lease income, because the entity recognises it as a separate liability or asset;
(d) the fair value of investment property held under a lease reflects expected cash flows (including contingent rent that is expected to become payable). Accordingly, if a valuation obtained for a property is net of all payments expected to be made, it will be necessary to add back any recognised lease liability, to arrive at the carrying amount of the investment property using the fair value model.

[deleted] **51**

In some cases, an entity expects that the present value of its payments relating to an investment property (other than **52** payments relating to recognised liabilities) will exceed the present value of the related cash receipts. An entity applies

zusammenhängenden Einzahlungen übersteigt. Zur Beurteilung, ob eine Schuld anzusetzen und, wenn ja, wie diese zu bewerten ist, zieht ein Unternehmen IAS 37 *Rückstellungen, Eventualverbindlichkeiten und Eventualforderungen* heran.

Unfähigkeit, den beizulegenden Zeitwert verlässlich zu bemessen

53 Es besteht die widerlegbare Vermutung, dass ein Unternehmen in der Lage ist, den beizulegenden Zeitwert einer als Finanzinvestition gehaltenen Immobilie fortwährend verlässlich zu bemessen. In Ausnahmefällen liegen jedoch eindeutige Hinweise dahingehend vor, dass in Situationen, in denen ein Unternehmen eine als Finanzinvestition gehaltene Immobilie erstmals erwirbt (oder wenn eine bereits vorhandene Immobilie nach einer Nutzungsänderung erstmals als Finanzinvestition gehalten wird), eine fortlaufende verlässliche Bemessung des beizulegenden Zeitwerts der als Finanzinvestition gehaltenen Immobilie nicht möglich ist. Dies wird dann, aber nur dann der Fall sein, wenn der Markt für vergleichbare Immobilien inaktiv ist (z. B. gibt es kaum aktuelle Geschäftsvorfälle, sind Preisnotierungen nicht aktuell oder deuten beobachtete Transaktionspreise darauf hin, dass der Verkäufer zum Verkauf gezwungen war), und anderweitige zuverlässige Bemessungen für den beizulegenden Zeitwert (beispielsweise basierend auf diskontierten Cashflow-Prognosen) nicht verfügbar sind. Wenn ein Unternehmen entscheidet, dass der beizulegende Zeitwert einer als Finanzinvestition gehaltenen, noch im Bau befindlichen Immobilie nicht verlässlich zu bemessen ist, aber davon ausgeht, dass der beizulegende Zeitwert der Immobilie nach Fertigstellung verlässlich bemessbar wird, so bewertet es die als Finanzinvestition gehaltene, im Bau befindliche Immobilie solange zu den Anschaffungs- oder Herstellungskosten, bis entweder der beizulegende Zeitwert verlässlich bemessen werden kann oder der Bau abgeschlossen ist (je nachdem, welcher Zeitpunkt früher liegt). Wenn ein Unternehmen entscheidet, dass der beizulegende Zeitwert einer als Finanzinvestition gehaltenen Immobilie (bei der es sich nicht um eine im Bau befindliche Immobilie handelt) nicht fortwährend verlässlich zu bemessen ist, hat das Unternehmen die als Finanzinvestition gehaltene Immobilie nach dem Anschaffungskostenmodell in IAS 16 zu bewerten Der Restwert der als Finanzinvestition gehaltenen Immobilie ist mit Null anzunehmen. Das Unternehmen hat IAS 16 bis zum Abgang der als Finanzinvestition gehaltenen Immobilie anzuwenden.

53A Sobald ein Unternehmen in der Lage ist, den beizulegenden Zeitwert der als Finanzinvestition gehaltenen Immobilie, die noch erstellt wird und die zuvor zu den Anschaffungs- oder Herstellungskosten bewertet wurde, verlässlich zu bestimmen, hat es diese Immobilie zum beizulegenden Zeitwert anzusetzen. Nach Abschluss der Erstellung dieser Immobilie wird davon ausgegangen, dass der beizulegende Zeitwert verlässlich zu bestimmen ist. Sollte dies nicht der Fall sein, ist die Immobilie gemäß Paragraph 53 nach dem Anschaffungskostenmodell in IAS 16 zu bewerten.

53B Die Vermutung, dass der beizulegende Zeitwert einer sich noch in Erstellung befindlichen als Finanzinvestition gehaltenen Immobilie verlässlich zu bestimmen ist, kann lediglich beim erstmaligen Ansatz widerlegt werden. Ein Unternehmen, das einen Posten einer als Finanzinvestition gehaltenen, im Bau befindlichen Immobilie zum beizulegenden Zeitwert bewertet hat, kann nicht den Schluss ziehen, dass der beizulegende Zeitwert einer als Finanzinvestition gehaltenen Immobilie, deren Bau abgeschlossen ist, nicht verlässlich zu bestimmen ist.

54 In den Ausnahmefällen, in denen ein Unternehmen aus den in Paragraph 53 genannten Gründen gezwungen ist, eine als Finanzinvestition gehaltene Immobilie nach dem Anschaffungskostenmodell des IAS 16 zu bewerten, bewertet es seine gesamten sonstigen als Finanzinvestition gehaltenen Immobilien, einschließlich der sich noch in Erstellung befindlichen Immobilien, zum beizulegenden Zeitwert. In diesen Fällen kann ein Unternehmen zwar für eine einzelne als Finanzinvestition gehaltene Immobilie das Anschaffungskostenmodell anwenden, hat jedoch für alle anderen Immobilien nach dem Modell des beizulegenden Zeitwerts zu bilanzieren.

55 Hat ein Unternehmen eine als Finanzinvestition gehaltene Immobilie bisher zum beizulegenden Zeitwert bewertet, hat es die Immobilie bis zu deren Abgang (oder bis zu dem Zeitpunkt, ab dem die Immobilie selbst genutzt oder für einen späteren Verkauf im Rahmen der gewöhnlichen Geschäftstätigkeit entwickelt wird) weiterhin zum beizulegenden Zeitwert zu bewerten, auch wenn vergleichbare Markttransaktionen seltener auftreten oder Marktpreise seltener verfügbar sind.

Anschaffungskostenmodell

56 Sofern sich ein Unternehmen nach dem erstmaligen Ansatz für das Anschaffungskostenmodell entscheidet, hat es seine gesamten als Finanzinvestition gehaltenen Immobilien nach den Vorschriften des IAS 16 für dieses Modell zu bewerten, ausgenommen solche, die gemäß IFRS 5 *Zur Veräußerung gehaltene langfristige Vermögenswerte und aufgegebene Geschäftsbereiche* als zur Veräußerung gehalten eingestuft werden (oder zu einer als zur Veräußerung gehalten eingestuften Veräußerungsgruppe gehören). Als Finanzinvestition gehaltene Immobilien, die die Kriterien für eine Einstufung als zur Veräußerung gehalten erfüllen (oder zu einer als zur Veräußerung gehalten eingestuften Veräußerungsgruppe gehören), sind in Übereinstimmung mit IFRS 5 zu bewerten.

ÜBERTRAGUNGEN

57 Übertragungen in den oder aus dem Bestand der als Finanzinvestition gehaltenen Immobilien sind dann, und nur dann vorzunehmen, wenn eine Nutzungsänderung vorliegt, die sich wie folgt belegen lässt:

IAS 37 *Provisions, contingent liabilities and contingent assets* to determine whether to recognise a liability and, if so, how to measure it.

Inability to measure fair value reliably

There is a rebuttable presumption that an entity can reliably measure the fair value of an investment property on a continuing basis. However, in exceptional cases, there is clear evidence when an entity first acquires an investment property (or when an existing property first becomes investment property after a change in use) that the fair value of the investment property is not reliably measurable on a continuing basis. This arises when, and only when, the market for comparable properties is inactive (eg there are few recent transactions, price quotations are not current or observed transaction prices indicate that the seller was forced to sell) and alternative reliable measurements of fair value (for example, based on discounted cash flow projections) are not available. If an entity determines that the fair value of an investment property under construction is not reliably measurable but expects the fair value of the property to be reliably measurable when construction is complete, it shall measure that investment property under construction at cost until either its fair value becomes reliably measurable or construction is completed (whichever is earlier). If an entity determines that the fair value of an investment property (other than an investment property under construction) is not reliably measurable on a continuing basis, the entity shall measure that investment property using the cost model in IAS 16. The residual value of the investment property shall be assumed to be zero. The entity shall apply IAS 16 until disposal of the investment property. 53

Once an entity becomes able to measure reliably the fair value of an investment property under construction that has previously been measured at cost, it shall measure that property at its fair value. Once construction of that property is complete, it is presumed that fair value can be measured reliably. If this is not the case, in accordance with paragraph 53, the property shall be accounted for using the cost model in accordance with IAS 16. 53A

The presumption that the fair value of investment property under construction can be measured reliably can be rebutted only on initial recognition. An entity that has measured an item of investment property under construction at fair value may not conclude that the fair value of the completed investment property cannot be measured reliably. 53B

In the exceptional cases when an entity is compelled, for the reason given in paragraph 53, to measure an investment property using the cost model in accordance with IAS 16, it measures at fair value all its other investment property, including investment property under construction. In these cases, although an entity may use the cost model for one investment property, the entity shall continue to account for each of the remaining properties using the fair value model. 54

If an entity has previously measured an investment property at fair value, it shall continue to measure the property at fair value until disposal (or until the property becomes owner-occupied property or the entity begins to develop the property for subsequent sale in the ordinary course of business) even if comparable market transactions become less frequent or market prices become less readily available. 55

Cost model

After initial recognition, an entity that chooses the cost model shall measure all of its investment property in accordance with IAS 16's requirements for that model, other than those that meet the criteria to be classified as held for sale (or are included in a disposal group that is classified as held for sale) in accordance with IFRS 5 *Non-current assets held for sale and discontinued operations*. Investment properties that meet the criteria to be classified as held for sale (or are included in a disposal group that is classified as held for sale) shall be measured in accordance with IFRS 5. 56

TRANSFERS

Transfers to, or from, investment property shall be made when, and only when, there is a change in use, evidenced by: 57

(a) Beginn der Selbstnutzung als Beispiel für eine Übertragung von als Finanzinvestition gehaltenen zu vom Eigentümer selbst genutzten Immobilien;

(b) Beginn der Entwicklung mit der Absicht des Verkaufs als Beispiel für eine Übertragung von als Finanzinvestition gehaltenen Immobilien in das Vorratsvermögen;

(c) Ende der Selbstnutzung als Beispiel für eine Übertragung der von dem Eigentümer selbst genutzten Immobilie in den Bestand der als Finanzinvestition gehaltenen Immobilien; oder

(d) Beginn eines Operating-Leasingverhältnisses mit einer anderen Partei als Beispiel für eine Übertragung aus dem Vorratsvermögen in als Finanzinvestition gehaltene Immobilien.

(e) [gestrichen]

58 Nach Paragraph 57 (b) ist ein Unternehmen dann, und nur dann, verpflichtet, Immobilien von als Finanzinvestition gehaltenen Immobilien in das Vorratsvermögen zu übertragen, wenn eine Nutzungsänderung vorliegt, die durch den Beginn der Entwicklung mit der Absicht des Verkaufs belegt wird. Trifft ein Unternehmen die Entscheidung, eine als Finanzinvestition gehaltene Immobilie ohne Entwicklung zu veräußern, behandelt es die Immobilie solange weiter als Finanzinvestition und nicht als Vorräte, bis sie ausgebucht (und damit aus der Bilanz entfernt) wird. In ähnlicher Weise wird, wenn ein Unternehmen beginnt, eine vorhandene als Finanzinvestition gehaltene Immobilie für die weitere zukünftige Nutzung als Finanzinvestition zu sanieren, diese weiterhin als Finanzinvestition eingestuft und während der Sanierung nicht in den Bestand der vom Eigentümer selbst genutzten Immobilien umgegliedert.

59 Die Paragraphen 60–65 behandeln Fragen des Ansatzes und der Bewertung, die das Unternehmen bei der Anwendung des Modells des beizulegenden Zeitwerts für als Finanzinvestition gehaltene Immobilien zu berücksichtigen hat. Wenn ein Unternehmen das Anschaffungskostenmodell anwendet, führen Übertragungen zwischen als Finanzinvestition gehaltenen, vom Eigentümer selbst genutzten Immobilien oder Vorräten für Bewertungs- oder Angabezwecke weder zu einer Buchwertänderung der übertragenen Immobilien noch zu einer Veränderung ihrer Anschaffungs- oder Herstellungskosten.

60 Bei einer Übertragung von als Finanzinvestition gehaltenen und zum beizulegenden Zeitwert bewerteten Immobilien in den Bestand der vom Eigentümer selbst genutzten Immobilien oder Vorräte entsprechen die Anschaffungs- oder Herstellungskosten der Immobilien für die Folgebewertung gemäß IAS 16 oder IAS 2 deren beizulegendem Zeitwert zum Zeitpunkt der Nutzungsänderung.

61 Wird eine vom Eigentümer selbstgenutzte zu einer als Finanzinvestition gehaltenen Immobilie, die zum beizulegenden Zeitwert bewertet wird, hat ein Unternehmen bis zu dem Zeitpunkt der Nutzungsänderung IAS 16 anzuwenden. Das Unternehmen hat einen zu diesem Zeitpunkt bestehenden Unterschiedsbetrag zwischen dem nach IAS 16 ermittelten Buchwert der Immobilien und dem beizulegenden Zeitwert in der selben Weise wie eine Neubewertung gemäß IAS 16 zu behandeln.

62 Bis zu dem Zeitpunkt, an dem eine vom Eigentümer selbstgenutzte Immobilie zu einer als Finanzinvestition gehaltenen und zum beizulegenden Zeitwert bewerteten Immobilie wird, hat ein Unternehmen die Immobilie abzuschreiben und jegliche eingetretene Wertminderungsaufwendungen zu erfassen. Das Unternehmen hat einen zu diesem Zeitpunkt bestehenden Unterschiedsbetrag zwischen dem nach IAS 16 ermittelten Buchwert der Immobilien und dem beizulegenden Zeitwert in der selben Weise wie eine Neubewertung gemäß IAS 16 zu behandeln. Mit anderen Worten:

(a) jede auftretende Minderung des Buchwerts der Immobilie ist im Gewinn oder Verlust zu erfassen. In dem Umfang, in dem jedoch ein der Immobilie zuzurechnender Betrag in der Neubewertungsrücklage eingestellt ist, ist die Minderung im sonstigen Ergebnis zu erfassen und die Neubewertungsrücklage innerhalb des Eigenkapitals entsprechend zu kürzen.

(b) eine sich ergebende Erhöhung des Buchwerts ist folgendermaßen zu behandeln:

(i) soweit die Erhöhung einen früheren Wertminderungsaufwand für diese Immobilie aufhebt, ist die Erhöhung im Gewinn oder Verlust zu erfassen. Der im Gewinn oder Verlust erfasste Betrag darf den Betrag nicht übersteigen, der zur Aufstockung auf den Buchwert benötigt wird, der sich ohne die Erfassung des Wertminderungsaufwands (abzüglich mittlerweile vorgenommener Abschreibungen) ergeben hätte.

(ii) ein noch verbleibender Teil der Erhöhung wird im sonstigen Ergebnis erfasst und führt zu einer Erhöhung der Neubewertungsrücklage innerhalb des Eigenkapitals. Bei einem anschließenden Abgang der als Finanzinvestition gehaltenen Immobilie kann die Neubewertungsrücklage unmittelbar in die Gewinnrücklagen umgebucht werden. Die Übertragung von der Neubewertungsrücklage in die Gewinnrücklagen erfolgt nicht über die Gesamtergebnisrechnung.

63 Bei einer Übertragung von den Vorräten in die als Finanzinvestition gehaltenen Immobilien, die dann zum beizulegenden Zeitwert bewertet werden, ist ein zu diesem Zeitpunkt bestehender Unterschiedsbetrag zwischen dem beizulegenden Zeitwert der Immobilie und dem vorherigen Buchwert im Gewinn oder Verlust zu erfassen.

64 Die bilanzielle Behandlung von Übertragungen aus den Vorräten in die als Finanzinvestition gehaltenen Immobilien, die dann zum beizulegenden Zeitwert bewertet werden, entspricht der Behandlung einer Veräußerung von Vorräten.

(a) commencement of owner-occupation, for a transfer from investment property to owner-occupied property;

(b) commencement of development with a view to sale, for a transfer from investment property to inventories;

(c) end of owner-occupation, for a transfer from owner-occupied property to investment property; or

(d) commencement of an operating lease to another party, for a transfer from inventories to investment property.

(e) [deleted]

Paragraph 57 (b) requires an entity to transfer a property from investment property to inventories when, and only when, **58** there is a change in use, evidenced by commencement of development with a view to sale. When an entity decides to dispose of an investment property without development, it continues to treat the property as an investment property until it is derecognised (eliminated from the statement of financial position) and does not treat it as inventory. Similarly, if an entity begins to redevelop an existing investment property for continued future use as investment property, the property remains an investment property and is not reclassified as owner-occupied property during the redevelopment.

Paragraphs 60—65 apply to recognition and measurement issues that arise when an entity uses the fair value model for **59** investment property. When an entity uses the cost model, transfers between investment property, owner-occupied property and inventories do not change the carrying amount of the property transferred and they do not change the cost of that property for measurement or disclosure purposes.

For a transfer from investment property carried at fair value to owner-occupied property or inventories, the property's **60** deemed cost for subsequent accounting in accordance with IAS 16 or IAS 2 shall be its fair value at the date of change in use.

If an owner-occupied property becomes an investment property that will be carried at fair value, an entity shall apply **61** IAS 16 up to the date of change in use. The entity shall treat any difference at that date between the carrying amount of the property in accordance with IAS 16 and its fair value in the same way as a revaluation in accordance with IAS 16.

Up to the date when an owner-occupied property becomes an investment property carried at fair value, an entity depreci- **62** ates the property and recognises any impairment losses that have occurred. The entity treats any difference at that date between the carrying amount of the property in accordance with IAS 16 and its fair value in the same way as a revaluation in accordance with IAS 16. In other words:

(a) any resulting decrease in the carrying amount of the property is recognised in profit or loss. However, to the extent that an amount is included in revaluation surplus for that property, the decrease is recognised in other comprehensive income and reduces the revaluation surplus within equity.

(b) any resulting increase in the carrying amount is treated as follows:

  (i) to the extent that the increase reverses a previous impairment loss for that property, the increase is recognised in profit or loss. The amount recognised in profit or loss does not exceed the amount needed to restore the carrying amount to the carrying amount that would have been determined (net of depreciation) had no impairment loss been recognised;

  (ii) any remaining part of the increase is recognised in other comprehensive income and increases the revaluation surplus within equity. On subsequent disposal of the investment property, the revaluation surplus included in equity may be transferred to retained earnings. The transfer from revaluation surplus to retained earnings is not made through profit or loss.

For a transfer from inventories to investment property that will be carried at fair value, any difference between the fair **63** value of the property at that date and its previous carrying amount shall be recognised in profit or loss.

The treatment of transfers from inventories to investment property that will be carried at fair value is consistent with the **64** treatment of sales of inventories.

65 Wenn ein Unternehmen die Erstellung oder Entwicklung einer selbst hergestellten und als Finanzinvestition gehaltenen Immobilie abschließt, die dann zum beizulegenden Zeitwert bewertet wird, ist ein zu diesem Zeitpunkt bestehender Unterschiedsbetrag zwischen dem beizulegenden Zeitwert der Immobilie und dem vorherigen Buchwert im Gewinn oder Verlust zu erfassen.

ABGÄNGE

66 Eine als Finanzinvestition gehaltene Immobilie ist bei ihrem Abgang oder dann, wenn sie dauerhaft nicht mehr genutzt werden soll und ein zukünftiger wirtschaftlicher Nutzen aus ihrem Abgang nicht mehr erwartet wird, auszubuchen (und damit aus der Bilanz zu entfernen).

67 Der Abgang einer als Finanzinvestition gehaltenen Immobilie kann durch den Verkauf oder den Abschluss eines Finanzierungsleasingverhältnisses erfolgen. Bei der Bestimmung des Abgangszeitpunkts der als Finanzinvestition gehaltenen Immobilien wendet das Unternehmen die Bedingungen des IAS 18 hinsichtlich der Erfassung von Erträgen aus dem Verkauf von Waren und Erzeugnissen an und berücksichtigt die diesbezüglichen Anwendungsleitlinien im Anhang zu IAS 18. IAS 17 ist beim Abgang infolge des Abschlusses eines Finanzierungsleasings oder einer Sale-and-leaseback-Transaktion anzuwenden.

68 Wenn ein Unternehmen gemäß dem Ansatz in Paragraph 16 die Kosten für die Ersetzung eines Teils einer als Finanzinvestition gehaltenen Immobilie im Buchwert berücksichtigt, hat es den Buchwert des ersetzten Teils auszubuchen. Bei als Finanzinvestition gehaltenen Immobilien, die nach dem Anschaffungskostenmodell bilanziert werden, kann es vorkommen, dass ein ersetztes Teil nicht gesondert abgeschrieben wurde. Sollte die Ermittlung des Buchwerts des ersetzten Teils für ein Unternehmen praktisch nicht durchführbar sein, kann es die Kosten für die Ersetzung als Anhaltspunkt für die Anschaffungskosten des ersetzten Teils zum Zeitpunkt seines Kaufs oder seiner Erstellung verwenden. Beim Modell des beizulegenden Zeitwertes spiegelt der beizulegende Zeitwert der als Finanzinvestition gehaltenen Immobilien unter Umständen bereits die Wertminderung des zu ersetzenden Teils wider. In anderen Fällen kann es schwierig sein zu erkennen, um wie viel der beizulegende Zeitwert für das ersetzte Teil gemindert werden sollte. Sollte eine Minderung des beizulegenden Zeitwertes für das ersetzte Teil praktisch nicht durchführbar sein, können alternativ die Kosten für die Ersetzung in den Buchwert des Vermögenswerts einbezogen werden. Anschließend erfolgt eine Neubewertung des beizulegenden Zeitwerts, wie sie bei Zugängen ohne eine Ersetzung erforderlich wäre.

69 Gewinne oder Verluste, die bei Stilllegung oder Abgang von als Finanzinvestition gehaltenen Immobilien entstehen, sind als Unterschiedsbetrag zwischen dem Nettoveräußerungserlös und dem Buchwert des Vermögenswerts zu bestimmen und in der Periode der Stilllegung bzw. des Abgangs im Gewinn oder Verlust zu erfassen (es sei denn, dass IAS 17 bei Sale-and-leaseback-Transaktionen etwas anderes erfordert).

70 Das erhaltene Entgelt beim Abgang einer als Finanzinvestition gehaltenen Immobilie ist zunächst mit dem beizulegenden Zeitwert zu erfassen. Insbesondere dann, wenn die Zahlung für eine als Finanzinvestition gehaltene Immobilie nicht sofort erfolgt, ist das erhaltene Entgelt beim Erstansatz in Höhe des Gegenwertes des Barpreises zu erfassen. Der Unterschiedsbetrag zwischen dem Nennbetrag des Entgelts und dem Gegenwert bei Barzahlung wird als Zinsertrag gemäß IAS 18 nach der Effektivzinsmethode erfasst.

71 Ein Unternehmen wendet IAS 37 oder – soweit sachgerecht – andere Standards auf etwaige Schulden an, die nach dem Abgang einer als Finanzinvestition gehaltenen Immobilie verbleiben.

72 Entschädigungen von Dritten für die Wertminderung, den Verlust oder die Aufgabe von als Finanzinvestition gehaltenen Immobilien sind bei Erhalt der Entschädigung im Gewinn oder Verlust zu erfassen.

73 Wertminderungen oder der Verlust von als Finanzinvestition gehaltenen Immobilien, damit verbundene Ansprüche auf oder Zahlungen von Entschädigung von Dritten und jeglicher nachfolgende Kauf oder nachfolgende Erstellung von Ersatzvermögenswerten stellen einzelne wirtschaftliche Ereignisse dar und sind gesondert wie folgt zu bilanzieren:
  (a) Wertminderungen von als Finanzinvestition gehaltenen Immobilien werden gemäß IAS 36 erfasst;
  (b) Stilllegungen oder Abgänge von als Finanzinvestition gehaltenen Immobilien werden gemäß den Paragraphen 66–71 des vorliegenden Standards erfasst;
  (c) Entschädigungen von Dritten für die Wertminderung, den Verlust oder die Aufgabe von als Finanzinvestition gehaltenen Immobilien werden bei Erhalt der Entschädigung im Gewinn oder Verlust erfasst; und
  (d) die Kosten von Vermögenswerten, die in Stand gesetzt, als Ersatz gekauft oder erstellt wurden, werden gemäß den Paragraphen 20–29 des vorliegenden Standards ermittelt.

ANGABEN

Modell des beizulegenden Zeitwerts und Anschaffungskostenmodell

74 Die unten aufgeführten Angaben sind zusätzlich zu denen nach IAS 17 zu machen. Gemäß IAS 17 gelten für den Eigentümer einer als Finanzinvestition gehaltenen Immobilie die Angabepflichten für einen Leasinggeber zu den von ihm abge-

When an entity completes the construction or development of a self-constructed investment property that will be carried **65** at fair value, any difference between the fair value of the property at that date and its previous carrying amount shall be recognised in profit or loss.

DISPOSALS

An investment property shall be derecognised (eliminated from the statement of financial position) on disposal or when **66** the investment property is permanently withdrawn from use and no future economic benefits are expected from its disposal.

The disposal of an investment property may be achieved by sale or by entering into a finance lease. In determining the **67** date of disposal for investment property, an entity applies the criteria in IAS 18 for recognising revenue from the sale of goods and considers the related guidance in the Appendix to IAS 18. IAS 17 applies to a disposal effected by entering into a finance lease and to a sale and leaseback.

If, in accordance with the recognition principle in paragraph 16, an entity recognises in the carrying amount of an asset **68** the cost of a replacement for part of an investment property, it derecognises the carrying amount of the replaced part. For investment property accounted for using the cost model, a replaced part may not be a part that was depreciated separately. If it is not practicable for an entity to determine the carrying amount of the replaced part, it may use the cost of the replacement as an indication of what the cost of the replaced part was at the time it was acquired or constructed. Under the fair value model, the fair value of the investment property may already reflect that the part to be replaced has lost its value. In other cases it may be difficult to discern how much fair value should be reduced for the part being replaced. An alternative to reducing fair value for the replaced part, when it is not practical to do so, is to include the cost of the replacement in the carrying amount of the asset and then to reassess the fair value, as would be required for additions not involving replacement.

Gains or losses arising from the retirement or disposal of investment property shall be determined as the difference **69** between the net disposal proceeds and the carrying amount of the asset and shall be recognised in profit or loss (unless IAS 17 requires otherwise on a sale and leaseback) in the period of the retirement or disposal.

The consideration receivable on disposal of an investment property is recognised initially at fair value. In particular, if **70** payment for an investment property is deferred, the consideration received is recognised initially at the cash price equivalent. The difference between the nominal amount of the consideration and the cash price equivalent is recognised as interest revenue in accordance with IAS 18 using the effective interest method.

An entity applies IAS 37 or other standards, as appropriate, to any liabilities that it retains after disposal of an investment **71** property.

Compensation from third parties for investment property that was impaired, lost or given up shall be recognised in profit **72** or loss when the compensation becomes receivable.

Impairments or losses of investment property, related claims for or payments of compensation from third parties and any **73** subsequent purchase or construction of replacement assets are separate economic events and are accounted for separately as follows:
(a) impairments of investment property are recognised in accordance with IAS 36;
(b) retirements or disposals of investment property are recognised in accordance with paragraphs 66—71 of this standard;
(c) compensation from third parties for investment property that was impaired, lost or given up is recognised in profit or loss when it becomes receivable; and
(d) the cost of assets restored, purchased or constructed as replacements is determined in accordance with paragraphs 20—29 of this standard.

DISCLOSURE

Fair value model and cost model

The disclosures below apply in addition to those in IAS 17. In accordance with IAS 17, the owner of an investment prop- **74** erty provides lessors' disclosures about leases into which it has entered. An entity that holds an investment property under

schlossenen Leasingverhältnissen. Ein Unternehmen, welches eine Immobilie im Rahmen eines Finanzierungs- oder Operating-Leasingverhältnisses als Finanzinvestition hält, macht die Angaben eines Leasingnehmers zu den Finanzierungsleasingverhältnissen sowie die Angaben eines Leasinggebers zu allen Operating-Leasingverhältnissen, die das Unternehmen abgeschlossen hat.

75 Folgende Angaben sind erforderlich:

(a) ob es das Modell des beizulegenden Zeitwerts oder das Anschaffungskostenmodell anwendet

(b) bei Anwendung des Modells des beizulegenden Zeitwerts, ob und unter welchen Umständen die im Rahmen von Operating-Leasingverhältnissen gehaltenen Immobilien als Finanzinvestition eingestuft und bilanziert werden;

(c) sofern eine Zuordnung Schwierigkeiten bereitet (siehe Paragraph 14), die vom Unternehmen verwendeten Kriterien, nach denen zwischen als Finanzinvestition gehaltenen, vom Eigentümer selbst genutzten und Immobilien, die zum Verkauf im Rahmen der gewöhnlichen Geschäftstätigkeit gehalten werden, unterschieden wird;

(d) [gestrichen]

(e) das Ausmaß, in dem der beizulegende Zeitwert der als Finanzinvestition gehaltenen Immobilien (wie in den Abschlüssen bewertet oder angegeben) auf der Grundlage einer Bewertung durch einen unabhängigen Gutachter basiert, der eine entsprechende berufliche Qualifikation und aktuelle Erfahrungen mit der Lage und der Art der zu bewertenden, als Finanzinvestition gehaltenen Immobilien hat. Hat eine solche Bewertung nicht stattgefunden, ist diese Tatsache anzugeben;

(f) die im Gewinn oder Verlust erfassten Beträge für:

(i) Mieteinnahmen aus als Finanzinvestition gehaltenen Immobilien;

(ii) direkte betriebliche Aufwendungen (einschließlich Reparaturen und Instandhaltung), die denjenigen als Finanzinvestition gehaltenen Immobilien direkt zurechenbar sind, mit denen während der Periode Mieteinnahmen erzielt wurden; und

(iii) direkte betriebliche Aufwendungen (einschließlich Reparaturen und Instandhaltung), die denjenigen als Finanzinvestition gehaltenen Immobilien direkt zurechenbar sind, mit denen während der Periode keine Mieteinnahmen erzielt wurden;

(iv) die kumulierte Änderung des beizulegenden Zeitwerts, die beim Verkauf einer als Finanzinvestition gehaltenen Immobilie von einem Bestand von Vermögenswerten, in dem das Anschaffungskostenmodell verwendet wird, an einen Bestand, in dem das Modell des beizulegenden Zeitwerts verwendet wird, im Gewinn oder Verlust erfasst wird (siehe Paragraph 32C);

(g) die Existenz und die Höhe von Beschränkungen hinsichtlich der Veräußerbarkeit von als Finanzinvestition gehaltenen Immobilien oder der Überweisung von Erträgen und Veräußerungserlösen;

(h) vertragliche Verpflichtungen, als Finanzinvestitionen gehaltene Immobilien zu kaufen, zu erstellen oder zu entwickeln, oder solche für Reparaturen, Instandhaltung oder Verbesserungen.

Modell des beizulegenden Zeitwerts

76 Zusätzlich zu den nach Paragraph 75 erforderlichen Angaben hat ein Unternehmen, welches das Modell des beizulegenden Zeitwerts gemäß den Paragraphen 33–55 anwendet, eine Überleitungsrechnung zu erstellen, die die Entwicklung des Buchwerts der als Finanzinvestition gehaltenen Immobilien zu Beginn und zum Ende der Periode zeigt und dabei Folgendes darstellt:

(a) Zugänge, wobei diejenigen Zugänge gesondert anzugeben sind, die auf einen Erwerb und die auf nachträgliche im Buchwert eines Vermögenswerts erfasste Anschaffungskosten entfallen;

(b) Zugänge, die aus dem Erwerb im Rahmen von Unternehmenszusammenschlüssen resultieren;

(c) Vermögenswerte, die gemäß IFRS 5 als zur Veräußerung gehalten eingestuft werden oder zu einer als zur Veräußerung gehalten eingestuften Veräußerungsgruppe gehören, und andere Abgänge;

(d) Nettogewinne oder -verluste aus der Berichtigung des beizulegenden Zeitwerts;

(e) Nettoumrechnungsdifferenzen aus der Umrechnung von Abschlüssen in eine andere Darstellungswährung und aus der Umrechnung eines ausländischen Geschäftsbetriebs in die Darstellungswährung des berichtenden Unternehmens;

(f) Übertragungen in den bzw. aus dem Bestand der Vorräte und der vom Eigentümer selbst genutzten Immobilien; und

(g) andere Änderungen.

77 Wird die Bewertung einer als Finanzinvestition gehaltenen Immobilie für die Abschlüsse erheblich angepasst, beispielsweise um wie in Paragraph 50 beschrieben einen erneuten Ansatz von Vermögenswerten oder Schulden zu vermeiden, die bereits als gesonderte Vermögenswerte und Schulden erfasst wurden, hat das Unternehmen eine Überleitungsrechnung zwischen der ursprünglichen Bewertung und der in den Abschlüssen enthaltenen angepassten Bewertung zu erstellen, in der der Gesamtbetrag aller erfassten zurückaddierten Leasingverpflichtungen und alle anderen wesentlichen Berichtigungen gesondert dargestellt ist.

78 **In den in Paragraph 53 beschriebenen Ausnahmefällen, in denen ein Unternehmen als Finanzinvestition gehaltene Immobilien nach dem Anschaffungskostenmodell gemäß IAS 16 bewertet, hat die in Paragraph 76 vorgeschriebene Überleitungsrechnung die Beträge dieser als Finanzinvestition gehaltenen Immobilien getrennt von den Beträgen der anderen als Finanzinvestition gehaltenen Immobilien auszuweisen. Zusätzlich hat ein Unternehmen Folgendes anzugeben:**

a finance or operating lease provides lessees' disclosures for finance leases and lessors' disclosures for any operating leases into which it has entered.

An entity shall disclose: **75**

(a) whether it applies the fair value model or the cost model;

(b) if it applies the fair value model, whether, and in what circumstances, property interests held under operating leases are classified and accounted for as investment property;

(c) when classification is difficult (see paragraph 14), the criteria it uses to distinguish investment property from owner-occupied property and from property held for sale in the ordinary course of business;

(d) [deleted]

(e) the extent to which the fair value of investment property (as measured or disclosed in the financial statements) is based on a valuation by an independent valuer who holds a recognised and relevant professional qualification and has recent experience in the location and category of the investment property being valued. If there has been no such valuation, that fact shall be disclosed;

(f) the amounts recognised in profit or loss for:

   (i) rental income from investment property;

   (ii) direct operating expenses (including repairs and maintenance) arising from investment property that generated rental income during the period; and

   (iii) direct operating expenses (including repairs and maintenance) arising from investment property that did not generate rental income during the period;

   (iv) the cumulative change in fair value recognised in profit or loss on a sale of investment property from a pool of assets in which the cost model is used into a pool in which the fair value model is used (see paragraph 32C);

(g) the existence and amounts of restrictions on the realisability of investment property or the remittance of income and proceeds of disposal;

(h) contractual obligations to purchase, construct or develop investment property or for repairs, maintenance or enhancements.

Fair value model

In addition to the disclosures required by paragraph 75, an entity that applies the fair value model in paragraphs 33—55 **76** shall disclose a reconciliation between the carrying amounts of investment property at the beginning and end of the period, showing the following:

(a) additions, disclosing separately those additions resulting from acquisitions and those resulting from subsequent expenditure recognised in the carrying amount of an asset;

(b) additions resulting from acquisitions through business combinations;

(c) assets classified as held for sale or included in a disposal group classified as held for sale in accordance with IFRS 5 and other disposals;

(d) net gains or losses from fair value adjustments;

(e) the net exchange differences arising on the translation of the financial statements into a different presentation currency, and on translation of a foreign operation into the presentation currency of the reporting entity;

(f) transfers to and from inventories and owner-occupied property; and

(g) other changes.

When a valuation obtained for investment property is adjusted significantly for the purpose of the financial statements, **77** for example to avoid double-counting of assets or liabilities that are recognised as separate assets and liabilities as described in paragraph 50, the entity shall disclose a reconciliation between the valuation obtained and the adjusted valuation included in the financial statements, showing separately the aggregate amount of any recognised lease obligations that have been added back, and any other significant adjustments.

In the exceptional cases referred to in paragraph 53, when an entity measures investment property using the cost **78** **model in IAS 16, the reconciliation required by paragraph 76 shall disclose amounts relating to that investment property separately from amounts relating to other investment property. In addition, an entity shall disclose:**

(a) eine Beschreibung der als Finanzinvestition gehaltenen Immobilien;

(b) eine Erklärung, warum der beizulegende Zeitwert nicht verlässlich bemessen werden kann;

(c) wenn möglich, die Schätzungsbandbreite, innerhalb derer der beizulegende Zeitwert höchstwahrscheinlich liegt; und

(d) bei Abgang der als Finanzinvestition gehaltenen Immobilien, die nicht zum beizulegenden Zeitwert bewertet wurden:

    (i) den Umstand, dass das Unternehmen als Finanzinvestition gehaltene Immobilien veräußert hat, die nicht zum beizulegenden Zeitwert bewertet wurden;

    (ii) den Buchwert dieser als Finanzinvestition gehaltenen Immobilien zum Zeitpunkt des Verkaufs; und

    (iii) den als Gewinn oder Verlust erfassten Betrag.

Anschaffungskostenmodell

79 Zusätzlich zu den nach Paragraph 75 erforderlichen Angaben hat ein Unternehmen, das das Anschaffungskostenmodell gemäß Paragraph 56 anwendet, Folgendes anzugeben:

(a) die verwendeten Abschreibungsmethoden;

(b) die zugrunde gelegten Nutzungsdauern oder Abschreibungssätze;

(c) den Bruttobuchwert und die kumulierten Abschreibungen (zusammengefasst mit den kumulierten Wertminderungsaufwendungen) zu Beginn und zum Ende der Periode;

(d) eine Überleitungsrechnung, welche die Entwicklung des Buchwertes der als Finanzinvestition gehaltenen Immobilien zu Beginn und zum Ende der gesamten Periode zeigt und dabei Folgendes darstellt:

    (i) Zugänge, wobei diejenigen Zugänge gesondert anzugeben sind, welche auf einen Erwerb und welche auf als Vermögenswert erfasste nachträgliche Ausgaben entfallen;

    (ii) Zugänge, die aus dem Erwerb im Rahmen von Unternehmenszusammenschlüssen resultieren;

    (iii) Vermögenswerte, die gemäß IFRS 5 als zur Veräußerung gehalten eingestuft werden oder zu einer als zur Veräußerung gehalten eingestuften Veräußerungsgruppe gehören, und andere Abgänge;

    (iv) Abschreibungen;

    (v) den Betrag der Wertminderungsaufwendungen, der während der Periode gemäß IAS 36 erfasst wurde, und den Betrag an wieder aufgehobenen Wertminderungsaufwendungen;

    (vi) Nettoumrechnungsdifferenzen aus der Umrechnung von Abschlüssen in eine andere Darstellungswährung und aus der Umrechnung eines ausländischen Geschäftsbetriebs in die Darstellungswährung des berichtenden Unternehmens;

    (vii) Übertragungen in den bzw. aus dem Bestand der Vorräte und der vom Eigentümer selbst genutzten Immobilien; und

    (viii) sonstige Änderungen; sowie

(e) den beizulegenden Zeitwert der als Finanzinvestition gehaltenen Immobilien. In den in Paragraph 53 beschriebenen Ausnahmefällen, in denen ein Unternehmen den beizulegenden Zeitwert der als Finanzinvestition gehaltenen Immobilien nicht verlässlich bemessen kann, hat es Folgendes anzugeben:

    (i) eine Beschreibung der als Finanzinvestition gehaltenen Immobilien;

    (ii) eine Erklärung, warum der beizulegende Zeitwert nicht verlässlich bemessen werden kann; und

    (iii) wenn möglich, die Schätzungsbandbreite, innerhalb derer der beizulegende Zeitwert höchstwahrscheinlich liegt.

ÜBERGANGSVORSCHRIFTEN

Modell des beizulegenden Zeitwerts

80 Ein Unternehmen, das bisher IAS 40 (2000) angewandt hat und sich erstmals dafür entscheidet, einige oder alle im Rahmen von Operating-Leasingverhältnissen geleasten Immobilien als Finanzinvestition einzustufen und zu bilanzieren, hat die Auswirkung dieser Entscheidung als eine Berichtigung des Eröffnungsbilanzwerts der Gewinnrücklagen in der Periode zu erfassen, in der die Entscheidung erstmals getroffen wurde. Ferner:

(a) hat das Unternehmen früher (im Abschluss oder anderweitig) den beizulegenden Zeitwert dieser Immobilien in vorhergehenden Perioden angegeben und wurde der beizulegende Zeitwert auf einer Grundlage ermittelt, die der Definition des beizulegenden Zeitwerts in IFRS 13 genügt, wird dem Unternehmen empfohlen, aber nicht vorgeschrieben:

    (i) den Eröffnungsbilanzwert der Gewinnrücklagen für die früheste ausgewiesene Periode, für die der beizulegende Zeitwert veröffentlicht wurde, anzupassen; sowie

    (ii) die Vergleichsinformationen für diese Perioden anzupassen; und

(b) hat das Unternehmen früher keine der unter (a) beschriebenen Informationen veröffentlicht, sind die Vergleichsinformationen nicht anzupassen und ist diese Tatsache anzugeben.

81 Dieser Standard schreibt eine andere Behandlung als nach IAS 8 vor. Nach IAS 8 sind Vergleichsinformationen anzupassen, es sei denn, dies ist in der Praxis nicht durchführbar.

(a) a description of the investment property;

(b) an explanation of why fair value cannot be measured reliably;

(c) if possible, the range of estimates within which fair value is highly likely to lie; and

(d) on disposal of investment property not carried at fair value:

    (i) the fact that the entity has disposed of investment property not carried at fair value;

    (ii) the carrying amount of that investment property at the time of sale; and

    (iii) the amount of gain or loss recognised.

Cost model

79 In addition to the disclosures required by paragraph 75, an entity that applies the cost model in paragraph 56 shall disclose:

(a) the depreciation methods used;

(b) the useful lives or the depreciation rates used;

(c) the gross carrying amount and the accumulated depreciation (aggregated with accumulated impairment losses) at the beginning and end of the period;

(d) a reconciliation of the carrying amount of investment property at the beginning and end of the period, showing the following:

    (i) additions, disclosing separately those additions resulting from acquisitions and those resulting from subsequent expenditure recognised as an asset;

    (ii) additions resulting from acquisitions through business combinations;

    (iii) assets classified as held for sale or included in a disposal group classified as held for sale in accordance with IFRS 5 and other disposals;

    (iv) depreciation;

    (v) the amount of impairment losses recognised, and the amount of impairment losses reversed, during the period in accordance with IAS 36;

    (vi) the net exchange differences arising on the translation of the financial statements into a different presentation currency, and on translation of a foreign operation into the presentation currency of the reporting entity;

    (vii) transfers to and from inventories and owner-occupied property; and

    (viii) other changes; and

(e) the fair value of investment property. In the exceptional cases described in paragraph 53, when an entity cannot measure the fair value of the investment property reliably, it shall disclose:

    (i) a description of the investment property;

    (ii) an explanation of why fair value cannot be measured reliably; and

    (iii) if possible, the range of estimates within which fair value is highly likely to lie.

TRANSITIONAL PROVISIONS

Fair value model

80 An entity that has previously applied IAS 40 (2000) and elects for the first time to classify and account for some or all eligible property interests held under operating leases as investment property shall recognise the effect of that election as an adjustment to the opening balance of retained earnings for the period in which the election is first made. In addition:

(a) if the entity has previously disclosed publicly (in financial statements or otherwise) the fair value of those property interests in earlier periods (measured on a basis that satisfies the definition of fair value in IFRS 13), the entity is encouraged, but not required:

    (i) to adjust the opening balance of retained earnings for the earliest period presented for which such fair value was disclosed publicly; and

    (ii) to restate comparative information for those periods; and

(b) if the entity has not previously disclosed publicly the information described in (a), it shall not restate comparative information and shall disclose that fact.

81 This standard requires a treatment different from that required by IAS 8. IAS 8 requires comparative information to be restated unless such restatement is impracticable.

82 Wenn ein Unternehmen zum ersten Mal diesen Standard anwendet, umfasst die Berichtigung des Eröffnungsbilanzwertes der Gewinnrücklagen die Umgliederung aller Beträge, die für als Finanzinvestition gehaltene Immobilien in der Neubewertungsrücklage erfasst wurden.

Anschaffungskostenmodell

83 IAS 8 ist auf alle Änderungen der Rechnungslegungsmethoden anzuwenden, die vorgenommen werden, wenn ein Unternehmen diesen Standard zum ersten Mal anwendet und sich für das Anschaffungskostenmodell entscheidet. Zu den Auswirkungen einer Änderung der Rechnungslegungsmethoden gehört auch die Umgliederung aller Beträge, die für als Finanzinvestition gehaltene Immobilien in der Neubewertungsrücklage erfasst wurden.

84 Die Anforderungen der Paragraphen 27–29 bezüglich der erstmaligen Bewertung von als Finanzinvestition gehaltenen Immobilien, die durch einen Tausch von Vermögenswerten erworben werden, sind nur prospektiv auf künftige Transaktionen anzuwenden.

Unternehmenszusammenschlüsse

84A Mit den im Dezember 2013 veröffentlichten *Jährlichen Verbesserungen, Zyklus 2011–2013*, wurden Paragraph 14A und eine Überschrift vor Paragraph 6 angefügt. Ein Unternehmen hat diese Änderung ab Beginn des ersten Geschäftsjahres, in dem diese Änderung angewandt wird, prospektiv auf jeden Erwerb einer als Finanzinvestition gehaltenen Immobilie anzuwenden. Die Bilanzierung für in früheren Perioden erworbene, als Finanzinvestition gehaltene Immobilien ist somit nicht zu berichtigen. Ein Unternehmen kann allerdings beschließen, die Änderung auf einzelne Erwerbungen von als Finanzinvestition gehaltenen Immobilien anzuwenden, die vor Beginn des ersten Geschäftsjahres, das am oder nach dem Datum des Inkrafttretens der Änderung beginnt, getätigt wurden, wenn, und nur wenn das Unternehmen über die zur Anwendung der Änderung auf frühere Erwerbungen erforderlichen Informationen verfügt.

ZEITPUNKT DES INKRAFTTRETENS

85 Dieser Standard ist erstmals in der ersten jährlichen Periode, die am 1. Januar 2005 oder danach beginnt, anzuwenden. Eine frühere Anwendung wird empfohlen. Wenn ein Unternehmen diesen Standard für Perioden anwendet, die vor dem 1. Januar 2005 beginnen, so ist diese Tatsache anzugeben.

85A Infolge des IAS 1 *Darstellung des Abschlusses* (überarbeitet 2007) wurde die in allen IFRS verwendete Terminologie geändert. Außerdem wurde Paragraph 62 geändert. Diese Änderungen sind erstmals in der ersten Berichtsperiode eines am 1. Januar 2009 oder danach beginnenden Geschäftsjahres anzuwenden. Wird IAS 1 (überarbeitet 2007) auf eine frühere Periode angewandt, sind diese Änderungen entsprechend auch anzuwenden.

85B Die Paragraphen 8, 9, 48, 53, 54 und 57 werden im Rahmen der *Verbesserungen der IFRS* vom Mai 2008 geändert, Paragraph 22 wird gestrichen und die Paragraphen 53A und 53B werden hinzugefügt. Ein Unternehmen kann die Änderungen prospektiv erstmals in der ersten Berichtsperiode eines am 1. Januar 2009 oder danach beginnenden Geschäftsjahres anwenden. Ein Unternehmen darf die Änderungen an im Bau befindlichen, als Finanzinvestition gehaltenen Immobilien ab jedem beliebigen Stichtag vor dem 1. Januar 2009 anwenden, sofern die jeweils beizulegenden Zeitwerte der sich noch im Bau befindlichen, als Finanzinvestition gehaltenen Immobilien zu den jeweiligen Stichtagen bemessen wurden. Eine frühere Anwendung ist zulässig. Wendet ein Unternehmen diese Änderungen auf eine frühere Periode an, so ist dies anzugeben und gleichzeitig sind die Änderungen auf Paragraph 5 und Paragraph 81E von IAS 16 *Sachanlagen anzuwenden*.

85C Durch IFRS 13, veröffentlicht im Mai 2011, wurde die Definition des beizulegenden Zeitwerts in Paragraph 5 geändert. Außerdem wurden die Paragraphen 26, 29, 32, 40, 48, 53, 53B, 78–80 und 85B geändert sowie die Paragraphen 36–39, 42–47, 49, 51 und 75 (d) gestrichen. Ein Unternehmen hat die betreffenden Änderungen anzuwenden, wenn es IFRS 13 anwendet.

85D Mit den im Dezember 2013 veröffentlichten *Jährlichen Verbesserungen, Zyklus 2011–2013*, wurden vor Paragraph 6 und nach Paragraph 84 Überschriften eingefügt und die Paragraphen 14A und 84A angefügt. Ein Unternehmen hat diese Änderungen auf Geschäftsjahre anzuwenden, die am oder nach dem 1. Juli 2014 beginnen. Eine frühere Anwendung ist zulässig. Wendet ein Unternehmen diese Änderungen auf eine frühere Periode an, hat es dies anzugeben.

RÜCKNAHME VON IAS 40 (2000)

86 Der vorliegende Standard ersetzt IAS 40 *Als Finanzinvestition gehaltene Immobilien* (herausgegeben 2000).

When an entity first applies this standard, the adjustment to the opening balance of retained earnings includes the reclassification of any amount held in revaluation surplus for investment property. **82**

Cost model

IAS 8 applies to any change in accounting policies that is made when an entity first applies this standard and chooses to **83** use the cost model. The effect of the change in accounting policies includes the reclassification of any amount held in revaluation surplus for investment property.

The requirements of paragraphs 27—29 regarding the initial measurement of an investment property acquired in an **84** exchange of assets transaction shall be applied prospectively only to future transactions.

Business Combinations

Annual Improvements Cycle 2011—2013 issued in December 2013 added paragraph 14A and a heading before para- **84A** graph 6. An entity shall apply that amendment prospectively for acquisitions of investment property from the beginning of the first period for which it adopts that amendment. Consequently, accounting for acquisitions of investment property in prior periods shall not be adjusted. However, an entity may choose to apply the amendment to individual acquisitions of investment property that occurred prior to the beginning of the first annual period occurring on or after the effective date if, and only if, information needed to apply the amendment to those earlier transactions is available to the entity.

EFFECTIVE DATE

An entity shall apply this standard for annual periods beginning on or after 1 January 2005. Earlier application is encour- **85** aged. If an entity applies this standard for a period beginning before 1 January 2005, it shall disclose that fact.

IAS 1 *Presentation of Financial Statements* (as revised in 2007) amended the terminology used throughout IFRSs. In addi- **85A** tion it amended paragraph 62. An entity shall apply those amendments for annual periods beginning on or after 1 January 2009. If an entity applies IAS 1 (revised 2007) for an earlier period, the amendments shall be applied for that earlier period.

Paragraphs 8, 9, 48, 53, 54 and 57 were amended, paragraph 22 was deleted and paragraphs 53A and 53B were added by **85B** *Improvements to IFRSs* issued in May 2008. An entity shall apply those amendments prospectively for annual periods beginning on or after 1 January 2009. An entity is permitted to apply the amendments to investment property under construction from any date before 1 January 2009 provided that the fair values of investment properties under construction were measured at those dates. Earlier application is permitted. If an entity applies the amendments for an earlier period it shall disclose that fact and at the same time apply the amendments to paragraphs 5 and 81E of IAS 16 *Property, Plant and Equipment*.

IFRS 13, issued in May 2011, amended the definition of fair value in paragraph 5, amended paragraphs 26, 29, 32, 40, 48, **85C** 53, 53B, 78—80 and 85B and deleted paragraphs 36—39, 42—47, 49, 51 and 75 (d). An entity shall apply those amendments when it applies IFRS 13.

Annual Improvements Cycle 2011—2013 issued in December 2013 added headings before paragraph 6 and after paragraph **85D** 84 and added paragraphs 14A and 84A. An entity shall apply those amendments for annual periods beginning on or after 1 July 2014. Earlier application is permitted. If an entity applies those amendments for an earlier period it shall disclose that fact.

WITHDRAWAL OF IAS 40 (2000)

This standard supersedes IAS 40 *Investment property* (issued in 2000). **86**

INTERNATIONAL ACCOUNTING STANDARD 41

Landwirtschaft

ZIELSETZUNG

Die Zielsetzung dieses Standards ist die Regelung der Bilanzierung, der Darstellung im Abschluss und der Angabepflichten für landwirtschaftliche Tätigkeit.

ANWENDUNGSBEREICH

1 **Dieser Standard ist für die Rechnungslegung über folgende Punkte anzuwenden, wenn sie mit einer landwirtschaftlichen Tätigkeit im Zusammenhang stehen:**
   (a) **biologische Vermögenswerte, mit Ausnahme von fruchttragenden Pflanzen;**
   (b) **landwirtschaftliche Erzeugnisse zum Zeitpunkt der Ernte; und**
   (c) **Zuwendungen der öffentlichen Hand, die von den Paragraphen 34–35 behandelt werden.**

2 Dieser Standard ist nicht anwendbar auf:
   (a) Grundstücke, die mit landwirtschaftlicher Tätigkeit im Zusammenhang stehen (siehe IAS 16, *Sachanlagen* und IAS 40, *Als Finanzinvestition gehaltene Immobilien*);
   (b) fruchttragende Pflanzen, die mit landwirtschaftlicher Tätigkeit im Zusammenhang stehen (siehe IAS 16). Auf die Erzeugnisse dieser fruchttragenden Pflanzen ist der Standard jedoch anzuwenden;
   (c) Zuwendungen der öffentlichen Hand, die mit fruchttragenden Pflanzen im Zusammenhang stehen (siehe IAS 20, *Bilanzierung und Darstellung von Zuwendungen der öffentlichen Hand*);
   (d) immaterielle Vermögenswerte, die mit landwirtschaftlicher Tätigkeit im Zusammenhang stehen (siehe IAS 38, *Immaterielle Vermögenswerte*).

3 Dieser Standard ist auf landwirtschaftliche Erzeugnisse, welche die Erzeugnisse der biologischen Vermögenswerte des Unternehmens darstellen, zum Zeitpunkt der Ernte anzuwenden. Danach ist IAS 2 *Vorräte* oder ein anderer anwendbarer Standard anzuwenden. Dementsprechend behandelt dieser Standard nicht die Verarbeitung landwirtschaftlicher Erzeugnisse nach der Ernte, beispielsweise die Verarbeitung von Trauben zu Wein durch den Winzer, der die Trauben selbst angebaut hat. Obwohl diese Verarbeitung eine logische und natürliche Ausdehnung landwirtschaftlicher Tätigkeit sein kann, und die stattfindenden Vorgänge eine gewisse Ähnlichkeit zur biologischen Transformation aufweisen können, fällt eine solche Verarbeitung nicht in die in diesem Standard zugrunde gelegte Definition der landwirtschaftlichen Tätigkeit.

INTERNATIONAL ACCOUNTING STANDARD 41

Agriculture

OBJECTIVE

The objective of this standard is to prescribe the accounting treatment and disclosures related to agricultural activity.

SCOPE

This standard shall be applied to account for the following when they relate to agricultural activity: **1**
(a) **biological assets except for bearer plants;**
(b) **agricultural produce at the point of harvest; and**
(c) **government grants covered by paragraphs 34 and 35.**

This standard does not apply to: 2
(a) land related to agricultural activity (see IAS 16 *Property, Plant and Equipment* and IAS 40 *Investment Property*).
(b) bearer plants related to agricultural activity (see IAS 16). However, this Standard applies to the produce on those bearer plants.
(c) government grants related to bearer plants (see IAS 20 *Accounting for Government Grants and Disclosure of Government Assistance*).
(d) intangible assets related to agricultural activity (see IAS 38 *Intangible Assets*).

This Standard is applied to agricultural produce, which is the harvested produce of the entity's biological assets, at the 3 point of harvest. Thereafter, IAS 2 *Inventories* or another applicable Standard is applied. Accordingly, this Standard does not deal with the processing of agricultural produce after harvest; for example, the processing of grapes into wine by a vintner who has grown the grapes. While such processing may be a logical and natural extension of agricultural activity, and the events taking place may bear some similarity to biological transformation, such processing is not included within the definition of agricultural activity in this Standard.

4 Die folgende Tabelle enthält Beispiele von biologischen Vermögenswerten, landwirtschaftlichen Erzeugnissen und Produkten, die das Ergebnis der Verarbeitung nach der Ernte darstellen:

Biologische Vermögenswerte	Landwirtschaftliche Erzeugnisse	Produkte aus Weiterverarbeitung
Schafe	Wolle	Garne, Teppiche
Waldflur	Geschlagene Bäume	Stämme, Bauholz, Nutzholz
Milchvieh	Milch	Käse
Schweine	Rümpfe geschlachteter Tiere	Würste, geräucherte Schinken
Baumwollpflanzen	Geerntete Baumwolle	Fäden, Kleidung
Zuckerrohr	Geerntete Zuckerrohre	Zucker
Tabakpflanzen	Gepflückte Blätter	Getrockneter Tabak
Teesträucher	Gepflückte Blätter	Tee
Weinstöcke	Gepflückte Trauben	Wein
Obstbäume	Gepflücktes Obst	Verarbeitetes Obst
Ölpalmen	Gepflückte Früchte	Palmöl
Kautschukbäume	Geernteter Latex	Gummiwaren

Einige Pflanzen, zum Beispiel Teesträucher, Weinstöcke, Ölpalmen und Kautschukbäume, erfüllen in der Regel die Definition einer fruchttragenden Pflanze und fallen in den Anwendungsbereich von IAS 16. Die Erzeugnisse, die auf fruchttragenden Pflanzen wachsen, zum Beispiel Teeblätter, Weintrauben, Palmölfrüchte und Latex, fallen jedoch in den Anwendungsbereich von IAS 41.

DEFINITIONEN

Definitionen, die mit der Landwirtschaft im Zusammenhang stehen

5 Die folgenden Begriffe werden in diesem Standard mit der angegebenen Bedeutung verwendet:

Landwirtschaftliche Tätigkeit liegt vor, wenn ein Unternehmen die biologische Umwandlung oder Ernte biologischer Vermögenswerte betreibt, um diese abzusetzen oder in landwirtschaftliche Erzeugnisse oder in zusätzliche biologische Vermögenswerte umzuwandeln.

Ein *landwirtschaftliches Erzeugnis* ist das Erzeugnis der biologischen Vermögenswerte des Unternehmens.

Eine *fruchttragende Pflanze* ist eine lebende Pflanze, die

(a) zur Herstellung oder Gewinnung landwirtschaftlicher Erzeugnisse verwendet wird;

(b) erwartungsgemäß mehr als eine Periode Frucht tragen wird; und

(c) mit Ausnahme des Verkaufs nach Ende der Nutzbarkeit nur mit geringer Wahrscheinlichkeit als landwirtschaftliches Erzeugnis verkauft wird.

Ein *biologischer Vermögenswert* ist ein lebendes Tier oder eine lebende Pflanze.

Die *biologische Transformation* umfasst den Prozess des Wachstums, des Rückgangs, der Fruchtbringung und der Vermehrung, welcher qualitative oder quantitative Änderungen eines biologischen Vermögenswerts verursacht.

Eine *Gruppe biologischer Vermögenswerte* ist die Zusammenfassung gleichartiger lebender Tiere oder Pflanzen.

Ernte ist die Abtrennung des Erzeugnisses von dem biologischen Vermögenswert oder das Ende der Lebensprozesse eines biologischen Vermögenswerts.

Verkaufskosten sind die zusätzlichen Kosten, die dem Verkauf eines Vermögenswerts direkt zugeordnet werden können, mit Ausnahme der Finanzierungskosten und der Ertragsteuern.

5A Keine fruchttragenden Pflanzen sind:

(a) Pflanzen, die kultiviert werden, um als landwirtschaftliches Erzeugnis geerntet zu werden (zum Beispiel Bäume, die als Nutzholz angebaut werden);

(b) Pflanzen, die kultiviert werden, um landwirtschaftliche Erzeugnisse zu gewinnen, wenn mehr als nur eine geringe Wahrscheinlichkeit besteht, dass das Unternehmen auch die Pflanze selbst als landwirtschaftliches Erzeugnis ernten und verkaufen wird (zum Beispiel Bäume, die sowohl um der Früchte als auch um des Nutzholzes willen kultiviert werden). Verkäufe nach Ende der Nutzbarkeit sind hiervon ausgenommen; und

(c) einjährige Kulturen (zum Beispiel Mais und Weizen).

5B Wenn fruchttragende Pflanzen nicht mehr zur Gewinnung landwirtschaftlicher Erzeugnisse genutzt werden, können sie gefällt/abgeschnitten und zum Schrottwert verkauft werden, zum Beispiel als Brennholz. Solche Verkäufe nach Ende der Nutzbarkeit sind mit der Definition einer fruchttragenden Pflanze vereinbar.

5C Die Erzeugnisse, die auf fruchttragenden Pflanzen wachsen, sind biologische Vermögenswerte.

The table below provides examples of biological assets, agricultural produce, and products that are the result of processing after harvest: **4**

Biological assets	Agricultural produce	Products that are the result of processing after harvest
Sheep	Wool	Yarn, carpet
Trees in a timber plantation	Felled trees	Logs, lumber
Dairy cattle	Milk	Cheese
Pigs	Carcass	Sausages, cured hams
Cotton plants	Harvested cotton	Thread, clothing
Sugarcane	Harvested cane	Sugar
Tobacco plants	Picked leaves	Cured tobacco
Tea bushes	Picked leaves	Tea
Grape vines	Picked grapes	Wine
Fruit trees	Picked fruit	Processed fruit
Oil palms	Picked fruit	Palm oil
Rubber trees	Harvested latex	Rubber products

Some plants, for example, tea bushes, grape vines, oil palms and rubber trees, usually meet the definition of a bearer plant and are within the scope of IAS 16. However, the produce growing on bearer plants, for example, tea leaves, grapes, oil palm fruit and latex, is within the scope of IAS 41.

DEFINITIONS

Agriculture-related definitions

The following terms are used in this Standard with the meanings specified: **5**

Agricultural activity is the management by an entity of the biological transformation and harvest of biological assets for sale or for conversion into agricultural produce or into additional biological assets.

Agricultural produce is the harvested produce of the entity's biological assets.

A *bearer plant* is a living plant that:
(a) is used in the production or supply of agricultural produce;
(b) is expected to bear produce for more than one period; and
(c) has a remote likelihood of being sold as agricultural produce, except for incidental scrap sales.

A *biological asset* is a living animal or plant.

Biological transformation comprises the processes of growth, degeneration, production, and procreation that cause qualitative or quantitative changes in a biological asset.

Costs to sell are the incremental costs directly attributable to the disposal of an asset, excluding finance costs and income taxes.

A *group of biological assets* is an aggregation of similar living animals or plants.

Harvest is the detachment of produce from a biological asset or the cessation of a biological asset's life processes.

The following are not bearer plants: **5A**
(a) plants cultivated to be harvested as agricultural produce (for example, trees grown for use as lumber);
(b) plants cultivated to produce agricultural produce when there is more than a remote likelihood that the entity will also harvest and sell the plant as agricultural produce, other than as incidental scrap sales (for example, trees that are cultivated both for their fruit and their lumber); and
(c) annual crops (for example, maize and wheat).

When bearer plants are no longer used to bear produce they might be cut down and sold as scrap, for example, for use as firewood. Such incidental scrap sales would not prevent the plant from satisfying the definition of a bearer plant. **5B**

Produce growing on bearer plants is a biological asset. **5C**

6 Die landwirtschaftliche Tätigkeit deckt eine breite Spanne von Tätigkeiten ab, zum Beispiel Viehzucht, Forstwirtschaft, jährliche oder kontinuierliche Ernte, Kultivierung von Obstgärten und Plantagen, Blumenzucht und Aquakultur (einschließlich Fischzucht). Innerhalb dieser Vielfalt bestehen bestimmte gemeinsame Merkmale:

(a) *Fähigkeit zur Änderung.* Lebende Tiere und Pflanzen sind zur biologischen Transformation fähig;

(b) *Management der Änderung.* Das Management fördert die biologische Transformation durch Verbesserung oder zumindest Stabilisierung der Bedingungen, die für die Durchführung des Prozesses notwendig sind (beispielsweise Nahrungssituation, Feuchtigkeit, Temperatur, Fruchtbarkeit und Helligkeit). Ein solches Management unterscheidet die landwirtschaftliche Tätigkeit von anderen Tätigkeiten. Beispielsweise ist die Nutzung unbewirtschafteter Ressourcen (wie Hochseefischen und Entwaldung) keine landwirtschaftliche Tätigkeit; und

(c) *Beurteilung von Änderungen.* Als routinemäßige Managementfunktion wird die durch biologische Transformation oder Ernte herbeigeführte Änderung der Qualität (beispielsweise genetische Eigenschaften, Dichte, Reife, Fettgehalt, Proteingehalt und Faserstärke) oder Quantität (beispielsweise Nachkommenschaft, Gewicht, Kubikmeter, Faserlänge oder -dicke und die Anzahl von Keimen) beurteilt und überwacht.

7 Biologische Transformationen führen zu folgenden Formen von Ergebnissen:

(a) Änderungen des Vermögenswerts durch (i) Wachstum (eine Zunahme der Quantität oder Verbesserung der Qualität eines Tieres oder einer Pflanze), (ii) Rückgang (eine Abnahme der Quantität oder Verschlechterung der Qualität eines Tieres oder einer Pflanze), oder (iii) Vermehrung (Erzeugung zusätzlicher lebender Tiere oder Pflanzen); oder

(b) Fruchtbringung von landwirtschaftlichen Erzeugnissen wie Latex, Teeblätter, Wolle und Milch.

Allgemeine Definitionen

8 Die folgenden Begriffe werden in diesem Standard mit der angegebenen Bedeutung verwendet:
[gestrichen]
(a)–(c) [gestrichen]
Der *Buchwert* ist der Betrag, mit dem ein Vermögenswert in der Bilanz erfasst wird.
Der *beizulegende Zeitwert* ist der Preis, der in einem geordneten Geschäftsvorfall zwischen Marktteilnehmern am Bemessungsstichtag für den Verkauf eines Vermögenswerts eingenommen bzw. für die Übertragung einer Schuld gezahlt würde. (Siehe IFRS 13 *Bemessung des beizulegenden Zeitwerts*.)
Zuwendungen der öffentlichen Hand sind in IAS 20 definiert.

9 [gestrichen]

ANSATZ UND BEWERTUNG

10 Ein Unternehmen hat biologische Vermögenswerte und landwirtschaftliche Erzeugnisse dann, und nur dann, anzusetzen, wenn

(a) das Unternehmen den Vermögenswert aufgrund von Ereignissen der Vergangenheit beherrscht; und

(b) es wahrscheinlich ist, dass dem Unternehmen ein mit dem Vermögenswert verbundener künftiger wirtschaftlicher Nutzen zufließen wird; und

(c) der beizulegende Zeitwert oder die Anschaffungs- oder Herstellungskosten des Vermögenswerts verlässlich bewertet werden können.

11 Bei landwirtschaftlichen Tätigkeiten kann die Beherrschung beispielsweise durch das rechtliche Eigentum an einem Rind und durch das Brandzeichen oder eine andere Markierung, die bei Erwerb, Geburt oder Entwöhnung des Kalbes von der Mutterkuh angebracht wurde, bewiesen werden. Der künftige Nutzen wird gewöhnlich durch die Bewertung der wesentlichen körperlichen Eigenschaften ermittelt.

12 Ein biologischer Vermögenswert ist beim erstmaligen Ansatz und an jedem Abschlussstichtag zu seinem beizulegenden Zeitwert abzüglich der geschätzten Verkaufskosten zu bewerten; davon ausgenommen ist der in Paragraph 30 beschriebene Fall, in dem der beizulegende Zeitwert nicht verlässlich bewertet werden kann.

13 Landwirtschaftliche Erzeugnisse, die von den biologischen Vermögenswerten des Unternehmens geerntet werden, sind zum Zeitpunkt der Ernte mit dem beizulegenden Zeitwert abzüglich der geschätzten Verkaufskosten zu bewerten. Zu diesem Zeitpunkt stellt eine solche Bewertung die Anschaffungs- oder Herstellungskosten für die Anwendung von IAS 2 *Vorräte* oder einem anderen anwendbaren Standard dar.

14 [gestrichen]

15 Die Bemessung des beizulegenden Zeitwerts für einen biologischen Vermögenswert oder ein landwirtschaftliches Erzeugnis kann vereinfacht werden durch die Gruppierung von biologischen Vermögenswerten oder landwirtschaftlichen Erzeugnissen nach wesentlichen Eigenschaften, beispielsweise nach Alter oder Qualität. Ein Unternehmen wählt die Eigenschaften danach aus, welche auf dem Markt als Preisgrundlage herangezogen werden.

Agricultural activity covers a diverse range of activities; for example, raising livestock, forestry, annual or perennial crop- **6** ping, cultivating orchards and plantations, floriculture and aquaculture (including fish farming). Certain common features exist within this diversity:

(a) *Capability to change.* Living animals and plants are capable of biological transformation;

(b) *Management of change.* Management facilitates biological transformation by enhancing, or at least stabilising, conditions necessary for the process to take place (for example, nutrient levels, moisture, temperature, fertility, and light). Such management distinguishes agricultural activity from other activities. For example, harvesting from unmanaged sources (such as ocean fishing and deforestation) is not agricultural activity; and

(c) *Measurement of change.* The change in quality (for example, genetic merit, density, ripeness, fat cover, protein content, and fibre strength) or quantity (for example, progeny, weight, cubic metres, fibre length or diameter, and number of buds) brought about by biological transformation or harvest is measured and monitored as a routine management function.

Biological transformation results in the following types of outcomes: **7**

(a) asset changes through (i) growth (an increase in quantity or improvement in quality of an animal or plant), (ii) degeneration (a decrease in the quantity or deterioration in quality of an animal or plant), or (iii) procreation (creation of additional living animals or plants); or

(b) production of agricultural produce such as latex, tea leaf, wool, and milk.

General definitions

The following terms are used in this Standard with the meanings specified: **8**
[deleted]
(a)—(c) [deleted]
Carrying amount **is the amount at which an asset is recognised in the statement of financial position.**

Fair value **is the price that would be received to sell an asset or paid to transfer a liability in an orderly transaction between market participants at the measurement date. (See IFRS 13** *Fair Value Measurement.***)**

Government grants **are as defined in IAS 20.**

[deleted] **9**

RECOGNITION AND MEASUREMENT

An entity shall recognise a biological asset or agricultural produce when, and only when: **10**

(a) the entity controls the asset as a result of past events;

(b) it is probable that future economic benefits associated with the asset will flow to the entity; and

(c) the fair value or cost of the asset can be measured reliably.

In agricultural activity, control may be evidenced by, for example, legal ownership of cattle and the branding or otherwise **11** marking of the cattle on acquisition, birth, or weaning. The future benefits are normally assessed by measuring the significant physical attributes.

A biological asset shall be measured on initial recognition and at the end of the reporting period at its fair value less costs **12** to sell, except for the case described in paragraph 30 where the fair value cannot be measured reliably.

Agricultural produce harvested from an entity's biological assets shall be measured at its fair value less costs to sell at the **13** point of harvest. Such measurement is the cost at that date when applying IAS 2 *Inventories* or another applicable standard.

[deleted] **14**

The fair value measurement of a biological asset or agricultural produce may be facilitated by grouping biological assets **15** or agricultural produce according to significant attributes; for example, by age or quality. An entity selects the attributes corresponding to the attributes used in the market as a basis for pricing.

16 Unternehmen schließen oft Verträge ab, um ihre biologischen Vermögenswerte oder landwirtschaftlichen Erzeugnisse zu einem späteren Zeitpunkt zu verkaufen. Die Vertragspreise sind nicht notwendigerweise für die Bemessung des beizulegenden Zeitwerts relevant, da der beizulegende Zeitwert die gegenwärtige Marktsituation widerspiegelt, in welcher am Markt teilnehmende Käufer und Verkäufer eine Geschäftsbeziehung eingehen würden. Demnach ist der beizulegende Zeitwert eines biologischen Vermögenswerts oder eines landwirtschaftlichen Erzeugnisses aufgrund der Existenz eines Vertrags nicht anzupassen. In einigen Fällen kann der Vertrag über den Verkauf eines biologischen Vermögenswerts oder landwirtschaftlichen Erzeugnisses ein belastender Vertrag sein, wie in IAS 37 *Rückstellungen, Eventualverbindlichkeiten und Eventualforderungen* definiert. IAS 37 wird auf belastende Verträge angewandt.

17–21 [gestrichen]

22 Ein Unternehmen berücksichtigt nicht die Cashflows für die Finanzierung der Vermögenswerte, für Steuern oder für die Wiederherstellung biologischer Vermögenswerte nach der Ernte (beispielsweise die Kosten für die Wiederanpflanzung von Bäumen einer Waldflur nach der Abholzung).

23 [gestrichen]

24 Die Anschaffungs- oder Herstellungskosten können manchmal dem beizulegenden Zeitwert näherungsweise entsprechen, insbesondere wenn:

(a) geringe biologische Transformationen seit der erstmaligen Kostenverursachung stattgefunden haben (beispielsweise unmittelbar vor dem Abschlussstichtag gepflanzte Sämlinge oder neu erworbener Viehbestand)

(b) der Einfluss der biologischen Transformation auf den Preis voraussichtlich nicht wesentlich ist (beispielsweise das Anfangswachstum in einem 30-jährigen Produktionszyklus eines Kiefernbestandes).

25 Biologische Vermögenswerte sind oft körperlich mit dem Grundstück verbunden (beispielsweise Bäume in einer Waldflur). Möglicherweise besteht kein eigenständiger Markt für biologische Vermögenswerte, die mit dem Grundstück verbunden sind, jedoch ein aktiver Markt für kombinierte Vermögenswerte, d. h. für biologische Vermögenswerte, für unbestellte Grundstücke und für Bodenverbesserungen als ein Bündel. Ein Unternehmen kann die Informationen über die kombinierten Vermögenswerte zur Bemessung des beizulegenden Zeitwerts der biologischen Vermögenswerte nutzen. Beispielsweise kann zur Erzielung des beizulegenden Zeitwerts der biologischen Vermögenswerte der beizulegende Zeitwert des unbestellten Grundstückes und der Bodenverbesserungen von dem beizulegenden Zeitwert der kombinierten Vermögenswerte abgezogen werden.

Gewinne und Verluste

26 Ein Gewinn oder Verlust, der beim erstmaligen Ansatz eines biologischen Vermögenswerts zum beizulegenden Zeitwert abzüglich geschätzter Verkaufskosten und durch eine Änderung des beizulegenden Zeitwerts abzüglich der geschätzten Verkaufskosten eines biologischen Vermögenswertes entsteht, ist in den Gewinn oder Verlust der Periode einzubeziehen, in der er entstanden ist.

27 Ein Verlust kann beim erstmaligen Ansatz eines biologischen Vermögenswerts entstehen, weil bei der Ermittlung des beizulegenden Zeitwerts abzüglich der geschätzten Verkaufskosten eines biologischen Vermögenswerts die geschätzten Verkaufskosten abgezogen werden. Ein Gewinn kann beim erstmaligen Ansatz eines biologischen Vermögenswerts entstehen, wenn beispielsweise ein Kalb geboren wird.

28 Ein Gewinn oder Verlust, der beim erstmaligen Ansatz von landwirtschaftlichen Erzeugnissen zum beizulegenden Zeitwert abzüglich der geschätzten Verkaufskosten entsteht, ist in den Gewinn oder Verlust der Periode einzubeziehen, in der er entstanden ist.

29 Ein Gewinn oder Verlust kann beim erstmaligen Ansatz von landwirtschaftlichen Erzeugnissen als Folge der Ernte entstehen.

Unfähigkeit, den beizulegenden Zeitwert verlässlich zu ermitteln

30 **Es wird angenommen, dass der beizulegende Zeitwert für einen biologischen Vermögenswert verlässlich bemessen werden kann. Diese Annahme kann jedoch lediglich beim erstmaligen Ansatz eines biologischen Vermögenswerts widerlegt werden, für den keine Marktpreisnotierungen verfügbar sind und für den alternative Bemessungen des beizulegenden Zeitwerts als eindeutig nicht verlässlich gelten. In einem solchen Fall ist dieser biologische Vermögenswert mit seinen Anschaffungs- oder Herstellungskosten abzüglich aller kumulierten Abschreibungen und aller kumulierten Wertminderungsaufwendungen zu bewerten. Sobald der beizulegende Zeitwert eines solchen biologischen Vermögenswerts verlässlich ermittelbar wird, hat ein Unternehmen ihn zum beizulegenden Zeitwert abzüglich der geschätzten Verkaufskosten zu bewerten. Der beizulegende Zeitwert gilt als verlässlich ermittelbar, sobald ein langfristiger biologischer Vermögenswert gemäß IFRS 5 *Zur Veräußerung gehaltene langfristige Vermögenswerte und aufgegebene Geschäftsbereiche* die Kriterien für eine Einstufung als zur Veräußerung gehalten erfüllt (oder in eine als zur Veräußerung gehalten eingestufte Veräußerungsgruppe aufgenommen wird).**

Entities often enter into contracts to sell their biological assets or agricultural produce at a future date. Contract prices are **16** not necessarily relevant in measuring fair value, because fair value reflects the current market conditions in which market participant buyers and sellers would enter into a transaction. As a result, the fair value of a biological asset or agricultural produce is not adjusted because of the existence of a contract. In some cases, a contract for the sale of a biological asset or agricultural produce may be an onerous contract, as defined in IAS 37 *Provisions, contingent liabilities and contingent assets*. IAS 37 applies to onerous contracts.

[deleted]   **17—21**

An entity does not include any cash flows for financing the assets, taxation, or re-establishing biological assets after **22** harvest (for example, the cost of replanting trees in a plantation forest after harvest).

[deleted]   **23**

Cost may sometimes approximate fair value, particularly when: **24**
(a) little biological transformation has taken place since initial cost incurrence (for example, for seedlings planted imme-
     diately prior to the end of a reporting period or newly acquired livestock); or
(b) the impact of the biological transformation on price is not expected to be material (for example, for the initial
     growth in a 30-year pine plantation production cycle).

Biological assets are often physically attached to land (for example, trees in a plantation forest). There may be no separate **25** market for biological assets that are attached to the land but an active market may exist for the combined assets, that is, for the biological assets, raw land, and land improvements, as a package. An entity may use information regarding the combined assets to measure the fair value of the biological assets. For example, the fair value of raw land and land improvements may be deducted from the fair value of the combined assets to arrive at the fair value of biological assets.

Gains and losses

A gain or loss arising on initial recognition of a biological asset at fair value less costs to sell and from a change in fair **26** value less costs to sell of a biological asset shall be included in profit or loss for the period in which it arises.

A loss may arise on initial recognition of a biological asset, because costs to sell are deducted in determining fair value less **27** costs to sell of a biological asset. A gain may arise on initial recognition of a biological asset, such as when a calf is born.

A gain or loss arising on initial recognition of agricultural produce at fair value less costs to sell shall be included in profit **28** or loss for the period in which it arises.

A gain or loss may arise on initial recognition of agricultural produce as a result of harvesting.   **29**

Inability to measure fair value reliably

There is a presumption that fair value can be measured reliably for a biological asset. However, that presumption can **30** be rebutted only on initial recognition for a biological asset for which quoted market-prices are not available and for which alternative fair value measurements are determined to be clearly unreliable. In such a case, that biological asset shall be measured at its cost less any accumulated depreciation and any accumulated impairment losses. Once the fair value of such a biological asset becomes reliably measurable, an entity shall measure it at its fair value less costs to sell. Once a non-current biological asset meets the criteria to be classified as held for sale (or is included in a disposal group that is classified as held for sale) in accordance with IFRS 5 *Non-current assets held for sale and discontinued operations,* it is presumed that fair value can be measured reliably.

31 Die Annahme in Paragraph 30 kann lediglich beim erstmaligen Ansatz widerlegt werden. Ein Unternehmen, das früher einen biologischen Vermögenswert zum beizulegenden Zeitwert abzüglich der geschätzten Verkaufskosten bewertet hat, fährt mit der Bewertung des biologischen Vermögenswerts zum beizulegenden Zeitwert abzüglich der geschätzten Verkaufskosten bis zum Abgang fort.

32 In jedem Fall bewertet ein Unternehmen landwirtschaftliche Erzeugnisse zum Zeitpunkt der Ernte zum beizulegenden Zeitwert abzüglich der geschätzten Verkaufskosten. Dieser Standard folgt der Auffassung, dass der beizulegende Zeitwert der landwirtschaftlichen Erzeugnisse zum Zeitpunkt der Ernte immer verlässlich bewertet werden kann.

33 Bei der Ermittlung der Anschaffungs- oder Herstellungskosten, der kumulierten Abschreibungen und der kumulierten Wertminderungsaufwendungen berücksichtigt ein Unternehmen IAS 2 *Vorräte*, IAS 16 *Sachanlagen* und IAS 36 *Wertminderung von Vermögenswerten*.

ZUWENDUNGEN DER ÖFFENTLICHEN HAND

34 Eine unbedingte Zuwendung der öffentlichen Hand, die mit einem biologischen Vermögenswert im Zusammenhang steht, der zum beizulegenden Zeitwert abzüglich der Verkaufskosten bewertet wird, ist nur dann im Gewinn oder Verlust zu erfassen, wenn die Zuwendung der öffentlichen Hand einforderbar wird.

35 Wenn eine Zuwendung der öffentlichen Hand, einschließlich einer Zuwendung der öffentlichen Hand für die Nichtausübung einer bestimmten landwirtschaftlichen Tätigkeit, die mit einem biologischen Vermögenswert im Zusammenhang steht, der zum beizulegenden Zeitwert abzüglich der Verkaufskosten bewertet wird, bedingt ist, hat ein Unternehmen die Zuwendung der öffentlichen Hand nur dann im Gewinn oder Verlust zu erfassen, wenn die mit der Zuwendung der öffentlichen Hand verbundenen Bedingungen eingetreten sind.

36 Die Bedingungen für Zuwendungen der öffentlichen Hand sind vielfältig. Beispielsweise kann eine Zuwendung der öffentlichen Hand verlangen, dass ein Unternehmen eine bestimmte Fläche fünf Jahre bewirtschaftet und die Rückzahlung aller Zuwendungen der öffentlichen Hand fordern, wenn weniger als fünf Jahre bewirtschaftet wird. In diesem Fall wird die Zuwendung der öffentlichen Hand nicht im Gewinn oder Verlust erfasst, bis dass die fünf Jahre vergangen sind. Wenn die Zuwendung der öffentlichen Hand es jedoch erlaubt, einen Teil der Zuwendung der öffentlichen Hand aufgrund des Zeitablaufs zu behalten, erfasst das Unternehmen diesen Teil der Zuwendung der öffentlichen Hand zeitproportional im Gewinn oder Verlust.

37 Wenn eine Zuwendung der öffentlichen Hand mit einem biologischen Vermögenswert im Zusammenhang steht, der zu seinen Anschaffungs- oder Herstellungskosten abzüglich aller kumulierten Abschreibungen und aller kumulierten Wertminderungsaufwendungen bewertet wird (siehe Paragraph 30), wird IAS 20 *Bilanzierung und Darstellung von Zuwendungen der öffentlichen Hand* angewandt.

38 Dieser Standard schreibt eine andere Behandlung als IAS 20 vor, wenn eine Zuwendung der öffentlichen Hand mit einem biologischen Vermögenswert im Zusammenhang steht, der zum beizulegenden Zeitwert abzüglich der geschätzten Verkaufskosten bewertet wird, oder wenn eine Zuwendung der öffentlichen Hand die Nichtausübung einer bestimmten landwirtschaftlichen Tätigkeit verlangt. IAS 20 wird lediglich auf eine Zuwendung der öffentlichen Hand angewandt, die mit einem biologischen Vermögenswert im Zusammenhang steht, der zu seinen Anschaffungs- oder Herstellungskosten abzüglich aller kumulierten Abschreibungen und aller kumulierten Wertminderungsaufwendungen bewertet wird.

ANGABEN

39 [gestrichen]

Allgemeines

40 Ein Unternehmen hat den Gesamtbetrag des Gewinns oder Verlusts anzugeben, der während der laufenden Periode beim erstmaligen Ansatz biologischer Vermögenswerte und landwirtschaftlicher Erzeugnisse und durch die Änderung des beizulegenden Zeitwerts abzüglich der geschätzten Verkaufskosten der biologischen Vermögenswerte entsteht.

41 Ein Unternehmen hat jede Gruppe von biologischen Vermögenswerten zu beschreiben.

42 Die nach Paragraph 41 geforderten Angaben können in Form verbaler oder wertmäßiger Beschreibungen erfolgen.

43 Einem Unternehmen wird empfohlen, eine wertmäßige Beschreibung jeder Gruppe von biologischen Vermögenswerten zur Verfügung zu stellen, erforderlichenfalls unterschieden nach verbrauchbaren und produzierenden biologischen Vermögenswerten oder nach reifen und unreifen biologischen Vermögenswerten. Beispielsweise kann ein Unternehmen den Buchwert von verbrauchbaren biologischen Vermögenswerten und von produzierenden biologischen Vermögenswerten nach Gruppen angeben. Ein Unternehmen kann weiterhin diese Buchwerte nach reifen und unreifen Vermögenswerten aufteilen. Diese Unterscheidungen stellen Informationen zur Verfügung, die hilfreich sein können, um den zeitlichen Anfall künftiger Cashflows abschätzen zu können. Ein Unternehmen gibt die Grundlage für solche Unterscheidungen an.

The presumption in paragraph 30 can be rebutted only on initial recognition. An entity that has previously measured a **31** biological asset at its fair value less costs to sell continues to measure the biological asset at its fair value less costs to sell until disposal.

In all cases, an entity measures agricultural produce at the point of harvest at its fair value less costs to sell. This standard **32** reflects the view that the fair value of agricultural produce at the point of harvest can always be measured reliably.

In determining cost, accumulated depreciation and accumulated impairment losses, an entity considers IAS 2 *Inventories*, **33** IAS 16 *Property, plant and equipment* and IAS 36 *Impairment of assets*.

GOVERNMENT GRANTS

An unconditional government grant related to a biological asset measured at its fair value less costs to sell shall be recog- **34** nised in profit or loss when, and only when, the government grant becomes receivable.

If a government grant related to a biological asset measured at its fair value less costs to sell is conditional, including **35** when a government grant requires an entity not to engage in specified agricultural activity, an entity shall recognise the government grant in profit or loss when, and only when, the conditions attaching to the government grant are met.

Terms and conditions of government grants vary. For example, a grant may require an entity to farm in a particular loca- **36** tion for five years and require the entity to return all of the grant if it farms for a period shorter than five years. In this case, the grant is not recognised in profit or loss until the five years have passed. However, if the terms of the grant allow part of it to be retained according to the time that has elapsed, the entity recognises that part in profit or loss as time passes.

If a government grant relates to a biological asset measured at its cost less any accumulated depreciation and any accumu- **37** lated impairment losses (see paragraph 30), IAS 20 *Accounting for government grants and disclosure of government assistance* is applied.

This standard requires a different treatment from IAS 20, if a government grant relates to a biological asset measured at **38** its fair value less costs to sell or a government grant requires an entity not to engage in specified agricultural activity. IAS 20 is applied only to a government grant related to a biological asset measured at its cost less any accumulated depreciation and any accumulated impairment losses.

DISCLOSURE

[deleted] **39**

General

An entity shall disclose the aggregate gain or loss arising during the current period on initial recognition of biological **40** assets and agricultural produce and from the change in fair value less costs to sell of biological assets.

An entity shall provide a description of each group of biological assets. **41**

The disclosure required by paragraph 41 may take the form of a narrative or quantified description. **42**

An entity is encouraged to provide a quantified description of each group of biological assets, distinguishing between con- **43** sumable and bearer biological assets or between mature and immature biological assets, as appropriate. For example, an entity may disclose the carrying amounts of consumable biological assets and bearer biological assets by group. An entity may further divide those carrying amounts between mature and immature assets. These distinctions provide information that may be helpful in assessing the timing of future cash flows. An entity discloses the basis for making any such distinctions.

44 Verbrauchbare biologische Vermögenswerte sind solche, die als landwirtschaftliche Erzeugnisse geerntet oder als biologische Vermögenswerte verkauft werden sollen. Beispiele für verbrauchbare biologische Vermögenswerte sind der Viehbestand für die Fleischproduktion, der Viehbestand für den Verkauf, Fische in Farmen, Getreide wie Mais und Weizen, die Erzeugnisse, die auf fruchttragenden Pflanzen wachsen, sowie Bäume, die als Nutzholz wachsen. Produzierende biologische Vermögenswerte unterscheiden sich von verbrauchbaren biologischen Vermögenswerten; zum Beispiel Viehbestand, der für die Milchproduktion gehalten wird, oder Obstbäume, deren Früchte geerntet werden. Produzierende biologische Vermögenswerte sind keine landwirtschaftlichen Erzeugnisse, sondern dienen der Gewinnung landwirtschaftlicher Erzeugnisse.

45 Biologische Vermögenswerte können entweder als reife oder als unreife biologische Vermögenswerte klassifiziert werden. Reife biologische Vermögenswerte sind solche, die den Erntegrad erlangt haben (für verbrauchbare biologische Vermögenswerte) oder gewöhnliche Ernten tragen können (für produzierende biologische Vermögenswerte).

46 Wenn nicht an anderer Stelle innerhalb von Informationen, die mit dem Abschluss veröffentlicht werden, angegeben, hat ein Unternehmen Folgendes zu beschreiben:

(a) die Art seiner Tätigkeiten, die mit jeder Gruppe von biologischen Vermögenswerten verbunden sind; und

(b) nicht finanzielle Maßgrößen oder Schätzungen für die körperlichen Mengen von

(i) jeder Gruppe von biologischen Vermögenswerten des Unternehmens zum Periodenende; und

(ii) Produktionsmengen landwirtschaftlicher Erzeugnisse während der Periode.

47–48 [gestrichen]

49 Folgende Angaben sind erforderlich:

(a) die Existenz und die Buchwerte biologischer Vermögenswerte, mit denen ein beschränktes Eigentumsrecht verbunden ist, und die Buchwerte biologischer Vermögenswerte, die als Sicherheit für Verbindlichkeiten begeben sind;

(b) der Betrag von Verpflichtungen für die Entwicklung oder den Erwerb von biologischen Vermögenswerten; und

(c) Finanzrisikomanagementstrategien, die mit der landwirtschaftlichen Tätigkeit im Zusammenhang stehen.

50 Ein Unternehmen hat eine Überleitungsrechnung der Änderungen des Buchwerts der biologischen Vermögenswerte zwischen dem Beginn und dem Ende der Berichtsperiode anzugeben. Die Überleitungsrechnung hat zu enthalten:

(a) den Gewinn oder Verlust aufgrund von Änderungen der beizulegenden Zeitwerte abzüglich der geschätzten Verkaufskosten;

(b) Erhöhungen infolge von Käufen;

(c) Verringerungen, die Verkäufen und biologischen Vermögenswerten, die gemäß IFRS 5 als zur Veräußerung gehalten eingestuft werden (oder zu einer als zur Veräußerung gehalten klassifizierten Veräußerungsgruppe gehören), zuzurechnen sind;

(d) Verringerungen infolge der Ernte;

(e) Erhöhungen, die aus Unternehmenszusammenschlüssen resultieren;

(f) Nettoumrechnungsdifferenzen aus der Umrechnung von Abschlüssen in eine andere Darstellungswährung und aus der Umrechnung eines ausländischen Geschäftsbetriebs in die Darstellungswährung des berichtenden Unternehmens; und

(g) sonstige Änderungen.

51 Der beizulegende Zeitwert abzüglich der geschätzten Verkaufskosten eines biologischen Vermögenswertes kann sich infolge von körperlichen Änderungen und infolge von Preisänderungen auf dem Markt ändern. Eine gesonderte Angabe von körperlichen Änderungen und von Preisänderungen ist nützlich, um die Ertragskraft der Berichtsperiode und die Zukunftsaussichten zu beurteilen, insbesondere wenn ein Produktionszyklus länger als ein Jahr dauert. In solchen Fällen wird einem Unternehmen empfohlen, den im Periodenergebnis enthaltenen Betrag der Änderung des beizulegenden Zeitwertes abzüglich der geschätzten Verkaufskosten aufgrund von körperlichen Änderungen und aufgrund von Preisänderungen je Gruppe oder auf andere Weise anzugeben. Diese Informationen sind grundsätzlich weniger nützlich, wenn der Produktionszyklus weniger als ein Jahr dauert (beispielsweise bei der Hühnerzucht oder dem Getreideanbau).

52 Biologische Transformationen führen vielen Arten der körperlichen Änderung – Wachstum, Rückgang, Fruchtbringung und Vermehrung –, welche sämtlich beobachtbar und bewertbar sind. Jede dieser körperlichen Änderungen hat einen unmittelbaren Bezug zu künftigen wirtschaftlichen Nutzen. Eine Änderung des beizulegenden Zeitwerts eines biologischen Vermögenswerts aufgrund der Ernte ist ebenfalls eine körperliche Änderung.

53 Landwirtschaftliche Tätigkeit ist häufig klimatischen, krankheitsbedingten und anderen natürlichen Risiken ausgesetzt. Tritt ein Ereignis ein, durch das ein wesentlicher Ertrags- bzw. Aufwandsposten entsteht, sind die Art und der Betrag dieses Postens gemäß IAS 1 *Darstellung des Abschlusses* auszuweisen. Beispiele für solche Ereignisse sind das Ausbrechen einer Viruserkrankung, eine Überschwemmung, starke Dürre oder Frost sowie eine Insektenplage.

Zusätzliche Angaben für biologische Vermögenswerte, wenn der beizulegende Zeitwert nicht verlässlich bewertet werden kann

54 Wenn ein Unternehmen biologische Vermögenswerte am Periodenende zu ihren Anschaffungs- oder Herstellungskosten abzüglich aller kumulierten Abschreibungen und aller kumulierten Wertminderungsaufwendungen (siehe Paragraph 30) bewertet, hat ein Unternehmen für solche biologischen Vermögenswerte anzugeben:

Consumable biological assets are those that are to be harvested as agricultural produce or sold as biological assets. Exam- **44** ples of consumable biological assets are livestock intended for the production of meat, livestock held for sale, fish in farms, crops such as maize and wheat, produce on a bearer plant and trees being grown for lumber. Bearer biological assets are those other than consumable biological assets; for example, livestock from which milk is produced and fruit trees from which fruit is harvested. Bearer biological assets are not agricultural produce but, rather, are held to bear produce.

Biological assets may be classified either as mature biological assets or immature biological assets. Mature biological assets **45** are those that have attained harvestable specifications (for consumable biological assets) or are able to sustain regular harvests (for bearer biological assets).

If not disclosed elsewhere in information published with the financial statements, an entity shall describe: **46**
(a)   the nature of its activities involving each group of biological assets; and
(b)   non-financial measures or estimates of the physical quantities of:
    (i)   each group of the entity's biological assets at the end of the period; and
    (ii)   output of agricultural produce during the period.

[deleted] **47—48**

An entity shall disclose: **49**
(a)   the existence and carrying amounts of biological assets whose title is restricted, and the carrying amounts of biological assets pledged as security for liabilities;
(b)   the amount of commitments for the development or acquisition of biological assets; and
(c)   financial risk management strategies related to agricultural activity.

An entity shall present a reconciliation of changes in the carrying amount of biological assets between the beginning and **50** the end of the current period. The reconciliation shall include:
(a)   the gain or loss arising from changes in fair value less costs to sell;
(b)   increases due to purchases;
(c)   decreases attributable to sales and biological assets classified as held for sale (or included in a disposal group that is classified as held for sale) in accordance with IFRS 5;
(d)   decreases due to harvest;
(e)   increases resulting from business combinations;
(f)   net exchange differences arising on the translation of financial statements into a different presentation currency, and on the translation of a foreign operation into the presentation currency of the reporting entity; and
(g)   other changes.

The fair value less costs to sell of a biological asset can change due to both physical changes and price changes in the **51** market. Separate disclosure of physical and price changes is useful in appraising current period performance and future prospects, particularly when there is a production cycle of more than one year. In such cases, an entity is encouraged to disclose, by group or otherwise, the amount of change in fair value less costs to sell included in profit or loss due to physical changes and due to price changes. This information is generally less useful when the production cycle is less than one year (for example, when raising chickens or growing cereal crops).

Biological transformation results in a number of types of physical change — growth, degeneration, production, and pro- **52** creation, each of which is observable and measurable. Each of those physical changes has a direct relationship to future economic benefits. A change in fair value of a biological asset due to harvesting is also a physical change.

Agricultural activity is often exposed to climatic, disease and other natural risks. If an event occurs that gives rise to a **53** material item of income or expense, the nature and amount of that item are disclosed in accordance with IAS 1 *Presentation of financial statements*. Examples of such an event include an outbreak of a virulent disease, a flood, a severe drought or frost, and a plague of insects.

Additional disclosures for biological assets where fair value cannot be measured reliably

If an entity measures biological assets at their cost less any accumulated depreciation and any accumulated impairment **54** losses (see paragraph 30) at the end of the period, the entity shall disclose for such biological assets:

(a) eine Beschreibung der biologischen Vermögenswerte;

(b) eine Erklärung, warum der beizulegende Zeitwert nicht verlässlich bemessen werden kann;

(c) sofern möglich eine Schätzungsbandbreite, innerhalb welcher der beizulegende Zeitwert höchstwahrscheinlich liegt;

(d) die verwendete Abschreibungsmethode;

(e) die verwendeten Nutzungsdauern oder Abschreibungssätze; und

(f) den Bruttobuchwert und die kumulierten Abschreibungen (zusammengefasst mit den kumulierten Wertminderungsaufwendungen) zu Beginn und zum Ende der Periode.

55 Wenn ein Unternehmen während der Berichtsperiode biologische Vermögenswerte zu ihren Anschaffungs- oder Herstellungskosten abzüglich aller kumulierten Abschreibungen und aller kumulierten Wertminderungsaufwendungen (siehe Paragraph 30) bewertet, hat ein Unternehmen jeden bei Ausscheiden solcher biologischer Vermögenswerte erfassten Gewinn oder Verlust anzugeben. Die in Paragraph 50 geforderte Überleitungsrechnung hat die Beträge gesondert anzugeben, die mit solchen biologischen Vermögenswerten im Zusammenhang stehen. Die Überleitungsrechnung hat zusätzlich die folgenden Beträge, die mit diesen biologischen Vermögenswerten im Zusammenhang stehen, im Periodenergebnis zu berücksichtigen:

(a) Wertminderungsaufwendungen;

(b) Wertaufholungen aufgrund früherer Wertminderungsaufwendungen; und

(c) Abschreibungen.

56 Wenn der beizulegende Zeitwert der biologischen Vermögenswerte während der Berichtsperiode verlässlich ermittelbar wird, die früher zu den Anschaffungs- oder Herstellungskosten abzüglich aller kumulierten Abschreibungen und aller kumulierten Wertminderungsaufwendungen bewertet wurden, hat ein Unternehmen für diese biologischen Vermögenswerte anzugeben:

(a) eine Beschreibung der biologischen Vermögenswerte;

(b) eine Begründung, warum der beizulegende Zeitwert verlässlich ermittelbar wurde; und

(c) die Auswirkung der Änderung.

Zuwendungen der öffentlichen Hand

57 Ein Unternehmen hat folgende mit der in diesem Standard abgedeckten landwirtschaftlichen Tätigkeit in Verbindung stehenden Punkte anzugeben:

(a) die Art und das Ausmaß der im Abschluss erfassten öffentlichen Zuwendungen der öffentlichen Hand;

(b) unerfüllte Bedingungen und andere Haftungsverhältnisse, die im Zusammenhang mit Zuwendungen der öffentlichen Hand stehen; und

(c) wesentliche zu erwartende Verringerungen des Umfangs der Zuwendungen der öffentlichen Hand.

ZEITPUNKT DES INKRAFTTRETENS UND ÜBERGANGSVORSCHRIFTEN

58 Dieser Standard ist erstmals in der ersten Berichtsperiode eines am 1. Januar 2003 oder danach beginnenden Geschäftsjahres anzuwenden. Eine frühere Anwendung wird empfohlen. Wenn ein Unternehmen diesen Standard für Berichtsperioden anwendet, die vor dem 1. Januar 2003 beginnen, so ist diese Tatsache anzugeben.

59 Dieser Standard enthält keine besonderen Übergangsvorschriften. Die erstmalige Anwendung dieses Standards wird gemäß IAS 8 *Rechnungslegungsmethoden, Änderungen von rechnungslegungsbezogenen Schätzungen und Fehler* behandelt.

60 Die Paragraphen 5, 6, 17, 20 und 21 werden im Rahmen der *Verbesserungen der IFRS* vom Mai 2008 geändert und Paragraph 14 wird gestrichen. Ein Unternehmen kann die Änderung prospektiv erstmals in der ersten Berichtsperiode eines am 1. Januar 2009 oder danach beginnenden Geschäftsjahres anwenden. Eine frühere Anwendung ist zulässig. Wendet ein Unternehmen diese Änderungen auf eine frühere Periode an, so ist dies anzugeben.

61 Durch IFRS 13, veröffentlicht im Mai 2011, wurden die Paragraphen 8, 15, 16, 25 und 30 geändert sowie die Paragraphen 9, 17–21, 23, 47 und 48 gestrichen. Ein Unternehmen hat die betreffenden Änderungen anzuwenden, wenn es IFRS 13 anwendet.

62 Mit der im Juni 2014 veröffentlichten Verlautbarung Landwirtschaft: Fruchttragende Pflanzen (Änderungen an IAS 16 und IAS 41) wurden die Paragraphen 1-5, 8, 24 und 44 geändert sowie die Paragraphen 5A–5C und 63 angefügt. Diese Änderungen sind erstmals auf Geschäftsjahre anzuwenden, die am oder nach dem 1. Januar 2016 beginnen. Eine frühere Anwendung ist zulässig. Wendet ein Unternehmen diese Änderungen früher an, so ist dies anzugeben. Diese Änderungen sind rückwirkend gemäß IAS 8 anzuwenden.

63 In der Berichtsperiode, in der die Verlautbarung Landwirtschaft: Fruchttragende Pflanzen (Änderungen an IAS 16 und IAS 41) erstmals angewendet wird, braucht das Unternehmen die gemäß IAS 8 Paragraph 28 (f) für die laufende Periode vorgeschriebenen quantitativen Angaben nicht zu machen. Es muss jedoch die gemäß IAS 8 Paragraph 28 (f) vorgeschriebenen quantitativen Angaben für jede frühere dargestellte Periode machen.

(a) a description of the biological assets;

(b) an explanation of why fair value cannot be measured reliably;

(c) if possible, the range of estimates within which fair value is highly likely to lie;

(d) the depreciation method used;

(e) the useful lives or the depreciation rates used; and

(f) the gross carrying amount and the accumulated depreciation (aggregated with accumulated impairment losses) at the beginning and end of the period.

If, during the current period, an entity measures biological assets at their cost less any accumulated depreciation and any accumulated impairment losses (see paragraph 30), an entity shall disclose any gain or loss recognised on disposal of such biological assets and the reconciliation required by paragraph 50 shall disclose amounts related to such biological assets separately. In addition, the reconciliation shall include the following amounts included in profit or loss related to those biological assets: **55**

(a) impairment losses;

(b) reversals of impairment losses; and

(c) depreciation.

If the fair value of biological assets previously measured at their cost less any accumulated depreciation and any accumulated impairment losses becomes reliably measurable during the current period, an entity shall disclose for those biological assets: **56**

(a) a description of the biological assets;

(b) an explanation of why fair value has become reliably measurable; and

(c) the effect of the change.

Government grants

An entity shall disclose the following related to agricultural activity covered by this standard: **57**

(a) the nature and extent of government grants recognised in the financial statements;

(b) unfulfilled conditions and other contingencies attaching to government grants; and

(c) significant decreases expected in the level of government grants.

EFFECTIVE DATE AND TRANSITION

This standard becomes operative for annual financial statements covering periods beginning on or after 1 January 2003. Earlier application is encouraged. If an entity applies this standard for periods beginning before 1 January 2003, it shall disclose that fact. **58**

This standard does not establish any specific transitional provisions. The adoption of this standard is accounted for in accordance with IAS 8 *Accounting policies, changes in accounting estimates and errors.* **59**

Paragraphs 5, 6, 17, 20 and 21 were amended and paragraph 14 deleted by *Improvements to IFRSs* issued in May 2008. An entity shall apply those amendments prospectively for annual periods beginning on or after 1 January 2009. Earlier application is permitted. If an entity applies the amendments for an earlier period it shall disclose that fact. **60**

IFRS 13, issued in May 2011, amended paragraphs 8, 15, 16, 25 and 30 and deleted paragraphs 9, 17—21, 23, 47 and 48. An entity shall apply those amendments when it applies IFRS 13. **61**

Agriculture: Bearer Plants (Amendments to IAS 16 and IAS 41), issued in June 2014, amended paragraphs 1—5, 8, 24 and 44 and added paragraphs 5A—5C and 63. An entity shall apply those amendments for annual periods beginning on or after 1 January 2016. Earlier application is permitted. If an entity applies those amendments for an earlier period, it shall disclose that fact. An entity shall apply those amendments retrospectively in accordance with IAS 8. **62**

In the reporting period when Agriculture: Bearer Plants (Amendments to IAS 16 and IAS 41) is first applied an entity need not disclose the quantitative information required by paragraph 28 (f) of IAS 8 for the current period. However, an entity shall present the quantitative information required by paragraph 28 (f) of IAS 8 for each prior period presented. **63**

INTERNATIONAL FINANCIAL REPORTING STANDARD 1

Erstmalige Anwendung der International Financial Reporting Standards

ZIELSETZUNG

1 Die Zielsetzung dieses IFRS ist es sicherzustellen, dass der *erste IFRS-Abschluss* eines Unternehmens und dessen Zwischenberichte, die sich auf eine Periode innerhalb des Berichtszeitraums dieses ersten Abschlusses beziehen, hochwertige Informationen enthalten, die

(a) für Abschlussadressaten transparent und über alle dargestellten Perioden hinweg vergleichbar sind,

(b) einen geeigneten Ausgangspunkt für die Rechnungslegung gemäß den *International Financial Reporting Standards (IFRS)* darstellen; und

(c) zu Kosten erstellt werden können, die den Nutzen nicht übersteigen.

ANWENDUNGSBEREICH

2 Ein Unternehmen muss diesen IFRS in

(a) seinem ersten IFRS-Abschluss; und

(b) ggf. jedem Zwischenbericht, den es gemäß IAS 34 *Zwischenberichterstattung* erstellt und der sich auf eine Periode innerhalb des Berichtszeitraums dieses ersten IFRS-Abschlusses bezieht, anwenden.

3 Der erste IFRS-Abschluss eines Unternehmens ist der erste Abschluss des Geschäftsjahres, in welchem das Unternehmen die IFRS durch eine ausdrückliche und uneingeschränkte Bestätigung in diesem Abschluss der Übereinstimmung mit IFRS anwendet. Ein Abschluss gemäß IFRS ist der erste IFRS-Abschluss eines Unternehmens, falls dieses beispielsweise

(a) seinen aktuellsten vorherigen Abschluss

   (i) gemäß nationalen Vorschriften, die nicht in jeder Hinsicht mit IFRS übereinstimmen;

   (ii) in allen Einzelheiten entsprechend den IFRS, jedoch ohne eine ausdrückliche und uneingeschränkte Bestätigung der Übereinstimmung mit IFRS innerhalb des Abschlusses;

   (iii) mit einer ausdrücklichen Bestätigung der Übereinstimmung mit einigen, jedoch nicht allen IFRS;

   (iv) gemäß nationalen, von IFRS abweichenden Vorschriften unter Verwendung individueller IFRS zur Berücksichtigung von Posten, für die keine nationalen Vorgaben bestanden; oder

   (v) gemäß nationalen Vorschriften mit einer Überleitung einiger Beträge auf gemäß IFRS ermittelte Beträge erstellt hat;

INTERNATIONAL FINANCIAL REPORTING STANDARD 1

First-time adoption of international financial reporting standards

OBJECTIVE

The objective of this IFRS is to ensure that an entity's *first IFRS financial statements,* and its interim financial reports for **1** part of the period covered by those financial statements, contain high quality information that:

(a) is transparent for users and comparable over all periods presented;

(b) provides a suitable starting point for accounting in accordance with *International Financial Reporting Standards (IFRSs);* and

(c) can be generated at a cost that does not exceed the benefits.

SCOPE

An entity shall apply this IFRS in: **2**

(a) its first IFRS financial statements; and

(b) each interim financial report, if any, that it presents in accordance with IAS 34 *Interim Financial Reporting* for part of the period covered by its first IFRS financial statements.

An entity's first IFRS financial statements are the first annual financial statements in which the entity adopts IFRSs, by an **3** explicit and unreserved statement in those financial statements of compliance with IFRSs. Financial statements in accordance with IFRSs are an entity's first IFRS financial statements if, for example, the entity:

(a) presented its most recent previous financial statements:

    (i) in accordance with national requirements that are not consistent with IFRSs in all respects;

    (ii) in conformity with IFRSs in all respects, except that the financial statements did not contain an explicit and unreserved statement that they complied with IFRSs;

    (iii) containing an explicit statement of compliance with some, but not all, IFRSs;

    (iv) in accordance with national requirements inconsistent with IFRSs, using some individual IFRSs to account for items for which national requirements did not exist; or

    (v) in accordance with national requirements, with a reconciliation of some amounts to the amounts determined in accordance with IFRSs;

(b) nur zur internen Nutzung einen Abschluss gemäß IFRS erstellt hat, ohne diesen den Eigentümern des Unternehmens oder sonstigen externen Abschlussadressaten zur Verfügung zu stellen;

(c) für Konsolidierungszwecke eine Konzernberichterstattung gemäß IFRS erstellt hat, ohne einen kompletten Abschluss gemäß Definition in IAS 1 *Darstellung des Abschlusses* (überarbeitet 2007) zu erstellen; oder

(d) für frühere Perioden keine Abschlüsse veröffentlicht hat.

4 Dieser IFRS ist anzuwenden, falls ein Unternehmen zum ersten Mal IFRS anwendet. Er muss nicht angewandt werden, falls ein Unternehmen beispielsweise

(a) keine weiteren Abschlüsse gemäß nationalen Vorschriften veröffentlicht und in der Vergangenheit solche Abschlüsse sowie zusätzliche Abschlüsse mit einer ausdrücklichen und uneingeschränkten Bestätigung der Übereinstimmung mit IFRS veröffentlicht hat;

(b) im vorigen Jahr Abschlüsse gemäß nationalen Vorschriften erstellt hat, die eine ausdrückliche und uneingeschränkte Bestätigung der Übereinstimmung mit IFRS enthalten; oder

(c) im vorigen Jahr Abschlüsse veröffentlicht hat, die eine ausdrückliche und uneingeschränkte Bestätigung der Übereinstimmung mit IFRS enthalten, selbst wenn die Abschlussprüfer für diese Abschlüsse einen eingeschränkten Bestätigungsvermerk erteilt haben.

4A Unbeschadet der Anforderungen von Paragraph 2 und Paragraph 3 muss ein Unternehmen, das die IFRS in einer früheren Berichtsperiode angewandt hat, dessen letzter Abschluss aber keine ausdrückliche und uneingeschränkte Erklärung der Übereinstimmung mit den IFRS enthielt, entweder diesen IFRS oder die IFRS rückwirkend gemäß IAS 8 *Rechnungslegungsmethoden, Änderungen von rechnungslegungsbezogenen Schätzungen und Fehler* dergestalt anwenden, als hätte das Unternehmen die IFRS kontinuierlich angewandt.

4B Entscheidet sich ein Unternehmen gegen die Anwendung dieses IFRS gemäß Paragraph 4A, muss das Unternehmen dennoch die Angabepflichten von IFRS 1 Paragraphen 23A–23B zusätzlich zu den Angabepflichten von IAS 8 einhalten.

5 Dieser IFRS gilt nicht für Änderungen der Rechnungslegungsmethoden eines Unternehmens, das IFRS bereits anwendet. Solche Änderungen werden in

(a) Bestimmungen hinsichtlich der Änderungen von Rechnungslegungsmethoden in IAS 8 *Rechnungslegungsmethoden, Änderungen von rechnungslegungsbezogenen Schätzungen und Fehler;* und

(b) spezifischen Übergangsvorschriften anderer IFRS behandelt.

ERFASSUNG UND BEWERTUNG

IFRS-Eröffnungsbilanz

6 Zum *Zeitpunkt des Übergangs auf IFRS* muss ein Unternehmen eine *IFRS-Eröffnungsbilanz* erstellen und darstellen. Diese stellt den Ausgangspunkt seiner Rechnungslegung gemäß IFRS dar.

Rechnungslegungsmethoden

7 **Ein Unternehmen hat in seiner IFRS-Eröffnungsbilanz und für alle innerhalb seines ersten IFRS-Abschlusses dargestellten Perioden einheitliche Rechnungslegungsmethoden anzuwenden. Diese Rechnungslegungsmethoden müssen allen IFRS entsprechen, die am Ende seiner ersten IFRS-Berichtsperiode gelten (mit Ausnahme der in den Paragraphen 13–19 sowie den Anhängen B–E genannten Fälle).**

8 Ein Unternehmen darf keine unterschiedlichen, früher geltenden IFRS-Versionen anwenden. Ein neuer, noch nicht verbindlicher IFRS darf von einem Unternehmen angewandt werden, falls für diesen IFRS eine frühere Anwendung zulässig ist.

Beispiel: Einheitliche Anwendung der neuesten IFRS-Versionen

Hintergrund

Das Ende der ersten IFRS-Berichtsperiode von Unternehmen A ist der 31. Dezember 20X5. Unternehmen A entschließt sich, in diesem Abschluss lediglich Vergleichsinformationen für ein Jahr darzustellen (siehe Paragraph 21). Der Zeitpunkt des Übergangs auf IFRS ist daher der Beginn des Geschäftsjahres am 1. Januar 20X4 (oder entsprechend dem Geschäftsjahresende am 31. Dezember 20X3). Unternehmen A veröffentlichte seinen Abschluss jedes Jahr zum 31. Dezember (bis einschließlich zum 31. Dezember 20X4) nach den vorherigen Rechnungslegungsgrundsätzen.

Anwendung der Vorschriften

Unternehmen A muss die IFRS anwenden, die für Perioden gelten, die am 31. Dezember 20X5 enden, und zwar:

(a) bei der Erstellung und Darstellung seiner IFRS-Eröffnungsbilanz zum 1. Januar 20X4; und

(b) prepared financial statements in accordance with IFRSs for internal use only, without making them available to the entity's owners or any other external users;

(c) prepared a reporting package in accordance with IFRSs for consolidation purposes without preparing a complete set of financial statements as defined in IAS 1 *Presentation of Financial Statements* (as revised in 2007); or

(d) did not present financial statements for previous periods.

This IFRS applies when an entity first adopts IFRSs. It does not apply when, for example, an entity: **4**

(a) stops presenting financial statements in accordance with national requirements, having previously presented them as well as another set of financial statements that contained an explicit and unreserved statement of compliance with IFRSs;

(b) presented financial statements in the previous year in accordance with national requirements and those financial statements contained an explicit and unreserved statement of compliance with IFRSs; or

(c) presented financial statements in the previous year that contained an explicit and unreserved statement of compliance with IFRSs, even if the auditors qualified their audit report on those financial statements.

Notwithstanding the requirements in paragraphs 2 and 3, an entity that has applied IFRSs in a previous reporting period, **4A**
but whose most recent previous annual financial statements did not contain an explicit and unreserved statement of compliance with IFRSs, must either apply this IFRS or else apply IFRSs retrospectively in accordance with IAS 8 *Accounting Policies, Changes in Estimates and Errors* as if the entity had never stopped applying IFRSs.

When an entity does not elect to apply this IFRS in accordance with paragraph 4A, the entity shall nevertheless apply the **4B**
disclosure requirements in paragraphs 23A—23B of IFRS 1, in addition to the disclosure requirements in IAS 8.

This IFRS does not apply to changes in accounting policies made by an entity that already applies IFRSs. Such changes **5**
are the subject of:

(a) requirements on changes in accounting policies in IAS 8 *Accounting Policies, Changes in Accounting Estimates and Errors;* and

(b) specific transitional requirements in other IFRSs.

RECOGNITION AND MEASUREMENT

Opening IFRS statement of financial position

An entity shall prepare and present an *opening IFRS statement of financial position* at the *date of transition to IFRSs.* This **6**
is the starting point for its accounting in accordance with IFRSs.

Accounting policies

An entity shall use the same accounting policies in its opening IFRS statement of financial position and throughout **7**
all periods presented in its first IFRS financial statements. Those accounting policies shall comply with each IFRS
effective at the end of its first IFRS reporting period, except as specified in paragraphs 13—19 and Appendices B—E.

An entity shall not apply different versions of IFRSs that were effective at earlier dates. An entity may apply a new IFRS **8**
that is not yet mandatory if that IFRS permits early application.

Example: Consistent application of latest version of IFRSs

Background
The end of entity A's first IFRS reporting period is 31 December 20X5. Entity A decides to present comparative information in those financial statements for one year only (see paragraph 21). Therefore, its date of transition to IFRSs is the beginning of business on 1 January 20X4 (or, equivalently, close of business on 31 December 20X3). Entity A presented financial statements in accordance with its previous GAAP annually to 31 December each year up to, and including, 31 December 20X4.

Application of requirements
Entity A is required to apply the IFRSs effective for periods ending on 31 December 20X5 in:

(a) preparing and presenting its opening IFRS statement of financial position at 1 January 20X4; and

(b) bei der Erstellung und Darstellung seiner Bilanz zum 31. Dezember 20X5 (einschließlich der Vergleichszahlen für 20X4), seiner Gesamtergebnisrechnung, Eigenkapitalveränderungsrechnung und Kapitalflussrechnung für das Jahr bis zum 31. Dezember 20X5 (einschließlich der Vergleichszahlen für 20X4) sowie der Angaben (einschließlich Vergleichsinformationen für 20X4).

Falls ein neuer IFRS noch nicht verbindlich ist, aber eine frühere Anwendung zulässt, darf Unternehmen A diesen IFRS in seinem ersten IFRS-Abschluss anwenden, ist dazu jedoch nicht verpflichtet.

9 Die Übergangsvorschriften anderer IFRS gelten für Änderungen der Rechnungslegungsmethoden eines Unternehmens, das IFRS bereits anwendet. Sie gelten nicht für den Übergang eines *erstmaligen Anwenders* auf IFRS, mit Ausnahme der in den Anhängen B–E beschriebenen Regelungen.

10 Mit Ausnahme der in den Paragraphen 13–19 und den Anhängen B–E beschriebenen Fälle ist ein Unternehmen in seiner IFRS-Eröffnungsbilanz dazu verpflichtet,
(a) alle Vermögenswerte und Schulden anzusetzen, deren Ansatz nach den IFRS vorgeschrieben ist;
(b) keine Posten als Vermögenswerte oder Schulden anzusetzen, falls die IFRS deren Ansatz nicht erlauben;
(c) alle Posten umzugliedern, die nach vorherigen Rechnungslegungsgrundsätzen als eine bestimmte Kategorie Vermögenswert, Schuld oder Bestandteil des Eigenkapitals angesetzt wurden, gemäß den IFRS jedoch eine andere Kategorie Vermögenswert, Schuld oder Bestandteil des Eigenkapitals darstellen; und
(d) die IFRS bei der Bewertung aller angesetzten Vermögenswerte und Schulden anzuwenden.

11 Die Rechnungslegungsmethoden, die ein Unternehmen in seiner IFRS-Eröffnungsbilanz verwendet, können sich von den Methoden der zum selben Zeitpunkt verwendeten vorherigen Rechnungslegungsgrundsätze unterscheiden. Die sich ergebenden Berichtigungen resultieren aus Ereignissen und Geschäftsvorfällen vor dem Zeitpunkt des Übergangs auf IFRS. Ein Unternehmen hat solche Berichtigungen daher zum Zeitpunkt des Übergangs auf IFRS direkt in den Gewinnrücklagen (oder, falls angemessen, in einer anderen Eigenkapitalkategorie) zu erfassen.

12 Dieser IFRS legt zwei Arten von Ausnahmen vom Grundsatz fest, dass die IFRS-Eröffnungsbilanz eines Unternehmens mit den Vorschriften aller IFRS übereinstimmen muss:
(a) Anhang B verbietet die retrospektive Anwendung einiger Aspekte anderer IFRS.
(b) Die Anhänge C–E befreien von einigen Vorschriften anderer IFRS.

Ausnahmen zur retrospektiven Anwendung anderer IFRS

13 Dieser IFRS verbietet die retrospektive Anwendung einiger Aspekte anderer IFRS. Diese Ausnahmen sind in den Paragraphen 14–17 und in Anhang B dargelegt.

Schätzungen

14 **Zum Zeitpunkt des Übergangs auf IFRS müssen gemäß IFRS vorgenommene Schätzungen eines Unternehmens mit Schätzungen nach vorherigen Rechnungslegungsgrundsätzen zu demselben Zeitpunkt (nach Anpassungen zur Berücksichtigung unterschiedlicher Rechnungslegungsmethoden) übereinstimmen, es sei denn, es liegen objektive Hinweise vor, dass diese Schätzungen fehlerhaft waren.**

15 Ein Unternehmen kann nach dem Zeitpunkt des Übergangs auf IFRS Informationen zu Schätzungen erhalten, die es nach vorherigen Rechnungslegungsgrundsätzen vorgenommen hatte. Gemäß Paragraph 14 muss ein Unternehmen diese Informationen wie nicht zu berücksichtigende Ereignisse nach der Berichtperiode im Sinne von IAS 10 *Ereignisse nach der Berichtperiode* behandeln. Der Zeitpunkt des Übergangs auf IFRS eines Unternehmens sei beispielsweise der 1. Januar 20X4. Am 15. Juli 20X4 werden neue Informationen bekannt, die eine Korrektur der am 31. Dezember 20X3 nach vorherigen Rechnungslegungsgrundsätzen vorgenommenen Schätzungen notwendig machen. Das Unternehmen darf diese neuen Informationen in seiner IFRS-Eröffnungsbilanz nicht berücksichtigen (es sei denn, die Schätzungen müssen wegen unterschiedlicher Rechnungslegungsmethoden angepasst werden oder es bestehen objektive Hinweise, dass sie fehlerhaft waren). Stattdessen hat das Unternehmen die neuen Informationen in der Gewinn- oder Verlustrechnung (oder ggf. im sonstigen Gesamtergebnis) des Geschäftsjahres zum 31. Dezember 20X4 zu berücksichtigen.

16 Ein Unternehmen muss unter Umständen zum Zeitpunkt des Übergangs auf IFRS Schätzungen gemäß IFRS vornehmen, die für diesen Zeitpunkt nach den vorherigen Rechnungslegungsgrundsätzen nicht vorgeschrieben waren. Um mit IAS 10 übereinzustimmen, müssen diese Schätzungen gemäß IFRS die Gegebenheiten zum Zeitpunkt des Übergangs auf IFRS wiedergeben. Insbesondere Schätzungen von Marktpreisen, Zinssätzen oder Wechselkursen zum Zeitpunkt des Übergangs auf IFRS müssen den Marktbedingungen dieses Zeitpunkts entsprechen.

17 Die Paragraphen 14–16 gelten für die IFRS-Eröffnungsbilanz. Sie gelten auch für Vergleichsperioden, die in dem ersten IFRS-Abschluss eines Unternehmens dargestellt werden. In diesem Fall werden die Verweise auf den Zeitpunkt des Übergangs auf IFRS durch Verweise auf das Ende der Vergleichsperiode ersetzt.

(b) preparing and presenting its statement of financial position for 31 December 20X5 (including comparative amounts for 20X4), statement of comprehensive income, statement of changes in equity and statement of cash flows for the year to 31 December 20X5 (including comparative amounts for 20X4) and disclosures (including comparative information for 20X4).

If a new IFRS is not yet mandatory but permits early application, entity A is permitted, but not required, to apply that IFRS in its first IFRS financial statements.

The transitional provisions in other IFRSs apply to changes in accounting policies made by an entity that already uses **9** IFRSs; they do not apply to a *first-time adopter's* transition to IFRSs, except as specified in Appendices B—E.

Except as described in paragraphs 13—19 and Appendices B—E, an entity shall, in its opening IFRS statement of financial **10** position:
(a)   recognise all assets and liabilities whose recognition is required by IFRSs;
(b)   not recognise items as assets or liabilities if IFRSs do not permit such recognition;
(c)   reclassify items that it recognised in accordance with previous GAAP as one type of asset, liability or component of equity, but are a different type of asset, liability or component of equity in accordance with IFRSs; and
(d)   apply IFRSs in measuring all recognised assets and liabilities.

The accounting policies that an entity uses in its opening IFRS statement of financial position may differ from those that **11** it used for the same date using its previous GAAP. The resulting adjustments arise from events and transactions before the date of transition to IFRSs. Therefore, an entity shall recognise those adjustments directly in retained earnings (or, if appropriate, another category of equity) at the date of transition to IFRSs.

This IFRS establishes two categories of exceptions to the principle that an entity's opening IFRS statement of financial **12** position shall comply with each IFRS:
(a)   Appendix B prohibits retrospective application of some aspects of other IFRSs.
(b)   Appendices C—E grant exemptions from some requirements of other IFRSs.

Exceptions to the retrospective application of other IFRSs

This IFRS prohibits retrospective application of some aspects of other IFRSs. These exceptions are set out in paragraphs **13** 14—17 and Appendix B.

Estimates
An entity's estimates in accordance with IFRSs at the date of transition to IFRSs shall be consistent with estimates **14** **made for the same date in accordance with previous GAAP (after adjustments to reflect any difference in accounting policies), unless there is objective evidence that those estimates were in error.**

An entity may receive information after the date of transition to IFRSs about estimates that it had made under previous **15** GAAP. In accordance with paragraph 14, an entity shall treat the receipt of that information in the same way as non-adjusting events after the reporting period in accordance with IAS 10 *Events after the Reporting Period*. For example, assume that an entity's date of transition to IFRSs is 1 January 20X4 and new information on 15 July 20X4 requires the revision of an estimate made in accordance with previous GAAP at 31 December 20X3. The entity shall not reflect that new information in its opening IFRS statement of position (unless the estimates need adjustment for any differences in accounting policies or there is objective evidence that the estimates were in error). Instead, the entity shall reflect that new information in profit or loss (or, if appropriate, other comprehensive income) for the year ended 31 December 20X4.

An entity may need to make estimates in accordance with IFRSs at the date of transition to IFRSs that were not required **16** at that date under previous GAAP. To achieve consistency with IAS 10, those estimates in accordance with IFRSs shall reflect conditions that existed at the date of transition to IFRSs. In particular, estimates at the date of transition to IFRSs of market prices, interest rates or foreign exchange rates shall reflect market conditions at that date.

Paragraphs 14—16 apply to the opening IFRS statement of financial position. They also apply to a comparative period **17** presented in an entity's first IFRS financial statements, in which case the references to the date of transition to IFRSs are replaced by references to the end of that comparative period.

Befreiungen von anderen IFRS

18 Ein Unternehmen kann eine oder mehrere der in den Anhängen C–E aufgeführten Befreiungen in Anspruch nehmen. Ein Unternehmen darf diese Befreiungen nicht analog auf andere Sachverhalte anwenden.

19 [gestrichen]

DARSTELLUNG UND ANGABEN

20 Dieser IFRS enthält keine Befreiungen von den Darstellungs- und Angabepflichten anderer IFRS.

Vergleichsinformationen

21 Der erste IFRS-Abschluss eines Unternehmens hat mindestens drei Bilanzen, zwei Gesamtergebnisrechnungen, zwei gesonderte Gewinn- und Verlustrechnungen (falls erstellt), zwei Kapitalflussrechnungen und zwei Eigenkapitalveränderungsrechnungen sowie die zugehörigen Anhangangaben, einschließlich Vergleichsinformationen zu enthalten.

Nicht mit IFRS übereinstimmende Vergleichsinformationen und Zusammenfassungen historischer Daten

22 Einige Unternehmen veröffentlichen Zusammenfassungen ausgewählter historischer Daten für Perioden vor der ersten Periode, für die sie umfassende Vergleichsinformationen gemäß IFRS bekannt geben. Nach diesem IFRS müssen solche Zusammenfassungen nicht die Ansatz- und Bewertungsvorschriften der IFRS erfüllen. Des Weiteren stellen einige Unternehmen Vergleichsinformationen nach vorherigen Rechnungslegungsgrundsätzen und nach IAS 1 vorgeschriebene Vergleichsinformationen dar. In Abschlüssen mit Zusammenfassungen historischer Daten oder Vergleichsinformationen nach vorherigen Rechnungslegungsgrundsätzen muss ein Unternehmen

(a) die vorherigen Rechnungslegungsgrundsätzen entsprechenden Informationen deutlich als nicht gemäß IFRS erstellt kennzeichnen; und

(b) die wichtigsten Anpassungsarten angeben, die für eine Übereinstimmung mit IFRS notwendig wären. Eine Quantifizierung dieser Anpassungen muss das Unternehmen nicht vornehmen.

Erläuterung des Übergangs auf IFRS

23 **Ein Unternehmen muss erläutern, wie sich der Übergang von vorherigen Rechnungslegungsgrundsätzen auf IFRS auf seine dargestellte Vermögens-, Finanz- und Ertragslage sowie seinen Cashflow ausgewirkt hat.**

23A Ein Unternehmen, das die IFRS in einer früheren Periode wie in Paragraph 4A beschrieben angewandt hat, muss folgende Angaben machen:
(a) den Grund, aus dem es die IFRS nicht mehr angewendet hat und
(b) den Grund, aus dem es die IFRS erneut anwendet.

23B Entscheidet sich ein Unternehmen gegen die Anwendung von IFRS 1 gemäß Paragraph 4A, muss es die Gründe erläutern, aus denen es sich entscheidet, die IFRS dergestalt anzuwenden, als hätte es die IFRS kontinuierlich angewandt.

Überleitungsrechnungen

24 Um Paragraph 23 zu entsprechen, muss der erste IFRS-Abschluss eines Unternehmens folgende Bestandteile enthalten:
(a) Überleitungen des nach vorherigen Rechnungslegungsgrundsätzen ausgewiesenen Eigenkapitals auf das Eigenkapital gemäß IFRS für:
  (i) den Zeitpunkt des Übergangs auf IFRS; und
  (ii) das Ende der letzten Periode, die in dem letzten, nach vorherigen Rechnungslegungsgrundsätzen aufgestellten Abschluss eines Geschäftsjahres des Unternehmens dargestellt wurde;
(b) eine Überleitung des Gesamtergebnisses, das im letzten Abschluss nach vorherigen Rechnungslegungsgrundsätzen ausgewiesen wurde, auf das Gesamtergebnis derselben Periode nach IFRS. Den Ausgangspunkt für diese Überleitung bildet das Gesamtergebnis nach vorherigen Rechnungslegungsgrundsätzen für die betreffende Periode bzw., wenn ein Unternehmen kein Gesamtergebnis ausgewiesen hat, das Ergebnis nach vorherigen Rechnungslegungsgrundsätzen;
(c) falls das Unternehmen bei der Erstellung seiner IFRS-Eröffnungsbilanz zum ersten Mal Wertminderungsaufwendungen erfasst oder aufgehoben hat, die Angaben nach IAS 36 *Wertminderung von Vermögenswerten,* die notwendig gewesen wären, falls das Unternehmen diese Wertminderungsaufwendungen oder Wertaufholungen in der Periode erfasst hätte, die zum Zeitpunkt des Übergangs auf IFRS beginnt.

25 Die nach Paragraph 24 (a) und (b) vorgeschriebenen Überleitungsrechnungen müssen ausreichend detailliert sein, damit die Adressaten die wesentlichen Anpassungen der Bilanz und der Gesamtergebnisrechnung nachvollziehen können. Falls ein Unternehmen im Rahmen seiner vorherigen Rechnungslegungsgrundsätze eine Kapitalflussrechnung veröffentlicht hat, muss es auch die wesentlichen Anpassungen der Kapitalflussrechnung erläutern.

Exemptions from other IFRSs

An entity may elect to use one or more of the exemptions contained in Appendices C—E. An entity shall not apply these exemptions by analogy to other items. **18**

[deleted] **19**

PRESENTATION AND DISCLOSURE

This IFRS does not provide exemptions from the presentation and disclosure requirements in other IFRSs. **20**

Comparative information

An entity's first IFRS financial statements shall include at least three statements of financial position, two statements of **21** profit or loss and other comprehensive income, two separate statements of profit or loss (if presented), two statements of cash flows and two statements of changes in equity and related notes, including comparative information for all statements presented.

Non-IFRS comparative information and historical summaries

Some entities present historical summaries of selected data for periods before the first period for which they present full **22** comparative information in accordance with IFRSs. This IFRS does not require such summaries to comply with the recognition and measurement requirements of IFRSs. Furthermore, some entities present comparative information in accordance with previous GAAP as well as the comparative information required by IAS 1. In any financial statements containing historical summaries or comparative information in accordance with previous GAAP, an entity shall:
(a) label the previous GAAP information prominently as not being prepared in accordance with IFRSs; and
(b) disclose the nature of the main adjustments that would make it comply with IFRSs. An entity need not quantify those adjustments.

Explanation of transition to IFRSs

An entity shall explain how the transition from previous GAAP to IFRSs affected its reported financial position, financial performance and cash flows. **23**

An entity that has applied IFRSs in a previous period, as described in paragraph 4A, shall disclose: **23A**
(a) the reason it stopped applying IFRSs; and
(b) the reason it is resuming the application of IFRSs.

When an entity, in accordance with paragraph 4A, does not elect to apply IFRS 1, the entity shall explain the reasons for **23B** electing to apply IFRSs as if it had never stopped applying IFRSs.

Reconciliations

To comply with paragraph 23, an entity's first IFRS financial statements shall include: **24**
(a) reconciliations of its equity reported in accordance with previous GAAP to its equity in accordance with IFRSs for both of the following dates:
  (i) the date of transition to IFRSs; and
  (ii) the end of the latest period presented in the entity's most recent annual financial statements in accordance with previous GAAP.
(b) a reconciliation to its total comprehensive income in accordance with IFRSs for the latest period in the entity's most recent annual financial statements. The starting point for that reconciliation shall be total comprehensive income in accordance with previous GAAP for the same period or, if an entity did not report such a total, profit or loss under previous GAAP.
(c) if the entity recognised or reversed any impairment losses for the first-time in preparing its opening IFRS statement of financial position, the disclosures that IAS 36 *Impairment of Assets* would have required if the entity had recognised those impairment losses or reversals in the period beginning with the date of transition to IFRSs.

The reconciliations required by paragraph 24 (a) and (b) shall give sufficient detail to enable users to understand the material **25** adjustments to the statement of financial position and statement of comprehensive income. If an entity presented a statement of cash flows under its previous GAAP, it shall also explain the material adjustments to the statement of cash flows.

26 Falls ein Unternehmen auf Fehler aufmerksam wird, die im Rahmen der vorherigen Rechnungslegungsgrundsätze entstanden sind, ist in den nach Paragraph 24 (a) und (b) vorgeschriebenen Überleitungsrechnungen die Korrektur solcher Fehler von Änderungen der Rechnungslegungsmethoden abzugrenzen.

27 IAS 8 gilt nicht für Änderungen an Rechnungslegungsmethoden, die ein Unternehmen bei erstmaliger Anwendung der IFRS oder vor der Vorlage seines ersten IFRS-Abschlusses vornimmt. Die Bestimmungen des IAS 8 zu Änderungen an Rechnungslegungsmethoden gelten für den ersten IFRS-Abschluss eines Unternehmens daher nicht.

27A Ändert ein Unternehmen in der von seinem ersten IFRS-Abschluss erfassten Periode seine Rechnungslegungsmethoden oder die Inanspruchnahme der in diesem IFRS vorgesehenen Befreiungen, so hat es die zwischen seinem ersten IFRS-Zwischenbericht und seinem ersten IFRS-Abschluss vorgenommenen Änderungen gemäß Paragraph 23 zu erläutern und die in Paragraph 24 Buchstaben a und b vorgeschriebenen Überleitungsrechnungen zu aktualisieren.

28 Falls ein Unternehmen für frühere Perioden keine Abschlüsse veröffentlichte, muss es in seinem ersten IFRS-Abschluss darauf hinweisen.

Bestimmung finanzieller Vermögenswerte und finanzieller Verbindlichkeiten

29 Ein Unternehmen kann einen früher angesetzten finanziellen Vermögenswert oder eine finanzielle Verbindlichkeit als einen finanziellen Vermögenswert oder eine finanzielle Verbindlichkeit, der/die erfolgswirksam zum beizulegenden Zeitwert bewertet wird, oder einen finanziellen Vermögenswert als zur Veräußerung verfügbar gemäß Paragraph D 19 bestimmen. In diesem Fall hat das Unternehmen den beizulegenden Zeitwert der in jede Kategorie eingestuften finanziellen Vermögenswerte und finanziellen Verbindlichkeiten zum Zeitpunkt der Einstufung sowie deren Einstufung und den Buchwert aus den vorhergehenden Abschlüssen anzugeben.

Verwendung des beizulegenden Zeitwerts als Ersatz für Anschaffungs- oder Herstellungskosten

30 Falls ein Unternehmen in seiner IFRS-Eröffnungsbilanz für eine Sachanlage, eine als Finanzinvestition gehaltene Immobilie oder einen immateriellen Vermögenswert (siehe Paragraphen D5 und D7) den beizulegenden Zeitwert als Ersatz für Anschaffungs- oder Herstellungskosten verwendet, sind in dem ersten IFRS-Abschluss des Unternehmens für jeden einzelnen Bilanzposten der IFRS-Eröffnungsbilanz folgende Angaben zu machen:
(a) die Summe dieser beizulegenden Zeitwerte; und
(b) die Gesamtanpassung der nach vorherigen Rechnungslegungsgrundsätzen ausgewiesenen Buchwerte.

Verwendung des als Ersatz für Anschaffungs- oder Herstellungskosten angesetzten Werts der Anteile an Tochterunternehmen, Gemeinschaftsunternehmen und assoziierten Unternehmen

31 Verwendet ein Unternehmen in seiner IFRS-Eröffnungsbilanz einen Ersatzwert für Anschaffungs- oder Herstellungskosten eines Anteils an einem Tochterunternehmen, Gemeinschaftsunternehmen oder assoziierten Unternehmen in dessen Einzelabschluss (siehe Paragraph D15), so sind im ersten IFRS-Einzelabschluss des Unternehmens folgende Angaben zu machen:
(a) die Summe der als Ersatz für Anschaffungs- oder Herstellungskosten angesetzten Werte derjenigen Anteile, die nach den vorherigen Rechnungslegungsgrundsätzen als Buchwerte ausgewiesen wurden;
(b) die Summe der als Ersatz für Anschaffungs- oder Herstellungskosten angesetzten Werte, die als beizulegender Zeitwert ausgewiesen werden; und
(c) die Gesamtanpassung der nach vorherigen Rechnungslegungsgrundsätzen ausgewiesenen Buchwerte.

Verwendung des als Ersatz für Anschaffungs- oder Herstellungskosten angesetzten Werts für Erdöl- und Erdgasvorkommen

31A Nutzt ein Unternehmen die in Paragraph D8A (b) genannte Ausnahme für Erdöl- und Erdgasvorkommen, so hat es dies sowie die Grundlage anzugeben, auf der Buchwerte, die nach vorherigen Rechnungslegungsgrundsätzen ermittelt wurden, zugeordnet werden.

Verwendung eines Ersatzes für Anschaffungs- oder Herstellungskosten bei preisregulierten Geschäftsbereichen

31B Nimmt ein Unternehmen für preisregulierte Geschäftsbereiche die in Paragraph D8B vorgesehene Befreiung in Anspruch, hat es dies anzugeben und zu erläutern, auf welcher Grundlage die Buchwerte nach den früheren Rechnungslegungsgrundsätzen bestimmt wurden.

Verwendung eines Ersatzes für die Anschaffungs- oder Herstellungskosten nach sehr hoher Inflation

31C Entscheidet sich ein Unternehmen dafür, Vermögenswerte und Schulden zum beizulegenden Zeitwert zu bewerten und diesen wegen ausgeprägter Hochinflation (siehe Paragraphen D26-D30) in seiner IFRS-Eröffnungsbilanz als Ersatz für Anschaffungs- oder Herstellungskosten zu verwenden, muss die erste IFRS-Bilanz des Unternehmens eine Erläuterung enthalten, wie und warum das Unternehmen eine funktionale Währung angewandt und aufgegeben hat, die die beiden folgenden Merkmale aufweist:

If an entity becomes aware of errors made under previous GAAP, the reconciliations required by paragraph 24 (a) and **26** (b) shall distinguish the correction of those errors from changes in accounting policies.

IAS 8 does not apply to the changes in accounting policies an entity makes when it adopts IFRSs or to changes in those **27** policies until after it presents its first IFRS financial statements. Therefore, IAS 8's requirements about changes in accounting policies do not apply in an entity's first IFRS financial statements.

If during the period covered by its first IFRS financial statements an entity changes its accounting policies or its use of the **27A** exemptions contained in this IFRS, it shall explain the changes between its first IFRS interim financial report and its first IFRS financial statements, in accordance with paragraph 23, and it shall update the reconciliations required by paragraph 24 (a) and (b).

If an entity did not present financial statements for previous periods, its first IFRS financial statements shall disclose that **28** fact.

Designation of financial assets or financial liabilities

An entity is permitted to designate a previously recognised financial asset or financial liability as a financial asset or finan- **29** cial liability at fair value through profit or loss or a financial asset as available for sale in accordance with paragraph D19. The entity shall disclose the fair value of financial assets or financial liabilities designated into each category at the date of designation and their classification and carrying amount in the previous financial statements.

Use of fair value as deemed cost

If an entity uses fair value in its opening IFRS statement of financial position as *deemed cost* for an item of property, plant **30** and equipment, an investment property or an intangible asset (see paragraphs D5 and D7), the entity's first IFRS financial statements shall disclose, for each line item in the opening IFRS statement of financial position:
(a) the aggregate of those fair values; and
(b) the aggregate adjustment to the carrying amounts reported under previous GAAP.

Use of deemed cost for investments in subsidiaries, joint ventures and associates

Similarly, if an entity uses a deemed cost in its opening IFRS statement of financial position for an investment in a sub- **31** sidiary, joint ventures or associate in its separate financial statements (see paragraph D15), the entity's first IFRS separate financial statements shall disclose:
(a) the aggregate deemed cost of those investments for which deemed cost is their previous GAAP carrying amount;
(b) the aggregate deemed cost of those investments for which deemed cost is fair value; and
(c) the aggregate adjustment to the carrying amounts reported under previous GAAP.

Use of deemed cost for oil and gas assets

If an entity uses the exemption in paragraph D8A (b) for oil and gas assets, it shall disclose that fact and the basis on **31A** which carrying amounts determined under previous GAAP were allocated.

Use of deemed cost for operations subject to rate regulation

If an entity uses the exemption in paragraph D8B for operations subject to rate regulation, it shall disclose that fact and **31B** the basis on which carrying amounts were determined under previous GAAP.

Use of deemed cost after severe hyperinflation

If an entity elects to measure assets and liabilities at fair value and to use that fair value as the deemed cost in its opening **31C** IFRS statement of financial position because of severe hyperinflation (see paragraphs D26—D30), the entity's first IFRS financial statements shall disclose an explanation of how, and why, the entity had, and then ceased to have, a functional currency that has both of the following characteristics:

(a) Nicht alle Unternehmen mit Transaktionen und Salden in dieser Währung können auf einen zuverlässigen allgemeinen Preisindex zurückgreifen.

(b) Es besteht keine Umtauschbarkeit zwischen dieser Währung und einer relativ stabilen Fremdwährung.

Zwischenberichte

32 Um Paragraph 23 zu entsprechen, muss ein Unternehmen, falls es einen Zwischenbericht nach IAS 34 veröffentlicht, der einen Teil der in seinem ersten IFRS-Abschluss erfassten Periode abdeckt, zusätzlich zu den Vorschriften aus IAS 34 die folgenden Maßgaben erfüllen:

(a) Falls das Unternehmen für die entsprechende Zwischenberichtsperiode des unmittelbar vorangegangenen Geschäftsjahres ebenfalls einen Zwischenbericht veröffentlicht hat, muss jeder dieser Zwischenberichte Folgendes enthalten:

   (i) eine Überleitung des nach den früheren Rechnungslegungsgrundsätzen ermittelten Eigenkapitals zum Ende der entsprechenden Zwischenberichtsperiode auf das Eigenkapital gemäß IFRS zum selben Zeitpunkt und

   (ii) eine Überleitung auf das nach den IFRS ermittelte Gesamtergebnis für die entsprechende (die aktuelle und die von Beginn des Geschäftsjahres bis zum Zwischenberichtstermin fortgeführte) Zwischenberichtsperiode. Als Ausgangspunkt für diese Überleitung ist das Gesamtergebnis zu verwenden, das nach den früheren Rechnungslegungsgrundsätzen für diese Periode ermittelt wurde, bzw., wenn ein Unternehmen kein Gesamtergebnis ausgewiesen hat, der nach den früheren Rechnungslegungsgrundsätzen ermittelte Gewinn oder Verlust.

(b) Zusätzlich zu den unter a vorgeschriebenen Überleitungsrechnungen muss der erste Zwischenbericht eines Unternehmens nach IAS 34, der einen Teil der in seinem ersten IFRS-Abschluss erfassten Periode abdeckt, die in Paragraph 24 Buchstaben a und b beschriebenen Überleitungsrechnungen (ergänzt um die in den Paragraphen 25 und 26 enthaltenen Einzelheiten) oder einen Querverweis auf ein anderes veröffentlichtes Dokument enthalten, das diese Überleitungsrechnungen beinhaltet.

(c) Ändert ein Unternehmen seine Rechnungslegungsmethoden oder die Inanspruchnahme der in diesem IFRS vorgesehenen Befreiungen, so hat es die Änderungen in jedem dieser Zwischenberichte gemäß Paragraph 23 zu erläutern und die unter a und b vorgeschriebenen Überleitungsrechnungen zu aktualisieren.

33 IAS 34 schreibt Mindestangaben vor, die auf der Annahme basieren, dass die Adressaten der Zwischenberichte auch Zugriff auf die aktuellsten Abschlüsse eines Geschäftsjahres haben. IAS 34 schreibt jedoch auch vor, dass ein Unternehmen „alle Ereignisse oder Geschäftsvorfälle anzugeben hat, die für ein Verständnis der aktuellen Zwischenberichtsperiode wesentlich sind". Falls ein erstmaliger Anwender in seinem letzten Abschluss eines Geschäftsjahres nach vorherigen Rechnungslegungsgrundsätzen daher keine Informationen veröffentlicht hat, die zum Verständnis der aktuellen Zwischenberichtsperioden notwendig sind, muss sein Zwischenbericht diese Informationen offen legen oder einen Querverweis auf ein anderes veröffentlichtes Dokument beinhalten, das diese enthält.

ZEITPUNKT DES INKRAFTTRETENS

34 Ein Unternehmen hat diesen IFRS anzuwenden, falls der Zeitraum seines ersten IFRS-Abschlusses am 1. Juli 2009 oder später beginnt. Eine frühere Anwendung ist zulässig.

35 Die Änderungen in den Paragraphen D1 (n) und D23 sind erstmals in der ersten Berichtsperiode eines am 1. Juli 2009 oder danach beginnenden Geschäftsjahres anzuwenden. Wird IAS 23 *Fremdkapitalkosten* (überarbeitet 2007) auf eine frühere Periode angewandt, sind diese Änderungen entsprechend auch anzuwenden.

36 Durch IFRS 3 *Unternehmenszusammenschlüsse* (überarbeitet 2008) wurden die Paragraphen 19, C1 und C4 (f) und (g) geändert. Wird IFRS 3 (überarbeitet 2008) auf eine frühere Periode angewandt, sind diese Änderungen entsprechend auch anzuwenden.

37 Durch IAS 27 *Konzern- und Einzelabschlüsse* (überarbeitet 2008) wurden die Paragraphen 13 und B7 geändert. Wenn ein Unternehmen IAS 27 (geändert 2008) für eine frühere Berichtsperiode anwendet, so sind auch diese Änderungen für jene frühere Periode anzuwenden.

38 Durch den im Mai 2008 herausgegebenen Paragraphen *Anschaffungs- oder Herstellungskosten von Anteilen an Tochterunternehmen, gemeinschaftlich geführten Unternehmen oder assoziierten Unternehmen* (Änderungen des IFRS 1 und IAS 27) wurden die Paragraphen 31, D1 (g), D14 und D15 hinzugefügt. Diese Paragraphen sind erstmals in der ersten Berichtsperiode eines am 1. Juli 2009 oder danach beginnenden Geschäftsjahres anzuwenden. Eine frühere Anwendung ist zulässig. Wenn ein Unternehmen diese Paragraphen für eine frühere Berichtsperiode anwendet, so ist diese Tatsache anzugeben.

39 Durch die im Mai 2008 herausgegebenen *Verbesserungen der IFRS* wurde der Paragraph B7 geändert. Diese Änderungen sind erstmals in der ersten Berichtsperiode eines am 1. Juli 2009 oder danach beginnenden Geschäftsjahres anzuwenden. Wenn ein Unternehmen IAS 27 (geändert 2008) für eine frühere Berichtsperiode anwendet, so sind auch diese Änderungen für jene frühere Periode anzuwenden.

(a) a reliable general price index is not available to all entities with transactions and balances in the currency.

(b) exchangeability between the currency and a relatively stable foreign currency does not exist.

Interim financial reports

To comply with paragraph 23, if an entity presents an interim financial report in accordance with IAS 34 for part of the **32** period covered by its first IFRS financial statements, the entity shall satisfy the following requirements in addition to the requirements of IAS 34:

(a) Each such interim financial report shall, if the entity presented an interim financial report for the comparable interim period of the immediately preceding financial year, include:

    (i) a reconciliation of its equity in accordance with previous GAAP at the end of that comparable interim period to its equity under IFRSs at that date; and

    (ii) a reconciliation to its total comprehensive income in accordance with IFRSs for that comparable interim period (current and year to date). The starting point for that reconciliation shall be total comprehensive income in accordance with previous GAAP for that period or, if an entity did not report such a total, profit or loss in accordance with previous GAAP.

(b) In addition to the reconciliations required by (a), an entity's first interim financial report in accordance with IAS 34 for part of the period covered by its first IFRS financial statements shall include the reconciliations described in paragraph 24 (a) and (b) (supplemented by the details required by paragraphs 25 and 26) or a cross-reference to another published document that includes these reconciliations.

(c) If an entity changes its accounting policies or its use of the exemptions contained in this IFRS, it shall explain the changes in each such interim financial report in accordance with paragraph 23 and update the reconciliations required by (a) and (b).

IAS 34 requires minimum disclosures, which are based on the assumption that users of the interim financial report also **33** have access to the most recent annual financial statements. However, IAS 34 also requires an entity to disclose 'any events or transactions that are material to an understanding of the current interim period'. Therefore, if a first-time adopter did not, in its most recent annual financial statements in accordance with previous GAAP, disclose information material to an understanding of the current interim period, its interim financial report shall disclose that information or include a cross-reference to another published document that includes it.

EFFECTIVE DATE

An entity shall apply this IFRS if its first IFRS financial statements are for a period beginning on or after 1 July 2009. **34** Earlier application is permitted.

An entity shall apply the amendments in paragraphs D1 (n) and D23 for annual periods beginning on or after 1 July **35** 2009. If an entity applies IAS 23 *Borrowing Costs* (as revised in 2007) for an earlier period, those amendments shall be applied for that earlier period.

IFRS 3 *Business Combinations* (as revised in 2008) amended paragraphs 19, C1 and C4 (f) and (g). If an entity applies **36** IFRS 3 (revised 2008) for an earlier period, the amendments shall also be applied for that earlier period.

IAS 27 *Consolidated and Separate Financial Statements* (as amended in 2008) amended paragraphs 13 and B7. If an entity **37** applies IAS 27 (amended 2008) for an earlier period, the amendments shall be applied for that earlier period.

Cost of an Investment in a Subsidiary, Jointly Controlled Entity or Associate (Amendments to IFRS 1 and IAS 27), issued **38** in May 2008, added paragraphs 31, D1 (g), D14 and D15. An entity shall apply those paragraphs for annual periods beginning on or after 1 July 2009. Earlier application is permitted. If an entity applies the paragraphs for an earlier period, it shall disclose that fact.

Paragraph B7 was amended by *Improvements to IFRSs* issued in May 2008. An entity shall apply those amendments for **39** annual periods beginning on or after 1 July 2009. If an entity applies IAS 27 (amended 2008) for an earlier period, the amendments shall be applied for that earlier period.

39A *Zusätzliche Befreiungen für erstmalige Anwender* (Änderungen zu IFRS 1) von Juli 2009 fügte die Paragraphen 31A, D8A, D9A und D21A hinzu und änderte Paragraph D1 (c), (d) und (l) ab. Diese Änderungen sind erstmals in der ersten Berichtsperiode eines am 1. Januar 2010 oder danach beginnenden Geschäftsjahrs anzuwenden. Eine frühere Anwendung ist zulässig. Wendet ein Unternehmen die Änderungen für ein früheres Geschäftsjahr an, hat es dies anzugeben.

39C Durch *Begrenzte Befreiung erstmaliger Anwender von Vergleichsangaben nach IFRS 7* (im Januar 2010 veröffentlichte Änderung an IFRS 1) wurde Paragraph E3 hinzugefügt. Diese Änderung ist erstmals in der ersten Berichtsperiode eines am oder nach dem 1. Juli 2010 beginnenden Geschäftsjahres anzuwenden. Eine frühere Anwendung ist zulässig. Wendet ein Unternehmen die Änderung auf eine frühere Berichtsperiode an, hat es dies anzugeben.

39E Durch die im Mai 2010 veröffentlichten *Verbesserungen an den IFRS* wurden die Paragraphen 27A, 31B und D8B eingefügt und die Paragraphen 27, 32, D1 (c) und D8 geändert. Diese Änderungen sind erstmals in der ersten Berichtsperiode eines am oder nach dem 1. Januar 2011 beginnenden Geschäftsjahres anzuwenden. Eine frühere Anwendung ist zulässig. Wendet ein Unternehmen die Änderungen auf eine frühere Periode an, hat es dies anzugeben. Unternehmen, die schon in Geschäftsjahren vor Inkrafttreten des IFRS 1 auf IFRS umgestellt oder IFRS 1 in einem früheren Geschäftsjahr angewandt haben, dürfen die Änderung an Paragraph D8 im ersten Geschäftsjahr nach Inkrafttreten der Änderung rückwirkend anwenden. Wendet ein Unternehmen Paragraph D8 rückwirkend an, so hat es dies anzugeben.

39F Mit der im Oktober 2010 veröffentlichten Änderung des IFRS 7 *Angaben – Übertragung finanzieller Vermögenswerte* wurde Paragraph E4 eingefügt. Diese Änderung ist erstmals auf Geschäftsjahre anzuwenden, die am oder nach dem 1. Juli 2011 beginnen. Eine frühere Anwendung ist zulässig. Wendet ein Unternehmen die Änderung auf eine frühere Berichtsperiode an, hat es dies anzugeben.

39H *Ausgeprägte Hochinflation und Beseitigung der festen Zeitpunkte für erstmalige Anwender* (Änderungen an IFRS 1), herausgegeben im Dezember 2010, Paragraphen B2, D1 und D20 geändert, Paragraphen 31C und D26–D30 hinzugefügt. Diese Änderungen sind erstmals in der ersten Berichtsperiode eines am oder nach dem 1. Juli 2011 beginnenden Geschäftsjahres anzuwenden. Eine frühere Anwendung ist zulässig.

39I Durch IFRS 10 *Konzernabschlüsse* und IFRS 11 *Gemeinsame Vereinbarungen,* veröffentlicht im Mai 2011, wurden die Paragraphen 31, B7, C1, D1, D14 und D15 geändert und wurde Paragraph D31 hinzugefügt. Ein Unternehmen hat diese Änderungen anzuwenden, wenn es IFRS 10 und IFRS 11 anwendet.

39J Durch IFRS 13 *Bemessung des beizulegenden Zeitwerts,* veröffentlicht im Mai 2011, wurde Paragraph 19 gestrichen. Die Definition des beizulegenden Zeitwerts in Anhang A sowie die Paragraphen D15 und D20 wurden geändert. Ein Unternehmen hat die betreffenden Änderungen anzuwenden, wenn es IFRS 13 anwendet.

39K Mit *Darstellung von Posten des sonstigen Ergebnisses* (Änderung IAS 1), veröffentlicht im Juni 2011, wurde Paragraph 21 geändert. Ein Unternehmen hat die betreffende Änderung anzuwenden, wenn es IAS 1 (in der im Juni 2011 geänderten Fassung) anwendet.

39L Durch IAS 19 *Leistungen an Arbeitnehmer* (in der im Juni 2011 geänderten Fassung) wurde Paragraph D1 geändert, die Paragraphen D10 und D11 gestrichen und Paragraph E5 hinzugefügt. Ein Unternehmen hat diese Änderungen anzuwenden, wenn es IAS 19 (in der im Juni 2011 geänderten Fassung) anwendet.

39M Mit IFRIC 20 *Abraumkosten in der Produktionsphase eines Tagebaubergwerks* wurde Paragraph D32 eingefügt und Paragraph D1 geändert. Jedes Unternehmen wendet diese Änderung an, wenn es IFRIC 20 zugrunde legt.

39N Durch die im März 2012 unter dem Titel *Darlehen der öffentlichen Hand* veröffentlichten Änderungen zu IFRS 1 wurden die Paragraphen B1 (f) und B10–B12 angefügt. Diese Paragraphen sind erstmals in der ersten Berichtsperiode eines am oder nach dem 1. Januar 2013 beginnenden Geschäftsjahres anzuwenden. Eine frühere Anwendung ist zulässig.

39O Die Paragraphen B10 und B11 beziehen sich auf IFRS 9. Wendet ein Unternehmen zwar den vorliegenden Standard, aber noch nicht IFRS 9 an, so sind die Verweise auf IFRS 9 in den Paragraphen B10 und B11 als Verweis auf IAS 39 *Finanzinstrumente: Ansatz und Bewertung* zu verstehen.

39P Mit den *Jährlichen Verbesserungen, Zyklus 2009–2011,* von Mai 2012 wurden die Paragraphen 4A–4B und 23A–23B hinzugefügt. Diese Änderung ist rückwirkend gemäß IAS 8 *Rechnungslegungsmethoden, Änderungen von rechnungslegungsbezogenen Schätzungen und Fehler* in der ersten Berichtsperiode eines am oder nach dem 1. Januar 2013 beginnenden Geschäftsjahres anzuwenden. Eine frühere Anwendung ist zulässig. Wendet ein Unternehmen die Änderung auf eine frühere Periode an, hat es dies anzugeben.

39Q Mit den *Jährlichen Verbesserungen, Zyklus 2009–2011,* von Mai 2012 wurde Paragraph D23 geändert. Diese Änderungen sind rückwirkend gemäß IAS 8 *Rechnungslegungsmethoden, Änderungen von rechnungslegungsbezogenen Schätzungen und Fehler* in der ersten Berichtsperiode eines am oder nach dem 1. Januar 2013 beginnenden Geschäftsjahres anzuwenden. Eine frühere Anwendung ist zulässig. Wendet ein Unternehmen die Änderung auf eine frühere Periode an, hat es dies anzugeben.

Additional Exemptions for First-time Adopters (Amendments to IFRS 1), issued in July 2009, added paragraphs 31A, **39A** D8A, D9A and D21A and amended paragraph D1 (c), (d) and (l). An entity shall apply those amendments for annual periods beginning on or after 1 January 2010. Earlier application is permitted. If an entity applies the amendments for an earlier period it shall disclose that fact.

Limited Exemption from Comparative IFRS 7 Disclosures for First-time Adopters, (Amendment to IFRS 1) issued in January 2010, added paragraph E3. An entity shall apply that amendment for annual periods beginning on or after 1 July 2010. Earlier application is permitted. If an entity applies the amendment for an earlier period, it shall disclose that fact. **39C**

Improvements to IFRSs issued in May 2010 added paragraphs 27A, 31B and D8B and amended paragraphs 27, 32, D1 (c) **39E** and D8. An entity shall apply those amendments for annual periods beginning on or after 1 January 2011. Earlier application is permitted. If an entity applies the amendments for an earlier period it shall disclose that fact. Entities that adopted IFRSs in periods before the effective date of IFRS 1 or applied IFRS 1 in a previous period are permitted to apply the amendment to paragraph D8 retrospectively in the first annual period after the amendment is effective. An entity applying paragraph D8 retrospectively shall disclose that fact.

Disclosures—Transfers of Financial Assets (Amendments to IFRS 7), issued in October 2010, added paragraph E4. An **39F** entity shall apply that amendment for annual periods beginning on or after 1 July 2011. Earlier application is permitted. If an entity applies the amendment for an earlier period, it shall disclose that fact.

Severe Hyperinflation and Removal of Fixed Dates for First-time Adopters (Amendments to IFRS 1), issued in December **39H** 2010, amended paragraphs B2, D1 and D20 and added paragraphs 31C and D26—D30. An entity shall apply those amendments for annual periods beginning on or after 1 July 2011. Earlier application is permitted.

IFRS 10 *Consolidated Financial Statements* and IFRS 11 *Joint Arrangements,* issued in May 2011, amended paragraphs 31, **39I** B7, C1, D1, D14 and D15 and added paragraph D31. An entity shall apply those amendments when it applies IFRS 10 and IFRS 11.

IFRS 13 *Fair Value Measurement,* issued in May 2011, deleted paragraph 19, amended the definition of fair value in **39J** Appendix A and amended paragraphs D15 and D20. An entity shall apply those amendments when it applies IFRS 13.

Presentation of Items of Other Comprehensive Income (Amendments to IAS 1), issued in June 2011, amended paragraph **39K** 21. An entity shall apply that amendment when it applies IAS 1 as amended in June 2011.

IAS 19 *Employee Benefits* (as amended in June 2011) amended paragraph D1, deleted paragraphs D10 and D11 and added **39L** paragraph E5. An entity shall apply those amendments when it applies IAS 19 (as amended in June 2011).

IFRIC 20 *Stripping Costs in the Production Phase of a Surface Mine* added paragraph D32 and amended paragraph D1. **39M** An entity shall apply that amendment when it applies IFRIC 20.

Government Loans (Amendments to IFRS 1), issued in March 2012, added paragraphs B1 (f) and B10—B12. An entity **39N** shall apply those paragraphs for annual periods beginning on or after 1 January 2013. Earlier application is permitted.

Paragraphs B10 and B11 refer to IFRS 9. If an entity applies this IFRS but does not yet apply IFRS 9, the references in **39O** paragraphs B10 and B11 to IFRS 9 shall be read as references to IAS 39 *Financial Instruments: Recognition and Measurement.*

Annual Improvements 2009—2011 Cycle, issued in May 2012, added paragraphs 4A—4B and 23A—23B. An entity shall **39P** apply that amendment retrospectively in accordance with IAS 8 Accounting Policies, Changes in Accounting Estimates and Errors for annual periods beginning on or after 1 January 2013. Earlier application is permitted. If an entity applies that amendment for an earlier period it shall disclose that fact.

Annual Improvements 2009—2011 Cycle, issued in May 2012, amended paragraph D23. An entity shall apply that amend- **39Q** ment retrospectively in accordance with IAS 8 *Accounting Policies, Changes in Accounting Estimates and Errors* for annual periods beginning on or after 1 January 2013. Earlier application is permitted. If an entity applies that amendment for an earlier period it shall disclose that fact.

39R Mit den *Jährlichen Verbesserungen, Zyklus 2009–2011*, von Mai 2012 wurde Paragraph 21 geändert. Diese Änderungen sind rückwirkend gemäß IAS 8 *Rechnungslegungsmethoden, Änderungen von rechnungslegungsbezogenen Schätzungen und Fehler* in der ersten Berichtsperiode eines am oder nach dem 1. Januar 2013 beginnenden Geschäftsjahres anzuwenden. Eine frühere Anwendung ist zulässig. Wendet ein Unternehmen die Änderung auf eine frühere Periode an, hat es dies anzugeben.

39S *Konzernabschlüsse, Gemeinsame Vereinbarungen und Angaben zu Anteilen an anderen Unternehmen:* Mit den *Übergangsleitlinien* (Änderungen an IFRS 10, IFRS 11 und IFRS 12), veröffentlicht im Juni 2012, wurde Paragraph D31 geändert. Jedes Unternehmen wendet diese Änderung an, wenn es IFRS 11 (geändert Juni 2012) zugrunde legt.

39T Mit der im Oktober 2012 veröffentlichten Verlautbarung *Investmentgesellschaften (Investment Entities)* (Änderungen an IFRS 10, IFRS 12 und IAS 27) wurden die Paragraphen D16, D17 und Anhang C geändert und eine Überschrift und die Paragraphen E6–E7 hinzugefügt. Unternehmen haben diese Änderungen auf Geschäftsjahre anzuwenden, die am oder nach dem 1. Januar 2014 beginnen. Eine frühere Anwendung der Verlautbarung *Investmentgesellschaften (Investment Entities)* ist zulässig. Wendet ein Unternehmen diese Änderungen früher an, hat es alle in der Verlautbarung enthaltenen Änderungen gleichzeitig anzuwenden.

39W Mit der im Mai 2014 herausgegebenen Verlautbarung *Bilanzierung von Erwerben von Anteilen an gemeinschaftlichen Tätigkeiten* (Änderungen an IFRS 11) wurde Paragraph C5 geändert. Diese Änderungen sind auf Geschäftsjahre anzuwenden, die am oder nach dem 1. Januar 2016 beginnen. Wendet ein Unternehmen Änderungen an IFRS 11 *Bilanzierung von Erwerben von Anteilen an gemeinschaftlichen Tätigkeiten* (Änderungen an IFRS 11) auf eine frühere Periode an, so sind auch die Änderungen an Paragraph C5 auf die frühere Periode anzuwenden.

39Z Mit der im August 2014 veröffentlichten Verlautbarung *Equity-Methode in Einzelabschlüssen (Equity Method in Separate Financial Statements)* (Änderungen an IAS 27) wurde Paragraph D14 geändert und Paragraph D15A angefügt. Diese Änderungen sind erstmals in Geschäftsjahren anzuwenden, die am oder nach dem 1. Januar 2016 beginnen. Eine frühere Anwendung ist zulässig. Wendet ein Unternehmen diese Änderungen früher an, hat es dies anzugeben.

39AA Mit den im September 2014 veröffentlichten *Jährlichen Verbesserungen an den IFRS, Zyklus 2012–2014* wurde Paragraph E4A angefügt. Diese Änderungen sind auf Geschäftsjahre anzuwenden, die am oder nach dem 1. Januar 2016 beginnen. Eine frühere Anwendung ist zulässig. Wendet ein Unternehmen diese Änderungen früher an, hat es dies anzugeben.

RÜCKNAHME VON IFRS 1 (HERAUSGEGEBEN 2003)

40 Dieser IFRS ersetzt IFRS 1 (herausgegeben 2003 und geändert im Mai 2008).

Anlage A
Definitionen

Dieser Anhang ist integraler Bestandteil des IFRS.

Zeitpunkt des Übergangs auf IFRS	Der Beginn der frühesten Periode, für die ein Unternehmen in seinem **ersten IFRS-Abschluss** vollständige Vergleichsinformationen nach IFRS veröffentlicht.
als Ersatz für Anschaffungs- oder Herstellungskosten angesetzter Wert	Ein Wert, der zu einem bestimmten Datum als Ersatz für Anschaffungs- oder Herstellungskosten oder fortgeführte Anschaffungs- oder Herstellungskosten verwendet wird. Anschließende Abschreibungen gehen davon aus, dass das Unternehmen den Ansatz des Vermögenswerts oder der Schuld ursprünglich an diesem bestimmten Datum vorgenommen hatte und dass seine Anschaffungs- oder Herstellungskosten dem als Ersatz für Anschaffungs- oder Herstellungskosten angesetzten Wert entsprachen.

Annual Improvements 2009—2011 Cycle, issued in May 2012, amended paragraph 21. An entity shall apply that amend- **39R** ment retrospectively in accordance with IAS 8 *Accounting Policies, Changes in Accounting Estimates and Errors* for annual periods beginning on or after 1 January 2013. Earlier application is permitted. If an entity applies that amendment for an earlier period it shall disclose that fact.

Consolidated Financial Statements, Joint Arrangements and Disclosure of Interests in Other Entities: Transition Guidance **39S** (Amendments to IFRS 10, IFRS 11 and IFRS 12), issued in June 2012, amended paragraph D31. An entity shall apply that amendment when it applies IFRS 11 (as amended in June 2012).

Investment Entities (Amendments to IFRS 10, IFRS 12 and IAS 27), issued in October 2012, amended paragraphs D16, **39T** D17 and Appendix C and added a heading and paragraphs E6—E7. An entity shall apply those amendments for annual periods beginning on or after 1 January 2014. Earlier application of *Investment Entities* is permitted. If an entity applies those amendments earlier it shall also apply all amendments included in *Investment Entities* at the same time.

Accounting for Acquisitions of Interests in Joint Operations (Amendments to IFRS 11), issued in May 2014, amended para- **39W** graph C5. An entity shall apply that amendment in annual periods beginning on or after 1 January 2016. If an entity applies related amendments to IFRS 11 from *Accounting for Acquisitions of Interests in Joint Operations* (Amendments to IFRS 11) in an earlier period, the amendment to paragraph C5 shall be applied in that earlier period.

Annual Improvements to IFRSs 2012—2014 Cycle, issued in September 2014, added paragraph E4A. An entity shall apply **39AA** that amendment for annual periods beginning on or after 1 January 2016. Earlier application is permitted. If an entity applies that amendment for an earlier period it shall disclose that fact.

Equity Method in Separate Financial Statements (Amendments to IAS 27), issued in August 2014, amended paragraph **39Z** D14 and added paragraph D15A. An entity shall apply those amendments for annual periods beginning on or after 1 January 2016. Earlier application is permitted. If an entity applies those amendments for an earlier period, it shall disclose that fact.

WITHDRAWAL OF IFRS 1 (ISSUED 2003)

This IFRS supersedes IFRS 1 (issued in 2003 and amended at May 2008). **40**

Appendix A

Defined terms

This appendix is an integral part of the IFRS.

date of transition to IFRSs   The beginning of the earliest period for which an entity presents full comparative information under IFRSs in its **first IFRS financial statements.**

deemed cost   An amount used as a surrogate for cost or depreciated cost at a given date. Subsequent depreciation or amortisation assumes that the entity had initially recognised the asset or liability at the given date and that its cost was equal to the deemed cost.

beizulegender Zeitwert	Der *beizulegende Zeitwert* ist der Preis, der in einem geordneten Geschäftsvorfall zwischen Marktteilnehmern am Bemessungsstichtag für den Verkauf eines Vermögenswerts eingenommen bzw. für die Übertragung einer Schuld gezahlt würde. (Siehe IFRS 13.)
erster IFRS-Abschluss	Der erste Abschluss eines Geschäftsjahres, in dem ein Unternehmen die **International Financial Reporting Standards (IFRS)** durch eine ausdrückliche und uneingeschränkte Bestätigung der Übereinstimmung mit den IFRS anwendet.
erste IFRS-Berichtsperiode	Die letzte Berichtsperiode, auf die sich der **erste IFRS-Abschluss** eines Unternehmens bezieht.
erstmaliger Anwender	Ein Unternehmen, das seinen **ersten IFRS-Abschluss** darstellt.
International Financial Reporting Standards (IFRS)	Durch den International Accounting Standards Board (IASB) verabschiedete Standards und Interpretationen. Sie umfassen:

(a) International Financial Reporting Standards;

(b) International Accounting Standards und

(c) Interpretationen des International Financial Reporting Interpretations Committee (IFRIC) bzw. des ehemaligen Standing Interpretations Committee (SIC).

IFRS-Eröffnungsbilanz	Die Bilanz eines Unternehmens zum **Zeitpunkt des Übergangs auf IFRS.**
vorherige Rechnungslegungsgrundsätze	Die Rechnungslegungsbasis eines **erstmaligen Anwenders** unmittelbar vor der Anwendung der IFRS.

Anhang B

Ausnahmen zur retrospektiven Anwendung anderer IFRS

Dieser Anhang ist integraler Bestandteil des IFRS.

B1 Ein Unternehmen hat folgende Ausnahmen anzuwenden:

(a) die Ausbuchung finanzieller Vermögenswerte und finanzieller Verbindlichkeiten (Paragraphen B2 und B3);

(b) Bilanzierung von Sicherungsgeschäften (Paragraphen B4–B6);

(c) nicht beherrschende Anteile (Paragraph B7);

(d) Einstufung und Bewertung finanzieller Vermögenswerte (Paragraph B8);

(e) eingebettete Derivate (Paragraph B9) und

(f) Darlehen der öffentlichen Hand (Paragraphen B10–B12).

Ausbuchung finanzieller Vermögenswerte und finanzieller Verbindlichkeiten

B2 Ein erstmaliger Anwender hat die Ausbuchungsvorschriften in IAS 39 *Finanzinstrumente: Ansatz und Bewertung* prospektiv für Transaktionen anzuwenden, die am oder nach dem Zeitpunkt des Übergangs auf IFRS auftreten, es sei denn, Paragraph B3 lässt etwas anderes zu. Zum Beispiel: Falls ein erstmaliger Anwender nicht derivative finanzielle Vermögenswerte oder nicht derivative finanzielle Verbindlichkeiten nach seinen vorherigen Rechnungslegungsgrundsätzen infolge einer vor dem Zeitpunkt des Übergangs auf IFRS stattgefundenen Transaktion ausgebucht hat, ist ein Ansatz der Vermögenswerte und Verbindlichkeiten gemäß IFRS nicht gestattet (es sei denn, ein Ansatz ist aufgrund einer späteren Transaktion oder eines späteren Ereignisses möglich).

B3 Ungeachtet Paragraph B2 kann ein Unternehmen die Ausbuchungsvorschriften in IAS 39 rückwirkend ab einem vom Unternehmen beliebig zu wählenden Datum anwenden, sofern die benötigten Informationen, um IAS 39 auf infolge vergangener Transaktionen ausgebuchte finanzielle Vermögenswerte und finanzielle Verbindlichkeiten anzuwenden, zum Zeitpunkt der erstmaligen Bilanzierung dieser Transaktionen vorlagen.

Bilanzierung von Sicherungsgeschäften

B4 Wie in IAS 39 gefordert, muss ein Unternehmen zum Zeitpunkt des Übergangs auf IFRS:

(a) alle derivativen Finanzinstrumente zu ihrem beizulegenden Zeitwert bewerten; und

(b) alle aus derivativen Finanzinstrumenten entstandenen abgegrenzten Verluste und Gewinne, die nach vorherigen Rechnungslegungsgrundsätzen wie Vermögenswerte oder Schulden ausgewiesen wurden, ausbuchen.

fair value	*Fair value* is the price that would be received to sell an asset or paid to transfer a liability in an orderly transaction between market participants at the measurement date. (See IFRS 13.)
first IFRS financial statements	The first annual financial statements in which an entity adopts **International Financial Reporting Standards (IFRSs),** by an explicit and unreserved statement of compliance with IFRSs.
first IFRS reporting period	The latest reporting period covered by an entity's **first IFRS financial statements.**
first-time adopter	An entity that presents its **first IFRS financial statements.**
International Financial Reporting Standards (IFRSs)	Standards and Interpretations adopted by the International Accounting Standards Board (IASB). They comprise: (a) International Financial Reporting Standards; (b) International Accounting Standards; and (c) Interpretations developed by the International Financial Reporting Interpretations Committee (IFRIC) or the former Standing Interpretations Committee (SIC).
opening IFRS statement of financial position	An entity's statement of financial position at the **date of transition to IFRSs.**
previous GAAP	The basis of accounting that a **first-time adopter** used immediately before adopting IFRSs.

Appendix B

Exceptions to the retrospective application of other IFRSs

This appendix is an integral part of the IFRS.

An entity shall apply the following exceptions: **B1**
(a) derecognition of financial assets and financial liabilities (paragraphs B2 and B3);
(b) hedge accounting (paragraphs B4—B6);
(c) non-controlling interests (paragraph B7);
(d) classification and measurement of financial assets (paragraph B8);
(e) embedded derivatives (paragraph B9) and
(f) government loans (paragraphs B10—B12).

Derecognition of financial assets and financial liabilities

Except as permitted by paragraph B3, a first-time adopter shall apply the derecognition requirements in IAS 39 *Financial* **B2** *Instruments: Recognition and Measurement* prospectively for transactions occurring on or after the date of transition to IFRSs. For example, if a first-time adopter derecognised non-derivative financial assets or non-derivative financial liabilities in accordance with its previous GAAP as a result of a transaction that occurred before the date of transition to IFRSs, it shall not recognise those assets and liabilities in accordance with IFRSs (unless they qualify for recognition as a result of a later transaction or event).

Notwithstanding paragraph B2, an entity may apply the derecognition requirements in IAS 39 retrospectively from a date **B3** of the entity's choosing, provided that the information needed to apply IAS 39 to financial assets and financial liabilities derecognised as a result of past transactions was obtained at the time of initially accounting for those transactions.

Hedge accounting

As required by IAS 39, at the date of transition to IFRSs, an entity shall: **B4**
(a) measure all derivatives at fair value; and
(b) eliminate all deferred losses and gains arising on derivatives that were reported in accordance with previous GAAP as if they were assets or liabilities.

B5 Die IFRS-Eröffnungsbilanz eines Unternehmens darf kein Sicherungsgeschäft enthalten, das die Kriterien für eine Bilanzierung von Sicherungsgeschäften gemäß IAS 39 nicht erfüllt (zum Beispiel viele Sicherungsgeschäfte, bei denen das Sicherungsinstrument ein Kassainstrument oder eine geschriebene Option ist; bei denen das gesicherte Grundgeschäft eine Nettoposition darstellt oder bei denen das Sicherungsgeschäft durch eine bis zur Endfälligkeit zu haltende Finanzinvestition gegen Zinsrisiken absichert). Falls ein Unternehmen jedoch nach vorherigen Rechnungslegungsgrundsätzen eine Nettoposition als gesichertes Grundgeschäft eingestuft hatte, darf es innerhalb dieser Nettoposition einen Einzelposten als ein gesichertes Grundgeschäft gemäß IFRS einstufen, falls es diesen Schritt spätestens zum Zeitpunkt des Übergangs auf IFRS vornimmt.

B6 Wenn ein Unternehmen vor dem Zeitpunkt des Übergangs auf IFRS eine Transaktion als ein Sicherungsgeschäft bestimmt hat, das Sicherungsgeschäft jedoch nicht die Bilanzierungsbedingungen für Sicherungsgeschäfte in IAS 39 erfüllt, hat das Unternehmen die Paragraphen 91 und 101 von IAS 39 anzuwenden, um die Bilanzierung des Sicherungsgeschäfts einzustellen. Vor dem Zeitpunkt des Übergangs auf IFRS eingegangene Transaktionen dürfen nicht rückwirkend als Sicherungsgeschäfte bezeichnet werden.

Nicht beherrschende Anteile

B7 Ein erstmaliger Anwender hat die folgenden Anforderungen des IFRS 10 prospektiv ab dem Zeitpunkt des Übergangs auf IFRS anzuwenden:

(a) die Anforderung des Paragraphen B94, wonach das Gesamtergebnis auf die Eigentümer des Mutterunternehmens und die nicht beherrschenden Anteile selbst dann aufgeteilt wird, wenn es dazu führt, dass die nicht beherrschenden Anteile einen Passivsaldo aufweisen.

(b) Die Anforderungen der Paragraphen 23 und B93 hinsichtlich der Bilanzierung von Änderungen der Eigentumsanteile des Mutterunternehmens an einem Tochterunternehmen, die nicht zu einem Verlust der Beherrschung führen; und

(c) die Anforderungen der Paragraphen B97–B99 hinsichtlich der Bilanzierung des Verlustes der Beherrschung über ein Tochterunternehmen und die entsprechenden Anforderungen des Paragraphen 8A des IFRS 5 *Zur Veräußerung gehaltene langfristige Vermögenswerte und aufgegebene Geschäftsbereiche*.

Wenn sich jedoch ein erstmaliger Anwender entscheidet, IFRS 3 rückwirkend auf vergangene Unternehmenszusammenschlüsse anzuwenden, muss er auch IFRS 10 im Einklang mit Paragraph C1 dieses IFRS anwenden.

Darlehen der öffentlichen Hand

B10 Ein erstmaliger Anwender hat sämtliche Darlehen der öffentlichen Hand, die er als finanzielle Verbindlichkeit oder als Eigenkapitalinstrument erhält, gemäß IAS 32 *Finanzinstrumente: Darstellung* einzustufen. Außer im gemäß Paragraph B11 zugelassenen Fall hat ein erstmaliger Anwender die Anforderungen von IFRS 9 *Finanzinstrumente* und IAS 20 *Bilanzierung und Darstellung von Zuwendungen der öffentlichen Hand* prospektiv auf Darlehen der öffentlichen Hand anzuwenden, die zum Zeitpunkt der Umstellung auf IFRS bestehen, und darf den entsprechenden Vorteil des unter Marktzinsniveau vergebenen Darlehens der öffentlichen Hand nicht als Zuwendung der öffentlichen Hand erfassen. Folglich hat ein erstmaliger Anwender, der ein unter Marktzinsniveau erhaltenes Darlehen der öffentlichen Hand im Rahmen der zuvor angewandten GAAP nicht IFRS-kompatibel erfasst und bewertet hat, als Buchwert in der IFRS-Eröffnungsbilanz den nach den früheren GAAP ermittelten Buchwert dieses Darlehens zum Zeitpunkt der Umstellung auf die IFRS anzusetzen. Nach der Umstellung auf die IFRS sind solche Darlehen nach IFRS 9 zu bewerten.

B11 Ungeachtet Paragraph B10 kann ein Unternehmen die Anforderungen von IFRS 9 und IAS 20 rückwirkend auf jedes Darlehen der öffentlichen Hand anwenden, das vor der Umstellung auf IFRS vergeben wurde, sofern die dafür erforderlichen Informationen zum Zeitpunkt der erstmaligen Bilanzierung dieses Darlehens erlangt wurden.

B12 Die Anforderungen und Leitlinien in den Paragraphen B10 und B11 hindern ein Unternehmen nicht daran, die in den Paragraphen D19–D19D beschriebenen Ausnahmen zu nutzen, die die Festlegung zuvor als erfolgswirksam zum beizulegenden Zeitwert erfasster Finanzinstrumente betreffen.

Anlage C
Befreiungen für Unternehmenszusammenschlüsse

Dieser Anhang ist integraler Bestandteil des IFRS. Für Unternehmenszusammenschlüsse, die ein Unternehmen vor dem Zeitpunkt des Übergangs auf IFRS erfasst hat, sind die folgenden Vorschriften anzuwenden. Dieser Anhang ist nur auf Unternehmenszusammenschlüsse anzuwenden, die in den Anwendungsbereich von IFRS 3 Unternehmenszusammenschlüsse *fallen.*

An entity shall not reflect in its opening IFRS statement of financial position a hedging relationship of a type that does **B5** not qualify for hedge accounting in accordance with IAS 39 (for example, many hedging relationships where the hedging instrument is a cash instrument or written option; where the hedged item is a net position; or where the hedge covers interest risk in a held-to-maturity investment). However, if an entity designated a net position as a hedged item in accordance with previous GAAP, it may designate an individual item within that net position as a hedged item in accordance with IFRSs, provided that it does so no later than the date of transition to IFRSs.

If, before the date of transition to IFRSs, an entity had designated a transaction as a hedge but the hedge does not meet **B6** the conditions for hedge accounting in IAS 39 the entity shall apply paragraphs 91 and 101 of IAS 39 to discontinue hedge accounting. Transactions entered into before the date of transition to IFRSs shall not be retrospectively designated as hedges.

Non-controlling interests

A first-time adopter shall apply the following requirements of IFRS 10 prospectively from the date of transition to IFRSs: **B7**
(a) the requirement in paragraph B94 that total comprehensive income is attributed to the owners of the parent and to the non-controlling interests even if this results in the non-controlling interests having a deficit balance;
(b) the requirements in paragraphs 23 and B93 for accounting for changes in the parent's ownership interest in a subsidiary that do not result in a loss of control; and
(c) the requirements in paragraphs B97—B99 for accounting for a loss of control over a subsidiary, and the related requirements of paragraph 8A of IFRS 5 *Non-current Assets Held for Sale and Discontinued Operations*.
However, if a first-time adopter elects to apply IFRS 3 retrospectively to past business combinations, it shall also IFRS 10 in accordance with paragraph C1 of this IFRS.

Government loans

A first-time adopter shall classify all government loans received as a financial liability or an equity instrument in accordance with IAS 32 *Financial Instruments: Presentation*. Except as permitted by paragraph B11, a first-time adopter shall apply the requirements in IFRS 9 *Financial Instruments* and IAS 20 *Accounting for Government Grants and Disclosure of Government Assistance* prospectively to government loans existing at the date of transition to IFRSs and shall not recognise the corresponding benefit of the government loan at a below-market rate of interest as a government grant. Consequently, if a first-time adopter did not, under its previous GAAP, recognise and measure a government loan at a below-market rate of interest on a basis consistent with IFRS requirements, it shall use its previous GAAP carrying amount of the loan at the date of transition to IFRSs as the carrying amount of the loan in the opening IFRS statement of financial position. An entity shall apply IFRS 9 to the measurement of such loans after the date of transition to IFRSs. **B10**

Despite paragraph B10, an entity may apply the requirements in IFRS 9 and IAS 20 retrospectively to any government **B11** loan originated before the date of transition to IFRSs, provided that the information needed to do so had been obtained at the time of initially accounting for that loan.

The requirements and guidance in paragraphs B10 and B11 do not preclude an entity from being able to use the exemp- **B12** tions described in paragraphs D19—D19D relating to the designation of previously recognised financial instruments at fair value through profit or loss.

Appendix C

Exemptions for business combinations

This appendix is an integral part of the IFRS. An entity shall apply the following requirements to business combinations that the entity recognised before the date of transition to IFRSs. This Appendix should only be applied to business combinations within the scope of IFRS 3 Business Combinations.

C1 Ein erstmaliger Anwender kann beschließen, IFRS 3 nicht retrospektiv auf vergangene Unternehmenszusammenschlüsse (Unternehmenszusammenschlüsse, die vor dem Zeitpunkt des Übergangs auf IFRS stattfanden) anzuwenden. Falls ein erstmaliger Anwender einen Unternehmenszusammenschluss jedoch berichtigt, um eine Übereinstimmung mit IFRS 3 herzustellen, muss er alle späteren Unternehmenszusammenschlüsse anpassen und ebenfalls IFRS 10 von demselben Zeitpunkt an anwenden. Wenn ein erstmaliger Anwender sich beispielsweise entschließt, einen Unternehmenszusammenschluss zu berichtigen, der am 30. Juni 20X6 stattfand, muss er alle Unternehmenszusammenschlüsse anpassen, die zwischen dem 30. Juni 20X6 und dem Zeitpunkt des Übergangs auf IFRS vollzogen wurden, und ebenso IFRS 10 ab dem 30. Juni 20X6 anwenden.

C2 Ein Unternehmen braucht IAS 21 *Auswirkungen von Wechselkursänderungen* nicht retrospektiv auf Anpassungen an den beizulegenden Zeitwert und den Geschäfts- und Firmenwert anzuwenden, die sich aus Unternehmenszusammenschlüssen ergeben, die vor dem Zeitpunkt der Umstellung auf die IFRS stattgefunden haben. Wendet ein Unternehmen IAS 21 retrospektiv auf derartige Anpassungen an den beizulegenden Zeitwert und den Geschäfts- und Firmenwert an, sind diese als Vermögenswerte und Schulden des Unternehmens und nicht als Vermögenswerte und Schulden des erworbenen Unternehmens zu behandeln. Der Geschäfts- oder Firmenwert und die Anpassungen an den beizulegenden Zeitwert sind daher bereits in der funktionalen Währung des berichtenden Unternehmens angegeben, oder es handelt sich um nicht monetäre Fremdwährungsposten, die mit dem nach den bisherigen Rechnungslegungsstandards anzuwendenden Wechselkurs umgerechnet werden.

C3 Ein Unternehmen kann den IAS 21 retrospektiv auf Anpassungen an den beizulegenden Zeitwert und den Geschäfts- oder Firmenwert anwenden im Zusammenhang mit

(a) allen Unternehmenszusammenschlüssen, die vor dem Tag der Umstellung auf die IFRS stattgefunden haben; oder

(b) allen Unternehmenszusammenschlüssen, die das Unternehmen zur Erfüllung von IFRS 3 gemäß Paragraph C1 oben anpassen möchte.

C4 Falls ein erstmaliger Anwender IFRS 3 nicht retrospektiv auf einen vergangenen Unternehmenszusammenschluss anwendet, hat dies für den Unternehmenszusammenschluss folgende Auswirkungen:

(a) Der erstmalige Anwender muss dieselbe Einstufung (als Erwerb durch den rechtlichen Erwerber oder umgekehrten Unternehmenserwerb durch das im rechtlichen Sinne erworbene Unternehmen oder eine Interessenzusammenführung) wie in seinem Abschluss nach vorherigen Rechnungslegungsgrundsätzen vornehmen.

(b) Der erstmalige Anwender muss zum Zeitpunkt des Übergangs auf IFRS alle im Rahmen eines vergangenen Unternehmenszusammenschlusses erworbenen Vermögenswerte oder übernommenen Schulden ansetzen, bis auf

    (i) einige finanzielle Vermögenswerte und finanzielle Schulden, die nach vorherigen Rechnungslegungsgrundsätzen ausgebucht wurden (siehe Paragraph B2); und

    (ii) Vermögenswerte, einschließlich Geschäfts- oder Firmenwert, und Schulden, die in der nach vorherigen Rechnungslegungsgrundsätzen erstellten Konzernbilanz des erwerbenden Unternehmens nicht zum Ansatz kamen und auch gemäß IFRS in der Einzelbilanz des erworbenen Unternehmens die Ansatzkriterien nicht erfüllen würden (siehe (f) – (i) unten).

Sich ergebende Änderungen muss der erstmalige Anwender durch Anpassung der Gewinnrücklagen (oder, falls angemessen, einer anderen Eigenkapitalkategorie) erfassen, es sei denn, die Änderung beruht auf dem Ansatz eines immateriellen Vermögenswerts, der bisher Bestandteil des Postens Geschäfts- oder Firmenwert war (siehe (g) (i) unten).

(c) Der erstmalige Anwender muss in seiner IFRS-Eröffnungsbilanz alle nach vorherigen Rechnungslegungsgrundsätzen bilanzierten Posten, welche die Ansatzkriterien eines Vermögenswerts oder einer Schuld gemäß IFRS nicht erfüllen, ausbuchen. Die sich ergebenden Änderungen sind durch den erstmaligen Anwender wie folgt zu erfassen:

    (i) Es kann sein, dass der erstmalige Anwender einen in der Vergangenheit stattgefundenen Unternehmenszusammenschluss als Erwerb klassifiziert und einen Posten als immateriellen Vermögenswert bilanziert hat, der die Ansatzkriterien eines Vermögenswertes gemäß IAS 38 *Immaterielle Vermögenswerte* nicht erfüllt. Dieser Posten (und, falls vorhanden, die damit zusammenhängenden latenten Steuern und nicht beherrschenden Anteile) ist auf den Geschäfts- oder Firmenwert umzugliedern (es sei denn, der Geschäfts- oder Firmenwert wurde nach vorherigen Rechnungslegungsgrundsätzen direkt mit dem Eigenkapital verrechnet (siehe (g) (i) und (i) unten).

    (ii) Alle sonstigen sich ergebenden Änderungen sind durch den erstmaligen Anwender in den Gewinnrücklagen zu erfassen[1].

(d) Die IFRS verlangen eine Folgebewertung einiger Vermögenswerte und Schulden, die nicht auf historischen Anschaffungs- und Herstellungskosten, sondern zum Beispiel auf dem beizulegenden Zeitwert basiert. Der erstmalige Anwender muss diese Vermögenswerte und Schulden in seiner Eröffnungsbilanz selbst dann auf dieser Basis bewerten, falls sie im Rahmen eines vergangenen Unternehmenszusammenschlusses erworben oder übernommen wurden. Jegliche dadurch entstehende Veränderungen des Buchwerts sind durch Anpassung der Gewinnrücklagen (oder, falls

---

1 Solche Änderungen enthalten Umgliederungen von oder auf immaterielle Vermögenswerte, falls der Geschäfts- oder Firmenwert nach vorherigen Rechnungslegungsgrundsätzen nicht als Vermögenswert bilanziert wurde. Dies ist der Fall, wenn das Unternehmen nach vorherigen Rechnungslegungsgrundsätzen (a) den Geschäfts- oder Firmenwert direkt mit dem Eigenkapital verrechnet oder (b) den Unternehmenszusammenschluss nicht als Erwerb behandelt hat.

A first-time adopter may elect not to apply IFRS 3 retrospectively to past business combinations (business combinations that occurred before the date of transition to IFRSs). However, if a first-time adopter restates any business combination to comply with IFRS 3, it shall restate all later business combinations and shall also apply IFRS 10 from that same date. For example, if a first-time adopter elects to restate a business combination that occurred on 30 June 20X6, it shall restate all business combinations that occurred on 30 June 20X6 and the date of transition to IFRSs, and it shall also apply IFRS 10 from 30 June 20X6. **C1**

An entity need not apply IAS 21 *The Effects of Changes in Foreign Exchange Rates* retrospectively to fair value adjustments and goodwill arising in business combinations that occurred before the date of transition to IFRSs. If the entity does not apply IAS 21 retrospectively to those fair value adjustments and goodwill, it shall treat them as assets and liabilities of the entity rather than as assets and liabilities of the acquiree. Therefore, those goodwill and fair value adjustments either are already expressed in the entity's functional currency or are non-monetary foreign currency items, which are reported using the exchange rate applied in accordance with previous GAAP. **C2**

An entity may apply IAS 21 retrospectively to fair value adjustments and goodwill arising in either: **C3**
(a) all business combinations that occurred before the date of transition to IFRSs; or
(b) all business combinations that the entity elects to restate to comply with IFRS 3, as permitted by paragraph C1 above.

If a first-time adopter does not apply IFRS 3 retrospectively to a past business combination, this has the following conse- **C4** quences for that business combination:
(a) The first-time adopter shall keep the same classification (as an acquisition by the legal acquirer, a reverse acquisition by the legal acquiree, or a uniting of interests) as in its previous GAAP financial statements.
(b) The first-time adopter shall recognise all its assets and liabilities at the date of transition to IFRSs that were acquired or assumed in a past business combination, other than:
  (i) some financial assets and financial liabilities derecognised in accordance with previous GAAP (see paragraph B2); and
  (ii) assets, including goodwill, and liabilities that were not recognised in the acquirer's consolidated statement of financial position in accordance with previous GAAP and also would not qualify for recognition in accordance with IFRSs in the separate statement of financial position of the acquiree (see (f) — (i) below).
  The first-time adopter shall recognise any resulting change by adjusting retained earnings (or, if appropriate, another category of equity), unless the change results from the recognition of an intangible asset that was previously subsumed within goodwill (see (g) (i) below).
(c) The first-time adopter shall exclude from its opening IFRS statement of financial position any item recognised in accordance with previous GAAP that does not qualify for recognition as an asset or liability under IFRSs. The first-time adopter shall account for the resulting change as follows:
  (i) the first-time adopter may have classified a past business combination as an acquisition and recognised as an intangible asset an item that does not qualify for recognition as an asset in accordance with IAS 38 *Intangible Assets*. It shall reclassify that item (and, if any, the related deferred tax and non-controlling interests) as part of goodwill (unless it deducted goodwill directly from equity in accordance with previous GAAP, see (g) (i) and (i) below).
  (ii) the first-time adopter shall recognise all other resulting changes in retained earnings.[1]
(d) IFRSs require subsequent measurement of some assets and liabilities on a basis that is not based on original cost, such as fair value. The first-time adopter shall measure these assets and liabilities on that basis in its opening IFRS statement of financial position, even if they were acquired or assumed in a past business combination. It shall recognise any resulting change in the carrying amount by adjusting retained earnings (or, if appropriate, another category of equity), rather than goodwill.

---

1 Such changes include reclassifications from or to intangible assets if goodwill was not recognised in accordance with previous GAAP as an asset. This arises if, in accordance with previous GAAP, the entity (a) deducted goodwill directly from equity or (b) did not treat the business combination as an acquisition.

angemessen, einer anderen Eigenkapitalkategorie) anstatt durch Korrektur des Geschäfts- oder Firmenwerts zu erfassen.

(e) Der unmittelbar nach dem Unternehmenszusammenschluss nach vorherigen Rechnungslegungsgrundsätzen ermittelte Buchwert von im Rahmen dieses Unternehmenszusammenschlusses erworbenen Vermögenswerten und übernommenen Schulden ist gemäß IFRS als Ersatz für Anschaffungs- oder Herstellungskosten zu diesem Zeitpunkt festzulegen. Falls die IFRS zu einem späteren Zeitpunkt eine auf Anschaffungs- und Herstellungskosten basierende Bewertung dieser Vermögenswerte und Schulden verlangen, stellt dieser als Ersatz für Anschaffungs- oder Herstellungskosten angesetzte Wert ab dem Zeitpunkt des Unternehmenszusammenschlusses die Basis der auf Anschaffungs- oder Herstellungskosten basierenden Abschreibungen dar.

(f) Falls ein im Rahmen eines vergangenen Unternehmenszusammenschlusses erworbener Vermögenswert oder eine übernommene Schuld nach den vorherigen Rechnungslegungsgrundsätzen nicht bilanziert wurde, beträgt der als Ersatz für Anschaffungs- oder Herstellungskosten in der IFRS-Eröffnungsbilanz ausgewiesene Wert nicht zwangsläufig null. Stattdessen muss der Erwerber den Vermögenswert oder die Schuld in seiner Konzernbilanz ansetzen und so bewerten, wie es nach den IFRS in der Bilanz des erworbenen Unternehmens vorgeschrieben wäre. Zur Veranschaulichung: Falls der Erwerber in vergangenen Unternehmenszusammenschlüssen erworbene Finanzierungs-Leasingverhältnisse nach den vorherigen Rechnungslegungsgrundsätzen nicht aktiviert hatte, muss er diese Leasingverhältnisse in seinem Konzernabschluss so aktivieren, wie es IAS 17 *Leasingverhältnisse* für die IFRS-Bilanz des erworbenen Unternehmens vorschreiben würde. Falls der Erwerber eine Eventualverbindlichkeit, die zum Zeitpunkt des Übergangs auf IFRS noch besteht, nach den vorherigen Rechnungslegungsgrundsätzen nicht angesetzt hatte, muss er diese Eventualverbindlichkeit zu diesem Zeitpunkt ebenfalls ansetzen, es sei denn IAS 37 *Rückstellungen, Eventualverbindlichkeiten und Eventualforderungen* würde dessen Ansatz im Abschluss des erworbenen Unternehmens verbieten. Falls im Gegensatz dazu Vermögenswerte oder Schulden nach vorherigen Rechnungslegungsgrundsätzen Bestandteil des Geschäfts- oder Firmenwerts waren, gemäß IFRS 3 jedoch gesondert bilanziert worden wären, verbleiben diese Vermögenswerte oder Schulden im Geschäfts- oder Firmenwert, es sei denn, die IFRS würden ihren Ansatz im Einzelabschluss des erworbenen Unternehmens verlangen.

(g) Der Buchwert des Geschäfts- oder Firmenwerts in der IFRS-Eröffnungsbilanz entspricht nach Durchführung der folgenden zwei Anpassungen dem Buchwert nach vorherigen Rechnungslegungsgrundsätzen zum Zeitpunkt des Übergangs auf IFRS.

(i) Wenn es der obige Paragraph (c) (i) verlangt, muss der erstmalige Anwender den Buchwert des Geschäfts- oder Firmenwerts erhöhen, falls er einen Posten umgliedert, der nach vorherigen Rechnungslegungsgrundsätzen als immaterieller Vermögenswert angesetzt wurde. Falls der erstmalige Anwender nach obigem Paragraph (f) analog einen immateriellen Vermögenswert bilanzieren muss, der nach vorherigen Rechnungslegungsgrundsätzen Bestandteil des aktivierten Geschäfts- oder Firmenwerts war, muss der erstmalige Anwender den Buchwert des Geschäfts- oder Firmenwerts entsprechend vermindern (und, falls angebracht, latente Steuern und nicht beherrschende Anteile korrigieren).

(ii) Unabhängig davon, ob Anzeichen für eine Wertminderung des Geschäfts- oder Firmenwerts vorliegen, muss der erstmalige Anwender IAS 36 anwenden, um zum Zeitpunkt des Übergangs auf IFRS den Geschäfts- oder Firmenwert auf eine Wertminderung zu überprüfen und daraus resultierende Wertminderungsaufwendungen in den Gewinnrücklagen (oder, falls nach IAS 36 vorgeschrieben, in den Neubewertungsrücklagen) zu erfassen. Die Überprüfung auf Wertminderungen hat auf den Gegebenheiten zum Zeitpunkt des Übergangs auf IFRS zu basieren.

(h) Weitere Berichtigungen des Buchwerts des Geschäfts- oder Firmenwerts sind zum Zeitpunkt des Übergangs auf IFRS nicht gestattet. Der erstmalige Anwender darf beispielsweise den Buchwert des Geschäfts- oder Firmenwerts nicht berichtigen, um

(i) laufende, im Rahmen des Unternehmenszusammenschlusses erworbene Forschungs- und Entwicklungskosten herauszurechnen (es sei denn, der damit zusammenhängende immaterielle Vermögensgegenstand würde die Ansatzkriterien gemäß IAS 38 in der Bilanz des erworbenen Unternehmens erfüllen);

(ii) frühere Amortisationen des Geschäfts- oder Firmenwerts zu berichtigen;

(iii) Berichtigungen des Geschäfts- oder Firmenwerts zu stornieren, die gemäß IFRS 3 nicht gestattet wären, jedoch nach vorherigen Rechnungslegungsgrundsätzen aufgrund von Anpassungen von Vermögenswerten und Schulden zwischen dem Zeitpunkt des Unternehmenszusammenschlusses und dem Zeitpunkt des Übergangs auf IFRS vorgenommen wurden.

(i) Falls der erstmalige Anwender den Geschäfts- oder Firmenwert im Rahmen der vorherigen Rechnungslegungsgrundsätze mit dem Eigenkapital verrechnet hat,

(i) darf er diesen Geschäfts- oder Firmenwert in seiner IFRS-Eröffnungsbilanz nicht ansetzen. Des Weiteren darf er diesen Geschäfts- oder Firmenwert nicht ins Ergebnis umgliedern, falls er das Tochterunternehmen veräußert oder falls eine Wertminderung der in das Tochterunternehmen vorgenommenen Finanzinvestition auftritt.

(ii) sind Berichtigungen aus dem Eintreten einer Bedingung, von der der Erwerbspreis abhängt, in den Gewinnrücklagen zu erfassen.

(e) Immediately after the business combination, the carrying amount in accordance with previous GAAP of assets acquired and liabilities assumed in that business combination shall be their deemed cost in accordance with IFRSs at that date. If IFRSs require a cost-based measurement of those assets and liabilities at a later date, that deemed cost shall be the basis for cost-based depreciation or amortisation from the date of the business combination.

(f) If an asset acquired, or liability assumed, in a past business combination was not recognised in accordance with previous GAAP, it does not have a deemed cost of zero in the opening IFRS statement of financial position. Instead, the acquirer shall recognise and measure it in its consolidated statement of financial position on the basis that IFRSs would require in the statement of financial position of the acquiree. To illustrate: if the acquirer had not, in accordance with its previous GAAP, capitalised finance leases acquired in a past business combination, it shall capitalise those leases in its consolidated financial statements, as IAS 17 *Leases* would require the acquiree to do in its IFRS statement of financial position. Similarly, if the acquirer had not, in accordance with its previous GAAP, recognised a contingent liability that still exists at the date of transition to IFRSs, the acquirer shall recognise that contingent liability at that date unless IAS 37 *Provisions, Contingent Liabilities and Contingent Assets* would prohibit its recognition in the financial statements of the acquiree. Conversely, if an asset or liability was subsumed in goodwill in accordance with previous GAAP but would have been recognised separately under IFRS 3, that asset or liability remains in goodwill unless IFRSs would require its recognition in the financial statements of the acquiree.

(g) The carrying amount of goodwill in the opening IFRS statement of financial position shall be its carrying amount in accordance with previous GAAP at the date of transition to IFRSs, after the following two adjustments:

   (i) If required by (c) (i) above, the first-time adopter shall increase the carrying amount of goodwill when it reclassifies an item that it recognised as an intangible asset in accordance with previous GAAP. Similarly, if (f) above requires the first-time adopter to recognise an intangible asset that was subsumed in recognised goodwill in accordance with previous GAAP, the first-time adopter shall decrease the carrying amount of goodwill accordingly (and, if applicable, adjust deferred tax and non-controlling interests).

   (ii) Regardless of whether there is any indication that the goodwill may be impaired, the first-time adopter shall apply IAS 36 in testing the goodwill for impairment at the date of transition to IFRSs and in recognising any resulting impairment loss in retained earnings (or, if so required by IAS 36, in revaluation surplus). The impairment test shall be based on conditions at the date of transition to IFRSs.

(h) No other adjustments shall be made to the carrying amount of goodwill at the date of transition to IFRSs. For example, the first-time adopter shall not restate the carrying amount of goodwill:

   (i) to exclude in process research and development acquired in that business combination (unless the related intangible asset would qualify for recognition in accordance with IAS 38 in the statement of financial position of the acquiree);

   (ii) to adjust previous amortisation of goodwill;

   (iii) to reverse adjustments to goodwill that IFRS 3 would not permit, but were made in accordance with previous GAAP because of adjustments to assets and liabilities between the date of the business combination and the date of transition to IFRSs.

(i) If the first-time adopter recognised goodwill in accordance with previous GAAP as a deduction from equity:

   (i) it shall not recognise that goodwill in its opening IFRS statement of financial position. Furthermore, it shall not reclassify that goodwill to profit or loss if it disposes of the subsidiary or if the investment in the subsidiary becomes impaired.

   (ii) adjustments resulting from the subsequent resolution of a contingency affecting the purchase consideration shall be recognised in retained earnings.

(j) Es kann sein, dass der erstmalige Anwender keine Konsolidierung eines im Rahmen eines Unternehmenszusammenschlusses erworbenen Tochterunternehmens nach seinen vorherigen Rechnungslegungsgrundsätzen vorgenommen hat (zum Beispiel weil es durch das Mutterunternehmen nach den vorherigen Rechnungslegungsgrundsätzen nicht als Tochterunternehmen eingestuft war oder das Mutterunternehmen keinen Konzernabschluss erstellt hatte). Der erstmalige Anwender hat die Buchwerte der Vermögenswerte und Schulden des Tochterunternehmens so anzupassen, wie es die IFRS für die Bilanz des Tochterunternehmens vorschreiben würden. Der als Ersatz für Anschaffungs- oder Herstellungskosten zum Zeitpunkt des Übergangs auf IFRS angesetzte Wert entspricht beim Geschäfts- oder Firmenwert der Differenz zwischen:

(i) dem Anteil des Mutterunternehmens an diesen angepassten Buchwerten; und

(ii) den im Einzelabschluss des Mutterunternehmens bilanzierten Anschaffungs- oder Herstellungskosten der in das Tochterunternehmen vorgenommenen Finanzinvestition.

(k) Die Bewertung von nicht beherrschenden Anteilen und latenten Steuern folgt aus der Bewertung der anderen Vermögenswerte und Schulden. Die oben erwähnten Berichtigungen bilanzierter Vermögenswerte und Schulden wirken sich daher auf nicht beherrschende Anteile und latente Steuern aus.

C5 Die Befreiung für vergangene Unternehmenszusammenschlüsse gilt auch für in der Vergangenheit erworbene Anteile an assoziierten Unternehmen, an Gemeinschaftsunternehmen und an gemeinschaftlichen Tätigkeiten, die einen Geschäftsbetrieb im Sinne des IFRS 3 darstellen. Des Weiteren gilt das nach Paragraph C1 gewählte Datum entsprechend für alle derartigen Akquisitionen.

Anhang D
Befreiungen von anderen IFRS

Dieser Anhang ist integraler Bestandteil des IFRS.

D1 Ein Unternehmen kann eine oder mehrere der folgenden Befreiungen in Anspruch nehmen:

(a) anteilsbasierte Vergütungen (Paragraphen D2 und D3);

(b) Versicherungsverträge (Paragraph D4);

(c) Ersatz für Anschaffungs- oder Herstellungskosten (Paragraphen D5–D8B);

(d) Leasingverhältnisse (Paragraphen D9 und D9A)

(e) [gestrichen];

(f) kumulierte Umrechnungsdifferenzen (Paragraphen D12 und D13);

(g) Anteile an Tochterunternehmen, Gemeinschaftsunternehmen und assoziierten Unternehmen (Paragraphen D14 und D15);

(h) Vermögenswerte und Schulden von Tochterunternehmen, assoziierten Unternehmen und Gemeinschaftsunternehmen (Paragraphen D16 und D17);

(i) zusammengesetzte Finanzinstrumente (Paragraph D18);

(j) Einstufung von früher angesetzten Finanzinstrumenten (Paragraph D19);

(k) Bewertung von finanziellen Vermögenswerten und finanziellen Verbindlichkeiten beim erstmaligen Ansatz mit dem beizulegenden Zeitwert (Paragraph D20);

(l) in den Sachanlagen enthaltene Kosten für die Entsorgung (Paragraphen D21 und D21A);

(m) finanzielle Vermögenswerte oder immaterielle Vermögenswerte, die gemäß IFRIC 12 *Dienstleistungskonzessionsvereinbarungen* bilanziert werden (Paragraph D22);

(n) Fremdkapitalkosten (Paragraph D23);

(o) Übertragung von Vermögenswerten durch einen Kunden (Paragraph D24);

(p) Tilgung finanzieller Verbindlichkeiten durch Eigenkapitalinstrumente (Paragraph D25);

(q) sehr hohe Inflation (Paragraphen D26–D30);

(r) Gemeinsame Vereinbarungen (Paragraph D31) und

(s) Abraumkosten in der Produktionsphase eines Tagebaubergwerks (Paragraph D32).

Ein Unternehmen darf diese Befreiungen nicht analog auf andere Sachverhalte anwenden.

Anteilsbasierte Vergütungen

D2 Obwohl ein Erstanwender nicht dazu verpflichtet ist, wird ihm empfohlen, IFRS 2 *Anteilsbasierte Vergütung* auf Eigenkapitalinstrumente anzuwenden, die am oder vor dem 7. November 2002 gewährt wurden. Ein Erstanwender kann IFRS 2 freiwillig auch auf Eigenkapitalinstrumente anwenden, die nach dem 7. November 2002 gewährt wurden, und

(j) In accordance with its previous GAAP, the first-time adopter may not have consolidated a subsidiary acquired in a past business combination (for example, because the parent did not regard it as a subsidiary in accordance with previous GAAP or did not prepare consolidated financial statements). The first-time adopter shall adjust the carrying amounts of the subsidiary's assets and liabilities to the amounts that IFRSs would require in the subsidiary's statement of financial position. The deemed cost of goodwill equals the difference at the date of transition to IFRSs between:

(i) the parent's interest in those adjusted carrying amounts; and

(ii) the cost in the parent's separate financial statements of its investment in the subsidiary.

(k) The measurement of non-controlling interests and deferred tax follows from the measurement of other assets and liabilities. Therefore, the above adjustments to recognised assets and liabilities affect non-controlling interests and deferred tax.

C5 The exemption for past business combinations also applies to past acquisitions of investments in associates, interests in joint ventures and interests in joint operations in which the activity of the joint operation constitutes a business, as defined in IFRS 3. Furthermore, the date selected for paragraph C1 applies equally for all such acquisitions.

Appendix D

Exemptions from other IFRSs

This appendix is an integral part of the IFRS.

D1 An entity may elect to use one or more of the following exemptions:

(a) share-based payment transactions (paragraphs D2 and D3);

(b) insurance contracts (paragraph D4);

(c) deemed cost (paragraphs D5—D8B);

(d) leases (paragraphs D9 and D9A);

(e) [deleted];

(f) cumulative translation differences (paragraphs D12 and D13);

(g) investments in subsidiaries, joint ventures and associates (paragraphs D14 and D15);

(h) assets and liabilities of subsidiaries, associates and joint ventures (paragraphs D16 and D17);

(i) compound financial instruments (paragraph D18);

(j) designation of previously recognised financial instruments (paragraph D19);

(k) fair value measurement of financial assets or financial liabilities at initial recognition (paragraph D20);

(l) decommissioning liabilities included in the cost of property, plant and equipment (paragraphs D21 and D21A);

(m) financial assets or intangible assets accounted for in accordance with IFRIC 12 *Service Concession Arrangements* (paragraph D22);

(n) borrowing costs (paragraph D23);

(o) transfers of assets from customers (paragraph D24);

(p) extinguishing financial liabilities with equity instruments (paragraph D25);

(q) severe hyperinflation (paragraphs D26—D30);

(r) joint arrangements (paragraph D31) and

(s) stripping costs in the production phase of a surface mine (paragraph D32).

An entity shall not apply these exemptions by analogy to other items.

Share-based payment transactions

D2 A first-time adopter is encouraged, but not required, to apply IFRS 2 *Share-based Payment* to equity instruments that were granted on or before 7 November 2002. A first-time adopter is also encouraged, but not required, to apply IFRS 2 to equity instruments that were granted after 7 November 2002 and vested before the later of (a) the date of transition to

diese Gewährung vor (a) dem Tag der Umstellung auf IFRS oder (b) dem 1. Januar 2005 – je nachdem, welcher Zeitpunkt früher lag – erfolgte. Eine freiwillige Anwendung des IFRS 2 auf solche Eigenkapitalinstrumente ist jedoch nur dann zulässig, wenn das Unternehmen den beizulegenden Zeitwert dieser Eigenkapitalinstrumente, der zum Bewertungsstichtag laut Definition in IFRS 2 ermittelt wurde, veröffentlicht hat. Alle gewährten Eigenkapitalinstrumente, auf die IFRS 2 keine Anwendung findet (also alle bis einschließlich 7. November 2002 zugeteilten Eigenkapitalinstrumente), unterliegen trotzdem den Angabepflichten gemäß den Paragraphen 44 und 45 des IFRS 2. Ändert ein Erstanwender die Vertragsbedingungen für gewährte Eigenkapitalinstrumente, auf die IFRS 2 nicht angewandt worden ist, ist das Unternehmen nicht zur Anwendung der Paragraphen 26–29 des IFRS 2 verpflichtet, wenn diese Änderung vor dem Tag der Umstellung auf IFRS erfolgte.

D3 Obwohl ein Erstanwender nicht dazu verpflichtet ist, wird ihm empfohlen, IFRS 2 auf Schulden für anteilsbasierte Vergütungen anzuwenden, die vor dem Tag der Umstellung auf IFRS beglichen wurden. Außerdem wird einem Erstanwender, obwohl er nicht dazu verpflichtet ist, empfohlen, IFRS 2 auf Schulden anzuwenden, die vor dem 1. Januar 2005 beglichen wurden. Bei Schulden, auf die IFRS 2 angewandt wird, ist ein Erstanwender nicht zu einer Anpassung der Vergleichsinformationen verpflichtet, soweit sich diese Informationen auf eine Berichtsperiode oder einen Zeitpunkt vor dem 7. November 2002 beziehen.

Versicherungsverträge

D4 Ein Erstanwender kann die Übergangsvorschriften von IFRS 4 *Versicherungsverträge* anwenden. IFRS 4 beschränkt Änderungen der Rechnungslegungsmethoden für Versicherungsverträge und schließt Änderungen, die von Erstanwendern durchgeführt wurden, mit ein.

Beizulegender Zeitwert oder Neubewertung als Ersatz für Anschaffungs- oder Herstellungskosten

D5 Ein Unternehmen kann eine Sachanlage zum Zeitpunkt des Übergangs auf IFRS zu ihrem beizulegenden Zeitwert bewerten und diesen beizulegenden Zeitwert als Ersatz für Anschaffungs- oder Herstellungskosten an diesem Datum verwenden.

D6 Ein erstmaliger Anwender darf eine am oder vor dem Zeitpunkt des Übergangs auf IFRS nach vorherigen Rechnungslegungsgrundsätzen vorgenommene Neubewertung einer Sachanlage als Ersatz für Anschaffungs- oder Herstellungskosten zum Zeitpunkt der Neubewertung ansetzen, falls die Neubewertung zum Zeitpunkt ihrer Ermittlung weitgehend vergleichbar war mit
(a) dem beizulegenden Zeitwert; oder
(b) den Anschaffungs- oder Herstellungskosten bzw. den fortgeführten Anschaffungs- oder Herstellungskosten gemäß IFRS, angepasst beispielsweise zur Berücksichtigung von Veränderungen eines allgemeinen oder spezifischen Preisindex.

D7 Die Wahlrechte der Paragraphen D5 und D6 gelten auch für
(a) als Finanzinvestition gehaltene Immobilien, falls sich ein Unternehmen zur Verwendung des Anschaffungskostenmodells in IAS 40 *Als Finanzinvestition gehaltene Immobilien* entschließt; und
(b) immaterielle Vermögenswerte, die folgende Kriterien erfüllen:
　(i)　die Ansatzkriterien aus IAS 38 (einschließlich einer verlässlichen Bewertung der historischen Anschaffungs- und Herstellungskosten); und
　(ii)　die Kriterien aus IAS 38 zur Neubewertung (einschließlich der Existenz eines aktiven Markts).
　Ein Unternehmen darf diese Wahlrechte nicht für andere Vermögenswerte oder Schulden verwenden.

D8 Ein erstmaliger Anwender kann gemäß den früheren Rechnungslegungsgrundsätzen für alle oder einen Teil seiner Vermögenswerte und Schulden einen als Ersatz für Anschaffungs- oder Herstellungskosten angesetzten Wert ermittelt haben, indem er sie wegen eines Ereignisses wie einer Privatisierung oder eines Börsengangs zu ihrem beizulegenden Zeitwert zu diesem bestimmten Datum bewertet hat.
(a) Wurde die Bewertung *am Tag der* Umstellung auf IFRS oder *davor* vorgenommen, darf das Unternehmen solche ereignisgesteuerten Bewertungen zum beizulegenden Zeitwert für die IFRS als Ersatz für Anschaffungs- oder Herstellungskosten zum Zeitpunkt dieser Bewertung verwenden.
(b) Wurde die Bewertung *nach* dem Datum der Umstellung auf IFRS, aber während der vom ersten IFRS-Abschluss erfassten Periode vorgenommen, dürfen die ereignisgesteuerten Bewertungen zum beizulegenden Zeitwert als Ersatz für Anschaffungs- oder Herstellungskosten verwendet werden, wenn das Ereignis eintritt. Ein Unternehmen hat die daraus resultierenden Berichtigungen zum Zeitpunkt der Bewertung direkt in den Gewinnrücklagen (oder, falls angemessen, in einer anderen Eigenkapitalkategorie) zu erfassen. Zum Zeitpunkt der Umstellung auf IFRS hat das Unternehmen entweder nach den Kriterien in den Paragraphen D5–D7 den als Ersatz für Anschaffungs- oder Herstellungskosten angesetzten Wert zu ermitteln oder die Vermögenswerte und Schulden nach den anderen Anforderungen dieses IFRS zu bewerten.

IFRSs and (b) 1 January 2005. However, if a first-time adopter elects to apply IFRS 2 to such equity instruments, it may do so only if the entity has disclosed publicly the fair value of those equity instruments, determined at the measurement date, as defined in IFRS 2. For all grants of equity instruments to which IFRS 2 has not been applied (eg equity instruments granted on or before 7 November 2002), a first-time adopter shall nevertheless disclose the information required by paragraphs 44 and 45 of IFRS 2. If a first-time adopter modifies the terms or conditions of a grant of equity instruments to which IFRS 2 has not been applied, the entity is not required to apply paragraphs 26—29 of IFRS 2 if the modification occurred before the date of transition to IFRSs.

D3 A first-time adopter is encouraged, but not required, to apply IFRS 2 to liabilities arising from share-based payment transactions that were settled before the date of transition to IFRSs. A first-time adopter is also encouraged, but not required, to apply IFRS 2 to liabilities that were settled before 1 January 2005. For liabilities to which IFRS 2 is applied, a first-time adopter is not required to restate comparative information to the extent that the information relates to a period or date that is earlier than 7 November 2002.

Insurance contracts

D4 A first-time adopter may apply the transitional provisions in IFRS 4 *Insurance Contracts*. IFRS 4 restricts changes in accounting policies for insurance contracts, including changes made by a first-time adopter.

Fair value or revaluation as deemed cost

D5 An entity may elect to measure an item of property, plant and equipment at the date of transition to IFRSs at its fair value and use that fair value as its deemed cost at that date.

D6 A first-time adopter may elect to use a previous GAAP revaluation of an item of property, plant and equipment at, or before, the date of transition to IFRSs as deemed cost at the date of the revaluation, if the revaluation was, at the date of the revaluation, broadly comparable to:
(a) fair value; or
(b) cost or depreciated cost in accordance with IFRSs, adjusted to reflect, for example, changes in a general or specific price index.

D7 The elections in paragraphs D5 and D6 are also available for:
(a) investment property, if an entity elects to use the cost model in IAS 40 *Investment Property* and
(b) intangible assets that meet:
    (i) the recognition criteria in IAS 38 (including reliable measurement of original cost); and
    (ii) the criteria in IAS 38 for revaluation (including the existence of an active market).
An entity shall not use these elections for other assets or for liabilities.

D8 A first-time adopter may have established a deemed cost in accordance with previous GAAP for some or all of its assets and liabilities by measuring them at their fair value at one particular date because of an event such as a privatisation or initial public offering.
(a) If the measurement date is *at or before* the date of transition to IFRSs, the entity may use such event-driven fair value measurements as deemed cost for IFRSs at the date of that measurement.
(b) If the measurement date is after the date of transition to IFRSs, but during the period covered by the first IFRS financial statements, the event-driven fair value measurements may be used as deemed cost when the event occurs. An entity shall recognise the resulting adjustments directly in retained earnings (or if appropriate, another category of equity) at the measurement date. At the date of transition to IFRSs, the entity shall either establish the deemed cost by applying the criteria in paragraphs D5—D7 or measure assets and liabilities in accordance with the other requirements in this IFRS.

Ersatz für Anschaffungs- oder Herstellungskosten

D8A Einigen nationalen Rechnungslegungsanforderungen zufolge werden Explorations- und Entwicklungsausgaben für Erdgas- und Erdölvorkommen in der Entwicklungs- oder Produktionsphase in Kostenstellen bilanziert, die sämtliche Erschließungsstandorte einer großen geografischen Zone umfassen. Ein erstmaliger Anwender, der nach solchen vorherigen Rechnungslegungsgrundsätzen bilanziert, kann sich dafür entscheiden, die Erdöl- und Erdgasvorkommen zum Zeitpunkt des Übergangs auf IFRS auf folgender Grundlage zu bewerten:

(a) Vermögenswerte für Exploration und Evaluierung zum Betrag, der nach den vorherigen Rechnungslegungsgrundsätzen des Unternehmens ermittelt wurde; und

(b) Vermögenswerte in der Entwicklungs- oder Produktionsphase zu dem Betrag, der für die Kostenstelle nach den vorherigen Rechnungslegungsgrundsätzen des Unternehmens ermittelt wurde. Das Unternehmen soll diesen Betrag den zugrunde liegenden Vermögenswerten der Kostenstelle anteilig auf der Basis der an diesem Tag vorhandenen Mengen oder Werte an Erdgas- oder Erdölreserven zuordnen.

Das Unternehmen wird die Vermögenswerte für Exploration und Evaluierung sowie die Vermögenswerte in der Entwicklungs- und Produktionsphase zum Zeitpunkt des Übergangs auf IFRS gemäß IFRS 6 *Exploration und Evaluierung von Bodenschätzen* bzw. IAS 36 auf Wertminderung hin prüfen und gegebenenfalls den gemäß Buchstabe (a) oder (b) ermittelten Betrag verringern. Für die Zwecke dieses Paragraphs umfassen die Erdgas- und Erdölvorkommen lediglich jene Vermögenswerte, die in Form der Exploration, Evaluierung, Entwicklung oder Produktion von Erdöl und Erdgas genutzt werden.

D8B Einige Unternehmen halten Sachanlagen oder immaterielle Vermögenswerte, die in preisregulierten Geschäftsbereichen verwendet werden bzw. früher verwendet wurden. Im Buchwert solcher Posten könnten Beträge enthalten sein, die nach den früheren Rechnungslegungsgrundsätzen bestimmt wurden, nach den IFRS aber nicht aktivierungsfähig sind. In diesem Fall kann ein erstmaliger Anwender den nach den früheren Rechnungslegungsgrundsätzen bestimmten Buchwert eines solchen Postens zum Zeitpunkt der Umstellung auf IFRS als Ersatz für Anschaffungs- oder Herstellungskosten verwenden. Nimmt ein Unternehmen diese Befreiung für einen Posten in Anspruch, muss es diese nicht zwangsläufig auch für alle anderen Posten nutzen. Zum Zeitpunkt der Umstellung auf IFRS hat ein Unternehmen jeden Posten, für den diese Befreiung in Anspruch genommen wird, einem Wertminderungstest nach IAS 36 zu unterziehen. Für die Zwecke dieses Paragraphen gilt ein Geschäftsbereich als preisreguliert, wenn die Preise, die den Kunden für Waren und Dienstleistung in Rechnung gestellt werden, von einer autorisierten Stelle festgesetzt werden, die befugt ist, für die Kunden verbindliche Preise festzusetzen, die gewährleisten, dass die dem Unternehmen bei Bereitstellung der regulierten Waren oder Dienstleistungen entstehenden Kosten gedeckt sind und dem Unternehmen gleichzeitig einen bestimmten Ertrag garantieren. Dieser Ertrag muss kein fester oder garantierter Betrag sein und kann als untere Schwelle oder Bandbreite festgelegt werden.

Leasingverhältnisse

D9 Ein Erstanwender kann die Übergangsvorschriften von IFRIC 4 *Feststellung, ob eine Vereinbarung ein Leasingverhältnis enthält,* anwenden. Demzufolge kann ein Erstanwender feststellen, ob eine zum Übergangszeitpunkt zu IFRS bestehende Vereinbarung ein Leasingverhältnis aufgrund der zu diesem Zeitpunkt bestehenden Tatsachen und Umstände enthält.

D9A Hat ein erstmaliger Anwender ebenfalls festgestellt, dass eine Vereinbarung ein Leasingverhältnis im Sinne der vorherigen Rechnungslegungsgrundsätze enthält, so wie es auch von IFRIC 4 gefordert wird, allerdings zu einem anderen Termin als in IFRIC 4 vorgesehen, muss der erstmalige Anwender diese Feststellung beim Übergang auf IFRS nicht neu beurteilen. Für ein Unternehmen, das zu der gleichen Feststellung gelangt ist, dass eine Vereinbarung ein Leasingverhältnis im Sinne der vorherigen Rechnungslegungsgrundsätze enthält, müsste diese Feststellung zu dem gleichen Ergebnis führen wie jenes, das sich aus der Anwendung von IAS 17 *Leasingverhältnisse* und IFRIC 4 ergibt.

Kumulierte Umrechnungsdifferenzen

D12 IAS 21 verlangt, dass ein Unternehmen

(a) bestimmte Umrechnungsdifferenzen als sonstiges Gesamtergebnis einstuft und diese in einem gesonderten Bestandteil des Eigenkapitals kumuliert; und

(b) bei der Veräußerung eines ausländischen Geschäftsbetriebs die kumulierten Umrechnungsdifferenzen für diesen ausländischen Geschäftsbetrieb (einschließlich Gewinnen und Verlusten aus damit eventuell zusammenhängenden Sicherungsgeschäften) als Gewinn oder Verlust aus der Veräußerung vom Eigenkapital ins Ergebnis umgliedert.

D13 Ein erstmaliger Anwender muss diese Bestimmungen jedoch nicht für kumulierte Umrechnungsdifferenzen erfüllen, die zum Zeitpunkt des Übergangs auf IFRS bestanden. Falls ein erstmaliger Anwender diese Befreiung in Anspruch nimmt,

(a) wird angenommen, dass die kumulierten Umrechnungsdifferenzen für alle ausländischen Geschäftsbetriebe zum Zeitpunkt des Übergangs auf IFRS null betragen; und

(b) darf der Gewinn oder Verlust aus einer Weiterveräußerung eines ausländischen Geschäftsbetriebs keine vor dem Zeitpunkt des Übergangs auf IFRS entstandenen Umrechnungsdifferenzen enthalten und muss die nach diesem Datum entstandenen Umrechnungsdifferenzen berücksichtigen.

Deemed cost

Under some national accounting requirements exploration and development costs for oil and gas properties in the devel- **D8A** opment or production phases are accounted for in cost centres that include all properties in a large geographical area. A first-time adopter using such accounting under previous GAAP may elect to measure oil and gas assets at the date of transition to IFRSs on the following basis:

(a) exploration and evaluation assets at the amount determined under the entity's previous GAAP; and

(b) assets in the development or production phases at the amount determined for the cost centre under the entity's previous GAAP. The entity shall allocate this amount to the cost centre's underlying assets pro rata using reserve volumes or reserve values as of that date.

The entity shall test exploration and evaluation assets and assets in the development and production phases for impairment at the date of transition to IFRSs in accordance with IFRS 6 *Exploration for and Evaluation of Mineral Resources* or IAS 36 respectively and, if necessary, reduce the amount determined in accordance with (a) or (b) above. For the purposes of this paragraph, oil and gas assets comprise only those assets used in the exploration, evaluation, development or production of oil and gas.

Some entities hold items of property, plant and equipment or intangible assets that are used, or were previously used, in **D8B** operations subject to rate regulation. The carrying amount of such items might include amounts that were determined under previous GAAP but do not qualify for capitalisation in accordance with IFRSs. If this is the case, a first-time adopter may elect to use the previous GAAP carrying amount of such an item at the date of transition to IFRSs as deemed cost. If an entity applies this exemption to an item, it need not apply it to all items. At the date of transition to IFRSs, an entity shall test for impairment in accordance with IAS 36 each item for which this exemption is used. For the purposes of this paragraph, operations are subject to rate regulation if they provide goods or services to customers at prices (i.e. rates) established by an authorised body empowered to establish rates that bind the customers and that are designed to recover the specific costs the entity incurs in providing the regulated goods or services and to earn a specified return. The specified return could be a minimum or range and need not be a fixed or guaranteed return.

Leases

A first-time adopter may apply the transitional provisions in IFRIC 4 *Determining whether an Arrangement contains a* **D9** *Lease.* Therefore, a first-time adopter may determine whether an arrangement existing at the date of transition to IFRSs contains a lease on the basis of facts and circumstances existing at that date.

If a first-time adopter made the same determination of whether an arrangement contained a lease in accordance with **D9A** previous GAAP as that required by IFRIC 4 but at a date other than that required by IFRIC 4, the first-time adopter need not reassess that determination when it adopts IFRSs. For an entity to have made the same determination of whether the arrangement contained a lease in accordance with previous GAAP, that determination would have to have given the same outcome as that resulting from applying IAS 17 *Leases* and IFRIC 4.

Cumulative translation differences

IAS 21 requires an entity: **D12**

(a) to recognise some translation differences in other comprehensive income and accumulate these in a separate component of equity; and

(b) on disposal of a foreign operation, to reclassify the cumulative translation difference for that foreign operation (including, if applicable, gains and losses on related hedges) from equity to profit or loss as part of the gain or loss on disposal.

However, a first-time adopter need not comply with these requirements for cumulative translation differences that existed **D13** at the date of transition to IFRSs. If a first-time adopter uses this exemption:

(a) the cumulative translation differences for all foreign operations are deemed to be zero at the date of transition to IFRSs; and

(b) the gain or loss on a subsequent disposal of any foreign operation shall exclude translation differences that arose before the date of transition to IFRSs and shall include later translation differences.

Anteile an Tochterunternehmen, Gemeinschaftsunternehmen und assoziierten Unternehmen

D14 Wenn ein Unternehmen Einzelabschlüsse aufstellt, hat es die Anteile an Tochterunternehmen, Gemeinschaftsunternehmen und assoziierten Unternehmen gemäß IAS 27 entweder

(a)   zu Anschaffungskosten oder

(b)   in Übereinstimmung mit IFRS 9 oder

(c)   anhand der in IAS 28 beschriebenen Equity-Methode zu bilanzieren.

D15 Wenn ein erstmaliger Anwender solche Anteile gemäß IAS 27 zu Anschaffungs- oder Herstellungskosten bewertet, müssen diese Anteile in seiner separaten IFRS-Eröffnungsbilanz zu einem der folgenden Beträge bewertet werden:

(a)   gemäß IAS 27 ermittelte Anschaffungs- oder Herstellungskosten oder

(b)   als Ersatz für Anschaffungs- oder Herstellungskosten angesetzter Wert. Der für solche Anteile verwendete Ersatz für Anschaffungs- oder Herstellungskosten ist

  (i)   der beizulegende Zeitwert in seinem Einzelabschluss zum Zeitpunkt des Übergangs auf IFRS oder

  (ii)   der zu dem Zeitpunkt nach vorherigen Rechnungslegungsgrundsätzen ermittelte Buchwert.

Ein erstmaliger Anwender kann für die Bewertung seiner Anteile an dem jeweiligen Tochterunternehmen, Gemeinschaftsunternehmen oder assoziierten Unternehmen zwischen (i) und (ii) oben wählen, sofern er sich für einen als Ersatz für Anschaffungs- oder Herstellungskosten angesetzten Wert entscheidet.

D15A Wenn ein erstmaliger Anwender solche Anteile anhand der in IAS 28 beschriebenen Verfahren der Equity-Methode bilanziert,

(a)   wendet der erstmalige Anwender die Befreiung für vergangene Unternehmenszusammenschlüsse (Anhang C) auf den Erwerb der Anteile an.

(b)   und wenn das Unternehmen zuerst für seine Einzelabschlüsse und erst danach für seine Konzernabschlüsse ein erstmaliger Anwender wird und

  (i)   sein Mutterunternehmen schon zuvor erstmaliger Anwender war, hat das Unternehmen in seinen Einzelabschlüssen Paragraph D16 anzuwenden.

  (ii)   sein Tochterunternehmen schon zuvor erstmaliger Anwender war, hat das Unternehmen in seinen Einzelabschlüssen Paragraph D17 anzuwenden.

Vermögenswerte und Schulden von Tochterunternehmen, assoziierten Unternehmen und Gemeinschaftsunternehmen

D16 Falls ein Tochterunternehmen nach seinem Mutterunternehmen ein erstmaliger Anwender wird, muss das Tochterunternehmen in seinem Abschluss seine Vermögenswerte und Schulden entweder

(a)   zu den Buchwerten bewerten, die ausgehend von dem Zeitpunkt, zu dem das Mutterunternehmen auf IFRS umgestellt hat, in dem Konzernabschluss des Mutterunternehmens angesetzt worden wären, falls keine Konsolidierungsanpassungen und keine Anpassungen wegen der Auswirkungen des Unternehmenszusammenschlusses, in dessen Rahmen das Mutterunternehmen das Tochterunternehmen erwarb, vorgenommen worden wären (einem Tochterunternehmen einer Investmentgesellschaft im Sinne von IFRS 10, das erfolgswirksam zum beizulegenden Zeitwert bewertet werden muss, steht ein derartiges Wahlrecht nicht zu); oder

(b)   zu den Buchwerten bewerten, die aufgrund der weiteren Vorschriften dieses IFRS, basierend auf dem Zeitpunkt des Übergangs des Tochterunternehmens auf IFRS vorgeschrieben wären. Diese Buchwerte können sich von den in (a) beschriebenen unterscheiden,

  (i)   falls die Befreiungen in diesem IFRS zu Bewertungen führen, die vom Zeitpunkt des Übergangs auf IFRS abhängig sind; bzw.

  (ii)   falls die im Abschluss des Tochterunternehmens verwendeten Rechnungslegungsmethoden sich von denen des Konzernabschlusses unterscheiden. Beispielsweise kann das Tochterunternehmen das Anschaffungskostenmodell gemäß IAS 16 *Sachanlagen* als Rechnungslegungsmethode anwenden, während der Konzern das Modell der Neubewertung anwenden kann.

Ein ähnliches Wahlrecht steht einem assoziierten Unternehmen oder Gemeinschaftsunternehmen zu, das nach einem Unternehmen, das maßgeblichen Einfluss über es besitzt oder es gemeinschaftlich führt, zu einem erstmaligen Anwender wird.

D17 Falls ein Unternehmen jedoch nach seinem Tochterunternehmen (oder assoziierten Unternehmen oder Gemeinschaftsunternehmen) ein erstmaliger Anwender wird, muss das Unternehmen in seinem Konzernabschluss die Vermögenswerte und Schulden des Tochterunternehmens (oder des assoziierten Unternehmens oder des Gemeinschaftsunternehmens) nach Durchführung von Anpassungen im Rahmen der Konsolidierung, der Equity-Methode und der Auswirkungen des Unternehmenszusammenschlusses, im Rahmen dessen das Unternehmen das Tochterunternehmen erwarb, zu denselben Buchwerten wie in dem Abschluss des Tochterunternehmens (oder assoziierten Unternehmens oder Gemeinschaftsunternehmens) bewerten. Ungeachtet dieser Vorschrift wendet ein Mutterunternehmen, das keine Investmentgesellschaft ist, die für Tochterunternehmen von Investmentgesellschaften geltende Ausnahme von der Konsolidierung nicht an. Falls ein Mutterunternehmen entsprechend für seinen Einzelabschluss früher oder später als für seinen Konzernabschluss ein erstmaliger Anwender wird, muss es seine Vermögenswerte und Schulden, abgesehen von Konsolidierungsanpassungen, in beiden Abschlüssen identisch bewerten.

Investments in subsidiaries, joint ventures and associates

When an entity prepares separate financial statements, IAS 27 requires it to account for its investments in subsidiaries, joint ventures and associates either:

(a) at cost;

(b) in accordance with IFRS 9; or

(c) using the equity method as described in IAS 28.

If a first-time adopter measures such an investment at cost in accordance with IAS 27, it shall measure that investment at one of the following amounts in its separate opening IFRS statement of financial position:

(a) cost determined in accordance with IAS 27 or

(b) deemed cost. The deemed cost of such an investment shall be its:

    (i) fair value at the entity's date of transition to IFRSs in its separate financial statements; or

    (ii) previous GAAP carrying amount at that date.

    A first-time adopter may choose either (i) or (ii) above to measure its investment in each subsidiary, joint venture entity or associate that it elects to measure using a deemed cost.

If a first-time adopter accounts for such an investment using the equity method procedures as described in IAS 28:

(a) the first-time adopter applies the exemption for past business combinations (Appendix C) to the acquisition of the investment.

(b) if the entity becomes a first-time adopter for its separate financial statements earlier than for its consolidated financial statements, and

    (i) later than its parent, the entity shall apply paragraph D16 in its separate financial statements.

    (ii) later than its subsidiary, the entity shall apply paragraph D17 in its separate financial statements.

Assets and liabilities of subsidiaries, associates and joint ventures

If a subsidiary becomes a first-time adopter later than its parent, the subsidiary shall, in its financial statements, measure its assets and liabilities at either:

(a) the carrying amounts that would be included in the parent's consolidated financial statements, based on the parent's date of transition to IFRSs, if no adjustments were made for consolidation procedures and for the effects of the business combination in which the parent acquired the subsidiary (this election is not available to a subsidiary of an investment entity, as defined in IFRS 10, that is required to be measured at fair value through profit or loss); or

(b) the carrying amounts required by the rest of this IFRS, based on the subsidiary's date of transition to IFRSs. These carrying amounts could differ from those described in (a):

    (i) when the exemptions in this IFRS result in measurements that depend on the date of transition to IFRSs.

    (ii) when the accounting policies used in the subsidiary's financial statements differ from those in the consolidated financial statements. For example, the subsidiary may use as its accounting policy the cost model in IAS 16 *Property, Plant and Equipment,* whereas the group may use the revaluation model.

    A similar election is available to an associate or joint venture that becomes a first-time adopter later than an entity that has significant influence or joint control over it.

However, if an entity becomes a first-time adopter later than its subsidiary (or associate or joint venture) the entity shall, in its consolidated financial statements, measure the assets and liabilities of the subsidiary (or associate or joint venture) at the same carrying amounts as in the financial statements of the subsidiary (or associate or joint venture), after adjusting for consolidation and equity accounting adjustments and for the effects of the business combination in which the entity acquired the subsidiary. Notwithstanding this requirement, a non-investment entity parent shall not apply the exception to consolidation that is used by any investment entity subsidiaries. Similarly, if a parent becomes a first-time adopter for its separate financial statements earlier or later than for its consolidated financial statements, it shall measure its assets and liabilities at the same amounts in both financial statements, except for consolidation adjustments.

Zusammengesetzte Finanzinstrumente

D18 IAS 32 *Finanzinstrumente: Darstellung* verlangt, dass zusammengesetzte Finanzinstrumente beim erstmaligen Ansatz in gesonderte Schuld- und Eigenkapitalkomponenten aufgeteilt werden. Falls keine Schuldkomponente mehr ausstehend ist, umfasst die retrospektive Anwendung von IAS 32 eine Aufteilung in zwei Eigenkapitalkomponenten. Der erste Bestandteil wird in den Gewinnrücklagen erfasst und stellt die kumulierten Zinsen dar, die für die Schuldkomponente anfielen. Der andere Bestandteil stellt die ursprüngliche Eigenkapitalkomponente dar. Falls die Schuldkomponente zum Zeitpunkt des Übergangs auf IFRS jedoch nicht mehr aussteht, muss ein erstmaliger Anwender gemäß diesem IFRS keine Aufteilung in zwei Bestandteile vornehmen.

Einstufung von früher angesetzten Finanzinstrumenten

D19 Gemäß IAS 39 kann ein finanzieller Vermögenswert beim erstmaligen Ansatz als zur Veräußerung verfügbar eingestuft werden oder ein Finanzinstrument (sofern es bestimmte Kriterien erfüllt) als finanzieller Vermögenswert oder finanzielle Verbindlichkeit, der/die erfolgswirksam zum beizulegenden Zeitwert bewertet wird, eingestuft werden. Ungeachtet dieser Bestimmung kommen in den folgenden Situationen Ausnahmen zur Anwendung:

(a) Ein Unternehmen darf eine Einstufung als zur Veräußerung verfügbar zum Zeitpunkt des Übergangs auf IFRS vornehmen.

(b) Ein Unternehmen darf zum Zeitpunkt des Übergangs auf IFRS jeden finanziellen Vermögenswert bzw. jede finanzielle Verbindlichkeit als erfolgswirksam zum beizulegenden Zeitwert bewertet einstufen, sofern der Vermögenswert bzw. die Verbindlichkeit zu diesem Zeitpunkt die Kriterien in Paragraph 9 (b) (i), 9 (b) (ii) oder 11A des IAS 39 erfüllt.

Bewertung von finanziellen Vermögenswerten und finanziellen Verbindlichkeiten beim erstmaligen Ansatz mit dem beizulegenden Zeitwert

D20 Unbeschadet der Bestimmungen in den Paragraphen 7 und 9 kann ein Unternehmen die Vorschriften in Paragraph AG76 (a) des IAS 39 alternativ auf eine der beiden folgenden Arten anwenden:

(a) prospektiv auf Transaktionen, die nach dem 25. Oktober 2002 abgeschlossen wurden; oder

(b) prospektiv auf Transaktionen, die nach dem 1. Januar 2004 abgeschlossen wurden.

In den Sachanlagen enthaltene Kosten für die Entsorgung

D21 IFRIC 1 *Änderungen bestehender Rückstellungen für Entsorgungs-, Wiederherstellungs- und ähnliche Verpflichtungen* fordert, dass spezifizierte Änderungen einer Rückstellung für Entsorgungs-, Wiederherstellungs- oder ähnliche Verpflichtungen zu den Anschaffungskosten des dazugehörigen Vermögenswerts hinzugefügt oder davon abgezogen werden; der berichtigte Abschreibungsbetrag des Vermögenswerts wird dann prospektiv über seine verbleibende Nutzungsdauer abgeschrieben. Ein Erstanwender braucht diese Anforderungen für Änderungen solcher Rückstellungen, die vor dem Zeitpunkt des Übergangs auf IFRS auftraten, nicht anzuwenden. Wenn ein Erstanwender diese Ausnahme nutzt, hat er

(a) zum Zeitpunkt des Übergangs auf IFRS die Rückstellung gemäß IAS 37 zu bewerten;

(b) sofern die Rückstellung im Anwendungsbereich von IFRIC 1 liegt, den Betrag, der in den Anschaffungskosten des zugehörigen Vermögenswerts beim ersten Auftreten der Verpflichtung enthalten gewesen wäre, zu schätzen, indem die Rückstellung zu dem Zeitpunkt unter Einsatz seiner bestmöglichen Schätzung des/der historisch risikobereinigten Abzinsungssatzes/-sätze diskontiert wird, die für diese Rückstellung für die dazwischen liegenden Perioden angewandt worden wären; und

(c) zum Übergangszeitpunkt auf IFRS die kumulierte Abschreibung auf den Betrag auf Grundlage der laufenden Schätzung der Nutzungsdauer des Vermögenswerts unter Anwendung der vom Unternehmen gemäß IFRS eingesetzten Abschreibungsmethode zu berechnen.

D21A Ein Unternehmen, das die Befreiung in Paragraph D8A (b) (für Erdgas- und Erdölvorkommen in der Entwicklungs- oder Produktionsphase, die in Kostenstellen bilanziert werden, die sämtliche Erschließungsstandorte einer großen geografischen Zone umfassen) anwendet, kann anstelle der Zugrundelegung von Paragraph D21 oder IFRIC 1:

(a) Entsorgungs-, Wiederherstellungs- und ähnliche Verpflichtungen zum Zeitpunkt des Übergangs auf IFRS gemäß IAS 37 bewerten; und

(b) den gesamten Unterschiedsbetrag zwischen diesem Betrag und dem Buchwert dieser Verpflichtungen zum Zeitpunkt des Übergangs auf IFRS, der nach den vorherigen Rechnungslegungsgrundsätzen des Unternehmens ermittelt wurde, direkt in den Gewinnrücklagen erfassen.

Finanzielle Vermögenswerte oder immaterielle Vermögenswerte, die gemäß IFRIC 12 bilanziert werden

D22 Ein Erstanwender kann die Übergangsvorschriften von IFRIC 12 anwenden.

Compound financial instruments

IAS 32 *Financial Instruments: Presentation* requires an entity to split a compound financial instrument at inception into **D18** separate liability and equity components. If the liability component is no longer outstanding, retrospective application of IAS 32 involves separating two portions of equity. The first portion is in retained earnings and represents the cumulative interest accreted on the liability component. The other portion represents the original equity component. However, in accordance with this IFRS, a first-time adopter need not separate these two portions if the liability component is no longer outstanding at the date of transition to IFRSs.

Designation of previously recognised financial instruments

IAS 39 permits a financial asset to be designated on initial recognition as available for sale or a financial instrument (pro- **D19** vided it meets certain criteria) to be designated as a financial asset or financial liability at fair value through profit or loss. Despite this requirement exceptions apply in the following circumstances:
(a) an entity is permitted to make an available-for-sale designation at the date of transition to IFRSs.

(b) an entity is permitted to designate, at the date of transition to IFRSs, any financial asset or financial liability as at fair value through profit or loss provided the asset or liability meets the criteria in paragraph 9 (b) (i), 9 (b) (ii) or 11A of IAS 39 at that date.

Fair value measurement of financial assets or financial liabilities at initial recognition

Notwithstanding the requirements of paragraphs 7 and 9, an entity may apply the requirements in paragraph AG76 (a) of **D20** IAS 39, in either of the following ways:
(a) prospectively to transactions entered into after 25 October 2002; or
(b) prospectively to transactions entered into after 1 January 2004.

Decommissioning liabilities included in the cost of property, plant and equipment

IFRIC 1 *Changes in Existing Decommissioning, Restoration and Similar Liabilities* requires specified changes in a decom- **D21** missioning, restoration or similar liability to be added to or deducted from the cost of the asset to which it relates; the adjusted depreciable amount of the asset is then depreciated prospectively over its remaining useful life. A first-time adopter need not comply with these requirements for changes in such liabilities that occurred before the date of transition to IFRSs. If a first-time adopter uses this exemption, it shall:
(a) measure the liability as at the date of transition to IFRSs in accordance with IAS 37;
(b) to the extent that the liability is within the scope of IFRIC 1, estimate the amount that would have been included in the cost of the related asset when the liability first arose, by discounting the liability to that date using its best estimate of the historical risk-adjusted discount rate(s) that would have applied for that liability over the intervening period; and
(c) calculate the accumulated depreciation on that amount, as at the date of transition to IFRSs, on the basis of the current estimate of the useful life of the asset, using the depreciation policy adopted by the entity in accordance with IFRSs.

An entity that uses the exemption in paragraph D8A (b) (for oil and gas assets in the development or production phases **D21A** accounted for in cost centres that include all properties in a large geographical area under previous GAAP) shall, instead of applying paragraph D21 or IFRIC1:
(a) measure decommissioning, restoration and similar liabilities as at the date of transition to IFRSs in accordance with IAS 37; and
(b) recognise directly in retained earnings any difference between that amount and the carrying amount of those liabilities at the date of transition to IFRSs determined under the entity's previous GAAP.

Financial assets or intangible assets accounted for in accordance with IFRIC 12

A first-time adopter may apply the transitional provisions in IFRIC 12. **D22**

Fremdkapitalkosten

D23 Ein Erstanwender kann sich dafür entscheiden, die Anforderungen von IAS 23 ab dem Zeitpunkt des Übergangs auf IFRS oder ab einem früheren Datum im Sinne von IAS 23 Paragraph 28 anzuwenden. Ab dem Datum, ab dem das Unternehmen, das diese Ausnahme anwendet, IAS 23 zugrunde legt, wird das Unternehmen

(a) die Fremdkapitalkomponente, die nach vorherigen Rechnungslegungsgrundsätzen kapitalisiert und in den damaligen Buchwert der Vermögenswerte aufgenommen wurde, nicht anpassen; und

(b) die an oder nach diesem Datum aufgelaufenen Fremdkapitalkosten gemäß IAS 23 bilanzieren. Dies gilt auch für Fremdkapitalkosten, die am oder nach diesem Datum im Hinblick auf bereits im Aufbau befindliche qualifizierende Vermögenswerte anfallen.

Übertragung von Vermögenswerten durch einen Kunden

D24 Erstmalige Anwender können die Übergangsbestimmungen in Paragraph 22 von IFRIC 18 *Übertragung von Vermögenswerten durch einen Kunden* anwenden. Der dort genannte Zeitpunkt des Inkrafttretens ist entweder der 1. Juli 2009 oder – falls später – der Zeitpunkt der Umstellung auf IFRS. Darüber hinaus kann ein erstmaliger Anwender ein beliebiges Datum vor der Umstellung auf die IFRS bestimmen und auf alle Vermögenswertübertragungen, die das Unternehmen zu oder nach diesem Termin von einem Kunden erhält, IFRIC 18 anwenden.

Tilgung finanzieller Verbindlichkeiten durch Eigenkapitalinstrumente

D25 Bei erstmaliger Anwendung kann nach den Übergangsvorschriften von IFRIC 19 *Tilgung finanzieller Verbindlichkeiten durch Eigenkapitalinstrumente* verfahren werden.

Ausgeprägte Hochinflation

D26 Wendet ein Unternehmen eine funktionale Währung an, die die Währung eines Hochinflationslandes war oder ist, muss es feststellen, ob diese Währung vor dem Zeitpunkt des Übergangs auf IFRS einer ausgeprägten Hochinflation ausgesetzt war. Dies gilt sowohl für Unternehmen, die die IFRS erstmals anwenden, als auch für Unternehmen, die die IFRS schon angewandt haben.

D27 Die Währung eines Hochinflationslandes ist einer ausgeprägten Hochinflation ausgesetzt, wenn sie die beiden folgenden Merkmale aufweist:

(a) Nicht alle Unternehmen mit Transaktionen und Salden in dieser Währung können auf einen zuverlässigen allgemeinen Preisindex zurückgreifen.

(b) Es besteht keine Umtauschbarkeit zwischen dieser Währung und einer relativ stabilen Fremdwährung.

D28 Die funktionale Währung eines Unternehmens unterliegt vom Zeitpunkt der Normalisierung der funktionalen Währung an nicht mehr einer ausgeprägten Hochinflation. Dies ist der Zeitpunkt, von dem an die funktionale Währung keines der in Paragraph D27 genannten Merkmale mehr aufweist oder wenn das Unternehmen zu einer funktionalen Währung übergeht, die keiner ausgeprägten Hochinflation ausgesetzt ist.

D29 Fällt der Zeitpunkt des Übergangs eines Unternehmens auf IFRS auf den Zeitpunkt der Normalisierung der funktionalen Währung oder danach, kann das Unternehmen alle vor dem Zeitpunkt der Normalisierung gehaltenen Vermögenswerte und Schulden zum Zeitpunkt des Übergangs auf IFRS zum beizulegenden Zeitwert bewerten. Das Unternehmen darf diesen beizulegenden Zeitwert in seiner IFRS-Eröffnungsbilanz als Ersatz für die Kosten der Anschaffung oder Herstellung der betreffenden Vermögenswerte oder Schulden verwenden.

D30 Fällt der Zeitpunkt der Normalisierung der funktionalen Währung in einen zwölfmonatigen Vergleichszeitraum, darf der Vergleichszeitraum unter der Voraussetzung kürzer als zwölf Monate sein, dass für diesen kürzeren Zeitraum ein vollständiger Abschluss (wie in IAS 1 Paragraph 10 verlangt) vorgelegt wird.

Gemeinsame Vereinbarungen

D31 Ein Erstanwender kann die Übergangsvorschriften von IFRS 11 mit folgenden Ausnahmen anwenden:

(a) Bei der Anwendung der Übergangsvorschriften von IFRS 11 kann ein Erstanwender diese Bestimmungen zum Datum der Umstellung auf IFRS anwenden.

(b) Beim Übergang von der Quotenkonsolidierung auf die Equity-Methode prüft ein Erstanwender die Beteiligung gemäß IAS 36 zum Datum der Umstellung auf IFRS auf Wertminderung, und zwar unabhängig davon, ob ein Hinweis auf Wertminderung gegeben ist oder nicht. Jede etwaige Wertminderung wird zum Datum der Umstellung auf IFRS als Berichtigung an Gewinnrücklagen ausgewiesen.

Abraumkosten in der Produktionsphase eines Tagebaubergwerks

D32 Ein erstmaliger Anwender kann die Übergangsbestimmungen der Paragraphen A1 bis A4 von IFRIC 20 *Abraumkosten in der Produktionsphase eines Tagebaubergwerks* anwenden. Der Zeitpunkt des Inkrafttretens, auf den in diesem Paragraph verwiesen wird, ist der 1. Januar 2013 oder der Beginn der ersten IFRS-Berichtsperiode, je nachdem, welcher Zeitpunkt später liegt.

Borrowing costs

A first-time adopter can elect to apply the requirements of IAS 23 from the date of transition or from an earlier date as **D23** permitted by paragraph 28 of IAS 23. From the date on which an entity that applies this exemption begins to apply IAS 23, the entity:

(a) shall not restate the borrowing cost component that was capitalised under previous GAAP and that was included in the carrying amount of assets at that date; and

(b) shall account for borrowing costs incurred on or after that date in accordance with IAS 23, including those borrowing costs incurred on or after that date on qualifying assets already under construction.

Transfers of assets from customers

A first-time adopter may apply the transitional provisions set out in paragraph 22 of IFRIC 18 Transfers of Assets from **D24** Customers. In that paragraph, reference to the effective date shall be interpreted as 1 July 2009 or the date of transition to IFRSs, whichever is later. In addition, a first-time adopter may designate any date before the date of transition to IFRSs and apply IFRIC 18 to all transfers of assets from customers received on or after that date.

Extinguishing financial liabilities with equity instruments

A first-time adopter may apply the transitional provisions in IFRIC 19 *Extinguishing Financial Liabilities with Equity* **D25** *Instruments*.

Severe hyperinflation

If an entity has a functional currency that was, or is, the currency of a hyperinflationary economy, it shall determine **D26** whether it was subject to severe hyperinflation before the date of transition to IFRSs. This applies to entities that are adopting IFRSs for the first time, as well as entities that have previously applied IFRSs.

The currency of a hyperinflationary economy is subject to severe hyperinflation if it has both of the following character- **D27** istics:

(a) a reliable general price index is not available to all entities with transactions and balances in the currency.

(b) exchangeability between the currency and a relatively stable foreign currency does not exist.

The functional currency of an entity ceases to be subject to severe hyperinflation on the functional currency normalisation **D28** date. That is the date when the functional currency no longer has either, or both, of the characteristics in paragraph D27, or when there is a change in the entity's functional currency to a currency that is not subject to severe hyperinflation.

When an entity's date of transition to IFRSs is on, or after, the functional currency normalisation date, the entity may **D29** elect to measure all assets and liabilities held before the functional currency normalisation date at fair value on the date of transition to IFRSs. The entity may use that fair value as the deemed cost of those assets and liabilities in the opening IFRS statement of financial position.

When the functional currency normalisation date falls within a 12-month comparative period, the comparative period **D30** may be less than 12 months, provided that a complete set of financial statements (as required by paragraph 10 of IAS 1) is provided for that shorter period.

Joint arrangements

A first-time adopter may apply the transition provisions in IFRS 11 with the following exceptions: **D31**

(a) When applying the transition provisions in IFRS 11, a first-time adopter shall apply these provisions at the date of transition to IFRS.

(b) When changing from proportionate consolidation to the equity method, a first-time adopter shall test for impairment the investment in accordance with IAS 36 as at the date of transition to IFRS, regardless of whether there is any indication that the investment may be impaired. Any resulting impairment shall be recognised as an adjustment to retained earnings at the date of transition to IFRS.

Stripping costs in the production phase of a surface mine

A first-time adopter may apply the transitional provisions set out in paragraphs A1 to A4 of IFRIC 20 *Stripping Costs in* **D32** *the Production Phase of a Surface Mine*. In that paragraph, reference to the effective date shall be interpreted as 1 January 2013 or the beginning of the first IFRS reporting period, whichever is later.

Anlage E
Kurzfristige Befreiungen von IFRS

Dieser Anhang ist integraler Bestandteil des IFRS.

Angaben zu Finanzinstrumenten

E3 Ein erstmaliger Anwender kann die Übergangsvorschriften von IFRS 7 Paragraph 44G anwenden.[2]

E4 Ein erstmaliger Anwender kann die Übergangsvorschriften von IFRS 7 Paragraph 44M anwenden.[3]

E4A Ein erstmaliger Anwender kann die Übergangsvorschriften von IFRS 7 Paragraph 44AA anwenden.

Leistungen an Arbeitnehmer

E5 Ein erstmaliger Anwender kann die in IAS 19 Paragraph 173 (b) vorgesehenen Übergangbestimmungen anwenden.

Investmentgesellschaften

E6 Ein erstmals anwendendes Mutterunternehmen muss anhand der zum Zeitpunkt der Umstellung auf IFRS vorliegenden Sachverhalte und Umstände beurteilen, ob es eine Investmentgesellschaft im Sinne von IFRS 10 ist.

E7 Ist ein erstmaliger Anwender eine Investmentgesellschaft im Sinne von IFRS 10, so kann er die in den Paragraphen C3C–C3D des IFRS 10 und den Paragraphen 18C–18G von IAS 27 vorgesehenen Übergangsvorschriften anwenden, wenn seine ersten Abschlüsse nach IFRS ein Geschäftsjahr betreffen, das am oder vor dem 31. Dezember 2014 endet. Die in diesen Paragraphen enthaltenen Bezugnahmen auf das Geschäftsjahr, das dem Zeitpunkt der erstmaligen Anwendung unmittelbar vorausgeht, sind als das „früheste ausgewiesene Geschäftsjahr" zu verstehen. Folglich gelten die Bezugnahmen in diesen Paragraphen als Zeitpunkt der Umstellung auf IFRS.

---

2 Paragraph E3 wurde infolge der im Januar 2010 veröffentlichten Änderung an IFRS 1 *Begrenzte Befreiung erstmaliger Anwender von Vergleichsangaben nach IFRS 7* hinzugefügt. Um eine nachträgliche Anwendung zu verhindern und sicherzustellen, dass erstmalige Anwender nicht gegenüber Unternehmen benachteiligt sind, die ihre Abschlüsse bereits nach den IFRS erstellen, hat der Board entschieden, dass auch erstmaligen Anwendern gestattet werden sollte, die in *Verbesserte Angaben zu Finanzinstrumenten* (Änderung an IFRS 7) enthaltenen Übergangsvorschriften in Anspruch zu nehmen.

3 Paragraph E4 wurde infolge der im Oktober 2010 veröffentlichten Änderung des IFRS 7 *Angaben – Übertragung finanzieller Vermögenswerte* angefügt. Um eine nachträgliche Anwendung zu verhindern und sicherzustellen, dass erstmalige Anwender nicht gegenüber Unternehmen benachteiligt sind, die ihre Abschlüsse bereits nach den IFRS erstellen, hat der Board entschieden, dass auch erstmaligen Anwendern gestattet werden sollte, die in *Angaben – Übertragung finanzieller Vermögenswerte* (Änderung IFRS 7) enthaltenen Übergangsvorschriften in Anspruch zu nehmen.

Appendix E

Short-term exemptions from IFRSs

This appendix is an integral part of the IFRS.

Disclosures about financial instruments

A first-time adopter may apply the transition provisions in paragraph 44G of IFRS 7[2].   **E3**

A first-time adopter may apply the transitional provisions in paragraph 44M of IFRS 7[3].   **E4**

A first-time adopter may apply the transition provisions in paragraph 44AA of IFRS 7.   **E4A**

Employee benefits

A first-time adopter may apply the transition provisions in paragraph 173 (b) of IAS 19.   **E5**

Investment entities

A first-time adopter that is a parent shall assess whether it is an investment entity, as defined in IFRS 10, on the basis of the facts and circumstances that exist at the date of transition to IFRSs.   **E6**

A first-time adopter that is an investment entity, as defined in IFRS 10, may apply the transition provisions in paragraphs C3C—C3D of IFRS 10 and paragraphs 18C—18G of IAS 27 if its first IFRS financial statements are for an annual period ending on or before 31 December 2014. The references in those paragraphs to the annual period that immediately precedes the date of initial application shall be read as the earliest annual period presented. Consequently, the references in those paragraphs shall be read as the date of transition to IFRSs.   **E7**

---

2 Paragraph E3 was added as a consequence of *Limited Exemption from Comparative IFRS 7 Disclosures for First-time Adopters* (Amendment to IFRS 1) issued in January 2010. To avoid the potential use of hindsight and to ensure that first-time adopters are not disadvantaged as compared with current IFRS preparers, the Board decided that first-time adopters should be permitted to use the same transition provisions permitted for existing preparers of financial statements prepared in accordance with IFRSs that are included in *Improving Disclosures about Financial Instruments* (Amendments to IFRS 7).

3 Paragraph E4 was added as a consequence of *Disclosures—Transfers of Financial Assets* (Amendments to IFRS 7) issued in October 2010. To avoid the potential use of hindsight and to ensure that first-time adopters are not disadvantaged as compared with current IFRS preparers, the Board decided that first-time adopters should be permitted to use the same transition provisions permitted for existing preparers of financial statements prepared in accordance with IFRSs that are included in *Disclosures—Transfers of Financial Assets* (Amendments to IFRS 7).

INTERNATIONAL FINANCIAL REPORTING STANDARD 2
Anteilsbasierte Vergütung

INHALT

ZIELSETZUNG

1 Die Zielsetzung dieses IFRS ist die Regelung der Bilanzierung von *anteilsbasierten Vergütungen*. Insbesondere schreibt er einem Unternehmen vor, die Auswirkungen anteilsbasierter Vergütungen in seinem Gewinn oder Verlust und seiner Vermögens- und Finanzlage zu berücksichtigen; dies schließt die Aufwendungen aus der Gewährung von *Aktienoptionen* an Mitarbeiter ein.

ANWENDUNGSBEREICH

2 Dieser IFRS ist bei der Bilanzierung aller anteilsbasierten Vergütungen anzuwenden, unabhängig davon, ob das Unternehmen alle oder einige der erhaltenen Güter oder Dienstleistungen speziell identifizieren kann. Hierzu zählen, soweit in den Paragraphen 3A bis 6 nichts anderes angegeben ist:

(a) *anteilsbasierte Vergütungen mit Ausgleich durch Eigenkapitalinstrumente*,

(b) *anteilsbasierte Vergütungen mit Barausgleich* und

(c) Transaktionen, bei denen das Unternehmen Güter oder Dienstleistungen erhält oder erwirbt und das Unternehmen oder der Lieferant dieser Güter oder Dienstleistungen die Wahl hat, ob der Ausgleich in bar (oder in anderen Vermögenswerten) oder durch die Ausgabe von Eigenkapitalinstrumenten erfolgen soll (mit Ausnahme der in Paragraph 3A-6 genannten Fälle).

Sollten keine speziell identifizierbaren Güter oder Leistungen vorliegen, können andere Umstände darauf hinweisen, dass das Unternehmen Güter oder Dienstleistungen erhalten hat (oder noch erhalten wird) und damit dieser IFRS anzuwenden ist.

3 [gestrichen]

3A Bei einer anteilsbasierten Vergütung kann der Ausgleich von einem anderen Unternehmen der Gruppe (oder vom Anteilseigner eines beliebigen Unternehmens der Gruppe) im Namen des Unternehmens, das die Güter oder Dienstleistungen erhält oder erwirbt, vorgenommen werden. Paragraph 2 gilt also auch, wenn ein Unternehmen

INTERNATIONAL FINANCIAL REPORTING STANDARD 2

Share-based payment

SUMMARY

OBJECTIVE

The objective of this IFRS is to specify the financial reporting by an entity when it undertakes a *share-based payment* **1** *transaction*. In particular, it requires an entity to reflect in its profit or loss and financial position the effects of share-based payment transactions, including expenses associated with transactions in which *share options* are granted to employees.

SCOPE

An entity shall apply this IFRS in accounting for all share-based payment transactions, whether or not the entity can **2** identify specifically some or all of the goods or services received, including:

(a) *equity-settled share-based payment transactions*,
(b) *cash-settled share-based payment transactions*, and
(c) transactions in which the entity receives or acquires goods or services and the terms of the arrangement provide either the entity or the supplier of those goods or services with a choice of whether the entity settles the transaction in cash (or other assets) or by issuing equity instruments,

except as noted in paragraphs 3A-6. In the absence of specifically identifiable goods or services, other circumstances may indicate that goods or services have been (or will be) received, in which case this IFRS applies.

[deleted] **3**

A share-based payment transaction may be settled by another group entity (or a shareholder of any group entity) on **3A** behalf of the entity receiving or acquiring the goods or services. Paragraph 2 also applies to an entity that

(a) Güter oder Dienstleistungen erhält, ein anderes Unternehmen derselben Gruppe (oder ein Anteilseigner eines beliebigen Unternehmens der Gruppe) aber zum Ausgleich der Transaktion verpflichtet ist, oder

(b) zum Ausgleich der Transaktion verpflichtet ist, ein anderes Unternehmen der Gruppe aber die Güter oder Dienstleistungen erhält,

es sei denn, die Transaktion dient eindeutig einem anderen Zweck als der Vergütung der Güter oder Leistungen, die das Unternehmen erhält.

4 Im Sinne dieses IFRS stellt eine Transaktion mit einem Mitarbeiter (oder einer anderen Partei) in seiner bzw. ihrer Eigenschaft als Inhaber von Eigenkapitalinstrumenten des Unternehmens keine anteilsbasierte Vergütung dar. Gewährt ein Unternehmen beispielsweise allen Inhabern einer bestimmten Gattung seiner Eigenkapitalinstrumente das Recht, weitere Eigenkapitalinstrumente des Unternehmens zu einem Preis zu erwerben, der unter dem beizulegenden Zeitwert dieser Eigenkapitalinstrumente liegt, und wird einem Mitarbeiter nur deshalb ein solches Recht eingeräumt, weil er Inhaber von Eigenkapitalinstrumenten der betreffenden Gattung ist, unterliegt die Gewährung oder Ausübung dieses Rechts nicht den Vorschriften dieses IFRS.

5 Wie in Paragraph 2 ausgeführt, ist dieser IFRS auf anteilsbasierte Vergütungen anzuwenden, bei denen ein Unternehmen Güter oder Dienstleistungen erwirbt oder erhält. Güter schließen Vorräte, Verbrauchsgüter, Sachanlagen, immaterielle Vermögenswerte und andere nicht finanzielle Vermögenswerte ein. Dieser IFRS gilt jedoch nicht für Transaktionen, bei denen ein Unternehmen Güter als Teil des bei einem Unternehmenszusammenschluss gemäß IFRS 3 *Unternehmenszusammenschlüsse* (überarbeitet 2008), bei einem Zusammenschluss von Unternehmen unter gemeinschaftlicher Führung gemäß IFRS 3 Paragraph B1–B4 oder als Beitrag eines Unternehmens bei der Gründung eines Gemeinschaftsunternehmens im Sinne von IFRS 11 *Gemeinsame Vereinbarungen* erworbenen Nettovermögens erhält. Daher fallen Eigenkapitalinstrumente, die bei einem Unternehmenszusammenschluss im Austausch für die Beherrschung über das erworbene Unternehmen ausgegeben werden, nicht in den Anwendungsbereich dieses IFRS. Dagegen sind Eigenkapitalinstrumente, die Mitarbeitern des erworbenen Unternehmens in ihrer Eigenschaft als Mitarbeiter (beispielsweise als Gegenleistung für ihr Verbleiben im Unternehmen) gewährt werden, in den Anwendungsbereich dieses IFRS eingeschlossen. Ähnliches gilt für die Aufhebung, Ersetzung oder sonstige *Änderung anteilsbasierter Vergütungsvereinbarungen* infolge eines Unternehmenszusammenschlusses oder einer anderen Eigenkapitalrestrukturierung, die ebenfalls gemäß diesem IFRS zu bilanzieren sind. IFRS 3 dient als Leitlinie zur Ermittlung, ob bei einem Unternehmenszusammenschluss ausgegebene Eigenkapitalinstrumente Teil der im Austausch für die Beherrschung über das erworbene Unternehmen übertragenen Gegenleistung sind (und somit in den Anwendungsbereich des IFRS 3 fallen), oder ob sie im Austausch für ihr Verbleiben im Unternehmen in der auf den Zusammenschluss folgenden Berichtsperiode angesetzt werden (und somit in den Anwendungsbereich dieses IFRS fallen).

6 Dieser IFRS ist nicht auf anteilsbasierte Vergütungen anzuwenden, bei denen das Unternehmen Güter oder Dienstleistungen im Rahmen eines Vertrags erhält oder erwirbt, der in den Anwendungsbereich der Paragraphen 8–10 von IAS 32 *Finanzinstrumente: Darstellung* (überarbeitet 2003)[1] oder der Paragraphen 5–7 von IAS 39 *Finanzinstrumente: Ansatz und Bewertung* (überarbeitet 2003) fällt.

6A Im vorliegenden IFRS wird der Begriff „beizulegender Zeitwert" in einer Weise verwendet, die sich in einigen Aspekten von der Definition des beizulegenden Zeitwerts in IFRS 13 *Bemessung des beizulegenden Zeitwerts* unterscheidet. Wendet ein Unternehmen IFRS 2 an, bemisst es den beizulegenden Zeitwert daher gemäß vorliegendem IFRS und nicht gemäß IFRS 13.

ERFASSUNG

7 Die gegen eine anteilsbasierte Vergütung erhaltenen oder erworbenen Güter oder Dienstleistungen sind zu dem Zeitpunkt anzusetzen, zu dem die Güter erworben oder die Dienstleistungen erhalten wurden. Das Unternehmen hat eine entsprechende Eigenkapitalerhöhung darzustellen, wenn die Güter oder Dienstleistungen gegen eine anteilsbasierte Vergütung mit Ausgleich durch Eigenkapitalinstrumente erhalten wurden, oder eine Schuld anzusetzen, wenn die Güter oder Dienstleistungen gegen eine anteilsbasierte Vergütung mit Barausgleich erworben wurden.

8 Kommen die gegen eine anteilsbasierte Vergütung erhaltenen oder erworbenen Güter oder Dienstleistungen nicht für einen Ansatz als Vermögenswert in Betracht, sind sie als Aufwand zu erfassen.

9 In der Regel entsteht ein Aufwand aus dem Verbrauch von Gütern oder Dienstleistungen. Beispielsweise werden Dienstleistungen normalerweise sofort verbraucht; in diesem Fall wird zum Zeitpunkt der Leistungserbringung durch die Vertragspartei ein Aufwand erfasst. Güter können über einen Zeitraum verbraucht oder, wie bei Vorräten, zu einem späteren Zeitpunkt verkauft werden; in diesem Fall wird ein Aufwand zu dem Zeitpunkt erfasst, zu dem die Güter verbraucht oder verkauft werden. Manchmal ist es jedoch erforderlich, bereits vor dem Verbrauch oder Verkauf der Güter oder Dienstleistungen einen Aufwand zu erfassen, da die nicht für den Ansatz als Vermögenswert in Betracht kommen. Beispielsweise könnte ein Unternehmen in der Forschungsphase eines Projekts Güter zur Entwicklung eines neuen Produkts erwerben. Diese Güter sind zwar nicht verbraucht worden, erfüllen jedoch unter Umständen nicht die Kriterien für einen Ansatz als Vermögenswert nach dem einschlägigen IFRS.

---

1 Der Titel des IAS 32 wurde 2005 geändert.

(a) receives goods or services when another entity in the same group (or a shareholder of any group entity) has the obligation to settle the share-based payment transaction, or

(b) has an obligation to settle a share-based payment transaction when another entity in the same group receives the goods or services

unless the transaction is clearly for a purpose other than payment for goods or services supplied to the entity receiving them.

For the purposes of this IFRS, a transaction with an employee (or other party) in his/her capacity as a holder of equity **4** instruments of the entity is not a share-based payment transaction. For example, if an entity grants all holders of a particular class of its equity instruments the right to acquire additional equity instruments of the entity at a price that is less than the fair value of those equity instruments, and an employee receives such a right because he/she is a holder of equity instruments of that particular class, the granting or exercise of that right is not subject to the requirements of this IFRS.

As noted in paragraph 2, this IFRS applies to share-based payment transactions in which an entity acquires or receives **5** goods or services. Goods includes inventories, consumables, property, plant and equipment, intangible assets and other non-financial assets. However, an entity shall not apply this IFRS to transactions in which the entity acquires goods as part of the net assets acquired in a business combination as defined by IFRS 3 *Business Combinations* (as revised in 2008), in a combination of entities or businesses under common control as described in paragraphs B1—B4 of IFRS 3, or the contribution of a business on the formation of a joint venture as defined by IFRS 11 *Joint Arrangements*. Hence, equity instruments issued in a business combination in exchange for control of the acquiree are not within the scope of this IFRS. However, equity instruments granted to employees of the acquiree in their capacity as employees (e.g. in return for continued service) are within the scope of this IFRS. Similarly, the cancellation, replacement or other modification of *share-based payment arrangements* because of a business combination or other equity restructuring shall be accounted for in accordance with this IFRS. IFRS 3 provides guidance on determining whether equity instruments issued in a business combination are part of the consideration transferred in exchange for control of the acquiree (and therefore within the scope of IFRS 3) or are in return for continued service to be recognised in the post-combination period (and therefore within the scope of this IFRS).

This IFRS does not apply to share-based payment transactions in which the entity receives or acquires goods or services **6** under a contract within the scope of paragraphs 8—10 of IAS 32 *Financial instruments: presentation* (as revised in 2003)[1] or paragraphs 5—7 of IAS 39 *Financial instruments: recognition and measurement* (as revised in 2003).

This IFRS uses the term 'fair value' in a way that differs in some respects from the definition of fair value in IFRS 13 *Fair* **6A** *Value Measurement.* Therefore, when applying IFRS 2 an entity measures fair value in accordance with this IFRS, not IFRS 13.

RECOGNITION

An entity shall recognise the goods or services received or acquired in a share-based payment transaction when it obtains **7** the goods or as the services are received. The entity shall recognise a corresponding increase in equity if the goods or services were received in an equity-settled share-based payment transaction, or a liability if the goods or services were acquired in a cash-settled share-based payment transaction.

When the goods or services received or acquired in a share-based payment transaction do not qualify for recognition as **8** assets, they shall be recognised as expenses.

Typically, an expense arises from the consumption of goods or services. For example, services are typically consumed **9** immediately, in which case an expense is recognised as the counterparty renders service. Goods might be consumed over a period of time or, in the case of inventories, sold at a later date, in which case an expense is recognised when the goods are consumed or sold. However, sometimes it is necessary to recognise an expense before the goods or services are consumed or sold, because they do not qualify for recognition as assets. For example, an entity might acquire goods as part of the research phase of a project to develop a new product. Although those goods have not been consumed, they might not qualify for recognition as assets under the applicable IFRS.

---

1   The title of IAS 32 was amended in 2005.

ANTEILSBASIERTE VERGÜTUNGEN MIT AUSGLEICH DURCH EIGENKAPITALINSTRUMENTE

Überblick

10 Bei anteilsbasierten Vergütungen, die durch Eigenkapitalinstrumente beglichen werden, sind die erhaltenen Güter oder Dienstleistungen und die entsprechende Erhöhung des Eigenkapitals direkt mit dem beizulegenden Zeitwert der erhaltenen Güter oder Dienstleistungen anzusetzen, es sei denn, dass dieser nicht verlässlich geschätzt werden kann. Kann der beizulegende Zeitwert der erhaltenen Güter oder Dienstleistungen nicht verlässlich geschätzt werden, ist deren Wert und die entsprechende Eigenkapitalerhöhung indirekt unter Bezugnahme auf[2] den beizulegenden Zeitwert der gewährten Eigenkapitalinstrumente zu ermitteln.

11 Zur Erfüllung der Bestimmungen von Paragraph 10 bei Transaktionen mit *Mitarbeitern und anderen, die ähnliche Leistungen erbringen*[3] ist der beizulegende Zeitwert der erhaltenen Leistungen unter Bezugnahme auf den beizulegenden Zeitwert der gewährten Eigenkapitalinstrumente zu ermitteln, da es in der Regel nicht möglich ist, den beizulegenden Zeitwert der erhaltenen Leistungen verlässlich zu schätzen, wie in Paragraph 12 näher erläutert wird. Für die Bewertung der Eigenkapitalinstrumente ist der beizulegende Zeitwert am *Tag der Gewährung* heranzuziehen.

12 Aktien, Aktienoptionen oder andere Eigenkapitalinstrumente werden Mitarbeitern normalerweise als Teil ihres Vergütungspakets zusätzlich zu einem Bargehalt und anderen Sonderleistungen gewährt. Im Regelfall ist es nicht möglich, die für bestimmte Bestandteile des Vergütungspakets eines Mitarbeiters erhaltenen Leistungen direkt zu bewerten. Oftmals kann auch der beizulegende Zeitwert des gesamten Vergütungspakets nicht unabhängig bestimmt werden, ohne direkt den beizulegenden Zeitwert der gewährten Eigenkapitalinstrumente zu ermitteln. Darüber hinaus werden Aktien oder Aktienoptionen manchmal im Rahmen einer Erfolgsbeteiligung und nicht als Teil der Grundvergütung gewährt, beispielsweise um die Mitarbeiter zum Verbleib im Unternehmen zu motivieren oder ihren Einsatz bei der Verbesserung des Unternehmensergebnisses zu honorieren. Mit der Gewährung von Aktien oder Aktienoptionen zusätzlich zu anderen Vergütungsformen bezahlt das Unternehmen ein zusätzliches Entgelt für den Erhalt zusätzlicher Leistungen. Der beizulegende Zeitwert dieser zusätzlichen Leistungen ist wahrscheinlich schwer zu schätzen. Aufgrund der Schwierigkeit, den beizulegenden Zeitwert der erhaltenen Leistungen direkt zu ermitteln, ist der beizulegende Zeitwert der erhaltenen Arbeitsleistungen unter Bezugnahme auf den beizulegenden Zeitwert der gewährten Eigenkapitalinstrumente zu bestimmen.

13 Zur Anwendung der Bestimmungen von Paragraph 10 auf Transaktionen mit anderen Parteien als Mitarbeitern gilt die widerlegbare Vermutung, dass der beizulegende Zeitwert der erhaltenen Güter oder Dienstleistungen verlässlich geschätzt werden kann. Der beizulegende Zeitwert ist an dem Tag zu ermitteln, an dem das Unternehmen die Güter erhält oder die Vertragspartei ihre Leistung erbringt. Sollte das Unternehmen diese Vermutung in seltenen Fällen widerlegen, weil es den beizulegenden Zeitwert der erhaltenen Güter oder Dienstleistungen nicht verlässlich schätzen kann, sind die erhaltenen Güter oder Dienstleistungen und die entsprechende Erhöhung des Eigenkapitals indirekt unter Bezugnahme auf den beizulegenden Zeitwert der gewährten Eigenkapitalinstrumente an dem Tag, an dem die Güter erhalten oder Leistungen erbracht wurden, zu bewerten.

13A Sollte insbesondere die identifizierbare Gegenleistung (falls vorhanden), die das Unternehmen erhält, geringer erscheinen als der beizulegende Zeitwert der gewährten Eigenkapitalinstrumente oder der eingegangenen Verpflichtungen, so ist dies in der Regel ein Hinweis darauf, dass das Unternehmen eine weitere Gegenleistung (d. h. nicht identifizierbare Güter oder Leistungen) erhalten hat (oder noch erhalten wird). Die identifizierbaren Güter oder Dienstleistungen, die das Unternehmen erhalten hat, sind gemäß diesem IFRS zu bewerten. Die nicht identifizierbaren Güter oder Leistungen, die das Unternehmen erhalten hat (oder noch erhalten wird), sind mit der Differenz zwischen dem beizulegenden Zeitwert der anteilsbasierten Vergütung und dem beizulegenden Zeitwert aller erhaltenen (oder noch zu erhaltenden) identifizierbaren Güter oder Leistungen anzusetzen. Die nicht identifizierbaren Güter oder Leistungen, die das Unternehmen erhalten hat, sind zu dem Wert am Tag der Gewährung anzusetzen. Bei Transaktionen mit Barausgleich ist die Verbindlichkeit jedoch so lange zum Ende jedes Berichtszeitraums neu zu bewerten, bis sie nach den Paragraphen 30–33 beglichen ist.

Transaktionen, bei denen Dienstleistungen erhalten werden

14 Sind die gewährten Eigenkapitalinstrumente sofort *ausübbar*, ist die Vertragspartei nicht an eine bestimmte Dienstzeit gebunden, bevor sie einen uneingeschränkten Anspruch an diesen Eigenkapitalinstrumenten erwirbt. Sofern kein gegenteiliger substanzieller Hinweis vorliegt, ist von der Annahme auszugehen, dass die von der Vertragspartei als Entgelt für die Eigenkapitalinstrumente zu erbringenden Leistungen bereits erhalten wurden. In diesem Fall sind die erhaltenen Leistungen am Tag der Gewährung in voller Höhe mit einer entsprechenden Erhöhung des Eigenkapitals zu erfassen.

---

2 In diesem IFRS wird die Formulierung „unter Bezugnahme auf" und nicht „zum" verwendet, weil die Bewertung der Transaktion letztlich durch Multiplikation des beizulegenden Zeitwerts der gewährten Eigenkapitalinstrumente an dem in Paragraph 11 bzw. 13 angegebenen Tag (je nach Sachlage) mit der Anzahl der ausübbaren Eigenkapitalinstrumente, wie in Paragraph 19 erläutert, erfolgt.

3 Im verbleibenden Teil dieses IFRS schließen alle Bezugnahmen auf Mitarbeiter auch andere Personen, die ähnliche Leistungen erbringen, ein.

EQUITY-SETTLED SHARE-BASED PAYMENT TRANSACTIONS

Overview

For equity-settled share-based payment transactions, the entity shall measure the goods or services received, and the corresponding increase in equity, directly, at the fair value of the goods or services received, unless that fair value cannot be estimated reliably. If the entity cannot estimate reliably the fair value of the goods or services received, the entity shall measure their value, and the corresponding increase in equity, indirectly, by reference to[2] the fair value of the equity instruments granted. **10**

To apply the requirements of paragraph 10 to transactions with *employees and others providing similar services*[3], the entity shall measure the fair value of the services received by reference to the fair value of the equity instruments granted, because typically it is not possible to estimate reliably the fair value of the services received, as explained in paragraph 12. The fair value of those equity instruments shall be measured at *grant date*. **11**

Typically, shares, share options or other equity instruments are granted to employees as part of their remuneration package, in addition to a cash salary and other employment benefits. Usually, it is not possible to measure directly the services received for particular components of the employee's remuneration package. It might also not be possible to measure the fair value of the total remuneration package independently, without measuring directly the fair value of the equity instruments granted. Furthermore, shares or share options are sometimes granted as part of a bonus arrangement, rather than as a part of basic remuneration, e.g. as an incentive to the employees to remain in the entity's employ or to reward them for their efforts in improving the entity's performance. By granting shares or share options, in addition to other remuneration, the entity is paying additional remuneration to obtain additional benefits. Estimating the fair value of those additional benefits is likely to be difficult. Because of the difficulty of measuring directly the fair value of the services received, the entity shall measure the fair value of the employee services received by reference to the fair value of the equity instruments granted. **12**

To apply the requirements of paragraph 10 to transactions with parties other than employees, there shall be a rebuttable presumption that the fair value of the goods or services received can be estimated reliably. That fair value shall be measured at the date the entity obtains the goods or the counterparty renders service. In rare cases, if the entity rebuts this presumption because it cannot estimate reliably the fair value of the goods or services received, the entity shall measure the goods or services received, and the corresponding increase in equity, indirectly, by reference to the fair value of the equity instruments granted, measured at the date the entity obtains the goods or the counterparty renders service. **13**

In particular, if the identifiable consideration received (if any) by the entity appears to be less than the fair value of the equity instruments granted or liability incurred, typically this situation indicates that other consideration (i.e. unidentifiable goods or services) has been (or will be) received by the entity. The entity shall measure the identifiable goods or services received in accordance with this IFRS. The entity shall measure the unidentifiable goods or services received (or to be received) as the difference between the fair value of the share-based payment and the fair value of any identifiable goods or services received (or to be received). The entity shall measure the unidentifiable goods or services received at the grant date. However, for cash-settled transactions, the liability shall be remeasured at the end of each reporting period until it is settled in accordance with paragraphs 30—33. **13A**

Transactions in which services are received

If the equity instruments granted *vest* immediately, the counterparty is not required to complete a specified period of service before becoming unconditionally entitled to those equity instruments. In the absence of evidence to the contrary, the entity shall presume that services rendered by the counterparty as consideration for the equity instruments have been received. In this case, on grant date the entity shall recognise the services received in full, with a corresponding increase in equity. **14**

---

2   This IFRS uses the phrase 'by reference to' rather than 'at', because the transaction is ultimately measured by multiplying the fair value of the equity instruments granted, measured at the date specified in paragraph 11 or 13 (whichever is applicable), by the number of equity instruments that vest, as explained in paragraph 19.

3   In the remainder of this IFRS, all references to employees also includes others providing similar services.

15 Ist die Ausübung der gewährten Eigenkapitalinstrumente von der Ableistung einer bestimmten Dienstzeit durch die Vertragspartei abhängig, hat das Unternehmen davon auszugehen, dass die von der Vertragspartei als Gegenleistung für diese Eigenkapitalinstrumente zu erbringenden Leistungen künftig im Laufe des *Erdienungszeitraums* erhalten werden. Das Unternehmen hat diese Leistungen jeweils zum Zeitpunkt ihrer Erbringung während des Erdienungszeitraums mit einer einhergehenden Eigenkapitalerhöhung zu erfassen. Zum Beispiel:

(a) Wenn einem Arbeitnehmer Aktienoptionen unter der Bedingung eines dreijährigen Verbleibs im Unternehmen gewährt werden, ist zu unterstellen, dass die vom Arbeitnehmer als Entgelt für die Aktienoptionen zu erbringenden Leistungen künftig im Laufe dieses dreijährigen Erdienungszeitraums erhalten werden.

(b) Wenn einem Arbeitnehmer Aktienoptionen mit der Auflage gewährt werden, eine bestimmte *Leistungsbedingung* zu erfüllen und so lange im Unternehmen zu bleiben, bis diese Leistungsbedingung eingetreten ist, und die Länge des Erdienungszeitraums je nach dem Zeitpunkt der Erfüllung der Leistungsbedingung variiert, hat das Unternehmen davon auszugehen, dass es die vom Arbeitnehmer als Gegenleistung für die Aktienoptionen zu erbringenden Leistungen künftig, im Laufe des erwarteten Erdienungszeitraums, erhalten werden. Die Dauer des erwarteten Erdienungszeitraums ist am Tag der Gewährung nach dem wahrscheinlichsten Eintreten der Erfolgsbedingung zu schätzen. Handelt es sich bei der Erfolgsbedingung um eine *Marktbedingung,* muss die geschätzte Dauer des erwarteten Erdienungszeitraums mit den bei der Schätzung des beizulegenden Zeitwerts der gewährten Optionen verwendeten Annahmen übereinstimmen und darf später nicht mehr geändert werden. Ist die Erfolgsbedingung keine Marktbedingung, hat das Unternehmen die geschätzte Dauer des Erdienungszeitraums bei Bedarf zu korrigieren, wenn spätere Informationen darauf hindeuten, dass die Länge des Erdienungszeitraums von den bisherigen Schätzungen abweicht.

Transaktionen, die unter Bezugnahme auf den beizulegenden Zeitwert der gewährten Eigenkapitalinstrumente bewertet werden

Ermittlung des beizulegenden Zeitwerts der gewährten Eigenkapitalinstrumente

16 Bei Transaktionen, die unter Bezugnahme auf den beizulegenden Zeitwert der gewährten Eigenkapitalinstrumente bewertet werden, ist der beizulegende Zeitwert der gewährten Eigenkapitalinstrumente am *Bewertungsstichtag* anhand der Marktpreise (sofern verfügbar) unter Berücksichtigung der besonderen Konditionen, zu denen die Eigenkapitalinstrumente gewährt wurden, (vorbehaltlich der Bestimmungen der Paragraphen 19–22) zu ermitteln.

17 Stehen keine Marktpreise zur Verfügung, ist der beizulegende Zeitwert der gewährten Eigenkapitalinstrumente mit einer Bewertungstechnik zu bestimmen, bei der geschätzt wird, welchen Preis die betreffenden Eigenkapitalinstrumente am Bewertungsstichtag bei einer Transaktion zwischen sachverständigen, vertragswilligen und voneinander unabhängigen Parteien unter marktüblichen Bedingungen erzielt hätten. Die Bewertungstechnik muss den allgemein anerkannten Bewertungsverfahren zur Ermittlung der Preise von Finanzinstrumenten entsprechen und alle Faktoren und Annahmen berücksichtigen, die sachverständige, vertragswillige Marktteilnehmer bei der Preisfestlegung in Erwägung ziehen würden (vorbehaltlich der Bestimmungen der Paragraphen 19–22).

18 Anhang B enthält weitere Leitlinien für die Ermittlung des beizulegenden Zeitwerts von Aktien und Aktienoptionen, wobei vor allem auf die üblichen Vertragsbedingungen bei der Gewährung von Aktien oder Aktienoptionen an Mitarbeiter eingegangen wird.

Behandlung der Ausübungsbedingungen

19 Die Gewährung von Eigenkapitalinstrumenten kann an die Erfüllung bestimmter Ausübungsbedingungen gekoppelt sein. Beispielsweise ist die Zusage von Aktien oder Aktienoptionen an einen Mitarbeiter üblicherweise davon abhängig, dass er eine bestimmte Zeit im Unternehmen bleibt. Manchmal sind auch Leistungsbedingungen zu erfüllen, wie z. B. die Erreichung eines bestimmten Gewinnwachstums oder eine bestimmte Steigerung des Aktienkurses des Unternehmens. Im Gegensatz zu Marktbedingungen fließen die Ausübungsbedingungen nicht in die Schätzung des beizulegenden Zeitwerts der Aktien oder Aktienoptionen am Bewertungsstichtag ein. Die Ausübungsbedingungen sind vielmehr durch Anpassung der Anzahl der in die Bestimmung des Transaktionsbetrags einbezogenen Eigenkapitalinstrumente zu berücksichtigen, so dass der für die Güter oder Dienstleistungen, die als Gegenleistung für die gewährten Eigenkapitalinstrumente erhalten werden, angesetzte Betrag letztlich auf der Anzahl der schließlich ausübbaren Eigenkapitalinstrumente beruht. Dementsprechend wird auf kumulierter Basis kein Betrag für erhaltene Güter oder Dienstleistungen erfasst, wenn die gewährten Eigenkapitalinstrumente wegen der Nichterfüllung einer *Ausübungsbedingung,* beispielsweise wegen des Ausscheidens eines Mitarbeiters vor der festgelegten Dienstzeit oder der Nichterfüllung einer Leistungsbedingung, vorbehaltlich der Bestimmungen von Paragraph 21, nicht ausgeübt werden können.

20 Zur Anwendung der Bestimmungen von Paragraph 19 ist für die während des Erdienungszeitraums erhaltenen Güter oder Dienstleistungen ein Betrag anzusetzen, der auf der bestmöglichen Schätzung der Anzahl der erwarteten ausübbaren Eigenkapitalinstrumente basiert, wobei diese Schätzung bei Bedarf zu korrigieren ist, wenn spätere Informationen darauf hindeuten, dass die Anzahl der erwarteten ausübbaren Eigenkapitalinstrumente von den bisherigen Schätzungen abweicht. Am Tag der ersten Ausübungsmöglichkeit ist die Schätzung vorbehaltlich der Bestimmungen von Paragraph 21 an die Anzahl der schließlich ausübbaren Eigenkapitalinstrumente anzugleichen.

If the equity instruments granted do not vest until the counterparty completes a specified period of service, the entity shall **15** presume that the services to be rendered by the counterparty as consideration for those equity instruments will be received in the future, during the *vesting period*. The entity shall account for those services as they are rendered by the counterparty during the vesting period, with a corresponding increase in equity. For example:

(a) if an employee is granted share options conditional upon completing three years' service, then the entity shall presume that the services to be rendered by the employee as consideration for the share options will be received in the future, over that three-year vesting period;

(b) if an employee is granted share options conditional upon the achievement of a *performance condition* and remaining in the entity's employ until that performance condition is satisfied, and the length of the vesting period varies depending on when that performance condition is satisfied, the entity shall presume that the services to be rendered by the employee as consideration for the share options will be received in the future, over the expected vesting period. The entity shall estimate the length of the expected vesting period at grant date, based on the most likely outcome of the performance condition. If the performance condition is a *market condition,* the estimate of the length of the expected vesting period shall be consistent with the assumptions used in estimating the fair value of the options granted, and shall not be subsequently revised. If the performance condition is not a market condition, the entity shall revise its estimate of the length of the vesting period, if necessary, if subsequent information indicates that the length of the vesting period differs from previous estimates.

Transactions measured by reference to the fair value of the equity instruments granted

Determining the fair value of equity instruments granted

For transactions measured by reference to the fair value of the equity instruments granted, an entity shall measure the fair **16** value of equity instruments granted at the *measurement date,* based on market prices if available, taking into account the terms and conditions upon which those equity instruments were granted (subject to the requirements of paragraphs 19—22).

If market prices are not available, the entity shall estimate the fair value of the equity instruments granted using a valua- **17** tion technique to estimate what the price of those equity instruments would have been on the measurement date in an arm's length transaction between knowledgeable, willing parties. The valuation technique shall be consistent with generally accepted valuation methodologies for pricing financial instruments, and shall incorporate all factors and assumptions that knowledgeable, willing market participants would consider in setting the price (subject to the requirements of paragraphs 19—22).

Appendix B contains further guidance on the measurement of the fair value of shares and share options, focusing on the **18** specific terms and conditions that are common features of a grant of shares or share options to employees.

Treatment of vesting conditions

A grant of equity instruments might be conditional upon satisfying specified vesting conditions. For example, a grant of **19** shares or share options to an employee is typically conditional on the employee remaining in the entity's employ for a specified period of time. There might be performance conditions that must be satisfied, such as the entity achieving a specified growth in profit or a specified increase in the entity's share price. Vesting conditions, other than market conditions, shall not be taken into account when estimating the fair value of the shares or share options at the measurement date. Instead, vesting conditions shall be taken into account by adjusting the number of equity instruments included in the measurement of the transaction amount so that, ultimately, the amount recognised for goods or services received as consideration for the equity instruments granted shall be based on the number of equity instruments that eventually vest. Hence, on a cumulative basis, no amount is recognised for goods or services received if the equity instruments granted do not vest because of failure to satisfy a *vesting condition*, eg the counterparty fails to complete a specified service period, or a performance condition is not satisfied, subject to the requirements of paragraph 21.

To apply the requirements of paragraph 19, the entity shall recognise an amount for the goods or services received during **20** the vesting period based on the best available estimate of the number of equity instruments expected to vest and shall revise that estimate, if necessary, if subsequent information indicates that the number of equity instruments expected to vest differs from previous estimates. On vesting date, the entity shall revise the estimate to equal the number of equity instruments that ultimately vested, subject to the requirements of paragraph 21.

21 Bei der Schätzung des beizulegenden Zeitwerts gewährter Eigenkapitalinstrumente sind die Marktbedingungen zu berücksichtigen, wie beispielsweise ein Zielkurs, an den die Ausübung (oder Ausübbarkeit) geknüpft ist. Daher hat das Unternehmen bei der Gewährung von Eigenkapitalinstrumenten, die Marktbedingungen unterliegen, die von einer Vertragspartei erhaltenen Güter oder Dienstleistungen unabhängig vom Eintreten dieser Marktbedingungen zu erfassen, sofern die Vertragspartei alle anderen Ausübungsbedingungen erfüllt (etwa die Leistungen eines Mitarbeiters, der die vertraglich festgelegte Zeit im Unternehmen verblieben ist).

Behandlung der Nicht-Ausübungsbedingungen

21A In gleicher Weise hat ein Unternehmen bei der Schätzung des beizulegenden Zeitwerts gewährter Eigenkapitalinstrumente alle Nicht-Ausübungsbedingungen zu berücksichtigen. Daher hat das Unternehmen bei der Gewährung von Eigenkapitalinstrumenten, die Nicht-Ausübungsbedingungen unterliegen, die von einer Vertragspartei erhaltenen Güter oder Dienstleistungen unabhängig vom Eintreten dieser Nicht-Ausübungsbedingungen zu erfassen, sofern die Vertragspartei alle Ausübungsbedingungen, die keine Marktbedingungen sind, erfüllt (etwa die Leistungen eines Mitarbeiters, der die vertraglich festgelegte Zeit im Unternehmen verblieben ist).

Behandlung von Reload-Eigenschaften

22 Bei Optionen mit *Reload-Eigenschaften* ist die Reload-Eigenschaft bei der Ermittlung des beizulegenden Zeitwerts der am Bewertungsstichtag gewährten Optionen nicht zu berücksichtigen. Stattdessen ist eine *Reload-Option* zu dem Zeitpunkt als neu gewährte Option zu verbuchen, zu dem sie später gewährt wird.

Nach dem Tag der ersten Ausübungsmöglichkeit

23 Nachdem die erhaltenen Güter oder Dienstleistungen gemäß den Paragraphen 10–22 mit einer entsprechenden Eigenkapitalerhöhung erfasst wurden, dürfen nach dem Tag der ersten Ausübungsmöglichkeit keine weiteren Änderungen am Gesamtwert des Eigenkapitals mehr vorgenommen werden. Beispielsweise darf die Erfassung eines Betrags für von einem Mitarbeiter erbrachte Leistungen nicht rückgängig gemacht werden, wenn die ausübbaren Eigenkapitalinstrumente später verwirkt oder, im Falle von Aktienoptionen, die Optionen nicht ausgeübt werden. Diese Vorschrift schließt jedoch nicht die Möglichkeit einer Umbuchung innerhalb des Eigenkapitals, also eine Umbuchung von einem Eigenkapitalposten in einen anderen, aus.

Wenn der beizulegende Zeitwert der Eigenkapitalinstrumente nicht verlässlich geschätzt werden kann

24 Die Vorschriften in den Paragraphen 16–23 sind anzuwenden, wenn eine anteilsbasierte Vergütung unter Bezugnahme auf den beizulegenden Zeitwert der gewährten Eigenkapitalinstrumente zu bewerten ist. In seltenen Fällen kann ein Unternehmen nicht in der Lage sein, den beizulegenden Zeitwert der gewährten Eigenkapitalinstrumente gemäß den Bestimmungen der Paragraphen 16–22 am Bewertungsstichtag verlässlich zu schätzen. Ausschließlich in diesen seltenen Fällen hat das Unternehmen stattdessen

(a) die Eigenkapitalinstrumente mit ihrem *inneren Wert* anzusetzen, und zwar erstmals zu dem Zeitpunkt, zu dem das Unternehmen die Güter erhält oder die Vertragspartei die Dienstleistung erbringt, und anschließend an jedem Berichtsstichtag sowie am Tag der endgültigen Erfüllung, wobei etwaige Änderungen des inneren Werts erfolgswirksam zu erfassen sind. Bei der Gewährung von Aktienoptionen gilt die anteilsbasierte Vergütungsvereinbarung als endgültig erfüllt, wenn die Optionen ausgeübt bzw. verwirkt werden (z. B. durch Beendigung des Beschäftigungsverhältnisses) oder verfallen (z. B. nach Ablauf der Ausübungsfrist);

(b) die erhaltenen Güter oder Dienstleistungen auf Basis der Anzahl der schließlich ausübbaren oder (falls zutreffend) ausgeübten Eigenkapitalinstrumente anzusetzen. Bei Anwendung dieser Vorschrift auf Aktienoptionen sind beispielsweise die während des Erdienungszeitraums erhaltenen Güter oder Dienstleistungen gemäß den Paragraphen 14 und 15, mit Ausnahme der Bestimmungen in Paragraph 15 (b) in Bezug auf das Vorliegen einer Marktbedingung, zu erfassen. Der Betrag, der für die während des Erdienungszeitraums erhaltenen Güter oder Dienstleistungen angesetzt wird, richtet sich nach der Anzahl der erwartungsgemäß ausübbaren Aktienoptionen. Diese Schätzung ist bei Bedarf zu korrigieren, wenn spätere Informationen darauf hindeuten, dass die erwartete Anzahl der ausübbaren Aktienoptionen von den bisherigen Schätzungen abweicht. Am Tag der ersten Ausübungsmöglichkeit ist die Schätzung an die Anzahl der schließlich ausübbaren Eigenkapitalinstrumente anzugleichen. Nach dem Tag der ersten Ausübungsmöglichkeit ist der für erhaltene Güter oder Dienstleistungen erfasste Betrag zurückzubuchen, wenn die Aktienoptionen später verwirkt werden oder nach Ablauf der Ausübungsfrist verfallen.

25 Für Unternehmen, die nach Paragraph 24 bilanzieren, sind die Vorschriften in den Paragraphen 26–29 nicht anzuwenden, da etwaige Änderungen der Vertragsbedingungen, zu denen die Eigenkapitalinstrumente gewährt wurden, bei der in Paragraph 24 beschriebenen Methode des inneren Werts bereits berücksichtigt werden. Für die Erfüllung gewährter Eigenkapitalinstrumente, die nach Paragraph 24 bewertet wurden, gilt jedoch:

(a) Tritt die Erfüllung während des Erdienungszeitraums ein, hat das Unternehmen die Erfüllung als vorgezogene Ausübungsmöglichkeit zu berücksichtigen und daher den Betrag, der ansonsten für die im restlichen Erdienungszeitraum erhaltenen Leistungen erfasst worden wäre, sofort zu erfassen.

Market conditions, such as a target share price upon which vesting (or exercisability) is conditioned, shall be taken into account when estimating the fair value of the equity instruments granted. Therefore, for grants of equity instruments with market conditions, the entity shall recognise the goods or services received from a counterparty who satisfies all other vesting conditions (e.g. services received from an employee who remains in service for the specified period of service), irrespective of whether that market condition is satisfied. **21**

Treatment of non-vesting conditions

Similarly, an entity shall take into account all non-vesting conditions when estimating the fair value of the equity instruments granted. Therefore, for grants of equity instruments with non-vesting conditions, the entity shall recognise the goods or services received from a counterparty that satisfies all vesting conditions that are not market conditions (e.g. services received from an employee who remains in service for the specified period of service), irrespective of whether those non-vesting conditions are satisfied. **21A**

Treatment of a reload feature

For options with a *reload feature,* the reload feature shall not be taken into account when estimating the fair value of options granted at the measurement date. Instead, a *reload option* shall be accounted for as a new option grant, if and when a reload option is subsequently granted. **22**

After vesting date

Having recognised the goods or services received in accordance with paragraphs 10—22, and a corresponding increase in equity, the entity shall make no subsequent adjustment to total equity after vesting date. For example, the entity shall not subsequently reverse the amount recognised for services received from an employee if the vested equity instruments are later forfeited or, in the case of share options, the options are not exercised. However, this requirement does not preclude the entity from recognising a transfer within equity, i.e. a transfer from one component of equity to another. **23**

If the fair value of the equity instruments cannot be estimated reliably

The requirements in paragraphs 16—23 apply when the entity is required to measure a share-based payment transaction by reference to the fair value of the equity instruments granted. In rare cases, the entity may be unable to estimate reliably the fair value of the equity instruments granted at the measurement date, in accordance with the requirements in paragraphs 16—22. In these rare cases only, the entity shall instead: **24**

(a) measure the equity instruments at their *intrinsic value,* initially at the date the entity obtains the goods or the counterparty renders service and subsequently at the end of each reporting period and at the date of final settlement, with any change in intrinsic value recognised in profit or loss. For a grant of share options, the share-based payment arrangement is finally settled when the options are exercised, are forfeited (e.g. upon cessation of employment) or lapse (e.g. at the end of the option's life);

(b) recognise the goods or services received based on the number of equity instruments that ultimately vest or (where applicable) are ultimately exercised. To apply this requirement to share options, for example, the entity shall recognise the goods or services received during the vesting period, if any, in accordance with paragraphs 14 and 15, except that the requirements in paragraph 15 (b) concerning a market condition do not apply. The amount recognised for goods or services received during the vesting period shall be based on the number of share options expected to vest. The entity shall revise that estimate, if necessary, if subsequent information indicates that the number of share options expected to vest differs from previous estimates. On vesting date, the entity shall revise the estimate to equal the number of equity instruments that ultimately vested. After vesting date, the entity shall reverse the amount recognised for goods or services received if the share options are later forfeited, or lapse at the end of the share option's life.

If an entity applies paragraph 24, it is not necessary to apply paragraphs 26—29, because any modifications to the terms and conditions on which the equity instruments were granted will be taken into account when applying the intrinsic value method set out in paragraph 24. However, if an entity settles a grant of equity instruments to which paragraph 24 has been applied: **25**

(a) if the settlement occurs during the vesting period, the entity shall account for the settlement as an acceleration of vesting, and shall therefore recognise immediately the amount that would otherwise have been recognised for services received over the remainder of the vesting period;

(b) Alle zum Zeitpunkt der Erfüllung geleisteten Zahlungen sind als Rückkauf von Eigenkapitalinstrumenten, also als Abzug vom Eigenkapital, zu bilanzieren. Davon ausgenommen ist der Anteil des gezahlten Betrags, der den am Tag des Rückkaufs ermittelten beizulegenden Zeitwert der rückgekauften Eigenkapitalinstrumente übersteigt und als Aufwand zu erfassen ist.

Änderungen der Vertragsbedingungen, zu denen die Eigenkapitalinstrumente gewährt wurden, einschließlich Annullierungen und Erfüllungen

26 Es ist denkbar, dass ein Unternehmen die Vertragsbedingungen für die Gewährung der Eigenkapitalinstrumente ändert. Beispielsweise könnte es den Ausübungspreis für gewährte Mitarbeiteroptionen senken (also den Optionspreis neu festsetzen), wodurch sich der beizulegende Zeitwert dieser Optionen erhöht. Die Bestimmungen in den Paragraphen 27–29 für die Bilanzierung der Auswirkungen solcher Änderungen sind im Kontext anteilsbasierter Vergütungen mit Mitarbeitern formuliert. Sie gelten jedoch auch für anteilsbasierte Vergütungen mit anderen Parteien als Mitarbeitern, die unter Bezugnahme auf den beizulegenden Zeitwert der gewährten Eigenkapitalinstrumente erfasst werden. Im letzten Fall beziehen sich alle in den Paragraphen 27–29 enthaltenen Verweise auf den Tag der Gewährung stattdessen auf den Tag, an dem das Unternehmen die Güter erhält oder die Vertragspartei die Dienstleistung erbringt.

27 Die erhaltenen Leistungen sind mindestens mit dem am Tag der Gewährung ermittelten beizulegenden Zeitwert der gewährten Eigenkapitalinstrumente zu erfassen, es sei denn, diese Eigenkapitalinstrumente sind nicht ausübbar, weil am Tag der Gewährung eine vereinbarte Ausübungsbedingung (außer einer Marktbedingung) nicht erfüllt war. Dies gilt unabhängig von etwaigen Änderungen der Vertragsbedingungen, zu denen die Eigenkapitalinstrumente gewährt wurden, oder einer Annullierung oder Erfüllung der gewährten Eigenkapitalinstrumente. Außerdem hat ein Unternehmen die Auswirkungen von Änderungen zu erfassen, die den gesamten beizulegenden Zeitwert der anteilsbasierten Vergütungsvereinbarung erhöhen oder mit einem anderen Nutzen für den Mitarbeiter verbunden sind. Leitlinien für die Anwendung dieser Vorschrift sind in Anhang B zu finden.

28 Bei einer Annullierung (ausgenommen einer Annullierung durch Verwirkung, weil die Ausübungsbedingungen nicht erfüllt wurden) oder Erfüllung gewährter Eigenkapitalinstrumente während des Erdienungszeitraums gilt Folgendes:

(a) Das Unternehmen hat die Annullierung oder Erfüllung als vorgezogene Ausübungsmöglichkeit zu behandeln und daher den Betrag, der ansonsten für die im restlichen Erdienungszeitraum erhaltenen Leistungen erfasst worden wäre, sofort zu erfassen.

(b) Alle Zahlungen, die zum Zeitpunkt der Annullierung oder Erfüllung an den Mitarbeiter geleistet werden, sind als Rückkauf eines Eigenkapitalanteils, also als Abzug vom Eigenkapital, zu bilanzieren. Davon ausgenommen ist der Anteil des gezahlten Betrags, der den am Tag des Rückkaufs ermittelten beizulegenden Zeitwert der rückgekauften Eigenkapitalinstrumente übersteigt und als Aufwand zu erfassen ist. Enthält eine anteilsbasierte Vergütungsvereinbarung jedoch Schuldkomponenten, so ist der beizulegende Zeitwert der Schuld am Tag der Annullierung oder Erfüllung neu zu bewerten. Alle Zahlungen, die zur Erfüllung der Schuldkomponente geleistet werden, sind als eine Tilgung der Schuld zu bilanzieren.

(c) Wenn einem Arbeitnehmer neue Eigenkapitalinstrumente gewährt werden und das Unternehmen am Tag der Gewährung dieser neuen Eigenkapitalinstrumente angibt, dass die neuen Eigenkapitalinstrumente als Ersatz für die annullierten Eigenkapitalinstrumente gewährt wurden, sind die als Ersatz gewährten Eigenkapitalinstrumente auf gleiche Weise wie eine Änderung der ursprünglich gewährten Eigenkapitalinstrumente in Übereinstimmung mit Paragraph 27 und den Leitlinien in Anhang B zu bilanzieren. Der gewährte zusätzliche beizulegende Zeitwert entspricht der Differenz zwischen dem beizulegenden Zeitwert der als Ersatz bestimmten Eigenkapitalinstrumente und dem beizulegenden Nettozeitwert der annullierten Eigenkapitalinstrumente am Tag, an dem die Ersatzinstrumente gewährt wurden. Der beizulegende Nettozeitwert der annullierten Eigenkapitalinstrumente ergibt sich aus ihrem beizulegenden Zeitwert unmittelbar vor der Annullierung, abzüglich des Betrags einer etwaigen Zahlung, die zum Zeitpunkt der Annullierung der Eigenkapitalinstrumente an den Mitarbeiter geleistet wurde und die gemäß (b) oben als Abzug vom Eigenkapital zu bilanzieren ist. Neue Eigenkapitalinstrumente, die nach Angabe des Unternehmens nicht als Ersatz für die annullierten Eigenkapitalinstrumente gewährt wurden, sind als neue gewährte Eigenkapitalinstrumente zu bilanzieren.

28A Wenn ein Unternehmen oder eine Vertragspartei wählen kann, ob es bzw. sie eine Nicht-Ausübungsbedingung erfüllen will, und das Unternehmen oder die Vertragspartei es unterlässt, die Nicht-Ausübungsbedingung während des Erdienungszeitraums zu erfüllen, so ist dies als eine Annullierung zu behandeln.

29 Beim Rückkauf von ausgeübten Eigenkapitalinstrumenten sind die an den Mitarbeiter geleisteten Zahlungen als Abzug vom Eigenkapital zu bilanzieren. Davon ausgenommen ist der Anteil des gezahlten Betrags, der den am Tag des Rückkaufs ermittelten beizulegenden Zeitwert der rückgekauften Eigenkapitalinstrumente übersteigt und als Aufwand zu erfassen ist.

(b) any payment made on settlement shall be accounted for as the repurchase of equity instruments, i.e. as a deduction from equity, except to the extent that the payment exceeds the intrinsic value of the equity instruments, measured at the repurchase date. Any such excess shall be recognised as an expense.

Modifications to the terms and conditions on which equity instruments were granted, including cancellations and settlements

An entity might modify the terms and conditions on which the equity instruments were granted. For example, it might 26 reduce the exercise price of options granted to employees (i.e. reprice the options), which increases the fair value of those options. The requirements in paragraphs 27—29 to account for the effects of modifications are expressed in the context of share-based payment transactions with employees. However, the requirements shall also be applied to share-based payment transactions with parties other than employees that are measured by reference to the fair value of the equity instruments granted. In the latter case, any references in paragraphs 27—29 to grant date shall instead refer to the date the entity obtains the goods or the counterparty renders service.

The entity shall recognise, as a minimum, the services received measured at the grant date fair value of the equity instruments granted, unless those equity instruments do not vest because of failure to satisfy a vesting condition (other than a market condition) that was specified at grant date. This applies irrespective of any modifications to the terms and conditions on which the equity instruments were granted, or a cancellation or settlement of that grant of equity instruments. In addition, the entity shall recognise the effects of modifications that increase the total fair value of the share-based payment arrangement or are otherwise beneficial to the employee. Guidance on applying this requirement is given in Appendix B.

If a grant of equity instruments is cancelled or settled during the vesting period (other than a grant cancelled by forfeiture 28 when the vesting conditions are not satisfied):

(a) the entity shall account for the cancellation or settlement as an acceleration of vesting, and shall therefore recognise immediately the amount that otherwise would have been recognised for services received over the remainder of the vesting period;

(b) any payment made to the employee on the cancellation or settlement of the grant shall be accounted for as the repurchase of an equity interest, i.e. as a deduction from equity, except to the extent that the payment exceeds the fair value of the equity instruments granted, measured at the repurchase date. Any such excess shall be recognised as an expense. However, if the share-based payment arrangement included liability components, the entity shall remeasure the fair value of the liability at the date of cancellation or settlement. Any payment made to settle the liability component shall be accounted for as an extinguishment of the liability;

(c) if new equity instruments are granted to the employee and, on the date when those new equity instruments are granted, the entity identifies the new equity instruments granted as replacement equity instruments for the cancelled equity instruments, the entity shall account for the granting of replacement equity instruments in the same way as a modification of the original grant of equity instruments, in accordance with paragraph 27 and the guidance in Appendix B. The incremental fair value granted is the difference between the fair value of the replacement equity instruments and the net fair value of the cancelled equity instruments, at the date the replacement equity instruments are granted. The net fair value of the cancelled equity instruments is their fair value, immediately before the cancellation, less the amount of any payment made to the employee on cancellation of the equity instruments that is accounted for as a deduction from equity in accordance with (b) above. If the entity does not identify new equity instruments granted as replacement equity instruments for the cancelled equity instruments, the entity shall account for those new equity instruments as a new grant of equity instruments.

If an entity or counterparty can choose whether to meet a non-vesting condition, the entity shall treat the entity's or 28A counterparty's failure to meet that non-vesting condition during the vesting period as a cancellation.

If an entity repurchases vested equity instruments, the payment made to the employee shall be accounted for as a deduc- 29 tion from equity, except to the extent that the payment exceeds the fair value of the equity instruments repurchased, measured at the repurchase date. Any such excess shall be recognised as an expense.

ANTEILSBASIERTE VERGÜTUNGEN MIT BARAUSGLEICH

30 Bei anteilsbasierten Vergütungen, die in bar abgegolten werden, sind die erworbenen Güter oder Dienstleistungen und die entstandene Schuld mit dem beizulegenden Zeitwert der Schuld zu erfassen. Bis zur Begleichung der Schuld ist der beizulegende Zeitwert der Schuld zu jedem Berichtsstichtag und am Erfüllungstag neu zu bestimmen und sind alle Änderungen des beizulegenden Zeitwerts erfolgswirksam zu erfassen.

31 Ein Unternehmen könnte seinen Mitarbeitern z. B. als Teil ihres Vergütungspakets Wertsteigerungsrechte gewähren, mit denen sie einen Anspruch auf eine künftige Barvergütung (anstelle eines Eigenkapitalinstruments) erwerben, die an den Kursanstieg der Aktien dieses Unternehmens gegenüber einem bestimmten Basiskurs über einen bestimmten Zeitraum gekoppelt ist. Eine andere Möglichkeit der Gewährung eines Anspruchs auf den Erhalt einer künftigen Barvergütung besteht darin, den Mitarbeitern ein Bezugsrecht auf Aktien (einschließlich zum Zeitpunkt der Ausübung der Aktienoptionen auszugebender Aktien) einzuräumen, die entweder rückkaufpflichtig sind (beispielsweise bei Beendigung des Beschäftigungsverhältnisses) oder nach Wahl des Mitarbeiters eingelöst werden können.

32 Das Unternehmen hat zu dem Zeitpunkt, zu dem die Mitarbeiter ihre Leistung erbringen, die erhaltenen Leistungen und gleichzeitig eine Schuld zur Abgeltung dieser Leistungen zu erfassen. Einige Wertsteigerungsrechte sind beispielsweise sofort ausübbar, so dass der Mitarbeiter nicht an die Ableistung einer bestimmten Dienstzeit gebunden ist, bevor er einen Anspruch auf die Barvergütung erwirbt. Sofern kein gegenteiliger substanzieller Hinweis vorliegt, ist zu unterstellen, dass die von den Mitarbeitern als Entgelt für die Wertsteigerungsrechte zu erbringenden Leistungen erhalten wurden. Dementsprechend hat das Unternehmen die erhaltenen Leistungen und die daraus entstehende Schuld sofort zu erfassen. Ist die Ausübung der Wertsteigerungsrechte von der Ableistung einer bestimmten Dienstzeit abhängig, sind die erhaltenen Leistungen und die daraus entstehende Schuld zu dem Zeitpunkt zu erfassen, zu dem die Leistungen von den Mitarbeitern während dieses Zeitraums erbracht wurden.

33 Die Schuld ist bei der erstmaligen Erfassung und zu jedem Berichtsstichtag bis zu ihrer Begleichung mit dem beizulegenden Zeitwert der Wertsteigerungsrechte anzusetzen. Hierzu ist ein Optionspreismodell anzuwenden, das die Vertragsbedingungen, zu denen die Wertsteigerungsrechte gewährt wurden, und den Umfang der bisher von den Mitarbeitern abgeleisteten Dienstzeit berücksichtigt.

ANTEILSBASIERTE VERGÜTUNGEN MIT WAHLWEISEM BARAUSGLEICH ODER AUSGLEICH DURCH EIGENKAPITALINSTRUMENTE

34 Bei anteilsbasierten Vergütungen, bei denen das Unternehmen oder die Gegenpartei vertraglich die Wahl haben, ob die Transaktion in bar (oder in anderen Vermögenswerten) oder durch die Ausgabe von Eigenkapitalinstrumenten abgegolten wird, ist die Transaktion bzw. sind deren Bestandteile als anteilsbasierte Vergütung mit Barausgleich zu bilanzieren, sofern und soweit für das Unternehmen eine Verpflichtung zum Ausgleich in bar oder in anderen Vermögenswerten besteht, bzw. als anteilsbasierte Vergütung mit Ausgleich durch Eigenkapitalinstrumente, sofern und soweit keine solche Verpflichtung vorliegt.

Anteilsbasierte Vergütungen mit Erfüllungswahlrecht bei der Gegenpartei

35 Lässt ein Unternehmen der Gegenpartei die Wahl, ob eine anteilsbasierte Vergütung in bar[4] oder durch die Ausgabe von Eigenkapitalinstrumenten beglichen werden soll, liegt die Gewährung eines zusammengesetzten Finanzinstruments vor, das aus einer Schuldkomponente (dem Recht der Gegenpartei auf Barvergütung) und einer Eigenkapitalkomponente (dem Recht der Gegenpartei auf einen Ausgleich durch Eigenkapitalinstrumente anstelle von flüssigen Mitteln) besteht. Bei Transaktionen mit anderen Parteien als Mitarbeitern, bei denen der beizulegende Zeitwert der erhaltenen Güter und Dienstleistungen direkt ermittelt wird, ist die Eigenkapitalkomponente des zusammengesetzten Finanzinstruments als Differenz zwischen dem beizulegenden Zeitwert der erhaltenen Güter oder Dienstleistungen und dem beizulegenden Zeitwert der Schuldkomponente zum Zeitpunkt des Empfangs der Güter oder Dienstleistungen anzusetzen.

36 Bei anderen Transaktionen, einschließlich Transaktionen mit Mitarbeitern, ist der beizulegende Zeitwert des zusammengesetzten Finanzinstruments zum Bewertungsstichtag unter Berücksichtigung der Vertragsbedingungen zu bestimmen, zu denen die Rechte auf Barausgleich oder Ausgleich durch Eigenkapitalinstrumente gewährt wurden.

37 Zur Anwendung von Paragraph 36 ist zunächst der beizulegende Zeitwert der Schuldkomponente und im Anschluss daran der beizulegende Zeitwert der Eigenkapitalkomponente zu ermitteln – wobei zu berücksichtigen ist, dass die Gegenpartei beim Erhalt des Eigenkapitalinstruments ihr Recht auf Barvergütung verwirkt. Der beizulegende Zeitwert des zusammengesetzten Finanzinstruments entspricht der Summe der beizulegenden Zeitwerte der beiden Komponenten. Anteilsbasierte Vergütungen, bei denen die Gegenpartei die Form der Erfüllung frei wählen kann, sind jedoch häufig so

---

4 In den Paragraphen 35–43 schließen alle Verweise auf Barmittel auch andere Vermögenswerte des Unternehmens ein.

CASH-SETTLED SHARE-BASED PAYMENT TRANSACTIONS

For cash-settled share-based payment transactions, the entity shall measure the goods or services acquired and the liability **30** incurred at the fair value of the liability. Until the liability is settled, the entity shall remeasure the fair value of the liability at the end of each reporting period and at the date of settlement, with any changes in fair value recognised in profit or loss for the period.

For example, an entity might grant share appreciation rights to employees as part of their remuneration package, whereby **31** the employees will become entitled to a future cash payment (rather than an equity instrument), based on the increase in the entity's share price from a specified level over a specified period of time. Or an entity might grant to its employees a right to receive a future cash payment by granting to them a right to shares (including shares to be issued upon the exercise of share options) that are redeemable, either mandatorily (e.g. upon cessation of employment) or at the employee's option.

The entity shall recognise the services received, and a liability to pay for those services, as the employees render service. **32** For example, some share appreciation rights vest immediately, and the employees are therefore not required to complete a specified period of service to become entitled to the cash payment. In the absence of evidence to the contrary, the entity shall presume that the services rendered by the employees in exchange for the share appreciation rights have been received. Thus, the entity shall recognise immediately the services received and a liability to pay for them. If the share appreciation rights do not vest until the employees have completed a specified period of service, the entity shall recognise the services received, and a liability to pay for them, as the employees render service during that period.

The liability shall be measured, initially and at the end of each reporting period until settled, at the fair value of the share **33** appreciation rights, by applying an option pricing model, taking into account the terms and conditions on which the share appreciation rights were granted, and the extent to which the employees have rendered service to date.

SHARE-BASED PAYMENT TRANSACTIONS WITH CASH ALTERNATIVES

For share-based payment transactions in which the terms of the arrangement provide either the entity or the counterparty **34** with the choice of whether the entity settles the transaction in cash (or other assets) or by issuing equity instruments, the entity shall account for that transaction, or the components of that transaction, as a cash-settled share-based payment transaction if, and to the extent that, the entity has incurred a liability to settle in cash or other assets, or as an equity-settled share-based payment transaction if, and to the extent that, no such liability has been incurred.

Share-based payment transactions in which the terms of the arrangement provide the counterparty with a choice of settlement

If an entity has granted the counterparty the right to choose whether a share-based payment transaction is settled in cash **35** or by issuing equity instruments, the entity has granted a compound financial instrument, which includes a debt[4] component (i.e. the counterparty's right to demand payment in cash) and an equity component (i.e. the counterparty's right to demand settlement in equity instruments rather than in cash). For transactions with parties other than employees, in which the fair value of the goods or services received is measured directly, the entity shall measure the equity component of the compound financial instrument as the difference between the fair value of the goods or services received and the fair value of the debt component, at the date when the goods or services are received.

For other transactions, including transactions with employees, the entity shall measure the fair value of the compound **36** financial instrument at the measurement date, taking into account the terms and conditions on which the rights to cash or equity instruments were granted.

To apply paragraph 36, the entity shall first measure the fair value of the debt component, and then measure the fair value **37** of the equity component—taking into account that the counterparty must forfeit the right to receive cash in order to receive the equity instrument. The fair value of the compound financial instrument is the sum of the fair values of the two components. However, share-based payment transactions in which the counterparty has the choice of settlement are often structured so that the fair value of one settlement alternative is the same as the other. For example, the counterparty might

---

4   In paragraphs 35—43, all references to cash also include other assets of the entity.

strukturiert, dass beide Erfüllungsalternativen den gleichen beizulegenden Zeitwert haben. Die Gegenpartei könnte beispielsweise die Wahl zwischen dem Erhalt von Aktienoptionen oder in bar abgegoltenen Wertsteigerungsrechten haben. In solchen Fällen ist der beizulegende Zeitwert der Eigenkapitalkomponente gleich Null, d. h. der beizulegende Zeitwert des zusammengesetzten Finanzinstruments entspricht dem der Schuldkomponente. Umgekehrt ist der beizulegende Zeitwert der Eigenkapitalkomponente in der Regel größer als Null, wenn sich die beizulegenden Zeitwerte der Erfüllungsalternativen unterscheiden. In diesem Fall ist der beizulegende Zeitwert des zusammengesetzten Finanzinstruments größer als der beizulegende Zeitwert der Schuldkomponente.

38 Die erhaltenen oder erworbenen Güter oder Dienstleistungen sind entsprechend ihrer Klassifizierung als Schuld- oder Eigenkapitalkomponente des zusammengesetzten Finanzinstruments getrennt auszuweisen. Für die Schuldkomponente sind zu dem Zeitpunkt, zu dem die Gegenpartei die Güter liefert oder Leistungen erbringt, die erhaltenen Güter oder Dienstleistungen und gleichzeitig eine Schuld zur Begleichung dieser Güter oder Dienstleistungen gemäß den für anteilsbasierte Vergütungen mit Barausgleich geltenden Vorschriften (Paragraph 30–33) zu erfassen. Für die Eigenkapitalkomponente (falls vorhanden) sind zu dem Zeitpunkt, zu dem die Gegenpartei die Güter liefert oder Leistungen erbringt, die erhaltenen Güter oder Dienstleistungen und gleichzeitig eine Schuld zur Begleichung dieser Güter oder Dienstleistungen gemäß den für anteilsbasierte Vergütungen mit Ausgleich durch Eigenkapitalinstrumente geltenden Vorschriften (Paragraph 10–29) zu erfassen.

39 Am Erfüllungstag ist die Schuld mit dem beizulegenden Zeitwert neu zu bewerten. Erfolgt der Ausgleich nicht in bar, sondern durch die Ausgabe von Eigenkapitalinstrumenten, ist die Schuld als Entgelt für die ausgegebenen Eigenkapitalinstrumente direkt ins Eigenkapital umzubuchen.

40 Erfolgt der Ausgleich in bar anstatt durch die Ausgabe von Eigenkapitalinstrumenten, gilt die Schuld mit dieser Zahlung als vollständig beglichen. Alle vorher erfassten Eigenkapitalkomponenten bleiben im Eigenkapital. Durch ihre Entscheidung für einen Barausgleich verwirkt die Gegenpartei das Recht auf den Erhalt von Eigenkapitalinstrumenten. Diese Vorschrift schließt jedoch nicht die Möglichkeit einer Umbuchung innerhalb des Eigenkapitals, also eine Umbuchung von einem Eigenkapitalposten in einen anderen, aus.

Anteilsbasierte Vergütungen mit Erfüllungswahlrecht beim Unternehmen

41 Bei anteilsbasierten Vergütungen, die dem Unternehmen das vertragliche Wahlrecht einräumen, ob der Ausgleich in bar oder durch die Ausgabe von Eigenkapitalinstrumenten erfolgen soll, hat das Unternehmen zu bestimmen, ob eine gegenwärtige Verpflichtung zum Barausgleich besteht, und die anteilsbasierte Vergütung entsprechend abzubilden. Eine gegenwärtige Verpflichtung zum Barausgleich liegt dann vor, wenn die Möglichkeit eines Ausgleichs durch Eigenkapitalinstrumente keinen wirtschaftlichen Gehalt hat (z. B. weil dem Unternehmen die Ausgabe von Aktien gesetzlich verboten ist) oder der Barausgleich eine vergangene betriebliche Praxis oder erklärte Richtlinie des Unternehmens war oder das Unternehmen im Allgemeinen einen Barausgleich vornimmt, wenn die Gegenpartei diese Form des Ausgleichs wünscht.

42 Hat das Unternehmen eine gegenwärtige Verpflichtung zum Barausgleich, ist die Transaktion gemäß den Vorschriften für anteilsbasierte Vergütungen mit Barausgleich (Paragraph 30–33) zu bilanzieren.

43 Liegt eine solche Verpflichtung nicht vor, ist die Transaktion gemäß den Vorschriften für anteilsbasierte Vergütungen mit Ausgleich durch Eigenkapitalinstrumente (Paragraph 10–29) zu bilanzieren. Bei der Erfüllung kommen folgende Regelungen zur Anwendung:
(a) Entscheidet sich das Unternehmen für einen Barausgleich, ist die Barvergütung mit Ausnahme der unter (c) unten beschriebenen Fälle als Rückkauf von Eigenkapitalanteilen, also als Abzug vom Eigenkapital, zu behandeln.
(b) Entscheidet sich das Unternehmen für einen Ausgleich durch die Ausgabe von Eigenkapitalinstrumenten, ist mit Ausnahme der unter (c) unten beschriebenen Fälle keine weitere Buchung erforderlich (außer ggf. eine Umbuchung von einem Eigenkapitalposten in einen anderen).
(c) Wählt das Unternehmen die Form des Ausgleichs mit dem am Erfüllungstag höheren beizulegenden Zeitwert, ist ein zusätzlicher Aufwand für den Überschussbetrag zu erfassen, d. h. für die Differenz zwischen der Höhe der Barvergütung und dem beizulegenden Zeitwert der Eigenkapitalinstrumente, die sonst ausgegeben worden wären, bzw., je nach Sachlage, der Differenz zwischen dem beizulegenden Zeitwert der ausgegebenen Eigenkapitalinstrumente und dem Barbetrag, der sonst gezahlt worden wäre.

ANTEILSBASIERTE VERGÜTUNGEN ZWISCHEN UNTERNEHMEN EINER GRUPPE (ÄNDERUNGEN 2009)

43A Bei anteilsbasierten Vergütungen zwischen Unternehmen einer Gruppe hat das Unternehmen, das die Güter oder Dienstleistungen erhält, diese Güter oder Leistungen in seinem Einzelabschluss als anteilsbasierte Vergütung mit Ausgleich durch Eigenkapitalinstrumente oder als anteilsbasierte Vergütung mit Barausgleich zu bewerten und zu diesem Zweck Folgendes zu prüfen:

have the choice of receiving share options or cash-settled share appreciation rights. In such cases, the fair value of the equity component is zero, and hence the fair value of the compound financial instrument is the same as the fair value of the debt component. Conversely, if the fair values of the settlement alternatives differ, the fair value of the equity component usually will be greater than zero, in which case the fair value of the compound financial instrument will be greater than the fair value of the debt component.

The entity shall account separately for the goods or services received or acquired in respect of each component of the compound financial instrument. For the debt component, the entity shall recognise the goods or services acquired, and a liability to pay for those goods or services, as the counterparty supplies goods or renders service, in accordance with the requirements applying to cash-settled share-based payment transactions (paragraphs 30—33). For the equity component (if any), the entity shall recognise the goods or services received, and an increase in equity, as the counterparty supplies goods or renders service, in accordance with the requirements applying to equity-settled share-based payment transactions (paragraphs 10—29). **38**

At the date of settlement, the entity shall remeasure the liability to its fair value. If the entity issues equity instruments on settlement rather than paying cash, the liability shall be transferred direct to equity, as the consideration for the equity instruments issued. **39**

If the entity pays in cash on settlement rather than issuing equity instruments, that payment shall be applied to settle the liability in full. Any equity component previously recognised shall remain within equity. By electing to receive cash on settlement, the counterparty forfeited the right to receive equity instruments. However, this requirement does not preclude the entity from recognising a transfer within equity, i.e. a transfer from one component of equity to another. **40**

Share-based payment transactions in which the terms of the arrangement provide the entity with a choice of settlement

For a share-based payment transaction in which the terms of the arrangement provide an entity with the choice of whether to settle in cash or by issuing equity instruments, the entity shall determine whether it has a present obligation to settle in cash and account for the share-based payment transaction accordingly. The entity has a present obligation to settle in cash if the choice of settlement in equity instruments has no commercial substance (e.g. because the entity is legally prohibited from issuing shares), or the entity has a past practice or a stated policy of settling in cash, or generally settles in cash whenever the counterparty asks for cash settlement. **41**

If the entity has a present obligation to settle in cash, it shall account for the transaction in accordance with the requirements applying to cash-settled share-based payment transactions, in paragraphs 30—33. **42**

If no such obligation exists, the entity shall account for the transaction in accordance with the requirements applying to equity-settled share-based payment transactions, in paragraphs 10—29. Upon settlement: **43**
(a)   if the entity elects to settle in cash, the cash payment shall be accounted for as the repurchase of an equity interest, i.e. as a deduction from equity, except as noted in (c) below;
(b)   if the entity elects to settle by issuing equity instruments, no further accounting is required (other than a transfer from one component of equity to another, if necessary), except as noted in (c) below;
(c)   if the entity elects the settlement alternative with the higher fair value, as at the date of settlement, the entity shall recognise an additional expense for the excess value given, i.e. the difference between the cash paid and the fair value of the equity instruments that would otherwise have been issued, or the difference between the fair value of the equity instruments issued and the amount of cash that would otherwise have been paid, whichever is applicable.

SHARE-BASED PAYMENT TRANSACTIONS AMONG GROUP ENTITIES (2009 AMENDMENTS)

For share-based payment transactions among group entities, in its separate or individual financial statements, the entity receiving the goods or services shall measure the goods or services received as either an equity-settled or a cash-settled share-based payment transaction by assessing: **43A**

(a) die Art der gewährten Prämien und

(b) seine eigenen Rechte und Pflichten.

Das Unternehmen, das die Güter oder Dienstleistungen erhält, kann einen anderen Betrag erfassen als die Unternehmensgruppe in ihrem Konzernabschluss oder ein anderes Unternehmen der Gruppe, die bzw. das bei der anteilsbasierten Vergütung den Ausgleich vornimmt.

43B Das Unternehmen, das die Güter oder Dienstleistungen erhält, hat diese als anteilsbasierte Vergütung mit Ausgleich durch Eigenkapitalinstrumente zu bewerten, wenn

(a) es sich bei den gewährten Prämien um seine eigenen Eigenkapitalinstrumente handelt oder

(b) das Unternehmen nicht dazu verpflichtet ist, bei der anteilsbasierten Vergütung den Ausgleich vorzunehmen.

Gemäß den Paragraphen 19–21 muss ein Unternehmen eine solche anteilsbasierte Vergütung mit Ausgleich durch Eigenkapitalinstrumente in der Folge nur dann neu bewerten, wenn sich die marktbedingungsunabhängigen Ausübungsbedingungen geändert haben. In allen anderen Fällen hat das Unternehmen, das die Güter oder Dienstleistungen erhält, diese als anteilsbasierte Vergütung mit Barausgleich zu bewerten.

43C Das Unternehmen, das bei einer anteilsbasierten Vergütung den Ausgleich vornimmt, während ein anderes Unternehmen der Gruppe die Güter oder Dienstleistungen erhält, hat diese Transaktion nur dann als anteilsbasierte Vergütung mit Ausgleich durch Eigenkapitalinstrumente zu erfassen, wenn der Ausgleich mit seinen eigenen Eigenkapitalinstrumenten erfolgt. In allen anderen Fällen ist die Transaktion als anteilsbasierte Vergütung mit Barausgleich zu erfassen.

43D Bestimmte gruppeninterne Transaktionen sind mit Rückzahlungsvereinbarungen verbunden, die ein Unternehmen der Gruppe dazu verpflichten, ein anderes Unternehmen der Gruppe dafür zu bezahlen, dass es den Lieferanten der Güter oder Leistungen anteilsbasierte Vergütungen zur Verfügung gestellt hat. In einem solchen Fall hat das Unternehmen, das die Güter oder Leistungen erhält, die anteilsbasierte Vergütung ungeachtet etwaiger gruppeninterner Rückzahlungsvereinbarungen gemäß Paragraph 43B zu bilanzieren.

ANGABEN

44 Ein Unternehmen hat Informationen anzugeben, die Art und Ausmaß der in der Berichtsperiode bestehenden anteilsbasierten Vergütungsvereinbarungen für den Abschlussadressaten nachvollziehbar machen.

45 Um dem Grundsatz in Paragraph 44 Rechnung zu tragen, sind mindestens folgende Angaben erforderlich:

(a) eine Beschreibung der einzelnen Arten von anteilsbasierten Vergütungsvereinbarungen, die während der Berichtsperiode in Kraft waren, einschließlich der allgemeinen Vertragsbedingungen jeder Vereinbarung, wie Ausübungsbedingungen, maximale Anzahl gewährter Optionen und Form des Ausgleichs (ob in bar oder durch Eigenkapitalinstrumente). Ein Unternehmen mit substanziell ähnlichen Arten von anteilsbasierten Vergütungsvereinbarungen kann diese Angaben zusammenfassen, soweit zur Erfüllung des Grundsatzes in Paragraph 44 keine gesonderte Darstellung der einzelnen Vereinbarungen notwendig ist;

(b) Anzahl und gewichteter Durchschnitt der Ausübungspreise der Aktienoptionen für jede der folgenden Gruppen von Optionen:

(i) zu Beginn der Berichtsperiode ausstehende Optionen;

(ii) in der Berichtsperiode gewährte Optionen;

(iii) in der Berichtsperiode verwirkte Optionen;

(iv) in der Berichtsperiode ausgeübte Optionen;

(v) in der Berichtsperiode verfallene Optionen;

(vi) am Ende der Berichtsperiode ausstehende Optionen; und

(vii) am Ende der Berichtsperiode ausübbare Optionen;

(c) bei in der Berichtsperiode ausgeübten Optionen der gewichtete Durchschnittsaktienkurs am Tag der Ausübung. Wurden die Optionen während der Berichtsperiode regelmäßig ausgeübt, kann stattdessen der gewichtete Durchschnittsaktienkurs der Berichtsperiode herangezogen werden;

(d) für die am Ende der Berichtsperiode ausstehenden Optionen die Bandbreite an Ausübungspreisen und der gewichtete Durchschnitt der restlichen Vertragslaufzeit. Ist die Bandbreite der Ausübungspreise sehr groß, sind die ausstehenden Optionen in Bereiche zu unterteilen, die zur Beurteilung der Anzahl und des Zeitpunktes der möglichen Ausgabe zusätzlicher Aktien und des bei Ausübung dieser Optionen realisierbaren Barbetrags geeignet sind.

46 Ein Unternehmen hat Informationen anzugeben, die den Abschlussadressaten deutlich machen, wie der beizulegende Zeitwert der erhaltenen Güter oder Dienstleistungen oder der beizulegende Zeitwert der gewährten Eigenkapitalinstrumente in der Berichtsperiode bestimmt wurde.

47 Wurde der beizulegende Zeitwert der im Austausch für Eigenkapitalinstrumente des Unternehmens erhaltenen Güter oder Dienstleistungen indirekt unter Bezugnahme auf den beizulegenden Zeitwert der gewährten Eigenkapitalinstrumente bemessen, hat das Unternehmen zur Erfüllung des Grundsatzes in Paragraph 46 mindestens folgende Angaben zu machen:

(a)   the nature of the awards granted, and

(b)   its own rights and obligations.

The amount recognised by the entity receiving the goods or services may differ from the amount recognised by the con-solidated group or by another group entity settling the share-based payment transaction.

The entity receiving the goods or services shall measure the goods or services received as an equity-settled share-based **43B** payment transaction when:

(a)   the awards granted are its own equity instruments, or

(b)   the entity has no obligation to settle the share-based payment transaction.

The entity shall subsequently remeasure such an equity-settled share-based payment transaction only for changes in non-market vesting conditions in accordance with paragraphs 19—21. In all other circumstances, the entity receiving the goods or services shall measure the goods or services received as a cash-settled share-based payment transaction.

The entity settling a share-based payment transaction when another entity in the group receives the goods or services **43C** shall recognise the transaction as an equity-settled share-based payment transaction only if it is settled in the entity's own equity instruments. Otherwise, the transaction shall be recognised as a cash-settled share-based payment transaction.

Some group transactions involve repayment arrangements that require one group entity to pay another group entity for **43D** the provision of the share-based payments to the suppliers of goods or services. In such cases, the entity that receives the goods or services shall account for the share-based payment transaction in accordance with paragraph 43B regardless of intragroup repayment arrangements.

DISCLOSURES

An entity shall disclose information that enables users of the financial statements to understand the nature and extent of **44** share-based payment arrangements that existed during the period.

To give effect to the principle in paragraph 44, the entity shall disclose at least the following: **45**

(a)   a description of each type of share-based payment arrangement that existed at any time during the period, including the general terms and conditions of each arrangement, such as vesting requirements, the maximum term of options granted, and the method of settlement (e.g. whether in cash or equity). An entity with substantially similar types of share-based payment arrangements may aggregate this information, unless separate disclosure of each arrangement is necessary to satisfy the principle in paragraph 44;

(b)   the number and weighted average exercise prices of share options for each of the following groups of options:

(i)   outstanding at the beginning of the period;

(ii)   granted during the period;

(iii)   forfeited during the period;

(iv)   exercised during the period;

(v)   expired during the period;

(vi)   outstanding at the end of the period; and

(vii)   exercisable at the end of the period;

(c)   for share options exercised during the period, the weighted average share price at the date of exercise. If options were exercised on a regular basis throughout the period, the entity may instead disclose the weighted average share price during the period;

(d)   for share options outstanding at the end of the period, the range of exercise prices and weighted average remaining contractual life. If the range of exercise prices is wide, the outstanding options shall be divided into ranges that are meaningful for assessing the number and timing of additional shares that may be issued and the cash that may be received upon exercise of those options.

An entity shall disclose information that enables users of the financial statements to understand how the fair value of the **46** goods or services received, or the fair value of the equity instruments granted, during the period was determined.

If the entity has measured the fair value of goods or services received as consideration for equity instruments of the entity **47** indirectly, by reference to the fair value of the equity instruments granted, to give effect to the principle in paragraph 46, the entity shall disclose at least the following:

(a) für in der Berichtsperiode gewährte Aktienoptionen der gewichtete Durchschnitt der beizulegenden Zeitwerte dieser Optionen am Bewertungsstichtag sowie Angaben darüber, wie dieser beizulegende Zeitwert ermittelt wurde, einschließlich:

    (i) das verwendete Optionspreismodell und die in dieses Modell einfließenden Daten, einschließlich gewichteter Durchschnittsaktienkurs, Ausübungspreis, erwartete Volatilität, Laufzeit der Option, erwartete Dividenden, risikoloser Zinssatz und andere in das Modell einfließende Parameter, einschließlich verwendete Methode und die zugrunde gelegten Annahmen zur Berücksichtigung der Auswirkungen einer erwarteten frühzeitigen Ausübung;

    (ii) wie die erwartete Volatilität bestimmt wurde. Hierzu gehören auch erläuternde Angaben, inwieweit die erwartete Volatilität auf der historischen Volatilität beruht; und

    (iii) ob und auf welche Weise andere Ausstattungsmerkmale der Optionsgewährung, wie z. B. eine Marktbedingung, in die Ermittlung des beizulegenden Zeitwerts einbezogen wurden;

(b) für andere in der Berichtsperiode gewährte Eigenkapitalinstrumente (keine Aktienoptionen) die Anzahl und der gewichtete Durchschnitt der beizulegenden Zeitwerte dieser Eigenkapitalinstrumente am Bewertungsstichtag sowie Angaben darüber, wie dieser beizulegende Zeitwert ermittelt wurde, einschließlich:

    (i) wenn der beizulegende Zeitwert nicht anhand eines beobachtbaren Marktpreises ermittelt wurde, auf welche Weise er bestimmt wurde;

    (ii) ob und auf welche Weise erwartete Dividenden bei der Ermittlung des beizulegenden Zeitwerts berücksichtigt wurden; und

    (iii) ob und auf welche Weise andere Ausstattungsmerkmale der gewährten Eigenkapitalinstrumente in die Bestimmung des beizulegenden Zeitwerts eingeflossen sind;

(c) für anteilsbasierte Vergütungen, die in der Berichtsperiode geändert wurden:

    (i) eine Erklärung, warum diese Änderungen vorgenommen wurden;

    (ii) der zusätzliche beizulegende Zeitwert, der (infolge dieser Änderungen) gewährt wurde; und

    (iii) ggf. Angaben darüber, wie der gewährte zusätzliche beizulegende Zeitwert unter Beachtung der Vorschriften von (a) und (b) oben bestimmt wurde.

48 Wurden die in der Berichtsperiode erhaltenen Güter oder Dienstleistungen direkt zum beizulegenden Zeitwert angesetzt, ist anzugeben, wie der beizulegende Zeitwert bestimmt wurde, d. h. ob er anhand eines Marktpreises für die betreffenden Güter oder Dienstleistungen ermittelt wurde.

49 Hat das Unternehmen die Vermutung in Paragraph 13 widerlegt, hat es diese Tatsache anzugeben und zu begründen, warum es zu einer Widerlegung dieser Vermutung kam.

50 Ein Unternehmen hat Informationen anzugeben, die den Abschlussadressaten die Auswirkungen anteilsbasierter Vergütungen auf das Periodenergebnis und die Vermögens- und Finanzlage des Unternehmens verständlich machen.

51 Um dem Grundsatz in Paragraph 50 Rechnung zu tragen, sind mindestens folgende Angaben erforderlich:

(a) der in der Berichtsperiode erfasste Gesamtaufwand für anteilsbasierte Vergütungen, bei denen die erhaltenen Güter oder Dienstleistungen nicht für eine Erfassung als Vermögenswert in Betracht kamen und daher sofort aufwandswirksam verbucht wurden. Dabei ist der Anteil am Gesamtaufwand, der auf anteilsbasierte Vergütungen mit Ausgleich durch Eigenkapitalinstrumente entfällt, gesondert auszuweisen;

(b) für Schulden aus anteilsbasierten Vergütungen:

    (i) der Gesamtbuchwert am Ende der Berichtsperiode und

    (ii) der gesamte innere Wert der Schulden am Ende der Berichtsperiode, bei denen das Recht der Gegenpartei auf Erhalt von flüssigen Mitteln oder anderen Vermögenswerten zum Ende der Berichtsperiode ausübbar war (z. B. ausübbare Wertsteigerungsrechte).

52 Sind die Angabepflichten dieses IFRS zur Erfüllung der Grundsätze in den Paragraphen 44, 46 und 50 nicht ausreichend, hat das Unternehmen zusätzliche Angaben zu machen, die zu einer Erfüllung dieser Grundsätze führen.

ÜBERGANGSVORSCHRIFTEN

53 Bei anteilsbasierten Vergütungen mit Ausgleich durch Eigenkapitalinstrumente ist dieser IFRS auf Aktien, Aktienoptionen und andere Eigenkapitalinstrumente anzuwenden, die nach dem 7. November 2002 gewährt wurden und zum Zeitpunkt des Inkrafttretens dieses IFRS noch nicht ausübbar waren.

54 Es wird empfohlen, aber nicht vorgeschrieben, diesen IFRS auf andere gewährte Eigenkapitalinstrumente anzuwenden, sofern das Unternehmen den am Bewertungsstichtag bestimmten beizulegenden Zeitwert dieser Eigenkapitalinstrumente veröffentlicht hat.

55 Bei allen gewährten Eigenkapitalinstrumenten, auf die dieser IFRS angewendet wird, ist eine Anpassung der Vergleichsinformationen und ggf. des Eröffnungsbilanzwerts der Gewinnrücklagen für die früheste dargestellte Berichtsperiode vorzunehmen.

(a) for share options granted during the period, the weighted average fair value of those options at the measurement date and information on how that fair value was measured, including:

    (i) the option pricing model used and the inputs to that model, including the weighted average share price, exercise price, expected volatility, option life, expected dividends, the risk-free interest rate and any other inputs to the model, including the method used and the assumptions made to incorporate the effects of expected early exercise;

    (ii) how expected volatility was determined, including an explanation of the extent to which expected volatility was based on historical volatility; and

    (iii) whether and how any other features of the option grant were incorporated into the measurement of fair value, such as a market condition;

(b) for other equity instruments granted during the period (i.e. other than share options), the number and weighted average fair value of those equity instruments at the measurement date, and information on how that fair value was measured, including:

    (i) if fair value was not measured on the basis of an observable market price, how it was determined;

    (ii) whether and how expected dividends were incorporated into the measurement of fair value; and

    (iii) whether and how any other features of the equity instruments granted were incorporated into the measurement of fair value;

(c) for share-based payment arrangements that were modified during the period:

    (i) an explanation of those modifications;

    (ii) the incremental fair value granted (as a result of those modifications); and

    (iii) information on how the incremental fair value granted was measured, consistently with the requirements set out in (a) and (b) above, where applicable.

48 If the entity has measured directly the fair value of goods or services received during the period, the entity shall disclose how that fair value was determined, e.g. whether fair value was measured at a market price for those goods or services.

49 If the entity has rebutted the presumption in paragraph 13, it shall disclose that fact, and give an explanation of why the presumption was rebutted.

50 An entity shall disclose information that enables users of the financial statements to understand the effect of share-based payment transactions on the entity's profit or loss for the period and on its financial position.

51 To give effect to the principle in paragraph 50, the entity shall disclose at least the following:

(a) the total expense recognised for the period arising from share-based payment transactions in which the goods or services received did not qualify for recognition as assets and hence were recognised immediately as an expense, including separate disclosure of that portion of the total expense that arises from transactions accounted for as equity-settled share-based payment transactions;

(b) for liabilities arising from share-based payment transactions:

    (i) the total carrying amount at the end of the period; and

    (ii) the total intrinsic value at the end of the period of liabilities for which the counterparty's right to cash or other assets had vested by the end of the period (e.g. vested share appreciation rights).

52 If the information required to be disclosed by this IFRS does not satisfy the principles in paragraphs 44, 46 and 50, the entity shall disclose such additional information as is necessary to satisfy them.

TRANSITIONAL PROVISIONS

53 For equity-settled share-based payment transactions, the entity shall apply this IFRS to grants of shares, share options or other equity instruments that were granted after 7 November 2002 and had not yet vested at the effective date of this IFRS.

54 The entity is encouraged, but not required, to apply this IFRS to other grants of equity instruments if the entity has disclosed publicly the fair value of those equity instruments, determined at the measurement date.

55 For all grants of equity instruments to which this IFRS is applied, the entity shall restate comparative information and, where applicable, adjust the opening balance of retained earnings for the earliest period presented.

56 Alle gewährten Eigenkapitalinstrumente, auf die dieser IFRS keine Anwendung findet (also alle bis einschließlich 7. November 2002 zugeteilten Eigenkapitalinstrumente), unterliegen dennoch den Angabepflichten gemäß Paragraph 44 und 45.

57 Ändert ein Unternehmen nach Inkrafttreten dieses IFRS die Vertragsbedingungen für gewährte Eigenkapitalinstrumente, auf die dieser IFRS nicht angewendet worden ist, sind dennoch für die Bilanzierung derartiger Änderungen die Paragraphen 26–29 maßgeblich.

58 Der IFRS ist rückwirkend auf Schulden aus anteilsbasierten Vergütungen anzuwenden, die zum Zeitpunkt des Inkrafttretens dieses IFRS bestanden. Für diese Schulden ist eine Anpassung der Vergleichsinformationen vorzunehmen. Hierzu gehört auch eine Anpassung des Eröffnungsbilanzwerts der Gewinnrücklagen in der frühesten dargestellten Berichtsperiode, für die die Vergleichsinformationen angepasst worden sind. Eine Pflicht zur Anpassung der Vergleichsinformationen besteht allerdings nicht für Informationen, die sich auf eine Berichtsperiode oder einen Tag vor dem 7. November 2002 beziehen.

59 Es wird empfohlen, aber nicht vorgeschrieben, den IFRS rückwirkend auf andere Schulden aus anteilsbasierten Vergütungen anzuwenden, wie beispielsweise auf Schulden, die in einer Berichtsperiode beglichen wurden, für die Vergleichsinformationen aufgeführt sind.

ZEITPUNKT DES INKRAFTTRETENS

60 Dieser IFRS ist erstmals in der ersten Berichtsperiode eines am 1. Januar 2005 oder danach beginnenden Geschäftsjahres anzuwenden. Eine frühere Anwendung wird empfohlen. Wenn ein Unternehmen den IFRS für Berichtsperioden anwendet, die vor dem 1. Januar 2005 beginnen, so ist diese Tatsache anzugeben.

61 IFRS 3 (überarbeitet 2008) und die *Verbesserungen der IFRS* vom April 2009 ändern Paragraph 5 ab. Diese Änderungen sind erstmals in der ersten Berichtsperiode eines am 1. Juli 2009 oder danach beginnenden Geschäftsjahrs anzuwenden. Eine frühere Anwendung ist zulässig. Wenn ein Unternehmen IFRS 3 (geändert 2008) auf eine frühere Periode anwendet, sind auch diese Änderungen entsprechend für diese frühere Periode anzuwenden.

62 Die folgenden Änderungen sind rückwirkend in der ersten Berichtsperiode eines am 1. Januar 2009 oder danach beginnenden Geschäftsjahres anzuwenden:
(a) die Vorschriften in Paragraph 21A hinsichtlich der Behandlung von Nicht-Ausübungsbedingungen;
(b) die in Anhang A überarbeiteten Definitionen von ‚ausübbar werden‘ und ‚Ausübungsbedingungen‘;
(c) die Änderungen in den Paragraphen 28 und 28A hinsichtlich Annullierungen.
Eine frühere Anwendung ist zulässig. Wenn ein Unternehmen diese Änderungen für eine Periode anwendet, die vor dem 1. Januar 2009 beginnt, so ist diese Tatsache anzugeben.

63 Die nachstehend aufgeführten Änderungen, die mit *Anteilsbasierte Vergütungen mit Barausgleich innerhalb einer Unternehmensgruppe* vom Juni 2009 vorgenommen wurden, sind vorbehaltlich der Übergangsvorschriften der Paragraphen 53–59 gemäß IAS 8 *Rechnungslegungsmethoden, Änderungen von rechnungslegungsbezogenen Schätzungen und Fehler* rückwirkend auf Berichtsperioden eines am oder nach dem 1. Januar 2010 beginnenden Geschäftsjahres anzuwenden:
(a) In Bezug auf die Bilanzierung von Transaktionen zwischen Unternehmen einer Gruppe die Änderung des Paragraphen 2, die Streichung des Paragraphen 3 und die Anfügung der Paragraphen 3A und 43A–43D sowie der Paragraphen B45, B47, B50, B54, B56–B58 und B60 in Anhang B.
(b) Die geänderten Definitionen der folgenden Begriffe in Anhang A:
    – anteilsbasierte Vergütung mit Barausgleich,
    – anteilsbasierte Vergütung mit Ausgleich durch Eigenkapitalinstrumente,
    – anteilsbasierte Vergütungsvereinbarung und
    – anteilsbasierte Vergütung.
Sind die für eine rückwirkende Anwendung notwendigen Informationen nicht verfügbar, hat das Unternehmen in seinem Einzelabschluss die zuvor im Konzernabschluss erfassten Beträge zu übernehmen. Eine frühere Anwendung ist zulässig. Wendet ein Unternehmen diese Änderungen auf eine vor dem 1. Januar 2010 beginnende Berichtsperiode an, so hat es dies anzugeben.

63A Durch IFRS 10 *Konzernabschlüsse* und IFRS 11, veröffentlicht im Mai 2011, wurden Paragraph 5 und Anhang A geändert. Ein Unternehmen hat diese Änderungen anzuwenden, wenn es IFRS 10 und IFRS 11 anwendet.

63B Mit den im Dezember 2013 veröffentlichten Jährlichen *Verbesserungen an den IFRS, Zyklus 2010–2012*, wurden die Paragraphen 15 und 19 geändert. In Anhang A wurden die Definitionen „Ausübungsbedingungen" und „Marktbedingung" geändert und die Definitionen „Leistungsbedingung" und „Dienstbedingung" angefügt. Ein Unternehmen hat diese Änderung prospektiv auf anteilsbasierte Vergütungen anzuwenden, die am oder nach dem 1. Juli 2014 gewährt werden. Eine frühere Anwendung ist zulässig. Wendet ein Unternehmen diese Änderung auf eine frühere Periode an, hat es dies anzugeben.

For all grants of equity instruments to which this IFRS has not been applied (e.g. equity instruments granted on or before **56** 7 November 2002), the entity shall nevertheless disclose the information required by paragraphs 44 and 45.

If, after the IFRS becomes effective, an entity modifies the terms or conditions of a grant of equity instruments to which **57** this IFRS has not been applied, the entity shall nevertheless apply paragraphs 26—29 to account for any such modifications.

For liabilities arising from share-based payment transactions existing at the effective date of this IFRS, the entity shall **58** apply the IFRS retrospectively. For these liabilities, the entity shall restate comparative information, including adjusting the opening balance of retained earnings in the earliest period presented for which comparative information has been restated, except that the entity is not required to restate comparative information to the extent that the information relates to a period or date that is earlier than 7 November 2002.

The entity is encouraged, but not required, to apply retrospectively the IFRS to other liabilities arising from share-based **59** payment transactions, for example, to liabilities that were settled during a period for which comparative information is presented.

EFFECTIVE DATE

An entity shall apply this IFRS for annual periods beginning on or after 1 January 2005. Earlier application is encouraged. **60** If an entity applies the IFRS for a period beginning before 1 January 2005, it shall disclose that fact.

IFRS 3 (as revised in 2008) and *Improvements to IFRSs* issued in April 2009 amended paragraph 5. An entity shall apply **61** those amendments for annual periods beginning on or after 1 July 2009. Earlier application is permitted. If an entity applies IFRS 3 (revised 2008) for an earlier period, the amendments shall also be applied for that earlier period.

An entity shall apply the following amendments retrospectively in annual periods beginning on or after 1 January 2009: **62**
(a) the requirements in paragraph 21A in respect of the treatment of non-vesting conditions;
(b) the revised definitions of "vest" and "vesting conditions" in Appendix A;
(c) the amendments in paragraphs 28 and 28A in respect of cancellations.
Earlier application is permitted. If an entity applies these amendments for a period beginning before 1 January 2009, it shall disclose that fact.

An entity shall apply the following amendments made by *Group Cash-settled Share-based Payment Transactions* issued in **63** June 2009 retrospectively, subject to the transitional provisions in paragraphs 53—59, in accordance with IAS 8 *Accounting Policies, Changes in Accounting Estimates and Errors* for annual periods beginning on or after 1 January 2010:
(a) the amendment of paragraph 2, the deletion of paragraph 3 and the addition of paragraphs 3A and 43A—43D and of paragraphs B45, B47, B50, B54, B56—B58 and B60 in Appendix B in respect of the accounting for transactions among group entities.
(b) the revised definitions in Appendix A of the following terms:
    – cash-settled share-based payment transaction,
    – equity-settled share-based payment transaction,
    – share-based payment arrangement, and
    – share-based payment transaction.
If the information necessary for retrospective application is not available, an entity shall reflect in its separate or individual financial statements the amounts previously recognised in the group's consolidated financial statements. Earlier application is permitted. If an entity applies the amendments for a period beginning before 1 January 2010, it shall disclose that fact.

IFRS 10 *Consolidated Financial Statements* and IFRS 11, issued in May 2011, amended paragraph 5 and Appendix A. An **63A** entity shall apply those amendments when it applies IFRS 10 and IFRS 11.

Annual Improvements to IFRSs 2010—2012 Cycle, issued in December 2013, amended paragraphs 15 and 19. In Appendix **63B** A, the definitions of "vesting conditions" and "market condition" were amended and the definitions of "performance condition" and "service condition" were added. An entity shall prospectively apply that amendment to share-based payment transactions for which the grant date is on or after 1 July 2014. Earlier application is permitted. If an entity applies that amendment for an earlier period it shall disclose that fact.

64 *Anteilsbasierte Vergütungen mit Barausgleich innerhalb einer Unternehmensgruppe* vom Juni 2009 ersetzt IFRIC 8 *Anwendungsbereich von IFRS 2* und IFRIC 11 *IFRS 2 – Geschäfte mit eigenen Aktien und Aktien von Konzernunternehmen*. Mit den darin enthaltenen Änderungen werden die nachstehend genannten, früheren Anforderungen aus IFRIC 8 und IFRIC 11 übernommen:

(a) In Bezug auf die Bilanzierung von Transaktionen, bei denen das Unternehmen nicht alle oder keine/s der erhaltenen Güter oder Leistungen speziell identifizieren kann, die Änderung des Paragraphen 2 und die Anfügung des Paragraphen 13A. Die dazugehörigen Anforderungen waren erstmals in der ersten Berichtsperiode eines am oder nach dem 1. Mai 2006 beginnenden Geschäftsjahres anzuwenden.

(b) In Bezug auf die Bilanzierung von Transaktionen zwischen Unternehmen der Gruppe die Anfügung der Paragraphen B46, B48, B49, B51–B53, B55, B59 und B61 in Anhang B. Die dazugehörigen Anforderungen waren erstmals in der ersten Berichtsperiode eines am oder nach dem 1. März 2007 beginnenden Geschäftsjahres anzuwenden.

Diese Anforderungen wurden vorbehaltlich der Übergangsvorschriften des IFRS 2 gemäß IAS 8 rückwirkend angewandt.

Anhang A
Definitionen

Dieser Anhang ist integraler Bestandteil des IFRS.

anteilsbasierte Vergütung mit Barausgleich	Eine **anteilsbasierte Vergütung**, bei der das Unternehmen Güter oder Leistungen erhält und im Gegenzug die Verpflichtung eingeht, dem Lieferanten dieser Güter oder Leistungen Zahlungsmittel oder andere Vermögenswerte zu übertragen, deren Höhe vom Kurs (oder Wert) der **Eigenkapitalinstrumente** (einschließlich Aktien oder **Aktienoptionen**) des Unternehmens oder eines anderen Unternehmens der Gruppe abhängt.
Mitarbeiter und andere, die ähnliche Leistungen erbringen	Personen, die persönliche Leistungen für das Unternehmen erbringen und die (a) rechtlich oder steuerlich als Mitarbeiter gelten, (b) für das Unternehmen auf dessen Anweisung tätig sind wie Personen, die rechtlich oder steuerlich als Mitarbeiter gelten, oder (c) ähnliche Leistungen wie Mitarbeiter erbringen. Der Begriff umfasst beispielsweise das gesamte Management, d. h. alle Personen, die für die Planung, Leitung und Überwachung der Tätigkeiten des Unternehmens zuständig und verantwortlich sind, einschließlich Non-Executive Directors.
Eigenkapitalinstrument	Ein Vertrag, der einen Residualanspruch an den Vermögenswerten nach Abzug aller dazugehörigen Schulden begründet.[5]
gewährtes Eigenkapitalinstrument	Das vom Unternehmen im Rahmen einer **anteilsbasierten Vergütung** übertragene (bedingte oder uneingeschränkte) Recht an einem **Eigenkapitalinstrument** des Unternehmens.
anteilsbasierte Vergütung mit Ausgleich durch Eigenkapitalinstrumente	Eine **anteilsbasierte Vergütung**, bei der das Unternehmen (a) Güter oder Leistungen erhält und im Gegenzug eigene **Eigenkapitalinstrumente** (einschließlich Aktien oder **Aktienoptionen**) hingibt, oder (b) Güter oder Leistungen erhält, aber nicht dazu verpflichtet ist, beim Lieferanten den Ausgleich vorzunehmen.
beizulegender Zeitwert	Der Betrag, zu dem zwischen sachverständigen, vertragswilligen und voneinander unabhängigen Geschäftspartnern unter marktüblichen Bedingungen ein Vermögenswert getauscht, eine Schuld beglichen oder ein **gewährtes Eigenkapitalinstrument** getauscht werden könnte.

---

5 Im *Rahmenkonzept* ist eine Schuld definiert als eine gegenwärtige Verpflichtung des Unternehmens, die aus Ereignissen der Vergangenheit entsteht und deren Erfüllung für das Unternehmen erwartungsgemäß mit einem Abfluss von Ressourcen mit wirtschaftlichem Nutzen verbunden ist (z. B. einem Abfluss von Zahlungsmitteln oder anderen Vermögenswerten).

Group Cash-settled Share-based Payment Transactions issued in June 2009 supersedes IFRIC 8 *Scope of IFRS 2* and IFRIC **64**
11 *IFRS 2—Group and Treasury Share Transactions.* The amendments made by that document incorporated the previous
requirements set out in IFRIC 8 and IFRIC 11 as follows:

(a) amended paragraph 2 and added paragraph 13A in respect of the accounting for transactions in which the entity
cannot identify specifically some or all of the goods or services received. Those requirements were effective for
annual periods beginning on or after 1 May 2006.

(b) added paragraphs B46, B48, B49, B51—B53, B55, B59 and B61 in Appendix B in respect of the accounting for transactions among group entities. Those requirements were effective for annual periods beginning on or after 1 March
2007.

Those requirements were applied retrospectively in accordance with the requirements of IAS 8, subject to the transitional
provisions of IFRS 2.

Appendix A

Defined terms

This appendix is an integral part of the IFRS.

Cash-settled share-based payment transaction	A **share-based payment transaction** in which the entity acquires goods or services by incurring a liability to transfer cash or other assets to the supplier of those goods or services for amounts that are based on the price (or value) of **equity instruments** (including shares or **share options**) of the entity or another group entity.
Employees and others providing similar services	Individuals who render personal services to the entity and either (a) the individuals are regarded as employees for legal or tax purposes, (b) the individuals work for the entity under its direction in the same way as individuals who are regarded as employees for legal or tax purposes, or (c) the services rendered are similar to those rendered by employees. For example, the term encompasses all management personnel, i.e. those persons having authority and responsibility for planning, directing and controlling the activities of the entity, including non-executive directors.
Equity instrument	A contract that evidences a residual interest in the assets of an entity after deducting all of its liabilities[5].
Equity instrument granted	The right (conditional or unconditional) to an equity instrument of the entity conferred by the entity on another party, under a share-based payment arrangement.
Equity-settled share-based payment transaction	A **share-based payment transaction** in which the entity (a) receives goods or services as consideration for its own **equity instruments** (including shares or **share options**), or (b) receives goods or services but has no obligation to settle the transaction with the supplier.
Fair value	The amount for which an asset could be exchanged, a liability settled, or an equity instrument granted could be exchanged, between knowledgeable, willing parties in an arm's length transaction.

---

5 The *Framework* defines a liability as a present obligation of the entity arising from past events, the settlement of which is expected
to result in an outflow from the entity of resources embodying economic benefits (i.e. an outflow of cash or other assets of the
entity).

Tag der Gewährung	Tag, an dem das Unternehmen und eine andere Partei (einschließlich ein Mitarbeiter) eine **anteilsbasierte Vergütungsvereinbarung** treffen, worunter der Zeitpunkt zu verstehen ist, zu dem das Unternehmen und die Gegenpartei ein gemeinsames Verständnis über die Vertragsbedingungen der Vereinbarung erlangt haben. Am Tag der Gewährung verleiht das Unternehmen der Gegenpartei das Recht auf den Erhalt von flüssigen Mitteln, anderen Vermögenswerten oder **Eigenkapitalinstrumenten** des Unternehmens, das ggf. an die Erfüllung bestimmter **Ausübungsbedingun**gen geknüpft ist. Unterliegt diese Vereinbarung einem Genehmigungsverfahren (z. B. durch die Eigentümer), entspricht der Tag der Gewährung dem Tag, an dem die Genehmigung erteilt wurde.
innerer Wert	Die Differenz zwischen dem **beizulegenden Zeitwert** der Aktien, zu deren Zeichnung oder Erhalt die Gegenpartei (bedingt oder uneingeschränkt) berechtigt ist, und (gegebenenfalls) dem von der Gegenpartei für diese Aktien zu entrichtenden Betrag. Beispielsweise hat eine **Aktienoption** mit einem Ausübungspreis von WE 15[6] bei einer Aktie mit einem **beizulegenden Zeitwert** von WE 20 einen inneren Wert von WE 5.
Marktbedingung	Eine **Leistungsbedingung** für den Ausübungspreis, den Übergang des Rechtsanspruchs an einem oder die Ausübungsmöglichkeit eines **Eigenkapitalinstruments**, die mit dem Marktpreis (oder -wert) der **Eigenkapitalinstrumente** des Unternehmens (oder der Eigenkapitalinstrumente eines anderen Unternehmens derselben Gruppe) in Zusammenhang steht, wie beispielsweise:

(a) die Erzielung eines bestimmten Aktienkurses oder eines bestimmten **inneren Werts** einer **Aktienoption** oder

(b) die Erreichung eines bestimmten Ziels, das auf dem Marktpreis (oder -wert) der **Eigenkapitalinstrumente** des Unternehmens (oder der Eigenkapitalinstrumente eines anderen Unternehmens derselben Gruppe) im Verhältnis zu einem Index von Marktpreisen von **Eigenkapitalinstrumenten** anderer Unternehmen basiert.

Eine Marktbedingung verpflichtet die Gegenpartei zur Ableistung einer bestimmten Dienstzeit (d. h. eine **Dienstbedingung**); die Bedingung der Ableistung einer bestimmten Dienstzeit kann explizit oder implizit sein.

Bewertungsstichtag	Tag, an dem der **beizulegende Zeitwert** der gewährten **Eigenkapitalinstrumente** für die Zwecke dieses Standards bestimmt wird. Bei Transaktionen mit **Mitarbeitern und anderen, die ähnliche Leistungen erbringen,** ist der Bewertungsstichtag der **Tag der Gewährung**. Bei Transaktionen mit anderen Parteien als Mitarbeitern (und Personen, die ähnliche Leistungen erbringen) ist der Bewertungsstichtag der Tag, an dem das Unternehmen die Güter erhält oder die Gegenpartei die Leistungen erbringt.
Leistungsbedingung	Eine **Ausübungsbedingung**, wonach

(a) die Gegenpartei zur Ableistung einer bestimmten Dienstzeit verpflichtet ist (d. h. eine **Dienstbedingung**); die Bedingung der Ableistung einer bestimmten Dienstzeit kann explizit oder implizit sein; und

(b) bei Erbringung des unter (a) verlangten Dienstes ein bestimmtes Leistungsziel/bestimmte Leistungsziele zu erreichen sind.

Der Zeitraum, in dem das Leistungsziel/die Leistungsziele zu erreichen ist/sind,

(a) darf nicht über das Ende der Dienstzeit hinausgehen; und

(b) darf vor der Dienstzeit beginnen, sofern der zur Erfüllung des Leistungsziels zur Verfügung stehende Zeitraum nicht wesentlich vor dem Beginn der Dienstzeit beginnt.

Bei der Bestimmung des Leistungsziels wird Bezug genommen auf:

(a) die Geschäfte (oder Tätigkeiten) des Unternehmens selbst oder die Geschäfte oder Tätigkeiten eines anderen Unternehmens derselben Gruppe (d. h. eine Nicht-Marktbedingung); oder

(b) den Preis (oder Wert) der **Eigenkapitalinstrumente** des Unternehmens oder der Eigenkapitalinstrumente eines anderen Unternehmens derselben Gruppe (ein schließlich Aktien und **Aktienoptionen**) (d. h. eine **Marktbedingung**).

---

6 In diesem Anhang werden Geldbeträge in „Währungseinheiten" (WE) angegeben.

| Grant date | The date at which the entity and another party (including an employee) agree to a share-based payment arrangement, being when the entity and the counterparty have a shared understanding of the terms and conditions of the arrangement. At grant date the entity confers on the counterparty the right to cash, other assets, or equity instruments of the entity, provided the specified vesting conditions, if any, are met. If that agreement is subject to an approval process (for example, by shareholders), grant date is the date when that approval is obtained. |

| Intrinsic value | The difference between the fair value of the shares to which the counterparty has the (conditional or unconditional) right to subscribe or which it has the right to receive, and the price (if any) the counterparty is (or will be) required to pay for those shares. For example, a share option with an exercise price of CU15[6], on a share with a fair value of CU20, has an intrinsic value of CU5. |

| Market condition | A **performance condition** upon which the exercise price, vesting or exercisability of an **equity instrument** depends that is related to the market price (or value) of the entity's **equity instruments** (or the equity instruments of another entity in the same group), such as:
(a) attaining a specified share price or a specified amount of **intrinsic value** of a share option or
(b) achieving a specified target that is based on the market price (or value) of the entity's **equity instruments** (or the equity instruments of another entity in the same group) relative to an index of market prices of **equity instruments** of other entities.
A market condition requires the counterparty to complete a specified period of service (ie a **service condition**); the service requirement can be explicit or implicit. |

| Measurement date | The date at which the fair value of the equity instruments granted is measured for the purposes of this IFRS. For transactions with employees and others providing similar services, the measurement date is grant date. For transactions with parties other than employees (and those providing similar services), the measurement date is the date the entity obtains the goods or the counterparty renders service. |

| Performance condition | A **vesting condition** that requires:
(a) the counterparty to complete a specified period of service (ie a **service condition**); the service requirement can be explicit or implicit; and
(b) specified performance target(s) to be met while the counterparty is rendering the service required in (a).
The period of achieving the performance target(s):
(a) shall not extend beyond the end of the service period; and
(b) may start before the service period on the condition that the commencement date of the performance target is not substantially before the commencement of the service period.
A performance target is defined by reference to:
(a) the entity's own operations (or activities) or the operations or activities of another entity in the same group (ie a non-market condition); or
(b) the price (or value) of the entity's **equity instruments** or the equity instruments of another entity in the same group (including shares and **share options**) (ie a **market condition**). |

---

6   In this appendix, monetary amounts are denominated in 'currency units' (CU).

	Ein Leistungsziel kann sich entweder auf die Leistung des Unternehmens insgesamt oder eines Teils des Unternehmens (oder eines Teils der Gruppe) beziehen, wie eine Abteilung oder einen einzelnen Mitarbeiter.
Reload-Eigenschaft	Ausstattungsmerkmal, das eine automatische Gewährung zusätzlicher **Aktienoptionen** vorsieht, wenn der Optionsinhaber bei der Ausübung vorher gewährter Optionen den Ausübungspreis mit den Aktien des Unternehmens und nicht in bar begleicht.
Reload-Option	Eine neue **Aktienoption,** die gewährt wird, wenn der Ausübungspreis einer früheren **Aktienoption** mit einer Aktie beglichen wird.
Dienstbedingung	Eine **Ausübungsbedingung**, die von der Gegenpartei die Ableistung einer bestimmten Dienstzeit verlangt, in der Leistungen für das Unternehmen erbracht werden. Wenn die Gegenpartei im **Erdienungszeitraum** ihre Leistungen einstellt, hat sie diese Bedingung unabhängig von den Gründen für die Einstellung nicht erfüllt. Eine Dienstbedingung setzt keine Erreichung eines Erfolgsziels voraus.
anteilsbasierte Vergütungs- vereinbarung	Eine Vereinbarung zwischen dem Unternehmen (oder einem anderen Unternehmen der Gruppe[7] oder einem Anteilseigner eines Unternehmens der Gruppe) und einer anderen Partei (einschließlich eines Mitarbeiters), die Letztere – ggf. unter dem Vorbehalt der Erfüllung bestimmter **Ausübungsbedingungen** – dazu berechtigt,
	(a) Zahlungsmittel oder andere Vermögenswerte des Unternehmens zu erhalten, deren Höhe vom Kurs (oder Wert) der **Eigenkapitalinstrumente** (einschließlich Aktien oder **Aktienoptionen**) des Unternehmens oder eines anderen Unternehmens der Gruppe abhängt, oder
	(b) **Eigenkapitalinstrumente** (einschließlich Aktien oder **Aktienoptionen**) des Unternehmens oder eines anderen Unternehmens der Gruppe zu erhalten.
anteilsbasierte Vergütung	Eine Transaktion, bei der das Unternehmen
	(a) im Rahmen einer **anteilsbasierten Vergütungsvereinbarung** von einem Lieferanten (einschließlich eines Mitarbeiters) Güter oder Leistungen erhält, oder
	(b) die Verpflichtung eingeht, im Rahmen einer **anteilsbasierten Vergütungsvereinbarung** beim Lieferanten den Ausgleich für die Transaktion vorzunehmen, ein anderes Unternehmen der Gruppe aber die betreffenden Güter oder Dienstleistungen erhält.
Aktienoption	Ein Vertrag, der den Inhaber berechtigt, aber nicht verpflichtet, die Aktien des Unternehmens während eines bestimmten Zeitraums zu einem festen oder bestimmbaren Preis zu kaufen.
ausübbar werden	Einen festen Rechtsanspruch erwerben. Im Rahmen einer **anteilsbasierten Vergütungsvereinbarung** wird das Recht einer Gegenpartei auf den Erhalt von flüssigen Mitteln, Vermögenswerten oder **Eigenkapitalinstrumenten** des Unternehmens ausübbar, wenn der Rechtsanspruch der Gegenpartei nicht mehr von der Erfüllung von **Ausübungsbedingungen** abhängt.
Ausübungsbedingungen	Eine Bedingung, die bestimmt, ob das Unternehmen die Leistungen erhält, durch welche die Gegenpartei den Rechtsanspruch erwirbt, im Rahmen einer **anteilsbasierten Vergütungsvereinbarung** flüssige Mittel, andere Vermögenswerte oder **Eigenkapitalinstrumente** des Unternehmens zu erhalten. Eine Ausübungsbedingung ist entweder eine **Dienstbedingung** oder eine **Leistungsbedingung**.
Erdienungszeitraum	Zeitraum, in dem alle festgelegten **Ausübungsbedingungen** einer **anteilsbasierten Vergütungsvereinbarung** erfüllt werden müssen.

---

7 Eine „Unternehmensgruppe" ist in Anhang A von IFRS 10 *Konzernabschlüsse* aus Sicht des obersten Mutterunternehmens des berichtenden Unternehmens definiert als „Mutterunternehmen mit seinen Tochterunternehmen".

	A performance target might relate either to the performance of the entity as a whole or to some part of the entity (or part of the group), such as a division or an individual employee.
Reload feature	A feature that provides for an automatic grant of additional share options whenever the option holder exercises previously granted options using the entity's shares, rather than cash, to satisfy the exercise price.
Reload option	A new share option granted when a share is used to satisfy the exercise price of a previous share option.
Service condition	A **vesting condition** that requires the counterparty to complete a specified period of service during which services are provided to the entity. If the counterparty, regardless of the reason, ceases to provide service during the **vesting period**, it has failed to satisfy the condition. A service condition does not require a performance target to be met.
Share-based payment arrangement	An agreement between the entity (or another group[7] entity or any shareholder of any group entity) and another party (including an employee) that entitles the other party to receive (a) cash or other assets of the entity for amounts that are based on the price (or value) of **equity instruments** (including shares or **share options**) of the entity or another group entity, or (b) **equity instruments** (including shares or **share options**) of the entity or another group entity, provided the specified **vesting conditions**, if any, are met.
Share-based payment transaction	A transaction in which the entity (a) receives goods or services from the supplier of those goods or services (including an employee) in a **share-based payment arrangement**, or (b) incurs an obligation to settle the transaction with the supplier in a **share-based payment arrangement** when another group entity receives those goods or services.
Share option	A contract that gives the holder the right, but not the obligation, to subscribe to the entity's shares at a fixed or determinable price for a specified period of time.
Vest	To become an entitlement. Under a **share-based payment arrangement,** a counterparty's right to receive cash, other assets or **equity instruments** of the entity vests when the counterparty's entitlement is no longer conditional on the satisfaction of any **vesting conditions.**
Vesting conditions	A condition that determines whether the entity receives the services that entitle the counterparty to receive cash, other assets or **equity instruments** of the entity, under a **share-based payment arrangement**. A vesting condition is either a **service condition** or a **performance condition**.
Vesting period	The period during which all the specified vesting conditions of a share-based payment arrangement are to be satisfied.

---

7 A 'group' is defined in Appendix A of IFRS 10 *Consolidated Financial Statements* as 'a parent and its subsidiaries' from the perspective of the reporting entity's ultimate parent.

Anhang B
Anleitungen zur Anwendung

Dieser Anhang ist integraler Bestandteil des IFRS.

Schätzung des beizulegenden Zeitwerts der gewährten Eigenkapitalinstrumente

B1 Die Paragraphen B2–B41 dieses Anhangs behandeln die Ermittlung des beizulegenden Zeitwerts von gewährten Aktien und Aktienoptionen, wobei vor allem auf die üblichen Vertragsbedingungen bei der Gewährung von Aktien oder Aktienoptionen an Mitarbeiter eingegangen wird. Sie sind daher nicht erschöpfend. Da sich die nachstehenden Erläuterungen in erster Linie auf an Mitarbeiter gewährte Aktien und Aktienoptionen beziehen, wird außerdem unterstellt, dass der beizulegende Zeitwert der Aktien oder Aktienoptionen am Tag der Gewährung bestimmt wird. Viele der nachfolgend angeschnittenen Punkte (wie etwa die Bestimmung der erwarteten Volatilität) gelten jedoch auch im Kontext einer Schätzung des beizulegenden Zeitwerts von Aktien oder Aktienoptionen, die anderen Parteien als Mitarbeitern zum Zeitpunkt des Empfangs der Güter durch das Unternehmen oder der Leistungserbringung durch die Gegenpartei gewährt werden.

Aktien

B2 Bei der Gewährung von Aktien an Mitarbeiter ist der beizulegende Zeitwert der Aktien anhand des Marktpreises der Aktien des Unternehmens (bzw. eines geschätzten Marktpreises, wenn die Aktien des Unternehmens nicht öffentlich gehandelt werden) unter Berücksichtigung der Vertragsbedingungen, zu denen die Aktien gewährt wurden (ausgenommen Ausübungsbedingungen, die gemäß Paragraph 19–21 nicht in die Bestimmung des beizulegenden Zeitwerts einfließen), zu ermitteln.

B3 Hat der Mitarbeiter beispielsweise während des Erdienungszeitraums keinen Anspruch auf den Bezug von Dividenden, ist dieser Faktor bei der Schätzung des beizulegenden Zeitwerts der gewährten Aktien zu berücksichtigen. Gleiches gilt, wenn die Aktien nach dem Tag der ersten Ausübungsmöglichkeit Übertragungsbeschränkungen unterliegen, allerdings nur insoweit die Beschränkungen nach der Ausübbarkeit einen Einfluss auf den Preis haben, den ein sachverständiger, vertragswilliger Marktteilnehmer für diese Aktie zahlen würde. Werden die Aktien zum Beispiel aktiv in einem hinreichend entwickelten, liquiden Markt gehandelt, haben Übertragungsbeschränkungen nach dem Tag der ersten Ausübungsmöglichkeit nur eine geringe oder überhaupt keine Auswirkung auf den Preis, den ein sachverständiger, vertragswilliger Marktteilnehmer für diese Aktien zahlen würde. Übertragungsbeschränkungen oder andere Beschränkungen während des Erdienungszeitraums sind bei der Schätzung des beizulegenden Zeitwerts der gewährten Aktien am Tag der Gewährung nicht zu berücksichtigen, weil diese Beschränkungen im Vorhandensein von Ausübungsbedingungen begründet sind, die gemäß Paragraph 19–21 bilanziert werden.

Aktienoptionen

B4 Bei der Gewährung von Aktienoptionen an Mitarbeiter stehen in vielen Fällen keine Marktpreise zur Verfügung, weil die gewährten Optionen Vertragsbedingungen unterliegen, die nicht für gehandelte Optionen gelten. Gibt es keine gehandelten Optionen mit ähnlichen Vertragsbedingungen, ist der beizulegende Zeitwert der gewährten Optionen mithilfe eines Optionspreismodells zu schätzen.

B5 Das Unternehmen hat Faktoren zu berücksichtigen, die sachverständige, vertragswillige Marktteilnehmer bei der Auswahl des anzuwendenden Optionspreismodells in Betracht ziehen würden. Viele Mitarbeiteroptionen haben beispielsweise eine lange Laufzeit, sind normalerweise vom Tag, an dem alle Ausübungsbedingungen erfüllt sind, bis zum Ende der Optionslaufzeit ausübbar und werden oft frühzeitig ausgeübt. Alle diese Faktoren müssen bei der Schätzung des beizulegenden Zeitwerts der Optionen am Tag der Gewährung berücksichtigt werden. Bei vielen Unternehmen schließt dies die Verwendung der Black-Scholes-Merton-Formel aus, die nicht die Möglichkeit einer Ausübung vor Ende der Optionslaufzeit zulässt und die Auswirkungen einer erwarteten frühzeitigen Ausübung nicht adäquat wiedergibt. Außerdem ist darin nicht vorgesehen, dass sich die erwartete Volatilität und andere in das Modell einfließende Parameter während der Laufzeit einer Option ändern können. Unter Umständen treffen die vorstehend genannten Faktoren jedoch nicht auf Aktienoptionen zu, die eine relativ kurze Vertragslaufzeit haben oder innerhalb einer kurzen Frist nach Erfüllung der Ausübungsbedingungen ausgeübt werden müssen. In solchen Fällen kann die Black-Scholes-Merton-Formel ein Ergebnis liefern, das sich im Wesentlichen mit dem eines flexibleren Optionspreismodells deckt.

B6 Alle Optionspreismodelle berücksichtigen mindestens die folgenden Faktoren:
(a) den Ausübungspreis der Option;
(b) die Laufzeit der Option;
(c) den aktuellen Kurs der zugrunde liegenden Aktien;
(d) die erwartete Volatilität des Aktienkurses;
(e) die erwarteten Dividenden auf die Aktien (falls zutreffend); und
(f) den risikolosen Zins für die Laufzeit der Option.

Appendix B
Application Guidance

This appendix is an integral part of the IFRS.

Estimating the fair value of equity instruments granted

Paragraphs B2—B41 of this appendix discuss measurement of the fair value of shares and share options granted, focusing **B1** on the specific terms and conditions that are common features of a grant of shares or share options to employees. Therefore, it is not exhaustive. Furthermore, because the valuation issues discussed below focus on shares and share options granted to employees, it is assumed that the fair value of the shares or share options is measured at grant date. However, many of the valuation issues discussed below (e.g. determining expected volatility) also apply in the context of estimating the fair value of shares or share options granted to parties other than employees at the date the entity obtains the goods or the counterparty renders service.

Shares

For shares granted to employees, the fair value of the shares shall be measured at the market price of the entity's shares **B2** (or an estimated market price, if the entity's shares are not publicly traded), adjusted to take into account the terms and conditions upon which the shares were granted (except for vesting conditions that are excluded from the measurement of fair value in accordance with paragraphs 19—21).

For example, if the employee is not entitled to receive dividends during the vesting period, this factor shall be taken into **B3** account when estimating the fair value of the shares granted. Similarly, if the shares are subject to restrictions on transfer after vesting date, that factor shall be taken into account, but only to the extent that the post-vesting restrictions affect the price that a knowledgeable, willing market participant would pay for that share. For example, if the shares are actively traded in a deep and liquid market, post-vesting transfer restrictions may have little, if any, effect on the price that a knowledgeable, willing market participant would pay for those shares. Restrictions on transfer or other restrictions that exist during the vesting period shall not be taken into account when estimating the grant date fair value of the shares granted, because those restrictions stem from the existence of vesting conditions, which are accounted for in accordance with paragraphs 19—21.

Share options

For share options granted to employees, in many cases market prices are not available, because the options granted are **B4** subject to terms and conditions that do not apply to traded options. If traded options with similar terms and conditions do not exist, the fair value of the options granted shall be estimated by applying an option pricing model.

The entity shall consider factors that knowledgeable, willing market participants would consider in selecting the option **B5** pricing model to apply. For example, many employee options have long lives, are usually exercisable during the period between vesting date and the end of the options' life, and are often exercised early. These factors should be considered when estimating the grant date fair value of the options. For many entities, this might preclude the use of the Black-Scholes-Merton formula, which does not allow for the possibility of exercise before the end of the option's life and may not adequately reflect the effects of expected early exercise. It also does not allow for the possibility that expected volatility and other model inputs might vary over the option's life. However, for share options with relatively short contractual lives, or that must be exercised within a short period of time after vesting date, the factors identified above may not apply. In these instances, the Black-Scholes-Merton formula may produce a value that is substantially the same as a more flexible option pricing model.

All option pricing models take into account, as a minimum, the following factors: **B6**
(a)   the exercise price of the option;
(b)   the life of the option;
(c)   the current price of the underlying shares;
(d)   the expected volatility of the share price;
(e)   the dividends expected on the shares (if appropriate); and
(f)   the risk-free interest rate for the life of the option.

B7 Darüber hinaus sind andere Faktoren zu berücksichtigen, die sachverständige, vertragswillige Marktteilnehmer bei der Preisfestlegung in Betracht ziehen würden (ausgenommen Ausübungsbedingungen und Reload-Eigenschaften, die gemäß Paragraph 19–22 nicht in die Ermittlung des beizulegenden Zeitwerts einfließen).

B8 Beispielsweise können an Mitarbeiter gewährte Aktienoptionen normalerweise in bestimmten Zeiträumen nicht ausgeübt werden (z. B. während des Erdienungszeitraums oder in von den Aufsichtsbehörden festgelegten Fristen). Dieser Faktor ist zu berücksichtigen, wenn das verwendete Optionspreismodell ansonsten von der Annahme ausginge, dass die Option während ihrer Laufzeit jederzeit ausübbar wäre. Verwendet ein Unternehmen dagegen ein Optionspreismodell, das Optionen bewertet, die erst am Ende der Optionslaufzeit ausgeübt werden können, ist für den Umstand, dass während des Erdienungszeitraums (oder in anderen Zeiträumen während der Optionslaufzeit) keine Ausübung möglich ist, keine Berichtigung vorzunehmen, weil das Modell bereits davon ausgeht, dass die Optionen in diesen Zeiträumen nicht ausgeübt werden können.

B9 Ein ähnlicher, bei Mitarbeiteraktienoptionen häufig anzutreffender Faktor ist die Möglichkeit einer frühzeitigen Optionsausübung, beispielsweise weil die Option nicht frei übertragbar ist oder der Mitarbeiter bei seinem Ausscheiden alle ausübbaren Optionen ausüben muss. Die Auswirkungen einer erwarteten frühzeitigen Ausübung sind gemäß den Ausführungen in Paragraph B16–B21 zu berücksichtigen.

B10 Faktoren, die ein sachverständiger, vertragswilliger Marktteilnehmer bei der Festlegung des Preises einer Aktienoption (oder eines anderen Eigenkapitalinstruments) nicht berücksichtigen würde, sind bei der Schätzung des beizulegenden Zeitwerts gewährter Aktienoptionen (oder anderer Eigenkapitalinstrumente) nicht zu berücksichtigen. Beispielsweise sind bei der Gewährung von Aktienoptionen an Mitarbeiter Faktoren, die aus Sicht des einzelnen Mitarbeiters den Wert der Option beeinflussen, für die Schätzung des Preises, den ein sachverständiger, vertragswilliger Marktteilnehmer festlegen würde, unerheblich.

In Optionspreismodelle einfließende Daten

B11 Bei der Schätzung der erwarteten Volatilität und Dividenden der zugrunde liegenden Aktien lautet das Ziel, einen Näherungswert für die Erwartungen zu ermitteln, die sich in einem aktuellen Marktkurs oder verhandelten Tauschkurs für die Option widerspiegeln würden. Gleiches gilt für die Schätzung der Auswirkungen einer frühzeitigen Ausübung von Mitarbeiteraktienoptionen, bei denen das Ziel lautet, einen Näherungswert für die Erwartungen zu ermitteln, die eine außenstehende Partei mit Zugang zu detaillierten Informationen über das Ausübungsverhalten der Mitarbeiter anhand der am Tag der Gewährung verfügbaren Informationen hätte.

B12 Häufig dürfte es eine Bandbreite vernünftiger Einschätzungen in Bezug auf künftige Volatilität, Dividenden und Ausübungsverhalten geben. In diesem Fall ist durch Gewichtung der einzelnen Beträge innerhalb der Bandbreite nach der Wahrscheinlichkeit ihres Eintretens ein Erwartungswert zu berechnen.

B13 Zukunftserwartungen beruhen im Allgemeinen auf vergangenen Erfahrungen und werden angepasst, wenn sich die Zukunft bei vernünftiger Betrachtungsweise voraussichtlich anders als die Vergangenheit entwickeln wird. In einigen Fällen können bestimmbare Faktoren darauf hindeuten, dass unbereinigte historische Erfahrungswerte ein relativ schlechter Anhaltspunkt für künftige Entwicklungen sind. Wenn zum Beispiel ein Unternehmen mit zwei völlig unterschiedlichen Geschäftsbereichen denjenigen Bereich verkauft, der mit deutlich geringeren Risiken behaftet war, ist die vergangene Volatilität für eine vernünftige Einschätzung der Zukunft unter Umständen nicht aussagekräftig.

B14 In anderen Fällen stehen keine historischen Daten zur Verfügung. So wird ein erst kürzlich an der Börse eingeführtes Unternehmen nur wenige oder überhaupt keine Daten über die Volatilität seines Aktienkurses haben. Nicht notierte und neu notierte Unternehmen werden weiter unten behandelt.

B15 Zusammenfassend ist festzuhalten, dass ein Unternehmen seine Schätzungen in Bezug auf Volatilität, Ausübungsverhalten und Dividenden nicht einfach auf historische Daten gründen darf, ohne zu berücksichtigen, inwieweit die vergangenen Erfahrungen bei vernünftiger Betrachtungsweise für künftige Prognosen verwendbar sind.

Erwartete frühzeitige Ausübung

B16 Mitarbeiter üben Aktienoptionen aus einer Vielzahl von Gründen oft frühzeitig aus. Beispielsweise sind Mitarbeiteraktienoptionen in der Regel nicht übertragbar. Dies veranlasst die Mitarbeiter häufig zu einer frühzeitigen Ausübung ihrer Aktienoptionen, weil dies für sie die einzige Möglichkeit ist, ihre Position zu realisieren. Außerdem sind ausscheidende Mitarbeiter oftmals verpflichtet, ihre ausübbaren Optionen innerhalb eines kurzen Zeitraums auszuüben, da sie sonst verfallen. Dieser Faktor führt ebenfalls zu einer frühzeitigen Ausübung von Mitarbeiteraktienoptionen. Als weitere Faktoren für eine frühzeitige Ausübung sind Risikoscheu und mangelnde Vermögensdiversifizierung zu nennen.

B17 Die Methode zur Berücksichtigung der Auswirkungen einer erwarteten frühzeitigen Ausübung ist von der Art des angewendeten Optionspreismodells abhängig. Beispielsweise könnte hierzu ein Schätzwert der voraussichtlichen Optionslaufzeit verwendet werden (die bei einer Mitarbeiteraktienoption dem Zeitraum vom Tag der Gewährung bis zum Tag der voraussichtlichen Optionsausübung entspricht), der als Parameter in ein Optionspreismodell (z. B. die Black-Scholes-

Other factors that knowledgeable, willing market participants would consider in setting the price shall also be taken into account (except for vesting conditions and reload features that are excluded from the measurement of fair value in accordance with paragraphs 19—22). **B7**

For example, a share option granted to an employee typically cannot be exercised during specified periods (e.g. during the vesting period or during periods specified by securities regulators). This factor shall be taken into account if the option pricing model applied would otherwise assume that the option could be exercised at any time during its life. However, if an entity uses an option pricing model that values options that can be exercised only at the end of the options' life, no adjustment is required for the inability to exercise them during the vesting period (or other periods during the options' life), because the model assumes that the options cannot be exercised during those periods. **B8**

Similarly, another factor common to employee share options is the possibility of early exercise of the option, for example, because the option is not freely transferable, or because the employee must exercise all vested options upon cessation of employment. The effects of expected early exercise shall be taken into account, as discussed in paragraphs B16—B21. **B9**

Factors that a knowledgeable, willing market participant would not consider in setting the price of a share option (or other equity instrument) shall not be taken into account when estimating the fair value of share options (or other equity instruments) granted. For example, for share options granted to employees, factors that affect the value of the option from the individual employee's perspective only are not relevant to estimating the price that would be set by a knowledgeable, willing market participant. **B10**

Inputs to option pricing models

In estimating the expected volatility of and dividends on the underlying shares, the objective is to approximate the expectations that would be reflected in a current market or negotiated exchange price for the option. Similarly, when estimating the effects of early exercise of employee share options, the objective is to approximate the expectations that an outside party with access to detailed information about employees' exercise behaviour would develop based on information available at the grant date. **B11**

Often, there is likely to be a range of reasonable expectations about future volatility, dividends and exercise behaviour. If so, an expected value should be calculated, by weighting each amount within the range by its associated probability of occurrence. **B12**

Expectations about the future are generally based on experience, modified if the future is reasonably expected to differ from the past. In some circumstances, identifiable factors may indicate that unadjusted historical experience is a relatively poor predictor of future experience. For example, if an entity with two distinctly different lines of business disposes of the one that was significantly less risky than the other, historical volatility may not be the best information on which to base reasonable expectations for the future. **B13**

In other circumstances, historical information may not be available. For example, a newly listed entity will have little, if any, historical data on the volatility of its share price. Unlisted and newly listed entities are discussed further below. **B14**

In summary, an entity should not simply base estimates of volatility, exercise behaviour and dividends on historical information without considering the extent to which the past experience is expected to be reasonably predictive of future experience. **B15**

Expected early exercise

Employees often exercise share options early, for a variety of reasons. For example, employee share options are typically non-transferable. This often causes employees to exercise their share options early, because that is the only way for the employees to liquidate their position. Also, employees who cease employment are usually required to exercise any vested options within a short period of time, otherwise the share options are forfeited. This factor also causes the early exercise of employee share options. Other factors causing early exercise are risk aversion and lack of wealth diversification. **B16**

The means by which the effects of expected early exercise are taken into account depends upon the type of option pricing model applied. For example, expected early exercise could be taken into account by using an estimate of the option's expected life (which, for an employee share option, is the period of time from grant date to the date on which the option is expected to be exercised) as an input into an option pricing model (e.g. the Black-Scholes-Merton formula). Alterna- **B17**

Merton-Formel) einfließt. Alternativ dazu könnte eine erwartete frühzeitige Ausübung in einem Binomial- oder ähnlichen Optionspreismodell abgebildet werden, das die Vertragslaufzeit als Parameter verwendet.

B18 Bei der Ermittlung des Schätzwerts für eine frühzeitige Ausübung sind folgende Faktoren zu berücksichtigen:

(a) die Länge des Erdienungszeitraums, da die Aktienoption im Regelfall erst nach Ablauf des Erdienungszeitraums ausgeübt werden kann. Die Bestimmung der Auswirkungen einer erwarteten frühzeitigen Ausübung auf die Bewertung basiert daher auf der Annahme, dass die Optionen ausübbar werden. Die Auswirkungen der Ausübungsbedingungen werden in den Paragraphen 19–21 behandelt;

(b) der durchschnittliche Zeitraum, den ähnliche Optionen in der Vergangenheit ausstehend waren;

(c) der Kurs der zugrunde liegenden Aktien. Vergangene Erfahrungen können darauf hindeuten, dass Mitarbeiter ihre Optionen meist dann ausüben, wenn der Aktienkurs ein bestimmtes Niveau über dem Ausübungspreis erreicht hat;

(d) der Rang des Mitarbeiters innerhalb der Organisation. Beispielsweise könnten Mitarbeiter in höheren Positionen erfahrungsgemäß dazu tendieren, ihre Optionen später auszuüben als Mitarbeiter in niedrigeren Positionen (in Paragraph B21 wird darauf näher eingegangen);

(e) voraussichtliche Volatilität der zugrunde liegenden Aktien. Im Durchschnitt könnten Mitarbeiter dazu tendieren, Aktienoptionen auf Aktien mit großer Schwankungsbreite früher auszuüben als auf Aktien mit geringer Volatilität.

B19 Wie in Paragraph B17 ausgeführt, könnte zur Berücksichtigung der Auswirkungen einer frühzeitigen Ausübung ein Schätzwert der erwarteten Optionslaufzeit verwendet werden, der als Parameter in ein Optionspreismodell einfließt. Bei der Schätzung der erwarteten Laufzeit von Aktienoptionen, die einer Gruppe von Mitarbeitern gewährt wurden, könnte diese Schätzung auf einem annähernd gewichteten Durchschnitt der erwarteten Laufzeit für die gesamte Mitarbeitergruppe oder auf einem annähernd gewichteten Durchschnitt der Laufzeiten für Untergruppen von Mitarbeitern innerhalb dieser Gruppe basieren, die anhand detaillierterer Daten über das Ausübungsverhalten der Mitarbeiter ermittelt werden (weitere Ausführungen siehe unten).

B20 Die Aufteilung gewährter Optionen in Mitarbeitergruppen mit einem relativ homogenen Ausübungsverhalten dürfte von großer Bedeutung sein. Der Wert einer Option stellt keine lineare Funktion der Optionslaufzeit dar; er nimmt mit fortschreitender Dauer der Laufzeit immer weniger zu. Ein Beispiel hierfür ist eine Option mit zweijähriger Laufzeit, die – wenn alle anderen Annahmen identisch sind – zwar mehr, jedoch nicht doppelt so viel wert ist wie eine Option mit einjähriger Laufzeit. Dies bedeutet, dass der gesamte beizulegende Zeitwert der gewährten Aktienoptionen bei einer Berechnung des geschätzten Optionswerts anhand einer einzigen gewichteten Durchschnittslaufzeit, die ganz unterschiedliche Einzellaufzeiten umfasst, zu hoch angesetzt würde. Eine solche Überbewertung kann durch die Aufteilung der gewährten Optionen in mehrere Gruppen, deren gewichtete Durchschnittslaufzeit eine relativ geringe Bandbreite an Laufzeiten umfasst, reduziert werden.

B21 Ähnliche Überlegungen sind bei der Verwendung eines Binomial- oder ähnlichen Modells anzustellen. Beispielsweise könnten die vergangenen Erfahrungen eines Unternehmens, das Mitarbeiteroptionen in allen Hierarchieebenen gewährt, darauf hindeuten, dass Führungskräfte in hohen Positionen ihre Optionen länger behalten als Mitarbeiter im mittleren Management und dass Mitarbeiter in unteren Positionen ihre Optionen meist früher als jede andere Gruppe ausüben. Außerdem könnten Mitarbeiter, denen empfohlen oder vorgeschrieben wird, eine Mindestanzahl an Eigenkapitalinstrumenten, einschließlich Optionen, ihres Arbeitgebers zu halten, ihre Optionen im Durchschnitt später ausüben als Mitarbeiter, die keiner derartigen Bestimmung unterliegen. In diesen Fällen führt die Aufteilung der Optionen in Empfängergruppen mit einem relativ homogenen Ausübungsverhalten zu einer richtigeren Schätzung des gesamten beizulegenden Zeitwerts der gewährten Aktienoptionen.

Erwartete Volatilität

B22 Die erwartete Volatilität ist eine Kennzahl für das Schwankungsmaß von Kursen innerhalb eines bestimmten Zeitraums. In Optionspreismodellen wird als Volatilitätskennzahl die auf Jahresbasis umgerechnete Standardabweichung der stetigen Rendite der Aktie über einen bestimmten Zeitraum verwendet. Die Volatilität wird normalerweise auf ein Jahr bezogen angegeben, was einen Vergleich unabhängig von der in der Berechnung verwendeten Zeitspanne (z. B. tägliche, wöchentliche oder monatliche Kursbeobachtungen) ermöglicht.

B23 Die (positive oder negative) Rendite einer Aktie in einem bestimmten Zeitraum gibt an, in welchem Umfang der Eigentümer von Dividenden und einer Steigerung (oder einem Rückgang) des Aktienkurses profitiert hat.

B24 Die erwartete auf Jahresbasis umgerechnete Volatilität einer Aktie entspricht der Bandbreite, in welche die stetige jährliche Rendite zirka zwei Drittel der Zeit voraussichtlich fallen wird. Wenn beispielsweise eine Aktie mit einer voraussichtlichen stetigen Rendite von 12 % eine Volatilität von 30 % aufweist, bedeutet dies, dass die Wahrscheinlichkeit, dass die Rendite der Aktie in einem Jahr zwischen – 18 % (12 % – 30 %) und 42 % (12 % + 30 %) liegt, rund zwei Drittel beträgt. Beträgt der Aktienkurs am Jahresbeginn WE 100 und werden keine Dividenden ausgeschüttet, liegt der Aktienkurs ungefähr zwei Drittel der Zeit am Jahresende voraussichtlich zwischen WE 83,53 (WE $100 \times e^{-0,18}$) und WE 152,20 (WE $100 \times e^{0,42}$).

B25 Bei der Schätzung der erwarteten Volatilität sind folgende Faktoren zu berücksichtigen:

(a) die implizite Volatilität, die sich gegebenenfalls aus gehandelten Aktienoptionen auf die Aktien oder andere gehandelte Instrumente des Unternehmens mit Optionseigenschaften (wie etwa wandelbare Schuldinstrumente), ergibt;

tively, expected early exercise could be modelled in a binomial or similar option pricing model that uses contractual life as an input.

Factors to consider in estimating early exercise include: **B18**
(a) the length of the vesting period, because the share option typically cannot be exercised until the end of the vesting period. Hence, determining the valuation implications of expected early exercise is based on the assumption that the options will vest. The implications of vesting conditions are discussed in paragraphs 19—21;
(b) the average length of time similar options have remained outstanding in the past;
(c) the price of the underlying shares. Experience may indicate that the employees 10 d to exercise options when the share price reaches a specified level above the exercise price;
(d) the employee's level within the organisation. For example, experience might indicate that higher-level employees 10 d to exercise options later than lower-level employees (discussed further in paragraph B21);
(e) expected volatility of the underlying shares. On average, employees might 10 d to exercise options on highly volatile shares earlier than on shares with low volatility.

As noted in paragraph B17, the effects of early exercise could be taken into account by using an estimate of the option's **B19**
expected life as an input into an option pricing model. When estimating the expected life of share options granted to a group of employees, the entity could base that estimate on an appropriately weighted average expected life for the entire employee group or on appropriately weighted average lives for subgroups of employees within the group, based on more detailed data about employees' exercise behaviour (discussed further below).

Separating an option grant into groups for employees with relatively homogeneous exercise behaviour is likely to be **B20**
important. Option value is not a linear function of option term; value increases at a decreasing rate as the term lengthens. For example, if all other assumptions are equal, although a two-year option is worth more than a one-year option, it is not worth twice as much. That means that calculating estimated option value on the basis of a single weighted average life that includes widely differing individual lives would overstate the total fair value of the share options granted. Separating options granted into several groups, each of which has a relatively narrow range of lives included in its weighted average life, reduces that overstatement.

Similar considerations apply when using a binomial or similar model. For example, the experience of an entity that grants **B21**
options broadly to all levels of employees might indicate that top-level executives 10 d to hold their options longer than middle-management employees hold theirs and that lower-level employees 10 d to exercise their options earlier than any other group. In addition, employees who are encouraged or required to hold a minimum amount of their employer's equity instruments, including options, might on average exercise options later than employees not subject to that provision. In those situations, separating options by groups of recipients with relatively homogeneous exercise behaviour will result in a more accurate estimate of the total fair value of the share options granted.

Expected volatility

Expected volatility is a measure of the amount by which a price is expected to fluctuate during a period. The measure of **B22**
volatility used in option pricing models is the annualised standard deviation of the continuously compounded rates of return on the share over a period of time. Volatility is typically expressed in annualised terms that are comparable regardless of the time period used in the calculation, for example, daily, weekly or monthly price observations.

The rate of return (which may be positive or negative) on a share for a period measures how much a shareholder has **B23**
benefited from dividends and appreciation (or depreciation) of the share price.

The expected annualised volatility of a share is the range within which the continuously compounded annual rate of **B24**
return is expected to fall approximately two-thirds of the time. For example, to say that a share with an expected continuously compounded rate of return of 12 per cent has a volatility of 30 per cent means that the probability that the rate of return on the share for one year will be between –18 per cent (12 % – 30 %) and 42 per cent (12 % + 30 %) is approximately two-thirds. If the share price is CU100 at the beginning of the year and no dividends are paid, the year-end share price would be expected to be between CU83,53 (CU100 × $e^{-0,18}$) and CU152,20 (CU100 × $e^{0,42}$) approximately two-thirds of the time.

Factors to consider in estimating expected volatility include: **B25**
(a) implied volatility from traded share options on the entity's shares, or other traded instruments of the entity that include option features (such as convertible debt), if any;

(b) die historische Volatilität des Aktienkurses im jüngsten Zeitraum, der im Allgemeinen der erwarteten Optionslaufzeit (unter Berücksichtigung der restlichen Vertragslaufzeit der Option und der Auswirkungen einer erwarteten frühzeitigen Ausübung) entspricht;

(c) der Zeitraum, seit dem die Aktien des Unternehmens öffentlich gehandelt werden. Ein neu notiertes Unternehmen hat im Vergleich zu ähnlichen Unternehmen, die bereits länger notiert sind, oftmals eine höhere historische Volatilität. Weitere Anwendungsleitlinien werden weiter unten gegeben;

(d) die Tendenz der Volatilität, wieder zu ihrem Mittelwert, also ihrem langjährigen Durchschnitt, zurückzukehren, und andere Faktoren, die darauf hinweisen, dass sich erwartete künftige Volatilität von der vergangenen Volatilität unterscheiden könnte. War der Aktienkurs eines Unternehmens in einem bestimmbaren Zeitraum aufgrund eines gescheiterten Übernahmeangebots oder einer umfangreichen Restrukturierung extremen Schwankungen unterworfen, könnte dieser Zeitraum bei der Berechnung der historischen jährlichen Durchschnittsvolatilität außer acht gelassen werden;

(e) angemessene, regelmäßige Intervalle bei den Kursbeobachtungen. Die Kursbeobachtungen müssen von Periode zu Periode stetig durchgeführt werden. Beispielsweise könnte ein Unternehmen die Wochenschlusskurse und Wochenhöchststände verwenden; nicht zulässig ist es dagegen, in einigen Wochen den Schlusskurs und in anderen Wochen den Höchstkurs zu verwenden. Außerdem müssen die Kursbeobachtungen in der gleichen Währung wie der Ausübungspreis angegeben werden.

Neu notierte Unternehmen

B26 Wie in Paragraph B25 ausgeführt, hat ein Unternehmen die historische Volatilität des Aktienkurses im jüngsten Zeitraum zu berücksichtigen, der im Allgemeinen der erwarteten Optionslaufzeit entspricht. Besitzt ein neu notiertes Unternehmen nicht genügend Informationen über die historische Volatilität, sollte es die historische Volatilität dennoch bezogen auf den längsten Zeitraum berechnen, für den Handelsdaten verfügbar sind. Denkbar wäre auch, die historische Volatilität ähnlicher Unternehmen nach einer vergleichbaren Zeit der Börsennotierung heranzuziehen. Beispielsweise könnte ein Unternehmen, das erst seit einem Jahr an der Börse notiert ist und Optionen mit einer voraussichtlichen Laufzeit von fünf Jahren gewährt, die Struktur und das Ausmaß der historischen Volatilität von Unternehmen der gleichen Branche in den ersten sechs Jahren, in denen die Aktien dieser Unternehmen öffentlich gehandelt wurden, in Betracht ziehen.

Nicht notierte Unternehmen

B27 Ein nicht notiertes Unternehmen kann bei der Schätzung der erwarteten Volatilität nicht auf historische Daten zurückgreifen. Stattdessen gibt es andere Faktoren zu berücksichtigen, auf die nachfolgend näher eingegangen wird.

B28 In einigen Fällen könnte ein nicht notiertes Unternehmen, das regelmäßig Optionen oder Aktien an Mitarbeiter (oder andere Parteien) ausgibt, einen internen Markt für seine Aktien eingerichtet haben. Bei der Schätzung der erwarteten Volatilität könnte dann die Volatilität dieser Aktienkurse berücksichtigt werden.

B29 Alternativ könnte die erwartete Volatilität anhand der historischen oder impliziten Volatilität vergleichbarer notierter Unternehmen, für die Informationen über Aktienkurse oder Optionspreise zur Verfügung stehen, geschätzt werden. Dies wäre angemessen, wenn das Unternehmen den Wert seiner Aktien auf Grundlage der Aktienkurse vergleichbarer notierter Unternehmen bestimmt hat.

B30 Hat das Unternehmen zur Schätzung des Werts seiner Aktien nicht die Aktienkurse vergleichbarer notierter Unternehmen herangezogen, sondern statt dessen eine andere Bewertungsmethode verwendet, könnte daraus in Übereinstimmung mit dieser Bewertungsmethode eine Schätzung der erwarteten Volatilität abgeleitet werden. Beispielsweise könnte die Bewertung der Aktien auf Basis des Nettovermögens oder Periodenüberschusses erfolgen. In diesem Fall könnte die erwartete Volatilität der Nettovermögenswerte oder Periodenüberschüsse in Betracht gezogen werden.

Erwartete Dividenden

B31 Ob erwartete Dividenden bei der Ermittlung des beizulegenden Zeitwerts gewährter Aktien oder Optionen zu berücksichtigen sind, hängt davon ab, ob die Gegenpartei Anspruch auf Dividenden oder ausschüttungsgleiche Beträge hat.

B32 Wenn Mitarbeitern beispielsweise Optionen gewährt wurden und sie zwischen dem Tag der Gewährung und dem Tag der Ausübung Anspruch auf Dividenden auf die zugrunde liegenden Aktien oder ausschüttungsgleiche Beträge haben (die bar ausgezahlt oder mit dem Ausübungspreis verrechnet werden), sind die gewährten Optionen so zu bewerten, als würden auf die zugrunde liegenden Aktien keine Dividenden ausgeschüttet, d.h. die Höhe der erwarteten Dividenden muss Null sein.

B33 Auf gleiche Weise ist bei der Schätzung des beizulegenden Zeitwerts gewährter Mitarbeiteroptionen am Tag der Gewährung keine Berichtigung für erwartete Dividenden notwendig, wenn die Mitarbeiter während des Erdienungszeitraums einen Anspruch auf Dividendenzahlungen haben.

B34 Haben die Mitarbeiter dagegen während des Erdienungszeitraums (bzw. im Falle einer Option vor der Ausübung) keinen Anspruch auf Dividenden oder ausschüttungsgleiche Beträge, sind bei der Bewertung der Anrechte auf den Bezug von

(b) the historical volatility of the share price over the most recent period that is generally commensurate with the expected term of the option (taking into account the remaining contractual life of the option and the effects of expected early exercise);

(c) the length of time an entity's shares have been publicly traded. A newly listed entity might have a high historical volatility, compared with similar entities that have been listed longer. Further guidance for newly listed entities is given below;

(d) the tendency of volatility to revert to its mean, i.e. its long-term average level, and other factors indicating that expected future volatility might differ from past volatility. For example, if an entity's share price was extraordinarily volatile for some identifiable period of time because of a failed takeover bid or a major restructuring, that period could be disregarded in computing historical average annual volatility;

(e) appropriate and regular intervals for price observations. The price observations should be consistent from period to period. For example, an entity might use the closing price for each week or the highest price for the week, but it should not use the closing price for some weeks and the highest price for other weeks. Also, the price observations should be expressed in the same currency as the exercise price.

Newly listed entities

As noted in paragraph B25, an entity should consider historical volatility of the share price over the most recent period **B26** that is generally commensurate with the expected option term. If a newly listed entity does not have sufficient information on historical volatility, it should nevertheless compute historical volatility for the longest period for which trading activity is available. It could also consider the historical volatility of similar entities following a comparable period in their lives. For example, an entity that has been listed for only one year and grants options with an average expected life of five years might consider the pattern and level of historical volatility of entities in the same industry for the first six years in which the shares of those entities were publicly traded.

Unlisted entities

An unlisted entity will not have historical information to consider when estimating expected volatility. Some factors to **B27** consider instead are set out below.

In some cases, an unlisted entity that regularly issues options or shares to employees (or other parties) might have set up **B28** an internal market for its shares. The volatility of those share prices could be considered when estimating expected volatility.

Alternatively, the entity could consider the historical or implied volatility of similar listed entities, for which share price or **B29** option price information is available, to use when estimating expected volatility. This would be appropriate if the entity has based the value of its shares on the share prices of similar listed entities.

If the entity has not based its estimate of the value of its shares on the share prices of similar listed entities, and has instead **B30** used another valuation methodology to value its shares, the entity could derive an estimate of expected volatility consistent with that valuation methodology. For example, the entity might value its shares on a net asset or earnings basis. It could consider the expected volatility of those net asset values or earnings.

Expected dividends

Whether expected dividends should be taken into account when measuring the fair value of shares or options granted **B31** depends on whether the counterparty is entitled to dividends or dividend equivalents.

For example, if employees were granted options and are entitled to dividends on the underlying shares or dividend **B32** equivalents (which might be paid in cash or applied to reduce the exercise price) between grant date and exercise date, the options granted should be valued as if no dividends will be paid on the underlying shares, i.e. the input for expected dividends should be zero.

Similarly, when the grant date fair value of shares granted to employees is estimated, no adjustment is required for **B33** expected dividends if the employee is entitled to receive dividends paid during the vesting period.

Conversely, if the employees are not entitled to dividends or dividend equivalents during the vesting period (or before **B34** exercise, in the case of an option), the grant date valuation of the rights to shares or options should take expected divi-

Aktien oder Optionen am Tag der Gewährung die erwarteten Dividenden zu berücksichtigen. Dies bedeutet, dass bei der Verwendung eines Optionspreismodells die erwarteten Dividenden in die Schätzung des beizulegenden Zeitwerts einer gewährten Option einzubeziehen sind. Bei der Schätzung des beizulegenden Zeitwerts einer gewährten Aktie ist dieser um den Barwert der während des Erdienungszeitraums voraussichtlich zahlbaren Dividenden zu verringern.

B35 Optionspreismodelle verlangen im Allgemeinen die Angabe der erwarteten Dividendenrendite. Die Modelle lassen sich jedoch so modifizieren, dass statt einer Rendite ein erwarteter Dividendenbetrag verwendet wird. Ein Unternehmen kann die erwartete Rendite oder den erwarteten Dividendenbetrag verwenden. Im letzteren Fall sind die Dividendenerhöhungen der Vergangenheit zu berücksichtigen. Hat ein Unternehmen seine Dividenden beispielsweise bisher im Allgemeinen um rund 3 % pro Jahr erhöht, darf bei der Schätzung des Optionswerts kein fester Dividendenbetrag über die gesamte Laufzeit der Option angenommen werden, sofern es keine substanziellen Hinweise zur Stützung dieser Annahme gibt.

B36 Im Allgemeinen sollte die Annahme über erwartete Dividenden auf öffentlich zugänglichen Informationen beruhen. Ein Unternehmen, das keine Dividenden ausschüttet und keine künftigen Ausschüttungen beabsichtigt, hat von einer erwarteten Dividendenrendite von Null auszugehen. Ein junges aufstrebendes Unternehmen, das in der Vergangenheit keine Dividenden gezahlt hat, könnte jedoch mit dem Beginn von Dividendenausschüttungen während der erwarteten Laufzeit der Mitarbeiteraktienoptionen rechnen. Diese Unternehmen könnten einen Durchschnitt aus ihrer bisherigen Dividendenrendite (Null) und dem Mittelwert der Dividendenrendite einer sinnvollen Vergleichsgruppe verwenden.

Risikoloser Zins

B37 Normalerweise ist der risikolose Zins die derzeit verfügbare implizite Rendite auf Nullkupon-Staatsanleihen des Landes, in dessen Währung der Ausübungspreis ausgedrückt wird, mit einer Restlaufzeit, die der erwarteten Laufzeit der zu bewertenden Option (auf Grundlage der vertraglichen Restlaufzeit der Option und unter Berücksichtigung der Auswirkungen einer erwarteten frühzeitigen Ausübung) entspricht. Falls solche Staatsanleihen nicht vorhanden sind oder Umstände darauf hindeuten, dass die implizite Rendite auf Nullkupon-Staatsanleihen nicht den risikolosen Zins wiedergibt (zum Beispiel in Hochinflationsländern), muss unter Umständen ein geeigneter Ersatz verwendet werden. Bei der Ermittlung des beizulegenden Zeitwerts einer Option mit einer Laufzeit, die der erwarteten Laufzeit der zu bewertenden Option entspricht, ist ebenfalls ein geeigneter Ersatz zu verwenden, wenn die Marktteilnehmer den risikolosen Zins üblicherweise anhand dieses Ersatzes und nicht anhand der impliziten Rendite von Nullkupon-Staatsanleihen bestimmen.

Auswirkungen auf die Kapitalverhältnisse

B38 Normalerweise werden gehandelte Aktienoptionen von Dritten und nicht vom Unternehmen verkauft. Bei Ausübung dieser Aktienoptionen liefert der Verkäufer die Aktien an den Optionsinhaber, die dann von bestehenden Eigentümern gekauft werden. Die Ausübung gehandelter Aktienoptionen hat daher keinen Verwässerungseffekt.

B39 Werden die Aktienoptionen dagegen vom Unternehmen verkauft, werden bei der Ausübung dieser Optionen neue Aktien ausgegeben (entweder tatsächlich oder ihrem wirtschaftlichen Gehalt nach, falls vorher zurückgekaufte und gehaltene eigene Aktien verwendet werden). Da die Aktien zum Ausübungspreis und nicht zum aktuellen Marktpreis am Tag der Ausübung ausgegeben werden, könnte diese tatsächliche oder potenzielle Verwässerung einen Rückgang des Aktienkurses bewirken, so dass der Optionsinhaber bei der Ausübung keinen so großen Gewinn wie bei der Ausübung einer ansonsten gleichartigen gehandelten Option ohne Verwässerung des Aktienkurses erzielt.

B40 Ob dies eine wesentliche Auswirkung auf den Wert der gewährten Aktienoptionen hat, ist von verschiedenen Faktoren abhängig, wie etwa der Anzahl der bei Ausübung der Optionen neu ausgegebenen Aktien im Verhältnis zur Anzahl der bereits im Umlauf befindlichen Aktien. Außerdem könnte der Markt, wenn er die Gewährung von Optionen bereits erwartet, die potenzielle Verwässerung bereits in den Aktienkurs am Tag der Gewährung eingepreist haben.

B41 Das Unternehmen hat jedoch zu prüfen, ob der mögliche Verwässerungseffekt einer künftigen Ausübung der gewährten Aktienoptionen unter Umständen einen Einfluss auf den geschätzten beizulegenden Zeitwert zum Tag der Gewährung hat. Die Optionspreismodelle können zur Berücksichtigung dieses potenziellen Verwässerungseffekts entsprechend angepasst werden.

Änderungen von anteilsbasierten Vergütungsvereinbarungen mit Ausgleich durch Eigenkapitalinstrumente

B42 Paragraph 27 schreibt vor, dass ungeachtet etwaiger Änderungen von den Vertragsbedingungen, zu denen die Eigenkapitalinstrumente gewährt wurden, oder einer Annullierung oder Erfüllung der gewährten Eigenkapitalinstrumente als Mindestanforderung die erhaltenen Leistungen, die zum beizulegenden Zeitwert der gewährten Eigenkapitalinstrumente am Tag der Gewährung bewertet wurden, zu erfassen sind, es sei denn, diese Eigenkapitalinstrumente sind aufgrund der Nichterfüllung einer am Tag der Gewährung vereinbarten Ausübungsbedingung (außer einer Marktbedingung) nicht ausübbar. Außerdem hat ein Unternehmen die Auswirkungen von Änderungen zu erfassen, die den gesamten beizulegenden Zeitwert der anteilsbasierten Vergütungsvereinbarung erhöhen oder mit einem anderen Nutzen für den Arbeitnehmer verbunden sind.

dends into account. That is to say, when the fair value of an option grant is estimated, expected dividends should be included in the application of an option pricing model. When the fair value of a share grant is estimated, that valuation should be reduced by the present value of dividends expected to be paid during the vesting period.

Option pricing models generally call for expected dividend yield. However, the models may be modified to use an **B35** expected dividend amount rather than a yield. An entity may use either its expected yield or its expected payments. If the entity uses the latter, it should consider its historical pattern of increases in dividends. For example, if an entity's policy has generally been to increase dividends by approximately 3 per cent per year, its estimated option value should not assume a fixed dividend amount throughout the option's life unless there is evidence that supports that assumption.

Generally, the assumption about expected dividends should be based on publicly available information. An entity that **B36** does not pay dividends and has no plans to do so should assume an expected dividend yield of zero. However, an emerging entity with no history of paying dividends might expect to begin paying dividends during the expected lives of its employee share options. Those entities could use an average of their past dividend yield (zero) and the mean dividend yield of an appropriately comparable peer group.

Risk-free interest rate

Typically, the risk-free interest rate is the implied yield currently available on zero-coupon government issues of the coun- **B37** try in whose currency the exercise price is expressed, with a remaining term equal to the expected term of the option being valued (based on the option's remaining contractual life and taking into account the effects of expected early exercise). It may be necessary to use an appropriate substitute, if no such government issues exist or circumstances indicate that the implied yield on zero-coupon government issues is not representative of the risk-free interest rate (for example, in high inflation economies). Also, an appropriate substitute should be used if market participants would typically determine the risk-free interest rate by using that substitute, rather than the implied yield of zero-coupon government issues, when estimating the fair value of an option with a life equal to the expected term of the option being valued.

Capital structure effects

Typically, third parties, not the entity, write traded share options. When these share options are exercised, the writer deli- **B38** vers shares to the option holder. Those shares are acquired from existing shareholders. Hence the exercise of traded share options has no dilutive effect.

In contrast, if share options are written by the entity, new shares are issued when those share options are exercised (either **B39** actually issued or issued in substance, if shares previously repurchased and held in treasury are used). Given that the shares will be issued at the exercise price rather than the current market price at the date of exercise, this actual or potential dilution might reduce the share price, so that the option holder does not make as large a gain on exercise as on exercising an otherwise similar traded option that does not dilute the share price.

Whether this has a significant effect on the value of the share options granted depends on various factors, such as the **B40** number of new shares that will be issued on exercise of the options compared with the number of shares already issued. Also, if the market already expects that the option grant will take place, the market may have already factored the potential dilution into the share price at the date of grant.

However, the entity should consider whether the possible dilutive effect of the future exercise of the share options granted **B41** might have an impact on their estimated fair value at grant date. Option pricing models can be adapted to take into account this potential dilutive effect.

Modifications to equity-settled share-based payment arrangements

Paragraph 27 requires that, irrespective of any modifications to the terms and conditions on which the equity instruments **B42** were granted, or a cancellation or settlement of that grant of equity instruments, the entity should recognise, as a minimum, the services received measured at the grant date fair value of the equity instruments granted, unless those equity instruments do not vest because of failure to satisfy a vesting condition (other than a market condition) that was specified at grant date. In addition, the entity should recognise the effects of modifications that increase the total fair value of the share-based payment arrangement or are otherwise beneficial to the employee.

B43 Zur Anwendung der Bestimmungen von Paragraph 27 gilt:

    (a) Wenn durch eine Änderung der unmittelbar vor und nach dieser Änderung ermittelte beizulegende Zeitwert der gewährten Eigenkapitalinstrumente zunimmt (z. B. durch Verringerung des Ausübungspreises), ist der gewährte zusätzliche beizulegende Zeitwert in die Berechnung des Betrags einzubeziehen, der für die als Entgelt für die gewährten Eigenkapitalinstrumente erhaltenen Leistungen erfasst wird. Der gewährte zusätzliche beizulegende Zeitwert ergibt sich aus der Differenz zwischen dem beizulegenden Zeitwert des geänderten Eigenkapitalinstruments und dem des ursprünglichen Eigenkapitalinstruments, die beide am Tag der Änderung geschätzt werden. Erfolgt die Änderung während des Erdienungszeitraums, ist zusätzlich zu dem Betrag, der auf dem beizulegenden Zeitwert der ursprünglichen Eigenkapitalinstrumente am Tag der Gewährung basiert und der über den restlichen ursprünglichen Erdienungszeitraum zu erfassen ist, der gewährte zusätzliche beizulegende Zeitwert in den Betrag einzubeziehen, der für ab dem Tag der Änderung bis zum Tag der ersten Ausübungsmöglichkeit der geänderten Eigenkapitalinstrumente erhaltene Leistungen erfasst wird. Erfolgt die Änderung nach dem Tag der ersten Ausübungsmöglichkeit, ist der gewährte zusätzliche beizulegende Zeitwert sofort zu erfassen bzw. über den Erdienungszeitraum, wenn der Mitarbeiter eine zusätzliche Dienstzeit ableisten muss, bevor er einen uneingeschränkten Anspruch auf die geänderten Eigenkapitalinstrumente erwirbt.

    (b) Auf gleiche Weise ist bei einer Änderung, bei der die Anzahl der gewährten Eigenkapitalinstrumente erhöht wird, der zum Zeitpunkt der Änderung beizulegende Zeitwert der zusätzlich gewährten Eigenkapitalinstrumente bei der Ermittlung des Betrags gemäß den Bestimmungen unter (a) oben zu berücksichtigen, der für Leistungen erfasst wird, die als Entgelt für die gewährten Eigenkapitalinstrumente erhalten werden. Erfolgt die Änderung beispielsweise während des Erdienungszeitraums, ist zusätzlich zu dem Betrag, der auf dem beizulegenden Zeitwert der ursprünglich gewährten Eigenkapitalinstrumente am Tag der Gewährung basiert und der über den restlichen ursprünglichen Erdienungszeitraum zu erfassen ist, der beizulegende Zeitwert der zusätzlich gewährten Eigenkapitalinstrumente in den Betrag einzubeziehen, der für ab dem Tag der Änderung bis zum Tag der ersten Ausübungsmöglichkeit der geänderten Eigenkapitalinstrumente erhaltene Leistungen erfasst wird.

    (c) Werden die Ausübungsbedingungen zugunsten des Mitarbeiters geändert, beispielsweise durch Verkürzung des Erdienungszeitraums oder durch Änderung oder Streichung einer Erfolgsbedingung (außer einer Marktbedingung, deren Änderungen gemäß (a) oben zu bilanzieren sind), sind bei Anwendung der Bestimmungen der Paragraphen 19–21 die geänderten Ausübungsbedingungen zu berücksichtigen.

B44 Werden die Vertragsbedingungen der gewährten Eigenkapitalinstrumente auf eine Weise geändert, die eine Minderung des gesamten beizulegenden Zeitwerts der anteilsbasierten Vergütungsvereinbarung zur Folge hat oder mit keinem anderen Nutzen für den Mitarbeiter verbunden ist, sind die als Entgelt für die gewährten Eigenkapitalinstrumente erhaltenen Leistungen trotzdem weiterhin so zu bilanzieren, als hätte diese Änderung nicht stattgefunden (außer es handelt sich um eine Annullierung einiger oder aller gewährten Eigenkapitalinstrumente, die gemäß Paragraph 28 zu behandeln ist). Zum Beispiel:

    (a) Wenn infolge einer Änderung der unmittelbar vor und nach der Änderung ermittelte beizulegende Zeitwert der gewährten Eigenkapitalinstrumente abnimmt, hat das Unternehmen diese Minderung nicht zu berücksichtigen, sondern weiterhin den Betrag anzusetzen, der für die als Entgelt für die Eigenkapitalinstrumente erhaltenen Leistungen, bemessen nach dem beizulegenden Zeitwert der gewährten Eigenkapitalinstrumente am Tag der Gewährung, erfasst wurde.

    (b) Führt die Änderung dazu, dass einem Mitarbeiter eine geringere Anzahl von Eigenkapitalinstrumenten gewährt wird, ist diese Herabsetzung gemäß den Bestimmungen von Paragraph 28 als Annullierung des betreffenden Anteils der gewährten Eigenkapitalinstrumente zu bilanzieren.

    (c) Werden die Ausübungsbedingungen zuungunsten des Mitarbeiters geändert, beispielsweise durch Verlängerung des Erdienungszeitraums oder durch Änderung oder Aufnahme einer zusätzlichen Erfolgsbedingung (außer einer Marktbedingung, deren Änderungen gemäß (a) oben zu bilanzieren sind), sind bei Anwendung der Bestimmungen der Paragraphen 19–21 die geänderten Ausübungsbedingungen nicht zu berücksichtigen.

Anteilsbasierte Vergütungen zwischen Unternehmen einer Gruppe (Änderungen 2009)

B45 In den Paragraphen 43A–43C wird dargelegt, wie anteilsbasierte Vergütungen zwischen Unternehmen einer Gruppe in den Einzelabschlüssen der einzelnen Unternehmen zu bilanzieren sind. In den Paragraphen B46–B61 wird erläutert, wie die Anforderungen der Paragraphen 43A–43C anzuwenden sind. In Paragraph 43D wurde bereits darauf hingewiesen, dass es für anteilsbasierte Vergütungen zwischen Unternehmen einer Gruppe je nach Sachlage und Umständen eine Reihe von Gründen geben kann. Die hier geführte Diskussion ist deshalb nicht erschöpfend und geht von der Annahme aus, dass es sich in Fällen, in denen das Unternehmen, das die Güter oder Leistungen erhält, nicht zum Ausgleich der Transaktion verpflichtet ist, wenn es sich dabei ungeachtet etwaiger gruppeninterner Rückzahlungsvereinbarungen um eine Kapitaleinlage des Mutterunternehmens beim Tochterunternehmen handelt.

B46 Auch wenn es in der folgenden Diskussion hauptsächlich um Transaktionen mit Mitarbeitern geht, betrifft sie doch auch ähnliche anteilsbasierte Vergütungen von Güterlieferanten/Leistungserbringern, bei denen es sich nicht um Mitarbeiter handelt. So kann eine Vereinbarung zwischen einem Mutter- und einem Tochterunternehmen das Tochterunternehmen dazu verpflichten, das Mutterunternehmen für die Lieferung der Eigenkapitalinstrumente an die Mitarbeiter zu bezahlen. Wie eine solche gruppeninterne Zahlungsvereinbarung zu bilanzieren ist, wird in der folgenden Diskussion nicht behandelt.

To apply the requirements of paragraph 27: **B43**

(a) if the modification increases the fair value of the equity instruments granted (e.g. by reducing the exercise price), measured immediately before and after the modification, the entity shall include the incremental fair value granted in the measurement of the amount recognised for services received as consideration for the equity instruments granted. The incremental fair value granted is the difference between the fair value of the modified equity instrument and that of the original equity instrument, both estimated as at the date of the modification. If the modification occurs during the vesting period, the incremental fair value granted is included in the measurement of the amount recognised for services received over the period from the modification date until the date when the modified equity instruments vest, in addition to the amount based on the grant date fair value of the original equity instruments, which is recognised over the remainder of the original vesting period. If the modification occurs after vesting date, the incremental fair value granted is recognised immediately, or over the vesting period if the employee is required to complete an additional period of service before becoming unconditionally entitled to those modified equity instruments;

(b) similarly, if the modification increases the number of equity instruments granted, the entity shall include the fair value of the additional equity instruments granted, measured at the date of the modification, in the measurement of the amount recognised for services received as consideration for the equity instruments granted, consistently with the requirements in (a) above. For example, if the modification occurs during the vesting period, the fair value of the additional equity instruments granted is included in the measurement of the amount recognised for services received over the period from the modification date until the date when the additional equity instruments vest, in addition to the amount based on the grant date fair value of the equity instruments originally granted, which is recognised over the remainder of the original vesting period;

(c) if the entity modifies the vesting conditions in a manner that is beneficial to the employee, for example, by reducing the vesting period or by modifying or eliminating a performance condition (other than a market condition, changes to which are accounted for in accordance with (a) above), the entity shall take the modified vesting conditions into account when applying the requirements of paragraphs 19—21.

Furthermore, if the entity modifies the terms or conditions of the equity instruments granted in a manner that reduces **B44** the total fair value of the share-based payment arrangement, or is not otherwise beneficial to the employee, the entity shall nevertheless continue to account for the services received as consideration for the equity instruments granted as if that modification had not occurred (other than a cancellation of some or all the equity instruments granted, which shall be accounted for in accordance with paragraph 28). For example:

(a) if the modification reduces the fair value of the equity instruments granted, measured immediately before and after the modification, the entity shall not take into account that decrease in fair value and shall continue to measure the amount recognised for services received as consideration for the equity instruments based on the grant date fair value of the equity instruments granted;

(b) if the modification reduces the number of equity instruments granted to an employee, that reduction shall be accounted for as a cancellation of that portion of the grant, in accordance with the requirements of paragraph 28;

(c) if the entity modifies the vesting conditions in a manner that is not beneficial to the employee, for example, by increasing the vesting period or by modifying or adding a performance condition (other than a market condition, changes to which are accounted for in accordance with (a) above), the entity shall not take the modified vesting conditions into account when applying the requirements of paragraphs 19—21.

Share-based payment transactions among group entities (2009 amendments)

Paragraphs 43A—43C address the accounting for share-based payment transactions among group entities in each entity's **B45** separate or individual financial statements. Paragraphs B46—B61 discuss how to apply the requirements in paragraphs 43A—43C. As noted in paragraph 43D, share-based payment transactions among group entities may take place for a variety of reasons depending on facts and circumstances. Therefore, this discussion is not exhaustive and assumes that when the entity receiving the goods or services has no obligation to settle the transaction, the transaction is a parent's equity contribution to the subsidiary, regardless of any intragroup repayment arrangements.

Although the discussion below focuses on transactions with employees, it also applies to similar share-based payment **B46** transactions with suppliers of goods or services other than employees. An arrangement between a parent and its subsidiary may require the subsidiary to pay the parent for the provision of the equity instruments to the employees. The discussion below does not address how to account for such an intragroup payment arrangement.

B47 Bei anteilsbasierten Vergütungen zwischen Unternehmen einer Gruppe stellen sich in der Regel vier Fragen. Der Einfachheit halber werden diese nachfolgend am Beispiel eines Mutter- und dessen Tochterunternehmens erörtert.

Anteilsbasierte Vergütungsvereinbarungen mit Ausgleich durch eigene Eigenkapitalinstrumente

B48 Die erste Frage lautet, ob die nachstehend beschriebenen Transaktionen mit eigenen Eigenkapitalinstrumenten nach diesem IFRS als Ausgleich durch Eigenkapitalinstrumente oder als Barausgleich bilanziert werden sollten:

(a) ein Unternehmen gewährt seinen Mitarbeitern Rechte auf seine Eigenkapitalinstrumente (z. B. Aktienoptionen) und beschließt oder ist dazu verpflichtet, zur Erfüllung dieser Verpflichtung gegenüber seinen Mitarbeitern von einer anderen Partei Eigenkapitalinstrumente (z. B. eigene Anteile) zu erwerben; und

(b) den Mitarbeitern eines Unternehmens werden entweder vom Unternehmen selbst oder von dessen Anteilseignern Rechte auf Eigenkapitalinstrumente des Unternehmens (z. B. Aktienoptionen) gewährt, wobei die benötigten Eigenkapitalinstrumente von den Anteilseignern des Unternehmens zur Verfügung gestellt werden.

B49 Anteilsbasierte Vergütungen, bei denen das Unternehmen im Gegenzug für seine Eigenkapitalinstrumente Leistungen erhält, sind als anteilsbasierte Vergütung mit Ausgleich durch Eigenkapitalinstrumente zu bilanzieren. Dies gilt unabhängig davon, ob das Unternehmen beschließt oder dazu verpflichtet ist, diese Eigenkapitalinstrumente von einer anderen Partei zu erwerben, damit es seinen aus der anteilsbasierten Vergütungsvereinbarung erwachsenden Verpflichtungen gegenüber seinen Mitarbeitern erfüllen kann. Dies gilt auch unabhängig davon, ob

(a) die Rechte der Mitarbeiter auf Eigenkapitalinstrumente des Unternehmens vom Unternehmen selbst oder von dessen Anteilseigner(n) gewährt wurden, oder

(b) die anteilsbasierte Vergütungsvereinbarung vom Unternehmen selbst oder von dessen Anteilseigner(n) erfüllt wurde.

B50 Ist es der Anteilseigner, der die Mitarbeiter seines Beteiligungsunternehmens anteilsbasiert vergüten muss, wird er eher Eigenkapitalinstrumente des Beteiligungsunternehmens als eigene Instrumente zur Verfügung stellen. Gehört das Beteiligungsunternehmen zur gleichen Unternehmensgruppe wie der Anteilseigner, so hat dieser gemäß Paragraph 43C seine Verpflichtung anhand der Anforderungen zu bewerten, die für anteilsbasierte Vergütungen mit Barausgleich in seinem separaten Einzelabschluss und für anteilsbasierte Vergütungen mit Ausgleich durch Eigenkapitalinstrumente in seinem Konzernabschluss gelten.

Anteilsbasierte Vergütungsvereinbarungen mit Ausgleich durch Eigenkapitalinstrumente des Mutterunternehmens

B51 Die zweite Frage betrifft anteilsbasierte Vergütungen zwischen zwei oder mehr Unternehmen derselben Gruppe, für die ein Eigenkapitalinstrument eines anderen Unternehmens der Gruppe herangezogen wird. Dies ist beispielsweise der Fall, wenn den Mitarbeitern eines Tochterunternehmens für Leistungen, die sie für dieses Tochterunternehmen erbracht haben, Rechte auf Eigenkapitalinstrumente des Mutterunternehmens eingeräumt werden.

B52 Hierunter fallen die folgenden anteilsbasierten Vergütungsvereinbarungen:

(a) ein Mutterunternehmen räumt den Mitarbeitern seines Tochterunternehmens unmittelbar Rechte auf seine Eigenkapitalinstrumente ein: in diesem Fall ist das Mutterunternehmen (nicht das Tochterunternehmen) zur Lieferung der Eigenkapitalinstrumente an die Mitarbeiter des Tochterunternehmens verpflichtet; und

(b) ein Tochterunternehmen räumt seinen Mitarbeitern Rechte auf Eigenkapitalinstrumente seines Mutterunternehmens ein: in diesem Fall ist das Tochterunternehmen zur Lieferung der Eigenkapitalinstrumente an seine Mitarbeiter verpflichtet.

Ein Mutterunternehmen räumt den Mitarbeitern seines Tochterunternehmens Rechte auf seine Eigenkapitalinstrumente ein (Paragraph B52 (a))

B53 Da es in diesem Fall nicht das Tochterunternehmen ist, das seinen Mitarbeitern die Eigenkapitalinstrumente seines Mutterunternehmens liefern muss, hat das Tochterunternehmen gemäß Paragraph 43B die Leistungen, die es von seinen Mitarbeitern erhält, anhand der Anforderungen für anteilsbasierte Vergütungen mit Ausgleich durch Eigenkapitalinstrumente zu bewerten und die entsprechende Erhöhung des Eigenkapitals als Einlage des Mutterunternehmens zu erfassen.

B54 Da das Mutterunternehmen in diesem Fall den Ausgleich vornehmen und den Mitarbeitern des Tochterunternehmens eigene Eigenkapitalinstrumente liefern muss, hat das Mutterunternehmen gemäß Paragraph 43C diese Verpflichtung anhand der für anteilsbasierte Vergütungen mit Ausgleich durch Eigenkapitalinstrumente geltenden Regelungen zu bewerten.

Ein Tochterunternehmen räumt seinen Mitarbeitern Rechte auf Eigenkapitalinstrumente seines Mutterunternehmens ein (Paragraph B52 (b))

B55 Da das Tochterunternehmen keine der in Paragraph 43B genannten Bedingungen erfüllt, hat es die Transaktion mit seinen Mitarbeitern als Vergütung mit Barausgleich zu bilanzieren. Dies gilt unabhängig davon, auf welche Weise das Tochterunternehmen die Eigenkapitalinstrumente zur Erfüllung seiner Verpflichtungen gegenüber seinen Mitarbeitern erhält.

Four issues are commonly encountered in share-based payment transactions among group entities. For convenience, the examples below discuss the issues in terms of a parent and its subsidiary. **B47**

Share-based payment arrangements involving an entity's own equity instruments

The first issue is whether the following transactions involving an entity's own equity instruments should be accounted for as equity-settled or as cash-settled in accordance with the requirements of this IFRS: **B48**

(a) an entity grants to its employees rights to equity instruments of the entity (e.g. share options), and either chooses or is required to buy equity instruments (i.e. treasury shares) from another party, to satisfy its obligations to its employees; and

(b) an entity's employees are granted rights to equity instruments of the entity (e.g. share options), either by the entity itself or by its shareholders, and the shareholders of the entity provide the equity instruments needed.

The entity shall account for share-based payment transactions in which it receives services as consideration for its own equity instruments as equity-settled. This applies regardless of whether the entity chooses or is required to buy those equity instruments from another party to satisfy its obligations to its employees under the share-based payment arrangement. It also applies regardless of whether: **B49**

(a) the employee's rights to the entity's equity instruments were granted by the entity itself or by its shareholder(s); or

(b) the share-based payment arrangement was settled by the entity itself or by its shareholder(s).

If the shareholder has an obligation to settle the transaction with its investee's employees, it provides equity instruments of its investee rather than its own. Therefore, if its investee is in the same group as the shareholder, in accordance with paragraph 43C, the shareholder shall measure its obligation in accordance with the requirements applicable to cash-settled share-based payment transactions in the shareholder's separate financial statements and those applicable to equity-settled share-based payment transactions in the shareholder's consolidated financial statements. **B50**

Share-based payment arrangements involving equity instruments of the parent

The second issue concerns share-based payment transactions between two or more entities within the same group involving an equity instrument of another group entity. For example, employees of a subsidiary are granted rights to equity instruments of its parent as consideration for the services provided to the subsidiary. **B51**

Therefore, the second issue concerns the following share-based payment arrangements: **B52**

(a) a parent grants rights to its equity instruments directly to the employees of its subsidiary: the parent (not the subsidiary) has the obligation to provide the employees of the subsidiary with the equity instruments; and

(b) a subsidiary grants rights to equity instruments of its parent to its employees: the subsidiary has the obligation to provide its employees with the equity instruments.

A parent grants rights to its equity instruments to the employees of its subsidiary (paragraph B52 (a))

The subsidiary does not have an obligation to provide its parent's equity instruments to the subsidiary's employees. Therefore, in accordance with paragraph 43B, the subsidiary shall measure the services received from its employees in accordance with the requirements applicable to equity-settled share-based payment transactions, and recognise a corresponding increase in equity as a contribution from the parent. **B53**

The parent has an obligation to settle the transaction with the subsidiary's employees by providing the parent's own equity instruments. Therefore, in accordance with paragraph 43C, the parent shall measure its obligation in accordance with the requirements applicable to equity-settled share-based payment transactions. **B54**

A subsidiary grants rights to equity instruments of its parent to its employees (paragraph B52 (b))

Because the subsidiary does not meet either of the conditions in paragraph 43B, it shall account for the transaction with its employees as cash-settled. This requirement applies irrespective of how the subsidiary obtains the equity instruments to satisfy its obligations to its employees. **B55**

Anteilsbasierte Vergütungsvereinbarungen mit Barausgleich für die Mitarbeiter

B56 Die dritte Frage lautet, wie ein Unternehmen, das von Lieferanten (einschließlich Mitarbeitern) Güter oder Leistungen erhält, anteilsbasierte Vereinbarungen mit Barausgleich bilanzieren sollte, wenn es selbst nicht zur Leistung der erforderlichen Zahlungen verpflichtet ist. Hierzu folgende Beispiele, bei denen das Mutterunternehmen (und nicht das Unternehmen selbst) die erforderlichen Barzahlungen an die Mitarbeiter des Unternehmens leisten muss:

(a) die Barzahlungen an die Mitarbeiter des Unternehmens sind an den Kurs der Eigenkapitalinstrumente dieses Unternehmens gekoppelt;

(b) die Barzahlungen an die Mitarbeiter des Unternehmens sind an den Kurs der Eigenkapitalinstrumente von dessen Mutterunternehmen gekoppelt.

B57 Da in diesem Fall nicht das Tochterunternehmen den Ausgleich vornehmen muss, hat es die Transaktion mit seinen Mitarbeitern als Vergütung mit Ausgleich durch Eigenkapitalinstrumente zu bilanzieren und die entsprechende Erhöhung des Eigenkapitals als Einlage seines Mutterunternehmens zu erfassen. In der Folge muss das Tochterunternehmen die Kosten der Transaktion immer dann neu bewerten, wenn aufgrund von Nichterfüllung marktbedingungsunabhängiger Ausübungsbedingungen gemäß den Paragraphen 19–21 eine Änderung eingetreten ist. Hier liegt der Unterschied zur Bewertung der Transaktion als Barausgleich im Konzernabschluss.

B58 Da das Mutterunternehmen den Ausgleich vornehmen muss und die Vergütung der Mitarbeiter in bar erfolgt, hat das Mutterunternehmen (und die Unternehmensgruppe in ihrem Konzernabschluss seine/ihre Verpflichtung anhand der Anforderungen für anteilsbasierte Vergütungen mit Barausgleich in Paragraph 43C zu bewerten.

Wechsel von Mitarbeitern zwischen Unternehmen der Gruppe

B59 Die vierte Frage betrifft anteilsbasierte Vergütungsvereinbarungen innerhalb der Unternehmensgruppe, die die Mitarbeiter von mehr als einem Unternehmen der Gruppe betreffen. So könnte ein Mutterunternehmen den Mitarbeitern seiner Tochterunternehmen beispielsweise Rechte auf seine Eigenkapitalinstrumente einräumen, dies aber davon abhängig machen, dass die betreffenden Mitarbeiter der Unternehmensgruppe ihre Dienste für eine bestimmte Zeit zur Verfügung stellen. Ein Mitarbeiter eines Tochterunternehmens könnte im Laufe des festgelegten Erdienungszeitraums zu einem anderen Tochterunternehmen wechseln, ohne dass dies seine im Rahmen der ursprünglichen anteilsbasierten Vergütungsvereinbarung eingeräumten Rechte auf Eigenkapitalinstrumente des Mutterunternehmens beeinträchtigt. Sind die Tochterunternehmen nicht verpflichtet, die anteilsbasierte Vergütung der Mitarbeiter zu leisten, bilanzieren sie diese als Transaktion mit Ausgleich durch Eigenkapitalinstrumente. Jedes Tochterunternehmen bewertet die vom Mitarbeiter erhaltenen Leistungen unter Zugrundelegung des beizulegenden Zeitwerts des Eigenkapitalinstruments zu dem Zeitpunkt, zu dem die Rechte auf diese Eigenkapitalinstrumente gemäß Anhang A vom Mutterunternehmen ursprünglich gewährt wurden, und für den Teil des Erdienungszeitraums, den der Mitarbeiter bei dem betreffenden Tochterunternehmen abgeleistet hat.

B60 Muss das Tochterunternehmen den Ausgleich vornehmen und seinen Mitarbeitern Eigenkapitalinstrumente seines Mutterunternehmens liefern, so bilanziert es die Transaktion als Barausgleich. Jedes Tochterunternehmen bewertet die erhaltenen Leistungen für den Teil des Erdienungszeitraums, den der Mitarbeiter bei dem jeweiligen Tochterunternehmen tätig war, und legt zu diesem Zweck den beizulegenden Zeitwert des Eigenkapitalinstruments zum Zeitpunkt der Gewährung zugrunde. Zusätzlich dazu erfassen die einzelnen Tochterunternehmen jede Veränderung des beizulegenden Zeitwerts des Eigenkapitalinstruments, die während der Dienstzeit des Mitarbeiters in dem betreffenden Tochterunternehmen eingetreten ist.

B61 Es ist möglich, dass ein solcher Mitarbeiter nach dem Wechsel zwischen Konzernunternehmen eine in Anhang A definierte marktbedingungsunabhängige Ausübungsbedingung nicht mehr erfüllt und den Konzern beispielsweise vor Ablauf seiner Dienstzeit verlässt. In diesem Fall hat jedes Tochterunternehmen aufgrund der Tatsache, dass die Ausübungsbedingung Leistungserbringung für die Unternehmensgruppe ist, den Betrag, der zuvor für die vom Mitarbeiter gemäß den Grundsätzen des Paragraphen 19 erhaltene Leistungen erfasst wurde, anzupassen. Wenn die vom Mutterunternehmen eingeräumten Rechte auf Eigenkapitalinstrumente nicht ausübbar werden, weil ein Mitarbeiter eine marktbedingungsunabhängige Ausübungsbedingung nicht erfüllt, wird für die von diesem Mitarbeiter erhaltenen Leistungen deshalb in keinem der Abschlüsse der Unternehmen der Gruppe ein Betrag auf kumulativer Basis angesetzt.

Share-based payment arrangements involving cash-settled payments to employees

The third issue is how an entity that receives goods or services from its suppliers (including employees) should account **B56** for share-based arrangements that are cash-settled when the entity itself does not have any obligation to make the required payments to its suppliers. For example, consider the following arrangements in which the parent (not the entity itself) has an obligation to make the required cash payments to the employees of the entity:

(a) the employees of the entity will receive cash payments that are linked to the price of its equity instruments.

(b) the employees of the entity will receive cash payments that are linked to the price of its parent's equity instruments.

The subsidiary does not have an obligation to settle the transaction with its employees. Therefore, the subsidiary shall **B57** account for the transaction with its employees as equity-settled, and recognise a corresponding increase in equity as a contribution from its parent. The subsidiary shall remeasure the cost of the transaction subsequently for any changes resulting from non-market vesting conditions not being met in accordance with paragraphs 19—21. This differs from the measurement of the transaction as cash-settled in the consolidated financial statements of the group.

Because the parent has an obligation to settle the transaction with the employees, and the consideration is cash, the parent **B58** (and the consolidated group) shall measure its obligation in accordance with the requirements applicable to cash-settled share-based payment transactions in paragraph 43C.

Transfer of employees between group entities

The fourth issue relates to group share-based payment arrangements that involve employees of more than one group **B59** entity. For example, a parent might grant rights to its equity instruments to the employees of its subsidiaries, conditional upon the completion of continuing service with the group for a specified period. An employee of one subsidiary might transfer employment to another subsidiary during the specified vesting period without the employee's rights to equity instruments of the parent under the original share-based payment arrangement being affected. If the subsidiaries have no obligation to settle the share-based payment transaction with their employees, they account for it as an equity-settled transaction. Each subsidiary shall measure the services received from the employee by reference to the fair value of the equity instruments at the date the rights to those equity instruments were originally granted by the parent as defined in Appendix A, and the proportion of the vesting period the employee served with each subsidiary.

If the subsidiary has an obligation to settle the transaction with its employees in its parent's equity instruments, it **B60** accounts for the transaction as cash-settled. Each subsidiary shall measure the services received on the basis of grant date fair value of the equity instruments for the proportion of the vesting period the employee served with each subsidiary. In addition, each subsidiary shall recognise any change in the fair value of the equity instruments during the employee's service period with each subsidiary.

Such an employee, after transferring between group entities, may fail to satisfy a vesting condition other than a market **B61** condition as defined in Appendix A, e.g. the employee leaves the group before completing the service period. In this case, because the vesting condition is service to the group, each subsidiary shall adjust the amount previously recognised in respect of the services received from the employee in accordance with the principles in paragraph 19. Hence, if the rights to the equity instruments granted by the parent do not vest because of an employee's failure to meet a vesting condition other than a market condition, no amount is recognised on a cumulative basis for the services received from that employee in the financial statements of any group entity.

INTERNATIONAL FINANCIAL REPORTING STANDARD 3

Unternehmenszusammenschlüsse

INHALT

INTERNATIONAL FINANCIAL REPORTING STANDARD 3

Business combinations

SUMMARY

ZIELSETZUNG

1 Die Zielsetzung dieses IFRS ist es, die Relevanz, Verlässlichkeit und Vergleichbarkeit der Informationen zu verbessern, die ein berichtendes Unternehmen über einen *Unternehmenszusammenschluss* und dessen Auswirkungen in seinem Abschluss liefert. Um dies zu erreichen, stellt dieser IFRS Grundsätze und Vorschriften dazu auf, wie der *Erwerber:*

(a) die erworbenen *identifizierbaren* Vermögenswerte, die übernommenen Schulden und alle *nicht beherrschenden Anteile* an dem *erworbenen Unternehmen* in seinem Abschluss ansetzt und bewertet;

(b) den beim Unternehmenszusammenschluss erworbenen *Geschäfts- oder Firmenwert* oder einen Gewinn aus einem Erwerb unter dem Marktwert ansetzt und bewertet; und

(c) bestimmt, welche Angaben zu machen sind, damit die Abschlussadressaten die Art und die finanziellen Auswirkungen des Unternehmenszusammenschlusses beurteilen können.

ANWENDUNGSBEREICH

2 Dieser IFRS ist auf Transaktionen oder andere Ereignisse anzuwenden, die die Definition eines Unternehmenszusammenschlusses erfüllen. Nicht anwendbar ist dieser IFRS auf:

(a) die Bilanzierung der Schaffung einer gemeinsamen Vereinbarung im Abschluss des gemeinschaftlich geführten Unternehmens selbst

(b) den Erwerb eines Vermögenswerts oder einer Gruppe von Vermögenswerten, die keinen *Geschäftsbetrieb* bilden. In solchen Fällen hat der Erwerber die einzelnen erworbenen identifizierbaren Vermögenswerte (einschließlich solcher, die die Definition und die Ansatzkriterien für *immaterielle Vermögenswerte* gemäß IAS 38 *Immaterielle Vermögenswerte* erfüllen) und die übernommenen Schulden zu identifizieren und anzusetzen. Die Anschaffungskosten der Gruppe sind den einzelnen identifizierbaren Vermögenswerten und Schulden zum Erwerbszeitpunkt auf Grundlage ihrer *beizulegenden Zeitwerte* zuzuordnen. Eine solche Transaktion oder ein solches Ereignis führt nicht zu einem Geschäfts- oder Firmenwert;

(c) einen Zusammenschluss von Unternehmen oder Geschäftsbetrieben unter gemeinsamer Beherrschung (in den Paragraphen B1–B4 sind die entsprechenden Anwendungsleitlinien enthalten).

2A Die Vorschriften dieses Standards gelten nicht für den Erwerb von Anteilen an einem Tochterunternehmen durch eine Investmentgesellschaft im Sinne von IFRS 10 *Konzernabschlüsse*, sofern dieses Tochterunternehmen ergebniswirksam zum beizulegenden Zeitwert bewertet werden muss.

IDENTIFIZIERUNG EINES UNTERNEHMENSZUSAMMENSCHLUSSES

3 **Zur Klärung der Frage, ob eine Transaktion oder ein anderes Ereignis einen Unternehmenszusammenschluss darstellt, muss ein Unternehmen die Definition aus diesem IFRS anwenden, die verlangt, dass die erworbenen Vermögenswerte und übernommenen Schulden einen Geschäftsbetrieb darstellen. Stellen die erworbenen Vermögenswerte keinen Geschäftsbetrieb dar, hat das berichtende Unternehmen die Transaktion oder das andere Ereignis als einen Erwerb von Vermögenswerten zu bilanzieren. Die Paragraphen B5–B12 geben Leitlinien zur Identifizierung eines Unternehmenszusammenschlusses und zur Definition eines Geschäftsbetriebs.**

DIE ERWERBSMETHODE

4 Jeder Unternehmenszusammenschluss ist anhand der Erwerbsmethode zu bilanzieren.

5 Die Anwendung der Erwerbsmethode erfordert:

(a) die Identifizierung des Erwerbers;

(b) die Bestimmung des *Erwerbszeitpunkts;*

(c) den Ansatz und die Bewertung der erworbenen identifizierbaren Vermögenswerte, der übernommenen Schulden und aller nicht beherrschenden Anteile an dem erworbenen Unternehmen; sowie

(d) die Bilanzierung und Bestimmung des Geschäfts- oder Firmenwerts oder eines Gewinns aus einem Erwerb zu einem Preis unter Marktwert.

Identifizierung des Erwerbers

6 **Bei jedem Unternehmenszusammenschluss ist eines der beteiligten Unternehmen als der Erwerber zu identifizieren.**

7 Für die Identifizierung des Erwerbers, also des Unternehmens, das die *Beherrschung* über ein anderes Unternehmen, d. h. das erworbene Unternehmen, übernimmt, ist die Leitlinie in IFRS 10 anzuwenden. Bei Unternehmenszusammenschlüssen, bei denen sich anhand der Leitlinien des IFRS 10 nicht eindeutig bestimmen lässt, welches der zusammengeschlossenen Unternehmen der Erwerber ist, sind die in den Paragraphen B14–B18 genannten Faktoren heranzuziehen.

OBJECTIVE

The objective of this IFRS is to improve the relevance, reliability and comparability of the information that a reporting 1
entity provides in its financial statements about a *business combination* and its effects. To accomplish that, this IFRS establishes principles and requirements for how the *acquirer:*
(a) recognises and measures in its financial statements the *identifiable* assets acquired, the liabilities assumed and any *non-controlling interest* in the *acquiree;*
(b) recognises and measures the *goodwill* acquired in the business combination or a gain from a bargain purchase; and
(c) determines what information to disclose to enable users of the financial statements to evaluate the nature and financial effects of the business combination.

SCOPE

This IFRS applies to a transaction or other event that meets the definition of a business combination. This IFRS does not 2
apply to:
(a) the accounting for the formation of a joint arrangement in the financial statements of the joint arrangement itself
(b) the acquisition of an asset or a group of assets that does not constitute a *business.* In such cases the acquirer shall identify and recognise the individual identifiable assets acquired (including those assets that meet the definition of, and recognition criteria for, *intangible assets* in IAS 38 *Intangible Assets)* and liabilities assumed. The cost of the group shall be allocated to the individual identifiable assets and liabilities on the basis of their relative *fair values* at the date of purchase. Such a transaction or event does not give rise to goodwill.
(c) a combination of entities or businesses under common control (paragraphs B1—B4 provide related application guidance).

The requirements of this Standard do not apply to the acquisition by an investment entity, as defined in IFRS 10 *Consoli-* 2A
dated Financial Statements, of an investment in a subsidiary that is required to be measured at fair value through profit or loss.

IDENTIFYING A BUSINESS COMBINATION

An entity shall determine whether a transaction or other event is a business combination by applying the definition 3
in this IFRS, which requires that the assets acquired and liabilities assumed constitute a business. If the assets
acquired are not a business, the reporting entity shall account for the transaction or other event as an asset acquisition. Paragraphs B5—B12 provide guidance on identifying a business combination and the definition of a business.

THE ACQUISITION METHOD

An entity shall account for each business combination by applying the acquisition method. 4

Applying the acquisition method requires: 5
(a) identifying the acquirer;
(b) determining the *acquisition date;*
(c) recognising and measuring the identifiable assets acquired, the liabilities assumed and any non-controlling interest in the acquiree; and
(d) recognising and measuring goodwill or a gain from a bargain purchase.

Identifying the acquirer

For each business combination, one of the combining entities shall be identified as the acquirer. 6

The guidance in IFRS 10 shall be used to identify the acquirer—the entity that obtains *control* of another entity, ie the 7
acquiree. If a business combination has occurred but applying the guidance in IFRS 10 does not clearly indicate which of the combining entities is the acquirer, the factors in paragraphs B14—B18 shall be considered in making that determination.

Bestimmung des Erwerbszeitpunkts

8 Der Erwerber hat den Erwerbszeitpunkt zu bestimmen, d. h. den Zeitpunkt, an dem er die Beherrschung über das erworbene Unternehmen erlangt.

9 Der Zeitpunkt, an dem der Erwerber die Beherrschung über das erworbene Unternehmen erlangt, ist im Allgemeinen der Tag, an dem er die Gegenleistung rechtsgültig transferiert, die Vermögenswerte erhält und die Schulden des erworbenen Unternehmens übernimmt – der Tag des Abschlusses. Der Erwerber kann indes die Beherrschung zu einem Zeitpunkt erlangen, der entweder vor oder nach dem Tag des Abschlusses liegt. Der Erwerbszeitpunkt liegt beispielsweise vor dem Tag des Abschlusses, wenn in einer schriftlichen Vereinbarung vorgesehen ist, dass der Erwerber die Beherrschung über das erworbene Unternehmen zu einem Zeitpunkt vor dem Tag des Abschlusses erlangt. Ein Erwerber hat alle einschlägigen Tatsachen und Umstände bei der Ermittlung des Erwerbszeitpunkts zu berücksichtigen.

Ansatz und Bewertung der erworbenen identifizierbaren Vermögenswerte, der übernommenen Schulden und aller nicht beherrschenden Anteile an dem erworbenen Unternehmen

Ansatzgrundsatz

10 Zum Erwerbszeitpunkt hat der Erwerber die erworbenen identifizierbaren Vermögenswerte, die übernommenen Schulden und alle nicht beherrschenden Anteile an dem erworbenen Unternehmen getrennt vom Geschäfts- oder Firmenwert anzusetzen. Der Ansatz der erworbenen identifizierbaren Vermögenswerte und der übernommenen Schulden unterliegt den in den Paragraphen 11 und 12 genannten Bedingungen.

Ansatzbedingungen

11 Um im Rahmen der Anwendung der Erwerbsmethode die Ansatzkriterien zu erfüllen, müssen die erworbenen identifizierbaren Vermögenswerte und die übernommenen Schulden den im *Rahmenkonzept für die Aufstellung und Darstellung von Abschlüssen* dargestellten Definitionen von Vermögenswerten und Schulden zum Erwerbszeitpunkt entsprechen. Beispielsweise stellen Kosten, die der Erwerber für die Zukunft erwartet, keine zum Erwerbszeitpunkt bestehenden Schulden dar, wenn der Erwerber diese Kosten nicht zwingend auf sich nehmen muss, um seinem Plan entsprechend eine Tätigkeit des erworbenen Unternehmens aufzugeben oder Mitarbeiter des erworbenen Unternehmens zu entlassen oder zu versetzen. Daher erfasst der Erwerber diese Kosten bei der Anwendung der Erwerbsmethode nicht. Stattdessen erfasst er diese Kosten gemäß den anderen IFRS in seinen nach dem Unternehmenszusammenschluss erstellten Abschlüssen.

12 Der Ansatz im Rahmen der Erwerbsmethode setzt ferner voraus, dass die erworbenen identifizierbaren Vermögenswerte und übernommenen Schulden Teil dessen sind, was Erwerber und erworbenes Unternehmen (oder dessen früherer *Eigentümer)* in der Transaktion des Unternehmenszusammenschlusses getauscht haben, und dass diese nicht aus gesonderten Transaktionen stammen. Der Erwerber hat die Leitlinien der Paragraphen 51–53 anzuwenden, um zu bestimmen, welche erworbenen Vermögenswerte und welche übernommenen Schulden Teil des Austauschs für das erworbene Unternehmen sind und welche gegebenenfalls aus einer separaten Transaktion stammen, die entsprechend ihrer Art und gemäß den für sie anwendbaren IFRS zu bilanzieren ist.

13 Wenn der Erwerber den Ansatzgrundsatz und die Ansatzbedingungen anwendet, werden möglicherweise einige Vermögenswerte und Schulden angesetzt, die das erworbene Unternehmen zuvor nicht als Vermögenswerte und Schulden in seinem Abschluss angesetzt hatte. Der Erwerber setzt beispielsweise die erworbenen identifizierbaren immateriellen Vermögenswerte, wie einen Markennamen, ein Patent oder eine Kundenbeziehung an, die das erworbene Unternehmen nicht als Vermögenswerte in seinem Abschluss angesetzt hatte, da es diese intern entwickelt und die zugehörigen Kosten als Aufwendungen erfasst hatte.

14 Die Paragraphen B28–B40 bieten Leitlinien zum Ansatz von Operating-Leasingverhältnissen und immateriellen Vermögenswerten. In den Paragraphen 22–28 werden die Arten von identifizierbaren Vermögenswerten und Schulden beschrieben, die Posten enthalten, für die dieser IFRS begrenzte Ausnahmen von dem Ansatzgrundsatz und den Ansatzbedingungen vorschreibt.

Einstufung oder Bestimmung der bei einem Unternehmenszusammenschluss erworbenen identifizierbaren Vermögenswerte und übernommenen Schulden

15 Zum Erwerbszeitpunkt hat der Erwerber die erworbenen identifizierbaren Vermögenswerte und übernommenen Schulden – soweit erforderlich – einzustufen oder zu bestimmen, so dass anschließend andere IFRS angewendet werden können. Diese Einstufungen oder Bestimmungen basieren auf den Vertragsbedingungen, wirtschaftlichen Bedingungen, der Geschäftspolitik oder den Rechnungslegungsmethoden und anderen zum Erwerbszeitpunkt gültigen einschlägigen Bedingungen.

16 In manchen Situationen sehen die IFRS unterschiedliche Formen der Rechnungslegung vor, je nachdem wie ein Unternehmen den jeweiligen Vermögenswert oder die jeweilige Schuld einstuft oder bestimmt. Beispiele für Einstufungen oder Bestimmungen, welche der Erwerber auf Grundlage der zum Erwerbszeitpunkt bestehenden einschlägigen Bedingungen durchzuführen hat, sind u. a.:

Determining the acquisition date

The acquirer shall identify the acquisition date, which is the date on which it obtains control of the acquiree. 8

The date on which the acquirer obtains control of the acquiree is generally the date on which the acquirer legally transfers 9
the consideration, acquires the assets and assumes the liabilities of the acquiree—the closing date. However, the acquirer
might obtain control on a date that is either earlier or later than the closing date. For example, the acquisition date precedes the closing date if a written agreement provides that the acquirer obtains control of the acquiree on a date before
the closing date. An acquirer shall consider all pertinent facts and circumstances in identifying the acquisition date.

Recognising and measuring the identifiable assets acquired, the liabilities assumed and any non-controlling interest in the acquiree

Recognition principle

As of the acquisition date, the acquirer shall recognise, separately from goodwill, the identifiable assets acquired, the 10
liabilities assumed and any non-controlling interest in the acquiree. Recognition of identifiable assets acquired and
liabilities assumed is subject to the conditions specified in paragraphs 11 and 12.

Recognition conditions

To qualify for recognition as part of applying the acquisition method, the identifiable assets acquired and liabilities 11
assumed must meet the definitions of assets and liabilities in the *Framework for the Preparation and Presentation of
Financial Statements* at the acquisition date. For example, costs the acquirer expects but is not obliged to incur in the
future to effect its plan to exit an activity of an acquiree or to terminate the employment of or relocate an acquiree's
employees are not liabilities at the acquisition date. Therefore, the acquirer does not recognise those costs as part of applying the acquisition method. Instead, the acquirer recognises those costs in its post-combination financial statements in
accordance with other IFRSs.

In addition, to qualify for recognition as part of applying the acquisition method, the identifiable assets acquired and 12
liabilities assumed must be part of what the acquirer and the acquiree (or its former *owners*) exchanged in the business
combination transaction rather than the result of separate transactions. The acquirer shall apply the guidance in paragraphs 51—53 to determine which assets acquired or liabilities assumed are part of the exchange for the acquiree and
which, if any, are the result of separate transactions to be accounted for in accordance with their nature and the applicable
IFRSs.

The acquirer's application of the recognition principle and conditions may result in recognising some assets and liabilities 13
that the acquiree had not previously recognised as assets and liabilities in its financial statements. For example, the
acquirer recognises the acquired identifiable intangible assets, such as a brand name, a patent or a customer relationship,
that the acquiree did not recognise as assets in its financial statements because it developed them internally and charged
the related costs to expense.

Paragraphs B28—B40 provide guidance on recognising operating leases and intangible assets. Paragraphs 22—28 specify 14
the types of identifiable assets and liabilities that include items for which this IFRS provides limited exceptions to the
recognition principle and conditions.

Classifying or designating identifiable assets acquired and liabilities assumed in a business combination

At the acquisition date, the acquirer shall classify or designate the identifiable assets acquired and liabilities assumed 15
as necessary to apply other IFRSs subsequently. The acquirer shall make those classifications or designations on the
basis of the contractual terms, economic conditions, its operating or accounting policies and other pertinent condi-
tions as they exist at the acquisition date.

In some situations, IFRSs provide for different accounting depending on how an entity classifies or designates a particular 16
asset or liability. Examples of classifications or designations that the acquirer shall make on the basis of the pertinent
conditions as they exist at the acquisition date include but are not limited to:

(a) die Einstufung bestimmter finanzieller Vermögenswerte und Verbindlichkeiten gemäß IAS 39 *Finanzinstrumente: Ansatz und Bewertung* als erfolgswirksam zum beizulegenden Zeitwert bewertete finanzielle Vermögenswerte oder Verbindlichkeiten oder als zur Veräußerung verfügbare bzw. bis zur Endfälligkeit zu haltende finanzielle Vermögenswerte;

(b) die Bestimmung eines derivativen Finanzinstruments als ein Sicherungsinstrument gemäß IAS 39; und

(c) die Beurteilung, ob ein eingebettetes Derivat gemäß IAS 39 vom Basisvertrag zu trennen ist (hierbei handelt es sich um eine „Einstufung" im Sinne der Verwendung dieses Begriffs in diesem IFRS).

17 Dieser IFRS sieht zwei Ausnahmen zu dem Grundsatz in Paragraph 15 vor:

(a) die Einstufung eines Leasingvertrags gemäß IAS 17 *Leasingverhältnisse* entweder als ein Operating-Leasingverhältnis oder als ein Finanzierungsleasingverhältnis und

(b) die Einstufung eines Vertrags als ein Versicherungsvertrag gemäß IFRS 4 *Versicherungsverträge*.

Der Erwerber hat diese Verträge basierend auf den Vertragsbedingungen und anderen Faktoren bei Abschluss des Vertrags einzustufen (oder falls die Vertragsbedingungen auf eine Weise geändert wurden, die deren Einstufung ändern würde, zum Zeitpunkt dieser Änderung, welche der Erwerbszeitpunkt sein könnte).

Bewertungsgrundsatz

18 Die erworbenen identifizierbaren Vermögenswerte und übernommenen Schulden sind zu ihrem beizulegenden Zeitwert zum Erwerbszeitpunkt zu bewerten.

19 Bei jedem Unternehmenszusammenschluss hat der Erwerber die Bestandteile der nicht beherrschenden Anteile an dem erworbenen Unternehmen, die gegenwärtig Eigentumsanteile sind und ihren Inhabern im Fall der Liquidation einen Anspruch auf einen entsprechenden Anteil am Nettovermögen des Unternehmens geben, zum Erwerbszeitpunkt nach einer der folgenden Methoden zu bewerten:

(a) zum beizulegenden Zeitwert oder

(b) zum entsprechenden Anteil der gegenwärtigen Eigentumsinstrumente an den für das identifizierbare Nettovermögen des erworbenen Unternehmens angesetzten Beträgen.

Alle anderen Bestandteile der nicht beherrschenden Anteile sind zum Zeitpunkt ihres Erwerbs zum beizulegenden Zeitpunkt zu bewerten, es sei denn, die IFRS schreiben eine andere Bewertungsgrundlage vor.

20 In den Paragraphen 24–31 werden die Arten von identifizierbaren Vermögenswerten und Schulden beschrieben, die Posten enthalten, für die dieser IFRS begrenzte Ausnahmen von dem Bewertungsgrundsatz vorschreibt.

Ausnahmen von den Ansatz- oder Bewertungsgrundsätzen

21 Dieser IFRS sieht begrenzte Ausnahmen von seinen Ansatz- und Bewertungsgrundsätzen vor. Die Paragraphen 22–31 beschreiben die besonderen Posten, für die Ausnahmen vorgesehen sind und die Art dieser Ausnahmen. Bei der Rechnungslegung dieser Posten gelten die Anforderungen der Paragraphen 22–31, was dazu führt, dass einige Posten:

(a) entweder gemäß Ansatzbedingungen angesetzt werden, die zusätzlich zu den in den Paragraphen 11 und 12 beschriebenen Ansatzbedingungen gelten, oder gemäß den Anforderungen anderer IFRS angesetzt werden, wobei sich die Ergebnisse im Vergleich zur Anwendung der Ansatzgrundsätze und -bedingungen unterscheiden.

(b) zu einem anderen Betrag als zu ihren beizulegenden Zeitwerten zum Erwerbszeitpunkt bewertet werden.

Ausnahme vom Ansatzgrundsatz

Eventualverbindlichkeiten

22 In IAS 37 *Rückstellungen, Eventualverbindlichkeiten und Eventualforderungen* wird eine Eventualverbindlichkeit wie folgt definiert:

(a) eine mögliche Verpflichtung, die aus vergangenen Ereignissen resultiert und deren Existenz durch das Eintreten oder Nichteintreten eines oder mehrerer unsicherer künftiger Ereignisse erst noch bestätigt wird, die nicht vollständig unter der Kontrolle des Unternehmens stehen; oder

(b) eine gegenwärtige Verpflichtung, die auf vergangenen Ereignissen beruht, jedoch nicht angesetzt wird, weil:

(i) ein Abfluss von Ressourcen mit wirtschaftlichem Nutzen zur Erfüllung dieser Verpflichtung nicht wahrscheinlich ist, oder

(ii) die Höhe der Verpflichtung nicht ausreichend verlässlich geschätzt werden kann.

23 Die Vorschriften des IAS 37 gelten nicht für die Bestimmung, welche Eventualverbindlichkeiten zum Erwerbszeitpunkt anzusetzen sind. Stattdessen hat ein Erwerber eine bei einem Unternehmenszusammenschluss übernommene Eventualverbindlichkeit zum Erwerbszeitpunkt anzusetzen, wenn es sich um eine gegenwärtige Verpflichtung handelt, die aus früheren Ereignissen entstanden ist und deren beizulegender Zeitwert verlässlich bestimmt werden kann. Im Gegensatz zu IAS 37 setzt daher der Erwerber eine in einem Unternehmenszusammenschluss übernommene Eventualverbindlichkeit zum Erwerbszeitpunkt selbst dann an, wenn es unwahrscheinlich ist, dass ein Abfluss von Ressourcen mit wirtschaftlichem Nutzen erforderlich ist, um diese Verpflichtung zu erfüllen. Paragraph 56 enthält eine Leitlinie für die spätere Bilanzierung von Eventualverbindlichkeiten.

(a) classification of particular financial assets and liabilities as a financial asset or liability at fair value through profit or loss, or as a financial asset available for sale or held to maturity, in accordance with IAS 39 *Financial Instruments: Recognition and Measurement;*

(b) designation of a derivative instrument as a hedging instrument in accordance with IAS 39; and

(c) assessment of whether an embedded derivative should be separated from the host contract in accordance with IAS 39 (which is a matter of 'classification' as this IFRS uses that term).

This IFRS provides two exceptions to the principle in paragraph 15: 17

(a) classification of a lease contract as either an operating lease or a finance lease in accordance with IAS 17 *Leases;* and

(b) classification of a contract as an insurance contract in accordance with IFRS 4 *Insurance Contracts.*

The acquirer shall classify those contracts on the basis of the contractual terms and other factors at the inception of the contract (or, if the terms of the contract have been modified in a manner that would change its classification, at the date of that modification, which might be the acquisition date).

Measurement principle

The acquirer shall measure the identifiable assets acquired and the liabilities assumed at their acquisition-date fair 18
values.

For each business combination, the acquirer shall measure at the acquisition date components of non-controlling interests 19
in the acquiree that are present ownership interests and entitle their holders to a proportionate share of the entity's net assets in the event of liquidation at either:

(a) fair value; or

(b) the present ownership instruments' proportionate share in the recognised amounts of the acquiree's identifiable net assets.

All other components of non-controlling interests shall be measured at their acquisition-date fair values, unless another measurement basis is required by IFRSs.

Paragraphs 24—31 specify the types of identifiable assets and liabilities that include items for which this IFRS provides 20
limited exceptions to the measurement principle.

Exceptions to the recognition or measurement principles

This IFRS provides limited exceptions to its recognition and measurement principles. Paragraphs 22—31 specify both the 21
particular items for which exceptions are provided and the nature of those exceptions. The acquirer shall account for those items by applying the requirements in paragraphs 22—31, which will result in some items being:

(a) recognised either by applying recognition conditions in addition to those in paragraphs 11 and 12 or by applying the requirements of other IFRSs, with results that differ from applying the recognition principle and conditions.

(b) measured at an amount other than their acquisition-date fair values.

Exception to the recognition principle

Contingent liabilities

IAS 37 *Provisions, Contingent Liabilities and Contingent Assets* defines a contingent liability as: 22

(a) a possible obligation that arises from past events and whose existence will be confirmed only by the occurrence or non-occurrence of one or more uncertain future events not wholly within the control of the entity; or

(b) a present obligation that arises from past events but is not recognised because:

(i) it is not probable that an outflow of resources embodying economic benefits will be required to settle the obligation; or

(ii) the amount of the obligation cannot be measured with sufficient reliability.

The requirements in IAS 37 do not apply in determining which contingent liabilities to recognise as of the acquisition 23
date. Instead, the acquirer shall recognise as of the acquisition date a contingent liability assumed in a business combination if it is a present obligation that arises from past events and its fair value can be measured reliably. Therefore, contrary to IAS 37, the acquirer recognises a contingent liability assumed in a business combination at the acquisition date even if it is not probable that an outflow of resources embodying economic benefits will be required to settle the obligation. Paragraph 56 provides guidance on the subsequent accounting for contingent liabilities.

Ausnahmen von den Ansatz- und Bewertungsgrundsätzen

Ertragsteuern

24 Der Erwerber hat einen latenten Steueranspruch oder eine latente Steuerschuld aus bei einem Unternehmenszusammenschluss erworbenen Vermögenswerten und übernommenen Schulden gemäß IAS 12 *Ertragsteuern* anzusetzen und zu bewerten.

25 Der Erwerber hat die möglichen steuerlichen Auswirkungen der temporären Differenzen und Verlustvorträge eines erworbenen Unternehmens, die zum Erwerbszeitpunkt bereits bestehen oder infolge des Erwerbs entstehen, gemäß IAS 12 zu bilanzieren.

Leistungen an Arbeitnehmer

26 Der Erwerber hat eine Verbindlichkeit (oder gegebenenfalls einen Vermögenswert) in Verbindung mit Vereinbarungen für Leistungen an Arbeitnehmer des erworbenen Unternehmens gemäß IAS 19 *Leistungen an Arbeitnehmer* anzusetzen und zu bewerten.

Vermögenswerte für Entschädigungsleistungen

27 Der Veräußerer kann bei einem Unternehmenszusammenschluss den Erwerber vertraglich für eine Erfolgsunsicherheit hinsichtlich aller oder eines Teils der spezifischen Vermögenswerte oder Schulden entschädigen. Der Veräußerer kann beispielsweise den Erwerber für Verluste, die über einen bestimmten Betrag einer Schuld aus einem besonderen Eventualfall hinausgehen, entschädigen; in anderen Worten, der Veräußerer möchte garantieren, dass die Schuld des Erwerbers einen bestimmten Betrag nicht überschreitet. Damit erhält der Erwerber einen Vermögenswert für Entschädigungsleistungen. Der Erwerber hat den Vermögenswert für Entschädigungsleistungen zur gleichen Zeit anzusetzen und auf der gleichen Grundlage zu bewerten, wie er den entschädigten Posten ansetzt und bewertet, vorbehaltlich der Notwendigkeit einer Wertberichtigung für uneinbringliche Beträge. Wenn die Entschädigungsleistung einen Vermögenswert oder eine Schuld betrifft, der/die zum Erwerbszeitpunkt angesetzt wird und zu dessen/deren zum Erwerbszeitpunkt geltenden beizulegenden Zeitwert bewertet wird, dann hat der Erwerber den Vermögenswert für die Entschädigungsleistung ebenso zum Erwerbszeitpunkt anzusetzen und mit dessen zum Erwerbszeitpunkt geltenden beizulegenden Zeitwert zu bewerten. Für einen zum beizulegenden Zeitwert bewerteten Vermögenswert für Entschädigungsleistungen sind die Auswirkungen der Ungewissheit bezüglich zukünftiger Cashflows aufgrund der Einbringlichkeit der Gegenleistungen in die Bestimmung des beizulegenden Zeitwerts mit einbegriffen und eine gesonderte Wertberichtigung ist nicht notwendig (in Paragraph B41 wird die entsprechende Anwendung beschrieben).

28 Unter bestimmten Umständen kann sich die Entschädigungsleistung auf einen Vermögenswert oder eine Schuld beziehen, der/die eine Ausnahme zu den Ansatz- oder Bewertungsgrundsätzen darstellt. Eine Entschädigungsleistung kann sich beispielsweise auf eine Eventualverbindlichkeit beziehen, die nicht zum Erwerbszeitpunkt angesetzt wird, da ihr beizulegender Zeitwert zu dem Stichtag nicht verlässlich bewertet werden kann. Alternativ kann sich eine Entschädigungsleistung auf einen Vermögenswert oder ein Schuld beziehen, der/die beispielsweise aus Leistungen an Arbeitnehmer stammt, welche auf einer anderen Grundlage als dem zum Erwerbszeitpunkt geltenden beizulegenden Zeitwert bestimmt werden. Unter diesen Umständen ist der Vermögenswert für Entschädigungsleistungen vorbehaltlich der Einschätzung der Geschäftsleitung bezüglich seiner Einbringlichkeit sowie der vertraglichen Begrenzung des Entschädigungsbetrags unter Zugrundelegung der gleichen Annahmen anzusetzen wie der entschädigte Posten selbst. Paragraph 57 enthält eine Leitlinie für die spätere Bilanzierung eines Vermögenswerts für Entschädigungsleistungen.

Ausnahmen vom Bewertungsgrundsatz

Zurückerworbene Rechte

29 Der Erwerber hat den Wert eines zurückerworbenen Rechts, das als ein immaterieller Vermögenswert auf der Grundlage der Restlaufzeit des zugehörigen Vertrags angesetzt war, unabhängig davon zu bewerten, ob Marktteilnehmer bei der Bemessung dessen beizulegenden Zeitwerts mögliche Vertragserneuerungen berücksichtigen würden. In den Paragraphen B35 und B36 sind die entsprechenden Anwendungsleitlinien dargestellt.

Anteilsbasierte Vergütungstransaktionen

30 Der Erwerber hat eine Schuld oder ein Eigenkapitalinstrument, welche(s) sich auf anteilsbasierte Vergütungstransaktionen des erworbenen Unternehmens oder den Ersatz anteilsbasierter Vergütungstransaktionen des erworbenen Unternehmens durch anteilsbasierte Vergütungstransaktionen des Erwerbers bezieht, zum Erwerbszeitpunkt nach der Methode in IFRS 2 *Anteilsbasierte Vergütung* zu bewerten. (Das Ergebnis dieser Methode wird in diesem IFRS als der „auf dem Markt basierende Wert" der anteilsbasierten Vergütungstransaktion bezeichnet.)

Exceptions to both the recognition and measurement principles

Income taxes

The acquirer shall recognise and measure a deferred tax asset or liability arising from the assets acquired and liabilities **24** assumed in a business combination in accordance with IAS 12 *Income Taxes.*

The acquirer shall account for the potential tax effects of temporary differences and carryforwards of an acquiree that **25** exist at the acquisition date or arise as a result of the acquisition in accordance with IAS 12.

Employee benefits

The acquirer shall recognise and measure a liability (or asset, if any) related to the acquiree's employee benefit arrange- **26** ments in accordance with IAS 19 *Employee Benefits.*

Indemnification assets

The seller in a business combination may contractually indemnify the acquirer for the outcome of a contingency or uncer- **27** tainty related to all or part of a specific asset or liability. For example, the seller may indemnify the acquirer against losses above a specified amount on a liability arising from a particular contingency; in other words, the seller will guarantee that the acquirer's liability will not exceed a specified amount. As a result, the acquirer obtains an indemnification asset. The acquirer shall recognise an indemnification asset at the same time that it recognises the indemnified item measured on the same basis as the indemnified item, subject to the need for a valuation allowance for uncollectible amounts. Therefore, if the indemnification relates to an asset or a liability that is recognised at the acquisition date and measured at its acquisi- tion-date fair value, the acquirer shall recognise the indemnification asset at the acquisition date measured at its acquisi- tion-date fair value. For an indemnification asset measured at fair value, the effects of uncertainty about future cash flows because of collectibility considerations are included in the fair value measure and a separate valuation allowance is not necessary (paragraph B41 provides related application guidance).

In some circumstances, the indemnification may relate to an asset or a liability that is an exception to the recognition or **28** measurement principles. For example, an indemnification may relate to a contingent liability that is not recognised at the acquisition date because its fair value is not reliably measurable at that date. Alternatively, an indemnification may relate to an asset or a liability, for example, one that results from an employee benefit, that is measured on a basis other than acquisition-date fair value. In those circumstances, the indemnification asset shall be recognised and measured using assumptions consistent with those used to measure the indemnified item, subject to management's assessment of the col- lectibility of the indemnification asset and any contractual limitations on the indemnified amount. Paragraph 57 provides guidance on the subsequent accounting for an indemnification asset.

Exceptions to the measurement principle

Reacquired rights

The acquirer shall measure the value of a reacquired right recognised as an intangible asset on the basis of the remaining **29** contractual term of the related contract regardless of whether market participants would consider potential contractual renewals when measuring its fair value. Paragraphs B35 and B36 provide related application guidance.

Share-based payment transactions

The acquirer shall measure a liability or an equity instrument related to share-based payment transactions of the acquiree **30** or the replacement of an acquiree's share-based payment transactions with share-based payment transactions of the acquirer in accordance with the method in IFRS 2 *Share-based Payment* at the acquisition date. (This IFRS refers to the result of that method as the 'market-based measure' of the share-based payment transaction.)

31 Der Erwerber hat einen erworbenen langfristigen Vermögenswert (oder eine Veräußerungsgruppe), der zum Erwerbszeitpunkt gemäß IFRS 5 *Zur Veräußerung gehaltene langfristige Vermögenswerte und aufgegebene Geschäftsbereiche* als zur Veräußerung gehalten eingestuft ist, zum beizulegenden Zeitwert abzüglich Veräußerungskosten gemäß den Paragraphen 15–18 dieses IFRS zu bewerten.

Ansatz und Bewertung des Geschäfts- oder Firmenwerts oder eines Gewinns aus einem Erwerb zu einem Preis unter Marktwert

32 Der Erwerber hat den Geschäfts- oder Firmenwert zum Erwerbszeitpunkt anzusetzen, der sich aus dem Betrag ergibt, um den (a) (b) übersteigt:

(a) die Summe aus:

(i) der übertragenen Gegenleistung, die gemäß diesem IFRS im Allgemeinen zu dem am Erwerbszeitpunkt geltenden beizulegenden Zeitwert bestimmt wird (siehe Paragraph 37);

(ii) dem Betrag aller nicht beherrschenden Anteile an dem erworbenen Unternehmen, die gemäß diesem IFRS bewertet werden; und

(iii) dem zu dem am Erwerbszeitpunkt geltenden beizulegenden Zeitwert des zuvor vom Erwerber gehaltenen *Eigenkapitalanteils* an dem erworbenen Unternehmen, wenn es sich um einen sukzessiven Unternehmenszusammenschluss handelt (siehe Paragraphen 41 und 42).

(b) der Saldo der zum Erwerbszeitpunkt bestehenden und gemäß IFRS 3 bewerteten Beträge der erworbenen identifizierbaren Vermögenswerte und der übernommenen Schulden.

33 Bei einem Unternehmenszusammenschluss, bei dem der Erwerber und das erworbene Unternehmen (oder dessen frühere Eigentümer) nur Eigenkapitalanteile tauschen, kann der zum Erwerbszeitpunkt geltende beizulegende Zeitwert der Eigenkapitalanteile des erworbenen Unternehmens eventuell verlässlicher bestimmt werden als der zum Erwerbszeitpunkt geltende beizulegende Zeitwert der Eigenkapitalanteile des Erwerbers. Wenn dies der Fall ist, hat der Erwerber den Betrag des Geschäfts- oder Firmenwerts zu ermitteln, indem er den zum Erwerbszeitpunkt geltenden beizulegenden Zeitwert der Eigenkapitalanteile des erworbenen Unternehmens anstatt den zum Erwerbszeitpunkt geltenden beizulegenden Zeitwert der übertragenen Eigenkapitalanteile verwendet. Zur Bestimmung des Betrags des Geschäfts- oder Firmenwerts bei einem Unternehmenszusammenschluss, bei dem keine Gegenleistung übertragen wird, hat der Erwerber den zum Erwerbszeitpunkt geltenden beizulegenden Zeitwert der Anteile des Erwerbers an dem erworbenen Unternehmen anstelle des zum Erwerbszeitpunkt geltenden beizulegenden Zeitwerts der übertragenen Gegenleistung zu verwenden (Paragraph 32 (a) (i)). In den Paragraphen B46–B49 sind die entsprechenden Anwendungsleitlinien dargestellt.

Erwerb zu einem Preis unter dem Marktwert

34 Gelegentlich macht ein Erwerber einen Erwerb zu einem Preis unter dem Marktwert, wobei es sich um einen Unternehmenszusammenschluss handelt, bei dem der Betrag in Paragraph 32 (b) die Summe der in Paragraph 32 (a) beschriebenen Beträge übersteigt. Wenn dieser Überschuss nach der Anwendung der Vorschriften in Paragraph 36 bestehen bleibt, hat der Erwerber den resultierenden Gewinn zum Erwerbszeitpunkt im Gewinn oder Verlust zu erfassen. Der Gewinn ist dem Erwerber zuzurechnen.

35 Einen Erwerb zu einem Preis unter dem Marktwert kann es beispielsweise bei einem Unternehmenszusammenschluss geben, bei dem es sich um einen Zwangsverkauf handelt und der Verkäufer unter Zwang handelt. Die Ausnahmen bei der Erfassung oder Bewertung besonderer Posten, die in den Paragraphen 22–31 beschrieben sind, können jedoch auch dazu führen, dass ein Gewinn aus einem Erwerb zu einem Preis unter dem Marktwert erfasst wird (oder dass sich der Betrag eines erfassten Gewinns ändert).

36 Vor der Erfassung eines Gewinns aus einem Erwerb zu einem Preis unter dem Marktwert hat der Erwerber nochmals zu beurteilen, ob er alle erworbenen Vermögenswerte und alle übernommenen Schulden richtig identifiziert hat und alle bei dieser Prüfung zusätzlich identifizierten Vermögenswerte oder Schulden anzusetzen. Danach hat der Erwerber die Verfahren zu überprüfen, mit denen die Beträge ermittelt worden sind, die zum Erwerbszeitpunkt gemäß diesem IFRS für folgende Sachverhalte ausgewiesen werden müssen:

(a) identifizierbare Vermögenswerte und übernommene Schulden;

(b) gegebenenfalls nicht beherrschende Anteile an dem übernommenen Unternehmen;

(c) die zuvor vom Erwerber gehaltenen Eigenkapitalanteile an dem erworbenen Unternehmen bei einem sukzessiven Unternehmenszusammenschluss; sowie

(d) die übertragene Gegenleistung.

Der Zweck dieser Überprüfung besteht darin sicherzustellen, dass bei den Bewertungen alle zum Erwerbszeitpunkt verfügbaren Informationen angemessen berücksichtigt worden sind.

Übertragene Gegenleistung

37 Die bei einem Unternehmenszusammenschluss übertragene Gegenleistung ist mit dem beizulegenden Zeitwert zu bewerten. Dieser berechnet sich, indem die vom Erwerber übertragenen Vermögenswerte, die Schulden, die der Erwerber von

The acquirer shall measure an acquired non-current asset (or disposal group) that is classified as held for sale at the acquisition date in accordance with IFRS 5 *Non-current Assets Held for Sale and Discontinued Operations* at fair value less costs to sell in accordance with paragraphs 15—18 of that IFRS. **31**

Recognising and measuring goodwill or a gain from a bargain purchase

The acquirer shall recognise goodwill as of the acquisition date measured as the excess of (a) over (b) below: **32**
(a) **the aggregate of:**
    (i) **the consideration transferred measured in accordance with this IFRS, which generally requires acquisition-date fair value (see paragraph 37);**
    (ii) **the amount of any non-controlling interest in the acquiree measured in accordance with this IFRS; and**
    (iii) **in a business combination achieved in stages (see paragraphs 41 and 42), the acquisition-date fair value of the acquirer's previously held *equity interest* in the acquiree.**
(b) **the net of the acquisition-date amounts of the identifiable assets acquired and the liabilities assumed measured in accordance with this IFRS.**

In a business combination in which the acquirer and the acquiree (or its former owners) exchange only equity interests, the acquisition-date fair value of the acquiree's equity interests may be more reliably measurable than the acquisition-date fair value of the acquirer's equity interests. If so, the acquirer shall determine the amount of goodwill by using the acquisition-date fair value of the acquiree's equity interests instead of the acquisition-date fair value of the equity interests transferred. To determine the amount of goodwill in a business combination in which no consideration is transferred, the acquirer shall use the acquisition-date fair value of the acquirer's interest in the acquiree in place of the acquisition-date fair value of the consideration transferred (paragraph 32 (a) (i)). Paragraphs B46—B49 provide related application guidance. **33**

Bargain purchases

Occasionally, an acquirer will make a bargain purchase, which is a business combination in which the amount in paragraph 32 (b) exceeds the aggregate of the amounts specified in paragraph 32 (a). If that excess remains after applying the requirements in paragraph 36, the acquirer shall recognise the resulting gain in profit or loss on the acquisition date. The gain shall be attributed to the acquirer. **34**

A bargain purchase might happen, for example, in a business combination that is a forced sale in which the seller is acting under compulsion. However, the recognition or measurement exceptions for particular items discussed in paragraphs 22—31 may also result in recognising a gain (or change the amount of a recognised gain) on a bargain purchase. **35**

Before recognising a gain on a bargain purchase, the acquirer shall reassess whether it has correctly identified all of the assets acquired and all of the liabilities assumed and shall recognise any additional assets or liabilities that are identified in that review. The acquirer shall then review the procedures used to measure the amounts this IFRS requires to be recognised at the acquisition date for all of the following: **36**
(a) the identifiable assets acquired and liabilities assumed;
(b) the non-controlling interest in the acquiree, if any;
(c) for a business combination achieved in stages, the acquirer's previously held equity interest in the acquiree; and
(d) the consideration transferred.
The objective of the review is to ensure that the measurements appropriately reflect consideration of all available information as of the acquisition date.

Consideration transferred

The consideration transferred in a business combination shall be measured at fair value, which shall be calculated as the sum of the acquisition-date fair values of the assets transferred by the acquirer, the liabilities incurred by the acquirer to **37**

den früheren Eigentümer des erworbenen Unternehmens übernommen hat, und die vom Erwerber ausgegebenen Eigenkapitalanteile zum Erwerbszeitpunkt mit ihren beizulegenden Zeitwerten bewertet und diese beizulegenden Zeitwerte addiert werden. (Der Teil der anteilsbasierten Vergütungsprämien des Erwerbers, die gegen Prämien, die von den Mitarbeitern des erworbenen Unternehmens gehalten werden und die in der bei einem Unternehmenszusammenschluss übertragenen Gegenleistung enthalten sind, getauscht werden, ist jedoch gemäß Paragraph 30 und nicht zum beizulegenden Zeitwert zu bestimmen.) Beispiele für mögliche Formen der Gegenleistung sind u. a. Zahlungsmittel, sonstige Vermögenswerte, ein Geschäftsbetrieb oder ein Tochterunternehmen des Erwerbers, *bedingte Gegenleistungen*, Stamm- oder Vorzugsaktien, Optionen, Optionsscheine und Anteile der Mitglieder von *Gegenseitigkeitsunternehmen*.

38 Zu den übertragenen Gegenleistungen können Vermögenswerte oder Schulden des Erwerbers gehören, denen Buchwerte zugrunde liegen, die von den zum Erwerbszeitpunkt geltenden beizulegenden Zeitwerten abweichen (z. B. nicht-monetäre Vermögenswerte oder ein Geschäftsbetrieb des Erwerbers). Wenn dies der Fall ist, hat der Erwerber die übertragenen Vermögenswerte oder Schulden zu ihren zum Erwerbszeitpunkt geltenden beizulegenden Zeitwerten neu zu bewerten und die daraus entstehenden Gewinne bzw. Verluste gegebenenfalls im Gewinn oder Verlust zu erfassen. Manchmal bleiben die übertragenen Vermögenswerte oder Schulden nach dem Unternehmenszusammenschluss jedoch im zusammengeschlossenen Unternehmen (da z. B. die Vermögenswerte oder Schulden an das übernommene Unternehmen und nicht an die früheren Eigentümer übertragen wurden), und der Erwerber behält daher die Beherrschung darüber. In dieser Situation hat der Erwerber diese Vermögenswerte und Schulden unmittelbar vor dem Erwerbszeitpunkt mit ihrem Buchwert zu bewerten und keinen Gewinn bzw. Verlust aus Vermögenswerten oder Schulden, die er vor und nach dem Unternehmenszusammenschluss beherrscht, im Gewinn oder Verlust zu erfassen.

Bedingte Gegenleistung

39 Die Gegenleistung, die der Erwerber im Tausch gegen das erworbene Unternehmen überträgt, enthält die Vermögenswerte oder Schulden, die aus einer Vereinbarung über eine bedingte Gegenleistung (siehe Paragraph 37) stammen. Der Erwerber hat den zum Erwerbszeitpunkt geltenden beizulegenden Zeitwert der bedingten Gegenleistung als Teil der für das erworbene Unternehmen übertragenen Gegenleistung zu bilanzieren.

40 Der Erwerber hat eine Verpflichtung zur Zahlung einer bedingten Gegenleistung, die der Definition eines Finanzinstruments entspricht, ausgehend von den Definitionen für ein Eigenkapitalinstrument und eine finanzielle Verbindlichkeit in Paragraph 11 des IAS 32 *Finanzinstrumente: Darstellung* als finanzielle Verbindlichkeit oder als Eigenkapital einzustufen. Der Erwerber hat ein Recht auf Rückgabe der zuvor übertragenen Gegenleistung als Vermögenswert einzustufen, falls bestimmte Bedingungen erfüllt sind. Paragraph 58 enthält eine Leitlinie für die spätere Bilanzierung bedingter Gegenleistungen.

Zusätzliche Leitlinien zur Anwendung der Erwerbsmethode auf besondere Arten von Unternehmenszusammenschlüssen

Sukzessiver Unternehmenszusammenschluss

41 Manchmal erlangt ein Erwerber die Beherrschung eines erworbenen Unternehmens, an dem er unmittelbar vor dem Erwerbszeitpunkt einen Eigenkapitalanteil hält. Zum Beispiel: Am 31. Dezember 20X1 hält Unternehmen A einen nicht beherrschenden Kapitalanteil von 35 Prozent an Unternehmen B. Zu diesem Zeitpunkt erwirbt Unternehmen A einen zusätzlichen Anteil von 40 Prozent an Unternehmen B, durch die es die Beherrschung über Unternehmen B übernimmt. Dieser IFRS bezeichnet eine solche Transaktion, die manchmal auch als ein schrittweiser Erwerb bezeichnet wird, als einen sukzessiven Unternehmenszusammenschluss.

42 Bei einem sukzessiven Unternehmenszusammenschluss hat der Erwerber seinen zuvor an dem erworbenen Unternehmen gehaltenen Eigenkapitalanteil zu dem zum Erwerbszeitpunkt geltenden beizulegenden Zeitwert neu zu bestimmen und den daraus resultierenden Gewinn bzw. Verlust gegebenenfalls im Gewinn oder Verlust zu erfassen. In früheren Perioden hat der Erwerber eventuell Wertänderungen seines Eigenkapitalanteils an dem erworbenen Unternehmen im sonstigen Ergebnis erfasst (weil beispielsweise der Anteil als zur Veräußerung verfügbar eingestuft war). Ist dies der Fall, so ist der Betrag, der im sonstigen Ergebnis erfasst war, auf derselben Grundlage zu erfassen, wie dies erforderlich wäre, wenn der Erwerber den zuvor gehaltenen Eigenkapitalanteil unmittelbar veräußert hätte.

Unternehmenszusammenschluss ohne Übertragung einer Gegenleistung

43 Ein Erwerber erlangt manchmal die Beherrschung eines erworbenen Unternehmens ohne eine Übertragung einer Gegenleistung. Auf diese Art von Zusammenschlüssen ist die Erwerbsmethode für die Bilanzierung von Unternehmenszusammenschlüssen anzuwenden. Dazu gehören die folgenden Fälle:
(a) Das erworbene Unternehmen kauft eine ausreichende Anzahl seiner eigenen Aktien zurück, so dass ein bisheriger Anteilseigner (der Erwerber) die Beherrschung erlangt.
(b) Vetorechte von Minderheiten, die früher den Erwerber daran hinderten, die Beherrschung eines erworbenen Unternehmens, an dem der Erwerber die Mehrheit der Stimmrechte hält, zu erlangen, erlöschen.

former owners of the acquiree and the equity interests issued by the acquirer. (However, any portion of the acquirer's share-based payment awards exchanged for awards held by the acquiree's employees that is included in consideration transferred in the business combination shall be measured in accordance with paragraph 30 rather than at fair value.) Examples of potential forms of consideration include cash, other assets, a business or a subsidiary of the acquirer, *contingent consideration,* ordinary or preference equity instruments, options, warrants and member interests of *mutual entities.*

The consideration transferred may include assets or liabilities of the acquirer that have carrying amounts that differ from **38** their fair values at the acquisition date (for example, non-monetary assets or a business of the acquirer). If so, the acquirer shall remeasure the transferred assets or liabilities to their fair values as of the acquisition date and recognise the resulting gains or losses, if any, in profit or loss. However, sometimes the transferred assets or liabilities remain within the combined entity after the business combination (for example, because the assets or liabilities were transferred to the acquiree rather than to its former owners), and the acquirer therefore retains control of them. In that situation, the acquirer shall measure those assets and liabilities at their carrying amounts immediately before the acquisition date and shall not recognise a gain or loss in profit or loss on assets or liabilities it controls both before and after the business combination.

Contingent consideration

The consideration the acquirer transfers in exchange for the acquiree includes any asset or liability resulting from a con- **39** tingent consideration arrangement (see paragraph 37). The acquirer shall recognise the acquisition-date fair value of contingent consideration as part of the consideration transferred in exchange for the acquiree.

The acquirer shall classify an obligation to pay contingent consideration that meets the definition of a financial instru- **40** ment as a financial liability or as equity on the basis of the definitions of an equity instrument and a financial liability in paragraph 11 of IAS 32 *Financial Instruments: Presentation.* The acquirer shall classify as an asset a right to the return of previously transferred consideration if specified conditions are met. Paragraph 58 provides guidance on the subsequent accounting for contingent consideration.

Additional guidance for applying the acquisition method to particular types of business combinations

A business combination achieved in stages

An acquirer sometimes obtains control of an acquiree in which it held an equity interest immediately before the acquisi- **41** tion date. For example, on 31 December 20X1, Entity A holds a 35 per cent non-controlling equity interest in Entity B. On that date, Entity A purchases an additional 40 per cent interest in Entity B, which gives it control of Entity B. This IFRS refers to such a transaction as a business combination achieved in stages, sometimes also referred to as a step acquisition.

In a business combination achieved in stages, the acquirer shall remeasure its previously held equity interest in the **42** acquiree at its acquisition-date fair value and recognise the resulting gain or loss, if any, in profit or loss. In prior reporting periods, the acquirer may have recognised changes in the value of its equity interest in the acquiree in other comprehensive income (for example, because the investment was classified as available for sale). If so, the amount that was recognised in other comprehensive income shall be recognised on the same basis as would be required if the acquirer had disposed directly of the previously held equity interest.

A business combination achieved without the transfer of consideration

An acquirer sometimes obtains control of an acquiree without transferring consideration. The acquisition method of **43** accounting for a business combination applies to those combinations. Such circumstances include:

(a) The acquiree repurchases a sufficient number of its own shares for an existing investor (the acquirer) to obtain control.

(b) Minority veto rights lapse that previously kept the acquirer from controlling an acquiree in which the acquirer held the majority voting rights.

(c) Der Erwerber und das erworbene Unternehmen vereinbaren, ihre Geschäftsbetriebe ausschließlich durch einen Vertrag zusammenzuschließen. Der Erwerber überträgt keine Gegenleistung im Austausch für die Beherrschung des erworbenen Unternehmens und hält keine Eigenkapitalanteile an dem erworbenen Unternehmen, weder zum Erwerbszeitpunkt noch zuvor. Als Beispiele für Unternehmenszusammenschlüsse, die ausschließlich durch einen Vertrag erfolgen, gelten: das Zusammenbringen von zwei Geschäftsbetrieben unter einem Vertrag über die Verbindung der ausgegebenen Aktien oder die Gründung eines Unternehmens mit zweifach notierten Aktien.

44 Bei einem ausschließlich auf einem Vertrag beruhenden Unternehmenszusammenschluss hat der Erwerber den Eigentümern des erworbenen Unternehmens den Betrag des gemäß diesem IFRS angesetzten Nettovermögens des erworbenen Unternehmens zuzuordnen. In anderen Worten: Die Eigenkapitalanteile, die an dem erworbenen Unternehmen von anderen Vertragsparteien als dem Erwerber gehalten werden, sind in dem nach dem Zusammenschluss erstellten Abschluss des Erwerbers selbst dann nicht beherrschende Anteile, wenn dies bedeutet, dass alle Eigenkapitalanteile an dem erworbenen Unternehmen den nicht beherrschenden Anteilen zugeordnet werden.

Bewertungszeitraum

45 **Wenn die erstmalige Bilanzierung eines Unternehmenszusammenschlusses am Ende der Berichtsperiode, in der der Zusammenschluss stattfindet, unvollständig ist, hat der Erwerber für die Posten mit unvollständiger Bilanzierung vorläufige Beträge in seinem Abschluss anzugeben. Während des Bewertungszeitraums hat der Erwerber die vorläufigen zum Erwerbszeitpunkt angesetzten Beträge rückwirkend zu korrigieren, um die neuen Informationen über Fakten und Umstände widerzuspiegeln, die zum Erwerbszeitpunkt bestanden und die die Bewertung der zu diesem Stichtag angesetzten Beträge beeinflusst hätten, wenn sie bekannt gewesen wären. Während des Bewertungszeitraums hat der Erwerber auch zusätzliche Vermögenswerte und Schulden anzusetzen, wenn er neue Informationen über Fakten und Umstände erhalten hat, die zum Erwerbszeitpunkt bestanden und die zum Ansatz dieser Vermögenswerte und Schulden zu diesem Stichtag geführt hätten, wenn sie bekannt gewesen wären. Der Bewertungszeitraum endet, sobald der Erwerber die Informationen erhält, die er über Fakten und Umstände zum Erwerbszeitpunkt gesucht hat oder erfährt, dass keine weiteren Informationen verfügbar sind. Der Bewertungszeitraum darf jedoch ein Jahr vom Erwerbszeitpunkt an nicht überschreiten.**

46 Der Bewertungszeitraum ist der Zeitraum nach dem Erwerbszeitpunkt, in dem der Erwerber die bei einem Unternehmenszusammenschluss angesetzten vorläufigen Beträge berichtigen kann. Der Bewertungszeitraum gibt dem Erwerber eine angemessene Zeit, so dass dieser die Informationen erhalten kann, die benötigt werden, um Folgendes zum Erwerbszeitpunkt gemäß diesem IFRS zu identifizieren und zu bewerten:
(a) die erworbenen identifizierbaren Vermögenswerte, übernommenen Schulden und alle nicht beherrschenden Anteile an dem erworbenen Unternehmen;
(b) die für das erworbene Unternehmen übertragene Gegenleistung (oder der andere bei der Bestimmung des Geschäfts- oder Firmenwerts verwendete Betrag);
(c) die bei einem sukzessiven Unternehmenszusammenschluss zuvor vom Erwerber an dem erworbenen Unternehmen gehaltenen Eigenkapitalanteile; und
(d) der resultierende Geschäfts- oder Firmenwert oder Gewinn aus einem Erwerb zu einem Preis unter dem Marktwert.

47 Der Erwerber hat alle einschlägigen Faktoren bei der Ermittlung zu berücksichtigen, ob nach dem Erwerbszeitpunkt erhaltene Informationen zu einer Berichtigung der bilanzierten vorläufigen Beträge führen sollten oder ob diese Informationen Ereignisse betreffen, die nach dem Erwerbszeitpunkt stattfanden. Zu den einschlägigen Faktoren gehören der Tag, an dem zusätzliche Informationen erhalten werden, und die Tatsache, ob der Erwerber einen Grund für eine Änderung der vorläufigen Beträge identifizieren kann. Informationen, die kurz nach dem Erwerbszeitpunkt erhalten werden, spiegeln wahrscheinlich eher die Umstände, die zum Erwerbszeitpunkt herrschten wider als Informationen, die mehrere Monate später erhalten werden. Zum Beispiel: die Veräußerung eines Vermögenswerts an einen Dritten kurz nach dem Erwerbszeitpunkt zu einem Betrag, der wesentlich von dessen zu jenem Stichtag bemessenen vorläufigen beizulegenden Zeitwert abweicht, weist wahrscheinlich auf einen Fehler im vorläufigen Betrag hin, wenn kein dazwischen liegendes Ereignis, das dessen beizulegenden Zeitwert geändert hat, feststellbar ist.

48 Der Erwerber erfasst eine Erhöhung (Verringerung) des vorläufigen Betrages, der für einen identifizierbaren Vermögenswert (eine identifizierbare Schuld) angesetzt war, indem er den Geschäfts- oder Firmenwert verringert (erhöht). Aufgrund von neuen im Bewertungszeitraum erhaltenen Informationen werden manchmal die vorläufigen Beträge von mehr als einem Vermögenswert oder einer Schuld berichtigt. Der Erwerber könnte beispielsweise eine Schuld übernommen haben, die in Schadenersatzleistungen aufgrund eines Unfalls in einem der Betriebe des erworbenen Unternehmens besteht, die insgesamt oder teilweise von der Haftpflichtversicherung des erworbenen Unternehmens gedeckt sind. Erhält der Erwerber während des Bewertungszeitraums neue Informationen über den beizulegenden Zeitwert dieser Schuld zum Erwerbszeitpunkt, würden sich die Berichtigung des Geschäfts- oder Firmenwerts aufgrund einer Änderung des für die Schuld angesetzten vorläufigen Betrags und eine entsprechende Berichtigung des Geschäfts- oder Firmenwerts aufgrund einer Änderung des vorläufigen Betrags, der für den gegen den Versicherer bestehenden Anspruch angesetzt wurde, (im Ganzen oder teilweise) gegenseitig aufheben.

(c) The acquirer and acquiree agree to combine their businesses by contract alone. The acquirer transfers no consideration in exchange for control of an acquiree and holds no equity interests in the acquiree, either on the acquisition date or previously. Examples of business combinations achieved by contract alone include bringing two businesses together in a stapling arrangement or forming a dual listed corporation.

In a business combination achieved by contract alone, the acquirer shall attribute to the owners of the acquiree the amount of the acquiree's net assets recognised in accordance with this IFRS. In other words, the equity interests in the acquiree held by parties other than the acquirer are a non-controlling interest in the acquirer's post-combination financial statements even if the result is that all of the equity interests in the acquiree are attributed to the non-controlling interest. **44**

Measurement period

If the initial accounting for a business combination is incomplete by the end of the reporting period in which the combination occurs, the acquirer shall report in its financial statements provisional amounts for the items for which the accounting is incomplete. During the measurement period, the acquirer shall retrospectively adjust the provisional amounts recognised at the acquisition date to reflect new information obtained about facts and circumstances that existed as of the acquisition date and, if known, would have affected the measurement of the amounts recognised as of that date. During the measurement period, the acquirer shall also recognise additional assets or liabilities if new information is obtained about facts and circumstances that existed as of the acquisition date and, if known, would have resulted in the recognition of those assets and liabilities as of that date. The measurement period ends as soon as the acquirer receives the information it was seeking about facts and circumstances that existed as of the acquisition date or learns that more information is not obtainable. However, the measurement period shall not exceed one year from the acquisition date. **45**

The measurement period is the period after the acquisition date during which the acquirer may adjust the provisional amounts recognised for a business combination. The measurement period provides the acquirer with a reasonable time to obtain the information necessary to identify and measure the following as of the acquisition date in accordance with the requirements of this IFRS: **46**
(a) the identifiable assets acquired, liabilities assumed and any non-controlling interest in the acquiree;
(b) the consideration transferred for the acquiree (or the other amount used in measuring goodwill);
(c) in a business combination achieved in stages, the equity interest in the acquiree previously held by the acquirer; and
(d) the resulting goodwill or gain on a bargain purchase.

The acquirer shall consider all pertinent factors in determining whether information obtained after the acquisition date should result in an adjustment to the provisional amounts recognised or whether that information results from events that occurred after the acquisition date. Pertinent factors include the date when additional information is obtained and whether the acquirer can identify a reason for a change to provisional amounts. Information that is obtained shortly after the acquisition date is more likely to reflect circumstances that existed at the acquisition date than is information obtained several months later. For example, unless an intervening event that changed its fair value can be identified, the sale of an asset to a third party shortly after the acquisition date for an amount that differs significantly from its provisional fair value measured at that date is likely to indicate an error in the provisional amount. **47**

The acquirer recognises an increase (decrease) in the provisional amount recognised for an identifiable asset (liability) by means of a decrease (increase) in goodwill. However, new information obtained during the measurement period may sometimes result in an adjustment to the provisional amount of more than one asset or liability. For example, the acquirer might have assumed a liability to pay damages related to an accident in one of the acquiree's facilities, part or all of which are covered by the acquiree's liability insurance policy. If the acquirer obtains new information during the measurement period about the acquisition-date fair value of that liability, the adjustment to goodwill resulting from a change to the provisional amount recognised for the liability would be offset (in whole or in part) by a corresponding adjustment to goodwill resulting from a change to the provisional amount recognised for the claim receivable from the insurer. **48**

49 Während des Bewertungszeitraums hat der Erwerber Berichtigungen der vorläufigen Beträge so zu erfassen, als ob die Bilanzierung des Unternehmenszusammenschlusses zum Erwerbszeitpunkt abgeschlossen worden wäre. Somit hat der Erwerber Vergleichsinformationen für frühere Perioden, die im Abschluss bei Bedarf dargestellt werden, zu überarbeiten und Änderungen bei erfassten planmäßigen Abschreibungen oder sonstigen Auswirkungen auf den Ertrag vorzunehmen, indem er die erstmalige Bilanzierung vervollständigt.

50 Nach dem Bewertungszeitraum hat der Erwerber die Bilanzierung eines Unternehmenszusammenschlusses nur zu überarbeiten, um einen Fehler gemäß IAS 8 *Rechnungslegungsmethoden, Änderungen von rechnungslegungsbezogenen Schätzungen und Fehler* zu berichtigen.

Bestimmung des Umfangs eines Unternehmenszusammenschlusses

51 Der Erwerber und das erworbene Unternehmen können eine vorher bestehende Beziehung oder eine andere Vereinbarung vor Beginn der Verhandlungen bezüglich des Unternehmenszusammenschlusses haben oder sie können während der Verhandlungen eine Vereinbarung unabhängig von dem Unternehmenszusammenschluss eingehen. In beiden Situationen hat der Erwerber alle Beträge zu identifizieren, die nicht zu dem gehören, was der Erwerber und das erworbene Unternehmen (oder seine früheren Eigentümer) bei dem Unternehmenszusammenschluss austauschten, d. h. Beträge die nicht Teil des Austauschs für das erworbene Unternehmen sind. Der Erwerber hat bei Anwendung der Erwerbsmethode nur die für das erworbene Unternehmen übertragene Gegenleistung und die im Austausch für das erworbene Unternehmen erworbenen Vermögenswerte und übernommenen Schulden anzusetzen. Separate Transaktionen sind gemäß den entsprechenden IFRS zu bilanzieren.

52 Eine Transaktion, die vom Erwerber oder im Auftrag des Erwerbers oder in erster Linie zum Nutzen des Erwerbers oder des zusammengeschlossenen Unternehmens eingegangen wurde, und nicht in erster Linie zum Nutzen des erworbenen Unternehmens (oder seiner früheren Eigentümer) vor dem Zusammenschluss, ist wahrscheinlich eine separate Transaktion. Folgende Beispiele für separate Transaktionen fallen nicht unter die Anwendung der Erwerbsmethode:

(a) eine Transaktion, die tatsächlich vorher bestehende Beziehungen zwischen dem Erwerber und dem erworbenen Unternehmen abwickelt;

(b) eine Transaktion, die Mitarbeiter oder ehemalige Eigentümer des erworbenen Unternehmens für künftige Dienste vergütet; und

(c) eine Transaktion, durch die dem erworbenen Unternehmen oder dessen ehemaligen Eigentümern die mit dem Unternehmenszusammenschluss verbundenen Kosten des Erwerbers erstattet werden.

In den Paragraphen B50–B62 sind die entsprechenden Anwendungsleitlinien dargestellt.

Mit dem Unternehmenszusammenschluss verbundene Kosten

53 Mit dem Unternehmenszusammenschluss verbundene Kosten sind Kosten, die der Erwerber für die Durchführung eines Unternehmenszusammenschlusses eingeht. Diese Kosten umfassen Vermittlerprovisionen, Beratungs-, Anwalts-, Wirtschaftsprüfungs-, Bewertungs- und sonstige Fachberatungsgebühren, allgemeine Verwaltungskosten, einschließlich der Kosten für die Erhaltung einer internen Akquisitionsabteilung, sowie Kosten für die Registrierung und Emission von Schuldtiteln und Aktienpapieren. Der Erwerber hat die mit dem Unternehmenszusammenschluss verbundenen Kosten als Aufwand in den Perioden zu bilanzieren, in denen die Kosten anfallen und die Dienste empfangen werden, mit einer Ausnahme: Die Kosten für die Emission von Schuldtiteln oder Aktienpapieren sind gemäß IAS 32 und IAS 39 zu erfassen.

FOLGEBEWERTUNG UND FOLGEBILANZIERUNG

54 Im Allgemeinen hat ein Erwerber die erworbenen Vermögenswerte, die übernommenen oder eingegangenen Schulden sowie die bei einem Unternehmenszusammenschluss ausgegebenen Eigenkapitalinstrumente zu späteren Zeitpunkten gemäß ihrer Art im Einklang mit anderen anwendbaren IFRS zu bewerten und zu bilanzieren. Dieser IFRS sieht jedoch Leitlinien für die Folgebewertung und Folgebilanzierung der folgenden erworbenen Vermögenswerte, übernommenen oder eingegangenen Schulden und der bei einem Unternehmenszusammenschluss ausgegebenen Eigenkapitalinstrumente vor:

(a) zurückerworbene Rechte;

(b) zum Erwerbszeitpunkt angesetzte Eventualverbindlichkeiten;

(c) Vermögenswerte für Entschädigungsleistungen; und

(d) bedingte Gegenleistung.

In Paragraph B63 sind die entsprechenden Anwendungsleitlinien dargestellt.

Zurückerworbene Rechte

55 Ein zurückerworbenes Recht, das als ein immaterieller Vermögenswert angesetzt war, ist über die restliche vertragliche Dauer der Vereinbarung, durch die dieses Recht zugestanden wurde, abzuschreiben. Ein Erwerber, der nachfolgend ein zurückerworbenes Recht an einen Dritten veräußert, hat den Buchwert des immateriellen Vermögenswerts einzubeziehen, wenn er den Gewinn bzw. Verlust aus der Veräußerung ermittelt.

During the measurement period, the acquirer shall recognise adjustments to the provisional amounts as if the accounting for the business combination had been completed at the acquisition date. Thus, the acquirer shall revise comparative information for prior periods presented in financial statements as needed, including making any change in depreciation, amortisation or other income effects recognised in completing the initial accounting. **49**

After the measurement period ends, the acquirer shall revise the accounting for a business combination only to correct an error in accordance with IAS 8 *Accounting Policies, Changes in Accounting Estimates and Errors.* **50**

Determining what is part of the business combination transaction

The acquirer and the acquiree may have a pre-existing relationship or other arrangement before negotiations for the business combination began, or they may enter into an arrangement during the negotiations that is separate from the business combination. In either situation, the acquirer shall identify any amounts that are not part of what the acquirer and the acquiree (or its former owners) exchanged in the business combination, ie amounts that are not part of the exchange for the acquiree. The acquirer shall recognise as part of applying the acquisition method only the consideration transferred for the acquiree and the assets acquired and liabilities assumed in the exchange for the acquiree. Separate transactions shall be accounted for in accordance with the relevant IFRSs. **51**

A transaction entered into by or on behalf of the acquirer or primarily for the benefit of the acquirer or the combined entity, rather than primarily for the benefit of the acquiree (or its former owners) before the combination, is likely to be a separate transaction. The following are examples of separate transactions that are not to be included in applying the acquisition method: **52**
(a) a transaction that in effect settles pre-existing relationships between the acquirer and acquiree;
(b) a transaction that remunerates employees or former owners of the acquiree for future services; and
(c) a transaction that reimburses the acquiree or its former owners for paying the acquirer's acquisition-related costs.
Paragraphs B50—B62 provide related application guidance.

Acquisition-related costs

Acquisition-related costs are costs the acquirer incurs to effect a business combination. Those costs include finder's fees; advisory, legal, accounting, valuation and other professional or consulting fees; general administrative costs, including the costs of maintaining an internal acquisitions department; and costs of registering and issuing debt and equity securities. The acquirer shall account for acquisition-related costs as expenses in the periods in which the costs are incurred and the services are received, with one exception. The costs to issue debt or equity securities shall be recognised in accordance with IAS 32 and IAS 39. **53**

SUBSEQUENT MEASUREMENT AND ACCOUNTING

In general, an acquirer shall subsequently measure and account for assets acquired, liabilities assumed or incurred and equity instruments issued in a business combination in accordance with other applicable IFRSs for those items, depending on their nature. However, this IFRS provides guidance on subsequently measuring and accounting for the following assets acquired, liabilities assumed or incurred and equity instruments issued in a business combination: **54**
(a) **reacquired rights;**
(b) **contingent liabilities recognised as of the acquisition date;**
(c) **indemnification assets; and**
(d) **contingent consideration.**
Paragraph B63 provides related application guidance.

Reacquired rights

A reacquired right recognised as an intangible asset shall be amortised over the remaining contractual period of the contract in which the right was granted. An acquirer that subsequently sells a reacquired right to a third party shall include the carrying amount of the intangible asset in determining the gain or loss on the sale. **55**

Eventualverbindlichkeiten

56 Nach dem erstmaligen Ansatz und bis die Verbindlichkeit beglichen, aufgehoben oder erloschen ist, hat der Erwerber eine bei einem Unternehmenszusammenschluss angesetzte Eventualverbindlichkeit zu dem höheren der nachstehenden Werte zu bestimmen:
    (a) dem Betrag, der gemäß IAS 37 angesetzt werden würde; und
    (b) gegebenenfalls dem erstmalig angesetzten Betrag abzüglich der gemäß IAS 18 *Umsatzerlöse* erfassten kumulativen Abschreibung.
    Diese Anforderungen sind nicht auf Verträge anzuwenden, die gemäß IAS 39 bilanziert werden.

Vermögenswerte für Entschädigungsleistungen

57 Am Ende jeder nachfolgenden Berichtsperiode hat der Erwerber einen Vermögenswert für Entschädigungsleistungen, der zum Erwerbszeitpunkt auf derselben Grundlage wie die ausgeglichene Schuld oder der entschädigte Vermögenswert angesetzt war, vorbehaltlich vertraglicher Einschränkungen hinsichtlich des Betrags zu bestimmen und im Falle eines Vermögenswerts für Entschädigungsleistungen, der nachfolgend nicht mit seinem beizulegenden Zeitwert bewertet wird, erfolgt eine Beurteilung des Managements bezüglich der Einbringbarkeit des Vermögenswerts für Entschädigungsleistungen. Der Erwerber darf den Vermögenswert für Entschädigungsleistungen nur dann ausbuchen, wenn er den Vermögenswert vereinnahmt, veräußert oder anderweitig den Anspruch darauf verliert.

Bedingte Gegenleistung

58 Einige Änderungen des beizulegenden Zeitwerts einer bedingten Gegenleistung, die der Erwerber nach dem Erwerbszeitpunkt erfasst, können auf zusätzliche Informationen zurückzuführen sein, die der Erwerber nach diesem Stichtag über Fakten und Umstände, die zum Erwerbszeitpunkt bereits existierten, erhalten hat. Solche Änderungen sind gemäß den Paragraphen 45–49 Berichtigungen innerhalb des Bewertungszeitraums. Änderungen aufgrund von Ereignissen nach dem Erwerbszeitpunkt, wie die Erreichung eines angestrebten Gewinnziels, eines bestimmten Aktienkurses oder eines Meilensteins bei einem Forschungs- und Entwicklungsprojekts sind jedoch keine Berichtigungen innerhalb des Bewertungszeitraums. Änderungen des beizulegenden Zeitwerts einer bedingten Gegenleistung, die keine Berichtigungen innerhalb des Bewertungszeitraums sind, hat der Erwerber wie folgt zu bilanzieren:
    (a) Eine bedingte Gegenleistung, die als Eigenkapital eingestuft ist, wird nicht neu bewertet und ihre spätere Abgeltung wird im Eigenkapital bilanziert.
    (b) Eine sonstige bedingte Gegenleistung, die
        (i)   in den Anwendungsbereich des IFRS 9 fällt, ist zu jedem Berichtsstichtag zum beizulegenden Zeitwert zu bewerten, und Änderungen des beizulegenden Zeitwerts sind gemäß IFRS 9 ergebniswirksam zu erfassen.
        (ii) nicht in den Anwendungsbereich des IFRS 9 fällt, ist zu jedem Berichtsstichtag zum beizulegenden Zeitwert zu bewerten, und Änderungen des beizulegenden Zeitwerts sind ergebniswirksam zu erfassen.

ANGABEN

59 **Der Erwerber hat Informationen offen zu legen, durch die die Abschlussadressaten die Art und finanziellen Auswirkungen von Unternehmenszusammenschlüssen beurteilen können, die entweder:**
    (a) **während der aktuellen Berichtsperiode; oder**
    (b) **nach dem Ende der Berichtsperiode, jedoch vor der Genehmigung zur Veröffentlichung des Abschlusses erfolgten.**

60 Zur Erfüllung der Zielsetzung des Paragraphen 59 hat der Erwerber die in den Paragraphen B64–B66 dargelegten Angaben zu machen.

61 **Der Erwerber hat Angaben zu machen, durch die die Abschlussadressaten die finanziellen Auswirkungen der in der aktuellen Berichtsperiode erfassten Berichtigungen in Bezug auf Unternehmenszusammenschlüsse, die in dieser Periode oder einer früheren Berichtsperiode stattfanden, beurteilen können.**

62 Zur Erfüllung der Zielsetzung des Paragraphen 61 hat der Erwerber die in Paragraph B67 dargelegten Angaben zu machen.

63 Wenn die von diesem IFRS und anderen IFRS geforderten spezifischen Angaben nicht die in den Paragraphen 59 und 61 dargelegten Zielsetzungen erfüllen, hat der Erwerber alle erforderlichen zusätzlichen Informationen anzugeben, um diese Zielsetzungen zu erreichen.

Contingent liabilities

56 After initial recognition and until the liability is settled, cancelled or expires, the acquirer shall measure a contingent liability recognised in a business combination at the higher of:

(a) the amount that would be recognised in accordance with IAS 37; and

(b) the amount initially recognised less, if appropriate, cumulative amortisation recognised in accordance with IAS 18 *Revenue.*

This requirement does not apply to contracts accounted for in accordance with IAS 39.

Indemnification assets

57 At the end of each subsequent reporting period, the acquirer shall measure an indemnification asset that was recognised at the acquisition date on the same basis as the indemnified liability or asset, subject to any contractual limitations on its amount and, for an indemnification asset that is not subsequently measured at its fair value, management's assessment of the collectibility of the indemnification asset. The acquirer shall derecognise the indemnification asset only when it collects the asset, sells it or otherwise loses the right to it.

Contingent consideration

58 Some changes in the fair value of contingent consideration that the acquirer recognises after the acquisition date may be the result of additional information that the acquirer obtained after that date about facts and circumstances that existed at the acquisition date. Such changes are measurement period adjustments in accordance with paragraphs 45—49. However, changes resulting from events after the acquisition date, such as meeting an earnings target, reaching a specified share price or reaching a milestone on a research and development project, are not measurement period adjustments. The acquirer shall account for changes in the fair value of contingent consideration that are not measurement period adjustments as follows:

(a) Contingent consideration classified as equity shall not be remeasured and its subsequent settlement shall be accounted for within equity.

(b) Other contingent consideration that:

(i) is within the scope of IFRS 9 shall be measured at fair value at each reporting date and changes in fair value shall be recognised in profit or loss in accordance with IFRS 9.

(ii) is not within the scope of IFRS 9 shall be measured at fair value at each reporting date and changes in fair value shall be recognised in profit or loss.

DISCLOSURES

59 The acquirer shall disclose information that enables users of its financial statements to evaluate the nature and financial effect of a business combination that occurs either:

(a) during the current reporting period; or

(b) after the end of the reporting period but before the financial statements are authorised for issue.

60 To meet the objective in paragraph 59, the acquirer shall disclose the information specified in paragraphs B64—B66.

61 The acquirer shall disclose information that enables users of its financial statements to evaluate the financial effects of adjustments recognised in the current reporting period that relate to business combinations that occurred in the period or previous reporting periods.

62 To meet the objective in paragraph 61, the acquirer shall disclose the information specified in paragraph B67.

63 If the specific disclosures required by this and other IFRSs do not meet the objectives set out in paragraphs 59 and 61, the acquirer shall disclose whatever additional information is necessary to meet those objectives.

ZEITPUNKT DES INKRAFTTRETENS UND ÜBERGANGSVORSCHRIFTEN

Zeitpunkt des Inkrafttretens

64 Dieser IFRS ist prospektiv auf Unternehmenszusammenschlüsse anzuwenden, bei denen der Erwerbszeitpunkt zu Beginn der ersten Berichtsperiode des Geschäftsjahres, das am oder nach dem 1. Juli 2009 beginnt, oder danach liegt. Eine frühere Anwendung ist zulässig. Dieser IFRS ist jedoch erstmals nur zu Beginn der Berichtsperiode des am oder nach dem 30. Juni 2007 beginnenden Geschäftsjahres anzuwenden. Wendet ein Unternehmen diesen IFRS vor dem 1. Juli 2009 an, so ist dies anzugeben und gleichzeitig IAS 27 (in der vom International Accounting Standards Board 2008 geänderten Fassung) anzuwenden.

64B Durch die im Mai 2010 veröffentlichten *Verbesserungen an den IFRS* wurden die Paragraphen 19, 30 und B56 geändert und die Paragraphen B62A und B62B eingefügt. Diese Änderungen sind erstmals in der ersten Berichtsperiode eines am oder nach dem 1. Juli 2010 beginnenden Geschäftsjahres anzuwenden. Eine frühere Anwendung ist zulässig. Wendet ein Unternehmen die Änderungen auf eine frühere Periode an, hat es dies anzugeben. Diese Änderungen sollten ab der erstmaligen Anwendung dieses IFRS prospektiv angewandt werden.

64C Durch die im Mai 2010 veröffentlichten *Verbesserungen an den IFRS* wurden die Paragraphen 65A–65E eingefügt. Diese Änderungen sind erstmals in der ersten Berichtsperiode eines am oder nach dem 1. Juli 2010 beginnenden Geschäftsjahres anzuwenden. Eine frühere Anwendung ist zulässig. Wendet ein Unternehmen die Änderungen auf eine frühere Periode an, hat es dies anzugeben. Die Änderungen gelten für die Salden bedingter Gegenleistungen, die aus Unternehmenszusammenschlüssen resultieren, bei denen der Erwerbszeitpunkt vor der Anwendung dieses IFRS (Fassung 2008) liegt.

64E Durch IFRS 10, veröffentlicht im Mai 2011, wurden die Paragraphen 7, B13, B63 (e) und Anhang A geändert. Ein Unternehmen hat die betreffenden Änderungen anzuwenden, wenn es IFRS 10 anwendet.

64F Durch IFRS 13 *Bemessung des beizulegenden Zeitwerts,* veröffentlicht im Mai 2011, wurden die Paragraphen 20, 29, 33, und 47 geändert. Außerdem wurden die Definition des beizulegenden Zeitwerts in Anhang A sowie die Paragraphen B22, B40, B43–B46, B49 und B64 geändert. Ein Unternehmen hat die betreffenden Änderungen anzuwenden, wenn es IFRS 13 anwendet.

64G Mit der im Oktober 2012 veröffentlichten Verlautbarung *Investmentgesellschaften (Investment Entities)* (Änderungen an IFRS 10, IFRS 12 und IAS 27) wurde Paragraph 7 geändert und Paragraph 2A angefügt. Unternehmen haben diese Änderungen auf Geschäftsjahre anzuwenden, die am oder nach dem 1. Januar 2014 beginnen. Eine frühere Anwendung der Verlautbarung *Investmentgesellschaften (Investment Entities)* ist zulässig. Wendet ein Unternehmen diese Änderungen früher an, hat es alle in der Verlautbarung enthaltenen Änderungen gleichzeitig anzuwenden.

64I Mit den im Dezember 2013 veröffentlichten *Jährlichen Verbesserungen an den IFRS, Zyklus 2010–2012,* wurden die Paragraphen 40 und 58 geändert und Paragraph 67A samt zugehöriger Überschrift angefügt. Ein Unternehmen hat diese Änderung prospektiv auf Unternehmenszusammenschlüsse anzuwenden, bei denen der Erwerbszeitpunkt der 1. Juli 2014 oder ein späterer Termin ist. Eine frühere Anwendung ist zulässig. Ein Unternehmen kann die Änderung zu einem früheren Zeitpunkt anwenden, wenn auch IFRS 9 und IAS 37 (jeweils in der durch die *Jährlichen Verbesserungen an den IFRS, Zyklus 2010–2012,* geänderten Fassung) angewandt werden. Wendet ein Unternehmen diese Änderung zu einem früheren Zeitpunkt an, hat es dies anzugeben.

64J Mit den im Dezember 2013 veröffentlichten *Jährlichen Verbesserungen, Zyklus 2011–2013,* wurde Paragraph 2 (a) geändert. Ein Unternehmen hat diese Änderung prospektiv auf Geschäftsjahre anzuwenden, die am oder nach dem 1. Juli 2014 beginnen. Eine frühere Anwendung ist zulässig. Wendet ein Unternehmen die Änderung auf eine frühere Periode an, hat es dies anzugeben.

Übergangsvorschriften

65 Vermögenswerte und Schulden, die aus Unternehmenszusammenschlüssen stammen, deren Erwerbszeitpunkte vor der Anwendung dieses IFRS lagen, sind nicht aufgrund der Anwendung dieses IFRS anzupassen.

65A Salden bedingter Gegenleistungen, die aus Unternehmenszusammenschlüssen resultieren, bei denen der Erwerbszeitpunkt vor dem Datum der erstmaligen Anwendung dieses IFRS (Fassung 2008) liegt, sind bei erstmaliger Anwendung dieses IFRS nicht zu berichtigen. Die Paragraphen 65B–65E sind bei der darauffolgenden Bilanzierung dieser Salden anzuwenden. Die Paragraphen 65B–65E gelten nicht für die Bilanzierung von Salden bedingter Gegenleistungen, die aus Unternehmenszusammenschlüssen resultieren, bei denen der Erwerbszeitpunkt mit dem Zeitpunkt der erstmaligen Anwendung dieses IFRS (Fassung 2008) zusammenfällt oder danach liegt. In den Paragraphen 65B–65E bezeichnet der Begriff Unternehmenszusammenschlüsse ausschließlich Zusammenschlüsse, bei denen der Erwerbszeitpunkt vor der Anwendung dieses IFRS (Fassung 2008) liegt.

EFFECTIVE DATE AND TRANSITION

Effective date

This IFRS shall be applied prospectively to business combinations for which the acquisition date is on or after the begin- **64** ning of the first annual reporting period beginning on or after 1 July 2009. Earlier application is permitted. However, this IFRS shall be applied only at the beginning of an annual reporting period that begins on or after 30 June 2007. If an entity applies this IFRS before 1 July 2009, it shall disclose that fact and apply IAS 27 (as amended by the International Accounting Standards Board in 2008) at the same time.

Improvements to IFRSs issued in May 2010 amended paragraphs 19, 30 and B56 and added paragraphs B62A and B62B. **64B** An entity shall apply those amendments for annual periods beginning on or after 1 July 2010. Earlier application is permitted. If an entity applies the amendments for an earlier period it shall disclose that fact. Application should be prospective from the date when the entity first applied this IFRS.

Paragraphs 65A—65E were added by *Improvements to IFRSs* issued in May 2010. An entity shall apply those amendments **64C** for annual periods beginning on or after 1 July 2010. Earlier application is permitted. If an entity applies the amendments for an earlier period it shall disclose that fact. The amendments shall be applied to contingent consideration balances arising from business combinations with an acquisition date prior to the application of this IFRS, as issued in 2008.

IFRS 10, issued in May 2011, amended paragraphs 7, B13, B63 (e) and Appendix A. An entity shall apply those amend- **64E** ments when it applies IFRS 10.

IFRS 13 *Fair Value Measurement,* issued in May 2011, amended paragraphs 20, 29, 33, 47, amended the definition of fair **64F** value in Appendix A and amended paragraphs B22, B40, B43—B46, B49 and B64. An entity shall apply those amendments when it applies IFRS 13.

Investment Entities (Amendments to IFRS 10, IFRS 12 and IAS 27), issued in October 2012, amended paragraph 7 and **64G** added paragraph 2A. An entity shall apply those amendments for annual periods beginning on or after 1 January 2014. Earlier application of *Investment Entities* is permitted. If an entity applies these amendments earlier it shall also apply all amendments included in *Investment Entities* at the same time.

Annual Improvements to IFRSs 2010—2012 Cycle, issued in December 2013, amended paragraphs 40 and 58 and added **64I** paragraph 67A and its related heading. An entity shall apply that amendment prospectively to business combinations for which the acquisition date is on or after 1 July 2014. Earlier application is permitted. An entity may apply the amendment earlier provided that IFRS 9 and IAS 37 (both as amended by *Annual Improvements to IFRSs 2010—2012 Cycle*) have also been applied. If an entity applies that amendment earlier it shall disclose that fact.

Annual Improvements Cycle 2011–2013 issued in December 2013 amended paragraph 2 (a). An entity shall apply that **64J** amendment prospectively for annual periods beginning on or after 1 July 2014. Earlier application is permitted. If an entity applies that amendment for an earlier period it shall disclose that fact.

Transition

Assets and liabilities that arose from business combinations whose acquisition dates preceded the application of this IFRS **65** shall not be adjusted upon application of this IFRS.

Contingent consideration balances arising from business combinations whose acquisition dates preceded the date when **65A** an entity first applied this IFRS as issued in 2008 shall not be adjusted upon first application of this IFRS. Paragraphs 65B—65E shall be applied in the subsequent accounting for those balances. Paragraphs 65B—65E shall not apply to the accounting for contingent consideration balances arising from business combinations with acquisition dates on or after the date when the entity first applied this IFRS as issued in 2008. In paragraphs 65B—65E business combination refers exclusively to business combinations whose acquisition date preceded the application of this IFRS as issued in 2008.

65B Sieht eine Vereinbarung über einen Unternehmenszusammenschluss vor, dass die Kosten des Zusammenschlusses in Abhängigkeit von künftigen Ereignissen berichtigt werden, so hat der Erwerber für den Fall, dass eine solche Berichtigung wahrscheinlich ist und sich verlässlich ermitteln lässt, den Betrag dieser Berichtigung in den Kosten des Zusammenschlusses zu berücksichtigen.

65C Eine Vereinbarung über einen Unternehmenszusammenschluss kann vorsehen, dass die Kosten des Zusammenschlusses in Abhängigkeit von einem oder mehreren künftigen Ereignissen berichtigt werden dürfen. So könnte die Berichtigung beispielsweise davon abhängen, ob in künftigen Perioden eine bestimmte Gewinnhöhe gehalten oder erreicht wird oder der Marktpreis der emittierten Instrumente stabil bleibt. Trotz einer gewissen Unsicherheit kann der Betrag einer solchen Berichtigung normalerweise bei erstmaliger Bilanzierung des Zusammenschlusses geschätzt werden, ohne die Verlässlichkeit der Information zu beeinträchtigen. Treten die künftigen Ereignisse nicht ein oder muss die Schätzung korrigiert werden, sind die Kosten des Unternehmenszusammenschlusses entsprechend zu berichtigen.

65D Auch wenn eine Vereinbarung über einen Unternehmenszusammenschluss eine solche Berichtigung vorsieht, wird sie bei erstmaliger Bilanzierung des Zusammenschlusses nicht in den Kosten des Zusammenschlusses berücksichtigt, wenn sie nicht wahrscheinlich ist oder nicht verlässlich bewertet werden kann. Wird die Berichtigung in der Folge wahrscheinlich und verlässlich bewertbar, ist die zusätzliche Gegenleistung als Berichtigung der Kosten des Zusammenschlusses zu behandeln.

65E Wenn bei den vom Erwerber im Austausch für die Beherrschung des erworbenen Unternehmens übertragenen Vermögenswerten, emittierten Eigenkapitalinstrumenten oder eingegangenen bzw. übernommenen Schulden ein Wertverlust eintritt, kann der Erwerber unter bestimmten Umständen zu einer Nachzahlung an den Verkäufer gezwungen sein. Dies ist beispielsweise der Fall, wenn der Erwerber den Marktpreis von Eigenkapital- oder Schuldinstrumenten garantiert, die als Teil der Kosten des Unternehmenszusammenschlusses emittiert wurden, und zur Erreichung der ursprünglich bestimmten Kosten zusätzliche Eigenkapital- oder Schuldinstrumente emittieren muss. In einem solchen Fall werden für den Unternehmenszusammenschluss keine Mehrkosten ausgewiesen. Bei Eigenkapitalinstrumenten wird der beizulegende Zeitwert der Nachzahlung durch eine Herabsetzung des den ursprünglich emittierten Instrumenten zugeschriebenen Werts in gleicher Höhe ausgeglichen. Bei Schuldinstrumenten wird die Nachzahlung als Herabsetzung des Aufschlags bzw. als Heraufsetzung des Abschlags auf die ursprüngliche Emission betrachtet.

66 Ein Unternehmen, wie beispielsweise ein Gegenseitigkeitsunternehmen, das IFRS 3 noch nicht angewendet hat, und das einen oder mehrere Unternehmenszusammenschlüsse hatte, die mittels der Erwerbsmethode bilanziert wurden, hat die Übergangvorschriften in den Paragraphen B68 und B69 anzuwenden.

Ertragsteuern

67 Bei Unternehmenszusammenschlüssen, deren Erwerbszeitpunkt vor Anwendung dieses IFRS lag, hat der Erwerber die Vorschriften in Paragraph 68 des IAS 12 (geändert durch diesen IFRS) prospektiv anzuwenden. D.h. der Erwerber darf bei der Bilanzierung früherer Unternehmenszusammenschlüsse zuvor erfasste Änderungen der angesetzten latenten Steueransprüche nicht anpassen. Von dem Zeitpunkt der Anwendung dieses IFRS an hat der Erwerber jedoch Änderungen der angesetzten latenten Steueransprüche als Anpassung im Gewinn oder Verlust (oder nicht im Gewinn oder Verlust, falls IAS 12 dies verlangt) zu erfassen.

VERWEIS AUF IFRS 9

67A Wendet ein Unternehmen diesen Standard, aber noch nicht IFRS 9 an, so ist jeder Verweis auf IFRS 9 als Verweis auf IAS 39 zu verstehen.

RÜCKNAHME VON IFRS 3 (2004)

68 Dieser IFRS ersetzt IFRS 3 *Unternehmenszusammenschlüsse* (herausgegeben 2004).

If a business combination agreement provides for an adjustment to the cost of the combination contingent on future events, the acquirer shall include the amount of that adjustment in the cost of the combination at the acquisition date if the adjustment is probable and can be measured reliably. **65B**

A business combination agreement may allow for adjustments to the cost of the combination that are contingent on one or more future events. The adjustment might, for example, be contingent on a specified level of profit being maintained or achieved in future periods, or on the market price of the instruments issued being maintained. It is usually possible to estimate the amount of any such adjustment at the time of initially accounting for the combination without impairing the reliability of the information, even though some uncertainty exists. If the future events do not occur or the estimate needs to be revised, the cost of the business combination shall be adjusted accordingly. **65C**

However, when a business combination agreement provides for such an adjustment, that adjustment is not included in the cost of the combination at the time of initially accounting for the combination if it either is not probable or cannot be measured reliably. If that adjustment subsequently becomes probable and can be measured reliably, the additional consideration shall be treated as an adjustment to the cost of the combination. **65D**

In some circumstances, the acquirer may be required to make a subsequent payment to the seller as compensation for a reduction in the value of the assets given, equity instruments issued or liabilities incurred or assumed by the acquirer in exchange for control of the acquiree. This is the case, for example, when the acquirer guarantees the market price of equity or debt instruments issued as part of the cost of the business combination and is required to issue additional equity or debt instruments to restore the originally determined cost. In such cases, no increase in the cost of the business combination is recognised. In the case of equity instruments, the fair value of the additional payment is offset by an equal reduction in the value attributed to the instruments initially issued. In the case of debt instruments, the additional payment is regarded as a reduction in the premium or an increase in the discount on the initial issue. **65E**

An entity, such as a mutual entity, that has not yet applied IFRS 3 and had one or more business combinations that were accounted for using the purchase method shall apply the transition provisions in paragraphs B68 and B69. **66**

Income taxes

For business combinations in which the acquisition date was before this IFRS is applied, the acquirer shall apply the requirements of paragraph 68 of IAS 12, as amended by this IFRS, prospectively. That is to say, the acquirer shall not adjust the accounting for prior business combinations for previously recognised changes in recognised deferred tax assets. However, from the date when this IFRS is applied, the acquirer shall recognise, as an adjustment to profit or loss (or, if IAS 12 requires, outside profit or loss), changes in recognised deferred tax assets. **67**

REFERENCE TO IFRS 9

If an entity applies this Standard but does not yet apply IFRS 9, any reference to IFRS 9 should be read as a reference to IAS 39. **67A**

WITHDRAWAL OF IFRS 3 (2004)

This IFRS supersedes IFRS 3 *Business Combinations* (as issued in 2004). **68**

Anhang A

Definitionen

Dieser Anhang ist integraler Bestandteil des IFRS.

Erworbenes Unternehmen	Der Geschäftsbetrieb oder die Geschäftsbetriebe, über die der **Erwerber** bei einem **Unternehmenszusammenschluss** die Beherrschung erlangt.
Erwerber	Das Unternehmen, das die Beherrschung über das **erworbene Unternehmen** erlangt.
Erwerbszeitpunkt	Der Zeitpunkt, an dem der **Erwerber** die Beherrschung über das **erworbene Unternehmen** erhält.
Geschäftsbetrieb	Eine integrierte Gruppe von Tätigkeiten und Vermögenswerten, die mit dem Ziel geführt und geleitet werden kann, Erträge zu erwirtschaften, die in Form von Dividenden, niedrigeren Kosten oder sonstigem wirtschaftlichem Nutzen direkt den Anteilseignern oder anderen Eigentümern, Gesellschaftern oder Teilnehmern zugehen.
Unternehmenszusammenschluss	Eine Transaktion oder ein anderes Ereignis, durch die/das ein **Erwerber** die Beherrschung über einen **Geschäftsbetrieb** oder mehrere **Geschäftsbetriebe** erlangt. Transaktionen, die manchmal als „wahre Fusionen" oder „Fusionen unter Gleichen" bezeichnet werden, stellen auch **Unternehmenszusammenschlüsse** im Sinne dieses in diesem IFRS verwendeten Begriffs dar.
Bedingte Gegenleistung	Im Allgemeinen handelt es sich dabei um eine Verpflichtung des **Erwerbers,** zusätzliche Vermögenswerte oder **Eigenkapitalanteile** den ehemaligen Eigentümern eines **erworbenen Unternehmens** als Teil des Austauschs für die Beherrschung des **erworbenen Unternehmens** zu übertragen, wenn bestimmte künftige Ereignisse auftreten oder Bedingungen erfüllt werden. Eine bedingte Gegenleistung kann dem **Erwerber** jedoch auch das Recht auf Rückgabe der zuvor übertragenen Gegenleistung einräumen, falls bestimmte Bedingungen erfüllt werden.
Eigenkapitalanteile	Im Sinne dieses IFRS wird der Begriff *Eigenkapitalanteile* allgemein benutzt und steht für Eigentumsanteile von Unternehmen im Besitz der Anleger sowie für Anteile von Eigentümern, Gesellschaftern oder Teilnehmern an **Gegenseitigkeitsunternehmen.**
beizulegender Zeitwert	Der *beizulegende Zeitwert* ist der Preis, der in einem geordneten Geschäftsvorfall zwischen Marktteilnehmern am Bemessungsstichtag für den Verkauf eines Vermögenswerts eingenommen bzw. für die Übertragung einer Schuld gezahlt würde. (Siehe IFRS 13.)
Geschäfts- oder Firmenwert	Ein Vermögenswert, der künftigen wirtschaftlichen Nutzen aus anderen bei einem **Unternehmenszusammenschluss** erworbenen Vermögenswerten darstellt, die nicht einzeln identifiziert und separat angesetzt werden.
identifizierbar	Ein Vermögenswert ist *identifizierbar,* wenn:
	(a) er separierbar ist, d. h. er kann vom Unternehmen getrennt und verkauft, übertragen, lizenziert, vermietet oder getauscht werden. Dies kann einzeln oder in Verbindung mit einem Vertrag, einem identifizierbaren Vermögenswert oder einer identifizierbaren Schuld unabhängig davon erfolgen, ob das Unternehmen dies zu tun beabsichtigt; oder
	(b) er aus vertraglichen oder anderen gesetzlichen Rechten entsteht, unabhängig davon ob diese Rechte vom Unternehmen oder von anderen Rechten und Verpflichtungen übertragbar oder separierbar sind.
immaterielle Vermögenswerte	Ein identifizierbarer nicht-monetärer Vermögenswert ohne physische Substanz.
Gegenseitigkeitsunternehmen	Ein Unternehmen, bei dem es sich nicht um ein Unternehmen im Besitz der Anleger handelt, das seinen **Eigentümern,** Gesellschaftern oder Teilnehmern Dividenden, niedrigere Kosten oder sonstigen wirtschaftlichen Nutzen direkt zukommen lässt. Ein Versicherungsverein auf Gegenseitigkeit, eine Genossenschaftsbank und ein genossenschaftliches Unternehmen sind beispielsweise Gegenseitigkeitsunternehmen.
Nicht beherrschende Anteile	Das Eigenkapital eines Tochterunternehmens, das einem Mutterunternehmen weder unmittelbar noch mittelbar zugeordnet wird.
Eigentümer	In diesem IFRS wird der Begriff *Eigentümer* allgemein benutzt und steht für Inhaber von **Eigenkapitalanteilen** von Unternehmen im Besitz der Anleger sowie für Eigentümer oder Gesellschafter von oder Teilnehmer an **Gegenseitigkeitsunternehmen.**

Appendix A

Defined terms

This appendix is an integral part of the IFRS.

acquiree	The business or businesses that the **acquirer** obtains control of in a **business combination.**
acquirer	The entity that obtains control of the **acquiree.**
acquisition date	The date on which the **acquirer** obtains control of the **acquiree.**
business	An integrated set of activities and assets that is capable of being conducted and managed for the purpose of providing a return in the form of dividends, lower costs or other economic benefits directly to investors or other owners, members or participants.
business combination	A transaction or other event in which an **acquirer** obtains control of one or more **businesses.** Transactions sometimes referred to as 'true mergers' or 'mergers of equals' are also **business combinations** as that term is used in this IFRS.
contingent consideration	Usually, an obligation of the **acquirer** to transfer additional assets or **equity interests** to the former owners of an **acquiree** as part of the exchange for **control** of the **acquiree** if specified future events occur or conditions are met. However, contingent consideration also may give the **acquirer** the right to the return of previously transferred consideration if specified conditions are met.
equity interests	For the purposes of this IFRS, *equity interests* is used broadly to mean ownership interests of investor-owned entities and owner, member or participant interests of **mutual entities.**
fair value	*Fair value* is the price that would be received to sell an asset or paid to transfer a liability in an orderly transaction between market participants at the measurement date. (See IFRS 13.)
goodwill	An asset representing the future economic benefits arising from other assets acquired in a **business combination** that are not individually identified and separately recognised.
identifiable	An asset is *identifiable* if it either: (a) is separable, ie capable of being separated or divided from the entity and sold, transferred, licensed, rented or exchanged, either individually or together with a related contract, identifiable asset or liability, regardless of whether the entity intends to do so; or (b) arises from contractual or other legal rights, regardless of whether those rights are transferable or separable from the entity or from other rights and obligations.
intangible asset	An identifiable non-monetary asset without physical substance.
mutual entity	An entity, other than an investor-owned entity, that provides dividends, lower costs or other economic benefits directly to its **owners,** members or participants. For example, a mutual insurance company, a credit union and a cooperative entity are all mutual entities.
non-controlling interest	The equity in a subsidiary not attributable, directly or indirectly, to a parent.
owners	For the purposes of this IFRS, *owners* is used broadly to include holders of **equity interests** of investor-owned entities and owners or members of, or participants in, **mutual entities.**

Anhang B

Anwendungsleitlinien

Dieser Anhang ist integraler Bestandteil des IFRS.

Unternehmenszusammenschlüsse von Unternehmen unter gemeinsamer Beherrschung (Anwendung des Paragraphen 2 (c))

B1 Dieser IFRS ist nicht auf Unternehmenszusammenschlüsse von Unternehmen oder Geschäftsbetrieben unter gemeinsamer Beherrschung anwendbar. Ein Unternehmenszusammenschluss von Unternehmen oder Geschäftsbetrieben unter gemeinsamer Beherrschung ist ein Zusammenschluss, in dem letztlich alle sich zusammenschließenden Unternehmen oder Geschäftsbetriebe von derselben Partei oder denselben Parteien sowohl vor als auch nach dem Unternehmenszusammenschluss beherrscht werden, und diese Beherrschung nicht vorübergehender Natur ist.

B2 Von einer Gruppe von Personen wird angenommen, dass sie ein Unternehmen beherrscht, wenn sie aufgrund vertraglicher Vereinbarungen gemeinsam die Möglichkeit hat, dessen Finanz- und Geschäftspolitik zu bestimmen, um aus dessen Geschäftstätigkeiten Nutzen zu ziehen. Daher ist ein Unternehmenszusammenschluss vom Anwendungsbereich des vorliegenden IFRS ausgenommen, wenn dieselbe Gruppe von Personen aufgrund vertraglicher Vereinbarung die endgültige gemeinsame Möglichkeit hat, die Finanz- und Geschäftspolitik von jedem der sich zusammenschließenden Unternehmen zu bestimmen, um aus deren Geschäftstätigkeiten Nutzen zu ziehen, und wenn diese endgültige gemeinsame Befugnis nicht nur vorübergehender Natur ist.

B3 Die Beherrschung eines Unternehmens kann durch eine Person oder eine Gruppe von Personen, die gemäß einer vertraglichen Vereinbarung gemeinsam handeln, erfolgen, und es ist möglich, dass diese Person bzw. Gruppe von Personen nicht den Rechnungslegungsvorschriften der IFRS unterliegt. Es ist daher für sich zusammenschließende Unternehmen nicht erforderlich, als eine Einheit von Unternehmen unter gemeinsamer Beherrschung betrachtet zu werden, um bei einem Unternehmenszusammenschluss in denselben Konzernabschluss einbezogen zu werden.

B4 Die Höhe der nicht beherrschenden Anteile an jedem der sich zusammenschließenden Unternehmen, vor und nach dem Unternehmenszusammenschluss, ist für die Bestimmung, ob der Zusammenschluss Unternehmen unter gemeinsamer Beherrschung umfasst, nicht relevant. Analog ist die Tatsache, dass eines der sich zusammenschließenden Unternehmen ein nicht in den Konzernabschluss einbezogenes Tochterunternehmen ist, für die Bestimmung, ob ein Zusammenschluss Unternehmen unter gemeinsamer Beherrschung einschließt, auch nicht relevant.

Identifizierung eines Unternehmenszusammenschlusses (Anwendung des Paragraphen 3)

B5 Dieser IFRS definiert einen Unternehmenszusammenschluss als eine Transaktion oder ein anderes Ereignis, durch die/ das ein Erwerber die Beherrschung über einen oder mehrere Geschäftsbetriebe erlangt. Ein Erwerber kann auf verschiedene Arten die Beherrschung eines erworbenen Unternehmens erlangen, zum Beispiel:
(a) durch Übertragung von Zahlungsmitteln, Zahlungsmitteläquivalenten oder sonstigen Vermögenswerten (einschließlich Nettovermögenswerte, die einen Geschäftsbetrieb darstellen);
(b) durch Eingehen von Schulden;
(c) durch Ausgabe von Eigenkapitalanteilen;
(d) durch Bereitstellung von mehr als einer Art von Gegenleistung; oder
(e) ohne Übertragung einer Gegenleistung, einzig und allein durch einen Vertrag (siehe Paragraph 43).

B6 Ein Unternehmenszusammenschluss kann auf unterschiedliche Arten aufgrund rechtlicher, steuerlicher oder anderer Motive vorgenommen werden. Darunter fällt u. a.:
(a) ein oder mehrere Geschäftsbetriebe werden zu Tochterunternehmen des Erwerbers oder das Nettovermögen eines oder mehrerer Geschäftsbetriebe wird rechtmäßig mit dem Erwerber zusammengelegt;
(b) ein sich zusammenschließendes Unternehmen überträgt sein Nettovermögen bzw. seine Eigentümer übertragen ihre Eigenkapitalanteile an ein anderes sich zusammenschließendes Unternehmen bzw. seine Eigentümer;
(c) alle sich zusammenschließenden Unternehmen übertragen ihre Nettovermögen bzw. die Eigentümer dieser Unternehmen übertragen ihre Eigenkapitalanteile auf ein neu gegründetes Unternehmen (manchmal als „Zusammenlegungs-Transaktion" bezeichnet); oder
(d) eine Gruppe ehemaliger Eigentümer einer der sich zusammenschließenden Unternehmen übernimmt die Beherrschung des zusammengeschlossenen Unternehmens.

Definition eines Geschäftsbetriebs (Anwendung des Paragraphen 3)

B7 Ein Geschäftsbetrieb besteht aus Ressourceneinsatz und darauf anzuwendende Verfahren, die Leistungen erbringen können. Auch wenn Geschäftsbetriebe im Allgemeinen Leistungen erbringen, sind Leistungen nicht erforderlich, damit eine integrierte Gruppe die Kriterien eines Geschäftsbetriebs erfüllt. Die drei Elemente eines Geschäftsbetriebs lassen sich wie folgt definieren:

Appendix B
Application guidance

This appendix is an integral part of the IFRS.

Business combinations of entities under common control (application of Paragraph 2 (c))

This IFRS does not apply to a business combination of entities or businesses under common control. A business combination involving entities or businesses under common control is a business combination in which all of the combining entities or businesses are ultimately controlled by the same party or parties both before and after the business combination, and that control is not transitory. **B1**

A group of individuals shall be regarded as controlling an entity when, as a result of contractual arrangements, they collectively have the power to govern its financial and operating policies so as to obtain benefits from its activities. Therefore, a business combination is outside the scope of this IFRS when the same group of individuals has, as a result of contractual arrangements, ultimate collective power to govern the financial and operating policies of each of the combining entities so as to obtain benefits from their activities, and that ultimate collective power is not transitory. **B2**

An entity may be controlled by an individual or by a group of individuals acting together under a contractual arrangement, and that individual or group of individuals may not be subject to the financial reporting requirements of IFRSs. Therefore, it is not necessary for combining entities to be included as part of the same consolidated financial statements for a business combination to be regarded as one involving entities under common control. **B3**

The extent of non-controlling interests in each of the combining entities before and after the business combination is not relevant to determining whether the combination involves entities under common control. Similarly, the fact that one of the combining entities is a subsidiary that has been excluded from the consolidated financial statements is not relevant to determining whether a combination involves entities under common control. **B4**

Identifying a business combination (application of paragraph 3)

This IFRS defines a business combination as a transaction or other event in which an acquirer obtains control of one or more businesses. An acquirer might obtain control of an acquiree in a variety of ways, for example: **B5**
(a) by transferring cash, cash equivalents or other assets (including net assets that constitute a business);
(b) by incurring liabilities;
(c) by issuing equity interests;
(d) by providing more than one type of consideration; or
(e) without transferring consideration, including by contract alone (see paragraph 43).

A business combination may be structured in a variety of ways for legal, taxation or other reasons, which include but are not limited to: **B6**
(a) one or more businesses become subsidiaries of an acquirer or the net assets of one or more businesses are legally merged into the acquirer;
(b) one combining entity transfers its net assets, or its owners transfer their equity interests, to another combining entity or its owners;
(c) all of the combining entities transfer their net assets, or the owners of those entities transfer their equity interests, to a newly formed entity (sometimes referred to as a roll-up or put-together transaction); or
(d) a group of former owners of one of the combining entities obtains control of the combined entity.

Definition of a business (application of paragraph 3)

A business consists of inputs and processes applied to those inputs that have the ability to create outputs. Although businesses usually have outputs, outputs are not required for an integrated set to qualify as a business. The three elements of a business are defined as follows: **B7**

(a) **Ressourceneinsatz:** Jede wirtschaftliche Ressource, die Leistungen erbringt oder erbringen kann, wenn ein oder mehrere Verfahren darauf angewendet werden. Beispiele hierfür sind langfristige Vermögenswerte (einschließlich immaterielle Vermögenswerte oder Rechte zur Benutzung langfristiger Vermögenswerte), geistiges Eigentum, die Fähigkeit, Zugriff auf erforderliche Materialien oder Rechte und Mitarbeiter zu erhalten.

(b) **Verfahren:** Alle Systeme, Standards, Protokolle, Konventionen oder Regeln, die bei Anwendung auf einen Ressourceneinsatz oder auf Ressourceneinsätze Leistungen erzeugen oder erzeugen können. Beispiele hierfür sind strategische Managementprozesse, Betriebsverfahren und Ressourcenmanagementprozesse. Diese Verfahren sind in der Regel dokumentiert. Eine organisierte Belegschaft mit den notwendigen Fähigkeiten und Erfahrungen, die den Regeln und Konventionen folgt, kann jedoch die erforderlichen Verfahren bereitstellen, die auf Ressourceneinsätze zur Erzeugung von Leistungen angewendet werden können. (Buchhaltung, Rechnungsstellung, Lohn- und Gehaltsabrechnung und andere Verwaltungssysteme gehören typischerweise nicht zu den Verfahren, die zur Schaffung von Leistungen benutzt werden.)

(c) **Leistung:** Das Ergebnis von Ressourceneinsatz und darauf angewendete Verfahren, das Erträge erwirtschaftet oder erwirtschaften kann, die in Form von Dividenden, niedrigeren Kosten oder sonstigem wirtschaftlichen Nutzen direkt den Anteilseignern oder anderen Eigentümern, Gesellschaftern oder Teilnehmern zugehen.

B8 Um im Sinne des definierten Ziels geführt und geleitet werden zu können, benötigt eine integrierte Gruppe von Tätigkeiten und Vermögenswerten zwei wesentliche Elemente – Ressourceneinsatz und darauf anzuwendende Verfahren, die zusammen gegenwärtig oder künftig verwendet werden, um Leistungen zu erzeugen. Ein Geschäftsbetrieb braucht jedoch nicht jeden Ressourceneinsatz oder jedes Verfahren einzubeziehen, die der Verkäufer für den Geschäftsbetrieb verwendete, wenn Marktteilnehmer den Geschäftsbetrieb erwerben und Leistungen produzieren können, indem sie beispielsweise diesen Geschäftsbetrieb in ihren eigenen Ressourceneinsatz und ihre eigenen Verfahren integrieren.

B9 Die Art der Elemente eines Geschäftsbetriebs unterscheidet sich von Branche zu Branche sowie aufgrund der Struktur der Geschäftsbereiche (Tätigkeiten) eines Unternehmens, einschließlich der Phase der Unternehmensentwicklung. Gut eingeführte Geschäftsbetriebe haben oft viele verschiedene Arten von Ressourceneinsätzen, Verfahren und Leistungen, wobei neue Geschäftsbetriebe häufig wenige Ressourceneinsätze und Verfahren und manchmal nur eine einzige Leistung (Produkt) haben. Fast alle Geschäftsbetriebe haben auch Schulden, aber ein Geschäftsbetrieb braucht keine Schulden zu haben.

B10 Es kann sein, dass eine integrierte Gruppe von Tätigkeiten und Vermögenswerten in der Aufbauphase keine Leistungen erzeugt. Wenn dem so ist, hat der Erwerber bei der Ermittlung, ob es sich bei dieser Gruppe um einen Geschäftsbetrieb handelt, andere Faktoren zu berücksichtigen. Diese Faktoren umfassen u. a., ob die Gruppe:

(a) mit der Planung der Haupttätigkeiten begonnen hat;

(b) Mitarbeiter, geistiges Eigentum und sonstigen Ressourceneinsatz sowie Verfahren hat, die auf jenen Ressourceneinsatz angewendet werden könnten;

(c) einen Plan verfolgt, um Leistungen zu erzeugen; und

(d) auf Kunden zugreifen kann, die diese Leistungen kaufen werden.

Nicht alle dieser Faktoren müssen für eine einzelne integrierte Gruppe von Tätigkeiten und Vermögenswerten in der Aufbauphase erfüllt werden, damit sie als Geschäftsbetrieb eingestuft wird.

B11 Die Ermittlung, ob eine einzelne Gruppe von Vermögenswerten und Tätigkeiten ein Geschäftsbetrieb ist, sollte darauf basieren, ob die integrierte Gruppe von einem Marktteilnehmer wie ein Geschäftsbetrieb geführt und geleitet werden kann. Somit ist es bei der Beurteilung, ob eine einzelne Gruppe ein Geschäftsbetrieb ist, nicht relevant, ob ein Verkäufer die Gruppe als einen Geschäftsbetrieb geführt hat oder ob der Erwerber beabsichtigt, sie als Geschäftsbetrieb zu führen.

B12 Sofern kein gegenteiliger Hinweis vorliegt, ist von der Annahme auszugehen, dass eine einzelne Gruppe von Vermögenswerten und Tätigkeiten, in der es einen Geschäfts- oder Firmenwert gibt, ein Geschäftsbetrieb ist. Ein Geschäftsbetrieb muss jedoch keinen Geschäfts- oder Firmenwert haben.

Identifizierung des Erwerbers (Anwendung der Paragraphen 6 und 7)

B13 Die Leitlinie in IFRS 10 *Konzernabschlüsse* ist für die Identifizierung des Erwerbers, d. h. des Unternehmens, das die Beherrschung über das erworbene Unternehmen übernimmt, anzuwenden. Wenn ein Unternehmenszusammenschluss stattfand und mithilfe der Leitlinien in IFRS 10 jedoch nicht eindeutig bestimmt werden kann, welche der sich zusammenschließenden Unternehmen der Erwerber ist, sind für diese Feststellung die Faktoren in den Paragraphen B14–B18 zu berücksichtigen.

B14 Bei einem Unternehmenszusammenschluss, der primär durch die Übertragung von Zahlungsmitteln oder sonstigen Vermögenswerten oder durch das Eingehen von Schulden getätigt wurde, ist der Erwerber im Allgemeinen das Unternehmen, das die Zahlungsmittel oder sonstigen Vermögenswerte überträgt oder die Schulden eingeht.

B15 Bei einem Unternehmenszusammenschluss, der primär durch den Austausch von Eigenkapitalanteilen getätigt wurde, ist der Erwerber in der Regel das Unternehmen, das seine Eigenkapitalanteile ausgibt. Bei einigen Unternehmenszusammenschlüssen, die allgemein „umgekehrter Unternehmenserwerb" genannt werden, ist das emittierende Unternehmen das erwor-

(a) **Input:** Any economic resource that creates, or has the ability to create, outputs when one or more processes are applied to it. Examples include non-current assets (including intangible assets or rights to use non-current assets), intellectual property, the ability to obtain access to necessary materials or rights and employees.

(b) **Process:** Any system, standard, protocol, convention or rule that when applied to an input or inputs, creates or has the ability to create outputs. Examples include strategic management processes, operational processes and resource management processes. These processes typically are documented, but an organised workforce having the necessary skills and experience following rules and conventions may provide the necessary processes that are capable of being applied to inputs to create outputs. (Accounting, billing, payroll and other administrative systems typically are not processes used to create outputs.)

(c) **Output:** The result of inputs and processes applied to those inputs that provide or have the ability to provide a return in the form of dividends, lower costs or other economic benefits directly to investors or other owners, members or participants.

To be capable of being conducted and managed for the purposes defined, an integrated set of activities and assets requires **B8** two essential elements—inputs and processes applied to those inputs, which together are or will be used to create outputs. However, a business need not include all of the inputs or processes that the seller used in operating that business if market participants are capable of acquiring the business and continuing to produce outputs, for example, by integrating the business with their own inputs and processes.

The nature of the elements of a business varies by industry and by the structure of an entity's operations (activities), **B9** including the entity's stage of development. Established businesses often have many different types of inputs, processes and outputs, whereas new businesses often have few inputs and processes and sometimes only a single output (product). Nearly all businesses also have liabilities, but a business need not have liabilities.

An integrated set of activities and assets in the development stage might not have outputs. If not, the acquirer should **B10** consider other factors to determine whether the set is a business. Those factors include, but are not limited to, whether the set:

(a) has begun planned principal activities;

(b) has employees, intellectual property and other inputs and processes that could be applied to those inputs;

(c) is pursuing a plan to produce outputs; and

(d) will be able to obtain access to customers that will purchase the outputs.

Not all of those factors need to be present for a particular integrated set of activities and assets in the development stage to qualify as a business.

Determining whether a particular set of assets and activities is a business should be based on whether the integrated set is **B11** capable of being conducted and managed as a business by a market participant. Thus, in evaluating whether a particular set is a business, it is not relevant whether a seller operated the set as a business or whether the acquirer intends to operate the set as a business.

In the absence of evidence to the contrary, a particular set of assets and activities in which goodwill is present shall be **B12** presumed to be a business. However, a business need not have goodwill.

Identifying the acquirer (application of paragraphs 6 and 7)

The guidance in IFRS 10 *Consolidated Financial Statements* shall be used to identify the acquirer—the entity that obtains **B13** control of the acquiree. If a business combination has occurred but applying the guidance in IFRS 10 does not clearly indicate which of the combining entities is the acquirer, the factors in paragraphs B14—B18 shall be considered in making that determination.

In a business combination effected primarily by transferring cash or other assets or by incurring liabilities, the acquirer is **B14** usually the entity that transfers the cash or other assets or incurs the liabilities.

In a business combination effected primarily by exchanging equity interests, the acquirer is usually the entity that issues **B15** its equity interests. However, in some business combinations, commonly called 'reverse acquisitions' the issuing entity is the acquiree. Paragraphs B19—B27 provide guidance on accounting for reverse acquisitions. Other pertinent facts and

bene Unternehmen. Die Paragraphen B19–B27 enthalten Leitlinien für die Bilanzierung von umgekehrtem Unternehmenserwerb. Weitere einschlägige Fakten und Umstände sind bei der Identifizierung des Erwerbers bei einem Unternehmenszusammenschluss, der durch den Austausch von Eigenkapitalanteilen getätigt wurde, zu berücksichtigen. Dazu gehören:

(a) *die relativen Stimmrechte an dem zusammengeschlossenen Unternehmen nach dem Unternehmenszusammenschluss* – Der Erwerber ist im Allgemeinen das sich zusammenschließende Unternehmen, dessen Eigentümer als eine Gruppe den größten Anteil der Stimmrechte an dem zusammengeschlossenen Unternehmen behalten oder erhalten. Bei der Ermittlung, welche Gruppe von Eigentümern den größten Anteil an Stimmrechten behält oder erhält, hat ein Unternehmen das Bestehen von ungewöhnlichen oder besonderen Stimmrechtsvereinbarungen und Optionen, Optionsscheinen oder wandelbaren Wertpapieren zu berücksichtigen.

(b) *das Bestehen eines großen Stimmrechtsanteils von Minderheiten an dem zusammengeschlossenen Unternehmen, wenn kein anderer Eigentümer oder keine organisierte Gruppe von Eigentümern einen wesentlichen Stimmrechtsanteil hat* – Der Erwerber ist im Allgemeinen das sich zusammenschließende Unternehmen, dessen alleiniger Eigentümer oder organisierte Gruppe von Eigentümern den größten Stimmrechtsanteil der Minderheiten an dem zusammengeschlossenen Unternehmen hält.

(c) *die Zusammensetzung des Leitungsgremiums des zusammengeschlossenen Unternehmens* – Der Erwerber ist im Allgemeinen das sich zusammenschließende Unternehmen, dessen Eigentümer eine Mehrheit der Mitglieder des Leitungsgremiums des zusammengeschlossenen Unternehmens wählen, ernennen oder abberufen können.

(d) *die Zusammenstellung der Geschäftsleitung des zusammengeschlossenen Unternehmens* – Der Erwerber ist im Allgemeinen das sich zusammenschließende Unternehmen, dessen (bisherige) Geschäftsleitung die Geschäftsleitung des zusammengeschlossenen Unternehmens dominiert.

(e) *die Bedingungen des Austausches von Eigenkapitalanteilen* – Der Erwerber ist im Allgemeinen das sich zusammenschließende Unternehmen, das einen Aufschlag auf den vor dem Zusammenschluss geltenden beizulegenden Zeitwert der Eigenkapitalanteile des/der anderen sich zusammenschließenden Unternehmen(s) zahlt.

B16 Der Erwerber ist im Allgemeinen das sich zusammenschließende Unternehmen, dessen relative Größe (zum Beispiel gemessen in Vermögenswerten, Erlösen oder Gewinnen) wesentlich größer als die relative Größe des/der anderen sich zusammenschließenden Unternehmen(s) ist.

B17 Bei einem Unternehmenszusammenschluss, an dem mehr als zwei Unternehmen beteiligt sind, ist bei der Bestimmung des Erwerbers u. a. zu berücksichtigen, welches der sich zusammenschließenden Unternehmen den Zusammenschluss veranlasst hat und welche relative Größe die sich zusammenschließenden Unternehmen haben.

B18 Ein zur Durchführung eines Unternehmenszusammenschlusses neu gegründetes Unternehmen ist nicht unbedingt der Erwerber. Wird zur Durchführung eines Unternehmenszusammenschlusses ein neues Unternehmen gegründet, um Eigenkapitalanteile auszugeben, ist eines der sich zusammenschließenden Unternehmen, das vor dem Zusammenschluss bestand, unter Anwendung der Leitlinien in den Paragraphen B13–B17 als der Erwerber zu identifizieren. Ein neues Unternehmen, das als Gegenleistung Zahlungsmittel oder sonstige Vermögenswerte überträgt oder Schulden eingeht, kann hingegen der Erwerber sein.

Umgekehrter Unternehmenserwerb

B19 Bei einem umgekehrten Unternehmenserwerb wird das Unternehmen, das Wertpapiere ausgibt (der rechtliche Erwerber) zu Bilanzierungszwecken auf der Grundlage der Leitlinien in den Paragraphen B13–B18 als das erworbene Unternehmen identifiziert. Das Unternehmen, dessen Eigenkapitalanteile erworben wurden (das rechtlich erworbene Unternehmen) muss zu Bilanzierungszwecken der Erwerber sein, damit diese Transaktion als ein umgekehrter Unternehmenserwerb betrachtet wird. Manchmal wird beispielsweise ein umgekehrter Unternehmenserwerb durchgeführt, wenn ein nicht börsennotiertes Unternehmen ein börsennotiertes Unternehmen werden möchte, aber seine Kapitalanteile nicht registrieren lassen möchte. Hierzu veranlasst das nicht börsennotierte Unternehmen, dass ein börsennotiertes Unternehmen seine Eigenkapitalanteile im Austausch gegen die Eigenkapitalanteile des börsennotierten Unternehmens erwirbt. In diesem Beispiel ist das börsennotierte Unternehmen der **rechtliche Erwerber,** da es seine Kapitalanteile emittiert hat, und das nicht börsennotierte Unternehmen ist das **rechtlich erworbene Unternehmen,** da seine Kapitalanteile erworben wurden. Die Anwendung der Leitlinien in den Paragraphen B13–B18 führen indes zur Identifizierung:

(a) des börsennotierten Unternehmens als **erworbenes Unternehmen** für Bilanzierungszwecke (das bilanziell erworbene Unternehmen); und

(b) des nicht börsennotierten Unternehmens als der **Erwerber** für Bilanzierungszwecke (der bilanzielle Erwerber).

Das bilanziell erworbene Unternehmen muss die Definition eines Geschäftsbetriebs erfüllen, damit die Transaktion als umgekehrter Unternehmenserwerb bilanziert werden kann, und alle in diesem IFRS dargelegten Ansatz- und Bewertungsgrundsätze einschließlich der Anforderung, den Geschäfts- oder Firmenwert zu erfassen, sind anzuwenden.

Bestimmung der übertragenen Gegenleistung

B20 Bei einem umgekehrten Unternehmenserwerb gibt der bilanzielle Erwerber in der Regel keine Gegenleistung für das erworbene Unternehmen aus. Stattdessen gibt das bilanziell erworbene Unternehmen in der Regel seine Eigenkapitalanteile an die Eigentümer des bilanziellen Erwerbers aus. Der zum Erwerbszeitpunkt geltende beizulegende Zeitwert der vom bilanziellen Erwerber übertragenen Gegenleistung für seine Anteile am bilanziell erworbenen Unternehmen basiert

circumstances shall also be considered in identifying the acquirer in a business combination effected by exchanging equity interests, including:

(a) *the relative voting rights in the combined entity after the business combination*—The acquirer is usually the combining entity whose owners as a group retain or receive the largest portion of the voting rights in the combined entity. In determining which group of owners retains or receives the largest portion of the voting rights, an entity shall consider the existence of any unusual or special voting arrangements and options, warrants or convertible securities.

(b) *the existence of a large minority voting interest in the combined entity if no other owner or organised group of owners has a significant voting interest*—The acquirer is usually the combining entity whose single owner or organised group of owners holds the largest minority voting interest in the combined entity.

(c) *the composition of the governing body of the combined entity*—The acquirer is usually the combining entity whose owners have the ability to elect or appoint or to remove a majority of the members of the governing body of the combined entity.

(d) *the composition of the senior management of the combined entity*—The acquirer is usually the combining entity whose (former) management dominates the management of the combined entity.

(e) *the terms of the exchange of equity interests*—The acquirer is usually the combining entity that pays a premium over the pre-combination fair value of the equity interests of the other combining entity or entities.

The acquirer is usually the combining entity whose relative size (measured in, for example, assets, revenues or profit) is **B16** significantly greater than that of the other combining entity or entities.

In a business combination involving more than two entities, determining the acquirer shall include a consideration of, **B17** among other things, which of the combining entities initiated the combination, as well as the relative size of the combining entities.

A new entity formed to effect a business combination is not necessarily the acquirer. If a new entity is formed to issue **B18** equity interests to effect a business combination, one of the combining entities that existed before the business combination shall be identified as the acquirer by applying the guidance in paragraphs B13—B17. In contrast, a new entity that transfers cash or other assets or incurs liabilities as consideration may be the acquirer.

Reverse acquisitions

A reverse acquisition occurs when the entity that issues securities (the legal acquirer) is identified as the acquiree for **B19** accounting purposes on the basis of the guidance in paragraphs B13—B18. The entity whose equity interests are acquired (the legal acquiree) must be the acquirer for accounting purposes for the transaction to be considered a reverse acquisition. For example, reverse acquisitions sometimes occur when a private operating entity wants to become a public entity but does not want to register its equity shares. To accomplish that, the private entity will arrange for a public entity to acquire its equity interests in exchange for the equity interests of the public entity. In this example, the public entity is the **legal acquirer** because it issued its equity interests, and the private entity is the **legal acquiree** because its equity interests were acquired. However, application of the guidance in paragraphs B13—B18 results in identifying:

(a) the public entity as the **acquiree** for accounting purposes (the accounting acquiree); and

(b) the private entity as the **acquirer** for accounting purposes (the accounting acquirer).

The accounting acquiree must meet the definition of a business for the transaction to be accounted for as a reverse acquisition, and all of the recognition and measurement principles in this IFRS, including the requirement to recognise goodwill, apply.

Measuring the consideration transferred

In a reverse acquisition, the accounting acquirer usually issues no consideration for the acquiree. Instead, the accounting **B20** acquiree usually issues its equity shares to the owners of the accounting acquirer. Accordingly, the acquisition-date fair value of the consideration transferred by the accounting acquirer for its interest in the accounting acquiree is based on the number of equity interests the legal subsidiary would have had to issue to give the owners of the legal parent the same

demzufolge auf der Anzahl der Eigenkapitalanteile, welche das rechtliche Tochterunternehmen hätte ausgeben müssen, um an die Eigentümer des rechtlichen Mutterunternehmens den gleichen Prozentsatz an Eigenkapitalanteilen an dem aus dem umgekehrten Unternehmenserwerb stammenden zusammengeschlossenen Unternehmen auszugeben. Der beizulegende Zeitwert der Anzahl der Eigenkapitalanteile, der auf diese Weise ermittelt wurde, kann als der beizulegende Zeitwert der im Austausch für das erworbene Unternehmen übertragenen Gegenleistung verwendet werden.

Aufstellung und Darstellung von Konzernabschlüssen

B21 Nach einem umgekehrten Unternehmenserwerb aufgestellte Konzernabschlüsse werden unter dem Namen des rechtlichen Mutterunternehmens (des bilanziell erworbenen Unternehmens) veröffentlicht, jedoch mit einem Vermerk im Anhang, dass es sich hierbei um eine Fortführung des Abschlusses des rechtlichen Tochterunternehmens (des bilanziellen Erwerbers) handelt, und mit einer Anpassung, durch die rückwirkend das rechtliche Eigenkapital des bilanziellen Erwerbers bereinigt wird, um das rechtliche Eigenkapital des bilanziell erworbenen Unternehmens abzubilden. Diese Anpassung ist erforderlich, um das Eigenkapital des rechtlichen Mutterunternehmens (des bilanziell erworbenen Unternehmens) abzubilden. In diesem Konzernabschluss dargestellte Vergleichsinformationen werden ebenfalls rückwirkend angepasst, um das rechtliche Eigenkapital des rechtlichen Mutterunternehmens (des bilanziell erworbenen Unternehmens) widerzuspiegeln.

B22 Da die Konzernabschlüsse eine Fortführung der Abschlüsse des rechtlichen Tochterunternehmens mit Ausnahme der Kapitalstruktur darstellen, zeigen sie:

(a) die Vermögenswerte und Schulden des rechtlichen Tochterunternehmens (des bilanziellen Erwerbers), die zu ihren vor dem Zusammenschluss gültigen Buchwerten angesetzt und bewertet wurden;

(b) die Vermögenswerte und Schulden des rechtlichen Mutterunternehmens (des bilanziell erworbenen Unternehmens), die im Einklang mit diesem IFRS angesetzt und bewertet wurden;

(c) die Gewinnrücklagen und sonstigen Kapitalguthaben des rechtlichen Tochterunternehmens (des bilanziellen Erwerbers) **vor** dem Unternehmenszusammenschluss;

(d) den in den Konzernabschlüssen für ausgegebene Eigenkapitalanteile angesetzten Betrag, der bestimmt wird, indem die ausgegebenen Eigenkapitalanteile des rechtlichen Tochterunternehmens (des bilanziellen Erwerbers), die unmittelbar vor dem Unternehmenszusammenschluss in Umlauf waren, dem beizulegenden Zeitwert des rechtlichen Mutterunternehmens (des bilanziell erworbenen Unternehmens) hinzugerechnet wird. Die Eigenkapitalstruktur (d. h. die Anzahl und Art der ausgegebenen Eigenkapitalanteile) spiegelt jedoch die Eigenkapitalstruktur des rechtlichen Mutterunternehmens (des bilanziell erworbenen Unternehmens) wider und umfasst die Eigenkapitalanteile des rechtlichen Mutterunternehmens, die zur Durchführung des Zusammenschlusses ausgegeben wurden. Dementsprechend wird die Eigenkapitalstruktur des rechtlichen Tochterunternehmens (des bilanziellen Erwerbers) mittels des im Erwerbsvertrag festgelegten Tauschverhältnisses neu ermittelt, um die Anzahl der anlässlich des umgekehrten Unternehmenserwerbs ausgegebenen Anteile des rechtlichen Mutterunternehmens (des bilanziell erworbenen Unternehmens) widerzuspiegeln.

(e) den entsprechenden Anteil der nicht beherrschenden Anteile an den vor dem Zusammenschluss gültigen Buchwerten der Gewinnrücklagen und sonstigen Eigenkapitalanteilen des rechtlichen Tochterunternehmens (des bilanziellen Erwerbers), wie in den Paragraphen B23 und B24 beschrieben.

Nicht beherrschende Anteile

B23 Bei einem umgekehrten Unternehmenserwerb kann es vorkommen, dass Eigentümer des rechtlich erworbenen Unternehmens (des bilanziellen Erwerbers) ihre Eigenkapitalanteile nicht gegen Eigenkapitalanteile des rechtlichen Mutterunternehmens (des bilanziell erworbenen Unternehmens) umtauschen. Diese Eigentümer werden nach dem umgekehrten Unternehmenserwerb als nicht beherrschende Anteile im Konzernabschluss behandelt. Dies ist darauf zurückzuführen, dass die Eigentümer des rechtlich erworbenen Unternehmens, die ihre Eigenkapitalanteile nicht gegen Eigenkapitalanteile des rechtlichen Erwerbers umtauschen, nur an den Ergebnissen und dem Nettovermögen des rechtlich erworbenen Unternehmens beteiligt sind und nicht an den Ergebnissen und dem Nettovermögen des zusammengeschlossenen Unternehmens. Auch wenn der rechtliche Erwerber zu Bilanzierungszwecken das erworbene Unternehmen ist, sind umgekehrt die Eigentümer des rechtlichen Erwerbers an den Ergebnissen und dem Nettovermögen des zusammengeschlossenen Unternehmens beteiligt.

B24 Die Vermögenswerte und Schulden des rechtlich erworbenen Unternehmens werden im Konzernabschluss mit ihren vor dem Zusammenschluss gültigen Buchwerten bewertet und angesetzt (siehe Paragraph B22 (a)). In einem umgekehrten Unternehmenserwerb spiegeln daher die nicht beherrschenden Anteile den entsprechenden Anteil an den vor dem Zusammenschluss gültigen Buchwerten des Nettovermögens des rechtlich erworbenen Unternehmens der nicht beherrschenden Anteilseigner selbst dann wider, wenn die nicht beherrschenden Anteile an anderem Erwerb mit dem beizulegenden Zeitwert zum Erwerbszeitpunkt bestimmt werden.

Ergebnis je Aktie

B25 Wie in Paragraph B22 (d) beschrieben, hat die Eigenkapitalstruktur, die in den nach einem umgekehrten Unternehmenserwerb aufgestellten Konzernabschlüssen erscheint, die Eigenkapitalstruktur des rechtlichen Erwerbers (des bilanziell erworbenen Unternehmens) widerzuspiegeln, einschließlich der Eigenkapitalanteile, die vom rechtlichen Erwerber zur Durchführung des Unternehmenszusammenschlusses ausgegeben wurden.

percentage equity interest in the combined entity that results from the reverse acquisition. The fair value of the number of equity interests calculated in that way can be used as the fair value of consideration transferred in exchange for the acquiree.

Preparation and presentation of consolidated financial statements

Consolidated financial statements prepared following a reverse acquisition are issued under the name of the legal parent (accounting acquiree) but described in the notes as a continuation of the financial statements of the legal subsidiary (accounting acquirer), with one adjustment, which is to adjust retroactively the accounting acquirer's legal capital to reflect the legal capital of the accounting acquiree. That adjustment is required to reflect the capital of the legal parent (the accounting acquiree). Comparative information presented in those consolidated financial statements also is retroactively adjusted to reflect the legal capital of the legal parent (accounting acquiree). **B21**

Because the consolidated financial statements represent the continuation of the financial statements of the legal subsidiary except for its capital structure, the consolidated financial statements reflect: **B22**

(a) the assets and liabilities of the legal subsidiary (the accounting acquirer) recognised and measured at their precombination carrying amounts.

(b) the assets and liabilities of the legal parent (the accounting acquiree) recognised and measured in accordance with this IFRS.

(c) the retained earnings and other equity balances of the legal subsidiary (accounting acquirer) **before** the business combination.

(d) the amount recognised as issued equity interests in the consolidated financial statements determined by adding the issued equity interest of the legal subsidiary (the accounting acquirer) outstanding immediately before the business combination to the fair value of the legal parent (accounting acquiree). However, the equity structure (ie the number and type of equity interests issued) reflects the equity structure of the legal parent (the accounting acquiree), including the equity interests the legal parent issued to effect the combination. Accordingly, the equity structure of the legal subsidiary (the accounting acquirer) is restated using the exchange ratio established in the acquisition agreement to reflect the number of shares of the legal parent (the accounting acquiree) issued in the reverse acquisition.

(e) the non-controlling interest's proportionate share of the legal subsidiary's (accounting acquirer's) pre-combination carrying amounts of retained earnings and other equity interests as discussed in paragraphs B23 and B24.

Non-controlling interest

In a reverse acquisition, some of the owners of the legal acquiree (the accounting acquirer) might not exchange their equity interests for equity interests of the legal parent (the accounting acquiree). Those owners are treated as a non-controlling interest in the consolidated financial statements after the reverse acquisition. That is because the owners of the legal acquiree that do not exchange their equity interests for equity interests of the legal acquirer have an interest in only the results and net assets of the legal acquiree—not in the results and net assets of the combined entity. Conversely, even though the legal acquirer is the acquiree for accounting purposes, the owners of the legal acquirer have an interest in the results and net assets of the combined entity. **B23**

The assets and liabilities of the legal acquiree are measured and recognised in the consolidated financial statements at their pre-combination carrying amounts (see paragraph B22 (a)). Therefore, in a reverse acquisition the non-controlling interest reflects the non-controlling shareholders' proportionate interest in the pre-combination carrying amounts of the legal acquiree's net assets even if the non-controlling interests in other acquisitions are measured at their fair value at the acquisition date. **B24**

Earnings per share

As noted in paragraph B22 (d), the equity structure in the consolidated financial statements following a reverse acquisition reflects the equity structure of the legal acquirer (the accounting acquiree), including the equity interests issued by the legal acquirer to effect the business combination. **B25**

B26 Für die Ermittlung der durchschnittlich gewichteten Anzahl der während der Periode, in der der umgekehrte Unternehmenserwerb erfolgt, ausstehenden Stammaktien (der Nenner bei der Berechnung des Ergebnisses je Aktie):

(a) ist die Anzahl der ausstehenden Stammaktien vom Beginn dieser Periode bis zum Erwerbszeitpunkt auf der Grundlage der durchschnittlich gewichteten Anzahl der in dieser Periode ausstehenden Stammaktien des rechtlich erworbenen Unternehmens (des bilanziellen Erwerbers), die mit dem im Fusionsvertrag angegebenen Tauschverhältnis multipliziert werden, zu berechnen; und

(b) ist die Anzahl der ausstehenden Stammaktien vom Erwerbszeitpunkt bis zum Ende dieser Periode gleich der tatsächlichen Anzahl der ausstehenden Stammaktien des rechtlichen Erwerbers (des bilanziell erworbenen Unternehmens) während dieser Periode.

B27 Das unverwässerte Ergebnis je Aktie ist für jede Vergleichsperiode vor dem Erwerbszeitpunkt, die im Konzernabschluss nach einem umgekehrten Unternehmenserwerb dargestellt wird, zu berechnen, indem:

(a) der den Stammaktionären in der jeweiligen Periode zurechenbare Gewinn oder Verlust des rechtlich erworbenen Unternehmens durch

(b) die historisch durchschnittlich gewichtete Anzahl der ausstehenden Stammaktien des rechtlich erworbenen Unternehmens, die mit dem im Erwerbsvertrag angegebenen Tauschverhältnis multipliziert wird, geteilt wird.

Ansatz besonderer erworbener Vermögenswerte und übernommener Schulden (Anwendung der Paragraphen 10–13)

Operating-Leasingverhältnisse

B28 Der Erwerber hat keine Vermögenswerte oder Schulden, die sich auf Operating-Leasingverhältnisse beziehen, in denen das erworbene Unternehmen der Leasingnehmer ist, anzusetzen, mit Ausnahme der in den Paragraphen B29 und B30 beschriebenen Fälle.

B29 Der Erwerber hat zu bestimmen, ob die Bedingungen jedes Operating-Leasingverhältnisses, in welchem das erworbene Unternehmen der Leasingnehmer ist, vorteilhaft oder nachteilig sind. Der Erwerber hat einen immateriellen Vermögenswert anzusetzen, wenn die Bedingungen des Operating-Leasingverhältnisses vorteilhaft hinsichtlich der Marktbedingungen sind, und eine Schuld anzusetzen, wenn die Bedingungen nachteilig hinsichtlich der Marktbedingungen sind. Der Paragraph B42 enthält Leitlinien zur Bestimmung des beizulegenden Zeitwerts von Vermögenswerten zum Erwerbszeitpunkt, die zu Operating-Leasingverhältnissen gehören, bei denen das erworbene Unternehmen der Leasinggeber ist.

B30 Ein identifizierbarer Vermögenswert kann mit einem Operating-Leasingverhältnis verbunden sein, der durch die Bereitschaft der Marktteilnehmer, einen Preis für das Leasingverhältnis selbst dann zu zahlen, wenn dieser den Marktbedingungen entspricht, belegt werden kann. Ein Leasingverhältnis von Gates an einem Flughafen oder von einer Einzelhandelsfläche in einem erstklassigen Einkaufsviertel kann beispielsweise Zugang zu einem Markt oder zu künftigem wirtschaftlichen Nutzen geben und somit als identifizierbarer immaterieller Vermögenswert, wie zum Beispiel eine Kundenbeziehung eingestuft werden. In dieser Situation hat der Erwerber diese(n) verbundenen immateriellen Vermögenswert(e) gemäß Paragraph B31 anzusetzen.

Immaterielle Vermögenswerte

B31 Der Erwerber hat die in einem Unternehmenszusammenschluss erworbenen immateriellen Vermögenswerte getrennt vom Geschäfts- oder Firmenwert anzusetzen. Ein immaterieller Vermögenswert ist identifizierbar, wenn er entweder das Separierbarkeitskriterium oder das vertragliche/gesetzliche Kriterium erfüllt.

B32 Ein immaterieller Vermögenswert, der das vertragliche/gesetzliche Kriterium erfüllt, ist identifizierbar, wenn der Vermögenswert weder übertragbar noch separierbar von dem erworbenen Unternehmen oder von anderen Rechten und Verpflichtungen ist. Zum Beispiel:

(a) Ein erworbenes Unternehmen mietet eine Produktionsanlage innerhalb eines Operating-Leasingverhältnisses zu Bedingungen, die vorteilhaft in Bezug auf die Marktbedingungen sind. Die Leasingbedingungen verbieten ausdrücklich die Übertragung des Leasinggegenstandes (durch Verkauf oder Subleasing). Der Betrag, zu dem die Leasingbedingungen vorteilhaft sind, verglichen mit den Bedingungen von gegenwärtigen Markttransaktionen für dieselben oder ähnliche Sachverhalte, ist ein immaterieller Vermögenswert, der das vertragliche/gesetzliche Kriterium für einen vom Geschäfts- oder Firmenwert getrennten Ansatz erfüllt, selbst wenn der Erwerber den Leasingvertrag nicht verkaufen oder anderweitig übertragen kann.

(b) Ein erworbenes Unternehmen besitzt und betreibt ein Kernkraftwerk. Die Lizenz zum Betrieb dieses Kernkraftwerks stellt einen immateriellen Vermögenswert dar, der das vertragliche/gesetzliche Kriterium für einen vom Geschäfts- oder Firmenwert getrennten Ansatz selbst dann erfüllt, wenn der Erwerber ihn nicht getrennt von dem erworbenen Kernkraftwerk verkaufen oder übertragen kann. Ein Erwerber kann den beizulegenden Zeitwert der Betriebslizenz und den beizulegenden Zeitwert des Kernkraftwerks als einen einzigen Vermögenswert für die Zwecke der Rechnungslegung ausweisen, wenn die Nutzungsdauern dieser Vermögenswerte ähnlich sind.

In calculating the weighted average number of ordinary shares outstanding (the denominator of the earnings per share calculation) during the period in which the reverse acquisition occurs: **B26**

(a) the number of ordinary shares outstanding from the beginning of that period to the acquisition date shall be computed on the basis of the weighted average number of ordinary shares of the legal acquiree (accounting acquirer) outstanding during the period multiplied by the exchange ratio established in the merger agreement; and

(b) the number of ordinary shares outstanding from the acquisition date to the end of that period shall be the actual number of ordinary shares of the legal acquirer (the accounting acquiree) outstanding during that period.

The basic earnings per share for each comparative period before the acquisition date presented in the consolidated financial statements following a reverse acquisition shall be calculated by dividing: **B27**

(a) the profit or loss of the legal acquiree attributable to ordinary shareholders in each of those periods by

(b) the legal acquiree's historical weighted average number of ordinary shares outstanding multiplied by the exchange ratio established in the acquisition agreement.

Recognising particular assets acquired and liabilities assumed (application of paragraphs 10—13)

Operating leases

The acquirer shall recognise no assets or liabilities related to an operating lease in which the acquiree is the lessee except as required by paragraphs B29 and B30. **B28**

The acquirer shall determine whether the terms of each operating lease in which the acquiree is the lessee are favourable or unfavourable. The acquirer shall recognise an intangible asset if the terms of an operating lease are favourable relative to market terms and a liability if the terms are unfavourable relative to market terms. Paragraph B42 provides guidance on measuring the acquisition-date fair value of assets subject to operating leases in which the acquiree is the lessor. **B29**

An identifiable intangible asset may be associated with an operating lease, which may be evidenced by market participants' willingness to pay a price for the lease even if it is at market terms. For example, a lease of gates at an airport or of retail space in a prime shopping area might provide entry into a market or other future economic benefits that qualify as identifiable intangible assets, for example, as a customer relationship. In that situation, the acquirer shall recognise the associated identifiable intangible asset(s) in accordance with paragraph B31. **B30**

Intangible assets

The acquirer shall recognise, separately from goodwill, the identifiable intangible assets acquired in a business combination. An intangible asset is identifiable if it meets either the separability criterion or the contractual-legal criterion. **B31**

An intangible asset that meets the contractual-legal criterion is identifiable even if the asset is not transferable or separable from the acquiree or from other rights and obligations. For example: **B32**

(a) an acquiree leases a manufacturing facility under an operating lease that has terms that are favourable relative to market terms. The lease terms explicitly prohibit transfer of the lease (through either sale or sublease). The amount by which the lease terms are favourable compared with the terms of current market transactions for the same or similar items is an intangible asset that meets the contractual-legal criterion for recognition separately from goodwill, even though the acquirer cannot sell or otherwise transfer the lease contract.

(b) an acquiree owns and operates a nuclear power plant. The licence to operate that power plant is an intangible asset that meets the contractual-legal criterion for recognition separately from goodwill, even if the acquirer cannot sell or transfer it separately from the acquired power plant. An acquirer may recognise the fair value of the operating licence and the fair value of the power plant as a single asset for financial reporting purposes if the useful lives of those assets are similar.

(c) Ein erworbenes Unternehmen besitzt ein Technologiepatent. Es hat dieses Patent zur exklusiven Verwendung anderen außerhalb des heimischen Marktes in Lizenz gegeben und erhält dafür einen bestimmten Prozentsatz der künftigen ausländischen Erlöse. Sowohl das Technologiepatent als auch die damit verbundene Lizenzvereinbarung erfüllen die vertraglichen/gesetzlichen Kriterien für den vom Geschäfts- oder Firmenwert getrennten Ansatz, selbst wenn das Patent und die damit verbundene Lizenzvereinbarung nicht getrennt voneinander verkauft oder getauscht werden könnten.

B33 Das Separierbarkeitskriterium bedeutet, dass ein erworbener immaterieller Vermögenswert separierbar ist oder vom erworbenen Unternehmen getrennt und somit verkauft, übertragen, lizenziert, vermietet oder getauscht werden kann. Dies kann einzeln oder in Verbindung mit einem Vertrag, einem identifizierbaren Vermögenswert oder einer identifizierbaren Schuld erfolgen. Ein immaterieller Vermögenswert, den der Erwerber verkaufen, lizenzieren oder auf andere Weise gegen einen Wertgegenstand tauschen könnte, erfüllt das Separierbarkeitskriterium selbst dann, wenn der Erwerber nicht beabsichtigt, ihn zu verkaufen, zu lizenzieren oder auf andere Weise zu tauschen. Ein erworbener immaterieller Vermögenswert erfüllt das Separierbarkeitskriterium, wenn es einen substanziellen Hinweis auf eine Tauschtransaktion für diese Art von Vermögenswert oder einen ähnlichen Vermögenswert gibt, selbst wenn diese Transaktionen selten stattfinden und unabhängig davon, ob der Erwerber daran beteiligt ist. Kunden- und Abonnentenlisten werden zum Beispiel häufig lizenziert und erfüllen somit das Separierbarkeitskriterium. Selbst wenn ein erworbenes Unternehmen glaubt, dass seine Kundenlisten von anderen Kundenlisten abweichende Merkmale haben, so bedeutet in der Regel die Tatsache, dass Kundenlisten häufig lizenziert werden, dass die erworbene Kundenliste das Separierbarkeitskriterium erfüllt. Eine bei einem Unternehmenszusammenschluss erworbene Kundenliste würde jedoch dieses Separierbarkeitskriterium nicht erfüllen, wenn durch die Bestimmungen einer Geheimhaltungs- oder anderen Vereinbarung einem Unternehmen untersagt ist, Informationen über Kunden zu verkaufen, zu vermieten oder anderweitig auszutauschen.

B34 Ein immaterieller Vermögenswert, der alleine vom erworbenen oder zusammengeschlossenen Unternehmen nicht separierbar ist, erfüllt das Separierbarkeitskriterium, wenn er in Verbindung mit einem Vertrag, einem identifizierbaren Vermögenswert oder einer identifizierbaren Schuld separierbar ist. Zum Beispiel:
(a) Marktteilnehmer tauschen Verbindlichkeiten aus Einlagen und damit verbundene Einlegerbeziehungen als immaterielle Vermögenswerte in beobachtbaren Tauschgeschäften. Daher hat der Erwerber die Einlegerbeziehungen als immaterielle Vermögenswerte getrennt vom Geschäfts- oder Firmenwert anzusetzen.
(b) Ein erworbenes Unternehmen besitzt ein eingetragenes Warenzeichen und das dokumentierte jedoch nicht patentierte technische Fachwissen zur Herstellung des Markenproduktes. Zur Übertragung des Eigentumsrecht an einem Warenzeichen muss der Eigentümer auch alles andere übertragen, was erforderlich ist, damit der neue Eigentümer ein Produkt herstellen oder einen Service liefern kann, das/der nicht vom Ursprünglichen zu unterscheiden ist. Da das nicht patentierte technische Fachwissen vom erworbenen oder zusammengeschlossenen Unternehmen getrennt und verkauft werden muss, wenn das damit verbundene Warenzeichen verkauft wird, erfüllt es das Separierbarkeitskriterium.

Zurückerworbene Rechte

B35 Im Rahmen eines Unternehmenszusammenschlusses kann ein Erwerber ein Recht, einen oder mehrere bilanzierte oder nicht bilanzierte Vermögenswerte des Erwerbers zu nutzen, zurückerwerben, wenn er dieses zuvor dem erworbenen Unternehmen gewährt hatte. Zu den Beispielen für solche Rechte gehört das Recht, den Handelsnamen des Erwerbers gemäß einem Franchisevertrag zu verwenden, oder das Recht, die Technologie des Erwerbers gemäß einer Technologie-Lizenzvereinbarung zu nutzen. Ein zurückerworbenes Recht ist ein identifizierbarer immaterieller Vermögenswert, den der Erwerber getrennt vom Geschäfts- oder Firmenwert ansetzt. Paragraph 29 enthält eine Leitlinie für die Bewertung eines zurückerworbenen Rechts und Paragraph 55 enthält eine Leitlinie für die nachfolgende Bilanzierung eines zurückerworbenen Rechts.

B36 Wenn die Bedingungen des Vertrags, der Anlass für ein zurückerworbenes Recht ist, vorteilhaft oder nachteilig in Bezug auf laufende Markttransaktionen für dieselben oder ähnliche Sachverhalte sind, hat der Erwerber den Gewinn bzw. Verlust aus der Erfüllung zu erfassen. Paragraph B52 enthält eine Leitlinie für die Bewertung der Gewinne bzw. Verluste aus dieser Erfüllung.

Belegschaft und sonstige Sachverhalte, die nicht identifizierbar sind

B37 Der Erwerber ordnet den Wert eines erworbenen immateriellen Vermögenswerts, der zum Erwerbszeitpunkt nicht identifizierbar ist, dem Geschäfts- oder Firmenwert zu. Ein Erwerber kann beispielsweise dem Bestehen einer Belegschaft – d. h. einer bestehenden Gesamtheit von Mitarbeitern, durch die der Erwerber einen erworbenen Geschäftsbetrieb vom Erwerbszeitpunkt an weiterführen kann – Wert zuweisen. Eine Belegschaft stellt nicht das intellektuelle Kapital des ausgebildeten Personals dar, also das (oft spezialisierte) Wissen und die Erfahrung, welche die Mitarbeiter eines erworbenen Unternehmens mitbringen. Da die Belegschaft kein identifizierbarer Vermögenswert ist, der getrennt vom Geschäfts- oder Firmenwert angesetzt werden kann, ist jeder ihr zuzuschreibender Wert Bestandteil des Geschäfts- oder Firmenwerts.

(c) an acquiree owns a technology patent. It has licensed that patent to others for their exclusive use outside the domestic market, receiving a specified percentage of future foreign revenue in exchange. Both the technology patent and the related licence agreement meet the contractual-legal criterion for recognition separately from goodwill even if selling or exchanging the patent and the related licence agreement separately from one another would not be practical.

The separability criterion means that an acquired intangible asset is capable of being separated or divided from the acquiree and sold, transferred, licensed, rented or exchanged, either individually or together with a related contract, identifiable asset or liability. An intangible asset that the acquirer would be able to sell, license or otherwise exchange for something else of value meets the separability criterion even if the acquirer does not intend to sell, license or otherwise exchange it. An acquired intangible asset meets the separability criterion if there is evidence of exchange transactions for that type of asset or an asset of a similar type, even if those transactions are infrequent and regardless of whether the acquirer is involved in them. For example, customer and subscriber lists are frequently licensed and thus meet the separability criterion. Even if an acquiree believes its customer lists have characteristics different from other customer lists, the fact that customer lists are frequently licensed generally means that the acquired customer list meets the separability criterion. However, a customer list acquired in a business combination would not meet the separability criterion if the terms of confidentiality or other agreements prohibit an entity from selling, leasing or otherwise exchanging information about its customers. **B33**

An intangible asset that is not individually separable from the acquiree or combined entity meets the separability criterion if it is separable in combination with a related contract, identifiable asset or liability. For example: **B34**
(a) market participants exchange deposit liabilities and related depositor relationship intangible assets in observable exchange transactions. Therefore, the acquirer should recognise the depositor relationship intangible asset separately from goodwill.
(b) an acquiree owns a registered trademark and documented but unpatented technical expertise used to manufacture the trademarked product. To transfer ownership of a trademark, the owner is also required to transfer everything else necessary for the new owner to produce a product or service indistinguishable from that produced by the former owner. Because the unpatented technical expertise must be separated from the acquiree or combined entity and sold if the related trademark is sold, it meets the separability criterion.

Reacquired rights

As part of a business combination, an acquirer may reacquire a right that it had previously granted to the acquiree to use one or more of the acquirer's recognised or unrecognised assets. Examples of such rights include a right to use the acquirer's trade name under a franchise agreement or a right to use the acquirer's technology under a technology licensing agreement. A reacquired right is an identifiable intangible asset that the acquirer recognises separately from goodwill. Paragraph 29 provides guidance on measuring a reacquired right and paragraph 55 provides guidance on the subsequent accounting for a reacquired right. **B35**

If the terms of the contract giving rise to a reacquired right are favourable or unfavourable relative to the terms of current market transactions for the same or similar items, the acquirer shall recognise a settlement gain or loss. Paragraph B52 provides guidance for measuring that settlement gain or loss. **B36**

Assembled workforce and other items that are not identifiable

The acquirer subsumes into goodwill the value of an acquired intangible asset that is not identifiable as of the acquisition date. For example, an acquirer may attribute value to the existence of an assembled workforce, which is an existing collection of employees that permits the acquirer to continue to operate an acquired business from the acquisition date. An assembled workforce does not represent the intellectual capital of the skilled workforce—the (often specialised) knowledge and experience that employees of an acquiree bring to their jobs. Because the assembled workforce is not an identifiable asset to be recognised separately from goodwill, any value attributed to it is subsumed into goodwill. **B37**

B38 Der Erwerber bezieht auch jeden Wert, der Posten zuzuordnen ist, die zum Erwerbszeitpunkt nicht als Vermögenswerte eingestuft werden, in den Geschäfts- oder Firmenwert mit hinein. Der Erwerber kann zum Beispiel potenziellen Verträgen, die das erworbene Unternehmen zum Erwerbszeitpunkt mit prospektiven neuen Kunden verhandelt, Wert zuweisen. Da diese potenziellen Verträge zum Erwerbszeitpunkt selbst keine Vermögenswerte sind, setzt der Erwerber sie nicht getrennt vom Geschäfts- oder Firmenwert an. Der Erwerber hat später den Wert dieser Verträge am Geschäfts- oder Firmenwert nicht aufgrund von Ereignissen nach dem Erwerbszeitpunkt neu zu beurteilen. Der Erwerber hat jedoch die Tatsachen und Umstände in Zusammenhang mit den Ereignissen, die kurz nach dem Erwerb eintraten, zu beurteilen, um zu ermitteln, ob ein getrennt ansetzbarer immaterieller Vermögenswert zum Erwerbszeitpunkt existierte.

B39 Nach dem erstmaligen Ansatz bilanziert ein Erwerber immaterielle Vermögenswerte, die bei einem Unternehmenszusammenschluss erworben wurden gemäß den Bestimmungen des IAS 38 *Immaterielle Vermögenswerte*. Wie in Paragraph 3 des IAS 38 beschrieben, werden einige erworbene immaterielle Vermögenswerte nach dem erstmaligen Ansatz gemäß den Vorschriften anderer IFRS bilanziert.

B40 Die Kriterien zur Identifizierbarkeit bestimmen, ob ein immaterieller Vermögenswert getrennt vom Geschäfts- oder Firmenwert angesetzt wird. Die Kriterien dienen jedoch weder als Leitlinie für die Bemessung des beizulegenden Zeitwerts eines immateriellen Vermögenswerts noch beschränken sie die Annahmen, die bei der Bemessung des beizulegenden Zeitwerts eines immateriellen Vermögenswerts verwendet werden. Der Erwerber würde bei der Bemessung des beizulegenden Zeitwerts beispielsweise Annahmen berücksichtigen, die Marktteilnehmer bei der Preisbildung für den immateriellen Vermögenswert anwenden würden, wie Erwartungen hinsichtlich künftiger Vertragsverlängerungen. Für Vertragsverlängerungen selbst ist es nicht erforderlich die Kriterien der Identifizierbarkeit zu erfüllen. (Siehe jedoch Paragraph 29, in dem eine Ausnahme vom Grundsatz der Bewertung zum beizulegenden Zeitwert von zurückerworbenen Rechten bei einem Unternehmenszusammenschluss gemacht wird.) Die Paragraphen 36 und 37 des IAS 38 enthalten Leitlinien zur Ermittlung, ob immaterielle Vermögenswerte in eine einzelne Bilanzierungseinheit mit anderen immateriellen oder materiellen Vermögenswerten zusammengefasst werden sollten.

Bewertung des beizulegenden Zeitwerts von besonderen identifizierbaren Vermögenswerten und einem nicht beherrschenden Anteil an einem erworbenen Unternehmen (Anwendung der Paragraphen 18 und 19)

Vermögenswerte mit ungewissen Cashflows (Korrekturposten)

B41 Der Erwerber hat keine gesonderten Korrekturposten für Vermögenswerte, die bei einem Unternehmenszusammenschluss erworben und zum Erwerbszeitpunkt mit ihren beizulegenden Zeitwerten bestimmt wurden, zum Erwerbszeitpunkt zu erfassen, da die Auswirkungen der Ungewissheit über zukünftige Cashflows in der Bestimmung zum beizulegenden Zeitwert enthalten ist. Da dieser IFRS beispielsweise vom Erwerber verlangt, erworbene Forderungen, einschließlich Kredite, zu ihrem beizulegenden Zeitwert zum Erwerbszeitpunkt zu bestimmen, erfasst er keine gesonderten Korrekturposten für vertragliche Cashflows, die zu dem Zeitpunkt als uneinbringlich gelten.

Vermögenswerte, die zu Operating-Leasingverhältnissen gehören, bei denen das erworbene Unternehmen der Leasinggeber ist

B42 Bei der Bewertung des zum Erwerbszeitpunkt geltenden beizulegenden Zeitwerts eines Vermögenswerts, wie eines Gebäudes oder eines Patents, das zu einem Operating-Leasingverhältnis gehört, bei dem das erworbene Unternehmen der Leasinggeber ist, hat der Erwerber die Bedingungen des Leasingverhältnisses zu berücksichtigen. In anderen Worten, der Erwerber setzt keinen separaten Vermögenswert bzw. keine separate Schuld an, wenn die Bedingungen eines Operating-Leasingverhältnisses verglichen mit den Marktbedingungen entweder vorteilhaft oder nachteilig sind, wie dies in Paragraph B29 für Leasingverhältnisse gefordert wird, in denen das erworbene Unternehmen der Leasingnehmer ist.

Vermögenswerte, die der Erwerber nicht zu nutzen beabsichtigt bzw. auf eine andere Weise zu nutzen als normalerweise Marktteilnehmer sie nutzen würden

B43 Zum Schutz seiner Wettbewerbsposition oder aus anderen Gründen kann der Erwerber von der Nutzung eines erworbenen, nicht finanziellen Vermögenswerts oder seiner höchsten und besten Verwendung absehen. Dies könnte beispielsweise bei einem erworbenen immateriellen Vermögenswert aus Forschung und Entwicklung der Fall sein, bei dem der Erwerber eine defensive Nutzung plant, um Dritte an der Nutzung dieses Vermögenswerts zu hindern. Dennoch hat der Erwerber den beizulegenden Zeitwert des nicht finanziellen Vermögenswerts zu bemessen und dabei sowohl bei der erstmaligen Bemessung als auch bei der Bemessung des beizulegenden Zeitwerts abzüglich Veräußerungskosten als auch bei anschließenden Werthaltigkeitstests dessen höchste und beste Verwendung durch Marktteilnehmer anzunehmen. Diese ist gemäß der jeweils sachgerechten Bewertungsprämisse zu bestimmen.

Nicht beherrschende Anteile an einem erworbenen Unternehmen

B44 Durch diesen IFRS kann ein nicht beherrschender Anteil an einem erworbenen Unternehmen mit seinem beizulegenden Zeitwert zum Erwerbszeitpunkt bewertet werden. Manchmal kann ein Erwerber den zum Erwerbszeitpunkt gültigen beizulegenden Zeitwert eines nicht beherrschenden Anteils auf der Grundlage einer Marktpreisnotierung in einem aktiven

The acquirer also subsumes into goodwill any value attributed to items that do not qualify as assets at the acquisition date. For example, the acquirer might attribute value to potential contracts the acquiree is negotiating with prospective new customers at the acquisition date. Because those potential contracts are not themselves assets at the acquisition date, the acquirer does not recognise them separately from goodwill. The acquirer should not subsequently reclassify the value of those contracts from goodwill for events that occur after the acquisition date. However, the acquirer should assess the facts and circumstances surrounding events occurring shortly after the acquisition to determine whether a separately recognisable intangible asset existed at the acquisition date. **B38**

After initial recognition, an acquirer accounts for intangible assets acquired in a business combination in accordance with the provisions of IAS 38 *Intangible Assets*. However, as described in paragraph 3 of IAS 38, the accounting for some acquired intangible assets after initial recognition is prescribed by other IFRSs. **B39**

The identifiability criteria determine whether an intangible asset is recognised separately from goodwill. However, the criteria neither provide guidance for measuring the fair value of an intangible asset nor restrict the assumptions used in measuring the fair value of an intangible asset. For example, the acquirer would take into account the assumptions that market participants would use when pricing the intangible asset, such as expectations of future contract renewals, in measuring fair value. It is not necessary for the renewals themselves to meet the identifiability criteria. (However, see paragraph 29, which establishes an exception to the fair value measurement principle for reacquired rights recognised in a business combination.) Paragraphs 36 and 37 of IAS 38 provide guidance for determining whether intangible assets should be combined into a single unit of account with other intangible or tangible assets. **B40**

Measuring the fair value of particular identifiable assets and a non-controlling interest in an acquire (application of paragraphs 18 and 19)

Assets with uncertain cash flows (valuation allowances)

The acquirer shall not recognise a separate valuation allowance as of the acquisition date for assets acquired in a business combination that are measured at their acquisition-date fair values because the effects of uncertainty about future cash flows are included in the fair value measure. For example, because this IFRS requires the acquirer to measure acquired receivables, including loans, at their acquisition-date fair values, the acquirer does not recognise a separate valuation allowance for the contractual cash flows that are deemed to be uncollectible at that date. **B41**

Assets subject to operating leases in which the acquiree is the lessor

In measuring the acquisition-date fair value of an asset such as a building or a patent that is subject to an operating lease in which the acquiree is the lessor, the acquirer shall take into account the terms of the lease. In other words, the acquirer does not recognise a separate asset or liability if the terms of an operating lease are either favourable or unfavourable when compared with market terms as paragraph B29 requires for leases in which the acquiree is the lessee. **B42**

Assets that the acquirer intends not to use or to use in a way that is different from the way other market participants would use them

To protect its competitive position, or for other reasons, the acquirer may intend not to use an acquired non-financial asset, or it may not intend to use the asset according to its highest and best use. For example, that might be the case for an acquired research and development intangible asset that the acquirer plans to use defensively by preventing others from using it. Nevertheless, the acquirer shall measure the fair value of the non-financial asset assuming its highest and best use by market participants in accordance with the appropriate valuation premise, both initially and when measuring fair value less costs of disposal for subsequent impairment testing. **B43**

Non-controlling interest in an acquiree

This IFRS allows the acquirer to measure a non-controlling interest in the acquiree at its fair value at the acquisition date. Sometimes an acquirer will be able to measure the acquisition-date fair value of a non-controlling interest on the basis of a quoted price in an active market for the equity shares (ie those not held by the acquirer). In other situations, however, a quoted price in **B44**

Markt für die Eigenkapitalanteile bemessen (d. h. der nicht vom Erwerber gehaltenen Kapitalanteile). In anderen Situationen steht jedoch für die Eigenkapitalanteile keine Marktpreisnotierung in einem aktiven Markt zur Verfügung. Dann würde der Erwerber den beizulegenden Zeitwert der nicht beherrschenden Anteile unter Einsatz anderer Bewertungstechniken ermitteln.

B45 Die beizulegenden Zeitwerte der Anteile des Erwerbers an dem erworbenen Unternehmen und der nicht beherrschenden Anteile können auf einer Basis je Aktie voneinander abweichen. Der Hauptunterschied liegt wahrscheinlich darin, dass für die Beherrschung ein Aufschlag auf den beizulegenden Zeitwert je Aktie des Anteils des Erwerbers an dem erworbenen Unternehmen berücksichtigt wird oder umgekehrt für das Fehlen der Beherrschung ein Abschlag (auch als ein Minderheitsabschlag bezeichnet) auf den beizulegenden Zeitwert je Aktie des nicht beherrschenden Anteils berücksichtigt wird, sofern Marktteilnehmer bei der Preisbildung für den nicht beherrschenden Anteil einen solchen Auf- oder Abschlag berücksichtigen würden.

Bewertung des Geschäfts- oder Firmenwerts oder eines Gewinns aus einem Erwerb zu einem Preis unter dem Marktwert

Bewertung des zum Erwerbszeitpunkt gültigen beizulegenden Zeitwerts der Anteile des Erwerbers an dem erworbenen Unternehmen unter Einsatz von Bewertungstechniken (Anwendung des Paragraphen 33)

B46 Bei einem Unternehmenszusammenschluss, der ohne die Übertragung einer Gegenleistung erfolgte, muss der Erwerber zur Bewertung des Geschäfts- oder Firmenwerts oder eines Gewinns aus einem Erwerb zu einem Preis unter dem Marktwert den zum Erwerbszeitpunkt gültigen beizulegenden Zeitwert seines Anteils an dem erworbenen Unternehmen anstelle des zum Erwerbszeitpunkt gültigen beizulegenden Zeitwerts der übertragenen Gegenleistung nutzen (siehe Paragraphen 32–34).

Besondere Berücksichtigung bei der Anwendung der Erwerbsmethode auf den Zusammenschluss von Gegenseitigkeitsunternehmen (Anwendung des Paragraphen 33)

B47 Wenn sich zwei Gegenseitigkeitsunternehmen zusammenschließen, kann der beizulegende Zeitwert des Eigenkapital- oder Geschäftsanteils an dem erworbenen Unternehmen (oder der beizulegende Zeitwert des erworbenen Unternehmens) verlässlicher bestimmbar sein als der beizulegende Zeitwert der vom Erwerber übertragenen Geschäftsanteile. In einer solchen Situation verlangt Paragraph 33, dass der Erwerber den Betrag des Geschäfts- oder Firmenwerts zu ermitteln hat, indem er den zum Erwerbszeitpunkt geltenden beizulegenden Zeitwert der Eigenkapitalanteile des erworbenen Unternehmens anstatt den zum Erwerbszeitpunkt geltenden beizulegenden Zeitwert der als Gegenleistung übertragenen Eigenkapitalanteile verwendet. Darüber hinaus hat ein Erwerber bei einem Zusammenschluss von Gegenseitigkeitsunternehmen das Nettovermögen des erworbenen Unternehmens als eine unmittelbare Hinzufügung zum Kapital oder Eigenkapital in seiner Kapitalflussrechnung auszuweisen und nicht als eine Hinzufügung zu Gewinnrücklagen, was der Art entspräche, wie andere Arten von Unternehmen die Erwerbsmethode anwenden.

B48 Obgleich sie auch in mancher Hinsicht anderen Geschäftsbetrieben ähnlich sind, haben Gegenseitigkeitsunternehmen besondere Eigenschaften, die vor allem darauf beruhen, dass ihre Gesellschafter sowohl Kunden als auch Eigentümer sind. Mitglieder von Gegenseitigkeitsunternehmen erwarten im Allgemeinen, dass sie Nutzen aus ihrer Mitgliedschaft ziehen, häufig in Form von ermäßigten Gebühren auf Waren oder Dienstleistungen oder Gewinnausschüttungen an Mitglieder. Der Anteil der Gewinnausschüttungen an Mitglieder, der jedem einzelnen Mitglied zugeteilt ist, basiert oft auf dem Anteil der Geschäfte, die ein Mitglied mit dem Gegenseitigkeitsunternehmen im Verlauf des Jahres getätigt hat.

B49 Die Bemessung des beizulegenden Zeitwerts eines Gegenseitigkeitsunternehmens hat die Annahmen zu umfassen, welche die Marktteilnehmer über den künftigen Nutzen für die Mitglieder machen würden, sowie alle anderen relevanten Annahmen, welche die Marktteilnehmer über das Gegenseitigkeitsunternehmen machen würden. Beispielsweise kann zur Bemessung des beizulegenden Zeitwerts eines Gegenseitigkeitsunternehmens eine Barwerttechnik eingesetzt werden. Die als in das Modell einfließenden Parameter verwendeten Cashflows sollten auf den erwarteten Cashflows des Gegenseitigkeitsunternehmens beruhen, welche wahrscheinlich auch die Reduzierungen aufgrund von Leistungen an Mitglieder, wie ermäßigte Gebühren auf Waren und Dienstleistungen widerspiegeln.

Bestimmung des Umfangs eines Unternehmenszusammenschlusses (Anwendung der Paragraphen 51 und 52)

B50 Der Erwerber hat bei der Ermittlung, ob eine Transaktion Teil eines Tauschs für ein erworbenes Unternehmen ist oder ob die Transaktion getrennt vom Unternehmenszusammenschluss zu betrachten ist, die folgenden Faktoren, die weder in Verbindung miteinander exklusiv noch einzeln entscheidend sind, zu berücksichtigen:

(a) **die Gründe für die Transaktion** – Wenn man versteht, warum die sich zusammenschließenden Parteien (der Erwerber und das erworbene Unternehmen und dessen Eigentümer, Direktoren und Manager, sowie deren Vertreter) eine bestimmte Transaktion eingegangen sind oder eine Vereinbarung abgeschlossen haben, kann dies einen Einblick dahingehend geben, ob sie Teil der übertragenen Gegenleistung und der erworbenen Vermögenswerte oder übernommenen Schulden ist. Wenn eine Transaktion beispielsweise in erster Linie zum Nutzen des Erwerbers oder des zusammengeschlossenen Unternehmens und nicht in erster Linie zum Nutzen des erworbenen Unternehmens oder

an active market for the equity shares will not be available. In those situations, the acquirer would measure the fair value of the non-controlling interest using another valuation techniques.

The fair values of the acquirer's interest in the acquiree and the non-controlling interest on a per-share basis might differ. **B45** The main difference is likely to be the inclusion of a control premium in the per-share fair value of the acquirer's interest in the acquiree or, conversely, the inclusion of a discount for lack of control (also referred to as a non-controlling interest discount) in the per-share fair value of the non-controlling interest if market participants would take into account such a premium or discount when pricing the non-controlling interest.

Measuring goodwill or a gain from a bargain purchase

Measuring the acquisition-date fair value of the acquirer's interest in the acquiree using valuation techniques (application of paragraph 33)

In a business combination achieved without the transfer of consideration, the acquirer must substitute the acquisition- **B46** date fair value of its interest in the acquiree for the acquisition-date fair value of the consideration transferred to measure goodwill or a gain on a bargain purchase (see paragraphs 32—34).

Special considerations in applying the acquisition method to combinations of mutual entities (application of paragraph 33)

When two mutual entities combine, the fair value of the equity or member interests in the acquiree (or the fair value of **B47** the acquiree) may be more reliably measurable than the fair value of the member interests transferred by the acquirer. In that situation, paragraph 33 requires the acquirer to determine the amount of goodwill by using the acquisition-date fair value of the acquiree's equity interests instead of the acquisition-date fair value of the acquirer's equity interests transferred as consideration. In addition, the acquirer in a combination of mutual entities shall recognise the acquiree's net assets as a direct addition to capital or equity in its statement of financial position, not as an addition to retained earnings, which is consistent with the way in which other types of entities apply the acquisition method.

Although they are similar in many ways to other businesses, mutual entities have distinct characteristics that arise primar- **B48** ily because their members are both customers and owners. Members of mutual entities generally expect to receive benefits for their membership, often in the form of reduced fees charged for goods and services or patronage dividends. The portion of patronage dividends allocated to each member is often based on the amount of business the member did with the mutual entity during the year.

A fair value measurement of a mutual entity should include the assumptions that market participants would make about **B49** future member benefits as well as any other relevant assumptions market participants would make about the mutual entity. For example, a present value technique may be used to measure the fair value of a mutual entity. The cash flows used as inputs to the model should be based on the expected cash flows of the mutual entity, which are likely to reflect reductions for member benefits, such as reduced fees charged for goods and services.

Determining what is part of the business combination transaction (application of paragraphs 51 and 52)

The acquirer should consider the following factors, which are neither mutually exclusive nor individually conclusive, to **B50** determine whether a transaction is part of the exchange for the acquiree or whether the transaction is separate from the business combination:

(a) **the reasons for the transaction**—Understanding the reasons why the parties to the combination (the acquirer and the acquiree and their owners, directors and managers—and their agents) entered into a particular transaction or arrangement may provide insight into whether it is part of the consideration transferred and the assets acquired or liabilities assumed. For example, if a transaction is arranged primarily for the benefit of the acquirer or the combined entity rather than primarily for the benefit of the acquiree or its former owners before the combination, that portion

dessen früheren Eigentümern vor dem Zusammenschluss erfolgt, ist es unwahrscheinlich, dass dieser Teil des gezahlten Transaktionspreises (und alle damit verbundenen Vermögenswerte oder Schulden) zum Tauschgeschäft für das erworbene Unternehmen gehört. Dementsprechend würde der Erwerber diesen Teil getrennt vom Unternehmenszusammenschluss bilanzieren;

(b) **wer hat die Transaktion eingeleitet** – Wenn man versteht, wer die Transaktion eingeleitet hat, kann dies auch einen Einblick geben, ob sie Teil des Tauschgeschäfts für das erworbene Unternehmen ist. Eine Transaktion oder ein anderes Ereignis, das beispielsweise vom Erwerber eingeleitet wurde, ist eventuell mit dem Ziel eingegangen worden, dem Erwerber oder dem zusammengeschlossenen Unternehmen künftigen wirtschaftlichen Nutzen zu bringen, wobei das erworbene Unternehmen oder dessen Eigentümer vor dem Zusammenschluss wenig oder keinen Nutzen daraus erhalten haben. Andererseits wird eine vom erworbenen Unternehmen oder dessen früheren Eigentümern eingeleitete Transaktion oder Vereinbarung wahrscheinlich weniger zugunsten des Erwerbers oder des zusammengeschlossenen Unternehmens sein sondern eher Teil der Transaktion des Unternehmenszusammenschlusses sein;

(c) **der Zeitpunkt der Transaktion** – Der Zeitpunkt der Transaktion kann auch einen Einblick geben, ob sie Teil des Tausches für das erworbene Unternehmen ist. Eine Transaktion zwischen dem Erwerber und dem erworbenen Unternehmen, die zum Beispiel während der Verhandlungen bezüglich der Bedingungen des Unternehmenszusammenschlusses stattfindet, kann mit der Absicht des Unternehmenszusammenschlusses eingegangen worden sein, um dem Erwerber und dem zusammengeschlossenen Unternehmen zukünftigen wirtschaftlichen Nutzen zu bringen. In diesem Falle ziehen das erworbene Unternehmen oder dessen Eigentümer vor dem Unternehmenszusammenschluss wenig oder keinen Nutzen aus der Transaktion mit Ausnahme der Leistungen, die sie im Rahmen des zusammengeschlossenen Unternehmens erhalten.

Tatsächliche Erfüllung einer zuvor bestehenden Beziehung zwischen dem Erwerber und dem erworbenen Unternehmen bei einem Unternehmenszusammenschluss (Anwendung des Paragraphen 52 (a))

B51 Der Erwerber und das erworbene Unternehmen können eine Beziehung haben, die bereits bestand, bevor sie einen Unternehmenszusammenschluss beabsichtigten, hier als „zuvor bestehende Beziehung" bezeichnet. Eine zuvor bestehende Beziehung zwischen dem Erwerber und dem erworbenen Unternehmen kann vertraglicher Natur (zum Beispiel: Verkäufer und Kunde oder Lizenzgeber und Lizenznehmer) oder nicht vertraglicher Natur (zum Beispiel: Kläger und Beklagter) sein.

B52 Wenn der Unternehmenszusammenschluss tatsächlich eine zuvor bestehende Beziehung erfüllt, erfasst der Erwerber einen Gewinn bzw. Verlust, der wie folgt bestimmt wird:
(a) für eine zuvor bestehende nicht vertragliche Beziehung (wie ein Rechtsstreit): mit dem beizulegenden Zeitwert;
(b) für eine zuvor bestehende vertragliche Beziehung: mit dem niedrigeren der Beträge unter (i) und (ii):
(i) der Betrag, zu dem der Vertrag aus Sicht des Erwerbers vorteilhaft oder nachteilig im Vergleich mit den Bedingungen für aktuelle Markttransaktionen derselben oder ähnlicher Sachverhalte ist. (Ein nachteiliger Vertrag ist ein Vertrag, der nachteilig im Hinblick auf aktuelle Marktbedingungen ist. Es handelt sich hierbei nicht unbedingt um einen belastenden Vertrag, bei dem die unvermeidbaren Kosten zur Erfüllung der vertraglichen Verpflichtungen höher sind als der erwartete wirtschaftliche Nutzen);
(ii) der in den Erfüllungsbedingungen des Vertrags genannte Betrag, der für die andere Vertragspartei, als die, für die der Vertrag nachteilig ist, durchsetzbar ist.
Wenn (ii) geringer als (i) ist, ist der Unterschied Bestandteil der Bilanzierung des Unternehmenszusammenschlusses.
Der Betrag des erfassten Gewinns bzw. Verlusts kann teilweise davon abhängen, ob der Erwerber zuvor einen damit verbundenen Vermögenswert oder eine Schuld angesetzt hatte, und der ausgewiesene Gewinn oder Verlust kann daher von dem unter Anwendung der obigen Anforderungen berechneten Betrag abweichen.

B53 Bei einer zuvor bestehenden Beziehung kann es sich um einen Vertrag handeln, den der Erwerber als ein zurückerworbenes Recht ausweist. Wenn der Vertrag Bedingungen enthält, die im Vergleich zu den Preisen derselben oder ähnlicher Sachverhalte bei aktuellen Markttransaktionen vorteilhaft oder nachteilig sind, erfasst der Erwerber getrennt vom Unternehmenszusammenschluss einen Gewinn bzw. Verlust für die tatsächliche Erfüllung des Vertrags, der gemäß Paragraph B52 bewertet wird.

Vereinbarungen über bedingte Zahlungen an Mitarbeiter oder verkaufende Anteilseigner (Anwendung des Paragraphen 52 (b))

B54 Ob Vereinbarungen über bedingte Zahlungen an Mitarbeiter oder verkaufende Anteilseigner als bedingte Gegenleistung bei einem Unternehmenszusammenschluss gelten oder als separate Transaktionen angesehen werden, hängt von der Art der Vereinbarungen ab. Zur Beurteilung der Art der Vereinbarung kann es hilfreich sein, die Gründe zu verstehen, warum der Erwerbsvertrag eine Bestimmung für bedingte Zahlungen enthält, wer den Vertrag eingeleitet hat und wann die Vertragsparteien den Vertrag abgeschlossen haben.

B55 Wenn es nicht eindeutig ist, ob eine Vereinbarung über Zahlungen an Mitarbeiter oder verkaufende Anteilseigner zum Tausch gegen das erworbene Unternehmen gehört oder eine vom Unternehmenszusammenschluss separate Transaktion ist, hat der Erwerber die folgenden Hinweise zu beachten:

of the transaction price paid (and any related assets or liabilities) is less likely to be part of the exchange for the acquiree. Accordingly, the acquirer would account for that portion separately from the business combination.

(b) **who initiated the transaction**—Understanding who initiated the transaction may also provide insight into whether it is part of the exchange for the acquiree. For example, a transaction or other event that is initiated by the acquirer may be entered into for the purpose of providing future economic benefits to the acquirer or combined entity with little or no benefit received by the acquiree or its former owners before the combination. On the other hand, a transaction or arrangement initiated by the acquiree or its former owners is less likely to be for the benefit of the acquirer or the combined entity and more likely to be part of the business combination transaction.

(c) **the timing of the transaction**—The timing of the transaction may also provide insight into whether it is part of the exchange for the acquiree. For example, a transaction between the acquirer and the acquiree that takes place during the negotiations of the terms of a business combination may have been entered into in contemplation of the business combination to provide future economic benefits to the acquirer or the combined entity. If so, the acquiree or its former owners before the business combination are likely to receive little or no benefit from the transaction except for benefits they receive as part of the combined entity.

Effective settlement of a pre-existing relationship between the acquirer and acquiree in a business combination (application of paragraph 52 (a))

B51 The acquirer and acquiree may have a relationship that existed before they contemplated the business combination, referred to here as a 'pre-existing relationship'. A pre-existing relationship between the acquirer and acquiree may be contractual (for example, vendor and customer or licensor and licensee) or non-contractual (for example, plaintiff and defendant).

B52 If the business combination in effect settles a pre-existing relationship, the acquirer recognises a gain or loss, measured as follows:

(a) for a pre-existing non-contractual relationship (such as a lawsuit), fair value.

(b) for a pre-existing contractual relationship, the lesser of (i) and (ii):

(i)   the amount by which the contract is favourable or unfavourable from the perspective of the acquirer when compared with terms for current market transactions for the same or similar items. (An unfavourable contract is a contract that is unfavourable in terms of current market terms. It is not necessarily an onerous contract in which the unavoidable costs of meeting the obligations under the contract exceed the economic benefits expected to be received under it.)

(ii) the amount of any stated settlement provisions in the contract available to the counterparty to whom the contract is unfavourable.

If (ii) is less than (i), the difference is included as part of the business combination accounting.

The amount of gain or loss recognised may depend in part on whether the acquirer had previously recognised a related asset or liability, and the reported gain or loss therefore may differ from the amount calculated by applying the above requirements.

B53 A pre-existing relationship may be a contract that the acquirer recognises as a reacquired right. If the contract includes terms that are favourable or unfavourable when compared with pricing for current market transactions for the same or similar items, the acquirer recognises, separately from the business combination, a gain or loss for the effective settlement of the contract, measured in accordance with paragraph B52.

Arrangements for contingent payments to employees or selling shareholders (application of paragraph 52 (b))

B54 Whether arrangements for contingent payments to employees or selling shareholders are contingent consideration in the business combination or are separate transactions depends on the nature of the arrangements. Understanding the reasons why the acquisition agreement includes a provision for contingent payments, who initiated the arrangement and when the parties entered into the arrangement may be helpful in assessing the nature of the arrangement.

B55 If it is not clear whether an arrangement for payments to employees or selling shareholders is part of the exchange for the acquiree or is a transaction separate from the business combination, the acquirer should consider the following indicators:

(a) *Fortgesetzte Beschäftigung* – Die Bedingungen der fortgesetzten Beschäftigung der verkaufenden Anteilseigner, die Mitarbeiter in Schlüsselpositionen werden, können ein Indikator für den wirtschaftlichen Gehalt einer bedingten Entgeltvereinbarung sein. Die entsprechenden Bedingungen einer fortgesetzten Beschäftigung können in einem Anstellungsvertrag, Erwerbsvertrag oder sonstigem Dokument enthalten sein. Eine bedingte Entgeltvereinbarung, in der die Zahlungen bei einer Beendigung des Beschäftigungsverhältnisses automatisch verfallen, ist als eine Vergütung für Leistungen nach dem Zusammenschluss anzusehen. Vereinbarungen, in denen die bedingten Zahlungen nicht von einer Beendigung des Beschäftigungsverhältnisses beeinflusst sind, können darauf hinweisen, dass es sich bei den bedingten Zahlungen um eine zusätzliche Gegenleistung und nicht um eine Vergütung handelt.

(b) *Dauer der fortgesetzten Beschäftigung* – Wenn die Dauer der erforderlichen Beschäftigung mit der Dauer der bedingten Zahlung übereinstimmt oder länger als diese ist, dann weist diese Tatsache darauf hin, dass die bedingten Zahlungen in der Substanz eine Vergütung darstellen.

(c) *Vergütungshöhe* – Situationen, in denen die Vergütung von Mitarbeitern mit Ausnahme der bedingten Zahlungen ein angemessenes Niveau im Verhältnis zu den anderen Mitarbeitern in Schlüsselpositionen im zusammengeschlossenen Unternehmen einnimmt, können darauf hinweisen, dass die bedingten Zahlungen als zusätzliche Gegenleistung und nicht als Vergütung betrachtet werden.

(d) *Zusätzliche Zahlungen an Mitarbeiter* – Wenn verkaufende Anteilseigner, die nicht zu Mitarbeitern werden, niedrigere bedingte Zahlungen auf einer Basis je Anteil erhalten als verkaufende Anteilseigner, die Mitarbeiter des zusammengeschlossenen Unternehmens werden, kann diese Tatsache darauf hinweisen, dass der zusätzliche Betrag der bedingten Zahlungen an die verkaufenden Anteilseigner, die Mitarbeiter werden, als Vergütung zu betrachten ist.

(e) *Anzahl der im Besitz befindlichen Anteile* – Die relative Anzahl der sich im Besitz der verkaufenden Anteilseigner, die Mitarbeiter in Schlüsselpositionen bleiben, befindlichen Anteile weisen eventuell auf den wirtschaftlichen Gehalt einer bedingten Entgeltvereinbarung hin. Wenn beispielsweise die verkaufenden Anteilseigner, die weitgehend alle Anteile an dem erworbenen Unternehmen hielten, weiterhin Mitarbeiter in Schlüsselpositionen sind, kann diese Tatsache darauf hinweisen, dass die Vereinbarung ihrem wirtschaftlichem Gehalt nach eine Vereinbarung mit Gewinnbeteiligung ist, die beabsichtigt Vergütungen für Dienstleistungen nach dem Zusammenschluss zu geben. Wenn verkaufende Anteilseigner, die weiterhin Mitarbeiter in Schlüsselpositionen bleiben, im Gegensatz nur eine kleine Anzahl von Anteilen des erworbenen Unternehmens besaßen, und alle verkaufenden Anteilseigner denselben Betrag der bedingten Gegenleistung auf einer Basis je Anteil erhalten, kann diese Tatsache darauf hinweisen, dass die bedingten Zahlungen eine zusätzliche Gegenleistung sind. Parteien, die vor dem Erwerb Eigentumsanteile hielten und mit verkaufenden Anteilseignern, die weiterhin Mitarbeiter in Schlüsselpositionen sind, in Verbindung stehen, z. B. Familienmitglieder, sind ebenfalls zu berücksichtigen.

(f) *Verbindung zur Bewertung* – Wenn die ursprüngliche Gegenleistung, die zum Erwerbszeitpunkt übertragen wird, auf dem niedrigen Wert innerhalb einer Bandbreite, die bei der Bewertung des erworbenen Unternehmens erstellt wurde, basiert und die bedingte Formel sich auf diesen Bewertungsansatz bezieht, kann diese Tatsache darauf hindeuten, dass die bedingten Zahlungen eine zusätzliche Gegenleistung darstellen. Wenn die Formel für die bedingte Zahlung hingegen mit vorherigen Vereinbarungen mit Gewinnbeteiligung im Einklang ist, kann diese Tatsache drauf hindeuten, dass der wirtschaftliche Gehalt der Vereinbarung darin besteht, Vergütungen zu zahlen.

(g) *Formel zur Ermittlung der Gegenleistung* – Die zur Ermittlung der bedingten Zahlung verwendete Formel kann hilfreich bei der Beurteilung des wirtschaftlichen Gehalts der Vereinbarung sein. Wenn beispielsweise eine bedingte Zahlung auf der Grundlage verschiedener Ergebnisse ermittelt wird, kann dies darauf hindeuten, dass die Verpflichtung beim Unternehmenszusammenschluss eine bedingte Gegenleistung ist, und dass mit der Formel beabsichtigt wird, den beizulegenden Zeitwert des erworbenen Unternehmens festzulegen oder zu überprüfen. Eine bedingte Zahlung, die ein bestimmter Prozentsatz des Ergebnisses ist, kann hingegen darauf hindeuten, dass die Verpflichtung gegenüber Mitarbeitern eine Vereinbarung mit Gewinnbeteiligung ist, um Mitarbeiter für ihre erbrachten Dienste zu entlohnen.

(h) *Sonstige Vereinbarungen und Themen* – Die Bedingungen anderer Vereinbarungen mit verkaufenden Anteilseignern (wie wettbewerbsbeschränkende Vereinbarungen, noch zu erfüllende Verträge, Beratungsverträge und Immobilien-Leasingverträge) sowie die Behandlung von Einkommensteuern auf bedingte Zahlungen können darauf hinweisen, dass bedingte Zahlungen etwas anderem zuzuordnen sind als der Gegenleistung für das erworbene Unternehmen. In Verbindung mit dem Erwerb kann der Erwerber beispielsweise einen Immobilien-Leasingvertrag mit einem bedeutsamen verkaufenden Anteilseigner abschließen. Wenn die im Leasingvertrag spezifizierten Leasingzahlungen wesentlich unter dem Marktpreis liegen, können einige oder alle bedingten Zahlungen an den Leasinggeber (den verkaufenden Anteilseigner), die aufgrund einer separaten Vereinbarung für bedingte Zahlungen vorgeschrieben sind, dem wirtschaftlichen Gehalt nach Zahlungen für die Nutzung der geleasten Immobilie sein, die der Erwerber in seinem Abschluss nach dem Zusammenschluss getrennt ansetzt. Wenn hingegen im Leasingvertrag Leasingzahlungen gemäß den Marktbedingungen für diese geleaste Immobilie spezifiziert sind, kann die Vereinbarung für bedingte Zahlungen an den verkaufenden Anteilseigner als eine bedingte Gegenleistung bei dem Unternehmenszusammenschluss betrachtet werden.

(a) *Continuing employment*—The terms of continuing employment by the selling shareholders who become key employees may be an indicator of the substance of a contingent consideration arrangement. The relevant terms of continuing employment may be included in an employment agreement, acquisition agreement or some other document. A contingent consideration arrangement in which the payments are automatically forfeited if employment terminates is remuneration for post-combination services. Arrangements in which the contingent payments are not affected by employment termination may indicate that the contingent payments are additional consideration rather than remuneration.

(b) *Duration of continuing employment*—If the period of required employment coincides with or is longer than the contingent payment period, that fact may indicate that the contingent payments are, in substance, remuneration.

(c) *Level of remuneration*—Situations in which employee remuneration other than the contingent payments is at a reasonable level in comparison with that of other key employees in the combined entity may indicate that the contingent payments are additional consideration rather than remuneration.

(d) *Incremental payments to employees*—If selling shareholders who do not become employees receive lower contingent payments on a per-share basis than the selling shareholders who become employees of the combined entity, that fact may indicate that the incremental amount of contingent payments to the selling shareholders who become employees is remuneration.

(e) *Number of shares owned*—The relative number of shares owned by the selling shareholders who remain as key employees may be an indicator of the substance of the contingent consideration arrangement. For example, if the selling shareholders who owned substantially all of the shares in the acquiree continue as key employees, that fact may indicate that the arrangement is, in substance, a profit-sharing arrangement intended to provide remuneration for post-combination services. Alternatively, if selling shareholders who continue as key employees owned only a small number of shares of the acquiree and all selling shareholders receive the same amount of contingent consideration on a per-share basis, that fact may indicate that the contingent payments are additional consideration. The pre-acquisition ownership interests held by parties related to selling shareholders who continue as key employees, such as family members, should also be considered.

(f) *Linkage to the valuation*—If the initial consideration transferred at the acquisition date is based on the low end of a range established in the valuation of the acquiree and the contingent formula relates to that valuation approach, that fact may suggest that the contingent payments are additional consideration. Alternatively, if the contingent payment formula is consistent with prior profit-sharing arrangements, that fact may suggest that the substance of the arrangement is to provide remuneration.

(g) *Formula for determining consideration*—The formula used to determine the contingent payment may be helpful in assessing the substance of the arrangement. For example, if a contingent payment is determined on the basis of a multiple of earnings, that might suggest that the obligation is contingent consideration in the business combination and that the formula is intended to establish or verify the fair value of the acquiree. In contrast, a contingent payment that is a specified percentage of earnings might suggest that the obligation to employees is a profit-sharing arrangement to remunerate employees for services rendered.

(h) *Other agreements and issues*—The terms of other arrangements with selling shareholders (such as agreements not to compete, executory contracts, consulting contracts and property lease agreements) and the income tax treatment of contingent payments may indicate that contingent payments are attributable to something other than consideration for the acquiree. For example, in connection with the acquisition, the acquirer might enter into a property lease arrangement with a significant selling shareholder. If the lease payments specified in the lease contract are significantly below market, some or all of the contingent payments to the lessor (the selling shareholder) required by a separate arrangement for contingent payments might be, in substance, payments for the use of the leased property that the acquirer should recognise separately in its post-combination financial statements. In contrast, if the lease contract specifies lease payments that are consistent with market terms for the leased property, the arrangement for contingent payments to the selling shareholder may be contingent consideration in the business combination.

IFRS 3

Austausch der anteilsbasierten Vergütungsprämien des Erwerbers gegen die von den Mitarbeitern des erworbenen Unternehmens gehaltenen Prämien (Anwendung des Paragraphen 52 (b))

B56 Ein Erwerber kann seine anteilsbasierten Vergütungsprämien[1] (Ersatzprämien) gegen Prämien, die von Mitarbeitern des erworbenen Unternehmens gehalten werden, austauschen. Der Tausch von Aktienoptionen oder anderen anteilsbasierten Vergütungsprämien in Verbindung mit einem Unternehmenszusammenschluss wird als Änderung der anteilsbasierten Vergütungsprämien gemäß IFRS 2 *Anteilsbasierte Vergütung* bilanziert. Ersetzt der Erwerber die Prämien des erworbenen Unternehmens, ist entweder der gesamte marktbasierte Wert der Ersatzprämien des Erwerbers oder ein Teil davon in die Bewertung der bei dem Unternehmenszusammenschluss übertragenen Gegenleistung mit einzubeziehen. Die Paragraphen B57–B62 liefern Leitlinien für die Zuweisung des marktbasierten Werts.

In Fällen, in denen die Prämien des erworbenen Unternehmens infolge eines Unternehmenszusammenschlusses verfallen würden und der Erwerber diese Prämien – auch wenn er nicht dazu verpflichtet ist – ersetzt, ist jedoch der gesamte marktbasierte Wert der Ersatzprämien gemäß IFRS 2 im Abschluss nach dem Zusammenschluss als Vergütungsaufwand auszuweisen. Das bedeutet, dass keiner der marktbasierten Werte dieser Prämien in die Bewertung der beim Unternehmenszusammenschluss übertragenen Gegenleistung einzubeziehen ist. Der Erwerber ist verpflichtet, die Prämien des erworbenen Unternehmens zu ersetzen, wenn das erworbene Unternehmen oder dessen Mitarbeiter die Möglichkeit haben, den Ersatz geltend zu machen. Zwecks Anwendung dieser Leitlinien ist der Erwerber beispielsweise verpflichtet, die Prämien des erworbenen Unternehmens zu ersetzen, wenn dies in einem der Folgenden vorgeschrieben ist:

(a)   den Bedingungen der Erwerbsvereinbarung,

(b)   den Bedingungen der Prämien des erworbenen Unternehmens oder

(c)   den anwendbaren Gesetzen oder Verordnungen.

B57 Um den Anteil einer Ersatzprämie, der Teil der für das erworbene Unternehmen übertragenen Gegenleistung ist, und den Anteil, der als Vergütung für Dienste nach dem Zusammenschluss verwendet wird, zu bestimmen, hat der Erwerber sowohl seine gewährten Ersatzprämien als auch die Prämien des erworbenen Unternehmens zum Erwerbszeitpunkt gemäß IFRS 2 zu bestimmen. Der Anteil des marktbasierten Werts der Ersatzprämien, der Teil der übertragenen Gegenleistung im Tausch gegen das erworbene Unternehmen ist, entspricht dem Anteil der Prämien des erworbenen Unternehmens, der den Diensten vor dem Zusammenschluss zuzuteilen ist.

B58 Der Anteil der Ersatzprämie, der dem Dienst vor dem Zusammenschluss zuzuteilen ist, ist der marktbasierte Wert der Prämie des erworbenen Unternehmens, multipliziert mit dem Verhältnis aus dem Anteil des Erdienungszeitraums mit dem höheren aus dem gesamten Erdienungszeitraum oder des ursprünglichen Erdienungszeitraums der Prämie des erworbenen Unternehmens. Der Erdienungszeitraum ist der Zeitraum, in dem alle bestimmten Ausübungsbedingungen erfüllt werden müssen. Ausübungsbedingungen sind in IFRS 2 definiert.

B59 Der Anteil der nicht ausübbaren Ersatzprämien, der den Diensten nach dem Zusammenschluss zuzurechnen ist und daher als Vergütungsaufwand im Abschluss nach dem Zusammenschluss erfasst wird, entspricht dem gesamten marktbasierten Wert der Ersatzprämien abzüglich des Betrags, der den Diensten vor Zusammenschluss zuzuordnen ist. Daher ordnet der Erwerber jeden Überschuss des marktbasierten Werts der Ersatzprämie über den marktbasierten Wert der Prämie des erworbenen Unternehmens dem Dienst nach dem Zusammenschluss zu und erfasst diesen Überschuss als Vergütungsaufwand im Abschluss nach dem Zusammenschluss. Der Erwerber hat einen Teil der Ersatzprämie dem Dienst nach dem Zusammenschluss zuzurechnen, wenn er Dienstleistungen nach dem Zusammenschluss verlangt, unabhängig davon, ob die Mitarbeiter bereits alle erforderlichen Dienste geleistet hatten, so dass ihre vom erworbenen Unternehmen gewährten Prämien bereits vor dem Erwerbszeitpunkt ausübbar waren.

B60 Der Anteil der nicht ausübbaren Ersatzprämien, die Diensten vor dem Zusammenschluss zuzuordnen sind, sowie der Anteil für Dienste nach dem Zusammenschluss hat die bestmögliche Schätzung der Anzahl der Ersatzprämien widerzuspiegeln, die unverfallbar sein sollen. Wenn beispielsweise der marktbasierte Wert einer Ersatzprämie, die einem Dienst vor dem Zusammenschluss zugeschrieben wird, 100 WE beträgt und der Erwerber erwartet, dass nur 95 Prozent der Prämie unverfallbar ist, so werden 95 WE in die für den Unternehmenszusammenschluss übertragene Gegenleistung einbezogen. Änderungen der geschätzten Anzahl der zu erwartenden unverfallbaren Ersatzprämien sind im Vergütungsaufwand in den Perioden ausgewiesen, in denen die Änderungen oder Verwirkungen auftreten, – nicht als Anpassungen der beim Unternehmenszusammenschluss übertragenen Gegenleistung. Ähnlich ist es bei Auswirkungen anderer Ereignisse, wie Änderungen oder dem Eintreten von Prämien mit Leistungsbedingungen, die nach dem Erwerbszeitpunkt auftreten, sie werden gemäß IFRS 2 bilanziert, indem der Vergütungsaufwand für die Periode ermittelt wird, in der das Ereignis eintritt.

B61 Dieselben Anforderungen gelten für die Ermittlung der Anteile einer Ersatzprämie, die Diensten vor und nach dem Zusammenschluss zuzuteilen sind, ungeachtet dessen ob eine Ersatzprämie als eine Schuld oder als ein Eigenkapitalinstrument gemäß den Bestimmungen des IFRS 2 eingestuft ist. Alle Änderungen des marktbasierten Werts der nach dem Erwerbszeitpunkt als Schulden eingestuften Prämien und der dazugehörigen Ertragsteuerauswirkungen werden in der/den Periode(n) im Abschluss nach dem Zusammenschluss des Erwerbers erfasst, in der/denen die Änderungen auftreten.

---

1   In den Paragraphen B56–B62 bezeichnet der Begriff „anteilsbasierte Vergütungsprämien" unverfallbare wie verfallbare anteilsbasierte Vergütungstransaktionen.

Acquirer share-based payment awards exchanged for awards held by the acquiree's employees (application of paragraph 52 (b))

An acquirer may exchange its share-based payment awards[1] (replacement awards) for awards held by employees of the **B56** acquiree. Exchanges of share options or other share-based payment awards in conjunction with a business combination are accounted for as modifications of share-based payment awards in accordance with IFRS 2 *Share-based Payment*. If the acquirer replaces the acquiree awards, either all or a portion of the market-based measure of the acquirer's replacement awards shall be included in measuring the consideration transferred in the business combination. Paragraphs B57—B62 provide guidance on how to allocate the market-based measure.

However, in situations, in which acquiree awards would expire as a consequence of a business combination and if the acquirer replaces those awards when it is not obliged to do so, all of the market-based measure of the replacement awards shall be recognised as remuneration cost in the post-combination financial statements in accordance with IFRS 2. That is to say, none of the market-based measure of those awards shall be included in measuring the consideration transferred in the business combination. The acquirer is obliged to replace the acquiree awards if the acquiree or its employees have the ability to enforce replacement. For example, for the purposes of applying this guidance, the acquirer is obliged to replace the acquiree's awards if replacement is required by:

(a) the terms of the acquisition agreement;

(b) the terms of the acquiree's awards; or

(c) applicable laws or regulations.

To determine the portion of a replacement award that is part of the consideration transferred for the acquiree and the **B57** portion that is remuneration for post-combination service, the acquirer shall measure both the replacement awards granted by the acquirer and the acquiree awards as of the acquisition date in accordance with IFRS 2. The portion of the market-based measure of the replacement award that is part of the consideration transferred in exchange for the acquiree equals the portion of the acquiree award that is attributable to pre-combination service.

The portion of the replacement award attributable to pre-combination service is the market-based measure of the **B58** acquiree award multiplied by the ratio of the portion of the vesting period completed to the greater of the total vesting period or the original vesting period of the acquiree award. The vesting period is the period during which all the specified vesting conditions are to be satisfied. Vesting conditions are defined in IFRS 2.

The portion of a non-vested replacement award attributable to post-combination service, and therefore recognised as **B59** remuneration cost in the post-combination financial statements, equals the total market-based measure of the replacement award less the amount attributed to pre-combination service. Therefore, the acquirer attributes any excess of the market-based measure of the replacement award over the market-based measure of the acquiree award to post-combination service and recognises that excess as remuneration cost in the post-combination financial statements. The acquirer shall attribute a portion of a replacement award to post-combination service if it requires post-combination service, regardless of whether employees had rendered all of the service required for their acquiree awards to vest before the acquisition date.

The portion of a non-vested replacement award attributable to pre-combination service, as well as the portion attributable **B60** to post-combination service, shall reflect the best available estimate of the number of replacement awards expected to vest. For example, if the market-based measure of the portion of a replacement award attributed to pre-combination service is CU100 and the acquirer expects that only 95 per cent of the award will vest, the amount included in consideration transferred in the business combination is CU95. Changes in the estimated number of replacement awards expected to vest are reflected in remuneration cost for the periods in which the changes or forfeitures occur—not as adjustments to the consideration transferred in the business combination. Similarly, the effects of other events, such as modifications or the ultimate outcome of awards with performance conditions, that occur after the acquisition date are accounted for in accordance with IFRS 2 in determining remuneration cost for the period in which an event occurs.

The same requirements for determining the portions of a replacement award attributable to pre-combination and post- **B61** combination service apply regardless of whether a replacement award is classified as a liability or as an equity instrument in accordance with the provisions of IFRS 2. All changes in the market-based measure of awards classified as liabilities after the acquisition date and the related income tax effects are recognised in the acquirer's post-combination financial statements in the period(s) in which the changes occur.

---

1 In paragraphs B56—B62 the term 'share-based payment awards' refers to vested or unvested share-based payment transactions.

B62 Die Ertragsteuerauswirkungen der Ersatzprämien der anteilsbasierten Vergütungen sind gemäß den Bestimmungen des IAS 12 *Ertragsteuern* zu bilanzieren.

Aktienbasierte Vergütungstransaktionen des erworbenen Unternehmens mit Ausgleich durch Eigenkapitalinstrumente

B62A Das erworbene Unternehmen hat möglicherweise aktienbasierte Vergütungstransaktionen ausstehen, die der Erwerber nicht gegen seine aktienbasierten Vergütungstransaktionen austauscht. Sind diese aktienbasierten Vergütungstransaktionen des erworbenen Unternehmens unverfallbar, sind sie Teil des nicht beherrschenden Anteils am erworbenen Unternehmen und werden zu ihrem marktbasierten Wert angesetzt. Sind sie verfallbar, werden sie gemäß den Paragraphen 19 und 30 zu ihrem marktbasierten Wert angesetzt, so als fiele der Erwerbszeitpunkt mit dem Gewährungszeitpunkt zusammen.

B62B Der marktbasierte Wert verfallbarer aktienbasierter Vergütungstransaktionen wird dem nicht beherrschenden Anteil zugeordnet, wobei die Zuordnung nach dem Anteil des abgeschlossenen Teils des Erdienungszeitraums am gesamten Erdienungszeitraum bzw. (wenn größer) am ursprünglichen Erdienungszeitraum der aktienbasierten Vergütungstransaktion erfolgt. Der Saldo wird den Leistungen nach dem Zusammenschluss zugeordnet.

Andere IFRS, die Leitlinien für die Folgebewertung und die nachfolgende Bilanzierung bereitstellen (Anwendung des Paragraphen 54)

B63 Zu den Beispielen anderer IFRS, die Leitlinien für die Folgebewertung und die nachfolgende Bilanzierung der bei einem Unternehmenszusammenschluss erworbenen Vermögenswerte und übernommenen oder eingegangenen Schulden bereitstellen, gehören die Folgenden:

(a) IAS 38 beschreibt die Bilanzierung identifizierbarer immaterieller Vermögenswerte, die bei einem Unternehmenszusammenschluss erworben wurden. Der Erwerber bestimmt den Geschäfts- oder Firmenwert zum Erwerbszeitpunkt abzüglich aller kumulierten Wertminderungsaufwendungen. IAS 36 *Wertminderung von Vermögenswerten* beschreibt die Bilanzierung von Wertminderungsaufwendungen.

(b) IFRS 4 *Versicherungsverträge* stellt Leitlinien für die nachfolgende Bilanzierung eines Versicherungsvertrages bereit, der bei einem Unternehmenszusammenschluss erworben wurde.

(c) IAS 12 beschreibt die nachfolgende Bilanzierung latenter Steueransprüche (einschließlich nicht angesetzter latenter Steueransprüche) und latenter Steuerschulden, die bei einem Unternehmenszusammenschluss erworben wurden.

(d) IFRS 2 stellt Leitlinien für die Folgebewertung und die nachfolgende Bilanzierung des Anteils des von einem Erwerber ausgegebenen Ersatzes von anteilsbasierten Vergütungsprämien bereit, die den künftigen Diensten der Mitarbeiter zuzuordnen sind.

(e) IFRS 10 stellt Leitlinien für die Bilanzierung der Änderungen der Beteiligungsquote eines Mutterunternehmens an einem Tochterunternehmen nach Übernahme der Beherrschung bereit.

Angaben (Anwendung der Paragraphen 59 und 61)

B64 Zur Erfüllung der Zielsetzung in Paragraph 59 hat der Erwerber für jeden Unternehmenszusammenschluss, der während der Berichtsperiode stattfindet, die folgenden Angaben zu machen:

(a) Name und Beschreibung des erworbenen Unternehmens.

(b) Erwerbszeitpunkt.

(c) Prozentsatz der erworbenen Eigenkapitalanteile mit Stimmrecht.

(d) Hauptgründe für den Unternehmenszusammenschluss und Beschreibung der Art und Weise, wie der Erwerber die Beherrschung über das erworbene Unternehmen erlangt hat.

(e) eine qualitative Beschreibung der Faktoren, die zur Erfassung des Geschäfts- oder Firmenwerts führen, wie beispielsweise die erwarteten Synergien aus gemeinschaftlichen Tätigkeiten des erworbenen Unternehmens und dem Erwerber, immateriellen Vermögenswerten, die nicht für einen gesonderten Ansatz eingestuft sind oder sonstige Faktoren.

(f) Der zum Erwerbszeitpunkt gültige beizulegende Zeitwert der gesamten übertragenen Gegenleistung und der zum Erwerbszeitpunkt gültige beizulegende Zeitwert jeder Hauptgruppe von Gegenleistungen, wie:

(i) Zahlungsmittel;

(ii) sonstige materielle oder immaterielle Vermögenswerte, einschließlich eines Geschäftsbetriebs oder Tochterunternehmens des Erwerbers;

(iii) eingegangene Schulden, zum Beispiel eine Schuld für eine bedingte Gegenleistung; und

(iv) Eigenkapitalanteile des Erwerbers, einschließlich der Anzahl der ausgegebenen oder noch auszugebenden Instrumente oder Anteile sowie der Methode zur Bemessung des beizulegenden Zeitwerts dieser Instrumente und Anteile.

(g) für Vereinbarungen über eine bedingte Gegenleistung und Vermögenswerte für Entschädigungsleistungen:

(i) der zum Erwerbszeitpunkt erfasste Betrag;

(ii) eine Beschreibung der Vereinbarung und die Grundlage für die Ermittlung des Zahlungsbetrags; sowie

(iii) eine Schätzung der Bandbreite der Ergebnisse (nicht abgezinst) oder, falls eine Bandbreite nicht geschätzt werden kann, die Tatsache und die Gründe, warum eine Bandbreite nicht geschätzt werden kann. Wenn der Höchstbetrag der Zahlung unbegrenzt ist, hat der Erwerber diese Tatsache anzugeben.

The income tax effects of replacement awards of share-based payments shall be recognised in accordance with the provisions of IAS 12 *Income Taxes.* **B62**

Equity-settled share-based payment transactions of the acquiree

The acquiree may have outstanding share-based payment transactions that the acquirer does not exchange for its share- **B62A** based payment transactions. If vested, those acquiree share-based payment transactions are part of the non-controlling interest in the acquiree and are measured at their market-based measure. If unvested, they are measured at their market-based measure as if the acquisition date were the grant date in accordance with paragraphs 19 and 30.

The market-based measure of unvested share-based payment transactions is allocated to the non-controlling interest on **B62B** the basis of the ratio of the portion of the vesting period completed to the greater of the total vesting period or the original vesting period of the share-based payment transaction. The balance is allocated to post-combination service.

Other IFRSs that provide guidance on subsequent measurement and accounting (application of paragraph 54)

Examples of other IFRSs that provide guidance on subsequently measuring and accounting for assets acquired and liabil- **B63** ities assumed or incurred in a business combination include:
(a) IAS 38 prescribes the accounting for identifiable intangible assets acquired in a business combination. The acquirer measures goodwill at the amount recognised at the acquisition date less any accumulated impairment losses. IAS 36 *Impairment of Assets* prescribes the accounting for impairment losses.
(b) IFRS 4 *Insurance Contracts* provides guidance on the subsequent accounting for an insurance contract acquired in a business combination.
(c) IAS 12 prescribes the subsequent accounting for deferred tax assets (including unrecognised deferred tax assets) and liabilities acquired in a business combination.
(d) IFRS 2 provides guidance on subsequent measurement and accounting for the portion of replacement share-based payment awards issued by an acquirer that is attributable to employees' future services.
(e) IFRS 10 provides guidance on accounting for changes in a parent's ownership interest in a subsidiary after control is obtained.

Disclosures (application of paragraph 59 and 61)

To meet the objective in paragraph 59, the acquirer shall disclose the following information for each business combination **B64** that occurs during the reporting period:
(a) the name and a description of the acquiree.
(b) the acquisition date.
(c) the percentage of voting equity interests acquired.
(d) the primary reasons for the business combination and a description of how the acquirer obtained control of the acquiree.
(e) a qualitative description of the factors that make up the goodwill recognised, such as expected synergies from combining operations of the acquiree and the acquirer, intangible assets that do not qualify for separate recognition or other factors.
(f) the acquisition-date fair value of the total consideration transferred and the acquisition-date fair value of each major class of consideration, such as:
(i) cash;
(ii) other tangible or intangible assets, including a business or subsidiary of the acquirer;
(iii) liabilities incurred, for example, a liability for contingent consideration; and
(iv) equity interests of the acquirer, including the number of instruments or interests issued or issuable and the method of measuring the fair value of those instruments or interests.
(g) for contingent consideration arrangements and indemnification assets:
(i) the amount recognised as of the acquisition date;
(ii) a description of the arrangement and the basis for determining the amount of the payment; and
(iii) an estimate of the range of outcomes (undiscounted) or, if a range cannot be estimated, that fact and the reasons why a range cannot be estimated. If the maximum amount of the payment is unlimited, the acquirer shall disclose that fact.

(h) für erworbene Forderungen:

    (i) den beizulegenden Zeitwert der Forderungen;

    (ii) die Bruttobeträge der vertraglichen Forderungen; und

    (iii) die zum Erwerbszeitpunkt bestmögliche Schätzung der vertraglichen Cashflows, die voraussichtlich uneinbringlich sein werden.

Die Angaben sind für die Hauptgruppen der Forderungen, wie Kredite, direkte Finanzierungs-Leasingverhältnisse und alle sonstigen Gruppen von Forderungen, zu machen.

(i) die zum Erwerbszeitpunkt für jede Hauptgruppe von erworbenen Vermögenswerten und übernommenen Schulden erfassten Beträge.

(j) für jede gemäß Paragraph 23 angesetzte Eventualverbindlichkeit die in Paragraph 85 des IAS 37 *Rückstellungen, Eventualverbindlichkeiten und Eventualforderungen* verlangten Angaben. Falls eine Eventualverbindlichkeit nicht angesetzt wurde, da ihr beizulegender Zeitwert nicht verlässlich bestimmt werden kann, hat der Erwerber folgende Angaben zu machen:

    (i) die in Paragraph 86 des IAS 37 geforderten Angaben; und

    (ii) die Gründe, warum die Verbindlichkeit nicht verlässlich bewertet werden kann.

(k) die Gesamtsumme des Geschäfts- oder Firmenwerts, der erwartungsgemäß für Steuerzwecke abzugsfähig ist.

(l) für Transaktionen, die gemäß Paragraph 51 getrennt vom Erwerb der Vermögenswerte oder der Übernahme der Schulden bei einem Unternehmenszusammenschluss ausgewiesen werden:

    (i) eine Beschreibung jeder Transaktion;

    (ii) wie der Erwerber jede Transaktion bilanziert;

    (iii) die für jede Transaktion ausgewiesenen Beträge und die Posten im Abschluss, in denen jeder Betrag erfasst ist; und

    (iv) falls die Transaktion die tatsächliche Erfüllung der zuvor bestehenden Beziehung ist, die für die Ermittlung des Erfüllungsbetrags eingesetzte Methode.

(m) Die unter (l) geforderten Angaben zu den getrennt ausgewiesenen Transaktionen haben auch den Betrag der zugehörigen Abschlusskosten und separat dazu diejenigen Kosten, die als Aufwand erfasst wurden, sowie den oder die Posten der Gesamtergebnisrechnung, in dem oder in denen diese Aufwendungen erfasst wurden, einzubeziehen. Der Betrag der Ausgabekosten, der nicht als Aufwand erfasst wurde, sowie die Art dessen Erfassung sind ebenso anzugeben.

(n) bei einem Erwerb zu einem Preis unter dem Marktwert (siehe Paragraphen 34–36):

    (i) der Betrag eines gemäß Paragraph 34 erfassten Gewinns sowie der Posten der Gesamtergebnisrechnung, in dem dieser Gewinn erfasst wurde; und

    (ii) eine Beschreibung der Gründe, weshalb die Transaktion zu einem Gewinn führte.

(o) für jeden Unternehmenszusammenschluss, bei dem der Erwerber zum Erwerbszeitpunkt weniger als 100 Prozent der Eigenkapitalanteile an dem erworbenen Unternehmen hält:

    (i) der zum Erwerbszeitpunkt angesetzte Betrag des nicht beherrschenden Anteils an dem erworbenen Unternehmen und die Bewertungsgrundlage für diesen Betrag; und

    (ii) für jeden nicht beherrschenden Anteil an dem erworbenen Unternehmen, der zum beizulegenden Zeitwert bewertet wurde, die Bewertungstechnik(en) und die wesentlichen Inputfaktoren, die für die Bemessung dieses Werts verwendet wurden.

(p) bei einem sukzessiven Unternehmenszusammenschluss:

    (i) der zum Erwerbszeitpunkt geltende beizulegende Zeitwert des Eigenkapitalanteils an dem erworbenen Unternehmen, der unmittelbar vor dem Erwerbszeitpunkt vom Erwerber gehalten wurde; und

    (ii) der Betrag jeglichen Gewinns bzw. Verlusts, der aufgrund einer Neubewertung des Eigenkapitalanteils an dem erworbenen Unternehmen, das vor dem Unternehmenszusammenschluss vom Erwerber gehalten wurde (siehe Paragraph 42), mit dem beizulegenden Zeitwert erfasst wurde und der Posten der Gesamtergebnisrechnung, in dem dieser Gewinn bzw. Verlust erfasst wurde.

(q) die folgenden Angaben:

    (i) die Erlöse sowie der Gewinn oder Verlust des erworbenen Unternehmens seit dem Erwerbszeitpunkt, welche in der Konzerngesamtergebnisrechnung für die betreffende Periode enthalten sind; und

    (ii) die Erlöse und der Gewinn oder Verlust des zusammengeschlossenen Unternehmens für die aktuelle Periode als ob der Erwerbszeitpunkt für alle Unternehmenszusammenschlüsse, die während des Geschäftsjahres stattfanden, am Anfang der Periode des laufenden Geschäftsjahres gewesen wäre.

Wenn die Offenlegung der in diesem Unterparagraphen geforderten Angaben undurchführbar ist, hat der Erwerber diese Tatsache anzugeben und zu erklären, warum diese Angaben undurchführbar sind. Dieser IFRS verwendet den Begriff „undurchführbar" mit derselben Bedeutung wie IAS 8 *Rechnungslegungsmethoden, Änderungen von rechnungslegungsbezogenen Schätzungen und Fehler.*

B65 Für die Unternehmenszusammenschlüsse der Periode, die einzeln betrachtet unwesentlich, zusammen betrachtet jedoch wesentlich sind, hat der Erwerber die in den Paragraphen B64 (e)-(q) vorgeschriebenen Angaben zusammengefasst zu machen.

B66 Wenn der Erwerbszeitpunkt eines Unternehmenszusammenschlusses nach dem Ende der Berichtsperiode jedoch vor der Genehmigung zur Veröffentlichung des Abschlusses liegt, hat der Erwerber die in Paragraph B64 vorgeschriebenen Anga-

(h) for acquired receivables:
   (i) the fair value of the receivables;
   (ii) the gross contractual amounts receivable; and
   (iii) the best estimate at the acquisition date of the contractual cash flows not expected to be collected.
   The disclosures shall be provided by major class of receivable, such as loans, direct finance leases and any other class of receivables.

(i) the amounts recognised as of the acquisition date for each major class of assets acquired and liabilities assumed.

(j) for each contingent liability recognised in accordance with paragraph 23, the information required in paragraph 85 of IAS 37 *Provisions, Contingent Liabilities and Contingent Assets*. If a contingent liability is not recognised because its fair value cannot be measured reliably, the acquirer shall disclose:
   (i) the information required by paragraph 86 of IAS 37; and
   (ii) the reasons why the liability cannot be measured reliably.

(k) the total amount of goodwill that is expected to be deductible for tax purposes.

(l) for transactions that are recognised separately from the acquisition of assets and assumption of liabilities in the business combination in accordance with paragraph 51:
   (i) a description of each transaction;
   (ii) how the acquirer accounted for each transaction;
   (iii) the amounts recognised for each transaction and the line item in the financial statements in which each amount is recognised; and
   (iv) if the transaction is the effective settlement of a pre-existing relationship, the method used to determine the settlement amount.

(m) the disclosure of separately recognised transactions required by (l) shall include the amount of acquisition related costs and, separately, the amount of those costs recognised as an expense and the line item or items in the statement of comprehensive income in which those expenses are recognised. The amount of any issue costs not recognised as an expense and how they were recognised shall also be disclosed.

(n) in a bargain purchase (see paragraphs 34–36):
   (i) the amount of any gain recognised in accordance with paragraph 34 and the line item in the statement of comprehensive income in which the gain is recognised; and
   (ii) a description of the reasons why the transaction resulted in a gain.

(o) for each business combination in which the acquirer holds less than 100 per cent of the equity interests in the acquiree at the acquisition date:
   (i) the amount of the non-controlling interest in the acquiree recognised at the acquisition date and the measurement basis for that amount; and
   (ii) for each non-controlling interest in an acquiree measured at fair value, the valuation technique(s) and significant inputs used to measure that value.

(p) in a business combination achieved in stages:
   (i) the acquisition-date fair value of the equity interest in the acquiree held by the acquirer immediately before the acquisition date; and
   (ii) the amount of any gain or loss recognised as a result of remeasuring to fair value the equity interest in the acquiree held by the acquirer before the business combination (see paragraph 42) and the line item in the statement of comprehensive income in which that gain or loss is recognised.

(q) the following information:
   (i) the amounts of revenue and profit or loss of the acquiree since the acquisition date included in the consolidated statement of comprehensive income for the reporting period; and
   (ii) the revenue and profit or loss of the combined entity for the current reporting period as though the acquisition date for all business combinations that occurred during the year had been as of the beginning of the annual reporting period.
   If disclosure of any of the information required by this subparagraph is impracticable, the acquirer shall disclose that fact and explain why the disclosure is impracticable. This IFRS uses the term 'impracticable' with the same meaning as in IAS 8 *Accounting Policies, Changes in Accounting Estimates and Errors*.

For individually immaterial business combinations occurring during the reporting period that are material collectively, **B65** the acquirer shall disclose in aggregate the information required by paragraph B64 (e)—(q).

If the acquisition date of a business combination is after the end of the reporting period but before the financial statements are authorised for issue, the acquirer shall disclose the information required by paragraph B64 unless the initial **B66**

ben zu machen, es sei denn die erstmalige Bilanzierung des Unternehmenszusammenschlusses ist zum Zeitpunkt der Genehmigung des Abschlusses zur Veröffentlichung nicht vollständig. In diesem Fall hat der Erwerber zu beschreiben, welche Angaben nicht gemacht werden konnten und die Gründe, die dazu geführt haben.

B67 Zur Erfüllung der Zielsetzung in Paragraph 61 hat der Erwerber für jeden wesentlichen Unternehmenszusammenschluss oder zusammengefasst für einzeln betrachtet unwesentliche Unternehmenszusammenschlüsse, die gemeinsam wesentlich sind, folgende Angaben zu machen:

(a) wenn die erstmalige Bilanzierung eines Unternehmenszusammenschlusses unvollständig ist (siehe Paragraph 45) im Hinblick auf gewisse Vermögenswerte, Schulden, nicht beherrschende Anteile oder zu berücksichtigende Posten und die im Abschluss für den Unternehmenszusammenschluss ausgewiesenen Beträge nur vorläufig ermittelt wurden:

    (i) die Gründe, weshalb die erstmalige Bilanzierung des Unternehmenszusammenschlusses unvollständig ist;

    (ii) die Vermögenswerte, Schulden, Eigenkapitalanteile oder zu berücksichtigende Posten, für welche die erstmalige Bilanzierung unvollständig ist; sowie

    (iii) die Art und der Betrag aller Berichtigungen im Bewertungszeitraum, die gemäß Paragraph 49 in der Periode erfasst wurden.

(b) für jede Periode nach dem Erwerbszeitpunkt bis das Unternehmen einen Vermögenswert einer bedingten Gegenleistung vereinnahmt, veräußert oder anderweitig den Anspruch darauf verliert oder bis das Unternehmen eine Schuld als bedingte Gegenleistung erfüllt oder bis diese Schuld aufgehoben oder erloschen ist:

    (i) alle Änderungen der angesetzten Beträge, einschließlich der Differenzen, die sich aus der Erfüllung ergeben;

    (ii) alle Änderungen der Bandbreite der Ergebnisse (nicht abgezinst) sowie die Gründe für diese Änderungen; und

    (iii) die Bewertungstechniken und die in das Hauptmodell einfließenden Parameter zur Bewertung der bedingten Gegenleistung.

(c) für bei einem Unternehmenszusammenschluss angesetzte Eventualverbindlichkeiten hat der Erwerber für jede Gruppe von Rückstellungen die in den Paragraphen 84 und 85 des IAS 37 vorgeschriebenen Angaben zu machen.

(d) eine Überleitung des Buchwerts des Geschäfts- oder Firmenwerts zu Beginn und zum Ende der Berichtsperiode unter gesonderter Angabe:

    (i) des Bruttobetrags und der kumulierten Wertminderungsaufwendungen zu Beginn der Periode.

    (ii) des zusätzlichen Geschäfts- oder Firmenwerts, der während der Periode angesetzt wird, mit Ausnahme von dem Geschäfts- oder Firmenwert, der in einer Veräußerungsgruppe enthalten ist, die beim Erwerb die Kriterien zur Einstufung „als zur Veräußerung gehalten" gemäß IFRS 5 *Zur Veräußerung gehaltene langfristige Vermögenswerte und aufgegebene Geschäftsbereiche* erfüllt.

    (iii) der Berichtigungen aufgrund nachträglich gemäß Paragraph 67 erfasster latenter Steueransprüche während der Periode.

    (iv) des Geschäfts- oder Firmenwerts, der in einer gemäß IFRS 5 als „zur Veräußerung gehalten" eingestuften Veräußerungsgruppe enthalten ist, und des Geschäfts- oder Firmenwerts, der während der Periode ausgebucht wurde, ohne vorher zu einer als „zur Veräußerung gehalten" eingestuften Veräußerungsgruppe gehört zu haben.

    (v) der Wertminderungsaufwendungen, die während der Periode gemäß IAS 36 erfasst wurden. (IAS 36 verlangt zusätzlich zu dieser Anforderung Angaben über den erzielbaren Betrag und die Wertminderung des Geschäfts- oder Firmenwerts.)

    (vi) der Nettoumrechnungsdifferenzen, die während der Periode gemäß IAS 21 *Auswirkungen von Wechselkursänderungen* entstanden.

    (vii) aller anderen Veränderungen des Buchwerts während der Periode.

    (viii) des Bruttobetrags und der kumulierten Wertminderungsaufwendungen zum Ende der Berichtsperiode.

(e) des Betrags jedes in der laufenden Periode erfassten Gewinnes oder Verlustes mit einer Erläuterung, der:

    (i) sich auf die in einem Unternehmenszusammenschluss, der in der laufenden oder einer früheren Periode stattfand, erworbenen identifizierbaren Vermögenswerte oder übernommenen Schulden bezieht; und

    (ii) von solchem Umfang, Art oder Häufigkeit ist, dass diese Angabe für das Verständnis des Abschlusses des zusammengeschlossenen Unternehmens relevant ist.

Übergangsvorschriften für Unternehmenszusammenschlüsse, bei denen nur Gegenseitigkeitsunternehmen beteiligt sind oder die auf rein vertraglicher Basis erfolgen (Anwendung des Paragraphen 66)

B68 In Paragraph 64 ist aufgeführt, dass dieser IFRS prospektiv auf Unternehmenszusammenschlüsse angewendet wird, bei denen der Erwerbszeitpunkt zu Beginn der ersten Berichtsperiode des Geschäftsjahres, das am oder nach dem 1. Juli 2009 beginnt, oder danach liegt. Eine frühere Anwendung ist zulässig. Dieser IFRS ist jedoch erstmals zu Beginn der Berichtsperiode eines am 30. Juni 2007 oder danach beginnenden Geschäftsjahres anzuwenden. Wendet ein Unternehmen diesen IFRS vor dem Zeitpunkt des Inkrafttretens an, so ist dies anzugeben und gleichzeitig IAS 27 (in der vom International Accounting Standards Board 2008 geänderten Fassung) anzuwenden.

B69 Die Vorschrift, diesen IFRS prospektiv anzuwenden, wirkt sich folgendermaßen auf einen Unternehmenszusammenschluss aus, bei dem nur Gegenseitigkeitsunternehmen beteiligt sind oder der auf rein vertraglicher Basis erfolgt, wenn der Erwerbszeitpunkt hinsichtlich dieses Unternehmenszusammenschlusses vor der Anwendung dieses IFRS liegt:

accounting for the business combination is incomplete at the time the financial statements are authorised for issue. In that situation, the acquirer shall describe which disclosures could not be made and the reasons why they cannot be made.

To meet the objective in paragraph 61, the acquirer shall disclose the following information for each material business **B67** combination or in the aggregate for individually immaterial business combinations that are material collectively:

(a) if the initial accounting for a business combination is incomplete (see paragraph 45) for particular assets, liabilities, non-controlling interests or items of consideration and the amounts recognised in the financial statements for the business combination thus have been determined only provisionally:

    (i) the reasons why the initial accounting for the business combination is incomplete;

    (ii) the assets, liabilities, equity interests or items of consideration for which the initial accounting is incomplete; and

    (iii) the nature and amount of any measurement period adjustments recognised during the reporting period in accordance with paragraph 49.

(b) for each reporting period after the acquisition date until the entity collects, sells or otherwise loses the right to a contingent consideration asset, or until the entity settles a contingent consideration liability or the liability is cancelled or expires:

    (i) any changes in the recognised amounts, including any differences arising upon settlement;

    (ii) any changes in the range of outcomes (undiscounted) and the reasons for those changes; and

    (iii) the valuation techniques and key model inputs used to measure contingent consideration.

(c) for contingent liabilities recognised in a business combination, the acquirer shall disclose the information required by paragraphs 84 and 85 of IAS 37 for each class of provision.

(d) a reconciliation of the carrying amount of goodwill at the beginning and end of the reporting period showing separately:

    (i) the gross amount and accumulated impairment losses at the beginning of the reporting period.

    (ii) additional goodwill recognised during the reporting period, except goodwill included in a disposal group that, on acquisition, meets the criteria to be classified as held for sale in accordance with IFRS 5 *Non-current Assets Held for Sale and Discontinued Operations*.

    (iii) adjustments resulting from the subsequent recognition of deferred tax assets during the reporting period in accordance with paragraph 67.

    (iv) goodwill included in a disposal group classified as held for sale in accordance with IFRS 5 and goodwill derecognised during the reporting period without having previously been included in a disposal group classified as held for sale.

    (v) impairment losses recognised during the reporting period in accordance with IAS 36. (IAS 36 requires disclosure of information about the recoverable amount and impairment of goodwill in addition to this requirement.)

    (vi) net exchange rate differences arising during the reporting period in accordance with IAS 21 The Effects of Changes in Foreign Exchange Rates.

    (vii) any other changes in the carrying amount during the reporting period.

    (viii) the gross amount and accumulated impairment losses at the end of the reporting period.

(e) the amount and an explanation of any gain or loss recognised in the current reporting period that both:

    (i) relates to the identifiable assets acquired or liabilities assumed in a business combination that was effected in the current or previous reporting period; and

    (ii) is of such a size, nature or incidence that disclosure is relevant to understanding the combined entity's financial statements.

Transitional provisions for business combinations involving only mutual entities or by contract alone (application of paragraph 66)

Paragraph 64 provides that this IFRS applies prospectively to business combinations for which the acquisition date is on **B68** or after the beginning of the first annual reporting period beginning on or after 1 July 2009. Earlier application is permitted. However, an entity shall apply this IFRS only at the beginning of an annual reporting period that begins on or after 30 June 2007. If an entity applies this IFRS before its effective date, the entity shall disclose that fact and shall apply IAS 27 (as amended by the International Accounting Standards Board in 2008) at the same time.

The requirement to apply this IFRS prospectively has the following effect for a business combination involving only **B69** mutual entities or by contract alone if the acquisition date for that business combination is before the application of this IFRS:

(a) *Einstufung* – Ein Unternehmen hat weiterhin den früheren Unternehmenszusammenschluss gemäß den früheren auf solche Zusammenschlüsse anwendbaren Rechnungslegungsmethoden einzustufen.

(b) *Früher angesetzter Geschäfts- oder Firmenwert* – Zu Beginn der ersten Berichtsperiode des Geschäftsjahres, in dem dieser IFRS angewendet wird, ist der Buchwert des Geschäfts- oder Firmenwerts, der aus einem früheren Unternehmenszusammenschluss stammte, dessen Buchwert zu diesem Zeitpunkt gemäß den vorherigen Rechnungslegungsmethoden des Unternehmens. Bei der Ermittlung dieses Betrages hat das Unternehmen den Buchwert der kumulierten Amortisation dieses Geschäfts- oder Firmenwerts mit einer entsprechenden Minderung des Geschäfts- oder Firmenwerts aufzurechnen. Es sind keine anderen Berichtigungen des Buchwerts des Geschäfts- oder Firmenwerts durchzuführen.

(c) *Geschäfts- oder Firmenwert, der zuvor als ein Abzug vom Eigenkapital ausgewiesen wurde* – Die vorherigen Rechnungslegungsmethoden des Unternehmens können zu einem Geschäfts- oder Firmenwert geführt haben, der als ein Abzug vom Eigenkapital ausgewiesen wurde. In dieser Situation hat das Unternehmen den Geschäfts- oder Firmenwert nicht als einen Vermögenswert zu Beginn der ersten Berichtsperiode des ersten Geschäftsjahres auszuweisen, in dem dieser IFRS angewendet wird. Des Weiteren ist kein Teil dieses Geschäfts- oder Firmenwerts im Gewinn oder Verlust zu erfassen, wenn das Unternehmen den gesamten Geschäftsbetrieb oder einen Teil davon, zu dem dieser Geschäfts- oder Firmenwert gehört, veräußert oder wenn eine zahlungsmittelgenerierende Einheit, zu der dieser Geschäfts- oder Firmenwert gehört, wertgemindert wird.

(d) *Folgebilanzierung des Geschäfts- oder Firmenwerts* – Vom Beginn der ersten Berichtsperiode des ersten Geschäftsjahres, in der dieser IFRS angewendet wird, hat das Unternehmen die planmäßige Abschreibung des Geschäfts- oder Firmenwerts aus dem früheren Unternehmenszusammenschluss einzustellen und den Geschäfts- oder Firmenwert gemäß IAS 36 auf Wertminderung zu prüfen.

(e) *Zuvor angesetzter negativer Geschäfts- oder Firmenwert* – Ein Unternehmen, das den vorherigen Unternehmenszusammenschluss unter Anwendung der Erwerbsmethode bilanzierte, kann einen passivischen Abgrenzungsposten für einen Überschuss seines Anteils an dem beizulegenden Nettozeitwert der identifizierbaren Vermögenswerte und Schulden des erworbenen Unternehmens über die Anschaffungskosten dieses Anteils (manchmal negativer Geschäfts- oder Firmenwert genannt) erfasst haben. In diesem Fall hat das Unternehmen den Buchwert dieses passivischen Abgrenzungspostens zu Beginn der ersten Berichtsperiode des ersten Geschäftsjahres, in der dieser IFRS angewendet wird, auszubuchen und eine entsprechende Berichtigung in der Eröffnungsbilanz der Gewinnrücklagen zu dem Zeitpunkt vorzunehmen.

(a) *Classification*—An entity shall continue to classify the prior business combination in accordance with the entity's previous accounting policies for such combinations.

(b) *Previously recognised goodwill*—At the beginning of the first annual period in which this IFRS is applied, the carrying amount of goodwill arising from the prior business combination shall be its carrying amount at that date in accordance with the entity's previous accounting policies. In determining that amount, the entity shall eliminate the carrying amount of any accumulated amortisation of that goodwill and the corresponding decrease in goodwill. No other adjustments shall be made to the carrying amount of goodwill.

(c) *Goodwill previously recognised as a deduction from equity*—The entity's previous accounting policies may have resulted in goodwill arising from the prior business combination being recognised as a deduction from equity. In that situation the entity shall not recognise that goodwill as an asset at the beginning of the first annual period in which this IFRS is applied. Furthermore, the entity shall not recognise in profit or loss any part of that goodwill when it disposes of all or part of the business to which that goodwill relates or when a cash generating unit to which the goodwill relates becomes impaired.

(d) *Subsequent accounting for goodwill*—From the beginning of the first annual period in which this IFRS is applied, an entity shall discontinue amortising goodwill arising from the prior business combination and shall test goodwill for impairment in accordance with IAS 36.

(e) *Previously recognised negative goodwill*—An entity that accounted for the prior business combination by applying the purchase method may have recognised a deferred credit for an excess of its interest in the net fair value of the acquiree's identifiable assets and liabilities over the cost of that interest (sometimes called negative goodwill). If so, the entity shall derecognise the carrying amount of that deferred credit at the beginning of the first annual period in which this IFRS is applied with a corresponding adjustment to the opening balance of retained earnings at that date.

INTERNATIONAL FINANCIAL REPORTING STANDARD 4

Versicherungsverträge

INHALT

ZIELSETZUNG

1 Zielsetzung dieses IFRS ist es, die Rechnungslegung für *Versicherungsverträge* für jedes Unternehmen, das solche Verträge im Bestand hält (in diesem IFRS als ein *Versicherer* bezeichnet), zu bestimmen, bis der Board die zweite Phase des Projekts über Versicherungsverträge abgeschlossen hat. Insbesondere fordert dieser IFRS:

(a) begrenzte Verbesserungen der Rechnungslegung des Versicherers für Versicherungsverträge.

(b) Angaben zur Identifizierung und Erläuterung der aus Versicherungsverträgen stammenden Beträge im Abschluss eines Versicherers, die den Abschlussadressaten helfen, den Betrag, den Zeitpunkt und die Unsicherheit der künftigen Cashflows aus Versicherungsverträgen zu verstehen.

ANWENDUNGSBEREICH

2 Dieser IFRS ist von einem Unternehmen anzuwenden auf:

(a) Versicherungsverträge (einschließlich *Rückversicherungsverträge*), die es im Bestand hält und Rückversicherungsverträge, die es nimmt;

(b) Finanzinstrumente mit einer *ermessensabhängigen Überschussbeteiligung,* die es im Bestand hält (siehe Paragraph 35). IFRS 7 *Finanzinstrumente: Angaben* verlangt Angaben zu Finanzinstrumenten, einschließlich der Finanzinstrumente, die solche Rechte beinhalten.

3 Dieser IFRS behandelt keine anderen Aspekte der Rechnungslegung von Versicherern, wie die Rechnungslegung für finanzielle Vermögenswerte, die Versicherer halten, und für finanzielle Verbindlichkeiten, die Versicherer begeben (siehe IAS 32 *Finanzinstrumente: Darstellung,* IAS 39 *Finanzinstrumente: Ansatz und Bewertung und IFRS 7*), außer in den in Paragraph 45 aufgeführten Übergangsvorschriften.

4 Dieser IFRS ist von einem Unternehmen nicht anzuwenden auf:

(a) Produktgewährleistungen, die direkt vom Hersteller, Groß- oder Einzelhändler gewährt werden (siehe IAS 18 *Umsatzerlöse* und IAS 37 *Rückstellungen, Eventualverbindlichkeiten und Eventualforderungen*);

(b) Vermögenswerte und Verbindlichkeiten von Arbeitgebern aufgrund von Versorgungsplänen für Arbeitnehmer (siehe IAS 19 *Leistungen an Arbeitnehmer* und IFRS 2 *Anteilsbasierte Vergütung)* und Verpflichtungen aus der Versorgungszusage, die unter leistungsorientierten Altersversorgungsplänen berichtet werden (siehe IAS 26 *Bilanzierung und Berichterstattung von Altersversorgungsplänen*);

INTERNATIONAL FINANCIAL REPORTING STANDARD 4

Insurance contracts

SUMMARY

OBJECTIVE

The objective of this IFRS is to specify the financial reporting for *insurance contracts* by any entity that issues such contracts (described in this IFRS as an *insurer*) until the Board completes the second phase of its project on insurance contracts. In particular, this IFRS requires: **1**

(a) limited improvements to accounting by insurers for insurance contracts;

(b) disclosure that identifies and explains the amounts in an insurer's financial statements arising from insurance contracts and helps users of those financial statements understand the amount, timing and uncertainty of future cash flows from insurance contracts.

SCOPE

An entity shall apply this IFRS to: **2**

(a) insurance contracts (including *reinsurance contracts)* that it issues and reinsurance contracts that it holds;

(b) financial instruments that it issues with a *discretionary participation feature* (see paragraph 35). IFRS 7 *Financial instruments: disclosures* requires disclosure about financial instruments, including financial instruments that contain such features.

This IFRS does not address other aspects of accounting by insurers, such as accounting for financial assets held by **3** insurers and financial liabilities issued by insurers (see IAS 32 *Financial instruments: presentation,* IAS 39 *Financial instruments: recognition and measurement* and IFRS 7), except in the transitional provisions in paragraph 45.

An entity shall not apply this IFRS to: **4**

(a) product warranties issued directly by a manufacturer, dealer or retailer (see IAS 18 *Revenue* and IAS 37 *Provisions, contingent liabilities and contingent assets*);

(b) employers' assets and liabilities under employee benefit plans (see IAS 19 *Employee benefits* and IFRS 2 *Share-based payment*) and retirement benefit obligations reported by defined benefit retirement plans (see IAS 26 *Accounting and reporting by retirement benefit plans*);

(c) vertragliche Rechte oder vertragliche Verpflichtungen, die abhängig vom künftigen Gebrauch oder Gebrauchsrecht eines nicht-finanziellen Sachverhalts (z. B. Lizenzgebühren, Nutzungsentgelte, mögliche Leasingzahlungen und ähnliche Sachverhalte) sowie von der in einem Finanzierungsleasing eingebetteten Restwertgarantie eines Leasingnehmers sind (siehe IAS 17 *Leasingverhältnisse*, IAS 18 *Umsatzerlöse* und IAS 38 *Immaterielle Vermögenswerte*);

(d) finanzielle Garantien, es sei denn, der Garantiegeber hat zuvor ausdrücklich erklärt, dass er solche Verträge als Versicherungsverträge betrachtet und auf Versicherungsverträge anwendbare Bilanzierungsmethoden verwendet hat. In einem solchen Fall kann der Garantiegeber wählen, ob er auf derartige finanzielle Garantien entweder IAS 39, IAS 32 und IFRS 7 oder diesen Standard anwendet. Der Garantiegeber kann diese Entscheidung für jeden Vertrag einzeln treffen, aber die für den jeweiligen Vertrag getroffene Entscheidung kann nicht revidiert werden;

(e) im Rahmen eines Unternehmenszusammenschlusses zu zahlende oder ausstehende bedingte Entgelte (siehe IFRS 3 *Unternehmenszusammenschlüsse*);

(f) *Erstversicherungsverträge*, die das Unternehmen nimmt (d. h. Erstversicherungsverträge, in denen das Unternehmen der *Versicherungsnehmer* ist). Ein *Zedent* indes hat diesen IFRS auf Rückversicherungsverträge anzuwenden, die er nimmt.

5 Zur Vereinfachung der Bezugnahme bezeichnet dieser IFRS jedes Unternehmen, das einen Versicherungsvertrag im Bestand hält, als einen Versicherer, unabhängig davon, ob der Halter für rechtliche Zwecke oder Aufsichtszwecke als Versicherer angesehen wird.

6 Ein Rückversicherungsvertrag ist eine Form eines Versicherungsvertrags. Dementsprechend gelten in diesem IFRS alle Hinweise auf Versicherungsverträge ebenso für Rückversicherungsverträge.

Eingebettete Derivate

7 IAS 39 verlangt von einem Unternehmen, einige eingebettete Derivate von ihrem Basisvertrag abzutrennen, zu ihrem *beizulegenden Zeitwert* zu bewerten und Änderungen des beizulegenden Zeitwerts erfolgswirksam zu berücksichtigen. IAS 39 ist auf Derivate anzuwenden, die in Versicherungsverträgen eingebettet sind, sofern das eingebettete Derivat nicht selbst ein Versicherungsvertrag ist.

8 Als eine Ausnahme von den Anforderungen in IAS 39 braucht ein Versicherer das Recht eines Versicherungsnehmers, einen Versicherungsvertrag zu einem festen Betrag zurückzukaufen (oder zu einem Betrag, der sich aus einem festen Betrag und einem Zinssatz ergibt) nicht abzutrennen und zum beizulegenden Zeitwert zu bewerten, auch dann nicht, wenn der Rückkaufswert vom Buchwert der Basis-*Versicherungsverbindlichkeit* abweicht. Die Anforderung in IAS 39 ist indes auf eine in Versicherungsverträgen enthaltene Verkaufsoption oder ein Rückkaufsrecht anzuwenden, wenn der Rückkaufswert sich infolge einer Änderung einer finanziellen Variablen (wie etwa ein Aktien- oder Warenpreis bzw. -index) oder einer nicht-finanziellen Variablen, die nicht für eine der Vertragsparteien spezifisch ist, verändert. Außerdem gilt diese Anforderung ebenso, wenn das Recht des Inhabers auf Ausübung einer Verkaufsoption oder eines Rückkaufsrechts von der Änderung einer solchen Variablen ausgelöst wird (z. B. eine Verkaufsoption kann ausgeübt werden, wenn ein Börsenindex einen bestimmten Stand erreicht).

9 Paragraph 8 gilt ebenso für Rückkaufs- oder entsprechende Beendigungsrechte im Fall von Finanzinstrumenten mit ermessensabhängiger Überschussbeteiligung.

Entflechtung von Einlagenkomponenten

10 Einige Versicherungsverträge enthalten sowohl eine Versicherungskomponente als auch eine *Einlagenkomponente*. In einigen Fällen muss oder darf ein Versicherer diese Komponenten *entflechten*:

(a) eine Entflechtung ist erforderlich, wenn die beiden folgenden Bedingungen erfüllt sind:

(i) der Versicherer kann die Einlagenkomponente (einschließlich aller eingebetteten Rückkaufsrechte) abgetrennt (d. h. ohne Berücksichtigung der Versicherungskomponente) bewerten;

(ii) ohne diese Voraussetzung würden die Rechnungslegungsmethoden des Versicherers nicht vorschreiben, alle Verpflichtungen und Rechte, die aus der Einlagenkomponente resultieren, anzusetzen;

(b) eine Entflechtung ist erlaubt, aber nicht vorgeschrieben, wenn der Versicherer die Einlagenkomponente abgetrennt, wie in (a) (i) beschrieben, bewerten kann, aber seine Rechnungslegungsmethoden den Ansatz aller Verpflichtungen und Rechte aus der Einlagenkomponente verlangen, ungeachtet der Grundsätze, die für die Bewertung dieser Rechte und Verpflichtungen verwendet werden;

(c) eine Entflechtung ist untersagt, wenn ein Versicherer die Einlagenkomponente nicht abgetrennt, wie in (a) (i) beschrieben, bewerten kann.

11 Nachstehend ein Beispiel für den Fall, dass die Rechnungslegungsmethoden eines Versicherers nicht verlangen, dass alle aus einer Einlagekomponente entstehenden Verpflichtungen angesetzt werden. Ein Zedent erhält eine Erstattung von Schäden von einem *Rückversicherer,* aber der Vertrag verpflichtet den Zedenten, die Erstattung in künftigen Jahren zurückzuzahlen. Diese Verpflichtung entstammt einer Einlagenkomponente. Wenn die Rechnungslegungsmethoden des Zedenten es andernfalls erlauben würden, die Erstattung als Erträge zu erfassen, ohne die daraus resultierende Verpflichtung anzusetzen, ist eine Entflechtung erforderlich.

(c)   contractual rights or contractual obligations that are contingent on the future use of, or right to use, a non-financial item (for example, some licence fees, royalties, contingent lease payments and similar items), as well as a lessee's residual value guarantee embedded in a finance lease (see IAS 17 *Leases,* IAS 18 *Revenue* and IAS 38 *Intangible assets*);

(d)   financial guarantee contracts unless the issuer has previously asserted explicitly that it regards such contracts as insurance contracts and has used accounting applicable to insurance contracts, in which case the issuer may elect to apply either IAS 39, IAS 32 and IFRS 7 or this standard to such financial guarantee contracts. The issuer may make that election contract by contract, but the election for each contract is irrevocable;

(e)   contingent consideration payable or receivable in a business combination (see IFRS 3 *Business combinations*);

(f)   *direct insurance contracts* that the entity holds (i.e. direct insurance contracts in which the entity is the *policyholder).* However, a *cedant* shall apply this IFRS to reinsurance contracts that it holds.

For ease of reference, this IFRS describes any entity that issues an insurance contract as an insurer, whether or not the issuer is regarded as an insurer for legal or supervisory purposes.   **5**

A reinsurance contract is a type of insurance contract. Accordingly, all references in this IFRS to insurance contracts also apply to reinsurance contracts.   **6**

Embedded derivatives

IAS 39 requires an entity to separate some embedded derivatives from their host contract, measure them at *fair value* and include changes in their fair value in profit or loss. IAS 39 applies to derivatives embedded in an insurance contract unless the embedded derivative is itself an insurance contract.   **7**

As an exception to the requirement in IAS 39, an insurer need not separate, and measure at fair value, a policyholder's option to surrender an insurance contract for a fixed amount (or for an amount based on a fixed amount and an interest rate), even if the exercise price differs from the carrying amount of the host *insurance liability.* However, the requirement in IAS 39 does apply to a put option or cash surrender option embedded in an insurance contract if the surrender value varies in response to the change in a financial variable (such as an equity or commodity price or index), or a non-financial variable that is not specific to a party to the contract. Furthermore, that requirement also applies if the holder's ability to exercise a put option or cash surrender option is triggered by a change in such a variable (for example, a put option that can be exercised if a stock market index reaches a specified level).   **8**

Paragraph 8 applies equally to options to surrender a financial instrument containing a discretionary participation feature.   **9**

Unbundling of deposit components

Some insurance contracts contain both an insurance component and a *deposit component.* In some cases, an insurer is required or permitted to *unbundle* those components: **10**

(a)   unbundling is required if both the following conditions are met:

   (i)   the insurer can measure the deposit component (including any embedded surrender options) separately (i.e. without considering the insurance component);

   (ii)   the insurer's accounting policies do not otherwise require it to recognise all obligations and rights arising from the deposit component;

(b)   unbundling is permitted, but not required, if the insurer can measure the deposit component separately as in (a) (i) but its accounting policies require it to recognise all obligations and rights arising from the deposit component, regardless of the basis used to measure those rights and obligations;

(c)   unbundling is prohibited if an insurer cannot measure the deposit component separately as in (a) (i).

The following is an example of a case when an insurer's accounting policies do not require it to recognise all obligations arising from a deposit component. A cedant receives compensation for losses from a *reinsurer,* but the contract obliges the cedant to repay the compensation in future years. That obligation arises from a deposit component. If the cedant's accounting policies would otherwise permit it to recognise the compensation as income without recognising the resulting obligation, unbundling is required.   **11**

12 Zur Entflechtung eines Vertrags hat ein Versicherer:

(a) diesen IFRS auf die Versicherungskomponente anzuwenden.

(b) IAS 39 auf die Einlagenkomponente anzuwenden.

ERFASSUNG UND BEWERTUNG

Vorübergehende Befreiung von der Anwendung einiger anderer IFRS

13 Die Paragraphen 10–12 von IAS 8 *Rechnungslegungsmethoden, Änderungen von rechnungslegungsbezogenen Schätzungen und Fehler* legen die Kriterien fest, die ein Unternehmen zur Entwicklung der Rechnungslegungsmethode zu verwenden hat, wenn kein IFRS ausdrücklich für einen Sachverhalt anwendbar ist. Der vorliegende IFRS nimmt jedoch Versicherer von der Anwendung dieser Kriterien auf seine Rechnungslegungsmethoden für Folgendes aus:

(a) Versicherungsverträge, die er im Bestand hält (einschließlich zugehöriger Abschlusskosten und zugehöriger immaterieller Vermögenswerte, wie solche, die in den Paragraphen 31 und 32 beschrieben sind); und

(b) Rückversicherungsverträge, die er nimmt.

14 Trotzdem nimmt der vorliegende IFRS den Versicherer von einigen Auswirkungen der in den Paragraphen 10–12 von IAS 8 dargelegten Kriterien nicht aus. Ein Versicherer ist insbesondere verpflichtet,

(a) jede Rückstellung für eventuelle künftige Schäden nicht als Verbindlichkeit anzusetzen, wenn diese Schäden bei Versicherungsverträgen anfallen, die am Berichtsstichtag nicht bestehen (wie z. B. Großrisiken- und Schwankungsrückstellungen);

(b) den *Angemessenheitstest für Verbindlichkeiten,* wie in den Paragraphen 15–19 beschrieben, durchzuführen;

(c) eine Versicherungsverbindlichkeit (oder einen Teil einer Versicherungsverbindlichkeit) dann, und nur dann, aus seiner Bilanz auszubuchen, wenn diese getilgt ist – d. h. wenn die im Vertrag genannte Verpflichtung erfüllt oder gekündigt oder erloschen ist;

(d) Folgendes nicht zu saldieren:

   (i) *Rückversicherungsvermögenswerte* mit den zugehörigen Versicherungsverbindlichkeiten; oder

   (ii) Erträge oder Aufwendungen von Rückversicherungsverträgen mit den Aufwendungen oder Erträgen von den zugehörigen Versicherungsverträgen;

(e) zu berücksichtigen, ob seine Rückversicherungsvermögenswerte wertgemindert sind (siehe Paragraph 20).

Angemessenheitstest für Verbindlichkeiten

15 Ein Versicherer hat an jedem Berichtsstichtag unter Verwendung aktueller Schätzungen der künftigen Cashflows aufgrund seiner Versicherungsverträge einzuschätzen, ob seine angesetzten Versicherungsverbindlichkeiten angemessen sind. Zeigt die Einschätzung, dass der Buchwert seiner Versicherungsverbindlichkeiten (abzüglich der zugehörigen abgegrenzten Abschlusskosten und der zugehörigen immateriellen Vermögenswerte, wie die in den Paragraphen 31 und 32 behandelten) im Hinblick auf die geschätzten künftigen Cashflows unangemessen ist, ist der gesamte Fehlbetrag erfolgswirksam zu erfassen.

16 Wendet ein Versicherer einen Angemessenheitstest für Verbindlichkeiten an, der den spezifizierten Mindestanforderungen entspricht, schreibt dieser IFRS keine weiteren Anforderungen vor. Die Mindestanforderungen sind die Folgenden:

(a) Der Test berücksichtigt aktuelle Schätzungen aller vertraglichen Cashflows und aller zugehörigen Cashflows, wie Regulierungskosten und Cashflows, die aus enthaltenen Optionen und Garantien stammen.

(b) Zeigt der Test, dass die Verbindlichkeit unangemessen ist, wird der gesamte Fehlbetrag erfolgswirksam erfasst.

17 Verlangen die Rechnungslegungsmethoden eines Versicherers keinen Angemessenheitstest für Verbindlichkeiten, der die im Paragraph 16 beschriebenen Mindestanforderungen erfüllt, hat der Versicherer:

(a) den Buchwert der betreffenden Versicherungsverbindlichkeiten[1] festzustellen, der vermindert ist um den Buchwert von:

   (i) allen zugehörigen abgegrenzten Abschlusskosten; und

   (ii) allen zugehörigen immateriellen Vermögenswerten, wie diejenigen, die bei einem Unternehmenszusammenschluss oder der Übertragung eines Portfolios erworben wurden (siehe Paragraphen 31 und 32). Zugehörige Rückversicherungsvermögenswerte werden indes nicht berücksichtigt, da ein Versicherer diese gesondert bilanziert (siehe Paragraph 20);

(b) festzustellen, ob der in (a) beschriebene Betrag geringer als der Buchwert ist, der gefordert wäre, wenn die betreffende Versicherungsverbindlichkeit im Anwendungsbereich von IAS 37 läge. Wenn er geringer ist, hat der Versicherer die gesamte Differenz erfolgswirksam zu erfassen und den Buchwert der zugehörigen abgegrenzten Abschlusskosten oder der zugehörigen immateriellen Vermögenswerte zu vermindern bzw. den Buchwert der betreffenden Versicherungsverbindlichkeiten zu erhöhen.

---

1 Die betreffenden Versicherungsverbindlichkeiten sind diejenigen Versicherungsverbindlichkeiten (und zugehörige abgegrenzte Abschlusskosten sowie zugehörige immaterielle Vermögenswerte), für die die Rechnungslegungsmethoden des Versicherers keinen Angemessenheitstest für Verbindlichkeiten verlangen, der die Mindestanforderungen aus Paragraph 16 erfüllt.

To unbundle a contract, an insurer shall:
(a) apply this IFRS to the insurance component;
(b) apply IAS 39 to the deposit component.

RECOGNITION AND MEASUREMENT

Temporary exemption from some other IFRSs

Paragraphs 10—12 of IAS 8 *Accounting policies, changes in accounting estimates and errors* specify criteria for an entity to **13** use in developing an accounting policy if no IFRS applies specifically to an item. However, this IFRS exempts an insurer from applying those criteria to its accounting policies for:
(a) insurance contracts that it issues (including related acquisition costs and related intangible assets, such as those described in paragraphs 31 and 32); and
(b) reinsurance contracts that it holds.

Nevertheless, this IFRS does not exempt an insurer from some implications of the criteria in paragraphs 10—12 of IAS 8. **14** Specifically, an insurer:
(a) shall not recognise as a liability any provisions for possible future claims, if those claims arise under insurance contracts that are not in existence at the end of the reporting period (such as catastrophe provisions and equalisation provisions);
(b) shall carry out the *liability adequacy test* described in paragraphs 15—19;
(c) shall remove an insurance liability (or a part of an insurance liability) from its statement of financial position when, and only when, it is extinguished—i.e. when the obligation specified in the contract is discharged or cancelled or expires;
(d) shall not offset:
    (i) *reinsurance assets* against the related insurance liabilities; or
    (ii) income or expense from reinsurance contracts against the expense or income from the related insurance contracts;
(e) shall consider whether its reinsurance assets are impaired (see paragraph 20).

Liability adequacy test

An insurer shall assess at the end of each reporting period whether its recognised insurance liabilities are adequate, using **15** current estimates of future cash flows under its insurance contracts. If that assessment shows that the carrying amount of its insurance liabilities (less related deferred acquisition costs and related intangible assets, such as those discussed in paragraphs 31 and 32) is inadequate in the light of the estimated future cash flows, the entire deficiency shall be recognised in profit or loss.

If an insurer applies a liability adequacy test that meets specified minimum requirements, this IFRS imposes no further **16** requirements. The minimum requirements are the following:
(a) The test considers current estimates of all contractual cash flows, and of related cash flows such as claims handling costs, as well as cash flows resulting from embedded options and guarantees.
(b) If the test shows that the liability is inadequate, the entire deficiency is recognised in profit or loss.

If an insurer's accounting policies do not require a liability adequacy test that meets the minimum requirements of para- **17** graph 16, the insurer shall:
(a) determine the carrying amount of the relevant insurance liabilities[1] less the carrying amount of:
    (i) any related deferred acquisition costs; and
    (ii) any related intangible assets, such as those acquired in a business combination or portfolio transfer (see paragraphs 31 and 32). However, related reinsurance assets are not considered because an insurer accounts for them separately (see paragraph 20);
(b) determine whether the amount described in (a) is less than the carrying amount that would be required if the relevant insurance liabilities were within the scope of IAS 37. If it is less, the insurer shall recognise the entire difference in profit or loss and decrease the carrying amount of the related deferred acquisition costs or related intangible assets or increase the carrying amount of the relevant insurance liabilities.

---

1 The relevant insurance liabilities are those insurance liabilities (and related deferred acquisition costs and related intangible assets) for which the insurer's accounting policies do not require a liability adequacy test that meets the minimum requirements of paragraph 16.

18 Erfüllt der Angemessenheitstest für Verbindlichkeiten eines Versicherers die Mindestanforderungen aus Paragraph 16, wird der Test entsprechend der in ihm bestimmten Zusammenfassung von Verträgen angewendet. Wenn sein Angemessenheitstest für Verbindlichkeiten diese Mindestanforderungen nicht erfüllt, ist der in Paragraph 17 beschriebene Vergleich auf einen Teilbestand von Verträgen anzuwenden, die ungefähr ähnliche Risiken beinhalten und zusammen als ein einzelnes Portefeuille geführt werden.

19 Der im Paragraph 17 (b) beschriebene Betrag (d. h. das Ergebnis der Anwendung von IAS 37) hat zukünftige Kapitalanlage-Margen (siehe Paragraphen 27–29) dann widerzuspiegeln und nur dann, wenn der in Paragraph 17 (a) beschriebene Betrag auch diese Margen widerspiegelt.

Wertminderung von Rückversicherungsvermögenswerten

20 Ist der Rückversicherungsvermögenswert eines Zedenten wertgemindert, hat der Zedent den Buchwert entsprechend zu reduzieren und diesen Wertminderungsaufwand erfolgswirksam zu erfassen. Ein Rückversicherungsvermögenswert ist dann und nur dann wertgemindert, wenn:

(a) ein objektiver substanzieller Hinweis vorliegt, dass der Zedent als Folge eines nach dem erstmaligen Ansatz des Rückversicherungsvermögenswerts eingetretenen Ereignisses möglicherweise nicht alle ihm nach den Vertragsbedingungen zustehenden Beträge erhalten wird; und

(b) dieses Ereignis eine verlässlich bewertbare Auswirkung auf die Beträge hat, die der Zedent vom Rückversicherer erhalten wird.

Änderungen der Rechnungslegungsmethoden

21 Die Paragraphen 22–30 gelten sowohl für Änderungen, die ein Versicherer vornimmt, der bereits die IFRS verwendet als auch für Änderungen, die ein Versicherer vornimmt, wenn er die IFRS zum ersten Mal anwendet.

22 Ein Versicherer darf seine Rechnungslegungsmethoden für Versicherungsverträge dann und nur dann ändern, wenn diese Änderung den Abschluss für die wirtschaftliche Entscheidungsfindung der Adressaten relevanter macht, ohne weniger verlässlich zu sein, oder verlässlicher macht, ohne weniger relevant für jene Entscheidungsfindung zu sein. Ein Versicherer hat die Relevanz und Verlässlichkeit anhand der Kriterien von IAS 8 zu beurteilen.

23 Zur Rechtfertigung der Änderung seiner Rechnungslegungsmethoden für Versicherungsverträge hat ein Versicherer zu zeigen, dass die Änderung seinen Abschluss näher an die Erfüllung der Kriterien in IAS 8 bringt, wobei die Änderung eine vollständige Übereinstimmung mit jenen Kriterien nicht erreichen muss. Die folgenden besonderen Sachverhalte werden nachstehend erläutert:

(a) aktuelle Zinssätze (Paragraph 24);

(b) Fortführung bestehender Vorgehensweisen (Paragraph 25);

(c) Vorsicht (Paragraph 26);

(d) zukünftige Kapitalanlage-Margen (Paragraphen 27–29); und

(e) Schattenbilanzierung (Paragraph 30).

Aktuelle Marktzinssätze

24 Ein Versicherer darf, ohne dazu verpflichtet zu sein, seine Rechnungslegungsmethoden so ändern, dass er eine Neubewertung bestimmter Versicherungsverbindlichkeiten[2] vornimmt, um die aktuellen Marktzinssätze widerzuspiegeln, und er die Änderungen dieser Verbindlichkeiten erfolgswirksam erfasst. Dabei darf er auch Rechnungslegungsmethoden einführen, die andere aktuelle Schätzwerte und Annahmen für die Bewertung dieser Verbindlichkeiten fordern. Das Wahlrecht in diesem Paragraphen erlaubt einem Versicherer, seine Rechnungslegungsmethoden für bestimmte Verbindlichkeiten zu ändern, ohne diese Methoden konsequent auf alle ähnlichen Verbindlichkeiten anzuwenden, wie es andernfalls von IAS 8 verlangt würde. Wenn ein Versicherer Verbindlichkeiten für diese Wahl bestimmt, dann hat er die aktuellen Marktzinsen (und ggf. die anderen aktuellen Schätzwerte und Annahmen) konsequent in allen Perioden auf alle diese Verbindlichkeiten anzuwenden, bis sie erloschen sind.

Fortführung bestehender Vorgehensweisen

25 Ein Versicherer kann die folgenden Vorgehensweisen fortführen, aber die Einführung einer solchen erfüllt nicht Paragraph 22:

(a) Bewertung von Versicherungsverbindlichkeiten auf einer nicht abgezinsten Basis.

(b) Bewertung der vertraglichen Rechte auf künftige Kapitalanlage-Gebühren mit einem Betrag, der deren beizulegenden Zeitwert übersteigt, der durch einen Vergleich mit aktuellen Gebühren, die von anderen Marktteilnehmern für ähnliche Dienstleistungen erhoben werden, angenähert werden kann. Es ist wahrscheinlich, dass der beizulegende Zeitwert bei Begründung dieser vertraglichen Rechte den Anschaffungskosten entspricht, es sei denn die künftigen Kapitalanlage-Gebühren und die zugehörigen Kosten fallen aus dem Rahmen der Vergleichswerte im Markt.

---

2 In diesem Paragraphen enthalten Versicherungsverbindlichkeiten zugehörige abgegrenzte Abschlusskosten und zugehörige immaterielle Vermögenswerte, wie die in den Paragraphen 31 und 32 beschriebenen.

If an insurer's liability adequacy test meets the minimum requirements of paragraph 16, the test is applied at the level of aggregation specified in that test. If its liability adequacy test does not meet those minimum requirements, the comparison described in paragraph 17 shall be made at the level of a portfolio of contracts that are subject to broadly similar risks and managed together as a single portfolio. **18**

The amount described in paragraph 17 (b) (i.e. the result of applying IAS 37) shall reflect future investment margins (see paragraphs 27—29) if, and only if, the amount described in paragraph 17 (a) also reflects those margins. **19**

Impairment of reinsurance assets

If a cedant's reinsurance asset is impaired, the cedant shall reduce its carrying amount accordingly and recognise that impairment loss in profit or loss. A reinsurance asset is impaired if, and only if: **20**
(a) there is objective evidence, as a result of an event that occurred after initial recognition of the reinsurance asset, that the cedant may not receive all amounts due to it under the terms of the contract; and
(b) that event has a reliably measurable impact on the amounts that the cedant will receive from the reinsurer.

Changes in accounting policies

Paragraphs 22—30 apply both to changes made by an insurer that already applies IFRSs and to changes made by an insurer adopting IFRSs for the first time. **21**

An insurer may change its accounting policies for insurance contracts if, and only if, the change makes the financial statements more relevant to the economic decision-making needs of users and no less reliable, or more reliable and no less relevant to those needs. An insurer shall judge relevance and reliability by the criteria in IAS 8. **22**

To justify changing its accounting policies for insurance contracts, an insurer shall show that the change brings its financial statements closer to meeting the criteria in IAS 8, but the change need not achieve full compliance with those criteria. The following specific issues are discussed below: **23**
(a) current interest rates (paragraph 24);
(b) continuation of existing practices (paragraph 25);
(c) prudence (paragraph 26);
(d) future investment margins (paragraphs 27—29); and
(e) shadow accounting (paragraph 30).

Current market interest rates

An insurer is permitted, but not required, to change its accounting policies so that it remeasures designated insurance liabilities[2] to reflect current market interest rates and recognises changes in those liabilities in profit or loss. At that time, it may also introduce accounting policies that require other current estimates and assumptions for the designated liabilities. The election in this paragraph permits an insurer to change its accounting policies for designated liabilities, without applying those policies consistently to all similar liabilities as IAS 8 would otherwise require. If an insurer designates liabilities for this election, it shall continue to apply current market interest rates (and, if applicable, the other current estimates and assumptions) consistently in all periods to all these liabilities until they are extinguished. **24**

Continuation of existing practices

An insurer may continue the following practices, but the introduction of any of them does not satisfy paragraph 22: **25**
(a) measuring insurance liabilities on an undiscounted basis;
(b) measuring contractual rights to future investment management fees at an amount that exceeds their fair value as implied by a comparison with current fees charged by other market participants for similar services. It is likely that the fair value at inception of those contractual rights equals the origination costs paid, unless future investment management fees and related costs are out of line with market comparables;

---

2 In this paragraph, insurance liabilities include related deferred acquisition costs and related intangible assets, such as those discussed in paragraphs 31 and 32.

(c) Der Gebrauch uneinheitlicher Rechnungslegungsmethoden für Versicherungsverträge (und zugehörige abgegrenzte Abschlusskosten und zugehörige immaterielle Vermögenswerte, sofern vorhanden) von Tochterunternehmen, abgesehen von denen, die durch Paragraph 24 erlaubt sind. Im Fall von uneinheitlichen Rechnungslegungsmethoden darf ein Versicherer sie ändern, sofern diese Änderung die Rechnungslegungsmethoden nicht noch uneinheitlicher macht und überdies die anderen Anforderungen in diesem IFRS erfüllt.

Vorsicht

26 Ein Versicherer braucht seine Rechnungslegungsmethoden für Versicherungsverträge nicht zu ändern, um übermäßige Vorsicht zu beseitigen. Bewertet ein Versicherer indes seine Versicherungsverträge bereits mit ausreichender Vorsicht, so hat er keine zusätzliche Vorsicht mehr einzuführen.

Zukünftige Kapitalanlage-Margen

27 Ein Versicherer braucht seine Rechnungslegungsmethoden für Versicherungsverträge nicht zu ändern, um die Berücksichtigung zukünftiger Kapitalanlage-Margen zu unterlassen. Es besteht jedoch eine widerlegbare Vermutung, dass der Abschluss eines Versicherers weniger relevant und verlässlich wird, wenn er eine Rechnungslegungsmethode einführt, die zukünftige Kapitalanlage-Margen bei der Bewertung von Versicherungsverträgen berücksichtigt, es sei denn diese Margen beeinflussen die vertraglichen Zahlungen. Zwei Beispiele von Rechnungslegungsmethoden, die diese Margen berücksichtigen, sind:

(a) Verwendung eines Abzinsungssatzes, der die geschätzten Erträge aus den Vermögenswerten des Versicherers berücksichtigt; oder

(b) Hochrechnung der Erträge aus diesen Vermögenswerten aufgrund einer geschätzten Verzinsung, Abzinsung dieser hochgerechneten Erträge mit einem anderen Zinssatz und Einschluss des Ergebnisses in die Bewertung der Verbindlichkeit.

28 Ein Versicherer kann die in Paragraph 27 beschriebene widerlegbare Vermutung dann und nur dann widerlegen, wenn die anderen Komponenten der Änderung der Rechnungslegungsmethoden die Relevanz und Verlässlichkeit seiner Abschlüsse genügend verbessern, um die Verschlechterung der Relevanz und Verlässlichkeit aufzuwiegen, die durch den Einschluss zukünftiger Kapitalanlage-Margen bewirkt wird. Man nehme beispielsweise an, dass die bestehenden Rechnungslegungsmethoden eines Versicherers für Versicherungsverträge übermäßig vorsichtige bei Vertragsabschluss festzusetzende Annahmen und einen von einer Regulierungsbehörde vorgeschriebenen Abzinsungssatz ohne direkten Bezug zu den Marktkonditionen vorsehen und einige enthaltene Optionen und Garantien ignorieren. Der Versicherer könnte seine Abschlüsse relevanter und nicht weniger verlässlich machen, wenn er zu umfassenden anleger-orientierten Grundsätzen der Rechnungslegung übergehen würde, die weit gebräuchlich sind und Folgendes vorsehen:

(a) aktuelle Schätzungen und Annahmen;

(b) eine vernünftige (aber nicht übermäßig vorsichtige) Marge, um das Risiko und die Ungewissheit zu berücksichtigen;

(c) Bewertungen, die sowohl den inneren Wert als auch den Zeitwert der enthaltenen Optionen und Garantien berücksichtigen; und

(d) einen aktuellen Marktabzinsungssatz, selbst wenn dieser Abzinsungssatz die geschätzten Erträge aus den Vermögenswerten des Versicherers berücksichtigt.

29 Bei einigen Bewertungsansätzen wird der Abzinsungssatz zur Bestimmung des Barwerts zukünftiger Gewinnmargen verwendet. Diese Gewinnmargen werden dann verschiedenen Perioden mittels einer Formel zugewiesen. Bei diesen Methoden beeinflusst der Abzinsungssatz die Bewertung der Verbindlichkeit nur indirekt. Insbesondere hat die Verwendung eines weniger geeigneten Abzinsungssatzes eine begrenzte oder keine Einwirkung auf die Bewertung der Verbindlichkeit bei Vertragsabschluss. Bei anderen Methoden bestimmt der Abzinsungssatz jedoch die Bewertung der Verbindlichkeit direkt. In letzterem Fall ist es höchst unwahrscheinlich, dass ein Versicherer die im Paragraphen 27 beschriebene widerlegbare Vermutung widerlegen kann, da die Einführung eines auf den Vermögenswerten basierenden Abzinsungssatzes einen signifikanteren Effekt hat.

Schattenbilanzierung

30 In einigen Bilanzierungsmodellen haben die realisierten Gewinne und Verluste der Vermögenswerte eines Versicherers einen direkten Effekt auf die Bewertung einiger oder aller seiner (a) Versicherungsverbindlichkeiten, (b) zugehörigen abgegrenzten Abschlusskosten und (c) zugehörigen immateriellen Vermögenswerte, wie die in den Paragraphen 31 und 32 beschriebenen. Ein Versicherer darf, ohne dazu verpflichtet zu sein, seine Rechnungslegungsmethoden so ändern, dass ein erfasster, aber nicht realisierter Gewinn oder Verlust aus einem Vermögenswert diese Bewertungen in der selben Weise beeinflussen kann, wie es ein realisierter Gewinn oder Verlust täte. Die zugehörige Anpassung der Versicherungsverbindlichkeit (oder abgegrenzten Abschlusskosten oder immateriellen Vermögenswerte) ist dann und nur dann im sonstigen Ergebnis zu berücksichtigen, wenn die nicht realisierten Gewinne oder Verluste im sonstigen Ergebnis berücksichtigt werden. Diese Vorgehensweise wird manchmal als „Schattenbilanzierung" beschrieben.

(c) using non-uniform accounting policies for the insurance contracts (and related deferred acquisition costs and related intangible assets, if any) of subsidiaries, except as permitted by paragraph 24. If those accounting policies are not uniform, an insurer may change them if the change does not make the accounting policies more diverse and also satisfies the other requirements in this IFRS.

Prudence

An insurer need not change its accounting policies for insurance contracts to eliminate excessive prudence. However, if **26** an insurer already measures its insurance contracts with sufficient prudence, it shall not introduce additional prudence.

Future investment margins

An insurer need not change its accounting policies for insurance contracts to eliminate future investment margins. How- **27** ever, there is a rebuttable presumption that an insurer's financial statements will become less relevant and reliable if it introduces an accounting policy that reflects future investment margins in the measurement of insurance contracts, unless those margins affect the contractual payments. Two examples of accounting policies that reflect those margins are:

(a) using a discount rate that reflects the estimated return on the insurer's assets; or

(b) projecting the returns on those assets at an estimated rate of return, discounting those projected returns at a different rate and including the result in the measurement of the liability.

An insurer may overcome the rebuttable presumption described in paragraph 27 if, and only if, the other components of **28** a change in accounting policies increase the relevance and reliability of its financial statements sufficiently to outweigh the decrease in relevance and reliability caused by the inclusion of future investment margins. For example, suppose that an insurer's existing accounting policies for insurance contracts involve excessively prudent assumptions set at inception and a discount rate prescribed by a regulator without direct reference to market conditions, and ignore some embedded options and guarantees. The insurer might make its financial statements more relevant and no less reliable by switching to a comprehensive investor-oriented basis of accounting that is widely used and involves:

(a) current estimates and assumptions;

(b) a reasonable (but not excessively prudent) adjustment to reflect risk and uncertainty;

(c) measurements that reflect both the intrinsic value and time value of embedded options and guarantees; and

(d) a current market discount rate, even if that discount rate reflects the estimated return on the insurer's assets.

In some measurement approaches, the discount rate is used to determine the present value of a future profit margin. That **29** profit margin is then attributed to different periods using a formula. In those approaches, the discount rate affects the measurement of the liability only indirectly. In particular, the use of a less appropriate discount rate has a limited or no effect on the measurement of the liability at inception. However, in other approaches, the discount rate determines the measurement of the liability directly. In the latter case, because the introduction of an asset-based discount rate has a more significant effect, it is highly unlikely that an insurer could overcome the rebuttable presumption described in paragraph 27.

Shadow accounting

In some accounting models, realised gains or losses on an insurer's assets have a direct effect on the measurement of **30** some or all of (a) its insurance liabilities, (b) related deferred acquisition costs and (c) related intangible assets, such as those described in paragraphs 31 and 32. An insurer is permitted, but not required, to change its accounting policies so that a recognised but unrealised gain or loss on an asset affects those measurements in the same way that a realised gain or loss does. The related adjustment to the insurance liability (or deferred acquisition costs or intangible assets) shall be recognised in other comprehensive income if, and only if, the unrealised gains or losses are recognised in other comprehensive income. This practice is sometimes described as 'shadow accounting'.

Erwerb von Versicherungsverträgen durch Unternehmenszusammenschluss oder Portfolioübertragung

31 Im Einklang mit IFRS 3 hat ein Versicherer zum Erwerbszeitpunkt die von ihm in einem Unternehmenszusammenschluss übernommenen Versicherungsverbindlichkeiten und erworbenen *Versicherungsvermögenswerte* mit dem beizulegenden Zeitwert zu bewerten. Ein Versicherer darf jedoch, ohne dazu verpflichtet zu sein, eine ausgeweitete Darstellung verwenden, die den beizulegenden Zeitwert der erworbenen Versicherungsverträge in zwei Komponenten aufteilt:

(a) eine Verbindlichkeit, die gemäß den Rechnungslegungsmethoden des Versicherers für von ihm gehaltene Versicherungsverträge bewertet wird; und

(b) einen immateriellen Vermögenswert, der die Differenz zwischen (i) dem beizulegenden Zeitwert der erworbenen vertraglichen Rechte und übernommenen vertraglichen Verpflichtungen aus Versicherungsverträgen und (ii) dem in (a) beschriebenen Betrag darstellt. Die Folgebewertung dieses Vermögenswerts hat im Einklang mit der Bewertung der zugehörigen Versicherungsverbindlichkeit zu erfolgen.

32 Ein Versicherer, der einen Bestand von Versicherungsverträgen erwirbt, kann die in Paragraph 31 beschriebene ausgeweitete Darstellung verwenden.

33 Die in den Paragraphen 31 und 32 beschriebenen immateriellen Vermögenswerte sind vom Anwendungsbereich von IAS 36 *Wertminderung von Vermögenswerten* und von IAS 38 ausgenommen. IAS 36 und IAS 38 sind jedoch auf Kundenlisten und Kundenbeziehungen anzuwenden, die die Erwartungen auf künftige Verträge beinhalten, die nicht in den Rahmen der vertraglichen Rechte und Verpflichtungen der Versicherungsverträge fallen, die zum Zeitpunkt des Unternehmenszusammenschlusses oder der Übertragung des Portfolios bestanden.

Ermessensabhängige Überschussbeteiligung

Ermessensabhängige Überschussbeteiligung in Versicherungsverträgen

34 Einige Versicherungsverträge enthalten sowohl eine ermessensabhängige Überschussbeteiligung als auch ein *garantiertes Element.* Der Versicherer eines solchen Vertrags:

(a) darf, ohne dazu verpflichtet zu sein, das garantierte Element getrennt von der ermessensabhängigen Überschussbeteiligung ansetzen. Wenn der Versicherer diese nicht getrennt ansetzt, hat er den gesamten Vertrag als eine Verbindlichkeit zu klassifizieren. Setzt der Versicherer sie getrennt an, dann ist das garantierte Element als eine Verbindlichkeit zu klassifizieren;

(b) hat, wenn er die ermessensabhängige Überschussbeteiligung getrennt vom garantierten Element ansetzt, diese entweder als eine Verbindlichkeit oder als eine gesonderte Komponente des Eigenkapitals zu klassifizieren. Dieser IFRS bestimmt nicht, wie der Versicherer festlegt, ob dieses Recht eine Verbindlichkeit oder Eigenkapital ist. Der Versicherer darf dieses Recht in eine Verbindlichkeit und Eigenkapitalkomponenten aufteilen und hat für diese Aufteilung eine einheitliche Rechnungslegungsmethode zu verwenden. Der Versicherer darf dieses Recht nicht als eine Zwischenkategorie klassifizieren, die weder Verbindlichkeit noch Eigenkapital ist;

(c) darf alle erhaltenen Beiträge als Erträge erfassen, ohne dabei einen Teil abzutrennen, der zur Eigenkapitalkomponente gehört. Die sich ergebenden Änderungen des garantierten Elements und des Anteils an der ermessensabhängigen Überschussbeteiligung, der als Verbindlichkeit klassifiziert ist, sind erfolgswirksam zu erfassen. Wenn ein Teil oder die gesamte ermessensabhängige Überschussbeteiligung als Eigenkapital klassifiziert ist, kann ein Teil des Gewinns oder Verlustes diesem Recht zugerechnet werden (auf dieselbe Weise wie ein Teil einem nicht beherrschenden Anteil zugerechnet werden kann). Der Versicherer hat den Teil eines Gewinns oder Verlustes, der einer Eigenkapitalkomponente einer ermessensabhängigen Überschussbeteiligung zuzurechnen ist, als Ergebnisverwendung und nicht als Aufwendungen oder Erträge zu erfassen (siehe IAS 1 *Darstellung des Abschlusses*);

(d) hat für den Fall, dass ein eingebettetes Derivat im Vertrag enthalten ist, das in den Anwendungsbereich von IAS 39 fällt, IAS 39 auf dieses eingebettete Derivat anzuwenden;

(e) hat in jeder Hinsicht, soweit nichts anderes in den Paragraphen 14–20 und 34 (a)–(d) aufgeführt ist, seine bestehenden Rechnungslegungsmethoden für solche Verträge fortzuführen, es sei denn er ändert seine Rechnungslegungsmethoden in Übereinstimmung mit den Paragraphen 21–30.

Ermessensabhängige Überschussbeteiligung in Finanzinstrumenten

35 Die Anforderungen in Paragraph 34 gelten ebenso für ein Finanzinstrument, das eine ermessensabhängige Überschussbeteiligung enthält. Ferner

(a) hat der Verpflichtete, wenn er die gesamte ermessensabhängige Überschussbeteiligung als eine Verbindlichkeit klassifiziert, den Angemessenheitstest für Verbindlichkeiten nach den Paragraphen 15–19 auf den ganzen Vertrag anzuwenden (d. h. sowohl auf das garantierte Element als auch auf die ermessensabhängige Überschussbeteiligung). Der Verpflichtete braucht den Betrag, der sich aus der Anwendung von IAS 39 auf das garantierte Element ergeben würde, nicht zu bestimmen;

(b) darf, wenn der Verpflichtete das Recht teilweise oder ganz als eine getrennte Komponente des Eigenkapitals klassifiziert, die für den ganzen Vertrag angesetzte Verbindlichkeit nicht kleiner als der Betrag sein, der sich bei der Anwendung von IAS 39 auf das garantierte Element ergeben würde. Dieser Betrag beinhaltet den inneren Wert einer Option, den Vertrag zurückzukaufen, braucht jedoch nicht seinen Zeitwert zu beinhalten, wenn Paragraph 9 diese

Insurance contracts acquired in a business combination or portfolio transfer

To comply with IFRS 3, an insurer shall, at the acquisition date, measure at fair value the insurance liabilities assumed **31** and *insurance assets* acquired in a business combination. However, an insurer is permitted, but not required, to use an expanded presentation that splits the fair value of acquired insurance contracts into two components:

(a) a liability measured in accordance with the insurer's accounting policies for insurance contracts that it issues; and

(b) an intangible asset, representing the difference between (i) the fair value of the contractual insurance rights acquired and insurance obligations assumed and (ii) the amount described in (a). The subsequent measurement of this asset shall be consistent with the measurement of the related insurance liability.

An insurer acquiring a portfolio of insurance contracts may use the expanded presentation described in paragraph 31. **32**

The intangible assets described in paragraphs 31 and 32 are excluded from the scope of IAS 36 *Impairment of assets* and **33** IAS 38. However, IAS 36 and IAS 38 apply to customer lists and customer relationships reflecting the expectation of future contracts that are not part of the contractual insurance rights and contractual insurance obligations that existed at the date of a business combination or portfolio transfer.

Discretionary participation features

Discretionary participation features in insurance contracts

Some insurance contracts contain a discretionary participation feature as well as a *guaranteed element*. The issuer of such **34** a contract:

(a) may, but need not, recognise the guaranteed element separately from the discretionary participation feature. If the issuer does not recognise them separately, it shall classify the whole contract as a liability. If the issuer classifies them separately, it shall classify the guaranteed element as a liability;

(b) shall, if it recognises the discretionary participation feature separately from the guaranteed element, classify that feature as either a liability or a separate component of equity. This IFRS does not specify how the issuer determines whether that feature is a liability or equity. The issuer may split that feature into liability and equity components and shall use a consistent accounting policy for that split. The issuer shall not classify that feature as an intermediate category that is neither liability nor equity;

(c) may recognise all premiums received as revenue without separating any portion that relates to the equity component. The resulting changes in the guaranteed element and in the portion of the discretionary participation feature classified as a liability shall be recognised in profit or loss. If part or all of the discretionary participation feature is classified in equity, a portion of profit or loss may be attributable to that feature (in the same way that a portion may be attributable to non-controlling interests). The issuer shall recognise the portion of profit or loss attributable to any equity component of a discretionary participation feature as an allocation of profit or loss, not as expense or income (see IAS 1 *Presentation of financial statements*);

(d) shall, if the contract contains an embedded derivative within the scope of IAS 39, apply IAS 39 to that embedded derivative;

(e) shall, in all respects not described in paragraphs 14—20 and 34 (a)—(d), continue its existing accounting policies for such contracts, unless it changes those accounting policies in a way that complies with paragraphs 21—30.

Discretionary participation features in financial instruments

The requirements in paragraph 34 also apply to a financial instrument that contains a discretionary participation feature. **35** In addition:

(a) if the issuer classifies the entire discretionary participation feature as a liability, it shall apply the liability adequacy test in paragraphs 15—19 to the whole contract (i.e. both the guaranteed element and the discretionary participation feature). The issuer need not determine the amount that would result from applying IAS 39 to the guaranteed element;

(b) if the issuer classifies part or all of that feature as a separate component of equity, the liability recognised for the whole contract shall not be less than the amount that would result from applying IAS 39 to the guaranteed element. That amount shall include the intrinsic value of an option to surrender the contract, but need not include its time value if paragraph 9 exempts that option from measurement at fair value. The issuer need not disclose the amount

Option von der Bewertung zum beizulegenden Zeitwert ausnimmt. Der Verpflichtete braucht den Betrag, der sich aus der Anwendung von IAS 39 auf das garantierte Element ergeben würde, weder anzugeben noch separat auszuweisen. Weiterhin braucht der Verpflichtete diesen Betrag nicht zu bestimmen, wenn die gesamte angesetzte Verbindlichkeit offensichtlich höher ist;

(c) darf der Verpflichtete weiterhin die Beiträge für diese Verträge als Erträge und die sich ergebende Erhöhung des Buchwerts der Verbindlichkeit als Aufwand erfassen, obwohl diese Verträge Finanzinstrumente sind;

(d) muss, wenngleich diese Verträge Finanzinstrumente sind, der Verpflichtete, der IFRS 7 Paragraph 20 (b) auf Verträge mit einer ermessensabhängigen Überschussbeteiligung anwendet, die gesamten im Periodenergebnis erfassten Zinsaufwendungen angeben, braucht diese Zinsaufwendungen jedoch nicht mit der Effektivzinsmethode zu berechnen.

ANGABEN

Erläuterung der ausgewiesenen Beträge

36 Ein Versicherer hat Angaben zu machen, die die Beträge in seinem Abschluss, die aus Versicherungsverträgen stammen, identifizieren und erläutern.

37 Zur Erfüllung von Paragraph 36 hat der Versicherer folgende Angaben zu machen:
(a) seine Rechnungslegungsmethoden für Versicherungsverträge und zugehörige Vermögenswerte, Verbindlichkeiten, Erträge und Aufwendungen;
(b) die angesetzten Vermögenswerte, Verbindlichkeiten, Erträge und Aufwendungen (und, wenn zur Darstellung der Kapitalflussrechnung die direkte Methode verwendet wird, Cashflows), die sich aus Versicherungsverträgen ergeben. Wenn der Versicherer ein Zedent ist, hat er außerdem folgende Angaben zu machen:
  (i) erfolgswirksam erfasste Gewinne und Verluste aus der Rückversicherungsnahme; und
  (ii) wenn der Zedent die Gewinne und Verluste, die sich aus Rückversicherungsnahmen ergeben, abgrenzt und tilgt, die Tilgung für die Berichtsperiode und die ungetilgt verbleibenden Beträge am Anfang und Ende der Periode;
(c) das zur Bestimmung der Annahmen verwendete Verfahren, die die größte Auswirkung auf die Bewertung der unter (b) beschriebenen angesetzten Beträge haben. Sofern es durchführbar ist, hat ein Versicherer auch zahlenmäßige Angaben dieser Annahmen zu geben;
(d) die Auswirkung von Änderungen der zur Bewertung von Versicherungsvermögenswerten und Versicherungsverbindlichkeiten verwendeten Annahmen, wobei der Effekt jeder einzelnen Änderung, der sich wesentlich auf den Abschluss auswirkt, gesondert aufgezeigt wird;
(e) Überleitungsrechnungen der Änderungen der Versicherungsverbindlichkeiten, Rückversicherungsvermögenswerte und, sofern vorhanden, zugehöriger abgegrenzter Abschlusskosten.

Art und Ausmaß der Risiken, die sich aus Versicherungsverträgen ergeben

38 Ein Versicherer hat Angaben zu machen, die es den Abschlussadressaten ermöglichen, Art und Ausmaß der Risiken, die sich aus Versicherungsverträgen ergeben, zu bewerten.

39 Zur Erfüllung von Paragraph 38 hat der Versicherer folgende Angaben zu machen:
(a) seine Ziele, Methoden und Prozesse bei der Steuerung der Risiken, die sich aus Versicherungsverträgen ergeben, und die zur Steuerung dieser Risiken eingesetzten Methoden;
(b) [gestrichen]
(c) Informationen über das *Versicherungsrisiko* (sowohl vor als auch nach dem Ausgleich des Risikos durch Rückversicherung), einschließlich Informationen über:
  (i) die Sensitivität bezüglich des Versicherungsrisikos (siehe Paragraph 39A);
  (ii) Konzentration von Versicherungsrisiken einschließlich einer Beschreibung der Art der Bestimmung von Konzentrationen durch das Management und Beschreibung der gemeinsamen Merkmale, durch die jede Konzentration identifiziert wird (z. B. Art des versicherten Ereignisses, geographischer Bereich oder Währung);
  (iii) tatsächliche Schäden verglichen mit früheren Schätzungen (d. h. Schadenentwicklung). Die Angaben zur Schadenentwicklung gehen bis zu der Periode zurück, in der der erste wesentliche Schaden eingetreten ist, für den noch Ungewissheit über den Betrag und den Zeitpunkt der Schadenzahlung besteht, aber sie müssen nicht mehr als zehn Jahre zurückgehen. Ein Versicherer braucht diese Angaben nicht für Schäden zu machen, für die die Ungewissheit über den Betrag und den Zeitpunkt der Schadenzahlung üblicherweise innerhalb eines Jahres geklärt ist;
(d) die Informationen über Ausfallrisiken, Liquiditätsrisiken und Marktrisiken, die IFRS 7 Paragraphen 31–42 fordern würde, wenn die Versicherungsverträge in den Anwendungsbereich von IFRS 7 fielen. Doch
  (i) muss ein Versicherer die von IFRS 7 Paragraph 39 Buchstaben a und b geforderten Fälligkeitsanalysen nicht vorlegen, wenn er stattdessen Angaben über den voraussichtlichen zeitlichen Ablauf der Nettomittelabflüsse aufgrund von anerkannten Versicherungsverbindlichkeiten macht. Dies kann in Form einer Analyse der voraussichtlichen Fälligkeit der in der Bilanz angesetzten Beträge geschehen;

that would result from applying IAS 39 to the guaranteed element, nor need it present that amount separately. Furthermore, the issuer need not determine that amount if the total liability recognised is clearly higher;

(c) although these contracts are financial instruments, the issuer may continue to recognise the premiums for those contracts as revenue and recognise as an expense the resulting increase in the carrying amount of the liability;

(d) although these contracts are financial instruments, an issuer applying paragraph 20 (b) of IFRS 7 to contracts with a discretionary participation feature shall disclose the total interest expense recognised in profit or loss, but need not calculate such interest expense using the effective interest method.

DISCLOSURE

Explanation of recognised amounts

An insurer shall disclose information that identifies and explains the amounts in its financial statements arising from insurance contracts. **36**

To comply with paragraph 36, an insurer shall disclose: **37**
(a) its accounting policies for insurance contracts and related assets, liabilities, income and expense;
(b) the recognised assets, liabilities, income and expense (and, if it presents its statement of cash flows using the direct method, cash flows) arising from insurance contracts. Furthermore, if the insurer is a cedant, it shall disclose:
  (i) gains and losses recognised in profit or loss on buying reinsurance; and
  (ii) if the cedant defers and amortises gains and losses arising on buying reinsurance, the amortisation for the period and the amounts remaining unamortised at the beginning and end of the period;
(c) the process used to determine the assumptions that have the greatest effect on the measurement of the recognised amounts described in (b). When practicable, an insurer shall also give quantified disclosure of those assumptions;
(d) the effect of changes in assumptions used to measure insurance assets and insurance liabilities, showing separately the effect of each change that has a material effect on the financial statements;
(e) reconciliations of changes in insurance liabilities, reinsurance assets and, if any, related deferred acquisition costs.

Nature and extent of risks arising from insurance contracts

An insurer shall disclose information that enables users of its financial statements to evaluate the nature and extent of risks arising from insurance contracts. **38**

To comply with paragraph 38, an insurer shall disclose: **39**
(a) its objectives, policies and processes for managing risks arising from insurance contracts and the methods used to manage those risks;
(b) [deleted]
(c) information about *insurance risk* (both before and after risk mitigation by reinsurance), including information about:
  (i) sensitivity to insurance risk (see paragraph 39A);
  (ii) concentrations of insurance risk, including a description of how management determines concentrations and a description of the shared characteristic that identifies each concentration (e.g. type of insured event, geographical area, or currency);
  (iii) actual claims compared with previous estimates (i.e. claims development). The disclosure about claims development shall go back to the period when the earliest material claim arose for which there is still uncertainty about the amount and timing of the claims payments, but need not go back more than 10 years. An insurer need not disclose this information for claims for which uncertainty about the amount and timing of claims payments is typically resolved within one year;
(d) information about credit risk, liquidity risk and market risk that paragraphs 31—42 of IFRS 7 would require if the insurance contracts were within the scope of IFRS 7. However:
  (i) an insurer need not provide the maturity analyses required by paragraph 39 (a) and (b) of IFRS 7 if it discloses information about the estimated timing of the net cash outflows resulting from recognised insurance liabilities instead. This may take the form of an analysis, by estimated timing, of the amounts recognised in the statement of financial position;

(ii) wendet ein Versicherer eine alternative Methode zur Steuerung der Sensitivität hinsichtlich der Marktbedingungen an, wie etwa eine Analyse des inhärenten Werts (Embedded Value Analyse), so kann er diese Sensitivitätsanalyse verwenden, um die Anforderungen des IFRS 7, Paragraph 40 (a) zu erfüllen. Ein solcher Versicherer hat auch die in Paragraph 41 des IFRS 7 verlangten Angaben bereitzustellen;

(e) Informationen über Marktrisiken aus eingebetteten Derivaten, die in einem Basisversicherungsvertrag enthalten sind, wenn der Versicherer die eingebetteten Derivate nicht zum beizulegenden Zeitwert bewerten muss und dies auch nicht tut.

39A Ein Versicherer hat zur Erfüllung der Vorschrift in Paragraph 39 (c) (i) entweder die Angaben unter (a) oder (b) zu machen:

(a) eine Sensitivitätsanalyse, aus der ersichtlich ist, wie der Gewinn oder Verlust und das Eigenkapital beeinflusst worden wären, wenn Änderungen der entsprechenden Risikovariablen, die am Abschlussstichtag in angemessener Weise möglich gewesen wären, eingetreten wären; die Methoden und Annahmen zur Erstellung der Sensitivitätsanalyse; sowie sämtliche Änderungen der Methoden und Annahmen gegenüber früheren Perioden. Wendet indes ein Versicherer eine alternative Methode an, um die Sensitivität hinsichtlich Marktbedingungen zu steuern, wie beispielsweise die Analyse des inhärenten Werts (Embedded Value Analyse), kann er die Vorschrift erfüllen, indem er die alternative Sensitivitätsanalyse angibt und die in IFRS 7 Paragraph 41 (a) geforderten Angaben macht;

(b) qualitative Informationen über die Sensitivität und Informationen über die Bestimmungen und Bedingungen von Versicherungsverträgen, die sich wesentlich auf den Betrag, den Zeitpunkt und die Ungewissheit der künftigen Zahlungsströme des Versicherers auswirken.

ZEITPUNKT DES INKRAFTTRETENS UND ÜBERGANGSVORSCHRIFTEN

40 Die Übergangsvorschriften in den Paragraphen 41–45 gelten sowohl für ein Unternehmen, das bereits IFRS anwendet, wenn es erstmals diesen IFRS anwendet, und für ein Unternehmen, das IFRS zum ersten Mal anwendet (Erstanwender).

41 Dieser IFRS ist erstmals in der ersten Berichtsperiode eines am 1. Januar 2005 oder danach beginnenden Geschäftsjahres anzuwenden. Eine frühere Anwendung wird empfohlen. Wendet ein Unternehmen diesen IFRS auf eine frühere Periode an, so ist dies anzugeben.

41A Durch *finanzielle Garantien* (Änderungen des IAS 39 und IFRS 4), die im August 2005 veröffentlicht wurden, wurden die Paragraphen 4 (d), B18 (g) und B19 (f) geändert. Diese Änderungen sind erstmals in der ersten Berichtsperiode eines am 1. Januar 2006 oder danach beginnenden Geschäftsjahres anzuwenden. Eine frühere Anwendung wird empfohlen. Falls ein Unternehmen diese Änderungen auf eine frühere Periode anwendet, so hat es diese Tatsache anzugeben und die entsprechenden Änderungen des IAS 39 und IAS 32[3] gleichzeitig anzuwenden.

41B Infolge des IAS 1 (überarbeitet 2007) wurde die in allen IFRS verwendete Terminologie geändert. Außerdem wurde Paragraph 30 geändert. Diese Änderungen sind erstmals in der ersten Berichtsperiode eines am 1. Januar 2009 oder danach beginnenden Geschäftsjahres anzuwenden. Wird IAS 1 (überarbeitet 2007) auf eine frühere Periode angewandt, sind diese Änderungen entsprechend auch anzuwenden.

41E Durch IFRS 13 *Bemessung des beizulegenden Zeitwerts,* veröffentlicht im Mai 2011, wurde die Definition des beizulegenden Zeitwerts in Anhang A geändert. Ein Unternehmen hat die betreffende Änderung anzuwenden, wenn es IFRS 13 anwendet.

Angaben

42 Ein Unternehmen braucht die Angabepflichten in diesem IFRS nicht auf Vergleichsinformationen anzuwenden, die sich auf vor dem 1. Januar 2005 beginnende Geschäftsjahre beziehen, mit Ausnahme der Angaben gemäß Paragraph 37 (a) und (b) über Rechnungslegungsmethoden und angesetzte Vermögenswerte, Verbindlichkeiten, Erträge und Aufwendungen (und Cashflows bei Verwendung der direkten Methode).

43 Wenn es undurchführbar ist, eine bestimmte Vorschrift der Paragraphen 10–35 auf Vergleichsinformationen anzuwenden, die sich auf Geschäftsjahre beziehen, die vor dem 1. Januar 2005 beginnen, hat ein Unternehmen dies anzugeben. Die Anwendung des Angemessenheitstests für Verbindlichkeiten (Paragraphen 15–19) auf solche Vergleichsinformationen könnte manchmal undurchführbar sein, aber es ist höchst unwahrscheinlich, dass es undurchführbar ist, andere Vorschriften der Paragraphen 10–35 bei solchen Vergleichsinformationen anzuwenden. IAS 8 erläutert den Begriff „undurchführbar".

44 Bei der Anwendung des Paragraphen 39 (c) (iii) braucht ein Unternehmen keine Informationen über Schadenentwicklung anzugeben, bei der der Schaden mehr als fünf Jahre vor dem Ende des ersten Geschäftsjahres, für das dieser IFRS angewendet wird, zurückliegt. Ist es überdies bei erstmaliger Anwendung dieses IFRS undurchführbar, Informationen

---

3 Wenn ein Unternehmen IFRS 7 anwendet, wird der Verweis auf IAS 32 durch einen Verweis auf IFRS 7 ersetzt.

(ii) if an insurer uses an alternative method to manage sensitivity to market conditions, such as an embedded value analysis, it may use that sensitivity analysis to meet the requirement in paragraph 40 (a) of IFRS 7. Such an insurer shall also provide the disclosures required by paragraph 41 of IFRS 7;

(e) information about exposures to market risk arising from embedded derivatives contained in a host insurance contract if the insurer is not required to, and does not, measure the embedded derivatives at fair value.

39A To comply with paragraph 39 (c) (i), an insurer shall disclose either (a) or (b) as follows:

(a) a sensitivity analysis that shows how profit or loss and equity would have been affected if changes in the relevant risk variable that were reasonably possible at the end of the reporting period had occurred; the methods and assumptions used in preparing the sensitivity analysis; and any changes from the previous period in the methods and assumptions used. However, if an insurer uses an alternative method to manage sensitivity to market conditions, such as an embedded value analysis, it may meet this requirement by disclosing that alternative sensitivity analysis and the disclosures required by paragraph 41 of IFRS 7;

(b) qualitative information about sensitivity, and information about those terms and conditions of insurance contracts that have a material effect on the amount, timing and uncertainty of the insurer's future cash flows.

EFFECTIVE DATE AND TRANSITION

40 The transitional provisions in paragraphs 41—45 apply both to an entity that is already applying IFRSs when it first applies this IFRS and to an entity that applies IFRSs for the first-time (a first-time adopter).

41 An entity shall apply this IFRS for annual periods beginning on or after 1 January 2005. Earlier application is encouraged. If an entity applies this IFRS for an earlier period, it shall disclose that fact.

41A *Financial guarantee contracts* (amendments to IAS 39 and IFRS 4), issued in August 2005, amended paragraphs 4 (d), B18 (g) and B19 (f). An entity shall apply those amendments for annual periods beginning on or after 1 January 2006. Earlier application is encouraged. If an entity applies those amendments for an earlier period, it shall disclose that fact and apply the related amendments to IAS 39 and IAS 32[3] at the same time.

41B IAS 1 (as revised in 2007) amended the terminology used throughout IFRSs. In addition it amended paragraph 30. An entity shall apply those amendments for annual periods beginning on or after 1 January 2009. If an entity applies IAS 1 (revised 2007) for an earlier period, the amendments shall be applied for that earlier period.

41E IFRS 13 *Fair Value Measurement,* issued in May 2011, amended the definition of fair value in Appendix A. An entity shall apply that amendment when it applies IFRS 13.

Disclosure

42 An entity need not apply the disclosure requirements in this IFRS to comparative information that relates to annual periods beginning before 1 January 2005, except for the disclosures required by paragraph 37 (a) and (b) about accounting policies, and recognised assets, liabilities, income and expense (and cash flows if the direct method is used).

43 If it is impracticable to apply a particular requirement of paragraphs 10—35 to comparative information that relates to annual periods beginning before 1 January 2005, an entity shall disclose that fact. Applying the liability adequacy test (paragraphs 15—19) to such comparative information might sometimes be impracticable, but it is highly unlikely to be impracticable to apply other requirements of paragraphs 10—35 to such comparative information. IAS 8 explains the term 'impracticable'.

44 In applying paragraph 39 (c) (iii), an entity need not disclose information about claims development that occurred earlier than five years before the end of the first financial year in which it applies this IFRS. Furthermore, if it is impracticable, when an entity first applies this IFRS, to prepare information about claims development that occurred before the begin-

---

3 When an entity applies IFRS 7, the reference to IAS 32 is replaced by a reference to IFRS 7.

über die Schadenentwicklung vor dem Beginn der frühesten Berichtsperiode bereit zu stellen, für die ein Unternehmen vollständige Vergleichsinformationen in Übereinstimmung mit diesem IFRS darlegt, so hat das Unternehmen dies anzugeben.

Neueinstufung von finanziellen Vermögenswerten

45 Wenn ein Versicherer seine Rechnungslegungsmethoden für Versicherungsverbindlichkeiten ändert, ist er berechtigt, jedoch nicht verpflichtet, einige oder alle seiner finanziellen Vermögenswerte als „erfolgswirksam zum beizulegenden Zeitwert bewertet" einzustufen. Diese Neueinstufung ist erlaubt, wenn ein Versicherer bei der erstmaligen Anwendung dieses IFRS seine Rechnungslegungsmethoden ändert und wenn er nachfolgend Änderungen der Methoden durchführt, die von Paragraph 22 zugelassen sind. Diese Neueinstufung ist eine Änderung der Rechnungslegungsmethoden und IAS 8 ist anzuwenden.

Anhang A

Definitionen

Dieser Anhang ist integraler Bestandteil des IFRS.

Zedent	Der **Versicherungsnehmer** eines **Rückversicherungsvertrags.**
Einlagenkomponente	Eine vertragliche Komponente, die nicht als ein Derivat nach IAS 39 bilanziert wird und die in den Anwendungsbereich von IAS 39 fallen würde, wenn sie ein eigenständiger Vertrag wäre.
Erstversicherungsvertrag	Ein **Versicherungsvertrag,** der kein **Rückversicherungsvertrag** ist.
Ermessensabhängige Überschussbeteiligung	Ein vertragliches Recht, als Ergänzung zu **garantierten Leistungen** zusätzliche Leistungen zu erhalten:

    (a) die wahrscheinlich einen signifikanten Anteil an den gesamten vertraglichen Leistungen ausmachen;

    (b) deren Betrag oder Fälligkeit vertraglich im Ermessen des Verpflichteten liegt; und

    (c) die vertraglich beruhen auf:

        (i) dem Ergebnis eines bestimmten Bestands an Verträgen oder eines bestimmten Typs von Verträgen;

        (ii) den realisierten und/oder nicht realisierten Kapitalerträgen eines bestimmten Portefeuilles von Vermögenswerten, die vom Verpflichteten gehalten werden; oder

        (iii) dem Gewinn oder Verlust der Gesellschaft, des Sondervermögens oder der Unternehmenseinheit, die bzw. das den Vertrag im Bestand hält.

beizulegender Zeitwert	Der *beizulegende Zeitwert* ist der Preis, der in einem geordneten Geschäftsvorfall zwischen Marktteilnehmern am Bemessungsstichtag für den Verkauf eines Vermögenswerts eingenommen bzw. für die Übertragung einer Schuld gezahlt würde. (Siehe IFRS 13.)
finanzielle Garantie	Ein Vertrag, aufgrund dessen der Garantiegeber zu bestimmten Zahlungen verpflichtet ist, um den Garantienehmer für einen Schaden zu entschädigen, den er erleidet, weil ein bestimmter Schuldner gemäß den ursprünglichen oder veränderten Bedingungen eines Schuldinstruments eine fällige Zahlung nicht leistet.
Finanzrisiko	Das Risiko einer möglichen künftigen Änderung von einem oder mehreren eines genannten Zinssatzes, Wertpapierkurses, Rohstoffpreises, Wechselkurses, Preis- oder Zinsindexes, Bonitätsratings oder Kreditindexes oder einer anderen Variablen, vorausgesetzt dass im Fall einer nicht-finanziellen Variablen die Variable nicht spezifisch für eine der Parteien des Vertrages ist.

ning of the earliest period for which an entity presents full comparative information that complies with this IFRS, the entity shall disclose that fact.

Redesignation of financial assets

When an insurer changes its accounting policies for insurance liabilities, it is permitted, but not required, to reclassify **45** some or all of its financial assets as 'at fair value through profit or loss'. This reclassification is permitted if an insurer changes accounting policies when it first applies this IFRS and if it makes a subsequent policy change permitted by paragraph 22. The reclassification is a change in accounting policy and IAS 8 applies.

Appendix A

Defined terms

This appendix is an integral part of the IFRS.

Cedant	The policyholder under a reinsurance contract.
Deposit component	A contractual component that is not accounted for as a derivative under IAS 39 and would be within the scope of IAS 39 if it were a separate instrument.
Direct insurance contract	An insurance contract that is not a reinsurance contract.
Discretionary participation feature	A contractual right to receive, as a supplement to guaranteed benefits, additional benefits:

(a) that are likely to be a significant portion of the total contractual benefits;

(b) whose amount or timing is contractually at the discretion of the issuer; and

(c) that are contractually based on:

    (i) the performance of a specified pool of contracts or a specified type of contract;

    (ii) realised and/or unrealised investment returns on a specified pool of assets held by the issuer; or

    (iii) the profit or loss of the company, fund or other entity that issues the contract.

Fair value	*Fair value* is the price that would be received to sell an asset or paid to transfer a liability in an orderly transaction between market participants at the measurement date. (See IFRS 13.)
Financial guarantee contract	A contract that requires the issuer to make specified payments to reimburse the holder for a loss it incurs because a specified debtor fails to make payment when due in accordance with the original or modified terms of a debt instrument.
Financial risk	The risk of a possible future change in one or more of a specified interest rate, financial instrument price, commodity price, foreign exchange rate, index of prices or rates, credit rating or credit index or other variable, provided in the case of a non-financial variable that the variable is not specific to a party to the contract.

garantierte Leistungen	Zahlungen oder andere Leistungen, auf die der jeweilige **Versicherungsnehmer** oder Investor einen unbedingten Anspruch hat, der nicht im Ermessen des Verpflichteten liegt.
garantiertes Element	Eine Verpflichtung, **garantierte Leistungen** zu erbringen, die in einem Vertrag mit **ermessensabhängiger Überschussbeteiligung** enthalten sind.
Versicherungsvermögenswert	Ein Netto-Anspruch des **Versicherers** aus einem **Versicherungsvertrag.**
Versicherungsvertrag	Ein Vertrag, nach dem eine Partei (der **Versicherer**) ein signifikantes **Versicherungsrisiko** von einer anderen Partei (dem **Versicherungsnehmer**) übernimmt, indem sie vereinbart, dem Versicherungsnehmer eine Entschädigung zu leisten, wenn ein spezifiziertes ungewisses künftiges Ereignis (das **versicherte Ereignis**) den Versicherungsnehmer nachteilig betrifft. (Für die Hinweise zu dieser Definition siehe Anhang B.)
Versicherungsverbindlichkeit	Eine Netto-Verpflichtung des **Versicherers** aus einem **Versicherungsvertrag.**
Versicherungsrisiko	Ein Risiko, mit Ausnahme eines **Finanzrisikos,** das von demjenigen, der den Vertrag nimmt, auf denjenigen, der ihn hält, übertragen wird.
Versichertes Ereignis	Ein ungewisses künftiges Ereignis, das von einem **Versicherungsvertrag** gedeckt ist und ein **Versicherungsrisiko** bewirkt.
Versicherer	Die Partei, die nach einem **Versicherungsvertrag** eine Verpflichtung hat, den **Versicherungsnehmer** zu entschädigen, falls ein **versichertes Ereignis** eintritt.
Angemessenheitstest für Verbindlichkeiten	Eine Einschätzung, ob der Buchwert einer **Versicherungsverbindlichkeit** aufgrund einer Überprüfung der künftigen Cashflows erhöht (oder der Buchwert der zugehörigen abgegrenzten Abschlusskosten oder der zugehörigen immateriellen Vermögenswerte gesenkt) werden muss.
Versicherungsnehmer	Die Partei, die nach einem **Versicherungsvertrag** das Recht auf Entschädigung hat, falls ein **versichertes Ereignis** eintritt.
Rückversicherungsvermögenswerte	Ein Netto-Anspruch des **Zedenten** aus einem **Rückversicherungsvertrag.**
Rückversicherungsvertrag	Ein **Versicherungsvertrag,** den ein **Versicherer** (der **Rückversicherer**) hält, nach dem er einen anderen Versicherer (den **Zedenten**) für Schäden aus einem oder mehreren Verträgen, die der Zedent im Bestand hält, entschädigen muss.
Rückversicherer	Die Partei, die nach einem **Rückversicherungsvertrag** eine Verpflichtung hat, den **Zedenten** zu entschädigen, falls ein **versichertes Ereignis** eintritt.
entflechten	Bilanzieren der Komponenten eines Vertrages, als wären sie selbstständige Verträge.

Anhang B
Definition eines Versicherungsvertrags

Dieser Anhang ist integraler Bestandteil des IFRS.

B1 Dieser Anhang enthält Anwendungsleitlinien zur Definition eines Versicherungsvertrages in Anhang A. Er behandelt die folgenden Sachverhalte:

(a) den Begriff „ungewisses künftiges Ereignis" (Paragraphen B2–B4);

(b) Naturalleistungen (Paragraphen B5–B7);

(c) Versicherungsrisiko und andere Risiken (Paragraphen B8–B17);

(d) Beispiele für Versicherungsverträge (Paragraphen B18–B21);

(e) signifikantes Versicherungsrisiko (Paragraphen B22–B28); und

(f) Änderungen im Umfang des Versicherungsrisikos (Paragraphen B29 und B30).

Guaranteed benefits	Payments or other benefits to which a particular policyholder or investor has an unconditional right that is not subject to the contractual discretion of the issuer.
Guaranteed element	An obligation to pay guaranteed benefits, included in a contract that contains a discretionary participation feature.
Insurance asset	An insurer's net contractual rights under an insurance contract.
Insurance contract	A contract under which one party (the insurer) accepts significant insurance risk from another party (the policyholder) by agreeing to compensate the policyholder if a specified uncertain future event (the insured event) adversely affects the policyholder. (See Appendix B for guidance on this definition.)
Insurance liability	An insurer's net contractual obligations under an insurance contract.
Insurance risk	Risk, other than financial risk, transferred from the holder of a contract to the issuer.
Insured event	An uncertain future event that is covered by an insurance contract and creates insurance risk.
Insurer	The party that has an obligation under an insurance contract to compensate a policyholder if an insured event occurs.
Liability adequacy test	An assessment of whether the carrying amount of an insurance liability needs to be increased (or the carrying amount of related deferred acquisition costs or related intangible assets decreased), based on a review of future cash flows.
Policyholder	A party that has a right to compensation under an insurance contract if an insured event occurs.
Reinsurance assets	A cedant's net contractual rights under a reinsurance contract.
Reinsurance contract	An insurance contract issued by one insurer (the reinsurer) to compensate another insurer (the cedant) for losses on one or more contracts issued by the cedant.
Reinsurer	The party that has an obligation under a reinsurance contract to compensate a cedant if an insured event occurs.
Unbundle	Account for the components of a contract as if they were separate contracts.

Appendix B

Definition of an insurance contract

This appendix is an integral part of the IFRS.

This appendix gives guidance on the definition of an insurance contract in Appendix A. It addresses the following issues: **B1**
(a) the term 'uncertain future event' (paragraphs B2—B4);
(b) payments in kind (paragraphs B5—B7);
(c) insurance risk and other risks (paragraphs B8—B17);
(d) examples of insurance contracts (paragraphs B18—B21);
(e) significant insurance risk (paragraphs B22—B28); and
(f) changes in the level of insurance risk (paragraphs B29 and B30).

Ungewisses künftiges Ereignis

B2 Ungewissheit (oder Risiko) ist das Wesentliche eines Versicherungsvertrags. Dementsprechend besteht bei Abschluss eines Versicherungsvertrages mindestens bei einer der folgenden Fragen Ungewissheit:

(a) ob ein *versichertes Ereignis* eintreten wird;

(b) wann es eintreten wird; oder

(c) wie hoch die Leistung des Versicherers sein wird, wenn es eintritt.

B3 Bei einigen Versicherungsverträgen ist das versicherte Ereignis das Bekanntwerden eines Schadens während der Vertragslaufzeit, selbst wenn der Schaden die Folge eines Ereignisses ist, das vor Abschluss des Vertrages eintrat. In anderen Versicherungsverträgen ist das versicherte Ereignis ein Ereignis, das während der Vertragslaufzeit eintritt, selbst wenn der daraus resultierende Schaden nach Ende der Vertragslaufzeit bekannt wird.

B4 Einige Versicherungsverträge decken Ereignisse, die bereits eingetreten sind, aber deren finanzielle Auswirkung noch ungewiss ist. Ein Beispiel ist ein Rückversicherungsvertrag, der dem Erstversicherer Deckung für ungünstige Entwicklungen von Schäden gewährt, die bereits von den Versicherungsnehmern gemeldet wurden. Bei solchen Verträgen ist das versicherte Ereignis das Bekanntwerden der endgültigen Höhe dieser Schäden.

Naturalleistungen

B5 Einige Versicherungsverträge verlangen oder erlauben die Erbringung von Naturalleistungen. Beispielsweise kann ein Versicherer einen gestohlenen Gegenstand direkt ersetzen, statt dem Versicherungsnehmer eine Erstattung zu zahlen. Als weiteres Beispiel nutzt ein Versicherer eigene Krankenhäuser und medizinisches Personal, um medizinische Dienste zu leisten, die durch die Verträge zugesagt sind.

B6 Einige Dienstleistungsverträge gegen festes Entgelt, in denen der Umfang der Dienstleistung von einem ungewissen Ereignis abhängt, erfüllen die Definition eines Versicherungsvertrages in diesem IFRS, fallen jedoch in einigen Ländern nicht unter die Regulierungsvorschriften für Versicherungsverträge. Ein Beispiel ist ein Wartungsvertrag, in dem der Dienstleister sich verpflichtet, bestimmte Geräte nach einer Funktionsstörung zu reparieren. Das feste Dienstleistungsentgelt beruht auf der erwarteten Anzahl von Funktionsstörungen, aber es ist ungewiss, ob ein bestimmtes Gerät defekt sein wird. Die Funktionsstörung des Geräts betrifft dessen Betreiber nachteilig und der Vertrag entschädigt den Betreiber (durch eine Dienstleistung, nicht durch Geld). Ein anderes Beispiel ist ein Vertrag über einen Pannenservice für Automobile, in dem sich der Dienstleister verpflichtet, für eine feste jährliche Gebühr Pannenhilfe zu leisten oder den Wagen in eine nahegelegene Werkstatt zu schleppen. Der letztere Vertrag könnte die Definition eines Versicherungsvertrages sogar dann erfüllen, wenn sich der Dienstleister nicht verpflichtet, Reparaturen durchzuführen oder Teile zu ersetzen.

B7 Die Anwendung des vorliegenden IFRS auf die in Paragraph B6 beschriebenen Verträge ist wahrscheinlich nicht aufwändiger als die Anwendung von denjenigen IFRS, die gültig wären, wenn solche Verträge außerhalb des Anwendungsbereiches dieses IFRS lägen:

(a) Es ist unwahrscheinlich, dass es wesentliche Verbindlichkeiten für bereits eingetretene Funktionsstörungen und Pannen gibt.

(b) Wenn IAS 18 *Umsatzerlöse* gelten würde, würde der Dienstleister Erträge entsprechend dem Stand der Erfüllung (und gemäß anderen spezifizierten Kriterien) ansetzen. Diese Methode ist ebenso nach diesem IFRS akzeptabel, was dem Dienstleister erlaubt, (i) seine bestehenden Rechnungslegungsmethoden für diese Verträge weiterhin anzuwenden, sofern sie keine durch Paragraph 14 verbotenen Vorgehensweisen beinhalten, und (ii) seine Rechnungslegungsmethoden zu verbessern, wenn dies durch die Paragraphen 22–30 erlaubt ist.

(c) Der Dienstleister prüft, ob die Kosten zur Erfüllung seiner vertraglichen Verpflichtungen die im Voraus erhaltenen Erträge überschreiten. Hierzu wendet er den in den Paragraphen 15–19 dieses IFRS beschriebenen Angemessenheitstest für Verbindlichkeiten an. Würde dieser IFRS für diese Verträge nicht gelten, würde der Dienstleister zur Bestimmung, ob diese Verträge belastend sind, IAS 37 anwenden.

(d) Für diese Verträge ist es unwahrscheinlich, dass die Angabepflichten in diesem IFRS die von anderen IFRS geforderten Angaben signifikant erhöhen.

Unterscheidung zwischen Versicherungsrisiko und anderen Risiken

B8 Die Definition eines Versicherungsvertrages bezieht sich auf ein Versicherungsrisiko, das dieser IFRS als Risiko definiert, mit Ausnahme eines *Finanzrisikos*, das vom Nehmer eines Vertrages auf den Halter übertragen wird. Ein Vertrag, der den Halter ohne signifikantes Versicherungsrisiko einem Finanzrisiko aussetzt, ist kein Versicherungsvertrag.

B9 Die Definition von Finanzrisiko in Anhang A enthält eine Liste von finanziellen und nicht-finanziellen Variablen. Diese Liste umfasst auch nicht-finanzielle Variablen, die nicht spezifisch für eine Partei des Vertrages sind, so wie ein Index über Erdbebenschäden in einem bestimmten Gebiet oder ein Index über Temperaturen in einer bestimmten Stadt. Nicht-finanzielle Variablen, die spezifisch für eine Partei dieses Vertrages sind, so wie der Eintritt oder Nichteintritt eines Feuers, das einen Vermögenswert dieser Partei beschädigt oder zerstört, sind hier ausgeschlossen. Außerdem ist das Risiko, dass sich der beizulegende Zeitwert eines nicht-finanziellen Vermögenswerts ändert, kein Finanzrisiko, wenn der beizulegende Zeit-

Uncertainty (or risk) is the essence of an insurance contract. Accordingly, at least one of the following is uncertain at the **B2** inception of an insurance contract:
(a)   whether an *insured event* will occur;
(b)   when it will occur; or
(c)   how much the insurer will need to pay if it occurs.

In some insurance contracts, the insured event is the discovery of a loss during the term of the contract, even if the loss **B3** arises from an event that occurred before the inception of the contract. In other insurance contracts, the insured event is an event that occurs during the term of the contract, even if the resulting loss is discovered after the end of the contract term.

Some insurance contracts cover events that have already occurred, but whose financial effect is still uncertain. An example **B4** is a reinsurance contract that covers the direct insurer against adverse development of claims already reported by policy-holders. In such contracts, the insured event is the discovery of the ultimate cost of those claims.

Payments in kind

Some insurance contracts require or permit payments to be made in kind. An example is when the insurer replaces a **B5** stolen article directly, instead of reimbursing the policyholder. Another example is when an insurer uses its own hospitals and medical staff to provide medical services covered by the contracts.

Some fixed-fee service contracts in which the level of service depends on an uncertain event meet the definition of an **B6** insurance contract in this IFRS but are not regulated as insurance contracts in some countries. One example is a mainte-nance contract in which the service provider agrees to repair specified equipment after a malfunction. The fixed service fee is based on the expected number of malfunctions, but it is uncertain whether a particular machine will break down. The malfunction of the equipment adversely affects its owner and the contract compensates the owner (in kind, rather than cash). Another example is a contract for car breakdown services in which the provider agrees, for a fixed annual fee, to provide roadside assistance or tow the car to a nearby garage. The latter contract could meet the definition of an insur-ance contract even if the provider does not agree to carry out repairs or replace parts.

Applying the IFRS to the contracts described in paragraph B6 is likely to be no more burdensome than applying the IFRSs **B7** that would be applicable if such contracts were outside the scope of this IFRS:
(a)   There are unlikely to be material liabilities for malfunctions and breakdowns that have already occurred.
(b)   If IAS 18 *Revenue* applied, the service provider would recognise revenue by reference to the stage of completion (and subject to other specified criteria). That approach is also acceptable under this IFRS, which permits the service provider (i) to continue its existing accounting policies for these contracts unless they involve practices prohibited by paragraph 14 and (ii) to improve its accounting policies if so permitted by paragraphs 22—30.
(c)   The service provider considers whether the cost of meeting its contractual obligation to provide services exceeds the revenue received in advance. To do this, it applies the liability adequacy test described in paragraphs 15—19 of this IFRS. If this IFRS did not apply to these contracts, the service provider would apply IAS 37 to determine whether the contracts are onerous.
(d)   For these contracts, the disclosure requirements in this IFRS are unlikely to add significantly to disclosures required by other IFRSs.

Distinction between insurance risk and other risks

The definition of an insurance contract refers to insurance risk, which this IFRS defines as risk, other than *financial risk,* **B8** transferred from the holder of a contract to the issuer. A contract that exposes the issuer to financial risk without signifi-cant insurance risk is not an insurance contract.

The definition of financial risk in Appendix A includes a list of financial and non-financial variables. That list includes **B9** non-financial variables that are not specific to a party to the contract, such as an index of earthquake losses in a particular region or an index of temperatures in a particular city. It excludes non-financial variables that are specific to a party to the contract, such as the occurrence or non-occurrence of a fire that damages or destroys an asset of that party. Furthermore, the risk of changes in the fair value of a non-financial asset is not a financial risk if the fair value reflects not only changes in market prices for such assets (a financial variable) but also the condition of a specific non-financial asset held by a party

wert nicht nur Änderungen der Marktpreise für solche Vermögenswerte (eine finanzielle Variable) widerspiegelt, sondern auch den Zustand eines bestimmten nicht-finanziellen Vermögenswerts im Besitz einer Partei eines Vertrages (eine nicht-finanzielle Variable). Wenn beispielsweise eine Garantie des Restwerts eines bestimmten Autos den Garantiegeber dem Risiko von Änderungen des physischen Zustands des Autos aussetzt, ist dieses Risiko ein Versicherungsrisiko und kein Finanzrisiko.

B10 Einige Verträge setzen den Halter zusätzlich zu einem signifikanten Versicherungsrisiko einem Finanzrisiko aus. Zum Beispiel beinhalten viele Lebensversicherungsverträge sowohl die Garantie einer Mindestverzinsung für die Versicherungsnehmer (Finanzrisiko bewirkend) als auch die Zusage von Leistungen im Todesfall, die zu manchen Zeitpunkten den Stand des Versicherungskontos übersteigen (Versicherungsrisiko in Form von Sterblichkeitsrisiko bewirkend). Hierbei handelt es sich um Versicherungsverträge.

B11 Bei einigen Verträgen löst das versicherte Ereignis die Zahlung eines Betrages aus, der an einen Preisindex gekoppelt ist. Solche Verträge sind Versicherungsverträge, sofern die durch das versicherte Ereignis bedingte Zahlung signifikant sein kann. Ist beispielsweise eine Leibrente an einen Index der Lebenshaltungskosten gebunden, so wird ein Versicherungsrisiko übertragen, weil die Zahlung durch ein ungewisses Ereignis – dem Überleben des Leibrentners – ausgelöst wird. Die Kopplung an den Preisindex ist ein eingebettetes Derivat, gleichzeitig wird jedoch ein Versicherungsrisiko übertragen. Wenn die daraus folgende Übertragung von Versicherungsrisiko signifikant ist, erfüllt das eingebettete Derivat die Definition eines Versicherungsvertrages, in welchem Fall es nicht abgetrennt und zum beizulegenden Zeitwert bewertet werden muss (siehe Paragraph 7 dieses IFRS).

B12 Die Definition von Versicherungsrisiko bezieht sich auf ein Risiko, das der Versicherer vom Versicherungsnehmer übernimmt. Mit anderen Worten ist Versicherungsrisiko ein vorher existierendes Risiko, das vom Versicherungsnehmer auf den Versicherer übertragen wird. Daher ist ein neues, durch den Vertrag entstandenes Risiko kein Versicherungsrisiko.

B13 Die Definition eines Versicherungsvertrages bezieht sich auf eine nachteilige Wirkung auf den Versicherungsnehmer. Die Definition begrenzt die Zahlung des Versicherers nicht auf einen Betrag, der der finanziellen Wirkung des nachteiligen Ereignisses entspricht. Zum Beispiel schließt die Definition „Neuwertversicherungen" nicht aus, unter denen dem Versicherungsnehmer genügend gezahlt wird, damit dieser den geschädigten bisherigen Vermögenswert durch einen neuwertigen Vermögenswert ersetzen kann. Entsprechend beschränkt die Definition die Zahlung aufgrund eines Risikolebensversicherungsvertrages nicht auf den finanziellen Schaden, den die Angehörigen des Verstorbenen erleiden, noch schließt sie die Zahlung von vorher festgelegten Beträgen aus, um den Schaden zu bewerten, der durch Tod oder Unfall verursacht würde.

B14 Einige Verträge bestimmen eine Leistung, wenn ein spezifiziertes ungewisses Ereignis eintritt, aber schreiben nicht vor, dass als Vorbedingung für die Leistung eine nachteilige Auswirkung auf den Versicherungsnehmer erfolgt sein muss. Solch ein Vertrag ist kein Versicherungsvertrag, auch dann nicht wenn der Nehmer den Vertrag dazu benutzt, um eine zugrunde liegende Risikoposition auszugleichen. Benutzt der Nehmer beispielsweise ein Derivat, um eine zugrunde liegende nicht-finanzielle Variable abzusichern, die mit Cashflows von einem Vermögenswert des Unternehmens korreliert, so ist das Derivat kein Versicherungsvertrag, weil die Zahlung nicht davon abhängt, ob der Nehmer nachteilig durch die Minderung der Cashflows aus dem Vermögenswert betroffen ist. Umgekehrt bezieht sich die Definition eines Versicherungsvertrages auf ein ungewisses Ereignis, für das eine nachteilige Wirkung auf den Versicherungsnehmer eine vertragliche Voraussetzung für die Leistung ist. Diese vertragliche Voraussetzung verlangt vom Versicherer keine Überprüfung, ob das Ereignis tatsächlich eine nachteilige Wirkung verursacht hat, aber sie erlaubt dem Versicherer, eine Leistung zu verweigern, wenn er nicht überzeugt ist, dass das Ereignis eine nachteilige Wirkung verursacht hat.

B15 Storno- oder Bestandsfestigkeitsrisiko (d. h. das Risiko, dass die Gegenpartei den Vertrag früher oder später kündigt als bei der Preisfestsetzung des Vertrags vom Anbieter erwartet) ist kein Versicherungsrisiko, da die Leistung an die Gegenpartei nicht von einem ungewissen künftigen Ereignis abhängt, das die Gegenpartei nachteilig betrifft. Entsprechend ist ein Kostenrisiko (d. h. das Risiko von unerwarteten Erhöhungen der Verwaltungskosten, die mit der Verwaltung eines Vertrages, nicht jedoch der Kosten, die mit versicherten Ereignissen verbunden sind) kein Versicherungsrisiko, da eine unerwartete Erhöhung der Kosten die Gegenpartei nicht nachteilig betrifft.

B16 Deswegen ist ein Vertrag, der den Halter einem Storno-, Bestandsfestigkeits- oder Kostenrisiko aussetzt, kein Versicherungsvertrag, sofern er den Halter nicht auch einem Versicherungsrisiko aussetzt. Wenn jedoch der Halter dieses Vertrages dieses Risiko mithilfe eines zweiten Vertrages herabsetzt, in dem er einen Teil dieses Risikos auf eine andere Partei überträgt, so setzt dieser zweite Vertrag diese andere Partei einem Versicherungsrisiko aus.

B17 Ein Versicherer kann signifikantes Versicherungsrisiko nur dann vom Versicherungsnehmer übernehmen, wenn der Versicherer ein vom Versicherungsnehmer getrenntes Unternehmen ist. Im Falle eines Gegenseitigkeitsversicherers übernimmt dieser von jedem Versicherungsnehmer Risiken und erreicht mit diesen einen Portefeuilleausgleich. Obwohl die Versicherungsnehmer kollektiv das Portefeuillerisiko in ihrer Eigenschaft als Eigentümer tragen, übernimmt dennoch der Gegenseitigkeitsversicherer das Risiko des einzelnen Versicherungsvertrags.

to a contract (a non-financial variable). For example, if a guarantee of the residual value of a specific car exposes the guarantor to the risk of changes in the car's physical condition, that risk is insurance risk, not financial risk.

Some contracts expose the issuer to financial risk, in addition to significant insurance risk. For example, many life insurance contracts both guarantee a minimum rate of return to policyholders (creating financial risk) and promise death benefits that at some times significantly exceed the policyholder's account balance (creating insurance risk in the form of mortality risk). Such contracts are insurance contracts. **B10**

Under some contracts, an insured event triggers the payment of an amount linked to a price index. Such contracts are insurance contracts, provided the payment that is contingent on the insured event can be significant. For example, a life-contingent annuity linked to a cost-of-living index transfers insurance risk because payment is triggered by an uncertain event—the survival of the annuitant. The link to the price index is an embedded derivative, but it also transfers insurance risk. If the resulting transfer of insurance risk is significant, the embedded derivative meets the definition of an insurance contract, in which case it need not be separated and measured at fair value (see paragraph 7 of this IFRS). **B11**

The definition of insurance risk refers to risk that the insurer accepts from the policyholder. In other words, insurance risk is a pre-existing risk transferred from the policyholder to the insurer. Thus, a new risk created by the contract is not insurance risk. **B12**

The definition of an insurance contract refers to an adverse effect on the policyholder. The definition does not limit the payment by the insurer to an amount equal to the financial impact of the adverse event. For example, the definition does not exclude 'new-for-old' coverage that pays the policyholder sufficient to permit replacement of a damaged old asset by a new asset. Similarly, the definition does not limit payment under a term life insurance contract to the financial loss suffered by the deceased's dependants, nor does it preclude the payment of predetermined amounts to quantify the loss caused by death or an accident. **B13**

Some contracts require a payment if a specified uncertain event occurs, but do not require an adverse effect on the policyholder as a precondition for payment. Such a contract is not an insurance contract even if the holder uses the contract to mitigate an underlying risk exposure. For example, if the holder uses a derivative to hedge an underlying non-financial variable that is correlated with cash flows from an asset of the entity, the derivative is not an insurance contract because payment is not conditional on whether the holder is adversely affected by a reduction in the cash flows from the asset. Conversely, the definition of an insurance contract refers to an uncertain event for which an adverse effect on the policyholder is a contractual precondition for payment. This contractual precondition does not require the insurer to investigate whether the event actually caused an adverse effect, but permits the insurer to deny payment if it is not satisfied that the event caused an adverse effect. **B14**

Lapse or persistency risk (i.e. the risk that the counterparty will cancel the contract earlier or later than the issuer had expected in pricing the contract) is not insurance risk because the payment to the counterparty is not contingent on an uncertain future event that adversely affects the counterparty. Similarly, expense risk (i.e. the risk of unexpected increases in the administrative costs associated with the servicing of a contract, rather than in costs associated with insured events) is not insurance risk because an unexpected increase in expenses does not adversely affect the counterparty. **B15**

Therefore, a contract that exposes the issuer to lapse risk, persistency risk or expense risk is not an insurance contract unless it also exposes the issuer to insurance risk. However, if the issuer of that contract mitigates that risk by using a second contract to transfer part of that risk to another party, the second contract exposes that other party to insurance risk. **B16**

An insurer can accept significant insurance risk from the policyholder only if the insurer is an entity separate from the policyholder. In the case of a mutual insurer, the mutual accepts risk from each policyholder and pools that risk. Although policyholders bear that pooled risk collectively in their capacity as owners, the mutual has still accepted the risk that is the essence of an insurance contract. **B17**

Beispiele für Versicherungsverträge

B18 Bei den folgenden Beispielen handelt es sich um Versicherungsverträge, wenn das übertragene Versicherungsrisiko signifikant ist:

(a) Diebstahlversicherung oder Sachversicherung;

(b) Produkthaftpflicht-, Berufshaftpflicht-, allgemeine Haftpflicht- oder Rechtsschutzversicherung;

(c) Lebensversicherung und Beerdigungskostenversicherung (obwohl der Tod sicher ist, ist es ungewiss, wann er eintreten wird oder bei einigen Formen der Lebensversicherung, ob der Tod während der Versicherungsdauer eintreten wird);

(d) Leibrenten und Pensionsversicherungen (d. h. Verträge, die eine Entschädigung für das ungewisse künftige Ereignis – das Überleben des Leibrentners oder Pensionärs – zusagen, um den Leibrentner oder Pensionär zu unterstützen, einen bestimmten Lebensstandard aufrecht zu erhalten, der ansonsten nachteilig durch dessen Überleben beeinträchtigt werden würde);

(e) Erwerbsminderungsversicherung und Krankheitskostenversicherung;

(f) Bürgschaften, Kautionsversicherungen, Gewährleistungsbürgschaften und Bietungsbürgschaften (d. h. Verträge, die eine Entschädigung zusagen, wenn eine andere Partei eine vertragliche Verpflichtung nicht erfüllt, z. B. eine Verpflichtung ein Gebäude zu errichten);

(g) Kreditversicherung, die bestimmte Zahlungen zur Erstattung eines Schadens des Nehmers zusagt, den er erleidet, weil ein bestimmter Schuldner gemäß den ursprünglichen oder veränderten Bedingungen eines Schuldinstruments eine fällige Zahlung nicht leistet. Diese Verträge können verschiedene rechtliche Formen haben, wie die einer Garantie, einiger Arten von Akkreditiven, eines Verzugs-Kreditderivats oder eines Versicherungsvertrages. Wenngleich diese Verträge die Definition eines Versicherungsvertrages erfüllen, entsprechen sie jedoch auch der Definition einer finanziellen Garantie gemäß IAS 39 und fallen in den Anwendungsbereich des IAS 32[4] und IAS 39, jedoch nicht dieses IFRS (siehe Paragraph 4 (d)). Hat jedoch ein Garantiegeber finanzieller Garantien zuvor ausdrücklich erklärt, dass er solche Verträge als Versicherungsverträge betrachtet und auf Versicherungsverträge anwendbare Bilanzierungsmethoden verwendet, dann kann dieser Garantiegeber wählen, ob er auf solche finanziellen Garantien entweder IAS 39 und IAS 32[4] oder diesen Standard anwendet;

(h) Produktgewährleistungen. Produktgewährleistungen, die von einer anderen Partei für vom Hersteller, Groß- oder Einzelhändler verkaufte Waren gewährt werden, fallen in den Anwendungsbereich dieses IFRS. Produktgewährleistungen, die hingegen direkt vom Hersteller, Groß- oder Einzelhändler gewährt werden, sind außerhalb des Anwendungsbereichs, weil sie in den Anwendungsbereich von IAS 18 und IAS 37 fallen;

(i) Rechtstitelversicherungen (d. h. Versicherung gegen die Aufdeckung von Mängeln eines Rechtstitels auf Grundeigentum, die bei Abschluss des Versicherungsvertrages nicht erkennbar waren). In diesem Fall ist die Aufdeckung eines Mangels eines Rechtstitels das versicherte Ereignis und nicht der Mangel als solcher;

(j) Reiseserviceversicherung (d. h. Entschädigung in bar oder in Form von Dienstleistungen an Versicherungsnehmer für Schäden, die sie während einer Reise erlitten haben). Die Paragraphen B6 und B7 erläutern einige Verträge dieser Art;

(k) Katastrophenbonds, die verringerte Zahlungen von Kapital, Zinsen oder beidem vorsehen, wenn ein bestimmtes Ereignis den Emittenten des Bonds nachteilig betrifft (ausgenommen wenn dieses bestimmte Ereignis kein signifikantes Versicherungsrisiko bewirkt, zum Beispiel wenn dieses Ereignis eine Änderung eines Zinssatzes oder Wechselkurses ist);

(l) Versicherungs-Swaps und andere Verträge, die eine Zahlung auf Basis von Änderungen der klimatischen, geologischen oder sonstigen physikalischen Variablen vorsehen, die spezifisch für eine Partei des Vertrages sind;

(m) Rückversicherungsverträge.

B19 Die folgenden Beispiele stellen keine Versicherungsverträge dar:

(a) Kapitalanlageverträge, die die rechtliche Form eines Versicherungsvertrages haben, aber den Versicherer keinem signifikanten Versicherungsrisiko aussetzen, z. B. Lebensversicherungsverträge, bei denen der Versicherer kein signifikantes Sterblichkeitsrisiko trägt (solche Verträge sind nicht-versicherungsartige Finanzinstrumente oder Dienstleistungsverträge, siehe Paragraphen B20 und B21);

(b) Verträge, die die rechtliche Form von Versicherungen haben, aber jedes signifikante Versicherungsrisiko durch unkündbare und durchsetzbare Mechanismen an den Versicherungsnehmer rückübertragen, indem sie die künftigen Zahlungen des Versicherungsnehmers als direkte Folge der versicherten Schäden anpassen, wie beispielsweise einige Finanzrückversicherungs- oder Gruppenversicherungsverträge (solche Verträge sind in der Regel nicht-versicherungsartige Finanzinstrumente oder Dienstleistungsverträge, siehe Paragraphen B20 und B21);

(c) Selbstversicherung, in anderen Worten Selbsttragung eines Risikos das durch eine Versicherung gedeckt werden könnte (hier gibt es keinen Versicherungsvertrag, da es keine Vereinbarung mit einer anderen Partei gibt);

(d) Verträge (wie Rechtsverhältnisse von Spielbanken) die eine Zahlung bestimmen, wenn ein bestimmtes ungewisses künftiges Ereignis eintritt, aber nicht als vertragliche Bedingung für die Zahlung verlangen, dass das Ereignis den Versicherungsnehmer nachteilig betrifft. Dies schließt jedoch nicht die Festlegung eines vorab bestimmten Auszahlungsbetrages zur Quantifizierung des durch ein spezifiziertes Ereignis, wie Tod oder Unfall, verursachten Schadens aus (siehe auch Paragraph B13);

---

4   Wenn ein Unternehmen IFRS 7 anwendet, wird der Verweis auf IAS 32 durch einen Verweis auf IFRS 7 ersetzt.

Examples of insurance contracts

The following are examples of contracts that are insurance contracts, if the transfer of insurance risk is significant:

(a) insurance against theft or damage to property;

(b) insurance against product liability, professional liability, civil liability or legal expenses;

(c) life insurance and prepaid funeral plans (although death is certain, it is uncertain when death will occur or, for some types of life insurance, whether death will occur within the period covered by the insurance);

(d) life-contingent annuities and pensions (i.e. contracts that provide compensation for the uncertain future event—the survival of the annuitant or pensioner—to assist the annuitant or pensioner in maintaining a given standard of living, which would otherwise be adversely affected by his or her survival);

(e) disability and medical cover;

(f) surety bonds, fidelity bonds, performance bonds and bid bonds (i.e. contracts that provide compensation if another party fails to perform a contractual obligation, for example an obligation to construct a building);

(g) credit insurance that provides for specified payments to be made to reimburse the holder for a loss it incurs because a specified debtor fails to make payment when due under the original or modified terms of a debt instrument. These contracts could have various legal forms, such as that of a guarantee, some types of letter of credit, a credit derivative default contract or an insurance contract. However, although these contracts meet the definition of an insurance contract, they also meet the definition of a financial guarantee contract in IAS 39 and are within the scope of IAS 32[4] and IAS 39, not this IFRS (see paragraph 4 (d)). Nevertheless, if an issuer of financial guarantee contracts has previously asserted explicitly that it regards such contracts as insurance contracts and has used accounting applicable to insurance contracts, the issuer may elect to apply either IAS 39 and IAS 32[4] or this standard to such financial guarantee contracts;

(h) product warranties. Product warranties issued by another party for goods sold by a manufacturer, dealer or retailer are within the scope of this IFRS. However, product warranties issued directly by a manufacturer, dealer or retailer are outside its scope, because they are within the scope of IAS 18 and IAS 37;

(i) title insurance (i.e. insurance against the discovery of defects in title to land that were not apparent when the insurance contract was written). In this case, the insured event is the discovery of a defect in the title, not the defect itself;

(j) travel assistance (i.e. compensation in cash or in kind to policyholders for losses suffered while they are travelling). Paragraphs B6 and B7 discuss some contracts of this kind;

(k) catastrophe bonds that provide for reduced payments of principal, interest or both if a specified event adversely affects the issuer of the bond (unless the specified event does not create significant insurance risk, for example if the event is a change in an interest rate or foreign exchange rate);

(l) insurance swaps and other contracts that require a payment based on changes in climatic, geological or other physical variables that are specific to a party to the contract;

(m) reinsurance contracts.

The following are examples of items that are not insurance contracts:

(a) investment contracts that have the legal form of an insurance contract but do not expose the insurer to significant insurance risk, for example life insurance contracts in which the insurer bears no significant mortality risk (such contracts are non-insurance financial instruments or service contracts, see paragraphs B20 and B21);

(b) contracts that have the legal form of insurance, but pass all significant insurance risk back to the policyholder through non-cancellable and enforceable mechanisms that adjust future payments by the policyholder as a direct result of insured losses, for example some financial reinsurance contracts or some group contracts (such contracts are normally non-insurance financial instruments or service contracts, see paragraphs B20 and B21);

(c) self-insurance, in other words retaining a risk that could have been covered by insurance (there is no insurance contract because there is no agreement with another party);

(d) contracts (such as gambling contracts) that require a payment if a specified uncertain future event occurs, but do not require, as a contractual precondition for payment, that the event adversely affects the policyholder. However, this does not preclude the specification of a predetermined payout to quantify the loss caused by a specified event such as death or an accident (see also paragraph B13);

---

4 When an entity applies IFRS 7, the reference to IAS 32 is replaced by a reference to IFRS 7.

(e) Derivate, die eine Partei einem Finanzrisiko aber nicht einem Versicherungsrisiko aussetzen, weil sie bestimmen, dass diese Partei Zahlungen nur bei Änderungen eines oder mehrerer eines genannten Zinssatzes, Wertpapierkurses, Rohstoffpreises, Wechselkurses, Preis- oder Zinsindexes, Bonitätsratings oder Kreditindexes oder einer anderen Variablen zu leisten hat, sofern im Fall einer nicht-finanziellen Variablen die Variable nicht spezifisch für eine Partei des Vertrages ist (siehe IAS 39);

(f) eine kreditbezogenen Garantie (oder Akkreditiv, Verzugskredit-Derivat oder Kreditversicherungsvertrag), die Zahlungen auch dann verlangt, wenn der Inhaber keinen Schaden dadurch erleidet, dass der Schuldner eine fällige Zahlung nicht leistet (siehe IAS 39);

(g) Verträge, die eine auf einer klimatischen, geologischen oder physikalischen Variablen begründete Zahlung vorsehen, die nicht spezifisch für eine Vertragspartei ist (allgemein als Wetterderivate bezeichnet);

(h) Katastrophenbonds, die verringerte Zahlungen von Kapital, Zinsen oder beidem vorsehen, welche auf einer klimatischen, geologischen oder anderen physikalischen Variablen beruhen, die nicht spezifisch für eine Vertragspartei ist.

B20 Wenn die in Paragraph B19 beschriebenen Verträge finanzielle Vermögenswerte oder finanzielle Verbindlichkeiten bewirken, fallen sie in den Anwendungsbereich von IAS 39. Unter anderem bedeutet dies, dass die Vertragsparteien das manchmal als „Einlagenbilanzierung" bezeichnete Verfahren verwenden, das Folgendes beinhaltet:

(a) eine Partei setzt das erhaltene Entgelt als eine finanzielle Verbindlichkeit an und nicht als Umsatzerlöse;

(b) die andere Partei setzt das gezahlte Entgelt als einen finanziellen Vermögenswert an und nicht als Aufwendungen.

B21 Wenn die in Paragraph B19 beschriebenen Verträge weder finanzielle Vermögenswerte noch finanzielle Verbindlichkeiten bewirken, gilt IAS 18. Gemäß IAS 18 werden *Umsatzerlöse*, die mit einem Geschäft verbunden sind, welche die Erbringung von Dienstleistungen einschließt, entsprechend dem Fertigstellungsgrad des Geschäfts angesetzt, wenn der Ausgang des Geschäfts verlässlich geschätzt werden kann.

Signifikantes Versicherungsrisiko

B22 Ein Vertrag ist nur dann ein Versicherungsvertrag, wenn er ein signifikantes Versicherungsrisiko überträgt. Die Paragraphen B8–B21 behandeln das Versicherungsrisiko. Die folgenden Paragraphen behandeln die Einschätzung, ob ein Versicherungsrisiko signifikant ist.

B23 Ein Versicherungsrisiko ist dann und nur dann signifikant, wenn ein versichertes Ereignis bewirken könnte, dass ein Versicherer unter irgendwelchen Umständen signifikante zusätzliche Leistungen zu erbringen hat, ausgenommen der Umstände, denen es an kommerzieller Bedeutung fehlt (d. h. die keine wahrnehmbare Wirkung auf die wirtschaftliche Sicht des Geschäfts haben). Wenn signifikante zusätzliche Leistungen unter Umständen von kommerzieller Bedeutung zu erbringen wären, kann die Bedingung des vorhergehenden Satzes sogar dann erfüllt sein, wenn das versicherte Ereignis höchst unwahrscheinlich ist oder wenn der erwartete (d. h. wahrscheinlichkeitsgewichtete) Barwert der bedingten Cashflows nur einen kleinen Teil des erwarteten Barwerts aller übrigen vertraglichen Cashflows ausmacht.

B24 Die in Paragraph 23 beschriebenen zusätzlichen Leistungen beziehen sich auf Beträge, die über die zu Erbringenden hinausgehen, wenn kein versichertes Ereignis eintreten würde (ausgenommen der Umstände, denen es an kommerzieller Bedeutung fehlt). Diese zusätzlichen Beträge schließen Schadensbearbeitungs- und Schadensfeststellungskosten mit ein, aber beinhalten nicht:

(a) den Verlust der Möglichkeit, den Versicherungsnehmer für künftige Dienstleistungen zu belasten. So bedeutet beispielsweise im Fall eines an Kapitalanlagen gebundenen Lebensversicherungsvertrages der Tod des Versicherungsnehmers, dass der Versicherer nicht länger Kapitalanlagedienstleistungen erbringt und dafür eine Gebühr einnimmt. Dieser wirtschaftliche Schaden stellt für den Versicherer indes kein Versicherungsrisiko dar, wie auch ein Investmentfondsmanager kein Versicherungsrisiko in Bezug auf den möglichen Tod eines Kunden trägt. Daher ist der potenzielle Verlust von künftigen Kapitalanlagegebühren bei der Einschätzung, wie viel Versicherungsrisiko von dem Vertrag übertragen wird, nicht relevant;

(b) den Verzicht auf Abzüge im Todesfall, die bei Kündigung oder Rückkauf vorgenommen würden. Da der Vertrag diese Abzüge erst eingeführt hat, stellt der Verzicht auf diese Abzüge keine Entschädigung des Versicherungsnehmers für ein vorher bestehendes Risiko dar. Daher sind sie bei der Einschätzung, wie viel Versicherungsrisiko von dem Vertrag übertragen wird, nicht relevant;

(c) eine Zahlung, die von einem Ereignis abhängt, das keinen signifikanten Schaden für den Nehmer des Vertrages hervorruft. Betrachtet man beispielsweise einen Vertrag, der den Anbieter verpflichtet, eine Million Währungseinheiten zu zahlen, wenn ein Vermögenswert einen physischen Schaden erleidet, der einen insignifikanten wirtschaftlichen Schaden von einer Währungseinheit für den Besitzer verursacht. Durch diesen Vertrag überträgt der Nehmer auf den Versicherer das insignifikante Risiko, eine Währungseinheit zu verlieren. Gleichzeitig bewirkt der Vertrag ein Risiko, das kein Versicherungsrisiko ist, aufgrund dessen der Anbieter 999.999 Währungseinheiten zahlen muss, wenn das spezifizierte Ereignis eintritt. Weil der Anbieter kein signifikantes Versicherungsrisiko vom Nehmer übernimmt, ist der Vertrag kein Versicherungsvertrag;

(d) mögliche Rückversicherungsdeckung. Der Versicherer bilanziert diese gesondert.

(e) derivatives that expose one party to financial risk but not insurance risk, because they require that party to make payment based solely on changes in one or more of a specified interest rate, financial instrument price, commodity price, foreign exchange rate, index of prices or rates, credit rating or credit index or other variable, provided in the case of a non-financial variable that the variable is not specific to a party to the contract (see IAS 39);

(f) a credit-related guarantee (or letter of credit, credit derivative default contract or credit insurance contract) that requires payments even if the holder has not incurred a loss on the failure of the debtor to make payments when due (see IAS 39);

(g) contracts that require a payment based on a climatic, geological or other physical variable that is not specific to a party to the contract (commonly described as weather derivatives);

(h) catastrophe bonds that provide for reduced payments of principal, interest or both, based on a climatic, geological or other physical variable that is not specific to a party to the contract.

B20 If the contracts described in paragraph B19 create financial assets or financial liabilities, they are within the scope of IAS 39. Among other things, this means that the parties to the contract use what is sometimes called deposit accounting, which involves the following:

(a) one party recognises the consideration received as a financial liability, rather than as revenue;

(b) the other party recognises the consideration paid as a financial asset, rather than as an expense.

B21 If the contracts described in paragraph B19 do not create financial assets or financial liabilities, IAS 18 applies. Under IAS 18, revenue associated with a transaction involving the rendering of services is recognised by reference to the stage of completion of the transaction if the outcome of the transaction can be estimated reliably.

Significant insurance risk

B22 A contract is an insurance contract only if it transfers significant insurance risk. Paragraphs B8—B21 discuss insurance risk. The following paragraphs discuss the assessment of whether insurance risk is significant.

B23 Insurance risk is significant if, and only if, an insured event could cause an insurer to pay significant additional benefits in any scenario, excluding scenarios that lack commercial substance (i.e. have no discernible effect on the economics of the transaction). If significant additional benefits would be payable in scenarios that have commercial substance, the condition in the previous sentence may be met even if the insured event is extremely unlikely or even if the expected (i.e. probability-weighted) present value of contingent cash flows is a small proportion of the expected present value of all the remaining contractual cash flows.

B24 The additional benefits described in paragraph B23 refer to amounts that exceed those that would be payable if no insured event occurred (excluding scenarios that lack commercial substance). Those additional amounts include claims handling and claims assessment costs, but exclude:

(a) the loss of the ability to charge the policyholder for future services. For example, in an investment-linked life insurance contract, the death of the policyholder means that the insurer can no longer perform investment management services and collect a fee for doing so. However, this economic loss for the insurer does not reflect insurance risk, just as a mutual fund manager does not take on insurance risk in relation to the possible death of the client. Therefore, the potential loss of future investment management fees is not relevant in assessing how much insurance risk is transferred by a contract;

(b) waiver on death of charges that would be made on cancellation or surrender. Because the contract brought those charges into existence, the waiver of these charges does not compensate the policyholder for a preexisting risk. Hence, they are not relevant in assessing how much insurance risk is transferred by a contract;

(c) a payment conditional on an event that does not cause a significant loss to the holder of the contract. For example, consider a contract that requires the issuer to pay one million currency units if an asset suffers physical damage causing an insignificant economic loss of one currency unit to the holder. In this contract, the holder transfers to the insurer the insignificant risk of losing one currency unit. At the same time, the contract creates non-insurance risk that the issuer will need to pay 999,999 currency units if the specified event occurs. Because the issuer does not accept significant insurance risk from the holder, this contract is not an insurance contract;

(d) possible reinsurance recoveries. The insurer accounts for these separately.

B25 Ein Versicherer hat die Signifikanz des Versicherungsrisikos für jeden einzelnen Vertrag einzuschätzen, ohne Bezugnahme auf die Wesentlichkeit für den Abschluss.[5] Daher kann ein Versicherungsrisiko auch signifikant sein, selbst wenn die Wahrscheinlichkeit wesentlicher Verluste aus dem Bestand an Verträgen in Summe minimal ist. Diese Einschätzung auf Basis des einzelnen Vertrages macht es eher möglich, einen Vertrag als einen Versicherungsvertrag zu klassifizieren. Ist indes von einem relativ homogenen Bestand von kleinen Verträgen bekannt, dass alle Versicherungsrisiken übertragen, braucht ein Versicherer nicht jeden Vertrag dieses Bestandes einzeln zu überprüfen, um nur wenige Verträge, die jedoch keine Derivate sein dürfen, mit einer Übertragung von insignifikantem Versicherungsrisiko herauszufinden.

B26 Aus den Paragraphen B23–B25 folgt, dass ein Vertrag, der die Zahlung einer über der Erlebensfallleistung liegenden Leistung im Todesfall vorsieht, ein Versicherungsvertrag ist, es sei denn, dass die zusätzliche Leistung im Todesfall insignifikant ist (beurteilt in Bezug auf den Vertrag und nicht auf den gesamten Bestand der Verträge). Wie in Paragraph B24 (b) vermerkt, wird der Verzicht auf Kündigungs- oder Rückkaufabzügen im Todesfall bei dieser Einschätzung nicht berücksichtigt, wenn dieser Verzicht den Versicherungsnehmer nicht für ein vorher bestehendes Risiko entschädigt. Entsprechend ist ein Rentenversicherungsvertrag, der für den Rest des Lebens des Versicherungsnehmers regelmäßige Zahlungen vorsieht, ein Versicherungsvertrag, es sei denn, die gesamten vom Überleben abhängigen Zahlungen sind insignifikant.

B27 Paragraph B23 bezieht sich auf zusätzliche Leistungen. Diese zusätzlichen Leistungen können ein Erfordernis beinhalten, die Leistungen früher zu erbringen, wenn das versicherte Ereignis früher eintritt und die Zahlung nicht entsprechend der Zinseffekte berichtet ist. Ein Beispiel hierfür ist eine lebenslängliche Todesfallversicherung mit fester Versicherungssumme (in anderen Worten, eine Versicherung, die eine feste Leistung im Todesfall vorsieht, wann immer der Versicherungsnehmer stirbt, ohne Ende des Versicherungsschutzes). Es ist gewiss, dass der Versicherungsnehmer sterben wird, aber der Zeitpunkt des Todes ist ungewiss. Der Versicherer wird bei jenen individuellen Verträgen einen Verlust erleiden, deren Versicherungsnehmer früh sterben, selbst wenn es insgesamt im Bestand der Verträge keinen Verlust gibt.

B28 Wenn ein Versicherungsvertrag in eine Einlagenkomponente und eine Versicherungskomponente entflochten wird, wird die Signifikanz des übertragenen Versicherungsrisikos in Bezug auf die Versicherungskomponente eingeschätzt. Die Signifikanz des innerhalb eines eingebetteten Derivates übertragenen Versicherungsrisikos wird in Bezug auf das eingebettete Derivat eingeschätzt.

Änderungen im Umfang des Versicherungsrisikos

B29 Einige Verträge übertragen bei Abschluss kein Versicherungsrisiko auf den Versicherer, obwohl sie zu einer späteren Zeit Versicherungsrisiko übertragen. Man betrachte z. B. einen Vertrag, der einen spezifizierten Kapitalertrag vorsieht und ein Wahlrecht für den Versicherungsnehmer beinhaltet, das Ergebnis der Kapitalanlage bei Ablauf zum Erwerb einer Leibrente zu benutzen, deren Preis sich nach den aktuellen Rentenbeitragssätzen bestimmt, die von dem Versicherer zum Ausübungszeitpunkt des Wahlrechtes von anderen neuen Leibrentnern erhoben werden. Der Vertrag überträgt kein Versicherungsrisiko auf den Versicherer, bis das Wahlrecht ausgeübt wird, weil der Versicherer frei bleibt, den Preis der Rente so zu bestimmen, dass sie das zu dem Zeitpunkt auf den Versicherer übertragene Versicherungsrisiko widerspiegelt. Wenn der Vertrag indes die Rentenfaktoren angibt (oder eine Grundlage für die Bestimmung der Rentenfaktoren), überträgt der Vertrag das Versicherungsrisiko auf den Versicherer ab Vertragsabschluss.

B30 Ein Vertrag, der die Kriterien eines Versicherungsvertrags erfüllt, bleibt ein Versicherungsvertrag bis alle Rechte und Verpflichtungen aus dem Vertrag aufgehoben oder erloschen sind.

---

5 Für diesen Zweck bilden Verträge, die gleichzeitig mit einer einzigen Gegenpartei geschlossen wurden (oder Verträge, die auf andere Weise voneinander abhängig sind) einen einzigen Vertrag.

An insurer shall assess the significance of insurance risk contract by contract, rather than by reference to materiality to   **B25** the financial statements[5]. Thus, insurance risk may be significant even if there is a minimal probability of material losses for a whole book of contracts. This contract-by-contract assessment makes it easier to classify a contract as an insurance contract. However, if a relatively homogeneous book of small contracts is known to consist of contracts that all transfer insurance risk, an insurer need not examine each contract within that book to identify a few non-derivative contracts that transfer insignificant insurance risk.

It follows from paragraphs B23—B25 that if a contract pays a death benefit exceeding the amount payable on survival, the   **B26** contract is an insurance contract unless the additional death benefit is insignificant (judged by reference to the contract rather than to an entire book of contracts). As noted in paragraph B24 (b), the waiver on death of cancellation or surrender charges is not included in this assessment if this waiver does not compensate the policyholder for a pre-existing risk. Similarly, an annuity contract that pays out regular sums for the rest of a policyholder's life is an insurance contract, unless the aggregate life-contingent payments are insignificant.

Paragraph B23 refers to additional benefits. These additional benefits could include a requirement to pay benefits earlier   **B27** if the insured event occurs earlier and the payment is not adjusted for the time value of money. An example is whole life insurance for a fixed amount (in other words, insurance that provides a fixed death benefit whenever the policyholder dies, with no expiry date for the cover). It is certain that the policyholder will die, but the date of death is uncertain. The insurer will suffer a loss on those individual contracts for which policyholders die early, even if there is no overall loss on the whole book of contracts.

If an insurance contract is unbundled into a deposit component and an insurance component, the significance of insur-   **B28** ance risk transfer is assessed by reference to the insurance component. The significance of insurance risk transferred by an embedded derivative is assessed by reference to the embedded derivative.

Changes in the level of insurance risk

Some contracts do not transfer any insurance risk to the issuer at inception, although they do transfer insurance risk at a   **B29** later time. For example, consider a contract that provides a specified investment return and includes an option for the policyholder to use the proceeds of the investment on maturity to buy a life-contingent annuity at the current annuity rates charged by the insurer to other new annuitants when the policyholder exercises the option. The contract transfers no insurance risk to the issuer until the option is exercised, because the insurer remains free to price the annuity on a basis that reflects the insurance risk transferred to the insurer at that time. However, if the contract specifies the annuity rates (or a basis for setting the annuity rates), the contract transfers insurance risk to the issuer at inception.

A contract that qualifies as an insurance contract remains an insurance contract until all rights and obligations are extin-   **B30** guished or expire.

---

5   When an entity applies IFRS 7, the reference to IAS 32 is replaced by a reference to IFRS 7.

INTERNATIONAL FINANCIAL REPORTING STANDARD 5

Zur Veräußerung gehaltene langfristige Vermögenswerte und aufgegebene Geschäftsbereiche

INHALT

ZIELSETZUNG

1 Die Zielsetzung dieses IFRS ist es, die Bilanzierung von zur Veräußerung gehaltenen Vermögenswerten sowie die Darstellung von und die Anhangangaben zu *aufgegebenen Geschäftsbereichen* festzulegen. Im Besonderen schreibt dieser IFRS vor:

(a) Vermögenswerte, die als zur Veräußerung gehalten eingestuft werden, sind mit dem niedrigeren Wert aus Buchwert und *beizulegendem Zeitwert* abzüglich *Veräußerungskosten* zu bewerten und die Abschreibung dieser Vermögenswerte auszusetzen; und

(b) Vermögenswerte, die als zur Veräußerung gehalten eingestuft werden, sind als gesonderter Posten in der Bilanz und die Ergebnisse aufgegebener Geschäftsbereiche als gesonderte Posten in der Gesamtergebnisrechnung auszuweisen.

ANWENDUNGSBEREICH

2 Die Einstufungs- und Darstellungspflichten dieses IFRS gelten für alle angesetzten *langfristigen Vermögenswerte*[1] und alle Veräußerungsgruppen eines Unternehmens. Die Bewertungsvorschriften dieses IFRS sind auf alle angesetzten langfristigen Vermögenswerte und Veräußerungsgruppen (wie in Paragraph 4 beschrieben) anzuwenden, mit Ausnahme der in Paragraph 5 aufgeführten Vermögenswerte, die weiterhin gemäß dem jeweils angegebenen Standard zu bewerten sind.

3 Vermögenswerte, die gemäß IAS 1 *Darstellung des Abschlusses* als langfristige Vermögenswerte eingestuft wurden, dürfen nur dann in kurzfristige Vermögenswerte umgegliedert werden, wenn sie die Kriterien für eine Einstufung als „zur Veräußerung gehalten" gemäß diesem IFRS erfüllen. Vermögenswerte einer Gruppe, die ein Unternehmen normalerweise als langfristige Vermögenswerte betrachten würde und die ausschließlich mit der Absicht einer Weiterveräußerung erworben wurden, dürfen nur dann als kurzfristige Vermögenswerte eingestuft werden, wenn sie die Kriterien für eine Einstufung als „zur Veräußerung gehalten" gemäß diesem IFRS erfüllen.

---

1 Bei einer Einstufung der Vermögenswerte gemäß einer Liquiditätsdarstellung sind als langfristige Vermögenswerte alle Vermögenswerte einzustufen, die Beträge enthalten, deren Realisierung mehr als zwölf Monate nach dem Abschlussstichtag erwartet wird. Auf die Einstufung solcher Vermögenswerte ist Paragraph 3 anzuwenden.

INTERNATIONAL FINANCIAL REPORTING STANDARD 5

Non-current assets held for sale and discontinued operations

OBJECTIVE

The objective of this IFRS is to specify the accounting for assets held for sale, and the presentation and disclosure of **1** discontinued operations. In particular, the IFRS requires:

(a) assets that meet the criteria to be classified as held for sale to be measured at the lower of carrying amount and *fair value* less *costs to sell*, and depreciation on such assets to cease; and

(b) assets that meet the criteria to be classified as held for sale to be presented separately in the statement of financial position and the results of discontinued operations to be presented separately in the statement of comprehensive income.

SCOPE

The classification and presentation requirements of this IFRS apply to all recognised *non-current assets*[1] and to all *disposal* **2** *groups* of an entity. The measurement requirements of this IFRS apply to all recognised non-current assets and disposal groups (as set out in paragraph 4), except for those assets listed in paragraph 5 which shall continue to be measured in accordance with the standard noted.

Assets classified as non-current in accordance with IAS 1 *Presentation of financial statements* shall not be reclassified as **3** *current assets* until they meet the criteria to be classified as held for sale in accordance with this IFRS. Assets of a class that an entity would normally regard as non-current that are acquired exclusively with a view to resale shall not be classified as current unless they meet the criteria to be classified as held for sale in accordance with this IFRS.

---

1 For assets classified according to a liquidity presentation, non-current assets are assets that include amounts expected to be recovered more than 12 months after the reporting period. Paragraph 3 applies to the classification of such assets.

4 Manchmal veräußert ein Unternehmen eine Gruppe von Vermögenswerten und möglicherweise einige direkt mit ihnen in Verbindung stehende Schulden gemeinsam in einer einzigen Transaktion. Bei einer solchen Veräußerungsgruppe kann es sich um eine Gruppe von *zahlungsmittelgenerierenden Einheiten*, eine einzelne zahlungsmittelgenerierende Einheit oder einen Teil einer zahlungsmittelgenerierenden Einheit handeln.[2] Die Gruppe kann alle Arten von Vermögenswerten und Schulden des Unternehmens umfassen, einschließlich kurzfristiger Vermögenswerte, kurzfristige Schulden und Vermögenswerte, die gemäß Paragraph 5 von den Bewertungsvorschriften dieses IFRS ausgenommen sind. Enthält die Veräußerungsgruppe einen langfristigen Vermögenswert, der in den Anwendungsbereich der Bewertungsvorschriften dieses IFRS fällt, sind diese Bewertungsvorschriften auf die gesamte Gruppe anzuwenden, d. h. die Gruppe ist zum niedrigeren Wert aus Buchwert oder beizulegendem Zeitwert abzüglich Veräußerungskosten anzusetzen. Die Vorschriften für die Bewertung der einzelnen Vermögenswerte und Schulden innerhalb einer Veräußerungsgruppe werden in den Paragraphen 18, 19 und 23 ausgeführt.

5 Die Bewertungsvorschriften dieses IFRS[3] sind nicht anzuwenden auf die folgenden Vermögenswerte, die als einzelne Vermögenswerte oder Bestandteil einer Veräußerungsgruppe durch die nachfolgend angegebenen IFRS abgedeckt werden:

(a) latente Steueransprüche (IAS 12 *Ertragsteuern*);

(b) Vermögenswerte, die aus Leistungen an Arbeitnehmer resultieren (IAS 19 *Leistungen an Arbeitnehmer*);

(c) finanzielle Vermögenswerte, die in den Anwendungsbereich von IAS 39 *Finanzinstrumente: Ansatz und Bewertung* fallen;

(d) langfristige Vermögenswerte, die nach dem Modell des beizulegenden Zeitwerts in IAS 40 *Als Finanzinvestition gehaltene Immobilien* bilanziert werden;

(e) langfristige Vermögenswerte, die mit dem beizulegenden Zeitwert abzüglich der Verkaufskosten gemäß IAS 41 *Landwirtschaft* angesetzt werden;

(f) vertragliche Rechte im Rahmen von Versicherungsverträgen laut Definition in IFRS 4 *Versicherungsverträge*.

5A Die in diesem IFRS aufgeführten Einstufungs-, Darstellungs- und Bewertungsvorschriften für langfristige Vermögenswerte (oder Veräußerungsgruppen), die als zur Veräußerung gehalten eingestuft sind, gelten ebenso für langfristige Vermögenswerte (oder Veräußerungsgruppen), die als zur Ausschüttung an Eigentümer (in ihrer Eigenschaft als Eigentümer) gehalten eingestuft sind (zur Ausschüttung an Eigentümer gehalten).

5B Dieser IFRS legt fest, welche Angaben zu langfristigen Vermögenswerten (oder Veräußerungsgruppen), die als zur Veräußerung gehalten eingestuft werden, oder zu aufgegebenen Geschäftsbereichen zu machen sind. Angaben in anderen IFRS gelten nicht für diese Vermögenswerte (oder Veräußerungsgruppen), es sei denn, diese IFRS schreiben Folgendes vor:

(a) spezifische Angaben zu langfristigen Vermögenswerten (oder Veräußerungsgruppen), die als zur Veräußerung gehalten eingestuft werden, oder zu aufgegebenen Geschäftsbereichen; oder

(b) Angaben zur Bewertung der Vermögenswerte und Schulden einer Veräußerungsgruppe, die nicht unter die Bewertungsanforderung gemäß IFRS 5 fallen und sofern derlei Angaben nicht bereits im Anhang zum Abschluss gemacht werden.

Zusätzliche Angaben zu langfristigen Vermögenswerten (oder Veräußerungsgruppen), die als zur Veräußerung gehalten eingestuft werden, oder zu aufgegebenen Geschäftsbereichen können erforderlich werden, um den allgemeinen Anforderungen von IAS 1 und insbesondere dessen Paragraphen 15 und 125 zu genügen.

EINSTUFUNG VON LANGFRISTIGEN VERMÖGENSWERTEN (ODER VERÄUSSERUNGSGRUPPEN) ALS ZUR VERÄUSSERUNG GEHALTEN ODER ALS ZUR AUSSCHÜTTUNG AN EIGENTÜMER GEHALTEN

6 Ein langfristiger Vermögenswert (oder eine Veräußerungsgruppe) ist als zur Veräußerung gehalten einzustufen, wenn der zugehörige Buchwert überwiegend durch ein Veräußerungsgeschäft und nicht durch fortgesetzte Nutzung realisiert wird.

7 Damit dies der Fall ist, muss der Vermögenswert (oder die Veräußerungsgruppe) im gegenwärtigen Zustand zu Bedingungen, die für den Verkauf derartiger Vermögenswerte (oder Veräußerungsgruppen) gängig und üblich sind, sofort veräußerbar sein, und eine solche Veräußerung muss *höchstwahrscheinlich* sein.

8 Eine Veräußerung ist dann höchstwahrscheinlich, wenn die zuständige Managementebene einen Plan für den Verkauf des Vermögenswerts (oder der Veräußerungsgruppe) beschlossen hat und mit der Suche nach einem Käufer und der Durchführung des Plans aktiv begonnen wurde. Des Weiteren muss der Vermögenswert (oder die Veräußerungsgruppe) tatsäch-

---

2 Sobald jedoch erwartet wird, dass die in Verbindung mit einem Vermögenswert oder einer Gruppe von Vermögenswerten anfallenden Cashflows hauptsächlich durch Veräußerung und nicht durch fortgesetzte Nutzung erzeugt werden, werden sie weniger abhängig von den Cashflows aus anderen Vermögenswerten, so dass eine Veräußerungsgruppe, die Bestandteil einer zahlungsmittelgenerierenden Einheit war, zu einer eigenen zahlungsmittelgenerierenden Einheit wird.

3 Mit Ausnahme der Paragraphen 18 und 19, die eine Bewertung der betreffenden Vermögenswerte gemäß anderer maßgeblicher IFRS vorschreiben.

Sometimes an entity disposes of a group of assets, possibly with some directly associated liabilities, together in a single **4** transaction. Such a disposal group may be a group of *cash-generating units*, a single cash-generating unit, or part of a cash-generating unit[2]. The group may include any assets and any liabilities of the entity, including current assets, current liabilities and assets excluded by paragraph 5 from the measurement requirements of this IFRS. If a non-current asset within the scope of the measurement requirements of this IFRS is part of a disposal group, the measurement requirements of this IFRS apply to the group as a whole, so that the group is measured at the lower of its carrying amount and fair value less costs to sell. The requirements for measuring the individual assets and liabilities within the disposal group are set out in paragraphs 18, 19 and 23.

The measurement provisions of this IFRS[3] do not apply to the following assets, which are covered by the IFRSs listed, **5** either as individual assets or as part of a disposal group:

(a) deferred tax assets (IAS 12 *Income taxes*);
(b) assets arising from employee benefits (IAS 19 *Employee benefits*);
(c) financial assets within the scope of IAS 39 *Financial instruments: recognition and measurement*;
(d) non-current assets that are accounted for in accordance with the fair value model in IAS 40 *Investment property*;
(e) non-current assets that are measured at fair value less costs to sell in accordance with IAS 41 *Agriculture*;
(f) contractual rights under insurance contracts as defined in IFRS 4 *Insurance contracts*.

The classification, presentation and measurement requirements in this IFRS applicable to a non-current asset (or disposal **5A** group) that is classified as held for sale apply also to a non-current asset (or disposal group) that is classified as held for distribution to owners acting in their capacity as owners (held for distribution to owners).

This IFRS specifies the disclosures required in respect of non-current assets (or disposal groups) classified as held for sale **5B** or discontinued operations. Disclosures in other IFRSs do not apply to such assets (or disposal groups) unless those IFRSs require:

(a) specific disclosures in respect of non-current assets (or disposal groups) classified as held for sale or discontinued operations; or
(b) disclosures about measurement of assets and liabilities within a disposal group that are not within the scope of the measurement requirement of IFRS 5 and such disclosures are not already provided in the other notes to the financial statements.

Additional disclosures about non-current assets (or disposal groups) classified as held for sale or discontinued operations may be necessary to comply with the general requirements of IAS 1, in particular paragraphs 15 and 125 of that Standard.

CLASSIFICATION OF NON-CURRENT ASSETS (OR DISPOSAL GROUPS) AS HELD FOR SALE OR AS HELD FOR DISTRIBUTION TO OWNERS

An entity shall classify a non-current asset (or disposal group) as held for sale if its carrying amount will be recovered **6** principally through a sale transaction rather than through continuing use.

For this to be the case, the asset (or disposal group) must be available for immediate sale in its present condition subject **7** only to terms that are usual and customary for sales of such assets (or disposal groups) and its sale must be *highly probable*.

For the sale to be highly probable, the appropriate level of management must be committed to a plan to sell the asset (or **8** disposal group), and an active programme to locate a buyer and complete the plan must have been initiated. Further, the asset (or disposal group) must be actively marketed for sale at a price that is reasonable in relation to its current fair value. In addition, the sale should be expected to qualify for recognition as a completed sale within one year from the date of classification, except as permitted by paragraph 9, and actions required to complete the plan should indicate that it is

---

2   However, once the cash flows from an asset or group of assets are expected to arise principally from sale rather than continuing use, they become less dependent on cash flows arising from other assets, and a disposal group that was part of a cash-generating unit becomes a separate cash-generating unit.

3   Other than paragraphs 18 and 19, which require the assets in question to be measured in accordance with other applicable IFRSs.

lich zum Erwerb für einen Preis angeboten werden, der in einem angemessenen Verhältnis zum gegenwärtig beizulegenden Zeitwert steht. Außerdem muss die Veräußerung erwartungsgemäß innerhalb eines Jahres ab dem Zeitpunkt der Einstufung für eine Erfassung als abgeschlossener Verkauf in Betracht kommen, soweit gemäß Paragraph 9 nicht etwas anderes gestattet ist, und die zur Umsetzung des Plans erforderlichen Maßnahmen müssen den Schluss zulassen, dass wesentliche Änderungen am Plan oder eine Aufhebung des Plans unwahrscheinlich erscheinen. Die Wahrscheinlichkeit der Genehmigung der Anteilseigner (sofern dies gesetzlich vorgeschrieben ist) ist im Rahmen der Beurteilung, ob der Verkauf eine hohe Eintrittswahrscheinlichkeit hat, zu berücksichtigen.

8A Ein Unternehmen, das an einen Verkaufsplan gebunden ist, der den Verlust der Beherrschung eines Tochterunternehmens zur Folge hat, hat alle Vermögenswerte und Schulden dieses Tochterunternehmens als zur Veräußerung gehalten einzustufen, sofern die Kriterien in den Paragraphen 6–8 erfüllt sind, und zwar unabhängig davon, ob das Unternehmen auch nach dem Verkauf eine nichtbeherrschende Beteiligung am ehemaligen Tochterunternehmen behalten wird.

9 Ereignisse oder Umstände können dazu führen, dass der Verkauf erst nach einem Jahr stattfindet. Eine Verlängerung des für den Verkaufsabschluss benötigten Zeitraums schließt nicht die Einstufung eines Vermögenswerts (oder einer Veräußerungsgruppe) als zur Veräußerung gehalten aus, wenn die Verzögerung auf Ereignisse oder Umstände zurückzuführen ist, die außerhalb der Kontrolle des Unternehmens liegen, und ausreichende substanzielle Hinweise vorliegen, dass das Unternehmen weiterhin an seinem Plan zum Verkauf des Vermögenswerts (oder der Veräußerungsgruppe) festhält. Dies ist der Fall, wenn die in Anhang B angegebenen Kriterien erfüllt werden.

10 Veräußerungsgeschäfte umfassen auch den Tausch von langfristigen Vermögenswerten gegen andere langfristige Vermögenswerte, wenn der Tauschvorgang gemäß IAS 16 *Sachanlagen* wirtschaftliche Substanz hat.

11 Wird ein langfristiger Vermögenswert (oder eine Veräußerungsgruppe) ausschließlich mit der Absicht einer späteren Veräußerung erworben, darf der langfristige Vermögenswert (oder die Veräußerungsgruppe) nur dann zum Erwerbszeitpunkt als zur Veräußerung gehalten eingestuft werden, wenn das Ein-Jahres-Kriterium in Paragraph 8 erfüllt ist (mit Ausnahme der in Paragraph 9 gestatteten Fälle) und es höchstwahrscheinlich ist, dass andere in den Paragraphen 7 und 8 genannte Kriterien, die zum Erwerbszeitpunkt nicht erfüllt waren, innerhalb kurzer Zeit nach dem Erwerb (in der Regel innerhalb von drei Monaten) erfüllt werden.

12 Werden die in den Paragraphen 7 und 8 genannten Kriterien nach dem Abschlussstichtag erfüllt, darf der langfristige Vermögenswert (oder die Veräußerungsgruppe) im betreffenden veröffentlichten Abschluss nicht als zur Veräußerung gehalten eingestuft werden. Werden diese Kriterien dagegen nach dem Abschlussstichtag, jedoch vor der Genehmigung zur Veröffentlichung des Abschlusses erfüllt, sind die in Paragraph 41 (a), (b) und (d) enthaltenen Informationen im Anhang anzugeben.

12A Langfristige Vermögenswerte (oder Veräußerungsgruppen) werden als zur Ausschüttung an Eigentümer gehalten eingestuft, wenn das Unternehmen verpflichtet ist, die Vermögenswerte (oder Veräußerungsgruppen) an die Eigentümer auszuschütten. Dies ist dann der Fall, wenn die Vermögenswerte in ihrem gegenwärtigen Zustand zur sofortigen Ausschüttung verfügbar sind und die Ausschüttung eine hohe Eintrittswahrscheinlichkeit hat. Eine Ausschüttung ist dann höchstwahrscheinlich, wenn Maßnahmen zur Durchführung der Ausschüttung eingeleitet wurden und davon ausgegangen werden kann, dass die Ausschüttung innerhalb eines Jahres nach dem Tag der Einstufung vollendet ist. Aus den für die Durchführung der Ausschüttung erforderlichen Maßnahmen sollte hervorgehen, dass es unwahrscheinlich ist, dass wesentliche Änderungen an der Ausschüttung vorgenommen werden oder dass die Ausschüttung rückgängig gemacht wird. Die Wahrscheinlichkeit der Genehmigung der Anteilseigner (sofern dies gesetzlich vorgeschrieben ist) ist im Rahmen der Beurteilung, ob die Ausschüttung eine hohe Eintrittswahrscheinlichkeit hat, zu berücksichtigen.

Zur Stilllegung bestimmte langfristige Vermögenswerte

13 Zur Stilllegung bestimmte langfristige Vermögenswerte (oder Veräußerungsgruppen) dürfen nicht als zur Veräußerung gehalten eingestuft werden. Dies ist darauf zurückzuführen, dass der zugehörige Buchwert überwiegend durch fortgesetzte Nutzung realisiert wird. Erfüllt die stillzulegende Veräußerungsgruppe jedoch die in Paragraph 32 (a)–(c) genannten Kriterien, sind die Ergebnisse und Cashflows der Veräußerungsgruppe zu dem Zeitpunkt, zu dem sie nicht mehr genutzt wird, als aufgegebener Geschäftsbereich gemäß den Paragraphen 33 und 34 darzustellen. Stillzulegende langfristige Vermögenswerte (oder Veräußerungsgruppen) beinhalten auch langfristige Vermögenswerte (oder Veräußerungsgruppen), die bis zum Ende ihrer wirtschaftlichen Nutzungsdauer genutzt werden sollen, und langfristige Vermögenswerte (oder Veräußerungsgruppen), die zur Stilllegung und nicht zur Veräußerung vorgesehen sind.

14 Ein langfristiger Vermögenswert, der vorübergehend außer Betrieb genommen wurde, darf nicht wie ein stillgelegter langfristiger Vermögenswert behandelt werden.

unlikely that significant changes to the plan will be made or that the plan will be withdrawn. The probability of shareholders' approval (if required in the jurisdiction) should be considered as part of the assessment of whether the sale is highly probable.

An entity that is committed to a sale plan involving loss of control of a subsidiary shall classify all the assets and liabilities **8A** of that subsidiary as held for sale when the criteria set out in paragraphs 6—8 are met, regardless of whether the entity will retain a non-controlling interest in its former subsidiary after the sale.

Events or circumstances may extend the period to complete the sale beyond one year. An extension of the period required **9** to complete a sale does not preclude an asset (or disposal group) from being classified as held for sale if the delay is caused by events or circumstances beyond the entity's control and there is sufficient evidence that the entity remains committed to its plan to sell the asset (or disposal group). This will be the case when the criteria in Appendix B are met.

Sale transactions include exchanges of non-current assets for other non-current assets when the exchange has commercial **10** substance in accordance with IAS 16 *Property, plant and equipment.*

When an entity acquires a non-current asset (or disposal group) exclusively with a view to its subsequent disposal, it shall **11** classify the non-current asset (or disposal group) as held for sale at the acquisition date only if the one-year requirement in paragraph 8 is met (except as permitted by paragraph 9) and it is highly probable that any other criteria in paragraphs 7 and 8 that are not met at that date will be met within a short period following the acquisition (usually within three months).

If the criteria in paragraphs 7 and 8 are met after the reporting period, an entity shall not classify a non-current asset (or **12** disposal group) as held for sale in those financial statements when issued. However, when those criteria are met after the reporting period but before the authorisation of the financial statements for issue, the entity shall disclose the information specified in paragraph 41 (a), (b) and (d) in the notes.

A non-current asset (or disposal group) is classified as held for distribution to owners when the entity is committed to **12A** distribute the asset (or disposal group) to the owners. For this to be the case, the assets must be available for immediate distribution in their present condition and the distribution must be highly probable. For the distribution to be highly probable, actions to complete the distribution must have been initiated and should be expected to be completed within one year from the date of classification. Actions required to complete the distribution should indicate that it is unlikely that significant changes to the distribution will be made or that the distribution will be withdrawn. The probability of shareholders' approval (if required in the jurisdiction) should be considered as part of the assessment of whether the distribution is highly probable.

Non-current assets that are to be abandoned

An entity shall not classify as held for sale a non-current asset (or disposal group) that is to be abandoned. This is because **13** its carrying amount will be recovered principally through continuing use. However, if the disposal group to be abandoned meets the criteria in paragraph 32 (a)—(c), the entity shall present the results and cash flows of the disposal group as discontinued operations in accordance with paragraphs 33 and 34 at the date on which it ceases to be used. Non-current assets (or disposal groups) to be abandoned include non-current assets (or disposal groups) that are to be used to the end of their economic life and non-current assets (or disposal groups) that are to be closed rather than sold.

An entity shall not account for a non-current asset that has been temporarily taken out of use as if it had been aban- **14** doned.

BEWERTUNG VON LANGFRISTIGEN VERMÖGENSWERTEN (ODER VERÄUSSERUNGSGRUPPEN), DIE ALS ZUR VERÄUSSERUNG GEHALTEN EINGESTUFT WERDEN

Bewertung eines langfristigen Vermögenswerts (oder einer Veräußerungsgruppe)

15 Langfristige Vermögenswerte (oder Veräußerungsgruppen), die als zur Veräußerung gehalten eingestuft werden, sind zum niedrigeren Wert aus Buchwert und beizulegendem Zeitwert abzüglich Veräußerungskosten anzusetzen.

15A Langfristige Vermögenswerte (oder Veräußerungsgruppen), die als zur Ausschüttung an Eigentümer gehalten eingestuft werden, sind zum niedrigeren Wert aus Buchwert und beizulegendem Zeitwert abzüglich Ausschüttungskosten anzusetzen.[4]

16 Wenn neu erworbene Vermögenswerte (oder Veräußerungsgruppen) die Kriterien für eine Einstufung als zur Veräußerung gehalten erfüllen (siehe Paragraph 11), führt die Anwendung von Paragraph 15 dazu, dass diese Vermögenswerte (oder Veräußerungsgruppen) beim erstmaligen Ansatz mit dem niedrigeren Wert aus dem Buchwert, wenn eine solche Einstufung nicht erfolgt wäre (beispielsweise den Anschaffungs- oder Herstellungskosten), und dem beizulegenden Zeitwert abzüglich Veräußerungskosten bewertet werden. Dementsprechend sind Vermögenswerte (oder Veräußerungsgruppen), die im Rahmen eines Unternehmenszusammenschlusses erworben werden, mit dem beizulegenden Zeitwert abzüglich Veräußerungskosten anzusetzen.

17 Wird der Verkauf erst nach einem Jahr erwartet, sind die Veräußerungskosten mit ihrem Barwert zu bewerten. Ein Anstieg des Barwerts der Veräußerungskosten aufgrund des Zeitablaufs ist im Gewinn oder Verlust unter Finanzierungskosten auszuweisen.

18 Unmittelbar vor der erstmaligen Einstufung eines Vermögenswerts (oder einer Veräußerungsgruppe) als zur Veräußerung gehalten sind die Buchwerte des Vermögenswerts (bzw. alle Vermögenswerte und Schulden der Gruppe) gemäß den einschlägigen IFRS zu bewerten.

19 Bei einer späteren Neubewertung einer Veräußerungsgruppe sind die Buchwerte der Vermögenswerte und Schulden, die nicht in den Anwendungsbereich der Bewertungsvorschriften dieses IFRS fallen, jedoch zu einer Veräußerungsgruppe gehören, die als zur Veräußerung gehalten eingestuft wird, zuerst gemäß den einschlägigen IFRS neu zu bewerten und anschließend mit dem beizulegenden Zeitwert abzüglich der Veräußerungskosten für die Veräußerungsgruppe anzusetzen.

Erfassung von Wertminderungsaufwendungen und Wertaufholungen

20 Ein Unternehmen hat bei einer erstmaligen oder späteren außerplanmäßigen Abschreibung des Vermögenswerts (oder der Veräußerungsgruppe) auf den beizulegenden Zeitwert abzüglich Veräußerungskosten einen Wertminderungsaufwand zu erfassen, soweit dieser nicht gemäß Paragraph 19 berücksichtigt wurde.

21 Ein späterer Anstieg des beizulegenden Zeitwerts abzüglich Veräußerungskosten für einen Vermögenswert ist als Gewinn zu erfassen, jedoch nur bis zur Höhe des kumulierten Wertminderungsaufwands, der gemäß diesem IFRS oder davor gemäß IAS 36 *Wertminderung von Vermögenswerten* erfasst wurde.

22 Ein späterer Anstieg des beizulegenden Zeitwerts abzüglich Veräußerungskosten für eine Veräußerungsgruppe ist als Gewinn zu erfassen:
(a) soweit dieser Anstieg nicht gemäß Paragraph 19 erfasst wurde; jedoch
(b) nur bis zur Höhe des kumulativen Wertminderungsaufwands, der für die langfristigen Vermögenswerte, die in den Anwendungsbereich der Bewertungsvorschriften dieses IFRS fallen, gemäß diesem IFRS oder davor gemäß IAS 36 erfasst wurde.

23 Der für eine Veräußerungsgruppe erfasste Wertminderungsaufwand (oder spätere Gewinn) verringert (bzw. erhöht) den Buchwert der langfristigen Vermögenswerte in der Gruppe, die den Bewertungsvorschriften dieses IFRS unterliegen, in der in den Paragraphen 104 (a) und (b) und 122 des IAS 36 (überarbeitet 2004) angegebenen Verteilungsreihenfolge.

24 Ein Gewinn oder Verlust, der bis zum Tag der Veräußerung eines langfristigen Vermögenswerts (oder einer Veräußerungsgruppe) bisher nicht erfasst wurde, ist am Tag der Ausbuchung zu erfassen. Die Vorschriften zur Ausbuchung sind dargelegt in:
(a) Paragraph 67–72 des IAS 16 (überarbeitet 2003) für Sachanlagen und
(b) Paragraph 112–117 des IAS 38 *Immaterielle Vermögenswerte* (überarbeitet 2004) für immaterielle Vermögenswerte.

---

4 Ausschüttungskosten sind die zusätzlich anfallenden Kosten, die direkt der Ausschüttung zuzurechnen sind, mit Ausnahme der Finanzierungskosten und des Ertragsteueraufwands.

Measurement of a non-current asset (or disposal group)

An entity shall measure a non-current asset (or disposal group) classified as held for sale at the lower of its carrying amount and fair value less costs to sell. **15**

An entity shall measure a non-current asset (or disposal group) classified as held for distribution to owners at the lower of its carrying amount and fair value less costs to distribute[4]. **15A**

If a newly acquired asset (or disposal group) meets the criteria to be classified as held for sale (see paragraph 11), applying paragraph 15 will result in the asset (or disposal group) being measured on initial recognition at the lower of its carrying amount had it not been so classified (for example, cost) and fair value less costs to sell. Hence, if the asset (or disposal group) is acquired as part of a business combination, it shall be measured at fair value less costs to sell. **16**

When the sale is expected to occur beyond one year, the entity shall measure the costs to sell at their present value. Any increase in the present value of the costs to sell that arises from the passage of time shall be presented in profit or loss as a financing cost. **17**

Immediately before the initial classification of the asset (or disposal group) as held for sale, the carrying amounts of the asset (or all the assets and liabilities in the group) shall be measured in accordance with applicable IFRSs. **18**

On subsequent remeasurement of a disposal group, the carrying amounts of any assets and liabilities that are not within the scope of the measurement requirements of this IFRS, but are included in a disposal group classified as held for sale, shall be remeasured in accordance with applicable IFRSs before the fair value less costs to sell of the disposal group is remeasured. **19**

Recognition of impairment losses and reversals

An entity shall recognise an impairment loss for any initial or subsequent write-down of the asset (or disposal group) to fair value less costs to sell, to the extent that it has not been recognised in accordance with paragraph 19. **20**

An entity shall recognise a gain for any subsequent increase in fair value less costs to sell of an asset, but not in excess of the cumulative impairment loss that has been recognised either in accordance with this IFRS or previously in accordance with IAS 36 *Impairment of assets.* **21**

An entity shall recognise a gain for any subsequent increase in fair value less costs to sell of a disposal group: **22**
(a) to the extent that it has not been recognised in accordance with paragraph 19; but
(b) not in excess of the cumulative impairment loss that has been recognised, either in accordance with this IFRS or previously in accordance with IAS 36, on the non-current assets that are within the scope of the measurement requirements of this IFRS.

The impairment loss (or any subsequent gain) recognised for a disposal group shall reduce (or increase) the carrying amount of the non-current assets in the group that are within the scope of the measurement requirements of this IFRS, in the order of allocation set out in paragraphs 104 (a) and (b) and 122 of IAS 36 (as revised in 2004). **23**

A gain or loss not previously recognised by the date of the sale of a non-current asset (or disposal group) shall be recognised at the date of derecognition. Requirements relating to derecognition are set out in: **24**
(a) paragraphs 67—72 of IAS 16 (as revised in 2003) for property, plant and equipment; and
(b) paragraphs 112—117 of IAS 38 *Intangible assets* (as revised in 2004) for intangible assets.

---

4 Costs to distribute are the incremental costs directly attributable to the distribution, excluding finance costs and income tax expense.

25 Ein langfristiger Vermögenswert darf, solange er als zur Veräußerung gehalten eingestuft wird oder zu einer als zur Veräußerung gehalten eingestuften Veräußerungsgruppe gehört, nicht planmäßig abgeschrieben werden. Zinsen und andere Aufwendungen, die den Schulden einer als zur Veräußerung gehalten eingestuften Veräußerungsgruppe zugerechnet werden können, sind weiterhin zu erfassen.

Änderungen eines Veräußerungsplans oder eines Ausschüttungsplans an Eigentümer

26 Vermögenswerte (oder Veräußerungsgruppen), die als zur Veräußerung gehalten oder als zur Ausschüttung an Eigentümer gehalten klassifiziert wurden, die Kriterien nach den Paragraphen 7–9 (für zur Veräußerung gehalten) bzw. nach Paragraph 12 (für zur Ausschüttung an Eigentümer gehalten) jedoch nicht mehr erfüllen, dürfen nicht mehr als zur Veräußerung bzw. Ausschüttung an Eigentümer gehalten klassifiziert werden. Für die entsprechende Änderung der Einstufung sind die Leitlinien in den Paragraphen 27–29 zu beachten, es sei denn, Paragraph 26A kommt zur Anwendung.

26A Werden Vermögenswerte (oder Veräußerungsgruppen), die als zur Veräußerung gehalten klassifiziert waren, direkt als zur Ausschüttung an Eigentümer gehalten eingestuft oder werden Vermögenswerte (oder Veräußerungsgruppen), die als zur Ausschüttung an Eigentümer gehalten klassifiziert waren, direkt als zur Veräußerung gehalten eingestuft, gilt die Änderung der Einstufung als Weiterführung des ursprünglichen Veräußerungsplans. Das Unternehmen

(a) beachtet für diese Änderung nicht die Leitlinien in den Paragraphen 27–29. Das Unternehmen wendet die Klassifizierungs-, Darstellungs- und Bewertungsvorschriften dieses IFRS an, die für die neue Veräußerungsart gelten,

(b) bewertet den langfristigen Vermögenswert (oder die Veräußerungsgruppe) gemäß den Anforderungen in Paragraph 15 (im Falle der Klassifizierung als zur Veräußerung gehalten) bzw. Paragraph 15A (im Falle der Klassifizierung als zur Ausschüttung an Eigentümer gehalten) und erfasst jegliche Änderung des beizulegenden Zeitwerts abzüglich Veräußerungs-/Ausschüttungskosten des langfristigen Vermögenswerts (oder der Veräußerungsgruppe) gemäß den Anforderungen in den Paragraphen 20–25,

(c) darf das Datum der Einstufung gemäß den Paragraphen 8 und 12A nicht ändern. Dies schließt eine Verlängerung des für den Verkaufsabschluss oder die Ausschüttung an die Eigentümer benötigten Zeitraums nicht aus, sofern die Bedingungen in Paragraph 9 erfüllt sind.

27 Ein langfristiger Vermögenswert (oder eine Veräußerungsgruppe), der (die) <u>nicht mehr als zur Veräußerung gehalten</u> oder als zur Ausschüttung an die Eigentümer gehalten eingestuft wird (oder nicht mehr zu einer als zur Veräußerung gehalten oder als zur Ausschüttung an die Eigentümer gehalten klassifizierten Veräußerungsgruppe gehört) ist anzusetzen mit dem niedrigeren Wert aus:

(a) dem Buchwert, bevor der Vermögenswert (oder die Veräußerungsgruppe) als zur Veräußerung gehalten oder als zur Ausschüttung an die Eigentümer gehalten klassifiziert wurde, bereinigt um alle planmäßigen Abschreibungen oder Neubewertungen, die ohne eine Klassifizierung des Vermögenswerts (oder der Veräußerungsgruppe) als zur Veräußerung gehalten oder als zur Ausschüttung an die Eigentümer gehalten erfasst worden wären, und

(b) dem *erzielbaren Betrag* zum Zeitpunkt der späteren Entscheidung, nicht zu verkaufen oder auszuschütten.[5]

28 Notwendige Berichtigungen des Buchwerts langfristiger Vermögenswerte, die nicht mehr als zur Veräußerung gehalten oder als zur Ausschüttung an die Eigentümer gehalten klassifiziert werden, sind in der Berichtsperiode, in der die Kriterien der Paragraphen 7–9 bzw. des Paragraphen 12A nicht mehr erfüllt sind, im Gewinn oder Verlust aus fortzuführenden Geschäftsbereichen zu berücksichtigen. Die Abschlüsse für die Berichtsperioden seit der Einstufung als zur Veräußerung gehalten oder als zur Ausschüttung an die Eigentümer gehalten sind dementsprechend zu ändern, wenn es sich bei der Veräußerungsgruppe oder den langfristigen Vermögenswerten, die nicht mehr als zur Veräußerung gehalten oder als zur Ausschüttung an die Eigentümer gehalten klassifiziert werden, um eine Tochtergesellschaft, eine gemeinschaftliche Tätigkeit, ein Gemeinschaftsunternehmen, ein assoziiertes Unternehmen oder einen Anteil an einem Gemeinschaftsunternehmen oder assoziierten Unternehmen handelt. Die Berichtigung ist in der Gesamtergebnisrechnung unter der gleichen Position wie die gegebenenfalls gemäß Paragraph 37 dargestellten Gewinne oder Verluste auszuweisen.

29 Bei der Herausnahme einzelner Vermögenswerte oder Schulden aus einer als zur Veräußerung gehalten klassifizierten Veräußerungsgruppe sind die verbleibenden Vermögenswerte und Schulden der zum Verkauf stehenden Veräußerungsgruppe nur dann als Gruppe zu bewerten, wenn die Gruppe die Kriterien der Paragraphen 7–9 erfüllt. Bei der Herausnahme einzelner Vermögenswerte oder Schulden aus einer als zur Ausschüttung an die Eigentümer gehalten eingestuften Veräußerungsgruppe sind die verbleibenden Vermögenswerte und Schulden der auszuschüttenden Veräußerungsgruppe nur dann als Gruppe zu bewerten, wenn die Gruppe die Kriterien des Paragraphen 12A erfüllt. Andernfalls sind die verbleibenden langfristigen Vermögenswerte der Gruppe, die für sich genommen die Kriterien für eine Klassifizierung als zur Veräußerung gehalten (oder als zur Ausschüttung an die Eigentümer gehalten) erfüllen, einzeln mit dem niedrigeren Wert aus Buchwert und dem zu diesem Zeitpunkt beizulegenden Zeitwert abzüglich Veräußerungskosten (oder Ausschüttungskosten) anzusetzen. Alle langfristigen Vermögenswerte, die den Kriterien für als zur Veräußerung gehalten nicht entsprechen, dürfen nicht mehr als zur Veräußerung gehaltene langfristige Vermögenswerte gemäß Paragraph 26 eingestuft wer-

---

5 Ist der langfristige Vermögenswert Bestandteil einer zahlungsmittelgenerierenden Einheit, entspricht der erzielbare Betrag dem Buchwert, der nach Verteilung eines Wertminderungsaufwands bei dieser zahlungsmittelgenerierenden Einheit gemäß IAS 36 erfasst worden wäre.

An entity shall not depreciate (or amortise) a non-current asset while it is classified as held for sale or while it is part of a disposal group classified as held for sale. Interest and other expenses attributable to the liabilities of a disposal group classified as held for sale shall continue to be recognised. **25**

Changes to a plan of sale or to a plan of distribution to owners

If an entity has classified an asset (or disposal group) as held for sale or as held for distribution to owners, but the criteria in paragraphs 7—9 (for held for sale) or in paragraph 12A (for held for distribution to owners) are no longer met, the entity shall cease to classify the asset (or disposal group) as held for sale or held for distribution to owners (respectively). In such cases an entity shall follow the guidance in paragraphs 27—29 to account for this change except when paragraph 26A applies. **26**

If an entity reclassifies an asset (or disposal group) directly from being held for sale to being held for distribution to owners, or directly from being held for distribution to owners to being held for sale, then the change in classification is considered a continuation of the original plan of disposal. The entity: **26A**

(a) shall not follow the guidance in paragraphs 27—29 to account for this change. The entity shall apply the classification, presentation and measurement requirements in this IFRS that are applicable to the new method of disposal.

(b) shall measure the non-current asset (or disposal group) by following the requirements in paragraph 15 (if reclassified as held for sale) or 15A (if reclassified as held for distribution to owners) and recognise any reduction or increase in the fair value less costs to sell/costs to distribute of the non-current asset (or disposal group) by following the requirements in paragraphs 20—25.

(c) shall not change the date of classification in accordance with paragraphs 8 and 12A. This does not preclude an extension of the period required to complete a sale or a distribution to owners if the conditions in paragraph 9 are met.

The entity shall measure a non-current asset (or disposal group) that ceases to be classified as held for sale or as held for distribution to owners (or ceases to be included in a disposal group classified as held for sale or as held for distribution to owners) at the lower of: **27**

(a) its carrying amount before the asset (or disposal group) was classified as held for sale or as held for distribution to owners, adjusted for any depreciation, amortisation or revaluations that would have been recognised had the asset (or disposal group) not been classified as held for sale or as held for distribution to owners, and

(b) its *recoverable amount* at the date of the subsequent decision not to sell or distribute[5].

The entity shall include any required adjustment to the carrying amount of a non-current asset that ceases to be classified as held for sale or as held for distribution to owners in profit or loss from continuing operations in the period in which the criteria in paragraphs 7—9 or 12A, respectively, are no longer met. Financial statements for the periods since classification as held for sale or as held for distribution to owners shall be amended accordingly if the disposal group or non-current asset that ceases to be classified as held for sale or as held for distribution to owners is a subsidiary, joint operation, joint venture, associate, or a portion of an interest in a joint venture or an associate. The entity shall present that adjustment in the same caption in the statement of comprehensive income used to present a gain or loss, if any, recognised in accordance with paragraph 37. **28**

If an entity removes an individual asset or liability from a disposal group classified as held for sale, the remaining assets and liabilities of the disposal group to be sold shall continue to be measured as a group only if the group meets the criteria in paragraphs 7—9. If an entity removes an individual asset or liability from a disposal group classified as held for distribution to owners, the remaining assets and liabilities of the disposal group to be distributed shall continue to be measured as a group only if the group meets the criteria in paragraph 12A. Otherwise, the remaining non-current assets of the group that individually meet the criteria to be classified as held for sale (or as held for distribution to owners) shall be measured individually at the lower of their carrying amounts and fair values less costs to sell (or costs to distribute) at that date. Any non-current assets that do not meet the criteria for held for sale shall cease to be classified as held for sale in accordance with paragraph 26. Any non-current assets that do not meet the criteria for held for distribution to owners shall cease to be classified as held for distribution to owners in accordance with paragraph 26. **29**

---

5   If the non-current asset is part of a cash-generating unit, its recoverable amount is the carrying amount that would have been recognised after the allocation of any impairment loss arising on that cash-generating unit in accordance with IAS 36.

den. Alle langfristigen Vermögenswerte, die den Kriterien für als zur Ausschüttung an die Eigentümer gehalten nicht entsprechen, dürfen nicht mehr als zur Ausschüttung an die Eigentümer gehaltene langfristige Vermögenswerte gemäß Paragraph 26 klassifiziert werden.

DARSTELLUNG UND ANGABEN

30 Ein Unternehmen hat Informationen darzustellen und anzugeben, die es den Abschlussadressaten ermöglichen, die finanziellen Auswirkungen von aufgegebenen Geschäftsbereichen und der Veräußerung langfristiger Vermögenswerte (oder Veräußerungsgruppen) zu beurteilen.

Darstellung von aufgegebenen Geschäftsbereichen

31 Ein *Unternehmensbestandteil* bezeichnet einen Geschäftsbereich und die zugehörigen Cashflows, die betrieblich und für die Zwecke der Rechnungslegung vom restlichen Unternehmen klar abgegrenzt werden können. Mit anderen Worten: ein Unternehmensbestandteil ist während seiner Nutzungsdauer eine zahlungsmittelgenerierende Einheit oder eine Gruppe von zahlungsmittelgenerierenden Einheiten gewesen.

32 Ein aufgegebener Geschäftsbereich ist ein Unternehmensbestandteil, der veräußert wurde oder als zur Veräußerung gehalten eingestuft wird und der
(a) einen gesonderten, wesentlichen Geschäftszweig oder geografischen Geschäftsbereich darstellt,
(b) Teil eines einzelnen, abgestimmten Plans zur Veräußerung eines gesonderten wesentlichen Geschäftszweigs oder geografischen Geschäftsbereichs ist oder
(c) ein Tochterunternehmen darstellt, das ausschließlich mit der Absicht einer Weiterveräußerung erworben wurde.

33 Folgende Angaben sind erforderlich:
(a) ein gesonderter Betrag in der Gesamtergebnisrechnung, welcher der Summe entspricht aus: dem
  (i) Gewinn oder Verlust nach Steuern des aufgegebenen Geschäftsbereichs und
  (ii) dem Ergebnis nach Steuern, das bei der Bewertung mit dem beizulegenden Zeitwert abzüglich Veräußerungskosten oder bei der Veräußerung der Vermögenswerte oder Veräußerungsgruppe(n), die den aufgegebenen Geschäftsbereich darstellen, erfasst wurde.
(b) eine Untergliederung des gesonderten Betrags unter (a) in:
  (i) Erlöse, Aufwendungen und Gewinn oder Verlust vor Steuern des aufgegebenen Geschäftsbereichs;
  (ii) den zugehörigen Ertragsteueraufwand gemäß Paragraph 81 (h) des IAS 12;
  (iii) den Gewinn oder Verlust, der bei der Bewertung mit dem beizulegenden Zeitwert abzüglich Veräußerungskosten oder bei der Veräußerung der Vermögenswerte oder Veräußerungsgruppe(n), die den aufgegebenen Geschäftsbereich darstellen, erfasst wurde; und
  (iv) den zugehörigen Ertragsteueraufwand gemäß Paragraph 81 (h) des IAS 12.
  Diese Gliederung kann in der Gesamtergebnisrechnung oder in den Anhangangaben zur Gesamtergebnisrechnung dargestellt werden. Die Darstellung in der Gesamtergebnisrechnung hat in einem eigenen Abschnitt für aufgegebene Geschäftsbereiche, also getrennt von den fortzuführenden Geschäftsbereichen, zu erfolgen. Eine Gliederung ist nicht für Veräußerungsgruppen erforderlich, bei denen es sich um neu erworbene Tochterunternehmen handelt, die zum Erwerbszeitpunkt die Kriterien für eine Einstufung als zur Veräußerung gehalten erfüllen (siehe Paragraph 11).
(c) die Netto-Cashflows, die der laufenden Geschäftstätigkeit sowie der Investitions- und Finanzierungstätigkeit des aufgegebenen Geschäftsbereiches zuzurechnen sind. Diese Angaben können im Abschluss oder in den Anhangangaben zum Abschluss dargestellt werden. Sie sind nicht für Veräußerungsgruppen erforderlich, bei denen es sich um neu erworbene Tochterunternehmen handelt, die zum Erwerbszeitpunkt die Kriterien für eine Einstufung als zur Veräußerung gehalten erfüllen (siehe Paragraph 11).
(d) der Betrag der Erträge aus fortzuführenden Geschäftsbereichen und aus aufgegebenen Geschäftsbereichen, der den Eigentümern des Mutterunternehmens zuzurechnen ist. Diese Angaben können entweder im Anhang oder in der Gesamtergebnisrechnung dargestellt werden.

33A Stellt ein Unternehmen die Ergebnisbestandteile gemäß Paragraph 10A von IAS 1 (in der 2011 geänderten Fassung) in einer gesonderten Gewinn- und Verlustrechnung dar, so muss diese einen eigenen Abschnitt zu aufgegebenen Geschäftsbereichen enthalten.

34 Die Angaben gemäß Paragraph 33 sind für frühere im Abschluss dargestellte Berichtsperioden so anzupassen, dass sich die Angaben auf alle Geschäftsbereiche beziehen, die bis zum Abschlussstichtag der zuletzt dargestellten Berichtsperiode aufgegeben wurden.

35 Alle in der gegenwärtigen Periode vorgenommenen Änderungen von Beträgen, die früher im Abschnitt für aufgegebene Geschäftsbereiche dargestellt wurden und in direktem Zusammenhang mit der Veräußerung eines aufgegebenen Geschäftsbereichs in einer vorangegangenen Periode stehen, sind unter diesem Abschnitt in einer gesonderten Kategorie auszuweisen. Es sind die Art und Höhe solcher Berichtigungen anzugeben. Im Folgenden werden einige Beispiele für Situationen genannt, in denen derartige Berichtigungen auftreten können:

PRESENTATION AND DISCLOSURE

An entity shall present and disclose information that enables users of the financial statements to evaluate the financial **30**
effects of discontinued operations and disposals of non-current assets (or disposal groups).

Presenting discontinued operations

A *component of an entity* comprises operations and cash flows that can be clearly distinguished, operationally and for **31**
financial reporting purposes, from the rest of the entity. In other words, a component of an entity will have been a cash-generating unit or a group of cash-generating units while being held for use.

A discontinued operation is a component of an entity that either has been disposed of, or is classified as held for sale, and: **32**
(a)   represents a separate major line of business or geographical area of operations;
(b)   is part of a single coordinated plan to dispose of a separate major line of business or geographical area of operations; or
(c)   is a subsidiary acquired exclusively with a view to resale.

An entity shall disclose: **33**
(a)   a single amount in the statement of comprehensive income comprising the total of:
    (i)   the post-tax profit or loss of discontinued operations; and
    (ii)   the post-tax gain or loss recognised on the measurement to fair value less costs to sell or on the disposal of the assets or disposal group(s) constituting the discontinued operation;
(b)   an analysis of the single amount in (a) into:
    (i)   the revenue, expenses and pre-tax profit or loss of discontinued operations;
    (ii)   the related income tax expense as required by paragraph 81 (h) of IAS 12;
    (iii) the gain or loss recognised on the measurement to fair value less costs to sell or on the disposal of the assets or disposal group(s) constituting the discontinued operation; and
    (iv)   the related income tax expense as required by paragraph 81 (h) of IAS 12.
    The analysis may be presented in the notes or in the statement of comprehensive income. If it is presented in the statement of comprehensive income it shall be presented in a section identified as relating to discontinued operations, i.e. separately from continuing operations. The analysis is not required for disposal groups that are newly acquired subsidiaries that meet the criteria to be classified as held for sale on acquisition (see paragraph 11);
(c)   the net cash flows attributable to the operating, investing and financing activities of discontinued operations. These disclosures may be presented either in the notes or in the financial statements. These disclosures are not required for disposal groups that are newly acquired subsidiaries that meet the criteria to be classified as held for sale on acquisition (see paragraph 11).
(d)   the amount of income from continuing operations and from discontinued operations attributable to owners of the parent. These disclosures may be presented either in the notes or in the statement of comprehensive income.

If an entity presents the items of profit or loss in a separate statement as described in paragraph 10A of IAS 1 (as amended **33A**
in 2011), a section identified as relating to discontinued operations is presented in that statement.

An entity shall re-present the disclosures in paragraph 33 for prior periods presented in the financial statements so that **34**
the disclosures relate to all operations that have been discontinued by the end of the reporting period for the latest period presented.

Adjustments in the current period to amounts previously presented in discontinued operations that are directly related to **35**
the disposal of a discontinued operation in a prior period shall be classified separately in discontinued operations. The nature and amount of such adjustments shall be disclosed. Examples of circumstances in which these adjustments may arise include the following:

(a) Auflösung von Unsicherheiten, die durch die Bedingungen des Veräußerungsgeschäfts entstehen, wie beispielsweise die Auflösung von Kaufpreisanpassungen und Klärung von Entschädigungsfragen mit dem Käufer.

(b) Auflösung von Unsicherheiten, die auf die Geschäftstätigkeit des Unternehmensbestandteils vor seiner Veräußerung zurückzuführen sind oder in direktem Zusammenhang damit stehen, wie beispielsweise beim Verkäufer verbliebene Verpflichtungen aus der Umwelt- und Produkthaftung.

(c) Abgeltung von Verpflichtungen im Rahmen eines Versorgungsplans für Arbeitnehmer, sofern diese Abgeltung in direktem Zusammenhang mit dem Veräußerungsgeschäft steht.

36 Wird ein Unternehmensbestandteil nicht mehr als zur Veräußerung gehalten eingestuft, ist das Ergebnis dieses Unternehmensbestandteils, das zuvor gemäß den Paragraphen 33–35 im Abschnitt für aufgegebene Geschäftsbereiche ausgewiesen wurde, umzugliedern und für alle dargestellten Berichtsperioden in die Erträge aus fortzuführenden Geschäftsbereichen einzubeziehen. Die Beträge für vorangegangene Berichtsperioden sind mit dem Hinweis zu versehen, dass es sich um angepasste Beträge handelt.

36A Ein Unternehmen, das an einen Verkaufsplan gebunden ist, der den Verlust der Beherrschung eines Tochterunternehmens zur Folge hat, legt alle in den Paragraphen 33–36 geforderten Informationen offen, wenn es sich bei dem Tochterunternehmen um eine Veräußerungsgruppe handelt, die die Definition eines aufgegebenen Geschäftsbereichs im Sinne von Paragraph 32 erfüllt.

Ergebnis aus fortzuführenden Geschäftsbereichen

37 Alle Gewinne oder Verluste aus der Neubewertung von langfristigen Vermögenswerten (oder Veräußerungsgruppen), die als zur Veräußerung gehalten eingestuft werden und nicht die Definition eines aufgegebenen Geschäftsbereichs erfüllen, sind im Gewinn oder Verlust aus fortzuführenden Geschäftsbereichen zu erfassen.

Darstellung von langfristigen Vermögenswerten oder Veräußerungsgruppen, die als zur Veräußerung gehalten eingestuft werden

38 Langfristige Vermögenswerte, die als zur Veräußerung gehalten eingestuft werden, sowie die Vermögenswerte einer als zur Veräußerung gehalten eingestuften Veräußerungsgruppe sind in der Bilanz getrennt von anderen Vermögenswerten darzustellen. Die Schulden einer als zur Veräußerung gehalten eingestuften Veräußerungsgruppe sind getrennt von anderen Schulden in der Bilanz auszuweisen. Diese Vermögenswerte und Schulden dürfen nicht miteinander saldiert und müssen als gesonderter Betrag abgebildet werden. Die Hauptgruppen der Vermögenswerte und Schulden, die als zur Veräußerung gehalten eingestuft werden, sind außer in dem gemäß Paragraph 39 gestatteten Fall entweder in der Bilanz oder im Anhang gesondert anzugeben. Alle im sonstigen Ergebnis erfassten kumulativen Erträge oder Aufwendungen, die in Verbindung mit langfristigen Vermögenswerten (oder Veräußerungsgruppen) stehen, die als zur Veräußerung gehalten eingestuft werden, sind gesondert auszuweisen.

39 Handelt es sich bei der Veräußerungsgruppe um ein neu erworbenes Tochterunternehmen, das zum Erwerbszeitpunkt die Kriterien für eine Einstufung als zur Veräußerung gehalten erfüllt (siehe Paragraph 11), ist eine Angabe der Hauptgruppen der Vermögenswerte und Schulden nicht erforderlich.

40 Die Beträge, die für langfristige Vermögenswerte oder Vermögenswerte und Schulden von Veräußerungsgruppen, die als zur Veräußerung gehalten eingestuft werden, in den Bilanzen vorangegangener Berichtsperioden ausgewiesen wurden, sind nicht neu zu gliedern oder anzupassen, um die bilanzielle Gliederung für die zuletzt dargestellte Berichtsperiode widerzuspiegeln.

Zusätzliche Angaben

41 Ein Unternehmen hat in der Berichtsperiode, in der ein langfristiger Vermögenswert (oder eine Veräußerungsgruppe) entweder als zur Veräußerung gehalten eingestuft oder verkauft wurde, im Anhang die folgenden Informationen anzugeben:

(a) eine Beschreibung des langfristigen Vermögenswerts (oder der Veräußerungsgruppe);

(b) eine Beschreibung der Sachverhalte und Umstände der Veräußerung oder der Sachverhalte und Umstände, die zu der erwarteten Veräußerung führen, sowie die voraussichtliche Art und Weise und der voraussichtliche Zeitpunkt dieser Veräußerung;

(c) der gemäß den Paragraphen 20–22 erfasste Gewinn oder Verlust und, falls dieser nicht gesondert in der Gesamtergebnisrechnung ausgewiesen wird, in welcher Kategorie der Gesamtergebnisrechnung dieser Gewinn oder Verlust berücksichtigt wurde;

(d) gegebenenfalls das Segment, in dem der langfristige Vermögenswert (oder die Veräußerungsgruppe) gemäß IFRS 8 *Geschäftssegmente* ausgewiesen wird.

42 Wenn die Paragraphen 26 oder 29 Anwendung finden, sind in der Berichtsperiode, in der eine Änderung des Plans zur Veräußerung des langfristigen Vermögenswerts (oder der Veräußerungsgruppe) beschlossen wurde, die Sachverhalte und Umstände zu beschreiben, die zu dieser Entscheidung geführt haben. Die Auswirkungen der Entscheidung auf das Ergebnis für die dargestellte Berichtsperiode und die dargestellten vorangegangenen Berichtsperioden sind anzugeben.

(a) the resolution of uncertainties that arise from the terms of the disposal transaction, such as the resolution of purchase price adjustments and indemnification issues with the purchaser;

(b) the resolution of uncertainties that arise from and are directly related to the operations of the component before its disposal, such as environmental and product warranty obligations retained by the seller;

(c) the settlement of employee benefit plan obligations, provided that the settlement is directly related to the disposal transaction.

36   If an entity ceases to classify a component of an entity as held for sale, the results of operations of the component previously presented in discontinued operations in accordance with paragraphs 33—35 shall be reclassified and included in income from continuing operations for all periods presented. The amounts for prior periods shall be described as having been re-presented.

36A   An entity that is committed to a sale plan involving loss of control of a subsidiary shall disclose the information required in paragraphs 33—36 when the subsidiary is a disposal group that meets the definition of a discontinued operation in accordance with paragraph 32.

Gains or losses relating to continuing operations

37   Any gain or loss on the remeasurement of a non-current asset (or disposal group) classified as held for sale that does not meet the definition of a discontinued operation shall be included in profit or loss from continuing operations.

Presentation of a non-current asset or disposal group classified as held for sale

38   An entity shall present a non-current asset classified as held for sale and the assets of a disposal group classified as held for sale separately from other assets in the statement of financial position. The liabilities of a disposal group classified as held for sale shall be presented separately from other liabilities in the statement of financial position. Those assets and liabilities shall not be offset and presented as a single amount. The major classes of assets and liabilities classified as held for sale shall be separately disclosed either in the statement of financial position or in the notes, except as permitted by paragraph 39. An entity shall present separately any cumulative income or expense recognised in other comprehensive income relating to a non-current asset (or disposal group) classified as held for sale.

39   If the disposal group is a newly acquired subsidiary that meets the criteria to be classified as held for sale on acquisition (see paragraph 11), disclosure of the major classes of assets and liabilities is not required.

40   An entity shall not reclassify or re-present amounts presented for non-current assets or for the assets and liabilities of disposal groups classified as held for sale in the statement of financial positions for prior periods to reflect the classification in the statement of financial position for the latest period presented.

Additional disclosures

41   An entity shall disclose the following information in the notes in the period in which a non-current asset (or disposal group) has been either classified as held for sale or sold:

(a) a description of the non-current asset (or disposal group);

(b) a description of the facts and circumstances of the sale, or leading to the expected disposal, and the expected manner and timing of that disposal;

(c) the gain or loss recognised in accordance with paragraphs 20—22 and, if not separately presented in the statement of comprehensive income, the caption in the statement of comprehensive income that includes that gain or loss;

(d) if applicable, the reportable segment in which the non-current asset (or disposal group) is presented in accordance with IFRS 8 *Operating segments.*

42   If either paragraph 26 or paragraph 29 applies, an entity shall disclose, in the period of the decision to change the plan to sell the non-current asset (or disposal group), a description of the facts and circumstances leading to the decision and the effect of the decision on the results of operations for the period and any prior periods presented.

ÜBERGANGSVORSCHRIFTEN

43 Der IFRS ist prospektiv auf langfristige Vermögenswerte (oder Veräußerungsgruppen) anzuwenden, welche nach dem Zeitpunkt des Inkrafttretens des IFRS die Kriterien für eine Einstufung als zur Veräußerung gehalten erfüllen, sowie auf Geschäftsbereiche, welche nach dem Zeitpunkt des Inkrafttretens die Kriterien für eine Einstufung als aufgegebene Geschäftsbereiche erfüllen. Die Vorschriften des IFRS können auf alle langfristigen Vermögenswerte (oder Veräußerungsgruppen) angewendet werden, die vor dem Zeitpunkt des Inkrafttretens die Kriterien für eine Einstufung als zur Veräußerung gehalten erfüllen, sowie auf Geschäftsbereiche, welche die Kriterien für eine Einstufung als aufgegebene Geschäftsbereiche erfüllen, sofern die Bewertungen und anderen notwendigen Informationen zur Anwendung des IFRS zu dem Zeitpunkt durchgeführt bzw. eingeholt wurden, zu dem diese Kriterien ursprünglich erfüllt wurden.

ZEITPUNKT DES INKRAFTTRETENS

44 Dieser IFRS ist erstmals in der ersten Berichtsperiode eines am 1. Januar 2005 oder danach beginnenden Geschäftsjahres anzuwenden. Eine frühere Anwendung wird empfohlen. Wenn ein Unternehmen den IFRS für Berichtsperioden anwendet, die vor dem 1. Januar 2005 beginnen, so ist diese Tatsache anzugeben.

44A Infolge des IAS 1 (überarbeitet 2007) wurde die in allen IFRS verwendete Terminologie geändert. Außerdem wurden die Paragraphen 3 und 38 geändert, und Paragraph 33A wurde hinzugefügt. Diese Änderungen sind erstmals in der ersten Berichtsperiode eines am 1. Januar 2009 oder danach beginnenden Geschäftsjahres anzuwenden. Wird IAS 1 (überarbeitet 2007) auf eine frühere Periode angewandt, sind diese Änderungen entsprechend auch anzuwenden.

44B Durch IAS 27 (in der vom International Accounting Standards Board 2008 geänderten Fassung) wurde Paragraph 33 (d) hinzugefügt. Diese Änderung ist erstmals in der ersten Periode eines am 1. Juli 2009 oder danach beginnenden Geschäftsjahres anzuwenden. Wendet ein Unternehmen IAS 27 (in der 2008 geänderten Fassung) auf eine frühere Berichtsperiode an, so hat es auf diese Periode auch die genannte Änderung anzuwenden. Diese Änderung ist rückwirkend anzuwenden.

44C Die Paragraphen 8A und 36A werden im Rahmen der Verbesserungen der IFRS vom Mai 2008 hinzugefügt. Diese Änderungen sind erstmals in der ersten Berichtsperiode eines am 1. Juli 2009 oder danach beginnenden Geschäftsjahres anzuwenden. Eine frühere Anwendung ist zulässig. Diese Änderungen sind jedoch nicht auf Berichtsperioden eines vor dem 1. Juli 2009 beginnenden Geschäftsjahres anzuwenden, es sei denn, IFRS 27 (überarbeitet Mai 2008) wird ebenfalls angewandt. Wenn ein Unternehmen diese Änderungen vor dem 1. Juli 2009 anwendet, hat es diese Tatsache anzugeben. Ein Unternehmen wendet die Änderungen künftig ab dem Datum an, an dem es IFRS 5 erstmals zugrunde legt, und zwar vorbehaltlich der Übergangsbestimmungen von IAS 27 Paragraph 45 (überarbeitet Mai 2008).

44D Durch IFRIC 17 *Sachdividenden an Eigentümer* wurden im November 2008 die Paragraphen 5A, 12A und 15A hinzugefügt und Paragraph 8 geändert. Diese Änderungen sind prospektiv auf langfristige Vermögenswerte (oder Veräußerungsgruppen), die als zur Ausschüttung an Eigentümer gehalten eingestuft sind, in der ersten Berichtsperiode eines am 1. Juli 2009 oder danach beginnenden Geschäftsjahres anzuwenden. Eine rückwirkende Anwendung ist nicht zulässig. Eine frühere Anwendung ist zulässig. Wendet ein Unternehmen diese Änderungen auf eine vor dem 1. Juli 2009 beginnende Berichtsperiode an, so hat es diese Tatsache anzugeben und ebenso IFRS 3 *Unternehmenszusammenschlüsse* (überarbeitet 2008), IAS 27 (geändert im Mai 2008) und IFRIC 17 anzuwenden.

44E Paragraph 5B wurde durch die *Verbesserungen der IFRS* vom April 2009 hinzugefügt. Diese Änderungen sind erstmals in der ersten Berichtsperiode eines am 1. Januar 2010 oder danach beginnenden Geschäftsjahres prospektiv anzuwenden. Eine frühere Anwendung ist zulässig. Wendet ein Unternehmen die Änderung für ein früheres Geschäftsjahr an, hat es dies anzugeben.

44G Durch IFRS 11 *Gemeinsame Vereinbarungen*, veröffentlicht im Mai 2011, wurde Paragraph 28 geändert. Ein Unternehmen hat die betreffenden Änderungen anzuwenden, wenn es IFRS 11 anwendet.

44H Durch IFRS 13 *Bemessung des beizulegenden Zeitwerts*, veröffentlicht im Mai 2011, wurde die Definition des beizulegenden Zeitwerts in Anhang A geändert. Ein Unternehmen hat die betreffende Änderung anzuwenden, wenn es IFRS 13 anwendet.

44I Mit *Darstellung von Posten des sonstigen Ergebnisses* (Änderung IAS 1), veröffentlicht im Juni 2011, wurde Paragraph 33A geändert. Ein Unternehmen hat die betreffende Änderung anzuwenden, wenn es IAS 1 (in der im Juni 2011 geänderten Fassung) anwendet.

44L Mit den im September 2014 veröffentlichten *Jährlichen Verbesserungen an den IFRS, Zyklus 2012–2014*, wurden die Paragraphen 26–29 geändert und Paragraph 26A angefügt. Diese Änderungen sind prospektiv gemäß IAS 8 *Rechnungslegungsmethoden, Änderungen von rechnungslegungsbezogenen Schätzungen und Fehler* auf Änderungen der Veräußerungsmethode anzuwenden, die in der ersten Berichtsperiode eines am oder nach dem 1. Januar 2016 beginnenden Geschäftsjahres vorgenommen werden. Eine frühere Anwendung ist zulässig. Wendet ein Unternehmen diese Änderungen früher an, hat es dies anzugeben.

TRANSITIONAL PROVISIONS

The IFRS shall be applied prospectively to non-current assets (or disposal groups) that meet the criteria to be classified as **43** held for sale and operations that meet the criteria to be classified as discontinued after the effective date of the IFRS. An entity may apply the requirements of the IFRS to all non-current assets (or disposal groups) that meet the criteria to be classified as held for sale and operations that meet the criteria to be classified as discontinued after any date before the effective date of the IFRS, provided the valuations and other information needed to apply the IFRS were obtained at the time those criteria were originally met.

EFFECTIVE DATE

An entity shall apply this IFRS for annual periods beginning on or after 1 January 2005. Earlier application is encouraged. **44** If an entity applies the IFRS for a period beginning before 1 January 2005, it shall disclose that fact.

IAS 1 (as revised in 2007) amended the terminology used throughout IFRSs. In addition it amended paragraphs 3 and 38, and **44A** added paragraph 33A. An entity shall apply those amendments for annual periods beginning on or after 1 January 2009. If an entity applies IAS 1 (revised 2007) for an earlier period, the amendments shall be applied for that earlier period.

IAS 27 (as amended by the International Accounting Standards Board in 2008) added paragraph 33 (d). An entity shall **44B** apply that amendment for annual periods beginning on or after 1 July 2009. If an entity applies IAS 27 (amended 2008) for an earlier period, the amendment shall be applied for that earlier period. The amendment shall be applied retrospectively.

Paragraphs 8A and 36A were added by *Improvements to IFRSs* issued in May 2008. An entity shall apply those amend- **44C** ments for annual periods beginning on or after 1 July 2009. Earlier application is permitted. However, an entity shall not apply the amendments for annual periods beginning before 1 July 2009 unless it also applies IAS 27 (as amended in May 2008). If an entity applies the amendments before 1 July 2009 it shall disclose that fact. An entity shall apply the amendments prospectively from the date at which it first applied IFRS 5, subject to the transitional provisions in paragraph 45 of IAS 27 (amended May 2008).

Paragraphs 5A, 12A and 15A were added and paragraph 8 was amended by IFRIC 17 *Distributions of Non-cash Assets to* **44D** *Owners* in November 2008. Those amendments shall be applied prospectively to non-current assets (or disposal groups) that are classified as held for distribution to owners in annual periods beginning on or after 1 July 2009. Retrospective application is not permitted. Earlier application is permitted. If an entity applies the amendments for a period beginning before 1 July 2009 it shall disclose that fact and also apply IFRS 3 *Business Combinations* (as revised in 2008), IAS 27 (as amended in May 2008) and IFRIC 17.

Paragraph 5B was added by *Improvements to IFRSs* issued in April 2009. An entity shall apply that amendment prospec- **44E** tively for annual periods beginning on or after 1 January 2010. Earlier application is permitted. If an entity applies the amendment for an earlier period it shall disclose that fact.

IFRS 11 *Joint Arrangements,* issued in May 2011, amended paragraph 28. An entity shall apply that amendment when it **44G** applies IFRS 11.

IFRS 13 *Fair Value Measurement,* issued in May 2011, amended the definition of fair value in Appendix A. An entity shall **44H** apply that amendment when it applies IFRS 13.

Presentation of Items of Other Comprehensive Income (Amendments to IAS 1), issued in June 2011, amended paragraph **44I** 33A. An entity shall apply that amendment when it applies IAS 1 as amended in June 2011.

Annual Improvements to IFRSs 2012—2014 Cycle, issued in September 2014, amended paragraphs 26—29 and added **44L** paragraph 26A. An entity shall apply those amendments prospectively in accordance with IAS 8 *Accounting Policies, Changes in Accounting Estimates and Errors* to changes in a method of disposal that occur in annual periods beginning on or after 1 January 2016. Earlier application is permitted. If an entity applies those amendments for an earlier period it shall disclose that fact.

45 Dieser IFRS ersetzt IAS 35 *Aufgabe von Geschäftsbereichen.*

Anhang A
Definitionen

Dieser Anhang ist integraler Bestandteil des IFRS.

zahlungsmittelgenerierende Einheit	Die kleinste identifizierbare Gruppe von Vermögenswerten, die Mittelzuflüsse erzeugt, die weitestgehend unabhängig von den Mittelzuflüssen anderer Vermögenswerte oder anderer Gruppen von Vermögenswerten sind.
Unternehmensbestandteil	Ein Geschäftsbereich und die zugehörigen Cashflows, die betrieblich und für die Zwecke der Rechnungslegung vom restlichen Unternehmen klar abgegrenzt werden können.
Veräußerungskosten	Zusätzliche Kosten, die der Veräußerung eines Vermögenswerts (oder einer Veräußerungsgruppe) direkt zugeordnet werden können, mit Ausnahme der Finanzierungskosten und des Ertragsteueraufwands.

kurzfristiger Vermögenswert   Ein Unternehmen hat einen Vermögenswert in folgenden Fällen als kurzfristig einzustufen:

    (a)   die Realisierung des Vermögenswerts wird innerhalb des normalen Geschäftszyklus erwartet, oder der Vermögenswert wird zum Verkauf oder Verbrauch innerhalb dieses Zeitraums gehalten;

    (b)   der Vermögenswert wird primär für Handelszwecke gehalten;

    (c)   die Realisierung des Vermögenswerts wird innerhalb von zwölf Monaten nach dem Abschlussstichtag erwartet; oder

    (d)   es handelt sich um Zahlungsmittel oder Zahlungsmitteläquivalente (gemäß der Definition in IAS 7), es sei denn, der Tausch oder die Nutzung des Vermögenswerts zur Erfüllung einer Verpflichtung sind für einen Zeitraum von mindestens zwölf Monaten nach dem Abschlussstichtag eingeschränkt.

aufgegebener Geschäftsbereich   Ein Unternehmensbestandteil, der veräußert wurde oder als zur Veräußerung gehalten eingestuft wird und:

    (a)   einen gesonderten, wesentlichen Geschäftszweig oder geografischen Geschäftsbereich darstellt,

    (b)   Teil eines einzelnen, abgestimmten Plans zur Veräußerung eines gesonderten wesentlichen Geschäftszweigs oder geografischen Geschäftsbereichs ist oder

    (c)   ein Tochterunternehmen darstellt, das ausschließlich mit der Absicht einer Weiterveräußerung erworben wurde.

Veräußerungsgruppe   Eine Gruppe von Vermögenswerten, die gemeinsam in einer einzigen Transaktion durch Verkauf oder auf andere Weise veräußert werden sollen, sowie die mit diesen Vermögenswerten direkt in Verbindung stehenden Schulden, die bei der Transaktion übertragen werden. Die Gruppe beinhaltet den bei einem Unternehmenszusammenschluss erworbenen Geschäfts- oder Firmenwert, wenn sie eine zahlungsmittelgenerierende Einheit darstellt, welcher der Geschäfts- oder Firmenwert gemäß den Vorschriften der Paragraphen 80–87 des IAS 36 *Wertminderung von Vermögenswerten* (überarbeitet 2004) zugeordnet wurde, oder es sich um einen Geschäftsbereich innerhalb einer solchen zahlungsmittelgenerierenden Einheit handelt.

This IFRS supersedes IAS 35 *Discontinuing operations.*

Appendix A

Defined terms

This appendix is an integral part of the IFRS.

Cash-generating unit	The smallest identifiable group of assets that generates cash inflows that are largely independent of the cash inflows from other assets or groups of assets.
Component of an entity	Operations and cash flows that can be clearly distinguished, operationally and for financial reporting purposes, from the rest of the entity.
Costs to sell	The incremental costs directly attributable to the disposal of an asset (or disposal group), excluding finance costs and income tax expense.

Current asset

An entity shall classify an asset as current when:

(a) it expects to realise the asset, or intends to sell or consume it, in its normal operating cycle;

(b) it holds the asset primarily for the purpose of trading;

(c) it expects to realise the asset within twelve months after the reporting period; or

(d) the asset is cash or a cash equivalent (as defined in IAS 7) unless the asset is restricted from being exchanged or used to settle a liability for at least twelve months after the reporting period.

Discontinued operation

A component of an entity that either has been disposed of or is classified as held for sale and:

(a) represents a separate major line of business or geographical area of operations;

(b) is part of a single coordinated plan to dispose of a separate major line of business or geographical area of operations; or

(c) is a subsidiary acquired exclusively with a view to resale.

Disposal group

A group of assets to be disposed of, by sale or otherwise, together as a group in a single transaction, and liabilities directly associated with those assets that will be transferred in the transaction. The group includes goodwill acquired in a business combination if the group is a cash-generating unit to which goodwill has been allocated in accordance with the requirements of paragraphs 80—87 of IAS 36 *Impairment of assets* (as revised in 2004) or if it is an operation within such a cash-generating unit.

beizulegender Zeitwert	Der *beizulegende Zeitwert* ist der Preis, der in einem geordneten Geschäftsvorfall zwischen Marktteilnehmern am Bemessungsstichtag für den Verkauf eines Vermögenswerts eingenommen bzw. für die Übertragung einer Schuld gezahlt würde. (Siehe IFRS 13.)
feste Kaufverpflichtung	Eine für beide Parteien verbindliche und in der Regel einklagbare Vereinbarung mit einer nicht nahe stehenden Partei, die (a) alle wesentlichen Bestimmungen, einschließlich Preis und Zeitpunkt der Transaktion, enthält und (b) so schwerwiegende Konsequenzen bei einer Nichterfüllung festlegt, dass eine Erfüllung höchstwahrscheinlich ist.
höchstwahrscheinlich	Erheblich wahrscheinlicher als wahrscheinlich.
langfristiger Vermögenswert	Ein Vermögenswert, der nicht die Definition eines kurzfristigen Vermögenswerts erfüllt.
wahrscheinlich	Es spricht mehr dafür als dagegen.
erzielbarer Betrag	Der höhere Betrag aus dem beizulegenden Zeitwert eines Vermögenswerts abzüglich Veräußerungskosten und seinem Nutzungswert.
Nutzungswert	Der Barwert der geschätzten künftigen Cashflows, die aus der fortgesetzten Nutzung eines Vermögenswerts und seinem Abgang am Ende seiner Nutzungsdauer erwartet werden.

Anhang B

Ergänzungen zu Anwendungen

Dieser Anhang ist integraler Bestandteil des IFRS.

VERLÄNGERUNG DES FÜR DEN VERKAUFSABSCHLUSS BENÖTIGTEN ZEITRAUMS

B1 Wie in Paragraph 9 ausgeführt, schließt eine Verlängerung des für den Verkaufsabschluss benötigten Zeitraums nicht die Einstufung eines Vermögenswerts (oder einer Veräußerungsgruppe) als zur Veräußerung gehalten aus, wenn die Verzögerung auf Ereignisse oder Umstände zurückzuführen ist, die außerhalb der Kontrolle des Unternehmens liegen, und ausreichende substanzielle Hinweise vorliegen, dass das Unternehmen weiterhin an seinem Plan zum Verkauf des Vermögenswerts (oder der Veräußerungsgruppe) festhält. Ein Abweichen von der in Paragraph 8 vorgeschriebenen Ein-Jahres-Frist ist daher in den folgenden Situationen zulässig, in denen solche Ereignisse oder Umstände eintreten:

(a) zu dem Zeitpunkt, zu dem das Unternehmen einen Plan zur Veräußerung eines langfristigen Vermögenswerts (oder einer Veräußerungsgruppe) beschließt, erwartet es bei vernünftiger Betrachtungsweise, dass andere Parteien (mit Ausnahme des Käufers) die Übertragung des Vermögenswerts (oder der Veräußerungsgruppe) von Bedingungen abhängig machen werden, durch die sich der für den Verkaufsabschluss benötigte Zeitraum verlängern wird, und:

  (i) die zur Erfüllung dieser Bedingungen erforderlichen Maßnahmen erst nach Erlangen einer *festen Kaufverpflichtung* ergriffen werden können, und

  (ii) es höchstwahrscheinlich ist, dass eine feste Kaufverpflichtung innerhalb von einem Jahr erlangt wird.

(b) ein Unternehmen erlangt eine feste Kaufverpflichtung, in deren Folge ein Käufer oder andere Parteien die Übertragung eines Vermögenswerts (oder einer Veräußerungsgruppe), die vorher als zur Veräußerung gehalten eingestuft wurden, unerwartet von Bedingungen abhängig machen, durch die sich der für den Verkaufsabschluss benötigte Zeitraum verlängern wird, und:

  (i) rechtzeitig Maßnahmen zur Erfüllung der Bedingungen ergriffen wurden, und

  (ii) ein günstiger Ausgang der den Verkauf verzögernden Faktoren erwartet wird.

(c) während der ursprünglichen Ein-Jahres-Frist treten Umstände ein, die vorher für unwahrscheinlich erachtet wurden, aufgrund dessen langfristige Vermögenswerte (oder Veräußerungsgruppen), die vorher als zur Veräußerung gehalten eingestuft wurden, nicht bis zum Ablauf dieser Frist veräußert werden, und:

  (i) während der ursprünglichen Ein-Jahres-Frist das Unternehmen die erforderlichen Maßnahmen zur Berücksichtigung der geänderten Umstände ergriffen hat,

  (ii) der langfristige Vermögenswert (oder die Veräußerungsgruppe) tatsächlich zu einem Preis vermarktet wird, der angesichts der geänderten Umstände angemessen ist, und

  (iii) die in den Paragraphen 7 und 8 genannten Kriterien erfüllt werden.

Fair value	*Fair value* is the price that would be received to sell an asset or paid to transfer a liability in an orderly transaction between market participants at the measurement date. (See IFRS 13.)
Firm purchase commitment	An agreement with an unrelated party, binding on both parties and usually legally enforceable, that (a) specifies all significant terms, including the price and timing of the transactions, and (b) includes a disincentive for non-performance that is sufficiently large to make performance highly probable.
Highly probable	Significantly more likely than probable.
Non-current asset	An asset that does not meet the definition of a current asset.
Probable	More likely than not.
Recoverable amount	The higher of an asset's fair value less costs to sell and its value in use.
Value in use	The present value of estimated future cash flows expected to arise from the continuing use of an asset and from its disposal at the end of its useful life.

Appendix B

Application supplement

This appendix is an integral part of the IFRS.

EXTENSION OF THE PERIOD REQUIRED TO COMPLETE A SALE

As noted in paragraph 9, an extension of the period required to complete a sale does not preclude an asset (or disposal **B1** group) from being classified as held for sale if the delay is caused by events or circumstances beyond the entity's control and there is sufficient evidence that the entity remains committed to its plan to sell the asset (or disposal group). An exception to the one-year requirement in paragraph 8 shall therefore apply in the following situations in which such events or circumstances arise:

(a) at the date an entity commits itself to a plan to sell a non-current asset (or disposal group) it reasonably expects that others (not a buyer) will impose conditions on the transfer of the asset (or disposal group) that will extend the period required to complete the sale, and:
  (i) actions necessary to respond to those conditions cannot be initiated until after a *firm purchase commitment* is obtained; and
  (ii) a firm purchase commitment is highly probable within one year;

(b) an entity obtains a firm purchase commitment and, as a result, a buyer or others unexpectedly impose conditions on the transfer of a non-current asset (or disposal group) previously classified as held for sale that will extend the period required to complete the sale, and:
  (i) timely actions necessary to respond to the conditions have been taken; and
  (ii) a favourable resolution of the delaying factors is expected;

(c) during the initial one-year period, circumstances arise that were previously considered unlikely and, as a result, a non-current asset (or disposal group) previously classified as held for sale is not sold by the end of that period, and:
  (i) during the initial one-year period the entity took action necessary to respond to the change in circumstances;
  (ii) the non-current asset (or disposal group) is being actively marketed at a price that is reasonable, given the change in circumstances; and
  (iii) the criteria in paragraphs 7 and 8 are met.

INTERNATIONAL FINANCIAL REPORTING STANDARD 6

Exploration und Evaluierung von Bodenschätzen

ZIELSETZUNG

1 Zielsetzung dieses IFRS ist es, die Rechnungslegung für die *Exploration und Evaluierung von Bodenschätzen festzulegen*.

2 Im Besonderen schreibt dieser IFRS vor:

    (a) begrenzte Verbesserungen bei der derzeitigen Bilanzierung von *Ausgaben für Exploration und Evaluierung;*

    (b) Vermögenswerte, die als *Vermögenswerte für Exploration und Evaluierung* angesetzt werden, gemäß diesem IFRS auf Wertminderung zu überprüfen und etwaige Wertminderungen gemäß IAS 36 *Wertminderung von Vermögenswerten zu bewerten;*

    (c) Angaben, welche die im Abschluss des Unternehmens für die Exploration und Evaluierung von Bodenschätzen erfassten Beträge kennzeichnen und erläutern, und den Abschlussadressaten die Höhe, die Zeitpunkte und die Eintrittswahrscheinlichkeit künftiger Zahlungsströme verständlich machen, die aus den angesetzten Vermögenswerten für Exploration und Evaluierung resultieren.

ANWENDUNGSBEREICH

3 Dieser IFRS ist auf die einem Unternehmen entstehenden Ausgaben für Exploration und Evaluierung anzuwenden.

4 Dieser IFRS behandelt keine anderen Aspekte der Bilanzierung von Unternehmen, die sich im Rahmen ihrer Geschäftstätigkeit mit der Exploration und Evaluierung von Bodenschätzen befassen.

5 Dieser IFRS gilt nicht für Ausgaben, die entstehen:

    (a) vor der Exploration und Evaluierung von Bodenschätzen, z. B. Ausgaben, die anfallen, bevor das Unternehmen die Rechte zur Exploration eines bestimmten Gebietes erhalten hat;

    (b) nach dem Nachweis der technischen Durchführbarkeit und der ökonomischen Realisierbarkeit der Gewinnung von Bodenschätzen.

ANSATZ VON VERMÖGENSWERTEN FÜR EXPLORATION UND EVALUIERUNG

Vorübergehende Befreiung von der Anwendung der Paragraphen 11 und 12 des IAS 8

6 Bei der Entwicklung von Rechnungslegungsmethoden hat ein Unternehmen, das Vermögenswerte für Exploration und Evaluierung ansetzt, Paragraph 10 des IAS 8 *Rechnungslegungsmethoden, Änderungen von rechnungslegungsbezogenen Schätzungen und Fehler* anzuwenden.

INTERNATIONAL FINANCIAL REPORTING STANDARD 6

Exploration for and evaluation of mineral resources

SUMMARY

OBJECTIVE

The objective of this IFRS is to specify the financial reporting for the *exploration for and evaluation of mineral resources.*   **1**

In particular, the IFRS requires: **2**
(a)   limited improvements to existing accounting practices for *exploration and evaluation expenditures*;
(b)   entities that recognise *exploration and evaluation assets* to assess such assets for impairment in accordance with this IFRS and measure any impairment in accordance with IAS 36 *Impairment of assets*;
(c)   disclosures that identify and explain the amounts in the entity's financial statements arising from the exploration for and evaluation of mineral resources and help users of those financial statements understand the amount, timing and certainty of future cash flows from any exploration and evaluation assets recognised.

SCOPE

An entity shall apply the IFRS to exploration and evaluation expenditures that it incurs.   **3**

The IFRS does not address other aspects of accounting by entities engaged in the exploration for and evaluation of   **4** mineral resources.

An entity shall not apply the IFRS to expenditures incurred: **5**
(a)   before the exploration for and evaluation of mineral resources, such as expenditures incurred before the entity has obtained the legal rights to explore a specific area;
(b)   after the technical feasibility and commercial viability of extracting a mineral resource are demonstrable.

RECOGNITION OF EXPLORATION AND EVALUATION ASSETS

Temporary exemption from IAS 8 paragraphs 11 and 12

When developing its accounting policies, an entity recognising exploration and evaluation assets shall apply paragraph 10   **6** of IAS 8 *Accounting policies, changes in accounting estimates and errors.*

7 Die Paragraphen 11 und 12 des IAS 8 nennen Quellen für verbindliche Vorschriften und Leitlinien, die das Management bei der Entwicklung von Rechnungslegungsmethoden für Geschäftsvorfälle berücksichtigen muss, auf die kein IFRS ausdrücklich zutrifft. Vorbehaltlich der folgenden Paragraphen 9 und 10 befreit dieser IFRS ein Unternehmen davon, jene Paragraphen auf die Rechnungslegungsmethoden anzuwenden, die für den Ansatz und die Bewertung von Vermögenswerten für Exploration und Evaluierung gelten.

BEWERTUNG VON VERMÖGENSWERTEN FÜR EXPLORATION UND EVALUIERUNG

Bewertung bei erstmaligem Ansatz

8 Vermögenswerte für Exploration und Evaluierung sind mit ihren Anschaffungs- oder Herstellungskosten zu bewerten.

Bestandteile der Anschaffungs- oder Herstellungskosten von Vermögenswerten für Exploration und Evaluierung

9 Ein Unternehmen hat eine Methode festzulegen, nach der zu bestimmen ist, welche Ausgaben als Vermögenswerte für Exploration und Evaluierung angesetzt werden, und diese Methode einheitlich anzuwenden. Bei dieser Entscheidung ist zu berücksichtigen, wieweit die Ausgaben mit der Suche nach bestimmten Bodenschätzen in Verbindung gebracht werden können. Es folgen einige Beispiele für Ausgaben, die in die erstmalige Bewertung von Vermögenswerten für Exploration und Evaluierung einbezogen werden könnten (die Liste ist nicht vollständig):
(a) Erwerb von Rechten zur Exploration;
(b) topografische, geologische, geochemische und geophysikalische Studien;
(c) Probebohrungen;
(d) Erdbewegungen;
(e) Probenentnahme und
(f) Tätigkeiten in Zusammenhang mit der Beurteilung der technischen Durchführbarkeit und der ökonomischen Realisierbarkeit der Gewinnung von Bodenschätzen.

10 Ausgaben in Verbindung mit der Erschließung von Bodenschätzen sind nicht als Vermögenswerte für Exploration und Evaluierung anzusetzen. Das *Rahmenkonzept* und IAS 38 *Immaterielle Vermögenswerte* enthalten Leitlinien für den Ansatz von Vermögenswerten, die aus der Erschließung resultieren.

11 Gemäß IAS 37 *Rückstellungen, Eventualverbindlichkeiten und Eventualforderungen* sind alle Beseitigungs- und Wiederherstellungsverpflichtungen zu erfassen, die in einer bestimmten Periode im Zuge der Exploration und Evaluierung von Bodenschätzen anfallen.

Folgebewertung

12 Nach dem erstmaligen Ansatz sind die Vermögenswerte für Exploration und Evaluierung entweder nach dem Anschaffungskostenmodell oder nach dem Neubewertungsmodell zu bewerten. Bei Anwendung des Neubewertungsmodells (entweder gemäß IAS 16 *Sachanlagen* oder gemäß IAS 38) muss dieses mit der Einstufung der Vermögenswerte (siehe Paragraph 15) übereinstimmen.

Änderungen von Rechnungslegungsmethoden

13 Ein Unternehmen darf seine Rechnungslegungsmethoden für Ausgaben für Exploration und Evaluierung ändern, wenn diese Änderung den Abschluss für die wirtschaftliche Entscheidungsfindung der Adressaten relevanter macht, ohne weniger verlässlich zu sein, oder verlässlicher macht, ohne weniger relevant für jene Entscheidungsfindung zu sein. Ein Unternehmen hat die Relevanz und Verlässlichkeit anhand der Kriterien des IAS 8 zu beurteilen.

14 Zur Rechtfertigung der Änderung seiner Rechnungslegungsmethoden für Ausgaben für Exploration und Evaluierung hat ein Unternehmen nachzuweisen, dass die Änderung seinen Abschluss näher an die Erfüllung der Kriterien in IAS 8 bringt, wobei die Änderung eine vollständige Übereinstimmung mit jenen Kriterien nicht erreichen muss.

DARSTELLUNG

Einstufung von Vermögenswerten für Exploration und Evaluierung

15 Ein Unternehmen hat Vermögenswerte für Exploration und Evaluierung je nach Art als materielle oder immaterielle Vermögenswerte einzustufen und diese Einstufung stetig anzuwenden.

16 Einige Vermögenswerte für Exploration und Evaluierung werden als immaterielle Vermögenswerte behandelt (z. B. Bohrrechte), während andere materielle Vermögenswerte darstellen (z. B. Fahrzeuge und Bohrinseln). Soweit bei der Entwick-

Paragraphs 11 and 12 of IAS 8 specify sources of authoritative requirements and guidance that management is required **7** to consider in developing an accounting policy for an item if no IFRS applies specifically to that item. Subject to paragraphs 9 and 10 below, this IFRS exempts an entity from applying those paragraphs to its accounting policies for the recognition and measurement of exploration and evaluation assets.

MEASUREMENT OF EXPLORATION AND EVALUATION ASSETS

Measurement at recognition

Exploration and evaluation assets shall be measured at cost. **8**

Elements of cost of exploration and evaluation assets

An entity shall determine an accounting policy specifying which expenditures are recognised as exploration and evalua- **9** tion assets and apply the policy consistently. In making this determination, an entity considers the degree to which the expenditure can be associated with finding specific mineral resources. The following are examples of expenditures that might be included in the initial measurement of exploration and evaluation assets (the list is not exhaustive):
(a) acquisition of rights to explore;
(b) topographical, geological, geochemical and geophysical studies;
(c) exploratory drilling;
(d) trenching;
(e) sampling; and
(f) activities in relation to evaluating the technical feasibility and commercial viability of extracting a mineral resource.

Expenditures related to the development of mineral resources shall not be recognised as exploration and evaluation assets. **10** The *Framework* and IAS 38 *Intangible assets* provide guidance on the recognition of assets arising from development.

In accordance with IAS 37 *Provisions, contingent liabilities and contingent assets* an entity recognises any obligations for **11** removal and restoration that are incurred during a particular period as a consequence of having undertaken the exploration for and evaluation of mineral resources.

Measurement after recognition

After recognition, an entity shall apply either the cost model or the revaluation model to the exploration and evaluation **12** assets. If the revaluation model is applied (either the model in IAS 16 *Property, plant and equipment* or the model in IAS 38) it shall be consistent with the classification of the assets (see paragraph 15).

Changes in accounting policies

An entity may change its accounting policies for exploration and evaluation expenditures if the change makes the finan- **13** cial statements more relevant to the economic decision-making needs of users and no less reliable, or more reliable and no less relevant to those needs. An entity shall judge relevance and reliability using the criteria in IAS 8.

To justify changing its accounting policies for exploration and evaluation expenditures, an entity shall demonstrate that **14** the change brings its financial statements closer to meeting the criteria in IAS 8, but the change need not achieve full compliance with those criteria.

PRESENTATION

Classification of exploration and evaluation assets

An entity shall classify exploration and evaluation assets as tangible or intangible according to the nature of the assets **15** acquired and apply the classification consistently.

Some exploration and evaluation assets are treated as intangible (e.g. drilling rights), whereas others are tangible (e.g. **16** vehicles and drilling rigs). To the extent that a tangible asset is consumed in developing an intangible asset, the amount

lung eines immateriellen Vermögenswerts ein materieller Vermögenswert verbraucht wird, ist der Betrag in Höhe dieses Verbrauchs Bestandteil der Kosten des immateriellen Vermögenswerts. Jedoch führt die Tatsache, dass ein materieller Vermögenswert zur Entwicklung eines immateriellen Vermögenswerts eingesetzt wird, nicht zur Umgliederung dieses materiellen Vermögenswerts in einen immateriellen Vermögenswert.

Umgliederung von Vermögenswerten für Exploration und Evaluierung

17 Ein Vermögenswert für Exploration und Evaluierung ist nicht mehr als solcher einzustufen, wenn die technische Durchführbarkeit und die ökonomische Realisierbarkeit einer Gewinnung von Bodenschätzen nachgewiesen werden kann. Das Unternehmen hat die Vermögenswerte für Exploration und Evaluierung vor einer Umgliederung auf Wertminderung zu überprüfen und einen etwaigen Wertminderungsaufwand zu erfassen.

WERTMINDERUNG

Erfassung und Bewertung

18 Vermögenswerte für Exploration und Evaluierung sind auf Wertminderung zu überprüfen, wenn Tatsachen und Umstände darauf hindeuten, dass der Buchwert eines Vermögenswerts für Exploration und Evaluierung seinen erzielbaren Betrag übersteigt. Wenn Tatsachen und Umstände Anhaltspunkte dafür geben, dass dies der Fall ist, hat ein Unternehmen, außer wie in Paragraph 21 unten beschrieben, einen etwaigen Wertminderungsaufwand gemäß IAS 36 zu bewerten, darzustellen und zu erläutern.

19 Bei der Identifizierung eines möglicherweise wertgeminderten Vermögenswerts für Exploration und Evaluierung findet – ausschließlich in Bezug auf derartige Vermögenswerte – anstelle der Paragraphen 8–17 des IAS 36 Paragraph 20 dieses IFRS Anwendung. Paragraph 20 verwendet den Begriff „Vermögenswerte", ist aber sowohl auf einen einzelnen Vermögenswert für Exploration und Evaluierung als auch auf eine zahlungsmittelgenerierende Einheit anzuwenden.

20 Eine oder mehrere der folgenden Tatsachen und Umstände deuten darauf hin, dass ein Unternehmen die Vermögenswerte für Exploration und Evaluierung auf Wertminderung zu überprüfen hat (die Liste ist nicht vollständig):

(a) Der Zeitraum, für den das Unternehmen das Recht zur Exploration eines bestimmten Gebietes erworben hat, ist während der Berichtsperiode abgelaufen oder wird in naher Zukunft ablaufen und voraussichtlich nicht verlängert werden.

(b) Erhebliche Ausgaben für die weitere Exploration und Evaluierung von Bodenschätzen in einem bestimmten Gebiet sind weder veranschlagt noch geplant.

(c) Die Exploration und Evaluierung von Bodenschätzen in einem bestimmten Gebiet haben nicht zur Entdeckung wirtschaftlich förderbarer Mengen an Bodenschätzen geführt und das Unternehmen hat beschlossen, seine Aktivitäten in diesem Gebiet einzustellen.

(d) Es liegen genügend Daten vor, aus denen hervorgeht, dass die Erschließung eines bestimmten Gebiets zwar wahrscheinlich fortgesetzt wird, der Buchwert des Vermögenswerts für Exploration und Evaluierung durch eine erfolgreiche Erschließung oder Veräußerung jedoch voraussichtlich nicht vollständig wiedererlangt werden kann.

In diesen und ähnlichen Fällen hat das Unternehmen eine Wertminderungsprüfung nach IAS 36 durchzuführen. Jeglicher Wertminderungsaufwand ist gemäß IAS 36 als Aufwand zu erfassen.

Festlegung des Niveaus, auf dem Vermögenswerte für Exploration und Evaluierung auf Wertminderung überprüft werden

21 Ein Unternehmen hat eine Rechnungslegungsmethode zu wählen, mit der die Vermögenswerte für Exploration und Evaluierung zum Zwecke ihrer Überprüfung auf Wertminderung zahlungsmittelgenerierenden Einheiten oder Gruppen von zahlungsmittelgenerierenden Einheiten zugeordnet werden. Eine zahlungsmittelgenerierende Einheit oder Gruppe von Einheiten, der ein Vermögenswert für Exploration und Evaluierung zugeordnet wird, darf nicht größer sein als ein gemäß IFRS 8 *Geschäftssegmente* bestimmtes Geschäftssegment.

22 Das vom Unternehmen festgelegte Niveau zur Überprüfung von Vermögenswerten für Exploration und Evaluierung auf Wertminderung kann eine oder mehrere zahlungsmittelgenerierende Einheiten umfassen.

ANGABEN

23 Ein Unternehmen hat Angaben zu machen, welche die in seinem Abschluss erfassten Beträge für die Exploration und Evaluierung von Bodenschätzen kennzeichnen und erläutern.

24 Zur Erfüllung der Vorschrift in Paragraph 23 sind folgende Angaben erforderlich:

(a) die Rechnungslegungsmethoden des Unternehmens für Ausgaben für Exploration und Evaluierung, einschließlich des Ansatzes von Vermögenswerten für Exploration und Evaluierung.

reflecting that consumption is part of the cost of the intangible asset. However, using a tangible asset to develop an intangible asset does not change a tangible asset into an intangible asset.

Reclassification of exploration and evaluation assets

An exploration and evaluation asset shall no longer be classified as such when the technical feasibility and commercial viability of extracting a mineral resource are demonstrable. Exploration and evaluation assets shall be assessed for impairment, and any impairment loss recognised, before reclassification. **17**

IMPAIRMENT

Recognition and measurement

Exploration and evaluation assets shall be assessed for impairment when facts and circumstances suggest that the carrying amount of an exploration and evaluation asset may exceed its recoverable amount. When facts and circumstances suggest that the carrying amount exceeds the recoverable amount, an entity shall measure, present and disclose any resulting impairment loss in accordance with IAS 36, except as provided by paragraph 21 below. **18**

For the purposes of exploration and evaluation assets only, paragraph 20 of this IFRS shall be applied rather than paragraphs 8—17 of IAS 36 when identifying an exploration and evaluation asset that may be impaired. Paragraph 20 uses the term 'assets' but applies equally to separate exploration and evaluation assets or a cash-generating unit. **19**

One or more of the following facts and circumstances indicate that an entity should test exploration and evaluation assets for impairment (the list is not exhaustive): **20**
(a) the period for which the entity has the right to explore in the specific area has expired during the period or will expire in the near future, and is not expected to be renewed;
(b) substantive expenditure on further exploration for and evaluation of mineral resources in the specific area is neither budgeted nor planned;
(c) exploration for and evaluation of mineral resources in the specific area have not led to the discovery of commercially viable quantities of mineral resources and the entity has decided to discontinue such activities in the specific area;
(d) sufficient data exist to indicate that, although a development in the specific area is likely to proceed, the carrying amount of the exploration and evaluation asset is unlikely to be recovered in full from successful development or by sale.
In any such case, or similar cases, the entity shall perform an impairment test in accordance with IAS 36. Any impairment loss is recognised as an expense in accordance with IAS 36.

Specifying the level at which exploration and evaluation assets are assessed for impairment

An entity shall determine an accounting policy for allocating exploration and evaluation assets to cash-generating units or groups of cash-generating units for the purpose of assessing such assets for impairment. Each cash-generating unit or group of units to which an exploration and evaluation asset is allocated shall not be larger than an operating segment determined in accordance with IFRS 8 *Operating segments*. **21**

The level identified by the entity for the purposes of testing exploration and evaluation assets for impairment may comprise one or more cash-generating units. **22**

DISCLOSURE

An entity shall disclose information that identifies and explains the amounts recognised in its financial statements arising from the exploration for and evaluation of mineral resources. **23**

To comply with paragraph 23, an entity shall disclose: **24**
(a) its accounting policies for exploration and evaluation expenditures, including the recognition of exploration and evaluation assets;

(b) die Höhe der Vermögenswerte, Schulden, Erträge und Aufwendungen sowie der Cashflows aus betrieblicher und Investitionstätigkeit, die aus der Exploration und Evaluierung von Bodenschätzen resultieren.

25 Ein Unternehmen hat die Vermögenswerte für Exploration und Evaluierung als gesonderte Gruppe von Vermögenswerten zu behandeln und die gemäß IAS 16 oder IAS 38 verlangten Angaben in Übereinstimmung mit der Einstufung der Vermögenswerte zu machen.

ZEITPUNKT DES INKRAFTTRETENS

26 Dieser IFRS ist erstmals in der ersten Berichtsperiode eines am 1. Januar 2006 oder danach beginnenden Geschäftsjahres anzuwenden. Eine frühere Anwendung wird empfohlen. Wenn ein Unternehmen den IFRS für Berichtsperioden anwendet, die vor dem 1. Januar 2006 beginnen, so ist diese Tatsache anzugeben.

ÜBERGANGSVORSCHRIFTEN

27 Wenn es undurchführbar ist, eine bestimmte Vorschrift des Paragraphen 18 auf Vergleichsinformationen anzuwenden, die sich auf vor dem 1. Januar 2006 beginnende Berichtsperioden beziehen, so ist dies anzugeben. IAS 8 erläutert den Begriff „undurchführbar".

Anhang A: Definitionen

Dieser Anhang ist integraler Bestandteil des IFRS.

Vermögenswerte für Exploration und Evaluierung	Ausgaben für Exploration und Evaluierung, die gemäß den Rechnungslegungsmethoden des Unternehmens als Vermögenswerte angesetzt werden.
Ausgaben für Exploration und Evaluierung	Ausgaben, die einem Unternehmen in Zusammenhang mit der Exploration und Evaluierung von Bodenschätzen entstehen, bevor die technische Durchführbarkeit und die ökonomische Realisierbarkeit einer Gewinnung der Bodenschätze nachgewiesen werden kann.
Exploration und Evaluierung von Bodenschätzen	Suche nach Bodenschätzen, einschließlich Mineralien, Öl, Erdgas und ähnlichen nicht regenerativen Ressourcen, nachdem das Unternehmen die Rechte zur Exploration eines bestimmten Gebietes erhalten hat, sowie die Feststellung der technischen Durchführbarkeit und der ökonomischen Realisierbarkeit der Gewinnung der Bodenschätze.

(b)   the amounts of assets, liabilities, income and expense and operating and investing cash flows arising from the exploration for and evaluation of mineral resources.

An entity shall treat exploration and evaluation assets as a separate class of assets and make the disclosures required by either IAS 16 or IAS 38 consistent with how the assets are classified.   **25**

EFFECTIVE DATE

An entity shall apply this IFRS for annual periods beginning on or after 1 January 2006. Earlier application is encouraged. If an entity applies the IFRS for a period beginning before 1 January 2006, it shall disclose that fact.   **26**

TRANSITIONAL PROVISIONS

If it is impracticable to apply a particular requirement of paragraph 18 to comparative information that relates to annual periods beginning before 1 January 2006, an entity shall disclose that fact. IAS 8 explains the term 'impracticable'.   **27**

Appendix A: Defined terms

This appendix is an integral part of the IFRS.

Exploration and evaluation assets	Exploration and evaluation expenditures recognised as assets in accordance with the entity's accounting policy.
Exploration and evaluation expenditures	Expenditures incurred by an entity in connection with the exploration for and evaluation of mineral resources before the technical feasibility and commercial viability of extracting a mineral resource are demonstrable.
Exploration for and evaluation of mineral resources	The search for mineral resources, including minerals, oil, natural gas and similar non-regenerative resources after the entity has obtained legal rights to explore in a specific area, as well as the determination of the technical feasibility and commercial viability of extracting the mineral resource.

INTERNATIONAL FINANCIAL REPORTING STANDARD 7

Finanzinstrumente: Angaben

INHALT

ZIELSETZUNG

1 Zielsetzung dieses IFRS ist es, von Unternehmen Angaben in ihren Abschlüssen zu verlangen, durch die die Abschlussadressaten einschätzen können,

(a) welche Bedeutung Finanzinstrumente für die Vermögens-, Finanz- und Ertragslage des Unternehmens haben; und

(b) welche Art und welches Ausmaß die Risiken haben, die sich aus Finanzinstrumenten ergeben, und denen das Unternehmen während der Berichtsperiode und zum Berichtsstichtag ausgesetzt ist, und wie das Unternehmen diese Risiken steuert.

2 Die in diesem IFRS enthaltenen Grundsätze ergänzen die Grundsätze für den Ansatz, die Bewertung und die Darstellung finanzieller Vermögenswerte und finanzieller Verbindlichkeiten in IAS 32 *Finanzinstrumente: Darstellung* und IAS 39 *Finanzinstrumente: Ansatz und Bewertung*.

ANWENDUNGSBEREICH

3 Dieser IFRS ist von allen Unternehmen auf alle Arten von Finanzinstrumenten anzuwenden; davon ausgenommen sind:

(a) Anteile an Tochterunternehmen, assoziierten Unternehmen und Gemeinschaftsunternehmen, die gemäß IFRS 10 *Konzernabschlüsse*, IAS 27 *Einzelabschlüsse* oder IAS 28 *Anteile an assoziierten Unternehmen und Gemeinschafts-*

INTERNATIONAL FINANCIAL REPORTING STANDARD 7

Financial instruments: disclosures

OBJECTIVE

The objective of this IFRS is to require entities to provide disclosures in their financial statements that enable users to **1**
evaluate:
(a) the significance of financial instruments for the entity's financial position and performance; and
(b) the nature and extent of risks arising from financial instruments to which the entity is exposed during the period
and at the end of the reporting period, and how the entity manages those risks.

The principles in this IFRS complement the principles for recognising, measuring and presenting financial assets and **2**
financial liabilities in IAS 32 *Financial instruments: presentation* and IAS 39 *Financial instruments: recognition and measurement*.

SCOPE

This IFRS shall be applied by all entities to all types of financial instruments, except: **3**
(a) those interests in subsidiaries, associates or joint ventures that are accounted for in accordance with IFRS 10 *Consolidated Financial Statements*, IAS 27 *Separate Financial Statements* or IAS 28 *Investments in Associates and Joint*

unternehmen bilanziert werden. In einigen Fällen muss oder darf ein Unternehmen jedoch nach IFRS 10, IAS 27 oder IAS 28 einen Anteil an einem Tochterunternehmen, einem assoziierten Unternehmen oder einem Gemeinschaftsunternehmen gemäß IFRS 9 bilanzieren; in diesen Fällen gelten die Angabepflichten dieses IFRS und bei Unternehmen, die zum beizulegenden Zeitwert bewertet werden, die Vorschriften von IFRS 13 *Bemessung des beizulegenden Zeitwerts*. Der vorliegende IFRS ist auch auf alle Derivate anzuwenden, die an Anteile an Tochterunternehmen, assoziierten Unternehmen und Gemeinschaftsunternehmen gebunden sind, es sei denn, das Derivat entspricht der Definition eines Eigenkapitalinstruments in IAS 32.

(b) Rechte und Verpflichtungen eines Arbeitgebers aus Altersversorgungsplänen, auf die IAS 19 *Leistungen an Arbeitnehmer* anzuwenden ist.

(c) [gestrichen]

(d) Versicherungsverträge im Sinne der Definition von IFRS 4 *Versicherungsverträge*. Anzuwenden ist dieser IFRS allerdings auf Derivate, die in Versicherungsverträge eingebettet sind, wenn IAS 39 von dem Unternehmen deren getrennte Bilanzierung verlangt. Ein Versicherer hat diesen IFRS darüber hinaus auf *finanzielle Garantien* anzuwenden, wenn er zum Ansatz und zur Bewertung dieser Verträge IAS 39 anwendet. Entscheidet er sich jedoch gemäß Paragraph 4 (d) des IFRS 4, die finanziellen Garantien gemäß IFRS 4 anzusetzen und zu bewerten, so hat er IFRS 4 anzuwenden.

(e) Finanzinstrumente, Verträge und Verpflichtungen im Zusammenhang mit anteilsbasierten Vergütungen, auf die IFRS 2 *Anteilsbasierte Vergütung* anzuwenden ist. Davon ausgenommen sind die in den Anwendungsbereich der Paragraphen 5–7 des IAS 39 fallenden Verträge, auf die dieser IFRS anzuwenden ist.

(f) Instrumente, die nach den Paragraphen 16A und 16B oder 16C und 16D des IAS 32 als Eigenkapitalinstrumente eingestuft werden müssen.

4 Dieser IFRS ist auf bilanzwirksame und bilanzunwirksame Finanzinstrumente anzuwenden. Bilanzwirksame Finanzinstrumente umfassen finanzielle Vermögenswerte und finanzielle Verbindlichkeiten, die in den Anwendungsbereich von IAS 39 fallen. Zu den bilanzunwirksamen Finanzinstrumenten gehören einige andere Finanzinstrumente, die zwar nicht in den Anwendungsbereich von IAS 39, wohl aber in den dieses IFRS fallen (z. B. Kreditzusagen).

5 Anzuwenden ist dieser IFRS ferner auf Verträge über den Kauf oder Verkauf eines nicht finanziellen Postens, die unter IAS 39 fallen (siehe IAS 39, Paragraphen 5–7).

KLASSEN VON FINANZINSTRUMENTEN UND UMFANG DER ANGABEPFLICHTEN

6 Wenn in diesem IFRS Angaben zu einzelnen Klassen von Finanzinstrumenten verlangt werden, hat ein Unternehmen Finanzinstrumente so in Klassen einzuordnen, dass diese der Art der geforderten Informationen angemessen sind und den Eigenschaften dieser Finanzinstrumente Rechnung tragen. Ein Unternehmen hat genügend Informationen zu liefern, um eine Überleitungsrechnung auf die in der Bilanz dargestellten Posten zu ermöglichen.

BEDEUTUNG DER FINANZINSTRUMENTE FÜR DIE VERMÖGENS-, FINANZ- UND ERTRAGSLAGE

7 Ein Unternehmen hat Angaben zu machen, die den Abschlussadressaten ermöglichen, die Bedeutung der Finanzinstrumente für dessen Vermögens-, Finanz- und Ertragslage zu beurteilen.

Bilanz

Kategorien finanzieller Vermögenswerte und Verbindlichkeiten

8 Für jede der folgenden Kategorien gemäß IAS 39 ist in der Bilanz oder im Anhang der Buchwert anzugeben:

(a) finanzielle Vermögenswerte, die erfolgswirksam zum beizulegenden Zeitwert bewertet werden, wobei diejenigen, die (i) beim erstmaligen Ansatz als solche eingestuft werden, und diejenigen, die (ii) gemäß IAS 39 als zu Handelszwecken gehalten eingestuft werden, getrennt voneinander aufzuführen sind;

(b) bis zur Endfälligkeit zu haltende Finanzinvestitionen;

(c) Kredite und Forderungen;

(d) zur Veräußerung verfügbare finanzielle Vermögenswerte;

(e) finanzielle Verbindlichkeiten, die erfolgswirksam zum beizulegenden Zeitwert bewertet werden, wobei diejenigen, die (i) beim erstmaligen Ansatz als solche eingestuft werden, und diejenigen, die (ii) gemäß IAS 39 als zu Handelszwecken gehalten eingestuft werden, getrennt voneinander aufzuführen sind; sowie

(f) finanzielle Verbindlichkeiten, die zu fortgeführten Anschaffungskosten bewertet werden.

Finanzielle Vermögenswerte oder Verbindlichkeiten, die erfolgswirksam zum beizulegenden Zeitwert bewertet werden

9 Hat ein Unternehmen einen Kredit oder eine Forderung (bzw. eine Gruppe von Krediten oder Forderungen) als erfolgswirksam zum beizulegenden Zeitwert bewertet eingestuft, sind folgende Angaben erforderlich:

Ventures. However, in some cases, IFRS 10, IAS 27 or IAS 28 require or permits an entity to account for an interest in a subsidiary, associate or joint venture using IFRS 9; in those cases, entities shall apply the requirements of this IFRS and, for those measured at fair value, the requirements of IFRS 13 *Fair Value Measurement.* Entities shall also apply this IFRS to all derivatives linked to interests in subsidiaries, associates or joint ventures unless the derivative meets the definition of an equity instrument in IAS 32.

(b) employers' rights and obligations arising from employee benefit plans, to which IAS 19 *Employee benefits* applies;

(c) [deleted]

(d) insurance contracts as defined in IFRS 4 *Insurance contracts.* However, this IFRS applies to derivatives that are embedded in insurance contracts if IAS 39 requires the entity to account for them separately. Moreover, an issuer shall apply this IFRS to *financial guarantee contracts* if the issuer applies IAS 39 in recognising and measuring the contracts, but shall apply IFRS 4 if the issuer elects, in accordance with paragraph 4 (d) of IFRS 4, to apply IFRS 4 in recognising and measuring them;

(e) financial instruments, contracts and obligations under share-based payment transactions to which IFRS 2 *Share-based payment* applies, except that this IFRS applies to contracts within the scope of paragraphs 5—7 of IAS 39.

(f) instruments that are required to be classified as equity instruments in accordance with paragraphs 16A and 16B or paragraphs 16C and 16D of IAS 32.

4   This IFRS applies to recognised and unrecognised financial instruments. Recognised financial instruments include financial assets and financial liabilities that are within the scope of IAS 39. Unrecognised financial instruments include some financial instruments that, although outside the scope of IAS 39, are within the scope of this IFRS (such as some loan commitments).

5   This IFRS applies to contracts to buy or sell a non-financial item that are within the scope of IAS 39 (see paragraphs 5—7 of IAS 39).

CLASSES OF FINANCIAL INSTRUMENTS AND LEVEL OF DISCLOSURE

6   When this IFRS requires disclosures by class of financial instrument, an entity shall group financial instruments into classes that are appropriate to the nature of the information disclosed and that take into account the characteristics of those financial instruments. An entity shall provide sufficient information to permit reconciliation to the line items presented in the statement of financial position.

SIGNIFICANCE OF FINANCIAL INSTRUMENTS
FOR FINANCIAL POSITION AND PERFORMANCE

7   An entity shall disclose information that enables users of its financial statements to evaluate the significance of financial instruments for its financial position and performance.

Statement of financial position

Categories of financial assets and financial liabilities

8   The carrying amounts of each of the following categories, as defined in IAS 39, shall be disclosed either in the statement of financial position or in the notes:

(a) financial assets at fair value through profit or loss, showing separately (i) those designated as such upon initial recognition and (ii) those classified as held for trading in accordance with IAS 39;

(b) held-to-maturity investments;

(c) loans and receivables;

(d) available-for-sale financial assets;

(e) financial liabilities at fair value through profit or loss, showing separately (i) those designated as such upon initial recognition and (ii) those classified as held for trading in accordance with IAS 39; and

(f) financial liabilities measured at amortised cost.

Financial assets or financial liabilities at fair value through profit or loss

9   If the entity has designated a loan or receivable (or group of loans or receivables) as at fair value through profit or loss, it shall disclose:

(a) das maximale *Ausfallrisiko* (siehe Paragraph 36 (a)) des Kredits oder der Forderung (oder der Gruppe von Krediten oder Forderungen) zum Berichtsstichtag.

(b) der Betrag, um den ein zugehöriges Kreditderivat oder ähnliches Instrument dieses maximale Ausfallrisiko abschwächt.

(c) der Betrag, um den sich der beizulegende Zeitwert des Kredits oder der Forderung (oder der Gruppe von Krediten oder Forderungen) während der Berichtsperiode und kumuliert geändert hat, soweit dies auf Änderungen beim Ausfallrisiko des finanziellen Vermögenswerts zurückzuführen ist. Dieser Betrag wird entweder:

   (i) als Änderung des beizulegenden Zeitwerts bestimmt, soweit diese nicht auf solche Änderungen der Marktbedingungen zurückzuführen ist, die das *Marktrisiko* beeinflussen; oder

   (ii) mithilfe einer alternativen Methode bestimmt, mit der nach Ansicht des Unternehmens genauer bestimmt werden kann, in welchem Umfang sich der beizulegende Zeitwert durch das geänderte Ausfallrisiko ändert.

   Zu den Änderungen der Marktbedingungen, die ein Marktrisiko bewirken, zählen Änderungen eines zu beobachtenden (Referenz-) Zinssatzes, Rohstoffpreises, Wechselkurses oder Preis- bzw. Zinsindexes.

(d) die Höhe der Änderung des beizulegenden Zeitwerts jedes zugehörigen Kreditderivats oder ähnlichen Instruments, die während der Berichtsperiode und kumuliert seit der Einstufung des Kredits oder der Forderung eingetreten ist.

10 Hat ein Unternehmen eine finanzielle Verbindlichkeit als Finanzinstrument eingestuft, das gemäß IAS 39 Paragraph 9 erfolgswirksam zum beizulegenden Zeitwert bewertet wird, sind folgende Angaben erforderlich:

(a) der Betrag, um den sich der beizulegende Zeitwert der finanziellen Verbindlichkeit während der Berichtsperiode und kumuliert geändert hat, soweit dies auf Änderungen beim Ausfallrisiko der finanziellen Verbindlichkeit zurückzuführen ist. Dieser Betrag wird entweder:

   (i) als Änderung des beizulegenden Zeitwerts bestimmt, soweit diese nicht auf solche Änderungen der Marktbedingungen zurückzuführen ist, die das *Marktrisiko* beeinflussen (siehe Anhang B, Paragraph B4); oder

   (ii) mithilfe einer alternativen Methode bestimmt, mit der nach Ansicht des Unternehmens genauer bestimmt werden kann, in welchem Umfang sich der beizulegende Zeitwert durch das geänderte Ausfallrisiko ändert.

   Zu den Änderungen der Marktbedingungen, die das Marktrisiko beeinflussen, gehören Änderungen eines Referenzzinssatzes, des Preises eines Finanzinstruments eines anderen Unternehmens, eines Rohstoffpreises, Wechselkurses oder Preis- oder Zinsindexes. Bei Verträgen mit fondsgebundenen Merkmalen umfassen Änderungen der Marktbedingungen auch Änderungen in der Wertentwicklung eines verbundenen internen oder externen Investmentfonds.

(b) die Differenz zwischen dem Buchwert der finanziellen Verbindlichkeit und dem Betrag, den das Unternehmen vertragsgemäß bei Fälligkeit an den Gläubiger zahlen müsste.

11 Ein Unternehmen hat anzugeben,

(a) welche Methoden es zur Erfüllung der Vorschriften in den Paragraphen 9 (c) und 10 (a) angewandt hat.

(b) warum es gegebenenfalls zu der Auffassung gelangt ist, dass die Angaben, die es gemäß den Paragraphen 9 (c) und 10 (a) gemacht hat, die durch das geänderte Ausfallrisiko bedingte Änderung des beizulegenden Zeitwerts des finanziellen Vermögenswerts bzw. der finanziellen Verbindlichkeit nicht glaubwürdig darstellen, und welche Faktoren seiner Meinung nach hierfür verantwortlich sind.

Umgliederungen

12 Hat ein Unternehmen einen finanziellen Vermögenswert (gemäß IAS 39, Paragraph 51–54) umgegliedert in einen, der

(a) anstatt zum beizulegenden Zeitwert nunmehr mit den Anschaffungskosten oder fortgeführten Anschaffungskosten bewertet wird, oder der

(b) anstatt mit den Anschaffungskosten oder fortgeführten Anschaffungskosten nunmehr zum beizulegenden Zeitwert bewertet wird,

so sind der umgegliederte Betrag für jede Kategorie sowie die Gründe für diese Umgliederung anzugeben.

12A Hat ein Unternehmen einen finanziellen Vermögenswert gemäß Paragraph 50B oder 50D des IAS 39 aus der Kategorie der erfolgswirksam zum beizulegenden Zeitwert zu bewertenden Finanzinstrumente oder gemäß Paragraph 50E des IAS 39 aus der Kategorie zur Veräußerung verfügbar umgegliedert, so hat es folgende Angaben zu machen:

(a) den umgegliederten Betrag für jede Kategorie;

(b) für jede Berichtsperiode bis zur Ausbuchung die Buchwerte und die beizulegenden Zeitwerte aller finanziellen Vermögenswerte, die in der aktuellen und in früheren Perioden umgegliedert wurden;

(c) für den Fall, dass ein finanzieller Vermögenswert gemäß Paragraph 50B umgegliedert wird, die außergewöhnliche Situation sowie die Fakten und Umstände, aus denen hervorgeht, dass die Situation außergewöhnlich war;

(d) für die Berichtsperiode, in der der finanzielle Vermögenswert umgegliedert wurde, den durch die Bewertung zum beizulegenden Zeitwert verursachten Gewinn oder Verlust in Bezug auf den finanziellen Vermögenswert, der im Gewinn oder Verlust oder im sonstigen Gesamtergebnis in dieser und in der vorhergehenden Berichtsperiode erfasst ist;

(e) für jede Berichtsperiode nach der Umgliederung (einschließlich der Berichtsperiode, in der der finanzielle Vermögenswert umgegliedert wurde) bis zur Ausbuchung des finanziellen Vermögenswerts den durch eine Bewertung zum beizulegenden Zeitwert verursachten Gewinn oder Verlust, der im Gewinn oder Verlust oder im sonstigen Gesamtergebnis ausgewiesen worden wäre, wäre der finanzielle Vermögenswert nicht umgegliedert worden, sowie der Gewinn, Verlust, Ertrag und Aufwand, der im Gewinn oder Verlust erfasst wurde; sowie

(a) the maximum exposure to *credit risk* (see paragraph 36 (a)) of the loan or receivable (or group of loans or receivables) at the end of the reporting period;

(b) the amount by which any related credit derivatives or similar instruments mitigate that maximum exposure to credit risk;

(c) the amount of change, during the period and cumulatively, in the fair value of the loan or receivable (or group of loans or receivables) that is attributable to changes in the credit risk of the financial asset determined either:

    (i) as the amount of change in its fair value that is not attributable to changes in market conditions that give rise to *market risk;* or

    (ii) using an alternative method the entity believes more faithfully represents the amount of change in its fair value that is attributable to changes in the credit risk of the asset.

    Changes in market conditions that give rise to market risk include changes in an observed (benchmark) interest rate, commodity price, foreign exchange rate or index of prices or rates;

(d) the amount of the change in the fair value of any related credit derivatives or similar instruments that has occurred during the period and cumulatively since the loan or receivable was designated.

If the entity has designated a financial liability as at fair value through profit or loss in accordance with paragraph 9 of **10** IAS 39, it shall disclose:

(a) the amount of change, during the period and cumulatively, in the fair value of the financial liability that is attributable to changes in the credit risk of that liability determined either:

    (i) as the amount of change in its fair value that is not attributable to changes in market conditions that give rise to market risk (see Appendix B, paragraph B4); or

    (ii) using an alternative method the entity believes more faithfully represents the amount of change in its fair value that is attributable to changes in the credit risk of the liability.

    Changes in market conditions that give rise to market risk include changes in a benchmark interest rate, the price of another entity's financial instrument, a commodity price, a foreign exchange rate or an index of prices or rates. For contracts that include a unit-linking feature, changes in market conditions include changes in the performance of the related internal or external investment fund;

(b) the difference between the financial liability's carrying amount and the amount the entity would be contractually required to pay at maturity to the holder of the obligation.

The entity shall disclose: **11**

(a) the methods used to comply with the requirements in paragraphs 9 (c) and 10 (a);

(b) if the entity believes that the disclosure it has given to comply with the requirements in paragraph 9 (c) or 10 (a) does not faithfully represent the change in the fair value of the financial asset or financial liability attributable to changes in its credit risk, the reasons for reaching this conclusion and the factors it believes are relevant.

Reclassification

If the entity has reclassified a financial asset (in accordance with paragraphs 51—54 of IAS 39) as one measured: **12**

(a) at cost or amortised cost, rather than fair value; or

(b) at fair value, rather than at cost or amortised cost,

it shall disclose the amount reclassified into and out of each category and the reason for that reclassification.

If the entity has reclassified a financial asset out of the fair value through profit or loss category in accordance with para- **12A** graph 50B or 50D of IAS 39 or out of the available-for-sale category in accordance with paragraph 50E of IAS 39, it shall disclose:

(a) the amount reclassified into and out of each category;

(b) for each reporting period until derecognition, the carrying amounts and fair values of all financial assets that have been reclassified in the current and previous reporting periods;

(c) if a financial asset was reclassified in accordance with paragraph 50B, the rare situation, and the facts and circumstances indicating that the situation was rare;

(d) for the reporting period when the financial asset was reclassified, the fair value gain or loss on the financial asset recognised in profit or loss or other comprehensive income in that reporting period and in the previous reporting period;

(e) for each reporting period following the reclassification (including the reporting period in which the financial asset was reclassified) until derecognition of the financial asset, the fair value gain or loss that would have been recognised in profit or loss or other comprehensive income if the financial asset had not been reclassified, and the gain, loss, income and expense recognised in profit or loss; and

(f) den Effektivzinssatz und die geschätzten Beträge der Cashflows, die das Unternehmen zum Zeitpunkt der Umgliederung des finanziellen Vermögenswerts zu erzielen hofft.

13 [gestrichen]

Saldierung von finanziellen Vermögenswerten und finanziellen Verbindlichkeiten

13A Die Angaben in den Paragraphen 13B–13E ergänzen die sonstigen Angabepflichten im Sinne dieses IFRS und sind für alle bilanzierten Finanzinstrumente vorgeschrieben, die nach IAS 32 Paragraph 42 saldiert werden. Diese Angaben gelten auch für bilanzierte Finanzinstrumente, die einer rechtlich durchsetzbaren Globalnettingvereinbarung oder einer ähnlichen Vereinbarung unterliegen, unabhängig davon, ob sie gemäß IAS 32 Paragraph 42 saldiert werden.

13B Ein Unternehmen hat Informationen zu veröffentlichen, die Nutzer von Abschlüssen in die Lage versetzen, die Auswirkung oder mögliche Auswirkung von Nettingvereinbarungen auf die Vermögenslage des Unternehmens zu bewerten. Dazu zählen die Auswirkung oder mögliche Auswirkung einer Saldierung im Zusammenhang mit bilanzierten finanziellen Vermögenswerten und bilanzierten finanziellen Verbindlichkeiten eines Unternehmens, die in den Anwendungsbereich von Paragraph 13A fallen.

13C Um das Ziel von Paragraph 13B zu erfüllen, hat ein Unternehmen am Ende der Berichtsperiode die folgenden quantitativen Informationen anzugeben – getrennt nach bilanzierten finanziellen Vermögenswerten und bilanzierten finanziellen Verbindlichkeiten, die in den Anwendungsbereich von Paragraph 13A fallen:
(a) die Bruttobeträge dieser bilanzierten finanziellen Vermögenswerte und bilanzierten finanziellen Verbindlichkeiten;
(b) die Beträge, die gemäß den Kriterien nach IAS 32 Paragraph 42 saldiert werden, wenn es um die Festlegung der in der Bilanz ausgewiesenen Nettobeträge geht;
(c) die Nettobeträge, die in der Bilanz dargestellt werden;
(d) die Beträge, die einer rechtlich durchsetzbaren Globalnettingvereinbarung oder einer ähnlichen Vereinbarung unterliegen und die nicht ansonsten Gegenstand von Paragraph 13C (b) sind, einschließlich:
  (i) Beträge im Zusammenhang mit bilanzierten Finanzinstrumenten, die weder bestimmte noch sämtliche Saldierungskriterien von IAS 32 Paragraph 42 erfüllen und
  (ii) Beträge im Zusammenhang mit finanziellen Sicherheiten (einschließlich Barsicherheiten) und
(e) der Nettobetrag nach Abzug der in zuvor unter (d) von den unter (c) genannten Beträgen.
Die im Sinne dieses Paragraphen geforderten Informationen sind in tabellarischer Form getrennt nach finanziellen Vermögenswerten und finanziellen Verbindlichkeiten anzugeben, sofern nicht ein anderes Format zweckmäßiger ist.

13D Der gemäß Paragraph 13C (d) für ein Instrument angegebene Gesamtbetrag ist auf den in Paragraph 13C (c) für dieses Instrument genannten Betrag beschränkt.

13E Ein Unternehmen nimmt in die Angaben zu den Saldierungsrechten im Zusammenhang mit bilanzierten finanziellen Vermögenswerten und bilanzierten finanziellen Verbindlichkeiten des Unternehmens, die rechtlich durchsetzbaren Globalnettingvereinbarungen und ähnlichen Vereinbarungen unterliegen, die gemäß Paragraph 13C (d) angegeben werden, eine Erläuterung auf, in der auch die Wesensart dieser Rechte beschrieben wird.

13F Werden die in den Paragraphen 13B–13E geforderten Informationen in mehr als einem Anhangziffer zum Abschluss veröffentlicht, hat das Unternehmen Querverweise zwischen diesen Anhängen vorzunehmen.

Sicherheiten

14 Das Unternehmen hat Folgendes anzugeben:
(a) den Buchwert der finanziellen Vermögenswerte, die es als Sicherheit für Verbindlichkeiten oder Eventualverbindlichkeiten gestellt hat, einschließlich der Beträge, die gemäß IAS 39 Paragraph 37 (a) umgegliedert wurden; und
(b) die Vertragsbedingungen für diese Besicherung.

15 Sofern ein Unternehmen Sicherheiten (in Form finanzieller oder nicht finanzieller Vermögenswerte) hält und diese ohne Vorliegen eines Zahlungsverzugs ihres Eigentümers verkaufen oder als Sicherheit weiterreichen darf, hat es Folgendes anzugeben:
(a) den beizulegenden Zeitwert der gehaltenen Sicherheiten;
(b) den beizulegenden Zeitwert aller verkauften oder weitergereichten Sicherheiten, und ob das Unternehmen zur Rückgabe an den Eigentümer verpflichtet ist; und
(c) die Vertragsbedingungen, die mit der Nutzung dieser Sicherheiten verbunden sind.

Wertberichtigungsposten für Kreditausfälle

16 Werden finanzielle Vermögenswerte durch Kreditausfälle wertgemindert und verbucht das Unternehmen diese Wertminderung auf einem getrennten Konto (z. B. einem Wertberichtigungskonto zur Buchung einzelner Wertminderungen oder einem ähnlichen Konto zur Buchung von Sammelwertminderungen von Vermögenswerten), anstatt direkt den Buchwert des Vermögenswerts zu mindern, so hat es für die einzelnen Klassen von finanziellen Vermögenswerten in Bezug auf die Änderungen, die in der Berichtsperiode auf diesem Konto eingetreten sind, eine Überleitungsrechnung vorzulegen.

(f) the effective interest rate and estimated amounts of cash flows the entity expects to recover, as at the date of reclassification of the financial asset.

[deleted] **13**

Offsetting financial assets and financial liabilities

The disclosures in paragraphs 13B—13E supplement the other disclosure requirements of this IFRS and are required for **13A** all recognised financial instruments that are set off in accordance with paragraph 42 of IAS 32. These disclosures also apply to recognised financial instruments that are subject to an enforceable master netting arrangement or similar agreement, irrespective of whether they are set off in accordance with paragraph 42 of IAS 32.

An entity shall disclose information to enable users of its financial statements to evaluate the effect or potential effect of **13B** netting arrangements on the entity's financial position. This includes the effect or potential effect of rights of set-off associated with the entity's recognised financial assets and recognised financial liabilities that are within the scope of paragraph 13A.

To meet the objective in paragraph 13B, an entity shall disclose, at the end of the reporting period, the following quantita- **13C** tive information separately for recognised financial assets and recognised financial liabilities that are within the scope of paragraph 13A:
(a) the gross amounts of those recognised financial assets and recognised financial liabilities;
(b) the amounts that are set off in accordance with the criteria in paragraph 42 of IAS 32 when determining the net amounts presented in the statement of financial position;
(c) the net amounts presented in the statement of financial position;
(d) the amounts subject to an enforceable master netting arrangement or similar agreement that are not otherwise included in paragraph 13C (b), including:
(i) amounts related to recognised financial instruments that do not meet some or all of the offsetting criteria in paragraph 42 of IAS 32; and
(ii) amounts related to financial collateral (including cash collateral); and
(e) the net amount after deducting the amounts in (d) from the amounts in (c) above.
The information required by this paragraph shall be presented in a tabular format, separately for financial assets and financial liabilities, unless another format is more appropriate.

The total amount disclosed in accordance with paragraph 13C (d) for an instrument shall be limited to the amount in **13D** paragraph 13C (c) for that instrument.

An entity shall include a description in the disclosures of the rights of set-off associated with the entity's recognised finan- **13E** cial assets and recognised financial liabilities subject to enforceable master netting arrangements and similar agreements that are disclosed in accordance with paragraph 13C (d), including the nature of those rights.

If the information required by paragraphs 13B—13E is disclosed in more than one note to the financial statements, an **13F** entity shall cross-refer between those notes.

Collateral

An entity shall disclose: **14**
(a) the carrying amount of financial assets it has pledged as collateral for liabilities or contingent liabilities, including amounts that have been reclassified in accordance with paragraph 37 (a) of IAS 39; and
(b) the terms and conditions relating to its pledge.

When an entity holds collateral (of financial or non-financial assets) and is permitted to sell or repledge the collateral in **15** the absence of default by the owner of the collateral, it shall disclose:
(a) the fair value of the collateral held;
(b) the fair value of any such collateral sold or repledged, and whether the entity has an obligation to return it; and
(c) the terms and conditions associated with its use of the collateral.

Allowance account for credit losses

When financial assets are impaired by credit losses and the entity records the impairment in a separate account (e.g. an **16** allowance account used to record individual impairments or a similar account used to record a collective impairment of assets) rather than directly reducing the carrying amount of the asset, it shall disclose a reconciliation of changes in that account during the period for each class of financial assets.

Zusammengesetzte Finanzinstrumente mit mehreren eingebetteten Derivaten

17 Hat ein Unternehmen ein Finanzinstrument emittiert, das sowohl eine Fremd- als auch eine Eigenkapitalkomponente enthält (siehe IAS 32, Paragraph 28), und sind in das Instrument mehrere Derivate eingebettet, deren Werte voneinander abhängen (wie etwa ein kündbares wandelbares Schuldinstrument), so ist dieser Umstand anzugeben.

Zahlungsverzögerungen bzw. -ausfälle und Vertragsverletzungen

18 Für am Berichtsstichtag angesetzte *Darlehensverbindlichkeiten* sind folgende Angaben zu machen:

(a) Einzelheiten zu allen in der Berichtsperiode eingetretenen Zahlungsverzögerungen bzw. -ausfällen, welche die Tilgungs- oder Zinszahlungen, den Tilgungsfonds oder die Tilgungsbedingungen der Darlehensverbindlichkeiten betreffen;

(b) der am Berichtsstichtag angesetzte Buchwert der Darlehensverbindlichkeiten, bei denen die Zahlungsverzögerungen bzw. -ausfälle aufgetreten sind; und

(c) ob die Zahlungsverzögerungen bzw. -ausfälle behoben oder die Bedingungen für die Darlehensverbindlichkeiten neu ausgehandelt wurden, bevor die Veröffentlichung des Abschlusses genehmigt wurde.

19 Ist es in der Berichtsperiode neben den in Paragraph 18 beschriebenen Verstößen noch zu anderen Verletzungen von Darlehensverträgen gekommen, hat ein Unternehmen auch in Bezug auf diese die in Paragraph 18 geforderten Angaben zu machen, sofern die Vertragsverletzungen den Kreditgeber berechtigen, eine vorzeitige Rückzahlung zu fordern (sofern die Verletzungen am oder vor dem Berichtsstichtag nicht behoben oder die Darlehenskonditionen neu verhandelt wurden).

Gesamtergebnisrechnung

Ertrags-, Aufwands-, Gewinn- oder Verlustposten

20 Ein Unternehmen hat die folgenden Ertrags-, Aufwands-, Gewinn- oder Verlustposten entweder in der Gesamtergebnisrechnung oder im Anhang anzugeben:

(a) Nettogewinne oder Nettoverluste in Bezug auf:

(i) finanziellen Vermögenswerten oder Verbindlichkeiten, die erfolgswirksam zum beizulegenden Zeitwert bewertet werden, wobei jene finanziellen Vermögenswerte oder Verbindlichkeiten, die beim erstmaligen Ansatz als solche eingestuft wurden, getrennt von den finanziellen Vermögenswerten oder Verbindlichkeiten ausgewiesen werden, die gemäß IAS 39 als zu Handelszwecken gehalten eingestuft werden;

(ii) zur Veräußerung verfügbare finanzielle Vermögenswerte, wobei die Gewinne oder Verluste, die in der Berichtsperiode im sonstigen Ergebnis und der vom Eigenkapital in den Gewinn oder Verlust umgegliederte Betrag getrennt auszuweisen sind;

(iii) bis zur Endfälligkeit zu haltenden Finanzinvestitionen;

(iv) Krediten und Forderungen; und

(v) finanziellen Verbindlichkeiten, die zu fortgeführten Anschaffungskosten bewertet werden;

(b) den (nach der Effektivzinsmethode berechneten) Gesamtzinsertrag und Gesamtzinsaufwand für finanzielle Vermögenswerte oder Verbindlichkeiten, die nicht erfolgswirksam zum beizulegenden Zeitwert bewertet werden;

(c) das als Ertrag oder Aufwand dargestellte Entgelt (mit Ausnahme der Beträge, die in die Bestimmung der Effektivzinssätze einbezogen werden) aus:

(i) finanziellen Vermögenswerten oder Verbindlichkeiten, die nicht erfolgswirksam zum beizulegenden Zeitwert bewertet werden; und

(ii) Treuhänder- und anderen fiduziarischen Geschäften, die auf eine Vermögensverwaltung für fremde Rechnung einzelner Personen, Sondervermögen, Pensionsfonds und anderer institutioneller Anleger hinauslaufen;

(d) den gemäß IAS 39 Paragraph A93 aufgelaufenen Zinsertrag auf wertgeminderte finanzielle Vermögenswerte; und

(e) den Betrag jedes Wertminderungsaufwands für jede Klasse von finanziellen Vermögenswerten.

Weitere Angaben

Rechnungslegungsmethoden

21 Gemäß Paragraph 117 des IAS 1 *Darstellung des Abschlusses* (überarbeitet 2007) macht ein Unternehmen in der Darstellung der maßgeblichen Rechnungslegungsmethoden Angaben über die bei der Erstellung des Abschlusses herangezogene(n) Bewertungsgrundlage(n) und die sonstigen angewandten Rechnungslegungsmethoden, die für das Verständnis des Abschlusses relevant sind.

Bilanzierung von Sicherungsgeschäften

22 Ein Unternehmen hat getrennt für jede Art der in IAS 39 beschriebenen Sicherungsbeziehungen (d. h. Absicherung des beizulegenden Zeitwerts, Absicherung von Zahlungsströmen und Absicherung einer Nettoinvestition in einen ausländischen Geschäftsbetrieb) Folgendes anzugeben:

(a) eine Beschreibung der einzelnen Arten von Sicherungsbeziehung;

Compound financial instruments with multiple embedded derivatives

If an entity has issued an instrument that contains both a liability and an equity component (see paragraph 28 of IAS 32) and the instrument has multiple embedded derivatives whose values are interdependent (such as a callable convertible debt instrument), it shall disclose the existence of those features. **17**

Defaults and breaches

For *loans payable* recognised at the end of the reporting period, an entity shall disclose: **18**

(a) details of any defaults during the period of principal, interest, sinking fund, or redemption terms of those loans payable;

(b) the carrying amount of the loans payable in default at the end of the reporting period; and

(c) whether the default was remedied, or the terms of the loans payable were renegotiated, before the financial statements were authorised for issue.

If, during the period, there were breaches of loan agreement terms other than those described in paragraph 18, an entity shall disclose the same information as required by paragraph 18 if those breaches permitted the lender to demand accelerated repayment (unless the breaches were remedied, or the terms of the loan were renegotiated, on or before the end of the reporting period). **19**

Statement of comprehensive income

Items of income, expense, gains or losses

An entity shall disclose the following items of income, expense, gains or losses either in the statement of comprehensive income or in the notes: **20**

(a) net gains or net losses on:

    (i) financial assets or financial liabilities at fair value through profit or loss, showing separately those on financial assets or financial liabilities designated as such upon initial recognition, and those on financial assets or financial liabilities that are classified as held for trading in accordance with IAS 39;

    (ii) available-for-sale financial assets, showing separately the amount of gain or loss recognised in other comprehensive income during the period and the amount reclassified from equity to profit or loss for the period;

    (iii) held-to-maturity investments;

    (iv) loans and receivables; and

    (v) financial liabilities measured at amortised cost;

(b) total interest income and total interest expense (calculated using the effective interest method) for financial assets or financial liabilities that are not at fair value through profit or loss;

(c) fee income and expense (other than amounts included in determining the effective interest rate) arising from:

    (i) financial assets or financial liabilities that are not at fair value through profit or loss; and

    (ii) trust and other fiduciary activities that result in the holding or investing of assets on behalf of individuals, trusts, retirement benefit plans, and other institutions;

(d) interest income on impaired financial assets accrued in accordance with paragraph AG93 of IAS 39; and

(e) the amount of any impairment loss for each class of financial asset.

Other disclosures

Accounting policies

In accordance with paragraph 117 of IAS 1 *Presentation of Financial Statements* (as revised in 2007), an entity discloses its significant accounting policies comprising the measurement basis (or bases) used in preparing the financial statements and the other accounting policies used that are relevant to an understanding of the financial statements. **21**

Hedge accounting

An entity shall disclose the following separately for each type of hedge described in IAS 39 (i.e. fair value hedges, cash flow hedges, and hedges of net investments in foreign operations): **22**

(a) a description of each type of hedge;

(b) eine Beschreibung der Finanzinstrumente, die zum Berichtsstichtag als Sicherungsinstrumente eingesetzt wurden, sowie ihre beizulegenden Zeitwerte; und

(c) die Art der abgesicherten Risiken.

23 Für Absicherungen von Zahlungsströmen hat ein Unternehmen folgende Angaben zu machen:

(a) die Perioden, in denen die Zahlungsströme voraussichtlich eintreten werden und in denen sie sich voraussichtlich auf das Periodenergebnis auswirken werden;

(b) eine Beschreibung aller erwarteten künftigen Transaktionen, die zuvor wie Sicherungsgeschäfte bilanziert wurden, deren Eintritt jedoch nicht mehr erwartet wird;

(c) der Betrag, der während der Periode im sonstigen Ergebnis erfasst wurde;

(d) der Betrag, der vom Eigenkapital ins Periodenergebnis umgegliedert wurde, wobei der Betrag, der in jedem Posten der Gesamtergebnisrechnung enthalten ist, gezeigt wird; und

(e) der Betrag, der während der Berichtsperiode aus dem Eigenkapital entfernt und in die erstmaligen Anschaffungskosten oder einen Buchwert eines nicht finanziellen Vermögenswerts oder einer nicht finanziellen Verbindlichkeit einbezogen wurde, dessen Erwerb bzw. deren Eingehen eine abgesicherte vorhergesehene Transaktion mit höchster Eintrittswahrscheinlichkeit war.

24 Folgende gesonderte Angaben sind erforderlich:

(a) bei der Absicherung des beizulegenden Zeitwerts Gewinne oder Verluste:

(i) aus dem Sicherungsinstrument; und

(ii) aus dem gesicherten Grundgeschäft, soweit sie dem abgesicherten Risiko zuzuordnen sind;

(b) der im Periodenergebnis erfasste unwirksame Teil der Absicherung von Zahlungsströmen; und

(c) der im Periodenergebnis erfasste unwirksame Teil der Absicherung der Nettoinvestitionen in ausländische Geschäftsbetriebe.

Beizulegender Zeitwert

25 Sofern Paragraph 29 nicht etwas anderes bestimmt, hat ein Unternehmen für jede einzelne Klasse von finanziellen Vermögenswerten und Verbindlichkeiten (siehe Paragraph 6) den beizulegenden Zeitwert so anzugeben, dass ein Vergleich mit den entsprechenden Buchwerten möglich ist.

26 Bei der Angabe der beizulegenden Zeitwerte sind die finanziellen Vermögenswerte und Verbindlichkeiten in Klassen einzuteilen, wobei eine Saldierung zwischen den einzelnen Klassen nur insoweit zulässig ist, wie die zugehörigen Buchwerte in der Bilanz saldiert sind.

27–27B [gestrichen]

28 In einigen Fällen setzt ein Unternehmen beim erstmaligen Ansatz eines finanziellen Vermögenswerts oder einer finanziellen Verbindlichkeit einen Gewinn oder Verlust nicht an, weil der beizulegende Zeitwert weder durch eine Marktpreisnotierung in einem aktiven Markt für einen identischen Vermögenswert bzw. eine identische Schuld (d. h. einen Inputfaktor auf Stufe 1) noch mit Hilfe einer Bewertungstechnik, die nur Daten aus beobachtbaren Märkten verwendet (siehe Paragraph AG76 von IAS 39) belegt wird. In Fällen dieser Art hat ein Unternehmen für jede Klasse von finanziellen Vermögenswerten oder finanziellen Verbindlichkeiten folgende Angaben zu machen:

(a) seine Rechnungslegungsmethoden zur Erfassung der Differenz zwischen dem beizulegenden Zeitwert beim erstmaligen Ansatz und dem Transaktionspreis im Gewinn oder Verlust, um eine Veränderung der Faktoren (einschließlich des Zeitfaktors) widerzuspiegeln, die Marktteilnehmer bei einer Preisfestlegung für den Vermögenswert oder die Schuld beachten würden (siehe IAS 39, Paragraph AG76 (b)).

(b) die Summe der im Periodenergebnis noch zu erfassenden Differenzen zu Beginn und am Ende der Berichtsperiode und eine Überleitung der Änderungen dieser Differenz.

(c) Die Gründe für die Schlussfolgerung des Unternehmens, dass der Transaktionspreis nicht der beste Nachweis für den beizulegenden Zeitwert sei, sowie eine Beschreibung der Nachweise, die den beizulegenden Zeitwert belegen.

29 Angaben über den beizulegenden Zeitwert werden nicht verlangt:

(a) wenn der Buchwert einen angemessenen Näherungswert für den beizulegenden Zeitwert darstellt, beispielsweise bei Finanzinstrumenten wie kurzfristigen Forderungen und Verbindlichkeiten aus Lieferungen und Leistungen;

(b) bei einer Finanzinvestition in Eigenkapitalinstrumente, die keine Preisnotierung in einem aktiven Markt für ein identisches Instrument (d. h. ein Inputfaktor auf Stufe 1) haben, oder mit diesen Eigenkapitalinstrumenten verknüpfte Derivate, die gemäß IAS 39 zu den Anschaffungskosten bewertet werden, da ihr beizulegender Zeitwert nicht verlässlich bestimmt werden kann; oder

(c) wenn bei einem Vertrag mit einer ermessensabhängigen Überschussbeteiligung (wie in IFRS 4 beschrieben) deren beizulegender Zeitwert nicht verlässlich bestimmt werden kann.

30 In den in den Paragraphen 29 (b) und (c) beschriebenen Fällen hat ein Unternehmen folgende Angaben zu machen, um Abschlussadressaten zu helfen, sich selbst ein Urteil über das Ausmaß der möglichen Differenzen zwischen dem Buchwert und dem beizulegenden Zeitwert dieser finanziellen Vermögenswerte oder Verbindlichkeiten zu bilden:

(b) a description of the financial instruments designated as hedging instruments and their fair values at the end of the reporting period; and

(c) the nature of the risks being hedged.

For cash flow hedges, an entity shall disclose: **23**

(a) the periods when the cash flows are expected to occur and when they are expected to affect profit or loss;

(b) a description of any forecast transaction for which hedge accounting had previously been used, but which is no longer expected to occur;

(c) the amount that was recognised in other comprehensive income during the period;

(d) the amount that was reclassified from equity to profit or loss for the period, showing the amount included in each line item in the statement of comprehensive income; and

(e) the amount that was removed from equity during the period and included in the initial cost or other carrying amount of a non-financial asset or non-financial liability whose acquisition or incurrence was a hedged highly probable forecast transaction.

An entity shall disclose separately: **24**

(a) in fair value hedges, gains or losses:

    (i) on the hedging instrument; and

    (ii) on the hedged item attributable to the hedged risk;

(b) the ineffectiveness recognised in profit or loss that arises from cash flow hedges; and

(c) the ineffectiveness recognised in profit or loss that arises from hedges of net investments in foreign operations.

Fair value

Except as set out in paragraph 29, for each class of financial assets and financial liabilities (see paragraph 6), an entity shall **25** disclose the fair value of that class of assets and liabilities in a way that permits it to be compared with its carrying amount.

In disclosing fair values, an entity shall group financial assets and financial liabilities into classes, but shall offset them **26** only to the extent that their carrying amounts are offset in the statement of financial position.

[deleted] **27—27B**

In some cases, an entity does not recognise a gain or loss on initial recognition of a financial asset or financial liability **28** because the fair value is neither evidenced by a quoted price in an active market for an identical asset or liability (ie a Level 1 input) nor based on a valuation technique that uses only data from observable markets (see paragraph AG76 of IAS 39). In such cases, the entity shall disclose by class of financial asset or financial liability:

(a) its accounting policy for recognising in profit or loss the difference between the fair value at initial recognition and the transaction price to reflect a change in factors (including time) that market participants would take into account when pricing the asset or liability (see paragraph AG76 (b) of IAS 39).

(b) the aggregate difference yet to be recognised in profit or loss at the beginning and end of the period and a reconciliation of changes in the balance of this difference.

(c) why the entity concluded that the transaction price was not the best evidence of fair value, including a description of the evidence that supports the fair value.

Disclosures of fair value are not required: **29**

(a) when the carrying amount is a reasonable approximation of fair value, for example, for financial instruments such as short-term trade receivables and payables;

(b) for an investment in equity instruments that do not have a quoted price in an active market for an identical instrument (ie a Level 1 input), or derivatives linked to such equity instruments, that is measured at cost in accordance with IAS 39 because its fair value cannot otherwise be measured reliably; or

(c) for a contract containing a discretionary participation feature (as described in IFRS 4) if the fair value of that feature cannot be measured reliably.

In the cases described in paragraph 29 (b) and (c), an entity shall disclose information to help users of the financial state- **30** ments make their own judgements about the extent of possible differences between the carrying amount of those financial assets or financial liabilities and their fair value, including:

(a) die Tatsache, dass für diese Finanzinstrumente keine Angaben zum beizulegenden Zeitwert gemacht wurden, da er nicht verlässlich bestimmt werden kann;

(b) eine Beschreibung der Finanzinstrumente, ihres Buchwerts und eine Erklärung, warum der beizulegende Zeitwert nicht verlässlich bestimmt werden kann;

(c) Informationen über den Markt für diese Finanzinstrumente;

(d) Informationen darüber, ob und auf welche Weise das Unternehmen beabsichtigt, diese Finanzinstrumente zu veräußern; und

(e) die Tatsache, dass Finanzinstrumente, deren beizulegender Zeitwert früher nicht verlässlich bestimmt werden konnte, ausgebucht werden, sowie deren Buchwert zum Zeitpunkt der Ausbuchung und den Betrag des erfassten Gewinns oder Verlusts.

ART UND AUSMASS VON RISIKEN, DIE SICH AUS FINANZINSTRUMENTEN ERGEBEN

31 Ein Unternehmen hat seine Angaben so zu gestalten, dass die Abschlussadressaten Art und Ausmaß der mit Finanzinstrumenten verbundenen Risiken, denen das Unternehmen zum Berichtsstichtag ausgesetzt ist, beurteilen können.

32 Die in den Paragraphen 33–42 geforderten Angaben sind auf Risiken aus Finanzinstrumenten gerichtet und darauf, wie diese gesteuert werden. Zu diesen Risiken gehören u. a. Ausfallrisiken, *Liquiditätsrisiken* und Marktrisiken.

32A Werden quantitative Angaben durch qualitative Angaben ergänzt, können die Abschlussadressaten eine Verbindung zwischen zusammenhängenden Angaben herstellen und sich so ein Gesamtbild von Art und Ausmaß der aus Finanzinstrumenten resultierenden Risiken machen. Das Zusammenwirken aus qualitativen und quantitativen Angaben trägt dazu bei, dass die Adressaten die Risiken, denen das Unternehmen ausgesetzt ist, besser einschätzen können.

Qualitative Angaben

33 Für jede Risikoart in Verbindung mit Finanzinstrumenten hat ein Unternehmen folgende Angaben zu machen:

(a) Umfang und Ursache der Risiken;

(b) seine Ziele, Methoden und Prozesse zur Steuerung dieser Risiken und die zur Bewertung der Risiken eingesetzten Methoden; und

(c) etwaige Änderungen von (a) oder (b) gegenüber der vorhergehenden Periode.

Quantitative Angaben

34 Für jede Risikoart in Verbindung mit Finanzinstrumenten hat ein Unternehmen folgende Angaben zu machen:

(a) zusammengefasste quantitative Daten bezüglich des jeweiligen Risikos, dem es am Ende der Berichtsperiode ausgesetzt ist; Diese Angaben beruhen auf den Informationen, die Personen in Schlüsselpositionen (Definition siehe IAS 24 *Angaben über Beziehungen zu nahe stehenden Unternehmen und Personen*), wie dem Geschäftsführungs- und/oder Aufsichtsorgan des Unternehmens oder dessen Vorsitzenden, intern erteilt werden.

(b) die in den Paragraphen 36–42 vorgeschriebenen Angaben, soweit sie nicht bereits unter (a) gemacht werden;

(c) Risikokonzentrationen, sofern sie nicht aus den gemäß (a) und (b) gemachten Angaben hervorgehen.

35 Sind die zum Berichtsstichtag angegebenen quantitativen Daten für die Risiken, denen ein Unternehmen während der Periode ausgesetzt war, nicht repräsentativ, so sind zusätzliche repräsentative Angaben zu machen.

Ausfallrisiko

36 Ein Unternehmen hat für jede Klasse von Finanzinstrumenten Folgendes anzugeben:

(a) den Betrag, der das maximale Ausfallrisiko, dem das Unternehmen am Ende der Berichtsperiode ausgesetzt ist, am besten darstellt, wobei gehaltene Sicherheiten oder andere Kreditbesicherungen nicht berücksichtigt werden (z. B. Aufrechnungsvereinbarungen, die nicht die Saldierungskriterien gemäß IAS 32 erfüllen); für Finanzinstrumente, deren Buchwert das maximale Ausfallrisiko am besten darstellt, ist diese Angabe nicht vorgeschrieben.

(b) in Bezug auf den Betrag, der das maximale Ausfallrisiko am besten darstellt (unabhängig davon, ob er gemäß Buchstabe (a) angegeben oder vom Buchwert eines Finanzinstruments dargestellt wird), eine Beschreibung des als Sicherheit gehaltenen Sicherungsgegenstandes und anderer Kreditbesicherungen (z. B. Quantifizierung des Umfangs, in dem Sicherheiten und andere Kreditbesicherungen das Ausfallrisiko vermindern).

(c) Informationen über die Werthaltigkeit der finanziellen Vermögenswerte, die weder überfällig noch wertgemindert sind.

(d) [gestrichen]

Finanzielle Vermögenswerte, die entweder überfällig oder wertgemindert sind

37 Ein Unternehmen hat für jede Klasse von finanziellen Vermögenswerten Folgendes anzugeben:

(a) eine Analyse des Alters der finanziellen Vermögenswerte, die zum Ende der Berichtsperiode überfällig, aber nicht wertgemindert sind und

(a) the fact that fair value information has not been disclosed for these instruments because their fair value cannot be measured reliably;

(b) a description of the financial instruments, their carrying amount, and an explanation of why fair value cannot be measured reliably;

(c) information about the market for the instruments;

(d) information about whether and how the entity intends to dispose of the financial instruments; and

(e) if financial instruments whose fair value previously could not be reliably measured are derecognised, that fact, their carrying amount at the time of derecognition, and the amount of gain or loss recognised.

NATURE AND EXTENT OF RISKS ARISING FROM FINANCIAL INSTRUMENTS

31 An entity shall disclose information that enables users of its financial statements to evaluate the nature and extent of risks arising from financial instruments to which the entity is exposed at the end of the reporting period.

32 The disclosures required by paragraphs 33—42 focus on the risks that arise from financial instruments and how they have been managed. These risks typically include, but are not limited to, credit risk, *liquidity risk* and market risk.

32A Providing qualitative disclosures in the context of quantitative disclosures enables users to link related disclosures and hence form an overall picture of the nature and extent of risks arising from financial instruments. The interaction between qualitative and quantitative disclosures contributes to disclosure of information in a way that better enables users to evaluate an entity's exposure to risks.

Qualitative disclosures

33 For each type of risk arising from financial instruments, an entity shall disclose:

(a) the exposures to risk and how they arise;

(b) its objectives, policies and processes for managing the risk and the methods used to measure the risk; and

(c) any changes in (a) or (b) from the previous period.

Quantitative disclosures

34 For each type of risk arising from financial instruments, an entity shall disclose:

(a) summary quantitative data about its exposure to that risk at the end of the reporting period. This disclosure shall be based on the information provided internally to key management personnel of the entity (as defined in IAS 24 *Related Party Disclosures*), for example the entity's board of directors or chief executive officer.

(b) the disclosures required by paragraphs 36—42, to the extent not provided in accordance with (a).

(c) concentrations of risk if not apparent from the disclosures made in accordance with (a) and (b).

35 If the quantitative data disclosed as at the end of the reporting period are unrepresentative of an entity's exposure to risk during the period, an entity shall provide further information that is representative.

Credit risk

36 An entity shall disclose by class of financial instrument:

(a) the amount that best represents its maximum exposure to credit risk at the end of the reporting period without taking account of any collateral held or other credit enhancements (e.g. netting agreements that do not qualify for offset in accordance with IAS 32); this disclosure is not required for financial instruments whose carrying amount best represents the maximum exposure to credit risk;

(b) a description of collateral held as security and of other credit enhancements, and their financial effect (e.g. a quantification of the extent to which collateral and other credit enhancements mitigate credit risk) in respect of the amount that best represents the maximum exposure to credit risk (whether disclosed in accordance with (a) or represented by the carrying amount of a financial instrument);

(c) information about the credit quality of financial assets that are neither *past due* nor impaired.

(d) [deleted]

Financial assets that are either past due or impaired

37 An entity shall disclose by class of financial asset:

(a) an analysis of the age of financial assets that are past due as at the end of the reporting period but not impaired; and

(b) eine Analyse der finanziellen Vermögenswerte, für die zum Ende der Berichtsperiode einzeln eine Wertminderung festgestellt wurde, einschließlich der Faktoren, die das Unternehmen bei der Feststellung der Wertminderung berücksichtigt hat.

(c) [gestrichen]

Sicherheiten und andere erhaltene Kreditbesicherungen

38 Wenn ein Unternehmen in der Berichtsperiode durch Inbesitznahme von Sicherheiten, die es in Form von Sicherungsgegenständen hält, oder durch Inanspruchnahme anderer Kreditbesicherungen (wie Garantien) finanzielle und nichtfinanzielle Vermögenswerte erhält und diese den Ansatzkriterien in anderen IFRS entsprechen, so hat das Unternehmen für solche zum Bilanzstichtag gehaltene Vermögenswerte Folgendes anzugeben:

(a) Art und Buchwert der Vermögenswerte und

(b) für den Fall, dass die Vermögenswerte nicht leicht liquidierbar sind, seine Methoden, um derartige Vermögenswerte zu veräußern oder sie in seinem Geschäftsbetrieb einzusetzen.

Liquiditätsrisiko

39 Ein Unternehmen hat Folgendes vorzulegen:

(a) eine Fälligkeitsanalyse für nicht derivative finanzielle Verbindlichkeiten (einschließlich bereits zugesagter finanzieller Garantien), die die verbleibenden vertraglichen Restlaufzeiten darstellt,

(b) Eine Fälligkeitsanalyse für derivative finanzielle Verbindlichkeiten. Bei derivativen finanziellen Verbindlichkeiten, bei denen die vertraglichen Restlaufzeiten für das Verständnis des für die Cashflows festgelegten Zeitbands (siehe Paragraph B11B) wesentlich sind, muss diese Fälligkeitsanalyse die verbleibenden vertraglichen Restlaufzeiten darstellen,

(c) eine Beschreibung, wie das mit (a) und (b) verbundene Liquiditätsrisiko gesteuert wird.

Marktrisiko

Sensitivitätsanalyse

40 Sofern ein Unternehmen Paragraph 41 nicht erfüllt, hat es folgende Angaben zu machen:

(a) eine Sensitivitätsanalyse für jede Art von Marktrisiko, dem ein Unternehmen zum Berichtsstichtag ausgesetzt ist und aus der hervorgeht, wie sich Änderungen der relevanten Risikoparameter, die zu diesem Zeitpunkt für möglich gehalten wurden, auf Periodenergebnis und Eigenkapital ausgewirkt haben würden;

(b) die bei der Erstellung der Sensitivitätsanalyse verwendeten Methoden und Annahmen; und

(c) Änderungen der verwendeten Methoden und Annahmen im Vergleich zur vorangegangenen Berichtsperiode sowie die Gründe für diese Änderungen.

41 Wenn ein Unternehmen eine Sensitivitätsanalyse, wie eine Value-at-Risk-Analyse, erstellt, die die gegenseitigen Abhängigkeiten zwischen den Risikoparametern (z. B. Zins- und den Währungsrisiken) widerspiegelt, und diese zur Steuerung der finanziellen Risiken benutzt, kann es diese Sensitivitätsanalyse anstelle der in Paragraph 40 genannten Analyse verwenden. Weiterhin sind folgende Angaben zu machen:

(a) eine Erklärung der für die Erstellung der Sensitivitätsanalyse verwendeten Methoden und der Hauptparameter und Annahmen, die der Analyse zugrunde liegen; sowie

(b) eine Erläuterung der Ziele der verwendeten Methode und der Einschränkungen, die dazu führen können, dass die Informationen die beizulegenden Zeitwerte der betreffenden Vermögenswerte und Verbindlichkeiten nicht vollständig widerspiegeln.

Weitere Angaben zum Marktrisiko

42 Wenn die gemäß Paragraph 40 oder 41 zur Verfügung gestellten Sensitivitätsanalysen für den Risikogehalt eines Finanzinstruments nicht repräsentativ sind (da beispielsweise das Risiko zum Jahresende nicht das Risiko während des Jahres widerspiegelt), hat das Unternehmen diese Tatsache sowie die Gründe anzugeben, weshalb es diese Sensitivitätsanalysen für nicht repräsentativ hält.

ÜBERTRAGUNG FINANZIELLER VERMÖGENSWERTE

42A Die in den Paragraphen 42B–42H für die Übertragung finanzieller Vermögenswerte festgelegten Angabepflichten ergänzen die sonstigen Angabepflichten dieses IFRS. Die in den Paragraphen 42B–42H verlangten Angaben sind im Abschluss in einem einzigen Anhang vorzulegen. Die verlangten Angaben sind unabhängig vom Übertragungszeitpunkt für alle übertragenen, aber nicht ausgebuchten finanziellen Vermögenswerte sowie für jedes zum Berichtsstichtag bestehende anhaltende Engagement an einem übertragenen Vermögenswert zu liefern. Für die Zwecke der in den genannten Paragraphen festgelegten Angabepflichten ist eine vollständige oder teilweise Übertragung eines finanziellen Vermögenswerts (des übertragenen finanziellen Vermögenswerts) nur dann gegeben, wenn das Unternehmen entweder

(a) sein vertragliches Anrecht auf die Cashflows aus diesem finanziellen Vermögenswert überträgt oder

(b) sein vertragliches Anrecht auf die Cashflows aus diesem finanziellen Vermögenswert behält, sich aber in einer vertraglichen Vereinbarung zur Zahlung der Cashflows an einen oder mehrere Empfänger verpflichtet.

(b)   an analysis of financial assets that are individually determined to be impaired as at the end of the reporting period, including the factors the entity considered in determining that they are impaired.

(c)   [deleted]

Collateral and other credit enhancements obtained

When an entity obtains financial or non-financial assets during the period by taking possession of collateral it holds as security or calling on other credit enhancements (e.g. guarantees), and such assets meet the recognition criteria in other IFRSs, an entity shall disclose for such assets held at the reporting date: 38

(a)   the nature and carrying amount of the assets; and

(b)   when the assets are not readily convertible into cash, its policies for disposing of such assets or for using them in its operations.

Liquidity risk

An entity shall disclose: 39

(a)   a maturity analysis for non-derivative financial liabilities (including issued financial guarantee contracts) that shows the remaining contractual maturities.

(b)   a maturity analysis for derivative financial liabilities. The maturity analysis shall include the remaining contractual maturities for those derivative financial liabilities for which contractual maturities are essential for an understanding of the timing of the cash flows (see paragraph B11B).

(c)   a description of how it manages the liquidity risk inherent in (a) and (b).

Market risk

Sensitivity analysis

Unless an entity complies with paragraph 41, it shall disclose: 40

(a)   a sensitivity analysis for each type of market risk to which the entity is exposed at the end of the reporting period, showing how profit or loss and equity would have been affected by changes in the relevant risk variable that were reasonably possible at that date;

(b)   the methods and assumptions used in preparing the sensitivity analysis; and

(c)   changes from the previous period in the methods and assumptions used, and the reasons for such changes.

If an entity prepares a sensitivity analysis, such as value-at-risk, that reflects interdependencies between risk variables (e.g. interest rates and exchange rates) and uses it to manage financial risks, it may use that sensitivity analysis in place of the analysis specified in paragraph 40. The entity shall also disclose: 41

(a)   an explanation of the method used in preparing such a sensitivity analysis, and of the main parameters and assumptions underlying the data provided; and

(b)   an explanation of the objective of the method used and of limitations that may result in the information not fully reflecting the fair value of the assets and liabilities involved.

Other market risk disclosures

When the sensitivity analyses disclosed in accordance with paragraph 40 or 41 are unrepresentative of a risk inherent in a financial instrument (for example because the year-end exposure does not reflect the exposure during the year), the entity shall disclose that fact and the reason it believes the sensitivity analyses are unrepresentative.   42

TRANSFERS OF FINANCIAL ASSETS

The disclosure requirements in paragraphs 42B—42H relating to transfers of financial assets supplement the other disclosure requirements of this IFRS. An entity shall present the disclosures required by paragraphs 42B—42H in a single note in its financial statements. An entity shall provide the required disclosures for all transferred financial assets that are not derecognised and for any continuing involvement in a transferred asset, existing at the reporting date, irrespective of when the related transfer transaction occurred. For the purposes of applying the disclosure requirements in those paragraphs, an entity transfers all or a part of a financial asset (the transferred financial asset), if, and only if, it either: 42A

(a)   transfers the contractual rights to receive the cash flows of that financial asset; or

(b)   retains the contractual rights to receive the cash flows of that financial asset, but assumes a contractual obligation to pay the cash flows to one or more recipients in an arrangement.

42B Die von einem Unternehmen veröffentlichten Angaben müssen die Abschlussadressaten in die Lage versetzen,

(a) die Beziehung zwischen übertragenen, aber nicht vollständig ausgebuchten finanziellen Vermögenswerten und dazugehörigen Verbindlichkeiten nachzuvollziehen und

(b) zu bewerten, welcher Art das anhaltende Engagement des Unternehmens an den ausgebuchten finanziellen Vermögenswerten ist und welche Risiken mit diesem Engagement verbunden sind.

42C Für die Zwecke der in den Paragraphen 42E–42H festgelegten Angabepflichten ist ein anhaltendes Engagement an einem übertragenen finanziellen Vermögenswert dann gegeben, wenn das Unternehmen im Rahmen der Übertragung mit dem übertragenen finanziellen Vermögenswert verbundene vertragliche Rechte oder Pflichten behält oder neue Rechte oder Pflichten in Bezug auf den übertragenen finanziellen Vermögenswert bekommt. Für die Zwecke der in den Paragraphen 42E–42H festgelegten Angabepflichten stellt Folgendes kein anhaltendes Engagement dar:

(a) herkömmliche Zusicherungen und Gewährleistungen in Bezug auf betrügerische Übertragungen und Geltendmachung der Grundsätze Angemessenheit, Treu und Glauben und Redlichkeit, die eine Übertragung infolge eines Gerichtsverfahrens ungültig machen könnten;

(b) Termingeschäfte, Optionsgeschäfte und andere Kontrakte zum Rückkauf des übertragenen finanziellen Vermögenswerts, bei denen der vertraglich vereinbarte Preis (oder Basispreis) der beizulegende Zeitwert des übertragenen finanziellen Vermögenswerts ist, oder

(c) eine Vereinbarung, wonach ein Unternehmen sein vertragliches Anrecht auf die Cashflows aus einem finanziellen Vermögenswert behält, sich aber vertraglich zur Zahlung der Cashflows an ein oder mehrere Unternehmen verpflichtet, wobei die in IAS 39 Paragraph 19 Buchstaben (a)–(c) genannten Bedingungen erfüllt sind.

Übertragene, aber nicht vollständig ausgebuchte finanzielle Vermögenswerte

42D Ein Unternehmen kann finanzielle Vermögenswerte so übertragen haben, dass sie nicht oder nur teilweise die Kriterien für eine Ausbuchung erfüllen. Um die in Paragraph 42B Buchstabe (a) genannten Ziele zu erreichen, ist zu jedem Berichtsstichtag für jede Klasse übertragener, aber nicht vollständig ausgebuchter finanzieller Vermögenswerte Folgendes anzugeben:

(a) Art der übertragenen Vermögenswerte,

(b) Art der Risiken und Chancen, die dem Unternehmen aus der weiteren Eigentümerschaft erwachsen,

(c) Beschreibung der Art der Beziehung, die zwischen den übertragenen Vermögenswerten und den dazugehörigen Verbindlichkeiten besteht, einschließlich übertragungsbedingter Beschränkungen, die dem berichtenden Unternehmen hinsichtlich der Nutzung der übertragenen Vermögenswerte entstehen,

(d) wenn die Gegenpartei (Gegenparteien) der dazugehörigen Verbindlichkeiten nur auf die übertragenen Vermögenswerte zurückgreift (zurückgreifen), eine Aufstellung des beizulegenden Zeitwerts der übertragenen Vermögenswerte, des beizulegenden Zeitwerts der dazugehörigen Verbindlichkeiten und der Netto-Position (d. h. der Differenz zwischen dem beizulegenden Zeitwert der übertragenen Vermögenswerte und der dazugehörigen Verbindlichkeiten),

(e) wenn das Unternehmen die übertragenen Vermögenswerte weiterhin voll ansetzt, den Buchwert der übertragenen Vermögenswerte und der dazugehörigen Verbindlichkeiten,

(f) wenn das Unternehmen die Vermögenswerte weiterhin nach Maßgabe seines anhaltenden Engagements ansetzt (siehe IAS 39 Paragraph 20 Buchstabe (c) Ziffer (ii) und Paragraph 30), den Gesamtbuchwert der ursprünglichen Vermögenswerte vor Übertragung, den Buchwert der weiterhin angesetzten Vermögenswerte sowie den Buchwert der dazugehörigen Verbindlichkeiten.

Übertragene, vollständig ausgebuchte finanzielle Vermögenswerte

42E Um die in Paragraph 42B Buchstabe (b) genannten Ziele zu erreichen, hat ein Unternehmen, das übertragene finanzielle Vermögenswerte, an denen es aber noch ein anhaltendes Engagement besitzt, vollständig ausbucht (siehe IAS 39 Paragraph 20 Buchstabe (a) und Buchstabe (c) Ziffer (i)), zu jedem Berichtsstichtag für jede Klasse von anhaltendem Engagement mindestens Folgendes anzugeben:

(a) den Buchwert der Vermögenswerte und Verbindlichkeiten, die in der Bilanz des Unternehmens angesetzt werden und das anhaltende Engagement des Unternehmens an den ausgebuchten finanziellen Vermögenswerten darstellen, und die Posten, unter denen der Buchwert dieser Vermögenswerte und Verbindlichkeiten ausgewiesen wird.

(b) den beizulegenden Zeitwert der Vermögenswerte und Verbindlichkeiten, die das anhaltende Engagement des Unternehmens an den ausgebuchten finanziellen Vermögenswerten darstellen.

(c) den Betrag, der das maximale Verlustrisiko des Unternehmens aus seinem anhaltenden Engagement an den ausgebuchten finanziellen Vermögenswerten am besten widerspiegelt, sowie Angaben darüber, wie das maximale Verlustrisiko bestimmt wird.

(d) die undiskontierten Zahlungsabflüsse, die zum Rückkauf ausgebuchter finanzieller Vermögenswerte erforderlich wären oder sein könnten (wie der Basispreis bei einem Optionsgeschäft), oder sonstige Beträge, die in Bezug auf die übertragenen Vermögenswerte an den Empfänger zu zahlen sind. Bei variablem Zahlungsabfluss sollte sich der angegebene Betrag auf die Gegebenheiten am jeweiligen Berichtsstichtag stützen.

An entity shall disclose information that enables users of its financial statements:

(a) to understand the relationship between transferred financial assets that are not derecognised in their entirety and the associated liabilities; and

(b) to evaluate the nature of, and risks associated with, the entity's continuing involvement in derecognised financial assets.

For the purposes of applying the disclosure requirements in paragraphs 42E—42H, an entity has continuing involvement 42C in a transferred financial asset if, as part of the transfer, the entity retains any of the contractual rights or obligations inherent in the transferred financial asset or obtains any new contractual rights or obligations relating to the transferred financial asset. For the purposes of applying the disclosure requirements in paragraphs 42E—42H, the following do not constitute continuing involvement:

(a) normal representations and warranties relating to fraudulent transfer and concepts of reasonableness, good faith and fair dealings that could invalidate a transfer as a result of legal action;

(b) forward, option and other contracts to reacquire the transferred financial asset for which the contract price (or exercise price) is the fair value of the transferred financial asset; or

(c) an arrangement whereby an entity retains the contractual rights to receive the cash flows of a financial asset but assumes a contractual obligation to pay the cash flows to one or more entities and the conditions in paragraph 19 (a)—(c) of IAS 39 are met.

Transferred financial assets that are not derecognised in their entirety

An entity may have transferred financial assets in such a way that part or all of the transferred financial assets do not 42D qualify for derecognition. To meet the objectives set out in paragraph 42B (a), the entity shall disclose at each reporting date for each class of transferred financial assets that are not derecognised in their entirety:

(a) the nature of the transferred assets;

(b) the nature of the risks and rewards of ownership to which the entity is exposed;

(c) a description of the nature of the relationship between the transferred assets and the associated liabilities, including restrictions arising from the transfer on the reporting entity's use of the transferred assets;

(d) when the counterparty (counterparties) to the associated liabilities has (have) recourse only to the transferred assets, a schedule that sets out the fair value of the transferred assets, the fair value of the associated liabilities and the net position (the difference between the fair value of the transferred assets and the associated liabilities);

(e) when the entity continues to recognise all of the transferred assets, the carrying amounts of the transferred assets and the associated liabilities;

(f) when the entity continues to recognise the assets to the extent of its continuing involvement (see paragraphs 20 (c) (ii) and 30 of IAS 39), the total carrying amount of the original assets before the transfer, the carrying amount of the assets that the entity continues to recognise, and the carrying amount of the associated liabilities.

Transferred financial assets that are derecognised in their entirety

To meet the objectives set out in paragraph 42B (b), when an entity derecognises transferred financial assets in their 42E entirety (see paragraph 20 (a) and (c) (i) of IAS 39) but has continuing involvement in them, the entity shall disclose, as a minimum, for each type of continuing involvement at each reporting date:

(a) the carrying amount of the assets and liabilities that are recognised in the entity's statement of financial position and represent the entity's continuing involvement in the derecognised financial assets, and the line items in which the carrying amount of those assets and liabilities are recognised;

(b) the fair value of the assets and liabilities that represent the entity's continuing involvement in the derecognised financial assets;

(c) the amount that best represents the entity's maximum exposure to loss from its continuing involvement in the derecognised financial assets, and information showing how the maximum exposure to loss is determined;

(d) the undiscounted cash outflows that would or may be required to repurchase derecognised financial assets (e.g. the strike price in an option agreement) or other amounts payable to the transferee in respect of the transferred assets. If the cash outflow is variable then the amount disclosed should be based on the conditions that exist at each reporting date;

(e) eine Restlaufzeitanalyse für die undiskontierten Zahlungsabflüsse, die zum Rückkauf der ausgebuchten finanziellen Vermögenswerte erforderlich wären oder sein könnten, oder für sonstige Beträge, die in Bezug auf die übertragenen Vermögenswerte an den Empfänger zu zahlen sind, der die vertraglichen Restlaufzeiten des anhaltenden Engagements des Unternehmens zu entnehmen sind.

(f) qualitative Angaben zur Erläuterung und Ergänzung der unter (a) bis (e) verlangten Angaben.

42F Besitzt ein Unternehmen mehrere, unterschiedlich geartete anhaltende Engagements an einem ausgebuchten finanziellen Vermögenswert, kann es die in Paragraph 42E verlangten Angaben für diesen Vermögenswert bündeln und in seiner Berichterstattung als eine Klasse von anhaltendem Engagement führen.

42G Darüber hinaus ist für jede Klasse von anhaltendem Engagement Folgendes anzugeben:

(a) den zum Zeitpunkt der Übertragung der Vermögenswerte erfassten Gewinn oder Verlust.

(b) die sowohl im Berichtszeitraum als auch kumuliert erfassten Erträge und Aufwendungen, die durch das anhaltende Engagement des Unternehmens an den ausgebuchten finanziellen Vermögenswerten bedingt sind (wie Veränderungen beim beizulegenden Zeitwert derivativer Finanzinstrumente).

(c) wenn die in einem Berichtszeitraum erzielten Gesamterlöse aus Übertragungen (die die Kriterien für eine Ausbuchung erfüllen) sich nicht gleichmäßig auf den Berichtszeitraum verteilen (wenn beispielsweise ein erheblicher Teil der Übertragungen in den letzten Tagen vor dessen Ablauf stattfindet):

(i) wenn der größte Teil der Übertragungen innerhalb dieses Berichtszeitraums (z. B. in den letzten fünf Tagen vor seinem Ablauf) stattgefunden hat,

(ii) den Betrag (z. B. dazugehörige Gewinne oder Verluste) der in diesem Teil des Berichtszeitraums aus Übertragungsaktivität erfasst wurde, und

(iii) die Gesamterlöse aus Übertragungen in diesem Teil des Berichtszeitraums.

Diese Angaben sind für jeden Zeitraum zu liefern, für den eine Gesamtergebnisrechnung vorgelegt wird.

Ergänzende Informationen

42H Zusätzlich dazu hat ein Unternehmen alle Informationen vorzulegen, die es zur Erreichung der in Paragraph 42B genannten Ziele für erforderlich hält.

ZEITPUNKT DES INKRAFTTRETENS UND ÜBERGANGSVORSCHRIFTEN

43 Dieser IFRS ist erstmals in der ersten Berichtsperiode eines am 1. Januar 2007 oder danach beginnenden Geschäftsjahres anzuwenden. Eine frühere Anwendung wird empfohlen. Wendet ein Unternehmen diesen IFRS auf eine frühere Periode an, so ist dies anzugeben.

44 Wenn ein Unternehmen diesen IFRS auf Geschäftsjahre anwendet, die vor dem 1. Januar 2006 beginnen, braucht es für die in den Paragraphen 31–42 geforderten Angaben über Art und Ausmaß der Risiken aus Finanzinstrumenten keine Vergleichsinformationen zu geben.

44A Infolge des IAS 1 (überarbeitet 2007) wurde die in allen IFRS verwendete Terminologie geändert. Außerdem wurden die Paragraphen 20, 21, 23 (c) und (d), 27 (c) und B5 von Anhang B geändert. Diese Änderungen sind erstmals in der ersten Berichtsperiode eines am 1. Januar 2009 oder danach beginnenden Geschäftsjahres anzuwenden. Wird IAS 1 (überarbeitet 2007) auf eine frühere Periode angewandt, sind diese Änderungen entsprechend auch anzuwenden.

44B In der 2008 geänderten Fassung des IFRS 3 wurde Paragraph 3 (c) gestrichen. Diese Änderung ist erstmals in der ersten Berichtsperiode eines am oder nach dem 1. Juli 2009 beginnenden Geschäftsjahres anzuwenden. Wendet ein Unternehmen IFRS 3 (in der 2008 geänderten Fassung) auf eine frühere Periode an, so ist auch diese Änderung auf die frühere Periode anzuwenden. Die Änderung gilt allerdings nicht für bedingte Gegenleistungen, die sich aus einem Unternehmenszusammenschluss ergeben haben, bei dem der Erwerbszeitpunkt vor der Anwendung von IFRS 3 (in der 2008 geänderten Fassung) liegt. Eine solche Gegenleistung ist stattdessen nach den Paragraphen 65A–65E der 2010 geänderten Fassung von IFRS 3 zu bilanzieren.

44C Die Änderung in Paragraph 3 ist erstmals auf Geschäftsjahre anzuwenden, die am oder nach dem 1. Januar 2009 beginnen. Wendet ein Unternehmen *Kündbare Finanzinstrumente und bei Liquidation entstehende Verpflichtungen* (im Februar 2008 veröffentlichte Änderungen an IAS 32 und IAS 1) auf eine frühere Periode an, so ist auch die Änderung in Paragraph 3 auf diese frühere Periode anzuwenden.

44D Paragraph 3 (a) wird im Rahmen der *Verbesserungen der IFRS* vom Mai 2008 geändert. Diese Änderungen sind erstmals in der ersten Berichtsperiode eines am 1. Januar 2009 oder danach beginnenden Geschäftsjahres anzuwenden. Eine frühere Anwendung ist zulässig. Falls ein Unternehmen diese Änderungen auf eine frühere Periode anwendet, so hat es diese Tatsache anzugeben und die entsprechenden Änderungen von Paragraph 1 des IAS 28, Paragraph 1 des IAS 31 und Paragraph 4 des IAS 32 (überarbeitet Mai 2008) gleichzeitig anzuwenden. Ein Unternehmen kann die Änderungen prospektiv anwenden.

(e) a maturity analysis of the undiscounted cash outflows that would or may be required to repurchase the derecognised financial assets or other amounts payable to the transferee in respect of the transferred assets, showing the remaining contractual maturities of the entity's continuing involvement;

(f) qualitative information that explains and supports the quantitative disclosures required in (a)—(e).

42F An entity may aggregate the information required by paragraph 42E in respect of a particular asset if the entity has more than one type of continuing involvement in that derecognised financial asset, and report it under one type of continuing involvement.

42G In addition, an entity shall disclose for each type of continuing involvement:

(a) the gain or loss recognised at the date of transfer of the assets;

(b) income and expenses recognised, both in the reporting period and cumulatively, from the entity's continuing involvement in the derecognised financial assets (e.g. fair value changes in derivative instruments);

(c) if the total amount of proceeds from transfer activity (that qualifies for derecognition) in a reporting period is not evenly distributed throughout the reporting period (e.g. if a substantial proportion of the total amount of transfer activity takes place in the closing days of a reporting period):

(i) when the greatest transfer activity took place within that reporting period (e.g. the last five days before the end of the reporting period);

(ii) the amount (e.g. related gains or losses) recognised from transfer activity in that part of the reporting period; and

(iii) the total amount of proceeds from transfer activity in that part of the reporting period.

An entity shall provide this information for each period for which a statement of comprehensive income is presented.

Supplementary information

42H An entity shall disclose any additional information that it considers necessary to meet the disclosure objectives in paragraph 42B.

EFFECTIVE DATE AND TRANSITION

43 An entity shall apply this IFRS for annual periods beginning on or after 1 January 2007. Earlier application is encouraged. If an entity applies this IFRS for an earlier period, it shall disclose that fact.

44 If an entity applies this IFRS for annual periods beginning before 1 January 2006, it need not present comparative information for the disclosures required by paragraphs 31—42 about the nature and extent of risks arising from financial instruments.

44A IAS 1 (as revised in 2007) amended the terminology used throughout IFRSs. In addition it amended paragraphs 20, 21, 23 (c) and (d), 27 (c) and B5 of Appendix B. An entity shall apply those amendments for annual periods beginning on or after 1 January 2009. If an entity applies IAS 1 (revised 2007) for an earlier period, the amendments shall be applied for that earlier period.

44B IFRS 3 (as revised in 2008) deleted paragraph 3 (c). An entity shall apply that amendment for annual periods beginning on or after 1 July 2009. If an entity applies IFRS 3 (revised 2008) for an earlier period, the amendment shall also be applied for that earlier period. However, the amendment does not apply to contingent consideration that arose from a business combination for which the acquisition date preceded the application of IFRS 3 (revised 2008). Instead, an entity shall account for such consideration in accordance with paragraphs 65A—65E of IFRS 3 (as amended in 2010).

44C An entity shall apply the amendment in paragraph 3 for annual periods beginning on or after 1 January 2009. If an entity applies *Puttable Financial Instruments and Obligations Arising on Liquidation* (Amendments to IAS 32 and IAS 1), issued in February 2008, for an earlier period, the amendment in paragraph 3 shall be applied for that earlier period.

44D Paragraph 3 (a) was amended by *Improvements to IFRSs* issued in May 2008. An entity shall apply that amendment for annual periods beginning on or after 1 January 2009. Earlier application is permitted. If an entity applies the amendment for an earlier period it shall disclose that fact and apply for that earlier period the amendments to paragraph 1 of IAS 28, paragraph 1 of IAS 31 and paragraph 4 of IAS 32 issued in May 2008. An entity is permitted to apply the amendment prospectively.

44E Durch *Umgliederung finanzieller Vermögenswerte* (im Oktober 2008 veröffentlichte Änderungen an IAS 39 und IFRS 7) wurde Paragraph 12 geändert und Paragraph 12A hinzugefügt. Diese Änderungen sind ab dem 1. Juli 2008 anzuwenden.

44F Durch *Umgliederung finanzieller Vermögenswerte – Zeitpunkt des Inkrafttretens und Übergangsvorschriften* (im November 2008 veröffentlichte Änderungen an IAS 39 und IFRS 7) wurde Paragraph 44E geändert. Diese Änderung ist ab dem 1. Juli 2008 anzuwenden.

44G Durch *Verbesserte Angaben zu Finanzinstrumenten* (im März 2009 veröffentlichte Änderungen an IFRS 7) wurden die Paragraphen 27, 39 und B11 geändert und die Paragraphen 27A, 27B, B10A und B11A–B11F hinzugefügt. Diese Änderungen sind erstmals in der ersten Berichtsperiode eines am oder nach dem 1. Januar 2009 beginnenden Geschäftsjahres anzuwenden. Die durch die Änderungen vorgeschriebenen Angaben müssen nicht vorgelegt werden für
  (a) Jahres- oder Zwischenperioden, einschließlich Bilanzen, die innerhalb einer jährlichen Vergleichsperiode, die vor dem 31. Dezember 2009 endet, gezeigt werden, oder
  (b) Bilanzen, deren früheste Vergleichsperiode vor dem 31. Dezember 2009 beginnt.
  Eine frühere Anwendung ist zulässig. Wendet ein Unternehmen die Änderungen auf eine frühere Berichtsperiode an, hat es dies anzugeben.[1]

44K Durch die im Mai 2010 veröffentlichten *Verbesserungen an den IFRS* wurde Paragraph 44B geändert. Diese Änderung ist erstmals in der ersten Berichtsperiode eines am oder nach dem 1. Juli 2010 beginnenden Geschäftsjahres anzuwenden. Eine frühere Anwendung ist zulässig.

44L Durch die im Mai 2010 veröffentlichten Verbesserungen an den IFRS wurden Paragraph 32A eingefügt und die Paragraphen 34 und 36–38 geändert. Diese Änderungen sind erstmals in der ersten Berichtsperiode eines am oder nach dem 1. Januar 2011 beginnenden Geschäftsjahres anzuwenden. Eine frühere Anwendung ist zulässig. Wendet ein Unternehmen die Änderungen auf eine frühere Periode an, hat es dies anzugeben.

44M Mit der im Oktober 2010 veröffentlichten Änderung des IFRS 7 *Angaben – Übertragung finanzieller Vermögenswerte* wurden Paragraph 13 gestrichen und die Paragraphen 42A–42H und B29–B39 eingefügt. Diese Änderungen sind erstmals auf Geschäftsjahre anzuwenden, die am oder nach dem 1. Juli 2011 beginnen. Eine frühere Anwendung ist zulässig. Wendet ein Unternehmen die Änderungen ab einem früheren Zeitpunkt an, hat es dies anzugeben. Für Berichtsperioden, die vor dem Zeitpunkt der erstmaligen Anwendung dieser Änderungen liegen, müssen die darin verlangten Angaben nicht vorgelegt werden.

44O Durch IFRS 10 und IFRS 11 *Gemeinsame Vereinbarungen*, veröffentlicht im Mai 2011, wurde Paragraph 3 geändert. Ein Unternehmen hat die betreffende Änderung anzuwenden, wenn es IFRS 10 und IFRS 11 anwendet.

44P Durch IFRS 13, veröffentlicht im Mai 2011, wurden die Paragraphen 3, 28, 29, B4 und B26 sowie Anhang A geändert und die die Paragraphen 27–27B gestrichen. Ein Unternehmen hat die betreffenden Änderungen anzuwenden, wenn es IFRS 13 anwendet.

44Q Mit *Darstellung von Posten des sonstigen Ergebnisses* (Änderung IAS 1), veröffentlicht im Juni 2011, wurde Paragraph 27B geändert. Ein Unternehmen hat die betreffende Änderung anzuwenden, wenn es IAS 1 (in der im Juni 2011 geänderten Fassung) anwendet.

44R Mit der im Dezember 2011 veröffentlichten Verlautbarung *Angaben — Saldierung von finanziellen Vermögenswerten und finanziellen Verbindlichkeiten* (Änderungen an IFRS 7) wurden die Paragraphen 13A–13F sowie B40–B53 angefügt. Diese Änderungen sind auf Geschäftsjahre anzuwenden, die am oder nach dem 1. Januar 2013 beginnen. Die in diesen Änderungen geforderten Angaben sind rückwirkend zu machen.

44X Mit der im Oktober 2012 veröffentlichten Verlautbarung *Investmentgesellschaften (Investment Entities)* (Änderungen an IFRS 10, IFRS 12 und IAS 27) wurde Paragraph 3 geändert. Unternehmen haben diese Änderungen auf Geschäftsjahre anzuwenden, die am oder nach dem 1. Januar 2014 beginnen. Eine frühere Anwendung der Verlautbarung *Investmentgesellschaften (Investment Entities)* ist zulässig. Wendet ein Unternehmen diese Änderungen früher an, hat es alle in der Verlautbarung enthaltenen Änderungen gleichzeitig anzuwenden.

44AA Mit den im September 2014 veröffentlichten *Jährlichen Verbesserungen an den IFRS, Zyklus 2012–2014*, wurden die Paragraphen 44R und B30 geändert und Paragraph B30A angefügt. Diese Änderungen sind rückwirkend gemäß IAS 8 *Rechnungslegungsmethoden, Änderungen von rechnungslegungsbezogenen Schätzungen und Fehler* auf am oder nach dem 1. Januar 2016 beginnende Geschäftsjahre anzuwenden; allerdings brauchen die Änderungen an den Paragraphen B30 und B30A nicht für Berichtsperioden angewandt zu werden, die vor dem Geschäftsjahr beginnen, in dem die Änderungen zum ersten Mal angewandt werden. Eine frühere Anwendung der Änderungen an den Paragraphen 44R, B30 und B30A ist zulässig. Wendet ein Unternehmen diese Änderungen früher an, hat es dies anzugeben.

---

1 Paragraph 44G wurde infolge der im Januar 2010 veröffentlichten Änderung an IFRS 1 (*Begrenzte Befreiung erstmaliger Anwender von Vergleichsangaben nach IFRS 7*) geändert. Diese Änderung wurde vom Board zur Klarstellung seiner Schlussfolgerungen und der beabsichtigten Übergangsvorschriften für *Verbesserte Angaben zu Finanzinstrumenten* (Änderungen an IFRS 7) vorgenommen.

Reclassification of Financial Assets (Amendments to IAS 39 and IFRS 7), issued in October 2008, amended paragraph 12 **44E**
and added paragraph 12A. An entity shall apply those amendments on or after 1 July 2008.

Reclassification of Financial Assets — Effective Date and Transition (Amendments to IAS 39 and IFRS 7), issued in **44F**
November 2008, amended paragraph 44E. An entity shall apply that amendment on or after 1 July 2008.

Improving Disclosures about Financial Instruments (Amendments to IFRS 7), issued in March 2009, amended paragraphs **44G**
27, 39 and B11 and added paragraphs 27A, 27B, B10A and B11A—B11F. An entity shall apply those amendments for
annual periods beginning on or after 1 January 2009. An entity need not provide the disclosures required by the amendments for:

(a) any annual or interim period, including any statement of financial position, presented within an annual comparative
    period ending before 31 December 2009, or

(b) any statement of financial position as at the beginning of the earliest comparative period as at a date before 31
    December 2009.

Earlier application is permitted. If an entity applies the amendments for an earlier period, it shall disclose that fact[1].

Paragraph 44B was amended by *Improvements to IFRSs* issued in May 2010. An entity shall apply that amendment for **44K**
annual periods beginning on or after 1 July 2010. Earlier application is permitted.

Improvements to IFRSs issued in May 2010 added paragraph 32A and amended paragraphs 34 and 36—38. An entity shall **44L**
apply those amendments for annual periods beginning on or after 1 January 2011. Earlier application is permitted. If an
entity applies the amendments for an earlier period it shall disclose that fact.

Disclosures—Transfers of Financial Assets (Amendments to IFRS 7), issued in October 2010, deleted paragraph 13 and **44M**
added paragraphs 42A—42H and B29—B39. An entity shall apply those amendments for annual periods beginning on or
after 1 July 2011. Earlier application is permitted. If an entity applies the amendments from an earlier date, it shall disclose
that fact. An entity need not provide the disclosures required by those amendments for any period presented that begins
before the date of initial application of the amendments.

IFRS 10 and IFRS 11 *Joint Arrangements,* issued in May 2011, amended paragraph 3. An entity shall apply that amend- **44O**
ment when it applies IFRS 10 and IFRS 11.

IFRS 13, issued in May 2011, amended paragraphs 3, 28, 29, B4 and B26 and Appendix A and deleted paragraphs **44P**
27—27B. An entity shall apply those amendments when it applies IFRS 13.

Presentation of Items of Other Comprehensive Income (Amendments to IAS 1), issued in June 2011, amended paragraph **44Q**
27B. An entity shall apply that amendment when it applies IAS 1 as amended in June 2011.

Disclosures—Offsetting Financial Assets and Financial Liabilities (Amendments to IFRS 7), issued in December 2011, **44R**
added paragraphs 13A—13F and B40—B53. An entity shall apply those amendments for annual periods beginning on or
after 1 January 2013. An entity shall provide the disclosures required by those amendments retrospectively.

Investment Entities (Amendments to IFRS 10, IFRS 12 and IAS 27), issued in October 2012, amended paragraph 3. An **44X**
entity shall apply that amendment for annual periods beginning on or after 1 January 2014. Earlier application of *Investment Entities* is permitted. If an entity applies that amendment earlier it shall also apply all amendments included in
Investment Entities at the same time.

Annual Improvements to IFRSs 2012—2014 Cycle, issued in September 2014, amended paragraphs 44R and B30 and **44AA**
added paragraph B30A. An entity shall apply those amendments retrospectively in accordance with IAS 8 *Accounting
Policies, Changes in Accounting Estimates and Errors* for annual periods beginning on or after 1 January 2016, except that
an entity need not apply the amendments to paragraphs B30 and B30A for any period presented that begins before the
annual period for which the entity first applies those amendments. Earlier application of the amendments to paragraphs
44R, B30 and B30A is permitted. If an entity applies those amendments for an earlier period it shall disclose that fact.

---

1 Paragraph 44G was amended as a consequence of *Limited Exemption from Comparative IFRS 7 Disclosures for First-time Adopters*
   (Amendment to IFRS 1) issued in January 2010. The Board amended paragraph 44G to clarify its conclusions and intended
   transition for Improving Disclosures about Financial Instruments (Amendments to IFRS 7).

44BB Mit der im Dezember 2014 veröffentlichten Verlautbarung *Angabeninitiative* (Änderung des IAS 1) wurden die Paragraphen 21 und B5 geändert. Diese Änderungen sind auf Geschäftsjahre anzuwenden, die am 1. Januar 2016 oder danach beginnen. Eine frühere Anwendung ist zulässig.

RÜCKNAHME VON IAS 30

45 Dieser IFRS ersetzt IAS 30 *Angaben im Abschluss von Banken und ähnlichen Finanzinstitutionen.*

Anhang A
Definitionen

Dieser Anhang ist integraler Bestandteil des IFRS.

Ausfallrisiko	Die Gefahr, dass ein Vertragspartner bei einem Geschäft über ein Finanzinstrument bei dem anderen Partner finanzielle Verluste verursacht, da er seinen Verpflichtungen nicht nachkommt.
Währungsrisiko	Das Risiko, dass sich der beizulegende Zeitwert oder die künftigen Zahlungsströme eines Finanzinstruments aufgrund von Wechselkursänderungen verändern.
Zinsänderungsrisiko	Das Risiko, dass sich der beizulegende Zeitwert oder die künftigen Zahlungsströme eines Finanzinstruments aufgrund von Schwankungen der Marktzinssätze verändern.
Liquiditätsrisiko	Das Risiko, dass ein Unternehmen möglicherweise nicht in der Lage ist, seine finanziellen Verbindlichkeiten vertragsgemäß durch Lieferung von Zahlungsmitteln oder anderen finanziellen Vermögenswerten zu erfüllen.
Darlehensverbindlichkeiten	Darlehensverbindlichkeiten sind finanzielle Verbindlichkeiten mit Ausnahme kurzfristiger Verbindlichkeiten aus Lieferungen und Leistungen, die den üblichen Zahlungsfristen unterliegen.
Marktrisiko	Das Risiko, dass sich der beizulegende Zeitwert oder die künftigen Zahlungsströme eines Finanzinstruments aufgrund von Schwankungen der Marktpreise verändern. Das Marktrisiko beinhaltet drei Arten von Risiken: **Währungsrisiko, Zinsänderungsrisiko und sonstige Preisrisiken.**
Sonstige Preisrisiken	Das Risiko, dass sich der beizulegende Zeitwert oder die künftigen Zahlungsströme eines Finanzinstruments aufgrund von Marktpreisschwankungen (mit Ausnahme solcher, die von **Zinsänderungs-** oder **Währungsrisiken** hervorgerufen werden) verändern, sei es, dass diese Änderungen spezifischen Faktoren des einzelnen Finanzinstruments oder seinem Emittenten zuzuordnen sind, oder dass sich diese Faktoren auf alle am Markt gehandelten ähnlichen Finanzinstrumente auswirken.
überfällig	Ein finanzieller Vermögenswert ist überfällig, wenn eine Gegenpartei eine Zahlung nicht vertragsgemäß geleistet hat.

Die folgenden Begriffe sind in IAS 32 Paragraph 11 oder IAS 39 Paragraph 9 definiert und werden in diesem IFRS in der in IAS 32 und IAS 39 angegebenen Bedeutung verwendet.
- fortgeführte Anschaffungskosten eines finanziellen Vermögenswerts oder einer finanziellen Verbindlichkeit
- zur Veräußerung verfügbare finanzielle Vermögenswerte
- Ausbuchung
- Derivat
- Effektivzinsmethode
- Eigenkapitalinstrument
- beizulegender Zeitwert
- finanzieller Vermögenswert
- Finanzinstrument
- finanzielle Verbindlichkeit

Disclosure Initiative (Amendments to IAS 1), issued in December 2014, amended paragraphs 21 and B5. An entity shall apply those amendments for annual periods beginning on or after 1 January 2016. Earlier application of those amendments is permitted. **44BB**

WITHDRAWAL OF IAS 30

This IFRS supersedes IAS 30 *Disclosures in the financial statements of banks and similar financial institutions.* **45**

Appendix A

Defined terms

This appendix is an integral part of the IFRS.

Credit risk	The risk that one party to a financial instrument will cause a financial loss for the other party by failing to discharge an obligation.
Currency risk	The risk that the fair value or future cash flows of a financial instrument will fluctuate because of changes in foreign exchange rates.
Interest rate risk	The risk that the fair value or future cash flows of a financial instrument will fluctuate because of changes in market interest rates.
Liquidity risk	The risk that an entity will encounter difficulty in meeting obligations associated with financial liabilities that are settled by delivering cash or another financial asset.
Loans payable	Loans payable are financial liabilities, other than short-term trade payables on normal credit terms.
Market risk	The risk that the fair value or future cash flows of a financial instrument will fluctuate because of changes in market prices. Market risk comprises three types of risk: currency risk, interest rate risk and other price risk.
Other price risk	The risk that the fair value or future cash flows of a financial instrument will fluctuate because of changes in market prices (other than those arising from **interest rate risk** or **currency risk),** whether those changes are caused by factors specific to the individual financial instrument or its issuer, or by factors affecting all similar financial instruments traded in the market.
Past due	A financial asset is past due when a counterparty has failed to make a payment when contractually due.

The following terms are defined in paragraph 11 of IAS 32 or paragraph 9 of IAS 39 and are used in the IFRS with the meaning specified in IAS 32 and IAS 39:
— amortised cost of a financial asset or financial liability,
— available-for-sale financial assets,
— derecognition,
— derivative,
— effective interest method,
— equity instrument,
— fair value,
— financial asset,
— financial instrument,
— financial liability,

- finanzielle Vermögenswerte oder finanzielle Verbindlichkeiten, die erfolgswirksam zum beizulegenden Zeitwert bewertet werden
- finanzielle Garantie
- zu Handelszwecken gehaltene finanzielle Vermögenswerte oder finanzielle Verbindlichkeiten
- erwartete Transaktion
- Sicherungsinstrument
- bis zur Endfälligkeit zu haltende Finanzinvestitionen
- Kredite und Forderungen
- marktüblicher Kauf oder Verkauf

Anhang B

Leitlinien für die Anwendung

Dieser Anhang ist integraler Bestandteil des IFRS.

KLASSEN VON FINANZINSTRUMENTEN UND UMFANG DER ANGABEPFLICHTEN (PARAGRAPH 6)

B1 Paragraph 6 verlangt von einem Unternehmen, die Finanzinstrumente in Klassen einzuordnen, die der Art der veröffentlichten Angaben angemessen sind und den Merkmalen dieser Finanzinstrumente Rechnung tragen. Die in Paragraph 6 beschriebenen Klassen werden vom Unternehmen bestimmt und unterscheiden sich demzufolge von den in IAS 39 spezifizierten Kategorien von Finanzinstrumenten (in denen festgelegt ist, wie Finanzinstrumente bewertet werden und wie die Änderungen des beizulegenden Zeitwerts erfasst werden).

B2 Bei der Bestimmung von Klassen von Finanzinstrumenten hat ein Unternehmen zumindest:
(a) zwischen den Finanzinstrumenten, die zu fortgeführten Anschaffungskosten, und denen, die mit dem beizulegenden Zeitwert bewertet werden, zu unterscheiden;
(b) die nicht in den Anwendungsbereich dieses IFRS fallenden Finanzinstrumente als gesonderte Klasse(n) zu behandeln.

B3 Ein Unternehmen entscheidet angesichts der individuellen Umstände, wie viele Details es angibt, um den Anforderungen dieses IFRS gerecht zu werden, wie viel Gewicht es auf verschiedene Aspekte dieser Vorschriften legt und wie es Informationen zusammenfasst, um das Gesamtbild darzustellen, ohne dabei Informationen mit unterschiedlichen Eigenschaften zu kombinieren. Es ist notwendig abzuwägen zwischen einem überladenen Bericht mit ausschweifenden Ausführungen zu Details, die dem Abschlussadressaten möglicherweise wenig nützen, und der Verschleierung wichtiger Informationen durch zu weit gehende Verdichtung. So darf ein Unternehmen beispielsweise wichtige Informationen nicht dadurch verschleiern, dass es sie unter zahlreichen unbedeutenden Details aufführt. Ein Unternehmen darf Informationen auch nicht so zusammenfassen, dass wichtige Unterschiede zwischen einzelnen Geschäftsvorfällen oder damit verbundenen Risiken verschleiert werden.

BEDEUTUNG DER FINANZINSTRUMENTE FÜR DIE VERMÖGENS-, FINANZ- UND ERTRAGSLAGE

Finanzielle Verbindlichkeiten, die erfolgswirksam zum beizulegenden Zeitwert bewertet werden (Paragraphen 10 und 11)

B4 Stuft ein Unternehmen eine finanzielle Verbindlichkeit als erfolgswirksam zum beizulegenden Zeitwert zu bewerten ein, so muss es gemäß Paragraph 10 (a) angeben, um welchen Betrag sich der beizulegende Zeitwert der finanziellen Verbindlichkeit durch Änderungen beim Ausfallrisiko dieser Verbindlichkeit ändert. Paragraph 10 (a) (i) gestattet es einem Unternehmen, diesen Betrag als den Betrag der Änderung des beizulegenden Zeitwerts der Verbindlichkeit anzugeben, der nicht den veränderten Marktbedingungen zuzurechnen ist, die zu Marktrisiken führen. Bestehen die einzigen relevanten Änderungen der Marktbedingungen bei einer Verbindlichkeit in Änderungen eines beobachtbaren (Referenz-) Zinssatzes, kann dieser Betrag wie folgt geschätzt werden:
(a) Zunächst berechnet das Unternehmen anhand des beobachtbaren Marktpreises sowie der vertraglichen Zahlungsströme der Verbindlichkeit zu Beginn der Berichtsperiode die interne Verzinsung der Verbindlichkeit. Von dieser Verzinsung wird der beobachtbare (Referenz-)Zinssatz zu Beginn der Berichtsperiode abgezogen, um den instrumentspezifischen Bestandteil der internen Verzinsung zu ermitteln.

— financial asset or financial liability at fair value through profit or loss,
— financial guarantee contract,
— financial asset or financial liability held for trading,
— forecast transaction,
— hedging instrument,
— held-to-maturity investments,
— loans and receivables,
— regular way purchase or sale.

Appendix B

Application Guidance

This appendix is an integral part of the IFRS.

CLASSES OF FINANCIAL INSTRUMENTS AND LEVEL OF DISCLOSURE (PARAGRAPH 6)

Paragraph 6 requires an entity to group financial instruments into classes that are appropriate to the nature of the information disclosed and that take into account the characteristics of those financial instruments. The classes described in paragraph 6 are determined by the entity and are, thus, distinct from the categories of financial instruments specified in IAS 39 (which determine how financial instruments are measured and where changes in fair value are recognised). **B1**

In determining classes of financial instrument, an entity shall, at a minimum: **B2**
(a) distinguish instruments measured at amortised cost from those measured at fair value;

(b) treat as a separate class or classes those financial instruments outside the scope of this IFRS.

An entity decides, in the light of its circumstances, how much detail it provides to satisfy the requirements of this IFRS, how much emphasis it places on different aspects of the requirements and how it aggregates information to display the overall picture without combining information with different characteristics. It is necessary to strike a balance between overburdening financial statements with excessive detail that may not assist users of financial statements and obscuring important information as a result of too much aggregation. For example, an entity shall not obscure important information by including it among a large amount of insignificant detail. Similarly, an entity shall not disclose information that is so aggregated that it obscures important differences between individual transactions or associated risks. **B3**

SIGNIFICANCE OF FINANCIAL INSTRUMENTS FOR FINANCIAL POSITION AND PERFORMANCE

Financial liabilities at fair value through profit or loss (paragraphs 10 and 11)

If an entity designates a financial liability as at fair value through profit or loss, paragraph 10 (a) requires it to disclose the amount of change in the fair value of the financial liability that is attributable to changes in the liability's credit risk. Paragraph 10 (a) (i) permits an entity to determine this amount as the amount of change in the liability's fair value that is not attributable to changes in market conditions that give rise to market risk. If the only relevant changes in market conditions for a liability are changes in an observed (benchmark) interest rate, this amount can be estimated as follows: **B4**
(a) First, the entity computes the liability's internal rate of return at the start of the period using the observed market price of the liability and the liability's contractual cash flows at the start of the period. It deducts from this rate of return the observed (benchmark) interest rate at the start of the period, to arrive at an instrument-specific component of the internal rate of return.

(b)   Als nächstes berechnet das Unternehmen den Barwert der mit der Verbindlichkeit verbundenen Zahlungsströme und zieht zu diesem Zweck die vertraglichen Zahlungsströme der Verbindlichkeit am Ende der Berichtsperiode sowie einen Abzinsungssatz heran, der der Summe aus (i) dem beobachtbaren (Referenz-) Zinssatz am Ende der Berichtsperiode und (ii) dem unter (a) ermittelten instrumentspezifischen Bestandteil der internen Verzinsung entspricht.

(c)   Die Differenz zwischen dem beobachtbaren Marktpreis der Verbindlichkeit am Ende der Berichtsperiode und dem unter (b) ermittelten Betrag entspricht dem beizulegenden Zeitwert, der nicht auf Änderungen des beobachtbaren (Referenz-) Zinssatzes zurückzuführen ist. Dies ist der anzugebende Betrag.

Dieses Beispiel beruht auf der Annahme, dass Änderungen des beizulegenden Zeitwerts, die nicht auf ein geändertes Ausfallrisiko des Finanzinstruments oder auf Zinsänderungen zurückzuführen sind, unerheblich sind. Enthält das Finanzinstrument in diesem Beispiel ein eingebettetes Derivat, bleibt die Änderung des beizulegenden Zeitwerts dieses eingebetteten Derivats bei der Ermittlung des Betrags gemäß Paragraph 10 (a) unberücksichtigt.

Weitere Angaben – Rechnungslegungsmethoden (Paragraph 21)

B5   Nach Paragraph 21 sind die bei Erstellung des Abschlusses herangezogene(n) Bewertungsgrundlage(n) sowie die sonstigen für das Verständnis des Abschlusses relevanten Rechnungslegungsmethoden anzugeben. Für Finanzinstrumente können diese Angaben folgende Informationen umfassen:

(a)   für finanzielle Vermögenswerte oder Verbindlichkeiten, die als erfolgswirksam zum beizulegenden Zeitwert bewertet eingestuft werden:

(i)   die Art der finanziellen Vermögenswerte bzw. Verbindlichkeiten, die das Unternehmen als erfolgswirksam zum beizulegenden Zeitwert bewertet eingestuft hat;

(ii)   die Kriterien für eine solche Einstufung dieser finanziellen Vermögenswerte bzw. Verbindlichkeiten beim erstmaligen Ansatz; und

(iii)   wie das Unternehmen die in IAS 39, Paragraphen 9, 11A bzw. 12 genannten Kriterien für eine solche Einstufung erfüllt hat. Bei Finanzinstrumenten, die gemäß Buchstabe (b) Ziffer (i) der in IAS 39 enthaltenen Definition eines finanziellen Vermögenswerts oder einer finanziellen Verbindlichkeit, der/ die erfolgswirksam zum beizulegenden Zeitwert bewertet wird, eingestuft wurden, beinhalten diese Angaben eine Schilderung der zugrunde liegenden Umstände, die sonst zu Inkongruenzen bei der Bewertung oder dem Ansatz geführt hätten. Bei Finanzinstrumenten, die gemäß Buchstabe (b) Ziffer (ii) der in IAS 39 enthaltenen Definition eines finanziellen Vermögenswerts oder einer finanziellen Verbindlichkeit, der/die erfolgswirksam zum beizulegenden Zeitwert bewertet wird, eingestuft werden, beinhalten diese Angaben eine Schilderung, wie die Einstufung als erfolgswirksam zum beizulegenden Zeitwert bewertet mit der dokumentierten Risikomanagement- oder Anlagestrategie des Unternehmens in Einklang steht.

(b)   die Kriterien für eine Einstufung der finanziellen Vermögenswerte als zur Veräußerung verfügbar.

(c)   ob Kassageschäfte von finanziellen Vermögenswerten zum Handelstag oder zum Erfüllungstag bilanziert werden (siehe IAS 39, Paragraph 38).

(d)   wenn ein Wertberichtigungsposten verwendet wird, um den Buchwert von finanziellen Vermögenswerten, die durch Kreditausfälle wertgemindert sind, zu reduzieren:

(i)   die Kriterien zur Bestimmung des Zeitpunkts, zu dem der Buchwert der wertgeminderten finanziellen Vermögenswerte direkt reduziert wird (oder im Fall einer Wertaufholung einer Wertminderung direkt erhöht wird) und wann der Wertberichtigungsposten verwendet wird; und

(ii)   die Kriterien für die Ausbuchung von Beträgen des Wertberichtigungskontos gegen den Buchwert wertgeminderter finanzieller Vermögenswerte (siehe Paragraph 16).

(e)   wie Nettogewinne oder -verluste aus jeder Kategorie von Finanzinstrumenten eingestuft werden (siehe Paragraph 20 (a)), ob beispielsweise die Nettogewinne oder -verluste aus Posten, die erfolgswirksam zum beizulegenden Zeitwert bewertet werden, Zins- oder Dividendenerträge enthalten.

(f)   die Kriterien, nach denen ein Unternehmen feststellt, dass ein objektiver Hinweis auf einen eingetretenen Wertminderungsaufwand vorliegt (siehe Paragraph 20 (e)).

(g)   wenn die Bedingungen der finanziellen Vermögenswerte neu verhandelt wurden, da sie andernfalls überfällig oder wertgemindert sein würden, sind die Rechnungslegungsmethoden für die finanziellen Vermögenswerte anzugeben, die Gegenstand der neu verhandelten Bedingungen sind (siehe Paragraph 36 (d)).

Paragraph 122 des IAS 1 (überarbeitet 2007) verlangt auch, dass Unternehmen zusammen mit der Darstellung der wesentlichen Rechnungslegungsmethoden oder sonstigen Erläuterungen die Ermessensausübung des Managements bei der Anwendung der Rechnungslegungsmethoden – mit Ausnahme solcher, bei denen Schätzungen einfließen –, die die Beträge im Abschluss am Wesentlichsten beeinflussen, angeben.

ART UND AUSMASS VON RISIKEN, DIE SICH AUS FINANZINSTRUMENTEN ERGEBEN (PARAGRAPHEN 31–42)

B6   Die in den Paragraphen 31–42 geforderten Angaben sind entweder im Abschluss oder mittels eines Querverweises vom Abschluss zu einer anderen Verlautbarung zu machen, wie beispielsweise einem Lage- oder Risikobericht, der den

(b) Next, the entity calculates the present value of the cash flows associated with the liability using the liability's contractual cash flows at the end of the period and a discount rate equal to the sum of (i) the observed (benchmark) interest rate at the end of the period and (ii) the instrument-specific component of the internal rate of return as determined in (a).

(c) The difference between the observed market price of the liability at the end of the period and the amount determined in (b) is the change in fair value that is not attributable to changes in the observed (benchmark) interest rate. This is the amount to be disclosed.

This example assumes that changes in fair value arising from factors other than changes in the instrument's credit risk or changes in interest rates are not significant. If the instrument in the example contains an embedded derivative, the change in fair value of the embedded derivative is excluded in determining the amount to be disclosed in accordance with paragraph 10 (a).

Other disclosure — accounting policies (paragraph 21)

Paragraph 21 requires disclosure of the measurement basis (or bases) used in preparing the financial statements and the **B5** other accounting policies used that are relevant to an understanding of the financial statements. For financial instruments, such disclosure may include:

(a) for financial assets or financial liabilities designated as at fair value through profit or loss:
   (i) the nature of the financial assets or financial liabilities the entity has designated as at fair value through profit or loss;
   (ii) the criteria for so designating such financial assets or financial liabilities on initial recognition; and
   (iii) how the entity has satisfied the conditions in paragraph 9, 11A or 12 of IAS 39 for such designation. For instruments designated in accordance with paragraph (b) (i) of the definition of a financial asset or financial liability at fair value through profit or loss in IAS 39, that disclosure includes a narrative description of the circumstances underlying the measurement or recognition inconsistency that would otherwise arise. For instruments designated in accordance with paragraph (b) (ii) of the definition of a financial asset or financial liability at fair value through profit or loss in IAS 39, that disclosure includes a narrative description of how designation at fair value through profit or loss is consistent with the entity's documented risk management or investment strategy;

(b) the criteria for designating financial assets as available for sale;

(c) whether regular way purchases and sales of financial assets are accounted for at trade date or at settlement date (see paragraph 38 of IAS 39);

(d) when an allowance account is used to reduce the carrying amount of financial assets impaired by credit losses:
   (i) the criteria for determining when the carrying amount of impaired financial assets is reduced directly (or, in the case of a reversal of a write-down, increased directly) and when the allowance account is used; and
   (ii) the criteria for writing off amounts charged to the allowance account against the carrying amount of impaired financial assets (see paragraph 16);

(e) how net gains or net losses on each category of financial instrument are determined (see paragraph 20 (a)), for example, whether the net gains or net losses on items at fair value through profit or loss include interest or dividend income;

(f) the criteria the entity uses to determine that there is objective evidence that an impairment loss has occurred (see paragraph 20 (e));

(g) when the terms of financial assets that would otherwise be past due or impaired have been renegotiated, the accounting policy for financial assets that are the subject of renegotiated terms (see paragraph 36 (d)).

Paragraph 122 of IAS 1 (as revised in 2007) also requires entities to disclose, along with its significant accounting policies or other notes, the judgements, apart from those involving estimations, that management has made in the process of applying the entity's accounting policies and that have the most significant effect on the amounts recognised in the financial statements.

NATURE AND EXTENT OF RISKS ARISING FROM FINANCIAL INSTRUMENTS (PARAGRAPHS 31—42)

The disclosures required by paragraphs 31—42 shall be either given in the financial statements or incorporated by cross- **B6** reference from the financial statements to some other statement, such as a management commentary or risk report, that

Abschlussadressaten zu denselben Bedingungen und zur selben Zeit wie der Abschluss zugänglich ist. Ohne diese anhand eines Querverweises eingebrachten Informationen ist der Abschluss unvollständig.

Quantitative Angaben (Paragraph 34)

B7 Paragraph 34 (a) verlangt die Angabe von zusammengefassten quantitativen Daten über die Risiken, denen ein Unternehmen ausgesetzt ist, die auf den intern Personen in Schlüsselpositionen des Unternehmens erteilten Informationen beruhen. Wenn ein Unternehmen verschiedene Methoden zur Risikosteuerung einsetzt, hat es die Angaben zu machen, die es durch die Methode(n), die die relevantesten und verlässlichsten Informationen liefern, erhalten hat. In IAS 8 *Rechnungslegungsmethoden, Änderungen von rechnungslegungsbezogenen Schätzungen und Fehler* werden Relevanz und Zuverlässigkeit erörtert.

B8 Paragraph 34 (c) verlangt Angaben über Risikokonzentrationen. Risikokonzentrationen entstehen bei Finanzinstrumenten mit ähnlichen Merkmalen, die ähnlich auf wirtschaftliche und sonstige Änderungen reagieren. Die Identifizierung von Risikokonzentrationen verlangt eine Ermessensausübung, bei der die individuellen Umstände des Unternehmens berücksichtigt werden. Die Angaben über Risikokonzentrationen umfassen:
(a) eine Beschreibung über die Art und Weise, wie das Management die Konzentrationen ermittelt;
(b) eine Beschreibung des gemeinsamen Merkmals, das für jedes Risikobündel charakteristisch ist (z. B. Vertragspartner, geografisches Gebiet, Währung oder Markt); und
(c) den Gesamtbetrag der Risikoposition aller Finanzinstrumente, die dieses gemeinsame Merkmal aufweisen.

Maximale Ausfallrisikoposition (Paragraph 36 (a))

B9 Paragraph 36 (a) verlangt die Angabe des Betrags, der das maximale Ausfallrisiko des Unternehmens am besten widerspiegelt. Bei finanziellen Vermögenswerten ist dies in der Regel der Bruttobuchwert abzüglich
(a) aller gemäß IAS 32 saldierten Beträge und
(b) jedem gemäß IAS 39 erfassten Wertminderungsaufwand.

B10 Tätigkeiten, die zu Ausfallrisiken und zum damit verbundenen maximalen Ausfallrisiko führen, umfassen u. a.:
(a) Gewährung von Krediten und Forderungen an Kunden und Geldanlagen bei anderen Unternehmen. In diesen Fällen ist das maximale Ausfallrisiko der Buchwert der betreffenden finanziellen Vermögenswerte.
(b) Abschluss von derivativen Verträgen, wie Devisenkontrakten, Zinsswaps und Kreditderivaten. Wenn der daraus folgende Vermögenswert zum beizulegenden Zeitwert bewertet wird, wird das maximale Ausfallrisiko am Berichtsstichtag dem Buchwert entsprechen.
(c) Gewährung finanzieller Garantien. In diesem Falle entspricht das maximale Ausfallrisiko dem maximalen Betrag, den ein Unternehmen zu zahlen haben könnte, wenn die Garantie in Anspruch genommen wird. Dieser Betrag kann erheblich größer sein als der als Verbindlichkeit angesetzte Betrag.
(d) Eine Kreditzusage, die über ihre gesamte Dauer unwiderruflich ist oder nur bei einer wesentlichen nachteiligen Veränderung widerrufen werden kann. Wenn der Emittent die Kreditzusage nicht auf Nettobasis in Zahlungsmitteln oder einem anderen Finanzinstrument erfüllen kann, bildet der gesamte Betrag der Verpflichtung das maximale Ausfallrisiko. Dies ist der Fall aufgrund der Unsicherheit, ob in Zukunft auf den Betrag eines ungenutzten Teils zurückgegriffen werden kann. Dieser Betrag kann erheblich über dem als Verbindlichkeit angesetzten Betrag liegen.

Quantitative Angaben zum Liquiditätsrisiko (Paragraphen 34 (a), 39 (a) und 39 (b))

B10A Nach Paragraph 34 Buchstabe a muss ein Unternehmen zusammengefasste quantitative Daten über den Umfang seines Liquiditätsrisikos vorlegen und sich dabei auf die intern an Personen in Schlüsselpositionen erteilten Informationen stützen. Das Unternehmen hat ebenfalls darzulegen, wie diese Daten ermittelt werden. Könnten die darin enthaltenen Abflüsse von Zahlungsmitteln (oder anderen finanziellen Vermögenswerten) entweder
(a) erheblich früher eintreten als angegeben, oder
(b) in ihrer Höhe erheblich abweichen (z. B. bei einem Derivat, für das von einem Nettoausgleich ausgegangen wird, die Gegenpartei aber einen Bruttoausgleich verlangen kann),
so hat das Unternehmen dies anzugeben und quantitative Angaben vorzulegen, die es den Abschlussadressaten ermöglichen, den Umfang des damit verbundenen Risikos einzuschätzen. Sollten diese Angaben bereits in den in Paragraph 39 Buchstaben a oder b vorgeschriebenen Fälligkeitsanalysen enthalten sein, ist das Unternehmen von dieser Auflage befreit.

B11 Bei Erstellung der in Paragraph 39 Buchstaben a und b vorgeschriebenen Fälligkeitsanalysen bestimmt ein Unternehmen nach eigenem Ermessen eine angemessene Zahl von Zeitbändern. So könnte es beispielsweise die folgenden Zeitbänder als für seine Belange angemessen festlegen:
(a) bis zu einem Monat,
(b) länger als ein Monat und bis zu drei Monaten,
(c) länger als drei Monate und bis zu einem Jahr und
(d) länger als ein Jahr und bis zu fünf Jahren.

is available to users of the financial statements on the same terms as the financial statements and at the same time. Without the information incorporated by cross-reference, the financial statements are incomplete.

Quantitative disclosures (paragraph 34)

Paragraph 34 (a) requires disclosures of summary quantitative data about an entity's exposure to risks based on the information provided internally to key management personnel of the entity. When an entity uses several methods to manage a risk exposure, the entity shall disclose information using the method or methods that provide the most relevant and reliable information. IAS 8 *Accounting policies, changes in accounting estimates and errors* discusses relevance and reliability. **B7**

Paragraph 34 (c) requires disclosures about concentrations of risk. Concentrations of risk arise from financial instruments that have similar characteristics and are affected similarly by changes in economic or other conditions. The identification of concentrations of risk requires judgement taking into account the circumstances of the entity. Disclosure of concentrations of risk shall include: **B8**

(a) a description of how management determines concentrations;
(b) a description of the shared characteristic that identifies each concentration (e.g. counterparty, geographical area, currency or market); and
(c) the amount of the risk exposure associated with all financial instruments sharing that characteristic.

Maximum credit risk exposure (paragraph 36 (a))

Paragraph 36 (a) requires disclosure of the amount that best represents the entity's maximum exposure to credit risk. For a financial asset, this is typically the gross carrying amount, net of: **B9**

(a) any amounts offset in accordance with IAS 32; and
(b) any impairment losses recognised in accordance with IAS 39.

Activities that give rise to credit risk and the associated maximum exposure to credit risk include, but are not limited to: **B10**

(a) granting loans and receivables to customers and placing deposits with other entities. In these cases, the maximum exposure to credit risk is the carrying amount of the related financial assets;
(b) entering into derivative contracts, e.g. foreign exchange contracts, interest rate swaps and credit derivatives. When the resulting asset is measured at fair value, the maximum exposure to credit risk at the end of the reporting period will equal the carrying amount;
(c) granting financial guarantees. In this case, the maximum exposure to credit risk is the maximum amount the entity could have to pay if the guarantee is called on, which may be significantly greater than the amount recognised as a liability;
(d) making a loan commitment that is irrevocable over the life of the facility or is revocable only in response to a material adverse change. If the issuer cannot settle the loan commitment net in cash or another financial instrument, the maximum credit exposure is the full amount of the commitment. This is because it is uncertain whether the amount of any undrawn portion may be drawn upon in the future. This may be significantly greater than the amount recognised as a liability.

Quantitative liquidity risk disclosures (paragraphs 34 (a) and 39 (a) and (b))

In accordance with paragraph 34 (a) an entity discloses summary quantitative data about its exposure to liquidity risk on the basis of the information provided internally to key management personnel. An entity shall explain how those data are determined. If the outflows of cash (or another financial asset) included in those data could either: **B10A**

(a) occur significantly earlier than indicated in the data, or
(b) be for significantly different amounts from those indicated in the data (eg for a derivative that is included in the data on a net settlement basis but for which the counterparty has the option to require gross settlement),

the entity shall state that fact and provide quantitative information that enables users of its financial statements to evaluate the extent of this risk unless that information is included in the contractual maturity analyses required by paragraph 39 (a) or (b).

In preparing the maturity analyses required by paragraph 39 (a) and (b) an entity uses its judgement to determine an appropriate number of time bands. For example, an entity might determine that the following time bands are appropriate: **B11**

(a) not later than one month;
(b) later than one month and not later than three months;
(c) later than three months and not later than one year; and
(d) later than one year and not later than five years.

B11A Bei der Erfüllung der in Paragraph 39 Buchstaben a und b genannten Anforderungen darf ein Unternehmen Derivate, die in hybride (strukturierte) Finanzinstrumente eingebettet sind, nicht von diesen trennen. Bei solchen Instrumenten hat das Unternehmen Paragraph 39 Buchstabe a anzuwenden.

B11B Nach Paragraph 39 Buchstabe b muss ein Unternehmen für derivative finanzielle Verbindlichkeiten eine quantitative Fälligkeitsanalyse vorlegen, aus der die vertraglichen Restlaufzeiten ersichtlich sind, wenn diese Restlaufzeiten für das Verständnis des für die Cashflows festgelegten Zeitbands wesentlich sind. Dies wäre beispielsweise der Fall bei

(a) einem Zinsswap mit fünfjähriger Restlaufzeit, der der Absicherung der Zahlungsströme bei einem finanziellen Vermögenswert oder einer finanziellen Verbindlichkeit mit variablem Zinssatz dient.

(b) Kreditzusagen jeder Art.

B11C Nach Paragraph 39 Buchstaben a und b muss ein Unternehmen Fälligkeitsanalysen vorlegen, aus denen die vertraglichen Restlaufzeiten bestimmter finanzieller Verbindlichkeiten ersichtlich sind. Hierfür gilt Folgendes:

(a) Kann eine Gegenpartei wählen, zu welchem Zeitpunkt sie einen Betrag zahlt, wird die Verbindlichkeit dem Zeitband zugeordnet, in dem das Unternehmen frühestens zur Zahlung aufgefordert werden kann. Dem frühesten Zeitband zuzuordnen sind beispielsweise finanzielle Verbindlichkeiten, die ein Unternehmen auf Verlangen zurückzahlen muss (z. B. Sichteinlagen).

(b) Ist ein Unternehmen zur Leistung von Teilzahlungen verpflichtet, wird jede Teilzahlung dem Zeitband zugeordnet, in dem das Unternehmen frühestens zur Zahlung aufgefordert werden kann. So ist eine nicht in Anspruch genommene Kreditzusage dem Zeitband zuzuordnen, in dem der frühestmögliche Zeitpunkt der Inanspruchnahme liegt.

(c) Bei übernommenen Finanzgarantien ist der Garantiehöchstbetrag dem Zeitband zuzuordnen, in dem die Garantie frühestens abgerufen werden kann.

B11D Bei den in den Fälligkeitsanalysen gemäß Paragraph 39 Buchstaben a und b anzugebenden vertraglich festgelegten Beträgen handelt es sich um die nicht abgezinsten vertraglichen Cashflows, z. B. um

(a) Verpflichtungen aus Finanzierungsleasing auf Bruttobasis (vor Abzug der Finanzierungskosten),

(b) in Terminvereinbarungen genannte Preise zum Kauf finanzieller Vermögenswerte gegen Zahlungsmittel,

(c) Nettobetrag für einen Festzinsempfänger-Swap, für den Nettocashflows getauscht werden,

(d) vertraglich festgelegte, im Rahmen eines derivativen Finanzinstruments zu tauschende Beträge (z. B. ein Währungsswap), für die Zahlungen auf Bruttobasis getauscht werden, und

(e) Kreditverpflichtungen auf Bruttobasis.

Derartige nicht abgezinste Cashflows weichen von dem in der Bilanz ausgewiesenen Betrag ab, da dieser auf abgezinsten Cashflows beruht. Ist der zu zahlende Betrag nicht festgelegt, wird die Betragsangabe nach Maßgabe der am Ende des Berichtszeitraums vorherrschenden Bedingungen bestimmt. Ist der zu zahlende Betrag beispielsweise an einen Index gekoppelt, kann bei der Betragsangabe der Indexstand am Ende der Periode zugrunde gelegt werden.

B11E Nach Paragraph 39 Buchstabe c muss ein Unternehmen darlegen, wie es das mit den quantitativen Angaben gemäß Paragraph 39 Buchstaben a und b verbundene Liquiditätsrisiko steuert. Für finanzielle Vermögenswerte, die zur Steuerung des Liquiditätsrisikos gehalten werden (wie Vermögenswerte, die sofort veräußerbar sind oder von denen erwartet wird, dass die mit ihnen verbundenen Mittelzuflüsse die durch finanzielle Verbindlichkeiten verursachten Mittelabflüsse ausgleichen), muss ein Unternehmen eine Fälligkeitsanalyse vorlegen, wenn diese für die Abschlussadressaten zur Bewertung von Art und Umfang des Liquiditätsrisikos erforderlich ist.

B11F Bei den in Paragraph 39 Buchstabe c vorgeschriebenen Angaben könnte ein Unternehmen u.a. auch berücksichtigen, ob es

(a) zur Deckung seines Liquiditätsbedarfs auf zugesagte Kreditfazilitäten (wie Commercial Paper Programme) oder andere Kreditlinien (wie Standby Fazilitäten) zugreifen kann,

(b) zur Deckung seines Liquiditätsbedarfs über Einlagen bei Zentralbanken verfügt,

(c) über stark diversifizierte Finanzierungsquellen verfügt,

(d) erhebliche Liquiditätsrisikokonzentrationen bei seinen Vermögenswerten oder Finanzierungsquellen aufweist,

(e) über interne Kontrollverfahren und Notfallpläne zur Steuerung des Liquiditätsrisikos verfügt,

(f) über Instrumente verfügt, die (z. B. bei einer Herabstufung seiner Bonität) vorzeitig zurückgezahlt werden müssen,

(g) über Instrumente verfügt, die die Hinterlegung einer Sicherheit erfordern könnten (z. B. Nachschussaufforderung bei Derivaten),

(h) über Instrumente verfügt, bei denen das Unternehmen wählen kann, ob es seinen finanziellen Verbindlichkeiten durch die Lieferung von Zahlungsmitteln (bzw. einem anderen finanziellen Vermögenswert) oder durch die Lieferung eigener Aktien nachkommt, oder

(i) über Instrumente verfügt, die einer Globalverrechnungsvereinbarung unterliegen.

B12–B16 [gestrichen]

Marktrisiko – Sensitivitätsanalyse (Paragraphen 40 und 41)

B17 Paragraph 40 (a) verlangt eine Sensitivitätsanalyse für jede Art von Marktrisiko, dem das Unternehmen ausgesetzt ist. Gemäß Paragraph B3 entscheidet ein Unternehmen, wie es Informationen zusammenfasst, um ein Gesamtbild zu vermit-

In complying with paragraph 39 (a) and (b), an entity shall not separate an embedded derivative from a hybrid (com- **B11A** bined) financial instrument. For such an instrument, an entity shall apply paragraph 39 (a).

Paragraph 39 (b) requires an entity to disclose a quantitative maturity analysis for derivative financial liabilities that **B11B** shows remaining contractual maturities if the contractual maturities are essential for an understanding of the timing of the cash flows. For example, this would be the case for:

(a) an interest rate swap with a remaining maturity of five years in a cash flow hedge of a variable rate financial asset or liability.

(b) all loan commitments.

Paragraph 39 (a) and (b) requires an entity to disclose maturity analyses for financial liabilities that show the remaining **B11C** contractual maturities for some financial liabilities. In this disclosure:

(a) when a counterparty has a choice of when an amount is paid, the liability is allocated to the earliest period in which the entity can be required to pay. For example, financial liabilities that an entity can be required to repay on demand (eg demand deposits) are included in the earliest time band.

(b) when an entity is committed to make amounts available in instalments, each instalment is allocated to the earliest period in which the entity can be required to pay. For example, an undrawn loan commitment is included in the time band containing the earliest date it can be drawn down.

(c) for issued financial guarantee contracts the maximum amount of the guarantee is allocated to the earliest period in which the guarantee could be called.

The contractual amounts disclosed in the maturity analyses as required by paragraph 39 (a) and (b) are the contractual **B11D** undiscounted cash flows, for example:

(a) gross finance lease obligations (before deducting finance charges);

(b) prices specified in forward agreements to purchase financial assets for cash;

(c) net amounts for pay-floating/receive-fixed interest rate swaps for which net cash flows are exchanged;

(d) contractual amounts to be exchanged in a derivative financial instrument (eg a currency swap) for which gross cash flows are exchanged; and

(e) gross loan commitments.

Such undiscounted cash flows differ from the amount included in the statement of financial position because the amount in that statement is based on discounted cash flows. When the amount payable is not fixed, the amount disclosed is determined by reference to the conditions existing at the end of the reporting period. For example, when the amount payable varies with changes in an index, the amount disclosed may be based on the level of the index at the end of the period.

Paragraph 39 (c) requires an entity to describe how it manages the liquidity risk inherent in the items disclosed in the **B11E** quantitative disclosures required in paragraph 39 (a) and (b). An entity shall disclose a maturity analysis of financial assets it holds for managing liquidity risk (eg financial assets that are readily saleable or expected to generate cash inflows to meet cash outflows on financial liabilities), if that information is necessary to enable users of its financial statements to evaluate the nature and extent of liquidity risk.

Other factors that an entity might consider in providing the disclosure required in paragraph 39 (c) include, but are not **B11F** limited to, whether the entity:

(a) has committed borrowing facilities (eg commercial paper facilities) or other lines of credit (eg stand-by credit facilities) that it can access to meet liquidity needs;

(b) holds deposits at central banks to meet liquidity needs;

(c) has very diverse funding sources;

(d) has significant concentrations of liquidity risk in either its assets or its funding sources;

(e) has internal control processes and contingency plans for managing liquidity risk;

(f) has instruments that include accelerated repayment terms (eg on the downgrade of the entity's credit rating);

(g) has instruments that could require the posting of collateral (eg margin calls for derivatives);

(h) has instruments that allows the entity to choose whether it settles its financial liabilities by delivering cash (or another financial asset) or by delivering its own shares; or

(i) has instruments that are subject to master netting agreements.

[deleted] **B12— B16**

Market risk — sensitivity analysis (paragraphs 40 and 41)

Paragraph 40 (a) requires a sensitivity analysis for each type of market risk to which the entity is exposed. In accordance **B17** with paragraph B3, an entity decides how it aggregates information to display the overall picture without combining

teln, ohne Informationen mit verschiedenen Merkmalen über Risiken aus sehr unterschiedlichen wirtschaftlichen Umfeldern zu kombinieren. Zum Beispiel:

(a) ein Unternehmen, das mit Finanzinstrumenten handelt, kann Angaben über zu Handelszwecken gehaltene Finanzinstrumente getrennt von denen machen, die nicht zu Handelszwecken gehalten werden.

(b) ein Unternehmen würde nicht die Marktrisiken aus Hochinflationsgebieten mit denen aus Gebieten mit einer sehr niedrigen Inflationsrate zusammenfassen.

Ist ein Unternehmen nur einer Art von Marktrisiko ausschließlich unter einheitlichen wirtschaftlichen Rahmenbedingungen ausgesetzt, muss es die Angaben nicht aufschlüsseln.

B18 Gemäß Paragraph 40 (a) ist eine Sensitivitätsanalyse durchzuführen, um die Auswirkungen von für möglich gehaltenen Änderungen der Risikoparameter (z. B. maßgebliche Marktzinsen, Devisenkurse, Aktienkurse oder Rohstoffpreise) auf das Periodenergebnis und Eigenkapital aufzuzeigen. Zu diesem Zweck:

(a) müssen Unternehmen nicht ermitteln, wie das Periodenergebnis ausgefallen wäre, wenn die relevanten Risikoparameter anders gewesen wären. Stattdessen geben Unternehmen die Auswirkungen auf das Periodenergebnis und Eigenkapital am Abschlussstichtag an, wobei angenommen wird, dass eine für möglich gehaltene Änderung der relevanten Risikoparameter am Abschlussstichtag eingetreten ist und auf die zu diesem Zeitpunkt bestehenden Risikopositionen angewendet wurde. Hat ein Unternehmen beispielsweise am Jahresende eine Verbindlichkeit mit variabler Verzinsung, würde es die Auswirkungen auf das Periodenergebnis (z. B. Zinsaufwendungen) für das laufende Jahr angeben, wenn sich die Zinsen in plausiblem Umfang verändert hätten.

(b) Unternehmen müssen nicht die Auswirkungen jeder Änderung innerhalb eines Bereichs von für möglich gehaltenen Änderungen der relevanten Risikoparameter auf das Periodenergebnis und Eigenkapital angeben. Angaben zu den Auswirkungen der Änderungen im Rahmen einer plausiblen Spanne wären ausreichend.

B19 Bei der Bestimmung einer für möglich gehaltenen Änderung der relevanten Risikovariablen hat ein Unternehmen folgende Punkte zu berücksichtigen:

(a) das wirtschaftliche Umfeld, in dem es tätig ist. Eine für möglich gehaltene Änderung darf weder unwahrscheinliche oder „Worst-case"-Szenarien noch „Stresstests" enthalten. Wenn zudem das Ausmaß der Änderungen der zugrunde liegenden Risikoparameter stabil ist, braucht das Unternehmen die gewählte für möglich gehaltene Änderung der Risikovariablen nicht abzuändern. Angenommen, die Zinsen betragen 5 Prozent und ein Unternehmen ermittelt, dass eine Schwankung der Zinsen von ± 50 Basispunkten vernünftigerweise möglich ist. Wenn die Zinssätze auf 4,5 Prozent oder 5,5 Prozent anstiegen, würde es die Auswirkungen im Periodenergebnis und im Eigenkapital angeben. In der folgenden Berichtsperiode wurden die Zinsen auf 5,5 Prozent angehoben. Das Unternehmen ist weiterhin der Auffassung, dass Zinsen um ± 50 Basispunkte schwanken können (d. h. das Ausmaß der Änderung der Zinsen bleibt stabil). Wenn die Zinssätze auf 5 Prozent oder 6 Prozent geändert würden, würde das Unternehmen die Auswirkungen im Periodenergebnis und im Eigenkapital angeben. Das Unternehmen wäre nicht verpflichtet, seine Einschätzung, dass Zinsen vernünftigerweise um ± 50 Basispunkte schwanken können, zu revidieren, es sei denn, es gibt einen substanziellen Hinweis darauf, dass die Zinsen erheblich volatiler geworden sind.

(b) die Zeitspanne, für die es seine Einschätzung durchführt. Die Sensitivitätsanalyse hat die Auswirkungen der Änderungen zu zeigen, die für die Periode als vernünftigerweise möglich gelten, bis das Unternehmen diese Angaben erneut offen legt, was normalerweise in der folgenden Berichtsperiode geschieht.

B20 Paragraph 41 erlaubt einem Unternehmen, eine Sensitivitätsanalyse zu verwenden, die die wechselseitigen Beziehungen zwischen den Risikoparametern widerspiegelt, wie beispielsweise die Value-at-Risk-Methode, wenn es diese Analyse zur Steuerung seines Finanzrisikos verwendet. Dies gilt auch dann, wenn eine solche Methode nur das Verlustpotenzial, nicht aber das Gewinnpotenzial bewertet. Ein solches Unternehmen könnte Paragraph 41 (a) erfüllen, indem es die verwendete Art des Value-at-Risk-Modells offen legt (z. B. ob dieses Modell auf der Monte-Carlo-Simulation beruht), eine Erklärung darüber abgibt, wie das Modell funktioniert, und die wesentlichen Annahmen (z. B. Haltedauer und Konfidenzniveau) erläutert. Unternehmen können auch die historische Betrachtungsperiode und die auf diese Beobachtungen angewendeten Gewichtungen innerhalb der entsprechenden Periode angeben, sowie eine Erläuterung darüber, wie Optionen bei diesen Berechnungen behandelt werden und welche Volatilitäten und Korrelationen (oder alternative Monte-Carlo-Simulationen der Wahrscheinlichkeitsverteilung) verwendet werden.

B21 Ein Unternehmen hat für alle Geschäftsfelder Sensitivitätsanalysen vorzulegen, kann aber für verschiedene Klassen von Finanzinstrumenten unterschiedliche Arten von Sensitivitätsanalysen vorsehen.

Zinsänderungsrisiko

B22 Ein *Zinsänderungsrisiko* entsteht bei zinsbringenden, in der Bilanz angesetzten Finanzinstrumenten (wie Krediten und Forderungen sowie emittierten Schuldinstrumenten) und bei einigen Finanzinstrumenten, die nicht in der Bilanz angesetzt sind (wie gewissen Kreditverpflichtungen).

Währungsrisiko

B23 Das *Währungsrisiko* (Devisenkursrisiko) entsteht bei Finanzinstrumenten, die auf eine Fremdwährung lauten, d. h. auf eine andere Währung als auf die funktionale Währung, in der sie bewertet werden. Für die Zwecke dieses IFRS entstehen

information with different characteristics about exposures to risks from significantly different economic environments. For example:

(a) an entity that trades financial instruments might disclose this information separately for financial instruments held for trading and those not held for trading;

(b) an entity would not aggregate its exposure to market risks from areas of hyperinflation with its exposure to the same market risks from areas of very low inflation.

If an entity has exposure to only one type of market risk in only one economic environment, it would not show disaggregated information.

Paragraph 40 (a) requires the sensitivity analysis to show the effect on profit or loss and equity of reasonably possible **B18** changes in the relevant risk variable (e.g. prevailing market interest rates, currency rates, equity prices or commodity prices). For this purpose:

(a) entities are not required to determine what the profit or loss for the period would have been if relevant risk variables had been different. Instead, entities disclose the effect on profit or loss and equity at the end of the reporting period assuming that a reasonably possible change in the relevant risk variable had occurred at the end of the reporting period and had been applied to the risk exposures in existence at that date. For example, if an entity has a floating rate liability at the end of the year, the entity would disclose the effect on profit or loss (i.e. interest expense) for the current year if interest rates had varied by reasonably possible amounts;

(b) entities are not required to disclose the effect on profit or loss and equity for each change within a range of reasonably possible changes of the relevant risk variable. Disclosure of the effects of the changes at the limits of the reasonably possible range would be sufficient.

In determining what a reasonably possible change in the relevant risk variable is, an entity should consider: **B19**

(a) the economic environments in which it operates. A reasonably possible change should not include remote or 'worst case' scenarios or 'stress tests'. Moreover, if the rate of change in the underlying risk variable is stable, the entity need not alter the chosen reasonably possible change in the risk variable. For example, assume that interest rates are 5 per cent and an entity determines that a fluctuation in interest rates of ± 50 basis points is reasonably possible. It would disclose the effect on profit or loss and equity if interest rates were to change to 4,5 per cent or 5,5 per cent. In the next period, interest rates have increased to 5,5 per cent. The entity continues to believe that interest rates may fluctuate by ± 50 basis points (i.e. that the rate of change in interest rates is stable). The entity would disclose the effect on profit or loss and equity if interest rates were to change to 5 per cent or 6 per cent. The entity would not be required to revise its assessment that interest rates might reasonably fluctuate by ± 50 basis points, unless there is evidence that interest rates have become significantly more volatile;

(b) the time frame over which it is making the assessment. The sensitivity analysis shall show the effects of changes that are considered to be reasonably possible over the period until the entity will next present these disclosures, which is usually its next annual reporting period.

Paragraph 41 permits an entity to use a sensitivity analysis that reflects interdependencies between risk variables, such as **B20** a value-at-risk methodology, if it uses this analysis to manage its exposure to financial risks. This applies even if such a methodology measures only the potential for loss and does not measure the potential for gain. Such an entity might comply with paragraph 41 (a) by disclosing the type of value-at-risk model used (e.g. whether the model relies on Monte Carlo simulations), an explanation about how the model works and the main assumptions (e.g. the holding period and confidence level). Entities might also disclose the historical observation period and weightings applied to observations within that period, an explanation of how options are dealt with in the calculations, and which volatilities and correlations (or, alternatively, Monte Carlo probability distribution simulations) are used.

An entity shall provide sensitivity analyses for the whole of its business, but may provide different types of sensitivity **B21** analysis for different classes of financial instruments.

Interest rate risk

Interest rate risk arises on interest-bearing financial instruments recognised in the statement of financial position (e.g. **B22** loans and receivables and debt instruments issued) and on some financial instruments not recognised in the statement of financial position (e.g. some loan commitments).

Currency risk

Currency risk (or foreign exchange risk) arises on financial instruments that are denominated in a foreign currency, i.e. in **B23** a currency other than the functional currency in which they are measured. For the purpose of this IFRS, currency risk

Währungsrisiken nicht aus Finanzinstrumenten, die keine monetären Posten sind, noch aus Finanzinstrumenten, die auf die funktionale Währung lauten.

B24 Eine Sensitivitätsanalyse wird für jede Währung, deren Risiko ein Unternehmen besonders ausgesetzt ist, angegeben.

Sonstige Preisrisiken

B25 *Sonstige Preisrisiken* entstehen bei Finanzinstrumenten aufgrund von Änderungen der Warenpreise oder der Aktienkurse. Zur Erfüllung von Paragraph 40 könnte ein Unternehmen die Auswirkungen eines Rückgangs eines spezifischen Aktienmarktindex, von Warenpreisen oder anderen Risikovariablen angeben. Gewährt ein Unternehmen beispielsweise Restwertgarantien, die in Finanzinstrumenten bestehen, so gibt das Unternehmen eine Wertsteigerung oder einen Wertrückgang der Vermögenswerte an, auf die sich die Garantien beziehen.

B26 Zwei Beispiele von Finanzinstrumenten, die zu Aktienkursrisiken führen, sind (a) ein Bestand an Aktien eines anderen Unternehmens und (b) eine Anlage in einen Fonds, der wiederum Investitionen in Eigenkapitalinstrumente hält. Zu den weiteren Beispielen gehören Terminkontrakte und Optionen zum Kauf oder Verkauf von bestimmten Mengen von Eigenkapitalinstrumenten sowie Swaps, die an Aktienkurse gebunden sind. Änderungen der Marktpreise der zugrunde liegenden Eigenkapitalinstrumente wirken sich auf die beizulegenden Zeitwerte dieser Finanzinstrumente aus.

B27 Gemäß Paragraph 40 (a) wird die Sensitivität des Gewinns und Verlustes (der beispielsweise aus Instrumenten, die erfolgswirksam zum beizulegenden Zeitwert eingestuft werden, und aus Wertminderungen von zur Veräußerung verfügbaren finanziellen Vermögenswerten stammt) getrennt von der Sensitivität des Eigenkapitals (das beispielsweise aus Instrumenten, die als zur Veräußerung verfügbar eingestuft werden, stammt) angegeben.

B28 Finanzinstrumente, die ein Unternehmen als Eigenkapitalinstrumente eingestuft hat, werden nicht neu bewertet. Das Aktienkursrisiko dieser Instrumente wirkt sich weder auf das Periodenergebnis noch auf das Eigenkapital aus. Demzufolge ist keine Sensitivitätsanalyse erforderlich.

AUSBUCHUNG (Paragraphen 42C–42H)

Anhaltendes Engagement (Paragraph 42C)

B29 Die Bewertung des anhaltenden Engagements an einem übertragenen finanziellen Vermögenswert für die Zwecke der in den Paragraphen 42E–42H festgelegten Angabepflichten erfolgt auf Ebene des berichtenden Unternehmens. Überträgt ein Tochterunternehmen beispielsweise einem nicht nahestehenden Dritten einen finanziellen Vermögenswert, an dem sein Mutterunternehmen ein anhaltendes Engagement besitzt, so bezieht das Tochterunternehmen (wenn es das berichtende Unternehmen ist) das Engagement des Mutterunternehmens in seinem separaten Abschluss nicht in die Bewertung ein, ob es ein anhaltendes Engagement an dem übertragenen Vermögenswert besitzt. Ein Mutterunternehmen würde dagegen (wenn das berichtende Unternehmen die Gruppe ist) in seinem Konzernabschluss sein anhaltendes Engagement (oder das eines anderen Mitglieds der Gruppe) an einem von seinem Tochterunternehmen übertragenen finanziellen Vermögenswert in die Bewertung der Frage einbeziehen, ob es an dem übertragenen Vermögenswert ein anhaltendes Engagement besitzt.

B30 Ein Unternehmen hat kein anhaltendes Engagement an einem übertragenen finanziellen Vermögenswert, wenn das Unternehmen im Rahmen der Übertragung weder vertragliche Rechte oder Pflichten, die mit dem übertragenen finanziellen Vermögenswert verbunden sind, behält noch neue Rechte oder Pflichten im Zusammenhang mit dem übertragenen finanziellen Vermögenswert erwirbt. Ein Unternehmen hat kein anhaltendes Engagement an einem übertragenen finanziellen Vermögenswert, wenn das Unternehmen weder ein Interesse an der künftigen Ertragsstärke des übertragenen finanziellen Vermögenswerts noch eine wie auch immer geartete Verpflichtung hat, zu einem künftigen Zeitpunkt Zahlungen in Bezug auf den übertragenen finanziellen Vermögenswert zu leisten. „Zahlungen" bezeichnet in diesem Zusammenhang keine Cashflows des übertragenen finanziellen Vermögenswerts, die das Unternehmen entgegennimmt und an den Empfänger weiterreichen muss.

B30A Überträgt ein Unternehmen einen finanziellen Vermögenswert, kann es dennoch das Recht behalten, diesen finanziellen Vermögenswert gegen eine Gebühr zu verwalten, die beispielsweise in einem Verwaltungs-/Abwicklungsvertrag festgelegt ist. Um festzustellen, ob ein Unternehmen aufgrund eines Verwaltungs-/Abwicklungsvertrags ein anhaltendes Engagement für die Zwecke der Angabepflichten hat, bewertet es diesen anhand der Leitlinien der Paragraphen 42C und B30. So hat beispielsweise ein Verwalter ein anhaltendes Engagement an einem übertragenen finanziellen Vermögenswert für die Zwecke der Angabepflichten, wenn die Verwaltungs-/Abwicklungsgebühr vom Betrag oder dem Eintrittszeitpunkt der Cashflows des übertragenen finanziellen Vermögenswerts abhängt. Analog dazu hat ein Verwalter ein anhaltendes Engagement für die Zwecke der Angabepflichten, wenn ein festes Entgelt wegen Ertragsschwäche des übertragenen finanziellen Vermögenswerts nicht in voller Höhe gezahlt wird. In diesen Beispielen hat der Verwalter ein Interesse an der künftigen Ertragsstärke des übertragenen finanziellen Vermögenswerts. Bei der Bewertung spielt es keine Rolle, ob die Gebühr voraussichtlich eine angemessene Vergütung für die Verwaltung bzw. Abwicklung durch das Unternehmen darstellt.

does not arise from financial instruments that are non-monetary items or from financial instruments denominated in the functional currency.

A sensitivity analysis is disclosed for each currency to which an entity has significant exposure. **B24**

Other price risk

Other price risk arises on financial instruments because of changes in, for example, commodity prices or equity prices. To comply with paragraph 40, an entity might disclose the effect of a decrease in a specified stock market index, commodity price, or other risk variable. For example, if an entity gives residual value guarantees that are financial instruments, the entity discloses an increase or decrease in the value of the assets to which the guarantee applies. **B25**

Two examples of financial instruments that give rise to equity price risk are (a) a holding of equities in another entity, and (b) an investment in a trust that in turn holds investments in equity instruments. Other examples include forward contracts and options to buy or sell specified quantities of an equity instrument and swaps that are indexed to equity prices. The fair values of such financial instruments are affected by changes in the market price of the underlying equity instruments. **B26**

In accordance with paragraph 40 (a), the sensitivity of profit or loss (that arises, for example, from instruments classified as at fair value through profit or loss and impairments of available-for-sale financial assets) is disclosed separately from the sensitivity of equity (that arises, for example, from instruments classified as available for sale). **B27**

Financial instruments that an entity classifies as equity instruments are not remeasured. Neither profit or loss nor equity will be affected by the equity price risk of those instruments. Accordingly, no sensitivity analysis is required. **B28**

DERECOGNITION (paragraphs 42C—42H)

Continuing involvement (paragraph 42C)

The assessment of continuing involvement in a transferred financial asset for the purposes of the disclosure requirements in paragraphs 42E—42H is made at the level of the reporting entity. For example, if a subsidiary transfers to an unrelated third party a financial asset in which the parent of the subsidiary has continuing involvement, the subsidiary does not include the parent's involvement in the assessment of whether it has continuing involvement in the transferred asset in its stand-alone financial statements (i.e. when the subsidiary is the reporting entity). However, a parent would include its continuing involvement (or that of another member of the group) in a financial asset transferred by its subsidiary in determining whether it has continuing involvement in the transferred asset in its consolidated financial statements (i.e. when the reporting entity is the group). **B29**

An entity does not have a continuing involvement in a transferred financial asset if, as part of the transfer, it neither retains any of the contractual rights or obligations inherent in the transferred financial asset nor acquires any new contractual rights or obligations relating to the transferred financial asset. An entity does not have continuing involvement in a transferred financial asset if it has neither an interest in the future performance of the transferred financial asset nor a responsibility under any circumstances to make payments in respect of the transferred financial asset in the future. The term 'payment' in this context does not include cash flows of the transferred financial asset that an entity collects and is required to remit to the transferee. **B30**

When an entity transfers a financial asset, the entity may retain the right to service that financial asset for a fee that is included in, for example, a servicing contract. The entity assesses the servicing contract in accordance with the guidance in paragraphs 42C and B30 to decide whether the entity has continuing involvement as a result of the servicing contract for the purposes of the disclosure requirements. For example, a servicer will have continuing involvement in the transferred financial asset for the purposes of the disclosure requirements if the servicing fee is dependent on the amount or timing of the cash flows collected from the transferred financial asset. Similarly, a servicer has continuing involvement for the purposes of the disclosure requirements if a fixed fee would not be paid in full because of non-performance of the transferred financial asset. In these examples, the servicer has an interest in the future performance of the transferred financial asset. This assessment is independent of whether the fee to be received is expected to compensate the entity adequately for performing the servicing. **B30A**

B31 Anhaltendes Engagement an einem übertragenen finanziellen Vermögenswert kann aus vertraglichen Bestimmungen in der Übertragungsvereinbarung oder einer gesonderten Vereinbarung resultieren, die im Zusammenhang mit der Übertragung mit dem Empfänger oder einem Dritten geschlossen wurde.

Übertragene, aber nicht vollständig ausgebuchte finanzielle Vermögenswerte

B32 Paragraph 42D schreibt Angaben vor, wenn die übertragenen finanziellen Vermögenswerte die Kriterien für eine Ausbuchung nicht oder nur teilweise erfüllen. Diese Angaben sind unabhängig vom Übertragungszeitpunkt zu jedem Berichtsstichtag vorzulegen, zu dem das Unternehmen die übertragenen finanziellen Vermögenswerte weiterhin erfasst.

Klassifizierung anhaltender Engagements (Paragraphen 42E–42H)

B33 Die Paragraphen 42E–42H schreiben für jede Klasse von anhaltendem Engagement an ausgebuchten finanziellen Vermögenswerten qualitative und quantitative Angaben vor. Ein Unternehmen hat seine anhaltenden Engagements verschiedenen Klassen zuzuordnen, die für das Risikoprofil des Unternehmens repräsentativ sind. So kann ein Unternehmen seine anhaltenden Engagements beispielsweise nach Klassen von Finanzinstrumenten (wie Garantien oder Kaufoptionen) oder nach Art der Übertragung (wie Forderungsankauf, Verbriefung oder Wertpapierleihe) gruppieren.

Restlaufzeitanalyse für undiskontierte Zahlungsabflüsse zum Rückkauf übertragener Vermögenswerte (Paragraph 42E Buchstabe (e))

B34 Paragraph 42E Buchstabe (e) verpflichtet die Unternehmen zur Vorlage einer Restlaufzeitanalyse für die undiskontierten Zahlungsabflüsse zum Rückkauf ausgebuchter finanzieller Vermögenswerte oder für sonstige Beträge, die in Bezug auf die ausgebuchten Vermögenswerte an den Empfänger zu zahlen sind, der die vertraglichen Restlaufzeiten des anhaltenden Engagements des Unternehmens zu entnehmen sind. Bei dieser Analyse ist zwischen Zahlungen, die geleistet werden müssen (wie bei Terminkontrakten), Zahlungen, die das Unternehmen möglicherweise leisten muss (wie bei geschriebenen Verkaufsoptionen) und Zahlungen, zu denen das Unternehmen sich entschließen könnte (wie bei erworbenen Kaufoptionen) zu unterscheiden.

B35 Für die in Paragraph 42E Buchstabe (e) vorgeschriebene Restlaufzeitanalyse bestimmt ein Unternehmen nach eigenem Ermessen eine angemessene Zahl von Zeitbändern. So könnte es beispielsweise die folgenden Zeitbänder als angemessen festlegen:
(a) Restlaufzeit von maximal einem Monat,
(b) Restlaufzeit zwischen einem und drei Monaten,
(c) Restlaufzeit zwischen drei und sechs Monaten,
(d) Restlaufzeit zwischen sechs Monaten und einem Jahr,
(e) Restlaufzeit zwischen einem und drei Jahren,
(f) Restlaufzeit zwischen drei und fünf Jahren und
(g) Restlaufzeit von mehr als fünf Jahren.

B36 Bei mehreren möglichen Restlaufzeiten wird bei den Cashflows vom frühestmöglichen Zeitpunkt ausgegangen, zu dem die Zahlung vom Unternehmen verlangt oder dem Unternehmen die Zahlung gestattet werden kann.

Qualitative Angaben (Paragraph 42E Buchstabe (f))

B37 Die in Paragraph 42E Buchstabe (f) verlangten qualitativen Angaben umfassen eine Beschreibung der ausgebuchten finanziellen Vermögenswerte sowie eine Beschreibung von Art und Zweck des anhaltenden Engagements, das das Unternehmen nach Übertragung dieser Vermögenswerte behält. Sie umfassen ferner eine Beschreibung der Risiken für das Unternehmen. Dazu zählen u. a.:
(a) eine Beschreibung, wie das Unternehmen das mit seinem anhaltenden Engagement an den ausgebuchten finanziellen Vermögenswerten verbundene Risiko kontrolliert.
(b) ob das Unternehmen vor anderen Parteien Verluste übernehmen muss, sowie Rangfolge und Höhe der Verluste, die von Parteien getragen werden, deren Engagement an dem Vermögenswert rangniedriger ist als das des Unternehmens (d. h. als dessen anhaltendes Engagement).
(c) eine Beschreibung aller etwaigen Auslöser, die zur Leistung finanzieller Unterstützung oder zum Rückkauf eines übertragenen finanziellen Vermögenswerts verpflichten.

Gewinn oder Verlust bei Ausbuchung (Paragraph 42G Buchstabe (a))

B38 Paragraph 42G Buchstabe (a) verpflichtet die Unternehmen zur Angabe von Gewinnen oder Verlusten, die bei Ausbuchung finanzieller Vermögenswerte, an denen sie ein anhaltendes Engagement besitzen, entstehen. Dabei ist anzugeben, ob dieser Gewinn oder Verlust darauf zurückzuführen ist, dass den Komponenten des zuvor angesetzten Vermögenswerts (d. h. dem Engagement an dem ausgebuchten Vermögenswert und dem vom Unternehmen zurückbehaltenen Engagement) ein anderer Zeitwert beigemessen wurde als dem zuvor angesetzten Vermögenswert als Ganzem. In einem solchen Fall hat das Unternehmen ebenfalls anzugeben, ob bei den Bewertungen zum beizulegenden Zeitwert in erheblichem Umfang auf Daten zurückgegriffen wurde, die sich nicht – wie in Paragraph 27A beschrieben – auf beobachtbare Marktdaten stützen.

Continuing involvement in a transferred financial asset may result from contractual provisions in the transfer agreement **B31** or in a separate agreement with the transferee or a third party entered into in connection with the transfer.

Transferred financial assets that are not derecognised in their entirety

Paragraph 42D requires disclosures when part or all of the transferred financial assets do not qualify for derecognition. **B32** Those disclosures are required at each reporting date at which the entity continues to recognise the transferred financial assets, regardless of when the transfers occurred.

Types of continuing involvement (paragraphs 42E—42H)

Paragraphs 42E—42H require qualitative and quantitative disclosures for each type of continuing involvement in de- **B33** recognised financial assets. An entity shall aggregate its continuing involvement into types that are representative of the entity's exposure to risks. For example, an entity may aggregate its continuing involvement by type of financial instrument (e.g. guarantees or call options) or by type of transfer (e.g. factoring of receivables, securitisations and securities lending).

Maturity analysis for undiscounted cash outflows to repurchase transferred assets (paragraph 42E (e))

Paragraph 42E (e) requires an entity to disclose a maturity analysis of the undiscounted cash outflows to repurchase dere- **B34** cognised financial assets or other amounts payable to the transferee in respect of the derecognised financial assets, show-ing the remaining contractual maturities of the entity's continuing involvement. This analysis distinguishes cash flows that are required to be paid (e.g. forward contracts), cash flows that the entity may be required to pay (e.g. written put options) and cash flows that the entity might choose to pay (e.g. purchased call options).

An entity shall use its judgement to determine an appropriate number of time bands in preparing the maturity analysis required **B35** by paragraph 42E (e). For example, an entity might determine that the following maturity time bands are appropriate:
(a)   not later than one month;
(b)   later than one month and not later than three months;
(c)   later than three months and not later than six months;
(d)   later than six months and not later than one year;
(e)   later than one year and not later than three years;
(f)   later than three years and not later than five years; and
(g)   more than five years.

If there is a range of possible maturities, the cash flows are included on the basis of the earliest date on which the entity **B36** can be required or is permitted to pay.

Qualitative information (paragraph 42E (f))

The qualitative information required by paragraph 42E (f) includes a description of the derecognised financial assets and **B37** the nature and purpose of the continuing involvement retained after transferring those assets. It also includes a descrip-tion of the risks to which an entity is exposed, including:
(a)   a description of how the entity manages the risk inherent in its continuing involvement in the derecognised financial assets;
(b)   whether the entity is required to bear losses before other parties, and the ranking and amounts of losses borne by parties whose interests rank lower than the entity's interest in the asset (ie its continuing involvement in the asset);
(c)   a description of any triggers associated with obligations to provide financial support or to repurchase a transferred financial asset.

Gain or loss on derecognition (paragraph 42G (a))

Paragraph 42G (a) requires an entity to disclose the gain or loss on derecognition relating to financial assets in which the **B38** entity has continuing involvement. The entity shall disclose if a gain or loss on derecognition arose because the fair values of the components of the previously recognised asset (ie the interest in the asset derecognised and the interest retained by the entity) were different from the fair value of the previously recognised asset as a whole. In that situation, the entity also shall disclose whether the fair value measurements included significant inputs that were not based on observable market data, as described in paragraph 27A.

Ergänzende Informationen (Paragraph 42H)

B39 Die in den Paragraphen 42D–42G verlangten Angaben reichen möglicherweise nicht aus, um die in Paragraph 42B genannten Ziele zu erreichen. Sollte dies der Fall sein, hat ein Unternehmen so viel zusätzliche Angaben zu liefern, wie zur Erreichung dieser Ziele erforderlich. Das Unternehmen hat mit Blick auf seine Lage zu entscheiden, wie viele zusätzliche Informationen es vorlegen muss, um den Informationsbedarf der Abschlussadressaten zu decken und wie viel Gewicht es auf einzelne Aspekte dieser zusätzlichen Informationen legt. Dabei dürfen die Abschlüsse weder mit zu vielen Details überfrachtet werden, die den Abschlussadressaten möglicherweise nur wenig nützen, noch dürfen Informationen durch zu starke Verdichtung verschleiert werden.

Saldierung von finanziellen Vermögenswerten und finanziellen Verbindlichkeiten (Paragraphen 13A–13F)

Anwendungsbereich (Paragraph 13A)

B40 Die Angaben in den Paragraphen 13B–13E sind für alle erfassten Finanzinstrumente vorgeschrieben, die nach IAS 32 Paragraph 42 saldiert werden. Zudem fallen Finanzinstrumente in den Anwendungsbereich der Angabepflichten gemäß der Paragraphen 13B–13E, wenn sie einer rechtlich durchsetzbaren Globalnettingvereinbarung oder einer ähnlichen Vereinbarung unterliegen, die ähnliche Finanzinstrumente und Transaktionen abdeckt, unabhängig davon, ob die Finanzinstrumente gemäß IAS 32 Paragraph 42 saldiert werden.

B41 Zu den in den Paragraphen 13A und B40 genannten ähnlichen Vereinbarungen zählen Clearingvereinbarungen für Derivate, Globalrückkaufvereinbarungen, Globalwertpapierleihvereinbarungen und alle mit Finanzsicherheiten einhergehenden Rechte. Die in Paragraph B40 genannten ähnlichen Finanzinstrumente und Transaktionen umfassen Derivate, Verkaufs- und Rückkaufsvereinbarungen, umgekehrte Verkaufs- und Rückkaufsvereinbarungen, Wertpapierleihegeschäfte und Wertpapierverleihvereinbarungen. Beispiele für Finanzinstrumente, die nicht in den Anwendungsbereich von Paragraph 13A fallen, sind Darlehen und Kundeneinlagen bei demselben Institut (es sei denn, sie werden in der Bilanz saldiert) und Finanzinstrumente, die lediglich einer Sicherheitenvereinbarung unterliegen.

Angabe quantitativer Informationen zu bilanzierten finanziellen Vermögenswerten und bilanzierten finanziellen Verbindlichkeiten, die in den Anwendungsbereich von Paragraph 13A (Paragraph 13C) fallen

B42 Nach Paragraph 13C angegebene Finanzinstrumente können unterschiedlichen Bewertungsanforderungen unterliegen (so kann z. B. eine Verbindlichkeit im Zusammenhang mit einer Rückkaufsvereinbarung zu fortgeführten Anschaffungskosten bewertet werden, während ein Derivat zum beizulegenden Zeitwert bewertet wird). Ein Unternehmen hat Instrumente zu ihren erfassten Beträgen auszuweisen und etwaige sich ergebende Bewertungsunterschiede unter den entsprechenden Angaben zu beschreiben.

Veröffentlichung von Bruttobeträgen der erfassten finanziellen Vermögenswerte und erfassten finanziellen Verbindlichkeiten, die in den Anwendungsbereich von Paragraph 13A (Paragraph 13C (a)) fallen

B43 Die gemäß Paragraph 13C (a) geforderten Beträge beziehen sich auf bilanzierte Finanzinstrumente, die gemäß IAS 32 Paragraph 42 saldiert werden. Die gemäß Paragraph 13C (a) geforderten Beträge beziehen sich auch auf bilanzierte Finanzinstrumente, die einer rechtlich durchsetzbaren Globalnettingvereinbarung oder einer ähnlichen Vereinbarung unterliegen, unabhängig davon, ob sie die Saldierungskriterien erfüllen. Allerdings beziehen sich die Angaben nach Paragraph 13C (a) nicht auf Beträge, die infolge von Sicherheitenvereinbarungen erfasst werden, welche den Saldierungskriterien von IAS 32 Paragraph 42 nicht genügen. Stattdessen müssen diese Beträge gemäß Paragraph 13C (d) angegeben werden.

Angabe von Beträgen, die gemäß der Kriterien von IAS 32 Paragraph 42 saldiert werden (Paragraph 13C (b))

B44 Paragraph 13C (b) sieht vor, dass Unternehmen die Beträge, die gemäß IAS 32 Paragraph 42 saldiert werden, angeben, wenn es um die Festlegung der in der Bilanz ausgewiesenen Nettobeträge geht. Die Beträge sowohl bilanzierter finanzieller Vermögenswerte als auch bilanzierter finanzieller Verbindlichkeiten, die einer Saldierung im Rahmen ein- und derselben Vereinbarung unterliegen, werden sowohl unter den Angaben zu finanziellen Vermögenswerten als auch zu finanziellen Verbindlichkeiten angegeben. Allerdings sind die angegebenen Beträge (z. B. in einer Tabelle) auf die Beträge beschränkt, die einer Saldierung unterliegen. So kann ein Unternehmen beispielsweise einen erfassten derivativen Vermögenswert und eine erfasste derivative Verbindlichkeit ausweisen, die die Saldierungskriterien von IAS 32 Paragraph 42 erfüllen. Übersteigt der Bruttobetrag des derivativen Vermögenswerts den Bruttobetrag der derivativen Verbindlichkeit, erfasst die Offenlegungstabelle für finanzielle Vermögenswerte den Gesamtbetrag des derivativen Vermögenswerts (gemäß Paragraph 13C (a)) und den Gesamtbetrag der derivativen Verbindlichkeit (gemäß Paragraph 13C (b)). Dagegen erfasst die Offenlegungstabelle für finanzielle Verbindlichkeiten zwar den Gesamtbetrag der derivativen Verbindlichkeit (gemäß Paragraph 13C (a)), den Betrag des derivativen Vermögenswerts (im Sinne von Paragraph 13C (b)) aber nur in dem Umfang, der dem Betrag der derivativen Verbindlichkeit entspricht.

Supplementary information (paragraph 42H)

The disclosures required in paragraphs 42D—42G may not be sufficient to meet the disclosure objectives in paragraph **B39** 42B. If this is the case, the entity shall disclose whatever additional information is necessary to meet the disclosure objectives. The entity shall decide, in the light of its circumstances, how much additional information it needs to provide to satisfy the information needs of users and how much emphasis it places on different aspects of the additional information. It is necessary to strike a balance between burdening financial statements with excessive detail that may not assist users of financial statements and obscuring information as a result of too much aggregation.

Offsetting financial assets and financial liabilities (paragraphs 13A—13F)

Scope (paragraph 13A)

The disclosures in paragraphs 13B—13E are required for all recognised financial instruments that are set off in accor- **B40** dance with paragraph 42 of IAS 32. In addition, financial instruments are within the scope of the disclosure requirements in paragraphs 13B—13E if they are subject to an enforceable master netting arrangement or similar agreement that covers similar financial instruments and transactions, irrespective of whether the financial instruments are set off in accordance with paragraph 42 of IAS 32.

The similar agreements referred to in paragraphs 13A and B40 include derivative clearing agreements, global master **B41** repurchase agreements, global master securities lending agreements, and any related rights to financial collateral. The similar financial instruments and transactions referred to in paragraph B40 include derivatives, sale and repurchase agreements, reverse sale and repurchase agreements, securities borrowing, and securities lending agreements. Examples of financial instruments that are not within the scope of paragraph 13A are loans and customer deposits at the same institution (unless they are set off in the statement of financial position), and financial instruments that are subject only to a collateral agreement.

Disclosure of quantitative information for recognised financial assets and recognised financial liabilities within the scope of paragraph 13A (paragraph 13C)

Financial instruments disclosed in accordance with paragraph 13C may be subject to different measurement requirements **B42** (for example, a payable related to a repurchase agreement may be measured at amortised cost, while a derivative will be measured at fair value). An entity shall include instruments at their recognised amounts and describe any resulting measurement differences in the related disclosures.

Disclosure of the gross amounts of recognised financial assets and recognised financial liabilities within the scope of paragraph 13A (paragraph 13C (a))

The amounts required by paragraph 13C (a) relate to recognised financial instruments that are set off in accordance with **B43** paragraph 42 of IAS 32. The amounts required by paragraph 13C (a) also relate to recognised financial instruments that are subject to an enforceable master netting arrangement or similar agreement irrespective of whether they meet the offsetting criteria. However, the disclosures required by paragraph 13C (a) do not relate to any amounts recognised as a result of collateral agreements that do not meet the offsetting criteria in paragraph 42 of IAS 32. Instead, such amounts are required to be disclosed in accordance with paragraph 13C (d).

Disclosure of the amounts that are set off in accordance with the criteria in paragraph 42 of IAS 32 (paragraph 13C (b))

Paragraph 13C (b) requires that entities disclose the amounts set off in accordance with paragraph 42 of IAS 32 when **B44** determining the net amounts presented in the statement of financial position. The amounts of both the recognised financial assets and the recognised financial liabilities that are subject to set-off under the same arrangement will be disclosed in both the financial asset and financial liability disclosures. However, the amounts disclosed (in, for example, a table) are limited to the amounts that are subject to set-off. For example, an entity may have a recognised derivative asset and a recognised derivative liability that meet the offsetting criteria in paragraph 42 of IAS 32. If the gross amount of the derivative asset is larger than the gross amount of the derivative liability, the financial asset disclosure table will include the entire amount of the derivative asset (in accordance with paragraph 13C (a)) and the entire amount of the derivative liability (in accordance with paragraph 13C (b)). However, while the financial liability disclosure table will include the entire amount of the derivative liability (in accordance with paragraph 13C (a)), it will only include the amount of the derivative asset (in accordance with paragraph 13C (b)) that is equal to the amount of the derivative liability.

Angabe von in der Bilanz ausgewiesenen Nettobeträgen (Paragraph 13C (c))

B45 Besitzt ein Unternehmen Instrumente, die in den Anwendungsbereich dieser Angaben fallen (wie in Paragraph 13A erläutert), die aber nicht die Saldierungskriterien nach IAS 32 Paragraph 42 erfüllen, entsprechen die Beträge, die gemäß Paragraph 13C (c) anzugeben wären, den gemäß Paragraph 13C (a) anzugebenden Beträgen.

B46 Die gemäß Paragraph 13C (c) anzugebenden Beträge müssen mit den einzelnen Posten der Bilanz abgestimmt werden. Beschließt ein Unternehmen z. B., dass die Zusammenfassung oder Teilung einzelner Bilanzposten einschlägigere Informationen beibringt, muss es die zusammengefassten oder geteilten Beträge, die in Paragraph 13C (c) angegeben sind, mit den einzelnen Posten der Bilanz abstimmen.

Angabe der Beträge, die im Sinne einer Globalnettingvereinbarung oder vergleichbaren Vereinbarung rechtlich durchsetzbar und nicht anderweitig Gegenstand von Paragraph 13C (b) sind (Paragraph 13C (d))

B47 Paragraph 13C (d) sieht vor, dass Unternehmen Beträge angeben, die im Sinne einer Globalnettingvereinbarung oder vergleichbaren Vereinbarung rechtlich durchsetzbar und nicht anderweitig Gegenstand von Paragraph 13C (b) sind. Paragraph 13C (d) (i) betrifft Beträge im Zusammenhang mit bilanzierten Finanzinstrumenten, die einige oder sämtliche Saldierungskriterien von IAS 32 Paragraph 42 nicht erfüllen (z. B. ein derzeitiger Rechtsanspruch auf Saldierung, der das Kriterium von IAS 32 Paragraph 42 (b) nicht erfüllt, oder bedingte Rechte zur Saldierung, die lediglich im Falle eines Ausfalls oder einer Insolvenz oder eines Konkurses einer Gegenpartei rechtlich durchsetzbar und ausübbar werden).

B48 Paragraph 13C (d) (ii) bezieht sich auf die Beträge, die im Zusammenhang mit Finanzsicherheiten stehen, einschließlich erhaltener oder verpfändeter Barsicherheiten. Ein Unternehmen hat den beizulegenden Zeitwert solcher Finanzinstrumente anzugeben, die verpfändet oder als Sicherheit erhalten wurden. Die gemäß Paragraph 13C (d) (ii) angegebenen Beträge sollten sich auf die derzeit erhaltene oder verpfändete Sicherheit beziehen und nicht auf sich daraus ergebende Forderungen oder Verbindlichkeiten, die dazu erfasst werden, derartige Sicherheiten zurückzuerstatten oder zurückzuerhalten.

Beschränkungen der in Paragraph 13C (d) (Paragraph 13D) angegebenen Beträge

B49 Bei der Angabe von Beträgen gemäß Paragraph 13C (d) muss ein Unternehmen die Auswirkungen einer Übersicherung durch ein Finanzinstrument berücksichtigen. Dazu muss das Unternehmen zunächst die gemäß Paragraph 13C (d) (i) angegebenen Beträge von dem gemäß Paragraph 13C (c) angegebenen Betrag abziehen. Das Unternehmen beschränkt sodann die gemäß Paragraph 13C (d) (ii) angegebenen Beträge auf den gemäß Paragraph 13C (c) für das entsprechende Finanzinstrument angegebenen Betrag. Sind jedoch Rechte an einer Sicherheit über Finanzinstrumente rechtlich durchsetzbar, können diese Rechte in die Angaben gemäß Paragraph 13D aufgenommen werden.

Beschreibung der Rechte an einer Saldierung, die rechtlich durchsetzbaren Globalnettingvereinbarungen und ähnlichen Vereinbarungen unterliegen (Paragraph 13E)

B50 Ein Unternehmen hat die Arten von Rechten an Saldierungsvereinbarungen und ähnlichen Vereinbarungen, die gemäß Paragraph 13C (d) angegeben werden, einschließlich der Wesensart dieser Rechte zu beschreiben. So hat ein Unternehmen z. B. seine bedingten Rechte zu beschreiben. Bei Instrumenten, die Saldierungsrechten unterliegen, welche nicht an ein künftiges Ereignis gebunden sind, aber nicht die übrigen Kriterien von IAS 32 Paragraph 42 erfüllen, hat ein Unternehmen den Grund bzw. die Gründe zu beschreiben, aufgrund derer die Kriterien nicht erfüllt werden. Bei jeder erhaltenen oder verpfändeten Finanzsicherheit hat ein Unternehmen die Bedingungen der Sicherheitenvereinbarung (z. B. den Fall, in dem die Sicherheit beschränkt ist) zu beschreiben.

Angaben nach Art des Finanzinstruments oder Gegenpartei

B51 Die gemäß Paragraph 13C (a)–(e) geforderten quantitativen Angaben können nach Art von Finanzinstrumenten oder Transaktionen gegliedert werden (z. B. Derivate, Pensionsgeschäfte, umgekehrte Pensionsgeschäfte, Wertpapierleihgeschäften und Wertpapierverleihvereinbarungen).

B52 Alternativ dazu kann ein Unternehmen die quantitativen Angaben gemäß Paragraph 13C (a)–(c) nach Art des Finanzinstruments und die quantitativen Angaben gemäß Paragraph 13C (c)–(e) nach der jeweiligen Gegenpartei gliedern. Bringt ein Unternehmen die geforderten Informationen nach der jeweiligen Gegenpartei bei, ist das Unternehmen nicht gehalten, die Gegenparteien namentlich zu nennen. Dennoch muss die Bestimmung der Gegenparteien (Gegenpartei A, Gegenpartei B, Gegenpartei C usw.) von einem Jahr zum anderen über die dargestellten Jahre schlüssig sein, um die Vergleichbarkeit zu wahren. Qualitative Angaben sind so zu betrachten, dass weitere Informationen über die Arten der Gegenparteien ableitbar sind. Werden Beträge gemäß Paragraph 13C (c)–(e) nach Gegenpartei gegliedert angegeben, sind die Beträge, die im Vergleich zum Gesamtbetrag aller Gegenparteien wesentlich sind, getrennt anzugeben, und die übrigen, im Einzelnen unwesentlichen Beträge sind in einem Posten zusammenzufassen.

Sonstige

B53 Die spezifischen Angaben gemäß der Paragraphen 13C–13E sind Mindestanforderungen. Um das Ziel von Paragraph 13B zu erfüllen, muss ein Unternehmen unter Umständen zusätzliche (qualitative) Angaben machen, je nachdem, wie die Bedingungen der rechtlich durchsetzbaren Globalnettingvereinbarungen und damit zusammenhängenden Vereinbarungen ausgestaltet sind, einschließlich Angaben zur Wesensart der Saldierungsrechte und ihren Auswirkungen oder potenziellen Auswirkungen auf die Vermögenslage des Unternehmens.

Disclosure of the net amounts presented in the statement of financial position (paragraph 13C (c))

If an entity has instruments that meet the scope of these disclosures (as specified in paragraph 13A), but that do not meet **B45** the offsetting criteria in paragraph 42 of IAS 32, the amounts required to be disclosed by paragraph 13C (c) would equal the amounts required to be disclosed by paragraph 13C (a).

The amounts required to be disclosed by paragraph 13C (c) must be reconciled to the individual line item amounts pre- **B46** sented in the statement of financial position. For example, if an entity determines that the aggregation or disaggregation of individual financial statement line item amounts provides more relevant information, it must reconcile the aggregated or disaggregated amounts disclosed in paragraph 13C (c) back to the individual line item amounts presented in the statement of financial position.

Disclosure of the amounts subject to an enforceable master netting arrangement or similar agreement that are not otherwise included in paragraph 13C (b) (paragraph 13C (d))

Paragraph 13C (d) requires that entities disclose amounts that are subject to an enforceable master netting arrangement **B47** or similar agreement that are not otherwise included in paragraph 13C (b). Paragraph 13C (d) (i) refers to amounts related to recognised financial instruments that do not meet some or all of the offsetting criteria in paragraph 42 of IAS 32 (for example, current rights of set-off that do not meet the criterion in paragraph 42 (b) of IAS 32, or conditional rights of set-off that are enforceable and exercisable only in the event of default, or only in the event of insolvency or bankruptcy of any of the counterparties).

Paragraph 13C (d) (ii) refers to amounts related to financial collateral, including cash collateral, both received and **B48** pledged. An entity shall disclose the fair value of those financial instruments that have been pledged or received as collateral. The amounts disclosed in accordance with paragraph 13C (d) (ii) should relate to the actual collateral received or pledged and not to any resulting payables or receivables recognised to return or receive back such collateral.

Limits on the amounts disclosed in paragraph 13C (d) (paragraph 13D)

When disclosing amounts in accordance with paragraph 13C (d), an entity must take into account the effects of over- **B49** collateralisation by financial instrument. To do so, the entity must first deduct the amounts disclosed in accordance with paragraph 13C (d) (i) from the amount disclosed in accordance with paragraph 13C (c). The entity shall then limit the amounts disclosed in accordance with paragraph 13C (d) (ii) to the remaining amount in paragraph 13C (c) for the related financial instrument. However, if rights to collateral can be enforced across financial instruments, such rights can be included in the disclosure provided in accordance with paragraph 13D.

Description of the rights of set-off subject to enforceable master netting arrangements and similar agreements (paragraph 13E)

An entity shall describe the types of rights of set-off and similar arrangements disclosed in accordance with paragraph **B50** 13C (d), including the nature of those rights. For example, an entity shall describe its conditional rights. For instruments subject to rights of set-off that are not contingent on a future event but that do not meet the remaining criteria in paragraph 42 of IAS 32, the entity shall describe the reason(s) why the criteria are not met. For any financial collateral received or pledged, the entity shall describe the terms of the collateral agreement (for example, when the collateral is restricted).

Disclosure by type of financial instrument or by counterparty

The quantitative disclosures required by paragraph 13C (a)—(e) may be grouped by type of financial instrument or trans- **B51** action (for example, derivatives, repurchase and reverse repurchase agreements or securities borrowing and securities lending agreements).

Alternatively, an entity may group the quantitative disclosures required by paragraph 13C (a)—(c) by type of financial **B52** instrument, and the quantitative disclosures required by paragraph 13C (c)—(e) by counterparty. If an entity provides the required information by counterparty, the entity is not required to identify the counterparties by name. However, designation of counterparties (Counterparty A, Counterparty B, Counterparty C, etc) shall remain consistent from year to year for the years presented to maintain comparability. Qualitative disclosures shall be considered so that further information can be given about the types of counterparties. When disclosure of the amounts in paragraph 13C (c)—(e) is provided by counterparty, amounts that are individually significant in terms of total counterparty amounts shall be separately disclosed and the remaining individually insignificant counterparty amounts shall be aggregated into one line item.

Other

The specific disclosures required by paragraphs 13C—13E are minimum requirements. To meet the objective in para- **B53** graph 13B an entity may need to supplement them with additional (qualitative) disclosures, depending on the terms of the enforceable master netting arrangements and related agreements, including the nature of the rights of set-off, and their effect or potential effect on the entity's financial position.

INTERNATIONAL FINANCIAL REPORTING STANDARD 8
Geschäftssegmente

GRUNDPRINZIP

1 Ein Unternehmen hat Informationen anzugeben, anhand derer Abschlussadressaten die Art und die finanziellen Auswirkungen der von ihm ausgeübten Geschäftstätigkeiten sowie das wirtschaftliche Umfeld, in dem es tätig ist, beurteilen können.

ANWENDUNGSBEREICH

2 Dieser IFRS ist anwendbar auf:
(a) den Einzelabschluss eines Unternehmens:
    (i) dessen Schuld- oder Eigenkapitalinstrumente an einem öffentlichen Markt gehandelt werden (d. h. einer inländischen oder ausländischen Börse oder einem OTC-Markt, einschließlich lokaler und regionaler Märkte); oder
    (ii) das seinen Abschluss einer Wertpapieraufsichtsbehörde oder einer anderen Regulierungsbehörde zwecks Emission beliebiger Kategorien von Instrumenten an einem öffentlichen Markt vorlegt; und
(b) den Konzernabschluss einer Gruppe mit einem Mutterunternehmen:
    (i) dessen Schuld- oder Eigenkapitalinstrumente an einem öffentlichen Markt gehandelt werden (d. h. einer inländischen oder ausländischen Börse oder einem OTC-Markt, einschließlich lokaler und regionaler Märkte); oder
    (ii) das seinen Konzernabschluss einer Wertpapieraufsichtsbehörde oder einer anderen Regulierungsbehörde zwecks Emission beliebiger Kategorien von Instrumenten an einem öffentlichen Markt vorlegt.

3 Entscheidet sich ein Unternehmen, das nicht zur Anwendung dieses IFRS verpflichtet ist, Informationen über Segmente anzugeben, die diesem IFRS nicht genügen, so darf es diese Informationen nicht als Segmentinformationen bezeichnen.

4 Enthält ein Geschäftsbericht sowohl den Konzernabschluss eines Mutternunternehmens, das in den Anwendungsbereich dieses IFRS fällt, als auch dessen Einzelabschluss, sind die Segmentinformationen lediglich im Konzernabschluss zu machen.

GESCHÄFTSSEGMENTE

5 Ein Geschäftssegment ist ein Unternehmensbestandteil:
(a) der Geschäftstätigkeiten betreibt, mit denen Umsatzerlöse erwirtschaftet werden und bei denen Aufwendungen anfallen können (einschließlich Umsatzerlöse und Aufwendungen im Zusammenhang mit Geschäftsvorfällen mit anderen Bestandteilen desselben Unternehmens),
(b) dessen Betriebsergebnisse regelmäßig von der verantwortlichen Unternehmensinstanz im Hinblick auf Entscheidungen über die Allokation von Ressourcen zu diesem Segment und die Bewertung seiner Ertragskraft überprüft werden; und
(c) für den separate Finanzinformationen vorliegen.

INTERNATIONAL FINANCIAL REPORTING STANDARD 8

Operating segments

CORE PRINCIPLE

An entity shall disclose information to enable users of its financial statements to evaluate the nature and financial effects **1** of the business activities in which it engages and the economic environments in which it operates.

SCOPE

This IFRS shall apply to: **2**
(a) the separate or individual financial statements of an entity:
    (i) whose debt or equity instruments are traded in a public market (a domestic or foreign stock exchange or an over-the-counter market, including local and regional markets); or
    (ii) that files, or is in the process of filing, its financial statements with a securities commission or other regulatory organisation for the purpose of issuing any class of instruments in a public market; and
(b) the consolidated financial statements of a group with a parent:
    (i) whose debt or equity instruments are traded in a public market (a domestic or foreign stock exchange or an over-the-counter market, including local and regional markets); or
    (ii) that files, or is in the process of filing, the consolidated financial statements with a securities commission or other regulatory organisation for the purpose of issuing any class of instruments in a public market.

If an entity that is not required to apply this IFRS chooses to disclose information about segments that does not comply **3** with this IFRS, it shall not describe the information as segment information.

If a financial report contains both the consolidated financial statements of a parent that is within the scope of this IFRS as **4** well as the parent's separate financial statements, segment information is required only in the consolidated financial statements.

OPERATING SEGMENTS

An operating segment is a component of an entity: **5**
(a) that engages in business activities from which it may earn revenues and incur expenses (including revenues and expenses relating to transactions with other components of the same entity);
(b) whose operating results are regularly reviewed by the entity's chief operating decision maker to make decisions about resources to be allocated to the segment and assess its performance; and
(c) for which discrete financial information is available.

Ein Geschäftssegment kann Geschäftstätigkeiten ausüben, für das es noch Umsatzerlöse erwirtschaften muss. So können z. B. Gründungstätigkeiten Geschäftssegmente vor der Erwirtschaftung von Umsatzerlösen sein.

6 Nicht jeder Teil eines Unternehmens ist notwendigerweise ein Geschäftssegment oder Teil eines Geschäftssegmentes. So kann/können z. B. der Hauptsitz eines Unternehmens oder einige wichtige Abteilungen überhaupt keine Umsatzerlöse erwirtschaften oder aber Umsatzerlöse, die nur gelegentlich für die Tätigkeiten des Unternehmens anfallen. In diesem Fall wären sie keine Geschäftssegmente. Im Sinne dieses IFRS sind Pläne für Leistungen nach Beendigung des Arbeitsverhältnisses keine Geschäftssegmente.

7 Der Begriff „verantwortliche Unternehmensinstanz" bezeichnet eine Funktion, bei der es sich nicht unbedingt um die eines Managers mit einer bestimmten Bezeichnung handeln muss. Diese Funktion besteht in der Allokation von Ressourcen für die Geschäftssegmente eines Unternehmens sowie der Bewertung ihrer Ertragskraft. Oftmals handelt es sich bei der verantwortlichen Unternehmensinstanz um den Vorsitzenden des Geschäftsführungsorgans oder um seinen „Chief Operating Officer". Allerdings kann es sich dabei auch um eine Gruppe geschäftsführender Direktoren oder sonstige handeln.

8 Viele Unternehmen grenzen ihre Geschäftssegmente anhand der drei in Paragraph 5 genannten Merkmale ab. Allerdings kann ein Unternehmen auch Berichte vorlegen, in denen die Geschäftstätigkeiten auf vielfältigste Art und Weise dargestellt werden. Verwendet die verantwortliche Unternehmensinstanz mehr als eine Reihe von Segmentinformationen, können andere Faktoren zur Identifizierung einer Reihe von Bereichen als die Geschäftssegmente des Unternehmens herangezogen werden. Dazu zählen die Wesensart der Geschäftstätigkeiten jedes Bereichs, das Vorhandensein von Führungskräften, die dafür verantwortlich sind, und die dem Geschäftsführungs- und/oder Aufsichtsorgan vorgelegten Informationen.

9 In der Regel hat ein Geschäftssegment ein Segmentmanagement, das direkt der verantwortlichen Unternehmensinstanz unterstellt ist und regelmäßige Kontakte mit ihr pflegt, um über die Tätigkeiten, die Finanzergebnisse, Prognosen oder Pläne für das betreffende Segment zu diskutieren. Der Begriff „Segmentmanagement" bezeichnet eine Funktion, bei der es sich nicht unbedingt um die eines Managers mit einer bestimmten Bezeichnung handeln muss. Die verantwortliche Unternehmensinstanz kann zugleich das Segmentmanagement für einige Geschäftssegmente sein. Ein einzelner Manager kann das Segmentmanagement für mehr als ein Geschäftssegment ausüben. Wenn die Merkmale von Paragraph 5 auf mehr als eine Reihe von Bereichen einer Organisation zutreffen, es aber nur eine Reihe gibt, für die das Segmentmanagement verantwortlich ist, so stellt diese Reihe von Bereichen die Geschäftssegmente dar.

10 Die Merkmale von Paragraph 5 können auf zwei oder mehrere sich überschneidende Reihen von Bereichen zutreffen, für die die Manager verantwortlich sind. Diese Struktur wird manchmal als eine Matrixorganisation bezeichnet. In einigen Unternehmen sind manche Manager beispielsweise für die unterschiedlichen Produkt- und Dienstleistungslinien weltweit verantwortlich, wohingegen andere Manager für bestimmte geografische Gebiete zuständig sind. Die verantwortliche Unternehmensinstanz überprüft die Betriebsergebnisse beider Reihen von Bereichen, für die beiderseits Finanzinformationen vorliegen. In einem solchen Fall bestimmt das Unternehmen unter Bezugnahme auf das Grundprinzip, welche Reihe von Bereichen die Geschäftssegmente darstellen.

BERICHTSPFLICHTIGE SEGMENTE

11 Ein Unternehmen berichtet gesondert über jedes Geschäftssegment, das:
   (a) gemäß den Paragraphen 5–10 abgegrenzt wurde oder das Ergebnis der Zusammenfassung von zwei oder mehreren dieser Segmente gemäß Paragraph 12 ist, und
   (b) die quantitativen Schwellenwerte von Paragraph 13 überschreitet.
   In den Paragraphen 14–19 werden andere Situationen angegeben, in denen gesonderte Informationen über ein Geschäftssegment vorgelegt werden müssen.

Kriterien für die Zusammenfassung

12 Die Geschäftssegmente weisen oftmals eine ähnliche langfristige Ertragsentwicklung auf, wenn sie vergleichbare wirtschaftliche Merkmale haben. z. B. geht man von ähnlichen langfristigen Durchschnittsbruttogewinnmargen bei zwei Geschäftssegmenten aus, wenn ihre wirtschaftlichen Merkmale vergleichbar sind. Zwei oder mehrere Geschäftssegmente können zu einem einzigen zusammengefasst werden, sofern die Zusammenfassung mit dem Grundprinzip dieses IFRS vereinbar ist, die Segmente vergleichbare wirtschaftliche Merkmale aufweisen und auch hinsichtlich jedes der nachfolgend genannten Aspekte vergleichbar sind:
   (a) Art der Produkte und Dienstleistungen;
   (b) Art der Produktionsprozesse;
   (c) Art oder Gruppe der Kunden für die Produkte und Dienstleistungen;
   (d) Methoden des Vertriebs ihrer Produkte oder der Erbringung von Dienstleistungen; und
   (e) falls erforderlich, Art der regulatorischen Rahmenbedingungen, z. B. im Bank- oder Versicherungswesen oder bei öffentlichen Versorgungsbetrieben.

An operating segment may engage in business activities for which it has yet to earn revenues, for example, start-up operations may be operating segments before earning revenues.

Not every part of an entity is necessarily an operating segment or part of an operating segment. For example, a corporate **6** headquarters or some functional departments may not earn revenues or may earn revenues that are only incidental to the activities of the entity and would not be operating segments. For the purposes of this IFRS, an entity's post-employment benefit plans are not operating segments.

The term 'chief operating decision maker' identifies a function, not necessarily a manager with a specific title. That function **7** is to allocate resources to and assess the performance of the operating segments of an entity. Often the chief operating decision maker of an entity is its chief executive officer or chief operating officer but, for example, it may be a group of executive directors or others.

For many entities, the three characteristics of operating segments described in paragraph 5 clearly identify its operating **8** segments. However, an entity may produce reports in which its business activities are presented in a variety of ways. If the chief operating decision maker uses more than one set of segment information, other factors may identify a single set of components as constituting an entity's operating segments, including the nature of the business activities of each component, the existence of managers responsible for them, and information presented to the board of directors.

Generally, an operating segment has a segment manager who is directly accountable to and maintains regular contact **9** with the chief operating decision maker to discuss operating activities, financial results, forecasts, or plans for the segment. The term 'segment manager' identifies a function, not necessarily a manager with a specific title. The chief operating decision maker also may be the segment manager for some operating segments. A single manager may be the segment manager for more than one operating segment. If the characteristics in paragraph 5 apply to more than one set of components of an organisation but there is only one set for which segment managers are held responsible, that set of components constitutes the operating segments.

The characteristics in paragraph 5 may apply to two or more overlapping sets of components for which managers are **10** held responsible. That structure is sometimes referred to as a matrix form of organisation. For example, in some entities, some managers are responsible for different product and service lines worldwide, whereas other managers are responsible for specific geographical areas. The chief operating decision maker regularly reviews the operating results of both sets of components, and financial information is available for both. In that situation, the entity shall determine which set of components constitutes the operating segments by reference to the core principle.

REPORTABLE SEGMENTS

An entity shall report separately information about each operating segment that: **11**
(a)   has been identified in accordance with paragraphs 5—10 or results from aggregating two or more of those segments
       in accordance with paragraph 12; and
(b)   exceeds the quantitative thresholds in paragraph 13.
Paragraphs 14—19 specify other situations in which separate information about an operating segment shall be reported.

Aggregation criteria

Operating segments often exhibit similar long-term financial performance if they have similar economic characteristics. **12** For example, similar long-term average gross margins for two operating segments would be expected if their economic characteristics were similar. Two or more operating segments may be aggregated into a single operating segment if aggregation is consistent with the core principle of this IFRS, the segments have similar economic characteristics, and the segments are similar in each of the following respects:
(a)   the nature of the products and services;
(b)   the nature of the production processes;
(c)   the type or class of customer for their products and services;
(d)   the methods used to distribute their products or provide their services; and
(e)   if applicable, the nature of the regulatory environment, for example, banking, insurance or public utilities.

Quantitative Schwellenwerte

13 Ein Unternehmen legt gesonderte Informationen über ein Geschäftssegment vor, das einen der nachfolgend genannten quantitativen Schwellenwerte erfüllt:

(a) Sein ausgewiesener Umsatzerlös, einschließlich der Verkäufe an externe Kunden und Verkäufe oder Transfers zwischen den Segmenten, beträgt mindestens 10 % der zusammengefassten internen und externen Umsatzerlösen aller Geschäftssegmente.

(b) Der absolute Betrag seines ausgewiesenen Ergebnisses entspricht mindestens 10 % des höheren der beiden nachfolgend genannten absoluten Werte: (i) des zusammengefassten ausgewiesenen Gewinns aller Geschäftssegmente, die keinen Verlust gemeldet haben; (ii) des zusammengefassten ausgewiesenen Verlusts aller Geschäftssegmente, die einen Verlust gemeldet haben.

(c) Seine Vermögenswerte haben einen Anteil von mindestens 10 % an den kumulierten Aktiva aller Geschäftssegmente.

Geschäftssegmente, die keinen dieser quantitativen Schwellenwerte erfüllen, können als berichtspflichtig angesehen und gesondert angegeben werden, wenn die Geschäftsführung der Auffassung ist, dass Informationen über das Segment für die Abschlussadressaten nützlich wären.

14 Ein Unternehmen kann Informationen über Geschäftssegmente, die die quantitativen Schwellenwerte nicht erfüllen, mit Informationen über andere Geschäftssegmente, die diese Schwellenwerte ebenfalls nicht erfüllen, nur dann zum Zwecke der Schaffung eines berichtspflichtigen Segments zusammenfassen, wenn die Geschäftssegmente ähnliche wirtschaftliche Merkmale aufweisen und die meisten in Paragraph 12 genannten Kriterien für eine Zusammenfassung gemeinsam haben.

15 Machen die gesamten externen Umsatzerlöse, die von den Geschäftssegmenten ausgewiesen werden, weniger als 75 % der Umsatzerlöse des Unternehmens aus, können weitere Geschäftssegmente als berichtspflichtige Segmente herangezogen werden (auch wenn sie die Kriterien in Paragraph 13 nicht erfüllen), bis mindestens 75 % der Umsatzerlöse des Unternehmens auf berichtspflichtige Segmente entfällt.

16 Informationen über andere Geschäftstätigkeiten und Geschäftssegmente, die nicht berichtspflichtig sind, werden in einer Kategorie „Alle sonstigen Segmente" zusammengefasst und dargestellt, die von sonstigen Abstimmungsposten in den Überleitungsrechnungen zu unterscheiden ist, die gemäß Paragraph 28 gefordert werden. Die Herkunft der Umsatzerlöse, die in der Kategorie „Alle sonstigen Segmente" erfasst werden, ist zu beschreiben.

17 Vertritt das Management die Auffassung, dass ein in der unmittelbar vorangegangenen Berichtsperiode als berichtspflichtig identifiziertes Segment auch weiterhin von Bedeutung ist, so werden Informationen über dieses Segment auch in der laufenden Periode gesondert vorgelegt, selbst wenn die in Paragraph 13 genannten Kriterien für die Berichtspflicht nicht mehr erfüllt sind.

18 Wird ein Geschäftssegment in der laufenden Berichtsperiode als ein berichtspflichtiges Segment im Sinne der quantitativen Schwellenwerte identifiziert, so sind die Segmentdaten für eine frühere Periode, die zu Vergleichszwecken erstellt wurden, anzupassen, um das neuerdings berichtspflichtige Segment als gesondertes Segment darzustellen, auch wenn dieses Segment in der früheren Periode nicht die Kriterien für die Berichtspflicht in Paragraph 13 erfüllt hat, es sei denn, die erforderlichen Informationen sind nicht verfügbar und die Kosten für ihre Erstellung wären übermäßig hoch.

19 Es kann eine praktische Obergrenze für die Zahl berichtspflichtiger Segmente geben, die ein Unternehmen gesondert darstellt, über die hinaus die Segmentinformationen zu detailliert würden. Auch wenn hinsichtlich der Zahl der gemäß Paragraph 13–18 berichtspflichtigen Segmente keine Begrenzung besteht, sollte ein Unternehmen prüfen, ob bei mehr als zehn Segmenten eine praktische Obergrenze erreicht ist.

ANGABEN

20 Ein Unternehmen hat Informationen anzugeben, anhand derer Abschlussadressaten die Art und finanziellen Auswirkungen der von ihm ausgeübten Geschäftstätigkeiten sowie das wirtschaftliche Umfeld, in dem es tätig ist, beurteilen können.

21 Zwecks Anwendung des in Paragraph 20 genannten Grundsatzes hat ein Unternehmen für jede Periode, für die eine Gesamtergebnisrechnung erstellt wurde, folgende Angaben zu machen:

(a) allgemeine Informationen, so wie in Paragraph 22 beschrieben;

(b) Informationen über den ausgewiesenen Gewinn oder Verlust eines Segments, einschließlich genau beschriebener Umsatzerlöse und Aufwendungen, die in das ausgewiesene Periodenergebnis eines Segments einbezogen sind, über die Segmentvermögenswerte und die Segmentschulden und über die Grundlagen der Bewertung, so wie in den Paragraphen 23–27 beschrieben; und

(c) Überleitungsrechnungen von den Summen der Segmentumsatzerlöse, des ausgewiesenen Segmentperiodenergebnisses, der Segmentvermögenswerte und Segmentschulden und sonstiger wichtiger Segmentposten auf die entsprechenden Beträge des Unternehmens, so wie in Paragraph 28 beschrieben.

Quantitative thresholds

An entity shall report separately information about an operating segment that meets any of the following quantitative **13** thresholds:

(a) Its reported revenue, including both sales to external customers and intersegment sales or transfers, is 10 per cent or more of the combined revenue, internal and external, of all operating segments.

(b) The absolute amount of its reported profit or loss is 10 per cent or more of the greater, in absolute amount, of (i) the combined reported profit of all operating segments that did not report a loss and (ii) the combined reported loss of all operating segments that reported a loss.

(c) Its assets are 10 per cent or more of the combined assets of all operating segments.

Operating segments that do not meet any of the quantitative thresholds may be considered reportable, and separately disclosed, if management believes that information about the segment would be useful to users of the financial statements.

An entity may combine information about operating segments that do not meet the quantitative thresholds with informa- **14** tion about other operating segments that do not meet the quantitative thresholds to produce a reportable segment only if the operating segments have similar economic characteristics and share a majority of the aggregation criteria listed in paragraph 12.

If the total external revenue reported by operating segments constitutes less than 75 per cent of the entity's revenue, addi- **15** tional operating segments shall be identified as reportable segments (even if they do not meet the criteria in paragraph 13) until at least 75 per cent of the entity's revenue is included in reportable segments.

Information about other business activities and operating segments that are not reportable shall be combined and dis- **16** closed in an 'all other segments' category separately from other reconciling items in the reconciliations required by paragraph 28. The sources of the revenue included in the 'all other segments' category shall be described.

If management judges that an operating segment identified as a reportable segment in the immediately preceding period **17** is of continuing significance, information about that segment shall continue to be reported separately in the current period even if it no longer meets the criteria for reportability in paragraph 13.

If an operating segment is identified as a reportable segment in the current period in accordance with the quantitative **18** thresholds, segment data for a prior period presented for comparative purposes shall be restated to reflect the newly reportable segment as a separate segment, even if that segment did not satisfy the criteria for reportability in paragraph 13 in the prior period, unless the necessary information is not available and the cost to develop it would be excessive.

There may be a practical limit to the number of reportable segments that an entity separately discloses beyond which **19** segment information may become too detailed. Although no precise limit has been determined, as the number of segments that are reportable in accordance with paragraphs 13—18 increases above 10, the entity should consider whether a practical limit has been reached.

DISCLOSURE

An entity shall disclose information to enable users of its financial statements to evaluate the nature and financial effects **20** of the business activities in which it engages and the economic environments in which it operates.

To give effect to the principle in paragraph 20, an entity shall disclose the following for each period for which an state- **21** ment of comprehensive income is presented:

(a) general information as described in paragraph 22;

(b) information about reported segment profit or loss, including specified revenues and expenses included in reported segment profit or loss, segment assets, segment liabilities and the basis of measurement, as described in paragraphs 23—27; and

(c) reconciliations of the totals of segment revenues, reported segment profit or loss, segment assets, segment liabilities and other material segment items to corresponding entity amounts as described in paragraph 28.

Überleitungsrechnungen für Beträge in der Bilanz der berichtspflichtigen Segmente in Bezug auf die Beträge in der Bilanz des Unternehmens sind für jeden Stichtag fällig, an dem eine Bilanz vorgelegt wird. Informationen über frühere Perioden sind gemäß Paragraph 29 und 30 anzupassen.

Allgemeine Informationen

22 Ein Unternehmen hat die folgenden allgemeinen Informationen zu liefern:

(a) Faktoren, die zur Identifizierung der berichtspflichtigen Segmente des Unternehmens verwendet werden. Dazu zählen die Organisationsgrundlage (z. B. ob sich die Geschäftsführung dafür entschieden hat, das Unternehmen auf der Grundlage der Unterschiede zwischen Produkten und Dienstleistungen, nach geografischen Gebieten, nach regulatorischen Umfeldern oder einer Kombination von Faktoren zu organisieren, und ob Geschäftssegmente zusammengefasst wurden);

(aa) die Beurteilungen, die von der Geschäftsführung bei der Anwendung der in Paragraph 12 genannten Kriterien für die Zusammenfassung getroffen wurden. Dazu zählt eine kurze Beschreibung der auf diese Weise zusammengefassten Geschäftssegmente und der wirtschaftlichen Indikatoren, die bewertet wurden, um zu bestimmen, dass die zusammengefassten Geschäftssegmente die gleichen wirtschaftlichen Charakteristika aufweisen; und

(b) Arten von Produkten und Dienstleistungen, die die Grundlage der Umsatzerlöse jedes berichtspflichtigen Segments darstellen.

Informationen über den Gewinn oder Verlust und über die Vermögenswerte und Schulden

23 Ein Unternehmen hat eine Bewertung des Gewinns oder Verlusts für jedes berichtspflichtige Segment vorzulegen. Ein Unternehmen hat eine Bewertung aller Vermögenswerte und der Schulden für jedes berichtspflichtige Segment vorzulegen, wenn ein solcher Betrag der verantwortlichen Unternehmensinstanz regelmäßig gemeldet wird. Ein Unternehmen hat zudem die folgenden Angaben zu jedem berichtspflichtigen Segment zu machen, wenn die angegebenen Beträge in die Bewertung des Gewinns oder Verlusts des Segments einbezogen werden, der von der verantwortlichen Unternehmensinstanz überprüft oder ansonsten dieser regelmäßig übermittelt werden, auch wenn sie nicht in die Bewertung des Gewinns oder Verlusts des Segments einfließen:

(a) Umsatzerlöse, die von externen Kunden stammen;

(b) Umsatzerlöse aufgrund von Geschäftsvorfällen mit anderen Geschäftssegmenten desselben Unternehmens;

(c) Zinserträge;

(d) Zinsaufwendungen;

(e) planmäßige Abschreibungen und Amortisationen;

(f) wesentliche Ertrags- und Aufwandsposten, die gemäß Paragraph 97 von IAS 1 *Darstellung des Abschlusses* (überarbeitet 2007) genannt werden;

(g) Anteil des Unternehmens am Periodenergebnis von assoziierten Unternehmen und Gemeinschaftsunternehmen, die nach der Equity-Methode bilanziert werden;

(h) Ertragsteueraufwand oder -ertrag; und

(i) wesentliche zahlungsunwirksame Posten, bei denen es sich nicht um planmäßige Abschreibungen handelt.

Ein Unternehmen weist die Zinserträge gesondert vom Zinsaufwand für jedes berichtspflichtige Segment aus, es sei denn, die meisten Umsatzerlöse des Segments wurden aufgrund von Zinsen erwirtschaftet und die verantwortliche Unternehmensinstanz stützt sich in erster Linie auf die Nettozinserträge, um die Ertragskraft des Segments zu beurteilen und Entscheidungen über die Allokation der Ressourcen für das Segment zu treffen. In einem solchen Fall kann ein Unternehmen die segmentbezogenen Zinserträge abzüglich des Zinsaufwands angeben und über diese Vorgehensweise informieren.

24 Ein Unternehmen hat zudem die folgenden Angaben zu einem jeden berichtspflichtigen Segment zu machen, wenn die angegebenen Beträge in die Bewertung der Vermögenswerte des Segments einbezogen werden, die von der verantwortlichen Unternehmensinstanz überprüft oder ansonsten dieser regelmäßig übermittelt wurden, auch wenn sie nicht in die Bewertung der Vermögenswerte des Segments einfließen:

(a) Betrag der Beteiligungen an assoziierten Unternehmen und Gemeinschaftsunternehmen, die nach der Equity-Methode bilanziert werden; und

(b) Betrag der Zugänge zu den langfristigen Vermögenswerten*, ausgenommen Finanzinstrumente, latente Steueransprüche, Vermögenswerte aus leistungsorientierten Versorgungsplänen (siehe IAS 19 *Leistungen an Arbeitnehmer*) und Rechte aus Versicherungsverträgen

BEWERTUNG

25 Der Betrag jedes dargestellten Segmentpostens soll dem Wert entsprechen, welcher der verantwortlichen Unternehmensinstanz übermittelt wird, damit diese die Ertragskraft des Segments bewerten und Entscheidungen über die Allokation der Ressourcen für das Segment treffen kann. Anpassungen und Eliminierungen, die während der Erstellung eines Unternehmens-

---

* [gestrichen]

Reconciliations of the amounts in the statement of financial position for reportable segments to the amounts in the entity's statement of financial position are required for each date at which a statement of financial position is presented. Information for prior periods shall be restated as described in paragraphs 29 and 30.

General information

An entity shall disclose the following general information:

22

(a) factors used to identify the entity's reportable segments, including the basis of organisation (for example, whether management has chosen to organise the entity around differences in products and services, geographical areas, regulatory environments, or a combination of factors and whether operating segments have been aggregated);

(aa) the judgements made by management in applying the aggregation criteria in paragraph 12. This includes a brief description of the operating segments that have been aggregated in this way and the economic indicators that have been assessed in determining that the aggregated operating segments share similar economic characteristics; and

(b) types of products and services from which each reportable segment derives its revenues.

Information about profit or loss, assets and liabilities

An entity shall report a measure of profit or loss for each reportable segment. An entity shall report a measure of total assets and liabilities for each reportable segment if such amounts are regularly provided to the chief operating decision maker. An entity shall also disclose the following about each reportable segment if the specified amounts are included in the measure of segment profit or loss reviewed by the chief operating decision maker, or are otherwise regularly provided to the chief operating decision maker even if not included in that measure of segment profit or loss:

23

(a) revenues from external customers;

(b) revenues from transactions with other operating segments of the same entity;

(c) interest revenue;

(d) interest expense;

(e) depreciation and amortisation;

(f) material items of income and expense disclosed in accordance with paragraph 97 of IAS 1 *Presentation of Financial Statements* (as revised in 2007);

(g) the entity's interest in the profit or loss of associates and joint ventures accounted for by the equity method;

(h) income tax expense or income; and

(i) material non-cash items other than depreciation and amortisation.

An entity shall report interest revenue separately from interest expense for each reportable segment unless a majority of the segment's revenues are from interest and the chief operating decision maker relies primarily on net interest revenue to assess the performance of the segment and make decisions about resources to be allocated to the segment. In that situation, an entity may report that segment's interest revenue net of its interest expense and disclose that it has done so.

An entity shall disclose the following about each reportable segment if the specified amounts are included in the measure of segment assets reviewed by the chief operating decision maker or are otherwise regularly provided to the chief operating decision maker, even if not included in the measure of segment assets:

24

(a) the amount of investment in associates and joint ventures accounted for by the equity method; and

(b) the amounts of additions to non-current assets* other than financial instruments, deferred tax assets, net defined benefit assets (see IAS 19 *Employee Benefits)* and rights arising under insurance contracts.

MEASUREMENT

The amount of each segment item reported shall be the measure reported to the chief operating decision maker for the purposes of making decisions about allocating resources to the segment and assessing its performance. Adjustments and eliminations made in preparing an entity's financial statements and allocations of revenues, expenses, and gains or losses

25

---

* [omitted]

abschlusses und bei der Allokation von Umsatzerlösen, Aufwendungen sowie Gewinnen oder Verlusten vorgenommen werden, sind bei der Ermittlung des ausgewiesenen Ergebnisses des Segments nur dann zu berücksichtigen, wenn sie in die Bewertung des Ergebnisses des Segments eingeflossen sind, die von der verantwortlichen Unternehmensinstanz zu Grunde gelegt wird. Ebenso sind für dieses Segment nur jene Vermögenswerte und Schulden auszuweisen, die in die Bewertungen der Vermögenswerte und der Schulden des Segments eingeflossen sind, die wiederum von der verantwortlichen Unternehmensinstanz genutzt werden. Werden Beträge dem Gewinn oder Verlust sowie den Vermögenswerten oder Schulden eines berichtspflichtigen Segments zugewiesen, so hat die Allokation dieser Beträge auf vernünftiger Basis zu erfolgen.

26 Verwendet die verantwortliche Unternehmensinstanz zur Bewertung der Ertragskraft des Segments und zur Entscheidung über die Art der Allokation der Ressourcen lediglich einen Wertmaßstab für den Gewinn oder Verlust und die Vermögenswerte sowie Schulden eines Geschäftssegments, so sind der Gewinn oder Verlust und die Vermögenswerte sowie Schulden gemäß diesem Wertmaßstab zu berichten. Verwendet die verantwortliche Unternehmensinstanz mehr als einen Wertmaßstab für den Gewinn oder Verlust und die Vermögenswerte sowie Schulden eines Geschäftssegments, so sind jene Wertmaßstäbe zu verwenden, die die Geschäftsführung gemäß den Bewertungsgrundsätzen als am ehesten mit denjenigen konsistent ansieht, die für die Bewertung der entsprechenden Beträge im Abschluss des Unternehmens zu Grunde gelegt werden.

27 Ein Unternehmen hat die Bewertungsgrundlagen für den Gewinn oder Verlust eines Segments sowie die Vermögenswerte und Schulden jedes berichtspflichtigen Segments zu erläutern. Die Mindestangaben umfassen:

(a) die Rechnungslegungsgrundlage für sämtliche Geschäftsvorfälle zwischen berichtspflichtigen Segmenten;

(b) die Art etwaiger Unterschiede zwischen den Bewertungen des Ergebnisses eines berichtspflichtigen Segments und dem Gewinn oder Verlust des Unternehmens vor Steueraufwand oder -ertrag eines Unternehmens und Aufgabe von Geschäftsbereichen (falls nicht aus den Überleitungsrechnungen in Paragraph 28 ersichtlich). Diese Unterschiede könnten Rechnungslegungsmethoden und Strategien für die Allokation von zentral angefallenen Kosten umfassen, die für das Verständnis der erfassten Segmentinformationen erforderlich sind;

(c) die Art etwaiger Unterschiede zwischen den Bewertungen der Vermögenswerte eines berichtspflichtigen Segments und den Vermögenswerten des Unternehmens (falls nicht aus den Überleitungsrechnungen in Paragraph 28 ersichtlich). Diese Unterschiede könnten Rechnungslegungsmethoden und Strategien für die Allokation von gemeinsam genutzten Vermögenswerten umfassen, die für das Verständnis der erfassten Segmentinformationen erforderlich sind;

(d) die Art etwaiger Unterschiede zwischen den Bewertungen der Schulden eines berichtspflichtigen Segments und den Schulden des Unternehmens (falls nicht aus den Überleitungsrechnungen in Paragraph 28 ersichtlich). Diese Unterschiede könnten Rechnungslegungsmethoden und Strategien für die Allokation von gemeinsam genutzten Schulden umfassen, die für das Verständnis der erfassten Segmentinformationen erforderlich sind;

(e) die Art etwaiger Änderungen der Bewertungsmethoden im Vergleich zu früheren Perioden, die zur Bestimmung des Ergebnisses des Segments verwendet werden, und gegebenenfalls die Auswirkungen dieser Änderungen auf die Bewertung des Ergebnisses des Segments;

(f) Art und Auswirkungen etwaiger asymmetrischer Allokationen auf berichtspflichtige Segmente. Beispielsweise könnte ein Unternehmen einen Abschreibungsaufwand einem Segment zuordnen, ohne dass das Segment die entsprechenden abschreibungsfähigen Vermögenswerte erhalten hat.

Überleitungsrechnungen

28 Ein Unternehmen hat Überleitungsrechnungen für alle nachfolgend genannten Beträge vorzulegen:

(a) Gesamtbetrag der Umsatzerlöse der berichtspflichtigen Segmente zu den Umsatzerlösen des Unternehmens;

(b) Gesamtbetrag der Bewertungen der Ergebnisse der berichtspflichtigen Segmente zum Gewinn oder Verlust des Unternehmens vor Steueraufwand (Steuerertrag) und Aufgabe von Geschäftsbereichen. Weist ein Unternehmen indes berichtspflichtigen Segmenten Posten wie Steueraufwand (Steuerertrag) zu, kann es die Überleitungsrechnung vom Gesamtbetrag der Bewertungen der Ergebnisse der Segmente zum Gewinn oder Verlust des Unternehmens unter Ausklammerung dieser Posten erstellen.

(c) Gesamtbetrag der Vermögenswerte der berichtspflichtigen Segmente zu den Vermögenswerten des Unternehmens, wenn die Vermögenswerte der Segmente gemäß Paragraph 23 ausgewiesen werden.

(d) Gesamtbetrag der Schulden der berichtspflichtigen Segmente zu den Schulden des Unternehmens, wenn die Segmentschulden gemäß Paragraph 23 ausgewiesen werden;

(e) Summe der Beträge der berichtspflichtigen Segmente für jede andere wesentliche angegebene Information auf den entsprechenden Betrag für das Unternehmen.

Alle wesentlichen Abstimmungsposten in den Überleitungsrechnungen sind gesondert zu identifizieren und zu beschreiben. So ist z. B. der Betrag jeder wesentlichen Anpassung, die für die Abstimmung des Ergebnisses des Segments mit dem Gewinn oder Verlust des Unternehmens erforderlich ist und ihren Ursprung in unterschiedlichen Rechnungslegungsmethoden hat, gesondert zu identifizieren und zu beschreiben.

Anpassung zuvor veröffentlichter Informationen

29 Ändert ein Unternehmen die Struktur seiner internen Organisation auf eine Art und Weise, die die Zusammensetzung seiner berichtspflichtigen Segmente verändert, müssen die entsprechenden Informationen für frühere Perioden, ein-

shall be included in determining reported segment profit or loss only if they are included in the measure of the segment's profit or loss that is used by the chief operating decision maker. Similarly, only those assets and liabilities that are included in the measures of the segment's assets and segment's liabilities that are used by the chief operating decision maker shall be reported for that segment. If amounts are allocated to reported segment profit or loss, assets or liabilities, those amounts shall be allocated on a reasonable basis.

If the chief operating decision maker uses only one measure of an operating segment's profit or loss, the segment's assets **26** or the segment's liabilities in assessing segment performance and deciding how to allocate resources, segment profit or loss, assets and liabilities shall be reported at those measures. If the chief operating decision maker uses more than one measure of an operating segment's profit or loss, the segment's assets or the segment's liabilities, the reported measures shall be those that management believes are determined in accordance with the measurement principles most consistent with those used in measuring the corresponding amounts in the entity's financial statements.

An entity shall provide an explanation of the measurements of segment profit or loss, segment assets and segment liabil- **27** ities for each reportable segment. At a minimum, an entity shall disclose the following:

(a) the basis of accounting for any transactions between reportable segments;

(b) the nature of any differences between the measurements of the reportable segments' profits or losses and the entity's profit or loss before income tax expense or income and discontinued operations (if not apparent from the reconciliations described in paragraph 28). Those differences could include accounting policies and policies for allocation of centrally incurred costs that are necessary for an understanding of the reported segment information;

(c) the nature of any differences between the measurements of the reportable segments' assets and the entity's assets (if not apparent from the reconciliations described in paragraph 28). Those differences could include accounting policies and policies for allocation of jointly used assets that are necessary for an understanding of the reported segment information;

(d) the nature of any differences between the measurements of the reportable segments' liabilities and the entity's liabilities (if not apparent from the reconciliations described in paragraph 28). Those differences could include accounting policies and policies for allocation of jointly utilised liabilities that are necessary for an understanding of the reported segment information;

(e) the nature of any changes from prior periods in the measurement methods used to determine reported segment profit or loss and the effect, if any, of those changes on the measure of segment profit or loss;

(f) the nature and effect of any asymmetrical allocations to reportable segments. For example, an entity might allocate depreciation expense to a segment without allocating the related depreciable assets to that segment.

Reconciliations

An entity shall provide reconciliations of all of the following: **28**

(a) the total of the reportable segments' revenues to the entity's revenue;

(b) the total of the reportable segments' measures of profit or loss to the entity's profit or loss before tax expense (tax income) and discontinued operations. However, if an entity allocates to reportable segments items such as tax expense (tax income), the entity may reconcile the total of the segments' measures of profit or loss to the entity's profit or loss after those items;

(c) the total of the reportable segments' assets to the entity's assets if the segment assets are reported in accordance with paragraph 23

(d) the total of the reportable segments' liabilities to the entity's liabilities if segment liabilities are reported in accordance with paragraph 23;

(e) the total of the reportable segments' amounts for every other material item of information disclosed to the corresponding amount for the entity.

All material reconciling items shall be separately identified and described. For example, the amount of each material adjustment needed to reconcile reportable segment profit or loss to the entity's profit or loss arising from different accounting policies shall be separately identified and described.

Restatement of previously reported information

If an entity changes the structure of its internal organisation in a manner that causes the composition of its reportable **29** segments to change, the corresponding information for earlier periods, including interim periods, shall be restated unless

schließlich Zwischenperioden, angepasst werden, es sei denn, die erforderlichen Informationen sind nicht verfügbar und die Kosten für ihre Erstellung wären übermäßig hoch. Die Feststellung, ob Informationen nicht verfügbar sind und die Kosten für ihre Erstellung übermäßig hoch liegen, hat für jeden angegebenen Einzelposten gesondert zu erfolgen. Nach einer geänderten Zusammensetzung seiner berichtspflichtigen Segmente hat ein Unternehmen Angaben dazu zu machen, ob es die entsprechenden Posten der Segmentinformationen für frühere Perioden angepasst hat.

30 Ändert ein Unternehmen die Struktur seiner internen Organisation auf eine Art und Weise, die die Zusammensetzung seiner berichtspflichtigen Segmente verändert, und werden die entsprechenden Informationen für frühere Perioden, einschließlich Zwischenperioden, nicht angepasst, um der Änderung Rechnung zu tragen, hat ein Unternehmen in dem Jahr, in dem die Änderung eintritt, Angaben zu den Segmentinformationen für die derzeitige Berichtsperiode sowohl auf der Grundlage der alten als auch der neuen Segmentstruktur zu machen, es sei denn, die erforderlichen Informationen sind nicht verfügbar und die Kosten für ihre Erstellung wären übermäßig hoch.

ANGABEN AUF UNTERNEHMENSEBENE

31 Die Paragraphen 32–34 sind auf alle in den Anwendungsbereich dieses IFRS fallenden Unternehmen anzuwenden. Dazu zählen auch Unternehmen, die nur ein einziges berichtspflichtiges Segment haben. Bei einigen Unternehmen sind die Geschäftsbereiche nicht auf der Grundlage der Unterschiede von Produkten und Dienstleistungen oder Unterschiede zwischen den geografischen Tätigkeitsbereichen organisiert. Die berichtspflichtigen Segmente eines solchen Unternehmens können Umsatzerlöse ausweisen, die in einem breiten Spektrum von ihrem Wesen nach unterschiedlichen Produkten und Dienstleistungen erwirtschaftet wurden, oder aber mehrere berichtspflichtige Segmente können ihrem Wesen nach ähnliche Produkte und Dienstleistungen anbieten. Ebenso können die berichtspflichtigen Segmente eines Unternehmens Vermögenswerte in verschiedenen geografischen Gebieten halten und Umsatzerlöse von Kunden in diesen verschiedenen geografischen Bereichen ausweisen, oder aber mehrere dieser berichtspflichtigen Segmente sind in ein und demselben geografischen Gebiet tätig. Die in den Paragraphen 32–34 geforderten Informationen sind nur dann anzugeben, wenn sie nicht bereits als Teil der Informationen des berichtspflichtigen Segments gemäß diesem IFRS vorgelegt wurden.

Informationen über Produkte und Dienstleistungen

32 Ein Unternehmen hat die Umsatzerlöse von externen Kunden für jedes Produkt und jede Dienstleistung bzw. für jede Gruppe vergleichbarer Produkte und Dienstleistungen auszuweisen, es sei denn, die erforderlichen Informationen sind nicht verfügbar und die Kosten für ihre Erstellung wären übermäßig hoch. In diesem Fall ist dieser Umstand anzugeben. Die Beträge der ausgewiesenen Umsatzerlöse stützen sich auf die Finanzinformationen, die für die Erstellung des Unternehmensabschlusses verwendet werden.

Informationen über geografische Gebiete

33 Ein Unternehmen hat folgende geografische Angaben zu machen, es sei denn, die erforderlichen Informationen sind nicht verfügbar und die Kosten für ihre Erstellung wären übermäßig hoch:
(a) Umsatzerlöse, die von externen Kunden erwirtschaftet wurden und die (i) dem Herkunftsland des Unternehmens und (ii) allen Drittländern insgesamt zugewiesen werden, in denen das Unternehmen Umsatzerlöse erwirtschaftet. Wenn die Umsatzerlöse von externen Kunden, die einem einzigen Drittland zugewiesen werden, eine wesentliche Höhe erreichen, sind diese Umsatzerlöse gesondert anzugeben. Ein Unternehmen hat anzugeben, auf welcher Grundlage die Umsatzerlöse von externen Kunden den einzelnen Ländern zugewiesen werden.
(b) langfristige Vermögenswerte[1], ausgenommen Finanzinstrumente, latente Steueransprüche, Leistungen nach Beendigung des Arbeitsverhältnisses und Rechte aus Versicherungsverträgen, die (i) im Herkunftsland des Unternehmens und (ii) in allen Drittländern insgesamt gelegen sind, in dem das Unternehmen Vermögenswerte hält. Wenn die Vermögenswerte in einem einzigen Drittland eine wesentliche Höhe erreichen, sind diese Vermögenswerte gesondert anzugeben.
Die angegebenen Beträge stützen sich auf die Finanzinformationen, die für die Erstellung des Unternehmensabschlusses verwendet werden. Wenn die erforderlichen Informationen nicht verfügbar sind und die Kosten für ihre Erstellung übermäßig hoch liegen würden, ist diese Tatsache anzugeben. Über die von diesem Paragraphen geforderten Informationen hinaus kann ein Unternehmen Zwischensummen für die geografischen Informationen über Ländergruppen vorlegen.

Informationen über wichtige Kunden

34 Ein Unternehmen hat Informationen über den Grad seiner Abhängigkeit von seinen wichtigen Kunden vorzulegen. Wenn sich die Umsatzerlöse aus Geschäftsvorfällen mit einem einzigen externen Kunden auf mindestens 10 % der Umsatzerlöse des Unternehmens belaufen, hat das Unternehmen diese Tatsache anzugeben sowie den Gesamtbetrag der Um-

---

1 Bei einer Klassifizierung der Vermögenswerte gemäß einer Liquiditätsdarstellung sind als langfristige Vermögenswerte alle Vermögenswerte einzustufen, die Beträge beinhalten, deren Realisierung nach mehr als zwölf Monaten nach dem Abschlussstichtag erwartet wird.

the information is not available and the cost to develop it would be excessive. The determination of whether the information is not available and the cost to develop it would be excessive shall be made for each individual item of disclosure. Following a change in the composition of its reportable segments, an entity shall disclose whether it has restated the corresponding items of segment information for earlier periods.

If an entity has changed the structure of its internal organisation in a manner that causes the composition of its reportable **30** segments to change and if segment information for earlier periods, including interim periods, is not restated to reflect the change, the entity shall disclose in the year in which the change occurs segment information for the current period on both the old basis and the new basis of segmentation, unless the necessary information is not available and the cost to develop it would be excessive.

ENTITY-WIDE DISCLOSURES

Paragraphs 32—34 apply to all entities subject to this IFRS, including those entities that have a single reportable segment. **31** Some entities' business activities are not organised on the basis of differences in related products and services or differences in geographical areas of operations. Such an entity's reportable segments may report revenues from a broad range of essentially different products and services, or more than one of its reportable segments may provide essentially the same products and services. Similarly, an entity's reportable segments may hold assets in different geographical areas and report revenues from customers in different geographical areas, or more than one of its reportable segments may operate in the same geographical area. Information required by paragraphs 32—34 shall be provided only if it is not provided as part of the reportable segment information required by this IFRS.

Information about products and services

An entity shall report the revenues from external customers for each product and service, or each group of similar pro- **32** ducts and services, unless the necessary information is not available and the cost to develop it would be excessive, in which case that fact shall be disclosed. The amounts of revenues reported shall be based on the financial information used to produce the entity's financial statements.

Information about geographical areas

An entity shall report the following geographical information, unless the necessary information is not available and the **33** cost to develop it would be excessive:
(a) revenues from external customers (i) attributed to the entity's country of domicile and (ii) attributed to all foreign countries in total from which the entity derives revenues. If revenues from external customers attributed to an individual foreign country are material, those revenues shall be disclosed separately. An entity shall disclose the basis for attributing revenues from external customers to individual countries;
(b) non-current assets[1] other than financial instruments, deferred tax assets, post-employment benefit assets, and rights arising under insurance contracts (i) located in the entity's country of domicile and (ii) located in all foreign countries in total in which the entity holds assets. If assets in an individual foreign country are material, those assets shall be disclosed separately.
The amounts reported shall be based on the financial information that is used to produce the entity's financial statements. If the necessary information is not available and the cost to develop it would be excessive, that fact shall be disclosed. An entity may provide, in addition to the information required by this paragraph, subtotals of geographical information about groups of countries.

Information about major customers

An entity shall provide information about the extent of its reliance on its major customers. If revenues from transactions **34** with a single external customer amount to 10 per cent or more of an entity's revenues, the entity shall disclose that fact, the total amount of revenues from each such customer, and the identity of the segment or segments reporting the revenues. The entity need not disclose the identity of a major customer or the amount of revenues that each segment reports

---

1 For assets classified according to a liquidity presentation, non-current assets are assets that include amounts expected to be recovered more than 12 months after the reporting period.

satzerlöse von jedem derartigen Kunden und die Identität des Segments bzw. der Segmente, in denen die Umsatzerlöse ausgewiesen werden. Das Unternehmen muss die Identität eines wichtigen Kunden oder die Höhe der Umsatzerlöse, die jedes Segment in Bezug auf diesen Kunden ausweist, nicht offen legen. Im Sinne dieses IFRS ist eine Gruppe von Unternehmen, von denen das berichtende Unternehmen weiß, dass sie unter gemeinsamer Beherrschung stehen, als ein einziger Kunde anzusehen. Ob eine staatliche Stelle (einschließlich Institutionen mit hoheitlichen Aufgaben und ähnliche Körperschaften, unabhängig davon, ob sie auf lokaler, nationaler oder internationaler Ebene angesiedelt sind) sowie Unternehmen, von denen das berichtende Unternehmen weiß, dass sie der Beherrschung durch diese staatliche Stelle unterliegen, als ein einziger Kunde angesehen werden, muss allerdings zunächst geprüft werden. Bei dieser Prüfung trägt das berichtende Unternehmen dem Umfang der wirtschaftlichen Integration zwischen diesen Unternehmen Rechnung.

ÜBERGANGSVORSCHRIFTEN UND ZEITPUNKT DES INKRAFTTRETENS

35 Dieser IFRS ist erstmals in der ersten Berichtsperiode eines am 1. Januar 2009 oder danach beginnenden Geschäftsjahres anzuwenden. Eine frühere Anwendung ist zulässig. Wenn ein Unternehmen diesen IFRS für Berichtsperioden anwendet, die vor dem 1. Januar 2009 beginnen, so ist diese Tatsache anzugeben.

35A Paragraph 23 wurde durch die *Verbesserungen der IFRS* vom April 2009 geändert. Diese Änderungen sind erstmals in der ersten Berichtsperiode eines am 1. Januar 2010 oder danach beginnenden Geschäftsjahrs anzuwenden. Eine frühere Anwendung ist zulässig. Wendet ein Unternehmen die Änderung für ein früheres Geschäftsjahr an, hat es dies anzugeben.

36 Segmentinformationen für frühere Geschäftsjahre, die als Vergleichsinformationen für das erste Jahr der Anwendung (einschließlich der Anwendung der Änderung von Paragraph 23 vom April 2009) vorgelegt werden, müssen angepasst werden, um die Anforderungen dieses IFRS zu erfüllen, es sei denn, die erforderlichen Informationen sind nicht verfügbar und die Kosten für ihre Erstellung wären übermäßig hoch.

36A Infolge des IAS 1 (überarbeitet 2007) wurde die in allen IFRS verwendete Terminologie geändert. Außerdem wurde Paragraph 23 (f) geändert. Diese Änderungen sind erstmals in der ersten Berichtsperiode eines am 1. Januar 2009 oder danach beginnenden Geschäftsjahres anzuwenden. Wird IAS 1 (überarbeitet 2007) auf eine frühere Periode angewandt, sind diese Änderungen entsprechend auch anzuwenden.

36B Durch IAS 24 *Angaben über Beziehungen zu nahestehenden Unternehmen und Personen* (in der 2009 geänderten Fassung) wurde Paragraph 34 für Berichtsperioden eines am oder nach dem 1. Januar 2011 beginnenden Geschäftsjahres geändert. Wendet ein Unternehmen IAS 24 (in der 2009 geänderten Fassung) auf eine frühere Periode an, so hat es auch die Änderungen an Paragraph 34 auf diese frühere Periode anzuwenden.

36C Mit den im Dezember 2013 veröffentlichten *Jährlichen Verbesserungen an den IFRS, Zyklus 2010–2012*, wurden die Paragraphen 22 und 28 geändert. Ein Unternehmen hat diese Änderungen erstmals auf Geschäftsjahre anzuwenden, die am oder nach dem 1. Juli 2014 beginnen. Eine frühere Anwendung ist zulässig. Wendet ein Unternehmen diese Änderungen auf eine frühere Periode an, hat es dies anzugeben.

RÜCKNAHME VON IAS 14

37 Dieser IFRS ersetzt IAS 14 *Segmentberichterstattung*.

Anhang A

Definitionen

Dieser Anhang ist integraler Bestandteil des IFRS.

Geschäftssegment	Ein Geschäftssegment ist ein Unternehmensbestandteil:
	(a) der Geschäftstätigkeiten betreibt, mit denen Umsatzerlöse erwirtschaftet werden und bei denen Aufwendungen anfallen können (einschließlich Umsatzerlöse und Aufwendungen im Zusammenhang mit Geschäftsvorfällen mit anderen Bestandteilen desselben Unternehmens),
	(b) dessen Betriebsergebnisse regelmäßig von der verantwortlichen Unternehmensinstanz im Hinblick auf Entscheidungen über die Allokation von Ressourcen zu diesem Segment und die Bewertung seiner Ertragskraft überprüft werden; und
	(c) für den separate Finanzinformationen vorliegen.

from that customer. For the purposes of this IFRS, a group of entities known to a reporting entity to be under common control shall be considered a single customer. However, judgement is required to assess whether a government (including government agencies and similar bodies whether local, national or international) and entities known to the reporting entity to be under the control of that government are considered a single customer. In assessing this, the reporting entity shall consider the extent of economic integration between those entities.

TRANSITION AND EFFECTIVE DATE

An entity shall apply this IFRS in its annual financial statements for periods beginning on or after 1 January 2009. Earlier application is permitted. If an entity applies this IFRS in its financial statements for a period before 1 January 2009, it shall disclose that fact. **35**

Paragraph 23 was amended by *Improvements to IFRSs* issued in April 2009. An entity shall apply that amendment for annual periods beginning on or after 1 January 2010. Earlier application is permitted. If an entity applies the amendment for an earlier period it shall disclose that fact. **35A**

Segment information for prior years that is reported as comparative information for the initial year of application (including application of the amendment to paragraph 23 made in April 2009) shall be restated to conform to the requirements of this IFRS, unless the necessary information is not available and the cost to develop it would be excessive. **36**

IAS 1 (as revised in 2007) amended the terminology used throughout IFRSs. In addition it amended paragraph 23 (f). An entity shall apply those amendments for annual periods beginning on or after 1 January 2009. If an entity applies IAS 1 (revised 2007) for an earlier period, the amendments shall be applied for that earlier period. **36A**

IAS 24 *Related Party Disclosures* (as revised in 2009) amended paragraph 34 for annual periods beginning on or after 1 January 2011. If an entity applies IAS 24 (revised 2009) for an earlier period, it shall apply the amendment to paragraph 34 for that earlier period. **36B**

Annual Improvements to IFRSs 2010–2012 Cycle, issued in December 2013, amended paragraphs 22 and 28. An entity shall apply those amendments for annual periods beginning on or after 1 July 2014. Earlier application is permitted. If an entity applies those amendments for an earlier period it shall disclose that fact. **36C**

WITHDRAWAL OF IAS 14

This IFRS supersedes IAS 14 *Segment reporting.* **37**

Appendix A

Defined term

This appendix is an integral part of the IFRS.

Operating segment	An operating segment is a component of an entity:
	(a) that engages in business activities from which it may earn revenues and incur expenses (including revenues and expenses relating to transactions with other components of the same entity);
	(b) whose operating results are regularly reviewed by the entity's chief operating decision maker to make decisions about resources to be allocated to the segment and assess its performance; and
	(c) for which discrete financial information is available.

INTERNATIONAL FINANCIAL REPORTING STANDARD 10
Konzernabschlüsse

INHALT

ZIELSETZUNG

1 Die Zielsetzung dieses IFRS besteht in der Festlegung von Grundsätzen zur Darstellung und Aufstellung von Konzernabschlüssen bei Unternehmen, die ein oder mehrere andere Unternehmen beherrschen.

Erreichen der Zielsetzung

2 Um die in Paragraph 1 festgelegte Zielsetzung zu erreichen, wird in diesem IFRS

(a) vorgeschrieben, dass ein Unternehmen (Mutterunternehmen), das ein oder mehrere andere Unternehmen *(Tochterunternehmen)* beherrscht, Konzernabschlüsse vorlegt;

(b) das Prinzip der *Beherrschung* definiert und Beherrschung als Grundlage einer Konsolidierung festgelegt;

(c) ausgeführt, wie das Prinzip der Beherrschung anzuwenden ist, um feststellen zu können, ob ein Investor ein Beteiligungsunternehmen beherrscht und es folglich zu konsolidieren hat;

(d) außerdem werden die Bilanzierungsvorschriften zur Aufstellung von Konzernabschlüssen dargelegt und

(e) der Begriff der Investmentgesellschaft definiert sowie eine Ausnahme von der Konsolidierung bestimmter Tochterunternehmen einer Investmentgesellschaft festgelegt.

3 Die Bilanzierungsvorschriften für Unternehmenszusammenschlüsse und deren Auswirkungen auf die Konsolidierung, einschließlich des bei einem Unternehmenszusammenschluss entstehenden Geschäfts- und Firmenwerts (Goodwill), werden in diesem IFRS nicht behandelt (siehe IFRS 3 *Unternehmenszusammenschlüsse)*.

ANWENDUNGSBEREICH

4 Ein Unternehmen, das Mutterunternehmen ist, muss einen Konzernabschluss erstellen. Dieser IFRS ist mit folgenden Ausnahmen auf alle Unternehmen anzuwenden:

(a) Ein Mutterunternehmen braucht keinen Konzernabschluss zu erstellen, wenn es sämtliche nachfolgende Bedingungen erfüllt:

   (i) es ist selbst ein hundertprozentiges Tochterunternehmen oder ein teilweise im Besitz eines anderen Unternehmens stehendes Tochterunternehmen und die anderen Eigentümer, einschließlich der nicht stimmberechtigten Eigentümer, sind darüber unterrichtet und erheben keine Einwände, dass das Mutterunternehmen keinen Konzernabschluss aufstellt;

   (ii) seine Schuld- oder Eigenkapitalinstrumente werden nicht öffentlich gehandelt (dies schließt nationale oder ausländische Wertpapierbörsen oder den Freiverkehr sowie lokale und regionale Handelsplätze ein);

   (iii) es legt seine Abschlüsse weder bei einer Wertpapieraufsichtsbehörde noch bei anderen Regulierungsbehörde zwecks Emission beliebiger Kategorien von Instrumenten in einem öffentlichen Markt vor oder hat dies getan;

   (iv) sein oberstes oder ein zwischengeschaltetes Mutterunternehmen stellt einen Konzernabschluss auf, der veröffentlicht wird und den International Financial Reporting Standards entspricht.

(b) Versorgungspläne für Leistungen nach Beendigung des Beschäftigungsverhältnisses oder andere langfristige Versorgungspläne für Arbeitnehmer, auf die IAS 19 *Leistungen an Arbeitnehmer* angewendet wird.

(c) eine Investmentgesellschaft braucht keinen Konzernabschluss zu erstellen, wenn sie gemäß Paragraph 31 dieses IFRS all ihre Tochterunternehmen ergebniswirksam zum beizulegenden Zeitwert bewerten muss.

INTERNATIONAL FINANCIAL REPORTING STANDARD 10

Consolidated Financial Statements

SUMMARY

OBJECTIVE

The objective of this IFRS is to establish principles for the presentation and preparation of consolidated financial statements when an entity controls one or more other entities. **1**

Meeting the objective

To meet the objective in paragraph 1, this IFRS: **2**
(a) requires an entity (the *parent*) that controls one or more other entities *(subsidiaries)* to present consolidated financial statements;
(b) defines the principle of *control*, and establishes control as the basis for consolidation;
(c) sets out how to apply the principle of control to identify whether an investor controls an investee and therefore must consolidate the investee;
(d) sets out the accounting requirements for the preparation of consolidated financial statements; and
(e) defines an investment entity and sets out an exception to consolidating particular subsidiaries of an investment entity.

This IFRS does not deal with the accounting requirements for business combinations and their effect on consolidation, including goodwill arising on a business combination (see IFRS 3 *Business Combinations).* **3**

SCOPE

An entity that is a parent shall present consolidated financial statements. This IFRS applies to all entities, except as follows: **4**
(a) a parent need not present consolidated financial statements if it meets all the following conditions:
   (i) it is a wholly-owned subsidiary or is a partially-owned subsidiary of another entity and all its other owners, including those not otherwise entitled to vote, have been informed about, and do not object to, the parent not presenting consolidated financial statements;
   (ii) its debt or equity instruments are not traded in a public market (a domestic or foreign stock exchange or an over-the-counter market, including local and regional markets);
   (iii) it did not file, nor is it in the process of filing, its financial statements with a securities commission or other regulatory organisation for the purpose of issuing any class of instruments in a public market; and
   (iv) its ultimate or any intermediate parent produces consolidated financial statements that are available for public use and comply with IFRSs.
(b) post-employment benefit plans or other long-term employee benefit plans to which IAS 19 *Employee Benefits* applies.
(c) an investment entity need not present consolidated financial statements if it is required, in accordance with paragraph 31 of this IFRS, to measure all of its subsidiaries at fair value through profit or loss.

Beherrschung

5 Ein Investor hat festzustellen, ob er die Definition eines Mutterunternehmens erfüllt. Die Art seines Engagements in einem Unternehmen (dem Beteiligungsunternehmen) ist dabei nicht ausschlaggebend.

6 Ein Investor beherrscht ein Beteiligungsunternehmen, wenn er schwankenden Renditen aus seinem Engagement in dem Beteiligungsunternehmen ausgesetzt ist bzw. Anrechte auf diese besitzt und die Fähigkeit hat, diese Renditen mittels seiner Verfügungsgewalt über das Beteiligungsunternehmen zu beeinflussen.

7 Ein Investor beherrscht ein Beteiligungsunternehmen also nur dann, wenn er alle nachfolgenden Eigenschaften besitzt:
(a) die Verfügungsgewalt über das Beteiligungsunternehmen (siehe Paragraphen 10–14);
(b) eine Risikobelastung durch oder Anrechte auf schwankende Renditen aus seinem Engagement in dem Beteiligungsunternehmen (siehe Paragraphen 15 und 16);
(c) die Fähigkeit, seine Verfügungsgewalt über das Beteiligungsunternehmen dergestalt zu nutzen, dass dadurch die Höhe der Rendite des Beteiligungsunternehmens beeinflusst wird (siehe Paragraphen 17 und 18).

8 Bei der Beurteilung, ob er ein Beteiligungsunternehmen beherrscht, hat ein Investor alle Sachverhalte und Umstände einzubeziehen. Ergeben sich aus Sachverhalten und Umständen Hinweise, dass sich eines oder mehrere der drei in Paragraph 7 aufgeführten Beherrschungselemente verändert haben, muss der Investor erneut überprüfen, ob er ein Beteiligungsunternehmen beherrscht.

9 Eine gemeinsame Beherrschung eines Beteiligungsunternehmens durch zwei oder mehr Investoren liegt vor, wenn sie bei der Lenkung der maßgeblichen Tätigkeiten zusammenwirken müssen. Da kein Investor die Tätigkeiten ohne Mitwirkung der anderen Investoren lenken kann, liegt in derartigen Fällen keine Beherrschung durch einen einzelnen Investor vor. In einem solchen Fall würde jeder Investor seinen Anteil am Beteiligungsunternehmen im Einklang mit den maßgeblichen IFRS bilanzieren, d.h. dem IFRS 11 *Gemeinsame Vereinbarungen,* IAS 28 *Anteile an assoziierten Unternehmen und Gemeinschaftsunternehmen,* oder IFRS 9 *Finanzinstrumente.*

Verfügungsgewalt

10 Ein Investor besitzt Verfügungsgewalt über ein Beteiligungsunternehmen, wenn er über bestehende Rechte verfügt, die ihm die *gegenwärtige Fähigkeit* verleihen, die *maßgeblichen Tätigkeiten,* d.h. die Tätigkeiten, die die Renditen des Beteiligungsunternehmens wesentlich beeinflussen, zu lenken.

11 Verfügungsgewalt entsteht aus Rechten. Die Beurteilung der Verfügungsgewalt kann vergleichsweise einfach sein. Dies trifft beispielsweise zu, wenn sich die Verfügungsgewalt über ein Beteiligungsunternehmen unmittelbar und allein aus den Stimmrechten ableitet, die Eigenkapitalinstrumente wie Aktien gewähren. Hier ist eine Bewertung mittels Berücksichtigung der Stimmrechte aus den betreffenden Kapitalbeteiligungen möglich. In anderen Fällen kann die Beurteilung komplexer sein und die Berücksichtigung mehrerer Faktoren verlangen. Dies trifft beispielsweise zu, wenn sich Verfügungsgewalt aus einer oder mehreren vertraglichen Vereinbarung(en) ergibt.

12 Ein Investor, der die gegenwärtige Fähigkeit zur Lenkung der maßgeblichen Tätigkeiten hat, besitzt Verfügungsgewalt, auch wenn seine Weisungsrechte noch nicht ausgeübt worden sind. Nachweise, dass der Investor bei maßgeblichen Tätigkeiten Weisungen erteilt hat, können bei der Feststellung, ob der Investor Verfügungsgewalt hat, unterstützend wirken. Ein solcher Nachweis allein ist aber zur Feststellung, ob der Investor Verfügungsgewalt über ein Beteiligungsunternehmen hat, nicht ausreichend.

13 Verfügen zwei oder mehr Investoren über bestehende Rechte, die ihnen die einseitige Fähigkeit verleihen, verschiedene maßgebliche Tätigkeiten zu lenken, dann hat derjenige Investor Verfügungsgewalt über das Beteiligungsunternehmen, der die gegenwärtige Fähigkeit zur Lenkung derjenigen Tätigkeiten besitzt, die die Renditen des Beteiligungsunternehmens am stärksten beeinflussen.

14 Ein Investor kann auch dann die Verfügungsgewalt über ein Beteiligungsunternehmen besitzen, wenn andere Unternehmen über bestehende Rechte verfügen, die ihnen gegenwärtige Fähigkeiten zur Mitbestimmung der maßgeblichen Tätigkeiten verleihen. Dies trifft z.B. zu, wenn ein anderes Unternehmen *maßgeblichen Einfluss* hat. Ein Investor, der lediglich Schutzrechte hält, kann keine Verfügungsgewalt über ein Beteiligungsunternehmen ausüben (siehe Paragraphen B26–B28) und somit das Beteiligungsunternehmen nicht beherrschen.

Renditen

15 Ein Investor hat eine Risikobelastung durch bzw. Anrechte auf schwankende Renditen aus seinem Engagement bei dem Beteiligungsunternehmen, wenn sich die Renditen, die der Investor mit seinem Engagement erzielt, infolge der Ertragskraft des Beteiligungsunternehmens verändern können. Die Renditen des Investors können ausschließlich positiv, ausschließlich negativ oder sowohl positiv als auch negativ sein.

16 Obgleich es sein kann, dass ein Beteiligungsunternehmen nur durch einen Investor beherrscht wird, können Renditen eines Beteiligungsunternehmens auf mehrere Parteien entfallen. Inhaber nicht beherrschender Anteile können beispielsweise an den Gewinnen oder Ausschüttungen eines Beteiligungsunternehmens teilhaben.

Control

An investor, regardless of the nature of its involvement with an entity (the investee), shall determine whether it is a **5** parent by assessing whether it controls the investee.

An investor controls an investee when it is exposed, or has rights, to variable returns from its involvement with the **6** investee and has the ability to affect those returns through its power over the investee.

Thus, an investor controls an investee if and only if the investor has all the following: **7**
(a) power over the investee (see paragraphs 10—14);
(b) exposure, or rights, to variable returns from its involvement with the investee (see paragraphs 15 and 16); and
(c) the ability to use its power over the investee to affect the amount of the investor's returns (see paragraphs 17 and 18).

An investor shall consider all facts and circumstances when assessing whether it controls an investee. The investor shall **8** reassess whether it controls an investee if facts and circumstances indicate that there are changes to one or more of the three elements of control listed in paragraph 7 (see paragraphs B80—B85).

Two or more investors collectively control an investee when they must act together to direct the relevant activities. In **9** such cases, because no investor can direct the activities without the co-operation of the others, no investor individually controls the investee. Each investor would account for its interest in the investee in accordance with the relevant IFRSs, such as IFRS 11 *Joint Arrangements,* IAS 28 *Investments in Associates and Joint Ventures* or IFRS 9 *Financial Instruments.*

Power

An investor has power over an investee when the investor has existing rights that give it the current ability to direct the **10** *relevant activities,* ie the activities that significantly affect the investee's returns.

Power arises from rights. Sometimes assessing power is straightforward, such as when power over an investee is obtained **11** directly and solely from the voting rights granted by equity instruments such as shares, and can be assessed by considering the voting rights from those shareholdings. In other cases, the assessment will be more complex and require more than one factor to be considered, for example when power results from one or more contractual arrangements.

An investor with the current ability to direct the relevant activities has power even if its rights to direct have yet to be **12** exercised. Evidence that the investor has been directing relevant activities can help determine whether the investor has power, but such evidence is not, in itself, conclusive in determining whether the investor has power over an investee.

If two or more investors each have existing rights that give them the unilateral ability to direct different relevant activities, **13** the investor that has the current ability to direct the activities that most significantly affect the returns of the investee has power over the investee.

An investor can have power over an investee even if other entities have existing rights that give them the current ability to **14** participate in the direction of the relevant activities, for example when another entity has *significant influence.* However, an investor that holds only protective rights does not have power over an investee (see paragraphs B26—B28), and consequently does not control the investee.

Returns

An investor is exposed, or has rights, to variable returns from its involvement with the investee when the investor's **15** returns from its involvement have the potential to vary as a result of the investee's performance. The investor's returns can be only positive, only negative or wholly positive and negative.

Although only one investor can control an investee, more than one party can share in the returns of an investee. For **16** example, holders of non-controlling interests can share in the profits or distributions of an investee.

Verknüpfung zwischen Verfügungsgewalt und Rendite

17 Ein Investor beherrscht ein Beteiligungsunternehmen, wenn er nicht nur Verfügungsgewalt über das Beteiligungsunternehmen besitzt sowie eine Risikobelastung durch oder Anrechte auf schwankende Renditen aus seinem Engagement bei dem Beteiligungsunternehmen hat, sondern wenn er darüber hinaus seine Verfügungsgewalt auch dazu einsetzen kann, seine Renditen aus dem Engagement in dem Beteiligungsunternehmen zu beeinflussen.

18 Ein Investor mit dem Recht, Entscheidungen zu fällen, hat folglich festzustellen, ob er Prinzipal oder Agent ist. Beherrschung des Beteiligungsunternehmens liegt nicht vor, wenn ein Investor, der gemäß den Paragraphen B58–B72 als Agent gilt, die an ihn delegierten Entscheidungsrechte ausübt.

BILANZIERUNGSVORSCHRIFTEN

19 Ein Mutterunternehmen hat Konzernabschlüsse unter Verwendung einheitlicher Bilanzierungs- und Bewertungsmethoden für gleichartige Geschäftsvorfälle und sonstige Ereignisse in ähnlichen Umständen zu erstellen.

20 Die Konsolidierung eines Beteiligungsunternehmens beginnt an dem Tag, an dem der Investor die Beherrschung über das Unternehmen erlangt. Sie endet, wenn der Investor die Beherrschung über das Beteiligungsunternehmen verliert.

21 Die Paragraphen B86–B93 legen Leitlinien für die Erstellung von Konzernabschlüssen fest.

Nicht beherrschende Anteile

22 Ein Mutterunternehmen weist nicht beherrschende Anteile in seiner Konzernbilanz innerhalb des Eigenkapitals, aber getrennt vom Eigenkapital der Anteilseigner des Mutterunternehmens aus.

23 Änderungen bei der Beteiligungsquote eines Mutterunternehmens an einem Tochterunternehmen, die nicht zu einem Verlust der Beherrschung führen, sind Eigenkapitaltransaktionen (d. h. Geschäftsvorfälle mit Eigentümern, die in ihrer Eigenschaft als Eigentümer handeln).

24 Die Paragraphen B94–B96 legen Leitlinien für die Bilanzierung nicht beherrschender Anteile in Konzernabschlüssen fest.

Verlust der Beherrschung

25 Verliert ein Mutterunternehmen die Beherrschung über ein Tochterunternehmen, hat das Mutterunternehmen
   (a) die Vermögenswerte und Schulden des ehemaligen Tochterunternehmens aus der Konzernbilanz auszubuchen.
   (b) jede zurückbehaltene Beteiligung an dem ehemaligen Tochterunternehmen zu dessen beizulegendem Zeitwert anzusetzen, wenn die Beherrschung wegfällt. Anschließend sind die Beteiligung sowie alle Beträge, die es dem ehemaligen Tochterunternehmen schuldet oder von ihm beansprucht, in Übereinstimmung mit den maßgeblichen IFRS zu bilanzieren. Dieser beizulegende Zeitwert wird als Zugangswert eines finanziellen Vermögenswerts gemäß IFRS 9 oder, soweit sachgerecht, als Anschaffungskosten bei Zugang einer Beteiligung an einem assoziierten oder Gemeinschaftsunternehmen angesehen.
   (c) den Gewinn oder Verlust im Zusammenhang mit dem Verlust der Beherrschung, der auf den ehemaligen beherrschenden Anteil entfällt, anzusetzen.

26 Die Paragraphen B97–B99 beschreiben Leitlinien für die Bilanzierung des Verlustes der Beherrschung.

FESTSTELLUNG, OB ES SICH BEI EINEM UNTERNEHMEN UM EINE INVESTMENTGESELLSCHAFT HANDELT

27 Ein Mutterunternehmen muss feststellen, ob es eine Investmentgesellschaft ist. Eine Investmentgesellschaft ist ein Unternehmen, das
   (a) von einem oder mehreren Investoren Mittel zu dem Zweck erhält, für diese(n) Investor(en) Dienstleistungen im Bereich der Vermögensverwaltung zu erbringen;
   (b) sich gegenüber seinem Investor bzw. seinen Investoren verpflichtet, dass sein Geschäftszweck allein in der Anlage der Mittel zum Zweck der Erreichung von Wertsteigerungen oder der Erwirtschaftung von Kapitalerträgen oder beidem besteht; und
   (c) die Ertragskraft im Wesentlichen aller seiner Investments auf der Basis des beizulegenden Zeitwerts bewertet und beurteilt.
   Die Paragraphen B85A–B85M enthalten entsprechende Leitlinien für die Anwendung.

Link between power and returns

An investor controls an investee if the investor not only has power over the investee and exposure or rights to variable returns from its involvement with the investee, but also has the ability to use its power to affect the investor's returns from its involvement with the investee. 17

Thus, an investor with decision-making rights shall determine whether it is a principal or an agent. An investor that is an agent in accordance with paragraphs B58—B72 does not control an investee when it exercises decision-making rights delegated to it. 18

ACCOUNTING REQUIREMENTS

A parent shall prepare consolidated financial statements using uniform accounting policies for like transactions and other events in similar circumstances. 19

Consolidation of an investee shall begin from the date the investor obtains control of the investee and cease when the investor loses control of the investee. 20

Paragraphs B86—B93 set out guidance for the preparation of consolidated financial statements. 21

Non-controlling interests

A parent shall present non-controlling interests in the consolidated statement of financial position within equity, separately from the equity of the owners of the parent. 22

Changes in a parent's ownership interest in a subsidiary that do not result in the parent losing control of the subsidiary are equity transactions (ie transactions with owners in their capacity as owners). 23

Paragraphs B94—B96 set out guidance for the accounting for non-controlling interests in consolidated financial statements. 24

Loss of control

If a parent loses control of a subsidiary, the parent: 25
(a) derecognises the assets and liabilities of the former subsidiary from the consolidated statement of financial position.
(b) recognises any investment retained in the former subsidiary at its fair value when control is lost and subsequently accounts for it and for any amounts owed by or to the former subsidiary in accordance with relevant IFRSs. That fair value shall be regarded as the fair value on initial recognition of a financial asset in accordance with IFRS 9 or, when appropriate, the cost on initial recognition of an investment in an associate or joint venture.
(c) recognises the gain or loss associated with the loss of control attributable to the former controlling interest.

Paragraphs B97—B99 set out guidance for the accounting for the loss of control. 26

DETERMINING WHETHER AN ENTITY IS AN INVESTMENT ENTITY

A parent shall determine whether it is an investment entity. An investment entity is an entity that: 27
(a) obtains funds from one or more investors for the purpose of providing those investor(s) with investment management services;
(b) commits to its investor(s) that its business purpose is to invest funds solely for returns from capital appreciation, investment income, or both; and
(c) measures and evaluates the performance of substantially all of its investments on a fair value basis.
Paragraphs B85A—B85M provide related application guidance.

28 Bei der Beurteilung der Frage, ob ein Unternehmen die in Paragraph 27 aufgeführte Definition erfüllt, muss es berücksichtigen, ob es die folgenden typischen Merkmale einer Investmentgesellschaft aufweist:

(a) Es hält mehr als ein Investment (siehe Paragraphen B85O–B85P);

(b) Es hat mehr als einen Investor (siehe Paragraphen B85Q–B85S);

(c) Seine Investoren sind keine ihm nahestehenden Unternehmen oder Personen (siehe Paragraphen B85T–B85U); und

(d) Seine Eigentumsanteile bestehen in Form von Eigenkapitalanteilen oder eigenkapitalähnlichen Anteilen (siehe Paragraphen B85V–B85W).

Das Fehlen eines oder mehrerer dieser typischen Merkmale hat nicht zwangsläufig zur Folge, dass das Unternehmen nicht als Investmentgesellschaft eingestuft werden kann. Eine Investmentgesellschaft, die nicht alle dieser typischen Merkmale aufweist, legt die in Paragraph 9A des IFRS 12 *Angaben zu Anteilen an anderen Unternehmen* verlangten zusätzlichen Angaben offen.

29 Sofern Sachverhalte und Umstände darauf hindeuten, dass bei einem oder mehreren der drei in Paragraph 27 beschriebenen Elemente der Definition einer Investmentgesellschaft oder bei den in Paragraph 28 aufgeführten typischen Merkmalen einer Investmentgesellschaft Änderungen eingetreten sind, hat das Mutterunternehmen erneut zu beurteilen, ob es eine Investmentgesellschaft ist.

30 Ein Mutterunternehmen, das den Status einer Investmentgesellschaft verliert oder erwirbt, hat diese Änderung seines Status prospektiv ab dem Zeitpunkt zu bilanzieren, zu dem diese Änderung eintrat (siehe Paragraphen B100–B101).

INVESTMENTGESELLSCHAFTEN: AUSNAHME VON DER KONSOLIDIERUNG

31 **Abgesehen von dem in Paragraph 32 beschriebenen Fall hat eine Investmentgesellschaft weder ihre Tochterunternehmen zu konsolidieren noch IFRS 3 anzuwenden, wenn sie die Beherrschung über ein anderes Unternehmen erlangt. Vielmehr hat sie die Anteile an einem Tochterunternehmen nach IFRS 9 ergebniswirksam zum beizulegenden Zeitwert zu bewerten.[1]**

32 Hat eine Investmentgesellschaft ein Tochterunternehmen, das weitere Dienstleistungen in Bezug auf die Investitionstätigkeit der Investmentgesellschaft erbringt (siehe Paragraphen B85C–B85E), so hat sie dieses Tochterunternehmen ungeachtet der Bestimmung in Paragraph 31 nach Maßgabe der Paragraphen 19–26 zu konsolidieren und bei der Übernahme derartiger Tochterunternehmen die Vorschriften des IFRS 3 zu erfüllen.

33 Ein Mutterunternehmen einer Investmentgesellschaft hat alle von ihm beherrschten Gesellschaften zu konsolidieren, einschließlich solcher, die über ein Tochterunternehmen mit dem Status einer Investmentgesellschaft beherrscht werden, es sei denn, das Mutterunternehmen ist selbst eine Investmentgesellschaft.

Anhang A

Definitionen

Dieser Anhang ist fester Bestandteil des IFRS.

Konzernabschluss	Der Abschluss eines **Konzerns,** in welchem die Vermögenswerte, die Schulden, das Eigenkapital, die Erträge, Aufwendungen und Zahlungsströme des **Mutterunternehmens** und seiner **Tochterunternehmen** so dargestellt werden, als gehörten sie zu einer einzigen wirtschaftlichen Einheit.
Beherrschung eines Beteiligungsunternehmens	Ein Investor beherrscht ein Beteiligungsunternehmen, wenn er schwankenden Renditen aus seinem Engagement in dem Beteiligungsunternehmen ausgesetzt ist bzw. Anrechte auf diese besitzt und die Fähigkeit hat, diese Renditen mittels seiner Verfügungsgewalt über das Beteiligungsunternehmen zu beeinflussen.

---

1 In Paragraph C7 des IFRS 10 Konzernabschlüsse heißt es: „Wendet ein Unternehmen diesen IFRS, aber noch nicht IFRS 9 an, sind Bezugnahmen auf IFRS 9 als Bezugnahmen auf IAS 39 Finanzinstrumente: Ansatz und Bewertung zu verstehen."

In assessing whether it meets the definition described in paragraph 27, an entity shall consider whether it has the follow- **28** ing typical characteristics of an investment entity:

(a) it has more than one investment (see paragraphs B85O—B85P);

(b) it has more than one investor (see paragraphs B85Q—B85S);

(c) it has investors that are not related parties of the entity (see paragraphs B85T—B85U); and

(d) it has ownership interests in the form of equity or similar interests (see paragraphs B85V—B85W).

The absence of any of these typical characteristics does not necessarily disqualify an entity from being classified as an investment entity. An investment entity that does not have all of these typical characteristics provides additional disclosure required by paragraph 9A of IFRS 12 *Disclosure of Interests in Other Entities*.

If facts and circumstances indicate that there are changes to one or more of the three elements that make up the definition **29** of an investment entity, as described in paragraph 27, or the typical characteristics of an investment entity, as described in paragraph 28, a parent shall reassess whether it is an investment entity.

A parent that either ceases to be an investment entity or becomes an investment entity shall account for the change in its **30** status prospectively from the date at which the change in status occurred (see paragraphs B100—B101).

INVESTMENT ENTITIES: EXCEPTION TO CONSOLIDATION

Except as described in paragraph 32, an investment entity shall not consolidate its subsidiaries or apply IFRS 3 when **31** **it obtains control of another entity. Instead, an investment entity shall measure an investment in a subsidiary at fair value through profit or loss in accordance with IFRS 9[1].**

Notwithstanding the requirement in paragraph 31, if an investment entity has a subsidiary that provides services that **32** relate to the investment entity's investment activities (see paragraphs B85C—B85E), it shall consolidate that subsidiary in accordance with paragraphs 19—26 of this IFRS and apply the requirements of IFRS 3 to the acquisition of any such subsidiary.

A parent of an investment entity shall consolidate all entities that it controls, including those controlled through an **33** investment entity subsidiary, unless the parent itself is an investment entity.

Appendix A

Defined terms

This appendix is an integral part of the IFRS.

consolidated financial statements	The financial statements of a **group** in which the assets, liabilities, equity, income, expenses and cash flows of the **parent** and its **subsidiaries** are presented as those of a single economic entity.
control of an investee	An investor controls an investee when the investor is exposed, or has rights, to variable returns from its involvement with the investee and has the ability to affect those returns through its power over the investee.

---

1 Paragraph C7 of IFRS 10 Consolidated Financial Statements states "If an entity applies this IFRS but does not yet apply IFRS 9, any reference in this IFRS to IFRS 9 shall be read as a reference to IAS 39 Financial Instruments: Recognition and Measurement."

Entscheidungsträger	Ein Unternehmen mit dem Recht, Entscheidungen zu fällen, das entweder Prinzipal oder Agent für Dritte ist.
Konzern	Ein **Mutterunternehmen** und seine **Tochterunternehmen.**
Investmentgesellschaft	Ein Unternehmen, das

    (a) von einem oder mehreren Investoren Mittel zu dem Zweck erhält, für diese(n) Investor(en) Dienstleistungen im Bereich der Vermögensverwaltung zu erbringen;

    (b) sich gegenüber seinem Investor bzw. seinen Investoren verpflichtet, dass sein Geschäftszweck allein in der Anlage der Mittel zum Zweck der Erreichung von Wertsteigerungen oder der Erwirtschaftung von Kapitalerträgen oder beidem besteht;

    (c) die Ertragskraft im Wesentlichen aller seiner Investments auf der Basis des beizulegenden Zeitwerts bewertet und beurteilt.

Nicht beherrschender Anteil	Eigenkapital in einem **Tochterunternehmen,** das weder mittel- noch unmittelbar einem **Mutterunternehmen** zurechenbar ist.
Mutterunternehmen	Ein Unternehmen, das ein oder mehrere Unternehmen **beherrscht.**
Verfügungsgewalt	Bestehende Rechte, welche die gegenwärtige Fähigkeit zur Lenkung der **maßgeblichen Tätigkeiten** verleihen.
Schutzrechte	Rechte, die darauf abzielen, die Beteiligung jener Partei, die diese Rechte besitzt, zu schützen, ohne dieser Partei die Verfügungsgewalt über das Unternehmen einzuräumen, auf das sich diese Rechte beziehen.
Maßgebliche Tätigkeiten	Für die Zwecke dieses IFRS sind maßgebliche Tätigkeiten all diejenigen Aktivitäten eines Beteiligungsunternehmens, die die Rendite des Beteiligungsunternehmens erheblich beeinflussen.
Abberufungsrechte	Rechte, dem Entscheidungsträger seine Entscheidungskompetenz zu entziehen.
Tochterunternehmen	Ein Unternehmen, das durch ein anderes Unternehmen beherrscht wird.

Die folgenden Begriffe sind in IFRS 11, IFRS 12 *Angaben zu Beteiligungen an anderen Unternehmen,* IAS 28 (geändert 2011) oder IAS 24 *Angaben über Beziehungen zu nahestehenden Unternehmen und Personen* definiert und werden in diesem IFRS in der dort angegebenen Bedeutung verwendet:
- Assoziiertes Unternehmen
- Beteiligung an einem anderen Unternehmen
- Gemeinschaftsunternehmen
- Mitglieder des Managements in Schlüsselpositionen
- Nahestehende Unternehmen und Personen
- Maßgeblicher Einfluss

Anhang B
Leitlinien für die Anwendung

Dieser Anhang ist fester Bestandteil des IFRS. Er beschreibt die Anwendung der Paragraphen 1–26 und hat die gleiche bindende Kraft wie die anderen Teile des IFRS.

B1   Die Beispiele in diesem Anhang illustrieren hypothetische Situationen. Einige Aspekte der Beispiele können zwar in tatsächlichen Sachverhaltsmustern zutreffen, trotzdem müssen bei der Anwendung des IFRS 10 alle maßgeblichen Sachverhalte und Umstände eines bestimmten Sachverhaltsmusters ausgewertet werden.

BEURTEILUNG DES VORLIEGENS VON BEHERRSCHUNG

B2   Um festzustellen, ob er ein Beteiligungsunternehmen beherrscht, muss ein Investor beurteilen, ob er alle folgenden Elemente hat:
(a) Verfügungsgewalt über das Beteiligungsunternehmen;
(b) eine Risikobelastung durch oder Anrechte auf schwankende Renditen aus seinem Engagement in dem Beteiligungsunternehmen; und

decision maker	An entity with decision-making rights that is either a principal or an agent for other parties.
group	A **parent** and its **subsidiaries.**
investment entity	An entity that:

(a) obtains funds from one or more investors for the purpose of providing those investor(s) with investment management services;

(b) commits to its investor(s) that its business purpose is to invest funds solely for returns from capital appreciation, investment income, or both; and

(c) measures and evaluates the performance of substantially all of its investments on a fair value basis.

non-controlling interest	Equity in a **subsidiary** not attributable, directly or indirectly, to a **parent**.
parent	An entity that **controls** one or more entities.
power	Existing rights that give the current ability to direct the **relevant activities**.
protective rights	Rights designed to protect the interest of the party holding those rights without giving that party power over the entity to which those rights relate.
relevant activities	For the purpose of this IFRS, relevant activities are activities of the investee that significantly affect the investee's returns.
removal rights	Rights to deprive the decision maker of its decision-making authority.
subsidiary	An entity that is controlled by another entity.

The following terms are defined in IFRS 11, IFRS 12 *Disclosure of Interests in Other Entities,* IAS 28 (as amended in 2011) or IAS 24 *Related Party Disclosures* and are used in this IFRS with the meanings specified in those IFRSs:
— associate
— interest in another entity
— joint venture
— key management personnel
— related party
— significant influence.

Appendix B

Application guidance

This appendix is an integral part of the IFRS. It describes the application of paragraphs 1—26 and has the same authority as the other parts of the IFRS.

The examples in this appendix portray hypothetical situations. Although some aspects of the examples may be present in actual fact patterns, all facts and circumstances of a particular fact pattern would need to be evaluated when applying IFRS 10. **B1**

ASSESSING CONTROL

To determine whether it controls an investee an investor shall assess whether it has all the following: **B2**
(a) power over the investee;
(b) exposure, or rights, to variable returns from its involvement with the investee; and

(c) die Fähigkeit, seine Verfügungsgewalt über das Beteiligungsunternehmen so zu nutzen, dass dadurch die Höhe der Rendite des Beteiligungsunternehmens beeinflusst wird.

B3 Die Berücksichtigung folgender Faktoren kann diese Feststellung erleichtern:
(a) Zweck und Gestaltung des Beteiligungsunternehmens (siehe Paragraphen B5–B8);
(b) Was die maßgeblichen Tätigkeiten sind und wie Entscheidungen über diese Tätigkeiten getroffen werden (siehe Paragraphen B11–B13);
(c) Ob der Investor durch seine Rechte die gegenwärtige Fähigkeit hat, die maßgeblichen Tätigkeiten zu lenken (siehe Paragraphen B14–B54);
(d) Ob der Investor eine Risikobelastung durch oder Anrechte auf schwankende Renditen aus seinem Engagement in dem Beteiligungsunternehmen hat (siehe Paragraphen B55–B57); und
(e) Ob der Investor die Fähigkeit hat, seine Verfügungsgewalt über das Beteiligungsunternehmen so zu nutzen, dass dadurch die Höhe der Rendite des Beteiligungsunternehmens beeinflusst wird (siehe Paragraphen B58–B72).

B4 Bei der Beurteilung der Beherrschung eines Beteiligungsunternehmens hat der Investor die Beschaffenheit seiner Beziehung zu Dritten zu berücksichtigen (siehe Paragraphen B73–B75).

Zweck und Gestaltung eines Beteiligungsunternehmens

B5 Bei der Beurteilung der Beherrschung eines Beteiligungsunternehmens muss der Investor Zweck und Gestaltung des Beteiligungsunternehmens berücksichtigen, um feststellen zu können, was die maßgeblichen Tätigkeiten sind, wie Entscheidungen über diese Tätigkeiten gefällt werden, wer die gegenwärtige Fähigkeit zur Lenkung dieser Tätigkeiten hat und wer die Rendite aus den maßgeblichen Tätigkeiten erhält.

B6 Aus der Betrachtung von Zweck und Gestaltung eines Beteiligungsunternehmens kann sich klar ergeben, dass das Beteiligungsunternehmen mittels Eigenkapitalinstrumenten beherrscht wird, die dem Inhaber anteilige Stimmrechte verleihen. Dies trifft beispielsweise bei Stammaktien zu. Sofern keine Zusatzvereinbarungen vorliegen, durch die sich der Entscheidungsprozess ändert, konzentriert sich die Beurteilung der Beherrschung auf die Frage, welche Partei, wenn überhaupt, Stimmrechte ausüben kann, die zur Bestimmung der Betriebs- und Finanzpolitik des Beteiligungsunternehmens ausreichen (siehe Paragraph B34–B50). Im einfachsten Fall beherrscht derjenige Investor, der die Mehrheit dieser Stimmrechte besitzt, das Beteiligungsunternehmen, sofern keine anderen Faktoren zutreffen.

B7 In komplexeren Fällen kann die Feststellung, ob ein Investor ein Beteiligungsunternehmen beherrscht, die Berücksichtigung einiger oder aller sonstiger Faktoren gemäß Paragraph B3 erfordern.

B8 Ein Beteiligungsunternehmen kann so aufgebaut sein, dass Stimmrechte bei der Entscheidung, wer das Unternehmen beherrscht, kein dominanter Faktor sind. Eine solche Gestaltung kann vorliegen, wenn sich Stimmrechte nur auf Verwaltungsaufgaben beziehen und die maßgeblichen Tätigkeiten durch vertragliche Vereinbarungen bestimmt werden. In Fällen dieser Art muss sich die investorseitige Berücksichtigung von Zweck und Gestaltung des Beteiligungsunternehmens auch auf die Risiken erstrecken, denen das Beteiligungsunternehmen von seiner Gestaltung her ausgesetzt sein soll, sowie auf die Risiken, die es von seiner Gestaltung her an die im Beteiligungsunternehmen engagierten Parteien weiterreichen soll. Ferner ist zu berücksichtigen, ob der Investor einigen oder allen dieser Risiken ausgesetzt ist. Die Berücksichtigung der Risiken umfasst nicht nur das Baisse-Risiko sondern auch das Hausse-Potenzial.

Verfügungsgewalt

B9 Um Verfügungsgewalt über ein Beteiligungsunternehmen zu besitzen, muss ein Investor über bestehende Rechte verfügen, die ihm die gegenwärtige Fähigkeit zur Lenkung der maßgeblichen Tätigkeiten verleihen. In die Beurteilung von Verfügungsgewalt sind nur substanzielle Rechte sowie solche Rechte einzubeziehen, die keine Schutzrechte sind (siehe Paragraphen B22–B28).

B10 Die Feststellung, ob ein Investor Verfügungsgewalt besitzt, hängt davon ab, worin die maßgeblichen Tätigkeiten bestehen, wie Entscheidungen über diese Tätigkeiten gefällt werden und welche Rechte der Investor sowie Dritte in Bezug auf das Beteiligungsunternehmen haben.

Maßgebliche Tätigkeiten und Lenkung maßgeblicher Tätigkeiten

B11 Bei vielen Beteiligungsunternehmen haben verschiedene betriebliche und finanzielle Tätigkeiten erhebliche Auswirkungen auf ihre Renditen. Beispiele für Tätigkeiten, die abhängig von den jeweiligen Umständen maßgebliche Tätigkeiten sein können, sind unter anderem:
(a) Kauf und Verkauf von Waren oder Dienstleistungen;
(b) Verwaltung finanzieller Vermögenswerte während ihrer Laufzeit (auch bei Verzug);
(c) Auswahl, Erwerb oder Veräußerung von Vermögenswerten;
(d) Forschung und Entwicklung für neue Produkte oder Verfahren; und
(e) Festlegung von Finanzierungsstrukturen oder Mittelbeschaffung.

(c)   the ability to use its power over the investee to affect the amount of the investor's returns.

Consideration of the following factors may assist in making that determination: **B3**
(a)   the purpose and design of the investee (see paragraphs B5—B8);
(b)   what the relevant activities are and how decisions about those activities are made (see paragraphs B11—B13);
(c)   whether the rights of the investor give it the current ability to direct the relevant activities (see paragraphs B14—B54);
(d)   whether the investor is exposed, or has rights, to variable returns from its involvement with the investee (see paragraphs B55—B57); and
(e)   whether the investor has the ability to use its power over the investee to affect the amount of the investor's returns (see paragraphs B58—B72).

When assessing control of an investee, an investor shall consider the nature of its relationship with other parties (see   **B4**
paragraphs B73—B75).

Purpose and design of an investee

When assessing control of an investee, an investor shall consider the purpose and design of the investee in order to iden-   **B5**
tify the relevant activities, how decisions about the relevant activities are made, who has the current ability to direct those
activities and who receives returns from those activities.

When an investee's purpose and design are considered, it may be clear that an investee is controlled by means of equity   **B6**
instruments that give the holder proportionate voting rights, such as ordinary shares in the investee. In this case, in the
absence of any additional arrangements that alter decision-making, the assessment of control focuses on which party, if
any, is able to exercise voting rights sufficient to determine the investee's operating and financing policies (see paragraphs
B34—B50). In the most straightforward case, the investor that holds a majority of those voting rights, in the absence of
any other factors, controls the investee.

To determine whether an investor controls an investee in more complex cases, it may be necessary to consider some or all   **B7**
of the other factors in paragraph B3.

An investee may be designed so that voting rights are not the dominant factor in deciding who controls the investee, such   **B8**
as when any voting rights relate to administrative tasks only and the relevant activities are directed by means of contractual arrangements. In such cases, an investor's consideration of the purpose and design of the investee shall also include
consideration of the risks to which the investee was designed to be exposed, the risks it was designed to pass on to the
parties involved with the investee and whether the investor is exposed to some or all of those risks. Consideration of the
risks includes not only the downside risk, but also the potential for upside.

Power

To have power over an investee, an investor must have existing rights that give it the current ability to direct the relevant   **B9**
activities. For the purpose of assessing power, only substantive rights and rights that are not protective shall be considered
(see paragraphs B22—B28).

The determination about whether an investor has power depends on the relevant activities, the way decisions about the   **B10**
relevant activities are made and the rights the investor and other parties have in relation to the investee.

Relevant activities and direction of relevant activities

For many investees, a range of operating and financing activities significantly affect their returns. Examples of activities   **B11**
that, depending on the circumstances, can be relevant activities include, but are not limited to:
(a)   selling and purchasing of goods or services;
(b)   managing financial assets during their life (including upon default);
(c)   selecting, acquiring or disposing of assets;
(d)   researching and developing new products or processes; and
(e)   determining a funding structure or obtaining funding.

B12 Beispiele für Entscheidungen über maßgebliche Tätigkeiten sind unter anderem:

(a) Festlegung von Entscheidungen über Betrieb und Kapital des Beteiligungsunternehmens, einschließlich Budgets; und

(b) Bestellung und Vergütung von Mitgliedern des Managements in Schlüsselpositionen oder von Dienstleistungsunternehmen sowie Kündigung ihrer Dienste oder Beschäftigung.

B13 Es kann Situationen geben, in denen Tätigkeiten sowohl vor als auch nach dem Entstehen besonderer Umstände oder dem Eintreten eines Ereignisses maßgebliche Tätigkeiten sein können. Verfügen zwei oder mehr Investoren über die gegenwärtige Fähigkeit zur Lenkung maßgeblicher Tätigkeiten und finden diese Tätigkeiten zu unterschiedlichen Zeiten statt, müssen die Investoren feststellen, wer von ihnen die Fähigkeit zur Lenkung derjenigen Tätigkeiten besitzt, die diese Renditen am stärksten beeinflussen. Dies muss mit der Behandlung nebeneinander bestehender Entscheidungsrechte vereinbar sein (siehe Paragraph 13). Wenn sich maßgebliche Sachverhalte oder Umstände im Laufe der Zeit ändern, müssen die Investoren diese Beurteilung überprüfen.

Anwendungsbeispiele

Beispiel 1 Zwei Investoren gründen ein Beteiligungsunternehmen, um ein Arzneimittel zu entwickeln und zu vermarkten. Ein Investor ist für die Entwicklung und Einholung der aufsichtsbehördlichen Zulassung für das Arzneimittel zuständig. Diese Zuständigkeit schließt die einseitige Fähigkeit ein, alle Entscheidungen bezüglich der Entwicklung des Produkts und der Einholung der Zulassung zu treffen. Sobald die Aufsichtsbehörde das Produkt zugelassen hat, wird es von dem anderen Investor hergestellt und vermarktet – dieser Investor besitzt die einseitige Fähigkeit, alle Entscheidungen über die Herstellung und Vermarktung des Projekts zu treffen. Wenn alle Tätigkeiten – d. h. sowohl die Entwicklung und die Einholung der aufsichtsbehördlichen Zulassung als auch die Herstellung und Vermarktung des Arzneimittels – maßgebliche Tätigkeiten sind, dann muss jeder Investor feststellen, ob er die Fähigkeit zur Lenkung derjenigen Tätigkeiten hat, die den *wesentlichsten* Einfluss auf die Renditen des Beteiligungsunternehmens haben. Dementsprechend muss jeder Investor abwägen, ob die Entwicklung und die Einholung der aufsichtsbehördlichen Zulassungen oder die Herstellung und Vermarktung des Arzneimittels die Tätigkeit mit dem *stärksten* Einfluss auf die Rendite des Beteiligungsunternehmens ist, und ob er in der Lage ist, diese Tätigkeit zu lenken. Bei der Feststellung, welcher Investor Verfügungsgewalt hat, würden die Investoren Folgendes berücksichtigen:

(a) den Zweck und die Gestaltung des Beteiligungsunternehmens;

(b) die Faktoren, die ausschlaggebend für Gewinnmarge, Ertrag und Wert des Beteiligungsunternehmens sowie den Wert des Arzneimittels sind;

(c) die Auswirkungen auf die Rendite des Beteiligungsunternehmens, die sich aus der Entscheidungskompetenz der einzelnen Investoren hinsichtlich der in (b) genannten Faktoren ergeben; und

(d) das Geschäftsrisiko, das dem Investor aus schwankenden Renditen entsteht.

In diesem besonderen Beispiel würden die Investoren auch Folgendes berücksichtigen:

(e) die bei der Einholung der aufsichtsbehördlichen Zulassung bestehende Ungewissheit und die dafür erforderlichen Anstrengungen (unter Berücksichtigung der Erfolgsbilanz des Investors bei der Entwicklung von Arzneimitteln und Einholung aufsichtsbehördlicher Zulassungen); und

(f) welcher Investor das Arzneimittel kontrolliert, sobald die Entwicklungsphase erfolgreich abgeschlossen wurde.

Beispiel 2 Eine Zweckgesellschaft (das Beteiligungsunternehmen) wird gegründet. Ihre Finanzierung erfolgt über ein im Besitz eines Investors (dem Schuldtitelinvestor) befindliches Schuldinstrument sowie Eigenkapitalinstrumente, die sich im Besitz mehrerer anderer Investoren befinden. Die Eigenkapitaltranche ist darauf ausgelegt, die ersten Verluste aufzufangen und verbleibende Renditen vom Beteiligungsunternehmen einzunehmen. Einer der Eigenkapitalinvestoren, der 30 % des Eigenkapitals hält, ist zugleich der Vermögensverwalter. Das Beteiligungsunternehmen nutzt seine Erlöse zum Ankauf eines Depots finanzieller Vermögenswerte und setzt sich damit dem Kreditrisiko aus, das mit dem möglichen Verzug bei den Kapital- und Zinszahlungen der Vermögenswerte verbunden ist. Diese Transaktion wird beim Schuldtitelinvestor als Anlage mit minimaler Belastung durch das Kreditrisiko, das mit einem möglichen Zahlungsverzug bei den im Depot befindlichen Vermögenswerten verbunden ist, vermarktet. Als Begründung dienen die Beschaffenheit der betreffenden Vermögenswerte sowie der Umstand, dass die Eigenkapitaltranche auf das Auffangen erster Verluste des Beteiligungsunternehmens ausgelegt ist. Die Rendite des Beteiligungsunternehmens wird durch die Verwaltung seines Portfolios an Vermögenswerten erheblich beeinflusst. Hierzu gehören Entscheidungen über Auswahl, Erwerb und Veräußerung der Vermögenswerte im Rahmen der für das Portfolio geltenden Leitlinien sowie die Vorgehensweise bei Zahlungsverzug von Vermögenswerten des Portfolios. All diese Tätigkeiten werden vom Vermögensverwalter gehandhabt, bis die Zahlungsverzüge einen festgelegten Anteil des Depotwerts erreichen (d. h. wenn die Eigenkapitaltranche des Beteiligungsunternehmens durch den Wert des Depots aufgezehrt worden ist). Ab

Examples of decisions about relevant activities include but are not limited to:

(a) establishing operating and capital decisions of the investee, including budgets; and

(b) appointing and remunerating an investee's key management personnel or service providers and terminating their services or employment.

In some situations, activities both before and after a particular set of circumstances arises or event occurs may be relevant activities. When two or more investors have the current ability to direct relevant activities and those activities occur at different times, the investors shall determine which investor is able to direct the activities that most significantly affect those returns consistently with the treatment of concurrent decision-making rights (see paragraph 13). The investors shall reconsider this assessment over time if relevant facts or circumstances change.

Application examples

Example 1 Two investors form an investee to develop and market a medical product. One investor is responsible for developing and obtaining regulatory approval of the medical product—that responsibility includes having the unilateral ability to make all decisions relating to the development of the product and to obtaining regulatory approval. Once the regulator has approved the product, the other investor will manufacture and market it—this investor has the unilateral ability to make all decisions about the manufacture and marketing of the project. If all the activities—developing and obtaining regulatory approval as well as manufacturing and marketing of the medical product—are relevant activities, each investor needs to determine whether it is able to direct the activities that *most* significantly affect the investee's returns. Accordingly, each investor needs to consider whether developing and obtaining regulatory approval or the manufacturing and marketing of the medical product is the activity that *most* significantly affects the investee's returns and whether it is able to direct that activity. In determining which investor has power, the investors would consider:

(a) the purpose and design of the investee;

(b) the factors that determine the profit margin, revenue and value of the investee as well as the value of the medical product;

(c) the effect on the investee's returns resulting from each investor's decision-making authority with respect to the factors in (b); and

(d) the investors' exposure to variability of returns.

In this particular example, the investors would also consider:

(e) the uncertainty of, and effort required in, obtaining regulatory approval (considering the investor's record of successfully developing and obtaining regulatory approval of medical products); and

(f) which investor controls the medical product once the development phase is successful.

Example 2 An investment vehicle (the investee) is created and financed with a debt instrument held by an investor (the debt investor) and equity instruments held by a number of other investors. The equity tranche is designed to absorb the first losses and to receive any residual return from the investee. One of the equity investors who holds 30 per cent of the equity is also the asset manager. The investee uses its proceeds to purchase a portfolio of financial assets, exposing the investee to the credit risk associated with the possible default of principal and interest payments of the assets. The transaction is marketed to the debt investor as an investment with minimal exposure to the credit risk associated with the possible default of the assets in the portfolio because of the nature of these assets and because the equity tranche is designed to absorb the first losses of the investee. The returns of the investee are significantly affected by the management of the investee's asset portfolio, which includes decisions about the selection, acquisition and disposal of the assets within portfolio guidelines and the management upon default of any portfolio assets. All those activities are managed by the asset manager until defaults reach a specified proportion of the portfolio value (ie when the value of the portfolio is such that the equity tranche of the investee has been consumed). From that time, a third-party trustee manages the assets according to the instructions of the debt investor. Managing the investee's asset portfolio is the relevant activity of the investee. The asset manager has the ability to direct the relevant activities until defaulted assets reach the specified proportion of the portfolio value; the debt investor has the ability to direct the relevant activities when the value of defaulted assets surpasses that specified proportion of the portfolio value. The

diesem Zeitpunkt verwaltet ein externer Treuhänder die Vermögenswerte im Einklang mit den Anweisungen des Schuldtitelinvestors. Die maßgebliche Tätigkeit des Beteiligungsunternehmens besteht in der Verwaltung seines Portfolios an Vermögenswerten. Der Vermögensverwalter hat die Fähigkeit, die maßgeblichen Tätigkeiten zu lenken, bis die in Verzug geratenen Vermögenswerte den festgelegten Anteil des Depotwerts erreichen. Der Schuldtitelinvestor hat die Fähigkeit, die maßgeblichen Tätigkeiten zu lenken, wenn der Wert der in Verzug geratenen Vermögenswerte diesen festgelegten Anteil des Depotwerts überschreitet. Der Vermögensverwalter und der Schuldtitelinvestor müssen jeder für sich ermitteln, ob sie in der Lage sind, die Tätigkeiten mit dem *stärksten* Einfluss auf die Rendite des Beteiligungsunternehmens zu lenken. Hierbei sind auch Zweck und Gestaltung des Beteiligungsunternehmens sowie die Risikobelastung der einzelnen Parteien durch die Schwankungen der Rendite zu berücksichtigen.

Rechte, die einem Investor Verfügungsgewalt über ein Beteiligungsunternehmen verleihen

B14 Verfügungsgewalt entsteht aus Rechten. Um Verfügungsgewalt über ein Beteiligungsunternehmen zu haben, muss ein Investor über bestehende Rechte verfügen, die ihm die gegenwärtige Fähigkeit zur Lenkung der maßgeblichen Tätigkeiten verleihen. Die Rechte, aus denen ein Investor Verfügungsgewalt ableiten kann, können von einem Beteiligungsunternehmen zum anderen unterschiedlich sein.

B15 Beispiele für Rechte, die einem Investor einzeln oder zusammengenommen Verfügungsgewalt verleihen können, sind u. a.:

(a) Rechte in Form von Stimmrechten (oder potenziellen Stimmrechten) in einem Beteiligungsunternehmen (siehe Paragraphen B34–B50);

(b) Rechte zur Bestellung, Versetzung oder Abberufung von Mitgliedern des Managements in Schlüsselpositionen beim Beteiligungsunternehmen, die in der Lage sind, die maßgeblichen Tätigkeiten zu lenken;

(c) Rechte zur Bestellung oder Absetzung eines anderen Unternehmens, das die maßgeblichen Tätigkeiten lenkt.

(d) Weisungsrechte gegenüber dem Beteiligungsunternehmen, Transaktionen zugunsten des Investors vorzunehmen, oder Vetorechte bei Veränderungen an solchen Transaktionen; und

(e) Sonstige Rechte (z. B. in einem Verwaltungsvertrag festgelegte Entscheidungsrechte), die dem Inhaber die Fähigkeit verleihen, die maßgeblichen Tätigkeiten zu lenken.

B16 Hat ein Beteiligungsunternehmen eine ganze Reihe betrieblicher und finanzieller Tätigkeiten, die wesentlichen Einfluss auf dessen Rendite haben und fortlaufend eine substanzielle Beschlussfassung erfordern, dann sind es die Stimmrechte oder ähnliche Rechte, die einem Investor, entweder allein oder in Verbindung mit anderen Vereinbarungen, Verfügungsgewalt verleihen.

B17 Wenn Stimmrechte keine wesentlichen Auswirkungen auf die Rendite eines Beteiligungsunternehmens haben können, wie dies beispielsweise der Fall ist, wenn sich Stimmrechte nur auf Verwaltungsaufgaben beziehen, die Lenkung der maßgeblichen Tätigkeiten aber durch vertragliche Vereinbarungen geregelt wird, muss der Investor diese vertraglichen Vereinbarungen im Hinblick darauf beurteilen, ob er über ausreichende Rechte verfügt, um Verfügungsgewalt über das Beteiligungsunternehmen zu haben. Um festzustellen, ob er über Rechte verfügt, die ausreichen, um ihm Verfügungsgewalt zu verleihen, muss der Investor Zweck und Gestaltung des Beteiligungsunternehmens (siehe Paragraphen B5–B8), die in den Paragraphen B51–B54 beschriebenen Anforderungen sowie die Paragraphen B18–B20 berücksichtigen.

B18 Es kann Situationen geben, in denen sich nur schwer feststellen lässt, ob die Rechte eines Investors ausreichen, um ihm Verfügungsgewalt über ein Beteiligungsunternehmen zu verleihen. Um in derartigen Fällen eine Beurteilung der Verfügungsgewalt zu ermöglichen, hat der Investor zu prüfen, ob er über die praktische Fähigkeit zur einseitigen Lenkung der maßgeblichen Tätigkeiten verfügt. Dabei werden unter anderem folgende Aspekte berücksichtigt, die bei gemeinsamer Betrachtung mit seinen Rechten und den in Paragraph B19 und B20 beschriebenen Indikatoren den Beweis dafür erbringen können, dass die Rechte des Investors ausreichen, um ihm Verfügungsgewalt über das Beteiligungsunternehmen zu verleihen:

(a) Der Investor kann, ohne vertraglich dazu berechtigt zu sein, beim Beteiligungsunternehmen Mitglieder des Managements in Schlüsselpositionen bestellen oder genehmigen, die ihrerseits die Fähigkeit zur Lenkung der maßgeblichen Tätigkeiten haben.

(b) Der Investor kann, ohne vertraglich dazu berechtigt zu sein, das Beteiligungsunternehmen anweisen, wesentliche Transaktionen zugunsten des Investors vorzunehmen, oder er kann Veränderungen an solchen Transaktionen durch sein Veto verhindern;

(c) Der Investor kann entweder das Nominierungsverfahren für die Wahl der Mitglieder des Lenkungsorgans des Beteiligungsunternehmens oder aber die Einholung von Stimmvollmachten von anderen Stimmrechtsinhabern dominieren.

(d) Die Mitglieder des Managements in Schlüsselpositionen beim Beteiligungsunternehmen sind dem Investor nahe stehende Personen (zum Beispiel sind der Hauptgeschäftsführer des Beteiligungsunternehmens und der Hauptgeschäftsführer des Investors dieselbe Person).

(e) Bei der Mehrheit der Mitglieder des Lenkungsorgans des Beteiligungsunternehmens handelt es sich um dem Investor nahe stehende Personen.

B19 Mitunter kann es Anzeichen dafür geben, dass der Investor in einem besonderen Verhältnis zum Beteiligungsunternehmen steht. Dies kann darauf hinweisen, dass der Investor mehr als nur einen passiven Eigentumsanteil am Beteiligungsunternehmen hält. Die Existenz eines einzelnen Indikators oder einer besonderen Kombination von Indikatoren bedeutet nicht notwendigerweise, dass das Kriterium für Verfügungsgewalt erfüllt ist. Hat der Investor jedoch mehr als nur einen

asset manager and the debt investor each need to determine whether they are able to direct the activities that *most* significantly affect the investee's returns, including considering the purpose and design of the investee as well as each party's exposure to variability of returns.

Rights that give an investor power over an investee

Power arises from rights. To have power over an investee, an investor must have existing rights that give the investor the current ability to direct the relevant activities. The rights that may give an investor power can differ between investees. **B14**

Examples of rights that, either individually or in combination, can give an investor power include but are not limited to: **B15**
(a) rights in the form of voting rights (or potential voting rights) of an investee (see paragraphs B34—B50);
(b) rights to appoint, reassign or remove members of an investee's key management personnel who have the ability to direct the relevant activities;
(c) rights to appoint or remove another entity that directs the relevant activities;
(d) rights to direct the investee to enter into, or veto any changes to, transactions for the benefit of the investor; and
(e) other rights (such as decision-making rights specified in a management contract) that give the holder the ability to direct the relevant activities.

Generally, when an investee has a range of operating and financing activities that significantly affect the investee's returns and when substantive decision-making with respect to these activities is required continuously, it will be voting or similar rights that give an investor power, either individually or in combination with other arrangements. **B16**

When voting rights cannot have a significant effect on an investee's returns, such as when voting rights relate to adminis- **B17** trative tasks only and contractual arrangements determine the direction of the relevant activities, the investor needs to assess those contractual arrangements in order to determine whether it has rights sufficient to give it power over the investee. To determine whether an investor has rights sufficient to give it power, the investor shall consider the purpose and design of the investee (see paragraphs B5—B8) and the requirements in paragraphs B51—B54 together with paragraphs B18—B20.

In some circumstances it may be difficult to determine whether an investor's rights are sufficient to give it power over an **B18** investee. In such cases, to enable the assessment of power to be made, the investor shall consider evidence of whether it has the practical ability to direct the relevant activities unilaterally. Consideration is given, but is not limited, to the following, which, when considered together with its rights and the indicators in paragraphs B19 and B20, may provide evidence that the investor's rights are sufficient to give it power over the investee:
(a) The investor can, without having the contractual right to do so, appoint or approve the investee's key management personnel who have the ability to direct the relevant activities.
(b) The investor can, without having the contractual right to do so, direct the investee to enter into, or can veto any changes to, significant transactions for the benefit of the investor.
(c) The investor can dominate either the nominations process for electing members of the investee's governing body or the obtaining of proxies from other holders of voting rights.
(d) The investee's key management personnel are related parties of the investor (for example, the chief executive officer of the investee and the chief executive officer of the investor are the same person).
(e) The majority of the members of the investee's governing body are related parties of the investor.

Sometimes there will be indications that the investor has a special relationship with the investee, which suggests that the **B19** investor has more than a passive interest in the investee. The existence of any individual indicator, or a particular combination of indicators, does not necessarily mean that the power criterion is met. However, having more than a passive

passiven Eigentumsanteil am Beteiligungsunternehmen, so kann dies darauf hindeuten, dass er in Verbindung damit weitere Rechte besitzt, die ausreichen, um ihm Verfügungsgewalt zu verleihen. Dies kann auch ein Beweis für das Bestehen von Verfügungsgewalt über das Beteiligungsunternehmen sein. Folgendes lässt z. B. darauf schließen, dass der Investor mehr als nur einen passiven Eigentumsanteil am Beteiligungsunternehmen besitzt. In Verbindung mit anderen Rechten kann dies auf Verfügungsgewalt hindeuten:

(a) Die Mitglieder des Managements in Schlüsselpositionen beim Beteiligungsunternehmen, die über die Fähigkeit zur Lenkung der maßgeblichen Tätigkeiten verfügen, sind derzeitige oder ehemalige Mitarbeiter des Investors.

(b) Die geschäftlichen Tätigkeiten des Beteiligungsunternehmens sind vom Investor abhängig, beispielsweise in folgenden Situationen:

    (i) Das Beteiligungsunternehmen hängt bei der Finanzierung eines wesentlichen Teils seiner geschäftlichen Tätigkeiten vom Investor ab.

    (ii) Der Investor garantiert einen wesentlichen Teil der Verpflichtungen des Beteiligungsunternehmens.

    (iii) Das Beteiligungsunternehmen ist bei entscheidenden Dienstleistungen, Technologien, Zubehören oder Rohstoffen vom Investor abhängig.

    (iv) Der Investor kontrolliert Vermögenswerte wie Lizenzen oder Warenzeichen, die für die geschäftlichen Tätigkeiten des Beteiligungsunternehmens entscheidende Bedeutung haben.

    (v) Das Beteiligungsunternehmen ist im Hinblick auf Mitglieder des Managements in Schlüsselpositionen vom Investor abhängig. Dies kann zutreffen, wenn das Personal des Investors über besondere Fachkenntnisse im Zusammenhang mit geschäftlichen Tätigkeiten des Beteiligungsunternehmen verfügt.

(c) Der Investor ist in einen wesentlichen Teil der Tätigkeiten des Beteiligungsunternehmens einbezogen oder diese werden in seinem Namen ausgeführt.

(d) Die Risikobelastung des Investors durch bzw. seine Anrechte auf Renditen aus seinem Engagement in dem Beteiligungsunternehmen sind unverhältnismäßig größer als seine Stimm- oder ähnlichen Rechte. Beispielsweise kann eine Situation bestehen, in der ein Investor Anrechte auf bzw. Risikobelastungen durch mehr als die Hälfte der Rendite des Beteiligungsunternehmens hat, dabei aber weniger als die Hälfte der Stimmrechte des Beteiligungsunternehmens besitzt.

B20 Je größer die Anrechte auf Rendite bzw. je höher die Risikobelastungen durch die Schwankungen der Rendite aus seinem Engagement bei einem Beteiligungsunternehmen sind, desto höher ist der Anreiz für den Investor, Rechte zu erwerben, die ausreichen, um ihm Verfügungsgewalt zu verleihen. Eine hohe Risikobelastung durch Renditeschwankungen ist daher ein Indikator, dass der Investor Verfügungsgewalt haben könnte. Der Umfang der Risikobelastung des Investors bestimmt aber für sich allein gesehen nicht, ob ein Investor Verfügungsgewalt über ein Beteiligungsunternehmen besitzt.

B21 Betrachtet man die in Paragraph B18 erläuterten Faktoren sowie die in den Paragraphen B19 und B20 dargestellten Indikatoren gemeinsam mit den Rechten eines Investors, so ist dem in Paragraph B18 beschriebenen Nachweis für das Vorliegen von Verfügungsgewalt größeres Gewicht beizulegen.

Substanzielle Rechte

B22 Bei der Beurteilung, ob er über Verfügungsgewalt verfügt, berücksichtigt ein Investor nur substanzielle Rechte, die sich auf ein (im Besitz des Investors und anderer Parteien befindliches) Beteiligungsunternehmen beziehen. Damit ein Recht substanziell ist, muss sein Inhaber zur Ausübung dieses Rechts praktisch in der Lage sein.

B23 Die Feststellung, ob Rechte substanziell sind, verlangt Ermessensausübung. Hierbei sind sämtliche Sachverhalte und Umstände in Erwägung zu ziehen. Zu den Faktoren, die bei dieser Feststellung zu berücksichtigen sind, gehören unter anderem folgende Gesichtspunkte:

(a) Bestehen (wirtschaftliche oder anderweitige) Barrieren, die den (oder die) Inhaber von der Ausübung der Rechte abhalten? Beispiele für solche Barrieren sind unter anderem:

    (i) Geldstrafen und Anreize, die den Inhaber von der Ausübung seiner Rechte abhalten (oder abschrecken) würden.

    (ii) Ein Ausübungs- oder Wandlungspreis, der eine finanzielle Barriere schafft, die den Inhaber von der Ausübung seiner Rechte abhalten (oder abschrecken) würde.

    (iii) Allgemeine Geschäftsbedingungen, die eine Ausübung der Rechte unwahrscheinlich werden lassen, z. B. Bedingungen, die die Wahl des Zeitpunkts ihrer Ausübung eng eingrenzen.

    (iv) Das Fehlen eines eindeutigen, zumutbaren Mechanismus in den Gründungsurkunden eines Beteiligungsunternehmens oder in anwendbaren Gesetzen und Verordnungen, die dem Inhaber die Ausübung seiner Rechte erlauben würden.

    (v) Die Unmöglichkeit für den Rechteinhaber, die zur Ausübung seiner Rechte notwendigen Informationen zu beschaffen.

    (vi) Betriebliche Barrieren oder Anreize, die den Inhaber von der Ausübung seiner Rechte abhalten (oder abschrecken) würden (wenn z. B. keine anderen Manager vorhanden sind, die zur Erbringung fachlicher Dienstleistungen oder zur Erbringung der Dienstleistungen und Übernahme anderer, im Besitz des etablierten Managers befindlicher Anteile fähig oder bereit sind).

    (vii) Gesetzliche oder aufsichtsrechtliche Anforderungen, die den Inhaber von der Ausübung seiner Rechte abhalten (z. B. wenn einem ausländischen Investor die Ausübung seiner Rechte untersagt ist).

interest in the investee may indicate that the investor has other related rights sufficient to give it power or provide evidence of existing power over an investee. For example, the following suggests that the investor has more than a passive interest in the investee and, in combination with other rights, may indicate power:

(a) The investee's key management personnel who have the ability to direct the relevant activities are current or previous employees of the investor.

(b) The investee's operations are dependent on the investor, such as in the following situations:

    (i) The investee depends on the investor to fund a significant portion of its operations.

    (ii) The investor guarantees a significant portion of the investee's obligations.

    (iii) The investee depends on the investor for critical services, technology, supplies or raw materials.

    (iv) The investor controls assets such as licences or trademarks that are critical to the investee's operations.

    (v) The investee depends on the investor for key management personnel, such as when the investor's personnel have specialised knowledge of the investee's operations.

(c) A significant portion of the investee's activities either involve or are conducted on behalf of the investor.

(d) The investor's exposure, or rights, to returns from its involvement with the investee is disproportionately greater than its voting or other similar rights. For example, there may be a situation in which an investor is entitled, or exposed, to more than half of the returns of the investee but holds less than half of the voting rights of the investee.

B20 The greater an investor's exposure, or rights, to variability of returns from its involvement with an investee, the greater is the incentive for the investor to obtain rights sufficient to give it power. Therefore, having a large exposure to variability of returns is an indicator that the investor may have power. However, the extent of the investor's exposure does not, in itself, determine whether an investor has power over the investee.

B21 When the factors set out in paragraph B18 and the indicators set out in paragraphs B19 and B20 are considered together with an investor's rights, greater weight shall be given to the evidence of power described in paragraph B18.

Substantive rights

B22 An investor, in assessing whether it has power, considers only substantive rights relating to an investee (held by the investor and others). For a right to be substantive, the holder must have the practical ability to exercise that right.

B23 Determining whether rights are substantive requires judgement, taking into account all facts and circumstances. Factors to consider in making that determination include but are not limited to:

(a) Whether there are any barriers (economic or otherwise) that prevent the holder (or holders) from exercising the rights. Examples of such barriers include but are not limited to:

    (i) financial penalties and incentives that would prevent (or deter) the holder from exercising its rights.

    (ii) an exercise or conversion price that creates a financial barrier that would prevent (or deter) the holder from exercising its rights.

    (iii) terms and conditions that make it unlikely that the rights would be exercised, for example, conditions that narrowly limit the timing of their exercise.

    (iv) the absence of an explicit, reasonable mechanism in the founding documents of an investee or in applicable laws or regulations that would allow the holder to exercise its rights.

    (v) the inability of the holder of the rights to obtain the information necessary to exercise its rights.

    (vi) operational barriers or incentives that would prevent (or deter) the holder from exercising its rights (e.g. the absence of other managers willing or able to provide specialised services or provide the services and take on other interests held by the incumbent manager).

    (vii) legal or regulatory requirements that prevent the holder from exercising its rights (e.g. where a foreign investor is prohibited from exercising its rights).

(b) Besteht in Fällen, in denen die Ausübung der Rechte die Zustimmung mehrerer Parteien erfordert oder in denen die Rechte im Besitz mehrerer Parteien sind, ein Mechanismus, der den betreffenden Parteien die praktische Fähigkeit verleiht, ihre Rechte gemeinsam auszuüben, wenn sie dies wünschen? Das Fehlen eines solchen Mechanismus ist ein Indikator dafür, dass die Rechte nicht substanziell sind. Je mehr Parteien sich auf die Ausübung der Rechte einigen müssen, desto geringer ist die Wahrscheinlichkeit, dass die betreffenden Rechte substanziell sind. Allerdings kann ein Vorstand, dessen Mitglieder vom Entscheidungsträger unabhängig sind, für eine große Zahl von Investoren die Rolle eines Mechanismus übernehmen, mit dessen Hilfe sie bei der Ausübung ihrer Rechte gemeinsam handeln können. Daher ist bei Abberufungsrechten eher davon auszugehen, dass sie substanziell sind, wenn sie von einem unabhängigen Vorstand ausgeübt werden können, als wenn die gleichen Rechte von einer großen Zahl von Investoren einzeln ausgeübt werden können.

(c) Zöge(n) die Partei(en), die im Besitz der Rechte ist/sind, Vorteile aus der Ausübung dieser Rechte? Der Inhaber potenzieller Stimmrechte in einem Beteiligungsunternehmen (siehe Paragraphen B47–B50) hat zum Beispiel den Ausübungs- oder Wandlungspreis des Instruments zu berücksichtigen Die Bedingungen potenzieller Stimmrechte sind mit höherer Wahrscheinlichkeit substanziell, wenn das Instrument im Geld ist oder wenn der Investor aus anderen Gründen Vorteile aus der Ausübung oder Wandlung des Instruments zöge (z. B. aus der Realisierung von Synergien zwischen Investor und Beteiligungsunternehmen).

B24 Um als substanziell zu gelten, müssen Rechte außerdem dann ausgeübt werden können, wenn Entscheidungen über die Lenkung der maßgeblichen Tätigkeiten getroffen werden müssen. Für gewöhnlich müssen die Rechte gegenwärtig ausübbar sein, um als substanziell zu gelten. Mitunter können Rechte auch dann substanziell sein, wenn sie nicht gegenwärtig ausgeübt werden können.

Anwendungsbeispiele

Beispiel 3 Das Beteiligungsunternehmen hält Jahreshauptversammlungen ab, auf denen Entscheidungen über die Lenkung der maßgeblichen Tätigkeiten getroffen werden. Die nächste ordentliche Hauptversammlung findet in acht Monaten statt. Anteilseigner, die einzeln oder gemeinsam mindestens 5 % der Stimmrechte besitzen, können aber eine außerordentliche Versammlung einberufen, um die bestehende Unternehmenspolitik bezüglich der maßgeblichen Tätigkeiten zu ändern. Eine Vorschrift über die Einladung der anderen Anteilseigner bringt jedoch mit sich, dass eine solche Versammlung frühestens in 30 Tagen abgehalten werden kann. Änderungen an den Unternehmensstrategien bezüglich der maßgeblichen Tätigkeiten können nur auf außerordentlichen oder ordentlichen Hauptversammlungen erfolgen. Hierzu gehört auch die Genehmigung von Verkäufen wesentlicher Vermögenswerte sowie die Durchführung oder Veräußerung erheblicher Investitionen.

Das oben beschriebene Sachverhaltsmuster trifft auf die nachfolgend beschriebenen Beispiele 3A–3D zu. Jedes Beispiel wird für sich betrachtet.

Beispiel 3A Ein Investor besitzt die Mehrheit der Stimmrechte an einem Beteiligungsunternehmen. Die Stimmrechte des Investors sind substanziell, weil der Investor Entscheidungen über die Lenkung der maßgeblichen Tätigkeiten dann treffen kann, wenn sie getroffen werden müssen. Die Tatsache, dass es 30 Tage dauert, bis der Investor seine Stimmrechte ausüben kann, nimmt ihm nicht die gegenwärtige Möglichkeit zur Lenkung der maßgeblichen Tätigkeiten von dem Augenblick an, an dem er die Anteilsbeteiligung erwirbt.

Beispiel 3B Ein Investor ist Vertragspartner eines Terminkontrakts über den Erwerb der Anteilsmehrheit an dem Beteiligungsunternehmen. Der Erfüllungstag des Terminkontrakts ist in 25 Tagen. Die bestehenden Anteilseigner können die bestehende Unternehmenspolitik bezüglich der maßgeblichen Tätigkeiten nicht ändern, weil eine außerordentliche Versammlung frühestens in 30 Tagen stattfinden kann. Zu diesem Zeitpunkt wird der Terminkontrakt schon erfüllt worden sein. Folglich hat der Investor Rechte, die im Wesentlichen den im Beispiel 3A beschriebenen Rechten des Mehrheitsaktionärs entsprechen (d.h. der Investor, der im Besitz des Terminkontrakts ist, kann Entscheidungen über die Lenkung der maßgeblichen Tätigkeiten dann treffen, wenn sie getroffen werden müssen). Der Terminkontrakt des Investors ist ein substanzielles Recht, das diesem bereits vor Erfüllung des Terminkontrakts die gegenwärtige Fähigkeit zur Lenkung der maßgeblichen Tätigkeiten verleiht.

Beispiel 3C Ein Investor besitzt eine substanzielle Option auf den Erwerb der Anteilsmehrheit an dem Beteiligungsunternehmen, die in 25 Tagen ausübbar und tief im Geld ist. Hier würde man den gleichen Schluss ziehen wie in Beispiel 3B.

Beispiel 3D Ein Investor ist Vertragspartner eines Terminkontrakts über den Erwerb der Anteilsmehrheit an dem Beteiligungsunternehmen. Dabei bestehen keine weiteren, verwandten Rechte am Beteiligungsunternehmen. Der

(b) When the exercise of rights requires the agreement of more than one party, or when the rights are held by more than one party, whether a mechanism is in place that provides those parties with the practical ability to exercise their rights collectively if they choose to do so. The lack of such a mechanism is an indicator that the rights may not be substantive. The more parties that are required to agree to exercise the rights, the less likely it is that those rights are substantive. However, a board of directors whose members are independent of the decision maker may serve as a mechanism for numerous investors to act collectively in exercising their rights. Therefore, removal rights exercisable by an independent board of directors are more likely to be substantive than if the same rights were exercisable individually by a large number of investors.

(c) Whether the party or parties that hold the rights would benefit from the exercise of those rights. For example, the holder of potential voting rights in an investee (see paragraphs B47—B50) shall consider the exercise or conversion price of the instrument. The terms and conditions of potential voting rights are more likely to be substantive when the instrument is in the money or the investor would benefit for other reasons (e.g. by realising synergies between the investor and the investee) from the exercise or conversion of the instrument.

To be substantive, rights also need to be exercisable when decisions about the direction of the relevant activities need to **B24** be made. Usually, to be substantive, the rights need to be currently exercisable. However, sometimes rights can be substantive, even though the rights are not currently exercisable.

Application examples

Example 3 The investee has annual shareholder meetings at which decisions to direct the relevant activities are made. The next scheduled shareholders' meeting is in eight months. However, shareholders that individually or collectively hold at least 5 per cent of the voting rights can call a special meeting to change the existing policies over the relevant activities, but a requirement to give notice to the other shareholders means that such a meeting cannot be held for at least 30 days. Policies over the relevant activities can be changed only at special or scheduled shareholders' meetings. This includes the approval of material sales of assets as well as the making or disposing of significant investments.

The above fact pattern applies to examples 3A—3D described below. Each example is considered in isolation.

Example 3A An investor holds a majority of the voting rights in the investee. The investor's voting rights are substantive because the investor is able to make decisions about the direction of the relevant activities when they need to be made. The fact that it takes 30 days before the investor can exercise its voting rights does not stop the investor from having the current ability to direct the relevant activities from the moment the investor acquires the shareholding.

Example 3B An investor is party to a forward contract to acquire the majority of shares in the investee. The forward contract's settlement date is in 25 days. The existing shareholders are unable to change the existing policies over the relevant activities because a special meeting cannot be held for at least 30 days, at which point the forward contract will have been settled. Thus, the investor has rights that are essentially equivalent to the majority shareholder in example 3A above (ie the investor holding the forward contract can make decisions about the direction of the relevant activities when they need to be made). The investor's forward contract is a substantive right that gives the investor the current ability to direct the relevant activities even before the forward contract is settled.

Example 3C An investor holds a substantive option to acquire the majority of shares in the investee that is exercisable in 25 days and is deeply in the money. The same conclusion would be reached as in example 3B.

Example 3D An investor is party to a forward contract to acquire the majority of shares in the investee, with no other related rights over the investee. The forward contract's settlement date is in six months. In contrast to the exam-

Erfüllungstag des Terminkontrakts ist in sechs Monaten. Im Gegensatz zu den oben beschriebenen Beispielen verfügt der Investor nicht über die gegenwärtige Fähigkeit zur Lenkung der maßgeblichen Tätigkeiten. Die bestehenden Anteilseigner sind gegenwärtig in der Lage, die maßgeblichen Tätigkeiten zu lenken, weil sie die bestehende Unternehmenspolitik bezüglich der maßgeblichen Tätigkeiten ändern können, bevor der Terminkontrakt erfüllt wird.

B25 Substanzielle, von Dritten auszuübende Rechte können einen Investor an der Beherrschung des Beteiligungsunternehmens, auf das sich diese Rechte beziehen, hindern. Bei derartigen substanziellen Rechten ist es nicht erforderlich, dass ihre Inhaber in der Lage sind, Entscheidungen einzuleiten. Solange diese Rechte keine reinen Schutzrechte sind (siehe Paragraphen B26–B28), können substanzielle Rechte, die sich im Besitz Dritter befinden, den Investor an der Beherrschung des Beteiligungsunternehmens hindern. Dies gilt auch dann, wenn diese Rechte ihren Inhabern nur die gegenwärtige Fähigkeit zur Genehmigung oder Blockierung von Entscheidungen bezüglich der maßgeblichen Tätigkeiten verleihen.

Schutzrechte

B26 Bei der Bewertung, ob Rechte einem Investor Verfügungsgewalt über ein Beteiligungsunternehmen verleihen, muss der Investor beurteilen, ob es sich bei seinen Rechten und den Rechten Dritter um Schutzrechte handelt. Schutzrechte beziehen sich auf grundlegende Veränderungen bei den Tätigkeiten eines Beteiligungsunternehmens oder gelten in Ausnahmesituationen. Doch sind nicht alle Rechte, die in Ausnahmesituationen gelten oder von bestimmten Ereignissen abhängig sind, Schutzrechte (siehe Paragraphen B13 und B53).

B27 Da Schutzrechte darauf ausgelegt sind, die Interessen ihres Besitzers zu schützen, ohne dem Betreffenden Verfügungsgewalt über das Beteiligungsunternehmen zu verleihen, auf das sich diese Rechte beziehen, kann ein Investor, der nur Schutzrechte besitzt, weder Verfügungsgewalt über ein Beteiligungsunternehmen besitzen noch verhindern, dass ein Dritter Verfügungsgewalt über das Beteiligungsunternehmen besitzt (siehe Paragraph 14).

B28 Beispiele für solche Schutzrechte sind unter anderem:
(a) das Recht eines Darlehensgebers, einem Darlehensnehmer Einschränkungen bei Tätigkeiten aufzuerlegen, die das Kreditrisiko des Darlehensnehmers zum Nachteil des Darlehensgebers verändern könnten.
(b) das Recht des Inhabers eines nicht beherrschenden Anteils an einem Beteiligungsunternehmen auf Genehmigung vermögenswirksamer Ausgaben, welche die im üblichen Geschäftsverlauf erforderlichen Ausgaben übersteigen, oder das Recht zur Genehmigung der Emission von Eigenkapital- oder Schuldinstrumenten.
(c) das Recht eines Darlehensgebers auf Pfändung der Vermögenswerte des Darlehensnehmers, wenn dieser festgelegte Bedingungen für die Darlehenstilgung nicht erfüllt.

Franchiseverträge

B29 Franchiseverträge, bei denen das Beteiligungsunternehmen Franchisenehmer ist, räumen dem Franchisegeber häufig Rechte ein, die dem Schutz der Franchisemarke dienen sollen. In einem typischen Franchisevertrag werden dem Franchisegeber bestimmte Entscheidungsrechte im Hinblick auf die geschäftlichen Tätigkeiten des Franchisenehmers eingeräumt.

B30 Allgemein schränken die Rechte des Franchisegebers nicht die Fähigkeit Dritter ein, Entscheidungen mit erheblichen Auswirkungen auf die Rendite des Franchisenehmers zu treffen. Genauso wenig erhält der Franchisegeber durch seine Rechte aus Franchisevereinbarungen notwendigerweise die Fähigkeit, gegenwärtig die Tätigkeiten zu lenken, die wesentlichen Einfluss auf die Rendite des Franchisenehmers haben.

B31 Man muss zwischen der gegenwärtigen Fähigkeit zu Entscheidungen mit wesentlichem Einfluss auf die Rendite des Franchisenehmers und der Fähigkeit zu Entscheidungen zum Schutz der Franchisemarke unterscheiden. Der Franchisegeber hat keine Verfügungsgewalt über den Franchisenehmer, wenn Dritte über bestehende Rechte verfügen, die ihnen die gegenwärtige Fähigkeit zur Lenkung der maßgeblichen Tätigkeiten des Franchisenehmers verleihen.

B32 Mit dem Abschluss der Franchisevereinbarung hat der Franchisenehmer die einseitige Entscheidung getroffen, sein Geschäft gemäß den Bestimmungen der Franchisevereinbarung, aber auf eigene Rechnung zu führen.

B33 Grundlegende Entscheidungen, wie beispielsweise die Wahl von Rechtsform und Finanzstruktur des Franchisenehmers, können von anderen Parteien als dem Franchisegeber dominiert werden und die Rendite des Franchisenehmers erheblich beeinflussen. Je geringer der Umfang der vom Franchisegeber bereitgestellten finanziellen Unterstützung und je geringer die Risikobelastung des Franchisegebers durch die Renditeschwankungen beim Franchisenehmer, desto größer die Wahrscheinlichkeit, dass der Franchisegeber nur Schutzrechte besitzt.

Stimmrechte

B34 Häufig verfügt ein Investor über die gegenwärtige Fähigkeit, die maßgeblichen Tätigkeiten durch Stimmrechte oder ähnliche Rechte zu lenken. Ein Investor berücksichtigt die Vorschriften in diesem Abschnitt (Paragraphen B35–B50), wenn die maßgeblichen Tätigkeiten eines Beteiligungsunternehmens durch Stimmrechte gelenkt werden.

ples above, the investor does not have the current ability to direct the relevant activities. The existing shareholders have the current ability to direct the relevant activities because they can change the existing policies over the relevant activities before the forward contract is settled.

Substantive rights exercisable by other parties can prevent an investor from controlling the investee to which those rights **B25** relate. Such substantive rights do not require the holders to have the ability to initiate decisions. As long as the rights are not merely protective (see paragraphs B26—B28), substantive rights held by other parties may prevent the investor from controlling the investee even if the rights give the holders only the current ability to approve or block decisions that relate to the relevant activities.

Protective rights

In evaluating whether rights give an investor power over an investee, the investor shall assess whether its rights, and rights **B26** held by others, are protective rights. Protective rights relate to fundamental changes to the activities of an investee or apply in exceptional circumstances. However, not all rights that apply in exceptional circumstances or are contingent on events are protective (see paragraphs B13 and B53).

Because protective rights are designed to protect the interests of their holder without giving that party power over the **B27** investee to which those rights relate, an investor that holds only protective rights cannot have power or prevent another party from having power over an investee (see paragraph 14).

Examples of protective rights include but are not limited to: **B28**
(a) a lender's right to restrict a borrower from undertaking activities that could significantly change the credit risk of the borrower to the detriment of the lender.
(b) the right of a party holding a non-controlling interest in an investee to approve capital expenditure greater than that required in the ordinary course of business, or to approve the issue of equity or debt instruments.
(c) the right of a lender to seize the assets of a borrower if the borrower fails to meet specified loan repayment conditions.   _bank_

Franchises

A franchise agreement for which the investee is the franchisee often gives the franchisor rights that are designed to protect **B29** the franchise brand. Franchise agreements typically give franchisors some decision-making rights with respect to the operations of the franchisee.

Generally, franchisors' rights do not restrict the ability of parties other than the franchisor to make decisions that have a **B30** significant effect on the franchisee's returns. Nor do the rights of the franchisor in franchise agreements necessarily give the franchisor the current ability to direct the activities that significantly affect the franchisee's returns.

It is necessary to distinguish between having the current ability to make decisions that significantly affect the franchisee's **B31** returns and having the ability to make decisions that protect the franchise brand. The franchisor does not have power over the franchisee if other parties have existing rights that give them the current ability to direct the relevant activities of the franchisee.

By entering into the franchise agreement the franchisee has made a unilateral decision to operate its business in accor- **B32** dance with the terms of the franchise agreement, but for its own account.

Control over such fundamental decisions as the legal form of the franchisee and its funding structure may be determined **B33** by parties other than the franchisor and may significantly affect the returns of the franchisee. The lower the level of financial support provided by the franchisor and the lower the franchisor's exposure to variability of returns from the franchisee the more likely it is that the franchisor has only protective rights.

Voting rights

Often an investor has the current ability, through voting or similar rights, to direct the relevant activities. An investor **B34** considers the requirements in this section (paragraphs B35—B50) if the relevant activities of an investee are directed through voting rights.

Verfügungsgewalt mit Stimmrechtsmehrheit

B35 Ein Investor, der mehr als die Hälfte der Stimmrechte eines Beteiligungsunternehmens besitzt, verfügt in den unten aufgeführten Situationen über Verfügungsgewalt, sofern nicht Paragraph B36 oder Paragraph B37 zutreffen:

(a) die maßgeblichen Tätigkeiten werden durch Stimmabgabe des Inhabers der Stimmrechtsmehrheit gelenkt; oder

(b) eine Mehrheit der Mitglieder des Lenkungsorgans für die maßgeblichen Tätigkeiten wird durch Stimmabgabe des Inhabers der Stimmrechtsmehrheit bestellt.

Stimmrechtsmehrheit, aber keine Verfügungsgewalt

B36 Damit ein Investor, der mehr als die Hälfte der Stimmrechte in einem Beteiligungsunternehmen besitzt, Verfügungsgewalt über das Beteiligungsunternehmen hat, müssen seine Stimmrechte gemäß den Paragraphen B22–B25 substanziell sein und ihm die gegenwärtige Fähigkeit zur Lenkung der maßgeblichen Tätigkeiten verleihen. Diese Lenkung erfolgt häufig mittels Bestimmung der betrieblichen und finanziellen Unternehmenspolitik. Verfügt ein anderes Unternehmen über bestehende Rechte, die ihm das Recht zur Lenkung der maßgeblichen Tätigkeiten verleihen, und ist dieses Unternehmen kein Agent des Investors, dann hat der Investor keine Verfügungsgewalt über das Beteiligungsunternehmen.

B37 Ein Investor hat auch dann, wenn er die Stimmrechtsmehrheit besitzt, keine Verfügungsgewalt über ein Beteiligungsunternehmen, wenn diese Stimmrechte nicht substanziell sind. Beispielsweise kann ein Investor, der mehr als die Hälfte der Stimmrechte an einem Beteiligungsunternehmen besitzt, keine Verfügungsgewalt haben, wenn die maßgeblichen Tätigkeiten den Weisungen einer staatlichen Stelle, eines Gerichts, eines Vermögensverwalters, Konkursverwalters, Liquidators oder einer Aufsichtsbehörde unterworfen sind.

Verfügungsgewalt ohne Stimmrechtsmehrheit

B38 Ein Investor kann auch dann Verfügungsgewalt haben, wenn er keine Mehrheit der Stimmrechte an einem Beteiligungsunternehmen besitzt. Verfügungsgewalt ohne Besitz der Mehrheit der Stimmrechte an einem Beteiligungsunternehmen kann zum Beispiel vermittelt werden durch:

(a) eine vertragliche Vereinbarung zwischen dem Investor und anderen Stimmberechtigten (siehe Paragraph B39);

(b) Rechte, die aus anderen vertraglichen Vereinbarungen resultieren (siehe Paragraph B40);

(c) Stimmrechte des Investors (siehe Paragraphen B41–B45);

(d) potenzielle Stimmrechte (siehe Paragraphen B47–B50); oder

(e) eine Kombination aus (a)–(d).

Vertragliche Vereinbarung mit anderen Stimmberechtigten

B39 Durch eine vertragliche Vereinbarung zwischen einem Investor und anderen Stimmberechtigten kann der Investor das Recht zur Ausübung von Stimmrechten erlangen, die ausreichen, um ihm Verfügungsgewalt zu verleihen, und zwar auch dann, wenn er ohne die vertragliche Vereinbarung nicht über genügend Stimmrechte verfügen würde, um Verfügungsgewalt zu haben. Eine vertragliche Vereinbarung könnte jedoch sicherstellen, dass der Investor anderen Stimmberechtigten in ausreichendem Umfang Anweisungen zur Stimmabgabe erteilen kann, um ihn in die Lage zu versetzen, Entscheidungen über die maßgeblichen Tätigkeiten zu treffen.

Rechte aus anderen vertraglichen Vereinbarungen

B40 Ein Investor kann auch durch andere Entscheidungsrechte in Verbindung mit Stimmrechten die gegenwärtige Fähigkeit zur Lenkung der maßgeblichen Tätigkeiten erhalten. Beispielsweise können die in einer vertraglichen Vereinbarung festgelegten Rechte in Verbindung mit Stimmrechten ausreichen, um einem Investor die gegenwärtige Fähigkeit zur Lenkung des Herstellungsprozesses in einem Beteiligungsunternehmen oder zur Lenkung anderer betrieblicher oder finanzieller Tätigkeiten eines Beteiligungsunternehmens, die erheblichen Einfluss auf die Rendite des Beteiligungsunternehmens haben, zu verleihen. Bestehen jedoch keine anderen Rechte, dann führt die wirtschaftliche Abhängigkeit eines Beteiligungsunternehmens vom Investor (wie dies in Beziehungen zwischen einem Lieferanten und dessen Hauptkunden der Fall ist) nicht dazu, dass der Investor Verfügungsgewalt über das Beteiligungsunternehmen hat.

Stimmrechte des Investors

B41 Ein Investor ohne Stimmrechtsmehrheit verfügt dann über ausreichende Rechte, die ihm Verfügungsgewalt zu verleihen, wenn er die praktische Möglichkeit zur einseitigen Lenkung der maßgeblichen Tätigkeiten besitzt.

B42 Bei der Beurteilung, ob die Stimmrechte eines Investors ausreichen, um ihm Verfügungsgewalt zu verleihen, berücksichtigt der Investor alle Sachverhalte und Umstände, so u. a.:

(a) die Größe seines Stimmrechtsbesitzes im Verhältnis zur Größe und Verteilung der Stimmrechtsbesitze anderer Stimmberechtigter. Hierbei ist Folgendes zu beachten:

(i) je mehr Stimmrechte ein Investor besitzt, desto größer ist die Wahrscheinlichkeit, dass er über bestehende Rechte verfügt, die ihm die gegenwärtige Fähigkeit zur Lenkung der maßgeblichen Tätigkeiten verleihen.

(ii) je mehr Stimmrechte ein Investor im Vergleich zu anderen Stimmberechtigten besitzt, desto größer ist die Wahrscheinlichkeit, dass er über bestehende Rechte verfügt, die ihm die gegenwärtige Fähigkeit zur Lenkung der maßgeblichen Tätigkeiten verleihen.

Power with a majority of the voting rights

An investor that holds more than half of the voting rights of an investee has power in the following situations, unless **B35** paragraph B36 or paragraph B37 applies:

(a) the relevant activities are directed by a vote of the holder of the majority of the voting rights, or

(b) a majority of the members of the governing body that directs the relevant activities are appointed by a vote of the holder of the majority of the voting rights.

Majority of the voting rights but no power

For an investor that holds more than half of the voting rights of an investee, to have power over an investee, the investor's **B36** voting rights must be substantive, in accordance with paragraphs B22—B25, and must provide the investor with the current ability to direct the relevant activities, which often will be through determining operating and financing policies. If another entity has existing rights that provide that entity with the right to direct the relevant activities and that entity is not an agent of the investor, the investor does not have power over the investee.

An investor does not have power over an investee, even though the investor holds the majority of the voting rights in the **B37** investee, when those voting rights are not substantive. For example, an investor that has more than half of the voting rights in an investee cannot have power if the relevant activities are subject to direction by a government, court, administrator, receiver, liquidator or regulator.

Power without a majority of the voting rights

An investor can have power even if it holds less than a majority of the voting rights of an investee. An investor can have **B38** power with less than a majority of the voting rights of an investee, for example, through:

(a) a contractual arrangement between the investor and other vote holders (see paragraph B39);

(b) rights arising from other contractual arrangements (see paragraph B40);

(c) the investor's voting rights (see paragraphs B41—B45);

(d) potential voting rights (see paragraphs B47—B50); or

(e) a combination of (a)—(d).

Contractual arrangement with other vote holders

A contractual arrangement between an investor and other vote holders can give the investor the right to exercise voting **B39** rights sufficient to give the investor power, even if the investor does not have voting rights sufficient to give it power without the contractual arrangement. However, a contractual arrangement might ensure that the investor can direct enough other vote holders on how to vote to enable the investor to make decisions about the relevant activities.

Rights from other contractual arrangements

Other decision-making rights, in combination with voting rights, can give an investor the current ability to direct the **B40** relevant activities. For example, the rights specified in a contractual arrangement in combination with voting rights may be sufficient to give an investor the current ability to direct the manufacturing processes of an investee or to direct other operating or financing activities of an investee that significantly affect the investee's returns. However, in the absence of any other rights, economic dependence of an investee on the investor (such as relations of a supplier with its main customer) does not lead to the investor having power over the investee.

The investor's voting rights

An investor with less than a majority of the voting rights has rights that are sufficient to give it power when the investor **B41** has the practical ability to direct the relevant activities unilaterally.

When assessing whether an investor's voting rights are sufficient to give it power, an investor considers all facts and cir- **B42** cumstances, including:

(a) the size of the investor's holding of voting rights relative to the size and dispersion of holdings of the other vote holders, noting that:

    (i) the more voting rights an investor holds, the more likely the investor is to have existing rights that give it the current ability to direct the relevant activities;

    (ii) the more voting rights an investor holds relative to other vote holders, the more likely the investor is to have existing rights that give it the current ability to direct the relevant activities;

(iii) je mehr Parteien zusammenwirken müssten, um den Investor zu überstimmen, desto größer ist die Wahrscheinlichkeit, dass der Investor über bestehende Rechte verfügt, die ihm die gegenwärtige Fähigkeit zur Lenkung der maßgeblichen Tätigkeiten verleihen.

(b) potenzielle Stimmrechte, die sich im Besitz des Investors, anderer Stimmberechtigter oder sonstiger Parteien befinden (siehe Paragraphen B47–B50);

(c) Rechte, die aus anderen vertraglichen Vereinbarungen resultieren (siehe Paragraph B40); und

(d) weitere Sachverhalte und Umstände, die darauf hinweisen, ob der Investor die gegenwärtige Fähigkeit zur Lenkung der maßgeblichen Tätigkeiten zu dem Zeitpunkt, an dem Entscheidungen getroffen werden müssen, besitzt oder nicht. Hierzu gehören auch Abstimmmuster aus früheren Hauptversammlungen.

B43 Wird die Lenkung maßgeblicher Tätigkeiten durch Stimmenmehrheit bestimmt, besitzt ein Investor wesentlich mehr Stimmrechte als alle anderen Stimmberechtigten oder organisierten Gruppen von Stimmberechtigten und sind die anderen Anteilsbeteiligungen weit gestreut, dann kann sich allein aus der Erwägung der in Paragraph 42 (a)–(c) aufgeführten Faktoren klar ergeben, dass der Investor Verfügungsgewalt über das Beteiligungsunternehmen hat.

Anwendungsbeispiele

Beispiel 4 Ein Investor erwirbt 48 % der Stimmrechte an einem Beteiligungsunternehmen. Die verbleibenden Stimmrechte befinden sich im Besitz von Tausenden von Anteilseignern, von denen keiner allein mehr als 1 % der Stimmrechte besitzt. Keiner der Anteilseigner hat Vereinbarungen über die Konsultation anderer Anteilseigner oder über gemeinsame Beschlussfassungen geschlossen. Als der Investor auf der Grundlage der relativen Größe der anderen Anteilsbeteiligungen berechnet hat, wie hoch der Anteil der zu erwerbenden Stimmrechte sein müsste, stellte er fest, dass ein Anteil von 48 % für eine Beherrschung ausreichen würde. In diesem Fall zieht der Investor auf Basis der absoluten Größe seiner Beteiligung und der relativen Größe der anderen Anteilsbeteiligungen den Schluss, dass er einen hinreichend dominanten Stimmrechtsanteil besitzt, um das Kriterium der Verfügungsgewalt zu erfüllen. Andere Nachweise für Verfügungsgewalt müssen dabei nicht mehr berücksichtigt werden.

Beispiel 5 Investor A besitzt 40 % der Stimmrechte an einem Beteiligungsunternehmen und zwölf weitere Investoren besitzen je 5 % der Stimmrechte an dem Beteiligungsunternehmen. Eine Aktionärsvereinbarung gewährt Investor A das Recht zur Bestellung und Abberufung der für die Lenkung der maßgeblichen Tätigkeiten verantwortlichen Geschäftsleitung sowie zur Festlegung ihrer Vergütung. Zur Änderung der Vereinbarung ist eine Stimmenmehrheit von zwei Dritteln der Anteilseigner erforderlich. In diesem Fall zieht Investor A den Schluss, dass die absolute Größe seiner Beteiligung und die relative Größe der anderen Anteilsbeteiligungen allein keinen schlüssigen Beweis darstellen, anhand dessen sich bestimmen ließe, ob er über ausreichende Rechte verfügt, um Verfügungsgewalt zu haben. Investor A stellt jedoch fest, dass sein vertragliches Recht zur Bestellung und Abberufung der Geschäftsleitung sowie zur Festlegung ihrer Vergütung ausreicht, um zu dem Schluss zu gelangen, dass er Verfügungsgewalt über das Beteiligungsunternehmen hat. Die Tatsache, dass Investor A dieses Recht vielleicht nicht ausgeübt hat, oder die Wahrscheinlichkeit, dass Investor A sein Recht auf Auswahl, Bestellung oder Abberufung der Geschäftsleitung ausübt, ist bei der Beurteilung, ob Investor A Verfügungsgewalt besitzt, nicht in Betracht zu ziehen.

B44 In anderen Situationen kann aus der Erwägung der in Paragraph B42 (a)–(c) aufgeführten Faktoren klar hervorgehen, dass ein Investor keine Verfügungsgewalt besitzt.

Anwendungsbeispiel

Beispiel 6 Investor A besitzt 45 % der Stimmrechte in einem Beteiligungsunternehmen. Zwei weitere Investoren besitzen je 26 % der Stimmrechte. Die restlichen Stimmrechte befinden sich im Besitz von drei weiteren Anteilseignern, von denen jeder 1 % besitzt. Es bestehen keine weiteren Vereinbarungen mit Auswirkungen auf die Beschlussfassung. In diesem Fall reicht die Größe des Stimmrechtsanteils von Investor A für sich allein sowie im Verhältnis zu den anderen Anteilsbesitzen aus, um zu dem Schluss zu gelangen, dass Investor A keine Verfügungsgewalt hat. Es müssten nur zwei andere Investoren zusammenarbeiten, um Investor A daran zu hindern, die maßgeblichen Tätigkeiten des Beteiligungsunternehmens zu lenken.

B45 Die in Paragraph B42 (a)–(c) aufgeführten Faktoren mögen für sich genommen noch keinen Schluss zulassen. Hat ein Investor nach Berücksichtigung dieser Faktoren keine Klarheit darüber, ob er über Verfügungsgewalt verfügt, muss er zusätzliche Sachverhalte und Umstände in Betracht ziehen, z. B. ob aus Abstimmmustern bei früheren Hauptversammlungen ersichtlich ist, dass andere Anteilseigner eher passiv sind. Hierzu gehört auch die Beurteilung der in Paragraph B18 erläuterten Faktoren sowie der in den Paragraphen B19 und B20 dargestellten Indikatoren. Je weniger Stimmrechte der Investor besitzt und je weniger Parteien zusammenwirken müssen, um den Investor zu überstimmen, desto mehr Gewicht muss auf die zusätzlichen Sachverhalte und Umstände gelegt werden, damit beurteilt werden kann, ob die Rechte

(iii) the more parties that would need to act together to outvote the investor, the more likely the investor is to have existing rights that give it the current ability to direct the relevant activities;

(b) potential voting rights held by the investor, other vote holders or other parties (see paragraphs B47—B50);

(c) rights arising from other contractual arrangements (see paragraph B40); and

(d) any additional facts and circumstances that indicate the investor has, or does not have, the current ability to direct the relevant activities at the time that decisions need to be made, including voting patterns at previous shareholders' meetings.

When the direction of relevant activities is determined by majority vote and an investor holds significantly more voting **B43** rights than any other vote holder or organised group of vote holders, and the other shareholdings are widely dispersed, it may be clear, after considering the factors listed in paragraph 42 (a)—(c) alone, that the investor has power over the investee.

Application examples

Example 4 An investor acquires 48 per cent of the voting rights of an investee. The remaining voting rights are held by thousands of shareholders, none individually holding more than 1 per cent of the voting rights. None of the share-holders has any arrangements to consult any of the others or make collective decisions. When assessing the proportion of voting rights to acquire, on the basis of the relative size of the other shareholdings, the investor determined that a 48 per cent interest would be sufficient to give it control. In this case, on the basis of the absolute size of its holding and the relative size of the other shareholdings, the investor concludes that it has a sufficiently dominant voting inter-est to meet the power criterion without the need to consider any other evidence of power.

Example 5 Investor A holds 40 per cent of the voting rights of an investee and twelve other investors each hold 5 per cent of the voting rights of the investee. A shareholder agreement grants investor A the right to appoint, remove and set the remuneration of management responsible for directing the relevant activities. To change the agreement, a two-thirds majority vote of the shareholders is required. In this case, investor A concludes that the absolute size of the investor's holding and the relative size of the other shareholdings alone are not conclusive in determining whether the investor has rights sufficient to give it power. However, investor A determines that its contractual right to appoint, remove and set the remuneration of management is sufficient to conclude that it has power over the investee. The fact that investor A might not have exercised this right or the likelihood of investor A exercising its right to select, appoint or remove management shall not be considered when assessing whether investor A has power.

In other situations, it may be clear after considering the factors listed in paragraph B42 (a)—(c) alone that an investor **B44** does not have power.

Application example

Example 6 Investor A holds 45 per cent of the voting rights of an investee. Two other investors each hold 26 per cent of the voting rights of the investee. The remaining voting rights are held by three other shareholders, each holding 1 per cent. There are no other arrangements that affect decision-making. In this case, the size of investor A's voting interest and its size relative to the other shareholdings are sufficient to conclude that investor A does not have power. Only two other investors would need to co-operate to be able to prevent investor A from directing the relevant activities of the investee.

However, the factors listed in paragraph B42 (a)—(c) alone may not be conclusive. If an investor, having considered those **B45** factors, is unclear whether it has power, it shall consider additional facts and circumstances, such as whether other share-holders are passive in nature as demonstrated by voting patterns at previous shareholders' meetings. This includes the assessment of the factors set out in paragraph B18 and the indicators in paragraphs B19 and B20. The fewer voting rights the investor holds, and the fewer parties that would need to act together to outvote the investor, the more reliance would be placed on the additional facts and circumstances to assess whether the investor's rights are sufficient to give it power. When the facts and circumstances in paragraphs B18—B20 are considered together with the investor's rights, greater

des Investors ausreichen, um ihm Verfügungsgewalt zu verleihen. Werden die in den Paragraphen B18–B20 beschriebenen Sachverhalte und Umstände gemeinsam mit den Rechten des Investors betrachtet, ist dem in Paragraph B18 dargestellten Nachweis für Verfügungsgewalt mehr Gewicht beizulegen als den in den Paragraphen B19 und B20 beschriebenen Indikatoren für Verfügungsgewalt.

Anwendungsbeispiele

Beispiel 7 Ein Investor besitzt 45 % der Stimmrechte in einem Beteiligungsunternehmen. Elf weitere Anteilseigner besitzen je 5 % der Stimmrechte. Keiner der Anteilseigner hat vertragliche Vereinbarungen über die Konsultation anderer Anteilseigner oder über eine gemeinsame Beschlussfassung geschlossen. In diesem Fall stellen die absolute Größe seiner Beteiligung und die relative Größe der anderen Anteilsbeteiligungen allein keinen schlüssigen Beweis dar, anhand dessen sich bestimmen ließe, ob der Investor über ausreichende Rechte verfügt, um Verfügungsgewalt zu haben. Es müssen weitere Sachverhalte und Umstände berücksichtigt werden, die den Nachweis dafür erbringen können, dass der Investor Verfügungsgewalt hat oder dass er keine Verfügungsgewalt hat.

Beispiel 8 Ein Investor besitzt 35 % der Stimmrechte an einem Beteiligungsunternehmen. Drei weitere Anteilseigner besitzen je 5 % der Stimmrechte. Die verbleibenden Stimmrechte befinden sich im Besitz zahlreicher anderer Anteilseigner, von denen keiner für sich genommen mehr als 1 % der Stimmrechte besitzt. Keiner der Anteilseigner hat Vereinbarungen über die Konsultation anderer Anteilseigner oder über eine gemeinsame Beschlussfassung geschlossen. Entscheidungen über die maßgeblichen Tätigkeiten des Beteiligungsunternehmens erfordern die Genehmigung mit einfacher Mehrheit der auf maßgeblichen Hauptversammlungen abgegebenen Stimmen. Auf maßgeblichen Hauptversammlungen der letzten Zeit haben 75 % der Stimmrechte des Beteiligungsunternehmens an Abstimmungen teilgenommen. In diesem Fall weist die aktive Beteiligung der anderen Anteilseigner auf Hauptversammlungen der letzten Zeit darauf hin, dass der Investor nicht über die praktische Möglichkeit zur einseitigen Lenkung der maßgeblichen Tätigkeiten verfügen würde, weil eine ausreichende Anzahl anderer Anteilseigner auf die gleiche Weise abgestimmt hat wie der Investor.

B46 Geht aus der Erwägung der in Paragraph B42 (a)–(d) aufgeführten Faktoren nicht klar hervor, dass der Investor Verfügungsgewalt hat, liegt keine Beherrschung des Beteiligungsunternehmens durch den Investor vor.

Potenzielle Stimmrechte

B47 Bei der Beurteilung der Beherrschung berücksichtigt ein Investor sowohl seine eigenen potenziellen Stimmrechte als auch die potenziellen Stimmrechte anderer Parteien, um auf diese Weise festzustellen, ob er Verfügungsgewalt hat. Potenzielle Stimmrechte sind Rechte auf den Erwerb von Stimmrechten in einem Beteiligungsunternehmen. Dies können Rechte sein, die aus wandelbaren Instrumenten oder Optionen unter Einschluss von Terminkontrakten entstehen. Diese potenziellen Stimmrechte werden nur berücksichtigt, wenn die Rechte substanziell sind (siehe Paragraphen B22–B25).

B48 Bei der Betrachtung potenzieller Stimmrechte muss ein Investor Zweck und Gestaltung des Instruments sowie Zweck und Gestaltung anderer Engagements des Investors beim Beteiligungsunternehmen berücksichtigen. Hierzu gehört auch eine Beurteilung der verschiedenen Vertragsbedingungen des Instruments sowie der augenscheinlichen Erwartungen, Motive und Gründe des Investors in Bezug auf seine Einwilligung in diese Bedingungen.

B49 Verfügt der Investor außerdem über Stimm- oder andere Entscheidungsrechte in Bezug auf die Tätigkeiten des Beteiligungsunternehmens, beurteilt er, ob ihm diese Rechte in Verbindung mit potenziellen Stimmrechten Verfügungsgewalt verleihen.

B50 Ein Investor kann auch aus potenziellen Stimmrechten, allein oder in Verbindung mit anderen Rechten, die gegenwärtige Fähigkeit zur Lenkung der maßgeblichen Tätigkeiten erhalten. Dies trifft beispielsweise mit großer Wahrscheinlichkeit zu, wenn ein Investor 40 % der Stimmrechte eines Beteiligungsunternehmens besitzt und wenn er, wie in Paragraph B23 beschrieben, außerdem substanzielle Rechte besitzt, die aus Optionen auf den Erwerb weiterer 20 % der Stimmrechte entstehen.

Anwendungsbeispiele

Beispiel 9 Investor A besitzt 70 % der Stimmrechte in einem Beteiligungsunternehmen. Investor B hat 30 % der Stimmrechte im Beteiligungsunternehmen sowie eine Option zum Erwerb der Hälfte der Stimmrecht des Investors A. Diese Option ist in den nächsten beiden Jahren zu einem Festpreis ausübbar, der weit aus dem Geld ist (und dies in diesem Zweijahreszeitraum erwartungsgemäß auch bleiben wird). Investor A hat seine Stimmrechte bisher ausgeübt und lenkt die maßgeblichen Tätigkeiten des Beteiligungsunternehmens aktiv. In einem solchen Fall wird wahrscheinlich Investor A das Kriterium der Verfügungsgewalt erfüllen, weil er anscheinend die gegenwärtige Fähigkeit zur Len-

weight shall be given to the evidence of power in paragraph B18 than to the indicators of power in paragraphs B19 and B20.

Application examples

Example 7   An investor holds 45 per cent of the voting rights of an investee. Eleven other shareholders each hold 5 per cent of the voting rights of the investee. None of the shareholders has contractual arrangements to consult any of the others or make collective decisions. In this case, the absolute size of the investor's holding and the relative size of the other shareholdings alone are not conclusive in determining whether the investor has rights sufficient to give it power over the investee. Additional facts and circumstances that may provide evidence that the investor has, or does not have, power shall be considered.

Example 8   An investor holds 35 per cent of the voting rights of an investee. Three other shareholders each hold 5 per cent of the voting rights of the investee. The remaining voting rights are held by numerous other shareholders, none individually holding more than 1 per cent of the voting rights. None of the shareholders has arrangements to consult any of the others or make collective decisions. Decisions about the relevant activities of the investee require the approval of a majority of votes cast at relevant shareholders' meetings—75 per cent of the voting rights of the investee have been cast at recent relevant shareholders' meetings. In this case, the active participation of the other shareholders at recent shareholders' meetings indicates that the investor would not have the practical ability to direct the relevant activities unilaterally, regardless of whether the investor has directed the relevant activities because a sufficient number of other shareholders voted in the same way as the investor.

B46   If it is not clear, having considered the factors listed in paragraph B42 (a)—(d), that the investor has power, the investor does not control the investee.

Potential voting rights

B47   When assessing control, an investor considers its potential voting rights as well as potential voting rights held by other parties, to determine whether it has power. Potential voting rights are rights to obtain voting rights of an investee, such as those arising from convertible instruments or options, including forward contracts. Those potential voting rights are considered only if the rights are substantive (see paragraphs B22—B25).

B48   When considering potential voting rights, an investor shall consider the purpose and design of the instrument, as well as the purpose and design of any other involvement the investor has with the investee. This includes an assessment of the various terms and conditions of the instrument as well as the investor's apparent expectations, motives and reasons for agreeing to those terms and conditions.

B49   If the investor also has voting or other decision-making rights relating to the investee's activities, the investor assesses whether those rights, in combination with potential voting rights, give the investor power.

B50   Substantive potential voting rights alone, or in combination with other rights, can give an investor the current ability to direct the relevant activities. For example, this is likely to be the case when an investor holds 40 per cent of the voting rights of an investee and, in accordance with paragraph B23, holds substantive rights arising from options to acquire a further 20 per cent of the voting rights.

Application examples

Example 9   Investor A holds 70 per cent of the voting rights of an investee. Investor B has 30 per cent of the voting rights of the investee as well as an option to acquire half of investor A's voting rights. The option is exercisable for the next two years at a fixed price that is deeply out of the money (and is expected to remain so for that two-year period). Investor A has been exercising its votes and is actively directing the relevant activities of the investee. In such a case, investor A is likely to meet the power criterion because it appears to have the current ability to direct the relevant activities. Although investor B has currently exercisable options to purchase additional voting rights (that, if exercised,

kung der maßgeblichen Tätigkeiten hat. Obgleich Investor B gegenwärtig ausübbare Optionen auf den Kauf zusätzlicher Stimmrechte hat (die ihm bei ihrer Ausübung die Stimmenrechtsmehrheit in dem Beteiligungsunternehmen verleihen würden), sind die mit diesen Optionen verknüpften Vertragsbedingungen so beschaffen, dass die Optionen nicht als substanziell angesehen werden.

Beispiel 10 Investor A und zwei weitere Investoren besitzen je ein Drittel der Stimmrechte eines Beteiligungsunternehmens. Die Geschäftstätigkeit des Beteiligungsunternehmens ist eng mit der von Investor A verwandt. Zusätzlich zu seinen Eigenkapitalinstrumenten besitzt Investor A Schuldinstrumente, die jederzeit zu einem Festpreis, der aus dem Geld (aber nicht weit aus dem Geld) ist, in Stammaktien des Beteiligungsunternehmens wandelbar sind. Würde die Schuld gewandelt, besäße Investor A 60 % der Stimmrechte im Beteiligungsunternehmen. Investor A würde von der Realisierung von Synergien profitieren, wenn die Schuldinstrumente in Stammaktien umgewandelt würden. Investor A hat Verfügungsgewalt über das Beteiligungsunternehmen, weil er sowohl Stimmrechte im Beteiligungsunternehmen als auch substanzielle potenzielle Stimmrechte besitzt, die ihm die gegenwärtige Fähigkeit zur Lenkung der maßgeblichen Tätigkeiten verleihen.

Verfügungsgewalt in Situationen, in denen Stimm- oder ähnliche Rechte keine wesentlichen Auswirkungen auf die Rendite des Beteiligungsunternehmens haben.

B51 Bei der Beurteilung von Zweck und Gestaltung eines Beteiligungsunternehmens (siehe Paragraphen B5–B8) muss ein Investor das Engagement und die Entscheidungen berücksichtigen, die bei der Gründung des Beteiligungsunternehmens in dessen Gestaltung eingeflossen sind. Außerdem hat er zu bewerten, ob die Vertragsbedingungen und Merkmale des Engagements ihm mit Rechten versehen, die zur Verleihung von Verfügungsgewalt ausreichen. Eine Beteiligung an der Gestaltung eines Beteiligungsunternehmens reicht alleine nicht für eine beherrschende Stellung des Investors aus. Eine Beteiligung an der Gestaltung kann jedoch darauf hinweisen, dass der Investor Gelegenheit zum Erwerb von Rechten hatte, die ausreichen, um ihm Verfügungsgewalt über das Beteiligungsunternehmen zu verleihen.

B52 Darüber hinaus hat ein Investor vertragliche Vereinbarungen wie Kauf- und Verkaufsrechte sowie Liquidationsrechte zu berücksichtigen, die bei der Gründung des Beteiligungsunternehmens festgelegt wurden. Beinhalten diese vertraglichen Vereinbarungen Tätigkeiten, die mit denen des Beteiligungsunternehmens eng verwandt sind, dann bilden diese Tätigkeiten der Sache nach einen Bestandteil der gesamten Tätigkeiten des Beteiligungsunternehmens, auch wenn sie vielleicht außerhalb der rechtlichen Grenzen des Beteiligungsunternehmens stattfinden. Daher müssen ausdrückliche oder stillschweigende, in vertragliche Vereinbarungen eingebettete Entscheidungsrechte, die eng mit dem Beteiligungsunternehmen zusammenhängen, bei der Feststellung der Verfügungsgewalt über das Beteiligungsunternehmen als maßgebliche Tätigkeiten berücksichtigt werden.

B53 Bei einigen Beteiligungsunternehmen kommen maßgebliche Tätigkeiten nur vor, wenn bestimmte Umstände oder Ereignisse eintreten. Das Beteiligungsunternehmen kann so gestaltet sein, dass die Lenkung seiner Tätigkeiten sowie seine Rendite vorgegeben sind, bis diese besonderen Umstände oder Ereignisse eintreten. In diesem Fall können nur die Entscheidungen über die Tätigkeiten des Beteiligungsunternehmens, die bei Eintritt der betreffenden Umstände oder Ereignisse erfolgen, wesentlichen Einfluss auf dessen Rendite haben und somit maßgebliche Tätigkeiten sein. Diese Umstände oder Ereignisse müssen nicht eingetreten sein, damit ein Investor, der diese Entscheidungen treffen kann, Verfügungsgewalt besitzt. Die Tatsache, dass das Entscheidungsrecht daran gebunden ist, dass bestimmte Umstände oder Ereignisse eintreten, lässt diese Rechte nicht an sich schon zu Schutzrechten werden.

Anwendungsbeispiele

Beispiel 11 Die einzige Geschäftstätigkeit eines Beteiligungsunternehmens besteht gemäß Festlegung in seinen Gründungsurkunden darin, Forderungen aufzukaufen und auf Tagesbasis für seine Investoren zu verwalten. Diese Verwaltung auf Tagesbasis beinhaltet die Einnahme und Weiterleitung von Kapital- und Zinszahlungen jeweils bei Fälligkeit. Bei Verzug einer Forderung verkauft das Beteiligungsunternehmen die Forderung automatisch an einen Investor. Dies wurde in einer Verkaufsoptionsvereinbarung zwischen Investor und Beteiligungsunternehmen jeweils getrennt vereinbart. Die einzige maßgebliche Tätigkeit besteht im Management der Forderungen bei Verzug, denn dies ist die einzige Tätigkeit, die die Rendite des Beteiligungsunternehmens wesentlich beeinflussen kann. Die Verwaltung der Forderungen vor einem Verzug ist keine maßgebliche Tätigkeit, weil sie keine substanziellen Entscheidungen verlangt, die wesentlichen Einfluss auf die Rendite des Beteiligungsunternehmens haben könnten. Die Tätigkeiten vor einem Verzug sind vorgegeben und laufen nur auf das Einsammeln von Zahlungsströmen bei Fälligkeit und deren Weiterleitung an die Investoren hinaus. Daher ist bei der Beurteilung der gesamten Tätigkeiten des Beteiligungsunternehmens, die wesentlichen Einfluss auf die Rendite des Beteiligungsunternehmen haben, nur das Recht des Investors auf Verwaltung dieser Vermögenswerte bei Verzug zu berücksichtigen. In diesem Bespiel wird durch die Gestaltung des Beteiligungsunternehmens sichergestellt, dass zum einzigen Zeitpunkt, an dem eine solche Entscheidungskompetenz erforderlich ist, der Investor diese Entscheidungskompetenz über die Tätigkeiten mit wesentlichem Einfluss auf

would give it a majority of the voting rights in the investee), the terms and conditions associated with those options are such that the options are not considered substantive.

Example 10   Investor A and two other investors each hold a third of the voting rights of an investee. The investee's business activity is closely related to investor A. In addition to its equity instruments, investor A also holds debt instruments that are convertible into ordinary shares of the investee at any time for a fixed price that is out of the money (but not deeply out of the money). If the debt were converted, investor A would hold 60 per cent of the voting rights of the investee. Investor A would benefit from realising synergies if the debt instruments were converted into ordinary shares. Investor A has power over the investee because it holds voting rights of the investee together with substantive potential voting rights that give it the current ability to direct the relevant activities.

Power when voting or similar rights do not have a significant effect on the investee's returns

In assessing the purpose and design of an investee (see paragraphs B5—B8), an investor shall consider the involvement and decisions made at the investee's inception as part of its design and evaluate whether the transaction terms and features of the involvement provide the investor with rights that are sufficient to give it power. Being involved in the design of an investee alone is not sufficient to give an investor control. However, involvement in the design may indicate that the investor had the opportunity to obtain rights that are sufficient to give it power over the investee.   **B51**

In addition, an investor shall consider contractual arrangements such as call rights, put rights and liquidation rights established at the investee's inception. When these contractual arrangements involve activities that are closely related to the investee, then these activities are, in substance, an integral part of the investee's overall activities, even though they may occur outside the legal boundaries of the investee. Therefore, explicit or implicit decision-making rights embedded in contractual arrangements that are closely related to the investee need to be considered as relevant activities when determining power over the investee.   **B52**

For some investees, relevant activities occur only when particular circumstances arise or events occur. The investee may be designed so that the direction of its activities and its returns are predetermined unless and until those particular circumstances arise or events occur. In this case, only the decisions about the investee's activities when those circumstances or events occur can significantly affect its returns and thus be relevant activities. The circumstances or events need not have occurred for an investor with the ability to make those decisions to have power. The fact that the right to make decisions is contingent on circumstances arising or an event occurring does not, in itself, make those rights protective.   **B53**

Application examples

Example 11   An investee's only business activity, as specified in its founding documents, is to purchase receivables and service them on a day-to-day basis for its investors. The servicing on a day-to-day basis includes the collection and passing on of principal and interest payments as they fall due. Upon default of a receivable the investee automatically puts the receivable to an investor as agreed separately in a put agreement between the investor and the investee. The only relevant activity is managing the receivables upon default because it is the only activity that can significantly affect the investee's returns. Managing the receivables before default is not a relevant activity because it does not require substantive decisions to be made that could significantly affect the investee's returns—the activities before default are predetermined and amount only to collecting cash flows as they fall due and passing them on to investors. Therefore, only the investor's right to manage the assets upon default should be considered when assessing the overall activities of the investee that significantly affect the investee's returns. In this example, the design of the investee ensures that the investor has decision-making authority over the activities that significantly affect the returns at the only time that such decision-making authority is required. The terms of the put agreement are integral to the overall transaction and the establishment of the investee. Therefore, the terms of the put agreement together with the founding documents of the investee lead to the conclusion that the investor has power over the investee even though the

die Renditen auch tatsächlich besitzt. Die Bedingungen der Verkaufsoptionsvereinbarung sind integraler Bestandteil des gesamten Geschäftsvorfalls sowie der Errichtung des Beteiligungsunternehmens. Daher lassen die Bedingungen der Verkaufsoptionsvereinbarung zusammen mit den Gründungsurkunden des Beteiligungsunternehmens darauf schließen, dass der Investor Verfügungsgewalt über das Beteiligungsunternehmen besitzt, obgleich er die Forderungen erst bei Verzug in Besitz nimmt und obgleich er die in Verzug geratenen Forderungen außerhalb der gesetzlichen Grenzen des Beteiligungsunternehmens verwaltet.

Beispiel 12 Die Vermögenswerte eines Beteiligungsunternehmens bestehen ausschließlich in Forderungen. Betrachtet man Zweck und Gestaltung des Beteiligungsunternehmens, stellt man fest, dass die einzige maßgebliche Tätigkeit in der Verwaltung der Forderungen bei Verzug besteht. Die Partei mit der Fähigkeit zur Verwaltung der in Verzug geratenden Forderungen hat Verfügungsgewalt über das Beteiligungsunternehmen. Dies gilt unabhängig davon, ob Kreditnehmer tatsächlich in Verzug geraten sind.

B54 Ein Investor kann ausdrücklich oder stillschweigend verpflichtet sein zu gewährleisten, dass ein Beteiligungsunternehmen seinen Betrieb wie vorgesehen weiterführt. Eine solche Verpflichtung kann die Risikobelastung des Investors durch Renditeschwankungen erhöhen. Dies wiederum kann als weiterer Anreiz zum Erwerb von Rechten wirken, die ausreichen, um dem betreffenden Investor Verfügungsgewalt zu verleihen. Daher kann eine Verpflichtung zur Gewährleistung dessen, dass ein Beteiligungsunternehmen seinen Betrieb wie vorgesehen führt, ein Indikator für Verfügungsgewalt des Investors sein. Für sich allein verleiht sie einem Investor jedoch weder Verfügungsgewalt noch verhindert sie, dass Dritte Verfügungsgewalt besitzen.

Risikobelastung durch oder Anrechte auf schwankende Renditen aus einem Beteiligungsunternehmen

B55 Bei der Beurteilung, ob ein Investor ein Beteiligungsunternehmen beherrscht, ermittelt der betreffende Investor, ob ihm aus seinem Engagement bei dem Beteiligungsunternehmen eine Risikobelastung durch oder Anrechte auf schwankende Renditen entstehen.

B56 Schwankende Renditen sind Renditen, die nicht festgelegt sind und aufgrund der Leistung eines Beteiligungsunternehmens variieren können. Schwankende Renditen können ausschließlich positiv, ausschließlich negativ oder sowohl positiv als auch negativ sein (siehe Paragraph 15). Ein Investor beurteilt, ob die Renditen eines Beteiligungsunternehmens Schwankungen unterliegen und wie stark diese Schwankungen sind. Dabei legt er den wesentlichen Inhalt der Vereinbarung zugrunde, lässt die Rechtsform der Renditen aber außer Acht. Ein Investor kann zum Beispiel eine Schuldverschreibung mit festen Zinszahlungen besitzen. Die festen Zinszahlungen stellen für die Zwecke dieses IFRS schwankende Renditen dar, weil sie dem Ausfallrisiko unterliegen und den Investor dem Kreditrisiko des Herausgebers der Schuldverschreibung aussetzen. Der Umfang der Schwankungen (d. h. wie stark sich diese Renditen verändern) hängt vom Kreditrisiko der Schuldverschreibung ab. Ähnlich verhält es sich bei festen Leistungsgebühren für die Verwaltung der Vermögenswerte eines Beteiligungsunternehmens. Auch sie sind schwankende Renditen, weil sie den Investor dem Leistungsrisiko des Beteiligungsunternehmens aussetzen. Der Umfang der Schwankungen hängt von der Fähigkeit des Beteiligungsunternehmens ab, genügend Einkommen zur Zahlung der Gebühr zu generieren.

B57 Beispiele für Renditen sind u. a.:

(a) Dividenden, sonstiger, aus einem Beteiligungsunternehmen bezogener wirtschaftlicher Nutzen (z. B. Zinsen aus vom Beteiligungsunternehmen ausgegebenen Schuldverschreibungen) sowie Wertänderungen bei der Beteiligung des Investors in dem betreffenden Beteiligungsunternehmen.

(b) Entgelt für die Verwaltung der Vermögenswerte oder Schulden eines Beteiligungsunternehmens, Gebühren für und Risikobelastung durch Verluste aus der Bereitstellung von Krediten oder Liquiditätshilfen, verbleibende Anteile an den Vermögenswerten und Schulden des Beteiligungsunternehmens bei dessen Liquidation, Steuervergünstigungen und Zugang zu zukünftiger Liquidität, die ein Investor aus seinem Engagement in einem Beteiligungsunternehmen besitzt.

(c) Renditen, die anderen Anteilseignern nicht zur Verfügung stehen. Ein Investor könnte beispielsweise seine Vermögenswerte in Verbindung mit den Vermögenswerten des Beteiligungsunternehmens nutzen. Dies könnte in der Zusammenlegung betrieblicher Aufgabenbereiche erfolgen, um Größenvorteile oder Kosteneinsparungen zu erzielen, Bezugsquellen für knappe Produkte zu finden, Zugang zu gesetzlich geschütztem Wissen zu erhalten oder bestimmte geschäftliche Tätigkeiten oder Vermögenswerte zu beschränken, um den Wert anderer Vermögenswerte des Investors zu steigern.

Verknüpfung zwischen Verfügungsgewalt und Rendite
Übertragene Verfügungsgewalt

B58 Im Zuge der Beurteilung, ob er ein Beteiligungsunternehmen beherrscht, muss ein Investor mit Entscheidungsbefugnis (Entscheidungsträger), feststellen, ob er Prinzipal oder Agent ist. Er muss außerdem ermitteln, ob ein anderes Unterneh-

investor takes ownership of the receivables only upon default and manages the defaulted receivables outside the legal boundaries of the investee.

Example 12   The only assets of an investee are receivables. When the purpose and design of the investee are considered, it is determined that the only relevant activity is managing the receivables upon default. The party that has the ability to manage the defaulting receivables has power over the investee, irrespective of whether any of the borrowers have defaulted.

An investor may have an explicit or implicit commitment to ensure that an investee continues to operate as designed. **B54** Such a commitment may increase the investor's exposure to variability of returns and thus increase the incentive for the investor to obtain rights sufficient to give it power. Therefore a commitment to ensure that an investee operates as designed may be an indicator that the investor has power, but does not, by itself, give an investor power, nor does it prevent another party from having power.

Exposure, or rights, to variable returns from an investee

When assessing whether an investor has control of an investee, the investor determines whether it is exposed, or has **B55** rights, to variable returns from its involvement with the investee.

Variable returns are returns that are not fixed and have the potential to vary as a result of the performance of an investee. **B56** Variable returns can be only positive, only negative or both positive and negative (see paragraph 15). An investor assesses whether returns from an investee are variable and how variable those returns are on the basis of the substance of the arrangement and regardless of the legal form of the returns. For example, an investor can hold a bond with fixed interest payments. The fixed interest payments are variable returns for the purpose of this IFRS because they are subject to default risk and they expose the investor to the credit risk of the issuer of the bond. The amount of variability (ie how variable those returns are) depends on the credit risk of the bond. Similarly, fixed performance fees for managing an investee's assets are variable returns because they expose the investor to the performance risk of the investee. The amount of variability depends on the investee's ability to generate sufficient income to pay the fee.

Examples of returns include: **B57**
(a) dividends, other distributions of economic benefits from an investee (eg interest from debt securities issued by the investee) and changes in the value of the investor's investment in that investee.
(b) remuneration for servicing an investee's assets or liabilities, fees and exposure to loss from providing credit or liquidity support, residual interests in the investee's assets and liabilities on liquidation of that investee, tax benefits, and access to future liquidity that an investor has from its involvement with an investee.
(c) returns that are not available to other interest holders. For example, an investor might use its assets in combination with the assets of the investee, such as combining operating functions to achieve economies of scale, cost savings, sourcing scarce products, gaining access to proprietary knowledge or limiting some operations or assets, to enhance the value of the investor's other assets.

Link between power and returns
Delegated power

When an investor with decision-making rights (a decision maker) assesses whether it controls an investee, it shall deter- **B58** mine whether it is a principal or an agent. An investor shall also determine whether another entity with decision-making

men mit Entscheidungsrechten als Agent für ihn handelt. Ein Agent ist eine Partei, die vorrangig den Auftrag hat, im Namen und zum Vorteil einer oder mehrerer anderer Partei(en) (Prinzipal(e)) zu handeln. Er beherrscht das Beteiligungsunternehmen bei der Ausübung seiner Entscheidungskompetenz daher nicht (siehe Paragraphen 17 und 18). Die Verfügungsgewalt eines Prinzipals kann sich also mitunter im Besitz eines Agenten befinden und von diesem, allerdings im Namen des Prinzipals, ausgeübt werden. Ein Entscheidungsträger ist nicht allein deswegen Agent, weil andere Parteien von seinen Entscheidungen profitieren können.

B59 Ein Investor kann seine Entscheidungskompetenz für bestimme Angelegenheiten oder für alle maßgeblichen Tätigkeiten auf einen Agenten übertragen. Im Zuge der Beurteilung, ob er ein Beteiligungsunternehmen beherrscht, hat ein Investor die auf seinen Agenten übertragenen Entscheidungskompetenzen als unmittelbar in seinem eigenen Besitz befindlich zu behandeln. Bestehen mehrere Prinzipale, muss jeder der Prinzipale unter Berücksichtigung der Vorschriften in den Paragraphen B5–B54 beurteilen, ob er Verfügungsgewalt über das Beteiligungsunternehmen besitzt. Die Paragraphen B60–B72 enthalten Leitlinien für die Feststellung, ob ein Entscheidungsträger Agent oder Prinzipal ist.

B60 Im Zuge der Feststellung, ob er Agent ist, hat ein Entscheidungsträger die gesamte, allgemeine Beziehung zwischen sich, dem verwalteten Beteiligungsunternehmen und den anderen, im Beteiligungsunternehmen engagierten Parteien zu betrachten; dabei sind insbesondere alle nachfolgend aufgeführten Faktoren zu beachten:

(a) der Umfang seiner Entscheidungskompetenz über das Beteiligungsunternehmen (Paragraphen B62 und B63).

(b) die Rechte anderer Parteien (Paragraphen B64–B67).

(c) das Entgelt, auf das er gemäß Entgeltvereinbarung(en) Anspruch hat (Paragraphen B68–B70).

(d) die Risikobelastung des Entscheidungsträgers durch die Schwankungen der Renditen aus anderen Anteilen, die er im Beteiligungsunternehmen besitzt (Paragraph B71 und B72).

Die einzelnen Faktoren sind unter Zugrundelegung besonderer Sachverhalte und Umstände unterschiedlich zu gewichten.

B61 Die Feststellung, ob ein Entscheidungsträger Agent ist, erfordert eine Auswertung aller in Paragraph B60 aufgeführten Faktoren. Dies gilt nicht, wenn eine einzelne Partei substanzielle Rechte zur Abberufung des Entscheidungsträgers (Abberufungsrechte) besitzt und den Entscheidungsträger ohne wichtigen Grund seines Amtes entheben kann (siehe Paragraph B65).

Umfang der Entscheidungskompetenz

B62 Der Umfang der Entscheidungskompetenz eines Entscheidungsträgers wird unter Berücksichtigung folgender Punkte bewertet:

(a) Tätigkeiten, die gemäß Vereinbarung(en) über die Entscheidungsfindung zulässig und gesetzlich festgelegt sind; und

(b) Ermessensspielraum, den der Entscheidungsträger bei seinen Entscheidungen über die betreffenden Tätigkeiten hat.

B63 Ein Entscheidungsträger muss Zweck und Gestaltung des Beteiligungsunternehmens, die Risiken, denen das Beteiligungsunternehmen aufgrund seiner Gestaltung ausgesetzt sein soll, die Risiken, die es aufgrund seiner Gestaltung an die engagierten Parteien weiterreichen soll, sowie den Grad der Beteiligung des Entscheidungsträgers an der Gestaltung des Beteiligungsunternehmens berücksichtigen. Wenn ein Entscheidungsträger beispielsweise erheblichen Anteil an der Gestaltung des Beteiligungsunternehmens hat (u. a. bei der Festlegung des Umfangs der Entscheidungskompetenz), kann dies darauf hindeuten, dass er Gelegenheit und Anreiz zum Erwerb von Rechten hatte, die es mit sich bringen, dass der Entscheidungsträger die Fähigkeit zur Lenkung der maßgeblichen Tätigkeiten hat.

Rechte anderer Parteien

B64 Substanzielle Rechte, die sich im Besitz anderer Parteien befinden, können die Fähigkeit des Entscheidungsträgers zur Lenkung der maßgeblichen Tätigkeiten eines Beteiligungsunternehmens beeinflussen. Substanzielle Abberufungs- oder sonstige Rechte können ein Hinweis darauf sein, dass der Entscheidungsträger Agent ist.

B65 Besitzt eine einzelne Partei substanzielle Abberufungsrechte und kann sie den Entscheidungsträger ohne wichtigen Grund absetzen, dann reicht dies allein schon für die Schlussfolgerung aus, dass der Entscheidungsträger Agent ist. Besitzen mehrere Parteien solche Rechte (und kann keine einzelne Partei den Entscheidungsträger ohne Zustimmung der anderen Parteien abberufen), dann stellen diese Rechte für sich gesehen keinen schlüssigen Beweis dar, dass ein Entscheidungsträger vorrangig im Namen und zum Vorteil anderer handelt. Je höher darüber hinaus die Anzahl der Parteien ist, die zur Ausübung der Abberufungsrechte gegenüber einem Entscheidungsträger zusammenwirken müssen, und je größer das Ausmaß und die damit einhergehende Veränderlichkeit der sonstigen wirtschaftlichen Interessen des Entscheidungsträgers (d. h. Entgelt und andere Interessen) ist, desto geringer ist das Gewicht, das diesem Faktor beizulegen ist.

B66 Im Besitz anderer Parteien befindliche substanzielle Rechte, die den Ermessensspielraum eines Entscheidungsträgers einschränken, sind bei der Beurteilung, ob der Entscheidungsträger Agent ist, in ähnlicher Weise zu berücksichtigen wie Abberufungsrechte. Beispielsweise handelt es sich bei einem Entscheidungsträger, der für seine Handlungen eine Genehmigung bei einer kleinen Anzahl anderer Parteien einholen muss, im Allgemeinen um einen Agenten. (Weitere Leitlinien zu Rechten und der Frage, ob diese substanziell sind, werden in den Paragraphen B22–B25 beschrieben.)

rights is acting as an agent for the investor. An agent is a party primarily engaged to act on behalf and for the benefit of another party or parties (the principal(s)) and therefore does not control the investee when it exercises its decision-making authority (see paragraphs 17 and 18). Thus, sometimes a principal's power may be held and exercisable by an agent, but on behalf of the principal. A decision maker is not an agent simply because other parties can benefit from the decisions that it makes.

An investor may delegate its decision-making authority to an agent on some specific issues or on all relevant activities. **B59** When assessing whether it controls an investee, the investor shall treat the decision-making rights delegated to its agent as held by the investor directly. In situations where there is more than one principal, each of the principals shall assess whether it has power over the investee by considering the requirements in paragraphs B5—B54. Paragraphs B60—B72 provide guidance on determining whether a decision maker is an agent or a principal.

A decision maker shall consider the overall relationship between itself, the investee being managed and other parties **B60** involved with the investee, in particular all the factors below, in determining whether it is an agent:
(a)   the scope of its decision-making authority over the investee (paragraphs B62 and B63).
(b)   the rights held by other parties (paragraphs B64—B67).
(c)   the remuneration to which it is entitled in accordance with the remuneration agreement(s) (paragraphs B68—B70).
(d)   the decision maker's exposure to variability of returns from other interests that it holds in the investee (paragraphs B71 and B72).
Different weightings shall be applied to each of the factors on the basis of particular facts and circumstances.

Determining whether a decision maker is an agent requires an evaluation of all the factors listed in paragraph B60 unless **B61** a single party holds substantive rights to remove the decision maker (removal rights) and can remove the decision maker without cause (see paragraph B65).

The scope of the decision-making authority Principal vs Agent
The scope of a decision maker's decision-making authority is evaluated by considering: **B62**
(a)   the activities that are permitted according to the decision-making agreement(s) and specified by law, and
(b)   the discretion that the decision maker has when making decisions about those activities.

A decision maker shall consider the purpose and design of the investee, the risks to which the investee was designed to be **B63** exposed, the risks it was designed to pass on to the parties involved and the level of involvement the decision maker had in the design of an investee. For example, if a decision maker is significantly involved in the design of the investee (including in determining the scope of decision-making authority), that involvement may indicate that the decision maker had the opportunity and incentive to obtain rights that result in the decision maker having the ability to direct the relevant activities.

Rights held by other parties
Substantive rights held by other parties may affect the decision maker's ability to direct the relevant activities of an inves- **B64** tee. Substantive removal or other rights may indicate that the decision maker is an agent.

When a single party holds substantive removal rights and can remove the decision maker without cause, this, in isolation, **B65** is sufficient to conclude that the decision maker is an agent. If more than one party holds such rights (and no individual party can remove the decision maker without the agreement of other parties) those rights are not, in isolation, conclusive in determining that a decision maker acts primarily on behalf and for the benefit of others. In addition, the greater the number of parties required to act together to exercise rights to remove a decision maker and the greater the magnitude of, and variability associated with, the decision maker's other economic interests (ie remuneration and other interests), the less the weighting that shall be placed on this factor.

Substantive rights held by other parties that restrict a decision maker's discretion shall be considered in a similar manner **B66** to removal rights when evaluating whether the decision maker is an agent. For example, a decision maker that is required to obtain approval from a small number of other parties for its actions is generally an agent. (See paragraphs B22—B25 for additional guidance on rights and whether they are substantive.)

B67 Die Betrachtung der im Besitz anderer Parteien befindlichen Rechte muss auch eine Beurteilung derjenigen Rechte umfassen, die vom Vorstand (oder einem anderen Lenkungsorgan) des Beteiligungsunternehmens ausgeübt werden können. Ferner ist deren Auswirkung auf die Entscheidungskompetenz zu berücksichtigen (siehe Paragraph B23 (b)).

Entgelt

B68 Je höher und variabler das Entgelt des Entscheidungsträgers im Verhältnis zu der aus den Tätigkeiten des Beteiligungsunternehmens erwarteten Rendite ist, desto größer ist die Wahrscheinlichkeit, dass der Entscheidungspräger Prinzipal ist.

B69 Im Zuge der Ermittlung, ob er Prinzipal oder Agent ist, muss der Entscheidungsträger außerdem in Erwägung ziehen, ob folgende Bedingungen zutreffen:

(a) sein Entgelt steht in angemessenem Verhältnis zu den erbrachten Dienstleistungen.

(b) die Entgeltvereinbarung enthält nur Vertragsbedingungen bzw. Beträge, die gewöhnlich in zu marktüblichen Bedingungen ausgehandelten Vereinbarungen über ähnliche Dienstleistungen und Qualifikationsstufen enthalten sind.

B70 Ein Entscheidungsträger kann nur dann Agent sein, wenn die in Paragraph B69 (a) und (b) geschilderten Bedingungen vorliegen. Die Erfüllung dieser Bedingungen reicht für sich allein jedoch nicht aus, um den Schluss ziehen zu können, dass ein Entscheidungsträger Agent ist.

Risikobelastung durch die Schwankungen der Renditen aus anderen Anteilen

B71 Ein Entscheidungsträger, der andere Anteile in einem Beteiligungsunternehmen besitzt (z. B. Beteiligungen am Unternehmen oder Stellung von Garantien im Hinblick auf die Leistungsfähigkeit des Beteiligungsunternehmens) muss bei der Ermittlung, ob er Agent ist, seine Risikobelastung durch die Schwankungen bei den Renditen aus diesen Anteilen berücksichtigen. Der Besitz anderer Anteile an einem Beteiligungsunternehmen deutet darauf hin, dass der Entscheidungsträger Prinzipal sein könnte.

B72 Im Zuge der Bewertung seiner Risikobelastung durch die Schwankungen der Rendite aus anderen Anteilen im Beteiligungsunternehmen hat der Entscheidungsträger Folgendes in Erwägung zu ziehen:

(a) je größer das Ausmaß und die damit einhergehende Veränderlichkeit seiner wirtschaftlichen Interessen unter Berücksichtigung der Summe seiner Entgelte und anderen Anteile ist, desto größer ist die Wahrscheinlichkeit, dass der Entscheidungsträger Prinzipal ist.

(b) Unterscheidet sich seine Risikobelastung durch die Schwankungen der Rendite von der Belastung anderer Investoren, und wenn ja, könnte dies seine Handlungen beeinflussen? Dies könnte zum Beispiel zutreffen, wenn ein Entscheidungsträger nachrangige Eigentumsrechte an einem Beteiligungsunternehmen besitzt oder dem Unternehmen andere Formen der Kreditsicherheit zur Verfügung stellt.

Der Entscheidungsträger muss seine Risikobelastung im Verhältnis zur Summe der Renditeschwankungen des Beteiligungsunternehmens bewerten. Dieser Bewertung wird vorrangig die aus den Tätigkeiten des Beteiligungsunternehmens erwartete Rendite zugrunde gelegt. Sie darf jedoch die maximale Belastung des Entscheidungsträgers durch Renditeschwankungen im Beteiligungsunternehmen nicht vernachlässigen, die aus anderen, im Besitz des Entscheidungsträgers befindlichen Anteilen entsteht.

Anwendungsbeispiele

Beispiel 13   Ein Entscheidungsträger (Fondsmanager) gründet, vermarktet und verwaltet einen öffentlich gehandelten, regulierten Fonds nach eng definierten Parametern, die gemäß den für ihn geltenden örtlichen Gesetzen und Verordnungen im Anlageauftrag beschrieben werden. Der Fonds wurde bei Anlegern als Geldanlage in ein gestreutes Depot von Eigenkapitaltiteln börsennotierter Unternehmen vermarktet. Innerhalb der festgelegten Parameter steht dem Fondsmanager die Entscheidung darüber, in welche Vermögenswerte investiert werden soll, frei. Der Fondsmanager hat eine anteilige Investition von 10 % in den Fonds geleistet und empfängt für seine Dienste ein marktübliches Honorar in Höhe von 1 % des Nettovermögenswertes des Fonds. Das Honorar steht in angemessenem Verhältnis zu den erbrachten Dienstleistungen. Der Fondsmanager trägt über seine Anlage von 10 % hinaus keine Haftung für Verluste des Fonds. Der Fonds muss keinen unabhängigen Vorstand einsetzen und hat diesen auch nicht eingesetzt. Die Anleger besitzen keine substanziellen Rechte, die sich auf die Entscheidungskompetenz des Fondsmanagers auswirken könnten, können aber ihre Anteile innerhalb gewisser, vom Fonds festgelegter Grenzen zurückkaufen.

Obgleich er im Rahmen der im Anlageauftrag festgelegten Parameter und im Einklang mit den aufsichtsbehördlichen Vorschriften handelt, hat der Fondsmanager Entscheidungsrechte, die ihm die gegenwärtige Fähigkeit zur Lenkung der maßgeblichen Tätigkeiten des Fonds verleihen. Die Anleger besitzen keine substanziellen Rechte, die die Entscheidungskompetenz des Fondsmanagers beeinträchtigen könnten. Der Fondsmanager empfängt für seine Dienste ein marktübliches Honorar, das im angemessenen Verhältnis zu den erbrachten Dienstleistungen steht. Außerdem hat er einen anteiligen Beitrag in den Fonds eingezahlt. Das Entgelt und sein Investment setzen den Fondsmanager Schwankungen in der Rendite aus den Fondstätigkeiten aus, verursachen aber keine Risikobelastung, deren Größe darauf hindeutet, dass der Fondsmanager Prinzipal ist.

Consideration of the rights held by other parties shall include an assessment of any rights exercisable by an investee's **B67** board of directors (or other governing body) and their effect on the decision-making authority (see paragraph B23 (b)).

Remuneration

The greater the magnitude of, and variability associated with, the decision maker's remuneration relative to the returns **B68** expected from the activities of the investee, the more likely the decision maker is a principal.

In determining whether it is a principal or an agent the decision maker shall also consider whether the following condi- **B69** tions exist:

(a)   The remuneration of the decision maker is commensurate with the services provided.

(b)   The remuneration agreement includes only terms, conditions or amounts that are customarily present in arrangements for similar services and level of skills negotiated on an arm's length basis.

A decision maker cannot be an agent unless the conditions set out in paragraph B69 (a) and (b) are present. However, **B70** meeting those conditions in isolation is not sufficient to conclude that a decision maker is an agent.

Exposure to variability of returns from other interests

A decision maker that holds other interests in an investee (eg investments in the investee or provides guarantees with **B71** respect to the performance of the investee), shall consider its exposure to variability of returns from those interests in assessing whether it is an agent. Holding other interests in an investee indicates that the decision maker may be a principal.

In evaluating its exposure to variability of returns from other interests in the investee a decision maker shall consider the **B72** following:

(a)   the greater the magnitude of, and variability associated with, its economic interests, considering its remuneration and other interests in aggregate, the more likely the decision maker is a principal.

(b)   whether its exposure to variability of returns is different from that of the other investors and, if so, whether this might influence its actions. For example, this might be the case when a decision maker holds subordinated interests in, or provides other forms of credit enhancement to, an investee.

The decision maker shall evaluate its exposure relative to the total variability of returns of the investee. This evaluation is made primarily on the basis of returns expected from the activities of the investee but shall not ignore the decision maker's maximum exposure to variability of returns of the investee through other interests that the decision maker holds.

Application examples

Example 13   A decision maker (fund manager) establishes, markets and manages a publicly traded, regulated fund according to narrowly defined parameters set out in the investment mandate as required by its local laws and regulations. The fund was marketed to investors as an investment in a diversified portfolio of equity securities of publicly traded entities. Within the defined parameters, the fund manager has discretion about the assets in which to invest. The fund manager has made a 10 per cent pro rata investment in the fund and receives a market-based fee for its services equal to 1 per cent of the net asset value of the fund. The fees are commensurate with the services provided. The fund manager does not have any obligation to fund losses beyond its 10 per cent investment. The fund is not required to establish, and has not established, an independent board of directors. The investors do not hold any substantive rights that would affect the decision-making authority of the fund manager, but can redeem their interests within particular limits set by the fund.

Although operating within the parameters set out in the investment mandate and in accordance with the regulatory requirements, the fund manager has decision-making rights that give it the current ability to direct the relevant activities of the fund—the investors do not hold substantive rights that could affect the fund manager's decision-making authority. The fund manager receives a market-based fee for its services that is commensurate with the services provided and has also made a pro rata investment in the fund. The remuneration and its investment expose the fund manager to variability of returns from the activities of the fund without creating exposure that is of such significance that it indicates that the fund manager is a principal.

In diesem Beispiel ergibt sich aus der Betrachtung der Risikobelastung des Fondsmanagers durch Schwankungen der Fondsrendite in Verbindung mit seiner Entscheidungskompetenz im Rahmen eingegrenzter Parameter der Hinweis, dass der Fondsmanager Agent ist. Der Fondsmanager zieht also den Schluss, dass er den Fonds nicht beherrscht.

Beispiel 14 Ein Entscheidungsträger gründet, vermarktet und verwaltet einen Fonds, der einer Reihe von Anlegern Investmentmöglichkeiten bietet. Der Entscheidungsträger (Fondsmanager) muss Entscheidungen im Interesse aller Anleger sowie im Einklang mit den für den Fonds ausschlaggebenden Verträgen treffen. Nichtsdestotrotz verfügt der Fondsmanager bei seinen Entscheidungen über einen großen Ermessensspielraum. Er empfängt für seine Dienste ein marktübliches Honorar in Höhe von 1 % der verwalteten Vermögenswerte sowie 20 % der Fondsgewinne, sofern eine festgelegte Gewinnhöhe erreicht wird. Das Honorar steht im angemessenen Verhältnis zu den erbrachten Dienstleistungen.

Der Fondsmanager muss zwar Entscheidungen im Interesse aller Anleger treffen, verfügt aber über umfassende Entscheidungskompetenz zur Lenkung der maßgeblichen Tätigkeiten des Fonds. Der Fondsmanager erhält feste und leistungsbezogene Honorare, die in einem angemessenen Verhältnis zu den erbrachten Dienstleistungen stehen. Darüber hinaus bewirkt das Entgelt eine Angleichung der Interessen des Fondsmanagers an das Interesse der anderen Anleger an einer Wertsteigerung des Fonds. Dies verursacht jedoch keine Risikobelastung durch schwankende Rendite aus den Fondstätigkeiten, die so bedeutend ist, dass das Entgelt bei alleiniger Betrachtung als Indikator dafür gelten kann, dass der Fondsmanager Prinzipal ist.

Die oben beschriebenen Sachverhaltsmuster und Analysen treffen auf die nachfolgend beschriebenen Beispiele 14A–14C zu. Jedes Beispiel wird für sich betrachtet.

Beispiel 14A Der Fondsmanager besitzt außerdem eine 2 %-ige Anlage im Fonds, durch die seine Interessen an die der anderen Anleger angeglichen werden. Der Fondsmanager trägt über seine Anlage von 2 % hinaus keine Haftung für Verluste des Fonds. Die Anleger können den Fondsmanager mit einfacher Stimmenmehrheit absetzen, aber nur bei Vertragsverletzung.

Seine Anlage von 2 % setzt den Fondsmanager Schwankungen in der Rendite aus den Tätigkeiten des Fonds aus, erzeugt aber keine Risikobelastung, deren Größe darauf hindeutet, dass der Fondsmanager Prinzipal ist. Die Rechte der anderen Anleger auf Abberufung des Fondsmanagers gelten als Schutzrechte, weil sie nur bei Vertragsverletzung ausgeübt werden können. In diesem Beispiel verfügt der Fondsmanager zwar über umfassende Entscheidungskompetenz und ist aufgrund seiner Anteile und seines Entgelts Risiken durch Renditeschwankungen ausgesetzt, die Risikobelastung des Fondsmanagers deutet aber darauf hin, dass er Agent ist. Der Fondsmanager zieht also den Schluss, dass er den Fonds nicht beherrscht.

Beispiel 14B Der Fondsmanager besitzt ein wesentlicheres anteiliges Investment im Fonds, trägt über diese Anlage hinaus jedoch keine Haftung für Verluste des Fonds. Die Anleger können den Fondsmanager mit einfacher Stimmenmehrheit absetzen, aber nur bei Vertragsverletzung.

In diesem Beispiel gelten die Rechte der anderen Anleger auf Abberufung des Fondsmanagers als Schutzrechte, weil sie nur bei Vertragsverletzung ausgeübt werden können. Dem Fondsmanager werden zwar feste und leistungsbezogene Honorare gezahlt, die in einem angemessenen Verhältnis zu den erbrachten Dienstleistungen stehen, aber die Kombination aus Investment und Entgelt könnte für den Fondsmanager Risikobelastungen durch Schwankungen der Rendite aus Fondstätigkeiten in einer solchen Höhe hervorrufen, dass dies darauf hindeutet, dass der Fondsmanager Prinzipal ist. Je größer das Ausmaß und die damit einhergehende Veränderlichkeit der wirtschaftlichen Interessen des Fondsmanagers (unter Berücksichtigung der Summe seiner Entgelte und anderen Anteile) ist, desto größer wäre das Gewicht, das er bei seiner Analysetätigkeit auf diese wirtschaftlichen Interessen legen würde: entsprechend größer ist die Wahrscheinlichkeit, dass der Fondsmanager Prinzipal ist.

Der Fondsmanager könnte zum Beispiel nach Berücksichtigung seines Entgelts und der anderen Faktoren ein Investment von 20 % für ausreichend halten, um den Schluss zu ziehen, dass er den Fonds beherrscht. Unter anderen Umständen (d. h. wenn das Entgelt oder sonstige Faktoren anders beschaffen sind), kann Beherrschung bei einer anderen Höhe der Anlage entstehen.

Beispiel 14C Der Fondsmanager besitzt ein anteiliges 20 %-iges Investment im Fonds, trägt über diese Anlage von 20 % hinaus jedoch keine Haftung für Verluste des Fonds. Der Fonds verfügt über einen Vorstand. Dessen Mitglieder sind vom Fondsmanager unabhängig und werden von den anderen Anlegern bestellt. Der Vorstand bestellt den Fondsmanager auf Jahresbasis. Sollte der Vorstand beschließen, den Vertrag des Fondsmanagers nicht zu verlängern, könnten die vom Fondsmanager geleisteten Dienste von anderen Managern aus der Branche erbracht werden.

In this example, consideration of the fund manager's exposure to variability of returns from the fund together with its decision-making authority within restricted parameters indicates that the fund manager is an agent. Thus, the fund manager concludes that it does not control the fund.

Example 14 A decision maker establishes, markets and manages a fund that provides investment opportunities to a number of investors. The decision maker (fund manager) must make decisions in the best interests of all investors and in accordance with the fund's governing agreements. Nonetheless, the fund manager has wide decision-making discretion. The fund manager receives a market-based fee for its services equal to 1 per cent of assets under management and 20 per cent of all the fund's profits if a specified profit level is achieved. The fees are commensurate with the services provided.

Although it must make decisions in the best interests of all investors, the fund manager has extensive decision-making authority to direct the relevant activities of the fund. The fund manager is paid fixed and performance-related fees that are commensurate with the services provided. In addition, the remuneration aligns the interests of the fund manager with those of the other investors to increase the value of the fund, without creating exposure to variability of returns from the activities of the fund that is of such significance that the remuneration, when considered in isolation, indicates that the fund manager is a principal.

The above fact pattern and analysis applies to examples 14A—14C described below. Each example is considered in isolation.

Example 14A The fund manager also has a 2 per cent investment in the fund that aligns its interests with those of the other investors. The fund manager does not have any obligation to fund losses beyond its 2 per cent investment. The investors can remove the fund manager by a simple majority vote, but only for breach of contract.

The fund manager's 2 per cent investment increases its exposure to variability of returns from the activities of the fund without creating exposure that is of such significance that it indicates that the fund manager is a principal. The other investors' rights to remove the fund manager are considered to be protective rights because they are exercisable only for breach of contract. In this example, although the fund manager has extensive decision-making authority and is exposed to variability of returns from its interest and remuneration, the fund manager's exposure indicates that the fund manager is an agent. Thus, the fund manager concludes that it does not control the fund.

Example 14B The fund manager has a more substantial pro rata investment in the fund, but does not have any obligation to fund losses beyond that investment. The investors can remove the fund manager by a simple majority vote, but only for breach of contract.

In this example, the other investors' rights to remove the fund manager are considered to be protective rights because they are exercisable only for breach of contract. Although the fund manager is paid fixed and performance-related fees that are commensurate with the services provided, the combination of the fund manager's investment together with its remuneration could create exposure to variability of returns from the activities of the fund that is of such significance that it indicates that the fund manager is a principal. The greater the magnitude of, and variability associated with, the fund manager's economic interests (considering its remuneration and other interests in aggregate), the more emphasis the fund manager would place on those economic interests in the analysis, and the more likely the fund manager is a principal.

For example, having considered its remuneration and the other factors, the fund manager might consider a 20 per cent investment to be sufficient to conclude that it controls the fund. However, in different circumstances (ie if the remuneration or other factors are different), control may arise when the level of investment is different.

Example 14C The fund manager has a 20 per cent pro rata investment in the fund, but does not have any obligation to fund losses beyond its 20 per cent investment. The fund has a board of directors, all of whose members are independent of the fund manager and are appointed by the other investors. The board appoints the fund manager annually. If the board decided not to renew the fund manager's contract, the services performed by the fund manager could be performed by other managers in the industry.

Dem Fondsmanager werden zwar feste und leistungsbezogene Honorare gezahlt, die in einem angemessenen Verhältnis zu den erbrachten Dienstleistungen stehen, aber die Kombination aus dem Investment von 20 % und dem Entgelt ruft für den Fondsmanager Risikobelastungen durch schwankende Rendite aus Fondstätigkeiten in einer solchen Höhe hervor, dass dies darauf hindeutet, dass der Fondsmanager Prinzipal ist. Allerdings besitzen die Anleger substanzielle Rechte auf Abberufung des Fondsmanagers. Durch den Vorstand besteht ein Mechanismus, der sicherstellt, dass die Anleger den Fondsmanager absetzen können, wenn sie dies beschließen.

In diesem Beispiel weist der Fondsmanager in der Analyse den substanziellen Abberufungsrechten ein größeres Gewicht zu. Folglich ergibt sich aus den im Besitz der anderen Anleger befindlichen substanziellen Rechten der Hinweis, dass der Fondsmanager Agent ist, obwohl er umfassende Entscheidungskompetenz besitzt und aufgrund seines Entgelts und seiner Anteile Risiken durch Renditeschwankungen ausgesetzt ist. Der Fondsmanager zieht also den Schluss, dass er den Fonds nicht beherrscht.

Beispiel 15 Zum Zweck des Kaufs eines Depots festverzinslicher, forderungsunterlegter Wertpapiere wird ein Beteiligungsunternehmen gegründet, das durch festverzinsliche Schuld- und Eigenkapitalinstrumente finanziert wird. Die Eigenkapitalinstrumente sind darauf ausgelegt, den Schuldtitelinvestoren Schutz gegen anfängliche Verluste zu gewähren und eventuell verbleibende Erträge des Beteiligungsunternehmens entgegen zu nehmen. Diese Transaktion wurde bei potenziellen Schuldtitelinvestoren als Anlage in ein Depot forderungsunterlegter Wertpapiere vermarkt, das dem Kreditrisiko ausgesetzt ist, das mit dem möglichen Verzug der Herausgeber der forderungsbesicherten Wertpapiere im Depot verbunden ist und das dem mit der Depotverwaltung einhergehenden Zinsänderungsrisiko unterliegt. Bei der Gründung repräsentieren die Eigenkapitalinstrumente 10 % des Werts der erworbenen Vermögenswerte. Ein Entscheidungsträger (der Vermögensverwalter) verwaltet das aktive Anlagendepot. Hierbei trifft er im Rahmen der im Prospekt des Beteiligungsunternehmens beschriebenen Parameter Anlageentscheidungen. Für diese Dienstleistungen erhält der Vermögensverwalter ein marktübliches festes Honorar (1 % der verwalteten Vermögenswerte) sowie leistungsgebundene Honorare (d. h. 10 % der Gewinne), wenn die Gewinne des Beteiligungsunternehmens eine festgelegte Höhe übersteigen. Das Honorar steht im angemessenen Verhältnis zu den erbrachten Dienstleistungen. Der Vermögensverwalter besitzt 35 % des Eigenkapitals des Beteiligungsunternehmens.

Die restlichen 65 % des Eigenkapitals sowie sämtliche Schuldinstrumente befinden sich in den Händen einer großen Zahl weit gestreuter, nicht verbundener Dritteigentümer. Der Vermögensverwalter kann ohne wichtigen Grund durch einfachen Mehrheitsbeschluss der anderen Anleger abgesetzt werden.

Der Vermögensverwalter erhält feste und leistungsbezogene Honorare, die in einem angemessenen Verhältnis zu den erbrachten Dienstleistungen stehen. Das Entgelt bewirkt eine Angleichung der Interessen des Fondsmanagers an das Interesse der anderen Anleger an einer Wertsteigerung des Fonds. Da der Vermögensverwalter 35 % des Eigenkapitals besitzt, ist er einer Risikobelastung durch Schwankungen der Rendite aus den Fondstätigkeiten ausgesetzt. Dasselbe trifft auf sein Entgelt zu.

Obgleich er im Rahmen der im Prospekt des Beteiligungsunternehmens dargelegten Parameter handelt, verfügt der Vermögensverwalter über die gegenwärtige Fähigkeit, Anlageentscheidungen mit erheblichen Auswirkungen auf die Rendite des Beteiligungsunternehmens zu treffen. Die im Besitz der anderen Anleger befindlichen Abberufungsrechte erhalten in der Analyse nur ein geringes Gewicht, weil sich diese Rechte im Besitz einer großen Zahl weit gestreuter Anleger befinden. In diesem Beispiel legt der Vermögensverwalter eine stärkere Betonung auf die Risikobelastung durch die Renditeschwankungen des Fonds, denen sein Eigenkapitalanteil ausgesetzt ist, der außerdem den Schuldinstrumenten gegenüber nachrangig ist. Der Besitz von 35 % des Eigenkapitals erzeugt eine nachrangige Risikobelastung durch Verluste sowie Anrechte auf Renditen des Beteiligungsunternehmens in einer Größenordnung, die darauf hindeutet, dass der Vermögensverwalter Prinzipal ist. Der Vermögensverwalter zieht folglich den Schluss, dass er das Beteiligungsunternehmen beherrscht.

Beispiel 16 Ein Entscheidungsträger (der Sponsor) fördert einen Multi-Seller Conduit, der kurzfristige Schuldinstrumente an nicht verbundene Dritteigentümer ausgibt. Diese Transaktion wurde bei potenziellen Anlegern als Investment in ein Depot hoch bewerteter, mittelfristiger Vermögenswerte mit minimaler Belastung durch das Kreditrisiko vermarktet, das mit dem möglichen Verzug der Herausgeber der im Depot befindlichen Vermögenswerte einhergeht. Verschiedene Überträger verkaufen dem Conduit hochwertige, mittelfristige Anlagebestände. Jeder Übertragende pflegt den Anlagenbestand, den er an das Conduit verkauft und verwaltet Forderungen bei Verzug gegen ein marktübliches Dienstleistungshonorar. Jeder Übertragende gewährt Erstausfallschutz gegen Verluste aus seinem Anlagebestand. Hierzu setzt er eine Überdeckung der an das Conduit übertragenen Vermögenswerte ein. Der Sponsor legt die Geschäftsbedingungen des Conduits fest und verwaltet die Geschäftstätigkeiten des Conduits gegen ein marktübliches Honorar. Das Honorar steht in angemessenem Verhältnis zu den erbrachten Dienstleistungen. Der Sponsor erlaubt den Verkäufern den Verkauf an das Conduit, genehmigt die vom Conduit anzukaufenden Vermögenswerte und trifft Entscheidungen über die Finanzausstattung des Conduits. Der Sponsor muss im Interesse aller Anleger handeln.

Although the fund manager is paid fixed and performance-related fees that are commensurate with the services provided, the combination of the fund manager's 20 per cent investment together with its remuneration creates exposure to variability of returns from the activities of the fund that is of such significance that it indicates that the fund manager is a principal. However, the investors have substantive rights to remove the fund manager—the board of directors provides a mechanism to ensure that the investors can remove the fund manager if they decide to do so.

In this example, the fund manager places greater emphasis on the substantive removal rights in the analysis. Thus, although the fund manager has extensive decision-making authority and is exposed to variability of returns of the fund from its remuneration and investment, the substantive rights held by the other investors indicate that the fund manager is an agent. Thus, the fund manager concludes that it does not control the fund.

Example 15 An investee is created to purchase a portfolio of fixed rate asset-backed securities, funded by fixed rate debt instruments and equity instruments. The equity instruments are designed to provide first loss protection to the debt investors and receive any residual returns of the investee. The transaction was marketed to potential debt investors as an investment in a portfolio of asset-backed securities with exposure to the credit risk associated with the possible default of the issuers of the asset-backed securities in the portfolio and to the interest rate risk associated with the management of the portfolio. On formation, the equity instruments represent 10 per cent of the value of the assets purchased. A decision maker (the asset manager) manages the active asset portfolio by making investment decisions within the parameters set out in the investee's prospectus. For those services, the asset manager receives a market-based fixed fee (ie 1 per cent of assets under management) and performance-related fees (ie 10 per cent of profits) if the investee's profits exceed a specified level. The fees are commensurate with the services provided. The asset manager holds 35 per cent of the equity in the investee.

The remaining 65 per cent of the equity, and all the debt instruments, are held by a large number of widely dispersed unrelated third party investors. The asset manager can be removed, without cause, by a simple majority decision of the other investors.

The asset manager is paid fixed and performance-related fees that are commensurate with the services provided. The remuneration aligns the interests of the fund manager with those of the other investors to increase the value of the fund. The asset manager has exposure to variability of returns from the activities of the fund because it holds 35 per cent of the equity and from its remuneration.

Although operating within the parameters set out in the investee's prospectus, the asset manager has the current ability to make investment decisions that significantly affect the investee's returns—the removal rights held by the other investors receive little weighting in the analysis because those rights are held by a large number of widely dispersed investors. In this example, the asset manager places greater emphasis on its exposure to variability of returns of the fund from its equity interest, which is subordinate to the debt instruments. Holding 35 per cent of the equity creates subordinated exposure to losses and rights to returns of the investee, which are of such significance that it indicates that the asset manager is a principal. Thus, the asset manager concludes that it controls the investee.

Example 16 A decision maker (the sponsor) sponsors a multi-seller conduit, which issues short-term debt instruments to unrelated third party investors. The transaction was marketed to potential investors as an investment in a portfolio of highly rated medium-term assets with minimal exposure to the credit risk associated with the possible default by the issuers of the assets in the portfolio. Various transferors services sell high quality medium-term asset portfolios to the conduit. Each transferor the portfolio of assets that it sells to the conduit and manages receivables on default for a market-based servicing fee. Each transferor also provides first loss protection against credit losses from its asset portfolio through over-collateralisation of the assets transferred to the conduit. The sponsor establishes the terms of the conduit and manages the operations of the conduit for a market-based fee. The fee is commensurate with the services provided. The sponsor approves the sellers permitted to sell to the conduit, approves the assets to be purchased by the conduit and makes decisions about the funding of the conduit. The sponsor must act in the best interests of all investors.

Der Sponsor hat Anspruch auf verbleibende Erträge des Conduits und stellt dem Conduit außerdem Kreditsicherheiten und Liquiditätsfazilitäten zur Verfügung. Mit der vom Sponsor bereitgestellten Kreditsicherheit werden Verluste bis in Höhe von 5 % aller Vermögenswerte des Conduits abgefangen, nachdem Verluste von den Übertragenden aufgefangen wurden. Die Liquiditätsfazilitäten werden nicht zur Deckung in Verzug geratener Anlagen eingesetzt. Die Anleger besitzen keine substanziellen Rechte, die sich auf die Entscheidungskompetenz des Sponsors auswirken könnten.

Auch wenn der Sponsor für seine Dienste ein marktübliches Honorar erhält, das in angemessenem Verhältnis zu den erbrachten Dienstleistungen steht, ist er aufgrund seiner Rechte auf verbleibende Renditen des Conduits und aufgrund der Stellung von Kreditsicherheiten und Liquiditätsfazilitäten einer Risikobelastung durch schwankende Rendite aus den Tätigkeiten des Conduits ausgesetzt (d. h. das Conduit ist dadurch, dass es kurzfristige Schuldinstrumente zur Finanzierung mittelfristiger Vermögenswerte nutzt, einem Liquiditätsrisiko ausgesetzt). Jeder Übertragende hat zwar Entscheidungsrechte, die sich auf den Wert der Vermögenswerte des Conduits auswirken, aber der Sponsor verfügt über eine umfassende Entscheidungskompetenz, die ihm die gegenwärtige Fähigkeit zur Lenkung der Tätigkeiten verleiht, die den *erheblichsten* Einfluss auf die Rendite des Conduits haben (d. h. der Sponsor legte die Geschäftsbedingungen des Conduits fest, er hat das Entscheidungsrecht über die Vermögenswerte (Billigung der erworbenen Vermögenswerte und der Überträger dieser Vermögenswerte) und er bestimmt die Finanzierung des Conduits (für das regelmäßig neue Beteiligungen gefunden werden müssen). Das Recht auf verbleibende Renditen des Conduits und die Stellung von Kreditsicherheiten und Liquiditätsfazilitäten setzen den Sponsor einer Risikobelastung durch Schwankungen der Renditen aus den Tätigkeiten des Conduits aus, die sich von der Belastung der anderen Anleger unterscheidet. Dementsprechend ist diese Risikobelastung ein Hinweis darauf, dass der Sponsor Prinzipal ist. Der Sponsor zieht folglich den Schluss, dass er das Conduit beherrscht. Die Verpflichtung des Sponsors, im Interesse aller Anleger zu handeln, stellt kein Hindernis dafür dar, dass der Sponsor Prinzipal ist.

Beziehung zu Dritten

B73 Bei der Beurteilung, ob Beherrschung vorliegt, berücksichtigt ein Investor die Art seiner Beziehungen zu Dritten und wägt ab, ob diese Dritten in seinem Namen handeln (d. h. „De-Facto-Agenten" sind). Die Feststellung, ob Dritte als De-Facto-Agenten handeln, verlangt Ermessensausübung. Dabei ist nicht nur die Beschaffenheit der Beziehung in Erwägung zu ziehen, sondern auch die Art und Weise, wie diese Parteien sowohl miteinander als auch mit dem Investor interagieren.

B74 Mit einer solchen Beziehung muss nicht unbedingt eine vertragliche Vereinbarung einhergehen. Eine Partei ist De-Facto-Agent, wenn der Investor oder diejenigen, die seine Tätigkeiten lenken, die Fähigkeit haben, die betreffende Partei anzuweisen, im Namen des Investors zu handeln. Liegen Umstände dieser Art vor, hat der Investor bei der Beurteilung der Beherrschung eines Beteiligungsunternehmens die Entscheidungsrechte seines De-Facto-Agenten sowie deren mittelbare Belastung durch oder Rechte auf schwankende Renditen zu berücksichtigen.

B75 Es folgen Beispiele für Dritte, die kraft der Beschaffenheit ihrer Beziehung als De-Facto-Agenten für den Investor handeln könnten:
(a) dem Investor nahe stehende Personen und Unternehmen.
(b) Parteien, die ihren Anteil im Beteiligungsunternehmen in Form eines Beitrags oder Darlehens vom Investor erhalten.
(c) Parteien, die ihr Einverständnis erklärt haben, ihre Anteile am Beteiligungsunternehmen ohne vorherige Zustimmung des Investors nicht zu verkaufen, zu übertragen oder zu belasten (mit Ausnahme von Situationen, in denen der Investor und der Dritte das Recht auf vorherige Billigung haben und diese Rechte auf Vertragsbedingungen beruhen, die von vertragswilligen, unabhängigen Parteien einvernehmlich vereinbart wurden).
(d) Parteien, die ihre Geschäftstätigkeiten ohne nachrangige finanzielle Unterstützung des Investors nicht finanzieren können.
(e) ein Beteiligungsunternehmen, bei dem die Mehrheit der Mitglieder des Lenkungsorgans oder des Managements in Schlüsselpositionen mit denen des Investors identisch ist.
(f) Parteien, die in enger Geschäftsbeziehung mit dem Investor stehen, wie beispielsweise bei einer Beziehung zwischen einem Dienstleistungsunternehmen und einem seiner wichtigen Kunden der Fall.

Beherrschung festgelegter Vermögenswerte

B76 Ein Investor muss berücksichtigen, ob er einen Teil eines Beteiligungsunternehmens als fiktives separates Unternehmen behandelt, und falls ja, ob er das fiktive separate Unternehmen beherrscht.

B77 Ein Investor behandelt einen Beteiligungsunternehmensteil nur dann als fiktives separates Unternehmen, wenn folgende Bedingung erfüllt ist:
Bestimmte, festgelegte Vermögenswerte des Beteiligungsunternehmens (und damit zusammenhängende Kreditsicherheiten, sofern zutreffend) sind die einzige Zahlungsquelle für festgelegte Schulden oder festgelegte sonstige Anteile am Beteiligungsunternehmen. Abgesehen von den Parteien mit der festgelegten Schuld haben keine weiteren Parteien Rechte

The sponsor is entitled to any residual return of the conduit and also provides credit enhancement and liquidity facilities to the conduit. The credit enhancement provided by the sponsor absorbs losses of up to 5 per cent of all of the conduit's assets, after losses are absorbed by the transferors. The liquidity facilities are not advanced against defaulted assets. The investors do not hold substantive rights that could affect the decision-making authority of the sponsor.

Even though the sponsor is paid a market-based fee for its services that is commensurate with the services provided, the sponsor has exposure to variability of returns from the activities of the conduit because of its rights to any residual returns of the conduit and the provision of credit enhancement and liquidity facilities (ie the conduit is exposed to liquidity risk by using short-term debt instruments to fund medium-term assets). Even though each of the transferors has decision-making rights that affect the value of the assets of the conduit, the sponsor has extensive decision-making authority that gives it the current ability to direct the activities that *most* significantly affect the conduit's returns (ie the sponsor established the terms of the conduit, has the right to make decisions about the assets (approving the assets purchased and the transferors of those assets) and the funding of the conduit (for which new investment must be found on a regular basis)). The right to residual returns of the conduit and the provision of credit enhancement and liquidity facilities expose the sponsor to variability of returns from the activities of the conduit that is different from that of the other investors. Accordingly, that exposure indicates that the sponsor is a principal and thus the sponsor concludes that it controls the conduit. The sponsor's obligation to act in the best interest of all investors does not prevent the sponsor from being a principal.

Relationship with other parties

When assessing control, an investor shall consider the nature of its relationship with other parties and whether those other parties are acting on the investor's behalf (ie they are 'de facto agents'). The determination of whether other parties are acting as de facto agents requires judgement, considering not only the nature of the relationship but also how those parties interact with each other and the investor. **B73**

Such a relationship need not involve a contractual arrangement. A party is a de facto agent when the investor has, or those that direct the activities of the investor have, the ability to direct that party to act on the investor's behalf. In these circumstances, the investor shall consider its de facto agent's decision-making rights and its indirect exposure, or rights, to variable returns through the de facto agent together with its own when assessing control of an investee. **B74**

The following are examples of such other parties that, by the nature of their relationship, might act as de facto agents for the investor: **B75**
(a) the investor's related parties.
(b) a party that received its interest in the investee as a contribution or loan from the investor.
(c) a party that has agreed not to sell, transfer or encumber its interests in the investee without the investor's prior approval (except for situations in which the investor and the other party have the right of prior approval and the rights are based on mutually agreed terms by willing independent parties).
(d) a party that cannot finance its operations without subordinated financial support from the investor.
(e) an investee for which the majority of the members of its governing body or for which its key management personnel are the same as those of the investor.
(f) a party that has a close business relationship with the investor, such as the relationship between a professional service provider and one of its significant clients.

Control of specified assets

An investor shall consider whether it treats a portion of an investee as a deemed separate entity and, if so, whether it controls the deemed separate entity. **B76**

An investor shall treat a portion of an investee as a deemed separate entity if and only if the following condition is satisfied: **B77**

Specified assets of the investee (and related credit enhancements, if any) are the only source of payment for specified liabilities of, or specified other interests in, the investee. Parties other than those with the specified liability do not have rights or obligations related to the specified assets or to residual cash flows from those assets. In substance, none of the

oder Verpflichtungen im Zusammenhang mit den festgelegten Vermögenswerten oder den verbleibenden Zahlungsströmen aus diesen Vermögenswerten. Der Sache nach kann der übrige Teil des Beteiligungsunternehmens keine der Renditen aus den festgelegten Vermögenswerten nutzen. Schulden des fiktiven separaten Unternehmens sind nicht aus den Vermögenswerten des übrigen Teils des Beteiligungsunternehmens zu begleichen. Der Sache nach sind also Vermögenswerte, Schulden und Eigenkapital des betreffenden fiktiven separaten Unternehmens dem allgemeinen Beteiligungsunternehmen gegenüber abgeschottet. Ein solches fiktives separates Unternehmen wird häufig auch als „Silo" bezeichnet.

B78 Ist die in Paragraph B77 beschriebene Bedingung erfüllt, muss der Investor die Tätigkeiten mit wesentlichem Einfluss auf die Rendite des fiktiven separaten Unternehmens ermitteln und feststellen, wie diese Tätigkeiten gelenkt werden. Auf diese Weise kann er dann beurteilen, ob er den betreffenden Teil des Beteiligungsunternehmens beherrscht. Im Zuge der Beurteilung der Beherrschung des fiktiven separaten Unternehmens muss der Investor außerdem abwägen, ob er aufgrund seines Engagements bei dem fiktiven separaten Unternehmen eine Risikobelastung durch oder Rechte auf schwankende Renditen hat und ob er in der Lage ist, seine Verfügungsgewalt über den betreffenden Teil des Beteiligungsunternehmens dazu einzusetzen, die Höhe der Renditen des Beteiligungsunternehmens zu beeinflussen.

B79 Beherrscht der Investor das fiktive separate Unternehmen, muss er den betreffenden Teil des Beteiligungsunternehmens konsolidieren. In diesen Fall schließen Dritte bei der Beurteilung der Beherrschung sowie der Konsolidierung des Beteiligungsunternehmens den betreffenden Teil des Beteiligungsunternehmens aus.

Laufende Bewertung

B80 Ergeben sich aus Sachverhalten und Umständen Hinweise, dass sich eines oder mehrere der drei in Paragraph 7 aufgeführten Beherrschungselemente verändert haben, muss der Investor erneut feststellen, ob er ein Beteiligungsunternehmen beherrscht.

B81 Tritt bei der Art und Weise, in der die Verfügungsgewalt über ein Beteiligungsunternehmen ausgeübt werden kann, eine Veränderung ein, muss sich dies in der Art und Weise, wie der Investor seine Verfügungsgewalt über das Beteiligungsunternehmen beurteilt, widerspiegeln. Beispielsweise können Veränderungen bei Entscheidungsrechten bedeuten, dass die maßgeblichen Tätigkeiten nicht mehr über Stimmrechte gelenkt werden, sondern dass stattdessen andere Vereinbarungen wie z. B. Verträge mit einer oder mehreren anderen Partei(en) die gegenwärtige Fähigkeit zur Lenkung der maßgeblichen Tätigkeiten verleihen.

B82 Ein Ereignis kann die Ursache dafür sein, dass ein Investor die Verfügungsgewalt über ein Beteiligungsunternehmen gewinnt oder verliert, ohne dass der Investor selbst an dem betreffenden Ereignis beteiligt ist. Ein Investor kann zum Beispiel die Verfügungsgewalt über ein Beteiligungsunternehmen erlangen, weil Entscheidungsrechte, die sich im Besitz einer oder mehrerer anderer Partei(en) befinden und den Investor zuvor an der Beherrschung des Beteiligungsunternehmens hinderten, ausgelaufen sind.

B83 Ein Investor berücksichtigt außerdem Veränderungen, die sich auf seine Risikobelastung durch oder Rechte auf veränderliche Renditen aus seinem Engagement bei der Beteiligungsgesellschaft auswirken. Beispielsweise kann ein Investor, der Verfügungsgewalt über ein Beteiligungsunternehmen hat, die Beherrschung des Beteiligungsunternehmens verlieren, wenn er kein Anrecht auf den Empfang von Renditen oder keine Risikobelastung durch Verpflichtungen mehr hat, weil der Investor Paragraph 7 (b) nicht mehr erfüllt (z. B. wenn ein Vertrag über den Empfang leistungsbezogener Honorare gekündigt wird).

B84 Ein Investor muss in Erwägung ziehen, ob sich seine Einschätzung, dass er als Agent bzw. Prinzipal handelt, geändert hat. Veränderungen im allgemeinen Verhältnis zwischen dem Investor und den Dritten können bedeuten, dass der Investor nicht mehr als Agent handelt, obwohl er vorher als Agent gehandelt hat, und umgekehrt. Treten z. B. bei den Rechten des Investors oder Dritter Veränderungen ein, hat der Investor seinen Status als Prinzipal oder Agent neu zu bewerten.

B85 Die anfängliche Beurteilung der Beherrschung oder des Status als Prinzipal oder Agent wird sich nicht einfach nur aufgrund einer Veränderung der Marktbedingungen ändern (z. B. einer Veränderung der marktabhängigen Rendite des Beteiligungsunternehmens). Anders verhält es sich, wenn die Veränderung bei den Marktbedingungen zu einer Veränderung bei einem oder mehreren der in Paragraph 7 aufgeführten Beherrschungselementen oder einer Änderung des allgemeinen Verhältnisses zwischen Prinzipal und Agent führt.

FESTSTELLUNG, OB ES SICH BEI EINEM UNTERNEHMEN UM EINE INVESTMENTGESELLSCHAFT HANDELT

B85A Wenn ein Unternehmen bewertet, ob es eine Investmentgesellschaft ist, hat es alle Sachverhalte und Umstände einschließlich seines Geschäftszwecks und seiner Gestaltung zu berücksichtigen. Ein Unternehmen, das die in Paragraph 27 aufgeführten drei Elemente der Definition einer Investmentgesellschaft erfüllt, gilt als Investmentgesellschaft. Diese Elemente der Definition werden in den Paragraphen B85B–B85M näher erläutert.

returns from the specified assets can be used by the remaining investee and none of the liabilities of the deemed separate entity are payable from the assets of the remaining investee. Thus, in substance, all the assets, liabilities and equity of that deemed separate entity are ring-fenced from the overall investee. Such a deemed separate entity is often called a 'silo'.

When the condition in paragraph B77 is satisfied, an investor shall identify the activities that significantly affect the **B78** returns of the deemed separate entity and how those activities are directed in order to assess whether it has power over that portion of the investee. When assessing control of the deemed separate entity, the investor shall also consider whether it has exposure or rights to variable returns from its involvement with that deemed separate entity and the ability to use its power over that portion of the investee to affect the amount of the investor's returns.

If the investor controls the deemed separate entity, the investor shall consolidate that portion of the investee. In that case, **B79** other parties exclude that portion of the investee when assessing control of, and in consolidating, the investee.

Continuous assessment

An investor shall reassess whether it controls an investee if facts and circumstances indicate that there are changes to one **B80** or more of the three elements of control listed in paragraph 7.

If there is a change in how power over an investee can be exercised, that change must be reflected in how an investor **B81** assesses its power over an investee. For example, changes to decision-making rights can mean that the relevant activities are no longer directed through voting rights, but instead other agreements, such as contracts, give another party or parties the current ability to direct the relevant activities.

An event can cause an investor to gain or lose power over an investee without the investor being involved in that event. **B82** For example, an investor can gain power over an investee because decision-making rights held by another party or parties that previously prevented the investor from controlling an investee have elapsed.

An investor also considers changes affecting its exposure, or rights, to variable returns from its involvement with an inves- **B83** tee. For example, an investor that has power over an investee can lose control of an investee if the investor ceases to be entitled to receive returns or to be exposed to obligations, because the investor would fail to satisfy paragraph 7 (b) (e.g. if a contract to receive performance-related fees is terminated).

An investor shall consider whether its assessment that it acts as an agent or a principal has changed. Changes in the over- **B84** all relationship between the investor and other parties can mean that an investor no longer acts as an agent, even though it has previously acted as an agent, and vice versa. For example, if changes to the rights of the investor, or of other parties, occur, the investor shall reconsider its status as a principal or an agent.

An investor's initial assessment of control or its status as a principal or an agent would not change simply because of a **B85** change in market conditions (e.g. a change in the investee's returns driven by market conditions), unless the change in market conditions changes one or more of the three elements of control listed in paragraph 7 or changes the overall relationship between a principal and an agent.

DETERMINING WHETHER AN ENTITY IS AN INVESTMENT ENTITY

An entity shall consider all facts and circumstances when assessing whether it is an investment entity, including its pur- **B85A** pose and design. An entity that possesses the three elements of the definition of an investment entity set out in paragraph 27 is an investment entity. Paragraphs B85B—B85M describe the elements of the definition in more detail.

Geschäftszweck

B85B Nach der Definition einer Investmentgesellschaft hat deren Geschäftszweck allein in der Anlage von Mitteln zur Erreichung von Wertsteigerungen oder zur Erwirtschaftung von Kapitalerträgen (wie Dividenden, Zinsen oder Mieterträgen) oder beidem zu bestehen. Aufschluss über den Geschäftszweck einer Investmentgesellschaft geben normalerweise Unterlagen, in denen die Anlageziele des Unternehmens dargelegt werden, wie Zeichnungsprospekte, Veröffentlichungen und sonstige Unternehmens- oder Gesellschaftsunterlagen. Als weiterer Hinweis kann z. B. die Art und Weise dienen, wie sich das Unternehmen gegenüber anderen (z. B. potenziellen Investoren oder Beteiligungsunternehmen) präsentiert; so kann ein Unternehmen seine Geschäftstätigkeit beispielsweise als mittelfristig angelegte Investitionstätigkeit zur Wertsteigerung darstellen. Dagegen verfolgt ein Unternehmen, das sich als Investor präsentiert, dessen Ziel darin besteht, gemeinsam mit seinen Beteiligungsunternehmen Produkte zu entwickeln, zu produzieren oder zu vermarkten, einen Geschäftszweck, der mit dem einer Investmentgesellschaft unvereinbar ist, da es sowohl mit seiner Entwicklungs-, Produktions- oder Vermarktungstätigkeit als auch mit seinen Investments Erträge erzielt (siehe Paragraph B85I).

B85C Eine Investmentgesellschaft kann gegenüber Dritten oder ihren Investoren direkt oder über ein Tochterunternehmen anlagebezogene Dienstleistungen (z. B. Anlageberatungs-, Anlagemanagement-, Anlageunterstützungs- oder Verwaltungsdienstleistungen) erbringen; dies gilt selbst dann, wenn diese Tätigkeiten für die Investmentgesellschaft von wesentlicher Bedeutung sind.

B85D Eine Investmentgesellschaft kann sich auch direkt oder über ein Tochterunternehmen an den folgenden anlagebezogenen Tätigkeiten beteiligen, wenn diese auf die Maximierung der mit ihren Beteiligungsunternehmen erzielten Rendite (Wertsteigerungen oder Kapitalerträge) ausgerichtet sind und keine gesonderte wesentliche Geschäftstätigkeit oder gesonderte wesentliche Ertragsquelle der Investmentgesellschaft darstellen:

(a) Erbringung von Managementdienstleistungen und strategischer Beratung für ein Beteiligungsunternehmen; und

(b) finanzielle Unterstützung eines Beteiligungsunternehmens z. B. in Form eines Darlehens, einer Verpflichtung zur Kapitalbereitstellung oder Garantie.

B85E Hat eine Investmentgesellschaft ein Tochterunternehmen, das für sie oder andere anlagebezogene Dienstleistungen erbringt oder Tätigkeiten wie in den Paragraphen B85C–B85D aufgeführt ausübt, so muss sie dieses Tochterunternehmen nach Maßgabe von Paragraph 32 konsolidieren.

Ausstiegsstrategien

B85F Die Investitionspläne eines Unternehmens geben auch Aufschluss über seinen Geschäftszweck. Ein Merkmal, in dem sich eine Investmentgesellschaft von anderen Unternehmen unterscheidet, besteht darin, dass eine Investmentgesellschaft nicht die Absicht hat, ihre Investitionen unbegrenzt zu halten, sondern sie lediglich über einen befristeten Zeitraum hält. Da Kapitalbeteiligungen und Investitionen in nicht-finanzielle Vermögenswerte potenziell unbegrenzt gehalten werden können, muss eine Investmentgesellschaft über eine Ausstiegsstrategie verfügen, die belegt, wie das Unternehmen aus praktisch all ihren Kapitalbeteiligungen und Investitionen in nicht-finanzielle Vermögenswerte Wertsteigerungen zu realisieren gedenkt. Eine Investmentgesellschaft muss außerdem eine Ausstiegsstrategie für alle Schuldinstrumente haben, die potenziell unbegrenzt gehalten werden können, wie z. B. ewige Schuldinstrumente. Die Investmentgesellschaft braucht nicht für jede einzelne Investition gesonderte Ausstiegsstrategien aufzuzeigen, sondern sollte verschiedene potenzielle Strategien für unterschiedliche Arten oder Portfolien von Investitionen einschließlich eines realistischen Zeitrahmens für den Ausstieg aufstellen. Ausstiegsmechanismen, die ausschließlich für Ausfallereignisse wie z. B. Vertragsbruch oder Nichterfüllung eingerichtet wurden, gelten im Sinne dieser Beurteilung nicht als Ausstiegsstrategien.

B85G Die Ausstiegsstrategien können je nach Art der Investition variieren. Für Private Equity-Investments kann sich als Ausstiegsstrategien beispielsweise ein Börsengang (IPO), eine Privatplatzierung (Private Placement), ein Unternehmensverkauf (Trade Sale), die Ausschüttung von Eigentumsanteilen an den Beteiligungsunternehmen (an die Investoren) und die Veräußerung von Vermögenswerten (einschließlich der Veräußerung der Vermögenswerte eines Beteiligungsunternehmens mit dessen anschließender Liquidation) anbieten. Für Eigenkapitalinstrumente, die am Kapitalmarkt gehandelt werden, kommt z. B. eine Privatplatzierung oder die Veräußerung am Kapitalmarkt als Ausstiegsstrategie in Betracht. Bei Immobilieninvestitionen könnte eine Ausstiegsstrategie z. B. die Veräußerung der Immobilie durch Immobilienhändler oder auf dem freien Markt beinhalten.

B85H Eine Investmentgesellschaft kann in eine andere Investmentgesellschaft investieren, die aus rechtlichen, regulatorischen, steuerlichen oder ähnlichen geschäftlichen Erwägungen mit dem Unternehmen gegründet wird. In diesem Fall benötigt die investierende Investmentgesellschaft keine Ausstiegsstrategie für diese Investition, sofern die Investmentgesellschaft, die das Beteiligungsunternehmen ist, über eine angemessene Ausstiegsstrategie für seine Investitionen verfügt.

Erträge aus den Investitionen

B85I Die Investitionen eines Unternehmens dienen nicht allein der Erwirtschaftung von Wertsteigerungen oder Kapitalerträgen oder beidem, wenn das Unternehmen oder ein anderes Mitglied des Konzerns, dem das Unternehmen angehört (d. h.

Business purpose

The definition of an investment entity requires that the purpose of the entity is to invest solely for capital appreciation, investment income (such as dividends, interest or rental income), or both. Documents that indicate what the entity's investment objectives are, such as the entity's offering memorandum, publications distributed by the entity and other corporate or partnership documents, will typically provide evidence of an investment entity's business purpose. Further evidence may include the manner in which the entity presents itself to other parties (such as potential investors or potential investees); for example, an entity may present its business as providing medium-term investment for capital appreciation. In contrast, an entity that presents itself as an investor whose objective is to jointly develop, produce or market products with its investees has a business purpose that is inconsistent with the business purpose of an investment entity, because the entity will earn returns from the development, production or marketing activity as well as from its investments (see paragraph B85I). **B85B**

An investment entity may provide investment-related services (eg investment advisory services, investment management, investment support and administrative services), either directly or through a subsidiary, to third parties as well as to its investors, even if those activities are substantial to the entity. **B85C**

An investment entity may also participate in the following investment-related activities, either directly or through a subsidiary, if these activities are undertaken to maximise the investment return (capital appreciation or investment income) from its investees and do not represent a separate substantial business activity or a separate substantial source of income to the investment entity: **B85D**
(a) providing management services and strategic advice to an investee; and
(b) providing financial support to an investee, such as a loan, capital commitment or guarantee.

If an investment entity has a subsidiary that provides investment-related services or activities, such as those described in paragraphs B85C—B85D, to the entity or other parties, it shall consolidate that subsidiary in accordance with paragraph 32. **B85E**

Exit strategies

An entity's investment plans also provide evidence of its business purpose. One feature that differentiates an investment entity from other entities is that an investment entity does not plan to hold its investments indefinitely; it holds them for a limited period. Because equity investments and non-financial asset investments have the potential to be held indefinitely, an investment entity shall have an exit strategy documenting how the entity plans to realise capital appreciation from substantially all of its equity investments and non-financial asset investments. An investment entity shall also have an exit strategy for any debt instruments that have the potential to be held indefinitely, for example perpetual debt investments. The entity need not document specific exit strategies for each individual investment but shall identify different potential strategies for different types or portfolios of investments, including a substantive time frame for exiting the investments. Exit mechanisms that are only put in place for default events, such as a breach of contract or non-performance, are not considered exit strategies for the purpose of this assessment. **B85F**

Exit strategies can vary by type of investment. For investments in private equity securities, examples of exit strategies include an initial public offering, a private placement, a trade sale of a business, distributions (to investors) of ownership interests in investees and sales of assets (including the sale of an investee's assets followed by a liquidation of the investee). For equity investments that are traded in a public market, examples of exit strategies include selling the investment in a private placement or in a public market. For real estate investments, an example of an exit strategy includes the sale of the real estate through specialised property dealers or the open market. **B85G**

An investment entity may have an investment in another investment entity that is formed in connection with the entity for legal, regulatory, tax or similar business reasons. In this case, the investment entity investor need not have an exit strategy for that investment, provided that the investment entity investee has appropriate exit strategies for its investments. **B85H**

Earnings from investments

An entity is not investing solely for capital appreciation, investment income, or both, if the entity or another member of the group containing the entity (ie the group that is controlled by the investment entity's ultimate parent) obtains, or has **B85I**

des Konzerns, der von der Konzernobergesellschaft der Investmentgesellschaft beherrscht wird) einen sonstigen Nutzen aus den Investitionen des Unternehmens zieht oder anstrebt, der anderen, dem Beteiligungsunternehmen nicht nahestehenden Unternehmen oder Personen, nicht zugutekommt. Bei einem solchen Nutzen kann es sich z. B. um Folgendes handeln:

(a) Erwerb, Anwendung, Austausch oder Nutzung der Verfahren, Vermögenswerte oder Technologien eines Beteiligungsunternehmens. Dies würde auch beinhalten, dass das Unternehmen oder ein anderes Konzernmitglied über unverhältnismäßige oder exklusive Rechte zum Erwerb von Vermögenswerten, Technologien, Produkten oder Dienstleistungen eines Beteiligungsunternehmens verfügt, beispielsweise in Form einer Kaufoption für einen Vermögenswert eines Beteiligungsunternehmens, wenn für diesen Vermögenswert eine erfolgreiche Entwicklung angenommen wird;

(b) Gemeinsame Vereinbarungen (im Sinne von IFRS 11) oder sonstige Vereinbarungen zwischen dem Unternehmen oder einem anderen Konzernmitglied und einem Beteiligungsunternehmen über die Entwicklung, Produktion, Vermarktung oder Lieferung von Produkten oder Dienstleistungen;

(c) von einem Beteiligungsunternehmen bereitgestellte finanzielle Garantien oder Vermögenswerte, die als Sicherheit für Kreditvereinbarungen des Unternehmens oder eines anderen Konzernmitglieds dienen (allerdings könnte eine Investmentgesellschaft eine Investition in ein Beteiligungsunternehmen nach wie vor als Sicherheit für ihre Kredite nutzen);

(d) eine von einem nahestehenden Unternehmen oder einer nahestehenden Person des Unternehmens gehaltene Option, von ihm oder einem anderen Konzernmitglied Eigentumsanteile an einem Beteiligungsunternehmen des Unternehmens zu erwerben;

(e) folgende Transaktionen zwischen dem Unternehmen oder einem anderen Konzernmitglied und einem Beteiligungsunternehmen mit Ausnahme der in Paragraph B85J beschrieben Fälle:

(i) Transaktionen zu Konditionen, die anderen Unternehmen, die weder dem Unternehmen, einem anderen Konzernmitglied noch einem Beteiligungsunternehmen nahestehen, nicht angeboten werden;

(ii) Transaktionen, die nicht zum beizulegenden Zeitwert abgeschlossen werden; oder

(iii) auf die ein wesentlicher Anteil der Geschäftstätigkeit des Beteiligungsunternehmens oder des Unternehmens einschließlich der Geschäftstätigkeit anderer Konzerngesellschaften entfällt.

B85J Eine Investmentgesellschaft kann die Strategie verfolgen, sich an mehr als einem Beteiligungsunternehmen der gleichen Branche, des gleichen Marktes oder geografischen Gebiets zu beteiligen, um Synergieeffekte zu nutzen, wodurch sich aus diesen Beteiligungsunternehmen höhere Wertsteigerungen und Kapitalerträge erwirtschaften lassen. Unbeschadet des Paragraphen B85I (e) hat der Umstand, dass solche Beteiligungsunternehmen untereinander Handel treiben, nicht zwangsläufig zur Folge, dass das Unternehmen nicht als Investmentgesellschaft eingestuft werden kann.

Bewertung zum beizulegenden Zeitwert

B85K Ein wesentliches Element der Definition einer Investmentgesellschaft besteht darin, dass sie die Ertragskraft ihrer Investments im Wesentlichen anhand des beizulegenden Zeitwerts misst und bewertet, da dies zu relevanteren Informationen führt als beispielsweise die Konsolidierung ihrer Tochterunternehmen oder die Anwendung der Equity-Methode bei der Bilanzierung ihrer Anteile an assoziierten Unternehmen oder Gemeinschaftsunternehmen. Zum Nachweis der Erfüllung dieses Definitionskriteriums geht eine Investmentgesellschaft wie folgt vor:

(a) Sie legt den Investoren Angaben zum beizulegenden Zeitwert vor und bewertet nahezu all ihre Investments in ihren Abschlüssen zum beizulegenden Zeitwert, wann immer dies nach den IFRS erforderlich oder zulässig ist;

(b) Sie verwendet bei der internen Berichterstattung an Mitglieder des Managements in Schlüsselpositionen des Unternehmens (im Sinne von IAS 24) Angaben auf der Basis von beizulegenden Zeitwerten, die diese als vorrangiges Kriterium für die Bewertung des wirtschaftlichen Erfolgs im Wesentlichen aller ihrer Investitionen und für ihre Investitionsentscheidungen nutzen.

B85L Zur Erfüllung der in Paragraph B85K (a) genannten Anforderung sollte eine Investmentgesellschaft

(a) ihre als Finanzinvestition gehaltenen Immobilien nach dem in IAS 40 *Als Finanzinvestition gehaltene Immobilien* dargelegten Modell des beizulegenden Zeitwertes bilanzieren;

(b) für ihre Anteile an assoziierten Unternehmen und Gemeinschaftsunternehmen die in IAS 28 vorgesehene Ausnahme von der Anwendung der Equity-Methode in Anspruch nehmen;

(c) ihre finanziellen Vermögenswerte gemäß den Anforderungen von IFRS 9 zum beizulegenden Zeitwert bewerten.

B85M Eine Investmentgesellschaft kann auch bestimmte nicht als Investition geltende Vermögenswerte halten, wie einen Gesellschaftssitz und entsprechende Ausrüstung, und sie kann finanzielle Verbindlichkeiten haben. Das Kriterium der Messung des Erfolgs anhand des beizulegenden Zeitwerts in der Definition einer Investmentgesellschaft in Paragraph 27 (c) gilt für die Investitionen einer Investmentgesellschaft. Demnach muss eine Investmentgesellschaft ihre nicht als Investition gehaltenen Vermögenswerte oder ihre Verbindlichkeiten nicht zum beizulegenden Zeitwert bewerten.

Typische Merkmale einer Investmentgesellschaft

B85N Wenn ein Unternehmen bestimmt, ob es der Definition einer Investmentgesellschaft entspricht, hat es zu berücksichtigen, ob es deren typische Merkmale aufweist (siehe Paragraph 28). Sofern eines oder mehrere dieser typischen Merkmale nicht

the objective of obtaining, other benefits from the entity's investments that are not available to other parties that are not related to the investee. Such benefits include:

(a) the acquisition, use, exchange or exploitation of the processes, assets or technology of an investee. This would include the entity or another group member having disproportionate, or exclusive, rights to acquire assets, technology, products or services of any investee; for example, by holding an option to purchase an asset from an investee if the asset's development is deemed successful;

(b) joint arrangements (as defined in IFRS 11) or other agreements between the entity or another group member and an investee to develop, produce, market or provide products or services;

(c) financial guarantees or assets provided by an investee to serve as collateral for borrowing arrangements of the entity or another group member (however, an investment entity would still be able to use an investment in an investee as collateral for any of its borrowings);

(d) an option held by a related party of the entity to purchase, from that entity or another group member, an ownership interest in an investee of the entity;

(e) except as described in paragraph B85J, transactions between the entity or another group member and an investee that:

    (i) are on terms that are unavailable to entities that are not related parties of either the entity, another group member or the investee;

    (ii) are not at fair value; or

    (iii) represent a substantial portion of the investee's or the entity's business activity, including business activities of other group entities.

An investment entity may have a strategy to invest in more than one investee in the same industry, market or geographical area in order to benefit from synergies that increase the capital appreciation and investment income from those investees. Notwithstanding paragraph B85I (e), an entity is not disqualified from being classified as an investment entity merely because such investees trade with each other.   **B85J**

Fair value measurement

An essential element of the definition of an investment entity is that it measures and evaluates the performance of substantially all of its investments on a fair value basis, because using fair value results in more relevant information than, for example, consolidating its subsidiaries or using the equity method for its interests in associates or joint ventures. In order to demonstrate that it meets this element of the definition, an investment entity: **B85K**

(a) provides investors with fair value information and measures substantially all of its investments at fair value in its financial statements whenever fair value is required or permitted in accordance with IFRSs; and

(b) reports fair value information internally to the entity's key management personnel (as defined in IAS 24), who use fair value as the primary measurement attribute to evaluate the performance of substantially all of its investments and to make investment decisions.

In order to meet the requirement in B85K (a), an investment entity would: **B85L**

(a) elect to account for any investment property using the fair value model in IAS 40 *Investment Property*;

(b) elect the exemption from applying the equity method in IAS 28 for its investments in associates and joint ventures; and

(c) measure its financial assets at fair value using the requirements in IFRS 9.

An investment entity may have some non-investment assets, such as a head office property and related equipment, and may also have financial liabilities. The fair value measurement element of the definition of an investment entity in paragraph 27 (c) applies to an investment entity's investments. Accordingly, an investment entity need not measure its non-investment assets or its liabilities at fair value.   **B85M**

Typical characteristics of an investment entity

In determining whether it meets the definition of an investment entity, an entity shall consider whether it displays the typical characteristics of one (see paragraph 28). The absence of one or more of these typical characteristics does not   **B85N**

gegeben sind, hat dies nicht zwangsläufig zur Folge, dass das Unternehmen nicht als Investmentgesellschaft eingestuft werden kann. Vielmehr deutet dies darauf hin, dass anhand zusätzlicher Kriterien festgestellt werden muss, ob es sich bei dem Unternehmen um eine Investmentgesellschaft handelt.

Mehr als ein Investment

B85O Eine Investmentgesellschaft hält in der Regel mehrere Investments. Dies dient der Risikostreuung und der Maximierung der Erträge. Ein Portfolio von Investments kann direkt oder indirekt gehalten werden, z. B. in Form einer einzigen Investition in eine andere Investmentgesellschaft, die ihrerseits mehrere Investments hält.

B85P Bisweilen kann ein Unternehmen nur ein einziges Investment halten. Das bedeutet jedoch nicht zwangsläufig, dass das Unternehmen nicht unter die Definition der Investmentgesellschaft fällt. So kann eine Investmentgesellschaft beispielsweise in folgenden Fällen nur ein einziges Investment halten:

(a) Sie befindet sich in der Gründungsphase und hat noch keine geeigneten Investments ermittelt und folglich ihren Investitionsplan zum Erwerb mehrerer Investments noch nicht umgesetzt;

(b) Sie hat noch keine neuen Investments als Ersatz für die veräußerten erworben;

(c) Sie wurde zur Zusammenführung der Mittel mehrerer Investoren in einem einzigen Investment gegründet, wenn dieses für einzelne Investoren unerreichbar ist (z. B. weil das erforderliche Mindestinvestment für einen einzelnen Investor zu hoch ist); oder

(d) Sie befindet sich in Liquidation.

Mehr als ein Investor

B85Q In der Regel hat eine Investmentgesellschaft mehrere Investoren, die ihre Mittel zusammenlegen, um sich Zugang zu Vermögensverwaltungsleistungen und Investitionsmöglichkeiten zu verschaffen, zu denen sie einzeln möglicherweise keinen Zugang hätten. Durch die Präsenz mehrerer Investoren ist es weniger wahrscheinlich, dass die Gesellschaft oder andere Mitglieder des Konzerns, dem die Gesellschaft angehört, aus dem Investment einen anderen Nutzen zieht als Wertsteigerungen oder Kapitalerträge (siehe Paragraph B85I).

B85R Alternativ kann eine Investmentgesellschaft von einem bzw. für einen einzelnen Investor gebildet werden, der die Interessen einer größeren Gruppe von Investoren vertritt oder unterstützt (z. B. ein Pensionsfonds, staatlicher Investmentfonds oder Familien-Treuhandfonds).

B85S Es kann jedoch auch vorkommen, dass eine Gesellschaft vorübergehend nur Vermögenswerte eines einzigen Investors verwaltet. So kann eine Investmentgesellschaft beispielsweise in folgenden Fällen nur einen einzigen Investor vertreten:

(a) Sie befindet sich in der Phase ihrer Erstemissionsfrist, die noch nicht abgeschlossen ist, und sie sucht aktiv nach geeigneten Investoren;

(b) Sie hat noch keine geeigneten Investoren für die Übernahme zurückgekaufter Eigentumsanteile gefunden; oder

(c) Sie befindet sich in Liquidation.

Nicht nahestehende Investoren

B85T In der Regel verwaltet eine Investmentgesellschaft Mittel mehrerer Investoren, bei denen es sich nicht um nahestehende Unternehmen und Personen (im Sinne von IAS 24) des Unternehmens oder anderer Mitglieder des Konzerns, dem das Unternehmen angehört, handelt. Durch die Präsenz ihr nicht nahestehender Investoren ist es weniger wahrscheinlich, dass die Gesellschaft oder andere Mitglieder des Konzerns, dem die Gesellschaft angehört, aus dem Investment einen anderen Nutzen zieht als Wertsteigerungen oder Kapitalerträge (siehe Paragraph B85I).

B85U Allerdings kann eine Gesellschaft auch dann als Investmentgesellschaft eingestuft werden, wenn ihre Investoren ihr nahestehende Unternehmen oder Personen sind. Beispielsweise kann eine Investmentgesellschaft für eine bestimmte Gruppe ihrer Beschäftigten (z. B. Mitglieder des Managements in Schlüsselpositionen) oder (einen) andere ihr nahestehende(n) Investor(en) einen separaten „Parallelfonds" auflegen, der die Investments des Hauptinvestmentfonds der Gesellschaft widerspiegelt. Dieser „Parallelfonds" könnte als Investmentgesellschaft eingestuft werden, obwohl all seine Investoren nahestehende Unternehmen oder Personen sind.

Eigentumsanteile

B85V Eine Investmentgesellschaft ist in der Regel eine eigenständige juristische Person, muss dies aber nicht sein. Die Eigentumsanteile an der Investmentgesellschaft sind in der Regel als Eigenkapital oder eigenkapitalähnliche Rechte (z. B. Gesellschafteranteile) strukturiert, denen entsprechende Anteile an den Nettovermögenswerten der Investmentgesellschaft zugewiesen sind. Unterschiedliche Klassen von Investoren, die teilweise nur Rechte an bestimmten Investments oder Gruppen von Investments oder unterschiedliche Anteile an den Nettovermögenswerten besitzen, führen jedoch nicht zwangsläufig dazu, dass eine Gesellschaft nicht als Investmentgesellschaft eingestuft werden kann.

necessarily disqualify an entity from being classified as an investment entity but indicates that additional judgement is required in determining whether the entity is an investment entity.

More than one investment

An investment entity typically holds several investments to diversify its risk and maximise its returns. An entity may hold a portfolio of investments directly or indirectly, for example by holding a single investment in another investment entity that itself holds several investments. **B85O**

There may be times when the entity holds a single investment. However, holding a single investment does not necessarily prevent an entity from meeting the definition of an investment entity. For example, an investment entity may hold only a single investment when the entity: **B85P**

(a) is in its start-up period and has not yet identified suitable investments and, therefore, has not yet executed its investment plan to acquire several investments;

(b) has not yet made other investments to replace those it has disposed of;

(c) is established to pool investors' funds to invest in a single investment when that investment is unobtainable by individual investors (eg when the required minimum investment is too high for an individual investor); or

(d) is in the process of liquidation.

More than one investor

Typically, an investment entity would have several investors who pool their funds to gain access to investment management services and investment opportunities that they might not have had access to individually. Having several investors would make it less likely that the entity, or other members of the group containing the entity, would obtain benefits other than capital appreciation or investment income (see paragraph B85I). **B85Q**

Alternatively, an investment entity may be formed by, or for, a single investor that represents or supports the interests of a wider group of investors (eg a pension fund, government investment fund or family trust). **B85R**

There may also be times when the entity temporarily has a single investor. For example, an investment entity may have only a single investor when the entity: **B85S**

(a) is within its initial offering period, which has not expired and the entity is actively identifying suitable investors;

(b) has not yet identified suitable investors to replace ownership interests that have been redeemed; or

(c) is in the process of liquidation.

Unrelated investors

Typically, an investment entity has several investors that are not related parties (as defined in IAS 24) of the entity or other members of the group containing the entity. Having unrelated investors would make it less likely that the entity, or other members of the group containing the entity, would obtain benefits other than capital appreciation or investment income (see paragraph B85I). **B85T**

However, an entity may still qualify as an investment entity even though its investors are related to the entity. For example, an investment entity may set up a separate 'parallel' fund for a group of its employees (such as key management personnel) or other related party investor(s), which mirrors the investments of the entity's main investment fund. This 'parallel' fund may qualify as an investment entity even though all of its investors are related parties. **B85U**

Ownership interests

An investment entity is typically, but is not required to be, a separate legal entity. Ownership interests in an investment entity are typically in the form of equity or similar interests (eg partnership interests), to which proportionate shares of the net assets of the investment entity are attributed. However, having different classes of investors, some of which have rights only to a specific investment or groups of investments or which have different proportionate shares of the net assets, does not preclude an entity from being an investment entity. **B85V**

B85W Außerdem kann eine Gesellschaft, die erhebliche Eigentumsanteile in Form von Schuldtiteln hält, die nach anderen geltenden IFRS nicht unter die Definition von Eigenkapital fallen, dennoch als Investmentgesellschaft eingestuft werden, sofern die Inhaber der Schuldtitel infolge von Veränderungen des beizulegenden Zeitwerts der Nettovermögenswerte der Gesellschaft schwankenden Erträgen ausgesetzt sind.

BILANZIERUNGSVORSCHRIFTEN

Konsolidierungsvorgänge

B86 Konzernabschlüsse:

(a) vereinigen gleichartige Posten an Vermögenswerten, Schulden, Eigenkapital, Erträgen, Aufwendungen und Zahlungsströmen des Mutterunternehmens mit jenen seiner Tochterunternehmen.

(b) saldieren (eliminieren) den Beteiligungsbuchwert des Mutterunternehmens an jedem Tochterunternehmen mit dessen Anteil am Eigenkapital an jedem Tochterunternehmen (in IFRS 3 wird beschrieben, wie man einen etwaig damit in Beziehung stehenden Geschäfts- oder Firmenwert bilanziert).

(c) eliminieren konzerninterne Vermögenswerte und Schulden, Eigenkapital, Aufwendungen und Erträge sowie Zahlungsströme aus Geschäftsvorfällen, die zwischen Konzernunternehmen stattfinden, vollständig (Gewinne oder Verluste aus konzerninternen Geschäftsvorfällen, die bei den Vermögenswerten angesetzt wurden, wie Vorräte oder Sachanlagen, werden vollständig eliminiert). Konzerninterne Verluste können auf eine Wertminderung hindeuten, die einen Ansatz in den Konzernabschlüssen erfordert. IAS 12 *Ertragssteuern* gilt für die vorübergehenden Differenzen, die sich aus der Eliminierung von Gewinnen und Verlusten ergeben, die aus konzerninternen Geschäftsvorfällen entstanden sind.

Einheitliche Bilanzierungs- und Bewertungsmethoden

B87 Verwendet ein Konzernmitglied für gleichartige Geschäftsvorfälle und Ereignisse unter ähnlichen Umständen andere Bilanzierungs- und Bewertungsmethoden als die in den Konzernabschlüssen eingeführten Methoden, werden bei der Erstellung der Konzernabschlüsse angemessene Berichtigungen an den Abschlüssen des betreffenden Konzernmitglieds vorgenommen, um die Konformität mit den Bilanzierungs- und Bewertungsmethoden des Konzerns zu gewährleisten.

Bewertung

B88 Ein Unternehmen nimmt ab dem Tag, an dem es die Beherrschung erlangt, bis zu dem Tag, an dem es das Tochterunternehmen nicht mehr beherrscht, die Einnahmen und Ausgaben eines Tochterunternehmens in die Konzernabschlüsse auf. Die Einnahmen und Ausgaben des Tochterunternehmens basieren auf den Beträgen der Vermögenswerte und Schulden (Aktiva und Passiva), die am Tag der Anschaffung in den Konzernabschlüssen angesetzt wurden. Zum Beispiel basiert die Abschreibungssumme, die nach dem Tag der Anschaffung in der konsolidierten Gesamtergebnisrechnung angesetzt wird, auf den beizulegenden Zeitwerten der damit verbundenen, abschreibungsfähigen Vermögenswerte, die am Tag der Anschaffung in den Konzernabschlüssen angesetzt wurden.

Potenzielle Stimmrechte

B89 Bestehen potenzielle Stimmrechte oder andere Derivate, die potenzielle Stimmrechte enthalten, wird der Anteil am Gewinn oder Verlust oder an Veränderungen des Eigenkapitals, der bei der Erstellung der Konzernabschlüsse dem Mutterunternehmen bzw. den nicht beherrschenden Anteilen zugeordnet wird, einzig und allein auf der Grundlage bestehender Eigentumsanteile bestimmt. Die mögliche Ausübung oder Wandlung potenzieller Stimmrechte und anderer Derivate wird darin nicht wiedergegeben, sofern nicht Paragraph B90 zutrifft.

B90 Unter bestimmten Umständen besitzt ein Unternehmen aufgrund eines Geschäftsvorfalls, der dem Unternehmen gegenwärtig Zugriff auf die mit einem Eigentumsanteil verbundene Rendite gewährt, der Sache nach einen bestehenden Eigentumsanteil. In einem solchen Fall wird der Anteil, der bei der Erstellung der Konzernabschlüsse dem Mutterunternehmen bzw. den nicht beherrschenden Anteilen zugeordnet wird, unter Berücksichtigung der letztendlichen Ausübung dieser potenziellen Stimmrechte und sonstigen Derivate, die dem Unternehmen gegenwärtig Zugriff auf die Rendite gewähren, bestimmt.

B91 IFRS 9 gilt nicht für Anteile an Tochterunternehmen, die konsolidiert sind. Gewähren Instrumente, die potenzielle Stimmrechte enthalten, der Sache nach gegenwärtig Zugriff auf die mit einem Eigentumsanteil an einem Tochterunternehmen verbundene Rendite, unterliegen die betreffenden Instrumente nicht den Vorschriften des IFRS 9. In allen anderen Fällen werden Instrumente, die potenzielle Stimmrechte in einem Tochterunternehmen umfassen, nach IFRS 9 bilanziert.

In addition, an entity that has significant ownership interests in the form of debt that, in accordance with other applicable IFRSs, does not meet the definition of equity, may still qualify as an investment entity, provided that the debt holders are exposed to variable returns from changes in the fair value of the entity's net assets. **B85W**

ACCOUNTING REQUIREMENTS

Consolidation procedures

Consolidated financial statements: **B86**

(a) combine like items of assets, liabilities, equity, income, expenses and cash flows of the parent with those of its subsidiaries.

(b) offset (eliminate) the carrying amount of the parent's investment in each subsidiary and the parent's portion of equity of each subsidiary (IFRS 3 explains how to account for any related goodwill).

(c) eliminate in full intragroup assets and liabilities, equity, income, expenses and cash flows relating to transactions between entities of the group (profits or losses resulting from intragroup transactions that are recognised in assets, such as inventory and fixed assets, are eliminated in full). Intragroup losses may indicate an impairment that requires recognition in the consolidated financial statements. IAS 12 *Income Taxes* applies to temporary differences that arise from the elimination of profits and losses resulting from intragroup transactions.

Uniform accounting policies

If a member of the group uses accounting policies other than those adopted in the consolidated financial statements for **B87** like transactions and events in similar circumstances, appropriate adjustments are made to that group member's financial statements in preparing the consolidated financial statements to ensure conformity with the group's accounting policies.

Measurement

An entity includes the income and expenses of a subsidiary in the consolidated financial statements from the date it gains **B88** control until the date when the entity ceases to control the subsidiary. Income and expenses of the subsidiary are based on the amounts of the assets and liabilities recognised in the consolidated financial statements at the acquisition date. For example, depreciation expense recognised in the consolidated statement of comprehensive income after the acquisition date is based on the fair values of the related depreciable assets recognised in the consolidated financial statements at the acquisition date.

Potential voting rights

When potential voting rights, or other derivatives containing potential voting rights, exist, the proportion of profit or loss **B89** and changes in equity allocated to the parent and non-controlling interests in preparing consolidated financial statements is determined solely on the basis of existing ownership interests and does not reflect the possible exercise or conversion of potential voting rights and other derivatives, unless paragraph B90 applies.

In some circumstances an entity has, in substance, an existing ownership interest as a result of a transaction that currently **B90** gives the entity access to the returns associated with an ownership interest. In such circumstances, the proportion allocated to the parent and non-controlling interests in preparing consolidated financial statements is determined by taking into account the eventual exercise of those potential voting rights and other derivatives that currently give the entity access to the returns.

IFRS 9 does not apply to interests in subsidiaries that are consolidated. When instruments containing potential voting **B91** rights in substance currently give access to the returns associated with an ownership interest in a subsidiary, the instruments are not subject to the requirements of IFRS 9. In all other cases, instruments containing potential voting rights in a subsidiary are accounted for in accordance with IFRS 9.

Abschlussstichtag

B92 Die bei der Erstellung der Konzernabschlüsse verwendeten Abschlüsse des Mutterunternehmens und seiner Töchter müssen denselben Stichtag haben. Fällt das Ende des Berichtszeitraums des Mutterunternehmens auf einen anderen Tag als das eines Tochterunternehmens, erstellt das Tochterunternehmen zu Konsolidierungszwecken zusätzliche Finanzangaben mit dem gleichen Stichtag wie in den Abschlüssen des Mutterunternehmens, um dem Mutterunternehmen die Konsolidierung der Finanzangaben des Tochterunternehmens zu ermöglichen, sofern dies praktisch durchführbar ist.

B93 Sollte dies undurchführbar sein, konsolidiert das Mutterunternehmen die Finanzangaben des Tochterunternehmens unter Verwendung der jüngsten Abschlüsse des Tochterunternehmens. Diese werden um die Auswirkungen bedeutender Geschäftsvorfälle oder Ereignisse zwischen dem Berichtsstichtag des Tochterunternehmens und dem Konzernabschlussstichtag angepasst. Die Differenz zwischen dem Abschlussstichtag des Tochterunternehmens und dem Stichtag der Konzernabschlüsse darf auf keinen Fall mehr als drei Monate betragen. Die Länge der Berichtszeiträume sowie eventuelle Differenzen zwischen den Abschlussstichtagen dürfen sich von einem Berichtszeitraum zum nächsten nicht ändern.

Nicht beherrschende Anteile

B94 Ein Unternehmen weist den Gewinn oder Verlust und jedwede Komponente des sonstigen Gesamtergebnisses den Anteilseignern des Mutterunternehmens und den nicht beherrschenden Anteilen zu. Das Unternehmen weist das Gesamtergebnis den Eigentümern des Mutterunternehmens und den nicht beherrschenden Anteilen selbst dann zu, wenn dies dazu führt, dass die nicht beherrschenden Anteile einen negativen Saldo aufweisen.

B95 Bestehen in einem Tochterunternehmen ausgegebene, kumulative Vorzugsaktien, die als Eigenkapital klassifiziert wurden und sich im Besitz nicht beherrschender Anteilseigner befinden, berechnet das Unternehmen seinen Anteil am Gewinn oder Verlust nach einer Berichtigung um die Dividenden für derartige Aktien. Dies erfolgt unabhängig davon, ob Dividenden angekündigt worden sind oder nicht.

Veränderungen bei dem im Besitz nicht beherrschender Anteilseigner befindlichen Anteils

B96 Treten bei dem im Besitz nicht beherrschender Anteilseigner befindlichen Eigentumsanteil Veränderungen ein, berichtigt ein Unternehmen die Buchwerte der beherrschenden und nicht beherrschenden Anteile in der Weise, dass die Veränderungen an ihren jeweiligen Anteilen am Tochterunternehmen dargestellt werden. Das Unternehmen erfasst jede Differenz zwischen dem Betrag, um den die nicht beherrschenden Anteile angepasst werden, und dem beizulegenden Zeitwert der gezahlten oder erhaltenen Gegenleistung unmittelbar im Eigenkapital und ordnet sie den Eigentümern des Mutterunternehmens zu.

Beherrschungsverlust

B97 Ein Mutterunternehmen kann in zwei oder mehr Vereinbarungen (Geschäftsvorfällen) die Beherrschung eines Tochterunternehmens verlieren. Mitunter treten jedoch Umstände ein, die darauf hindeuten, dass mehrere Vereinbarungen als ein einziger Geschäftsvorfall bilanziert werden sollten. Im Zuge der Feststellung, ob Vereinbarungen als ein einziger Geschäftsvorfall zu bilanzieren sind, hat ein Mutterunternehmen sämtliche Vertragsbedingungen der Vereinbarungen und deren wirtschaftliche Auswirkungen zu berücksichtigen. Treffen einer oder mehrere der folgenden Punkte zu, deutet dies darauf hin, dass das Mutterunternehmen mehrere Vereinbarungen als einen einzigen Geschäftsvorfall bilanzieren sollte:

(a) Die Vereinbarungen wurden gleichzeitig oder unter gegenseitiger Erwägung geschlossen.

(b) Sie bilden einen einzigen Geschäftsvorfall, der darauf ausgelegt ist, eine wirtschaftliche Gesamtwirkung zu erzielen.

(c) Der Eintritt einer Vereinbarung hängt vom Eintritt mindestens einer anderen Vereinbarung ab.

(d) Eine Vereinbarung ist für sich allein betrachtet wirtschaftlich nicht gerechtfertigt. Betrachtet man sie jedoch gemeinsam mit anderen Vereinbarungen, ist sie wirtschaftlich gerechtfertigt. Zum Beispiel kann eine Veräußerung von Aktien unter Marktpreis erfolgen, aber durch eine anschließende Veräußerung über Marktpreis ausgeglichen werden.

B98 Verliert ein Mutterunternehmen die Beherrschung über ein Tochterunternehmen, hat es:

(a) Folgendes auszubuchen:

    (i) die Vermögenswerte (unter Einschluss eines eventuellen Geschäfts- und Firmenwerts) und Schulden des Tochterunternehmens zu ihrem Buchwert am Tag des Beherrschungsverlusts; und

    (ii) den Buchwert eventueller nicht beherrschender Anteile am ehemaligen Tochterunternehmen an dem Tag, an dem die Beherrschung wegfällt (unter Einschluss jedweder Komponente des sonstigen Gesamtergebnisses, das diesen zuzuweisen ist).

(b) und Folgendes anzusetzen:

    (i) den beizulegenden Zeitwert einer eventuell empfangenen Gegenleistung aus dem Geschäftsvorfall, Ereignis oder den Umständen, aus dem/denen der Beherrschungsverlust entstand;

Reporting date

The financial statements of the parent and its subsidiaries used in the preparation of the consolidated financial statements **B92** shall have the same reporting date. When the end of the reporting period of the parent is different from that of a subsidiary, the subsidiary prepares, for consolidation purposes, additional financial information as of the same date as the financial statements of the parent to enable the parent to consolidate the financial information of the subsidiary, unless it is impracticable to do so.

If it is impracticable to do so, the parent shall consolidate the financial information of the subsidiary using the most recent **B93** financial statements of the subsidiary adjusted for the effects of significant transactions or events that occur between the date of those financial statements and the date of the consolidated financial statements. In any case, the difference between the date of the subsidiary's financial statements and that of the consolidated financial statements shall be no more than three months, and the length of the reporting periods and any difference between the dates of the financial statements shall be the same from period to period.

Non-controlling interests

An entity shall attribute the profit or loss and each component of other comprehensive income to the owners of the parent and to the non-controlling interests. The entity shall also attribute total comprehensive income to the owners of the parent and to the non-controlling interests even if this results in the non-controlling interests having a deficit balance. **B94**

If a subsidiary has outstanding cumulative preference shares that are classified as equity and are held by non-controlling **B95** interests, the entity shall compute its share of profit or loss after adjusting for the dividends on such shares, whether or not such dividends have been declared.

Changes in the proportion held by non-controlling interests

When the proportion of the equity held by non-controlling interests changes, an entity shall adjust the carrying amounts **B96** of the controlling and non-controlling interests to reflect the changes in their relative interests in the subsidiary. The entity shall recognise directly in equity any difference between the amount by which the non-controlling interests are adjusted and the fair value of the consideration paid or received, and attribute it to the owners of the parent.

Loss of control

A parent might lose control of a subsidiary in two or more arrangements (transactions). However, sometimes circum- **B97** stances indicate that the multiple arrangements should be accounted for as a single transaction. In determining whether to account for the arrangements as a single transaction, a parent shall consider all the terms and conditions of the arrangements and their economic effects. One or more of the following indicate that the parent should account for the multiple arrangements as a single transaction:

(a) They are entered into at the same time or in contemplation of each other.
(b) They form a single transaction designed to achieve an overall commercial effect.
(c) The occurrence of one arrangement is dependent on the occurrence of at least one other arrangement.
(d) One arrangement considered on its own is not economically justified, but it is economically justified when considered together with other arrangements. An example is when a disposal of shares is priced below market and is compensated for by a subsequent disposal priced above market.

If a parent loses control of a subsidiary, it shall: **B98**

(a) derecognise:
   (i)   the assets (including any goodwill) and liabilities of the subsidiary at their carrying amounts at the date when control is lost; and
   (ii) the carrying amount of any non-controlling interests in the former subsidiary at the date when control is lost (including any components of other comprehensive income attributable to them).
(b) recognise:
   (i)   the fair value of the consideration received, if any, from the transaction, event or circumstances that resulted in the loss of control;

(ii) sofern an dem Geschäftsvorfall, dem Ereignis oder den Umständen, aus dem/denen der Beherrschungsverlust entstand, eine Zuteilung von Aktien des Tochterunternehmens an Anteilseigner in deren Eigenschaft als Anteilseigner beteiligt war, wird diese Aktienausgabe angesetzt;

(iii) jede behaltene Beteiligung an dem ehemaligen Tochterunternehmen zu dessen beizulegendem Zeitwert an dem Tag, an dem die Beherrschung wegfällt.

(c) die Beträge, die in Bezug auf das Tochterunternehmen auf der in Paragraph B99 beschriebenen Grundlage als sonstiges Gesamtergebnis angesetzt wurden, in den Gewinn oder Verlust umzugliedern oder unmittelbar in den Ergebnisvortrag zu übertragen, sofern dies von anderen IFRS vorgeschrieben wird.

(d) eine entstehende Differenz in dem Gewinn oder Verlust, der dem Mutterunternehmen zuzuordnen ist, als positives oder negatives Ergebnis anzusetzen.

B99 Verliert ein Mutterunternehmen die Beherrschung über ein Tochterunternehmen, hat das Mutterunternehmen alle Beträge zu bilanzieren, die zuvor für das betreffende Tochterunternehmen im sonstigen Gesamtergebnis angesetzt wurden. Dies erfolgt auf der gleichen Grundlage, die auch bei einer unmittelbaren Veräußerung der entsprechenden Vermögenswerte oder Schulden durch das Mutterunternehmen vorgeschrieben wäre. Würde also ein zuvor im sonstigen Gesamtergebnis angesetztes, positives oder negatives Ergebnis bei der Veräußerung der entsprechenden Vermögenswerte oder Schulden in den Gewinn oder Verlust umgegliedert, hat das Mutterunternehmen das positive oder negative Ergebnis aus dem Eigenkapital in den Gewinn oder Verlust umzugliedern (in Form einer Umgliederungsanpassung), wenn die Beherrschung über das Tochterunternehmen wegfällt. Würde ein Neubewertungsüberschuss, der zuvor im sonstigen Gesamtergebnis angesetzt wurde, bei Veräußerung des Vermögenswerts unmittelbar in den Ergebnisvortrag übertragen, hat das Mutterunternehmen den Neubewertungsüberschuss unmittelbar in den Ergebnisvortrag zu übertragen, wenn es die Beherrschung über das Tochterunternehmen verliert.

BILANZIERUNG EINER ÄNDERUNG DES STATUS DER INVESTMENTGESELLSCHAFT

B100 Verliert ein Unternehmen den Status einer Investmentgesellschaft, hat es für alle Tochterunternehmen, die vormals gemäß Paragraph 31 ergebniswirksam zum beizulegenden Zeitwert bewertet wurden, IFRS 3 anzuwenden. Der Zeitpunkt der Statusänderung gilt als fiktives Datum des Erwerbs. Bei der Bewertung des etwaigen Geschäfts- und Firmenwertes oder eines Gewinns aus dem Erwerb zu einem Preis unter dem Marktwert, der bei dem fiktiven Erwerb erzielt wird, stellt der beizulegende Zeitwert des Tochterunternehmens zum fiktiven Erwerbsdatum die übertragene fiktive Gegenleistung dar. Nach den Paragraphen 19–24 dieses IFRS sind dann alle Tochterunternehmen ab dem Zeitpunkt der Statusänderung zu konsolidieren.

B101 Wenn ein Unternehmen den Status einer Investmentgesellschaft erlangt, hat es ab dem Zeitpunkt der Statusänderung die Konsolidierung seiner Tochterunternehmen einzustellen. Eine Ausnahme bilden Tochterunternehmen, die nach Maßgabe von Paragraph 32 weiterhin konsolidiert werden müssen. Die Investmentgesellschaft hat die Vorschriften der Paragraphen 25 und 26 auf diejenigen Tochterunternehmen anzuwenden, deren Konsolidierung endet, als ob die Investmentgesellschaft zu diesem Zeitpunkt die Beherrschung über diese Tochterunternehmen verloren hätte.

(ii) if the transaction, event or circumstances that resulted in the loss of control involves a distribution of shares of the subsidiary to owners in their capacity as owners, that distribution; and

(iii) any investment retained in the former subsidiary at its fair value at the date when control is lost.

(c) reclassify to profit or loss, or transfer directly to retained earnings if required by other IFRSs, the amounts recognised in other comprehensive income in relation to the subsidiary on the basis described in paragraph B99.

(d) recognise any resulting difference as a gain or loss in profit or loss attributable to the parent.

B99 If a parent loses control of a subsidiary, the parent shall account for all amounts previously recognised in other comprehensive income in relation to that subsidiary on the same basis as would be required if the parent had directly disposed of the related assets or liabilities. Therefore, if a gain or loss previously recognised in other comprehensive income would be reclassified to profit or loss on the disposal of the related assets or liabilities, the parent shall reclassify the gain or loss from equity to profit or loss (as a reclassification adjustment) when it loses control of the subsidiary. If a revaluation surplus previously recognised in other comprehensive income would be transferred directly to retained earnings on the disposal of the asset, the parent shall transfer the revaluation surplus directly to retained earnings when it loses control of the subsidiary.

ACCOUNTING FOR A CHANGE IN INVESTMENT ENTITY STATUS

B100 When an entity ceases to be an investment entity, it shall apply IFRS 3 to any subsidiary that was previously measured at fair value through profit or loss in accordance with paragraph 31. The date of the change of status shall be the deemed acquisition date. The fair value of the subsidiary at the deemed acquisition date shall represent the transferred deemed consideration when measuring any goodwill or gain from a bargain purchase that arises from the deemed acquisition. All subsidiaries shall be consolidated in accordance with paragraphs 19—24 of this IFRS from the date of change of status.

B101 When an entity becomes an investment entity, it shall cease to consolidate its subsidiaries at the date of the change in status, except for any subsidiary that shall continue to be consolidated in accordance with paragraph 32. The investment entity shall apply the requirements of paragraphs 25 and 26 to those subsidiaries that it ceases to consolidate as though the investment entity had lost control of those subsidiaries at that date.

Anhang C
Zeitpunkt des Inkrafttretens und Übergangsvorschriften

Dieser Anhang ist fester Bestandteil des IFRS und hat die gleiche bindende Kraft wie die anderen Teile des IFRS.

DATUM DES INKRAFTTRETENS

C1 Unternehmen haben diesen IFRS auf Geschäftsjahre anzuwenden, die am oder nach dem 1. Januar 2013 beginnen. Eine frühere Anwendung ist zulässig. Wendet ein Unternehmen diesen IFRS früher an, hat es diesen Sachverhalt anzugeben und gleichzeitig IFRS 11, IFRS 12, IAS 27 *Einzelabschlüsse* und IAS 28 (geändert 2011) anzuwenden.

C1A *Konzernabschlüsse, Gemeinsame Vereinbarungen und Angaben zu Anteilen an anderen Unternehmen:* Mit den *Übergangsleitlinien* (Änderungen an IFRS 10, IFRS 11 und IFRS 12) von Juni 2012 wurden die Paragraphen C2–C6 geändert und die Paragraphen C2A–C2B, C4A–C4C, C5A und C6A–C6B hinzugefügt. Diese Änderungen sind erstmals in der ersten Berichtsperiode eines am oder nach dem 1. Januar 2013 beginnenden Geschäftsjahres anzuwenden. Wenn ein Unternehmen IFRS 10 für eine frühere Berichtsperiode anwendet, so sind auch diese Änderungen für jene frühere Periode anzuwenden.

C1B Mit der im Oktober 2012 veröffentlichten Verlautbarung *Investmentgesellschaften (Investment Entities)* (Änderungen an IFRS 10, IFRS 12 und IAS 27) wurden die Paragraphen 2, 4, C2A, C6A und Anhang A geändert und die Paragraphen 27–33, B85A–B85W, B100–B101 und C3A–C3F angefügt. Unternehmen haben diese Änderungen auf Geschäftsjahre anzuwenden, die am oder nach dem 1. Januar 2014 beginnen. Eine frühere Anwendung ist zulässig. Wendet ein Unternehmen diese Änderungen früher an, hat es dies anzugeben und alle in der Verlautbarung enthaltenen Änderungen gleichzeitig anzuwenden.

ÜBERGANGSVORSCHRIFTEN

C2 Ein Unternehmen hat diesen IFRS in Übereinstimmung mit IAS 8 *Rechnungslegungsmethoden, Änderungen von rechnungslegungsbezogenen Schätzungen und Fehler* rückwirkend anzuwenden, es sei denn, die in den Paragraphen C2A–C6 aufgeführten Festlegungen treffen zu.

C2A Ungeachtet der Vorschriften von IAS 8 Paragraph 28 braucht das Unternehmen bei der erstmaligen Anwendung dieses IFRS bzw. bei der erstmaligen Anwendung der Verlautbarung *Investment Entities* als Änderung zu diesem IFRS die in Paragraph 28 (f) von IAS 8 verlangten quantitativen Angaben nur für das Geschäftsjahr vorzulegen, das dem Zeitpunkt der erstmaligen Anwendung dieses IFRS unmittelbar vorausgeht (der „unmittelbar vorausgehende Berichtszeitraum"). Ein Unternehmen kann diese Angaben für den laufenden Zeitraum oder für frühere Vergleichszeiträume vorlegen, ist dazu aber nicht verpflichtet.

C2B Für die Zwecke dieses IFRS entspricht der Termin der Erstanwendung dem Beginn des Geschäftsjahres, in dem dieser IFRS erstmals angewandt wird.

C3 Bei erstmaliger Anwendung dieses IFRS braucht ein Unternehmen in folgenden Fällen die vorherige Bilanzierung für sein Engagement nicht anzupassen:

    (a) Unternehmen, die gemäß IAS 27 *Konzern- und Einzelabschlüsse* und SIC-12 *Konsolidierung – Zweckgesellschaften* zu konsolidieren wären sowie gemäß diesem IFRS weiterhin konsolidiert werden; oder

    (b) Unternehmen, die zu diesem Termin nicht gemäß IAS 27 und SIC-12 zu konsolidieren wären sowie gemäß diesem IFRS weiterhin nicht konsolidiert werden.

C3A Zum Zeitpunkt der erstmaligen Anwendung hat ein Unternehmen zu beurteilen, ob es auf der Grundlage der zu diesem Zeitpunkt vorliegenden Sachverhalte und Umstände eine Investmentgesellschaft ist. Wenn ein Unternehmen zum Zeitpunkt der erstmaligen Anwendung zu dem Schluss gelangt, dass es eine Investmentgesellschaft ist, hat es anstelle der Paragraphen C5–C5A die Vorschriften der Paragraphen C3B–C3F anzuwenden.

C3B Mit Ausnahme von Tochterunternehmen, die nach Maßgabe von Paragraph 32 konsolidiert werden (für die die Paragraphen C3 und C6 bzw. gegebenenfalls C4–C4C gelten), hat eine Investmentgesellschaft ihre Anteile an den einzelnen Tochterunternehmen ergebniswirksam zum beizulegenden Zeitwert zu bewerten, als ob die Vorschriften dieses IFRS schon immer gegolten hätten. Die Investmentgesellschaft hat sowohl das dem Zeitpunkt der ersten Anwendung unmittelbar vorausgehende Geschäftsjahr als auch das Eigenkapital zu Beginn des dem Berichtszeitraum unmittelbar vorausgehenden Geschäftsjahres rückwirkend um etwaige Abweichungen zwischen folgenden Werten anzupassen:

    (a) dem früheren Buchwert des Tochterunternehmens und

    (b) dem beizulegenden Zeitwert der Anteile der Investmentgesellschaft an dem Tochterunternehmen.

Der kumulative Betrag etwaiger Anpassungen des zuvor im sonstigen Ergebnis erfassten beizulegenden Zeitwerts ist zu Beginn des dem Zeitpunkt der erstmaligen Anwendung unmittelbar vorausgehenden Geschäftsjahrs in den Ergebnisvortrag zu übertragen.

Appendix C

Effective date and transition

This appendix is an integral part of the IFRS and has the same authority as the other parts of the IFRS.

EFFECTIVE DATE

C1 An entity shall apply this IFRS for annual periods beginning on or after 1 January 2013. Earlier application is permitted. If an entity applies this IFRS earlier, it shall disclose that fact and apply IFRS 11, IFRS 12, IAS 27 *Separate Financial Statements* and IAS 28 (as amended in 2011) at the same time.

C1A *Consolidated Financial Statements, Joint Arrangements and Disclosure of Interests in Other Entities: Transition Guidance* (Amendments to IFRS 10, IFRS 11 and IFRS 12), issued in June 2012, amended paragraphs C2—C6 and added paragraphs C2A—C2B, C4A—C4C, C5A and C6A—C6B. An entity shall apply those amendments for annual periods beginning on or after 1 January 2013. If an entity applies IFRS 10 for an earlier period, it shall apply those amendments for that earlier period.

C1B *Investment Entities* (Amendments to IFRS 10, IFRS 12 and IAS 27), issued in October 2012, amended paragraphs 2, 4, C2A, C6A and Appendix A and added paragraphs 27—33, B85A—B85W, B100—B101 and C3A—C3F. An entity shall apply those amendments for annual periods beginning on or after 1 January 2014. Early application is permitted. If an entity applies those amendments earlier, it shall disclose that fact and apply all amendments included in *Investment Entities* at the same time.

TRANSITION

C2 An entity shall apply this IFRS retrospectively, in accordance with IAS 8 *Accounting Policies, Changes in Accounting Estimates and Errors*, except as specified in paragraphs C2A—C6.

C2A Notwithstanding the requirements of paragraph 28 of IAS 8, when this IFRS is first applied, and, if later, when the *Investment Entities* amendments to this IFRS are first applied, an entity need only present the quantitative information required by paragraph 28 (f) of IAS 8 for the annual period immediately preceding the date of initial application of this IFRS (the 'immediately preceding period'). An entity may also present this information for the current period or for earlier comparative periods, but is not required to do so.

C2B For the purposes of this IFRS, the date of initial application is the beginning of the annual reporting period for which this IFRS is applied for the first time.

C3 At the date of initial application, an entity is not required to make adjustments to the previous accounting for its involvement with either:
(a) entities that would be consolidated at that date in accordance with IAS 27 *Consolidated and Separate Financial Statements* and SIC-12 *Consolidation—Special Purpose Entities* and, are still consolidated in accordance with this IFRS; or
(b) entities that would not be consolidated at that date in accordance with IAS 27 and SIC-12 and, are not consolidated in accordance with this IFRS.

C3A At the date of initial application, an entity shall assess whether it is an investment entity on the basis of the facts and circumstances that exist at that date. If, at the date of initial application, an entity concludes that it is an investment entity, it shall apply the requirements of paragraphs C3B—C3F instead of paragraphs C5—C5A.

C3B Except for any subsidiary that is consolidated in accordance with paragraph 32 (to which paragraphs C3 and C6 or paragraphs C4—C4C, whichever is relevant, apply), an investment entity shall measure its investment in each subsidiary at fair value through profit or loss as if the requirements of this IFRS had always been effective. The investment entity shall retrospectively adjust both the annual period that immediately precedes the date of initial application and equity at the beginning of the immediately preceding period for any difference between:
(a) the previous carrying amount of the subsidiary; and
(b) the fair value of the investment entity's investment in the subsidiary.
The cumulative amount of any fair value adjustments previously recognised in other comprehensive income shall be transferred to retained earnings at the beginning of the annual period immediately preceding the date of initial application.

C3C Vor dem Zeitpunkt der Anwendung des IFRS 13 *Bemessung des beizulegenden Zeitwerts* verwendet eine Investmentgesellschaft als beizulegenden Zeitwert die Beträge, die den Investoren oder der Geschäftsleitung zuvor ausgewiesen wurden, sofern es sich dabei um die Beträge handelt, zu denen am Tag der Bewertung zwischen sachverständigen, vertragswilligen und voneinander unabhängigen Geschäftspartnern zu marktüblichen Bedingungen Anteile hätten getauscht werden können.

C3D Ist die Bewertung der Anteile an einem Tochterunternehmen gemäß den Paragraphen C3B–C3C undurchführbar (im Sinne von IAS 8), wendet eine Investmentgesellschaft die Vorschriften dieses IFRS zu Beginn des frühesten Zeitraums an, für den die Anwendung der Paragraphen C3B–C3C durchführbar ist. Dies kann der aktuelle Berichtszeitraum sein. Der Investor nimmt rückwirkend eine Anpassung für das Geschäftsjahr vor, das dem Zeitpunkt der erstmaligen Anwendung unmittelbar vorausgeht, es sei denn, der Beginn des frühesten Zeitraums, für den die Anwendung dieses Paragraphen durchführbar ist, ist der aktuelle Berichtszeitraum. Sofern dies der Fall ist, wird die Anpassung des Eigenkapitals zu Beginn des aktuellen Berichtszeitraums erfasst.

C3E Hat eine Investmentgesellschaft vor dem Zeitpunkt der erstmaligen Anwendung dieses IFRS Anteile an einem Tochterunternehmen veräußert oder die Beherrschung darüber verloren, so braucht sie für dieses Tochterunternehmen keine Anpassung der früheren Bilanzierung vorzunehmen.

C3F Wenn ein Unternehmen die Änderungen für *Investmentgesellschaften* (*Investment Entities*) zum ersten Mal für einen Zeitraum anwendet, der nach der erstmaligen Anwendung des IFRS 10 liegt, sind Bezugnahmen auf „den Zeitpunkt der erstmaligen Anwendung" in den Paragraphen C3A–C3E als „Beginn des jährlichen Berichtszeitraums" zu verstehen, „in dem die im Oktober 2012 veröffentlichte Verlautbarung *Investmentgesellschaften* (*Investment Entities*) (Änderungen an IFRS 10, IFRS 12 und IAS 27) erstmalig angewendet wurde".

C4 Kommt ein Investor bei erstmaliger Anwendung dieses IFRS zu dem Schluss, dass ein Beteiligungsunternehmen zu konsolidieren ist, das zuvor nicht gemäß IAS 27 und SIC-12 konsolidiert wurde, hat er Folgendes zu tun:

    (a) Handelt es sich bei dem Beteiligungsunternehmen um einen Gewerbebetrieb (gemäß Definition in IFRS 3 *Unternehmenszusammenschlüsse*), hat er die Vermögenswerte, Schulden und nicht beherrschenden Anteile an dem betreffenden, zuvor nicht konsolidierten Beteiligungsunternehmen am Tag der erstmaligen Anwendung so zu bewerten, als ob er das betreffende Beteiligungsunternehmen seit dem Tag, an dem der Investor auf der Grundlage der Vorschriften in dem vorliegenden IFRS die Beherrschung des Beteiligungsunternehmens erlangte, konsolidiert (und folglich das Anschaffungswertprinzip gemäß IFRS 3 angewendet) hätte. Der Investor passt das Geschäftsjahr, das der Erstanwendung dieses IFRS unmittelbar vorausgeht, rückwirkend an. Liegt der Termin, an dem die Beherrschung erlangt wurde, vor dem Beginn des unmittelbar vorausgehenden Geschäftsjahres, nimmt der Investor eine Berichtigung des Eigenkapitals zu Beginn des unmittelbar vorausgehenden Geschäftsjahres vor, deren eventuelle Differenz

        (i) der Betrag aus angesetzten Vermögenswerten, Schulden und nicht beherrschenden Anteilen und

        (ii) dem früheren Buchwert des investorseitigen Engagements im Beteiligungsunternehmen ist.

    (b) Handelt es sich bei dem Beteiligungsunternehmen nicht um einen Gewerbebetrieb (gemäß Definition in IFRS 3), hat er die Vermögenswerte, Schulden und nicht beherrschenden Anteile an dem betreffenden, zuvor nicht konsolidierten Beteiligungsunternehmen am Tag der erstmaligen Anwendung so zu bewerten, als ob er das betreffende Beteiligungsunternehmen seit dem Tag, an dem der Investor auf der Grundlage der Vorschriften in dem vorliegenden IFRS die Beherrschung des Beteiligungsunternehmens erlangte, konsolidiert (und dabei das Anschaffungswertprinzip gemäß Beschreibung in IFRS 3 ohne Bilanzierung eines Geschäfts- und Firmenwerts für das Beteiligungsunternehmen angewendet) hätte. Der Investor passt das Geschäftsjahr, das der Erstanwendung dieses IFRS unmittelbar vorausgeht, rückwirkend an. Liegt der Termin, an dem die Beherrschung erlangt wurde, vor dem Beginn des unmittelbar vorausgehenden Geschäftsjahres, nimmt der Investor eine Berichtigung des Eigenkapitals zu Beginn des unmittelbar vorausgehenden Geschäftsjahres vor, deren eventuelle Differenz

        (i) der Betrag aus angesetzten Vermögenswerten, Schulden und nicht beherrschenden Anteilen und

        (ii) dem früheren Buchwert des investorseitigen Engagements im Beteiligungsunternehmen ist.

C4A Ist eine Bewertung der Vermögenswerte, Schulden und nicht beherrschenden Anteile eines Beteiligungsunternehmens nach Paragraph C4 (a) oder (b) nicht durchführbar (gemäß Definition in IAS 8), hat der Investor Folgendes zu tun:

    (a) Wenn es sich bei dem Beteiligungsunternehmen um einen Gewerbebetrieb handelt, muss er die Vorschriften des IFRS 3 ab dem fiktiven Erwerbsdatum anwenden. Das fiktive Erwerbsdatum ist der Beginn des frühesten Zeitraums, für den eine Anwendung von Paragraph C4 (a) durchführbar ist. Dies kann der aktuelle Berichtszeitraum sein.

    (b) Wenn es sich bei dem Beteiligungsunternehmen nicht um einen Gewerbebetrieb handelt, muss er das Anschaffungswertprinzip gemäß der Beschreibung in IFRS 3 ohne Bilanzierung eines Geschäfts- und Firmenwerts für das Beteiligungsunternehmen mit Gültigkeit ab dem fiktiven Erwerbsdatum anwenden. Das fiktive Erwerbsdatum ist der Beginn des frühesten Zeitraums, für den die Anwendung von Paragraph C4 (b) durchführbar ist. Dies kann der aktuelle Berichtszeitraum sein.

    Der Investor berichtigt rückwirkend das Geschäftsjahr, das der Erstanwendung unmittelbar vorausgeht, es sei denn der Beginn der frühesten Periode, für die die Anwendung dieses Paragraphen gilt, ist der aktuelle Berichtszeitraum. Liegt das fiktive Erwerbsdatum vor dem Beginn des unmittelbar vorausgehenden Geschäftsjahres, nimmt der Investor eine Berichtigung des Eigenkapitals zu Beginn des unmittelbar vorausgehenden Geschäftsjahres vor, deren eventuelle Differenz

    (c) der Betrag aus angesetzten Vermögenswerten, Schulden und nicht beherrschenden Anteilen und

    (d) dem früheren Buchwert des investorseitigen Engagements im Beteiligungsunternehmen ist.

Before the date that IFRS 13 *Fair Value Measurement* is adopted, an investment entity shall use the fair value amounts **C3C** that were previously reported to investors or to management, if those amounts represent the amount for which the investment could have been exchanged between knowledgeable, willing parties in an arm's length transaction at the date of the valuation.

If measuring an investment in a subsidiary in accordance with paragraphs C3B—C3C is impracticable (as defined in IAS **C3D** 8), an investment entity shall apply the requirements of this IFRS at the beginning of the earliest period for which application of paragraphs C3B—C3C is practicable, which may be the current period. The investor shall retrospectively adjust the annual period that immediately precedes the date of initial application, unless the beginning of the earliest period for which application of this paragraph is practicable is the current period. If this is the case, the adjustment to equity shall be recognised at the beginning of the current period.

If an investment entity has disposed of, or has lost control of, an investment in a subsidiary before the date of initial **C3E** application of this IFRS, the investment entity is not required to make adjustments to the previous accounting for that subsidiary.

If an entity applies the *Investment Entities* amendments for a period later than when it applies IFRS 10 for the first time, **C3F** references to 'the date of initial application' in paragraphs C3A—C3E shall be read as 'the beginning of the annual reporting period for which the amendments in *Investment Entities* (Amendments to IFRS 10, IFRS 12 and IAS 27), issued in October 2012, are applied for the first time.'

If, at the date of initial application, an investor concludes that it shall consolidate an investee that was not consolidated in **C4** accordance with IAS 27 and SIC-12, the investor shall:

(a) if the investee is a business (as defined in IFRS 3 *Business Combinations*), measure the assets, liabilities and non-controlling interests in that previously unconsolidated investee as if that investee had been consolidated (and thus had applied acquisition accounting in accordance with IFRS 3) from the date when the investor obtained control of that investee on the basis of the requirements of this IFRS. The investor shall adjust retrospectively the annual period immediately preceding the date of initial application. When the date that control was obtained is earlier than the beginning of the immediately preceding period, the investor shall recognise, as an adjustment to equity at the beginning of the immediately preceding period, any difference between:

    (i) the amount of assets, liabilities and non-controlling interests recognised; and

    (ii) the previous carrying amount of the investor's involvement with the investee.

(b) if the investee is not a business (as defined in IFRS 3), measure the assets, liabilities and non-controlling interests in that previously unconsolidated investee as if that investee had been consolidated (applying the acquisition method as described in IFRS 3 but without recognising any goodwill for the investee) from the date when the investor obtained control of that investee on the basis of the requirements of this IFRS. The investor shall adjust retrospectively the annual period immediately preceding the date of initial application. When the date that control was obtained is earlier than the beginning of the immediately preceding period, the investor shall recognise, as an adjustment to equity at the beginning of the immediately preceding period, any difference between:

    (i) the amount of assets, liabilities and non-controlling interests recognised; and

    (ii) the previous carrying amount of the investor's involvement with the investee.

If measuring an investee's assets, liabilities and non-controlling interests in accordance with paragraph C4 (a) or (b) is **C4A** impracticable (as defined in IAS 8), an investor shall:

(a) if the investee is a business, apply the requirements of IFRS 3 as of the deemed acquisition date. The deemed acquisition date shall be the beginning of the earliest period for which application of paragraph C4 (a) is practicable, which may be the current period.

(b) if the investee is not a business, apply the acquisition method as described in IFRS 3 but without recognising any goodwill for the investee as of the deemed acquisition date. The deemed acquisition date shall be the beginning of the earliest period for which the application of paragraph C4 (b) is practicable, which may be the current period.

The investor shall adjust retrospectively the annual period immediately preceding the date of initial application, unless the beginning of the earliest period for which application of this paragraph is practicable is the current period. When the deemed acquisition date is earlier than the beginning of the immediately preceding period, the investor shall recognise, as an adjustment to equity at the beginning of the immediately preceding period, any difference between:

(c) the amount of assets, liabilities and non-controlling interests recognised; and

(d) the previous carrying amount of the investor's involvement with the investee.

Ist der Beginn der frühesten Periode, für die die Anwendung dieses Paragraphen gilt, der aktuelle Berichtszeitraum, so ist die Berichtigung des Eigenkapitals zu Beginn des aktuellen Berichtszeitraums anzusetzen.

C4B Wendet ein Investor die Paragraphen C4–C4A an und der Zeitpunkt, an dem die Beherrschung gemäß diesem IFRS erlangt wurde, liegt nach dem Zeitpunkt des Inkrafttretens von IFRS 3 in der 2008 geänderten Fassung (IFRS 3 (2008)), ist der Verweis auf IFRS 3 in den Paragraphen C4 und C4A als Verweis auf IFRS 3 (2008) zu verstehen. Wurde die Beherrschung vor dem Zeitpunkt des Inkrafttretens von IFRS 3 (2008) erlangt, wendet ein Investor entweder IFRS 3 (2008) oder IFRS 3 (herausgegeben 2004) an.

C4C Wendet ein Investor die Paragraphen C4–C4A an und der Zeitpunkt, an dem die Beherrschung gemäß diesem IFRS erlangt wurde, liegt nach dem Zeitpunkt des Inkrafttretens von IAS 27 in der 2008 geänderten Fassung (IAS 27 (2008)), wendet der Investor die Anforderungen dieses IFRS auf alle Geschäftsjahre an, in denen das Beteiligungsunternehmen rückwirkend gemäß der Paragraphen C4 und C4A konsolidiert wurde. Wurde die Beherrschung vor dem Zeitpunkt des Inkrafttretens von IAS 27 (2008) erlangt, wendet der Investor entweder

(a) die Anforderungen dieses IFRS auf alle Geschäftsjahre an, in denen das Beteiligungsunternehmen rückwirkend gemäß der Paragraphen C4 und C4A konsolidiert wurde; oder

(b) die Anforderungen von IAS 27 in der 2003 herausgegebenen Fassung (IAS 27 (2003)) für diese Geschäftsjahre vor dem Zeitpunkt des Inkrafttretens von IAS 27 (2008) und danach die Anforderungen dieses IFRS auf spätere Geschäftsjahre an.

C5 Kommt ein Investor bei erstmaliger Anwendung dieses IFRS zu dem Schluss, dass ein Beteiligungsunternehmen nicht mehr zu konsolidieren ist, das gemäß IAS 27 und SIC-12 zuvor konsolidiert wurde, hat der Investor seinen Anteil am Beteiligungsunternehmen zu dem Betrag zu bewerten, zu dem er ihn auch bewertet hätte, wenn die Vorschriften des vorliegenden IFRS in Kraft gewesen wären, als er sein Engagement im Beteiligungsunternehmen aufnahm (aber im Sinne dieses IFRS keine Beherrschung darüber erlangte) bzw. seine Beherrschung darüber verlor. Der Investor passt das Geschäftsjahr, das der Erstanwendung dieses IFRS unmittelbar vorausgeht, rückwirkend an. Liegt der Zeitpunkt, an dem der Investor sein Engagement im Beteiligungsunternehmen aufnahm (aber im Sinne dieses IFRS keine Beherrschung darüber erlangte) bzw. seine Beherrschung darüber verlor, vor dem Beginn des unmittelbar vorausgehenden Geschäftsjahres, nimmt der Investor eine Berichtigung des Eigenkapitals zu Beginn des unmittelbar vorausgehenden Geschäftsjahres vor, deren eventuelle Differenz

(a) der frühere Buchwert der Vermögenswerte, Schulden und nicht beherrschenden Anteile und

(b) der erfasste Buchwert des investorseitigen Engagements im Beteiligungsunternehmen ist.

C5A Ist eine Bewertung des zurückbehaltenen Anteils am Beteiligungsunternehmen gemäß Paragraph C5 nicht durchführbar (gemäß Definition in IAS 8), hat der Investor die Vorschriften des vorliegenden IFRS zu Beginn des frühesten Zeitraums, für den eine Anwendung von Paragraph C5 durchführbar ist, anzuwenden. Dies kann der aktuelle Berichtszeitraum sein. Der Investor berichtigt rückwirkend das Geschäftsjahr, das der Erstanwendung unmittelbar vorausgeht, es sei denn, der Beginn der frühesten Periode, für die die Anwendung dieses Paragraphen gilt, ist der aktuelle Berichtszeitraum. Liegt der Zeitpunkt, an dem der Investor sein Engagement im Beteiligungsunternehmen aufnahm (aber im Sinne dieses IFRS keine Beherrschung darüber erlangte) bzw. seine Beherrschung darüber verlor, vor dem Beginn des unmittelbar vorausgehenden Geschäftsjahres, nimmt der Investor eine Berichtigung des Eigenkapitals zu Beginn des unmittelbar vorausgehenden Geschäftsjahres vor, deren eventuelle Differenz

(a) der frühere Buchwert der Vermögenswerte, Schulden und nicht beherrschenden Anteile und

(b) der erfasste Buchwert des investorseitigen Engagements im Beteiligungsunternehmen ist.

Ist der Beginn der frühesten Periode, für die die Anwendung dieses Paragraphen durchführbar ist, der aktuelle Berichtszeitraum, so ist die Berichtigung des Eigenkapitals zu Beginn des aktuellen Berichtszeitraums anzusetzen.

C6 Die Paragraphen 23, 25, B94 und B96–B99 stellen 2008 vorgenommene Änderungen an IAS 27 dar, die im IFRS 10 übernommen wurden. Sofern ein Unternehmen nicht Paragraph C3 anwendet oder gehalten ist, die Paragraphen C4–C5A anzuwenden, hat es die Vorschriften in den genannten Paragraphen wie folgt anzuwenden:

(a) Ein Unternehmen darf Gewinn- oder Verlustzuweisungen für Berichtszeiträume, die vor der erstmaligen Anwendung der Änderung in Paragraph B94 liegen, nicht neu festlegen.

(b) Die Vorschriften in Paragraph 23 und B96 über die Bilanzierung von nach dem Erwerb der Beherrschung eingetretenen Änderungen der Beteiligungsquoten an einem Tochterunternehmen gelten nicht für Änderungen, die eingetreten sind, bevor ein Unternehmen diese Änderungen erstmals angewandt hat.

(c) Ein Unternehmen darf den Buchwert einer Beteiligung an einem ehemaligen Tochterunternehmen nicht neu bewerten, wenn die Beherrschung verlorenging, bevor es die Änderungen in Paragraph 25 und B97–B99 erstmals anwandte. Darüber hinaus darf ein Unternehmen positive oder negative Ergebnisse aus dem Verlust der Beherrschung über ein Tochterunternehmen nicht neu bewerten, wenn dieser vor der erstmaligen Anwendung der Änderungen in Paragraph 25 und B97–B99 eintrat.

If the earliest period for which application of this paragraph is practicable is the current period, the adjustment to equity shall be recognised at the beginning of the current period.

C4B When an investor applies paragraphs C4—C4A and the date that control was obtained in accordance with this IFRS is later than the effective date of IFRS 3 as revised in 2008 (IFRS 3 (2008)), the reference to IFRS 3 in paragraphs C4 and C4A shall be to IFRS 3 (2008). If control was obtained before the effective date of IFRS 3 (2008), an investor shall apply either IFRS 3 (2008) or IFRS 3 (issued in 2004).

C4C When an investor applies paragraphs C4—C4A and the date that control was obtained in accordance with this IFRS is later than the effective date of IAS 27 as revised in 2008 (IAS 27 (2008)), an investor shall apply the requirements of this IFRS for all periods that the investee is retrospectively consolidated in accordance with paragraphs C4—C4A. If control was obtained before the effective date of IAS 27 (2008), an investor shall apply either:

(a) the requirements of this IFRS for all periods that the investee is retrospectively consolidated in accordance with paragraphs C4—C4A; or

(b) the requirements of the version of IAS 27 issued in 2003 (IAS 27 (2003)) for those periods prior to the effective date of IAS 27 (2008) and thereafter the requirements of this IFRS for subsequent periods.

C5 If, at the date of initial application, an investor concludes that it will no longer consolidate an investee that was consolidated in accordance with IAS 27 and SIC-12, the investor shall measure its interest in the investee at the amount at which it would have been measured if the requirements of this IFRS had been effective when the investor became involved with (but did not obtain control in accordance with this IFRS), or lost control of, the investee. The investor shall adjust retrospectively the annual period immediately preceding the date of initial application. When the date that the investor became involved with (but did not obtain control in accordance with this IFRS), or lost control of, the investee is earlier than the beginning of the immediately preceding period, the investor shall recognise, as an adjustment to equity at the beginning of the immediately preceding period, any difference between:

(a) the previous carrying amount of the assets, liabilities and non-controlling interests; and

(b) the recognised amount of the investor's interest in the investee.

C5A If measuring the interest in the investee in accordance with paragraph C5 is impracticable (as defined in IAS 8), an investor shall apply the requirements of this IFRS at the beginning of the earliest period for which application of paragraph C5 is practicable, which may be the current period. The investor shall adjust retrospectively the annual period immediately preceding the date of initial application, unless the beginning of the earliest period for which application of this paragraph is practicable is the current period. When the date that the investor became involved with (but did not obtain control in accordance with this IFRS), or lost control of, the investee is earlier than the beginning of the immediately preceding period, the investor shall recognise, as an adjustment to equity at the beginning of the immediately preceding period, any difference between:

(a) the previous carrying amount of the assets, liabilities and non-controlling interests; and

(b) the recognised amount of the investor's interest in the investee.

If the earliest period for which application of this paragraph is practicable is the current period, the adjustment to equity shall be recognised at the beginning of the current period.

C6 Paragraphs 23, 25, B94 and B96—B99 were amendments to IAS 27 made in 2008 that were carried forward into IFRS 10. Except when an entity applies paragraph C3, or is required to apply paragraphs C4—C5A, the entity shall apply the requirements in those paragraphs as follows:

(a) An entity shall not restate any profit or loss attribution for reporting periods before it applied the amendment in paragraph B94 for the first time.

(b) The requirements in paragraphs 23 and B96 for accounting for changes in ownership interests in a subsidiary after control is obtained do not apply to changes that occurred before an entity applied these amendments for the first time.

(c) An entity shall not restate the carrying amount of an investment in a former subsidiary if control was lost before it applied the amendments in paragraphs 25 and B97—B99 for the first time. In addition, an entity shall not recalculate any gain or loss on the loss of control of a subsidiary that occurred before the amendments in paragraphs 25 and B97—B99 were applied for the first time.

Verweise auf ‚das unmittelbar vorausgehende Geschäftsjahr'

C6A Ungeachtet der Bezugnahmen auf das Geschäftsjahr, das dem Zeitpunkt der erstmaligen Anwendung unmittelbar vorausgeht (den „unmittelbar vorausgehenden Berichtszeitraum") in den Paragraphen C3B–C5A kann ein Unternehmen auch angepasste vergleichende Angaben für frühere Zeiträume vorlegen, ist dazu aber nicht verpflichtet. Legt ein Unternehmen angepasste vergleichende Angaben für frühere Zeiträume vor, sind alle Bezugnahmen auf den „unmittelbar vorausgehenden Berichtszeitraum" in den Paragraphen C3B–C5A als der „früheste ausgewiesene angepasste Vergleichszeitraum" zu verstehen.

C6B Legt ein Unternehmen nicht bereinigte Vergleichsinformationen für frühere Geschäftsjahre vor, hat es die Angaben klar zu bezeichnen, die nicht bereinigt wurden, und darauf hinzuweisen, dass sie auf einer anderen Grundlage erstellt wurden, sowie diese Grundlage zu erläutern.

Bezugnahmen auf IFRS 9

C7 Wendet ein Unternehmen diesen IFRS, aber noch nicht IFRS 9 an, sind Bezugnahmen auf IFRS 9 als Bezugnahme auf IAS 39 *Finanzinstrumente: Ansatz und Bewertung* zu verstehen.

RÜCKNAHME ANDERER IFRS

C8 Der vorliegende IFRS ersetzt die in IAS 27 (in der 2008 geänderten Fassung) enthaltenen Vorschriften für Konzernabschlüsse.

C9 Der vorliegende IFRS ersetzt außerdem *SIC-12 Konsolidierung – Zweckgesellschaften.*

References to the 'immediately preceding period'

Notwithstanding the references to the annual period immediately preceding the date of initial application (the 'immedi- **C6A** ately preceding period') in paragraphs C3B—C5A, an entity may also present adjusted comparative information for any earlier periods presented, but is not required to do so. If an entity does present adjusted comparative information for any earlier periods, all references to the 'immediately preceding period' in paragraphs C3B—C5A shall be read as the 'earliest adjusted comparative period presented'.

If an entity presents unadjusted comparative information for any earlier periods, it shall clearly identify the information **C6B** that has not been adjusted, state that it has been prepared on a different basis, and explain that basis.

References to IFRS 9

If an entity applies this IFRS but does not yet apply IFRS 9, any reference in this IFRS to IFRS 9 shall be read as a refer- **C7** ence to IAS 39 *Financial Instruments: Recognition and Measurement*.

WITHDRAWAL OF OTHER IFRSs

This IFRS supersedes the requirements relating to consolidated financial statements in IAS 27 (as amended in 2008). **C8**

This IFRS also supersedes SIC-12 *Consolidation—Special Purpose Entities*. **C9**

INTERNATIONAL FINANCIAL REPORTING STANDARD 11
Gemeinsame Vereinbarungen

ZIELSETZUNG

1 Das Ziel dieses IFRS besteht darin, Grundsätze für die Rechnungslegung von Unternehmen festzulegen, die an gemeinschaftlich geführten Vereinbarungen (d. h. *gemeinsamen Vereinbarungen)* beteiligt sind.

Erreichen der Zielsetzung

2 Um das in Paragraph 1 festgelegte Ziel zu erreichen, wird in diesem IFRS der Begriff der *gemeinschaftlichen Führung* definiert. Ferner wird den an einer gemeinsamen Vereinbarung beteiligten Unternehmen vorgeschrieben, die Art der gemeinsamen Vereinbarung zu ermitteln, an der sie jeweils beteiligt sind. Zu diesem Zweck haben sie ihre Rechte und Pflichten zu beurteilen und diese Rechte und Pflichten entsprechend der jeweiligen Art der gemeinsamen Vereinbarung zu bilanzieren.

ANWENDUNGSBEREICH

3 Dieser IFRS ist auf alle Unternehmen anzuwenden, die an einer gemeinsamen Vereinbarung beteiligt sind.

GEMEINSAME VEREINBARUNGEN

4 Eine gemeinsame Vereinbarung ist ein Arrangement, bei dem zwei oder mehr Parteien gemeinschaftlich die Führung ausüben.

5 Eine gemeinsame Vereinbarung zeichnet sich durch folgende Merkmale aus:
 (a) Die Parteien sind durch eine vertragliche Vereinbarung gebunden (siehe Paragraphen B2–B4).
 (b) In der vertraglichen Vereinbarung wird zwei oder mehr Parteien die gemeinschaftliche Führung der Vereinbarung zugewiesen (siehe Paragraphen 7–13).

6 Bei einer gemeinsamen Vereinbarung handelt es sich entweder um eine *gemeinschaftliche Tätigkeit* oder um ein *Gemeinschaftsunternehmen.*

Gemeinschaftliche Führung

7 Gemeinschaftliche Führung ist die vertraglich vereinbarte, gemeinsam ausgeübte Führung einer Vereinbarung. Sie besteht nur dann, wenn Entscheidungen über die maßgeblichen Tätigkeiten die einstimmige Zustimmung der an der gemeinschaftlichen Führung beteiligten Parteien erfordern.

8 Ein an einer Vereinbarung beteiligtes Unternehmen muss beurteilen, ob die vertragliche Vereinbarung allen Parteien oder einer Gruppe der Parteien gemeinsam die Führung über die Vereinbarung zuweist. Eine gemeinsam ausgeübte Führung der Vereinbarung durch eine Partei oder eine Parteiengruppe liegt vor, wenn sie an der Lenkung der Tätigkeiten mit wesentlichen Auswirkungen auf die Rendite der Vereinbarung (also den maßgeblichen Tätigkeiten) zusammenwirken müssen.

9 Auch wenn festgestellt wurde, dass alle Parteien oder eine Gruppe von Parteien die Vereinbarung gemeinsam führen, besteht gemeinschaftliche Führung nur dann, wenn Entscheidungen über die maßgeblichen Tätigkeiten die einstimmige Zustimmung der an der gemeinschaftlichen Führung der Vereinbarung beteiligten Parteien erfordern.

INTERNATIONAL FINANCIAL REPORTING STANDARD 11

Joint Arrangements

OBJECTIVE

The objective of this IFRS is to establish principles for financial reporting by entities that have an interest in arrange- 1
ments that are controlled jointly (ie *joint arrangements).*

Meeting the objective

To meet the objective in paragraph 1, this IFRS defines *joint control* and requires an entity that is a *party to a joint* 2
arrangement to determine the type of joint arrangement in which it is involved by assessing its rights and obligations and
to account for those rights and obligations in accordance with that type of joint arrangement.

SCOPE

This IFRS shall be applied by all entities that are a party to a joint arrangement. 3

JOINT ARRANGEMENTS

A joint arrangement is an arrangement of which two or more parties have joint control. 4

A joint arrangement has the following characteristics: 5
(a) **The parties are bound by a contractual arrangement (see paragraphs B2—B4).**
(b) **The contractual arrangement gives two or more of those parties joint control of the arrangement (see para-**
    graphs 7—13).

A joint arrangement is either a *joint operation* **or a** *joint venture.* 6

Joint control

Joint control is the contractually agreed sharing of control of an arrangement, which exists only when decisions 7
about the relevant activities require the unanimous consent of the parties sharing control.

An entity that is a party to an arrangement shall assess whether the contractual arrangement gives all the parties, or a 8
group of the parties, control of the arrangement collectively. All the parties, or a group of the parties, control the arrangement collectively when they must act together to direct the activities that significantly affect the returns of the arrangement (ie the relevant activities).

Once it has been determined that all the parties, or a group of the parties, control the arrangement collectively, joint con- 9
trol exists only when decisions about the relevant activities require the unanimous consent of the parties that control the
arrangement collectively.

10 In einer gemeinsamen Vereinbarung führt keine Einzelpartei die Vereinbarung allein. Eine Partei, die an der gemeinschaftlichen Führung der Vereinbarung beteiligt ist, kann jede der anderen Parteien oder Gruppen von Parteien an der Führung der Vereinbarung hindern.

11 Bei einer Vereinbarung kann es sich auch dann um eine gemeinsame Vereinbarung handeln, wenn nicht alle Parteien an der gemeinschaftlichen Führung der Vereinbarung beteiligt sind. Der vorliegende IFRS unterscheidet zwischen Parteien, die eine gemeinsame Vereinbarung gemeinschaftlich führen *(gemeinschaftlich Tätige* oder *Partnerunternehmen)*, und Parteien, die an einer gemeinsamen Vereinbarung beteiligt sind, diese aber nicht führen.

12 Unternehmen müssen bei der Beurteilung, ob alle Parteien oder eine Gruppe der Parteien die gemeinschaftliche Führung einer Vereinbarung tragen, nach entsprechendem Ermessen vorgehen. Diese Beurteilung haben Unternehmen unter Berücksichtigung sämtlicher Sachverhalte und Umstände vorzunehmen (siehe Paragraphen B5–B11).

13 Ändern sich Sachverhalte und Umstände, hat ein Unternehmen erneut zu beurteilen, ob es noch an der gemeinsamen Führung der Vereinbarung beteiligt ist.

Arten gemeinsamer Vereinbarungen

14 **Ein Unternehmen hat die Art der gemeinsamen Vereinbarung, in die es eingebunden ist, zu bestimmen. Die Einstufung einer gemeinsamen Vereinbarung als gemeinschaftliche Tätigkeit oder Gemeinschaftsunternehmen hängt von den Rechten und Pflichten der Parteien der Vereinbarung ab.**

15 **Eine gemeinschaftliche Tätigkeit ist eine gemeinsame Vereinbarung, bei der die Parteien, die gemeinschaftlich die Führung über die Vereinbarung ausüben, Rechte an den der Vereinbarung zuzurechnenden Vermögenswerten und Verpflichtungen für deren Schulden haben. Diese Parteien werden gemeinschaftlich Tätige genannt.**

16 **Ein Gemeinschaftsunternehmen ist eine gemeinsame Vereinbarung, bei der die Parteien, die gemeinschaftlich die Führung über die Vereinbarung ausüben, Rechte am Nettovermögen der Vereinbarung besitzen. Diese Parteien werden Partnerunternehmen genannt.**

17 Bei der Beurteilung, ob es sich bei einer gemeinsamen Vereinbarung um eine gemeinschaftliche Tätigkeit oder ein Gemeinschaftsunternehmen handelt, muss ein Unternehmen unter Ausübung seines Ermessens vorgehen. Ein Unternehmen hat die Art der gemeinsamen Vereinbarung zu bestimmen, an der es jeweils beteiligt ist. Hierbei berücksichtigt es die Rechte und Pflichten, die ihm aus der Vereinbarung erwachsen. Ein Unternehmen beurteilt seine Rechte und Pflichten unter Erwägung von Aufbau und Rechtsform der Vereinbarung, unter Erwägung der zwischen den Parteien in der vertraglichen Vereinbarung verabredeten Bedingungen sowie, soweit sachdienlich, sonstiger Sachverhalte und Umstände (siehe Paragraphen B12–B33).

18 Mitunter sind die Parteien durch einen Rahmenvertrag gebunden, in dem die allgemeinen Vertragsbedingungen für die Durchführung einer oder mehrerer Tätigkeiten festgelegt werden. Im Rahmenvertrag könnte festgelegt sein, dass die Parteien verschiedene gemeinsame Vereinbarungen errichten, in denen bestimmte Tätigkeiten behandelt werden, die einen Bestandteil des Rahmenvertrags bilden. Obgleich sich solche gemeinsame Vereinbarungen auf denselben Rahmenvertrag beziehen, können sie unterschiedlicher Art sein, wenn die Rechte und Pflichten der Parteien bei der Durchführung der verschiedenen, im Rahmenvertrag behandelten Tätigkeiten unterschiedlich sind. Folglich können gemeinschaftliche Tätigkeiten und Gemeinschaftsunternehmen nebeneinander bestehen, wenn die Parteien unterschiedliche Tätigkeiten durchführen, die aber Bestandteil derselben Rahmenvereinbarung sind.

19 Ändern sich Sachverhalte und Umstände, hat ein Unternehmen erneut zu beurteilen, ob sich die Art der gemeinsamen Vereinbarung, in die es eingebunden ist, geändert hat.

ABSCHLÜSSE VON PARTEIEN EINER GEMEINSAMEN VEREINBARUNG

Gemeinschaftliche Tätigkeiten

20 **Ein gemeinschaftlich Tätiger bilanziert in Bezug auf seinen Anteil an einer gemeinschaftlichen Tätigkeit:**
   (a) **seine Vermögenswerte, einschließlich seines Anteils an jeglichen gemeinschaftlich gehaltenen Vermögenswerten;**
   (b) **seine Schulden, einschließlich seines Anteils an jeglichen gemeinschaftlich eingegangenen Schulden;**
   (c) **seine Erlöse aus dem Verkauf seines Anteils am Ergebnis der gemeinschaftlichen Tätigkeit;**
   (d) **seinen Anteil an den Erlösen aus dem Verkauf des Produktionsergebnisses durch die gemeinschaftliche Tätigkeit; und**
   (e) **seine Aufwendungen, einschließlich seines Anteils an jeglichen gemeinschaftlich eingegangenen Aufwendungen.**

21 Ein gemeinschaftlich Tätiger bilanziert die Vermögenswerte, Schulden, Erlöse und Aufwendungen aus seiner Beteiligung an einer gemeinschaftlichen Tätigkeit gemäß den für die jeweiligen Vermögenswerte, Schulden, Erlöse und Aufwendungen maßgeblichen IFRS.

In a joint arrangement, no single party controls the arrangement on its own. A party with joint control of an arrangement can prevent any of the other parties, or a group of the parties, from controlling the arrangement. **10**

An arrangement can be a joint arrangement even though not all of its parties have joint control of the arrangement. This IFRS distinguishes between parties that have joint control of a joint arrangement *(joint operators* or *joint venturers)* and parties that participate in, but do not have joint control of, a joint arrangement. **11**

An entity will need to apply judgement when assessing whether all the parties, or a group of the parties, have joint control of an arrangement. An entity shall make this assessment by considering all facts and circumstances (see paragraphs B5—B11). **12**

If facts and circumstances change, an entity shall reassess whether it still has joint control of the arrangement. **13**

Types of joint arrangement

An entity shall determine the type of joint arrangement in which it is involved. The classification of a joint arrange- **14** **ment as a joint operation or a joint venture depends upon the rights and obligations of the parties to the arrangement.**

A joint operation is a joint arrangement whereby the parties that have joint control of the arrangement have rights **15** **to the assets, and obligations for the liabilities, relating to the arrangement. Those parties are called joint operators.**

A joint venture is a joint arrangement whereby the parties that have joint control of the arrangement have rights to **16** **the net assets of the arrangement. Those parties are called joint venturers.**

An entity applies judgement when assessing whether a joint arrangement is a joint operation or a joint venture. An entity **17** shall determine the type of joint arrangement in which it is involved by considering its rights and obligations arising from the arrangement. An entity assesses its rights and obligations by considering the structure and legal form of the arrangement, the terms agreed by the parties in the contractual arrangement and, when relevant, other facts and circumstances (see paragraphs B12—B33).

Sometimes the parties are bound by a framework agreement that sets up the general contractual terms for undertaking **18** one or more activities. The framework agreement might set out that the parties establish different joint arrangements to deal with specific activities that form part of the agreement. Even though those joint arrangements are related to the same framework agreement, their type might be different if the parties' rights and obligations differ when undertaking the different activities dealt with in the framework agreement. Consequently, joint operations and joint ventures can coexist when the parties undertake different activities that form part of the same framework agreement.

If facts and circumstances change, an entity shall reassess whether the type of joint arrangement in which it is involved **19** has changed.

FINANCIAL STATEMENTS OF PARTIES TO A JOINT ARRANGEMENT

Joint operations

A joint operator shall recognise in relation to its interest in a joint operation: **20**
(a) **its assets, including its share of any assets held jointly;**
(b) **its liabilities, including its share of any liabilities incurred jointly;**
(c) **its revenue from the sale of its share of the output arising from the joint operation;**
(d) **its share of the revenue from the sale of the output by the joint operation; and**
(e) **its expenses, including its share of any expenses incurred jointly.**

A joint operator shall account for the assets, liabilities, revenues and expenses relating to its interest in a joint operation in **21** accordance with the IFRSs applicable to the particular assets, liabilities, revenues and expenses.

21A Erwirbt ein Unternehmen einen Anteil an einer gemeinschaftlichen Tätigkeit, die einen Geschäftsbetrieb im Sinne des IFRS 3 darstellt, wendet es, im Umfang seines Anteils gemäß Paragraph 20, sämtliche in IFRS 3 und in anderen IFRS festgelegten Grundsätze der Bilanzierung von Unternehmenszusammenschlüssen an, die nicht mit den Leitlinien dieses IFRS im Widerspruch stehen, und macht die in diesen IFRS in Bezug auf Unternehmenszusammenschlüsse vorgeschriebenen Angaben. Dies gilt sowohl für den Erwerb eines ersten Anteils als auch für den Erwerb weiterer Anteile an einer gemeinschaftlichen Tätigkeit, die einen Geschäftsbetrieb darstellt. Der Erwerb eines Anteils an einer solchen gemeinschaftlichen Tätigkeit wird gemäß den Paragraphen B33A–B33D bilanziert.

22 Die Bilanzierung von Geschäftsvorfällen wie Verkauf, Einlage oder Kauf von Vermögenswerten zwischen einem Unternehmen und einer gemeinschaftlichen Tätigkeit, in der dieses ein gemeinschaftlich Tätiger ist, wird in den Paragraphen B34–B37 im Einzelnen festgelegt.

23 Ein Partei, die an einer gemeinschaftlichen Tätigkeit, nicht aber an ihrer gemeinschaftlichen Führung beteiligt ist, hat ihre Beteiligung an der Vereinbarung ebenfalls gemäß den Paragraphen 20–22 zu bilanzieren, wenn diese Partei Rechte an Vermögenswerten oder Verpflichtungen für die Schulden der gemeinschaftlichen Tätigkeit besitzt. Eine Partei, die an einer gemeinschaftlichen Tätigkeit, nicht aber an ihrer gemeinschaftlichen Führung beteiligt ist, und keine Rechte an Vermögenswerten oder Verpflichtungen für die Schulden der betreffenden gemeinschaftlichen Tätigkeit besitzt, bilanziert ihre Beteiligung an der gemeinschaftlichen Tätigkeit gemäß den auf die betreffende Beteiligung anwendbaren IFRS.

Gemeinschaftsunternehmen

24 Ein Partnerunternehmen setzt seine Anteile an einem Gemeinschaftsunternehmen als Beteiligung an und bilanziert diese Beteiligung unter Verwendung der Equity-Methode gemäß IAS 28 *Anteile an assoziierten Unternehmen und Gemeinschaftsunternehmen*, soweit das Unternehmen dem genannten Standard zufolge nicht von der Anwendung der Equity-Methode ausgenommen ist.

25 Eine Partei, die an einem Gemeinschaftsunternehmen, nicht aber an ihrer gemeinschaftlichen Führung beteiligt ist, bilanziert ihren Anteil an der Vereinbarung gemäß IFRS 9 *Finanzinstrumente,* soweit sie nicht über einen maßgeblichen Einfluss über das Gemeinschaftsunternehmen verfügt; in diesem Fall bilanziert sie die Beteiligung gemäß IAS 28 (in der 2011 geänderten Fassung).

EINZELABSCHLÜSSE

26 Ein gemeinschaftlich Tätiger oder ein Partnerunternehmen bilanziert in seinen Einzelabschlüssen seine Beteiligung an:
(a) einer gemeinschaftlichen Tätigkeit gemäß den Paragraphen 20–22;
(b) einem Gemeinschaftsunternehmen gemäß Paragraph 10 IAS 27 *Einzelabschlüsse.*

27 Eine Partei, die an einer gemeinsamen Vereinbarung beteiligt ist, sie aber nicht gemeinschaftlich führt, bilanziert in ihren Einzelabschlüssen ihre Beteiligung an:
(a) einer gemeinschaftlichen Tätigkeit gemäß Paragraph 23;
(b) einem Gemeinschaftsunternehmen gemäß IFRS 9, soweit sie nicht über einen maßgeblichen Einfluss über das Gemeinschaftsunternehmen verfügt; in diesem Fall gilt Paragraph 10 von IAS 27 (in der 2011 geänderten Fassung).

Anhang A
Definitionen

Dieser Anhang ist fester Bestandteil des IFRS.

Gemeinsame Vereinbarung	Eine Vereinbarung, die unter der **gemeinschaftlichen Führung** von zwei oder mehr Parteien steht.
Gemeinschaftliche Führung	Die vertraglich vereinbarte, gemeinsam ausgeübte Führung einer Vereinbarung. Sie besteht nur dann, wenn Entscheidungen über die maßgeblichen Tätigkeiten die einstimmige Zustimmung der an der gemeinschaftlichen Führung beteiligten Parteien erfordern.

When an entity acquires an interest in a joint operation in which the activity of the joint operation constitutes a business, **21A** as defined in IFRS 3, it shall apply, to the extent of its share in accordance with paragraph 20, all of the principles on business combinations accounting in IFRS 3, and other IFRSs, that do not conflict with the guidance in this IFRS and disclose the information that is required in those IFRSs in relation to business combinations. This applies to the acquisition of both the initial interest and additional interests in a joint operation in which the activity of the joint operation constitutes a business. The accounting for the acquisition of an interest in such a joint operation is specified in paragraphs B33A—B33D.

The accounting for transactions such as the sale, contribution or purchase of assets between an entity and a joint operation in which it is a joint operator is specified in paragraphs B34—B37. **22**

A party that participates in, but does not have joint control of, a joint operation shall also account for its interest in the **23** arrangement in accordance with paragraphs 20—22 if that party has rights to the assets, and obligations for the liabilities, relating to the joint operation. If a party that participates in, but does not have joint control of, a joint operation does not have rights to the assets, and obligations for the liabilities, relating to that joint operation, it shall account for its interest in the joint operation in accordance with the IFRSs applicable to that interest.

Joint ventures

A joint venturer shall recognise its interest in a joint venture as an investment and shall account for that investment **24** **using the equity method in accordance with IAS 28** *Investments in Associates and Joint Ventures* **unless the entity is exempted from applying the equity method as specified in that standard.**

A party that participates in, but does not have joint control of, a joint venture shall account for its interest in the arrange- **25** ment in accordance with IFRS 9 *Financial Instruments,* unless it has significant influence over the joint venture, in which case it shall account for it in accordance with IAS 28 (as amended in 2011).

SEPARATE FINANCIAL STATEMENTS

In its separate financial statements, a joint operator or joint venturer shall account for its interest in: **26**
(a) **a joint operation in accordance with paragraphs 20—22;**
(b) **a joint venture in accordance with paragraph 10 of IAS 27** *Separate Financial Statements.*

In its separate financial statements, a party that participates in, but does not have joint control of, a joint arrange- **27** **ment shall account for its interest in:**
(a) **a joint operation in accordance with paragraph 23;**
(b) **a joint venture in accordance with IFRS 9, unless the entity has significant influence over the joint venture, in which case it shall apply paragraph 10 of IAS 27 (as amended in 2011).**

Appendix A

Defined terms

This appendix is an integral part of the IFRS.

joint arrangement	An arrangement of which two or more parties have **joint control.**
joint control	The contractually agreed sharing of control of an arrangement, which exists only when decisions about the relevant activities require the unanimous consent of the parties sharing control.

Gemeinschaftliche Tätigkeit	Eine **gemeinsame Vereinbarung**, bei der die Parteien, die **gemeinschaftlich die Führung** über die Vereinbarung ausüben, Rechte an den der Vereinbarung zuzurechnenden Vermögenswerten und Verpflichtungen für deren Schulden haben.
Gemeinschaftlich Tätiger	Eine Partei einer **gemeinschaftlichen Tätigkeit,** die die **gemeinschaftliche Führung** über die betreffende gemeinschaftliche Tätigkeit hat.
Gemeinschaftsunternehmen	Eine **gemeinsame Vereinbarung,** bei der die Parteien, die **gemeinschaftlich** die **Führung** über die Vereinbarung ausüben, Rechte am Nettovermögen der Vereinbarung besitzen.
Partnerunternehmen	Eine Partei eines **Gemeinschaftsunternehmens,** die die **gemeinschaftliche Führung** über das betreffende Gemeinschaftsunternehmen hat.
Partei einer gemeinsamen Vereinbarung	Ein an einer **gemeinsamen Vereinbarung** beteiligtes Unternehmen, unabhängig davon, ob es an der **gemeinschaftlichen Führung** der Vereinbarung beteiligt ist
Eigenständiges Vehikel	Eine eigenständig identifizierbare Finanzstruktur, einschließlich eigenständiger, rechtlich anerkannter, verfasster Einheiten, unabhängig davon, ob diese Einheiten eine eigene Rechtspersönlichkeit besitzen.

Die folgenden Begriffe sind in IAS 27 (in der 2011 geänderten Fassung), IAS 28 (in der 2011 geänderten Fassung) bzw. IFRS 10 *Konzernabschlüsse* definiert und werden im vorliegenden IFRS in der dort angegebenen Bedeutung verwendet.

- Beherrschung eines Beteiligungsunternehmens
- Equity-Methode
- Verfügungsgewalt
- Schutzrechte
- Maßgebliche Tätigkeiten
- Einzelabschlüsse
- Maßgeblicher Einfluss

Anhang B
Leitlinien für die Anwendung

Dieser Anhang ist fester Bestandteil des IFRS. Er beschreibt die Anwendung der Paragraphen 1–27 und hat die gleiche bindende Kraft wie die anderen Teile des IFRS.

B1 Die Beispiele in diesem Anhang sind hypothetisch. Einige Aspekte der Beispiele können zwar in tatsächlichen Sachverhaltsmustern zutreffen, trotzdem müssten bei der Anwendung des IFRS 11 alle maßgeblichen Sachverhalte und Umstände eines bestimmten Sachverhaltsmusters bewertet werden.

GEMEINSAME VEREINBARUNGEN

Vertragliche Vereinbarung (Paragraph 5)

B2 Vertragliche Vereinbarungen können auf verschiedene Weise nachgewiesen werden: Eine vollstreckbare vertragliche Vereinbarung liegt häufig, aber nicht immer, in schriftlicher Form vor, gewöhnlich in Form eines Vertrags oder in Form dokumentierter Erörterungen zwischen den Parteien. Auch durch gesetzliche Mechanismen können vollstreckbare Vereinbarungen entstehen, entweder aus eigenem Recht oder in Verbindung mit zwischen den Parteien bestehenden Verträgen.

B3 Sind gemeinsame Vereinbarungen als eigenständige Vehikel aufgebaut (siehe Paragraphen B19–B33), werden in einigen Fällen die gemeinsame Vereinbarung insgesamt oder einige Gesichtspunkte der gemeinsamen Vereinbarung in den Gesellschaftsvertrag, die Gründungsurkunde oder die Satzung des eigenständigen Vehikels aufgenommen.

joint operation	A **joint arrangement** whereby the parties that have **joint control** of the arrangement have rights to the assets, and obligations for the liabilities, relating to the arrangement.
joint operator	A party to a **joint operation** that has **joint control** of that joint operation.
joint venture	A **joint arrangement** whereby the parties that have **joint control** of the arrangement have rights to the net assets of the arrangement.
joint venturer	A party to a **joint venture** that has **joint control** of that joint venture.
party to a joint arrangement	An entity that participates in a **joint arrangement,** regardless of whether that entity has **joint control** of the arrangement.
separate vehicle	A separately identifiable financial structure, including separate legal entities or entities recognised by statute, regardless of whether those entities have a legal personality.

The following terms are defined in IAS 27 (as amended in 2011), IAS 28 (as amended in 2011) or IFRS 10 *Consolidated Financial Statements* and are used in this IFRS with the meanings specified in those IFRSs:
— control of an investee
— equity method
— power
— protective rights
— relevant activities
— separate financial statements
— significant influence.

Appendix B

Application guidance

This appendix is an integral part of the IFRS. It describes the application of paragraphs 1—27 and has the same authority as the other parts of the IFRS.

The examples in this appendix portray hypothetical situations. Although some aspects of the examples may be present in actual fact patterns, all relevant facts and circumstances of a particular fact pattern would need to be evaluated when applying IFRS 11. **B1**

JOINT ARRANGEMENTS

Contractual arrangement (paragraph 5)

Contractual arrangements can be evidenced in several ways. An enforceable contractual arrangement is often, but not always, in writing, usually in the form of a contract or documented discussions between the parties. Statutory mechanisms can also create enforceable arrangements, either on their own or in conjunction with contracts between the parties. **B2**

When joint arrangements are structured through a *separate vehicle* (see paragraphs B19—B33), the contractual arrangement, or some aspects of the contractual arrangement, will in some cases be incorporated in the articles, charter or by-laws of the separate vehicle. **B3**

B4 In der vertraglichen Vereinbarung werden die Bedingungen festgelegt, unter denen die Parteien an der Tätigkeit teilnehmen, die Gegenstand der Vereinbarung ist. In der vertraglichen Vereinbarung werden im Allgemeinen folgende Angelegenheiten geregelt:

(a) Zweck, Tätigkeit und Laufzeit der gemeinsamen Vereinbarung.

(b) Die Art und Weise, wie die Mitglieder des Vorstandes oder eines gleichwertigen Leitungsorgans der gemeinsamen Vereinbarung bestellt werden.

(c) Der Entscheidungsprozess: d. h. die Angelegenheiten, bei denen Entscheidungen durch die Parteien erforderlich sind, die Stimmrechte der Parteien und der erforderliche Umfang der Unterstützung für die betreffenden Angelegenheiten. Der in der vertraglichen Vereinbarung wiedergegebene Entscheidungsprozess begründet die gemeinschaftliche Führung der Vereinbarung (siehe Paragraphen B5–B11).

(d) Das Kapital oder andere, von den Parteien verlangte Einlagen.

(e) Die Art und Weise, wie die Parteien Vermögenswerte, Schulden, Erlöse, Aufwendungen, Gewinne oder Verluste aus der gemeinsamen Vereinbarung teilen.

Gemeinschaftliche Führung (Paragraphen 7–13)

B5 Bei der Beurteilung, ob ein Unternehmen an der gemeinschaftlichen Führung einer Vereinbarung beteiligt ist, hat das Unternehmen als erstes zu beurteilen, ob alle Parteien oder eine Gruppe der Parteien die Führung der Vereinbarung gemeinsam ausüben. Beherrschung wird in IFRS 10 definiert. Dieser Standard ist zur Feststellung dessen anzuwenden, ob alle Parteien oder eine Gruppe der Parteien schwankenden Renditen aus ihrem Engagement in der Vereinbarung ausgesetzt sind bzw. Anrechte auf sie haben und ob sie die Möglichkeiten besitzen, die Renditen durch ihre Verfügungsgewalt über die Vereinbarung zu beeinflussen. Wenn alle Parteien oder eine Parteiengruppe bei gemeinsamer Betrachtung in der Lage sind, die Tätigkeiten mit wesentlichen Auswirkungen auf die Erlöse der Vereinbarung (d. h. maßgeblichen Tätigkeiten) zu lenken, beherrschen die Parteien die Vereinbarung gemeinsam.

B6 Ist ein Unternehmen zu dem Schluss gelangt, dass alle Parteien, oder eine Gruppe der Parteien, die Führung der Vereinbarung gemeinsam ausüben, hat es zu beurteilen, ob es an der gemeinschaftlichen Führung einer Vereinbarung beteiligt ist. Gemeinschaftliche Führung liegt nur dann vor, wenn die Entscheidungen über die maßgeblichen Tätigkeiten die einstimmige Zustimmung der an der gemeinsam ausgeübten Führung der Vereinbarung beteiligten Parteien erfordern. Die Beurteilung, ob die Vereinbarung der gemeinschaftlichen Führung durch alle beteiligten Parteien oder einer Gruppe der Parteien unterliegt oder ob sie durch eine ihrer Parteien allein geführt wird, kann Ermessensausübung verlangen.

B7 Mitunter führt der Entscheidungsprozess, den die Parteien in ihrer vertraglichen Vereinbarung festlegen, stillschweigend zu gemeinschaftlicher Führung. Nehmen wir zum Beispiel an, dass zwei Parteien eine Vereinbarung errichten, in der jede 50 % der Stimmrechte hält. Nehmen wir ferner an, dass in der vertraglichen Vereinbarung zwischen ihnen bestimmt wird, dass für Entscheidungen über die maßgeblichen Tätigkeiten mindestens 51 % der Stimmrechte erforderlich sind. In diesem Fall haben die Parteien stillschweigend vereinbart, dass sie die gemeinschaftliche Führung der Vereinbarung innehaben, weil Entscheidungen über die maßgeblichen Tätigkeiten nur mit Zustimmung beider Parteien getroffen werden können.

B8 Unter anderen Umständen schreibt die vertragliche Vereinbarung für Entscheidungen über die maßgeblichen Tätigkeiten einen Mindestanteil der Stimmrechte vor. Wenn dieser erforderliche Mindestanteil der Stimmrechte dadurch erzielt werden kann, dass mehrere Parteien in unterschiedlicher Zusammensetzung gemeinsam zustimmen, handelt es sich bei der betreffenden Vereinbarung nicht um eine gemeinsame Vereinbarung, sofern die vertragliche Vereinbarung nicht festlegt, welche Parteien (oder Parteienkombinationen) den Entscheidungen über die maßgeblichen Tätigkeiten der Vereinbarung einstimmig zustimmen müssen.

Anwendungsbeispiele

Beispiel 1 Angenommen, drei Parteien gründen eine Vereinbarung: A besitzt 50 % der Stimmrechte in der Vereinbarung, B 30 % und C 20 %. In der vertraglichen Vereinbarung zwischen A, B und C wird festgelegt, dass für Entscheidungen über die maßgeblichen Tätigkeiten der Vereinbarung mindestens 75 % der Stimmrechte erforderlich sind. Obgleich A jede Entscheidung blockieren kann, beherrscht A die Vereinbarung nicht, weil es die Zustimmung von B benötigt. Die Bestimmungen ihrer vertraglichen Vereinbarungen, nach denen für Entscheidungen über die maßgeblichen Tätigkeiten der Vereinbarung mindestens 75 % der Stimmrechte erforderlich sind, deuten stillschweigend darauf hin, dass A und B die gemeinschaftliche Führung der Vereinbarung innehaben, weil Entscheidungen über die maßgeblichen Tätigkeiten der Vereinbarung nicht ohne Zustimmung von sowohl A als auch B getroffen werden können.

The contractual arrangement sets out the terms upon which the parties participate in the activity that is the subject of the **B4** arrangement. The contractual arrangement generally deals with such matters as:

(a) the purpose, activity and duration of the joint arrangement.

(b) how the members of the board of directors, or equivalent governing body, of the joint arrangement, are appointed.

(c) the decision-making process: the matters requiring decisions from the parties, the voting rights of the parties and the required level of support for those matters. The decision-making process reflected in the contractual arrangement establishes joint control of the arrangement (see paragraphs B5—B11).

(d) the capital or other contributions required of the parties.

(e) how the parties share assets, liabilities, revenues, expenses or profit or loss relating to the joint arrangement.

Joint control (paragraphs 7—13)

In assessing whether an entity has joint control of an arrangement, an entity shall assess first whether all the parties, or a **B5** group of the parties, control the arrangement. IFRS 10 defines control and shall be used to determine whether all the parties, or a group of the parties, are exposed, or have rights, to variable returns from their involvement with the arrangement and have the ability to affect those returns through their power over the arrangement. When all the parties, or a group of the parties, considered collectively, are able to direct the activities that significantly affect the returns of the arrangement (ie the relevant activities), the parties control the arrangement collectively.

After concluding that all the parties, or a group of the parties, control the arrangement collectively, an entity shall assess **B6** whether it has joint control of the arrangement. Joint control exists only when decisions about the relevant activities require the unanimous consent of the parties that collectively control the arrangement. Assessing whether the arrangement is jointly controlled by all of its parties or by a group of the parties, or controlled by one of its parties alone, can require judgement.

Sometimes the decision-making process that is agreed upon by the parties in their contractual arrangement implicitly **B7** leads to joint control. For example, assume two parties establish an arrangement in which each has 50 per cent of the voting rights and the contractual arrangement between them specifies that at least 51 per cent of the voting rights are required to make decisions about the relevant activities. In this case, the parties have implicitly agreed that they have joint control of the arrangement because decisions about the relevant activities cannot be made without both parties agreeing.

In other circumstances, the contractual arrangement requires a minimum proportion of the voting rights to make decisions about the relevant activities. When that minimum required proportion of the voting rights can be achieved by more than one combination of the parties agreeing together, that arrangement is not a joint arrangement unless the contractual arrangement specifies which parties (or combination of parties) are required to agree unanimously to decisions about the relevant activities of the arrangement.

Application examples

Example 1   Assume that three parties establish an arrangement: A has 50 per cent of the voting rights in the arrangement, B has 30 per cent and C has 20 per cent. The contractual arrangement between A, B and C specifies that at least 75 per cent of the voting rights are required to make decisions about the relevant activities of the arrangement. Even though A can block any decision, it does not control the arrangement because it needs the agreement of B. The terms of their contractual arrangement requiring at least 75 per cent of the voting rights to make decisions about the relevant activities imply that A and B have joint control of the arrangement because decisions about the relevant activities of the arrangement cannot be made without both A and B agreeing.

Beispiel 2 Angenommen, zu einer Vereinbarung gehören drei Parteien: A besitzt 50 % der Stimmrechte in der Vereinbarung und B und C besitzen je 25 %. In der vertraglichen Vereinbarung zwischen A, B und C wird festgelegt, dass für Entscheidungen über die maßgeblichen Tätigkeiten der Vereinbarung mindestens 75 % der Stimmrechte erforderlich sind. Obgleich A jede Entscheidung blockieren kann, beherrscht es die Vereinbarung nicht, weil es die Zustimmung von entweder B oder C benötigt. In diesem Beispiel beherrschen A, B und C die Vereinbarung gemeinsam. Es gibt jedoch mehr als eine Kombination von Parteien, die sich einig sein können und somit 75 % der Stimmrechte erreichen (d. h. entweder A und B oder A und C). Damit die vertragliche Vereinbarung in einer solchen Situation eine gemeinsame Vereinbarung ist, müssten die Parteien festlegen, welche Parteienkombination Entscheidungen über die maßgeblichen Tätigkeiten der Vereinbarung einstimmig zustimmen muss.

Beispiel 3 Angenommen, in einer Vereinbarung besitzen A und B je 35 % der Stimmrechte in der Vereinbarung und die restlichen 30 % sind weit gestreut. Für Entscheidungen über die maßgeblichen Tätigkeiten wird die Zustimmung durch eine Mehrheit der Stimmrechte verlangt. A und B haben nur dann die gemeinschaftliche Führung der Vereinbarung, wenn die vertragliche Vereinbarung festlegt, dass für Entscheidungen über die maßgeblichen Tätigkeiten der Vereinbarung die Zustimmung sowohl von A als auch von B erforderlich ist.

B9 Das Erfordernis der einstimmigen Zustimmung bedeutet, dass jede Partei mit gemeinschaftlicher Führung der Vereinbarung jede andere Partei oder Gruppe der Parteien daran hindern kann, ohne ihre Zustimmung einseitige Entscheidungen (über die maßgeblichen Tätigkeiten) zu fällen. Bezieht sich das Erfordernis der einstimmigen Zustimmung nur auf Entscheidungen, die einer Partei Schutzrechte verleihen, nicht aber auf Entscheidungen über die maßgeblichen Tätigkeiten einer Vereinbarung, ist die betreffende Partei keine Partei, die an der gemeinschaftlichen Führung der Vereinbarung teilhat.

B10 Eine vertragliche Vereinbarung könnte auch Klauseln über die Lösung von Streitigkeiten, z. B. Schiedsverfahren, beinhalten. Derartige Bestimmungen lassen eventuell zu, dass Entscheidungen ohne einstimmige Zustimmung der Parteien, die an der gemeinschaftlichen Führung teilhaben, getroffen werden dürfen. Das Bestehen derartiger Bestimmungen verhindert nicht, dass die Vereinbarung unter gemeinschaftlicher Führung steht und infolgedessen eine gemeinsame Vereinbarung ist.

Beurteilung gemeinschaftlicher Führung

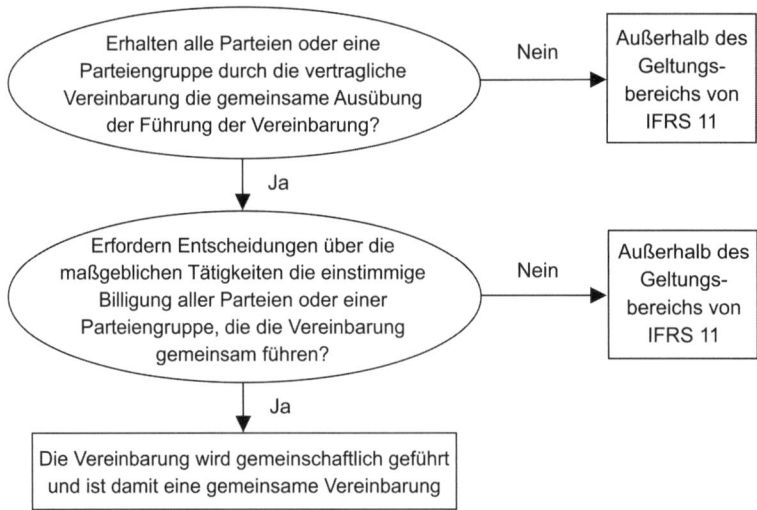

B11 Liegt eine Vereinbarung außerhalb des Geltungsbereichs von IFRS 11, bilanziert ein Unternehmen seinen Anteil an der Vereinbarung gemäß den maßgeblichen IFRS wie IFRS 10, IAS 28 (geändert 2011) oder IFRS 9.

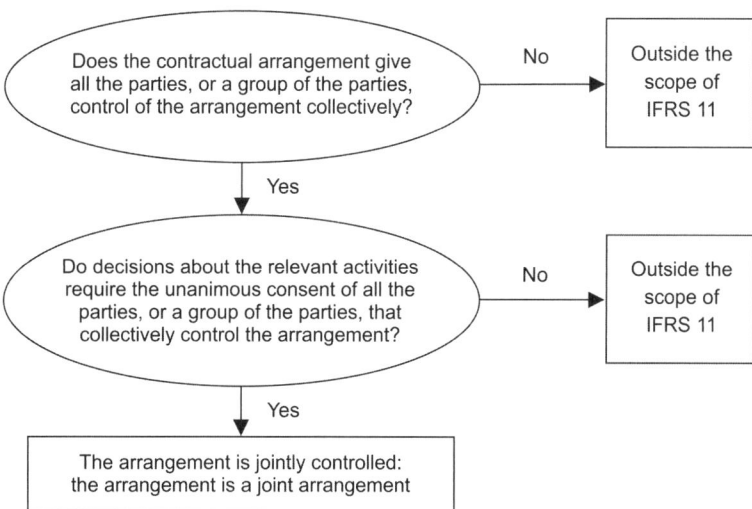

Example 2 Assume an arrangement has three parties: A has 50 per cent of the voting rights in the arrangement and B and C each have 25 per cent. The contractual arrangement between A, B and C specifies that at least 75 per cent of the voting rights are required to make decisions about the relevant activities of the arrangement. Even though A can block any decision, it does not control the arrangement because it needs the agreement of either B or C. In this example, A, B and C collectively control the arrangement. However, there is more than one combination of parties that can agree to reach 75 per cent of the voting rights (ie either A and B or A and C). In such a situation, to be a joint arrangement the contractual arrangement between the parties would need to specify which combination of the parties is required to agree unanimously to decisions about the relevant activities of the arrangement.

Example 3 Assume an arrangement in which A and B each have 35 per cent of the voting rights in the arrangement with the remaining 30 per cent being widely dispersed. Decisions about the relevant activities require approval by a majority of the voting rights. A and B have joint control of the arrangement only if the contractual arrangement specifies that decisions about the relevant activities of the arrangement require both A and B agreeing.

The requirement for unanimous consent means that any party with joint control of the arrangement can prevent any of the other parties, or a group of the parties, from making unilateral decisions (about the relevant activities) without its consent. If the requirement for unanimous consent relates only to decisions that give a party protective rights and not to decisions about the relevant activities of an arrangement, that party is not a party with joint control of the arrangement. **B9**

A contractual arrangement might include clauses on the resolution of disputes, such as arbitration. These provisions may allow for decisions to be made in the absence of unanimous consent among the parties that have joint control. The existence of such provisions does not prevent the arrangement from being jointly controlled and, consequently, from being a joint arrangement. **B10**

Assessing joint control

When an arrangement is outside the scope of IFRS 11, an entity accounts for its interest in the arrangement in accordance with relevant IFRSs, such as IFRS 10, IAS 28 (as amended in 2011) or IFRS 9. **B11**

B12 Gemeinsame Vereinbarungen werden für eine Vielzahl unterschiedlicher Zwecke gegründet (z. B. als Möglichkeit für die Parteien, Kosten und Risiken gemeinsam zu tragen, oder als Möglichkeit, den Parteien Zugang zu neuen Technologien oder neuen Märkten zu verschaffen). Sie können unter Nutzung unterschiedlicher Strukturen und Rechtsformen errichtet werden.

B13 Einige Vereinbarungen schreiben nicht vor, dass die Tätigkeit, die Gegenstand der Vereinbarung bildet, in einem eigenständigen Vehikel ausgeübt werden soll. Andere Vereinbarungen beinhalten jedoch die Gründung eines eigenständigen Vehikels.

B14 Die in diesem IFRS vorgeschriebene Einstufung gemeinsamer Vereinbarungen hängt von den Rechten und Pflichten ab, die den Parteien im normalen Geschäftsverlauf aus der Vereinbarung erwachsen. In diesem IFRS werden gemeinsame Vereinbarungen entweder als gemeinschaftliche Tätigkeiten oder als Gemeinschaftsunternehmen eingestuft. Wenn ein Unternehmen Rechte an den der Vereinbarung zuzurechnenden Vermögenswerten und Verpflichtungen für deren Schulden hat, ist die Vereinbarung eine gemeinschaftliche Tätigkeit. Wenn ein Unternehmen Rechte an der Vereinbarung zuzurechnenden Nettovermögenswerten hat, ist die Vereinbarung ein Gemeinschaftsunternehmen. In den Paragraphen B16–B33 wird dargelegt, anhand welcher Feststellungen ein Unternehmen beurteilt, ob seine Beteiligung eine gemeinschaftliche Tätigkeit oder Gemeinschaftsunternehmen betrifft.

Einstufung einer gemeinsamen Vereinbarung

B15 Wie in Paragraph B14 dargelegt, verlangt die Einstufung einer gemeinsamen Vereinbarung von den Parteien eine Beurteilung der Rechte und Pflichten, die ihnen aus der Vereinbarung erwachsen. Bei dieser Beurteilung muss ein Unternehmen Folgendes berücksichtigen:

(a) den Aufbau der gemeinsamen Vereinbarung (siehe Paragraphen B16–B21)

(b) falls die gemeinsame Vereinbarung als eigenständiges Vehikel errichtet wird:

(i) die Rechtsform des eigenständigen Vehikels (siehe Paragraphen B22–B24);

(ii) die Bestimmungen der vertraglichen Vereinbarung (siehe Paragraphen B25–B28); und

(iii) soweit sachdienlich, sonstige Sachverhalte und Umstände (siehe Paragraphen B29–B33).

Aufbau der gemeinsamen Vereinbarung

Gemeinsame Vereinbarungen, die nicht als eigenständiges Vehikel aufgebaut sind.

B16 Eine gemeinsame Vereinbarung, die nicht als eigenständiges Vehikel aufgebaut ist, ist eine gemeinschaftliche Tätigkeit. In derartigen Fällen werden in der vertraglichen Vereinbarung die der Vereinbarung zuzurechnenden Rechte der Parteien an den Vermögenswerten und ihre Verpflichtungen für die Schulden festgelegt. Ferner werden die Rechte der Parteien auf die entsprechenden Erlöse und ihre Verpflichtungen für die entsprechenden Aufwendungen bestimmt.

B17 Die vertragliche Vereinbarung beschreibt häufig die Beschaffenheit der Tätigkeiten, die Gegenstand der Vereinbarung sind, sowie die Art und Weise, wie die Parteien die gemeinsame Durchführung dieser Tätigkeiten planen. Die Parteien einer gemeinsamen Vereinbarung könnten zum Beispiel verabreden, ein Produkt gemeinsam herzustellen, wobei jede Partei für eine bestimmte Aufgabe verantwortlich ist und jede von ihnen eigene Vermögenswerte nutzt und eigene Schulden eingeht. In der vertraglichen Vereinbarung könnte auch im Einzelnen festgelegt werden, wie die gemeinsamen Erlöse und Aufwendungen der Parteien unter diesen aufgeteilt werden sollen. In einem solchen Fall setzt der gemeinschaftlich Tätige in seinen Abschlüssen die für seine besondere Aufgabe eingesetzten Vermögenswerte und Schulden an. Seinen Anteil an den Erlösen und Aufwendungen setzt er entsprechend der vertraglichen Vereinbarung an.

B18 In anderen Fällen könnten die Parteien einer gemeinsamen Vereinbarung übereinkommen, einen Vermögenswert zu teilen und gemeinsam zu betreiben. In einem solchen Fall regelt die vertragliche Vereinbarung die Rechte der Parteien an dem Vermögenswert sowie den Umstand, dass er gemeinsam betrieben wird. In ihr wird auch bestimmt, wie das Produktionsergebnis oder der Ertrag aus dem Vermögenswert sowie die Betriebskosten zwischen den Parteien aufgeteilt werden. Jeder gemeinschaftlich Tätige bilanziert seinen Anteil an dem gemeinschaftlichen Vermögenswert sowie seinen vereinbarten Anteil an eventuellen Schulden. Seinen Anteil an dem Produktionsergebnis, dem Ertrag und den Aufwendungen setzt er gemäß der vertraglichen Vereinbarung an.

Gemeinsame Vereinbarungen, die als eigenständiges Vehikel aufgebaut sind.

B19 Bei gemeinsamen Vereinbarungen, in denen die der Vereinbarung zuzurechnenden Vermögenswerte und Schulden im Besitz eines eigenständigen Vehikels sind, kann es sich entweder um Gemeinschaftsunternehmen oder um gemeinschaftliche Tätigkeiten handeln.

B20 Ob eine Partei gemeinschaftlich Tätiger oder Partnerunternehmen ist, hängt von den Rechten der Partei an den der Vereinbarung zuzurechnenden, im Besitz des eigenständigen Vehikels befindlichen Vermögenswerten sowie den Verpflichtungen für dessen Schulden ab.

Joint arrangements are established for a variety of purposes (eg as a way for parties to share costs and risks, or as a way to provide the parties with access to new technology or new markets), and can be established using different structures and legal forms. **B12**

Some arrangements do not require the activity that is the subject of the arrangement to be undertaken in a separate vehicle. However, other arrangements involve the establishment of a separate vehicle. **B13**

The classification of joint arrangements required by this IFRS depends upon the parties' rights and obligations arising from the arrangement in the normal course of business. This IFRS classifies joint arrangements as either joint operations or joint ventures. When an entity has rights to the assets, and obligations for the liabilities, relating to the arrangement, the arrangement is a joint operation. When an entity has rights to the net assets of the arrangement, the arrangement is a joint venture. Paragraphs B16—B33 set out the assessment an entity carries out to determine whether it has an interest in a joint operation or an interest in a joint venture. **B14**

Classification of a joint arrangement

As stated in paragraph B14, the classification of joint arrangements requires the parties to assess their rights and obligations arising from the arrangement. When making that assessment, an entity shall consider the following: **B15**
(a) the structure of the joint arrangement (see paragraphs B16—B21).
(b) when the joint arrangement is structured through a separate vehicle:
  (i) the legal form of the separate vehicle (see paragraphs B22—B24);
  (ii) the terms of the contractual arrangement (see paragraphs B25—B28); and
  (iii) when relevant, other facts and circumstances (see paragraphs B29—B33).

Structure of the joint arrangement

Joint arrangements not structured through a separate vehicle

A joint arrangement that is not structured through a separate vehicle is a joint operation. In such cases, the contractual arrangement establishes the parties' rights to the assets, and obligations for the liabilities, relating to the arrangement, and the parties' rights to the corresponding revenues and obligations for the corresponding expenses. **B16**

The contractual arrangement often describes the nature of the activities that are the subject of the arrangement and how the parties intend to undertake those activities together. For example, the parties to a joint arrangement could agree to manufacture a product together, with each party being responsible for a specific task and each using its own assets and incurring its own liabilities. The contractual arrangement could also specify how the revenues and expenses that are common to the parties are to be shared among them. In such a case, each joint operator recognises in its financial statements the assets and liabilities used for the specific task, and recognises its share of the revenues and expenses in accordance with the contractual arrangement. **B17**

In other cases, the parties to a joint arrangement might agree, for example, to share and operate an asset together. In such a case, the contractual arrangement establishes the parties' rights to the asset that is operated jointly, and how output or revenue from the asset and operating costs are shared among the parties. Each joint operator accounts for its share of the joint asset and its agreed share of any liabilities, and recognises its share of the output, revenues and expenses in accordance with the contractual arrangement. **B18**

Joint arrangements structured through a separate vehicle

A joint arrangement in which the assets and liabilities relating to the arrangement are held in a separate vehicle can be either a joint venture or a joint operation. **B19**

Whether a party is a joint operator or a joint venturer depends on the party's rights to the assets, and obligations for the liabilities, relating to the arrangement that are held in the separate vehicle. **B20**

B21 Wie in Paragraph B15 dargelegt, müssen die Parteien für den Fall, dass sie eine gemeinsame Vereinbarung als eigenständiges Vehikel aufgebaut haben, beurteilen, ob sie aufgrund der Rechtsform des eigenständigen Vehikels, aufgrund der Bestimmungen der vertraglichen Vereinbarung und, sofern maßgeblich, aufgrund sonstiger Sachverhalte und Umstände Folgendes erhalten:

(a) Rechte an den der Vereinbarung zuzurechnenden Vermögenswerten und Verpflichtungen für deren Schulden (d. h. bei der Vereinbarung handelt es sich um eine gemeinschaftliche Tätigkeit); oder

(b) Rechte am Nettovermögen der Vereinbarung (d. h. bei der Vereinbarung handelt es sich um ein Gemeinschaftsunternehmen).

Einstufung einer gemeinsamen Vereinbarung:
Bewertung der aus der Vereinbarung erwachsenden Rechte und Pflichten der Parteien

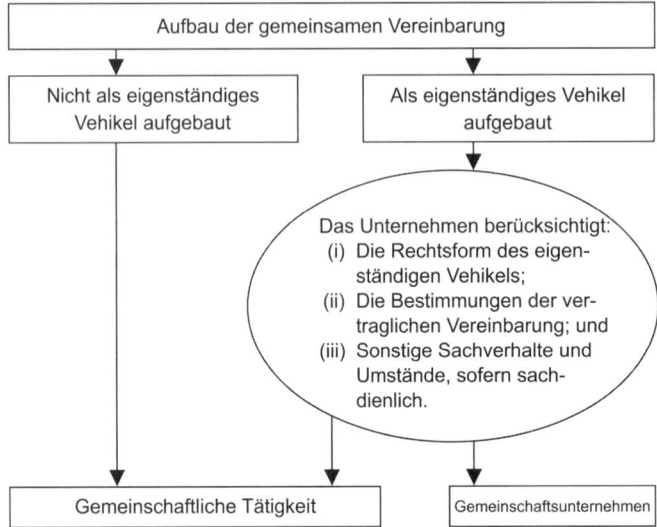

Rechtsform des eigenständigen Vehikels

B22 Bei der Beurteilung der Art einer gemeinsamen Vereinbarung ist die Rechtsform des eigenständigen Vehikels maßgeblich. Bei der anfänglichen Bewertung der Rechte der Parteien an den im Besitz des eigenständigen Vehikels befindlichen Vermögenswerten und ihren Verpflichtungen für dessen Schulden ist die Rechtsform behilflich. Die anfängliche Beurteilung betrifft z. B. die Frage, ob die Parteien Anteile an den im Besitz des eigenständigen Vehikels befindlichen Vermögenswerten haben und ob sie für dessen Schulden haften.

B23 Die Parteien können die gemeinsame Vereinbarung zum Beispiel als eigenständiges Vehikel betreiben, dessen Rechtsform dazu führt, dass das Vehikel als eigenständig betrachtet wird (d. h. die im Besitz des eigenständigen Vehikels befindlichen Vermögenswerte und Schulden sind dessen Vermögenswerte und Schulden und nicht die Vermögenswerte und Schulden der Parteien). In einem solchen Fall weist die Beurteilung der Rechte und Pflichten, die den Parteien durch die Rechtsform des eigenständigen Vehikels verliehen werden, darauf hin, dass es sich bei der Vereinbarung um ein Gemeinschaftsunternehmen handelt. Allerdings können die von den Parteien in ihrer vertraglichen Vereinbarung übereingekommenen Bestimmungen (siehe Paragraphen B25–B28) und, sofern maßgeblich, sonstige Sachverhalte und Umstände (siehe Paragraphen B29–B33) gegenüber der Beurteilung der den Parteien durch die Rechtsform des eigenständigen Vehikels verliehenen Rechte und Pflichten Vorrang haben.

B24 Die Beurteilung der den Parteien durch die Rechtsform des eigenständigen Vehikels verliehenen Rechte und Pflichten reicht nur dann für die Schlussfolgerung aus, dass es sich bei der Vereinbarung um eine gemeinschaftliche Tätigkeit handelt, wenn die Parteien die gemeinsame Vereinbarung als eigenständiges Vehikel betreiben, dessen Rechtsform keine Trennung zwischen den Parteien und dem eigenständigen Vehikel herstellt (d. h. bei den im Besitz des eigenständigen Vehikels befindlichen Vermögenswerten und Schulden handelt es sich um die Vermögenswerte und Schulden der Parteien).

Beurteilung der Bestimmungen der vertraglichen Vereinbarung

B25 In vielen Fällen stehen die Rechte und Pflichten, denen die Parteien in ihren vertraglichen Vereinbarungen zugestimmt haben, im Einklang, bzw. nicht im Widerspruch, mit den Rechten und Pflichten, die den Parteien durch die Rechtsform des eigenständigen Vehikels verliehen werden, nach der die Vereinbarung aufgebaut ist.

As stated in paragraph B15, when the parties have structured a joint arrangement in a separate vehicle, the parties need to **B21** assess whether the legal form of the separate vehicle, the terms of the contractual arrangement and, when relevant, any other facts and circumstances give them:

(a) rights to the assets, and obligations for the liabilities, relating to the arrangement (ie the arrangement is a joint operation); or

(b) rights to the net assets of the arrangement (ie the arrangement is a joint venture).

Classification of a joint arrangement: assessment of the parties' rights and obligations arising from the arrangement

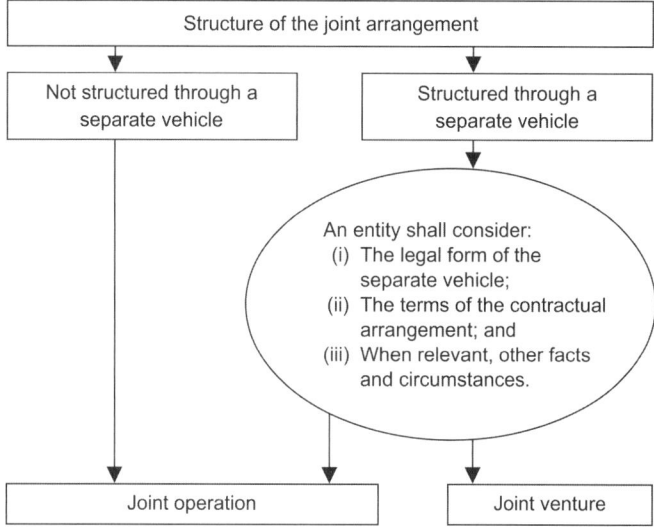

The legal form of the separate vehicle

The legal form of the separate vehicle is relevant when assessing the type of joint arrangement. The legal form assists in **B22** the initial assessment of the parties' rights to the assets and obligations for the liabilities held in the separate vehicle, such as whether the parties have interests in the assets held in the separate vehicle and whether they are liable for the liabilities held in the separate vehicle.

For example, the parties might conduct the joint arrangement through a separate vehicle, whose legal form causes the **B23** separate vehicle to be considered in its own right (ie the assets and liabilities held in the separate vehicle are the assets and liabilities of the separate vehicle and not the assets and liabilities of the parties). In such a case, the assessment of the rights and obligations conferred upon the parties by the legal form of the separate vehicle indicates that the arrangement is a joint venture. However, the terms agreed by the parties in their contractual arrangement (see paragraphs B25—B28) and, when relevant, other facts and circumstances (see paragraphs B29—B33) can override the assessment of the rights and obligations conferred upon the parties by the legal form of the separate vehicle.

The assessment of the rights and obligations conferred upon the parties by the legal form of the separate vehicle is suffi- **B24** cient to conclude that the arrangement is a joint operation only if the parties conduct the joint arrangement in a separate vehicle whose legal form does not confer separation between the parties and the separate vehicle (ie the assets and liabilities held in the separate vehicle are the parties' assets and liabilities).

Assessing the terms of the contractual arrangement

In many cases, the rights and obligations agreed to by the parties in their contractual arrangements are consistent, or do **B25** not conflict, with the rights and obligations conferred on the parties by the legal form of the separate vehicle in which the arrangement has been structured.

B26 In anderen Fällen nutzen die Parteien die vertragliche Vereinbarung zur Umkehrung oder Änderung der Rechte und Pflichten, die ihnen durch die Rechtsform des eigenständigen Vehikels verliehen werden, nach der die Vereinbarung aufgebaut wurde.

Anwendungsbeispiel

Beispiel 4 Angenommen, zwei Parteien bauen eine gemeinsame Vereinbarung als körperschaftlich organisiertes Unternehmen auf. Jede Partei hat einen Eigentumsanteil von 50 % an der Kapitalgesellschaft. Die Gründung der Kapitalgesellschaft erlaubt die Trennung des Unternehmens von seinen Eigentümern. Daraus ergibt sich, dass die im Besitz des Unternehmens befindlichen Vermögenswerte und Schulden die Vermögenswerte und Schulden des körperschaftlich organisierten Unternehmens sind. In einem solchen Fall weist die Beurteilung der den Parteien durch die Rechtsform des eigenständigen Vehikels verliehenen Rechte und Pflichten darauf hin, dass die Parteien Rechte an den Nettovermögenswerten der Vereinbarung haben.

Die Parteien verändern die Merkmale der Kapitalgesellschaft jedoch durch ihre vertragliche Vereinbarung in der Weise, dass jede einen Anteil an den Vermögenswerten des körperschaftlich organisierten Unternehmens besitzt und jede in einem festgelegten Verhältnis für die Schulden des körperschaftlich organisierten Unternehmens haftet. Derartige vertragliche Veränderungen an den Merkmalen einer Kapitalgesellschaft können dazu führen, dass eine Vereinbarung eine gemeinschaftliche Tätigkeit ist.

B27 Die folgende Tabelle enthält einen Vergleich zwischen üblichen Bestimmungen in vertraglichen Vereinbarungen zwischen Parteien einer gemeinschaftlichen Tätigkeit und üblichen Bestimmungen in vertraglichen Vereinbarungen zwischen Parteien eines Gemeinschaftsunternehmens. Die in der folgenden Tabelle aufgeführten Beispiele für Vertragsbestimmungen sind nicht erschöpfend.

Beurteilung der Bestimmungen der vertraglichen Vereinbarung

	Gemeinschaftliche Tätigkeit	Gemeinschaftsunternehmen
Bestimmungen der vertraglichen Vereinbarung	Die vertragliche Vereinbarung verleiht den Parteien der gemeinsamen Vereinbarung Rechte an den der Vereinbarung zuzurechnenden Vermögenswerten und Verpflichtungen für deren Schulden.	Die vertragliche Vereinbarung verleiht den Parteien der gemeinsamen Vereinbarung Rechte am Nettovermögen der Vereinbarung (d. h. es ist das eigenständige Vehikel, das Rechte an den der Vereinbarung zuzurechnenden Vermögenswerten und Verpflichtungen für deren Schulden hat, nicht die Parteien.)
Rechte an Vermögenswerten	In der vertraglichen Vereinbarung wird festgelegt, dass die Parteien der gemeinsamen Vereinbarung alle Anteile (z. B. Rechte, Titel oder Eigentum) an den der Vereinbarung zuzurechnenden Vermögenswerten in einem festgelegten Verhältnis gemeinsam besitzen (z. B. im Verhältnis zum Eigentumsanteil der Parteien an der Vereinbarung oder im Verhältnis zu der durch die Vereinbarung ausgeübten, den Parteien unmittelbar zugerechneten Tätigkeit).	In der vertraglichen Vereinbarung wird festgelegt, dass die in die Vereinbarung eingebrachten oder später von der gemeinsamen Vereinbarung erworbenen Vermögenswerte die Vermögenswerte der Vereinbarung sind. Die Parteien haben keine Anteile (d. h. keine Rechte, Titel oder Eigentum) an den Vermögenswerten der Vereinbarung.
Verpflichtungen für Schulden	In der vertraglichen Vereinbarung wird festgelegt, dass die Parteien der gemeinsamen Vereinbarung alle Schulden, Verpflichtungen, Kosten und Aufwendungen in einem festgelegten Verhältnis gemeinsam tragen (z. B. im Verhältnis zum Eigentumsanteil der Parteien an der Vereinbarung oder im Verhältnis zu der durch die Vereinbarung ausgeübten, den Parteien unmittelbar zugerechneten Tätigkeit).	In der vertraglichen Vereinbarung wird festgelegt, dass die gemeinsame Vereinbarung für die Schulden und Verpflichtungen der Vereinbarung haftet.
		In der vertraglichen Vereinbarung wird festgelegt, dass die Parteien der gemeinsamen Vereinbarung nur im Umfang ihrer jeweiligen Beteiligung an der Vereinbarung oder in Höhe ihrer jeweiligen Verpflichtung, noch nicht eingezahltes oder zusätz-

In other cases, the parties use the contractual arrangement to reverse or modify the rights and obligations conferred by **B26** the legal form of the separate vehicle in which the arrangement has been structured.

Application example

Example 4   Assume that two parties structure a joint arrangement in an incorporated entity. Each party has a 50 per cent ownership interest in the incorporated entity. The incorporation enables the separation of the entity from its owners and as a consequence the assets and liabilities held in the entity are the assets and liabilities of the incorporated entity. In such a case, the assessment of the rights and obligations conferred upon the parties by the legal form of the separate vehicle indicates that the parties have rights to the net assets of the arrangement.

However, the parties modify the features of the corporation through their contractual arrangement so that each has an interest in the assets of the incorporated entity and each is liable for the liabilities of the incorporated entity in a specified proportion. Such contractual modifications to the features of a corporation can cause an arrangement to be a joint operation.

The following table compares common terms in contractual arrangements of parties to a joint operation and common **B27** terms in contractual arrangements of parties to a joint venture. The examples of the contractual terms provided in the following table are not exhaustive.

Assessing the terms of the contractual arrangement

	Joint operation	Joint venture
The terms of the contractual arrangement	The contractual arrangement provides the parties to the joint arrangement with rights to the assets, and obligations for the liabilities, relating to the arrangement.	The contractual arrangement provides the parties to the joint arrangement with rights to the net assets of the arrangement (ie it is the separate vehicle, not the parties, that has rights to the assets, and obligations for the liabilities, relating to the arrangement).
Rights to assets	The contractual arrangement establishes that the parties to the joint arrangement share all interests (eg rights, title or ownership) in the assets relating to the arrangement in a specified proportion (eg in proportion to the parties' ownership interest in the arrangement or in proportion to the activity carried out through the arrangement that is directly attributed to them).	The contractual arrangement establishes that the assets brought into the arrangement or subsequently acquired by the joint arrangement are the arrangement's assets. The parties have no interests (ie no rights, title or ownership) in the assets of the arrangement.
Obligations for liabilities	The contractual arrangement establishes that the parties to the joint arrangement share all liabilities, obligations, costs and expenses in a specified proportion (eg in proportion to the parties' ownership interest in the arrangement or in proportion to the activity carried out through the arrangement that is directly attributed to them).	The contractual arrangement establishes that the joint arrangement is liable for the debts and obligations of the arrangement.
		The contractual arrangement establishes that the parties to the joint arrangement are liable to the arrangement only to the extent of their respective investments in the arrangement or to their respective obligations to contribute any unpaid or addi-

	Gemeinschaftliche Tätigkeit	Gemeinschaftsunternehmen
		liches Kapital in sie einzubringen, der Vereinbarung gegenüber haften. Es kann auch Beides gelten.
	In der vertraglichen Vereinbarung wird festgelegt, dass die Parteien der gemeinsamen Vereinbarung für Ansprüche haften, die von Dritten erhoben werden.	In der vertraglichen Vereinbarung wird erklärt, dass Gläubiger der gemeinsamen Vereinbarung in Bezug auf Schulden oder Verpflichtungen der Vereinbarung keiner Partei gegenüber Rückgriffsrechte haben.
Erlöse, Aufwendungen, Gewinn oder Verlust	In der vertraglichen Vereinbarung wird die Zuweisung von Erlösen und Aufwendungen auf der Grundlage der relativen Leistung jeder Partei gegenüber der gemeinsamen Vereinbarung festgelegt. Zum Beispiel könnte in der vertraglichen Vereinbarung festgelegt werden, dass Erlöse und Aufwendungen auf Basis der Kapazität zugewiesen werden, die jede Partei an einem gemeinsam betriebenen Werk nutzt und die von ihrem Eigentumsanteil an der gemeinsamen Vereinbarung abweichen könnte. In anderen Fällen haben die Parteien vielleicht vereinbart, den der Vereinbarung zuzurechnenden Gewinn oder Verlust auf Basis eines festgelegten Verhältnisses wie z. B. dem jeweiligen Eigentumsanteil der Parteien an der Vereinbarung, zu teilen. Dies würde nicht verhindern, dass die Vereinbarung eine gemeinschaftliche Tätigkeit ist, sofern die Parteien Rechte an den der Vereinbarung zuzurechnenden Vermögenswerten und Verpflichtungen für ihre Schulden haben.	In der vertraglichen Vereinbarung wird der Anteil jeder Partei an dem Gewinn oder Verlust festgelegt, der den Tätigkeiten der Vereinbarung zuzurechnen ist.
Garantien	Von den Parteien gemeinschaftlicher Vereinbarungen wird oft verlangt, Dritten gegenüber Garantien zu leisten, die z. B. eine Dienstleistung von der gemeinsamen Vereinbarung empfangen oder ihr Finanzmittel zur Verfügung stellen. Die Leistung derartiger Garantien oder die Zusage der Parteien, diese zu leisten, legt für sich gesehen noch nicht fest, dass die gemeinsame Vereinbarung eine gemeinschaftliche Tätigkeit darstellt. Bestimmendes Merkmal dafür, ob es sich bei der gemeinsamen Vereinbarung um eine gemeinschaftliche Tätigkeit oder um ein Gemeinschaftsunternehmen handelt, ist der Umstand, ob die Parteien Verpflichtungen für die der Vereinbarung zuzurechnenden Schulden haben (wobei die Parteien für einige dieser Schulden eine Garantie geleistet haben können oder auch nicht).	

B28 Wird in der vertraglichen Vereinbarung festgelegt, dass die Parteien Rechte an den der Vereinbarung zuzurechnenden Vermögenswerten und Verpflichtungen für ihre Schulden haben, sind sie Parteien einer gemeinschaftlichen Tätigkeit und müssen zur Einstufung der gemeinsamen Vereinbarung keine sonstigen Sachverhalte und Umstände (Paragraphen B29–B33) berücksichtigen.

Beurteilung sonstiger Sachverhalte und Umstände

B29 Ist in der vertraglichen Vereinbarung nicht festgelegt, dass die Parteien Rechte an den der Vereinbarung zuzurechnenden Vermögenswerten und Verpflichtungen für ihre Schulden haben, müssen die Parteien bei der Beurteilung, ob es sich bei der Vereinbarung um eine gemeinschaftliche Tätigkeit oder ein Gemeinschaftsunternehmen handelt, sonstige Sachverhalte und Umstände berücksichtigen.

	Joint operation	Joint venture
		tional capital to the arrangement, or both.
	The contractual arrangement establishes that the parties to the joint arrangement are liable for claims raised by third parties.	The contractual arrangement states that creditors of the joint arrangement do not have rights of recourse against any party with respect to debts or obligations of the arrangement.
Revenues, expenses, profit or loss	The contractual arrangement establishes the allocation of revenues and expenses on the basis of the relative performance of each party to the joint arrangement. For example, the contractual arrangement might establish that revenues and expenses are allocated on the basis of the capacity that each party uses in a plant operated jointly, which could differ from their ownership interest in the joint arrangement. In other instances, the parties might have agreed to share the profit or loss relating to the arrangement on the basis of a specified proportion such as the parties' ownership interest in the arrangement. This would not prevent the arrangement from being a joint operation if the parties have rights to the assets, and obligations for the liabilities, relating to the arrangement.	The contractual arrangement establishes each party's share in the profit or loss relating to the activities of the arrangement.
Guarantees	The parties to joint arrangements are often required to provide guarantees to third parties that, for example, receive a service from, or provide financing to, the joint arrangement. The provision of such guarantees, or the commitment by the parties to provide them, does not, by itself, determine that the joint arrangement is a joint operation. The feature that determines whether the joint arrangement is a joint operation or a joint venture is whether the parties have obligations for the liabilities relating to the arrangement (for some of which the parties might or might not have provided a guarantee).	

When the contractual arrangement specifies that the parties have rights to the assets, and obligations for the liabilities, **B28** relating to the arrangement, they are parties to a joint operation and do not need to consider other facts and circumstances (paragraphs B29—B33) for the purposes of classifying the joint arrangement.

Assessing other facts and circumstances

When the terms of the contractual arrangement do not specify that the parties have rights to the assets, and obligations **B29** for the liabilities, relating to the arrangement, the parties shall consider other facts and circumstances to assess whether the arrangement is a joint operation or a joint venture.

B30 Eine gemeinsame Vereinbarung kann als eigenständiges Vehikel aufgebaut sein, dessen Rechtsform eine Trennung zwischen den Parteien und dem eigenständigen Vehikel vorsieht. Die zwischen den Parteien vereinbarten Vertragsbestimmungen enthalten eventuell keine Festlegung der Rechte der Parteien an den Vermögenswerten und ihrer Verpflichtungen für die Schulden. Eine Berücksichtigung sonstiger Sachverhalte und Umstände kann jedoch dazu führen, dass eine solche Vereinbarung als gemeinschaftliche Tätigkeit eingestuft wird. Dies ist der Fall, wenn die Parteien aufgrund sonstiger Sachverhalte und Umstände Rechte an den der Vereinbarung zuzurechnenden Vermögenswerten und Verpflichtungen für ihre Schulden erhalten.

B31 Sind die Tätigkeiten einer Vereinbarung hauptsächlich auf die Belieferung der Parteien mit Produktionsergebnissen ausgerichtet, weist dies darauf hin, dass die Parteien wesentliche Teile des wirtschaftlichen Gesamtnutzens aus den Vermögenswerten der Vereinbarung beanspruchen können. Die Parteien einer solchen Vereinbarung sichern ihren in der Vereinbarung vorgesehenen Zugriff auf das Produktionsergebnis häufig dadurch, dass sie die Vereinbarung daran hindern, Produktionsergebnisse an Dritte zu verkaufen.

B32 Die Wirkung einer derart gestalteten Vereinbarung besteht darin, dass die seitens der Vereinbarung eingegangenen Schulden im Wesentlichen durch die Zahlungsströme beglichen werden, die der Vereinbarung aus den Ankäufen des Produktionsergebnisses seitens der Parteien zufließen. Wenn die Parteien im Wesentlichen die einzige Quelle für Zahlungsströme sind, die zum Fortbestehen der Tätigkeiten der Vereinbarung beitragen, weist dies darauf hin, dass die Parteien eine Verpflichtung für der Vereinbarung zuzurechnende Schulden haben.

Anwendungsbeispiel

Beispiel 5 Angenommen, zwei Parteien bauen eine gemeinsame Vereinbarung als körperschaftlich organisiertes Unternehmen (Unternehmen C) auf, an dem jede Partei einen Eigentumsanteil von 50 % besitzt. Der Zweck der Vereinbarung besteht in der Herstellung von Materialien, welche die Parteien für ihre eigenen, individuellen Herstellungsprozesse benötigen. Die Vereinbarung stellt sicher, dass die Parteien die Einrichtung betreiben, welche die Materialien gemäß den Mengen- und Qualitätsvorgaben der Parteien produziert.

Die Rechtsform von Unternehmen C (körperschaftlich organisiertes Unternehmen), über das die Tätigkeiten durchgeführt werden, weist anfänglich darauf hin, dass es sich bei den im Besitz von Unternehmen C befindlichen Vermögenswerten und Schulden um die Vermögenswerte und Schulden von Unternehmen C handelt. In der vertraglichen Vereinbarung zwischen den Parteien wird nicht festgelegt, dass die Parteien Rechte an den Vermögenswerten oder Verpflichtungen für die Schulden von Unternehmen C haben. Dementsprechend weisen die Rechtsform von Unternehmen C und die Bestimmungen der vertraglichen Vereinbarung darauf hin, dass es sich bei der Vereinbarung um ein Gemeinschaftsunternehmen handelt.

Die Parteien ziehen jedoch auch folgende Aspekte der Vereinbarung in Betracht:

– Die Parteien haben vereinbart, das gesamte, von Unternehmen C hergestellte Produktionsergebnis im Verhältnis 50:50 zu kaufen. Unternehmen C kann nichts vom Produktionsergebnis an Dritte verkaufen, sofern dies nicht von den beiden Parteien der Vereinbarung genehmigt wird. Da der Zweck der Vereinbarung darin besteht, die Parteien mit dem von ihnen benötigten Produktionsergebnis zu versorgen, ist davon auszugehen, dass derartige Verkäufe an Dritte selten vorkommen und keinen wesentlichen Umfang haben werden.

– Für den Preis des an die Parteien verkauften Produktionsergebnisses wird von beiden Parteien ein Niveau festgelegt, das darauf ausgelegt ist, die Unternehmen C entstandenen Produktionskosten und Verwaltungsaufwendungen zu decken. Auf der Grundlage dieses Betriebsmodells soll die Vereinbarung kostendeckend arbeiten.

Bei dem oben beschriebenen Sachverhaltsmuster sind folgende Sachverhalte und Umstände maßgeblich:

– Die Verpflichtung der Parteien, das gesamte, von Unternehmen C erzeugte Produktionsergebnis zu kaufen, spiegelt die Abhängigkeit des Unternehmens C von den Parteien hinsichtlich der Generierung von Zahlungsströmen wider.

– Die Tatsache, dass die Parteien Rechte am gesamten, von Unternehmen C erzeugten Produktionsergebnis haben, bedeutet, dass sie den gesamten wirtschaftlichen Nutzen der Vermögenswerte von Unternehmen C verbrauchen und daher Rechte daran haben.

Diese Sachverhalte und Umstände weisen darauf hin, dass es sich bei der Vereinbarung um eine gemeinschaftliche Tätigkeit handelt. Die Schlussfolgerung über die Einstufung der gemeinsamen Vereinbarung unter den beschriebenen Umständen würde sich nicht ändern, wenn die Parteien, anstatt ihren Anteil am Produktionsergebnis in einem anschließenden Fertigungsschritt selbst zu verwenden, ihren Anteil am Produktionsergebnis stattdessen an Dritte verkauften.

A joint arrangement might be structured in a separate vehicle whose legal form confers separation between the parties and the separate vehicle. The contractual terms agreed among the parties might not specify the parties' rights to the assets and obligations for the liabilities, yet consideration of other facts and circumstances can lead to such an arrangement being classified as a joint operation. This will be the case when other facts and circumstances give the parties rights to the assets, and obligations for the liabilities, relating to the arrangement. **B30**

When the activities of an arrangement are primarily designed for the provision of output to the parties, this indicates that the parties have rights to substantially all the economic benefits of the assets of the arrangement. The parties to such arrangements often ensure their access to the outputs provided by the arrangement by preventing the arrangement from selling output to third parties. **B31**

The effect of an arrangement with such a design and purpose is that the liabilities incurred by the arrangement are, in substance, satisfied by the cash flows received from the parties through their purchases of the output. When the parties are substantially the only source of cash flows contributing to the continuity of the operations of the arrangement, this indicates that the parties have an obligation for the liabilities relating to the arrangement. **B32**

Application example

Example 5   Assume that two parties structure a joint arrangement in an incorporated entity (entity C) in which each party has a 50 per cent ownership interest. The purpose of the arrangement is to manufacture materials required by the parties for their own, individual manufacturing processes. The arrangement ensures that the parties operate the facility that produces the materials to the quantity and quality specifications of the parties.

The legal form of entity C (an incorporated entity) through which the activities are conducted initially indicates that the assets and liabilities held in entity C are the assets and liabilities of entity C. The contractual arrangement between the parties does not specify that the parties have rights to the assets or obligations for the liabilities of entity C. Accordingly, the legal form of entity C and the terms of the contractual arrangement indicate that the arrangement is a joint venture.

However, the parties also consider the following aspects of the arrangement:

— The parties agreed to purchase all the output produced by entity C in a ratio of 50:50. Entity C cannot sell any of the output to third parties, unless this is approved by the two parties to the arrangement. Because the purpose of the arrangement is to provide the parties with output they require, such sales to third parties are expected to be uncommon and not material.

— The price of the output sold to the parties is set by both parties at a level that is designed to cover the costs of production and administrative expenses incurred by entity C. On the basis of this operating model, the arrangement is intended to operate at a break-even level.

From the fact pattern above, the following facts and circumstances are relevant:

— The obligation of the parties to purchase all the output produced by entity C reflects the exclusive dependence of entity C upon the parties for the generation of cash flows and, thus, the parties have an obligation to fund the settlement of the liabilities of entity C.

— The fact that the parties have rights to all the output produced by entity C means that the parties are consuming, and therefore have rights to, all the economic benefits of the assets of entity C.

These facts and circumstances indicate that the arrangement is a joint operation. The conclusion about the classification of the joint arrangement in these circumstances would not change if, instead of the parties using their share of the output themselves in a subsequent manufacturing process, the parties sold their share of the output to third parties.

Würden die Parteien die Bestimmungen der vertraglichen Vereinbarung dahingehend ändern, dass die Vereinbarung in der Lage wäre, Produktionsergebnisse an Dritte zu verkaufen, würde dies dazu führen, dass Unternehmen C Nachfrage-, Lager- und Kreditrisiken übernimmt. In diesem Szenario würde eine solche Veränderung bei den Sachverhalten und Umständen eine Neubeurteilung der Einstufung der gemeinsamen Vereinbarung erfordern. Diese Sachverhalte und Umstände weisen darauf hin, dass es sich bei der Vereinbarung um ein Gemeinschaftsunternehmen handelt.

B33 Im folgenden Ablaufdiagramm wird der Beurteilungsverlauf dargestellt, dem ein Unternehmen bei der Einstufung einer Vereinbarung in den Fällen folgt, in denen die gemeinsame Vereinbarung als eigenständiges Vehikel aufgebaut ist.

Einstufung einer als eigenständiges Vehikel aufgebauten gemeinsamen Vereinbarung

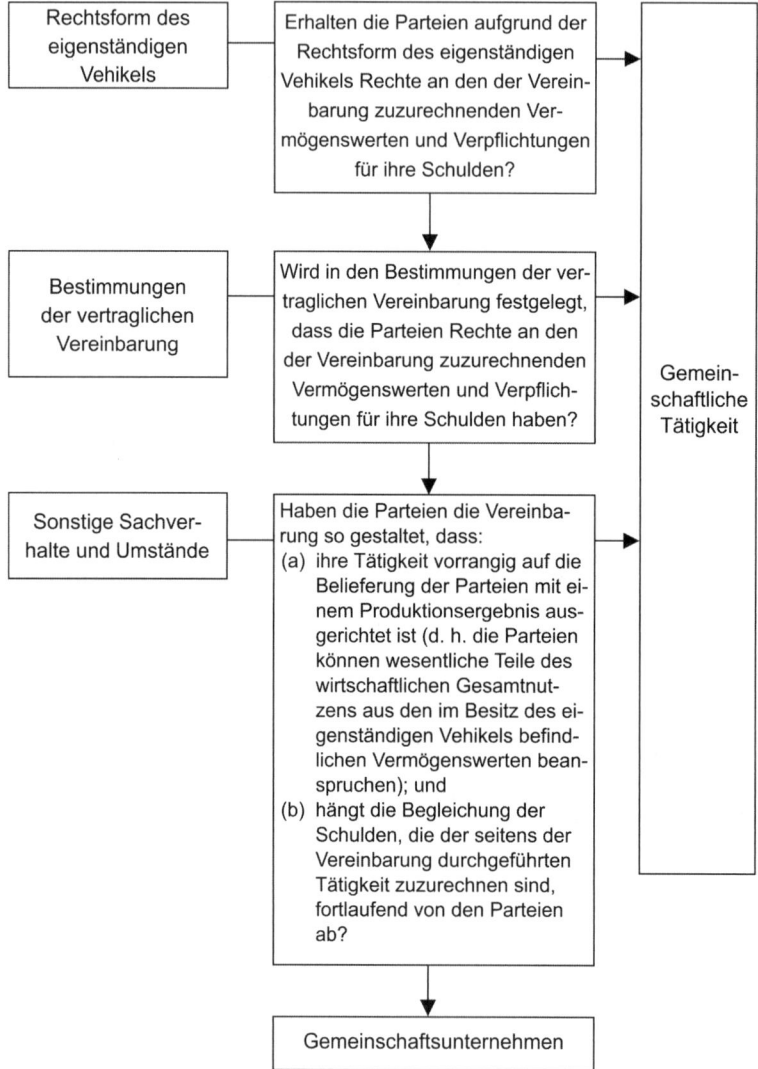

If the parties changed the terms of the contractual arrangement so that the arrangement was able to sell output to third parties, this would result in entity C assuming demand, inventory and credit risks. In that scenario, such a change in the facts and circumstances would require reassessment of the classification of the joint arrangement. Such facts and circumstances would indicate that the arrangement is a joint venture.

The following flow chart reflects the assessment an entity follows to classify an arrangement when the joint arrangement **B33** is structured through a separate vehicle:

Classification of a joint arrangement structured through a separate vehicle

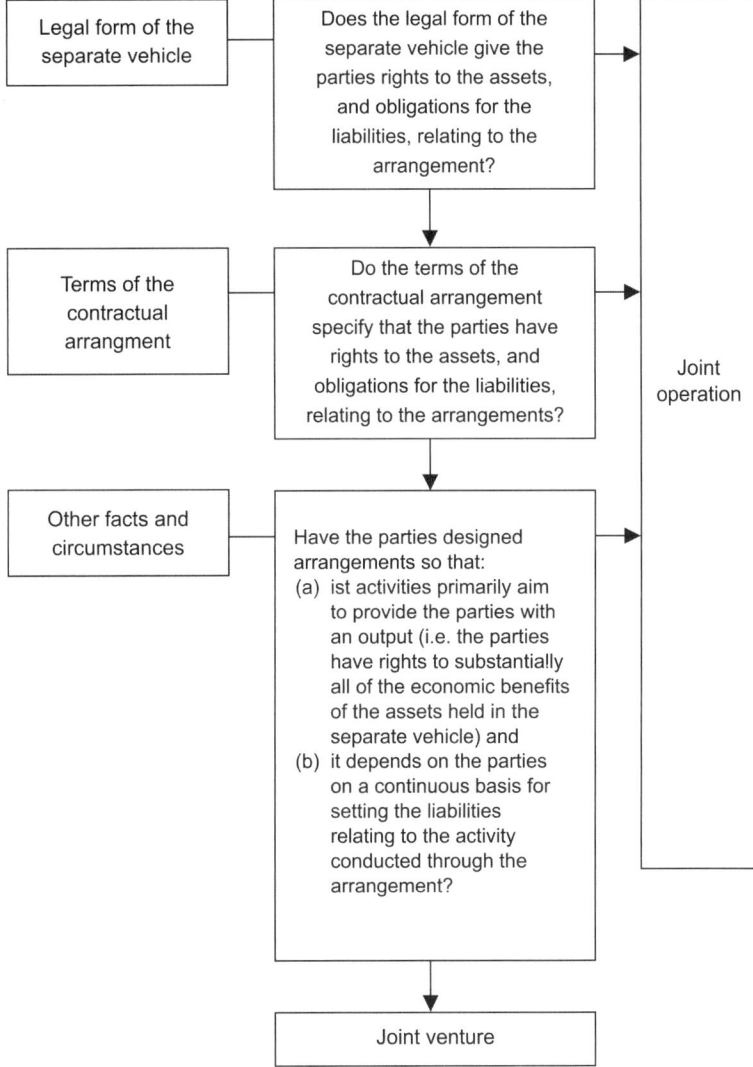

Bilanzierung von Erwerben von Anteilen an gemeinschaftlichen Tätigkeiten

B33A Erwirbt ein Unternehmen einen Anteil an einer gemeinschaftlichen Tätigkeit, die einen Geschäftsbetrieb im Sinne des IFRS 3 darstellt, wendet es, im Umfang seines Anteils gemäß Paragraph 20, sämtliche in IFRS 3 und in anderen IFRS festgelegten Grundsätze der Bilanzierung von Unternehmenszusammenschlüssen an, die nicht mit den Leitlinien dieses IFRS im Widerspruch stehen, und macht die in diesen IFRS in Bezug auf Unternehmenszusammenschlüsse vorgeschriebenen Angaben. Die Grundsätze der Bilanzierung von Unternehmenszusammenschlüssen, die nicht mit den Leitlinien dieses IFRS im Widerspruch stehen, sind unter anderem folgende:

(a) Die identifizierbaren Vermögenswerte und Schulden werden zum beizulegenden Zeitwert bewertet, es sei denn es handelt sich um Posten, für die in IFRS 3 und anderen IFRS Ausnahmen vorgesehen sind;

(b) Die mit dem Erwerb verbundenen Kosten werden in den Perioden, in denen die Kosten anfallen und die Dienste empfangen werden, als Aufwand bilanziert; mit einer Ausnahme: Die Kosten für die Emission von Schuldtiteln oder Aktienpapieren werden gemäß IAS 32 *Finanzinstrumente: Darstellung* und IFRS 9 bilanziert;

(c) Latente Steueransprüche und latente Steuerschulden, die beim erstmaligen Ansatz von Vermögenswerten oder Schulden entstehen – ausgenommen latente Steuerschulden, die beim erstmaligen Ansatz des Geschäfts- oder Firmenwerts entstehen – werden gemäß IFRS 3 und IAS 12 *Ertragsteuern* für Unternehmenszusammenschlüsse bilanziert;

(d) Der Unterschiedsbetrag zwischen der übertragenen Gegenleistung und dem Saldo der zum Erwerbszeitpunkt bestehenden Wertansätze der erworbenen identifizierbaren Vermögenswerte und übernommenen Schulden wird, sofern vorhanden, als Geschäfts- oder Firmenwert bilanziert; und

(e) Zahlungsmittelgenerierende Einheiten mit zugeordnetem Geschäfts- oder Firmenwert werden, wie in IAS 36 *Wertminderung von Vermögenswerten* für bei Unternehmenszusammenschlüssen erworbene Geschäfts- oder Firmenwerte vorgeschrieben, mindestens jährlich sowie wann immer es einen Anhaltspunkt gibt, dass die Einheit wertgemindert sein könnte, auf Wertminderung geprüft.

B33B Die Paragraphen 21A und B33A gelten auch für die Bildung einer gemeinschaftlichen Tätigkeit unter der alleinigen Voraussetzung, dass eine der Parteien, die an der gemeinschaftlichen Tätigkeit beteiligt sind, zur Bildung der gemeinschaftlichen Tätigkeit einen bestehenden Geschäftsbetrieb (im Sinne des IFRS 3) einbringt. Diese Paragraphen gelten dagegen nicht für die Bildung einer gemeinschaftlichen Tätigkeit, wenn sämtliche an ihr beteiligten Parteien zu ihrer Bildung lediglich Vermögenswerte oder Gruppen von Vermögenswerten einbringen, die keinen Geschäftsbetrieb darstellen.

B33C Ein gemeinschaftlich Tätiger kann seinen Anteil an einer gemeinschaftlichen Tätigkeit, die einen Geschäftsbetrieb im Sinne des IFRS 3 darstellt, erhöhen, indem er weitere Anteile an der gemeinschaftlichen Tätigkeit erwirbt. In diesem Fall werden die zuvor von ihm gehaltenen Anteile an der gemeinschaftlichen Tätigkeit nicht neu bewertet, wenn der gemeinschaftlich Tätige diese weiterhin gemeinschaftlich führt.

B33D Die Paragraphen 21A und B33A–B33C gelten nicht für den Erwerb eines Anteils an einer gemeinschaftlichen Tätigkeit, wenn die Parteien, die gemeinschaftlich die Führung ausüben, einschließlich des Unternehmens, das den Anteil an der gemeinschaftlichen Tätigkeit erwirbt, sowohl vor als auch nach dem Erwerb alle von derselben Partei oder denselben Parteien beherrscht werden und diese Beherrschung nicht vorübergehender Natur ist.

Bilanzierung von Verkäufen an oder Einlagen von Vermögenswerten in eine gemeinschaftliche Tätigkeit

B34 Schließt ein Unternehmen mit einer gemeinschaftlichen Tätigkeit, in der es gemeinschaftlich Tätiger ist, eine Transaktion wie einen Verkauf oder eine Einlage von Vermögenswerten ab, dann führt es die Transaktion mit den anderen Parteien der gemeinschaftlichen Tätigkeit durch. In dieser Eigenschaft setzt der gemeinschaftlich Tätige die aus einer solchen Transaktion entstehenden Gewinne und Verluste nur im Umfang der Anteile der anderen Parteien an der gemeinschaftlichen Tätigkeit an.

B35 Ergeben sich aus einer solchen Transaktion Beweise für eine Minderung des Nettoveräußerungswertes der an die gemeinschaftliche Tätigkeit zu verkaufenden oder in sie einzubringenden Vermögenswerte oder Beweise für einen Wertminderungsaufwand für die betreffenden Vermögenswerte, hat der gemeinschaftlich Tätige diese Verluste vollständig anzusetzen.

Bilanzierung von Käufen von Vermögenswerten einer gemeinschaftlichen Tätigkeit

B36 Schließt ein Unternehmen mit einer gemeinschaftlichen Tätigkeit, in der es gemeinschaftlich Tätiger ist, eine Transaktion wie den Kauf von Vermögenswerten ab, setzt es seinen Anteil an den Gewinnen und Verlusten erst an, wenn es die betreffenden Vermögenswerte an einen Dritten weiterverkauft hat.

B37 Ergeben sich aus einer solchen Transaktion Beweise für eine Minderung des Nettoveräußerungswertes der zu erwerbenden Vermögenswerte oder Beweise für einen Wertminderungsaufwand für die betreffenden Vermögenswerte, hat der gemeinschaftlich Tätige seinen Anteil an diesen Verlusten anzusetzen.

Accounting for acquisitions of interests in joint operations

When an entity acquires an interest in a joint operation in which the activity of the joint operation constitutes a business, **B33A** as defined in IFRS 3, it shall apply, to the extent of its share in accordance with paragraph 20, all of the principles on business combinations accounting in IFRS 3, and other IFRSs, that do not conflict with the guidance in this IFRS and disclose the information required by those IFRSs in relation to business combinations. The principles on business combinations accounting that do not conflict with the guidance in this IFRS include but are not limited to:

(a) measuring identifiable assets and liabilities at fair value, other than items for which exceptions are given in IFRS 3 and other IFRSs;

(b) recognising acquisition-related costs as expenses in the periods in which the costs are incurred and the services are received, with the exception that the costs to issue debt or equity securities are recognised in accordance with IAS 32 *Financial Instruments: Presentation* and IFRS 9;

(c) recognising deferred tax assets and deferred tax liabilities that arise from the initial recognition of assets or liabilities, except for deferred tax liabilities that arise from the initial recognition of goodwill, as required by IFRS 3 and IAS 12 *Income Taxes* for business combinations;

(d) recognising the excess of the consideration transferred over the net of the acquisition-date amounts of the identifiable assets acquired and the liabilities assumed, if any, as goodwill; and

(e) testing for impairment a cash-generating unit to which goodwill has been allocated at least annually, and whenever there is an indication that the unit may be impaired, as required by IAS 36 *Impairment of Assets* for goodwill acquired in a business combination.

Paragraphs 21A and B33A also apply to the formation of a joint operation if, and only if, an existing business, as defined **B33B** in IFRS 3, is contributed to the joint operation on its formation by one of the parties that participate in the joint operation. However, those paragraphs do not apply to the formation of a joint operation if all of the parties that participate in the joint operation only contribute assets or groups of assets that do not constitute businesses to the joint operation on its formation.

A joint operator might increase its interest in a joint operation in which the activity of the joint operation constitutes a **B33C** business, as defined in IFRS 3, by acquiring an additional interest in the joint operation. In such cases, previously held interests in the joint operation are not remeasured if the joint operator retains joint control.

Paragraphs 21A and B33A—B33C do not apply on the acquisition of an interest in a joint operation when the parties **B33D** sharing joint control, including the entity acquiring the interest in the joint operation, are under the common control of the same ultimate controlling party or parties both before and after the acquisition, and that control is not transitory.

Accounting for sales or contributions of assets to a joint operation

When an entity enters into a transaction with a joint operation in which it is a joint operator, such as a sale or contribu- **B34** tion of assets, it is conducting the transaction with the other parties to the joint operation and, as such, the joint operator shall recognise gains and losses resulting from such a transaction only to the extent of the other parties' interests in the joint operation.

When such transactions provide evidence of a reduction in the net realisable value of the assets to be sold or contributed **B35** to the joint operation, or of an impairment loss of those assets, those losses shall be recognised fully by the joint operator.

Accounting for purchases of assets from a joint operation

When an entity enters into a transaction with a joint operation in which it is a joint operator, such as a purchase of assets, **B36** it shall not recognise its share of the gains and losses until it resells those assets to a third party.

When such transactions provide evidence of a reduction in the net realisable value of the assets to be purchased or of an **B37** impairment loss of those assets, a joint operator shall recognise its share of those losses.

Anhang C

Datum des Inkrafttretens, Übergang und Rücknahme anderer IFRS

Dieser Anhang ist fester Bestandteil des IFRS und hat die gleiche bindende Kraft wie die anderen Teile des IFRS.

ZEITPUNKT DES INKRAFTTRETENS

C1 Unternehmen haben diesen IFRS auf Geschäftsjahre anzuwenden, die am oder nach dem 1. Januar 2013 beginnen. Eine frühere Anwendung ist zulässig. Wendet ein Unternehmen diesen IFRS früher an, hat es dies anzugeben und gleichzeitig IFRS 10, IFRS 12 *Angaben zu Beteiligungen an anderen Unternehmen*, IAS 27 (in der 2011 geänderten Fassung) und IAS 28 (in der 2011 geänderten Fassung) anzuwenden.

C1A *Konzernabschlüsse, Gemeinsame Vereinbarungen und Angaben zu Anteilen an anderen Unternehmen:* Mit den *Übergangsleitlinien* (Änderungen an IFRS 10, IFRS 11 und IFRS 12), veröffentlicht im Juni 2012, wurden die Paragraphen C2–C5, C7–C10 und C12 geändert und die Paragraphen C1B und C12A–C12B hinzugefügt. Diese Änderungen sind erstmals in der ersten Berichtsperiode eines am oder nach dem 1. Januar 2013 beginnenden Geschäftsjahres anzuwenden. Wenn ein Unternehmen IFRS 11 für eine frühere Berichtsperiode anwendet, so sind diese Änderungen auch für jene frühere Periode anzuwenden.

C1AA Mit der im Mai 2014 herausgegebenen Verlautbarung *Bilanzierung von Erwerben von Anteilen an gemeinschaftlichen Tätigkeiten* (Änderungen an IFRS 11) wurden die Überschrift nach Paragraph B33 geändert und die Paragraphen 21A, B33A–B33D sowie C14A und deren Überschriften hinzugefügt. Diese Änderungen sind prospektiv auf am oder nach dem 1. Januar 2016 beginnende Geschäftsjahre anzuwenden. Eine frühere Anwendung ist zulässig. Wendet ein Unternehmen diese Änderungen auf ein früheres Geschäftsjahr an, hat es dies anzugeben.

ÜBERGANGSVORSCHRIFTEN

C1B Unbeschadet der Anforderungen von IAS 8 *Rechnungslegungsmethoden, Änderungen von rechnungslegungsbezogenen Schätzungen und Fehler* Paragraph 28 muss ein Unternehmen bei der erstmaligen Anwendung dieses IFRS lediglich die quantitativen Informationen im Sinne von IAS 8 Paragraph 28 (f) für das Geschäftsjahr angeben, das der Erstanwendung von IFRS 11 unmittelbar vorausgeht („das unmittelbar vorausgehende Geschäftsjahr'). Ein Unternehmen kann diese Informationen für die laufende Periode oder frühere Vergleichsperioden ebenfalls vorlegen, muss dies aber nicht tun.

Gemeinschaftsunternehmen – Übergang von der Quotenkonsolidierung auf die Equity-Methode

C2 Bei der Umstellung von der Quotenkonsolidierung auf die Equity-Methode hat ein Unternehmen seine Beteiligung an dem Gemeinschaftsunternehmen per Beginn des unmittelbar vorausgehenden Geschäftsjahres anzusetzen. Diese anfängliche Beteiligung ist als das Aggregat aus den Buchwerten der Vermögenswerte und Schulden, für die das Unternehmen zuvor die Quotenkonsolidierung angewendet hatte, zu bewerten. Hierin ist auch der aus dem Erwerb entstehende Geschäfts- und Firmenwert (Goodwill) einzuschließen. Gehörte der Geschäfts- und Firmenwert zuvor zu einer größeren zahlungsmittelgenerierenden Einheit oder Gruppe zahlungsmittelgenerierender Einheiten, weist das Unternehmen den Geschäfts- und Firmenwert dem Gemeinschaftsunternehmen in der Weise zu, dass es den Buchwerte zugrunde legt, die dem Gemeinschaftsunternehmen im Verhältnis zur zahlungsmittelgenerierenden Einheit oder Gruppe zahlungsmittelgenerierender Einheiten, denen der Geschäfts- und Firmenwert vorher gehörte, zuzurechnen sind.

C3 Die gemäß Paragraph C2 festgestellte Eröffnungsbilanz der Beteiligung wird beim erstmaligen Ansatz als Ersatz für die Anschaffungs- oder Herstellungskosten der Beteiligung betrachtet. Um zu beurteilen, ob die Beteiligung einer Wertminderung unterliegt, haben Unternehmen die Paragraphen 40–43 des IAS 28 (in der 2011 geänderten Fassung) auf die Eröffnungsbilanz der Beteiligung anzuwenden. Wertminderungsaufwand ist als Berichtigung an Gewinnrücklagen zu Beginn des unmittelbar vorausgehenden Geschäftsjahres anzusetzen. Die Befreiung des erstmaligen Ansatzes nach Paragraph 15 und 24 IAS 12 *Ertragsteuern* gilt nicht in Fällen, in denen das Unternehmen eine Beteiligung an einem Gemeinschaftsunternehmen ansetzt und sich der erstmalige Ansatz dabei aus der Anwendung der Übergangsbestimmungen für zuvor nach Quotenkonsolidierung erfassten Gemeinschaftsunternehmen ergibt.

C4 Führt die Zusammenfassung aller zuvor gemäß Quotenkonsolidierung erfassten Vermögenswerte und Schulden zu einem negativen Reinvermögen, hat das Unternehmen zu beurteilen, ob es in Bezug auf das negative Reinvermögen gesetzliche oder faktische Verpflichtungen hat. Wenn ja, hat das Unternehmen die entsprechende Schuld anzusetzen. Gelangt das Unternehmen zu dem Schluss, dass es in Bezug auf das negative Reinvermögen keine gesetzlichen oder faktischen Verpflichtungen hat, setzt es die entsprechende Schuld nicht an, muss aber an den Gewinnrücklagen zu Beginn des unmittelbar vorausgehenden Geschäftsjahres eine Berichtigung vornehmen. Das Unternehmen hat diesen Sachverhalt zusammen mit seinem kumulativen, nicht bilanzierten Anteil an den Verlusten seiner Gemeinschaftsunternehmen zu Beginn des unmittelbar vorausgehenden Geschäftsjahres und zum Datum der erstmaligen Anwendung dieses IFRS offenzulegen.

Appendix C

Effective date, transition and withdrawal of other IFRSs

This appendix is an integral part of the IFRS and has the same authority as the other parts of the IFRS.

EFFECTIVE DATE

An entity shall apply this IFRS for annual periods beginning on or after 1 January 2013. Earlier application is permitted. **C1** If an entity applies this IFRS earlier, it shall disclose that fact and apply IFRS 10, IFRS 12 *Disclosure of Interests in Other Entities,* IAS 27 (as amended in 2011) and IAS 28 (as amended in 2011) at the same time.

Consolidated Financial Statements, Joint Arrangements and Disclosure of Interests in Other Entities: Transition Guidance **C1A** (Amendments to IFRS 10, IFRS 11 and IFRS 12), issued in June 2012, amended paragraphs C2—C5, C7—C10 and C12 and added paragraphs C1B and C12A—C12B. An entity shall apply those amendments for annual periods beginning on or after 1 January 2013. If an entity applies IFRS 11 for an earlier period, it shall apply those amendments for that earlier period.

Accounting for Acquisitions of Interests in Joint Operations (Amendments to IFRS 11), issued in May 2014, amended the **C1AA** heading after paragraph B33 and added paragraphs 21A, B33A—B33D and C14A and their related headings. An entity shall apply those amendments prospectively in annual periods beginning on or after 1 January 2016. Earlier application is permitted. If an entity applies those amendments in an earlier period it shall disclose that fact.

TRANSITION

Notwithstanding the requirements of paragraph 28 of IAS 8 *Accounting Policies, Changes in Accounting Estimates and* **C1B** *Errors,* when this IFRS is first applied, an entity need only present the quantitative information required by paragraph 28 (f) of IAS 8 for the annual period immediately preceding the first annual period for which IFRS 11 is applied (the 'immediately preceding period'). An entity may also present this information for the current period or for earlier comparative periods, but is not required to do so.

Joint ventures—transition from proportionate consolidation to the equity method

When changing from proportionate consolidation to the equity method, an entity shall recognise its investment in the **C2** joint venture as at the beginning of the immediately preceding period. That initial investment shall be measured as the aggregate of the carrying amounts of the assets and liabilities that the entity had previously proportionately consolidated, including any goodwill arising from acquisition. If the goodwill previously belonged to a larger cash-generating unit, or to a group of cash-generating units, the entity shall allocate goodwill to the joint venture on the basis of the relative carrying amounts of the joint venture and the cash-generating unit or group of cash-generating units to which it belonged.

The opening balance of the investment determined in accordance with paragraph C2 is regarded as the deemed cost of **C3** the investment at initial recognition. An entity shall apply paragraphs 40—43 of IAS 28 (as amended in 2011) to the opening balance of the investment to assess whether the investment is impaired and shall recognize any impairment loss as an adjustment to retained earnings at the beginning of the immediately preceding period. The initial recognition exception in paragraphs 15 and 24 of IAS 12 *Income Taxes* does not apply when the entity recognises an investment in a joint venture resulting from applying the transition requirements for joint ventures that had previously been proportionately consolidated.

If aggregating all previously proportionately consolidated assets and liabilities results in negative net assets, an entity shall **C4** assess whether it has legal or constructive obligations in relation to the negative net assets and, if so, the entity shall recognise the corresponding liability. If the entity concludes that it does not have legal or constructive obligations in relation to the negative net assets, it shall not recognise the corresponding liability but it shall adjust retained earnings at the beginning of the immediately preceding period. The entity shall disclose this fact, along with its cumulative unrecognised share of losses of its joint ventures as at the beginning of the immediately preceding period and at the date at which this IFRS is first applied.

C5 Unternehmen haben eine Aufschlüsselung der Vermögenswerte und Schulden vorzulegen, die in dem in einer Zeile dargestellten Beteiligungssaldo zu Beginn des unmittelbar vorausgehenden Geschäftsjahres zusammengefasst sind. Diese Angabe ist als Zusammenfassung für alle Gemeinschaftsunternehmen zu erstellen, bei denen das Unternehmen die in Paragraph C2–C6 genannten Übergangsbestimmungen anwendet.

C6 Nach dem erstmaligen Ansatz hat das Unternehmen seine Beteiligung am Gemeinschaftsunternehmen nach der Equity-Methode gemäß IAS 28 (in der 2011 geänderten Fassung) zu bilanzieren.

Gemeinschaftliche Tätigkeiten – Übergang von der Equity-Methode auf die Bilanzierung von Vermögenswerten und Schulden

C7 Bei der Umstellung von der Equity-Methode auf die Bilanzierung von Vermögenswerten und Schulden in Bezug auf ihre Beteiligungen an gemeinschaftlichen Tätigkeiten haben Unternehmen zu Beginn des unmittelbar vorausgehenden Geschäftsjahres die Beteiligung, die zuvor nach der Equity-Methode bilanziert wurde, sowie alle anderen Posten, die gemäß Paragraph 38 des IAS 28 (in der 2011 geänderten Fassung) Bestandteil der Nettobeteiligung des Unternehmens an der Vereinbarung bildeten, auszubuchen und ihren Anteil an jedem einzelnen Vermögenswert und jeder einzelnen Schuld in Bezug auf ihre Beteiligung an der gemeinschaftlichen Tätigkeit anzusetzen. Hierin ist auch der Geschäfts- und Firmenwert (Goodwill) einzuschließen, der eventuell zum Buchwert der Beteiligung gehörte.

C8 Unternehmen bestimmen ihren Anteil an den Vermögenswerten und Schulden im Zusammenhang mit der gemeinschaftlichen Tätigkeit unter Zugrundelegung ihrer Rechte und Verpflichtungen. Dabei wenden sie eine im Einklang mit der vertraglichen Vereinbarung festgelegte Quote an. Die Bewertung der anfänglichen Buchwerte der Vermögenswerte und Schulden nehmen Unternehmen in der Weise vor, dass sie diese vom Buchwert der Beteiligung zu Beginn des unmittelbar vorausgehenden Geschäftsjahres trennen. Dabei legen die Unternehmen die Informationen zugrunde, die sie bei der Anwendung der Equity-Methode nutzten.

C9 Entsteht zwischen einer zuvor nach der Equity-Methode angesetzten Beteiligung einschließlich sonstiger Posten, die gemäß Paragraph 38 des IAS 28 (in der 2011 geänderten Fassung) Bestandteil der Nettobeteiligung des Unternehmens an der Vereinbarung waren, und dem angesetzten Nettobetrag der Vermögenswerte und Schulden unter Einschluss eines eventuellen Geschäfts- und Firmenwerts eine Differenz, wird wie folgt verfahren:

(a) Ist der angesetzte Nettobetrag der Vermögenswerte und Schulden unter Einschluss eines eventuellen Geschäfts- und Firmenwerts höher als die ausgebuchte Beteiligung (und sonstige Posten, die Bestandteil der Nettobeteiligung des Unternehmens waren), wird diese Differenz gegen einen mit der Beteiligung verbundenen Geschäfts- und Firmenwert aufgerechnet, wobei eine eventuell verbleibende Differenz um die Gewinnrücklagen zu Beginn des unmittelbar vorausgehenden Geschäftsjahres berichtigt wird.

(b) Ist der angesetzte Nettobetrag der Vermögenswerte und Schulden unter Einschluss eines eventuellen Geschäfts- und Firmenwerts niedriger als die ausgebuchte Beteiligung (und sonstige Posten, die Bestandteil der Nettobeteiligung des Unternehmens waren), wird diese Differenz um die Gewinnrücklagen zu Beginn des unmittelbar vorausgehenden Geschäftsjahres berichtigt.

C10 Ein Unternehmen, das von der Equity-Methode auf die Bilanzierung von Vermögenswerten und Schulden umstellt, hat eine Überleitungsrechnung zwischen der ausgebuchten Beteiligung und den angesetzten Vermögenswerten und Schulden sowie einer eventuell verbleibenden, für Gewinnrückstellungen berichtigten Differenz zu Beginn des unmittelbar vorausgehenden Geschäftsjahres vorzulegen.

C11 Die Befreiung des erstmaligen Ansatzes nach IAS 12 Paragraphen 15 und 24 gilt nicht, wenn das Unternehmen Vermögenswerte und Schulden in Verbindung mit seinem Anteil an einer gemeinschaftlichen Tätigkeit ansetzt.

Übergangsregelungen in den Einzelabschlüssen eines Unternehmens

C12 Ein Unternehmen, das seinen Anteil an einer gemeinschaftlichen Tätigkeit zuvor gemäß IAS 27 Paragraph 10 in seinem Einzelabschluss als zu Anschaffungskosten geführte Beteiligung oder gemäß IFRS 9 angesetzt hatte, geht wie folgt vor:

(a) Ausbuchung der Beteiligung und Ansetzen der Vermögenswerte und Schulden bezüglich seines Anteils an der gemeinschaftlichen Tätigkeit in Höhe der gemäß Paragraph C7–C9 ermittelten Beträge.

(b) Vorlage einer Überleitungsrechnung zwischen der ausgebuchten Beteiligung und den angesetzten Vermögenswerten und Schulden sowie einer eventuell verbleibenden, für Gewinnrückstellungen berichtigten Differenz zu Beginn des unmittelbar vorausgehenden Geschäftsjahres.

Verweise auf ‚das unmittelbar vorausgehende Geschäftsjahr'

C12A Unbeschadet der Verweise auf das ‚das unmittelbar vorausgehende Geschäftsjahr' in den Paragraphen C2–C12 kann ein Unternehmen auch Vergleichsinformationen für frühere dargestellte Geschäftsjahre vorlegen, muss dies aber nicht tun. Sollte es sich aber dafür entscheiden, sind alle Verweise auf ‚das unmittelbar vorausgehende Geschäftsjahr' in den Paragraphen C2–C12 als ‚die früheste vorgelegte bereinigte Vergleichsperiode' zu verstehen.

An entity shall disclose a breakdown of the assets and liabilities that have been aggregated into the single line investment balance as at the beginning of the immediately preceding period. That disclosure shall be prepared in an aggregated manner for all joint ventures for which an entity applies the transition requirements referred to in paragraphs C2—C6. **C5**

After initial recognition, an entity shall account for its investment in the joint venture using the equity method in accordance with IAS 28 (as amended in 2011). **C6**

Joint operations—transition from the equity method to accounting for assets and liabilities

When changing from the equity method to accounting for assets and liabilities in respect of its interest in a joint operation, an entity shall, at the beginning of the immediately preceding period, derecognise the investment that was previously accounted for using the equity method and any other items that formed part of the entity's net investment in the arrangement in accordance with paragraph 38 of IAS 28 (as amended in 2011) and recognise its share of each of the assets and the liabilities in respect of its interest in the joint operation, including any goodwill that might have formed part of the carrying amount of the investment. **C7**

An entity shall determine its interest in the assets and liabilities relating to the joint operation on the basis of its rights and obligations in a specified proportion in accordance with the contractual arrangement. An entity measures the initial carrying amounts of the assets and liabilities by disaggregating them from the carrying amount of the investment at the beginning of the immediately preceding period on the basis of the information used by the entity in applying the equity method. **C8**

Any difference arising from the investment previously accounted for using the equity method together with any other items that formed part of the entity's net investment in the arrangement in accordance with paragraph 38 of IAS 28 (as amended in 2011), and the net amount of the assets and liabilities, including any goodwill, recognised shall be: **C9**
(a) offset against any goodwill relating to the investment with any remaining difference adjusted against retained earnings at the beginning of the immediately preceding period, if the net amount of the assets and liabilities, including any goodwill, recognised is higher than the investment (and any other items that formed part of the entity's net investment) derecognised.
(b) adjusted against retained earnings at the beginning of the immediately preceding period, if the net amount of the assets and liabilities, including any goodwill, recognised is lower than the investment (and any other items that formed part of the entity's net investment) derecognised.

An entity changing from the equity method to accounting for assets and liabilities shall provide a reconciliation between the investment derecognised, and the assets and liabilities recognised, together with any remaining difference adjusted against retained earnings, at the beginning of the immediately preceding period. **C10**

The initial recognition exception in paragraphs 15 and 24 of IAS 12 does not apply when the entity recognises assets and liabilities relating to its interest in a joint operation. **C11**

Transition provisions in an entity's separate financial statements

An entity that, in accordance with paragraph 10 of IAS 27, was previously accounting in its separate financial statements for its interest in a joint operation as an investment at cost or in accordance with IFRS 9 shall: **C12**
(a) derecognise the investment and recognise the assets and the liabilities in respect of its interest in the joint operation at the amounts determined in accordance with paragraphs C7—C9.
(b) provide a reconciliation between the investment derecognised, and the assets and liabilities recognised, together with any remaining difference adjusted in retained earnings, at the beginning of the immediately preceding period presented.

References to the 'immediately preceding period'

Notwithstanding the references to the 'immediately preceding period' in paragraphs C2—C12, an entity may also present adjusted comparative information for any earlier periods presented, but is not required to do so. If an entity does present adjusted comparative information for any earlier periods, all references to the 'immediately preceding period' in paragraphs C2—C12 shall be read as the 'earliest adjusted comparative period presented'. **C12A**

C12B Legt ein Unternehmen nicht bereinigte Vergleichsinformationen für frühere Geschäftsjahre vor, hat es die Angaben klar zu bezeichnen, die nicht bereinigt wurden, und darauf hinzuweisen, dass sie auf einer anderen Grundlage erstellt wurden sowie diese Grundlage zu erläutern.

C13 Die Befreiung des erstmaligen Ansatzes nach IAS 12 Paragraphen 15 und 24 gilt nicht, wenn das Unternehmen Vermögenswerte und Schulden in Verbindung mit seinem Anteil an einer gemeinschaftlichen Tätigkeit in seinen Einzelabschlüssen ansetzt und diese aus der Anwendung der in Paragraph C12 bezeichneten Übergangsvorschriften für gemeinschaftliche Tätigkeiten entstehen.

Bezugnahmen auf IFRS 9

C14 Wendet ein Unternehmen diesen IFRS, aber noch nicht IFRS 9 an, sind Bezugnahmen auf IFRS 9 als Bezugnahme auf IAS 39 *Finanzinstrumente: Ansatz und Bewertung* auszulegen.

Bilanzierung von Erwerben von Anteilen an gemeinschaftlichen Tätigkeiten

C14A Mit der im Mai 2014 herausgegebenen Verlautbarung *Bilanzierung von Erwerben von Anteilen an gemeinschaftlichen Tätigkeiten* (Änderungen an IFRS 11) wurden die Überschrift nach Paragraph B33 geändert und die Paragraphen 21A, B33A–B33D sowie C1AA und deren Überschriften hinzugefügt. Für Erwerbe von Anteilen an einer gemeinschaftlichen Tätigkeit, die einen Geschäftsbetrieb im Sinne des IFRS 3 darstellt, sind diese Änderungen für diejenigen Erwerbe prospektiv anzuwenden, die ab Beginn der ersten Berichtsperiode erfolgen, für die das Unternehmen diese Änderungen anwendet. Folglich sind die für in früheren Berichtsperioden erworbene Anteile an einer gemeinschaftlichen Tätigkeit erfassten Beträge nicht anzupassen.

RÜCKNAHME ANDERER IFRS

C15 Dieser IFRS ersetzt folgende IFRS:
(a) IAS 31 *Anteile an Gemeinschaftsunternehmen* und
(b) SIC-13 *Gemeinschaftlich geführte Unternehmen – Nicht monetäre Einlagen durch Partnerunternehmen*

If an entity presents unadjusted comparative information for any earlier periods, it shall clearly identify the information that has not been adjusted, state that it has been prepared on a different basis, and explain that basis. **C12B**

The initial recognition exception in paragraphs 15 and 24 of IAS 12 does not apply when the entity recognises assets and liabilities relating to its interest in a joint operation in its separate financial statements resulting from applying the transition requirements for joint operations referred to in paragraph C12. **C13**

References to IFRS 9

If an entity applies this IFRS but does not yet apply IFRS 9, any reference to IFRS 9 shall be read as a reference to IAS 39 *Financial Instruments: Recognition and Measurement.* **C14**

Accounting for acquisitions of interests in joint operations

Accounting for Acquisitions of Interests in Joint Operations (Amendments to IFRS 11), issued in May 2014, amended the heading after paragraph B33 and added paragraphs 21A, B33A–B33D, C1AA and their related headings. An entity shall apply those amendments prospectively for acquisitions of interests in joint operations in which the activities of the joint operations constitute businesses, as defined in IFRS 3, for those acquisitions occurring from the beginning of the first period in which it applies those amendments. Consequently, amounts recognised for acquisitions of interests in joint operations occurring in prior periods shall not be adjusted. **C14A**

WITHDRAWAL OF OTHER IFRSS

This IFRS supersedes the following IFRSs: **C15**
(a)   IAS 31 *Interests in Joint Ventures;* and
(b)   SIC-13 *Jointly Controlled Entities—Non-Monetary Contributions by Venturers.*

INTERNATIONAL FINANCIAL REPORTING STANDARD 12

Angaben zu Anteilen an anderen Unternehmen

INHALT

ZIEL

1 Diesem IFRS zufolge hat ein Unternehmen Angaben zu veröffentlichen, anhand deren die Abschlussadressaten Folgendes bewerten können:

(a) die Wesensart der *Anteile an anderen Unternehmen* und damit einhergehender Risiken und

(b) die Auswirkungen dieser Anteile auf seine Vermögens-, Finanz- und Ertragslage sowie seinen Cashflow.

Erreichung der gesteckten Ziele

2 Um das Ziel in Paragraph 1 zu erreichen, muss ein Unternehmen Folgendes offen legen:

(a) seine maßgebliche Ermessensausübung und Annahmen bei der Bestimmung

   (i)   der Wesensart seiner Anteile an einem anderen Unternehmen oder einer anderen Vereinbarung;

   (ii) der Art der gemeinsamen Vereinbarung, an der es Anteile hält (Paragraphen 7–9);

   (iii) gegebenenfalls der Erfüllung der Definition einer Investmentgesellschaft (Paragraph 9A) und

(b) Angaben zu seinen Anteilen an:

   (i)   Tochterunternehmen (Paragraphen 10–19);

   (ii) gemeinsamen Vereinbarungen und assoziierten Unternehmen (Paragraphen 20–23) sowie

   (iii) *strukturierten Unternehmen,* die nicht vom Unternehmen kontrolliert werden (nicht konsolidierte strukturierte Unternehmen) (Paragraphen 24–31).

3 Sollten die von diesem IFRS geforderten Angaben zusammen mit den von anderen IFRS geforderten Angaben das Ziel von Paragraph 1 nicht erfüllen, hat ein Unternehmen alle zusätzlichen Informationen offenzulegen, die zur Erfüllung dieses Ziels erforderlich sind.

4 Ein Unternehmen prüft, welche Einzelheiten zur Erfüllung des oben genannten Ziels der Veröffentlichung von Angaben notwendig sind und welcher Stellenwert jeder einzelnen Anforderung in diesem IFRS beizumessen ist. Es legt die Angaben in zusammengefasster oder aufgeteilter Form vor, so dass nützliche Angaben weder durch die Einbeziehung eines großen Teils unbedeutender Einzelheiten noch durch die Aggregierung von Bestandteilen mit unterschiedlichen Merkmalen verschleiert werden (siehe Paragraphen B2–B6).

INTERNATIONAL FINANCIAL REPORTING STANDARD 12

Disclosure of Interests in Other Entities

SUMMARY

OBJECTIVE

The objective of this IFRS is to require an entity to disclose information that enables users of its financial statements **1** **to evaluate:**
(a)   **the nature of, and risks associated with, its *interests in other entities*; and**
(b)   **the effects of those interests on its financial position, financial performance and cash flows.**

Meeting the objective

To meet the objective in paragraph 1, an entity shall disclose: **2**
(a)   the significant judgements and assumptions it has made in determining:
   (i)   the nature of its interest in another entity or arrangement;
   (ii)   the type of joint arrangement in which it has an interest (paragraphs 7—9);
   (iii)   that it meets the definition of an investment entity, if applicable (paragraph 9A); and
(b)   information about its interests in:
   (i)   subsidiaries (paragraphs 10—19);
   (ii)   joint arrangements and associates (paragraphs 20—23); and
   (iii)   *structured entities* that are not controlled by the entity (unconsolidated structured entities) (paragraphs 24—31).

If the disclosures required by this IFRS, together with disclosures required by other IFRSs, do not meet the objective in   **3** paragraph 1, an entity shall disclose whatever additional information is necessary to meet that objective.

An entity shall consider the level of detail necessary to satisfy the disclosure objective and how much emphasis to place   **4** on each of the requirements in this IFRS. It shall aggregate or disaggregate disclosures so that useful information is not obscured by either the inclusion of a large amount of insignificant detail or the aggregation of items that have different characteristics (see paragraphs B2—B6).

ANWENDUNGSBEREICH

5 Dieser IFRS ist von einem Unternehmen anzuwenden, das einen Anteil an einem der folgenden Unternehmen hält:
  - (a) Tochterunternehmen
  - (b) gemeinsame Vereinbarungen (d. h. gemeinschaftliche Tätigkeit oder Gemeinschaftsunternehmen)
  - (c) assoziierte Unternehmen
  - (d) nicht konsolidierte strukturierte Unternehmen.

6 Nicht anwendbar ist dieser IFRS auf:
  - (a) Pläne für Leistungen nach Beendigung des Arbeitsverhältnisses oder sonstige Pläne für langfristige Leistungen an Arbeitnehmer, auf die IAS 19 *Leistungen an Arbeitnehmer* Anwendung findet;
  - (b) den Einzelabschluss eines Unternehmens, auf den IAS 27 *Einzelabschlüsse* Anwendung findet; hält jedoch ein Unternehmen Anteile an nicht konsolidierten strukturierten Unternehmen und erstellt es seinen Einzelabschluss als seinen einzigen Abschluss, legt es bei der Aufstellung dieses Einzelabschlusses die Anforderungen der Paragraphen 24–31 zugrunde;
  - (c) einen von einem Unternehmen gehaltenen Anteil, wenn das Unternehmen an einer gemeinsamen Vereinbarung, nicht aber an dessen gemeinschaftlicher Führung beteiligt ist, es sei denn, dieser Anteil führt zu einem maßgeblichen Einfluss auf die Vereinbarung oder es handelt sich um einen Anteil an einem strukturierten Unternehmen;
  - (d) einen Anteil an einem anderen Unternehmen, das nach IFRS 9 *Finanzinstrumente* bilanziert wird. Allerdings muss ein Unternehmen diesen IFRS anwenden,
    - (i) wenn es sich bei einem Anteil an einem assoziierten Unternehmen oder einem Gemeinschaftsunternehmen handelt, das nach IAS 28 *Anteile an assoziierten Unternehmen und Gemeinschaftsunternehmen* erfolgswirksam zum beizulegenden Zeitwert bewertet wird; oder
    - (ii) wenn es sich bei diesem Anteil um einen Anteil an einem nicht konsolidierten strukturierten Unternehmen handelt.

MASSGEBLICHE ERMESSENSAUSÜBUNG UND ANNAHMEN

7 **Ein Unternehmen legt Informationen über eine etwaige maßgebliche Ermessensausübung und Annahmen von seiner Seite (sowie etwaige Änderungen daran) offen, wenn es um die Feststellung folgender Punkte geht:**
  - (a) **es beherrscht ein anderes Unternehmen, d. h. ein Beteiligungsunternehmen im Sinne der Paragraphen 5 und 6 von IFRS 10 *Konzernabschlüsse*;**
  - (b) **es ist an der gemeinschaftlichen Führung einer Vereinbarung beteiligt oder übt einen maßgeblichen Einfluss auf ein anderes Unternehmen aus; und**
  - (c) **die Art der gemeinsamen Vereinbarung (d. h. einer gemeinschaftlichen Tätigkeit oder eines Gemeinschaftsunternehmens), wenn die Vereinbarung als eigenständiges Vehikel aufgebaut wurde.**

8 Die im Sinne von Absatz 7 offengelegte maßgebliche Ermessensausübung bzw. veröffentlichten Annahmen umfassen auch jene, die ein Unternehmen vornimmt, wenn Änderungen der Tatsachen und Umstände dergestalt sind, dass sich die Schlussfolgerung hinsichtlich der Beherrschung, gemeinschaftlichen Führung oder des maßgeblichen Einflusses während der Berichtsperiode ändert.

9 Um Paragraph 7 zu genügen, legt ein Unternehmen beispielsweise seine maßgebliche Ermessensausübung und Annahmen offen, wenn es um die Feststellung folgender Punkte geht:
  - (a) es beherrscht kein anderes Unternehmen, auch wenn es mehr als die Hälfte der Stimmrechte am anderen Unternehmen hält;
  - (b) es beherrscht ein anderes Unternehmen, auch wenn es weniger als die Hälfte der Stimmrechte am anderen Unternehmen hält;
  - (c) beim Unternehmen handelt es sich um einen Agenten oder Prinzipal (siehe IFRS 10 Paragraph 58–72);
  - (d) Es übt keinen maßgeblichen Einfluss aus, auch wenn es mindestens 20 % der Stimmrechte am anderen Unternehmen hält;
  - (e) es übt einen maßgeblichen Einfluss aus, auch wenn es weniger als 20 % der Stimmrechte am anderen Unternehmen hält.

Status der Investmentgesellschaft

9A **Wenn ein Mutterunternehmen feststellt, dass es eine Investmentgesellschaft gemäß Paragraph 27 des IFRS 10 ist, hat die Investmentgesellschaft Angaben zur maßgeblichen Ermessensausübung und Annahmen offen zu legen, anhand derer es festgestellt hat, dass es eine Investmentgesellschaft ist. Wenn eine Investmentgesellschaft eines oder mehrere der typischen Merkmale einer Investmentgesellschaft nicht erfüllt (siehe Paragraph 28 des IFRS 10), hat sie die Gründe offen zu legen, aufgrund derer sie zu dem Schluss kommt, dass sie dennoch eine Investmentgesellschaft ist.**

SCOPE

This IFRS shall be applied by an entity that has an interest in any of the following: 5
(a) subsidiaries
(b) joint arrangements (ie joint operations or joint ventures)
(c) associates
(d) unconsolidated structured entities.

This IFRS does not apply to: 6
(a) post-employment benefit plans or other long-term employee benefit plans to which IAS 19 *Employee Benefits* applies.
(b) an entity's separate financial statements to which IAS 27 *Separate Financial Statements* applies. However, if an entity has interests in unconsolidated structured entities and prepares separate financial statements as its only financial statements, it shall apply the requirements in paragraphs 24—31 when preparing those separate financial statements.
(c) an interest held by an entity that participates in, but does not have joint control of, a joint arrangement unless that interest results in significant influence over the arrangement or is an interest in a structured entity.
(d) an interest in another entity that is accounted for in accordance with IFRS 9 *Financial Instruments*. However, an entity shall apply this IFRS:
   (i) when that interest is an interest in an associate or a joint venture that, in accordance with IAS 28 *Investments in Associates and Joint Ventures,* is measured at fair value through profit or loss; or
   (ii) when that interest is an interest in an unconsolidated structured entity.

SIGNIFICANT JUDGEMENTS AND ASSUMPTIONS

An entity shall disclose information about significant judgements and assumptions it has made (and changes to   7
those judgements and assumptions) in determining:
(a) that it has control of another entity, ie an investee as described in paragraphs 5 and 6 of IFRS 10 *Consolidated Financial Statements;*
(b) that it has joint control of an arrangement or significant influence over another entity; and
(c) the type of joint arrangement (ie joint operation or joint venture) when the arrangement has been structured through a separate vehicle.

The significant judgements and assumptions disclosed in accordance with paragraph 7 include those made by the entity   8
when changes in facts and circumstances are such that the conclusion about whether it has control, joint control or significant influence changes during the reporting period.

To comply with paragraph 7, an entity shall disclose, for example, significant judgements and assumptions made in deter-   9
mining that:
(a) it does not control another entity even though it holds more than half of the voting rights of the other entity.
(b) it controls another entity even though it holds less than half of the voting rights of the other entity.
(c) it is an agent or a principal (see paragraphs 58—72 of IFRS 10).
(d) it does not have significant influence even though it holds 20 per cent or more of the voting rights of another entity.
(e) it has significant influence even though it holds less than 20 per cent of the voting rights of another entity.

Investment entity status

When a parent determines that it is an investment entity in accordance with paragraph 27 of IFRS 10, the investment   9A
entity shall disclose information about significant judgements and assumptions it has made in determining that it is
an investment entity. If the investment entity does not have one or more of the typical characteristics of an invest-
ment entity (see paragraph 28 of IFRS 10), it shall disclose its reasons for concluding that it is nevertheless an invest-
ment entity.

9B Wenn ein Unternehmen den Status einer Investmentgesellschaft erwirbt oder verliert, hat es diese Änderung seines Status und die Gründe dafür offen zu legen. Außerdem hat ein Unternehmen, das den Status einer Investmentgesellschaft erwirbt, die Auswirkungen dieser Statusänderung auf seine Abschlüsse für das betreffende Geschäftsjahr offen zu legen; dabei ist Folgendes anzugeben:

(a) Gesamtbetrag des beizulegenden Zeitwerts der nicht mehr konsolidierten Tochterunternehmen zum Zeitpunkt der Statusänderung;

(b) gegebenenfalls der nach Maßgabe von Paragraph B101 des IFRS 10 berechnete Gesamtgewinn bzw. -verlust und

(c) den/die Posten in der Gewinn- und Verlustrechnung, in dem/denen der Gewinn oder Verlust angesetzt wird (falls nicht gesondert ausgewiesen).

ANTEILE AN TOCHTERUNTERNEHMEN

10 **Die von einem Unternehmen veröffentlichten Angaben müssen die Adressaten konsolidierter Abschlüsse in die Lage versetzen,**

(a) **Folgendes zu verstehen:**

    (i) **die Zusammensetzung der Unternehmensgruppe, und**

    (ii) **den Anteil, den nicht beherrschende Anteile an den Tätigkeiten der Gruppe und den Cashflows ausmachen (Paragraph 12); und**

(b) **Folgendes zu bewerten:**

    (i) **die Wesensart und den Umfang maßgeblicher Beschränkungen seiner Möglichkeit, Zugang zu Vermögenswerten der Gruppe zu erlangen oder diese zu verwenden und Verbindlichkeiten der Gruppe zu erfüllen (Paragraph 13);**

    (ii) **die Wesensart der Risiken – und die Änderungen daran –, die mit Anteilen an konsolidierten strukturierten Unternehmen einhergehen (Paragraph 14–17);**

    (iii) **die Folgen der Änderungen an seinem Eigentumsanteil an einem Tochterunternehmen, die nicht zu einem Beherrschungsverlust führen (Paragraph 18); und**

    (iv) **die Folgen des Verlusts der Beherrschung über ein Tochterunternehmen während der Berichtsperiode (Paragraph 19).**

11 Unterscheidet sich der Abschluss einer Tochtergesellschaft, der für die Aufstellung des Konzernabschlusses herangezogen wird, in Bezug auf das Datum oder die Berichtsperiode vom konsolidierten Abschluss (siehe Paragraphen B92 und B93 von IFRS 10), macht ein Unternehmen folgende Angaben:

(a) das Datum des Endes der Berichtsperiode des Abschlusses dieses Tochterunternehmens und

(b) den Grund für die Verwendung eines anderen Datums oder einer anderen Berichtsperiode.

Der Anteil, den nicht kontrollierende Anteile an den Tätigkeiten der Gruppe und den Cashflows ausmachen

12 Ein Unternehmen macht für jedes seiner Tochterunternehmen, das nicht beherrschende Anteile hält, die für das berichtende Unternehmen wesentlich sind, folgende Angaben:

(a) Namen des Tochterunternehmens;

(b) Hauptniederlassung (und Gründungsland, falls von der Hauptniederlassung abweichend) des Tochterunternehmens;

(c) Teil der Eigentumsanteile, die die nicht beherrschenden Anteile ausmachen;

(d) Teil der Stimmrechte, die die nicht beherrschenden Anteile ausmachen, falls abweichend vom Teil der Eigentumsanteile;

(e) Gewinn oder Verlust, der den nicht beherrschenden Anteilen des Tochterunternehmens während der Berichtsperiode zugewiesen wird;

(f) akkumulierte nicht kontrollierende Anteile des Tochterunternehmens am Ende der Berichtsperiode.

(g) zusammengefasste Finanzinformationen über das Tochterunternehmen (siehe Paragraph B10).

Wesensart und Umfang maßgeblicher Beschränkungen

13 Ein Unternehmen hat folgende Angaben zu machen:

(a) maßgebliche Beschränkungen (z. B. satzungsmäßige, vertragliche und regulatorische Beschränkungen) seiner Möglichkeit, Zugang zu Vermögenswerten der Gruppe zu erlangen oder diese zu verwenden und Verbindlichkeiten der Gruppe zu erfüllen, wie z. B.:

    (i) jene, die die Möglichkeit eines Mutterunternehmens oder seiner Tochterunternehmen beschränken, Cash oder andere Vermögenswerte auf andere Unternehmen der Gruppe zu übertragen (oder von ihnen zu erhalten);

    (ii) Garantien oder andere Anforderungen, die Dividenden oder andere vorzunehmende Kapitalausschüttungen oder Darlehen sowie Vorauszahlungen, die anderen Unternehmen der Gruppe zu gewähren (oder von ihnen zu erhalten sind) u. U. einschränken;

When an entity becomes, or ceases to be, an investment entity, it shall disclose the change of investment entity status and **9B** the reasons for the change. In addition, an entity that becomes an investment entity shall disclose the effect of the change of status on the financial statements for the period presented, including:

(a) the total fair value, as of the date of change of status, of the subsidiaries that cease to be consolidated;

(b) the total gain or loss, if any, calculated in accordance with paragraph B101 of IFRS 10; and

(c) the line item(s) in profit or loss in which the gain or loss is recognised (if not presented separately).

INTERESTS IN SUBSIDIARIES

An entity shall disclose information that enables users of its consolidated financial statements **10**

(a) **to understand:**

    (i) **the composition of the group; and**

    (ii) **the interest that non-controlling interests have in the group's activities and cash flows (paragraph 12); and**

(b) **to evaluate:**

    (i) **the nature and extent of significant restrictions on its ability to access or use assets, and settle liabilities, of the group (paragraph 13);**

    (ii) the nature of, and changes in, the risks associated with its interests in consolidated structured entities (paragraphs 14—17);

    (iii) the consequences of changes in its ownership interest in a subsidiary that do not result in a loss of control (paragraph 18); and

    (iv) **the consequences of losing control of a subsidiary during the reporting period (paragraph 19).**

When the financial statements of a subsidiary used in the preparation of consolidated financial statements are as of a date **11** or for a period that is different from that of the consolidated financial statements (see paragraphs B92 and B93 of IFRS 10), an entity shall disclose:

(a) the date of the end of the reporting period of the financial statements of that subsidiary; and

(b) the reason for using a different date or period.

The interest that non-controlling interests have in the group's activities and cash flows

An entity shall disclose for each of its subsidiaries that have non-controlling interests that are material to the reporting **12** entity:

(a) the name of the subsidiary.

(b) the principal place of business (and country of incorporation if different from the principal place of business) of the subsidiary.

(c) the proportion of ownership interests held by non-controlling interests.

(d) the proportion of voting rights held by non-controlling interests, if different from the proportion of ownership interests held.

(e) the profit or loss allocated to non-controlling interests of the subsidiary during the reporting period.

(f) accumulated non-controlling interests of the subsidiary at the end of the reporting period.

(g) summarised financial information about the subsidiary (see paragraph B10).

The nature and extent of significant restrictions

An entity shall disclose: **13**

(a) significant restrictions (eg statutory, contractual and regulatory restrictions) on its ability to access or use the assets and settle the liabilities of the group, such as:

    (i) those that restrict the ability of a parent or its subsidiaries to transfer cash or other assets to (or from) other entities within the group.

    (ii) guarantees or other requirements that may restrict dividends and other capital distributions being paid, or loans and advances being made or repaid, to (or from) other entities within the group.

(b) Wesensart und Umfang, in dem Schutzrechte nicht beherrschender Anteile die Möglichkeit des Unternehmens, Zugang zu Vermögenswerten der Gruppe zu erlangen oder diese zu verwenden und Verbindlichkeiten der Gruppe zu erfüllen, maßgeblich beschränken können (z. B. für den Fall, dass ein Mutterunternehmen die Verbindlichkeiten einer Tochtergesellschaft vor Erfüllung seiner eigenen Verbindlichkeiten erfüllen muss, oder die Genehmigung nicht beherrschender Anteile erforderlich wird, um entweder Zugang zu den Vermögenswerten einer Tochtergesellschaft zu erlangen oder ihre Verbindlichkeiten zu erfüllen);

(c) die Buchwerte der Vermögenswerte und Verbindlichkeiten, auf die sich diese Beschränkungen beziehen, im konsolidierten Abschluss.

Wesensart der Risiken, die mit Anteilen des Unternehmens an konsolidierten strukturierten Unternehmen einhergehen

14 Ein Unternehmen legt den Inhalt eventueller vertraglicher Vereinbarungen offen, die das Mutterunternehmen oder seine Tochterunternehmen zur Gewährung einer Finanzhilfe an ein konsolidiertes strukturiertes Unternehmen verpflichten könnten. Dazu zählen auch Ereignisse oder Umstände, durch die das berichtende Unternehmen einen Verlust erleiden könnte (z. B. Liquiditätsvereinbarungen oder Kreditratings in Verbindung mit Verpflichtungen, Vermögenswerte des strukturierten Unternehmens zu erwerben oder eine Finanzhilfe zu gewähren).

15 Hat ein Mutterunternehmen oder eines seiner Tochterunternehmen während der Berichtsperiode einem konsolidierten strukturierten Unternehmen ohne vertragliche Verpflichtung eine Finanzhilfe oder sonstige Hilfe gewährt (z. B. Kauf von Vermögenswerten des strukturierten Unternehmens oder von von diesem ausgegebenen Instrumenten), macht das Unternehmen folgende Angaben:

(a) Art und Höhe der gewährten Hilfe, einschließlich Situationen, in denen das Mutterunternehmen oder seine Tochterunternehmen dem strukturierten Unternehmen beim Erhalt der Finanzhilfe behilflich war; und

(b) Gründe für diese Unterstützung.

16 Hat ein Mutterunternehmen oder eines seiner Tochterunternehmen während der Berichtsperiode einem zuvor nicht konsolidierten strukturierten Unternehmen ohne vertragliche Verpflichtung eine Finanzhilfe oder sonstige Hilfe gewährt und diese Unterstützung führte dazu, dass das Unternehmen das strukturierte Unternehmen kontrolliert, legt das Unternehmen eine Erläuterung aller einschlägigen Faktoren vor, die zu diesem Beschluss geführt haben.

17 Ein Unternehmen macht Angaben zur aktuellen Absicht, einem konsolidierten strukturierten Unternehmen eine Finanzhilfe oder sonstige Hilfe zu gewähren, einschließlich der Absicht, dem strukturierten Unternehmen bei der Beschaffung einer Finanzhilfe behilflich zu sein.

Folgen von Veränderungen des Eigentumsanteils des Mutterunternehmens an einem Tochterunternehmen, die nicht zu einem Beherrschungsverlust führen

18 Ein Unternehmen legt ein Schema vor, aus dem die Folgen von Veränderungen des Eigentumsanteils an einem Tochterunternehmen, die nicht zu einem Beherrschungsverlust führen, auf das Eigenkapital der Eigentümer des Mutterunternehmens ersichtlich werden.

Folgen des Verlusts der Beherrschung über ein Tochterunternehmen während der Berichtsperiode

19 Ein Unternehmen legt den eventuellen Gewinn oder Verlust offen, der nach IFRS 10 Paragraph 25 berechnet wird, sowie

(a) den Anteil dieses Gewinns bzw. Verlustes, der der Bewertung zum beizulegenden Zeitwert aller am ehemaligen Tochterunternehmen einbehaltenen Anteile zum Zeitpunkt des Verlustes der Beherrschung zuzurechnen ist; sowie und

(b) den/die Posten im Gewinn oder Verlust, in dem der Gewinn oder Verlust angesetzt wird (falls nicht gesondert dargestellt).

ANTEILE AN NICHT KONSOLIDIERTEN TOCHTERUNTERNEHMEN (INVESTMENTGESELLSCHAFTEN)

19A Eine Investmentgesellschaft, die gemäß IFRS 10 die Ausnahme von der Konsolidierung anzuwenden und stattdessen ihre Anteile an einem Tochterunternehmen ergebniswirksam zum beizulegenden Zeitwert zu bilanzieren hat, hat dies offen zu legen.

19B Für jedes nicht konsolidierte Tochterunternehmen hat die Investmentgesellschaft Folgendes anzugeben:

(a) den Namen des Tochterunternehmens;

(b) die Hauptniederlassung (und das Gründungsland, falls von der Hauptniederlassung abweichend) des Tochterunternehmens und

(c) den von der Investmentgesellschaft gehaltenen Eigentumsanteil und – falls abweichend – den gehaltenen Stimmrechtsanteil.

(b) the nature and extent to which protective rights of non-controlling interests can significantly restrict the entity's ability to access or use the assets and settle the liabilities of the group (such as when a parent is obliged to settle liabilities of a subsidiary before settling its own liabilities, or approval of non-controlling interests is required either to access the assets or to settle the liabilities of a subsidiary).

(c) the carrying amounts in the consolidated financial statements of the assets and liabilities to which those restrictions apply.

Nature of the risks associated with an entity's interests in consolidated structured entities

An entity shall disclose the terms of any contractual arrangements that could require the parent or its subsidiaries to provide financial support to a consolidated structured entity, including events or circumstances that could expose the reporting entity to a loss (eg liquidity arrangements or credit rating triggers associated with obligations to purchase assets of the structured entity or provide financial support). **14**

If during the reporting period a parent or any of its subsidiaries has, without having a contractual obligation to do so, provided financial or other support to a consolidated structured entity (eg purchasing assets of or instruments issued by the structured entity), the entity shall disclose: **15**

(a) the type and amount of support provided, including situations in which the parent or its subsidiaries assisted the structured entity in obtaining financial support; and

(b) the reasons for providing the support.

If during the reporting period a parent or any of its subsidiaries has, without having a contractual obligation to do so, provided financial or other support to a previously unconsolidated structured entity and that provision of support resulted in the entity controlling the structured entity, the entity shall disclose an explanation of the relevant factors in reaching that decision. **16**

An entity shall disclose any current intentions to provide financial or other support to a consolidated structured entity, including intentions to assist the structured entity in obtaining financial support. **17**

Consequences of changes in a parent's ownership interest in a subsidiary that do not result in a loss of control

An entity shall present a schedule that shows the effects on the equity attributable to owners of the parent of any changes in its ownership interest in a subsidiary that do not result in a loss of control. **18**

Consequences of losing control of a subsidiary during the reporting period

An entity shall disclose the gain or loss, if any, calculated in accordance with paragraph 25 of IFRS 10, and: **19**

(a) the portion of that gain or loss attributable to measuring any investment retained in the former subsidiary at its fair value at the date when control is lost; and

(b) the line item(s) in profit or loss in which the gain or loss is recognised (if not presented separately).

INTERESTS IN UNCONSOLIDATED SUBSIDIARIES (INVESTMENT ENTITIES)

An investment entity that, in accordance with IFRS 10, is required to apply the exception to consolidation and instead account for its investment in a subsidiary at fair value through profit or loss shall disclose that fact. **19A**

For each unconsolidated subsidiary, an investment entity shall disclose: **19B**

(a) the subsidiary's name;

(b) the principal place of business (and country of incorporation if different from the principal place of business) of the subsidiary; and

(c) the proportion of ownership interest held by the investment entity and, if different, the proportion of voting rights held.

19C Ist eine Investmentgesellschaft Mutterunternehmen einer anderen Investmentgesellschaft, so hat das Mutterunternehmen die in Paragraph 19B (a)–(c) verlangten Angaben auch für Anteile vorzulegen, die von ihren Tochterunternehmen beherrscht werden. Diese Angaben können durch Einbeziehung der Geschäftsabschlüsse des Tochterunternehmens (oder der Tochterunternehmen) mit den betreffenden Angaben in die Geschäftsabschlüsse des Mutterunternehmens vorgelegt werden.

19D Eine Investmentgesellschaft hat Folgendes anzugeben:
- (a) Art und Umfang aller maßgeblichen (z. B. aus Kreditvereinbarungen, regulatorischen Vorgaben oder Vertragsvereinbarungen herrührenden) Beschränkungen der Möglichkeit eines nicht konsolidierten Tochterunternehmens, Mittel auf die Investmentgesellschaft in Form von Barausschüttungen zu übertragen oder Darlehen bzw. Kredite der Investmentgesellschaft an das nicht konsolidierte Tochterunternehmen zurückzuzahlen und
- (b) bestehende Verpflichtungen oder Absichten, einem nicht konsolidierten Tochterunternehmen finanzielle Unterstützung zu gewähren, einschließlich der Verpflichtung oder der Absichten, dem Tochterunternehmen bei der Beschaffung der finanziellen Unterstützung zu helfen.

19E Hat eine Investmentgesellschaft oder eines ihrer Tochterunternehmen während der Berichtsperiode einem nicht konsolidierten Tochterunternehmen ohne vertragliche Verpflichtung eine Finanzhilfe oder sonstige Hilfe gewährt (z. B. Kauf von Vermögenswerten des Tochterunternehmens oder von von diesem ausgegebenen Instrumenten oder Unterstützung des Tochterunternehmens bei der Beschaffung der Finanzhilfe), macht das Unternehmen folgende Angaben:
- (a) Art und Höhe der dem einzelnen nicht konsolidierten Tochterunternehmen gewährten Hilfe und
- (b) Gründe für diese Unterstützung.

19F Eine Investmentgesellschaft legt den Inhalt eventueller vertraglicher Vereinbarungen offen, die das Unternehmen oder seine nicht konsolidierten Tochterunternehmen zur Gewährung einer Finanzhilfe an ein nicht konsolidiertes, beherrschtes strukturiertes Unternehmen verpflichten könnten. Dazu zählen auch Ereignisse oder Umstände, durch die das berichtende Unternehmen einen Verlust erleiden könnte (z. B. Liquiditätsvereinbarungen oder Auslöser für Kreditrating-Klauseln in Verbindung mit Verpflichtungen, Vermögenswerte des strukturierten Unternehmens zu erwerben oder eine Finanzhilfe zu gewähren).

19G Hat eine Investmentgesellschaft oder eines ihrer nicht konsolidierten Tochterunternehmen während der Berichtsperiode einem nicht konsolidierten strukturierten Unternehmen, das nicht von der Investmentgesellschaft beherrscht wurde, ohne vertragliche Verpflichtung eine Finanzhilfe oder sonstige Hilfe gewährt, und führte diese Unterstützung dazu, dass die Investmentgesellschaft das strukturierte Unternehmen beherrscht, legt die Investmentgesellschaft eine Erläuterung aller einschlägigen Faktoren vor, die zu dem Beschluss über die Gewährung der Hilfe geführt haben.

ANTEILE AN GEMEINSAMEN VEREINBARUNGEN UND ASSOZIIERTEN UNTERNEHMEN

20 Die von einem Unternehmen veröffentlichten Angaben müssen die Abschlussadressaten in die Lage versetzen, Folgendes zu bewerten:
- (a) die Art, den Umfang und die finanziellen Auswirkungen seiner Anteile an den gemeinsamen Vereinbarungen und assoziierten Unternehmen sowie die Art und den Umfang der Auswirkungen seiner Vertragsvereinbarung mit anderen Eigentümern, die an der gemeinschaftlichen Führung einer gemeinsamen Vereinbarung oder eines assoziierten Unternehmens beteiligt sind oder einen maßgeblichen Einfluss darüber ausüben (Paragraphen 21 und 22) und
- (b) die Art der Risiken und ihre eventuellen Veränderungen, die mit seinen Anteilen an Gemeinschaftsunternehmen und assoziierten Unternehmen einhergehen (Paragraph 23).

Art, Umfang und finanzielle Auswirkungen der Anteile eines Unternehmens an gemeinsamen Vereinbarungen und assoziierten Unternehmen

21 Ein Unternehmen hat Folgendes anzugeben:
- (a) für jede gemeinsame Vereinbarung und jedes assoziierte Unternehmen, die für das berichtende Unternehmen wesentlich sind:
  - (i) den Namen der gemeinsamen Vereinbarung und des assoziierten Unternehmens;
  - (ii) die Art der Beziehung des Unternehmens zur gemeinsamen Vereinbarung oder zum assoziierten Unternehmen (z. B. mittels Beschreibung der Art der Tätigkeiten der gemeinsamen Vereinbarung oder des assoziierten Unternehmens und ob sie für die Tätigkeiten des Unternehmens strategisch sind);
  - (iii) die Hauptniederlassung (und Gründungsland, falls erforderlich und von der Hauptniederlassung abweichend) der gemeinsamen Vereinbarung oder des assoziierten Unternehmens;
  - (iv) den Anteil des vom Unternehmen gehaltenen Eigentumsanteils oder der Dividendenaktie und – falls abweichend – des Teils der Stimmrechte (falls erforderlich);
- (b) für jedes Gemeinschaftsunternehmen und jedes assoziierte Unternehmen, die für das berichtende Unternehmen wesentlich sind:

If an investment entity is the parent of another investment entity, the parent shall also provide the disclosures in 19B (a) **19C** —(c) for investments that are controlled by its investment entity subsidiary. The disclosure may be provided by including, in the financial statements of the parent, the financial statements of the subsidiary (or subsidiaries) that contain the above information.

An investment entity shall disclose: **19D**

(a) the nature and extent of any significant restrictions (eg resulting from borrowing arrangements, regulatory requirements or contractual arrangements) on the ability of an unconsolidated subsidiary to transfer funds to the investment entity in the form of cash dividends or to repay loans or advances made to the unconsolidated subsidiary by the investment entity; and

(b) any current commitments or intentions to provide financial or other support to an unconsolidated subsidiary, including commitments or intentions to assist the subsidiary in obtaining financial support.

If, during the reporting period, an investment entity or any of its subsidiaries has, without having a contractual obligation **19E** to do so, provided financial or other support to an unconsolidated subsidiary (eg purchasing assets of, or instruments issued by, the subsidiary or assisting the subsidiary in obtaining financial support), the entity shall disclose:

(a) the type and amount of support provided to each unconsolidated subsidiary; and

(b) the reasons for providing the support.

An investment entity shall disclose the terms of any contractual arrangements that could require the entity or its uncon- **19F** solidated subsidiaries to provide financial support to an unconsolidated, controlled, structured entity, including events or circumstances that could expose the reporting entity to a loss (eg liquidity arrangements or credit rating triggers associated with obligations to purchase assets of the structured entity or to provide financial support).

If during the reporting period an investment entity or any of its unconsolidated subsidiaries has, without having a con- **19G** tractual obligation to do so, provided financial or other support to an unconsolidated, structured entity that the investment entity did not control, and if that provision of support resulted in the investment entity controlling the structured entity, the investment entity shall disclose an explanation of the relevant factors in reaching the decision to provide that support.

INTERESTS IN JOINT ARRANGEMENTS AND ASSOCIATES

An entity shall disclose information that enables users of its financial statements to evaluate: **20**

(a) **the nature, extent and financial effects of its interests in joint arrangements and associates, including the nature and effects of its contractual relationship with the other investors with joint control of, or significant influence over, joint arrangements and associates (paragraphs 21 and 22); and**

(b) **the nature of, and changes in, the risks associated with its interests in joint ventures and associates (paragraph 23).**

Nature, extent and financial effects of an entity's interests in joint arrangements and associates

An entity shall disclose: **21**

(a) for each joint arrangement and associate that is material to the reporting entity:

   (i) the name of the joint arrangement or associate.

   (ii) the nature of the entity's relationship with the joint arrangement or associate (by, for example, describing the nature of the activities of the joint arrangement or associate and whether they are strategic to the entity's activities).

   (iii) the principal place of business (and country of incorporation, if applicable and different from the principal place of business) of the joint arrangement or associate.

   (iv) the proportion of ownership interest or participating share held by the entity and, if different, the proportion of voting rights held (if applicable).

(b) for each joint venture and associate that is material to the reporting entity:

    (i)   Angabe, ob der Anteil am Gemeinschaftsunternehmen oder assoziierten Unternehmen unter Verwendung der Equity-Methode oder zum beizulegenden Zeitwert bewertet wird;

    (ii)   zusammengefasste Finanzinformationen über das Gemeinschaftsunternehmen oder assoziierte Unternehmen im Sinne der Paragraphen B12 und B13;

    (iii) falls das Gemeinschaftsunternehmen oder das assoziierte Unternehmen unter Zugrundelegung der Equity-Methode bewertet wird, den beizulegenden Zeitwert seines Anteils am Gemeinschaftsunternehmen oder assoziierten Unternehmen, sofern ein notierter Marktpreis für den Anteil vorhanden ist;

(c) Finanzinformationen im Sinne von Paragraph B16 über die Anteile des Unternehmens an Gemeinschaftsunternehmen und assoziierten Unternehmen, die für sich genommen nicht wesentlich sind:

    (i)   in aggregierter Form für alle für sich genommen nicht wesentlichen Gemeinschaftsunternehmen und, gesondert,

    (ii)   in aggregierter Form für alle für sich genommen nicht wesentlichen assoziierten Unternehmen.

21A Eine Investmentgesellschaft braucht die in den Paragraphen 21 (b)–21 (c) verlangten Angaben nicht zu machen.

22 Ein Unternehmen hat zudem Folgendes anzugeben:

(a) Art und Umfang aller maßgeblichen Beschränkungen (die z. B. aus Kreditvereinbarungen, Regulierungs- oder Vertragsvereinbarungen zwischen Eigentümern, die an der gemeinschaftlichen Führung einer gemeinsamen Vereinbarung oder eines assoziierten Unternehmens beteiligt sind oder einen maßgeblichen Einfluss darüber ausüben) auf die Möglichkeit von Gemeinschaftsunternehmen und assoziierten Unternehmen, Mittel auf das Unternehmen in Form von Cash-Dividenden zu übertragen oder Darlehen bzw. Kredite oder Darlehen seitens des Unternehmens zurückzuzahlen;

(b) für den Fall, dass der Abschluss eines Gemeinschaftsunternehmens oder assoziierten Unternehmens, der bei der Anwendung der Equity-Methode zugrunde gelegt wurde, einen Stichtag hat oder für einen Berichtszeitraum gilt, der von dem des Unternehmens abweicht:

    (i)   den Stichtag des Endes der Berichtsperiode des Abschlusses dieses Gemeinschaftsunternehmens oder assoziierten Unternehmens und

    (ii)   den Grund für die Verwendung eines anderen Stichtags oder einer anderen Berichtsperiode,

(c) den nicht angesetzten Teil der Verluste eines Gemeinschaftsunternehmens oder assoziierten Unternehmens, sowohl für die Berichtsperiode und kumulativ für den Fall, dass das Unternehmen seinen Verlustanteil am Gemeinschaftsunternehmen oder assoziierten Unternehmen bei Anwendung der Equity-Methode nicht mehr ausweist.

Risiken, die mit den Anteilen eines Unternehmens an Gemeinschaftsunternehmen und assoziierten Unternehmen einhergehen

23 Ein Unternehmen hat Folgendes anzugeben:

(a) Verpflichtungen gegenüber seinen Gemeinschaftsunternehmen, unabhängig vom Betrag anderer Verpflichtungen im Sinne von Paragraph B18–B20;

(b) gemäß IAS 37 *Rückstellungen, Eventualschulden und Eventualforderunge*n – es sei denn, die Verlustwahrscheinlichkeit liegt in weiter Ferne – Eventualverbindlichkeiten in Bezug auf seine Anteile an Gemeinschaftsunternehmen oder assoziierten Unternehmen (einschließlich seines Anteils an Eventualverbindlichkeiten, die zusammen mit anderen Eigentümern, die an der gemeinschaftlichen Führung eines Gemeinschaftsunternehmens oder eines assoziierten Unternehmens beteiligt sind oder einen maßgeblichen Einfluss darüber ausüben, eingegangen wurden), und zwar gesondert vom Betrag anderer Eventualverbindlichkeiten.

ANTEILE AN NICHT KONSOLIDIERTEN STRUKTURIERTEN UNTERNEHMEN

24 **Die von einem Unternehmen veröffentlichten Angaben müssen die Abschlussadressaten in die Lage versetzen,**

(a) **die Art und den Umfang seiner Anteile an nicht konsolidierten strukturierten Unternehmen zu verstehen (Paragraph 26–28) und**

(b) **die Art der Risiken und ihre eventuellen Veränderungen, die mit seinen Anteilen an nicht konsolidierten strukturierten Unternehmen einhergehen, zu bewerten (Paragraphen 29–31).**

25 Die von Paragraph 24b geforderten Informationen umfassen auch Angaben zur Risikoexponierung eines Unternehmens, die aus seiner Einbeziehung in nicht konsolidierte strukturierte Unternehmen in früheren Berichtsperioden herrührt (z. B. Förderung des strukturierten Unternehmens), auch wenn das Unternehmen mit dem strukturierten Unternehmen am Berichtsstichtag nicht mehr vertraglich verbunden ist.

25A Eine Investmentgesellschaft braucht die in Paragraph 24 für ein von ihr beherrschtes nicht konsolidiertes strukturiertes Unternehmen verlangten Angaben nicht zu machen, für das es die in den Paragraphen 19A–19G verlangten Angaben macht.

(i) whether the investment in the joint venture or associate is measured using the equity method or at fair value.

(ii) summarised financial information about the joint venture or associate as specified in paragraphs B12 and B13.

(iii) if the joint venture or associate is accounted for using the equity method, the fair value of its investment in the joint venture or associate, if there is a quoted market price for the investment.

(c) financial information as specified in paragraph B16 about the entity's investments in joint ventures and associates that are not individually material:

(i) in aggregate for all individually immaterial joint ventures and, separately,

(ii) in aggregate for all individually immaterial associates.

An investment entity need not provide the disclosures required by paragraphs 21 (b)—21 (c). **21A**

An entity shall also disclose: **22**

(a) the nature and extent of any significant restrictions (eg resulting from borrowing arrangements, regulatory requirements or contractual arrangements between investors with joint control of or significant influence over a joint venture or an associate) on the ability of joint ventures or associates to transfer funds to the entity in the form of cash dividends, or to repay loans or advances made by the entity.

(b) when the financial statements of a joint venture or associate used in applying the equity method are as of a date or for a period that is different from that of the entity:

(i) the date of the end of the reporting period of the financial statements of that joint venture or associate; and

(ii) the reason for using a different date or period.

(c) the unrecognised share of losses of a joint venture or associate, both for the reporting period and cumulatively, if the entity has stopped recognising its share of losses of the joint venture or associate when applying the equity method.

Risks associated with an entity's interests in joint ventures and associates

An entity shall disclose: **23**

(a) commitments that it has relating to its joint ventures separately from the amount of other commitments as specified in paragraphs B18—B20.

(b) in accordance with IAS 37 *Provisions, Contingent Liabilities and Contingent Assets,* unless the probability of loss is remote, contingent liabilities incurred relating to its interests in joint ventures or associates (including its share of contingent liabilities incurred jointly with other investors with joint control of, or significant influence over, the joint ventures or associates), separately from the amount of other contingent liabilities.

INTERESTS IN UNCONSOLIDATED STRUCTURED ENTITIES

An entity shall disclose information that enables users of its financial statements: **24**

(a) **to understand the nature and extent of its interests in unconsolidated structured entities (paragraphs 26—28); and**

(b) **to evaluate the nature of, and changes in, the risks associated with its interests in unconsolidated structured entities (paragraphs 29—31).**

The information required by paragraph 24 (b) includes information about an entity's exposure to risk from involvement **25** that it had with unconsolidated structured entities in previous periods (eg sponsoring the structured entity), even if the entity no longer has any contractual involvement with the structured entity at the reporting date.

An investment entity need not provide the disclosures required by paragraph 24 for an unconsolidated structured entity **25A** that it controls and for which it presents the disclosures required by paragraphs 19A—19G.

Wesensart der Anteile

26 Ein Unternehmen legt qualitative und quantitative Informationen über seine Anteile an nicht konsolidierten strukturierten Unternehmen offen, die u. a. – aber nicht ausschließlich – die Art, den Zweck, den Umfang und die Tätigkeiten des strukturierten Unternehmens sowie die Art und Weise seiner Finanzierung betreffen.

27 Hat ein Unternehmen ein nicht konsolidiertes strukturiertes Unternehmen gefördert, für das es die in Paragraph 29 verlangten Informationen nicht beigebracht hat (z. B. weil es an diesem Unternehmen am Berichtsstichtag keinen Anteil hält), macht das Unternehmen folgende Angaben:

(a) Art und Weise, wie es bestimmt hat, welche strukturierten Unternehmen es gefördert hat;

(b) *Erträge aus diesen strukturierten Unternehmen* während der Berichtsperiode, einschließlich einer Beschreibung der vorgelegten Ertragsarten und

(c) den Buchwert (zum Zeitpunkt der Übertragung) aller übertragenen Vermögenswerte dieser strukturierten Unternehmen während der Berichtsperiode.

28 Ein Unternehmen legt die Informationen in Paragraph 27b und c in tabellarischer Form vor, es sei denn, eine anderes Format ist angemessener, und gliedert seine Sponsortätigkeiten in entsprechende Kategorien auf (siehe Paragraphen B2–B6).

Wesensart der Risiken

29 Ein Unternehmen legt in tabellarischer Form eine Zusammenfassung folgender Bestandteile vor, es sei denn, ein anderes Format ist zweckmäßiger:

(a) die Buchwerte der in seinem Abschluss ausgewiesenen Vermögenswerte und Verbindlichkeiten, die seine Anteile an nicht konsolidierten strukturierten Unternehmen betreffen;

(b) die Posten in der Bilanz, unter denen diese Vermögenswerte und Verbindlichkeiten angesetzt werden;

(c) den Betrag, der die Höchstexponierung des Unternehmens in Bezug auf Verluste aus seinen Anteilen an nicht konsolidiertem strukturierten Unternehmen am besten widerspiegelt, einschließlich Angaben zur Art und Weise, wie diese Höchstexponierung bestimmt wurde. Kann ein Unternehmen seine Höchstexponierung in Bezug auf Verluste aus seinen Anteilen an nicht konsolidiertem strukturierten Unternehmen nicht quantifizieren, hat es diese Tatsache anzugeben und die Gründe dafür offenzulegen;

(d) einen Vergleich der Buchwerte der Vermögenswerte und Verbindlichkeiten des Unternehmens, die seine Anteile an nicht konsolidierten strukturierten Unternehmen und die Höchstverlustexponierung des Unternehmens gegenüber diesen Unternehmen betreffen.

30 Hat ein Unternehmen während der Berichtsperiode ein nicht konsolidiertes strukturiertes Unternehmen finanziell oder anderweitig unterstützt – ohne vertraglich dazu verpflichtet zu sein – an dem es zuvor einen Anteil gehalten hat oder derzeit noch hält (z. B. Kauf von Vermögenswerten eines strukturierten Unternehmens oder von diesem ausgegebene Instrumente), macht es folgende Angaben:

(a) Art und Höhe der gewährten Unterstützung, einschließlich Situationen, in denen das Unternehmen dem strukturierten Unternehmen bei der Beschaffung der finanziellen Unterstützung geholfen hat und

(b) die Gründe für die Gewährung der Unterstützung.

31 Ein Unternehmen macht Angaben zu seiner derzeitigen Absicht, einem nicht konsolidierten strukturiertem Unternehmen eine finanzielle oder sonstige Unterstützung zu gewähren, sowie zu seiner Absicht, diesem strukturierten Unternehmen bei der Beschaffung der finanziellen Unterstützung zu helfen.

Nature of interests

26 An entity shall disclose qualitative and quantitative information about its interests in unconsolidated structured entities, including, but not limited to, the nature, purpose, size and activities of the structured entity and how the structured entity is financed.

27 If an entity has sponsored an unconsolidated structured entity for which it does not provide information required by paragraph 29 (eg because it does not have an interest in the entity at the reporting date), the entity shall disclose:

(a) how it has determined which structured entities it has sponsored;

(b) *income from those structured entities* during the reporting period, including a description of the types of income presented; and

(c) the carrying amount (at the time of transfer) of all assets transferred to those structured entities during the reporting period.

28 An entity shall present the information in paragraph 27 (b) and (c) in tabular format, unless another format is more appropriate, and classify its sponsoring activities into relevant categories (see paragraphs B2—B6).

Nature of risks

29 An entity shall disclose in tabular format, unless another format is more appropriate, a summary of:

(a) the carrying amounts of the assets and liabilities recognised in its financial statements relating to its interests in unconsolidated structured entities.

(b) the line items in the statement of financial position in which those assets and liabilities are recognised.

(c) the amount that best represents the entity's maximum exposure to loss from its interests in unconsolidated structured entities, including how the maximum exposure to loss is determined. If an entity cannot quantify its maximum exposure to loss from its interests in unconsolidated structured entities it shall disclose that fact and the reasons.

(d) a comparison of the carrying amounts of the assets and liabilities of the entity that relate to its interests in unconsolidated structured entities and the entity's maximum exposure to loss from those entities.

30 If during the reporting period an entity has, without having a contractual obligation to do so, provided financial or other support to an unconsolidated structured entity in which it previously had or currently has an interest (for example, purchasing assets of or instruments issued by the structured entity), the entity shall disclose:

(a) the type and amount of support provided, including situations in which the entity assisted the structured entity in obtaining financial support; and

(b) the reasons for providing the support.

31 An entity shall disclose any current intentions to provide financial or other support to an unconsolidated structured entity, including intentions to assist the structured entity in obtaining financial support.

Anhang A
Definitionen

Dieser Anhang ist integraler Bestandteil des IFRS.

Erträge aus einem strukturiertem Unternehmen	Für die Zwecke dieses IFRS umfassen Erträge aus einem **strukturierten Unternehmen** – auch wenn sie nicht darauf beschränkt sind – wiederkehrende und nicht wiederkehrende Entgelte, Zinsen, Dividenden, Gewinne oder Verluste aus der Neubewertung oder Ausbuchung von Anteilen an strukturierten Unternehmen und Gewinne oder Verluste aus der Übertragung von Vermögenswerten und Verbindlichkeiten auf das strukturierte Unternehmen.
Anteil an einem anderen Unternehmen	Für die Zwecke dieses IFRS verweist ein Anteil an einem anderen Unternehmen auf die vertragliche und nichtvertragliche Einbeziehung, die ein Unternehmen schwankenden Renditen aus der Tätigkeit des anderen Unternehmens aussetzt. Ein Anteil an einem anderen Unternehmen kann die Form eines Kapitalbesitzes oder des Haltens von Schuldtiteln sowie andere Formen der Einbeziehung annehmen – auch wenn sie nicht darauf beschränkt ist –, wie z. B. die Bereitstellung einer Finanzierung, eine Liquiditätsunterstützung, Kreditsicherheiten und Garantien. Dazu zählen Mittel, mit denen ein Unternehmen ein anderes Unternehmen beherrscht, an seiner gemeinschaftlichen Führung beteiligt ist oder einen maßgeblichen Einfluss darüber ausübt. Ein Unternehmen hält nicht notwendigerweise einen Anteil an einem anderen Unternehmen, nur weil eine typische Beziehung zwischen Lieferant und Kunden besteht.
	Die Paragraphen B7–B9 enthalten weitere Informationen über Anteile an anderen Unternehmen.
	Die Paragraphen B55–B57 des IFRS 10 erläutern die Variabilität von Erträgen.
Strukturiertes Unternehmen	Ein Unternehmen wurde so konzipiert, dass die Stimmrechte oder vergleichbaren Rechte nicht der dominierende Faktor sind, wenn es darum geht festzulegen, wer das Unternehmen beherrscht, so wie in dem Fall, in dem sich die Stimmrechte lediglich auf die Verwaltungsaufgaben beziehen und die damit verbundenen Tätigkeiten durch Vertragsvereinbarungen geregelt werden.
	Die Paragraphen B22–B24 enthalten weitere Informationen über strukturierte Unternehmen.

Die folgenden Begriffe werden in IAS 27 (geändert 2011), IAS 28 (geändert 2011), IFRS 10 und IFRS 11 *Gemeinsame Vereinbarungen* definiert und in diesem IFRS im Sinne der in den anderen IFRS festgelegten Bedeutung verwendet:

- assoziiertes Unternehmen
- Konzernabschlüsse
- Beherrschung eines Unternehmens
- Equity-Methode
- Unternehmensgruppe
- Investmentgesellschaft
- gemeinsame Vereinbarung
- gemeinschaftliche Führung
- gemeinschaftliche Tätigkeit
- Gemeinschaftsunternehmen
- nicht beherrschende Anteile
- Mutterunternehmen
- Schutzrechte
- maßgebliche Tätigkeiten
- Einzelabschlüsse
- eigenständiges Vehikel
- maßgeblicher Einfluss
- Tochterunternehmen.

Appendix A

Defined terms

This appendix is an integral part of the IFRS.

income from a structured entity	For the purpose of this IFRS, income from a **structured entity** includes, but is not limited to, recurring and non-recurring fees, interest, dividends, gains or losses on the remeasurement or derecognition of interests in structured entities and gains or losses from the transfer of assets and liabilities to the structured entity.
interest in another entity	For the purpose of this IFRS, an interest in another entity refers to contractual and non-contractual involvement that exposes an entity to variability of returns from the performance of the other entity. An interest in another entity can be evidenced by, but is not limited to, the holding of equity or debt instruments as well as other forms of involvement such as the provision of funding, liquidity support, credit enhancement and guarantees. It includes the means by which an entity has control or joint control of, or significant influence over, another entity. An entity does not necessarily have an interest in another entity solely because of a typical customer supplier relationship. Paragraphs B7—B9 provide further information about interests in other entities. Paragraphs B55—B57 of IFRS 10 explain variability of returns.
structured entity	An entity that has been designed so that voting or similar rights are not the dominant factor in deciding who controls the entity, such as when any voting rights relate to administrative tasks only and the relevant activities are directed by means of contractual arrangements. Paragraphs B22—B24 provide further information about structured entities.

The following terms are defined in IAS 27 (as amended in 2011), IAS 28 (as amended in 2011), IFRS 10 and IFRS 11 *Joint Arrangements* and are used in this IFRS with the meanings specified in those IFRSs:

— associate
— consolidated financial statements
— control of an entity
— equity method
— group
— joint arrangement
— investment entity
— joint control
— joint operation
— joint venture
— non-controlling interest
— parent
— protective rights
— relevant activities
— separate financial statements
— separate vehicle
— significant influence
— subsidiary.

Anhang B

Leitlinien für die Anwendung

Dieser Anhang ist integraler Bestandteil des IFRS. Er beschreibt die Anwendung von Paragraph 1–31 und ist ebenso gültig wie die anderen Teile des IFRS.

B1 Die Beispiele in diesem Anhang beschreiben rein hypothetische Situationen. Auch wenn sich einige Aspekte der Beispiele tatsächlichen Gegebenheiten ähneln könnten, müssten alle einschlägigen Tatsachen und Umstände bestimmter Gegebenheiten bei der Anwendung von IFRS 12 bewertet werden.

AGGREGATION (PARAGRAPH 4)

B2 Das Unternehmen hat mit Blick auf seine Lage zu entscheiden, wie viele Einzelangaben es offenlegen muss, um den Informationsbedarf der Abschlussadressaten zu decken und wie viel Gewicht es auf einzelne Aspekte dieser Informationen legt und wie es diese Angaben zusammenfasst. Dabei dürfen die Abschlüsse weder mit zu vielen Details überfrachtet werden, die für Abschlussadressaten nicht nützlich sind, noch dürfen Informationen durch zu starke Verdichtung verschleiert werden.

B3 Ein Unternehmen kann die von diesem IFRS geforderten Angaben im Hinblick auf Anteile an vergleichbaren Unternehmen zusammenfassen, wenn eine solche Aggregation mit dem Ziel der Angaben und der in Paragraph B4 genannten Anforderung im Einklang steht und die Angaben nicht verschleiert. Ein Unternehmen hat anzugeben, wie es die Anteile an vergleichbaren Unternehmen aggregiert hat.

B4 Ein Unternehmen macht gesonderte Angaben zu seinen Anteilen an:
(a) Tochterunternehmen;
(b) Gemeinschaftsunternehmen;
(c) gemeinschaftliche Tätigkeiten;
(d) assoziierten Unternehmen und
(e) nicht konsolidierte strukturierte Unternehmen.

B5 Bei der Bestimmung, ob Angaben zu aggregieren sind, hat das Unternehmen die quantitativen und qualitativen Angaben zu den verschiedenen Risiko- und Ertragsmerkmalen jedes Unternehmens zu berücksichtigen, die für eine Aggregation in Frage kommen sowie den Stellenwert eines jeden solchen Unternehmens für das berichtende Unternehmen. Das Unternehmen hat die Angaben auf eine Art und Weise darzustellen, die den Abschlussadressaten die Wesensart und den Umfang seiner Anteile an anderen Unternehmen klar erläutert.

B6 Beispiele für Aggregationsniveaus innerhalb der in Paragraph B4 genannten Unternehmenskategorien, die als zweckmäßig angesehen werden könnten, sind:
(a) Art der Tätigkeiten (z. B. ein Unternehmen auf dem Gebiet von Forschung und Entwicklung, ein Unternehmen für die revolvierende Verbriefung von Kreditkartenforderungen);
(b) Einstufung nach Branche;
(c) geografische Belegenheit (z. B. Land oder Region).

ANTEILE AN ANDEREN UNTERNEHMEN

B7 Ein Anteil an einem anderen Unternehmen verweist auf die vertragliche und nichtvertragliche Einbeziehung, die das berichtende Unternehmen schwankenden Renditen aus der Tätigkeit des anderen Unternehmens aussetzt. Überlegungen zum Zweck und Konzept des anderen Unternehmens können dem berichtenden Unternehmen bei der Bewertung helfen, ob es einen Anteil an dem anderen Unternehmen hält und folglich die Angaben im Sinne dieses IFRS beizubringen hat. Diese Bewertung hat eine Abschätzung der Risiken zu enthalten, die das andere Unternehmen schaffen sollte, sowie der Risiken, die das andere Unternehmen an das berichtende Unternehmen und sonstige Parteien weiterleiten sollte.

B8 Ein berichtendes Unternehmen ist typischerweise schwankenden Renditen aus der Tätigkeit eines anderen Unternehmens ausgesetzt, wenn es einschlägige Instrumente (wie z. B. Aktien oder von dem anderen Unternehmen ausgegebene Schuldtitel) hält oder auf eine andere Art und Weise einbezogen ist, die zur Absorbierung von Schwankungen führt. Beispielsweise könnte man annehmen, dass ein strukturiertes Unternehmen ein Darlehensportfolio hält. Das strukturierte Unternehmen erhält einen Credit Default Swap von einem anderen Unternehmen (dem berichtenden Unternehmen), um sich selbst vor dem Ausfall der Anteile und der Hauptdarlehenszahlungen zu schützen. Das berichtende Unternehmen ist wiederum auf eine Art und Weise einbezogen, die es der Variabilität der Erträge infolge der Ertragskraft des strukturierten Unternehmens aussetzt, denn der Credit Default Swap absorbiert die Variabilität der Erträge des strukturierten Unternehmens.

B9 Einige Instrumente sind so konzipiert, dass sie die Risiken von einem berichtenden Unternehmen auf ein anderes Unternehmen übertragen. Derlei Instrumente schaffen eine Variabilität der Erträge für das andere Unternehmen, setzen aber

Appendix B
Application guidance

This appendix is an integral part of the IFRS. It describes the application of paragraphs 1—31 and has the same authority as the other parts of the IFRS.

The examples in this appendix portray hypothetical situations. Although some aspects of the examples may be present in actual fact patterns, all relevant facts and circumstances of a particular fact pattern would need to be evaluated when applying IFRS 12. **B1**

AGGREGATION (PARAGRAPH 4)

An entity shall decide, in the light of its circumstances, how much detail it provides to satisfy the information needs of users, how much emphasis it places on different aspects of the requirements and how it aggregates the information. It is necessary to strike a balance between burdening financial statements with excessive detail that may not assist users of financial statements and obscuring information as a result of too much aggregation. **B2**

An entity may aggregate the disclosures required by this IFRS for interests in similar entities if aggregation is consistent with the disclosure objective and the requirement in paragraph B4, and does not obscure the information provided. An entity shall disclose how it has aggregated its interests in similar entities. **B3**

An entity shall present information separately for interests in: **B4**
(a) subsidiaries;
(b) joint ventures;
(c) joint operations;
(d) associates; and
(e) unconsolidated structured entities.

In determining whether to aggregate information, an entity shall consider quantitative and qualitative information about the different risk and return characteristics of each entity it is considering for aggregation and the significance of each such entity to the reporting entity. The entity shall present the disclosures in a manner that clearly explains to users of financial statements the nature and extent of its interests in those other entities. **B5**

Examples of aggregation levels within the classes of entities set out in paragraph B4 that might be appropriate are: **B6**
(a) nature of activities (eg a research and development entity, a revolving credit card securitisation entity).
(b) industry classification.
(c) geography (eg country or region).

INTERESTS IN OTHER ENTITIES

An interest in another entity refers to contractual and non-contractual involvement that exposes the reporting entity to variability of returns from the performance of the other entity. Consideration of the purpose and design of the other entity may help the reporting entity when assessing whether it has an interest in that entity and, therefore, whether it is required to provide the disclosures in this IFRS. That assessment shall include consideration of the risks that the other entity was designed to create and the risks the other entity was designed to pass on to the reporting entity and other parties. **B7**

A reporting entity is typically exposed to variability of returns from the performance of another entity by holding instruments (such as equity or debt instruments issued by the other entity) or having another involvement that absorbs variability. For example, assume a structured entity holds a loan portfolio. The structured entity obtains a credit default swap from another entity (the reporting entity) to protect itself from the default of interest and principal payments on the loans. The reporting entity has involvement that exposes it to variability of returns from the performance of the structured entity because the credit default swap absorbs variability of returns of the structured entity. **B8**

Some instruments are designed to transfer risk from a reporting entity to another entity. Such instruments create variability of returns for the other entity but do not typically expose the reporting entity to variability of returns from the perfor- **B9**

nicht typischerweise das berichtende Unternehmen schwankenden Renditen aus der Tätigkeit des anderen Unternehmens aus. Man stelle sich z. B. vor, ein strukturiertes Unternehmen wird gegründet, um Anlegern Anlagemöglichkeiten zu eröffnen, die eine Exponierung gegenüber dem Kreditrisiko von Unternehmen Z wünschen (Unternehmen Z steht keiner in die Vereinbarung einbezogenen Partei nahe). Das strukturierte Unternehmen erhält eine Finanzierung durch die Ausgabe von an das Kreditrisiko des Unternehmens Z gebundenen Papieren ('Credit-Linked Notes') und nutzt die Erträge zur Anlage in einem Portfolio aus risikofreien finanziellen Vermögenswerten. Das strukturierte Unternehmen erhält eine Exponierung gegenüber dem Kreditrisiko von Unternehmen Z, indem es mit einer Swap-Gegenpartei einen 'Credit Default Swap' (CDS) abschließt. Durch den CDS geht das Kreditrisiko von Unternehmen Z auf das strukturierte Unternehmen im Gegenzug der Zahlung eines Entgelts durch die Swap-Gegenpartei über. Die Anleger des strukturierten Unternehmens erhalten eine höhere Rendite, die sowohl den Ertrag des strukturierten Unternehmens aus seinem Anlageportfolio als auch das CDS-Entgelt widerspiegelt. Die Swap-Gegenpartei steht mit dem strukturierten Unternehmen in keiner Verbindung, die sie der Variabilität der Erträge infolge der Ertragskraft des strukturierten Unternehmens aussetzt, da der CDS die Variabilität auf das strukturierte Unternehmen überträgt anstatt die Variabilität der Erträge des strukturierten Unternehmens zu absorbieren.

FINANZINFORMATIONEN FÜR TOCHTERUNTERNEHMEN, GEMEINSCHAFTSUNTERNEHMEN UND ASSOZIIERTE UNTERNEHMEN IN ZUSAMMENGEFASSTER FORM (PARAGRAPH 12 UND PARAGRAPH 21)

B10 Für jedes Tochterunternehmen, das nicht beherrschende Anteile hält, die für das berichtende Unternehmen wesentlich sind, legt ein Unternehmen Folgendes offen:
(a) nicht beherrschenden Anteilen zugewiesene Dividenden;
(b) Finanzinformationen in zusammengefasster Form zu Vermögenswerten, Verbindlichkeiten, Gewinn oder Verlust und Cashflows des Tochterunternehmens, die die Abschlussadressaten in die Lage versetzen, das Interesse nicht beherrschender Anteile an Tätigkeiten der Unternehmensgruppe und Cashflows zu verstehen. Zu diesen Informationen könnten beispielsweise Angaben zu den kurzfristigen Vermögenswerten, langfristigen Vermögenswerten, kurzfristigen Schulden, langfristigen Schulden, Erlösen, Gewinn oder Verlust und zum Gesamtergebnis zählen, ohne darauf beschränkt zu sein.

B11 Bei den nach Paragraph B10 (b) geforderten Finanzinformationen in zusammengefasster Form handelt es sich um die Beträge vor Eliminierungen, die zwischen den Unternehmen vorgenommen werden.

B12 Für jedes Gemeinschaftsunternehmen und jedes assoziierte Unternehmen, das für das berichtende Unternehmen wesentlich sind, legt ein Unternehmen Folgendes offen:
(a) vom Gemeinschaftsunternehmen oder assoziierten Unternehmen erhaltene Dividenden;
(b) Finanzinformationen in zusammengefasster Form für das Gemeinschaftsunternehmen oder assoziierte Unternehmen (siehe Paragraphen B 14 und B 15), die Folgendes beinhalten, ohne notwendigerweise darauf beschränkt zu sein:
    (i) kurzfristige Vermögenswerte;
    (ii) langfristige Vermögenswerte;
    (iii) kurzfristige Schulden;
    (iv) langfristige Schulden;
    (v) Erlöse;
    (vi) Gewinn oder Verlust aus fortzuführenden Geschäftsbereichen;
    (vii) Gewinn oder Verlust nach Steuern aus aufgegebenen Geschäftsbereichen;
    (viii) sonstiges Ergebnis;
    (ix) Gesamtergebnis.

B13 Zusätzlich zu den Finanzinformationen in zusammengefasster Form nach Paragraph B 12 legt ein Unternehmen für jedes Gemeinschaftsunternehmen, das für das berichtende Unternehmen wesentlich ist, den Betrag folgender Posten offen:
(a) Zahlungsmittel und Zahlungsmitteläquivalente im Sinne von Paragraph B12 (b) (i);
(b) kurzfristige finanzielle Schulden (mit Ausnahme von Verbindlichkeiten aus Lieferungen und Leistungen und sonstigen Verbindlichkeiten sowie Rückstellungen) nach Paragraph B12 (b) (iii);
(c) langfristige finanzielle Schulden (mit Ausnahme von Verbindlichkeiten aus Lieferungen und Leistungen und sonstigen Verbindlichkeiten sowie Rückstellungen) nach Paragraph B 12 (b) (iv);
(d) planmäßige Abschreibung;
(e) Zinserträge;
(f) Zinsaufwendungen;
(g) Ertragsteueraufwand oder -ertrag.

B14 Bei den gemäß der Paragraphen B12 und B13 dargestellten Finanzinformationen in zusammengefasster Form handelt es sich um die Beträge, die Gegenstand des IFRS-Abschlusses zum Gemeinschaftsunternehmen oder assoziierten Unternehmen sind (und nicht um den Anteil des Unternehmens an diesen Beträgen). Bilanziert ein Unternehmen seinen Anteil an Gemeinschaftsunternehmen oder assoziierten Unternehmen nach der Equity-Methode, so

mance of the other entity. For example, assume a structured entity is established to provide investment opportunities for investors who wish to have exposure to entity Z's credit risk (entity Z is unrelated to any party involved in the arrangement). The structured entity obtains funding by issuing to those investors notes that are linked to entity Z's credit risk (credit-linked notes) and uses the proceeds to invest in a portfolio of risk-free financial assets. The structured entity obtains exposure to entity Z's credit risk by entering into a credit default swap (CDS) with a swap counterparty. The CDS passes entity Z's credit risk to the structured entity in return for a fee paid by the swap counterparty. The investors in the structured entity receive a higher return that reflects both the structured entity's return from its asset portfolio and the CDS fee. The swap counterparty does not have involvement with the structured entity that exposes it to variability of returns from the performance of the structured entity because the CDS transfers variability to the structured entity, rather than absorbing variability of returns of the structured entity.

SUMMARISED FINANCIAL INFORMATION FOR SUBSIDIARIES, JOINT VENTURES AND ASSOCIATES (PARAGRAPHS 12 AND 21)

For each subsidiary that has non-controlling interests that are material to the reporting entity, an entity shall disclose: **B10**
(a)   dividends paid to non-controlling interests.
(b)   summarised financial information about the assets, liabilities, profit or loss and cash flows of the subsidiary that enables users to understand the interest that non-controlling interests have in the group's activities and cash flows. That information might include but is not limited to, for example, current assets, non-current assets, current liabilities, non-current liabilities, revenue, profit or loss and total comprehensive income.

The summarised financial information required by paragraph B10 (b) shall be the amounts before inter-company elimi-   **B11**
nations.

For each joint venture and associate that is material to the reporting entity, an entity shall disclose: **B12**
(a)   dividends received from the joint venture or associate.
(b)   summarised financial information for the joint venture or associate (see paragraphs B14 and B15) including, but not necessarily limited to:
   (i)   current assets.
   (ii)   non-current assets.
   (iii) current liabilities.
   (iv)   non-current liabilities.
   (v)   revenue.
   (vi)   profit or loss from continuing operations.
   (vii) post-tax profit or loss from discontinued operations.
   (viii) other comprehensive income.
   (ix)   total comprehensive income.

In addition to the summarised financial information required by paragraph B12, an entity shall disclose for each joint   **B13**
venture that is material to the reporting entity the amount of:
(a)   cash and cash equivalents included in paragraph B12 (b) (i).
(b)   current financial liabilities (excluding trade and other payables and provisions) included in paragraph B12 (b) (iii).
(c)   non-current financial liabilities (excluding trade and other payables and provisions) included in paragraph B12 (b) (iv).
(d)   depreciation and amortisation.
(e)   interest income.
(f)   interest expense.
(g)   income tax expense or income.

The summarised financial information presented in accordance with paragraphs B12 and B13 shall be the amounts   **B14**
included in the IFRS financial statements of the joint venture or associate (and not the entity's share of those amounts). If the entity accounts for its interest in the joint venture or associate using the equity method:

(a) werden die Beträge, die Gegenstand des IFRS-Abschlusses des Gemeinschaftsunternehmens oder assoziierten Unternehmens sind, berichtigt, um den Berichtigungen des Unternehmens bei Verwendung der Equity-Methode Rechnung zu tragen, wie z. B. Berichtigungen zum beizulegenden Zeitwert, die zum Zeitpunkt des Erwerbs und der Berichtigungen für Unterschiedsbeträge aufgrund der Rechnungslegungsmethoden vorgenommen wurden;

(b) legt das Unternehmen eine Überleitungsrechnung der Finanzinformationen in zusammengefasster Form in Bezug auf den Buchwert seines Anteils am Gemeinschaftsunternehmen oder assoziierten Unternehmen vor.

B15 Ein Unternehmen kann die Finanzinformationen in zusammengefasster Form nach Paragraph B12 und Paragraph B13 auf der Grundlage des Abschlusses des Gemeinschaftsunternehmens oder assoziierten Unternehmens darstellen, wenn

(a) das Unternehmen seinen Anteil am Gemeinschaftsunternehmen oder assoziiertem Unternehmen zum beizulegenden Zeitwert gemäß IAS 28 (geändert 2011) bewertet und

(b) das Gemeinschaftsunternehmen oder assoziierte Unternehmen keinen IFRS-Abschluss aufstellt und eine Vorbereitung auf dieser Grundlage nicht praktikabel wäre oder unangemessene Kosten verursachen würde.

In diesem Fall nimmt das Unternehmen seine Offenlegungen auf der Grundlage vor, auf der die Finanzinformationen in zusammengefasster Form erstellt wurden.

B16 Ein Unternehmen legt in aggregierter Form den Buchwert seiner Anteile an sämtlichen einzeln für sich genommenen unwesentlichen Gemeinschaftsunternehmen oder assoziierten Unternehmen vor, die nach der Equity-Methode bilanziert werden. Ein Unternehmen legt zudem gesondert den aggregierten Betrag seines Anteils an folgenden Posten dieser Gemeinschaftsunternehmen oder assoziierten Unternehmen offen:

(a) Gewinn oder Verlust aus fortzuführenden Geschäftsbereichen;

(b) Gewinn oder Verlust nach Steuern aus aufgegebenen Geschäftsbereichen;

(c) sonstiges Ergebnis;

(d) Gesamtergebnis.

Ein Unternehmen nimmt diese Offenlegungen gesondert für Gemeinschaftsunternehmen und assoziierte Unternehmen vor.

B17 Wird der Anteil eines Unternehmens an einem Tochterunternehmen, Gemeinschaftsunternehmen oder assoziierten Unternehmen (oder ein Teil seines Anteils am Gemeinschaftsunternehmen oder assoziierten Unternehmen) gemäß IFRS 5 *Zur Veräußerung gehaltene langfristige Vermögenswerte und aufgegebene Geschäftsbereiche* als zum Verkauf gehalten eingestuft, ist das Unternehmen nicht verpflichtet, Finanzinformationen in zusammengefasster Form für dieses Tochterunternehmen, Gemeinschaftsunternehmen oder assoziierte Unternehmen gemäß der Paragraphen B10–B16 offenzulegen.

VERPFLICHTUNGEN FÜR GEMEINSCHAFTSUNTERNEHMEN (PARAGRAPH 23A)

B18 Ein Unternehmen legt seine gesamten Verpflichtungen, die es eingegangen ist, aber zum Berichtsstichtag nicht angesetzt hat (einschließlich seines Anteils der Verpflichtungen, die gemeinsam mit anderen Anlegern eingegangen wurden, die an der gemeinschaftlichen Führung des Gemeinschaftsunternehmens beteiligt sind) in Bezug auf seine Anteile an Gemeinschaftsunternehmen offen. Bei den Verpflichtungen handelt es sich um jene, die zu einem künftigen Abfluss von Zahlungsmitteln oder anderen Ressourcen führen können.

B19 Bei den nicht angesetzten Verpflichtungen, die zu einem künftigen Abfluss von Zahlungsmitteln oder anderen Ressourcen führen können, handelt es sich um:

(a) nicht angesetzte Verpflichtungen, um zur Finanzierung oder zu Ressourcen beizutragen, die sich z. B. ergeben aus

   (i) Vereinbarungen zum Abschluss oder Erwerb eines Gemeinschaftsunternehmens (das beispielsweise einem Unternehmen vorschreibt, Mittel über einen bestimmten Zeitraum bereitzustellen);

   (ii) vom Gemeinschaftsunternehmen durchgeführten kapitalintensiven Projekten;

   (iii) unbedingte Kaufverpflichtungen, einschließlich der Beschaffung von Ausrüstung, Vorräten oder Dienstleistungen, die ein Unternehmen verpflichtet ist, von einem Gemeinschaftsunternehmen oder in dessen Namen zu erwerben;

   (iv) nicht angesetzte Verpflichtungen, mittels denen einem Gemeinschaftsunternehmen Darlehen oder andere Finanzmittel zur Verfügung gestellt werden;

   (v) nicht angesetzte Verpflichtungen, um einem Gemeinschaftsunternehmen Ressourcen z. B. in Form von Vermögenswerten oder Dienstleistungen zuzuführen;

   (vi) sonstige unkündbare nicht angesetzte Verpflichtungen in Bezug auf ein Gemeinschaftsunternehmen;

(b) nicht angesetzte Verpflichtungen, um den Eigentumsanteil einer anderen Partei (oder einen Teil dieses Eigentumsanteils) an einem Gemeinschaftsunternehmen zu erwerben, sollte ein bestimmtes Ereignis in der Zukunft eintreten oder nicht eintreten.

B20 Die Anforderungen und Beispiele der Paragraphen B18 und B19 verdeutlichen einige Arten der Offenlegung nach Paragraph 8 von IAS 24 *Angaben über Beziehungen zu nahestehenden Unternehmen und Personen*.

(a) the amounts included in the IFRS financial statements of the joint venture or associate shall be adjusted to reflect adjustments made by the entity when using the equity method, such as fair value adjustments made at the time of acquisition and adjustments for differences in accounting policies.

(b) the entity shall provide a reconciliation of the summarised financial information presented to the carrying amount of its interest in the joint venture or associate.

An entity may present the summarised financial information required by paragraphs B12 and B13 on the basis of the joint **B15** venture's or associate's financial statements if:

(a) the entity measures its interest in the joint venture or associate at fair value in accordance with IAS 28 (as amended in 2011); and

(b) the joint venture or associate does not prepare IFRS financial statements and preparation on that basis would be impracticable or cause undue cost.

In that case, the entity shall disclose the basis on which the summarised financial information has been prepared.

An entity shall disclose, in aggregate, the carrying amount of its interests in all individually immaterial joint ventures or **B16** associates that are accounted for using the equity method. An entity shall also disclose separately the aggregate amount of its share of those joint ventures' or associates':

(a) profit or loss from continuing operations.

(b) post-tax profit or loss from discontinued operations.

(c) other comprehensive income.

(d) total comprehensive income.

An entity provides the disclosures separately for joint ventures and associates.

When an entity's interest in a subsidiary, a joint venture or an associate (or a portion of its interest in a joint venture or **B17** an associate) is classified as held for sale in accordance with IFRS 5 *Non-current Assets Held for Sale and Discontinued Operations,* the entity is not required to disclose summarised financial information for that subsidiary, joint venture or associate in accordance with paragraphs B10—B16.

COMMITMENTS FOR JOINT VENTURES (PARAGRAPH 23 (a))

An entity shall disclose total commitments it has made but not recognised at the reporting date (including its share of **B18** commitments made jointly with other investors with joint control of a joint venture) relating to its interests in joint ventures. Commitments are those that may give rise to a future outflow of cash or other resources.

Unrecognised commitments that may give rise to a future outflow of cash or other resources include: **B19**

(a) unrecognised commitments to contribute funding or resources as a result of, for example:

    (i) the constitution or acquisition agreements of a joint venture (that, for example, require an entity to contribute funds over a specific period).

    (ii) capital-intensive projects undertaken by a joint venture.

    (iii) unconditional purchase obligations, comprising procurement of equipment, inventory or services that an entity is committed to purchasing from, or on behalf of, a joint venture.

    (iv) unrecognised commitments to provide loans or other financial support to a joint venture.

    (v) unrecognised commitments to contribute resources to a joint venture, such as assets or services.

    (vi) other non-cancellable unrecognised commitments relating to a joint venture.

(b) unrecognised commitments to acquire another party's ownership interest (or a portion of that ownership interest) in a joint venture if a particular event occurs or does not occur in the future.

The requirements and examples in paragraphs B18 and B19 illustrate some of the types of disclosure required by para- **B20** graph 18 of IAS 24 *Related Party Disclosures.*

ANTEILE AN NICHT KONSOLIDIERTEN STRUKTURIERTEN UNTERNEHMEN (PARAGRAPHEN 24–31)

Strukturierte Unternehmen

B21 Ein strukturiertes Unternehmen wurde als Unternehmen so konzipiert, dass die Stimmrechte oder vergleichbaren Rechte nicht der dominierende Faktor sind, wenn es darum geht festzulegen, wer das Unternehmen beherrscht, so wie in dem Fall, in dem sich die Stimmrechte lediglich auf die Verwaltungsaufgaben beziehen und die damit verbundenen Tätigkeiten durch Vertragsvereinbarungen geregelt werden.

B22 Ein strukturiertes Unternehmen zeichnet sich oftmals durch einige oder sämtliche der nachfolgend genannten Merkmale oder Attribute aus:

(a) beschränkte Tätigkeiten;

(b) enger und genau definierter Zweck, z. B. zwecks Abschlusses eines steuerwirksamen Leasings, Durchführung von Forschungs- und Entwicklungsarbeiten, Bereitstellung einer Kapital- oder Finanzquelle für ein Unternehmen oder Schaffung von Anlagemöglichkeiten für Anleger durch Weitergabe von Risiken und Nutzenzugang, die mit den Vermögenswerten des strukturierten Unternehmens in Verbindung stehen, an die Anleger;

(c) unzureichendes Eigenkapital, um dem strukturierten Unternehmen die Finanzierung seiner Tätigkeiten ohne nachgeordnete finanzielle Unterstützung zu gestatten;

(d) Finanzierung in Form vielfacher vertraglich an die Anleger gebundener Instrumente, die Kreditkonzentrationen oder Konzentrationen anderer Risiken (Tranchen) bewirken.

B23 Beispiele von Unternehmen, die als strukturierte Unternehmen angesehen werden, umfassen folgende Formen, ohne darauf beschränkt zu sein:

(a) Verbriefungsgesellschaften;

(b) mit Vermögenswerten unterlegte Finanzierungen;

(c) einige Investmentfonds.

B24 Ein durch Stimmrechte kontrolliertes Unternehmen ist kein strukturiertes Unternehmen, weil es beispielsweise eine Finanzierung von Seiten Dritter infolge einer Umstrukturierung erhält.

Wesensart der Risiken aus Anteilen an nicht konsolidierten strukturierten Unternehmen (Paragraphen 29–31)

B25 Zusätzlich zu den nach den Paragraphen 29–31 geforderten Angaben legt ein Unternehmen weitere Informationen offen, um dem Ziel der Offenlegung nach Paragraph 24b nachzukommen.

B26 Beispiele für zusätzliche Angaben, die je nach den Umständen für eine Bewertung der Risiken relevant sein könnten, denen ein Unternehmen ausgesetzt ist, wenn es einen Anteil an einem nicht konsolidierten strukturierten Unternehmen hält, sind:

(a) Vertragsbedingungen, denen zufolge das Unternehmen gehalten wäre, einem nicht konsolidierten strukturierten Unternehmen eine finanzielle Unterstützung zu gewähren (z. B. Liquiditätsvereinbarungen oder Ratingschwellenwerte im Zusammenhang mit dem Kauf von Vermögenswerten des strukturierten Unternehmens oder der Bereitstellung einer finanziellen Unterstützung), einschließlich

(i) einer Beschreibung der Ereignisse oder Gegebenheiten, die das berichtende Unternehmen einem Verlust aussetzen könnten;

(ii) des Hinweises auf eventuelle Vertragsbedingungen, die die Verpflichtung einschränken würden;

(iii) der Angabe, ob es andere Parteien gibt, die eine finanzielle Unterstützung gewähren, und wenn ja, welchen Stellenwert die Verpflichtung des berichtenden Unternehmens im Verhältnis zu den anderen Parteien hat;

(b) die von dem Unternehmen während der Berichtsperiode im Hinblick auf seine Anteile an nicht konsolidierten strukturierten Unternehmen erlittenen Verluste;

(c) die Arten von Erträgen, die ein Unternehmen während der Berichtsperiode im Hinblick auf seine Anteile an nicht konsolidierten strukturierten Unternehmen erhält;

(d) die Tatsache, ob ein Unternehmen gehalten ist, Verluste eines nicht konsolidierten strukturierten Unternehmens vor anderen Parteien aufzufangen, die Höchstgrenze dieser Verluste für das Unternehmen und (falls relevant) die Rangfolge und Beträge potenzieller Verluste der Parteien, deren Anteile niedriger als der Anteil des Unternehmens am nicht konsolidierten strukturierten Unternehmen eingestuft werden,

(e) die Angaben zu Liquiditätsvereinbarungen, Garantien oder anderen Verpflichtungen gegenüber Dritten, die den beizulegenden Zeitwert oder das Risiko der Anteile des Unternehmens an nicht konsolidierten strukturierten Unternehmen beeinträchtigen können;

(f) die Schwierigkeiten, auf die ein nicht konsolidiertes strukturiertes Unternehmen bei der Finanzierung seiner Tätigkeiten während des Berichtszeitraums gestoßen ist;

(g) im Hinblick auf die Finanzierung eines nicht konsolidierten strukturierten Unternehmens die Finanzierungsformen (z. B. ‚Commercial Paper‘ oder mittelfristige Schuldinstrumente) und ihre gewichtete Durchschnittslebensdauer. Diese Angaben können u. U. Fälligkeitsanalysen der Vermögenswerte und die Finanzierung eines nicht konsolidierten strukturierten Unternehmens umfassen, wenn letzteres längerfristige Vermögenswerte hält, die durch eine kurzfristige Finanzierung unterlegt sind.

Structured entities

A structured entity is an entity that has been designed so that voting or similar rights are not the dominant factor in deciding who controls the entity, such as when any voting rights relate to administrative tasks only and the relevant activities are directed by means of contractual arrangements. **B21**

A structured entity often has some or all of the following features or attributes: **B22**
(a) restricted activities.
(b) a narrow and well-defined objective, such as to effect a tax-efficient lease, carry out research and development activities, provide a source of capital or funding to an entity or provide investment opportunities for investors by passing on risks and rewards associated with the assets of the structured entity to investors.
(c) insufficient equity to permit the structured entity to finance its activities without subordinated financial support.
(d) financing in the form of multiple contractually linked instruments to investors that create concentrations of credit or other risks (tranches).

Examples of entities that are regarded as structured entities include, but are not limited to: **B23**
(a) securitisation vehicles.
(b) asset-backed financings.
(c) some investment funds.

An entity that is controlled by voting rights is not a structured entity simply because, for example, it receives funding from third parties following a restructuring. **B24**

Nature of risks from interests in unconsolidated structured entities (paragraphs 29—31)

In addition to the information required by paragraphs 29—31, an entity shall disclose additional information that is necessary to meet the disclosure objective in paragraph 24 (b). **B25**

Examples of additional information that, depending on the circumstances, might be relevant to an assessment of the risks to which an entity is exposed when it has an interest in an unconsolidated structured entity are: **B26**
(a) the terms of an arrangement that could require the entity to provide financial support to an unconsolidated structured entity (eg liquidity arrangements or credit rating triggers associated with obligations to purchase assets of the structured entity or provide financial support), including:
   (i) a description of events or circumstances that could expose the reporting entity to a loss.
   (ii) whether there are any terms that would limit the obligation.
   (iii) whether there are any other parties that provide financial support and, if so, how the reporting entity's obligation ranks with those of other parties.
(b) losses incurred by the entity during the reporting period relating to its interests in unconsolidated structured entities.
(c) the types of income the entity received during the reporting period from its interests in unconsolidated structured entities.
(d) whether the entity is required to absorb losses of an unconsolidated structured entity before other parties, the maximum limit of such losses for the entity, and (if relevant) the ranking and amounts of potential losses borne by parties whose interests rank lower than the entity's interest in the unconsolidated structured entity.
(e) information about any liquidity arrangements, guarantees or other commitments with third parties that may affect the fair value or risk of the entity's interests in unconsolidated structured entities.
(f) any difficulties an unconsolidated structured entity has experienced in financing its activities during the reporting period.
(g) in relation to the funding of an unconsolidated structured entity, the forms of funding (eg commercial paper or medium-term notes) and their weighted-average life. That information might include maturity analyses of the assets and funding of an unconsolidated structured entity if the structured entity has longer-term assets funded by shorter-term funding.

Anhang C

Zeitpunkt des Inkrafttretens und Übergangsvorschriften

Dieser Anhang ist fester Bestandteil des IFRS und hat die gleiche bindende Kraft wie die anderen Teile des IFRS.

ZEITPUNKT DES INKRAFTTRETENS UND ÜBERGANGSVORSCHRIFTEN

C1 Unternehmen haben diesen IFRS auf Geschäftsjahre anzuwenden, die am oder nach dem 1. Januar 2013 beginnen. Eine frühere Anwendung ist zulässig.

C1A *Konzernabschlüsse, Gemeinsame Vereinbarungen und Angaben zu Anteilen an anderen Unternehmen:* Mit den *Übergangsleitlinien* (Änderungen an IFRS 10, IFRS 11 und IFRS 12), veröffentlicht im Juni 2012, wurden die Paragraphen C2A–C2B hinzugefügt. Diese Änderungen sind erstmals in der ersten Berichtsperiode eines am oder nach dem 1. Januar 2013 beginnenden Geschäftsjahres anzuwenden. Wenn ein Unternehmen IFRS 12 für eine frühere Berichtsperiode anwendet, so sind auch diese Änderungen für jene frühere Periode anzuwenden.

C1B Mit der im Oktober 2012 veröffentlichten Verlautbarung *Investmentgesellschaften (Investment Entities)* (Änderungen an IFRS 10, IFRS 12 und IAS 27) wurden Paragraph 2 und Anhang A geändert und die Paragraphen 9A–9B, 19A–19G, 21A und 25A angefügt. Unternehmen haben diese Änderungen auf Geschäftsjahre anzuwenden, die am oder nach dem 1. Januar 2014 beginnen. Eine frühere Anwendung ist zulässig. Wendet ein Unternehmen diese Änderungen früher an, hat es diesen Sachverhalt anzugeben und alle in der Verlautbarung enthaltenen Änderungen gleichzeitig anzuwenden.

C2 Ein Unternehmen ist aufgefordert, von diesem IFRS geforderte Informationen vor den Geschäftsjahre beizubringen, die am oder nach dem 1. Januar 2013 beginnen. Die Darstellung einiger von diesem IFRS geforderten Angaben verpflichtet das Unternehmen nicht, alle Anforderungen dieses IFRS einzuhalten oder IFRS 10, IFRS 11, IAS 27 (geändert 2011) und IAS 28 (geändert 2011) früher anzuwenden.

C2A Ein Unternehmen muss die Angabepflichten dieses IFRS nicht auf Berichtsperioden anwenden, die vor der Vergleichsperiode jener Berichtsperiode liegen, auf die IFRS 12 erstmalig angewandt wird.

C2B Die Angabepflichten im Sinne der Paragraphen 24–31 sowie die entsprechenden Leitlinien in den Paragraphen B21–B26 dieses IFRS müssen nicht auf eine Berichtsperiode angewendet werden, die der Erstanwendung von IFRS 12 unmittelbar vorausgeht.

VERWEISE AUF IFRS 9

C3 Wendet ein Unternehmen diesen Standard an, aber noch nicht IFRS 9, so ist jeder Verweis auf IFRS 9 als Verweis auf IAS 39 *Finanzinstrumente Ansatz und Bewertung* zu verstehen.

Appendix C

Effective date and transition

This appendix is an integral part of the IFRS and has the same authority as the other parts of the IFRS.

EFFECTIVE DATE AND TRANSITION

An entity shall apply this IFRS for annual periods beginning on or after 1 January 2013. Earlier application is permitted. C1

Consolidated Financial Statements, Joint Arrangements and Disclosure of Interests in Other Entities: Transition Guidance C1A
(Amendments to IFRS 10, IFRS 11 and IFRS 12), issued in June 2012, added paragraphs C2A—C2B. An entity shall apply those amendments for annual periods beginning on or after 1 January 2013. If an entity applies IFRS 12 for an earlier period, it shall apply those amendments for that earlier period.

Investment Entities (Amendments to IFRS 10, IFRS 12 and IAS 27), issued in October 2012, amended paragraph 2 and C1B
Appendix A, and added paragraphs 9A—9B, 19A—19G, 21A and 25A. An entity shall apply those amendments for annual periods beginning on or after 1 January 2014. Early adoption is permitted. If an entity applies those amendments earlier, it shall disclose that fact and apply all amendments included in *Investment Entities* at the same time.

An entity is encouraged to provide information required by this IFRS earlier than annual periods beginning on or after C2
1 January 2013. Providing some of the disclosures required by this IFRS does not compel the entity to comply with all the requirements of this IFRS or to apply IFRS 10, IFRS 11, IAS 27 (as amended in 2011) and IAS 28 (as amended in 2011) early.

The disclosure requirements of this IFRS need not be applied for any period presented that begins before the annual C2A
period immediately preceding the first annual period for which IFRS 12 is applied.

The disclosure requirements of paragraphs 24—31 and the corresponding guidance in paragraphs B21—B26 of this IFRS C2B
need not be applied for any period presented that begins before the first annual period for which IFRS 12 is applied.

REFERENCES TO IFRS 9

If an entity applies this IFRS but does not yet apply IFRS 9, any reference to IFRS 9 shall be read as a reference to IAS 39 C3
Financial Instruments: Recognition and Measurement.

INTERNATIONAL FINANCIAL REPORTING STANDARD 13
Bemessung des beizulegenden Zeitwerts

INHALT

ZIELSETZUNG

1 In diesem IFRS wird

(a) **der Begriff** *beizulegender Zeitwert* **definiert,**

(b) **in einem einzigen IFRS ein Rahmen zur Bemessung des beizulegenden Zeitwerts abgesteckt, und es werden**

(c) **Angaben zur Bemessung des beizulegenden Zeitwerts vorgeschrieben.**

2 Der beizulegende Zeitwert stellt eine marktbasierte Bewertung dar, keine unternehmensspezifische Bewertung. Für einige Vermögenswerte und Schulden stehen unter Umständen beobachtbare Markttransaktionen oder Marktinformationen zur Verfügung. Bei anderen Vermögenswerten und Schulden sind jedoch eventuell keine beobachtbaren Markttransaktionen oder Marktinformationen vorhanden. In beiden Fällen wird mit einer Bemessung des beizulegenden Zeitwerts jedoch das gleiche Ziel verfolgt – nämlich die Schätzung des Preises, zu dem unter aktuellen Marktbedingungen am Bemessungsstichtag ein *geordneter Geschäftsvorfall* zwischen *Marktteilnehmern* stattfinden würde, im Zuge dessen der Vermögenswert verkauft oder die Schuld übertragen würde (aus der Perspektive des als Besitzer des Vermögenswerts bzw. Schuldner der Verbindlichkeit auftretenden Marktteilnehmers geht es also um den *Abgangspreis* zum Bemessungsstichtag).

3 Ist kein Preis für einen identischen Vermögenswert bzw. eine identische Schuld beobachtbar, bemisst ein Unternehmen den beizulegenden Zeitwert anhand einer anderen Bewertungstechnik, bei der die Verwendung maßgeblicher *beobachtbarer Inputfaktoren* möglichst hoch und jene *nicht beobachtbarer Inputfaktoren* möglichst gering gehalten wird. Da der

INTERNATIONAL FINANCIAL REPORTING STANDARD 13

Fair Value Measurement

SUMMARY

OBJECTIVE

This IFRS: **1**

(a)   **defines** *fair value;*

(b)   **sets out in a single IFRS a framework for measuring fair value; and**

(c)   **requires disclosures about fair value measurements.**

Fair value is a market-based measurement, not an entity-specific measurement. For some assets and liabilities, observable **2** market transactions or market information might be available. For other assets and liabilities, observable market transactions and market information might not be available. However, the objective of a fair value measurement in both cases is the same—to estimate the price at which an *orderly transaction* to sell the asset or to transfer the liability would take place between *market participants* at the measurement date under current market conditions (i.e. an *exit price* at the measurement date from the perspective of a market participant that holds the asset or owes the liability).

When a price for an identical asset or liability is not observable, an entity measures fair value using another valuation **3** technique that maximises the use of relevant *observable inputs* and minimises the use of *unobservable inputs.* Because fair value is a market-based measurement, it is measured using the assumptions that market participants would use when

beizulegende Zeitwert eine marktbasierte Bewertung darstellt, wird er anhand der Annahmen bemessen, die Marktteilnehmer bei der Preisbildung für den Vermögenswert bzw. die Schuld anwenden würden. Dies schließt auch Annahmen über Risiken ein. Infolgedessen ist die Absicht eines Unternehmens, einen Vermögenswert zu halten bzw. eine Schuld auszugleichen oder anderweitig zu begleichen, bei der Bemessung des beizulegenden Zeitwerts nicht maßgeblich.

4 In der Definition des beizulegenden Zeitwerts liegt der Schwerpunkt auf Vermögenswerten und Schulden, weil diese vorrangiger Gegenstand der bilanziellen Bewertung sind. Darüber hinaus ist dieser IFRS auf die zum beizulegenden Zeitwert bewerteten eigenen Eigenkapitalinstrumente eines Unternehmens anzuwenden.

ANWENDUNGSBEREICH

5 **Dieser IFRS gelangt zur Anwendung, wenn ein anderer IFRS eine Bewertung zum beizulegenden Zeitwert vorschreibt oder gestattet oder Angaben über die Bemessung des beizulegenden Zeitwerts verlangt werden (sowie Bewertungen, die – wie der beizulegende Zeitwert abzüglich Veräußerungskosten – auf dem beizulegenden Zeitwert oder auf Angaben über diese Bewertungen fußen). Die Festlegungen in Paragraph 6 und 7 sind hiervon ausgenommen.**

6 Die Bewertungs- und Angabepflichten dieses IFRS gelten nicht für:
(a) anteilsbasierte Vergütungstransaktionen im Anwendungsbereich von IFRS 2 *Anteilsbasierte Vergütungen;*
(b) Leasingtransaktionen im Anwendungsbereich von IAS 17 *Leasingverhältnisse; und*
(c) Bewertungen, die einige Ähnlichkeiten zum beizulegenden Zeitwert aufweisen, jedoch kein beizulegender Zeitwert sind, beispielsweise der Nettoveräußerungswert in IAS 2 *Vorräte* oder der Nutzungswert in IAS 36 *Wertminderung von Vermögenswerten.*

7 Die in diesem IFRS vorgeschriebenen Angaben müssen nicht geliefert werden für:
(a) Planvermögen, das gemäß IAS 19 *Leistungen an Arbeitnehmer* zum beizulegenden Zeitwert bewertet wird;
(b) Anlagen eines Altersversorgungsplans, die gemäß IAS 26 *Bilanzierung und Berichterstattung von Altersversorgungsplänen* zum beizulegenden Zeitwert bewertet werden; und
(c) Vermögenswerte, für die der erzielbare Betrag dem beizulegenden Zeitwert abzüglich Veräußerungskosten in Übereinstimmung mit IAS 36 entspricht.

8 Der im vorliegenden IFRS beschriebene Bemessungsrahmen für den beizulegenden Zeitwert findet sowohl auf erstmalige als auch spätere Bewertungen Anwendung, sofern in anderen IFRS ein beizulegender Zeitwert vorgeschrieben oder zugelassen wird.

BEWERTUNG

Beizulegender Zeitwert – Definition

9 **In diesem IFRS wird der beizulegende Zeitwert als der Preis definiert, der in einem geordneten Geschäftsvorfall zwischen Marktteilnehmern am Bemessungsstichtag für den Verkauf eines Vermögenswerts eingenommen bzw. für die Übertragung einer Schuld gezahlt würde.**

10 Paragraph B2 beschreibt den allgemeinen Ansatz der Bemessung des beizulegenden Zeitwerts.

Betroffener Vermögenswert oder betroffene Schuld

11 **Die Bemessung des beizulegenden Zeitwerts betrifft jeweils einen bestimmten Vermögenswert bzw. eine bestimmte Schuld. Bei der Bemessung des beizulegenden Zeitwerts berücksichtigt ein Unternehmen folglich die Merkmale des betreffenden Vermögenswerts bzw. der betreffenden Schuld, die ein Marktteilnehmer bei der Preisbildung für den Vermögenswert bzw. die Schuld am Bemessungsstichtag berücksichtigen würde. Solche Merkmale schließen unter anderem Folgendes ein:**
(a) **Zustand und Standort des Vermögenswerts; und**
(b) **Verkaufs- und Nutzungsbeschränkung bei dem Vermögenswert.**

12 Welche Auswirkungen ein bestimmtes Merkmal auf die Bewertung hat, hängt davon ab, in welcher Weise das betreffende Merkmal von Marktteilnehmern berücksichtigt würde.

13 Bei einem Vermögenswert oder einer Schuld, die zum beizulegenden Zeitwert bewertet werden, kann es sich entweder handeln um
(a) einen eigenständigen Vermögenswert oder eine eigenständige Schuld (z. B. ein Finanzinstrument oder ein nicht finanzieller Vermögenswert), oder
(b) um eine Gruppe von Vermögenswerten, eine Gruppe von Schulden oder eine Gruppe von sowohl Vermögenswerten als auch Schulden (z. B. eine zahlungsmittelgenerierende Einheit oder einen Geschäftsbetrieb).

pricing the asset or liability, including assumptions about risk. As a result, an entity's intention to hold an asset or to settle or otherwise fulfill a liability is not relevant when measuring fair value.

The definition of fair value focuses on assets and liabilities because they are a primary subject of accounting measurement. **4** In addition, this IFRS shall be applied to an entity's own equity instruments measured at fair value.

SCOPE

This IFRS applies when another IFRS requires or permits fair value measurements or disclosures about fair value **5** **measurements (and measurements, such as fair value less costs to sell, based on fair value or disclosures about those measurements), except as specified in paragraphs 6 and 7.**

The measurement and disclosure requirements of this IFRS do not apply to the following: **6**
(a) share-based payment transactions within the scope of IFRS 2 *Share-based Payment;*
(b) leasing transactions within the scope of IAS 17 *Leases;* and
(c) measurements that have some similarities to fair value but are not fair value, such as net realisable value in IAS 2 *Inventories* or value in use in IAS 36 *Impairment of Assets.*

The disclosures required by this IFRS are not required for the following: **7**
(a) plan assets measured at fair value in accordance with IAS 19 *Employee Benefits;*
(b) retirement benefit plan investments measured at fair value in accordance with IAS 26 *Accounting and Reporting by Retirement Benefit Plans;* and
(c) assets for which recoverable amount is fair value less costs of disposal in accordance with IAS 36.

The fair value measurement framework described in this IFRS applies to both initial and subsequent measurement if fair **8** value is required or permitted by other IFRSs.

MEASUREMENT

Definition of fair value

This IFRS defines fair value as the price that would be received to sell an asset or paid to transfer a liability in an **9** **orderly transaction between market participants at the measurement date.**

Paragraph B2 describes the overall fair value measurement approach. **10**

The asset or liability

A fair value measurement is for a particular asset or liability. Therefore, when measuring fair value an entity shall **11** **take into account the characteristics of the asset or liability if market participants would take those characteristics into account when pricing the asset or liability at the measurement date. Such characteristics include, for example, the following:**
(a) the condition and location of the asset; and
(b) restrictions, if any, on the sale or use of the asset.

The effect on the measurement arising from a particular characteristic will differ depending on how that characteristic **12** would be taken into account by market participants.

The asset or liability measured at fair value might be either of the following: **13**
(a) a stand-alone asset or liability (e.g. a financial instrument or a non-financial asset); or
(b) a group of assets, a group of liabilities or a group of assets and liabilities (e.g. a cash-generating unit or a business).

14 Für die Zwecke des Ansatzes oder der Angabe hängt es von der jeweiligen *Bilanzierungseinheit* ab, ob ein Vermögenswert bzw. eine Schuld ein eigenständiger Vermögenswert bzw. eine eigenständige Schuld, eine Gruppe von Vermögenswerten bzw. Gruppe von Schulden, oder eine Gruppe von sowohl Vermögenswerten als auch Schulden ist. Die Bilanzierungseinheit des Vermögenswerts bzw. der Schuld ist, vorbehaltlich in diesem IFRS enthaltener anderslautender Bestimmungen, im Einklang mit demjenigen IFRS zu bestimmen, der eine Bewertung zum beizulegenden Zeitwert vorschreibt oder gestattet.

Geschäftsvorfall

15 **Bei der Bemessung des beizulegenden Zeitwerts wird davon ausgegangen, dass der Austausch des Vermögenswerts bzw. der Schuld zwischen *Marktteilnehmern* unter aktuellen Marktbedingungen am Bemessungsstichtag im Rahmen eines *geordneten Geschäftsvorfalls* mit dem Ziel, den Vermögenswert zu verkaufen oder die Schuld zu übertragen, stattfindet.**

16 **Bei der Bemessung des beizulegenden Zeitwerts wird davon ausgegangen, dass der Geschäftsvorfall, in dessen Rahmen der Verkauf des Vermögenswerts oder die Übertragung der Schuld erfolgt, entweder auf dem**
   (a) *Hauptmarkt* **für den Vermögenswert oder die Schuld stattfindet, oder**
   (b) **auf *dem vorteilhaftesten Markt* für den Vermögenswert bzw. die Schuld, sofern kein Hauptmarkt vorhanden ist.**

17 Zur Ermittlung des Hauptmarktes oder, in Ermangelung eines Hauptmarktes, des vorteilhaftesten Marktes ist keine umfassende Durchsuchung aller möglicherweise bestehenden Märkte seitens des Unternehmens notwendig. Es hat aber alle Informationen zu berücksichtigen, die bei vertretbarem Aufwand verfügbar sind. Solange kein gegenteiliger Beweis erbracht ist, gilt die Annahme, dass der Markt, in dem das Unternehmen normalerweise den Verkauf des Vermögenswerts oder die Übertragung der Schuld abschließen würde, der Hauptmarkt oder, in Ermangelung eines Hauptmarktes, der vorteilhafteste Markt ist.

18 Besteht für den Vermögenswert bzw. die Schuld ein Hauptmarkt, stellt die Bemessung des beizulegenden Zeitwerts (unabhängig davon, ob der Preis unmittelbar beobachtbar ist oder ob er anhand einer anderen Bewertungstechnik geschätzt wird) den Preis in dem betreffenden Markt dar. Dabei spielt es keine Rolle, ob der Preis am Bemessungsstichtag in einem anderen Markt möglicherweise vorteilhafter wäre.

19 Das Unternehmen muss am Bemessungsstichtag Zugang zum Hauptmarkt oder vorteilhaftesten Markt haben. Da unterschiedliche Unternehmen (und Geschäftsbetriebe innerhalb dieser Unternehmen) unterschiedliche Tätigkeiten ausüben und Zugang zu unterschiedlichen Märkten haben können, kann für den gleichen Vermögenswert bzw. die gleiche Schuld der Hauptmarkt oder vorteilhafteste Markt für diese unterschiedlichen Unternehmen (und Geschäftsbetriebe innerhalb dieser Unternehmen) jeweils ein anderer sein. Aus diesem Grund muss die Betrachtung des Hauptmarktes oder vorteilhaftesten Marktes und der jeweiligen Marktteilnehmer aus dem Blickwinkel des jeweiligen Unternehmens erfolgen und somit den Unterschieden zwischen Unternehmen und Unternehmensteilen mit unterschiedlichen Tätigkeiten Rechnung tragen.

20 Ein Unternehmen muss zwar die Möglichkeit zum Marktzugang haben, für die Bemessung des beizulegenden Zeitwerts auf Grundlage des Preises in dem betreffenden Markt ist es aber nicht erforderlich, dass das Unternehmen am Bemessungsstichtag in der Lage ist, den betreffenden Vermögenswert zu verkaufen bzw. die betreffende Schuld zu übertragen.

21 Auch wenn kein beobachtbarer Markt vorhanden ist, dem Informationen zur Preisbildung für den Verkauf des Vermögenswerts bzw. die Übertragung der Schuld am Bemessungsstichtag zu entnehmen sind, ist bei der Bemessung des beizulegenden Zeitwerts davon auszugehen, dass ein Geschäftsvorfall an diesem Stichtag stattfindet. Dabei ist die Perspektive des als Besitzer des Vermögenswerts bzw. Schuldner der Verbindlichkeit auftretenden Marktteilnehmers zu berücksichtigen. Dieser angenommene Geschäftsvorfall bildet die Grundlage für die Schätzung des Preises für den Verkauf des Vermögenswerts bzw. die Übertragung der Schuld.

Marktteilnehmer

22 **Ein Unternehmen bemisst den beizulegenden Zeitwert eines Vermögenswerts oder einer Schuld anhand der Annahmen, die Marktteilnehmer bei der Preisbildung für den Vermögenswert bzw. die Schuld zugrunde legen würden. Hierbei wird davon ausgegangen, dass die Marktteilnehmer in ihrem besten wirtschaftlichen Interesse handeln.**

23 Die Ausarbeitung dieser Annahmen erfordert nicht, dass ein Unternehmen bestimmte Marktteilnehmer benennt. Stattdessen hat das Unternehmen allgemeine Unterscheidungsmerkmale für Marktteilnehmer zu benennen und dabei Faktoren zu berücksichtigen, die für alle nachstehend aufgeführten Punkte typisch sind:
   (a) Vermögenswert oder Schuld;
   (b) Der Hauptmarkt oder vorteilhafteste Markt für den Vermögenswert oder die Schuld; und
   (c) Marktteilnehmer, mit denen das Unternehmen in dem betreffenden Markt eine Transaktion abschließen würde.

Whether the asset or liability is a stand-alone asset or liability, a group of assets, a group of liabilities or a group of assets **14**
and liabilities for recognition or disclosure purposes depends on its *unit of account.* The unit of account for the asset or
liability shall be determined in accordance with the IFRS that requires or permits the fair value measurement, except as
provided in this IFRS.

The transaction

A fair value measurement assumes that the asset or liability is exchanged in an orderly transaction between market **15**
participants to sell the asset or transfer the liability at the measurement date under current market conditions.

A fair value measurement assumes that the transaction to sell the asset or transfer the liability takes place either: **16**
(a)   in the *principal market* **for the asset or liability; or**
(b)   **in the absence of a principal market, in the *most advantageous market* for the asset or liability.**

An entity need not undertake an exhaustive search of all possible markets to identify the principal market or, in the **17**
absence of a principal market, the most advantageous market, but it shall take into account all information that is reasonably available. In the absence of evidence to the contrary, the market in which the entity would normally enter into a
transaction to sell the asset or to transfer the liability is presumed to be the principal market or, in the absence of a principal market, the most advantageous market.

If there is a principal market for the asset or liability, the fair value measurement shall represent the price in that market **18**
(whether that price is directly observable or estimated using another valuation technique), even if the price in a different
market is potentially more advantageous at the measurement date.

The entity must have access to the principal (or most advantageous) market at the measurement date. Because different **19**
entities (and businesses within those entities) with different activities may have access to different markets, the principal
(or most advantageous) market for the same asset or liability might be different for different entities (and businesses
within those entities). Therefore, the principal (or most advantageous) market (and thus, market participants) shall be
considered from the perspective of the entity, thereby allowing for differences between and among entities with different
activities.

Although an entity must be able to access the market, the entity does not need to be able to sell the particular asset or **20**
transfer the particular liability on the measurement date to be able to measure fair value on the basis of the price in that
market.

Even when there is no observable market to provide pricing information about the sale of an asset or the transfer of a **21**
liability at the measurement date, a fair value measurement shall assume that a transaction takes place at that date, considered from the perspective of a market participant that holds the asset or owes the liability. That assumed transaction
establishes a basis for estimating the price to sell the asset or to transfer the liability.

Market participants

An entity shall measure the fair value of an asset or a liability using the assumptions that market participants would **22**
use when pricing the asset or liability, assuming that market participants act in their economic best interest.

In developing those assumptions, an entity need not identify specific market participants. Rather, the entity shall identify **23**
characteristics that distinguish market participants generally, considering factors specific to all the following:
(a)   the asset or liability;
(b)   the principal (or most advantageous) market for the asset or liability; and
(c)   market participants with whom the entity would enter into a transaction in that market.

Preis

24 **Der beizulegende Zeitwert ist der Preis, zu dem unter aktuellen Marktbedingungen am Bemessungsstichtag in einem *geordneten Geschäftsvorfall* im Hauptmarkt oder vorteilhaftesten Markt ein Vermögenswert verkauft oder eine Schuld übertragen würde, d. h. es handelt sich um einen Abgangspreis. Dabei ist unerheblich, ob dieser Preis unmittelbar beobachtbar ist oder mit Hilfe einer anderen Bewertungstechnik geschätzt wird.**

25 Der Preis im Hauptmarkt oder vorteilhaftesten Markt, der zur Bemessung des beizulegenden Zeitwerts des Vermögenswerts oder der Schuld angesetzt wird, ist nicht um Transaktionskosten zu bereinigen. Transaktionskosten sind gemäß anderen IFRS zu bilanzieren. Transaktionskosten sind kein Merkmal eines Vermögenswerts oder einer Schuld. Sie sind vielmehr typisch für einen bestimmten Geschäftsvorfall und fallen je nach Art des unternehmensseitigen Geschäftsabschlusses bezüglich des betreffenden Vermögenswerts bzw. der Schuld unterschiedlich aus.

26 Transaktionskosten enthalten keine *Transportkosten*. Stellt der Standort ein Merkmal des Vermögenswerts dar (wie es beispielsweise bei Waren zutreffen könnte), ist der Preis im Hauptmarkt oder vorteilhaftesten Markt um etwaige Kosten zu bereinigen, die für den Transport des Vermögenswerts von seinem jetzigen Standort zu dem Markt entstehen würden.

Anwendung auf nicht finanzielle Vermögenswerte

Höchste und beste Verwendung nicht finanzieller Vermögenswerte

27 **Bei der Bemessung des beizulegenden Zeitwerts eines nicht-finanziellen Vermögenswerts wird die Fähigkeit des Marktteilnehmers berücksichtigt, durch die höchste und beste Verwendung des Vermögenswerts oder durch dessen Verkauf an einen anderen Marktteilnehmer, der für den Vermögenswert die höchste und beste Verwendung findet, wirtschaftlichen Nutzen zu erzeugen.**

28 Als höchste und beste Verwendung eines nicht finanziellen Vermögenswerts wird eine Verwendung betrachtet, die, wie nachstehend erläutert, physisch möglich, rechtlich zulässig und finanziell durchführbar ist:
  (a) Bei einer physisch möglichen Verwendung werden die physischen Merkmale berücksichtigt, die Marktteilnehmer der Preisbildung für den Vermögenswert zugrunde legen würden (z. B. Lage oder Größe eines Grundstücks).
  (b) Bei einer rechtlich zulässigen Verwendung werden mögliche rechtliche Beschränkungen für die Nutzung des Vermögenswerts berücksichtigt, die Marktteilnehmer der Preisbildung für den Vermögenswert zugrunde legen würden (z. B. Bebauungsvorschriften für ein Grundstück).
  (c) Bei einer finanziell durchführbaren Verwendung wird berücksichtigt, ob die physisch mögliche und rechtlich zulässige Verwendung eines Vermögenswerts in angemessenem Umfang Erträge oder Zahlungsströme erzeugt (unter Berücksichtigung der Kosten der Ver- und Bearbeitung des Vermögenswerts für die betreffende Verwendung), um einen Anlageertrag zu erwirtschaften, wie ihn Marktteilnehmer für eine Kapitalanlage in einen für diese Art der Verwendung genutzten Vermögenswert dieser Art verlangen.

29 Die höchste und beste Verwendung wird auch dann aus dem Blickwinkel der Marktteilnehmer bestimmt, wenn das Unternehmen eine andere Verwendung anstrebt. Für die gegenwärtige Verwendung eines nicht finanziellen Vermögenswerts durch ein Unternehmen gilt die Vermutung der höchsten und besten Verwendung, solange nicht Markt- oder andere Faktoren darauf hindeuten, dass eine anderweitige Nutzung durch Marktteilnehmer den Wert des Vermögensgegenstandes maximieren würde.

30 Zum Schutz seiner Wettbewerbsposition oder aus anderen Gründen kann ein Unternehmen von der aktiven Nutzung eines erworbenen nicht finanziellen Vermögenswerts oder seiner höchsten und besten Verwendung absehen. Dies könnte beispielsweise bei einem erworbenen immateriellen Vermögenswert der Fall sein, bei dem das Unternehmen eine defensive Nutzung plant, um Dritte an der Nutzung dieses Vermögenswerts zu hindern. Nichtsdestotrotz muss das Unternehmen bei der Bemessung des beizulegenden Zeitwerts eines nicht finanziellen Vermögenswerts von der höchsten und besten Verwendung durch Marktteilnehmer ausgehen.

Bewertungsprämisse für nicht finanzielle Vermögenswerte

31 Die höchste und beste Verwendung eines nicht finanziellen Vermögenswerts begründet die Bewertungsprämisse, auf deren Grundlage der beizulegende Zeitwert eines Vermögenswerts bemessen wird. Dabei gilt:
  (a) Die höchste und beste Verwendung eines nicht finanziellen Vermögenswerts könnte Marktteilnehmern dadurch den höchstmöglichen Wert erbringen, dass seine Nutzung in Verbindung mit anderen Vermögenswerten in Form einer Gruppe (die installiert oder anderweitig für die Nutzung konfiguriert wurde) oder in Verbindung mit anderen Vermögenswerten und Schulden (z. B. einem Geschäftsbetrieb) erfolgt.
    (i) Besteht die höchste und beste Verwendung des Vermögenswerts in seiner Nutzung in Verbindung mit anderen Vermögenswerten oder in Verbindung mit anderen Vermögenswerten und Schulden, entspricht der beizulegende Zeitwert des Vermögenswerts dem Preis, der in einem aktuellen Geschäftsvorfall zum Verkauf des Vermögenswerts erzielt würde. Hierbei gilt die Annahme, dass der Vermögenswert zusammen mit anderen Vermögenswerten oder mit anderen Vermögenswerten und Schulden verwendet würde und dass die betreffenden Vermögenswerte und Schulden (d. h. die ergänzenden Vermögenswerte und verbundenen Schulden) den Marktteilnehmern zur Verfügung stünden.

The price

Fair value is the price that would be received to sell an asset or paid to transfer a liability in an orderly transaction in the principal (or most advantageous) market at the measurement date under current market conditions (i.e. an exit price) regardless of whether that price is directly observable or estimated using another valuation technique. 24

The price in the principal (or most advantageous) market used to measure the fair value of the asset or liability shall not be adjusted for *transaction costs*. Transaction costs shall be accounted for in accordance with other IFRSs. Transaction costs are not a characteristic of an asset or a liability; rather, they are specific to a transaction and will differ depending on how an entity enters into a transaction for the asset or liability. 25

Transaction costs do not include *transport costs*. If location is a characteristic of the asset (as might be the case, for example, for a commodity), the price in the principal (or most advantageous) market shall be adjusted for the costs, if any, that would be incurred to transport the asset from its current location to that market. 26

Application to non-financial assets

Highest and best use for non-financial assets

A fair value measurement of a non-financial asset takes into account a market participant's ability to generate economic benefits by using the asset in its *highest and best* use or by selling it to another market participant that would use the asset in its highest and best use. 27

The highest and best use of a non-financial asset takes into account the use of the asset that is physically possible, legally permissible and financially feasible, as follows: 28
(a)   A use that is physically possible takes into account the physical characteristics of the asset that market participants would take into account when pricing the asset (e.g. the location or size of a property).
(b)   A use that is legally permissible takes into account any legal restrictions on the use of the asset that market participants would take into account when pricing the asset (e.g. the zoning regulations applicable to a property).
(c)   A use that is financially feasible takes into account whether a use of the asset that is physically possible and legally permissible generates adequate income or cash flows (taking into account the costs of converting the asset to that use) to produce an investment return that market participants would require from an investment in that asset put to that use.

Highest and best use is determined from the perspective of market participants, even if the entity intends a different use. However, an entity's current use of a non-financial asset is presumed to be its highest and best use unless market or other factors suggest that a different use by market participants would maximise the value of the asset. 29

To protect its competitive position, or for other reasons, an entity may intend not to use an acquired non-financial asset actively or it may intend not to use the asset according to its highest and best use. For example, that might be the case for an acquired intangible asset that the entity plans to use defensively by preventing others from using it. Nevertheless, the entity shall measure the fair value of a non-financial asset assuming its highest and best use by market participants. 30

Valuation premise for non-financial assets

The highest and best use of a non-financial asset establishes the valuation premise used to measure the fair value of the asset, as follows: 31
(a)   The highest and best use of a non-financial asset might provide maximum value to market participants through its use in combination with other assets as a group (as installed or otherwise configured for use) or in combination with other assets and liabilities (e.g. a business).
   (i)   If the highest and best use of the asset is to use the asset in combination with other assets or with other assets and liabilities, 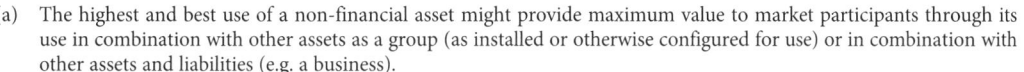the fair value of the asset is the price that would be received in a current transaction to sell the asset assuming that the asset would be used with other assets or with other assets and liabilities and that those assets and liabilities (i.e. its complementary assets and the associated liabilities) would be available to market participants.

(ii) Mit dem Vermögenswert und den ergänzenden Vermögenswerten verbundene Schulden sind unter anderem Schulden zur Finanzierung des Nettoumlaufvermögens, nicht aber Schulden zur Finanzierung von anderen Vermögenswerten außerhalb der betreffenden Gruppe von Vermögenswerten.

(iii) Die Annahmen über die höchste und beste Verwendung eines nicht finanziellen Vermögenswerts müssen für alle Vermögenswerte (für die die höchste und beste Verwendung maßgeblich ist) der Gruppe von Vermögenswerten bzw. der Gruppe von Vermögenswerten und Schulden, innerhalb der der betreffende Vermögenswert genutzt würde, einheitlich sein.

(b) Die höchste und beste Verwendung eines nicht finanziellen Vermögenswerts könnte Marktteilnehmern für sich genommen den höchstmöglichen Wert erbringen. Besteht die höchste und beste Verwendung des Vermögenswerts in seiner eigenständigen Nutzung, entspricht der beizulegende Zeitwert des Vermögenswerts dem Preis, der in einem aktuellen Geschäftsvorfall zum Verkauf des Vermögenswerts an Marktteilnehmer, die den Vermögenswert eigenständig verwenden würden, erzielt würde.

32 Bei der Bemessung des beizulegenden Zeitwerts eines nicht finanziellen Vermögenswerts wird vorausgesetzt, dass der Verkauf des Vermögenswerts in Übereinstimmung mit der in anderen IFRS vorgegebenen Bilanzierungseinheit erfolgt (hierbei kann es sich um einen einzelnen Vermögenswert handeln). Dies trifft auch dann zu, wenn die Bemessung des beizulegenden Zeitwerts auf der Annahme basiert, dass die höchste und beste Verwendung des Vermögenswerts in seiner Nutzung in Verbindung mit anderen Vermögenswerten oder in Verbindung mit anderen Vermögenswerten und Schulden besteht, weil bei der Bemessung des beizulegenden Zeitwerts davon ausgegangen wird, dass der Marktteilnehmer bereits im Besitz der ergänzenden Vermögenswerte und zugehörigen Schulden ist.

33 Paragraph B3 beschreibt, wie das Konzept der Bewertungsprämisse auf nicht finanzielle Vermögenswerte angewandt wird.

Anwendung auf Schulden und Eigenkapitalinstrumente eines Unternehmens

Allgemeine Grundsätze

34 **Bei der Bemessung des beizulegenden Zeitwerts einer finanziellen oder nicht finanziellen Verbindlichkeit oder eines eigenen Eigenkapitalinstruments des Unternehmens (z. B. in einem Unternehmenszusammenschluss als Gegenleistung ausgegebene Eigenkapitalanteile) wird angenommen, dass sie/es am Bemessungsstichtag auf einen Marktteilnehmer übertragen wird. Bei der Übertragung einer Schuld oder eines eigenen Eigenkapitalinstruments eines Unternehmens wird von folgenden Annahmen ausgegangen:**

(a) **Die Schuld würde offen bleiben und der übernehmende Marktteilnehmer müsste die Verpflichtung erfüllen. Die Schuld würde am Bemessungsstichtag nicht mit der Vertragspartei ausgeglichen oder anderweitig getilgt.**

(b) **Das eigene Eigenkapitalinstrument eines Unternehmens bliebe offen und der erwerbende Marktteilnehmer übernähme die mit dem Instrument verbundenen Rechte und Haftungen. Das Instrument würde am Bemessungsstichtag nicht gekündigt oder anderweitig getilgt.**

35 Auch wenn kein beobachtbarer Markt besteht, der Informationen über die Preisbildung bei der Übertragung einer Schuld oder eines eigenen Eigenkapitalinstruments eines Unternehmens liefern könnte (z. B. weil vertragliche oder rechtliche Beschränkungen die Übertragung eines derartigen Werts verhindern), könnte es für derartige Werte dann einen beobachtbaren Markt geben, wenn diese von Dritten als Vermögenswerte gehalten werden (z. B. als Industrieanleihe oder Kaufoption auf die Aktien eines Unternehmens).

36 Ein Unternehmen hat grundsätzlich die Verwendung maßgeblicher beobachtbarer Inputfaktoren auf ein Höchstmaß zu steigern und die Verwendung nicht beobachtbarer Inputfaktoren auf ein Mindestmaß zu verringern, um das Ziel der Bemessung des beizulegenden Zeitwerts zu erreichen, nämlich die Schätzung des Preises, zu dem unter aktuellen Marktbedingungen am Bemessungsstichtag ein geordneter Geschäftsvorfall zwischen Marktteilnehmern stattfinden würde, im Zuge dessen die Schuld oder das Eigenkapitalinstrument übertragen würde.

Von Dritten als Vermögenswerte gehaltene Schulden und Eigenkapitalinstrumente

37 **Ist für die Übertragung einer identischen oder ähnlichen Schuld oder eines eigenen Eigenkapitalinstruments eines Unternehmens keine Marktpreisnotierung verfügbar und besitzt ein Dritter einen identischen Wert in Form eines Vermögenswerts, dann bemisst das Unternehmen den beizulegenden Zeitwert der Schuld oder des Eigenkapitalinstruments aus dem Blickwinkel des Marktteilnehmers, der den betreffenden identischen Wert am Bemessungsstichtag in Form eines Vermögenswerts besitzt.**

38 In derartigen Fällen hat ein Unternehmen den beizulegenden Zeitwert der Schuld oder des Eigenkapitalinstruments wie folgt zu bemessen:

(a) Anhand der Marktpreisnotierung in einem *aktiven Markt* für den identischen, von einem Dritten in Form eines Vermögenswerts gehaltenen Wert, sofern diese Preisnotierung verfügbar ist.

(b) Steht dieser Preis nicht zur Verfügung, verwendet es andere beobachtbare Inputfaktoren wie die Marktpreisnotierung für den identischen, von einem Dritten als Vermögenswert gehaltenen Wert in einem nicht aktiven Markt.

(c) Stehen die beobachtbaren Kurse aus (a) und (b) nicht zur Verfügung, wendet es andere Bewertungstechniken an, wie:

(ii) Liabilities associated with the asset and with the complementary assets include liabilities that fund working capital, but do not include liabilities used to fund assets other than those within the group of assets.

(iii) Assumptions about the highest and best use of a non-financial asset shall be consistent for all the assets (for which highest and best use is relevant) of the group of assets or the group of assets and liabilities within which the asset would be used.

(b) The highest and best use of a non-financial asset might provide maximum value to market participants on a stand-alone basis. If the highest and best use of the asset is to use it on a stand-alone basis, the fair value of the asset is the price that would be received in a current transaction to sell the asset to market participants that would use the asset on a stand-alone basis.

32 The fair value measurement of a non-financial asset assumes that the asset is sold consistently with the unit of account specified in other IFRSs (which may be an individual asset). That is the case even when that fair value measurement assumes that the highest and best use of the asset is to use it in combination with other assets or with other assets and liabilities because a fair value measurement assumes that the market participant already holds the complementary assets and the associated liabilities.

33 Paragraph B3 describes the application of the valuation premise concept for non-financial assets.

Application to liabilities and an entity's own equity instruments

General principles

34 A fair value measurement assumes that a financial or non-financial liability or an entity's own equity instrument (e.g. equity interests issued as consideration in a business combination) is transferred to a market participant at the measurement date. The transfer of a liability or an entity's own equity instrument assumes the following:

(a) A liability would remain outstanding and the market participant transferee would be required to fulfill the obligation. The liability would not be settled with the counterparty or otherwise extinguished on the measurement date.

(b) An entity's own equity instrument would remain outstanding and the market participant transferee would take on the rights and responsibilities associated with the instrument. The instrument would not be cancelled or otherwise extinguished on the measurement date.

35 Even when there is no observable market to provide pricing information about the transfer of a liability or an entity's own equity instrument (e.g. because contractual or other legal restrictions prevent the transfer of such items), there might be an observable market for such items if they are held by other parties as assets (e.g. a corporate bond or a call option on an entity's shares).

36 In all cases, an entity shall maximise the use of relevant observable inputs and minimise the use of unobservable inputs to meet the objective of a fair value measurement, which is to estimate the price at which an orderly transaction to transfer the liability or equity instrument would take place between market participants at the measurement date under current market conditions.

Liabilities and equity instruments held by other parties as assets

37 When a quoted price for the transfer of an identical or a similar liability or entity's own equity instrument is not available and the identical item is held by another party as an asset, an entity shall measure the fair value of the liability or equity instrument from the perspective of a market participant that holds the identical item as an asset at the measurement date.

38 In such cases, an entity shall measure the fair value of the liability or equity instrument as follows:

(a) using the quoted price in an *active market* for the identical item held by another party as an asset, if that price is available.

(b) if that price is not available, using other observable inputs, such as the quoted price in a market that is not active for the identical item held by another party as an asset.

(c) if the observable prices in (a) and (b) are not available, using another valuation technique, such as:

(i) Einen *einkommensbasierten Ansatz* (eine aktuelle Bewertungstechnik, die künftige Zahlungsströme berücksichtigt, die ein Marktteilnehmer aus dem Besitz der Schuld oder des Eigenkapitalinstruments in Form eines Vermögenswerts erwartet; siehe Paragraphen B10 und B11).

(ii) Einen *marktbasierten Ansatz* (Verwendung der Marktpreisnotierungen für ähnliche Schulden oder Eigenkapitalinstrumente, die von Dritten als Vermögenswerte gehalten werden; siehe Paragraphen B5–B7).

39 Ein Unternehmen berichtigt die Marktpreisnotierung für Schulden oder eigene Eigenkapitalinstrumente des Unternehmens, die von Dritten als Vermögenswert gehalten werden nur dann, wenn auf den Vermögenswert besondere Faktoren zutreffen, die auf die Bemessung des beizulegenden Zeitwerts der Schuld oder des Eigenkapitalinstruments nicht anwendbar sind. Ein Unternehmen hat sicherzustellen, dass sich die Auswirkungen einer Beschränkung, die den Verkauf des Vermögenswerts verhindert, nicht im Preis des Vermögenswerts niederschlagen. Faktoren, die auf die Notwendigkeit einer Anpassung der Marktpreisnotierung des Vermögenswerts hinweisen können, sind unter anderem:

(a) Die Marktpreisnotierung für den Vermögenswert bezieht sich auf ähnliche (aber nicht identische) Schulden oder Eigenkapitalinstrumente, die von Dritten als Vermögenswerte gehalten werden. Die Schuld oder das Eigenkapitalinstrument kann sich beispielsweise durch ein besonderes Merkmal auszeichnen (z. B. die Kreditqualität des Emittenten), das Unterschiede zu dem Merkmal aufweist, das im beizulegenden Zeitwert einer als Vermögenswert gehaltenen, ähnlichen Schuld bzw. eines ähnlichen Eigenkapitalinstruments widergespiegelt wird.

(b) Die Bilanzierungseinheit für den Vermögenswert ist eine andere als die für die Schuld oder das Eigenkapitalinstrument. Bei Schulden spiegelt in bestimmten Fällen der Preis für einen Vermögenswert einen Gesamtpreis für ein Paket wider, das sowohl die vom Emittenten fälligen Beträge als auch eine Kreditsicherheit durch einen Dritten beinhaltet. Bezieht sich die Bilanzierungseinheit der Schuld nicht auf das beschriebene Gesamtpaket, so ist der beizulegende Zeitwert der Schuld des Emittenten zu bemessen. Die Bemessung des beizulegenden Zeitwerts für das Gesamtpaket ist nicht anzustreben. In Fällen dieser Art würde das Unternehmen also den beobachteten Preis für den Vermögenswert dahingehend berichtigen, dass die Wirkung der Kreditsicherheit durch einen Dritten ausgeschlossen wird.

Schulden und Eigenkapitalinstrumente, die nicht von Dritten als Vermögenswerte gehalten werden

40 **Ist für die Übertragung einer identischen oder ähnlichen Schuld oder eines eigenen Eigenkapitalinstruments eines Unternehmens keine Marktpreisnotierung verfügbar und besitzt kein Dritter einen identischen Wert in Form eines Vermögenswerts, dann bemisst das Unternehmen den beizulegenden Zeitwert der Schuld oder des Eigenkapitalinstruments mit Hilfe einer Bewertungstechnik, die sich der Perspektive des Marktteilnehmers bedient, der für die Schuld haftet oder den Eigenkapitalanspruch herausgegeben hat.**

41 Bei der Anwendung einer Barwerttechnik könnte ein Unternehmen beispielsweise einen der beiden folgenden Gesichtspunkte berücksichtigen:

(a) die künftigen Mittelabflüsse, die ein Marktteilnehmer bei der Erfüllung der Verpflichtung erwarten würde. Dies schließt die Entschädigung ein, die ein Marktteilnehmer für die Übernahme der Verpflichtung verlangen würde (siehe Paragraph B31–B33).

(b) den Betrag, den ein Marktteilnehmer für das Eingehen einer identischen Schuld oder die Herausgabe eines identischen Eigenkapitalinstruments empfangen würde. Dabei legt das Unternehmen die Annahmen zugrunde, die Marktteilnehmer bei der Preisbildung für den identischen Wert (der z. B. die gleichen Kreditmerkmale hat) im Hauptmarkt oder vorteilhaftesten Markt für die Herausgabe einer Schuld oder eines Eigenkapitalinstruments mit den gleichen Vertragsbedingungen anwenden würden.

Risiko der Nichterfüllung

42 **Der beizulegende Zeitwert einer Schuld spiegelt die Auswirkungen des Risikos der Nichterfüllung wider. Das Risiko der Nichterfüllung beinhaltet das eigene Kreditrisiko eines Unternehmens (gemäß Definition in IFRS 7 *Finanzinstrumente: Angaben),* ist aber nicht darauf beschränkt. Für das Risiko der Nichterfüllung gilt die Annahme, dass es vor und nach der Übertragung der Schuld gleich ist.**

43 Bei der Bemessung des beizulegenden Zeitwerts einer Schuld hat ein Unternehmen die Auswirkungen seines Kreditrisikos (Bonität) und anderer Faktoren zu berücksichtigen, die Einfluss auf die Wahrscheinlichkeit der Erfüllung oder Nichterfüllung der Verpflichtungen haben könnten. Diese Auswirkungen können unterschiedlich sein und hängen von der jeweiligen Schuld ab, z. B. davon,

(a) ob die Schuld eine Verpflichtung zur Leistung einer Zahlung (finanzielle Verbindlichkeit) ist, oder eine Verpflichtung zur Lieferung von Waren und Dienstleistungen (nicht finanzielle Verbindlichkeit).

(b) wie die Bestimmungen etwaiger Kreditsicherheiten bezüglich der Schuld beschaffen sind.

44 Am beizulegenden Zeitwert einer Schuld lassen sich anhand der jeweiligen Bilanzierungseinheit die Auswirkungen des Risikos der Nichterfüllung ablesen. Der Emittent einer Schuld, die mit einer von einem Dritten begebenen, nicht abtrennbaren Kreditsicherheit herausgegeben wurde, wobei diese Kreditsicherheit aber von der Schuld getrennt bilanziert wird, darf die Auswirkungen der Kreditsicherheit (z. B. eine Schuldgarantie eines Dritten) nicht in die Bemessung des beizulegenden Zeitwerts der Schuld einbeziehen. Wird die Kreditsicherheit getrennt von der Schuld bilanziert, würde der Herausgeber bei der Bemessung des beizulegenden Zeitwerts der Schuld seine eigene Bonität berücksichtigen, und nicht die des fremden Sicherungsgebers.

(i) an *income approach* (e.g. a present value technique that takes into account the future cash flows that a market participant would expect to receive from holding the liability or equity instrument as an asset; see paragraphs B10 and B11).

(ii) a *market approach* (e.g. using quoted prices for similar liabilities or equity instruments held by other parties as assets; see paragraphs B5—B7).

An entity shall adjust the quoted price of a liability or an entity's own equity instrument held by another party as an asset **39** only if there are factors specific to the asset that are not applicable to the fair value measurement of the liability or equity instrument. An entity shall ensure that the price of the asset does not reflect the effect of a restriction preventing the sale of that asset. Some factors that may indicate that the quoted price of the asset should be adjusted include the following:

(a) The quoted price for the asset relates to a similar (but not identical) liability or equity instrument held by another party as an asset. For example, the liability or equity instrument may have a particular characteristic (e.g. the credit quality of the issuer) that is different from that reflected in the fair value of the similar liability or equity instrument held as an asset.

(b) The unit of account for the asset is not the same as for the liability or equity instrument. For example, for liabilities, in some cases the price for an asset reflects a combined price for a package comprising both the amounts due from the issuer and a third-party credit enhancement. If the unit of account for the liability is not for the combined package, the objective is to measure the fair value of the issuer's liability, not the fair value of the combined package. Thus, in such cases, the entity would adjust the observed price for the asset to exclude the effect of the third-party credit enhancement.

Liabilities and equity instruments not held by other parties as assets

When a quoted price for the transfer of an identical or a similar liability or entity's own equity instrument is not **40** **available and the identical item is not held by another party as an asset, an entity shall measure the fair value of the liability or equity instrument using a valuation technique from the perspective of a market participant that owes the liability or has issued the claim on equity.**

For example, when applying a present value technique an entity might take into account either of the following: **41**

(a) the future cash outflows that a market participant would expect to incur in fulfilling the obligation, including the compensation that a market participant would require for taking on the obligation (see paragraphs B31—B33).

(b) the amount that a market participant would receive to enter into or issue an identical liability or equity instrument, using the assumptions that market participants would use when pricing the identical item (e.g. having the same credit characteristics) in the principal (or most advantageous) market for issuing a liability or an equity instrument with the same contractual terms.

Non-performance risk

The fair value of a liability reflects the effect of *non-performance risk*. Non-performance risk includes, but may not **42** **be limited to, an entity's own credit risk (as defined in IFRS 7 *Financial Instruments: Disclosures*). Non-performance risk is assumed to be the same before and after the transfer of the liability.**

When measuring the fair value of a liability, an entity shall take into account the effect of its credit risk (credit standing) **43** and any other factors that might influence the likelihood that the obligation will or will not be fulfilled. That effect may differ depending on the liability, for example:

(a) whether the liability is an obligation to deliver cash (a financial liability) or an obligation to deliver goods or services (a non-financial liability).

(b) the terms of credit enhancements related to the liability, if any.

The fair value of a liability reflects the effect of non-performance risk on the basis of its unit of account. The issuer of a **44** liability issued with an inseparable third-party credit enhancement that is accounted for separately from the liability shall not include the effect of the credit enhancement (e.g. a third-party guarantee of debt) in the fair value measurement of the liability. If the credit enhancement is accounted for separately from the liability, the issuer would take into account its own credit standing and not that of the third party guarantor when measuring the fair value of the liability.

Beschränkungen, die die Übertragung einer Schuld oder eines eigenen Eigenkapitalinstruments eines Unternehmens verhindern

45 Bestehen Beschränkungen, die die Übertragung des betreffenden Werts verhindern, darf das Unternehmen bei der Bemessung des beizulegenden Zeitwerts einer Schuld oder eines eigenen Eigenkapitalinstruments hierfür keinen separaten Inputfaktor berücksichtigen oder eine Anpassung an anderen diesbezüglichen *Inputfaktoren* vornehmen. Die Auswirkungen einer Beschränkung, die die Übertragung einer Schuld oder eines eigenen Eigenkapitalinstruments eines Unternehmens verhindert, sind stillschweigend oder ausdrücklich in den anderen Inputfaktoren für die Bemessung des beizulegenden Zeitwerts enthalten.

46 Zum Beispiel akzeptierten sowohl der Gläubiger als auch der Schuldner am Tag des Geschäftsvorfalls den Transaktionspreis für die Schuld in voller Kenntnis des Umstands, dass die Schuld eine Beschränkung enthält, die deren Übertragung verhindert. Da die Beschränkung im Transaktionspreis berücksichtigt wurde, ist zur Abbildung der Auswirkung der Übertragungsbeschränkung weder ein separater Inputfaktor noch eine Berichtigung bestehender Inputfaktoren zum Datum des Geschäftsvorfalls erforderlich. Ebenso ist an späteren Bemessungsstichtagen zur Abbildung der Auswirkung der Übertragungsbeschränkung weder ein separater Inputfaktor noch eine Berichtigung bestehender Inputfaktoren notwendig.

Kurzfristig abrufbare Verbindlichkeit

47 Der beizulegende Zeitwert einer kurzfristig abrufbaren Verbindlichkeit (z. B. einer Sichteinlage) ist nicht geringer als der bei Fälligkeit zahlbare Betrag unter Abzinsung ab dem ersten Termin, an dem die Zahlung des Betrags hätte verlangt werden können.

Anwendung auf finanzielle Vermögenswerte und finanzielle Verbindlichkeiten mit einander ausgleichenden Positionen in Marktrisiken oder im Kontrahenten-Ausfallrisiko

48 Ein Unternehmen, das eine Gruppe finanzieller Vermögenswerte und finanzieller Verbindlichkeiten besitzt, ist bei jedem Vertragspartner sowohl Marktrisiken (gemäß Definition in IFRS 7) als auch dem Kreditrisiko (gemäß Definition in IFRS 7) ausgesetzt. Verwaltet das Unternehmen die betreffende Gruppe finanzieller Vermögenswerte und finanzieller Verbindlichkeiten auf der Grundlage seiner Nettobelastung durch Marktrisiken oder durch das Kreditrisiko, wird dem Unternehmen bei der Bemessung des beizulegenden Zeitwerts die Anwendung einer Ausnahme vom vorliegenden IFRS gestattet. Diese Ausnahme gestattet einem Unternehmen die Bemessung des beizulegenden Zeitwerts einer Gruppe finanzieller Vermögenswerte und finanzieller Verbindlichkeiten auf der Grundlage des Preises, zu dem zwischen Marktteilnehmern unter aktuellen Marktbedingungen am Bemessungsstichtag in einem *geordneten Geschäftsvorfall* der Nettogesamtbetrag der Verkaufspositionen (d. h. ein Vermögenswert) für eine bestimmte Risikobelastung verkauft oder der Nettogesamtbetrag der Kaufpositionen (d. h. eine Schuld) für eine bestimmte Risikobelastung übertragen würde. Dementsprechend hat ein Unternehmen den beizulegenden Zeitwert der betreffenden Gruppe finanzieller Vermögenswerte und finanzieller Verbindlichkeiten anhand des Preises zu bemessen, den Marktteilnehmer am Bemessungsstichtag für die Nettorisikobelastung bilden würden.

49 Ein Unternehmen darf die in Paragraph 48 beschriebene Ausnahme nur anwenden, wenn alle folgenden Umstände zutreffen:

(a) es verwaltet die Gruppe finanzieller Vermögenswerte und finanzieller Verbindlichkeiten auf der Grundlage seiner Nettobelastung durch ein bestimmtes Marktrisiko (oder mehrere Risiken) oder das Kreditrisiko einer bestimmten Vertragspartei gemäß dokumentiertem Risikomanagement bzw. dokumentierter Anlagestrategie des Unternehmens.

(b) es legt dem Management in Schlüsselpositionen im Sinne von IAS 24 *Angaben über Beziehungen zu nahestehenden Unternehmen und Personen* auf der beschriebenen Grundlage Informationen über die Gruppe finanzieller Vermögenswerte und finanzieller Verbindlichkeiten vor.

(c) die Bemessung dieser finanziellen Vermögenswerte und finanziellen Verbindlichkeiten zum beizulegenden Zeitwert in der Bilanz am Ende einer jeden Berichtsperiode ist ihm vorgeschrieben oder es hat sie gewählt.

50 Die Ausnahme in Paragraph 48 bezieht sich nicht auf die Darstellung in den Abschlüssen. Mitunter unterscheidet sich die Grundlage für die Darstellung von Finanzinstrumenten in der Bilanz von der Bemessungsgrundlage der Finanzinstrumente. Dies ist z. B. der Fall, wenn ein IFRS die Darstellung von Finanzinstrumenten auf Nettobasis nicht vorschreibt oder nicht zulässt. In derartigen Fällen muss ein Unternehmen eventuell die auf Depotebene vorgenommenen Berichtigungen (siehe Paragraphen 53–56) den einzelnen Vermögenswerten oder Schulden zuordnen, aus denen sich die Gruppe finanzieller Vermögenswerte und finanzieller Verbindlichkeiten zusammensetzt, die auf der Grundlage der Nettorisikobelastung des Unternehmens verwaltet werden. Ein Unternehmen hat solche Zuordnungen auf vernünftiger, einheitlicher Grundlage unter Anwendung einer den jeweiligen Umständen angemessenen Methodik vorzunehmen.

51 Um die in Paragraph 48 beschriebene Ausnahme nutzen zu können, hat ein Unternehmen gemäß IAS 8 *Rechnungslegungsmethoden, Änderungen von rechnungslegungsbezogenen Schätzungen und Fehler* eine Entscheidung über seine Bilanzierungs- und Bewertungsmethode zu treffen. Wendet ein Unternehmen die Ausnahme an, hat es die betreffende Rechnungslegungsmethode für ein bestimmtes Depot von einer Berichtsperiode zur anderen einheitlich anzuwenden. Dies schließt auch seine Methode zur Zuordnung von Berichtigungen bei Geld- und Briefkursen (siehe Paragraphen 53–55) und Krediten (siehe Paragraph 56) ein, sofern zutreffend.

Restriction preventing the transfer of a liability or an entity's own equity instrument

When measuring the fair value of a liability or an entity's own equity instrument, an entity shall not include a separate **45** input or an adjustment to other *inputs* relating to the existence of a restriction that prevents the transfer of the item. The effect of a restriction that prevents the transfer of a liability or an entity's own equity instrument is either implicitly or explicitly included in the other inputs to the fair value measurement.

For example, at the transaction date, both the creditor and the obligor accepted the transaction price for the liability with **46** full knowledge that the obligation includes a restriction that prevents its transfer. As a result of the restriction being included in the transaction price, a separate input or an adjustment to an existing input is not required at the transaction date to reflect the effect of the restriction on transfer. Similarly, a separate input or an adjustment to an existing input is not required at subsequent measurement dates to reflect the effect of the restriction on transfer.

Financial liability with a demand feature

The fair value of a financial liability with a demand feature (e.g. a demand deposit) is not less than the amount payable on **47** demand, discounted from the first date that the amount could be required to be paid.

Application to financial assets and financial liabilities with offsetting positions in market risks or counterparty credit risk

An entity that holds a group of financial assets and financial liabilities is exposed to market risks (as defined in IFRS 7) **48** and to the credit risk (as defined in IFRS 7) of each of the counterparties. If the entity manages that group of financial assets and financial liabilities on the basis of its net exposure to either market risks or credit risk, the entity is permitted to apply an exception to this IFRS for measuring fair value. That exception permits an entity to measure the fair value of a group of financial assets and financial liabilities on the basis of the price that would be received to sell a net long position (i.e. an asset) for a particular risk exposure or to transfer a net short position (i.e. a liability) for a particular risk exposure in an orderly transaction between market participants at the measurement date under current market conditions. Accordingly, an entity shall measure the fair value of the group of financial assets and financial liabilities consistently with how market participants would price the net risk exposure at the measurement date.

An entity is permitted to use the exception in paragraph 48 only if the entity does all the following: **49**
(a) manages the group of financial assets and financial liabilities on the basis of the entity's net exposure to a particular market risk (or risks) or to the credit risk of a particular counterparty in accordance with the entity's documented risk management or investment strategy;
(b) provides information on that basis about the group of financial assets and financial liabilities to the entity's key management personnel, as defined in IAS 24 *Related Party Disclosures;* and
(c) is required or has elected to measure those financial assets and financial liabilities at fair value in the statement of financial position at the end of each reporting period.

The exception in paragraph 48 does not pertain to financial statement presentation. In some cases the basis for the pre- **50** sentation of financial instruments in the statement of financial position differs from the basis for the measurement of financial instruments, for example, if an IFRS does not require or permit financial instruments to be presented on a net basis. In such cases an entity may need to allocate the portfolio-level adjustments (see paragraphs 53—56) to the individual assets or liabilities that make up the group of financial assets and financial liabilities managed on the basis of the entity's net risk exposure. An entity shall perform such allocations on a reasonable and consistent basis using a methodology appropriate in the circumstances.

An entity shall make an accounting policy decision in accordance with IAS 8 *Accounting Policies, Changes in Accounting* **51** *Estimates and Errors* to use the exception in paragraph 48. An entity that uses the exception shall apply that accounting policy, including its policy for allocating bid-ask adjustments (see paragraphs 53—55) and credit adjustments (see paragraph 56), if applicable, consistently from period to period for a particular portfolio.

52 Die Ausnahme in Paragraph 48 gilt nur für finanzielle Vermögenswerte, finanzielle Verbindlichkeiten und sonstige Verträge im Anwendungsbereich von IAS 39 *Finanzinstrumente: Ansatz und Bewertung* oder IFRS 9 *Finanzinstrumente*. Die Bezugnahmen auf finanzielle Vermögenswerte und finanzielle Verbindlichkeiten in den Paragraphen 48–51 und 53–56 sollten unabhängig davon, ob sie der Definition von finanziellen Vermögenswerten oder finanziellen Verbindlichkeiten in IAS 32 *Finanzinstrumente: Darstellung* entsprechen, als Bezugnahmen auf sämtliche Verträge verstanden werden, die in den Anwendungsbereich von IAS 39 oder IFRS 9 fallen und nach diesen bilanziert werden.

Belastung durch Marktrisiken

53 Wird für die Bemessung des beizulegenden Zeitwerts einer Gruppe finanzieller Vermögenswerte und finanzieller Verbindlichkeiten, die auf der Grundlage der Nettobelastung des Unternehmens durch ein bestimmtes Marktrisiko (oder mehrere Risiken) verwaltet werden, die Ausnahme aus Paragraph 48 in Anspruch genommen, hat das Unternehmen denjenigen Preis innerhalb der Geld-Brief-Spanne anzuwenden, der unter den entsprechenden Umständen für den beizulegenden Zeitwert im Hinblick auf die Nettobelastung des Unternehmens durch diese Marktrisiken am repräsentativsten ist (siehe Paragraphen 70 und 71).

54 Wendet ein Unternehmen die Ausnahme aus Paragraph 48 an, hat es sicherzustellen, dass das Marktrisiko (bzw. die Risiken), dem bzw. denen das Unternehmen innerhalb der betreffenden Gruppe finanzieller Vermögenswerte und finanzieller Verbindlichkeiten ausgesetzt ist, im Wesentlichen das Gleiche ist. Ein Unternehmen würde beispielsweise nicht das mit einem finanziellen Vermögenswert verbundene Zinsänderungsrisiko mit dem Rohstoffpreisrisiko kombinieren, das mit einer finanziellen Verbindlichkeit einhergeht. Täte es dies, würde dadurch die Belastung des Unternehmens durch das Zinsänderungsrisiko oder das Rohstoffpreisrisiko nicht gemindert. Bei Inanspruchnahme der Ausnahme aus Paragraph 48 wird jedes Basisrisiko, das daraus entsteht, dass Parameter für Marktrisiken nicht identisch sind, bei der Bemessung des beizulegenden Zeitwerts der finanziellen Vermögenswerte und finanziellen Verbindlichkeiten innerhalb der Gruppe berücksichtigt.

55 Auch die Dauer der aus den finanziellen Vermögenswerten und finanziellen Verbindlichkeiten entstehenden Belastung des Unternehmens durch ein bestimmtes Marktrisiko (oder mehrere Risiken), muss im Wesentlichen gleich sein. Ein Unternehmen, das ein zwölfmonatiges Termingeschäft für die Zahlungsströme einsetzt, die mit dem Zwölfmonatswert des Zinsänderungsrisikos verbunden sind, das auf einem fünfjährigen Finanzinstrument lastet, das zu einer ausschließlich aus solchen finanziellen Vermögenswerten und finanziellen Verbindlichkeiten zusammengesetzten Gruppe gehört, bemisst den beizulegenden Zeitwert der Belastung durch das Zwölfmonats-Zinsänderungsrisiko auf Nettobasis und die restliche Belastung durch das Zinsänderungsrisiko (d. h. die Jahre 2–5) auf Bruttobasis.

Belastung durch das Kreditrisiko einer bestimmten Vertragspartei

56 Nimmt ein Unternehmen für die Bemessung des beizulegenden Zeitwerts einer Gruppe finanzieller Vermögenswerte und finanzieller Verbindlichkeiten, die einer bestimmten Vertragspartei gegenüber eingegangen wurden, die Ausnahme aus Paragraph 48 in Anspruch, hat es die Auswirkungen seiner Nettobelastung durch das Kreditrisiko der betreffenden Vertragspartei oder die Nettobelastung des Vertragspartners durch das Kreditrisiko des Unternehmens in die Bemessung des beizulegenden Zeitwerts einzubeziehen, wenn Marktteilnehmer eine bestehende Vereinbarung zur Minderung der Kreditrisikobelastung im Verzugsfall berücksichtigen würden (z. B. einen Globalverrechnungsvertrag mit dem Vertragspartner oder eine Vereinbarung, die den Austausch von Sicherheiten auf der Grundlage der Nettobelastung jeder Partei durch das Kreditrisiko der anderen Partei vorschreibt). In der Bemessung des beizulegenden Zeitwerts müssen sich die Erwartungen der Marktteilnehmer hinsichtlich der Wahrscheinlichkeit, dass eine solche Vereinbarung im Verzugsfall bestandskräftig wäre, widerspiegeln.

Bei erstmaligem Ansatz beizulegender Zeitwert

57 Wird in einem Tauschgeschäft ein Vermögenswert erworben oder eine Schuld übernommen, ist der Transaktionspreis der Preis, zu dem der betreffende Vermögenswert erworben oder die betreffende Schuld übernommen wurde *(Zugangspreis).* Im Gegensatz dazu wäre der beizulegende Zeitwert des Vermögenswerts oder der Schuld der Preis, zu dem ein Vermögenswert verkauft oder eine Schuld übertragen würde (Abgangspreis). Unternehmen verkaufen Vermögenswerte nicht notwendigerweise zu den Preisen, die sie für deren Erwerb gezahlt haben. Ebenso übertragen Unternehmen Schulden nicht unbedingt zu den Preisen, die sie für deren Übernahme eingenommen haben.

58 In vielen Fällen stimmt der Transaktionspreis mit dem beizulegenden Zeitwert überein. (Dies könnte z. B. zutreffen wenn am Tag des Geschäftsvorfalls der Kauf eines Vermögenswerts in dem Markt stattfindet, in dem dieser Vermögenswert auch verkauft würde.)

59 Im Rahmen der Ermittlung, ob der beim erstmaligen Ansatz beizulegende Zeitwert mit dem Transaktionspreis übereinstimmt, hat ein Unternehmen Faktoren zu berücksichtigen, die für den jeweiligen Geschäftsvorfall und den jeweiligen Vermögenswert bzw. die Schuld charakteristisch sind. In Paragraph B4 werden Situationen beschrieben, in denen der Transaktionspreis von dem beim erstmaligen Ansatz beizulegenden Zeitwert eines Vermögenswerts oder einer Schuld abweichen könnte.

The exception in paragraph 48 applies only to financial assets, financial liabilities and other contracts within the scope of 52 IAS 39 *Financial Instruments: Recognition and Measurement* or IFRS 9 *Financial Instruments*. The references to financial assets and financial liabilities in paragraphs 48—51 and 53—56 should be read as applying to all contracts within the scope of, and accounted for in accordance with, IAS 39 or IFRS 9, regardless of whether they meet the definitions of financial assets or financial liabilities in IAS 32 *Financial Instruments: Presentation*.

Exposure to market risks

When using the exception in paragraph 48 to measure the fair value of a group of financial assets and financial liabilities 53 managed on the basis of the entity's net exposure to a particular market risk (or risks), the entity shall apply the price within the bid-ask spread that is most representative of fair value in the circumstances to the entity's net exposure to those market risks (see paragraphs 70 and 71).

When using the exception in paragraph 48, an entity shall ensure that the market risk (or risks) to which the entity is 54 exposed within that group of financial assets and financial liabilities is substantially the same. For example, an entity would not combine the interest rate risk associated with a financial asset with the commodity price risk associated with a financial liability because doing so would not mitigate the entity's exposure to interest rate risk or commodity price risk. When using the exception in paragraph 48, any basis risk resulting from the market risk parameters not being identical shall be taken into account in the fair value measurement of the financial assets and financial liabilities within the group.

Similarly, the duration of the entity's exposure to a particular market risk (or risks) arising from the financial assets and 55 financial liabilities shall be substantially the same. For example, an entity that uses a 12-month futures contract against the cash flows associated with 12 months' worth of interest rate risk exposure on a five-year financial instrument within a group made up of only those financial assets and financial liabilities measures the fair value of the exposure to 12-month interest rate risk on a net basis and the remaining interest rate risk exposure (i.e. years 2—5) on a gross basis.

Exposure to the credit risk of a particular counterparty

When using the exception in paragraph 48 to measure the fair value of a group of financial assets and financial liabilities 56 entered into with a particular counterparty, the entity shall include the effect of the entity's net exposure to the credit risk of that counterparty or the counterparty's net exposure to the credit risk of the entity in the fair value measurement when market participants would take into account any existing arrangements that mitigate credit risk exposure in the event of default (e.g. a master netting agreement with the counterparty or an agreement that requires the exchange of collateral on the basis of each party's net exposure to the credit risk of the other party). The fair value measurement shall reflect market participants' expectations about the likelihood that such an arrangement would be legally enforceable in the event of default.

Fair value at initial recognition

When an asset is acquired or a liability is assumed in an exchange transaction for that asset or liability, the transaction 57 price is the price paid to acquire the asset or received to assume the liability (an *entry price*). In contrast, the fair value of the asset or liability is the price that would be received to sell the asset or paid to transfer the liability (an *exit price*). Entities do not necessarily sell assets at the prices paid to acquire them. Similarly, entities do not necessarily transfer liabilities at the prices received to assume them.

In many cases the transaction price will equal the fair value (e.g. that might be the case when on the transaction date the 58 transaction to buy an asset takes place in the market in which the asset would be sold).

When determining whether fair value at initial recognition equals the transaction price, an entity shall take into account 59 factors specific to the transaction and to the asset or liability. Paragraph B4 describes situations in which the transaction price might not represent the fair value of an asset or a liability at initial recognition.

60 Wird in einem anderen IFRS die erstmalige Bewertung eines Vermögenswerts oder einer Schuld zum beizulegenden Zeitwert vorgeschrieben oder zugelassen, und weicht der Transaktionspreis vom beizulegenden Zeitwert ab, hat das Unternehmen den entstehenden Gewinn oder Verlust anzusetzen, sofern der betreffende IFRS nichts anderes bestimmt.

Bewertungstechniken

61 **Ein Unternehmen wendet Bewertungstechniken an, die unter den jeweiligen Umständen sachgerecht sind und für die ausreichend Daten zur Bemessung des beizulegenden Zeitwerts zur Verfügung stehen. Dabei ist die Verwendung maßgeblicher, beobachtbarer Inputfaktoren möglichst hoch und jene nicht beobachtbarer Inputfaktoren möglichst gering zu halten.**

62 Die Zielsetzung bei der Verwendung einer Bewertungstechnik besteht darin, den Preis zu schätzen, zu dem unter aktuellen Marktbedingungen am Bemessungsstichtag ein geordneter Geschäftsvorfall zwischen Marktteilnehmern stattfinden würde, im Zuge dessen der Vermögenswert verkauft oder die Schuld übertragen würde. Drei weit verbreitete Bewertungstechniken sind der marktbasierte Ansatz, der kostenbasierte Ansatz und der einkommensbasierte Ansatz. Die wichtigsten Aspekte dieser Ansätze werden in den Paragraphen B5–B11 zusammengefasst. Zur Bemessung des beizulegenden Zeitwerts wenden Unternehmen Bewertungstechniken an, die mit einem oder mehreren der oben genannten Ansätze im Einklang stehen.

63 In einigen Fällen wird eine einzige Bewertungstechnik sachgerecht sein (z. B. bei der Bewertung eines Vermögenswerts oder einer Schuld anhand von Preisen, die in einem aktiven Markt für identische Vermögenswerte oder Schulden notiert sind). In anderen Fällen werden mehrere Bewertungstechniken sachgerecht sein (dies kann z. B. bei der Bewertung einer zahlungsmittelgenerierenden Einheit zutreffen). Werden zur Bemessung des beizulegenden Zeitwerts mehrere Bewertungstechniken herangezogen, müssen die Ergebnisse (d. h. die jeweiligen Anhaltspunkte für den beizulegenden Zeitwert) unter Berücksichtigung der Plausibilität des Wertebereichs, auf den diese Ergebnisse hinweisen, ausgewertet werden. Die Bemessung des beizulegenden Zeitwerts entspricht dem Punkt innerhalb dieses Bereichs, der unter den bestehenden Umständen am repräsentativsten für den beizulegenden Zeitwert ist.

64 Entspricht beim erstmaligen Ansatz der Transaktionspreis dem beizulegenden Zeitwert und wird in späteren Berichtsperioden eine Bewertungstechnik auf der Grundlage nicht beobachtbarer Inputfaktoren angewandt, ist die Bewertungstechnik so zu kalibrieren, dass das Ergebnis der betreffenden Bewertungstechnik beim erstmaligen Ansatz dem Transaktionspreis entspricht. Mit der Kalibrierung wird sichergestellt, dass die Bewertungstechnik aktuelle Marktbedingungen widerspiegelt. Zudem unterstützt sie ein Unternehmen bei der Feststellung, ob eine Anpassung der Bewertungstechnik notwendig ist (z. B. wenn der Vermögenswert oder die Schuld ein Merkmal haben, das von der Bewertungstechnik nicht erfasst wird). Wendet ein Unternehmen bei der Bemessung des beizulegenden Zeitwerts eine Bewertungstechnik an, die nicht beobachtbare Inputfaktoren nutzt, muss es im Anschluss an den erstmaligen Ansatz dafür sorgen, dass die betreffenden Bewertungstechniken zum Bemessungsstichtag beobachtbare Marktdaten widerspiegeln (d. h. den Preis für ähnliche Vermögenswerte oder Schulden).

65 Zur Bemessung des beizulegenden Zeitwerts eingesetzte Bewertungstechniken müssen einheitlich angewandt werden. Eine Änderung an einer Bewertungstechnik oder an ihrer Anwendung (z. B. eine Änderung ihrer Gewichtung bei Verwendung mehrerer Bewertungstechniken oder eine Änderung bei einer Anpassung, die an einer Bewertungstechnik vorgenommen wird) ist dann sachgerecht, wenn die Änderung zu einer Bemessung führt, die unter den gegebenen Umständen den beizulegenden Zeitwert genauso gut oder besser darstellt. Dies kann der Fall sein, wenn beispielsweise eines der folgenden Ereignisse eintritt:
   (a) es entwickeln sich neue Märkte;
   (b) es stehen neue Informationen zur Verfügung;
   (c) zuvor verwendete Informationen sind nicht mehr verfügbar;
   (d) die Bewertungstechniken verbessern sich; oder
   (e) Marktbedingungen ändern sich.

66 Überarbeitungen aufgrund einer Änderung bei der Bewertungstechnik oder ihrer Anwendung sind als Änderung in den rechnungslegungsbezogenen Schätzungen gemäß IAS 8 zu bilanzieren. Die in IAS 8 beschriebenen Angaben über eine Änderung bei den rechnungslegungsbezogenen Schätzungen sind nicht für Überarbeitungen vorgeschrieben, die aus einer Änderung an der Bewertungstechnik oder an ihrer Anwendung entstehen.

Inputfaktoren für Bewertungstechniken

Allgemeine Grundsätze

67 **In den zur Bemessung des beizulegenden Zeitwerts eingesetzten Bewertungstechniken wird die Verwendung maßgeblicher beobachtbarer Inputfaktoren auf ein Höchstmaß erhöht und die Verwendung nicht beobachtbarer Inputfaktoren auf ein Mindestmaß verringert.**

68 Märkte, in denen für bestimmte Vermögenswerte und Schulden (z. B. Finanzinstrumente) Inputfaktoren beobachtet werden können, sind u. a. Börsen, Händlermärkte, Brokermärkte und Direktmärkte (siehe Paragraph B34).

If another IFRS requires or permits an entity to measure an asset or a liability initially at fair value and the transaction price differs from fair value, the entity shall recognise the resulting gain or loss in profit or loss unless that IFRS specifies otherwise. **60**

Valuation techniques

An entity shall use valuation techniques that are appropriate in the circumstances and for which sufficient data are available to measure fair value, maximising the use of relevant observable inputs and minimising the use of unobservable inputs. **61**

The objective of using a valuation technique is to estimate the price at which an orderly transaction to sell the asset or to transfer the liability would take place between market participants at the measurement date under current market conditions. Three widely used valuation techniques are the market approach, the *cost approach* and the income approach. The main aspects of those approaches are summarised in paragraphs B5—B11. An entity shall use valuation techniques consistent with one or more of those approaches to measure fair value. **62**

In some cases a single valuation technique will be appropriate (e.g. when valuing an asset or a liability using quoted prices in an active market for identical assets or liabilities). In other cases, multiple valuation techniques will be appropriate (e.g. that might be the case when valuing a cash-generating unit). If multiple valuation techniques are used to measure fair value, the results (i.e. respective indications of fair value) shall be evaluated considering the reasonableness of the range of values indicated by those results. A fair value measurement is the point within that range that is most representative of fair value in the circumstances. **63**

If the transaction price is fair value at initial recognition and a valuation technique that uses unobservable inputs will be used to measure fair value in subsequent periods, the valuation technique shall be calibrated so that at initial recognition the result of the valuation technique equals the transaction price. Calibration ensures that the valuation technique reflects current market conditions, and it helps an entity to determine whether an adjustment to the valuation technique is necessary (e.g. there might be a characteristic of the asset or liability that is not captured by the valuation technique). After initial recognition, when measuring fair value using a valuation technique or techniques that use unobservable inputs, an entity shall ensure that those valuation techniques reflect observable market data (e.g. the price for a similar asset or liability) at the measurement date. **64**

Valuation techniques used to measure fair value shall be applied consistently. However, a change in a valuation technique or its application (e.g. a change in its weighting when multiple valuation techniques are used or a change in an adjustment applied to a valuation technique) is appropriate if the change results in a measurement that is equally or more representative of fair value in the circumstances. That might be the case if, for example, any of the following events take place: **65**
(a) new markets develop;
(b) new information becomes available;
(c) information previously used is no longer available;
(d) valuation techniques improve; or
(e) market conditions change.

Revisions resulting from a change in the valuation technique or its application shall be accounted for as a change in accounting estimate in accordance with IAS 8. However, the disclosures in IAS 8 for a change in accounting estimate are not required for revisions resulting from a change in a valuation technique or its application. **66**

Inputs to valuation techniques

General principles

Valuation techniques used to measure fair value shall maximise the use of relevant observable inputs and minimise the use of unobservable inputs. **67**

Examples of markets in which inputs might be observable for some assets and liabilities (e.g. financial instruments) include exchange markets, dealer markets, brokered markets and principal-to-principal markets (see paragraph B34). **68**

69 Ein Unternehmen hat Inputfaktoren zu wählen, die denjenigen Merkmalen des Vermögenswerts oder der Schuld entsprechen, die Marktteilnehmer in einem Geschäftsvorfall im Zusammenhang mit dem betreffenden Vermögenswert oder der betreffenden Schuld berücksichtigen würden (siehe Paragraphen 11 und 12). Mitunter führen solche Merkmale dazu, dass eine Berichtigung in Form eines Aufschlags oder Abschlags vorgenommen wird, (z. B. ein Kontrollaufschlag oder Minderheitenabschlag). Bei einer Bemessung des beizulegenden Zeitwerts dürfen jedoch keine Auf- oder Abschläge berücksichtigt werden, die nicht mit der Bilanzierungseinheit in dem IFRS übereinstimmen, der eine Bewertung zum beizulegenden Zeitwert vorschreibt oder gestattet (siehe Paragraphen 13 und 14). Zu- oder Abschläge, in denen sich die Größe des Anteilsbesitzes des Unternehmens als Merkmal widerspiegelt (insbesondere ein Sperrfaktor, aufgrund dessen die Marktpreisnotierung eines Vermögenswerts oder einer Schuld angepasst wird, weil das normale tägliche Handelsvolumen des betreffenden Marktes nicht zur Aufnahme der vom Unternehmen gehaltenen Menge ausreicht – siehe Beschreibung in Paragraph 80), die aber kein eigentliches Merkmal des Vermögenswerts oder der Schuld reflektieren (z. B. ein Beherrschungsaufschlag bei der Bemessung des beizulegenden Zeitwerts eines beherrschenden Anteils), sind bei der Bemessung des beizulegenden Zeitwerts nicht zugelassen. Immer wenn für einen Vermögenswert oder eine Schuld in einem aktiven Markt eine Marktpreisnotierung (d. h. ein *Inputfaktor auf Stufe 1*) vorliegt, hat ein Unternehmen bei der Bemessung des beizulegenden Zeitwerts diesen Preis ohne Berichtung zu verwenden, sofern nicht die in Paragraph 79 beschriebenen Umstände vorliegen.

Inputfaktoren auf der Grundlage von Geld- und Briefkursen

70 Besteht für einen zum beizulegenden Zeitwert bemessenen Vermögenswert bzw. eine Schuld ein Geld- und ein Briefkurs (z. B. ein Inputfaktor von einem Händlermarkt), wird der Kurs innerhalb der Geld-Brief-Spanne, der unter den entsprechenden Umständen am repräsentativsten für den beizulegenden Zeitwert ist, zur Bemessung des beizulegenden Zeitwerts herangezogen. Dabei spielt es keine Rolle, an welcher Stelle in der Bemessungshierarchie (d. h. Stufe 1, 2, oder 3, siehe Paragraph 72–90) der Inputfaktor eingeordnet ist. Die Verwendung von Geldkursen für Vermögenspositionen und Briefkursen für Schuldenpositionen ist zulässig, aber nicht vorgeschrieben.

71 Der vorliegende IFRS schließt die Nutzung von Marktmittelkursen oder anderen Preisbildungskonventionen, die von Marktteilnehmern als praktischer Behelf für die Bemessung des beizulegenden Zeitwerts innerhalb der Geld-Brief-Spanne herangezogen werden, nicht aus.

Bemessungshierarchie

72 Mit dem Ziel der Erhöhung der Einheitlichkeit und Vergleichbarkeit bei der Bemessung des beizulegenden Zeitwerts und den damit verbundenen Angaben wird im vorliegenden IFRS eine Bemessungshierarchie festgelegt (sog. „Fair-Value-Hierarchie"). Diese Hierarchie teilt die in den Bewertungstechniken zur Bemessung des beizulegenden Zeitwerts verwendeten Inputfaktoren in drei Stufen ein (siehe Paragraphen 76–90). Im Rahmen der Bemessungshierarchie wird in aktiven Märkten für identische Vermögenswerte oder Schulden notierten (nicht berichtigten) Preisen (Inputfaktoren auf Stufe 1) die höchste Priorität eingeräumt, während nicht beobachtbare Inputfaktoren die niedrigste Priorität erhalten *(Inputfaktoren auf Stufe 3)*.

73 Mitunter können die zur Bemessung des beizulegenden Zeitwerts eines Vermögenswerts oder einer Schuld herangezogenen Inputfaktoren auf unterschiedlichen Stufen der Bemessungshierarchie angesiedelt sein. In derartigen Fällen wird die Bemessung des beizulegenden Zeitwerts in ihrer Gesamtheit auf derjenigen Stufe der Bemessungshierarchie eingeordnet, die dem niedrigsten Inputfaktor entspricht, der für die Bemessung insgesamt wesentlich ist. Die Beurteilung der Bedeutung eines bestimmten Inputfaktors für die Bemessung insgesamt erfordert Ermessensausübung. Hierbei sind Faktoren zu berücksichtigen, die für den Vermögenswert oder die Schuld typisch sind. Bei der Bestimmung der Stufe innerhalb der Bemessungshierarchie, auf der eine Zeitwertbemessung eingeordnet wird, berücksichtigt man keine Berichtigungen, mit deren Hilfe man Bewertungen auf Basis des beizulegenden Zeitwerts errechnet. Solche Berichtigungen können beispielsweise Veräußerungskosten sein, die bei der Bemessung des beizulegenden Zeitwerts abzüglich der Veräußerungskosten berücksichtigt werden.

74 Die Verfügbarkeit maßgeblicher Inputfaktoren und ihre relative Subjektivität könnte die Wahl der sachgerechten Bewertungstechnik beeinflussen (siehe Paragraph 61). In der Bemessungshierarchie liegt der Schwerpunkt jedoch auf den Inputfaktoren für Bewertungstechniken, nicht den Bewertungstechniken, die zur Bemessung des beizulegenden Zeitwerts herangezogen werden. Beispielsweise könnte eine Bemessung des beizulegenden Zeitwerts, die unter Anwendung einer Barwerttechnik entwickelt wurde, in Stufe 2 oder Stufe 3 eingeordnet werden. Dies hinge davon ab, welche Inputfaktoren für die gesamte Bemessung wesentlich sind, und auf welcher Stufe in der Bemessungshierarchie diese Inputfaktoren eingeordnet werden.

75 Erforderte ein beobachtbarer Inputfaktor eine Berichtigung, bei der ein nicht beobachtbarer Inputfaktor zum Einsatz kommt, und führte diese Berichtigung zu einer wesentlich höheren oder niedrigeren Zeitwertbemessung, so würde man die daraus hervorgehende Bemessung in der Bemessungshierarchie in Stufe 3 einordnen. Würde beispielsweise ein Marktteilnehmer bei der Schätzung des Preises für einen Vermögenswert die Auswirkung einer Verkaufsbeschränkung für den Vermögenswert berücksichtigen, dann würde ein Unternehmen die Marktpreisnotierung in der Weise berichtigen, dass sie die Auswirkung dieser Beschränkung widerspiegelt. Handelt es sich bei der Marktpreisnotierung um einen Inputfaktor auf Stufe 2 und ist die Berichtigung ein nicht beobachtbarer Inputfaktor mit Bedeutung für die Bemessung insgesamt, würde man die Bemessung auf Stufe 3 der Bemessungshierarchie einordnen.

An entity shall select inputs that are consistent with the characteristics of the asset or liability that market participants **69** would take into account in a transaction for the asset or liability (see paragraphs 11 and 12). In some cases those characteristics result in the application of an adjustment, such as a premium or discount (e.g. a control premium or non-controlling interest discount). However, a fair value measurement shall not incorporate a premium or discount that is inconsistent with the unit of account in the IFRS that requires or permits the fair value measurement (see paragraphs 13 and 14). Premiums or discounts that reflect size as a characteristic of the entity's holding (specifically, a blockage factor that adjusts the quoted price of an asset or a liability because the market's normal daily trading volume is not sufficient to absorb the quantity held by the entity, as described in paragraph 80) rather than as a characteristic of the asset or liability (e.g. a control premium when measuring the fair value of a controlling interest) are not permitted in a fair value measurement. In all cases, if there is a quoted price in an active market (i.e. a *Level 1 input)* for an asset or a liability, an entity shall use that price without adjustment when measuring fair value, except as specified in paragraph 79.

Inputs based on bid and ask prices

If an asset or a liability measured at fair value has a bid price and an ask price (e.g. an input from a dealer market), the **70** price within the bid-ask spread that is most representative of fair value in the circumstances shall be used to measure fair value regardless of where the input is categorised within the fair value hierarchy (i.e. Level 1, 2 or 3; see paragraphs 72—90). The use of bid prices for asset positions and ask prices for liability positions is permitted, but is not required.

This IFRS does not preclude the use of mid-market pricing or other pricing conventions that are used by market partici- **71** pants as a practical expedient for fair value measurements within a bid-ask spread.

Fair value hierarchy

To increase consistency and comparability in fair value measurements and related disclosures, this IFRS establishes a fair **72** value hierarchy that categorises into three levels (see paragraphs 76—90) the inputs to valuation techniques used to measure fair value. The fair value hierarchy gives the highest priority to quoted prices (unadjusted) in active markets for identical assets or liabilities (Level 1 inputs) and the lowest priority to unobservable inputs *(Level 3 inputs).*

In some cases, the inputs used to measure the fair value of an asset or a liability might be categorised within different **73** levels of the fair value hierarchy. In those cases, the fair value measurement is categorised in its entirety in the same level of the fair value hierarchy as the lowest level input that is significant to the entire measurement. Assessing the significance of a particular input to the entire measurement requires judgement, taking into account factors specific to the asset or liability. Adjustments to arrive at measurements based on fair value, such as costs to sell when measuring fair value less costs to sell, shall not be taken into account when determining the level of the fair value hierarchy within which a fair value measurement is categorised.

The availability of relevant inputs and their relative subjectivity might affect the selection of appropriate valuation techni- **74** ques (see paragraph 61). However, the fair value hierarchy prioritises the inputs to valuation techniques, not the valuation techniques used to measure fair value. For example, a fair value measurement developed using a present value technique might be categorised within Level 2 or Level 3, depending on the inputs that are significant to the entire measurement and the level of the fair value hierarchy within which those inputs are categorised.

If an observable input requires an adjustment using an unobservable input and that adjustment results in a significantly **75** higher or lower fair value measurement, the resulting measurement would be categorised within Level 3 of the fair value hierarchy. For example, if a market participant would take into account the effect of a restriction on the sale of an asset when estimating the price for the asset, an entity would adjust the quoted price to reflect the effect of that restriction. If that quoted price is a *Level 2 input* and the adjustment is an unobservable input that is significant to the entire measurement, the measurement would be categorised within Level 3 of the fair value hierarchy.

Inputfaktoren auf Stufe 1

76 Inputfaktoren der Stufe 1 sind in aktiven, für das Unternehmen am Bemessungsstichtag zugänglichen Märkten für identische Vermögenswerte oder Schulden notierte (nicht berichtigte) Preise.

77 Ein in einem aktiven Markt notierter Preis erbringt den zuverlässigsten Nachweis für den beizulegenden Zeitwert. Wann immer ein solcher Preis zur Verfügung steht, ist er ohne Berichtigung zur Bemessung des beizulegenden Zeitwerts heranzuziehen. Ausgenommen sind die in Paragraph 79 beschriebenen Umstände.

78 Inputfaktoren auf Stufe 1 sind für viele finanzielle Vermögenswerte und finanzielle Verbindlichkeiten verfügbar, wobei einige in mehreren aktiven Märkten ausgetauscht werden können (z. B. in verschiedenen Börsen). Aus diesem Grund liegt in Stufe 1 der Schwerpunkt auf der Bestimmung der folgenden beiden Aspekte:
(a) welches der Hauptmarkt für den Vermögenswert oder die Schuld ist oder, falls es keinen Hauptmarkt gibt, welches der vorteilhafteste Markt für den Vermögenswert oder die Schuld ist.
(b) ob das Unternehmen am Bemessungsstichtag zu dem Preis und in dem betreffenden Markt eine Transaktion über den Vermögenswert oder die Schuld abschließen kann.

79 Unternehmen dürfen nur unter folgenden Umständen eine Berichtigung an einem Inputfaktor auf Stufe 1 vornehmen:
(a) wenn ein Unternehmen eine große Anzahl ähnlicher (aber nicht identischer) Vermögenswerte oder Schulden (z. B. Schuldverschreibungen) besitzt, die zum beizulegenden Zeitwert bemessen werden und für die auf einem aktiven Markt eine Marktpreisnotierung vorliegt, dieser Markt aber nicht für alle betroffenen Vermögenswerte oder Schulden einzeln leicht zugänglich ist. (In Anbetracht der großen Zahl ähnlicher im Besitz des Unternehmens befindlicher Vermögenswerte oder Schulden wäre es schwierig, für jeden einzelnen Vermögenswert oder jede einzelne Schuld zum Bemessungsstichtag Preisbildungsinformationen zu beschaffen.) In diesem Fall kann ein Unternehmen im Wege eines praktischen Behelfs den beizulegenden Zeitwert mit Hilfe einer alternativen Preisbildungsmethode bemessen, die sich nicht ausschließlich auf Marktpreisnotierungen stützt (z. B. Matrix-Preisnotierungen). Allerdings führt die Anwendung einer alternativen Preisbildungsmethode dazu, dass die Bemessung des beizulegenden Zeitwerts auf einer niedrigeren Stufe in der Bemessungshierarchie eingeordnet wird.
(b) wenn ein in einem aktiven Markt notierter Preis zum Bemessungsstichtag nicht den beizulegenden Zeitwert darstellt. Dies kann beispielsweise zutreffen, wenn bedeutende Ereignisse (wie Geschäftsvorfälle in einem Direktmarkt, Handelsgeschäfte in einem Brokermarkt oder Bekanntgaben) nach dem Schließung eines Markts, aber vor dem Bemessungsstichtag eintreten. Ein Unternehmen muss eine unternehmenseigene Methode zur Ermittlung von Ereignissen, die sich auf Bemessungen des beizulegenden Zeitwerts auswirken könnten, festlegen und einheitlich anwenden. Wird die Marktpreisnotierung jedoch aufgrund neuer Informationen berichtigt, führt diese Berichtigung dazu, dass die Bemessung des beizulegenden Zeitwerts auf einer niedrigeren Stufe in der Bemessungshierarchie eingeordnet wird.
(c) wenn die Bemessung des beizulegenden Zeitwerts einer Schuld oder eines eigenen Eigenkapitalinstruments eines Unternehmens anhand des Preises erfolgt, der für einen identischen, auf einem aktiven Markt als Vermögenswert gehandelten Posten notiert wird, und wenn dieser Preis aufgrund von Faktoren berichtigt werden muss, die für den betreffenden Posten bzw. Vermögenswert typisch sind (siehe Paragraph 39). Muss die Marktpreisnotierung des Vermögenswerts nicht berichtigt werden, so ergibt sich eine Bemessung des beizulegenden Zeitwerts auf Stufe 1 der Bemessungshierarchie. Allerdings führt jede Berichtigung der Marktpreisnotierung für den Vermögenswert dazu, dass die Bemessung des beizulegenden Zeitwerts auf einer niedrigeren Stufe in der Bemessungshierarchie eingeordnet wird.

80 Wenn ein Unternehmen eine Position in einem einzigen Vermögenswert oder einer einzigen Schuld besitzt (eingeschlossen sind Positionen, die eine große Zahl identischer Vermögenswerte oder Schulden umfassen, z. B. ein Bestand an Finanzinstrumenten) und dieser Vermögenswert bzw. diese Schuld in einem aktiven Markt gehandelt wird, dann wird der beizulegende Zeitwert des Vermögenswerts oder der Schuld in Stufe 1 als das Produkt aus dem für den einzelnen Vermögenswert oder die einzelne Schuld notierten Marktpreis und der im Besitz des Unternehmens befindlichen Menge bemessen. Dies trifft auch dann zu, wenn das normale tägliche Handelsvolumen eines Markts nicht ausreicht, um die gehaltene Menge aufzunehmen, und wenn die Platzierung von Ordern zum Verkauf der Position in einer einzigen Transaktion den notierten Marktpreis beeinflussen könnte.

Inputfaktoren auf Stufe 2

81 Inputfaktoren auf Stufe 2 sind andere als die auf Stufe 1 genannten Marktpreisnotierungen, die für den Vermögenswert oder die Schuld entweder unmittelbar oder mittelbar zu beobachten sind.

82 Gilt für den Vermögenswert oder die Schuld eine festgelegte (vertragliche) Laufzeit, dann muss ein Inputfaktor auf Stufe 2 für im Wesentlichen die gesamte Laufzeit des Vermögenswerts oder der Schuld beobachtbar sein. Inputfaktoren auf Stufe 2 beinhalten:
(a) Preisnotierungen für ähnliche Vermögenswerte oder Schulden in aktiven Märkten.
(b) Preisnotierungen für identische oder ähnliche Vermögenswerte oder Schulden auf Märkten, die nicht aktiv sind.
(c) andere Inputfaktoren als Marktpreisnotierungen, die für den Vermögenswert oder die Schuld beobachtet werden können, zum Beispiel

Level 1 inputs

Level 1 inputs are quoted prices (unadjusted) in active markets for identical assets or liabilities that the entity can access at the measurement date.   76

A quoted price in an active market provides the most reliable evidence of fair value and shall be used without adjustment to measure fair value whenever available, except as specified in paragraph 79.   77

A Level 1 input will be available for many financial assets and financial liabilities, some of which might be exchanged in multiple active markets (e.g. on different exchanges). Therefore, the emphasis within Level 1 is on determining both of the following: 78

(a) the principal market for the asset or liability or, in the absence of a principal market, the most advantageous market for the asset or liability; and

(b) whether the entity can enter into a transaction for the asset or liability at the price in that market at the measurement date.

An entity shall not make an adjustment to a Level 1 input except in the following circumstances: 79

(a) when an entity holds a large number of similar (but not identical) assets or liabilities (e.g. debt securities) that are measured at fair value and a quoted price in an active market is available but not readily accessible for each of those assets or liabilities individually (i.e. given the large number of similar assets or liabilities held by the entity, it would be difficult to obtain pricing information for each individual asset or liability at the measurement date). In that case, as a practical expedient, an entity may measure fair value using an alternative pricing method that does not rely exclusively on quoted prices (e.g. matrix pricing). However, the use of an alternative pricing method results in a fair value measurement categorised within a lower level of the fair value hierarchy.

(b) when a quoted price in an active market does not represent fair value at the measurement date. That might be the case if, for example, significant events (such as transactions in a principal-to-principal market, trades in a brokered market or announcements) take place after the close of a market but before the measurement date. An entity shall establish and consistently apply a policy for identifying those events that might affect fair value measurements. However, if the quoted price is adjusted for new information, the adjustment results in a fair value measurement categorised within a lower level of the fair value hierarchy.

(c) when measuring the fair value of a liability or an entity's own equity instrument using the quoted price for the identical item traded as an asset in an active market and that price needs to be adjusted for factors specific to the item or the asset (see paragraph 39). If no adjustment to the quoted price of the asset is required, the result is a fair value measurement categorised within Level 1 of the fair value hierarchy. However, any adjustment to the quoted price of the asset results in a fair value measurement categorised within a lower level of the fair value hierarchy.

If an entity holds a position in a single asset or liability (including a position comprising a large number of identical assets or liabilities, such as a holding of financial instruments) and the asset or liability is traded in an active market, the fair value of the asset or liability shall be measured within Level 1 as the product of the quoted price for the individual asset or liability and the quantity held by the entity. That is the case even if a market's normal daily trading volume is not sufficient to absorb the quantity held and placing orders to sell the position in a single transaction might affect the quoted price.   80

Level 2 inputs

Level 2 inputs are inputs other than quoted prices included within Level 1 that are observable for the asset or liability, either directly or indirectly.   81

If the asset or liability has a specified (contractual) term, a Level 2 input must be observable for substantially the full term of the asset or liability. Level 2 inputs include the following: 82

(a) quoted prices for similar assets or liabilities in active markets.

(b) quoted prices for identical or similar assets or liabilities in markets that are not active.

(c) inputs other than quoted prices that are observable for the asset or liability, for example:

(i) Zinssätze und -kurven, die für gemeinhin notierte Spannen beobachtbar sind;

(ii) Implizite Volatilitäten; und

(iii) Kredit-Spreads.

(d) *marktgestützte Inputfaktoren.*

83 Berichtigungen an Inputfaktoren auf Stufe 2 variieren. Dies hängt von den für den Vermögenswert oder die Schuld typischen Faktoren ab. Derartige Faktoren sind unter anderem:

(a) Zustand oder Standort des Vermögenswerts;

(b) Der Umfang, in dem sich Inputfaktoren auf Posten beziehen, die mit dem Vermögenswert oder der Schuld vergleichbar sind (unter Einschluss der in Paragraph 39 beschriebenen Faktoren); und

(c) Das Volumen oder Niveau der Aktivitäten in den Märkten, in denen die Inputfaktoren beobachtet werden.

84 Eine Berichtigung an einem Inputfaktor auf Stufe 2, der für die Bemessung insgesamt Bedeutung hat, kann dazu führen, dass eine Bemessung des beizulegenden Zeitwerts auf Stufe 3 der Bemessungshierarchie eingeordnet wird, wenn sich die Berichtigung auf wesentliche, nicht beobachtbare Inputfaktoren stützt.

85 Paragraph B35 beschreibt die Nutzung von Inputfaktoren auf Stufe 2 für bestimmte Vermögenswerte und Schulden.

Inputfaktoren auf Stufe 3

86 Inputfaktoren auf Stufe 3 sind Inputfaktoren, die für den Vermögenswert oder die Schuld nicht beobachtbar sind.

87 Nicht beobachtbare Inputfaktoren werden in dem Umfang zur Bemessung des beizulegenden Zeitwerts herangezogen, in dem keine beobachtbaren Inputfaktoren verfügbar sind. Hierdurch wird auch Situationen Rechnung getragen, in denen für den Vermögenswert oder die Schuld am Bemessungsstichtag wenig oder keine Marktaktivität besteht. Die Zielsetzung bei der Bemessung des beizulegenden Zeitwerts bleibt jedoch unverändert und besteht in der Schätzung eines Abgangspreises am Bemessungsstichtag aus dem Blickwinkel eines als Besitzer des Vermögenswerts bzw. Schuldner der Verbindlichkeit auftretenden Marktteilnehmers. Nicht beobachtbare Inputfaktoren spiegeln also die Annahmen wider, auf die sich die Marktteilnehmer bei der Preisbildung für den Vermögenswert oder die Schuld stützen würden. Dies schließt auch Annahmen über Risiken ein.

88 Annahmen über Risiken berücksichtigen auch das Risiko, das einer bestimmten, zur Bemessung des beizulegenden Zeitwerts herangezogenen Bewertungstechnik (beispielsweise einem Preisbildungsmodell) innewohnt, sowie das Risiko, das den in die Bewertungstechnik einfließenden Inputfaktoren innewohnt. Eine Bemessung ohne Risikoberichtigung stellt dann keine Bemessung des beizulegenden Zeitwerts dar, wenn Marktteilnehmer bei der Preisbildung für den Vermögenswert oder die Schuld eine solche Berichtigung berücksichtigen würden. Beispielsweise könnte eine Risikoberichtigung notwendig werden, wenn erhebliche Unsicherheiten bei der Bemessung bestehen (z. B. wenn das Volumen oder das Tätigkeitsniveau im Vergleich zur normalen Markttätigkeit für die betreffenden oder ähnliche Vermögenswerte oder Schulden erheblich zurückgegangen ist und das Unternehmen festgestellt hat, dass der Transaktionspreis oder die Marktpreisnotierung den beizulegenden Zeitwert gemäß Beschreibung in den Paragraphen B37–B47 nicht darstellt).

89 Ein Unternehmen entwickelt nicht beobachtbare Inputfaktoren unter Verwendung der unter den jeweiligen Umständen verfügbaren besten Informationen, eventuell unter Einschluss unternehmenseigener Daten. Bei der Entwicklung nicht beobachtbarer Inputfaktoren kann ein Unternehmen seine eigenen Daten zugrunde legen, muss diese aber anpassen, wenn bei vertretbarem Aufwand verfügbare Informationen darauf hindeuten, dass andere Marktteilnehmer andere Daten verwenden würden, oder wenn das Unternehmen eine Besonderheit besitzt, die anderen Marktteilnehmern nicht zur Verfügung steht (z. B. eine unternehmensspezifische Synergie). Zur Einholung von Informationen über die Annahmen von Marktteilnehmer braucht ein Unternehmen keine umfassenden Anstrengungen zu unternehmen. Es hat jedoch alle Informationen über Annahmen von Marktteilnehmern zu berücksichtigen, die bei vertretbarem Aufwand erhältlich sind. Nicht beobachtbare Inputfaktoren, die in der oben beschriebenen Weise entwickelt wurden, gelten als Annahmen von Marktteilnehmern und erfüllen die Zielsetzung einer Bemessung des beizulegenden Zeitwerts.

90 Paragraph B36 beschreibt die Nutzung von Inputfaktoren der Stufe 3 für bestimmte Vermögenswerte und Schulden.

VORGESCHRIEBENE ANGABEN

91 **Ein Unternehmen muss Informationen offenlegen, die den Nutzern seiner Abschlüsse helfen, die beiden folgenden Sachverhalte zu beurteilen:**

(a) **für Vermögenswerte und Schulden, die auf wiederkehrender oder nicht wiederkehrender Grundlage in der Bilanz nach dem erstmaligen Ansatz zum beizulegenden Zeitwert bewertet werden, sind die Bewertungsverfahren und Inputfaktoren anzugeben, die zur Entwicklung dieser Bemessungen verwendet wurden.**

(b) **für wiederkehrende Bemessungen des beizulegenden Zeitwerts, bei denen bedeutende nicht-beobachtbare Inputfaktoren verwendet wurden (Stufe 3), ist die Auswirkung der Bemessungen auf Gewinn und Verlust und das sonstige Ergebnis für die Periode zu nennen.**

(i) interest rates and yield curves observable at commonly quoted intervals;
(ii) implied volatilities; and
(iii) credit spreads.
(d) *market-corroborated inputs.*

Adjustments to Level 2 inputs will vary depending on factors specific to the asset or liability. Those factors include the **83** following:
(a) the condition or location of the asset;
(b) the extent to which inputs relate to items that are comparable to the asset or liability (including those factors described in paragraph 39); and
(c) the volume or level of activity in the markets within which the inputs are observed.

An adjustment to a Level 2 input that is significant to the entire measurement might result in a fair value measurement **84** categorised within Level 3 of the fair value hierarchy if the adjustment uses significant unobservable inputs.

Paragraph B35 describes the use of Level 2 inputs for particular assets and liabilities. **85**

Level 3 inputs

Level 3 inputs are unobservable inputs for the asset or liability. **86**

Unobservable inputs shall be used to measure fair value to the extent that relevant observable inputs are not available, **87** thereby allowing for situations in which there is little, if any, market activity for the asset or liability at the measurement date. However, the fair value measurement objective remains the same, i.e. an exit price at the measurement date from the perspective of a market participant that holds the asset or owes the liability. Therefore, unobservable inputs shall reflect the assumptions that market participants would use when pricing the asset or liability, including assumptions about risk.

Assumptions about risk include the risk inherent in a particular valuation technique used to measure fair value (such as a **88** pricing model) and the risk inherent in the inputs to the valuation technique. A measurement that does not include an adjustment for risk would not represent a fair value measurement if market participants would include one when pricing the asset or liability. For example, it might be necessary to include a risk adjustment when there is significant measurement uncertainty (e.g. when there has been a significant decrease in the volume or level of activity when compared with normal market activity for the asset or liability, or similar assets or liabilities, and the entity has determined that the transaction price or quoted price does not represent fair value, as described in paragraphs B37—B47).

An entity shall develop unobservable inputs using the best information available in the circumstances, which might **89** include the entity's own data. In developing unobservable inputs, an entity may begin with its own data, but it shall adjust those data if reasonably available information indicates that other market participants would use different data or there is something particular to the entity that is not available to other market participants (e.g. an entity-specific synergy). An entity need not undertake exhaustive efforts to obtain information about market participant assumptions. However, an entity shall take into account all information about market participant assumptions that is reasonably available. Unobservable inputs developed in the manner described above are considered market participant assumptions and meet the objective of a fair value measurement.

Paragraph B36 describes the use of Level 3 inputs for particular assets and liabilities. **90**

DISCLOSURE

An entity shall disclose information that helps users of its financial statements assess both of the following: **91**
(a) for assets and liabilities that are measured at fair value on a recurring or non-recurring basis in the statement of financial position after initial recognition, the valuation techniques and inputs used to develop those measurements.
(b) for recurring fair value measurements using significant unobservable inputs (Level 3), the effect of the measurements on profit or loss or other comprehensive income for the period.

92 Zur Erfüllung der in Paragraph 91 beschriebenen Zielsetzungen berücksichtigt ein Unternehmen alle nachstehend genannten Gesichtspunkte:

(a) den zur Erfüllung der Angabepflichten notwendigen Detaillierungsgrad;

(b) das Gewicht, das auf jede der verschiedenen Vorschriften zu legen ist;

(c) den Umfang einer vorzunehmenden Zusammenfassung oder Aufgliederung; und

(d) Notwendigkeit zusätzlicher Angaben für Nutzer der Abschlüsse, damit diese die offengelegten quantitativen Informationen auswerten können.

Reichen die gemäß diesem und anderen IFRS vorgelegten Angaben zur Erfüllung der Zielsetzungen in Paragraph 91 nicht aus, hat ein Unternehmen zusätzliche, zur Erfüllung dieser Zielsetzungen notwendige Angaben zu machen.

93 Um die Zielsetzungen in Paragraph 91 zu erfüllen, macht ein Unternehmen für jede Klasse von Vermögenswerten und Schulden nach dem erstmaligen Ansatz (unter Einschluss von Bemessungen auf der Grundlage des beizulegenden Zeitwerts im Anwendungsbereich dieses IFRS) in der Bilanz mindestens folgende Angaben (Informationen über die Bestimmung der jeweils sachgerechten Klasse für Vermögenswerte und Schulden sind Paragraph 94 zu entnehmen):

(a) Bei wiederkehrenden Bemessungen des beizulegenden Zeitwerts wird die Bemessung des am Ende der Berichtsperiode beizulegenden Zeitwerts angegeben. Bei nicht wiederkehrenden Bemessungen des beizulegenden Zeitwerts erfolgt eine Nennung des Grundes für die Bemessung. Bei wiederkehrenden Bemessungen des beizulegenden Zeitwerts von Vermögenswerten oder Schulden handelt es sich um Bemessungen, die andere IFRS für die Bilanz am Ende eines jeden Berichtszeitraums vorschreiben oder gestatten. Bei nicht wiederkehrenden Bemessungen des beizulegenden Zeitwerts von Vermögenswerten oder Schulden handelt es sich um Bemessungen, die andere IFRS für die Bilanz unter bestimmten Umständen vorschreiben oder gestatten (wenn ein Unternehmen beispielsweise gemäß IFRS 5 *Zur Veräußerung gehaltene langfristige Vermögenswerte und aufgegebene Geschäftsbereiche* einen zur Veräußerung gehaltenen Vermögenswert zum beizulegenden Zeitwert abzüglich Veräußerungskosten bewertet, weil der beizulegende Zeitwert abzüglich Veräußerungskosten des betreffenden Vermögenswerts niedriger ist als dessen Buchwert).

(b) Bei wiederkehrenden und nicht wiederkehrenden Bemessungen des beizulegenden Zeitwerts wird die Stufe in der Bemessungshierarchie angegeben, in der die Bemessungen des beizulegenden Zeitwerts in ihrer Gesamtheit eingeordnet sind.

(c) Bei am Ende der Berichtsperiode gehaltenen Vermögenswerten und Schulden, deren beizulegender Zeitwert auf wiederkehrender Basis bemessen wird, werden die Anzahl der Umgruppierungen zwischen Stufe 1 und Stufe 2 der Bemessungshierarchie, die Gründe für diese Umgruppierungen und die unternehmenseigene Methode beschrieben, die das Unternehmen bei der Feststellung anwendet, wann Umgruppierungen zwischen verschiedenen Stufen als eingetreten gelten sollen (siehe Paragraph 95). Umgruppierungen in die einzelnen Stufen und Umgruppierungen aus den einzelnen Stufen werden getrennt angegeben und erörtert.

(d) Bei wiederkehrenden und nicht wiederkehrenden Bemessungen des beizulegenden Zeitwerts, die in Stufe 2 und Stufe 3 der Bemessungshierarchie eingeordnet sind, erfolgt eine Beschreibung der Bewertungstechnik(en) und der in der Bemessung des beizulegenden Zeitwerts verwendeten Inputfaktoren. Hat sich die Bewertungstechnik geändert (z. B. ein Wechsel von einem markbasierten Ansatz auf einen einkommensbasierten Ansatz oder die Nutzung einer zusätzlichen Bewertungstechnik), hat das Unternehmen diesen Wechsel und den Grund bzw. die Gründe dafür anzugeben. Bei Bemessungen des beizulegenden Zeitwerts, die in Stufe 3 der Bemessungshierarchie eingeordnet sind, legt das Unternehmen quantitative Informationen über bedeutende, nicht beobachtbare Inputfaktoren vor, die bei der Bemessung des beizulegenden Zeitwerts verwendet wurden. Ein Unternehmen muss zur Erfüllung seiner Angabepflicht keine quantitativen Informationen erzeugen, wenn das Unternehmen bei der Bemessung des beizulegenden Zeitwerts keine quantitativen, nicht beobachtbaren Inputfaktoren erzeugt (wenn ein Unternehmen beispielsweise Preise aus vorhergegangenen Geschäftsvorfällen oder Preisbildungsinformationen Dritter ohne weitere Berichtigung verwendet). Bei der Vorlage dieser Angaben darf ein Unternehmen jedoch keine quantitativen, nicht beobachtbaren Inputfaktoren ignorieren, die für die Bemessung des beizulegenden Zeitwerts wichtig sind und dem Unternehmen bei vertretbarem Aufwand zur Verfügung stehen.

(e) Bei wiederkehrenden, in Stufe 3 der Bemessungshierarchie eingeordneten Bemessungen des beizulegenden Zeitwerts wird eine Überleitungsrechnung von den Eröffnungsbilanzen zu den Abschlussbilanzen vorgelegt. Während der Berichtsperiode aufgetretene Veränderungen, die einem der folgenden Sachverhalte zuzuordnen sind, werden wie folgt getrennt ausgewiesen:

(i) Die Summe der für den Berichtszeitraum im Gewinn oder Verlust angesetzten Gewinne und Verluste sowie den/die Einzelposten unter Gewinn oder Verlust, in dem/den die betreffenden Gewinne oder Verluste angesetzt wurden.

(ii) Die Summe der für den Berichtszeitraum unter sonstiges Ergebnis angesetzten Gewinne und Verluste sowie den/die Einzelposten unter sonstiges Ergebnis, in dem/den die betreffenden Gewinne oder Verluste angesetzt wurden.

(iii) Käufe, Veräußerungen, Emittierungen und Ausgleiche (jede dieser Änderungsarten wird separat ausgewiesen).

(iv) Die Anzahl der Umgruppierungen in oder aus Stufe 3 der Bemessungshierarchie, die Gründe für diese Umgruppierungen und die unternehmenseigenen Methoden, die das Unternehmen bei der Feststellung anwendet, wann Umgruppierungen zwischen verschiedenen Stufen als eingetreten gelten sollen (siehe Paragraph 95). Umgruppierungen in Stufe 3 und Umgruppierungen aus Stufe 3 werden getrennt angegeben und erörtert.

To meet the objectives in paragraph 91, an entity shall consider all the following:
(a) the level of detail necessary to satisfy the disclosure requirements;
(b) how much emphasis to place on each of the various requirements;
(c) how much aggregation or disaggregation to undertake; and
(d) whether users of financial statements need additional information to evaluate the quantitative information disclosed.
If the disclosures provided in accordance with this IFRS and other IFRSs are insufficient to meet the objectives in paragraph 91, an entity shall disclose additional information necessary to meet those objectives.

To meet the objectives in paragraph 91, an entity shall disclose, at a minimum, the following information for each class of assets and liabilities (see paragraph 94 for information on determining appropriate classes of assets and liabilities) measured at fair value (including measurements based on fair value within the scope of this IFRS) in the statement of financial position after initial recognition:
(a) for recurring and non-recurring fair value measurements, the fair value measurement at the end of the reporting period, and for non-recurring fair value measurements, the reasons for the measurement. Recurring fair value measurements of assets or liabilities are those that other IFRSs require or permit in the statement of financial position at the end of each reporting period. Non-recurring fair value measurements of assets or liabilities are those that other IFRSs require or permit in the statement of financial position in particular circumstances (e.g. when an entity measures an asset held for sale at fair value less costs to sell in accordance with IFRS 5 *Non-current Assets Held for Sale and Discontinued Operations* because the asset's fair value less costs to sell is lower than its carrying amount).
(b) for recurring and non-recurring fair value measurements, the level of the fair value hierarchy within which the fair value measurements are categorised in their entirety (Level 1, 2 or 3).
(c) for assets and liabilities held at the end of the reporting period that are measured at fair value on a recurring basis, the amounts of any transfers between Level 1 and Level 2 of the fair value hierarchy, the reasons for those transfers and the entity's policy for determining when transfers between levels are deemed to have occurred (see paragraph 95). Transfers into each level shall be disclosed and discussed separately from transfers out of each level.
(d) for recurring and non-recurring fair value measurements categorised within Level 2 and Level 3 of the fair value hierarchy, a description of the valuation technique(s) and the inputs used in the fair value measurement. If there has been a change in valuation technique (e.g. changing from a market approach to an income approach or the use of an additional valuation technique), the entity shall disclose that change and the reason(s) for making it. For fair value measurements categorised within Level 3 of the fair value hierarchy, an entity shall provide quantitative information about the significant unobservable inputs used in the fair value measurement. An entity is not required to create quantitative information to comply with this disclosure requirement if quantitative unobservable inputs are not developed by the entity when measuring fair value (e.g. when an entity uses prices from prior transactions or third-party pricing information without adjustment). However, when providing this disclosure an entity cannot ignore quantitative unobservable inputs that are significant to the fair value measurement and are reasonably available to the entity.
(e) for recurring fair value measurements categorised within Level 3 of the fair value hierarchy, a reconciliation from the opening balances to the closing balances, disclosing separately changes during the period attributable to the following:
(i) total gains or losses for the period recognised in profit or loss, and the line item(s) in profit or loss in which those gains or losses are recognised.
(ii) total gains or losses for the period recognised in other comprehensive income, and the line item(s) in other comprehensive income in which those gains or losses are recognised.
(iii) purchases, sales, issues and settlements (each of those types of changes disclosed separately).
(iv) the amounts of any transfers into or out of Level 3 of the fair value hierarchy, the reasons for those transfers and the entity's policy for determining when transfers between levels are deemed to have occurred (see paragraph 95). Transfers into Level 3 shall be disclosed and discussed separately from transfers out of Level 3.

(f) Bei wiederkehrenden, in Stufe 3 der Bemessungshierarchie eingeordneten Bemessungen des beizulegenden Zeitwerts der Summe der Gewinne und Verluste für den Berichtszeitraum gemäß (e)(i), die in den Gewinn oder Verlust aufgenommen wurden und die der Veränderung bei nicht realisierten Gewinnen oder Verlusten im Zusammenhang mit den betreffenden, am Ende des Berichtszeitraums gehaltenen Vermögenswerten und Schulden zurechenbar sind. Außerdem erfolgt eine Angabe des/der Einzelposten, unter dem/denen diese nicht realisierten Gewinne oder Verluste angesetzt werden.

(g) Bei wiederkehrenden und nicht wiederkehrenden, in Stufe 3 der Bemessungshierarchie eingeordneten Bemessungen des beizulegenden Zeitwerts erfolgt eine Beschreibung der vom Unternehmen verwendeten Bewertungsprozesse. (Dies schließt z. B. eine Beschreibung ein, wie ein Unternehmen seine Bewertungsstrategien und -verfahren festlegt und wie es zwischen den Berichtsperioden auftretende Änderungen in den Bemessungen des beizulegenden Zeitwerts analysiert.)

(h) Bei wiederkehrenden, in Stufe 3 der Bemessungshierarchie eingeordneten Bemessungen des beizulegenden Zeitwerts wird Folgendes vorgelegt:

(i) Bei allen Bemessungen dieser Art eine ausführliche Beschreibung der Sensibilität der Bemessung des beizulegenden Zeitwerts gegenüber Veränderungen bei nicht beobachtbaren Inputfaktoren, sofern eine Veränderung bei Inputfaktoren dieser Art dazu führen würde, dass der beizulegende Zeitwert wesentlich höher oder niedriger bemessen wird. Bestehen zwischen den genannten Inputfaktoren und anderen nicht beobachtbaren Inputfaktoren, die bei der Bemessung des beizulegenden Zeitwerts zum Einsatz kommen, Beziehungszusammenhänge, beschreibt ein Unternehmen außerdem diese Beziehungszusammenhänge und zeigt auf, wie diese die Auswirkungen von Veränderungen nicht beobachtbarer Inputfaktoren auf die Bemessung des beizulegenden Zeitwerts verstärken oder abschwächen könnten. Zur Erfüllung dieser Angabepflicht muss die ausführliche Beschreibung der Sensibilität gegenüber Veränderungen bei nicht beobachtbaren Inputfaktoren zumindest diejenigen nicht beobachtbaren Inputfaktoren umfassen, die gemäß Ziffer (d) angegeben wurden.

(ii) Würde bei finanziellen Vermögenswerten und finanziellen Verbindlichkeiten eine Veränderung an einem oder mehreren nicht beobachtbaren Inputfaktoren, mit der für möglich gehaltene alternative Annahmen widergespiegelt werden sollen, zu einer bedeutenden Änderung des beizulegenden Zeitwerts führen, hat ein Unternehmen dies anzugeben und die Auswirkung derartiger Änderungen zu beschreiben. Das Unternehmen muss angeben, wie die Auswirkung einer Änderung berechnet wurde, mit der eine für möglich gehaltene alternative Annahme wiedergegeben werden soll. Zu diesem Zweck ist die Bedeutung der Veränderung im Hinblick auf Gewinn oder Verlust und im Hinblick auf die Summe der Vermögenswerte bzw. der Schulden zu beurteilen. Werden Veränderungen beim beizulegenden Zeitwert unter sonstiges Ergebnis angesetzt, wird die Eigenkapitalsumme beurteilt.

(i) Bei wiederkehrenden und nicht wiederkehrenden Bemessungen des beizulegenden Zeitwerts gibt ein Unternehmen in Fällen, in denen die höchste und beste Verwendung eines nicht finanziellen Vermögenswerts von seiner gegenwärtigen Verwendung abweicht, diesen Sachverhalt an und nennt den Grund, warum der nicht finanzielle Vermögenswert in einer Weise verwendet wird, die von seiner höchsten und besten Verwendung abweicht.

94 Ein Unternehmen bestimmt sachgerechte Klassen von Vermögenswerten und Schulden auf folgender Grundlage:

(a) Beschaffenheit, Merkmale und Risiken des Vermögenswerts oder der Schuld; und

(b) Stufe in der Bemessungshierarchie, auf der die Bemessung des beizulegenden Zeitwerts eingeordnet ist.

Bei Bemessungen des beizulegenden Zeitwerts auf Stufe 3 der Bemessungshierarchie muss die Anzahl der Klassen eventuell größer sein, weil diesen Bemessungen einer höherer Grad an Unsicherheit und Subjektivität anhaftet. Bei der Festlegung sachgerechter Klassen an Vermögenswerten und Schulden, für die Angaben über die Bemessung der beizulegenden Zeitwerte vorzulegen sind, ist Ermessensausübung erforderlich. Bei einer Klasse von Vermögenswerten und Schulden ist häufig eine stärkere Aufgliederung erforderlich als bei den in der Bilanz dargestellten Einzelposten. Ein Unternehmen hat jedoch Informationen vorzulegen, die für eine Überleitungsrechnung zu den in der Bilanz dargestellten Einzelposten ausreichen. Wird in einem anderen IFRS für einen Vermögenswert oder eine Schuld eine Klasse vorgegeben, kann ein Unternehmen unter der Bedingung, dass die betreffende Klasse die Anforderungen in diesem Paragraphen erfüllt, diese Klasse bei der Vorlage der im vorliegenden IFRS vorgeschriebenen Informationen verwenden.

95 Ein Unternehmen benennt die Methode, die es bei der Feststellung anwendet, wann Umgruppierungen zwischen verschiedenen Stufen gemäß Paragraph 93 (c) und (e) (iv) als eingetreten gelten sollen, und befolgt diese konsequent. Die unternehmenseigene Methode zur Wahl des Zeitpunkts für den Ansatz von Umgruppierungen muss für Umgruppierungen in Stufen hinein dieselbe Methode sein wie bei Umgruppieren aus Stufen heraus. Es folgen Beispiele für Methoden zur Bestimmung des Zeitpunkts von Umgruppierungen:

(a) das Datum des Ereignisses oder der Veränderung der Umstände, das/die die Umgruppierung verursacht hat.

(b) der Beginn der Berichtsperiode.

(c) das Ende der Berichtsperiode.

96 Trifft ein Unternehmen bezüglich seiner Rechnungslegungsmethode die Entscheidung, die in Paragraph 48 vorgesehene Ausnahme zu nutzen, hat es dies anzugeben.

97 Ein Unternehmen hat für jede Klasse von Vermögenswerten und Schulden, die in der Bilanz nicht zum beizulegenden Zeitwert bewertet werden, deren beizulegender Zeitwert aber angegeben wird, die in Paragraph 93 (b), (d) und (i) vorge-

(f)   for recurring fair value measurements categorised within Level 3 of the fair value hierarchy, the amount of the total gains or losses for the period in (e) (i) included in profit or loss that is attributable to the change in unrealised gains or losses relating to those assets and liabilities held at the end of the reporting period, and the line item(s) in profit or loss in which those unrealised gains or losses are recognised.

(g)   for recurring and non-recurring fair value measurements categorised within Level 3 of the fair value hierarchy, a description of the valuation processes used by the entity (including, for example, how an entity decides its valuation policies and procedures and analyses changes in fair value measurements from period to period).

(h)   for recurring fair value measurements categorised within Level 3 of the fair value hierarchy:

    (i)   for all such measurements, a narrative description of the sensitivity of the fair value measurement to changes in unobservable inputs if a change in those inputs to a different amount might result in a significantly higher or lower fair value measurement. If there are interrelationships between those inputs and other unobservable inputs used in the fair value measurement, an entity shall also provide a description of those interrelationships and of how they might magnify or mitigate the effect of changes in the unobservable inputs on the fair value measurement. To comply with that disclosure requirement, the narrative description of the sensitivity to changes in unobservable inputs shall include, at a minimum, the unobservable inputs disclosed when complying with (d).

    (ii)   for financial assets and financial liabilities, if changing one or more of the unobservable inputs to reflect reasonably possible alternative assumptions would change fair value significantly, an entity shall state that fact and disclose the effect of those changes. The entity shall disclose how the effect of a change to reflect a reasonably possible alternative assumption was calculated. For that purpose, significance shall be judged with respect to profit or loss, and total assets or total liabilities, or, when changes in fair value are recognised in other comprehensive income, total equity.

(i)   for recurring and non-recurring fair value measurements, if the highest and best use of a non-financial asset differs from its current use, an entity shall disclose that fact and why the non-financial asset is being used in a manner that differs from its highest and best use.

94 An entity shall determine appropriate classes of assets and liabilities on the basis of the following:

(a)   the nature, characteristics and risks of the asset or liability; and

(b)   the level of the fair value hierarchy within which the fair value measurement is categorised.

The number of classes may need to be greater for fair value measurements categorised within Level 3 of the fair value hierarchy because those measurements have a greater degree of uncertainty and subjectivity. Determining appropriate classes of assets and liabilities for which disclosures about fair value measurements should be provided requires judgement. A class of assets and liabilities will often require greater disaggregation than the line items presented in the statement of financial position. However, an entity shall provide information sufficient to permit reconciliation to the line items presented in the statement of financial position. If another IFRS specifies the class for an asset or a liability, an entity may use that class in providing the disclosures required in this IFRS if that class meets the requirements in this paragraph.

95 An entity shall disclose and consistently follow its policy for determining when transfers between levels of the fair value hierarchy are deemed to have occurred in accordance with paragraph 93 (c) and (e) (iv). The policy about the timing of recognising transfers shall be the same for transfers into the levels as for transfers out of the levels. Examples of policies for determining the timing of transfers include the following:

(a)   the date of the event or change in circumstances that caused the transfer.

(b)   the beginning of the reporting period.

(c)   the end of the reporting period.

96 If an entity makes an accounting policy decision to use the exception in paragraph 48, it shall disclose that fact.

97 For each class of assets and liabilities not measured at fair value in the statement of financial position but for which the fair value is disclosed, an entity shall disclose the information required by paragraph 93 (b), (d) and (i). However, an

schriebenen Angaben zu machen. Ein Unternehmen muss jedoch nicht die quantitativen Angaben über bedeutende, nicht beobachtbare Inputfaktoren vorlegen, die bei in Stufe 3 der Bemessungshierarchie eingeordneten Bemessungen des beizulegenden Zeitwerts verwendet werden und die nach Paragraph 93(d) vorgeschrieben sind. Für Vermögenswerte und Schulden dieser Art braucht ein Unternehmen die anderen im vorliegenden IFRS vorgeschrieben Angaben nicht vorzulegen.

98 Bei Schulden, die zum beizulegenden Zeitwert bemessen und mit einer untrennbaren Kreditsicherheit eines Dritten herausgegeben werden, hat der Herausgeber das Bestehen dieser Kreditsicherheit zu nennen und anzugeben, ob sich diese in der Bemessung des beizulegenden Zeitwerts widerspiegelt.

99 Ein Unternehmen stellt die im vorliegenden IFRS vorgeschriebenen quantitativen Angaben in Tabellenform dar, sofern nicht ein anderes Format sachgerechter ist.

Anhang A
Definitionen

Dieser Anhang ist fester Bestandteil des IFRS.

aktiver Markt	Ein Markt, auf dem Geschäftsvorfälle mit dem Vermögenswert oder der Schuld mit ausreichender Häufigkeit und Volumen auftreten, so dass fortwährend Preisinformationen zur Verfügung stehen.
kostenbasierter Ansatz	Eine Bewertungstechnik, die den Betrag widerspiegelt, der gegenwärtig erforderlich wäre, um die Dienstleistungskapazität eines Vermögenswerts zu ersetzen (häufig auch als aktuelle Wiederbeschaffungskosten bezeichnet).
Zugangspreis	Der Preis, der in einem Tauschgeschäft für den Erwerb des Vermögenswerts gezahlt oder für die Übernahme der Schuld entgegengenommen wurde.
Abgangspreis	Der Preis, der für den Verkauf eines Vermögenswerts entgegengenommen oder für die Übertragung einer Schuld gezahlt würde.
erwarteter Zahlungsstrom	Der wahrscheinlichkeitsgewichtete Durchschnitt (d. h. das Verteilungsmittel) möglicher künftiger Zahlungsströme.
beizulegender Zeitwert	Der Preis, der in einem geordneten Geschäftsvorfall zwischen Marktteilnehmern am Bemessungsstichtag für den Verkauf eines Vermögenswerts eingenommen bzw. für die Übertragung einer Schuld gezahlt würde.
höchste und beste Verwendung	Die Verwendung eines nicht-finanziellen Vermögenswerts durch Marktteilnehmer, die den Wert des Vermögenswerts oder der Gruppe von Vermögenswerten und Schulden (z. B. ein Geschäftsbetrieb), in der der Vermögenswert verwendet würde, maximieren würde.
einkommensbasierter Ansatz	Bewertungstechniken, die künftige Beträge (z. B. Zahlungsströme oder Aufwendungen und Erträge) in einen einzigen aktuellen (d. h. abgezinsten) Betrag umwandeln. Die Bemessung des beizulegenden Zeitwerts erfolgt auf der Grundlage des Werts, auf den gegenwärtige Markterwartungen hinsichtlich dieser künftigen Beträge hindeuten.
Inputfaktoren	Die Annahmen, die Marktteilnehmer bei der Preisbildung für den Vermögenswert bzw. die Schuld zugrunde legen würden. Dies schließt auch Annahmen über Risiken wie die nachstehend genannten ein: (a) das Risiko, das einer bestimmten, zur Bemessung des beizulegenden Zeitwerts herangezogenen Bewertungstechnik (beispielsweise einem Preisbildungsmodell) innewohnt; und (b) das Risiko, das den in die Bewertungstechnik einfließenden Inputfaktoren innewohnt. Inputfaktoren können beobachtbar oder nicht beobachtbar sein.
Inputfaktoren auf Stufe 1	In aktiven, für das Unternehmen am Bemessungsstichtag zugänglichen Märkten für identische Vermögenswerte oder Schulden notierte (nicht berichtigte) Preise.

entity is not required to provide the quantitative disclosures about significant unobservable inputs used in fair value measurements categorised within Level 3 of the fair value hierarchy required by paragraph 93 (d). For such assets and liabilities, an entity does not need to provide the other disclosures required by this IFRS.

For a liability measured at fair value and issued with an inseparable third-party credit enhancement, an issuer shall disclose the existence of that credit enhancement and whether it is reflected in the fair value measurement of the liability. **98**

An entity shall present the quantitative disclosures required by this IFRS in a tabular format unless another format is more appropriate. **99**

Appendix A

Defined terms

This appendix is an integral part of the IFRS.

active market	A market in which transactions for the asset or liability take place with sufficient frequency and volume to provide pricing information on an ongoing basis.
cost approach	A valuation technique that reflects the amount that would be required currently to replace the service capacity of an asset (often referred to as current replacement cost).
entry price	The price paid to acquire an asset or received to assume a liability in an exchange transaction.
exit price	The price that would be received to sell an asset or paid to transfer a liability.
expected cash flow	The probability-weighted average (i.e. mean of the distribution) of possible future cash flows.
fair value	The price that would be received to sell an asset or paid to transfer a liability in an orderly transaction between market participants at the measurement date.
highest and best use	The use of a non-financial asset by market participants that would maximise the value of the asset or the group of assets and liabilities (e.g. a business) within which the asset would be used.
income approach	Valuation techniques that convert future amounts (e.g. cash flows or income and expenses) to a single current (i.e. discounted) amount. The fair value measurement is determined on the basis of the value indicated by current market expectations about those future amounts.
Inputs	The assumptions that market participants would use when pricing the asset or liability, including assumptions about risk, such as the following: (a) the risk inherent in a particular valuation technique used to measure fair value (such as a pricing model); and (b) the risk inherent in the inputs to the valuation technique. Inputs may be observable or unobservable.
Level 1 inputs	Quoted prices (unadjusted) in active markets for identical assets or liabilities that the entity can access at the measurement date.

Inputfaktoren auf Stufe 2	Andere Inputfaktoren als die in Stufe 1 aufgenommenen Marktpreisnotierungen, die für den Vermögenswert oder die Schuld entweder unmittelbar oder mittelbar zu beobachten sind.
Inputfaktoren auf Stufe 3	Inputfaktoren, die für den Vermögenswert oder die Schuld nicht beobachtbar sind.
marktbasierter Ansatz	Eine Bewertungstechnik, die Preise und andere maßgebliche Informationen nutzt, die in Markttransaktionen entstehen, an denen identische oder vergleichbare (d. h. ähnliche) Vermögenswerte, Schulden oder Gruppen von Vermögenswerten und Schulden, z. B. Geschäftsbetriebe, beteiligt sind.
marktgestützte Inputfaktoren	Inputfaktoren, die durch Korrelation oder andere Mittel vorrangig aus beobachtbaren Marktdaten abgeleitet oder durch diese bestätigt werden.
Marktteilnehmer	Käufer und Verkäufer im Hauptmarkt oder vorteilhaftesten Markt für den Vermögenswert oder die Schuld, die alle nachstehenden Merkmale erfüllen:

(a) Sie sind unabhängig voneinander, d. h. sie sind keine nahestehenden Unternehmen und Personen gemäß Definition in IAS 24. Trotzdem kann der Preis in einem Geschäftsvorfall zwischen nahestehenden Unternehmen und Personen als Inputfaktor für die Bemessung eines beizulegenden Zeitwerts verwendet werden, sofern dem Unternehmen Nachweise vorliegen, dass der Geschäftsvorfall zu Marktbedingungen erfolgte.

(b) Sie sind sachkundig und verfügen über angemessenes Wissen über den Vermögenswert oder die Schuld und über den Geschäftsvorfall. Hierzu nutzen sie alle bei vertretbarem Aufwand verfügbaren Informationen unter Einschluss von Informationen, die im Wege allgemein üblicher Überprüfungsanstrengungen eingeholt werden können.

(c) Sie sind in der Lage, eine Transaktion über den Vermögenswert oder die Schuld abzuschließen.

(d) Sie sind bereit, eine Transaktion über den Vermögenswert oder die Schuld abzuschließen, d. h. sie sind motiviert, aber nicht gezwungen oder anderweitig dazu genötigt.

vorteilhaftester Markt	Der Markt, der den nach Berücksichtigung von Transaktions- und Transportkosten beim Verkauf des Vermögenswerts einzunehmenden Betrag maximieren oder den bei Übertragung der Schuld zu zahlenden Betrag minimieren würde.
Risiko der Nichterfüllung	Das Risiko, dass ein Unternehmen eine Verpflichtung nicht erfüllen wird. Das Risiko der Nichterfüllung schließt das eigene Kreditrisiko des Unternehmens ein, darf aber nicht darauf beschränkt sein.
beobachtbare Inputfaktoren	Inputfaktoren, die unter Einsatz von Marktdaten wie öffentlich zugänglichen Informationen über tatsächliche Ereignisse oder Geschäftsvorfälle entwickelt werden und die Annahmen widerspiegeln, auf die sich die Marktteilnehmer bei der Preisbildung für den Vermögenswert oder die Schuld stützen würden.
geordneter Geschäftsvorfall	Ein Geschäftsvorfall, bei dem für einen Zeitraum vor dem Bemessungsstichtag eine Marktpräsenz angenommen wird, um Vermarktungstätigkeiten zu ermöglichen, die für Geschäftsvorfälle unter Beteiligung der betroffenen Vermögenswerte oder Schulden allgemein üblich sind. Es handelt sich nicht um eine erzwungene Transaktion (d. h. eine Zwangsliquidation oder einen Notverkauf).
Hauptmarkt	Der Markt mit dem größten Volumen und dem höchsten Aktivitätsgrad für den Vermögenswert oder die Schuld.
Risikoaufschlag	Ein Ausgleich, den risikoscheue Marktteilnehmer dafür verlangen, dass sie die mit den Zahlungsströmen eines Vermögenswerts oder einer Schuld verbundene Ungewissheit tragen. Auch als „Risikoadjustierung" bezeichnet.
Transaktionskosten	Die Kosten, die für den Verkauf eines Vermögenswerts oder die Übertragung einer Schuld im Hauptmarkt oder vorteilhaftesten Markt für den Vermögenswert oder die Schuld anfallen, unmittelbar der Veräußerung des Vermögenswerts oder der Übertragung der Schuld zurechenbar sind und die beiden unten genannten Kriterien erfüllen:

(a) Sie entstehen unmittelbar aus der Transaktion und sind für diese wesentlich.

(b) Sie wären dem Unternehmen nicht entstanden, wenn die Entscheidung zum Verkauf des Vermögenswerts oder zur Übertragung der Schuld nicht gefasst worden wäre (ähnlich den in IFRS 5 definierten Veräußerungskosten).

Level 2 inputs	Inputs other than quoted prices included within Level 1 that are observable for the asset or liability, either directly or indirectly.
Level 3 inputs	Unobservable inputs for the asset or liability.
market approach	A valuation technique that uses prices and other relevant information generated by market transactions involving identical or comparable (i.e. similar) assets, liabilities or a group of assets and liabilities, such as a business.
market-corroborated inputs	Inputs that are derived principally from or corroborated by observable market data by correlation or other means.

market participants   Buyers and sellers in the principal (or most advantageous) market for the asset or liability that have all of the following characteristics:

(a) They are independent of each other, i.e. they are not related parties as defined in IAS 24, although the price in a related party transaction may be used as an input to a fair value measurement if the entity has evidence that the transaction was entered into at market terms.

(b) They are knowledgeable, having a reasonable understanding about the asset or liability and the transaction using all available information, including information that might be obtained through due diligence efforts that are usual and customary.

(c) They are able to enter into a transaction for the asset or liability.

(d) They are willing to enter into a transaction for the asset or liability, i.e. they are motivated but not forced or otherwise compelled to do so.

most advantageous market	The market that maximises the amount that would be received to sell the asset or minimises the amount that would be paid to transfer the liability, after taking into account transaction costs and transport costs.
non-performance risk	The risk that an entity will not fulfil an obligation. Non-performance risk includes, but may not be limited to, the entity's own credit risk.
observable inputs	Inputs that are developed using market data, such as publicly available information about actual events or transactions, and that reflect the assumptions that market participants would use when pricing the asset or liability.
orderly transaction	A transaction that assumes exposure to the market for a period before the measurement date to allow for marketing activities that are usual and customary for transactions involving such assets or liabilities; it is not a forced transaction (e.g. a forced liquidation or distress sale).
principal market	The market with the greatest volume and level of activity for the asset or liability.
risk premium	Compensation sought by risk-averse market participants for bearing the uncertainty inherent in the cash flows of an asset or a liability. Also referred to as a 'risk adjustment'.

transaction costs   The costs to sell an asset or transfer a liability in the principal (or most advantageous) market for the asset or liability that are directly attributable to the disposal of the asset or the transfer of the liability and meet both of the following criteria:

(a) They result directly from and are essential to that transaction.

(b) They would not have been incurred by the entity had the decision to sell the asset or transfer the liability not been made (similar to costs to sell, as defined in IFRS 5).

Transportkosten	Die Kosten, die für den Transport eines Vermögenswerts von seinem jetzigen Standort zu seinem Hauptmarkt oder vorteilhaftesten Markt entstehen würden.
Bilanzierungseinheit	Der Grad, in dem ein Vermögenswert oder eine Schuld für Zwecke des Ansatzes in einem IFRS zusammengefasst oder aufgegliedert wird.
Nicht beobachtbare Inputfaktoren	Inputfaktoren, für die keine Marktdaten verfügbar sind. Sie werden anhand der besten verfügbaren Informationen über die Annahmen entwickelt, auf die sich Marktteilnehmer bei der Preisbildung für den Vermögenswert oder die Schuld stützen würden.

Anhang B

Leitlinien für die Anwendung

Dieser Anhang ist fester Bestandteil des IFRS. Er beschreibt die Anwendung der Paragraphen 1–99 und hat die gleiche bindende Kraft wie die anderen Teile des IFRS.

B1 In unterschiedlichen Bewertungssituationen kann nach jeweils unterschiedlichem Ermessen geurteilt werden. Im vorliegenden Anhang werden die Urteile beschrieben, die bei der Bemessung des beizulegenden Zeitwert in unterschiedlichen Bewertungssituationen durch ein Unternehmen zutreffen könnten.

DER ANSATZ DER BEMESSUNG DES BEIZULEGENDEN ZEITWERTS

B2 Die Zielsetzung einer Bemessung des beizulegenden Zeitwerts besteht darin, den Preis zu schätzen, zu dem unter aktuellen Marktbedingungen am Bemessungsstichtag ein geordneter Geschäftsvorfall zwischen Marktteilnehmern stattfinden würde, im Zuge dessen der Vermögenswert verkauft oder die Schuld übertragen würde. Bei einer Bemessung des beizulegenden Zeitwerts muss ein Unternehmen Folgendes bestimmen:
(a) den jeweiligen Vermögenswert oder die Schuld, die Gegenstand der Bemessung ist (in Übereinstimmung mit dessen Bilanzierungseinheit),
(b) die für die Bewertung sachgerechte Bewertungsprämisse, wenn es sich um einen nicht finanziellen Vermögenswert handelt (in Übereinstimmung mit dessen höchster und bester Verwendung),
(c) den Hauptmarkt oder vorteilhaftesten Markt für den Vermögenswert oder die Schuld und
(d) die für die Bemessung sachgerechten Bewertungstechniken. Zu berücksichtigen ist hierbei die Verfügbarkeit von Daten zur Entwicklung von Inputfaktoren zur Darstellung der Annahmen, die Marktteilnehmer bei der Preisbildung für den Vermögenswert oder die Schuld zugrunde legen würden. Zu berücksichtigen ist außerdem die Stufe in der Bemessungshierarchie, in der diese Inputfaktoren eingeordnet sind.

BEWERTUNGSPRÄMISSE FÜR NICHT FINANZIELLE VERMÖGENSWERTE (PARAGRAPHEN 31–33)

B3 Wird der beizulegende Zeitwert eines nicht finanziellen Vermögenswerts bemessen, der in Verbindung mit anderen Vermögenswerten in Form einer Gruppe (die installiert oder anderweitig für die Nutzung konfiguriert wurde) oder in Verbindung mit anderen Vermögenswerten und Schulden (z. B. einem Geschäftsbetrieb) verwendet wird, dann hängen die Auswirkungen der Bewertungsprämisse von den jeweiligen Umständen ab. Zum Beispiel:
(a) Der beizulegende Zeitwert des Vermögenswerts könnte sowohl bei seiner eigenständigen Verwendung als auch bei einer Verwendung in Verbindung mit anderen Vermögenswerten oder mit anderen Vermögenswerten und Schulden gleich sein. Dies könnte zutreffen, wenn der Vermögenswert ein Geschäftsbetrieb ist, den Marktteilnehmer weiterbetreiben würden. In diesem Fall beinhaltete der Geschäftsvorfall eine Bewertung des Geschäftsbetriebs in seiner Gesamtheit. Die Verwendung des Vermögenswerts als Gruppe in einem laufenden Geschäftsbetrieb würde Synergien schaffen, die Marktteilnehmern zur Verfügung stünden (d. h. Synergien der Marktteilnehmer, bei denen davon auszugehen ist, dass sie den beizulegenden Zeitwert des Vermögenswerts entweder auf eigenständiger Basis oder auf Basis einer Verbindung mit anderen Vermögenswerten oder mit anderen Vermögenswerten und Schulden beeinflussen).
(b) Die Verwendung eines Vermögenswerts in Verbindung mit anderen Vermögenswerten oder anderen Vermögenswerten und Schulden könnte auch mittels Wertberichtigungen des eigenständig verwendeten Vermögenswerts in die Bemessung des beizulegenden Zeitwerts einfließen. Dies könnte zutreffen, wenn es sich bei dem Vermögenswert um eine Maschine handelt und die Bemessung des beizulegenden Zeitwerts anhand eines beobachteten Preises für eine ähnliche (nicht installierte oder anderweitig für den Gebrauch konfigurierte) Maschine erfolgt. Dieser Preis wird dann um Transport- und Installationskosten berichtigt, so dass die Bemessung des beizulegenden Zeitwerts den gegenwärtigen Zustand und Standort der Maschine (installiert und für den Gebrauch konfiguriert) widerspiegelt.

transport costs	The costs that would be incurred to transport an asset from its current location to its principal (or most advantageous) market.
unit of account	The level at which an asset or a liability is aggregated or disaggregated in an IFRS for recognition purposes.
unobservable inputs	Inputs for which market data are not available and that are developed using the best information available about the assumptions that market participants would use when pricing the asset or liability.

Appendix B

Application guidance

This appendix is an integral part of the IFRS. It describes the application of paragraphs 1—99 and has the same authority as the other parts of the IFRS.

The judgements applied in different valuation situations may be different. This appendix describes the judgements that **B1** might apply when an entity measures fair value in different valuation situations.

THE FAIR VALUE MEASUREMENT APPROACH

The objective of a fair value measurement is to estimate the price at which an orderly transaction to sell the asset or to **B2** transfer the liability would take place between market participants at the measurement date under current market conditions. A fair value measurement requires an entity to determine all the following:

(a) the particular asset or liability that is the subject of the measurement (consistently with its unit of account).

(b) for a non-financial asset, the valuation premise that is appropriate for the measurement (consistently with its highest and best use).

(c) the principal (or most advantageous) market for the asset or liability.

(d) the valuation technique(s) appropriate for the measurement, considering the availability of data with which to develop inputs that represent the assumptions that market participants would use when pricing the asset or liability and the level of the fair value hierarchy within which the inputs are categorised.

VALUATION PREMISE FOR NON-FINANCIAL ASSETS (PARAGRAPHS 31—33)

When measuring the fair value of a non-financial asset used in combination with other assets as a group (as installed or **B3** otherwise configured for use) or in combination with other assets and liabilities (e.g. a business), the effect of the valuation premise depends on the circumstances. For example:

(a) the fair value of the asset might be the same whether the asset is used on a stand-alone basis or in combination with other assets or with other assets and liabilities. That might be the case if the asset is a business that market participants would continue to operate. In that case, the transaction would involve valuing the business in its entirety. The use of the assets as a group in an ongoing business would generate synergies that would be available to market participants (i.e. market participant synergies that, therefore, should affect the fair value of the asset on either a stand-alone basis or in combination with other assets or with other assets and liabilities).

(b) an asset's use in combination with other assets or with other assets and liabilities might be incorporated into the fair value measurement through adjustments to the value of the asset used on a stand-alone basis. That might be the case if the asset is a machine and the fair value measurement is determined using an observed price for a similar machine (not installed or otherwise configured for use), adjusted for transport and installation costs so that the fair value measurement reflects the current condition and location of the machine (installed and configured for use).

(c) Die Verwendung eines Vermögenswerts in Verbindung mit anderen Vermögenswerten oder anderen Vermögenswerten und Schulden könnte auch dahingehend in die Bemessung des beizulegenden Zeitwerts einfließen, dass man die Annahmen, auf die sich Marktteilnehmer bei der Bemessung des beizulegenden Zeitwerts des Vermögenswerts stützen würden, berücksichtigt. Handelt es sich bei dem Vermögenswert beispielsweise um einen Lagerbestand an unfertigen, einzigartigen Erzeugnissen und würden Marktteilnehmer den Lagerbestand in fertige Erzeugnisse umwandeln, würde der beizulegende Zeitwert auf der Annahme beruhen, dass die Marktteilnehmer eventuell notwendige, besondere Maschinen erworben haben oder erwerben würden, um den Lagerbestand in Fertigerzeugnisse umzuwandeln.

(d) Die Verwendung eines Vermögenswerts in Verbindung mit anderen Vermögenswerten oder anderen Vermögenswerten und Schulden könnte in die zur Bemessung des beizulegenden Zeitwerts verwendete Bewertungstechnik einfließen. Dies könnte zutreffen, wenn zur Bemessung des beizulegenden Zeitwerts eines immateriellen Vermögenswerts die Residualwertmethode angewandt wird, weil diese Bewertungstechnik insbesondere den Beitrag ergänzender Vermögenswerte und zugehöriger Schulden in der Gruppe berücksichtigt, in der ein solcher immaterieller Vermögenswert verwendet werden würde.

(e) In stärker eingegrenzten Situationen könnte ein Unternehmen, das einen Vermögenswert innerhalb einer Gruppe von Vermögenswerten verwendet, diesen Vermögenswert anhand eines Betrags bewerten, der dessen beizulegendem Zeitwert nahe kommt. Dieser Betrag wird errechnet, indem man den beizulegenden Zeitwert der gesamten Gruppe an Vermögenswerten auf die einzelnen, in der Gruppe enthaltenen Vermögenswerte umlegt. Dies könnte zutreffen, wenn die Bewertung Grundeigentum betrifft und der beizulegende Zeitwert eines erschlossenen Grundstücks (d. h. einer Gruppe von Vermögenswerten) auf die Vermögenswerte umgelegt wird, aus denen es besteht (beispielsweise das Grundstück und die Grundstücksbestandteile).

BEIM ERSTMALIGEN ANSATZ BEIZULEGENDER ZEITWERT (PARAGRAPHEN 57–60)

B4 Im Rahmen der Ermittlung, ob der beim erstmaligen Ansatz beizulegende Zeitwert mit dem Transaktionspreis übereinstimmt, hat ein Unternehmen Faktoren zu berücksichtigen, die für den jeweiligen Geschäftsvorfall und den jeweiligen Vermögenswert bzw. die Schuld charakteristisch sind. Trifft eine der folgenden Bedingungen zu, könnte es sein, dass der Transaktionspreis nicht den beim erstmaligen Ansatz beizulegenden Zeitwert eines Vermögenswerts oder einer Schuld darstellt:

(a) Der Geschäftsvorfall findet zwischen nahestehenden Unternehmen und Personen statt. Trotzdem kann der Preis in einem Geschäftsvorfall zwischen nahestehenden Unternehmen und Personen als Inputfaktor für die Bemessung eines beizulegenden Zeitwerts verwendet werden, wenn dem Unternehmen Beweise vorliegen, dass der Geschäftsvorfall zu Marktbedingungen erfolgte.

(b) Der Geschäftsvorfall findet unter Zwang statt oder der Verkäufer ist gezwungen, den Preis in dem Geschäftsvorfall zu akzeptieren. Dies könnte zum Beispiel zutreffen, wenn der Verkäufer finanzielle Schwierigkeiten hat.

(c) Die durch den Geschäftsvorfall dargestellte Bilanzierungseinheit weicht von der Bilanzierungseinheit des Vermögenswerts oder der Schuld ab, die/der zum beizulegenden Zeitwert bewertet wird. Dies könnte beispielsweise zutreffen wenn der/die zum beizulegenden Zeitwert bewertete Vermögenswert oder Schuld nur eines der an dem Geschäftsvorfall beteiligten Elemente ist (z. B. bei einem Unternehmenszusammenschluss), wenn der Geschäftsvorfall unerklärte Rechte und Vorrechte einschließt, die gemäß anderen IFRS getrennt bewertet werden, oder wenn der Transaktionspreis auch Transaktionskosten einschließt.

(d) Der Markt, in dem der Geschäftsvorfall stattfindet, ist ein anderer als der Hauptmarkt oder der vorteilhafteste Markt. Unterschiedliche Märkte könnten zum Beispiel vorliegen, wenn es sich bei dem Unternehmen um einen Händler handelt, der im Einzelhandelsmarkt Transaktionen mit Kunden schließt, dessen Hauptmarkt oder vorteilhaftester Markt für die Abgangstransaktion aber der Händlermarkt ist, auf dem Transaktionen mit anderen Händlern geschlossen werden.

BEWERTUNGSTECHNIKEN (PARAGRAPHEN 61–66)

Marktbasierter Ansatz

B5 Beim marktbasierten Ansatz werden Preise und andere maßgebliche Informationen genutzt, die in Markttransaktionen entstehen, an denen identische oder vergleichbare (d. h. ähnliche) Vermögenswerte, Schulden oder Gruppen von Vermögenswerten und Schulden, z. B. Geschäftsbetriebe, beteiligt sind.

B6 Bewertungstechniken, die auf dem marktbasierten Ansatz beruhen, verwenden häufig Marktmultiplikatoren, die aus einem Satz von Vergleichswerten abgeleitet werden. Multiplikatoren können in gewissen Bandbreiten vorhanden sein, wobei für jeden Vergleichswert ein anderer Multiplikator zutrifft. Die Auswahl des sachgerechten Multiplikators aus der betreffenden Bandbreite erfordert Ermessensausübung. Hier sind für die jeweilige Bewertung spezifische qualitative und quantitative Faktoren zu berücksichtigen.

B7 Zu den Bewertungstechniken, die mit dem marktbasierten Ansatz vereinbar sind, gehört die Matrix-Preisnotierung. Die Matrix-Preisnotierung ist eine mathematische Technik, die vorrangig zur Bewertung bestimmter Arten von Finanzinstrumenten, wie Schuldverschreibungen, eingesetzt wird, bei denen man sich nicht ausschließlich auf Marktpreisnotierungen für die betreffenden Wertpapiere verlässt, sondern sich auf das Verhältnis dieser Wertpapiere zu anderen, als Vergleichsmarke (Benchmark) notierten Wertpapiere stützt.

(c) an asset's use in combination with other assets or with other assets and liabilities might be incorporated into the fair value measurement through the market participant assumptions used to measure the fair value of the asset. For example, if the asset is work in progress inventory that is unique and market participants would convert the inventory into finished goods, the fair value of the inventory would assume that market participants have acquired or would acquire any specialised machinery necessary to convert the inventory into finished goods.

(d) an asset's use in combination with other assets or with other assets and liabilities might be incorporated into the valuation technique used to measure the fair value of the asset. That might be the case when using the multi-period excess earnings method to measure the fair value of an intangible asset because that valuation technique specifically takes into account the contribution of any complementary assets and the associated liabilities in the group in which such an intangible asset would be used.

(e) in more limited situations, when an entity uses an asset within a group of assets, the entity might measure the asset at an amount that approximates its fair value when allocating the fair value of the asset group to the individual assets of the group. That might be the case if the valuation involves real property and the fair value of improved property (i.e. an asset group) is allocated to its component assets (such as land and improvements).

FAIR VALUE AT INITIAL RECOGNITION (PARAGRAPHS 57—60)

When determining whether fair value at initial recognition equals the transaction price, an entity shall take into account **B4** factors specific to the transaction and to the asset or liability. For example, the transaction price might not represent the fair value of an asset or a liability at initial recognition if any of the following conditions exist:

(a) The transaction is between related parties, although the price in a related party transaction may be used as an input into a fair value measurement if the entity has evidence that the transaction was entered into at market terms.

(b) The transaction takes place under duress or the seller is forced to accept the price in the transaction. For example, that might be the case if the seller is experiencing financial difficulty.

(c) The unit of account represented by the transaction price is different from the unit of account for the asset or liability measured at fair value. For example, that might be the case if the asset or liability measured at fair value is only one of the elements in the transaction (e.g. in a business combination), the transaction includes unstated rights and privileges that are measured separately in accordance with another IFRS, or the transaction price includes transaction costs.

(d) The market in which the transaction takes place is different from the principal market (or most advantageous market). For example, those markets might be different if the entity is a dealer that enters into transactions with customers in the retail market, but the principal (or most advantageous) market for the exit transaction is with other dealers in the dealer market.

VALUATION TECHNIQUES (PARAGRAPHS 61—66)

Market approach

The market approach uses prices and other relevant information generated by market transactions involving identical or **B5** comparable (i.e. similar) assets, liabilities or a group of assets and liabilities, such as a business.

For example, valuation techniques consistent with the market approach often use market multiples derived from a set of **B6** comparables. Multiples might be in ranges with a different multiple for each comparable. The selection of the appropriate multiple within the range requires judgement, considering qualitative and quantitative factors specific to the measurement.

Valuation techniques consistent with the market approach include matrix pricing. Matrix pricing is a mathematical tech- **B7** nique used principally to value some types of financial instruments, such as debt securities, without relying exclusively on quoted prices for the specific securities, but rather relying on the securities' relationship to other benchmark quoted securities.

Kostenbasierter Ansatz

B8 Der kostenbasierte Ansatz spiegelt den Betrag wider, der gegenwärtig erforderlich wäre, um die Dienstleistungskapazität eines Vermögenswerts zu ersetzen (häufig auch als aktuelle Wiederbeschaffungskosten bezeichnet).

B9 Aus dem Blickwinkel eines als Marktteilnehmer auftretenden Verkäufers würde der für den Vermögenswert entgegengenommene Preis auf den Kosten basieren, die einem als Marktteilnehmer auftretenden Käufer für den Erwerb oder die Herstellung eines Ersatzvermögenswerts vergleichbaren Nutzens entstünden, wobei eine Berichtigung für Veralterung vorgenommen wird. Dies liegt daran, dass ein als Marktteilnehmer auftretender Käufer für einen Vermögenswert nicht mehr als den Betrag zahlen würde, für den er die Dienstleistungskapazität des betreffenden Vermögenswerts ersetzen könnte. Veralterung beinhaltet physische Veralterung, funktionale (technologische) Veralterung und wirtschaftliche (externe) Veralterung. Sie ist weiter gefasst als die Abschreibung für Rechnungslegungszwecke (eine Verteilung historischer Kosten) oder steuerliche Zwecke (unter Verwendung festgelegter Nutzungsdauern). In vielen Fällen verwendet man zur Bemessung des beizulegenden Zeitwerts von materiellen Vermögenswerten, die in Verbindung mit anderen Vermögenswerten oder anderen Vermögenswerten und Schulden genutzt werden die Methode der aktuellen Wiederbeschaffungskosten.

Einkommensbasierter Ansatz

B10 Beim einkommensbasierten Ansatz werden die künftigen Beträge (z. B. Zahlungsströme oder Aufwendungen und Erträge) in einen einzigen aktuellen (d. h. abgezinsten) Betrag umgewandelt. Wird der einkommensbasierte Ansatz angewandt, spiegelt die Bemessung des beizulegenden Zeitwerts gegenwärtige Markterwartungen hinsichtlich dieser künftigen Beträge wider.

B11 Zu derartigen Bewertungstechniken gehören unter anderem:
(a) Barwerttechniken (siehe Paragraphen B12–B30);
(b) Optionspreismodelle wie die Black-Scholes-Merton-Formel oder ein binomisches Modell (d. h. ein Rastermodell), das Barwerttechniken umfasst und sowohl den Zeitwert als auch den inneren Wert einer Option widerspiegelt; und
(c) die Residualwertmethode, die zur Bemessung des beizulegenden Zeitwerts bestimmter immaterieller Vermögenswerte eingesetzt wird.

Barwerttechniken

B12 In den Paragraphen B13–B30 wird die Verwendung von Barwerttechniken zur Bemessung des beizulegenden Zeitwerts beschrieben. In diesen Paragraphen liegt der Schwerpunkt auf einer Technik zur Anpassung des Abzinsungssatzes und einer Technik der *erwarteten Zahlungsströme* (erwarteter Barwert). In diesen Paragraphen wird weder die Verwendung einer einzelnen, besonderen Barwerttechnik vorgeschrieben, noch wird die Verwendung von Barwerttechniken zur Bemessung des beizulegenden Zeitwerts auf die dort erörterten Techniken beschränkt. Welche Barwerttechnik zur Bemessung des beizulegenden Zeitwerts herangezogen wird, hängt von den jeweiligen, für den bewerteten Vermögenswert bzw. die bewertete Schuld spezifischen Sachverhalten und Umständen (z. B. ob im Markt Preise für vergleichbare Vermögenswerte oder Schulden beobachtbar sind) sowie der Verfügbarkeit ausreichender Daten ab.

Die Bestandteile einer Barwertbemessung

B13 Der Barwert (d. h. eine Anwendung des einkommensbasierten Ansatzes) ist ein Instrument, das dazu dient, unter Anwendung eines Abzinsungssatzes eine Verknüpfung zwischen künftigen Beträgen (z. B. Zahlungsströmen oder Werten) und einem gegenwärtigen Wert (Barwert) herzustellen. Bei einer Bemessung des beizulegenden Zeitwerts eines Vermögenswerts oder einer Schuld mit Hilfe einer Barwerttechnik werden aus dem Blickwinkel von Marktteilnehmern am Bemessungsstichtag alle unten genannten Elemente erfasst:
(a) eine Schätzung künftiger Zahlungsströme für den Vermögenswert oder die Schuld, der/die bewertet wird.
(b) Erwartungen über mögliche Veränderungen bei Höhe und Zeitpunkt der Zahlungsströme. Sie stellen die mit den Zahlungsströmen verbundene Unsicherheit dar.
(c) der Zeitwert des Geldes, dargestellt durch den Kurs risikofreier monetärer Vermögenswerte mit Fälligkeitsterminen oder Laufzeiten, die mit dem durch die Zahlungsströme abgedeckten Zeitraum zusammenfallen. Darüber hinaus stellen sie für den Besitzer weder Unsicherheiten hinsichtlich des Zeitpunkts noch Ausfallrisiken dar (d. h. es handelt sich um einen risikofreien Zinssatz).
(d) der Preis für die Übernahme der den Zahlungsströmen innewohnenden Unsicherheit (d. h. ein Risikoaufschlag).
(e) sonstige Faktoren, die Marktteilnehmer unter den entsprechenden Umständen berücksichtigen würden.
(f) bei einer Schuld das Risiko der Nichterfüllung bezüglich der betreffenden Schuld einschließlich des eigenen Kreditrisikos des Unternehmens (d. h. des Gläubigers).

Allgemeine Grundsätze

B14 Barwerttechniken unterscheiden sich in der Art der Erfassung der in Paragraph B13 genannten Elemente. Für die Anwendung jeder Barwerttechnik zur Bemessung des beizulegenden Zeitwerts gelten jedoch alle unten aufgeführten allgemeinen Grundsätze:

Cost approach

The cost approach reflects the amount that would be required currently to replace the service capacity of an asset (often **B8** referred to as current replacement cost).

From the perspective of a market participant seller, the price that would be received for the asset is based on the cost to a **B9** market participant buyer to acquire or construct a substitute asset of comparable utility, adjusted for obsolescence. That is because a market participant buyer would not pay more for an asset than the amount for which it could replace the service capacity of that asset. Obsolescence encompasses physical deterioration, functional (technological) obsolescence and economic (external) obsolescence and is broader than depreciation for financial reporting purposes (an allocation of historical cost) or tax purposes (using specified service lives). In many cases the current replacement cost method is used to measure the fair value of tangible assets that are used in combination with other assets or with other assets and liabilities.

Income approach

The income approach converts future amounts (e.g. cash flows or income and expenses) to a single current (i.e. dis- **B10** counted) amount. When the income approach is used, the fair value measurement reflects current market expectations about those future amounts.

Those valuation techniques include, for example, the following: **B11**
(a) present value techniques (see paragraphs B12—B30);
(b) option pricing models, such as the Black-Scholes-Merton formula or a binomial model (i.e. a lattice model), that incorporate present value techniques and reflect both the time value and the intrinsic value of an option; and
(c) the multi-period excess earnings method, which is used to measure the fair value of some intangible assets.

Present value techniques

Paragraphs B13—B30 describe the use of present value techniques to measure fair value. Those paragraphs focus on a **B12** discount rate adjustment technique and an *expected cash flow* (expected present value) technique. Those paragraphs neither prescribe the use of a single specific present value technique nor limit the use of present value techniques to measure fair value to the techniques discussed. The present value technique used to measure fair value will depend on facts and circumstances specific to the asset or liability being measured (e.g. whether prices for comparable assets or liabilities can be observed in the market) and the availability of sufficient data.

The components of a present value measurement

Present value (i.e. an application of the income approach) is a tool used to link future amounts (e.g. cash flows or values) **B13** to a present amount using a discount rate. A fair value measurement of an asset or a liability using a present value technique captures all the following elements from the perspective of market participants at the measurement date:
(a) an estimate of future cash flows for the asset or liability being measured.
(b) expectations about possible variations in the amount and timing of the cash flows representing the uncertainty inherent in the cash flows.
(c) the time value of money, represented by the rate on risk-free monetary assets that have maturity dates or durations that coincide with the period covered by the cash flows and pose neither uncertainty in timing nor risk of default to the holder (i.e. a risk-free interest rate).
(d) the price for bearing the uncertainty inherent in the cash flows (i.e. a risk premium).
(e) other factors that market participants would take into account in the circumstances.
(f) for a liability, the non-performance risk relating to that liability, including the entity's (i.e. the obligor's) own credit risk.

General principles

Present value techniques differ in how they capture the elements in paragraph B13. However, all the following general **B14** principles govern the application of any present value technique used to measure fair value:

(a) Zahlungsströme und Abzinsungssätze müssen die Annahmen widerspiegeln, auf die sich Marktteilnehmer bei der Preisbildung für den Vermögenswert oder die Schuld stützen würden.

(b) Für Zahlungsströme und Abzinsungssätze sind nur diejenigen Faktoren zu berücksichtigen, die dem bewerteten Vermögenswert oder der bewerteten Schuld zurechenbar sind.

(c) Zur Vermeidung von Doppelzählungen oder Auslassungen bei den Auswirkungen von Risikofaktoren müssen die Abzinsungssätze Annahmen widerspiegeln, die mit den Annahmen im Einklang stehen, die den Zahlungsströmen entsprechen. Ein Abzinsungssatz, der die Unsicherheit bei den Erwartungen hinsichtlich künftiger Ausfälle widerspiegelt, ist beispielsweise dann sachgerecht, wenn vertraglich festgelegte Zahlungsströme eines Darlehens verwendet werden (d. h. eine Technik zur Anpassung von Abzinsungssätzen). Dieser Satz darf jedoch nicht angewandt werden, wenn erwartete (d. h. wahrscheinlichkeitsgewichtete) Zahlungsströme verwendet werden (d. h. eine Technik des erwarteten Barwerts), denn in den erwarteten Zahlungsströmen spiegeln sich bereits Annahmen über die Unsicherheit bei künftigen Ausfällen wider. Stattdessen ist ein Abzinsungssatz anzuwenden, der im richtigen Verhältnis zu dem Risiko steht, das mit den erwarteten Zahlungsströmen verbunden ist.

(d) Annahmen über Zahlungsströme und Abzinsungssätze müssen intern zueinander passen. Beispielsweise müssen nominelle Zahlungsströme, in denen die Inflationswirkung enthalten ist, zu einem Satz abgezinst werden, in dem die Inflationswirkung ebenfalls eingeschlossen ist. Im nominellen, risikolosen Zinssatz ist die Inflationswirkung enthalten. Reale Zahlungsströme, in denen die Inflationswirkung nicht enthalten ist, müssen zu einem Satz abgezinst werden, der die Inflationswirkung ebenfalls ausschließt. Gleicherweise sind Zahlungsströme nach Steuern mit einem Abzinsungssatz nach Steuern abzuzinsen. Zahlungsströme vor Steuern wiederum sind zu einem Satz abzuzinsen, der mit diesen Zahlungsströmen im Einklang steht.

(e) Abzinsungssätze müssen mit den Wirtschaftsfaktoren im Einklang stehen, die der Währung der Zahlungsströme zugrunde liegen.

Risiko und Unsicherheit

B15 Eine Bemessung des beizulegenden Zeitwerts, bei der Barwerttechniken zum Einsatz kommen, erfolgt unter unsicheren Bedingungen, weil es sich bei den eingesetzten Zahlungsströmen um Schätzungen und nicht um bekannte Beträge handelt. Häufig sind sowohl die Höhe als auch der Zeitpunkt der Zahlungsströme unsicher. Sogar vertraglich festgelegte Beträge wie die auf ein Darlehen geleisteten Zahlungen sind unsicher, wenn ein Ausfallrisiko besteht.

B16 Marktteilnehmer verlangen allgemein einen Ausgleich (d. h. einen Risikoaufschlag) dafür, dass sie die mit den Zahlungsströmen eines Vermögenswerts oder einer Schuld verbundene Ungewissheit tragen. Eine Bemessung des beizulegenden Zeitwerts muss einen Risikoaufschlag enthalten, in dem sich der Betrag widerspiegelt, den Marktteilnehmer als Ausgleich für die mit den Zahlungsströmen verbundene Unsicherheit verlangen würden. Andernfalls würde die Bemessung den beizulegenden Zeitwert nicht getreu wiedergeben. Mitunter kann die Bestimmung des sachgerechten Risikoaufschlags schwierig sein. Der Schwierigkeitsgrad allein ist jedoch kein hinreichender Grund, einen Risikoaufschlag auszuschließen.

B17 Barwerttechniken unterscheiden sich hinsichtlich der Art der Risikoberichtigung und der Art der zugrunde gelegten Zahlungsströme. Zum Beispiel:

(a) Die Technik zur Anpassung von Abzinsungssätzen (siehe Paragraphen B18–B22) arbeitet mit einem risikoberichtigten Abzinsungssatz und vertraglichen, zugesagten oder wahrscheinlichsten Zahlungsströmen.

(b) Methode 1 der Technik des erwarteten Barwerts (siehe Paragraph B25) arbeitet mit risikoberichtigten erwarteten Zahlungsströmen und einem risikolosen Zinssatz.

(c) Methode 2 der Technik des erwarteten Barwerts (siehe Paragraph B26) arbeitet mit erwarteten Zahlungsströmen, die nicht risikoberichtigt sind, sowie einem Abzinsungssatz, der in der Weise angepasst wird, dass der von Marktteilnehmern verlangte Risikoaufschlag enthalten ist. Dieser Satz ist ein anderer als der, der in der Technik zur Anpassung von Abzinsungssätzen zugrunde gelegt wird.

Technik zur Anpassung von Abzinsungssätzen

B18 Die Technik zur Anpassung von Abzinsungssätzen stützt sich auf einen einzigen Satz an Zahlungsströmen aus der Bandbreite möglicher Beträge, unabhängig davon, ob es sich um vertragliche, zugesagte (wie dies bei Schuldverschreibungen der Fall ist) oder höchstwahrscheinlich eintretende Zahlungsströme handelt. In jedem dieser Fälle unterliegen diese Zahlungsströme dem Vorbehalt, dass bestimmte festgelegte Ereignisse eintreten (z. B. stehen vertragliche oder zugesagte Zahlungsströme im Zusammenhang mit einer Schuldverschreibung unter dem Vorbehalt, dass kein Verzug seitens des Schuldners eintritt). Der für die Technik zur Anpassung von Abzinsungssätzen eingesetzte Abzinsungssatz wird aus den beobachteten Verzinsungen vergleichbarer, im Markt gehandelter Vermögenswerte oder Schulden abgeleitet. Dementsprechend werden die vertraglichen, zugesagten oder wahrscheinlichsten Zahlungsströme in Höhe eines beobachteten oder geschätzten Marktzinssatzes für derartige, unter Vorbehalt stehende Zahlungsströme abgezinst (d. h. einer Marktverzinsung).

B19 Die Technik zur Anpassung von Abzinsungssätzen erfordert eine Analyse der für vergleichbare Vermögenswerte oder Schulden verfügbaren Marktdaten. Vergleichbarkeit wird anhand der Beschaffenheit der Zahlungsströme (z. B. anhand dessen, ob die Zahlungsströme vertraglich oder nicht vertraglich sind und ob bei ihnen die Wahrscheinlichkeit einer ähnlichen Reaktion auf Veränderungen in den wirtschaftlichen Bedingungen besteht) sowie anhand anderer Faktoren festgestellt (z. B. Bonität, Sicherheiten, Laufzeit, Nutzungsbeschränkungen und Liquidität). Alternativ ist es in Fällen, in

(a) Cash flows and discount rates should reflect assumptions that market participants would use when pricing the asset or liability.

(b) Cash flows and discount rates should take into account only the factors attributable to the asset or liability being measured.

(c) To avoid double-counting or omitting the effects of risk factors, discount rates should reflect assumptions that are consistent with those inherent in the cash flows. For example, a discount rate that reflects the uncertainty in expectations about future defaults is appropriate if using contractual cash flows of a loan (i.e. a discount rate adjustment technique). That same rate should not be used if using expected (i.e. probability-weighted) cash flows (i.e. an expected present value technique) because the expected cash flows already reflect assumptions about the uncertainty in future defaults; instead, a discount rate that is commensurate with the risk inherent in the expected cash flows should be used.

(d) Assumptions about cash flows and discount rates should be internally consistent. For example, nominal cash flows, which include the effect of inflation, should be discounted at a rate that includes the effect of inflation. The nominal risk-free interest rate includes the effect of inflation. Real cash flows, which exclude the effect of inflation, should be discounted at a rate that excludes the effect of inflation. Similarly, after-tax cash flows should be discounted using an after-tax discount rate. Pre-tax cash flows should be discounted at a rate consistent with those cash flows.

(e) Discount rates should be consistent with the underlying economic factors of the currency in which the cash flows are denominated.

Risk and uncertainty

A fair value measurement using present value techniques is made under conditions of uncertainty because the cash flows **B15** used are estimates rather than known amounts. In many cases both the amount and timing of the cash flows are uncertain. Even contractually fixed amounts, such as the payments on a loan, are uncertain if there is risk of default.

Market participants generally seek compensation (i.e. a risk premium) for bearing the uncertainty inherent in the cash **B16** flows of an asset or a liability. A fair value measurement should include a risk premium reflecting the amount that market participants would demand as compensation for the uncertainty inherent in the cash flows. Otherwise, the measurement would not faithfully represent fair value. In some cases determining the appropriate risk premium might be difficult. However, the degree of difficulty alone is not a sufficient reason to exclude a risk premium.

Present value techniques differ in how they adjust for risk and in the type of cash flows they use. For example: **B17**

(a) The discount rate adjustment technique (see paragraphs B18—B22) uses a risk-adjusted discount rate and contractual, promised or most likely cash flows.

(b) Method 1 of the expected present value technique (see paragraph B25) uses risk-adjusted expected cash flows and a risk-free rate.

(c) Method 2 of the expected present value technique (see paragraph B26) uses expected cash flows that are not risk-adjusted and a discount rate adjusted to include the risk premium that market participants require. That rate is different from the rate used in the discount rate adjustment technique.

Discount rate adjustment technique

The discount rate adjustment technique uses a single set of cash flows from the range of possible estimated amounts, **B18** whether contractual or promised (as is the case for a bond) or most likely cash flows. In all cases, those cash flows are conditional upon the occurrence of specified events (e.g. contractual or promised cash flows for a bond are conditional on the event of no default by the debtor). The discount rate used in the discount rate adjustment technique is derived from observed rates of return for comparable assets or liabilities that are traded in the market. Accordingly, the contractual, promised or most likely cash flows are discounted at an observed or estimated market rate for such conditional cash flows (i.e. a market rate of return).

The discount rate adjustment technique requires an analysis of market data for comparable assets or liabilities. Compar- **B19** ability is established by considering the nature of the cash flows (e.g. whether the cash flows are contractual or non-contractual and are likely to respond similarly to changes in economic conditions), as well as other factors (e.g. credit standing, collateral, duration, restrictive covenants and liquidity). Alternatively, if a single comparable asset or liability does not fairly reflect the risk inherent in the cash flows of the asset or liability being measured, it may be possible to derive a

denen ein einzelner vergleichbarer Vermögenswert oder eine einzelne vergleichbare Schuld das Risiko, das den Zahlungsströmen des zur Bewertung anstehenden Vermögenswerts bzw. der Schuld anhaftet, nicht angemessen wiedergibt auch möglich, aus Daten für mehrere vergleichbare Vermögenswerte oder Schulden in Verbindung mit der risikolosen Renditekurve einen Abzinsungssatz abzuleiten (d. h. mit Hilfe einer „Aufbaumethode").

B20   Nehmen wir zur Veranschaulichung einer Aufbaumethode an, dass Vermögenswert A ein vertragliches Recht auf den Empfang von 800 WE[1] in einem Jahr ist (d. h. es besteht keine Unsicherheit bezüglich des Zeitpunkts). Es besteht ein etablierter Markt für vergleichbare Vermögenswerte und Informationen über diese Vermögenswerte, einschließlich Informationen über Preise, sind verfügbar. Bei diesen vergleichbaren Vermögenswerten

(a)   ist Vermögenswert B ein vertragliches Recht auf den Empfang von 1,200 WE im Jahr bei einem Marktpreis von 1.083 WE. Die implizite Jahresverzinsung (d. h. die Marktverzinsung für ein Jahr) beträgt also 10,8 % [(WE 1,200 / WE 1,083) – 1]

(b)   ist Vermögenswert C ein vertragliches Recht auf den Empfang von 700 WE in zwei Jahren bei einem Marktpreis von 566 WE. Die implizite Jahresverzinsung (d. h. die Marktverzinsung für zwei Jahre) beträgt also 11,2 % [(WE 700 / WE 566)^0,5 – 1].

(c)   Alle drei Vermögenswerte sind im Hinblick auf das Risiko (d. h. die Streuung möglicher Ergebnisse und Gutschriften) vergleichbar.

B21   Betrachtet man die Terminierung der vertraglichen Zahlungen, die für Vermögenswert A eingenommen werden sollen, mit der Terminierung für Vermögenswert B und Vermögenswert C (d. h. ein Jahr für Vermögenswert B gegenüber zwei Jahren für Vermögenswert C), ist Vermögenswert B besser mit Vermögenswert A vergleichbar. Legt man die für Vermögenswert A einzunehmende vertragliche Zahlung (800 WE) und den aus Vermögenswert B abgeleiteten Marktzinssatz für ein Jahr (10,8 %) zugrunde, dann beträgt der beizulegende Zeitwert für Vermögenswert A 722 WE (800 WE / 1,108 WE). Liegen für Vermögenswert B keine Marktinformationen vor, könnte man alternativ den Marktzinssatz für ein Jahr mit Hilfe der Aufbaumethode aus Vermögenswert C ableiten. In diesem Fall würde man den bei Vermögenswert C angegebenen Marktzinssatz für zwei Jahre (11,2 %) anhand der Zinsstruktur der risikolosen Renditenkurve in einem Marktzinssatz für ein Jahr anpassen. Um festzustellen, ob die Risikoaufschläge für einjährige und zweijährige Vermögenswerte gleich sind, könnten zusätzliche Informationen und Analysen erforderlich sein. Falls man feststellt, dass die Risikoaufschläge für einjährige und zweijährige Vermögenswerte nicht gleich sind, würde man die zweijährige Marktverzinsung noch um diesen Effekt berichtigen.

B22   Wendet man die Technik zur Anpassung von Abzinsungssätzen bei festen Einnahmen oder Zahlungen an, wird die Berichtigung um das Risiko, das mit den Zahlungsströmen des zur Bewertung anstehenden Vermögenswerts bzw. der zur Bewertung anstehenden Schuld verbunden ist, in den Abzinsungssatz aufgenommen. Mitunter kann bei der Anwendung der Technik zur Anpassung von Abzinsungssätzen auf Zahlungsströme, bei denen es sich nicht um feste Einnahmen oder Zahlungen handelt, eine Berichtigung an den Zahlungsströmen notwendig sein, um Vergleichbarkeit mit dem beobachteten Vermögenswert oder der beobachteten Schuld, aus dem bzw. der sich der Abzinsungssatz herleitet, herzustellen.

Technik des erwarteten Barwerts

B23   Ausgangspunkt der Technik des erwarteten Barwerts bildet ein Satz von Zahlungsströmen, der den wahrscheinlichkeitsgewichteten Durchschnitt aller möglichen künftigen Zahlungsströme (d. h. der erwarteten Zahlungsströme) darstellt. Die daraus entstehende Schätzung ist mit dem erwarteten Wert identisch, der statistisch gesehen der gewichtete Durchschnitt möglicher Werte einer diskreten Zufallsvariablen ist, wobei die jeweiligen Wahrscheinlichkeiten die Gewichte bilden. Da alle möglicherweise eintretenden Zahlungsströme wahrscheinlichkeitsgewichtet sind, unterliegt der daraus entstehende erwartete Zahlungsstrom nicht dem Vorbehalt, dass ein festgelegtes Ereignis eintritt (im Gegensatz zu den Zahlungsströmen, die bei der Technik zur Anpassung von Abzinsungssätzen zugrunde gelegt werden).

B24   Bei Anlageentscheidungen würden risikoscheue Marktteilnehmer das Risiko berücksichtigen, dass die tatsächlichen Zahlungsströme von den erwarteten Zahlungsströmen abweichen könnten. Die Portfolio-Theorie unterscheidet zwischen zwei Risikotypen:

(a)   nicht systematischen (streuungsfähigen) Risiken. Hierbei handelt es sich um Risiken, die für einen bestimmten Vermögenswert oder eine bestimmte Schuld spezifisch sind.

(b)   systematischen (nicht streuungsfähigen) Risiken. Hierbei handelt es sich um das gemeinsame Risiko, dem ein Vermögenswert oder eine Schuld in einem gestreuten Portfolio gemeinsam mit den anderen Positionen unterliegt.

In der Portfolio-Theorie wird die Ansicht vertreten, dass in einem im Gleichgewicht befindlichen Markt die Marktteilnehmer nur dafür, dass sie das systematische, den Zahlungsströmen innewohnende Risiko tragen, einen Ausgleich erhalten. (In ineffizienten oder aus dem Gleichgewicht geratenen Märkten können andere Formen der Rendite oder des Ausgleichs zur Verfügung stehen.)

B25   Methode 1 der Technik des erwarteten Barwerts berichtigt die erwarteten Zahlungsströme eines Vermögenswerts für das systematische Risiko (d. h. das Marktrisiko) mittels Abzug eines Risikoaufschlags für Barmittel (d. h. risikoberichtigte erwartete Zahlungsströme). Diese risikoberichtigten Zahlungsströme stellen einen sicherheitsäquivalenten Zahlungsstrom

---

1   In diesem IFRS werden Geldbeträge in „Währungseinheiten, WE" ausgedrückt.

discount rate using data for several comparable assets or liabilities in conjunction with the risk-free yield curve (i.e. using a 'build-up' approach).

B20 To illustrate a build-up approach, assume that Asset A is a contractual right to receive CU800[1] in one year (i.e. there is no timing uncertainty). There is an established market for comparable assets, and information about those assets, including price information, is available. Of those comparable assets:

(a) Asset B is a contractual right to receive CU1,200 in one year and has a market price of CU1,083. Thus, the implied annual rate of return (i.e. a one-year market rate of return) is 10,8 per cent [(CU1,200/CU1,083) — 1].

(b) Asset C is a contractual right to receive CU700 in two years and has a market price of CU566. Thus, the implied annual rate of return (i.e. a two-year market rate of return) is 11,2 per cent [(CU700/CU566)^0,5 — 1].

(c) All three assets are comparable with respect to risk (i.e. dispersion of possible pay-offs and credit).

B21 On the basis of the timing of the contractual payments to be received for Asset A relative to the timing for Asset B and Asset C (i.e. one year for Asset B versus two years for Asset C), Asset B is deemed more comparable to Asset A. Using the contractual payment to be received for Asset A (CU800) and the one-year market rate derived from Asset B (10,8 per cent), the fair value of Asset A is CU722 (CU800/1,108). Alternatively, in the absence of available market information for Asset B, the one-year market rate could be derived from Asset C using the build-up approach. In that case the two-year market rate indicated by Asset C (11,2 per cent) would be adjusted to a one-year market rate using the term structure of the risk-free yield curve. Additional information and analysis might be required to determine whether the risk premiums for one-year and two-year assets are the same. If it is determined that the risk premiums for one-year and two-year assets are not the same, the two-year market rate of return would be further adjusted for that effect.

B22 When the discount rate adjustment technique is applied to fixed receipts or payments, the adjustment for risk inherent in the cash flows of the asset or liability being measured is included in the discount rate. In some applications of the discount rate adjustment technique to cash flows that are not fixed receipts or payments, an adjustment to the cash flows may be necessary to achieve comparability with the observed asset or liability from which the discount rate is derived.

Expected present value technique

B23 The expected present value technique uses as a starting point a set of cash flows that represents the probability-weighted average of all possible future cash flows (i.e. the expected cash flows). The resulting estimate is identical to expected value, which, in statistical terms, is the weighted average of a discrete random variable's possible values with the respective probabilities as the weights. Because all possible cash flows are probability-weighted, the resulting expected cash flow is not conditional upon the occurrence of any specified event (unlike the cash flows used in the discount rate adjustment technique).

B24 In making an investment decision, risk-averse market participants would take into account the risk that the actual cash flows may differ from the expected cash flows. Portfolio theory distinguishes between two types of risk:

(a) unsystematic (diversifiable) risk, which is the risk specific to a particular asset or liability.

(b) systematic (non-diversifiable) risk, which is the common risk shared by an asset or a liability with the other items in a diversified portfolio.

Portfolio theory holds that in a market in equilibrium, market participants will be compensated only for bearing the systematic risk inherent in the cash flows. (In markets that are inefficient or out of equilibrium, other forms of return or compensation might be available.)

B25 Method 1 of the expected present value technique adjusts the expected cash flows of an asset for systematic (i.e. market) risk by subtracting a cash risk premium (i.e. risk-adjusted expected cash flows). Those risk-adjusted expected cash flows represent a certainty-equivalent cash flow, which is discounted at a risk-free interest rate. A certainty-equivalent cash flow

---

1 In this IFRS monetary amounts are denominated in 'currency units (CU)'.

dar, der mit einem risikolosen Zinssatz abgezinst wird. Ein sicherheitsäquivalenter Zahlungsstrom bezieht sich auf einen erwarteten Zahlungsstrom (gemäß Definition), der risikoberichtigt wird, so dass ein Marktteilnehmer kein Interesse daran hat, einen sicheren Zahlungsstrom gegen einen erwarteten Zahlungsstrom einzutauschen. Wäre ein Marktteilnehmer beispielsweise bereit, einen erwarteten Zahlungsstrom von 1,200 WE gegen einen sicheren Zahlungsstrom von 1,000 WE einzutauschen, sind die 1,000 WE das Sicherheitsäquivalent für die 1,200 WE (d. h. die 200 WE würden den Risikoaufschlag für Barmittel darstellen). In diesem Fall wäre der Marktteilnehmer dem gehaltenen Vermögenswert gegenüber gleichgültig.

B26 Im Gegensatz dazu erfolgt bei Methode 2 der Technik des erwarteten Barwerts eine Berichtigung um systematische Risiken (d. h. Marktrisiken), indem auf den risikolosen Zinssatz ein Risikoaufschlag angewandt wird. Dementsprechend werden die erwarteten Zahlungsströme in Höhe eines Satzes abgezinst, der einem erwarteten, mit wahrscheinlichkeitsgewichteten Zahlungsströmen verknüpften Satz entspricht (d h. einer erwarteten Verzinsung). Zur Schätzung der erwarteten Verzinsung können Modelle zur Preisbildung für riskante Vermögenswerte eingesetzt werden, beispielsweise das Kapitalgutpreismodell (Capital Asset Pricing Model). Da der in der Technik zur Anpassung von Abzinsungssätzen eingesetzte Abzinsungssatz eine Verzinsung darstellt, die sich auf bedingte Zahlungsströme bezieht, ist er wahrscheinlich höher als der Abzinsungssatz, der in Methode 2 der Technik des erwarteten Barwerts verwendet wird. Bei diesem Abzinsungssatz handelt es sich um eine erwartete Verzinsung in Bezug auf erwartete oder wahrscheinlichkeitsgewichtete Zahlungsströme.

B27 Nehmen wir zur Veranschaulichung der Methoden 1 und 2 an, dass für einen Vermögenswert in einem Jahr Zahlungsströme von 780 WE erwartet werden. Diese wurden unter Zugrundelegung der unten dargestellten möglichen Zahlungsströme und Wahrscheinlichkeiten ermittelt. Der anwendbare risikolose Zinssatz für Zahlungsströme mit einem Zeithorizont von einem Jahr beträgt 5 %. Der systematische Risikoaufschlag für einen Vermögenswert mit dem gleichen Risikoprofil beträgt 3 %.

Mögliche Zahlungsströme	Wahrscheinlichkeit	Wahrscheinlichkeitsgewichtete Zahlungsströme
500 WE	15 %	75 WE
800 WE	60 %	480 WE
900 WE	25 %	225 WE
Erwartete Zahlungsströme		780 WE

B28 In dieser einfachen Darstellung stehen die erwarteten Zahlungsströme (780 WE) für den wahrscheinlichkeitsgewichteten Durchschnitt der drei möglichen Verläufe. In realistischeren Situationen sind zahlreiche Verläufe möglich. Zur Anwendung der Technik des erwarteten Barwerts müssen nicht immer alle Verteilungen aller möglichen Zahlungsströme berücksichtigt werden; auch der Einsatz komplexer Modelle und Techniken ist hierbei nicht immer erforderlich. Stattdessen könnte es möglich sein, eine begrenze Anzahl eigenständiger Szenarien und Wahrscheinlichkeiten zu entwickeln, mit denen die Palette möglicher Zahlungsströme erfasst wird. Ein Unternehmen könnte beispielsweise in einer maßgeblichen früheren Periode realisierte Zahlungsströme verwenden, die es um anschließend eingetretene Veränderungen in den äußeren Umständen berichtigt. (z. B. Änderungen bei äußeren Faktoren wie Konjunktur- oder Marktbedingungen, Branchentrends, Trends im Wettbewerb sowie auch Änderungen bei inneren Faktoren, die spezifischere Auswirkungen auf das Unternehmen haben). Dabei werden auch die Annahmen von Marktteilnehmern berücksichtigt.

B29 Theoretisch ist der Barwert (d. h. der beizulegende Zeitwert) der Zahlungsströme eines Vermögenswerts sowohl bei einer Bestimmung nach Methode 1 als auch bei einer Bestimmung nach Methode 2 der gleiche. Dabei gilt:
(a) Bei Anwendung von Methode 1 werden die erwarteten Zahlungsströme um systematische Risiken (d. h. Marktrisiken) berichtigt. Liegen solche Marktdaten vor, an denen sich unmittelbar die Höhe der Risikoberichtigung ablesen lässt, könnte eine solche Berichtigung aus einem Kapitalgutpreismodell abgeleitet werden. Hierbei würde das Konzept der Sicherheitsäquivalente zum Einsatz kommen. Die Risikoberichtigung (d. h. der Risikoaufschlag von 22 WE für Barmittel) könnte beispielsweise anhand des Aufschlags für systematische Risiken in Höhe von 3 % bestimmt werden (780 WE – [780 WE × (1,05/1,08)]), aus dem sich die risikoberichtigten erwarteten Zahlungsströme von 758 WE (780 WE – 22 WE) ergeben. Die 758 WE sind das Sicherheitsäquivalent für 780 WE und werden zum risikolosen Zinssatz (5 %) abgezinst. Der Barwert (d. h. der beizulegende Zeitwert) des Vermögenswerts beträgt 722 WE (758 WE/1,05).
(b) Bei Anwendung von Methode 2 werden die erwarteten Zahlungsströme nicht um systematische Risiken (d. h. Marktrisiken) berichtigt. Stattdessen wird die Berichtigung um dieses Risiko in den Abzinsungssatz aufgenommen. Die erwarteten Zahlungsströme werden folglich mit einer erwarteten Verzinsung von 8 % (d. h. 5 % risikoloser Zinssatz zuzüglich 3 % Aufschlag für das systematische Risiko) abgezinst. Der Barwert (d. h. der beizulegende Zeitwert) des Vermögenswerts beträgt 722 WE (780 WE/1,08).

B30 Wird zur Bemessung des beizulegenden Zeitwerts eine Technik des erwarteten Barwerts angewandt, kann dies entweder nach Methode 1 oder nach Methode 2 erfolgen. Ob Methode 1 oder Methode 2 gewählt wird, hängt von den jeweiligen, für den bewerteten Vermögenswert bzw. die bewertete Schuld spezifischen Sachverhalten und Umständen ab. Weitere Auswahlkriterien sind der Umfang, in dem hinreichende Daten verfügbar sind und die jeweilige Ermessensausübung.

refers to an expected cash flow (as defined), adjusted for risk so that a market participant is indifferent to trading a certain cash flow for an expected cash flow. For example, if a market participant was willing to trade an expected cash flow of CU1,200 for a certain cash flow of CU1,000, the CU1,000 is the certainty equivalent of the CU1,200 (i.e. the CU200 would represent the cash risk premium). In that case the market participant would be indifferent as to the asset held.

In contrast, Method 2 of the expected present value technique adjusts for systematic (i.e. market) risk by applying a risk **B26** premium to the risk-free interest rate. Accordingly, the expected cash flows are discounted at a rate that corresponds to an expected rate associated with probability-weighted cash flows (i.e. an expected rate of return). Models used for pricing risky assets, such as the capital asset pricing model, can be used to estimate the expected rate of return. Because the discount rate used in the discount rate adjustment technique is a rate of return relating to conditional cash flows, it is likely to be higher than the discount rate used in Method 2 of the expected present value technique, which is an expected rate of return relating to expected or probability-weighted cash flows.

To illustrate Methods 1 and 2, assume that an asset has expected cash flows of CU780 in one year determined on the basis **B27** of the possible cash flows and probabilities shown below. The applicable risk-free interest rate for cash flows with a one-year horizon is 5 per cent, and the systematic risk premium for an asset with the same risk profile is 3 per cent.

Possible cash flows	Probability	Probability-weighted cash flows
CU500	15 %	CU75
CU800	60 %	CU480
CU900	25 %	CU225
Expected cash flows		CU780

In this simple illustration, the expected cash flows (CU780) represent the probability-weighted average of the three possi- **B28** ble outcomes. In more realistic situations, there could be many possible outcomes. However, to apply the expected present value technique, it is not always necessary to take into account distributions of all possible cash flows using complex models and techniques. Rather, it might be possible to develop a limited number of discrete scenarios and probabilities that capture the array of possible cash flows. For example, an entity might use realised cash flows for some relevant past period, adjusted for changes in circumstances occurring subsequently (e.g. changes in external factors, including economic or market conditions, industry trends and competition as well as changes in internal factors affecting the entity more specifically), taking into account the assumptions of market participants.

In theory, the present value (i.e. the fair value) of the asset's cash flows is the same whether determined using Method 1 or **B29** Method 2, as follows:

(a) Using Method 1, the expected cash flows are adjusted for systematic (i.e. market) risk. In the absence of market data directly indicating the amount of the risk adjustment, such adjustment could be derived from an asset pricing model using the concept of certainty equivalents. For example, the risk adjustment (i.e. the cash risk premium of CU22) could be determined using the systematic risk premium of 3 per cent (CU780 — [CU780 × (1,05/1,08)]), which results in risk-adjusted expected cash flows of CU758 (CU780 — CU22). The CU758 is the certainty equivalent of CU780 and is discounted at the risk-free interest rate (5 per cent). The present value (i.e. the fair value) of the asset is CU722 (CU758/1,05).

(b) Using Method 2, the expected cash flows are not adjusted for systematic (i.e. market) risk. Rather, the adjustment for that risk is included in the discount rate. Thus, the expected cash flows are discounted at an expected rate of return of 8 per cent (i.e. the 5 per cent risk-free interest rate plus the 3 per cent systematic risk premium). The present value (i.e. the fair value) of the asset is CU722 (CU780/1,08).

When using an expected present value technique to measure fair value, either Method 1 or Method 2 could be used. The **B30** selection of Method 1 or Method 2 will depend on facts and circumstances specific to the asset or liability being measured, the extent to which sufficient data are available and the judgements applied.

ANWENDUNG VON BARWERTTECHNIKEN AUF SCHULDEN UND EIGENE EIGENKAPITALINSTRUMENTE, DIE NICHT VON DRITTEN ALS VERMÖGENSWERTE GEHALTEN WERDEN (PARAGRAPHEN 40 UND 41)

B31 Wendet ein Unternehmen für die Bemessung des beizulegenden Zeitwerts einer Schuld, die nicht von einem Dritten als Vermögenswert gehalten wird (z. B. einer Entsorgungsverbindlichkeit) eine Barwerttechnik an, hat es unter anderem die künftigen Mittelabflüsse zu schätzen, von denen Marktteilnehmer erwarten würden, dass sie bei der Erfüllung der Verpflichtung entstehen. Solche künftigen Mittelabflüsse müssen die Erwartungen der Marktteilnehmer hinsichtlich der Kosten für die Erfüllung der Verpflichtung und den Ausgleich, den ein Marktteilnehmer für die Übernahme der Verpflichtung verlangen würde, abdecken. Ein solcher Ausgleich umfasst auch die Rendite, die ein Marktteilnehmer für Folgendes verlangen würde:

(a) Übernahme der Tätigkeit (d. h. den Wert, den die Erfüllung der Verpflichtung hat, z. B. aufgrund der Verwendung von Ressourcen, die für andere Tätigkeiten eingesetzt werden können); und

(b) Übernahme des mit der Verpflichtung einhergehenden Risikos (d. h. ein *Risikoaufschlag*, der das Risiko widerspiegelt, dass die tatsächlichen Mittelabflüsse von den erwarteten Mittelabflüssen abweichen könnten; siehe Paragraph B33).

B32 Nehmen wir als Beispiel an, dass eine nicht finanzielle Verbindlichkeit keine vertragliche Rendite enthält und dass es für die betreffende Schuld auch keinen im Markt beobachtbaren Ertrag gibt. In manchen Fällen werden sich die Bestandteile der von Marktteilnehmern verlangten Rendite nicht voneinander unterscheiden lassen (z. B. wenn der Preis verwendet wird, den ein fremder Auftragnehmer auf der Grundlage eines festen Entgelts in Rechnung stellen würde). In anderen Fällen muss ein Unternehmen die Bestandteile getrennt veranschlagen (z. B. wenn es den Preis zugrunde legt, den ein fremder Auftragnehmer auf Cost Plus Basis (Kostenaufschlagsbasis) in Rechnung stellen würde, weil er in diesem Fall das Risiko künftiger Kostenänderungen nicht tragen würde).

B33 Ein Unternehmen kann in die Bemessung des beizulegenden Zeitwerts einer Schuld oder eines eigenen Eigenkapitalinstruments, die bzw. das nicht von einem Dritten als Vermögenswert gehalten wird, wie folgt einen Risikoaufschlag einbeziehen:

(a) mittels Berichtigung der Zahlungsströme (d. h. als Erhöhung des Betrags der Mittelabflüsse); oder

(b) mittels Berichtigung des Satzes, der für die Abzinsung künftiger Zahlungsströme auf ihre Barwerte verwendet wird (d. h. als Senkung des Abzinsungssatzes).

Unternehmen müssen sicherstellen, dass sie Risikoberichtigungen nicht doppelt zählen oder auslassen. Werden die geschätzten Zahlungsströme z. B. erhöht, damit der Ausgleich für die Übernahme des mit der Verpflichtung einhergehenden Risikos berücksichtigt wird, darf der Abzinsungssatz nicht auch noch um dieses Risiko angepasst werden.

INPUTFAKTOREN FÜR BEWERTUNGSTECHNIKEN (PARAGRAPHEN 67–71)

B34 Märkte, in denen für bestimmte Vermögenswerte und Schulden (z. B. Finanzinstrumente) Inputfaktoren beobachtet werden können, sind beispielsweise:

(a) *Börsen.* In einer Börse sind Schlusskurse einerseits leicht verfügbar und andererseits allgemein repräsentativ für den beizulegenden Zeitwert. Ein Beispiel für einen solchen Markt ist der London Stock Exchange.

(b) *Händlermärkte.* In einem Händlermarkt stehen Händler zum Kauf und Verkauf auf eigene Rechnung bereit. Sie setzen ihr Kapital ein, um einen Bestand der Werte zu halten, für die sie einen Markt bilden, und stellen somit Liquidität zur Verfügung. Üblicherweise sind Geld- und Briefkurse (die den Preis darstellen, zu dem der Händler zum Kauf bzw. Verkauf bereit ist) leichter verfügbar als Schlusskurse. Außerbörsliche Märkte – „Over-the-Counter" – (für die Preise öffentlich gemeldet werden) sind Händlermärkte. Händlermärkte gibt es auch für eine Reihe anderer Vermögenswerte und Schulden, u. a. bestimmte Finanzinstrumente, Waren und Sachvermögenswerte (z. B. gebrauchte Maschinen).

(c) *Brokermärkte.* In einem Brokermarkt versuchen Broker, bzw. Makler, Käufer mit Verkäufern zusammenzubringen. Sie stehen aber nicht zum Handel auf eigene Rechnung bereit. Mit anderen Worten, Makler verwenden kein eigenes Kapital, um einen Bestand der Werte zu halten, für die sie einen Markt bilden. Der Makler kennt die von den jeweiligen Parteien angebotenen und verlangten Preise, aber normalerweise kennt keine Partei die Preisforderungen der jeweils anderen Partei. Mitunter sind Preise für abgeschlossene Geschäftsvorfälle verfügbar. Brokermärkte sind u. a. elektronische Kommunikationsnetze, in denen Kauf- und Verkaufsaufträge zusammengebracht werden, sowie Märkte für Gewerbe- und Wohnimmobilien.

(d) *Direktmärkte.* In einem Direktmarkt werden sowohl Ausreichungs- als auch Wiederverkaufstransaktionen unabhängig und ohne Mittler ausgehandelt. Über Geschäftsvorfälle dieser Art werden der Öffentlichkeit eventuell nur wenige Informationen zur Verfügung gestellt.

APPLYING PRESENT VALUE TECHNIQUES TO LIABILITIES AND AN ENTITY'S OWN EQUITY INSTRUMENTS NOT HELD BY OTHER PARTIES AS ASSETS (PARAGRAPHS 40 AND 41)

B31 When using a present value technique to measure the fair value of a liability that is not held by another party as an asset (e.g. a decommissioning liability), an entity shall, among other things, estimate the future cash outflows that market participants would expect to incur in fulfilling the obligation. Those future cash outflows shall include market participants' expectations about the costs of fulfilling the obligation and the compensation that a market participant would require for taking on the obligation. Such compensation includes the return that a market participant would require for the following:

(a) undertaking the activity (i.e. the value of fulfilling the obligation; e.g. by using resources that could be used for other activities); and

(b) assuming the risk associated with the obligation (i.e. a *risk premium* that reflects the risk that the actual cash outflows might differ from the expected cash outflows; see paragraph B33).

B32 For example, a non-financial liability does not contain a contractual rate of return and there is no observable market yield for that liability. In some cases the components of the return that market participants would require will be indistinguishable from one another (e.g. when using the price a third party contractor would charge on a fixed fee basis). In other cases an entity needs to estimate those components separately (e.g. when using the price a third party contractor would charge on a cost plus basis because the contractor in that case would not bear the risk of future changes in costs).

B33 An entity can include a risk premium in the fair value measurement of a liability or an entity's own equity instrument that is not held by another party as an asset in one of the following ways:

(a) by adjusting the cash flows (i.e. as an increase in the amount of cash outflows); or

(b) by adjusting the rate used to discount the future cash flows to their present values (i.e. as a reduction in the discount rate).

An entity shall ensure that it does not double-count or omit adjustments for risk. For example, if the estimated cash flows are increased to take into account the compensation for assuming the risk associated with the obligation, the discount rate should not be adjusted to reflect that risk.

INPUTS TO VALUATION TECHNIQUES (PARAGRAPHS 67—71)

B34 Examples of markets in which inputs might be observable for some assets and liabilities (e.g. financial instruments) include the following:

(a) *Exchange markets.* In an exchange market, closing prices are both readily available and generally representative of fair value. An example of such a market is the London Stock Exchange.

(b) *Dealer markets.* In a dealer market, dealers stand ready to trade (either buy or sell for their own account), thereby providing liquidity by using their capital to hold an inventory of the items for which they make a market. Typically bid and ask prices (representing the price at which the dealer is willing to buy and the price at which the dealer is willing to sell, respectively) are more readily available than closing prices. Over-the-counter markets (for which prices are publicly reported) are dealer markets. Dealer markets also exist for some other assets and liabilities, including some financial instruments, commodities and physical assets (e.g. used equipment).

(c) *Brokered markets.* In a brokered market, brokers attempt to match buyers with sellers but do not stand ready to trade for their own account. In other words, brokers do not use their own capital to hold an inventory of the items for which they make a market. The broker knows the prices bid and asked by the respective parties, but each party is typically unaware of another party's price requirements. Prices of completed transactions are sometimes available. Brokered markets include electronic communication networks, in which buy and sell orders are matched, and commercial and residential real estate markets.

(d) *Principal-to-principal markets.* In a principal-to-principal market, transactions, both originations and resales, are negotiated independently with no intermediary. Little information about those transactions may be made available publicly.

BEMESSUNGSHIERARCHIE (PARAGRAPHEN 72–90)

Inputfaktoren auf Stufe 2 (Paragraphen 81–85)

B35 Beispiele für Inputfaktoren auf Stufe 2 für besondere Vermögenswerte und Schulden sind u. a.:

(a) *Zinsswaps (receive fixed, pay variable) auf Basis des London Interbank Offered Rate (LIBOR) Swapsatzes.* Der LIBOR-Swapsatz wäre ein Inputfaktor auf Stufe 2, sofern dieser Satz über im Wesentlichen die gesamte Laufzeit des Swaps in üblicherweise notierten Intervallen beobachtet werden kann.

(b) *Zinsswaps (receive fixed, pay variable) auf Basis einer auf Fremdwährung lautenden Renditekurve.* Ein Inputfaktor auf Stufe 2 wäre auch ein Swapsatz, der auf einer auf Fremdwährung lautenden Renditekurve basiert und im Wesentlichen über die gesamte Laufzeit des Swaps in üblicherweise notierten Intervallen beobachtet werden kann. Dies träfe zu, wenn die Laufzeit des Swaps zehn Jahre betrüge und dieser Satz neun Jahre lang in üblicherweise notierten Intervallen beobachtet werden könnte. Dabei gilt jedoch die Voraussetzung, dass eine angemessene Hochrechnung der Renditenkurve für Jahr zehn keine Signifikanz für die Bemessung des beizulegenden Zeitwerts des Swaps in seiner Gesamtheit hätte.

(c) *Zinsswaps (receive fixed, pay variable) auf Basis des Leitzinses einer bestimmten Bank.* Der mittels Hochrechnung abgeleitete Leitzins der Bank wäre ein Inputfaktor auf Stufe 2, sofern die hochgerechneten Werte durch beobachtbare Marktdaten bestätigt werden, beispielsweise mittels Korrelation zu einem Zinssatz, der im Wesentlichen über die gesamte Laufzeit des Swaps beobachtet werden kann.

(d) *Dreijahresoption auf börsengehandelte Aktien.* Die mittels Hochrechnung auf Jahr drei abgeleitete implizite Volatilität der Aktien wäre ein Inputfaktor auf Stufe 2, sofern beide unten genannten Bedingungen bestehen:

    (i) Die Preise für Ein- und Zweijahresoptionen für die Aktien sind beobachtbar.

    (ii) Die extrapolierte, implizite Volatilität einer Dreijahresoption wird für im Wesentlichen die gesamte Laufzeit der Option durch beobachtbare Marktdaten bestätigt.

In diesem Fall ließe sich die implizite Volatilität mittels Hochrechnung aus der impliziten Volatilität der Ein- und Zweijahresoptionen auf die Aktien ableiten. Unter der Voraussetzung, dass eine Korrelation zu den impliziten Volatilitäten für ein Jahr und zwei Jahre hergestellt wird, könnte diese Berechnung durch die implizite Volatilität für Dreijahresoptionen auf Aktien vergleichbarer Unternehmen bestätigt werden.

(e) *Lizenzvereinbarung.* Bei einer Lizenzvereinbarung, die in einem Unternehmenszusammenschluss erworben wurde und in jüngster Zeit von dem erworbenen Unternehmen (der Partei zur Lizenzvereinbarung) mit einer fremden Partei ausgehandelt wurde, wäre die Lizenzgebühr, die bei Beginn der Vereinbarung in dem Vertrag mit der fremden Partei festgelegt wurde, ein Inputfaktor auf Stufe 2.

(f) *Lagerbestand an Fertigerzeugnissen in einer Einzelhandelsverkaufsstelle.* Bei einem Bestand an Fertigerzeugnissen, der in einem Unternehmenszusammenschluss erworben wird, wäre entweder ein Kundenpreis in einem Einzelhandelsmarkt oder ein Einzelhändlerpreis in einem Großhandelsmarkt ein Inputfaktor auf Stufe 2. Dieser würde um Differenzen zwischen Zustand und Standort des Lagerartikels und denen vergleichbarer (d. h. ähnlicher) Lagerartikel berichtigt. Auf diese Weise würde die Bemessung des beizulegenden Zeitwerts den Preis widerspiegeln, der im Zuge eines Geschäftsvorfalls zum Verkauf des Lagerbestands an einen anderen Einzelhändler eingenommen würde, der die betreffenden Verkaufsanstrengungen dann zum Abschluss bringen würde. Rein begrifflich wird die Bemessung des beizulegenden Zeitwerts unabhängig davon, ob ein Einzelhandelspreis (nach unten) oder ein Großhandelspreis (nach oben) berichtigt wird, den gleichen Wert ergeben. Generell ist der Preis, der die wenigsten subjektiven Anpassungen erfordert, der Bemessung des beizulegenden Zeitwerts zugrunde zu legen.

(g) *Selbstgenutztes Gebäude.* Der aus beobachtbaren Marktdaten abgeleitete Quadratmeterpreis für das Gebäude (Bewertungsmultiplikator) wäre ein Inputfaktor auf Stufe 2. Dieser Preis wird beispielsweise aus Multiplikatoren gewonnen, die ihrerseits aus Preisen abgeleitet wurden, die in Geschäftsvorfällen mit vergleichbaren (d. h. ähnlichen) Gebäuden an ähnlichen Standorten beobachtet wurden.

(h) *Zahlungsmittelgenerierende Einheit.* Ein Bewertungsmultiplikator (z. B. ein Vielfaches der Ergebnisse, der Erlöse oder eines ähnlichen Leistungsmaßes), der aus beobachtbaren Marktdaten abgeleitet wird, wäre ein Inputfaktor auf Stufe 2. Dies könnten beispielsweise Bewertungsmultiplikatoren sein, die unter Berücksichtigung betrieblicher, marktbezogener, finanzieller und nicht finanzieller Faktoren aus Preisen abgeleitet werden, die in Geschäftsvorfällen mit vergleichbaren (d. h. ähnlichen) Geschäftsbetrieben beobachtet wurden.

Inputfaktoren auf Stufe 3 (Paragraphen 86–90)

B36 Beispiele für Inputfaktoren auf Stufe 3 für besondere Vermögenswerte und Schulden sind u. a.:

(a) *Langfristiger Währungsswap.* Ein Zinssatz in einer bestimmten Währung, der nicht beobachtbar ist und auch nicht in üblicherweise notierten Intervallen im Wesentlichen über die gesamte Laufzeit des Währungsswaps durch beobachtbare Marktdaten bestätigt werden kann, wäre ein Inputfaktor auf Stufe 3. Bei den Zinssätzen in einem Währungsswap handelt es sich um die Swapsätze, die aus den Renditekurven der betreffenden Länder berechnet werden.

(b) *Dreijahresoption auf börsengehandelte Aktien.* Die historische Volatilität, d. h. die aus den historischen Kursen der Aktien abgeleitete Volatilität wäre ein Inputfaktor auf Stufe 3. Die historische Volatilität stellt normalerweise nicht die gegenwärtigen Erwartungen der Marktteilnehmer über die künftige Volatilität dar, auch wenn sie die einzig verfügbare Information zur Preisbildung für eine Option ist.

FAIR VALUE HIERARCHY (PARAGRAPHS 72—90)

Level 2 inputs (paragraphs 81—85)

Examples of Level 2 inputs for particular assets and liabilities include the following: **B35**

(a) *Receive-fixed, pay-variable interest rate swap based on the London Interbank Offered Rate (LIBOR) swap rate.* A Level 2 input would be the LIBOR swap rate if that rate is observable at commonly quoted intervals for substantially the full term of the swap.

(b) *Receive-fixed, pay-variable interest rate swap based on a yield curve denominated in a foreign currency.* A Level 2 input would be the swap rate based on a yield curve denominated in a foreign currency that is observable at commonly quoted intervals for substantially the full term of the swap. That would be the case if the term of the swap is 10 years and that rate is observable at commonly quoted intervals for 9 years, provided that any reasonable extrapolation of the yield curve for year 10 would not be significant to the fair value measurement of the swap in its entirety.

(c) *Receive-fixed, pay-variable interest rate swap based on a specific bank's prime rate.* A Level 2 input would be the bank's prime rate derived through extrapolation if the extrapolated values are corroborated by observable market data, for example, by correlation with an interest rate that is observable over substantially the full term of the swap.

(d) *Three-year option on exchange-traded shares.* A Level 2 input would be the implied volatility for the shares derived through extrapolation to year 3 if both of the following conditions exist:

    (i) Prices for one-year and two-year options on the shares are observable.

    (ii) The extrapolated implied volatility of a three-year option is corroborated by observable market data for substantially the full term of the option.

In that case the implied volatility could be derived by extrapolating from the implied volatility of the one-year and two-year options on the shares and corroborated by the implied volatility for three-year options on comparable entities' shares, provided that correlation with the one-year and two-year implied volatilities is established.

(e) *Licensing arrangement.* For a licensing arrangement that is acquired in a business combination and was recently negotiated with an unrelated party by the acquired entity (the party to the licensing arrangement), a Level 2 input would be the royalty rate in the contract with the unrelated party at inception of the arrangement.

(f) *Finished goods inventory at a retail outlet.* For finished goods inventory that is acquired in a business combination, a Level 2 input would be either a price to customers in a retail market or a price to retailers in a wholesale market, adjusted for differences between the condition and location of the inventory item and the comparable (i.e. similar) inventory items so that the fair value measurement reflects the price that would be received in a transaction to sell the inventory to another retailer that would complete the requisite selling efforts. Conceptually, the fair value measurement will be the same, whether adjustments are made to a retail price (downward) or to a wholesale price (upward). Generally, the price that requires the least amount of subjective adjustments should be used for the fair value measurement.

(g) *Building held and used.* A Level 2 input would be the price per square metre for the building (a valuation multiple) derived from observable market data, e.g. multiples derived from prices in observed transactions involving comparable (i.e. similar) buildings in similar locations.

(h) *Cash-generating unit.* A Level 2 input would be a valuation multiple (e.g. a multiple of earnings or revenue or a similar performance measure) derived from observable market data, e.g. multiples derived from prices in observed transactions involving comparable (i.e. similar) businesses, taking into account operational, market, financial and non-financial factors.

Level 3 inputs (paragraphs 86—90)

Examples of Level 3 inputs for particular assets and liabilities include the following: **B36**

(a) *Long-dated currency swap.* A Level 3 input would be an interest rate in a specified currency that is not observable and cannot be corroborated by observable market data at commonly quoted intervals or otherwise for substantially the full term of the currency swap. The interest rates in a currency swap are the swap rates calculated from the respective countries' yield curves.

(b) *Three-year option on exchange-traded shares.* A Level 3 input would be historical volatility, i.e. the volatility for the shares derived from the shares' historical prices. Historical volatility typically does not represent current market participants' expectations about future volatility, even if it is the only information available to price an option.

(c) *Zinsswap* Eine Berichtigung an einem übereingekommenen (unverbindlichen) mittleren Marktkurs für den Swap, der anhand von Daten entwickelt wurde, die nicht unmittelbar beobachtbar sind und auch nicht anderweitig durch beobachtbare Marktdaten belegt werden können, wäre ein Inputfaktor auf Stufe 3.

(d) *In einem Unternehmenszusammenschluss übernommene Entsorgungsverbindlichkeit* Ein Inputfaktor auf Stufe 3 wäre eine aktuelle Schätzung des Unternehmens über die künftigen Mittelabflüsse, die zur Erfüllung der Verpflichtung zu tragen wären, wenn es keine bei vertretbarem Aufwand verfügbaren Informationen gibt, die darauf hinweisen, dass Marktteilnehmer von anderen Annahmen ausgehen würden. Dabei legt das Unternehmen eigene Daten zugrunde und schließt die Erwartungen der Marktteilnehmer über die Kosten für die Erfüllung der Verpflichtung ein. Ebenfalls berücksichtigt wird der Ausgleich, den ein Marktteilnehmer für die Übernahme der Verpflichtung zur Demontage des Vermögenswerts verlangen würde. Dieser Inputfaktor auf Stufe 3 würde in einer Barwerttechnik zusammen mit anderen Inputfaktoren verwendet. Dies könnte ein aktueller risikoloser Zinssatz oder ein bonitätsbereinigter risikoloser Zinssatz sein, wenn sich die Auswirkung der Bonität des Unternehmens auf den beizulegenden Zeitwert der Schuld im Abzinsungssatz widerspiegelt und nicht in der Schätzung künftiger Mittelabflüsse.

(e) *Zahlungsmittelgenerierende Einheit.* Eine Finanzprognose (z. B. über Zahlungsströme oder Gewinn bzw. Verlust), die anhand eigener Daten des Unternehmens entwickelt wird, wenn es keine bei vertretbarem Aufwand verfügbaren Informationen gibt, die darauf hinweisen, dass Marktteilnehmer von anderen Annahmen ausgehen würden, wäre ein Inputfaktor auf Stufe 3.

BEMESSUNG DES BEIZULEGENDEN ZEITWERTS BEI EINEM ERHEBLICHEN RÜCKGANG DES UMFANGS ODER TÄTIGKEITSNIVEAUS BEI EINEM VERMÖGENSWERT ODER EINER SCHULD

B37 Der beizulegende Zeitwert eines Vermögenswerts oder einer Schuld kann dadurch beeinflusst werden, dass Volumen oder Tätigkeitsniveau im Vergleich zur normalen Markttätigkeit für den Vermögenswert oder die Schuld (bzw. ähnliche Vermögenswerte oder Schulden) erheblich zurückgehen. Um auf der Grundlage vorliegender Nachweise bestimmen zu können, ob ein erheblicher Rückgang im Volumen oder Tätigkeitsniveau für den Vermögenswert oder die Schuld eingetreten ist, wertet ein Unternehmen die Bedeutung und Relevanz von Faktoren wie den unten genannten aus:

(a) In jüngster Zeit fanden wenig Geschäftsvorfälle statt.

(b) Preisnotierungen werden nicht auf der Grundlage aktueller Informationen entwickelt.

(c) Preisnotierungen unterliegen entweder im Zeitablauf oder von einem Marktmacher zum anderen (z. B. zwischen einigen Brokermärkten) erheblichen Schwankungen.

(d) Indexe, die früher in enger Korrelation zu den beizulegenden Zeitwerten des Vermögenswerts oder der Schuld standen, haben nachweislich keinen Bezug zu neuesten Anhaltspunkten für den beizulegenden Zeitwert des betreffenden Vermögenswerts oder der betreffenden Schuld mehr.

(e) Im Vergleich zur Schätzung des Unternehmens über erwartete Zahlungsströme unter Berücksichtigung aller verfügbaren Marktdaten über das Kreditrisiko und andere Nichterfüllungsrisiken für den Vermögenswert oder die Schuld ist bei beobachteten Geschäftsvorfällen oder Marktpreisnotierungen ein erheblicher Anstieg bei den impliziten Liquiditätsrisikoaufschlägen, Renditen oder Leistungsindikatoren (beispielsweise Säumnisraten oder Schweregrad der Verluste) eingetreten.

(f) Es besteht eine weite Geld-Brief-Spanne oder die Geld-Brief-Spanne hat erheblich zugenommen.

(g) Die Aktivitäten im Markt für Neuemission (d. h. einem Hauptmarkt) für den Vermögenswert oder die Schuld bzw. für ähnliche Vermögenswerte oder Schulden sind erheblich zurückgegangen oder ein solcher Markt ist überhaupt nicht vorhanden.

(h) Es sind nur wenige Informationen öffentlich zugänglich (z. B. über Geschäftsvorfälle, die in einem Direktmarkt stattfinden).

B38 Gelangt ein Unternehmen zu dem Schluss, dass im Umfang oder Tätigkeitsniveau für den Vermögenswert oder die Schuld im Vergleich zu der normalen Markttätigkeiten für diesen Vermögenswert bzw. diese Schuld (oder ähnliche Vermögenswerte oder Schulden) ein erheblicher Rückgang eingetreten ist, wird eine weitere Analyse der Geschäftsvorfälle oder Marktpreisnotierungen notwendig. Für sich gesehen ist ein Rückgang im Umfang oder Tätigkeitsniveau noch nicht unbedingt ein Anzeichen, dass ein Transaktionspreis oder eine Marktpreisnotierung den beizulegenden Zeitwert nicht darstellt oder dass ein Geschäftsvorfall in dem betreffenden Markt nicht geordnet abgelaufen ist. Stellt ein Unternehmen jedoch fest, dass ein Transaktionspreis oder eine Marktpreisnotierung den beizulegenden Zeitwert nicht widerspiegelt (wenn es beispielsweise Geschäftsvorfälle gegeben hat, die nicht geordnet abgelaufen sind), ist eine Berichtung der Transaktionspreise oder Marktpreisnotierungen notwendig, wenn das Unternehmen diese Preise als Grundlage für die Bemessung des beizulegenden Zeitwerts nutzt. Diese Berichtigung kann für die gesamte Bemessung des beizulegenden Zeitwerts Bedeutung haben. Berichtigungen können auch unter anderen Umständen erforderlich werden (wenn z. B. ein Preis für einen ähnlichen Vermögenswert eine erhebliche Berichtigung erfordert, um Vergleichbarkeit mit dem zu bewertenden Vermögenswert herzustellen, oder wenn der Preis überholt ist).

B39 Der vorliegende IFRS schreibt keine Methodik für die Durchführung erheblicher Berichtigungen an Transaktionspreisen oder Marktpreisnotierungen vor. Eine Erörterung der Anwendung von Bewertungstechniken bei der Bemessung des beizulegenden Zeitwerts ist den Paragraphen 61–66 und B5–B11 zu entnehmen. Ungeachtet der jeweils verwendeten Bewertungstechnik muss ein Unternehmen angemessene Risikoberichtigungen berücksichtigen. Hierzu gehört auch ein Risi-

(c) *Interest rate swap.* A Level 3 input would be an adjustment to a mid-market consensus (non-binding) price for the swap developed using data that are not directly observable and cannot otherwise be corroborated by observable market data.

(d) *Decommissioning liability assumed in a business combination.* A Level 3 input would be a current estimate using the entity's own data about the future cash outflows to be paid to fulfil the obligation (including market participants' expectations about the costs of fulfilling the obligation and the compensation that a market participant would require for taking on the obligation to dismantle the asset) if there is no reasonably available information that indicates that market participants would use different assumptions. That Level 3 input would be used in a present value technique together with other inputs, e.g. a current risk-free interest rate or a credit-adjusted risk-free rate if the effect of the entity's credit standing on the fair value of the liability is reflected in the discount rate rather than in the estimate of future cash outflows.

(e) *Cash-generating unit.* A Level 3 input would be a financial forecast (e.g. of cash flows or profit or loss) developed using the entity's own data if there is no reasonably available information that indicates that market participants would use different assumptions.

MEASURING FAIR VALUE WHEN THE VOLUME OR LEVEL OF ACTIVITY FOR AN ASSET OR A LIABILITY HAS SIGNIFICANTLY DECREASED

The fair value of an asset or a liability might be affected when there has been a significant decrease in the volume or level **B37** of activity for that asset or liability in relation to normal market activity for the asset or liability (or similar assets or liabilities). To determine whether, on the basis of the evidence available, there has been a significant decrease in the volume or level of activity for the asset or liability, an entity shall evaluate the significance and relevance of factors such as the following:

(a) There are few recent transactions.

(b) Price quotations are not developed using current information.

(c) Price quotations vary substantially either over time or among market-makers (e.g. some brokered markets).

(d) Indices that previously were highly correlated with the fair values of the asset or liability are demonstrably uncorrelated with recent indications of fair value for that asset or liability.

(e) There is a significant increase in implied liquidity risk premiums, yields or performance indicators (such as delinquency rates or loss severities) for observed transactions or quoted prices when compared with the entity's estimate of expected cash flows, taking into account all available market data about credit and other nonperformance risk for the asset or liability.

(f) There is a wide bid-ask spread or significant increase in the bid-ask spread.

(g) There is a significant decline in the activity of, or there is an absence of, a market for new issues (i.e. a primary market) for the asset or liability or similar assets or liabilities.

(h) Little information is publicly available (e.g. for transactions that take place in a principal-to-principal market).

If an entity concludes that there has been a significant decrease in the volume or level of activity for the asset or liability **B38** in relation to normal market activity for the asset or liability (or similar assets or liabilities), further analysis of the transactions or quoted prices is needed. A decrease in the volume or level of activity on its own may not indicate that a transaction price or quoted price does not represent fair value or that a transaction in that market is not orderly. However, if an entity determines that a transaction or quoted price does not represent fair value (e.g. there may be transactions that are not orderly), an adjustment to the transactions or quoted prices will be necessary if the entity uses those prices as a basis for measuring fair value and that adjustment may be significant to the fair value measurement in its entirety. Adjustments also may be necessary in other circumstances (e.g. when a price for a similar asset requires significant adjustment to make it comparable to the asset being measured or when the price is stale).

This IFRS does not prescribe a methodology for making significant adjustments to transactions or quoted prices. See **B39** paragraphs 61—66 and B5—B11 for a discussion of the use of valuation techniques when measuring fair value. Regardless of the valuation technique used, an entity shall include appropriate risk adjustments, including a risk premium reflecting the amount that market participants would demand as compensation for the uncertainty inherent in the cash flows of an

koaufschlag, in dem sich der Betrag widerspiegelt, den Marktteilnehmer als Ausgleich für die Unsicherheit verlangen würden, die den Zahlungsströmen eines Vermögenswerts oder einer Schuld anhaftet. Andernfalls gibt die Bemessung den beizulegenden Zeitwert nicht getreu wieder. Mitunter kann die Bestimmung der sachgerechten Risikoberichtigung schwierig sein. Der Schwierigkeitsgrad allein bildet jedoch keine hinreichende Grundlage für den Ausschluss einer Risikoberichtigung. Die Risikoberichtigung muss einen am Bemessungsstichtag unter aktuellen Marktbedingungen zwischen Marktteilnehmern stattfindenden, geordneten Geschäftsvorfall widerspiegeln.

B40 Sind der Umfang oder das Tätigkeitsniveau für den Vermögenswert oder die Schuld erheblich zurückgegangen, kann eine Änderung der Bewertungstechnik oder die Verwendung mehrerer Bewertungstechniken sachgerecht sein (z. B. der Einsatz eines marktbasierten Ansatzes und einer Barwerttechnik). Bei der Gewichtung der Anhaltspunkte für den beizulegenden Zeitwert, die aus dem Einsatz mehrerer Bewertungstechniken gewonnen wurden, muss ein Unternehmen die Plausibilität des Wertebereichs für die Zeitwertbemessungen berücksichtigen. Die Zielsetzung besteht in der Bestimmung des Punktes innerhalb des Wertebereichs, der für den beizulegenden Zeitwert unter gegenwärtigen Marktbedingungen am repräsentativsten ist. Weit gestreute Zeitwertbemessungen können darauf hindeuten, dass weitere Analysen notwendig sind.

B41 Auch wenn Volumen oder Tätigkeitsniveau für den Vermögenswert oder die Schuld erheblich zurückgegangen sind, ändert sich das Ziel einer Bemessung des beizulegenden Zeitwerts nicht. Der beizulegende Zeitwert ist der Preis, zu dem unter aktuellen Marktbedingungen am Bemessungsstichtag in einem geordneten Geschäftsvorfall (d. h. keine Zwangsliquidation und kein Notverkauf) zwischen Marktteilnehmern ein Vermögenswert verkauft oder eine Schuld übertragen würde.

B42 Die Schätzung des Preises, zu dem Marktteilnehmer unter aktuellen Marktbedingungen am Bemessungsstichtag zum Abschluss einer Transaktion bereit wären, wenn ein erheblicher Rückgang im Umfang oder Tätigkeitsniveau für den Vermögenswert oder die Schuld eingetreten ist, hängt von den Sachverhalten und Umständen am Bemessungsstichtag ab. Hier ist Ermessensausübung gefordert. Die Absicht eines Unternehmens, den Vermögenswert zu halten oder die Schuld auszugleichen oder anderweitig zu erfüllen ist bei der Bemessung des beizulegenden Zeitwerts unerheblich, weil der beizulegende Zeitwert eine marktbasierte, keine unternehmensspezifische Bewertung darstellt.

Ermittlung von nicht geordneten Geschäftsvorfällen

B43 Die Feststellung, ob ein Geschäftsvorfall geordnet (oder nicht geordnet) ist, wird erschwert, wenn im Umfang oder Tätigkeitsniveau für den Vermögenswert oder die Schuld im Vergleich zu der normalen Markttätigkeiten für diesen Vermögenswert bzw. diese Schuld (oder ähnliche Vermögenswerte oder Schulden) ein erheblicher Rückgang eingetreten ist. Unter derartigen Umständen den Schluss zu ziehen, dass sämtliche Geschäftsvorfälle in dem betreffenden Markt nicht geordnet (d. h. Zwangsliquidationen oder Notverkäufe) sind, ist nicht angemessen. Umstände, die darauf hinweisen können, dass ein Geschäftsvorfall nicht geordnet verlaufen ist, sind unter anderem:

(a) In einem bestimmten Zeitraum vor dem Bemessungsstichtag bestand keine angemessene Marktpräsenz, um Vermarktungstätigkeiten zu ermöglichen, die für Geschäftsvorfälle unter Beteiligung der betroffenen Vermögenswerte oder Schulden unter aktuellen Marktbedingungen allgemein üblich sind.

(b) Es bestand ein allgemein üblicher Vermarktungszeitraum, der Verkäufer setzte den Vermögenswert oder die Schuld aber bei einem einzigen Marktteilnehmer ab.

(c) Der Verkäufer ist in oder nahe am Konkurs oder steht unter Konkursverwaltung (d. h. der Verkäufer ist in einer Notlage).

(d) Der Verkäufer musste verkaufen, um aufsichtsbehördliche oder gesetzliche Vorschriften zu erfüllen (d. h. der Verkäufer stand unter Zwang).

(e) Im Vergleich zu anderen, in jüngster Zeit erfolgten Geschäftsvorfällen mit dem gleichen oder einem ähnlichen Vermögenswert bzw. der gleichen oder einer ähnlichen Schuld stellt der Transaktionspreis einen statistischen Ausreißer dar.

Ein Unternehmen muss die Umstände auswerten, um unter Berücksichtigung des Gewichts der verfügbaren Nach weise festzustellen zu können, ob der Geschäftsvorfall ein geordneter Geschäftsvorfall war.

B44 Bei der Bemessung des beizulegenden Zeitwerts oder der Schätzung von Marktrisikoaufschlägen muss ein Unternehmen Folgendes berücksichtigen:

(a) Ergibt sich aus der Beweislage, dass ein Geschäftsvorfall nicht geordnet verlaufen ist, legt ein Unternehmen (im Vergleich zu anderen Anhaltspunkten für den beizulegenden Zeitwert) wenig oder gar kein Gewicht auf den betreffenden Transaktionspreis.

(b) Ergibt sich aus den Beweisen, dass ein Geschäftsvorfall geordnet war, berücksichtigt das Unternehmen den betreffenden Transaktionspreis. Wie hoch das Gewicht ist, das dem betreffenden Transaktionspreis im Vergleich zu anderen Anhaltspunkten für den beizulegenden Zeitwert beigemessen wird, hängt von den jeweiligen Sachverhalten und Umständen ab, beispielsweise:

(i) dem Umfang des Geschäftsvorfalls.

(ii) der Vergleichbarkeit des Geschäftsvorfalls mit dem bewerteten Vermögenswert bzw. der bewerteten Schuld.

(iii) der zeitlichen Nähe des Geschäftsvorfalls zum Bemessungsstichtag.

asset or a liability (see paragraph B17). Otherwise, the measurement does not faithfully represent fair value. In some cases determining the appropriate risk adjustment might be difficult. However, the degree of difficulty alone is not a sufficient basis on which to exclude a risk adjustment. The risk adjustment shall be reflective of an orderly transaction between market participants at the measurement date under current market conditions.

If there has been a significant decrease in the volume or level of activity for the asset or liability, a change in valuation **B40** technique or the use of multiple valuation techniques may be appropriate (e.g. the use of a market approach and a present value technique). When weighting indications of fair value resulting from the use of multiple valuation techniques, an entity shall consider the reasonableness of the range of fair value measurements. The objective is to determine the point within the range that is most representative of fair value under current market conditions. A wide range of fair value measurements may be an indication that further analysis is needed.

Even when there has been a significant decrease in the volume or level of activity for the asset or liability, the objective of **B41** a fair value measurement remains the same. Fair value is the price that would be received to sell an asset or paid to transfer a liability in an orderly transaction (i.e. not a forced liquidation or distress sale) between market participants at the measurement date under current market conditions.

Estimating the price at which market participants would be willing to enter into a transaction at the measurement date **B42** under current market conditions if there has been a significant decrease in the volume or level of activity for the asset or liability depends on the facts and circumstances at the measurement date and requires judgement. An entity's intention to hold the asset or to settle or otherwise fulfil the liability is not relevant when measuring fair value because fair value is a market-based measurement, not an entity-specific measurement.

Identifying transactions that are not orderly

The determination of whether a transaction is orderly (or is not orderly) is more difficult if there has been a significant **B43** decrease in the volume or level of activity for the asset or liability in relation to normal market activity for the asset or liability (or similar assets or liabilities). In such circumstances it is not appropriate to conclude that all transactions in that market are not orderly (i.e. forced liquidations or distress sales). Circumstances that may indicate that a transaction is not orderly include the following:
(a) There was not adequate exposure to the market for a period before the measurement date to allow for marketing activities that are usual and customary for transactions involving such assets or liabilities under current market conditions.
(b) There was a usual and customary marketing period, but the seller marketed the asset or liability to a single market participant.
(c) The seller is in or near bankruptcy or receivership (i.e. the seller is distressed).
(d) The seller was required to sell to meet regulatory or legal requirements (i.e. the seller was forced).
(e) The transaction price is an outlier when compared with other recent transactions for the same or a similar asset or liability.
An entity shall evaluate the circumstances to determine whether, on the weight of the evidence available, the transaction is orderly.

An entity shall consider all the following when measuring fair value or estimating market risk premiums: **B44**
(a) If the evidence indicates that a transaction is not orderly, an entity shall place little, if any, weight (compared with other indications of fair value) on that transaction price.
(b) If the evidence indicates that a transaction is orderly, an entity shall take into account that transaction price. The amount of weight placed on that transaction price when compared with other indications of fair value will depend on the facts and circumstances, such as the following:
(i) the volume of the transaction.
(ii) the comparability of the transaction to the asset or liability being measured.
(iii) the proximity of the transaction to the measurement date.

(c) Verfügt ein Unternehmen nicht über ausreichende Informationen, um daraus schließen zu können, dass ein Geschäftsvorfall geordnet ist, berücksichtigt es den Transaktionspreis. Der Transaktionspreis stellt jedoch unter Umständen nicht den beizulegenden Zeitwert dar (d. h. der Transaktionspreis ist nicht unbedingt die einzige oder vorrangige Grundlage für die Bemessung des beizulegenden Zeitwerts oder die Schätzung von Marktrisikoaufschlägen). Verfügt ein Unternehmen nicht über ausreichende Informationen, um daraus schließen zu können, ob bestimmte Geschäftsvorfälle geordnet sind, legt das Unternehmen im Vergleich zu anderen Geschäftsvorfällen, deren Ordnungsmäßigkeit bekannt ist, weniger Gewicht auf die betreffenden Geschäftsvorfälle.

Ein Unternehmen muss für die Feststellung, ob ein Geschäftsvorfall geordnet ist, keine umfassenden Anstrengungen unternehmen, darf aber Informationen, die bei vertretbarem Aufwand verfügbar sind, nicht ignorieren. Ist ein Unternehmen in einem Geschäftsvorfall beteiligte Partei, wird davon ausgegangen dass es über ausreichende Informationen für die Schlussfolgerung verfügt, ob der Geschäftsvorfall geordnet ist.

Verwendung von Marktpreisnotierungen Dritter

B45 Der vorliegende IFRS schließt die Nutzung von Marktpreisnotierungen, die durch Dritte, beispielsweise Kursinformationsdienste oder Makler, zur Verfügung gestellt werden nicht aus, sofern das Unternehmen festgestellt hat, dass die von diesen Dritten bereitgestellten Marktpreisnotierungen gemäß vorliegendem IFRS entwickelt wurden.

B46 Im Fall eines erheblichen Rückgangs beim Umfang oder Tätigkeitsniveau für den Vermögenswert oder die Schuld hat das Unternehmen zu beurteilen, ob die von Dritten zur Verfügung gestellten Marktpreisnotierungen unter Verwendung aktueller Informationen entwickelt wurden, und ob sie geordnete Geschäftsvorfälle oder eine Bewertungstechnik wiedergeben, in denen sich die Annahmen der Marktteilnehmer widerspiegeln (einschließlich der Risikoannahmen). Bei der Gewichtung einer Marktpreisnotierung als Inputfaktor für die Bemessung eines beizulegenden Zeitwerts legt ein Unternehmen (im Vergleich zu anderen Anhaltspunkten für den beizulegenden Zeitwert, in denen sich das Ergebnis von Geschäftsvorfällen spiegelt) weniger Gewicht auf Notierungen, die nicht das Ergebnis von Geschäftsvorfällen widerspiegeln.

B47 Darüber hinaus ist bei der Gewichtung der verfügbaren Nachweise die Art der Notierung zu berücksichtigen (beispielsweise, ob die Notierung ein Taxkurs oder ein verbindliches Angebot ist). Dabei werden Notierungen Dritter, die verbindliche Angebote darstellen, stärker gewichtet.

Anhang C
Datum des Inkrafttretens und Übergangsvorschriften

Dieser Anhang ist fester Bestandteil des IFRS und hat die gleiche bindende Kraft wie die anderen Teile des IFRS.

C1 Unternehmen haben diesen IFRS auf Geschäftsjahre anzuwenden, die am oder nach dem 1. Januar 2013 beginnen. Eine frühere Anwendung ist zulässig. Wendet ein Unternehmen diesen IFRS früher an, hat es dies anzugeben.

C2 Dieser IFRS ist prospektiv ab Beginn des Geschäftsjahres anzuwenden, in dem er erstmalig zur Anwendung kommt.

C3 Die Angabepflichten dieses IFRS müssen nicht bei vergleichenden Angaben angewandt werden, die für Geschäftsjahre vor der erstmaligen Anwendung dieses IFRS zur Verfügung gestellt werden.

C4 Mit den im Dezember 2013 veröffentlichten *Jährlichen Verbesserungen, Zyklus 2011–2013*, wurde Paragraph 52 geändert. Diese Änderung ist auf Geschäftsjahre anzuwenden, die am oder nach dem 1. Juli 2014 beginnen. Ein Unternehmen hat diese Änderung prospektiv ab Beginn des Geschäftsjahres anzuwenden, in dem erstmals IFRS 13 angewandt wurde. Eine frühere Anwendung ist zulässig. Wendet ein Unternehmen die Änderung auf eine frühere Periode an, hat es dies anzugeben.

(c) If an entity does not have sufficient information to conclude whether a transaction is orderly, it shall take into account the transaction price. However, that transaction price may not represent fair value (i.e. the transaction price is not necessarily the sole or primary basis for measuring fair value or estimating market risk premiums). When an entity does not have sufficient information to conclude whether particular transactions are orderly, the entity shall place less weight on those transactions when compared with other transactions that are known to be orderly.

An entity need not undertake exhaustive efforts to determine whether a transaction is orderly, but it shall not ignore information that is reasonably available. When an entity is a party to a transaction, it is presumed to have sufficient information to conclude whether the transaction is orderly.

Using quoted prices provided by third parties

B45 This IFRS does not preclude the use of quoted prices provided by third parties, such as pricing services or brokers, if an entity has determined that the quoted prices provided by those parties are developed in accordance with this IFRS.

B46 If there has been a significant decrease in the volume or level of activity for the asset or liability, an entity shall evaluate whether the quoted prices provided by third parties are developed using current information that reflects orderly transactions or a valuation technique that reflects market participant assumptions (including assumptions about risk). In weighting a quoted price as an input to a fair value measurement, an entity places less weight (when compared with other indications of fair value that reflect the results of transactions) on quotes that do not reflect the result of transactions.

B47 Furthermore, the nature of a quote (e.g. whether the quote is an indicative price or a binding offer) shall be taken into account when weighting the available evidence, with more weight given to quotes provided by third parties that represent binding offers.

Appendix C

Effective date and transition

This appendix is an integral part of the IFRS and has the same authority as the other parts of the IFRS.

C1 An entity shall apply this IFRS for annual periods beginning on or after 1 January 2013. Earlier application is permitted. If an entity applies this IFRS for an earlier period, it shall disclose that fact.

C2 This IFRS shall be applied prospectively as of the beginning of the annual period in which it is initially applied.

C3 The disclosure requirements of this IFRS need not be applied in comparative information provided for periods before initial application of this IFRS.

C4 *Annual Improvements Cycle 2011—2013* issued in December 2013 amended paragraph 52. An entity shall apply that amendment for annual periods beginning on or after 1 July 2014. An entity shall apply that amendment prospectively from the beginning of the annual period in which IFRS 13 was initially applied. Earlier application is permitted. If an entity applies that amendment for an earlier period it shall disclose that fact.

IFRIC INTERPRETATION 1

Änderungen bestehender Rückstellungen für Entsorgungs-, Wiederherstellungs- und ähnliche Verpflichtungen

VERWEISE

- IAS 1 *Darstellung des Abschlusses* (überarbeitet 2007)
- IAS 8 *Rechnungslegungsmethoden, Änderungen von rechnungslegungsbezogenen Schätzungen und Fehler*
- IAS 16 *Sachanlagen* (überarbeitet 2003)
- IAS 23 *Fremdkapitalkosten*
- IAS 36 *Wertminderung von Vermögenswerten* (überarbeitet 2004)
- IAS 37 *Rückstellungen, Eventualverbindlichkeiten und Eventualforderungen*

HINTERGRUND

1 Viele Unternehmen sind verpflichtet, Sachanlagen zu demontieren, zu entfernen und wiederherzustellen. In dieser Interpretation werden solche Verpflichtungen als „Rückstellungen für Entsorgungs-, Wiederherstellungs- und ähnliche Verpflichtungen" bezeichnet. Gemäß IAS 16 umfassen die Anschaffungskosten von Sachanlagen die erstmalig geschätzten Kosten für die Demontage und das Entfernen des Gegenstands sowie die Wiederherstellung des Standorts, an dem er sich befindet, d. h. die Verpflichtung, die ein Unternehmen entweder bei Erwerb des Gegenstands eingeht oder anschließend, wenn es während einer gewissen Periode den Gegenstand zu anderen Zwecken als zur Herstellung von Vorräten nutzt. IAS 37 enthält Vorschriften zur Bewertung von Rückstellungen für Entsorgungs-, Wiederherstellungs- und ähnliche Verpflichtungen. Diese Interpretation enthält Leitlinien zur Bilanzierung der Auswirkung von Bewertungsänderungen bestehender Rückstellungen für Entsorgungs-, Wiederherstellungs- und ähnliche Verpflichtungen.

ANWENDUNGSBEREICH

2 Diese Interpretation wird auf Bewertungsänderungen jeder bestehenden Rückstellung für Entsorgungs-, Wiederherstellungs- oder ähnliche Verpflichtungen angewandt, die sowohl

(a) im Rahmen der Anschaffungs- oder Herstellungskosten einer Sachanlage gemäß IAS 16 als auch

(b) als eine Verbindlichkeit gemäß IAS 37 angesetzt wurde.

Eine Rückstellung für Entsorgungs-, Wiederherstellungs- oder ähnliche Verpflichtungen kann beispielsweise beim Abbruch einer Fabrikanlage, bei der Sanierung von Umweltschäden in der rohstoffgewinnenden Industrie oder bei der Entfernung von Sachanlagen entstehen

FRAGESTELLUNG

3 Diese Interpretation behandelt, wie die Auswirkung der folgenden Ereignisse auf die Bewertung einer bestehenden Rückstellung für Entsorgungs-, Wiederherstellungs- oder ähnliche Verpflichtungen zu bilanzieren ist:

(a) eine Änderung des geschätzten Abflusses von Ressourcen mit wirtschaftlichem Nutzen (z. B. Cashflows), der für die Erfüllung der Verpflichtung erforderlich ist;

(b) eine Änderung des aktuellen auf dem Markt basierenden Abzinsungssatzes gemäß Definition von IAS 37 Paragraph 47 (dies schließt Änderungen des Zinseffekts und für die Schuld spezifische Risiken ein); und

(c) eine Erhöhung, die den Zeitablauf widerspiegelt (dies wird auch als Aufzinsung bezeichnet).

BESCHLUSS

4 Bewertungsänderungen einer bestehenden Rückstellung für Entsorgungs-, Wiederherstellungs- oder ähnliche Verpflichtungen, die auf Änderungen der geschätzten Fälligkeit oder Höhe des Abflusses von Ressourcen mit wirtschaftlichem Nutzen, der zur Erfüllung der Verpflichtung erforderlich ist, oder auf einer Änderung des Abzinsungssatzes beruhen, sind gemäß den nachstehenden Paragraphen 5–7 zu behandeln.

5 Wird der dazugehörige Vermögenswert nach dem Anschaffungskostenmodell bewertet,

(a) sind Änderungen der Rückstellung gemäß (b) zu den Anschaffungskosten des dazugehörigen Vermögenswerts in der laufenden Periode hinzuzufügen oder davon abzuziehen;

(b) darf der von den Anschaffungskosten des Vermögenswerts abgezogene Betrag seinen Buchwert nicht übersteigen. Wenn eine Abnahme der Rückstellung den Buchwert des Vermögenswerts übersteigt, ist dieser Überhang unmittelbar erfolgswirksam zu erfassen;

IFRIC INTERPRETATION 1

Changes in existing decommissioning, restoration and similar liabilities

REFERENCES

— IAS 1 *Presentation of Financial Statements* (as revised in 2007)
— IAS 8 *Accounting policies, changes in accounting estimates and errors*
— IAS 16 *Property, plant and equipment* (as revised in 2003)
— IAS 23 *Borrowing costs*
— IAS 36 *Impairment of assets* (as revised in 2004)
— IAS 37 *Provisions, contingent liabilities and contingent assets*

BACKGROUND

Many entities have obligations to dismantle, remove and restore items of property, plant and equipment. In this interpre- **1** tation such obligations are referred to as 'decommissioning, restoration and similar liabilities'. Under IAS 16, the cost of an item of property, plant and equipment includes the initial estimate of the costs of dismantling and removing the item and restoring the site on which it is located, the obligation for which an entity incurs either when the item is acquired or as a consequence of having used the item during a particular period for purposes other than to produce inventories during that period. IAS 37 contains requirements on how to measure decommissioning, restoration and similar liabilities. This interpretation provides guidance on how to account for the effect of changes in the measurement of existing decommissioning, restoration and similar liabilities.

SCOPE

This interpretation applies to changes in the measurement of any existing decommissioning, restoration or similar liabi- **2** lity that is both:
(a)   recognised as part of the cost of an item of property, plant and equipment in accordance with IAS 16; and
(b)   recognised as a liability in accordance with IAS 37.
For example, a decommissioning, restoration or similar liability may exist for decommissioning a plant, rehabilitating environmental damage in extractive industries, or removing equipment.

ISSUE

This interpretation addresses how the effect of the following events that change the measurement of an existing decom- **3** missioning, restoration or similar liability should be accounted for:
(a)   a change in the estimated outflow of resources embodying economic benefits (e.g. cash flows) required to settle the obligation;
(b)   a change in the current market-based discount rate as defined in paragraph 47 of IAS 37 (this includes changes in the time value of money and the risks specific to the liability); and
(c)   an increase that reflects the passage of time (also referred to as the unwinding of the discount).

CONSENSUS

Changes in the measurement of an existing decommissioning, restoration and similar liability that result from changes in **4** the estimated timing or amount of the outflow of resources embodying economic benefits required to settle the obligation, or a change in the discount rate, shall be accounted for in accordance with paragraphs 5—7 below.

If the related asset is measured using the cost model: **5**
(a)   subject to (b), changes in the liability shall be added to, or deducted from, the cost of the related asset in the current period;
(b)   the amount deducted from the cost of the asset shall not exceed its carrying amount. If a decrease in the liability exceeds the carrying amount of the asset, the excess shall be recognised immediately in profit or loss;

(c) hat das Unternehmen, wenn die Berichtigung zu einem Zugang zu den Anschaffungskosten eines Vermögenswerts führt, zu bedenken, ob dies ein Anhaltspunkt dafür ist, dass der neue Buchwert des Vermögenswerts nicht voll erzielbar sein könnte. Liegt ein solcher Anhaltspunkt vor, hat das Unternehmen den Vermögenswert auf Wertminderung zu prüfen, indem es seinen erzielbaren Betrag schätzt, und jeden Wertminderungsaufwand gemäß IAS 36 zu erfassen.

6 Wird der dazugehörige Vermögenswert nach dem Neubewertungsmodell bewertet,
   (a) gehen die Änderungen in die für diesen Vermögenswert angesetzten Neubewertungsrücklage ein, so dass
       (i) eine Abnahme der Rückstellung (gemäß (b)) direkt im sonstigen Ergebnis erfasst wird und zu einer Erhöhung der Neubewertungsrücklage im Eigenkapital führt, es sei denn, sie ist erfolgswirksam zu erfassen, soweit sie eine in der Vergangenheit als Aufwand erfasste Abwertung desselben Vermögenswerts rückgängig macht;
       (ii) eine Erhöhung der Rückstellung erfolgswirksam erfasst wird, es sei denn, sie ist im sonstigen Ergebnis zu erfassen und führt zu einer Minderung der Neubewertungsrücklage im Eigenkapital, soweit sie den Betrag der entsprechenden Neubewertungsrücklage nicht übersteigt;
   (b) ist, für den Fall, dass eine Abnahme der Rückstellung den Buchwert überschreitet, der angesetzt worden wäre, wenn der Vermögenswert nach dem Anschaffungskostenmodell bilanziert worden wäre, der Überhang umgehend erfolgswirksam zu erfassen;
   (c) ist eine Änderung der Rückstellung ein Anhaltspunkt dafür, dass der Vermögenswert neu bewertet werden müsste, um sicherzustellen dass der Buchwert nicht wesentlich von dem abweicht, der unter Verwendung des beizulegenden Zeitwerts zum Abschlussstichtag ermittelt werden würde. Jede dieser Neubewertungen ist bei der Bestimmung der Beträge, die erfolgswirksam oder im sonstigen Ergebnis gemäß (a) erfasst werden, zu berücksichtigen. Ist eine Neubewertung erforderlich, sind alle Vermögenswerte dieser Klasse neu zu bewerten;
   (d) ist nach IAS 1 jeder im sonstigen Ergebnis erfasste Ertrags- und Aufwandsposten in der Gesamtergebnisrechnung auszuweisen. Zur Erfüllung dieser Anforderung ist die Veränderung der Neubewertungsrücklage, die auf einer Änderung der Rückstellung beruht, gesondert zu identifizieren und als solche anzugeben.

7 Der berichtigte Abschreibungsbetrag des Vermögenswerts wird über seine Nutzungsdauer abgeschrieben. Wenn der dazugehörige Vermögenswert das Ende seiner Nutzungsdauer erreicht hat, sind daher alle späteren Änderungen der Rückstellung erfolgswirksam zu erfassen, wenn sie anfallen. Dies gilt sowohl für das Anschaffungskostenmodell als auch für das Neubewertungsmodell.

8 Die periodische Aufzinsung ist im Gewinn oder Verlust als Finanzierungsaufwand zu erfassen, wenn sie anfällt. Eine Aktivierung nach IAS 23 ist nicht erlaubt.

ZEITPUNKT DES INKRAFTTRETENS

9 Diese Interpretation ist erstmals in der ersten Berichtsperiode eines am 1. September 2004 oder danach beginnenden Geschäftsjahres anzuwenden. Eine frühere Anwendung wird empfohlen. Wenn ein Unternehmen diese Interpretation für Berichtsperioden anwendet, die vor dem 1. September 2004 beginnen, so ist diese Tatsache anzugeben.

9A Infolge des IAS 1 (überarbeitet 2007) wurde die in allen IFRS verwendete Terminologie geändert. Außerdem wurde Paragraph 6 geändert. Diese Änderungen sind erstmals in der ersten Berichtsperiode eines am 1. Januar 2009 oder danach beginnenden Geschäftsjahres anzuwenden. Wird IAS 1 (überarbeitet 2007) auf eine frühere Periode angewendet, sind diese Änderungen entsprechend auch anzuwenden.

ÜBERGANGSVORSCHRIFTEN

10 Änderungen der Rechnungslegungsmethoden sind gemäß den Bestimmungen von IAS 8 *Rechnungslegungsmethoden, Änderungen von rechnungslegungsbezogenen Schätzungen und Fehler* vorzunehmen.[1]

---

1 Wenn ein Unternehmen diese Interpretation für eine Berichtsperiode, die vor dem 1. Januar 2005 beginnt, anwendet, hat das Unternehmen die Bestimmungen der früheren Fassung von IAS 8 mit dem Titel *Periodenergebnis, grundlegende Fehler und Änderungen der Bilanzierungs- und Bewertungsmethoden* anzuwenden, es sei denn, das Unternehmen wendet die überarbeitete Fassung dieses Standards für die frühere Periode an.

(c) if the adjustment results in an addition to the cost of an asset, the entity shall consider whether this is an indication that the new carrying amount of the asset may not be fully recoverable. If it is such an indication, the entity shall test the asset for impairment by estimating its recoverable amount, and shall account for any impairment loss, in accordance with IAS 36.

If the related asset is measured using the revaluation model: **6**

(a) changes in the liability alter the revaluation surplus or deficit previously recognised on that asset, so that:
  (i) a decrease in the liability shall (subject to (b)) be recognised in other comprehensive income and increase the revaluation surplus within equity, except that it shall be recognised in profit or loss to the extent that it reverses a revaluation deficit on the asset that was previously recognised in profit or loss;
  (ii) an increase in the liability shall be recognised in profit or loss, except that it shall be recognised in other comprehensive income and reduce the revaluation surplus within equity to the extent of any credit balance existing in the revaluation surplus in respect of that asset;

(b) in the event that a decrease in the liability exceeds the carrying amount that would have been recognised had the asset been carried under the cost model, the excess shall be recognised immediately in profit or loss;

(c) a change in the liability is an indication that the asset may have to be revalued in order to ensure that the carrying amount does not differ materially from that which would be determined using fair value at the end of the reporting period. Any such revaluation shall be taken into account in determining the amounts to be recognised in profit or loss or in other comprehensive income under (a). If a revaluation is necessary, all assets of that class shall be revalued;

(d) IAS 1 requires disclosure in the statement of comprehensive income of each component of other comprehensive income or expense. In complying with this requirement, the change in the revaluation surplus arising from a change in the liability shall be separately identified and disclosed as such.

The adjusted depreciable amount of the asset is depreciated over its useful life. Therefore, once the related asset has reached the end of its useful life, all subsequent changes in the liability shall be recognised in profit or loss as they occur. This applies under both the cost model and the revaluation model. **7**

The periodic unwinding of the discount shall be recognised in profit or loss as a finance cost as it occurs. Capitalisation under IAS 23 is not permitted. **8**

EFFECTIVE DATE

An entity shall apply this interpretation for annual periods beginning on or after 1 September 2004. Earlier application is encouraged. If an entity applies the interpretation for a period beginning before 1 September 2004, it shall disclose that fact. **9**

IAS 1 (as revised in 2007) amended the terminology used throughout IFRSs. In addition it amended paragraph 6. An entity shall apply those amendments for annual periods beginning on or after 1 January 2009. If an entity applies IAS 1 (revised 2007) for an earlier period, the amendments shall be applied for that earlier period. **9A**

TRANSITION

Changes in accounting policies shall be accounted for according to the requirements of IAS 8 *Accounting policies, changes in accounting estimates and errors*[1]. **10**

---

1 If an entity applies this interpretation for a period beginning before 1 January 2005, the entity shall follow the requirements of the previous version of IAS 8, which was entitled *Net profit or loss for the period, fundamental errors and changes in accounting policies*, unless the entity is applying the revised version of that standard for that earlier period.

IFRIC INTERPRETATION 2

Geschäftsanteile an Genossenschaften und ähnliche Instrumente

VERWEISE

- IFRS 13 *Bemessung des beizulegenden Zeitwerts*
- IAS 32 *Finanzinstrumente: Angaben und Darstellung* (überarbeitet 2003)[2]
- IAS 39 *Finanzinstrumente: Ansatz und Bewertung* (überarbeitet 2003)

HINTERGRUND

1 Genossenschaften und ähnliche Unternehmen werden von einer Gruppe von Personen zur Verfolgung gemeinsamer wirtschaftlicher oder sozialer Interessen gegründet. In den einzelstaatlichen Gesetzen ist eine Genossenschaft meist als eine Gesellschaft definiert, welche die gegenseitige wirtschaftliche Förderung ihrer Mitglieder mittels eines gemeinschaftlichen Geschäftsbetriebs bezweckt (Prinzip der Selbsthilfe). Die Anteile der Mitglieder einer Genossenschaft werden häufig unter der Bezeichnung Geschäftsanteile, Genossenschaftsanteile o. ä. geführt und nachfolgend als „Geschäftsanteile" bezeichnet.

2 IAS 32 stellt Grundsätze für die Klassifizierung von Finanzinstrumenten als finanzielle Verbindlichkeiten oder Eigenkapital auf. Diese Grundsätze beziehen sich insbesondere auf die Klassifizierung kündbarer Instrumente, die den Inhaber zur Rückgabe an den Emittenten gegen flüssige Mittel oder andere Finanzinstrumente berechtigen. Die Anwendung dieser Grundsätze auf die Geschäftsanteile an Genossenschaften und ähnliche Instrumente gestaltet sich schwierig. Einige Adressaten des International Accounting Standards Board haben den Wunsch geäußert, Unterstützung zu erhalten, wie die Grundsätze des IAS 32 auf Geschäftsanteile und ähnliche Instrumente, die bestimmte Merkmale aufweisen, anzuwenden sind und unter welchen Umständen diese Merkmale einen Einfluss auf die Klassifizierung als Verbindlichkeiten oder Eigenkapital haben.

ANWENDUNGSBEREICH

3 Diese Interpretation ist auf Finanzinstrumente anzuwenden, die in den Anwendungsbereich von IAS 32 fallen, einschließlich an Genossenschaftsmitglieder ausgegebener Anteile, mit denen das Eigentumsrecht der Mitglieder am Unternehmen verbrieft wird. Sie erstreckt sich nicht auf Finanzinstrumente, die in eigenen Eigenkapitalinstrumenten des Unternehmens zu erfüllen sind oder erfüllt werden können.

FRAGESTELLUNG

4 Viele Finanzinstrumente, darunter auch Geschäftsanteile, sind mit Eigenschaften wie Stimmrechten und Ansprüchen auf Dividenden verbunden, die für eine Klassifizierung als Eigenkapital sprechen. Einige Finanzinstrumente berechtigen den Inhaber, eine Rücknahme gegen flüssige Mittel oder andere finanzielle Vermögenswerte zu verlangen, können jedoch Beschränkungen hinsichtlich einer solchen Rücknahme unterliegen. Wie lässt sich anhand dieser Rücknahmebedingungen bestimmen, ob ein Finanzinstrument als Verbindlichkeit oder Eigenkapital einzustufen ist?

BESCHLUSS

5 Das vertragliche Recht des Inhabers eines Finanzinstruments (worunter auch ein Geschäftsanteil an einer Genossenschaft fällt), eine Rücknahme zu verlangen, führt nicht von vornherein zu einer Klassifizierung des Finanzinstruments als finanzielle Verbindlichkeit. Vielmehr hat ein Unternehmen bei der Entscheidung, ob ein Finanzinstrument als finanzielle Verbindlichkeit oder Eigenkapital einzustufen ist, alle rechtlichen Bestimmungen und Gegebenheiten des Finanzinstruments zu berücksichtigen. Hierzu gehören auch die einschlägigen lokalen Gesetze und Vorschriften sowie die zum Zeitpunkt der Klassifizierung gültige Satzung des Unternehmens. Voraussichtliche künftige Änderungen dieser Gesetze, Vorschriften oder der Satzung sind dagegen nicht zu berücksichtigen.

6 Geschäftsanteile, die dem Eigenkapital zugeordnet würden, wenn die Mitglieder nicht das Recht hätten, eine Rücknahme zu verlangen, stellen Eigenkapital dar, wenn eine der in den Paragraphen 7 und 8 genannten Bedingungen erfüllt ist oder

---

2 Im August 2005 wurde der Titel von IAS 32 in „Finanzinstrumente: Darstellung" geändert. Im Februar 2008 änderte der IASB den IAS 32 dahingehend, dass Instrumente, die über alle in den Paragraphen 16A und 16B oder 16C und 16D beschriebenen Merkmale verfügen und die dort genannten Bedingungen erfüllen, als Eigenkapital einzustufen sind.

REFERENCES

— IFRS 13 *Fair Value Measurement*
— IAS 32 *Financial instruments: disclosure and presentation* (as revised in 2003)[2]
— IAS 39 *Financial instruments: recognition and measurement* (as revised in 2003)

BACKGROUND

Cooperatives and other similar entities are formed by groups of persons to meet common economic or social needs. **1** National laws typically define a cooperative as a society endeavouring to promote its members' economic advancement by way of a joint business operation (the principle of self-help). Members' interests in a cooperative are often characterised as members' shares, units or the like, and are referred to below as 'members' shares'.

IAS 32 establishes principles for the classification of financial instruments as financial liabilities or equity. In particular, **2** those principles apply to the classification of puttable instruments that allow the holder to put those instruments to the issuer for cash or another financial instrument. The application of those principles to members' shares in cooperative entities and similar instruments is difficult. Some of the International Accounting Standards Board's constituents have asked for help in understanding how the principles in IAS 32 apply to members' shares and similar instruments that have certain features, and the circumstances in which those features affect the classification as liabilities or equity.

SCOPE

This interpretation applies to financial instruments within the scope of IAS 32, including financial instruments issued to **3** members of cooperative entities that evidence the members' ownership interest in the entity. This interpretation does not apply to financial instruments that will or may be settled in the entity's own equity instruments.

ISSUE

Many financial instruments, including members' shares, have characteristics of equity, including voting rights and rights **4** to participate in dividend distributions. Some financial instruments give the holder the right to request redemption for cash or another financial asset, but may include or be subject to limits on whether the financial instruments will be redeemed. How should those redemption terms be evaluated in determining whether the financial instruments should be classified as liabilities or equity?

CONSENSUS

The contractual right of the holder of a financial instrument (including members' shares in cooperative entities) to request **5** redemption does not, in itself, require that financial instrument to be classified as a financial liability. Rather, the entity must consider all of the terms and conditions of the financial instrument in determining its classification as a financial liability or equity. Those terms and conditions include relevant local laws, regulations and the entity's governing charter in effect at the date of classification, but not expected future amendments to those laws, regulations or charter.

Members' shares that would be classified as equity if the members did not have a right to request redemption are equity if **6** either of the conditions described in paragraphs 7 and 8 is present or the members' shares have all the features and meet

---

2   In August 2005, IAS 32 was amended as IAS 32 *Financial Instruments: Presentation*. In February 2008 the IASB amended IAS 32 by requiring instruments to be classified as equity if those instruments have all the features and meet the conditions in paragraphs 16A and 16B or paragraphs 16C and 16D of IAS 32.

die Geschäftsanteile alle in den Paragraphen 16A und 16B oder 16C und 16D des IAS 32 beschriebenen Merkmale aufweisen und die dort genannten Bedingungen erfüllen. Sichteinlagen, einschließlich Kontokorrentkonten, Einlagenkonten und ähnliche Verträge, die Mitglieder in ihrer Eigenschaft als Kunden schließen, sind als finanzielle Verbindlichkeiten des Unternehmens einzustufen.

7 Geschäftsanteile stellen Eigenkapital dar, wenn das Unternehmen ein uneingeschränktes Recht auf Ablehnung der Rücknahme von Geschäftsanteilen besitzt.

8 Lokale Gesetze, Vorschriften oder die Satzung des Unternehmens können die Rücknahme von Geschäftsanteilen mit verschiedenen Verboten belegen, wie z. B. uneingeschränkten Verboten oder Verboten, die auf Liquiditätskriterien beruhen. Ist eine Rücknahme nach lokalen Gesetzen, Vorschriften oder der Satzung des Unternehmens uneingeschränkt verboten, sind die Geschäftsanteile als Eigenkapital zu behandeln. Dagegen führen Bestimmungen in lokalen Gesetzen, Vorschriften oder der Satzung des Unternehmens, die eine Rücknahme nur dann verbieten, wenn bestimmte Bedingungen – wie beispielsweise Liquiditätsgrenzen – erfüllt (oder nicht erfüllt) sind, nicht zu einer Klassifizierung von Geschäftsanteilen als Eigenkapital.

9 Ein uneingeschränktes Verbot kann absolut sein und alle Rücknahmen verbieten. Ein uneingeschränktes Verbot kann aber auch nur teilweise gelten und die Rücknahme von Geschäftsanteilen insoweit verbieten, als durch die Rücknahme die Anzahl der Geschäftsanteile oder die Höhe des auf die Geschäftsanteile eingezahlten Kapitals einen bestimmten Mindestbetrag unterschreitet. Geschäftsanteile, die nicht unter das Rücknahmeverbot fallen, stellen Verbindlichkeiten dar, es sei denn, das Unternehmen verfügt über das in Paragraph 7 beschriebene uneingeschränkte Recht auf Ablehnung der Rücknahme oder die Geschäftsanteile weisen alle in den Paragraphen 16A und 16B oder 16C und 16D des IAS 32 beschriebenen Merkmale auf und erfüllen die dort genannten Bedingungen. In einigen Fällen kann sich die Anzahl der Anteile oder die Höhe des eingezahlten Kapitals, die bzw. das von einem Rücknahmeverbot betroffen sind bzw. ist, von Zeit zu Zeit ändern. Eine derartige Änderung führt zu einer Umbuchung zwischen finanziellen Verbindlichkeiten und Eigenkapital.

10 Beim erstmaligen Ansatz hat das Unternehmen seine als finanzielle Verbindlichkeit klassifizierten Geschäftsanteile zum beizulegenden Zeitwert zu bewerten. Bei uneingeschränkt rückgabefähigen Geschäftsanteilen ist der beizulegende Zeitwert dieser finanziellen Verbindlichkeit mindestens mit dem gemäß den Rücknahmebestimmungen in der Satzung des Unternehmens oder gemäß dem einschlägigen Gesetz zahlbaren Höchstbetrag anzusetzen, abgezinst vom frühest möglichen Fälligkeitszeitpunkt an (siehe Beispiel 3).

11 Nach IAS 32 Paragraph 35 sind Ausschüttungen an Inhaber von Eigenkapitalinstrumenten direkt im Eigenkapital zu erfassen. Bei Finanzinstrumenten, die als finanzielle Verbindlichkeiten klassifiziert werden, sind Zinsen, Dividenden und andere Erträge unbeschadet ihrer möglichen gesetzlichen Bezeichnung als Dividenden, Zinsen oder ähnlich als Aufwand zu berücksichtigen.

12 Der Anhang, der integraler Bestandteil des Beschlusses ist, enthält Beispiele für die Anwendung dieses Beschlusses.

ANGABEN

13 Führt eine Änderung des Rücknahmeverbots zu einer Umklassifizierung zwischen finanziellen Verbindlichkeiten und Eigenkapital, hat das Unternehmen den Betrag, den Zeitpunkt und den Grund für die Umklassifizierung gesondert anzugeben.

ZEITPUNKT DES INKRAFTTRETENS

14 Der Zeitpunkt des Inkrafttretens und die Übergangsbestimmungen dieser Interpretation entsprechen denen des IAS 32 (überarbeitet 2003). Diese Interpretation ist erstmals für Geschäftsjahre anzuwenden, die am oder nach dem 1. Januar 2005 beginnen. Wenn ein Unternehmen diese Interpretation für Berichtsperioden anwendet, die vor dem 1. Januar 2005 beginnen, so ist diese Tatsache anzugeben. Diese Interpretation ist rückwirkend anzuwenden.

14A Die Änderungen an den Paragraphen 6, 9, A1 und A12 sind erstmals auf Geschäftsjahre anzuwenden, die am oder nach dem 1. Januar 2009 beginnen. Wendet ein Unternehmen Kündbare Finanzinstrumente und bei Liquidation entstehende Verpflichtungen (im Februar 2008 veröffentlichte Änderungen an IAS 32 und IAS 1) auf eine frühere Periode an, so sind auch die Änderungen an den Paragraphen 6, 9, A1 und A12 auf diese frühere Periode anzuwenden.

16 Durch IFRS 13, veröffentlicht im Mai 2011, wurde Paragraph A8 geändert. Ein Unternehmen hat diese Änderung anzuwenden, wenn es IFRS 13 anwendet.

17 Mit den *Jährlichen Verbesserungen, Zyklus 2009–2011*, von Mai 2012 wurde Paragraph 11 geändert. Diese Änderungen sind rückwirkend gemäß IAS 8 *Rechnungslegungsmethoden, Änderungen von rechnungslegungsbezogenen Schätzungen und Fehler* in der ersten Berichtsperiode eines am oder nach dem 1. Januar 2013 beginnenden Geschäftsjahres anzu-

the conditions in paragraphs 16A and 16B or paragraphs 16C and 16D of IAS 32. Demand deposits, including current accounts, deposit accounts and similar contracts that arise when members act as customers are financial liabilities of the entity.

Members' shares are equity if the entity has an unconditional right to refuse redemption of the members' shares. 7

Local law, regulation or the entity's governing charter can impose various types of prohibitions on the redemption of 8 members' shares, e.g. unconditional prohibitions or prohibitions based on liquidity criteria. If redemption is unconditionally prohibited by local law, regulation or the entity's governing charter, members' shares are equity. However, provisions in local law, regulation or the entity's governing charter that prohibit redemption only if conditions—such as liquidity constraints—are met (or are not met) do not result in members' shares being equity.

An unconditional prohibition may be absolute, in that all redemptions are prohibited. An unconditional prohibition may 9 be partial, in that it prohibits redemption of members' shares if redemption would cause the number of members' shares or amount of paid-in capital from members' shares to fall below a specified level. Members' shares in excess of the prohibition against redemption are liabilities, unless the entity has the unconditional right to refuse redemption as described in paragraph 7 or the members' shares have all the features and meet the conditions in paragraphs 16A and 16B or paragraphs 16C and 16D of IAS 32. In some cases, the number of shares or the amount of paid-in capital subject to a redemption prohibition may change from time to time. Such a change in the redemption prohibition leads to a transfer between financial liabilities and equity.

At initial recognition, the entity shall measure its financial liability for redemption at fair value. In the case of members' 10 shares with a redemption feature, the entity measures the fair value of the financial liability for redemption at no less than the maximum amount payable under the redemption provisions of its governing charter or applicable law discounted from the first date that the amount could be required to be paid (see example 3).

As required by paragraph 35 of IAS 32, distributions to holders of equity instruments are recognised directly in equity. 11 Interest, dividends and other returns relating to financial instruments classified as financial liabilities are expenses, regardless of whether those amounts paid are legally characterised as dividends, interest or otherwise.

The Appendix, which is an integral part of the consensus, provides examples of the application of this consensus. 12

DISCLOSURE

When a change in the redemption prohibition leads to a transfer between financial liabilities and equity, the entity shall 13 disclose separately the amount, timing and reason for the transfer.

EFFECTIVE DATE

The effective date and transition requirements of this interpretation are the same as those for IAS 32 (as revised in 2003). 14 An entity shall apply this interpretation for annual periods beginning on or after 1 January 2005. If an entity applies this interpretation for a period beginning before 1 January 2005, it shall disclose that fact. This interpretation shall be applied retrospectively.

An entity shall apply the amendments in paragraphs 6, 9, A1 and A12 for annual periods beginning on or after 1 January 14A 2009. If an entity applies Puttable Financial Instruments and Obligations Arising on Liquidation (Amendments to IAS 32 and IAS 1), issued in February 2008, for an earlier period, the amendments in paragraphs 6, 9, A1 and A12 shall be applied for that earlier period.

IFRS 13, issued in May 2011, amended paragraph A8. An entity shall apply that amendment when it applies IFRS 13. 16

Annual Improvements 2009—2011 Cycle, issued in May 2012, amended paragraph 11. An entity shall apply that amend- 17 ment retrospectively in accordance with IAS 8 *Accounting Policies, Changes in Accounting Estimates and Errors* for annual periods beginning on or after 1 January 2013. If an entity applies that amendment to IAS 32 as a part of the *Annual*

wenden. Wendet ein Unternehmen diese Änderung an IAS 32 als Teil der *Jährlichen Verbesserungen Zyklus 2009–2011* von Mai 2012 auf eine frühere Periode an, so ist auch diese Änderung auf die frühere Periode anzuwenden.

Anhang: Beispiele für die Anwendung des Beschlusses

Dieser Anhang ist integraler Bestandteil der Interpretation.

A1 Dieser Anhang enthält sieben Beispiele für die Anwendung des IFRIC-Beschlusses. Die Beispiele stellen keine erschöpfende Liste dar; es sind auch andere Konstellationen denkbar. Jedes Beispiel beruht auf der Annahme, dass außer den im Beispiel genannten Gegebenheiten keine weiteren Bedingungen vorliegen, die eine Einstufung des Finanzinstruments als finanzielle Verbindlichkeit erforderlich machen würden, und dass das Finanzinstrument nicht alle der in den Paragraphen 16A und 16B oder 16C und 16D des IAS 32 beschriebenen Merkmale aufweist oder die dort genannten Bedingungen nicht erfüllt.

UNEINGESCHRÄNKTES RECHT AUF ABLEHNUNG DER RÜCKNAHME (Paragraph 7)

Beispiel 1

Sachverhalt

A2 Die Satzung des Unternehmens besagt, dass Rücknahmen nach freiem Ermessen des Unternehmens durchgeführt werden. Dieser Ermessensspielraum ist in der Satzung nicht weiter ausgeführt und wird auch keinen Beschränkungen unterworfen. In der Vergangenheit hat das Unternehmen die Rücknahme von Geschäftsanteilen noch nie abgelehnt, obwohl der Vorstand hierzu berechtigt ist.

Klassifizierung

A3 Das Unternehmen verfügt über das uneingeschränkte Recht, die Rücknahme abzulehnen. Folglich stellen die Geschäftsanteile Eigenkapital dar. IAS 32 stellt Grundsätze für die Klassifizierung auf, die auf den Vertragsbedingungen des Finanzinstruments beruhen, und merkt an, dass eine Zahlungshistorie oder beabsichtigte freiwillige Zahlungen keine Einstufung als Verbindlichkeit auslösen. In Paragraph AG26 von IAS 32 heißt es:

Wenn Vorzugsaktien nicht rückkauffähig sind, hängt die angemessene Klassifizierung von den anderen mit ihnen verbundenen Rechten ab. Die Klassifizierung erfolgt entsprechend der wirtschaftlichen Substanz der vertraglichen Vereinbarungen und den Begriffsbestimmungen für finanzielle Verbindlichkeiten und für Eigenkapitalinstrumente. Wenn Gewinnausschüttungen an Inhaber von kumulativen oder nicht-kumulativen Vorzugsaktien im Ermessensspielraum des Emittenten liegen, gelten die Aktien als Eigenkapitalinstrumente. Die Klassifizierung einer Vorzugsaktie als Eigenkapitalinstrument oder als finanzielle Verbindlichkeit wird beispielsweise nicht beeinflusst durch:
(a) die Vornahme von Ausschüttungen in der Vergangenheit;
(b) die Absicht, künftig Ausschüttungen vorzunehmen;
(c) eine mögliche nachteilige Auswirkung auf den Kurs der Stammaktien des Emittenten, falls keine Ausschüttungen vorgenommen werden (aufgrund von Beschränkungen hinsichtlich der Zahlung von Dividenden auf Stammaktien, wenn keine Dividenden auf Vorzugsaktien gezahlt werden);
(d) die Höhe der Rücklagen des Emittenten;
(e) eine Gewinn- oder Verlusterwartung des Emittenten für eine Berichtsperiode; oder
(f) die Fähigkeit oder Unfähigkeit des Emittenten, die Höhe seines Periodenergebnisses zu beeinflussen.

Beispiel 2

Sachverhalt

A4 Die Satzung des Unternehmens besagt, dass Rücknahmen nach freiem Ermessen des Unternehmens durchgeführt werden. Sie führt jedoch weiter aus, dass ein Antrag auf Rücknahme automatisch genehmigt wird, sofern das Unternehmen mit dieser Zahlung nicht gegen lokale Liquiditäts- oder Reservevorschriften verstoßen würde.

Klassifizierung

A5 Das Unternehmen verfügt nicht über das uneingeschränkte Recht auf Ablehnung der Rücknahme. Folglich stellen die Geschäftsanteile eine finanzielle Verbindlichkeit dar. Die vorstehend beschriebene Einschränkung bezieht sich auf die Fähigkeit des Unternehmens, eine Verbindlichkeit zu begleichen. Rücknahmen werden nur dann und so lange beschränkt, wenn bzw. wie die Liquiditäts- oder Reserveanforderungen nicht erfüllt sind. Folglich führen diese Einschränkungen nach den Grundsätzen von IAS 32 nicht zu einer Klassifizierung des Finanzinstruments als Eigenkapital. In Paragraph AG25 des IAS 32 heißt es:

Vorzugsaktien können mit verschiedenen Rechten ausgestattet emittiert werden. Bei der Einstufung einer Vorzugsaktie als finanzielle Verbindlichkeit oder als Eigenkapitalinstrument bewertet ein Emittent die einzelnen Rechte, die mit der Aktie verbunden sind, um zu bestimmen, ob sie die grundlegenden Eigenschaften einer finanziellen Verbindlichkeit erfüllt. Beispielsweise beinhaltet eine Vorzugsaktie, die einen Rückkauf zu einem bestimmten Zeitpunkt oder auf Wunsch

Improvements 2009—2011 Cycle (issued in May 2012) for an earlier period, the amendment in paragraph 11 shall be applied for that earlier period.

IFRIC 2

Appendix: Examples of application of the consensus

This appendix is an integral part of the interpretation.

This appendix sets out seven examples of the application of the IFRIC consensus. The examples do not constitute an **A1** exhaustive list; other fact patterns are possible. Each example assumes that there are no conditions other than those set out in the facts of the example that would require the financial instrument to be classified as a financial liability and that the financial instrument does not have all the features or does not meet the conditions in paragraphs 16A and 16B or paragraphs 16C and 16D of IAS 32.

UNCONDITIONAL RIGHT TO REFUSE REDEMPTION (paragraph 7)

Example 1

Facts

The entity's charter states that redemptions are made at the sole discretion of the entity. The charter does not provide **A2** further elaboration or limitation on that discretion. In its history, the entity has never refused to redeem members' shares, although the governing board has the right to do so.

Classification

The entity has the unconditional right to refuse redemption and the members' shares are equity. IAS 32 establishes princi- **A3** ples for classification that are based on the terms of the financial instrument and notes that a history of, or intention to, make, discretionary payments does not trigger liability classification. Paragraph AG26 of IAS 32 states:

When preference shares are non-redeemable, the appropriate classification is determined by the other rights that attach to them. Classification is based on an assessment of the substance of the contractual arrangements and the definitions of a financial liability and an equity instrument. When distributions to holders of the preference shares, whether cumulative or non-cumulative, are at the discretion of the issuer, the shares are equity instruments. The classification of a preference share as an equity instrument or a financial liability is not affected by, for example:

(a) a history of making distributions;

(b) an intention to make distributions in the future;

(c) a possible negative impact on the price of ordinary shares of the issuer if distributions are not made (because of restrictions on paying dividends on the ordinary shares if dividends are not paid on the preference shares);

(d) the amount of the issuer's reserves;

(e) an issuer's expectation of a profit or loss for a period; or

(f) an ability or inability of the issuer to influence the amount of its profit or loss for the period.

Example 2

Facts

The entity's charter states that redemptions are made at the sole discretion of the entity. However, the charter further **A4** states that approval of a redemption request is automatic unless the entity is unable to make payments without violating local regulations regarding liquidity or reserves.

Classification

The entity does not have the unconditional right to refuse redemption and the members' shares are a financial liability. **A5** The restrictions described above are based on the entity's ability to settle its liability. They restrict redemptions only if the liquidity or reserve requirements are not met and then only until such time as they are met. Hence, they do not, under the principles established in IAS 32, result in the classification of the financial instrument as equity. Paragraph AG25 of IAS 32 states:

Preference shares may be issued with various rights. In determining whether a preference share is a financial liability or an equity instrument, an issuer assesses the particular rights attaching to the share to determine whether it exhibits the fundamental characteristic of a financial liability. For example, a preference share that provides for redemption on a specific date or at the option of the holder contains a financial liability because the issuer has an obligation to transfer financial assets to the holder of the share. *The potential inability of an issuer to satisfy an obligation to redeem a preference share*

des Inhabers vorsieht, eine finanzielle Verbindlichkeit, da der Emittent zur Abgabe von finanziellen Vermögenswerten an den Aktieninhaber verpflichtet ist. *Die potenzielle Unfähigkeit eines Emittenten, der vertraglich vereinbarten Rückkaufverpflichtung von Vorzugsaktien nachzukommen, sei es aus Mangel an Finanzmitteln, aufgrund einer gesetzlich vorgeschriebenen Verfügungsbeschränkung oder ungenügender Gewinne oder Rückstellungen, macht die Verpflichtung nicht hinfällig.*

RÜCKNAHMEVERBOTE (Paragraphen 8 und 9)

Beispiel 3

Sachverhalt

A6 Eine Genossenschaft hat an ihre Mitglieder zu unterschiedlichen Zeitpunkten und unterschiedlichen Beträgen bisher die folgenden Anteile ausgegeben:
(a) 1. Januar 20X1 100 000 Anteile zu je WE 10 (WE 1 000 000);
(b) 1. Januar 20X2 100 000 Anteile zu je WE 20 (weitere WE 2 000 000, so dass insgesamt Anteile im Wert von WE 3 000 000 ausgegeben wurden).
Die Anteile sind auf Verlangen zu ihrem jeweiligen Ausgabepreis rücknahmepflichtig.

A7 Die Satzung des Unternehmens besagt, dass kumulative Rücknahmen nicht mehr als 20 Prozent der größten Anzahl jemals in Umlauf gewesener Geschäftsanteile betragen dürfen. Am 31. Dezember 20X2 hatte das Unternehmen 200 000 umlaufende Anteile, was der höchsten Anzahl von Geschäftsanteilen entspricht, die je in Umlauf waren. Bisher wurden keine Anteile zurückgenommen. Am 1. Januar 20X3 ändert das Unternehmen seine Satzung und setzt die Höchstgrenze für kumulative Rücknahmen auf 25 Prozent der größten Anzahl jemals in Umlauf gewesener Geschäftsanteile herauf.

Klassifizierung

Vor der Satzungsänderung

A8 Die Geschäftsanteile, die nicht unter das Rücknahmeverbot fallen, stellen finanzielle Verbindlichkeiten dar. Die Genossenschaft bewertet diese finanziellen Verbindlichkeiten beim erstmaligen Ansatz zum beizulegenden Zeitwert. Da diese Anteile auf Verlangen rücknahmepflichtig sind, bemisst sie den beizulegenden Zeitwert solcher finanzieller Verbindlichkeiten gemäß den Bestimmungen von Paragraph 47 des IFRS 13, in dem es heißt: „Der beizulegende Zeitwert einer kurzfristig abrufbaren finanziellen Verbindlichkeit (z. B. einer Sichteinlage) ist nicht niedriger als der auf Sicht zahlbare Betrag ..." Die Genossenschaft setzt daher als finanzielle Verbindlichkeit den höchsten Betrag an, der gemäß den Rücknahmebestimmungen auf Verlangen zahlbar wäre.

A9 Am 1. Januar 20X1 beträgt der gemäß den Rücknahmevorschriften zahlbare Höchstbetrag 20 000 Anteile zu je WE 10. Dementsprechend klassifiziert das Unternehmen WE 200 000 als finanzielle Verbindlichkeit und WE 800 000 als Eigenkapital. Am 1. Januar 20X2 erhöht sich jedoch der gemäß den Rücknahmevorschriften zahlbare Höchstbetrag durch die Ausgabe neuer Anteile zu WE 20 auf 40 000 Anteile zu je WE 20. Durch die Ausgabe zusätzlicher Anteile zu WE 20 entsteht eine neue Verbindlichkeit, die beim erstmaligen Ansatz zum beizulegenden Zeitwert bewertet wird. Die Verbindlichkeit nach Ausgabe dieser Anteile beträgt 20 Prozent aller umlaufenden Anteile (200 000), bewertet mit je WE 20, also WE 800 000. Dies erfordert den Ansatz einer weiteren Verbindlichkeit in Höhe von WE 600 000. In diesem Beispiel wird weder Gewinn noch Verlust erfasst. Folglich sind jetzt WE 800 000 als finanzielle Verbindlichkeit und WE 2 200 000 als Eigenkapital klassifiziert. Dieses Beispiel beruht auf der Annahme, dass diese Beträge zwischen dem 1. Januar 20X1 und dem 31. Dezember 20X2 nicht geändert werden.

Nach der Satzungsänderung

A10 Nach Änderung ihrer Satzung kann die Genossenschaft jetzt verpflichtet werden, maximal 25 Prozent ihrer umlaufenden Anteile (= 50 000 Anteile) zu je WE 20 zurückzunehmen. Entsprechend stuft die Genossenschaft am 1. Januar 20X3 WE 1 000 000 als finanzielle Verbindlichkeit ein. Dies entspricht dem Höchstbetrag, der gemäß den Rücknahmevorschriften und in Übereinstimmung mit Paragraph 49 des IAS 39 auf Sicht zahlbar ist. Sie bucht daher am 1. Januar 20X3 WE 200 000 vom Eigenkapital in die finanziellen Verbindlichkeiten um; WE 2 000 000 bleiben weiterhin als Eigenkapital klassifiziert. In diesem Beispiel werden bei der Umbuchung weder Gewinn noch Verlust erfasst.

Beispiel 4

Sachverhalt

A11 Das lokale Genossenschaftsgesetz oder die Satzung der Genossenschaft verbieten die Rücknahme von Geschäftsanteilen, wenn das eingezahlte Kapital aus Geschäftsanteilen dadurch unter die Grenze von 75 Prozent des Höchstbetrags des eingezahlten Kapitals aus Geschäftsanteilen fallen würde. Der Höchstbetrag für eine bestimmte Genossenschaft beträgt WE 1 000 000. Am Abschlussstichtag lag das eingezahlte Kapital bei WE 900 000.

when contractually required to do so, whether because of a lack of funds, a statutory restriction or insufficient profits or reserves, does not negate the obligation.

PROHIBITIONS AGAINST REDEMPTION (paragraphs 8 and 9)

Example 3

Facts

A cooperative entity has issued shares to its members at different dates and for different amounts in the past as follows: **A6**

(a) 1 January 20X1 100 000 shares at CU10 each (CU1 000 000);

(b) 1 January 20X2 100 000 shares at CU20 each (a further CU2 000 000, so that the total for shares issued is CU3 000 000).

Shares are redeemable on demand at the amount for which they were issued.

The entity's charter states that cumulative redemptions cannot exceed 20 per cent of the highest number of its members' **A7** shares ever outstanding. At 31 December 20X2 the entity has 200 000 of outstanding shares, which is the highest number of members' shares ever outstanding and no shares have been redeemed in the past. On 1 January 20X3 the entity amends its governing charter and increases the permitted level of cumulative redemptions to 25 per cent of the highest number of its members' shares ever outstanding.

Classification

Before the governing charter is amended

Members' shares in excess of the prohibition against redemption are financial liabilities. The co-operative entity measures **A8** this financial liability at fair value at initial recognition. Because these shares are redeemable on demand, the co-operative entity measures the fair value of such financial liabilities as required by paragraph 47 of IFRS 13, which states: 'The fair value of a financial liability with a demand feature (eg a demand deposit) is not less than the amount payable on demand ...' Accordingly, the cooperative entity classifies as financial liabilities the maximum amount payable on demand under the redemption provisions.

On 1 January 20X1 the maximum amount payable under the redemption provisions is 20 000 shares at CU10 each and **A9** accordingly the entity classifies CU200 000 as financial liability and CU800 000 as equity. However, on 1 January 20X2 because of the new issue of shares at CU20, the maximum amount payable under the redemption provisions increases to 40 000 shares at CU20 each. The issue of additional shares at CU20 creates a new liability that is measured on initial recognition at fair value. The liability after these shares have been issued is 20 per cent of the total shares in issue (200 000), measured at CU20, or CU800 000. This requires recognition of an additional liability of CU600 000. In this example no gain or loss is recognised. Accordingly the entity now classifies CU800 000 as financial liabilities and CU2 200 000 as equity. This example assumes these amounts are not changed between 1 January 20X1 and 31 December 20X2.

After the governing charter is amended

Following the change in its governing charter the cooperative entity can now be required to redeem a maximum of 25 per **A10** cent of its outstanding shares or a maximum of 50 000 shares at CU20 each. Accordingly, on 1 January 20X3 the cooperative entity classifies as financial liabilities an amount of CU1 000 000 being the maximum amount payable on demand under the redemption provisions, as determined in accordance with paragraph 49 of IAS 39. It therefore transfers on 1 January 20X3 from equity to financial liabilities an amount of CU200 000, leaving CU2 000 000 classified as equity. In this example the entity does not recognise a gain or loss on the transfer.

Example 4

Facts

Local law governing the operations of cooperatives, or the terms of the entity's governing charter, prohibit an entity from **A11** redeeming members' shares if, by redeeming them, it would reduce paid-in capital from members' shares below 75 per cent of the highest amount of paid-in capital from members' shares. The highest amount for a particular cooperative is CU1 000 000. At the end of the reporting period the balance of paid-in capital is CU900 000.

Einstufung

A12 In diesem Fall würden WE 750.000 als Eigenkapital und WE 150.000 als finanzielle Verbindlichkeit eingestuft werden. Zusätzlich zu den bereits zitierten Paragraphen heißt es in Paragraph 18 (b) des IAS 32 u. a.:

> ... Finanzinstrumente, die den Inhaber berechtigen, sie gegen flüssige Mittel oder andere finanzielle Vermögenswerte an den Emittenten zurückzugeben („kündbare Instrumente"), stellen mit Ausnahme der nach den Paragraphen 16A und 16B oder 16C und 16D als Eigenkapitalinstrumente eingestuften Instrumente finanzielle Verbindlichkeiten dar. Ein Finanzinstrument ist selbst dann eine finanzielle Verbindlichkeit, wenn der Betrag an flüssigen Mitteln oder anderen finanziellen Vermögenswerten auf der Grundlage eines Indexes oder einer anderen veränderlichen Bezugsgröße ermittelt wird. Wenn der Inhaber über das Wahlrecht verfügt, das Finanzinstrument gegen flüssige Mittel oder andere finanzielle Vermögenswerte an den Emittenten zurückzugeben, erfüllt das kündbare Finanzinstrument die Definition einer finanziellen Verbindlichkeit, sofern es sich nicht um ein nach den Paragraphen 16A und 16B oder 16C und 16D als Eigenkapitalinstrument eingestuftes Instrument handelt.

A13 Das in diesem Beispiel beschriebene Rücknahmeverbot unterscheidet sich von den Beschränkungen, die in den Paragraphen 19 und A25 des IAS 32 geschildert werden. Jene Beschränkungen stellen eine Beeinträchtigung der Fähigkeit des Unternehmens dar, den fälligen Betrag einer finanziellen Verbindlichkeit zu begleichen, d. h. sie verhindern die Zahlung der Verbindlichkeit nur dann, wenn bestimmte Bedingungen erfüllt sind. Im Gegensatz dazu liegt in diesem Beispiel bei Erreichen einer festgelegten Grenze ein uneingeschränktes Rücknahmeverbot vor, das unabhängig von der Fähigkeit des Unternehmens besteht, die Geschäftsanteile zurückzunehmen (z. B. unter Berücksichtigung seiner Barreserven, Gewinne oder ausschüttungsfähigen Rücklagen). Tatsächlich wird das Unternehmen durch das Rücknahmeverbot daran gehindert, eine finanzielle, durch den Inhaber kündbare Verbindlichkeit einzugehen, die über eine bestimmte Höhe des eingezahlten Kapitals hinausgeht. Daher stellt der Teil der Anteile, der dem Rücknahmeverbot unterliegt, keine finanzielle Verbindlichkeit dar. Die einzelnen Geschäftsanteile können zwar, jeder für sich genommen, rücknahmepflichtig sein, jedoch ist bei einem Teil aller im Umlauf befindlichen Anteile eine Rücknahme nur bei einer Liquidation des Unternehmens möglich.

Beispiel 5

Sachverhalt

A14 Der Sachverhalt dieses Beispiels ist der gleiche wie in Beispiel 4. Zusätzlich darf das Unternehmen am Abschlussstichtag aufgrund von Liquiditätsvorschriften des lokalen Rechtskreises nur dann Geschäftsanteile zurücknehmen, wenn sein Bestand an flüssigen Mitteln und kurzfristigen Anlagen einen bestimmten Wert überschreitet. Diese Liquiditätsvorschriften am Abschlussstichtag haben zur Folge, dass das Unternehmen für die Rücknahme von Geschäftsanteilen nicht mehr als WE 50 000 aufwenden kann.

Klassifizierung

A15 Wie in Beispiel 4 klassifiziert das Unternehmen WE 750 000 als Eigenkapital und WE 150 000 als finanzielle Verbindlichkeit. Der Grund hierfür liegt darin, dass die Klassifizierung als Eigenkapital auf dem uneingeschränkten Recht des Unternehmens auf Ablehnung einer Rücknahme beruht und nicht auf bedingten Einschränkungen, die eine Rücknahme nur dann verhindern, wenn und solange Liquiditäts- oder andere Bedingungen nicht erfüllt sind. In diesem Fall sind die Bestimmungen der Paragraphen 19 und AG25 des IAS 32 anzuwenden.

Beispiel 6

Sachverhalt

A16 Laut Satzung darf das Unternehmen Geschäftsanteile nur in der Höhe des Gegenwerts zurücknehmen, die in den letzten drei Jahren durch die Ausgabe zusätzlicher Geschäftsanteile an neue oder vorhandene Mitglieder erzielt wurden. Die Rücknahmeanträge von Mitgliedern müssen mit dem Erlös aus der Ausgabe von Geschäftsanteilen abgegolten werden. Während der drei letzten Jahre betrug der Erlös aus der Ausgabe von Geschäftsanteilen WE 12 000, und es wurden keine Geschäftsanteile zurückgenommen.

Klassifizierung

A17 Das Unternehmen klassifiziert WE 12 000 der Geschäftsanteile als finanzielle Verbindlichkeit. In Übereinstimmung mit den Schlussfolgerungen in Beispiel 4 stellen Geschäftsanteile, die einem uneingeschränkten Rücknahmeverbot unterliegen, keine finanziellen Verbindlichkeiten dar. Ein solches uneingeschränktes Verbot gilt für einen Betrag in Höhe des Erlöses aus der Ausgabe von Anteilen, die vor mehr als drei Jahren stattfand, weshalb dieser Betrag als Eigenkapital klassifiziert wird. Der Betrag in Höhe des Erlöses aus Anteilen, die in den letzten drei Jahren ausgegeben wurden unterliegt jedoch keinem uneingeschränkten Rücknahmeverbot. Folglich entsteht durch die Ausgabe von Geschäftsanteilen in den letzten drei Jahren solange eine finanzielle Verbindlichkeit, bis diese Anteile nicht mehr kündbar sind. Das Unternehmen hat also eine finanzielle Verbindlichkeit in Höhe des Erlöses aus Anteilen, die in den letzten drei Jahren ausgegeben wurden, abzüglich etwaiger in diesem Zeitraum getätigter Rücknahmen.

Classification

In this case, CU750,000 would be classified as equity and CU150,000 would be classified as financial liabilities. In addition **A12** to the paragraphs already cited, paragraph 18 (b) of IAS 32 states in part:

> ... a financial instrument that gives the holder the right to put it back to the issuer for cash or another financial asset (a puttable instrument) is a financial liability, except for those instruments classified as equity instruments in accordance with paragraphs 16A and 16B or paragraphs 16C and 16D. The financial instrument is a financial liability even when the amount of cash or other financial assets is determined on the basis of an index or other item that has the potential to increase or decrease. The existence of an option for the holder to put the instrument back to the issuer for cash or another financial asset means that the puttable instrument meets the definition of a financial liability, except for those instruments classified as equity instruments in accordance with paragraphs 16A and 16B or paragraphs 16C and 16D.

The redemption prohibition described in this example is different from the restrictions described in paragraphs 19 and **A13** AG25 of IAS 32. Those restrictions are limitations on the ability of the entity to pay the amount due on a financial liability, i.e. they prevent payment of the liability only if specified conditions are met. In contrast, this example describes an unconditional prohibition on redemptions beyond a specified amount, regardless of the entity's ability to redeem members' shares (e.g. given its cash resources, profits or distributable reserves). In effect, the prohibition against redemption prevents the entity from incurring any financial liability to redeem more than a specified amount of paid-in capital. Therefore, the portion of shares subject to the redemption prohibition is not a financial liability. While each member's shares may be redeemable individually, a portion of the total shares outstanding is not redeemable in any circumstances other than liquidation of the entity.

Example 5

Facts

The facts of this example are as stated in example 4. In addition, at the end of the reporting period, liquidity requirements **A14** imposed in the local jurisdiction prevent the entity from redeeming any members' shares unless its holdings of cash and short-term investments are greater than a specified amount. The effect of these liquidity requirements at the end of the reporting period is that the entity cannot pay more than CU50 000 to redeem the members' shares.

Classification

As in example 4, the entity classifies CU750 000 as equity and CU150 000 as a financial liability. This is because the **A15** amount classified as a liability is based on the entity's unconditional right to refuse redemption and not on conditional restrictions that prevent redemption only if liquidity or other conditions are not met and then only until such time as they are met. The provisions of paragraphs 19 and AG25 of IAS 32 apply in this case.

Example 6

Facts

The entity's governing charter prohibits it from redeeming members' shares, except to the extent of proceeds received **A16** from the issue of additional members' shares to new or existing members during the preceding three years. Proceeds from issuing members' shares must be applied to redeem shares for which members have requested redemption. During the three preceding years, the proceeds from issuing members' shares have been CU12 000 and no member's shares have been redeemed.

Classification

The entity classifies CU12 000 of the members' shares as financial liabilities. Consistently with the conclusions described **A17** in example 4, members' shares subject to an unconditional prohibition against redemption are not financial liabilities. Such an unconditional prohibition applies to an amount equal to the proceeds of shares issued before the preceding three years, and accordingly, this amount is classified as equity. However, an amount equal to the proceeds from any shares issued in the preceding three years is not subject to an unconditional prohibition on redemption. Accordingly, proceeds from the issue of members' shares in the preceding three years give rise to financial liabilities until they are no longer available for redemption of members' shares. As a result the entity has a financial liability equal to the proceeds of shares issued during the three preceding years, net of any redemptions during that period.

Sachverhalt

A18 Das Unternehmen ist eine Genossenschaftsbank. Das lokale Gesetz, das die Tätigkeit von Genossenschaftsbanken regelt, schreibt vor, dass mindestens 50 Prozent der gesamten „offenen Verbindlichkeiten" des Unternehmens (die laut Definition im Gesetz auch die Konten mit Geschäftsanteilen umfassen) in Form von eingezahltem Kapital der Mitglieder vorliegen muss. Diese Bestimmung hat zur Folge, dass eine Genossenschaft, bei der alle offenen Verbindlichkeiten in Form von Geschäftsanteilen vorliegen, sämtliche Anteile zurücknehmen kann. Am 31. Dezember 20X1 hat das Unternehmen offene Verbindlichkeiten von insgesamt WE 200 000, wovon WE 125 000 auf Konten mit Geschäftsanteilen entfallen. Gemäß den Vertragsbedingungen für Konten mit Geschäftsanteilen ist der Inhaber berechtigt, eine Rücknahme seiner Anteile zu verlangen, und die Satzung des Unternehmens enthält keine Rücknahmebeschränkungen.

Klassifizierung

A19 In diesem Beispiel werden die Geschäftsanteile als finanzielle Verbindlichkeiten klassifiziert. Das Rücknahmeverbot ist mit den Beschränkungen vergleichbar, die in den Paragraphen 19 und AG25 des IAS 32 beschrieben werden. Diese Beschränkung stellt eine bedingte Beeinträchtigung der Fähigkeit des Unternehmens dar, den fälligen Betrag einer finanziellen Verbindlichkeit zu begleichen, d. h. sie verhindert die Zahlung der Verbindlichkeit nur dann, wenn bestimmte Bedingungen erfüllt sind. Im konkreten Fall könnte das Unternehmen verpflichtet sein, den gesamten Betrag der Geschäftsanteile (WE 125 000) zurückzunehmen, wenn es alle anderen Verbindlichkeiten (WE 75 000) zurückgezahlt hätte. Folglich wird das Unternehmen durch das Rücknahmeverbot nicht daran gehindert, eine finanzielle Verbindlichkeit für die Rücknahme von Anteilen einzugehen, die über eine bestimmte Anzahl von Geschäftsanteilen oder einen bestimmten Betrag des eingezahlten Kapitals hinausgeht. Es bietet dem Unternehmen nur die Möglichkeit, eine Rücknahme aufzuschieben, bis die Bedingung – in diesem Fall die Rückzahlung anderer Verbindlichkeiten – erfüllt ist. Die Geschäftsanteile unterliegen in diesem Beispiel keinem uneingeschränkten Rücknahmeverbot und sind daher als finanzielle Verbindlichkeiten einzustufen.

IFRIC INTERPRETATION 4

Feststellung, ob eine Vereinbarung ein Leasingverhältnis enthält

VERWEISE

- IFRS 13 *Bemessung des beizulegenden Zeitwerts*
- IAS 8 *Rechnungslegungsmethoden, Änderungen von rechnungslegungsbezogenen Schätzungen und Fehler*
- IAS 16 *Sachanlagen* (überarbeitet 2003)
- IAS 17 *Leasingverhältnisse* (überarbeitet 2003)
- IAS 38 *Immaterielle Vermögenswerte* (überarbeitet 2004)

HINTERGRUND

1 Ein Unternehmen kann eine Vereinbarung abschließen, die eine Transaktion oder mehrere miteinander verbundene Transaktionen enthält, die nicht in die rechtliche Form eines Leasingverhältnisses gekleidet ist, die jedoch gegen eine Zahlung oder eine Reihe von Zahlungen das Recht auf Nutzung eines Vermögenswerts (z. B. einer Sachanlage) überträgt. Zu den Beispielen von Vereinbarungen, bei denen ein Unternehmen (der Lieferant) einem anderen Unternehmen (dem Käufer) ein derartiges Recht auf Nutzung eines Vermögenswerts übertragen kann, häufig in Verbindung mit Dienstleistungen, gehören:
- Outsourcingvereinbarungen (z. B. das Auslagern der Datenverarbeitungsprozesse eines Unternehmens);
- Vereinbarungen in der Telekommunikationsbranche, in denen Anbieter von Netzkapazitäten Verträge abschließen, um Erwerbern Kapazitätsrechte einzuräumen;
- Take-or-Pay- und ähnliche Verträge, die die Käufer zu bestimmten Zahlungen verpflichten ungeachtet dessen, ob sie die vertraglich festgelegten Produkte abnehmen bzw. Dienstleistungen in Anspruch nehmen oder nicht (z. B. ein Take-or-Pay-Vertrag bezüglich der Übernahme der weitgehend gesamten Produktion eines Stromversorgers).

Example 7

Facts

The entity is a cooperative bank. Local law governing the operations of cooperative banks state that at least 50 per cent of the entity's total 'outstanding liabilities' (a term defined in the regulations to include members' share accounts) has to be in the form of members' paid-in capital. The effect of the regulation is that if all of a cooperative's outstanding liabilities are in the form of members' shares, it is able to redeem them all. On 31 December 20X1 the entity has total outstanding liabilities of CU200 000, of which CU125 000 represent members' share accounts. The terms of the members' share accounts permit the holder to redeem them on demand and there are no limitations on redemption in the entity's charter.

Classification

In this example members' shares are classified as financial liabilities. The redemption prohibition is similar to the restrictions described in paragraphs 19 and AG25 of IAS 32. The restriction is a conditional limitation on the ability of the entity to pay the amount due on a financial liability, i.e. they prevent payment of the liability only if specified conditions are met. More specifically, the entity could be required to redeem the entire amount of members' shares (CU125 000) if it repaid all of its other liabilities (CU75 000). Consequently, the prohibition against redemption does not prevent the entity from incurring a financial liability to redeem more than a specified number of members' shares or amount of paid-in capital. It allows the entity only to defer redemption until a condition is met, i.e. the repayment of other liabilities. Members' shares in this example are not subject to an unconditional prohibition against redemption and are therefore classified as financial liabilities.

IFRIC INTERPRETATION 4

Determining whether an arrangement contains a lease

REFERENCES

— IFRS 13 *Fair Value Measurement*
— IAS 8 *Accounting policies, changes in accounting estimates and errors*
— IAS 16 *Property, plant and equipment* (as revised in 2003)
— IAS 17 *Leases* (as revised in 2003)
— IAS 38 *Intangible assets* (as revised in 2004)

BACKGROUND

An entity may enter into an arrangement, comprising a transaction or a series of related transactions, that does not take the legal form of a lease but conveys a right to use an asset (e.g. an item of property, plant or equipment) in return for a payment or series of payments. Examples of arrangements in which one entity (the supplier) may convey such a right to use an asset to another entity (the purchaser), often together with related services, include:

— outsourcing arrangements (e.g. the outsourcing of the data processing functions of an entity);
— arrangements in the telecommunications industry, in which suppliers of network capacity enter into contracts to provide purchasers with rights to capacity;
— take-or-pay and similar contracts, in which purchasers must make specified payments regardless of whether they take delivery of the contracted products or services (e.g. a take-or-pay contract to acquire substantially all of the output of a supplier's power generator).

2 Diese Interpretation dient als Leitlinie zur Feststellung, ob solche Vereinbarungen Leasingverhältnisse sind oder enthalten, die gemäß IAS 17 zu bilanzieren sind. Es wird jedoch keine Leitlinie für die Bestimmung gegeben, wie ein solches Leasingverhältnis nach jenem Standard zu klassifizieren ist.

3 Der einem Leasingverhältnis zugrunde liegende Vermögenswert kann Teil eines umfassenderen Vermögenswerts sein. Diese Interpretation befasst sich nicht damit, wie zu bestimmen ist, wann ein Teil eines umfassenderen Vermögenswerts selbst der zugrunde liegende Vermögenswert ist, auf den IAS 17 anzuwenden ist. Dennoch fallen Vereinbarungen, denen ein Vermögenswert zugrunde liegt, der eine Bilanzierungseinheit gemäß IAS 16 oder gemäß IAS 38 darstellt, in den Anwendungsbereich dieser Interpretation.

ANWENDUNGSBEREICH

4 Diese Interpretation ist nicht auf Vereinbarungen anwendbar, die
(a) Leasingverhältnisse darstellen oder enthalten, die vom Anwendungsbereich des IAS 17 ausgeschlossen sind, oder
(b) öffentlich-private *Dienstleistungskonzessionsvereinbarungen* darstellen, auf die IFRIC 12 Dienstleistungskonzessionsvereinbarungen anwendbar ist.

FRAGESTELLUNGEN

5 In dieser Interpretation werden die folgenden Fragen behandelt:
(a) Wie kann festgestellt werden, ob eine Vereinbarung ein in IAS 17 beschriebenes Leasingverhältnis ist oder enthält?
(b) Wann ist die Beurteilung oder eine Neubeurteilung darüber vorzunehmen, ob eine Vereinbarung ein Leasingverhältnis ist oder enthält?
(c) Wenn eine Vereinbarung ein Leasingverhältnis ist oder enthält, wie sind die Leasingzahlungen von den Zahlungen für alle anderen Komponenten der Vereinbarung zu trennen?

BESCHLUSS

Feststellung, ob eine Vereinbarung ein Leasingverhältnis ist oder enthält

6 Die Feststellung, ob eine Vereinbarung ein Leasingverhältnis ist oder enthält, hat auf der Grundlage des wirtschaftlichen Gehalts der Vereinbarung zu erfolgen und verlangt eine Beurteilung, ob
(a) die Erfüllung der Vereinbarung von der Nutzung eines bestimmten Vermögenswerts oder bestimmter Vermögenswerte (der Vermögenswert) abhängt; und
(b) die Vereinbarung ein Recht auf Nutzung des Vermögenswerts überträgt.

Die Erfüllung der Vereinbarung hängt von der Nutzung eines bestimmten Vermögenswerts ab

7 Auch wenn in einer Vereinbarung ein bestimmter Vermögenswert explizit identifiziert werden kann, handelt es sich hierbei nicht um ein Leasingverhältnis, wenn die Erfüllung der Vereinbarung nicht von der Nutzung dieses bestimmten Vermögenswerts abhängt. Wenn der Lieferant beispielsweise verpflichtet ist, eine bestimmte Menge an Waren zu liefern bzw. Dienstleistungen zu erbringen und das Recht und die Möglichkeit hat, diese Waren bzw. Dienstleistungen unter Nutzung anderer nicht in der Vereinbarung spezifizierter Vermögenswerte bereitzustellen, dann hängt die Erfüllung der Vereinbarung nicht von dem bestimmten Vermögenswert ab und die Vereinbarung enthält kein Leasingverhältnis. Eine Gewährleistungsverpflichtung, die den Ersatz gleicher oder ähnlicher Vermögenswerte zulässt oder verlangt, wenn der bestimmte Vermögenswert nicht richtig funktioniert, schließt eine Behandlung als Leasingverhältnis nicht aus. Außerdem schließt eine vertragliche Bestimmung (bedingt oder nicht), durch der der Lieferant aus irgendeinem Grund an oder nach einem bestimmten Zeitpunkt andere Vermögenswerte ersetzen darf oder muss, die Behandlung als Leasingverhältnis vor dem Austauschzeitpunkt nicht aus.

8 Ein Vermögenswert wurde stillschweigend spezifiziert, wenn der Lieferant zur Erfüllung seiner Verpflichtung beispielsweise nur einen Vermögenswert besitzt oder least und es für den Lieferanten nicht wirtschaftlich durchführbar oder praktikabel ist, seine Verpflichtung durch den Einsatz alternativer Vermögenswerte zu erfüllen.

Die Vereinbarung überträgt ein Recht auf Nutzung des Vermögenswerts

9 Eine Vereinbarung überträgt das Recht auf Nutzung des Vermögenswerts, wenn die Vereinbarung dem Käufer (Leasingnehmer) das Recht überträgt, die Verwendung des zugrunde liegenden Vermögenswerts zu kontrollieren. Das Recht, die Verwendung eines zugrunde liegenden Vermögenswerts zu kontrollieren, wird übertragen, wenn eine der nachstehenden Bedingungen erfüllt wird:
(a) Der Käufer hat die Fähigkeit oder das Recht, den Vermögenswert zu betreiben oder andere anzuweisen, den Vermögenswert in einer von ihm festgelegten Art zu betreiben, wobei er mehr als nur einen geringfügigen Betrag des Ausstoßes oder Nutzens des Vermögenswerts erhält oder kontrolliert.

This interpretation provides guidance for determining whether such arrangements are, or contain, leases that should be accounted for in accordance with IAS 17. It does not provide guidance for determining how such a lease should be classified under that standard. 2

In some arrangements, the underlying asset that is the subject of the lease is a portion of a larger asset. This interpretation does not address how to determine when a portion of a larger asset is itself the underlying asset for the purposes of applying IAS 17. Nevertheless, arrangements in which the underlying asset would represent a unit of account in either IAS 16 or IAS 38 are within the scope of this interpretation. 3

SCOPE

This Interpretation does not apply to arrangements that: 4
(a)   are, or contain, leases excluded from the scope of IAS 17; or
(b)   are public-to-private service concession arrangements within the scope of IFRIC 12 *Service Concession Arrangements.*

ISSUES

The issues addressed in this interpretation are: 5
(a)   how to determine whether an arrangement is, or contains, a lease as defined in IAS 17;
(b)   when the assessment or a reassessment of whether an arrangement is, or contains, a lease should be made; and
(c)   if an arrangement is, or contains, a lease, how the payments for the lease should be separated from payments for any other elements in the arrangement.

CONSENSUS

Determining whether an arrangement is, or contains, a lease

Determining whether an arrangement is, or contains, a lease shall be based on the substance of the arrangement and requires an assessment of whether: 6
(a)   fulfilment of the arrangement is dependent on the use of a specific asset or assets (the asset); and
(b)   the arrangement conveys a right to use the asset.

Fulfilment of the arrangement is dependent on the use of a specific asset

Although a specific asset may be explicitly identified in an arrangement, it is not the subject of a lease if fulfilment of the arrangement is not dependent on the use of the specified asset. For example, if the supplier is obliged to deliver a specified quantity of goods or services and has the right and ability to provide those goods or services using other assets not specified in the arrangement, then fulfilment of the arrangement is not dependent on the specified asset and the arrangement does not contain a lease. A warranty obligation that permits or requires the substitution of the same or similar assets when the specified asset is not operating properly does not preclude lease treatment. In addition, a contractual provision (contingent or otherwise) permitting or requiring the supplier to substitute other assets for any reason on or after a specified date does not preclude lease treatment before the date of substitution. 7

An asset has been implicitly specified if, for example, the supplier owns or leases only one asset with which to fulfil the obligation and it is not economically feasible or practicable for the supplier to perform its obligation through the use of alternative assets. 8

Arrangement conveys a right to use the asset

An arrangement conveys the right to use the asset if the arrangement conveys to the purchaser (lessee) the right to control the use of the underlying asset. The right to control the use of the underlying asset is conveyed if any one of the following conditions is met: 9
(a)   The purchaser has the ability or right to operate the asset or direct others to operate the asset in a manner it determines while obtaining or controlling more than an insignificant amount of the output or other utility of the asset.

(b) Der Käufer hat die Fähigkeit oder das Recht, den physischen Zugang zu dem zugrunde liegenden Vermögenswert zu bestimmen, während er mehr als einen geringfügigen Betrag des Ausstoßes oder Nutzens des Vermögenswerts erhält oder kontrolliert.

(c) Tatsachen und Umstände weisen auf die Unwahrscheinlichkeit hin, dass außer dem Käufer eine oder mehrere Parteien einen mehr als geringfügigen Betrag des Ausstoßes oder Nutzens, den der Vermögenswert in dem Zeitraum der Vereinbarung produziert oder erzeugt, übernehmen werden und der Preis, den der Käufer für das Ergebnis zahlen wird, weder vertraglich pro Produktionseinheit festgelegt wird noch dem aktuellen Marktpreis je Einheit des Ergebnisses zum Zeitpunkt der Lieferung des Ergebnisses entspricht.

Beurteilung oder Neubeurteilung, ob eine Vereinbarung ein Leasingverhältnis ist oder enthält

10 Ob eine Vereinbarung ein Leasingverhältnis enthält, ist auf der Grundlage aller Tatsachen und Umstände bei Abschluss der Vereinbarung zu beurteilen, d. h. an dem früheren der beiden folgenden Zeitpunkte: dem Tag der Vereinbarung oder dem Tag, an dem sich die Vertragsparteien über die wesentlichen Bestimmungen der Vereinbarung geeinigt haben. Eine Neubeurteilung, ob eine Vereinbarung nach Vertragsbeginn ein Leasingverhältnis enthält, ist nur dann vorzunehmen, wenn eine der folgenden Bedingungen erfüllt ist:

(a) Die Vertragsbedingungen werden geändert, sofern sich die Änderung nicht nur auf eine Erneuerung oder Verlängerung der Vereinbarung bezieht.

(b) Die Vertragsparteien üben eine Erneuerungsoption aus oder vereinbaren eine Verlängerung, sofern die Erneuerungs- oder Verlängerungsbestimmungen nicht ursprünglich in der Laufzeit des Leasingverhältnisses gemäß Paragraph 4 des IAS 17 enthalten sind. Eine Erneuerung oder Verlängerung der Vereinbarung, durch die keiner der Bestimmungen der ursprünglichen Vereinbarung vor Ende ihrer Laufzeit geändert wird, ist nur nach den Paragraphen 6–9 hinsichtlich der Erneuerungs- oder Verlängerungsperiode zu bewerten.

(c) Die Feststellung, ob die Vertragserfüllung von einem bestimmten Vermögenswert abhängt, wird geändert.

(d) Der Vermögenswert wird wesentlich geändert, z. B. eine erhebliche physische Änderung einer Sachanlage.

11 Bei einer Neubeurteilung einer Vereinbarung sind die Tatsachen und Umständen zugrunde zu legen, die zum Zeitpunkt der Neubeurteilung erwartet werden; dies gilt auch für die Neubeurteilung der Restlaufzeit der Vereinbarung. Änderungen der Schätzwerte (z. B. des geschätzten Betrags des an den Käufer oder an andere potenzielle Käufer zu liefernden Ausstoßes) würden keine Neubeurteilung verursachen. Wenn eine Vereinbarung neu beurteilt und dabei festgestellt wird, dass sie ein Leasingverhältnis enthält (oder kein Leasingverhältnis enthält), ist die Rechnungslegung für Leasingverhältnisse anzuwenden (oder nicht mehr anzuwenden):

(a) im Fall von (a), (c) oder (d) in Paragraph 10 ab dem Zeitpunkt, zu dem die Änderung der Umstände eintritt, die eine Neubeurteilung hervorrufen;

(b) im Fall von (b) in Paragraph 10 ab dem Beginn der Erneuerungs- oder Verlängerungsperiode.

Trennung der Leasingzahlungen von anderen Zahlungen

12 Wenn eine Vereinbarung ein Leasingverhältnis enthält, haben die Vertragsparteien die Bestimmungen von IAS 17 auf die Leasingkomponente der Vereinbarung anzuwenden, es sei denn, es liegt gemäß Paragraph 2 von IAS 17 eine Ausnahme von diesen Bestimmungen vor. Wenn eine Vereinbarung ein Leasingverhältnis enthält, ist dieses Leasingverhältnis dementsprechend als ein Finanzierungs- oder ein Operating-Leasingverhältnis gemäß den Paragraphen 7–19 des IAS 17 zu klassifizieren. Andere Bestandteile der Vereinbarung, die nicht in den Anwendungsbereich von IAS 17 fallen, sind nach anderen Standards zu bilanzieren.

13 Hinsichtlich der Anwendung der Bestimmungen des IAS 17 sind die von der Vereinbarung geforderten Zahlungen und anderen Entgelte von Beginn der Vereinbarung an oder bei deren Neubeurteilung in diejenigen für das Leasingverhältnis und diejenigen für andere Posten auf Grundlage ihrer relativen beizulegenden Zeitwerte zu trennen. Die in Paragraph 4 von IAS 17 beschriebenen Mindestleasingzahlungen enthalten nur Zahlungen für Leasingverhältnisse (d. h. das Recht auf Nutzung des Vermögenswerts) und schließen Zahlungen für andere Bestandteile dieser Vereinbarung aus (z. B. für Dienstleistungen und Kosten des Ressourceneinsatzes).

14 In manchen Fällen erfordert die Trennung der Leasingzahlungen von den Zahlungen für andere Bestandteile der Vereinbarung, dass der Käufer ein Schätzverfahren anwendet. Ein Käufer kann beispielsweise die Leasingzahlungen schätzen, indem er sich auf eine Leasingvereinbarung für einen vergleichbaren Vermögenswert bezieht, die keine anderen Bestandteile enthält, oder indem er die Zahlungen für die anderen Bestandteile der Vereinbarung schätzt, wobei er sich auf vergleichbare Vereinbarungen bezieht und dann diese Zahlungen von der Gesamtsumme der gemäß der Vereinbarung zu leistenden Zahlungen abzieht.

15 Wenn ein Käufer zu dem Ergebnis gelangt, dass es undurchführbar ist, die Zahlungen verlässlich zu trennen, so hat er

(b) The purchaser has the ability or right to control physical access to the underlying asset while obtaining or controlling more than an insignificant amount of the output or other utility of the asset.

(c) Facts and circumstances indicate that it is remote that one or more parties other than the purchaser will take more than an insignificant amount of the output or other utility that will be produced or generated by the asset during the term of the arrangement, and the price that the purchaser will pay for the output is neither contractually fixed per unit of output nor equal to the current market price per unit of output as of the time of delivery of the output.

Assessing or reassessing whether an arrangement is, or contains, a lease

The assessment of whether an arrangement contains a lease shall be made at the inception of the arrangement, being the **10** earlier of the date of the arrangement and the date of commitment by the parties to the principal terms of the arrangement, on the basis of all of the facts and circumstances. A reassessment of whether the arrangement contains a lease after the inception of the arrangement shall be made only if any one of the following conditions is met:

(a) There is a change in the contractual terms, unless the change only renews or extends the arrangement.

(b) A renewal option is exercised or an extension is agreed to by the parties to the arrangement, unless the term of the renewal or extension had initially been included in the lease term in accordance with paragraph 4 of IAS 17. A renewal or extension of the arrangement that does not include modification of any of the terms in the original arrangement before the end of the term of the original arrangement shall be evaluated under paragraphs 6—9 only with respect to the renewal or extension period.

(c) There is a change in the determination of whether fulfilment is dependent on a specified asset.

(d) There is a substantial change to the asset, for example a substantial physical change to property, plant or equipment.

A reassessment of an arrangement shall be based on the facts and circumstances as of the date of reassessment, including **11** the remaining term of the arrangement. Changes in estimate (for example, the estimated amount of output to be delivered to the purchaser or other potential purchasers) would not trigger a reassessment. If an arrangement is reassessed and is determined to contain a lease (or not to contain a lease), lease accounting shall be applied (or cease to apply) from:

(a) in the case of (a), (c) or (d) in paragraph 10, when the change in circumstances giving rise to the reassessment occurs;

(b) in the case of (b) in paragraph 10, the inception of the renewal or extension period.

Separating payments for the lease from other payments

If an arrangement contains a lease, the parties to the arrangement shall apply the requirements of IAS 17 to the lease **12** element of the arrangement, unless exempted from those requirements in accordance with paragraph 2 of IAS 17. Accordingly, if an arrangement contains a lease, that lease shall be classified as a finance lease or an operating lease in accordance with paragraphs 7—19 of IAS 17. Other elements of the arrangement not within the scope of IAS 17 shall be accounted for in accordance with other standards.

For the purpose of applying the requirements of IAS 17, payments and other consideration required by the arrangement **13** shall be separated at the inception of the arrangement or upon a reassessment of the arrangement into those for the lease and those for other elements on the basis of their relative fair values. The minimum lease payments as defined in paragraph 4 of IAS 17 include only payments for the lease (i.e. the right to use the asset) and exclude payments for other elements in the arrangement (e.g. for services and the cost of inputs).

In some cases, separating the payments for the lease from payments for other elements in the arrangement will require **14** the purchaser to use an estimation technique. For example, a purchaser may estimate the lease payments by reference to a lease agreement for a comparable asset that contains no other elements, or by estimating the payments for the other elements in the arrangement by reference to comparable agreements and then deducting these payments from the total payments under the arrangement.

If a purchaser concludes that it is impracticable to separate the payments reliably, it shall: **15**

(a) im Fall eines Finanzierungsleasings einen Vermögenswert und eine Schuld zu einem dem beizulegenden Zeitwert[3] des zugrunde liegenden Vermögenswerts, der in den Paragraphen 7 und 8 als Gegenstand des Leasingverhältnisses identifiziert wurde, entsprechenden Betrag anzusetzen. Die Schuld ist anschließend unter Anwendung des Grenzfremdkapitalzinssatzes[4] des Käufers zu reduzieren, wenn Zahlungen erfolgt sind und die auf die Schuld angerechneten Finanzierungskosten erfasst wurden;

(b) im Fall eines Operating-Leasingverhältnisses alle Zahlungen bezüglich dieser Vereinbarung als Leasingzahlungen zu behandeln, um die Angabepflichten des IAS 17 zu erfüllen, jedoch

    (i) jene Zahlungen von den Mindestleasingzahlungen anderer Vereinbarungen, die keine Zahlungen für nicht zu einem Leasingverhältnis gehörende Posten beinhalten, getrennt anzugeben und

    (ii) zu erklären, dass die angegebenen Zahlungen auch Zahlungen für nicht zum Leasingverhältnis gehörende Bestandteile der Vereinbarung enthalten.

ZEITPUNKT DES INKRAFTTRETENS

16 Diese Interpretation ist erstmals in der ersten Berichtsperiode eines am 1. Januar 2006 oder danach beginnenden Geschäftsjahres anzuwenden. Eine frühere Anwendung wird empfohlen. Wenn ein Unternehmen diese Interpretation für Berichtsperioden anwendet, die vor dem 1. Januar 2006 beginnen, so ist diese Tatsache anzugeben.

ÜBERGANGSVORSCHRIFTEN

17 IAS 8 führt aus, wie ein Unternehmen eine Änderung der Rechnungslegungsmethoden anwendet, die aus der erstmaligen Anwendung einer Interpretation resultiert. Wenn ein Unternehmen diese Interpretation erstmals anwendet, muss es diese Anforderungen nicht erfüllen. Wenn ein Unternehmen diese Ausnahme nutzt, so sind die Paragraphen 6–9 der Interpretation auf Vereinbarungen anzuwenden, die zu Beginn der frühesten Periode bestehen, in der Vergleichszahlen gemäß IFRS aufgrund der zu Beginn dieser Periode bestehenden Tatsachen und Umstände dargelegt werden.

IFRIC INTERPRETATION 5

Rechte auf Anteile an Fonds für Entsorgung, Rekultivierung und Umweltsanierung

VERWEISE

– IFRS 10 *Konzernabschlüsse*
– IFRS 11 *Gemeinsame Vereinbarungen*
– IAS 8 *Rechnungslegungsmethoden, Änderungen von rechnungslegungsbezogenen Schätzungen und Fehler*
– IAS 28 *Anteile an assoziierten Unternehmen und Gemeinschaftsunternehmen*
– IAS 37 *Rückstellungen, Eventualverbindlichkeiten und Eventualforderungen*
– IAS 39 *Finanzinstrumente: Ansatz und Bewertung* (überarbeitet 2003)

HINTERGRUND

1 Fonds für Entsorgung, Rekultivierung und Umweltsanierung, nachstehend als „Entsorgungsfonds" oder „Fonds" bezeichnet, dienen zur Trennung von Vermögenswerten, die für die Finanzierung eines Teils oder aller Kosten bestimmt sind, die bei der Entsorgung von Anlagen (z. B. eines Kernkraftwerks) oder gewisser Sachanlagen (z. B. Autos) oder der Umwelt-

---

3 In IAS 17 wird der Begriff „beizulegender Zeitwert" in einer Weise verwendet, die sich in einigen Aspekten von der Definition des beizulegenden Zeitwerts in IFRS 13 unterscheidet. Wendet ein Unternehmen IAS 17 an, bemisst es den beizulegenden Zeitwert daher gemäß vorliegendem IAS 17 und nicht gemäß IFRS 13.

4 d. h. der in Paragraph 4 des IAS 17 beschriebene Grenzfremdkapitalzinssatz des Leasingnehmers.

(a) in the case of a finance lease, recognise an asset and a liability at an amount equal to the fair value[3] of the underlying asset that was identified in paragraphs 7 and 8 as the subject of the lease. Subsequently the liability shall be reduced as payments are made and an imputed finance charge on the liability recognised using the purchaser's incremental borrowing rate of interest[4];

(b) in the case of an operating lease, treat all payments under the arrangement as lease payments for the purposes of complying with the disclosure requirements of IAS 17; but:

  (i) disclose those payments separately from minimum lease payments of other arrangements that do not include payments for non-lease elements; and

  (ii) state that the disclosed payments also include payments for non-lease elements in the arrangement.

EFFECTIVE DATE

An entity shall apply this interpretation for annual periods beginning on or after 1 January 2006. Earlier application is 16 encouraged. If an entity applies this interpretation for a period beginning before 1 January 2006, it shall disclose that fact.

TRANSITION

IAS 8 specifies how an entity applies a change in accounting policy resulting from the initial application of an interpreta- 17 tion. An entity is not required to comply with those requirements when first applying this interpretation. If an entity uses this exemption, it shall apply paragraphs 6—9 of the interpretation to arrangements existing at the start of the earliest period for which comparative information under IFRSs is presented on the basis of facts and circumstances existing at the start of that period.

IFRIC INTERPRETATION 5

Rights to interests arising from decommissioning, restoration and environmental rehabilitation funds

REFERENCES

— IFRS 10 *Consolidated Financial Statements*
— IFRS 11 *Joint Arrangements*
— IAS 8 *Accounting policies, changes in accounting estimates and errors*
— IAS 28 *Investments in Associates and Joint Ventures*
— IAS 37 *Provisions, contingent liabilities and contingent assets*
— IAS 39 *Financial instruments: recognition and measurement* (as revised in 2003)

BACKGROUND

The purpose of decommissioning, restoration and environmental rehabilitation funds, hereafter referred to as 'decommis- 1 sioning funds' or 'funds', is to segregate assets to fund some or all of the costs of decommissioning plant (such as a nuclear plant) or certain equipment (such as cars), or in undertaking environmental rehabilitation (such as rectifying pollution of

---

3 IAS 17 uses the term 'fair value' in a way that differs in some respects from the definition of fair value in IFRS 13. Therefore, when applying IAS 17 an entity measures fair value in accordance with IAS 17, not IFRS 13.
4 i.e. the lessee's incremental borrowing rate of interest as defined in paragraph 4 of IAS 17.

sanierung (z. B. Bereinigung von Gewässerverschmutzung oder Rekultivierung von Bergbaugeländen) anfallen, zusammen als „Entsorgung" bezeichnet.

2 Beiträge zu diesen Fonds können auf freiwilliger Basis beruhen oder durch eine Verordnung bzw. gesetzlich vorgeschrieben sein. Die Fonds können eine der folgenden Strukturen aufweisen:

(a) Von einem einzelnen Teilnehmer eingerichtete Fonds zur Finanzierung seiner eigenen Entsorgungsverpflichtungen, sei es für einen bestimmten oder für mehrere, geografisch verteilte Orte.

(b) Von mehreren Teilnehmern eingerichtete Fonds zur Finanzierung ihrer individuellen oder gemeinsamen Entsorgungsverpflichtungen, wobei die Teilnehmer einen Anspruch auf Erstattung der Entsorgungsaufwendungen bis zur Höhe ihrer Beiträge und der angefallenen Erträge aus diesen Beiträgen abzüglich ihres Anteils an den Verwaltungskosten des Fonds haben. Die Teilnehmer unterliegen eventuell der Pflicht, zusätzliche Beiträge zu leisten, beispielsweise im Fall der Insolvenz eines Teilnehmers.

(c) Von mehreren Teilnehmern eingerichtete Fonds zur Finanzierung ihrer individuellen oder gemeinsamen Entsorgungsverpflichtungen, wobei das erforderliche Beitragsniveau auf der derzeitigen Tätigkeit eines Teilnehmers basiert und der von diesem Teilnehmer erzielte Nutzen auf seiner vergangenen Tätigkeit beruht. In diesen Fällen besteht eine potenzielle Inkongruenz bezüglich der Höhe der von einem Teilnehmer geleisteten Beiträge (auf Grundlage der derzeitigen Tätigkeit) und des aus dem Fonds realisierbaren Werts (auf Grundlage der vergangenen Tätigkeit).

3 Im Allgemeinen haben diese Fonds folgende Merkmale:

(a) Der Fonds wird von unabhängigen Treuhändern gesondert verwaltet.

(b) Unternehmen (Teilnehmer) leisten Beiträge an den Fonds, die in verschiedene Vermögenswerte, die sowohl Anlagen in Schuld- als auch in Beteiligungstitel umfassen können, investiert werden und die den Teilnehmern für die Leistung ihrer Entsorgungsaufwendungen zur Verfügung stehen. Die Treuhänder bestimmen, wie die Beiträge im Rahmen der in der maßgebenden Satzung des Fonds dargelegten Beschränkungen und in Übereinstimmung mit den anzuwendenden Gesetzen oder anderen Vorschriften investiert werden.

(c) Die Teilnehmer übernehmen die Verpflichtung, Entsorgungsaufwendungen zu leisten. Die Teilnehmer können jedoch eine Erstattung des Entsorgungsaufwands aus dem Fonds bis zu dem niedrigeren Wert aus dem Entsorgungsaufwand und dem Anteil des Teilnehmers an den Vermögenswerten des Fonds erhalten.

(d) Die Teilnehmer können einen begrenzten oder keinen Zugriff auf einen Überschuss der Vermögenswerte des Fonds über diejenigen haben, die zum Ausgleich des in Frage kommenden Entsorgungsaufwands gebraucht werden.

ANWENDUNGSBEREICH

4 Diese Interpretation ist in Abschlüssen eines Teilnehmers für die Bilanzierung von Anteilen an Entsorgungsfonds anzuwenden, welche die beiden folgenden Merkmale aufweisen:

(a) die Vermögenswerte werden gesondert verwaltet (indem sie entweder in einer getrennten juristischen Einheit oder als getrennte Vermögenswerte in einem anderen Unternehmen gehalten werden); und

(b) das Zugriffsrecht eines Teilnehmers auf die Vermögenswerte ist begrenzt.

5 Ein Restanspruch an einen Fonds, der sich über einen Erstattungsanspruch hinaus erstreckt, wie beispielsweise ein vertragliches Recht auf Ausschüttung nach Durchführung aller Entsorgungen oder auf Auflösung des Fonds, kann als ein Eigenkapitalinstrument in den Anwendungsbereich von IAS 39 fallen und unterliegt nicht dem Anwendungsbereich dieser Interpretation.

FRAGESTELLUNGEN

6 In dieser Interpretation werden die folgenden Fragen behandelt:

(a) Wie hat ein Teilnehmer seinen Anteil an einem Fonds zu bilanzieren?

(b) Falls ein Teilnehmer verpflichtet ist, zusätzliche Beiträge zu leisten, beispielsweise im Falle der Insolvenz eines anderen Teilnehmers, wie ist diese Verpflichtung zu bilanzieren?

BESCHLUSS

Bilanzierung eines Anteils an einem Fonds

7 Der Teilnehmer hat seine Verpflichtung, den Entsorgungsaufwand zu leisten, als Rückstellung und seinen Anteil an dem Fonds getrennt anzusetzen, es sei denn, der Teilnehmer haftet nicht für die Zahlung des Entsorgungsaufwands, selbst wenn der Fond nicht zahlt.

8 Der Teilnehmer hat mittels Einsichtnahme in IFRS 10, IFRS 11 und IAS 28 festzustellen, ob er den Fonds beherrscht, die gemeinschaftliche Führung des Fonds oder einen maßgeblichen Einfluss auf den Fonds ausübt. Wenn dies der Fall ist, hat der Teilnehmer seinen Anteil an dem Fonds in Übereinstimmung mit den betreffenden Standards zu bilanzieren.

water or restoring mined land), together referred to as 'decommissioning'.

Contributions to these funds may be voluntary or required by regulation or law. The funds may have one of the following **2** structures:

(a) funds that are established by a single contributor to fund its own decommissioning obligations, whether for a particular site, or for a number of geographically dispersed sites;

(b) funds that are established with multiple contributors to fund their individual or joint decommissioning obligations, when contributors are entitled to reimbursement for decommissioning expenses to the extent of their contributions plus any actual earnings on those contributions less their share of the costs of administering the fund. Contributors may have an obligation to make additional contributions, for example, in the event of the bankruptcy of another contributor;

(c) funds that are established with multiple contributors to fund their individual or joint decommissioning obligations when the required level of contributions is based on the current activity of a contributor and the benefit obtained by that contributor is based on its past activity. In such cases there is a potential mismatch in the amount of contributions made by a contributor (based on current activity) and the value realisable from the fund (based on past activity).

Such funds generally have the following features: **3**

(a) the fund is separately administered by independent trustees;

(b) entities (contributors) make contributions to the fund, which are invested in a range of assets that may include both debt and equity investments, and are available to help pay the contributors' decommissioning costs. The trustees determine how contributions are invested, within the constraints set by the fund's governing documents and any applicable legislation or other regulations;

(c) the contributors retain the obligation to pay decommissioning costs. However, contributors are able to obtain reimbursement of decommissioning costs from the fund up to the lower of the decommissioning costs incurred and the contributor's share of assets of the fund;

(d) the contributors may have restricted access or no access to any surplus of assets of the fund over those used to meet eligible decommissioning costs.

SCOPE

This interpretation applies to accounting in the financial statements of a contributor for interests arising from decommissioning funds that have both of the following features: **4**

(a) the assets are administered separately (either by being held in a separate legal entity or as segregated assets within another entity); and

(b) a contributor's right to access the assets is restricted.

A residual interest in a fund that extends beyond a right to reimbursement, such as a contractual right to distributions **5** once all the decommissioning has been completed or on winding up the fund, may be an equity instrument within the scope of IAS 39 and is not within the scope of this interpretation.

ISSUES

The issues addressed in this interpretation are: **6**

(a) how should a contributor account for its interest in a fund?

(b) when a contributor has an obligation to make additional contributions, for example, in the event of the bankruptcy of another contributor, how should that obligation be accounted for?

CONSENSUS

Accounting for an interest in a fund

The contributor shall recognise its obligation to pay decommissioning costs as a liability and recognise its interest in the **7** fund separately unless the contributor is not liable to pay decommissioning costs even if the fund fails to pay.

The contributor shall determine whether it has control or joint control of, or significant influence over the fund by reference to IFRS 10, IFRS 11 and IAS 28. If it does, the contributor shall account for its interest in the fund in accordance with those Standards. **8**

9 Beherrscht der Teilnehmer den Fonds nicht, übt er keine gemeinschaftliche Führung des Fonds oder keinen maßgeblichen Einfluss auf den Fonds aus, so hat er den Erstattungsanspruch aus dem Fonds als Erstattung gemäß IAS 37 anzusetzen. Diese Erstattung ist zu dem niedrigeren Betrag aus

(a) dem Betrag der angesetzten Entsorgungsverpflichtung; und

(b) dem Anteil des Teilnehmers am beizulegenden Zeitwert der den Teilnehmern zustehenden Nettovermögenswerte des Fonds zu bewerten.

Änderungen des Buchwerts des Anspruchs, Erstattungen mit Ausnahme von Beiträgen an den Fonds und Zahlungen aus dem Fonds zu erhalten, sind erfolgswirksam in der Berichtsperiode zu erfassen, in der die Änderungen anfallen.

Bilanzierung von Verpflichtungen zur Leistung zusätzlicher Beiträge

10 Ist ein Teilnehmer verpflichtet, mögliche zusätzliche Beiträge zu leisten, beispielsweise im Fall der Insolvenz eines anderen Teilnehmers oder falls der Wert der vom Fonds gehaltenen Finanzinvestitionen so weit fällt, dass die Vermögenswerte nicht mehr ausreichen, um die Erstattungsverpflichtungen des Fonds zu erfüllen, so ist diese Verpflichtung eine Eventualverbindlichkeit, die in den Anwendungsbereich von IAS 37 fällt. Der Teilnehmer hat nur dann eine Schuld anzusetzen, wenn es wahrscheinlich ist, dass zusätzliche Beiträge geleistet werden.

Angaben

11 Ein Teilnehmer hat die Art seines Anteils an einem Fonds sowie alle Zugriffsbeschränkungen zu den Vermögenswerten des Fonds anzugeben.

12 Wenn ein Teilnehmer eine Verpflichtung hat, mögliche zusätzliche Beiträge zu leisten, die jedoch nicht als Schuld angesetzt sind (siehe Paragraph 10), so hat er die in IAS 37 Paragraph 86 verlangten Angaben zu leisten.

13 Bilanziert ein Teilnehmer seinen Anteil an dem Fonds gemäß Paragraph 9, so hat er die in IAS 37, Paragraph 85 (c) verlangten Angaben zu leisten.

ZEITPUNKT DES INKRAFTTRETENS

14 Diese Interpretation ist erstmals in der ersten Berichtsperiode eines am 1. Januar 2006 oder danach beginnenden Geschäftsjahres anzuwenden. Eine frühere Anwendung wird empfohlen. Wenn ein Unternehmen diese Interpretation für Berichtsperioden anwendet, die vor dem 1. Januar 2006 beginnen, so ist diese Tatsache anzugeben.

14B Durch IFRS 10 und IFRS 11, veröffentlicht im Mai 2011, wurden die Paragraphen 8 und 9 geändert. Ein Unternehmen hat diese Änderungen anzuwenden, wenn es IFRS 10 und IFRS 11 anwendet.

ÜBERGANGSVORSCHRIFTEN

15 Änderungen der Rechnungslegungsmethoden sind in Übereinstimmung mit den Bestimmungen von IAS 8 vorzunehmen.

IFRIC INTERPRETATION 6

Verbindlichkeiten, die sich aus einer Teilnahme an einem spezifischen Markt ergeben – Elektro- und Elektronik-Altgeräte

VERWEISE

– IAS 8 *Rechnungslegungsmethoden, Änderungen von rechnungslegungsbezogenen Schätzungen und Fehler*
– IAS 37 *Rückstellungen, Eventualverbindlichkeiten und Eventualforderungen*

If a contributor does not have control or joint control of, or significance influence over, the fund, the contributor shall **9** recognise the right to receive reimbursement from the fund as a reimbursement in accordance with IAS 37. This reimbursement shall be measured at the lower of:

(a) the amount of the decommissioning obligation recognised; and

(b) the contributor's share of the fair value of the net assets of the fund attributable to contributors.

Changes in the carrying value of the right to receive reimbursement other than contributions to and payments from the fund shall be recognised in profit or loss in the period in which these changes occur.

Accounting for obligations to make additional contributions

When a contributor has an obligation to make potential additional contributions, for example, in the event of the bank- **10** ruptcy of another contributor or if the value of the investment assets held by the fund decreases to an extent that they are insufficient to fulfil the fund's reimbursement obligations, this obligation is a contingent liability that is within the scope of IAS 37. The contributor shall recognise a liability only if it is probable that additional contributions will be made.

Disclosure

A contributor shall disclose the nature of its interest in a fund and any restrictions on access to the assets in the fund. **11**

When a contributor has an obligation to make potential additional contributions that is not recognised as a liability (see **12** paragraph 10), it shall make the disclosures required by paragraph 86 of IAS 37.

When a contributor accounts for its interest in the fund in accordance with paragraph 9, it shall make the disclosures **13** required by paragraph 85 (c) of IAS 37.

EFFECTIVE DATE

An entity shall apply this interpretation for annual periods beginning on or after 1 January 2006. Earlier application is **14** encouraged. If an entity applies this interpretation to a period beginning before 1 January 2006, it shall disclose that fact.

IFRS 10 and IFRS 11, issued in May 2011, amended paragraphs 8 and 9. An entity shall apply those amendments when it **14B** applies IFRS 10 and IFRS 11.

TRANSITION

Changes in accounting policies shall be accounted for in accordance with the requirements of IAS 8. **15**

IFRIC INTERPRETATION 6

Liabilities arising from participating in a specific market—waste electrical and electronic equipment

REFERENCES

— IAS 8 *Accounting policies, changes in accounting estimates and errors*
— IAS 37 *Provisions, contingent liabilities and contingent assets*

HINTERGRUND

1 In Paragraph 17 des IAS 37 heißt es, dass ein verpflichtendes Ereignis ein Ereignis der Vergangenheit ist, das zu einer gegenwärtigen Verpflichtung führt, zu deren Erfüllung ein Unternehmen keine realistische Alternative hat.

2 Gemäß Paragraph 19 des IAS 37 werden Rückstellungen nur für „diejenigen aus Ereignissen der Vergangenheit resultierenden Verpflichtungen angesetzt, die unabhängig von der künftigen Geschäftstätigkeit eines Unternehmens entstehen".

3 Die Richtlinie der Europäischen Union über Elektro- und Elektronik-Altgeräte, welche die Sammlung, Behandlung, Verwertung und umweltgerechte Beseitigung von Altgeräten regelt, hat Fragen bezüglich des Ansatzzeitpunktes der durch die Entsorgung von Elektro- und Elektronik-Altgeräten entstehenden Verbindlichkeit aufgeworfen. Die Richtlinie unterscheidet zwischen „neuen" und „historischen" Altgeräten sowie zwischen Altgeräten aus Privathaushalten und Altgeräten aus anderer Verwendung als in Privathaushalten. Neue Altgeräte betreffen Produkte, die nach dem 13. August 2005 verkauft wurden. Alle vor diesem Termin verkauften Haushaltsgeräte gelten als historische Altgeräte im Sinne der Richtlinie.

4 Die Richtlinie besagt, dass die Kosten für die Entsorgung historischer Haushaltsgeräte von den Herstellern des betreffenden Gerätetyps zu tragen sind, die in einem Zeitraum auf dem Markt vorhanden sind, der in den anwendbaren Rechtsvorschriften eines jeden Mitgliedstaats festzulegen ist (Erfassungszeitraum). Die Richtlinie besagt auch, dass jeder Mitgliedstaat einen Mechanismus einzurichten hat, mittels dessen die Hersteller einen anteiligen Kostenbeitrag, „z. B. im Verhältnis zu ihrem jeweiligen Marktanteil für den betreffenden Gerätetyp", leisten.

5 Verschiedene in der Interpretation verwendete Begriffe wie „Marktanteil" und „Erfassungszeitraum" werden unter Umständen in den gültigen Rechtsvorschriften der einzelnen Mitgliedstaaten sehr unterschiedlich definiert. Beispielsweise kann die Dauer des Erfassungszeitraums ein Jahr oder nur einen Monat betragen. Gleichfalls können die Bemessung des Marktanteils und die Formel für die Berechnung der Verpflichtung in den verschiedenen einzelstaatlichen Rechtsvorschriften unterschiedlich ausfallen. Allerdings betreffen diese Beispiele lediglich die Bewertung der Verbindlichkeit, die nicht in den Anwendungsbereich der Interpretation fällt.

ANWENDUNGSBEREICH

6 Diese Interpretation enthält Leitlinien für den Ansatz von Verbindlichkeiten im Abschluss von Herstellern, die sich aus der Entsorgung gemäß der EU-Richtlinie über Elektro- und Elektronik-Altgeräte hinsichtlich des Verkaufs historischer Haushaltsgeräte ergeben.

7 Diese Interpretation behandelt weder neue Altgeräte noch historische Altgeräte, die nicht aus Privathaushalten stammen. Die Verbindlichkeit für eine derartige Entsorgung ist in IAS 37 hinreichend geregelt. Sollten jedoch in den einzelstaatlichen Rechtsvorschriften neue Altgeräte aus Privathaushalten auf die gleiche Art und Weise wie historische Altgeräte aus Privathaushalten behandelt werden, gelten die Grundsätze der Interpretation durch Bezugnahme auf die in den Paragraphen 10–12 von IAS 8 vorgesehene Hierarchie. Die Hierarchie von IAS 8 gilt auch für andere Vorschriften, die Verpflichtungen auf eine Art und Weise vorschreiben, die dem in der EU-Richtlinie genannten Kostenzuweisungsverfahren ähnelt.

FRAGESTELLUNG

8 Das IFRIC wurde im Zusammenhang mit der Entsorgung von Elektro- und Elektronik-Altgeräten gebeten festzulegen, was das verpflichtende Ereignis gemäß Paragraph 14 (a) von IAS 37 für den Ansatz einer Rückstellung für die Entsorgungskosten darstellt:
– Die Herstellung oder der Verkauf des historischen Haushaltsgeräts?
– Die Teilnahme am Markt während des Erfassungszeitraums?
– Der Kostenanfall bei der Durchführung der Entsorgungstätigkeiten?

BESCHLUSS

9 Die Teilnahme am Markt während des Erfassungszeitraums stellt das verpflichtende Ereignis gemäß Paragraph 14 (a) von IAS 37 dar. Folglich entsteht bei der Herstellung oder beim Verkauf der Produkte keine Verbindlichkeit für die Kosten der Entsorgung historischer Haushaltsgeräte. Da die Verpflichtung bei historischen Haushaltsgeräten an die Marktteilnahme während des Erfassungszeitraums und nicht an die Herstellung oder den Verkauf der zu entsorgenden Geräte geknüpft ist, besteht keine Verpflichtung, sofern und solange kein Marktanteil während des Erfassungszeitraums vorhanden ist. Der zeitliche Eintritt des verpflichtenden Ereignisses kann auch unabhängig von dem Zeitraum sein, innerhalb dessen die Entsorgungstätigkeiten durchgeführt werden und die entsprechenden Kosten entstehen.

BACKGROUND

Paragraph 17 of IAS 37 specifies that an obligating event is a past event that leads to a present obligation that an entity **1** has no realistic alternative to settling.

Paragraph 19 of IAS 37 states that provisions are recognised only for 'obligations arising from past events existing inde- **2** pendently of an entity's future actions'.

The European Union's Directive on Waste Electrical and Electronic Equipment (WE&EE), which regulates the collection, **3** treatment, recovery and environmentally sound disposal of waste equipment, has given rise to questions about when the liability for the decommissioning of WE&EE should be recognised. The Directive distinguishes between 'new' and 'historical' waste and between waste from private households and waste from sources other than private households. New waste relates to products sold after 13 August 2005. All household equipment sold before that date is deemed to give rise to historical waste for the purposes of the Directive.

The Directive states that the cost of waste management for historical household equipment should be borne by producers **4** of that type of equipment that are in the market during a period to be specified in the applicable legislation of each Member State (the measurement period). The Directive states that each Member State shall establish a mechanism to have producers contribute to costs proportionately 'e.g. in proportion to their respective share of the market by type of equipment.'

Several terms used in the interpretation such as 'market share' and 'measurement period' may be defined very differently **5** in the applicable legislation of individual Member States. For example, the length of the measurement period might be a year or only one month. Similarly, the measurement of market share and the formulae for computing the obligation may differ in the various national legislations. However, all of these examples affect only the measurement of the liability, which is not within the scope of the interpretation.

SCOPE

This interpretation provides guidance on the recognition, in the financial statements of producers, of liabilities for waste **6** management under the EU Directive on WE&EE in respect of sales of historical household equipment.

The interpretation addresses neither new waste nor historical waste from sources other than private households. The lia- **7** bility for such waste management is adequately covered in IAS 37. However, if, in national legislation, new waste from private households is treated in a similar manner to historical waste from private households, the principles of the interpretation apply by reference to the hierarchy in paragraphs 10—12 of IAS 8. The IAS 8 hierarchy is also relevant for other regulations that impose obligations in a way that is similar to the cost attribution model specified in the EU Directive.

ISSUE

The IFRIC was asked to determine in the context of the decommissioning of WE&EE what constitutes the obligating **8** event in accordance with paragraph 14 (a) of IAS 37 for the recognition of a provision for waste management costs:
— the manufacture or sale of the historical household equipment?
— participation in the market during the measurement period?
— the incurrence of costs in the performance of waste management activities?

CONSENSUS

Participation in the market during the measurement period is the obligating event in accordance with paragraph 14 (a) of **9** IAS 37. As a consequence, a liability for waste management costs for historical household equipment does not arise as the products are manufactured or sold. Because the obligation for historical household equipment is linked to participation in the market during the measurement period, rather than to production or sale of the items to be disposed of, there is no obligation unless and until a market share exists during the measurement period. The timing of the obligating event may also be independent of the particular period in which the activities to perform the waste management are undertaken and the related costs incurred.

ZEITPUNKT DES INKRAFTTRETENS

10 Diese Interpretation ist erstmals in der ersten Berichtsperiode eines am 1. Dezember 2005 oder danach beginnenden Geschäftsjahres anzuwenden. Eine frühere Anwendung wird empfohlen. Wenn ein Unternehmen diese Interpretation für Berichtsperioden anwendet, die vor dem 1. Dezember 2005 beginnen, so ist diese Tatsache anzugeben.

ÜBERGANGSVORSCHRIFTEN

11 Änderungen der Rechnungslegungsmethoden sind gemäß IAS 8 zu berücksichtigen.

IFRIC INTERPRETATION 7

Anwendung des Anpassungsansatzes unter IAS 29 Rechnungslegung in Hochinflationsländern

VERWEISE

– IAS 12 *Ertragsteuern*
– IAS 29 *Rechnungslegung in Hochinflationsländern*

HINTERGRUND

1 Mit dieser Interpretation werden Leitlinien für die Anwendung der Vorschriften von IAS 29 in einem Berichtszeitraum festgelegt, in dem ein Unternehmen die Existenz einer Hochinflation in dem Land seiner funktionalen Währung feststellt[5], sofern dieses Land im letzten Berichtszeitraum nicht als hochinflationär anzusehen war und das Unternehmen folglich seinen Abschluss gemäß IAS 29 anpasst.

FRAGESTELLUNGEN

2 Folgende Fragen werden in dieser Interpretation behandelt:
(a) Wie sollte das Erfordernis „... in der am Abschlussstichtag geltenden Maßeinheit anzugeben ..." in Paragraph 8 des IAS 29 ausgelegt werden, wenn ein Unternehmen diesen Standard anwendet?
(b) Wie sollte ein Unternehmen latente Steuern in der Eröffnungsbilanz in seinem angepassten Abschluss bilanzieren?

BESCHLUSS

3 In dem Berichtszeitraum, in dem ein Unternehmen feststellt, dass es in der funktionalen Währung eines Hochinflationslandes Bericht erstattet, das im letzten Berichtszeitraum nicht hochinflationär war, hat das Unternehmen die Vorschriften von IAS 29 so anzuwenden, als wäre dieses Land immer schon hochinflationär gewesen. Folglich sind nicht monetäre Posten, die zu den historischen Anschaffungs- und Herstellungskosten bewertet werden, in der Eröffnungsbilanz des frühesten Berichtszeitraums, der im Abschluss dargestellt wird, anzupassen, so dass den Auswirkungen der Inflation ab dem Zeitpunkt Rechnung getragen wird, zu dem die Vermögenswerte erworben und die Verbindlichkeiten eingegangen oder übernommen wurden, und zwar bis zum Abschlussstichtag. Für nicht monetäre Posten, die in der Eröffnungsbilanz mit Beträgen angesetzt wurden, die zu einem anderen Zeitpunkt als dem des Erwerbs der Vermögenswerte oder des Eingehens der Verbindlichkeiten bestimmt wurden, muss die Anpassung stattdessen den Auswirkungen der Inflation Rechnung tragen, die zwischen dem Zeitpunkt, an dem die Buchwerte bestimmt wurden, und dem Abschlussstichtag aufgetreten sind.

---

5 Die Feststellung der Hochinflation basiert auf der eigenen Einschätzung des Unternehmens, die es sich gemäß den Kriterien in Paragraph 3 des IAS 29 bildet.

EFFECTIVE DATE

An entity shall apply this interpretation for annual periods beginning on or after 1 December 2005. Earlier application is **10** encouraged. If an entity applies the interpretation for a period beginning before 1 December 2005, it shall disclose that fact.

TRANSITION

Changes in accounting policies shall be accounted for in accordance with IAS 8. **11**

IFRIC INTERPRETATION 7

Applying the restatement approach under IAS 29 Financial reporting in hyperinflationary economies

REFERENCES

— IAS 12 *Income taxes*
— IAS 29 *Financial reporting in hyperinflationary economies*

BACKGROUND

This interpretation provides guidance on how to apply the requirements of IAS 29 in a reporting period in which an **1** entity identifies[5] the existence of hyperinflation in the economy of its functional currency, when that economy was not hyperinflationary in the prior period, and the entity therefore restates its financial statements in accordance with IAS 29.

ISSUES

The questions addressed in this interpretation are: **2**
(a) how should the requirement '…stated in terms of the measuring unit current at the end of the reporting period' in paragraph 8 of IAS 29 be interpreted when an entity applies the standard?
(b) how should an entity account for opening deferred tax items in its restated financial statements?

CONSENSUS

In the reporting period in which an entity identifies the existence of hyperinflation in the economy of its functional cur- **3** rency, not having been hyperinflationary in the prior period, the entity shall apply the requirements of IAS 29 as if the economy had always been hyperinflationary. Therefore, in relation to non-monetary items measured at historical cost, the entity's opening statement of financial position at the beginning of the earliest period presented in the financial statements shall be restated to reflect the effect of inflation from the date the assets were acquired and the liabilities were incurred or assumed until the end of the reporting period. For non-monetary items carried in the opening statement of financial position at amounts current at dates other than those of acquisition or incurrence, that restatement shall reflect instead the effect of inflation from the dates those carrying amounts were determined until the end of the reporting period.

---

5 The identification of hyperinflation is based on the entity's judgement of the criteria in paragraph 3 of IAS 29.

4 Am Abschlussstichtag werden latente Steuern gemäß IAS 12 erfasst und bewertet. Die Beträge der latenten Steuern in der Eröffnungsbilanz des Berichtszeitraums werden jedoch wie folgt ermittelt:

(a) Das Unternehmen bewertet die latenten Steuern gemäß IAS 12 neu, nachdem es die nominalen Buchwerte der nicht monetären Posten zum Zeitpunkt der Eröffnungsbilanz des Berichtszeitraums durch Anwendung der zu diesem Zeitpunkt geltenden Maßeinheit angepasst hat.

(b) Die gemäß (a) neu bewerteten latenten Steuern werden an die Änderung der Maßeinheit von dem Zeitpunkt der Eröffnungsbilanz des Berichtszeitraums bis zum Abschlussstichtag dieses Berichtszeitraums angepasst.

Ein Unternehmen wendet den unter (a) und (b) genannten Ansatz zur Anpassung der latenten Steuern in der Eröffnungsbilanz von allen Vergleichszeiträumen an, die in den angepassten Abschlüssen für den Berichtszeitraum dargestellt werden, in dem das Unternehmen IAS 29 anwendet.

5 Nachdem ein Unternehmen seinen Abschluss angepasst hat, werden alle Vergleichszahlen einschließlich der latenten Steuern im Abschluss für einen späteren Berichtszeitraum angepasst, indem nur der angepasste Abschluss für den späteren Berichtszeitraum um die Änderung der Maßeinheit für diesen folgenden Berichtszeitraum geändert wird.

ZEITPUNKT DES INKRAFTTRETENS

6 Diese Interpretation ist erstmals in der ersten Berichtsperiode eines am 1. März 2006 oder danach beginnenden Geschäftsjahres anzuwenden. Eine frühere Anwendung wird empfohlen. Wenn ein Unternehmen diese Interpretation für Berichtsperioden anwendet, die vor dem 1. März 2006 beginnen, so ist diese Tatsache anzugeben.

IFRIC INTERPRETATION 9

Neubeurteilung eingebetteter Derivate

VERWEISE

- IAS 39 *Finanzinstrumente: Ansatz und Bewertung*
- IFRS 1 *Erstmalige Anwendung der International Financial Reporting Standards*
- IFRS 3 *Unternehmenszusammenschlüsse*

HINTERGRUND

1 In IAS 39 Paragraph 10 wird ein eingebettetes Derivat beschrieben als „Bestandteil eines strukturierten (zusammengesetzten) Finanzinstruments, das auch einen nicht derivativen Basisvertrag enthält, mit dem Ergebnis, dass ein Teil der Cashflows des zusammengesetzten Finanzinstruments ähnlichen Schwankungen ausgesetzt ist wie ein freistehendes Derivat".

2 IAS 39, Paragraph 11 fordert, dass ein eingebettetes Derivat von dem Basisvertrag zu trennen und dann, aber nur dann, als Derivat zu bilanzieren ist, wenn

(a) die wirtschaftlichen Merkmale und Risiken des eingebetteten Derivats nicht eng mit den wirtschaftlichen Merkmalen und Risiken des Basisvertrags verbunden sind;

(b) ein eigenständiges Instrument mit den gleichen Bedingungen wie das eingebettete Derivat die Definition eines Derivats erfüllen würde; und

(c) das strukturierte (zusammengesetzte) Finanzinstrument nicht ergebniswirksam zum beizulegenden Zeitwert bewertet wird (d. h. ein Derivat, das in einem ergebniswirksam zum beizulegenden Zeitwert bewerteten finanziellen Vermögenswert oder einer finanziellen Verbindlichkeit eingebettet ist, ist nicht eigenständig).

ANWENDUNGSBEREICH

3 Vorbehaltlich der nachfolgenden Paragraphen 4 und 5 ist diese Interpretation auf alle eingebetteten Derivate anzuwenden, die in den Anwendungsbereich von IAS 39 fallen.

At the end of the reporting period, deferred tax items are recognised and measured in accordance with IAS 12. However, **4** the deferred tax figures in the opening statement of financial position for the reporting period shall be determined as follows:

(a) the entity remeasures the deferred tax items in accordance with IAS 12 after it has restated the nominal carrying amounts of its non-monetary items at the date of the opening statement of financial position of the reporting period by applying the measuring unit at that date;

(b) the deferred tax items remeasured in accordance with (a) are restated for the change in the measuring unit from the date of the opening statement of financial position of the reporting period to the end of the reporting period.

The entity applies the approach in (a) and (b) in restating the deferred tax items in the opening statement of financial position of any comparative periods presented in the restated financial statements for the reporting period in which the entity applies IAS 29.

After an entity has restated its financial statements, all corresponding figures in the financial statements for a subsequent **5** reporting period, including deferred tax items, are restated by applying the change in the measuring unit for that subsequent reporting period only to the restated financial statements for the previous reporting period.

EFFECTIVE DATE

An entity shall apply this interpretation for annual periods beginning on or after 1 March 2006. Earlier application is **6** encouraged. If an entity applies this interpretation to financial statements for a period beginning before 1 March 2006, it shall disclose that fact.

IFRIC INTERPRETATION 9

Reassessment of embedded derivatives

REFERENCES

— IAS 39 *Financial instruments: recognition and measurement*
— IFRS 1 *First-time adoption of international financial reporting standards*
— IFRS 3 *Business combinations*

BACKGROUND

IAS 39 paragraph 10 describes an embedded derivative as 'a component of a hybrid (combined) instrument that also **1** includes a non-derivative host contract—with the effect that some of the cash flows of the combined instrument vary in a way similar to a stand-alone derivative.'

IAS 39 paragraph 11 requires an embedded derivative to be separated from the host contract and accounted for as a **2** derivative if, and only if:

(a) the economic characteristics and risks of the embedded derivative are not closely related to the economic characteristics and risks of the host contract;

(b) a separate instrument with the same terms as the embedded derivative would meet the definition of a derivative; and

(c) the hybrid (combined) instrument is not measured at fair value with changes in fair value recognised in profit or loss (i.e. a derivative that is embedded in a financial asset or financial liability at fair value through profit or loss is not separated).

SCOPE

Subject to paragraphs 4 and 5 below, this interpretation applies to all embedded derivatives within the scope of IAS 39. **3**

4 Diese Interpretation geht nicht auf Fragen der Neubewertung ein, die sich aus einer Neubeurteilung der eingebetteten Derivate ergeben.

5 Diese Interpretation gilt nicht für in Verträge eingebettete Derivate, die bei folgenden Gelegenheiten erworben wurden:
   (a) bei einem Unternehmenszusammenschluss (im Sinne von IFRS 3 *Unternehmenszusammenschlüsse* (überarbeitet 2008);
   (b) bei einem Zusammenschluss von Unternehmen unter gemeinschaftlicher Führung gemäß IFRS 3 (überarbeitet 2008) Paragraph B1–B4 oder
   (c) bei der Gründung eines Gemeinschaftsunternehmens im Sinne von IFRS 11 *Gemeinsame Vereinbarungen*
   oder für ihre eventuelle Neubeurteilung zum Tag des Erwerbs.[6]

FRAGESTELLUNGEN

6 IAS 39 schreibt vor, dass ein Unternehmen zu dem Zeitpunkt, an dem es Vertragspartei wird, beurteilt, ob etwaige in diesen Vertrag eingebettete Derivate von dem Basisvertrag zu trennen und als Derivate im Sinne dieses Standards zu bilanzieren sind. In dieser Interpretation werden die folgenden Fragen behandelt:
   (a) Ist eine solche Beurteilung lediglich zu dem Zeitpunkt vorzunehmen, an dem das Unternehmen Vertragspartei wird, oder ist diese Beurteilung während der Vertragslaufzeit zu überprüfen?
   (b) Hat ein Erstanwender seine Beurteilung auf der Grundlage der Bedingungen vorzunehmen, die bestanden, als das Unternehmen Vertragspartei wurde, oder zu den Bedingungen, die bestanden, als das Unternehmen die IFRS zum ersten Mal angewandt hat?

BESCHLUSS

7 Ein Unternehmen beurteilt, ob ein eingebettetes Derivat vom Basisvertrag zu trennen und als Derivat zu bilanzieren ist, wenn es zum ersten Mal Vertragspartei wird. Eine spätere Neubeurteilung ist untersagt, es sei denn, dass sich (a) die Vertragsbedingungen so stark ändern, dass es zu einer erheblichen Änderung der Zahlungsströme kommt, die sich ansonsten durch den Vertrag ergeben würden, oder (b) ein finanzieller Vermögenswert aus der Kategorie ergebniswirksam zum beizulegenden Zeitwert bewertet ausgegliedert wird; in beiden Fällen ist eine Beurteilung erforderlich. Ob die Änderung der Zahlungsströme erheblich ist, ermittelt ein Unternehmen, indem es prüft, in welchem Ausmaß sich die erwarteten Zahlungsströme in Bezug auf das eingebettete Derivat, den Basisvertrag oder beide ändern, und ob diese Änderung im Vergleich zu den vorher im Rahmen des Vertrags erwarteten Zahlungsströmen erheblich ist.

7A Ob ein eingebettetes Derivat bei Umgliederung eines finanziellen Vermögenswerts aus der Kategorie erfolgswirksam zum beizulegenden Zeitwert bewertet gemäß Paragraph 7 vom Basisvertrag getrennt und als Derivat bilanziert werden muss, ist anhand der Umstände zu einem der folgenden Zeitpunkte zu bewerten:
   (a) dem Zeitpunkt, zu dem das Unternehmen zum ersten Mal Vertragspartei wurde oder – falls später –
   (b) dem Zeitpunkt, zu dem sich die Vertragsbedingungen so stark geändert haben, dass sich auch die Zahlungsströme, die sich ansonsten aus dem Vertrag ergeben hätten, erheblich geändert haben.
   IAS 39 Paragraph 11 Buchstabe c gilt für diese Bewertung nicht (d. h. der hybride (zusammengesetzte) Vertrag ist so zu behandeln als wäre er nicht ergebniswirksam zum beizulegenden Zeitwert bewertet worden). Ist ein Unternehmen zu dieser Bewertung nicht in der Lage, muss der hybride (zusammengesetzte) Vertrag zur Gänze in der Kategorie ergebniswirksam zum beizulegenden Zeitwert bewertet verbleiben.

8 Ein Erstanwender beurteilt, ob ein eingebettetes Derivat vom Basisvertrag zu trennen und als Derivat zu bilanzieren ist, auf der Grundlage der Bedingungen, die an dem späteren der beiden nachfolgend genannten Termine galten: dem Zeitpunkt, an dem das Unternehmen Vertragspartei wurde, oder dem Zeitpunkt, an dem eine Neubeurteilung im Sinne von Paragraph 7 erforderlich wird.

ZEITPUNKT DES INKRAFTTRETENS UND ÜBERGANGSVORSCHRIFTEN

9 Diese Interpretation ist erstmals in der ersten Berichtsperiode eines am 1. Juni 2006 oder danach beginnenden Geschäftsjahres anzuwenden. Eine frühere Anwendung wird empfohlen. Wenn ein Unternehmen diese Interpretation für Berichtsperioden anwendet, die vor dem 1. Juni 2006 beginnen, so ist diese Tatsache anzugeben. Diese Interpretation ist rückwirkend anzuwenden.

---

6 IFRS 3 (überarbeitet 2008) behandelt den Erwerb von Verträgen mit eingebetteten Derivaten bei einem Unternehmenszusammenschluss.

This interpretation does not address remeasurement issues arising from a reassessment of embedded derivatives.   **4**

This interpretation does not apply to embedded derivatives in contracts acquired in: **5**
(a)   a business combination (as defined in IFRS 3 *Business Combinations* as revised in 2008);
(b)   a combination of entities or businesses under common control as described in paragraphs B1—B4 of IFRS 3 (revised 2008); or
(c)   the formation of a joint venture as defined in IFRS 11 *Joint Arrangements*
or their possible reassessment at the date of acquisition[6].

ISSUES

IAS 39 requires an entity, when it first becomes a party to a contract, to assess whether any embedded derivatives con-   **6**
tained in the contract are required to be separated from the host contract and accounted for as derivatives under the standard. This interpretation addresses the following issues:
(a)   Does IAS 39 require such an assessment to be made only when the entity first becomes a party to the contract, or should the assessment be reconsidered throughout the life of the contract?
(b)   Should a first-time adopter make its assessment on the basis of the conditions that existed when the entity first became a party to the contract, or those prevailing when the entity adopts IFRSs for the first time?

CONSENSUS

An entity shall assess whether an embedded derivative is required to be separated from the host contract and accounted   **7**
for as a derivative when the entity first becomes a party to the contract. Subsequent reassessment is prohibited unless there is either (a) a change in the terms of the contract that significantly modifies the cash flows that otherwise would be required under the contract or (b) a reclassification of a financial asset out of the fair value through profit or loss category, in which cases an assessment is required. An entity determines whether a modification to cash flows is significant by considering the extent to which the expected future cash flows associated with the embedded derivative, the host contract or both have changed and whether the change is significant relative to the previously expected cash flows on the contract.

The assessment whether an embedded derivative is required to be separated from the host contract and accounted for as   **7A**
a derivative on reclassification of a financial asset out of the fair value through profit or loss category in accordance with paragraph 7 shall be made on the basis of the circumstances that existed on the later date of:
(a)   when the entity first became a party to the contract; and
(b)   a change in the terms of the contract that significantly modified the cash flows that otherwise would have been required under the contract.
For the purpose of this assessment paragraph 11 (c) of IAS 39 shall not be applied (ie the hybrid (combined) contract shall be treated as if it had not been measured at fair value with changes in fair value recognised in profit or loss). If an entity is unable to make this assessment the hybrid (combined) contract shall remain classified as at fair value through profit or loss in its entirety.

A first-time adopter shall assess whether an embedded derivative is required to be separated from the host contract and   **8**
accounted for as a derivative on the basis of the conditions that existed at the later of the date it first became a party to the contract and the date a reassessment is required by paragraph 7.

EFFECTIVE DATE AND TRANSITION

An entity shall apply this interpretation for annual periods beginning on or after 1 June 2006. Earlier application is   **9**
encouraged. If an entity applies the interpretation for a period beginning before 1 June 2006, it shall disclose that fact. The interpretation shall be applied retrospectively.

---

6   IFRS 3 (as revised in 2008) addresses the acquisition of contracts with embedded derivatives in a business combination.

10 Durch *Eingebettete Derivate* (im März 2009 veröffentlichte Änderungen an IFRIC 9 und IAS 39) wurde Paragraph 7 geändert und Paragraph 7A hinzugefügt. Diese Änderungen sind erstmals in der ersten Berichtsperiode eines am 30. Juni 2009 oder danach endenden Geschäftsjahrs anzuwenden.

11 Paragraph 5 wurde durch die *Verbesserungen der IFRS* vom April 2009 geändert. Diese Änderungen sind erstmals in der ersten Berichtsperiode eines am 1. Juli 2009 oder danach beginnenden Geschäftsjahres prospektiv anzuwenden. Wenn ein Unternehmen IFRS 3 (überarbeitet 2008) auf eine frühere Periode anwendet, ist auch diese Änderung entsprechend auf diese frühere Periode anzuwenden und ist dies anzugeben.

12 Durch IFRS 11, veröffentlicht im Mai 2011, wurde Paragraph 5 (c) geändert. Ein Unternehmen hat diese Änderungen anzuwenden, wenn es IFRS 11 anwendet.

IFRIC INTERPRETATION 10

Zwischenberichterstattung und Wertminderung

VERWEISE

– IAS 34 *Zwischenberichterstattung*
– IAS 36 *Wertminderung von Vermögenswerten*
– IAS 39 *Finanzinstrumente: Ansatz und Bewertung*

HINTERGRUND

1 Ein Unternehmen ist verpflichtet, den Geschäfts- oder Firmenwert sowie Investitionen in Eigenkapitalinstrumente und in finanzielle Vermögenswerte, die zu Anschaffungskosten angesetzt worden sind, zu jedem Abschlussstichtag auf Wertminderungen zu prüfen und gegebenenfalls einen Wertminderungsaufwand zu diesem Stichtag gemäß IAS 36 und IAS 39 zu erfassen. Allerdings können sich die Bedingungen zu einem späteren Abschlussstichtag derart verändert haben, dass der Wertminderungsaufwand geringer ausgefallen wäre oder hätte vermieden werden können, wenn die Wertberichtigung erst zu diesem Zeitpunkt erfolgt wäre. Diese Interpretation bietet einen Leitfaden, inwieweit ein solcher Wertminderungsaufwand wieder rückgängig gemacht werden kann.

2 Die Interpretation befasst sich mit dem Zusammenhang zwischen den Anforderungen von IAS 34 und der Erfassung des Wertminderungsaufwands von Geschäfts- oder Firmenwerten nach IAS 36 und bestimmten in IAS 39 genannten finanziellen Vermögenswerten sowie mit den Auswirkungen dieses Zusammenhangs auf spätere Zwischenabschlüsse und jährliche Abschlüsse.

FRAGESTELLUNG

3 Nach IAS 34 Paragraph 28 hat ein Unternehmen die gleichen Rechnungslegungsmethoden in seinem Zwischenabschluss anzuwenden, die in seinem jährlichen Abschluss angewandt werden. Auch darf die „Häufigkeit der Berichterstattung eines Unternehmens (jährlich, halb- oder vierteljährlich) die Höhe des Jahresergebnisses nicht beeinflussen. Um diese Zielsetzung zu erreichen, sind Bewertungen für Zwischenberichtszwecke unterjährig auf einer vom Geschäftsjahresbeginn bis zum Zwischenberichtstermin kumulierten Grundlage vorzunehmen."

4 Nach IAS 36 Paragraph 124 darf ein „für den Geschäfts- oder Firmenwert erfasster Wertminderungsaufwand nicht in den folgenden Berichtsperioden aufgeholt werden".

5 Nach IAS 39 Paragraph 69 dürfen „ergebniswirksam erfasste Wertberichtigungen für ein gehaltenes Eigenkapitalinstrument, das als zur Veräußerung verfügbar eingestuft wird, nicht ergebniswirksam rückgängig gemacht werden".

6 Nach IAS 39 Paragraph 66 darf ein Wertminderungsaufwand für finanzielle Vermögenswerte, die zu Anschaffungskosten bilanziert werden (wie ein Wertminderungsaufwand bei einem nicht notierten Eigenkapitalinstrument, das nicht zum beizulegenden Zeitwert angesetzt wird, weil sein beizulegender Zeitwert nicht verlässlich ermittelt werden kann) nicht rückgängig gemacht werden.

Embedded Derivatives (Amendments to IFRIC 9 and IAS 39) issued in March 2009 amended paragraph 7 and added **10** paragraph 7A. An entity shall apply those amendments for annual periods ending on or after 30 June 2009.

Paragraph 5 was amended by *Improvements to IFRSs* issued in April 2009. An entity shall apply that amendment prospec- **11** tively for annual periods beginning on or after 1 July 2009. If an entity applies IFRS 3 (as revised in 2008) for an earlier period, it shall apply the amendment for that earlier period and disclose that fact.

IFRS 11, issued in May 2011, amended paragraph 5 (c). An entity shall apply that amendment when it applies IFRS 11.   **12**

IFRIC INTERPRETATION 10

Interim financial reporting and impairment

REFERENCES

— IAS 34 *Interim financial reporting*
— IAS 36 *Impairment of assets*
— IAS 39 *Financial instruments: recognition and measurement*

BACKGROUND

An entity is required to assess goodwill for impairment at the end of each reporting period, to assess investments in equity **1** instruments and in financial assets carried at cost for impairment at the end of each reporting period and, if required, to recognise an impairment loss at that date in accordance with IAS 36 and IAS 39. However, at the end of a subsequent reporting period, conditions may have so changed that the impairment loss would have been reduced or avoided had the impairment assessment been made only at that date. This interpretation provides guidance on whether such impairment losses should ever be reversed.

The interpretation addresses the interaction between the requirements of IAS 34 and the recognition of impairment losses **2** on goodwill in IAS 36 and certain financial assets in IAS 39, and the effect of that interaction on subsequent interim and annual financial statements.

ISSUE

IAS 34 paragraph 28 requires an entity to apply the same accounting policies in its interim financial statements as are **3** applied in its annual financial statements. It also states that 'the frequency of an entity's reporting (annual, half-yearly, or quarterly) shall not affect the measurement of its annual results. To achieve that objective, measurements for interim reporting purposes shall be made on a year-to-date basis.'

IAS 36 paragraph 124 states that 'An impairment loss recognised for goodwill shall not be reversed in a subsequent per- **4** iod.'

IAS 39 paragraph 69 states that 'Impairment losses recognised in profit or loss for an investment in an equity instrument **5** classified as available for sale shall not be reversed through profit or loss.'

IAS 39 paragraph 66 requires that impairment losses for financial assets carried at cost (such as an impairment loss on an **6** unquoted equity instrument that is not carried at fair value because its fair value cannot be reliably measured) should not be reversed.

7 In dieser Interpretation werden die folgenden Fragen behandelt:

Muss ein Unternehmen den in einem Zwischenbericht für den Geschäfts- oder Firmenwert, für gehaltene Eigenkapitalinstrumente und für finanzielle Vermögenswerte, die zu Anschaffungskosten bilanziert werden, erfassten Wertminderungsaufwand rückgängig machen, wenn kein oder ein geringerer Aufwand erfasst worden wäre, wenn die Wertminderung erst zu einem späteren Abschlussstichtag vorgenommen worden wäre?

BESCHLUSS

8 Ein Unternehmen darf einen in einem früheren Berichtszeitraum erfassten Wertminderungsaufwand für den Geschäfts- oder Firmenwert, für gehaltene Eigenkapitalinstrumente oder finanzielle Vermögenswerte, die zu Anschaffungskosten bilanziert werden, nicht rückgängig machen.

9 Ein Unternehmen darf diesen Beschluss nicht analog auf andere Bereiche anwenden, in denen es zu einer Kollision zwischen dem IAS 34 mit anderen Standards kommen kann.

ZEITPUNKT DES INKRAFTTRETENS UND ÜBERGANGSVORSCHRIFTEN

10 Diese Interpretation ist erstmals in der ersten Berichtsperiode eines am 1. November 2006 oder danach beginnenden Geschäftsjahres anzuwenden. Eine frühere Anwendung wird empfohlen. Wenn ein Unternehmen diese Interpretation für Berichtsperioden anwendet, die vor dem 1. November 2006 beginnen, so ist diese Tatsache anzugeben. Ein Unternehmen hat die Interpretation auf den Geschäfts- oder Firmenwert ab dem Zeitpunkt anzuwenden, an dem es erstmals den IAS 36 anwendet. Das Unternehmen hat die Interpretation auf gehaltene Eigenkapitalinstrumente oder finanzielle Vermögenswerte, die zu Anschaffungskosten bilanziert werden, ab dem Zeitpunkt anzuwenden, an dem es erstmals die Bewertungskriterien des IAS 39 anwendet.

IFRIC INTERPRETATION 12

Dienstleistungskonzessionsvereinbarungen

VERWEISE

- *Rahmenkonzept für die Aufstellung und Darstellung von Abschlüssen*
- IFRS 1 *Erstmalige Anwendung der International Financial Reporting Standards*
- IFRS 7 *Finanzinstrumente: Angaben*
- IAS 8 *Rechnungslegungsmethoden, Änderungen von rechnungslegungsbezogenen Schätzungen und Fehler*
- IAS 11 *Fertigungsaufträge*
- IAS 16 *Sachanlagen*
- IAS 17 *Leasingverhältnisse*
- IAS 18 *Umsatzerlöse*
- IAS 20 *Bilanzierung und Darstellung von Zuwendungen der öffentlichen Hand*
- IAS 23 *Fremdkapitalkosten*
- IAS 32 *Finanzinstrumente: Darstellung*
- IAS 36 *Wertminderung von Vermögenswerten*
- IAS 37 *Rückstellungen, Eventualverbindlichkeiten und Eventualforderungen*
- IAS 38 *Immaterielle Vermögenswerte*
- IAS 39 *Finanzinstrumente: Ansatz und Bewertung*
- IFRIC 4 *Feststellung, ob eine Vereinbarung ein Leasingverhältnis enthält*
- SIC-29 *Angabe – Vereinbarungen über Dienstleistungskonzessionen*

The interpretation addresses the following issue:

Should an entity reverse impairment losses recognised in an interim period on goodwill and investments in equity instruments and in financial assets carried at cost if a loss would not have been recognised, or a smaller loss would have been recognised, had an impairment assessment been made only at the end of a subsequent reporting period?

CONSENSUS

An entity shall not reverse an impairment loss recognised in a previous interim period in respect of goodwill or an invest- **8** ment in either an equity instrument or a financial asset carried at cost.

An entity shall not extend this consensus by analogy to other areas of potential conflict between IAS 34 and other stan- **9** dards.

EFFECTIVE DATE AND TRANSITION

An entity shall apply the interpretation for annual periods beginning on or after 1 November 2006. Earlier application is **10** encouraged. If an entity applies the interpretation for a period beginning before 1 November 2006, it shall disclose that fact. An entity shall apply the interpretation to goodwill prospectively from the date at which it first applied IAS 36; it shall apply the interpretation to investments in equity instruments or in financial assets carried at cost prospectively from the date at which it first applied the measurement criteria of IAS 39.

IFRIC INTERPRETATION 12

Service Concession Arrangements

REFERENCES

— *Framework for the Preparation and Presentation of Financial Statements*
— IFRS 1 *First-time Adoption of International Financial Reporting Standards*
— IFRS 7 *Financial Instruments: Disclosures*
— IAS 8 *Accounting Policies, Changes in Accounting Estimates and Errors*
— IAS 11 *Construction Contracts*
— IAS 16 *Property, Plant and Equipment*
— IAS 17 *Leases*
— IAS 18 *Revenue*
— IAS 20 *Accounting for Government Grants and Disclosure of Government Assistance*
— IAS 23 *Borrowing Costs*
— IAS 32 *Financial Instruments: Presentation*
— IAS 36 *Impairment of Assets*
— IAS 37 *Provisions, Contingent Liabilities and Contingent Assets*
— IAS 38 *Intangible Assets*
— IAS 39 *Financial Instruments: Recognition and Measurement*
— IFRIC 4 *Determining whether an Arrangement contains a Lease*
— SIC-29 *Disclosure — Service Concession Arrangements*

HINTERGRUND

1   In vielen Ländern werden die Infrastruktureinrichtungen zur Erfüllung öffentlicher Aufgaben – wie Straßen, Brücken, Tunnel, Gefängnisse, Krankenhäuser, Flughäfen, Wasserversorgungssysteme, Energieversorgungssysteme und Telekommunikationsnetze – traditionell von der öffentlichen Hand errichtet, betrieben und instand gehalten und durch Zuweisungen aus den öffentlichen Haushalten finanziert.

2   In einigen Ländern haben die Regierungen verschiedene Vertragsmodelle eingeführt, um für Privatinvestoren einen Anreiz zu schaffen, sich an der Entwicklung, der Finanzierung, dem Betrieb und der Instandhaltung solcher Infrastruktureinrichtungen zu beteiligen. Die Infrastruktureinrichtung kann entweder schon bestehen oder sie wird während der Laufzeit des Vertrags errichtet. Eine vertragliche Vereinbarung, die in den Anwendungsbereich dieser Interpretation fällt, regelt normalerweise, dass ein Privatunternehmen (der Betreiber) eine Infrastruktureinrichtung zur Erfüllung öffentlicher Aufgaben errichtet oder verbessert (z. B. durch eine Erhöhung der Kapazität) und dass er diese Infrastruktureinrichtung für eine bestimmte Zeit betreibt und instand hält. Für diese während der Dauer der Vereinbarung erbrachten Dienstleistungen erhält der Betreiber ein Entgelt. Die Vereinbarung wird durch einen Vertrag geregelt, der den Standard der zu erbringenden Leistungen, die Preisanpassungsmechanismen sowie die Verfahren zur Schlichtung von Streitigkeiten regelt. Solche Vereinbarungen werden oft als „Bau- und Betriebsübertragungen", „Sanierungs- und Betriebsübertragungen" oder als „öffentlich-private" Konzessionsvereinbarungen bezeichnet.

3   Ein Merkmal dieser Dienstleistungskonzessionsvereinbarungen ist der öffentliche Charakter der vom Betreiber übernommenen Verpflichtung. Da die Infrastruktureinrichtungen öffentliche Aufgaben zu erfüllen haben, erbringen sie ihre Dienstleistungen unabhängig von der Person des Betreibers für die Öffentlichkeit. Der Betreiber wird vertraglich verpflichtet, für die Öffentlichkeit an Stelle der öffentlichen Einrichtung eine Dienstleistung zu erbringen. Andere häufige Merkmale sind:
   (a)   die übertragende Partei (der Konzessionsgeber) ist entweder ein öffentlich-rechtlich organisiertes Unternehmen oder ein staatliches Organ oder ein privatrechtliches Unternehmen, dem die Verantwortung für die Erfüllung der öffentlichen Aufgaben übertragen worden ist;
   (b)   der Betreiber ist zumindest teilweise für den Betrieb der Infrastruktureinrichtung und die damit zu erbringenden Dienstleistungen verantwortlich und handelt nicht nur stellvertretend für den Konzessionsgeber in dessen Namen;
   (c)   der Vertrag regelt die Ausgangspreise, die der Betreiber verlangen kann, sowie die Preisanpassungen während der Laufzeit der Vereinbarung;
   (d)   der Betreiber ist verpflichtet, dem Konzessionsgeber die Infrastruktureinrichtung bei Vertragsende in einem bestimmten Zustand gegen ein geringes oder ohne zusätzliches Entgelt zu übergeben, unabhängig davon, wer die Infrastruktureinrichtung ursprünglich finanziert hat.

ANWENDUNGSBEREICH

4   Diese Interpretation enthält Leitlinien für die Rechnungslegung der Betreiber im Rahmen öffentlich-privater Dienstleistungskonzessionsvereinbarungen.

5   Diese Interpretation ist auf öffentlich-private Dienstleistungskonzessionsvereinbarungen anwendbar, wenn
   (a)   der Konzessionsgeber kontrolliert oder bestimmt, welche Dienstleistungen der Betreiber mit der Infrastruktureinrichtung zu erbringen hat, an wen er sie zu erbringen hat und zu welchem Preis, und wenn
   (b)   der Konzessionsgeber nach Ablauf der Vereinbarung aufgrund von Eigentumsansprüchen oder von anderen vergleichbaren Rechten alle verbleibenden wichtigen Interessen an der Infrastruktureinrichtung kontrolliert.

6   Auf Infrastruktureinrichtungen, die während ihrer gesamten wirtschaftlichen Nutzungsdauer (gesamte Nutzungsdauer der Vermögenswerte) einer öffentlich-privaten Dienstleistungskonzessionsvereinbarung unterliegen, ist diese Interpretation dann anwendbar, wenn die Bedingungen des Paragraphen 5 Buchstabe a vorliegen. Die Paragraphen AL1–AL8 geben Leitlinien für die Festlegung an die Hand, ob und in welchem Umfang Konzessionsvereinbarungen in den Anwendungsbereich dieser Interpretation fallen.

7   Diese Interpretation ist anwendbar
   (a)   auf Infrastruktureinrichtungen, die der Betreiber für die Zwecke der Dienstleistungskonzessionsvereinbarung selbst errichtet oder von einem Dritten erwirbt, sowie
   (b)   auf bestehende Infrastruktureinrichtungen, die der Konzessionsgeber dem Betreiber für die Zwecke der Vereinbarung zugänglich macht.

8   Diese Interpretation enthält keine Aussage über die Rechnungslegung für Infrastruktureinrichtungen, die vom Betreiber bereits vor Abschluss der Vereinbarung als Sachanlagen gehalten und angesetzt wurden. Auf solche Infrastruktureinrichtungen sind die (in IAS 16 enthaltenen) IFRS-Ausbuchungsvorschriften anwendbar.

9   Diese Interpretation regelt nicht die Rechnungslegung durch die Konzessionsgeber.

BACKGROUND

In many countries, infrastructure for public services — such as roads, bridges, tunnels, prisons, hospitals, airports, water **1** distribution facilities, energy supply and telecommunication networks — has traditionally been constructed, operated and maintained by the public sector and financed through public budget appropriation.

In some countries, governments have introduced contractual service arrangements to attract private sector participation **2** in the development, financing, operation and maintenance of such infrastructure. The infrastructure may already exist, or may be constructed during the period of the service arrangement. An arrangement within the scope of this Interpretation typically involves a private sector entity (an operator) constructing the infrastructure used to provide the public service or upgrading it (for example, by increasing its capacity) and operating and maintaining that infrastructure for a specified period of time. The operator is paid for its services over the period of the arrangement. The arrangement is governed by a contract that sets out performance standards, mechanisms for adjusting prices, and arrangements for arbitrating disputes. Such an arrangement is often described as a 'build-operate-transfer', a 'rehabilitate-operate-transfer' or a 'public-to-private' service concession arrangement.

A feature of these service arrangements is the public service nature of the obligation undertaken by the operator. Public **3** policy is for the services related to the infrastructure to be provided to the public, irrespective of the identity of the party that operates the services. The service arrangement contractually obliges the operator to provide the services to the public on behalf of the public sector entity. Other common features are:
(a) the party that grants the service arrangement (the grantor) is a public sector entity, including a governmental body, or a private sector entity to which the responsibility for the service has been devolved.
(b) the operator is responsible for at least some of the management of the infrastructure and related services and does not merely act as an agent on behalf of the grantor.
(c) the contract sets the initial prices to be levied by the operator and regulates price revisions over the period of the service arrangement.
(d) the operator is obliged to hand over the infrastructure to the grantor in a specified condition at the end of the period of the arrangement, for little or no incremental consideration, irrespective of which party initially financed it.

SCOPE

This Interpretation gives guidance on the accounting by operators for public-to-private service concession arrangements. **4**

This Interpretation applies to public-to-private service concession arrangements if: **5**
(a) the grantor controls or regulates what services the operator must provide with the infrastructure, to whom it must provide them, and at what price; and
(b) the grantor controls — through ownership, beneficial entitlement or otherwise — any significant residual interest in the infrastructure at the end of the term of the arrangement.

Infrastructure used in a public-to-private service concession arrangement for its entire useful life (whole of life assets) is **6** within the scope of this Interpretation if the conditions in paragraph 5 (a) are met. Paragraphs AG1—AG8 provide guidance on determining whether, and to what extent, public-to-private service concession arrangements are within the scope of this Interpretation.

This Interpretation applies to both: **7**
(a) infrastructure that the operator constructs or acquires from a third party for the purpose of the service arrangement; and
(b) existing infrastructure to which the grantor gives the operator access for the purpose of the service arrangement.

This Interpretation does not specify the accounting for infrastructure that was held and recognised as property, plant and **8** equipment by the operator before entering the service arrangement. The derecognition requirements of IFRSs (set out in IAS 16) apply to such infrastructure.

This Interpretation does not specify the accounting by grantors. **9**

FRAGESTELLUNGEN

10 Diese Interpretation enthält die allgemeinen Regeln für den Ansatz und die Bewertung von Verpflichtungen und damit verbundenen Ansprüchen aus Dienstleistungskonzessionsvereinbarungen. Welche Angaben im Zusammenhang mit Vereinbarungen von Betreiber- und Konzessionsmodellen zu machen sind, ist in SIC-29 *Angabe – Vereinbarungen über Dienstleistungskonzessionen* geregelt. Die in dieser Interpretation behandelten Fragestellungen sind:

(a) Behandlung der Rechte, die dem Betreiber im Zusammenhang mit der Infrastruktureinrichtung zustehen,

(b) Ansatz und Bewertung der vereinbarten Gegenleistung,

(c) Bau oder Ausbauleistungen,

(d) Betreiberleistungen,

(e) Fremdkapitalkosten,

(f) nachfolgende Bilanzierung eines finanziellen und eines immateriellen Vermögenswerts und

(g) dem Betreiber vom Konzessionsgeber zur Verfügung gestellte Gegenstände.

BESCHLUSS

Behandlung der Rechte, die dem Betreiber im Zusammenhang mit der Infrastruktureinrichtung zustehen

11 Im Anwendungsbereich dieser Interpretation ist eine Infrastruktureinrichtung nicht als Sachanlage anzusetzen, da der Dienstleistungskonzessionsvertrag den Betreiber nicht dazu berechtigt, selbst über die Nutzung der öffentlichen Infrastruktureinrichtung zu bestimmen und diese zu kontrollieren. Der Betreiber hat Zugang zur Infrastruktureinrichtung, um die öffentlichen Aufgaben entsprechend den vertraglich vereinbarten Modalitäten an Stelle des Konzessionsgebers zu erfüllen.

Ansatz und Bewertung der vereinbarten Gegenleistung

12 Im Rahmen der in den Anwendungsbereich dieser Interpretation fallenden Verträge handelt der Betreiber als Dienstleistungserbringer. Der Betreiber erbaut eine Infrastruktureinrichtung oder baut sie aus (Bau- oder Ausbauleistung), die dazu bestimmt ist, öffentliche Aufgaben zu erfüllen, er betreibt diese Einrichtung für einen vereinbarten Zeitraum und ist in dieser Zeit auch für deren Instandhaltung verantwortlich (Betriebsleistungen).

13 Der Betreiber hat den Ertrag aus den von ihm erbrachten Dienstleistungen entsprechend IAS 11 und IAS 18 zu bewerten und zu erfassen. Erbringt der Betreiber im Rahmen einer einzigen Vereinbarung mehr als eine Dienstleistung, (d. h. Bau- oder Ausbauleistungen und Betriebsleistungen), so hat er die erhaltene oder zu erhaltende Gegenleistung entsprechend dem jeweils beizulegenden Zeitwert der erbrachten Einzelleistungen aufzuteilen, wenn eine solche Aufteilung in Einzelbeträge möglich ist. Wie die Gegenleistung bilanziell zu behandeln ist, hängt von der Art der Gegenleistung ab. Wie dann eine erbrachte Gegenleistung als finanzieller Vermögenswert oder als immaterieller Vermögenswert anzusetzen ist, wird weiter unten in den Paragraphen 23 bis 26 erläutert.

Bau- oder Ausbauleistungen

14 Der Betreiber hat Umsätze und Aufwendungen im Zusammenhang mit Bau- oder Ausbauleistungen entsprechend IAS 11 zu erfassen.

Vom Konzessionsgeber an den Betreiber erbrachte Gegenleistung

15 Erbringt der Betreiber Bau- oder Ausbauleistungen, so ist die hierfür erhaltene oder zu erhaltende Gegenleistung zu ihrem beizulegenden Zeitwert anzusetzen. Die Gegenleistung kann bestehen in Ansprüchen auf:

(a) einen finanziellen Vermögenswert oder

(b) einen immateriellen Vermögenswert.

16 Der Betreiber setzt dann einen finanziellen Vermögenswert an, wenn er als Gegenleistung für die Bauleistungen einen unbedingten vertraglichen Anspruch darauf hat, vom Konzessionsgeber oder auf dessen Anweisung einen Geldbetrag oder einen anderen finanziellen Vermögenswert zu erhalten. Der Konzessionsgeber hat so gut wie keine Möglichkeit, die Zahlung zu vermeiden, da der Zahlungsanspruch in der Regel gerichtlich durchsetzbar ist. Der Betreiber hat einen unbedingten Zahlungsanspruch, wenn der Konzessionsgeber sich gegenüber dem Betreiber vertraglich zur Zahlung a) eines bestimmten oder bestimmbaren Betrags oder b) des Differenzbetrags (falls ein solcher existiert) zwischen den von den Nutzern für die öffentliche Dienstleistung gezahlten Beträgen und bestimmten oder bestimmbaren Beträgen verpflichtet hat, auch wenn die Zahlung dieses Differenzbetrages davon abhängt, ob der Betreiber bestimmten Qualitäts- oder Effizienzanforderungen genügt.

ISSUES

This Interpretation sets out general principles on recognising and measuring the obligations and related rights in service concession arrangements. Requirements for disclosing information about service concession arrangements are in SIC-29 *Service Concession Arrangements: Disclosures.* The issues addressed in this Interpretation are: **10**

(a)   treatment of the operator's rights over the infrastructure;
(b)   recognition and measurement of arrangement consideration;
(c)   construction or upgrade services;
(d)   operation services;
(e)   borrowing costs;
(f)   subsequent accounting treatment of a financial asset and an intangible asset; and
(g)   items provided to the operator by the grantor.

CONSENSUS

Treatment of the operator's rights over the infrastructure

Infrastructure within the scope of this Interpretation shall not be recognised as property, plant and equipment of the operator because the contractual service arrangement does not convey the right to control the use of the public service infrastructure to the operator. The operator has access to operate the infrastructure to provide the public service on behalf of the grantor in accordance with the terms specified in the contract. **11**

Recognition and measurement of arrangement consideration

Under the terms of contractual arrangements within the scope of this Interpretation, the operator acts as a service provider. The operator constructs or upgrades infrastructure (construction or upgrade services) used to provide a public service and operates and maintains that infrastructure (operation services) for a specified period of time. **12**

The operator shall recognise and measure revenue in accordance with IASs 11 and 18 for the services it performs. If the operator performs more than one service (i.e. construction or upgrade services and operation services) under a single contract or arrangement, consideration received or receivable shall be allocated by reference to the relative fair values of the services delivered, when the amounts are separately identifiable. The nature of the consideration determines its subsequent accounting treatment. The subsequent accounting for consideration received as a financial asset and as an intangible asset is detailed in paragraphs 23—26 below. **13**

Construction or upgrade services

The operator shall account for revenue and costs relating to construction or upgrade services in accordance with IAS 11. **14**

Consideration given by the grantor to the operator

If the operator provides construction or upgrade services the consideration received or receivable by the operator shall be recognised at its fair value. The consideration may be rights to: **15**

(a)   a financial asset, or
(b)   an intangible asset.

The operator shall recognise a financial asset to the extent that it has an unconditional contractual right to receive cash or another financial asset from or at the direction of the grantor for the construction services; the grantor has little, if any, discretion to avoid payment, usually because the agreement is enforceable by law. The operator has an unconditional right to receive cash if the grantor contractually guarantees to pay the operator (a) specified or determinable amounts or (b) the shortfall, if any, between amounts received from users of the public service and specified or determinable amounts, even if payment is contingent on the operator ensuring that the infrastructure meets specified quality or efficiency requirements. **16**

17 Der Betreiber muss einen immateriellen Vermögenswert ansetzen, wenn er als Gegenleistung ein Recht (eine Konzession) erhält, von den Benutzern der öffentlichen Dienstleistungen eine Gebühr zu verlangen. Das Recht, von den Benutzern der öffentlichen Dienstleistung eine Gebühr verlangen zu können, stellt keinen unbedingten Zahlungsanspruch dar, da deren Gesamtbetrag davon abhängt, in welchem Umfang von den öffentlichen Dienstleistungen Gebrauch gemacht wird.

18 Erhält der Betreiber für seine Bauleistungen eine Gegenleistung, die teilweise aus einem finanziellen Vermögenswert und teilweise aus einem immateriellen Vermögenswert besteht, so sind die einzelnen Bestandteile der Gegenleistung jeweils separat anzusetzen. Die erhaltenen oder zu erhaltenden Bestandteile der Gegenleistung sind erstmalig mit ihrem beizulegenden Zeitwert anzusetzen.

19 Welcher Kategorie die vom Konzessionsgeber an den Betreiber geleistete Gegenleistung angehört, ist aufgrund der vertraglichen Bestimmungen und – wenn anwendbar – nach dem geltenden Vertragsrecht zu bestimmen.

Betriebsleistungen

20 Der Betreiber hat Umsätze und Aufwendungen im Zusammenhang mit den Betriebsleistungen nach IAS 18 zu bilanzieren.

Vertragliche Verpflichtungen, einen festgelegten Grad der Gebrauchstauglichkeit der Infrastruktureinrichtung wiederherzustellen

21 Die dem Betreiber erteilte Konzession kann bedingt sein durch die Verpflichtung, a) einen gewissen Grad der Gebrauchstauglichkeit der Infrastruktureinrichtung aufrecht zu erhalten oder b) zum Ende des Konzessionsvertrages vor der Rückgabe an den Konzessionsgeber einen bestimmten Zustand der Infrastruktureinrichtung wieder herzustellen. Mit Ausnahme von Ausbauleistungen (s. Paragraph 14) sind vertragliche Verpflichtungen, einen bestimmten Zustand der Infrastruktureinrichtung aufrecht zu erhalten oder wieder herzustellen, entsprechend IAS 37 anzusetzen und zu bewerten, d. h. zum bestmöglichen Schätzwert der Aufwendungen, die erforderlich wären, um die Verpflichtung am Bilanzstichtag zu erfüllen.

Beim Betreiber anfallende Fremdkapitalkosten

22 Gemäß IAS 23 sind der Vereinbarung zurechenbare Fremdkapitalkosten für die Zeitspanne, in der sie anfallen, als Aufwand anzusetzen, es sei denn, der Betreiber hat einen vertraglichen Anspruch auf einen immateriellen Vermögenswert (das Recht, für die Inanspruchnahme der öffentlichen Dienstleistung Gebühren zu verlangen). In diesem Fall werden der Vereinbarung zuordenbare Fremdkapitalkosten während der Bauphase entsprechend diesem Standard aktiviert.

Finanzieller Vermögenswert

23 Auf einen gemäß den Paragraphen 16 und 18 angesetzten Vermögenswert sind IAS 32 und IAS 39 sowie IFRS 7 anwendbar.

24 Der an den oder vom Konzessionsgeber bezahlte Betrag wird entsprechend IAS 39 bilanziert als:
  (a)   Kredit oder Forderung,
  (b)   zur Veräußerung verfügbarer finanzieller Vermögenswert, oder
  (c)   falls beim erstmaligen Ansatz so erfasst, als erfolgswirksam zum beizulegenden Zeitwert bewerteter finanzieller Vermögenswert, sofern die Bedingungen für diese Einstufung gegeben sind.

25 Wird der vom Konzessionsgeber geschuldete Betrag entweder als Kredit oder Forderung oder als zur Veräußerung verfügbarer finanzieller Vermögenswert bilanziert, verlangt IAS 39, dass die nach der Effektivzinsmethode berechneten Zinsen im Gewinn oder Verlust erfasst werden.

Immaterieller Vermögenswert

26 Auf einen nach den Paragraphen 17 und 18 angesetzten immateriellen Vermögenswert ist IAS 38 anwendbar. Die Paragraphen 45 bis 47 des IAS 38 enthalten Leitlinien zur Bewertung immaterieller Vermögenswerte, die im Austausch gegen einen oder mehrere nicht-monetäre Vermögenswerte oder gegen eine Kombination aus monetären und nicht-monetären Vermögenswerten erworben wurden.

Dem Betreiber vom Konzessionsgeber zur Verfügung gestellte Gegenstände

27 Entsprechend Paragraph 11 sind Infrastruktureinrichtungen, die dem Betreiber zum Zwecke der Dienstleistungskonzessionsvereinbarung zugänglich gemacht werden, nicht als Sachanlagen des Betreibers anzusetzen. Der Konzessionsgeber kann dem Betreiber auch andere Gegenstände zur Verfügung stellen, mit denen der Betreiber nach Belieben verfahren kann. Sind solche Vermögenswerte Bestandteil der vom Konzessionsgeber zu erbringenden Gegenleistung, stellen sie keine Zuwendungen der öffentlichen Hand im Sinne von IAS 20 dar. Sie sind als Vermögenswerte des Betreibers anzusetzen und bei ihrem erstmaligen Ansatz mit dem beizulegenden Zeitwert zu bewerten. Hat der Betreiber im Tausch gegen diese Vermögenswerte eine noch unerfüllte Verpflichtung übernommen, so ist diese als Schuld zu anzusetzen.

The operator shall recognise an intangible asset to the extent that it receives a right (a licence) to charge users of the public service. A right to charge users of the public service is not an unconditional right to receive cash because the amounts are contingent on the extent that the public uses the service. **17**

If the operator is paid for the construction services partly by a financial asset and partly by an intangible asset it is necessary to account separately for each component of the operator's consideration. The consideration received or receivable for both components shall be recognised initially at the fair value of the consideration received or receivable. **18**

The nature of the consideration given by the grantor to the operator shall be determined by reference to the contract terms and, when it exists, relevant contract law. **19**

Operation services

The operator shall account for revenue and costs relating to operation services in accordance with IAS 18. **20**

Contractual obligations to restore the infrastructure to a specified level of serviceability

The operator may have contractual obligations it must fulfil as a condition of its licence (a) to maintain the infrastructure to a specified level of serviceability or (b) to restore the infrastructure to a specified condition before it is handed over to the grantor at the end of the service arrangement. These contractual obligations to maintain or restore infrastructure, except for any upgrade element (see paragraph 14), shall be recognised and measured in accordance with IAS 37, i.e. at the best estimate of the expenditure that would be required to settle the present obligation at the balance sheet date. **21**

Borrowing costs incurred by the operator

In accordance with IAS 23, borrowing costs attributable to the arrangement shall be recognised as an expense in the period in which they are incurred unless the operator has a contractual right to receive an intangible asset (a right to charge users of the public service). In this case borrowing costs attributable to the arrangement shall be capitalised during the construction phase of the arrangement in accordance with that Standard. **22**

Financial asset

IASs 32 and 39 and IFRS 7 apply to the financial asset recognised under paragraphs 16 and 18. **23**

The amount due from or at the direction of the grantor is accounted for in accordance with IAS 39 as: **24**
(a)   a loan or receivable;
(b)   an available-for-sale financial asset; or
(c)   if so designated upon initial recognition, a financial asset at fair value through profit or loss, if the conditions for that classification are met.

If the amount due from the grantor is accounted for either as a loan or receivable or as an available-for-sale financial asset, IAS 39 requires interest calculated using the effective interest method to be recognised in profit or loss. **25**

Intangible asset

IAS 38 applies to the intangible asset recognised in accordance with paragraphs 17 and 18. Paragraphs 45—47 of IAS 38 provide guidance on measuring intangible assets acquired in exchange for a non-monetary asset or assets or a combination of monetary and non-monetary assets. **26**

Items provided to the operator by the grantor

In accordance with paragraph 11, infrastructure items to which the operator is given access by the grantor for the purposes of the service arrangement are not recognised as property, plant and equipment of the operator. The grantor may also provide other items to the operator that the operator can keep or deal with as it wishes. If such assets form part of the consideration payable by the grantor for the services, they are not government grants as defined in IAS 20. They are recognised as assets of the operator, measured at fair value on initial recognition. The operator shall recognise a liability in respect of unfulfilled obligations it has assumed in exchange for the assets. **27**

ZEITPUNKT DES INKRAFTTRETENS

28 Diese Interpretation ist auf am 1. Januar 2008 oder danach beginnende Geschäftsjahre anzuwenden. Eine frühere Anwendung ist zulässig. Wenn ein Unternehmen diese Interpretation für Berichtsperioden anwendet, die vor dem 1. Januar 2008 beginnen, so ist diese Tatsache anzugeben.

ÜBERGANGSVORSCHRIFTEN

29 Vorbehaltlich des Paragraphen 30 werden Änderungen in den Rechnungslegungsmethoden entsprechend IAS 8, das heißt rückwirkend, berücksichtigt.

30 Falls eine rückwirkende Anwendung dieser Interpretation bei einer bestimmten Dienstleistungskonzessionsvereinbarung für den Betreiber nicht durchführbar sein sollte, so hat er
(a) diejenigen finanziellen Vermögenswerte und immateriellen Vermögenswerte anzusetzen, die zu Beginn der ersten dargestellten Berichtsperiode vorhanden waren,
(b) die früheren Buchwerte dieser finanziellen und immateriellen Vermögenswerte (unabhängig von ihrer bisherigen Zuordnung) als die aktuellen Buchwerte anzusetzen, und
(c) zu prüfen, ob bei den für diesen Zeitpunkt angesetzten finanziellen und immateriellen Vermögenswerten eine Wertminderung vorliegt. Sollte dies praktisch nicht möglich sein, so sind die angesetzten Buchwerte auf Wertminderung zu Beginn der laufenden Berichtsperiode zu prüfen.

Anhang A

Anwendungsleitlinien

Dieser Anhang ist integraler Bestandteil der Interpretation.

ANWENDUNGSBEREICH (Paragraph 5)

AL1 Paragraph 5 dieser Interpretation legt fest, dass eine Infrastruktureinrichtung in den Anwendungsbereich dieser Interpretation fällt, wenn folgende Voraussetzungen erfüllt sind:
(a) der Konzessionsgeber kontrolliert oder bestimmt, welche Dienstleistungen der Betreiber mit der Infrastruktureinrichtung zu erbringen hat und zu welchem Preis, und
(b) der Konzessionsgeber kontrolliert nach Ablauf der Vereinbarung aufgrund von Eigentumsansprüchen oder von anderen vergleichbaren Rechten alle verbleibenden wichtigen Interessen an der Infrastruktureinrichtung.

AL2 Die unter Buchstabe a aufgeführte Kontroll- oder Regelungsbefugnis kann sich aus Vertrag oder auf anderen Umständen ergeben (z. B. durch eine Regulierungsstelle) und umfasst sowohl die Fälle, in denen der Konzessionsgeber der alleinige Abnehmer der erbrachten Leistungen ist, als auch die Fälle, in denen andere Benutzer ganz oder zum Teil Abnehmer der Leistungen sind. Bei der Prüfung, ob diese Voraussetzung erfüllt ist, sind mit dem Konzessionsgeber verbundene Parteien als diesem zugehörig zu betrachten. Ist der Konzessionsgeber öffentlichrechtlich organisiert, so wird die gesamte öffentliche Hand zusammen mit allen Regulierungsstellen, die im öffentlichen Interesse tätig werden, als dem Konzessionsgeber zugehörig angesehen.

AL3 Zur Erfüllung der unter Buchstabe a genannten Voraussetzung muss der Konzessionsgeber die Preisgebung nicht vollständig kontrollieren. Es reicht aus, dass der Preis vom Konzessionsgeber, durch Vertrag oder einer Regulierungsbehörde reguliert wird, zum Beispiel durch einen Preisbegrenzungsmechanismus. Die Voraussetzung muss jedoch für den Kernbereich der Vereinbarung vorliegen. Unwesentliche Bestimmungen wie ein Preisbegrenzungsmechanismus, der nur unter fern liegenden Umständen greift, bleiben unberücksichtigt. Umgekehrt ist das Preiselement des Kontrollerfordernisses auch dann erfüllt, wenn der Ertrag für den Konzessionsgeber dadurch begrenzt ist, dass er zwar dazu berechtigt ist, die Preise frei festzusetzen, jedoch jeden zusätzlichen Gewinn an den Konzessionsgeber zu zahlen hat.

AL4 Um die Voraussetzungen unter Buchstabe b zu erfüllen, muss die die Kontrolle über die wesentlichen noch bestehenden Rechte und Ansprüche an der Infrastruktureinrichtung sowohl praktisch die Möglichkeit des Betreibers beschränken, die Infrastruktureinrichtung zu verkaufen oder zu belasten, als auch dem Konzessionsgeber für die Dauer der Vereinbarung ein fortlaufendes Nutzungsrecht einräumen. Der Restwert der Infrastruktureinrichtung ist ihr geschätzter Marktwert am Ende der Vereinbarungslaufzeit in dem zu diesem Zeitpunkt zu erwartenden Zustand.

An entity shall apply this Interpretation for annual periods beginning on or after 1 January 2008. Earlier application is **28** permitted. If an entity applies this Interpretation for a period beginning before 1 January 2008, it shall disclose that fact.

TRANSITION

Subject to paragraph 30, changes in accounting policies are accounted for in accordance with IAS 8, i.e. retrospectively. **29**

If, for any particular service arrangement, it is impracticable for an operator to apply this Interpretation retrospectively at **30** the start of the earliest period presented, it shall:

(a) recognise financial assets and intangible assets that existed at the start of the earliest period presented;

(b) use the previous carrying amounts of those financial and intangible assets (however previously classified) as their carrying amounts as at that date; and

(c) test financial and intangible assets recognised at that date for impairment, unless this is not practicable, in which case the amounts shall be tested for impairment as at the start of the current period.

Appendix A

Application guidance

This appendix is an integral part of the Interpretation.

SCOPE (paragraph 5)

Paragraph 5 of this Interpretation specifies that infrastructure is within the scope of the Interpretation when the following **AG1** conditions apply:

(a) the grantor controls or regulates what services the operator must provide with the infrastructure, to whom it must provide them, and at what price; and

(b) the grantor controls — through ownership, beneficial entitlement or otherwise — any significant residual interest in the infrastructure at the end of the term of the arrangement.

The control or regulation referred to in condition (a) could be by contract or otherwise (such as through a regulator), and **AG2** includes circumstances in which the grantor buys all of the output as well as those in which some or all of the output is bought by other users. In applying this condition, the grantor and any related parties shall be considered together. If the grantor is a public sector entity, the public sector as a whole, together with any regulators acting in the public interest, shall be regarded as related to the grantor for the purposes of this Interpretation.

For the purpose of condition (a), the grantor does not need to have complete control of the price: it is sufficient for the **AG3** price to be regulated by the grantor, contract or regulator, for example by a capping mechanism. However, the condition shall be applied to the substance of the agreement. Non-substantive features, such as a cap that will apply only in remote circumstances, shall be ignored. Conversely, if for example, a contract purports to give the operator freedom to set prices, but any excess profit is returned to the grantor, the operator's return is capped and the price element of the control test is met.

For the purpose of condition (b), the grantor's control over any significant residual interest should both restrict the opera- **AG4** tor's practical ability to sell or pledge the infrastructure and give the grantor a continuing right of use throughout the period of the arrangement. The residual interest in the infrastructure is the estimated current value of the infrastructure as if it were already of the age and in the condition expected at the end of the period of the arrangement.

AL5 Es ist zwischen der Kontrolle und dem Führen der Geschäfte zu unterscheiden. Behält der Konzessionsgeber sowohl das unter Paragraph 5 Buchstabe a beschriebene Maß an Kontrolle über die Einrichtung als auch die mit dieser zusammenhängenden verbleibenden wesentlichen Rechte und Ansprüche, so führt der Betreiber der Einrichtung lediglich deren Geschäft für den Konzessionsgeber, auch wenn er dabei in vielen Fällen eine weit reichende Entscheidungsbefugnis innehat.

AL6 Liegen die beiden Voraussetzungen der Buchstaben a und b zusammen vor, so wird die Einrichtung in einem solchen Fall einschließlich aller während der gesamten Dauer ihrer wirtschaftlichen Nutzung erforderlichen Erneuerungen (s. Paragraph 21) vom Konzessionsgeber kontrolliert. Muss der Betreiber zum Beispiel während der Laufzeit der Vereinbarung einen Bestandteil der Einrichtung teilweise ersetzen (z. B. den Belag einer Straße oder das Dach eines Gebäudes), so ist der Einrichtungsbestandteil als Einheit zu werten. Die Voraussetzung des Buchstaben b ist daher für die gesamte Infrastruktureinrichtung einschließlich des ersetzten Teils erfüllt, wenn der Konzessionsgeber auch die Kontrolle über die wesentlichen noch bestehenden Rechte und Ansprüche an diesem endgültigen Ersatzteil innehat.

AL7 In manchen Fällen ist die Nutzung der Infrastruktureinrichtung teilweise geregelt wie in Paragraph 5 Buchstabe a beschrieben und teilweise ungeregelt. Diese Vereinbarungen können verschiedener Art sein:

(a) jede Infrastruktureinrichtung, die physisch abtrennbar ist, eigenständig betrieben werden kannund die Voraussetzungen einer zahlungsmittelgenerierenden Einheit gemäß IAS 36 erfüllt, ist gesondert zu untersuchen, wenn sie ausschließlich für vertraglich nicht geregelte Zwecke genutzt wird. Dies ist z. B. bei einem zur Behandlung von Privatpatienten genutzten Flügel eines Krankenhauses der Fall, wenn das übrige Krankenhaus für die Behandlung gesetzlich versicherter Patienten genutzt wird.

(b) sind lediglich Nebentätigkeiten nicht geregelt (z. B. ein Krankenhauskiosk), so werden sie bei der Frage der tatsächlichen Kontrolle nicht berücksichtigt, weil eine solche Nebentätigkeit die Kontrolle in den Fällen, in denen der Konzessionsgeber die Leistung entsprechend Paragraph 5 kontrolliert, nicht beeinträchtigt.

AL8 Der Betreiber kann das Recht haben, die in Paragraph AL7 Buchstabe a beschriebene abtrennbare Infrastruktureinrichtung zu nutzen, oder eine in Paragraph AL7 Buchstabe b beschriebene Nebentätigkeit auszuüben. In beiden Fällen kann zwischen dem Konzessionsgeber und dem Betreiber ein Leasingverhältnis bestehen. Dieses ist dann entsprechend IAS 17 zu erfassen.

IFRIC INTERPRETATION 13

Kundenbindungsprogramme

VERWEISE

– IFRS 13 *Bemessung des beizulegenden Zeitwerts*
– IAS 8 *Bilanzierungs- und Bewertungsmethoden, Änderungen von Schätzungen und Fehler*
– IAS 18 *Erträge*
– IAS 37 *Rückstellungen, Eventualschulden und Eventualforderungen*

HINTERGRUND

1 Kundenbindungsprogramme werden von Unternehmen verwendet, um Kunden Anreize zum Kauf ihrer Güter oder Dienstleistungen zu bieten. Jedes Mal, wenn ein Kunde Güter oder Dienstleistungen erwirbt, gewährt das Unternehmen dem Kunden eine Prämiengutschrift (häufig als „Treuepunkte" bezeichnet). Der Kunde kann die Prämiengutschrift gegen Prämien wie etwa kostenlose oder preisreduzierte Güter oder Dienstleistungen einlösen.

2 Es gibt eine Vielzahl von Kundenbindungsprogrammen. Bei manchen muss der Kunde eine bestimmte Mindestanzahl oder einen bestimmten Mindestwert von Prämiengutschriften ansammeln, bevor er in der Lage ist, diese einzulösen. Die Prämiengutschriften können an Einzel- oder Gruppenkäufe oder die Loyalität des Kunden über einen festgelegten Zeitraum geknüpft sein. Das Unternehmen kann das Kundenbindungsprogramm selbst durchführen oder sich dem Programm eines Dritten anschließen. Die angebotenen Prämien können Güter oder Dienstleistungen umfassen, die das Unternehmen selbst liefert, und/oder den Anspruch auf Güter oder Dienstleistungen von Dritten beinhalten.

Control should be distinguished from management. If the grantor retains both the degree of control described in paragraph 5(a) and any significant residual interest in the infrastructure, the operator is only managing the infrastructure on the grantor's behalf — even though, in many cases, it may have wide managerial discretion. **AG5**

Conditions (a) and (b) together identify when the infrastructure, including any replacements required (see paragraph 21), is controlled by the grantor for the whole of its economic life. For example, if the operator has to replace part of an item of infrastructure during the period of the arrangement (e.g. the top layer of a road or the roof of a building), the item of infrastructure shall be considered as a whole. Thus condition (b) is met for the whole of the infrastructure, including the part that is replaced, if the grantor controls any significant residual interest in the final replacement of that part. **AG6**

Sometimes the use of infrastructure is partly regulated in the manner described in paragraph 5(a) and partly unregulated. However, these arrangements take a variety of forms: **AG7**
(a) any infrastructure that is physically separable and capable of being operated independently and meets the definition of a cash-generating unit as defined in IAS 36 shall be analysed separately if it is used wholly for unregulated purposes. For example, this might apply to a private wing of a hospital, where the remainder of the hospital is used by the grantor to treat public patients.
(b) when purely ancillary activities (such as a hospital shop) are unregulated, the control tests shall be applied as if those services did not exist, because in cases in which the grantor controls the services in the manner described in paragraph 5, the existence of ancillary activities does not detract from the grantor's control of the infrastructure.

The operator may have a right to use the separable infrastructure described in paragraph AG7(a), or the facilities used to provide ancillary unregulated services described in paragraph AG7(b). In either case, there may in substance be a lease from the grantor to the operator; if so, it shall be accounted for in accordance with IAS 17. **AG8**

IFRIC INTERPRETATION 13

Customer Loyalty Programmes

REFERENCES

— IFRS 13 *Fair Value Measurement*
— IAS 8 *Accounting Policies, Changes in Accounting Estimates and Errors*
— IAS 18 *Revenue*
— IAS 37 *Provisions, Contingent Liabilities and Contingent Assets*

BACKGROUND

Customer loyalty programmes are used by entities to provide customers with incentives to buy their goods or services. If a customer buys goods or services, the entity grants the customer award credits (often described as 'points'). The customer can redeem the award credits for awards such as free or discounted goods or services. **1**

The programmes operate in a variety of ways. Customers may be required to accumulate a specified minimum number or value of award credits before they are able to redeem them. Award credits may be linked to individual purchases or groups of purchases, or to continued custom over a specified period. The entity may operate the customer loyalty programme itself or participate in a programme operated by a third party. The awards offered may include goods or services supplied by the entity itself and/or rights to claim goods or services from a third party. **2**

ANWENDUNGSBEREICH

3 Diese Interpretation ist anzuwenden auf Prämiengutschriften im Rahmen von Kundenbindungsprogrammen,

(a) die ein Unternehmen seinen Kunden als Teil eines Verkaufsgeschäfts, d. h. des Verkaufs von Gütern, der Erbringung von Dienstleistungen oder der Nutzung von Vermögenswerten des Unternehmens durch den Kunden, gewährt; und

(b) die der Kunde vorbehaltlich der Erfüllung weiterer Voraussetzungen künftig gegen kostenlose oder vergünstigte Güter oder Dienstleistungen einlösen kann.

Die Interpretation regelt die Bilanzierung von Unternehmen, die Prämiengutschriften an Kunden vergeben.

FRAGESTELLUNG

4 Folgende Fragen werden in dieser Interpretation behandelt:

(a) Sollte die Verpflichtung eines Unternehmens zur künftigen Bereitstellung von kostenlosen oder reduzierten Gütern oder Dienstleistungen („Prämien") wie folgt erfasst und bewertet werden:

(i) Zurechnung eines Teils der aus dem Verkaufsgeschäft erhaltenen oder zu erhaltenden Gegenleistung zu den Prämiengutschriften und Verschiebung der Ertragserfassung (Anwendung von Paragraph 13 des IAS 18); oder

(ii) Ansatz einer Rückstellung für die geschätzten künftigen Aufwendungen für die Bereitstellung der Prämien (Anwendung von Paragraph 19 des IAS 18); und

(b) wenn ein Teil der Gegenleistung den Prämiengutschriften zugerechnet wird:

(i) in welcher Höhe sollte die Zurechnung erfolgen;

(ii) wann sollte der Ertrag erfasst werden; und

(iii) wie sollte der Ertrag bewertet werden, wenn die Prämien durch Dritte geliefert werden?

BESCHLUSS

5 Ein Unternehmen hat Paragraph 13 von IAS 18 anzuwenden und Prämiengutschriften als einzelne abgrenzbare Bestandteile des bzw. der Verkaufsgeschäft(e) zu bilanzieren, bei dem bzw. denen sie gewährt wurden („ursprünglicher Verkauf"). Der beizulegende Zeitwert der erhaltenen oder zu erhaltenden Gegenleistung aus dem ursprünglichen Verkauf ist zwischen den Prämiengutschriften und den anderen Bestandteilen des Geschäftsvorfalls aufzuteilen.

6 Der Teil der Gegenleistung, der den Prämiengutschriften zugeordnet wird, ist zu ihrem beizulegenden Zeitwert zu bewerten.

7 Stellt das Unternehmen die Prämien selbst bereit, ist der den Prämiengutschriften zugerechnete Teil der Gegenleistung erst dann als Ertrag zu erfassen, wenn die Gutschriften eingelöst werden und das Unternehmen seine Verpflichtung zur Aushändigung der Prämien erfüllt hat. Die Höhe des erfassten Ertrags richtet sich nach der Anzahl der Prämiengutschriften, die gegen Prämien eingelöst wurden, in Relation zur Gesamtzahl der voraussichtlich einzulösenden Gutschriften.

8 Werden die Prämien durch Dritte bereitgestellt, hat das Unternehmen zu prüfen, ob es die den Prämiengutschriften zugeordnete Gegenleistung auf eigene Rechnung (d. h. Auftraggeber) oder im Auftrag der anderen Partei (d. h. als Vermittler für diese Partei) vereinnahmt.

(a) Wenn das Unternehmen die Gegenleistung im Auftrag eines Dritten vereinnahmt,

(i) bestimmt es seinen Ertrag als den ihm verbleibenden Nettobetrag, d. h. die Differenz zwischen der den Prämiengutschriften zugeordneten Gegenleistung und dem Betrag, den es an den Dritten für die Bereitstellung der Prämien zahlen muss; und

(ii) erfasst es diesen Nettobetrag dann als Ertrag, wenn beim Dritten die Verpflichtung zur Lieferung der Prämien und der Anspruch auf eine entsprechende Gegenleistung entstanden ist. Dies kann zeitgleich mit der Gewährung der Prämiengutschriften geschehen. Steht es dem Kunden frei, die Prämiengutschriften beim Unternehmen oder beim Dritten einzulösen, ist dies unter Umständen nur dann der Fall, wenn der Kunde sich für eine Einlösung bei einem Dritten entscheidet.

(b) Vereinnahmt das Unternehmen die Gegenleistung auf eigene Rechnung, bestimmt es seinen Ertrag als Bruttobetrag der den Prämiengutschriften zugeordneten Gegenleistung und erfasst diesen Ertrag, wenn es seine Verpflichtungen in Bezug auf die Prämien erfüllt hat.

9 Wenn erwartet wird, dass zu irgendeinem Zeitpunkt die unvermeidbaren Kosten für die Erfüllung der Verpflichtungen zur Lieferung der Prämien die erhaltene oder zu erhaltende Gegenleistung übersteigen (d. h. die Gegenleistung, die den Prämiengutschriften beim ursprünglichen Verkauf zugerechnet wurde, aber noch nicht als Ertrag erfasst wurde, zuzüglich einer etwaigen weiteren zu erhaltenden Gegenleistung bei Einlösung der Prämiengutschriften durch den Kunden), liegt für das Unternehmen ein belastender Vertrag vor. Für den Unterschiedsbetrag ist eine Verbindlichkeit gemäß IAS 37 anzusetzen. Der Ansatz einer solchen Verbindlichkeit kann notwendig werden, wenn die voraussichtlichen Kosten für die Bereitstellung der Prämien steigen, etwa weil das Unternehmen seine Erwartungen hinsichtlich der Anzahl künftig einzulösender Prämiengutschriften revidiert.

SCOPE

This Interpretation applies to customer loyalty award credits that: 3

(a)   an entity grants to its customers as part of a sales transaction, i.e. a sale of goods, rendering of services or use by a customer of entity assets; and

(b)   subject to meeting any further qualifying conditions, the customers can redeem in the future for free or discounted goods or services.

The Interpretation addresses accounting by the entity that grants award credits to its customers.

ISSUES

The issues addressed in this Interpretation are: 4

(a)   whether the entity's obligation to provide free or discounted goods or services ('awards') in the future should be recognised and measured by:

    (i)   allocating some of the consideration received or receivable from the sales transaction to the award credits and deferring the recognition of revenue (applying paragraph 13 of IAS 18); or

    (ii)   providing for the estimated future costs of supplying the awards (applying paragraph 19 of IAS 18); and

(b)   if consideration is allocated to the award credits:

    (i)   how much should be allocated to them;

    (ii)   when revenue should be recognised; and

    (iii)   if a third party supplies the awards, how revenue should be measured.

CONSENSUS

An entity shall apply paragraph 13 of IAS 18 and account for award credits as a separately identifiable component of the   5
sales transaction(s) in which they are granted (the 'initial sale'). The fair value of the consideration received or receivable in respect of the initial sale shall be allocated between the award credits and the other components of the sale.

The consideration allocated to the award credits shall be measured by reference to their fair value.   6

If the entity supplies the awards itself, it shall recognise the consideration allocated to award credits as revenue when   7
award credits are redeemed and it fulfils its obligations to supply awards. The amount of revenue recognised shall be based on the number of award credits that have been redeemed in exchange for awards, relative to the total number expected to be redeemed.

If a third party supplies the awards, the entity shall assess whether it is collecting the consideration allocated to the award   8
credits on its own account (ie as the principal in the transaction) or on behalf of the third party (ie as an agent for the third party).

(a)   If the entity is collecting the consideration on behalf of the third party, it shall:

    (i)   measure its revenue as the net amount retained on its own account, i.e. the difference between the consideration allocated to the award credits and the amount payable to the third party for supplying the awards; and

    (ii)   recognise this net amount as revenue when the third party becomes obliged to supply the awards and entitled to receive consideration for doing so. These events may occur as soon as the award credits are granted. Alternatively, if the customer can choose to claim awards from either the entity or a third party, these events may occur only when the customer chooses to claim awards from the third party.

(b)   If the entity is collecting the consideration on its own account, it shall measure its revenue as the gross consideration allocated to the award credits and recognise the revenue when it fulfils its obligations in respect of the awards.

If at any time the unavoidable costs of meeting the obligations to supply the awards are expected to exceed the considera-   9
tion received and receivable for them (ie the consideration allocated to the award credits at the time of the initial sale that has not yet been recognised as revenue plus any further consideration receivable when the customer redeems the award credits), the entity has onerous contracts. A liability shall be recognised for the excess in accordance with IAS 37. The need to recognise such a liability could arise if the expected costs of supplying awards increase, for example if the entity revises its expectations about the number of award credits that will be redeemed.

10 Diese Interpretation ist erstmals in der ersten Berichtsperiode eines am 1. Juli 2008 oder danach beginnenden Geschäftsjahres anzuwenden. Eine frühere Anwendung ist zulässig. Wenn ein Unternehmen diese Interpretation für Berichtsperioden anwendet, die vor dem 1. Juli 2008 beginnen, so ist diese Tatsache anzugeben.

10A Durch die im Mai 2010 veröffentlichten *Verbesserungen an den IFRS* wurde Paragraph AG2 geändert. Diese Änderung ist erstmals in der ersten Berichtsperiode eines am oder nach dem 1. Januar 2011 beginnenden Geschäftsjahres anzuwenden. Eine frühere Anwendung ist zulässig. Wendet ein Unternehmen die Änderung auf eine frühere Periode an, hat es dies anzugeben.

10B Durch IFRS 13, veröffentlicht im Mai 2011, wurden die Paragraphen 6 und AG1–AG3 geändert. Ein Unternehmen hat die betreffenden Änderungen anzuwenden, wenn es IFRS 13 anwendet.

11 Änderungen der Bilanzierungs- und Bewertungsmethoden sind gemäß IAS 8 zu berücksichtigen.

Anhang

Anleitungen zur Anwendung

Dieser Anhang ist Bestandteil der Interpretation.

Bestimmung des beizulegenden Zeitwertes von Prämiengutschriften

AG1 Paragraph 6 des Beschlusses schreibt vor, dass der Teil der Gegenleistung, der den Prämiengutschriften zugeordnet wird, zu deren beizulegendem Zeitwert zu bewerten ist. Liegt keine Marktpreisnotierung für eine identische Prämiengutschrift vor, muss der beizulegende Zeitwert mit Hilfe einer anderen Bewertungstechnik bemessen werden.

AG2 Ein Unternehmen kann den beizulegenden Zeitwert von Prämiengutschriften anhand des beizulegenden Zeitwerts der Prämien bemessen, gegen die sie eingelöst werden können. Der beizulegende Zeitwert der Prämiengutschriften trägt gegebenenfalls Folgendem Rechnung:
(a) der Höhe der Nachlässe oder Anreize, die Kunden angeboten würden, die keine Prämiengutschriften aus einem ursprünglichen Verkauf erworben haben;
(b) dem Anteil der Prämiengutschriften, die von Kunden voraussichtlich nicht eingelöst werden; und
(c) dem Risiko der Nichterfüllung.
Wenn Kunden verschiedene Prämien zur Auswahl stehen, spiegelt der beizulegende Zeitwert der Prämiengutschriften die beizulegenden Zeitwerte der Auswahl angebotener Prämien wider, die im Verhältnis zur Häufigkeit gewichtet werden, mit der Kunden die einzelnen Prämien voraussichtlich wählen.

AG3 In einigen Fällen können andere Bewertungstechniken verwendet werden. Wenn beispielsweise ein Dritter die Prämien liefert und vom Unternehmen für jede gewährte Prämiengutschrift bezahlt wird, könnte der beizulegende Zeitwert der Prämiengutschriften anhand des an den Dritten gezahlten Betrags zuzüglich einer angemessenen Gewinnmarge bemessen werden. Die Auswahl und Anwendung einer Bewertungstechnik, die den Anforderungen von Paragraph 6 des Beschlusses genügt und unter den jeweiligen Umständen am angemessensten ist, erfordert eine Ermessensentscheidung.

An entity shall apply this Interpretation for annual periods beginning on or after 1 July 2008. Earlier application is permitted. If an entity applies the Interpretation for a period beginning before 1 July 2008, it shall disclose that fact. **10**

Paragraph AG2 was amended by *Improvements to IFRSs* issued in May 2010. An entity shall apply that amendment for annual periods beginning on or after 1 January 2011. Earlier application is permitted. If an entity applies the amendment for an earlier period it shall disclose that fact. **10A**

IFRS 13, issued in May 2011, amended paragraphs 6 and AG1—AG3. An entity shall apply those amendments when it applies IFRS 13. **10B**

Changes in accounting policy shall be accounted for in accordance with IAS 8. **11**

Appendix

Application guidance

This appendix is an integral part of the Interpretation.

Measuring the fair value of award credits

Paragraph 6 of the consensus requires the consideration allocated to award credits to be measured by reference to their fair value. If there is not a quoted market price for an identical award credit, fair value must be measured using another valuation technique. **AG1**

An entity may measure the fair value of award credits by reference to the fair value of the awards for which they could be redeemed. The fair value of the award credits takes into account, as appropriate: **AG2**
(a) the amount of the discounts or incentives that would otherwise be offered to customers who have not earned award credits from an initial sale;
(b) the proportion of award credits that are not expected to be redeemed by customers; and
(c) non-performance risk.
If customers can choose from a range of different awards, the fair value of the award credits reflects the fair values of the range of available awards, weighted in proportion to the frequency with which each award is expected to be selected.

In some circumstances, other valuation techniques may be used. For example, if a third party will supply the awards and the entity pays the third party for each award credit it grants, it could measure the fair value of the award credits by reference to the amount it pays the third party, adding a reasonable profit margin. Judgement is required to select and apply the valuation technique that satisfies the requirements of paragraph 6 of the consensus and is most appropriate in the circumstances. **AG3**

IFRIC INTERPRETATION 14

IAS 19 – Die Begrenzung eines leistungsorientierten Vermögenswertes, Mindestdotierungsverpflichtungen und ihre Wechselwirkung

VERWEISE

- IAS 1 *Darstellung des Abschlusses*
- IAS 8 *Bilanzierungs- und Bewertungsmethoden, Änderungen von Schätzungen und Fehler*
- IAS 19 *Leistungen an Arbeitnehmer* (in der im Juni 2011 geänderten Fassung)
- IAS 37 *Rückstellungen, Eventualschulden und Eventualforderungen*

HINTERGRUND

1 Paragraph 64 von IAS 19 begrenzt die Bewertung eines leistungsorientierten Nettovermögenswertes auf den jeweils niedrigeren Wert der Vermögensüberdeckung im leistungsorientierten Versorgungsplan und der Vermögensobergrenze. Paragraph 8 des IAS 19 definiert die Vermögensobergrenze als den „Barwert eines wirtschaftlichen Nutzens in Form von Rückerstattungen aus dem Plan oder Minderungen künftiger Beitragszahlungen". Es sind Fragen aufgekommen, wann Rückerstattungen oder Minderungen künftiger Beitragszahlungen als verfügbar betrachtet werden sollten, vor allem dann, wenn Mindestdotierungsverpflichtungen bestehen.

2 In vielen Ländern gibt es Mindestdotierungsverpflichtungen, um die Sicherheit der Pensionsleistungszusagen zu erhöhen, die Mitgliedern eines Altersversorgungsplans gemacht werden. Solche Verpflichtungen sehen normalerweise Mindestbeiträge vor, die über einen bestimmten Zeitraum an einen Plan zu leisten sind. Deshalb kann eine Mindestdotierungsverpflichtung die Fähigkeit des Unternehmens zur Minderung künftiger Beitragszahlungen einschränken.

3 Außerdem kann die Bewertungsobergrenze eines leistungsorientierten Vermögenswertes dazu führen, dass eine Mindestfinanzierungsvorschrift belastend wird. Normalerweise würde eine Vorschrift, Beitragszahlungen an einen Plan zu leisten, keine Auswirkungen auf die Bewertung des Vermögenswerts oder der Verbindlichkeit aus einem leistungsorientierten Plans haben. Dies liegt daran, dass die Beträge zum Zeitpunkt der Zahlung Planvermögen werden und damit die zusätzliche Nettoverbindlichkeit null beträgt. Eine Mindestdotierungsverpflichtung begründet jedoch eine Verbindlichkeit, wenn die erforderlichen Beiträge dem Unternehmen nach ihrer Zahlung nicht zur Verfügung stehen.

3A Im November 2009 änderte der International Accounting Standards Board IFRIC 14, um eine unbeabsichtigte Folge der Behandlung von Beitragsvorauszahlungen in Fällen, in denen Mindestdotierungsverpflichtungen bestehen, zu beseitigen.

ANWENDUNGSBEREICH

4 Diese Interpretation ist auf alle Leistungen nach Beendigung des Arbeitsverhältnisses aus leistungsorientierten Plänen und auf andere langfristig fällige Leistungen an Arbeitnehmer aus leistungsorientierten Plänen anwendbar.

5 Für die Zwecke dieser Interpretation bezeichnen Mindestdotierungsverpflichtungen alle Vorschriften zur Dotierung eines leistungsorientierten Plans, der Leistungen nach Beendigung des Arbeitsverhältnisses oder andere langfristig fällige Leistungen an Arbeitnehmer beinhaltet.

FRAGESTELLUNG

6 Folgende Fragen werden in dieser Interpretation behandelt:
  (a) Wann sollen Rückerstattungen oder Minderungen künftiger Beitragszahlungen als verfügbar gemäß Paragraph 8 von IAS 19 betrachtet werden?
  (b) Wie kann sich eine Mindestdotierungsverpflichtung auf die Verfügbarkeit künftiger Beitragsminderungen auswirken?
  (c) Wann kann eine Mindestdotierungsverpflichtung zum Ansatz einer Verbindlichkeit führen?

IFRIC INTERPRETATION 14

IAS 19—The Limit on a Defined Benefit Asset, Minimum Funding Requirements and their Interaction

REFERENCES

— IAS 1 *Presentation of Financial Statements*
— IAS 8 *Accounting Policies, Changes in Accounting Estimates and Errors*
— IAS 19 *Employee Benefits* (as amended in 2011)
— IAS 37 *Provisions, Contingent Liabilities and Contingent Assets*

BACKGROUND

Paragraph 64 of IAS 19 limits the measurement of a net defined benefit asset to the lower of the surplus in the defined benefit plan and the asset ceiling. Paragraph 8 of IAS 19 defines the asset ceiling as 'the present value of any economic benefits available in the form of refunds from the plan or reductions in future contributions to the plan'. Questions have arisen about when refunds or reductions in future contributions should be regarded as available, particularly when a minimum funding requirement exists. **1**

Minimum funding requirements exist in many countries to improve the security of the post-employment benefit promise made to members of an employee benefit plan. Such requirements normally stipulate a minimum amount or level of contributions that must be made to a plan over a given period. Therefore, a minimum funding requirement may limit the ability of the entity to reduce future contributions. **2**

Further, the limit on the measurement of a defined benefit asset may cause a minimum funding requirement to be onerous. Normally, a requirement to make contributions to a plan would not affect the measurement of the defined benefit asset or liability. This is because the contributions, once paid, will become plan assets and so the additional net liability is nil. However, a minimum funding requirement may give rise to a liability if the required contributions will not be available to the entity once they have been paid. **3**

In November 2009 the International Accounting Standards Board amended IFRIC 14 to remove an unintended consequence arising from the treatment of prepayments of future contributions in some circumstances when there is a minimum funding requirement. **3A**

SCOPE

This Interpretation applies to all post-employment defined benefits and other long-term employee defined benefits. **4**

For the purpose of this Interpretation, minimum funding requirements are any requirements to fund a post-employment or other long-term defined benefit plan. **5**

ISSUES

The issues addressed in this Interpretation are: **6**
(a) when refunds or reductions in future contributions should be regarded as available in accordance with the definition of the asset ceiling in paragraph 8 of IAS 19.
(b) how a minimum funding requirement might affect the availability of reductions in future contributions;
(c) when a minimum funding requirement might give rise to a liability.

BESCHLUSS

Verfügbarkeit einer Rückerstattung oder Minderung künftiger Beitragszahlungen

7   Ein Unternehmen hat die Verfügbarkeit einer Rückerstattung oder Minderung künftiger Beitragszahlungen gemäß den Regelungen des Plans und den im Rechtskreis des Plans maßgeblichen gesetzlichen Vorschriften zu bestimmen.

8   Ein wirtschaftlicher Nutzen in Form von Rückerstattungen oder Minderungen künftiger Beitragszahlungen ist verfügbar, wenn das Unternehmen diesen Nutzen zu irgendeinem Zeitpunkt während der Laufzeit des Plans oder bei Erfüllung der Planschulden realisieren kann. Ein solcher wirtschaftlicher Nutzen kann insbesondere auch dann verfügbar sein, wenn er zum Abschlussstichtag nicht sofort realisierbar ist.

9   Der verfügbare wirtschaftliche Nutzen ist von der beabsichtigten Verwendung des Überschusses unabhängig. Ein Unternehmen hat den maximalen wirtschaftlichen Nutzen zu bestimmen, der ihm aus Rückerstattungen, Minderungen künftiger Beitragszahlungen oder einer Kombination aus beidem zufließt. Ein Unternehmen darf keinen wirtschaftlichen Nutzen aus einer Kombination von Erstattungsansprüchen und Minderungen künftiger Beiträge ansetzen, die auf sich gegenseitig ausschließenden Annahmen beruhen.

10 Gemäß IAS 1 hat ein Unternehmen Angaben zu den am Abschlussstichtag bestehenden Hauptquellen von Schätzungsunsicherheiten zu machen, die ein beträchtliches Risiko dahingehend enthalten, dass eine wesentliche Anpassung des Buchwertes des Nettovermögenswerts oder der Nettoschuld, die in der Bilanz ausgewiesen werden erforderlich wird. Hierzu können auch Angaben zu etwaigen Einschränkungen hinsichtlich der gegenwärtigen Realisierbarkeit des Überschusses gehören oder die Angabe, auf welcher Grundlage der verfügbare wirtschaftliche Nutzen bestimmt wurde.

Als Rückerstattung verfügbarer wirtschaftlicher Nutzen

Erstattungsanspruch

11 Eine Rückerstattung ist für ein Unternehmen verfügbar, wenn es einen nicht-bedingten Anspruch auf die Erstattung hat:
   (a) während der Laufzeit des Plans, unter der Annahme, dass die Planverbindlichkeiten nicht erfüllt werden müssen, um die Rückerstattung zu erhalten (in einigen Rechtskreisen kann ein Unternehmen z. B. während der Laufzeit des Plans einen Erstattungsanspruch haben, der unabhängig davon besteht, ob die Planverbindlichkeiten beglichen sind); oder
   (b) unter der Annahme, dass die Planverbindlichkeiten während der Zeit schrittweise erfüllt werden, bis alle Berechtigten aus dem Plan ausgeschieden sind; oder
   (c) unter der Annahme, dass die Planverbindlichkeiten vollständig durch ein einmaliges Ereignis erfüllt werden (d. h. bei einer Auflösung des Plans).
   Ein nicht-bedingter Erstattungsanspruch kann unabhängig vom Deckungsgrad des Plans zum Abschlussstichtag bestehen.

12 Wenn der Anspruch des Unternehmens auf Rückerstattung von Überschüssen von dem Eintreten oder Nichteintreten eines oder mehrerer unsicherer zukünftiger Ereignisse abhängt, die nicht vollständig unter seiner Kontrolle stehen, dann hat das Unternehmen keinen nicht-bedingten Anspruch und darf keinen Vermögenswert ansetzen.

13 Der als Rückerstattung verfügbare wirtschaftliche Nutzen ermittelt sich als Betrag des Überschusses zum Abschlussstichtag (dem beizulegenden Zeitwert des Planvermögens abzüglich des Barwertes der leistungsorientierten Verpflichtung), auf den das Unternehmen einen Erstattungsanspruch hat, abzüglich aller zugehörigen Kosten. Unterliegt eine Erstattung beispielsweise einer Steuer, bei der es sich nicht um die Einkommensteuer handelt, ist die Höhe der Erstattung abzüglich dieser Steuer zu bestimmen.

14 Bei der Bewertung einer verfügbaren Rückerstattung im Falle einer Planauflösung (Paragraph 11 (c)) sind die Kosten des Plans für die Abwicklung der Planverbindlichkeiten und Leistung der Rückerstattung zu berücksichtigen. Beispielsweise hat ein Unternehmen Honorare in Abzug zu bringen, wenn diese vom Plan und nicht vom Unternehmen gezahlt werden, sowie die Kosten für etwaige Versicherungsprämien, die zur Absicherung der Verbindlichkeit bei Auflösung notwendig sind.

15 Wird die Höhe einer Rückerstattung als voller Betrag oder Teil des Überschusses und nicht als fester Betrag bestimmt, hat das Unternehmen keine Abzinsung für den Zeitwert des Geldes vorzunehmen, selbst wenn die Erstattung erst zu einem künftigen Zeitpunkt realisiert werden kann.

Als Beitragsminderung verfügbarer wirtschaftlicher Nutzen

16 Unterliegen Beiträge für künftige Leistungen keinen Mindestdotierungsverpflichtungen, ist der als Minderung künftiger Beiträge verfügbare wirtschaftliche Nutzen
   (a) [gestrichen]
   (b) der künftige Dienstzeitaufwand für das Unternehmen in jeder Periode der erwarteten Lebensdauer des Plans oder der erwarteten Lebensdauer des Unternehmens, falls diese kürzer ist. Nicht im künftigen Dienstzeitaufwand für das Unternehmen enthalten sind die Beträge, die von den Arbeitnehmern aufgebracht werden.

CONSENSUS

Availability of a refund or reduction in future contributions

An entity shall determine the availability of a refund or a reduction in future contributions in accordance with the terms 7 and conditions of the plan and any statutory requirements in the jurisdiction of the plan.

An economic benefit, in the form of a refund or a reduction in future contributions, is available if the entity can realise it 8 at some point during the life of the plan or when the plan liabilities are settled. In particular, such an economic benefit may be available even if it is not realisable immediately at the end of the reporting period.

The economic benefit available does not depend on how the entity intends to use the surplus. An entity shall determine 9 the maximum economic benefit that is available from refunds, reductions in future contributions or a combination of both. An entity shall not recognise economic benefits from a combination of refunds and reductions in future contributions based on assumptions that are mutually exclusive.

In accordance with IAS 1, the entity shall disclose information about the key sources of estimation uncertainty at the end 10 of the reporting period that have a significant risk of causing a material adjustment to the carrying amount of the net asset or liability recognised in the statement of financial position. This might include disclosure of any restrictions on the current realisability of the surplus or disclosure of the basis used to determine the amount of the economic benefit available.

The economic benefit available as a refund

The right to a refund

A refund is available to an entity only if the entity has an unconditional right to a refund: 11
(a) during the life of the plan, without assuming that the plan liabilities must be settled in order to obtain the refund (e.g. in some jurisdictions, the entity may have a right to a refund during the life of the plan, irrespective of whether the plan liabilities are settled); or
(b) assuming the gradual settlement of the plan liabilities over time until all members have left the plan; or
(c) assuming the full settlement of the plan liabilities in a single event (i.e. as a plan wind-up).
An unconditional right to a refund can exist whatever the funding level of a plan at the end of the reporting period.

If the entity's right to a refund of a surplus depends on the occurrence or non-occurrence of one or more uncertain future 12 events not wholly within its control, the entity does not have an unconditional right and shall not recognise an asset.

An entity shall measure the economic benefit available as a refund as the amount of the surplus at the end of the reporting 13 period (being the fair value of the plan assets less the present value of the defined benefit obligation) that the entity has a right to receive as a refund, less any associated costs. For instance, if a refund would be subject to a tax other than income tax, an entity shall measure the amount of the refund net of the tax.

In measuring the amount of a refund available when the plan is wound up (paragraph 11 (c)), an entity shall include the 14 costs to the plan of settling the plan liabilities and making the refund. For example, an entity shall deduct professional fees if these are paid by the plan rather than the entity, and the costs of any insurance premiums that may be required to secure the liability on wind-up.

If the amount of a refund is determined as the full amount or a proportion of the surplus, rather than a fixed amount, an 15 entity shall make no adjustment for the time value of money, even if the refund is realisable only at a future date.

The economic benefit available as a contribution reduction

If there is no minimum funding requirement for contributions relating to future service, the economic benefit available as 16 a reduction in future contributions is
(a) [deleted]
(b) the future service cost to the entity for each period over the shorter of the expected life of the plan and the expected life of the entity. The future service cost to the entity excludes amounts that will be borne by employees.

17 Die bei der Ermittlung des künftigen Dienstzeitaufwands zugrunde gelegten Annahmen müssen sowohl mit den Annahmen, die bei der Bestimmung der leistungsorientierten Verpflichtung herangezogen werden, als auch mit der Situation zum Bilanzstichtag gemäß IAS 19 vereinbar sein. Aus diesem Grund hat ein Unternehmen für die Zukunft so lange von unveränderten Leistungen des Plans auszugehen, bis dieser geändert wird. Dabei ist ein unveränderter Personalstand anzunehmen, es sei denn, das Unternehmen verringert die Zahl der am Plan teilnehmenden Arbeitnehmer. In letztgenanntem Fall ist diese Verringerung bei der Annahme des künftigen Personalstands zu berücksichtigen.

Auswirkung einer Mindestfinanzierungsvorschrift auf den als Minderung künftiger Beiträge verfügbaren wirtschaftlichen Nutzen

18 Ein Unternehmen hat jede Mindestdotierungsverpflichtung zu einem festgelegten Zeitpunkt daraufhin zu analysieren, welche Beiträge (a) zur Deckung einer vorhandenen Unterschreitung der Mindestdotierungsgrenze für zurückliegende Leistungen und welche (b) zur Deckung der künftigen Leistungen erforderlich sind.

19 Beiträge zur Deckung einer vorhandenen Unterschreitung der Mindestdotierungsgrenze für bereits erhaltene Leistungen haben keinen Einfluss auf künftige Beiträge für künftige Leistungen. Diese können zum Ansatz einer Verbindlichkeit gemäß Paragraphen 23–26 führen.

20 Unterliegen Beiträge für künftige Leistungen einer Mindestdotierungsverpflichtung, ist der als Minderung künftiger Beiträge verfügbare wirtschaftliche Nutzen die Summe aus
(a) allen Beträgen, durch die sich künftige Beiträge, die im Rahmen einer Mindestdotierungsverpflichtung zu entrichten sind, verringern, weil das Unternehmen eine Vorauszahlung geleistet (d. h. den Betrag vor seiner eigentlichen Fälligkeit gezahlt) hat, und
(b) dem gemäß den Paragraphen 16 und 17 geschätzten künftigen Dienstzeitaufwand in jeder Periode abzüglich der geschätzten Beiträge, die im Rahmen einer Mindestdotierungsverpflichtung für künftige Leistungen in diesen Perioden entrichtet werden müssten, würde keine Vorauszahlung gemäß (a) erfolgen.

21 Bei der Schätzung der im Rahmen einer Mindestdotierungsverpflichtung für künftige Leistungen zu entrichtenden Beiträge hat das Unternehmen die Auswirkungen etwaiger vorhandener Überschüsse zu berücksichtigen, die anhand der Mindestdotierung, aber unter Ausschluss der in Paragraph 20 Buchstabe a genannten Vorauszahlung bestimmt werden. Die vom Unternehmen zugrunde gelegten Annahmen müssen mit der Mindestdotierung und für den Fall, dass in dieser Dotierung ein Faktor unberücksichtigt bleibt, mit den bei Bestimmung der leistungsorientierten Verpflichtung zugrunde gelegten Annahmen, sowie mit der Situation zum Bilanzstichtag gemäß IAS 19 vereinbar sein. In die Schätzung fließen alle Änderungen ein, die unter der Annahme, dass das Unternehmen die Mindestbeiträge zum Fälligkeitstermin entrichtet, erwartet werden. Nicht berücksichtigt werden dürfen dagegen die Auswirkungen von Änderungen, die bei den Bestimmungen für die Mindestdotierung erwartet werden und die zum Bilanzstichtag nicht beschlossen oder vertraglich vereinbart sind.

22 Wenn ein Unternehmen den in Paragraph 20 Buchstabe b genannten Betrag bestimmt und die im Rahmen einer Mindestdotierungsverpflichtung für künftige Leistungen zu entrichtenden Beiträge den künftigen Dienstzeitaufwand nach IAS 19 in einer beliebigen Periode übersteigen, reduziert sich der als Minderung künftiger Beiträge verfügbare wirtschaftliche Nutzen. Der in Paragraph 20 (b) genannte Betrag kann jedoch niemals kleiner als Null sein.

Wann eine Mindestfinanzierungsvorschrift zum Ansatz einer Verbindlichkeit führen kann

23 Falls ein Unternehmen im Rahmen einer Mindestdotierungsverpflichtung verpflichtet ist, aufgrund einer bestehenden Unterschreitung der Mindestdotierungsgrenze zusätzliche Beiträge für bereits erhaltene Leistungen einzuzahlen, muss das Unternehmen ermitteln, ob die zu zahlenden Beiträge als Rückerstattung oder Minderung künftiger Beitragszahlungen verfügbar sein werden, wenn sie in den Plan eingezahlt worden sind.

24 In dem Maße, in dem die zu zahlenden Beiträge nach ihrer Einzahlung in den Plan nicht verfügbar sein werden, hat das Unternehmen zum Zeitpunkt des Entstehens der Verpflichtung eine Schuld anzusetzen. Die Schuld führt zu einer Reduzierung des leistungsorientierten Nettovermögenswertes oder zu einer Erhöhung der leistungsorientierten Nettoschuld, so dass durch die Anwendung von IAS 19 Paragraph 64 kein Gewinn oder Verlust zu erwarten ist, wenn die Beitragszahlungen geleistet werden.

25-26 [gestrichen]

ZEITPUNKT DES INKRAFTTRETENS

27 Diese Interpretation ist erstmals in der ersten Berichtsperiode eines am 1. Januar 2008 oder danach beginnenden Geschäftsjahres anzuwenden. Eine frühere Anwendung ist zulässig.

27A Infolge des IAS 1 (überarbeitet 2007) wurde die in allen IFRS verwendete Terminologie geändert. Außerdem wurde Paragraph 26 geändert. Diese Änderungen sind erstmals in der ersten Berichtsperiode eines am 1. Januar 2009 oder danach beginnenden Geschäftsjahres anzuwenden. Wird IAS 1 (überarbeitet 2007) auf eine frühere Periode angewendet, sind diese Änderungen entsprechend auch anzuwenden.

An entity shall determine the future service costs using assumptions consistent with those used to determine the defined benefit obligation and with the situation that exists at the end of the reporting period as determined by IAS 19. Therefore, an entity shall assume no change to the benefits to be provided by a plan in the future until the plan is amended and shall assume a stable workforce in the future unless the entity makes a reduction in the number of employees covered by the plan. In the latter case, the assumption about the future workforce shall include the reduction. **17**

The effect of a minimum funding requirement on the economic benefit available as a reduction in future contributions

An entity shall analyse any minimum funding requirement at a given date into contributions that are required to cover (a) any existing shortfall for past service on the minimum funding basis and (b) future service. **18**

Contributions to cover any existing shortfall on the minimum funding basis in respect of services already received do not affect future contributions for future service. They may give rise to a liability in accordance with paragraphs 23—26. **19**

If there is a minimum funding requirement for contributions relating to future service, the economic benefit available as a reduction in future contributions is the sum of: **20**
(a) any amount that reduces future minimum funding requirement contributions for future service because the entity made a prepayment (ie paid the amount before being required to do so); and
(b) the estimated future service cost in each period in accordance with paragraphs 16 and 17, less the estimated minimum funding requirement contributions that would be required for future service in those periods if there were no prepayment as described in (a).

An entity shall estimate the future minimum funding requirement contributions for future service taking into account the effect of any existing surplus determined using the minimum funding basis but excluding the prepayment described in paragraph 20 (a). An entity shall use assumptions consistent with the minimum funding basis and, for any factors not specified by that basis, assumptions consistent with those used to determine the defined benefit obligation and with the situation that exists at the end of the reporting period as determined by IAS 19. The estimate shall include any changes expected as a result of the entity paying the minimum contributions when they are due. However, the estimate shall not include the effect of expected changes in the terms and conditions of the minimum funding basis that are not substantively enacted or contractually agreed at the end of the reporting period. **21**

When an entity determines the amount described in paragraph 20 (b), if the future minimum funding requirement contributions for future service exceed the future IAS 19 service cost in any given period, that excess reduces the amount of the economic benefit available as a reduction in future contributions However, the amount described in paragraph 20 (b) can never be less than zero. **22**

When a minimum funding requirement may give rise to a liability

If an entity has an obligation under a minimum funding requirement to pay contributions to cover an existing shortfall on the minimum funding basis in respect of services already received, the entity shall determine whether the contributions payable will be available as a refund or reduction in future contributions after they are paid into the plan. **23**

To the extent that the contributions payable will not be available after they are paid into the plan, the entity shall recognise a liability when the obligation arises. The liability shall reduce the net defined benefit asset or increase the net defined benefit liability so that no gain or loss is expected to result from applying paragraph 64 of IAS 19 when the contributions are paid. **24**

[deleted] **25—26**

EFFECTIVE DATE

An entity shall apply this Interpretation for annual periods beginning on or after 1 January 2008. Earlier application is permitted. **27**

IAS 1 (as revised in 2007) amended the terminology used throughout IFRSs. In addition it amended paragraph 26. An entity shall apply those amendments for annual periods beginning on or after 1 January 2009. If an entity applies IAS 1 (revised 2007) for an earlier period, the amendments shall be applied for that earlier period. **27A**

27B Mit *Vorauszahlungen im Rahmen einer Mindestdotierungsverpflichtung* wurde der Paragraph 3A hinzugefügt und wurden die Paragraphen 16–18 und 20–22 geändert. Diese Änderungen sind erstmals in der ersten Berichtsperiode eines am oder nach dem 1. Januar 2011 beginnenden Geschäftsjahrs anzuwenden. Eine frühere Anwendung ist zulässig. Wendet ein Unternehmen die Änderungen auf eine frühere Periode an, hat es dies anzugeben.

27C Durch IAS 19 (in der 2011 geänderten Fassung) wurden die Paragraphen 1, 6, 17 und 24 geändert und die Paragraphen 25 und 26 gestrichen. Ein Unternehmen hat die betreffenden Änderungen anzuwenden, wenn es IAS 19 (in der 2011 geänderten Fassung) anwendet.

ÜBERGANG

28 Diese Interpretation ist von Beginn der ersten dargestellten Berichtsperiode im ersten Abschluss anzuwenden, für den diese Interpretation gilt. Alle Anpassungen aufgrund der erstmaligen Anwendung dieser Interpretation sind in den Gewinnrücklagen zu Beginn dieser Periode zu erfassen.

29 Die in den Paragraphen 3A, 16–18 und 20–22 vorgenommenen Änderungen sind mit Beginn der frühesten Vergleichsperiode, die im ersten nach dieser Interpretation erstellten Abschluss dargestellt ist, anzuwenden. Sollte das Unternehmen diese Interpretation schon vor Anwendung der Änderungen angewandt haben, hat es die aus der Anwendung der Änderungen resultierende Berichtigung zu Beginn der frühesten dargestellten Vergleichsperiode in den Gewinnrücklagen zu erfassen.

IFRIC INTERPRETATION 15
Verträge über die Errichtung von Immobilien

VERWEISE

- IAS 1 *Darstellung des Abschlusses* (überarbeitet 2007)
- IAS 8 *Rechnungslegungsmethoden, Änderungen von rechnungslegungsbezogenen Schätzungen und Fehler*
- IAS 11 *Fertigungsaufträge*
- IAS 18 *Umsatzerlöse*
- IAS 37 *Rückstellungen, Eventualverbindlichkeiten und Eventualforderungen*
- IFRIC 12 *Dienstleistungskonzessionsvereinbarungen*
- IFRIC 13 *Kundentreueprogramme*

HINTERGRUND

1 In der Immobilienbranche können Unternehmen, die selbst oder durch Subunternehmen Immobilien errichten, vor Vollendung der Errichtung Verträge mit einem oder mehreren Käufern abschließen. Solche Verträge haben verschiedene Formen.

2 Unternehmen, die beispielsweise Wohnimmobilien errichten, können mit dem Verkauf einzelner Einheiten (Wohnungen oder Häuser) „ab Plan" bereits beginnen, wenn die Immobilie noch im Bau ist oder mit dem Bau noch nicht einmal begonnen wurde. Jeder Käufer schließt einen Vertrag mit dem Unternehmen ab, eine bestimmte Einheit zu kaufen, sobald sie bezugsbereit ist. In der Regel leistet der Käufer eine Anzahlung an das Unternehmen, die nur dann rückerstattungsfähig ist, wenn das Unternehmen die fertig gestellte Einheit nicht vertragsgemäß übergibt. In der Regel wird erst bei Vertragserfüllung, wenn der Käufer in den Besitz der Einheit gelangt, der Restbetrag des Kaufpreises an das Unternehmen gezahlt.

3 Unternehmen, die die Errichtung von Gewerbe- oder Industrieimmobilien betreiben, können mit einem einzigen Käufer einen Vertrag abschließen. Vom Käufer können zwischen dem Zeitpunkt des Vertragsabschlusses und der Vertragserfüllung Abschlagszahlungen verlangt werden. Die Errichtung kann auf einem Grundstück erfolgen, das der Käufer vor Baubeginn bereits besitzt oder least.

Prepayments of a Minimum Funding Requirement added paragraph 3A and amended paragraphs 16—18 and 20—22. An **27B** entity shall apply those amendments for annual periods beginning on or after 1 January 2011. Earlier application is permitted. If an entity applies the amendments for an earlier period, it shall disclose that fact.

IAS 19 (as amended in 2011) amended paragraphs 1, 6, 17 and 24 and deleted paragraphs 25 and 26. An entity shall apply **27C** those amendments when it applies IAS 19 (as amended in 2011).

TRANSITION

An entity shall apply this Interpretation from the beginning of the first period presented in the first financial statements **28** to which the Interpretation applies. An entity shall recognise any initial adjustment arising from the application of this Interpretation in retained earnings at the beginning of that period.

An entity shall apply the amendments in paragraphs 3A, 16—18 and 20—22 from the beginning of the earliest compara- **29** tive period presented in the first financial statements in which the entity applies this Interpretation. If the entity had previously applied this Interpretation before it applies the amendments, it shall recognise the adjustment resulting from the application of the amendments in retained earnings at the beginning of the earliest comparative period presented.

IFRIC INTERPRETATION 15

Agreements for the Construction of Real Estate

REFERENCES

— IAS 1 *Presentation of Financial Statements* (as revised in 2007)
— IAS 8 *Accounting Policies, Changes in Accounting Estimates and Errors*
— IAS 11 *Construction Contracts*
— IAS 18 *Revenue*
— IAS 37 *Provisions, Contingent Liabilities and Contingent Assets*
— IFRIC 12 *Service Concession Arrangements*
— IFRIC 13 *Customer Loyalty Programmes*

BACKGROUND

In the real estate industry, entities that undertake the construction of real estate, directly or through subcontractors, may **1** enter into agreements with one or more buyers before construction is complete. Such agreements take diverse forms.

For example, entities that undertake the construction of residential real estate may start to market individual units (apart- **2** ments or houses) 'off plan', i.e. while construction is still in progress, or even before it has begun. Each buyer enters into an agreement with the entity to acquire a specified unit when it is ready for occupation. Typically, the buyer pays a deposit to the entity that is refundable only if the entity fails to deliver the completed unit in accordance with the contracted terms. The balance of the purchase price is generally paid to the entity only on contractual completion, when the buyer obtains possession of the unit.

Entities that undertake the construction of commercial or industrial real estate may enter into an agreement with a single **3** buyer. The buyer may be required to make progress payments between the time of the initial agreement and contractual completion. Construction may take place on land the buyer owns or leases before construction begins.

ANWENDUNGSBEREICH

4   Unternehmen, die selbst oder durch Subunternehmen Immobilien errichten, haben diese Interpretation auf die Bilanzierung von Umsätzen und zugehörigen Aufwendungen anzuwenden.

5   Verträge über die Errichtung von Immobilien fallen in den Anwendungsbereich dieser Interpretation. Zusätzlich zur Errichtung von Immobilien können solche Verträge auch die Lieferung anderer Güter oder Dienstleistungen enthalten.

FRAGESTELLUNGEN

6   Die vorliegende Interpretation behandelt zwei Fragestellungen:
    (a)   Fällt ein Vertrag in den Anwendungsbereich des IAS 11 oder des IAS 18?
    (b)   Wann sind Umsatzerlöse aus der Errichtung von Immobilien zu erfassen?

BESCHLUSS

7   In den folgenden Ausführungen wird davon ausgegangen, dass das Unternehmen den Vertrag über die Errichtung der Immobilie und alle damit verbundenen Verträge vorher analysiert hat und zu dem Schluss gekommen ist, dass ihm weder ein weiter bestehendes Verfügungsrecht, wie es gewöhnlich mit dem Eigentum verbunden ist, noch eine wirksame Verfügungsgewalt über die errichtete Immobilie verbleibt, die eine Erfassung einiger oder aller Entgelte als Umsatzerlöse ausschließen würde. Sollte die Erfassung eines Teils der Entgelte als Umsatzerlöse ausgeschlossen sein, gelten die folgenden Ausführungen nur für den Teil des Vertrags, für den Umsatzerlöse erfasst werden.

8   Ein Unternehmen kann sich im Rahmen eines einzigen Vertrags dazu verpflichten, zusätzlich zur Errichtung der Immobilie auch Güter oder Dienstleistungen zu liefern (z. B. ein Grundstück zu verkaufen oder Hausverwaltungsdienstleistungen zu erbringen). Nach IAS 18 Paragraph 13 muss ein solcher Vertrag eventuell in einzeln identifizierbare Bestandteile aufgeteilt werden, wobei einer die Errichtung der Immobilie enthält. Der beizulegende Zeitwert des gesamten für den Vertrag erhaltenen oder zu erhaltenden Entgelts ist den einzelnen Bestandteilen zuzuordnen. Wenn einzelne Bestandteile identifiziert werden, wendet das Unternehmen die Paragraphen 10–12 dieser Interpretation auf den die Errichtung der Immobilie betreffenden Teil an, um zu bestimmen, ob dieser Bestandteil unter IAS 11 oder IAS 18 fällt. Die Segmentierungskriterien in IAS 11 sind auf jeden Vertragsbestandteil anzuwenden, der als Fertigungsauftrag ausgewiesen wurde.

9   Die folgende Erörterung bezieht sich auf einen Vertrag über die Errichtung einer Immobilie, gilt aber auch für einen Bestandteil zur Errichtung einer Immobilie, der in einem Vertrag identifiziert wurde, der darüber hinaus noch andere Bestandteile umfasst.

Klärung der Frage, ob ein Vertrag unter IAS 11 oder IAS 18 fällt

10   Ob ein Vertrag über die Errichtung einer Immobilie in den Anwendungsbereich von IAS 11 oder IAS 18 fällt, hängt von den Vertragsbestimmungen und allen Begleitumständen und sonstigen maßgeblichen Tatsachen ab. Zur Entscheidung dieser Frage muss jeder Vertrag einzeln beurteilt werden.

11   IAS 11 ist anwendbar, wenn der Vertrag die Definition eines in IAS 11 Paragraph 3 beschriebenen Fertigungsauftrags erfüllt, d. h. es sich um einen „Vertrag über die kundenspezifische Fertigung einzelner Gegenstände oder einer Anzahl von Gegenständen ..." handelt. Ein Vertrag über die Errichtung einer Immobilie entspricht dieser Definition, wenn der Käufer die Möglichkeit hat, vor Baubeginn die strukturellen Hauptelemente des Bauplans zu bestimmen und/oder nach Baubeginn die strukturellen Hauptelemente zu ändern (unabhängig davon, ob er von dieser Möglichkeit Gebrauch macht). Wenn IAS 11 anwendbar ist, umfasst der Fertigungsauftrag auch alle Verträge oder Bestandteile über die Erbringung von Dienstleistungen, die direkt mit der Errichtung der Immobilie gemäß Paragraph 5 (a) des IAS 11 und Paragraph 4 des IAS 18 in Verbindung stehen.

12   Haben die Käufer bei einem Vertrag über die Errichtung von Immobilien dagegen nur begrenzt die Möglichkeit, den Bauplan der Immobilie zu beeinflussen, wie etwa ein Design aus den vom Unternehmen vorgegebenen Variationen auszuwählen oder das Basisdesign lediglich unwesentlich zu ändern, handelt es sich um einen Vertrag über den Verkauf von Gütern, der in den Anwendungsbereich von IAS 18 fällt.

Bilanzierung von Umsatzerlösen aus der Errichtung von Immobilien

Bei dem Vertrag handelt es sich um einen Fertigungsauftrag

13   Sofern der Vertrag in den Anwendungsbereich von IAS 11 fällt und das Ergebnis verlässlich geschätzt werden kann, hat das Unternehmen die Umsatzerlöse nach Maßgabe des Grads der Auftragserfüllung gemäß IAS 11 zu erfassen.

SCOPE

This Interpretation applies to the accounting for revenue and associated expenses by entities that undertake the construction of real estate directly or through subcontractors. **4**

Agreements in the scope of this Interpretation are agreements for the construction of real estate. In addition to the construction of real estate, such agreements may include the delivery of other goods or services. **5**

ISSUES

The Interpretation addresses two issues: **6**
(a) Is the agreement within the scope of IAS 11 or IAS 18?
(b) When should revenue from the construction of real estate be recognised?

CONSENSUS

The following discussion assumes that the entity has previously analysed the agreement for the construction of real estate **7** and any related agreements and concluded that it will retain neither continuing managerial involvement to the degree usually associated with ownership nor effective control over the constructed real estate to an extent that would preclude recognition of some or all of the consideration as revenue. If recognition of some of the consideration as revenue is precluded, the following discussion applies only to the part of the agreement for which revenue will be recognised.

Within a single agreement, an entity may contract to deliver goods or services in addition to the construction of real estate **8** (e.g. a sale of land or provision of property management services). In accordance with paragraph 13 of IAS 18, such an agreement may need to be split into separately identifiable components including one for the construction of real estate. The fair value of the total consideration received or receivable for the agreement shall be allocated to each component. If separate components are identified, the entity applies paragraphs 10—12 of this Interpretation to the component for the construction of real estate in order to determine whether that component is within the scope of IAS 11 or IAS 18. The segmenting criteria of IAS 11 then apply to any component of the agreement that is determined to be a construction contract.

The following discussion refers to an agreement for the construction of real estate but it also applies to a component for **9** the construction of real estate identified within an agreement that includes other components.

Determining whether the agreement is within the scope of IAS 11 or IAS 18

Determining whether an agreement for the construction of real estate is within the scope of IAS 11 or IAS 18 depends on **10** the terms of the agreement and all the surrounding facts and circumstances. Such a determination requires judgement with respect to each agreement.

IAS 11 applies when the agreement meets the definition of a construction contract set out in paragraph 3 of IAS 11: 'a **11** contract specifically negotiated for the construction of an asset or a combination of assets ...' An agreement for the construction of real estate meets the definition of a construction contract when the buyer is able to specify the major structural elements of the design of the real estate before construction begins and/or specify major structural changes once construction is in progress (whether or not it exercises that ability). When IAS 11 applies, the construction contract also includes any contracts or components for the rendering of services that are directly related to the construction of the real estate in accordance with paragraph 5 (a) of IAS 11 and paragraph 4 of IAS 18.

In contrast, an agreement for the construction of real estate in which buyers have only limited ability to influence the **12** design of the real estate, e.g. to select a design from a range of options specified by the entity, or to specify only minor variations to the basic design, is an agreement for the sale of goods within the scope of IAS 18.

Accounting for revenue from the construction of real estate

The agreement is a construction contract

When the agreement is within the scope of IAS 11 and its outcome can be estimated reliably, the entity shall recognise **13** revenue by reference to the stage of completion of the contract activity in accordance with IAS 11.

14 Sollte der Vertrag die Definition eines Fertigungsauftrags nicht erfüllen und damit in den Anwendungsbereich des IAS 18 fallen, hat das Unternehmen zu bestimmen, ob es sich um einen Vertrag über die Erbringung von Dienstleistungen oder einen Vertrag über den Verkauf von Gütern handelt.

Der Vertrag sieht die Erbringung von Dienstleistungen vor

15 Wenn das Unternehmen keine Fertigungsmaterialien erwerben oder liefern muss, handelt es sich bei dem Vertrag wahrscheinlich nur um einen Vertrag über die Erbringung von Dienstleistungen gemäß IAS 18. In diesem Fall schreibt IAS 18 vor, dass Umsatzerlöse nach Maßgabe des Erfüllungsgrads des Geschäfts gemäß der Methode der Gewinnrealisierung nach dem Fertigstellungsgrad zu erfassen sind, wenn die Kriterien in Paragraph 20 des IAS 18 erfüllt werden. Bei Geschäften dieser Art gelten für die Erfassung von Umsatzerlösen und zugehörigen Aufwendungen generell die Anforderungen des IAS 11 (IAS 18 Paragraph 21).

Der Vertrag sieht den Verkauf von Gütern vor

16 Wenn ein Unternehmen zur Erfüllung seiner vertraglichen Verpflichtung, dem Käufer die Immobilie zu liefern, Dienstleistungen samt Fertigungsmaterialien zur Verfügung stellen muss, handelt es sich um einen Vertrag über den Verkauf von Gütern und sind die in IAS 18 Paragraph 14 beschriebenen Kriterien zur Erfassung der Umsatzerlöse anzuwenden.

17 Das Unternehmen kann dem Käufer mit zunehmendem Baufortschritt die Verfügungsmacht sowie die maßgeblichen Risiken und Chancen, die mit dem Eigentum an der in Errichtung befindlichen Immobilie in ihrem jeweiligen Zustand verbunden sind, übertragen. In diesem Fall hat das Unternehmen die Umsatzerlöse nach Maßgabe des Fertigstellungsgrads unter Verwendung der Methode der Gewinnrealisierung nach dem Fertigstellungsgrad zu erfassen, wenn im Laufe der Bauarbeiten alle in IAS 18 Paragraph 14 genannten Kriterien kontinuierlich erfüllt werden. Bei Geschäften dieser Art gelten für die Erfassung von Umsatzerlösen und zugehörigen Aufwendungen generell die Anforderungen des IAS 11.

18 Das Unternehmen kann dem Käufer zu einem einzigen Zeitpunkt (z. B. bei Fertigstellung oder bei bzw. nach Übergabe) die Verfügungsmacht sowie die maßgeblichen Risiken und Chancen, die mit dem Eigentum an der Immobilie insgesamt verbunden sind, übertragen. In diesem Fall hat das Unternehmen die Umsatzerlöse nur dann zu erfassen, wenn alle in IAS 18 Paragraph 14 genannten Kriterien erfüllt sind.

19 Muss ein Unternehmen an einer bereits an den Käufer übergebenen Immobilie weitere Arbeiten vornehmen, hat es gemäß IAS 18 Paragraph 19 eine Schuld anzusetzen und einen Aufwand zu erfassen. Die Schuld ist gemäß IAS 37 zu bewerten. Wenn ein Unternehmen weitere Güter liefern oder Dienstleistungen erbringen muss, die in Bezug auf die bereits an den Käufer übergebene Immobilie einzeln identifizierbar sind, würde es die übrigen Güter oder Dienstleistungen gemäß Paragraph 8 dieses Standards als einen separaten Bestandteil des Verkaufs identifizieren.

Angaben

20 Wenn ein Unternehmen bei Verträgen, bei denen im Laufe der Bauarbeiten kontinuierlich alle in IAS 18 Paragraph 14 genannten Kriterien erfüllt sind (siehe Paragraph 17 dieser Interpretation), Umsatzerlöse gemäß der Methode der Gewinnrealisierung nach dem Fertigstellungsgrad erfasst, hat es folgende Angaben zu machen:
   (a) Angaben darüber, wie es bestimmt, welche Verträge während der gesamten Bauarbeiten alle in IAS 18 Paragraph 14 genannten Kriterien erfüllen;
   (b) die Höhe der innerhalb dieser Periode mit diesen Verträgen erzielten Umsatzerlöse; und
   (c) die Methoden zur Ermittlung des Grades der Erfüllung der in Ausführung befindlichen Verträge.

21 Für die in Paragraph 20 beschriebenen Verträge, die sich zum Bilanzstichtag in Bearbeitung befinden, sind außerdem folgende Angaben zu machen:
   (a) die Summe der bis zum Stichtag angefallenen Kosten und ausgewiesenen Gewinne (abzüglich erfasster Verluste); und
   (b) der Betrag erhaltener Anzahlungen.

ÄNDERUNGEN ZUM ANHANG DES IAS 18

22–23 [Änderung betrifft nicht den Kerntext der nummerierten Standards]

ZEITPUNKT DES INKRAFTTRETENS UND ÜBERGANGSVORSCHRIFTEN

24 Diese Interpretation ist erstmals in der ersten Berichtsperiode eines am 1. Januar 2009 oder danach beginnenden Geschäftsjahres anzuwenden. Eine frühere Anwendung ist zulässig. Wenn ein Unternehmen diese Interpretation für Berichtsperioden anwendet, die vor dem 1. Januar 2009 beginnen, so ist dies anzugeben.

25 Änderungen der Rechnungslegungsmethoden sind gemäß IAS 8 rückwirkend zu berücksichtigen.

The agreement may not meet the definition of a construction contract and therefore be within the scope of IAS 18. In this case, the entity shall determine whether the agreement is for the rendering of services or for the sale of goods. **14**

The agreement is an agreement for the rendering of services

If the entity is not required to acquire and supply construction materials, the agreement may be only an agreement for the rendering of services in accordance with IAS 18. In this case, if the criteria in paragraph 20 of IAS 18 are met, IAS 18 requires revenue to be recognised by reference to the stage of completion of the transaction using the percentage of completion method. The requirements of IAS 11 are generally applicable to the recognition of revenue and the associated expenses for such a transaction (IAS 18 paragraph 21). **15**

The agreement is an agreement for the sale of goods

If the entity is required to provide services together with construction materials in order to perform its contractual obligation to deliver the real estate to the buyer, the agreement is an agreement for the sale of goods and the criteria for recognition of revenue set out in paragraph 14 of IAS 18 apply. **16**

The entity may transfer to the buyer control and the significant risks and rewards of ownership of the work in progress in its current state as construction progresses. In this case, if all the criteria in paragraph 14 of IAS 18 are met continuously as construction progresses, the entity shall recognise revenue by reference to the stage of completion using the percentage of completion method. The requirements of IAS 11 are generally applicable to the recognition of revenue and the associated expenses for such a transaction. **17**

The entity may transfer to the buyer control and the significant risks and rewards of ownership of the real estate in its entirety at a single time (e.g. at completion, upon or after delivery). In this case, the entity shall recognise revenue only when all the criteria in paragraph 14 of IAS 18 are satisfied. **18**

When the entity is required to perform further work on real estate already delivered to the buyer, it shall recognise a liability and an expense in accordance with paragraph 19 of IAS 18. The liability shall be measured in accordance with IAS 37. When the entity is required to deliver further goods or services that are separately identifiable from the real estate already delivered to the buyer, it would have identified the remaining goods or services as a separate component of the sale, in accordance with paragraph 8 of this Interpretation. **19**

Disclosures

When an entity recognises revenue using the percentage of completion method for agreements that meet all the criteria in paragraph 14 of IAS 18 continuously as construction progresses (see paragraph 17 of the Interpretation), it shall disclose: **20**
(a) how it determines which agreements meet all the criteria in paragraph 14 of IAS 18 continuously as construction progresses;
(b) the amount of revenue arising from such agreements in the period; and
(c) the methods used to determine the stage of completion of agreements in progress.

For the agreements described in paragraph 20 that are in progress at the reporting date, the entity shall also disclose: **21**
(a) the aggregate amount of costs incurred and recognised profits (less recognised losses) to date; and
(b) the amount of advances received.

AMENDMENTS TO THE APPENDIX TO IAS 18

[Amendment not applicable to bare, numbered Standards] **22—23**

EFFECTIVE DATE AND TRANSITION

An entity shall apply this Interpretation for annual periods beginning on or after 1 January 2009. Earlier application is permitted. If an entity applies the Interpretation for a period beginning before 1 January 2009, it shall disclose that fact. **24**

Changes in accounting policy shall be accounted for retrospectively in accordance with IAS 8. **25**

IFRIC INTERPRETATION 16

Absicherung einer Nettoinvestition in einen ausländischen Geschäftsbetrieb

VERWEISE

– IAS 8 *Rechnungslegungsmethoden, Änderungen von rechnungslegungsbezogenen Schätzungen und Fehler*
– IAS 21 *Auswirkungen von Wechselkursänderungen*
– IAS 39 *Finanzinstrumente: Ansatz und Bewertung*

HINTERGRUND

1 Viele berichtende Unternehmen haben Investitionen in ausländische Geschäftsbetriebe (gemäß der Definition in IAS 21.8). Solche ausländischen Geschäftsbetriebe können Tochterunternehmen, assoziierte Unternehmen, Gemeinschaftsunternehmen oder Niederlassungen sein. Nach IAS 21 muss ein Unternehmen die funktionale Währung jedes ausländischen Geschäftsbetriebs als die Währung des primären Wirtschaftsumfelds des betreffenden Geschäftsbetriebs bestimmen. Bei der Umrechnung der Vermögens-, Finanz- und Ertragslage eines ausländischen Geschäftsbetriebs in die Darstellungswährung muss ein Unternehmen Währungsumrechnungsdifferenzen bis zur Veräußerung des ausländischen Geschäftsbetriebs im sonstigen Ergebnis erfassen.

2 Die Voraussetzungen für eine Bilanzierung von Sicherungsgeschäften für das aus einer Nettoinvestition in einen ausländischen Geschäftsbetrieb resultierende Währungsrisiko sind nur erfüllt, wenn das Nettovermögen dieses ausländischen Geschäftsbetriebs im Abschluss enthalten ist[7]. Bei dem in Bezug auf das Währungsrisiko aufgrund einer Nettoinvestition in einen ausländischen Geschäftsbetrieb gesicherten Grundgeschäft kann es sich um einen Betrag des Nettovermögens handeln, der dem Buchwert des Nettovermögens des ausländischen Geschäftsbetriebs entspricht oder geringer als dieser ist.

3 IAS 39 verlangt bei der Bilanzierung einer Sicherungsbeziehung die Bestimmung eines geeigneten Grundgeschäfts und eines geeigneten Sicherungsinstruments. Besteht im Fall einer Absicherung einer Nettoinvestition eine designierte Sicherungsbeziehung, wird der Gewinn oder Verlust aus dem Sicherungsinstrument, das als effektive Absicherung der Nettoinvestition bestimmt ist, im sonstigen Ergebnis erfasst, wobei die Währungsumrechnungsdifferenzen aus der Umrechnung der Vermögens-, Finanz- und Ertragslage des ausländischen Geschäftsbetriebs mit einbezogen werden.

4 Ein Unternehmen mit vielen ausländischen Geschäftsbetrieben kann mehreren Währungsrisiken ausgesetzt sein. Diese Interpretation enthält Anleitungen zur Ermittlung der Währungsrisiken, die sich bei der Absicherung einer Nettoinvestition in einen ausländischen Geschäftsbetrieb als abgesichertes Risiko eignen.

5 Nach IAS 39 darf ein Unternehmen sowohl ein derivatives als auch ein nicht derivatives Finanzinstrument (oder eine Kombination aus beidem) als Sicherungsinstrument bei Währungsrisiken bestimmen. Mit dieser Interpretation werden Leitlinien im Hinblick darauf festgelegt, an welcher Stelle innerhalb einer Gruppe Sicherungsinstrumente, die eine Nettoinvestition in einen ausländischen Geschäftsbetrieb absichern, gehalten werden können, um die Voraussetzungen für eine Bilanzierung von Sicherungsgeschäften zu erfüllen.

6 Nach IAS 21 und IAS 39 müssen kumulierte Beträge, die im sonstigen Ergebnis erfasst sind und sich sowohl auf Währungsdifferenzen aus der Umrechnung der Vermögens-, Finanz- und Ertragslage des ausländischen Geschäftsbetriebs als auch auf Gewinne oder Verluste aus dem Sicherungsinstrument beziehen, das als effektive Absicherung der Nettoinvestition bestimmt wurde, bei Veräußerung des ausländischen Geschäftsbetriebs durch das Mutterunternehmen als Umgliederungsbetrag vom Eigenkapital in den Gewinn oder Verlust umgegliedert werden. Diese Interpretation enthält Leitlinien im Hinblick darauf, wie ein Unternehmen die Beträge, die in Bezug auf das Sicherungsinstrument und das Grundgeschäft vom Eigenkapital in den Gewinn oder Verlust umzugliedern sind, bestimmen sollte.

ANWENDUNGSBEREICH

7 Diese Interpretation ist von einem Unternehmen anzuwenden, das das Währungsrisiko aus seinen Nettoinvestitionen in ausländische Geschäftsbetriebe absichert und die Bedingungen für eine Bilanzierung von Sicherungsgeschäften gemäß IAS 39 erfüllen möchte. Zur Vereinfachung wird in dieser Interpretation stellvertretend für ein Unternehmen auf ein

---

7 Dies betrifft Konzernabschlüsse, Abschlüsse, bei denen Finanzinvestitionen wie Anteile an assoziierten Unternehmen oder Gemeinschaftsunternehmen unter Verwendung der Equity-Methode bilanziert werden, sowie Abschlüsse, zu denen eine Niederlassung oder eine gemeinschaftliche Tätigkeit im Sinne von IFRS 11 *Gemeinsame Vereinbarungen* gehört.

IFRIC INTERPRETATION 16

Hedges of a Net Investment in a Foreign Operation

REFERENCES

— IAS 8 *Accounting Policies, Changes in Accounting Estimates and Errors*
— IAS 21 *The Effects of Changes in Foreign Exchange Rates*
— IAS 39 *Financial Instruments: Recognition and Measurement*

BACKGROUND

Many reporting entities have investments in foreign operations (as defined in IAS 21 paragraph 8). Such foreign opera- 1
tions may be subsidiaries, associates, joint ventures or branches. IAS 21 requires an entity to determine the functional
currency of each of its foreign operations as the currency of the primary economic environment of that operation. When
translating the results and financial position of a foreign operation into a presentation currency, the entity is required to
recognise foreign exchange differences in other comprehensive income until it disposes of the foreign operation.

Hedge accounting of the foreign currency risk arising from a net investment in a foreign operation will apply only when 2
the net assets of that foreign operation are included in the financial statements.[7] The item being hedged with respect to
the foreign currency risk arising from the net investment in a foreign operation may be an amount of net assets equal to
or less than the carrying amount of the net assets of the foreign operation.

IAS 39 requires the designation of an eligible hedged item and eligible hedging instruments in a hedge accounting rela- 3
tionship. If there is a designated hedging relationship, in the case of a net investment hedge, the gain or loss on the hedging instrument that is determined to be an effective hedge of the net investment is recognised in other comprehensive
income and is included with the foreign exchange differences arising on translation of the results and financial position of
the foreign operation.

An entity with many foreign operations may be exposed to a number of foreign currency risks. This Interpretation pro- 4
vides guidance on identifying the foreign currency risks that qualify as a hedged risk in the hedge of a net investment in a
foreign operation.

IAS 39 allows an entity to designate either a derivative or a non-derivative financial instrument (or a combination of 5
derivative and non-derivative financial instruments) as hedging instruments for foreign currency risk. This Interpretation
provides guidance on where, within a group, hedging instruments that are hedges of a net investment in a foreign operation can be held to qualify for hedge accounting.

IAS 21 and IAS 39 require cumulative amounts recognised in other comprehensive income relating to both the foreign 6
exchange differences arising on translation of the results and financial position of the foreign operation and the gain or
loss on the hedging instrument that is determined to be an effective hedge of the net investment to be reclassified from
equity to profit or loss as a reclassification adjustment when the parent disposes of the foreign operation. This Interpretation provides guidance on how an entity should determine the amounts to be reclassified from equity to profit or loss for
both the hedging instrument and the hedged item.

SCOPE

This Interpretation applies to an entity that hedges the foreign currency risk arising from its net investments in foreign 7
operations and wishes to qualify for hedge accounting in accordance with IAS 39. For convenience this Interpretation
refers to such an entity as a parent entity and to the financial statements in which the net assets of foreign operations are

---

7 This will be the case for consolidated financial statements, financial statements in which investments such as associates or joint
ventures are accounted for using the equity method and financial statements that include a branch or a joint operation as defined
in IFRS 11 *Joint Arrangements*.

Mutterunternehmen und stellvertretend für den Abschluss, in dem das Nettovermögen der ausländischen Geschäftsbetriebe enthalten ist, auf den Konzernabschluss Bezug genommen. Alle Verweise auf ein Mutterunternehmen gelten gleichermaßen für ein Unternehmen, das eine Nettoinvestition in einen ausländischen Geschäftsbetrieb hat, bei dem es sich um ein Gemeinschaftsunternehmen, ein assoziiertes Unternehmen oder eine Niederlassung handelt.

8 Diese Interpretation gilt nur für Absicherungen von Nettoinvestitionen in ausländische Geschäftsbetriebe; sie darf nicht analog auf die Bilanzierung anderer Sicherungsgeschäfte angewandt werden.

FRAGESTELLUNGEN

9 Investitionen in ausländische Geschäftsbetriebe dürfen direkt von einem Mutterunternehmen oder indirekt von seinem bzw. seinen Tochterunternehmen gehalten werden. In dieser Interpretation geht es um folgende Fragestellungen:

(a) *die Art des abgesicherten Risikos und der Betrag des Grundgeschäfts, für das eine Sicherungsbeziehung in Betracht kommt:*

    (i) ob das Mutterunternehmen nur die Währungsumrechnungsdifferenz aus einer Differenz zwischen der funktionalen Währung des Mutterunternehmens und seines ausländischen Geschäftsbetriebs als ein abgesichertes Risiko bestimmen darf, oder ob es ebenso die Währungsumrechnungsdifferenzen aus den Differenzen zwischen der Darstellungswährung des Konzernabschlusses des Mutterunternehmens und der funktionalen Währung des ausländischen Geschäftsbetriebs bestimmen darf;

    (ii) wenn das Mutterunternehmen den ausländischen Geschäftsbetrieb indirekt hält, ob das abgesicherte Risiko nur die Währungsumrechnungsdifferenzen aus Differenzen der funktionalen Währungen zwischen dem ausländischen Geschäftsbetrieb und seinem direkten Mutterunternehmen enthält oder ob das abgesicherte Risiko auch alle Währungsumrechnungsdifferenzen zwischen der funktionalen Währung des ausländischen Geschäftsbetriebs und jedem zwischengeschalteten und obersten Mutterunternehmen enthalten kann (d. h. ob die Tatsache, dass die Nettoinvestition in den ausländischen Geschäftsbetrieb von einem zwischengeschaltetem Mutterunternehmen gehalten wird, das wirtschaftliche Risiko des obersten Mutterunternehmens beeinflusst).

(b) *wo kann innerhalb einer Gruppe das Sicherungsinstrument gehalten werden:*

    (i) ob eine geeignete Bilanzierung von Sicherungsbeziehungen nur dann begründet werden kann, wenn das seine Nettoinvestition absichernde Unternehmen eine an dem Sicherungsinstrument beteiligte Partei ist, oder ob jedes Unternehmen der Gruppe, unabhängig von seiner funktionalen Währung, das Sicherungsinstrument halten kann;

    (ii) ob die Art des Sicherungsinstruments (derivatives oder nicht derivatives Instrument) oder die Konsolidierungsmethode die Beurteilung der Wirksamkeit einer Sicherungsbeziehung beeinflusst.

(c) *welche Beträge sind bei der Veräußerung eines ausländischen Geschäftsbetrieb vom Eigenkapital in den Gewinn oder Verlust umzugliedern:*

    (i) welche Beträge der Währungsumrechnungsrücklage des Mutterunternehmens hinsichtlich des Sicherungsinstruments und des betreffenden Geschäftsbetriebs sind im Konzernabschluss des Mutterunternehmens vom Eigenkapital in den Gewinn oder Verlust umzugliedern, wenn ein abgesicherter ausländischer Geschäftsbetrieb veräußert wird;

    (ii) ob die Konsolidierungsmethode die Bestimmung der vom Eigenkapital in den Gewinn oder Verlust umzugliedernden Beträge beeinflusst.

BESCHLUSS

Art des abgesicherten Risikos und Betrag des Grundgeschäfts, für das eine Sicherungsbeziehung in Betracht kommt

10 Die Bilanzierung von Sicherungsbeziehungen kann nur auf die Währungsumrechnungsdifferenzen angewandt werden, die zwischen der funktionalen Währung des ausländischen Geschäftsbetriebs und der funktionalen Währung des Mutterunternehmens entstehen.

11 Bei einer Absicherung des Währungsrisikos aus einer Nettoinvestition in einen ausländischen Geschäftsbetrieb kann das Grundgeschäft ein Betrag des Nettovermögens sein, der dem Buchwert des Nettovermögens des ausländischen Geschäftsbetriebs im Konzernabschluss des Mutterunternehmens entspricht oder geringer als dieser ist. Der Buchwert des Nettovermögens eines ausländischen Geschäftsbetriebs, der im Konzernabschluss des Mutterunternehmens als Grundgeschäft designiert sein kann, hängt davon ab, ob irgendein niedriger angesiedeltes Mutterunternehmen des ausländischen Geschäftsbetriebs die Bilanzierung von Sicherungsbeziehungen auf alle oder einen Teil des Nettovermögens des betreffenden ausländischen Geschäftsbetriebs angewandt hat und diese Bilanzierung im Konzerabschluss des Mutterunternehmens beibehalten wurde.

12 Das abgesicherte Risiko kann als das zwischen der funktionalen Währung des ausländischen Geschäftsbetriebs und der funktionalen Währung eines (direkten, zwischengeschalteten oder obersten) Mutterunternehmens dieses ausländischen Geschäftsbetriebs entstehende Währungsrisiko bestimmt werden. Die Tatsache, dass die Nettoinvestition von einem zwi-

included as consolidated financial statements. All references to a parent entity apply equally to an entity that has a net investment in a foreign operation that is a joint venture, an associate or a branch.

This Interpretation applies only to hedges of net investments in foreign operations; it should not be applied by analogy to other types of hedge accounting. **8**

ISSUES

Investments in foreign operations may be held directly by a parent entity or indirectly by its subsidiary or subsidiaries. **9** The issues addressed in this Interpretation are:

(a) *the nature of the hedged risk and the amount of the hedged item for which a hedging relationship may be designated:*
   (i)   whether the parent entity may designate as a hedged risk only the foreign exchange differences arising from a difference between the functional currencies of the parent entity and its foreign operation, or whether it may also designate as the hedged risk the foreign exchange differences arising from the difference between the presentation currency of the parent entity's consolidated financial statements and the functional currency of the foreign operation;
   (ii) if the parent entity holds the foreign operation indirectly, whether the hedged risk may include only the foreign exchange differences arising from differences in functional currencies between the foreign operation and its immediate parent entity, or whether the hedged risk may also include any foreign exchange differences between the functional currency of the foreign operation and any intermediate or ultimate parent entity (i.e. whether the fact that the net investment in the foreign operation is held through an intermediate parent affects the economic risk to the ultimate parent);
(b) *where in a group the hedging instrument can be held:*
   (i)   whether a qualifying hedge accounting relationship can be established only if the entity hedging its net investment is a party to the hedging instrument or whether any entity in the group, regardless of its functional currency, can hold the hedging instrument;
   (ii) whether the nature of the hedging instrument (derivative or non-derivative) or the method of consolidation affects the assessment of hedge effectiveness;
(c) *what amounts should be reclassified from equity to profit or loss as reclassification adjustments on disposal of the foreign operation:*
   (i)   when a foreign operation that was hedged is disposed of, what amounts from the parent entity's foreign currency translation reserve in respect of the hedging instrument and in respect of that foreign operation should be reclassified from equity to profit or loss in the parent entity's consolidated financial statements;
   (ii) whether the method of consolidation affects the determination of the amounts to be reclassified from equity to profit or loss.

CONSENSUS

Nature of the hedged risk and amount of the hedged item
for which a hedging relationship may be designated

Hedge accounting may be applied only to the foreign exchange differences arising between the functional currency of the **10** foreign operation and the parent entity's functional currency.

In a hedge of the foreign currency risks arising from a net investment in a foreign operation, the hedged item can be an **11** amount of net assets equal to or less than the carrying amount of the net assets of the foreign operation in the consolidated financial statements of the parent entity. The carrying amount of the net assets of a foreign operation that may be designated as the hedged item in the consolidated financial statements of a parent depends on whether any lower level parent of the foreign operation has applied hedge accounting for all or part of the net assets of that foreign operation and that accounting has been maintained in the parent's consolidated financial statements.

The hedged risk may be designated as the foreign currency exposure arising between the functional currency of the foreign operation and the functional currency of any parent entity (the immediate, intermediate or ultimate parent entity) of that foreign operation. The fact that the net investment is held through an intermediate parent does not affect the nature **12**

schengeschalteten Mutterunternehmen gehalten wird, hat keinen Einfluss auf die Art des wirtschaftlichen Risikos, das dem obersten Mutterunternehmen aus dem Währungsrisiko entsteht.

13 Ein Währungsrisiko aus einer Nettoinvestition in einen ausländischen Geschäftsbetrieb kann nur einmal die Voraussetzungen für eine Bilanzierung von Sicherungsbeziehungen im Konzernabschluss erfüllen. Wenn dasselbe Nettovermögen eines ausländischen Geschäftsbetriebs von mehr als einem Mutterunternehmen innerhalb der Gruppe (z. B. sowohl von einem direkten als auch einem indirekten Mutterunternehmen) für dasselbe Risiko abgesichert wird, kann daher nur eine Sicherungsbeziehung die Voraussetzungen für die Bilanzierung von Sicherungsbeziehungen im Konzernabschluss des obersten Mutterunternehmens erfüllen. Eine von einem Mutterunternehmen in seinem Konzernabschluss designierte Sicherungsbeziehung braucht nicht von einem anderen Mutterunternehmen auf höherer Ebene beibehalten zu werden. Wird sie vom Mutterunternehmen auf höherer Ebene nicht beibehalten, muss jedoch die Bilanzierung von Sicherungsbeziehungen, die von einem Mutterunternehmen auf niedrigerer Ebene angewandt wird, aufgehoben werden, ehe die Bilanzierung von Sicherungsbeziehungen des Mutterunternehmens auf höherer Ebene anerkannt wird.

Wo kann das Sicherungsinstrument gehalten werden?

14 Ein derivatives oder nicht derivatives Instrument (oder eine Kombination aus beidem) kann bei der Absicherung einer Nettoinvestition in einen ausländischen Geschäftsbetrieb als Sicherungsinstrument bestimmt werden. Das (die) Sicherungsinstrument(e) kann (können) von einem oder mehreren Unternehmen innerhalb der Gruppe so lange gehalten werden, wie die Voraussetzungen für die Designation, Dokumentation und Wirksamkeit des IAS 39 Paragraph 88 hinsichtlich der Absicherung einer Nettoinvestition erfüllt sind. Die Absicherungsstrategie der Gruppe ist vor allem eindeutig zu dokumentieren, da die Möglichkeit unterschiedlicher Designationen auf verschiedenen Ebenen der Gruppe besteht.

15 Zur Beurteilung der Wirksamkeit wird die Wertänderung des Sicherungsinstruments hinsichtlich des Währungsrisikos bezogen auf die funktionale Währung des Mutterunternehmens, die als Basis für die Bewertung des abgesicherten Risikos gilt, gemäß der Dokumentation zur Bilanzierung von Sicherungsgeschäften ermittelt. Je nachdem wo das Sicherungsinstrument gehalten wird, kann die gesamte Wertänderung ohne Bilanzierung von Sicherungsgeschäften im Gewinn oder Verlust, im sonstigen Ergebnis oder in beiden erfasst werden. Die Beurteilung der Wirksamkeit wird jedoch nicht dadurch beeinflusst, ob die Wertänderung des Sicherungsinstruments im Gewinn oder Verlust oder im sonstigen Ergebnis erfasst wird. Im Rahmen der Anwendung der Bilanzierung von Sicherungsgeschäften ist der gesamte effektive Teil der Änderung im sonstigen Ergebnis enthalten. Die Beurteilung der Wirksamkeit wird weder davon beeinflusst, ob das Sicherungsinstrument ein derivatives oder nicht derivatives Instrument ist, noch von der Konsolidierungsmethode.

Veräußerung eines abgesicherten ausländischen Geschäftsbetriebs

16 Wenn ein abgesicherter ausländischer Geschäftsbetrieb veräußert wird, ist der Betrag, der als Umgliederungsbetrag aus der Währungsumrechnungsrücklage im Konzernabschluss des Mutterunternehmens bezüglich des Sicherungsinstruments in den Gewinn oder Verlust umgegliedert wird, der gemäß IAS 39 Paragraph 102 zu ermittelnde Betrag. Dieser Betrag entspricht dem kumulierten Gewinn oder Verlust aus dem Sicherungsinstrument, das als wirksame Absicherung bestimmt wurde.

17 Der Betrag, der aus der Währungsumrechnungsrücklage des Konzernabschlusses eines Mutterunternehmens hinsichtlich der Nettoinvestition in den betreffenden ausländischen Geschäftsbetrieb gemäß IAS 21 Paragraph 48 in den Gewinn oder Verlust umgegliedert worden ist, entspricht dem in der Währungsumrechnungsrücklage des betreffenden Mutterunternehmens bezüglich dieses ausländischen Geschäftsbetriebs enthaltenen Betrag. Im Konzernabschluss des obersten Mutterunternehmens wird der gesamte, für alle ausländischen Geschäftsbetriebe in der Währungsumrechnungsrücklage erfasste Nettobetrag durch die Konsolidierungsmethode nicht beeinflusst. Die Anwendung der direkten oder schrittweisen Konsolidierungsmethode[8] seitens des obersten Mutterunternehmens kann jedoch den Betrag seiner Währungsumrechnungsrücklage hinsichtlich eines einzelnen ausländischen Geschäftsbetriebs beeinflussen. Der Einsatz der schrittweisen Konsolidierungsmethode kann dazu führen, dass ein anderer Betrag als der für die Bestimmung der Wirksamkeit der Absicherung verwendete in den Gewinn oder Verlust umgegliedert wird. Diese Differenz kann durch die Bestimmung des Betrags beseitigt werden, der sich bezüglich des ausländischen Geschäftsbetriebs ergeben hätte, wenn die direkte Konsolidierungsmethode angewandt worden wäre. IAS 21 schreibt diese Anpassung nicht vor. Entscheidet sich ein Unternehmen jedoch für diese Methode, hat es diese bei allen Nettoinvestitionen konsequent beizubehalten.

---

8 Die direkte Methode ist die Konsolidierungsmethode, durch welche der Abschluss des ausländischen Geschäftsbetriebs direkt in die funktionale Währung des obersten Mutterunternehmens umgerechnet wird. Die schrittweise Methode ist die Konsolidierungsmethode, durch welche der Abschluss des ausländischen Geschäftsbetriebs zuerst in die funktionale Währung irgendeines zwischengeschalteten Mutterunternehmens und dann in die funktionale Währung des obersten Mutterunternehmens (oder die Darstellungswährung, sofern diese unterschiedlich ist) umgerechnet wird.

of the economic risk arising from the foreign currency exposure to the ultimate parent entity.

An exposure to foreign currency risk arising from a net investment in a foreign operation may qualify for hedge account- **13** ing only once in the consolidated financial statements. Therefore, if the same net assets of a foreign operation are hedged by more than one parent entity within the group (for example, both a direct and an indirect parent entity) for the same risk, only one hedging relationship will qualify for hedge accounting in the consolidated financial statements of the ultimate parent. A hedging relationship designated by one parent entity in its consolidated financial statements need not be maintained by another higher level parent entity. However, if it is not maintained by the higher level parent entity, the hedge accounting applied by the lower level parent must be reversed before the higher level parent's hedge accounting is recognised.

Where the hedging instrument can be held

A derivative or a non-derivative instrument (or a combination of derivative and non-derivative instruments) may be **14** designated as a hedging instrument in a hedge of a net investment in a foreign operation. The hedging instrument(s) may be held by any entity or entities within the group, as long as the designation, documentation and effectiveness requirements of IAS 39 paragraph 88 that relate to a net investment hedge are satisfied. In particular, the hedging strategy of the group should be clearly documented because of the possibility of different designations at different levels of the group.

For the purpose of assessing effectiveness, the change in value of the hedging instrument in respect of foreign exchange **15** risk is computed by reference to the functional currency of the parent entity against whose functional currency the hedged risk is measured, in accordance with the hedge accounting documentation. Depending on where the hedging instrument is held, in the absence of hedge accounting the total change in value might be recognised in profit or loss, in other comprehensive income, or both. However, the assessment of effectiveness is not affected by whether the change in value of the hedging instrument is recognised in profit or loss or in other comprehensive income. As part of the application of hedge accounting, the total effective portion of the change is included in other comprehensive income. The assessment of effectiveness is not affected by whether the hedging instrument is a derivative or a non-derivative instrument or by the method of consolidation.

Disposal of a hedged foreign operation

When a foreign operation that was hedged is disposed of, the amount reclassified to profit or loss as a reclassification **16** adjustment from the foreign currency translation reserve in the consolidated financial statements of the parent in respect of the hedging instrument is the amount that IAS 39 paragraph 102 requires to be identified. That amount is the cumulative gain or loss on the hedging instrument that was determined to be an effective hedge.

The amount reclassified to profit or loss from the foreign currency translation reserve in the consolidated financial state- **17** ments of a parent in respect of the net investment in that foreign operation in accordance with IAS 21 paragraph 48 is the amount included in that parent's foreign currency translation reserve in respect of that foreign operation. In the ultimate parent's consolidated financial statements, the aggregate net amount recognised in the foreign currency translation reserve in respect of all foreign operations is not affected by the consolidation method. However, whether the ultimate parent uses the direct or the step-by-step method of consolidation[8] may affect the amount included in its foreign currency translation reserve in respect of an individual foreign operation. The use of the step-by-step method of consolidation may result in the reclassification to profit or loss of an amount different from that used to determine hedge effectiveness. This difference may be eliminated by determining the amount relating to that foreign operation that would have arisen if the direct method of consolidation had been used. Making this adjustment is not required by IAS 21. However, it is an accounting policy choice that should be followed consistently for all net investments.

---

8 The direct method is the method of consolidation in which the financial statements of the foreign operation are translated directly into the functional currency of the ultimate parent. The step-by-step method is the method of consolidation in which the financial statements of the foreign operation are first translated into the functional currency of any intermediate parent(s) and then translated into the functional currency of the ultimate parent (or the presentation currency if different).

ZEITPUNKT DES INKRAFTTRETENS

18 Diese Interpretation ist erstmals in der ersten Berichtsperiode eines am 1. Oktober 2008 oder danach beginnenden Geschäftsjahres anzuwenden. Die Änderung zu Paragraph 14 aufgrund der *Verbesserungen der IFRS* vom April 2009 ist erstmals in der ersten Berichtsperiode eines am 1. Juli 2009 oder danach beginnenden Geschäftsjahres anzuwenden. Eine frühere Anwendung ist zulässig. Wenn ein Unternehmen diese Interpretation für Berichtsperioden anwendet, die vor dem 1. Oktober 2008 beginnen, oder die Änderung zu Paragraph 14 vor dem 1. Juli 2009, so ist dies anzugeben.

ÜBERGANGSVORSCHRIFTEN

19 IAS 8 führt aus, wie ein Unternehmen eine Änderung der Rechnungslegungsmethoden anwendet, die aus der erstmaligen Anwendung einer Interpretation resultiert. Wenn ein Unternehmen diese Interpretation erstmals anwendet, muss es diese Anforderungen nicht erfüllen. Wenn ein Unternehmen ein Sicherungsinstrument als Absicherung einer Nettoinvestition bestimmt hat, das Sicherungsgeschäft jedoch nicht die Bilanzierungsbedingungen für Sicherungsgeschäfte in dieser Interpretation erfüllt, so hat das Unternehmen IAS 39 anzuwenden, um diese Bilanzierung von Sicherungsgeschäften prospektiv einzustellen.

Anlage

Anleitungen zur Anwendung

Dieser Anhang ist integraler Bestandteil der Interpretation.

A1 Dieser Anhang veranschaulicht die Anwendung dieser Interpretation am Beispiel der unten dargestellten Unternehmensstruktur. In jedem Fall würden die beschriebenen Sicherungsbeziehungen gemäß IAS 39 auf ihre Wirksamkeit geprüft werden, wenngleich diese Prüfung in diesem Anhang nicht erörtert wird. Das Mutterunternehmen, d. h. das oberste Mutterunternehmen, stellt seinen Konzernabschluss in seiner funktionalen Währung, dem Euro (EUR) dar. Jedes Tochterunternehmen steht in seinem hundertprozentigen Besitz. Die Nettoinvestition des Mutterunternehmens von 500 Mio. £ in das Tochterunternehmen B (funktionale Währung: Pfund Sterling (GBP)) umfasst 159 Mio. £, den Gegenwert der Nettoinvestition von 300 Mio. US$ von Tochterunternehmen B in Tochterunternehmen C (funktionale Währung: US-Dollar (USD)). Mit anderen Worten, das Nettovermögen von Tochterunternehmen B beträgt 341 Mio. £ ohne seine Investition in Tochterunternehmen C.

ART DES ABGESICHERTEN RISIKOS, FÜR DAS EINE SICHERUNGSBEZIEHUNG IN BETRACHT KOMMT (PARAGRAPHEN 10–13)

A2 Das Mutterunternehmen kann seine Nettoinvestition in seine Tochterunternehmen A, B und C gegen die Währungsrisiken zwischen deren jeweiligen funktionalen Währungen (Japanischer Yen (JPY), Pfund Sterling und US-Dollar) und dem Euro absichern. Des Weiteren kann das Mutterunternehmen das Währungsrisiko USD/GBP zwischen den funktionalen Währungen des Tochterunternehmens B und des Tochterunternehmens C absichern. Im Konzernabschluss kann das Tochterunternehmen B seine Nettoinvestition in Tochterunternehmen C hinsichtlich des Währungsrisikos zwischen deren funktionalen Währungen des US-Dollars und des Pfund Sterlings absichern. Im folgenden Beispiel ist das designierte Risiko das Risiko des sich ändernden Devisenkassakurses, da die Sicherungsinstrumente keine Derivate sind. Wenn die Sicherungsinstrumente Terminkontrakte wären, könnte das Mutterunternehmen das Währungsrisiko den Terminkontrakten zuordnen.

BETRAG DES GRUNDGESCHÄFTS, FÜR DAS EINE SICHERUNGSBEZIEHUNG IN BETRACHT KOMMT (PARAGRAPHEN 10–13)

A3 Das Mutterunternehmen möchte das Währungsrisiko seiner Nettoinvestition in Tochterunternehmen C absichern. Es wird angenommen, dass das Tochterunternehmen A Fremdmittel in Höhe von 300 Mio. US$ aufgenommen hat. Zu Beginn der Berichtsperiode beläuft sich das Nettovermögen des Tochterunternehmens A auf 400.000 Mio. ¥, einschließlich der Einnahmen aus der externen Kreditaufnahme von 300 Mio. US$.

EFFECTIVE DATE

An entity shall apply this Interpretation for annual periods beginning on or after 1 October 2008. An entity shall apply **18** the amendment to paragraph 14 made by *Improvements to IFRSs* issued in April 2009 for annual periods beginning on or after 1 July 2009. Earlier application of both is permitted. If an entity applies this Interpretation for a period beginning before 1 October 2008, or the amendment to paragraph 14 before 1 July 2009, it shall disclose that fact.

TRANSITION

IAS 8 specifies how an entity applies a change in accounting policy resulting from the initial application of an Interpreta- **19** tion. An entity is not required to comply with those requirements when first applying the Interpretation. If an entity had designated a hedging instrument as a hedge of a net investment but the hedge does not meet the conditions for hedge accounting in this Interpretation, the entity shall apply IAS 39 to discontinue that hedge accounting prospectively.

Appendix

Application guidance

This appendix is an integral part of the Interpretation.

This appendix illustrates the application of the Interpretation using the corporate structure illustrated below. In all cases **AG1** the hedging relationships described would be tested for effectiveness in accordance with IAS 39, although this testing is not discussed in this appendix. Parent, being the ultimate parent entity, presents its consolidated financial statements in its functional currency of euro (EUR). Each of the subsidiaries is wholly-owned. Parent's £500 million net investment in Subsidiary B (functional currency pounds sterling (GBP)) includes the £159 million equivalent of Subsidiary B's US$300 million net investment in Subsidiary C (functional currency US dollars (USD)). In other words, Subsidiary B's net assets other than its investment in Subsidiary C are £341 million.

NATURE OF HEDGED RISK FOR WHICH A HEDGING RELATIONSHIP MAY BE DESIGNATED (PARAGRAPHS 10—13)

Parent can hedge its net investment in each of Subsidiaries A, B and C for the foreign exchange risk between their respec- **AG2** tive functional currencies (Japanese yen (JPY), pounds sterling and US dollars)). In addition, Parent can hedge the USD/GBP foreign exchange risk between the functional currencies of Subsidiary B and Subsidiary C. In its consolidated financial statements, Subsidiary B can hedge its net investment in Subsidiary C for the foreign exchange risk between their functional currencies of US dollars and pounds sterling. In the following examples the designated risk is the spot foreign exchange risk because the hedging instruments are not derivatives. If the hedging instruments were forward contracts, Parent could designate the forward foreign exchange risk.

AMOUNT OF HEDGED ITEM FOR WHICH A HEDGING RELATIONSHIP MAY BE DESIGNATED (PARAGRAPHS 10—13)

Parent wishes to hedge the foreign exchange risk from its net investment in Subsidiary C. Assume that Subsidiary A has **AG3** an external borrowing of US$300 million. The net assets of Subsidiary A at the start of the reporting period are JPY 400 000 million including the proceeds of the external borrowing of US$300 million.

A4 Das Grundgeschäft kann einem Nettovermögen entsprechen, das gleich dem Buchwert der Nettoinvestition des Mutterunternehmens in Tochterunternehmen C (300 Mio. US$) in seinem Konzernabschluss ist oder darunter liegt. Das Mutterunternehmen kann in seinem Konzernabschluss die externe Kreditaufnahme von 300 Mio. US$ von Tochterunternehmen A als eine Absicherung des Risikos des sich ändernden Devisenkassakurses EUR/USD verbunden mit seiner Nettoinvestition in das Nettovermögen von 300 Mio. US$ des Tochterunternehmens C designieren. In diesem Fall sind nach Anwendung der Bilanzierung von Sicherungsgeschäften sowohl die Währungsdifferenz EUR/USD hinsichtlich der externen Kreditaufnahme von 300 Mio. US$ des Tochterunternehmens A als auch die Währungsdifferenz EUR/USD der Nettoinvestition von 300 Mio. US$ in das Tochterunternehmen C in der Währungsumrechnungsrücklage des Konzernabschlusses des Mutterunternehmens enthalten.

A5 Ohne Bilanzierung von Sicherungsgeschäften würde die gesamte Währungsumrechnungsdifferenz USD/EUR bei der externen Kreditaufnahme von 300 Mio. US$ von Tochterunternehmen A im Konzernabschluss des Mutterunternehmens wie folgt erfasst:
- die Wechselkursänderung des USD/JPY Kassakurses umgerechnet in Euro im Gewinn oder Verlust und
- die Wechselkursänderung des JPY/EUR Kassakurses im sonstigen Ergebnis.

Anstatt der Bestimmung in Paragraph A4 kann das Mutterunternehmen in seinem Konzernabschluss die externe 300Mio. US$ Kreditaufnahme von Tochterunternehmen A als eine Absicherung des Währungsrisikos des Kassakurses von GBP/USD zwischen Tochterunternehmen C und B bestimmen. In diesem Fall würde stattdessen die gesamte Währungsumrechnungsdifferenz USD/EUR bezüglich der externen Kreditaufnahme von 300 Mio. US$ von Tochterunternehmen A im Konzernabschluss des Mutterunternehmens wie folgt erfasst:
- die Wechselkursänderung des GBP/USD Kassakurses in der Währungsumrechnungsrücklage im Hinblick auf Tochterunternehmen C,
- die Wechselkursänderung des GBP/JPY Kassakurses umgerechnet in Euro im Gewinn oder Verlust und
- die Wechselkursänderung des JPY/EUR Kassakurses im sonstigen Ergebnis.

A6 Das Mutterunternehmen kann in seinem Konzernabschluss die externe Kreditaufnahme von 300 Mio. US$ von Tochterunternehmen A nicht als Absicherung beider Währungsrisiken (Kassakurs EUR/USD und Kassakurs GBP/USD) bestimmen. Ein einzelnes Sicherungsinstrument kann dasselbe designierte Risiko nur einmal absichern. Das Tochterunternehmen B kann in seinem Konzernabschluss keine Bilanzierung von Sicherungsgeschäften vornehmen, da das Sicherungsinstrument außerhalb der Gruppe gehalten wird und Tochterunternehmen B und C betrifft.

WO KANN INNERHALB EINER GRUPPE DAS SICHERUNGSINSTRUMENT GEHALTEN WERDEN (PARAGRAPHEN 14 UND 15)?

A7 Wie in Paragraph A5 ausgeführt, würde ohne die Bilanzierung von Sicherungsgeschäften die gesamte Wertänderung beim Währungsrisiko der externen Kreditaufnahme von 300 Mio. US$ von Tochterunternehmen A sowohl im Gewinn oder Verlust (USD/JPY Kassakursrisiko) als auch im sonstigen Ergebnis (EUR/JPY Kassakursrisiko) im Konzernabschluss des Mutterunternehmens ausgewiesen. Zur Beurteilung der Wirksamkeit der in Paragraph A4 designierten Absicherung werden beide Beträge herangezogen, da die Wertänderung sowohl beim Sicherungsinstrument als auch beim Grundgeschäft gemäß der Absicherungsdokumentation in Bezug auf die funktionale Währung des Mutterunternehmens, dem Euro, gegenüber der funktionalen Währung des Tochterunternehmens C, dem US-Dollar, ermittelt wird. Die Konsolidierungsmethode (d. h. die direkte oder schrittweise Methode) beeinflusst die Beurteilung der Wirksamkeit der Absicherung nicht.

BETRÄGE, DIE BEI VERÄUSSERUNG EINES AUSLÄNDISCHEN GESCHÄFTSBETRIEBS IN DEN GEWINN ODER VERLUST UMGEGLIEDERT WERDEN (PARAGRAPHEN 16 UND 17)

A8 Wenn das Tochterunternehmen C veräußert wird, werden folgende Beträge von der Währungsumrechnungsrücklage in den Gewinn oder Verlust des Konzernabschlusses des Mutterunternehmens umgegliedert:
- (a) in Bezug auf die externe Kreditaufnahme von 300 Mio. US$ von Tochterunternehmen A der Betrag, der gemäß IAS 39 ermittelt werden muss, d. h. die gesamte Wertänderung beim Währungsrisiko, die im sonstigen Ergebnis als der wirksame Teil der Absicherung erfasst wurde; sowie
- (b) In Bezug auf die Nettoinvestition von 300 Mio. US$ in das Tochterunternehmen C der Betrag, der durch die Konsolidierungsmethode des Unternehmens ermittelt wurde. Wenn das Mutterunternehmen die direkte Methode verwendet, wird seine Währungsumrechnungsrücklage in Bezug auf Tochterunternehmen C direkt durch den EUR/USD Wechselkurs bestimmt. Wenn das Mutterunternehmen die schrittweise Methode verwendet, wird seine Währungsumrechnungsrücklage in Bezug auf Tochterunternehmen C durch die von Tochterunternehmen B anerkannte Währungsumrechnungsrücklage, die den GBP/USD Wechselkurs widerspiegelt, bestimmt und in die funktionale Währung des Mutterunternehmens unter Verwendung des EUR/GBP Wechselkurses umgerechnet. Hat das Mutterunternehmen in früheren Perioden die schrittweise Konsolidierungsmethode verwendet, so ist es weder dazu verpflichtet noch wird es daran gehindert, den Betrag der Währungsumrechnungsrücklage zu bestimmen, der bei Veräußerung des Tochterunternehmens C umzugliedern ist und den es erfasst hätte, wenn es immer die direkte Methode gemäß seiner Rechnungslegungsmethode eingesetzt hätte.

The hedged item can be an amount of net assets equal to or less than the carrying amount of Parent's net investment in Subsidiary C (US$300 million) in its consolidated financial statements. In its consolidated financial statements Parent can designate the US$300 million external borrowing in Subsidiary A as a hedge of the EUR/USD spot foreign exchange risk associated with its net investment in the US$300 million net assets of Subsidiary C. In this case, both the EUR/USD foreign exchange difference on the US$300 million external borrowing in Subsidiary A and the EUR/USD foreign exchange difference on the US$300 million net investment in Subsidiary C are included in the foreign currency translation reserve in Parent's consolidated financial statements after the application of hedge accounting. **AG4**

In the absence of hedge accounting, the total USD/EUR foreign exchange difference on the US$300 million external borrowing in Subsidiary A would be recognised in Parent's consolidated financial statements as follows: **AG5**
— USD/JPY spot foreign exchange rate change, translated to euro, in profit or loss, and
— JPY/EUR spot foreign exchange rate change in other comprehensive income.
Instead of the designation in paragraph AG4, in its consolidated financial statements Parent can designate the US$300 million external borrowing in Subsidiary A as a hedge of the GBP/USD spot foreign exchange risk between Subsidiary C and Subsidiary B. In this case, the total USD/EUR foreign exchange difference on the US$300 million external borrowing in Subsidiary A would instead be recognised in Parent's consolidated financial statements as follows:
— the GBP/USD spot foreign exchange rate change in the foreign currency translation reserve relating to Subsidiary C,
— GBP/JPY spot foreign exchange rate change, translated to euro, in profit or loss, and
— JPY/EUR spot foreign exchange rate change in other comprehensive income.

Parent cannot designate the US$300 million external borrowing in Subsidiary A as a hedge of both the EUR/USD spot foreign exchange risk and the GBP/USD spot foreign exchange risk in its consolidated financial statements. A single hedging instrument can hedge the same designated risk only once. Subsidiary B cannot apply hedge accounting in its consolidated financial statements because the hedging instrument is held outside the group comprising Subsidiary B and Subsidiary C. **AG6**

WHERE IN A GROUP CAN THE HEDGING INSTRUMENT BE HELD (PARAGRAPHS 14 AND 15)?

As noted in paragraph AG5, the total change in value in respect of foreign exchange risk of the US$300 million external borrowing in Subsidiary A would be recorded in both profit or loss (USD/JPY spot risk) and other comprehensive income (EUR/JPY spot risk) in Parent's consolidated financial statements in the absence of hedge accounting. Both amounts are included for the purpose of assessing the effectiveness of the hedge designated in paragraph AG4 because the change in value of both the hedging instrument and the hedged item are computed by reference to the euro functional currency of Parent against the US dollar functional currency of Subsidiary C, in accordance with the hedge documentation. The method of consolidation (i.e. direct method or step-by-step method) does not affect the assessment of the effectiveness of the hedge. **AG7**

AMOUNTS RECLASSIFIED TO PROFIT OR LOSS ON DISPOSAL OF A FOREIGN OPERATION (PARAGRAPHS 16 AND 17)

When Subsidiary C is disposed of, the amounts reclassified to profit or loss in Parent's consolidated financial statements from its foreign currency translation reserve (FCTR) are: **AG8**
(a) in respect of the US$300 million external borrowing of Subsidiary A, the amount that IAS 39 requires to be identified, ie the total change in value in respect of foreign exchange risk that was recognised in other comprehensive income as the effective portion of the hedge; and
(b) in respect of the US$300 million net investment in Subsidiary C, the amount determined by the entity's consolidation method. If Parent uses the direct method, its FCTR in respect of Subsidiary C will be determined directly by the EUR/USD foreign exchange rate. If Parent uses the step-by-step method, its FCTR in respect of Subsidiary C will be determined by the FCTR recognised by Subsidiary B reflecting the GBP/USD foreign exchange rate, translated to Parent's functional currency using the EUR/GBP foreign exchange rate. Parent's use of the step-by-step method of consolidation in prior periods does not require it to or preclude it from determining the amount of FCTR to be reclassified when it disposes of Subsidiary C to be the amount that it would have recognised if it had always used the direct method, depending on its accounting policy.

ABSICHERUNG VON MEHR ALS EINEM AUSLÄNDISCHEN GESCHÄFTSBETRIEB
(PARAGRAPHEN 11, 13 UND 15)

A9   Die folgenden Beispiele veranschaulichen dass das Risiko, das im Konzernabschluss des Mutterunternehmens abgesichert werden kann, immer das Risiko zwischen der funktionalen Währung (Euro) und den funktionalen Währungen der Tochterunternehmen B und C ist. Unabhängig davon, wie die Sicherungsgeschäfte bestimmt sind, können die Höchstbeträge, die effektive Sicherungsgeschäfte sein können, in der Währungsumrechnungsrücklage des Konzernabschlusses des Mutterunternehmens enthalten sein, wenn beide ausländischen Geschäftsbetriebe für 300 Mio. US$ für das Währungsrisiko EUR/USD bzw. für 341 Mio. £ für das Währungsrisiko EUR/GBP abgesichert sind. Andere durch Wechselkursänderungen bedingte Wertänderungen sind im Konzerngewinn oder -verlust des Mutterunternehmens enthalten. Natürlich wäre es möglich, dass das Mutterunternehmen 300 Mio. US$ nur für Änderungen der USD/GBP Devisenkassakurse und 500 Mio. £ nur für Änderungen der GBP/EUR Devisenkassakurse bestimmt.

MUTTERUNTERNEHMEN HÄLT SOWOHL USD ALS AUCH GBP SICHERUNGSINSTRUMENTE

A10   Das Mutterunternehmen möchte das Währungsumrechnungsrisiko bei seiner Nettoinvestition in Tochterunternehmen B und seiner Nettoinvestition in Tochterunternehmen C absichern. Es wird angenommen, dass das Mutterunternehmen geeignete, auf US-Dollar und Pfund Sterling lautende Sicherungsinstrumente hält, die es als Sicherungsgeschäfte für seine Nettoinvestitionen in Tochterunternehmen B und C designieren könnte. In seinem Konzernabschluss kann das Mutterunternehmen zu diesem Zweck unter anderem Folgendes designieren:

(a)   300 Mio. US$ Sicherungsinstrument, das als ein Sicherungsgeschäft für die Nettoinvestition von 300 Mio. US$ in Tochterunternehmen C mit dem Risiko des sich ändernden Devisenkassakurses (EUR/USD) zwischen dem Mutterunternehmen und dem Tochterunternehmen C bestimmt ist, und einem Sicherungsinstrument von bis zu 341 Mio. £, das als ein Sicherungsgeschäft für die Nettoinvestition von 341 Mio. £ in Tochterunternehmen B mit dem Risiko des sich ändernden Devisenkassakurses (EUR/GBP) zwischen dem Mutterunternehmen und dem Tochterunternehmen B bestimmt ist.

(b)   300 Mio. US$ Sicherungsinstrument, das als ein Sicherungsgeschäft für die Nettoinvestition von 300 Mio. US$ in Tochterunternehmen C mit dem Risiko des sich ändernden Devisenkassakurses (GBP/USD) zwischen dem Tochterunternehmen B und dem Tochterunternehmen C bestimmt ist, und einem Sicherungsinstrument von bis zu 500 Mio. £, das als ein Sicherungsgeschäft für die Nettoinvestition von 500 Mio. £ in Tochterunternehmen B mit dem Risiko des sich ändernden Devisenkassakurses (EUR/GBP) zwischen dem Mutterunternehmen und dem Tochterunternehmen B bestimmt ist.

A11   Das EUR/USD Risiko aus der Nettoinvestition des Mutterunternehmens in Tochterunternehmen C unterscheidet sich von dem EUR/GBP Risiko aus der Nettoinvestition des Mutterunternehmens in Tochterunternehmen B. In dem in Paragraph A10(a) beschriebenen Fall hat das Mutterunternehmen jedoch aufgrund seiner Bestimmung des von ihm gehaltenen USD Sicherungsinstruments bereits das EUR/USD Risiko aus seiner Nettoinvestition in Tochterunternehmen C voll abgesichert. Wenn das Mutterunternehmen auch ein von ihm gehaltenes GBP Instrument als ein Sicherungsgeschäft für seine Nettoinvestition von 500 Mio. £ in Tochterunternehmen B bestimmt hat, würden 159 Mio. £ dieser Nettoinvestition, die den Gegenwert seiner USD Nettoinvestition in Tochterunternehmen C darstellen, für das GBP/EUR Risiko im Konzernabschluss des Mutterunternehmens zweimal abgesichert sein.

A12   In dem in Paragraph A10(b) beschriebenen Fall ist, wenn das Mutterunternehmen das abgesicherte Risiko als das Risiko des sich ändernden Devisenkassakurses (GBP/USD) zwischen Tochterunternehmen B und Tochterunternehmen C bestimmt, nur der GBP/USD Teil der Wertänderung des 300 Mio. US$ Sicherungsinstruments in der Währungsumrechnungsrücklage des Mutterunternehmens in Bezug auf das Tochterunternehmen C enthalten. Der Rest der Änderung (Gegenwert zur GBP/EUR Änderung auf 159 Mio. £) ist im Konzerngewinn oder -verlust des Mutterunternehmens enthalten (siehe Paragraph A5). Da die Bestimmung des USD/GBP Risikos zwischen den Tochterunternehmen B und C das GBP/EUR Risiko nicht enthält, kann das Mutterunternehmen auch bis zu 500 Mio. £ seiner Nettoinvestition in das Tochterunternehmen B mit dem Risiko des sich ändernden Devisenkassakurses (GBP/EUR) zwischen dem Mutterunternehmen und dem Tochterunternehmen B bestimmen.

TOCHTERUNTERNEHMEN B HÄLT DAS USD SICHERUNGSINSTRUMENT

A13   Es wird angenommen, dass das Tochterunternehmen B einen externen Kredit von 300 Mio. US$ hält, dessen Einnahmen durch ein auf Pfund Sterling lautendes konzerninternes Darlehen übertragen wurden. Da sowohl seine Vermögenswerte als auch seine Schulden sich um 159 Mio. £ erhöhten, blieb das Nettovermögen des Tochterunternehmens B unverändert. Tochterunternehmen B konnte den externen Kredit als ein Sicherungsgeschäft für das GBP/USD Risiko seiner Nettoinvestition in das Tochterunternehmen C in seinem Konzernabschluss bestimmen. Das Mutterunternehmen konnte die Bestimmung dieses Sicherungsinstruments des Tochterunternehmens B als ein Sicherungsgeschäft für seine Nettoinvestition von 300 Mio. US$ in Tochterunternehmen C für das GBP/USD Risiko (siehe Paragraph 13) beibehalten und das Mutterunternehmen konnte das GBP Sicherungsinstrument bestimmen, das es als Sicherungsgeschäft für seine gesamte

The following examples illustrate that in the consolidated financial statements of Parent, the risk that can be hedged is **AG9** always the risk between its functional currency (euro) and the functional currencies of Subsidiaries B and C. No matter how the hedges are designated, the maximum amounts that can be effective hedges to be included in the foreign currency translation reserve in Parent's consolidated financial statements when both foreign operations are hedged are US$300 million for EUR/USD risk and £341 million for EUR/GBP risk. Other changes in value due to changes in foreign exchange rates are included in Parent's consolidated profit or loss. Of course, it would be possible for Parent to designate US$300 million only for changes in the USD/GBP spot foreign exchange rate or £500 million only for changes in the GBP/EUR spot foreign exchange rate.

PARENT HOLDS BOTH USD AND GBP HEDGING INSTRUMENTS

Parent may wish to hedge the foreign exchange risk in relation to its net investment in Subsidiary B as well as that in **AG10** relation to Subsidiary C. Assume that Parent holds suitable hedging instruments denominated in US dollars and pounds sterling that it could designate as hedges of its net investments in Subsidiary B and Subsidiary C. The designations Parent can make in its consolidated financial statements include, but are not limited to, the following:

(a) US$300 million hedging instrument designated as a hedge of the US$300 million of net investment in Subsidiary C with the risk being the spot foreign exchange exposure (EUR/USD) between Parent and Subsidiary C and up to £341 million hedging instrument designated as a hedge of £341 million of the net investment in Subsidiary B with the risk being the spot foreign exchange exposure (EUR/GBP) between Parent and Subsidiary B.

(b) US$300 million hedging instrument designated as a hedge of the US$300 million of net investment in Subsidiary C with the risk being the spot foreign exchange exposure (GBP/USD) between Subsidiary B and Subsidiary C and up to £500 million hedging instrument designated as a hedge of £500 million of the net investment in Subsidiary B with the risk being the spot foreign exchange exposure (EUR/GBP) between Parent and Subsidiary B.

The EUR/USD risk from Parent's net investment in Subsidiary C is a different risk from the EUR/GBP risk from Parent's **AG11** net investment in Subsidiary B. However, in the case described in paragraph AG10(a), by its designation of the USD hedging instrument it holds, Parent has already fully hedged the EUR/USD risk from its net investment in Subsidiary C. If Parent also designated a GBP instrument it holds as a hedge of its £500 million net investment in Subsidiary B, £159 million of that net investment, representing the GBP equivalent of its USD net investment in Subsidiary C, would be hedged twice for GBP/EUR risk in Parent's consolidated financial statements.

In the case described in paragraph AG10(b), if Parent designates the hedged risk as the spot foreign exchange exposure **AG12** (GBP/USD) between Subsidiary B and Subsidiary C, only the GBP/USD part of the change in the value of its US$300 million hedging instrument is included in Parent's foreign currency translation reserve relating to Subsidiary C. The remainder of the change (equivalent to the GBP/EUR change on £159 million) is included in Parent's consolidated profit or loss, as in paragraph AG5. Because the designation of the USD/GBP risk between Subsidiaries B and C does not include the GBP/EUR risk, Parent is also able to designate up to £500 million of its net investment in Subsidiary B with the risk being the spot foreign exchange exposure (GBP/EUR) between Parent and Subsidiary B.

SUBSIDIARY B HOLDS THE USD HEDGING INSTRUMENT

Assume that Subsidiary B holds US$300 million of external debt the proceeds of which were transferred to Parent by an **AG13** inter-company loan denominated in pounds sterling. Because both its assets and liabilities increased by £159 million, Subsidiary B's net assets are unchanged. Subsidiary B could designate the external debt as a hedge of the GBP/USD risk of its net investment in Subsidiary C in its consolidated financial statements. Parent could maintain Subsidiary B's designation of that hedging instrument as a hedge of its US$300 million net investment in Subsidiary C for the GBP/USD risk (see paragraph 13) and Parent could designate the GBP hedging instrument it holds as a hedge of its entire £500 million net investment in Subsidiary B. The first hedge, designated by Subsidiary B, would be assessed by reference to Subsidiary B's functional currency (pounds sterling) and the second hedge, designated by Parent, would be assessed by reference to Par-

Nettoinvestition von 500 Mio. £ in Tochterunternehmen B hält. Das erste vom Tochterunternehmen B bestimmte Sicherungsgeschäft würde in Bezug auf die funktionale Währung von Tochterunternehmen B (Pfund Sterling) beurteilt werden, und das zweite vom Mutterunternehmen designierte Sicherungsgeschäft würde in Bezug auf die funktionale Währung des Mutterunternehmens (Euro) beurteilt werden. In diesem Fall wurde nur das GBP/USD Risiko der Nettoinvestition des Mutterunternehmens in Tochterunternehmen C im Konzernabschluss des Mutterunternehmens durch das USD Sicherungsinstrument abgesichert und nicht das gesamte EUR/USD Risiko. Daher kann das gesamte EUR/GBP Risiko der Nettoinvestition von 500 Mio. £ des Mutterunternehmens in das Tochterunternehmen B im Konzernabschluss des Mutterunternehmens abgesichert werden.

A14 Die Bilanzierung der Darlehensverbindlichkeit von 159 Mio. £ des Mutterunternehmens an das Tochterunternehmen B muss jedoch auch berücksichtigt werden. Wenn die Darlehensverbindlichkeit des Mutterunternehmens nicht als Teil seiner Nettoinvestition in Tochterunternehmen B betrachtet wird, da sie die Bedingungen in IAS 21 Paragraph 15 nicht erfüllt, würde die Währungsdifferenz GBP/EUR aus der Umrechnung im Konzerngewinn oder -verlust des Mutterunternehmens enthalten sein. Wenn die Darlehensverbindlichkeit von 159 Mio. £ an Tochterunternehmen B als Teil der Nettoinvestition des Mutterunternehmens berücksichtigt wird, würde diese Nettoinvestition nur 341 Mio. £ betragen und der Betrag, den das Mutterunternehmen als Grundgeschäft für das GBP/EUR Risiko bestimmen könnte, würde dementsprechend von 500 Mio. £ auf 341 Mio. £ reduziert werden.

A15 Wenn das Mutterunternehmen die vom Tochterunternehmen B bestimmte Sicherungsbeziehung aufheben würde, könnte das Mutterunternehmen die von Tochterunternehmen B gehaltene externe Kreditaufnahme über 300 Mio. US$ als Sicherungsgeschäft seiner 300 Mio. US$ Nettoinvestition in Tochterunternehmen C für das EUR/USD Risiko bestimmen und das selbst gehaltene GBP Sicherungsinstrument als ein Sicherungsgeschäft für nur bis zu 341 Mio. £ der Nettoinvestition in Tochterunternehmen B designieren. In diesem Fall würde die Wirksamkeit beider Sicherungsgeschäfte in Bezug auf die funktionale Währung (Euro) des Mutterunternehmens ermittelt. Folglich würde sowohl die USD/GBP Wertänderung der von Tochterunternehmen B gehaltene externen Kreditaufnahme als auch die GBP/EUR Wertänderung der Darlehensverbindlichkeit des Mutterunternehmens gegenüber Tochterunternehmen B (Gegenwert insgesamt von USD/EUR) in der Währungsumrechnungsrücklage im Konzernabschluss des Mutterunternehmens enthalten sein. Da das Mutterunternehmen das EUR/USD Risiko aus seiner Investition in Tochterunternehmen C bereits voll abgesichert hat, kann es nur noch bis zu 341 Mio. £ für das EUR/GBP Risiko seiner Nettoinvestition in Tochterunternehmen B absichern.

IFRIC INTERPRETATION 17

Sachdividenden an Eigentümer

VERWEISE

- IFRS 3 *Unternehmenszusammenschlüsse* (überarbeitet 2008)
- IFRS 5 *Zur Veräußerung gehaltene langfristige Vermögenswerte und aufgegebene Geschäftsbereiche*
- IFRS 7 *Finanzinstrumente: Angaben*
- IFRS 10 *Konzernabschlüsse*
- IFRS 13 *Bemessung des beizulegenden Zeitwerts*
- IAS 1 *Darstellung des Abschlusses* (überarbeitet 2007)
- IAS 10 *Ereignisse nach der Berichtsperiode*
- IAS 27 *Konzern- und Einzelabschlüsse* (geändert im Mai 2008)

HINTERGRUND

1 Manchmal schüttet ein Unternehmen andere Vermögenswerte als Zahlungsmittel (Sachwerte) als Dividenden an seine Eigentümer[9] aus, die in ihrer Eigenschaft als Eigentümer handeln. In diesen Fällen kann ein Unternehmen seinen Eigentümern auch ein Wahlrecht einräumen, entweder Sachwerte oder einen Barausgleich zu erhalten. Das IFRIC erhielt Anfragen, in denen es ersucht wurde, Leitlinien zur Bilanzierung dieser Art von Dividendenausschüttungen zu erstellen.

---

9 In Paragraph 7 des IAS 1 werden Eigentümer als Inhaber von Instrumenten, die als Eigenkapital eingestuft werden, definiert.

ent's functional currency (euro). In this case, only the GBP/USD risk from Parent's net investment in Subsidiary C has been hedged in Parent's consolidated financial statements by the USD hedging instrument, not the entire EUR/USD risk. Therefore, the entire EUR/GBP risk from Parent's £500 million net investment in Subsidiary B may be hedged in the consolidated financial statements of Parent.

However, the accounting for Parent's £159 million loan payable to Subsidiary B must also be considered. If Parent's loan **AG14** payable is not considered part of its net investment in Subsidiary B because it does not satisfy the conditions in IAS 21 paragraph 15, the GBP/EUR foreign exchange difference arising on translating it would be included in Parent's consolidated profit or loss. If the £159 million loan payable to Subsidiary B is considered part of Parent's net investment, that net investment would be only £341 million and the amount Parent could designate as the hedged item for GBP/EUR risk would be reduced from £500 million to £341 million accordingly.

If Parent reversed the hedging relationship designated by Subsidiary B, Parent could designate the US$300 million exter- **AG15** nal borrowing held by Subsidiary B as a hedge of its US$300 million net investment in Subsidiary C for the EUR/USD risk and designate the GBP hedging instrument it holds itself as a hedge of only up to £341 million of the net investment in Subsidiary B. In this case the effectiveness of both hedges would be computed by reference to Parent's functional currency (euro). Consequently, both the USD/GBP change in value of the external borrowing held by Subsidiary B and the GBP/EUR change in value of Parent's loan payable to Subsidiary B (equivalent to USD/EUR in total) would be included in the foreign currency translation reserve in Parent's consolidated financial statements. Because Parent has already fully hedged the EUR/USD risk from its net investment in Subsidiary C, it can hedge only up to £341 million for the EUR/GBP risk of its net investment in Subsidiary B.

IFRIC INTERPRETATION 17

Distributions of Non-cash Assets to Owners

REFERENCES

— IFRS 3 *Business Combinations* (as revised in 2008)
— IFRS 5 *Non-current Assets Held for Sale and Discontinued Operations*
— IFRS 7 *Financial Instruments: Disclosures*
— IFRS 10 *Consolidated Financial Statements*
— IFRS 13 *Fair Value Measurement*
— IAS 1 *Presentation of Financial Statements* (as revised in 2007)
— IAS 10 *Events after the Reporting Period*
— IAS 27 *Consolidated and Separate Financial Statements* (as amended in May 2008)

BACKGROUND

Sometimes an entity distributes assets other than cash (non-cash assets) as dividends to its owners[9] acting in their capa- **1** city as owners. In those situations, an entity may also give its owners a choice of receiving either non-cash assets or a cash alternative. The IFRIC received requests for guidance on how an entity should account for such distributions.

---

9   Paragraph 7 of IAS 1 defines owners as holders of instruments classified as equity.

2 Die International Financial Reporting Standards (IFRS) enthalten keine Leitlinien dahingehend, wie ein Unternehmen Ausschüttungen an seine Eigentümer bewerten soll (die allgemein als Dividenden bezeichnet werden). Gemäß IAS 1 muss ein Unternehmen Einzelheiten zu Dividenden, die als Ausschüttungen an Eigentümer erfasst werden, entweder in der Eigenkapitalveränderungsrechnung oder im Anhang zum Abschluss darstellen.

ANWENDUNGSBEREICH

3 Diese Interpretation ist auf die folgenden Arten nicht gegenseitiger Ausschüttungen von Vermögenswerten an die Eigentümer eines Unternehmens, die in ihrer Eigenschaft als Eigentümer handeln, anzuwenden:

(a) Ausschüttungen von Sachwerten (z. B. Sachanlagen, Geschäftsbetriebe laut Definition in IFRS 3, Eigentumsanteile an einem anderen Unternehmen oder einer Veräußerungsgruppe laut Definition in IFRS 5); und

(b) Ausschüttungen, die Eigentümer wahlweise als Sachwerte oder als Barausgleich erhalten können.

4 Diese Interpretation gilt nur für Dividendenausschüttungen, bei denen alle Eigentümer von Eigenkapitalinstrumenten derselben Gattung gleich behandelt werden.

5 Diese Interpretation gilt nicht für die Ausschüttung eines Sachwerts, der letztlich vor und nach der Ausschüttung von derselben Partei bzw. denselben Parteien kontrolliert wird. Diese Ausnahme gilt für den Einzel- und Konzernabschluss eines Unternehmens, das die Dividende ausschüttet.

6 Gemäß Paragraph 5 ist diese Interpretation nicht anzuwenden, wenn der Sachwert letztlich von denselben Parteien vor wie auch nach der Ausschüttung kontrolliert wird. Paragraph B2 des IFRS 3 bestimmt: „Von einer Gruppe von Personen wird angenommen, dass sie ein Unternehmen beherrscht, wenn sie aufgrund vertraglicher Vereinbarungen gemeinsam die Möglichkeit hat, dessen Finanz- und Geschäftspolitik zu bestimmen, um aus dessen Geschäftstätigkeiten Nutzen zu ziehen." Daher ist diese Interpretation aufgrund der Tatsache, dass dieselben Parteien den Vermögenswert sowohl vor als auch nach der Ausschüttung kontrollieren, auf Dividendenausschüttungen nicht anzuwenden, wenn eine Gruppe einzelner Anteilseigner, an die die Dividende ausgeschüttet wird, aufgrund vertraglicher Vereinbarungen die endgültige gemeinsame Befugnis über das ausschüttende Unternehmen haben.

7 Gemäß Paragraph 5 ist diese Interpretation nicht anzuwenden, wenn ein Unternehmen einige seiner Eigentumsanteile an einem Tochterunternehmen ausschüttet, die Beherrschung über das Tochterunternehmen jedoch behält. Wenn ein Unternehmen eine Dividende ausschüttet, die dazu führt, dass es einen nicht beherrschenden Anteil an seinem Tochterunternehmen ansetzt, bilanziert das Unternehmen diese Ausschüttung gemäß IFRS 10.

8 Diese Interpretation behandelt nur die Bilanzierung eines Unternehmens, das Sachdividenden ausschüttet. Es wird nicht die Bilanzierung bei den Anteilseignern behandelt, die eine solche Dividendenausschüttung erhalten.

FRAGESTELLUNGEN

9 Wenn ein Unternehmen eine Dividendenausschüttung beschließt und verpflichtet ist, die betreffenden Vermögenswerte an seine Eigentümer auszuschütten, muss es eine Schuld für die Dividendenverbindlichkeit ansetzen. In dieser Interpretation werden demzufolge die folgenden Fragen behandelt:

(a) Wann muss das Unternehmen die Dividendenverbindlichkeit ansetzen?

(b) Wie hat ein Unternehmen die Dividendenverbindlichkeit zu bewerten?

(c) Wenn ein Unternehmen die Dividendenverbindlichkeit erfüllt, wie hat es eine etwaige Differenz zwischen dem Buchwert der ausgeschütteten Vermögenswerte und dem Buchwert der Dividendenverbindlichkeit zu bilanzieren?

BESCHLUSS

Zeitpunkt des Ansatzes einer Dividendenverbindlichkeit

10 Die Verpflichtung, eine Dividende zu zahlen, ist zu dem Zeitpunkt anzusetzen, an dem die Dividende ordnungsgemäß genehmigt wurde und nicht mehr im Ermessen des Unternehmens liegt, d. h.

(a) wenn die beispielsweise vom Management bzw. vom Geschäftsführungs- und/oder Aufsichtsorgan festgelegte Dividende vom zuständigen Organ, z. B. den Anteilseignern, genehmigt wird, sofern eine solche Genehmigung gesetzlich vorgeschrieben ist, oder

(b) wenn die Dividende, z. B. vom Management bzw. vom Geschäftsführungs- und/oder Aufsichtsorgan, festgelegt wird, sofern keine weitere Genehmigung gesetzlich vorgeschrieben ist.

Bewertung einer Dividendenverbindlichkeit

11 Eine Verbindlichkeit, Sachwerte als Dividende an die Eigentümer des Unternehmens auszuschütten, ist mit dem beizulegenden Zeitwert der zu übertragenden Vermögenswerte zu bewerten.

International Financial Reporting Standards (IFRSs) do not provide guidance on how an entity should measure distributions to its owners (commonly referred to as dividends). IAS 1 requires an entity to present details of dividends recognised as distributions to owners either in the statement of changes in equity or in the notes to the financial statements. **2**

SCOPE

This Interpretation applies to the following types of non-reciprocal distributions of assets by an entity to its owners acting in their capacity as owners: **3**
(a) distributions of non-cash assets (eg items of property, plant and equipment, businesses as defined in IFRS 3, ownership interests in another entity or disposal groups as defined in IFRS 5); and
(b) distributions that give owners a choice of receiving either non-cash assets or a cash alternative.

This Interpretation applies only to distributions in which all owners of the same class of equity instruments are treated equally. **4**

This Interpretation does not apply to a distribution of a non-cash asset that is ultimately controlled by the same party or parties before and after the distribution. This exclusion applies to the separate, individual and consolidated financial statements of an entity that makes the distribution. **5**

In accordance with paragraph 5, this Interpretation does not apply when the non-cash asset is ultimately controlled by the same parties both before and after the distribution. Paragraph B2 of IFRS 3 states that 'A group of individuals shall be regarded as controlling an entity when, as a result of contractual arrangements, they collectively have the power to govern its financial and operating policies so as to obtain benefits from its activities.' Therefore, for a distribution to be outside the scope of this Interpretation on the basis that the same parties control the asset both before and after the distribution, a group of individual shareholders receiving the distribution must have, as a result of contractual arrangements, such ultimate collective power over the entity making the distribution. **6**

In accordance with paragraph 5, this Interpretation does not apply when an entity distributes some of its ownership interests in a subsidiary but retains control of the subsidiary. The entity making a distribution that results in the entity recognising a non-controlling interest in its subsidiary accounts for the distribution in accordance with IFRS 10. **7**

This Interpretation addresses only the accounting by an entity that makes a non-cash asset distribution. It does not address the accounting by shareholders who receive such a distribution. **8**

ISSUES

When an entity declares a distribution and has an obligation to distribute the assets concerned to its owners, it must recognise a liability for the dividend payable. Consequently, this Interpretation addresses the following issues: **9**
(a) When should the entity recognise the dividend payable?
(b) How should an entity measure the dividend payable?
(c) When an entity settles the dividend payable, how should it account for any difference between the carrying amount of the assets distributed and the carrying amount of the dividend payable?

CONSENSUS

When to recognise a dividend payable

The liability to pay a dividend shall be recognised when the dividend is appropriately authorised and is no longer at the discretion of the entity, which is the date: **10**
(a) when declaration of the dividend, eg by management or the board of directors, is approved by the relevant authority, eg the shareholders, if the jurisdiction requires such approval, or
(b) when the dividend is declared, eg by management or the board of directors, if the jurisdiction does not require further approval.

Measurement of a dividend payable

An entity shall measure a liability to distribute non-cash assets as a dividend to its owners at the fair value of the assets to be distributed. **11**

12 Wenn ein Unternehmen seinen Eigentümern die Möglichkeit gibt, zwischen einem Sachwert oder einem Barausgleich zu wählen, muss es die Dividendenverbindlichkeit unter Berücksichtigung des beizulegenden Zeitwerts jeder Alternative und der damit verbundenen Wahrscheinlichkeit der Wahl der Eigentümer hinsichtlich der beiden Alternativen schätzen.

13 An jedem Abschlussstichtag und am Erfüllungstag muss das Unternehmen den Buchwert der Dividendenverbindlichkeit überprüfen und anpassen, wobei alle Änderungen der Dividendenverbindlichkeit im Eigenkapital als Anpassungen des Ausschüttungsbetrags zu erfassen sind.

Bilanzierung einer etwaigen Differenz zwischen dem Buchwert der ausgeschütteten Vermögenswerte und dem Buchwert der Dividendenverbindlichkeit zum Zeitpunkt der Erfüllung der Dividendenverbindlichkeit

14 Wenn ein Unternehmen die Dividendenverbindlichkeit erfüllt, hat es eine etwaige Differenz zwischen dem Buchwert der ausgeschütteten Vermögenswerte und dem Buchwert der Dividendenverbindlichkeit im Gewinn oder Verlust zu erfassen.

Darstellung und Angaben

15 Die in Paragraph 14 beschriebene Differenz ist als ein gesonderter Posten im Gewinn oder Verlust darzustellen.

16 Ein Unternehmen hat ggf. die folgenden Informationen anzugeben:
(a) den Buchwert der Dividendenverbindlichkeit zu Beginn und zum Ende der Berichtsperiode; und
(b) die Erhöhung oder Minderung des Buchwerts, der gemäß Paragraph 13 infolge einer Änderung des beizulegenden Zeitwerts der auszuschüttenden Vermögenswerte in der Berichtsperiode erfasst wurde.

17 Wenn ein Unternehmen nach dem Abschlussstichtag, jedoch vor der Genehmigung zur Veröffentlichung des Abschlusses beschließt, einen Sachwert als Dividende auszuschütten, muss es Folgendes angeben:
(a) die Art des auszuschüttenden Vermögenswerts;
(b) den Buchwert des auszuschüttenden Vermögenswerts zum Abschlussstichtag; und
(c) den beizulegenden Zeitwert des auszuschüttenden Vermögenswerts zum Abschlussstichtag, sofern dieser von seinem Buchwert abweicht, sowie Informationen über die zur Bemessung des beizulegenden Zeitwerts angewandte(n) Methode(n), wie dies in den Paragraphen 93 (b), (d), (g) und (i) und 99 des IFRS 13 vorgeschrieben ist.

ZEITPUNKT DES INKRAFTTRETENS

18 Diese Interpretation ist prospektiv in der ersten Berichtsperiode eines am 1. Juli 2009 oder danach beginnenden Geschäftsjahres anzuwenden. Eine rückwirkende Anwendung ist nicht zulässig. Eine frühere Anwendung ist zulässig. Wendet ein Unternehmen diese Interpretation auf eine vor dem 1. Juli 2009 beginnende Berichtsperiode an, so hat es diese Tatsache anzugeben und ebenso IFRS 3 (überarbeitet 2008), IAS 27 (geändert im Mai 2008) und IFRS 5 (geändert durch diese Interpretation) anzuwenden.

19 Durch IFRS 10, veröffentlicht im Mai 2011, wurde Paragraph 7 geändert. Ein Unternehmen hat die betreffenden Änderungen anzuwenden, wenn es IFRS 10 anwendet.

20 Durch IFRS 13, veröffentlicht im Mai 2011, wurde Paragraph 17 geändert. Ein Unternehmen hat die betreffende Änderung anzuwenden, wenn es IFRS 13 anwendet.

If an entity gives its owners a choice of receiving either a non-cash asset or a cash alternative, the entity shall estimate the dividend payable by considering both the fair value of each alternative and the associated probability of owners selecting each alternative. **12**

At the end of each reporting period and at the date of settlement, the entity shall review and adjust the carrying amount of the dividend payable, with any changes in the carrying amount of the dividend payable recognised in equity as adjustments to the amount of the distribution. **13**

Accounting for any difference between the carrying amount of the assets distributed and the carrying amount of the dividend payable when an entity settles the dividend payable

When an entity settles the dividend payable, it shall recognise the difference, if any, between the carrying amount of the assets distributed and the carrying amount of the dividend payable in profit or loss. **14**

Presentation and disclosures

An entity shall present the difference described in paragraph 14 as a separate line item in profit or loss. **15**

An entity shall disclose the following information, if applicable: **16**
(a)   the carrying amount of the dividend payable at the beginning and end of the period; and
(b)   the increase or decrease in the carrying amount recognised in the period in accordance with paragraph 13 as result of a change in the fair value of the assets to be distributed.

If, after the end of a reporting period but before the financial statements are authorised for issue, an entity declares a dividend to distribute a non-cash asset, it shall disclose: **17**
(a)   the nature of the asset to be distributed;
(b)   the carrying amount of the asset to be distributed as of the end of the reporting period; and
(c)   the fair value of the asset to be distributed as of the end of the reporting period, if it is different from its carrying amount, and the information about the method(s) used to measure that fair value required by paragraphs 93 (b), (d), (g) and (i) and 99 of IFRS 13.

EFFECTIVE DATE

An entity shall apply this Interpretation prospectively for annual periods beginning on or after 1 July 2009. Retrospective application is not permitted. Earlier application is permitted. If an entity applies this Interpretation for a period beginning before 1 July 2009, it shall disclose that fact and also apply IFRS 3 (as revised in 2008), IAS 27 (as amended in May 2008) and IFRS 5 (as amended by this Interpretation). **18**

IFRS 10, issued in May 2011, amended paragraph 7. An entity shall apply that amendment when it applies IFRS 10. **19**

IFRS 13, issued in May 2011, amended paragraph 17. An entity shall apply that amendment when it applies IFRS 13. **20**

IFRIC INTERPRETATION 18

Übertragung von Vermögenswerten durch einen Kunden

VERWEISE

- *Rahmenkonzept für die Aufstellung und Darstellung von Abschlüssen*
- IFRS 1 *Erstmalige Anwendung der International Financial Reporting Standards* (in der 2008 geänderten Fassung)
- IAS 8 *Rechnungslegungsmethoden, Änderungen von rechnungslegungsbezogenen Schätzungen und Fehler*
- IAS 16 *Sachanlagen*
- IAS 18 *Umsatzerlöse*
- IAS 20 *Bilanzierung und Darstellung von Zuwendungen der öffentlichen Hand*
- IFRIC 12 *Dienstleistungskonzessionsvereinbarungen*

HINTERGRUND

1 In der Versorgungswirtschaft kann ein Unternehmen von einem Kunden Sachanlagen erhalten, die es dann dazu verwenden muss, diesen Kunden an ein Leitungsnetz anzuschließen und ihm dauerhaft Zugang zur Versorgung mit Strom, Gas, Wasser oder ähnlichen Versorgungsgütern zu gewähren. Alternativ dazu kann ein Unternehmen von einem Kunden auch Zahlungsmittel für den Erwerb oder die Herstellung solcher Sachanlagen erhalten. Für den Bezug der Güter oder Dienstleistungen müssen die Kunden in der Regel zusätzliche Entgelte entrichten, die sich nach dem Verbrauch bemessen.

2 Vermögenswertübertragungen durch einen Kunden kann es aber auch in anderen Branchen geben. So kann beispielsweise ein Unternehmen, das seine informationstechnologischen Prozesse auslagert, die vorhandenen Sachanlagen auf den Anbieter der ausgelagerten Tätigkeit übertragen.

3 Auch kann es Fälle geben, in denen das übertragende Unternehmen nicht mit dem Unternehmen identisch ist, das letztlich dauerhaften Zugang zu den betreffenden Gütern und Dienstleistungen erhält, d. h. deren Empfänger ist. Der Einfachheit halber wird das Unternehmen, das den Vermögenswert überträgt, in dieser Interpretation jedoch als Kunde bezeichnet.

ANWENDUNGSBEREICH

4 In dieser Interpretation wird dargelegt, wie ein Unternehmen Sachanlagenübertragungen durch einen Kunden zu bilanzieren hat.

5 In den Anwendungsbereich dieser Interpretation fallen Verträge, bei denen ein Unternehmen von einem Kunden eine Sachanlage erhält, die es dann dazu verwenden muss, diesen Kunden an ein Leitungsnetz anzuschließen und/oder ihm dauerhaft Zugang zu den betreffenden Gütern oder Dienstleistungen zu gewähren.

6 Sie gilt auch für Verträge, bei denen ein Unternehmen von einem Kunden Zahlungsmittel erhält, die es einzig und allein zum Bau oder Erwerb einer Sachanlage verwenden darf und dann dazu nutzen muss, diesen Kunden an ein Leitungsnetz anzuschließen und/oder ihm dauerhaften Zugang zu Gütern oder Dienstleistungen zu gewähren.

7 Diese Interpretation gilt nicht für Verträge, bei denen die Übertragung eine Zuwendung der öffentlichen Hand im Sinne von IAS 20 ist oder eine Infrastruktur betrifft, die Gegenstand einer unter IFRIC 12 fallenden Dienstleistungskonzessionsvereinbarung ist.

FRAGESTELLUNGEN

8 In dieser Interpretation werden folgende Fragestellungen behandelt:
(a) Ist die Definition eines Vermögenswerts erfüllt?
(b) Wenn die Definition eines Vermögenswerts erfüllt ist, wie ist die übertragene Sachanlage beim erstmaligen Ansatz zu bewerten?
(c) Wenn sie beim erstmaligen Ansatz zum beizulegenden Zeitwert bewertet wird, wie lautet die damit verbundene Gegenbuchung?
(d) Wie hat das Unternehmen von einem Kunden übertragene Zahlungsmittel zu bilanzieren?

IFRIC INTERPRETATION 18

Transfers of Assets from Customers

REFERENCES

— *Framework for the Preparation and Presentation of Financial Statements*
— IFRS 1 *First-time Adoption of International Financial Reporting Standards (as revised in 2008)*
— IAS 8 *Accounting Policies, Changes in Accounting Estimates and Errors*
— IAS 16 *Property, Plant and Equipment*
— IAS 18 *Revenue*
— IAS 20 *Accounting for Government Grants and Disclosure of Government Assistance*
— IFRIC 12 *Service Concession Arrangements*

BACKGROUND

In the utilities industry, an entity may receive from its customers items of property, plant and equipment that must be **1** used to connect those customers to a network and provide them with ongoing access to a supply of commodities such as electricity, gas or water. Alternatively, an entity may receive cash from customers for the acquisition or construction of such items of property, plant and equipment. Typically, customers are required to pay additional amounts for the purchase of goods or services based on usage.

Transfers of assets from customers may also occur in industries other than utilities. For example, an entity outsourcing its **2** information technology functions may transfer its existing items of property, plant and equipment to the outsourcing provider.

In some cases, the transferor of the asset may not be the entity that will eventually have ongoing access to the supply of **3** goods or services and will be the recipient of those goods or services. However, for convenience this Interpretation refers to the entity transferring the asset as the customer.

SCOPE

This Interpretation applies to the accounting for transfers of items of property, plant and equipment by entities that **4** receive such transfers from their customers.

Agreements within the scope of this Interpretation are agreements in which an entity receives from a customer an item of **5** property, plant and equipment that the entity must then use either to connect the customer to a network or to provide the customer with ongoing access to a supply of goods or services, or to do both.

This Interpretation also applies to agreements in which an entity receives cash from a customer when that amount of **6** cash must be used only to construct or acquire an item of property, plant and equipment and the entity must then use the item of property, plant and equipment either to connect the customer to a network or to provide the customer with ongoing access to a supply of goods or services, or to do both.

This Interpretation does not apply to agreements in which the transfer is either a government grant as defined in IAS 20 **7** or infrastructure used in a service concession arrangement that is within the scope of IFRIC 12.

ISSUES

The Interpretation addresses the following issues: **8**
(a) Is the definition of an asset met?
(b) If the definition of an asset is met, how should the transferred item of property, plant and equipment be measured on initial recognition?
(c) If the item of property, plant and equipment is measured at fair value on initial recognition, how should the resulting credit be accounted for?
(d) How should the entity account for a transfer of cash from its customer?

BESCHLUSS

Ist die Definition eines Vermögenswerts erfüllt?

9 Wird einem Unternehmen von einem Kunden eine Sachanlage übertragen, so hat das Unternehmen zu bewerten, ob diese der im *Rahmenkonzept* festgelegten Definition eines Vermögenswerts entspricht. Nach Paragraph 49 Buchstabe a des *Rahmenkonzepts* ist ein Vermögenswert eine „Ressource, die aufgrund von Ereignissen der Vergangenheit in der Verfügungsmacht des Unternehmens steht, und von der erwartet wird, dass dem Unternehmen aus ihr künftiger wirtschaftlicher Nutzen zufließt." In den meisten Fällen erhält das Unternehmen auch das Eigentumsrecht an der übertragenen Sachanlage. Für die Frage, ob ein Vermögenswert vorliegt, ist das Eigentumsrecht aber nicht entscheidend. Wenn der übertragene Posten auch weiterhin in der Verfügungsmacht des Kunden steht, wäre die Definition von Vermögenswert deshalb trotz Eigentumsübertragung nicht erfüllt.

10 Ein Unternehmen, das die Verfügungsmacht über einen Vermögenswert besitzt, kann mit diesem in der Regel nach Belieben verfahren. Es kann den Vermögenswert beispielsweise gegen andere Vermögenswerte tauschen, zur Produktion von Waren oder Dienstleistungen einsetzen, für seine Benutzung durch Dritte ein Entgelt verlangen, ihn zum Ausgleich von Verbindlichkeiten verwenden, ihn verwahren oder an die Eigentümer ausschütten. Das Unternehmen, das von einem Kunden eine Sachanlagenübertragung erhält, trägt bei der Beurteilung seiner Verfügungsmacht über den übertragenen Gegenstand allen maßgeblichen Sachverhalten und Umständen Rechnung. So kann das Unternehmen, auch wenn es die übertragene Sachanlage dazu verwenden muss, eine oder mehrere Dienstleistungen für den Kunden zu erbringen, möglicherweise über deren Betrieb und Wartung und über den Zeitpunkt ihres Austauschs entscheiden. In einem solchen Fall müsste das Unternehmen normalerweise zu dem Schluss gelangen, dass es die Verfügungsmacht über die betreffende Sachanlage besitzt.

Wie ist die übertragene Sachanlage beim erstmaligen Ansatz zu bewerten?

11 Gelangt das Unternehmen zu dem Schluss, dass die Definition eines Vermögenswerts erfüllt ist, hat es die übertragene Sachanlage gemäß IAS 16 Paragraph 7 zu erfassen und deren Anschaffungskosten beim erstmaligen Ansatz gemäß Paragraph 24 dieses Standards zum beizulegenden Zeitwert zu bewerten.

Wie lautet die Gegenbuchung?

12 Im Folgenden wird davon ausgegangen, dass das Unternehmen, dem eine Sachanlage übertragen wird, zu dem Schluss gelangt ist, dass der übertragene Posten nach den Paragraphen 9–11 anzusetzen und zu bewerten ist.

13 In IAS 18 Paragraph 12 heißt es: „Werden Erzeugnisse, Waren oder Dienstleistungen gegen art- oder wertmäßig unterschiedliche Erzeugnisse, Waren oder Dienstleistungen ausgetauscht, stellt der Austausch einen Geschäftsvorfall dar, der einen Umsatzerlös bewirkt." Nach den unter diese Interpretation fallenden Verträgen würde die Übertragung einer Sachanlage einen Tausch art- oder wertmäßig unterschiedlicher Erzeugnisse, Waren oder Dienstleistungen darstellen. Damit hat das Unternehmen Umsatzerlöse gemäß IAS 18 zu erfassen.

Ermittlung der einzeln abgrenzbaren Dienstleistungen

14 Ein Unternehmen kann sich bereit erklären, im Tausch gegen die übertragenen Sachanlagen eine oder mehrere Dienstleistungen zu erbringen, z. B. den Kunden an ein Leitungsnetz anzuschließen und/oder ihm dauerhaft Zugang zur Versorgung mit Gütern oder Dienstleistungen zu gewähren. Gemäß IAS 18 Paragraph 13 muss das Unternehmen in einem solchen Fall ermitteln, welche der im Vertrag enthaltenen Dienstleistungen einzeln abgrenzbar sind.

15 Ob der Anschluss eines Kunden an ein Leitungsnetz eine einzeln abgrenzbare Dienstleistung darstellt, lässt sich u. a. dadurch feststellen, ob
(a) der Kunde eine Verbindung zu einem Dienst erhält, die für ihn einen eigenständigen Wert darstellt,
(b) sich der beizulegende Zeitwert dieser Verbindung verlässlich feststellen lässt.

16 Ein Hinweis darauf, dass die Gewährung eines dauerhaften Zugangs zur Versorgung mit Gütern oder Dienstleistungen eine einzeln abgrenzbare Dienstleistung darstellt, liegt vor, wenn der Kunde, der die Übertragung vornimmt, den dauerhaften Zugang, die Güter bzw. Dienstleistungen oder beides künftig zu einem günstigeren Preis erhält als ohne die Übertragung der Sachanlagen.

17 Umgekehrt liegt ein Hinweis darauf, dass die Verpflichtung, dem Kunden dauerhaften Zugang zur Versorgung mit Gütern oder Dienstleistungen zu gewähren, aus der Betriebslizenz des Unternehmens oder einer anderen Regelung und nicht aus dem Vertrag über die Übertragung der Sachanlagen erwächst, dann vor, wenn der Kunde, der die Übertragung vornimmt, für den dauerhaften Zugang, für die Güter bzw. Dienstleistungen oder für beides den gleichen Preis bezahlt wie Kunden, die keine Übertragung vorgenommen haben.

CONSENSUS

Is the definition of an asset met?

When an entity receives from a customer a transfer of an item of property, plant and equipment, it shall assess whether **9** the transferred item meets the definition of an asset set out in the *Framework*. Paragraph 49 (a) of the *Framework* states that 'an asset is a resource controlled by the entity as a result of past events and from which future economic benefits are expected to flow to the entity.' In most circumstances, the entity obtains the right of ownership of the transferred item of property, plant and equipment. However, in determining whether an asset exists, the right of ownership is not essential. Therefore, if the customer continues to control the transferred item, the asset definition would not be met despite a transfer of ownership.

An entity that controls an asset can generally deal with that asset as it pleases. For example, the entity can exchange that **10** asset for other assets, employ it to produce goods or services, charge a price for others to use it, use it to settle liabilities, hold it, or distribute it to owners. The entity that receives from a customer a transfer of an item of property, plant and equipment shall consider all relevant facts and circumstances when assessing control of the transferred item. For example, although the entity must use the transferred item of property, plant and equipment to provide one or more services to the customer, it may have the ability to decide how the transferred item of property, plant and equipment is operated and maintained and when it is replaced. In this case, the entity would normally conclude that it controls the transferred item of property, plant and equipment.

How should the transferred item of property, plant and equipment be measured on initial recognition?

If the entity concludes that the definition of an asset is met, it shall recognise the transferred asset as an item of property, **11** plant and equipment in accordance with paragraph 7 of IAS 16 and measure its cost on initial recognition at its fair value in accordance with paragraph 24 of that Standard.

How should the credit be accounted for?

The following discussion assumes that the entity receiving an item of property, plant and equipment has concluded that **12** the transferred item should be recognised and measured in accordance with paragraphs 9—11.

Paragraph 12 of IAS 18 states that 'When goods are sold or services are rendered in exchange for dissimilar goods or **13** services, the exchange is regarded as a transaction which generates revenue.' According to the terms of the agreements within the scope of this Interpretation, a transfer of an item of property, plant and equipment would be an exchange for dissimilar goods or services. Consequently, the entity shall recognise revenue in accordance with IAS 18.

Identifying the separately identifiable services

An entity may agree to deliver one or more services in exchange for the transferred item of property, plant and equip- **14** ment, such as connecting the customer to a network, providing the customer with ongoing access to a supply of goods or services, or both. In accordance with paragraph 13 of IAS 18, the entity shall identify the separately identifiable services included in the agreement.

Features that indicate that connecting the customer to a network is a separately identifiable service include: **15**
(a) a service connection is delivered to the customer and represents stand-alone value for that customer;
(b) the fair value of the service connection can be measured reliably.

A feature that indicates that providing the customer with ongoing access to a supply of goods or services is a separately **16** identifiable service is that, in the future, the customer making the transfer receives the ongoing access, the goods or services, or both at a price lower than would be charged without the transfer of the item of property, plant and equipment.

Conversely, a feature that indicates that the obligation to provide the customer with ongoing access to a supply of goods **17** or services arises from the terms of the entity's operating licence or other regulation rather than from the agreement relating to the transfer of an item of property, plant and equipment is that customers that make a transfer pay the same price as those that do not for the ongoing access, or for the goods or services, or for both.

Erfassung der Umsatzerlöse

18 Wird nur eine Dienstleistung ermittelt, hat das Unternehmen die Umsatzerlöse bei Erbringung der Dienstleistung gemäß IAS 18 Paragraph 20 zu erfassen.

19 Wird mehr als eine einzeln abgrenzbare Dienstleistung ermittelt, muss nach IAS 18 Paragraph 13 jeder einzelnen Dienstleistung der beizulegende Zeitwert des laut Vertrag erhaltenen oder zu beanspruchenden Entgelts zugeordnet werden; auf jede Dienstleistung werden dann die Erfassungskriterien des IAS 18 angewandt.

20 Wird festgestellt, dass eine laufende Dienstleistung Teil des Vertrags ist, ist auch der Zeitraum, während dessen für die betreffende Dienstleistung Umsatzerlöse zu erfassen sind, normalerweise im Vertrag mit dem Kunden festgelegt. Legt der Vertrag keinen Zeitraum fest, sind die Umsatzerlöse maximal für die Nutzungsdauer des übertragenen Vermögenswerts, mit dem die laufende Dienstleistung erbracht wird, zu erfassen.

Wie hat das Unternehmen von einem Kunden übertragene Zahlungsmittel zu bilanzieren?

21 Erhält ein Unternehmen von einem Kunden Zahlungsmittel, so muss es beurteilen, ob der Vertrag gemäß Paragraph 6 in den Geltungsbereich dieser Interpretation fällt. Wenn ja, hat das Unternehmen zu beurteilen, ob die erstellte oder erworbene Sachanlage die Definition eines Vermögenswerts gemäß den Paragraphen 9 und 10 erfüllt. Wird die Definition eines Vermögenswerts erfüllt, hat das Unternehmen die Sachanlage gemäß IAS 16 zu Anschaffungskosten anzusetzen und Umsatzerlöse gemäß den Paragraphen 13–20 in Höhe der vom Kunden erhaltenen Zahlungsmittel zu erfassen.

ZEITPUNKT DES INKRAFTTRETENS UND ÜBERGANGSVORSCHRIFTEN

22 Diese Interpretation ist prospektiv auf Übertragungen von Vermögenswerten anzuwenden, die ein Unternehmen am oder nach dem 1. Juli 2009 von einem Kunden erhält. Eine frühere Anwendung ist zulässig, sofern die Bewertungen und anderen Informationen, die zur Anwendung der Interpretation auf frühere Übertragungen erforderlich sind, zum Zeitpunkt dieser Übertragungen vorlagen. Ein Unternehmen hat anzugeben, ab welchem Datum die Interpretation angewandt wurde.

IFRIC INTERPRETATION 19

Tilgung finanzieller Verbindlichkeiten durch Eigenkapitalinstrumente

VERWEISE

- *Rahmenkonzept für die Aufstellung und Darstellung von Abschlüssen*
- IFRS 2 *Anteilsbasierte Vergütung*
- IFRS 3 *Unternehmenszusammenschlüsse*
- IFRS 13 *Bemessung des beizulegenden Zeitwerts*
- IAS 1 *Darstellung des Abschlusses*
- IAS 8 *Rechnungslegungsmethoden, Änderungen von rechnungslegungsbezogenen Schätzungen und Fehler*
- IAS 32 *Finanzinstrumente: Darstellung*
- IAS 39 *Finanzinstrumente: Ansatz und Bewertung*

HINTERGRUND

1 Ein Schuldner und ein Gläubiger können die Konditionen einer finanziellen Verbindlichkeit neu aushandeln und vereinbaren, dass der Schuldner die Verbindlichkeit durch Ausgabe von Eigenkapitalinstrumenten an den Gläubiger ganz oder teilweise tilgt. Transaktionen dieser Art werden auch als „Debt-Equity-Swaps" bezeichnet. Das IFRIC wurde um Leitlinien für die Bilanzierung solcher Transaktionen gebeten.

Revenue recognition

If only one service is identified, the entity shall recognise revenue when the service is performed in accordance with paragraph 20 of IAS 18. **18**

If more than one separately identifiable service is identified, paragraph 13 of IAS 18 requires the fair value of the total **19** consideration received or receivable for the agreement to be allocated to each service and the recognition criteria of IAS 18 are then applied to each service.

If an ongoing service is identified as part of the agreement, the period over which revenue shall be recognised for that **20** service is generally determined by the terms of the agreement with the customer. If the agreement does not specify a period, the revenue shall be recognised over a period no longer than the useful life of the transferred asset used to provide the ongoing service.

How should the entity account for a transfer of cash from its customer?

When an entity receives a transfer of cash from a customer, it shall assess whether the agreement is within the scope of **21** this Interpretation in accordance with paragraph 6. If it is, the entity shall assess whether the constructed or acquired item of property, plant and equipment meets the definition of an asset in accordance with paragraphs 9 and 10. If the definition of an asset is met, the entity shall recognise the item of property, plant and equipment at its cost in accordance with IAS 16 and shall recognise revenue in accordance with paragraphs 13—20 at the amount of cash received from the customer.

EFFECTIVE DATE AND TRANSITION

An entity shall apply this Interpretation prospectively to transfers of assets from customers received on or after 1 July **22** 2009. Earlier application is permitted provided the valuations and other information needed to apply the Interpretation to past transfers were obtained at the time those transfers occurred. An entity shall disclose the date from which the Interpretation was applied.

IFRIC INTERPRETATION 19

Extinguishing Financial Liabilities with Equity Instruments

REFERENCES

— *Framework for the Preparation and Presentation of Financial Statements*
— IFRS 2 *Share-based Payment*
— IFRS 3 *Business Combinations*
— IFRS 13 *Fair Value Measurement*
— IAS 1 *Presentation of Financial Statements*
— IAS 8 *Accounting Policies, Changes in Accounting Estimates and Errors*
— IAS 32 *Financial Instruments: Presentation*
— IAS 39 *Financial Instruments: Recognition and Measurement*

BACKGROUND

A debtor and creditor might renegotiate the terms of a financial liability with the result that the debtor extinguishes the **1** liability fully or partially by issuing equity instruments to the creditor. These transactions are sometimes referred to as 'debt for equity swaps'. The IFRIC has received requests for guidance on the accounting for such transactions.

ANWENDUNGSBEREICH

2 In dieser Interpretation geht es darum, wie ein Unternehmen bei der Bilanzierung zu verfahren hat, wenn die Konditionen einer finanziellen Verbindlichkeit neu ausgehandelt werden und dies dazu führt, dass das Unternehmen zur vollständigen oder teilweisen Tilgung dieser Verbindlichkeit Eigenkapitalinstrumente an den Gläubiger ausgibt. Sie gilt nicht für die Bilanzierung des Gläubigers.

3 Ein Unternehmen darf diese Interpretation nicht auf die genannten Transaktionen anwenden, wenn
   (a) der Gläubiger gleichzeitig auch ein direkter oder indirekter Anteilseigner ist und in dieser Eigenschaft handelt.
   (b) der Gläubiger und das Unternehmen vor und nach der Transaktion von derselben Partei/denselben Parteien beherrscht werden, und die Transaktion bei wirtschaftlicher Betrachtung eine Kapitalausschüttung des Unternehmens oder eine Kapitaleinlage in das Unternehmen einschließt.
   (c) schon die ursprünglichen Konditionen der finanziellen Verbindlichkeit die Möglichkeit einer Tilgung durch Ausgabe von Eigenkapitalinstrumenten vorsehen.

FRAGESTELLUNGEN

4 In dieser Interpretation werden folgende Fragestellungen behandelt:
   (a) Sind die von einem Unternehmen zur vollständigen oder teilweisen Tilgung einer finanziellen Verbindlichkeit ausgegebenen Eigenkapitalinstrumente als „gezahltes Entgelt" gemäß IAS 39 Paragraph 41 anzusehen?
   (b) Wie sollte ein Unternehmen die zur Tilgung dieser finanziellen Verbindlichkeit ausgegebenen Eigenkapitalinstrumente beim erstmaligen Ansatz bewerten?
   (c) Wie sollte ein Unternehmen etwaige Differenzen zwischen dem Buchwert der getilgten finanziellen Verbindlichkeit und dem bei erstmaliger Bewertung der ausgegebenen Eigenkapitalinstrumente angesetzten Betrag erfassen?

BESCHLUSS

5 Gibt ein Unternehmen zur vollständigen oder teilweisen Tilgung einer finanziellen Verbindlichkeit Eigenkapitalinstrumente an einen Gläubiger aus, handelt es sich dabei um ein gezahltes Entgelt gemäß IAS 39 Paragraph 41. Ein Unternehmen darf eine finanzielle Verbindlichkeit (oder einen Teil derselben) nur dann aus seiner Bilanz entfernen, wenn sie gemäß IAS 39 Paragraph 39 getilgt ist.

6 Eigenkapitalinstrumente, die zur vollständigen oder teilweisen Tilgung einer finanziellen Verbindlichkeit an einen Gläubiger ausgegeben werden, sind bei ihrem erstmaligen Ansatz zum beizulegenden Zeitwert zu bewerten, es sei denn, dieser lässt sich nicht verlässlich ermitteln.

7 Lässt sich der beizulegende Zeitwert der ausgegebenen Eigenkapitalinstrumente nicht verlässlich ermitteln, ist der Bewertung der beizulegende Zeitwert der getilgten finanziellen Verbindlichkeit zugrunde zu legen. Schließt eine getilgte finanzielle Verbindlichkeit ein sofort fälliges Instrument (wie eine Sichteinlage) ein, ist IFRS 13 Paragraph 47 bei der Bestimmung ihres beizulegenden Zeitwerts nicht anzuwenden.

8 Wird nur ein Teil der finanziellen Verbindlichkeit getilgt, hat das Unternehmen zu beurteilen, ob irgendein Teil des gezahlten Entgelts eine Änderung der Konditionen des noch ausstehenden Teils der Verbindlichkeit bewirkt. Ist dies der Fall, hat das Unternehmen das gezahlte Entgelt zwischen dem getilgten und dem noch ausstehenden Teil der Verbindlichkeit aufzuteilen. Bei dieser Aufteilung hat das Unternehmen alle mit der Transaktion zusammenhängenden relevanten Fakten und Umstände zu berücksichtigen.

9 Die Differenz zwischen dem Buchwert der getilgten finanziellen Verbindlichkeit (bzw. des getilgten Teils einer finanziellen Verbindlichkeit) und dem gezahlten Entgelt ist gemäß IAS 39 Paragraph 41 im Ergebnis zu berücksichtigen. Die ausgegebenen Eigenkapitalinstrumente sind erstmals an dem Tag anzusetzen und zu bewerten, an dem die finanzielle Verbindlichkeit (oder ein Teil derselben) getilgt wird.

10 Wenn nur ein Teil der finanziellen Verbindlichkeit getilgt wird, ist das Entgelt nach Paragraph 8 aufzuteilen. Der Teil des Entgelts, der der noch ausstehenden Verbindlichkeit zugewiesen wird, ist bei der Beurteilung der Frage, ob die Konditionen der noch ausstehenden Verbindlichkeit wesentlich geändert wurden, zu berücksichtigen. Ist dies der Fall, hat das Unternehmen die Änderung gemäß IAS 39 Paragraph 40 als Tilgung der ursprünglichen Verbindlichkeit und Ansatz einer neuen Verbindlichkeit zu behandeln.

11 Ein gemäß den Paragraphen 9 und 10 angesetzter Gewinn oder Verlust ist vom Unternehmen in der Gewinn- und Verlustrechnung oder im Anhang als gesonderter Posten anzugeben.

SCOPE

This Interpretation addresses the accounting by an entity when the terms of a financial liability are renegotiated and result **2** in the entity issuing equity instruments to a creditor of the entity to extinguish all or part of the financial liability. It does not address the accounting by the creditor.

An entity shall not apply this Interpretation to transactions in situations where: **3**
(a) the creditor is also a direct or indirect shareholder and is acting in its capacity as a direct or indirect existing shareholder.
(b) the creditor and the entity are controlled by the same party or parties before and after the transaction and the substance of the transaction includes an equity distribution by, or contribution to, the entity.
(c) extinguishing the financial liability by issuing equity shares is in accordance with the original terms of the financial liability.

ISSUES

This Interpretation addresses the following issues: **4**
(a) Are an entity's equity instruments issued to extinguish all or part of a financial liability 'consideration paid' in accordance with paragraph 41 of IAS 39?
(b) How should an entity initially measure the equity instruments issued to extinguish such a financial liability?
(c) How should an entity account for any difference between the carrying amount of the financial liability extinguished and the initial measurement amount of the equity instruments issued?

CONSENSUS

The issue of an entity's equity instruments to a creditor to extinguish all or part of a financial liability is consideration **5** paid in accordance with paragraph 41 of IAS 39. An entity shall remove a financial liability (or part of a financial liability) from its statement of financial position when, and only when, it is extinguished in accordance with paragraph 39 of IAS 39.

When equity instruments issued to a creditor to extinguish all or part of a financial liability are recognised initially, an **6** entity shall measure them at the fair value of the equity instruments issued, unless that fair value cannot be reliably measured.

If the fair value of the equity instruments issued cannot be reliably measured then the equity instruments shall be measured to reflect the fair value of the financial liability extinguished. In measuring the fair value of a financial liability extinguished that includes a demand feature (eg a demand deposit), paragraph 47 of IFRS 13 is not applied. **7**

If only part of the financial liability is extinguished, the entity shall assess whether some of the consideration paid relates **8** to a modification of the terms of the liability that remains outstanding. If part of the consideration paid does relate to a modification of the terms of the remaining part of the liability, the entity shall allocate the consideration paid between the part of the liability extinguished and the part of the liability that remains outstanding. The entity shall consider all relevant facts and circumstances relating to the transaction in making this allocation.

The difference between the carrying amount of the financial liability (or part of a financial liability) extinguished, and the **9** consideration paid, shall be recognised in profit or loss, in accordance with paragraph 41 of IAS 39. The equity instruments issued shall be recognised initially and measured at the date the financial liability (or part of that liability) is extinguished.

When only part of the financial liability is extinguished, consideration shall be allocated in accordance with paragraph 8. **10** The consideration allocated to the remaining liability shall form part of the assessment of whether the terms of that remaining liability have been substantially modified. If the remaining liability has been substantially modified, the entity shall account for the modification as the extinguishment of the original liability and the recognition of a new liability as required by paragraph 40 of IAS 39.

An entity shall disclose a gain or loss recognised in accordance with paragraphs 9 and 10 as a separate line item in profit **11** or loss or in the notes.

ZEITPUNKT DES INKRAFTTRETENS UND ÜBERGANGSVORSCHRIFTEN

12 Diese Interpretation ist erstmals in der ersten Berichtsperiode eines am oder nach dem 1. Juli 2010 beginnenden Geschäftsjahres anzuwenden. Eine frühere Anwendung ist zulässig. Wendet ein Unternehmen diese Interpretation auf Berichtsperioden an, die vor dem 1. Juli 2010 beginnen, hat es dies anzugeben.

13 Nach IAS 8 hat ein Unternehmen eine Änderung der Rechnungslegungsmethode mit Beginn der frühesten dargestellten Vergleichsperiode anzuwenden.

15 Durch IFRS 13, veröffentlicht im Mai 2011, wurde Paragraph 7 geändert. Ein Unternehmen hat die betreffende Änderung anzuwenden, wenn es IFRS 13 anwendet.

IFRIC INTERPRETATION 20

Abraumkosten in der Produktionsphase eines Tagebaubergwerks

VERWEISE

- *Rahmenkonzept für die Rechnungslegung*
- IAS 1 *Darstellung des Abschlusses*
- IAS 2 *Vorräte*
- IAS 16 *Sachanlagen*
- IAS 38 *Immaterielle Vermögenswerte*

HINTERGRUND

1 Im Tagebau können es Unternehmen für erforderlich halten, Bergwerkabfall (Abraumschicht) zu beseitigen, um Zugang zu mineralischen Erzvorkommen zu erhalten. Diese Tätigkeit zur Beseitigung der Abraumschicht wird als Abraumtätigkeit bezeichnet.

2 Während der Erschließungsphase des Tagebaus (d. h. vor Produktionsbeginn) werden die Abraumkosten in der Regel als Teil der abschreibungsfähigen Kosten für die Anlage, die Erschließung und den Bau des Bergwerks aktiviert. Diese aktivierten Kosten werden systematisch abgeschrieben oder amortisiert. Dazu wird in der Regel nach Produktionsbeginn auf die Produktionseinheit-Methode zurückgegriffen.

3 Während der Produktionsphase kann eine Bergbaugesellschaft die Abraumschicht beseitigen und es können ihr Abraumkosten entstehen.

4 Beim während der Abraumtätigkeit in der Produktionsphase beseitigten Material muss es sich nicht unbedingt zu 100 % um Abfall handeln. Oftmals handelt es sich um eine Mischung aus Erzen und Abfall. Das Verhältnis Erze zu Abfall kann von einem unwirtschaftlichen niedrigen Prozentsatz bis hin zu einem profitablem hohen Prozentsatz reichen. Die Beseitigung von Material mit einem niedrigen Verhältnis von Erzen zu Abfall kann verwendbares Material hervorbringen, das für die Vorratsproduktion genutzt werden kann. Diese Beseitigung kann auch Zugang zu tieferen Materialschichten mit einem höheren Quotienten von Erzen zu Abfall verschaffen. Ein Unternehmen kann aus der Abräumtätigkeit folglich zwei Vorteile ziehen: nutzbare Erze, die auf die Vorratsproduktion verwandt werden können, und ein verbesserter Zugang zu weiteren Materialmengen, die in künftigen Perioden abgebaut werden.

5 In dieser Interpretation wird auf den Zeitpunkt sowie die Art und Weise einer gesonderten Rechnungslegung für diese beiden aus der Abraumtätigkeit entstehenden Vorteile und die Art und Weise der erstmaligen Bewertung sowie darauf folgender Bewertungen eingegangen.

EFFECTIVE DATE AND TRANSITION

An entity shall apply this Interpretation for annual periods beginning on or after 1 July 2010. Earlier application is per- **12** mitted. If an entity applies this Interpretation for a period beginning before 1 July 2010, it shall disclose that fact.

An entity shall apply a change in accounting policy in accordance with IAS 8 from the beginning of the earliest compara- **13** tive period presented.

IFRS 13, issued in May 2011, amended paragraph 7. An entity shall apply that amendment when it applies IFRS 13. **15**

IFRIC INTERPRETATION 20

Stripping Costs in the Production Phase of a Surface Mine

REFERENCES

— *Conceptual Framework for Financial Reporting*
— IAS 1 *Presentation of Financial Statements*
— IAS 2 *Inventories*
— IAS 16 *Property, Plant and Equipment*
— IAS 38 *Intangible Assets*

BACKGROUND

In surface mining operations, entities may find it necessary to remove mine waste materials ('overburden') to gain access **1** to mineral ore deposits. This waste removal activity is known as 'stripping'.

During the development phase of the mine (before production begins), stripping costs are usually capitalised as part of **2** the depreciable cost of building, developing and constructing the mine. Those capitalised costs are depreciated or amortised on a systematic basis, usually by using the units of production method, once production begins.

A mining entity may continue to remove overburden and to incur stripping costs during the production phase of the **3** mine.

The material removed when stripping in the production phase will not necessarily be 100 per cent waste; often it will be a **4** combination of ore and waste. The ratio of ore to waste can range from uneconomic low grade to profitable high grade. Removal of material with a low ratio of ore to waste may produce some usable material, which can be used to produce inventory. This removal might also provide access to deeper levels of material that have a higher ratio of ore to waste. There can therefore be two benefits accruing to the entity from the stripping activity: usable ore that can be used to produce inventory and improved access to further quantities of material that will be mined in future periods.

This Interpretation considers when and how to account separately for these two benefits arising from the stripping activ- **5** ity, as well as how to measure these benefits both initially and subsequently.

ANWENDUNGSBEREICH

6 Diese Interpretation ist auf die Abfallbeseitigungskosten anzuwenden, die beim Tagebau während der Produktionsphase des Bergwerks entstehen („Produktionsabraumkosten').

FRAGESTELLUNGEN

7 In dieser Interpretation werden folgende Fragestellungen behandelt:
  (a) Ansatz der Produktionsabraumkosten als Vermögenswert;
  (b) erstmalige Bewertung der aktivierten Abraumtätigkeit; und
  (c) Folgebewertungen der aktivierten Abraumtätigkeit.

BESCHLUSS

Ansatz der Produktionsabraumkosten als Vermögenswert

8 In dem Maße, in dem der Vorteil aus der Abraumtätigkeit in Form einer Vorratsproduktion realisiert wird, bilanziert das Unternehmen die Kosten dieser Abraumtätigkeit gemäß IAS 2 *Vorräte*. In dem Maße, in dem der Vorteil in einem verbesserten Zugang zu Erzen besteht, setzt das Unternehmen diese Kosten als langfristigen Vermögenswert an, sofern die Kriterien von Paragraph 9 erfüllt sind. In dieser Interpretation wird der langfristige Vermögenswert als ‚aktivierte Abraumtätigkeit' bezeichnet.

9 Ein Unternehmen erfasst eine aktivierte Abraumtätigkeit nur dann, wenn alle folgenden Voraussetzungen erfüllt sind:
  (a) es ist wahrscheinlich, dass der sich aus der Abraumtätigkeit ergebende künftige wirtschaftliche Vorteil (verbesserter Zugang zur Erzmasse) dem Unternehmen zugute kommt;
  (b) das Unternehmen kann den Bestandteil der Erzmasse erkennen, für die der Zugang verbessert wurde; und
  (c) die Kosten, die mit der Abraumtätigkeit in Bezug auf diesen Bestandteil einhergehen, können verlässlich bewertet werden.

10 Die aktivierte Abraumtätigkeit wird als Zusatz oder Verbesserung eines vorhandenen Vermögenswerts bilanziert. Dies bedeutet, dass die aktivierte Abraumtätigkeit als *Teil* eines vorhandenen Vermögenswerts bilanziert wird.

11 Die Klassifizierung der aktivierten Abraumtätigkeit als materieller oder immaterieller Vermögenswert hängt von dem vorhandenen Vermögenswert ab. Dies bedeutet, die Wesensart dieses vorhandenen Vermögenswerts bestimmt, ob das Unternehmen die aktivierte Abraumtätigkeit als materiell oder immateriell einstuft.

Erstmalige Bewertung der aktivierten Abraumtätigkeit

12 Das Unternehmen kann die aktivierte Abraumtätigkeit erstmalig zu den Anschaffungskosten bewerten. Dabei handelt es sich um die akkumulierten Kosten, die unmittelbar aufgrund der Abraumtätigkeit anfielen, die den Zugang zum identifizierten Erzbestandteil verbessern, zuzüglich einer Allokation unmittelbar zuweisbarer Gemeinkosten. Gleichzeitig zur Produktionsabraumtätigkeit können einige Nebentätigkeiten stattfinden, die aber für den geplanten Fortgang der Produktionsabraumtätigkeit nicht erforderlich sind. Die Kosten dieser Nebentätigkeiten sind nicht in die Kosten der aktivierten Abraumtätigkeit einzubeziehen.

13 Für den Fall, dass die Kosten der aktivierten Abraumtätigkeit und der Vorratsproduktion nicht gesondert bestimmt werden können, weist das Unternehmen die Produktionsabraumkosten sowohl der Vorratsproduktion als auch der aktivierten Abraumtätigkeit unter Rückgriff auf eine Allokationsbasis zu, die sich auf die jeweilige Produktionsmaßnahme stützt. Diese Produktionsmaßnahme ist für den identifizierten Erzmassenbestandteil zu berechnen und als Benchmark zu verwenden, um zu bestimmen, in welchem Umfang Tätigkeit stattgefunden hat, die auf die Schaffung künftiger Vorteile ausgerichtet war. Beispiele solcher Maßnahmen sind:
  (a) Kosten der Vorratsproduktion im Vergleich zu den erwarteten Kosten;
  (b) Volumen des beseitigten Abfalls im Vergleich zum erwarteten Volumen in Bezug auf ein bestimmtes Volumen der Erzproduktion; und
  (c) Mineralgehalt des abgebauten Erzes im Vergleich zum erwarteten Mineralgehalt des noch abzubauenden Erzes in Bezug auf eine bestimmte Quantität des produzierten Erzes.

Folgebewertungen der aktivierten Abraumtätigkeit

14 Nach dem erstmaligen Ansatz wird die aktivierte Abraumtätigkeit entweder zu ihren Anschaffungskosten oder zu ihrem neu bewerteten Betrag abzüglich Abschreibung oder Amortisation und abzüglich Wertminderungsaufwand auf die gleiche Art und Weise erfasst wie der vorhandene Vermögenswert, deren Bestandteil sie ist.

SCOPE

This Interpretation applies to waste removal costs that are incurred in surface mining activity during the production 6 phase of the mine ('production stripping costs').

ISSUES

This Interpretation addresses the following issues: 7
(a) recognition of production stripping costs as an asset;
(b) initial measurement of the stripping activity asset; and
(c) subsequent measurement of the stripping activity asset.

CONSENSUS

Recognition of production stripping costs as an asset

To the extent that the benefit from the stripping activity is realised in the form of inventory produced, the entity shall 8 account for the costs of that stripping activity in accordance with the principles of IAS 2 *Inventories*. To the extent the benefit is improved access to ore, the entity shall recognise these costs as a non-current asset, if the criteria in paragraph 9 below are met. This Interpretation refers to the non-current asset as the 'stripping activity asset'.

An entity shall recognise a stripping activity asset if, and only if, all of the following are met: 9
(a) it is probable that the future economic benefit (improved access to the ore body) associated with the stripping activity will flow to the entity;
(b) the entity can identify the component of the ore body for which access has been improved; and
(c) the costs relating to the stripping activity associated with that component can be measured reliably.

The stripping activity asset shall be accounted for as an addition to, or as an enhancement of, an existing asset. In other 10 words, the stripping activity asset will be accounted for as *part* of an existing asset.

The stripping activity asset's classification as a tangible or intangible asset is the same as the existing asset. In other words, 11 the nature of this existing asset will determine whether the entity shall classify the stripping activity asset as tangible or intangible.

Initial measurement of the stripping activity asset

The entity shall initially measure the stripping activity asset at cost, this being the accumulation of costs directly incurred 12 to perform the stripping activity that improves access to the identified component of ore, plus an allocation of directly attributable overhead costs. Some incidental operations may take place at the same time as the production stripping activity, but which are not necessary for the production stripping activity to continue as planned. The costs associated with these incidental operations shall not be included in the cost of the stripping activity asset.

When the costs of the stripping activity asset and the inventory produced are not separately identifiable, the entity shall 13 allocate the production stripping costs between the inventory produced and the stripping activity asset by using an allocation basis that is based on a relevant production measure. This production measure shall be calculated for the identified component of the ore body, and shall be used as a benchmark to identify the extent to which the additional activity of creating a future benefit has taken place. Examples of such measures include:
(a) cost of inventory produced compared with expected cost;
(b) volume of waste extracted compared with expected volume, for a given volume of ore production; and
(c) mineral content of the ore extracted compared with expected mineral content to be extracted, for a given quantity of ore produced.

Subsequent measurement of the stripping activity asset

After initial recognition, the stripping activity asset shall be carried at either its cost or its revalued amount less deprecia- 14 tion or amortisation and less impairment losses, in the same way as the existing asset of which it is a part.

15 Die aktivierte Abraumtätigkeit wird über die erwartete Nutzungsdauer des identifizierten Erzmassenbestandteils, zu dem sich der Zugang durch die Abraumtätigkeit verbessert, systematisch abgeschrieben oder amortisiert. Sofern keine andere Methode zweckmäßiger ist, ist die Produktionseinheit-Methode anzuwenden.

16 Die erwartete Nutzungsdauer des identifizierten Erzmassenbestandteils, der zur Abschreibung oder zur Amortisation der aktivierten Abraumtätigkeit genutzt wird, unterscheidet sich von der erwarteten Nutzungsdauer, die zur Abschreibung oder zur Amortisation des Bergwerks selbst oder der mit seiner Nutzungsdauer in Verbindung stehenden Vermögenswerte verwendet wird. Eine Ausnahme hiervon ist der seltene Fall, in dem die Abraumtätigkeit den Zugang zur gesamten verbleibenden Erzmasse verbessert. Dieser Fall kann z. B. gegen Ende der Nutzungsdauer des Bergwerks eintreten, wenn der identifizierte Erzmassenbestandteil den letzten Teil der abzubauenden Erzmasse ausmacht.

Anhang A
Zeitpunkt des Inkrafttretens und Übergangsvorschriften

Dieser Anhang ist fester Bestandteil der Interpretation und hat die gleiche bindende Kraft wie die anderen Teile der Interpretation.

A1 Diese Interpretation ist erstmals in der ersten Berichtsperiode eines am 1. Januar 2013 oder danach beginnenden Geschäftsjahres anzuwenden. Eine frühere Anwendung ist zulässig. Wendet ein Unternehmen diese Interpretation in einer früheren Berichtsperiode an, so hat es dies anzugeben.

A2 Ein Unternehmen wendet diese Interpretation auf Produktionsabraumkosten an, die zu Beginn der frühesten dargestellten Periode oder danach angefallen sind.

A3 Ab Beginn der frühesten dargestellten Periode ist jeder zuvor ausgewiesene Aktivsaldo, der aus der Abraumtätigkeit in der Produktionsphase resultiert ('frühere aktivierte Abraumtätigkeit') als Teil eines vorhandenen Vermögenswerts, auf den sich die Abraumtätigkeit bezieht, in dem Maße umzugliedern, dass ein identifizierbarer Erzmassenbestandteil verbleibt, mit dem die frühere aktivierte Abraumtätigkeit in Verbindung gebracht werden kann. Derlei Salden werden über die verbleibende erwartete Nutzungsdauer des identifizierten Erzmassenbestandteils abgeschrieben oder amortisiert, mit dem jeder früher aktivierte Saldo einer Abraumtätigkeit in Verbindung steht.

A4 Ist kein identifizierbarer Bestandteil der Erzmasse vorhanden, mit dem die frühere aktivierte Abraumtätigkeit in Verbindung steht, so ist sie zu Beginn der frühesten dargestellten Periode im Anfangssaldo der Gewinnrücklagen auszuweisen.

IFRIC INTERPRETATION 21
Abgaben

VERWEISE

- IAS 1 *Darstellung des Abschlusses*
- IAS 8 *Rechnungslegungsmethoden, Änderungen von rechnungslegungsbezogenen Schätzungen und Fehler*
- IAS 12 *Ertragsteuern*
- IAS 20 *Bilanzierung und Darstellung von Zuwendungen der öffentlichen Hand*
- IAS 24 *Angaben über Beziehungen zu nahestehenden Unternehmen und Personen*
- IAS 34 *Zwischenberichterstattung*
- IAS 37 *Rückstellungen, Eventualverbindlichkeiten und Eventualforderungen*
- IFRIC 6 *Verbindlichkeiten, die sich aus einer Teilnahme an einem spezifischen Markt ergeben – Elektro- und Elektronik-Altgeräte*

HINTERGRUND

1 Die öffentliche Hand kann ein Unternehmen zur Entrichtung einer Abgabe verpflichten. Das IFRS Interpretations Committee wurde gebeten, Leitlinien dazu auszuarbeiten, wie solche Abgaben im Abschluss des die Abgabe entrichtenden

The stripping activity asset shall be depreciated or amortised on a systematic basis, over the expected useful life of the **15** identified component of the ore body that becomes more accessible as a result of the stripping activity. The units of production method shall be applied unless another method is more appropriate.

The expected useful life of the identified component of the ore body that is used to depreciate or amortise the stripping **16** activity asset will differ from the expected useful life that is used to depreciate or amortise the mine itself and the related life-of-mine assets. The exception to this are those limited circumstances when the stripping activity provides improved access to the whole of the remaining ore body. For example, this might occur towards the end of a mine's useful life when the identified component represents the final part of the ore body to be extracted.

Appendix A

Effective date and transition

This appendix is an integral part of the Interpretation and has the same authority as the other parts of the Interpretation.

An entity shall apply this Interpretation for annual periods beginning on or after 1 January 2013. Earlier application is **A1** permitted. If an entity applies this Interpretation for an earlier period, it shall disclose that fact.

An entity shall apply this Interpretation to production stripping costs incurred on or after the beginning of the earliest **A2** period presented.

As at the beginning of the earliest period presented, any previously recognised asset balance that resulted from stripping **A3** activity undertaken during the production phase ('predecessor stripping asset') shall be reclassified as a part of an existing asset to which the stripping activity related, to the extent that there remains an identifiable component of the ore body with which the predecessor stripping asset can be associated. Such balances shall be depreciated or amortised over the remaining expected useful life of the identified component of the ore body to which each predecessor stripping asset balance relates.

If there is no identifiable component of the ore body to which that predecessor stripping asset relates, it shall be recog- **A4** nised in opening retained earnings at the beginning of the earliest period presented.

IFRIC INTERPRETATION 21

Levies

REFERENCES

— IAS 1 *Presentation of Financial Statements*
— IAS 8 *Accounting Policies, Changes in Accounting Estimates and Errors*
— IAS 12 *Income Taxes*
— IAS 20 *Accounting for Governments Grants and Disclosures of Government Assistance*
— IAS 24 *Related Party Disclosures*
— IAS 34 *Interim Financial Reporting*
— IAS 37 *Provisions, Contingent Liabilities and Contingent Assets*
— IFRIC 6 *Liabilities arising from Participating in a Specific Market—Waste Electrical and Electronic Equipment*

BACKGROUND

A government may impose a levy on an entity. The IFRS Interpretations Committee received requests for guidance on the **1** accounting for levies in the financial statements of the entity that is paying the levy. The question relates to when to

Unternehmens zu erfassen sind. Dies betrifft insbesondere die Frage, wann eine nach IAS 37 *Rückstellungen, Eventualverbindlichkeiten und Eventualforderungen* bilanzierte Verpflichtung zur Entrichtung einer solchen Abgabe zu erfassen ist.

ANWENDUNGSBEREICH

2 Diese Interpretation behandelt die Bilanzierung von Verpflichtungen zur Entrichtung einer Abgabe, die in den Anwendungsbereich von IAS 37 fallen. Sie betrifft auch die Bilanzierung von Verpflichtungen zur Entrichtung einer Abgabe, deren Zeitpunkt und Betrag feststehen.

3 Diese Interpretation behandelt nicht die Bilanzierung von Kosten, die durch die Erfassung einer Verpflichtung zur Entrichtung einer Abgabe verursacht werden. Ob die Erfassung einer Verpflichtung zur Zahlung einer Abgabe zu einem Vermögenswert oder einem Aufwand führt, sollten die Unternehmen anhand anderer Standards entscheiden.

4 Eine Abgabe im Sinne dieser Interpretation ist ein Ressourcenabfluss, der einen wirtschaftlichen Nutzen darstellt, den die öffentliche Hand Unternehmen aufgrund von Rechtsvorschriften (d. h. gesetzlicher und/oder Regulierungsvorschriften) auferlegt und bei dem es sich nicht um Folgendes handelt:
(a) Ressourcenabflüsse, die unter andere Standards fallen (wie Ertragsteuern, die unter IAS 12 *Ertragsteuern* fallen), und
(b) Buß- oder andere Strafgelder, die bei Gesetzesverstößen verhängt werden.
Der Begriff „öffentliche Hand" bezeichnet Regierungsbehörden, Institutionen mit hoheitlichen Aufgaben und ähnliche Körperschaften, unabhängig davon, ob diese auf lokaler, nationaler oder internationaler Ebene angesiedelt sind.

5 Nicht unter die Definition von Abgabe fallen Zahlungen, die ein Unternehmen im Rahmen einer vertraglichen Vereinbarung mit der öffentlichen Hand für den Erwerb eines Vermögenswerts oder für die Erbringung von Dienstleistungen entrichtet.

6 Die Unternehmen müssen diese Interpretation nicht auf Verbindlichkeiten aus Emissionshandelssystemen anwenden.

FRAGESTELLUNGEN

7 Um klarzustellen, wie eine Verpflichtung zur Entrichtung einer Abgabe zu bilanzieren ist, werden in dieser Interpretation die folgenden Fragestellungen behandelt:
(a) Worin besteht das Ereignis, das eine Verpflichtung zur Entrichtung einer Abgabe auslöst?
(b) Führt der wirtschaftliche Zwang, die Geschäftstätigkeit in einer künftigen Periode fortzuführen, zu einer faktischen Verpflichtung, eine an die Geschäftstätigkeit in dieser künftigen Periode geknüpfte Abgabe zu entrichten?
(c) Bedeutet die Prämisse der Unternehmensfortführung, dass das Unternehmen gegenwärtig zur Zahlung einer Abgabe verpflichtet ist, die an die Geschäftstätigkeit in einer künftigen Periode geknüpft ist?
(d) Wird eine Verpflichtung zur Entrichtung einer Abgabe zu einem bestimmten Zeitpunkt oder in bestimmten Fällen auch sukzessiv über einen bestimmten Zeitraum hinweg erfasst?
(e) Worin besteht das Ereignis, das bei Erreichen eines Mindestschwellenwertes eine Verpflichtung zur Entrichtung einer Abgabe auslöst?
(f) Gelten für die Erfassung einer Verpflichtung zur Entrichtung einer Abgabe im Jahresabschluss und im Zwischenbericht die gleichen Grundsätze?

BESCHLUSS

8 Das Ereignis, das eine Verpflichtung zur Entrichtung einer Abgabe auslöst, ist die Tätigkeit, an die die gesetzliche Vorschrift die Abgabe knüpft. Ist die Abgabe beispielsweise an die Erzielung von Erlösen in der laufenden Periode geknüpft und wird diese Abgabe anhand der in der vorangegangenen Periode erzielten Erlösen berechnet, so ist das verpflichtende Ereignis für diese Abgabe die Erzielung von Erlösen in der laufenden Periode. Die Erzielung von Erlösen in der vorangegangenen Periode ist für die Auslösung einer gegenwärtigen Verpflichtung zwar notwendig, aber nicht ausreichend.

9 Ein Unternehmen, das wirtschaftlich dazu gezwungen ist, seine Geschäftstätigkeit in einer künftigen Periode fortzuführen, ist faktisch nicht zur Entrichtung einer an die Geschäftstätigkeit in dieser künftigen Periode geknüpften Abgabe verpflichtet.

10 Die Erstellung eines Abschlusses unter der Prämisse der Unternehmensfortführung bedeutet für ein Unternehmen nicht, dass es gegenwärtig zur Entrichtung einer an die Geschäftstätigkeit in einer künftigen Periode geknüpften Abgabe verpflichtet ist.

11 Erstreckt sich das verpflichtende Ereignis (d. h. die Tätigkeit, an die die gesetzliche Vorschrift die Entrichtung der Abgabe knüpft) über einen gewissen Zeitraum, so wird die Verpflichtung zur Entrichtung dieser Abgabe sukzessive erfasst. Han-

recognise a liability to pay a levy that is accounted for in accordance with IAS 37 *Provisions, Contingent Liabilities and Contingent Assets*.

SCOPE

This Interpretation addresses the accounting for a liability to pay a levy if that liability is within the scope of IAS 37. It also addresses the accounting for a liability to pay a levy whose timing and amount is certain. **2**

This Interpretation does not address the accounting for the costs that arise from recognising a liability to pay a levy. Entities should apply other Standards to decide whether the recognition of a liability to pay a levy gives rise to an asset or an expense. **3**

For the purposes of this Interpretation, a levy is an outflow of resources embodying economic benefits that is imposed by governments on entities in accordance with legislation (i.e. laws and/or regulations), other than: **4**
(a) those outflows of resources that are within the scope of other Standards (such as income taxes that are within the scope of IAS 12 Income Taxes); and
(b) fines or other penalties that are imposed for breaches of the legislation.
'Government' refers to government, government agencies and similar bodies whether local, national or international.

A payment made by an entity for the acquisition of an asset, or for the rendering of services under a contractual agreement with a government, does not meet the definition of a levy. **5**

An entity is not required to apply this Interpretation to liabilities that arise from emissions trading schemes. **6**

ISSUES

To clarify the accounting for a liability to pay a levy, this Interpretation addresses the following issues: **7**
(a) what is the obligating event that gives rise to the recognition of a liability to pay a levy?
(b) does economic compulsion to continue to operate in a future period create a constructive obligation to pay a levy that will be triggered by operating in that future period?
(c) does the going concern assumption imply that an entity has a present obligation to pay a levy that will be triggered by operating in a future period?
(d) does the recognition of a liability to pay a levy arise at a point in time or does it, in some circumstances, arise progressively over time?
(e) what is the obligating event that gives rise to the recognition of a liability to pay a levy that is triggered if a minimum threshold is reached?
(f) are the principles for recognising in the annual financial statements and in the interim financial report a liability to pay a levy the same?

CONSENSUS

The obligating event that gives rise to a liability to pay a levy is the activity that triggers the payment of the levy, as identified by the legislation. For example, if the activity that triggers the payment of the levy is the generation of revenue in the current period and the calculation of that levy is based on the revenue that was generated in a previous period, the obligating event for that levy is the generation of revenue in the current period. The generation of revenue in the previous period is necessary, but not sufficient, to create a present obligation. **8**

An entity does not have a constructive obligation to pay a levy that will be triggered by operating in a future period as a result of the entity being economically compelled to continue to operate in that future period. **9**

The preparation of financial statements under the going concern assumption does not imply that an entity has a present obligation to pay a levy that will be triggered by operating in a future period. **10**

The liability to pay a levy is recognised progressively if the obligating event occurs over a period of time (i.e. if the activity that triggers the payment of the levy, as identified by the legislation, occurs over a period of time). For example, if the **11**

delt es sich bei dem verpflichtenden Ereignis beispielsweise um die Erzielung von Erlösen über einen gewissen Zeitraum, so wird die entsprechende Verpflichtung sukzessive bei Erzielung dieser Erlöse erfasst.

12 Ist eine Verpflichtung zur Entrichtung einer Abgabe an das Erreichen eines Mindestschwellenwertes geknüpft, so wird die aus dieser Verpflichtung resultierende Verbindlichkeit nach den in den Paragraphen 8–14 dieser Interpretation (insbesondere den Paragraphen 8 und 11) niedergelegten Grundsätzen bilanziert. Besteht das verpflichtende Ereignis beispielsweise im Erreichen eines geschäftstätigkeitsbezogenen Mindestschwellenwertes (wie Mindesterlöse, Mindestumsätze oder Mindestproduktion), so wird die entsprechende Verpflichtung bei Erreichen dieses Mindestschwellenwertes erfasst.

13 Bei Erstellung des Zwischenberichts ist beim Ansatz nach den gleichen Grundsätzen zu verfahren wie bei Erstellung des Jahresabschlusses. Infolgedessen ist eine Verpflichtung zur Entrichtung einer Abgabe im Zwischenbericht
(a) nicht anzusetzen, wenn am Ende der Zwischenberichtsperiode keine gegenwärtige Verpflichtung zur Entrichtung der Abgabe besteht und
(b) anzusetzen, wenn am Ende der Zwischenberichtsperiode eine gegenwärtige Verpflichtung zur Entrichtung der Abgabe besteht.

14 Hat ein Unternehmen eine Abgabenvorauszahlung geleistet, ist aber gegenwärtig noch nicht zur Zahlung dieser Abgabe verpflichtet, so hat es einen Vermögenswert anzusetzen.

Anhang A
Zeitpunkt des Inkrafttretens und Übergangsvorschriften

Dieser Anhang ist fester Bestandteil der Interpretation und hat die gleiche bindende Kraft wie die anderen Teile der Interpretation.

A1 Diese Interpretation gilt für Geschäftsjahre, die am oder nach dem 1. Januar 2014 beginnen. Eine frühere Anwendung ist zulässig. Wendet ein Unternehmen diese Interpretation in einer früheren Berichtsperiode an, so hat es dies anzugeben.

A2 Aus der erstmaligen Anwendung dieser Interpretation resultierende Änderungen bei den Rechnungslegungsmethoden sind gemäß IAS 8 *Rechnungslegungsmethoden, Änderungen von rechnungslegungsbezogenen Schätzungen und Fehler* rückwirkend anzuwenden.

obligating event is the generation of revenue over a period of time, the corresponding liability is recognised as the entity generates that revenue.

If an obligation to pay a levy is triggered when a minimum threshold is reached, the accounting for the liability that arises **12** from that obligation shall be consistent with the principles established in paragraphs 8—14 of this Interpretation (in particular, paragraphs 8 and 11). For example, if the obligating event is the reaching of a minimum activity threshold (such as a minimum amount of revenue or sales generated or outputs produced), the corresponding liability is recognised when that minimum activity threshold is reached.

An entity shall apply the same recognition principles in the interim financial report that it applies in the annual financial **13** statements. As a result, in the interim financial report, a liability to pay a levy:

(a)   shall not be recognised if there is no present obligation to pay the levy at the end of the interim reporting period; and

(b)   shall be recognised if a present obligation to pay the levy exists at the end of the interim reporting period.

An entity shall recognise an asset if it has prepaid a levy but does not yet have a present obligation to pay that levy.   **14**

Appendix A

Effective date and transition

This appendix is an integral part of the Interpretation and has the same authority as the other parts of the Interpretation.

An entity shall apply this Interpretation for annual periods beginning on or after 1 January 2014. Earlier application is **A1** permitted. If an entity applies this Interpretation for an earlier period, it shall disclose that fact.

Changes in accounting policies resulting from the initial application of this Interpretation shall be accounted for retro- **A2** spectively in accordance with IAS 8 *Accounting Policies, Changes in Accounting Estimates and Errors.*

SIC INTERPRETATION 7

Einführung des Euro

VERWEISE

- IAS 1 *Darstellung des Abschlusses* (überarbeitet 2007)
- IAS 8 *Rechnungslegungsmethoden, Änderungen von rechnungslegungsbezogenen Schätzungen und Fehler*
- IAS 10 *Ereignisse nach dem Abschlussstichtag* (überarbeitet 2003)
- IAS 21 *Auswirkungen von Wechselkursänderungen* (überarbeitet 2003)
- IAS 27 *Konzern- und Einzelabschlüsse* (geändert 2008)

FRAGESTELLUNG

1 Ab 1. Januar 1999, dem Zeitpunkt des Inkrafttretens der Wirtschafts- und Währungsunion (WWU), wird der Euro eine Währung eigenen Rechts werden und die Wechselkurse zwischen dem Euro und den teilnehmenden nationalen Währungen werden unwiderruflich festgelegt, d. h. das Risiko nachfolgender Währungsdifferenzen hinsichtlich dieser Währungen ist ab diesem Tag beseitigt.

2 Die Fragestellung betrifft die Anwendung des IAS 21 auf die Umstellung von nationalen Währungen teilnehmender Mitgliedstaaten der Europäischen Union auf den Euro („die Umstellung").

BESCHLUSS

3 Die Vorschriften des IAS 21 bezüglich der Umrechnung von Fremdwährungstransaktionen und Abschlüssen ausländischer Geschäftsbetriebe sind streng auf die Umstellung anzuwenden. Der gleiche Grundgedanke gilt für die Festlegung von Wechselkursen, wenn Länder in späteren Phasen der WWU beitreten.

4 Das heißt im Besonderen:
(a) Monetäre Vermögenswerte und Schulden in einer Fremdwährung, die aus Geschäftsvorfällen resultieren, sind weiterhin zum Stichtagskurs in die funktionale Währung umzurechnen.. Etwaige sich ergebende Umrechnungsdifferenzen sind sofort als Ertrag oder als Aufwand zu erfassen, mit der Ausnahme, dass ein Unternehmen weiterhin seine bestehenden Rechnungslegungsmethoden für Gewinne und Verluste aus der Währungsumrechnung, die aus der Absicherung des Währungsrisikos eines erwarteten Geschäftsvorfalls entstehen, anzuwenden hat;
(b) kumulierte Umrechnungsdifferenzen im Zusammenhang mit der Umrechnung von Abschlüssen ausländischer Geschäftsbetriebe im sonstigen Ergebnis zu erfassen, im Eigenkapital zu kumulieren und erst bei der Veräußerung oder teilweisen Veräußerung der Nettoinvestitionen in den ausländischen Geschäftsbetrieb vom Eigenkapital in den Gewinn oder Verlust umzugliedern sind; und
(c) Umrechnungsdifferenzen aus der Umrechnung von Schulden, die auf Fremdwährungen der Teilnehmerstaaten lauten, sind nicht dem Buchwert des dazugehörigen Vermögenswerts zuzurechnen.

DATUM DES BESCHLUSSES

Oktober 1997

ZEITPUNKT DES INKRAFTTRETENS

Diese Interpretation tritt am 1. Juni 1998 in Kraft. Änderungen der Rechnungslegungsmethoden sind gemäß den Bestimmungen des IAS 8 vorzunehmen.

Infolge des IAS 1 (überarbeitet 2007) wurde die in allen IFRS verwendete Terminologie geändert. Außerdem wurde Paragraph 4 geändert. Diese Änderungen sind erstmals in der ersten Berichtsperiode eines am 1. Januar 2009 oder danach beginnenden Geschäftsjahres anzuwenden. Wird IAS 1 (überarbeitet 2007) auf eine frühere Periode angewandt, sind diese Änderungen entsprechend auch anzuwenden.

Durch IAS 27 (in der vom International Accounting Standards Board 2008 geänderten Fassung) wurde Paragraph 4 (b) geändert. Diese Änderung ist erstmals in der ersten Periode eines am 1. Juli 2009 oder danach beginnenden Geschäftsjahres anzuwenden. Wendet ein Unternehmen IAS 27 (in der 2008 geänderten Fassung) auf eine frühere Periode an, so hat es auf diese Periode auch die genannte Änderung anzuwenden.

SIC INTERPRETATION 7

Introduction of the euro

REFERENCES

— IAS 1 *Presentation of Financial Statements* (as revised in 2007)
— IAS 8 *Accounting policies, changes in accounting estimates and errors*
— IAS 10 *Events after the reporting period* (as revised in 2003)
— IAS 21 *The effects of changes in foreign exchange rates* (as revised in 2003)
— IAS 27 *Consolidated and Separate Financial Statements* (as amended in 2008)

ISSUE

From 1 January 1999, the effective start of Economic and Monetary Union (EMU), the euro will become a currency in its **1** own right and the conversion rates between the euro and the participating national currencies will be irrevocably fixed, i.e. the risk of subsequent exchange differences related to these currencies is eliminated from this date on.

The issue is the application of IAS 21 to the changeover from the national currencies of participating Member States of **2** the European Union to the euro (the changeover).

CONSENSUS

The requirements of IAS 21 regarding the translation of foreign currency transactions and financial statements of foreign **3** operations should be strictly applied to the changeover. The same rationale applies to the fixing of exchange rates when countries join EMU at later stages.

This means that, in particular: **4**
(a) foreign currency monetary assets and liabilities resulting from transactions shall continue to be translated into the functional currency at the closing rate. Any resultant exchange differences shall be recognised as income or expense immediately, except that an entity shall continue to apply its existing accounting policy for exchange gains and losses related to hedges of the currency risk of a forecast transaction;
(b) cumulative exchange differences relating to the translation of financial statements of foreign operations, recognised in other comprehensive income, shall be accumulated in equity and shall be reclassified from equity to profit or loss only on the disposal or partial disposal of the net investment in the foreign operation; and
(c) exchange differences resulting from the translation of liabilities denominated in participating currencies shall not be included in the carrying amount of related assets.

DATE OF CONSENSUS

October 1997

EFFECTIVE DATE

This interpretation becomes effective on 1 June 1998. Changes in accounting policies shall be accounted for according to the requirements of IAS 8.

IAS 1 (as revised in 2007) amended the terminology used throughout IFRSs. In addition it amended paragraph 4. An entity shall apply those amendments for annual periods beginning on or after 1 January 2009. If an entity applies IAS 1 (revised 2007) for an earlier period, the amendments shall be applied for that earlier period.

IAS 27 (as amended by the International Accounting Standards Board in 2008) amended paragraph 4 (b). An entity shall apply that amendment for annual periods beginning on or after 1 July 2009. If an entity applies IAS 27 (amended 2008) for an earlier period, the amendment shall be applied for that earlier period.

SIC INTERPRETATION 10

Beihilfen der öffentlichen Hand – Kein spezifischer Zusammenhang mit betrieblichen Tätigkeiten

VERWEISE

– IAS 8 *Rechnungslegungsmethoden, Änderungen von rechnungslegungsbezogenen Schätzungen und Fehler*
– IAS 20 *Bilanzierung und Darstellung von Zuwendungen der öffentlichen Hand*

FRAGESTELLUNG

1 In manchen Ländern können Beihilfen der öffentlichen Hand auf die Förderung oder Langzeitunterstützung von Geschäftstätigkeiten entweder in bestimmten Regionen oder Industriezweigen ausgerichtet sein. Bedingungen, um diese Unterstützung zu erhalten, sind nicht immer speziell auf die betrieblichen Tätigkeiten des Unternehmens bezogen. Beispiele solcher Beihilfen sind Übertragungen von Ressourcen der öffentlichen Hand an Unternehmen, welche
(a) in einer bestimmten Branche tätig sind;
(b) weiterhin in kürzlich privatisierten Branchen tätig sind; oder
(c) ihre Geschäftstätigkeit in unterentwickelten Gebieten beginnen oder fortführen.

2 Die Fragestellung lautet, ob solche Beihilfen der öffentlichen Hand eine „Zuwendung der öffentlichen Hand" innerhalb des Anwendungsbereichs des IAS 20 darstellen und deshalb gemäß diesem Standard zu bilanzieren sind.

BESCHLUSS

3 Beihilfen der öffentlichen Hand für Unternehmen erfüllen die Definition für Zuwendungen der öffentlichen Hand des IAS 20, auch wenn es außer der Forderung, in bestimmten Regionen oder Industriezweigen tätig zu sein, keine Bedingungen gibt, die sich speziell auf die Geschäftstätigkeit des Unternehmens beziehen. Diese Zuwendungen sind deshalb nicht unmittelbar in dem den Anteilseignern zurechenbaren Anteil am Eigenkapital zu erfassen.

DATUM DES BESCHLUSSES

Januar 1998

ZEITPUNKT DES INKRAFTTRETENS

Diese Interpretation tritt am 1. August 1998 in Kraft. Änderungen der Rechnungslegungsmethoden sind gemäß IAS 8 zu berücksichtigen.

SIC INTERPRETATION 10

Government assistance—no specific relation to operating activities

REFERENCES

— IAS 8 *Accounting policies, changes in accounting estimates and errors*
— IAS 20 *Accounting for government grants and disclosure of government assistance*

ISSUE

In some countries government assistance to entities may be aimed at encouragement or long-term support of business 1 activities either in certain regions or industry sectors. Conditions to receive such assistance may not be specifically related to the operating activities of the entity. Examples of such assistance are transfers of resources by governments to entities which:

(a) operate in a particular industry;
(b) continue operating in recently privatised industries; or
(c) start or continue to run their business in underdeveloped areas.

The issue is whether such government assistance is a 'government grant' within the scope of IAS 20 and, therefore, should 2 be accounted for in accordance with this standard.

CONSENSUS

Government assistance to entities meets the definition of government grants in IAS 20, even if there are no conditions 3 specifically relating to the operating activities of the entity other than the requirement to operate in certain regions or industry sectors. Such grants shall therefore not be credited directly to shareholders' interests'.

DATE OF CONSENSUS

January 1998

EFFECTIVE DATE

This interpretation becomes effective on 1 August 1998. Changes in accounting policies shall be accounted for in accordance with IAS 8.

SIC INTERPRETATION 15

Operating-Leasingverhältnisse – Anreize

VERWEISE

- IAS 1 *Darstellung des Abschlusses* (überarbeitet 2007)
- IAS 8 *Rechnungslegungsmethoden, Änderungen von rechnungslegungsbezogenen Schätzungen und Fehler*
- IAS 17 *Leasingverhältnisse* (überarbeitet 2003)

FRAGESTELLUNG

1 Bei der Aushandlung eines neuen oder erneuerten Operating-Leasingverhältnisses kann der Leasinggeber dem Leasingnehmer Anreize geben, den Vertrag abzuschließen. Beispiele für solche Anreize sind eine Barzahlung an den Leasingnehmer oder die Rückerstattung oder Übernahme von Kosten des Leasingnehmers durch den Leasinggeber (wie Verlegungskosten, Mietereinbauten und Kosten in Verbindung mit einer vorher bestehenden vertraglichen Verpflichtung des Leasingnehmers). Alternativ dazu kann vereinbart werden, dass in den Anfangsperioden der Laufzeit des Leasingverhältnisses keine oder eine reduzierte Miete gezahlt wird.

2 Die Fragestellung lautet, wie Anreize bei einem Operating-Leasingverhältnis in den Abschlüssen sowohl des Leasingnehmers als auch des Leasinggebers zu erfassen sind.

BESCHLUSS

3 Sämtliche Anreize für Vereinbarungen über ein neues oder erneuertes Operating-Leasingverhältnis sind als Bestandteil des Nettoentgelts zu erfassen, das für die Nutzung des geleasten Vermögenswerts vereinbart wurde, unabhängig von der Ausgestaltung des Anreizes oder der Form sowie der Zeitpunkte der Zahlungen.

4 Der Leasinggeber hat die Summe der Kosten für Anreize als eine Reduktion von Mietererträgen linear über die Laufzeit des Leasingverhältnisses zu erfassen, es sei denn, eine andere systematische Verteilungsmethode entspricht dem zeitlichen Verlauf der Verringerung des Nutzens des geleasten Vermögenswerts.

5 Der Leasingnehmer hat die Summe des Nutzens aus Anreizen als eine Reduktion der Mietaufwendungen linear über die Laufzeit des Leasingverhältnisses zu erfassen, es sei denn, eine andere systematische Verteilungsmethode entspricht dem zeitlichen Verlauf des Nutzens des Leasingnehmers aus der Nutzung des geleasten Vermögenswerts.

6 Kosten, die dem Leasingnehmer entstehen, einschließlich der Kosten in Verbindung mit einem vorher bestehenden Leasingverhältnis (zum Beispiel Kosten für die Beendigung, Verlegung oder Mietereinbauten), sind von dem Leasingnehmer gemäß den auf diese Kosten anwendbaren Standards zu bilanzieren, einschließlich der Kosten, die durch eine Anreizvereinbarung tatsächlich rückerstattet werden.

DATUM DES BESCHLUSSES

Juni 1998

ZEITPUNKT DES INKRAFTTRETENS

Diese Interpretation tritt für Leasingverhältnisse in Kraft, die am oder nach dem 1. Januar 1999 beginnen.

SIC INTERPRETATION 15

Operating leases—incentives

REFERENCES

— IAS 1 *Presentation of Financial Statements* (as revised in 2007)
— IAS 8 *Accounting policies, changes in accounting estimates and errors*
— IAS 17 *Leases* (as revised in 2003)

ISSUE

In negotiating a new or renewed operating lease, the lessor may provide incentives for the lessee to enter into the agreement. Examples of such incentives are an up-front cash payment to the lessee or the reimbursement or assumption by the lessor of costs of the lessee (such as relocation costs, leasehold improvements and costs associated with a pre-existing lease commitment of the lessee). Alternatively, initial periods of the lease term may be agreed to be rent-free or at a reduced rent. **1**

The issue is how incentives in an operating lease should be recognised in the financial statements of both the lessee and the lessor. **2**

CONSENSUS

All incentives for the agreement of a new or renewed operating lease shall be recognised as an integral part of the net consideration agreed for the use of the leased asset, irrespective of the incentive's nature or form or the timing of payments. **3**

The lessor shall recognise the aggregate cost of incentives as a reduction of rental income over the lease term, on a straight-line basis unless another systematic basis is representative of the time pattern over which the benefit of the leased asset is diminished. **4**

The lessee shall recognise the aggregate benefit of incentives as a reduction of rental expense over the lease term, on a straight-line basis unless another systematic basis is representative of the time pattern of the lessee's benefit from the use of the leased asset. **5**

Costs incurred by the lessee, including costs in connection with a pre-existing lease (for example costs for termination, relocation or leasehold improvements), shall be accounted for by the lessee in accordance with the standards applicable to those costs, including costs which are effectively reimbursed through an incentive arrangement. **6**

DATE OF CONSENSUS

June 1998

EFFECTIVE DATE

This interpretation becomes effective for lease terms beginning on or after 1 January 1999.

SIC INTERPRETATION 25

Ertragsteuern – Änderungen im Steuerstatus eines Unternehmens oder seiner Eigentümer

VERWEISE

- IAS 1 *Darstellung des Abschlusses* (überarbeitet 2007)
- IAS 8 *Rechnungslegungsmethoden, Änderungen von rechnungslegungsbezogenen Schätzungen und Fehler*
- IAS 12 *Ertragsteuern*

FRAGESTELLUNG

1 Eine Änderung im Steuerstatus eines Unternehmens oder seiner Eigentümer kann für ein Unternehmen eine Erhöhung oder Verringerung der Steuerschulden oder Steueransprüche zur Folge haben. Dies kann beispielsweise durch die Börsennotierung von Eigenkapitalinstrumenten oder durch eine Eigenkapitalrestrukturierung eines Unternehmens eintreten. Weiterhin kann dies durch einen Umzug des beherrschenden Eigentümers ins Ausland eintreten. Als Folge eines solchen Ereignisses kann ein Unternehmen anders besteuert werden; es kann beispielsweise Steueranreize erlangen oder verlieren oder künftig einem anderen Steuersatz unterliegen.

2 Eine Änderung im Steuerstatus eines Unternehmens oder seiner Eigentümer kann eine sofortige Auswirkung auf die tatsächlichen Steuerschulden oder Steueransprüche des Unternehmens haben. Eine solche Änderung kann weiterhin die durch das Unternehmen erfassten latenten Steuerschulden oder Steueransprüche erhöhen oder verringern, abhängig davon, welche steuerlichen Konsequenzen sich aus der Änderung im Steuerstatus hinsichtlich der Realisierung oder Erfüllung des Buchwerts der Vermögenswerte und Schulden des Unternehmens ergeben.

3 Die Fragestellung lautet, wie ein Unternehmen die steuerlichen Konsequenzen der Änderung im Steuerstatus des Unternehmens oder seiner Eigentümer zu bilanzieren hat.

BESCHLUSS

4 Die Änderung im Steuerstatus eines Unternehmens oder seiner Anteilseigner führt nicht zu einer Erhöhung oder Verringerung von außerhalb des Gewinns oder Verlusts erfassten Beträgen. Die Konsequenzen, die sich aus der Änderung im Steuerstatus für die tatsächlichen und latenten Ertragsteuern ergeben, sind im Periodenergebnis zu erfassen, es sei denn, diese Konsequenzen stehen mit Geschäftsvorfällen und Ereignissen im Zusammenhang, die in der gleichen oder einer anderen Periode unmittelbar dem erfassten Eigenkapitalbetrag gutgeschrieben oder belastet werden oder im sonstigen Ergebnis erfasst werden. Die steuerlichen Konsequenzen, die sich auf Änderungen des erfassten Eigenkapitalbetrags in der gleichen oder einer anderen Periode beziehen (also auf Änderungen, die nicht im Periodenergebnis erfasst werden), sind ebenfalls unmittelbar dem Eigenkapital gutzuschreiben oder zu belasten. Die steuerlichen Konsequenzen, die sich auf im sonstigen Ergebnis erfasste Beträge beziehen, sind ebenfalls im sonstigen Ergebnis zu erfassen.

DATUM DES BESCHLUSSES

August 1999

ZEITPUNKT DES INKRAFTTRETENS

Dieser Beschluss tritt am 15. Juli 2000 in Kraft. Änderungen der Rechnungslegungsmethoden sind gemäß IAS 8 zu berücksichtigen.

Infolge des IAS 1 (überarbeitet 2007) wurde die in allen IFRS verwendete Terminologie geändert. Außerdem wurde Paragraph 4 geändert. Diese Änderungen sind erstmals in der ersten Berichtsperiode eines am 1. Januar 2009 oder danach beginnenden Geschäftsjahres anzuwenden. Wird IAS 1 (überarbeitet 2007) auf eine frühere Periode angewandt, sind diese Änderungen entsprechend auch anzuwenden.

SIC INTERPRETATION 25

Income taxes—changes in the tax status of an entity or its shareholders

REFERENCES

— IAS 1 *Presentation of Financial Statements* (as revised in 2007)
— IAS 8 *Accounting policies, changes in accounting estimates and errors*
— IAS 12 *Income taxes*

ISSUE

A change in the tax status of an entity or of its shareholders may have consequences for an entity by increasing or 1
decreasing its tax liabilities or assets. This may, for example, occur upon the public listing of an entity's equity instruments or upon the restructuring of an entity's equity. It may also occur upon a controlling shareholder's move to a foreign country. As a result of such an event, an entity may be taxed differently; it may for example gain or lose tax incentives or become subject to a different rate of tax in the future.

A change in the tax status of an entity or its shareholders may have an immediate effect on the entity's current tax liabil- 2
ities or assets. The change may also increase or decrease the deferred tax liabilities and assets recognised by the entity, depending on the effect the change in tax status has on the tax consequences that will arise from recovering or settling the carrying amount of the entity's assets and liabilities.

The issue is how an entity should account for the tax consequences of a change in its tax status or that of its shareholders. 3

CONSENSUS

A change in the tax status of an entity or its shareholders does not give rise to increases or decreases in amounts recog- 4
nised outside profit or loss. The current and deferred tax consequences of a change in tax status shall be included in profit or loss for the period, unless those consequences relate to transactions and events that result, in the same or a different period, in a direct credit or charge to the recognised amount of equity or in amounts recognised in other comprehensive income. Those tax consequences that relate to changes in the recognised amount of equity, in the same or a different period (not included in profit or loss), shall be charged or credited directly to equity. Those tax consequences that relate to amounts recognised in other comprehensive income shall be recognised in other comprehensive income.

DATE OF CONSENSUS

August 1999

EFFECTIVE DATE

This consensus becomes effective on 15 July 2000. Changes in accounting policies shall be accounted for in accordance with IAS 8.

IAS 1 (as revised in 2007) amended the terminology used throughout IFRSs. In addition it amended paragraph 4. An entity shall apply those amendments for annual periods beginning on or after 1 January 2009. If an entity applies IAS 1 (revised 2007) for an earlier period, the amendments shall be applied for that earlier period.

SIC INTERPRETATION 27

Beurteilung des wirtschaftlichen Gehalts von Transaktionen in der rechtlichen Form von Leasingverhältnissen

VERWEISE

- IAS 8 *Rechnungslegungsmethoden, Änderungen von rechnungslegungsbezogenen Schätzungen und Fehler*
- IAS 11 *Fertigungsaufträge*
- IAS 17 *Leasingverhältnisse* (überarbeitet 2003)
- IAS 18 *Umsatzerlöse*
- IAS 37 *Rückstellungen, Eventualverbindlichkeiten und Eventualforderungen*
- IAS 39 *Finanzinstrumente: Ansatz und Bewertung* (überarbeitet 2003)
- IFRS 4 *Versicherungsverträge*

FRAGESTELLUNG

1 Ein Unternehmen kann mit einem oder mehreren nicht nahe stehenden Unternehmen (einem Investor) eine Transaktion oder mehrere strukturierte Transaktionen (eine Vereinbarung) abschließen, die in die rechtliche Form eines Leasingverhältnisses gekleidet ist/sind. Zum Beispiel kann ein Unternehmen Vermögenswerte an einen Investor leasen und dieselben Vermögenswerte dann zurückleasen oder alternativ die Vermögenswerte veräußern und dann dieselben Vermögenswerte zurückleasen. Die Form der jeweiligen Vereinbarung sowie die Vertragsbedingungen können sich erheblich voneinander unterscheiden. Bei dem Beispiel der Sale-and-leaseback-Transaktion liegt der eigentliche Zweck der Vereinbarung möglicherweise nicht darin, das Recht auf Nutzung eines Vermögenswerts zu übertragen, sondern einen Steuervorteil für den Investor zu erzielen, der mit dem Unternehmen durch Zahlung eines Entgelts geteilt wird.

2 Wenn eine Vereinbarung mit einem Investor in der rechtlichen Form eines Leasingverhältnisses getroffen wurde, lauten die Fragestellungen wie folgt:
   (a) Wie kann festgestellt werden, ob mehrere Transaktionen miteinander verknüpft und somit zusammengefasst als ein einheitlicher Geschäftsvorfall zu bilanzieren sind?
   (b) Erfüllt die Vereinbarung die Definition eines Leasingverhältnisses nach IAS 17; und, falls nicht:
      (i) Stellen ein möglicherweise bestehendes separates Investmentkonto und möglicherweise existierende Leasingverpflichtungen Vermögenswerte bzw. Schulden des Unternehmens dar (siehe z. B. das in Anhang A, Paragraph 2 (a), genannte Beispiel)?
      (ii) Wie hat das Unternehmen andere sich aus der Vereinbarung ergebende Verpflichtungen zu bilanzieren?;
      (iii) Wie hat das Unternehmen die Bezahlung, die es möglicherweise vom Investor erhält, zu bilanzieren?.

BESCHLUSS

3 Mehrere Transaktionen, die die rechtliche Form eines Leasingverhältnisses einschließen, sind miteinander verknüpft und als ein einheitlicher Geschäftsvorfall zu bilanzieren, wenn die wirtschaftlichen Auswirkungen insgesamt nur bei einer Gesamtbetrachtung der einzelnen Transaktionen verständlich sind. Dies ist zum Beispiel der Fall, wenn mehrere Transaktionen wirtschaftlich eng miteinander zusammenhängen, als ein einheitliches Geschäft verhandelt werden und gleichzeitig oder unmittelbar aufeinander folgend durchgeführt werden. (Anhang A enthält Veranschaulichungen der Anwendung dieser Interpretation.)

4 Die Bilanzierung hat den wirtschaftlichen Gehalt der Vereinbarung widerzuspiegeln. Zur Bestimmung des wirtschaftlichen Gehalts sind alle Aspekte und Folgen einer Vereinbarung zu beurteilen, wobei Aspekte und Folgen mit wirtschaftlichen Auswirkungen vorrangig zu berücksichtigen sind.

5 IAS 17 findet Anwendung, wenn der wirtschaftliche Gehalt einer Vereinbarung die Übertragung des Rechts auf Nutzung eines Vermögenswerts für einen vereinbarten Zeitraum umfasst. U.a. weisen folgende Indikatoren unabhängig voneinander darauf hin, dass der wirtschaftliche Gehalt einer Vereinbarung möglicherweise nicht ein Leasingverhältnis nach IAS 17 darstellt (Anhang B enthält Veranschaulichungen der Anwendung dieser Interpretation.):
   (a) alle mit dem Eigentum an dem betreffenden Vermögenswert verbundenen Risiken und Nutzenzugänge verbleiben beim Unternehmen, das in Bezug auf die Nutzung des Vermögenswerts im Wesentlichen über dieselben Rechte verfügt wie vor der Vereinbarung;
   (b) Hauptzweck der Vereinbarung ist die Erzielung eines bestimmten Steuerergebnisses, nicht aber die Übertragung des Rechts auf Nutzung eines Vermögenswerts; und

SIC INTERPRETATION 27

Evaluating the substance of transactions involving the legal form of a lease

REFERENCES

— IAS 8 *Accounting policies, changes in accounting estimates and errors*
— IAS 11 *Construction contracts*
— IAS 17 *Leases* (as revised in 2003)
— IAS 18 *Revenue*
— IAS 37 *Provisions, contingent liabilities and contingent assets*
— IAS 39 *Financial instruments: recognition and measurement* (as revised in 2003)
— IFRS 4 *Insurance contracts*

ISSUE

An entity may enter into a transaction or a series of structured transactions (an arrangement) with an unrelated party or **1** parties (an Investor) that involves the legal form of a lease. For example, an entity may lease assets to an Investor and lease the same assets back, or alternatively, legally sell assets and lease the same assets back. The form of each arrangement and its terms and conditions can vary significantly. In the lease and leaseback example, it may be that the arrangement is designed to achieve a tax advantage for the Investor that is shared with the entity in the form of a fee, and not to convey the right to use an asset.

When an arrangement with an Investor involves the legal form of a lease, the issues are: **2**
(a)   how to determine whether a series of transactions is linked and should be accounted for as one transaction;
(b)   whether the arrangement meets the definition of a lease under IAS 17; and, if not,
    (i)   whether a separate investment account and lease payment obligations that might exist represent assets and liabilities of the entity (e.g. consider the example described in paragraph A2 (a) of Appendix A);
    (ii)   how the entity should account for other obligations resulting from the arrangement; and
    (iii)   how the entity should account for a fee it might receive from an Investor.

CONSENSUS

A series of transactions that involve the legal form of a lease is linked and shall be accounted for as one transaction when **3** the overall economic effect cannot be understood without reference to the series of transactions as a whole. This is the case, for example, when the series of transactions are closely interrelated, negotiated as a single transaction, and takes place concurrently or in a continuous sequence. (Appendix A provides illustrations of application of this interpretation.)

The accounting shall reflect the substance of the arrangement. All aspects and implications of an arrangement shall be **4** evaluated to determine its substance, with weight given to those aspects and implications that have an economic effect.

IAS 17 applies when the substance of an arrangement includes the conveyance of the right to use an asset for an agreed **5** period of time. Indicators that individually demonstrate that an arrangement may not, in substance, involve a lease under IAS 17 include (Appendix B provides illustrations of application of this interpretation):
(a)   an entity retains all the risks and rewards incident to ownership of an underlying asset and enjoys substantially the same rights to its use as before the arrangement;
(b)   the primary reason for the arrangement is to achieve a particular tax result, and not to convey the right to use an asset; and

(c)   die Vereinbarung enthält eine Option zu Bedingungen, die deren Ausübung fast sicher machen (z. B. eine Verkaufsoption, die zu einem Preis ausgeübt werden kann, der deutlich höher ist als der voraussichtliche beizulegende Zeitwert zum Optionsausübungszeitpunkt).

6   Bei der Beurteilung, ob der wirtschaftliche Gehalt eines separaten Investmentkontos und Leasingverpflichtungen Vermögenswerte bzw. Schulden des Unternehmens darstellen, sind die Definitionen und Anwendungsleitlinien in den Paragraphen 49–64 des *Rahmenkonzepts* anzuwenden. U.a. weisen folgende Indikatoren in ihrer Gesamtheit darauf hin, dass ein separates Investmentkonto und Leasingverpflichtungen den Definitionen eines Vermögenswerts bzw. einer Schuld nicht entsprechen und deshalb nicht von dem Unternehmen bilanziell zu erfassen sind:

(a)   das Unternehmen hat kein Verfügungsrecht über das Investmentkonto zur Verfolgung seiner eigenen Ziele und ist nicht verpflichtet, die Leasingzahlungen zu leisten. Dies trifft zum Beispiel zu, wenn zum Schutz des Investors im Voraus ein Betrag auf ein separates Investmentkonto eingezahlt wird, das nur für Zahlungen an den Investor genutzt werden darf, der Investor sein Einverständnis dazu gibt, dass die Leasingverpflichtungen aus den Mitteln des Investmentkontos erfüllt werden, und das Unternehmen die Zahlungen von dem Investmentkonto an den Investor nicht zurückhalten kann;

(b)   das Unternehmen geht nur ein als unwahrscheinlich zu klassifizierendes Risiko ein, den gesamten Betrag eines vom Investor erhaltenen Entgelts zurückzuerstatten und möglicherweise einen zusätzlichen Betrag zu zahlen, oder es besteht, wenn ein Entgelt nicht gezahlt wurde, ein unwahrscheinliches Risiko, einen Betrag aus einer anderen Zahlungsverpflichtung zu zahlen (z. B. einer Garantie). Ein nur unwahrscheinliches Risiko besteht zum Beispiel dann, wenn vereinbart wird, einen vorausgezahlten Betrag in risikolose Vermögenswerte zu investieren, die voraussichtlich ausreichende Cashflows erzeugen, um die Leasingverpflichtungen zu erfüllen; und

(c)   außer den Anfangszahlungen der Vereinbarung sind die einzigen im Zusammenhang mit der Vereinbarung erwarteten Cashflows die Leasingzahlungen, die ausschließlich aus Mitteln geleistet werden, die von dem separaten Investmentkonto stammen, das mit den Anfangszahlungen eingerichtet wurde.

7   Andere aus einer derartigen Vereinbarung resultierende Verpflichtungen, einschließlich der Gewährung von Garantien und Verpflichtungen für den Fall der vorzeitigen Beendigung, sind je nach vereinbarten Bedingungen gemäß IAS 37, IAS 39 oder IFRS 4 zu bilanzieren.

8   Bei der Bestimmung, wann ein Entgelt, das ein Unternehmen möglicherweise erhält, als Ertrag zu erfassen ist, sind die Kriterien aus IAS 18, Paragraph 20 auf die Sachverhalte und Umstände jeder Vereinbarung anzuwenden. Es sind hierbei z. B. die folgenden Faktoren zu berücksichtigen: ob die Vereinnahmung des Entgelts ein anhaltendes Engagement in Form von Verpflichtungen zu wesentlichen zukünftigen Leistungen voraussetzt, ob eine Beteiligung an Risiken vorliegt, die Bedingungen, zu denen Garantien vereinbart wurden, und das Risiko einer Rückzahlung des Entgelts. U. a. weisen folgende Indikatoren unabhängig voneinander darauf hin, dass die Erfassung des gesamten zu Beginn der Vereinbarungslaufzeit erhaltenen Entgelts zu diesem Zeitpunkt als Ertrag nicht zulässig ist:

(a)   Verpflichtungen, bestimmte maßgebliche Tätigkeiten auszuüben oder zu unterlassen, stellen Bedingungen für die Vereinnahmung des erhaltenen Entgelts dar, weshalb die Unterzeichnung einer rechtsverbindlichen Vereinbarung nicht die wichtigste Handlung ist, die im Rahmen der Vereinbarung gefordert wird;

(b)   der Nutzung des betreffenden Vermögenswerts sind Beschränkungen auferlegt, die die Fähigkeit des Unternehmens, den Vermögenswert zu nutzen (z. B. zu gebrauchen, zu verkaufen oder zu verpfänden) praktisch beschränken und wesentlich ändern;

(c)   die Rückzahlung eines Teils oder des gesamten Betrags des Entgelts und möglicherweise einen zusätzlichen Betrag zu zahlen, ist unwahrscheinlich. Dies liegt vor, wenn zum Beispiel

(i)   der betreffende Vermögenswert kein spezieller Vermögenswert ist, der von dem Unternehmen zur Fortführung der Geschäftstätigkeit benötigt wird, und daher die Möglichkeit besteht, dass das Unternehmen einen Betrag zahlt, um die Vereinbarung vorzeitig zu beenden; oder

(ii)   das Unternehmen aufgrund der Bedingungen der Vereinbarung verpflichtet ist oder über einen begrenzten oder vollständigen Ermessensspielraum verfügt, einen vorausgezahlten Betrag in Vermögenswerte zu investieren, die einem mehr als unwesentlichen Risiko unterliegen (z. B. Kursänderungs-, Zinsänderungs- oder Kreditrisiko). In diesem Fall ist das Risiko, dass der Wert der Investition nicht ausreicht, um die Leasingverpflichtungen zu erfüllen, nicht unwahrscheinlich und daher besteht die Möglichkeit, dass das Unternehmen noch einen gewissen Betrag zahlen muss.

9   Das Entgelt ist in der Gesamtergebnisrechnung entsprechend seinem wirtschaftlichen Gehalt und seiner Natur darzustellen.

ANGABEN

10   Alle Aspekte einer Vereinbarung, die nach ihrem wirtschaftlichen Gehalt kein Leasingverhältnis nach IAS 17 einschließt sind bei der Bestimmung der für das Verständnis der Vereinbarung und der angewandten Bilanzierungsmethode erforderlichen Angaben zu berücksichtigen. Ein Unternehmen hat für jeden Zeitraum, in dem eine derartige Vereinbarung besteht, die folgenden Angaben zu machen:

(c) an option is included on terms that make its exercise almost certain (e.g. a put option that is exercisable at a price sufficiently higher than the expected fair value when it becomes exercisable).

The definitions and guidance in paragraphs 49—64 of the *Framework* shall be applied in determining whether, in sub- 6
stance, a separate investment account and lease payment obligations represent assets and liabilities of the entity. Indicators that collectively demonstrate that, in substance, a separate investment account and lease payment obligations do not meet the definitions of an asset and a liability and shall not be recognised by the entity include:
(a) the entity is not able to control the investment account in pursuit of its own objectives and is not obligated to pay the lease payments. This occurs when, for example, a prepaid amount is placed in a separate investment account to protect the Investor and may only be used to pay the Investor, the Investor agrees that the lease payment obligations are to be paid from funds in the investment account, and the entity has no ability to withhold payments to the Investor from the investment account;
(b) the entity has only a remote risk of reimbursing the entire amount of any fee received from an Investor and possibly paying some additional amount, or, when a fee has not been received, only a remote risk of paying an amount under other obligations (e.g. a guarantee). Only a remote risk of payment exists when, for example, the terms of the arrangement require that a prepaid amount is invested in risk-free assets that are expected to generate sufficient cash flows to satisfy the lease payment obligations; and
(c) other than the initial cash flows at inception of the arrangement, the only cash flows expected under the arrangement are the lease payments that are satisfied solely from funds withdrawn from the separate investment account established with the initial cash flows.

Other obligations of an arrangement, including any guarantees provided and obligations incurred upon early termination, 7
shall be accounted for under IAS 37, IAS 39 or IFRS 4, depending on the terms.

The criteria in paragraph 20 of IAS 18 shall be applied to the facts and circumstances of each arrangement in determining 8
when to recognise a fee as income that an entity might receive. Factors such as whether there is continuing involvement in the form of significant future performance obligations necessary to earn the fee, whether there are retained risks, the terms of any guarantee arrangements, and the risk of repayment of the fee, shall be considered. Indicators that individually demonstrate that recognition of the entire fee as income when received, if received at the beginning of the arrangement, is inappropriate include:
(a) obligations either to perform or to refrain from certain significant activities are conditions of earning the fee received, and therefore execution of a legally binding arrangement is not the most significant act required by the arrangement;
(b) limitations are put on the use of the underlying asset that have the practical effect of restricting and significantly changing the entity's ability to use (e.g. deplete, sell or pledge as collateral) the asset;
(c) the possibility of reimbursing any amount of the fee and possibly paying some additional amount is not remote. This occurs when, for example:
    (i)   the underlying asset is not a specialised asset that is required by the entity to conduct its business, and therefore there is a possibility that the entity may pay an amount to terminate the arrangement early; or
    (ii) the entity is required by the terms of the arrangement, or has some or total discretion, to invest a prepaid amount in assets carrying more than an insignificant amount of risk (e.g. currency, interest rate or credit risk). In this circumstance, the risk of the investment's value being insufficient to satisfy the lease payment obligations is not remote, and therefore there is a possibility that the entity may be required to pay some amount.

The fee shall be presented in the statement of comprehensive income based on its economic substance and nature. 9

DISCLOSURE

All aspects of an arrangement that does not, in substance, involve a lease under IAS 17 shall be considered in determining 10
the appropriate disclosures that are necessary to understand the arrangement and the accounting treatment adopted. An entity shall disclose the following in each period that an arrangement exists:

(a) eine Beschreibung der Vereinbarung einschließlich

    (i) des betreffenden Vermögenswerts und etwaiger Beschränkungen seiner Nutzung;

    (ii) der Laufzeit und anderer wichtiger Bedingungen der Vereinbarung;

    (iii) miteinander verknüpfter Transaktionen, einschließlich aller Optionen; und

(b) die Bilanzierungsmethode, die auf die erhaltenen Entgelte angewandt wurde, den Betrag, der in der Berichtsperiode als Ertrag erfasst wurde, und den Posten der Gesamtergebnisrechnung, in welchem er enthalten ist.

11 Die gemäß Paragraph 10 dieser Interpretation erforderlichen Angaben sind individuell für jede Vereinbarung oder zusammengefasst für jede Gruppe von Vereinbarungen zu machen. In einer Gruppe werden Vereinbarungen über Vermögenswerte ähnlicher Art (z. B. Kraftwerke) zusammengefasst.

DATUM DES BESCHLUSSES

Februar 2000

ZEITPUNKT DES INKRAFTTRETENS

Diese Interpretation tritt am 31. Dezember 2001 in Kraft. Änderungen der Rechnungslegungsmethoden sind gemäß IAS 8 zu berücksichtigen.

(a) a description of the arrangement, including:
  (i) the underlying asset and any restrictions on its use;
  (ii) the life and other significant terms of the arrangement;
  (iii) the transactions that are linked together, including any options; and
(b) the accounting treatment applied to any fee received, the amount recognised as income in the period, and the line item of the statement of comprehensive income in which it is included.

The disclosures required in accordance with paragraph 10 of this interpretation shall be provided individually for each **11** arrangement or in aggregate for each class of arrangement. A class is a grouping of arrangements with underlying assets of a similar nature (e.g. power plants).

DATE OF CONSENSUS

February 2000

EFFECTIVE DATE

This interpretation becomes effective on 31 December 2001. Changes in accounting policies shall be accounted for in accordance with IAS 8.

SIC INTERPRETATION 29

Dienstleistungskonzessionsvereinbarungen: Angaben

VERWEISE

- IAS 1 *Darstellung des Abschlusses* (überarbeitet 2007)
- IAS 16 *Sachanlagen* (überarbeitet 2003)
- IAS 17 *Leasingverhältnisse* (überarbeitet 2003)
- IAS 37 *Rückstellungen, Eventualverbindlichkeiten und Eventualforderungen*
- IAS 38 *Immaterielle Vermögenswerte* (überarbeitet 2004)

FRAGESTELLUNG

1 Ein Unternehmen (der Betreiber) kann mit einem anderen Unternehmen (dem Konzessionsgeber) eine Vereinbarung zum Erbringen von Dienstleistungen schließen, die der Öffentlichkeit Zugang zu wichtigen wirtschaftlichen und sozialen Einrichtungen gewähren. Der Konzessionsgeber kann ein privates oder öffentliches Unternehmen einschließlich eines staatlichen Organs sein. Beispiele für Dienstleistungskonzessionen sind Vereinbarungen über Abwasserkläranlagen und Wasserversorgungssysteme, Autobahnen, Parkhäuser und -plätze, Tunnel, Brücken, Flughäfen und Fernmeldenetze. Ein Beispiel für Vereinbarungen, die keine Dienstleistungskonzessionen darstellen, ist ein Unternehmen, das seine internen Dienstleistungen auslagert (z. B. die Kantine, die Gebäudeinstandhaltung, das Rechnungswesen oder Funktionsbereiche der Informationstechnologie).

2 Bei einer Vereinbarung über eine Dienstleistungskonzession überträgt der Konzessionsgeber dem Betreiber für die Laufzeit der Konzession normalerweise
 (a) das Recht, Dienstleistungen zu erbringen, die der Öffentlichkeit Zugang zu wichtigen wirtschaftlichen und sozialen Einrichtungen gewähren; und
 (b) in einigen Fällen das Recht, bestimmte materielle, immaterielle und/oder finanzielle Vermögenswerte zu benutzen, im Austausch dafür, dass der Betreiber
 (c) sich verpflichtet, die Dienstleistungen entsprechend bestimmter Vertragsbedingungen für die Laufzeit der Konzession zu erbringen; und
 (d) sich verpflichtet, gegebenenfalls nach Ablauf der Konzession die Rechte zurückzugeben, die er am Anfang der Laufzeit der Konzession erhalten bzw. während der Laufzeit der Konzession erworben hat.

3 Das gemeinsame Merkmal aller Vereinbarungen über Dienstleistungskonzessionen ist, dass der Betreiber sowohl ein Recht erhält als auch die Verpflichtung eingeht, öffentliche Dienstleistungen zu erbringen.

4 Die Fragestellung lautet, welche Informationen im Anhang der Abschlüsse eines Betreibers und eines Konzessionsgebers anzugeben sind.

5 Bestimmte Aspekte und Angaben im Zusammenhang mit einigen Vereinbarungen über Dienstleistungskonzessionen werden schon von anderen International Financial Reporting Standards behandelt (z. B. bezieht sich IAS 16 auf den Erwerb von Sachanlagen, IAS 17 auf das Leasing von Vermögenswerten und IAS 38 auf den Erwerb von immateriellen Vermögenswerten). Eine Vereinbarung über eine Dienstleistungskonzession kann aber noch zu erfüllende schwebende Verträge enthalten, die in den International Financial Reporting Standards nicht behandelt werden; es sei denn, es handelt sich um belastende Verträge, auf die IAS 37 anzuwenden ist. Daher behandelt diese Interpretation zusätzliche Angaben hinsichtlich Vereinbarungen über Dienstleistungskonzessionen.

BESCHLUSS

6 Bei der Bestimmung der angemessenen Angaben im Anhang sind alle Aspekte einer Vereinbarung über eine Dienstleistungskonzession zu berücksichtigen. Betreiber und Konzessionsgeber haben in jeder Berichtsperiode folgende Angaben zu machen:
 (a) eine Beschreibung der Vereinbarung;
 (b) wesentliche Bestimmungen der Vereinbarung, die den Betrag, den Zeitpunkt und die Wahrscheinlichkeit des Eintretens künftiger Cashflows beeinflussen können (z. B. die Laufzeit der Konzession, Termine für die Neufestsetzung der Gebühren und die Basis, aufgrund derer Gebührenanpassungen oder Neuverhandlungen bestimmt werden);
 (c) Art und Umfang (z. B. Menge, Laufzeit oder gegebenenfalls Betrag) von
  (i) Rechten, bestimmte Vermögenswerte zu nutzen;
  (ii) zu erfüllenden Verpflichtungen oder Rechten auf das Erbringen von Dienstleistungen;
  (iii) Verpflichtungen, Sachanlagen zu erwerben oder zu errichten;

SIC INTERPRETATION 29

Service Concession Arrangements: Disclosures

REFERENCES

— IAS 1 *Presentation of financial statements* (as revised in 2007)
— IAS 16 *Property, plant and equipment* (as revised in 2003)
— IAS 17 *Leases* (as revised in 2003)
— IAS 37 *Provisions, contingent liabilities and contingent assets*
— IAS 38 *Intangible assets* (as revised in 2004)

ISSUE

An entity (the operator) may enter into an arrangement with another entity (the grantor) to provide services that give the 1
public access to major economic and social facilities. The grantor may be a public or private sector entity, including a
governmental body. Examples of service concession arrangements involve water treatment and supply facilities, motor-
ways, car parks, tunnels, bridges, airports and telecommunication networks. Examples of arrangements that are not service concession arrangements include an entity outsourcing the operation of its internal services (e.g. employee cafeteria,
building maintenance, and accounting or information technology functions).

A service concession arrangement generally involves the grantor conveying for the period of the concession to the opera- 2
tor:
(a)   the right to provide services that give the public access to major economic and social facilities; and
(b)   in some cases, the right to use specified tangible assets, intangible assets, or financial assets;
in exchange for the operator:
(c)   committing to provide the services according to certain terms and conditions during the concession period; and
(d)   when applicable, committing to return at the end of the concession period the rights received at the beginning of the
      concession period and/or acquired during the concession period.

The common characteristic of all service concession arrangements is that the operator both receives a right and incurs an 3
obligation to provide public services.

The issue is what information should be disclosed in the notes in the financial statements of a operator and a grantor.   4

Certain aspects and disclosures relating to some service concession arrangements are already addressed by existing inter- 5
national financial reporting standards (e.g. IAS 16 applies to acquisitions of items of property, plant and equipment,
IAS 17 applies to leases of assets, and IAS 38 applies to acquisitions of intangible assets). However, a service concession
arrangement may involve executory contracts that are not addressed in international financial reporting standards, unless
the contracts are onerous, in which case IAS 37 applies. Therefore, this interpretation addresses additional disclosures of
service concession arrangements.

CONSENSUS

All aspects of a service concession arrangement shall be considered in determining the appropriate disclosures in the 6
notes. A operator and a grantor shall disclose the following in each period:
(a)   a description of the arrangement;
(b)   significant terms of the arrangement that may affect the amount, timing and certainty of future cash flows (e.g. the
      period of the concession, repricing dates and the basis upon which repricing or renegotiation is determined);
(c)   the nature and extent (e.g. quantity, time period or amount as appropriate) of:
      (i)   rights to use specified assets;
      (ii)   obligations to provide or rights to expect provision of services;
      (iii)   obligations to acquire or build items of property, plant and equipment;

(iv) Verpflichtungen, bestimmte Vermögenswerte am Ende der Laufzeit der Konzession zu übergeben oder Ansprüche, solche zu diesem Zeitpunkt zu erhalten;

(v) Verlängerungs- und Kündigungsoptionen; und

(vi) anderen Rechten und Verpflichtungen (z. B. Großreparaturen und -instandhaltungen); und

(d) Veränderungen der Vereinbarung während der Laufzeit und

(e) wie die Vereinbarung eingestuft wurde.

6A Ein Betreiber hat die Umsätze und die Gewinne oder Verluste anzugeben, die innerhalb des Berichtszeitraums durch die Erbringung der Bauleistung gegen einen finanziellen oder immateriellen Vermögenswert entstanden sind.

7 Die gemäß Paragraph 6 dieser Interpretation erforderlichen Angaben sind individuell für jede Vereinbarung über eine Dienstleistungskonzession oder zusammengefasst für jede Gruppe von Vereinbarungen zu Dienstleistungskonzessionen zu machen. Eine Gruppe von Vereinbarungen über Dienstleistungskonzessionen umfasst Dienstleistungen ähnlicher Art (z. B. Maut-Einnahmen, Telekommunikations-Dienstleistungen und Abwasserklärdienste).

DATUM DES BESCHLUSSES

Mai 2001

ZEITPUNKT DES INKRAFTTRETENS

Diese Interpretation tritt am 31. Dezember 2001 in Kraft.

(iv) obligations to deliver or rights to receive specified assets at the end of the concession period;
(v) renewal and termination options; and
(vi) other rights and obligations (e.g. major overhauls); and
(d) changes in the arrangement occurring during the period and
(e) how the service arrangement has been classified.

An operator shall disclose the amount of revenue and profits or losses recognised in the period on exchanging construc- **6A** tion services for a financial asset or an intangible asset.

The disclosures required in accordance with paragraph 6 of this interpretation shall be provided individually for each **7** service concession arrangement or in aggregate for each class of service concession arrangements. A class is a grouping of service concession arrangements involving services of a similar nature (e.g. toll collections, telecommunications and water treatment services).

DATE OF CONSENSUS

May 2001

EFFECTIVE DATE

This interpretation becomes effective on 31 December 2001.

SIC INTERPRETATION 31

Umsatzerlöse – Tausch von Werbedienstleistungen

VERWEISE

- IAS 8 *Rechnungslegungsmethoden, Änderungen von rechnungslegungsbezogenen Schätzungen und Fehler*
- IAS 18 *Umsatzerlöse*

FRAGESTELLUNG

1 Ein Unternehmen (Verkäufer) kann ein Tauschgeschäft abschließen, bei dem es Werbedienstleistungen erbringt und dafür vom Kunden (Kunde) Werbedienstleistungen erhält. Mögliche Formen dieser Dienstleistungen sind: Schaltung von Anzeigen auf Internetseiten, Plakatanschläge, Werbesendungen im Radio oder Fernsehen, die Veröffentlichung von Anzeigen in Zeitschriften oder Zeitungen oder die Präsentation in einem anderen Medium.

2 In einigen dieser Fälle kommt es beim Tausch der Werbedienstleistungen zwischen den Unternehmen zu keiner weiteren Barzahlung oder anderen Entgeltform. In einigen anderen Fällen werden zusätzlich Barzahlungen oder andere Entgeltformen in gleicher oder ähnlicher Höhe ausgetauscht.

3 Ein Verkäufer, der im Zuge seiner gewöhnlichen Geschäftstätigkeit Werbedienstleistungen erbringt, erfasst den Umsatzerlös des auf Werbedienstleistungen beruhenden Tauschgeschäfts nach IAS 18, wenn unter anderem die folgenden Kriterien erfüllt sind: die ausgetauschten Dienstleistungen sind art- und wertmäßig unterschiedlich (IAS 18 Paragraph 12) und die Höhe des Umsatzerlöses kann verlässlich bewertet werden (IAS 18.20 (a)). Diese Interpretation ist nur auf den Tausch von art- und wertmäßig unterschiedlichen Werbedienstleistungen anzuwenden. Der Tausch von art- und wertgleichen Werbedienstleistungen ist ein Geschäft, bei dem nach IAS 18 kein Umsatzerlös entsteht.

4 Die Fragestellung lautet, unter welchen Umständen ein Verkäufer den Umsatzerlös verlässlich mit dem beizulegenden Zeitwert einer Werbedienstleistung ermitteln kann, die in einem Tauschgeschäft erhalten oder erbracht wurde.

BESCHLUSS

5 Der Umsatzerlös aus einem Tausch von Werbedienstleistungen kann nicht verlässlich mit dem beizulegenden Zeitwert der erhaltenen Werbedienstleistungen bewertet werden. Der Verkäufer kann jedoch den Umsatzerlös verlässlich mit dem beizulegenden Zeitwert der von ihm im Zuge eines Tauschgeschäfts erbrachten Werbedienstleistungen bewerten, wenn er als Vergleichsmaßstab ausschließlich Geschäfte heranzieht, die keine Tauschgeschäfte sind und die:
(a) Werbung betreffen, die der Werbung des zu beurteilenden Tauschgeschäfts gleicht;
(b) häufig vorkommen;
(c) im Verhältnis zu allen abgeschlossenen Werbegeschäften des Unternehmens, die der Werbung des zu beurteilenden Tauschgeschäfts gleichen, nach Anzahl und Wert überwiegen;
(d) durch Barzahlung bzw. eine andere Entgeltform (z. B. marktfähige Wertpapiere, nicht monetäre Vermögenswerte und andere Dienstleistungen), ,deren beizulegender Zeitwert verlässlich ermittelt werden kann, beglichen wurden; und
(e) nicht mit demselben Vertragspartner wie bei dem zu beurteilenden Tauschgeschäft abgeschlossen wurden.

DATUM DES BESCHLUSSES

Mai 2001

ZEITPUNKT DES INKRAFTTRETENS

Diese Interpretation tritt am 31. Dezember 2001 in Kraft. Änderungen der Rechnungslegungsmethoden sind gemäß IAS 8 zu berücksichtigen.

SIC INTERPRETATION 31

Revenue—barter transactions involving advertising services

REFERENCES

— IAS 8 *Accounting policies, changes in accounting estimates and errors*
— IAS 18 *Revenue*

ISSUE

An entity (Seller) may enter into a barter transaction to provide advertising services in exchange for receiving advertising **1** services from its customer (Customer). Advertisements may be displayed on the Internet or poster sites, broadcast on the television or radio, published in magazines or journals, or presented in another medium.

In some cases, no cash or other consideration is exchanged between the entities. In some other cases, equal or approxi- **2** mately equal amounts of cash or other consideration are also exchanged.

A seller that provides advertising services in the course of its ordinary activities recognises revenue under IAS 18 from a **3** barter transaction involving advertising when, amongst other criteria, the services exchanged are dissimilar (IAS 18.12) and the amount of revenue can be measured reliably (IAS 18.20 (a)). This interpretation only applies to an exchange of dissimilar advertising services. An exchange of similar advertising services is not a transaction that generates revenue under IAS 18.

The issue is under what circumstances can a seller reliably measure revenue at the fair value of advertising services **4** received or provided in a barter transaction.

CONSENSUS

Revenue from a barter transaction involving advertising cannot be measured reliably at the fair value of advertising ser- **5** vices received. However, a seller can reliably measure revenue at the fair value of the advertising services it provides in a barter transaction, by reference only to non-barter transactions that:
(a) involve advertising similar to the advertising in the barter transaction;
(b) occur frequently;
(c) represent a predominant number of transactions and amount when compared to all transactions to provide advertising that is similar to the advertising in the barter transaction;
(d) involve cash and/or another form of consideration (e.g. marketable securities, non-monetary assets, and other services) that has a reliably measurable fair value; and
(e) do not involve the same counterparty as in the barter transaction.

DATE OF CONSENSUS

May 2001

EFFECTIVE DATE

This interpretation becomes effective on 31 December 2001. Changes in accounting policies shall be accounted for in accordance with IAS 8.

SIC INTERPRETATION 32

Immaterielle Vermögenswerte – Kosten von Internetseiten

VERWEISE

- IAS 1 *Darstellung des Abschlusses* (überarbeitet 2007)
- IAS 2 *Vorräte* (überarbeitet 2003)
- IAS 11 *Fertigungsaufträge*
- IAS 16 *Sachanlagen* (überarbeitet 2003)
- IAS 17 *Leasingverhältnisse* (überarbeitet 2003)
- IAS 36 *Wertminderung von Vermögenswerten* (überarbeitet 2004)
- IAS 38 *Immaterielle Vermögenswerte* (überarbeitet 2004)
- IFRS 3 *Unternehmenszusammenschlüsse.*

FRAGESTELLUNG

1 Einem Unternehmen können interne Ausgaben durch die Entwicklung und den Betrieb einer eigenen Internetseite für den betriebsinternen oder -externen Gebrauch entstehen. Eine Internetseite, die für den betriebsexternen Gebrauch entworfen wird, kann verschiedenen Zwecken dienen, zum Beispiel der Verkaufsförderung und Bewerbung der unternehmenseigenen Produkte und Dienstleistungen, dem Anbieten von elektronischen Dienstleistungen und dem Verkauf von Produkten und Dienstleistungen. Eine Internetseite für den innerbetrieblichen Gebrauch kann dem Speichern von Richtlinien der Unternehmenspolitik und von Kundendaten dienen, wie auch dem Suchen von betriebsrelevanten Informationen.

2 Die Entwicklungsstadien einer Internetseite lassen sich wie folgt beschreiben:
  (a) Planung – umfasst die Durchführung von Realisierbarkeitsstudien, die Definition von Zweck und Leistungsumfang, die Bewertung von Alternativen und die Festlegung von Prioritäten.
  (b) Einrichtung und Entwicklung der Infrastruktur – umfasst die Einrichtung einer Domain, den Erwerb und die Entwicklung der Hardware und der Betriebssoftware, die Installation der entwickelten Anwendungen und die Belastungsprobe.
  (c) Entwicklung des graphischen Designs – umfasst das Design des Erscheinungsbilds der Internetseiten.
  (d) Inhaltliche Entwicklung – umfasst die Erstellung, den Erwerb, die Vorbereitung und das Hochladen von textlicher oder graphischer Information für die Internetseite im Zuge der Entwicklung der Internetseite. Diese Information kann entweder in separaten Datenbanken gespeichert werden, die in die Internetseite integriert werden (oder auf die von der Internetseite aus Zugriff besteht) oder die direkt in die Internetseiten einprogrammiert werden.

3 Nach dem Abschluss der Entwicklung einer Internetseite beginnt das Stadium des Betriebs. Während dieses Stadiums unterhält und verbessert ein Unternehmen die Anwendungen, die Infrastruktur, das graphische Design und den Inhalt der Internetseite.

4 Bei der Bilanzierung von internen Ausgaben für die Entwicklung und den Betrieb einer unternehmenseigenen Internetseite für den betriebsinternen oder -externen Gebrauch, lauten die Fragestellungen wie folgt:
  (a) Handelt es sich bei der Internetseite um einen selbst geschaffenen internen Vermögenswert, der den Vorschriften von IAS 38 unterliegt?
  (b) Welches ist die angemessene Bilanzierungsmethode für diese Ausgaben?

5 Diese Interpretation gilt nicht für Ausgaben für den Erwerb, die Entwicklung und den Betrieb der Hardware (z. B. Web-Server, Staging-Server, Produktions-Server und Internetanschlüsse) einer Internetseite. Diese Ausgaben sind gemäß IAS 16 zu bilanzieren. Wenn ein Unternehmen Ausgaben für einen Internetdienstleister tätigt, der dessen Internetseite als Provider ins Netz stellt, ist die Ausgabe darüber hinaus gemäß IAS 1. 88 und dem *Rahmenkonzept* bei Erhalt der Dienstleistung zu erfassen.

6 IAS 38 gilt nicht für immaterielle Vermögenswerte, die von einem Unternehmen im Verlauf seiner gewöhnlichen Geschäftstätigkeit zum Verkauf gehalten werden (siehe IAS 2 und IAS 11) und nicht für Leasingverhältnisse, die in den Anwendungsbereich von IAS 17 fallen. Dementsprechend gilt diese Interpretation nicht für Ausgaben im Zuge der Entwicklung oder des Betriebs einer Internetseite (oder Internetseiten-Software), die an ein anderes Unternehmen veräußert werden soll. Wenn eine Internetseite im Rahmen eines Operating-Leasingverhältnisses gemietet wird, wendet der Leasinggeber diese Interpretation an. Wenn eine Internetseite im Rahmen eines Finanzierungsleasings gehalten wird, wendet der Leasingnehmer diese Interpretation nach erstmaligem Ansatz des Leasinggegenstandes an.

SIC INTERPRETATION 32

Intangible assets—website costs

REFERENCES

— IAS 1 *Presentation of Financial Statements* (as revised in 2007)
— IAS 2 *Inventories* (as revised in 2003)
— IAS 11 *Construction contracts*
— IAS 16 *Property, plant and equipment* (as revised in 2003)
— IAS 17 *Leases* (as revised in 2003)
— IAS 36 *Impairment of assets* (as revised in 2004)
— IAS 38 *Intangible assets* (as revised in 2004)
— IFRS 3 *Business combinations*

ISSUE

An entity may incur internal expenditure on the development and operation of its own website for internal or external 1
access. A website designed for external access may be used for various purposes such as to promote and advertise an
entity's own products and services, provide electronic services, and sell products and services. A website designed for
internal access may be used to store company policies and customer details, and search relevant information.

The stages of a website's development can be described as follows: 2
(a) Planning—includes undertaking feasibility studies, defining objectives and specifications, evaluating alternatives and
    selecting preferences.
(b) Application and infrastructure development—includes obtaining a domain name, purchasing and developing hard-
    ware and operating software, installing developed applications and stress testing.
(c) Graphical design development—includes designing the appearance of web pages.
(d) Content development—includes creating, purchasing, preparing and uploading information, either textual or gra-
    phical in nature, on the website before the completion of the website's development. This information may either be
    stored in separate databases that are integrated into (or accessed from) the website or coded directly into the web
    pages.

Once development of a website has been completed, the Operating stage begins. During this stage, an entity maintains 3
and enhances the applications, infrastructure, graphical design and content of the website.

When accounting for internal expenditure on the development and operation of an entity's own website for internal or 4
external access, the issues are:
(a) whether the website is an internally generated intangible asset that is subject to the requirements of IAS 38; and
(b) the appropriate accounting treatment of such expenditure.

This interpretation does not apply to expenditure on purchasing, developing, and operating hardware (e.g. web servers, 5
staging servers, production servers and Internet connections) of a website. Such expenditure is accounted for under
IAS 16. Additionally, when an entity incurs expenditure on an Internet service provider hosting the entity's web site, the
expenditure is recognised as an expense under IAS 1.88 and the *Framework* when the services are received.

IAS 38 does not apply to intangible assets held by an entity for sale in the ordinary course of business (see IAS 2 and 6
IAS 11) or leases that fall within the scope of IAS 17. Accordingly, this interpretation does not apply to expenditure on
the development or operation of a website (or website software) for sale to another entity. When a website is leased under
an operating lease, the lessor applies this interpretation. When a website is leased under a finance lease, the lessee applies
this interpretation after initial recognition of the leased asset.

BESCHLUSS

7 Bei einer unternehmenseigenen Internetseite, der eine Entwicklung vorausgegangen ist und die für den betriebsinternen oder -externen Gebrauch bestimmt ist, handelt es sich um einen selbst geschaffenen immateriellen Vermögenswert, der den Vorschriften von IAS 38 unterliegt.

8 Eine Internetseite, der eine Entwicklung vorausgegangen ist, ist aber nur dann als immaterieller Vermögenswert anzusetzen, wenn das Unternehmen außer den allgemeinen Voraussetzungen für Ansatz und erstmalige Bewertung, wie in IAS 38.21 beschrieben, auch die Voraussetzungen gemäß IAS 38 Paragraph 57 erfüllt. Insbesondere kann ein Unternehmen die Voraussetzungen für den Nachweis, dass seine Internetseite einen voraussichtlichen künftigen wirtschaftlichen Nutzen gemäß IAS 38 Paragraph 57 (d) erzeugen wird, erfüllen, wenn über sie zum Beispiel Umsatzerlöse erwirtschaftet werden können, darunter direkte Umsatzerlöse, weil Bestellungen aufgegeben werden können. Ein Unternehmen ist nicht in der Lage nachzuweisen, in welcher Weise eine Internetseite, die ausschließlich oder hauptsächlich zu dem Zweck entwickelt wurde, die unternehmenseigenen Produkte und Dienstleistungen in ihrem Verkauf zu fördern und zu bewerben, einen voraussichtlichen künftigen wirtschaftlichen Nutzen erzeugen wird, und daraus folgt, dass die Ausgaben für die Entwicklung der Internetseite bei ihrem Anfall als Aufwand zu erfassen sind.

9 Jede interne Ausgabe für die Entwicklung und den Betrieb einer unternehmenseigenen Internetseite ist gemäß IAS 38 auszuweisen. Die Art der jeweiligen Tätigkeit, für die Ausgaben entstehen (z. B. für die Schulung von Angestellten oder die Unterhaltung der Internetseite) sowie die Stadien der Entwicklung und nach der Entwicklung der Internetseite, ist zu bewerten, um die angemessene Bilanzierungsmethode zu bestimmen (zusätzliche Anwendungsleitlinien sind im Anhang dieser Interpretation zu entnehmen). Zum Beispiel:
(a) Das Planungsstadium gleicht seiner Art nach der Forschungsphase aus IAS 38 Paragraph 54–56. Ausgaben während dieses Stadiums sind bei ihrem Anfall als Aufwand zu erfassen.
(b) Die Stadien Einrichtung und Entwicklung der Infrastruktur, Entwicklung des graphischen Designs und inhaltliche Entwicklung, gleichen ihrem Wesen nach, sofern der Inhalt nicht zum Zweck der Verkaufsförderung und Werbung der unternehmenseigenen Produkte und Dienstleistungen entwickelt wird, der Entwicklungsphase aus IAS 38 Paragraph 57–64. Ausgaben, die in diesen Stadien getätigt werden, sind Teil der Kosten einer Internetseite, die als immaterieller Vermögenswert gemäß Paragraph 8 dieser Interpretation angesetzt wird, wenn die Ausgaben direkt zugerechnet werden können und für die Erstellung, Aufbereitung und Vorbereitung der Internetseite für den beabsichtigten Gebrauch notwendig sind. Zum Beispiel sind Ausgaben für den Erwerb oder die Erstellung von Internetseiten-spezifischem Inhalt (bei dem es sich nicht um Inhalte handelt, die die unternehmenseigenen Produkte und Dienstleistungen in ihrem Verkauf fördern und für sie werben) oder Ausgaben, die den Gebrauch des Inhalts der Internetseite ermöglichen (z. B. die Zahlung einer Gebühr für eine Nachdrucklizenz), als Teil der Entwicklungskosten zu erfassen, wenn diese Bedingungen erfüllt werden. Gemäß IAS 38 Paragraph 71 sind Ausgaben für einen immateriellen Posten, der ursprünglich in früheren Abschlüssen als Aufwand erfasst wurde, zu einem späteren Zeitpunkt jedoch nicht mehr als Teil der Kosten eines immateriellen Vermögenswerts zu erfassen (z. B. wenn die Kosten für das Copyright vollständig abgeschrieben sind und der Inhalt danach auf einer Internetseite bereitgestellt wird).
(c) Ausgaben, die während des Stadiums der inhaltlichen Entwicklung getätigt werden, wenn es um Inhalte geht, die zur Verkaufsförderung und Bewerbung der unternehmenseigenen Produkte und Dienstleistungen entwickelt werden (z. B. Produkt-Fotografien), sind gemäß IAS 38 Paragraph 69 (c) bei ihrem Anfall als Aufwand zu erfassen. Sind zum Beispiel Ausgaben für professionelle Dienstleistungen im Zusammenhang mit dem Fotografieren mit Digitaltechnik von unternehmenseigenen Produkten und der Verbesserung der Produktpräsentation zu bewerten, sind diese Ausgaben bei Erhalt der Dienstleistungen im laufenden Prozess als Aufwand zu erfassen, nicht, wenn die Digitalaufnahmen auf der Internetseite präsentiert werden.
(d) Das Betriebsstadium beginnt, sobald die Entwicklung einer Internetseite abgeschlossen ist. Ausgaben, die in diesem Stadium getätigt werden, sind bei ihrem Anfall als Aufwand zu erfassen, es sei denn, sie erfüllen die Ansatzkriterien aus IAS 38 Paragraph 18.

10 Eine Internetseite, die als ein immaterieller Vermögenswert gemäß Paragraph 8 der vorliegenden Interpretation angesetzt wird, ist nach dem erstmaligen Ansatz gemäß den Regelungen von IAS 38 Paragraph 72–87 zu bewerten. Die bestmöglich geschätzte Nutzungsdauer einer Internetseite hat kurz zu sein.

DATUM DES BESCHLUSSES

Mai 2001

ZEITPUNKT DES INKRAFTTRETENS

Diese Interpretation tritt am 25. März 2002 in Kraft. Die Auswirkungen der Umsetzung dieser Interpretation sind nach den Übergangsbestimmungen gemäß IAS 38, in der 1998 herausgegebenen Fassung, zu bilanzieren. Wenn eine Internetseite also die Kriterien für einen Ansatz als immaterieller Vermögenswert nicht erfüllt, aber vorher als Vermögenswert

An entity's own website that arises from development and is for internal or external access is an internally generated 7 intangible asset that is subject to the requirements of IAS 38.

A website arising from development shall be recognised as an intangible asset if, and only if, in addition to complying 8 with the general requirements described in IAS 38.21 for recognition and initial measurement, an entity can satisfy the requirements in IAS 38.57. In particular, an entity may be able to satisfy the requirement to demonstrate how its website will generate probable future economic benefits in accordance with IAS 38.57 (d) when, for example, the website is capable of generating revenues, including direct revenues from enabling orders to be placed. An entity is not able to demonstrate how a website developed solely or primarily for promoting and advertising its own products and services will generate probable future economic benefits, and consequently all expenditure on developing such a website shall be recognised as an expense when incurred.

Any internal expenditure on the development and operation of an entity's own website shall be accounted for in accor- 9 dance with IAS 38. The nature of each activity for which expenditure is incurred (e.g. training employees and maintaining the website) and the website's stage of development or post-development shall be evaluated to determine the appropriate accounting treatment (additional guidance is provided in the Appendix to this interpretation). For example:

(a) the planning stage is similar in nature to the research phase in IAS 38.54—.56. Expenditure incurred in this stage shall be recognised as an expense when it is incurred;

(b) the application and infrastructure development stage, the graphical design stage and the content development stage, to the extent that content is developed for purposes other than to advertise and promote an entity's own products and services, are similar in nature to the development phase in IAS 38.57—.64. Expenditure incurred in these stages shall be included in the cost of a website recognised as an intangible asset in accordance with paragraph 8 of this interpretation when the expenditure can be directly attributed and is necessary to creating, producing or preparing the website for it to be capable of operating in the manner intended by management. For example, expenditure on purchasing or creating content (other than content that advertises and promotes an entity's own products and services) specifically for a website, or expenditure to enable use of the content (e.g. a fee for acquiring a licence to reproduce) on the website, shall be included in the cost of development when this condition is met. However, in accordance with IAS 38.71, expenditure on an intangible item that was initially recognised as an expense in previous financial statements shall not be recognised as part of the cost of an intangible asset at a later date (e.g. if the costs of a copyright have been fully amortised, and the content is subsequently provided on a website);

(c) expenditure incurred in the content development stage, to the extent that content is developed to advertise and promote an entity's own products and services (e.g. digital photographs of products), shall be recognised as an expense when incurred in accordance with IAS 38.69 (c). For example, when accounting for expenditure on professional services for taking digital photographs of an entity's own products and for enhancing their display, expenditure shall be recognised as an expense as the professional services are received during the process, not when the digital photographs are displayed on the website;

(d) the operating stage begins once development of a website is complete. Expenditure incurred in this stage shall be recognised as an expense when it is incurred unless it meets the recognition criteria in IAS 38.18.

A website that is recognised as an intangible asset under paragraph 8 of this interpretation shall be measured after initial 10 recognition by applying the requirements of IAS 38.72—.87. The best estimate of a website's useful life should be short.

DATE OF CONSENSUS

May 2001

EFFECTIVE DATE

This interpretation becomes effective on 25 March 2002. The effects of adopting this interpretation shall be accounted for using the transition requirements in the version of IAS 38 that was issued in 1998. Therefore, when a website does not meet the criteria for recognition as an intangible asset, but was previously recognised as an asset, the item shall be dere-

angesetzt war, ist dieser Posten auszubuchen, wenn diese Interpretation in Kraft tritt. Wenn eine Internetseite bereits existiert und die Ausgaben für ihre Entwicklung die Kriterien für den Ansatz als immaterieller Vermögenswert erfüllen, vorher aber nicht als Vermögenswert angesetzt war, ist der immaterielle Vermögenswert nicht anzusetzen, wenn diese Interpretation in Kraft tritt. Wenn eine Internetseite bereits existiert und die Ausgaben für ihre Entwicklung die Kriterien für den Ansatz als immaterieller Vermögenswert erfüllen, sie vorher als Vermögenswert angesetzt war und ursprünglich mit Herstellungskosten bewertet wurde, wird der ursprünglich angesetzte Betrag als zutreffend bestimmt angesehen.

Infolge des IAS 1 (überarbeitet 2007) wurde die in allen IFRS verwendete Terminologie geändert. Außerdem wurde Paragraph 5 geändert. Diese Änderungen sind erstmals in der ersten Berichtsperiode eines am 1. Januar 2009 oder danach beginnenden Geschäftsjahres anzuwenden. Wird IAS 1 (überarbeitet 2007) auf eine frühere Periode angewandt, sind diese Änderungen entsprechend auch anzuwenden.

cognised at the date when this interpretation becomes effective. When a website exists and the expenditure to develop it meets the criteria for recognition as an intangible asset, but was not previously recognised as an asset, the intangible asset shall not be recognised at the date when this interpretation becomes effective. When a website exists and the expenditure to develop it meets the criteria for recognition as an intangible asset, was previously recognised as an asset and initially measured at cost, the amount initially recognised is deemed to have been properly determined.

IAS 1 (as revised in 2007) amended the terminology used throughout IFRSs. In addition it amended paragraph 5. An entity shall apply those amendments for annual periods beginning on or after 1 January 2009. If an entity applies IAS 1 (revised 2007) for an earlier period, the amendments shall be applied for that earlier period.

Stichwortverzeichnis

Index

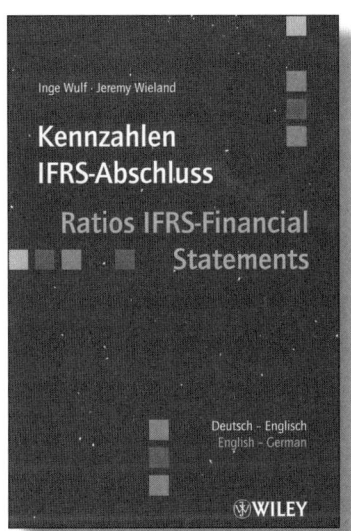